HANDBOOK OF CONSTRUCTION MACHINERY

工程机械手册

MINING MACHINERY

矿山机械

主编　葛世荣

副主编　王忠宾　鲍久圣　徐志强

清华大学出版社
北京

内 容 简 介

本卷是《工程机械手册》的矿山机械分卷,包括井巷施工机械、采矿作业机械、矿山运输机械、矿物分选机械 4 篇内容,共 23 章。详细介绍探矿机械、掘进机械、凿岩机械、支护机械、建井机械等井巷施工装备,地下采矿机械、露天采矿机械、通压风排水机械、采掘辅助机械等采矿作业装备,矿井提升机械、固定运输机械、矿山运输车辆、矿井运输辅助机械、管道运输机械等矿山运输装备,破碎机械、筛分机械、磨矿与分级机械、浮选机械、重选机械、磁选机械、光电分选机械、固液分离机械、矿物表面改性机械等矿物分选装备的机械结构、工作原理、技术参数和使用性能,可供矿山领域的专业技术人员、施工管理人员、生产经营人员、机械制造人员和大专院校师生作为参考书,帮助他们了解矿山机械结构原理、现有产品和技术参数。

图书在版编目(CIP)数据

工程机械手册. 矿山机械 / 葛世荣主编. -- 北京:
清华大学出版社,2024. 12. -- ISBN 978-7-302-67563-1

Ⅰ. TH2-62;U652-62

中国国家版本馆 CIP 数据核字第 2024EH6044 号

责任编辑:王 欣
封面设计:傅瑞学
责任校对:王淑云
责任印制:丛怀宇

出版发行:清华大学出版社
  网　　址:https://www.tup.com.cn,https://www.wqxuetang.com
  地　　址:北京清华大学学研大厦 A 座　　邮　　编:100084
  社 总 机:010-83470000　　邮　　购:010-62786544
  投稿与读者服务:010-62776969,c-service@tup.tsinghua.edu.cn
  质量反馈:010-62772015,zhiliang@tup.tsinghua.edu.cn
印 装 者:三河市东方印刷有限公司
经　　销:全国新华书店
开　　本:185mm×260mm　　印　　张:83.75　　字　　数:2083 千字
版　　次:2024 年 12 月第 1 版　　印　　次:2024 年 12 月第 1 次印刷
定　　价:418.00 元

产品编号:086735-01

《工程机械手册》编写委员会名单

主　编　　石来德　周贤彪

副主编　　（按姓氏笔画排序）

丁玉兰　马培忠　卞永明　刘子金　刘自明

杨安国　张兆国　张声军　易新乾　黄兴华

葛世荣　覃为刚

编　委　　（按姓氏笔画排序）

卜王辉　王　锐　王　衡　王永鼎　王国利

毛伟琦　孔凡华　史佩京　成　彬　毕　胜

刘广军　安玉涛　李　刚　李　青　李　明

吴立国　吴启新　张　珂　张丕界　张旭东

周　崎　周治民　孟令鹏　赵红学　郝尚清

胡国庆　秦倩云　徐志强　郭文武　黄海波

曹映辉　盛金良　程海鹰　傅炳煌　舒文华

谢正元　鲍久圣　薛　白　魏世丞　魏加志

总 序

PREFACE

根据国家标准,我国的工程机械分为20个大类。工程机械在我国基础设施建设及城乡工业与民用建筑工程中发挥了很大作用,而且出口至全球200多个国家和地区。作为中国工程机械行业中的学术组织,中国工程机械学会组织相关高校、研究单位和工程机械企业的专家、学者和技术人员,共同编写了《工程机械手册》。首期10卷分别为《挖掘机械》《铲土运输机械》《工程起重机械》《混凝土机械与砂浆机械》《桩工机械》《路面与压实机械》《隧道机械》《环卫与环保机械》《港口机械》《基础件》。除《港口机械》外,已涵盖了标准中的12个大类,其中"气动工具""掘进机械""凿岩机械"合在《隧道机械》内,"压实机械"和"路面施工与养护机械"合在《路面与压实机械》内。在清华大学出版社出版后,获得用户广泛欢迎,斯普林格出版社购买了英文版权。

为了完整体现工程机械的全貌,经与出版社协商,决定继续根据工程机械型谱出版其他机械对应的各卷,包括《工业车辆》《混凝土制品机械》《钢筋及预应力机械》《电梯、自动扶梯和自动人行道》。在市政工程中,尚有不少小型机具,故此将"高空作业机械"和"装修机械"与之合并,同时考虑到我国各大中城市游乐设施亦很普遍,故也将其归并其中,出一卷《市政机械与游乐设施》。我国幅员辽阔,江河众多,改革开放后,在各大江大河及山间峡谷之上建设了很多大桥;与此同时,除建设了很多高速公路之外,还建设了很多高速铁路。不论是大桥还是高速铁路,都已经成为我国交通建设的名片,在我国实施"一带一路"倡议及支持亚非拉建设中均有一定的地位。在这些建设中,出现了自有的独特专用装备,因此,专门列出《桥梁施工机械》《铁路机械》及相关的《重大工程施工技术与装备》。我国矿藏很多,东北、西北、沿海地区有大量石油、天然气,山西、陕西、贵州有大量煤矿,铁矿和有色金属矿藏也不少。勘探、开采及输送均需发展矿山机械,其中不少是通用机械。我国在专用机械如矿井下作业面的开采机械、矿井支护、井下的输送设备及竖井提升设备等方面均有较大成就,故列出《矿山机械》一卷。农林机械在结构、组成、布局、运行等方面与工程机械均有相似之处,仅作业对象不一样,因此,在常用工程机械手册出版之后,再出一卷《农林牧渔机械》。工程机械使用环境恶劣,极易出现故障,维修工作较为突出;大型工程机械如盾构机,价格较贵,在一次地下工程完成后,需要转场,在新的施工现场重新装配建造,对重要的零部件也将实施再制造,因此专列一卷《维修与再制造》。一门以人为本的新兴交叉学科——人机工程学正在不断向工程机械领域渗透,因此增列一卷《人机工程学》。

上述各卷涉及面很广,虽撰写者均为相关领域的专家,但其撰写风格各异,有待出版后,在读者品读并提出意见的基础上,逐步完善。

石来德

2022 年 3 月

前 言

FOREWORD

采矿是人类从自然界开采矿产资源的生产活动，是人类最早开展、仅次于农业的生产劳动，成为推动人类文明进步的重要技术要素，正如 2000 年第 18 届世界采矿大会主题所言：Everything begins with mining（一切始于采矿）。在古代，采矿为原始人类从自然采选石料以制成工具，采选陶土以制成陶器。在现代，采矿为工业文明提供能源和材料，使我们享受美好生活。

广义的采矿包括煤炭、金属、非金属、石油、天然气、地下水、砂石等自然资源开发，是地下资源选择性采掘、搬运、分选的生产过程。当今，人类耗费的自然资源中，80% 来自矿产资源，每人每年耗费约 3 t 的矿产资源。中国、俄罗斯、美国是世界上三大采矿大国。2018 年全球矿业总产值 5.9 万亿美元，占全球 GDP 的 6.9%，其中能源矿业占 75%。

我国 85% 的一次能源、80% 的工业原料、70% 的农业生产资料均来自矿产资源。截至 2021 年年底，我国已发现 173 种矿产，其中，能源矿产 13 种，金属矿产 59 种，非金属矿产 95 种，水气矿产 6 种。在册矿山约 3 万处，其中煤矿 4163 处，包括 347 处露天煤矿和 18 597 处金属和非金属露天煤矿。在能源矿产领域，生产原煤 40.7 亿 t，原油 19 898 万 t，天然气 2053 亿 m³；金属矿产领域，生产铁矿石 9.8 亿 t，铜精矿 185.5 万 t，铅精矿 155.4 万 t，锌精矿 315.9 万 t；在非金属矿产领域，生产磷矿石 10 290 万 t，水泥 23.8 亿 t。2021 年我国采矿业收入 6.8 万亿元，约占全国 GDP 的 5.6%。

人类采矿劳动经历了人力工具开采、动力工具开采、电力机械开采时代，正走向智能机器人开采，不断推动矿山机械迭代创新和更新换代。矿山机械是对矿物进行开采及加工处理的专用设备，矿山机械制造能力在一定程度上反映了国家矿产资源高效开发和综合利用的科技水平，对国民经济发展具有重要影响。2021 年中国矿山机械制造行业规模以上企业数量达 1925 家，矿山专用设备产量约 670 万 t，矿山机械制造行业销售收入约 4710 亿元。目前，我国 54 所大学设有采矿工程专业，中国矿业大学（北京）等高校开设了智能采矿工程专业。

《工程机械手册——矿山机械》以地质钻探、巷道掘进、矿石开采、矿物运输、矿物分选的作业分类进行编写，介绍相关矿山机械的结构和工作原理，并按照作业类型对相关机械的参数和性能加以概述，包括井巷施工机械、采矿作业机械、矿山运输机械、矿物分选机械 4 篇内容，共 23 章。中国矿业大学（北京）葛世荣院长担任手册主编，设计手册内容结构，制定手册章节编写目录，统筹编写工作。

第 1 篇井巷施工机械，由中国矿业大学王忠宾教授主编，包括探矿机械、掘进机械、凿岩机械、支护机械、建井机械的构造、性能、规格等相关内容。各章编写人员：魏东、王忠宾（第 1 章），刘送永、司垒、赵友军（第 2 章），江红祥、王忠宾（第 3 章），赵啦啦、王永强、闫海峰（第 4 章），曹国华、王衍森、马传银（第 5 章）。

第 2 篇采矿作业机械，由中国矿业大学王忠宾教授主编，包括地下采矿机械、露天采矿机械、通压风排水机械、采掘辅助机械的构造、性能、规格等相关内容。各章编写人员：郝尚清、王世博（第 6 章），李广、郝尚清（第 7 章），王忠宾、司垒(第8章),司垒(第9章)。

第3篇矿山运输机械,由中国矿业大学鲍久圣教授主编,包括矿井提升机械、固定运输机械、矿山运输车辆、矿井运输辅助机械、管道运输机械的构造、性能、规格等相关内容。各章编写人员:郑惠芸、胡震宇、徐明、鲍久圣(第10章),鲍久圣、郑红满、王俊涛、吕海军(第11章),阴妍、杨阳、杨健、袁晓明、杨珏、钱立全(第12章),王俊涛、张文中、胡震宇、鲍久圣(第13章),辛德林、涂昌德、王铁力、阴妍(第14章)。

第4篇矿物分选机械,由中国矿业大学(北京)徐志强教授主编,包括破碎机械、筛分机械、磨矿与分级机械、浮选机械、重选机械、磁选机械、光电分选机械、固液分离机械、矿物表面改性机械的构造、性能、规格等相关内容。各章编写人员:潘永泰(第15章),段晨龙(第16章),曾鸣(第17章),沈政昌、程宏志、孙美洁、黄根(第18章),孙春宝、马力强(第19章),徐宏祥、史帅星(第20章),王卫东、孙美洁、涂亚楠(第21章),黄波、王新文(第22章),孙志明(第23章)。

手册对矿山机械领域的专业技术、施工管理、生产经营、机械制造、院校师生等读者具有参考价值和借鉴作用,能够帮助他们了解矿山机械的结构原理、现有产品和技术参数。手册在内容编写上力求全面、新颖、深入,为矿山机械专业人员、施工管理人员、生产经营人员、机械制造人员、大专院校师生提供参考书和工具书。

矿山开采领域宽、设备多、技术广,涉及的作业对象、生产场景比较复杂,固体、液体、气体矿物开采工艺不同。由于收集的资料有限,所以手册内容还存在一些不足,尤其是对油气开采、砂石开采的矿山机械未作叙述,对金属矿山机械的资料收集不够全,这些都是遗憾之处。希望今后有机会继续更新,对手册加以完善和充实。本卷手册编写过程中,参考引用了许多专家学者的科研成果和矿山机械企业的产品资料,在此一并表示感谢!

目　录

CONTENTS

第1篇　井巷施工机械

第2篇　采矿作业机械

第3篇 矿山运输机械

第4篇 矿物分选机械

第1篇

井巷施工机械

第1章

探 矿 机 械

1.1 概述

1.1.1 功能、用途与分类

探矿机械是探矿工程施工中所用到的机械设备的总称,主要包括各种类型的钻机、钻塔、泥浆泵、绞车和发电机等设备。常用的钻机为回转钻机,是探矿作业中广泛使用的钻机。根据矿岩性质不同,可分别使用硬质合金钻头、金刚石钻头或钻粒钻头等。钻头借助钻机给钻杆的轴向力和回转力作用破碎孔底矿岩。回转钻机可分为回转式立轴钻机、回转式转盘钻机、移动回转钻机。回转式立轴钻机适用于金属或非金属勘探,它的工作特点是钻取岩心;回转式转盘钻机适用于勘探和开发石油、天然气的探井和生产井,钻井较深,故所需功率较大;移动回转钻机在用硬质合金钻头钻进的同时,在钻头与钻杆间接装的水力或风力冲击器,对钻头施加冲击载荷,扩大硬质合金钻头的钻进范围,提高钻进速度。钻探作业中所用的机械设备,除钻机外,还包括钻塔、泥浆泵等设备。

1.1.2 发展历程与趋势

从 20 世纪 60 年代起,国外一些发达国家逐步实现了坑道钻机的更新换代,用全液压动力头式钻机取代立轴式钻机。特别是 90 年代

推出的新产品,比以前的产品又有明显的改进,将电液比例控制技术应用于新型钻机。瑞典 Atlas Copco 公司、加拿大 JKS Boyles 公司、澳大利亚 Longyear 公司等开发的几种新型坑道探用钻机还采用了自动控制技术,实现了机电一体化操作,这些新技术将很快在矿用钻机上得到推广应用。在钻进动力方面,美国对用水力和压缩空气钻进进行了研究,REI Drilling 公司曾研发了一种水力破碎岩石的设备及钻进工艺,在肯塔基州某矿煤层顶板中钻进近水平定向瓦斯抽放孔,取得较好的效果。与清水钻进相比,在松软、渗透性好的地层,泥质页岩、泥岩等遇水容易膨胀、坍塌的地层,采用压缩空气钻进效果要好得多。在煤矿井下采用稳定组合钻具控制钻孔方向的方法始于 20 世纪 70 年代的美国,但在煤矿井下应用效果最好的却是德国,并且推广到了钾盐矿。1999 年德国 Wirth 公司用稳定组合钻具在一个钾盐矿完成了一个进尺 2223 m 的地质勘探孔,2003 年该公司网站发布了又钻成一个进尺 2700 m 的水平勘探孔的消息,这是目前世界范围内最深的井下近水平定向钻孔。日本利根公司采用该技术成效也很显著,曾在 20 世纪 80 年代初钻成 2150 m 的近水平勘探孔。这种方法的优点是成本较低、可以钻大直径钻孔,缺点是控制钻孔方向的能力不如孔底马达。煤矿井下钻机采用孔底马达的定向钻进技术于 20 世纪 80 年代初始于英国,当时其设备能力可以达到

进尺 1000 m,因为煤层松软和钻进工艺问题,实际最大孔深只有 635 m。但从 80 年代中期开始,该方法已成为澳大利亚施工瓦斯抽放孔和地质勘探孔的主要手段,成效也最为显著,钻孔深度一般在 700 m 左右。最大孔深纪录不断刷新,截至 2002 年已达到 1761 m。该方法的优点是控制钻孔方向的能力较强,但由于孔底马达的扭矩较小,钻孔直径也较小,孔底马达的价格较高,相应地钻井成本较高。值得注意的是,这种方法得到成功应用的前提条件是要有长寿命的孔底马达和可靠的随钻测斜技术。国外先进的孔底马达寿命一般在 200~300 h 以上。使用效果较好的随钻测量仪器有澳大利亚钻机上配备的 DDM MECCA 测量系统,据称可确保钻孔在 0.5°/100 m 以内,每百米孔深最大偏差为 0.5~1.0 m,钻孔直径在 89~96 mm。在矿井抢险救灾快速通道钻掘方面,美国 Schramm 公司生产的 T685WS 钻机,在第四系冲击层中钻进可达 10 m/h,在基岩地层中钻进平均 20 m/h,最高可达 30 m/h(传统方式钻进 1~2 m/h),钻孔直径一般为 196~216 mm,最大扩孔直径可达 311~500 mm,可以作为通风、输送食品、通信联络乃至升降人员的救援通道。

与国外相比,我国探矿机械的发展起步较晚。立轴式钻机用于煤矿井下相对于全液压动力头式钻机有很多不足之处,但由于其价格便宜、操作简单、维修方便、整体搬运方便等特点,到目前为止还有一些煤矿在浅孔钻进时使用这种钻机。国内生产立轴钻机的厂家较多,在煤矿生产中常见的有杭州钻探机械制造厂生产的 SGZX 系列钻机、石家庄煤矿机械有限责任公司生产的 TXU 系列钻机、煤炭科学研究总院重庆分院生产的 ZL 系列钻机等。经过多年努力,我国煤矿用井下钻孔技术与装备有了很大发展。20 世纪 70 年代中期,国内煤矿一直采用地面钻探用的立轴式钻机来施工煤矿井下钻孔。70 年代末我国先后从英国和日本引进一批能力为 150 m 和 300 m 的全液压动力头式钻机,在阳泉、抚顺等矿务局用于井下瓦斯抽采,取得良好效果。80 年代初,煤炭科学研究总院西安分院和重庆分院等单位在引进吸收国外先进技术的基础上,结合我国煤矿的实际生产条件制造出了拥有自主知识产权的全液压动力头式钻机。80 年代末开始走上系列化生产的轨道。进入 90 年代以后,随着煤矿综采技术的发展,对坑道钻探设备的钻探能力和钻探工艺提出更高的要求,坑道钻探技术也有了新的发展。有关单位在煤矿井下近水平定向钻进技术的研究方面取得重大进展,2008 年,煤炭科学研究总院西安分院在国家科技科研院所技术开发专项资金、国家发展和改革委员会"煤矿瓦斯综合治理与利用关键技术研发和装备研制"重大专项等的资助下,经过近三年的研究和攻关,在新型千米水平定向钻机的研究方面取得了突破。研制的 ZDY6000LD(A)千米履带定向钻机填补了我国自主开发的煤矿井下千米履带定向钻机的空白;研制的随钻测量探管和孔口监视器,实现了孔口即时显示钻孔轨迹和钻具姿态参数;研制的高强度中心通缆钻杆,保证了测量信号的有效传输,并通过优化设计,有效提高了钻杆的接头强度和整体的抗拉、抗扭能力,使其既可满足孔底马达钻进的要求,也可满足孔口回转钻进的要求。与新型千米钻机配套研制开发的随钻测量定向钻进系统、水平分支孔钻进工艺等关键技术,结合我国煤矿井下定向钻孔施工的特点,实现了千米定向钻机与随钻测量定向系统的技术配套。

近年来,全液压动力头式钻机已成为欧美市场的主流机型。在煤矿井下的特殊环境中,全液压动力头式坑道钻机钻进效率高、操作安全、解体性好、移动搬迁方便等特点非常突出,因此成为煤矿坑道钻探作业首推的主导机型。目前,国内全液压动力头式钻机的生产厂家较多,钻进能力从几十米到 1000 m,已形成多个系列,主要有煤炭科学研究总院西安分院的 MK 系列钻机、重庆分院的 ZY 系列钻机、镇江安达机械有限责任公司的 ZDY 系列钻机。

1.2　岩心钻探钻具

1.2.1　概述

岩心钻探是固体矿产地质勘探常采用的勘探手段。筒状钻头和钻具在孔底沿圆周环状破碎岩石,在孔底中心部分保留一个柱状的岩心,从孔内取出岩心用以研究地质和矿产的情况,故称为岩心钻探。岩心钻探工具是能够实现岩心钻探的不可缺少的重要工具。

1.2.2　结构

为了获取岩心,常规的钻具必须以回转运动的方式工作。一套回转岩心钻具由钻头、岩心管、异径接头、取粉管、钻杆柱、连接接头和水龙头等组成,如图1-1所示。为了提取岩心或更换钻头,需要把钻具按一定的长度拧卸开,并从孔内提出。在进行升降工序中,须使用各种钳子、提引器及垫叉。

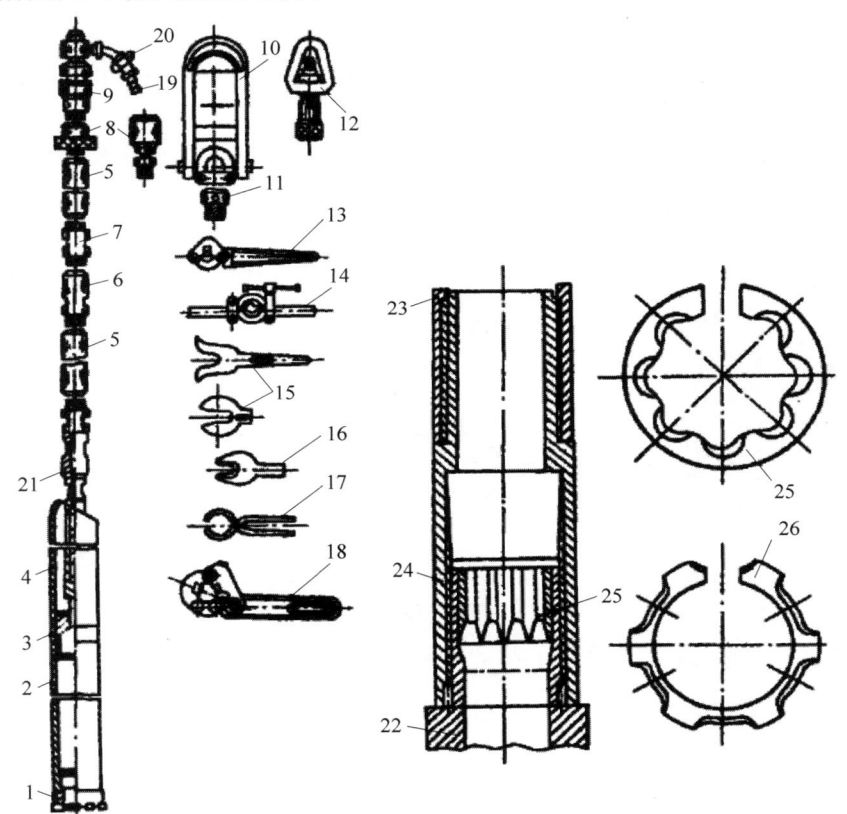

1,22—钻头;2,23—岩心管;3—异径接头;4—取粉管;5—钻杆柱;6—切口外平锁接头;7—切口平接头;8—水龙头接头;9—水龙头;10—爬杆提引器;11—钻杆提引器(蘑菇头);12—普通提引器;13—钻杆自由钳;14—铰链夹持器;15—垫叉;16—拧管机垫叉;17—钻头夹钳;18—岩心管自由钳;19—高压软管;20—软管夹板;21—卡心投球;24—提断器外壳;25—均质岩石岩心提断器;26—裂隙岩石岩心提断器。

图1-1　钻具组合及工具

在钻具下端装有钻头,钻头是钻进工作的直接工作端,它是一种在端部镶焊硬质合金切削具或金刚石颗粒的钢钻头体,用来在孔底破碎岩石。钻头体以螺纹与岩心管连接,钻头体内有倒锥面,用以安装提断器或投放卡料,以便卡断岩心。

岩心管在钻进时容纳岩心,同时也承受和传递钻压和扭力,带动钻头工作。岩心管有单根和双根连接使用,它的长度限制了回次进尺的长度。钻头和岩心管的基本尺寸见表1-1。

表 1-1　钻头和岩心管的基本尺寸

mm

钻头切削具外径	钻头		岩心管		
	外径	内径	外径	壁厚	内径
152	150	136	146	5.0	136.0
132	130	116	127	5.0	117.0
112	110	96	108	5.0	98.0
93	91	77	89	5.0	79.0
76	75	61	73	5.0	63.0
59	58.5	45	57	4.5	48.0
46	45.5	32.5	44	3.5	37.0
36	35.5	22.5	34	3.0	28.0

异径接头是用来连接岩心管和钻杆柱的。它有铣刀式接头和三径接头两种。当不需装配取粉管时,铣刀式异径接头的铣刀可用以破碎孔壁掉下来的岩块,以防止卡钻。三径异径接头上有左螺纹,用以连接取粉管。

取粉管用于在岩粉量大、冲洗不足的情况下收集大颗粒岩屑,特别是在钻粒钻进中,由于冲洗液量受调节孔底钻粒所限,必须带有取粉管。

在岩心回转钻具中,钻杆柱起着重大作用。在更换磨钝的钻头和提取满管的岩心的过程中,常常须把钻杆柱从孔内全部提出地面,然后又重新放入。这样,升降工序就成为钻探工作必不可少的环节。升降工序的快慢直接影响钻探工作的总效率和总成本。为了满足钻杆柱升降的需要,首先将单根钻杆连接成一定长度的立根。立根长度由升降所用的钻塔(或井架)高度确定。一根立根可由数根单根钻杆用接箍(或平接头)连接而成,在升降工序中不拧卸开。在立根之间则用带有切口的、便于夹持和拧卸的锁接头(或平接头)连接,每次升降都要卸开和连接一次,工作相当繁重。长期以来,钻杆柱都是采用螺纹连接的。螺纹部分管壁减薄,成为钻杆柱中最薄弱的部位。虽然采取了加厚螺纹部位管壁等办法,但是常在螺纹根部发生断钻杆的事故。钻杆接头的连接方式有平接头连接、锁接头连接和焊接接头连接等。钻探用的钻杆连接方式如图 1-2 所示。

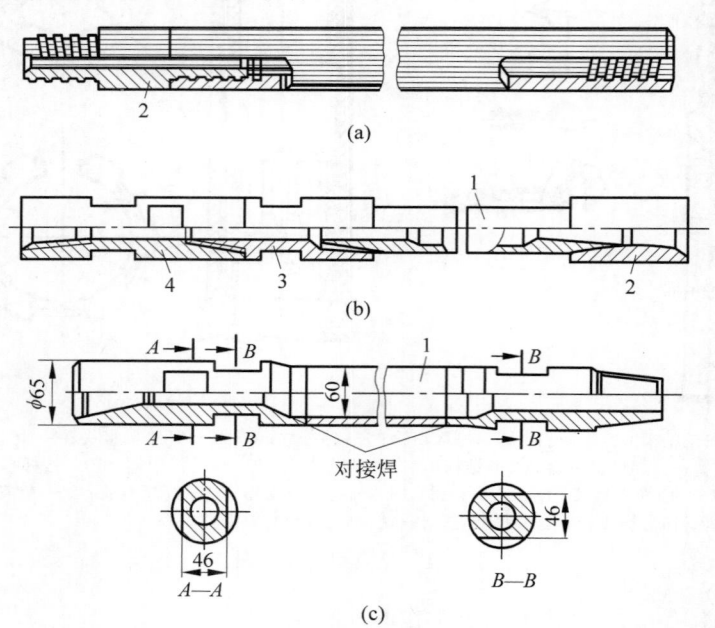

1—钻杆;2—平接头或接箍;3—锁接头的锥体;4—锁接头的接手。

图 1-2　钻探用钻杆连接方式
(a) 平接头连接的钻杆;(b) 锁接头连接的钻杆;(c) 焊接接头连接的钻杆

常规的钻杆由不同成分的合金无缝钢管制成,现用合金成分有 Mn、MnSi、MnB、MnMo、MnMoVB 等,并且限制 S、P 等有害成分的质量分数不得大于 0.04%,以保证所需的质量。用作钻杆的钢管的力学性能规格见表 1-2。

表 1-2　钻杆用钢管的力学性能

刚级	屈服点 σ_s/MPa	抗拉强度 σ_b/MPa	伸长率 δ_s/%
DZ40	不小于 400	650	14
DZ50	不小于 500	700	12
DZ55	不小于 550	750	12
DZ60	不小于 600	780	12
DZ65	不小于 650	800	12
DZ75	不小于 750	850	10

为了确保钻杆质量,轧制的钢管必须经正火和回火处理或调质处理。由于钻杆柱在回转工作过程中,经常与孔壁接触,所以外表面磨损严重。为了提高其外表面的抗磨能力,常常对钻杆表层进行高频淬火。但是为了不影响钻杆的抗疲劳破坏的性能,淬火加硬的表层深度必须控制在 1 mm 以内。

在钻杆端部车制连接用螺纹,因此削薄了管壁,降低了该部分的强度。为了克服这个弱点,常常把钻杆端部加热,将该部位管壁向外或向内镀厚,成为外加厚或内加厚端部钻杆。但是在镀厚的过程中对钻杆会造成热损伤,特别是在冷热过渡的部分,常使材料晶粒粗化,强度降低,成为断钻的一个原因,所以镀厚的钻杆必须进行正火、淬火和高温回火处理。

钻杆接头也是影响钻杆柱强度的一个重要环节。通常采用优质钢材制作钻头接头,并且常采用高频淬火处理,提高其表面硬度及抗磨能力。但无论钻杆还是接头,其螺纹部位都不允许出现加硬脆化现象。螺纹部位可采用感应加热淬火和低温回火处理,以提高其抗疲劳破坏的能力。

钻杆对连接螺纹的要求十分严格。钻探管材螺纹是专门设计的,并已定为国家标准。一般钻杆采用螺距为 8 mm 的每边倾斜 5°的梯形螺纹。为了防止应力集中,螺纹根部有规定的圆弧。钻进过程中钻杆螺纹部分既要承受拉、压、弯、扭等交变应力,又要经常卸和接,所以螺纹部分既要有足够的强度,又要耐磨。同时,钻杆又是高压冲洗液流的通道,故要求螺纹连接部分应具有可靠的密封防漏能力。因此,对螺纹的配合和加工精度都提出了较高的要求。对重载工作的钻杆,其螺纹加工精度要求更高。此外,在接头端部还采用专门的端面密封。

现在许多国家在地质勘探钻进中已经采用铝合金钻杆。使用铝合金钻杆可以减少钻杆柱的质量,减小回转钻杆柱所消耗的功率,减小提升钻杆柱消耗的功率。所以在同样的条件下可以增大钻机的可钻深度,提高转速,从而使机械钻速提高 1.3～1.5 倍,还可以减少升降钻杆柱的时间。

钻杆柱在井下的工作条件随钻井方式和钻井工序的不同而不同。在不同的工作条件下,钻杆柱具有不同的工作状态,受到不同的作用力。在钻井过程中,钻杆柱主要在起下钻和正常钻进这两种条件下工作。在下钻时,钻杆柱不接触井底,整个钻杆柱处于悬持状态,在自重的作用下,钻杆柱处于受拉伸的直线稳定状态,在正常钻进时,由于部分自重作为钻压施加在钻头上,下部钻杆柱受压缩。在钻压小和直井的条件下钻杆柱也是直的,而当压力达到某一临界值时,下部钻杆柱将失去直线稳定状态,发生弯曲,并在某个点(称为"切点")和井壁接触,这是第一次弯曲(图 1-3 中曲线Ⅰ)。如果继续加大钻压,则弯曲形状改变,切点逐渐下移(图 1-3 中曲线Ⅱ),当钻压增加到新的临界值时,钻杆柱的弯曲轴线呈现出第二个半波,这是钻杆柱第二次弯曲(图 1-3 中曲线Ⅲ)。如果再继续加大钻压,则会出现钻杆柱的第三次弯曲或更多次弯曲。目前旋转钻井的钻压一般都超过正常钻杆柱的一次弯曲临界钻压,如果不采取其他措施,下部钻杆柱将不可避免地发生轴向弯曲。

在正常钻进时,整个钻杆柱处于不断旋转的状态,作用在钻杆柱上的力,除拉力和压力外,还有由于旋转产生的离心力。离心力的作用将加剧下部钻杆柱的弯曲,使弯曲波长缩

图 1-3　钻杆柱受压弯曲示意图

短。在钻杆柱的上部受拉部分，由于离心力的作用也可能呈现弯曲状态。很明显，由于钻杆柱上部有拉力作用，所以其弯曲半波长度变小。以上所讲的钻杆柱弯曲状态仅仅发生在平面内。我们知道，在钻进时要通过钻杆柱传递扭矩。这样，在扭矩作用下，钻杆柱不可能保持平面的弯曲状态，而是呈螺旋线形弯曲状态。总的来说，在压力、离心力和扭矩的联合作用下，钻杆柱轴线一般呈变节距的空间螺旋弯曲曲线形状（在井底螺距最小，往上逐渐增大）。

　　这样一个螺旋弯曲钻杆柱在井眼内是怎样旋转的呢？这是一个比较复杂的问题，至今还未研究透彻。我们从实际中可以观察到，从井眼中起出的钻杆柱，有些磨损是四周一致的，而有些则是某个方向磨损得特别厉害，即产生偏磨。这说明钻杆柱在井眼里的旋转运动有两种可能的形式（图 1-4）。

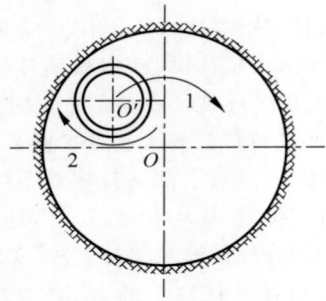

1—公转；2—自转。

图 1-4　钻杆柱的公转与自转

　　（1）钻杆柱像一个刚体，围绕着井眼轴线 O 旋转（可称为公转），此时钻杆柱产生偏磨；

　　（2）钻杆柱像一根柔性轴，围绕着自身的轴线 O' 旋转（可称为自转，此时钻杆柱均匀磨损）。

　　从理论上来讲，如果钻杆柱的刚度在各方面是均匀一致的，那么钻杆柱采取何种形式的运动就取决于外界阻力的大小，必定采取消耗能量最小的形式。当钻杆柱公转时，旋转经过的行程大，要消耗较多的能量来克服泥浆的阻力以及井壁的摩擦阻力，特别是钻杆柱受压弯曲部分靠在井壁上时，摩擦力更大。而自转时，旋转经过的行程小，克服井壁摩擦力及泥浆阻力所消耗的能量较小。因此，一般认为弯曲钻杆柱旋转的主要形式是自转，但也可能产生公转形式或两种运动形式的组合，既有自转又有公转。这是因为还有其他因素的影响，如钻杆柱的刚度是否均匀、井眼是否规则以及所用的技术参数等。

　　弯曲钻杆柱自转这一论点十分重要。鲁宾斯基（Lubinski）正是在这个基础上研究了钻杆柱的弯曲和井斜问题。在钻杆柱自转的情况下，离心力的总和等于零，对钻杆柱弯曲没有影响，这时钻杆柱弯曲就可简化为不旋转钻杆柱弯曲的问题。另外，弯曲钻杆柱的自转会使钻杆柱内出现严重的交变应力，对钻杆柱工作寿命影响很大。

　　在涡轮钻井或用螺杆钻井时，由于破碎岩石所需能量来自井下动力钻具，其上钻杆柱在一般情况下是不转动的。同时，可用水力载荷对钻头进行加压，这就使得钻杆柱受力情况比较简单。

　　从上述钻杆柱的工作状态可以看出，在不同的工作条件下，在不同的部位，钻杆杆柱所受载荷不同。

　　（1）轴向拉力和压力。钻杆柱在井下受到的最主要的轴向拉力是由钻杆柱自重引起的。井口处的重力最大，向下逐渐减小。由于钻杆柱是在充满泥浆的井眼中工作的，所以在钻杆柱最下部端面上还受到向上作用的泥浆浮力。这使得下部钻杆柱有相当长一段（该段在空气中的重量等于总的泥浆浮力）受到轴向压力，同时也抵消了上部钻杆柱所受的部分重力。此外,在起钻和下钻时,钻杆柱与井壁之间和钻杆柱与泥浆之间有摩擦力。这种摩擦力在起钻时,会增加上部钻杆柱的载荷,下钻时会减轻上部钻杆柱的载荷。

在钻进时,部分钻杆柱的重量被用作钻压,于是在钻杆柱上存在一个"中性截面",它将钻杆柱分为两部分。中性截面以下部分的钻杆柱在泥浆中的重量等于钻压,中性截面以上部分的钻杆柱在泥浆中的重量等于大钩负荷。同时,由于把部分钻杆柱的重量施加给钻头,因此下部钻杆柱受压力,上部钻杆柱受拉力,且越靠近井口拉力越大,越靠近井底压力越大。在整个钻杆柱上,由受拉转变为受压时,总有一点不受轴向力的作用,这就是所谓的"中和点"。中和点与中性截面不同。在泥浆浮力和泵压作用下,中和点位置已被转移,而不与中性截面重合。另外,由于下部弯曲钻杆柱的泥浆浮力真实分布情况比较复杂,一般来说中和点位置难以计算确定。

(2)弯曲力矩。在正常钻进时,下部钻杆柱受压弯曲而受到弯曲力矩的作用。此外,在井眼偏斜段,钻杆柱也受到弯曲力矩的作用。弯曲钻杆的旋转(特别是在绕钻杆柱自转的情况下),使钻杆柱内产生交变弯曲应力。

(3)离心力。当钻杆柱绕井眼轴线公转时产生离心力,促使钻杆柱弯曲加剧。

(4)扭矩。在正常钻进(转盘钻井)时必须通过转盘把一定的能量传递给钻杆柱,用于旋转钻杆柱和带动钻头破碎岩石。这样,钻杆柱受到扭矩的作用,扭矩在井口处最大,向下随着能量的消耗,在井底处钻杆柱所受的扭矩最小。

(5)纵向振动。钻进时,钻头的转动(特别是牙轮钻头)会引起钻杆柱的纵向振动,因而产生纵向交变应力。纵向振动与钻头结构、所钻岩石特性、泵量不均度、钻压及转速等因素有关。当这种纵向振动的周期和钻杆柱本身固有的振动周期相同或成倍数时,就产生共振现象,振幅急剧加大,这种现象通常称为"跳钻"。严重的跳钻常常造成钻杆弯曲、磨损加剧以及迅速疲劳破坏。通常可以通过改变转

速和钻压的方法来消除这种跳钻现象。

(6)扭转振动。当井底对钻头旋转的阻力不断变化时,会引起钻杆柱的扭转振动,因而产生交变剪应力。扭转振动与钻头结构、所钻岩石性质是否均匀一致、钻压及转速等许多因素有关。特别是使用刮刀钻头钻进软硬交错地层时,钻杆柱的扭转振动最为严重。

(7)动载。起钻下钻作业中,由于钻杆柱运动速度的变化会引起纵向动载,因而在钻杆柱中产生间歇的纵向应力变化。这主要和操作状况有关。

综上所述,转盘钻井时,钻杆柱的受力是比较复杂的,但所有这些载荷就性质来讲可分为不变的和交变的两大类。属于不变应力的有拉应力、压应力和剪应力,属于交变应力的有弯曲应力、扭转振动所引起的剪应力以及纵向振动作用所产生的拉应力和压应力。在整个钻杆柱长度内,载荷作用的特点是在井口处主要受不变载荷的影响,而靠近井底处主要受交变载荷的影响。这种交变载荷的作用正是钻杆柱疲劳破坏的主要原因。

从上述分析不难看出,钻杆柱受力严重的部位是:

(1)钻进时钻杆柱的下部受力最为严重。因为钻杆柱同时受到轴向压力、扭矩和弯曲力矩的作用,更为严重的是自转时存在着剧烈的交变应力,以及钻头突然遇阻遇卡,会使钻杆柱受到的扭矩大大增加。

(2)钻进时和起钻下钻时,井口处钻杆柱受力复杂。起钻下钻时井口处钻杆柱受到最大拉力,如果起钻下钻时猛提、猛刹,会使井口处钻杆柱受到的轴向拉力大大增加。钻进时,井口处钻杆柱所受拉力和扭力都最大,受力情况也比较严重。

(3)地层岩性变化、钻头的冲击和纵向振动等因素的存在,使得钻压不均匀,因而使中和点位置上下移动,这样在中和点附近的钻杆柱就受到交变载荷作用。

由钻杆柱的工作状态和受力分析可知,在井内工作的钻杆柱经受着各种载荷、磨损和侵蚀。随着工作时间的增加,钻杆柱被磨损、折

断和侵蚀。为了降低钻杆柱的消耗量和延长其使用期限,正确地管理和使用钻杆柱是十分必要的。

在使用钻杆时需注意以下事项:

(1) 钻杆弯曲对其损坏最大,因此在使用时应尽量避免。防止钻杆弯曲的措施有:减小钻杆与孔壁的环状间隙;当孔内出现洞穴时,不宜采用高的轴向压力;经常检查钻杆弯曲度并加以矫直。用长度为 1 m 的直尺检查钻杆任一长度上弯曲超过 0.75 mm 时,不准下孔使用。钻杆矫直应该用矫直机,禁止用铁锤敲打。

(2) 拧扣前坚持使用丝扣油,以便于拧卸、保护丝扣、防止渗漏。丝扣油配方:黄油:铅粉:锌粉为 2:1:0.5(质量比);石墨粉(120~180):黄油为 1:2(质量比)。

(3) 起钻时严格逐根检查钻具,对磨损出现裂纹和螺纹不合格(螺纹晃动和明显变形)的钻杆和接头禁止再用。钻杆和接头单边磨损允许量为 1 mm,均匀磨损允许量为 1.5 mm。钻杆与接头的螺纹连接处,不得有漏水现象。下钻时在立根螺纹根部缠一股浸油棉纱,或在螺纹连接处放置 0.5~0.8 mm 厚的紫铜垫等以确保密封良好。

(4) 遵守操作规程,防止跑钻、断钻、烧钻等,避免强力起拔以防止严重损伤钻杆。绳索取心钻具如发生卡埋或烧钻事故,严禁强力起拔钻杆。

(5) 采用螺纹黏结接头的绳索取心钻杆,使用前应检查内表面,清除残留堆积的黏结剂,以免内表面不平而影响内管下降。发现黏结不牢的,禁止下人孔内。

(6) 下钻接立根时,需扶正钻杆并轻轻对扣,防止损坏接头螺纹。

(7) 应使用多触点自由钳拧卸钻杆,尤其是绳索取心钻具,严禁使用管钳和用铁锤敲打。

(8) 机场钻杆立根台上应垫木板或硬橡皮以保护螺纹。设置合适的立根靠架和中间支撑,以免立根过度弯曲。

(9) 钻杆搬运时应拧上"护丝",轻拿轻放,不准扔掷。禁止在地上拖拉钻杆。

(10) 备用钻杆应将螺纹刷净,涂上防锈油,套上"护丝",放置于平地,钻杆下垫三个支点,防止发生弯曲变形。钻杆上禁放重物。

1.2.3　套管及其附属工具

套管柱用以加固钻孔的不稳定孔壁,还可用来将一些地层与另一些地层隔离开。岩心钻探中最常用的套管柱是将外表光滑的无缝套管用平接头连接起来。平接头连接的无缝套管尺寸见表 1-3 和图 1-5(a)。

表 1-3　平接头连接的无缝套管及套管平接头的尺寸　　　　　　　　mm

套管外径/mm	套管壁厚/mm	平接头外径/mm	平接头内径/mm	镗孔(旋孔)直径/mm	外部镗孔直径/mm	外螺旋镗孔长度/mm	全剖面内外螺纹长度/mm	套管长度/mm	1 m 光滑套管的理论质量/kg	一个平接头的理论质量/kg
44.0	3.5	44.0	34.0	40.5	38.8	40	36	1500~4500	3.50	0.7
57.0	4.5	57.0	46.0	52.5	50.0	40	56	1500~6000	5.83	1.0
73.0	5.0	73.0	62.0	69.0	66.5				7.40	1.3
89.0	5.0	89.0	78.0	85.5	82.5				10.36	1.7
108.0	5.0	108.0	95.5	103.5	101.0				12.70	2.4
127.0	5.0	127.0	114.5	122.5	120.0				15.40	2.6
146.0	5.0	146.0	134.0	141.5	139.0				17.39	2.8

浅孔钻进时,小直径套管常常不用平接头连接。此时,套管的一端车有外螺纹,而另一端则车有内螺纹,套管与套管直接连接,如图 1-5(b)所示。制成的套管长度为 2.5~4.5 m。

套管的弯曲度应在下列范围内:

(1) 对于直径是 44~89 mm 的套管为 1 mm/1.5 m;

(2) 对于直径是 108~146 mm 的套管为

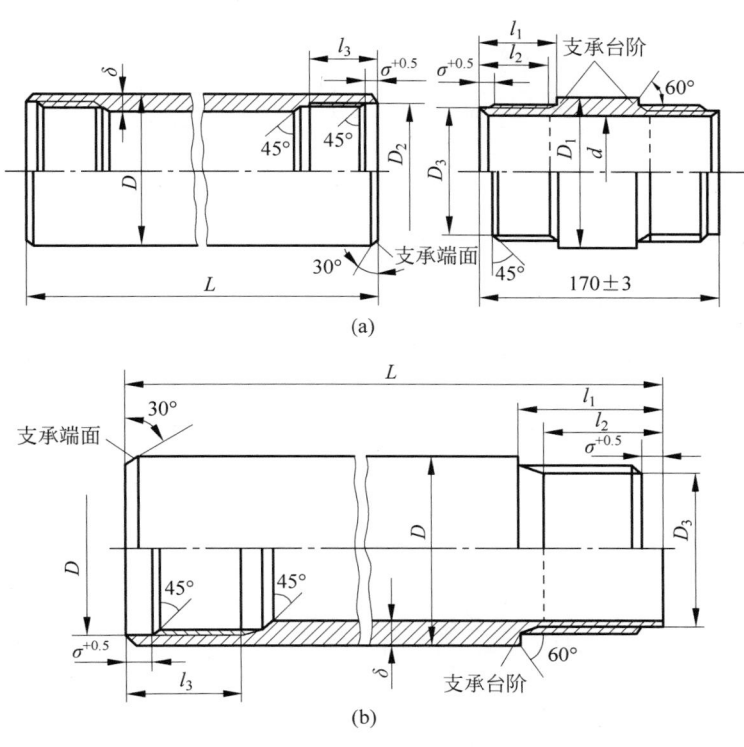

图 1-5 无缝套管
（a）平接头连接的无缝套管；（b）直接连接的套管

1 mm/1 m。

套管两端均有梯形螺纹。螺纹斜面尖顶角为 10°，螺距为 4 mm。平接头连接的套管螺纹高度为 0.75 mm，直接连接的套管螺纹高度为 0.65 mm。

套管附属器具：为了把套管在孔内悬挂起来，使用简单夹板和卡台，如图 1-6 所示。

用卡台悬挂套管是比较方便的。卡台由带有内锥孔的壳体组成，内锥孔内置有与套管尺寸相应的可卸锥形环。锥形环内置有卡住套管的卡瓦。

使用两个铰链或三个铰链的自由钳来拧卸套管。每一个自由钳都可拧卸两个尺寸的套管。钻场上每种尺寸的自由钳都应该有三个。

1.2.4 功能

在钻探工作中，钻杆柱从地表把钻机的动作和动力传递给井底的钻头。钻头在井底破碎岩石、连续进给以及其他一切工作全取决于钻杆柱的工作性能。钻杆柱在传动工作系统中是一个特殊的、细长比很大的、在井筒特定条件下工作的传动杆件，同时它又是洗井液冲洗井底和冷却钻头必需的液流通道。钻杆内受高压，外表面承受着磨损。虽然钻杆柱在结构上看似较为简单，但实际上，它承受着复杂的外力，且处于失稳状态。钻杆柱是钻探工作的一个关键组件和重要环节。实践表明，钻探的工作效率和安全生产都取决于钻杆柱的可靠性。

在某些特殊钻进方法中，钻杆柱还作为输送岩心或岩心提取器的通道，或作为更换井底钻头的通道。因此，还要求钻杆柱必须具有光滑而平整的内孔。

在许多情况下，钻杆柱还起着辅助作用：投送卡取岩心的卡料，输送测斜仪器以及输送堵漏材料等。

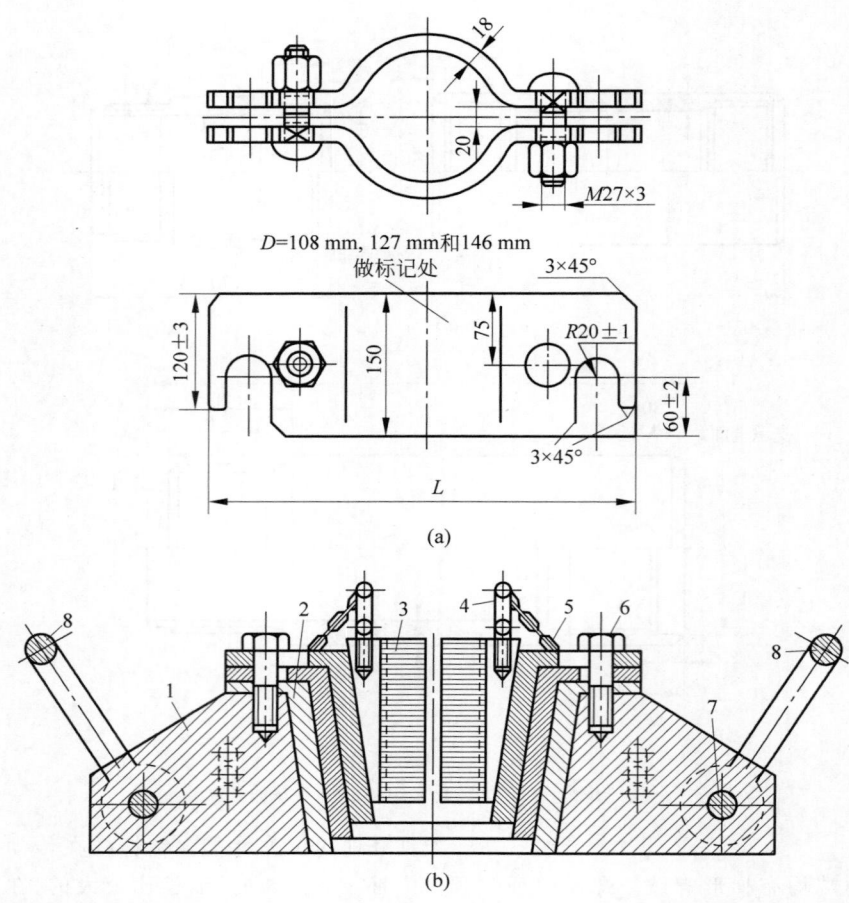

1—台座；2—可卸锥形环；3—卡瓦；4—吊耳；5—取出卡瓦用链环；6—螺柱；7—小轴；8—移动卡台用手把。

图 1-6　套管夹板
（a）简单夹板；（b）卡台

1.3　立轴式岩心钻机

1.3.1　概述

　　立轴式钻机是目前国内外应用最广泛的岩心钻机的机型。其主要特点是钻机回转器有一根长的立轴，在钻进中可起到良好的导正和固定钻具方向的作用，适用于打各种倾角的钻孔。现代立轴式钻机为了适应金刚石钻进工艺的需要，并能兼顾硬质合金及钢粒钻进工艺的要求，提高了立轴转速（最高可达 2500 r/min），扩大了调速范围，增加了速度挡数。现代立轴式钻机基本上采用液压及机械传动相结合的方式，大大改善了岩心钻机的性能及功能。为了减少孔内事故和缩短钻进过程中的辅助作业时间，部分岩心钻机采用上下两个液压卡盘，实现"不停车倒杆"。有些钻机的升降机采用液压控制，改善了操作者的劳动条件。有些深孔钻机安装有水刹车，控制下放钻具时钻具的下降速度。随着立轴式钻机的不断改进，其性能日趋完善，在今后相当长的一段时间内立轴式钻机在岩心钻探中仍将占有主导地位。

　　机械传动立轴式岩心钻机自 20 世纪 60 年代研制成功以来，经过长期的实践应用和不断改进，结构性能已趋合理完善，具有结构紧凑、传动可靠、价格便宜、操作维护方便等优点，一直是我国地质岩心钻探的主力机型，市场保有量大，工人熟悉程度高。

立轴式岩心钻机经过近百年的发展,经受住了实际工况使用情况的考验,目前基本形成了立轴回转、卡盘夹持并转动钻杆,液压进给油缸;利用行星齿轮绞车进行升降;动力源通过离合器、变速箱、分动箱驱动钻进,成为现在国内外岩心钻机通用,也是经典的一种机型。

立轴式钻机有以下优点:①制造成本较低。精密的机械产品需要高精度的加工和高技术人才,这就造成了精密机械制造成本高昂,普通技术工人成本相对较低,而机械立轴式钻机由于对加工精度要求不高,所以降低了制造成本。②对操作技能要求不高,维修较方便。我国目前的高技能操作工人较少,这就造就了高技能操作工人就意味着高成本。而机械立轴式钻机操作、维修都较容易。③可靠性较高,损耗少,传动效率高。机械传动比液压传动可靠性高是无可争议的事实,液压传动的效率在70%左右,远远落后于机械传动的效率。④起下钻速度快,处理事故能力强。由于使用钻塔,立轴式钻机可以实现长立根(12~18 m)起下钻,速度要比全液压动力头钻机(立根长度一般为6 m)快。在实际工况施工中,起下钻是一种经常的作业,对于较复杂地层,起下钻的次数更是频繁。立轴式钻机的施工效率优势较明显。

立轴式钻机的缺点有:①一般需要使用主动钻杆,实现机上加钻杆较困难;②由于采用钻塔,搬迁、运移方面工作量较大;③不易实现较大角度的斜孔钻进;④进给行程较短,转速不能实现无级变速。

立轴式钻机种类很多,但国内应用最为普遍的是XY系列立轴钻机,其中XY-4型钻机又是目前结构最为典型、应用最为普遍的岩心钻机。它是一种机械传动、液压进给立轴式岩心钻机,主要适用于使用金刚石或硬质合金钻进方法进行固体矿床勘探,也可用于工程地质勘察、浅层石油、天然气、地下水钻探,还可用于堤坝灌浆和坑道通风、排水等工程孔钻进。为了能更好地满足不同施工对立轴钻机的要求,以扩大其使用范围,一些厂家还对其进行改型设计。下面以XY-4型钻机为例,对立轴式岩心钻机进行介绍。

XY-4型钻机有以下特点:

(1)钻机具有较高的立轴转速,最高达到1588 r/min;转速调节范围广,有8挡正转速度和2挡反转速度。

(2)钻机质量小(1500 kg,不包括动力机);可拆性较好(最大部件质量为218 kg),便于搬迁。

(3)结构简单,布局合理,手柄集中,操作灵活可靠。

(4)机架坚固,重心低,高转速时稳定性好。

(5)钻机采用单独驱动,动力可根据需要选配电动机(30 kW)或高速柴油机(2000 r/min)。

(6)改进后的钻机还安装了水刹车,使得钻具下降平稳、安全可靠,有利于延长抱闸使用寿命。

该钻机也存在一些缺点,如高速挡少,低速挡多且密,这显然与钻机以金刚石钻进为主的使用条件不完全适应,液压系统采用单个定量泵供油,同调压溢流阀来控制减压钻进的钻压,在需要进给力大,但进给速度较慢时,油泵排出的压力油大部分做无用功,油温升高很快,因此,有的厂家已改用双联齿轮泵供油来解决此问题,使XY-4型钻机的结构更趋合理。

1.3.2 原理

立轴钻机也叫立轴式岩心钻机,主要用于地质矿产资源勘探。页岩气勘探开发中,地质调查阶段通常采用立轴钻机进行岩心钻探,以获取岩心进行气藏参数测试与分析。

立轴钻机主要由动力系统、传动系统、回转系统、卡夹系统、升降系统、进给系统及底座等组成,如图1-7所示。

1. 动力系统

立轴钻机的动力系统相对简单。根据施工现场是否有电网可供使用来选择动力机的类型,有电网时配备电动机,否则配备柴油机。

确定动力机的功率时,主要考虑的因素有克服或破碎岩石所需功率、回转钻杆柱所需功率以及提下钻杆柱或套管所需功率。

图1-7　立轴式岩心钻机

2. 传动系统

钻进工作中，由于孔内条件复杂、钻进工艺方法多样，因此要求钻机的变速范围大。同时为了满足拧卸钻杆与钻具、处理孔内事故要求，还要求钻机具有正反转功能。因此，在立

轴钻机中，其传动系统需要承担的任务或需要具备的功能有：①传递与切断动力；②变速与变矩；③实现柔性传递与过载保护；④分配动力与换向；⑤改变运动形式，如将旋转运动变为往复运动。

立轴钻机的传动系统由机械传动系统和液压传动系统组成。机械传动系统一般包括三个传动链，即油泵传动链、卷扬机传动链与回转器传动链。油泵传动链的动力经输入传动装置（或联轴器）与油泵传动装置传至油泵。卷扬机传动链与回转器传动链是机械传动系统的主要组成部分，它们多共用一个传动路线。动力机的动力从输入传动经摩擦离合器接通，通过变速箱、分动箱，并由分动箱将动力分配给卷扬机或回转器，或两者同时运转，如图1-8所示。

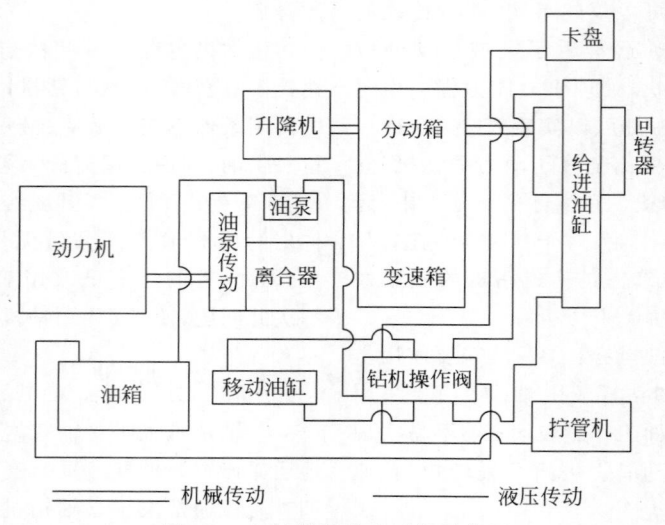

图1-8　立轴钻机传动系统示意图

液压传动系统由传动装置、油泵、操纵阀、油管、油箱、仪表与执行元件（液压油缸、液压马达）等组成。

3. 回转系统

立轴式钻机的回转系统也叫立轴式回转器，其功用是传递动力，使钻具以不同的速度与扭矩作正向或反向回转。它位于机械传动系统的末端，是回转钻进的主要执行机构之一。因此，其结构与性能必须满足钻进工艺的下列要求。

（1）回转器的转速与扭矩，应能适应孔内钻进情况变化的需要。

（2）回转器应具有反转功能，以满足孔内特殊工序的要求。

（3）回转器应有良好的导向功能，以便钻进时保证钻孔的设计倾角。

（4）回转器应能在一定范围内变更倾角，钻进不同方向的钻孔，以满足地质要求。

（5）回转器的通孔直径应满足需通过的机上钻杆或粗径钻具的直径要求。

（6）回转器应运转平稳，震动摆动小，以保证钻头的正常钻进。

立轴式回转器的结构由箱壳、横轴、锥齿轮副、立轴导管、立轴与卡盘等组成。其中立轴与卡盘除传递回转运动外，还通过油缸与横梁，带动钻具上下运动。

4．卡夹系统

立轴钻机的卡夹系统由上下卡盘组成。卡盘通常与回转器连接为一整体，其作用是夹住钻杆、传递回转运动与扭矩、传递轴向运动与进给力。卡盘能否稳固地卡紧和迅速地松开钻杆，直接影响钻进工作能否顺利进行，因此，卡盘必须符合下列基本要求。

（1）夹紧后，钻杆与立轴的同心度好。

（2）夹紧时，有足够的恒定夹持力。夹紧后的钻杆与卡瓦之间不能产生轴向或周向的相对滑动。夹持机构应具有自锁性能。

（3）夹持与松开动作应快速省力，松开完全彻底。

（4）夹持力分布均匀，夹紧时不损坏钻杆表面。

（5）结构简单、紧凑，外廓尺寸小；操作方便，易于维修。

卡盘一般由夹紧元件、中间传动机构和夹紧动力装置三部分组成。

5．升降系统

立轴钻机的升降系统由卷扬机（也称升降机或绞车）与滑车组组成。

1）卷扬机

卷扬机是立轴钻机的主要部件之一，其主要功能是在提下钻过程中提放钻杆柱、在接单根作业中提放钻杆。在钻进施工中，提下钻所费时间相当可观，一般占全孔施工时间的1/3以上。随着钻孔深度的增加，提下钻时间不断增加。为了提高提下钻速度，减少提下钻作业时间，要求卷扬机具有较快的卷绳速度。

2）滑车组

滑车组是一增力机构，其增力倍数与滑车组的结构和滑车组中动滑轮的个数有关，钻进设备中通常采用的两类滑车组如图 1-9 所示。

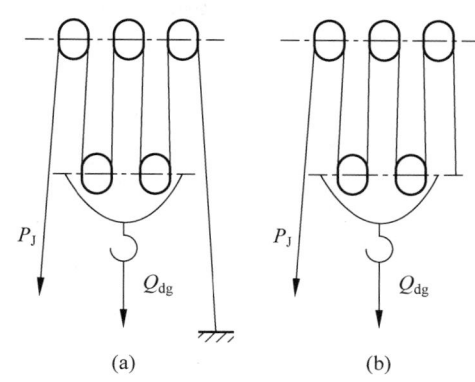

图 1-9　滑车组示意图

（a）有死绳；（b）无死绳

6．进给系统

进给系统（进给机构）是回转钻进的主要执行机构之一，其主要任务包括称量钻具重量，进行加压或减压进给，提供一定的轴向压力与进给速度，平衡钻具重量、倒杆、提动与悬挂钻具，强力提拔钻具等。

进给机构有液压进给与机械进给两类。除一些特别陈旧的钻机类型外，目前绝大多数立轴钻机均采用液压进给方式。

1.3.3　结构

XY-4 型钻机主要由以下几部分组成：动力机、摩擦离合器、变速箱、万向轴、分动箱、回转器、升降机、机座、液压传动系统。

1．机械传动系统

XY-4 型钻机机械传动系统如图 1-10 所示。该传动系统包括摩擦离合器 1、变速箱 2、万向轴 3、分动箱 4、回转器 5、升降机 6 等。变速箱与分动箱之间采用万向轴连接。变速箱可输出四个正转转速和一个反转转速。分动箱内对回转的传动又设有高、低挡两级变速机构，所以，回转器可获得八个正转转速和两个反转转速。而升降机只获得四个低速正转转速。机械传动系统的动力传递路线如图 1-11 所示。

2．摩擦离合器

XY-4 型钻机摩擦离合器为常开型干式单片结构（图 1-12）。离合器的动力输入轴（主动

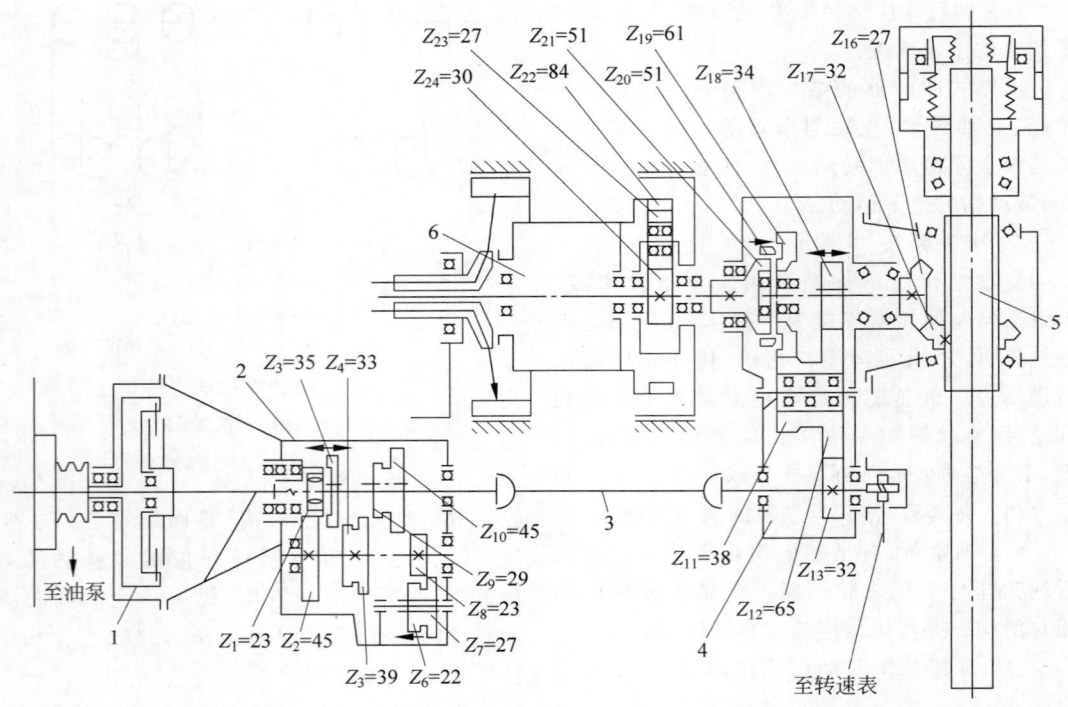

1—摩擦离合器;2—变速箱;3—万向轴;4—分动箱;5—回转器;6—升降机。

图 1-10   XY-4 型钻机机械传动系统

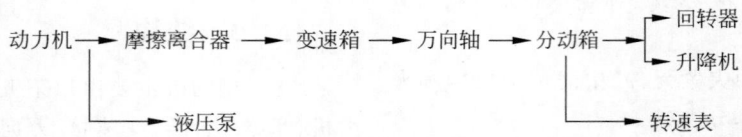

图 1-11   动力传递路线

轴)通过半弹性联轴器 1 与动力机轴相连。半弹性联轴器的双槽三角皮带轮用于驱动液压系统的油泵。离合器的从动摩擦盘 9 与变速箱的输入轴(又称为离合器的从动轴)连接,可将动力传入变速箱。离合器罩壳 21 用双头螺栓 25 与变速箱连为一体,并用支架 27 支撑。支架和变速箱均用螺栓固定于钻机的后机架上。

主动轴 3 端部圆周上均布有六个开口矩形槽。主动摩擦盘 10 上有均布的六个矩形凸台插装在主动轴的六个矩形槽内,主动盘可沿主动轴的槽口轴向移动。压盘 11 通过内齿套装在从动摩擦盘 9 的外齿部分,两者以全齿啮合同步转动,而且压力盘可沿齿向滑移。主动摩擦盘装在压盘与从动摩擦盘之间,在压盘与

从动摩擦盘之间还装有四个弹簧 8。弹簧的作用:结合时,减小冲击;分离时,保证各片迅速分离。从动摩擦盘右端外圆切制有螺纹,装上间隙调整螺母 22。当摩擦片磨损后,可旋转调整螺母调整摩擦片间的间隙。调整前先将六角螺钉拧松(不要拧掉),松开保险片 14,然后使调整螺母顺时针方向旋转,摩擦片间隙变小,离合器结合时传递转矩增大;使调整螺母按逆时针方向旋转,摩擦片间隙增大,离合器传递转矩减小。摩擦片间隙调整好后,应将六角螺钉拧紧。保险片起到定位作用,防止调整螺母自行松动。

拨动器由松紧滑套 17、单列向心轴承 18、压盖等组成。通过离合器操纵手柄 24 转动拨

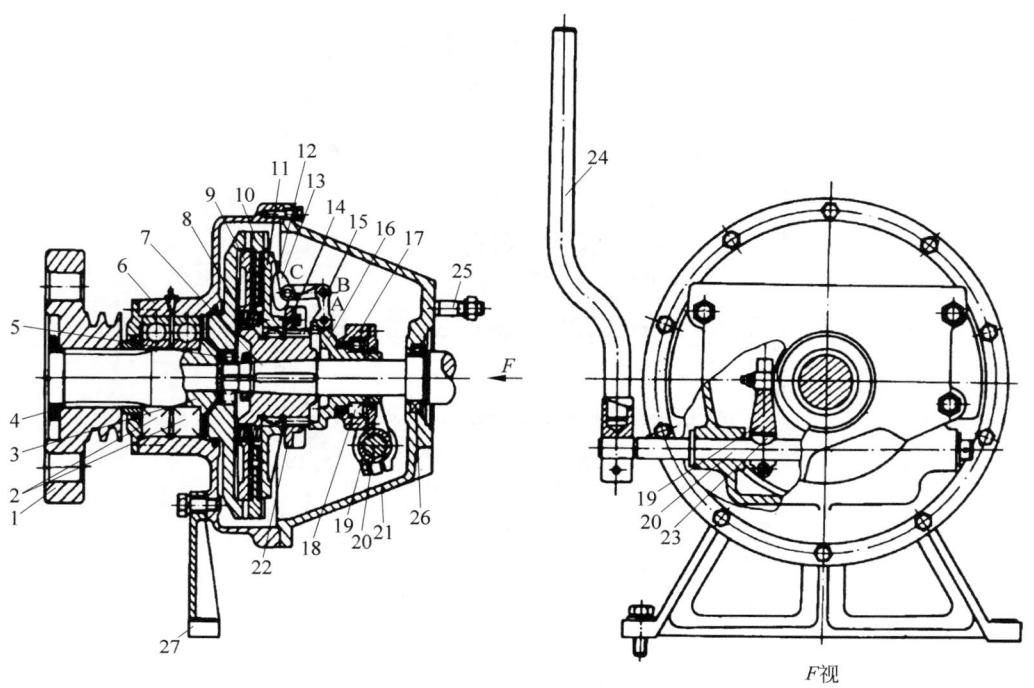

1—半弹性联轴器；2—轴承；3—主动轴；4—圆螺母；5—轴承；6—壳体；7—从动轴；8,12—弹簧；9—从动摩擦盘；10—主动摩擦盘；11—压盘；13—压脚；14—保险片；15—连杆；16—滑套；17—松紧滑套；18—单列向心轴承；19—拨叉；20—拨叉轴；21—罩壳；22—调整螺母；23—半圆键；24—操纵手柄；25—双头螺栓；26—橡胶油封；27—支架。

图 1-12   XY-4 型钻机摩擦离合器

叉轴 20 与拨叉 19，带动拨动器在从动轴上左右移动。

杠杆压紧装置由滑套 16、连杆 15、压脚 13 与弹簧 12、压脚销子等组成。

离合器结合时，扳动离合器操纵手柄使滑套向左移动，带动连杆绕销子 B 转动，进而迫使压脚绕压脚销子 C 转动。因压脚下部与调整螺母接触，受其限制，压脚在绕销子旋转的同时，通过压脚销子将压力盘向左移动，迫使压盘、主动摩擦盘、从动摩擦盘压紧在一起。动力经主动摩擦盘、从动摩擦盘输入变速箱。

分离时，将滑套右移，带动压脚反向绕压脚销子旋转，消除对压力盘的压力。在四个弹簧张力作用下，主动、从动摩擦盘及压盘分离，获得间隙，动力随即被切断。

3. 变速箱

XY-4 型钻机的变速箱（图 1-13）为典型的 3 轴 2 级传动变速箱，并设有反挡机构，可输出四个正转速度和一个反转速度。其由传动机构和换挡操纵机构组成。

1）传动机构

传动部分的基本组成有四根轴及五对齿轮。

输入轴 5 为齿轮轴结构，用两盘单列向心球轴承支撑在变速箱壳体上。轴的左端与摩擦离合器的被动摩擦盘连接，右端碗形齿轮 5 与中间轴 74 上的大齿轮 75 呈常啮合状态。碗形齿轮内孔用滚针轴承 6 支撑输出轴 8。碗形齿轮右端齿可与滑动齿轮 7 的内齿轮全齿啮合，将动力直接传至输出轴。

输出轴 8 是花键轴，与输入轴处在同一轴线上，左端支撑在碗形齿轮中心孔内，右端用一盘单列向心球轴承支撑在变速箱壳右侧，伸出箱壳的花键部分与万向轴的法兰盘装合，并用圆螺母及止退垫圈固定。该轴上装有滑动齿轮 7 和双联滑动齿轮 9。

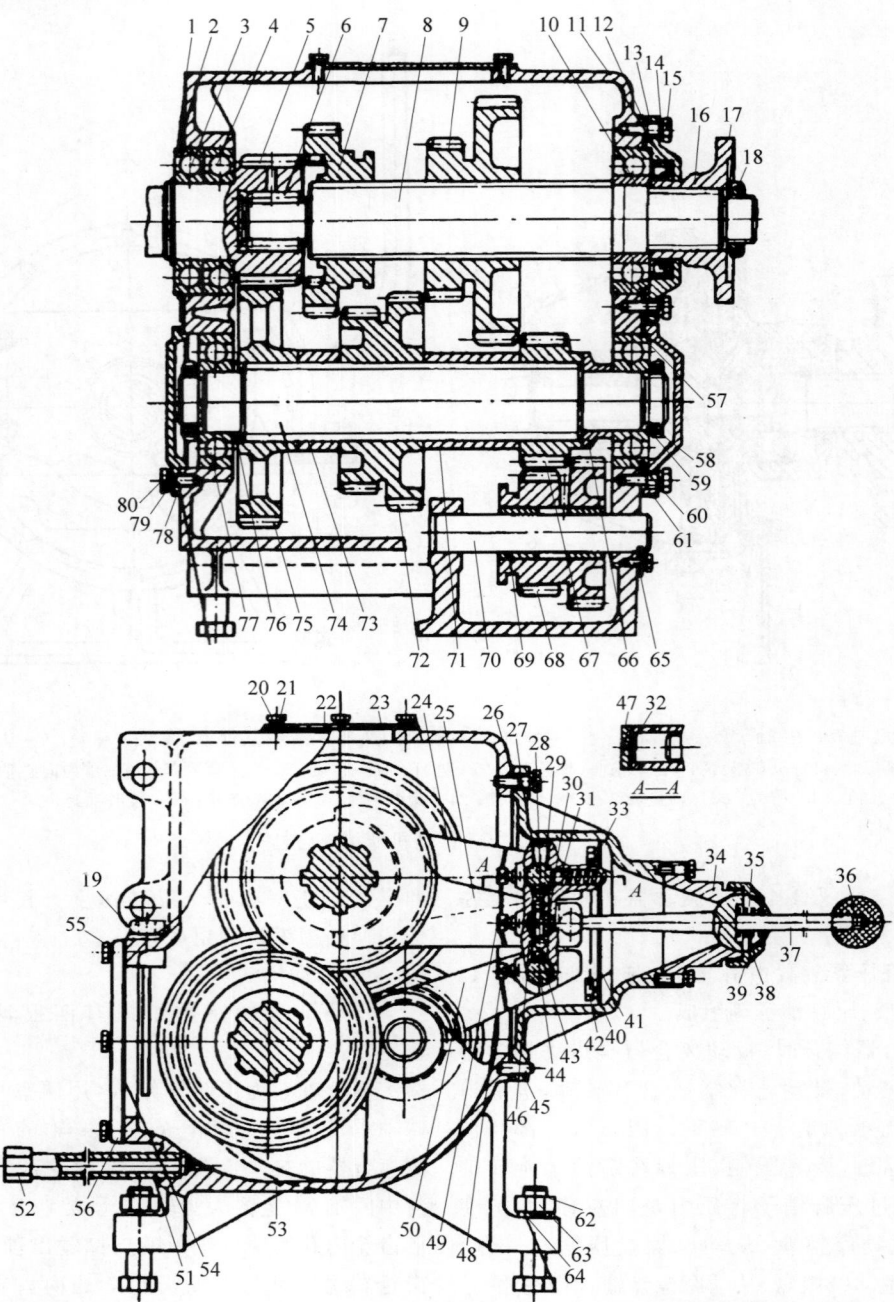

1—轴用弹性挡圈；2,12,22,26—纸垫；3,4,10—单列向心球轴承；5—齿轮轴；6—滚针轴承；7—二四挡齿轮；8—输出轴；9—三挡齿轮；11—油封；13—轴承端盖；14,20—弹簧垫圈；15,21—螺栓；16—万向节法兰盘；17—止退垫片；18—螺母；19—油针；23—盖板；24,25—拨叉；27,30—拨叉轴；28,32—封盖；29—互锁销；30—拨叉轴；31—定位钢球；32—封盖；33—弹簧；34—侧箱盖上盖；35—手把盖；36—手把球；37—变速手柄；38—球形座；39—弹簧；40—侧箱盖；41—限位板；42—螺栓；43—钢球；44—反挡拨叉轴；45—定位销；46—圆柱销；47—沉头螺钉；48—止动螺栓；49—钢丝；50—反挡拨叉；51—油管；52—螺帽；53—变速箱壳；54—纸垫；55—螺栓；56—盖；57—纸垫；58—圆螺母；59—止退垫圈；60—轴承；61—端盖；62—螺栓；63—螺母；64—垫圈；65—止动片；66—轴套；67—小齿轮；68—反挡齿轮；69—铜套；70—反挡轴；71—轴套；72—双联齿轮；73—轴套；74—中间轴；75—齿轮；76—轴套；77—轴承；78—纸垫；79—端盖；80—螺栓。

图 1-13　变速箱装配图

中间轴 74 也是花键轴,左右两端各用一盘不同的轴承支撑在箱体上,用圆螺母 58 轴向固定。轴上装有齿轮 75、双联齿轮 72 和小齿轮 67,其间用轴套隔离定位。

反挡轴 70 直接支承在箱壳上,并用止动片作轴向和周向固定。反挡双联齿轮 68 用嵌装铜套套装在轴上,通过拨叉拨动,可与小齿轮 67 及齿轮 9 的右端大齿轮啮合实现反转传动。

2)换挡操纵机构

该变速箱换挡操纵机构为三轴互锁、单手柄集中操纵机构,装在变速箱壳侧面,由手柄、拨叉轴、拨叉、互锁机构、定位装置等组成。

三个拨叉 24、25、50 分别插入滑动齿轮 7、9、68 的拨槽中。拨叉用螺栓 48 固定在拨叉轴 27、30、44 上。三根拨叉轴能在支架孔内滑动。拨叉顶端有通槽,变速手柄 37 的球头可分别进入三个拨叉的通槽内,拨动拨叉及拨叉轴移位,手柄中部以球铰形式支承在侧箱盖 40 上。

变速手柄穿过装在侧箱盖 40 上的限位板 41 的槽孔,引导手柄移动方向和位置。变速箱各变速滑动齿轮均处在空挡位置时,三个拨叉通槽对正。此时,上下扳动变速手柄可使手柄球头进入任一拨叉槽内,再左右扳动就可以使球头进入的那个拨叉移动,该拨叉控制的滑动齿轮挂挡,而进入工作位。如果需要再次换挡,必须使已挂挡的齿轮回到空挡位后才能变换。

定位装置的作用是保持啮合齿轮的工作位置,防止自动分离或啮合。该变速箱定位装置采用弹簧-钢球。弹簧及钢球装入支架孔内。弹簧的张力迫使钢球压入拨叉轴上的定位槽内,限制拨叉轴自动轴向移动,而不会跑挡。

互锁机构是拨叉轴间的相互位置彼此受到制约的安全机构。XY-4 型钻机变速箱操纵机构用钢球一柱销式机构实现三根拨叉轴间的互锁。互锁销 29 装在中间一根拨叉轴的径向通孔内。四个互锁钢球两两分别装在支架上相应的孔内。三根拨叉轴上相对应的挡位处加工有互锁球窝。当三根拨叉轴均处在空挡位时,四个互锁钢球的球心及互锁销的轴心线在一条直线上,因为四个钢球和互锁销子的总长度比边上两根拨叉轴上两球窝底间的距离少一个球窝的深度,此时三根拨叉轴均未锁定,允许任一根拨叉轴滑动。当某一根拨叉轴移动到工作挡位时,该拨叉轴就会迫使互锁钢球分别嵌入另两根拨叉轴的球窝内,阻止它们移动。这两根拨叉轴所控制的滑动齿轮被锁定在空挡位。再次换挡时,必须将原处在挂挡位的拨叉轴移回到空挡位后,才能变换其他挡位。

4. 万向轴

变速箱输出轴与分动箱之间采用万向轴传动。这首先是为了降低变速箱和分动箱装配时对中的精度要求;其次是拆卸变速箱时,由于两个万向节之间为花键连接,可以使变速箱整体向后退出前机架。万向轴由解放牌汽车的万向轴改制而成。万向轴及万向节的结构如图 1-14 所示。

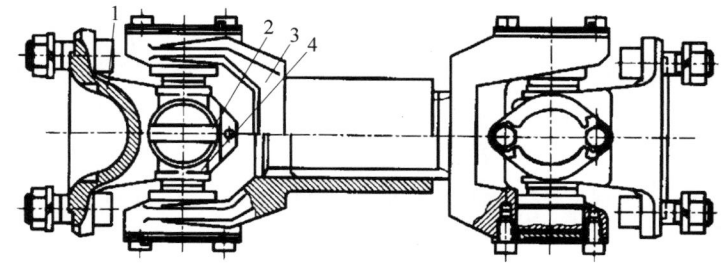

1,3—万向节叉;2—轴承盖;4—十字轴。

图 1-14 万向轴及万向节的结构

5. 分动箱

XY-4 型钻机分动箱(图 1-15)装在钻机的前机架上,除起到向回转器和升降机分配动力作用外,对升降机又起到减速器作用,对回转器还起到二级变速机构的作用,使回转器获得比升降机多的挡数。

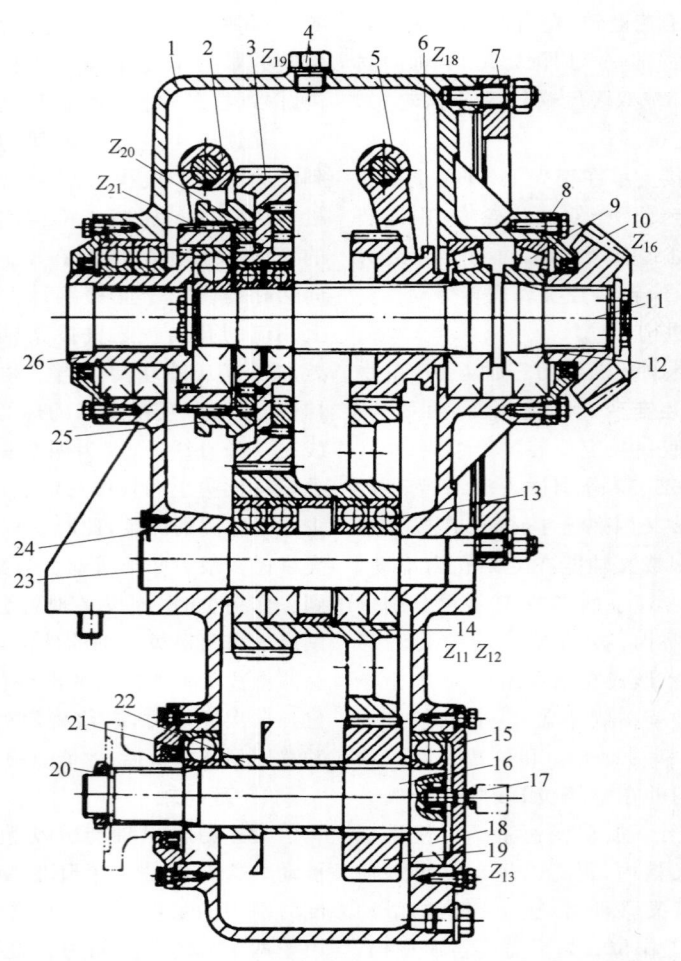

1—壳体；2,5—拨叉；3—齿轮组件；4—透气塞；6—滑动齿轮；7—压紧圈；8,15,21—压盖；9,13,18—轴承；10—小弧齿锥齿轮；11—横轴；12—调整片；14—双联齿轮；16—输入轴；17—转速表组件；19—齿轮；20—锁母；22—甩油盘组件；23—心轴；24—止动片；25—离合齿圈；26—轴齿轮。

图 1-15　XY-4 型钻机分动箱

分动箱的输入轴 16 装在分动箱的下部。其右端轴头装有转速表组件 17；左端用花键固定连接万向节法兰盘；中部除装有齿轮 19 外，光轴部分还套装甩油盘组件 22。甩油盘随轴一起转动，将润滑油甩溅到分动箱上部空间，润滑齿轮及轴承。

心轴 23 装于分动箱中部，并用止动片固定其位置。心轴上用四盘轴承支承安装有双联齿轮 14。

轴齿轮 26 由两盘单列向心球轴承支承在箱体上，轴齿轮与升降机轴用花键连接。升降机所需动力由此传出。

横轴 11 右端由两盘圆锥滚子轴承 9 支承在箱体上；左端由单列向心球轴承支承在轴齿轮 26 的内孔中。轴右端用花键连接小弧齿锥齿轮 10，并用轴端挡圈固定；轴中段花键部分装有滑动齿轮 6；左端光轴部分用两盘向心球轴承支承安装齿轮组件 3。齿轮组件由三个齿轮组成，中间的大外齿轮与心轴上双联齿轮的左边齿轮相啮合，接收由双联齿轮传来的动力。左侧外齿与离合齿圈 25 啮合时，升降机获得动力。组件右端内齿轮与滑动齿轮 6 啮合时，回转器获低速挡。如果滑动齿轮 6 与心轴上的双联齿轮右齿轮啮合，则回转器获高速挡。

6．回转器

XY-4 型钻机回转器（图 1-16）为立轴式回转器，用两块半环形压板和螺钉以悬臂方式安装在分动箱的一侧。该钻机采用短行程双油缸液压进给机构。其进给机构装在回转器的箱体上，两者构成一个独立的拆装部件。

回转器的功用是将分动箱横轴的水平转动变成垂直转动传给立轴，再通过卡盘带动钻杆回转；如果松开固定回转器的螺钉，则可改变回转器的角度，以适应钻进不同倾角钻孔的要求。此外，立轴式回转器有一根长立轴，在钻进过程中还可对钻具起导正作用。

该钻机回转器主要由动力输入轴（即分动箱内的横轴）、一对锥齿轮、立轴导管、立轴及箱壳等组成。

回转器的动力输入轴从分动箱内接收动力，经一对弧齿锥齿轮将动力传给立轴导管 15。立轴导管用两盘向心推力轴承支承在回转器壳体上。上下各有轴承压盖及调整垫片以固定其轴向位置。调整锥齿轮副的间隙，可通过更换上下调整垫片的数目来实现。导管内孔为六方形。立轴中部为外六方形，套装在立轴导管六方孔内。导管与立轴间通过内外六方来传递旋转运动和转矩。

进给机构的两个油缸及两根导向杆对称安装在回转器箱体两侧，在靠近操纵装置一侧的导向杆上刻有标尺，钻进中操作者可通过标尺观察进尺情况。活塞杆及导向杆用螺母与横梁固定。横梁通过两盘向心推力球轴承装在立轴上。此结构既不影响立轴的转动，立轴又可在油缸的驱动下通过横梁实现上下轴向移动和传递轴向力。

立轴的上部安装一个液压卡盘。该卡盘为弹簧夹紧、液压松开的三卡瓦常闭型结构。卡盘的卡瓦座用左旋螺纹与立轴连接，为防止立轴反转时卡瓦座回扣，采用右旋螺母将卡瓦座与立轴固定。九片碟形弹簧套装在卡瓦座外面，下部压在卡瓦座台阶上，上部顶在卡圈底部环形面上。卡圈内有均匀分布的三个 T 形轴向槽，三块卡瓦背面是 6°斜面，用沉头螺钉拧接压板。压板装在卡圈的 T 形槽内。液压卡盘的上壳和下壳用螺钉连接，而下壳用螺钉固定在横梁上，上壳与环形活塞构成一个单作用油缸。环形活塞与卡圈之间安装一盘单向推力轴承。

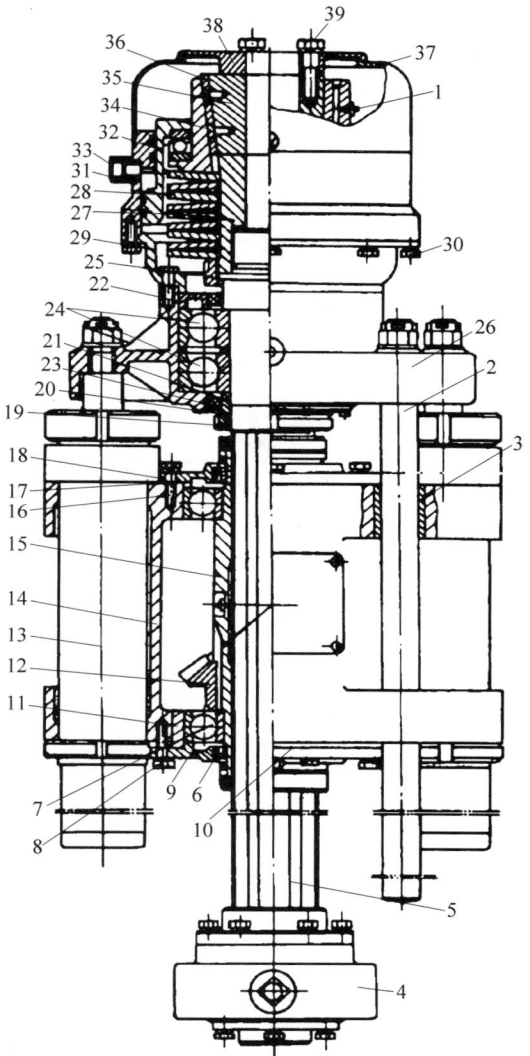

1—油嘴；2—导向杆；3—导向杆铜套；4—下卡盘组件；5—立轴；6,23—骨架式橡胶油封；7—轴承；8—六角螺栓；9—下压盖；10—纸垫；11—轴承套；12—大弧形锥齿轮；13—液压缸组件；14—回转体；15—立轴导管；16—六角螺栓；17—垫；18—上压盖；19—圆螺母；20—止退垫片；21—间隔环；22—密封盖；24—向心推力轴承；25—防松螺母；26—横梁；27—卡瓦座；28—碟形弹簧；29—卡盘下壳；30—螺钉；31—卡盘上壳；32—活塞；33—油管接头；34—卡圈；35—卡瓦；36—压板；37—防护罩；38—顶盖；39—螺钉。

图 1-16 XY-4 型钻机回转器

当卡盘油缸连通回油管路时,被压缩的碟形弹簧伸张,推动卡圈止移,卡圈的T形斜槽推动三块卡瓦向中心移动,夹紧机上钻具。当卡盘油缸通入高压油时,环形活塞通过推力轴承带动卡圈向下运动。卡圈T形槽将三块卡瓦向外拉出,松开钻杆。

立轴下部安装手动顶丝式三卡瓦卡盘。通常,在深孔钻进或强力起拔钻具时,才使用

手动下卡盘。

7. 升降机

升降机用于升降钻具,起下套管;在处理孔内事故时进行强力起拔;还可采用升降机悬挂钻具及快速扫孔等。

XY-4型钻机的升降机(图1-17)为定轴轮系传动的行星式升降机,主要由卷筒、行星轮系、升降机轴、水冷装置和抱闸等组成。

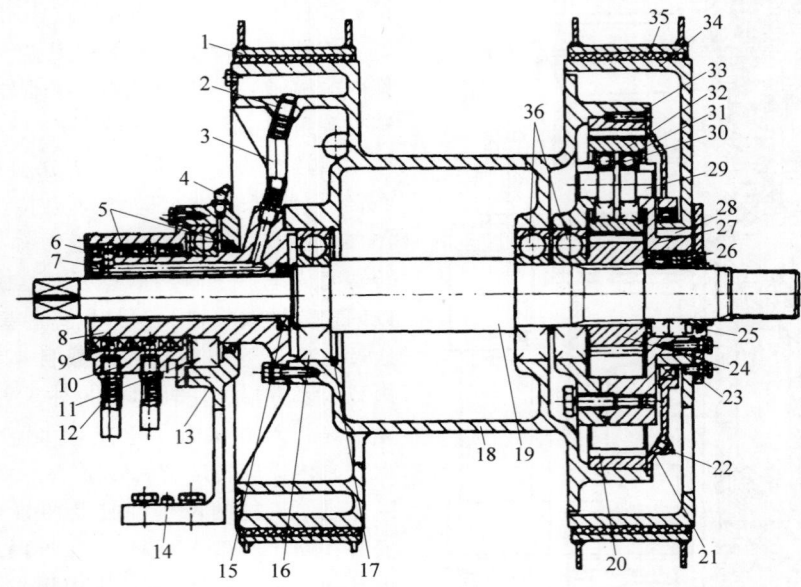

1—制动抱闸;2,12—水管接头;3—水管;4—接头式压注油杯;5,15—骨架式橡胶油封;6—挡板;7—丝堵;8—水套轴;9—引水环;10—压盖;11,16,30—新标准轴承;13—支架;14—内螺纹圆柱销;17,31—孔用弹性挡圈;18—卷筒;19—升降机轴;20—内齿圈;21—密封盖;22—油嘴;23—端盖;24—中心齿轮;25—毡封油圈;26—轴承;27—行星轮轴支架;28—平键;29—行星轮轴;32—行星齿轮;33—骑缝螺钉;34—提升制动盘;35—提升抱闸;36—单列向心球轴承。

图 1-17 XY-4 型钻机升降机

升降机轴19右端花键部分插入分动箱轴齿轮的花键孔内。动力由轴齿轮经分动箱传给升降机轴。轴的左端套装于水套轴8的中心孔内。水套轴8用一盘向心球轴承支承在支架13上。卷筒18用两盘向心球轴承支承在升降机轴的中部。中心齿轮24以花键连接装在升降机轴上。三个行星齿轮32分别用两盘向心球轴承支承在行星轮轴上。三根行星轮轴互为120°夹角,装在左右两个行星轮支架上。两个支架用螺钉连接在一起,并分别用轴承支承装在中心齿轮两边的升降机轴颈上。内齿圈

20采用热压法与卷筒装在一起,并用三个骑缝螺钉固定,防止内齿圈松动。密封盖21用螺钉固定在内齿圈上。密封盖上装有油嘴22,通过它向轮系加润滑脂。提升制动盘34用平键28装在行星轮轴支架27的外脖颈部分。行星轮轴绕升降机轴转动时可带动行星轮轴支架及提升制动盘转动。为防止提升制动盘外移,采用端盖23及螺钉固定其轴向位置。

水冷装置设在卷筒的左侧,主要由水套轴8、引水环9、压盖10、水管3、水管接头2等组成。

长时间下放钻具时,为防止下降抱闸及下降制动盘过热,可将冷却水通入压盖上一个水接头内。冷却水经引水环、水套轴上的轴向孔和水管进入卷筒左侧的水套内,冷却卷筒下降制动盘及抱闸,然后经另一根水管及水套轴上另一轴向孔,从压盖上的回水接头排出。

升降机的提升抱闸和下降抱闸分别装在卷筒的两侧。提升抱闸和下降抱闸(图1-18)结构基本相同,唯一的区别是:下降抱闸上装有棘爪20;凸轮上加工有棘齿。其目的是需

要长时间制动时,可用棘爪卡住棘齿,防止凸轮转动。每个抱闸分别有上下两个制动块。制动块由钢制蹄片和石棉铜丝摩擦带组成。石棉铜丝摩擦带用铆钉铆固在蹄片上。两制动带一端铰支在支架14的两个椭圆孔内,另一端装有连杆11。连杆上端与凸轮2用销轴4连在一起。凸轮可绕销轴转动。凸轮上装有手柄1。连杆下端装有调整间隙用的螺母及锁母。两制动块头之间装有分离用的压缩弹簧8。

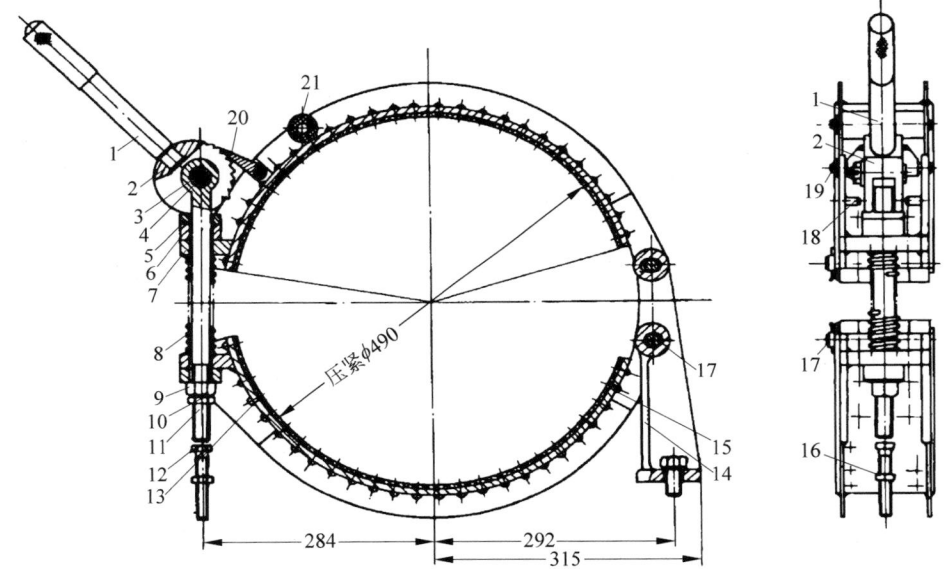

1—手柄;2—凸轮;3—钢套;4—销轴;5—铜垫;6—垫;7—闸瓦座;8—弹簧;9—螺母;10—锁母;
11—连杆;12—顶杆螺栓;13—刹车带;14—支架;15—沉头铆钉;16—六角螺母;17,19—销轴;
18—止动销;20—棘爪;21—手柄托垫

图1-18　XY-4型钻机升降机抱闸

制动时,将手柄下压,凸轮偏心厚面压向铜垫5,迫使两制动块靠近,抱紧制圈。

松开时,将手柄上提,凸轮偏心薄面转向铜垫5,凸轮压力消除,在弹簧张力作用下,两制动块放松制圈,两制动块保持间隙。

为保证升降机工作可靠,两抱闸在放松状态时,应保证上下两制动块与制动盘间有合适、均匀的间隙。如果间隙过大,则在制动时动作迟缓,而且产生的制动力矩小,甚至会使抱闸失灵;间隙过小,则会造成抱闸与制动盘分离不彻底,引发其他事故。抱闸间隙不合适

时可进行调整。将调整螺母9和锁母10往下拧,抱闸分离时间隙增大;反之,如果将螺母9和锁母10向上拧,则间隙减小。如果抱闸上下间隙不均匀,可调整装在机架上的顶杆螺栓12。螺栓拧出,上间隙增大,下间隙减小;反之,上间隙减小,下间隙增大。抱闸左右间隙的均匀度,靠支架14上的椭圆孔自动调整。

8. 机座

XY-4型钻机机座(图1-19)由底座4、前机架3、后机架5、移动油缸7、压板8和挡铁1等组成。

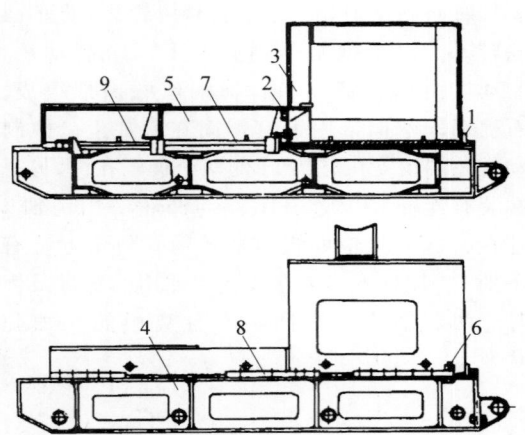

1—挡铁；2—连接螺栓；3—前机架；4—底座；5—后
机架；6—螺栓；7—移动油缸；8—压板；9—活塞杆。

图 1-19　XY-4 型钻机机座

机座是钻机的基础。动力机及钻机各部件
都装在机座上，连成一个整体；前后机架可在移
动油缸的拖动下沿底座滑道前后移动，移动到
位后锁紧；机座承受钻机主体的重量及外载荷。

前机架和后机架用螺栓连在一块，并由压
板与底座滑道相结合。移动油缸体固定在后
机架上，活塞杆固定在底座的后部横撑上。前
后机架在移动油缸带动下，前后可移动 400 mm
的距离。机架后移，是为了使回转器让开孔
口，便于起钻下钻作用；机架前移，回转器对正
孔口，可进行正常钻进。正常钻进时，应将装
在前机架两侧压板卡在两滑道的挡铁上，防止
机架晃动移位。

9．钻机的液压传动系统

1）XY-4 型钻机液压传动系统的功用及组成

XY-4 型钻机的液压系统属于开式循环、
单泵、多液动机并联系统。系统的主要功用是
实现加压或减压进给钻具、立轴倒杆、称重钻
具、提动及悬挂钻具、强力起拔钻具，松紧液压
卡盘，钻机前后移动等。如果钻机配有液压拧
管机，该系统还可用于完成拧卸钻杆的操作。

XY-4 型钻机液压系统（图 1-20）由油泵 3、
油箱 1、调压溢流阀 Ⅱ、移动钻机操纵阀 Ⅲ、卡

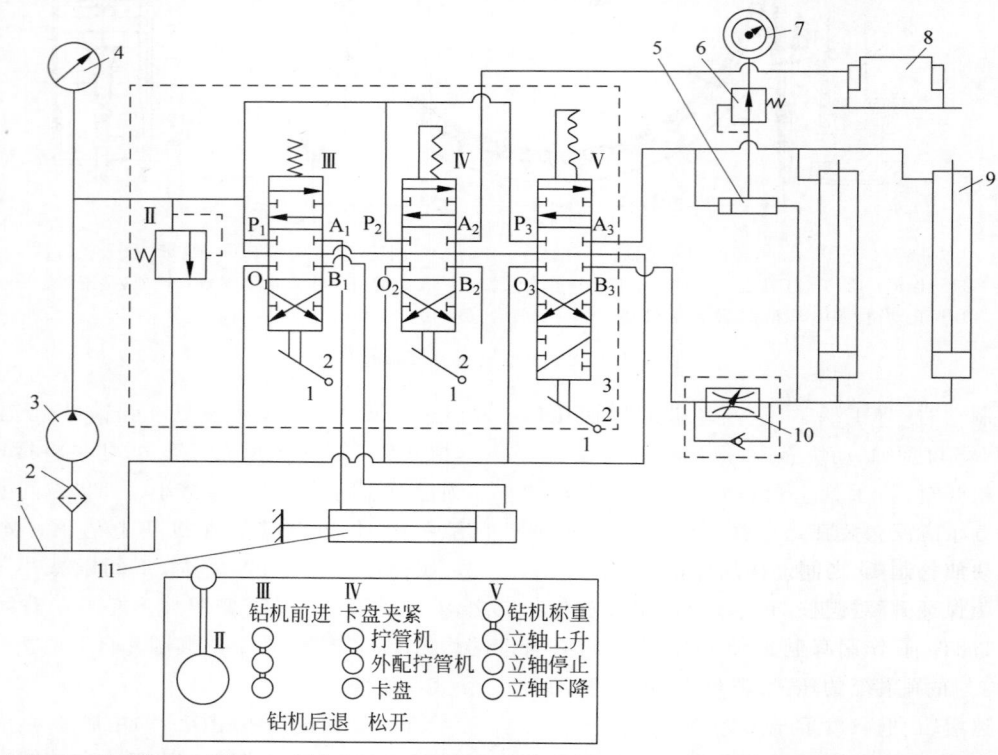

1—油箱；2—滤油器；3—油泵；4—压力表；5—三通阀；6—限压切断阀；7—孔底压力指示器；8—卡盘；9—进给油缸；
10—进给控制阀；11—钻机移动油缸；Ⅱ—调压溢流阀；Ⅲ—移动钻机操纵阀；Ⅳ—卡盘操纵阀；Ⅴ—进给油缸操纵阀。

图 1-20　XY-4 型钻机液压系统

盘操纵阀Ⅳ、进给油缸操纵阀Ⅴ、进给控制阀10、卡盘8、进给油缸9、钻机移动油缸11、系统压力表4、孔底压力指示器7、滤油器2、油管、油管接头等组成。

液压泵选用 BC-33/80 型定量齿轮泵,装在后机架侧面,通过油泵传动装置,由三角皮带传动,转速限速为 1500 r/min。

油箱用薄铁板焊接制成,装在前机架的右后侧,油箱的容量为 40 L。

钻机操纵阀为一组多路换向阀(图 1-21),是钻机液压系统的控制中枢。由进油压盖Ⅰ、调压溢流阀Ⅱ、移动钻机操纵阀Ⅲ、卡盘操纵阀Ⅳ、进给油缸操纵阀Ⅴ与回油压盖Ⅵ,用四根螺栓连成一个复合阀组。

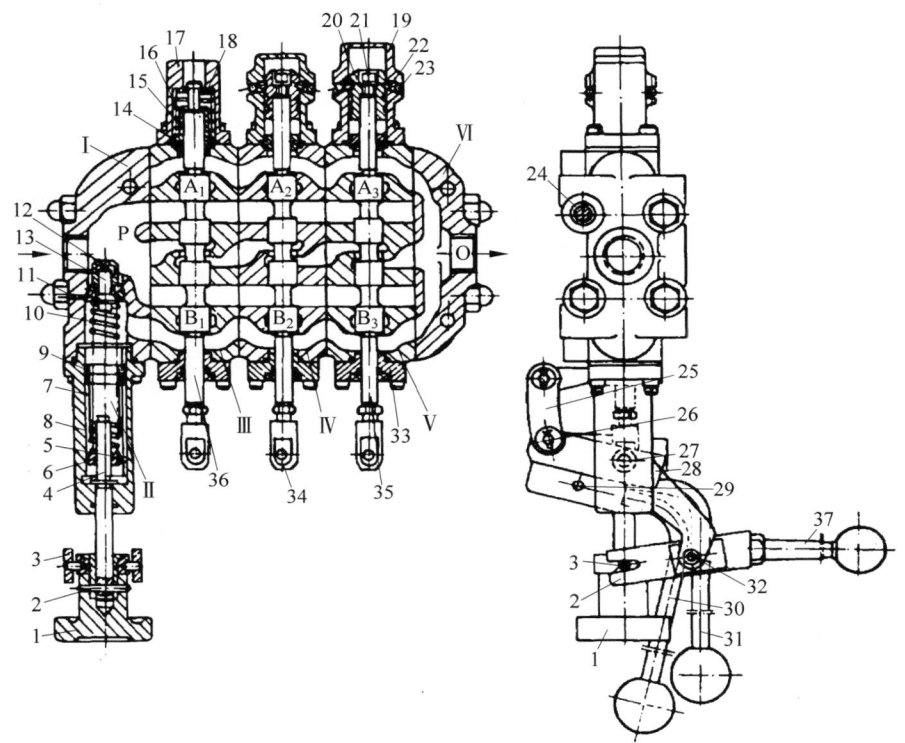

Ⅰ—进油压盖;Ⅱ—调压溢流阀;Ⅲ—移动钻机操纵阀;Ⅳ—卡盘操纵阀;Ⅴ—进给油缸操纵阀;Ⅵ—回油压盖;1—调压手轮;2,5,11—圆柱销;3—拨叉;4—调压螺杆;6—调压螺母;7—限位套;8—调压套筒;9—止动螺母;10—调压弹簧;12—阀座;13,35,36—阀柱;14—密封盖;15—弹簧座;16—弹簧;17—外罩;18—压板;19—定位器体;20—定位套筒;21—螺钉;22—钢球;23—锁紧弹簧;24—连接螺杆;25—连接器;26,27,32—销;28—操纵杆座;29—定位螺钉;30,31—操纵杆;33—密封盖;34—接头;37—快速增压手柄。

图 1-21　XY-4 型钻机操纵阀

调压溢流阀装在进油压盖上,位于进油孔道与回油孔道 O 之间。调压溢流阀是通过调节调压弹簧 10 对阀柱的压力来控制系统压力和流量的。其作用有三个:一是通过旋转调压手轮 1,微调系统的压力和工作油量;二是扳动快速增压手柄、拨叉 3,直接带动螺杆 4 和螺母 6,迅速压缩弹簧、封闭溢流孔道,使全部泵量进入工作机构,达到快速增压及使工作机构动作速度增快的目的;三是限制系统最高压力,调压套筒 8 内的止动螺母 9 和限位套 7 的位置一经调定,即限制了弹簧的压缩量和作用力,从而限制了系统的最高液压,一般限制在额定液压值。

移动钻机操纵阀和卡盘操纵阀均为三位六通滑阀。进给油缸操纵阀为四位六通滑阀。三个操纵阀的阀体和阀柱结构基本相同。阀体上均有两个回油通道和三个进油通道,并各有两个工作油口。各进油通道均与进油压盖上的进油口 P 相通,而且各中间进油道形成一蛇形油道,并与回油压盖上的回油口 O 相通。当三个滑阀均处于 O 位(图 1-21 中位置)时,P-O 腔由中间蛇形油道沟通。移动钻机操纵阀采用自动复位装置。自动复位弹簧 16 一端顶在压板 18 上,另一端压在弹簧座 15 上。工作时扳动操纵手柄,移动阀柱,使弹簧向上或向下压缩。松开手柄时,在弹簧张力作用下,阀柱自动复位。卡盘操纵阀及进给油缸操纵阀采用自动定位装置。定位装置由定位器体 19、定位套筒 20、钢球 22、锁紧弹簧 23 组成。定位套固定在阀柱上,可随阀柱移动。定位套筒上有定位槽。当扳动操纵手柄移动阀柱到一个工作位置时,钢球在锁紧弹簧作用下卡在定位套筒对应的定位槽内。当松开手柄时,因钢球卡在定位槽内,所以阀柱可长时间保持在此工作位置。只有再次扳动操纵手柄时,钢球才能被挤出定位槽,从而变换阀柱的工作位置。

该钻机的进给控制阀为一单向可调节流阀(图 1-22)。它主要由阀体 3、针阀 2、手轮 1、钢球 4 和弹簧 5 组成。其作用是控制加压钻进及减压钻进时的钻具进给速度。在加压或减压钻进时,进给油缸下腔的油液只能通过针阀

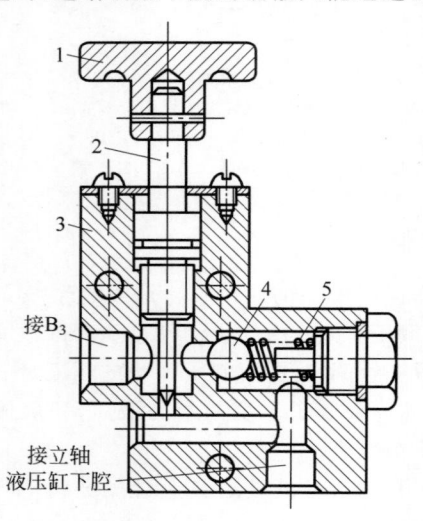

1—手轮;2—针阀;3—阀体;4—钢球;5—弹簧。

图 1-22　给进控制阀

节流口回油。转动手轮,可以调节回油量,从而控制进给速度。在快速倒杆及提动钻具时,由液压泵来的压力油顶开球阀,进给液压缸下腔油路畅通,主轴全速上升。

XY-4 型钻机的孔底压力指示器(又称钻压表)用于称量孔内钻具重量、反映钻进时的钻压值,以及加、减的压力值,其结构如图 1-23 所示。它是利用普通簧管式压力表改装制成的。指示器设有静盘 3 和动盘 5。静盘为压力表原表面,刻度不变,只是改变原刻度值的单位。动盘上左右刻有两个半圆刻度,分别以红、黑两色加以区别。红色刻度从零开始顺时针方向增大,用于加压;黑色刻度从零开始逆时针方向增大,用于减压。

静盘及动盘的黑色刻度根据压力表相应单位压力乘以进给油缸下腔活塞总面积刻出;动盘红色刻度根据进给油缸上腔环形面积乘以单位压力相应刻出。该孔底压力指示器使用方法如下。

(1)钻具称重。以封闭法称重为例,将钻具提离孔底,将进给油缸控制阀置于称重位置。此时指针在静盘上指示的刻度值即为孔内钻具的重量。

(2)加压钻进。首先称重钻具,设钻具重力是 5000 N,然后旋转动盘,将动盘红色刻度的 5000 N 对准静盘零点。再将进给油缸操纵阀移至立轴下降位置,此时指针回到零位;若孔底需要 10 000 N 压力,进给油缸需给钻具再施加 5000 N 的力,顺时针旋转调压溢流阀手轮,增加进给油缸上腔液压,直至表针指到动盘的加压刻度 1 t 力值。

(3)减压钻进。首先称出钻具重量,假设钻具为 1.5 t,如果孔底所需钻压为 8000 N,则需进给油缸平衡 7000 N 钻具的重力。此时应将动盘上黑色刻度的零点对准静盘称重值(1.5 t),再将进给液压缸操纵阀置于减压钻进(即立轴上升)位置,顺时针旋转调压溢流阀手轮,增加进给油缸下腔油压,直到指针对准静盘 7000 N 刻度为止。

2)液压系统工作原理(图 1-20)

(1)加压钻进及立轴向下。加压钻进时,

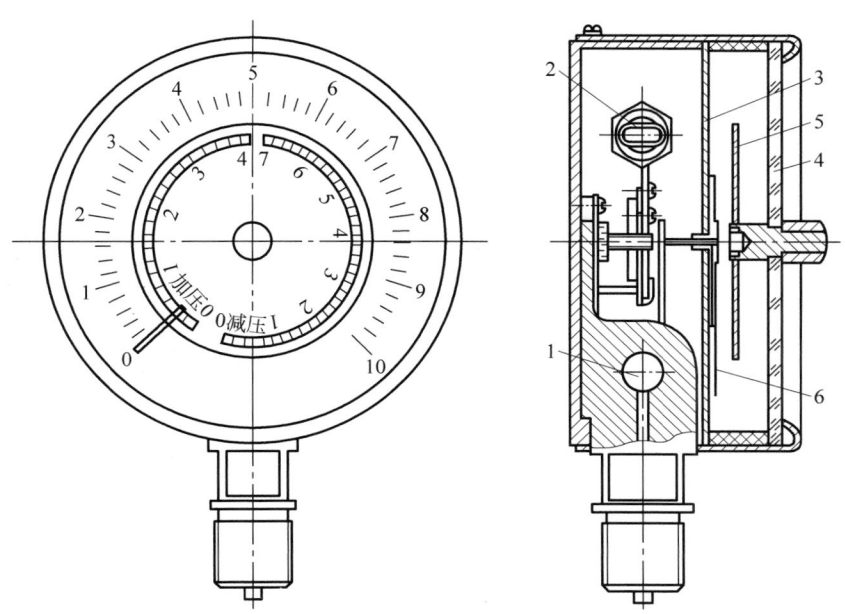

1—进油孔；2—簧管；3—静盘；4—有机玻璃器；5—动盘；6—指针。

图 1-23　孔底压力指示器

首先称重钻具,然后将进给油缸操纵阀 V 置于 1 位("立轴下降"位置)。此时,压力油经 V 阀 A 通入进给油缸上腔,使活塞向下加压进给钻具;油缸下腔通回油通道,下腔油液经进给控制阀节流口及 V 阀 B 油口流回油箱。

微调调压溢流阀 II 的手轮,可以调节钻压;调节进给控制阀 10 可以控制进给速度。加压钻进时,油缸上腔油压大于下腔油压,三通阀的阀芯向右移动,使进给油缸上腔的压力油经限压切断阀通入孔底压力指示器,驱动指针指示钻压数值。

当扳动阀的快速增压手把,并将进给控制阀的阀针全部开启后,压力油全部进入油缸上腔,可实现立轴快速下降。

(2) 立轴停止。当进给油缸操纵阀 V 处于 O 位时,进给油缸上下腔全部被封闭,压力油不能进入油缸,活塞被锁住,立轴也就停留在某一位置。此时油泵排出的油经钻机操纵阀中间蛇形通道流回油箱,油泵卸荷。

(3) 减压钻进及立轴上升。减压钻进时,也要按前述方法称重钻具,然后将进给油缸操纵阀 V 置于 2 位("立轴上升"位置)。此时,给进油缸下腔经 B_3 油口通压力油路 P_3 油口,油泵排出的压力油与油缸下腔相通,而油缸上腔经 A_3 油口与回油路 O_3 油口相通。

微调调压溢流阀 II,可以调节平衡的钻具重量,以达到控制钻压之目的。调节进给控制阀 10 可以控制进给速度。减压钻进时,油缸下腔油压高于上腔油压,下腔的油将三通阀阀芯向左推移,进入孔底压力指示器,驱动指针指示减压钻进时的钻压值。

因为减压钻进时,活塞仍为向下运动,所以油缸下腔排出的压力油连同油泵排出的压力油要全部经阀溢流回油箱;而上腔则由油箱自吸进油。

当一个回次钻进结束时,需将立轴快速升起,以便进行下一行程进给。空立轴快速上升称为倒杆。倒杆时将卡盘松开,扳动阀的快速增压手把,使压力油全部进入进给油缸下腔。此时,进给控制阀的单向阀被打开,立轴实现快速上升。

如果微调阀,使油缸下腔产生的作用力大于钻具重力,活塞将带动立轴缓慢上升,实现钻进中提动钻具。

（4）卡盘的松开与夹紧。该钻机卡盘为弹簧夹紧、液压松开型常闭卡盘。卡盘只有一根油管。若要卡盘松开钻杆，则将卡盘操纵阀Ⅳ置于1位，压力油经 P_2 及 A_2 油口进入卡盘油缸，使卡盘松开钻杆；需要卡盘夹紧钻杆时，只要将Ⅴ阀放在2位，卡盘油缸通低压回油通道，在弹簧张力作用下卡盘夹紧。卡盘油缸的油被排回油箱。

（5）钻机的前移和后退。钻机的前移和后退是靠移动油缸11实现的。油缸固定在前机架上，活塞杆固定在底座上。当移动钻机操纵阀Ⅲ处于1位时，移动油缸有杆腔通压力油路，压力油经 P_1 和 A_1 油口进入移动油缸有杆腔。因活塞杆固定在底座上，压力油推动油缸及钻机向后移动。同时，油缸无杆腔中的油经 B_1 和 O_1 油口排回油箱。当阀处于2位时，移动油缸无杆腔通入压力油，钻机则向前移动。当Ⅲ阀处于"中位"时，移动油缸两油腔全被封闭，钻机停留在某一位置。

1.3.4 功能

立轴式钻机不仅应用于煤田地质勘探，也可用于金属、非金属矿床的岩心钻探，以及水文地质钻探和工程施工等大口径钻进。该钻机既可进行硬质合金钻进，又可用于金刚石钻进和绳索取心钻进。不仅如此，立轴式岩心钻机还可以使用金刚石或硬质合金钻进方法进行固体矿床勘探，也可用于工程地质勘察、浅层石油、天然气、地下水钻探，还可用于堤坝灌浆和坑道通风、排水等工程孔钻进。

1.4 转盘式岩心钻机

1.4.1 概述

转盘式钻机与立轴式钻机的最本质区别在于回转器。转盘式钻机回转器采用转盘。与立轴式回转器相比，转盘没有长的立轴；转盘可直接装在机座或钻机基础设施上，重心低，进给行程大；转盘的通孔尺寸不受安装尺寸限制，通孔直径大，可通过粗径钻具；转盘可

兼做拧管机。但转盘的导向和定向性能不如立轴式回转器好；另外，由于转盘通孔直径大，影响了转盘转速的提高。基于上述原因，转盘式钻机主要用于石油钻井、水井钻进及大口径工程钻进。如果用于岩心钻探，则主要适用于钢粒及硬质合金钻进。

如图1-24所示为XP-4型钻机，是我国原地质矿产部机电研究所与衡阳探矿机械厂共同研制的高速转盘式液压岩心钻机。用于金属、非金属固体矿产资源普查勘探、水文、工程地质、浅层油气田勘探，采用小口径金刚石钻头岩心钻进，或大口径硬质合金钻头、刚粒钻头钻进。

图1-24　XP-4型钻机及操纵台

1.4.2 主要技术性能

1. 钻进能力（表1-4）

表1-4　钻进能力

钻进参数	φ43钻杆	φ50钻杆	φ53钻杆
钻进深度/m	1000	800	1000
开孔直径/mm	91	91	91
钻孔倾角/(°)	75～90	75～90	75～90

2. 转盘（表1-5）

表1-5　转盘

通孔直径/mm	正转低速/高速	反转低速/高速	拧管	卸管	主动钻杆/(mm×mm)
96	91、157、210、267/391、672、898、1140	87/370	76、324	87、371	φ55×42

3．进给机构（表1-6）

表1-6 进给机构

进给行程/mm	给进力/tf	提升力/tf
660	9	14

注：tf为工程单位制中力的单位，$1tf = 9.8 \times 10^3 N$。

4．升降机（表1-7）

表1-7 升降机

起重质量（单绳）/kN	缠绳速度/（m/s）	容绳量（缠绕4层）/m	卷筒直径/mm
30	1.1、1.9、2.5、3.2	52（ϕ15.5mm钢绳）	285

5．移动装置（表1-8）

表1-8 移动装置

油缸行程/mm	卡盘最外边至孔口中心/mm	转盘最外边至孔口中心/mm
400	270	215

6．油泵（表1-9）

表1-9 油泵

型 号	转速/（r/min）	额定压力/MPa	流量/（L/min）
CB45/80型齿轮泵	1500	8.0	45

7．动力机（表1-10）

表1-10 动力机

参数	电动机 JO282-4型	柴油机 4120SG型
功率/kW	40	48.5
转速/（r/min）	1470	1500

8．外形尺寸

长/mm×宽/mm×高/mm：2400×1290×1842。

9．质量

不包括动力机/kg：2400。

最大解体部件质量/kg：299。

1.4.3 XP-4型钻机的机械传动系统

XP-4型钻机的机械传动系统（图1-25）由摩擦离合器2、变速箱5、传动皮带轮6、升降机4、减速器7、转盘8等组成。

该钻机传动系统能使升降机获得四个转速，使回转器获得八个正转转速、两个反转转速、两个卸管转速及两个拧管转速。

1.4.4 XP-4型钻机结构的主要特点

（1）从动力机到摩擦离合器及从变速箱到减速器采用了两级皮带传动，提高了传动的柔性和过载保护性能，但降低了传动效率，增加了占地面积。

（2）升降机采用横向布置，减小了钢绳对卷筒的侧向分力，有利于排绳整齐。

（3）为提高转盘的转速，转盘尺寸和通孔直径较小，为方便起下大直径钻具，转盘采用双滑轨支承可移动式安装结构，但转盘的稳定性能降低了。

（4）采用了与转盘无直接装配联系的双油缸进给机构，起下钻时进给机构可单独地或与转盘一起让开孔口。此种结构使装在进给机构上的卡盘与转盘的同心度不易保证，影响了主动钻杆及转盘转动的平稳性。

（5）采用了双液压卡盘，可实现不停转倒杆。

（6）钻机液压系统的操纵装置及仪表集中安装在操纵台上，布局较灵活，可远距离操纵，改善了劳动条件。

（7）升降机采用可以近距离机械式操纵和远距离液压操纵两种方式。使用液压操纵可降低劳动强度、改善劳动条件。

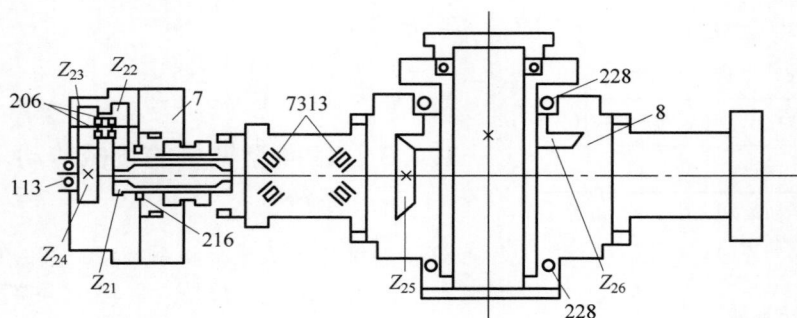

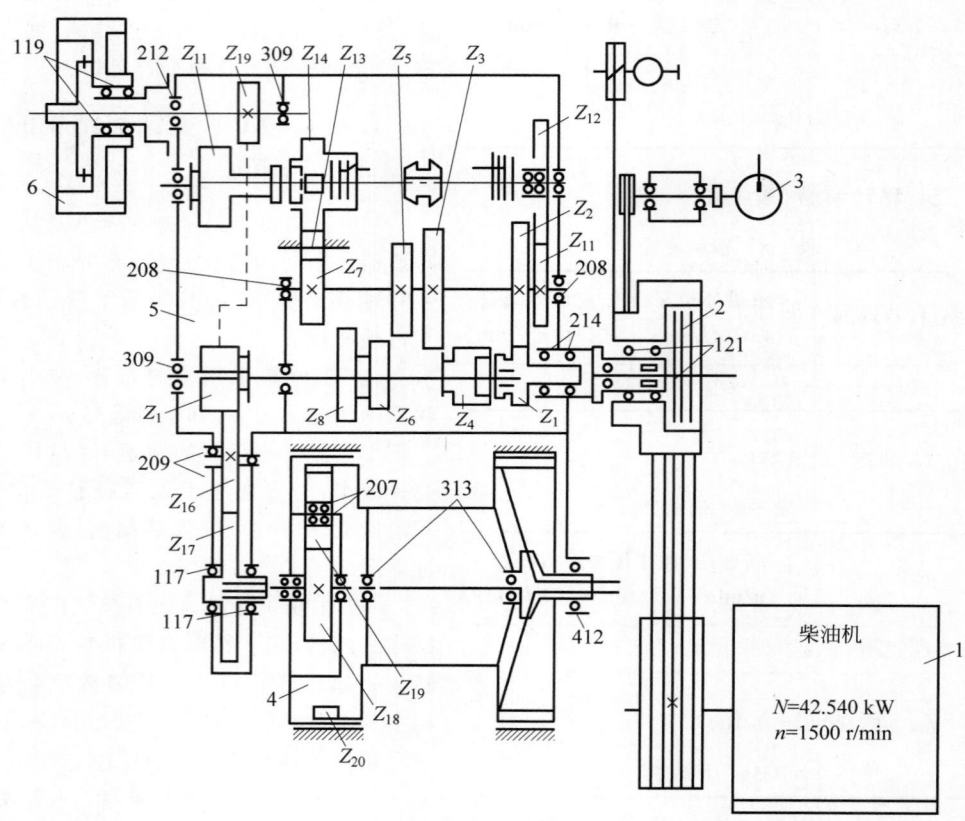

1—动力机；2—离合器；3—油泵；4—升降机；5—变速箱；6—传动皮带轮；7—减速器；8—转盘；三位数字表示轴承号。

图 1-25　XP-4 型钻机机械传动系统示意图

1.5　移动回转器式岩心钻机

1.5.1　概述

　　移动回转器式岩心钻机是在吸取了立轴式岩心钻机和转盘式岩心钻机结构的优点基础上发展起来的。根据传动方式不同，目前已

生产出机械移动回转器式岩心钻机及全液压移动回转器式岩心钻机。移动回转器式钻机的主要优点是：进给行程长，可缩短钻进过程中的辅助时间，有利于减少孔内事故；回转器上下移动是沿刚性较大的滑道进行的，所以导向、定向性好，回转平稳；多数移动回转器式钻机升降机构与进给机构合一，回转器与孔

口夹持器配合可实现拧卸管,此种结构简化了钻机的结构及配套装置。全液压移动回转器式钻机还具有无级调速、调速范围大、过载保护性能好,易实现自动化、远距离自动控制等优点。但全液压岩心钻机消耗功率较大,传动效率低,可拆性差,液压元件要求精度高,保养维修较困难。随着液压技术的不断进步,目前全液压移动回转器式钻机在岩心钻机中所占比例越来越大,得到不断发展。

1. MK-3 型钻机

MK 系列钻机由煤炭科学研究总院西安分院钻探研究所研制,主要用于煤矿坑道的瓦斯抽放、地质勘探、探放水、注浆、灭火等,也可应用于冶金、铁路、水电等其他行业的隧道、地质勘探和岩土工程施工等。该系列钻机有 MK-2、MK-3、MK-4、MK-5、MKG-5、MKD-5S、MK-6、MK-7 等型式,而根据标准 MT/T 790—2006,该系列钻机所对应的标准名称代号见表 1-11。

表 1-11 坑道钻机新老代号对照表

老代号	MK-2	MK-4	MKG-5	MK-6
	MK-3	MK-5	MKG-5S	MK-7
新代号	ZDY540	ZDY6000S	ZDY750G	ZDY6000S
	ZDY650	ZDY1500T	ZDY1900S	ZDY10000S

MK 系列钻机的主要工作对象是煤系地层,可钻性较好,故钻进方法以硬质合金和复合片钻进为主,也可采用金刚石钻进或潜孔锤钻进。

MK 系列钻机具有以下特点。

(1) 钻机由主机、泵站、操纵台三大部分组成,各部分之间用高压胶管相连,解体性好,搬迁方便。操作人员可以与孔口保持较大的距离进行集中操作,有利于保证人身安全。

(2) 采用全液压传动,无级调速,可较好地适应钻探工艺的要求。

(3) 利用回转器和液压夹持器可以实现机械拧卸钻杆,减小工人的劳动强度,再通过联动液压回路,可大大减少起下钻时间,提高工作效率。

(4) 钻机的回转器采用通孔式结构,钻杆的长度不受进给行程的限制,可根据工作空间使用不同长度的钻杆,减少拧卸次数。更换规格不同的卡瓦组,可使用不同直径的钻杆。

(5) 系列中 4 型和 5 型两个级别的钻机采用组合式设计,可通过基本部件的灵活组合产生多种变型产品,以满足不同用户的使用要求。

(6) 钻机回转变速主要用变量泵配定量马达再加机械变速或变量泵配变量马达的调速方法。

(7) 与立轴式钻机比较,动力头式钻机的进给行程较大,在取心钻进时可减少岩心的堵塞。由于在动力头式钻机上通常将进给装置与起下钻装置合二为一,不再需要升降机和滑车系统,实现了“无塔升降”,在井下钻进近水平钻孔及上仰孔时显得非常方便和安全,也无须费时耗资开掘立轴式钻机所需钻窝。

2. HC-150 型钻机

HC-150 型钻机是美国长年公司生产的一种全液压移动回转器式岩心钻机,适用于地质勘探金刚石岩心钻探,主要技术性能如表 1-12 所示。

表 1-12 HC-150 型钻机主要技术性能

参 数		内 容
钻进能力	钻进深度/m	采用 AQ43 钻杆时 460
		采用 BW 钻杆时 340
	终孔直径/mm	46～56
	钻孔倾角/(°)	45～90
回转器	转速/(r/min)	0～430,0～785
		0～575,0～1050
		0～875,0～1620
	转矩/(N·m)	1241～680
		923～509
		610～332
	通孔直径/mm	91
进给机构	进给方式	单液压缸
	进给行程/mm	1830
	上顶力/kN	62.7
	进给力/kN	41.4
升降机	起重量/kN	31.6
主液压泵	类型	轴向柱塞变量
	工作压力/MPa	17.2～20.6
	流量/(L/min)	33.3

续表

参 数		内 容
辅助液压泵	工作压力/MPa	13.7
	流量/(L/min)	38
动力机	类型	柴油机
	功率/kW	44.7～48.5
	转速/(r/min)	2400
钻机质量/kg		2018

1.5.2 原理

MK-3 型钻机主要工作工序、动作原理如下。

(1) 下钻。阀 8(1) 中位,8(2)2 位,阀 11 置于 1 位,由泵 2 泵出的压力油经阀 8(2)、阀 11 进入夹持器,同时回转器卡盘回油,由于夹持器需克服弹簧力为有载启动,滞后于卡盘动作,所以卡盘先夹紧,夹持器后松开,这样可避免跑钻。这时进给油缸有杆腔进油,活塞杆通过拖板带动回转器下移,实现下钻动作,这时回转液压马达不工作。

(2) 提钻。阀 8(1) 中位,8(2)1 位,阀 11 置于 2 位,由泵 2 泵出的压力油经阀 8(2)、阀 11 进入夹持器,工作原理与下钻类似,但这时进给油缸为无杆腔进油,活塞杆通过拖板带动回转器上移,实现提钻动作。

(3) 拧接钻杆。阀 8(1)2 位,8(2) 中位,阀 11 任意位,这时卡盘、夹持器均回油,处于夹紧状态,分别夹紧上下两根钻杆,由泵 2 泵出的压力油经阀 8(1) 进入液压马达,马达正转,拧接钻杆。

(4) 卸开钻杆。阀 8(1)1 位,8(2) 中位,阀 11 任意位,这时卡盘、夹持器均回油,处于夹紧状态,分别夹紧上下两根钻杆,由泵 2 泵出的压力油经阀 8(1) 进入液压马达,马达反转,卸开钻杆。

(5) 下钻倒杆(卡盘空回)。阀 8(1) 中位,8(2)1 位,阀 11 置于 2 位,由泵 2 泵出的压力油经阀 8(2)、阀 11 进入回转器卡盘,同时夹持器回油,由于卡盘需克服弹簧力为有载启动,所以滞后于夹持器动作,所以夹持器先夹紧,卡盘后松开。进给油缸无杆腔进油,活塞杆通过拖板带动回转器上移。

(6) 提钻倒杆(卡盘空进)。阀 8(1) 中位,8(2)2 位,阀 11 置于 1 位,由泵 2 泵出的压力油经阀 8(2)、阀 11 进入回转器卡盘,同时夹持器回油,工作原理类似于卡盘空回。这时进给油缸有杆腔进油,活塞杆通过拖板带动回转器下移。

(7) 加压钻进。阀 8(1)2 位,8(2)2 位,阀 11 置于 1 位,由泵 2 泵出的压力油经阀 8(2)、阀 11 进入夹持器,同时回转器卡盘回油,卡盘夹紧,夹持器松开,进给油缸有杆腔进油,活塞杆通过拖板带动回转器下移,液压马达正转,实现加压钻进。根据钻进需要,通过调节减压阀 16、单向节流阀 9、节流阀 15 可调整进给力及进给速度的大小。

(8) 减压钻进。减压钻进各方向控制阀与加压钻进相同,调整节流阀 15,进给油缸无杆腔产生一定背压,克服钻具的部分重量,实现减压钻进。

1.5.3 结构

1. MK-3 型钻机结构

在 MK 系列钻机中,MK-3 型钻机是目前推广数量最多的钻机之一,其钻进能力为 100～150 m。MK-3 型全液压坑道钻机采用分组式布局,全机由主机、操作台和泵站三大部分组成,如图 1-26 所示,各部分之间用胶管连接,便于搬迁。在运输条件较差时,钻机还可做进一步解体。

泵站　　　主机　　　操纵台

图 1-26　MK-3 型钻机结构图

1）主机

主机由回转器1、夹持器2、进给装置3和机架4组成，各部分之间可独立装拆，如图1-27所示。

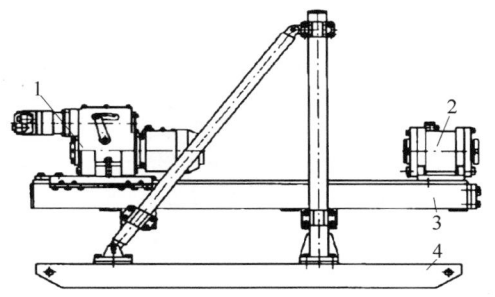

1—回转器；2—夹持器；3—进给装置；4—机架。

图1-27 MK-3型钻机主机结构图

（1）回转器

回转器由液压马达Ⅰ、变速箱Ⅱ和液压卡盘Ⅲ组成，如图1-28所示。

液压马达固定在回转器壳体上，其动力输出轴同花键轴相连。采用BW-D160型摆线油泵马达，额定工作压力16 MPa，排量158.7 mL/r，额定扭矩320 N·m，额定转速500 r/min。

回转器变速箱由壳体、上下端盖、双联齿轮、固定齿轮、轴承、主轴等组成，主轴为通孔结构。变速箱是一级齿轮传动并有两挡变速。通过双联齿轮上下滑动，可使主轴获得两种速度范围。变速箱壳体是球墨铸铁件，它不仅是回转齿轮、液压卡盘的基体，而且还是起拔进给的传力件，所以，要求刚度好、强度大。主轴

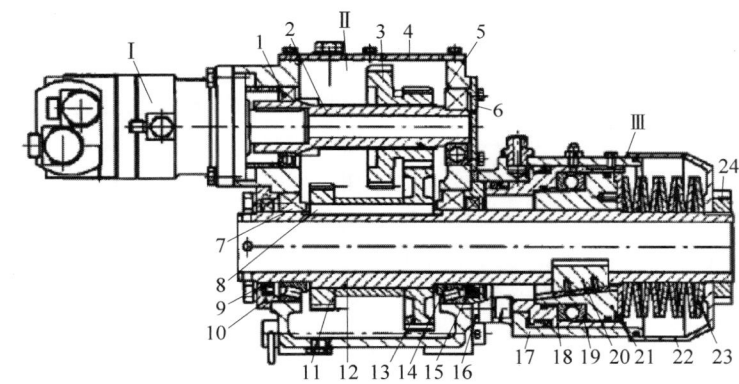

1,5,7,14,19—轴承；2—花键轴；3—双联齿轮；4—变速箱体；6—端盖；8—键；9,15—骨架密封；10—上端盖；11—固定齿轮；12—主轴；13—大齿轮；16—下端盖；17—卡盘体；18—活塞；20—卡瓦；21—卡瓦座；22—卡盘罩；23—碟形弹簧；24—圆螺母；Ⅰ—液压马达；Ⅱ—变速箱；Ⅲ—卡盘。

图1-28 MK-3型钻机回转器结构示意图

为空心轴，钻杆可从中间通过，所用钻杆的长度不受钻机本身结构尺寸的限制。回转器动力传动路线为：油泵输出的压力油进入液压马达，液压马达轴通过键连接将运动传给花键轴，花键轴再通过双联齿轮与主轴上大齿轮或小齿轮啮合使主轴获得两级转速范围，高速级为10～300 r/min，低速级为10～150 r/min。

液压卡盘通过四个螺栓固定在变速箱壳体上，液压卡盘由卡盘体（即油缸）、活塞、卡瓦座、三块周向均布的卡瓦、单向推力轴承、碟形弹簧、卡盘罩及圆螺母组成。主轴从卡盘中间穿过，主轴周向开有三个槽，卡瓦嵌入其中，液

压卡盘是碟形弹簧卡紧、液压松开的常闭式结构。其工作原理同XY-4型上卡盘类似，该卡盘用于传递扭矩和速度，并用来拧卸钻杆。

回转器主轴通孔φ58 mm。液压卡盘配用φ42 mm和φ50 mm两种规格的卡瓦组，可使用φ42 mm和φ50 mm两种规格的外平钻杆。

回转器安装在进给装置的拖板上，借助于单油缸的直接作用，可沿机身导轨作往复移动。

（2）夹持器

夹持器结构如图1-29所示，为常闭式液压夹持器，用螺钉固定在机身前端，用于固定（夹持）孔内钻具，并可与液压卡盘配合实现机械拧

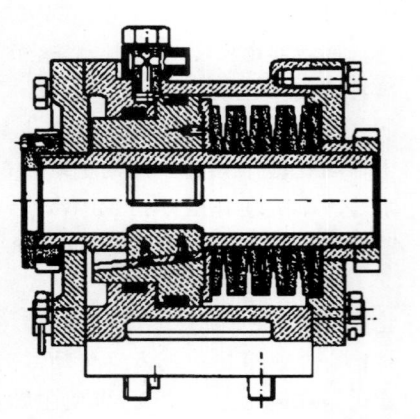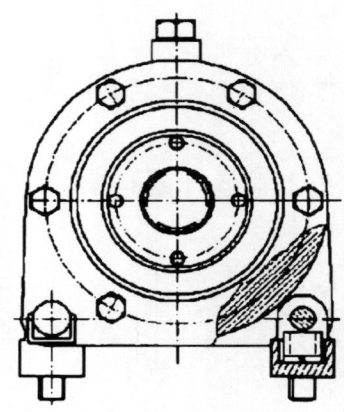

图 1-29　MK-3 型钻机夹持器结构示意图

卸钻杆。其结构及工作原理和液压卡盘完全相同,其优点是采用了常闭式结构,以防止发生跑钻现象。夹持器和回转器都设有侧向开合装置,以便在必要时让开孔口通过粗径钻具。

(3) 进给装置

进给装置如图 1-30 所示,由机身、给进油缸及拖板组成。机身是用 12 号槽钢焊接成的长方形壳体,其上部焊有导轨。拖板与导轨采用下槽式连接,间隙可调。回转器用两个插销与拖板的插销座相连,拔掉一个销子可以侧向

翻转回转器,使其让开孔口。机身壳体中部装有内径为 63 mm 的油缸。油缸体用销轴固定在机身前端的油缸座上,油缸活塞杆通过耳环、支梁与拖板相连。油缸活塞杆伸缩,带动拖板沿机身导轨作往复运动,从而实现钻机的进给和起拔动作。进给装置用锁紧轴瓦固定在机架前立柱的横梁和后钗支撑的横梁上,改变前后横梁在立柱和铰支撑上的位置即可调整机身的倾角,以适应钻进不同角度钻孔的要求。

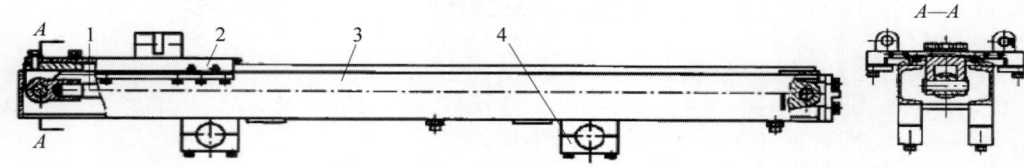

1—油缸;2—拖板;3—机身;4—锁紧轴瓦。

图 1-30　进给装置

(4) 机架

机架见主机结构图 1-27。机架采用双立柱加钗支撑与爬履式底座相结合的形式,由立柱、横梁、撑杆、接杆和底座组成,用于调整固定机身和安装整机。

2) 操纵台

操纵台结构如图 1-31 所示。钻机通过操纵台进行集中操作,操纵台设有油马达回转、进给起拔、起下钻转换及截止阀四个方向控制阀,通过手动操作控制。设有增压、背压、调压三个压力阀,用调节手轮进行控制。操纵台还

设有四块压力表,分别用于指示系统压力、给进压力、起拔压力和回油压力。各油管接头有指示牌标明连接方式及位置。各种油路控制阀安装在操纵台的框架内部。

3) 泵站

泵站(图 1-32)主要由电机、轴向柱塞变量油泵、油箱组成,通过机座固定成一体。四级防爆电机通过弹性联轴器驱动油泵。调节油泵上的变量手轮,即可改变油泵排量,实现主机回转和进给速度的无级调整。油箱是容纳液压油的容器,为保证液压系统正常工作,除

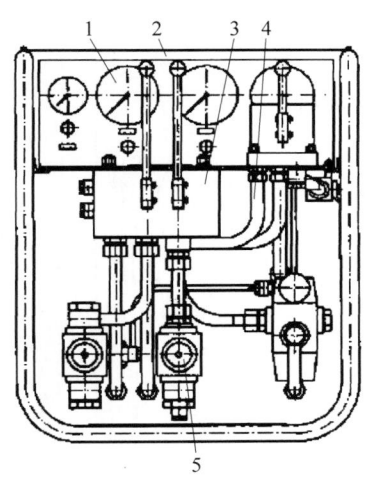

1—压力表；2—操纵台框架；3—方向控制阀；
4—油管及接头；5—压力控制阀。

图 1-31 MK-3 型钻机操纵台

使油箱具有适当的容积外，还设置了多种保护装置。如铜丝网滤油器、纸芯滤油器（精滤）、空气滤清器、冷却器、温度计和油位指示器等。当需在井下补充液压油时可从空气滤清器注入。

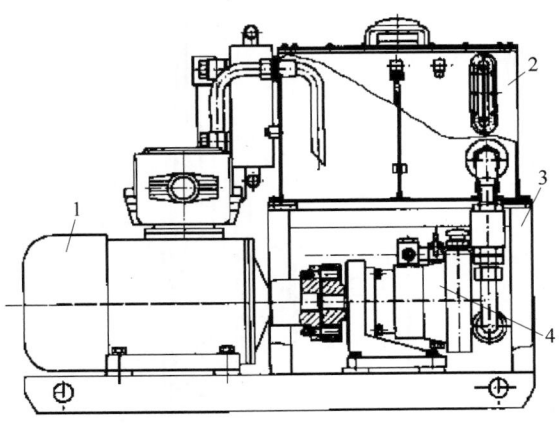

1—电机；2—油箱；3—机座；4—油泵。

图 1-32 泵站

4）钻机液压系统

钻机采用回转和进给并联供油的单泵开式液压系统，如图 1-33 所示。该液压系统多路换向阀 8 由二联三位六通手动多路换向阀 8(1)、8(2) 组成，两联之间为并联关系，可以独立操作。阀 8(1) 控制液压马达 10 的正转、反转和停止；阀 8(2) 控制进给油缸 17 的前进、后退及

停止，同时和手动换向阀 11 联合控制液压卡盘 12、液压夹持器 14 的夹紧、松开及同时卡紧。两联都处于中间位置时油缸卸荷，各工作口都与油箱相通，马达和油缸处于浮动状态。为了防止系统过载，多路换向阀内设有安全阀，并由系统压力表 18 来监视。在正常钻进时安全阀的开启压力调定为 16 MPa。电机 1 启动后，变量油泵 2 经粗滤油器 4 从油箱 5 吸入低压油。输出的高压油通过操纵台的三位六通手动多路换向阀 8 控制钻机各执行机构动作。

回油压力表 19 可以反映流量的大小和精滤油器的脏污程度，可提示操纵人员及时更换精滤器滤芯。

在马达回路中串联一个单向节流阀 9 可以在马达正转时人为地提高系统工作压力，克服单泵系统在回转扭矩较小时，进给压力不足的缺点。

在进给油缸回路中串联一个单向减压阀 16 和一个节流阀 15，以调节进给压力和背压，控制进给力的大小和速度，实现加压或减压钻进及制动下放钻具。节流阀产生的背压还可使系统压力提高，确保夹持器能够完全打开，避免起、下钻进因系统压力过低，夹持器不能完全打开，造成钻杆擦伤。进给压力和起拔压力（或背压）分别由进给压力表 21 和起拔压力表 20 指示。

液压卡盘 12 和液压夹持器 14 与进给油缸联动，通过起、下钻换向阀 11 的转换手把改变其联动方式。

在夹持器油路中串联一个截止阀 13 用于钻进或称重时关闭夹持器油路，使夹持器保持打开状态，不受其他动作的影响。

手动截止阀 3 供拆卸油泵时，关闭油箱出口油路。

油泵 2 及马达 10 的泄油分别直接返回油箱。

2. HC-150 型钻机结构

HC-150 型钻机（图 1-34）由主机、液压动力设备和操纵台三部分组成。

1）主机

主机包括移动式回转器 7、进给滑板 6、给进液压缸 3、进给滑架 4、主升降机 10、绳索取心绞车 12、轻便式钻塔 18 等。

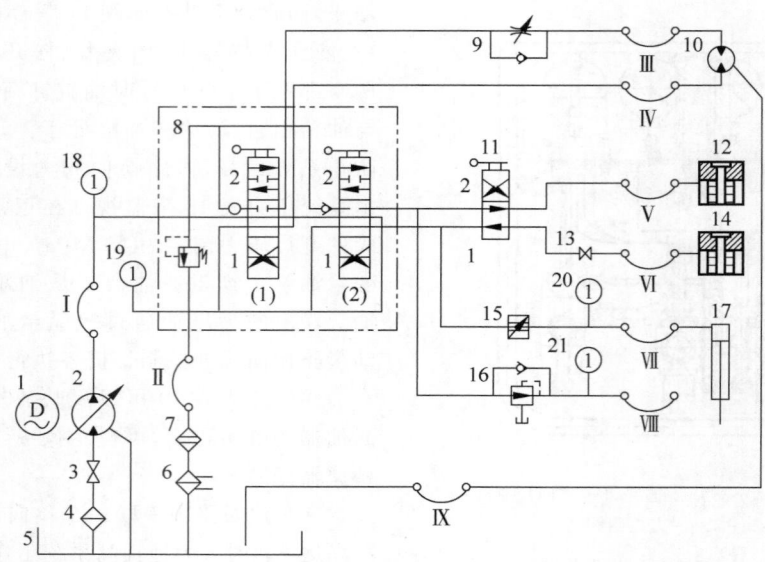

1—电动机；2—变量油泵；3,13—截止阀；4—吸油滤油器；5—油箱；6—冷却器；7—回油滤油器；8—多路换向阀；9—单向节流阀；10—液压马达；11—手动换向阀；12—液压卡盘；14—夹持器；15—节流阀；16—单向减压阀；17—进给油缸；18—系统压力表；19—回油压力表；20—起拔压力表；21—进给压力表。

图 1-33　MK-3 型钻机液压系统图

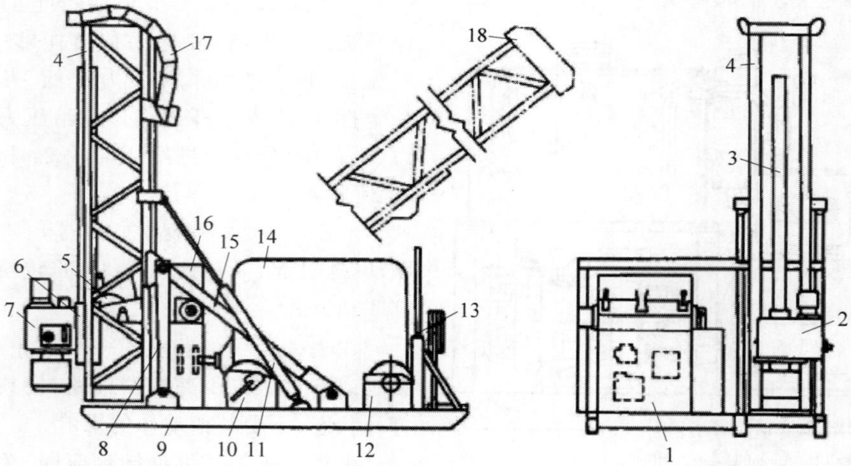

1—动力设备；2—移动式回转器传动箱；3—进给液压缸；4—进给滑架；5—操纵台；6—进给滑板；7—移动式回转器；8—滑架旋转支撑架；9—底座；10—主升降机；11—立塔液压缸；12—绳索取心绞车；13—靠架；14—柴油机；15—支撑架；16—液压泵传动箱；17—胶管护带；18—轻便式钻塔。

图 1-34　HC-150 型钻机结构示意图

（1）移动式回转器（图 1-35）

移动式回转器由液压马达 1、传动箱 4、液压卡盘 10、转速记录装置 13 等组成。

液压马达采用通轴式轴向柱塞定量液压马达。马达的输出轴 2 直接装在传动箱小齿轮

3 的花键孔内。

传动箱分为上下两层。主动小齿轮 3 和被动大齿轮 5 装在上层。此对齿轮为可更换齿轮。需要时，可打开上盖，有三对不同速比的齿轮可供更换，实现高中低三种转速范围的转

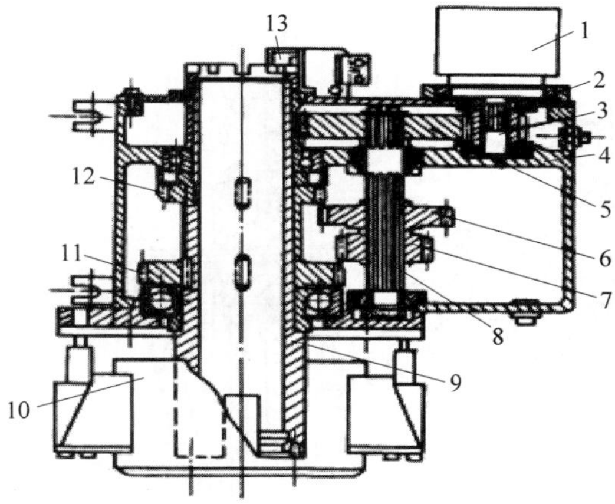

1—液压马达；2—马达轴；3—小齿轮；4—传动箱；5—大齿轮；6,7—变速徘徊齿轮；8—花键轴；9—主轴；10—液压卡盘；11,12—变速齿轮；13—转速记录装置。

图 1-35 HC-150 型钻机移动式回转器

速输出。下层是一个两级齿轮变速箱，通过拨叉拨动双联滑动齿轮变速。当齿轮 6 与齿轮 12 啮合时为高速挡；而当齿轮 7 和齿轮 11 啮合时为低速挡。这种结构的传动箱使回转器可获得 6 级调速范围，提高了回转器对钻探工艺的适应性能。

液压卡盘 10 为液压夹紧、液压松开型。卡盘的两个侧置式液压缸用三个螺栓与卡盘的外壳 2 相连，液压缸活塞杆固定在传动箱的底壳上。三块镶有硬质合金卡块的卡瓦装在回转器主轴 9 下端的三个矩形槽内。主轴下端面装有盖板，防止卡瓦脱落。卡瓦背后斜面与卡瓦座的三个斜面槽装合。需卡盘夹紧钻杆时，卡盘从两个液压缸下腔进入压力油。液压缸缸体推动卡盘外壳、径向轴承、卡瓦座下移。由于卡瓦座的三条斜槽作用，三块卡瓦向卡盘中心移动，从而夹紧主动钻杆。主轴回转时，将通过夹紧钻杆的三块卡瓦带动主动钻杆回转。若要卡盘松开钻杆，则从卡盘液压缸上腔进入压力油，卡瓦座在卡盘外壳驱动下向上移动，卡瓦座消除对卡瓦的作用力，而三块卡瓦在装于主轴内的弹簧力作用下向外移动，松开钻杆。

转速记录装置为一个带有 8 个方孔的无磁钢体，内镶有环状磁钢补心。无磁钢体装在回转器主轴上端，随主轴一起回转时，磁钢放出的断续磁场由固定在传动箱壳体上的磁敏传感元件接收，由转速表显示回转器正反转的转速。

（2）进给滑板

进给滑板是回转器与进给液压缸的中间连接部分。回转器以开合方式安装在进给滑板的正面。进给液压缸倒装在进给滑板背面的中心，进给液压缸的活塞杆下端固定在进给滑架下部的前横架上。空心的活塞杆中装有一根心管，将活塞杆的内孔封隔成内外两条通油道。内油道通进给液压缸无杆腔（上腔），外油道通进给液压缸有杆腔。当压力油分别进入进给液压缸的上腔或下腔时，压力油推动进给液压缸缸筒，带动进给滑板及回转器沿进给滑架上下运动。

（3）机架（图 1-34）

机架由进给滑架 4、两个立塔液压缸 11、滑橇式底座 9、滑架旋转支撑架 8 及靠架 13 等组成。进给滑架采用 80 mm×60 mm 矩形优质无缝钢管做前后腿，焊成"门"形断面。两根前腿做进给滑板的导轨。

（4）主升降机（图 1-36）

主升降机由一台轴向柱塞式定量液压马达驱动。二者安装在同一机架 36 上。机座又固定在钻机滑橇式底座上。液压马达经传动轴 3、花键套 10、花键轴 29 和 3K-H 型双联行星齿轮减速器驱动卷筒 8 回转。

齿形离合器由花键轴 29、中心齿轮 30、复位弹簧 14、垫圈 33 及 34、顶销 22、顶杆 24 和杠杆 25 等组成。操纵机构通过顶杆 24 可使花键轴 29 中段的花键与中心齿轮 30 的花键分离或接合。当杠杆 25 放在接合位置时，顶杆 24 被拉出，弹簧 14 的张力使花键轴 29 右移并与中心齿轮 30 的花键内孔接合，于是升降机卷筒 8 在液压马达 1 的驱动下，通过钢丝绳进行提升钻具或动力强制反转下放钻具。当顶杆推动顶销使花键轴左移，脱离中心齿轮时，升降机即可实现空转自由下放钻具。

传动轴 3 上装有盘式制动器 4。制动器的钳形制动块在刹车液压缸 38 的液压作用下制动刹车圆盘。因为传动轴转速高、扭矩小，所

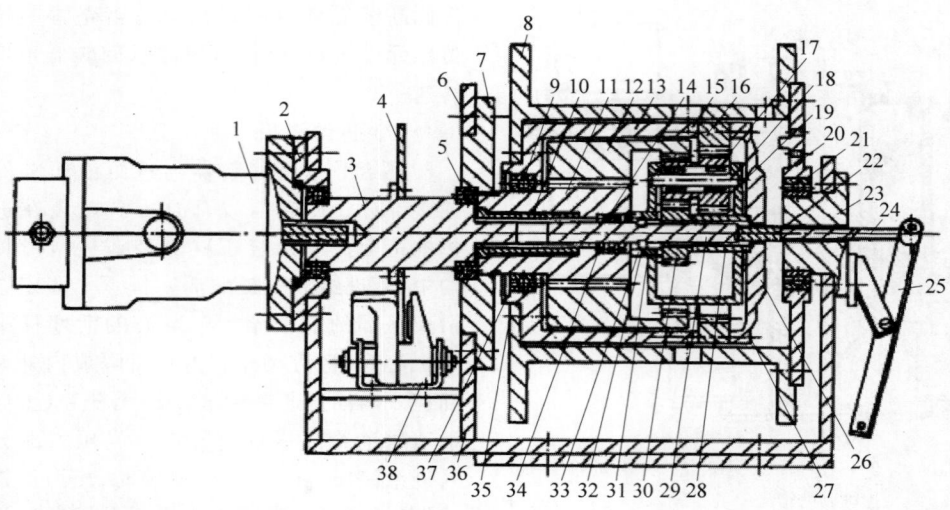

1—液压马达；2—连接盘；3—传动轴；4—盘式制动器；5,9,17,21—轴承；6—螺钉；7—静盘；8—卷筒；10—花键套；11—空心轴；12—左内齿圈组件；13—从动盘；14—弹簧；15—内六角螺堵；16—右内齿圈；18—行星轮轴；19—双联行星齿轮；20—端盖；22—顶销；23—轴承座；24—顶杆；25—杠杆；26—盖；27—螺钉；28—轴套；29—花键轴；30—中心齿轮；31—定位套；32,37—弹性挡圈；33,34—垫圈；35—螺钉；36—机架；38—刹车液压缸。

图 1-36　HC-150 型钻机升降机结构图

以用不大的制动力就能刹住质量较大的钻具。在提升过程中制动钻具，一般采用升降机操纵手柄控制变量液压泵的伺服机构改变斜盘角度来实现，此时只需将升降机操纵手柄推回中间位置，使变量泵的斜盘直立，柱塞逐渐停止吸排油，液压马达及卷筒转速便会逐渐减慢并柔和地停下来，同时刹住钻具。采用这种液压动力刹车，避免了钢丝绳在刹车时的急剧冲击载荷。盘式制动器仅限于长时间悬吊钻具或在自由落体下钻时使用。

（5）绳索取心绞车

绳索取心绞车采用与驱动主升降机的液压马达型号相同的液压马达驱动。两个液压马达用同一个变量泵供油，利用换向阀控制两个液压马达的运转。绳索取心绞车设有行星齿轮减速器，减速比为1∶18，绳索取心绞车不设离合装置和刹车机构。提升和下放打捞器的速度调节，通过改变变量泵的伺服机构来实现。绞车的制动与主升降机一样，采用液压驱动式动力刹车。

（6）轻便钻塔

轻便钻塔分为两节，每节 3 m，装在进给滑架的上面。钻塔天车有四个滑轮，其中两个用于升降钻具，另外两个用于起下绳索取心打捞器。钻塔可起下 6 m 长的钻杆。

2）动力设备

HC-150 型钻机的动力设备包括柴油机、三台液压泵、液压泵传动齿轮箱、冷却器和油箱等。

装配的柴油机功率为 66.24 kW，转速为 2400 r/min。柴油机输出轴与液压泵传动齿轮箱之间用橡胶轮胎式联轴器连接。传动齿轮箱有三根输出轴分别驱动三台液压泵。

油箱容量为 94.6 L，为全封闭式。正常工作油温在 38～82℃。油箱两侧各装有主液压闭式回路和进给控制回路的纸心滤油装置。滤油精度高于 10 μm。冷却器为片式的，用柴油机风扇对液压油强制冷却。

3）操纵台

除立塔液压缸的二位四通阀外，操纵台集中了钻机所有的控制阀和仪表。液压泵传动齿轮箱及三台液压泵用螺栓固定在操纵台下部的内壁板上。打开操纵台的前盖板，可以方便地检查和维修液压泵、控制阀和各条油路。

1.5.4　功能

（1）钻机由主机、泵站、操纵台三大部分组成，各部分之间用高压胶管相连，解体性好，搬迁方便。操作人员可以与孔口保持较大的距离进行集中操作，有利于保证人身安全。

（2）采用全液压传动，无级调速，可较好地适应钻探工艺的要求。

（3）利用回转器和液压夹持器可以实现机械拧卸钻杆，减小工人的劳动强度，再通过联动液压回路，可大大减少起下钻时间，提高工作效率。

（4）钻机的回转器采用通孔式结构，钻杆的长度不受进给行程的限制，可根据工作空间使用不同长度的钻杆，减少拧卸次数。更换规格不同的卡瓦组，可使用不同直径的钻杆。

（5）系列中4型和5型两个级别的钻机采用组合式设计，可通过基本部件的灵活组合产生多种变型产品，以满足不同用户的使用要求。

（6）钻机回转变速主要用变量泵配定量马达再加机械变速或变量泵配变量马达的调速方法。

（7）与立轴式钻机比较，动力头式钻机的进给行程较大，在取心钻进时可减少岩心的堵塞。由于在动力头式钻机上通常将进给装置与起下钻装置合二为一，不再需要升降机和滑车系统，实现了"无塔升降"，在井下钻进近水平钻孔及上仰孔时显得非常方便和安全，也无须费时耗资开掘立轴式钻机所需钻窝。

1.6　全液压动力头岩心钻机

1.6.1　概述

全液压动力头岩心钻机是现今较为先进的岩心钻机，因其相对于机械传动的立轴式岩心钻机具有结构紧凑、质量小、性能指标先进等特点，在国外发达国家它已逐渐替代立轴式钻机，成为地质勘探的主流设备。其特点是一种用油压驱动和控制所有运转部件的钻机。这类钻机借高压变量油泵和变量油马达可实

现无级变速，相对于立轴式钻机简化了传动机构，去掉了齿轮变速箱，减小了钻机质量，又充分利用动力。动力头钻机采用整体车载、模块化设计，安装方便，开机准备时间短，机械化程度高，全液压马达驱动噪声小，震动小，转速范围宽，动力头转速可精确控制，可实现无级化变速，智能化操作，同时比立轴式钻机取心作业的效率及安全性大大增加。

全液压动力头岩心钻机之所以能成为岩心钻机的发展方向，是因为其与机械立轴式岩心钻机相比，还具有以下显著优点：一是进给行程长，是机械立轴式钻机的6～7倍，不用频繁倒杆，避免钻进过程中可能造成的岩心断裂、岩心堵塞等事故；二是便于斜孔施工，施工效率高；三是卷扬机布置灵活、排绳方便；四是塔机一体，安装、搬运快速方便；五是钻机适应性好，不同的钻进工艺方法和不同的岩层，对钻机的钻速有着不同的要求，全液压动力头岩心钻机真正实现了无级调速，并且适应性强。

除优点外，全液压动力头岩心钻机也有其难以避免的缺点以及问题，具有成本高、能耗大、传动效率低、遇到液压系统故障需要专业人员来维修、维修不便的缺点。国内针对全液压动力头岩心钻机的研究和开发已经初有成果，一些研究机构和设计公司推出了各具特色的动力头式钻机。在对国内相关钻机的设计和使用情况进行调研后，发现了以下一些问题：

国内普遍使用的钻机采用整体性设计思想或者具体式设计方法，导致钻机部件与部件之间全部以采用焊接为主，造成"铁板一块"的现象，其运输搬运过程耗时耗力，十分不便。

国产全液压动力头岩心钻机的性能普遍不稳定，在浅层底层和相对较软的岩石上凿岩效果优秀，但是当遇到玄武岩等深层岩石时，由于钻杆过长或者阻力过大，削弱了对岩石的切削力，从而导致钻头非工作性损坏和效率下降等问题。

某些液压钻机只能提供单一方向的进给力，随着钻探的深入，钻具的质量会逐渐变大，在超过一定深度时，钻具的自身重力已超过该底层所需的切削进给力，没有力量消除机

制,过大的力量将会作用在钻头和扩孔器上,导致钻头或扩孔器的机械结构发生受压的剪切性破坏,进而造成成本上升、效率降低的恶性循环。

采用进口的全液压动力头岩心钻机虽然使用方便,功能齐全,但是其使用成本和维护保养成本过高,维护保养的周期过长,导致钻机一旦出现售后问题,就会造成长时间的停工、延误工期的现象。

总之,全液压动力头岩心钻机具有施工效率高、施工质量好、事故率低、钻机适应性强、轻便、维修性好等优点,是我国地质岩心钻机的发展方向。但在现阶段,针对年度钻探任务很小的勘查项目,从经济成本因素考虑,使用立轴式钻机经济效果要好于全液压动力头岩心钻机。对于钻机深部勘探施工,通过使用分体塔式全液压动力头岩心钻机可完全解决枪杆式钻塔在钻探施工中存在的弊端。

1.6.2 原理

钻机主要由拖车式地盘、柴油机、液压系统、操作系统、钻塔、动力头、进给升降机构、孔口夹持器等组成。

钻机滑架分两节,便于搬迁。上滑架与钻塔用销钉连接,顶端设有天车,起落滑架用起塔油缸;动力头由进给油缸带动可沿滑架上下移动。孔口夹持器固定在滑架上。柴油机上安装三联柱塞泵。

(1) 动力传动方案。柴油机直接带动三联柱塞泵,其中主变量泵驱动动力头,变量液压马达通过主变量泵带动主轴回转。副变量泵主要驱动进给油缸。当钻进停止时,驱动升降机液压马达或绳索取心液压马达使之升降钻具或做取心工作。辅助液压泵驱动孔口夹持器液压缸或起塔油缸,工作时也驱动冷却器液压马达。动力传动路线如图 1-37 所示。

(2) 动力头结构如图 1-38 所示,由变量液压马达、五级变速箱、齿轮传动系、主轴、液压夹持器等组成。当动力头工作时,回转机构由变量液压马达带动五级变速箱变速,再经齿轮传动带动主轴回转,液压松开式卡盘用于夹持钻杆。

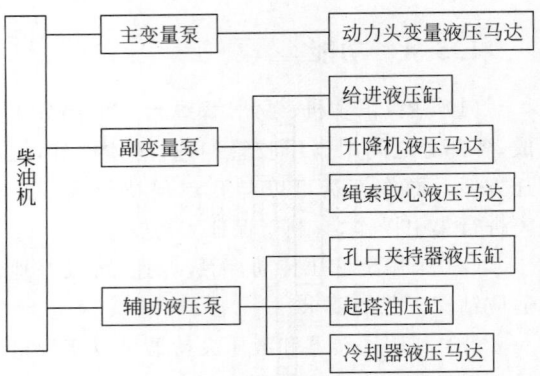

图 1-37 动力传动路线示意图

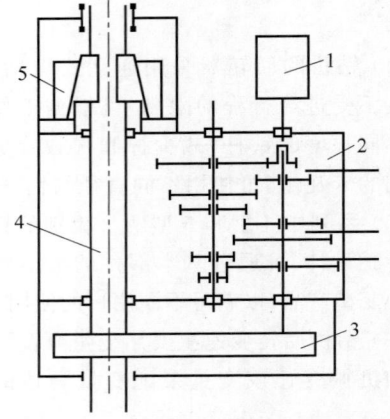

1—变量液压马达;2—五级变速箱;3—齿轮传动系;
4—主轴;5—液压夹持器。

图 1-38 动力头结构示意图

(3) 动力头进给机构方案。进给机构用于带动动力头上升或下降以达到提升钻具或向下钻进的目的。本设计采用长行程单液压缸进给机构,动力头进给机构如图 1-39 所示。

活塞杆为双层使用时,活塞杆固定,液压缸移动带动滑板行走,动力头固定在滑板上。当 b 孔进油时通过内层油管进入液压缸上腔,下腔油从 a 孔返回油箱,进行提升工作;当 a 孔进油时,通过两管夹层进入液压缸下腔,上腔油从 b 孔返回油箱,进行进给工作。由于上腔工作面积大于下腔工作面积,所以提升力大于进给力,满足钻进工艺的要求。

(4) 动力头夹持松开机构。图 1-40 所示为动力头液压卡盘结构原理图。采用弹簧夹紧,液压松开。卡盘由活塞、液压缸、碟形弹簧、卡瓦等组成。

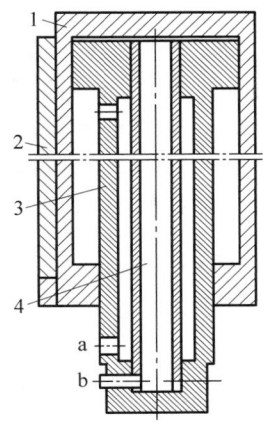

1—油缸筒；2—滑板；3—活塞；4—活塞杆。

图 1-39 进给机构结构示意图

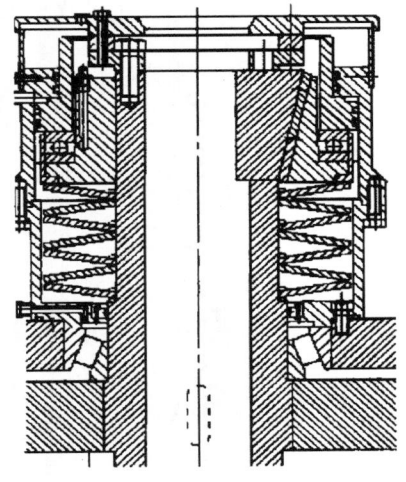

图 1-40 液压卡盘结构原理图

碟形弹簧装在液压缸内，一端与活塞相连，另一端固定在压板上。卡盘不工作时处于夹紧状态，当卡盘环状液压缸上腔进压力油时，活塞下移，压缩弹簧，使卡瓦向外退出，松开钻杆；当液压缸上腔回油时，弹簧力作用在活塞上，推动活塞上移，使卡瓦向中心移动，从而夹紧钻杆。

（5）液压控制系统。全液压动力头岩心钻机将电-液-机综合组成自控调节网络系统，实行自动控制。其中回转、油缸快速提升、主卷扬和取心卷扬采用负载敏感系统控制，加、减压钻进则采用恒压泵、减压阀以及节流阀组成的液压回路控制，其余执行机构如卡盘、支架、

油缸、孔口夹持机构等也均利用恒压泵供油。除此之外，进给系统设计了浮动控制回路，使得动力头可上下自由移动。

XD-3 型全液压动力头岩心钻机主要由动力头、钻塔、进给机构、液压夹持器、主卷扬机、取心用液压绞车、操作台、液压系统、冷却器、电器柜、底盘、拖车及附件等部分组成。为方便钻机的搬迁、安装，钻机设计成分体式结构，即将钻机和钻机动力分别设置在两个独立的底盘上，使钻机的质量和外形尺寸都可一分为二。其外观如图 1-41 所示。

图 1-41 XD-3 型全液压动力头岩心钻机外观图

（1）动力头。动力头主要由变速箱、液压马达、液压卡盘等组成，是钻机的回转机构。变速箱设有两挡机械变速，有两种不同的输出转速和输出扭矩，以适应不同钻孔直径和钻进工艺使用要求；变速箱由液压马达驱动，可以双向旋转和无级变速；变速箱的输出轴心管上端装有液压卡盘，该卡盘主要由卡瓦、锥套、轴承、油缸等部件组成，更换不同规格卡瓦可夹持不同直径的钻杆；卡盘夹紧后具有自锁功能，停机后在没有外力的情况下卡盘不会自行打开。

（2）钻塔。钻塔主要由支架、塔身、导轨、天车、游动滑车、起塔油缸、伸缩式支撑杆等组成。导轨使用优质钢材，经热处理、磨削加工后，用螺栓和销钉固定在塔身上，塔身通过支

架、起塔油缸、伸缩式支撑杆与钻机底盘连接，并通过起塔油缸竖起、放平。通过调整支撑杆的长度可使钻塔在 45°～90°倾角内任意固定。塔身由上下两部分组成，可升降 6 m 长的钻杆，在钻具较轻的情况下可使用单绳升降钻具，在钻具较重的情况下可利用游动滑车组成双绳升降钻具。

（3）进给机构。进给机构主要由滑板、给进油缸等组成。进给油缸带动滑板沿钻塔导轨上下移动。动力头用销轴与滑板铰接，并通过紧固螺钉与滑板固定，因此动力头对钻具的加、减压进给由进给油缸直接驱动，刚性大、导向性好、间隙可调节；使用卷扬机升降钻具时，动力头可以旋转 90°让开孔口。

（4）液压夹持器。液压夹持器由凸轮、油缸、卡瓦、同步机构和底座等组成。油缸推动一对凸轮相对方向旋转，从而推动卡瓦夹持钻杆，油缸可使夹持器对钻杆产生恒定的夹持力，而钻杆的自重也会使夹持器对钻杆产生相应的夹持力，所以钻杆越重，夹持器的夹持力越大，保证了对钻杆的可靠夹持。液压卡盘、液压夹持器、动力头联合工作，还可实现机械拧卸钻杆。

（5）主卷扬机。主卷扬机由卷筒、支架、液压马达、减速器、压绳器等组成。液压马达设有液压平衡阀，减速器内有液压制动器，使主卷扬机的操作轻便安全，升降速度无级调速，制动平稳。

（6）液压系统。液压系统主要由液压泵、液压马达、油缸、液压阀、压力表及管件等组成。液压泵有两个，一个是斜轴式轴向柱塞泵，液控变量，与动力头的液控变量马达组成恒扭矩和恒功率调速系统，结合动力头变速箱的 2 级机械变速，使得动力头的输出转速、扭矩变化范围宽，可在 50～910 r/min 无级调速，能适应多种不同钻进工艺的要求，该泵还为主卷扬机马达、取心绞车、进给油缸提供液压油；另一个是通轴式轴向柱塞泵，恒功率变量，主要为液压夹持器、液压卡盘、起塔油缸、进给系统和调速系统提供压力油；液压系统的主换向阀采用比例先导液控换向，可远距离控制，提高

了操作的柔性。

（7）操作台。操作台主要由电控箱、液压操作阀、压力表、电流表、电压表、转速表、泥浆泵压力表等组成。钻机的各种操作都集中在该操作台，各种仪表的动态显示，可使操作人员随时监控设备运转和孔内情况。

1.6.3 结构

钻机各部分的作用及工作原理如下：

（1）上桅杆，主要包括天车轮、上支承杆架、后支腿座、支线轮、中塔架、导正槽等部件，其结构如图 1-42 所示。上支承杆架采用管钢焊接而成，顶部装有天车轮，下部的支线轮和天车轮主要是在绳索提升下降钻具的过程中使用。导正槽主要在钻孔工作过程中起导正钻杆和套管的作用。

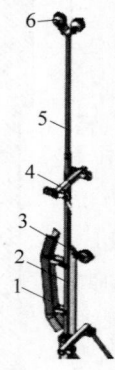

1—导正槽；2—中塔架；3—支线轮；4—后支腿座；
5—上支承杆架；6—天车轮

图 1-42　上桅杆结构图

（2）下桅杆，主要包括导轨支柱、升降油缸、滑移块等。下桅杆由方形钢焊接而成，共分为上下两层，下层为滑移轨道，上层为滑移块，滑移块上装有动力头等组件，滑移操作主要靠升降油缸来完成。

（3）动力头组件，由动力头和旋转马达组成。旋转马达为液压马达，靠液压来驱动。

（4）孔口夹持器，由下夹持器、夹持器油缸和卡瓦组成，孔口夹持器都安装在下桅杆末端。孔口夹持器通过夹持器油缸的伸缩来驱动卡瓦移动，从而控制钻杆、钻具的放松和夹紧。下夹持器配有不同型号的卡瓦，保证卡瓦

与钻具同心。

（5）绳索取心卷扬机，卷扬机主要由卷筒、液压马达、底座等部分组成。卷扬机的卷筒安装在底座上，靠液压马达的旋转来带动绳索进行取心操作。卷扬机还装有平衡阀和制动器，从而保证操作的稳定和安全。

（6）机架，主要由后支腿及底座等支架组成。机架均由铝型材焊接而成，主要起支撑作用，其中后支腿还有调节钻孔角度的作用。

（7）动力组件，由三台柴油机组和燃油箱等组成。柴油机组提供工作的动力，具有可拆卸、方便运输、动力强等特点。

（8）液压操作系统，主要由操作平台和相应的液压油箱组成，便于将液压系统集成化，操作更加方便快捷，利于生产效率的提高。

（9）工作平台，由木板或现场取材搭建平整的工作平面。

XD 系列各种型号的全液压动力头岩心钻机性能参数虽有区别，但钻机结构和组成部件大致相同。该系列钻机主要由钻机底盘、钻塔、主卷扬机、绳索取心绞车、液压动力站、操作台、液压管线、动力头变速箱等部件组成。

（1）底盘。底盘是承载钻机各组成部件的结构件，由型材焊接而成。底盘按结构可分为整体式和分体式两种。

整体式底盘钻机所有部件都装在同一底盘上，一同运输搬迁，可加装拖轮拖行。履带式钻机的底盘也属于整体式。

分体式底盘是将液压动力站部分和钻机部分分装在两个底盘上，两者间动力传动和控制是通过装有快速接头的液压胶管和电缆来完成的，便于拆卸。分体式底盘中的两个底盘都装有拖轮，钻机在工地上搬迁移位时，可使用其他车辆牵引移位。钻机底盘上安装有丝杠式千斤顶，可以很方便地升降，便于车轮的安装和拆卸。施工时拆除车轮，把钻机底盘坐在钻机底梁上固定即可。钻机动力站在施工时不用拆卸拖轮，用千斤顶顶起底盘使拖轮离开地面即可工作。

（2）钻塔。采用桅杆式钻塔，由矩形方管焊接而成，装在滑架上，分为上下两节可折叠。

其主要功用是配合卷扬机完成起吊钻具、取心等工作。钻塔主要由支架、底座、滑架、下塔身、导轨、上塔身、天车、游动滑车、起塔油缸、伸缩式支撑杆等组成，钻塔采用液压油缸控制起落。

动力头移动导轨用螺钉和销钉固定在下塔身上，下塔身通过支架、滑架、起塔油缸、伸缩式支撑杆与钻机底盘连接。通过调整支撑杆的长度，可使钻塔在 45°～90°用机械方法固定。钻塔在滑架上能整体滑移，具有触地功能，方便斜孔施工。钻塔有效高度 9 m，可升降 6 m 的钻杆。钻具较轻时可使用单绳升降钻具，钻具较重时可利用游动滑车使用双绳升降钻具。

（3）卷扬机。钻机的主卷扬机由卷筒、支架、液压马达、减速器、制动器等组成。液压马达为定量斜轴式柱塞马达，通过行星减速器带动卷筒正转或反转用于升降钻具。主卷扬机设有液压平衡阀和液压制动器双重制动装置，升降钻具平稳，制动可靠，升降速度可无级调速。

（4）液压动力站。钻机的液压动力站是该系列钻机的核心部件，它主要由电动机、液压油泵、油箱、冷却器、液压控制阀、电气柜等组成。

该动力站有两个液压油泵，分为主泵和副泵。由于主泵和动力头液压马达都是液控变量，通过调节控制压力的大小，可以无级改变主泵和动力头液压马达的排量大小，从而实现动力头转速的无级调速和恒扭矩-恒功率的扭矩输出。结合动力头变速箱的二级机械变速，使动力头的输出转速和扭矩范围宽、变化大，能适应多种不同钻进工艺的要求。改变主泵的排量也实现了对主卷扬机、液压绞车、进给油缸等机构的无级调速。

（5）操作台。钻机的操作台主要由操作台体、电控箱、液压阀、压力表、电流表、电压表、转速表、泥浆泵压力表等组成。电控箱通过动力站的电器柜，控制主泵电机、副泵电机、冷却器电机、泥浆泵电机的启动和关闭。压力表用来显示各液压油泵的工作压力、先导系统的压力、进给油缸的加压力或减压力,反映钻机液压系统各部分工作压力的状态。电流表和电压表显示主泵电机的工作电流和工作电压,反映钻机运转负荷的状态。转速表显示动力头回转输出转速,泥浆泵压力表显示泥浆泵的工作压力。

(6)动力头。钻机的动力头主要由变速箱、液压马达、液压卡盘等组成,是钻机的回转机构。

其变速箱具有 2 挡或 3 挡机械变速,因而有 2 组或 3 组不同的输出转速和输出扭矩。液压马达与变速箱的输入轴连接,通过改变马达的排量可以改变马达的输出转速。变速箱的输出轴为空心轴,称为芯管。内部可以通过钻杆,芯管的上端装有液压卡盘,用以卡紧或松开钻杆。卡盘的夹持力可以根据需要在一定范围内进行调节,可有效地避免打滑现象和提高卡瓦的使用寿命。变速箱的输出转速和扭矩通过卡盘传递给钻杆带动钻杆回转钻进。松开动力头变速箱紧固螺栓后,动力头变速箱在液压油缸的推动下能整体侧移,让开孔口位置,便于起大钻,非常便于斜孔施工。

1.6.4 功能

钻机实现全液压控制,包括钻进进给、回转、卡紧、松开、提钻、打捞岩心等动作的实现,即对相关动作的功能优化及控制。

多挡无级调速的回转机构,钻机配备 5 挡手动变速箱和液压马达,转速在 100～1200 r/min 可以无级调速,速度范围宽、扭矩大,有利于多工艺的选择。

钻机具有多功能,钻机适应金刚石绳索取心钻进工艺、空气泡沫钻进工艺、液动潜孔锤钻进工艺和反循环钻进工艺等国际上先进钻探工艺的配套使用。

进给控制,可以实现加压钻进、减压钻进、称重、快速提升等工作状态。

长行程进给,进给行程达 3.5 m,可减少倒杆次数,防止岩心堵塞,提高岩心采取率和钻进效率。

1.7 钻塔

1.7.1 概述

钻塔是钻探设备的重要组成部分。它主要用于安放天车、悬挂游动滑车、大钩或提引器等,以便迅速地起下或悬吊钻具、套管等。

1. 对钻塔的基本要求

根据钻探工作的需要,钻塔应满足下述要求。

(1)应有足够的承载能力,保证满足正常及特殊情况下起下钻具、套管的需要。在用升降系统进行强力起拔时,钻塔承受的负载不仅比正常提升时大得多,而且还会受到较大的冲击载荷,因此,钻塔要有足够的承载能力。

(2)应有足够的高度和有效空间。钻塔的高度应和钻孔的深度相适应。钻孔越深,相应钻塔的高度要越大,立根的长度可加大,有利于减少起下钻的时间。钻塔的空间大小直接影响设备的安装、操作者的视野和操作的安全。有效的钻塔空间将为安全生产提供一定的保障。

(3)钻塔的结构要合理,尽可能使钻塔轻便、易拆装、好搬运。

(4)要尽可能降低制造成本。

2. 钻塔的类型

钻塔的类型很多,但按其总体结构形式的主要特征可以概括为四种基本类型。

1)四脚钻塔

四脚钻塔是由四个平面梯形桁架面构成的空间桁架,横截面一般为正方形或矩形。四脚钻塔的内部空间大,承载能力大,稳定性好。一般靠自重可以保持稳定,而设置的绷绳只是为了防止飓风或其他特别意外情况的一种保险设施。四脚钻塔多为单个构件的拆装方式,安装、拆卸费工费时,一般用于钻孔周期长、钻塔负荷大、交通不便的钻探施工场合。

2)三脚钻塔

三脚钻塔为四面体空间桁架结构。三根塔脚一般为整体或可伸缩式。这类钻塔结构较简单,整体稳定性好。轻便式三脚钻塔一般多为拉立式,拆装方便,但承载能力较小。三脚钻塔多用于浅孔或次深孔钻机的配套。

3) A 型钻塔

A 型钻塔是用小断面桁架结构或管材组成的两脚式钻塔,需要用缆绳及支架使之获得整体稳定。A 型钻塔可减轻塔的自重,并可整体立放,近年来已在大中型钻塔中采用。

4) 桅杆型钻塔

桅杆型钻塔也称桅杆或钻架,可以做成独杆式、管式、板箱式、小断面桁架式等多种形式,多数不能靠自重稳定,必须采用缆绳或支架、立放塔油缸等以加强其稳定性。桅杆型钻塔尺寸小、质量小、立放简便迅速,特别适用于车装钻机或拖车装钻机。

3. 国产钻塔的主要技术参数

三脚钻塔和桅杆型钻塔在我国没有统一的标准,一般是各生产厂家或使用单位自行研制生产。这些类型钻塔的技术参数只能参阅各自产品的使用说明书。四脚钻塔和 A 型钻塔,我国地矿系统生产有几种类型。其主要技术参数见表 1-13。

表 1-13 四脚钻塔及 A 型钻塔主要技术参数

主 要 参 数	钻塔类型									
	角钢					钢管				
	直塔			斜塔		直塔		斜塔		人字
	12.5	**17**	**22**	**12**	**16**	**SG-18**	**SG-23**	**SG-13**	**SG-17**	**13**
钻塔高度/m	12.5	17	22	12	16	18	23	13	17	13
适用钻孔深度/m	350	650	1200	350	650	600	800~1200			300
有效负荷/kN	58.8	78.4	165	58.8	78.4	98	147	98	147	78.4
顶部尺寸/(m×m)	1.4×1.4	1.5×1.5	1.6×1.6	1.3×1.5	1.6×1.6	1.4×1.4	1.1×1.1	1.2×1.3	1.2×1.22	0.98×0.65
提升钻杆根数与长度/(根×m)	2×4.5	3×4.5	4×4.5	2×4.5	3×4.5	3×4.8	4×4.8	2×4.8	3×4.8	2×4.5
滑车组数×减轻负荷倍数	2×1.5	2.5×2	3×2	2×1.5	3×2					
钻塔质量/t	29.4	44.4	57	36.3	46.2	18.5	28.6	22.2	27.9	22.1
工作台高度/m	8.30	13.20	17.60	9.00	13.00	15.00	20.00			
底框尺寸/m	4.3×4.3	5.0×5.0	5.5×5.5	4.5×7.6	5.0×9.2	5.0×5.0	5.0×5.0	4.5×5.15	4.5×6.4	4.3×3.7

1.7.2 钻塔的结构

钻塔大多数为复杂的空间桁架结构。钻塔的结构包括整体结构形式、构件组合形式、每层的结构形式、节点的结构形式以及材料的断面形式等。下面对不同类型的钻塔进行分析。

1. 四脚钻塔

四脚钻塔由四个平面桁架面构成。四脚钻塔按用材形式不同分为角钢钻塔和管子钻塔。按用途不同分为直塔和斜塔。直塔用于钻进垂直孔或小顶角斜孔,斜塔主要用于钻进倾斜钻孔,也可用于钻进垂直孔。

图 1-43 为 17 m 角钢四脚钻塔。该钻塔为直塔。不包括塔帽部分,钻塔四个整体桁架面均为等腰梯形,后桁架面及两侧桁架面的结构相同。前桁架面为了便于从塔外向塔内或从塔内向塔外拉放钻杆立根或较长的钻具及套管,底部两层桁架面内部桁杆(称斜拉手)布置成大的人字形。该钻塔分为七层。最上层四个桁架面内部腹杆为人字形布置,目的是让天车的载荷主要由尺寸较大的钻塔腿来承受。3~6 层的腹杆采用交叉(又称十字)形布置。这种布置形式的腹杆主要承受拉应力。图 1-43 表示了该钻塔节点 A 的结构。

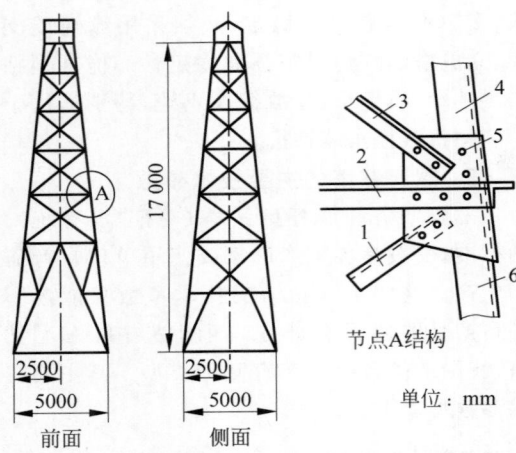

1—下斜拉手；2—横拉手；3—上斜拉手；4—上塔腿短节；5—连接板；6—下塔腿短节。

图 1-43　17 m 角钢四脚钻塔结构示意图

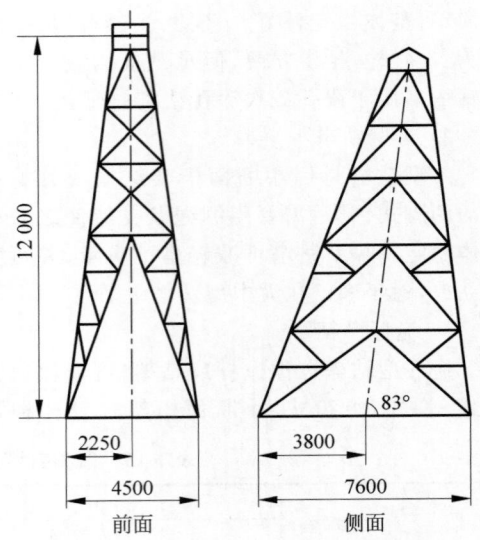

图 1-44　12 m 角钢四脚斜塔结构示意图

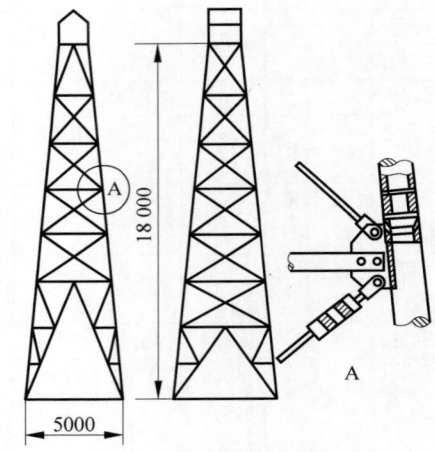

图 1-45　SG-18 型四脚管子钻塔结构示意图

其他节点与节点 A 的结构相似。在下层塔腿 6 顶端焊有连接板 5。上塔腿 4、横拉手 2、上斜拉手 3、下斜拉手 1 均用螺钉与连接板连接。为了保证安全和受力合理，在设计时，连接板的尖角不能外露，并且在各杆件连接于节点板后，各杆件的重心线应交于一点。该钻塔的塔腿、横拉手、斜拉手等主要杆件均采用不同规格的角钢。钻塔的质量大，安装方式采用单件螺钉连接，拆装费时、费力，也不安全，有被其他类型钻塔代替的趋势。

图 1-44 为 12 m 角钢四脚斜塔结构示意图。12 m 角钢四脚斜塔与 17 m 角钢圆脚直塔在结构上有些区别。该钻塔两侧桁架面为不等腰梯形，前塔腿与铅垂线间的倾角大。前桁架面与水平面的夹角是打斜孔的最大角度。如果把后面桁架面作为正面安装钻机，则可用于垂直钻孔钻进。两侧桁架面各层内部腹杆采用人字形布置，提高了钻塔整体的抗剪能力。

图 1-45 为 SG-18 型四脚管子钻塔的结构示意图。塔腿和横拉手均为钢管构件，斜拉手为钢筋构件。桁架面每层的斜拉手都加工成一个组件。每组斜拉手中的一根是定距斜拉手，另一根是安装有调距器的调距斜拉手。安装时，应注意调整调距器，使斜拉手拉紧，有一定的预应力，保证钻塔的结构刚度。只有这样，钻塔才能承受额定载荷。

SG-18 型四脚管子钻塔塔腿采用插接式安装，每层钻塔的各个构件都比 17 m 角钢四脚钻塔的质量小。SG-18 型钻塔的拆装比较简便、省力，安装时间也较短。

2. 三脚钻塔

三脚钻塔的结构比较简单，一般采用整体立放，拆、迁和安装均很方便。用于 100 m 以内孔深的三脚钻塔多用钢管制作，一般不加横拉手或斜拉手即可。为了运输方便，可采用伸缩式塔腿。钻塔高度不超过 10 m。用于次深孔（300 m 以内）的三脚钻塔，塔高 9～12 m，提升高度 6～9 m，通常用木材制造。图 1-46 为木制三脚钻塔塔顶结构。三根塔腿 1 均用圆木制成并在顶部包有铁皮 4，用穿钉 3 穿连起来。在穿钉上装置 U 形环 5 以悬挂天车。底脚呈等边或等腰三角形放置。根据钻塔的高度不同，可设置不同数量的横拉手和斜拉手以加固钻塔，构成三棱锥状空间桁架体。钻塔的塔腿多选用挺直的优质杉木，其长度和梢径应符合表 1-14 的规定。

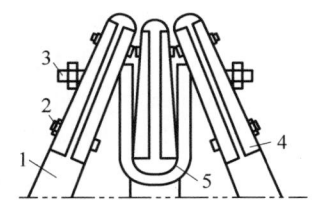

1—塔腿；2—螺钉(栓)；3—穿钉；4—铁皮；5—U 形环。

图 1-46　木制三脚钻塔塔顶结构

表 1-14　三脚钻塔塔腿的长度和梢径指标表

塔腿长度/m	梢径/mm	穿钉直径/mm	适用孔深/m
7~8	≥110	30	0~100
9~10	≥130	35	100~200
11~12	≥150	40	200~300

3. A 型钻塔

A 型钻塔的塔腿有管式和桁架式两种。与四脚钻塔相比，A 型钻塔的优点是结构简单，质量小，可整体立放，运移方便。

图 1-47 为一种桁架式两脚钻塔。每根塔腿都有三根 $\phi73\ mm×3.25\ mm$ 的岩心管组成的结构件，其横截面呈等腰三角形，管子之间用圆钢作为横拉手，焊接起来构成一个整体。每根塔腿都分为三节，各节间采用法兰连接。使用时，根据需要可以组装成两种不同高度的

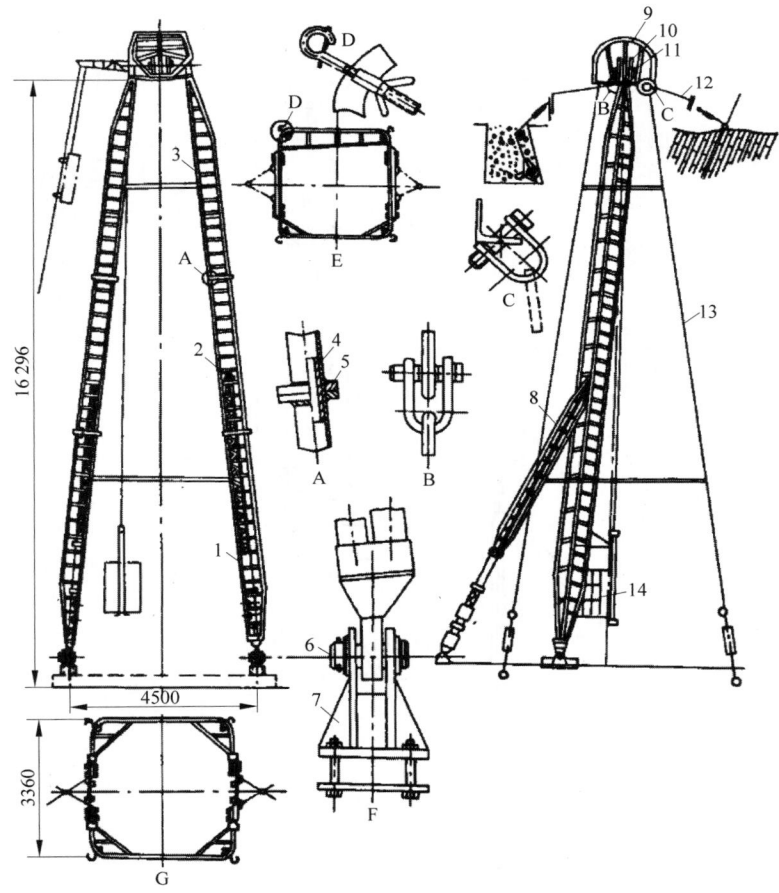

1—下腿；2—中腿；3—上腿；4—短管；5—法兰盘；6—销轴；7—底座；8—斜撑；9—顶棚架；10—天车梁；11—天车；12,13—绷绳；14—吊笼。

图 1-47　A 型金属钻塔结构图

钻塔。用三节组合的钻塔高度为 16 m,用两节组合(去掉中间一节)时,钻塔高度为 12.5 m。

塔腿的底脚用销轴 6 铰支在底座 7 上,底座用螺栓固定在基台木上。钻塔在地面上组装完毕后,可绕销轴 6 旋转进行整体竖立。钻塔竖立后,用小断面桁架结构的斜撑 8 支撑。斜撑的长度可以调节,以改变塔腿的倾角(90°～70°),用于钻进不同倾角的钻孔。A 型钻塔自身稳定性较差,钻塔立起后需用四根钢绳对角绷紧,以增加钻塔整体的稳定性。为保证钢绳能绷紧,钢绳地脚的埋设一定要牢靠。

4. 桅杆型钻塔

一般桅杆型钻塔与其他类型钻塔相比,高度小、横截面尺寸小,各横截面面积相等,竖立起来后像船上的桅杆,故称桅杆型钻塔。这类钻塔取材和结构形式灵活多样。按塔腿数目多少分为单柱式及双柱式;根据横截面形式分为全封闭式和敞开式;按整体结构形式分为管状式、桁架式、板箱式;根据拆装形式分为整体式、分段式和折叠式。

图 1-48 为管式桅杆,由安装在基座 7 上的桅杆 1、侧支座 8 和斜撑杆 4 组成。桅杆是用管子焊接成直角边断面、形状相等的双边杆,主杆为直径 140 mm 的管子,布于直角处,而直径为 48 mm 的副管放置于其他两个角顶。桅杆的主管和两根副管用横杆与斜撑杆焊接成两面桁架面。此外,还用较小的管子焊成梯子。

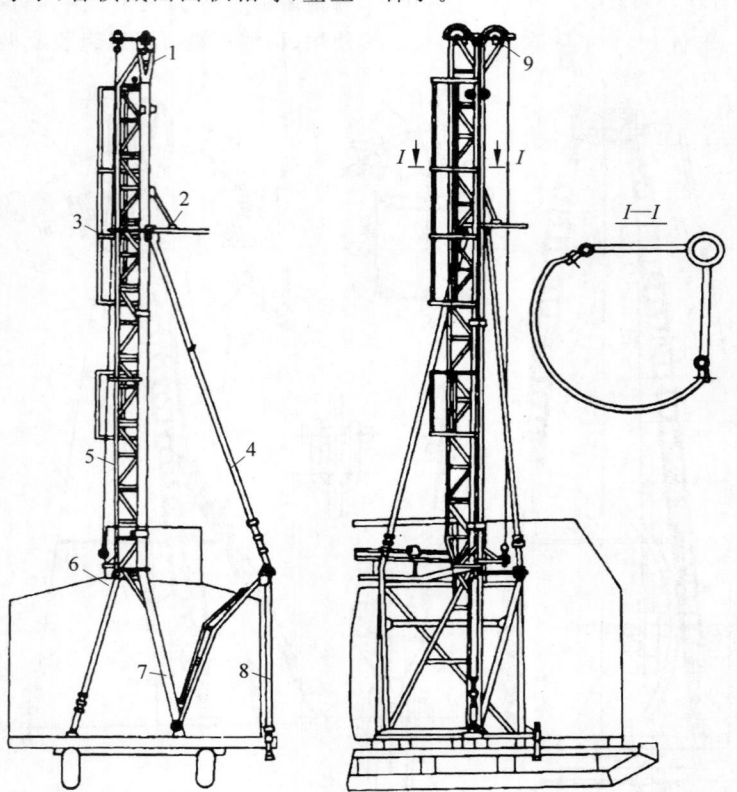

1—桅杆;2—上层平台;3—保护架;4—斜撑杆;5—拉紧绳;6—底座支撑;7—基座;8—侧支座;9—天轮平台。

图 1-48 管式桅杆

1.7.3 升降工序附属机械与工具

升降工序是指利用升降系统起下钻具、套管以及其他目的作业的工序。在岩心钻探中,升降工序作业是十分频繁的,而且作业时间长,占钻孔总工时的 20%～60%。对钻孔来说,升降工序时间又是一种辅助工时。其时间越长,钻探总效率就越低。因此,完善升降工序所用机械和工具,实现升降工序的机械化和自动化是保证安全生产、提高钻探效率的重要措施。

1. 拧管机

拧管机是与立轴式钻机配套的附属机械,用于代替人力拧卸钻杆或钻具,以实现拧卸钻杆机械化。拧管机有机动、液动和电动三种类型。机械式拧管机是与老式立轴钻机配套的。随着老式立轴钻机的淘汰,机械式拧管机也已不再生产。目前普遍采用的是液压拧管机。

图 1-49(a)为 NY-1 型液压拧管机。它用于拧卸直径为 42 mm、50 mm、60 mm 三种规格的普通锁接头钻杆。当液压系统压力为 6 MPa 时,拧管的转矩为 0.33 kN·m。液压缸内的油压达 8 MPa 时,液压缸的卸扣转矩为 0.44 kN·m。液压缸活塞行程为 130 mm。拧管机拧卸钻杆的转速为 75 r/min。

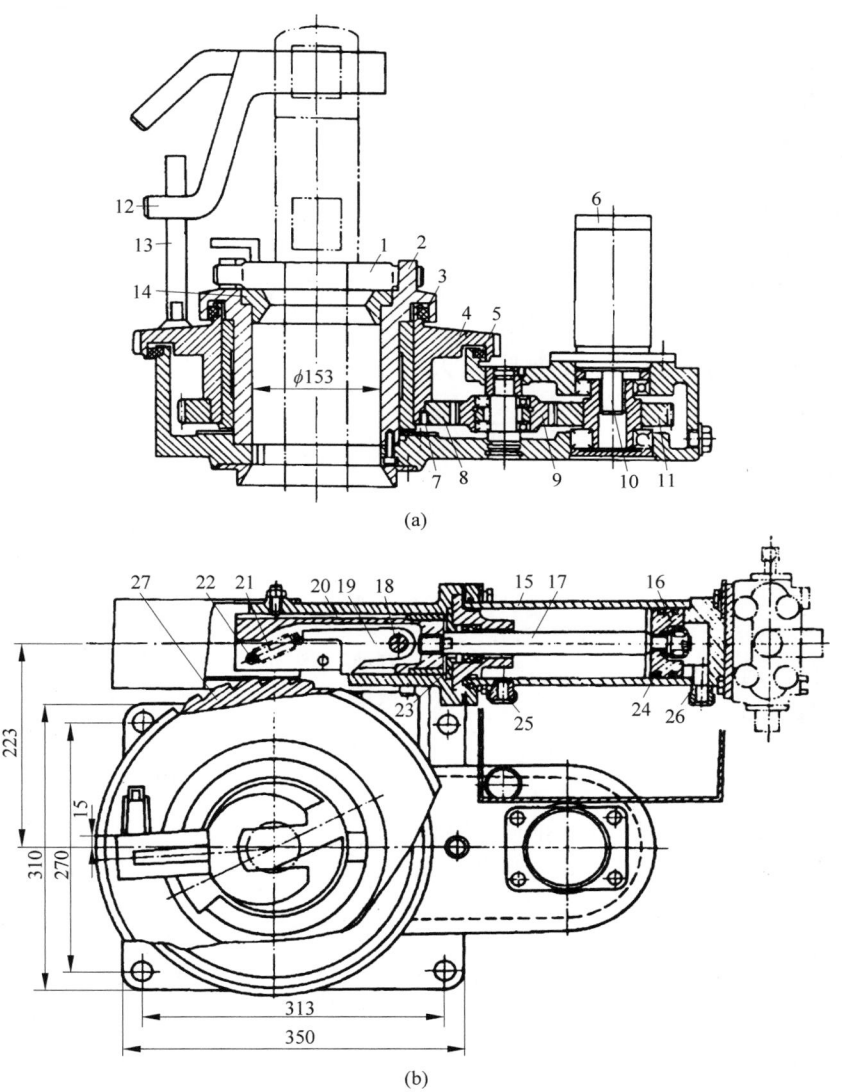

(a)

(b)

1—下垫叉;2—静盘;3,5—密封圈;4—动盘;6—液压马达;7—螺钉;8—大齿轮;9—中间齿轮;10—花键轴;11—马达齿轮;12—上垫叉;13—拨柱;14—锥形套;15—冲击液压缸;16—冲击活塞;17—活塞杆;18—销轴;19—冲击棘爪;20—爪座口;21—复位弹簧;22—定位销;23—密封压盖;24—活塞环;25,26—油管接头;27—棘轮。

图 1-49 NY-1 型液压拧管机结构图
(a)结构图(一);(b)结构图(二)

NY-1 型液压拧管机由拧卸机构、冲击机构和液压系统组成。

1）拧卸机构

拧卸机构为齿轮传动机构。驱动拧管机回转的液压马达 6 倒装在拧管机壳体上。液压马达轴与马达齿轮 11 采用花键连接。内花键齿轮轴用两盘滚动轴承分别支承在壳体上下轴孔内。马达齿轮与中间齿轮 9 啮合，中间齿轮又与大齿轮 8 啮合。中间齿轮用两盘轴承支承在心轴上。而大齿轮用螺钉固定在动盘 4 上。动盘又用滑动轴承套装在静盘 2 的外面。静盘用螺钉连接在壳体上。静盘上端装有锥形套 14。拧卸钻杆用的下垫叉放在锥形套上。动盘上焊接有拨柱 13。拧卸钻杆时，将下垫叉 1 插入孔内钻杆锁接头的缺口内，钻杆下落，使下垫叉坐落在静盘上。将上垫叉插入孔外钻杆的下接头的缺口内。控制液压操纵阀使液压马达回转，驱动马达齿轮，通过中间齿轮、大齿轮带动动盘转动。动盘上的拨柱推动上垫叉 12 实现拧卸钻杆。

2）冲击机构

图 1-49（b）是 NY-1 型液压拧管机结构图。该冲击机构由冲击液压缸和棘轮装置组成。冲击液压缸 15 固定在拧管机的一侧。液压缸两个腔的油管接头 25、26 与装在液压缸尾部的拧管机操纵阀的两个工作油口连通。活塞杆 17 的前端以螺纹和棘爪座相连，而棘爪用销轴 18 铰支在棘爪座上。棘爪的前端又与复位弹簧相连。

当冲击液压缸无杆腔进入压力油时，活塞驱动棘爪前移。棘爪与动盘上的棘轮啮合，对棘轮产生冲击。这一冲击功用来增大卸开钻具螺纹第一扣的转矩。当液压缸有杆腔通入压力油时，活塞带动棘爪后退，棘爪脱离与棘轮的啮合，不影响拧接钻杆时动盘的正向回转。

3）液压系统

图 1-50 为 NY-1 型液压拧管机的油路系统图。以该拧管机与 XY-4 型钻机配套为例说明拧管机液压系统与钻机液压系统的联系及工作原理。安装拧管机时，将拧管机液压系统的进油管 1 接在钻机液压系统卡盘操纵阀的

另一个工作油口，而回油管直接通油箱。液压拧管机液压系统中设有缓冲阀 14，其作用是防止系统产生过高的压力对拧管机零件造成损坏。拧管机操纵阀 8 是一个弹簧自动复位的三位六通滑阀。该系统的工作原理如下。

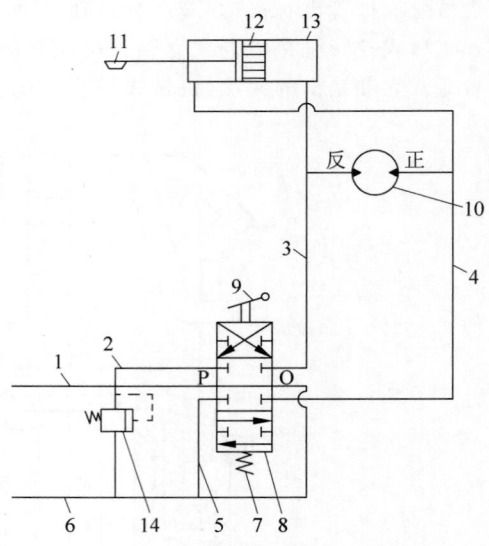

1—进油管；2，3，4，5—油管；6—回油管；7—复位弹簧；8—操纵阀；9—操纵手把；10—液压马达；11—冲击棘爪；12—冲击活塞；13—冲击活塞缸；14—缓冲阀。

图 1-50　NY-1 型液压拧管机油路系统图

（1）拧紧钻杆。将操纵阀 8 置于上位，压力油一部分进入冲击油缸有杆腔，使活塞连同棘爪后退，棘爪与棘轮脱离接触；另一部分压力油进入液压马达使其正转，通过拧管机的传动系统拨动上垫叉作顺时针方向旋转，从而拧紧钻杆。

（2）卸开钻杆。当操纵阀 8 处在下位时，压力油一部分经操纵阀进入液压冲击缸无杆腔，有杆腔回油，活塞推动棘爪前移，冲击棘轮，增大卸开第一扣的转矩；同时另一部分压力油进入液压马达使其反转，使拨柱带动上垫叉逆时针回转，从而卸开钻杆。

（3）停止工作。将操纵阀 8 置于中位，P、O 腔相通，油泵卸荷，液压马达及冲击油缸的工作油口全部被封闭。冲击油缸停止移动，液压马达停止回转，拧管机停止工作。

2. 夹持器

夹持器用于孔口夹持钻杆。根据所夹持钻杆的类型不同,分为普通夹持器和绳索取心夹持器。普通夹持器按结构形式不同,分为扇形、脚踏式和夹板式三种。普通夹持器可在钻杆的任何部位夹持,且夹持牢靠,但由于使用不方便,目前已较少使用。

随着绳索取心钻进的发展,无切口钻杆得以使用,相应生产了绳索取心钻杆夹持器。应用效果较好的有下面两种。

1) 球夹式夹持器

图 1-51 所示的是夹持 $\phi53$ mm 绳索取心钻杆的球夹式夹持器。它采用 12 个扁球状卡块,在角度为 8°～10° 的斜面上滑动从而卡紧钻杆。

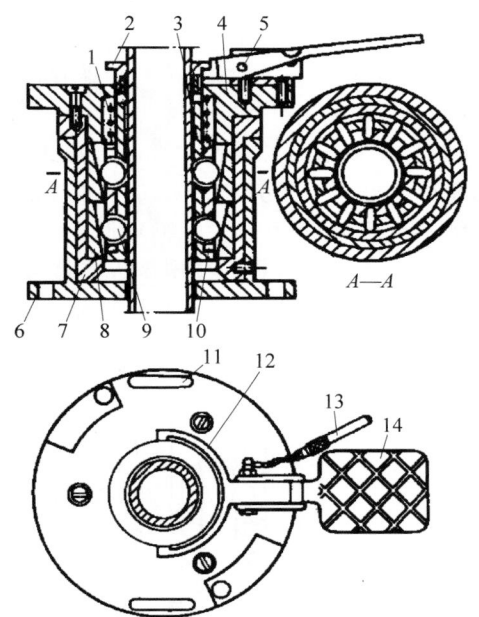

1—弹簧;2—卡套帽;3—内卡套;4—压盖;5—螺钉;6—底座;7—承托;8—卡瓦;9—卡块;10—外卡套;11—提耳;12—拨叉;13—锁闩;14—踏板。

图 1-51 球夹式夹持器

从孔内提出钻杆时,钻杆从夹持器中心孔通过,因钻杆与卡块 9 之间的摩擦力使卡块 9 沿卡瓦 8 的斜面上移,卡瓦斜面与钻杆之间的间隙增大,卡块 9 放松钻杆,钻杆可顺利上提。需夹持钻杆时,使钻杆处于下落趋势,并放松踏板 14。在内卡套 3 的重力和弹簧 1 的张力

作用下,卡块沿斜面下移,夹住钻杆。下放钻杆时,先将钻杆上提一点,使卡块松开钻杆,然后踩下踏板,各组卡块张开,保持与钻杆的间隙,钻杆可顺利下放。当放松踏板时,夹持器便自动夹住钻杆。

2) 脚踏式夹持器

图 1-52 所示为脚踏式夹持器,又称为木马式夹持器,用于夹持 $\phi53$ mm 绳索取心钻杆。它是利用两个偏心座 1 挤夹卡瓦,靠钻杆的重力实现自动夹紧。孔内钻杆的质量越大,夹持器产生的夹紧力也越大。卡瓦磨损后应及时更换,以防夹持不牢而跑管。

3. 提引器

提引器是在升降钻具作业中夹持钻杆锁接头,用以起下钻具的工具。提引器分为普通摘挂式提引器和塔上无人摘挂式提引器。

普通摘挂式提引器应用普遍,结构简单,工作可靠。但塔上需要有人摘挂。

塔上无人摘挂式提引器是一种自动化程度高的提引器。这类提引器试制生产的类型也很多,其共同特点是塔上无人操作,可自动脱开或自动挂脱钻杆立根。下面介绍两种此类型的提引器。

1) 爬杆斜脱式提引器

图 1-53 所示为爬杆斜脱式提引器。它由本体 1、吊环提篮 6、活门滚轮 12、斜头挡板 24、压力弹簧 7、弯把拔销 21 等主要零件组成。

此提引器用于提升钻杆时,滚轮摆向一边,不关闭提引器缺口。把提引器的蘑菇挡头挂在钻杆的蘑菇头上,钻杆立根提起后,插上垫叉卸扣。钻杆立根卸扣后,利用升降机并在孔口操作者协助下将立根放在立根架上。在提引器下落的同时,利用提引器本体内设置的斜头挡板作用,提引器与钻杆脱开,继续提引下一根孔内钻杆。

下钻时,孔口作业人员先把提引器套在立根的下部,然后用活门滚轮关闭提引器缺口,并用销栓 14 锁住滚轮,上提提引器。由于提引器已套住立根,故当提引器沿立根上升到立根顶端时,提引器本体的蘑菇挡头自动挂住钻杆立根蘑菇头,并将立根拉起。

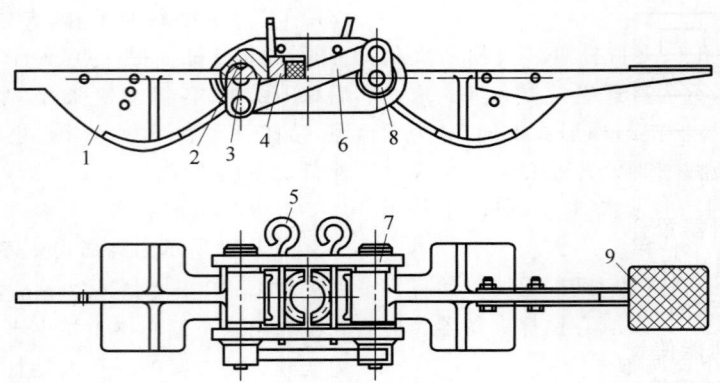

1—偏心座；2—键；3—轴；4—卡瓦；5—安全门；6—连杆；7—夹持板；8—曲柄；9—脚踏板。

图 1-52　脚踏式夹持器

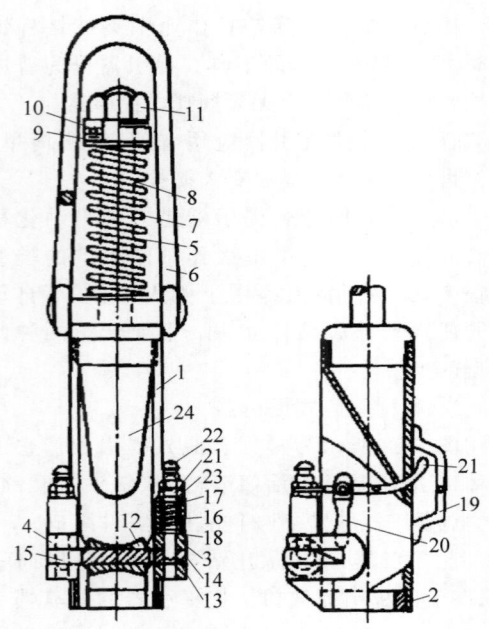

1—本体；2—蘑菇挡头；3,4—卡耳；5—弹簧轴；6—提篮；7—压力弹簧；8—保护支管；9—滚珠轴承盖；10—滚珠轴承；11—螺帽；12—滚轮；13—滚轮轴；14,15—销栓；16—弹簧；17—弹簧压盖；18—弹簧压盖座；19—拉手；20—弯把拔销支柱；21—弯把拔销；22—销栓顶螺帽；23—锁紧螺帽；24—斜头挡板。

图 1-53　爬杆斜脱式提引器

提引过程中，如遇孔内情况复杂，有可能出现突发性遇阻现象，就需关闭滚轮并锁好后，再提升钻具，防止钻具串动而引发跑钻事故。在放倒或拉起放倒的钻具时，也应关闭并锁好滚轮，以防在提放钻具过程中钻具自动脱落。

2）自动脱挂式提引器

自动脱挂式提引器的特点是在高空无人操作情况下，可脱开和自动挂上立根。下钻时，提引器不用"爬杆"，因此平行作业程度高。其性能比自脱式提引器好。

图 1-54 所示为一种钟式自动脱挂式提引器，主要由提环 1、外壳 5、弹簧 6、内套 7、钢球 12 及导向套 13 等组成。由于外形像一个吊钟，故称为钟式提引器。使用该提引器时，钻杆锁接头上必须加工出一个环形槽（图 1-55）。

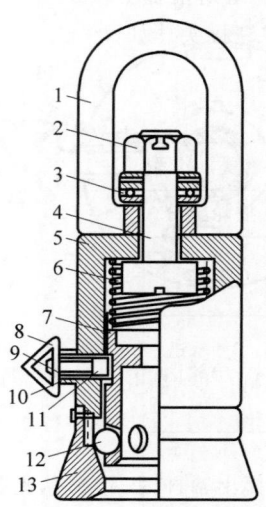

1—提环；2—螺帽；3—推力轴承；4—轴杆；5—外壳；6,9—弹簧；7—内套；8—销子柄；10—销子套；11—销子；12—钢球；13—导向套。

图 1-54　钟式自动脱挂式提引器

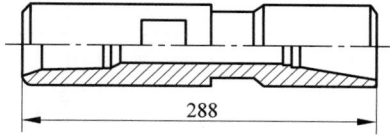

图 1-55　带环形槽的特制锁接头

提钻时，提引器罩住钻杆锁接头后，接头顶端进入内套，顶住钢球，并使内套压缩弹簧6向上移。此时钢球顺着导正套的内锥向外移动，待钢球外移到能使锁接头通过时，锁接头进入内套。此时稍稍提动提引器，内套相对下移，导向套使钢球径向收拢，卡在锁接头的环形槽内。然后将销子11拉出，把销子柄8放在销子套10的深槽位置，便可提升钻具。立根提出孔口后，稍许放绳，锁接头顶着内套上移，迫使钢球向外退出钻杆锁接头的环形槽，而销子也进入内套的定位槽中，使内套不能下移，提引器脱离钻杆。如遇提钻时孔内阻力较大，则必须将销子柄8变换到销子套10上的浅槽位置，才能提动钻具。

下钻时，将销子柄放在销子套的浅槽位置上，把提引器提升到略高于立根顶端，利用摆管器将立根顶端对准提引器，然后再下放提引器，罩住立根锁接头。如前所述，提钻过程与提引器动作过程一样，卡住钻杆立根锁接头，即可下钻。当提引器下落到孔口位置时，用孔口夹持器或垫叉夹持住立根，再将提引器销子放在销子套的深槽位置上，下落提引器，销子卡住内套，保证钢球退出锁接头的环槽，提引器便可顺利脱开立根。

这种提引器在下钻过程中，在内套的自重及弹簧6的张力作用下，内套始终处于最低位置，保证钢球牢牢地卡在锁接头的环槽内，不会产生跑钻事故。这种提引器结构简单，制造容易，也不需要特制的提升接头，只需在锁接头上加工一个环形槽。但在高空套挂立根时，提引器和立根不易对正，全凭操作者的经验，给使用带来一定的不便。

4. 游动滑车

游动滑车用于钢丝绳升降系统，其作用是利用较小的升降机提升较大重量的钻具。游动滑车按滑轮的数目分为单轮、双轮和三轮等。岩心钻探用的游动滑车多为1～2个滑轮。不同滑轮数的滑车按负荷大小又有多种规格。

地质系统使用的游动滑车已经标准化，有单轮、双轮和三轮游动滑车三种，其技术性能见表1-15～表1-17。

表 1-15　滑车系列

类　型			特　点	用　途	适用孔深/m
按用途分	按轮数分	负荷能力/t			
吊式滑车	单轮	1	一般无滑轮罩	与天车吊环配作天车用	0～100
		3			0～300
游动滑车	单轮	3	有滑轮罩	与天车、钢绳组合为复式滑车系统供升降工作用	0～300
		6			<600
		10			<1000
	双轮	5			<500
		8			<600
		12			<1000
	三轮	18			<1000 或<2000

表 1-16　单轮游动滑车技术规格

名称	适用孔深/m	钢绳直径/mm	主要尺寸/mm								轴承型号	质量/kg
			H	H_1	δ	B	D	d	d_1	d_2		
3 t	300	17.5	532	465	110	61	260	20	40	40	308	30
6 t	600	22	603	523	110	69	320	20	55	48	311	63
10 t	1000	22.24	703	605	131	82	390	20	60	60	412	72

表 1-17　双轮游动滑车技术规格

名称	适用孔深/m	钢绳直径/mm	主要尺寸/mm								轴承型号	质量/kg
			H	H_1	δ	B	D	d	d_1	d_2		
5 t	500	19.5	651	444	155	62	260	20	55	50	211	57
8 t	700	22	708	477	159	62	290	22	60	55	212	75
12 t	1000	22.24	770	518	193	78	320	24	65	60	313	102.5

5. 水龙头

水龙头安装在主动钻杆的上端,并用软管和水泵相连。其作用是泥浆泵排出的冲洗液通过水龙头进入钻杆内孔,送往孔内;而且在主动钻杆转动时,使高压胶管不转动。

水龙头有多种形式。按其适用孔深不同,分为浅孔用水龙头和深孔用水龙头;按其回转部位不同,可分为外转式(壳体转动式)水龙头及内转式(心管转动式)水龙头。

1) 小口径钻进用水龙头

图 1-56 所示为小口径钻进用水龙头,属心管转动式。它主要由提引环 1、下壳体 17、下接头 15、心管 7、压缩弹簧 6 及密封环 10 等组成。下接头连接主动钻杆。弯管接高压胶管。下壳体上开有径向小孔,当密封环磨损、发生泄漏时,泄漏的冲洗液可通过此小孔排到水龙头体外,避免进入下部轴承内,以防止污染润滑油和轴承过早磨损。密封环 10 为用耐油橡胶制造的标准件,其耐磨性及密封性能都好。密封环上部装有压缩弹簧,当密封环磨损后,压缩弹簧的张力可使密封圈唇面继续张开,保障其密封性能。注油嘴 18 用于定期向轴承注入润滑脂,使轴承得到充分的润滑,保证水龙头转动灵活,并延长轴承的使用寿命。这种水龙头的体积小、质量小、结构简单、加工容易、使用维修方便,目前应用较多。

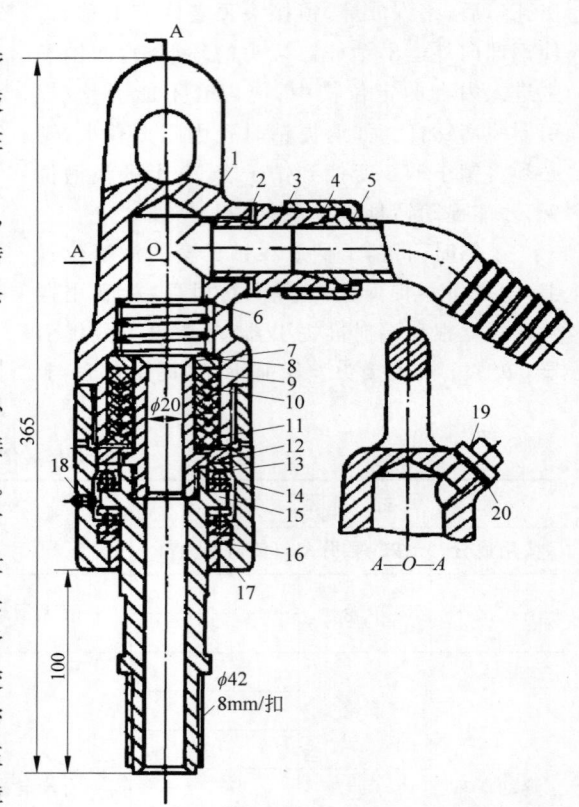

1—提引环;2,20—垫;3—接头;4—锁母;5—弯管;6—压缩弹簧;7—心管;8—压板;9—压环;10—密封环;11—支承环;12—垫板;13—密封圈;14—滚动轴承;15—下接头;16—铜套;17—下壳体;18—压配式注油嘴;19—丝堵。

图 1-56　小口径水龙头

2）轻便式水龙头

图 1-57 所示为轻便式水龙头，属于外转式，主要由下接头 1，本体 4，蘑菇接头 11，心管 9，轴承 5、6、7，塞线 2，塞线压盖 3 等组成。

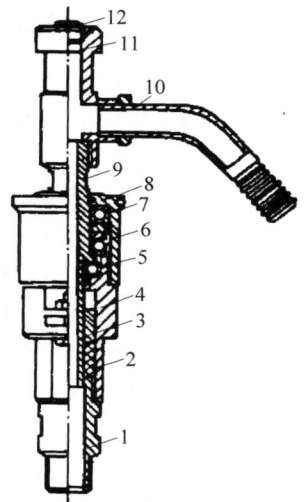

1—下接头；2—塞线；3—塞线压盖；4—本体；5，7—向心滚珠轴承；6—推力滚珠轴承；8—上座；9—心管；10—弯管；11—蘑菇接头；12—丝堵。

图 1-57　轻便式提引水龙头

该水龙头采用塞线密封，更换塞线不用拆开水龙头。而且，当水龙头泄漏时，可适当调整塞线压盖螺栓，使压盖压紧塞线，增加密封性能，继续使用。该水龙头采用向心滚动轴承和推力轴承组合，因此，水龙头转动灵活、轴承承载合理。而且密封装置在轴承下部，即使冲洗液泄漏，也不会进入轴承内，因此轴承使用寿命较长。该水龙头的缺点是：心管磨损较快；塞线密封性能较差，且易磨损，造成更换和调整次数频繁。

3）深孔用水龙头

图 1-58 所示为深孔用水龙头。它由上接头 3、主轴管 11、轴承 14、轴承 16、轴承 18、心管 24、压盖 25、下接头 29 和密封圈等组成。

心管与主轴管用螺纹连接，并用螺母锁紧。这种结构可以调节心管伸入下接头的长度。由于心管较短，可拆性较好，磨损后易于更换，因此寿命长。密封件采用耐油橡胶标准件，其耐磨性及密封性能都好，磨损后可以调

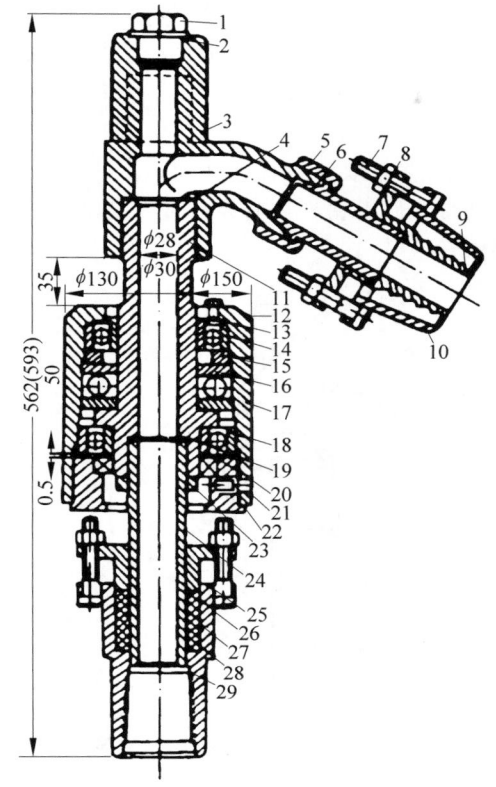

1—丝堵；2，4，15—垫；3—上接头；5—锁母；6—接管；7—压紧螺栓；8—半光六角螺母；9—胶管接头；10—胶管压套；11—主轴管；12—螺栓；13—毡油封圈；14—滚动轴承；16，18—滚动轴承；17—外壳；19—密封环；20—密封圈；21—挡销；22—弹簧；23—锁紧螺母；24—心管；25—压盖；26—上密封圈；27—中密封圈；28—下密封圈；29—下接头。

图 1-58　深孔用水龙头

节法兰盘式压盖上的螺栓来压紧密封圈。采取了向心球轴承和推力轴承组合使用的方式，水龙头转动灵活，而且承载能力大。外壳 17 和下接头用螺纹连接。为防止脱扣，用带弹簧的挡销 21 销在两者的定位孔内。拆下外壳顶部的螺栓 12，可以向轴承室内加注润滑油。

4）双通道水龙头

双通道水龙头可用于多介质正反循环钻进，相对于常规水龙头，它多一个侧入式循环介质通道，用于反循环钻进时将循环介质导入双壁钻杆内外管之间的环隙。

图 1-59 所示为双通道水龙头结构示意图，主要由提梁、鹅颈管、主轴、轴承、进气（水）管

及心管等组成。主轴与心管之间是一环状通道，与双壁钻杆内外管之间形成的环状通道相连。反循环钻进时，循环介质（高压气体或水流）通过进气（水）管进入主轴与心管之间的环状通道，并经双壁钻杆环状通道送入孔底，然后携带钻屑由钻杆内管及水龙头心管内孔经鹅颈管返出。

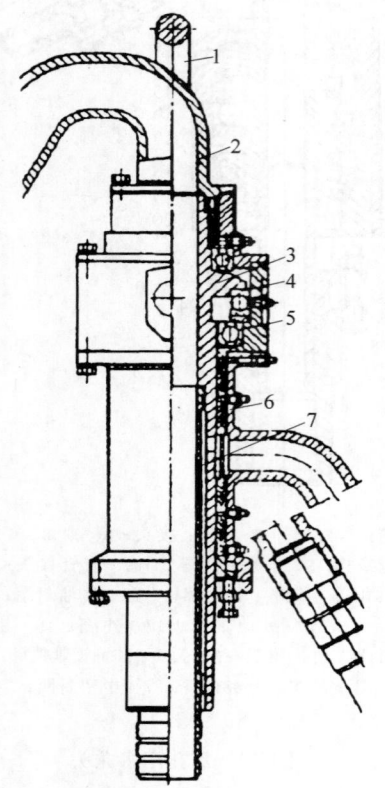

1—提梁；2—鹅颈管；3—主轴；4—推力轴承；5—单动轴承；6—进气（水）管；7—心管（连接双壁钻杆内管）。

图 1-59　双通道水龙头

正循环钻进时，压缩空气或高压钻井液由鹅颈管送入，经心管及钻杆内孔进入孔底，并携带岩屑由钻杆和井壁之间返出。

1.8　钻探用泵

1.8.1　概述

钻探用泵按用途不同分为供水泵、钻孔冲洗用泵、泵吸及泵举反循环钻进用泵、冲洗液净化设备中的砂泵等。岩心钻探用泵是指钻孔冲洗用泵。我国原地质矿产部颁标准中定名为泥浆泵，主要采用往复式泵，在小直径浅孔钻进中，也采用回转式螺杆泵。

1.8.2　岩心钻探用泵的功用

（1）在钻孔过程中向钻孔内输送冲洗液。冲洗液在循环过程中，带走孔内的岩粉，保持孔底清洁；冷却钻头、润滑钻具；并增大孔内液柱压力，如冲洗液为泥浆，在孔壁上能形成薄而致密的泥皮，保持孔壁的稳定。

（2）输送具有能量的液体。这些液体可作为涡轮钻具、螺杆钻具、射流冲击钻具的动力介质，直接驱动这些钻具破碎岩石。

（3）借助泵上的压力表所反映的泵压变化，间接了解孔内钻进的情况。

（4）用来为钻探机场其他用途供水。

1.8.3　钻探工作对泵的要求

钻探工作对泵的要求与钻探工作的条件、钻探工作的性质、钻孔的类型、钻孔的直径、钻孔的深度、地层的类型、使用钻具的类型、钻头的类型等有关。综合上述诸方面对泵的要求，主要反映在以下几点。

（1）泵的流量应能在较宽的范围内进行调节。在钻进过程中，孔内循环的冲洗液量与钻孔直径、钻孔深度、地层类型、钻进方法、钻进速度、孔内漏失等因素有关。随着这些因素的变化，冲洗液量也应相应进行调整。因此泵量调节范围越大，对钻探工作适应性就越强。

（2）在钻进过程中，一旦泵量调定，则要求泵量不随泵压的变化而变化。这一要求是钻探工艺对泵的极为重要的要求，因为在钻孔过程中，泵的压力随钻孔的加深而必然升高。在规程选定后，只有在某一泵量下才能获得满意的钻进效果。如果泵量也随孔深不断变化或出现波动，就会影响孔壁的稳定，降低冲洗液携带岩粉的能力，引起钻具及管路的振动，恶化钻头的工作条件，降低钻进效率，也会影响泵的使用寿命。

（3）泵的压力要能适应钻探工作的需要。

在钻孔过程中,孔深是变化的,孔内的情况也是千变万化的。孔深的变化和孔内多种原因引起冲洗液循环不畅通,都会使泵压发生强烈的变化。因此,钻探用泵应保证其压力在一定范围内变化而不影响冲洗液在孔内的正常循环。

(4) 泵的工作要可靠,易损件寿命要长,维修保养要方便。钻探用泵输送的冲洗液多具有研磨性,严重影响泵的使用寿命,所以泵的运动件强度要高、耐磨性要好、结构要简单、维修和更换要方便。

(5) 由于钻探生产的周期短、流动性大,岩心钻探又多在交通不便的山区,因此,泵的尺寸要小,质量要小,可拆性和运移性要好。

1.8.4 岩心钻探用泵的类型

根据岩心钻探工作对泵的要求,目前岩心钻探的钻孔冲洗用泵主要采用往复式泥浆泵。往复式泥浆泵根据缸的布置形式不同分为立式和卧式两种类型;根据缸数不同分为单缸、双缸、三缸;根据活塞往复一个循环,液缸吸排水的次数分为单作用泵和双作用泵;根据活塞的结构不同分为柱塞式泵和活塞式泵。虽然上述这些类型的泵在岩心钻探中都有采用,但目前应用最为普遍的是卧式三缸活塞式泵。根据岩心钻探的特点,岩心钻探用泵的泵量一般为 $100 \sim 300$ L/min。泵压一般为 $1 \sim 10$ MPa。

1.8.5 岩心钻探用泵的典型结构

1. BW-200 型泥浆泵

BW-200 型泥浆泵为卧式双缸双作用往复泵。该泵配有不同直径的缸套,可分别适用于大口径及小口径钻进。与国内同类型泵比较,该泵具有体积小、重量轻的优点。BW-200 型泥浆泵的结构如图 1-60 所示,主要由机架、球式离合器、曲轴箱、泵头、中间壳体、空气室、安全阀、压力表及三通水门等组成。

1) 球式离合器

球式离合器(图 1-60(b))与三角皮带轮 8 配合。皮带轮用两盘向心球轴承安装在传动轴 6 上。离合器外套用螺钉安装在三角皮带轮

上。离合器滑套 64 与传动轴 6 以花键啮合。滑套外圆上均布嵌装有六个 14 mm 的钢球 65,而离合器外套的内孔与钢球相对应的位置有六条凹槽。弹簧 62 一端压在滑套上,另一端顶在弹簧座上。当操纵手把 50 向下扳时,偏心轴 52 转动 180°,偏心轴小径方向朝向顶杆,顶杆套 53、顶杆 7 呈自由状态。弹簧 62 伸张,推动滑套 64 向离合器外套内移动,嵌装在滑套上的六个钢球压入离合器外套的六条凹槽内,这时离合器处于结合状态。动力经三角带轮、离合器外套、钢球、滑套,带动泵的动力输入传动轴 6 转动,于是泵工作。当操纵手把向上扳时,偏心轴推动顶杆套,顶杆及顶梁 63 移动,带动滑套将钢球拨出离合器外套的凹槽,弹簧受压缩,这时离合器分离,泵就停止工作。

2) 曲轴箱

为了便于拆装,BW-200 型泥浆泵的曲轴箱做成半开式的。曲轴箱传动轴 6 用三盘轴承支承在箱体上。轴是中空的,内装离合器顶杆。轴的外伸端安装三角皮带轮和离合器,另一端安装离合器操纵机构。轴的中部花键部分装有传动小齿轮 5。小齿轮 5 与固定在曲轴上的大齿轮 3 啮合,实现降速传动。该泵采用曲拐式曲轴。轴上两个曲拐互成 90°。两根连杆大头采用剖分式连杆瓦结构,装在两曲拐径上。连杆小头用十字头销轴同十字头连接。

3) 泵头

泵头部分又称为往复泵的液力端。它由泵头体、连杆、活塞、泵阀、缸套等组成。泵头体为整体式,吸水、排水阀盒布置成阶梯形。缸套装于液缸内,并用缸头压盖及螺栓压紧定位。缸套有 80 mm 及 65 mm 两种直径。80 mm 直径钢套用于大口径硬质合金钻进,65 mm 直径钢套用于小口径金刚石钻进。活塞由两个橡胶制成的活塞圈、活塞圈座及两端压盖组成。活塞与缸套的密封程度,用活塞杆 30 前端的螺母 46 调整。泵头体上进水、排水室内装有八个结构相同的吸水阀、排水阀。根据冲洗液类型不同,可选用锥面阀或球阀。为保持排水管路中液体的流量比较均匀,泵头上面装有空气室 13。

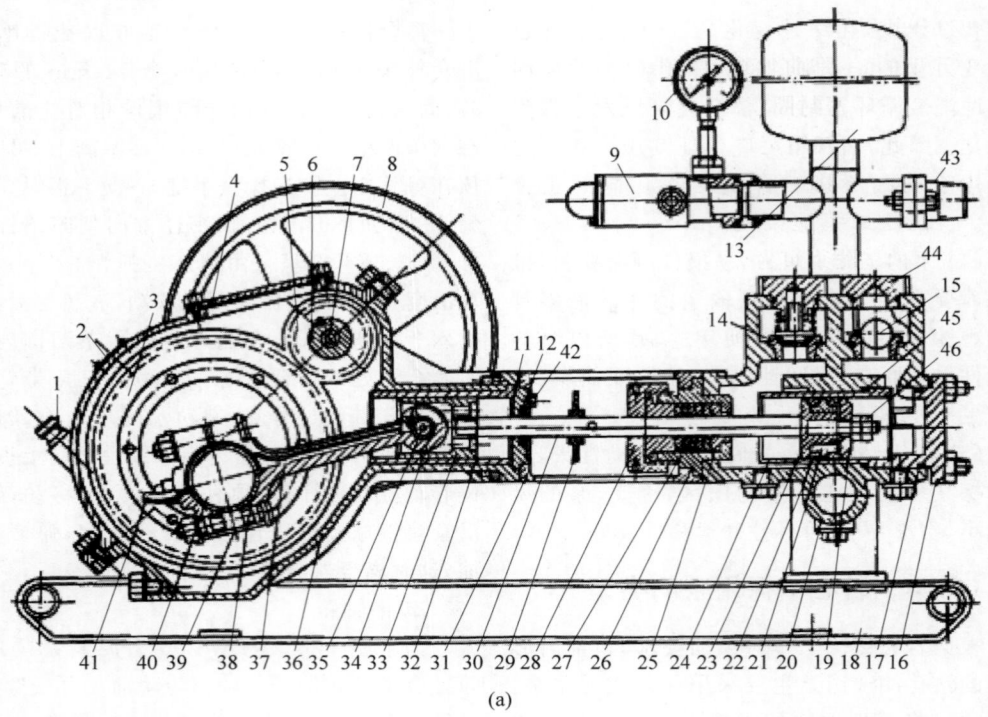

(a)

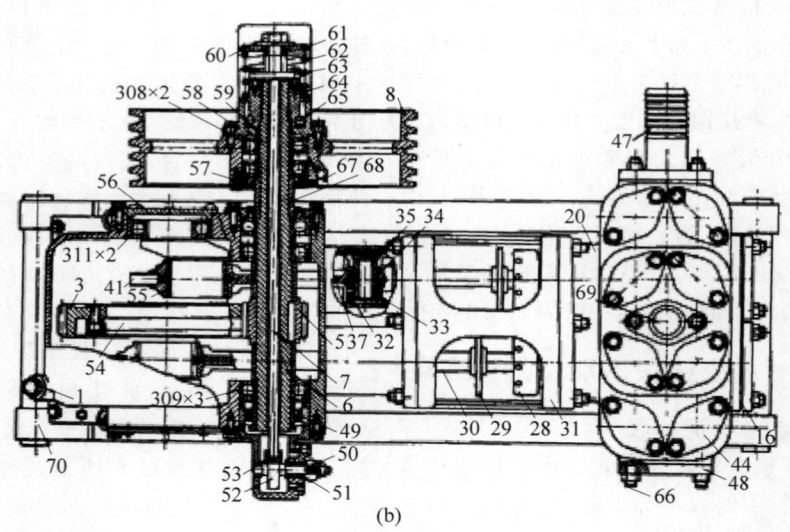

(b)

1—油尺；2—标牌；3—大齿轮；4—盖板；5—小齿轮；6—传动轴；7—顶杆；8—三角皮带轮；9—安全阀；10—抗震压力表；11—定位盘；12—骨架式耐油橡胶油封；13—空气室；14—阀室；15—球阀；16—缸盖；17—O形密封垫圈；18—机架；19—活塞压板；20—泵头体；21—活塞衬圈；22—活塞密封圈；23—活塞座；24—缸套；25—密封衬圈；26—密封圈座；27—密封圈；28—压紧螺帽；29—挡泥板；30—活塞杆；31—中间壳体；32—十字滑套；33—十字头；34—十字头销轴套；35—十字头销轴；36—曲轴箱；37—连杆；38—连杆瓦片；39—连杆轴承垫片；40—曲轴；41—油勺；42—挡板；43—接出水三通水门；44—活阀压盖；45—缸套耐油橡胶密封圈；46—六角螺母；47—吸水管法兰接头；48—吸水管堵板；49—PD55X80X12骨架式耐油橡胶油封；50—操纵手把；51—小轴承；52—偏心轴；53—顶杆套；54—曲轴；55—连杆轴瓦；56,57—轴承压盖；58—卡簧；59—$d=5$ mm 的羊毛毡油封；60—左扣螺栓；61—弹簧座；62—弹簧；63—顶梁；64—离合器滑套；65—9/16 钢球 6 个；66—螺栓；67—压柱油杯；68—轴套；69—排水孔；70—机架。

图 1-60　BW-200 型泥浆泵结构
（a）结构（一）；（b）结构（二）

4）中间壳体

中间壳体 31 是曲轴箱和泵头体之间的连接件。其前端靠密封圈座 26 与泵头定位，后端靠定位盘 11 与曲轴箱定位，并用六根双头螺栓将泵头体、中间壳体和曲轴箱连接成为一个整体。

2．BW-250 型泥浆泵

BW-250 型泥浆泵为卧式三缸单作用往复式活塞泵。该泵配有两种不同直径的缸套可供改变泵量时更换，而且该泵曲轴箱设有四挡变速机构，所以该泵可提供 8 级流量。其最大泵量为 250 L/min，使用最小泵量时的泵压可达 7 MPa；使用最大泵量时的泵压为 2.5 MPa，适用于孔深 1000～1500 m 的各种不同钻进方法的岩心钻探。

该泵的结构可分为动力端和液力端两大部分。动力端与液力端通过八个螺栓连接在一起，装在滑橇式的底架上。

1）BW-250 型泥浆泵动力端结构

该泵的动力端由离合器（图 1-61（a））和曲轴箱（图 1-61（b））组成。

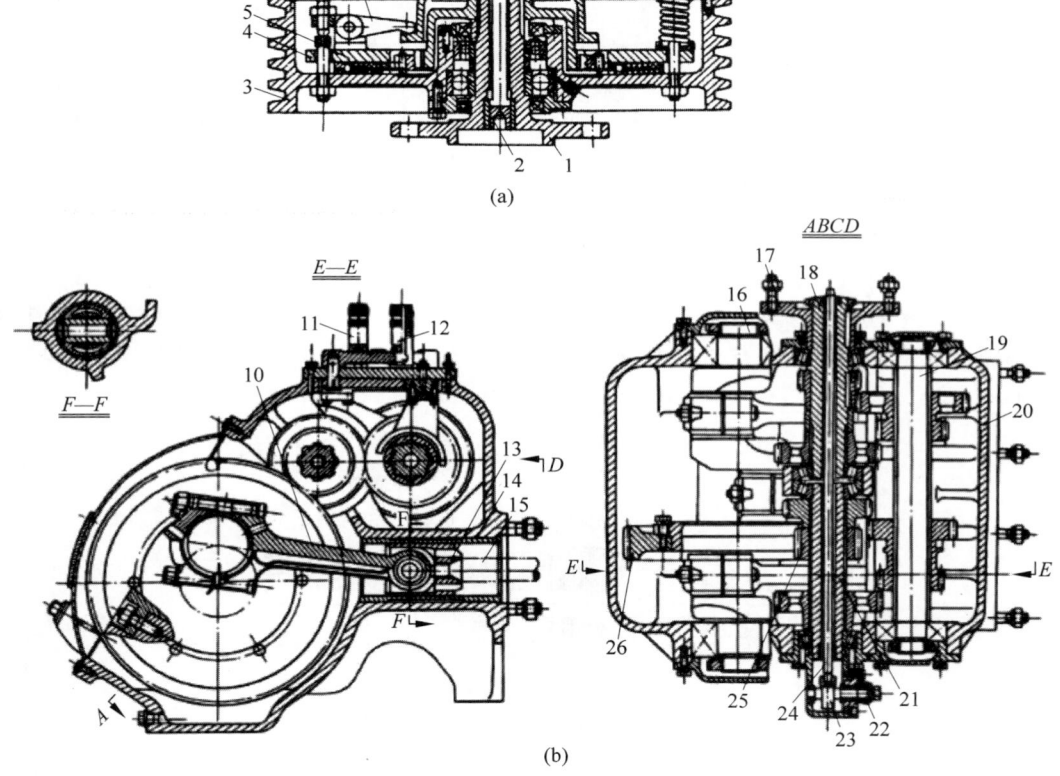

(a)

(b)

1—带轴联轴器；2,24—顶杆；3—三角皮带轮；4—压盘；5—摩擦片；6—杠杆；7—推盘；8—齿盘；9—弹簧；10—连杆；11—变速曲轴；12—变速手柄；13—十字头；14—滑套；15—活塞杆；16—曲拐轴；17—联轴器；18—输入轴；19—中间轴；20—曲轴箱体；21—输出轴；22—操作手柄；23—偏心轮轴；25,26—减速齿轮。

图 1-61　BW-250 型泥浆泵结构图

(a) 离合器结构图；(b) 曲轴箱结构图

离合器为常压型（弹簧压紧型）、干式、单片摩擦离合器（图 1-61（a））。

离合器的带轴联轴器 1 用螺栓与联轴器 17（用键连接在曲轴箱传动轴上）（图 1-60（b））

连接。输入动力的三角皮带轮3用两盘轴承支承在带轴联轴器上。离合器齿盘8以内齿和带轴联轴器的齿啮合，并可作轴向移动。摩擦片以全齿啮合方式套装在齿盘的外齿部分。压盘4活动套装在三角皮带轮辐板上的12个螺栓上。其上装有三个杠杆。杠杆的一端支承在推盘7的法兰上，另一端压在支撑螺栓端头上。三个杠杆靠支撑螺栓的一端分别装有调节螺钉，用以调节离合器分离间隙。推盘7用一盘轴承装在顶杆2的一端。离合器操纵顶杆分为两节，一节装在曲轴箱的输入轴18和输出轴的中心孔内，另一节装在带轴联轴器中心孔内。离合器操纵装置采用偏心轮轴结构，装在曲轴箱一侧。

需要离合器结合时，将离合器操纵手柄向下扳，偏心轮轴放松顶杆，使其呈自由状态。压盘4在12个弹簧张力推动下将摩擦盘压紧在三角皮带轮辐板上。动力经三角皮带轮、摩擦盘、齿盘、带轴联轴器传给曲轴箱输入轴18。

需要离合器分离时，将手柄向上扳，偏心轮轴推动两节顶杆及推盘外移，迫使压在推盘法兰盘上的三个杠杆6牵动压盘也向外移，使摩擦盘放松。摩擦盘与三角皮带轮盘分离，力被切断。

曲轴箱(图1-61(b))由齿轮变速机构和曲柄连杆机构组成。齿轮变速机构由输入轴18、中间轴19、输出轴21及装在各轴上的齿轮组成。其结构式为2×2＝4。各轴均用滚动轴承支承在曲轴箱箱体上。中间轴上的两个双联滑动齿轮是变速齿轮，分别由变速曲轴11和变速手柄12控制。当两个双联滑动齿轮分别与输入轴、输出轴的不同齿轮啮合时，可输出四个速度，并经过装在输出轴上的小齿轮和装在曲轴上的大齿轮降速后驱动曲轴回转。曲柄连杆机构由曲轴、连杆及十字头等组成。曲轴为曲拐式。因该泵有三个缸，故曲轴上有三个曲拐。三个曲拐互成120°。曲轴两端用滚动轴承支承在箱体上。连杆大头采用剖分式结构与曲轴的拐径部分套装，并用连杆螺钉、连杆螺母及止动圈将连杆盖及连杆体牢固地固定。连杆与曲轴拐径之间装有上下两块铜瓦，铜瓦内有油槽，可通过连杆盖上的油孔注入润滑油。铜套与曲轴拐径之间的间隙可用上下铜瓦之间的垫片来调整。铜瓦磨损后，可采用刮瓦的方法修复。连杆小头装有连杆铜套，通过十字头销轴与十字头13浮动连接十字头在十字头滑套内滑动，十字头又用螺纹与活塞杆1(图1-62)连接，带动活塞作往复运动。

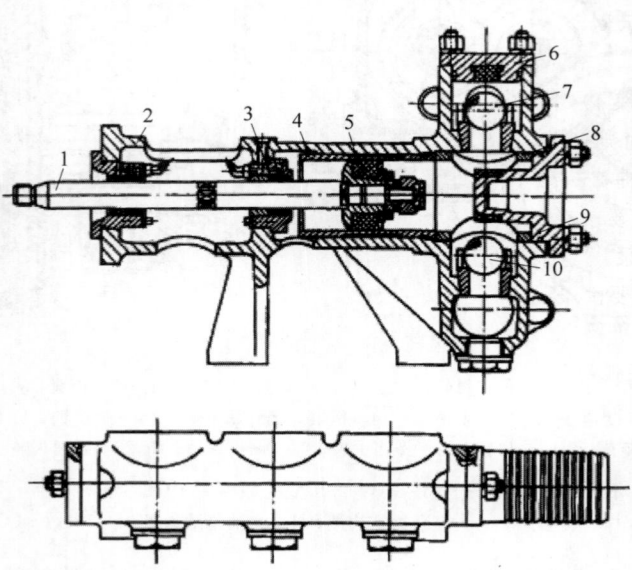

1—活塞杆；2—泵头体；3—隔水密封圈；4—缸套；5—活塞；6—阀盖；7—排出球阀；8—顶套；9—缸头盖；10—吸入球阀。

图1-62　BW-250型泥浆泵的液体端

2）BW-250型泥浆泵液力端结构

往复泵的液力端又称为泵头。BW-250型泥浆泵的泵头结构如图1-62所示。泵头有三个彼此相互隔开的卧式单作用液缸。它们有共同的吸水室和排水室。吸水室两侧有腰形法兰，一端用端盖封闭；另一端装进水管接头、吸水软管及滤水器（俗称莲蓬头）。排水室两侧腰形法兰一端装三通水门及软管接头，另一端安装安全阀及压力表。缸套与泵头体采用动配合，并通过顶套、缸盖及双头螺栓固定在泵头体中。有尼龙靠背的聚氨酯橡胶活塞组件装在活塞杆上。活塞与缸套组成一对摩擦副。当活塞磨损后，可调节固定活塞的螺母，使橡胶活塞唇部胀大，贴紧缸套，增加密封性能后仍可继续使用。

BW-250型泥浆泵采用球阀。吸入阀盒和排出阀盒布置成直通式。吸入阀没有阀盖，阀的升程靠缸头盖的凸台限制。装入或取出吸入球阀时需打开缸头盖。为了防止活塞摩擦造成冲洗液浸入曲轴箱内，在泵头体和活塞杆之间装有水密封圈。

1.8.6 往复式泥浆泵的附件

1. 压力表

压力表用于指示泥浆泵在运转过程中排出压力的变化情况。泵的排出压力（又称为泵压）是随孔内情况的变化而变化的。操作者可根据泵压的变化及时判断和了解孔内的情况，以保证安全生产和提高钻进效率。压力表是泥浆泵的重要附件，要求灵敏、准确、耐用。目前国内常用的泥浆泵压力表多为弯管式普通压力表（图1-63），主要由表壳1、弧形弯管2、指针3、刻度盘4、传动机构5、接头6等组成。其工作原理是：当扁平弧形弯管中液体压力增大时，弧形弯管自由端伸张，牵动杠杆使扇形齿轮带动装有指针的齿轮转动，随之指针产生转动，指示泵压变化。在使用过程中，钻孔内情况多变，引起冲洗液压力波动较大，使指针急剧摆动，这不仅影响压力表反映泵压的准确性，而且会引起压力表过早失灵和损坏。为了提高压力表的使用寿命，减小指针的剧烈摆

动，在压力表下面需安装减震缓冲装置。常用的减震装置有下面几种。

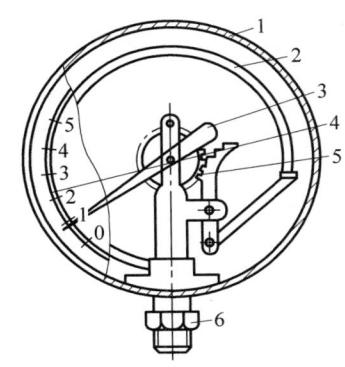

1—表壳；2—弧形弯管；3—指针；4—刻度盘；
5—传动机构；6—接头。

图1-63 压力表

1）浮塞式减震装置

图1-64所示为浮塞式减震装置，主要由接头2、减摆针6、密封圈8、浮塞9等组成。当空气室压力增大时，浮塞压缩密封圈上部的油液通过减摆针的震动来减弱弯管内油液压力的波动。

2）皮囊式减震装置

该装置（图1-65）接在压力表下部，胶皮囊内充满油液。工作原理与浮塞式相同，只是用皮囊代替浮塞的作用。

3）柱塞式减震装置

该装置（图1-66）由减震器接头2和柱塞3组成。接头上部装压力表，下端接到弯管上。利用柱塞上螺旋槽所产生的切向分力减缓脉冲震动作用。

4）隔膜-阻尼式减震装置

该装置如图1-67所示。隔膜6可以防止泥浆、砂粒、泥团等窜入上腔，保护压力表；同时又能将排出管路的液流阻力变化传递上去，通过压力表显示出来。活塞3插入减震螺母5的1.2 mm孔中，以两者之间的微小环状间隙（0.025～0.04 mm）通流，增大上腔油液管道阻力，达到阻尼减震、保护压力表的作用。

2. 空气室

采用曲柄-连杆机构的往复式泥浆泵在工作时，活塞的运动速度是非匀速的，所以泵的

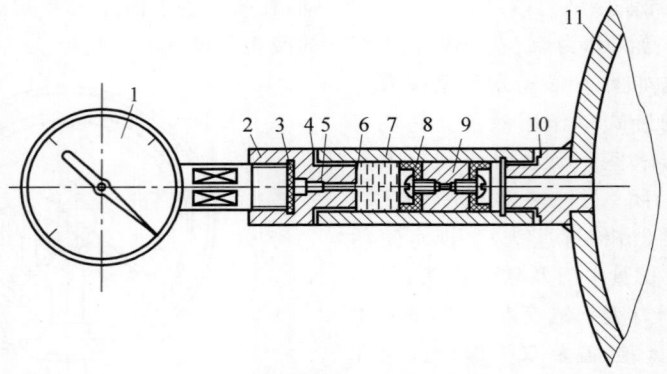

1—压力表；2—上接头；3—橡胶垫；4—紫铜垫圈；5—减摆螺塞；6—减摆针；7—下接头；8—密封圈；9—浮塞；10—垫圈；11—空气室。

图 1-64 浮塞式减震装置示意图

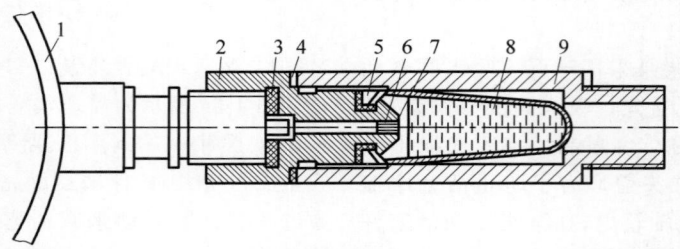

1—压力表；2—上接头；3—胶垫；4—铜垫圈；5—卡簧；6—减摆针；7—减摆螺塞；8—橡皮囊；9—下接头。

图 1-65 皮囊式减震装置示意图

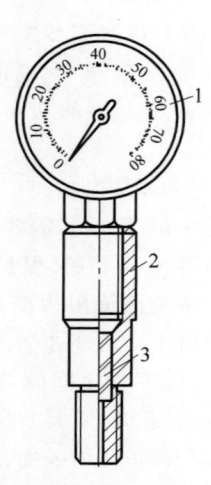

1—压力表；2—减震器接头；3—柱塞。

图 1-66 柱塞式减震装置示意图

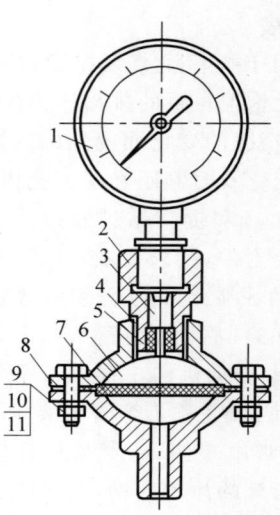

1—压力表；2—接头；3—活塞；4—垫圈；5—减震螺母；6—隔膜；7—上抱圈；8—下抱圈；9—螺母；10—螺栓；11—弹簧垫圈。

图 1-67 隔膜-阻尼式减震装置示意图

瞬时流量不均匀。泵的流量不均匀造成排出管路中的压力波动,将给钻探工作带来许多危害,如造成孔内事故、降低泵及管路的使用寿命等,故在泵的排出口安装空气室可使泵排出的液体速度保持相对稳定,减少排出管道中的压力波动。

空气室有常压式和预压式两种。最常见的预压式空气室是隔膜式的,如图1-68所示。球形壳体1内有橡皮气囊隔离室。气囊通过充气阀充气。压力表5指示气囊中的气压。壳体下部与泵的排出管路相连接。工作时,随着泵排出压力的变化,气囊上下浮动,起到稳定管路中流量的作用。这种空气室的皮囊变形容易产生疲劳破坏,对所用材料和制造工艺要求高。

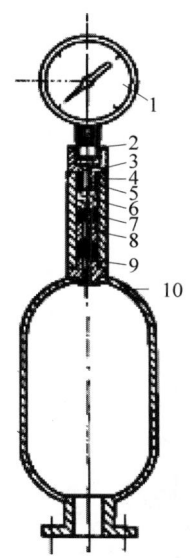

1—压力表;2—上接头;3—减摆针;4—垫圈;5—下接头;6—机油;7—减摆浮塞;8—浮塞体;9—接头;10—空气室。

图 1-69 圆筒式空气室

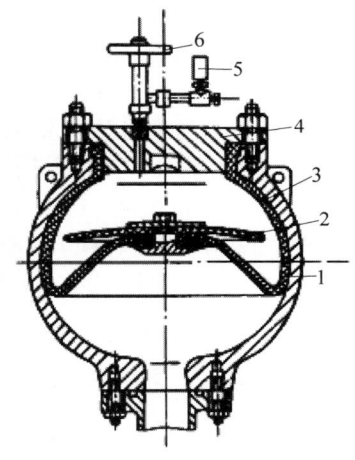

1—壳体;2—稳定片;3—气囊;4—顶盖;5—压力表;6—充气阀。

图 1-68 预压气室

圆筒式空气室(图1-69)多采用铸造,也有用圆管焊接而成的。此种空气室结构简单,但空气室里的空气在工作过程中会被冲洗液带走,使用一段时间后要进行充气。

3．安全阀

往复泵的工作压力取决于管道的阻力,而钻探管路的阻力变化幅度较大,如不采取措施,泵压会超过泵或管道的强度极限,引起泵与管路的损坏。因此,泥浆泵排出管路上必须设置安全阀,把泵的排出压力限制在额定值以内。泥浆泵常用的安全阀如图1-70所示。它

主要由阀体5、外壳4、弹簧6、弹簧座3、调整螺栓等组成。泵出厂前,根据泵设计的额定工作压力调定弹簧对阀体的预压力。在泵使用过程中不可随意进行调整。往复泵一般是在低于额定工作压力下工作的,故安全阀处于常闭状态。只有在泵的压力超过额定工作压力时,安全阀才打开溢流,限定泵的压力继续增加,起到安全保护作用。

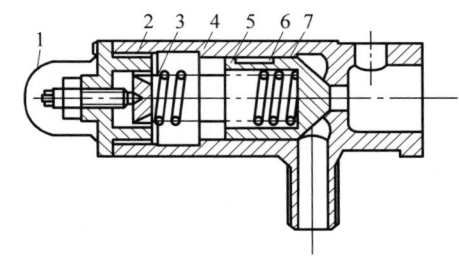

1—安全罩;2—阀盖;3—弹簧座;4—外壳;5—阀体;6—弹簧;7—密封圈。

图 1-70 安全阀

4．底阀及滤清器

底阀与滤清器组装在一起,常称为莲蓬头(图1-71)。它装在吸水软管的底部。底阀也称为逆止阀,是一种低压平板阀,其作用是保

证液体在吸入管道中单向流动,使泵正常工作。当泵短时间停止工作时,液体不能返回水源箱,保证吸水管内充满液体,以利于泵的启动。滤清器是一多孔过滤罩,装在底阀下部,可阻挡大的杂物吸入泵内或阻塞吸入管道。

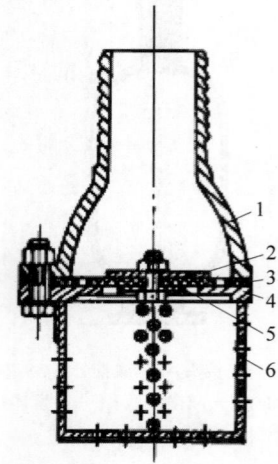

1—外壳;2—上压板;3—活阀;4—阀座;5—下压板;6—过滤罩。

图 1-71　莲蓬头

为保证泵的正常吸入,要求底阀开闭动作自如,关闭严密,不泄漏,滤水罩吸水良好,进水面积要大,一般应比吸水管过流面积大。

卸荷阀主要用于泵轻载启动及停泵时排出管路卸压。常用的卸荷阀如图 1-72 所示。它装在泵的排出口上。排出管接头 5 接高压胶管,回水管接头 3 接回水软管。正常钻进时,卸荷阀处于关闭状态,泵排出的冲洗液经排出管接头、高压胶管进入水龙头。需要卸荷时,旋转手柄使锥阀体 7 上提,冲洗液经回水管流入泥浆池、泵卸荷。

1.8.7　岩心钻探用泵基本性能参数的确定

1. 泵量的确定

泵量是指泵在单位时间内排出液体的量。在钻孔过程中,泵量应等于钻孔中循环的冲洗液量。冲洗液量是指钻孔无漏失情况下,单位时间内通过孔底和钻杆与孔壁间环状空间上返的冲洗液的体积量。冲洗液量的大小(也就

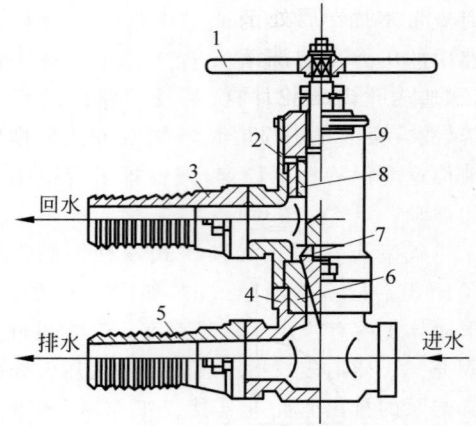

1—平柄;2—上壳体;3—回水管接头;4—下壳体;5—排出管接头;6—锥阀座;7—锥阀体;8—密封圈;9—螺杆。

图 1-72　卸荷阀

是泵量的大小)是根据冲洗孔内岩粉和冷却钻头的需要而确定的。钻孔冲洗液量要保证孔底岩粉排出干净并能够充分冷却钻头。根据经验,按照排出孔底岩粉的需要所确定的冲洗液量完全能满足冷却钻头的需要。因此,在实际确定冲洗液量时,是以有效排出岩粉作为确定冲洗液量的依据。由此,冲洗液量可由下式计算:

$$Q = \beta F v = \beta \frac{\pi}{4}(D^2 - d^2)v \qquad (1-1)$$

式中:Q——冲洗液量,m^3/s;

　　　β——上返速度不均匀系数,$\beta = 1.1 \sim 1.3$;

　　　F——最大上返环状空间过流断面面积,m^2;

　　　D——由最大钻头决定的孔径或最大套管内径,m;

　　　d——钻杆外径,m;

　　　v——冲洗液上返流速,m/s。

冲洗液上返流速 v 必须大于质量最大的岩屑在冲洗液中的沉降速度,即

$$v = v_0 + u$$

式中:v_0——冲洗液使岩屑处于悬浮状态的临界速度,m/s;

　　　u——岩屑上升速度,根据经验,可取 $u = (0.1 \sim 0.3)v_0$,钻孔越深,钻进速度越快,u 值越大,因此

$$v = (0.1 \sim 0.3)v_0$$

冲洗液使岩屑处于悬浮状态的临界速度等于岩屑在静止冲洗液中的沉降速度。其沉降速度可用下述理论计算方法求出。

假设岩屑为图1-73所示的球形,其重力为G,则有

$$G = \frac{\pi \delta^3}{6} \rho_s g \qquad (1-2)$$

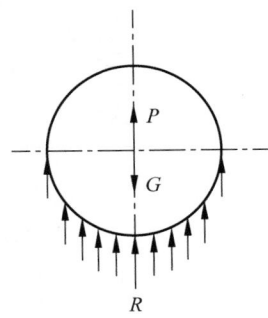

图 1-73 岩屑受力图

式中:δ——球形岩屑的直径,m;

ρ_s——岩屑的密度,kg/m³;

g——重力加速度,m/s²。

岩屑在冲洗液中的浮力P为

$$P = \frac{\pi \delta^3}{6} \rho g \qquad (1-3)$$

式中:ρ——冲洗液密度,kg/m³。

球形岩屑在冲洗液中的沉降阻力为

$$R = Cf \frac{v_0^2}{2} \rho = C \frac{\pi}{4} \delta^2 \frac{v_0^2}{2} \rho \qquad (1-4)$$

式中:C——阻力系数,与岩屑的形状、液体的流态和黏度等有关;

f——岩屑的受阻面积,即垂直于下沉运动方向的岩屑横截面面积,m²。

当$G > P$时,岩屑下降,速度逐渐增大,R值也随之增大。当R值达到足以使作用在岩屑上的三种力保持平衡时,即$R = G - P$时,岩屑将以恒速下降。将式(1-3)~式(1-5)代入平衡方程式,则有

$$C \frac{\pi}{4} \delta^2 \frac{v_0^2}{2} \rho = \frac{\pi}{6} \delta^3 (\rho_s - \rho) g \qquad (1-5)$$

由式(1-5)可以得出岩屑的沉降速度为

$$v_0 = \sqrt{\frac{4g}{3C}} \sqrt{\frac{\delta(\rho_s - \rho)}{\rho}} = k \sqrt{\frac{\delta(\rho_s - \rho)}{\rho}} \qquad (1-6)$$

式中:k——岩屑的形状系数,圆形岩屑$k = 4 \sim 4.5$,不规则形状的岩屑$k = 2.5 \sim 4$。

式(1-6)中的k值取决于C值,由于C值的取值范围不够准确,故该式计算结果与实测值相差较大。

为了比较准确地确定出阻力系数,科学工作者进行了大量的试验,得出了阻力系数与流体的雷诺数有关。不同区域雷诺数的液体有不同的阻力系数,进而有不同的沉降速度。现将不同雷诺数的沉降速度计算方法介绍如下。

1) $Re \leqslant 1, C = \dfrac{24}{Re}$

在此值范围内,物体在液体中所受的阻力主要是黏性摩擦阻力。

因

$$Re = \frac{v_0 \delta \rho}{\eta}$$

式中:η——液体的动力黏度,Pa·s。

所以

$$C = \frac{24\eta}{v_0 \delta \rho}$$

将C的值代入式(1-4)中,得出物体在液体中的沉降阻力

$$R = 3\pi \eta \delta v_0$$

当岩粉颗粒在静止液体中匀速下沉时,

$$3\pi \eta \delta v_0 = \frac{\pi}{6} \delta^3 (\rho_s - \rho) g$$

由此可得

$$v_0 = \frac{\delta^2 (\rho_s - \rho) g}{18\eta} \qquad (1-7)$$

公式为沉降速度的斯托克斯公式。

2) $1 \leqslant Re \leqslant 500, C = \dfrac{10}{\sqrt{Re}}$

在此值范围内,物体在液体中受到的阻力为黏性摩擦阻力和压差阻力。

$$C = 10 \sqrt{\frac{\eta}{\eta \delta v_0}}$$

$$R = 1.25\pi \sqrt{\eta \delta^3 \rho v_0^3}$$

$$v_0 = 1.196\delta \sqrt[3]{\frac{(\rho_s - \rho)^3}{\eta \rho}}$$

3) $500 \leqslant Re \leqslant 2 \times 10^5, C = 0.44$

在此值范围内,物体在液体中的沉降阻力

主要是压差阻力。

$$C = 0.44$$

$$R = 0.055\pi\delta^2\rho v_0^2$$

$$v_0 = 1.196\delta\sqrt[3]{\frac{\delta(\rho_s - \rho)}{\rho}} \quad (1-8)$$

我们是将岩屑假定为球形来进行分析的，而实际钻孔内的岩屑多为不规则的形状，所以根据上述三种 Re 不同区域值计算的结果与实测值有一定的差距。根据实验结果得出的使用不同类型的钻头时，冲洗液的合理上返速度列于表 1-18，供确定泵量时参考。

表 1-18 冲洗液合理上返流速

钻头类型	冲洗液上返流速/(m/s)	
	清水	泥浆
金刚石钻头	0.5~0.8	0.4~0.5
硬质合金钻头	0.25~0.6	0.2~0.5
三牙轮钻头	0.6~0.8	0.4~0.6
刮刀钻头和柔式钻头	0.6~1	0.6~0.8

注：钻头转速快，钻速高，取值大。

2. 泵压的确定

泵压是指泵的排出口的表压力。岩心钻探用泵的泵压是冲洗液流经钻孔冲洗循环系统受到各种阻力而产生的，因此，泵压就等于冲洗液流经循环系统各处损失的压力之和。可用下式计算：

$$p = \beta(p_1 + p_2 + p_3 + p_4) \quad (1-9)$$

式中：β——附加阻力系数，冲洗液中带有岩粉使冲洗液密度提高而增加的压力损失，$\beta = 1.1$；

p_1——冲洗液流经钻杆内的压力损失，Pa；

p_2——冲洗液流经钻杆与孔壁间环状空间的压力损失，Pa；

p_3——冲洗液流经钻杆接头的压力损失，Pa；

p_4——冲洗液流经岩心管及钻头内外的压力损失，Pa。

各部分压力损失的确定方法如下：

1）冲洗液流经钻杆中的压力损失

$$p_1 = \lambda_1\gamma\frac{L_1}{d_1}\cdot\frac{v_1^2}{2g} = 0.81\lambda_1\rho\frac{L_1Q^2}{d_1^5} \quad (1-10)$$

式中：λ_1——阻力系数，见表 1-19。

表 1-19 液体不同流态的阻力系数 λ_1

流体	流态	λ_1	Re
牛顿	层流	$\dfrac{64}{Re}$	$\dfrac{v_1 d_1\gamma}{\eta g}$
牛顿	紊流	$\dfrac{0.0121}{d_1^{0.026}}$	
宾汉	层流	$\dfrac{64}{Re}$	$\dfrac{v_1 d_1\gamma}{g\left[\eta_p + \dfrac{\tau_0 d_1}{6v_1}\right]}$
宾汉	紊流	0.02	

如果考虑地面管路或孔内有钻铤部分的压力损失，也可采用上述方法进行计算。

2）冲洗液流经环状空间的压力损失

此部分的压力损失仍可按照达西公式计算：

$$p_2 = \lambda_2\frac{L_2}{D-d}\cdot\frac{v_2^2}{2g}$$

$$= 0.81\lambda_2\rho\frac{L_2Q^2}{(D-d)^2(D+d)^2} \quad (1-11)$$

式中：λ_2——阻力系数，见表 1-20；

D——钻孔直径或套管内径，m；

v_2——冲洗液上返流速，m/s；

d——钻杆外径或接箍和锁接箍的外径，m；

L_2——钻孔深度，m。

表 1-20 阻力系数 λ_2

流体	流态	λ_2	Re
牛顿	层流	$\dfrac{96}{Re}$	$\dfrac{v_1 d_1\gamma}{\eta g}$
牛顿	紊流	0.024	
宾汉	层流	$\dfrac{96}{Re}$	$\dfrac{v_2\gamma(D-d)}{g\left[\eta_p + \dfrac{\tau_0(D-d)}{6v_2}\right]}$
宾汉	紊流	0.02	

3）冲洗液流经钻杆接头的压力损失

冲洗液在钻杆接头内的压力损失是局部阻力损失，其计算公式为

$$p_3 = \zeta\frac{L}{l}\cdot\frac{v_3^2}{2g} = 0.81\zeta\rho\frac{LQ^2}{ld_2^4} \quad (1-12)$$

式中：ζ——局部阻力系数，

$$\zeta = \alpha \left[\left(\frac{d_1}{d_2} \right)^2 - 1 \right]^2$$

α——经验系数，$\alpha = 2$；

d_1——钻杆内径，m；

d_2——接头或接箍的内径，m；

l——单根钻杆长度，m；

v_3——冲洗液在接头内的流速，m/s。

4）冲洗液流经岩心管及钻头内外的压力损失

这部分压力损失包括冲洗液流经岩心管及岩心间环状空间的压力损失、冲洗液流经钻头产生折转改变方向时的压力损失，以及流经岩心管与孔壁间环状空间的压力损失，多用实验方法得出或取经验数据。一般单管取心钻进的各项损失之和为 $(5 \sim 12) \times 10^4 \, \text{Pa}$。

3．泵功率的确定

当泵量和泵压确定后，泵的输出功率（即有效功率）便可用下式计算：

$$N_e = pQ \tag{1-13}$$

式中：p——泵压，即循环系统总的压力损失，Pa；

Q——泵量，即冲洗液量，m^3/s。

如果考虑泵内的各种功率损失及一定的功率设备，则泵的驱动功率可按照下式计算：

$$N = \eta_1 \eta N_e = \eta_1 \eta pQ \tag{1-14}$$

式中：η_1——功率储备系数，一般 $\eta_1 = 1.1 \sim 1.5$；

η——泵的效率，一般 $\eta = 0.6 \sim 0.9$。

第2章

掘 进 机 械

2.1 概述

煤炭生产,掘进先行。掘进机械是煤矿建设的重要组成部分,经过近十几年的发展,我国煤矿掘进技术水平有了大幅提高,特别是近几年来,随着智能化掘进成套装备创新步伐加快,我国智能化掘进工作面建设速度不断加快,有效减少了煤矿作业人员,提高了掘进速度,防范化解了掘进施工过程中地质隐患、机械伤害等安全风险。因此,掘进机械对煤矿生产至关重要,高质量的机械设备能够帮助煤矿在短时间内打通巷道、开展工作、节省时间,并且在掘进任务中,能够和掘进工作系统高度配合。

2.1.1 功能、用途与分类

掘进机械进一步向智能化、集成化、硬岩截割、掘锚平行作业方向发展,同时掘进机械、液压系统、电控系统的可靠性进一步提高,掘进机械大量采用新技术、新工艺来提高可靠性,不断提高科技含量、提高智能化程度,通过功能集成、系统协调工作,实现快速掘进,提高矿井掘进效率。

掘进机械广泛应用于全国各类矿井生产中,随着自主开发远程设备自动控制系统的应用,实时监测监控,维护预警,设备故障率显著降低。掘进自动化程度显著提高,有效降低作业劳动强度。

近几年来,基于不同煤层地质条件,以中国煤炭科工集团太原研究院(简称太原研究院)为代表的企业对巷道掘进机、锚杆转载机组、掘锚一体机等掘进类装备进一步升级,并开展了智能化掘进工作面建设示范工程,取得了显著成效。

2.1.2 发展历程与趋势

掘进机械的发展经历了从小到大、从单一到多样化、从不完善到完善的过程,已形成了轻型、中型和重型系列。随着高新技术不断向传统采掘领域渗透,我国悬臂式掘进机的发展大体分为三个阶段:引进阶段、消化吸收阶段、自主创新发展阶段。20世纪60年代中期至70年代初,我国在消化吸收国外技术的基础上开始悬臂式掘进机基础性研究,并研制了以截割功率30～50 kW为主的轻型掘进机,以太原研究院研制的Ⅰ型、Ⅱ型、Ⅲ型为代表,形成我国第一代悬臂式掘进机。20世纪70年代末到90年代初,我国分别从英国、奥地利、日本、苏联、德国等国家引进了16种、近200台悬臂式掘进机,推动了我国煤矿巷道综合机械化掘进的进程。从20世纪90年代初至今,悬臂式掘进机得到了空前的发展,重型、超重型掘进机大批出现,掘进机的设计水平、机器的可靠性大幅提高,功能日趋完善。掘进机设计和生产使用技术跨入了国际先进国家的行列。目前,我国已经具备了截割功率在 450 kW，整机质量为 138 t 系列掘进机的自主研制能力。2003 年太原研究院研制的具有自主知识产权的 EBJ-120TP 型掘进机，适应性好，能经济截割 ≤60 MPa 的煤及半煤岩巷道，整机及关键元部件可靠性有了大幅度提高，引领了国内掘进机的技术进步，成为我国煤及半煤岩巷道的主力机型，2005 年获得国家科学技术进步二等奖，结束了中、小型掘进机依赖进口的局面。

近年来，我国悬臂式掘进机产量与使用量均居世界第一，基本停止了国外进口，尤其是在"十一五"期间，受益于煤炭行业的快速发展，我国煤机制造企业加大了科研创新投入，围绕超重型岩石巷道掘进机研制技术、掘进机自动控制技术、掘进巷道综合除尘技术以及掘进机多功能一体化技术展开了科技攻关。国家也在相关方面加大了引导、扶持力度，通过"十一五"科技支撑计划项目等重点项目的实施，推动了掘进机研制水平的提高，总体参数接近或达到了国外先进水平。"十二五"期间，太原研究院通过"863"课题"智能化超重型岩石巷道掘进机的研究"的开展，掘进机截割工况识别和智能决策技术、大断面岩石巷道截割稳定性技术、岩石巷道掘进干式除尘技术、岩石巷道掘进防卡链技术及综掘机载超前探测技术等关键技术难题得到攻克，我国研制出具有自主知识产权的智能化超重型岩石巷道掘进装备，促进掘进机向智能化方向发展，进一步提高我国岩石巷道掘进机的智能化程度、破岩能力及可靠性。

2.2　巷道悬臂式掘进机

2.2.1　概述

巷道掘进机具有截割、装载、运输、行走、喷雾降尘等功能。整机主要由截割机构、装载机构、运输机构、机架及回转台、行走机构、液压系统、电气系统、冷却系统、降尘系统及机器的操作控制与保护系统等部分组成。掘进机截割部主要包含截割电机、双级行星减速机构、喷雾降尘系统和截割头等部件，负责煤岩的破碎和工作面除尘任务；装载部由星形轮、低速大扭矩马达和铲板组成，承担装料和稳定机组的作用；运输部为低速大扭矩液压马达驱动的双边刮板链机构，负责将截割破碎的煤岩转运至后端运输机；回转台由两侧的转动液压缸联合驱动，可以推动截割部的左右摆动，结合截割部的升降油缸即可实现截割部对掘进工作面截割；行走部为液压马达驱动的履带行走机构，成对安装在机体部的下方，为掘进机提供前进、后退、转弯和停车的驱动，其总体结构如图 2-1 所示。

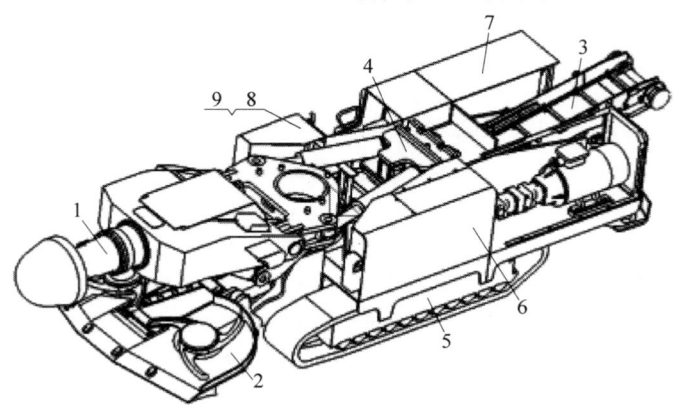

1—截割机构；2—装载机构；3—运输机构；4—机架及回转台；5—行走机构；6—液压系统；
7—电气系统；8—供水系统；9—操作台。

图 2-1　悬臂式掘进机的主要结构

（1）按照经济截割岩石能力大小，悬臂式掘进机可分为煤及半煤岩悬臂式掘进机、岩巷悬臂式掘进机两类。

① 煤及半煤岩悬臂式掘进机：截割岩石单向抗压强度≤60 MPa 称为煤巷掘进机，截割岩石单向抗压强度≥60 MPa 且≤80 MPa 称为半煤岩巷掘进机。

② 岩巷悬臂式掘进机：经济截割岩石单向抗压强度≥80 MPa 称为岩石巷道掘进机。

（2）按照破碎岩石的方式不同，悬臂式掘进机截割机构可分为纵轴式和横轴式两类。

① 纵轴式：纵轴式掘进机的截割头轴线和悬臂轴线相重合，截割头多为锥形，为了提高截割能力有的也被设计为球柱形。工作时，先将截割头钻进煤壁掏槽，然后按一定方式摆动悬臂，直至掘出所需要的断面。当巷道断面岩石硬度不同时，应先选择软岩截割；截割层状岩石时，应沿层理方向截割，以降低截割比能耗。

② 横轴式：横轴式掘进机的截割头轴线与悬臂轴线相垂直，工作时也是先进行掏槽截割，掏槽进给力来自履带行走机构或伸缩油缸，最大掏槽深度为截割头直径的2/3。掏槽时，截割头需做短幅摆动，以截割位于两半截割头中间部分的煤岩，因而使得操作较复杂。掏槽可在工作面上部或下部进行，但硬岩截割时应尽可能在工作面上部掏槽。

（3）按照功能的不同，悬臂式掘进机又可分为普通型掘进机和多功能型掘进机两类。

（4）按照驱动形式的不同，悬臂式掘进机又可分为电力驱动掘进机和电液驱动掘进机两类。

2.2.2　煤及半煤岩悬臂式掘进机

太原研究院研制了一系列煤及半煤岩巷掘进机，不仅满足煤矿井下煤及半煤岩采准巷道的掘进要求，同时也应用于条件类似的其他矿山及工程隧道的掘进。主要机型有 EBZ160、EBZ160S、EBZ200H、EBZ200S、EBZ220S、EBZ220H、EBZ220B 等各种型号煤及煤岩巷悬臂式掘进机。

1. EBZ160 型悬臂式掘进机

1）适用条件

EBZ160 型悬臂式掘进机主要适用于煤及半煤岩巷道的掘进，如图 2-2 所示。该机可切割单向抗压强度≤80 MPa 的煤岩；定位最大截割宽度 5.5 m、最大截割高度 4.0 m 的任意断面形状巷道；适应巷道坡度±16°。

图 2-2　EBZ160 型悬臂式掘进机

2）技术参数（表 2-1）

表 2-1　EBZ160 基础型掘进机的主要技术参数

参数	数值	参数	数值
外形尺寸(长×宽×高)	9.8 m×2.55 m×1.7 m	地隙	250 mm
截割卧底深度	250 mm	接地比压	0.139 MPa
整机质量	51.5 t	总功率	250 kW
可截割硬度	≤80 MPa	可掘巷道断面	9～21 m²
定位最大可掘高度	4.0 m	定位最大可掘宽度	5.5 m
适应巷道坡度	±16°	机器供电电压	1140 V
截割电机功率	160 kW	液压系统压力	25 MPa

3）技术特点

EBZ160 型掘进机具备多项技术创新，具有以下主要特点：

（1）切割机构采用交流恒功率双速水冷电机驱动，使截割效率最大化。

（2）掘进机上使用带负载敏感控制的恒功率变量泵及比例多路换向阀液压系统，系统效率高，发热量低。

（3）具有停机监测、瓦斯报警功能与记忆切割功能，同时具备运行工况参数化监测系统。

（4）掘进机上集成集中润滑系统，降低工人劳动强度，提高元部件寿命。

（5）采用液压调速技术实现了履带行走机

构无级调速。

（6）电控箱预留智能化升级接口。

2．EBZ200S型悬臂式掘进机

1）适用条件

EBZ200S型悬臂式掘进机主要适用于煤及半煤岩巷道的掘进，如图2-3所示。该机可切割单向抗压强度≤80 MPa的煤岩，定位最大截割宽度6.6 m、最大截割高度5.1 m，可掘任意断面形状的巷道，适应巷道坡度±18°。该机后配套转载运输设备可采用桥式皮带转载机，实现连续运输，使机器的效能得到充分的发挥。

图2-3　EBZ200S型悬臂式掘进机

2）技术参数（表2-2）

表2-2　EBZ200S型智能化悬臂式掘进机的主要技术参数

参数	数值	参数	数值
外形尺寸 （长×宽×高）	10.6 m× 2.7 m× 1.8 m	地隙	250 mm
截割卧底深度	250/470 mm	接地比压	0.14 MPa
整机质量	57 t	总功率	310 kW
可截割硬度	≤80 MPa	可掘巷道断面	9～33 m²
定位最大可掘高度	4.8/5.1 m	定位最大可掘宽度	6.0/6.6 m
适应巷道坡度	±18°	机器供电电压	1140 V
截割电机功率	200/110 kW	液压系统压力	23 MPa

3）技术特点

（1）采用伸缩截割机构，截割范围大，减小机器调动。

（2）机身矮，结构紧凑，可靠性高，适合于

大断面巷道掘进。

（3）截齿单刀力大，布置合理，破岩能力强，振动小，工作稳定性好。

（4）液压系统采用开式回路，可靠性高。

（5）电气系统采用了可编程逻辑控制器（programmable logic controller，PLC），并采用电子保护和断路器保护相结合的方式，保护功能强。

（6）电控箱预留智能化升级接口。

3．EBZ220S型悬臂式掘进机

1）适用条件

EBZ220S型悬臂式掘进机可截割的煤岩单向抗压强度≤80 MPa，如图2-4所示，主要适用于半煤岩巷及岩巷的掘进，也适用于条件类似的其他矿山及工程巷道的掘进。

图2-4　EBZ220S型悬臂式掘进机

2）技术参数（表2-3）

表2-3　EBZ220S型智能化悬臂式掘进机的主要技术参数

参数	数值	参数	数值
外形尺寸 （长×宽×高）	10.75 m× 2.7 m× 1.855 m	地隙	250 mm
截割卧底深度	290/500 mm	接地比压	0.16 MPa
整机质量	62.5 t	总功率	352 kW
可截割硬度	≤80 MPa	可掘巷道断面	32 m²
定位最大可掘高度	4.76/5.1 m	定位最大可掘宽度	6.27/6.86 m
适应巷道坡度	±16°	机器供电电压	1140 V
截割电机功率	220/160 kW	液压系统压力	25 MPa

3）技术特点

（1）截割电机采用双速电机，低速时的平均单刀力是高速时的1.5倍，截割效率高。

（2）采用集中润滑系统，可对整个回转台

及关键部位轴承进行集中润滑。

(3) 液压系统采用带负载敏感控制的恒功率变量泵及比例多路换向阀等新元部件,效率高。

(4) 电气系统采用了可编程逻辑控制器(PLC),并采用电子保护和智能保护相结合的方式,保护功能强。

(5) 电控箱预留智能化升级接口。

4. EBZ220H 型悬臂式掘进机

1) 适用条件

EBZ220H 型悬臂式掘进机主要适用于半煤岩巷及岩石巷道的掘进,如图 2-5 所示。该机可切割单向抗压强度≤80 MPa 的煤岩;定位最大可掘宽度 5.71 m、最大可掘高度 4.6 m 的任意断面形状巷道;适应巷道坡度±16°。

图 2-5　EBZ220H 型悬臂式掘进机

2) 技术参数(表2-4)

表 2-4　**EBZ220H 型悬臂式掘进机的主要技术参数**

参数	数值	参数	数值
外形尺寸(长×宽×高)	10.30 m×2.70 m×1.86 m	地隙	250 mm
截割卧底深度	200 mm	接地比压	0.16 MPa
整机质量	62.5 t	总功率	352 kW
可截割硬度	≤80 MPa	可掘巷道断面	10～26 m²
定位可掘最大高度	4.6 m	定位可掘最大宽度	5.71 m
适应巷道坡度	±16°	机器供电电压	1140 V
截割电机功率	220/160 kW	液压系统压力	25 MPa

3) 技术特点

EBZ220H 型悬臂式掘进机具备多项技术创新,具有以下主要特点:

(1) 采用双速截割电机,截割效率高。

(2) 装载部采用改向链轮前置的新型结构,装运效率高。

(3) 结构紧凑,重心低,整机稳定性好。

(4) 刮板运输机和履带张紧通过液压油缸来实现,方便维护。

(5) 特制的高效螺旋喷嘴,雾化效果好,降尘率高。

(6) 电控箱预留智能化升级接口。

5. EBZ220B 型悬臂式掘进机

EBZ220B 型悬臂式掘进机可用于煤巷、半煤岩巷掘进。该机可截割岩石单向抗拉强度≤80 MPa,适用于各种类型底板、坡度±16°的煤矿巷道掘进。

1) 适用条件

EBZ220B 型悬臂式掘进机主要适用于薄煤层小断面煤及半煤岩巷掘进的施工,如图 2-6 所示。该机可切割单向抗压强度≤80 MPa 的煤岩,定位可掘巷道最大宽度 5.5 m、最大高度 3.6 m,可掘任意断面形状的巷道,适应巷道坡度±16°。

图 2-6　EBZ220B 型悬臂式掘进机

2) 技术参数(表2-5)

表 2-5　**EBZ220B 型悬臂式掘进机的主要技术参数**

参数	数值	参数	数值
外形尺寸(长×宽×高)	10.96 m×2.75 m×1.6 m	地隙	250 mm
截割卧底深度	210 mm	接地比压	0.14 MPa
整机质量	57 t	总功率	310 kW
可截割硬度	≤80 MPa	可掘巷道断面	8～19 m²
定位最大可掘高度	3.6 m	定位最大可掘宽度	5.6 m
适应巷道坡度	±16°	机器供电电压	1140 V
截割电机功率	220/160 kW	液压系统压力	25 MPa

3）技术特点

EBZ220B 型悬臂式掘进机具备多项技术创新，具有以下主要特点：

（1）整机高度低，可适应 2.2 m 薄煤层半煤岩巷掘进。

（2）采用双速截割，低速扭矩大，高速速度快，截割效率高；截割稳定性好，截割能力强。

（3）采用全程压链，提高耐磨性，减小运料阻力。

（4）采用集中润滑系统，可对整个回转台进行集中润滑。

（5）电控箱预留智能化升级接口。

2.2.3　岩巷悬臂式掘进机

截割岩石单向抗压强度≥80 MPa 称为岩石巷道掘进机。受益于煤炭行业的快速发展，研制了一系列岩巷掘进机，主要机型有 EBZ260H、EBZ260Q、EBZ260W、EBZ300、EBH315、EBH450 等各种型号岩巷悬臂式掘进机。

1．EBZ260Q 型悬臂式掘进机

1）适用条件

EBZ260Q 型悬臂式掘进机属重型掘进机，主要适用于大断面煤、半煤岩巷和岩巷掘进的施工，如图 2-7 所示。该机可经济切割单向抗压强度≤90 MPa 的煤岩，定位可掘巷道最大宽度 6.0 m、最大高度 5.0 m，可掘任意断面形状的巷道，适应巷道坡度±16°。

2）技术参数（表 2-6）

表 2-6　EBZ260Q 型悬臂式掘进机的主要技术参数

参数	数值	参数	数值
外形尺寸（长×宽×高）	11.6 m×2.8 m×2.0 m	地隙	260 mm
截割卧底深度	230 mm	接地比压	0.18 MPa
整机质量	90 t	总功率	420 kW
可截割硬度	≤90 MPa	可掘巷道断面	12～29 m²
定位最大可掘高度	5.0 m	定位最大可掘宽度	6.0 m
适应巷道坡度	±16°	机器供电电压	1140 V
截割电机功率	260/260 kW	液压系统压力	31.5 MPa

3）技术特点

（1）采用双速截割，低速扭矩大，高速速度快，截割效率高；截割稳定性好，截割能力强。

（2）采用全程压链，提高耐磨性，减小运料阻力。

（3）行走部采用支重轮履带行走机构，制动可靠。

（4）液压系统采用带负载敏感控制的恒功率变量泵及比例多路换向阀等新元部件，能适应复杂的工作条件，系统发热量小，效率高。

（5）采用集中润滑系统，可对整个回转台进行集中润滑。

（6）电控箱预留智能化升级接口。

2．EBZ260W 型小断面岩石巷道掘进机

1）适用条件

EBZ260W 型小断面岩石巷道掘进机如图 2-8 所示，设计整机质量 85 t，截割功率 260 kW，

图 2-7　EBZ260Q 型悬臂式掘进机

图 2-8　EBZ260W 型悬臂式掘进机

主要适用于 8～19 m² 截割断面,可截割硬度 $f≤8$(局部 $f≤10$)的全岩和半煤岩巷道掘进,尤其适用于瓦斯底抽巷中掘进。

2) 技术参数(表 2-7)

表 2-7　EBZ260W 型小断面岩巷掘进机的主要技术参数

参数	数值	参数	数值
外形尺寸 (长×宽×高)	12.10 m× 2.70 m× 1.65 m	地隙	200 mm
截割卧底深度	310 mm	接地比压	0.192 MPa
整机质量	85 t	总功率	392 kW
可截割硬度	≤80 MPa	可掘巷道断面	8～19 m²
定位最大可掘高度	3.9 m	定位最大可掘宽度	5.2 m
适应巷道坡度	±16°	机器供电压	1140 V
截割电机功率	260 kW	液压系统压力	25 MPa

3) 技术特点

EBZ260W 型小断面岩巷掘进机具备多项技术创新,具有以下主要特点:

(1) 整机高度低,宽度窄,适应小断面全岩巷掘进。

(2) 铲板采用更为可靠的分体结构和高速马达＋减速器驱动,降低铲板厚度,利于装料和清底。

(3) 水系统低压冷却喷雾采用空气雾化喷嘴,雾化效果好,耗水量小,抑尘效果好。

(4) 润滑系统中各销轴润滑点采用递进式分配器逐点顺序润滑,供油量定量,且压力不分散;回转支撑采用泵单元和中央分配器供油,提高供油可靠性。

(5) 电控箱预留智能化升级接口。

3. EBZ300 型悬臂式掘进机

1) 适用条件

EBZ300 型悬臂式掘进机适用于大断面煤、半煤岩巷以及岩石巷道的掘进,也可用于公路、铁路、水利工程隧道等条件类似巷道的掘进,如图 2-9 所示。该机可经济切割单向抗压强度≤90 MPa 的煤岩,定位可掘最大宽度 6.0 m、最大高度 4.85 m 的任意断面形状巷道;适应巷道坡度±18°。

图 2-9　EBZ300 型悬臂式掘进机

2) 技术参数(表 2-8)

表 2-8　EBZ300 型悬臂式掘进机的主要技术参数

参数	数值	参数	数值
外形尺寸 (长×宽×高)	12.8 m× 3.6 m× 2.9 m	地隙	250 mm
截割卧底深度	260 mm	接地比压	0.18 MPa
整机质量	85 t	总功率	481 kW
可截割硬度	≤90 MPa	可掘巷道断面	12～29 m²
定位最大可掘高度	4.85 m	定位最大可掘宽度	6.0 m
适应巷道坡度	±18°	机器供电压	1140 V
截割电机功率	300/220 kW	液压系统压力	25 MPa

3) 技术特点

EBZ300 型悬臂式掘进机具备多项技术创新,具有以下主要特点:

(1) 采用的新型伸缩机构,具有结构简单、刚性好、可靠性高的优点,配有横轴式截割头,截割稳定性好,截割能力强。

(2) 采用双齿条回转机构为国内外首创,不仅继承了传统齿轮齿条式回转机构的优点,而且使齿轮齿条可靠性大幅提高。

(3) 研制成功可编程逻辑控制的自动集中润滑系统,降低维护工作量,提高机器的运行可靠性。

(4) 首创截割减速器外循环强制冷却润滑过滤系统,提高了截割减速器的工作可靠性和使用寿命。

(5) 电控箱预留智能化升级接口。

4．EBH315 型悬臂式掘进机

EBH315 型悬臂式掘进机是国家"十一五"科技支撑计划项目"半煤岩巷及岩石巷道快速掘进技术与装备"课题研究的关键装备,于2010 年 10 月通过山西省科技厅组织的技术鉴定,达到国际领先水平。该机多项技术属国内外领先的新技术和创新技术,代表了国内掘进机的发展趋势。

1) 适用条件

EBH315 型悬臂式掘进机适用于大断面煤、岩石巷道的掘进,也可用于公路、铁路、水利工程隧道等条件类似巷道的掘进,如图 2-10 所示。该机可经济切割单向抗压强度≤100 MPa(局部≤120 MPa)的煤岩,定位可掘巷道最大宽度7.0/6.6 m,最大高度 5.8/5.5 m 的任意断面形状的巷道,适应巷道坡度横向 8°、纵向 16°。

图 2-10　EBH315 型悬臂式掘进机

2) 技术参数(表 2-9)

表 2-9　EBH315 型悬臂式掘进机的主要技术参数

参数	数值	参数	数值
外形尺寸 (长×宽×高)	12.95 m× 3.10 m× 2.50 m	地隙	300 mm
截割卧底深度	380/190 mm	接地比压	0.22 MPa
整机质量	135 t	总功率	533 kW
可截割硬度	≤100 MPa, 局部 ≤120 MPa	可掘巷道断面	12~38 m²
定位最大可掘高度	5.825/ 5.459 m	定位最大可掘宽度	7.01/6.57 m
适应巷道坡度	±16°	机器供电电压	1140 V
截割电机功率	315 kW	液压系统压力	25 MPa

3) 技术特点

EBH315 型悬臂式掘进机具备多项技术创新,具有以下主要特点:

(1) 采用的新型伸缩机构,具有结构简单、刚性好、可靠性高的优点,配有横轴式截割头,截割稳定性好,截割能力强。

(2) 采用双齿条回转机构为国内外首创,不仅继承了传统齿轮齿条式回转机构的优点,而且使齿轮齿条可靠性大幅提高。

(3) 研制成功可编程逻辑控制的自动集中润滑系统,降低维护工作量,提高机器的运行可靠性。

(4) 首创截割减速器外循环强制冷却润滑过滤系统,提高了截割减速器的工作可靠性和使用寿命。

(5) 电控箱预留智能化升级接口。

5．EBH450 型悬臂式掘进机

图 2-11 所示为 EBH450 型悬臂式掘进机,是"863"课题"智能化超重型岩石巷道掘进机的研究"的重要成果之一,该机型的成功研制标志着我国掘进机截割工况识别和智能决策技术、大断面岩石巷道截割稳定性技术、岩石巷道掘进干式除尘技术、岩石巷道掘进防卡链技术及综掘机载超前探测技术等关键技术难题得到攻克,促进掘进机向智能化方向发展,进一步提高我国岩石巷道掘进机的智能化程度、破岩能力及可靠性。

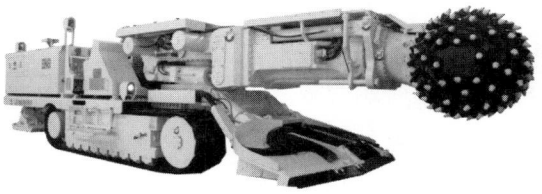

图 2-11　EBH450 型悬臂式掘进机

1) 适用条件

EBH450 型悬臂式掘进机属特重型掘进机,主要适用于大断面煤、半煤岩巷以及岩石巷道的掘进,也可用于公路、铁路、水利工程隧道等条件类似巷道的掘进;可经济切割单向抗压强度≤100 MPa(局部≤120 MPa)的煤岩;定位可掘最大宽度 5.8/5.5 m、最大高度 7.0/

6.6 m 的任意断面形状巷道,适应巷道坡度横向 8°、纵向 16°。

2)技术参数(表 2-10)

表 2-10 EBH450 型掘进机的主要技术参数

参数	数值	参数	数值
外形尺寸 (长×宽×高)	13.52 m× 3.20 m× 2.53 m	地隙	300 mm
截割卧底深度	380/190 mm	接地比压	0.22 MPa
整机质量	138 t	总功率	650 kW
可截割硬度	≤100 MPa, 局部 ≤120 MPa	可掘巷道断面	12~38 m²
定位最大可掘高度	5.8/5.5 m	定位最大可掘宽度	7.0/6.6 m
适应巷道坡度	±16°	机器供电电压	1140 V
截割电机功率	450 kW	液压系统压力	25 MPa

3)技术特点

EBH450 型掘进机具备多项技术创新,具有以下主要特点:

(1)整机采用多传感器监测技术、电液控制技术和机身位姿检测技术,实现掘进机自动截割功能。

(2)采用截割转速交流变频调速控制技术,使掘进机在不同工况下实现截割参数自动调节,实现电机输出转速和扭矩与破岩效果的最佳匹配,有效提高掘进机的截割适应性。

(3)采用截割牵引调速控制技术,根据截割负载变化规律,使截割牵引速度与截割转速参数相匹配,实现截割牵引速度的自动调节,从而降低机器振动,提高整机可靠性。

(4)电控箱预留智能化升级接口。

2.2.4 多功能悬臂式掘进机

多功能悬臂式掘进机主要有掘探一体机和掘锚机。

掘探一体机结构布置如图 2-12 所示,在机身一侧集成了一套液压前探钻机系统,包括液压钻机、基座、钻机摆动油缸等。有效完成综掘工作面迎头、两帮一定范围内的钻进探测,探测煤矿井下巷道掘进过程中的危险源,有效缩短煤矿井下掘、探顺序作业时间,降低工人劳动强度,提高煤矿采掘的效率和安全性,实现煤及半煤岩巷快速掘进。

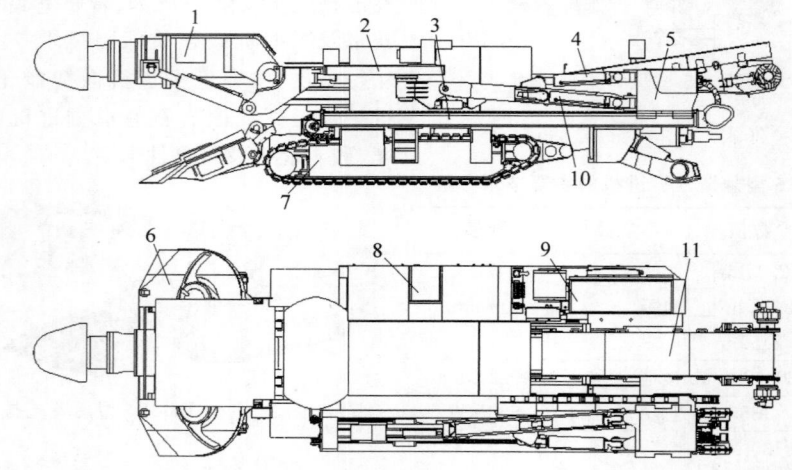

1—截割机构;2—液压钻机;3—滑轨组件;4—钻机升降油缸;5—基座;6—铲板;7—行走机构;8—泵站油箱;9—电控箱;10—钻机摆动油缸;11—刮板运输机。

图 2-12　掘探一体机结构布置

掘探一体机的工作原理(图 2-13):①掘进机永久支护结束后,将截割头摆到掘进机最右侧落地,停止掘进机的所有动作,清理滑轨,将主机操作台上掘进机/物探钻机工作/工作水路切换球阀切换到钻机位置,为物探钻机的工作做好准备。②将钻机操作台上钻架/钻机切换球阀切换到钻架操作位置。操作手柄,使基座带动钻架移动到滑轨前端极限位置。③将液压钻机移动到合适位置,准备前探孔施工作业。④钻探作业完成后,拆除单体液压立柱,将钻架退回到滑轨末端,将钻臂摆一定角度。

掘锚机结构布置如图 2-14 所示,在机身两侧各集成了一套液压锚杆钻机系统,包括液压钻机、基座、钻机摆动油缸等。有效完成综掘工作面迎头、两帮一定范围内的锚杆支护,有效缩短煤矿井下掘、锚顺序作业时间,降低工人劳动强度,提高煤矿采掘的效率和安全性,

实现煤及半煤岩巷快速掘进。

掘锚机的工作原理(图 2-15):①掘进机截割结束后,将截割头摆到掘进机中间落地,停止掘进机的截割、装载、运输、行走等所有动作,清理浮煤,为锚杆钻机的工作做好准备,然后切换电气闭锁、液压闭锁到钻机工作状态。②钻臂抬起。③滑轨前移。④基座前移。⑤钻锚,将钻架移动到合适位置并伸出撑顶装置,实现钻机的钻锚作业。⑥收回,钻锚作业完成后,按照以上相反的顺序将钻机系统移动到起始位置。

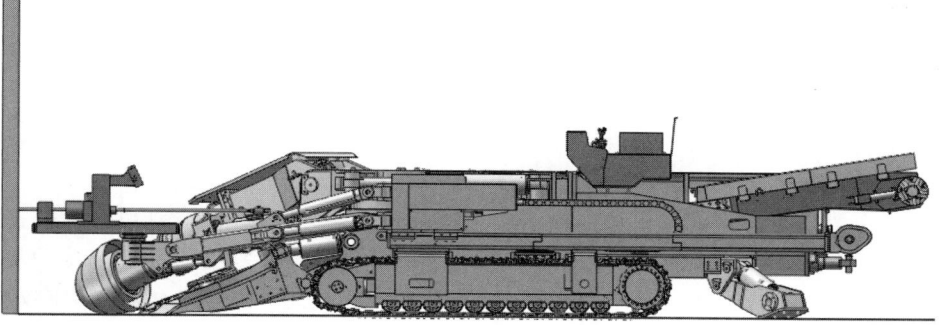

图 2-13　掘探一体机工作原理

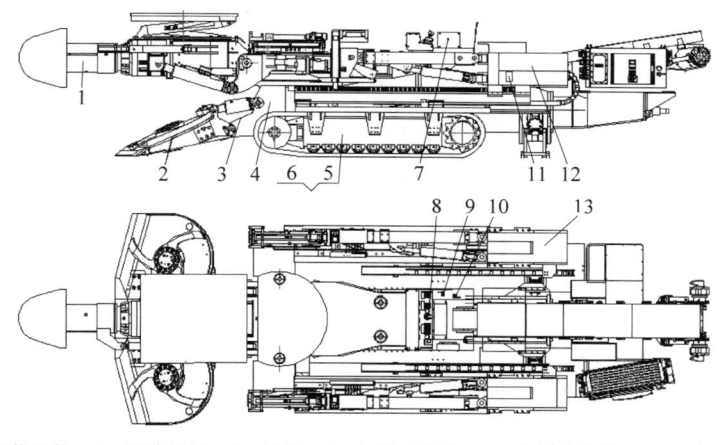

1—截割机构;2—装载机构;3—运输机构;4—机架;5—左行走机构;6—右行走机构;7—电气系统;8—液压系统;9—水系统;10—润滑系统;11—标牌总成;12—左钻机系统;13—右钻机系统。

图 2-14　掘锚机结构布置

1. EBZ160T 型掘探一体机

图 2-16 所示为 EBZ160T 型掘探一体机,是国内外首台集掘进、前探功能于一体的多功能掘进机。

1) 适用条件

EBZ160T 型掘探一体机将物探钻机集成在掘进机机身一侧。该机可切割单向抗压强度≤80 MPa 的煤岩;定位可掘巷道最大宽度

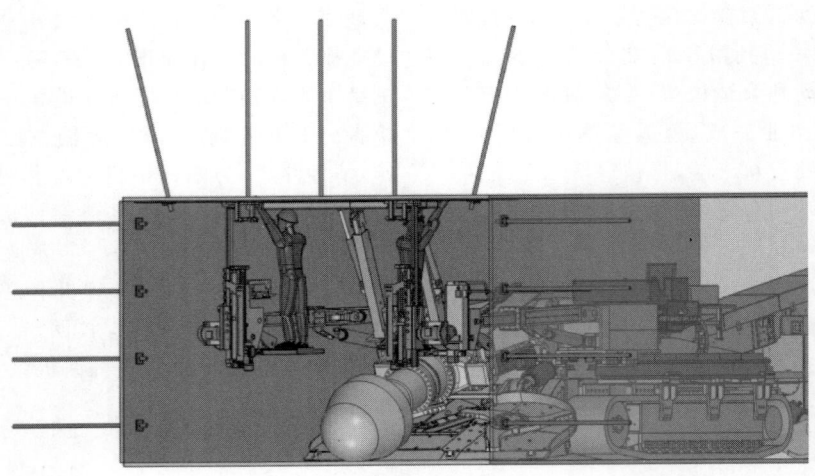

图 2-15　掘锚机工作原理

图 2-16　EBZ160T 型掘探一体机

5.5 m、最大高度 4.0 m 的任意断面形状巷道；适应巷道坡度±16°；该机可实现孔深 70 m 的勘探。

　　2) 技术参数(表 2-11)

表 2-11　EBZ160T 型掘探一体机的主要技术参数

参数	数值	参数	数值
外形尺寸 (长×宽×高)	10.9 m× 2.81 m× 2.1 m	地隙	250 mm
截割卧底深度	250 mm	接地比压	0.15 MPa
整机质量	55 t	总功率	250 kW
可截割硬度	≤80 MPa	可掘巷道断面	9～21 m²
定位最大可掘高度	4.0 m	定位最大可掘宽度	5.5 m
适应巷道坡度	±16°	机器供电电压	1140 V
截割电机功率	160 kW	液压系统压力	25/16 MPa
钻机额定转矩	750/ 280 N·m	额定转速	105/ 270 r/min
钻杆直径	ϕ42 mm	最大进给力	40 kN
进给速度	0～1.5 m/s	最大起拔力	24 kN

　　3) 技术特点

EBZ160T 型掘探一体机实现了多项技术创新,具有以下主要特点:

(1) 首次将液压勘探钻机集成于掘进机机身一侧,整体设计紧凑、结构合理,实现了掘探平行作业,提高了掘进工作面的施工效率。

(2) 采用以马达、减速器、链轮链条为传动机构的滑轨式驱动装置,实现钻机的平稳移动,提高整机可靠性。

(3) 实现勘探钻机与掘进机液压系统集成,保证掘进机各执行机构与勘探钻机各执行机构动作互锁,整机操作的安全性能高。

(4) 回转器采用通孔结构,钻杆长度不受钻机结构尺寸的限制;回转速度采用液压无级调节,可提高钻机对不同钻进工艺的适应能力。

(5) 电控箱预留智能化升级接口。

2. EBZ220T 型掘探一体机(伸缩/非伸缩两种)

图 2-17 所示为 EBZ220T 型掘探一体机,是集掘进、前探功能于一体的多功能掘进机,有伸缩/非伸缩两种。

　　1) 适用条件

EBZ220T 型掘探一体机属重型掘进机,主要是为煤矿综采工作面采准巷道掘进服务的机械设备,适用于大断面煤、半煤岩巷的掘进和前探孔的施工,也可用于公路、铁路、水利工程隧道等条件类似巷道的掘进和前探孔的施

图 2-17 EBZ220T 型掘探一体机

工。该机可经济切割单向抗压强度≤80 MPa 的煤岩，定位可掘巷道最大宽度 6.0 m、最大高度 5.15 m，可掘任意断面形状的巷道，适应巷道坡度±16°。

2）技术参数（表 2-12）

表 2-12　EBZ220T 型掘探一体机的主要技术参数

EBZ220T 伸缩型掘探一体机		EBZ220T 非伸缩型掘探一体机	
参数	数值	参数	数值
外形尺寸（长×宽×高）	11.6 m×3.0 m×1.9 m	外形尺寸（长×宽×高）	11.4 m×3.0 m×1.9 m
截割卧底深度	210/410 mm	截割卧底深度	200 mm
整机质量	66 t	整机质量	65 t
可截割硬度	≤60 MPa	可截割硬度	≤70 MPa
定位最大可掘高度	5.15 m	定位最大可掘高度	4.6 m
适应巷道坡度	±16°	适应巷道坡度	±16°
截割电机功率	220/160 kW	截割电机功率	220/160 kW
地隙	250 mm	地隙	250 mm
接地比压	0.16 MPa	接地比压	0.16 MPa
总功率	310 kW	总功率	310 kW
可掘巷道断面	30 m²	可掘巷道断面	30 m²
定位最大可掘宽度	6.0 m	定位最大可掘宽度	5.71 m
机器供电电压	1140 V	机器供电电压	1140 V
液压系统压力	25/22 MPa	液压系统压力	25/22 MPa
钻机额定转矩	1200～320 N·m	钻机额定转矩	1200～320 N·m
钻杆直径	φ42/φ50 mm	钻杆直径	φ42/φ50 mm
进给速度	0～0.45 m/s	进给速度	0～0.45 m/s
额定转速	80～280 r/min	额定转速	80～280 r/min
最大进给力	36 kN	最大进给力	36 kN
最大起拔力	52 kN	最大起拔力	52 kN

3）技术特点

（1）采用双速截割，低速扭矩大，高速速度快，截割效率高；截割稳定性好，截割能力强。

（2）采用全程压链，提高耐磨性，减小运料阻力。

（3）行走部采用支重轮履带行走机构，制动可靠。

（4）液压系统采用带负载敏感控制的恒功率变量泵及比例多路换向阀等新元部件，能适应复杂的工作条件，系统发热量小，效率高。

（5）集成液压勘探钻机（简称液压钻机），实现掘、探连续作业，提高了掘进工作面施工效率。

（6）液压钻机与掘进机液压系统集成，掘进机与液压钻机各执行机构动作互锁，整机操作安全性能高。

（7）采用集中润滑系统，可对整个回转台进行集中润滑。

（8）电控箱预留智能化升级接口。

3. EBZ220M-2 型掘锚机

图 2-18 所示为 EBZ220M-2 型掘锚机，是一种性能先进、适用于大断面半煤岩巷掘进的双锚掘进机。

图 2-18　EBZ220M-2 型掘锚机

1）适用条件

EBZ220M-2 型掘锚机将钻机集成在掘进机机身两侧。该机可经济切割单向抗压强度≤80 MPa 的煤岩，定位可掘巷道最大宽度 6.0 m、最大高度 5.2 m 的任意断面形状巷道；适应巷道坡度±16°；该机可实现掘锚连续作业。

2）技术参数（表 2-13）

表 2-13　EBZ220M-2 型掘锚机的主要技术参数

参数	数值	参数	数值
外形尺寸（长×宽×高）	12.93 m×3.6 m×2.1 m	地隙	250 mm
截割卧底深度	180/390 mm	接地比压	0.16 MPa
整机质量	85 t	总功率	352 kW
可截割硬度	≤80 MPa	可掘巷道断面	28 m²
定位最大可掘高度	4.87/5.2 m	定位最大可掘宽度	5.5/6.0 m
适应巷道坡度	±16°	机器供电电压	1140 V
截割电机功率	220/160 kW	液压系统压力	25 MPa
机载锚杆钻机	2 台	钻机最大转矩	315 N·m
钻箱最大给进长度	1820 mm	钻箱额定转速	600 r/min

3）技术特点

（1）截割部可伸缩，便于巷道成型，截割头截齿设计合理，综合机械性能高，消耗率低。

（2）掘进机具备启动报警、截割电机过载保护、急停闭锁配、瓦斯断电仪等保护装置。

（3）掘进机配置临时支护装置。

（4）锚杆钻机系统采用电液遥控控制技术，左右钻机相互安全闭锁。

（5）锚杆钻机系统基座运动具有电气、机械防碰撞双重保护，保证运行的安全性。

（6）掘进机与锚杆钻机、临时支护装置具备互锁功能。

4．EBZ260M-2 型掘锚机

图 2-19 所示为 EBZ260M-2 型掘锚机，是一种性能先进、适用于大断面半煤岩巷掘进的双锚掘进机。该机多项技术属国内外领先的新技术和创新技术，代表了国内掘进机的发展趋势。该机经济截割硬度 $f≤9$，适用于各种类型底板、坡度±16°的煤矿采准巷道掘进，也可用于铁路、公路、水力工程等隧道施工。

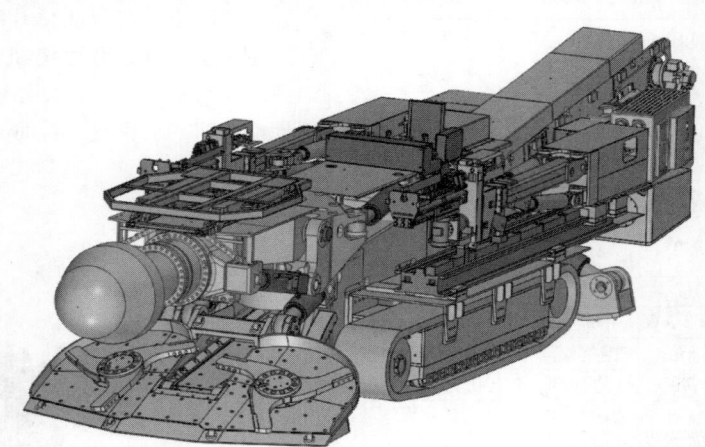

图 2-19　EBZ260M-2 型掘锚机

1）适用条件

EBZ260M-2 型掘锚机属重型掘进机，主要是为煤矿综采工作面采准巷道掘进服务的机械设备，适用于大断面煤、半煤岩巷以及岩巷的掘进。该机可经济切割单向抗压强度≤90 MPa 的煤岩，定位可掘巷道最大宽度 6.0 m，最大高度 5.0 m，可掘任意断面形状的巷道，适应巷道坡度±16°。

2）技术参数（表 2-14）

表 2-14　EBZ260M-2 型掘锚机的主要技术参数

参数	数值	参数	数值
外形尺寸（长×宽×高）	14.0 m×3.36 m×2.5 m	地隙	300 mm
截割卧底深度	280 mm	接地比压	0.19 MPa
整机质量	100 t	总功率	392 kW
可截割硬度	≤90 MPa	可掘巷道断面	12～28 m²

续表

参数	数值	参数	数值
定位最大可掘高度	5.0 m	定位最大可掘宽度	6.1 m
适应巷道坡度	±16°	机器供电电压	1140 V
截割电机功率	260/220 kW	液压系统压力	25 MPa
机载锚杆钻机	2台	钻机最大转矩	315 N·m
钻箱最大进给长度	1820 mm	钻箱额定转速	600 r/min

3)技术特点

(1)截割稳定性好,在截割过程中可充分利用自身重量,截割能力强。

(2)采用集中润滑系统,可对整个回转台进行集中润滑。

(3)采用分体式高效装运机构,在转盘外侧加焊了耐磨板,铲板面板增加耐磨板,并采用全程压链,以提高耐磨性,减小运料阻力。

(4)具有完善的整机工况监测系统。应用多样化的传感器如电压、电流、功率、瓦斯等对整机进行多点、多参量监测,把整机电气纳入工况监测系统。

(5)掘进机为手动操作,锚钻装置为全遥控(具备应急手动操作功能),两者具有互锁功能。

2.3 锚杆钻机

2.3.1 概述

在锚杆支护技术发展的不同时期,国内外出现了多种不同形式和规格的锚杆钻机,如图2-20所示。

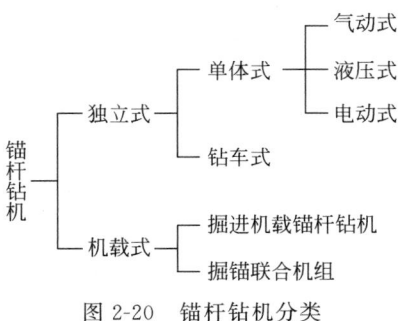

图2-20 锚杆钻机分类

锚杆钻机按照与掘进机的关系可分为独立式和机载式。

(1)独立式锚杆钻机与掘进机是分开的,又分单体式和钻车式。单体式锚杆钻机轻便、灵活,适用范围广;钻车式锚杆钻机机械化程度高、扭矩大、功率大、钻进速度快,但一般适用于巷道断面大或多巷布置的条件。

(2)机载式锚杆钻机分为掘进机载锚杆钻机和掘锚联合机组。前者是在现有掘进机上配置1~2台锚杆钻机,以实现掘锚一体功能;后者是将掘进与锚固功能一体化设计,制造出兼顾掘进与锚固的掘锚联合机组,是煤巷快速高效掘进技术的发展方向。

单体式锚杆钻机按照动力源可分为气动式、液压式和电动式。按锚杆钻机破岩方式可分为旋转式、冲击式和冲击-旋转式。此外,按锚杆钻机安装锚杆的部位可分为顶板锚杆钻机和帮锚杆钻机;用于安装锚索的称为锚索钻机。

2.3.2 单体顶板锚杆钻机

单体顶板锚杆钻机是用于钻装巷道顶板锚杆的单体式钻机。破岩方式主要有两种:旋转式和冲击-旋转式。旋转式钻机采用多刃切削钻头旋转切削岩石,要求钻机具有一定的扭矩、转速和推进力;冲击-旋转式钻机钻孔时,钻头在冲击力作用下,以一定的冲击频率将钻头刃面下的局部岩石凿碎,同时钻头作旋转运动,使钻孔全断面的岩石破碎。这种钻机要求有一定的冲击功和冲击频率,冲击的同时能旋转,而且需要对钻机施加一定的推力。旋转式破岩方式一般适用于比较软的岩石(岩石普氏硬度系数 $f < 8$);冲击-旋转式破岩方式适用于比较硬的岩层($f \geqslant 8$)。

单体顶板锚杆钻机按动力不同,可分为气动、液压和电动锚杆钻机。不同动力的锚杆钻机各有优缺点,应根据巷道顶板条件和生产条件合理选择。

1. 单体气动旋转式锚杆钻机

1)钻机结构

单体气动旋转式锚杆钻机如图2-21所示。

主要由驱动机构、推进机构和控制机构组成。

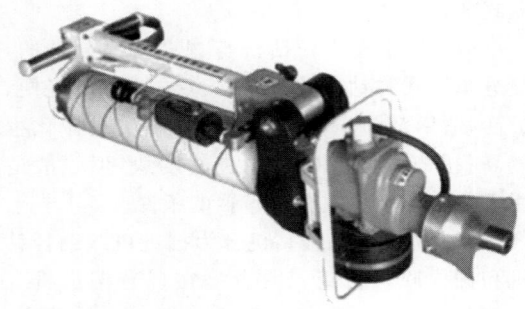

图 2-21　单体气动旋转式锚杆钻机

驱动机构主要由气马达、减速箱、消声器、水室和钻杆连接套等部件组成，其功能是完成钻机的旋转切削运动。气马达是钻机旋转切削岩石的动力源，是钻机的核心部件。根据气马达的不同，气动锚杆钻机又分为齿轮式和柱塞式气马达锚杆钻机。齿轮式气马达结构简单，长时间运转可靠性高，对压缩空气的质量要求不高，维修简单，适应性强。但这种马达低速运转性能差、效率比较低。柱塞式气马达启动性能和低速性能好，效率高，但结构比较复杂，对压缩空气的质量要求高。因此，国内开发研制的气动锚杆钻机主要是齿轮式气马达锚杆钻机。

推进机构主要由多级伸缩式气缸组成，是钻机切削推进的动力源，与气马达旋转扭矩共同作用，切削破碎岩石。支腿用高强度玻璃纤维缠绕而成，质量小。为适应不同巷道高度的要求，支腿有单级、双级和三级等不同规格。

控制机构主要由销轴、阀体、操纵臂、T形把手等部件组成。阀体是集中有气马达控制阀、支腿控制阀和冲洗水控制阀的组合控制阀；

T形把手为操作控制把手，装有气马达、支腿及冲洗水控制扳机；阀体与T形把手用操纵臂连接。销轴也称配气轴，给气马达和支腿配气，使马达旋转、支腿伸出。

钻机的驱动机构、推进机构和控制机构由连接座连接。此外，还有用于搅拌树脂锚固剂和安装锚杆的锚杆安装器等附件。

2）工作原理

单体气动旋转式锚杆钻机的工作原理为：接上压缩空气并打开马达气阀，压缩空气通过马达控制阀和配气轴输送至气马达，马达旋转并通过齿轮箱中两对啮合齿轮将转速和扭矩传递给输出轴，并带动钻杆、钻头旋转切削岩石；同时打开支腿气阀，压缩空气由支腿控制阀、配气轴连接座内通道进入支腿，使支腿上升作切削推进运动，与马达旋转运动共同完成钻孔作业。打开水阀，水进入水室，通过输出轴上径向小孔至钻杆、钻头，起到冷却钻头、冲洗岩粉、降尘的作用。

3）钻机特点

单体气动旋转式锚杆钻机的主要优点为：切削破岩性能较好，钻孔速度快；动力单一，结构简单，操作方便，质量小。

与液压和电动锚杆钻机相比，其主要不足为：效率低，能耗大；气动马达噪声大，油雾大，污染较严重；需要压气管路和压气设备，压气的压力要求较高。

4）国产单体气动旋转式锚杆钻机

部分国产单体气动旋转式顶板锚杆钻机的主要技术性能参数见表 2-15。使用时，可根据具体的巷道地质与生产条件选择合适的锚杆钻机。

表 2-15　部分国产单体气动旋转式顶板锚杆钻机主要技术性能参数

主要技术性能参数	型号			
	MQT85J	MQT120	MQT90	MQT100
适用压力范围/MPa	0.4～0.63	0.4～0.63	0.4～0.63	0.4～0.63
额定气压/MPa	0.5	0.5	0.5	0.5
额定转速/(r/min)	≥240	200	240	280
额定转矩/(N·m)	≥85	≥120	≥90	≥100
最大负载转矩/(N·m)	—	—	≥220	≥170
空载转速/(r/min)	≥600	≥600	650	900

续表

主要技术性能参数	型号			
	MQT85J	MQT120	MQT90	MQT100
动力失速转矩/(N·m)	≥200	≥260	≥230	≥180
最大输出功率/kW	2.9	3.1	2.3	3.1
最大推进力/kN	≥9.5	≥9.5	≥9.8	≥9.8
耗气量/(m³/min)	2.9~3.4	2.9~3.8	3.2	3.8
冲洗水压力/MPa	0.6~1.2	0.6~1.2	0.6~4.5	0.6~4.5
噪声/dB(A)	≤95	≤95	<90	<90
整机伸长高度/mm	2460/3060/3660	2460/3060/3660	2540/3020/3588	2566/3046/3614
整机收缩高度/mm	1140/1290/1440	1140/1290/1440	1163/1283/1425	1189/1309/1451
整机质量/kg	46/48/50	48/50/52	46/48/50	45/47/99

2. 单体液压旋转式锚杆钻机

1) 钻机结构与工作原理

MYT型支腿式液压旋转式锚杆钻机采用全液压驱动结构,主要由主机和液压泵站两大部分组成,如图2-22所示。液压泵站通过两根高压油管连接操纵臂的组合控制阀,液压泵站输出的压力经过进油管送至操纵臂,由操纵臂上的复合阀分别对马达和支腿进行控制。钻孔冲洗水由专用球阀控制。

图 2-22 单体液压旋转式锚杆钻机

(1) 主机。主机主要由旋转机头、推进支腿、操纵臂三部分组成。旋转机头由液压马达和供水机构组成。液压马达是旋转切削的动力源,国产钻机的液压马达一般选用摆线式油马达。钻机供水为侧式供水机构,外接压力水进入

水室后经中空钻杆到钻头,冷却钻头、冲洗岩粉。推进支腿是钻机切削推进的动力源,在压力油或乳化液作用下完成钻孔进给,与液压马达的旋转切削运动共同完成钻孔作业。推进支腿采用金属或高强度复合材料制成的双级伸缩油缸,其行程大、缩回高度小,能满足各种巷道的需要。操纵臂是钻机液压马达、液压缸动作及流量大小的控制部件,主要由组合阀、操纵杆、操纵手柄和配流轴等组成。

(2) 液压泵站及液压系统。液压系统采用开式、串联或并联系统。由泵站、操纵控制元件、执行元件及管路附件等组成,系统工作压力一般为12~14 MPa。

2) 钻机特点

液压锚杆钻机的主要优点为:具有较好的切削破岩性能,过载能力好,钻孔速度快;能耗低,仅为气动锚杆钻机的1/4~1/3;动力单一,振动小,噪声小。

存在的问题主要是液压泵站比较重,移动不方便;液压油泄漏会造成污染。

3) 国产单体液压锚杆钻机

部分国产单体液压顶板锚杆钻机的主要技术性能参数见表2-16。用户可根据巷道顶板岩性和强度及施工条件选择不同的机型。

表 2-16　部分国产单体液压顶板锚杆钻机主要技术性能参数

主要技术性能参数	型号						
	MYTI00	MYT150	MYT120C				MYT140
额定压力/MPa	14	15	15				14
额定转速/(r/min)	≥250	260	320				320
额定转矩/(N·m)	100	150	120				140
额定流量/(L/min)	≤36	41	36				36
推进力/kN	≥8	9	13				8.6~21
冲洗水压力/MPa	0.6~2.0						0.6~2.5
噪声/dB(A)	<92	≤92	≤95				≤70
钻机最大高度/mm	3600	3520	2500	3000	3500	2430	3360
钻机最小高度/mm	1200	1577	1270	1340	1500	1200	1510
整体质量/kg	55	59	63	62	49	52	55	46
额定压力/MPa	20	16	15				15
额定工作流量/(L/min)	25	2×41	36				45
电机额定功率/kW	11	15	11				11
电机额定电压/V	380/660	380/660	380/660				380/660
油箱有效容积/L	100	150	130				125

3. 单体电动锚杆钻机

1) 钻机结构与工作原理

单体电动锚杆钻机是我国煤矿最早用于锚杆钻孔的机具。这种钻机一般由防爆电动机、减速器、推进支腿、组合控制阀和操纵手把组成。

防爆电动机为锚杆钻机提供动力,是钻机的核心部件;减速器使钻机输出轴获得所需要的转速和扭矩,带动钻杆钻头旋转切削破碎岩石;推进支腿提供推力,完成钻机进给运动。支腿为双级或三级伸缩式套筒缸,其动力源可以是压力油、压风或井下压力水。组合控制阀安装在扶机架上,通过操纵手把实现电、液、水的集中控制。

2) 钻机特点

单体电动锚杆钻机的主要优点是:运行效率高,能耗低,仅为同功率气动锚杆钻机的1/10,液压锚杆钻机的1/4~1/3;具有较强的过载能力,噪声小;动力源简单、方便。

电动锚杆钻机存在的主要问题是:钻削岩石的性能较差,质量较大;防水、防潮性能差。

几种国产单体电动锚杆钻机的主要技术性能参数见表 2-17。

表 2-17　几种国产单体电动锚杆钻机的主要技术性能参数

主要技术性能参数	型号				
	HMD15	HMD22	MDS3	ZRD20	MDT3F
电机额定功率/kW	1.5	2.2	3.0	2.0	3.0
额定电压/V	127	127	127	127	127
额定输出转速/(r/min)	430	430	444	500	440
额定输出转矩/(N·m)	34	50	66	40	60
最大转矩/额定转矩	3.5	3.5	>2.5	3.5	2.8
推进速度/(mm/min)	477	477		600~1200	1500
一次钻孔深度/mm	1000	1000	>1600	1600	1500
钻孔直径/mm	27~43	27~43	27~42	27~42	27~42
适应岩石抗压强度 f	≤6	≤8	≤8	≤6	≤8
整机质量/kg	43	45	45	50	≤55
推进力/N	9000	9000	>4166	6000~8000	6000~8000

2.3.3　单体帮锚杆钻机

巷道围岩由顶板、两帮和底板组成，除底板较少支护外，一般顶板和两帮都需要支护。特别是煤巷，两帮是比较松软破碎的煤体，是巷道支护的重点。在引进国外先进技术的基础上，开发研制了适合国内煤矿巷道的单体气动、液压顶板锚杆钻机，基本满足了顶板锚杆钻装的要求。但是，长期以来，煤帮锚杆的施工主要采用煤电钻。煤电钻功率小、钻孔速度慢、安装锚杆困难，而且不能湿式钻孔，粉尘大，工作环境差。为了提高煤帮锚杆施工速度和质量，

近年来我国又开发了气动、液压帮锚杆钻机，较好地解决了煤帮钻孔、安装锚杆的问题。

目前，国内使用的帮锚杆钻机主要分两大类：一类是气动帮锚杆钻机，另一类是液压帮锚杆钻机。按钻机结构不同，又分为手持式和支腿式帮锚杆钻机。

1. 气动帮锚杆钻机

1）手持式气动帮锚杆钻机

手持式气动帮锚杆钻机由气马达、减速箱、水控制扳把、气马达控制扳把、扶机把、消声器等组成，如图 2-23 所示。气马达有两种：一种为叶片式气马达，另一种为齿轮式气马达。

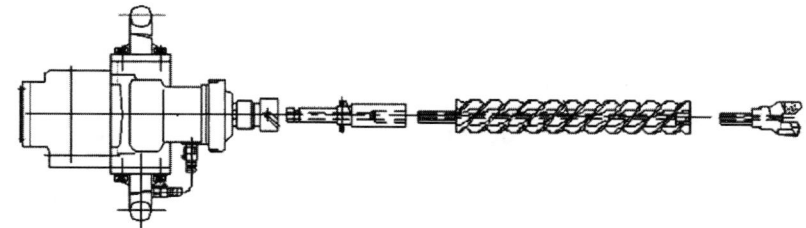

图 2-23　手持式气动帮锚杆钻机结构

操作者双手握住扶机把，开启马达控制阀，压缩空气经过滤器、注油器、滤网由进气口进入气马达，驱动气马达旋转经齿轮、链轮减速后，驱动输出轴带动钻杆、钻头旋转切削钻孔或搅拌锚固剂、安装锚杆；打开水阀控制阀，冲洗水经钻杆、钻头冲洗钻孔、冷却钻头。钻

孔时的切削推力由操作者两臂推力提供。

手持式气动帮锚杆钻机结构简单、体积小、质量轻，钻孔速度快，使用灵活方便。部分国内手持式气动帮锚杆钻机的主要技术性能参数见表 2-18。

表 2-18　部分国产手持式气动帮锚杆钻机主要技术性能参数

主要技术性能参数	型号					
	ZQS35	ZMS30	ZQS30			MQS45C
适用压力范围/MPa	0.4～0.63	0.4～0.63	0.4～0.63			0.4～0.63
额定气压/MPa	0.5	0.5	0.4	0.5	0.63	0.5
额定转速/(r/min)	≥500	420	300	340	400	300
额定转矩/(N·m)	≥35	30	22	30	38	45
最大负荷转矩/(N·m)	≥55	70	40	50	65	—
空载转速/(r/min)	≥1200	1100	1200	1650	1800	1000
动力失速转矩/(N·m)	≥70	—	48	60	75	≥90
额定功率/kW	—	1.75	—	—	—	1.5
耗气量/(m³/min)	2.6	2.4	1.3	1.7	2.2	1.6
冲洗水压力/MPa	0.6～1.8	0.5～1.5	0.6～1.2			0.6～1.2
噪声/dB(A)	≤95	<95	≤90	≤95	≤97	≤90
整机质量/kg	11	7.6	10.2	10.2	10.2	10

2）支腿式气动帮锚杆钻机

支腿式气动帮锚杆钻机主要由气马达、传

动箱、操纵机构和气动支腿等组成，如图 2-24 所示。与手持式帮锚杆钻机相比，支腿式帮锚

杆钻机扭矩比较大,部分推力由支腿承担,工人劳动强度较低。这种帮锚杆钻机适合煤岩体比较硬的巷帮钻装锚杆。

图 2-24　支腿式气动帮锚杆钻机

支腿式气动帮锚杆钻机的工作原理为:开启气马达控制阀,压缩空气经空气过滤器、注油器、滤网进入气马达,驱动气马达经齿轮减速后带动输出轴、钻杆、钻头旋转切削钻孔;开启支腿控制阀,控制支腿动作,根据钻孔及安装锚杆的要求,实现支腿升、停、降。

这种钻机体积较小,重量较轻,操作简单方便;运转平稳、可靠性高,特别适合于煤帮上部锚杆孔施工。

部分国产支腿式气动帮锚杆钻机的主要技术性能参数见表 2-19。

表 2-19　部分国产支腿式气动帮锚杆钻机主要技术性能参数

主要技术性能参数	型号					
	MQB(T)45J			ZQST65	MQTB70	MQTB55
适用压力范围/MPa	0.4～0.63				0.4～0.63	0.4～0.63
额定气压/MPa	0.5				0.5	0.5
额定转速/(r/min)	400			≥240	240	300
额定转矩/(N·m)	≥45			≥65	>70	55
最大负荷转矩/(N·m)	≥100	≥140	≥200	—	95	130
空载转速/(r/min)	≥900	≥750	≥600	≥550	>780	900
动力失速转矩/(N·m)	—	—	—	≥140	>110	140
额定推进力/kN	≥3.5	≥6	≥6	3.2	2.6	1.7
耗气量/(m³/min)	≤3.0	≤3.2	≤3.2	2.5～3.0	2.5	3.0
冲洗水压力/MPa	—	—	—	0.6～1.8	0.6～1.5	0.6～1.2
噪声/dB(A)	—	—	≤95	—	≤95	<95
整机伸长高度/mm				3140	3055	—
整机收缩高度/mm				1180	1255	—
整机质量/kg	27	30	30	23	35	45

2. 液压帮锚杆钻机

液压帮锚杆钻机是以压力油为动力的帮锚杆钻装设备,与液压顶板锚杆钻机配套使用,完成巷道锚杆支护施工。液压帮锚杆钻机按结构不同分为手持式和支腿式。

1) 手持式液压帮锚杆钻机

手持式液压帮锚杆钻机由液压马达、液压马达控制手把、水控制手把、扶机把、连接头、钻杆套等组成,如图 2-25 所示。操纵液压马达控制手把,泵站输出的压力油进入液压马达驱动马达旋转,马达输出的转矩通过连接头、钻杆套驱动钻杆、钻头旋转切削煤岩;操纵水控

制手把,水进入水室经钻杆、钻头冲洗钻孔和冷却钻头。

图 2-25　手持式液压帮锚杆钻机

这种帮锚杆钻机的特点是：输出扭矩较大，结构简单，质量小，使用可靠；与液压顶板锚杆钻机共用一套泵站，实现了掘进设备的动力单一化。

部分国产手持式液压帮锚杆钻机的主要技术性能参数见表2-20。

表 2-20　部分国产手持式液压帮锚杆钻机主要技术性能参数

主要技术性能参数	型号		
	ZYS50/400	MYS65/450	ZYS50/400
额定压力/MPa	8.5	8	8.5
额定转矩/(N·m)	50	65	50
额定转速/(r/min)	400	450	400
额定流量/(L/min)	23	40	23
冲洗水压力/MPa	0.6～1.2	0.2～1.5	0.6～1.2
噪声/dB(A)	≤70	≤92	<70
整机质量/kg	16	15	12

2）支腿式液压帮锚杆钻机

支腿式液压帮锚杆钻机主要由操纵机构、切削机构、液压支腿、液压泵站组成，如图2-26所示。其工作原理为：泵站输出的压力油通过高压软管送至主机操纵组合控制阀，控制切削机构的旋转和支腿的升、降，完成锚杆的钻装作业。

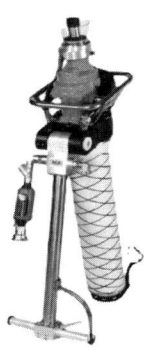

图 2-26　支腿式液压帮锚杆钻机

切削机构由摆线液压马达、供水装置、连接套等组成。液压马达为切削岩石的动力，钻机输出的转矩经连接套传递给钻杆、钻头，完成钻孔作业；水经过供水装置到钻杆、钻头，冲洗钻孔和冷却钻头。

液压支腿由单级或双级油缸组成。主要作用是钻边帮锚杆孔时起到调节钻孔高度、支撑切削机构、辅助推进的作用。

操纵机构由组合式换向阀、操纵架、左右操纵手把组成。左手把控制液压支腿的升降，右手把控制液压马达的旋转。通过操纵架将操纵机构与切削机构连成一体。

泵站主要由防爆电机、双联齿轮泵、油箱、安全阀及辅件组成。双联泵输出的压力油一路供液压支腿，一路供液压马达。帮锚杆钻机与液压顶板锚杆钻机一般合用一台泵站。

支腿式液压帮锚杆钻机主机结构简单，操纵使用方便，扭矩大，钻孔速度快，能实现帮锚杆的钻装一体化；与液压顶板锚杆钻机共用泵站，实现了工作面动力单一化。

部分国产支腿式液压帮锚杆钻机的主要技术性能参数见表2-21。

表 2-21　部分国产支腿式液压帮锚杆钻机主要技术性能参数

主要技术性能参数	型号	
	MYTB-100S	MYTD-100D
额定压力/MPa	12	12
额定转矩/(N·m)	100	100
额定转速/(r/min)	420	420
额定流量/(L/min)	36+7	36+7
噪声/dB(A)	≤85	≤85
支腿伸出最大高度/mm	2900,1000	1840
支腿缩回最小高度/mm	900,1000	940
钻机质量/kg	38	34
电机功率/kW	11	11
电机电压/V	380/660	380/660
泵站质量/kg	285	285

2.3.4　钻车式锚杆钻机

1. 基本构造

钻车式锚杆钻机主要由锚杆机头、钻臂、注浆系统、液压系统、气水系统、操纵系统和行走底盘组成。三工位锚杆机头包括钻孔、双供料管和插杆机构，以及作为转动中心的定位液压千斤顶。钻孔机构有凿岩机、推进器和夹钎器，双供料管机构有水泥砂浆管双辊轮夹送导入装置和树脂压气输送管,插杆机构有贮杆架、取杆器、推进器和旋转马达或独立旋转冲击器。机头装在钻臂上,可绕着钻臂旋转360°,钻臂能伸缩、升降和水平摆动。注浆系统设在后部,有水泥料仓、搅拌器、输送泵和树脂发射阀。行走底盘为专门设计的柴油机动力四轮驱动铰接式车架,行速达20 km/h。也有将锚杆钻装机头装在地下铲运机、钻车及悬臂式钻进机等底盘上的。

2. 工作原理

钻装钢筋水泥砂浆锚杆时,钻臂定位后,机头用中心立轴顶住岩石,转到钻孔工位,机头转架导轨由补偿液压缸推进到工作面,开动凿岩机钻孔,钻孔完毕后退回凿岩机,补偿液压缸退回。转架导轨下移,机头转到注浆工位,取杆器从贮杆架上抓取一根锚杆。砂浆管推入孔底,泵入砂浆,同时缓慢抽出砂浆管,机头再转到插杆上位,将锚杆推入孔内。安装树脂锚杆,机头转到注浆工位时,树脂料卷导入管对准孔口,操作发射阀,用压气射入孔内,再转到插杆工位,送入一根锚杆,树脂料卷被旋转锚杆划破、搅拌,经0.5~1 min固化,最后旋转马达反转拧紧张紧螺母,安装楔缝锚杆时,插杆旋转马达换成独立旋转冲击器。钻孔充满砂浆后,推入锚杆,用冲击器冲击锚杆扩张楔缝,并旋转拧紧螺栓。开缝摩擦锚杆用冲击器打入孔内,不需注浆,胀管式锚杆插入孔内后,接入机头高压水后可使锚杆胀开,每小时可装8~12根。

3. 主要技术特征

(1)实现顶帮锚杆、锚索支护全部机械化作业,比传统施工工艺提高工效50%左右。

(2)机械化操作,大大减轻了工人劳动强度;湿式钻孔,减少粉尘,改善了工人作业环境;有可以升降的工作平台,人员操作方便。

(3)实现了机械临时支护,人员始终在临时支护或永久支护下作业,大大提高了工人作业安全性。

(4)钻机液压锁紧锚杆,能确保锚杆预紧力,有利于支护工程质量的管理。

4. 锚杆钻车操作要求

(1)在首次启动锚杆钻车时,应当采取点动启动的方式,并通过布置于电机后的散热片对电机的正、反转运行情况进行观测,其中顺时针为正转运行方向。

(2)在锚杆钻车启动的同时,布置于锚杆钻车的负载敏感泵也会启动供油,将锚杆钻车移动至预定位置,并基于掘进巷道断面设计锚杆钻机升降平台,以使现场作业人员可以在平台上进行作业。

(3)调试完锚杆钻机升降平台后,打开其平台两侧踏板,便于现场作业人员进行安全施工,再将操作锚杆钻机的前部支撑机构升起牢靠接顶,之后进行顶板锚杆(锚索)孔的钻进作业,钻进作业结束后在钻孔内安装锚固剂并搅拌锁紧。完成顶板支护作业后,将两侧钻臂推进机构调整为水平方向,再对两帮锚杆进行永久支护作业。

(4)在操作锚杆钻机钻臂的方位、角度完成掘进巷道所有的顶帮支护作业后,必须将其各部分收回到原位,并将其前部支撑机构最后收回到原位。

(5)接下来操纵行走机构控制阀将机器行走至下一循环作业。

5. 国产CMM25-4型四臂锚杆钻车

CMM25-4型四臂锚杆钻车主要由锚杆钻臂机构、临时支护机构、滑轨机构、升降机构、底盘(机架与行走机构)、工作台(含顶棚和料斗)、液压系统、除尘系统、电气系统、卷电缆装置十部分组成,如图2-27所示。

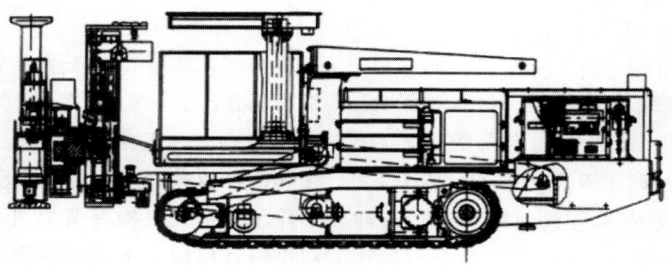

图2-27 CMM25-4型四臂锚杆钻车整体结构图

底盘由左、右履带架和机架构成。底盘中的行走机构的履带架与中间架采用整体焊接形式。其上安装有油箱、除尘箱、电控箱、卷电缆装置。底盘、前连杆、后连杆、工作台组成平行四连杆机构,工作台通过平台升降油缸与机架相连接,能随升降油缸的升降而上下平移,以适应不同的作业高度要求。

CMM25-4 型四臂锚杆钻车的主要技术参数见表 2-22。

表 2-22　CMM25-4 型四臂锚杆钻车技术参数

参 数 项	数　　值
整机质量/t	43
行走速度/(m/min)	0～25
整机行走高度/mm	2330
整机最大高度/mm	5100
钻机额定转速/(r/min)	手动 490、自动 600
钻机进给速度/(r/min)	0.5～20
钻杆推进长度/mm	2600
最低打锚高度/mm	2300
最高打锚高度/mm	5100
钻孔直径/mm	27
锚钻横向间距/mm	950～1100
适应岩石抗压强度 f	7
卷电缆方式	液控自动
装机功率/kW	110
钻臂数量	4

2.4　锚杆转载机组

2.4.1　概述

"掘锚＋运锚"式快速掘进系统是目前业内主推的快速掘进系统之一,适用于中等及以下巷道顶板条件的煤巷单巷掘进。锚杆转载机组是集支护、转载、破碎、履带行走于一体的综合性设备,通过与掘锚机进行合理的作业分工,可以有效地解决掘进工作面中采用单体锚杆钻机支护用人多、劳动强度大、工作效率低、物料输送慢等问题,有助于实现掘锚机工作面的快速掘进。

锚杆转载破碎综合机组主要用于掘锚机掘进和锚护后的剩余锚杆、锚索,最大限度地解放掘锚机掘进能力,实现掘锚平行作业;还可解决物料破碎、转载的问题,作为弯曲胶带转载机的牵引头车,与掘锚机、可弯曲胶带转载机形成掘、支、运平行连续作业的系统。将锚杆转载破碎综合机组用于煤巷快速掘进支护,实践证明,满足井下生产需要。

施工工艺流程:

(1)在地质条件允许的情况下,掘锚一体机在完成断面掘进作业后或同时,只进行必要的顶锚杆和上部帮锚杆的支护,其余支护作业可由锚杆转载机完成。

(2)锚杆转载机组的顶部与两帮布置有锚杆钻机,可以在掘锚一体机后方的位置进行巷道的侧帮支护与顶部剩余锚杆、锚索的支护。

(3)配套的带式转载机组与锚杆转载机铰接,由锚杆转载机接收掘锚一体机运输过来的物料进行粉碎并转载到后方的带式转载机上。

主要特点:

(1)集转载、破碎、锚杆支护功能于一体,可实现快速掘进工作面掘进、运输及锚杆支护平行作业,支护效率高。

(2)采用大范围钻架提升机构,侧帮锚护具有较大行程范围。

(3)采用大容量料斗接料,保证掘锚机送料作业的连续性。

(4)采用大功率破碎电机加减速器式破碎机构,保证了破碎能力。

(5)创新性采用电液控制技术,大幅提升操作舒适性。

2.4.2　MZHB2-1200/20 煤矿用锚杆转载机组

1. 设备简介

MZHB2-1200/20 煤矿用锚杆转载机组是"掘锚＋运锚"式快速掘进系统的主要配备之一,如图 2-28 所示,通过伸缩套筒钻臂机载两个钻架,实现顶锚和侧锚锚护作业,主要配套掘锚机实现侧帮锚杆和顶板锚索的支护作业,整机集转载、破碎、锚杆支护功能于一体,是实现快掘平行作业的关键装备。

图 2-28　MZHB2-1200/20 煤矿用锚杆转载机组

2．设备参数（表 2-23）

表 2-23　MZHB2-1200/20 煤矿用锚杆转载机
组性能参数

参　数　项	参　数　值
外形尺寸（长×宽×高）/ （mm×mm×mm）	9420×2950×2250
整机质量/t	约 37
装机功率/kW	200
行走速度/（m/min）	0～10
接地比压/MPa	0.14
运输能力/（t/h）	1200
钻臂数量/个	2
套筒伸缩长度/mm	400
钻臂摆动角度/（°）	向内 10、向外 110
破碎能力/（t/h）	1200

3．适用范围

（1）掘锚机单巷掘进的顶锚杆、锚索、帮锚杆的快速补打。

（2）连续采煤机/掘进机掘进的锚杆、锚索快速补打。

（3）适应巷道最小支护高度 3 m，适应巷道坡度 ±12°。

4．设备特点

（1）基于锚、运、破一体化快速锚护理念开发，解决了掘进、落料运输过程无法锚护的突出问题，锚护效率提高 1 倍以上。

（2）采用圆柱导向式大范围钻机提升机构，实现大范围侧帮锚杆支护。

（3）集成锚、运、破智能化协同控制系统，实现锚杆转载机组锚、运、破的协同控制、安全预警和远程监控。

5．典型案例

案例：凉水井煤矿巷道锚护。

MZHB2-1200/20 煤矿用锚杆转载机组于 2018 年 6 月应用于神木汇森凉水井矿业有限责任公司，配合快速掘进系统能够实现锚杆、锚索多排多臂同时作业，由掘锚一体机负责中顶板锚杆和上帮锚杆支护，锚杆转载机组负责锚索支护和补打底部帮锚杆支护，极大地提高了整体的掘进速度。该快速掘进系统先后完成六条顺槽和两个切眼掘进，累计掘进近 35 000 m，日最高进尺 75 m，月最高进尺 1506 m，累计完成锚索支护 70 363 根，锚护作业人员数量由 24 人减少至 10 人。

2.4.3　MZHB4～MZHB6 系列煤矿用锚杆转载机组

1．设备简介

MZHB4-1200/25、MZHB5-1200/25、MZHB6-1200/20 煤矿用锚杆转载机组是"掘锚＋运锚"式快速掘进系统的主要配套设备之一，如图 2-29 所示，采用前顶锚加后侧锚的锚护方式，集转载、破碎、锚杆支护功能于一体，是实现快掘平行作业的关键装备。锚杆转载机在快速掘进系统中起到承上启下的作用，负责物料的破碎、运输与牵引柔性带式输送机，同时承担侧帮锚杆支护和顶锚索支护的任务。搭载了全自动锚索钻机，实现了锚杆锚索的全自动锚护，属煤矿用锚杆锚索支护机器人范畴。

图 2-29　MZHB4-1200/25、MZHB5-1200/25、MZHB6-1200/20 煤矿用锚杆转载机组

2．设备参数（表 2-24）

表 2-24　煤矿用锚杆转载机组系列性能参数

参　数　项	机　型		
	MZHB4-1200/25 锚杆转载机组	MZHB5-1200/25 锚杆转载机组	MZHB6-1200/20 锚杆转载机组
外形尺寸（长×宽×高）/（mm×mm×mm）	9700×3600×2800		
整机质量/t	约 46.2	约 48	约 49.8
装机功率/kW	257		
行走速度/（m/min）	0～9		
接地比压/MPa	0.17		
运输能力/（t/h）	1200		
钻臂数量/个	4	5	6
钻机转矩/（N·m）	315		
钻机额定转速/（r/min）	550		

3．适用范围

（1）掘锚机单巷掘进的顶锚杆、锚索、帮锚杆的快速补打。

（2）连续采煤机/掘进机掘进的锚杆、锚索快速补打。

（3）适应巷道最小支护高度 3.4 m，适应巷道坡度±12°。

4．设备特点

（1）基于锚、运、破一体化快速锚护理念开发，解决了掘进、落料运输过程无法锚护的突出问题，锚护效率提高 1 倍以上。

（2）采用重载型滑轨机构和圆柱导向式大

范围钻机提升机构，实现了大范围支护。

（3）集成锚、运、破智能化协同控制系统，实现锚杆转载机组锚、运、破的协同控制、安全预警和远程监控。

（4）配备一键式锚钻的智能电液控锚钻操作系统，实现了一键式操作和一人多机遥控操作。

（5）集成全自动锚索钻机，可实现最大钻孔深度达 10.8 m 的自动化锚索钻孔作业。

5．典型案例

案例：黄陵二号煤矿巷道锚护。

黄陵二号煤矿快速掘进系统主要包括低比压型掘锚一体机、锚杆转载机、可弯曲胶带机、迈步式自移机尾，可以实现煤巷掘进的掘、支、运一体化平行作业与锚索钻机钻杆储存、接杆、钻孔、拆杆的全流程自动作业，掘进效率成倍提高。MZHB6-1200/20 煤矿用锚杆转载机组在黄陵二矿使用过程中经受住了巷道严重片帮、严重底鼓、支护量巨大、长距离硬岩构造、高瓦斯等苛刻条件的考验。2019 年 1—11 月，提前完成 303 胶带巷 3700 m 的掘进任务，累计完成锚索支护 6860 根，完成侧帮锚杆支护 13 720 根，相比该矿之前的掘进机加单体锚杆钻机的方式，锚护效率提高 1 倍以上，作业环境明显改善，作业安全性明显提高，工人劳动强度明显降低。

2.4.4　CMM4-20（A）煤矿用液压锚杆钻车

1．设备简介

CMM4-20（A）煤矿用液压锚杆钻车是为

解决我国当前薄煤层巷道支护存在机械化程度低、设备落后、生产用人多、事故频发的突出问题,而开发的一款全新的液压锚杆钻车,如图 2-30 所示,由机械部分、液压系统、电气系统、除尘系统四大部分组成。机身高度仅为 1.4 m,搭载 4 台智能化锚护钻机,实现一人多机同步操作,适用于 1.6~3.8 m 的巷道快速机械化锚护作业,是国内首台薄煤层锚杆钻车。

2. 设备参数(表 2-25)

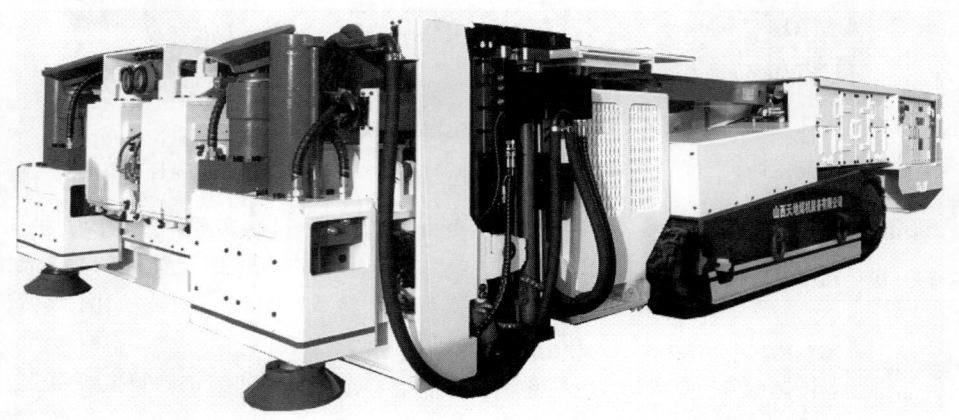

图 2-30　CMM4-20(A)煤矿用液压锚杆钻车

表 2-25　CMM4-20(A)煤矿用液压锚杆钻车性能参数

参　数　项	参　数　值	参　数　项	参　数　值
适应巷道高度/mm	1600~3800	行走速度/(m/min)	0~20
适应巷道宽度/mm	4500~6000	最大爬坡/(°)	±16
电压等级/V	1140/660	适应岩石抗压强度/MPa	60~70
整机行走高度/mm	1450	除尘方式	干式/湿式
机长/mm	7150	钻架数量/个	4
机宽/mm	3300	钻杆进给长度/mm	1660
整机质量/t	38	钻机进给速度/(m/min)	0~20
装机功率/kW	110	钻机额定转速/(r/min)	550
电缆储存量/m	175(16mm²)	钻机转矩/(N·m)	315
行走方式	履带行走	行走工作压力/MPa	28

3. 适用范围

(1) 1.6~3.8 m 煤层巷道的顶锚杆、顶锚索、帮锚杆锚护。

(2) 与薄煤层连采机配套作业,实现薄煤层巷道快速锚护。

4. 设备特点

(1) 机身高度 1.4 m,搭载 1.3 m 紧凑型钻机,实现薄煤层巷道的机械化锚护作业。

(2) 采用先进的主动安全防护技术和被动安全防护技术,提高锚杆支护作业的安全性。

(3) 集成一键式智能电液控制系统,锚护状态和故障信息实时显示,钻机一人多机遥控操作,有效解决液压手柄操作劳动强度大、故障排查困难、人员众多的行业难题。

(4) 配套真空三级干式除尘系统,采用旋流器、沉降室、过滤室三级过滤,除尘效率达到 95% 以上,指标达到了呼吸性粉尘要求,改善了井下工人作业环境。

5. 典型案例

案例:神东石圪台煤矿薄煤层巷道锚护。

2021 年 8 月,CMM4-20(A)煤矿用液压锚杆钻车配套国产薄煤层连采机和薄煤层梭车在神东石圪台煤矿顺利完成 2-2 上煤二盘区 202 主运顺槽和 212 回风顺槽的巷道掘进任务,锚护效率提高 1 倍以上,月最高进尺 1079 m,日最高进尺 60 m,实现了国产装备薄煤层半煤岩巷道快速掘进的历史性突破。

2.4.5 CMM4-25 煤矿用液压锚杆钻车

1. 设备简介

如图 2-31 所示,CMM4-25 煤矿用液压

锚杆钻车整机结构主要由底盘、工作台、升降机构、钻架、临时支护、液压系统、电气系统和除尘系统等部件组成,是针对进口设备整机及配件成本较高、周期长、服务滞后开发的四臂锚杆钻车,具有机型成熟、性能可靠、维护经济的特点,适用于 2.5～5.1 m 的巷道。

2. 设备参数(表 2-26)

图 2-31 CMM4-25 煤矿用液压锚杆钻车

表 2-26 CMM4-25 煤矿用液压锚杆钻车性能参数

参 数 项	参 数 值	参 数 项	参 数 值
适应巷道高度/mm	2600～5100	行走速度/(m/min)	0～20
适应巷道宽度/mm	4500～6000	最大爬坡/(°)	±16
电压等级/V	1140/660	适应岩石抗压强度/MPa	60～70
整机行走高度/mm	2300	除尘方式	干式/湿式
机长/mm	6480	钻架数量/个	4
机宽/mm	3400	钻杆进给长度/mm	2600
整机质量/t	42	钻机进给速度/(m/min)	0～20
装机功率/kW	110	钻机额定转速/(r/min)	550
电缆储存量/m	175(16mm²)	钻机转矩/(N·m)	315
行走方式	履带行走	行走工作压力/MPa	28

3. 适用范围

(1) 2.5～5.1 m 中厚煤层巷道的顶锚杆、顶锚索锚护。

(2) 连续采煤机双巷掘进工艺的巷道顶锚杆、顶锚索锚护。

4. 设备特点

CMM4-25 煤矿用液压锚杆钻车的设备特点如下。

（1）整机机载四台液压锚杆钻机具备平行支护作业，实现"一人多机"的控制方式。

（2）集成高效锚钻装置，创新"中空结构钻箱"，满足了钻孔和粉尘排出的需要；创新"钳形钻杆夹持器"和顶板临时掩护装置，实现了安全作业；采用"单行程主动喷油润滑技术"，解决了开放式钻机推进器平面导轨摩擦润滑的难题。

（3）配备真空三级干式除尘系统，采用旋流器、沉降室、过滤室三级过滤，除尘效率达到95%以上，指标达到了呼吸性粉尘要求，改善了井下工人作业环境。

5. 典型案例

案例：神东乌兰木伦煤矿巷道掘进。

2010 年，CMM4-25 煤矿用液压锚杆钻车在神东煤炭集团乌兰木伦煤矿使用过程中，日最高锚杆支护数量 300 根，班最高 150 根，配套连续采煤机月进尺达到 1200 m 以上，完全替代了进口锚杆支护设备。

2.4.6 CMM2-25 煤矿用液压锚杆钻车

1. 设备简介

如图 2-32 所示，CMM2-25 煤矿用液压锚杆钻车是为解决传统锚杆支护工人劳动强度大、锚护效率低、空顶区作业安全性差而设计的一种紧凑型锚杆钻车，2 个操作钻臂分别由 1 名主操作手及 1 名辅助人员操作，机组下方有 1 名人员传递锚杆及材料等。机身宽度

图 2-32 CMM2-25 煤矿用液压锚杆钻车

1.4 m，整机通过性强，可与掘进机交替作业配合实现空顶区快速锚护，也可用于掘锚后配套，实现锚杆和锚索补强支护作业。

2. 设备参数（表 2-27）

表 2-27 CMM2-25 煤矿用液压锚杆钻车性能参数

参数项	参数值	参数项	参数值
适应巷道高度/mm	2600～4200	行走速度/(m/min)	0～20
适应巷道宽度/mm	4500～6000	最大爬坡/(°)	±16
整机行走高度/mm	2385	适应岩石抗压强度/MPa	60～70
机长/mm	6140	钻架数量/个	2
机宽/mm	1400	钻臂伸缩长度/mm	800
整机质量/t	约 16.6	钻臂俯仰角度/(°)	向上 40，向下 8
装机功率/kW	55	钻臂摆动角度/(°)	向外 45，向内 0

3. 适用范围

（1）掘锚机/连采机单巷掘进的锚杆、锚索补打。

（2）掘进机单巷掘进的空顶区锚杆快速锚护。

（3）巷道宽度小于 6 m 范围内的巷道顶锚杆、锚索及帮锚杆锚护。

4. 设备特点

（1）采用伸缩套筒式大范围提升臂提升钻架，具有更大锚护范围。

（2）采用电液控制技术提高了钻架操作的舒适性和可靠性。

（3）1.4 m 超窄机身，使其具有其他钻车无法比拟的巷道通过性。

（4）采用高可靠性、轻量化、小体积钻架，锚护作业更安全可靠。

（5）采用静液压调平双缸举升锚护大臂，钻臂提升更平稳精准。

5. 典型案例

案例：山东兖矿集团济宁三号煤矿巷道锚护。

山东兖矿集团济宁三号煤矿中央三环水仓掘进锚护，此次施工巷道为单巷掘进，普通钻眼爆破方法破岩，光面爆破。从 2019 年 12

月 10 日至 2020 年 1 月 10 日,累计锚杆支护数量约为 3270 根,锚索数量约为 70 根,节省人力的同时锚杆支护效率提高 1 倍以上,能够满足井下生产需求。

2.5 掘锚一体机

我国巷道综掘施工有三种作业方式:掘进机+单体锚杆钻机、连续采煤机+锚杆钻机以及掘锚一体化机组。与前两种相比,掘锚一体化机组割煤、出煤后,不需后撤掘进机就可完成支护作业,可以减少辅助作业时间,及时控制围岩变形,能够适应顶板比较破碎的地质条件,并且掘进机反复倒退、前进次数少,改善煤巷的底板环境。

我国煤矿井下地质条件较为复杂,顶板破碎、片帮严重等复杂地质条件占比多,掘锚一体机为龙头,具有临时支护装置,人员在可靠防护下作业,可系统解决掘进安全水平低的问题。

2.5.1 EJM340/4-2 型掘锚一体机

2012 年,我国开始研究掘锚一体机技术,

并在 2016 年首次开发掘锚一体机等设备,拉开了我国巷道掘进掘锚一体化的快速发展序幕,大型矿井在实现掘进智能化建设的过程中,掘锚一体机设备的参与频次越来越高,掘锚一体机实现落煤、装煤、运煤,巷道断面一次成型,掘锚行作业,同时对顶板和侧帮进行一次支护,系统解决了长期以来国内煤矿巷道掘进效率低的问题。

EJM340/4-2 型掘锚一体机(安标编号:MEB180006)是太原研究院研制成功的国内首型掘锚一体机,整机外形如图 2-33 所示。总体结构由两大部件组合而成。一是截割悬臂机构 1、2 和装载运输机构 7、10 接成一个上部组件,依托其下部的平移滑架(落在主机架上)和前部的装载板(落在地面上)支撑;二是履带行走装置 9 和锚杆机构 4、顶梁 3 通过主机架 5 连接成下部组件等。两大组件通过主机架上的滑道与平移滑架互相滑合连接,并靠铰接在主机架和平移滑架上的液压千斤顶推移上部组件切入割煤,最大推移量为 1 m。

1. 主要技术参数(表 2-28)

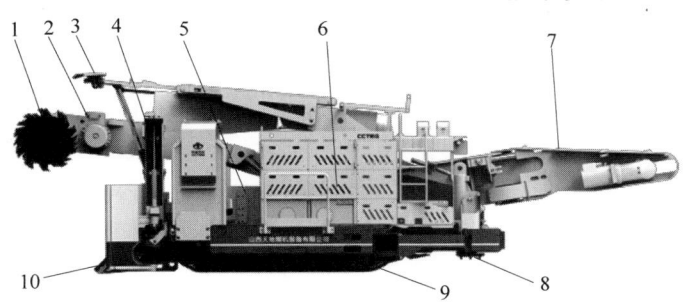

1—截割滚筒及减速机;2—截割悬臂;3—顶梁;4—锚杆机构;5—机架;6—控制装置;7—装载运输机构;8—稳定千斤顶;9—履带行走装置;10—装载机构及传动装置。

图 2-33 掘锚一体机总体结构

表 2-28 EJM340/4-2 型掘锚一体机技术参数

参数	数值	参数	数值
外形尺寸(长×宽×高)/(mm×mm×mm)	11 600×4900×2600	总功率/kW	742
整机质量/t	105	接地比压/MPa	行走 0.28/工作 0.2
截割宽度/mm	5400(可定制)	截割高度/mm	2800~3800
截割功率/kW	340	生产能力/(t/min)	28
经济截割单向抗压强度/MPa	40	可截割单向抗压强度/MPa	60
机载钻机数量/台	6	掘槽深度/mm	1000
行走方式	履带式交流变频驱动	行走速度/(m/min)	0~12

2．主要特点

（1）双驱动全宽截割部，截割断面宽，煤巷掘进一次成型；截割转速低，截割扬尘量少；截割功率、扭矩大，破碎能力强；截割全流程采用 PLC 控制，电机工作负载最优。

（2）滑移式截割机构，截割时设备本体不移动，掘进与锚杆支护可同步作业；油缸平推截割部切入煤层，推进力大，效率高，不破坏底板。

（3）电气系统与液压系统有机统一，相对独立，行走采用千伏级交流变频驱动，锚钻采用高压大流量液压系统，满足连续高效作业的要求。

（4）机载四台顶板锚杆钻机和两台侧帮锚杆钻机，可同时对顶板和侧帮进行锚杆支护。

（5）设置临时支护装置对顶板实时支护，缩短空顶距；机载湿式除尘装置，净化工作面作业环境。

3．适用条件

掘锚一体机掘进工艺适用于顶底板中等稳定及以上、底板起伏变化小、煤层整体性较好的矩形断面巷道掘进中，巷道长度在 2000 m 以上为宜。

（1）适用煤岩硬度普氏硬度系数 f 为 4 以下，局部可达 6 以上。

（2）适用于巷道坡度 $\pm 10°$ 以下。

（3）适用于巷道断面规格为：宽度 5.2 m 以上，巷道高度 2.3 m 以上。

（4）适用于空顶距 $\geqslant 2.5$ m，空帮距 $\geqslant 4.0$ m。

（5）按巷道断面的煤层和岩层占比划分，适用于煤巷、半煤岩巷。

（6）按巷道断面形状划分，通常适用于矩形巷道。

2.5.2　掘锚一体化核心掘进工艺

掘锚一体机快速掘进工艺流程如下：安全检查→机组割、装、运煤→临时支护→永久支护，实现一掘、一护、一网、一支协同作业。

1．截割工序

截割工序如表 2-29、图 2-34 所示。

表 2-29　掘锚一体机截割作业工序表

序号	工序	按钮	动作说明
1	升起截割臂	截割臂升	升起截割臂至指定高度
2	截割启动	截割/启动	伸缩滚筒自动伸出；除尘风机自动启动；加压水泵启动；内喷雾和外喷雾工作
3	装运启动，伸缩铲板伸出，输送机升起	装载/启动铲板伸出输送机升起	此步骤为非必要步骤，视具体条件执行输送和装载联动，装载延时启动
4	截割掏槽	掏槽前进	掏槽速度可根据截割负载自动调节，掏槽深度取决于煤的硬度
5	下切	截割臂降下	
6	拉底	掏槽后退	平整和清理底板
7	重复 1~6 次截割完成		
8	升起铲板	截割/关闭、滚筒/缩回、运输/关闭、铲板升起	

EJM340/4-2 掘锚一体机采用一次成巷掘巷，全断面一次截割宽 5400 mm，截割高可达到 3800 mm，掘进断面可达到 20.5 m²。截割起始时，首先将临时支护顶棚收回，然后将截割滚筒全部伸出，将犁式铲板全部伸出，将截割滚筒升至水平位置，开启二号运装载机，并启动第一部运输机电机，启动截割滚筒电机，使截割滚筒与迎头工作面接触，切入煤体（切入深度 0.9 m）进行掏槽。先由巷道中部向下截割，到底后再由下部向上部截割，完成截割过程后退机组扫平巷道顶板，再向下运转截割头扫清底煤，确保巷道底板截割平整，装载机装完余煤，进行下一个截割循环。掘锚一体机完成从巷道中部到底板、到顶板再到底板的过程称为一个截割循环。初期试运行过程中，向前切入进刀深度控制在 0.5 m，分两次完成一个截割循环。待锚护工作完成转换到行走模式后，掘进司机将后稳定器收起，向前行驶到达下一个截割位置。

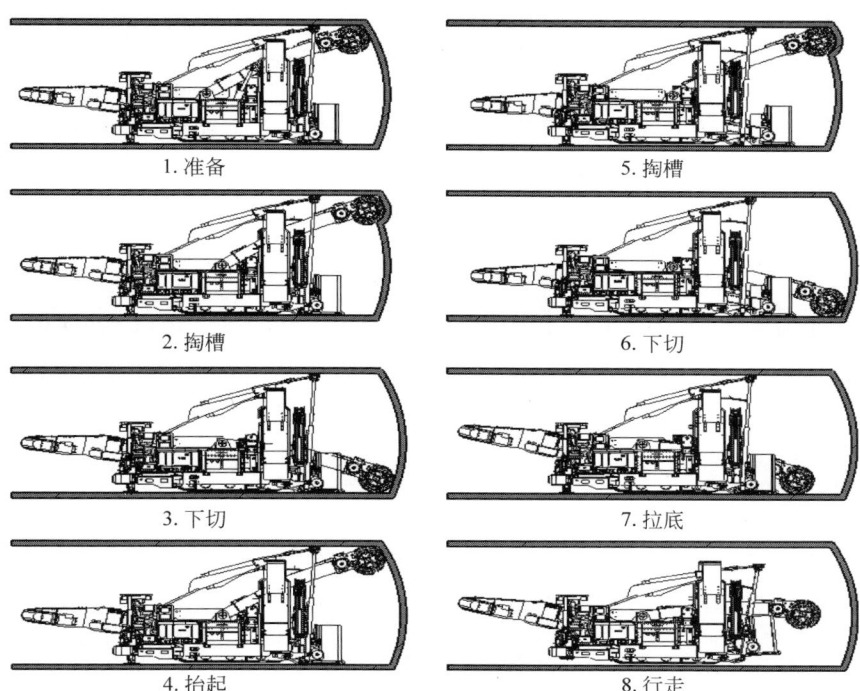

图 2-34 掘锚一体机截割作业工序图

2. 锚杆支护工序

截割工作同时,锚杆钻机司机利用机载锚杆钻机进行支护作业:将网片放在掘锚一体机临时支护装置上,升起临时支护装置将网片顶至顶板正确位置;操纵顶锚杆钻机前后及左右摆动杆,使钻架准确到达钻孔位置,装入钻杆;压下旋转和进给操纵杆,自动进行钻孔及冲水;当钻箱接触到顶部的限位开关时,自动停止旋转进给和冲水;将进给操纵杆抬起,钻杆退出;按规定将树脂药卷装入孔内,搅拌,待树脂凝固后,紧固锚杆;调整锚杆钻机进行下一根锚杆的钻孔工作。锚护工作完成后,锚杆钻机司机操作降下支护顶梁,转换到行走模式。

3. 锚索施工工序

正常情况下,锚索和帮锚杆滞后补支护,遇到断层等情况时,锚索和帮锚杆由掘锚一体机实时支护。将支护用钢筋网提前放置在临时支护顶棚上,使用铅丝连接两片钢筋网,操作启动临时支护顶棚将网送至锚固位置并托至顶板,同时开启顶锚钻臂进行顶支护,铺设

菱形帮网,使用铅丝与顶网和帮网连接,然后开启侧锚钻臂施工完成帮锚支护工作。

工艺上,掘锚一体化高效掘进的主要技术特征如下:

(1)掘支一体。基于掘锚一体化技术,实现临时支护和截割同步作业,保证截割稳定性。

(2)掘锚平行。将截割落煤和永久支护由同一设备并行完成。

(3)快速截割。采用伸缩滚筒截割落煤,一次成巷,提高成巷质量。

(4)平行支护。采用空间多维度同步支护,将永久支护由空间多设备多工位平行完成。

(5)连续运输。构建多级连续转运系统,搭接行程满足圆班进尺要求保证连续掘进,同时不影响后部支护设备支护作业。

(6)作业辅助。基于电缆自移动布置和机械化延尾技术,实现配电装置、除尘系统、材料、缆线与设备一体化同步移动,无人值守,实现破碎转载一体化设计,消除破块煤工序。

(7)综合除尘。通过高效除尘器、三幕控

尘等技术实现高效掘进粉尘防治。

(8)协同作业。基于多机协同控制技术构建中央自动化控制系统,实现工作面设备、子系统联动、集中控制。

2.5.3 掘锚一体机系列关键技术参数

针对我国不同的地质条件,设计了一系列掘锚一体机,其关键技术参数见表2-30。

表 2-30　EJM340 系列技术参数

技术参数	煤 层						
	薄煤层	中厚煤层		厚煤层			
	机 型						
	EJM340/4-2T	EJM340/4-2	EJM340/4-2H	EJM340D	EJM340/4-2E	EJM340/4-4E	EJM340/4-2C
采高/m	2.0~3.3	2.8~4.2	2.8~4.2	3.5~5.0	3.6~5.0	3.6~5.0	3.7~5.5
截宽/m	5.0~6.2	5.0~6.2	5.0~6.2	5.0~6.2	5.2~6.2	5.2~6.2	5.0~6.2
空顶/m	≥2.5	≥2.5	≥2.5	≥2.5	≥0.5	≥0.5	≥2.5
空帮/m	≥4.0	≥4.0	≥4.0	≥4.0	≥0.9	≥0.9	≥4.0
钻臂数	顶4帮2	顶4帮2	顶4帮2	顶4帮2	顶4帮2	顶4帮4	顶4帮2
总功率/kW	620	742	742/720	742/720	720	720	742/720
接地比压/MPa	0.20	0.28	0.20	0.20	0.20	0.20	0.20
前探钻机	不可集成	可集成					
行走	马达驱动	交流变频驱动、3.5/7/13 m/min 三挡、适应角度±18°					
截割		功率 340 kW;双电机驱动;限矩器、扭矩轴、电气三重截割保护					
掏槽		油缸掏槽、行程 1.0 m					

掘锚一体机作为国产化设备,对相关性能参数进行了大量的优化改进。与进口设备相比,在截割功率、行走适应性、空顶距等方面具有显著的技术优势。掘锚一体机的技术对比见表2-31。

表 2-31　掘锚一体机的技术对比

技术项目	Sandvik MB670 系列	中国铁建重工集团 EJM270/4-2 系列	山西天地煤机装备 EJM340/4-2 系列	对比结论
截割功率/kW	270	270	340	最优
最小空顶距/m	2.5	2.5	2.5/0.5	最优
最小空帮距/m	4.0	4.0	4.0/0.9	最优
机载锚杆机/台	4+2	4+2	4+2/4+4	最优
接地比压/MPa	0.28/0.27	0.28	0.28/0.20	最优
牵引方式	液压马达驱动	液压马达驱动	交流变频驱动	最优
掏槽行程/mm	1000	1000	1000	达到同类水平

2.5.4 推广及应用

1. 应用情况及效果

目前,以掘锚一体机为龙头的成套装备已成功缔造中等稳定围岩条件1500 m级智能掘进、中等复杂围岩条件黄陵智能掘进等4类20余矿30余套的成功应用案例,实现了多种地质条件下产品应用,提升了掘进效率,有效缓解了采掘失衡,社会经济效益显著,项目实施效果主要表现在以下四个方面:

(1)煤巷掘进效率显著提高,作业人数显著降低,采掘工作面配比显著降低,有利于缓解我国多数矿井面临的采掘接续紧张局面和促进煤炭生产方式集约化转变。掘锚机器人采用掘锚平行作业、全宽截割等核心技术,掘进速度是传统综掘的2～4倍。当掘进效率提高后,采掘配比将由1∶3.1降低至1∶1.5,掘进作业人员将减少50%,人均工效与先进产煤国家差距逐步缩小,满足大中型高产高效矿井快速掘进的要求,煤炭生产集约化、规模化水平明显提升。

(2)掘进工作面安全水平显著提高,有利于防范化解掘进作业安全风险。掘锚一体机作业空顶距小,并集成临时支护和锚杆支护双重功能,锚杆作业人员均在永久支护后方作业,且作业上方均有防护顶棚,作业安全性较传统综掘大幅提高。

(3)掘进自动化程度显著提高,有利于降低作业劳动强度和解决掘进"招工难"问题。掘锚一体机机载多台自动钻机,并采用电液控制,解决传统掘进单体液压钻机作业劳动强度大的问题。自主开发远程设备自动控制系统,实时监测监控,维护预警,设备故障率明显降低。

(4)掘进工作面环境显著改善,有效预防矽肺病和改善煤炭行业形象。掘锚一体机机载湿式除尘系统,利用附壁风筒和空气幕技术在掘进迎头形成粉尘池,机载湿式除尘器在粉尘池中高效吸尘除尘,综合除尘效率98%。

2．典型案例简介

(1)稳定围岩条件应用案例。针对神东矿区采掘接续紧张的问题,由掘锚一体机等构成的智能掘进成套装备在神东煤炭集团大柳塔煤矿、补连塔矿应用,累计掘进5万余米,班最高进尺132 m,日最高进尺158 m,月最高进尺3088 m,创造了煤矿井下大断面单巷掘进进尺世界纪录。以十臂跨骑式锚杆钻车为控制中心,实现了对成套装备的可视化集中控制操作,实现了装备运行数据的远程传输和地面监控。

(2)中等稳定围岩条件应用案例。针对掘进工作面人员多、劳动强度大等问题,由EJM340/4-2掘锚一体机等构成的智能掘进成套装备应用于神木汇森凉水井矿业有限责任公司,先后完成42203胶运巷、42203辅运巷、

42202胶运巷等8条顺槽、2条切眼、30余联巷、50余硐室,累计掘进超2.4万m,日最高进尺91 m,月最高进尺1506 m,掘进效率提高2倍(原综掘月进尺500 m),单个掘进队由60人减少至45人,目前,该矿已应用3套该类型的智能掘进成套装备。

(3)中等复杂地质条件应用案例。针对掘进工作面智能化水平低、安全水平低等问题,由EJM340/4-2H掘锚一体机等构成的智能掘进成套装备应用于陕西黄陵二号煤矿有限公司,在充水、瓦斯、油型气、油气井等七害俱全的施工条件下,日最高进尺34 m,月最高进尺680 m,掘进效率提高1.5倍(原综掘队月进尺约270 m),该系统以井下掘进工作面集控中心为工作面远程控制和人机交互平台,构建了集群设备多信息融合网络,具备工况监测与故障诊断功能,突破了成套装备一键启停、自动截割、自主行走、自动化锚护等关键技术,实现了成套装备集中远程控制和自动化作业,创建了"无人跟机作业,有人安全值守"的掘进新模式。目前,该类型的智能掘进成套装备仅在陕煤集团已推广近20套。

(4)三软煤层条件应用案例。三软煤层顶板破碎严重,要求空顶距0.5 m,因传统掘锚一体机空顶距大无法适应该条件,主要采用单体钻机进行支护,劳动强度极大,且安全性差,为此,开发了专用于三软煤层、冲击地压矿井的掘锚一体机。2021年,由EJM340/4-2E掘锚一体机等构成的智能掘进成套装备应用于陕西澄合山阳煤矿,有效减小了劳动强度,提高了掘进安全作业水平。目前,澄合公司已应用3套该类型的智能掘进成套装备。

2.6　煤矿TBM

2.6.1　概述

全断面硬岩隧道掘进机(full face rock tunnel boring machine,TBM)是集机械、电子、液压、激光、控制等技术于一体的高度机械化和自动化的大型隧道开挖衬砌成套设备,是一

种由电机（或液压马达）驱动刀盘旋转、液压推进，使刀盘在一定推压力作用下紧贴岩石壁面，通过安装在刀盘上的盘形滚刀破碎岩石，使隧道断面一次成型的大型工程机械，如图 2-35 所示即为撑靴式 TBM。

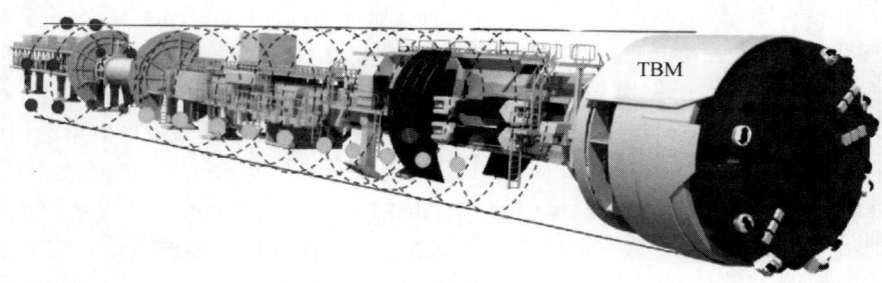

图 2-35　撑靴式 TBM 示意图

自 1846 年第一台掘进机发明并研制以来，掘进机已有 170 多年的发展历史，至今已发展到第四代。从最初的第一台掘进机月进尺不足 100 m，到如今最高月进尺可达 2000 m 左右，掘进速度相当于钻爆方法的 4 倍以上。目前，TBM 被广泛地用于众多地下隧道开挖工程，无论是效率、安全性、适应性还是施工成本，TBM 作业都全面超越了其他开挖方式，此种盾构开挖方法的应用越来越广泛。TBM 被广泛且成功用于煤矿巷道开挖的时间较短，20 世纪 80 年代以来，以德国 Minister Stein 和 Franz Haniel、澳大利亚 West Cliff、美国 Westmoreland、加拿大 Donkin-Morien 等为代表的煤矿采用 TBM 掘进斜井或平硐，取得了较为理想的效果。而我国煤矿全断面掘进机较早的成功应用有 2003 年塔山煤矿的主平硐；2015 年神东补连塔煤矿的主斜井。全断面掘进机在煤矿斜井和平硐掘进中已取得较多成果案例，但在煤矿巷道掘进中的应用却很少，且均处于初步试验的阶段，均使用于 1000 m 以内的中浅部矿井。例如，阳煤集团 TBM 应用深度为 560 m，淮南张集煤矿 TBM 应用深度为 510 m，新街台格庙矿区 TBM 的应用深度为 680 m，河南能源永煤公司城郊煤矿 TBM 的应用深度为 800 m。煤矿巷道施工的作业方法主要有钻爆法和机械法，钻爆法存在着可控性差、断面成型质量差和安全性低等问题，机械法与其相比，就能很好地规避以上问题，可以有效提升煤矿安全性和掘进效率，降低煤矿工人的工作强度、改善工作条件。同时，TBM 法在保证不会频繁停机的状态下，有着掘进效率更高的优点。因此，我国开展煤矿深井巷道全断面掘进机的快速掘进技术研究，对实现煤矿岩巷安全高效掘进，确保煤矿正常采掘施工，改善巷道工作环境具有重要的意义。

TBM 发展至今，已产生了众多的结构形式，依据其内部结构和护盾形式的不同，TBM 可大致分为敞开式、单护盾式、双护盾式三种，图 2-36 所示即为三种结构的示意图。敞开式 TBM 又被称为撑靴式 TBM，是全断面隧道掘进机的一种经典形式，大多应用在围岩稳定性较好的中硬岩石中。敞开式 TBM 通过主梁两旁的撑靴撑紧围岩来提供刀盘破岩所需的推进力。由于软弱的围岩无法提供足够的支撑强度来保证掘进机的稳步推进，敞开式 TBM 不适应软岩巷道的掘进。目前敞开式 TBM 设备多数配备半径可变的短护盾，保证电机、轴承等核心部件在不被落岩损坏的同时可以提供较小的转弯半径。单护盾式 TBM 主要应用在围岩自稳时间短的软、硬岩地层中，为了能够保护设备和临时支撑围岩，其护盾从刀盘往后一直延伸到推进液压缸，将主机系统全部包含。单护盾式 TBM 不同于敞开式 TBM，由于没有撑靴系统，其推进液压缸需要在已经成型的隧道衬砌上支撑以获得所需的推进反力。双护盾式 TBM 配备了可伸缩的护盾和机体两侧的撑靴，兼具了护盾式 TBM 和敞开式 TBM 的优点：护盾可以对围岩进行临时支护，提升

TBM 在不稳定的岩层中掘进的能力；两侧的撑靴可以撑紧围岩，提供 TBM 足够大的推进反力。除此之外，由于可伸缩护盾和多种支撑推进方式的存在，使得双护盾式 TBM 在某些掘进工况下可以同时进行推进和衬砌工作，因而具有明显的快速掘进优势。

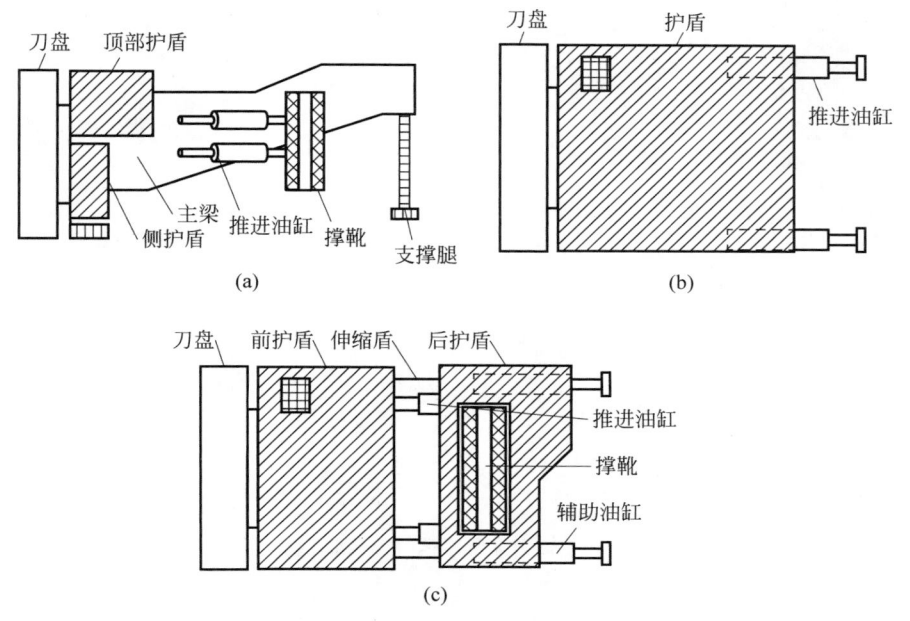

图 2-36 三种结构形式的 TBM 结构图

(a) 敞开式 TBM；(b) 单护盾式 TBM；(c) 双护盾式 TBM

TBM 主要由刀盘系统、驱动系统、液压推进系统、支撑系统、排渣系统、支护系统及后配套设备所组成。目前应用于深井煤矿的 TBM 主要以撑靴式 TBM 为主，德国海瑞克公司生产的撑靴式 TBM 结构组成如图 2-37 所示。其中，破岩刀盘决定了 TBM 的破岩性能，在刀盘旋转及液压推进的协同运动下，滚刀在掌子面滚动对岩石产生高压（劈裂）作用，使得岩渣从岩体上剥落，从而实现岩石破碎。刀盘上的刀具通过相应刀座或刀具箱体与刀盘体相连，图 2-38 所示即为 TBM 刀盘结构。刀盘的驱动系统（图 2-39）主要由电动机（或液压马达）和行星齿轮减速器组成。推进系统（图 2-40）主要由撑靴和推进油缸组成，提供破岩所需的推力。支撑系统主要由支撑、撑靴和护盾组成，在刀盘推进过程中，支撑液压缸控制撑靴和护盾缩回，待移动到下一位置时，重新对围岩施加合适的压力使 TBM 获得支撑。排渣系统主要由螺旋输送机和皮带输送机组成，将刀盘上刮刀收集至出渣口的岩渣，经过盾体内部螺旋输送机（或皮带输送机）输送至 TBM 尾部的拖车上，运输出巷道。支护系统主要应用于防治巷道顶板岩石的沉降和过度破碎造成的坍塌，在 TBM 尾部实施。在使用撑靴式 TBM 时，可在底部使用单独的钢拱架拼装机，确保已掘进巷道围压安全。支护的主要方法有锚杆支护、喷射混凝土支护和扩展衬砌环临时支护。因喷射混凝土支护的方法会造成喷射回弹的问题仍未解决，以及扩展衬砌环临时支护的方法施工成本较大，目前煤矿巷道支护主要使用的是锚杆支护的方法，其利用刀盘后部的超前勘探钻机，钻孔安装锚杆对围岩进行锚固支护。

刀盘作为 TBM 破岩过程中的核心部件，通过驱动系统驱动其旋转截割。刀盘驱动系统主要有以下三种结构形式：中心支承、中间支承和周边支承。根据工况和盾体内部空间决定其支承结构的选择方式，三种刀盘驱动结构形式如图 2-41 所示。

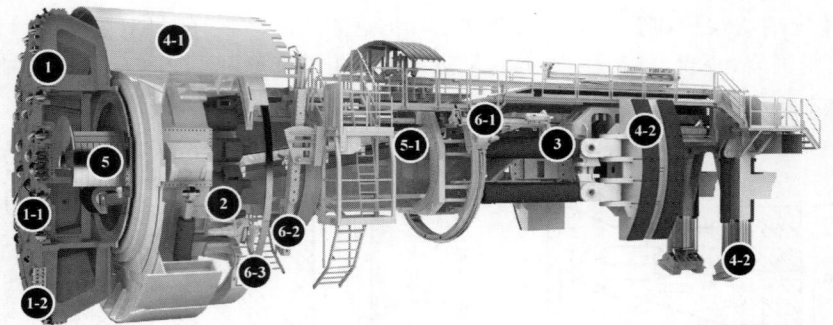

1—破岩刀盘；1-1—滚刀；1-2—刮刀；2—驱动系统；3—推进系统；4—支撑系统；4-1—护盾；4-2—后支撑；5—排渣系统；5-1—皮带输送机；6—支护系统；6-1—超前勘探钻机；6-2—锚杆钻机；6-3—钢拱架拼装机。

图 2-37　德国海瑞克公司生产的撑靴式 TBM 结构图

图 2-38　TBM 刀盘

1—小齿轮；2—行星齿轮减速器；3—变频电机；
4—刀盘；5—滚刀；6—主轴承；7—外齿圈。

图 2-39　刀盘驱动系统

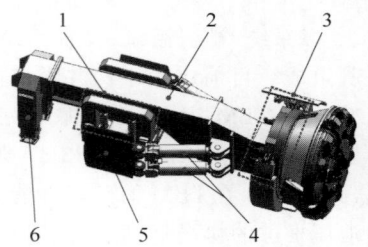

1—姿态定位系统；2—主梁；3—刀盘驱动系统；
4—推进油缸；5—撑靴；6—支撑。

图 2-40　刀盘推进系统

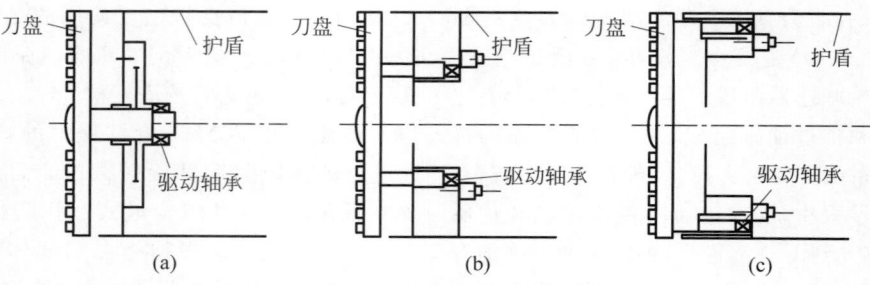

图 2-41　刀盘驱动结构示意图
（a）中心支承；（b）中间支承；（c）周边支承

2.6.2　煤矿 TBM 掘进工艺

工艺上,煤矿 TBM 实现了高效破岩、连续出渣、快速支护、通风除尘、供排水多道工序同步作业,各工序间干扰少,相比钻爆法和综掘法,其掘进工序简单,掘进工效高,整体具有高效、安全、环保、优质等优点。具体表现如下:①快速:破岩、出渣、支护同步作业,排水、通风、物料运输统筹协作,变交叉作业为平行作业,可连续掘进,一次成洞,其掘进速度一般为钻爆法的 3～10 倍,为综掘法的 2～8 倍。②优质:导向精度高,超挖量少,围岩扰动小,成洞质量高。③高效:施工速度快,缩短工期,节省人员;自动化运输物料,减少作业人员,降低劳动强度。④安全:及时支护,逢掘必探,少人化作业,避免爆破施工,事故率大大降低。⑤节能:滚刀寿命长,刀具更换频率低;洞壁光滑,有效降低风阻,减少支护材料消耗。⑥环保:洞内通风除尘效果良好,作业环境优良;减少环境污染,保护生态环境。

煤矿 TBM 的巷道掘进过程是由多个掘进循环所组成的,一次掘进循环主要体现在刀盘和后配套的前移以及撑靴的换步操作上。具体工序如表 2-32、图 2-42 所示。

表 2-32　矿用 TBM 掘进作业工序

序号	工　序	动 作 说 明
1	刀盘启动;装运启动	启动刀盘驱动电机,使其转速调整至合适范围,为掘进破岩做准备;启动运输皮带机,为岩渣装运做准备
2	左右撑靴油缸伸出	启动撑靴油缸,使左右撑靴撑紧岩壁,为后续推进油缸前移提供反力支持
3	后支撑油缸收回	当撑靴与岩壁充分接触后,启动后支撑油缸,使后支撑与地面分离,便于推进时与刀盘一起前移
4	刀盘及后配套设备前移	启动推进油缸,刀盘及后配套设备在推进油缸的驱动下前移,使滚刀与掌子面开始接触进行破岩
5	后支撑油缸伸出	当完成一次破岩后,启动后支撑油缸,使后支撑与地面充分接触,为后续左右撑靴及推进油缸换步操作做准备
6	左右撑靴及推进油缸收回	左右撑靴及推进油缸反向收回,以此完成换步操作;此时完成一次掘进破岩过程
7	重复 2～6 次	开启下一段刀盘掘进破岩循环,通过掘进与换步的交替工作,完成对巷道的掘进开挖
8	掘进完成	掘进完成先停止推进,再停止刀盘旋转,最后依次停止主机皮带机和后配套皮带机

2.6.3　矿用 TBM

1. 矿用 TBM 的分类及结构

全断面掘进机应用于铁路、公路、水利、矿山、市政工程等地下空间开发,被誉为“工程机械之王”。国内经过几十年的发展,根据掘进机开挖断面形状、工作原理和适应地质条件,行业通常将全断面掘进机分为三大类,如图 2-43 所示,即盾构机、TBM、顶管机。其中,盾构机又包括土压平衡盾构机、泥水平衡盾构机、多模式盾构机;TBM 又包括敞开式 TBM、护盾式 TBM;其他掘进机又包括悬臂掘进机、顶管机等。而上述三大类掘进机分类依据不尽相同,其分类范围界限并非特别明显,有些又相互交叉,如竖井掘进机包括竖井 TBM、异形掘进机包括异形顶管机等,其名称、分类也仅为行业习惯,且尚无统一规定。其中盾构机主要适用于土质地质结构,如城市地铁隧道工程建设;TBM 适用于岩石地质结构,如道路、涵洞、水利等工程建设。故本书将针对适用于煤矿的全断面硬岩隧道掘进机(TBM)着重介绍。

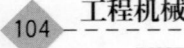

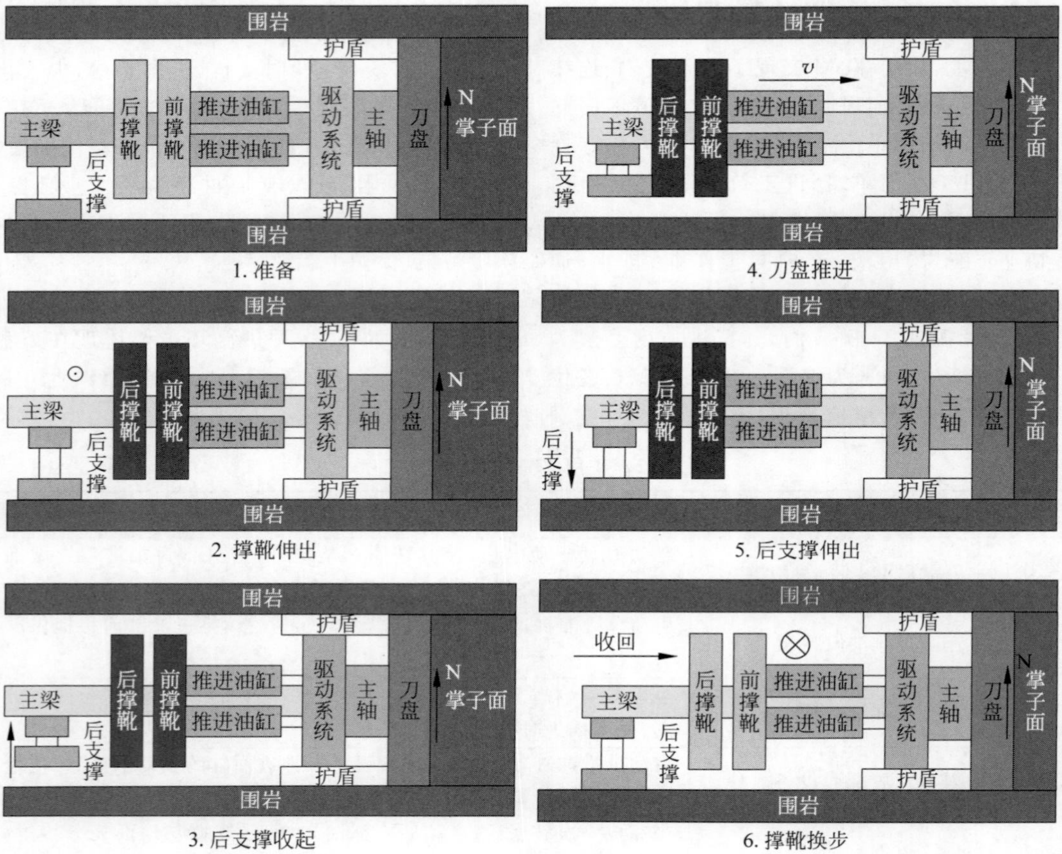

图 2-42　矿用 TBM 掘进作业工序图

各分图标题：
1. 准备
2. 撑靴伸出
3. 后支撑收起
4. 刀盘推进
5. 后支撑伸出
6. 撑靴换步

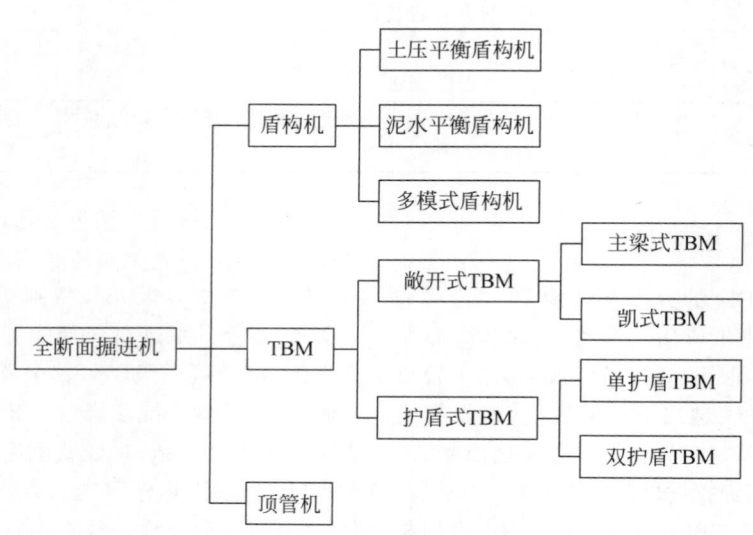

图 2-43　全断面掘进机分类

全断面硬岩隧道掘进机是一个集机、电、液、气、光为一体的高科技的复杂的机械。为了实现开挖、出渣、成洞等一整套功能,全断面隧道掘进机的构造可以分成结构件、机构和系统三个部分,如图 2-44 所示。

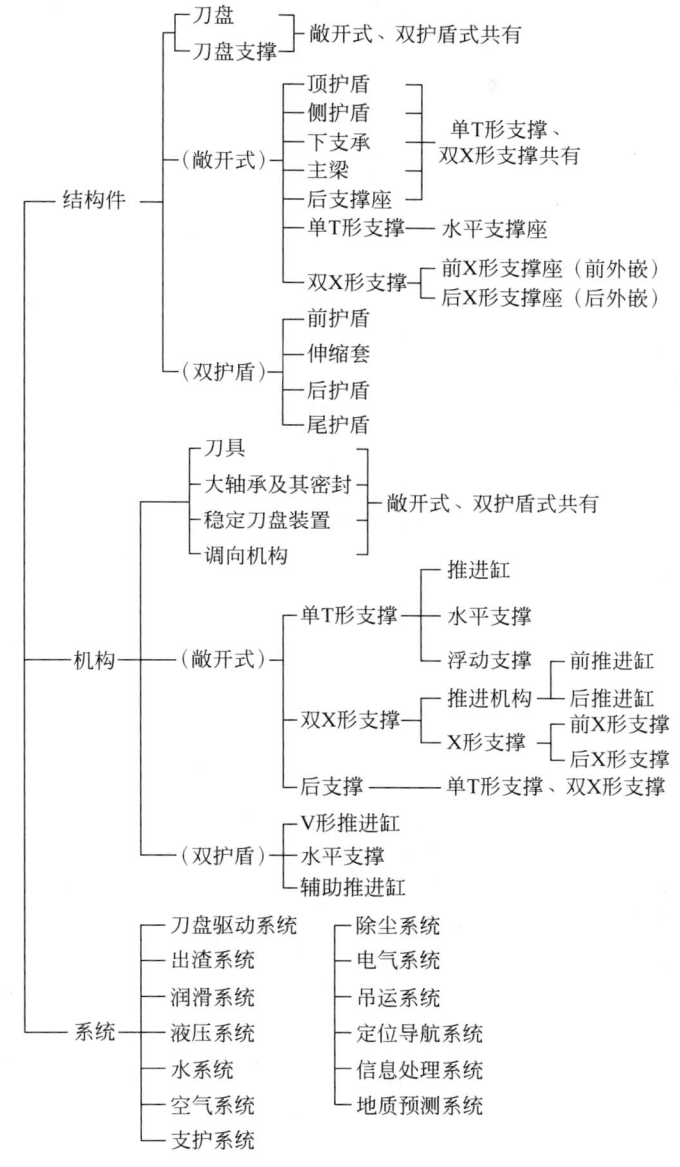

图 2-44　全断面硬岩隧道掘进机构造

护盾式 TBM 掘进部分具体结构如图 2-45 所示。敞开式 TBM 中的主梁式、凯式 TBM 的掘进部分具体结构如图 2-46、图 2-47 所示。

TBM 主机包括刀盘、主轴承、驱动电机、推进液压缸、撑靴、皮带输送机等部件,主机负责 TBM 开挖、开挖方向的调整执行、设备的支撑推进、刀盘渣料的运输传导等功能,是 TBM 的核心区域。

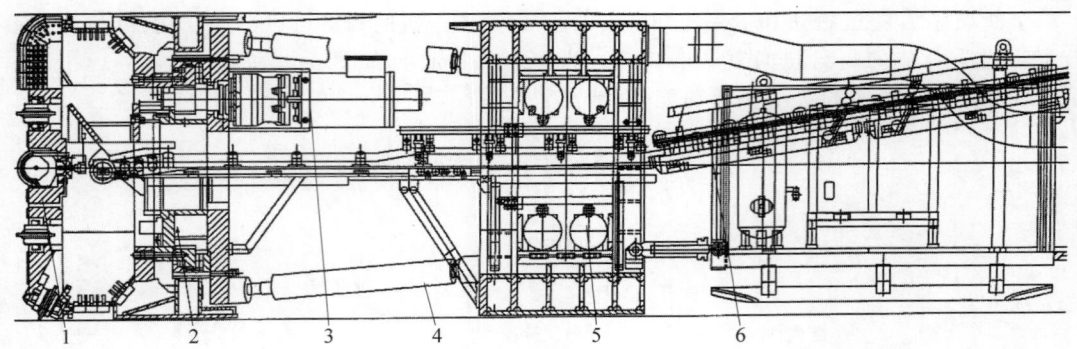

1—刀盘；2—主轴承；3—驱动电机；4—推进液压缸；5—撑靴；6—皮带输送机。

图 2-45 护盾式 TBM 掘进部分结构示意图

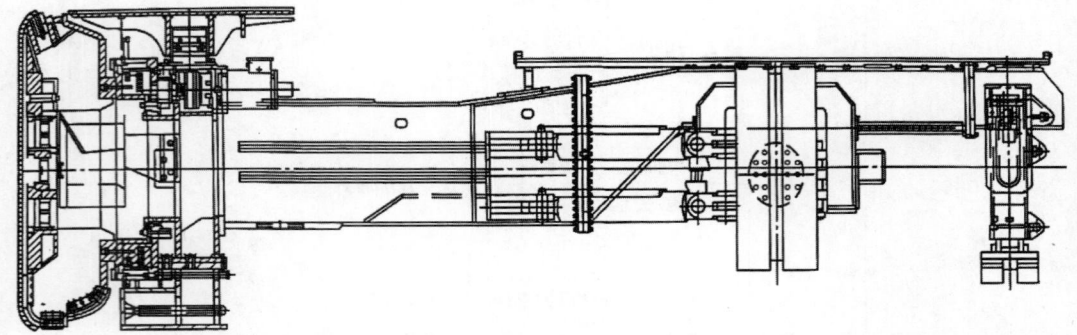

图 2-46 主梁式 TBM 掘进部分结构示意图

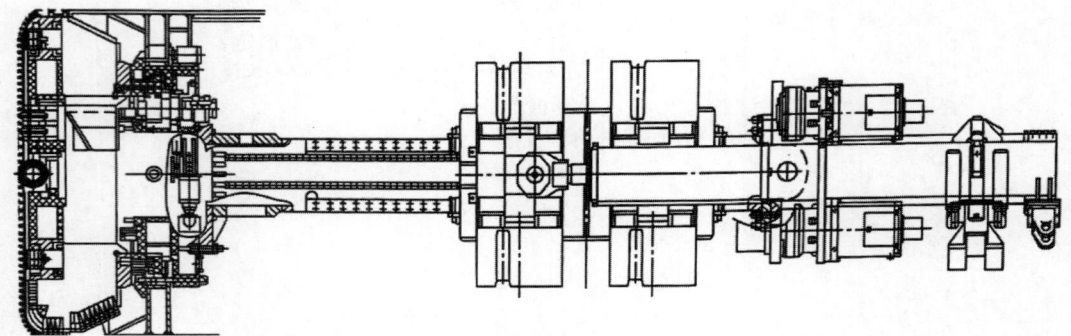

图 2-47 凯式 TBM 掘进部分结构示意图

如图 2-48 所示，TBM 后配套部分包括油脂泵、配电柜、变频柜、内水循环泵、吊机、风筒等主要部件，后配套负责 TBM 高压变配电、弱电控制、混凝土输送、空气压缩、供排水、一次风筒延伸等功能，是 TBM 的服务机构。

2. 矿用 TBM 的基本功能

全断面硬岩掘进机在掘进工况时，必须具有掘进、出渣、导向、支护四个基本功能，并配置完成这些功能的机构。

1）掘进功能

掘进功能分为破碎掌子面岩石的功能和不断推进掘进机前进的功能。为此掘进机必须配置合适的破岩刀具并给予足够的破岩力，即推力和转动刀盘变换刀具破岩位置的回转力矩，还必须配置合适的支撑机构将破岩用的推力和刀盘回转力矩传递给洞壁，同时推进和

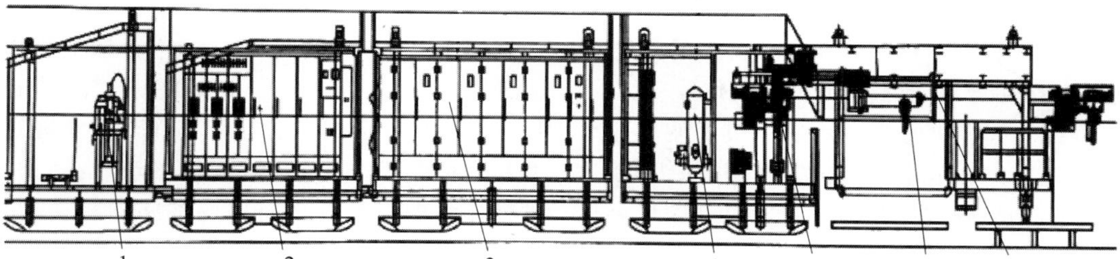

1,4—油脂泵；2—配电柜；3—变频柜；5—内水循环泵；6—吊机；7—风筒。

图 2-48 TBM 后配套部分结构示意图

支撑机构还应具有步进作用以实现掘进机前进的功能。刀具、刀盘、刀盘驱动机构、推进机构、支撑机构是实现掘进功能的基本机构。

当掘进推力大于岩石破碎所需的力、刀盘回转力矩大于在推力下全部刀具的回转阻力矩、支撑力产生的比压小于被支撑物的许用比压、整机接地比压小于洞底许用比压是实现掘进功能的基本力学条件。

2）出渣功能

出渣功能细分为导渣、铲渣、溜渣、运渣。

掌子面上被破碎的岩石受重力的作用顺掌子面会下落到洞底，在刀盘上设置耐磨的导碴条，既可增加刀盘的耐磨性，又可将岩渣导向铲斗，这就是导渣。刀盘四周设置有足够数量的铲斗，铲斗口缘配置铲齿或耐磨铲板，将每转落入洞底的岩渣铲入铲斗，这就是铲渣。随着刀盘的回转铲斗将岩渣运至掘进机的上方，超过岩渣堆积的安息角时，岩渣靠自重下落，通过溜渣槽溜入运渣胶带机，这就是溜渣。最后胶带输送机将岩渣向机后运出。掘进机具有破、导、铲、溜、运一气呵成连续进行的特点。

导渣条、铲斗、溜渣槽、胶带输送机是出渣的基本装置。足够容积和数量的铲斗，合适的铲斗进、出口，合理的溜渣槽和刀盘转速，足够输送能力的胶带输送机，这是实现顺利出渣的基本的几何和运动学条件。

3）导向功能

导向功能又可细分为方向的确定、方向的调整、偏转的调整。

采用先进的激光导向装置来确定掘进机的位置。当掘进机偏离预期的洞线时，采用液压调向油缸来调整水平方向和垂直方向的偏差。当掘进机受刀盘回转的反力矩作用，整体发生偏转时，采用液压纠偏油缸来纠正。激光导向、调向油缸、纠偏油缸是导向、调向的基本装置。

4）支护功能

支护功能又可分为掘进前未开挖地质的预处理、开挖后洞壁的局部支护和全部洞壁的衬砌。对已预报的掘进机前方未开挖段不良地质的预处理，主要采用混凝土灌浆、化学灌浆和冰冻固结。对开挖后局部不良地质的处理，主要采用喷混凝土、锚杆、挂网和设置钢拱架。对开挖后的洞壁接触空气不久全线水解、风化的隧道采用全洞混凝土预制块衬砌、密封、灌浆的方法防护。

采用不同的支护方法应相应配置不同的设备，如锚杆机、钢拱架安装机、混凝土管片安装机、喷混凝土机、混凝土灌浆机、化学注浆泵、冰冻机等。

上述掘进、出渣、导向、支护四个基本功能中掘进、出渣、导向这三个功能贯穿在掘进机掘进全过程中，支护功能只是在必要时才使用。

3. 矿用 TBM 的施工优势与缺点

全断面硬岩掘进机作为一种长隧道快速施工的先进设备，其在隧道施工中的主要优点是快速、优质、安全、经济。

1）快速

掘进机施工的核心优点是掘进速度快。其开挖速度一般是钻爆法的 3～5 倍。掘进机的掘进速度首先取决于设计。目前全断面岩石掘进机设计的最高掘进速度已达 6 m/h，理论最高月进尺可达 4320 m（作业率按 100% 计算）。实际月进尺还取决于两个因素：一是岩石破碎的难易程度决定的实际发生的每小时进尺，二是反映管理水平的掘进机作业率。

目前，掘进机的管理水平一般可使作业率达到 50％。在花岗片麻岩中，月进尺可达 500～600 m/月，在石灰岩、砂岩中月进尺可达 1000 m/月，粉砂岩中月进尺可达 1500～1800 m/月。这样的月掘进速度已经在掘进机施工的秦岭隧道、磨沟岭隧道、桃花铺 1 号隧道、引大入秦隧洞、引黄入晋隧洞中实现。这样的掘进速度是钻爆法所望尘莫及的。但是，这样的速度还不是最高的，只要进一步提高管理水平，还有可能创造更高的月进尺。

2）优质

掘进机开挖的隧道由于是刀具挤压和切割洞壁岩石，所以洞壁光滑美观。掘进机开挖隧道的洞壁糙率一般为 0.019，比钻爆法的光面爆破的糙率还小 17％。开挖的洞径尺寸精确、误差小，可以控制在 ±2 cm 范围内。开挖隧道的洞线与预期洞线误差也小，可以控制在 ±5 cm 范围内。

3）安全

掘进机开挖隧道对洞壁外的围岩扰动少，影响范围一般小于 50 cm，容易保持原围岩的稳定性，得到安全的边界环境。

掘进机自身带有局部或整体护盾使人员可以在护盾下工作，有利于保护人员安全。掘进机配置有一系列的支护设备，在不良地质处可及时支护以保安全。掘进机是机械能破岩，没有钻爆法的炸药等化学物质的爆炸和污染。采用电视监控和通信系统，操作自动化程度高，作业人员少，便于安全管理。

4）经济

目前我国使用掘进机，若只核算纯开挖成本是会高于钻爆法的。但掘进机成洞的综合成本与钻爆法比较，其经济性主要表现在成洞的综合成本上。由于采用掘进机施工，使单头掘进 20 km 隧道成为可能。可以改变钻爆法长洞短打、直洞折打的费时费钱的施工方法，代之以聚短为长、裁弯取直，从而省时省钱。掘进机施工洞径尺寸精确，对洞壁影响小，可

以不衬砌或减少衬砌从而降低衬砌成本。掘进机的作业面少、作业人员少，人员的费用少。掘进机的掘进速度快，提早成洞，可提早得益。掘进机开挖隧道的经济性只有在开挖长隧道，尤其是长度超过 3 km 时才能体现，全断面掘进机与钻爆法两者之间的成本问题将在后续内容中进行讨论。

掘进机的上述四大优点中的核心是快速。

作为可以进行隧道快速施工的设备，全断面掘进机也存在它的适用范围和局限性，在选用时应具体考虑实际情况加以考虑。

（1）全断面硬岩掘进机设备的一次性投资成本较高。现在国际市场上敞开式全断面掘进机的价格是每米直径 100 万美元，双护盾掘进机每米直径 120 万美元。若国外掘进机在国内制造，结构件是国内生产，则敞开式掘进机的价格是每米直径 70 万美元，双护盾掘进机每米直径 85 万美元，为国际市场价格的 70％。一台 10 m 的全断面掘进机主机加后配套设备价格要上亿元人民币。因此，作为全断面硬岩掘进机的施工承包商一定要具有足够的经济实力。

（2）全断面硬岩掘进机的设计制造需要一定的周期，一般需要 9 个月。这还不包括运输和洞口安装调试时间。因此，从确定选用掘进机到实际能使用上掘进机需预留 11～12 个月的时间。

（3）全断面硬岩掘进机一次施工只适用于同一个直径的隧道。虽然掘进机的动力推力等的配置可以使其适用于某一段直径范围，但结构件的尺寸改动需要一定的时间和满足一定的规范。一般只在完成一个隧洞工程后，更换工程时才实施。

（4）全断面硬岩掘进机对地质比较敏感，不同的地质条件需要不同种类的掘进机并配置相应的设施。例如，撑靴式 TBM 适用于中等以上能够较长时间自我稳定的坚硬岩石条件。应用此类掘进机的隧道，其作业掌子面的岩石必须很稳定，因为只有在推进的时候刀盘才对掌子面有间接的支撑。当刀盘维护或者更换滚刀时，刀盘需要向后掀高一段距离，此时掌子面岩石得不到任何支撑，若掌子面不稳

定,必要时只能采取额外的支护措施。

（5）传统的钻爆法掘进隧道,可针对施工过程中遇到的地质条件变化,机动灵活地采取分断面开挖,或者采取和地质条件相适应的快速支护,TBM 掘进方式与此相比则没有这样的灵活性。

并且 TBM 掘进隧道的成本高于普通钻爆法。因此,只有 TBM 达到较高的掘进速度两者才能相当,并且施工隧道还要达到一定长度。不过,如果岩石强度或者其他不利因素导致滚刀磨损增加过快,那么频繁的刀具更换导致停机时间增加,使得有效工作时间相对减少,工作效率降低。在通过断层带时需要进行额外的支护,降低了掘进机的支撑能力,这些都会在很大程度上影响掘进速度。TBM 有效工作时间的减少会削弱其优势,使其经济方面不再合理,因此,相对于传统钻爆法,做好 TBM 掘进相应的后勤服务更加重要。如果在隧道内围岩无法保证 TBM 的有效支撑,那么只能选择后护盾式TBM 掘进。相比普通钻爆法,在采用 TBM 施工前,要进行更加精细的地质勘察,编制详细的施工计划和完整的掘进与支护流程。仔细斟酌掘进线路路径,特别是减小转弯半径,因为这会限制长护盾式 TBM 的应用,TBM 法和传统钻爆法掘进隧道的主要优缺点比较如表 2-33 所示,在技术性、安全性和经济效益等方面,硬岩掘进机的优势还是明显的。综上所述,全断面硬岩掘进机适合于长隧道（洞）的施工。

表 2-33　TBM 掘进法与钻爆法优缺点对比

TBM 掘进法主要优点	TBM 掘进法主要缺点
（1）更快的掘进速度; （2）精确的成型断面; （3）自动和连续的掘进流程; （4）更低的人工成本; （5）更舒适和安全的工作环境; （6）较高的机械化和自动化程度	（1）相比普通钻爆法,需更精细的地质勘察和地质信息收集; （2）投资较高,需要较长的隧道施工距离来平衡其成本; （3）前期设计制造设备的过程时间长; （4）不适合转弯半径小、洞径变化大的隧道; （5）对复杂岩层条件的适应性差

4．矿用 TBM 的未来发展

中国现已成为世界上地下工程规模最大、数量最多、地质条件和结构形式最复杂,修建技术发展速度最快的国家。全断面掘进机将面临空前复杂的地质条件和施工环境,整体呈现出长洞线、大埋深和大断面的发展趋势。盾构、TBM 施工法作为一种适用于现代工程建设的重要施工方法,将发挥重要作用。目前,针对不同的地质条件已经衍生出了多种掘进机类型适应环境变化。

随着国家能源战略的推进,深部煤矿开采数量的增加,TBM 可以应用的机会也在不断增加。因此,开展提高 TBM 施工效率的关键技术研究已经迫在眉睫。破岩技术的提升与TBM 施工效率息息相关。目前被国内外学者认可的新型破岩方式主要有以下几种:高压水射流破岩技术、粒子破岩技术、激光破岩技术、等离子体破岩技术、高压电脉冲破岩技术、微波破岩等。将这些新型破岩技术与 TBM 施工相结合,有望开拓 TBM 掘进新领域。

随着科技的不断发展,盾构、TBM 施工装备技术水平已经得到大幅提高,未来通过对传统工法的改进,对盾构、TBM 施工掘进效率提升具有极大的帮助。新型工法的特点是:①以机械化、工厂化、智能化为导向,通过将地下结构的整体分割为可采用机械化和工厂化施工的小型单元,采用智能化工程机械装备分别完成各小型单元,最终形成地下空间整体结构。②采用机械取代人工,可以实现地下工程机械化、智能化、无人化作业,提高地下工程作业效率和施工安全性。③采用预制装配式结构,可以实现结构构件的工厂化、标准化施工,提高地下工程的质量和可靠性。

全断面掘进机的未来发展伴随信息化、人工智能的快速发展,智慧掘进机被逐步提出,目前大家对智慧掘进机的定义还不尽相同。整体来讲,智慧掘进机是指把传感器和跟踪移动目标的 GPS 单元和射频识别单元以及地质超前预报系统连接起来,形成物联网,利用云计算技术对感知信息进行数据融合和处理分析,实现网上"数字"与物联网的融合,在边缘计算、云计算技术进行智能分析处理后，做出智能化响应和决策支持的指令，实现智慧服务。掘进机的未来技术，智慧化的实现离不开信息系统、施工经验及掘进机制造厂商的联动。现阶段，掘进机在施工过程中出现故障的频率较高，而且排除这些故障存在一定困难。目前掘进机的故障诊断仍属于半自动状态，以设备报警和人工现场勘察分析相结合的方法进行。因此，研究掘进机故障诊断与远程维护技术，开发故障诊断与远程维护系统，实现掘进机前期故障预警、故障诊断、趋势预测及维护，将有助于现场技术人员及时掌握关键部件的运行性能，使设备故障控制在一定范围内，对于避免发生重大事故，有效提高设备的利用率具有重要的现实意义。但庞大的结构、主维层次、多学科交融让掘进机的智能化、智慧化举步维艰。由于设备系统的复杂性，故障的发生呈现出突发性、随机性、无序性，这给预警维修带来了极大挑战，定位故障困难直接影响生产效益和工程进度，造成巨大损失。为快速推动隧道施工智慧化，多系统联动，打通整个掘进机施工环节中的所有数据，多学科交叉协同作业的管理云平台亟待建立。

第3章

凿 岩 机 械

3.1 凿岩机械概述

目前矿山开采主要采用的方法是钻爆法，因为这种方法最为经济、有效，钻爆法中关键的设备就是凿岩机械。凿岩机械作为矿山机械中的重要机械，从发展历程来看，主要经历了手持式气动凿岩机、全液压凿岩台车、电液控制台车、全电脑台车等类型。从1844年气动凿岩机研制成功，气动凿岩机械历经多次改进，目前还有不少小规模矿山在使用，由于它的低效、高污染、噪声大等缺点，逐渐被高效、低噪声、环保的液压凿岩台车取代。经现场观察、比较，液压凿岩机械的效率是气动凿岩机械的4~5倍。液压凿岩台车从诞生以来，也经历了全液控、电液控制、远程遥控、全电脑控制等不同阶段。实践发现，全液控台车效率虽然较气动凿岩机有很大提升，但控制原理比较复杂，尤其是液压控制系统较为烦琐，实现逻辑控制难度较大，目前已不是用户的最佳选择，取而代之的是电液控制凿岩机械。电液控制凿岩机械最大的优点是简化液压控制系统，将较复杂的逻辑控制用PLC实现，液压回路简单，同时将复杂的操作手柄简化，集成到一个操作台，操作方便、省力。通过增加无线收发模块，可以方便地实现远程遥控。由于简化了液压系统，故障率也大大降低，但是对维护设备人员的电气技术水平要求相对较高。PLC控制的凿岩机械具有全液控设备无法实现的优点，就是可以实现远程遥控或集中控制，目前是矿山新选型设备的首选，也是未来实现智能化的前提。电脑台车因强大的通信功能，可以附带各种通信接口，为未来的数字矿山、万物互联提供了可能，也是未来凿岩机械智能化的基础。在2000年以前，比较先进的凿岩机械以国外进口为主，像阿特拉斯、山特维克的凿岩机械广泛应用在国内各大矿山。由于国外设备一般价格较高，同时后期的维护费用高昂、备件不及时，国产设备经过多年升级改造，越来越多的矿山已开始使用国产设备。历经十几年的快速发展，国产凿岩机械与国外设备的差距越来越小，同时由于较高的性价比，目前市场份额逐年增加。在此期间，涌现出不少优秀的民营企业，借助国内良好的发展环境及政策红利，将许多先进的技术及方案应用到凿岩机械的设计、生产中，在操控性、自动控制和远程遥控等方面都有重大突破，市场反应良好。2014年，杏山铁矿就使用了比较先进的M4C全自动中深孔采矿台车，该台车可以实现自动钻孔和自动移车，一人可以同时操作同一工作区域的两台设备，减少了操作人员数量，工作数据上传及时，易于了解设备信息，这样既可以大大提高生产效率，同时也更安全，工人劳动强度也大大降低。

3.1.1　发展历程与趋势

随着社会的不断发展,手锤打眼已不能满足生产要求,人们开始寻求采用机械等方法凿岩的途径。早在 1813 年,特里维西克(R. Trevithick)就发明了蒸汽冲击凿岩机;1844 年,英国人布隆顿发明了一种以压缩空气为动力的凿岩机,但都因存在很多问题不能使用。1855 年,法国人方丹默罗(Fontainmoreau)第一个取得了气动冲击凿岩机的专利。1857 年,意大利工程师萨梅勒(G. Sommeiler)所设计的压缩空气凿岩机在阿尔卑斯山塞尼峰隧道得到实际应用,因此一般把 1857 年当作凿岩机的诞生年。当时的凿岩机是活塞与钎杆连为一体的,这样不但多消耗了动力,而且限制了冲击频率的提高,因此凿岩速度较低。1884 年,美国人舍根特(H. C. Sergent)首次取得冲击活塞与钎杆分离的冲击凿岩机专利,奠定了现代凿岩机的基础,这时的凿岩机仍用实心钎杆,不能钻下向的孔。1897 年,美国人雷诺(J. G. Leynner)研制成功空心钎杆,以压气或水冲洗钻孔,并改进了配气阀和转针机构(采用棘轮棘爪螺旋棒转钎),使凿岩机冲击频率由 6～7 Hz 提高到 30 Hz,制造出第一台现代轻型气动凿岩机,这是凿岩史上的一次重大突破,但发展至此仍然还都是手持式气动凿岩机。1938 年,德国人制成了气腿和碳化钨钎头,这对凿岩机的发展起到了推动作用,该成果不仅减少了操作者的体力劳动,而且增加了推进力。有了碳化钨钎头,钎头的磨修次数大为减少,不仅提高了凿岩效率,还为深孔接杆凿岩开辟了道路。

气腿式凿岩机和钎头的不断完善对凿岩机的能量和效率又提出了新的要求,因为具有棘轮棘爪回转机构的凿岩机(称内回转凿岩机)的冲击能量与转钎扭矩成比例增减,因此在实际操作中无法实现某一凿岩参数单值增减,影响了凿岩机的性能。20 世纪 60 年代初期,开发出冲击与回转机构分开的独立回转凿岩机(称外回转凿岩机),其冲击能量和转钎扭矩两个参数可以分别调节,以适应不同性质岩石的要求,使凿岩机在最佳凿岩参数下工作。

随着凿岩机功率的增大,气腿式凿岩机已不能满足要求,另外为了减少操作者的体力消耗,出现了架柱式支承的凿岩机,到 20 世纪 50 年代又出现了多种自行式气动钻车。

在凿岩机不断发展的同时,随着孔深的增加,人们注意到深孔接杆凿岩在钎杆接头处散失的冲击能量较大,因而提出了将凿岩机送入孔底的设想,美国英格索尔-兰特公司首先在 1932 年获得这一专利权。但受当时各种条件限制,直到 20 世纪 40 年代末,才开始在矿山使用。真正与现代潜孔冲击器结构相接近的,则是 1951 年比利时工程师安德列·斯坦纽依科设计制造的潜孔冲击器,它不仅减少了能量传递损失,还大大降低了噪声。之后,潜孔钻机不断改进完善并在地下和露天矿山得到推广,气压由最低的 0.5～0.6 MPa 上升至 20 世纪 70 年代初的 1.4～1.75 MPa,70 年代末又增加到 2.1～2.46 MPa,并在井下 VCR(variable coding reward)采矿法中也得到成功应用。

在潜孔冲击器的使用过程中,美国休斯敦公司于 1951 年首先开始研制柱齿型钻头,这是凿岩用钻头的一次重大革新。到 20 世纪 60 年代末期,国外露天矿大孔径钻孔已普遍使用这种钻头,70 年代中期这种钻头又在井下较小直径钻孔中得到推广。这种钻头与焊合金片的钻头相比,其优点是制造工艺简单,使用中修磨次数少,所需回转扭矩小,寿命长等。

由于气动凿岩机具有结构简单和制造容易、价格低廉、维修方便等优点,所以各类气动凿岩机在矿业开发和石方工程中得到广泛使用,在生产和建设中发挥了巨大作用。但它是以压缩空气为介质传递能量的,因此存在两个根本性弱点:一是能耗大,它在地下矿山的能量利用率只略高于 10%;二是作业环境恶劣,即噪声大、油雾大。为了解决这些问题,人们一直在探索新的能量传递介质。早在 1876 年德国人布兰德(V. Brandt)就发明了一台用水力驱动的"凿岩机",虽然用了液体传动,但只是旋转式,我们只能称它为钻机(凿岩机是以冲击为主的)。20 世纪 20 年代,英国人多尔曼(Dormann)在斯塔福德(Stafford)制成一台液压凿岩机,由于当时工业水平还不高,液压技术也不够完善,故未能用于生产。到60年代,国外出现了多种液压凿岩机专利,并有多家公司开始研制液压凿岩机。1970年法国蒙塔贝特(Montabert)公司首先制成第一代可用于生产的液压凿岩机,随后瑞典、英国、美国、德国、芬兰、奥地利、瑞士和日本等国陆续研制出各种型号的液压凿岩机并相继投放市场。在20世纪70年代研制液压凿岩机但未投入市场的有苏联、波兰、南非和中国等。一经生产实践,就显示出了液压凿岩机的优越性。它与气动凿岩机相比,大幅度降低了能耗(仅为同量级气动凿岩机耗能的 1/4～1/3);纯钻孔速度提高了一倍以上;改善了作业环境(噪声可降低 10～15 dB(A),无油雾);主要零件寿命长,钎具消耗少。这为凿岩作业实现自动化创造了有利条件。20世纪70年代初期投放市场的液压凿岩机虽然显示出巨大的优越性,但也暴露出设计中的种种缺陷,因此各公司都在改进完善设计,并向系列化迈进。如蒙塔贝特公司最初推出的 H50、H60 型液压凿岩机,到1976年已被 H45 和 H70 型代替。阿特拉斯·科普柯(Atlas Copco)公司在70年代前期市场上只有一个型号的产品,到80年代初已发展到7个型号。这十年液压凿岩机总销售数量也有限,据文献的统计,总共只有 2000 多台。20世纪80年代是液压凿岩机迅速发展和成熟阶段,发达国家的地下矿山广泛采用了液压凿岩设备。各国的制造公司为了提高竞争力,都加快了产品的更新换代,并向多品种方向发展。20世纪90年代液压凿岩机又向新的方向发展,如增大功率,以提高钻孔速度(如 Cop1440 与 Cop1838 型冲击功率已提高到 20 kW,在 200 MPa 的花岗岩中钻 41 mm 的孔径,凿岩速度可达 3 m/min);改进结构和钎具质量、提高钻孔经济性(如 Cop1838 液压凿岩机的钻孔速度比 Cop1238 型提高 80%,大修时间间隔延长一倍以上);增设反打装置、提高成孔率等,相应的全液压掘进与采矿钻车也得到快速发展。

为了提高劳动生产率和节能降耗、降低成本,采矿向深孔大直径方向发展,要求钻孔深度和直径增大,而液压凿岩机钻孔深度达到 35 m 后,钻孔偏斜率不易得到保证。为解决此矛盾,瑞典卢基公司所属 G. Drill 开发公司研制出 Wassara 水压潜孔冲击器,于 1990 年在卢基公司马尔姆贝里耶矿装于 AMV 钻车上试验,至 1992 年 4 月已钻进了 100 000 m。试验成功后,该公司与阿特拉斯·科普柯公司合作,研制了配 Wassara 水压潜孔冲击器的 SimbaW469 遥控钻车,1995 年在基律纳铁矿试验取得了很好效果。该水压潜孔冲击式钻车将液压凿岩机的节能高效与气动潜孔冲击式钻机的无接杆处能量损失、炮孔精度好的优点结合起来,因此它与重型液压凿岩机相比,其优点是凿速不随孔深的增加而降低,保证了钻孔精度、降低了钻杆费用。它与气动潜孔冲击式钻机相比,除大量节省能源外,凿岩速度也是气动的 2.5～3 倍,且一名操作工可同时遥控 3 台这种钻车。

随着科学技术特别是电子技术与计算机技术的飞速发展,全液压钻车不断向遥控、自控、智能化方向迈进。在 1972 年,挪威工程合同公司就开始研制钻车自动控制系统,在试验室实现了计算机控制的单臂钻车定位和钻孔试验;1978 年研制出第一台三臂微机控制样机;1973 年日本东洋公司开始研制微机控制的全自动凿岩钻车(称凿岩机器人),到 1984 年已生产数台,用于掘进作业;美国钢铁公司于 1978 年研制了一台用微机控制的液压锚杆钻车钻进速度自寻最优的试验装置;1982 年瑞典阿特拉斯·科普柯公司申请了一项微型计算机控制凿岩机的专利;1983 年法国蒙格贝特公司在一台完备的 BUPEC50 型钻臂上装了一套微型计算机控制装置;1984 年芬兰的汤姆洛克(Tamrock)公司研制出 DATA-MATIC 微机控制的三臂掘进钻车,并开始在挪威的隧道工程中应用;1985 年推出了首台计算机自动控制的 DataSolo 型采矿凿岩钻车,该钻车于 1995 年在加拿大国际镍公司斯托比矿实现了自动化凿岩。20世纪90年代中期以后,国外一些先进矿山都实现了掘进、采矿凿岩钻车的遥控和机器人化。

此外,由于液压凿岩设备的液压油泄漏不但污染环境,而且浪费宝贵的石油资源,所以人们又开始研究以纯水为介质的凿岩设备。但真正着手开发水压凿岩机则是由于生产的需要,如南非矿山随着开采深度的增加,井下温度不断升高(达50～60℃),就需要通风和冷却;对于深度超过1800 m的矿山,用于冷却工作面的冷却水就有18 MPa的静压力,这些能量如被利用起来,可有效地驱动一些井下的采矿设备。根据这一设想,南非矿业联合会研究中心(COMRO)于20世纪70年代后期开始考虑研究这一课题,1992年前后南非终于将支腿式水压凿岩机用于井下生产(为英格索尔-兰特公司在南非制造)。我国在1993年由湘潭高新区凿岩机械研究所研制出第一轮YST23型两台支腿式水压凿岩机。以纯水为传递能量介质的凿岩机的突出优点是价格便宜、抗燃性和环保性好、压缩系数小,但存在着泄漏大、润滑性差、气蚀性强、有一定的腐蚀性、运行温度范围窄等缺点。如能解决上述缺点(如采用又耐磨又抗腐蚀且有自润滑的材料、采用新型密封材料与新型密封结构等),水压凿岩机将会在21世纪得到推广。

信息技术的发展推动了工业装备的技术进步、全球经济的发展。凿岩设备应用自动化、智能化和信息化技术,而实现机、电信息一体化即凿岩机器人化是凿岩设备的重要发展方向。

液压凿岩机是凿岩机器人的主要机具,是提高凿岩速度的关键所在。新一代凿岩机改善了能量传输方式,加大了冲击机构功率,如Cop4050型液压凿岩机功率达40 kW,大幅度提高了凿岩速度,并装备了阻尼器能有效吸收钻具反冲能量,以防止振动和机件磨损。在推进器前端装有传感器以启动一预先设计的程序控制凿岩工作。机头前方装有自动回钎装置和性能良好的钎具组控制系统等为凿岩自动化创造了条件,并向能量控制、泄漏控制、污染控制、成本控制和自动控制方向发展。

应用系统辨识和岩石爆破理论自动设计出更多适应不同矿岩性质条件最优炮孔布置图(包括炮孔数量、炮孔位置、炮孔深度和方向等)并存储在微机中。在凿岩时根据断面形状和尺寸以及根据掏槽中心孔钻凿,获得相应岩石性质条件,自动选择最优炮孔布置图以保证凿岩质量指标。

从纯凿岩过程的自动控制系统,向微机控制和液压控制相结合组成一个高凿岩过程品质指标(包括凿岩速度、炮孔利用率、断面形状尺寸精度)的微机控制系统发展,以实现凿岩推进速度最大为目标的液压凿岩过程自适应的最优控制。在冲击功率不变的条件下,使凿岩机输出各种参数自动适应矿岩性质的变化而达到最佳匹配,并实现微机智能控制防卡钎以提高凿岩过程控制品质指标。

随着GPS技术和通信技术的发展,凿岩机器人自主控制能力已在部分矿山实现了视距遥控和超视距的远程遥控作业,随着遥控技术日益成熟,正向更高水平遥控操作发展。

绿色技术是以节约能源、合理利用资源、减少环境污染、适合人类生存和环境保护为主的各种现代技术的集成。地下凿岩设备的绿色化,主要是采用廉价、清洁能源,严格控制废气排放,减振降噪,提高作业环境舒适性,最大限度地节约能源,降低材料的消耗,合理利用资源;设备功能与外观造型相结合,使造型美观,色彩和谐悦目,营造绿色视觉环境。可持续发展是人类的共同选择,绿色化已成为技术进步和发展的潮流,绿色技术是解决21世纪资源和环境问题的最佳途径。地下凿岩设备实行绿色化改造是其得以持续发展的必然保证。

发展绿色产品——水压凿岩机,它可利用井下水位落差,减小水泵功率或在井深超过1500 m时完全利用自然水头,节省能源消耗,水介质来源广、价格低,传动介质与冲洗介质统一,简化了设备,水黏度小,水流速比液压油流速大,长距离传送损失小,无废气油雾、消除液压油泄漏污染、噪声比气动凿岩机低19～25 dB(A),增加冷却效果,改善了作业环境,环保性好。

选用低污染柴油机为行走系统的动力源。柴油机是凿岩设备产生噪声、振动和排气污染的另一主要污染源,所以选择环保性好的柴油机是改善凿岩设备环保性的主要措施。国外一些柴油机制造商为进一步降低能耗、改善环保性能,不断进行结构创新,从而优化了结构性能,降低燃油消耗和排放中有害物质的含量。如采用涡轮增压中冷技术、每缸四气门结构、顶置凸轮轴、弯曲喷口燃烧室、电控泵喷嘴、高啮合率的齿轮传动系以及各种机外净化装置等技术,从而降低排放中 CO、HC、NO_x、PM(微粒),降低了噪声、燃油消耗,提高了动力性、经济性和环保性。

减振降噪,提高作业环境的舒适性,选用好的减振材料,采用隔振性能好的各种弹性支撑(包括柴油机、驾驶室、座椅等),在结构设计、参数选择上都要考虑提高动态性能、减轻振动、降低噪声,改善驾驶人员作业条件,使操纵驾驶更加轻便、舒适、安全。

3.1.2　功能、用途与分类

凿岩要根据炮眼的布置和每一炮眼(孔)的深度、角度要求来进行,因此冲击凿岩作业所需基本功能有冲击、回转、推进、冲洗、变幅、移位六种(前四种功能如图 3-1 所示)。

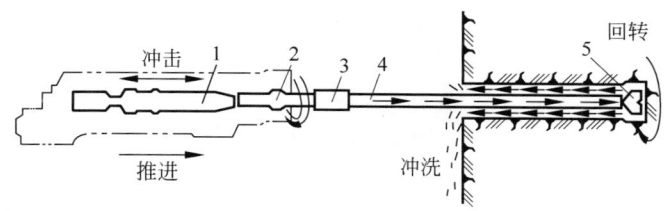

1—活塞;2—钎尾;3—接杆套;4—钎杆;5—钎头。

图 3-1　凿岩作业基本功能示意图

(1) 冲击功能的作用是使岩石破碎。供给凿岩机(图 3-1 中双点画线所示)的能量推动缸体内活塞 1 作往复运动,当活塞向右运动时,加速到一定程度,冲击钎具(图 3-1 中的 2、3、4、5)将能量以应力波的形式传递给岩石,使岩石破碎。凿岩机完成冲击功能的部分称为冲击机构(通称冲击器)。冲击能和冲击频率是其主要参数指标。

(2) 回转功能是使钎头 5 每冲击一次回转到一个新的位置,进行新的岩石破碎。同时在回转过程中也可将已发生裂纹的岩石表面部分剥落下来。这一功能由凿岩机的回转机构完成,转钎扭矩和转钎速度是其主要参数指标。

(3) 冲洗功能是从炮孔内清除被破碎下来的岩屑。如果冲洗不足,炮孔底部将发生重复凿磨,不但使凿孔速度减慢,而且使钎头加速磨损,甚至在个别情况下卡钻。冲洗介质多用压力水或压缩空气。用压缩空气时,为防止产生粉尘,必须有岩粉收集器等除尘装置或气水合用。用压力水做冲洗介质时,根据给水方式不同,可分为中心给水和旁侧给水两种。

(4) 推进功能有两个作用:一是推动岩机和钎具压向岩石工作面,并使钎头在凿孔时始终与岩石接触;二是从炮孔中退出钎具,准备凿下一个炮孔。用手直接拿着凿岩机推进的凿岩机,称为手持式凿岩机,用支腿做推进的称为支腿式凿岩机(图 3-2),用推进装置(通称推进器)推进的称为导轨式凿岩机。推进器可安装在柱架或台架上(图 3-3),也可安装在钻车上(图 3-4)。

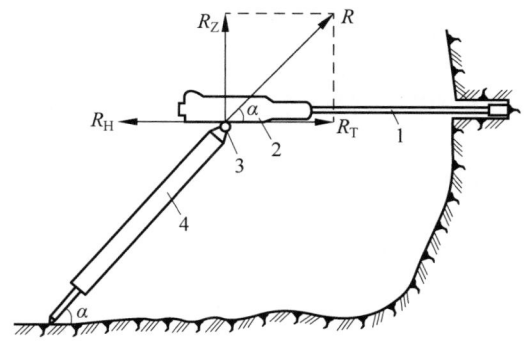

1—钎具;2—凿岩机;3—连接轴;4—气腿。

图 3-2　支腿式凿岩推进

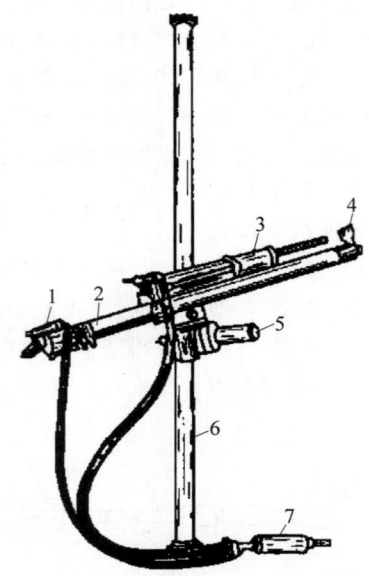

1—推进马达；2—推进器；3—凿岩机；4—夹钎器；5—横臂；6—立柱；7—自动注油器。

图 3-3　柱架支撑推进

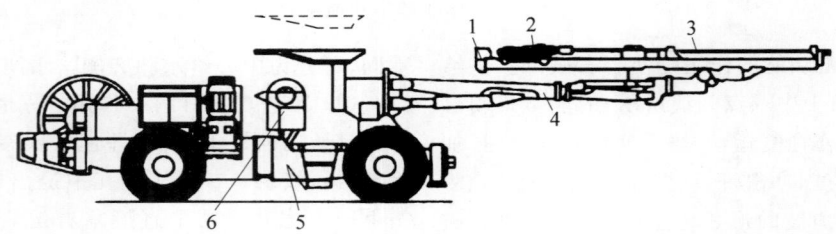

1—推进装置；2—凿岩机；3—钎具；4—钻臂及托架；5—钻车底盘；6—控制系统。

图 3-4　钻车支撑推进

（5）变幅与移位功能指当工作面上的炮孔有各种不同角度和位置时，就需要由变幅机构来调整凿岩机（也可用人力）。打完一个炮孔后需将凿岩机移到下一个炮孔位置，打完一个工作面后，需要移至下一个工作面，这就需要有移位功能，移位功能可用人力或钻车完成。

由上可知，为完成机械化凿岩作业，所需设备（含机具）应包括钎具、凿岩机、推进与支撑、变幅、移位等机构（含支腿、台架和钻车），其中自动化钻车是现代化的设备。

凿岩机是用途十分广泛的凿岩机械，主要用于矿山采掘的凿岩作业，同时也用于铁路、公路、国防建设和石方工程中。由于其结构和技术规格的不同，各种凿岩机用途也各有不同。

根据凿岩作业的工作条件，如岩石硬度、炮孔方向、炮孔直径和炮孔深度，合理选用不同类型的凿岩机，对正确使用机器和有效发挥机器潜力具有重要意义。例如，钻凿水平或倾斜炮孔时使用气腿式凿岩机，多钻凿向下垂直或向下倾斜的炮孔时使用手持式凿岩机，钻凿向上垂直或向上略斜炮孔时则使用向上式凿岩机。在铁路、公路、农田基本建设及某些采矿部门中，还使用电动凿岩机和内燃凿岩机钻凿炮孔，具有节省投资、使用方便、适应性强等优点，对国防工程和某些中小型矿山建设具有重大的意义。

凿岩台车和不同型式的钻架，作为各种导轨式凿岩机的支承配套使用，进行机械化和自动化钻凿炮孔作业,尤其装备重型高频和高效率的导轨式凿岩机,可以大大改善作业条件,显著提高劳动生产率,减轻劳动强度和确保安全生产。凿岩台车是矿山建设、隧道挖掘、水利和国防工程不可缺少的重要装备,是促进矿山建设开采机械化、自动化的必要设备。露天凿岩台车适用于大、中、小型露天矿、采石场和各种石方工程。井下凿岩台车多用于巷道、隧道的掘进和采矿等凿岩作业。

凿岩机械根据使用动力、用途和行走方式、辅助设备等特点进行分类,如图 3-5 所示。

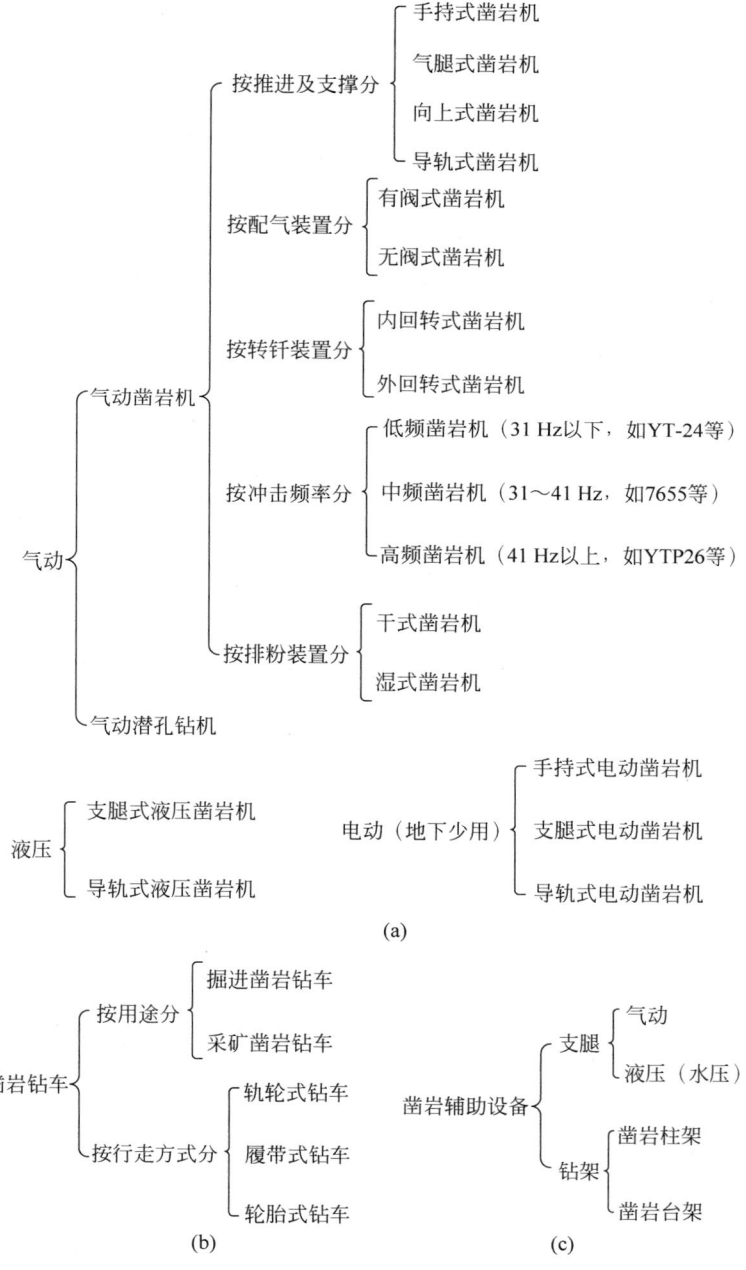

图 3-5　凿岩机械根据使用动力、用途和行走方式、辅助设备等特点的分类
(a) 按使用动力；(b) 按用途和行走方式；(c) 按辅助设备

（1）凿岩机械按使用动力分类为：①气动；②液压；③电动；④内燃凿岩机（只有手持式，地下少用）（图3-5(a)）；⑤水压凿岩机和水压潜孔冲击器。

（2）按用途和行走方式分类，见图3-5(b)。

（3）按辅助设备分类，见图3-5(c)。

3.2 风动式凿岩机

3.2.1 概述

风动式凿岩机也称气动凿岩机，是用压气驱动，以冲击为主，间歇回转（内回转式凿岩机）或连续回转（独立回转式凿岩机，也称外回转式凿岩机）的一种小直径的钻孔设备。在矿山、水电、煤炭、铁路、公路和建筑等工程施工中，石方的开挖占有相当大的比重。凿孔爆破是开挖的主要办法，大型凿岩钻车，凿速快，劳动效率高。但其昂贵的价格，让许多工程施工方望洋兴叹。风动式凿岩机在凿孔中依然占主导地位。它在国内外金属矿山中应用十分广泛，我国地下金属矿山凿岩作业主要是用风动式凿岩机，少数有条件的矿山采用液压凿岩机。同时，在铁路、公路、水电建设和国防施工中风动式凿岩机也是不可缺少的重要施工机具。

从20世纪中叶到1970年，风动式凿岩机一直是在坚硬岩石中钻凿炮孔唯一实用的工具，是在坚硬地层中进行高效采矿所必不可少的机械。由于风动式凿岩机结构简单、坚固耐用、可靠性高、易于维修、价格低廉，所以在很多场合被人们选用。尽管风动式凿岩机存在部分缺陷，如过强的噪声、振动和充满油雾的废气等，但如果作业地带环境险恶、极端潮湿，或者操作者和维修人员对现代技术比较生疏，则风动式凿岩机要比液压凿岩机更可取。

当然在一些特殊情况下以压缩空气为动力的凿岩机有独具的优点和特性，例如，在地下狭窄的或者比较难以进入的作业地点打炮眼。这些地点可能是回采工作面、中间平巷

等。质量小的气动凿岩机可以装在气腿、回采台车或小型凿岩台车上，这些设备也许需要有绞车提升，甚至用人力把它们搬运到作业地点。

凿岩机按推进及支撑方式分以下四种机型。

1. 手持式凿岩机

这类凿岩机的质量较小，一般在25 kg以下，工作时用手扶着操作。可以打各种小直径和较浅的炮孔。一般只打向下的孔和近于水平的孔。由于它靠人力操作，劳动强度大，冲击能和扭矩较小，凿岩速度慢，现在地下矿山很少用它。属于此类的凿岩机有Y3、Y26等型号。

2. 气腿式凿岩机

这类凿岩机安装在气腿上进行操作，气腿起支撑和推进作用，这就减小了操作者的劳动强度，凿岩效率比前者高，可钻凿深度为2～5 m、直径34～42 mm的水平或带有一定倾角的炮孔，被矿山广泛使用，YT23(7655)、YT24、YT28、YTP26等型号均属此类凿岩机。

3. 柱式凿岩机

这类凿岩机的气腿与主机在同一纵轴线上，并连成一体，因而还有"伸缩式凿岩机"之称，主要用于采场和天井中凿岩作业。一般质量为40 kg左右，钻孔深度为2～5 m，孔径为36～48 mm。YSP45型凿岩机属此类。

4. 导轨式凿岩机

该类型凿岩机机器质量较大（一般为30～100 kg），在使用时，安设于带有推进装置的导轨上，可钻凿水平及各种倾斜角度的较深的炮眼。YG40、YG80、YG270、YG290等型号凿岩机属于此类。

尽管风动式凿岩机类型许多，但其构造和组成基本相同，都包括冲击及配气机构、回转（转钎）机构、排粉机构、操纵机构、润滑机构、推进机构等。

表3-1列出了各种类型风动式凿岩机的应用范围。

表 3-1　各种类型风动式凿岩机应用范围

应用参数	类型			
	手 持 式	气 腿 式	柱 式	导 轨 式
最大炮孔直径/mm	40	45	50	75
最大炮孔深度/m	3	5	6	20
炮孔方向	水平、倾斜、向下	水平、倾斜	向上（60°～90°）	不限
矿岩硬度	煤层、软岩、中硬岩	中硬、坚硬及极硬岩	中硬、坚硬及极硬岩	坚硬及极硬岩

3.2.2　风动式凿岩机结构

风动式凿岩机类型很多,但其结构组成基本相同,都包括冲击配气机构、回转(转钎)机构、排粉系统、润滑系统、推进机构和操作机构等。

配气结构一般由阀、阀柜、阀座组成,是气动凿岩机的心脏。压缩气体通过配气结构的换向交替进入气缸的前室、后室,推动活塞往复运动,从而实现冲击功能。

冲击结构主要由气缸和活塞组成,是凿岩机的动力部分,通过配气结构,供给的压缩气体进入气缸的前室、后室来完成活塞的冲程和回程。

回转机构的作用就是带动钎杆转动,除了利用凿岩机的冲击能量外,还要钻凿出圆形的孔,也就是在两次冲击的间歇之间使钎头刃转过一定的角度。

凿岩钎具用来在岩石或矿物质中钻凿孔眼。凿岩钎具包括硬质合金钎头、钎杆,也可以是硬质合金整体钎杆等。

而风动式凿岩机之间的主要区别在于冲击配气机构和回转(转钎)机构。

1.冲击配气机构

冲击配气机构是风动式凿岩机的最主要机构,由配气机构、气缸和活塞以及气路等组成。凿岩机活塞的往复运动以及活塞对钎具的冲击是凿岩机的主要功能。活塞的往复运动是由冲击配气机构实现的,因而,配气机构制造质量和结构性能,直接影响活塞的冲击能、冲击频率和耗气量等主要技术指标。配气机构有三种,即从动阀式、控制阀式和无阀式。

1) 从动阀式配气机构

在这种配气机构中,从动阀位置的变换是依靠活塞在气缸中往复运动时,压缩的余气压力与自由空气间的压力差来实现的,缺点是灵活性较差。

2) 控制阀式配气机构

在这种配气机构中,阀的位置是依靠活塞在气缸中往复运动时,在活塞端面打开配气口之前,经由专用孔道引进压气推动配气阀来实现的。控制阀式配气机构的优点是动作灵活、工作平稳可靠、压气利用率高、寿命长;缺点是形状复杂,加工精度要求较高。

3) 无阀式配气机构

此种凿岩机没有独立的配气机构(没有配气阀),是依靠活塞在气缸中往复运动时变换位置来实现配气的。它又可分为活塞配气和活塞尾杆配气两种。无阀式配气机构的优点是结构简单、零件少、维修方便,能充分利用压气的膨胀功,气耗量小、换向灵活、工作平稳可靠;不足之处是气缸、导向套和活塞同心度要求高,制造工艺性较差。

2.回转(转钎)机构

风动式凿岩机常用的回转机构有内回转和外回转两大类。内回转凿岩机是当活塞往复运动时,借助棘轮机构使钎杆作间歇转动。内回转的转钎机构有内棘轮转钎机构(用于手持式、气腿式、向上式凿岩机,如 YG40 型凿岩机)和外棘轮转钎机构(用于 YG80 等型号凿岩机)两种。外回转的转钎机构是由独立的气(风)动马达带动钎杆作连续回转的(如 YGZ90 型凿岩机)。

3.2.3　风动式凿岩机工作原理

凿岩机类型虽多(主要是配气和转钎机构以及参数不同、质量不等),但结构却基本相似。各类凿岩机中,以气腿式凿岩机应用最广,其冲击配气和转钎结构具有代表性。现以 YT-23 型气腿式凿岩机为例,剖析凿岩机的构成及其工作原理。

YT-23 型气腿式凿岩机即原 7655 型气腿式凿岩机，其外形如图 3-6 所示。YT-23 型凿岩机适用在中硬或坚硬岩石（$f=8\sim18$）中钻凿水平或倾斜方向炮眼，钻眼深度可达 5 m，被广泛用于岩巷掘进等各种凿岩作业中，是矿山、铁路、交通、水利等工程建设施工中的重要机具。YT-23 型凿岩机配备 FT160A 型（短）、FT160B 型（长）两种气腿，以适应不同大小断面的巷道掘进作业，还配备有 FY200A 型注油器，以保证机具具备良好的润滑性。YT-23 型凿岩机也可与钻车配套使用。

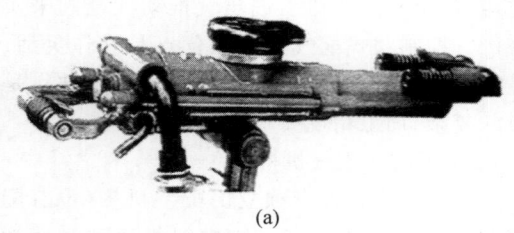

(a)

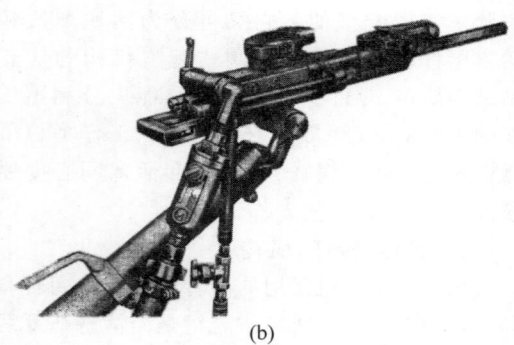

(b)

图 3-6　YT-23 型气腿式凿岩机全貌（a）
及其柄体、气缸和机头三大部分（b）

YT-23 型凿岩机（图 3-6（a））采用碗状配气阀配气和风水联动冲洗机构，具有质量小、凿岩效率高、操作方便、工作经济效益好等优点，是现代凿岩工具之一。该型凿岩机适用于中硬和坚硬岩石凿岩。

YT-23 型凿岩机由柄体、气缸和机头三大部分组成，三个部分通过连接螺栓组装成一体，如图 3-6（b）所示。操纵手柄在缸盖后部，内侧安有操纵气腿快速缩回的扳机。柄体、气缸、机头与手柄借助两根长螺栓固装成一整体。凿岩时钢钎插到机头的钎尾套中，并借助卡钎器将其卡住。凿岩机的操作手柄及气腿伸缩手柄集中在柄体上。冲洗钻孔的压力水是风水联动的，只要开动凿岩机，压力水就会沿着水针进入钻孔冲洗岩粉和冷却钎头。

1. 环阀配气机构配气原理

YT-23 型气动凿岩机采用凸缘环状阀配气机构，属于活阀配气结构，其工作原理如图 3-7 所示。气动凿岩机的冲击运动是由活塞在气缸中作往复运动，并冲击钎尾来实现的。冲击配气机构主要由缸体、活塞、配气机构（包括配气阀、阀套、阀柜和导向套）等组成，其工作原理包括活塞冲程和回程两个行程，如图 3-7 所示。

活塞冲击行程：冲程开始时，活塞在左端，配气阀位于极左位置。当操纵阀转到机器的运转位置时，由操纵阀气孔进来的压气经缸盖柄体气室、棘轮气道、阀柜轴向气孔、环形气室和配气阀前端阀套气孔进入气缸左腔推动活

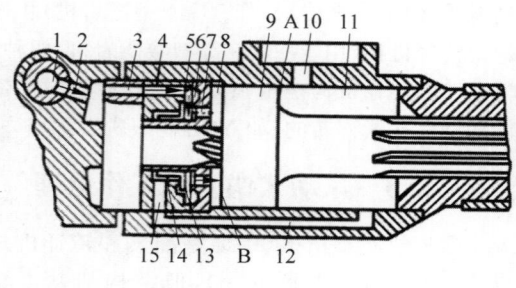

(a)

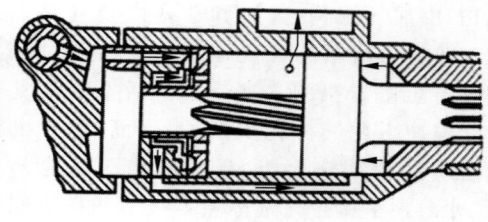

(b)

1—操作阀气孔；2—柄体气道；3—棘轮气道；4—阀柜轴向气孔；5—阀柜；6—环形气室；7—阀套气孔；8—气缸左腔；9—活塞；10—排气孔；11—气缸右腔；12—返程气道；13—配气阀；14—配气阀左气室；15—阀柜径向气孔。

图 3-7　环阀配气机构配气原理
（a）冲程；（b）回程

塞向右移动,而气缸右腔则经排气口与大气相通。此时活塞在压气压力作用下,迅速向右运动,冲击钎尾。当活塞的右端面 A 越过排气口后,缸体右腔中余气受活塞压缩,其压力逐渐增大。经过回程孔道,右腔与配气阀的左端气室相通,于是气室内的压力亦随着活塞继续向右运动而逐渐增大,有推阀右移的趋势。当活塞左端面 B 越过排气口后(图 3-7(b)),缸体左腔即与大气相通,气压骤然下降。在这瞬时,配气阀两侧出现压力差,于是阀被右移并与前盖靠合,切断了通往左腔的气路。与此同时,活塞冲击钎尾,结束冲程,开始回程。

活塞返回行程:回程开始时活塞及阀均处于极右位置。这时压气经柄体气室、棘轮气道、阀柜轴向气孔及阀柜与阀的间隙、配气阀气室和回程孔道进入气缸右腔,而活塞左腔经排气口与大气相通,故活塞开始向左移动。当活塞左端面越过排气口后,缸体左腔余气受活塞压纸压迫配气阀的右端面,随着活塞的右移,逐渐增加压力的气垫也有推动阀向左移动的趋势,而当活塞右端面 A 越过排气口后(图 3-7(a)),缸体右腔即与大气相通,气压骤然下降,同时使配气阀气室内的气压亦骤然下降,配气阀两侧出现压力差而被推向左移与阀柜靠合,切断通往缸体右腔的气路和打开通往缸体左腔的气路,此刻活塞回到了缸体左腔结束了回程。压气再次进入气缸左腔,随即冲程开始,进入下一个工作循环。

2. 转钎机构工作原理

YT-23 型凿岩机转钎机构由棘轮、棘爪、螺旋棒、螺旋母、活塞、转动套、钎尾套和钎子等组成,如图 3-8 所示。螺旋母与活塞通过左旋螺纹连接成一体。螺旋棒上有六条右旋花键槽与螺旋母配合;螺旋棒的另一端有四个棘爪,棘爪在塔形弹簧作用下与固定在机体上的棘轮相啮合(图 3-8)。活塞杆与转动套通过花键配合。转动套左端内的花键孔与活塞杆上的花键相配合,其右端固定安装的钎尾套内有六边形孔,六角形钎尾恰好插入其中。整个转动套装在机头之内,可以自由转动。

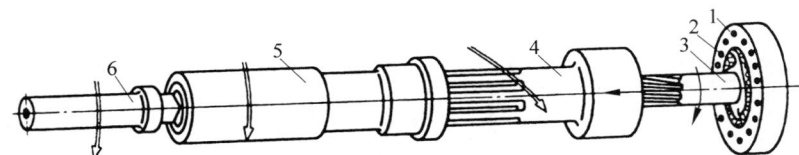

1—棘轮;2—棘爪;3—螺旋棒;4—活塞;5—转动套;6—钎杆。

图 3-8 转钎机构工作原理

棘轮机构具有单方向间歇回转特征。当活塞冲程时,活塞只作直线运动,由螺旋母带动螺旋棒转动一个角度,棘爪此时处于顺齿位置。当活塞回程时棘爪处于逆齿位置,此时在塔形弹簧的作用下棘爪抵住棘轮内齿,使螺旋棒不能转动(因棘轮固定),于是迫使活塞转动一个角度,从而通过转动套、钎尾套带动钎杆转动。活塞每往复运动一次,钎子便转动一次,故钎子的转动是间歇性的。钎子每次转动的角度与活塞的行程和螺旋棒的导程有关。

YT-23 型凿岩机内棘轮转钎机构合理地利用了活塞回程时的能量来转动钎杆,它具有零件少和结构紧凑等优点,因此得以推广应用。

3. 风水联动冲洗机构的工作原理

为了便于成孔和提高凿岩效率,凿岩机在钻孔过程中产生的大量岩粉必须及时排出孔外。YT-23 型凿岩机使用的风水联动冲洗机构使其具有两种排出岩粉的方式,即凿岩时注水冲洗加吹风和停止凿岩时强力吹扫。YT-23 型凿岩机风水联动冲洗机构由进水阀(图 3-9(a))和气水联动注水阀(图 3-9(b))两部分组成。

图 3-9 所示为凿岩机风水联动冲洗机构。凿岩机正常工作时,往往有少量的压气沿着螺旋棒与螺旋母之间的间隙,经过活塞中心孔进入钎杆(冲程时),或沿活塞杆的花键槽进入钎杆(回程时)。进入钎杆的压气将沿钎杆中心孔至孔底,与由水针引进的压力水一起排出孔

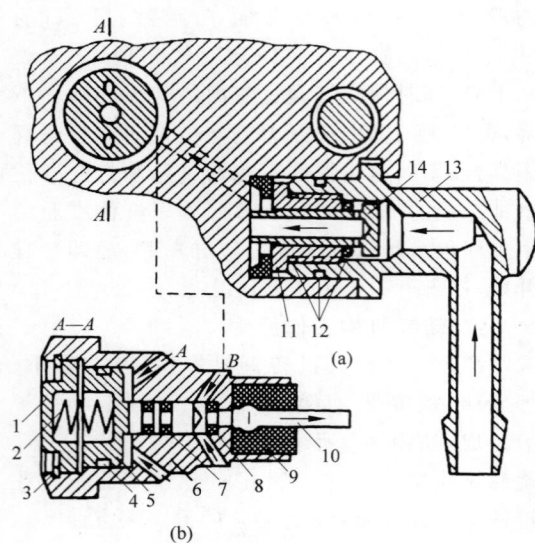

图 3-9 风水联动冲洗机构

(a) 进水阀；(b) 气水联动注水阀

底岩粉。水针安装在柄体缸盖上，并经过螺旋棒和活塞杆的中心孔插入钎子的中心孔中。风水联动冲洗机构的特点是按通水管后，凿岩

机开动，即可自动向钻孔注水冲洗；凿岩机停止工作时，又可自动关闭水路，停止供水。

当凿岩机开动时，压气从柄体气室经过进气孔道，到达注水闸的前端，克服弹簧的压力，使注水阀后移，从而开启水路，水即通过水针及钎子中心孔注入孔底。当机器停止运转时注水阀的 A 孔无压气进入，故注水阀将在弹簧压力的作用下向前移动井堵塞水路，停止注水。注水水压一般为 0.2～0.3 MPa。

当钻孔较深或打下向孔时，聚集在孔底的岩粉如不能及时排出，就会影响凿岩效率。停止凿岩时，将操纵手柄扳到强力吹扫位置。强力吹扫时，压气从操纵阀气孔进入，经由气缸壁等相应的专用孔进入钢钎中心孔，然后通过水针与钢钎的间隙直达孔底实现强力吹粉。为了防止强吹时因活塞后退而从排气口漏气，在气缸左腔钻有与强吹风路相通的小孔（图 3-10 中 8 所指示），使压气进入气缸左腔，保证强吹时活塞处于封闭排气口的位置，防止漏气影响强吹效果。

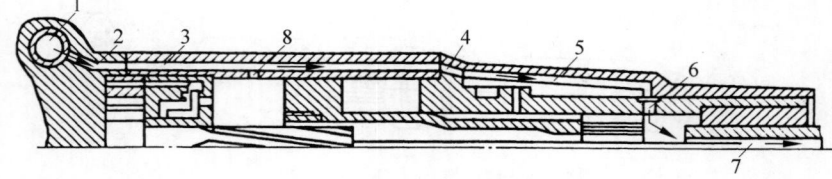

图 3-10 强力吹扫风路图

4. 凿岩机的支撑及推进结构

为了克服凿岩机工作时产生的后坐力，并使活塞冲击钎尾时钻头能抵住孔底以提高凿岩效率，必须对凿岩机施以适当的轴推力。因此，YT-23 型凿岩机配用 FT-160A 型气腿作为其支撑及推进结构，FT-160A 型气腿的基本结构与工作原理如图 3-11 所示。

FT-160A 型气腿最大推进长度为 1362 mm，最大轴推力可达 1.6 kN，它由气缸（外管）、活塞、伸缩管（活塞杆）、架体、气针等组成（图 3-12）。气管安设在架体上。气腿工作时伸缩管沿导向管伸缩，并用防尘套密封。气腿借连接轴与凿岩机铰接。顶叉固定在伸缩管的下端，工作时支承在底板上。

凿岩机工作时，气腿轴心线与地平面成 α 角（图 3-11(a)）。当压气进入气缸上腔时活塞伸出，把凿岩机支持在适当的钻孔位置。顶叉抵住底板后压气继续进气缸上腔，于是对凿岩机产生一个作用力 R，将其沿水平和垂直方向可分解，则有

水平分力：$R_H = R\cos\alpha$

垂直分力：$R_V = R\sin\alpha$

水平分力 R_H 的作用是平衡凿岩机工作时产生的后坐力，并对凿岩机施加适当的轴推力；垂直分力 R_V 使凿岩机获得最优钻速。因此，R_H 必须大于凿岩机的后坐力 R_F。R_V 的作用是平衡凿岩机和钎杆的重量。

随着钻孔的不断加深，活塞杆继续伸出，

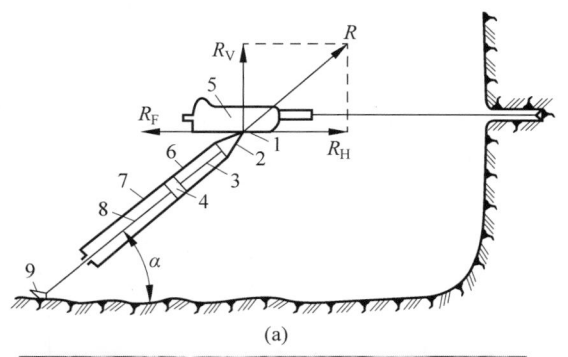

(a)

(b)

图 3-11 FT-160A 型气腿工作原理

（a）气腿工作原理简图；（b）工作面上气腿工作状态

α 角将逐渐变小。为了经常保持凿岩机工作时需要的最优轴推力和适当的推进速度，可通过调压阀调节进气量实现。如果活塞已全部伸出，或在更换钎杆时，可扳动换向阀改变气路，使压气进入气腿的下腔，扣动扳机使活塞杆快速缩回，从而可以移动顶叉到合适的位置，然后再重新支承好凿岩机，继续凿岩。

5．操作机构

YT-23 型凿岩机设有三个操纵手柄，分别控制凿岩机的操纵阀、气腿的调压阀及换向阀。三个操纵手柄都安装在柄体缸盖上，以便集中控制，操纵方便。

1）操纵阀

操纵阀用来开闭凿岩机气路及控制凿岩机进气量，其呈柱状中空形，如图 3-13 所示，A—A 剖面中的 a 孔是通往气缸的，B—B 剖面的 b 孔是当机器停止工作时，进行弱吹风的气孔，c 孔是用于强力吹扫的气孔。操纵阀有五个操纵位置（图 3-14），分别是：

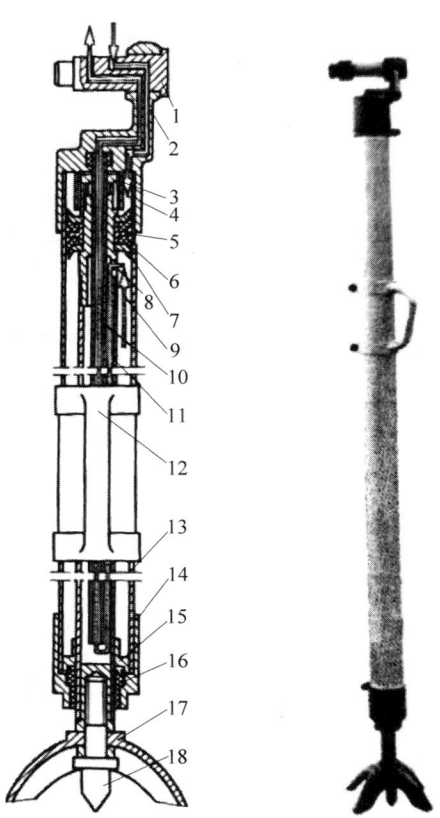

1—连接轴；2—架体；3—螺母；4—上腔；5—压垫；6—塑料碗；7—垫套；8—孔；9—下腔；10—气管；11—伸缩管；12—提把；13—外管；14—下管座；15—导向管；16—防尘套；17—顶叉；18—顶尖。

图 3-12 FT-160A 型气腿结构及实物图

0 位——停止工作，停风停水。

1 位——轻运转、注水和吹洗钻孔，操纵阀的 a 孔被部分接通。

2 位——中运转、注水和冲洗钻孔，a 孔接通部分较大。

3 位——全负荷运转、注水和冲洗钻孔，a 孔被全部接通。

4 位——停止工作，停水和进行强力吹扫。孔被全部堵死，然后孔接通强吹气路。

2）调压阀

调压阀是控制气腿工作的装置，它可以无级地调节气腿的轴推力，以适应凿岩机在各种不同条件下作业时对轴推力的要求。

调压阀的结构如图 3-15 所示，扳动调压阀手柄置于不同位置，可以实现气腿轴推力从零

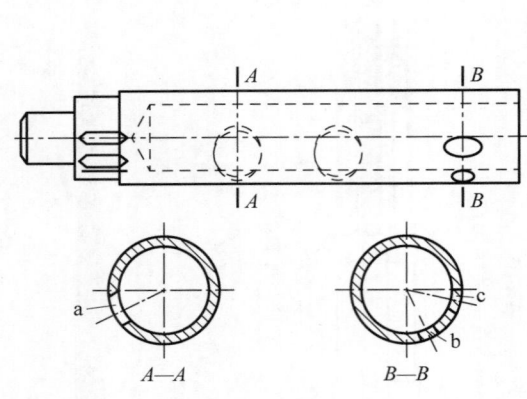

图 3-13　操纵阀的构造

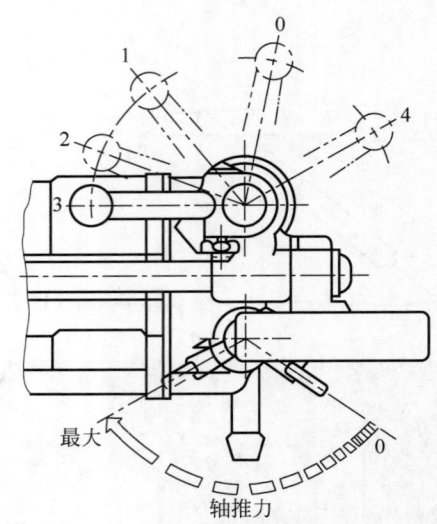

图 3-14　操纵阀、调压阀的操作位

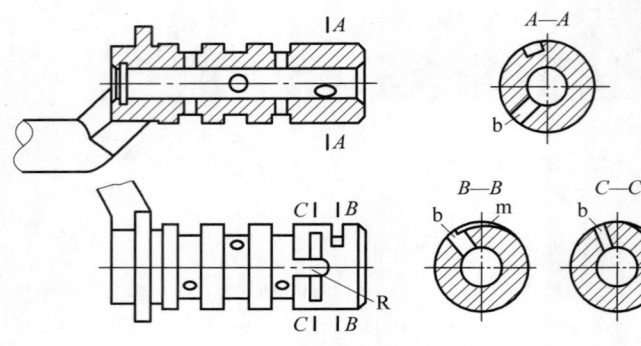

b—调压阀气孔；m—进气槽；n—泄气槽；R—横槽。

图 3-15　调压阀的结构

到最大值之间的变化。当气腿伸出时,由操纵阀来的压气经过调压阀端部进气口、偏心槽 m（进气槽）进入通向气腿上腔的孔道。

另外尚有一部分压气通过偏心槽 n（泄气槽）和横槽 R 排到大气中。偏心槽 m 是进气槽,偏心槽 n 是泄气槽,二者偏心方向相反。当顺时针方向扳动调压阀时,随着偏心槽 m 的断面逐渐加大而偏心槽 n 的断面逐渐减小,则进入气腿上腔的压气量逐渐加大,排出的气量逐渐减少,这时气腿的轴推力亦逐渐加大。当逆时针方向扳动调压阀时情况则相反,气腿轴推力逐渐减小。当进气口完全对正气腿上腔的孔道时气腿轴推力最大。当横槽 R 完全对正气腿上腔的孔道时气腿处于自由状态。

为了使调压阀随时都可能固定在所需位置上,在调压阀内始终有一股压气经由气封孔进入环形腔内,胀紧环形胶圈。

3）换向阀

换向阀装于调压阀内部,利用扳机可使它在调压阀内腔中左右移动,从而改变气腿的进气方向。换向阀与调压阀的相互部位及工作原理如图 3-16 所示。

换向阀处于极左位置时（图 3-16（a）),则压气经由弯管（图中实箭头所示）、操纵阀孔、柄体气道及调压阀孔进到气路上腔中而使气腿伸出,气腿下腔中的废气则经过换向阀的横槽及调压阀的相应孔排到大气中（图中虚箭头所示）。

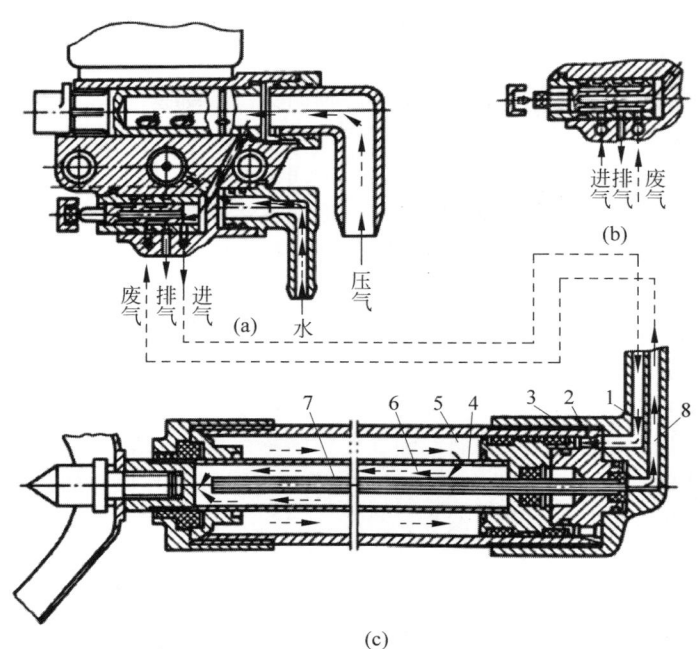

1,2—气缸上腔进(排)气通道；3—气缸上腔；4—气孔；5—气缸下腔；6,7,8—气缸下腔进(排)气通道。

图 3-16　换向阀工作图及气腿气路图

(a) 气腿伸出时；(b) 气腿缩短时；(c) 气腿上下腔的气路图

换向阀处于极右位置时(图 3-16(b))，压气将经过换向阀内孔及调压阀的相应孔进到气腿下腔中，上腔中废气则沿虚箭头方向排入大气中。这时气腿实现快速缩回。气腿伸缩气路示意图如图 3-16(c)所示。

6. 凿岩机的润滑

凿岩机是一种比较精密的机器，一方面，由于凿岩机以压气为动力，为了保持较高的性能，提高各运动零件之间配合间隙的密封性，其配合间隙必须相当小(一般在 0.03～0.06 mm)。另一方面，各零件之间的相对运动速度又相当高(如 Y24 型手持式凿岩机活塞的平均移动速度为 2.4 m/s)，再由于各零件的受力情况又相当复杂(如活塞要受到冲击、扭转和摩擦等交变载荷的同时作用)，特别是在工作环境中，还有油雾、粉尘以及压气中的水分等。在这样恶劣的工作条件下，如果各运动零件表面不进行充分润滑，就不可能使机器正常运转。

润滑的目的主要是：

(1) 减少各运动零件之间的摩擦。摩擦的危害有：①使所传递的能量在摩擦中损失一部分；②使运动件之间的严密配合表面在细微颗粒的机械位移下造成磨损；③在润滑不充分的情况下，摩擦使接触表面产生细微裂纹；④摩擦所产生的高热使零件表面产生局部软化或塑性变形。

(2) 防腐蚀作用：压气和水分里都不同程度地含有化学物质，它们与零件表面直接接触将会产生腐蚀作用；长期腐蚀作用就会出现腐蚀坑和锈蚀区而造成零件损坏。如果零件表面有微小裂纹，在腐蚀作用下会更加剧零件的损坏。在充分润滑的条件下，润滑油将在零件表面形成具有足够强度的油膜，使压气和水不能与零件表面直接接触，从而就可避免零件的腐蚀。

(3) 密封作用：黏度适宜的润滑材料能保证各运动零件之间的密封，可以避免和减轻由于密封性不好而降低凿岩机的性能。

为了达到上述润滑目的，凿岩机所用的润滑油应具备下述性能：

（1）适宜的黏度。因为凿岩机的工作温差太大，为了保证在任何温度下凿岩机都能够得到较好的润滑，油的黏度必须适应于不同工作温度的要求，即高温时要选用高黏度油，低温时应选用低黏度油。黏度太大，将使阀黏合，造成启动不灵，甚至启动不了；黏度太小，在压气作用下不易形成润滑油膜，同时也降低了密封作用。

（2）对压气气流的乳化作用。因为压气含有较多的水分（从空压机出来的较高温度的压气在管路中流动而冷凝成水滴），而压气经过注油器后又带有大量的雾状油，如果润滑油能够具有抗水洗并且黏附在金属表面上的能力，就会在乳化剂作用下很快形成一种连续性润滑油膜附着在金属表面上，起到润滑和防腐作用。

（3）高的液膜强度（即在两个运动零件表面间受挤压而不破裂的强度）。凿岩机的润滑，一般采用压气经过注油器时，使注油器里的润滑油变成雾状，并随压气进入凿岩机内，润滑各运动零件的表面。具体润滑油的选用要依据工作地条件的不同而确定。

凿岩机工作时所有运动着的零件、部件都需润滑。一般方式是在凿岩机进气管路上连接一个自动注油器，实现自动润滑。YT-23 型凿岩机配用 FY-200A 型自动注油器，该注油器的容量为 200 mL，可供凿岩机工作两小时的油耗，其结构及工作原理如图 3-17 所示。

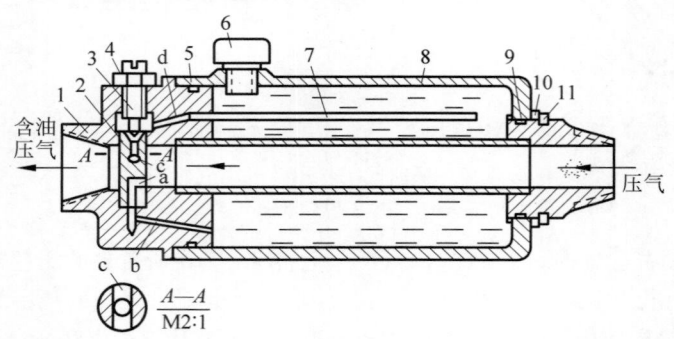

1—管接口；2—油阀；3—调油阀；4—螺帽；5,9—密封圈；6—油堵；7—油管；8—壳体；10—挡圈；11—弹性挡圈。

图 3-17　FY-200A 型自动注油器

当凿岩机工作时，压气从油阀的迎风孔进入注油器内腔后，一部分压气顺孔 a 经孔 b 进入壳体内，对润滑油施加一定压力。同时由于孔 c 的方向与气流方向垂直，故在高速气流的作用下在 c 孔口产生一定负压，使壳体内有一定压力的润滑油沿油管和孔 d 流到 c 的孔口，被高速压气气流带走，形成雾状，送至凿岩机及气腿内部，润滑各运动零部件。可用调油阀调节供油量的大小，YT-23 型凿岩机的润滑油耗油量一般调节为 2.5 mL/min 左右。气动凿岩机所用润滑油，应根据凿岩机冲击频率高低和作业地点的气候条件来选择。

3.3　液压式凿岩机

3.3.1　概述

自 1861 年气动凿岩机开始应用以来，虽然其在矿业开发和开挖工程中发挥了巨大的作用，但由于能耗大、作业环境恶劣等问题，人们一直在寻找新的能量传递介质。早在 1876 年，德国布兰德（V. Brandt）就尝试使用液体传动发明了水力驱动的"凿岩机"，但仅限于旋转式。到了 20 世纪 20 年代，英国多尔曼（Dormann）在斯塔福德（Stafford）制成了一台液压凿岩机，但由于当时技术限制，未能用于生产。

然而，随着技术的不断发展，20世纪60年代开始，液压凿岩机逐渐得到重视，并有多家公司开始研制。1970年，蒙塔贝特（Montabert）公司首先制成第一代可用于生产的液压凿岩机，随后，多个国家也陆续研制出各种型号的液压凿岩机并投放市场。

液压凿岩机一经生产实践，就显示出了其优越性，如能耗大幅度降低、纯钻孔速度提高、作业环境改善、主要零件寿命长、钎具消耗少等，为凿岩作业实现自动化创造了有利条件。

在20世纪70年代，虽然液压凿岩机已显示出其巨大优越性，但各公司仍在不断改进、完善设计，并向系列化迈进。到了80年代，液压凿岩机迅速发展和成熟，市场上出现了多种型号，销售量也大幅度增加。

液压凿岩机的发展趋势是增大冲击功率、改进结构设计和钎具质量、增设反冲装置以及采用智能化控制等，以进一步提高钻孔速度、经济性和精确性。然而，当液压凿岩机钻孔深度超过一定限度后，钻孔精度不易保证，因此，在20世纪90年代又出现了水力潜孔冲击器，作为液压凿岩技术的新发展，它具有节能、高效的优点，并能保证钻孔精度。

各国研制的液压凿岩机投入市场销售的型号近百种，随着市场的竞争，有些公司和产品型号被淘汰了，如瑞典的阿利马克（Alimak）公司20世纪80年代中期还生产6个型号的液压凿岩机，但到80年代后期，已不生产液压凿岩机，转为生产矿山和建筑设备。研制卓有成效的公司则得到了强有力的发展，产品更新换代也很快。目前，在世界液压凿岩机市场上最有竞争能力的是瑞典的阿特拉斯·科普柯公司和芬兰的坦罗克公司，其次是法国的蒙塔贝特公司、埃姆科-塞科马公司，日本的古河矿业株式会社和德国、英国、瑞士等生产液压凿岩机的公司。而瑞典的阿特拉斯·科普柯公司和芬兰的坦罗克公司的液压凿岩设备的销售量占世界销售总量的70%以上。

阿特拉斯·科普柯公司液压凿岩机的结构特点是：

（1）双面回油，活塞细长，冲击端面积与钎尾（杆）的横断面积相近，有利于能量传递，并延长钎具寿命。

（2）设有液压缓冲装置，可防止应力反射波的破坏作用。

（3）独立供水，水压可高达1.8MPa，有利于清渣。

（4）设有2个或3个蓄能器，常用2个高压蓄能器，当1个隔膜损坏时，凿岩机仍能工作，不致中途停钻。

（5）机头处用压缩空气密封，以防污物进入。

坦罗克公司液压凿岩机的结构特点是：

（1）液压凿岩机采用模块化结构，容易拆装，便于检修，每个模块独立进行密封，提高了密封性能。

（2）凿岩机安装在连接隔板上，来自外部的载荷（反射能量及转矩等），通过隔板直接传给钻车的推进器架体，能有效地保护冲击机构。

（3）高、低压回路均装有蓄能器，在大流量的重型凿岩机中采用蓄能器并连接机构。

（4）重型以上凿岩机采用两个回转液压马达，以增加输出转矩。两马达根据需要，可同时使用，也可单独使用。

我国从20世纪70年代初开始研制液压凿岩机。1973年11月研制出第一台样机。几经改进，定名为YYG-80型液压凿岩机，于1976年8月装于CGJ-2Y型全液压掘进钻车上，开始进行工业试验，1980年9月通过部级鉴定。这是我国最早用于生产的第一台液压凿岩机，为芯阀式双面回油型。1975年开始研制采矿型液压凿岩机，1976年研制出第一台样机，经试验后，又做改进设计，定名为TYYG-20型，1980年配制凿岩台架和液压泵站，于1981年进行工业试验，1983年通过部级鉴定。这是我国最早的套阀式后腔回油型液压凿岩机。1976年开始研制芯阀式前腔回油型液压凿岩机，1977年试制出样机，定名为FYYG-20型。经试验，改进为芯阀式后腔回油型YYG-250A型液压凿岩机，1986年通过省级鉴定。同时，70年代以来还研制出YYG-65型液压凿岩机，经多次改进，定名为YYG-90型液压凿岩机。

80年代又研制出 YYG-30 和 YYT-30 型手持式和支腿式液压凿岩机,芯阀式后腔回油型 YYG-90A 型液压凿岩机,CYY-20 型液压凿岩机,YYGJ-145 型液压凿岩机。80年代中期我国又引进了4种液压凿岩机制造技术。据不完全统计,我国已有16家工厂制造并鉴定了近30种各类轻、中、重型的液压凿岩机。属于引进技术的5种,属于消化的4种,国内自行设计的近20种。

我国液压凿岩机型号已经不少。但自己研制的使用数量不多,而且只集中在少数几个型号上,使用几十台至几百台的有 YYG-80、YYT-30、YYG-90A 和 YYG250B 几种型号。后者包括炼铁厂使用的近70台。仿制和引进技术制造的,推广数量较多的有 HYD-200、YZJ-200 等型。自己研制的推广不多,主要是制造质量问题,可靠性较差,致使一些用户对国产液压凿岩机缺乏信心。根据统计,截至1989年年底从国外进口液压凿岩机1200余台,分别用于煤炭、有色、冶金、建材、铁道、水电、化工、地质等部门。

煤炭系统使用液压凿岩机及液压钻车较多,分布在45个矿区,截至1991年年底使用的

液压凿岩机约406台,其中进口的占53.7%。在应用中创出了岩巷掘进新成绩。金属矿山(含有色、黑色、黄金)使用液压凿岩机及液压钻车与煤矿相比数量少些,且集中在少数矿山上,但在生产中也起了重要作用。

20世纪80年代铁路隧道建设中,引进了国外液压凿岩设备,其中液压钻车近百台,液压凿岩机200多台,主要有瑞典阿特拉斯·科普柯公司的 Cop1238 型、芬兰坦罗克公司的 HL438 型、日本古河株式会社的 HD150 型,在京广铁路复线大瑶山隧道、大秦线等隧道建设中发挥了重大作用。也有少数隧道采用了国产液压凿岩设备,如中铁二局在福建前洋隧道掘进中就用了国产 CGJS-2YB 型半断面钻车配 YYG-90A 和 YYG-80 型液压凿岩机。

另外,在水电站的建设、化工矿山生产与建设中,在地质部门也都使用了液压凿岩设备,都取得了好的效果。

3.3.2　液压式凿岩机结构

液压式凿岩机主要由冲击机构、回转机构、钎尾反弹吸收装置和机头部分(内含供水装置与防尘系统等部分)组成,如图3-18所示。

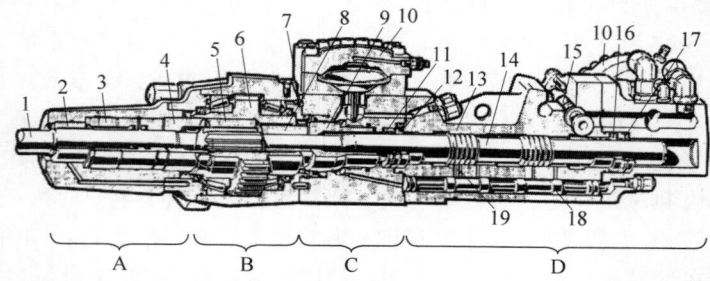

1—钎尾;2—耐磨衬套;3—供水装置;4—止动环;5—传动套;6—齿轮套;7—单向阀;8—转钎套筒衬套;9—缓冲活塞;10—缓冲蓄能器;11,17—密封套;12—活塞前导向套;13—缸体;14—活塞;15—阀芯;16—活塞后导向套;18—行程调节柱塞;19—油路控制孔道;A—机头部分;B—回转机构;C—钎尾反弹吸收装置;D—冲击机构。

图3-18　液压式凿岩机结构

各厂家液压凿岩机的结构都不相同,各有自己的特点,如有带行程调节装置的,也有无此装置的;有中心供水的,有旁侧供水的;缸体内有带缸套的,也有无缸套的。国外几种新型液压凿岩机还设有反冲装置,在卡钎时可起拔钎作用。本章主要叙述一些基本结构。

冲击机构是冲击做功的关键部件,它由缸体、活塞、换向阀、蓄能器等主要部件和导向与密封装置等组成(图3-18)。

活塞是主要传递冲击能量的零件,其形状对传递能量的破岩效果有较大影响。从波动力学理论可知,活塞直径越接近钎尾的直径越

好,且在总长度上直径变化越小越好。图 3-19 为气动和液压凿岩机两种活塞直径的效果比较。由图可知,活塞质量只差 19%,可是输出功率则相差一倍,而钎杆内的应力峰值则减少

了 20%。只从这点出发,双面回油的液压凿岩机活塞断面变化最小,且细长,是最理想的活塞形状。

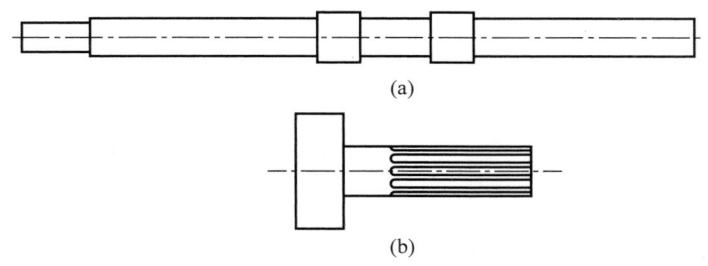

(a)

(b)

参数	气动活塞	液压活塞	差值百分比
活塞质量	7.9 kg	9.4 kg	+19%
冲击末速度	9.8 m/s	10.0 m/s	—
冲击能	379 N·m	470 N·m	+24%
冲击频率	1648 次/min	2600 次/min	+58%
输出功率	10 kW	20 kW	+100%
钎杆中的应力峰值	344 MPa	278 MPa	−20%

(c)

图 3-19　两种活塞直径效果比较

(a) 液压活塞;(b) 气动活塞;(c) 比较列表

液压凿岩机的换向阀有多种形式,概括起来有套阀和芯阀两种,芯阀按形状又可分为柱状阀和筒状阀。对三种换向阀的分析比较见表 3-2。

表 3-2　三种换向阀比较

类　型	柱　状　阀	筒　状　阀	套　阀
结构特点	有单独阀体,阀芯在阀体内运动配油	有单独阀体,阀芯在阀体内运动配油	只有一个套阀,套在活塞上与活塞作同轴运动配油
结构复杂性	是一个部件,由多个零件组成,结构复杂	是一个部件,由多个零件组成,结构复杂	只有一个套阀零件,结构简单,整机尺寸紧凑
耗油量、漏损	按本身要求定尺寸,故尺寸小,耗油量和漏损较小	尺寸稍大,耗油量和漏损比柱状阀略大	受活塞的制约,尺寸较大,耗油量及漏损稍大
工艺性	加工精度、表面粗糙度要求高,加工难度较大,油路比较复杂	加工精度、表面粗糙度要求高,加工难度稍小,油路比较复杂	套阀本身加工工艺性好,缸体加工难度较大
适应性	可制成三通或四通阀	可制成三通或四通阀	只能制成三通阀,适用单面回油的机型

前腔常压油型液压凿岩机是利用差动活塞的原理,故只需用三通滑阀,而双面回油型液压凿岩机则必须采用四通滑阀。三通滑阀的典型结构是三槽二台肩(图 3-20(a)),即阀体上有三个槽,阀芯上有两个台肩。四通滑阀的典型结构是五槽三台肩(图 3-20(b))。三通滑

阀阀芯比四通滑阀阀芯少一个台肩,因而可以做得比较短,从而减小了阀芯质量,这可提高冲击机构的效率。另外三通滑阀只有三个关键尺寸和一条通向液压缸的孔道,结构简单,工艺性好,而四通滑阀则有五个关键尺寸和两个通向液压缸的孔道,结构复杂,工艺性差,因此加工难度大。

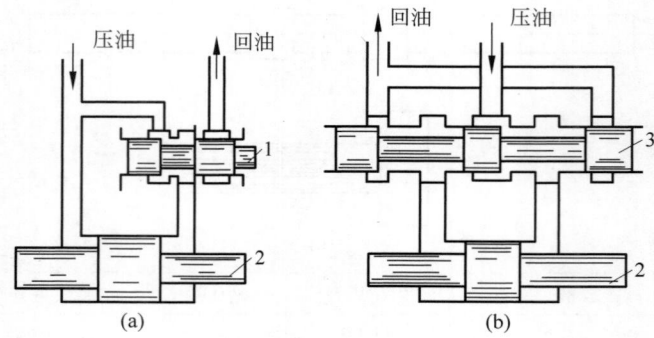

1—三通滑阀;2—活塞;3—四通滑阀。

图 3-20　冲击机构的换向阀结构示意图

(a) 三通滑阀型;(b) 四通滑阀型

冲击机构的活塞只在冲程时才对钎尾做功,而回程时不对外做功,为了充分利用回程能量,需配置高压蓄能器储存回程能量,并利用它提供冲程时所需的峰值流量,以减小泵的排量。此外,由于阀芯高频换向引起压力冲击和流量脉动,也需配置蓄能器吸收系统的压力冲击和流量脉动,以保证机器工作的可靠性,提高各部件的寿命。目前,国内外各种有阀型液压凿岩机都配有一个或两个高压蓄能器。有的液压凿岩机为了减少回油的脉动,还设有回油蓄能器。因液压凿岩机冲击频率较高,故都采用反应灵敏、动作快的隔膜式蓄能器,其典型结构如图 3-21 所示。这种蓄能器对隔膜的要求较高,除了在设计上应注意其结构和形状外,隔膜材料也应选择强度高、弹性好的耐油橡胶或聚氨酯等。

为适应钻凿不同性质的岩石,许多液压凿岩机的性能参数都是可以调节的。现在主要应用活塞行程调节装置来改变活塞的行程,以得到不同的冲击能和冲击频率。这样一台液压凿岩机可适应多种情况的岩石,扩大了液压凿岩机的适用范围。

各型液压凿岩机的行程调节装置的具体结构是不同的,但原理基本上是一样的。现以

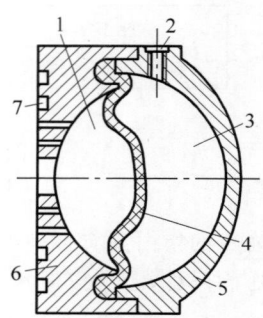

1—蓄油腔;2—充气口;3—氮气腔;4—隔膜;
5—上盖;6—底座;7—密封圈。

图 3-21　隔膜式蓄能器结构

Cop1238 型液压凿岩机的行程调节装置为例加以说明。行程调节装置的工作原理如图 3-22 所示。在行程调节杆上沿轴向铣有三个长度不等的油槽,沿圆周它们互差 120°。当调节杆处于图 3-22(b)所示位置时,反馈孔 A 通过油道与配流阀阀芯的左端面相通,一旦活塞回程左凸肩越过反馈孔 A,活塞前腔高压油就通到阀芯的左端面,同时,活塞右侧封油面也刚好封闭了阀芯右端面与高压油相通的油道,并使其与系统的回油相通,这样阀芯在左端面高压油的作用下,迅速由左位移到右位,于是活塞前腔与回油相通,而后腔与高压油相通,活塞

由回程加速转为回程制动。由于反馈孔 A 是三个反馈孔最左端的一个,所以这种情况下活塞运动的行程最短,输出冲击能最小而频率最高。当调节杆处于图 3-22(c)所示位置时,反馈孔 A 被封闭,活塞行程越过反馈孔 A 并不能将系统的高压油引到阀芯左端面,因而不会引起换向阀换向,只有当活塞越过反馈孔 B 时,阀芯左端面才与高压油相通,使阀芯换向,动作同前。此时活塞行程较前者为长,因此冲击能较高而频率则较低。当调节杆处于图 3-22(d)所示的位置时,反馈孔 A 和 B 都被封闭,只有当活塞回程越过反馈孔 C 时才能引起阀芯换向。在这种情况下,活塞行程最长,冲击能最大,冲击频率最低。

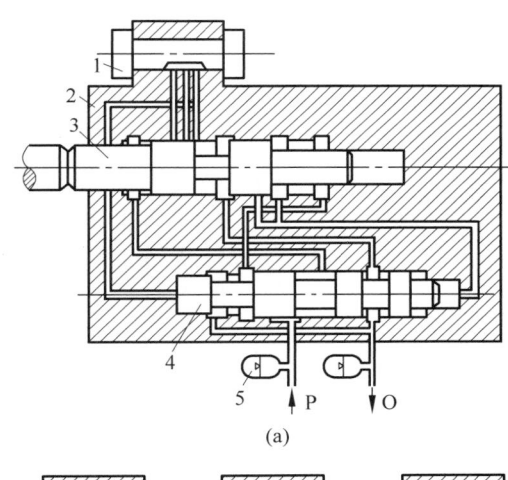

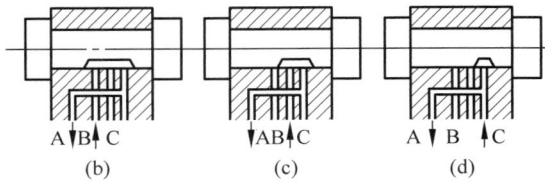

1—调节杆;2—缸体;3—活塞;4—阀芯;5—蓄能器。

图 3-22 Cop1238 型液压凿岩机行程调节原理

Cop1238 型液压凿岩机的行程调节装置是外置的,结构简单,但是分挡调节(分为三挡)。美国 Gardner-Denver 公司生产的 HPR1 型液压凿岩机,则将调节杆改为一控制阀(图 3-23),使其行程调节有一定的连续性,有多种冲击能与频率的配合。该阀右侧与一弹簧相接,左侧则经一减压阀后与系统高压油相通,控制阀的

阀芯位置由左侧的液压力与右侧的弹簧力相互平衡关系来确定。减压阀输出压力越大,阀芯位置越靠右侧,活塞回程加速行程越长,其冲击能越大。

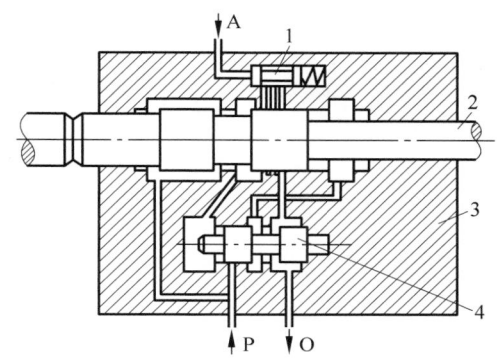

1—控制阀;2—活塞;3—缸体;4—换向阀。

图 3-23 HPR1 型液压凿岩机行程调节原理

缸体是液压凿岩机的主要零件(图 3-18 中的件号 13),体积和质量都较大,结构复杂,孔道和油槽多,要求加工精度高。有的厂家为了简化缸体工艺,加工两三个缸套,而每个缸套较短,加工精度容易保证。也有的厂家把缸体分为两段,以保证加工精度。

活塞两端(前、后)都有导向套(也称支承套)支承(图 3-18 中的件号 12 和 16)。其结构有整体式和复合式两种。前者加工简单,后者性能优良。目前国内自己研制的多用整体式,少数用复合式(如 DZYG38B 型液压凿岩机的导向套)。

回转机构主要用于转动钎具和接卸钎杆。在液压凿岩机中,因输出转矩较大,故主要采用独立外回转机构。用液压马达驱动一套齿轮装置,带动钎具回转。因摆线液压马达的体积小、转矩大、效率高,故液压凿岩机回转机构中普遍采用这种马达。转钎齿轮一般采用直齿轮。典型的齿轮回转机构如图 3-24 所示。

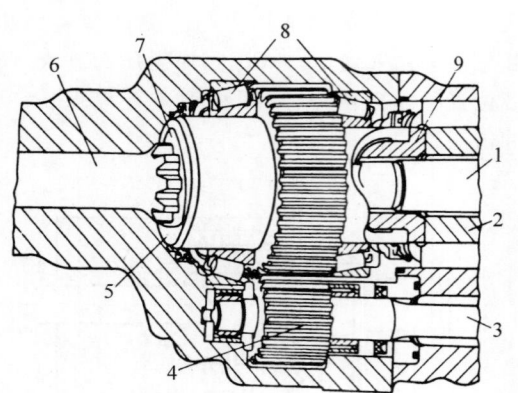

1—冲击活塞；2—缓冲活塞；3—传动长轴；4—小齿轮；5—大齿轮；6—钎尾；7—三变形花键套；8—轴承；9—缓冲套筒。

图 3-24　齿轮回转机构

图 3-24 的液压马达放在液压凿岩机的尾部，通过长轴 3 传动回转机构，也有的液压凿岩机不用长轴，而是把液压马达的输出轴直接插入小齿轮内。回转机构的润滑一般采用油雾润滑。

在冲击凿岩过程中，必然存在钎尾的反弹。为防止反弹力对机构的破坏，液压凿岩机都设有反弹能量吸收装置，其工作原理如图 3-25 所示，其位置与结构见图 3-26 中的件号 6。反弹力经钎尾 1 的花键端面传给回转卡盘轴套 2，轴套 2 再传给缓冲活塞 3，缓冲活塞的锥面与缸体间充满液压油，并与高压蓄能器 5 相通。这样，高压油可起到吸能和缓冲作用，避免了反弹力直接撞击金属件，影响凿岩机和钎杆的寿命。

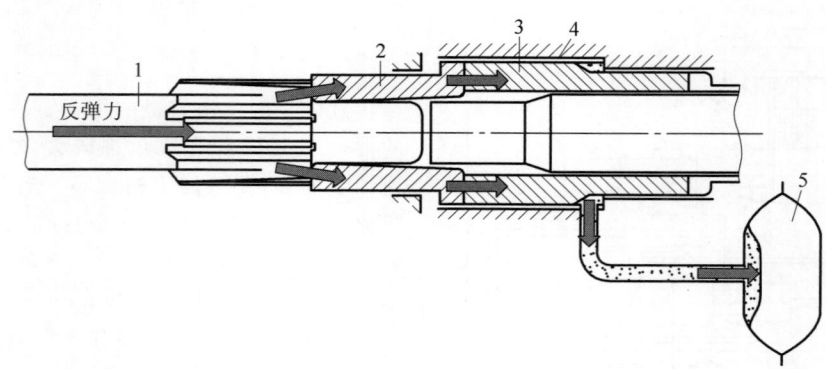

1—钎尾；2—回转卡盘轴套；3—缓冲活塞；4—缸体；5—高压蓄能器。

图 3-25　钎尾反弹能量吸收装置原理

地下用液压凿岩机都用压力水作为冲洗介质。露天大型液压凿岩机向下穿孔时，多用压缩空气作为冲洗介质（带捕尘装置），这与潜孔钻是相同的。本节只介绍压力水作为冲洗介质的装置。

压力水从凿岩机后部的注水孔通过水针从活塞中间孔穿过，进入前部钎尾来冲洗钻孔。这与一般的气动凿岩机中心供水方式是相同的。这种供水方式的优点是结构紧凑，机头部分体积小，但密封比较困难，容易漏水，冲走润滑油，造成机内零件严重磨损。而且由于水针和钎尾中心孔的偏心，使水针密封圈的寿命降低。旁侧供水装置是液压凿岩机广泛采用的结构。冲洗水通过凿岩机前部的供水套进入钎尾的进水孔去冲洗钻孔，其结构如图 3-26 的左侧所示。旁侧供水由于水路短，易实现其密封，而且冲洗水压可达 1 MPa 以上，且即使发生漏水也不会影响凿岩机内部的正常润滑。缺点是机头部分增加了长度。

冲击机构有自己的液压油作为运动副的润滑，而回转机构和机头部分则需防止灰尘和岩粉进入机器内部，损伤机器，并造成液压油的污染。因此，各部分都设有润滑与防尘系统。一般由钻车上的一个小气泵产生压气（约 0.2 MPa），经注油器后，将具有一定压力的油雾供给回转机构和机头的支承套等润滑部位，然后从机头部分向外喷出，以防止粉尘和污物进入机体。Cop 系列液压凿岩机的润滑与防尘系统示意如图 3-27 所示，其结构见图 3-26 中的箭头与通道。

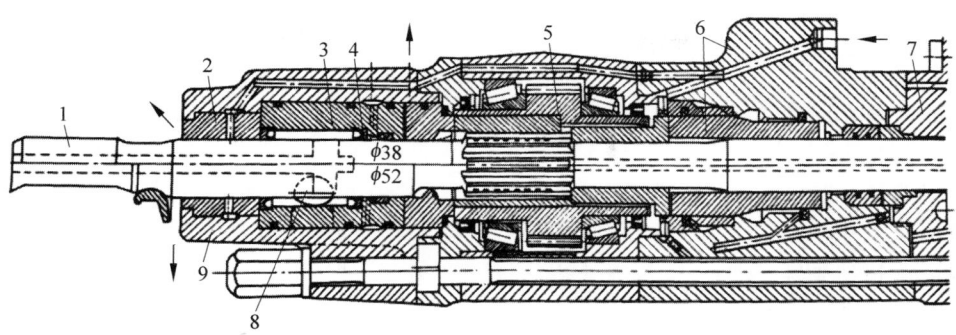

1—钎尾；2—耐磨支撑套；3—不锈钢供水套；4—密封；5—回转机构；6—反弹能量吸收装置；7—冲击机构缸体；8—供水套进水口；9—机头润滑防尘系统。

图 3-26 供水、转钎、反弹能量吸收装置结构

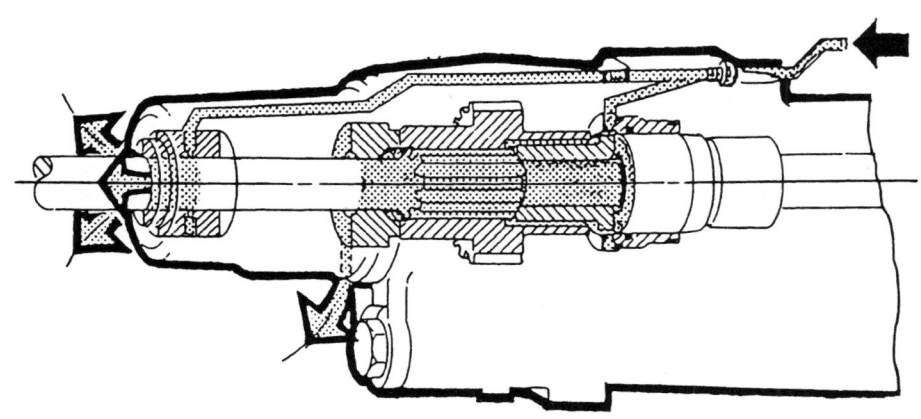

图 3-27 润滑与防尘系统

在一些新的重型液压凿岩机上，为了深孔凿岩时防止钎杆卡在钻孔内拔不出来，在供水装置前面加一反冲装置。其结构如图 3-28 所示。油腔 1 经可调节流阀始终与高压油相通，回油接头 2 经管路与二位二通阀 3 相连。当钎杆卡在炮孔内时，系统通过液控油路 4，使二位二通阀 3 换向，关闭回油路，油腔 1 内形成高压油，推动反冲活塞 6 向右运动，反冲活塞 6 则经钎尾 7 的台肩，施加一个拔钎力，使钎杆从钻孔中退出。正常凿岩时，油腔 1 内的油压力较低，允许钎杆移动进行凿岩作业。

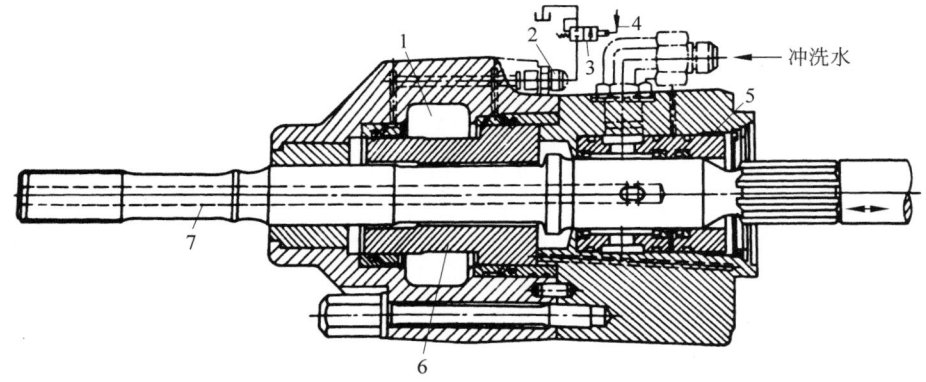

冲洗水

1—油腔；2—回油接头；3—液控二位二通阀；4—阀 3 的液控油路；5—供水套；6—反冲活塞；7—钎尾。

图 3-28 Cop1838MEX 型液压凿岩机的反冲装置

3.3.3　液压式凿岩机工作原理

后腔回油前腔常压油型液压凿岩机冲击工作原理：此型液压凿岩机是通过改变后腔的供油和回油来实现活塞的冲击往复运动的，其工作原理如图 3-29 所示。其配流阀（换向阀）采用与活塞作同轴运动的三通套阀结构。当套阀 4 处于右端位置时，缸体后腔与回油 O 相通，于是活塞 2 在缸体前腔压力油 P 的作用下，向右作回程运动（图 3-29(a)）。当活塞 2 超过信号孔位 A 时，使阀 4 右端推阀面 5 与压力油相通，因该面积大于阀左端的面积，故阀 4 向

左运动，进行回程换向，压力油通过机体内部孔道与活塞后腔相通，活塞向右作减速运动，后腔的油一部分进入蓄能器 3，一部分从机体内部通道流入前腔，直至回程终点（图 3-29(b)）。由于活塞台肩后端面大于活塞台肩前端面，因此活塞后端面作用力远大于前端面作用力，活塞向左作冲程运动（图 3-29(c)）。当活塞越过冲程信号孔位 B 时，阀 4 右端推阀面 5 与回油相通，阀 4 进行冲程换向（图 3-29(d)），为活塞回程做好准备，与此同时活塞冲击钎尾做功，如此循环工作。

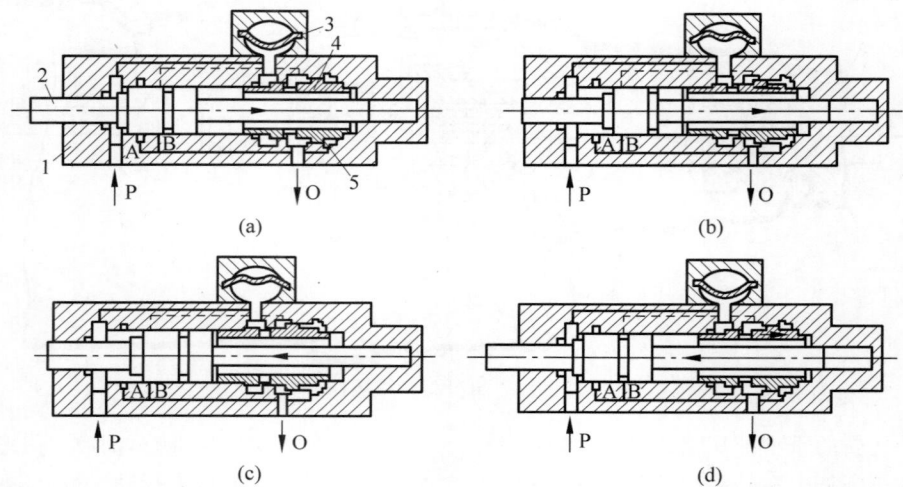

1—缸体；2—活塞；3—蓄能器；4—套阀；5—右推阀面；A—回程换向信号孔位；B—冲程换向信号孔位；
P—压力油；O—回油。

图 3-29　后腔回油套阀式液压凿岩机冲击工作原理
(a) 回程；(b) 回程换向；(c) 冲程；(d) 冲程换向（冲击钎尾）

后腔回油芯阀式液压凿岩机冲击工作原理与上述相同，只是阀不套在活塞上，而是独立在外面，故又称外阀式，如图 3-30 所示。工作过程不再赘述。

前腔回油后腔常压油型液压凿岩机冲击工作原理：此型液压凿岩机是通过改变前腔的供油和回油来实现活塞的往复冲程运动的，也有套阀和芯阀两种。图 3-31 所示为套阀式的工作原理。当套阀 B 处于下端位置时，高压油经高压油路 1 进入缸体前腔，由于活塞前端受压面积大于后端受压面积，故推动活塞 A 克服

其后端的常压面上的压力而向上作回程运动（图 3-31(a)）。当活塞 A 退至预定位置时，活塞后部的细颈槽将推阀油路 2 和回油腔 3 连通，使套阀 B 的后油室 4 中的高压油排回油箱，套阀 B 向上运动而切断缸体前腔的进压油路，并使前腔与回油路 5 接通，活塞受到后端（上端）常压油的阻力而制动，直到回程终点。然后活塞在后腔高压油的作用下，向下作冲程运动（图 3-31(b)）。当向下运动到预定位置时，活塞后部的细颈槽使推阀油路 2 与回油腔 3 切断，并与缸体后腔接通，高压油经推阀油路

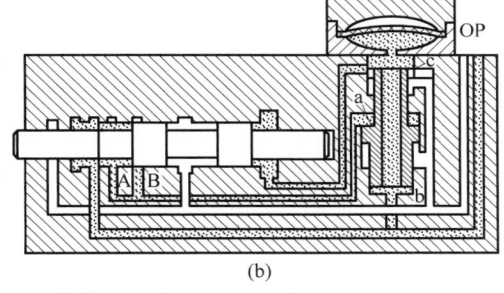

1—缸体；2—活塞；3—蓄能器；4—阀芯；A—回程换向信号孔位；B—冲程换向信号孔位。

图 3-30 后腔回油芯阀式液压凿岩机冲击工作原理

（a）回程；（b）冲程

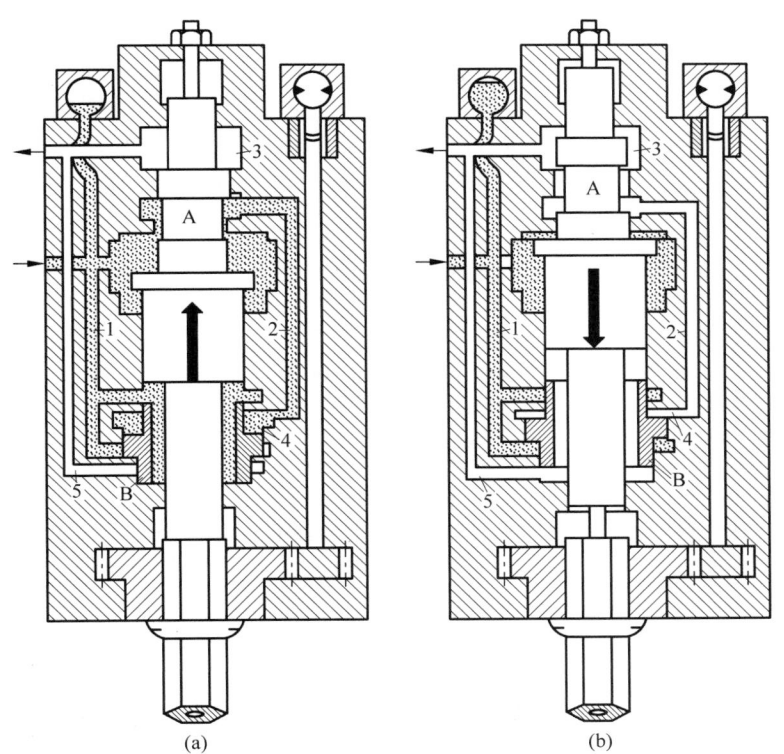

1—高压油路；2—推阀油路；3—回油腔；4—套阀后油室；5—回油路；A—活塞；B—套阀。

图 3-31 前腔回油套阀式液压凿岩机冲击工作原理

（a）回程；（b）冲程

2 进入套阀 B 的后油室 4,推动套阀 B 克服其前油室的常压向下运动,从而使缸体前腔与回油路 5 切断,并与高压油路 1 接通,与此同时,活塞 A 打击钎尾做功,完成一个冲击循环。

因活塞冲程最大速度远大于回程最大速度,故此型液压凿岩机的瞬时回油量远大于后腔回油的瞬时流量,既造成回油阻力过大,又使其压力波动过大,缺点显著,现已被淘汰。此型芯阀式的冲击工作原理就不介绍了。

双面回油型液压凿岩机冲击工作原理:此类液压凿岩机都为四通芯阀式结构,采用前后腔交替回油。冲击工作原理如图 3-32 所示。

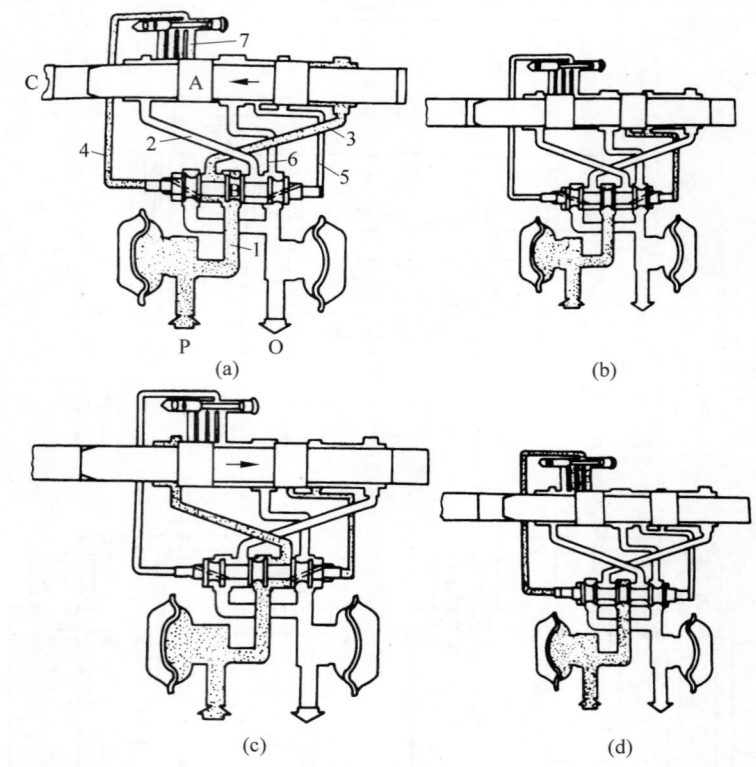

1—高压油路;2—前腔通道;3—后腔通道;4—前推阀通道;5—后推阀通道;6—回油通道;7—信号孔通道;
A—活塞;B—阀芯;C—钎尾。

图 3-32 双面回油型液压凿岩机冲击工作原理
(a)冲程;(b)冲程换向;(c)回程;(d)回程换向

在冲程开始阶段(图 3-32(a)),阀芯 B 与活塞 A 均位于右端,高压油经高压油路 1 到后腔通道 3 进入缸体后腔,推动活塞 A 向左(前)作加速运动。活塞 A 向前至预定位置,打开后推阀通道口(信号孔),高压油经后推阀通道 5,作用在阀芯 B 的右端面,推动阀芯 B 换向(图 3-32(b)),阀左端腔室中的油经前推阀通道 4、信号孔通道 7 及回油通道 6 返回油箱,为回程运动做好准备。与此同时,活塞 A 打击钎尾 C,接着进入回程阶段(图 3-32(c));高压油

从进油路 1 到前腔通道 2 进入缸体前腔,推动活塞 A 向后(右)运动;活塞 A 向后运动打开前推阀通道 4 时(图中缸体上有三个通口称为信号孔,为调换活塞行程用的),高压油经前推阀通道 4,作用在阀芯 B 左端面上,推动阀芯 B 换向(图 3-32(d)),阀右端腔室中的油经后推阀通道 5 和回油通道 6 返回油箱,阀芯 B 移到右端,为下一循环做好准备。

无阀型液压凿岩机冲击工作原理:该类型液压凿岩机没有专门的换向阀,而是利用活塞

运动位置的变化自行配油。其特点是利用油的微量可压缩性,在容积较大的工作腔(缸体的前、后腔)及压油腔中形成液体弹簧作用,使活塞在往复运动中产生压缩储能和膨胀做功。其冲击工作过程如图 3-33 所示。

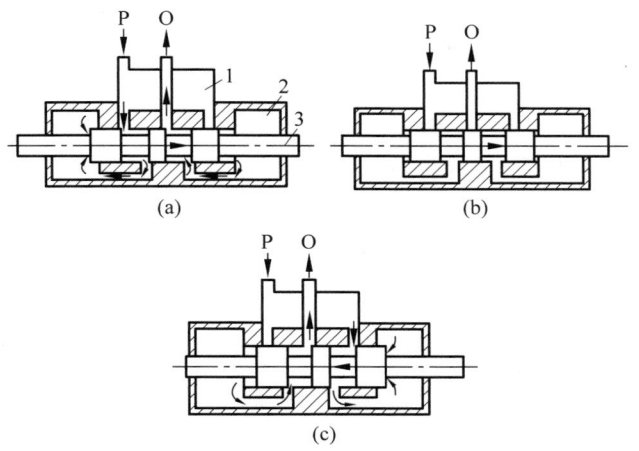

1—压油腔；2—工作腔；3—活塞；P—压力油；O—回油。

图 3-33　无阀型液压凿岩机冲击工作过程
(a)回程；(b)前腔膨胀,后腔压缩储能；(c)冲程

图 3-33(a)为回程开始情况,这时缸体前(左)腔与压力油相通,后(右)腔与回油相通,于是活塞向右作回程运动。当活塞运行到图 3-33(b)的位置时,缸体的前腔和后腔均处于封闭状态,形成液体弹簧。由于活塞的惯性与前腔高压油的膨胀,使活塞继续作回程运动。这时缸体后腔的油液被压缩储能,压力逐渐升高,直到活塞使前腔与回油相通,后腔与压油相通,如图 3-33(c)的位置,活塞开始向左作冲程运动。活塞运动到一定位置,缸体前后腔又处于封闭状态,形成液体弹簧,活塞冲击钎尾做功。同时缸体的前腔与压油相通,后腔与回油相通,又为回程运动做好准备,如此不断往复循环。

此型液压凿岩机的特点是:只有一个运动件,结构简单;但由于利用油液的微量压缩性,故其工作腔容积较大,致使机器尺寸、质量均增大;为了不使工作腔容积过大,就得限制每次的冲击排量,使活塞行程减小,冲击能减小,要达到一定的输出能量,只得提高冲击频率。但对凿岩作业来说,在一定范围内,破岩比能随冲击能加大而减小,过高频率也未必有利,故未见到这种凿岩机在凿岩作业中推广。为了解决上述问题,国内有一种加蓄能器的方案,既可提高效率,又可减小尺寸,但还未经生产实践考验。

3.4　凿岩台车

3.4.1　概述

凿岩台车(也称钻孔台车)是将一台或几台凿岩机连同推进器安装在特制的钻臂上,并配以底盘进行凿岩作业的设备,它适用于巷道断面为 $20\sim150$ m^2 的场合,是一种集机械、液压及电气系统于一体的现代开采、凿岩设备,在矿山、巷道、隧道以及地下施工中应用广泛。该设备不仅大大减少了施工人员的体力消耗,提高了钻孔作业效率,改善了施工作业条件,而且极大提高了作业的自动化水平。凿岩台车具有钻孔速度高、定向性好、机动性强、作业效率高和劳动强度低等优点。随着科学技术的迅猛发展,凿岩台车技术也有很大提高,从体力手持式钻孔到台车机械化、自动化钻孔,将施工作业人员从条件恶劣、劳动繁重的凿岩工作中解放了出来,在地下施工中,凿岩台车

发挥着越来越重要的作用,它对改善施工条件、减小劳动强度、加快施工进度、提高施工质量,都具有十分重要的意义。

1. 国外凿岩台车的发展现状

国外凿岩台车的发展较早,始于20世纪70年代,早在1972年,挪威的工程合网公司(2004年更名为Skanska NorWay AS)开始进行了隧道凿岩台车的自动控制研究,并于1978年试制出第一台样机。紧接着在1978年,挪威Furuholmen公司开始着手计算机控制凿岩研究,并于1987年研制出全自动微机控制凿岩台车。

之后挪威Tjurjuholmend公司也开发了凿岩过程微机控制系统。挪威Bever公司最后还专为计算机控制的钻车开发了Bever全自动数据导向系统。该系统的硬件主要由测量钻臂关节变量的传感器、机载计算机以及有关数据转换装置组成。系统软件则包括隧道制图软件、用于车体定位的激光束信息控制软件和钻臂自动定位与凿岩控制软件等。该系统如今已批量生产,成为全世界凿岩台车及机器人的生产厂家中使用最多的数据导向系统。如挪威的Bever公司、电子公司和AMV公司,芬兰的坦罗克公司,瑞典的Atlas Copco公司等在1987年后生产的计算机控制凿岩台车基本上装备的是Bever全自动数据导向系统。

1987年,瑞典Atlas Copco公司的Robot Boomer型凿岩机器人在瑞典基律纳铁矿投入使用。该公司当年就有Robot Boomer131型、135型、185型凿岩机器人和Simba H222型、269-2型及H250型微机控制采矿凿岩钻车投放市场。之后又在1995年推出W469型凿岩机器人,在1998年推出了Rocket BoomerM2C和L2G型凿岩机器人。在1973年,日本东洋公司也开始研制凿岩机器人,并于1982年研制出THMJ-2350-AD(四臂)和THCJ-2-AD(两臂)两种全自动液压凿岩钻车样机。日本的古河公司也开发了JTH-2A-135凿岩机器人。在1989年,日本还公布了一项"凿岩台车钻孔自动定位控制系统"的专利,提出一种将炮孔位置从工作断面的直角坐标系转换成钻臂球面坐标系的快速方法。

在20世纪80年代,法国Secoma公司也研制出Secoma70型程序凿岩钻车以及装有电子调节装置的SecomaATH22和MTH35型凿岩钻车。这家公司所研制的Robofore型凿岩机器人将钻臂的一次定位时间由一般的25～30 s减少到10 s,并且炮孔位置误差不大于1cm,直接降低采矿成本20%。20世纪80年代,美国的Ingesroll-Rand公司也相继推出一系列装有Bever全自动数据导向系统的凿岩机器人,分别是ZIGBeee-CR型和AMV3GBC-cc型。

现如今国外研制生产液压台车的厂家主要有瑞典Atlas Copco公司(阿特拉斯-科普柯)、Sandvik公司(山特维克)和日本FURUKAWA公司(古河)等。图3-34所示为阿特拉斯·科普柯于2012年推出的boomerXE3C三臂凿岩台车,在收购英格索兰后,其产品销售量一直占据全球第一的宝座,自2017年,又相继推出DT1131、DT1231、DT1131i、DT1231i等型号凿岩台车。山特维克收购汤姆洛克后,其产品技术水平与质量已经被业内认为是全球第一,这两家公司生产的凿岩台车占全球产量一半以上。

图3-34 阿特拉斯·科普柯 XE3C 三臂凿岩台车

2. 国内凿岩台车的发展现状

我国液压凿岩机的研制工作起步是比较早的,20世纪60年代,我国株洲东方工具厂等即开始研制液压凿岩机。并于80年代末达到高潮,之后逐渐沉寂,直到21世纪又开始逐渐兴起。

从2012年至今,国内各大品牌制造商,针对隧道、煤及非煤矿山巷道施工的以液压凿岩机为核心的面向掘进炮孔、锚杆孔、中深孔等工艺推出了各类规格、多品种的液压凿岩钻车。巷道断面面积覆盖从10 m²到200 m²,钻臂数量从1个到3个。

2016年,我国铁建重工特种装备事业部研制了国内首台电脑三臂凿岩台车(图3-35),并于中国最长的运煤通道——蒙华铁路(总长15 390 m)的九岭山隧道进行施工作业。较以往采用人工爆破的方式相比,施工人员可由原来的20多人减少到2人,工效可由4 h缩短为2 h。月施工226 m,其中,最高日进尺可达8.25 m,单循环最大进尺达4.5 m,单孔最大速度5 m/min,最快钻孔速度2.6 h/循环。

图3-35 铁建重工 ZYS113 三臂凿岩台车

2017年,江西鑫通机械制造有限公司一台DW3-180三臂凿岩台车(图3-36)和一台DW2-100双臂凿岩台车并排使用于中交集团二公局龙丽温项目燕子山隧道,隧道长2650m,断面12 m×9 m,为双线隧道。该施工作业实现开挖施工作业人员从18人减少到3人,单孔人工钻孔速度从0.3 m/min提高到4 m/min,较传统全断面人工钻孔时间4 h有了大幅度提升,开挖钻孔噪声从118.7 dB降减至96.4 dB,开挖用电量从396 kW·h/h降至180 kW·h/h。

同年,徐工铁路装备有限公司自主生产的TZ3A三臂凿岩台车交付杭绍台高速大盘山隧道,统计班数38个,共掘进尺144 m,锚杆班共打24个,超前完成工作计划。掘进进度提高近1/3,人工成本降低约2/3,能耗降低近1/2。

2018年,铁建重工 ZYS 全智能系列凿岩

图3-36 江西鑫通 DW3-180 三臂凿岩台车

台车已采用数字化的智能控制系统,可将提前设计好的钻孔布置图导入凿岩台车。控制系统实现自动开孔、防卡钎、自动停机、自动退钎。可实现台车自动定位和臂架姿态自动移位调整。在郑万高铁高家坪隧道自动布孔、自动凿岩,爆破效果良好。

我国液压凿岩机及台车的发展走的是自主研发与引进国外先进技术相结合的道路,多年来的发展与探索已经形成了自己的产品规格与系列,达到了一定水平。但是,国内液压凿岩机与国际先进水平尚存在一定差距,引进机型现在尚未完全国产化,其关键零部件仍依赖进口。所以当前我们应该提高自主创新能力,缩小品质差距,在技术层面上,加强关键零部件的研发,形成多规格、性能稳定、可持续发展的优质凿岩台车。

3. 凿岩台车发展趋势

随着电液比例技术和自动化技术的发展及其在凿岩台车上的应用,凿岩台车呈现出从机械化向自动化、环保化、多样化发展的趋势。

1) 自动化程度不断提高

随着液压控制和电子技术的发展和应用,凿岩循环已实现自动化,即自动开孔、防卡钎、自动停机、自动退钎、台车和钻臂自动移位与定位以及遥控操作系统等,这种全自动台车常被称为凿岩机器人。采用全自动化台车施工,至少有如下四个明显优点:一是可以大幅度提高爆破后断面的精度,有效控制超、欠挖量;二是减少钻孔时移位的辅助时间;三是可以提高凿岩速度、爆破效果;四是明显改善劳动条件,提高劳动效率。

2) 环保化趋势明显

为了降低工作环境噪声,保护操作人员的

健康,一般选用液压凿岩机。这是因为液压凿岩机噪声小,不排出油雾和有害气体,而且与气动凿岩机相比,具有动力消耗少、能量利用率高、凿岩效率高等特点。液压凿岩机尽管没有排气噪声,但其产生的噪声声压级仍高于 90 dB(A),且声能主要集中于 $1\sim5$ kHz 频率段,没有超出人耳敏感频率范围。若不采取防护措施,液压凿岩机噪声还是会对施工人员的身体造成一定伤害。目前降低液压凿岩机械的噪声措施主要有:一是对液压凿岩机进行优化升级或技术改造;二是采用远距离有线、无线控制装置进行远距离操作;三是设计隔音驾驶室,以进一步降低噪声。

3) 向两极化发展

目前凿岩台车一方面向大型化方向发展,另一方面趋向小型化,在 30 m² 左右及 30 m² 以上大断面巷道,需要采用多钻臂大型台车。日本古河矿业公司曾设计制造了一台 9 钻臂大型液压凿岩台车,台车上安装 8 台 HD100 型及 1 台 HD200 型液压凿岩机,有效地提高了作业效率,实践证明,在大断面巷道工程中,采用多钻臂大型台车的成效十分显著,在断面 4 m² 左右或 10 m² 以下的掘进巷道中推广使用凿岩机械,法国、瑞典、英国、芬兰等国先后推出了小型自行凿岩台车,其钻孔深度为 2 m 左右,最深可达 3.9 m。小型凿岩台车上仅安装一个钻臂,不采用复杂的自控系统,操作简单方便。采用小型台车可以扩大液压凿岩机的使用范围,提高井下采掘工程的机械化水平、工作效率及作业安全性。

3.4.2 凿岩台车的分类及结构

1. 凿岩台车的分类

凿岩台车是用于隧道及地下工程采用钻爆法施工的凿岩设备,它能移动并支持多台凿岩机同时进行钻眼作业。为适应条件复杂多变的工况环境,如今的凿岩台车发展出了不同类型,根据不同的条件拥有不同的分类方法,但主要有以下几种分类方法。

1) 按动力系统分

按动力系统的不同,凿岩台车可分为风动式与液压式(图 3-37 和图 3-38),风动式凿岩台车在凿岩过程中由空压机提供动力,液压式凿岩台车由电动机驱动液压泵提供液压动力。

图 3-37 风动式

图 3-38 液压式

2) 按行走方式分

按行走方式的不同,凿岩台车可分为拖式与自行式(图 3-39 和图 3-40)。与自行式凿岩台车不同,拖式凿岩台车自身没有动力,需要额外的车辆来对其进行拖挂行驶。

图 3-39 拖式

图 3-40 自行式

3）按行走装置分

按行走装置的不同，凿岩台车可分为轨行式、轮胎式、履带式（图 3-41、图 3-42 和图 3-43）。

图 3-41　轨行式

图 3-42　轮胎式

图 3-43　履带式

4）按钻臂数量分

按钻臂数量的不同，凿岩台车可分为单臂式、双臂式、多臂式（图 3-44、图 3-45 和图 3-46）。

图 3-44　单臂式

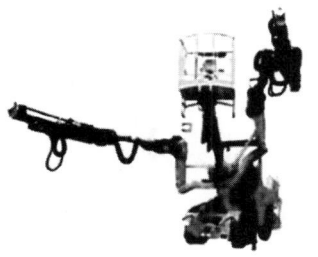

图 3-45　双臂式

图 3-46　多臂式

除以上几种分类方式外，按隧道开挖断面的不同，凿岩台车可分为全断面台车、半断面台车及导坑台车；按台车车架形式的不同，凿岩台车可分为门架式和框架式。

2．凿岩台车的结构组成

凿岩台车主要由推进机构 1、凿岩机 2、钎具 3、钻臂及托架 4、钻车底盘 5、控制系统 6 等部分组成，如图 3-47 所示。

1）底盘

凿岩台车的底盘有轨轮式、履带式和轮胎式多种不同行走机构。轨轮式底盘由直流电机或液压马达驱动，其优点是结构简单、工作可靠、使用寿命长、适应软岩巷道。不足之处在于调动不灵活、错车不方便，且转弯受巷道曲率半径限制。

履带式底盘由液压马达驱动，其优点是调动灵活、工作可靠、爬坡能力强，可用于倾角较小的巷道，不足之处在于结构复杂、履带易磨损、使用寿命较短，在软岩巷道中使用困难，在有轨巷道中使用存在压轨问题。

轮胎式底盘由液压马达驱动或柴油机驱动，其优点是调动灵活、工作可靠，不易压坏胶管和电缆，不足之处在于结构较复杂、轮胎易磨损、使用寿命较短。

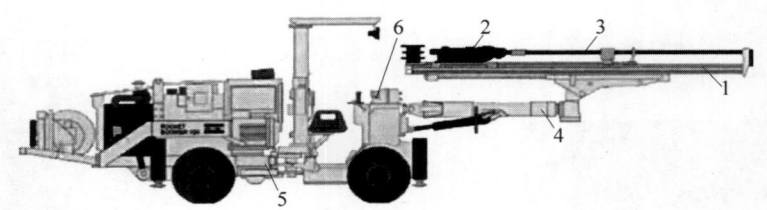

1—推进机构；2—凿岩机；3—钎具；4—钻臂及托架；5—钻车底盘；6—控制系统。

图 3-47　凿岩台车的结构组成

2）钻臂

钻臂是凿岩台车的核心部件，它支撑着凿岩机按规定的炮孔位置打孔，又是给予凿岩机一定推进力的机构，它还可以用来提举重物，如组装拱形支架、装药等，因此也可以称为台车的机械手。钻臂是独立的可装拆部件，用钻臂的系列组件可装配成各种钻孔台车，如将同一种标准钻臂安装在不同的行走底盘上，或在不同的底盘上装上不同数量的同一种标准钻臂，都可以构成不同形式的凿岩台车。因此，许多设计和制造钻孔台车的单位，都着重研究改进钻臂的结构和性能。随着液压技术的不断发展，采用以液压为动力的液压钻臂（图 3-48）已形成定型化、系列化，而且其机械化、集中操控的程度也在逐步提高。

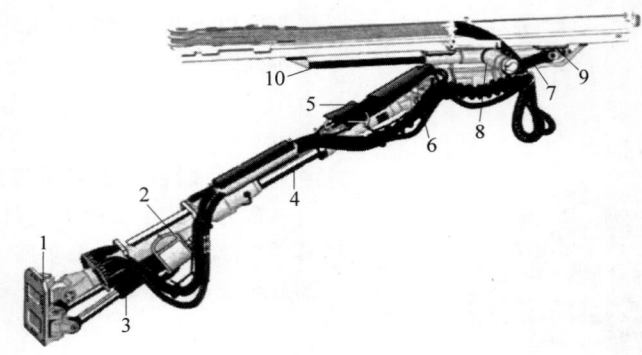

1—钻臂座；2—钻臂体；3—钻臂后部油缸；4—伸缩装置；5—钻臂前部油缸；6—弹性膨胀销轴；7—俯仰液压缸；8—推进器翻转装置；9—推进器托架；10—补偿液压缸。

图 3-48　凿岩台车钻臂构成

为了获得良好的爆破效果，要求工作面炮孔有较好的平行精度，因此钻臂设有平动机构，钻臂移位时推进器保持平行移动。平动机构的形式有机械自动平行式、电液自动平行式和液压自动平行式。机械自动平行式虽然结构简单、制造容易，但是体积较大而笨重。液压自动平行装置是国内外使用较广的一种形式，它的特点是尺寸小、质量小、结构紧凑、操作灵活和维修方便。臂杆都是悬臂的，它支撑着凿岩机、推进器，并可以把它们送到需要的空间位置。臂杆除了承受装在它上面设备重力和自身重力外，还要经受凿岩时推进反力及凿岩冲击反力。其承受的是偏心载荷，因此臂杆要求有足够的强度和刚度。尤其是近年来，为提高巷道掘进效率，采用了重型凿岩机、长钻杆、高频冲击等技术以后，这一点显得尤为重要。

3）推进机构

推进机构同样为凿岩台车的关键工作机构，推进机构的主要作用是承载凿岩机，控制凿岩机和钎杆的推进和后退，顺利实现凿岩钻孔的功能。目前，国内外凿岩台车推进机构的主要推进方式有三种：①液压缸（或气缸）-钢丝绳推进；②液压马达（或气动马达）-减速机-链条推进；③液压马达（或气动马达）螺杆推进。三种推进方式各有优缺点，液压缸（或气缸）-钢丝绳推进方式结构简单，制造方便且成本低，在工地施工中应用良好，使用较多，但同时钢丝绳存在弹性伸缩，导致推进和后退控制精度低。链条和螺杆结构解决了上述精度低的问题，但同时存在结构复杂、制造麻烦、成本

高及增加推进机构的质量等缺陷。

马达螺杆式推进器（图 3-49）由马达、导轨、丝杠等组成。作业时紧顶在掌子面上，以增加导轨的稳定性，马达可正转和反转，使传动丝杠作相应的转动。丝杠只能转动不能移动，与丝杠相啮合的传动螺母作前后移动。凿岩机是固定在传动螺母上的，所以螺母作前后移动时，凿岩机也随着前进或后退。

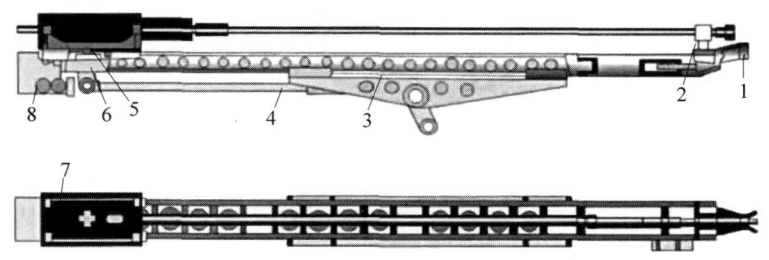

1—顶头；2—夹钎器；3—导轨；4—补偿液压缸；5—螺母；6—丝杠；7—凿岩机底座；8—马达。

图 3-49　马达螺杆式推进器

4) 凿岩机托架

凿岩机托架是支撑凿岩机及推进装置的，它能使凿岩机在水平面内摆动、垂直面上倾斜（又称俯仰），以扩大台车的钻凿范围。托架形式主要有横臂式、纵臂式两种。

横臂式托架由横臂座、横臂、导轨托架、摆动液压缸和倾斜液压缸组成。横臂为圆柱形，它穿过横臂座，依靠倾斜液压缸的伸缩而转动，从而带动导轨托架和安装在它上面的凿岩机一起在垂直面内（凿岩机纵向平面）转动。横臂外悬固定在钻臂前端。水平摆动液压缸和倾斜液压缸，用于驱动导轨托架和凿岩机一起在水平面内摆动及倾斜。纵臂式托架采用纵向承托，凿岩机、推进器的重力以及凿岩反力与钻臂的力臂短，因此钻臂的受力情况得到了有效改善，工作稳定性好。托架在结构上具有三个安装倾斜液压缸活塞杆的位置，从而扩大了钻孔范围（可以钻凿向上垂直炮孔）。通常在托架前端部增加一个外张机构，以利于打巷道周边炮孔。

5) 凿岩机

凿岩机是一种用于钻凿小直径岩石孔的

凿岩设备，具有冲击、回转机构。按动力不同，凿岩机可分为气动凿岩机、液压凿岩机、电动凿岩机、内燃凿岩机四种。其中，凿岩台车应用的凿岩机主要有两种，分别是气动凿岩机、液压凿岩机。

3.4.3　凿岩台车液压系统

液压系统是以油液为工作介质，利用油液的压力能并通过控制阀门等附件操纵液压执行机构工作的一套装置。当今世界上凿岩台车的主要动作还由其液压系统来控制，通过液压系统的执行元件及与其相连的机械装置来实施凿岩功能。据液压凿岩台车的主要功能动作和相应的控制回路，其液压系统可以划分为钻进系统、工作装置定位系统、底盘液压系统以及冲渣和吹洗系统。

1. 钻进系统

该系统主要由冲击、回转、推进的液压元件组成，其组成部分及原理如图 3-50 所示。柱塞泵 1（AV 100 型）供给的压力油其中一路经单向阀进入冲击阀组 5 的主阀，油路的最高压力为 280 bar（1 bar＝0.1 MPa），由安全阀 22（280 bar）

控制,减压阀 32(35 bar)提供先导液控压力,先导油路分两路提供给冲击电磁阀 24(Y101A)

和 33(Y101B),Y101 先导电磁阀为两位三通电磁阀,提供给主阀换向的压力油。

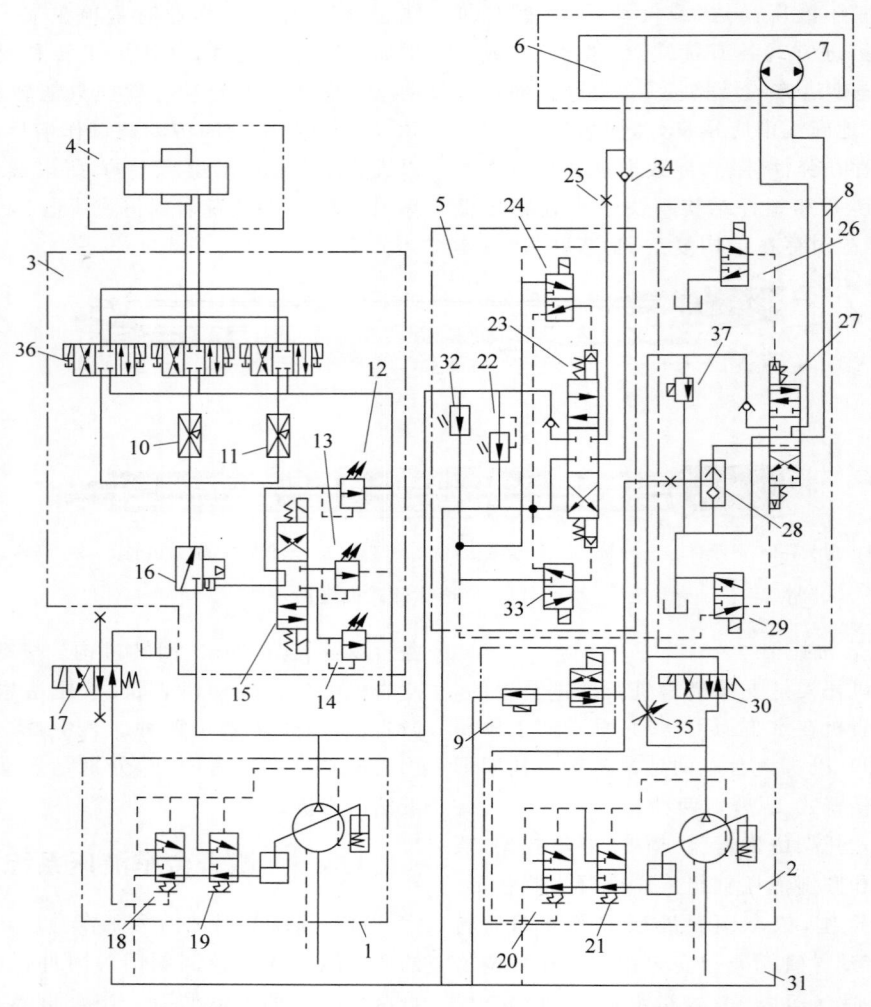

1—冲击油泵;2—回转油泵;3—推进阀组;4—推进油缸;5—冲击阀组;6—凿岩机;7—回转马达;8—回转阀组;9—回转压力选择阀 Y155;10—节流阀 C1(11 L/min);11—节流阀 C2(20 L/min);12—正常钻进压力阀 C5;13—快推压力阀 C4;14—开孔压力阀 C3;15—推进压力选择阀 Y150;16—远程控制阀;17—启动选择阀 Y156;18—比例阀 18 bar;19—比例阀 200 bar;20—比例阀 25 bar;21—比例阀 210 bar;22—溢流阀;23—冲击阀;24—冲击电磁阀 Y101A;25—节流阀;26—回转电磁阀 Y102A;27—回转主阀;28—梭阀;29—回转电磁阀 Y102B;30—电磁阀 Y157;31—油箱;32—减压阀;33—冲击电磁阀 Y101B;34—单向阀;35—可调节流;36—推进主阀;37—安全阀。

图 3-50　钻进系统组成及液压原理

1) 冲击系统液压原理

冲击阀 23 为液控三位四通阀,中位为 O 型机能,切断向凿岩机的供油。主阀上位提供节流压力油给凿岩机,实行凿岩机的轻冲功能。主阀下位提供全部压力油给凿岩机,实行凿岩机的重冲功能。

当凿岩操作挡位选择在轻冲挡位时,Y101A 得电,换向处于两位三通电磁阀的上位,先导压力油经 Y101A 作用于主阀的上端驱使液控三位四通主阀换向,主阀在上位工作提供节流压力油给凿岩机,从而实行凿岩机的轻冲功能。

当凿岩操作挡位选择在正常作业挡位时，Y101B得电，换向处于两位三通电磁阀的下位，先导压力油经Y101B作用于主阀的下端驱使液控三位四通主阀换向，主阀在下位工作，提供全部压力油给凿岩机，实行凿岩机的重冲功能。

2）推进系统液压原理

柱塞泵1（AV100型）供给的压力油另外一路直接进入远程调控阀16，远程调控阀16的远控压力分别由14（C3）、13（C4）、12（C5）三个溢流阀所调定。C5控制正常凿岩时的推进压力一般为50 bar，C3控制开孔凿岩时的推进压力一般为30 bar，C4控制快推时的推进压力一般为100 bar。

15（Y150）为液控三位四通阀，中位时远控调压溢流阀C5起作用，控制正常凿岩时的推进压力。Y150处于上位时远控调压溢流阀C4起作用，控制快推时的推进压力。Y150处于下位时远控调压溢流阀C3起作用，控制开孔凿岩时的推进压力。

进入远程调控阀16的压力油分三路进入推进阀组的主阀36，主阀由三个三位四通电磁阀组成，左侧电磁阀全流量进入推进油缸，通过电磁阀的换向，实施快速推进或回缩。中间电磁阀经10（C1）节流进入推进油缸，通过电磁阀的换向，实施钎杆拆接螺纹时的推进或退出。右侧电磁阀经11（C2）节流进入推进油缸，通过电磁阀的换向，实施正常凿岩时的推进或回缩。

操作操作台上的手柄，处于不同的凿岩工况时，通过Y150和三个三位四通电磁阀的得电或失电组合，形成不同的推进压力和推进流量组合，从而实施不同工况时的推进功能。

3）回转系统液压原理

柱塞泵2（AV100型）供给的压力油经可调节流阀35或电磁阀30（Y157）进入回转主阀组8的主阀，油路的最高压力为210 bar，由安全阀37（210 bar）控制。

回路的先导压力为减压阀32（35 bar）提供，先导油路分两路提供给回转电磁阀26（Y102A）和29（Y102B），Y102先导电磁阀为两位三通电磁阀，提供给回转主阀换向的压力油。

回转主阀27为液控三位六通液控阀，处于中位时系统关闭油路，回转马达两端连接，马达卸载。

处于上位时，马达左侧进油，右侧回油，且进油路有一部压力油经主阀内部进入梭阀，再经节流阀返回泵控系统液控阀20（25 bar）的下部，实施定流量控制。

处于下位时，马达右侧进油，左侧回油，且进油路有一部压力油经主阀内部进入梭阀，再经节流阀返回泵控系统液控阀20的下部，实施定流量控制。压力油经Y157电磁阀进入回转主阀组时，马达快速回转，用于拆接钻杆，提高效率。

回转压力选择电磁阀9（Y155）用于拆卸钻杆时控制回转压力，控制压力为70 bar，由其内部溢流阀设定。

2．工作装置定位系统

该系统主要用于实施凿岩前、凿岩中的炮孔定位。系统组成如图3-51所示。

1）推进补偿系统

台车开到指定位置后，根据巷道的尺寸规格不一，推进梁必须做一定的补偿运动才能进行凿岩，这一功能靠推进补偿油缸的前后移动来保证。推进补偿系统的压力油控制为100 bar，由电磁阀7（Y405）前的减压阀13来控制。定位系统的压力油经电磁阀7（Y405）进入液压锁，再进入推进补偿油缸1，通过补偿油缸上下腔进回油来实施补偿运动。电磁阀7（Y405）为三位四通电磁阀，中位机能为切断系统进油，上位为补偿油缸有杠腔进油，无杠腔回油，活塞回收，下位工况为补偿油缸无杠腔进油，有杠腔回油，活塞伸出。电磁阀的信号为操作手柄不同的位置给出。液压锁保证油缸不会自动下滑，只有当油缸的一侧进油时，液压锁才会打开，保证油缸另一侧回油。

2）上下支撑液压系统

台车凿岩时，为了保持机身的平稳、炮孔的角度和质量要求，必须将推进梁可靠支撑在岩体上。这一要求靠托架油缸2（或支撑油缸）来保证。支撑系统的压力油控制为40 bar，由

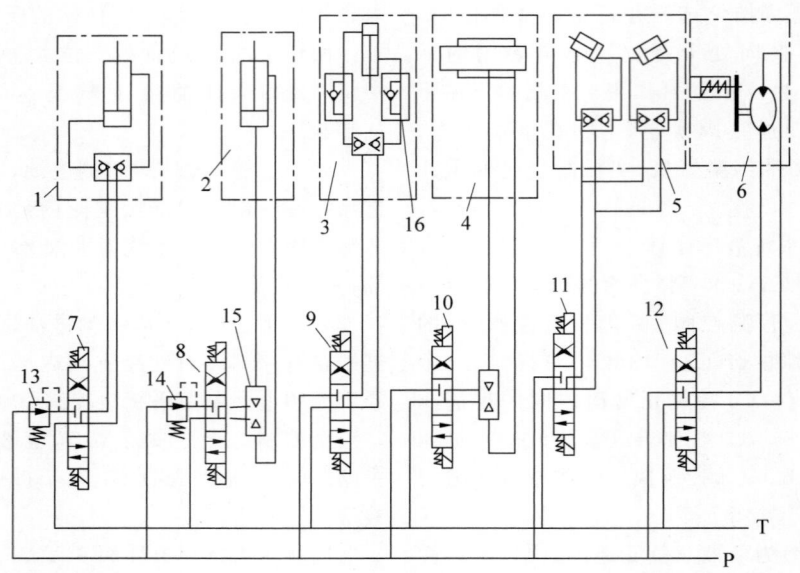

1—推进补偿缸；2—托架油缸；3—摆动油缸；4—滑移油缸；5—千斤顶油缸；6—液压马达；7—电磁阀Y405；8—电磁阀Y406；9—电磁阀Y404；10—电磁阀Y402；11—电磁阀Y422；12—电磁阀Y403；13,14—减压阀；15—液压锁；16—平衡阀。

图 3-51　定位液压系统

电磁阀 8（Y406）前的减压阀 14 来控制。定位系统的压力油经电磁阀 8（Y406）进入液压锁，再进入托架油缸，通过油缸上下腔进回油来实施支撑或拆出。Y406 的机能及工作原理同 Y405，在此不作说明。

　　3）小摆液压系统

　　根据炮孔的设计角度，除了大臂的回转外，推进梁在垂直平面内作一定角度补偿摆动，才能精确地实施炮孔凿岩，定位系统的压力油经电磁阀 9（Y404）进入液压锁，经过平衡阀 16，再进入摆动油缸 3，通过油缸上下腔进回油来实施推进梁的摆动。液压锁保证油缸不会自动下滑，只有当油缸的一侧进油时，液压锁才会打开，保证油缸另一侧回油。

　　平衡阀 16 由节流阀和单向阀并联而成，进油正常流量，回油节流，保证摆动油缸平稳运动。液压锁保证油缸不会自动下滑，从而保证正常打眼时推进量的角度保持不变。

　　4）平移液压系统

　　多中心凿岩在采矿炮孔设计中得到了越来越多的应用，这要求推进梁能沿着轨道在炮

孔排位线方向平行移动，这一要求靠滑移油缸 4（或小摆油缸）来保证。

　　定位系统的压力油经电磁阀 10（Y402）进入液压锁，再进入滑移油缸 4，通过油缸左右腔进回油来实施推进梁的平行移动。三位四通电磁阀 Y402 的机能及工作原理同 Y405，液压锁保证油缸不会自动平滑，从而保证炮孔的钻进中心不变。

　　5）千斤顶

　　全液压凿岩台车一般有六只千斤顶，分别为后机架两只，前机架垂直平面两只，水平面横向伸缩两只，凿岩时千斤顶必须支起，保证台车着地牢靠，机体稳定。本图例只画出横向两只千斤顶，其他千斤顶的液压原理类似。定位系统的压力油经电磁阀 11（Y422）进入液压锁，再进入平移千斤顶油缸 5，通过油缸左右腔进回油来实施千斤顶梁的平行移动。三位四通电磁阀 Y422 的机能及工作原理同 Y405。液压锁保证油缸不会自动滑移，只有当油缸的一侧进油时，液压锁才会打开，保证油缸另一侧回油，从而保证千斤顶的稳固。

6）大摆液压系统

大摆依靠回转支撑轴承后部和前机架连接，前端通过摆臂和推进梁相连，通过液压马达和摆线齿轮减速箱的驱动，可以在垂直平面内作 360°的旋转，从而可钻任意角度的炮孔。定位系统的压力油经电磁阀 12（Y403）进入液压马达 6，通过三位四通电磁阀 Y403 的换向作不同方向的回转。液压马达通过摆线齿轮减速箱带动摆臂作回转运动，液压马达采用液力释放弹力制动的方式来控制大臂的运动。

3. 底盘液压系统

底盘液压系统主要用于实施台车的行走、转向及制动等功能，基本组成如图 3-52 所示。

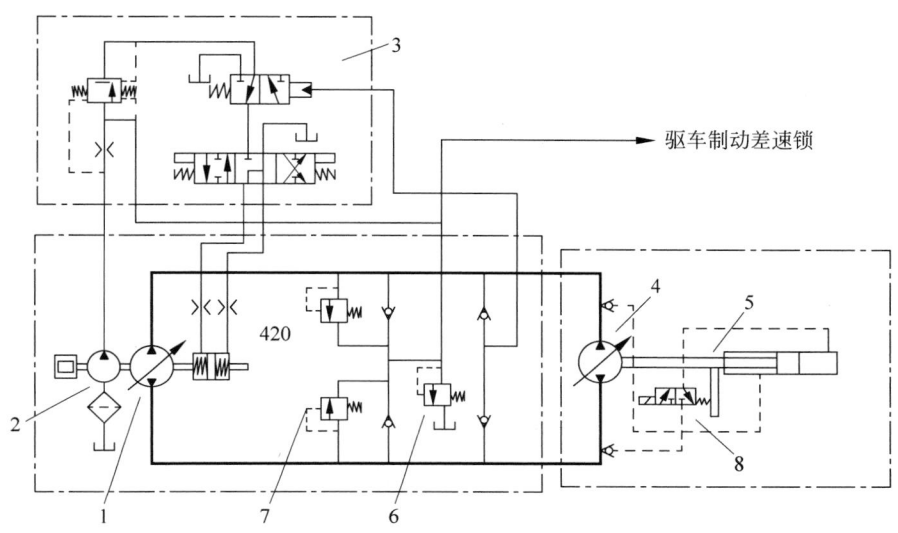

1—柱塞泵；2—定量泵；3—选择阀；4—马达；5—挡位选择阀；6—25 bar 溢液阀；7—420 bar 安全阀；8—电磁阀。

图 3-52　底盘液压系统

底盘行走液压系统主要由变量柱塞泵 1 和变量马达 4 组成的闭式液压回路组成，马达和泵都可双向进出液压油，依靠马达正反转来实施前进和后退。液压泵和发动机飞轮相连，液压马达和行走减速箱连接。

定量泵 2 和发动机相连，从油箱吸油，一部分压力油通向选择阀 3，另一部分压力油通过节流后，其一部分流向闭式系统的外部，提供差速锁和停车制动的压力油，另一部分经闭式回路的梭阀，对主回路补油。其压力由 25 bar 溢流阀 6 控制。

选择阀 3 由一个压力调节阀、一个两位三通液控阀和三位四通电磁阀组成。三位四通电磁阀通过换向对柱塞泵 1 的调节油缸进行控制，从而改变油泵的排油方向和流量大小。两位三通液控阀的液控压力为 380 bar，当闭式回路的压力油超过 380 bar 时，液控阀换向，切断了流向泵调节油缸的压力油，减少了主泵的排量。闭式回路的最高安全压力为 420 bar，由两只 420 bar 安全阀 7 确定，当回路一侧的压力超过 420 bar 时，安全阀开启溢流向另一侧。挡位选择阀 5 起挡位选择的作用，马达调节油缸用于改变马达的排量，由两位三通电磁阀 8 控制。如图 3-52 所示，当电磁阀 8 换向时，液控压力油进入调节油缸的无杠腔，使马达 4 的排量减少，由于柴油机的转速一定，泵的排量在一定的情况下，马达 4 获得了较快的速度。

4. 冲渣和吹洗系统

该系统主要用于实施炮孔的冲渣和吹洗，台车的风水供给及脉冲润滑等，基本组成如图 3-53 和图 3-54 所示。

脉冲润滑系统主要是向凿岩机头部提供润滑油，冷却和润滑钎尾和凿岩机的导套等部件。如图 3-53 所示，空压机压缩气体经减压阀

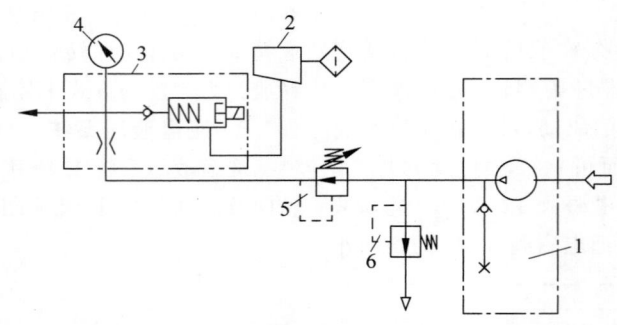

1—空压机；2—油壶；3—ECL脉冲润滑泵；4—气压表；5—减压阀；6—安全阀。

图 3-53　吹洗液压系统

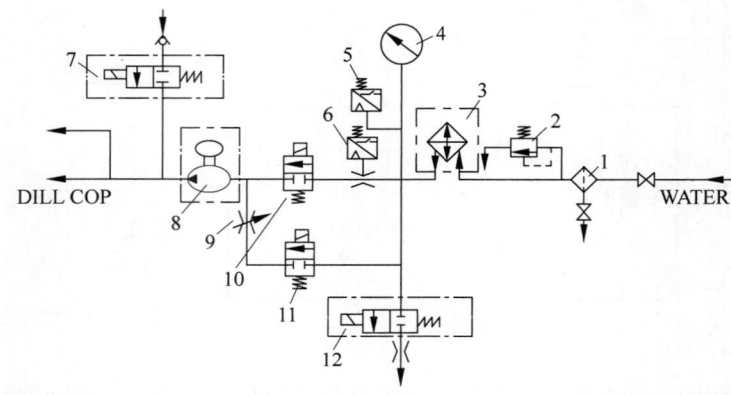

1—过滤器；2—溢流阀；3—冷却器；4—压力表；5—B136压力开关；6—B141流量开关；7—电磁阀Y115；8—水泵；
9—节流阀；10—电磁阀Y110；11—电磁阀Y111；12—电磁阀Y113。

图 3-54　水洗液压系统

5(2 bar)进入 ECL 脉冲润滑泵 3，压缩气体的最大压力由安全阀 6 决定，润滑油由油壶 2 进入脉冲润滑泵 3，随压缩空气吹向凿岩机头部，ECL 脉冲润滑泵由其内部脉冲电磁阀控制，一般为每分钟 40 次泵油，从而满足冷却和润滑钎尾等的作用。

冲洗系统主要通过高压水和空气对炮孔进行冲洗，防止堵孔以及钎杠堵塞，造成连杆等损坏钎具。如图 3-54 所示，外接水源经过滤器 1、溢流阀 2、冷却器 3、B141 流量开关 6、Y110 电磁阀 10 进入水泵 8，通过水泵的增压向凿岩机头部提供高压冲洗水，压缩空气经电磁阀 7 在凿岩机头部和水汇合，实施冲洗功能。

水流经冷却器 3 可对液压油起冷却作用，压力开关 5 和流量开关 6 起保护作用，当水压低于 3 bar 和水流流量较低时保护水泵电机，

使其停机。

3.4.4　凿岩台车控制系统

控制系统是凿岩台车整机的核心，其主要作用是接收传感器实时采集的信息和来自计算机的指令，将汇总后的数据进行处理，之后安排各阀组定量执行动作以达到最终目的。如今在凿岩台车手动化阶段存在的问题已经可以通过计算机算法的设计与运行，由控制系统代替人工进行决策、预判和处理，降低工人操作的任务量和失误概率。

下面将以 Rocket Bomer LIC/L2C/L3C 系列凿岩钻车控制系统为例介绍控制系统的构成及主要功能。如今 Rocket Bomer 已经淘汰了以前的 ECS 电子控制系统，取而代之的是新一代的模块化 RCS 计算机钻车控制系统，钻孔

精度、信息记录、可服务性往前迈了一大步,标志着计算机控制凿岩台车的发展进入了一个新的阶段。

RCS是一个专用计算机系统,是整个控制系统的基本平台,这是一个基于CAN总线的分布式计算机网络控制系统,软硬件的模块化设计便于钻车功能的逐步扩展和完善。其基本硬件平台包括计算机、通信网络、彩色显示和数据输入等单元;基本软件包括数据载入、故障诊断、通信等功能;基本应用软件有ABC、MWD等。模块化和可扩展性是RCS的最大优点,用户可以从较低的自动化程度开始,随着工程要求的提高升级到较高一级的自动化水平。在RCS的基础上,用户可选择的配置有以下几种。

1. ABC三级钻臂控制系统

ABC高级钻臂控制系统基于RCS平台上的高速计算机网络控制系统,可以实现高速高精度的钻凿控制。ABC有三个级别的控制可供用户选择:基本手动级、常规半自动级和全自动控制级。

(1) ABC基本手动级:钻车由人工操作。手动操纵钻臂和推进梁,基本钻孔功能包括RPCF(钻进压力控制推进力)和自动防卡钎。手动控制功能通过电子装置实现,具有系统监视和故障诊断能力,能进行角度测量,能显示推进梁的方向,帮助人工定位钻臂,能进行孔深指示和基本信息备份。数字控制系统可提供更精确的控制参数,与RPCF及FPCF(推进压力控制冲击)功能相结合,进一步减少了钻具的消耗,使钻孔更直。

(2) ABC常规半自动级:它包含ABC基本级的全部功能,此外钻孔方案由PC软件完成并通过PC卡装入凿岩台车,屏幕上显示炮孔位置和钻臂方位,计算机引导操作者将钻臂定位在预选的位置,并可随时监测钻进过程,钻进参数可以用图线标绘出来或转存到PC卡上供以后分析评估。

(3) ABC全自动控制级:就是所谓的机器人,布孔设计及钻孔过程参数的分析评估也在PC机上完成,不同的是钻孔过程的自动化、钻臂运动和钻孔都由RCS自动控制,操作员的作用由操作者变成了监督员,预选的钻孔方案和顺序显示在屏幕上,钻臂干涉及孔序移动策略都由软件来完成。但操作者可随时干预台车的操作,在全自动的方式下,进行手动干预或进行半自动操作。

2. MWD"边钻边测"模块

MWD是RCS系统的一个补充选件,它可以连续自动地采集整个钻孔过程中的数据,MWD数据可以帮助更好地了解和分析隧道的地质结构,实现岩石的性质和状态的可视化。RCS系统中的传感器以预选的采样速率采集岩石状态数据并存储在高密度PC卡中,钻孔循环完成后,标准的钻孔循环数据被送到办公室进行分析、汇总和归档。办公室PC机软件TM能够从标准钻孔循环数据中得出报告;而MWD采集了每个孔的推进速度、推进压力、凿锤压力、阻尼压力、旋转速度、旋转压力、水流、水压等翔实的数据,这些数据在软件Tunnel Manager Pro的支持下可得到所有已钻孔3D彩色可视化图像报告,可从任何角度观察孔,并能对图像放大、缩小以详细观察孔内,不同颜色代表不同参数值,钻孔区的整个结构清楚地展示在屏幕上。尽管MWD提供了大量的数据,但它不能进行解释,将这些数据提供给承包商或地球物理学家进行解释、作出判断,帮助提出更合适的隧道开凿方法。如果与下面提到的RRA模块配合,就可将MWD数据直接通过网络存取,那就可以现场作出判断,及时调整开凿方法。

3. MMN模块和MDPG模块

在办公室规划钻孔方案并传到凿岩台车上是容易实现的,但真正面对工程现场将钻孔方案与岩石边界对应起来就不那么容易了,操作人员必须临时调整,从而导致不理想的爆破效果。MMN和MDPG模块就是为解决这一问题设计的,最终的钻孔方案在井下就可按规划参数现场自动修改。MMN用于消除导向误差,把钻车置于隧道中的正确位置,系统可直接把井下地图信息传给钻车,操作人员可以在显示屏上调整位置和显示比例观察井下地图,参考点和隧道布置会在操作台屏幕上显示，然后对准激光束和推进梁的位置，如果钻孔方案与矿体边界相吻合，就可开始钻凿操作；如果存在偏差，MDPG 钻孔规划模块通过把推进梁与四个角的地理标志对齐来定义新的坐标系，按照台车在井下的实际位置生成符合实际的钻孔方案，然后由 RCS ABC 常规半自动级（或全自动级）钻孔系统自动完成钻凿任务。

4. RRA 钻机远程控制模块

它用于将钻机与现场商用网络联网，这样可以通过 Modem、手机或当地局域网与钻机联网，可以远程下载钻孔规划、上载记录数据，钻机状态可以在线远程监视，便于工作顺序（命令）临时处理，记录数据的传输和远程故障诊断。

5. SMRC（单机遥控模块）

这是更高一级的遥控操作模块，可以实时远程操作钻机，这需要保证宽带通信网的带宽。

6. IREDES（国际凿岩装备数据交换标准）

这是一个用于凿岩设备与用户计算机系统之间数据交换的标准，便于使用来自不同厂家的生产设备。

模块化概念的机械、液压、电子、软件与新一代钻机灵活配置，可满足用户的特殊需要，又不需要对其自动化系统做大的改动。

3.4.5　使用与维护

1. 使用前的准备工作

（1）钻车进入工作面之前，应先处理工作面的松石、残误炮，清理巷道，检查轨道安装是否符合要求，轨道前端离工作面岩石最凹处的距离不得大于 2.5 m。

（2）接通电源将钻车开到工作面，然后用卡轨器（稳车气顶）把钻车固定在适当的位置，一般前轮轴线距工作面不大于 2.5 m 或使滑架顶尖离工作面不大于 0.5 m 为宜。

（3）检查油箱储油量是否充足，若油面低于指示刻度，应及时补充合格的液压油。

（4）各个润滑部位要加注润滑油，防止因未及时注油而使摩擦部件烧坏。

（5）接好气、水管，接气管时应送气吹干净管内泥沙等杂物，以免损坏气动设备。

（6）准备好本班用的钎杆和钎头及必要的工具和易损零件。

（7）凿岩之前，先进行钻车试运转，检查各部零件是否完好，紧固部分是否松动，各电动机联轴器上的螺钉销子不得有任何松动现象，钻机的两根拉杆螺帽不得有松动现象，气、水、油路系统是否有泄漏，如有异常现象，应处理好，再开车生产。

（8）接好照明灯。

2. 掘进凿岩钻车的使用

（1）钻车操作者必须熟悉各操作阀的作用、位置及完成钻车的各种动作时其阀的动作方向，从而准确地操作。

（2）严格按照一开泵、二升降、三摆托、四顶托、五开钻、六关泵（增压泵除外）的操作顺序进行。

（3）为了保证凿岩时滑架始终顶紧工作面，补偿气缸（油缸）的控制手把始终扳到前进位置上，对于采用油缸作为补偿缸的钻车还应使油泵气马达控制在低速下运行，以输入小量液压油来弥补油缸的泄漏。

（4）活塞式气动机的调压阀要调到使油的工作压力在 5.5MPa 处，一般情况下不要扳动气阀手柄，但在气压不足时，可以加大给气量，而在气压提高后，要将给气量恢复到正常数值，切不可将气阀调到最大位置后而不管，否则既浪费压气，又使压力油做无用循环，使油温增高而损伤高压油管。

（5）每次凿孔之前必须准确找好孔位及方向，凿岩过程不要随意调整方位，以免产生卡钎及断钎事故。

（6）卡钎时，可关闭推进气（油）源，同时用锤边敲钎杆边用推进缸往外拔，不得用补偿缸的收回来往外拔钎杆。

（7）凿岩作业中要随时注意稳车装置与各部分的连接是否牢固，油温油压是否过高。

（8）在钻车运转期间应随时向各注油部位注油。对推进气动机、凿岩机、托盘、丝杠、钻臂等运转部分，要每班注油两次以上。

（9）钻臂和滑架摆角时，一定要先将滑架

退回,使顶尖离开工作面,钻臂移位的动作要准确,注意不要使两钻臂产生剧烈碰擦。

(10)凿岩钻车工作时,严禁钻车周围和钻车钻臂下站人,防止将人碰伤或挤坏。

(11)凿岩作业结束后,两臂收拢,滑架退回,处于水平位置,整理好气水管,吹洗钻车各部分(注意防止水和脏物进入油箱),然后将钻杆退出工作面,停放在安全地点,以免放炮时飞石、松石落下损坏钻杆。

(12)用机车牵引钻车作长距离运行时,应将行走手柄放到空挡位置,以减小行车阻力。

(13)停止凿岩后,操作人员离开钻车,必须断开钻车上的开关和总电源的开关,以免漏油和漏电等情况。

3. 掘进凿岩钻车的维护保养

正确操作使用和精心维护保养设备是高速高效率凿岩、减少事故、延长钻车使用寿命的关键,所以,要注意以下几点。

(1)经常保持凿岩钻车外部表面的清洁。

(2)钻车在工作时应随时检查各部件有无松动、脱落,有无漏油、漏气、漏电等现象,发现问题要及时处理。

(3)要保证液压油的清洁,油量充足。换油时要清洗各部系统,包括油箱和过滤器,加

入新油时必须过滤,不得使新油与旧油相混合。每季度清洗一次,注意不要使不同牌号的油混在一起。

(4)新钻车使用后,经过50 h的运转,要更换一次油,以便将残存在油缸内的金属屑及其他杂物清除掉。此后每当钻车运转500h就要更换一次油。

(5)当钻车运转3000 h以上时,各液压元件都要拆开检查,平时发现钻车有异常现象,也应随时处理。

(6)爱护油管、接头和电缆,防止碰、压、挤、拖坏,一旦发现有损坏的,要迅速更换。

(7)凿岩钻车中的油泵运转适应温度范围在25~55℃,过低时启动效率低,过高会使油的寿命缩短,据测定油温升到80℃以上,油的寿命会缩短一半。

4. 凿岩钻车的安全注意事项

(1)非操作人员不得开动钻车。

(2)在检修钻车时,要将钻臂放落下来方能进行。

(3)钻车在运行和动作时,要严格控制其速度。

(4)工作面周围严禁放易爆炸、易燃物品。

(5)严防电缆及电气设备漏电。

第4章

支护机械

4.1 概述

4.1.1 功能、用途与分类

在回采与掘进工作面中,为了保障正常生产、保护工作面内人员与设备的安全,要对顶板进行支撑和管理,以防止工作空间内的顶板垮落。煤矿的顶板支护设备主要包括摩擦式金属支柱、单体液压支柱和液压支架等。本章主要介绍我国广泛使用的单体液压支柱和液压支架两种支护设备。

单体液压支柱的结构比较简单、体积小、质量小、搬移支护方便,承载力较大,广泛应用于高档普采工作面。

液压支架是由金属构件和液压元件组成的,以高压液体为动力,能够实现支撑、切顶、自移和推移刮板输送机等工序,与大功率采煤机、大运量刮板输送机配套组成回采工作面的综合机械化设备。采用液压支架装备的工作面具有产量大、效率高、安全性好等优点,并为实现工作面的自动化和智能化控制创造了条件。

4.1.2 发展历程与趋势

我国是煤炭资源最为丰富的国家,煤炭的储量和产量居世界第一位,但我国的煤炭资源分布地域极广,煤层赋存状况也极为复杂,从而决定了我国采煤方法的多样性。采煤方法的多样性,又决定了支护方法的多样性。

单体液压支柱从1973年由煤炭科学研究总院开始研制,到1978年在全国大力推广至今,经历了近50年时间,逐步成为全国采煤工作面的重要支护设备。同时,我国已发展出了一批集约化、规模化和专业化程度高的单体液压支柱及有关配件生产企业,为我国煤矿提供了大量的质优、价廉、安全、可靠的产品。此外,由于单体液压支柱具有工作阻力恒定,各支柱承受载荷均匀、初撑力大、支设效率高、操作方便、工作劳动强度低、可实现远距离卸载、回柱安全、工作面顶板下沉量小、冒顶事故少等特点,因此,从改善安全状况、提高工作面生产率、降低辅助材料消耗量以及降低支护成本等方面看,单体液压支柱在煤矿支护领域中具有较明显的综合优势。

我国于1964年开始研制液压支架,最早于1970年先后对 MZ1928 型、TZI 型、BZZB 型、WKM-400 型、DM-400 型、YZ 型、ZYZ 型、ZY 型等多种液压支架开展了试验和使用,并取得了良好的效果。1974年以来,我国引进了德国、英国、苏联、波兰等国的许多不同类型的液压支架。通过学习国外技术,我国液压支架的研制工作快速发展,从基本上依靠进口,发展到自主设计和制造,研发出了多种类、多型式、多系列的液压支架。支架的架型从节式、支撑式、四柱支撑掩护式到两柱掩护式,从普通综采液压支架到综采放顶煤液压支架、大采高和特大采高液压支架、适应特殊复杂难采煤层的液压支架,液压支架及配套技术的进步,有力地推动了煤炭综采技术的快速发展和安全高效矿井建设。从2004年以来,液压支架新架型研制取得了空前的成就,研制出了年产千万吨、高可靠性液压支架、7 m以上超大采高液压支架、大采高放顶煤液压支架、两柱掩护式放顶煤液压支架、大倾角液压支架、超大伸缩比薄煤层液压支架等新架型。近年来,以液压支架为代表的综采技术在我国部分煤矿实现了工作面的无人化开采。特别是放顶煤支架的出现,使液压支架的技术更趋于成熟。可见,我国的综采技术已经发展成熟并达到了国际水平。液压支架的支护方式已成为我国国有煤矿提高产量、降低成本、安全生产的一个重要手段,并且已成为采煤工作面支护方式的发展趋势。

目前,综采工作面液压支架的电液控制系统已经得到了普遍推广与应用,电液控制系统的应用替代了人工手动操作,通过液压支架的电液程序控制,实现了单个支架的单动作控制、成组支架动作的顺序程序控制和液压支架跟随采煤机位置的自动控制(或跟机控制)等功能,液压支架电液控制系统优良高效的控制功能得到了广大煤矿用户的好评,特别是跟机自动化控制功能的应用,降低了煤矿工人的劳动强度,提高了煤矿生产效率。但是,目前我国液压支架跟机自动化控制的应用普遍未达到理想的应用效果,跟机自动化功能仅在条件较好的煤矿阶段性地进行示范操作,不能作为主流生产模式长期运行,只有少数矿区在持续使用,主要问题是支架跟机自动化程序、流程及参数的静态化与单一化,不能适应多变的工作面环境、设备和配套供液系统的要求,不能满足采煤机高速割煤,液压支架快速推移的要求。研究综采工作面跟机自动化、智能化方法,提高跟机自动化的适用性能,全面实施综采工作面跟机自动化,是我国煤矿综采工作面自动化、智能化急需解决的问题,是综采工作面无人化必备的条件。

此外,由于综采工作面的初期投资大,液压支架的总质量和初期投资费用占工作面配套综采设备的60%～70%。一个液压支架综采工作面的投资相当于10个单体液压支柱工作面或15个摩擦支柱工作面的投资,加之液压支架本身结构庞大、灵活性较差,只适合于煤层赋存稳定、工作面断层落差较小、工作面开采长度变化较小的煤层。而一些地质条件不够理想的煤层,如煤层厚度变化大、沿工作面开采方向上断层多、工作面的开采长度变化大等煤层的开采就更适合采用单体液压支撑和摩擦式金属支柱来支护。

从以上我国煤矿采煤工作面的支护状况可以看出,单体液压支柱(含一部分摩擦支柱)至今在我国煤矿采煤工作面的支护中仍占据较重要的地位。因此,单体液压支柱、综采液压支架以及配合金属铰接顶梁的多种支护形式还将在我国煤矿长期并存发展。

4.2　矿用单体液压支柱

4.2.1　概述

单体液压支柱是一种介于金属摩擦支柱和液压支架之间的支护设备,具有恒定不变的工作阻力,适用于不同的采煤工作面、不同的顶板条件和不同的矿山压力。单体液压支柱既可与金属铰接顶梁配套用于普通机械化采煤工作面支护顶板和综合机械化采煤工作面支护端头,也可用作单独点柱或其他临时性支护。其适用于倾角小于25°、比压大于20 MPa的缓倾斜煤层。单体液压支柱与金属铰接顶梁配合时,可适用于煤层倾角小于35°的任何采煤工作面。对于有冲击地压的采煤工作面,可以更换大流量的三用阀,从而使支柱满足其支护要求。

单体液压支柱在具有工作阻力恒定、各支柱承受荷载均匀、初撑力大、体积小、支护可靠、使用方便等优点的同时,也具有构造比较复杂,如果局部密封失效,会导致整个支柱失去支撑能力,维护检修量大、维护费用较高等问题。

1．单体液压支柱工作面布置情况

单体液压支柱工作面的布置情况如图 4-1 所示,由泵站经主油管 1 输送的高压乳化液通过注液枪 6 注入单体液压支柱 4,每个注液枪可担负几个支柱的供液工作。在输送管路上装有总截止阀 2 和支管截止阀 3,用于油路的控制。

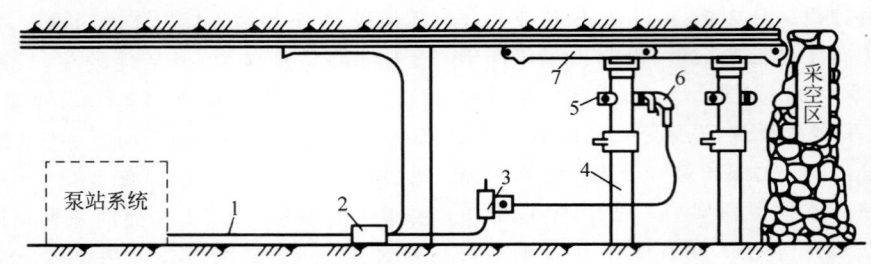

1—主油管;2—总截止阀;3—支管截止阀;4—单体液压支柱;5—三用阀;6—注液枪;7—顶梁。

图 4-1　单体液压支柱工作面布置图

2．单体液压支柱的分类及型号

1) 单体液压支柱的分类

单体液压支柱按供液方式和工作液不同,分为外供液式(简称外注式)支柱和内供液式(简称内注式)支柱。外注式支柱以泵站为动力源,通过管路系统和注液枪来实现升柱。支柱回收时,通过卸载手把打开三用阀中的卸载阀,腔内液体喷入采空区,实现回柱。支柱使用的工作液为含 2%～3% 乳化剂的乳化液。内注式支柱所使用的工作液为专用的 5 号液压油,其支柱是靠自身的手摇泵来实现的。支柱回收时,用卸载手把打开卸载阀,5 号液压油回到储油腔,完成内循环,实现回柱。由于外注式支柱结构复杂、质量大、支撑升柱速度慢,因此其应用不如内注式支柱普遍。

单体液压支柱按工作行程不同,分为单伸缩(单行程)支柱和双伸缩(双行程)支柱;在不注明行程特征时,为单伸缩支柱。

单体液压支柱按使用材质不同,分为钢质支柱和轻合金支柱等;在不注明材质特征时,为钢质支柱。

2) 支柱的型号

支柱型号主要由"产品类型代号""第一特征代号""第二特征代号"和"主参数代号"表示,如按此划分仍不能区分不同产品,则允许增加"补充特征代号"和"修改序号"以示区别。

支柱型号组成和排列方式如下:

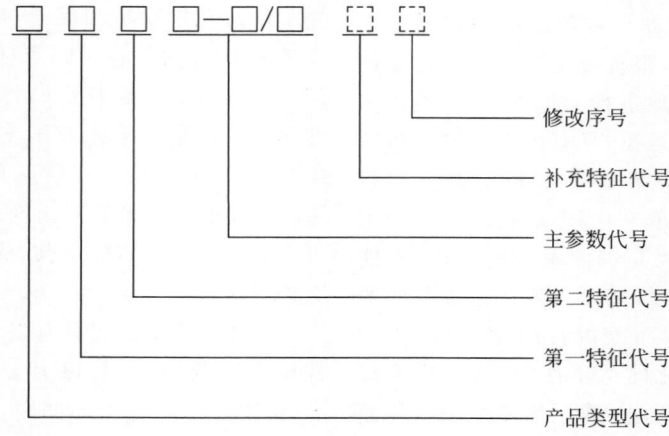

支柱的型号组成和排列方式说明：

(1)"产品类型代号"表明产品类别，支柱用汉语拼音大写字母 D 表示。

(2)"第一特征代号"表明支柱按供液方式和工作液不同的分类，内注式支柱用汉语拼音大写字母 N 表示，外注式支柱用汉语拼音大写字母 W 表示；"第二特征代号"表明支柱按行程不同的分类，双伸缩支柱用汉语拼音大写字母 S 表示，无字母代表单伸缩支柱。

(3)"主参数代号"依次用支柱的最大高度、额定工作阻力和油缸内径三个参数表明，三个参数均用阿拉伯数字表示，参数之间分别用"-"和"/"符号隔开，最大高度的单位为分米(dm)，额定工作阻力的单位为千牛(kN)，油缸内径的单位为毫米(mm)。

(4)"补充特征代号"用于区分材质、结构等不同的产品，用汉语拼音大写字母表示，如 Q 代表轻合金。

(5)"修改序号"表明产品结构有重大修改时作识别之用，用带括号的大写英文字母(A)、(B)、(C)、…依次表示。

3) 型号编制示例

示例1：DN18-250/80 型支柱，表示最大高度为 1.8 m、额定工作阻力为 250 kN、油缸内径为 80 mm 的内注式单体液压支柱。

示例2：DW20-300/100 型支柱，表示最大高度为 2.0 m、额定工作阻力为 300 kN、油缸内径为 100 mm 的内注式单体液压支柱。

示例3：DW28-300/110Q 型支柱，表示最大高度为 2.8 m、额定工作阻力为 300 kN、油缸内径为 110 mm 的内注式单体液压支柱。

3. 单体液压支柱的主参数系列

1) 支柱设计最大高度

支柱设计最大高度应符合表 4-1 的规定。

表 4-1　支柱最大高度　　　mm

最大高度	630	800	1000	1200	1400	1600
	1800	2000	2240	2500	2800	3150
	3500	3800①	4000①	4200①	4500①	

①：不宜用于工作面支护。

2) 支柱设计额定工作阻力

支柱设计额定工作阻力应符合表 4-2 的规定。

表 4-2　支柱额定工作阻力　　　kN

额定工作阻力	130	140	150	160	180	200
	220	250	300	350	400	500

3) 支柱设计油缸内径

支柱设计油缸内径应符合表 4-3 的规定。

表 4-3　支柱油缸内径　　　mm

内径	63	70	80	90	100	110	125

注：63、70、125 为特殊用途支柱缸径。

4.2.2　结构及技术参数

1. 内注式单体液压支柱

图 4-2 所示为 DN 型内注式单体液压支柱结构，由顶盖、通气阀、安全阀、卸载阀、活塞、活柱体、油缸、手摇泵和手把体等部分组成。

1) 通气阀

内注式单体液压支柱是靠大气压力进行工作的。活柱体升高时，活柱体内腔储存的液压油不断压入油缸，需要不断补充大气；活柱体下降时，油缸内液压油排出活柱体内腔，活柱体内腔的多余气体通过通气阀排出；支柱放倒时通气阀自行关闭，防止内腔液压油漏出。重力式通气阀结构如图 4-3 所示，它由端盖、钢球、阀体、顶杆、阀芯和弹簧等部件组成。端盖 1 上装有两道过滤网，以防止吸气时煤尘等脏物进入活柱内腔。支柱在直立时，钢球 2 的重量作用在顶杆 5 和阀芯 6 上，从而使通气阀被打开。此时空气经过滤网、阀芯 6 和阀体 3 与活柱上腔相通。

2) 安全阀和卸载阀

随着顶板的下沉，内注式单体液压支柱的活柱也要有所下降，但要求支柱对顶板的作用力应基本上保持不变，即支柱的工作特性是恒阻力，这一特性是由安全阀来调定保证的。同时，安全阀又起着保护作用，使支柱不致因超载过大而受到损坏。安全阀和卸载阀的结构如图 4-4 所示。

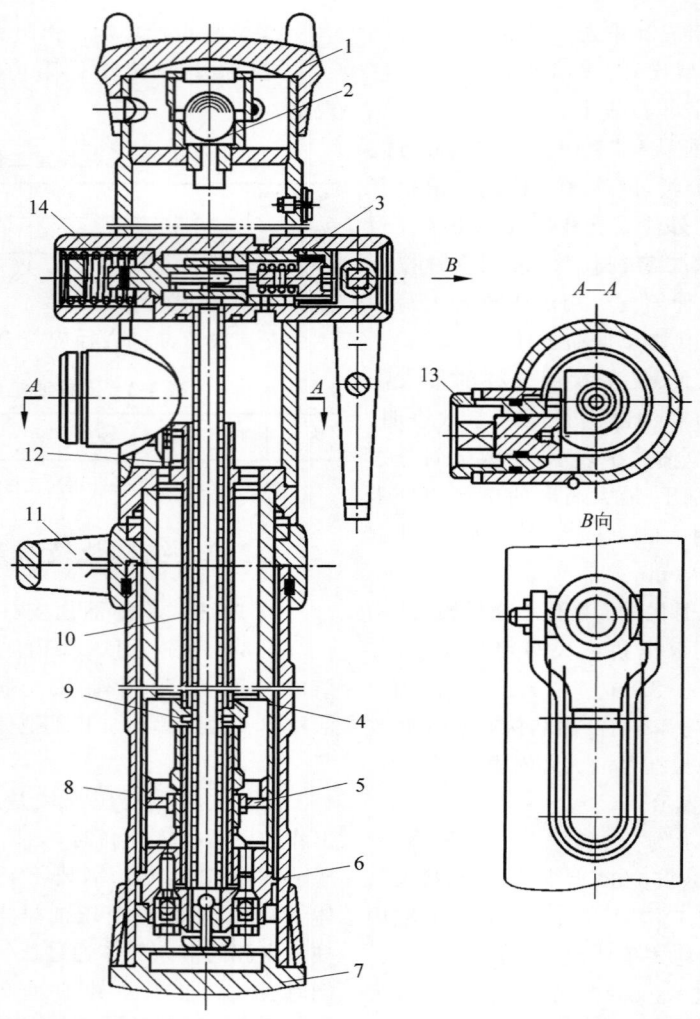

1—顶盖；2—通气阀；3—安全阀；4—活柱体；5—泵活塞；6—活塞；7—底座；8—液压缸体；9—连接头；10—泵套；11—手把体；12—曲柄；13—套管；14—卸载阀。

图 4-2　内注式单体液压支柱结构

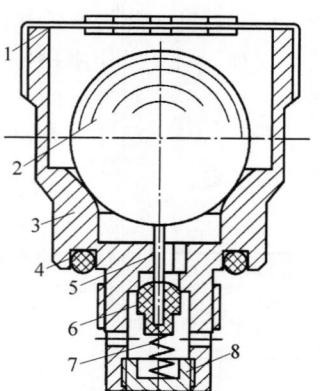

1—端盖；2—钢球；3—阀体；4—O形密封圈；5—顶杆；6—橡胶阀芯；7—弹簧；8—螺钉。

图 4-3　重力式通气阀结构

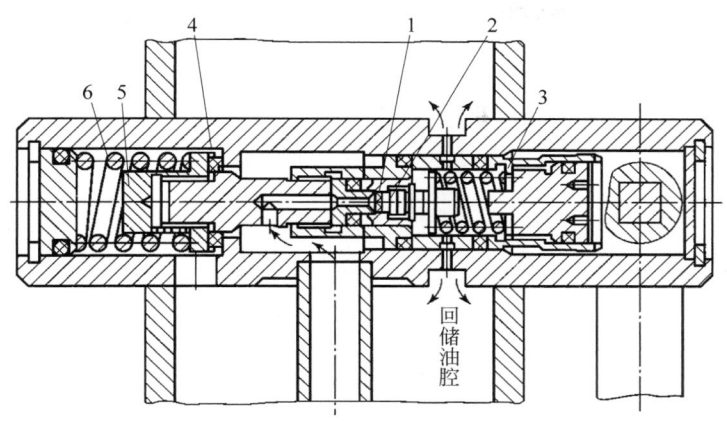

1—安全阀垫；2—导向套；3,6—弹簧；4—卸载阀垫；5—卸载阀座。

图 4-4 安全阀和卸载阀结构

当支柱所承受的载荷超过额定工作阻力，高压液体作用在安全阀垫 1 和六角形的导向套 2 上的推力大于安全阀的弹力时，弹簧 3 将被压缩，安全阀垫与导向套一起向右移位而离开阀座。此时，高压液体便经阀针节流后从阀座与阀垫及导向套之间的缝隙外溢，使支柱内腔的液体压力降低，从而支柱下降。若支柱所承受的载荷低于额定工作阻力，高压液体作用在阀垫和导向套上的力减小，这时阀垫和导向套在弹簧力的作用下向左移动复位，关闭安全阀，高压液体停止外溢，支柱载荷不再降低，保证支柱基本恒阻。安全阀弹簧的压缩力是由右边的调压螺钉来调定的，以适应不同的工作阻力。

内注式单体液压支柱在正常工作时要求卸载阀关闭。当回柱时，将卸载阀打开，使油缸的高压液体经该阀流回到活柱内腔，从而达到降柱的目的。卸载阀由卸载阀垫、卸载阀座和弹簧等部件组成。为了减小卸载时高压液体的运动阻力，提高密封性能，将卸载阀垫密封面制成圆弧形。

3）活塞

活塞是密封油缸和活柱在运动时的导向装置，其上装有手摇泵及有关阀组。

DN 型内注式单体液压支柱的主要技术特征见表 4-4。

表 4-4 DN 型内注式单体液压支柱主要技术特征

技 术 特 征	规 格								
	DN04	DN05	DN06	DN08	DN10	DN12	DN14	DN16	DN18
最大高度/mm	430	510	630	800	1000	1200	1400	1600	1800
最小高度/mm	360	410	510	590	770	850	1000	1100	1200
工作行程/mm	70	100	140	210	300	350	400	500	600
额定工作阻力/kN	250								
额定工作油压/MPa	49.7								
油缸内径/mm	80								
初撑力/kN	49				68.7～78.5				
底座面积/cm²	120				129				
初撑时作用在手把上的最大力矩/(N·m)	<200								

续表

技术特征	规　格								
	DN04	DN05	DN06	DN08	DN10	DN12	DN14	DN16	DN18
使用手把回柱的最大力矩/(N·m)	＜200								
空载时手把摇动一次活柱升高值/mm	≥12					≥20			
全行程降柱速度/(mm/s)	＞20					＞30			
回柱方式	用卸载工具进行操作								
工作液体	N7液压油/5号液压油								
顶盖形式	柱帽				顶盖或铰接顶盖				
是否用顶梁	不用				用				
质量/kg	17	20	23	26	29	34	38	41	45
装油量/L	0.6	0.9	1	1.3	1.7	2.1	2.5	3	3.3
适用煤层厚度/m	0.4	0.5	0.6	0.7~0.8	0.9~1	1.1~1.2	1.3~1.4	1.4~1.6	1.5~1.8

2. 外注式单体液压支柱

外注式支柱由顶盖、三用阀、活柱体、复位弹簧、手把体、活塞、底座体等主要零部件组成,图4-5所示为DW型外注式单体液压支柱的结构示意图。

1) 顶盖

顶盖是直接和顶梁接触的承载零件,通过三只弹性圆柱销和活柱体相连接。

2) 三用阀

三用阀是外注式单体液压支柱的心脏,由单向阀、安全阀和卸载阀组成,其结构如图4-6所示。单向阀用于给支柱注液,卸载阀用于支柱卸载回柱,安全阀用于保证支柱具有恒阻特性。DW型外注式单体液压支柱采用安全阀、卸载阀及单向阀,三个阀组装在一起,以便于井下更换和维修。使用时,利用左右阀筒上的螺纹将三用阀连接组装在支柱的柱头上,依靠阀筒的O形密封圈与柱头密封。

3) 活柱体

活柱体是支柱上部的承载杆件,由柱头、弹簧上挂钩和活柱筒等零件焊接而成。

4) 复位弹簧

复位弹簧的作用是回柱时使活柱体迅速复位,缩短回柱时间。

5) 手把体

手把体通过连接钢丝和油缸相连接,能绕

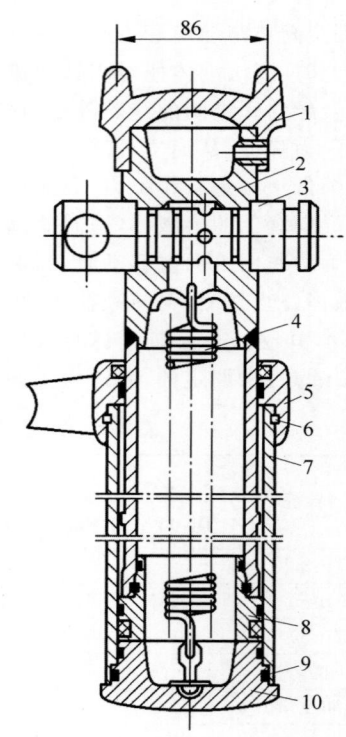

1—顶盖;2—活柱体;3—三用阀;4—复位弹簧;5—手把体;6,9—连接钢丝;7—缸体;8—活塞;10—底座体。

图4-5　DW型外注式单体液压支柱结构

油缸自由转动,便于操作和搬运,手把体沟槽内装有防尘圈,以防脏物进入油缸。

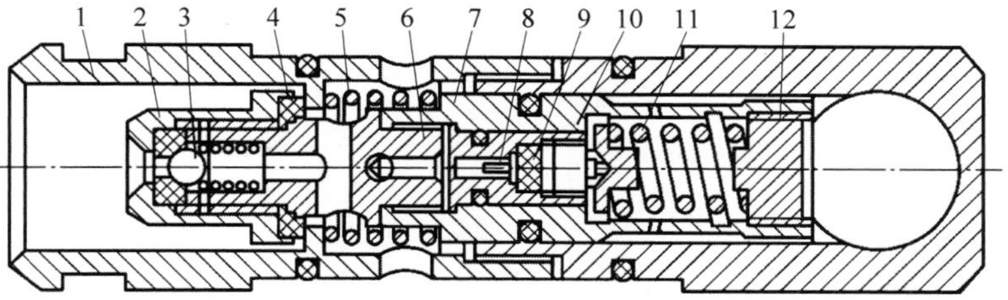

1—左阀筒；2—注液阀体；3—钢球；4—卸载阀垫；5—卸载阀弹簧；6—连接螺杆；7—阀套；8—安全阀针；9—安全阀垫；10—导向套；11—安全阀弹簧；12—调压螺丝。

图 4-6　三用阀结构

6）活塞

活塞部件由活塞、Y 形密封圈、皮碗防挤圈、活塞导向环、O 形密封圈、活塞防挤圈等组成，通过连接钢丝和活柱体相连接，活塞起活柱导向及油缸的密封作用。

7）底座体

底座体由底座、弹簧挂环、O 形密封圈和防挤圈等组成，通过连接钢丝和油缸相连，是支柱底部密封和承载的零件。

DW 型外注式系列单体液压支柱的规格及主要技术特征见表 4-5。

表 4-5　DW 型外注式系列单体液压支柱规格及主要技术特征

技术参数	规格												
	DW06	DW08	DW10	DW12	DW14	DW16	DW18	DW20	DW22	DW25	DW28	DW31.5	DW35
最大高度/mm	600	800	1000	1200	1400	1600	1800	2000	2240	2500	2800	3150	3500
最小高度/mm	485	578	685	792	900	1005	1110	1240	1440	1700	2000	2350	2700
工作行程/mm	145	222	315	408	500	595	690	760	800	800	800	800	800
质量/kg	25.1	26.2	32	36.3	40	43.5	47	48	55	58	70	76.4	82.8
装液量/kg	0.9	1.1	0.9	1.2	1.5	1.8	2.1	4	5	5	5	5	5
额定工作阻力/kN	300									250		200	
额定工作液压/MPa	38.2									31.8		25.5	
初撑力/kN 泵压（20 MPa）	118												
泵压（25 MPa）	157												
油缸内径/mm	100												
使用手柄回柱的最大力/kN	<200												
降柱速度/（mm/s）	>40												
工作液	含煤 10（M10）乳化油（或含 MDT 乳化油），1%～2%乳化液												
顶盖形式	四爪顶盖或铰接顶盖												
是否用顶梁	用												
底梁面积/cm²	113 或 176.7 大底座												

4.2.3　阀及主要零部件

1. 阀

1）阀的特征代号及说明

单体液压支柱常用阀的特征代号及说明见表 4-6。对于其他组合阀和表 4-6 中没有给定代号的新设计阀，可通过增加补充特征代号和修改序号的方法编制，但字母不应与表 4-6 重复。

表 4-6　单体液压支柱阀的特征代号及说明

产品类型代号	第一特征代号	第二特征代号	阀类型号
F(阀)	A(安全阀)	N(内注式)	FAN □/□ 内注式安全阀
	S(三用阀)	W(外注式)	FSW □/□ 外注式三用阀

型号编制示例:

(1) FAN 1.6/50 表示公称流量为 1.6 L/min、公称压力为 50 MPa 的内注式单体液压支柱用安全阀。

(2) FSW 1.6/50 表示公称流量为 1.6 L/min、公称压力为 50 MPa 的外注式单体液压支柱用三用阀。

(3) FSW 1.6/40 表示公称流量为 1.6 L/min、公称压力为 40 MPa 的外注式单体液压支柱用三用阀。

2) 阀的公称流量

单体液压支柱阀的公称流量应符合表 4-7 的规定。

表 4-7　公称流量系列　L/min

1	4	—
1.6	10	31.5
—	—	40
2.5	16	—
3.16	—	80

注:公称流量超出本系列 80 L/min 时,应按 GB/T 321—2005 中 R10 系列选用。

单体液压支柱阀的公称压力应符合表 4-8 的规定。

表 4-8　公称压力系列　MPa

—	25	50
16	31.5	63
20	40	—

注:公称压力超出本系列 63 MPa 时,应按 GB/T 321—2005 中的 R10 系列选用。

3) 阀的要求

(1) 一般要求

① 产品应符合本部分的要求,并按照规定程序审批的图样和技术文件制造。

② 零件材料应符合 GB/T 699—2015、GB/T 1220—2007、GB/T 3077—2015、GB/T 4423—2020 的规定,且需经制造厂质检部门验收证明合格,才能用作阀的材料,在不降低产品质量的前提下,经设计单位同意允许代用。

③ 标准件、外购件应符合阀的配套要求,应有合格证,制造厂对入厂的标准件、外购件应进行质量全检或抽检并作记录,只有验收合格方可使用。

④ O 形密封圈应符合 GB/T 3452.1—2005、GB/T 3452.2—2007 的规定,其余橡胶制品应符合图样及技术文件的要求。

⑤ O 形密封圈沟槽尺寸应符合 GB/T 3452.3—2005 的规定。

⑥ 阀零件动密封副的表面粗糙度 Ra 值应不大于 1.6 μm。

⑦ 阀零件静密封副的表面粗糙度 Ra 值应不大于 3.2 μm。

⑧ 阀零件动密封副的尺寸精度等级应不低于 GB/T 1800.2—2020 中 IT9 级的规定。

⑨ 阀零件静密封副的尺寸精度等级应不低于 GB/T 1800.2—2020 中 IT9 级的规定。

⑩ 图样中未注公差的线性和角度尺寸的公差应符合 GB/T 1804—2000 的规定,凡属包容和被包容者应符合 m 级的规定,无装配关系的可采用 c 级。

⑪ 图样中形状和位置公差未注明公差值的机加工尺寸应符合 GB/T 1184—1996 中 K 级的规定。

⑫ 普通螺纹配合采用 GB/T 197—2018 中 6H/6g,电镀螺纹配合应符合 GB/T 197—2018 中电镀螺纹的规定。

⑬ 弹簧应符合 GB/T 1239.2—2009 的规定,未注明技术要求的按 GB/T 1239.2—2009 中一级精度检查。压力阀中定值弹簧应符合 JB/T 3338—2013 的规定。

⑭ 表面防腐层应符合 MT/T 335—1995 的规定。

⑮ 外注式支柱用阀工作液采用 MT/T 76—2011 中所规定的乳化油或浓缩物与中性软水按质量比为 2:98 或 5:95 配制的高含水液

压液。在工厂或实验室试验时,质量比为5:95;出厂检验时,允许用防锈低凝 N7 液压油。

⑯ 内注式支柱用阀工作液为专用防锈低凝 N7 液压油。

（2）外观质量

阀的各连接部位应光滑、无毛刺,外部表面清洁,无污物、无磕碰、无锈斑。

（3）装配质量

① 零件经检验合格后方可装配,对于因保管或运输不当而造成的变形、摔伤、擦伤、锈蚀等影响产品质量的零件不应用于装配。

② 零件装配前应进行仔细清洗,并按图样及技术文件的规定进行装配,运动件、螺纹连接件应动作灵活,不应有瞥卡现象。

（4）清洁度

每件阀内腔清洗残留物不应超过 10 mg(内注式支柱用阀为安全阀、卸载阀和活塞组件)。

（5）零件硬度

阀零件的硬度应符合设计要求。

（6）阀的性能

安全阀、单向阀、卸载阀的性能应符合 MT

112.2—2008 中有关性能要求。

2. 单体液压支柱用锻件

1）产品分类

按照柱鞋与支柱使用配合形式可分为分离式和装配式两种,按照柱鞋材料不同可分为金属柱鞋和以聚合物等材料为基材的柱鞋。

（1）产品规格尺寸。

分离式柱鞋的规格尺寸如表 4-9 和图 4-7 所示。

表 4-9　分离式柱鞋规格尺寸　　mm

规　格		尺　寸			
外径(d_1)		260	280	300	320
高度(h)		≥40		≥50	
厚度(δ_1)	金属柱鞋	≥8		≥12	
	聚合物柱鞋	≥15		≥15	
柱窝	直径(d_2)	124;140			
	边长($l\times l$)	110×110			
鞋耳孔径(d_3)		≥12			

注:柱窝尺寸对用于单体液压支柱的柱鞋是指柱窝直径 d_2,对用于金属摩擦支柱的柱鞋是指柱窝方孔边长 $l\times l$。

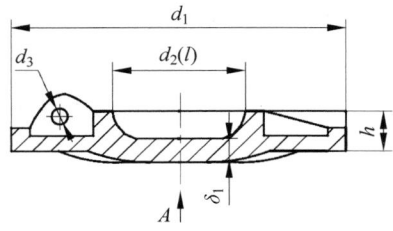

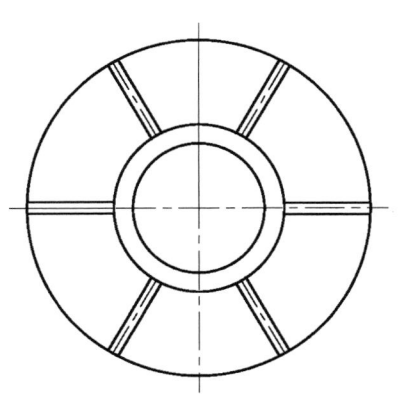 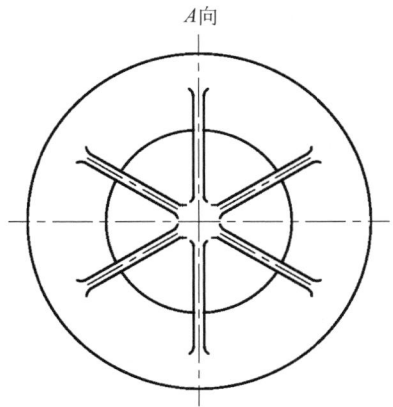

图 4-7　分离式柱鞋结构参数

装配式柱鞋的规格尺寸如表 4-10 和图 4-8 所示。

表 4-10　装配式柱鞋的规格尺寸　　mm

规　　格		尺　　寸			
外径(d_1)		180	200	220	240
高度(h)		≥90			
厚度(δ_1)		≥15			
柱窝	直径(d_2)	120			
	边长($l \times l$)	110×110			
筒厚度(δ_2)		≥10			
卡块厚度(δ)		≥8			

除上述规格的柱鞋外,根据用户的特殊要求,制造厂可生产其他非标准规格的柱鞋。

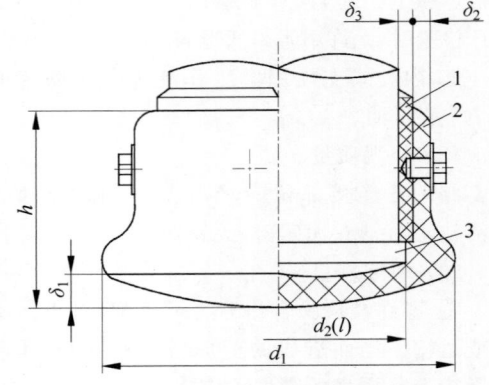

1—卡块；2—柱鞋；3—单体液压支柱。

图 4-8　装配式柱鞋结构参数

（2）型号及其表示法

柱鞋的型号及表示应符合以下规定：

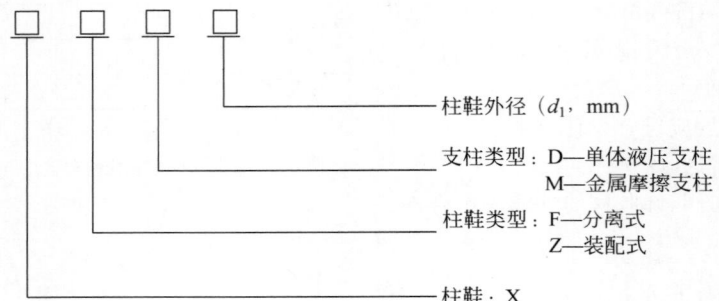

柱鞋外径（d_1，mm）

支柱类型：D—单体液压支柱
　　　　　M—金属摩擦支柱

柱鞋类型：F—分离式
　　　　　Z—装配式

柱鞋：X

示例：

① XFD300 表示外径为 300 mm,用于单体液压支柱的分离式柱鞋。

② XZM200 表示外径为 200 mm,用于摩擦支柱的装配式柱鞋。

2）技术要求

（1）一般要求

① 图纸与加工。符合本标准的规定,并按经规定程序批准的图样与技术文件制造。

② 材质。柱鞋材质应优先选用 QT 42-10 球墨铸铁,其性能应符合 GB/T 1348—2019 的要求。如果选用聚合物,那么应优先选用铸型尼龙,其安全等性能必须满足表 4-11 的规定,并通过煤炭工业部指定的检验单位检验合格后方准使用。

表 4-11　聚合物材质性能要求

性　　能		要　求
安全性能	表面电阻/Ω	≤1×10^9
	氧气指数值	≥26
抗拉强度/MPa		≥80
抗压强度/MPa		≥100
抗弯强度/MPa		≥140
布氏硬度/HB		≥20
冲击强度（缺口,N·cm/cm²）		≥60
熔点/℃		≥223
连续耐热/℃		≥100

③ 外观质量

柱鞋及卡块表面不允许有影响铸件使用性能的铸造缺陷（如裂纹、冷隔、缩孔、夹渣等）存在。柱鞋与链条（或钢丝绳）连接孔部位应呈弧状,不得有棱角。

④ 装配

分离式柱鞋鞋体与链条（或钢丝绳）的连接应保证活动自如,拆换方便。装配式柱鞋装套时,卡块中的盲孔和柱鞋鞋体中的螺纹孔中心对齐,以保证装配拆卸方便,螺栓拧紧锁固后,柱鞋不能与单体支柱相脱离。

⑤ 极限偏差

柱鞋尺寸的极限偏差应符合表 4-12 有关要求。

表 4-12　柱鞋尺寸极限偏差　　mm

名　称	参　数	极限偏差	
		金属铸件	聚合物铸件
分离式柱鞋	外径(d_1)	±4	±4
	柱窝尺寸($d_2 l$)	±1	±1
	鞋耳孔径(d_3)	±0.5	±0.5
	厚度(δ_1)	±0.5	±0.5
装配式柱鞋	外径(d_1)		±1
	柱窝尺寸($d_2 l$)		±1
	厚度(δ_1)		±0.5
	卡块壁厚(δ_3)		±1

（2）性能要求

柱鞋的性能要求应符合表 4-13 的规定。

表 4-13　柱鞋的性能要求

性能	要　求
承载能力	(1) 以额定载荷加载试验后,柱鞋不得产生裂纹或柱鞋鞋体底面的残余变形沿法线方向不得大于 20 mm; (2) 破坏载荷试验所得破坏载荷值不得小于 1.5 倍的支柱工作阻力
耐久性能	耐久性能试验时以额定载荷重复加载后,柱鞋不得产生裂纹或柱鞋鞋体底面的残余变形沿法线方向不得大于 30 mm
鞋耳抗拉能力	当拉力小于等于 20 kN 时,鞋耳无残余变形或裂纹
链条（或钢丝绳）抗拉能力	当拉力小于等于 20 kN 时,链条（或钢丝绳）不得出现裂纹或断裂
拉脱力	当拉力小于等于 15 kN 时,不得拉脱

4.2.4　使用与维护

标准 MT/T 548—1996 对单体液压支柱的使用进行了明确的规范,具体内容如下:

1. 支设

（1）使用的支柱每根都应保持完好状态,任何损坏的支柱不允许支设。

（2）不同性能的支柱不准混用。

（3）工作面支柱均应编号,防止丢失。

（4）新下井支柱或长期未使用的支柱,第一次使用时应先升降 1～2 次,排净腔内空气后方可支设。

（5）外注式支柱支设前,必须用注液枪冲洗注油阀体,防止煤粉等污物进入支柱内腔。

（6）外注式支柱接顶后,继续供液 4～5 s 再切断液源,以保证初撑力。

（7）支柱初撑力:油缸直径为 $\phi 80$ mm 时不小于 60 kN,$\phi 100$ mm 时不小于 90 kN。

（8）顶盖掉爪（即使掉一个爪）的支柱,不允许继续使用。

（9）支柱排距、柱距、迎山角等应符合作业规程规定。

（10）支柱顶盖与顶梁接合严密,不准单爪承载。

（11）支柱作点柱使用时,应在顶盖上垫木板,禁止顶盖柱爪直接与顶板接触。

（12）采高突然变化超过支柱最大高度时,应及时更换相应规格支柱,不得采取在支柱底部垫木板、矸石等临时措施支设。

（13）工作面初次放顶时,应采取相应的技术措施,增加支柱的稳定性,防止推倒和压坏支柱。

（14）中厚煤层和急倾斜煤层工作面人行道两侧支柱应采取安全措施如采用连接器或拴绳等,防止失效支柱倒柱伤人。

2. 回柱

（1）根据顶板状况,可采用近距离或远距离方式回柱。

（2）回柱时,回柱工应站在安全地点并选好退路,先降柱后回收支柱,严禁不卸载强行回撤。

(3) 必须使用卸载手把或专用工具回柱，严禁用镐或其他工具回柱。

(4) 有挂顶、冒落矸石块度较大或破碎顶板工作面回柱时应悬挂牢靠的挡矸帘，防止矸石砸坏支柱和窜入工作面。

(5) 支柱有效行程达到安全回柱高度时应及时采取措施，防止压"死柱"。

(6) 支柱压"死柱"时，要先打好临时支柱，然后用挑顶或卧底的方法回撤，不准用炮崩或机械设备强行回收。

3．工作液

(1) 内注式支柱工作液为低凝防锈5号液压油或其他支柱专用液压油。

(2) 外注式支柱工作液为 $1\%\sim3\%$ 乳化油和 $97\%\sim99\%$ 的中性水配制的乳化液。

(3) 配置乳化液的乳化油和水应符合 MT 76—2011 规定。

(4) 井下运送液压油或乳化油时，必须使用干净的专用容器。

(5) 不同牌号的油不准混用。

(6) 内注式支柱每季度至少检查或用专用工具补充一次液压油。

(7) 乳化液配置应使用自动配比装置，乳化液浓度每班检查一次。

(8) 配置乳化液的水，每半年检验一次硬度、pH 值和杂质，超过规定的要经过处理，合格后方可使用。

4．外注式支柱管路系统

(1) 工作面必须配置由两台乳化液泵和一个乳化液箱组成的泵站，乳化液泵一台工作，一台备用。

(2) 乳化液泵额定压力应为 20 MPa，额定流量为 $80\sim100$ L/min。

(3) 泵站设在顺槽安全地点，周围要保持清洁，无杂物、积水和浮煤，乳化液箱要加盖，防止污染。

(4) 泵站滤网、磁过滤器、乳化液箱、管路系统中过滤器每季度清洗一次。

(5) 工作面必须配有足够的注液枪，一般 9 m 左右装备一把，上下顺槽处要适当加密。

(6) 工作面同时使用的注液枪不应超过三把。

(7) 注液枪用完后应及时悬挂在支柱手把上，不得随地乱放。

5．现场管理

(1) 工作面每班应设有专职支柱管理员，负责支柱、顶梁、水平楔的清点，检查支柱支设质量，更换失效的三用阀和掉爪顶盖，处理一般事故等。

(2) 工作面应有 10% 左右的备用支柱，整齐竖放在工作面附近安全、无水地点。

(3) 支柱正常使用时不允许承受侧向力，严禁用支柱移输送机或作其他起重工具，严禁戗柱打在支柱和三用阀上。

(4) 炮采工作面使用时，应注意炮眼布置，炮眼角度和装药量，应尽量采用毫秒爆破，贴帮柱与煤壁距离应大于 0.2 m，必要时应采取保护措施以免崩坏支柱。

(5) 不准用锤、镐等硬物直接敲打支柱。

(6) 除顶盖、三用阀、接长管、卸载装置外，其余零件不允许在井下拆卸和修理。

(7) 井下不允许存在无三用阀或柱头孔未堵的支柱。

(8) 工作面一般无空载支柱或支柱回收后应及时竖立在安全地点以免埋失。

(9) 井下搬运支柱应有专人负责，使用专用车辆，轻拿轻放，认真清点核对数量，以免支柱损坏和丢失。

(10) 工作面内若用输送机运送支柱，则输送机上应装有煤，支柱放在煤上，并有专人接收支柱。

6．支柱报废

支柱使用寿命为 5 年，使用期内凡不能修复、改制，经修复、改制仍不能达到维修标准，支柱修理费超过原值 1/3 的均应予以报废。支柱一根活柱、一根油缸两件作为一根统计报废数量。报废的支柱应以矿（或局）为单位集中堆放，定期统计上报。报废由支柱维修车间或维修中心提出申请，经有关部门组织鉴定后报矿务局批准。油缸、活柱报废条件见表4-14。

表 4-14　支柱油缸、活柱的报废条件

零件名称	检验项目	报废条件
活柱	直线度	母线直线度>3 mm,或经校直后仍满足不了降柱要求
	外径下偏差	>0.5 mm
	表面镀层	锈蚀深度>0.5 mm
油缸	外表面	表面锈蚀深度>1 mm
	内径公差	内孔变形量大于 2 mm,无法修复或修复后仍达不到 MT/T 549—1996 标准
	内径直线度	
	内孔表面质量	内孔锈蚀深度或麻坑深度>0.5 mm

4.3　煤矿用液压支架

4.3.1　概述

液压支架是煤矿综采工作面中的配套支护设备,其主要作用是支护工作面顶板,维护安全作业空间,推移工作面采运设备。液压支架的种类很多,但其基本功能是相同的。由于液压支架的支护性能好,移动速度快、强度高、安全性高,提高了工作面的产量和效率,降低了工作的劳动强度,因此是高产、高效综合机械化采煤工作面的关键设备之一。

1. 液压支架的结构组成

不同类型液压支架的总体结构基本相同,主要由金属构件和液压元件组成。如图 4-9 所示的液压支架的结构组成中,金属构件主要由顶梁、底座、掩护梁、护帮板及四连杆机构等组成,液压元件主要由立柱、千斤顶、操纵阀、安全阀、液压锁等组成。其中,顶梁直接与顶板接触,承受顶板压力载荷,并为立柱和掩护梁提供连接点。掩护梁与采空区冒落岩石接触并与顶梁相接,下部与前后连杆相铰接。底座直接与底板相接触,将来自顶板的各种载荷传递给底板。推移装置装设在底座中部。立柱上下端分别铰接于顶梁(或掩护梁)与底座上,直接(或间接)承受顶板岩石载荷,它是液压支架的动力部件。支架的支撑能力和支撑高度主要取决于立柱的性能和结构。操纵阀则是

控制支架实现各项动作要求。推移装置的功能,一是推移工作面刮板输送机,二是拉动液压支架前移。其一端连接于支架底座,另一端连接于输送机上。

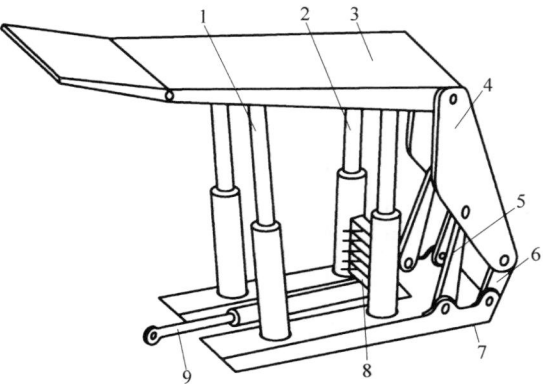

1—前立柱;2—后立柱;3—顶梁;4—掩护梁;5—前连杆;6—后连杆;7—底座;8—操纵阀;9—推移装置。

图 4-9　液压支架的结构组成

根据支架各部件的功能和作用,其结构组成可分为四个部分:

(1)承载结构件,如顶梁、掩护梁、底座、连杆、尾梁等。其主要功能是承受和传递顶板和垮落岩石的载荷。

(2)液压油缸,包括立柱和各类千斤顶。其主要功能是实现支架的各种动作,产生液压动力。

(3)控制元部件,包括液压系统操纵阀、单向阀、安全阀等各类阀,以及管路、液压、电控元件。其主要功能是操作控制支架各液压油缸动作及保证所需的工作特性。

(4)辅助装置,如推移装置、护帮(或挑梁)装置、伸缩梁(或插板)装置、活动侧护板、防倒防滑装置、连接杆、喷雾装置等。这些装置是为实现支架的某些动作或功能所必需的装置。

2. 液压支架的工作原理

液压支架的工作原理如图 4-10 所示。液压支架依靠流动着的高压液体所具备的压力能,通过各种液压元件(液压缸、液压阀件)协调动作完成预先设计程序,并配合其他采煤设备运行,维护安全有效的工作空间,其基本动作有升架、降架、推输送机、移架。

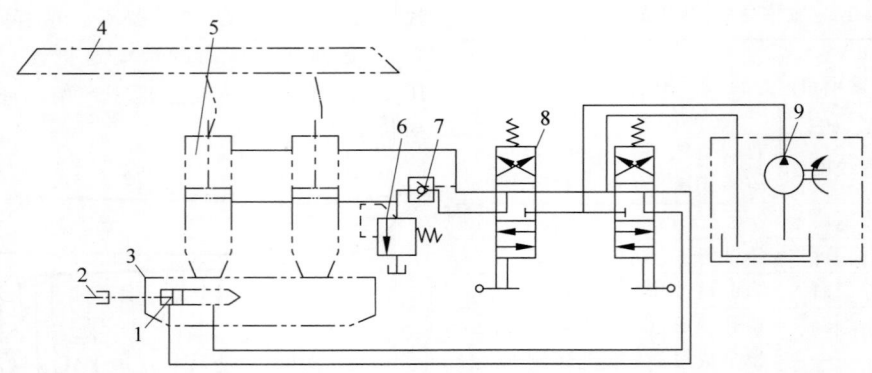

1—推移千斤顶；2—输送机；3—底座；4—顶梁；5—立柱；6—安全阀；7—液控单向阀；8—操纵阀；9—乳化液泵站。

图 4-10　液压支架的工作原理

（1）升架。将操纵阀置于升架位置，由泵站经压力胶管 P 输送来的高压液体通过液控单向阀进入立柱下腔。立柱上腔液体通过操纵阀流至回液管 O，于是立柱外伸，支架升起。

（2）推输送机。在支架处于支撑的状态下，将操纵阀置于推输送机位置，高压液体经操纵阀进入推移千斤顶的左腔，其右腔液体经操纵阀流至回液管 O。此时，推移千斤顶活塞杆伸出，将工作面输送机推向煤壁。推移距离一般为采煤机的一个截深。

（3）降架。将操纵阀置于降架位置，高压液体经操纵阀进入立柱上腔，同时打开液控单向阀。立柱下腔液体经液控单向阀、操纵阀后流回回液管 O，于是立柱回缩，支架降低。

（4）移架。在支架卸载（降架）或部分卸载后，将操纵阀置于移架位置，高压液体进入推移千斤顶右腔，其左腔低压液体流回回液管 O。此时，千斤顶缸体带动支架前移，移动的距离与推输送机的距离相等。

由此可知，液压支架的工作原理就是支架与围岩相互作用的力学原理，支架随工作面不断推进而前移，支撑和控制顶底板。在实际生产中，对于液压支架的四个基本动作的顺序，应根据回采工艺的具体工序来确定。

3. 液压支架的工作特性曲线

根据液压支架的支承承载原理分析可知，液压支架的一个完整的工作循环过程有四个阶段。

1）初撑增阻阶段

升架时，从顶梁接触顶板起，至立柱下腔液体压力迅速升至泵站额定压力止，这一阶段称为支架（立柱）的初撑增阻阶段。泵压撑顶、支架对顶板的支撑力急剧增加，支架呈现急增阻状态，时间在 1 min 左右。此阶段末，支架（立柱）对顶板产生的支撑力称为初撑力，其计算公式如下：

立柱的初撑力：

$$f_c = \frac{1}{4}\pi D^2 p_b \tag{4-1}$$

支架的初撑力：

$$F_c = n f_c \eta \tag{4-2}$$

式中：f_c——每根立柱的初撑力，kN；

D——每根立柱的缸体内径，mm；

p_b——泵站的额定压力，MPa；

n——每架支架的立柱数，个；

η——支撑效率，与架型有关。

2）承载增阻阶段

初撑增阻阶段结束后，由于液控单向阀封闭了立柱下腔的液体，支架保持对顶板支撑，随着顶梁上所受的来自顶板的压力增大，立柱下腔内液体压力逐渐升高，支架的支撑力也随之增大，直到液体压力达到立柱下腔油路中安全阀的调定压力为止，这一阶段称为支架（立柱）的承载增阻阶段。此时，支架闭锁承载，对顶板的支撑力增加较慢，支架呈现缓增阻状态，时间一般为数个小时至几天或更长。在该阶段末，支架对顶板产生的支撑力称为工作阻

力,其计算公式如下:

立柱的工作阻力:

$$f_z = \frac{1}{4}\pi D^2 p_a \qquad (4\text{-}3)$$

支架的工作阻力:

$$F_z = n f_z \eta \qquad (4\text{-}4)$$

式中:p_a——安全阀的调定压力,MPa;

　　　f_z——每根立柱的工作阻力,kN。

3) 承载恒阻阶段

支架(立柱)达到工作阻力后,随着时间的推移顶板继续下沉,立柱下腔内压力进一步增大的液体使得安全阀开启溢流,立柱回缩,立柱下腔内压力又降低。当压力降低至安全阀的调定压力后,安全阀关闭。如此反复动作,始终保证立柱下腔的压力基本不变,即保证支架的工作阻力基本不变,处于恒阻支撑状态。从安全阀第一次开启使支架卸载降柱至安全阀关闭重新支撑顶板的这一阶段称为承载恒阻阶段,即溢流承载,支架对顶板支撑力基本不变,支架呈现恒阻状态。一般情况支架处于该阶段工作较少,该阶段内支架对顶板产生的支撑力称为恒阻力,其值取决于安全阀灵敏度和可靠性,且为一区域值。

4) 降柱移架阶段

随着工作面的推进,支架需要前移,移架前将支架的立柱卸载收缩,使支架撤出支撑状态。从开始卸载降柱到下一次开始升柱,此阶段称为降柱移架阶段,即支架顶梁脱离顶板,对顶板无作用力,支架呈现解锁降柱移架状态。在特殊情况下只卸载立柱下腔部分压力,但顶梁并不脱离顶板,保留一部分支撑力的同时开始移架,即"带压"移架或"擦顶"移架。

综上,液压支架四个阶段及支架在各阶段呈现出的工作特性如图4-11所示。其中,折线表示支架在额定工作阻力以下工作,具有增阻性,保证支架对顶板的有效支撑作用,同时具有可缩性和一定的弹性可缩量。折线中各线段的不同斜率表示增阻速率的不同。波纹线的水平特征表示支架超过额定工作阻力时具有恒阻性和让压性,以限制支架的最大支撑力,保证支架不被压垮,保护各零部件不受损

坏。虚线表示支架尚未达到工作阻力,人工卸载降柱,随工作面推进而重新移设。C 点越靠近 B 点,说明工作面推进速度越快。增阻性主要取决于液控单向阀和立柱的密封性能,恒阻性、让压性及可缩性则主要靠安全阀来实现和保证。因此,安全阀、液控单向阀和立柱是保证液压支架工作性能的关键元件。

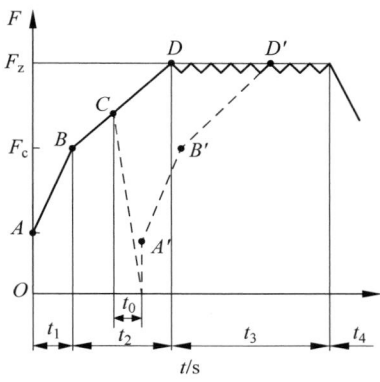

t_1—初撑增阻阶段;t_2—承载增阻阶段;t_3—承载恒阻阶段;t_4—降柱移架阶段;A—支架顶梁已接触顶板(忽略顶梁自重与内摩擦力);B—立柱下腔液压已达到乳化液泵站额定压力,液控单向阀处于动平衡状态,即支架支撑顶板初始支撑力;C—支架尚未达到工作阻力,人工卸载(降柱);D—立柱下腔液压在顶板下沉过程中增至安全阀调定压力,即支架支撑顶板最大支撑力;AB—急增阻支架增力线性状态;BD—缓增阻支架增力线性状态;F_c—支架初撑力;F_z—支架工作阻力。

图4-11　液压支架工作特性曲线

4. 液压支架的支护方式

综采工作面的主要生产工序有采煤、移架和推溜。三个工序的不同组合顺序可形成液压支架的三种支护方式,从而决定工作面"三机"的不同配套关系。

1) 及时支护

一般循环方式为割煤—移架—推溜。即时支护的特点是,顶板暴露时间短,梁端距较小,适用于各种顶板条件,是目前应用最广泛的支护方式。

2) 滞后支护

一般循环方式为割煤—推溜—移架。滞后支护的特点是支护滞后时间长,梁端距大,支架顶梁较短,可用于稳定、完整的顶板。

3）复合支护

一般循环方式为割煤—支架伸出伸缩梁—推溜—收伸缩梁—移架。复合支护的特点是，支护滞后时间短，但增加了反复支撑次数，可适用于各种顶板条件，但支架操作次数增加，不能适应高产高效要求，目前应用较少。

4.3.2 液压支架型式与参数

1. 液压支架架型的分类和定义

1）按架型结构及与围岩关系分类

（1）掩护式支架

① 支掩掩护式支架。有四连杆稳定机构，两根立柱支撑在掩护梁上，短顶梁与掩护梁铰接，有平衡千斤顶。其分为插底式（底座插入刮板输送机溜槽下）支架和不插底式支架两类（图4-12，图4-13）。

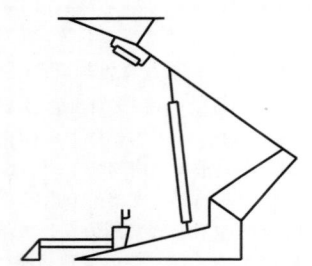

图 4-12　插底式支掩掩护式支架

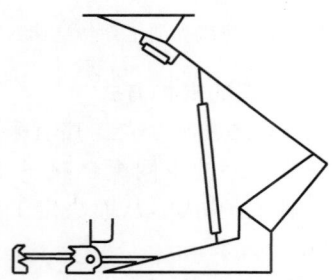

图 4-13　不插底式支掩掩护式支架

② 支顶掩护式支架。有四连杆稳定机构，两根立柱支撑在顶梁上，平衡千斤顶设在顶梁与掩护梁之间的掩护式支架上（图4-14）。

③ 支顶支掩掩护式支架。有四连杆稳定机构，两根立柱支撑在顶梁上，平衡千斤顶设在掩护梁与底座之间的掩护式支架上（图4-15）。

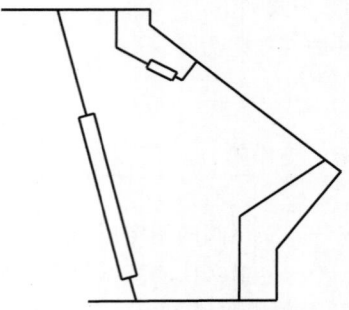

图 4-14　支顶掩护式支架

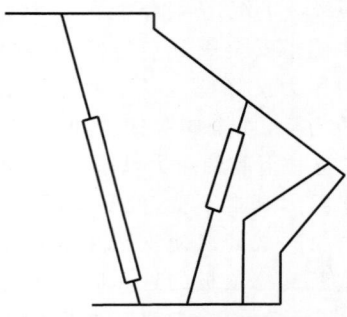

图 4-15　支顶支掩掩护式支架

（2）支撑掩护式支架

① 四连杆支撑掩护式支架。有四连杆稳定机构，四根立柱支撑在顶梁上（图4-16），一般称为支撑掩护式支架。

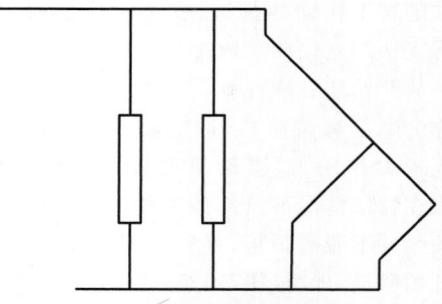

图 4-16　支撑掩护式支架

② 伸缩杆式（直线形）支架。顶梁和底座间设有伸缩杆式稳定机构，立柱在顶梁和底座柱窝上铰接，顶梁前端点运动轨迹为直线（图4-17）。

③ 单摆杆式支架。顶梁和底座间设有单摆杆式稳定机构，立柱在顶梁和底座柱窝上铰接，顶梁前端点运动轨迹为圆弧线（图4-18）。

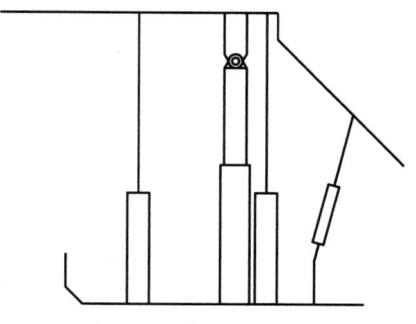

图 4-17 伸缩杆式支架

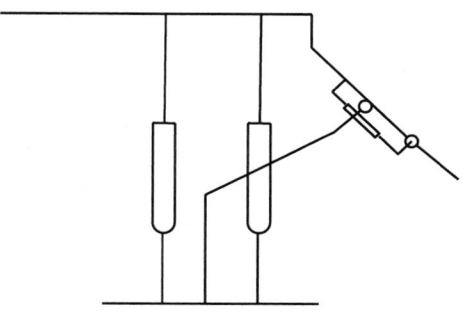

图 4-18 单摆杆式支架

④ 单铰点式支架。顶梁和底座间设有单铰点式稳定机构,立柱在顶梁和底座柱窝上铰接,顶梁前端点运动轨迹为圆弧线(图 4-19)。

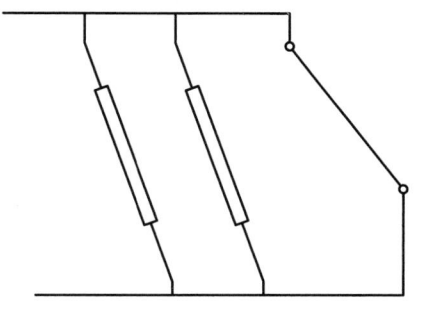

图 4-19 单铰点式支架

(3) 支撑式支架(垛式支架)

没有稳定机构,有横向复位装置,立柱支撑在顶梁和底座间并被限制摆动自由度(图 4-20)。

2) 按适用采高分类

(1) 薄煤层支架。支架最小高度不大于 1 m,能适用于 1.3 m 以下薄煤层的支架。

(2) 中厚煤层支架。支架最大高度小于或等于 3.8 m,能适用于 1.3 m 以上最小采高的支架。

(3) 大采高支架。支架最大高度大于 3.8 m,

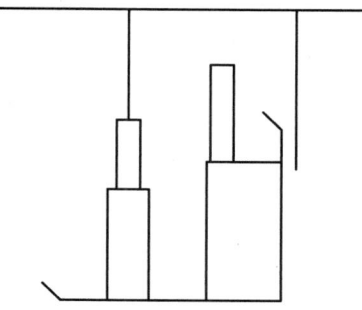

图 4-20 垛式支架

能适用于 3.5 m 以上最大采高的支架。

(4) 特大采高支架。支架最大高度大于或等于 6.0 m 以上的支架。

3) 按适用采煤方法分类

(1) 一次采全高支架。适用于一次采全高工作面的支架。

(2) 放顶煤支架。适用于放顶煤开采工作面,并具有放煤机构的支架。

(3) 铺网支架。适用于分层开采工作面,并具有铺网机构的支架。

(4) 充填支架。适用于充填开采工作面,并具有充填机构的支架或支架组。

4) 按适用煤层倾角分类

(1) 一般工作面支架。适用于近水平和缓倾斜工作面的支架。

(2) 大倾角支架。适用于煤层倾角 35°以上的支架。

5) 按在工作面中的位置分类

(1) 基本支架。用于工作面中部,与刮板输送机普通中部槽配套的支架。

(2) 过渡支架。用于工作面两端刮板输送机驱动部,与工作面刮板输送机过渡段配套的特殊支架。

(3) 端头支架。用于工作面端头,支护巷道与工作面交叉出口处顶板的支架。

(4) 超前支架。用于工作面出口巷道超前支护的支架或支架组。

6) 按稳定机构分类

(1) 正四连杆式支架。四连杆式稳定机构中连接底座的连杆为从高到低摆向采空区侧的支架。

（2）反四连杆式支架。四连杆式稳定机构中连接底座的连杆是从高到低摆向煤壁侧的支架。

（3）单（双）摆杆式支架。稳定机构为单（双）摆杆机构的支架。

（4）单铰点式支架。掩护梁直接铰接在底座上的支架。

（5）伸缩杆式（直线形）支架。在顶梁和底座间设有伸缩杆稳定机构的支架。

7）按组合方式分类

（1）单架式支架。顶梁和掩护梁均为整体部件的支架。

（2）组合式支架。由两个或多个可以分解为稳定的独立单元组合而成的支架。

8）按控制方式分类

（1）液压手动控制支架。采用液压手动控制系统，分为液压直动和液压先导本架控制和邻架控制。

（2）电液控制支架。采用电液控制系统的支架。

2．支架的尺寸参数和工作阻力参数系列

1）支架最大高度和最小高度系列

支架最大高度（H_{max}）和最小高度（H_{min}）（图 4-21）系列优选参数应符合表 4-15 的规定。

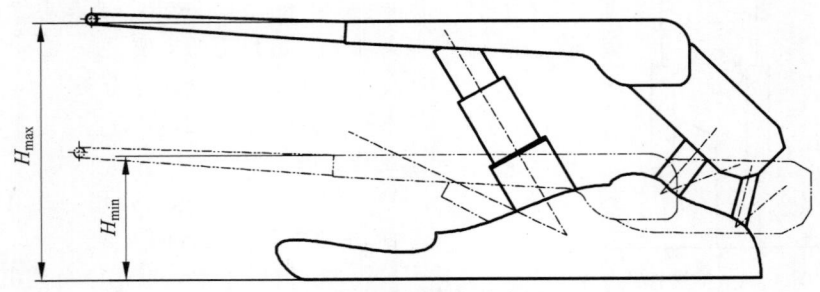

图 4-21　支架高度示意图

表 4-15　支架最大高度和最小高度系列优选参数　　　　　　　　dm

项　　目	参　　数											
最大高度 H_{max}	10	11	12	13	14	15	16	17	18	19	20	21
	22	23	24	25	26	27	28	29	30	32	33	34
	35	36	37	38	39	40	41	42	43	45	47	50
	52	53	55	56	57	58	60	62	63	65	67	70
	72	73	75									
最小高度 H_{min}	5	5.5	6	6.5	7	7.5	8	8.5	9	10	11	12
	13	14	15	16	17	18	18.5	19	20	21	22	23
	24	25	25.5	26	27	28	29	30	31	32	33	34

2）支架中心距系列

支架中心距 A（图 4-22）系列优选参数应符合表 4-16 的规定。

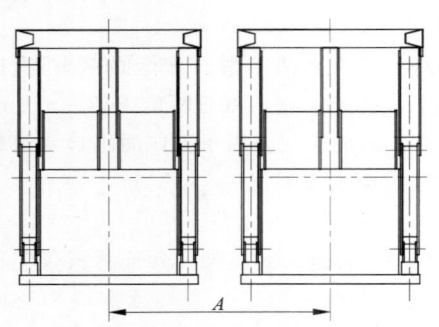

图 4-22　支架中心距示意图

表 4-16　支架中心距 A 系列优选参数　　m

支架中心距 A	1.25	1.5	1.75	2.05

3）支架立柱工作阻力系列

支架立柱工作阻力总值分为轻系列、中系列和重系列，优选参数分别应符合表 4-17、表 4-18 和表 4-19 的规定。

4）支架推移装置行程

支架推移装置行程系列优选参数应符合表 4-20 的规定，当工作面配套有特殊要求时，可对表中的数据作适当调整。

表 4-17　支架立柱工作阻力轻系列优选参数　　　　　　　　　kN

支架立柱工作阻力总值	1600	1800	2000	2200	2400	2500	2600	2800	3000
	3200	3300	3400	3500	3600	3700	3800	3900	

表 4-18　支架立柱工作阻力中系列优选参数　　　　　　　　　kN

支架立柱工作阻力总值	4000	4100	4200	4400	4600	4800	5000	5200	5400
	5600	5800	6000	6200	6400	6500	6600	6800	

表 4-19　支架立柱工作阻力重系列优选参数　　　　　　　　　kN

支架立柱工作阻力总值	7000	7200	7600	8000	8200	8500	8600	8800	9000
	9200	9400	10 000	11 000	12 000	13 000	14 000	15 000	16 000
	17 000	18 000	19 000	20 000	21 000	22 000	23 000	24 000	25 000

表 4-20　支架推移装置行程系列优选参数

mm

配套采煤机截深	支架推移千斤顶行程
600	700
700	800
800	900

3．支架产品型号编制

1）支架型号的组成和排列方法

支架型号主要由"产品类型代号""第一特征代号""第二特征代号"和"主参数"组成。如果这样表示仍难以区分,再增加"补充特征代号"以及"设计修改序号"。

支架型号的组成和排列方式如下:

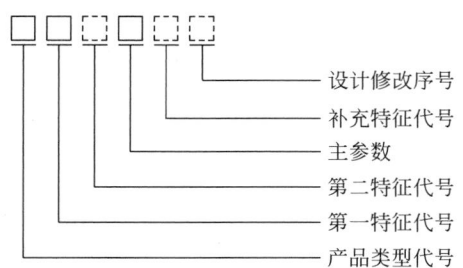

设计修改序号
补充特征代号
主参数
第二特征代号
第一特征代号
产品类型代号

2）支架型号的编制方法

（1）产品类型代号。"产品类型代号"表明产品类别,用汉语拼音大写字母 Z 表示。

（2）第一特征代号。用于一般工作面支架时,"第一特征代号"表明支架的架型结构。用于特殊用途支架,"第一特征代号"表明支架的特殊用途。"第一特征代号"的使用方法见表 4-21。

表 4-21　支架第一特征代号

用　途	产品类型代号	第一特征代号	产品名称
一般工作面支架	Z	Y	掩护式支架
		Z	支撑掩护式支架
		D	支撑式支架
特殊用途支架	Z	F	放顶煤支架
		P	铺网支架
		C	充填支架
		T	端头支架
		Q	（巷道）超前支架

（3）第二特征代号。"第二特征代号"用于一般工作面支架,表明支架的主要结构特点。其使用方法及省略规定见表 4-22。用于特殊用途支架,"第二特征代号"表明支架的结构特点或用途。

表 4-22　支架第二特征代号

用途	产品类型代号	第一特征代号	第二特征代号	注　解
一般工作面支架	Z	Y	Y	两柱支掩掩护式支架
			省略	两柱支掩掩护式支架,平衡千斤顶设在顶梁与掩护梁之间
			V	两柱支掩掩护式支架,平衡千斤顶设在底座与掩护梁之间
			G	两柱掩护式过渡支架
		Z	省略	四柱支顶支撑掩护式支架
			X	立柱"X"形布置的支撑掩护式支架
			G	四柱支撑掩护式过渡支架
		D	D	垛式支架
			B	稳定机构为摆杆的支撑式支架
			L	伸缩杆式(直线形)支架
			G	支撑式过渡支架
特殊用途支架	Z	F	D	单输送机高位放顶煤支架
			Z	中位放顶煤支架
			省略	四柱正四连杆式低位放顶煤支架
			H	反四连杆式大插板低位放顶煤支架
			Y	两柱掩护式低位放顶煤支架
			B	摆杆式低位放顶煤支架
			L	伸缩杆式(直线形)放顶煤支架
			G	放顶煤过渡支架(反四连杆式,其他形式加补充特征)
		P	Z	支撑掩护式铺网支架
			Y	掩护式铺网支架
			G	铺网过渡支架
		C	省略	四连杆充填支架
			B	摆杆式充填支架
			G	充填过渡支架
		T	P	偏置式端头支架
			Z	两列中置式端头支架
			S	三列中置式端头支架
			Q	前后中置式端头支架的前架
			H	前后中置式端头支架的后架或后置式的端头支架
		Q	L	两列式超前支架
			S	四列式超前支架

(4)主参数。支架型号中的"主参数"依次用支架工作阻力(立柱工作阻力总值)、支架的最小高度和最大高度三个参数,均用阿拉伯数字表示,参数与参数之间应用"/"符号隔开。参数量纲分别为 kN 和 dm。高度值出现小数时,最大高度舍去小数,最小高度四舍五入。

(5)补充特征代号。如果用"产品类型代号""第一特征代号""第二特征代号""主参数"仍难以区别或需强调某些特征,则用"补充特征代号"。

"补充特征代号"根据需要可用一个或两个,但力求简明,以能区别为限。

"补充特征代号"主要表明支架的特殊适用条件、控制方式或结构特点。"补充特征代号"使用方法见表4-23。

表4-23 支架补充特征代号

补充特征代号	说 明
Q	表示支架适应于大倾角煤层条件
R	用于支掩掩护式支架表示插底式
D	表示电液控制支架
Z	用于放顶煤过渡支架表示正四连杆架型
B	用于放顶煤过渡支架表示摆杆式架型
L	用于放顶煤过渡支架表示伸缩杆式架型
F	用于端头支架表示放顶煤端头支架
W	用于超前支架表示材料巷(机尾)超前支架

(6)设计修改序号。产品型号中"设计修改序号"应使用加括号的大写汉语拼音字母(A)、(B)、…依次表示。

(7)字体。产品型号中的数字、字母和产品名称的汉字字体的大小要相仿,不得用角标和脚注。

(8)支架产品型号编制方法的示例。

示例1:四柱支撑掩护式支架。

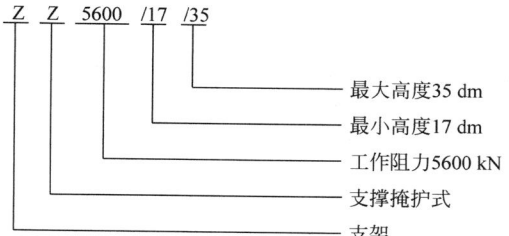

示例2:两柱掩护式电液控制支架。

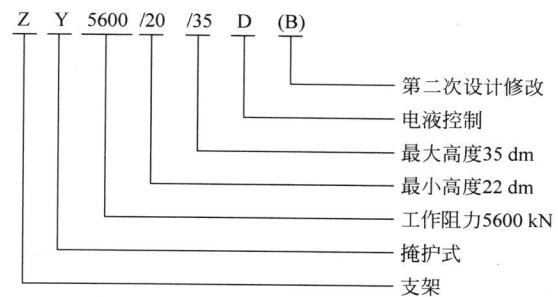

示例3:大倾角四柱正四连杆式低位放顶煤支架。

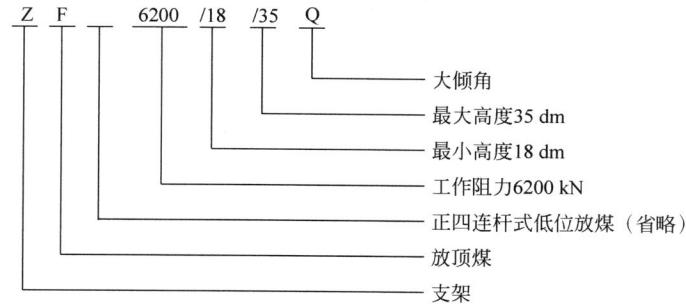

示例4:反四连杆式低位放顶煤支架。

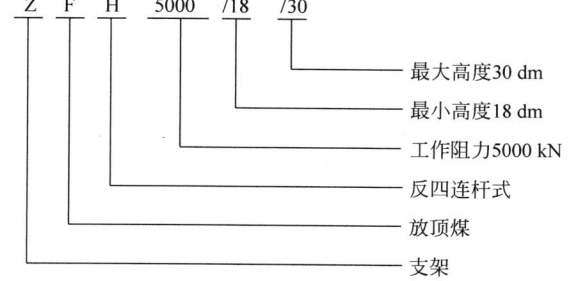

示例 5：反四连杆式放顶煤过渡支架。

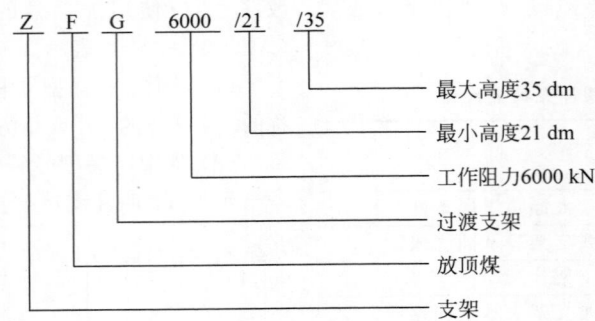

ZFG 6000 /21 /35

- 最大高度 35 dm
- 最小高度 21 dm
- 工作阻力 6000 kN
- 过渡支架
- 放顶煤
- 支架

示例 6：中置式放顶煤端头支架。

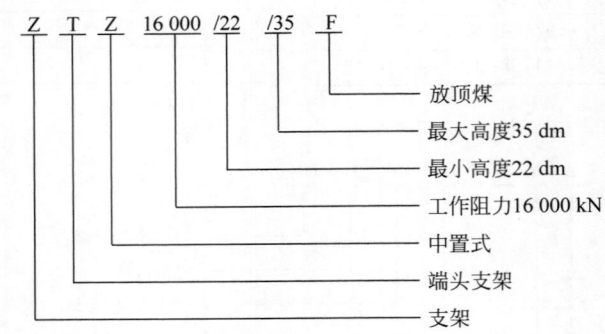

ZTZ 16 000 /22 /35 F

- 放顶煤
- 最大高度 35 dm
- 最小高度 22 dm
- 工作阻力 16 000 kN
- 中置式
- 端头支架
- 支架

示例 7：超前支架。

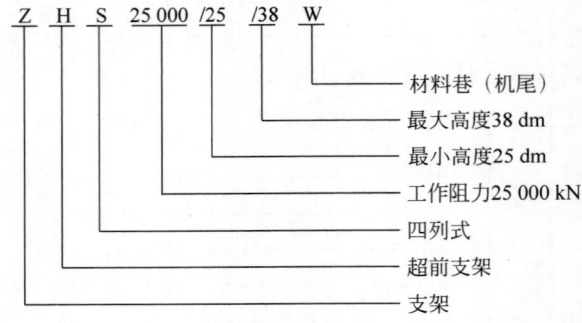

ZHS 25 000 /25 /38 W

- 材料巷（机尾）
- 最大高度 38 dm
- 最小高度 25 dm
- 工作阻力 25 000 kN
- 四列式
- 超前支架
- 支架

4.3.3　主要部件及结构

1. 顶梁

顶梁是支架的主要承载部件之一，支架通过顶梁实现支撑和管理顶板。顶梁的结构形式如图 4-23 所示。为了适应顶板要求，支架顶梁有整体刚性、铰接分体、伸缩铰接式等。

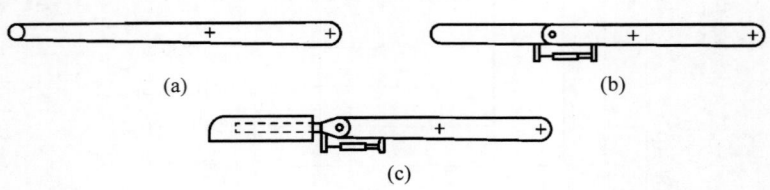

图 4-23　顶梁的结构形式

（a）整体刚性顶梁；（b）铰接分体顶梁；（c）伸缩铰接顶梁

（1）整体刚性顶梁。结构简单、质量较小，但对顶板不平的适应能力差，接顶不理想。多用于顶板比较平整、稳定，很少出现片帮现象的采煤工作面。

（2）铰接分体顶梁。其分成前梁和后梁两个部分，前梁在前梁千斤顶作用下可绕销轴上下各摆动 20°左右。这种顶梁的接顶性能好，也加大了靠近煤壁顶板的支撑能力。

（3）伸缩铰接顶梁。其是在铰接分体顶梁的前梁上又套上了一个可伸缩的梁，这种顶梁除具有铰接分体顶梁的优点外，还可超前支护，以防止片帮。

2. 底座

底座是支架的另一个主要支撑部件，支架通过底座将顶板压力传至底板。底座也是组成支架四连杆机构的构件之一。支架还通过底座与推移机构相连，用来完成支架的前移和推动刮板输送机。底座的结构形式如图 4-24 所示。

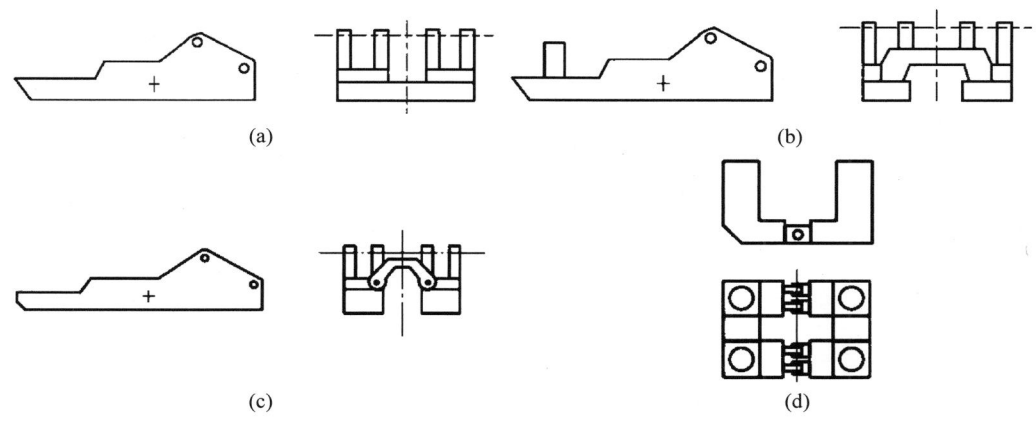

图 4-24 底座的结构形式

（a）整体刚性底座；（b）分式刚性底座；（c）左右分体底座；（d）前后分体底座

（1）整体刚性底座（图 4-24（a））。其用钢板焊接成箱形结构，底部封闭，具有强度高、稳定性好、对底板比压小的特点。缺点是排矸性差。该底座适用于底板比较松软、采高与倾角较大以及顶板稳定的采煤工作面。

（2）分式刚性底座（图 4-24（b））。其分成左右对称的两部分，上部用过桥或箱形结构将左右两部分固定连接。这种底座在刚性、稳定性和强度等方面基本与整体刚性底座相同，由于安装推移装置通道的底部不封闭，故排矸性能好。该底座适用于各类支架，在底板比压允许的条件下，广为应用。

（3）左右分体底座（图 4-24（c））。其由左右两个独立且对称的箱形结构件组成，两部分之间用铰接过桥或连杆连接，并可在一定范围内摆动。该底座对不平底板适应性较好，排矸性能好。缺点是底座底面积小、稳定性差，故不宜用于底板松软、厚煤层、倾角大的条件。

（4）前后分体底座（图 4-24（d））。其由前后两个独立的箱形结构件组成，用铰接或连板相连。该底座对底板的适应性好，多用于多排立柱、支撑掩护式、垛式支架以及端头支架等。

3. 掩护梁

掩护梁是掩护式和支承掩护式支架上的部件，其主要功能是隔离采空区、阻挡采空区冒落的矸石进入工作面，并承受采空区冒落矸石的载荷和基本顶来压时的冲击载荷。掩护梁与前后连杆、底座共同组成四连杆机构，承受支架的水平分力。掩护梁的结构形式如图 4-25 所示。

（1）整体直线形掩护梁。其一般都为整体箱形结构，这类掩护梁整体性好，强度大。从侧面看，掩护梁上轮廓形状为直线形，目前应用最为广泛。

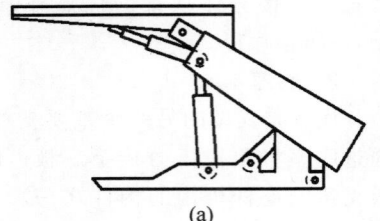 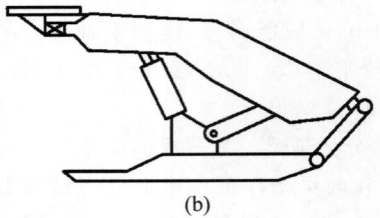

(a)   (b)

图 4-25　掩护梁的结构形式

(a) 直线形；(b) 折线形

（2）整体折线形掩护梁。从侧面看，掩护梁上轮廓为折线形，相对地增加了工作空间，但支架歪斜时架间密封性差，加工工艺差，目前应用较少。

4. 连杆

连杆是掩护式和支承掩护式支架上的部件，与掩护梁和底座形成四连杆机构。其作用是既可承受支架的水平力，又可使顶梁与掩护梁的铰接点在支架调高范围内作近似直线运动，使支架的梁端距基本保持不变，减少架前落矸，从而提高支架控制顶板的可靠性。四连杆的作用原理如图 4-26 所示。前后连杆一般采用分体式箱形结构，即左右各一件。后连杆往往用钢板将两个箱形结构连接在一起，以增强挡矸性能。

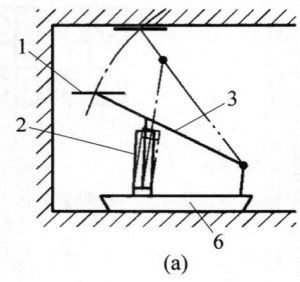 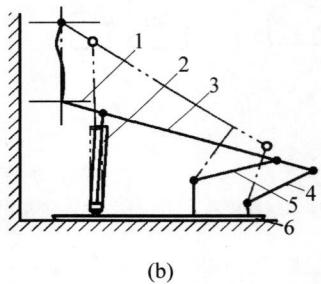

(a)   (b)

1—前梁；2—立柱；3—掩护梁；4—后连杆；5—前连杆；6—底座。

图 4-26　四连杆的作用原理

(a) 未使用四连杆；(b) 使用四连杆

5. 立柱

立柱是液压支架承载与实现升降动作的主要液压元部件。液压支架上常用的立柱的结构形式如图 4-27 所示。

（1）单伸缩双作用立柱（图 4-27(a)）。其只有一级行程，伸缩比一般为 1.6 左右，这类立柱结构简单、调整高度方便，缺点是调高范围小。

（2）单伸缩机械加长杆立柱（图 4-27(b)）。其总行程为液压行程 L_1 与机械行程 L_2 之和，这类立柱的调高范围较大，可在较大范围内适应煤层厚度的变化。但机械行程只能在地面根据煤层的最大厚度调定。这类立柱造价比双伸缩立柱低，应用广泛。

（3）双伸缩双作用立柱（图 4-27(c)）。其两级行程都由液压力操纵，总行程为 L_1 与 L_2 之和，可在较大范围内适应煤层厚度的变化，而且可在井下随时调节，其伸缩比可达 3。这类立柱造价高、结构复杂。

6. 千斤顶

千斤顶是完成支架及其各部位动作、承载的主要元件，大多属于单伸缩双作用活塞式液压缸。千斤顶按用途分为推移千斤顶、前梁千斤顶、伸缩梁千斤顶、平衡千斤顶、侧推千斤顶、调架千斤顶、防倒千斤顶、防滑千斤顶、护帮千斤顶等。千斤顶与立柱都是活塞式动力油缸，因此其工作原理、基本组成以及对零部

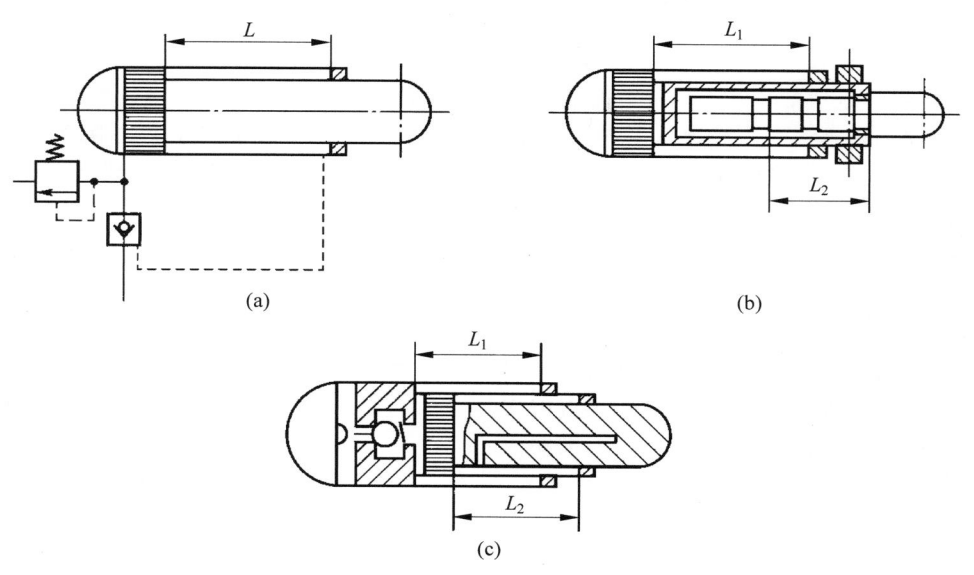

图 4-27　立柱的结构形式

（a）单伸缩双作用立柱；（b）单伸缩机械加长杆立柱；（c）双伸缩双作用立柱

件的要求等大体相同。但是，与立柱相比，千斤顶仍有一些区别，如立柱受力大，千斤顶受力小；立柱压力高，千斤顶压力低；立柱主要承受推力，拉力较小，推拉力相差较大，而千斤顶推拉力均有要求，一般相差不大，有时还要求拉力大于推力（采用浮动活塞千斤顶等结构）。

7. 推移装置

支架推移装置是实现支架自身前移和输送机前推的装置，一般由推移千斤顶、推杆或框架等导向传力杆件以及连接头等部件组成，其结构形式如图 4-28 所示。其中，推移千斤顶形式有普通式、差动式和浮动活塞式。普通式推移千斤顶通常是外供液普通活塞式双作用油缸；差动式推移千斤顶则利用交替单向阀或换向阀的油路系统，使其减小推输送机力；浮动活塞式推移千斤顶的活塞可在活塞杆上滑动（保持密封），使活塞杆腔（上腔）供液时拉力与普通千斤顶相同，但在活塞腔（下腔）供液时，压力的作用面仅为活塞杆断面，从而减小了推输送机力。

（1）直接式推移装置（图 4-28（a））。其采用普通式或差动式千斤顶，千斤顶的两端直接通过连接头、销轴分别与输送机和支架底座相连。支架移动时必须有专门的导向装置，而不

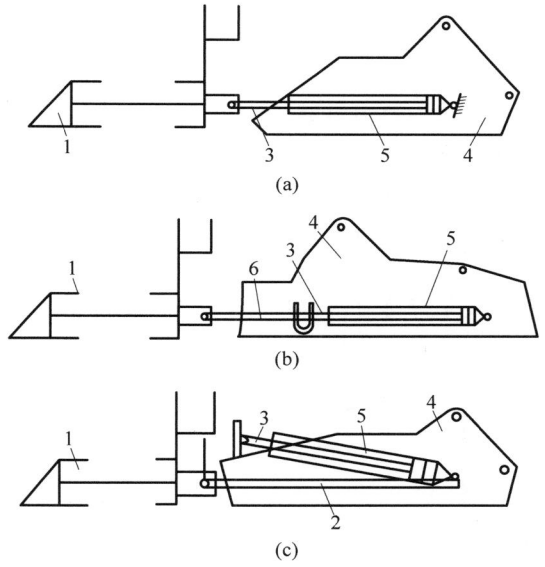

1—输送机；2—框架；3—千斤顶活塞杆；4—支架底座；5—千斤顶缸体；6—推杆

图 4-28　支架推移装置结构形式

（a）直接式推移装置；（b）平面短推杆式推移装置；（c）反拉长框架式推移装置

能直接用千斤顶导向。这种推移装置可用于底座上有专门导向装置的插腿式等支架，目前应用较少。

（2）平面短推杆式推移装置（图4-28（b））。其通过推杆、千斤顶分别与输送机、支架相连，千斤顶多采用浮动活塞式，以减小推输送机力。由于平面短推杆与千斤顶位于同一轴线，故受力较好。同时，用推杆作导向装置，抗弯强度大，导向性能好。这种推移装置推拉力合理，导向简单、可靠，应用广泛。

（3）反拉长框架式推移装置（图4-28（c））。框架一端与输送机相连，另一端与推移千斤顶的活塞杆或缸体相连，推移千斤顶的另一端与支架相连。用框架来改变千斤顶推拉力的作用方向，用千斤顶推力移支架，用拉力推输送机，使移架力大于推输送机的力，移架力最大，框架一般用高强度圆钢制成，作为支架底座的导向装置。由于框架长，其抗弯性能差、易变形、装卸不方便，因此不宜在短底座上采用，并且质量较大，成本较高。这种推移装置只需用普通千斤顶，推拉力合理，应用较广。

8. 活动侧护板

活动侧护板安装在掩护式和支撑掩护式支架的掩护梁和顶梁的侧面，其作用为：①可改善顶梁与掩护梁的护顶、防矸性能，隔离控顶区与采空区，防止冒落矸石窜入工作面；②移架时起导向作用；③活动侧护板增强了支架侧向稳定性，其上设置的弹簧与千斤顶都起防止支架降落后倾倒和调整支架间距的作用。

活动侧护板的基本形式有直角式和折页式，直角式活动侧护板的类型如图4-29所示。上伏式活动侧护板的盖板直接平置于顶梁（或掩护梁）上方，直接承受顶板或冒落矸石的压力，受载大，结构简单。嵌入式活动侧护板的盖板虽然也在梁面上方，但一般低于梁面，因而承载小。下嵌式活动侧护板的盖板位于顶梁上梁面下方，下嵌入顶梁体内，不承受顶板压力，侧护板容易伸缩，有利于防倒与调架，但结构复杂。

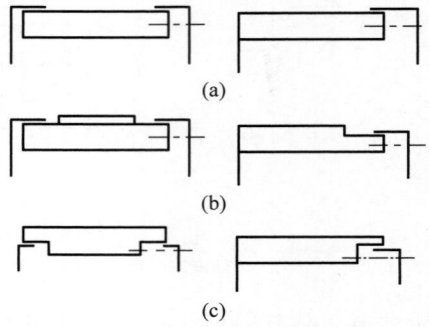

图4-29　直角式活动侧护板的类型
（a）上伏式；（b）嵌入式；（c）下嵌式

9. 护帮装置

一般情况下，当采高超过2.5 m时，支架都应配护帮装置。护帮装置设在顶梁前端或伸缩梁的前部，使用时将护帮板推出，支托在煤壁上，起到护帮作用，防止片帮现象发生。护帮装置的基本形式有下垂式和普通翻转式，如图4-30所示。

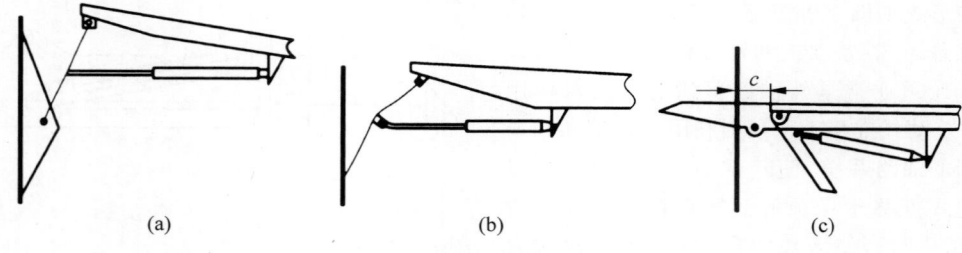

图4-30　护帮装置的形式
（a），（b）下垂式；（c）普通翻转式

（1）下垂式护帮装置（图4-30（a）和（b））。其由护帮板、千斤顶、限位挡块等主要部件组成，结构简单。但护帮板由垂直位置起向煤壁的摆动值一般较小，因此适应性差，一般用于采高为2.5～3.5 m，片帮不十分严重的工作面。

（2）普通翻转式护帮装置（图4-30（c））。除具有下垂式特点外，其摆动值大，可回转180°，因此对梁端距变化与煤壁片帮程度的适应性强，适用于顶板比较稳定的采煤工作面，使用较多。

10. 防倒、防滑装置

当工作面倾角大于15°时,液压支架必须采取防倒、防滑措施。当工作面倾角大于25°时,必须采取防止煤(矸)窜出刮板输送机伤人的措施。其方法是利用装设在支架上的防滑、防倒千斤顶的推力,来防止支架下滑、倾倒,并且可以进行架间调整。

几种防倒、防滑装置如图4-31所示。图4-31(a)所示为在支架的底座旁设置一个与防滑橇板3相连的防滑调架千斤顶,移架时防滑调架千斤顶4伸出,推动橇板顶在邻架的导向板上,起导向防滑作用,而顶梁之间装有防倒千斤顶2防止支架倾倒。图4-31(b)所示为两个防倒千斤顶2装在底座箱的上部,通过其动作达到防倒、防滑和调架的作用。图4-31(c)所示为在相邻两支架的顶梁(或掩护梁)与底座之间装一个防倒千斤顶2,通过链条或拉杆分别固定在各支架的顶梁和底座上,千斤顶2防倒、千斤顶4调架。

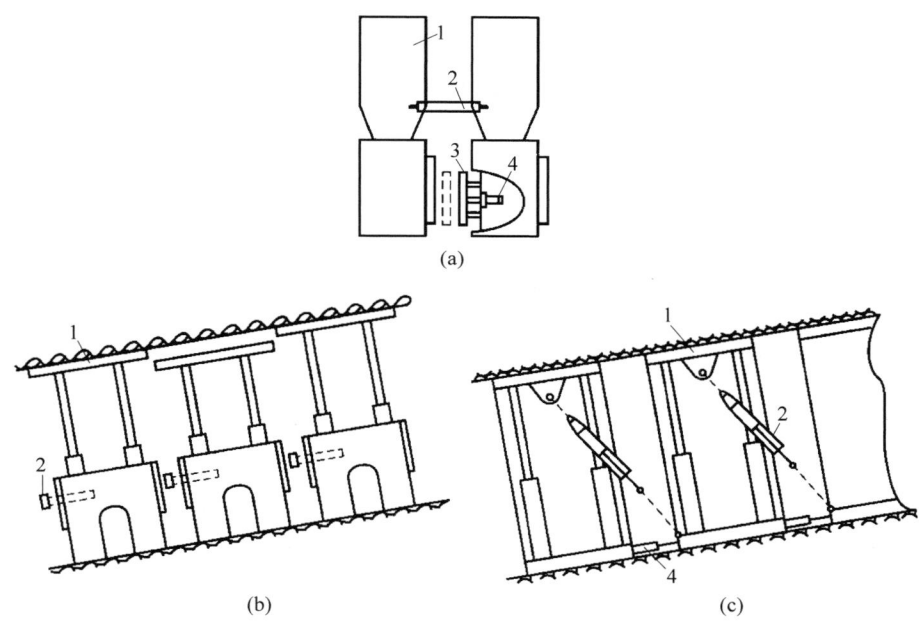

1—顶梁;2—防倒千斤顶;3—防滑橇板;4—防滑调架千斤顶。

图4-31 防倒、防滑装置

4.3.4 电液控制系统

液压支架电液控制技术是将电子技术、计算机控制技术和液压技术结合为一体的技术。液压支架的电液控制系统主要由电子计算机、传感器和液压回路控制部件等装置组成,能够根据生产需要而控制液压支架自动动作的系统。其核心是通过计算机程序控制的电子信号来驱动电液阀动作,将手动操作变为计算机控制的自动化操作。

采用电液控制技术能提高支架的动作速度和自动化程度,减少劳动量,提高效率,增强安全保障功能。检测技术和计算机技术的应用提高了支架工况和控制过程的信息化程度和监控功能。电液控制取代手动液压控制减少了人工控制的随意性和不准确性,提高了控制质量。电液控制提供的控制方式的可调性使支架的动作更合理,适应性更强。采用电液控制系统是液压支架提高移架速度的最有效技术途径,既是实现高产高效的基础,又是实现生产自动化的技术基础,支架电液控制系统已经成为煤矿综采工作面生产技术水平的重要标志。

1. 支架电液控制系统的功能和要求

液压支架电控系统应能满足工作安全操作和自动控制的要求,且应具有以下功能:

(1) 单架单动作按键控制,操作人员可以在工作面内任一台支架控制器(SCU)上控制本架或左、右邻架的每一个单独动作。

(2) 实现支架的降柱、移架、升柱,以及双向邻架擦顶移架程序控制。

(3) 实现全工作面双向顺序控制与成组控制。

(4) 发生故障时,可在任一支架上使整个系统停止工作。

(5) 实现程序控制时,各动作由相应传感器反馈信号控制;传感器不工作时,各动作由时间控制。

(6) 成组控制时,每组架数能够按需要进行调整。

(7) 顺序或成组控制时,已移架立柱初撑力达到一定数值后,方可降下一架立柱。

(8) 实现调齐支架和输送机位置的全工作面调控功能。

(9) 擦顶移架时,立柱下腔压力可以调整。

(10) 实现移架和推输送机一次到位或多

次到位的定量推移,可通过推移千斤顶的行程编程来实现采煤机斜切进刀。

(11) 实现支架与采煤机联动的全工作面自动控制。

(12) 电控程序可根据工作面实际需要而随时进行调整。

(13) 有查询、显示支架主要参数和信息传输的功能。

(14) 完成一架的降柱、移架、升柱的总时间小于 8 s。

(15) 各支架上有故障报警信号、紧急停止按钮、动作显示信号,以及充分、必要的安全功能与故障诊断功能。

2. 支架电液控制系统的组成及原理

1) 系统组成

支架电液控制系统主要由主控制台(MCU)、远程数据传输控制单元和电液控制单元组成。主控制台一般设在工作面运输巷内,也可以根据具体情况不设主控制台,只设支架控制器。电液控制单元主要包括支架控制器、电源箱、电液控制阀(电磁先导阀、主控制阀)、液电信号转换元件(压力传感器、行程传感器)等部件,如图 4-32 所示。

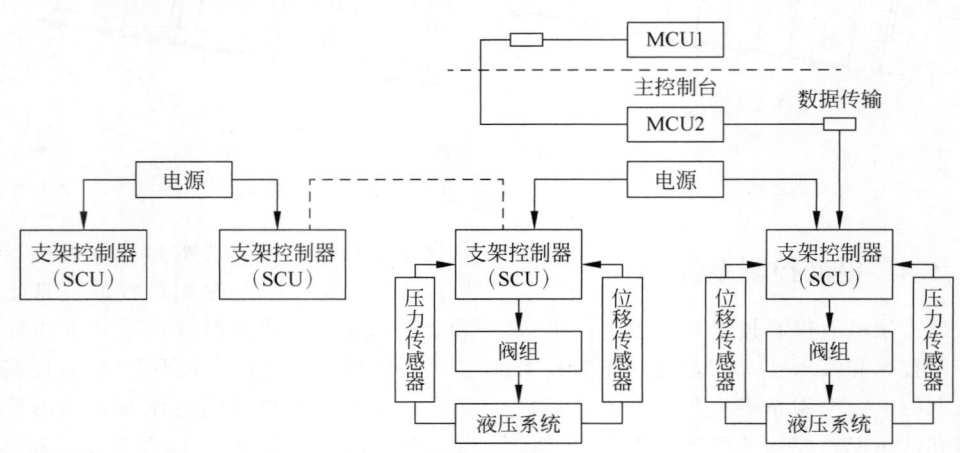

图 4-32　液压支架电液控制系统组成

支架电液控制系统由在工作面布置的支架控制器、隔离耦合器、压力传感器、行程传感器、采煤机位置传感器、监控主机、电源、电磁先导阀、主阀、过滤元件、辅助阀、连接器和电

源电缆等组成。其中,电源箱可以给工作面 8~10 架支架单元供电,不同电源组的控制器之间需要一个通信耦合器连接,每个电源箱需要配置一个电源耦合器,每个支架控制单元由

支架控制器、传感器、控制电缆、电磁阀组、主控阀组和辅助阀等组成。

液压支架电液控制系统结构和控制单元分别如图 4-33 和图 4-34 所示。

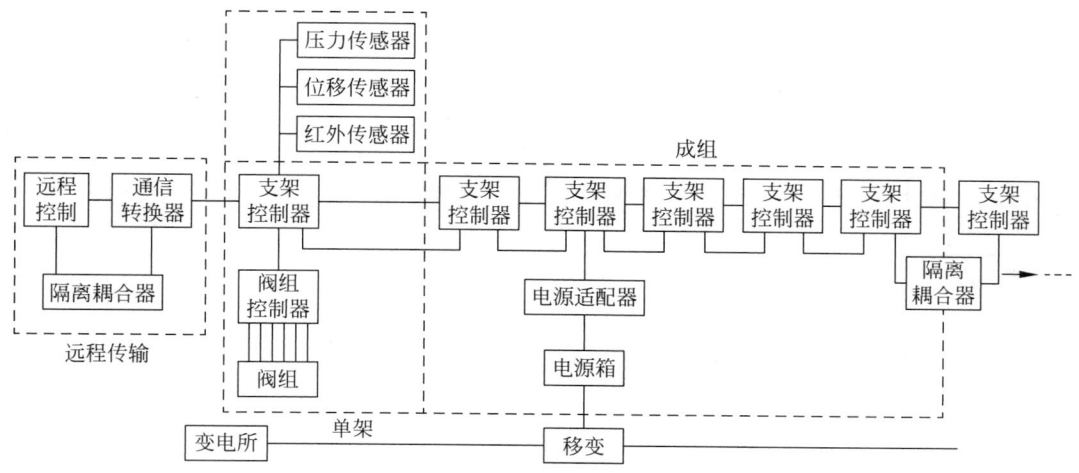

图 4-33　液压支架电液控制系统结构("一控三")

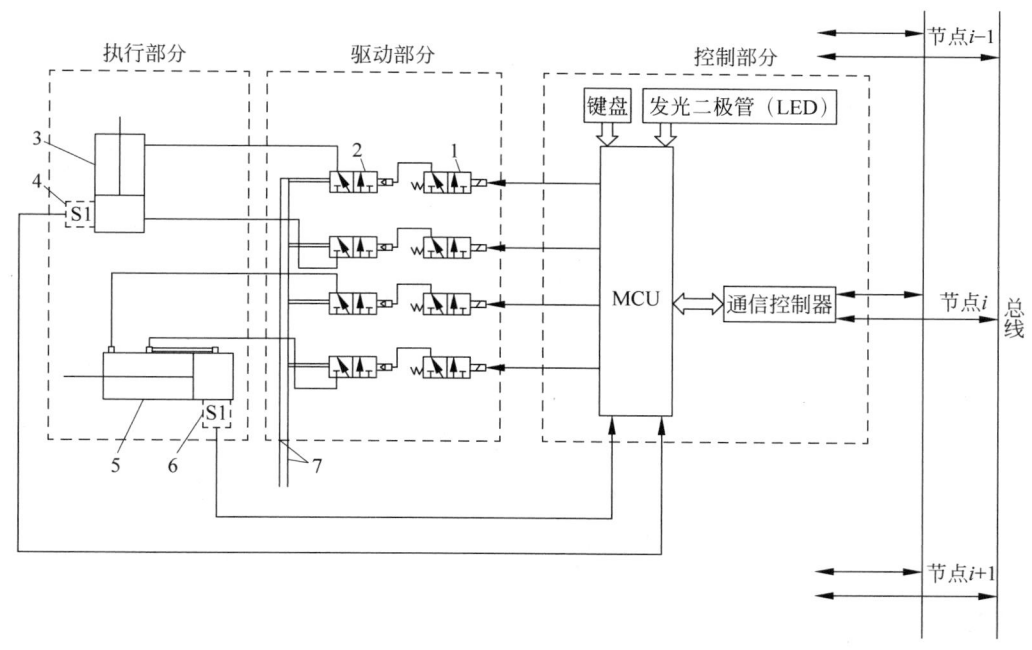

1—电磁先导阀；2—主控换向阀；3—立柱；4—压力传感器；5—推移千斤顶；6—位移传感器；7—进回液。

图 4-34　液压支架电液控制系统控制单元

2）系统结构原理

液压支架电液控制系统设备之间的连接关系如图 4-35 所示。其中的核心部件是隔爆兼本安电源、支架控制器及电磁先导阀等。操作人员利用支架人机操作界面实现与系统的交互，通过支架控制器驱动电磁先导阀，由电磁先导阀实现电液信号的转换，最后由主阀将液压信号放大，控制液压缸的动作，从而实现支架的动作控制。支架动作过程可以通过压力、行程和角度等传感器进行检测，实现支架动作的闭环控制。工作面支架电液控制系统可以通过井下顺槽的监控主机进行集中控制与集中管理,实现工作面支架的自动控制。

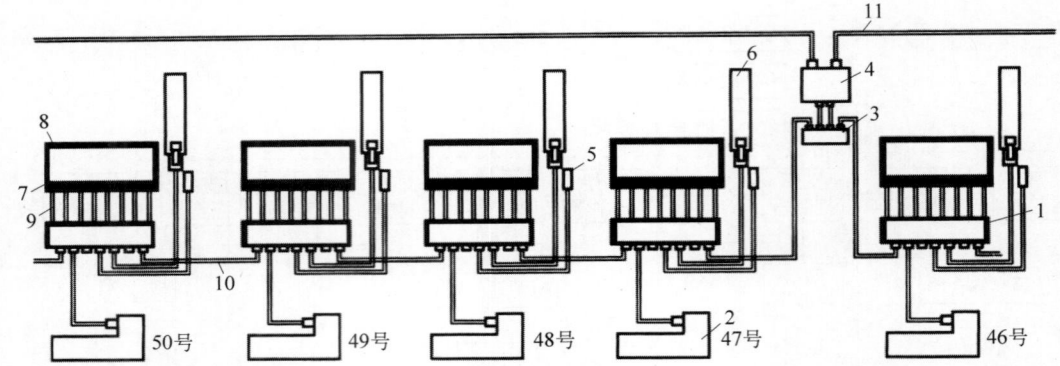

1—控制器;2—人机界面;3—耦合器;4—电源箱;5—压力传感器;6—位移传感器;7—电磁阀组;8—主控阀组;
9—电磁铁电缆;10—控制电缆;11—电源电缆。

图 4-35 液压支架电液控制系统设备连接

3. 支架电液控制系统主要设备和装置

1) 支架控制器

支架控制器是支架电液控制系统的核心部件,其外形结构如图 4-36 所示。支架控制器的外壳使用不锈钢材料加工而成,内置微机控制电路,使用环氧树脂灌封,支架控制器可以在 1.2 m 深水下连续工作,其外壳防护等级可达 IP68。支架控制器主要用来进行支架的动作,传感器的数据采集和数据通信。工作面支架控制器使用连接器互联形成工作面支架通信网络系统,实现工作面数据传输。

图 4-36 支架控制器

支架控制器通过接收人机操作界面发来的控制命令,打开或关闭对应的电磁先导阀,将电信号转化成液压信号,再通过主阀控制液压缸动作,从而实现对支架的动作控制。为了实现支架动作的闭环控制,使用压力传感器对支架立柱的升降进行控制,使用位移传感器进行推移千斤顶的伸缩控制,从而可以按照支架推移过程,配合时间参数、压力和行程控制参数,编制支架的自动移架程序,实现支架降柱、移架、升柱的自动控制。通过系统的通信功能,还可以实现成组控制功能等。

支架控制器安装方便,可与主阀、电磁先导阀就近布置,使支架控制器到电磁先导阀的电缆较短,且易于防护,从而提高了支架控制器的防护性能。支架控制器的一侧配有控制电缆的插座,可以分别与左右邻架支架控制器通信,以及与本架人机操作界面通信,还可以通过网络变换器实现控制器到主机的通信,实现传感器的数据采集等功能;支架控制器的另一侧为电磁先导阀驱动电缆插座,用来进行控制支架动作,并配有电磁阀电缆保护板,用来保护电磁阀驱动电缆。为了减小控制器的外形尺寸,减小控制器的质量,控制器电路板采用上下两层布置,并使用紧固螺丝固定,外盖上盖板进行防护。

支架控制器的技术参数及性能指标见表 4-24。

表 4-24 支架控制器的技术参数及性能指标

参　数	性 能 指 标
额定工作电压	直流 12 V
工作电流	＜90 mA
通信端口的传输方式	单线 CAN
模拟量输入信号	2 路 0.20～1.26 mA 直流信号，1 路 0.20～1.00 mA 直流信号
模拟量转换精度	1%
电磁驱动能力	16 路，可扩展，电压 0～13 V，电流 0～10 A

2）支架人机操作界面

支架人机操作界面用来实现电液控制系统的人机交互操作，使用人机操作界面不但可以发出各种控制命令，而且可以显示电液控制系统的运行状态，以及进行故障报警、参数修改等。人机操作界面通过电缆将控制命令传送到支架控制器执行相应的操作。

人机界面由硬件和软件两部分组成。硬件部分包括处理器、显示单元、输入单元、通信接口、数据存储单元等。软件部分包括底层驱动软件和应用软件。支架人机操作界面的外形结构如图 4-37 所示，其外壳是由不锈钢制成的，内置微机控制电路，电路板放置在一个固定在操作面板上的长方形容器中，并使用环氧树脂灌封，人机操作界面的外壳防护等级可达 IP68。

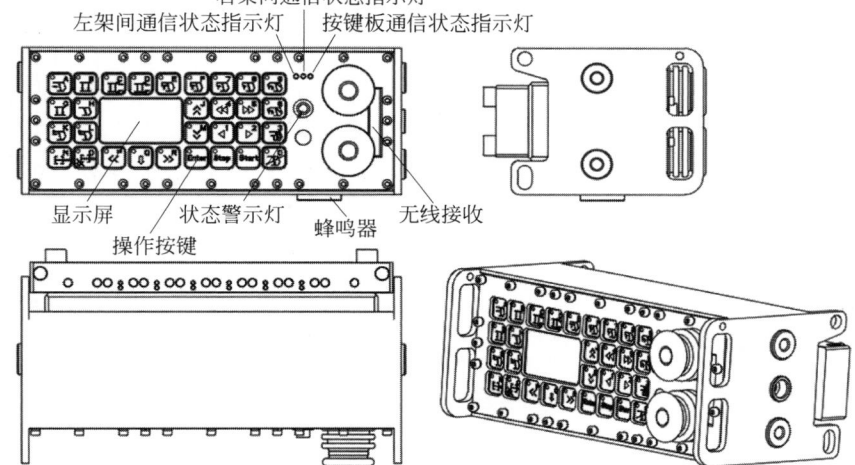

图 4-37 支架人机操作界面

支架人机操作界面技术参数及性能指标见表 4-25。

表 4-25 支架人机操作界面技术参数及性能指标

参　数	性 能 指 标
防爆型式	本质安全型
额定工作电压	直流 12 V
工作电流	≤45 mA
通信接口	单线 CAN
按键	21 个，能识别同时按下 3 个键
按钮	2 个，急停按钮和闭锁按钮
有机发光半导体（OLED）显示	可实现 128×64 点阵图形，可实现 4 行×8 列汉字

3）隔离耦合器

隔离耦合器用来实现支架控制器的电源组隔离和信号耦合，其外形结构如图 4-38 所示。外壳是由不锈钢制成的，内置微机控制电路，并使用环氧树脂密封，隔离耦合器的外壳防护等级可达 IP68。隔离耦合器利用光电隔离技术，使数字信号得到传输而对电气信号进行隔离，从而能够实现信号在整个系统中传输。

在工作面上，一个电源箱只能带 4～6 个支架控制单元，而一个工作面一般有 100 个以上的支架控制单元。因此，在工作面上应有多个电源箱，分别给所在区域的支架控制单元供

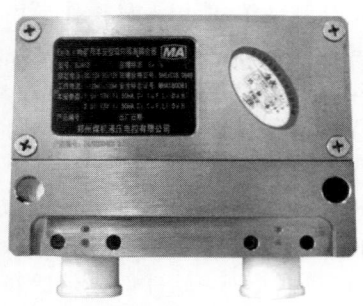

图 4-38　支架隔离耦合器

图 4-39　支架压力传感器

电。为符合煤矿安全的要求,以及防止控制信号的干扰,必须使用隔离耦合器对电信号进行隔离。隔离耦合器还可以实现支架电液控制系统通信网络节点的扩展,采用 CAN 总线进行通信,CAN 总线的节点数量限制为 110 个,使用隔离耦合器后,CAN 总线将分为不同段。因此,支架电液控制系统控制器的个数得到了扩展,能够满足工作面使用的要求。

隔离耦合器的技术参数及性能指标见表 4-26。

表 4-26　隔离耦合器的技术参数及性能指标

参　　数	性能指标
防爆型式	本质安全型
额定工作电压	直流 12 V
工作电流	≤35 mA(A 侧)、≤25 mA(B 侧)。需注意的是,A 侧与 B 侧分别由 2 路电源供电,2 路电源完全隔离
A 侧通信端口	2 路,单线 CAN
B 侧通信端口	2 路,单线 CAN

4) 压力传感器

压力传感器是电液控制系统中用于反馈支架压力工作状态的元部件,其外形结构如图 4-39 所示。其安装在煤矿井下采煤工作面的液压支架上,用来检测支架相关腔体的压力,为支架控制器提供控制动作的依据,实现支架电液控制系统的闭环控制。

压力传感器采用溅射式工作原理,溅射式压力敏感元件是在 10 级超净间内,使用微电子工艺制造出来的,即在高真空度中,利用磁控技术,将绝缘材料、电阻材料以分子形式沉积

在弹性不锈钢膜片上,形成分子键合的绝缘薄膜和电阻材料薄膜,并与弹性不锈钢膜片融合为一体,再经过光刻、调阻、温度补偿等工序,在弹性不锈钢膜片表面上形成牢固而稳定的惠斯顿电桥。此电桥便是仪表、传感器等测量器件中的基本环节。当被测介质压力作用于弹性不锈钢膜片时,位于另一面的惠斯顿电桥则产生正比于压力的电输出信号。对此信号进行放大调节等处理,再配以适当的结构,就成为应用于各个领域中的压力传感器和压力变送器。支架电液控制系统所配的压力传感器大多采用这种方式。

压力传感器的技术参数及性能指标见表 4-27。

表 4-27　压力传感器的技术参数及性能指标

参　　数	性能指标
供电	直流 12 V
输出	直流 0.5～4.5 V
精度	2.5%
温度	−10～70℃
量程	0～60 MPa

5) 行程传感器

行程传感器是支架电液控制系统中用于反馈支架推移、拉溜工作状态的元部件,其外形结构如图 4-40 所示。其安装在煤矿井下采煤工作面的液压支架上,用来检测推移千斤顶的行程,为支架控制器提供控制动作的依据,实现支架电液控制系统的闭环控制。

行程传感器装在液压缸中,是一个细长的(ϕ17.2 mm)直管结构,一端固定在液压缸端部,管体深入活塞杆中心的长孔中,并在千斤顶的一端固定一个磁环,管体内沿着轴向有规则布置着密排的电阻和干簧管列,它们连接成网络电位器的电路。随着活塞柱的移动,磁环

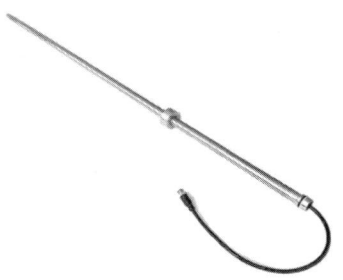

图 4-40　支架行程传感器

就会使不同部位的干簧管导通,输出对应的电流值(或者在电路中串入采样电路便可以实现电压信号的输出)。

行程传感器的技术参数及性能指标见表 4-28。

表 4-28　行程传感器的技术参数及性能指标

参　　数	性 能 指 标
工作电压	直流 12 V
工作电流	≤3 mA
直线度	≤0.4 mm
同轴度	≤0.6 mm
精度	4 mm
输出信号	0.5~4.5 V(0~1200 mm)

6) 采煤机红外线位置传感器

采煤机位置检测是液压支架电液控制的重要组成部分。在实现电液控制自动化的采煤系统中,采煤机的定位尤为重要,只有确定了采煤机的位置,才能正确地控制液压支架的动作。采煤机红外线位置传感器具有可靠性高、检测速度快等优点,被广泛应用于采煤机的定位系统中。

采煤机红外线位置传感器包括红外线发送器和红外线接收器两部分,其外形结构分别如图 4-41(a)和(b)所示。红外线发送器安装在采煤机机身上,红外线接收器安装在液压支架上。红外线发送器是红外线发射装置,带有红外线发射管。红外线发送器采用单片机将待发送的二进制信号编码调制为一系列的脉冲串信号,通过红外发射管发射红外信号。当采煤机运行时,安装在不同液压支架上的红外线接收器会接收到红外线信号并进行解码,分析该信号是否为正确的采煤机位置信号,如果是正确的则将此接收信号通过 RS232 通信方式传送给支架控制器,支架控制器通过判断即可确定采煤机的当前位置。

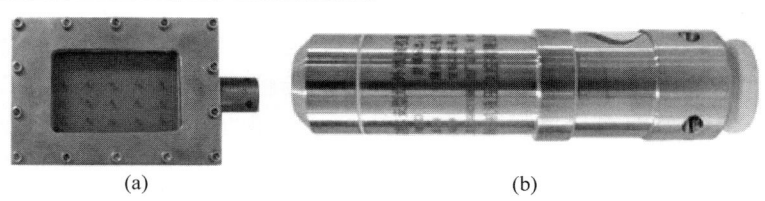

(a)　　　　　　　　　　　　(b)

图 4-41　红外线位置传感器
(a) 发送器;(b) 接收器

(1) 红外线发送器的主要参数及性能指标见表 4-29。

表 4-29　红外线发送器的主要参数及性能指标

参　　数	性 能 指 标
额定电压	直流 12 V
工作电流	≤100 mA
红外光平均辐照度	250~300 μW/cm²(波长 940 nm,在中心线 0.5 m 处,150~250 lx 照度下测量)
有效照射距离	0~5 m
有效照射角度	0°~40°

(2) 红外线接收器的主要参数及性能指标见表 4-30。

表 4-30　红外线接收器的主要参数及性能指标

参　　数	性 能 指 标
电压	直流 12 V
电流	≤100 mA
有效接收距离	0~5 m(波长 940 nm,在 150~250 lx 照度下测量,发送器平均辐照度为 250~300 μW/cm²)
有效接收角度	0°~80°

7）顺槽控制中心

顺槽控制中心作为井下支架电液控制系统的一个重要组成部分，是在全工作面支架控制器互联的基础上建立起来的。在顺槽巷道中设立监控主机与工作面支架控制器网络连接，监控主机相对于工作面而言，作为上一级控制中心，使电液控制系统增加了一个层次和等级，同时也扩展充实了电液控制系统的功能。监控主机汇集存储来自工作面支架控制器采集来的数据，实时显示这些数据参数，监视支架的工况和动作状态。

监控主机是一台矿用本质安全型工业控制计算机，已取得防爆认证和煤矿安全标志。它采用 RS422 通信接口与网络变换器相连，通过网络变换器将监控主机的数据信息传输到支架控制器；经同样的传输方式，获取工作面支架、输送机和采煤机等一系列设备的工作状态及信息。监控主机通过应用软件对获取的各种信息进行集中管理和集中控制。监控主机的工作原理如图 4-42 所示。

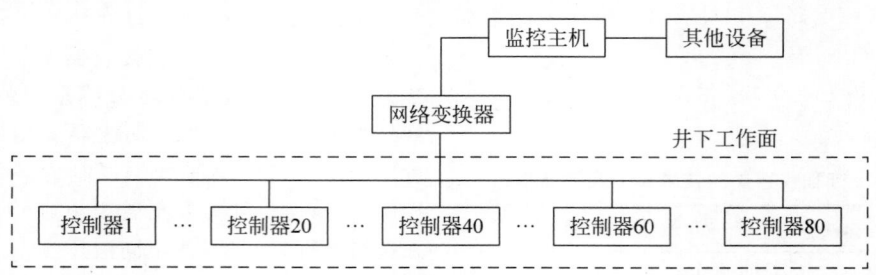

图 4-42　监控主机的工作原理

监控主机可作为工作面支架电液控制系统收集和传输信息的中心站，通过煤矿井下环网可将综采工作面数据发送到地面，从而可以在地面监控计算机上方便地监控与查看井下工作面推进度、传感器状态、网络错误率等一系列数据参数。通过监控主机不仅可以查看以上设备的运行情况，而且可以控制工作面电液控制系统，实现综采工作面跟机自动化。

监控主机的功能如下：

（1）显示工作面支架控制器的数据信息。井下主控计算机屏幕上可显示工作面支架工况（如立柱下腔压力）及推溜千斤顶行程等内容，有图形或文字显示，并可调出历史状况，能以图形或数字方式显示工作面推进度。

（2）控制工作面支架实现跟机自动化。实现远程控制工作面液压支架动作、启停，以及跟机控制功能。

（3）与井上主控计算机实现数据传输。主控计算机具备与地面计算机联网通信的功能，将数据传输到地面，并通过计算机网络实现共享，实现生产管理的信息化。

（4）数据分析。主控计算机具有数据分析的功能，能够分析工作面的矿压分布情况、采煤机的运行轨迹、支架的动作信息、液压问题及自动化的状态效果等。

（5）故障诊断。主控计算机具有故障诊断能力，能够诊断液压支架电液控制系统的网络状态、传感器故障等。

（6）参数配置。通过井下主控计算机可向支架控制器传输程序，修改控制器程序参数，并能上传、下载。

8）隔爆兼本安型直流稳压电源

隔爆兼本安型直流稳压电源是一种允许在瓦斯、煤尘爆炸危险环境中使用，供支架电控系统专用的电源变换装置，其外形结构如图 4-43 所示。它从工作面接入 127 V 交流电源，变换成额定的 12 V 直流电源，向系统各类设备供电。

隔爆兼本安型直流稳压电源箱内装有两个独立的 AC/DC 胶封模块，构成独立的双路电源，每路额定负载电流为 2 A，可向多至 6 个相邻的支架控制器供电，每路电源都具有输入过压保护、双重截止式快速过流和过压保护、可带载启动和自动恢复。

图 4-43 隔爆兼本安型直流稳压电源

隔爆兼本安型直流稳压电源的技术参数及性能指标见表 4-31。

表 4-31 隔爆兼本安型直流稳压电源的技术参数及性能指标

参　数	性能指标
交流输入电压	127 V,允许波动范围为 75%～120%
本安电源输出	直流 13.3 V(空载)/2.0 A(双路)
电源额定功率	50 W(双路)
额定输出电压	12 V

9)电液控制阀组

电液控制阀组是支架电液控制系统的核心。目前,国内使用的支架电液控制系统中的电液控制阀组是由电磁先导阀控制的电液阀组,其结构外形如图 4-44 所示。一般由电磁开关阀、电磁先导阀和主控换向阀构成,采用电磁铁作为电能-机械能转换元件。其优点是可用较小的电磁力(12 V,50～100 mA)来控制较大液流,且动作速度快,加之电磁铁发展时间

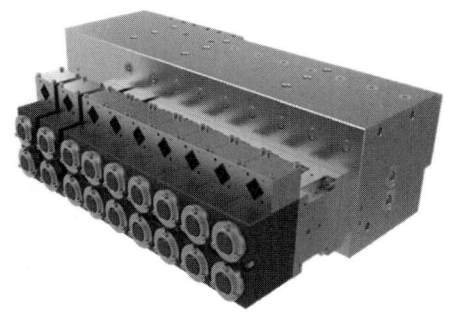

图 4-44 电液控制阀组

较长,技术成熟,产品性能稳定可靠,价格便宜,因而应用较为广泛。

4.3.5 使用与维护

为了保证综采工作面的稳产、高产,延长支架的使用寿命,必须由经过培训的专职支架工操作液压支架。

1. 操作前的准备

操作液压支架前,应先检查管路系统和支架各部件的动作是否有阻碍,要清除顶、底板的障碍物。注意管件不要被矸石挤压或卡住,管接头要用 U 形销插牢,不得漏液。

开始操作支架时,应提醒周围工作人员注意或让其离开,以免发生事故,并要观察顶板情况,发现问题及时处理。

2. 操作方式与顺序

综采工作面采用及时支护和滞后支护两种方式,根据两种不同的支护方式,操作顺序为先移架、后推溜或先推溜、后移架。目前大多数综采工作面采用先移架、后推溜的及时支护方式。

为了操作方便和便于记忆,操纵阀组中每片阀都带有动作标记,要严格按标记操作,不得误操作。操作工必须了解支架各元件的性能和作用,并熟练准确地按操作规程进行各种操作。归纳起来,支架操作要做到快、够、正、匀、平、紧、严、净。"快"——移架速度快;"够"——推移步距够;"正"——操作正确无误;"匀"——平稳操作;"平"——推溜、移架要确保三直两平;"紧"——及时支护紧跟采煤机;"严"——接顶挡矸严实;"净"——架前架内浮煤碎矸,及时清除。

1)移架

在顶板条件较好的情况下,移架工作在滞后采煤机后滚筒约 1.5 m 处进行,一般不超过 3～5 m。当顶板较破碎时,移架工作则应在采煤机前滚筒切割下顶煤后立即进行,以便及时支护新暴露的顶板,减少空顶时间,防止发生顶板抽条和局部冒顶。此时,应特别注意与采煤机司机密切联系和配合,以免发生挤人、顶板落石和割前梁等事故。

移架的方式与步骤主要根据支架结构来确定,其次是工作面的顶板状况和生产条件。

一般情况下,液压支架的移架过程分为降架、移架和升架三个动作。为尽量缩短移架时间,降架时,支架顶梁稍离开顶板就应立即将操纵阀扳到移架位置使支架前移;支架移到新的支撑位置时,应憋压一下,以保证支架有足够的移动步距,并调整支架位置,使之与刮板输送机垂直且架体平稳。然后,操作操纵阀,支架升起支撑顶板。升架时,注意顶梁与顶板的接触状况,尽量保证全面接触,防止点接触破坏顶板。当顶板凸凹不平时应先塞顶后升架,以免顶梁接顶状况不好,导致局部受力过大而损坏。支架升起支撑顶板后,也应憋压一下,以保证支架的支撑力达到初撑力。

移架过程中,如发现顶板卡住顶梁,不要强行移架,将操纵阀手把扳到降架位置,顶梁下降后再移架。

根据顶板情况和支架所用的操纵阀结构可采用下列方法移架:

(1)如果顶板平整、较坚硬,支架操纵阀有降移位置,可操作支架边降边移;降移动作完成后,再进行升柱动作。这种方法降移时间短,顶板下沉量少,有利于顶板管理,但要求拉架力较大。如果有带压移架系统,操作就更方便,控顶也更有效。

(2)如果顶板坚硬、完整、起伏不平,可选择先降架再移架的方式。顶梁脱离顶板一定距离,拉架省力,但移架时间长。

总之,移架过程要适应顶板条件,满足生产需要,加快移架速度,保证安全。

2)推溜

液压支架移过8~9架后,距采煤机后滚筒10~15 m时,可进行推溜。推溜可根据工作面的具体情况,采用逐架推溜、间隔推溜或几架支架同时推溜等方式。为使刮板输送机保持平直,推溜时应注意随时调整推溜步距,使刮板输送机除推溜段有弯曲外,其他部分保持平直,以利于采煤机正常工作,减小刮板输送机运行阻力,避免卡链、掉链事故的发生。推溜过程中如出现卡溜现象应及时停止推溜,待查出原因,处理完毕后再进行推溜;不许强行推溜,以免损坏溜槽或推移装置,影响工作面正常生产。

3. 支架常见故障排除

液压支架常见的故障及排除方法见表4-32。

表4-32 液压支架常见故障及排除方法

部位	故障现象	故障原因	处理方法
管路系统	管路无液压,操作无动作	断路阀未打开	打开断路阀
		软管被堵死,液路不通,或软管被砸挤破裂泄液	排除堵塞物,更换损坏部分
		软管接头脱落或扣压不紧,接头密封件损坏,漏液	更换,检修
		过滤器被堵死,液路不通	更换,清洗
		操纵阀内密封环损坏,高低压腔窜通	更换,检修
立柱	供液后不伸不降,或伸出太慢	供液软管或回液管打折、堵死	排除障碍,畅通液路
		管路中压力过低或泵的流量较小	检修乳化液泵
		缸体变形,上下腔窜液	检修缸体
		活塞密封圈损坏卡死	更换密封圈
		活塞杆弯曲变形卡死	更换活塞杆
		操纵阀漏液	检修操纵阀
		液控单向阀顶杆密封损坏,漏液	更换,检修

续表

部位	故障现象	故障原因	处理方法
立柱	供液时活塞杆伸出，停止供液后自动收缩	操纵阀关闭太早，初撑力不够，低压渗漏	按操作规程操作
		活塞密封件损坏，高低压腔窜通，失去密封性能	更换密封件
		缸体焊缝漏液或有划伤	检修焊缝或缸体
		液控单向阀密封不严，阀座上有脏物或密封件损坏	用操纵阀动作冲洗，无效时更换或检修
		安全阀未调整好或密封件损坏	重新调整或更换、检修
		高压软管或高压软管接头密封件损坏，漏液	检修该部位管道
	不能卸载或卸载后不收缩或收缩困难	活塞杆或缸体弯曲变形憋死或划伤	更换，检修
		柱内密封圈反转损坏，或相对滑动表面间被咬死	更换，检修
		液控单向阀顶杆折断，弯曲变形，或顶端缩粗，阀门打不开	更换，检修
		液控单向阀顶杆密封损坏，泄漏	更换密封件
		高压液路工作压力低或阻力大，单向阀打不开	检查泵站及液压系统，找出原因，进行处理
		回液路截止阀未打开，或回液路堵塞	打开截止阀或找出堵塞处，进行处理
		回液管截止阀、顶杆或密封圈损坏	更换损坏件
		立柱内导向套损坏	更换导向套
	达不到要求支撑力	泵压低，初撑力低	调泵压、排除管路堵漏
		操作时间短，未达泵压停止供液、初撑力达不到	操作上充液足够
		安全阀调压低，达不到工作阻力	按要求调安全阀开启压力
		安全阀失灵，造成超压	更换安全阀
	缸体变形	安全阀堵塞，缸体超载	检修安全阀
		外界碰撞	更换缸体
	导向套漏液	密封件损坏	更换，检修
千斤顶	不动作	管路堵塞或截止阀未开，或过滤器堵塞	排除堵塞部位，打开截止阀清洗过滤器
		千斤顶变形不能伸缩	进回液均不动，则更换，上井检修
		与千斤顶连接件憋卡	排除憋卡
	动作慢	泵压低	检修泵、调压
		管路堵塞	更换密封零件或密封圈；排除堵塞部位
		几个动作同时操作，造成流量不足	协调操作，尽量避免过多同时操作
	个别连动现象	操纵阀窜液	拆换操纵阀检修
		回液阻力影响	发生于空载情况，影响支撑

部位	故障现象	故障原因	处理方法
千斤顶	达不到要求支撑力	泵压低、初撑力低	调整泵压
		操作时间短,未达到泵压	操作充液足够,达到泵压
		安全阀开启压力低,工作阻力低	调安全阀压力
		阀、管路漏液	更换漏液阀、管路
		单向阀、安全阀失灵,造成闭锁超阻	更换控制阀
	千斤顶漏液	外漏主要是密封件损坏	除接头O形密封圈井下更换外,其他均更换,上井检修,补焊
		缸底、接头焊缝裂纹	更换,上井检修,补焊
操纵阀	手把处于停止位置时,阀内能听到"咝咝"声响,或油缸有缓慢动作	阀座等零件密封不好	更换密封零件
		密封圈或密封弹簧损坏	更换密封圈或弹簧
		阀内有脏物卡住	先动作冲洗几次,无效时更换清洗
	手把打到任一动作位置时,阀内声音较大,但油缸动作缓慢或无动作	操纵阀高低压腔窜液	更换密封零件或密封圈
	操纵阀手把周围漏液	阀盖螺钉松动,密封不严或密封件损坏	更换,检修
	手把转动费力	滚珠轴承损坏	更换,检修
		转子尾部变形	更换,检修
		卸压孔堵塞	清洗或疏通
安全阀	不到额定压力即开启	未按额定压力调定或弹簧疲劳	重新调定,更换弹簧
		阀垫损坏或有脏物卡住,密封不严	更换,检修
	降到关闭压力不能及时关闭,立柱继续降缩	内部有鳖卡现象或密封面粘住	检修
		弹簧损坏	更换
	渗漏现象	主要是O形圈损坏	更换,上井换O形圈
		阀座与O形圈不能复位	更换检查阀座、弹簧等
	外载超过额定工作压力而安全阀不能开启	弹簧力过大,不符合要求	更换弹簧
		阀座、弹簧座、弹簧变形卡死	更换,上井检修
		杂质脏物堵塞,阀座不能移动,过滤网堵死	更换清洗
		动了调压螺丝,实际超调	更换,上井,重调
液控单向阀	阀门打不开,立柱不能收缩	阀内顶杆折断、弯曲变形或顶端粗缩	更换,检修
	渗液引起立柱自动下降	弹簧疲劳或顶杆歪斜,损坏了阀座	更换,检修

续表

部位	故障现象	故障原因	处理方法
其他阀类	测压阀滚花螺母打开时,漏液严重,立柱随之下降	钢球和阀座密封件间的密封面损坏	更换,检修
		阀座上有脏物卡着	检修
	截止阀不严或不能开关	阀座磨损	更换阀座
		其他密封件损坏	更换密封件
		手把紧,转动不灵活	拆检
	回油断路阀失灵,造成回液倒流	阀芯损坏,不能密封	更换阀芯
		弹簧力弱或断折,阀芯不能复位密封	更换弹簧
		杂质脏物卡塞不能密封	更换清洗
		阀壳内与阀芯的密封面破坏,密封失灵	更换阀壳
	过滤器堵塞或过滤网不起作用	杂质脏物堵塞,造成液流不通或液流量小	除定期清洗外,发现堵塞要及时拆洗
		过滤网破损,失去过滤作用	更换过滤网
		O形圈损坏,造成外泄液	更换O形圈
辅助元件	高压胶管损坏漏液	胶管被挤、砸坏	清理好管路、坏管更换
		胶管过期,老化断裂	及时更换
		胶管与接头扣压不牢	更换
		推移、升降时胶管被拉挤坏	更换坏管,并整理好胶管,必要时用管夹整理成束
		高低压管误用,造成断裂	更换裂管,胶管标记明显
	管接头损坏	升降、推移架过程被挤碰坏	及时更换损坏接头
		装卸困难,加工尺寸或密封圈不合格	拆检,密封圈不当要更换
		密封面或O形圈损坏,不能密封	更换密封圈或接头
		接头体渗液为锻件裂纹气孔缺陷造成	更换接头
	U形卡拆断	U形卡质量不符合要求,受力拆断	更换U形卡
		装卸U形卡敲击拆断	更换并防止重力敲击
		U形卡不合规格,松脱推动连接作用	按规格使用,松动时及时复位
	其他辅助液压元件损坏	被挤坏	及时更换
		密封件损坏,造成不密封	更换密封件

4.4　煤矿用乳化液泵站

4.4.1　概述

乳化液泵站是采煤工作面的一种重要设备,是用来向综采工作面液压支架或高档普采工作面的外注式单体液压支柱输送高压乳化液的动力源。乳化液泵站由乳化液泵组和相应的乳化液箱组成,并具有一套压力控制和保护装置,包括自动卸载阀、截止阀、溢流阀、蓄能器和压力表等。乳化液泵站由防爆电机通过轮胎式联轴器带动泵运转,具有结构紧凑、

体积小、质量小、压力流量稳定、运行平稳、安全性能强和使用维护保养方便等特点。

图4-45所示为乳化液泵站的结构原理图。泵站配置2台乳化液泵和1台乳化液箱,2台乳化液泵通常是1台工作、1台备用,交替使用。但当工作面液压支架动作较多,需要增大供液量时,也可同时开启2台乳化液泵。乳化液泵组由乳化液泵、防爆电机、联轴器和底架等组成,通过连杆与乳化液箱连接为一个整体,由吸液软管从乳化液箱吸液,经泵加压后由高压软管供给压力控制装置,然后经压力控制装置以一定的压力供给液压支架。

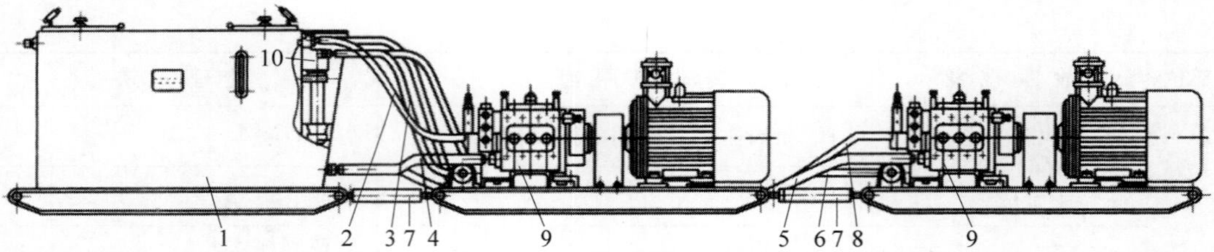

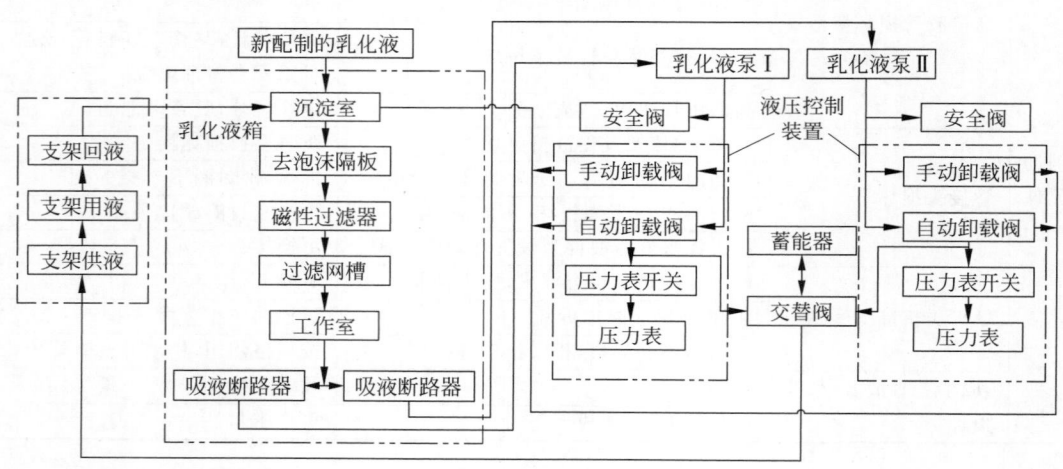

1—乳化液箱；2,8—回液软管；3,6—高压软管；4,5—吸液软管；7—连接杆；9—乳化液泵组；10—压力控制装置。

图 4-45　乳化液泵站结构原理图

压力控制装置由手动卸载、自动卸载、压力表开关以及压力表等组成，安装在乳化液箱的端面，用来控制供给支架乳化液的压力，并可实现对液压系统的保护。乳化液箱是存储、回收和过滤乳化液的装置。井下配置乳化液时，还需在乳化液箱上附带自动配液阀。

乳化液泵站用主进液管和主回液管与支架的供液线路，形成循环的泵-缸液压系统，如图 4-46 所示。两台乳化液泵分别经吸液断路器从乳化液箱工作室吸液，加压后送到压力控制装置。泵站启动过程中，手动卸载阀打开，泵与液箱工作室短路循环；正常工作时，手动卸载阀关闭。当工作面支架用液时，自动卸载阀经交替阀将压力液送到支架。支架回液到乳化液箱沉淀室，经沉淀、去泡沫、磁性过滤、网状过滤后回到工作室，形成一个完整的循环回路。当工作面支架不用液时，自动卸载阀开启，泵与液箱形成短路循环。

图 4-46　乳化液泵站供液线路图

乳化液泵站设在距离工作面约 30 m 的下顺槽内，随着工作面的推进而定期移动。近年来，国内外出现了一种远距离集中供液的固定式泵站，距离工作面最远距离可达 3～4 km，采用 ϕ50～70 mm 的厚壁无缝钢管将高压乳化液送到工作面，再转接胶管分供液压支架。回液采用 ϕ56 mm 胶管再接 ϕ80～100 mm 的钢管返回液箱。泵站相对固定，不必每日移动，改善了泵站的安装、运行和维护管理工作，并可同时向两个工作面供液。

4.4.2　产品分类和技术要求

1. 分类

泵站按其公称压力等级可分为低压、中压和高压乳化液泵站三类，见表 4-33。

表 4-33　泵站分类　　MPa

类别	低压乳化液泵站	中压乳化液泵站	高压乳化液泵站
公称压力	≤12.5	12.5～25.0	>25.0

2．型号

乳化液泵与乳化液箱需要各自设立型号。

1）乳化液泵型号

乳化液泵的型号按 MT/T 188.2—2000 中要求进行编制，具体如下：

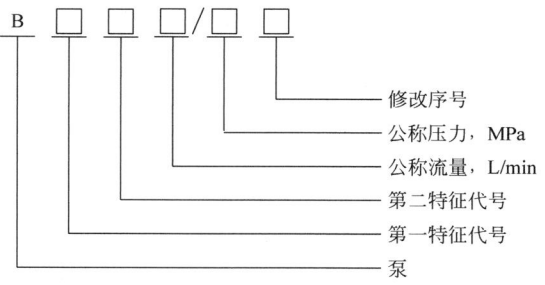

特征代号为汉语大写拼音字母，其中 I 与 O 不得采用。第一特征代号为用途特征：R 表示"乳"，P 表示"喷"，Z 表示"注"。第二特征代号一般为结构特征代号。产品型号中不允许以地区或单位名称作为"特征代号"来区别不同产品。

型号示例：BRW 200/31.5 型乳化液泵，表示卧式乳化液泵，公称流量为 200 L/min、公称压力为 31.5 MPa。

2）乳化液箱型号

乳化液箱的型号组成和排列方式如下：

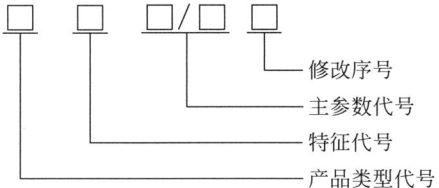

乳化液箱的型号组成和排列方式说明：

（1）"产品类型代号"表明产品类别，乳化液箱用汉语拼音大写字母 X 表示；

（2）"特征代号"表明产品特征，R 表示乳化液泵用，P 表示喷雾泵用；

（3）"主参数代号"用配套泵公称流量、公称容量两个参数表明，两个参数均用阿拉伯数字表示，参数之间分别用"/"符号隔开，公称流量的单位为升/分钟（L/min），公称容量用实际公称容量的百分之一作为标记；

（4）"修改序号"表明产品结构有重大修改

时作识别之用，用带括号的大写英文字母（A）、（B）、（C）、…依次表示。

型号示例：XR 400/25 型乳化液箱，表示公称流量为 400 L/min、公称容量为 2500 L 的乳化液箱。

3）乳化液泵站型号

泵站型号由泵组型号与液箱型号组成，中间用"-"连接。

型号示例：BRW 200/31.5-XR 200/16 型泵站（也可简写为 BRW 200/31.5 型泵站），表示由两台 BRW 200/31.5 型乳化液泵组与一台 XR 200/16 型乳化液箱组成的泵站。

3．泵站的基本参数

1）泵站的公称压力

泵站的压力必须满足立柱初撑力和千斤顶最大推力所要求的乳化液工作压力。所需的泵站工作压力为

$$p_b' \geq k_1 p_m \qquad (4\text{-}5)$$

式中：p_m——立柱初撑力或千斤顶推力要求的工作压力，MPa；

k_1——压力损失系数，一般取 1.1～1.2，泵站到工作面支架内部管路长且复杂时应取大值。

泵站的公称压力依据上述计算结果进行选择，并且应符合表 4-34 的规定。

表 4-34　泵站公称压力　　MPa

公称	4.0	(5.5)	6.3	8.0	10.0	12.5	16.0	20.0
压力	25.0	31.5	40.0	50.0	63.0	80.0	100.0	

注：括号中数为非优选数，新设计不采用。

2）泵站的公称流量

液压支架的移架速度应大于采煤机的最大工作牵引速度，而移架速度主要取决于泵站供液量。一般按一台支架全部立柱和千斤顶同时动作来估算所需的泵站流量。因此，泵的流量为

$$Q_b' \geq k_2 k_3 \left(\sum Q_i \right) \frac{V_q}{A} \times 10^{-3}, \quad \text{L/min}$$

$$(4\text{-}6)$$

式中：$\sum Q_i$——一台支架降柱、移架、初撑和

推溜各动作一次所需的平均
流量，cm³；

V_q——采煤机的最大工作牵引速度，
m/min；

A——相邻支架的中心距，m；

$k_2 = 1.1 \sim 1.3$，考虑为满足偶然操作侧
推千斤顶、限位千斤顶等需要的系数；

$k_3 = 1.5 \sim 2$，考虑为满足意外需要的系数。

泵站的公称流量依据上述计算结果进行
选择，并且应符合表 4-35 的规定。

表 4-35　泵站公称流量　　L/min

公称 流量	25	31.5	40	50	63	80	100	125
	160	200	250	315	400	500	630	

3）液箱的公称容量

乳化液箱的有效容积应能容纳泵 3 min 流
量、底箱必要的存液量、停泵时管路回液量和
煤层厚度变化引起的液量差等几部分液量之
和。此外，还应配备足够容积的副液箱，以备
采高变化较大或清洗液箱时贮液用。

乳化液箱的公称容量应符合表 4-36 的
规定。

表 4-36　液箱公称容量　　L

公称 容量	400	500	630	800	1000	1250
	1600	2000	2500	3150	4000	5000

4．泵站的要求

1）基本要求

（1）泵站应按规定程序批准的图样及技术
文件制造。

（2）组成泵站的乳化液泵应符合 MT/T
188.22000 的规定；卸载阀应符合 MT/T 188.
32000 的规定；过滤器应符合 MT/T 188.42000
的规定；安全阀应符合 MT/T 188.52000 的
规定。

（3）液压系统及其元件应能满足配套设备
的要求。

（4）泵站在正常工作条件下，应有一台备
用泵。

（5）泵站应有二级压力保护装置，固定泵

站应有失压保护。

（6）泵站应设有压力指示装置，公称压力
为压力表全量程的 1/2～2/3。

（7）泵站应设有油位及液位指示装置。

（8）泵站应设有过滤装置及磁性过滤器。

（9）系统中应设有蓄能器。

（10）软管及软管总成应符合 MT/T 98—
2006 的规定。

（11）可按用户要求增设声光报警及自动
控制装置。

2）性能要求

（1）空载运转。泵站安装后应进行空载启
动运转试验，液力部分各连接处应无渗漏，无
异常振动和噪声，紧固螺栓无松动。

（2）负载运转。在公称压力下，泵站的流
量应不低于公称流量。泵站应运转平稳，振
动、泄漏、声响、油温及保护装置等无异常。

（3）超载运转。在 1.25 倍公称压力下运
转 2 min，泵站应运转平稳，振动、声响、油温及
保护装置等无异常；各元部件应无损坏，所有
焊缝和元部件的各连接密封部位应无渗漏。

（4）密封性能。低压供液部分：在液箱加
满水时，供液管、液箱储液室及各连接部位、液
箱焊缝应无渗漏。

高压供液部分：在公称压力下，泵、液箱及
各零部件之间的连接处应无渗漏。

（5）卸载性能。在公称压力下，卸载阀应
能准确卸载，卸载压力偏差应在 ±1.0 MPa
内，恢复压力应在设计要求范围内。

（6）安全阀开启压力。安全阀在公称压力
的 110%～115% 范围内应能开启，开启压力偏
差应在公称压力的 ±8% 范围内。

（7）配液性能。供水压力在 0.2～1.0 MPa
范围内变化时，应能将乳化油或浓缩物与中性
软水按质量比在 0～6% 的范围内进行调节。

（8）蓄能器充气压力。蓄能器充气压力应
在卸载阀恢复压力的 80%～90% 范围内，允差
为 ±0.5 MPa。

（9）泵站的成套性。如无特殊约定，完整
的泵站由两台乳化液泵组、一台乳化液箱组及
连接软管、随机备件和专用工具组成。

4.4.3 主要功能部件

1. 乳化液泵

1) 结构原理

图 4-47 所示为乳化液泵总成,主要由电动机、乳化液泵、安全阀、卸载阀、储能器等组成,各部件固定于滑橇式底托上。

图 4-48 所示为五柱塞大流量乳化液泵的结构示意图,其结构分为两部分,即传动端(曲轴箱)和液力端。传动端由齿轮箱组件、箱体组件、曲轴组件、滑块连杆组件、齿轮泵组件、磁性过滤器、油冷却器等组成。液力端由高压缸套组件、泵头组件等组成。泵的液力端由五个分立的泵头组成,泵头下部安装吸液阀,上

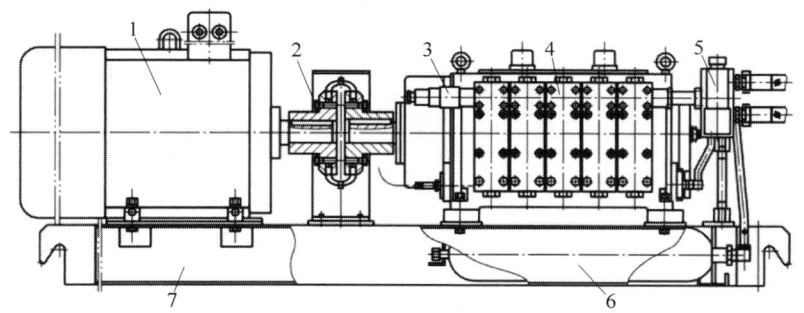

1—电动机;2—联轴器;3—安全阀;4—乳化液泵;5—卸载阀;6—储能器;7—底托。

图 4-47 乳化液泵总成

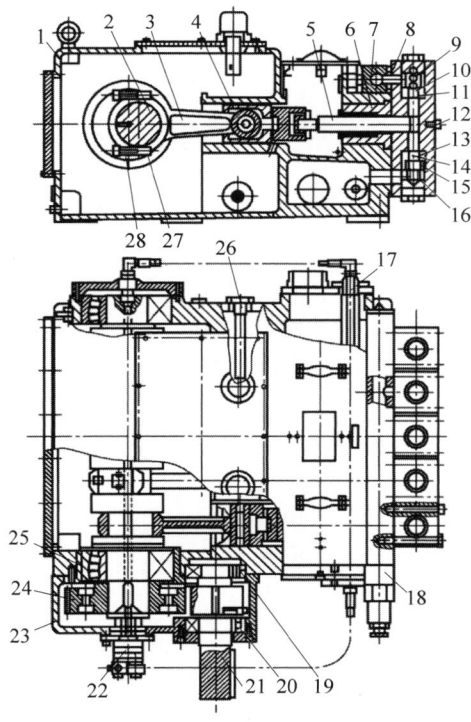

1—箱体;2—曲柄;3—连杆;4—滑块;5—柱塞;6—高压缸套;7—调压集成块;8—泵头;9—排液阀弹簧;10—排液阀芯;11—排液阀座;12—放气螺钉;13—吸液阀套;14—吸液阀弹簧;15—吸液阀座;16—吸液阀芯;17—油冷却器;18—安全阀;19,20,25—轴承;21—小齿轮轴;22—齿轮泵;23—齿轮箱;24—大齿轮;26—磁性过滤器;27—前轴瓦;28—后轴瓦。

图 4-48 乳化液泵结构示意图

部安装排液阀,排液腔由一个高压集液块与五个分立的泵头高压出口相连,高压集液块一侧装有安全阀,另一侧装有卸载阀。曲轴箱设有冷却润滑系统,安装在齿轮箱上的齿轮油泵经箱体下方的网式滤油器吸油,排出压力油经过设在泵吸液腔的油冷却器冷却后到中空曲轴润滑连杆大头。

在箱体曲轴下方设有磁性过滤器,以吸附润滑油中的铁磁性杂质。在进液腔盖上方设有放气孔,以放尽该腔内的空气。在进液腔盖下方设有防冻放液孔,可放尽进液腔内的液体。齿轮油泵显示的油压是变化的,当冷油时(刚开泵时)油压较高,有时可超过 1 MPa,随着油温升高,油黏度下降,油压也下降。

2) 技术要求

(1) 一般技术要求

图样中未注明公差的机加工尺寸,应符合 GB/T 1804—2000 中 m 级。

图样中机械加工未注形位公差,按 GB/T 1184—1996 中的 H 级。

普通螺纹配合精度应不低于 GB/T 197—2018 中的 6H/6g、7H/6h、7H/6g;需要电镀的螺纹应符合 GB/T 197—2018 中的规定。

液压件圆柱螺旋压缩弹簧,应不低于 GB 1239.2—2009 规定的二级精度。

(2) 主要零件的要求

主要零件的材料,应与设计规定的材料相符。在不降低使用性能和寿命时,制造厂应按代料制度的规定,允许临时代用。

曲轴、泵头、高压缸套、吸排液阀等重要受力零件,应进行无损伤探测。

当箱体吸液腔承受液体压力大于 0.1 MPa 时,应做耐压试验。试验压力等于或大于承受液体压力的 1.5 倍,试验时间不少于 3 min,不得有渗漏。

渐开线圆柱齿轮的精度等级,应不低于 GB 10095.1—2022 规定的 7 级精度。

(3) 装配要求

所有零件必须经过检验合格后方可用于装配,不得将保管或运输等原因造成变形、锈蚀、碰伤的零件用于装配。

装配前零件应去除毛刺并清洗干净,特别是铸造型砂腔和钻孔,更应仔细清洗,不得残留铸砂、切屑、纤维等杂质;与水接触的非加工面应有防锈措施,与油接触的非加工面应涂上防护漆。

阀芯与阀座应进行研磨,研磨后进行密封试验不得渗漏。

连杆轴瓦与曲轴的曲拐轴颈的径向间隙、连杆的小头衬套孔与十字头销的径向间隙应严格保证设计要求。

各零部件应装配齐全,安装位置正确,连接牢固可靠,并具有互换性。

连杆螺栓与螺母、泵体高压螺栓与螺母和其他重要螺纹连接处,应规定装配扭矩。

联轴节的安装应符合其安装技术要求,以确保运转中不致产生异常振动和噪声。

装配后用手盘车检查,应无蹩卡现象。

(4) 性能要求

空载运转要求:泵安装后应进行空载跑合运转,液力部分各连接处应无渗漏,无异常振动和噪声,紧固螺栓无松动。

负载运转要求:泵应运转平稳,振动、泄漏、声响、油温及保护装置等无异常现象,并应符合以下要求:泵在满载运行时的稳定油温不得超过 85℃;泵满载容积效率应不低于表 4-37 的要求;泵满载总效率应不低于表 4-38 的要求。

表 4-37　泵满载容积效率

公称压力/MPa	≤12.5	12.5～20	20～25	25～31.5	31.5～40	>40
容积效率/%	94	93	92	91	90	88

表 4-38　泵满载总效率

压力/MPa	≤20	20～31.5	31.5～50
总效率/%	84	83	81

噪声要求:满载运行时,泵组的综合噪声应不高于表 4-39 的规定。

表 4-39　泵组的综合噪声

配用电机功率/kW	11～22	30～45	55	75	90	110	125～132	160～250
综合噪声/dB(A)	86	88	90	92	94	96	99	—

耐久运转要求：满载运转的时间为 500 h；主要零件不得损坏；工作液的外漏损量每小时不超过 0.5 kg；隔离腔滑块密封处润滑油漏损量每小时不超过 0.05 kg。

超载运转要求：在公称压力的 1.25 倍下，运转 15 min，再转入空载运转 5 min 反复三次，泵应运转平稳；振动、声响、泄漏、油温及保护装置等无异常现象。

耐冲击性能要求：泵由公称压力变至零压，然后又从零压变至公称压力，变换频率为每分钟 15～25 次，累计 4000 次，泵应运转平稳；振动、声响、泄漏、油温及保护装置等无异常现象。

大修寿命：平均大修寿命不少于 15 000 h。

磨损极限：泵在型式试验完成后，各主要运动副零件的工作表面磨损极限偏差：孔的磨损极限偏差为孔的下偏差与二倍公差之和；轴的磨损极限偏差为轴的上偏差与二倍公差之差。

（5）泵的润滑要求

泵的润滑方式可以是强迫润滑，也可以是飞溅润滑。

润滑油的种类与牌号应与设计要求的规定相符。

泵应设有油标、无色透明的油位显示板，应有最高、最低油位指示标志，油位显示应清晰并便于观察。

2．安全阀

1）结构原理

安全阀是乳化液泵的过载保护元件，为两级卸压直动式推阀。两级卸压是指不动作时以较小的直径密封，此时封闭压力值较高；动作时（泄液时）封闭直径较大，此时只要以较低的压力值维持卸压泄液状态。

安全阀安装在泵头排液侧，主要由阀体、阀座、阀芯、弹簧、调节螺钉等组成，如图 4-49所示。当工作液压力超过弹簧力时，弹簧被压缩，阀座、阀芯和弹簧右移。当阀芯将回液口 O打开后，乳化液泵的排液则由此直接喷出泵体外，不回乳化液箱。工作液压力低于调定压力时，阀芯将回液口封闭。调整安全阀的压力是靠调节螺钉来实现的，其调定压力为泵的公称压力的 110%～115%。

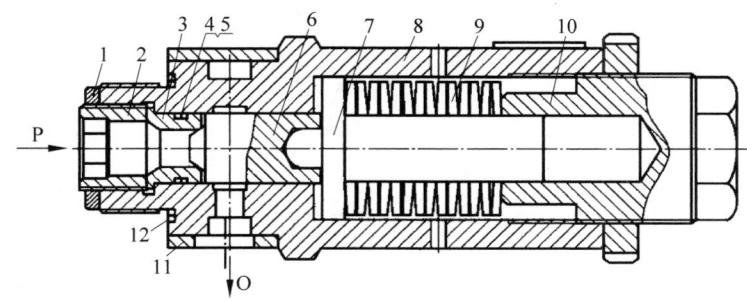

1—锁紧螺母；2—压紧螺套；3—阀座；4,5—挡圈、密封圈；6—阀芯；7—顶杆；8—壳体；
9—碟形弹簧；10—调整螺套；11—套；12—O 形密封圈。

图 4-49　安全阀结构示意图

2）技术要求

（1）一般技术要求

金属切削加工件未注公差尺寸的极限偏差，应符合 GB/T 1804—2000 中 m 级。

图样中机械加工未注形位公差，应符合GB/T 1184—1996 中 H 级。

普通螺纹配合精度应不低于 GB/T 197—2018 中的 7H/6h、7H/6g，需要电镀的螺纹应符合 GB/T 197—2018 中的规定。

圆柱螺旋压缩弹簧的精度，应不低于 GB/T 1239.2—2009 规定的二级精度；碟形弹簧的精度应不低于 GB/T 1972.2—2023 规定的二级精度。

（2）性能要求

配套：阀的开启压力、公称流量应能满足配套泵站的要求。

密封性能：阀在配用泵站的公称压力下，稳压 5min 应无渗漏。

开启压力：阀的开启压力应符合表 4-40 的要求。

表 4-40　安全阀的开启压力

调定压力/ MPa	开启压力/MPa	开启压力偏差/MPa
≤12.5	调定压力的 110%～120%	调定压力的 ±8%
12.5～25	调定压力的 110%～115%	调定压力的 ±6%
25～40	调定压力的 110%～115%	调定压力的 ±4%

调压范围：阀的最小调定压力应能达到公称压力的 0.7 倍，阀的最大调定压力应能达到公称压力的 1.2 倍。

强度性能：阀在 1.5 倍开启压力的静压下，稳压 5 min，不得损坏。

耐久性能：阀在开启压力下的动作次数应不少于 300 次；阀芯、阀座、弹簧等主要零件不得损坏。

3. 卸载阀

1）结构原理

卸载阀是乳化液泵中重要的液压元件之一。它的功用是使泵的工作压力不超过规定的压力值，同时在综采工作面支架不需要用液时，能自动把泵与工作面的供液系统切断，将泵排出的工作液直接返回乳化液箱，使泵处于空载状态下运转。当综采工作面需要用液时，又能自动地接通工作面液压系统，向工作面提供高压乳化液，从而降低电动机能量消耗，减少系统液流发热，延长乳化液泵的使用寿命。

卸载阀的结构如图 4-50 所示，主要由两套并联的单向阀、主阀以及一套先导阀组成。卸载阀的工作原理为：泵输出的高压乳化液进入卸载阀后分成四条液路。第一条，冲开单向阀向支架系统供液。第二条，冲开单向阀的高压乳化液经控制液路到达先导阀滑套下腔，给阀

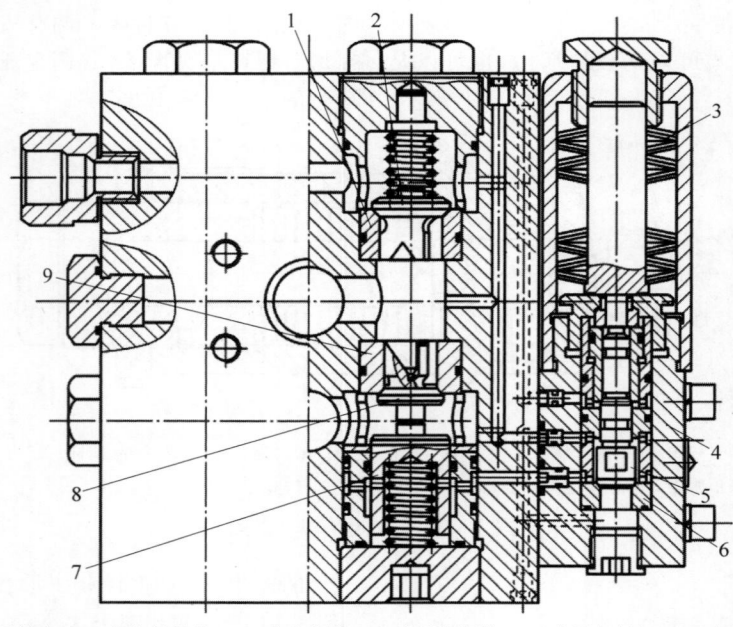

1—单向阀阀座；2—单向阀阀芯；3—碟形弹簧；4—先导阀阀体；5—先导阀阀杆；6—先导阀阀座；
7—推力活塞；8—主阀阀芯；9—主阀阀座。

图 4-50　卸载阀结构示意图

杆一个向上的推力。第三条,来自泵的高压乳化液经中间的控制液路和先导阀下腔作用在主阀的推力活塞下腔,使主阀关闭。第四条,经主阀阀口,是高压乳化液的卸载回液液路。当支架停止用液或系统压力升高到先导阀的调定压力时,作用于先导阀的高压乳化液开启先导阀,使作用于主阀推力活塞下腔的高压液体卸载回零,主阀因失去依托而打开。此时,液体经主阀回液箱,同时单向阀在乳化液的压力作用下关闭,单向阀后腔为高压密封腔,从而维持阀的持续开启,实现阀稳定卸载状态,泵处于低压运行状态。

当支架重新用液或系统漏损,单向阀后高压腔压力下降至卸载阀的恢复压力时,先导阀在弹簧力和液压力的作用下关闭,主阀下推力活塞下腔重新建立起压力,主阀关闭,泵站恢复供液状态。调节卸载阀的工作压力时,需调节先导阀调整螺套,即调节先导阀碟形弹簧作用力,其调定压力出厂时为泵的公称压力。

2)技术要求

(1)一般技术要求

图样中未注明公差等级的机加工尺寸,应符合 GB/T 1804—2000 中 m 级。

图样中机械加工未注形位公差,应按 GB/T 1184—1996 中的 H 级要求。

普通螺纹配合精度应不低于 GB/T 197—2018 中的 6H/6g、7H/6h、7H/6g,需要电镀的螺纹应符合 GB/T 197—2018 中的规定。

圈柱螺旋压缩弹簧,应不低于 GB/T 1239.2—2009 规定的二级精度。

(2)性能要求

阀的公称流量与公称压力应满足配套泵站的要求。

阀在公称压力的 80%～90% 状态下,保压 5 min,应无外渗漏。

阀在公称压力的 80% 状态下,其内渗漏量应≤5 mL/min。

阀的压力调压范围、调定压力偏差、恢复压力偏差、压力损失等应满足表 4-41 的要求。

表 4-41 卸载阀的压力调整要求

MPa

公称压力	压力调压范围	调定压力偏差	公称恢复压力	恢复压力偏差	压力损失
6.3	6.3～4.0	±0.7		±0.7	≤0.5
10	10～6	±0.7		±0.7	≤0.5
16	16～10	±0.8	按设计要求	±0.8	≤0.6
25	25～16	±0.8		±0.9	≤0.6
31.5	31.5～20	±1.0		±1.0	≤0.7
40	40～25	±1.0		±1.0	≤0.7

耐久试验卸载动作次数为 120 000 次;阀体,主阀、单向阀、先导阀等的阀芯、阀座、阀杆等主要零件不得损坏。

阀在 1.25 倍的公称压力下卸载和在相应的恢复压力下恢复,卸载动作次数≥200 次,阀应能正常工作。

阀在 1.5 倍的公称压力下,做不卸载的耐压试验,保压 5 min,不得出现渗漏和损坏。

阀在型式试验完成后,各主要运动副零件的工作表面的磨损极限偏差:孔的磨损极限偏差等于孔的下偏差与二倍公差之和;轴的磨损极限偏差等于轴的上偏差与二倍公差之差;阀芯、阀座的密封带不得点蚀。

4. 蓄能器

为减少压力波动,稳定工作压力,在供液系统中必须设置蓄能器。乳化液泵站中一般采用气囊式蓄能器。蓄能器的主要作用是补充高压系统中的漏损,从而减少卸载阀的动作次数,延长液压系统中液压元件的使用寿命,同时还能吸收高压系统的压力脉动。蓄能器在安装前必须在胶囊内充足氮气。注意蓄能器内禁止充氧气和压缩空气,以免引起爆炸和使胶囊老化。

图 4-51 所示为蓄能器的结构示意图,主要由壳体、充气阀、胶囊等组成。其中,壳体是一个长圆形钢瓶,由优质无缝钢管收口成型,内装有无接缝结构橡胶气囊。气囊口端装有充气阀(实质上是一个单向阀),由此阀向气囊充氮气。在蓄能器的进液端装有托阀,以防止充满气体的胶囊挤出进液口。

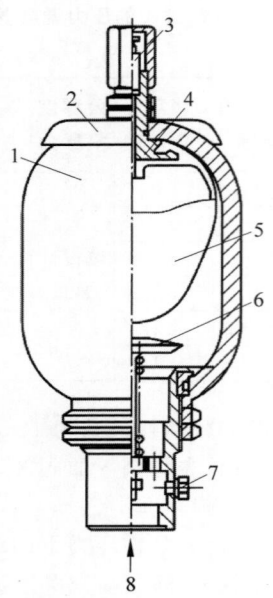

1—壳体；2—标牌；3—充气阀；4—充气阀座；
5—胶囊；6—托阀；7—螺堵；8—进液口。

图 4-51　蓄能器结构示意图

当蓄能器接入液压系统后，压力液进入进液口，压缩胶囊，使蓄能器壳体内形成两部分：囊中是压缩氮气，囊外是乳化液。当泵压升高时，则有一部分乳化液进入蓄能器，胶囊被进一步压缩，从而减缓了管理压力的升高。当泵压降低时，胶囊中氮气膨胀，将一部分乳化液挤出蓄能器而进入管路系统，从而补偿了系统中的压力降低。基于此，蓄能器就起到了减少压力波动的作用。

蓄能器充气方法有三种：氮气瓶直接过气法、蓄能器增压法以及利用专用充氮机。其中，氮气瓶直接过气法一般只适用于系统工作压力不超过 16 MPa 的低压系统；蓄能器增压法用于当氮气瓶内氮气压力较低，不能满足蓄能器所需充气压力的情况；利用充氮机可以使蓄能器的压力超过氮气瓶的压力，氮气瓶中的氮气可以得到充分利用。

在充气时不管采用何种方法，都必须遵守以下程序：

（1）取下充气阀的保护帽。

（2）卸下蓄能器上的保护帽，装上带有压力表的充气工具，并与充气管连通。

（3）操作人员在启闭氮气瓶气阀时，应站在充气阀的侧面，缓慢开启氮气瓶气阀。

（4）通过充气工具的手柄，缓慢打开并压下气门芯，慢慢地充入氮气，待气囊膨胀至菌形阀关闭，充气速度方可加快，并达到所需的充气压力。

（5）充气完毕将氮气瓶开关关闭，放尽充气工具及管道内残余气体，方能拆卸充气工具，然后将保护帽牢固旋紧。

泵站在使用中，蓄能器的气体压力应定期检查，如发现蓄能器内的剩余气体压力低于表 4-42 中气体最低压力值，应及时给蓄能器充气。为延长蓄能器的使用寿命，充气一般尽量充至接近气体最高压力值。

表 4-42　泵站工作压力（卸载压力）与蓄能器气体压力对照表

泵站工作压力/MPa	气体最高压力/MPa	气体最低压力/MPa
31.5	22.7	7.88
30	21.6	7.5
28	20.2	7
26	18.7	6.5
24	17.3	6
22	15.8	5.5
20	14.4	5

4.4.4　使用与维护

乳化液泵在出厂前已做过部件和整机的出厂试验，运抵现场后要经过短期搁置、地面试运转、运输下井、井下安装、井下试运转等过程，运转正常方可投入井下生产。

1. 乳化液泵的存放

（1）乳化液泵应贮存于通风和干燥的仓库内。

（2）乳化液泵外露的加工面涂以防锈油，并用油纸覆盖。

（3）橡胶密封件、各种高压胶管和各种电缆应在库房内贮存，其空气中不应含有酸、碱性或其他腐蚀性物质，还应避免太阳光照射，避免高温烧烤，以免引起过早老化，胶管的接口需用塑料帽或塑料塞堵好,以防灰尘杂质进入。

(4)乳化液泵站贮存时,应将曲轴箱以及水箱中的油液排放掉。泵站以及中间控制箱上的冷却管路中的积水用风管吹净、吹干。

(5)乳化液泵和组件必须完全置于室内存放;如果存放时间超过1年,则必须进行长期防腐处理,并定期对防腐措施进行检查,如果存放时间非常长,那么再投入使用前必须进行全面检查。

2.泵的安装及调试

(1)泵站应固定安装在平板车上,安装时应水平放置,倾角不得大于8°,以保持良好的润滑条件。

(2)两台泵与一台液箱排成一线。

(3)泵的进液口与液箱吸液接口用吸液胶管连接,泵的高压出液口用高压胶管与液箱的高压过滤器接口螺纹连接;泵上卸载回液用高压胶管与箱的卸载回液接口用螺纹连接;液箱去支架的出液口为快速接口,液箱的回液口为快速接口。

(4)泵站使用前的准备工作及调试。

① 使用单位必须指定经专门培训的泵站司机操作管理,操作管理人员必须认真负责。

② 使用前,首先应仔细检查泵曲轴箱内的油位是否符合规定,油位在泵转时不应低于油标玻璃的下标或超过绿线。

③ 泵的润滑油选用N68机械油,禁止使用低黏度的机械油。

④ 检查各部位机件有无损坏,各紧固件,特别是滑块锁紧螺套不应松动,各连接管道是否有渗漏现象,吸排液软管是否有折叠。

⑤ 用手扳动联轴器,应转动无整卡现象。

⑥ 在确认无故障后,将液箱上的吸液碟打开,将泵吸液腔端盖上的放气堵拧松,把吸液腔空气彻底放尽,待出液后拧紧,点动电机开关,观察电机转向与所示箭头方向是否相同,如方向不符应纠正电机接线后,方可启动。

⑦ 为便于泵站调试和检查卸载阀的性能,用户可在交替阀出液口处串一球形截止阀。

⑧ 泵启动后,应密切注意它的运转情况,首先应空载运行5～10 min,泵应没有异常噪声、抖动、管路泄漏等现象。检查泵头吸排液阀压紧螺堵及泵头与曲轴箱的连接螺钉等应无松动现象方可投入使用。

⑨ 投入工作初期,要注意泵箱体温度不宜过高,油温应低于75℃,注意油位的变化,油位不得低于红线。应经常检查齿轮油泵的工作油压,若低于0.1 MPa应及时停泵清洗网式滤芯。乳化液箱的液位不得过低,液温不得超过40℃。关注卸载阀的动作情况及压力表的读数。

⑩ 在工作中要注意柱塞密封是否正常,柱塞上有微小水珠属于正常现象。如柱塞密封处漏液过多,要及时停泵更换和处理。

⑪ 检查滑块油封是否漏油,定位螺钉对油封轴向限位正确,否则油封会打出。

⑫ 泵站运转50 h后换第一次油(第二次500 h,第三次1500 h),同时清洗曲轴箱油池,加油时必须从过滤网口加入,正常运行中作适量补充,注意严防煤粉、矸石等进入曲轴箱油池。

⑬ 泵站工作后的十天,应对乳化液箱各过滤部件进行一次清洗,清理工作包括对沉淀室清洗。磁性过滤器吸附物的清除,过滤槽、回液过滤器等清洗,以后每月至少一次。乳化液箱每两个月要彻底清洗一次。二道平板式过滤网和高压过滤器每周至少清洗一次。

⑭ 对蓄能器内充气压力的检查,蓄能器投入工作后十天内应检查胶囊内氮气压力,以后每月检查一次气体压力,氮气压力不足时应及时充气。

3.泵站向井下运输及防冻

(1)把泵站固定在平板车上,若斜井,则泵站随平板车直接由斜井口进入,并运送到铺设地点;若竖井,则泵站随平板车由罐笼送入坑道,并运送到铺设地点。

(2)运输过程中应避免磕碰、撞击,以免损坏零部件。

(3)当使用泵的环境温度≤0℃时,停泵后必须将泵吸液腔内乳化液放尽,以免冻裂泵箱体等。

4．泵站的润滑油和工作液

（1）泵的润滑油选用 N68 机械油，禁止使用低黏度的机械油，以免影响润滑。

（2）乳化液采用水包油型，其配比由 5% 的乳化油和 95% 的中性软水组成。

（3）配制乳化液用水的 pH 值为 6～9，氯离子含量不大于 5.7 毫克当量/升，硫酸根含量不超过 8.3 毫克当量/升，无色、透明、无嗅、水质硬度不应过高。

（4）水质应每季检测一次，测定其硬度、pH 值、氯离子、硫酸根和机械杂质等。

（5）乳化液的浓度可用浓度检查仪检查。

（6）工作过程中，如发现乳化液大量分油、皂析、变色、发臭或不乳化等异常现象，必须立即更换新液，然后查明原因。

（7）乳化油的贮存期不得超过一年，桶制乳化油必须放置室内，冬季室内温度不低于 10℃，在贮存运输中必须防火。

（8）配液时应用同一牌号乳化油，乳化液的工作温度在 10～40℃。

（9）乳化液的凝固点为 −3℃ 左右，受冻后体积膨胀，稳定性也受到严重影响，故必须防止乳化液受冻，以避免破乳。

5．乳化液泵站的维护与检修

1）日常维护

（1）日检

① 检查各连接运动部件、紧固件是否松动，各连接管道有无折叠、损坏或压扁，各连接接头是否渗漏。

② 检查滑块处的骨架油封固定是否可靠及是否漏油。

③ 检查曲轴箱的油位，必要时加以补充。平时经常注意齿轮泵显示油压。

④ 检查柱塞密封是否正常，若有漏液，可停泵调整螺母，重新保持其密封性能。

⑤ 检查进、排液阀的性能，平时应观察阀组动作的节奏声和压力表的跳动情况，如发现不正常，及时处理。

⑥ 每班开泵前检查滑块与柱塞连接处的锁紧螺套是否松动，如有松动及时调整。

⑦ 检查卸载阀的动作情况是否正常。

⑧ 每班保持润滑油池油量（N68 机械油），延长柱塞密封圈使用寿命。

⑨ 检查液位是否在规定的范围内，当液标显示液位不足时应及时补充乳化液，还应检查乳化油贮存室的油位是否足够，否则应及时补充乳化油。

（2）周检

① 检查所有外露的连接件、紧固件并重新拧紧。

② 用扳手检查泵头吸排液阀压紧螺堵是否松动及卸载阀主阀压紧螺堵是否松动并及时拧紧。

③ 清洗泵的柱塞隔离腔，放尽积液，清洗干净。检查该腔下方泄液孔，必要时应清理，保证畅通。

④ 检查并清洗平板式过滤网，以保证泵的吸入性能，检查并清洗回液过滤器和高压过滤器。

（3）月检

① 检查蓄能器内氮气压力，若气体压力过低，则应给蓄能器重新充气。

② 检查泵站系统各元件的工作是否正常。

③ 清洗乳化液箱沉淀室及各过滤元件。

④ 打开联轴节处罩壳，清除内部的煤尘及积垢，检查联轴节处的连接情况，重新调整压紧。

（4）季检

① 打开乳化液泵箱体后盖板，更换润滑油并清洗油池，必要时检查曲轴与连杆轴瓦的使用情况，有无伤痕、咬毛。

② 检查并清洗空气过滤器。

③ 井下进行易损零件的更换维修，应注意环境及工位器具的清洁。

2）升井维修

升井大修时泵站进行解体拆验，并对主要零件进行检查，确定磨损或损坏程度，决定维修和更换零件。

（1）零件进行彻底清洗。

（2）检查元件的锈蚀情况，发现锈点清除干净，并进行防锈处理。

（3）过滤网如有损坏应更换新件。

（4）对各处阀面进行检查,泵的吸、排液阀,卸载阀的先导阀和主阀均应进行精细研磨,恢复原有的密封性能。

（5）各种密封圈若有切断、损坏、老化应更换新件。

（6）升井维修后按出厂检验要求进行试验。

（7）泵站外壳应重新清洗、油漆。

6．泵的故障与排除方法

乳化液泵常见故障与排除方法见表4-43。

表 4-43　乳化液泵常见故障与排除方法

故　　障	产 生 原 因	排 除 方 法
启动后无压力	卸载阀主阀卡住,关不上	检查清洗主阀
	卸载阀中、下节流孔堵塞	检查并排除杂物
	卸载阀主阀推力活塞密封面或 45×3.1 的 O 形圈损坏	更换损坏零件
压力脉动大,流量不足,甚至管道振动、噪声大	泵吸液腔气未排尽	拧松泵放气螺栓,放尽空气
	柱塞密封损坏,排液时漏液,吸液时进气	检查活塞副,修复或更换密封
	吸液软管过细过长	调换吸液软管
	吸、排液阀动作不灵,密封不好	检查阀组,清除杂物,使动作灵活,密封可靠
	吸、排液阀弹簧断裂	更换弹簧
	蓄能器内氮气无压力或压力过高	充气或放气
柱塞密封处泄漏严重	柱塞密封圈磨损或损坏	更换密封圈
	柱塞表面有严重划伤拉毛	更换或修磨柱塞
泵运转噪声大,有撞击声	轴瓦间隙加大	更换轴瓦
	泵内有杂物	清除杂物
	联轴器有噪声,电机与泵线不同轴	检查联轴器、调整电机与泵同轴
	柱塞与承压块间有间隙	拧紧锁紧螺套
箱体温度过高	润滑油太脏,不足	加油或清洗油池,换油
	轴瓦损坏或曲颈拉毛	修理曲轴和修刮、调换轴瓦
	润滑冷却系统出现故障	检查并排除
泵压力突然升高,超过卸载阀调定压力或安全阀调定压力	安全阀失灵	检查调整或调换安全阀
	卸载阀主阀芯卡住不动作或先导阀有憋卡	检查、清洗卸载阀
支架停止供液时卸载阀动作频繁	卸载阀、单向阀漏液	检查、清洗单向阀
	去支架的输液管漏液	检查、更换输液管
	先导阀泄漏	检查先导阀阀面及密封
	蓄能器内氮气无压力或压力过高	充气或放气到规定压力
卸载阀不卸载	上节流堵孔堵塞	清除节流堵杂物
	先导阀有憋卡	拆装检查先导阀
乳化液温度高	单向阀密封不严或卸载阀主阀推力活塞部位 O 形圈损坏,正常供液时此处有溢流	检查更换相关零件

第5章

建 井 机 械

5.1 概述

建井机械是现代建设矿井不可或缺的重要设备,其通过机械动力和精密控制取代大部分传统人工操作,大大提高了建井速度和建井质量,实现了井身结构完整、作业参数精确控制。建井机械的应用推动了现代建井技术的进步,是实现高效、安全、经济建井的基础设备。

建井机械的特点如下:

(1) 建井机械是矿山较复杂而庞大的机电设备,其不仅承担着建井任务,还要上下运载人员,工作中一旦发生故障,不仅影响矿井的生产,而且涉及人员的生命安全。因此,建井机械的安全性是极为重要的,我国在《煤矿安全规程》中对建井机械做出了极为严格的规定。

(2) 建井机械是周期性运动式机械,需要频繁地起动和停车,工作条件苛刻,其机械电气设备的设计必须安全可靠。

(3) 建井机械是矿山大型设备,对其进行合理的选择、正确的使用和维护具有重要的经济意义。

常见的建井方法有钻爆法和机械法。

钻爆法,就是通过钻孔、装药、爆破开挖岩石的方法。这一方法从早期由人工手把钎、锤击凿孔,用火雷管逐个引爆单个药包,发展到用凿岩台车或多臂钻车钻孔,应用毫秒爆破、预裂爆破及光面爆破等爆破技术。

机械法,就是利用碎岩工具形成外部集中载荷,使岩石产生局部破碎。岩石破碎的效果与碎岩工具的形状、外加载荷的大小、作用的速度以及岩石本身的物理性质和力学性质等有密切的关系。

建井机械根据建井方法的不同可分为钻爆法建井机械与机械法建井机械。

5.2 钻爆法建井机械

5.2.1 概述

1. 功能用途

钻爆法即钻孔爆破法,指通过钻孔、装药、爆破开挖岩石的方法。钻爆法一直是地下建筑物岩石开挖的主要施工方法。这种方法对岩层地质条件适应性强、开挖成本低,尤其适合岩石坚硬的洞室施工。此方法具有以下优点:①施工准备简单,可以很快开始施工;②可以开挖各种形状、尺寸、大小的地下硐室;③设备简单,也可以采用复杂、先进的设备;④坚硬的岩石、松软的岩石都可以施工,但同时也具有通风要求高、爆炸对周围影响较大等缺点。

2. 钻爆法建井工艺

1) 钻眼爆破法

在岩体上钻凿一定直径、一定深度及数量的炮眼,并在其中装入炸药,靠炸药爆炸的力量破碎岩体,从而达到井巷掘进的目的,这种方法就叫作钻眼爆破法。它的优点是操作简单、易于掌握、设备简单、安全可靠,可以根据要求,在岩体中钻爆出不同形状、不同深度的井筒或巷道。

2) 爆破方法

根据炮眼深度与直径将钻爆法分为浅孔爆破法、中深孔爆破法和深孔爆破法。炮眼直径小于 50 mm、深度小于 2 m 时称为浅孔爆破,多用于井巷工程;炮眼直径小于 50 mm、深度 2～4 m 称为中深孔爆破,多用于井筒及大断面硐室掘进;炮眼直径大于 50 mm、深度大于 5 m 则称为深孔爆破,主要用于立井井筒及溜煤眼、大断面硐室的掘进以及露天开采的台阶爆破。

3) 爆破设计

爆破是用炸药破碎岩体的作业,为达到预期的爆破效果及作业安全应对爆破所用的炸药及岩体以及爆破方式进行认真的设计。

4) 炸药和雷管

炸药一般有硝铵炸药、水胶炸药、硝化甘油炸药和乳化炸药。

(1) 硝铵炸药是我国煤矿最广泛使用的工业炸药。以硝酸铵为主加有可燃剂或再加敏化剂(硝化甘油除外),可用雷管起爆的称为混合炸药。该炸药的特点是氧平衡接近于零,有毒气体产生量受到严格限制。硝铵炸药为粉状,用纸包装加工成圆柱形药卷,外涂一层石蜡防水。硝铵炸药的贮存期为 4～6 个月。

(2) 水胶炸药是 20 世纪 70 年代研制成功的新型炸药,是硝酸甲胺的微小液滴分散在含有多孔物质、以硝酸盐为主的氧化剂水溶液中,经调化、交联制成的凝胶状含水炸药。水胶炸药具有抗水性、密度高、威力大、安全性好、生产工艺简单、使用方便,改变了硝铵炸药的主要缺点。

(3) 硝化甘油炸药是硝化甘油被可燃剂和(或)氧化剂等吸收后组成的混合炸药,通称为胶质炸药。其优点是威力高、耐水(可在水下爆破)、密度大、具有可塑性、爆炸稳定性高。缺点是会"老化""渗油"、机械敏度高、生产和使用安全度较差、价格昂贵,现已经很少使用。

(4) 乳化炸药是通过乳化剂的作用,使以硝酸盐为主的氧化剂水溶液微滴均匀地分散在含有气泡或多孔性物质的油相连续介质中而形成油包水型膏状含水炸药。在有瓦斯或煤尘爆炸危险的煤矿井下工作面或工作地点应使用经主管部门批准,符合《煤矿安全规程》规定的煤矿许用炸药。

(5) 雷管是爆破工程的主要起爆材料,它由外界能激发,能可靠地引起其后的起爆材料或各种工业炸药爆炸。雷管有火雷管与电雷管两种。由于煤矿井下存在易爆炸的瓦斯和煤尘,因此,煤矿井下禁止使用明火起爆,只能采用电能激发的电雷管。

(6) 电雷管可以分成如下几种:激发后瞬时爆炸的称为瞬发电雷管,隔一定时间爆炸的称为延期电雷管,按延期间隔时间不同,又可以分成秒延期雷管和毫秒延期雷管。延期电雷管是为了提高爆破效果,加大自由面,使工作面各种炮眼的爆炸有一定的先后顺序。此外,还有抗静电性能的雷管,称为抗静电电雷管。

3. 安全使用规范

1) 道路安全要求

通往井场的道路在整个施工过程中应保持路面平整,其路基(桥梁)承受能力、路宽、坡度应满足运送钻井装备、物资及钻井特殊作业车辆的安全行驶要求,道路的弯度、会车点的设置间距应保证车辆安全通行。

2) 井场布置安全要求

井场布置应考虑当地季节风的风频、风向,钻井设备应根据地形条件和钻机类型合理布置,利于防爆、操作和管理。

井场应有足够的抗压强度。场面应平整、中间略高于四周,井场周围排水设施应畅通。基础平面应高于井场面 100～200 mm。

钻井液沉砂池或废液池周围应有截水沟,防止自然水浸入。

钻台、油罐区、机房、泵房、钻井液助剂储存场所、净化系统、远控制系统、电气设备等处应有明显的安全标志。井场入口、钻台、循环系统等处应设置风向标,井场安全通道应畅通。

井场周围应设置不少于两处临时安全区,

一处应位于当地季节风的上风方向处,其余与之呈 90°～120°分布。

石油钻井专用管材应摆放在专用支架上,管材各层边缘应用绳系牢或专用设施固定牢,排列整齐,支架稳固。

方井、柴油机房、泵房、发电房、油区、油品房、远程控制台、钻井液储备区、钻井液材料房、收油计量橇、循环罐及其外侧区域、岩屑收集区和转移通道、废油暂存区、油基岩屑暂存区等区域地面宜做防渗处理。重点防渗区应铺设防渗膜,油罐区、钻井液储备罐区、收油计量橇、废油暂存区、油基岩屑暂存区应设置围堰。

地处海滩、河滩的井场,在洪汛、潮汛季节应修筑防洪防汛堤坝和采用其他相应预防措施。

3)井场消防安全要求

井场消防器材应配备 35 kg 干粉灭火器 4 具、8 kg 干粉灭火器 10 具、5 kg 二氧化碳灭火器 7 具、消防斧 2 把、消防钩 2 把、消防锹 6 把、消防桶 8 只、消防毡 10 条、消防砂不少于 4 m³、消防专用泵 1 台、ϕ19 mm 直流水枪 2 支、水罐与消防泵连接管线及快速接头 1 个、消防水龙带 100 m。机房应配备 8 kg 干粉灭火器 3 具,发电房应配备 7 kg 及以上二氧化碳灭火器 2 具。野营房区应按每 40 m² 不少于 1 具 4 kg 干粉灭火器进行配备。600 V 以上的带电设备不应使用二氧化碳灭火器灭火。

消防器材应由专人挂牌管理,并定期检查、维护和保养,不应挪为他用。消防器材摆放处应保持通道畅通,取用方便,悬挂牢靠,不应暴晒或雨淋。

井场动火应按规定办理动火作业手续。

探井、高压井、气井施工中,供水管线上应装有合格的消防管线接口。

5.2.2 组成

钻爆法建井机械主要由提升机械、悬吊机械与开挖机械组成。其中提升机械主要由凿井井架、天轮平台、凿井提升机、吊桶及滑架等组成;悬吊机械由凿井稳车、凿井吊盘等组成;开挖机械主要由凿岩机、抓岩机等组成。

1. 提升机械

1)凿井井架

凿井井架是一种临时井架,主要用来支承天轮平台并承受立井施工时提升矸石、运送人员和物料的荷载,以及悬吊凿井设备的荷载。当井筒施工完成后,一般要经过改绞,将凿井井架换成生产井架,以满足矿井生产提升的需要,因此它是煤矿建井工程中最重要的施工结构物之一。凿井井架是凿井专用的井口大型立体结构物,满足各种井径立井凿井设备的布置和施工工艺的要求。

2)天轮平台

天轮平台的布置主要是将井内各悬吊设备的天轮和天轮支承梁妥善布置在天轮平台上,充分发挥凿井井架的承载能力,合理使用井架结构物。我国凿井用的井架,多为标准金属亭式井架,天轮平台是由四根边梁和中间主梁组成的"曰"字形平台结构。

3)凿井提升机

凿井提升机主要由卷筒、机座、电动机、制动轮联轴器、工作制动器、减速机、浮动联轴器、安全制动器、主轴装置、中间传动装置、防逆转装置等部件组成,是用卷筒缠绕钢丝绳或链条提升或牵引重物的轻小型起重设备,主要适用于煤矿、金属矿及非金属矿竖井井筒掘进时悬吊吊盘、水泵、水管、泥浆泵、风筒等掘进设备和吊桶、滑架等提升设备,具有结构简单、使用方便的特点。

4)吊桶及滑架

吊桶由主体桶体、提升环等部件组成,它主要依靠地面的绞车进行提升,能够安全可靠地运送施工人员和材料上下,是立井施工过程中不可或缺的重要设备,对于提高立井效率和保障施工安全至关重要。

滑架设置在吊桶上方,它能够滑动连接吊桶和提升钢丝绳,与导向装置配合可使吊桶移动轨迹垂直,还能起到减震的作用,是施工立井提升系统中重要的结构部件,对于确保吊桶运行平稳、安全至关重要。保护伞安装在滑架上,遮盖和保护吊桶顶部,防止物体掉落伤人。

2．悬吊机械

1）凿井绞车

凿井绞车（简称稳车）主要适用于煤矿、金属矿及非金属矿竖井井筒掘进时悬吊吊盘、水泵、水管、泥浆泵、风筒等掘进设备。凿井稳车通常是根据井筒掘进时悬吊设备的工作制度设计，故只适用于短期工作制，而不宜长期运转使用。

2）凿井吊盘

在建井过程中，凿井吊盘既是井筒工作面掘砌施工过程中的安全保护装置，又是抓岩机的安装盘、工作人员的操作盘工作平台、排水装置的安装盘、衬砌浇筑混凝土工作台、各种管路线路及设备工具的检修平台。

当提升吊桶上下运行时，底部吊盘大多数情况下需要进行横向固定约束。吊盘与井壁的固定方法有揻紧法、插销法、丝杠法、插销丝杠法、气动法、液压法等。

3．开挖机械

1）凿岩机

凿岩机是矿山开采中进行岩石碎岩的关键设备，它由动力系统、传动系统、冲击系统和碎岩系统组成，通过机械的冲击、旋转或锤击等方式持续对岩石进行碎岩，将岩石碎化成小块方便运输，是实现矿山岩石高效快速开采的重要机械设备。

常见的凿岩机种类有：路板式凿岩机、旋转式凿岩机、冲击式凿岩机等。

2）抓岩机

抓岩机是矿山建井过程中用于井下岩石的运输与提升的重要设备。它由动力系统、传动系统、抓斗系统、提升系统等组成，通过抓斗系统捞取碎石，利用提升系统将抓斗提升到吊桶后将碎石送入吊桶，再由吊桶运输至地面。其实现了井下岩石的连续运送与提升，大大提高了建井效率。

5.2.3　提升机械

1．凿井井架

1）常用凿井井架形式

我国凿井时大都采用亭式钢管井架（图5-1），

这种井架的四面具有相同的稳定性，天轮及地面提绞设备可以在井架四周布置。亭式井架采用装配式结构，其优点是：可以多次重复使用，一般不需要更换构件；每个构件重量不大，安装、拆卸和运输都比较方便，防火性能好，承载能力大，坚固耐用，可以满足井下和井口作业的需要。

除亭式钢管井架外，个别地方还使用过三腿式钢凿井井架，在地方小煤矿也使用过木井架。

近年来，一些单位开始利用永久井架或永久井塔代替凿井井架开凿立井，省去了凿井井架的安装拆卸，虽延长了凿井准备期，但对整个建井工期影响不大，提高了投资效益。最近设计单位又设计出生产建井两用井架，它既服务于建井提升用，又服务于矿井生产提升用，是一种将凿井井架和生产井架的特点相结合的新型井架。永久井架和永久井塔是专为生产矿井设计的，利用永久井架和永久井塔凿井，必须对其改造或加固，以满足凿井的要求。两用井架的问世，将此问题彻底解决，显示出极大的优越性，如济宁2号和3号井副井均应用生产凿井两用井架进行立井井筒的施工。

2）亭式钢凿井井架规格

亭式钢凿井井架在目前建井工程中使用最为广泛。根据井架高度、天轮平台尺寸及其适用的井筒直径、井筒深度等条件，亭式钢管井架共有六个规格，其编号为Ⅰ、Ⅱ、Ⅲ、Ⅳ、新Ⅳ和Ⅴ型，分别适用于井深200 m、400 m、600 m、800 m及1100 m。随着我国井筒深度的加大及凿井机械化程度的提高，Ⅳ型以下的凿井井架已很少应用。

新Ⅳ型与原Ⅳ型井架相比，主要是增大了天轮平台面积，提高了井架全高及基础顶面至第一层平台的高度，便于在卸矸台下安设矸石仓及用汽车运矸也便于伞形钻架等大型设备进出井筒，同时也增大了井架的承载能力。而Ⅴ型井架则是专为使用千米立井而设计的，它具有较大的天轮平台，满足多种凿井设备的吊挂，具有较大的工作荷重和断绳荷重。各型号井架的技术规格见表5-1和表5-2。

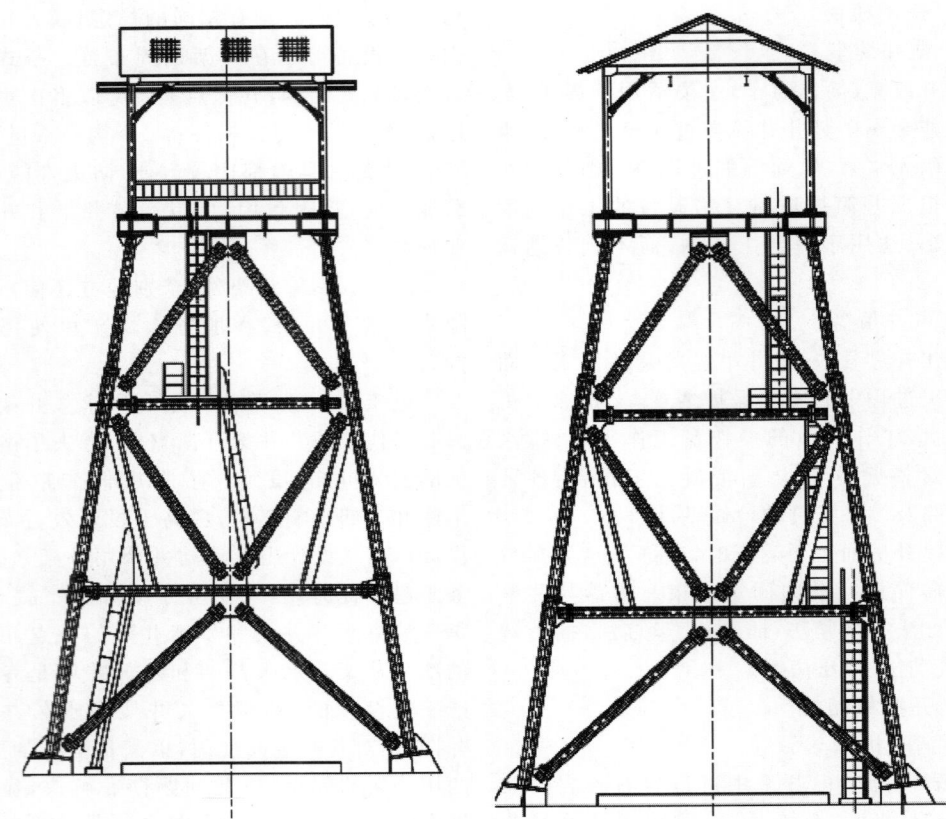

图 5-1　亭式钢管井架

表 5-1　亭式钢凿井井架的技术规格

井架型号	井筒深度/m	井筒直径/m	主体架角柱跨距/(m×m)	天轮平台尺寸/(m×m)	基础顶面至第一层平台高度/m	井架总质量/t	悬吊总荷重/kN 工作时	悬吊总荷重/kN 断绳时
I	200	4.6～6.0	10×10	5.5×5.5	5.0	25.649	666.4	901.6
II	400	5.0～6.5	12×12	6.0×6.0	5.8	30.584	1127.0	1470.0
III	600	5.5～7.0	12×12	6.5×6.5	5.9	32.284	1577.8	1960.0
IV	800	6.0～8.0	14×14	7.0×7.0	6.6	48.215	2793.0	3469.2
新IV	800	6.0～8.0	16×16	7.25×7.25	10.4	83.020	3243.8	3978.8
V	1100	6.5～8.0	16×16	7.5×7.5	10.3	98.000	4184.6	10 456.6

表 5-2　新型系列凿井井架的技术规格

井架型号	井筒直径/m	井筒深度/m	主体架角柱跨距/(m×m)	天轮平台长×宽/(m×m)	基础顶面至翻矸台高度/m	基础顶面至天轮平台高度/m	悬吊总荷重/kN 工作时	悬吊总荷重/kN 断绳时
SA-1	8	1200	16.8×16.8	7.5×7.5	11.0	27.0	3038.0	6022.0
SA-2	10	1200	17.8×17.8	8.5×8.5	11.5	27.5	4073.2	8008.0
SA-3	12	1200	19.0×19.0	9.5×9.5*	12.0	28.0	4898.4	10 664.0
SM-1	8	1200	19.6×19.6	8.0×8.0	11.0	27.0	3038.0	6022.0

续表

井架型号	井筒直径/m	井筒深度/m	主体架角柱跨距/(m×m)	天轮平台长×宽/(m×m)	基础顶面至翻矸台高度/m	基础顶面至天轮平台高度/m	悬吊总荷重/kN 工作时	悬吊总荷重/kN 断绳时
SM-2	10	1200	21.0×21.0	9.0×9.0	12.0	28.0	4061.0	7996.0
SM-3	12	1200	22.0×22.0	10.0×10.0	12.0	28.0	4901.0	10 667.0

* 表示天轮平台两道中梁的中心距为1.2 m,天轮平台尺寸栏中相乘数据表示井架4个角柱中相邻角柱的跨距。

3）亭式钢凿井井架结构

亭式钢凿井井架是由天轮房、天轮平台、主体架、扶梯和基础等主要部分所组成的,如图5-2所示。

（1）天轮房

天轮房位于井架顶部,由四根角柱、上部横梁、水平连杆及两根用来安装和检修天轮的工字钢梁组成。为防雨雪,上部设有屋面并装有避雷针。天轮房的作用是安装、检修天轮,保护天轮免受雨雪侵袭。其角柱为两条角钢对焊成十字形截面;上部横梁为两条14号槽钢对焊成工字截面;斜撑为角钢;水平交叉连杆,以两条角钢对焊成倒T形截面,工字钢吊车梁一般选用25号工字钢,其长度要保证超出天轮平台每边1 m。

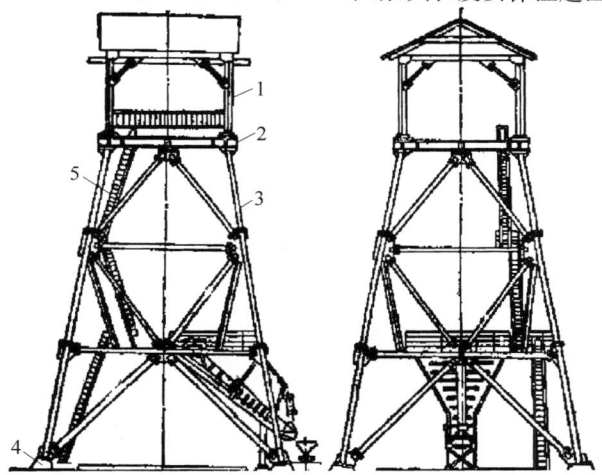

1—天轮房;2—天轮平台;3—主体架;4—基础;5—扶梯。

图5-2 亭式钢凿井井架结构

（2）天轮平台

天轮平台位于凿井井架顶部,为框形平台结构,用于安置天轮梁。天轮由天轮梁支撑,并直接承受全部提升物料和悬吊掘砌设备的荷载。荷载经由天轮、天轮梁、天轮平台主梁传递给凿井井架的主体架。天轮平台是由四条边梁和一条中梁组成的"曰"字形框架。边梁为焊接钢板组合工字形梁,中梁为焊接组合工字形变截面梁。边梁和中梁称为天轮平台主梁,各主梁的挠度不应超过其跨度的1/400。天轮梁一般都成双地摆放在天轮平台上,承托各提升天轮和悬吊天轮。天轮梁在天轮平台上的位置由井内施工设备布置而定。其规格一般是根据其承担的荷载计算选型。除验算其强度和稳定性外,还要使天轮梁的挠度不超过其计算跨距的1/300。天轮梁通过计算选型,其规格必定繁多。为了简化安装,保持天轮平台上天轮梁的平整,一般要求搭接时超过主梁不少于150 mm,以便在其上钻孔,用U形螺栓将其与主梁固定,主梁上不准打孔,也不准焊接。有时在天轮平台上还要设置支承天轮梁的支承梁。天轮梁和支承梁通称副梁,它们之间可搭接,可焊接,也可用螺栓连接。如果副梁的计算内力较大或者结构需要时,也可采用焊接组合梁。

在天轮梁上架设天轮时,应尽量使天轮轴

承座直接支撑在天轮梁的上翼缘上。但有时为了调整钢丝绳的高度,避免与井架构件相碰,而不得不将天轮轴承座安装得高于或低于天轮梁的上翼缘,或者增设导向轮。应该注意,不论采用哪种方式,天轮、钢丝绳与井架结构之间的安全间隙不得小于 60 mm。

天轮梁支承在主梁上时,天轮梁与主梁之间通常都采用 U 形螺栓连接,天轮梁与天轮梁、天轮梁与支承梁之间通常采用连接角钢和螺栓进行连接。

（3）主体架

主体架是一个由四扇梯形桁架组成的空间结构。上部与天轮平台的中梁和边梁用螺栓连接,下部则立于井架基础上。主体架主要承受天轮平台传递来的荷载,并将其传给基础。主体架的每扇桁架通常采用双斜杆式。最上节间的斜杆布置形成天轮平台边梁的中间支点,使边梁在其桁架平面内,由单跨变为双跨。在桁架下部第一层水平腹杆上,利用水平连杆组成平面桁架,以便支撑卸矸平台。主体架的角柱和撑柱一般用无缝钢管制成。构件之间用法兰盘和螺栓连接。

立井施工时,井内爆破下的岩石,由抓岩机装入矸石吊桶,由提升机提到井口上方的卸矸台上,经卸矸装置卸矸入矸石仓,由运输设备运往排矸场。卸矸台是用来翻卸矸石的工作平台,它是一个独立的结构,通常布置在主体架的第一层水平连杆上。它的主梁和次梁采用工字钢或槽钢。梁上设置方木,用 U 形螺栓卡紧,然后铺设木板。溜矸槽的上端连接在中间横梁上,下端支撑在独立的金属支架上。

卸矸台下设矸石仓,仓体由型钢及钢板制成,下有支架及基础。仓体容积一般为 20～30 m³。落地式矸石仓容积为 500～600 m³。卸矸台的高度应保证矸石仓的设置与溜矸槽的倾斜角度,而且矸石溜槽下要有足够的装车高度,此外,应便于大型设备如伞形钻架等出入井口。

（4）扶梯

为了便于井架上下各平台之间的联系,在主体架内设置有轻便扶梯,通常由三个梯段组成。梯子架采用扁钢,踏步采用圆钢,扶手和栏杆采用扁钢或角钢制作。第一段梯子平台设在卸矸台上。梯子平台采用槽钢和防滑网纹钢板制作。

（5）基础

凿井井架基础有四个,成截锥形,分别支承主体架的四个柱脚。基础材料通常为 C15 以上的混凝土。浇筑基础时,将底脚螺栓预埋在基础内,安装井架时,就利用伸出基础顶面的螺栓来固定井架柱脚。基础顶面应抹平,并与柱脚中心线垂直。而底面则应保持水平,基础底面积以地基土的允许承载力而定,一般地基土体允许承载力为 0.25 MPa。

2. 天轮平台

天轮平台位于凿井井架顶部,通常由钢结构梁组成的框形平台结构,主要用来安设提升和悬吊设备的天轮。

1）天轮平台的形式和构造

天轮由天轮梁支撑,并直接承受全部提升物料和悬吊掘砌设备的荷载,然后荷载经由天轮依次传递给天轮梁、天轮平台主梁、凿井井架,最后传递给基础天轮平台,该平台是由四条边梁和一条中梁组成的"曰"字形框架,如图 5-3 所示。天轮梁一般成双出现,安放在天轮平台上,承托提升天轮和悬吊天轮。天轮梁在天轮平台的位置以井内施工设备布置而定。主梁和天轮梁的选型应按计算确定,需要满足强度、刚度和稳定性要求。

天轮平台的形式通常采用正方形。天轮平台的平面尺寸即凿井井架的顶部尺寸,其取决于井筒直径和提升与悬吊设备的天轮数量及其布置。在满足使用要求的前提下,应该尽量缩小天轮平台的尺寸,常用的 I～V 型天轮平台尺寸为 5.5 m×5.5 m～7.5 m×7.5 m,一般以 0.5 m 为模数。天轮平台一般由 4 根边梁和一根中梁(边梁和中梁统称主梁)以及若干轮梁组成。有时还设置用来支承天轮梁的支承梁(天轮梁和支承梁统称主梁)和副梁组成天轮平台的梁系结构。天轮平台的边梁和中梁即主梁,由于承受很大的竖向荷载和水平荷载,采用普通型钢不够经济,所以通常都采用由三块钢板焊成的工字形截面组合梁,或者采用加强的轧制工字形型钢。如果主梁还承受很大的轴向荷载,则梁的截面有时采用上翼缘(受压翼缘)加强的形式。

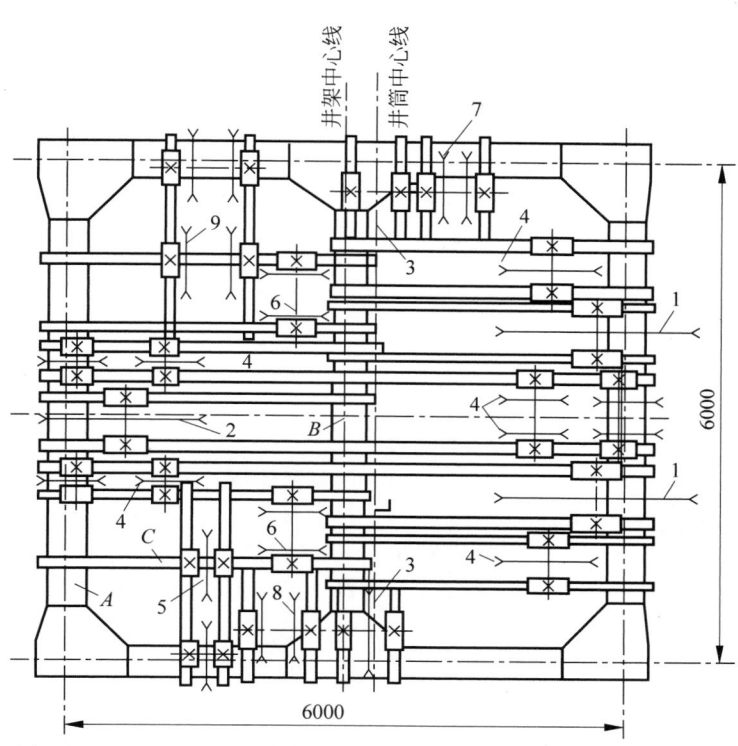

1,2—提升天轮；3—吊盘天轮；4—稳绳天轮；5—安全梯天轮；6—吊泵天轮；7—压风管天轮；8—混凝土管天轮；9—风筒天轮。

图 5-3 天轮平台布置图

天轮梁通常直接支承在边梁和中梁上，或者彼此相互支承，有时还支承于专设的支承梁上。当天轮梁支承在主梁上时，其长度要求搭接时超过主梁不少于 150 mm，以便在其上钻孔，用 U 形螺栓将其与主梁固定，为了避免在边梁和中梁的翼缘上钻孔而降低承载能力，并保证井架能够多次重复使用，主梁上不准打孔，亦不准焊接。天轮梁与天轮梁、天轮梁与支承梁之间通常都采用连接角钢和螺栓进行连接，天轮平台主梁之间彼此用连接板相连接。

天轮在天轮梁上的支承方式，应尽量使天轮轴承座直接支承在天轮梁的上翼缘上，如图 5-4(a)所示。但有时为了调整钢丝绳的高度，避免与井架构件相碰，而不得不将天轮轴承座安装得高于或低于天轮梁的上翼缘，如图 5-4(b)、(c)、(d)所示，或者增设导向轮，如图 5-5 所示。

为了满足天轮外缘与天轮平台(图 5-6)边梁上翼缘之间的距离不小于 60 mm 的要求，天轮轴心的升高可按下式计算：

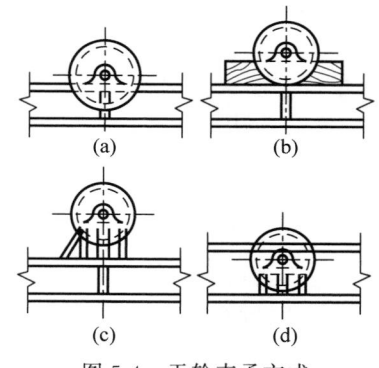

图 5-4 天轮支承方式

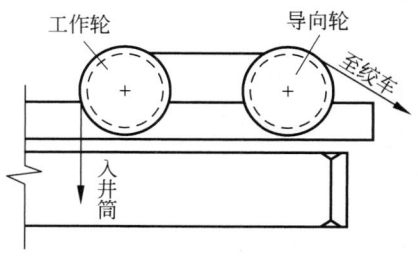

图 5-5 导向轮布置

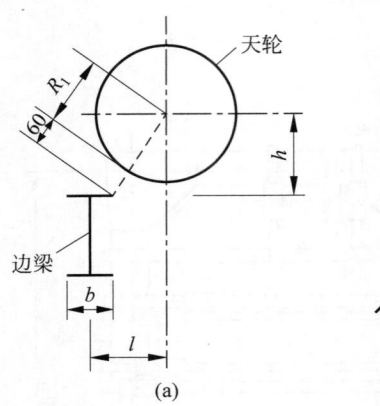

图 5-6 天轮平台

$$h \geqslant [(R_1 + 60)^2 - (l - b/2)^2]^{0.5} \quad (5-1)$$

式中：R——天轮外缘半径，mm；

$\quad\quad l$——天轮轴心至边梁中心线的水平距离，mm；

$\quad\quad b$——边梁宽度，mm。

为了避免钢丝绳与天轮平台边梁上翼缘相碰擦，天轮轴心的升高可按下式计算：

$$h \geqslant (1 + b/2 - R\sin\alpha)\tan\alpha - R\cos\alpha + 60/\cos\alpha \quad (5-2)$$

式中：R——天轮半径；

$\quad\quad \alpha$——钢丝绳的仰角。

如果按式(5-1)或式(5-2)算得的天轮轴心升高值小于或等于天轮梁高度与天轮轴承座高度之和，则不必设置垫梁，否则必须设置垫梁，其高度可按下式计算：

$$\Delta h = h - h_1 - h_2 \quad (5-3)$$

式中：h_1——天轮梁高度；

$\quad\quad h_2$——天轮轴承座高度；

$\quad\quad h$——天轮轴心的升高。

当天轮轴承座设在低于梁的上翼缘时，可在梁的腹板内设置垫座（图 5-4(d)）。采用此支承方式时，还应在梁上用槽钢或角钢做成加强横撑，以保证梁在弯矩作用平面外的稳定性。由于这种支承方式比较复杂，所以一般采用较少。天轮梁的腹板在天轮轴承处，通常应设置加劲肋，以保证腹板的局部稳定性。

2）天轮平台的荷载

作用在天轮平台上的荷载有恒载、活荷载和偶然荷载，主要包括：天轮平台自重；整套天轮重量（包括天轮及其轴承重量）；悬吊凿井设备钢丝绳的拉力。

偶然荷载是指因偶然事件而作用在平台上的荷载，如提升钢丝绳拉断时的断绳荷载。对于提升天轮梁，即承受提升容器（吊桶或临时罐笼）荷载的天轮梁，计算时，钢丝绳的拉力应取钢丝绳的破断拉力，即按断绳荷载计算。而对于其他天轮梁，计算时钢丝绳的拉力则取钢丝绳的工作拉力，即按工作荷载计算。这是因为吊桶和临时罐笼经常作提升运动，而且运行速度较快，因此有可能发生与吊盘相撞、卡住，或提升严重过卷，或钢丝绳从天轮上滑脱等问题，从而引起断绳事故。至于其他悬吊设备则是每隔一定时间才上下移动一次，而且运行速度很慢，通常不超过 0.15 m/s，所以它们的悬吊钢丝绳一般不致被拉断。

3．凿井提升机

凿井提升机是井筒作业的关键设备，在建井产业中占有特殊地位，是打井的重要工具。主要用于凿井吊桶提升、升降人员及凿井用的各种机械设备、下放砌壁用的混凝土等。由于与本产品相配套的电气设备为非防爆型，故不能用于有瓦斯、煤尘等易燃、易爆介质的场所。图 5-7 和图 5-8 分别是单卷筒凿井提升机和双卷筒凿井提升机的外形结构图。

1）主要技术性能参数

（1）作业环境条件。

① 安装位置：水平安装于混凝土基础上。

② 工作环境：金属、非金属矿工地，无瓦斯及其他易燃易爆物质。

③ 环境温度：-25～40℃。

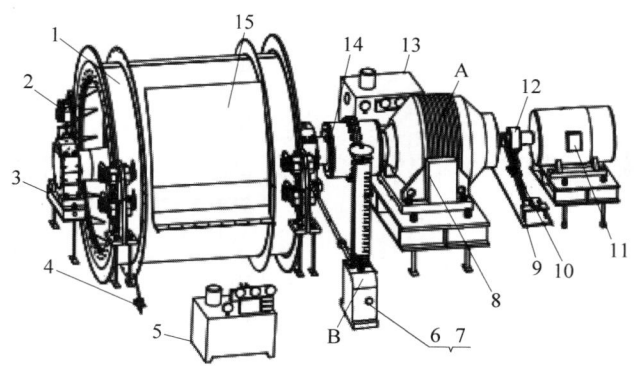

1—主轴装置；2—盘形制动器装置；3—轴承梁；4—锁紧器；5—液压站；6—深度指示器；7—深度指示器传动装置；8—减速器；9—测速传动装置；10—电动机制动器；11—电动机；12—弹性联轴器；13—润滑站；14—齿轮联轴器；15—卷筒护板。

图 5-7　单卷筒凿井提升机外形图

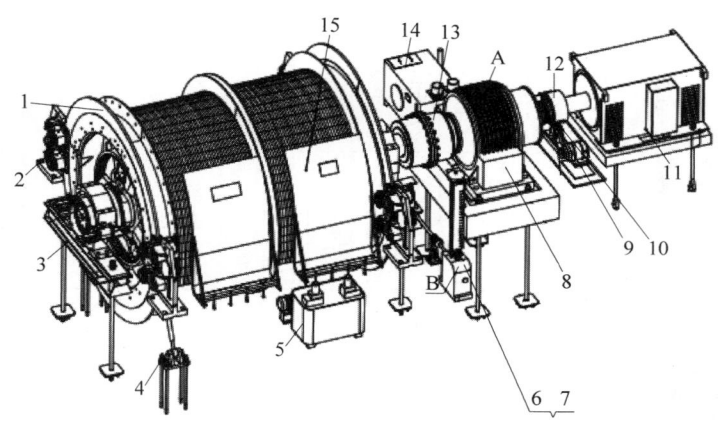

1—主轴装置；2—盘形制动器装置；3—轴承梁；4—锁紧器；5—液压站；6—深度指示器；7—深度指示器传动装置；8—减速器；9—测速传动装置；10—电动机制动器；11—电动机；12—弹性联轴器；13—润滑站；14—齿轮联轴器；15—卷筒护板。

图 5-8　双卷筒凿井提升机外形图

④ 海拔高度：≤1000 m。

（2）型号表示。

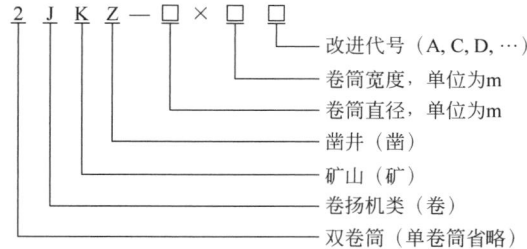

改进代号（A，C，D，…）
卷筒宽度，单位为m
卷筒直径，单位为m
凿井（凿）
矿山（矿）
卷扬机类（卷）
双卷筒（单卷筒省略）

（3）主要技术特征（表5-3）。

2）主轴装置

主轴装置主要由主轴、卷筒、支轮、轴承、轴承座及调绳离合器等部件组成。图5-9和图5-10分别为单卷筒提升机和双卷筒提升机的主轴图。

（1）主轴

主轴是主轴装置的主要受力件和关键件，采用优质碳素结构钢制成。主轴有两种不同的结构，一种采用光轴，固定卷筒的左右支轮热装在主轴上，另一种主轴上有两个锻造出的法兰盘，固定卷筒的两辐板用高强度螺栓分别与两法兰盘连接，卷筒辐板与支轮或主轴法兰

表 5-3　凿井提升机的技术参数

序号	产品型号	卷筒个数	卷筒直径 (m)	卷筒宽度 (m)	两卷筒中心距 (mm)	钢丝绳最大静张力 (kN)	钢丝绳最大静张力差 (kN)	钢丝绳最大直径 (mm)	提升高度一层 (m)	提升高度二层 (m)	提升高度三层 (m)	最大提升速度 (m/s)	减速器型号	速比	旋转部分变位重量及天轮(除电机) (kg)	机器外形尺寸(长×宽×高) (m×m×m)	机器重量(除电机、电控) (kg)	电机转速(不大于) (r/min)
1	JKZ-2.8×2.2	1	2.8	2.2	/	185	185	40	380	795	1250	5.68	XL1800	15.5	16 356	9.5×9×3.2	53 820	600
2	JKZ-3.2×3	1	3.2	3	/	200	200	42	590	1230	1920	6.48	ZZDP1120	15.5	20 420	11.5×9×3.8	71 400	600
3	JKZ-3.6×3	1	3.6	3	/	220	220	44	640	1320	2060	7.29	ZZDP1250	15.5	35 900	12.2×9.5×4.4	90 797	600
4	JKZ-4×3	1	4	3	/	270	270	48	650	1340	2100	7.39	ZZDP1400	17	44 580	12.5×9.8×4.6	110 574	600
5	JKZ-4×3.5	1	4	3.5	/	290	290	50	740	1530	2380	7.85	ZZDP1400	16	44 580	13×9.8×4.6	112 575	600
6	JKZ-4.5×3.7	1	4.5	3.7	/	360	360	56	790	1630	2530	7.94	ZZDP1600	17.8	56 500	13.3×10.5×5.3	141 460	600
7	JKZ-5×4	1	5	4	/	410	410	62	860	1770	2760	7.85	ZZL1800	20	65 349	13.6×11×5.7	186 420	600
8	JKZ-5.5×5	1	5.5	5	/	500	500	68	1100	2200		8.64	ZZL1800	20	76 584	14.8×11.5×6.2	217 350	600
9	2JKZ-3×1.8	2	3	1.8	1890	185	155	40	330	670	1070	6.08	ZZDP1000	15.5	26 500	10.5×10.5×3.2	83 197	600
10	2JKZ-3.6×1.85	2	3.6	1.85	1940	200	180	42	380	800	1270	7.29	ZZDP1250	15.5	34 810	14.5×11.5×4.2	101 712	600
11	2JKZ-4×2.65	2	4	2.65	2740	290	255	50	540	1100	1760	8.1	ZZDP1250	15.5	44 525	16.3×11.5×4.7	121 822	600
12	2JKZ-5×3	2	5	3	3090	410	290	62	620	1290	2020	7.85	ZZL1600	20	68 450	17.7×11.8×5.7	221 490	600
13	2JKZ-5.5×4	2	5.5	4	4090	500	410	68	860	1780	2770	8.64	ZZL1800	20	81 392	19.5×12.5×6.3	267 974	600

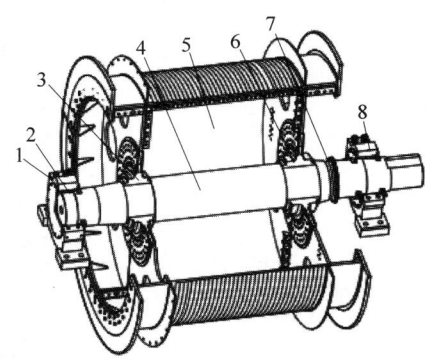
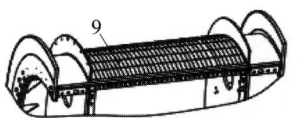

1—左轴承座；2—轴承；3—左支轮；4—主轴；5—卷筒；6—右支轮；7—圆锥齿轮；8—右轴承座；9—垫衬。

图 5-9　单卷筒提升机主轴图

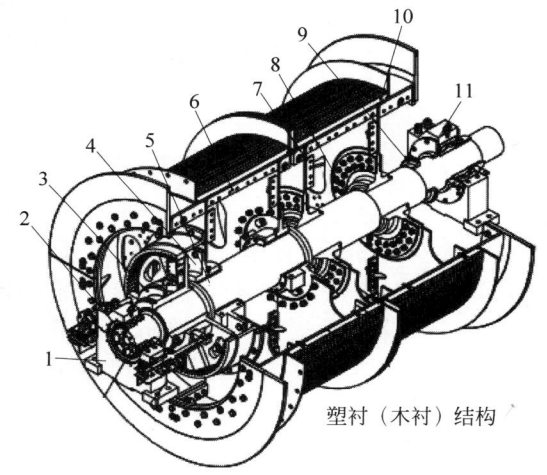

1—左轴承座；2—轴承；3—调绳离合器；4—游筒支轮；5—主轴；6—游动卷筒；7—固定卷筒；8—圆筒支轮；
9—圆锥齿轮；10—垫衬；11—右轴承座。

图 5-10　双卷筒提升机主轴图

连接。

（2）卷筒

卷筒采用全钢板焊接结构,对开装配式塑衬（木衬)卷筒。

为便于运输和安装,每个卷筒采用了剖分装配式结构,为使钢丝绳排列整齐,减少钢丝绳的磨损,在卷筒外侧装设塑衬,塑衬上的绳槽根据所用钢丝绳直径的大小由制造厂加工,塑衬一般在制造厂装配到卷筒上(若选用木衬,则由用户自备,该木衬要采用硬质木材,并在木衬上加工出绳槽。绳槽尺寸由用户根据所用钢丝绳直径的大小而定)。在使用过程中,应根据实际磨损情况,定期予以更换。为了消除凿井提升过程中的夹绳现象和减轻咬绳程度,在钢丝绳由一层向二层、由二层向三层的过渡区增设了过渡块。

（3）主轴承

主轴承采用双列向心球面滚子轴承,结构简单,传动效率高,承载力大,使用中只需定期加注润滑脂即可,减少了用户的维修工作量。润滑脂按照轴承厂家的规定选用。

（4）两半轴瓦

双筒凿井提升机的游动卷筒的轮毂与主轴之间装有两半轴瓦,材质为铜,以避免轮毂与主轴之间钢对钢运动损坏零件。轮毂上配有润滑油管,注油口的套筒法兰固定在游动卷筒左辐板上,注油时将丝堵取下,用油枪向里面注油

（稀油加黄油调成稀糊状），加完油后将丝堵拧上防止异物进入油管内，影响润滑质量，若在打井期间作单钩提升，后改双钩提升时，因长期不调绳安装时涂抹的黄油已枯竭，此时调绳应加油稀释，防止拉伤主轴，两半轴瓦和游筒轮毂安装时，按图 5-11 的位置调整间隙，保证铜瓦与轴台间隙为 0.2～0.3 mm。

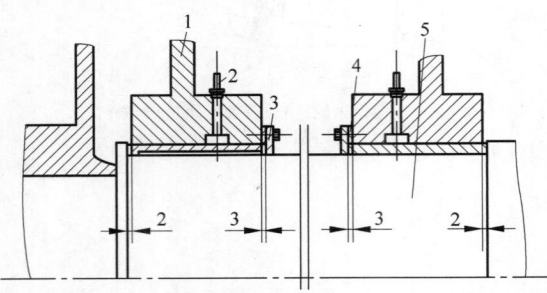

1—游动轮毂；2—润滑管路；3—两半轴瓦（筒瓦）；
4—垫片组；5—主轴。

图 5-11　游动轮毂与两半轴瓦装配位置

（5）调绳离合器

双筒凿井提升机在使用过程中，当提升水平发生变化或由于钢丝绳的弹性伸长量过大使得提升容器不能准确停车时，都需使用调绳离合器来调节钢丝绳的长度。其特点是工作安全可靠、动作快速准确。该装置由齿块、齿圈、油缸、移动毂、联锁阀等组成，如图 5-12 所示。它的调绳精度达 50 mm。

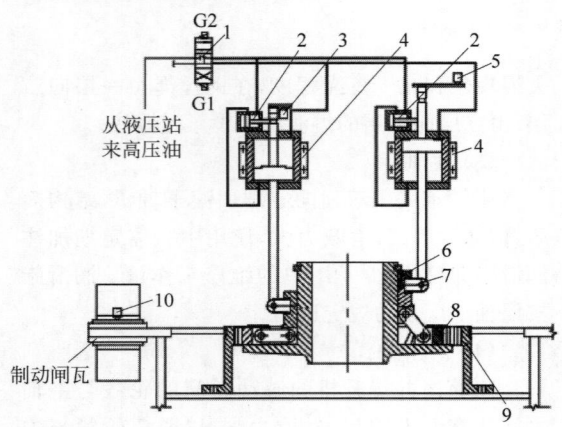

1—电磁阀；2—联锁阀；3—开关 Q1；4—调绳油缸装置；
5—开关 Q2；6—移动毂；7—拨叉；8—齿块；9—内齿圈；
10—开关 Q3。

图 5-12　调绳离合器的结构

3）测速传动装置

测速传动装置由测速发电机、机械转速继电器、皮带及皮带轮等组成（图 5-13），用来配合电控实现凿井提升机的速度显示和超速保护。

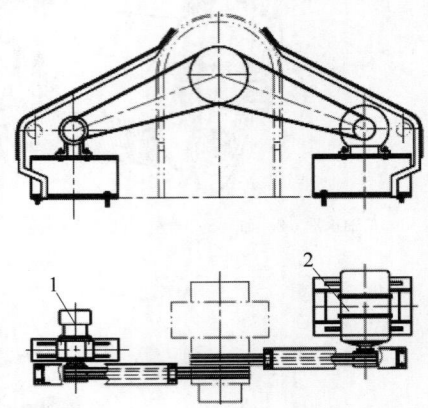

1—机械转速继电器；2—测速发电机。

图 5-13　测速传动装置结构图

测速发电机发出的电信号除用于参与电气控制外，还可接至操作台上，用于显示凿井提升机速度，供操作者了解提升容器在井筒中的运行速度。

为确保凿井提升机在等速段不超速，本装置上的机械转速继电器在提升速度超过额定速度 15％时，也会向电控系统发出电信号，使凿井提升机安全制动。

4）弹性棒销联轴器

在电动机和行星齿轮减速器之间采用的是弹性棒销联轴器（图 5-14），主要由外套、两个半联轴器和弹性棒销组成。该联轴器因采用弹性元件和整体式外套结构，不仅减少了启动、停止时的冲击负荷，而且能确保两个半联轴器连接的安全可靠，另外现场维护量减少，维修方便。

5）齿轮联轴器

在行星齿轮减速器与主机之间采用了齿轮联轴器（图 5-15），其主要由外齿轴套、内齿圈、防尘密封圈等组成。该联轴器因采用内外啮合的齿轮，所以传递扭矩大，并能补偿安装时对两轴的微量偏斜和不同心，降低了安装难度，减少了维护工作量。

6）电动机制动器

在停止或紧急制动时，为减少对行星齿轮

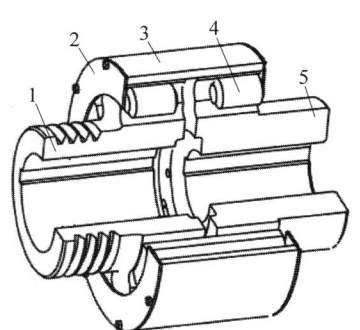

1—减速器端半联轴器；2—挡板；3—外套；4—弹
性棒销；5—电动机端半联轴器。

图 5-14　弹性棒销联轴器

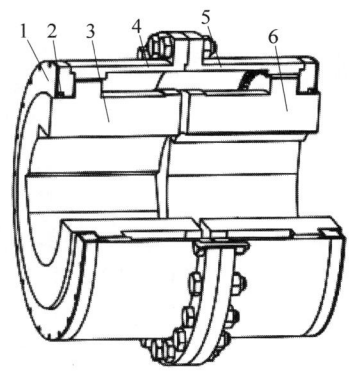

1—盖板；2—J 形油封；3—减速器端外齿轴套；
4,5—内齿圈；6—主轴端外齿轴套。

图 5-15　齿轮联轴器

减速器齿轮的冲击,在电动机与减速器之间的
联轴器处,专门安装了电动机制动器。

　　电动机制动器主要由油缸装置、机架、弹
簧、闸体和调整螺母等组成(图 5-16)。其工作
过程是:该装置的液压油缸与提升机的盘形制
动器油路相连,动作与盘形制动器始终保持
"同步",这样提升机在减速,特别是在紧急制
动时,能吸收绝大部分的电动机转子的转动惯
量,从而使行星齿轮减速器的齿轮免受冲击损
坏,提高减速器使用寿命。

　　7) 锁紧器

　　锁紧器(图 5-17)在提升机正常运行时,不参
与工作,在调整卷筒位置或维修制动器装置时,
将其与卷筒连接上,将卷筒锁定,以防发生事故。

　　8) 深度指示器

　　深度指示器系统是凿井提升机重要的组

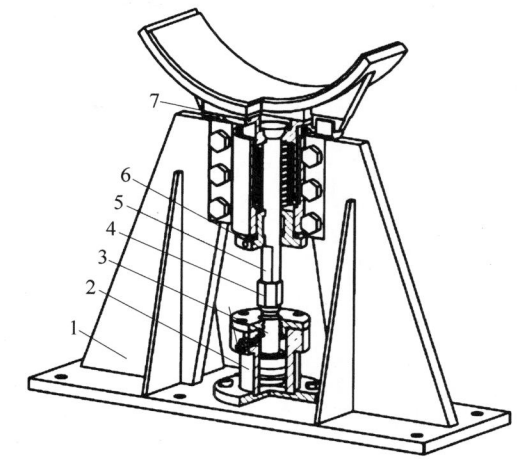

1—机架；2—油缸；3—活塞杆；4—螺母；5—拉
杆；6—调整螺母；7—闸体。

图 5-16　电动机制动器

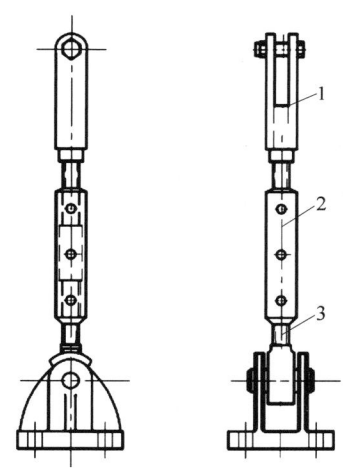

1—夹子；2—拉紧螺帽；3—拉杆。

图 5-17　锁紧器

成部分,其作用如下:

　　(1) 向操作者(提升机司机)指示提升容器
在井筒中的位置。

　　(2) 向电气控制系统发送减速、过卷、停车
等信号。

　　(3) 在进入减速段运行时,对提升机提供
限速保护。

　　(4) 当需要解除二级制动时,向电控系统
发送二级制动解除信号。

　　深度指示器系统由深度指示器(图 5-18)和
深度指示器传动装置(图 5-19)两大部分组成。

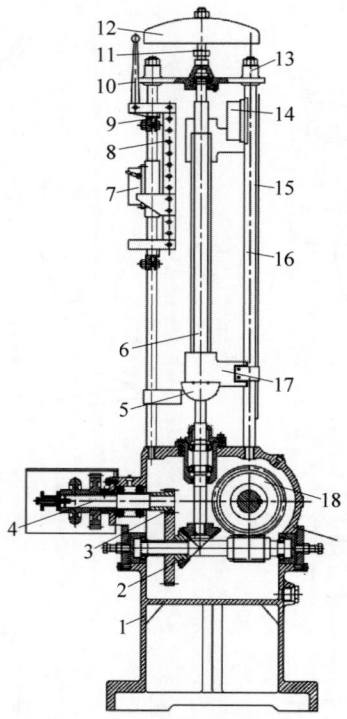

1—外壳；2—伞齿轮；3—齿轮；4—轴；5—解除二级制动装置；6—丝杠；7,16—减速极限开关装置；8—信号拉杆；9—支架；10—撞针；11—断轴保护装置；12—铃；13—横杠；14—过卷开关装置；15—标尺；17—右旋梯形螺母；18—蜗轮传动装置。

图 5-18 深度指示器

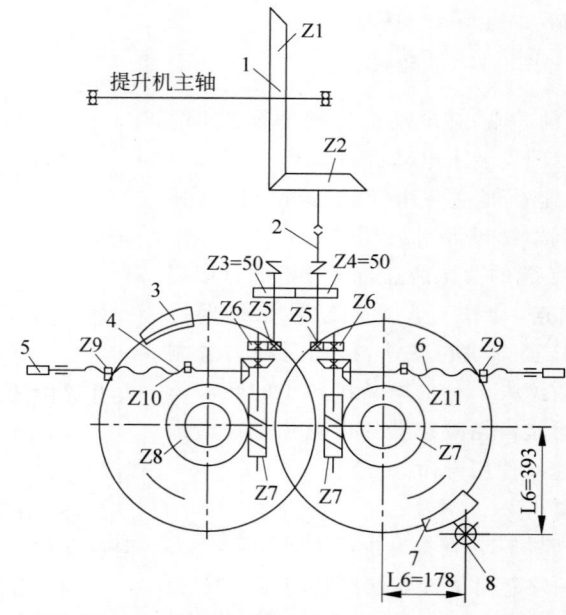

Z1、Z2 齿数表			
序号	提升机型号	Z1	Z2
1	单筒2.8 m		
2	单筒3.2 m		
3	单筒3.6 m		
4	单筒4 m	68	22
5	双筒3 m		
6	双筒3.6 m		
7	双筒4 m		

1—主轴上大锥齿轮；2—深度指示器传动装置；3—游动卷筒限速板；4—左丝杠；5—测速发电机；6—右丝杠；7—固定卷筒限速板；8—自整角机。

图 5-19 深度指示器传动装置

9) 盘式制动器

盘式制动器装置(图 5-20)与液压站组成了凿井提升机的制动系统,用于实现凿井提升机的工作制动和安全制动。

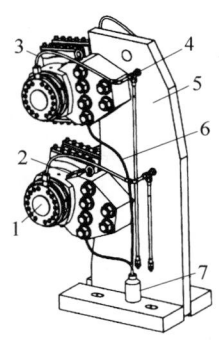

1—制动器;2—闸瓦磨损指示器和弹簧疲劳开关;3—进油管;4—连接螺栓;5—支架;6—掺油管路;7—集油器。

图 5-20 盘式制动器装置

盘式制动器装置是制动系统的执行部件,它具有下列优点:体积小、重量轻、惯性小、动作快、可调性好、可靠性高、通用性高、基础简单、维修、调整方便。

盘式制动器主要由若干个单独的盘式制动器用高强度螺栓成对地固定在支架上,所需制动器的规格和对数可根据提升机所需的制动力矩选定。

盘式制动器由闸瓦、碟形弹簧、液压组件、带筒体的衬板、密封圈和制动器体等组成(图 5-21)。它由碟形弹簧提供制动力,用液压站提供的高压油来实现松闸。

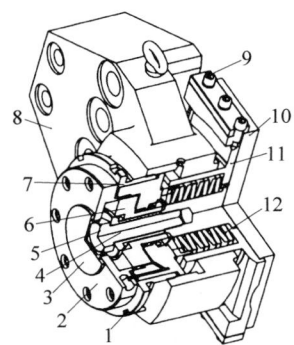

1—锁紧螺钉;2—油缸盖;3—后盖;4—连接螺钉;5—活塞;6—制动油缸;7—调整螺母;8—制动器体;9—压板;10—闸瓦;11—带筒体的衬板;12—碟形弹簧。

图 5-21 盘式制动器结构图

液压组件由油缸、活塞、调整螺母、密封、油缸盖等组成。

为保证制动器装置正常工作,在盘式制动器装置上装设有闸瓦磨损及弹簧疲劳监测装置,该监测装置采用模拟量位移传感器。在使用过程中,一旦发生闸瓦磨损量超过规定值或碟形弹簧疲劳断裂时,马上将故障信号输入电控保护回路,在完成本次提升后,如不调节闸瓦间隙或更换碟形弹簧,则下次提升不能进行。

10) 编码器装置

为满足 PLC 电控的需要,在主轴装置非传动侧配置了信号接口装置或编码器装置(图 5-22),测速电机、编码器的数量根据电控要求进行确定。测速电机、编码器的转数与凿井提升机主轴相同,采用齿轮进行传动,传动齿轮的齿数为 1∶1。

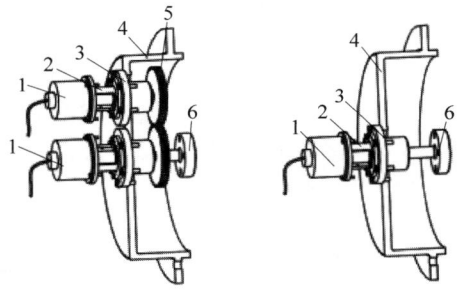

1—编码器;2—连接杯体;3—套杯;4—轴承端盖;5—齿轮;6—连接轴。

图 5-22 编码器装置

编码器的主要功能:

(1)通过脉冲累加值,可确定提升容器在井筒中的行程;

(2)通过转角相位差,可确定凿井提升机滚筒的旋转方向;

(3)通过测量旋转脉冲频率,可确定实际提升速度。

11) 安装与维护

(1)凿井提升机的安装

① 建成符合由土建设计单位提供的凿井提升机安装基础图要求的安装基础;

② 准备安装必需的起吊、运输设备;

③ 必要的安装工具和测量仪器、量具;

④ 必要的电源设备和通信设备;

⑤ 必需的消耗材料和足够人员。

（2）凿井提升机的维护

① 凿井提升机在调绳操作过程中，提升容器内必须空载，不得有人员和矿物等。

② 在连续下放重物时，必须使用动力制动，不宜采用带闸下放方式。如必须采用带闸下放时，必须密切注意制动闸瓦温升，其最高温度不得超过 120℃，以免降低摩擦系数甚至烧焦闸瓦，严重时发生"跑车"事故。

③ 要定期检查闸瓦的磨损情况和制动器的工作状态，如闸瓦间隙超过 2 mm 或碟形弹簧疲劳超行程 1 mm 时要及时调整或更换。

④ 新换闸瓦要采用与原闸瓦相同的品牌，不得随意用其他材料或品牌替代，以免影响制动力矩，危及整个提升系统中人员和设备的安全。不宜一次更换所有的闸瓦，应分批更换，这样做不会对制动力产生较大的影响，可保证系统的安全运行。

⑤ 要定期检查各安全保护装置，以免失效。

⑥ 在提升机工作中，制动盘和闸瓦表面应保持干净，不得有油污和水珠，否则会降低闸瓦的摩擦系数，影响提升机的制动力，严重时会造成设备事故和人员伤亡事故。

⑦ 检修制动器和液压站时，应使提升机处于空载，务必使液压站上的安全电磁铁断电，为确保安全，还应用锁紧装置将卷筒锁定。

⑧ 应经常检查液压站，如油面低于最低指示线，则应及时补充；如液压油内出现大量泡沫或沉淀物，则应及时更换；一般情况下，应一年更换一次，新换的液压油必须与原来的品牌相同或采用《液压站使用说明书》中允许的液压油。

⑨ 液压站上的电液调速装置中的磁缸不宜经常拆卸，如确因磁场衰减需要充磁时，也应对磁缸装置整体充磁而不应单独拆下磁铁对其充磁。

⑩ 每个作业班都要检查安全阀动作是否可靠。

⑪ 在检修完制动器或液压站后，都应排出液压系统中残留的空气。

⑫ 应经常检查行星减速器的运行情况，如有异常，应立即停车查明原因，及时处理，并做好检修记录。行星减速器除日常维护外，一般不可拆卸，如因特殊原因需要拆卸时，须与生产厂商联系。

⑬ 当箕斗提升时，应在保护回路中增加松绳保护装置，以防止因箕斗在卸载曲轨段因被卡而出现松绳事故。

⑭ 为了确保摩擦系数的安全可靠，对高强度螺栓的预紧力矩应作定期检查。

4．吊桶及滑架

吊桶是竖井开凿和延深时使用的提升容器，是立井井筒开凿期间提升矸石、升降人员和材料的主要容器。

根据卸矸形式不同吊桶分为挂钩式吊桶、座钩式吊桶及底卸式吊桶。吊桶依照构造可分为自动翻转式、底开卸式与非翻转式。

滑架是保护伞的承载装置，滑架和保护伞跟随钢丝绳和吊桶间隔固定距离，保护吊桶内部免受上方坠落物体伤害。

1）吊桶的功能、用途

（1）座钩式吊桶功能、用途

座钩式吊桶（图 5-23）是立井井筒开凿期间提升矸石、升降人员和材料的主要容器，当井筒涌水量小于 6 m³/h 时，还可作排水用。

图 5-23　座钩式吊桶外形图

（2）底卸式吊桶功能、用途

底卸式吊桶（图 5-24）是矿山立井施工中用于运送混凝土的专用设备，它适用于煤矿、金属矿、非金属矿及其他立井施工需要浇注混凝土的场合。特别对用冻结施工深表土层时、不能使用输料管下料时，更适合，它是煤矿凿井期间安全生产必不可少的。

图 5-24　底卸式吊桶外形图

2) 吊桶的布置和使用

提升吊桶是全部凿井设备的核心,吊桶位置一经确定,提升机房的方位、井架的位置就基本确定,井内其他设备也将围绕吊桶分别布置。

(1) 提升吊桶可按下列要求布置:

① 凿井期间配用一套单钩或一套双钩提升时,矸石吊桶要偏离井筒中心位置,靠近提升机一侧布置,以利于天轮平台和其他凿井设备的布置。在双卷筒提升机用作单钩提升时,吊桶应布置在固定卷筒一侧。天轮平台上,卷筒一侧应留有余地,待开巷期间改单钩吊桶提升为双钩临时罐笼提升。采用双套提升设备时,吊桶位置在井筒相对的两侧,使井架受力均衡,也便于共同利用井架水平连杆布置翻矸台。无论采用哪种提升方式,吊桶布置还应考虑地面设置提升机房的可能性。

② 井筒施工中装配两套或多套提升时,两套相邻提升的吊桶间的距离按《煤矿安全规程》规定应不小于 450 mm;两个提升容器导向装置最突出部分之间的间隙不得小于 $0.2+H/3000(H$ 为提升高度,m)m,当井筒深度小于 300 m 时,上述间隙不得小于 300 mm。

③ 对于罐笼井,吊桶一般应布置在永久提升间内,并使提升中心线方向与永久出车方向一致;对于箕斗井,当井筒装配刚性罐道时,至少应有一个吊桶布置在永久提升间内,吊桶的提升中心线可与永久提升中心线平行或垂直,但必须与车场临时绕道的出车方向一致。这样有利于井筒安装工作和减少井筒转入平巷施工时,吊桶改换临时罐笼提升的改绞工作。

④ 吊桶(包括滑架)应避开永久罐道梁的位置,以便后期安装永久罐道梁时,吊桶仍能上下运行。

⑤ 吊桶两侧稳绳间距,应与选用的滑架相适应;稳绳与提升钢丝绳应布置在一个垂直平面内,且与地面卸矸方向垂直。

⑥ 吊桶应尽量靠近地面卸矸方向一侧布置,使卸矸台少占井筒有效面积,以利于其他凿井设备布置和井口操作。但吊桶外缘与永久井壁之间的最小距离应不小于 500 mm。

⑦ 为了进行测量,吊桶布置一般应离开井筒中心,采用普通垂球测中时,吊桶外缘距井筒中心应大于 100 mm;采用激光指向仪测中时应大于 500 mm。采用凿井抓岩机时,桶缘距井筒中心一般不小于 800 mm。采用中心回转抓岩机时,因回转座在吊盘的安设位置不同,吊桶外缘与井筒中心间距视具体位置而定。

⑧ 为使吊桶顺利通过喇叭口,吊桶最突出部分与孔口的安全间隙应大于或等于 200 mm,滑架与孔口的安全间隙应大于或等于 100 mm。

⑨ 为了减少由井筒转入平巷掘进时临时罐笼的改装工作量,吊桶位置尽可能与临时罐笼的位置一致,使吊桶提升钢丝绳的间距等于临时罐笼提升钢丝绳的间距。

(2) 立井矸石吊桶提升凿井期间,立井中升降人员可采用吊桶,并遵守下列规定:

① 应采用不旋转提升钢丝绳。

② 吊桶必须沿钢丝绳罐道升降。在凿井初期,尚未装设罐道时,吊桶升降距离不得超过 40 m;凿井时吊盘下面不装罐道的部分也不得超过 40 m;井筒深度超过 100 m 时,悬挂吊盘用的钢丝绳不得兼作罐道使用。

③ 吊桶上方必须装保护伞。

④ 吊桶边缘上不得坐人。

⑤ 装有物料的吊桶不得乘人。

⑥ 用自动翻转式吊桶升降人员时,必须有防止吊桶翻转的安全装置。严禁用底开式吊桶升降人员。

⑦ 吊桶提升到地面时,人员必须从井口平台进出吊桶,并只准在吊桶停稳和井盖门关闭以后进出吊桶。双吊桶提升时,井盖门不得同时打开。

⑧ 提升装置的各部分,包括提升容器、连接装置、防坠器、罐耳、罐道、阻车器、罐座、摇台、装卸设备、天轮和钢丝绳,以及提升绞车各部分,包括滚筒、制动装置、深度指示器、防过卷装置、限速器、调绳装置、传动装置、电动机和控制设备以及各种保护和闭锁装置等,每天必须由专职人员检查 1 次,每月还必须组织有关人员检查 1 次。发现问题,必须立即处理,检查和处理结果都应留有记录。

⑨ 井口和井底车场必须有把钩工。人员上下井时,必须遵守乘罐制度,听从把钩工指挥。开车信号发出后严禁进出罐笼。严禁在同一层罐笼内人员和物料混合提升。

⑩ 每一提升装置,必须装有从井底信号工发给井口信号工和从井口信号工发给绞车司机的信号装置。井口信号装置必须与绞车的控制回路相闭锁,只有在井口信号工发出信号后,绞车才能启动。除常用的信号装置外,还必须有备用信号装置。井底车场与井口之间,井口与绞车司机台之间,除有上述信号装置外,还必须装设直通电话。

3) 底卸式吊桶

底卸式吊桶是矿山立井施工中用于运送混凝土的专用设备,它适用于煤矿、金属矿、非金属矿及其他立井施工需要浇注混凝土的场合。

(1) 型号表示

底卸式吊桶的型号表示如下。

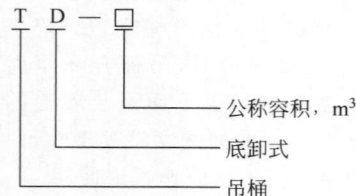

公称容积,m³
底卸式
吊桶

(2) 基本参数(表 5-4)

表 5-4 底卸式吊桶的基本参数

公称容积/ m³	实际容积/ m³	桶体外径 D/mm	吊桶高度 H/mm
1	≥1.1	1450	≤1480
1.5	≥1.65	1450	≤1730
2	≥2.2	1650	≤2000
3	≥3.25	1850	≤2400
4	≥4.25	1850	≤2780

(3) 结构

底卸式吊桶由提梁、销轴、耳环板、筒体、底座圈等组成,如图 5-25 所示。

桶体除了桶本身,还有一个重要机构是底卸机构,用于安全、快捷地卸载吊桶中的货物或材料。底卸机构通常由下卸门、卸料滑槽和传动机构等组成。下卸门位于吊桶底部,可以打开或关闭以控制货物的卸载。卸料滑槽通常连接在下卸门下方,用于引导卸载的货物流向指定位置。传动机构则负责控制下卸门的开闭动作。

底卸式吊桶还有一些安全结构的设计,比

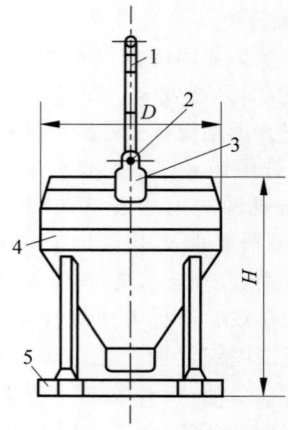

1—提梁;2—销轴;3—耳环板;4—筒体;5—底座圈。

图 5-25 底卸式吊桶外形图

如底卸式吊桶闭锁机构的使用:

用钢板焊制的插销座焊接在桶身锥体的上部,插销座加工为扁长孔,可容插销钩头通过。插销座本身由上、下两块钢板组成,两块钢板开口部分可容纳操作手把(杠杆)的横杆卡入,当关闭闸门时,启闭手把贴近桶身,手把横梁进入闭锁机构的插销座开口部分,再插入插销钩头,可阻止手把横杆脱出。在插入插销钩头后即转动 90°,以防止插销跳出。插销的头部用焊接链接环系挂在桶身上,操作方便,可使充满料浆的吊桶闸门不会随便打开,保障了安全。

(4) 使用要求

首先是基本要求:

① 吊桶必须符合本标准的要求,并应按经规定程序批准的图样及技术文件制造。

② 吊桶所用原材料、标准件和外购件均应符合有关国家标准或行业标准的规定,并具有合格证。

③ 焊接用焊条应符合 GB/T 5117—2012 和 GB/T 5118—2012 的规定。

④ 焊接件在焊接前,均应清除铁锈、氧化皮、油污和油漆等表面污物。

⑤ 焊接件在装配点焊时,其点焊部位应是焊缝的一部分,且不应超过焊缝规定的高度和宽度。

⑥ 焊缝质量应符合 JB/T 5943—2018 的规定。

⑦ 如需补焊,补焊前应清除焊缝上的瑕疵,同一部位的补焊次数不得超过 3 次。

⑧ 当发现焊接零件母体材料与焊缝存在并列的裂纹时,不允许补焊修复。

⑨ 铆接构件上的钉孔应光整,不得有裂纹和缺口,钉孔及边缘的毛刺、铁锈等应清除干净。铆接前不得用点焊固紧,各铆接面应贴合紧密。

⑩ 不得用过烧和有气孔的铆钉铆接。已铆成的铆钉尺寸和外形应符合 GB/J 205—83 的规定。不得采用捻塞焊补或加热再铆等方法修整有缺陷的铆钉。

⑪ 桶体的几何尺寸允差应符合 JB/T 5943—2018 的规定。

⑫ 吊桶提梁及连接装置的安全系数应符合《煤矿安全规程》中的有关规定。

⑬ 提梁、耳环板及销轴应采用含碳量不大于 3% 的优质碳素钢或合金结构钢。

⑭ 提梁、销轴应采用整料制造。

⑮ 提梁锻造后,必须进行正火处理。

⑯ 锻造零件表面不得有裂纹、折叠、过烧、锻伤等缺陷。

⑰ 提梁、销轴、耳环板应进行探伤检查,检查结果应符合下列规定:

(a) 超声波检查在零件受力区域内,单个缺陷、底波降低和密集区缺陷不应超过 JB 3963 中一级缺陷的规定,如果探伤人员判定为危害性缺陷时可不受其限制。

(b) 磁粉探伤检查线状缺陷、圆状缺陷和分散缺陷的磁痕不得超过 GB/T 15822.1—2024 中一级缺陷的规定。

⑱ 提梁、销轴、耳环板禁止用电焊修补。

其次是装配要求:

① 所有零部件均应经制造厂质检部门检验合格方可进行装配。

② 扇形闸门装配后应开启灵活、轻便,闸门关严后不应有滴漏现象。

③ 闭锁装置应启闭灵活、可靠,不允许有卡阻现象。

④ 吊桶外表面在涂漆前应先涂以防锈底漆,漆面应均匀,接合牢固,无起皮脱落现象。

⑤ 装配后的吊桶悬空吊挂时,吊桶底座圈距基准水平面的两极端高度值之差应小于 8 mm,否则应加焊配重块调整。

⑥ 吊桶应能承受最大静载荷负荷试验,所有焊缝不允许出现裂纹。下列部位不允许有残余变形:

(a) 桶口;

(b) 内、外耳环板;

(c) 提梁耳柄;

(d) 提梁挂钩段圆弧。

最后是保养与维护:

① 用户应定期检查桶梁的耳柄、内外耳环板孔壁、桶梁挂钩段圆弧、销轴轴径磨损情况、润滑情况,经常处于干摩擦状态时加速磨损,当桶梁磨损量达到规定时,不得再用。

② 当发现桶体锥形部锈蚀严重、桶壁减薄、局部焊缝开裂、橡胶板磨损使料浆滴漏,应进行检修后使用。

③ 用敲打的方法检查耳环上的销轴是否牢靠,槽螺母、开口销及其他销轴、槽螺母、开口销是否完整,对销轴转动润滑不良,应添加润滑油。

④ 严禁用底卸式吊桶升降人员。

⑤ 底卸式吊桶提升到地面时,只准在吊桶停稳和井盖门关闭以后,才能将该吊桶放到平板车上运走。

⑥ 底卸式吊桶装入的混凝土不得太满,以免在下井时溢出掉下伤人。

4) 座钩式吊桶

(1) 型号表示

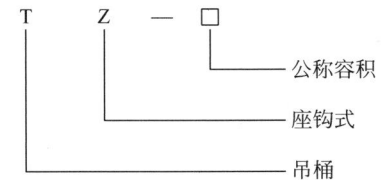

(2) 基本参数(表 5-5)

表 5-5　座钩式吊桶的基本参数

型号	吊桶容积/m³	桶体外径/mm	桶口直径/mm	桶体高/mm	吊桶全高/mm	质量/kg
TZ-2.0	2.0	1450	1320	2480	70	728
TZ-3.0	3.0	1650	1450	2890	80	1049
TZ-4.0	4.0	1850	1630	3080	90	1530
TZ-5.0	5.0	1850	1630	3480	90	1690

（3）结构

① 座钩式吊桶是由桶体、双层桶底、桶口补强圈、桶梁、内外耳环、销钩环板、钩环、脚蹬等部分组成，如图 5-26 所示。

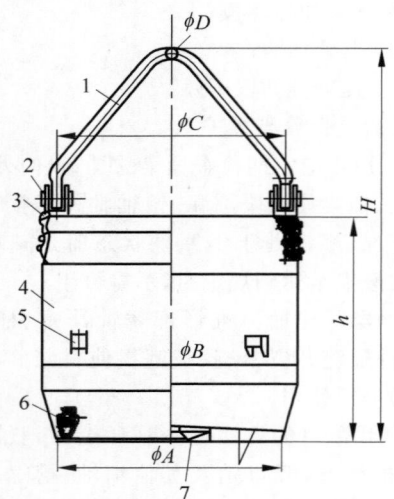

1—桶梁；2—销轴；3—耳环；4—桶体；5—脚蹬；
6—钩环；7—双层桶底。

图 5-26　座钩式吊桶外形图

② 在立井井筒施工期间，将矸石装在吊桶，提升至地面指定地点后，通过操作双层桶底进行卸矸。

（4）使用要求

① 使用前应检查销轴的螺母及开口销是否松动损坏脱落，销轴、桶梁转动处是否锈蚀、转动是否灵活，否则应更换新的开口销及加油润滑转动处。

② 容积在 2 m³ 以上的吊桶桶体上的四个钩环，只供提升时稳定、移动，以及更换吊桶时操作之用。

③ 桶梁挂钩处磨损量达到下列情况时，必须更换。

（a）容积在 3 m³ 以下的吊桶桶梁磨损量小于垂直方向设计直径 12% 时；

（b）容积在 4 m³ 以上的吊桶桶梁磨损量小于垂直方向设计直径 15 mm 时。

④ 吊桶在使用期间应有专人对桶梁、销轴、耳环、铆钉、焊缝进行检查。

⑤ 桶底有中心圆孔的双层桶底是为自动翻矸时所设置的装置，以上四种规格均设有座钩用的双层桶底。双层桶底中心孔仅几何尺寸不同，使用时只需参照吊桶图样对自动翻矸装置的托架宽度与支撑高度加以修改即可。

⑥ 为防止桶梁砸手，应在桶梁落脚的桶口处焊上四个桶梁支撑块。

5）滑架

由于吊桶是运送工作人员和设备的主要设备，为了保护吊桶中人员和物料的安全，必须在吊桶正上方配置保护伞进行保护，保护伞安置在滑架上，如图 5-27 所示，滑架与稳绳连接，伴随吊桶上下运动，可相对于稳绳上下移动，滑架可以使吊桶稳定运行，防止吊桶晃动、旋转，甚至侧翻等意外情况发生。

图 5-27　滑架和保护伞示意图

滑架的构成并不复杂，主要有滑套、滑架体、保护伞和一些连接装置，如图 5-28 所示。滑套套在稳绳上，既可以起到稳定的作用，还可以沿着稳绳上下运动；滑架体是滑架的主要支撑结构，滑架体内侧空处可以有效减重；保护伞连接在滑架体上，呈圆台状，可以很好地阻挡一些坠落物体落入吊桶中。

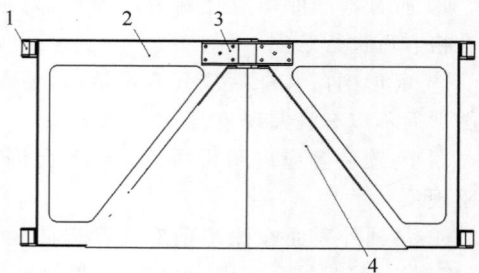

1—滑套；2—滑架体；3—连接板；4—保护伞。

图 5-28　滑架和保护伞结构示意图

5.2.4 悬吊机械

1. 凿井绞车

凿井绞车主要由机座、电动机、制动轮联轴器、工作制动器、减速机、浮动联轴器、安全制动器、主轴装置、中间传动装置、防逆转装置等部件组成,其外形结构如图 5-29 所示。

1) 主要技术性能参数

(1) 作业环境条件

① 安装位置:水平安装于混凝土基础上。

② 工作环境:金属、非金属矿工地,无瓦斯及其他易燃易爆物质。

③ 环境温度:$-25\sim40$℃。

④ 海拔高度:$\leqslant1000$ m。

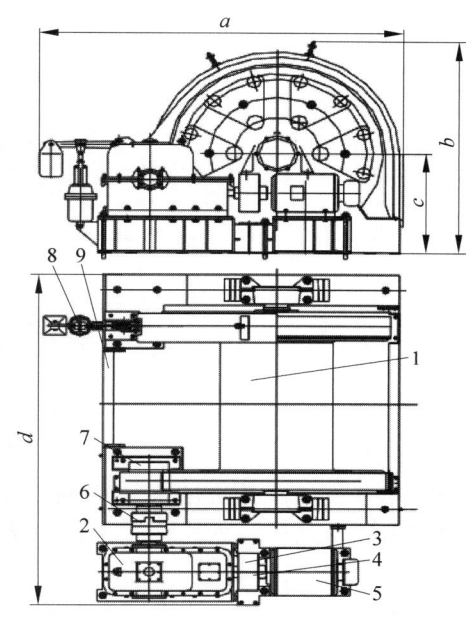

	JZ-10/800	JZ-16/1000	JZ-25/1500
a	2570	3165	3625
b	1770	2240	2500
c	800	1050	1250
d	3250	3650	4405

1—主轴装置;2—减速器;3—弹性联轴器;4—工作制动器;5—电动机;6—浮动联轴器;7—中间轴装置;8—安全制动器;9—机架。

图 5-29　凿井绞车外形图

(2) 型号表示

凿井绞车的型号表示如下。

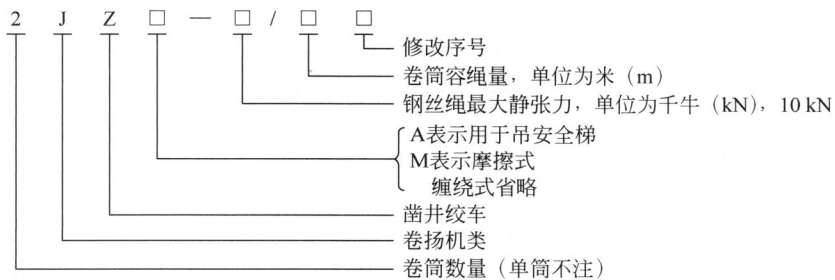

（3）主要技术特征（表 5-6）

表 5-6　凿井绞车的技术参数

参　　数		型　　号		
		JZ-10/800	JZ-16/1000	JZ-25/1500
钢丝绳第一层最大静张力/kN		100	160	250
钢丝绳第一层平均速度/(m/s)		0.075	0.075	0.075
卷筒容绳量/m		800	1000	1320
钢丝绳缠绕层数		7	8	10
钢丝绳规格直径/mm		32	40	52
卷筒参数	直径/mm	800	1000	1050
	宽度/mm	1250	1400	1700
	中心高/mm	800	1050	1250
电动机	参数	Y250M-8	YZR250M2-8	YZR280S-8
	功率/kW	30	37	45
	转速/(r/min)	730	720	717
	电压/V	380	380	380
外形尺寸	长度/mm	2570	3165	3625
	宽度/mm	3250	3650	4405
	高度/mm	1770	2240	2500
总质量/t		≈7	≈13	≈17

2）传动系统

电动机产生的动力，通过联轴器传递给减速机，经由减速机输出轴上的浮动联轴器传递给与小齿轮啮合的大齿轮，大齿轮与卷筒用螺栓连接为一整体，从而带动卷筒运转，钢丝绳固定端用压绳板固定在卷筒上，带动钢丝绳提升、拖拽重物，如图 5-30 所示。

3）主轴装置

主轴装置是稳车的钢丝绳缠绕机构。主要包括主轴、齿轮、卷筒、制动轮、轴承座及轴承等，如图 5-31 所示。

卷筒与齿轮、制动轮靠紧配钢套和螺栓连接成一个整体。钢套承受从齿轮到卷筒的扭转力矩和从制动轮到卷筒的制动力矩。螺栓则仅起拉紧固定钢套的作用。主轴随卷筒旋转但不传递扭矩。钢丝绳系通过制动轮上的孔用压板固定在制动轮的轮辐上，钢丝绳只允许在卷筒上方出绳。

4）减速机

减速机系（图 5-32）采用球面蜗轮副传动的蜗轮蜗杆减速机，并加有一级直齿变速齿轮。转换变速手把快慢速位置，可切换快、慢两种速度。稳车回绳时采用快速；卷绕、稳车时使用慢速，安全可靠。

球面蜗轮副传动要求球面蜗轮和球面蜗杆具有严格的相对位置，是用调整相应的调整垫来保证的。

5）联轴器

联轴器采用弹性橡胶柱销联轴器。

6）工作制动器

工作制动器采用电力液压制动器，其外形如图 5-33 所示。其工作过程为：液压推动器将弹簧推开使闸瓦松开，推动器断电，弹簧复位，使闸瓦抱住制动轮进行制动。推动器与电动机联锁，启动电机则制动器松闸，停止电机则进行制动。

7）机座

机座采用钢板和型钢焊接而成，分主机架和传动机座两部分，其连接采用圆锥销和螺栓连接，便于运输与安装，整个机座底面为一个水平面，故对基础无特殊要求。

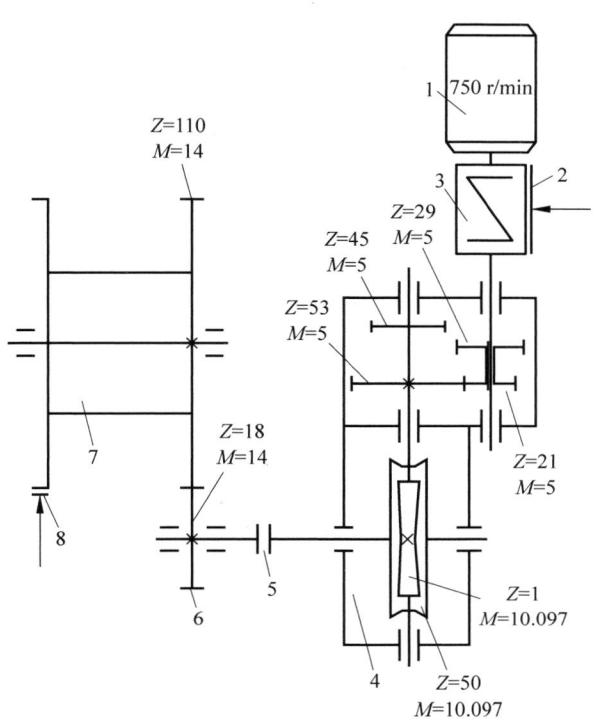

1—电动机；2—工作制动器；3—弹性联轴器；4—减速器；5—浮动联轴器；6—中间轴装置；7—主轴装置；8—安全制动器。

图 5-30 机械传动系统图

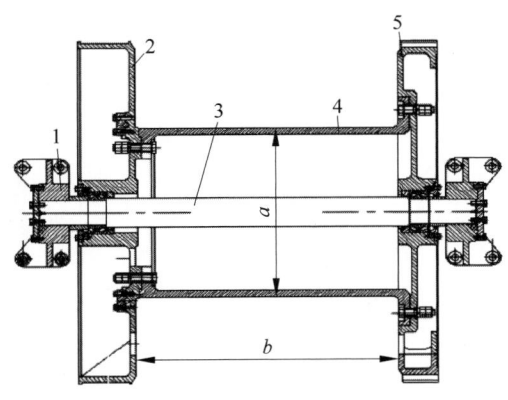

	JZ-10/800	JZ-16/1000	JZ-25/1500
a	$\phi800$	$\phi1000$	$\phi1050$
b	1250	1400	1700

1—主轴座；2—齿轮；3—制动盘；4—主轴；5—卷筒。

图 5-31 主轴装置图

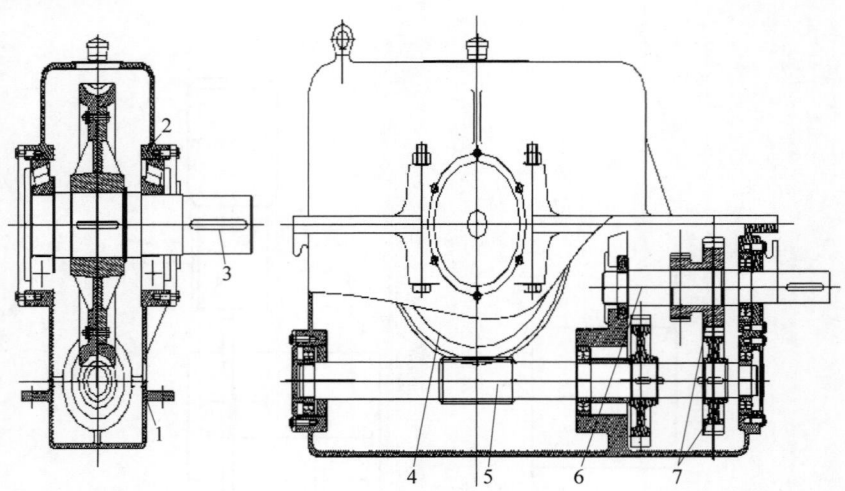

1—箱体；2—箱盖；3—蜗轮轴；4—蜗轮；5—蜗杆；6—花键轴；7—变速齿轮。

图 5-32　蜗轮蜗杆减速箱示意图

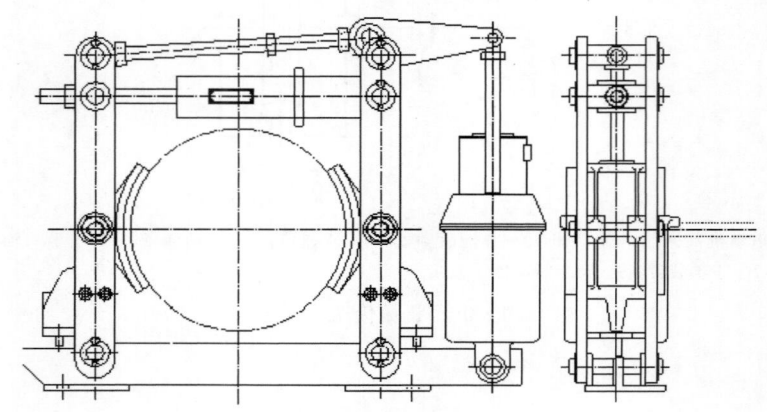

图 5-33　工作制动器外形图

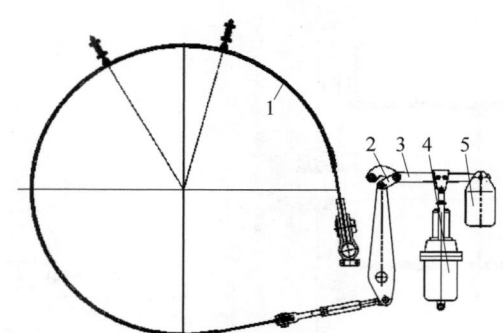

1—闸带；2—杠杆；3—制动器；4—液压推动器；5—重锤。

图 5-34　安全制动器外形图

8）安全制动器

安全制动器采用刹带式，靠重锤下落进行制动，液压推动器顶起重锤使之松闸。液压推动器的工作电机与主电机联锁。故只有在松闸时才能启动主电机。

9）棘轮棘爪防逆转装置

棘轮棘爪防逆转装置由棘爪部分、操纵部分组成，棘轮和制动盘制成一体连接于卷筒上,如图5-35所示。该装置采用棘轮棘爪结构形式,行程开关电气闭锁,电气控制必须保证只有在棘爪打开时稳车才能正常工作,棘爪闭合时则卷筒不能作放绳方向旋转。

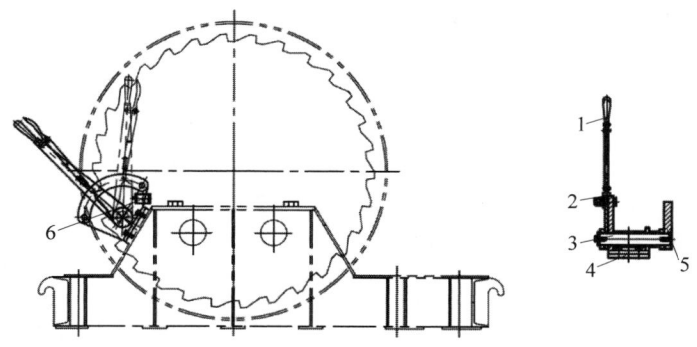

1—手柄;2—闸块;3—传动轴;4—棘爪座;5—棘爪;6—行程开关装置。

图5-35 棘轮棘爪防逆转装置

棘爪部分由棘爪座、棘爪、传动轴组成,棘爪以平键与传动轴连接,操纵装置由手柄、手柄座、齿板、闸块等组成,齿板上设有两个定位槽,操纵手柄可以使闸块揿入这两个齿槽内定位,对应棘爪开合的位置。

稳车正常工作时,棘轮棘爪一定要处于脱开状态。当稳车需要长时间负重停车或者负重停车检修时,为了让除卷筒以外的传动件不受力,使稳车处于安全状态,必须使用防逆转装置。使用时,关闭启动电机,处于停机状态,按住手柄捏手摆动手柄,使棘轮棘爪啮合到位,操纵手柄上闸块卡入齿板上定位槽,行程开关作用,电气联锁,电机不能向放绳方向旋转;棘爪脱开时,卷筒缠绳方向点动启动电机,使棘爪稍稍离开棘轮齿受力面,按住捏手摆动手柄,使棘爪脱开,闸块卡入另一定位槽,行程开关脱开,此时防逆转装置工作结束,稳车才能正常使用。

10)其他部件

其他部件有带传动轮的弹性联轴器(带制动轮)、浮动联轴器及中间轴等。

11)安装、检查与维护

(1)稳车的安装

稳车的发货运输一般分为主轴装置连同机座,电机、减速器连同机座,电控柜和其他部分。安装前先将前两部分找平好连接在一起,然后放在预先打好的基础上,用垫铁垫平,放入地脚螺栓后进行二次灌浆,待水泥干后可进行调整和试运转。

(2)稳车的检查

① 检查弹性联轴器两轴的同心度,其偏移不得超过0.16 mm,角位移不大于40'。检查浮动联轴器两轴的同心度,其偏移量不超过1 mm,扭斜度不得大于30'。

② 检查工作制动器传动系统是否灵活可靠,并调整使松闸时,水平方向总间隙不大于1 mm,闸带与闸轮的接触面积不小于80%。

③ 检查安全制动器各传动系统是否灵活可靠,并调整闸带。松闸时水平方向闸带与制动轮的总间隙不大于3 mm,制动时,闸带与制动轮的接触面积不小于85%,应注意:安全制动器制动时,液压推进器应留有剩余行程,以补充闸带磨损。

④ 检查工作制动器和安全制动器的控制电器与主电机是否联锁,即启动主电机工作制动器松闸,停止主电机则工作制动器制动,只有安全制动器松闸才能启动主电机,切断电源则安全制动器进行制动,起安全保护作用。

(3)稳车的运行

稳车安装完毕,经检查和调整后,确认无误,即可对各润滑部位加油后进行空载试运转,缠绳后可进行负荷运转,逐渐加载至满负荷。在标准电压下,电流不超过额定值,电机、减速机以及其他部位均不发热,即为调整完毕,可投入正式使用。

（4）稳车的维护

① 对稳车的各润滑点应注意经常加油。主轴轴承、浮动联轴器、开式齿轮传动等需要润滑的部位应定期注入润滑油（脂）。其余润滑部位应在每次开车前加油润滑。

② 蜗轮减速机未加油，须在使用前加CKE/P-320（或 460）重负荷蜗轮蜗杆油，其油面高于蜗杆，并视油的清洁情况定期更换新油。减速器各滚动轴承处涂以钙基润滑油脂。

③ 电动液压推动器应装入合成锭子油或变压器油。

④ 应经常检查安全制动器传动部位是否灵活、各连接部位是否松动，定期更换磨损的闸带并调整闸带和闸轮的接触面积，以防止事故的发生。

⑤ 稳车应安装在专用的稳车房里，稳车房应具备防雨、防风、防晒、防潮等特点，以防电气系统及其部件损坏，影响稳车的安全性。

⑥ 使用该稳车时应配以专职司机和熟练的维修人员。

2. 凿井吊盘

凿井吊盘（图 5-36）是立井施工安全井筒内必不可少的安全施工设施，是竖井开挖工作面的安全保护屏障。它作为井筒作业面施工和地面联系的工作平台，也可作为井筒永久装备施工中打锚杆、安装托座、罐道、管子梁、梯子间、管线及各种平台钢结构的操作平台。

在凿井过程中，吊盘主要用作吊桶提升稳绳张紧安全设施，同时也是施工抓岩机安设与工作、气动或电气控制设施、临时水仓、混凝土分灰器浇筑装置、水管、风管接长作业、提升系统、排水系统、供风、供水等工序的主要工作平台。它还用来保护井下作业人员的安全施工。在未设置稳绳盘的情况下，吊盘还用来拉紧稳绳。在吊盘上有的还安装吊挂和操纵设备以及其他设备设施的平台。

在建造竖井时，为了防止生产水平提升吊桶、抓岩机、整体金属模板以及伞钻与施工人员防止矸石、井筒壁岩石冒落等坠落物的威胁，必须使用凿井吊盘。它的优点是可以多次重复使用，加工简单，安装、使用方便，节约了

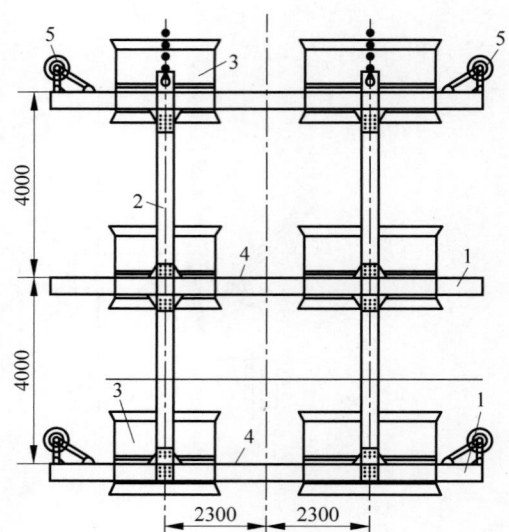

1—吊盘装置；2—立柱；3—喇叭口；4—吊盘面；
5—吊盘固定器

图 5-36　吊盘模型图

加工材料，节省了资金，在升降吊盘时吊盘上不需要人员操作、控制。

此外，凿井吊盘的固定器不仅可以稳固吊盘，还可以利用其调整吊桶与喇叭口的间隙，使吊桶在运行中有足够的安全距离。这样能够给立井快速施工创造条件，节约人力、物力，安全可靠，缩短了循环时间。

1）凿井吊盘的功能

（1）凿井吊盘上布置凿井设备设施，如中心回转抓岩机；放置金属模板气动液压站；多余风筒布、多余电缆等；修理工具；当采用卧泵排水时，放置卧泵及水仓水箱；放置照明设施及灯具、其他电气设备。

（2）砌筑井壁的工作盘。单行作业或冻结段砌筑内壁时直接做工作盘，人员在吊盘上操作；当采用混合作业时，用吊桶下砼，在吊盘上设置砼分灰系统。

（3）固定及拉紧稳绳，不用另设稳绳盘。

（4）保护工作面人员施工安全，上层盘一般作为保护盘。

（5）井筒永久装备时，作为安装罐道、罐道梁、永久管线、梯子间的工作盘。

（6）在井筒中上下移动，延长井壁悬吊的

管线、风筒、水管,处理井筒内各种管线的故障。

(7)进行壁后注浆及修复井壁作业的工作盘。

(8)工作面遇特殊紧急情况,如涌水、片帮等,人员可暂时撤离到吊盘上。

2)凿井吊盘的分类

凿井吊盘一般采用二层、三层、四层的结构,个别情况也采用单层盘(图 5-37),如何做到经济合理,根据所选施工方案、井筒直径、井筒的深度、围岩地质条件等因素来确定。

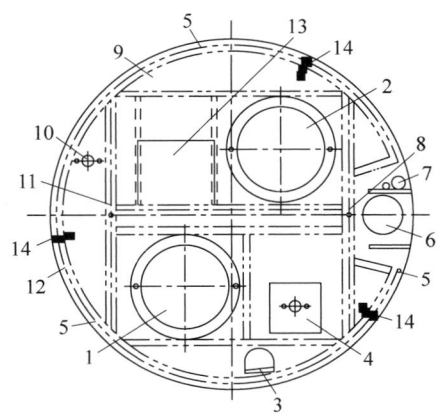

1—主提升吊桶;2—副提升吊桶;3—安全梯;4—吊泵;5—模板悬吊绳;6—风筒;7—压风管;8—通信电缆;9—放炮电缆;10—混凝土输送管;11—信号电缆;12—吊盘圈梁;13—抓岩机;14—吊盘固定器。

图 5-37 单层吊盘示意图

3)凿井吊盘设计中注意的问题

凿井吊盘设计的平面布置依据是井筒平面布置,井筒平面布置根据施工工艺、所选施工设备外形轮廓尺寸来确定。

凿井吊盘的结构通过计算来选择所用的材料规格,以满足凿井吊盘强度的要求,也要本着牢固、经济的原则(计算见建井手册)。设计中因凿井吊盘上布置设备较多,往往在采用几层盘的结构上争议较多,设计人员与现场使用者有不同的看法。

凿井吊盘的结构形式,因井筒的直径、采用的凿井设备、作业方式、施工工艺而异。其中不同直径的井筒所用的不同直径的吊盘如图 5-38 所示。

凿井吊盘平面布置除满足凿井期需要外,

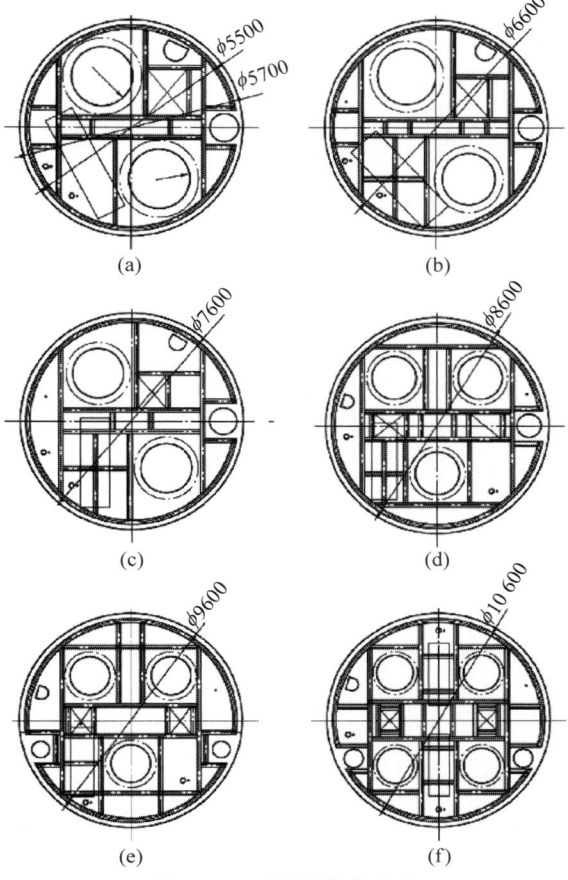

图 5-38 不同直径的吊盘

(a)井筒直径 6 m;(b)井筒直径 7 m;(c)井筒直径 8 m;
(d)井筒直径 9 m;(e)井筒直径 10 m;(f)井筒直径 11 m

还应考虑满足井筒永久装备时使用吊盘的需要。凿井吊盘悬吊绳要避开井内罐道梁和永久罐道的位置;永久装备时,要对原凿井吊盘进行改造,吊盘的主梁也要避开罐道梁和罐道的位置,这样不必重新制作安装用吊盘,也不需要改装井架上天轮平台等其他辅助性工作,节约原材料和缩短工期。

4)分类安装与运转

(1)二层凿井吊盘的选用:

① 凿井吊盘上布置设备不多,伞钻、抓渣机、水仓等。

② 采用溜灰管下灰,吊盘上不设置分灰系统。

③ 井筒深度小于 500 m 时,井筒直径小于 5 m。

属于以上几种情况建议采用二层盘,能满足施工需要。

(2)三层凿井吊盘的选用

① 凿井吊盘上布置设备较多,如采用卧泵排水需在吊盘上放置卧泵、水仓水箱;井筒断面较大,布置了两台中心回转抓岩机、9 臂伞钻、整体金属模板、双大吊桶。

② 用吊桶下灰,吊盘上设置分灰系统。

③ 井筒深度大于 500 m 时,井筒直径超过 6 m,施工时间较长,所要求工序繁杂。

以上几种情况建议采用三层吊盘。

(3)四层凿井吊盘的选用

① 凿井吊盘布置设备较多,三层满足不了要求。

② 井筒永久装备工作量较大,井筒内永久安装时具备多层盘同时作业条件。

③ 掘砌平行作业,如选用短段掘砌同向平行作业时,采用四层吊盘结构。

凿井吊盘的结构如下:

凿井吊盘主要由盘架、盘面、辅助立柱、悬吊装置等组成,所需层数、伞钻、抓渣机、吊桶、安全梯、风水电多管路悬吊等孔口安全间隙符合要求。布置盘架梁格时,既要在工艺上保证合理、方便,又要使受力系统传递合理;主要受力构件布置一定要妥当,以防变形过大不能使用。

近年来,凿井施工企业通常选用新型吊盘固定器,主井吊盘选用的也是该稳盘固定器。吊盘质量(含水箱、卧泵质量)39 681 kg,抓岩机质量 12 000 kg,工具及人员质量 26 810 kg。上述 3 项质量之和,即为 6 根钢丝绳悬吊总质量,平均每根钢丝绳悬吊质量约为 13 081.8 kg。

井筒里要布置多条管路,还要布置吊桶、吊泵、电缆、风水电管路等设施,它们之间都要有一定的安全间距。吊盘转动后,在吊盘上开的吊桶口也相应偏离原设计位置,两条稳绳的尾端是固定在吊盘上的,也因吊盘的旋转而离开原设计位置,这样稳绳的上、下两端不在同一垂线上,稳绳拉紧后成倾斜状态。致使提升器在井筒中也沿着稳绳倾斜运行,在井筒深部,吊筒与其他设施间的距离减小,有时甚至

相碰,给安全生产带来很大威胁。

凿井吊盘不旋转钢丝绳自转转角的大小除和井深有关外,还和钢丝绳型号、钢丝绳新旧程度、吊盘上的物料重量等因素有关,一般用新钢丝绳时,安全系数越大,转角也越大。如果用规格、型号相同的左捻和右捻各 1 条绳来悬吊吊盘,因两绳的扭矩互相抵消,可避免吊盘旋转。

在矿山立井井筒施工过程中,凿井吊盘(又称稳盘和保护盘)是形成提升系统、排水系统、抓岩、掘砌、供风、供水等工序的主要安全工作平台,其稳定性对施工安全至关重要。要使吊盘在井筒中有足够的摆动空间,凿井吊盘和井壁的间隙应保持不小于 100 mm。

5)吊盘的选择与安装

(1)选择合适的吊盘:根据主井井筒的深度、直径和施工需求,选择适合的吊盘进行安装。要保证吊盘的负载能力和安全系数符合施工要求,并经过相关检测合格。

(2)安装吊盘:将吊盘固定在主井井筒顶部的安装支架上,要确保安装牢固可靠,在使用过程中不会出现晃动或松动的情况。同时,要确保吊盘的各项功能正常,操作杆、悬挂装置等配件完好无损。

6)施工技术

(1)着装要求:施工人员应穿戴符合安全要求的工作服和安全帽。特别是在高空施工时,还应配备安全带,并正确佩戴和系好,以防止人员意外坠落。

(2)熟悉操作规程:施工人员在进行吊盘操作之前,必须熟悉吊盘的操作规程,掌握各项功能的使用方法和注意事项。同时,要按照施工计划和步骤进行吊装和安装作业,遵循施工工艺要求,确保施工质量。

(3)协同作业:在进行吊装和安装作业时,需要多人协同操作。各个岗位的作业人员应密切配合,保持良好的沟通,遵守指挥员的指导,确保施工作业的顺利进行。

(4)轮换作业人员:长时间进行吊盘操作会对施工人员的身体造成一定的负担,容易导致疲劳从而增加事故发生的风险。因此,在施

工中应合理安排吊盘操作人员的轮换,以保持精神状态的良好和工作的高效。

7)安全措施

(1)安全防护措施:在主井井筒施工现场进行吊盘安装施工时,必须设置围栏或警示线,以限制非施工人员的进入。同时,应张贴明显的安全警示标识,提示他人注意安全,并设立监控摄像头进行监督和记录。

(2)周边设备保护:在施工现场周边,需要保留足够的空间和通道,确保吊盘的顺利操作,防止与周边设备或建筑物发生碰撞。对施工现场周边的设备和建筑物,要及时进行检查和维护,确保其完好无损,避免发生意外。

(3)定期检查和维护:定期对吊盘设备进行检查和维护,确保其工作正常、结构牢固。对于有损坏或老化现象的部件,要及时更换或修复,以保障吊盘的使用安全。

(4)废弃材料处理:施工过程中产生的废弃材料和构件必须及时清理和处理,要防止其对吊盘设备的运行造成干扰或危险。

(5)环境保护:在施工现场进行吊盘安装施工时,要遵守环境保护法规和相关要求,做好噪声、粉尘等污染控制工作,减少对周围环境和居民的影响。

5.2.5 开挖机械

1. 凿岩机

凿岩机主要用于采矿工程岩巷掘进的钻爆法工作面中钻凿炮眼。按动力不同可分为风动式、液动式、电动式和内燃式。各种凿岩机都是按冲击破碎原理进行工作的。工作时活塞作高频往复运动,不断地冲击钎尾。在冲击力的作用下,呈尖楔状的钎头将岩石压碎并凿入一定深度,形成一道凹痕。活塞退回后,钎杆转过一定角度,活塞向前运动再次冲击钎尾时,又形成一道新的凹痕。两凹痕之间的扇形岩块被由钎头上产生的水平分力剪碎。活塞不断地冲击钎尾,并从钎杆的中心孔连续地输入压缩空气或压力水,将岩渣排出孔外,即可形成一定深度的圆形钻孔,如图5-39所示。

各类凿岩机的构造原理基本相似,只是在

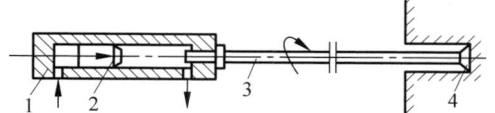

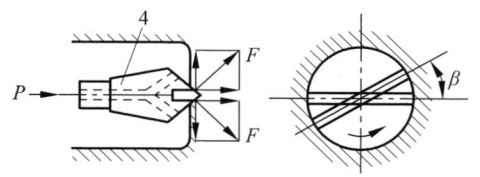

1—凿岩机缸体;2—活塞;3—钎杆;4—钎头。

图5-39 凿岩机的钻孔原理

动力方式上有所不同。气动、液动和电动凿岩机分别以压缩气体、高压液体和电动机作动力。

1)结构特点

(1)结构紧凑、效率高。

(2)模块式结构可分为4部分:主体部分、钻臂、动力部分、凿岩部分。

(3)四臂凿岩机灵活钻臂具有6种动作,能在工作面任意位置凿岩,补偿定位准确。

(4)主体为刚性焊接结构,整体性能好,强度大。主体上部四面各安装1个钻臂座承受4个钻臂凿岩机构的动载和静载。在4个钻臂下方安装凿岩推进机构、手动三位四通凿岩控制阀、调节阀、多路组合阀。通过操纵三位四通凿岩控制阀来控制凿岩机的左右旋转方向及油路流量。在凿岩机滑道底部安装推进机构,由液压摆线马达和齿轮减速机组成,推进速度采用调节阀控制液压流量组成改变液压摆线马达的速度来实现无级调速。每分钟最大推进速度为2.2 m。

(5)采用旋转摆动钻臂。钻臂推进机构由链轮、链条、链条调紧装置、滑板组成。

2)基本分类

风动式:风动式以压缩空气驱使活塞在气缸中向前冲击,使钢钎凿击岩石,应用最广。

电动式:电动式由电动机通过曲柄连杆机构带动锤头冲击钢钎,凿击岩石,并利用排粉机构排出石屑。

液压式:液压式依靠液压通过惰性气体和

冲击体冲击钢钎,凿击岩石。这些凿岩机的冲击机构在回程时,由转钎机构强迫钢钎转动角度,使钎头改变位置继续凿击岩石。通过柴油的燃爆力驱使活塞冲击钢钎,如此不断地冲击和旋转,并利用排粉机构排出石屑,即可凿成炮孔。液压凿岩机作为重要的工程设备之一,在矿山、公路、建筑等领域的工程施工中不可或缺。但是,在凿岩机行业不断发展的同时,国内生产的液压凿岩机的效率低,部分结构及零件使用寿命短,工作过程中没有减震装置而造成震动大、能量传递效率低等缺点日益显现出来。

内燃式:内燃式利用内燃机原理,通过汽油的燃爆力驱使活塞冲击钢钎,凿击岩石,适用于无电源、无气源的施工场地。内燃凿岩机不用更换机头内部零件,只需按要求搬动手柄即可作业。具有操作方便、省时省力、凿速快、效率高等特点。在岩石上凿孔,可垂直向下、水平向上小于 45°,垂直向下最深钻孔达 6 m。无论在高山还是平地,在 40° 的酷热还是 −40° 的严寒地区均可进行工作,具有广泛的适应性。内燃凿岩机具有矿山开采凿孔,建筑施工,水泥路面、柏油路面等各种劈裂、破碎、捣实、铲凿等功能。

3) 安装、调试与运转

凿岩机属于冲击设备,同时又需油、水、气多种辅助介质配合使用,一方面这对设备工作的可靠性、安全性提出了较高要求;另一方面,也给设备的操作和维护带来一定的困难。科学使用和维护凿岩机,不仅对保证安全生产、杜绝恶性事故发生具有重要意义,而且对提高设备的使用性能、工作寿命、生产效率具有重要意义。

(1) 开机前的准备工作

① 新购来的凿岩机,内部涂有黏度较大的防锈脂,使用前必须拆卸清洗。重装时,各运动部件表面要涂润滑油。装好后,将凿岩机接通压气管路,开小风运转,检查其运转情况是否正常。

② 向自动注油器注入润滑油,常用润滑油为 20 号、30 号、40 号机油。装润滑油的容器应清洁、有盖,防止岩粉和污物进入注油器。

③ 检查工作地点的风压和水压。风压为 0.4～0.6 MPa,风压过高会加快机械零件的损坏,过低会降低凿岩效率和锈蚀机械零件。水压一般为 0.2～0.3 MPa,水压过高则水会灌入机器内部破坏润滑,降低凿岩机效率和锈蚀机械零件;过低则冲洗效果不佳。

④ 检查所使用钎子是否符合质量要求,不合格的钎子禁止使用。

⑤ 风管接入凿岩机,应放气将管内污物吹出。接水管前,要放水冲净接头处的污物,风管和水管必须拧紧,以防脱落伤人。

⑥ 将钎尾插入凿岩机头,用力顺时针转动钎子,如果转不动,说明机器内有卡塞现象,应及时处理。

⑦ 拧紧各连接螺栓,开风检查推进器的运转情况,运转正常才能开始工作。

⑧ 导轨式凿岩机应架好支柱,并检查推进器的运转情况,气腿式凿岩机和向上式凿岩机必须检查其气腿的灵活程度等情况。

⑨ 对液压凿岩机应要求液压系统有良好的密封性,以防止液压油被污染,以及保证液压油有恒定的压力。

(2) 工作时的注意事项

① 开眼时应慢速转动,待孔的深度到达 10～15 mm 以后,再逐渐转入全运转。在凿岩过程中,要按孔位设计使钎杆直线前进,并位于孔的中心。

② 在凿岩时应合理施加轴推力。轴推力过小,机器产生回跳,振动增大,凿岩效率降低;轴推力过大,钎子顶紧眼底,使机器在超负荷下运转,易过早磨损零件,使凿岩速度减慢。

③ 凿岩机卡钎时,应减轴推力,即可逐步趋于正常。若无效,应立即停机。先使用扳手慢慢转动钎杆,再开中气压使钎子慢慢转动,禁止用敲打钎杆的办法处理。

④ 经常观察排粉情况。排粉正常时,泥浆顺孔口徐徐流出;反之,要强力吹孔。若仍无效,应检查钎子的水孔和钎尾状态,再检查水针情况,更换损坏的零件。

⑤ 要注意观察注油的储量和出油情况,调

节好注油量。无油作业时,容易使零件过早磨损。当润滑油过多时,会造成工作面污染。

⑥操作时应注意机器的声响,观察其运转情况,发现问题,及时处理。

⑦注意钎子的工作状态,出现异常及时更换。

⑧操作向上式凿岩机时应注意气腿的给气量,防止凿岩机上下摆动造成事故。气腿的支撑点要可靠。手握机器时不能过紧更不能骑在气腿上以防止伤人损机。

⑨要注意岩石情况,避免沿层理、节理和裂隙穿孔,禁止打残眼,随时观察有无冒顶、片帮的危险。

⑩要有效使用开孔功能。在钻孔过程中,有一个重要的环节是开孔,开孔是用降低了的冲击压力和固定的推进压力来完成的。推进压力应当尽可能小些,以便于在倾斜度非常大的岩面上开孔,同时也可避免钻杆产生弯曲。

4)风动伞形钻机

风动伞形钻机是以压缩空气为动力,采用液压传动的竖井凿岩设备,钻机配用多台独立回转凿岩机钻凿炮孔,可用来掘进各类矿山的竖井井筒。风动伞形钻机是实施机械化开挖立井而专门研制的钻孔设备。它像一把雨伞,撑开能进行钻凿炮眼,收拢能方便井筒运送,是实现快速打井、缩短建井周期、提高经济效益必不可少的专用设备。

该设备适用井筒范围大,从 4.5～5 m 的小型井筒,6～7 m 的中型井筒,8 m 及以上的大型井筒均能进行作业,因此它是目前国内外比较理想的立井开挖钻孔设备。

该设备主要由立柱、支撑臂、动臂、推进器、液压系统、风水系统、凿岩机七个部分组成,其结构性能及工作原理分述如下。

(1)立柱(图 5-40)

立柱由顶盘、下立柱、吊环和调高器等构件组成,是钻架的躯干,支撑臂、动臂,并兼作分风分水器。顶盘和下立柱通过法兰盘连成一整体的立柱,并兼作液压系统的油箱,顶盘上部的箱盖装有滤网和气孔,作为油箱的加油孔和通风孔。下立柱下部设有油泵口和吸油

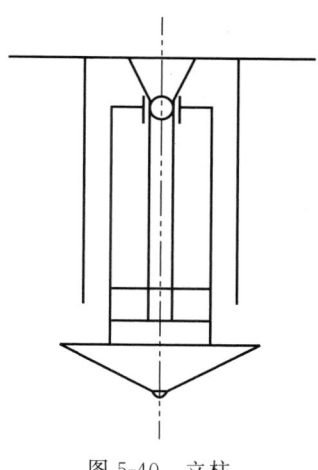

图 5-40 立柱

滤油器,以及维修孔和放油阀等。下立柱上部设有环形压力油分配器,它的作用是将由油泵产生的高压油有效地输送到六个推进装置上的四联多路换向阀中,从而控制大臂油缸、升降油缸、倾斜油缸、摆动油缸等。

调高器位于立柱最下部,它是由带有固定导向筒的调高油缸组成,它的主要功能是稳钻和调整伞钻高度,以确保稳钻可靠,推进器在工作面不平的情况下也可以顺利工作。

立柱上部的吊环和下部的底座是钻架吊运和停放支撑的构件。

(2)支撑臂(图 5-41)

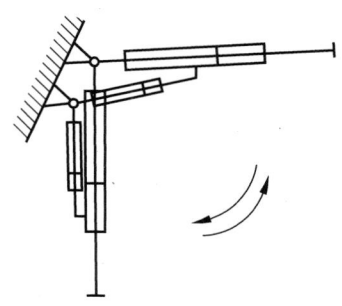

图 5-41 支撑臂

支撑臂共有三组,每组由支撑油缸和支臂油缸组成,它是钻架支撑固定机构支臂油缸、支撑油缸与上盘构成摇摆滑块机构,支臂油缸伸长时使支撑油缸从收拢位置(垂直向下)推到工作位置(水平向上 10°),然后支撑油缸将支撑脚伸至井壁并撑紧,从而使钻架固定于工

作面上。

（3）动臂

动臂共有六组，均匀布置在立柱周围，每组动臂由大臂、大臂油缸、倾斜油缸、摆动油缸、回转座等构件组成，是移动推进器工作位置的机构。

大臂油缸的往复运动，使得大臂作径向移动，将推进器送至所需钻孔的圈径上，而同一圈径则是靠摆动油缸的往复运动来实现的，倾斜油缸则是使推进器倾斜，以便打倾斜炮孔。

（4）推进器

推进器共有六组，分别铰接在动臂的大臂和倾斜油缸上，它主要由升降油缸、滑轨、中间扶钎器、下扶钎器、推进气动马达、推进丝杠、螺母、滑架、扶丝杠器等构件组成，是架设凿岩机、并给凿岩机提供推进力与拔钎力的机构。

当动臂将推进器送到所需钻凿炮孔位置后，升降油缸将滑轨下放到工作面上并顶紧，然后推进气动马达经减速箱带动推进丝杠旋转，通过传动螺母带动装有凿岩机的滑架在滑轨上移动，并配合凿岩的冲击、回转来完成钻凿炮孔的工作。

（5）液压系统

由油泵、油管（硬管、软管）、多路换向阀、单向阀、单向节流阀、溢流阀、油箱等液压元件构成液压系统。

5）多臂液压伞钻

液压凿岩机与传统风动凿岩机相比极大地提高了生产效率，降低了采掘成本，与中国之外同类机型相比具有极高的性价比。由于液压凿岩机具有钻凿速度快、效率高、安全可靠、污染小、操作方便等优点，使其与传统风动凿岩机械和动辄上几十万、上百万的进口凿岩机械相比更符合中国国情。

矿山立井机械化快速施工法中的破岩方式主要为钻爆法施工，普遍采用以压风为动力的伞形钻机，其主要结构如图5-42所示。这种钻机一般有5～9台风动凿岩机同时作业，每次钻孔深度4～5 m。但这种钻机存在以下不足：①噪声大。每台凿岩机噪声达130 dB以上，而多台凿岩机同时作业时，其共鸣、共振的声频、声压强度大，对作业人员身心伤害巨大。②钻进能力有限。在普通地层中钻进，其钻进速度比较理想，但在坚硬岩层中应用时，其钻进能力明显不足。③能耗高。由6部风动凿岩机组成的1台伞钻，其耗风量可达80 m³/min，这种高耗风量的风动设备，其能耗远远大于电动设备。

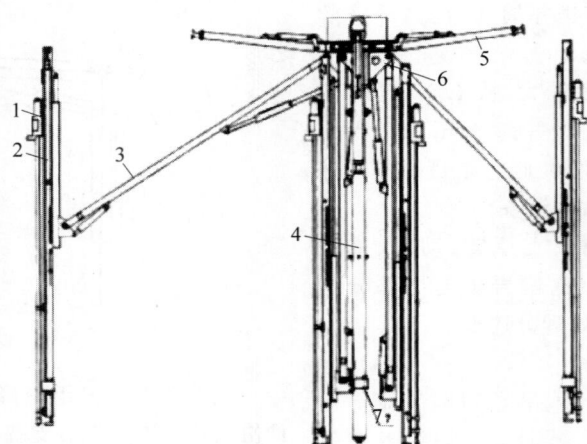

1—液压凿岩机；2—推进机构；3—动臂机构；4—立桩；5—支撑臂；6—摆动臂；7—液压操作阀。

图5-42　多臂液压伞钻基本结构

为提高立井的施工速度,解决凿岩问题是最主要的方向。借鉴岩石平巷施工所采用的液压凿岩台车的应用情况,革新凿岩机具,采用电动液压伞钻代替风动伞钻,提高了立井硬岩凿岩的工作效率,并解决了立井凿岩工序中的噪声和高能耗问题。

液压伞钻的各项技术参数,满足立井机械化配套的要求;伞钻的操作与原风动伞钻相似,作业人员不需长时间培训;伞钻配套的钻杆和钻头能满足硬岩打眼的需要,但消耗量小于气动伞钻的消耗量;液压系统安装维修简单,管线连接简便;液压站的结构合理,既能满足液压伞钻的使用要求,又考虑了井下吊盘的空间;液压伞钻的钻孔深度和炮眼圈径与硬岩的爆破参数相适配。液压伞钻有以下优点。

(1)节约能源:对一定钻进能力的钻机来说,电动液压系统所需的功率只有气动钻机功率的 1/3,功率损失小,故可节约能源。

(2)凿岩效率高,速度快:经试验对比,在同类岩石和相同孔径的条件下,凿深孔用液压凿岩机比气动凿岩的凿岩速度提高 2 倍以上,凿岩速度可达 0.8~1.5 m/min。

(3)钻杆成本低:由于液压凿岩机的转速、压力等参数可调整,因此能在不同岩石条件下选择最优的凿岩参数,以此可以使钻杆适应不同的岩层条件,减少钻杆损坏。又由于液压凿岩冲击应力波平缓,传递效率高,因此钻具和钎杆一般可节约 15%~20%。

(4)降低凿岩成本:由于液压压力比气动压力高 10 倍左右,因此在相同的冲击功率工作时液压凿岩机活塞受力面积小,冲击活塞面积接近钎尾面积,应力传递损失小,受力均匀,寿命高,故障少,故成本费可降低 30% 左右。

(5)改善工作环境:由于液压凿岩机不排出废气,因而没有废气所夹杂的油污造成的环境污染,提高了工作面的能见度,改善操作环境。液压凿岩除金属撞击声外,无废气排放声音,故比气动凿岩机噪声降低。

(6)采用液压凿岩机施工可提高施工质量:由于液压凿岩机能保证钻孔深度和间距的精度,故可提高炮孔的施工质量。

2.抓岩机

1)功能、用途与分类

抓岩机属于矿山装载机械,主要用于矿山立井掘进中抓取爆破松散岩石并投入吊桶,再由提升机将装满岩石的吊桶提升至地面进行排卸。也可用于国防及其他工作性质相似的工程中抓取松散物料。

抓岩机按照抓斗容积的大小、操纵方式、驱动动力、机器结构及安装方式的不同可有如下分类:

(1)按抓斗容积大小分类:小型(抓斗容积在 0.2 m³ 以内);中型(抓斗容积在 0.4 m³ 以内);大型(抓斗容积在 0.6 m³ 以上)。

(2)按机器的操纵方式分类:手动操纵、机械化操纵和自动化控制三种。

(3)按驱动动力分类:气动、电动、液压(包括气动-液压和电动-液压)。

(4)按机器结构特点和安装方式分类:靠壁式抓岩机、环形轨道式抓岩机、中心回转式抓岩机和长绳悬吊式抓岩机。

2)安全技术措施

目前建井施工单位大多使用的是中心回转式抓岩机,故在此主要介绍中心回转式抓岩机的安全技术措施。

(1)抓岩时,抓岩机采用稳车钢丝绳吊挂下放到离井底水窝一定距离,准备进行抓岩工作,稳车钢丝绳必须使用不旋转钢丝绳。

(2)每次抓岩机正式工作前,要清除机器上的浮杆和杂物,然后空车运转,待机器正常后再工作。

(3)抓岩机在操作前,必须通知工作面人员躲避至安全地点。

(4)抓岩机在抓岩时,应特别注意吊桶位置,防止在抓岩机臂杆运行时,吊桶撞击抓岩机。同时要避开工作面人员所站位置,防止抓斗由于惯性摆动伤人。

(5)司机离开操作位置时,必须将操作杆放至安全位置并做好防护,以免有人误操作发生事故,工作面抓岩工作由抓岩机司机专人操作,其他人员不得随意操作。

(6)零件如发现磨损变形严重时,应立即

停止工作,及时更换。

(7) 钢丝绳必须定期检查,发现磨损、断丝或挤压变形要立即进行更换。

(8) 为保证机器正常运转和延长使用寿命,必须按规定及时对各应加油部位进行加油。

(9) 要经常检查机架、臂杆、绳轮支承座、抓斗、连接螺栓等,检查其焊缝有无开裂、机件有无变形、螺栓有无松动等,如发现问题要及时处理。

(10) 认真做好设备的维修和保养,精心维护设备,保证不漏油、不漏风,做到设备清洁。

(11) 抓岩机工作时,抓斗下严禁站人,工作面人员不得在抓岩时随意走动,应避开抓斗运行路线。

(12) 抓岩机工作时,由专职安全人员现场监督工作,安排专人统一指挥、协调,防止发生抓斗与吊桶相撞事故。

(13) 工作面装岩作业时,必须有充足的照明。

(14) 吊桶装载时不得过满,防止坠物伤人,吊桶装好后,在提升前,要对吊桶外壁进行清理,防止掉渣伤人,吊桶提升、下放时吊桶下方严禁有人。

(15) 工作人员拉动抓斗时,要有专人统一指挥,防止抓斗撞伤工作人员。

(16) 抓岩机司机操作时动作要平稳,防止抓斗摆动过大撞击模板或碰伤作业人员。

(17) 抓岩机司机操作时,要集中精力,看清工作面人员、吊桶位置,做到稳、准、快。

(18) 严禁用抓斗撞击大块岩石。

(19) 当抓岩工序结束后,抓斗要停放在规定的安全高度,并避开井筒中心位置。

(20) 严禁酒后上岗操作。

(21) 抓岩机司机要严格执行工作面交接班制度,交接班双方共同检查设备的完好情况及存在的安全隐患,做到有问题及时处理。

3) 主要性能参数(表 5-7)

表 5-7　抓岩机的主要性能参数

性 能 参 数	单 位	型 号	
		HZ-4	HZ-6
抓斗容积	m^3	0.4	0.6
工作风压	MPa	0.5~0.7	0.5~0.7
使用井径	m	≥4~6	≥4~8
抓岩能力	m^3/h	30~40	50~60
回转角度	(°)	>360	>360
提升能力(包括抓斗质量)	kg	2800	3500
提升功率	kW(hp)	18.65(25)	18.65(25)
提升速度	m/s	0.35~0.50	0.20~0.40
回转功率	kW(hp)	6.34(8.5)	6.34(8.5)
回转速度	r/min	3~4	3~4
变幅平均速度	m/s	0.4	0.4
机器总质量	kg	7200	7700

4) 抓岩机的型号表示

抓岩机产品型号的编制方法,是以汉语拼音字母及抓斗容积组成,并与设备的名称组成产品的全名。具体规定如表 5-8 所示。

表 5-8　抓岩机的型号表示

类别	组	型	产品名称与型号	主参数	
				名称	单位
抓岩机 H(抓)	手动 S (手)		手动竖井抓岩机 HS	抓斗容积	$m^3/10$
	气动	靠壁 K(靠)	靠壁式气动立井抓岩机 HK	抓斗容积	$m^3/10$
		中心回转 Z(中)	中心回转式气动立井抓岩机 HZ		
		环形轨道 H(环)	环形轨道式气动立井抓岩机 HH		
	电动 D (电)	靠壁 K(靠)	靠壁式电动立井抓岩机 HDK	抓斗容积	$m^3/10$
		中心回转 Z(中)	中心回转式电动立井抓岩机 HDZ		
		环形轨道 H(环)	环形轨道式电动立井抓岩机 HDH		

注：1. 抓岩机的"抓"字汉语拼音为"Zhua"，为避免与装岩机的类别代号"Z"相重，故抓岩机的类别代号采用其第二个字母"H"。

2. 凡电动抓岩机需防爆者在斗容后加"B"表示。

3. 产品设计定型序号：首次定型不标，第二次定型在斗容后加以"A"表示，第三次定型则加"C"，以此类推。但"B""O""X""I"四个字母不采用。

型号示例：

HK-4 型抓岩机，即表示抓斗容积为 0.4 m^3、首次定型的靠壁式气动立井抓岩机。

HDK-6B 型抓岩机，即表示抓斗容积为 0.6 m^3、首次定型的靠壁式防爆电动立井抓岩机。

HH-6 型抓岩机，即表示抓斗容积为 0.6 m^3、首次定型的环形轨道式气动立井抓岩机。

5) 选择抓岩机的注意事项

各种类型的抓岩机，由于结构、动力和技术规格的不同，适用于井筒的条件也各异。根据井筒的地质条件、涌水量和井筒规格与深度，以及施工组织和掘进速度的要求，合理地选用抓岩机，是正确使用和有效地发挥抓岩机工作潜力的十分重要的问题。通常选择抓岩机类型时，应注意以下几点：

(1) 根据井筒规格和地质条件的情况，以及施工工艺和施工方法的要求，考虑整个作业线机械的配套和配套设备的合理布置，选用合适的抓岩机型式。当井壁岩石较为稳固，或者虽然井壁岩石破碎、松软，但采用短段掘砌的施工方法时，可以选用靠壁式抓岩机。一般在井壁岩石较为破碎的情况下，采用环形轨道式或中心回转式抓岩机为宜。井筒直径小于 6.5 m 时，可以考虑用 HH-6 型(或 HH-6A 型)环形

轨道抓岩机。井筒直径大于 6.5 m 时，可以考虑用双悬臂双抓斗的 2HH-6 型环形轨道抓岩机。中心回转抓岩机需占用吊盘位置，选用时应考虑吊盘平面布置是否许可。

(2) 选择抓岩机能力时，应作详细施工组织设计，编制合理的循环图表，抓岩机生产能力应满足掘进速度和循环图表要求，并应与吊桶容积及提升能力相匹配。

(3) 应注意选用抓岩机的动力形式。在金属矿山，无大的滴水时可选用电力驱动，而在煤矿，特别是在瓦斯矿山以及滴水大的井筒，宜用压缩空气驱动。

(4) 当井筒直径大、单机生产能力不能满足时，可考虑多机工作，但其生产能力应考虑到多机互相干扰的影响，而取一定的系数。

6) 靠壁式抓岩机

靠壁式抓岩机(图 5-43)是立井抓岩机的一种形式，它一般由地面的凿井绞车单独悬吊，靠井壁布置。工作时，用张紧螺栓及预埋锚杆将机器固定在井壁上。随着工作面的下移，抓岩机通过悬吊凿井绞车沿井壁下放到井筒的任何位置。当井筒工作面从事其他作业时，通过其悬吊的凿井绞车将抓岩机提到一定的安全高度。

靠壁式抓岩机一般采用压缩空气或电力

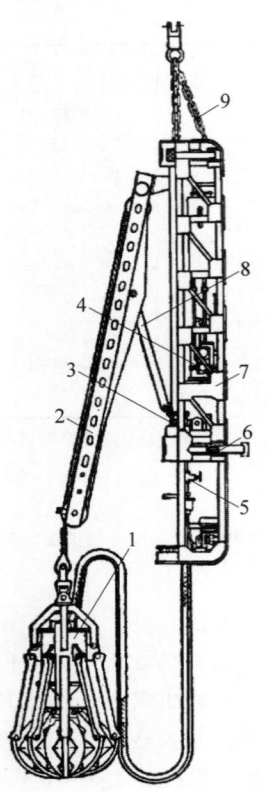

1—抓斗；2—提升机构；3—回转变幅机构；4—液压系统；5—气动系统；6—支撑装置；7—机架；8—支杆；9—悬吊装置。

图 5-43　靠壁式抓岩机外形图

驱动、液压控制，机器结构紧凑、动作灵活、操作简便。它完全不依附掘进吊盘，也不受其他掘进设备（如吊泵等）的干扰，机器的吊运、下放、维修均比较方便。这种抓岩机工作时距工

作面较近，司机视野清晰，抓岩时容易对准吊桶。其主要技术性能参数如表 5-9 所示。

表 5-9　靠壁式抓岩机的主要技术性能参数

技术性能参数	型　　号	
	HK-4	HK-6
适用井筒直径/m	4～5.5	5～6.5
抓岩能力/(m³/h)	40	60
抓斗容积/m³	0.4	0.6
抓斗张开直径/mm	1965	2130
抓斗闭合直径/mm	1296	1600
抓斗质量/kg	1450	2305
提升能力/kg	2900	4000
提升速度/(m/s)	0.3	0.35
提升高度/m	6.2	6.8
钢丝绳直径/mm	15.5	20
钢丝绳容量/m	22	28
回转速度/(r/min)	1.5～2	1.5～2
回转角度/(°)	120	120
变幅平均速度/(m/s)	0.4	0.4
变幅最大径向位移/m	4	4.3
机器总质量/kg	5450	7340
机器收拢后的外形尺寸（长×宽×高）/(mm×mm×mm)	1190×930×5840	1300×1100×6325

（1）提升机构

提升机构的结构见图 5-44，它由提升臂架、提升油缸、动滑轮组、定滑轮组、储绳筒、限位装置、缓冲装置等主要部件组成。

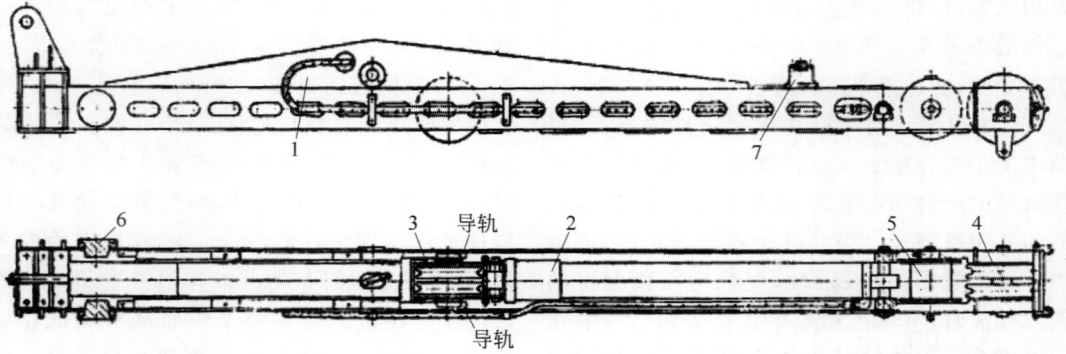

1—提升臂架；2—提升油缸；3—动滑轮组；4—定滑轮组；5—储绳筒；6—限位装置；7—缓冲装置。

图 5-44　提升机构

提升臂架1是由两根22号槽钢对接,并用一些连接板焊接而成的框形结构。为减轻重量,在槽钢两侧开有一些长孔。槽钢翼缘上对称配置有锰钢板制成的导轨,以便动滑轮组两侧的滚轮在其面上滚动。为便于更换导轨,导轨与槽钢用螺钉连接。

提升油缸2为一柱塞油缸。缸体的一端用球铰装于提升臂架内,用一销轴连接,另一端与一动滑轮组3连接。其结构见图5-45。

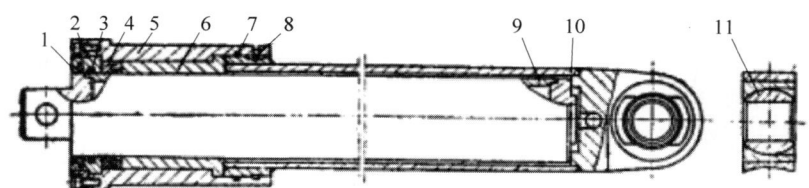

1—防尘圈;2—端盖;3,7—O形密封圈;4—U形密封圈;5—缸盖;6—导向套;
8—环形卡键;9—柱塞;10—缸体;11—球铰。

图5-45　提升油缸

由图可见,提升油缸由缸体、柱塞、缸盖、导向套、球铰、密封装置等零件组成。当压力油从缸底的进油口进入缸体时,柱塞在压力油的作用下徐徐伸出,完成抓斗的提升运动。柱塞的回程运动是靠抓斗的自重作用来完成的。由于柱塞式油缸缸体内孔不需精加工,因而制造简单,维修方便。特别是对于单向进油的油缸而言,柱塞式油缸可以克服活塞式油缸在单向进油时由于活塞杆收拢,缸体内腔缺乏油的润滑而使缸壁锈蚀的缺点,从而提高了油缸的使用寿命。

柱塞9采用无缝钢管焊接而成。柱塞与油缸缸壁之间有1 mm的间隙。它由安装在提升臂架两侧的限位装置6来限位。缸体10和缸盖5用环形卡键8连接,这种连接方法可靠、拆卸方便。缸体与缸盖结合处有O形密封圈密封。缸盖与柱塞之间有U形密封圈4进行密封。端盖2与柱塞之间有O形密封圈3进行密封。如果这些密封圈损坏,必须及时更换,否则会造成大量漏油而使提升失灵。端盖内装有防尘圈1,用以刮拭塞杆上的岩粉,防止岩粉进入油缸。

动滑轮组由动滑轮、滑轮架、滚轮等组成,其结构见图5-46。

动滑轮组上装有动滑轮2,其两侧装有导向滚轮,它沿导轨滚动。动滑轮组与提升臂架下端的定滑轮组4组成一个倍率为4的滑轮组

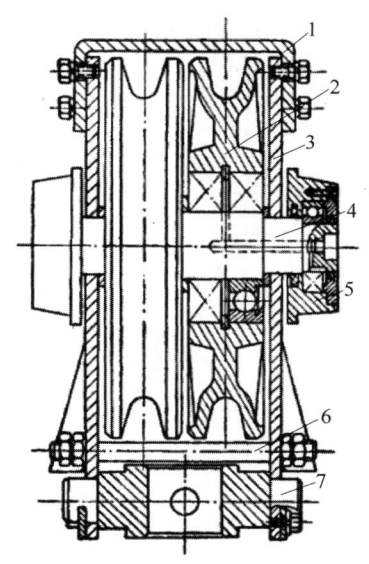

1—夹板;2—动滑轮;3—滑轮架;4—轴;5—滚轮;
6—限绳螺栓;7—连接轴。

图5-46　动滑轮组

机,见图5-47。

可以看出,当提升油缸的柱塞推动动滑轮架上的动滑轮,通过滑轮组使钢丝绳系结的抓斗作提升运动。因滑轮组放大机构的倍率为4,若提升油缸柱塞的行程为1 m,则抓斗的提升高度为4 m,而HK-6型抓岩机提升油缸柱塞的行程为1.7 m,抓斗的最大提升高度应为68 m。抓斗的下放运动靠抓斗本身的重量降落。

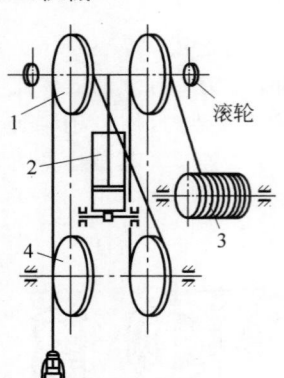

1—动滑轮组；2—提升油缸；3—储绳筒；4—定滑轮组。

图 5-47　提升机构原理图

储绳筒的结构见图 5-48,它由绳筒和定位销等组成。储绳筒上有 5 m 多的容绳量,若因机器悬吊过高等使抓斗提升高度不够,可通过储绳筒来进行调节。调节时,先松开储绳筒定位销,用手把摇动卷筒,放绳至所需的位置,放绳完毕,定位销锁死绳筒。

图 5-44 中的限位装置 6 用来防止提升油缸柱塞超越行程时滚轮脱出导轨。缓冲装置 7 则用来防止提升臂架作收拢运动时与机架发生刚性碰撞,限位装置 6 与缓冲装置 7 均由硬橡胶材料制成。

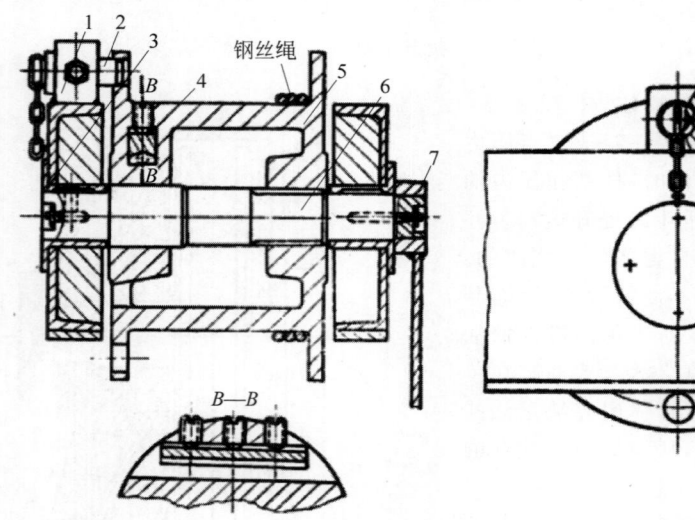
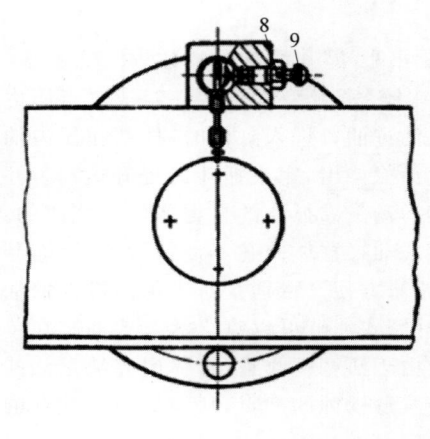

1—销座；2—绳筒定位销；3—铜套；4—紧绳装置；5—绳筒；6—轴；7—手把；8—螺帽；9—定位销。

图 5-48　储绳筒

（2）回转变幅机构

回转变幅机构包括回转机构及变幅机构两部分。它的作用是使抓斗在井筒中作圆周运动和径向位移运动。它通过上、下支承与机架连接在一起,由立柱、变幅油缸、上支承、下支承、滚轮、导轨、齿轮、齿条、转油缸、导向装置等组成。回转和变幅运动的原理如图 5-49、图 5-50 所示。

当变幅油缸从缸底进油时,活塞杆向上运动（活塞杆头推动滚轮 1 沿导轨 3 向上运动）,使提升臂连同用钢丝绳悬结的抓斗收拢。反之,当压力油从油缸头部进油时,活塞杆缩回,带动滚轮和提升臂的上连接座向下运动,使提升臂连同悬结的抓斗张开,从而实现了抓斗的径向运动。变幅运动的速度快、慢,可由手控多路换向阀开闭的大小程度来调节。

从图 5-51 可以看出,当回转油缸的缸体运动时,镶在油缸体上的齿条 3 推动与其啮合的齿轮 2 转动,从而带动立柱 1 与提升臂架一起作回转运动。回转角最大达 120°。

立柱既是回转中心,又是变幅油缸的安装支承及导向轨道。它由两根 20 号槽钢对接,槽钢翼缘两面用一些连接板焊接而成框形焊接构件。在滚轮运动部位的槽钢翼缘上,对称配置有锰钢板制成的导轨。为便于更换,导轨与槽钢用螺钉连接。立柱的上部支承在一个可

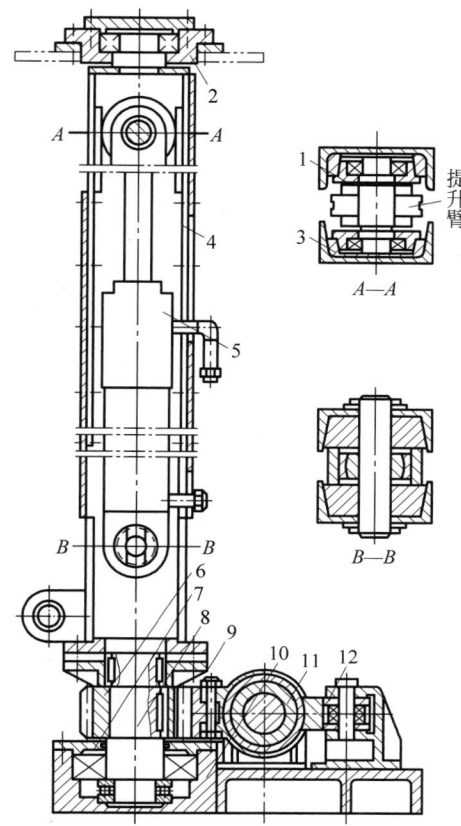

1—滚轮；2—上支承；3—导轨；4—立柱；5—变幅油缸；6—齿轮；7—压盖；8—轴；9—齿条；10—下支承；11—回转油缸；12—导向装置。

图 5-49　回转变幅机构

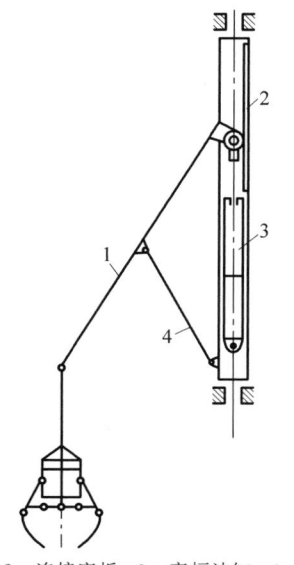

1—提升臂；2—连接座板；3—变幅油缸；4—铰接支杆。

图 5-50　变幅运动原理图

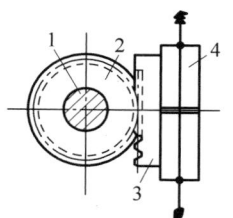

1—立柱；2—齿轮；3—齿条；4—回转油缸。

图 5-51　回转运动原理图

调心的轴承上，它与上支承连接；立柱下部用螺栓将法兰与下法兰连接。为防止连接螺栓的松动和剪断，立柱上的法兰与下法兰采用牙嵌式接合。下法兰通过双键与轴连接，轴与立柱一起支承在一个径向轴承及一个推力轴承上。而径向轴承与推力轴承则安装于下支承上，下支承是一个整体铸钢件，安装时焊接于机架支承板上。

（3）气动系统

气动系统是抓岩机的动力系统，它主要由旋塞、注油器、气动马达、气量控制阀、脚踏阀、管路等组成。其工作原理见图 5-52。从图 5-52 可以看到，当压缩空气由主压气管道通过旋塞和注油器后分成三路：一路经压气管通过气量控制阀 5 进入两个旋转方向相反的叶片式气动机 10 和 11。第二路经软管通过抓斗配气阀进入抓斗气缸。第三路管道进入脚踏阀 4 和 6，脚踏阀 4 遥控气量控制阀 5，使气动机获得停车、低速、高速的三个速度。脚踏阀 6 遥控抓斗配气阀，使抓斗实现张开、闭合和在任意位置停顿的三个动作。

（4）机架

机架是一个框架焊接结构。由四根 10 号等边角钢作主立筋，两侧和后面分别用角钢横撑、横板等焊接连接而成。整个机架分为六层，其上分别安装有液压系统、风动系统、回转变幅系统、支撑系统等。司机室位于机架的最下一层。

（5）支撑系统

支撑系统包括撑紧装置和固定装置两部分。其作用是将机器撑紧固定，使机器工作过程中保持稳定而不晃动。

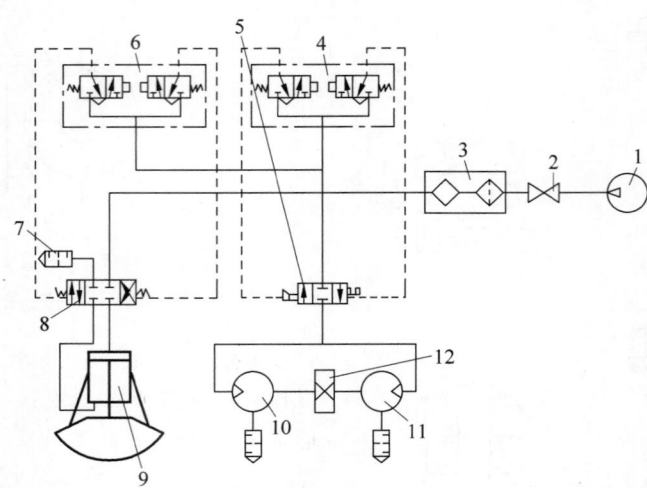

1—气源；2—旋塞；3—注油器；4,6—脚踏阀；5—气量控制阀；7—消声器；8—抓斗配气阀；9—抓斗气缸；10—正向 20 马力气动马达；11—反向 20 马力气动马达；12—减速器。

图 5-52　气动系统原理图

撑紧装置由支撑油缸和支撑腿组成。支撑油缸的结构及工作原理与变幅油缸相同,它由活塞、活塞杆、缸体、缸盖、导向套、O 形密封圈、防尘圈、环形卡键等零件组成,其结构见图 5-53。当压力油进入支撑油缸缸底时,驱使

活塞杆伸出,与活塞杆头铰接的撑腿便在活塞杆的推动下,绕其在机架上的铰接支点撑向井壁。反之,当向支撑油缸反向给油时,活塞杆便收拢,撑腿也收拢,见图 5-54。

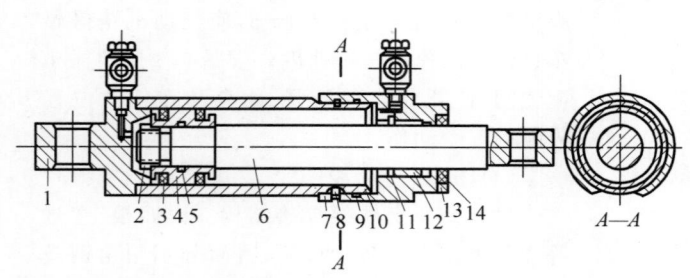

1—缸头；2—圆螺母；3,13—密封圈；4—活塞；5,9—O 形密封圈；6—活塞杆；7—缸帽；8—唤醒卡键；10—缸体；11—卡环；12—导向套；14—防尘圈。

图 5-53　支撑油缸

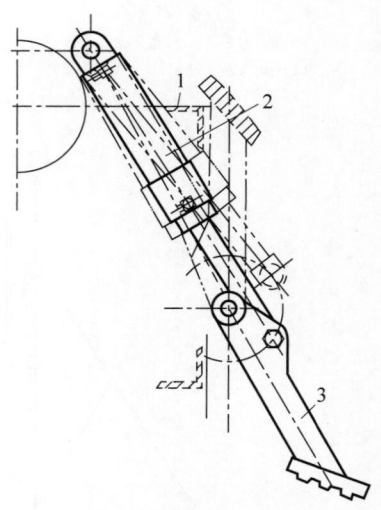

1—机架；2—支撑油缸；3—撑腿。

图 5-54　抓岩机的撑紧装置

固定装置是由四组带张紧可调螺栓的挂钩组成,见图 5-55。工作时,把挂钩与锚杆的耳环连接,使机器固定于井壁。然后将支撑腿

撑向井壁,拉紧固定装置。当机器由于超挖而远离井壁使固定装置挂不上锚杆环时,可调节正、反螺旋扣使之拉紧。

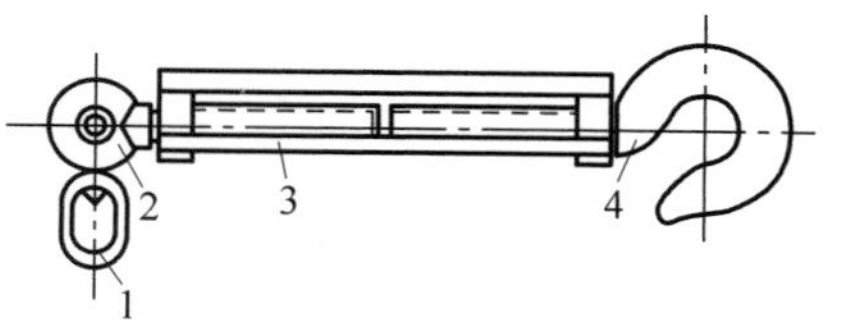

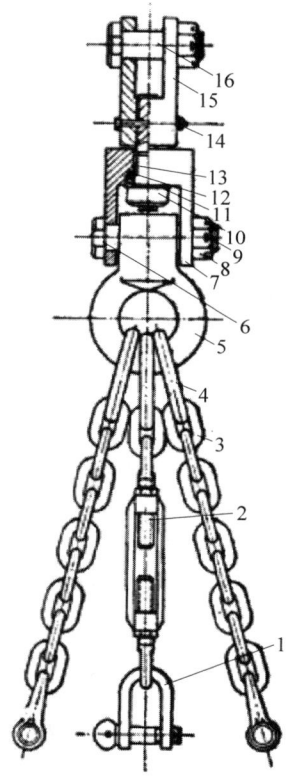

1—链环；2—调节螺杆；3—螺旋扣；4—调节挂钩。

图 5-55 固定装置

（6）悬吊装置

悬吊装置用于整个机器提升、下放时的吊运。它由一个缓转器和三根链子等组成，详见图 5-56。

1—索具卸扣；2—船用索扣螺旋扣；3—起重链；4—首环；5—吊环；6,16—销轴；7—缓转座；8—螺母；9—开口销；10—螺杆；11—轴承盖；12—推力轴承；13—毛毡；14—螺栓；15—缓转轴卡。

图 5-56 悬吊装置

缓转器的作用是使机器在提升下放过程中不致随钢丝绳旋转而旋转，确保机器的安全。三根链子中，一根链子带张紧螺栓，用以调节链子的长短，使三根链子受力均匀，悬吊时机器能保持垂直。

7）环形轨道式抓岩机

环形轨道式抓岩机类似车间行车，而将行车的大车行走的直线运动变为回转运动，小车运动变为径向直线运动。这种抓岩机以吊盘下层盘为工作盘，环形轨道安装在工作盘下方，工作盘中间安装有一个中心轴。抓斗由绞车提升，绞车挂在支承于中心轴和环形轨道之间的横梁上。提升绞车在横梁上作径向移动而带动抓斗径向运动，环行小车沿环形轨道运动而带动横梁绕中心轴回转。当以吊盘下层盘为工作盘时，在掘进过程中，机器随着吊盘升降而升降。抓岩机工作时，用设在吊盘上的千斤顶撑在井壁上将工作盘固定。司机在操纵室内通过两个操纵阀，控制提升、回转、径向移动和抓斗张开闭合等动作，使抓斗能在井筒工作面任意位置抓取岩石并将其投入吊桶。

这种抓岩机不需另用绞车单独悬吊，可以简化悬吊设备，机器的固定简单、结构合理、动力单一、生产能力大、操作灵活、运转可靠、维护修理简单方便，也有利于井筒掘进实现平行作业。其主要技术性能参数如表 5-10 所示。

表 5-10 环形轨道式抓岩机主要技术性能参数

技术性能参数	型 号	
	HH-6	2HH-6
适用井筒直径/m	5～8	6.5～8
抓斗数量/个	1	2
抓岩能力/(m^3/h)	50	80～100
抓斗容积/m^3	0.6	0.6
抓斗张开直径/mm	2130	2130
抓斗闭合直径/mm	1600	1600
抓斗质量/kg	2333	2333
提升能力/kg	3500	3500
提升速度/(m/s)	0.35	0.35
卷筒直径/mm	400	400
钢丝绳容量/m	60	60
牵引质量/kg	500	500
环形速度/(m/s)	1.23	1.23
小车行走速度/(m/s)	2	2

（1）提升机构

以 HH-6 型抓岩机为例，其结构如图 5-57 所示。

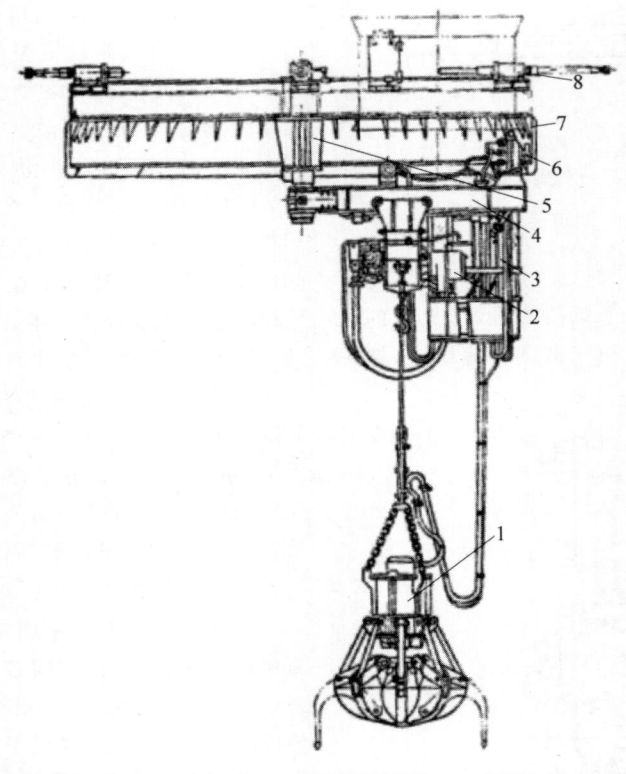

1—抓斗；2—提升机构；3—操纵室；4—行走机构；5—中心回转机构；6—环形小车；7—环形轨道；8—固定装置。

图 5-57　HH-6 型抓岩机

提升机构是一台 25 马力(hp,1 hp＝735.5 W)的气动绞车,其结构见图 5-58。它主要由 25 马力气动马达、减速箱、卷筒外壳、卷筒、制动装置和绳轮等组成。提升机构用于提升和下放抓斗,使抓斗可在工作面抓取矸石并将其投入吊桶。工作完毕后,可将抓斗提至吊盘之下安全位置。

当司机操纵操纵阀使气动马达转动后,气动马达输出轴经花键套 4 将扭矩传递给减速箱的齿轮轴 5,经齿轮 8、齿轮轴 7、齿轮 15 两级外啮合齿轮减速,将扭矩传递给卷筒 6,使卷筒转动。为了在提升抓斗和运转时抓斗不打转,在卷筒上缠有不旋转钢丝绳 16,钢丝绳的一端固定于卷筒上,另一端绕过绳轮固定于卷筒外壳 17 后侧的缓转器上。由于抓斗悬挂在绳轮上,卷筒转动便可实现抓斗上升或下降。

减速箱齿轮轴 5 的另一端装有刹车盘 10。平时,在弹簧 11 作用下,使刹车带 13 压紧刹车盘实现制动,可使抓斗在任意高度上停止不动。在压缩空气进入气动马达的同时,通过制动管路的滑阀作用,压缩空气进入减速箱后腔,使橡皮膜 12 膨胀而压缩弹簧打开刹车带,使绞车运转。

（2）行走机构

行走机构用于实现抓斗沿井筒径向的往复运动,它主要由悬梁、行走小车、气动绞车和进压气管等组成,其结构见图 5-59。

悬梁是由两根 28b 槽钢为主体的结构件。槽钢的上平面安装气动绞车,下翼缘作行走小车的轨道,左右两端装有绳轮和碰头。碰头是为减少行走小车对悬梁两端的冲击力,以保护中心轴和行走小车车轮的滚动轴承而安装的弹性缓冲器。两槽钢间敷设有进气管。悬梁的一端与中心轴铰接,另一端和行走小车底座连接。

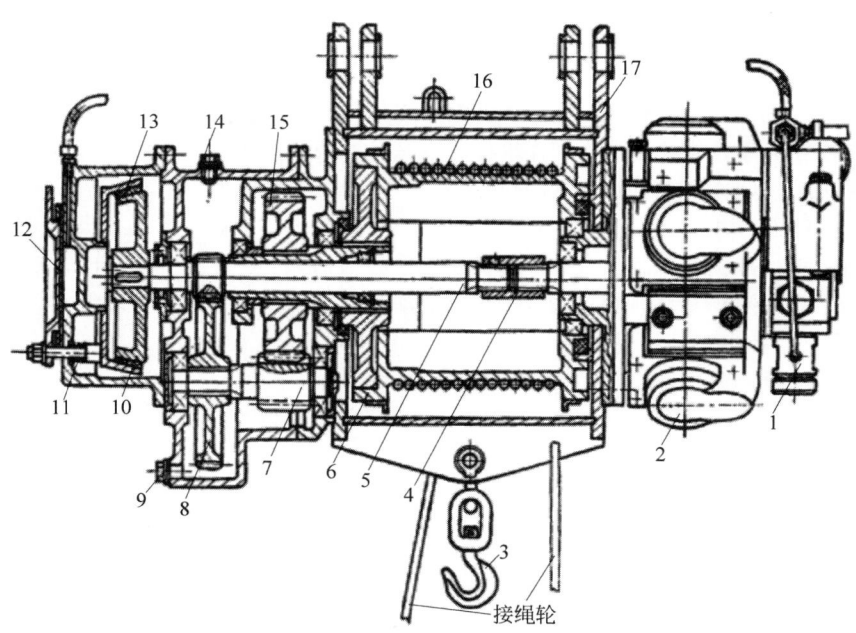

接绳轮

1—制动管路；2—气动马达；3—吊钩；4—花键套；5—齿轮轴；6—卷筒；7—齿轮轴；8,15—齿轮；9—放油螺
塞；10—刹车盘；11—弹簧；12—橡皮膜；13—刹车带；14—螺塞；16—钢丝绳；17—卷筒外壳。

图 5-58 提升机构

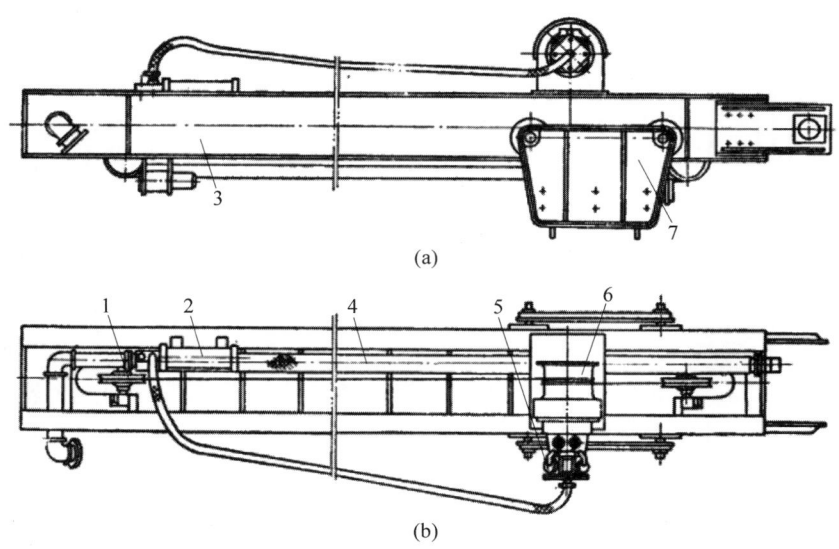

(a)

(b)

1—绳轮；2—消声器；3—悬梁；4—进气管；5—气动马达；6—卷筒；7—行走小车。

图 5-59 行走机构

（a）俯视图；（b）侧视图

行走小车主要由中间座架、两边两个墙板和四个车轮组成，为预防行走小车车轮轴断裂坠井，在墙板上焊有保险筋。绞车钢丝绳的一头绕过绳轮后用楔形卡固定在座架的一端，另一头在卷筒上缠绕 7～9 圈后绕过另一绳轮固定在座架另一端的棘轮式紧绳装置上。紧绳装置可随时调节钢丝绳的松紧。当绞车正、反转时，借卷筒和钢丝绳间产生的摩擦力，带动行走小车沿悬梁作径向往复运动,行走小车往复运动时,又带动连接在下面的提升绞车一起运动。这样,绞车钢丝绳下悬挂的抓斗亦可沿井筒径向作往复运动。由于惯性作用,抓斗还可甩至井帮边上,抓取工作面周边的矸石。

(3)中心回转机构

中心回转机构是机器的回转中心,用于连接抓岩机和吊盘,承担较大的轴向分力,支承悬梁,并承受因行走小车冲击悬梁的径向冲击力,同时是机器的总进气口。它主要由进气管、支架和中心轴组成,其结构如图5-60所示。中间是一个 $\phi160$ mm 或 $\phi190$ mm 的通孔,供测量井筒中心用,亦可通过电缆悬挂灯具作井下照明用。

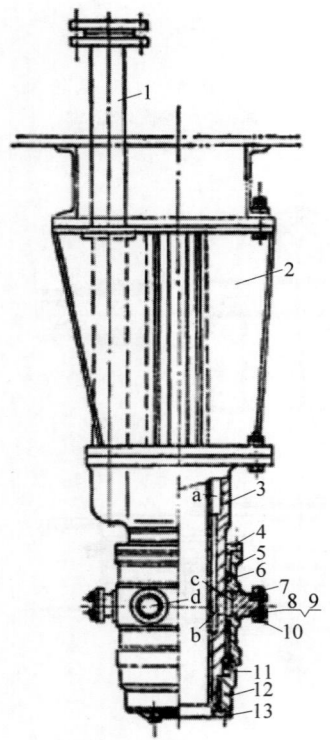

1—进气管;2—支架;3—轴体;4—端盖;5—回转体;
6—Y形密封圈;7—挡板;8—螺栓;9—止动垫片;
10—挡圈;11—轴承;12—螺母;13—键。

图5-60 中心回转机构

中心轴主要由轴体3、回转体5、轴承11、螺母12、键13等组成。回转体有两个轴头和悬梁铰接,并随悬梁绕轴体回转。压气由进风管进入轴体中的环形空间a,通过轴体上的四个孔b,进入回转体内的环形通道c后,由回转体出气口d进入悬梁中的进气管。因回转体随悬梁回转,因此机器转动时,压气始终畅通。

(4)环行小车

环行小车沿着环形轨道运行,带动悬梁绕中心轴回转,实现抓斗在圆周方向的环行运动。它主要由底座、6马力气动马达、主动轮箱、主动轮、从动轮箱、从动轮等组成,其结构如图5-61所示。

主动轮箱实际是一减速箱,由一台6马力六缸活塞式气动马达6作动力,通过一级齿轮减速传动给主动轮8。气动马达转动时,带动主动轮转动,由于主动轮在环行轨道轨面上滚动,从动轮4也跟着滚动。两个车轮在轨面上滚动,即带动悬梁绕中心轴回转。主动轮箱上设有喷嘴管道,用于放炮后清扫环行轨道轨面上的矸石及其他脏物。两个箱体上各装有清扫器9,随车运行时清扫轨面。

按照钢对钢的湿摩擦系数0.1计算,在环行轨道的坡度为1/30时(即在井筒直径为6 m,吊盘左右的高低差在200 mm以内时),以一个车轮为动力仍不致打滑,故设计中用一个主动轮和一个从动轮,两个车轮应按轮距和回转半径形成相应的角度,以使车轮轴线通过回转中心,以免运转时互相憋劲,增加运行阻力和磨损轨面。为使抓岩机能用于不同井径的井筒,两个车轮的交角要随环行轨道的直径而变化,为了适应这一需要,只要改变底座上面的螺栓孔的位置即可,而两个轮箱的结构尺寸不必改变。

(5)环行轨道

环形轨道用于支承悬梁外端并供环行小车在其轨面上行走。它是由四个圆弧形的钢板焊接件拼装成的一个圆环,其结构见图5-62。上部连接板1用螺栓连接在吊盘的圈梁下面,下面轨面板7是作环行小车轨道面用。沿着侧面板6每隔一定距离焊有吊挂板5和斜筋板2,轨面板下焊有筋板8和侧面加强板9。

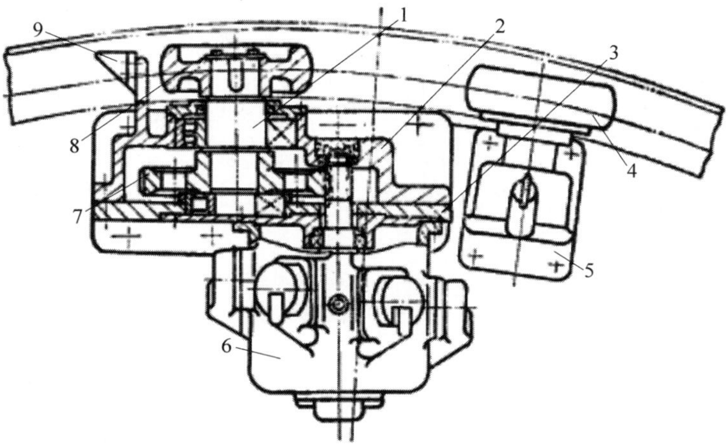

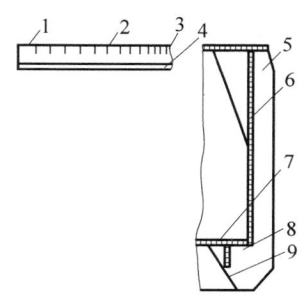

1—齿轮轴；2—主动轮箱箱体；3—主动轮箱箱盖；4—从动轮；5—从动轮箱；6—6马力气动马达；7—齿轮；8—主动轮；9—清扫器。

图 5-61　环行小车

1—上部连接板；2—斜筋板；3—端面板；4—端筋板；5—吊挂板；6—侧面板；7—轨面板；8—筋板；9—侧面加强板。

图 5-62　1/4 环行轨道

为使拼装后轨面平整,在每两个 1/4 的轨道拼装时,有两个定位螺栓作定位。不同直径的井筒配有相应规格的环形轨道。

8) 中心回转式抓岩机

中心回转式抓岩机是结合靠壁式抓岩机和环形轨道式抓岩机的特点而组成的一种新的立井抓岩机。它安装在立井吊盘下盘中心(考虑井筒测量的需要实际上偏离中心一定距离),在下盘面上装有回转机架、提升机构及吊盘固定装置。其余部分均连接在吊盘底下,呈悬吊状态。工作时,用吊盘上的千斤顶撑在井壁上将吊盘固定。随着工作面的下掘,机器跟着吊盘而升降。司机在司机室内操纵两个五位六通操纵阀,控制提升、回转、径向移动和抓斗张开闭合,使抓斗在井筒工作面任意位置抓取矸石并将其投入吊桶。其结构见图 5-63。

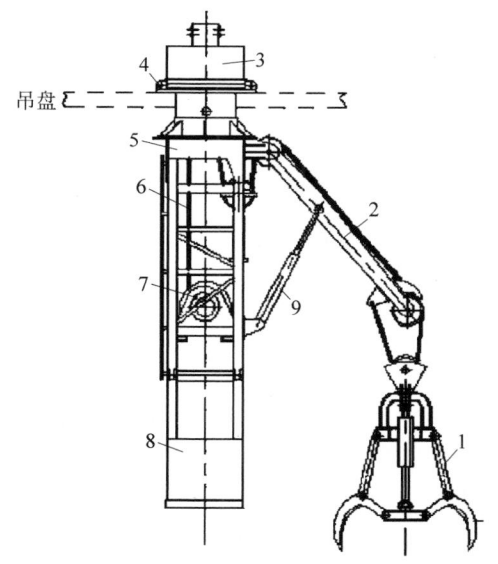

1—抓斗；2—吊臂；3—回转机构；4—底座；5—主机架；6—钢丝绳；7—提升机构；8—司机室；9—变幅油缸。

图 5-63　中心回转式抓岩机

这种抓岩机固定在吊盘上,接近中心的位置。用安装在机架上的臂杆向外伸缩而实现径向移动,可以满足不同井筒直径的需要,使用范围广;它不需另外的绞车单独悬吊,简化了悬吊设备;它以压缩空气为动力,具有动力单一、安全可靠、维护简单等优点。

目前,在我国已定型的中心回转式抓岩机有两种:HZ-4 型及 HZ-6 型。适用于净径 4 m 以上的井筒。其中 HZ-4 型抓岩机已批量生产。HZ-6 型抓岩机是 HZ-4 型抓岩机系列产品,结构大致相似,其主要技术性能见表 5-11。

表 5-11　中心回转式抓岩机主要技术性能参数

技术性能参数	型号	
	HZ-4	HZ-6
适用井筒直径/m	4～6	≥4
抓岩能力/(m^3/h)	30	50
抓斗容积/m^3	0.4	0.6
抓斗张开直径/mm	1965	2130
抓斗闭合直径/mm	1296	1600
抓斗质量/kg	1850	2333
提升能力/kg	2750	3500
提升速度/(m/s)	0.35～0.5	0.3～0.4
钢丝绳直径/mm	14	15
钢丝绳容量/m	60	60
回转速度/(r/min)	3～4	3～4
回转角度/(°)	360	360
变幅平均速度/(m/s)	0.4	0.4
机器总质量/kg	9427	10 410
机器外形尺寸 (长×宽)/(mm×mm)	900×800	900×800

(1)提升机构

提升机构用于抓斗的提升和下降。其结构见图 5-64。它由气动马达、减速机及制动装置等组成。整个提升机构安装在回转机架的左右梁上,用螺栓连接。提升钢丝绳的一端固定在臂杆上,另一端绕过连接抓斗的动滑轮,沿臂杆向上通过两个定滑轮,固定在卷筒上。当气动马达通入压缩空气运转时(正转或反转),驱动减速机,松开制动装置制动带,带动卷筒回转(正转或反转),实现抓斗提升或下降。

(2)回转机构

回转机构是由回转机架、气动马达、蜗轮减速机、万向接头等部件组成的,其结构见图 5-65。回转机架的底座 2 紧固在吊盘的两根钢梁 3 上,回转体 5 与主机架 6 连接并伸向井下,呈悬吊状态。8.5 马力气动马达 9 和蜗轮减速机 8 紧固在主机架上。万向接头 7 与减速机输出轴及回转机架小齿轮的支承轴相连。当 8.5 马力气动马达通气运转时(正转或反转),驱动蜗轮减速机,通过万向接头,带动与回转机架上的内齿圈相啮合的小齿轮,使小齿轮在内齿圈上既自转又沿内齿圈公转,从而带动主机架、臂杆、抓斗等共同绕着中心回转,实现了抓岩机的圆周运动。

(3)变幅机构

变幅机构的作用是使抓斗在井筒中作径向移动。它由增压器、配气阀、控油阀、推力油缸、臂杆等组成,其结构见图 5-66。增压器固定在主机架上,其顶部装有一个配气阀 5,下部装有一个控油阀 14。推力油缸一端铰接在主机架上,另一端铰接在臂杆 4 的中央。臂杆一端与机架铰接,另一端悬吊抓斗。

当操纵司机室内的五位六通操纵阀时,压缩空气从配气阀进入增压器,增压器内的活塞下移,增压油缸内的高压油通过控油阀 14、高压胶管 2,进入推力油缸 3,推动活塞移动,实现臂杆的张开。当操纵司机室内的五位六通操纵阀,使压缩空气将配气阀打开时,增压器排气,控油阀同时打开,推力油缸的油返回增压油缸,臂杆靠自重下降实现臂杆的收缩。当五位六通操纵阀的手把处于中间位置时,配气阀及控油阀的阀杆也处于中间位置,增压器内的压缩空气及油处于停止状态,臂杆不动。这样,抓斗可以在任何位置上停止,以便对准吊桶。

(4)主机架

主机架是抓岩机的躯干,由于支承及连接各部件,它是一种框架结构。由前主梁、后主梁、横撑、斜撑、竖撑、顶板、侧板、上支承板、下支承板、连通管等一些型钢焊接而成,其结构见图 5-67。

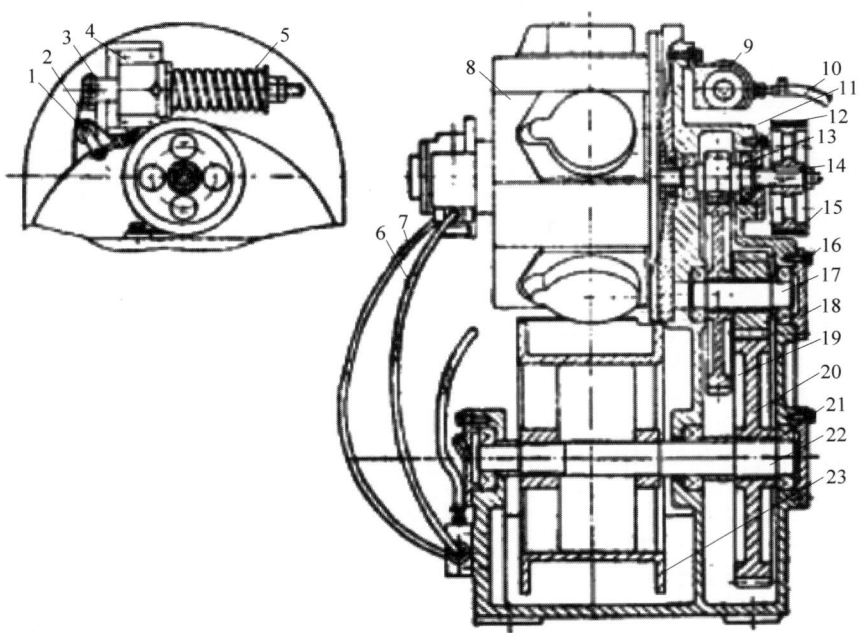

1—制动轴；2—制动臂；3—调整螺丝；4—挡块；5—制动弹簧；6,7,10—胶管；8—气动马达；9—制动气缸；11—减速机壳体；12—制动器；13—轴齿轮；14,16,21—轴承；15—制动轮；16—轴承；17—中间轴；18—小齿轮；19—中间齿轮；20—大齿轮；22—卷筒轴；23—卷筒。

图 5-64　提升机构

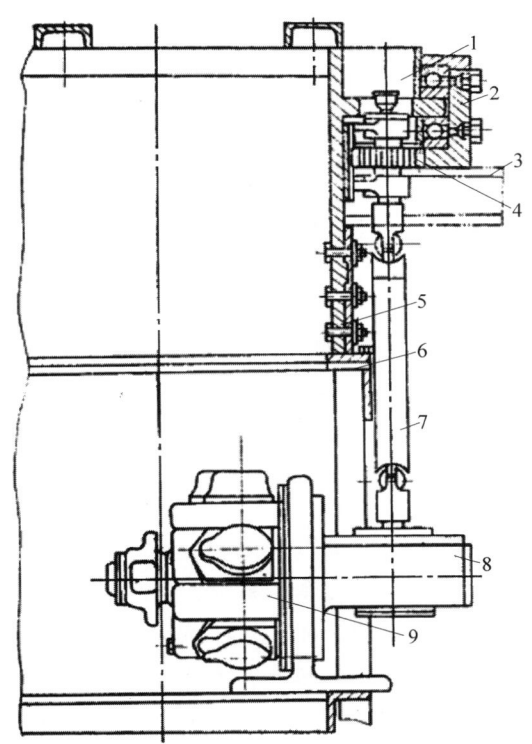

1—回转机架；2—底座；3—吊盘钢梁；4—小齿轮；5—回转体；6—主机架；7—万向接头；8—蜗轮减速机；9—气动马达。

图 5-65　回转机构

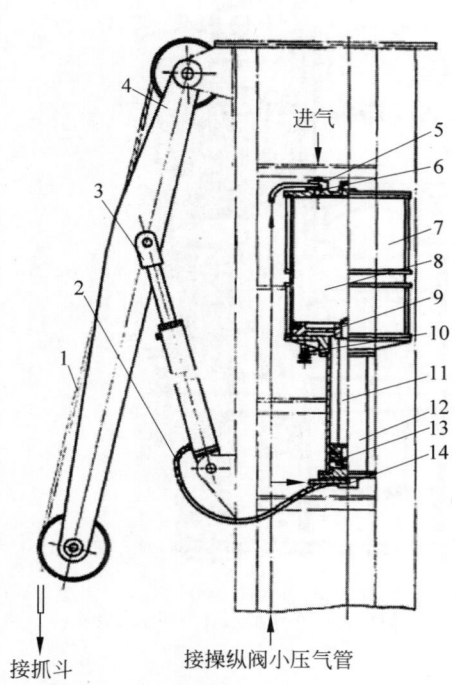

进气

接抓斗

接操纵阀小压气管

1—钢丝绳；2—高压胶管；3—推力油缸；4—臂杆；5—配气阀；6—顶盖；7—增压器；8—大气缸；9—大活塞；10—截止阀；11—活塞杆；12—增压油缸；13—小活塞；14—控油阀。

图 5-66　变幅机构

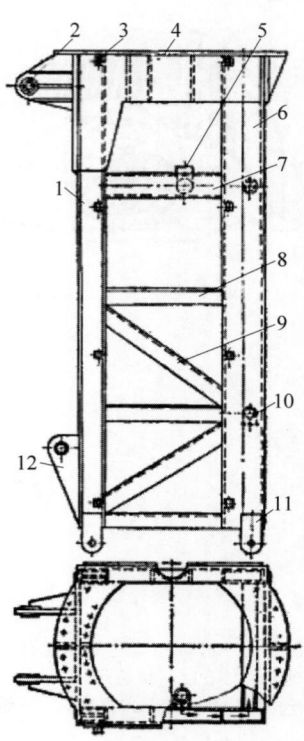

1—前主梁；2—上支承板；3—拆梯耳；4—顶板；5—总进风管；6—后主梁；7—连通管；8—横撑；9—斜撑；10—连通管；11—连接板；12—下支承板。

图 5-67　主机架

前主梁 1 左右各一根，对称布置。它由四块钢板焊接而成，呈矩形断面，中间焊入一块钢板，以提高其刚度。后主梁 6 也是左右各一根，对称布置，它由四块钢板焊接而成，呈矩形断面，但中间是空腔，既是机架主梁，又是进风管。压缩空气从总进风管 5 进入，经连通管 7 进入后主梁 6 和连通管 10，连通管上焊有到操纵阀的进气接头及抓斗气缸的进气接头，压缩空气通过连通管 10 分别进入操纵阀及抓斗。后右主梁也焊有接增压器下面的配油阀进气接头，连通管 7 和 10 既是进风管又是机架的横撑。主机架的上支承板 2 与臂杆铰接，下支承板 12 与推力油缸铰接，顶板 4 与回转机架连接成一体。连接板 11 与司机室连接。机架内装有回转减速箱、绳轮、变幅机构、管路系统等，把机器各部分连接成一整体。

（5）吊盘固定装置

吊盘固定装置主要用于固定吊盘，使机器工作时，吊盘和机器保持稳定，保证机器在使用过程中安全可靠。它由两个手动千斤顶、两个液压千斤顶、手摇泵、三位四通手动换向阀、蓄能器、单向阀等组成。其液压系统如图 5-68 所示。

使用时，先用手动千斤顶调整吊盘的中心，然后，调整手摇泵的压力，使压力表的压力达 $150\sim160$ kg/cm^2，检查管路系统。检查后若无泄漏现象，即可操纵三位四通手动换向阀，使液压千斤顶撑紧井壁，稳压 15 min 后便可使用。停止使用时，操纵三位四通手动换向阀，使液压千斤顶缩回，然后再把手动千斤顶缩回原位。最后，调整手摇泵，使压力表的压力恢复零位。

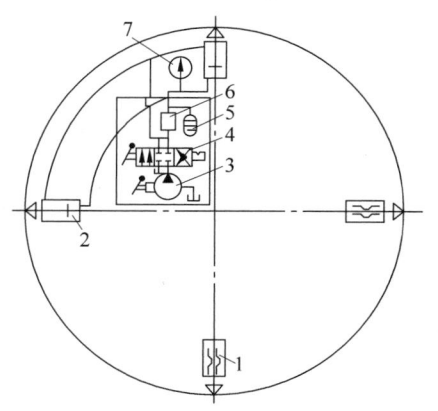

1—手动千斤顶；2—液压千斤顶；3—手摇泵；4—三位四通手动换向阀；5—蓄能器；6—液压操作单向阀；7—压力表。

图 5-68　固定装置液压系统示意图

9）机器的安装与操作

（1）机器下井前的准备工作

① 机器下井前，应进行全面检查。螺栓连接、绳夹、焊缝等处有无松动、开裂等现象，如有应彻底修复。否则不准下井。

② 所有管路在下井前要用压风机吹净，并将进出气口堵住，以免进去脏物。

③ 机器下井前，对缺件、损坏件等必须更换，外露螺纹需加保护。

（2）井下安装程序

① 抓岩机主机的井下安装。准备工作完成之后，将抓斗与主机分开，分别下井。主机下井时，由吊盘的两根工字钢主梁之间穿过（设计吊盘时，应预先设计好两根主梁的间距），当主机回转机构的底座快要与主梁接触时，将底座回转90°，然后放下主机，稳坐在两根主梁上，并用 L 形（或 U 形）螺栓紧固。为防止抓岩机工作时回转底座转动，可在底座的四角焊上挡块。

② 下放抓斗。主机装好以后，将抓斗放下，并连接风管（不准带入杂物）及钢丝绳。风管接头不准漏风，绳卡一定要拧牢，确保安全。

（3）井下试车操作

① 试车前先将各处的油孔、油杯及齿轮箱加足润滑油。

② 试车前将本机所有的紧固件及管路系

统全面检查一遍是否有松动现象，然后进行试车。

③ 试车前，先打开总阀门，检查管路接头处是否有漏气现象。

④ 将操纵阀手柄的搭钩打开，进行空载运转 3～5 个循环动作，重新检查机器各处运转情况是否正常，然后再做重载试验。

（4）注意事项

① 正式工作前，要清除机器上的浮矸和杂物，然后空车运转，待机器正常后再工作。

② 司机必须经过操作训练，掌握操作技术，方能操作机器，在操作技术尚未十分熟练之前暂不要交叉操作，以保安全。

③ 司机离开机器时，必须将操纵阀的搭钩搭在手柄上，以防发生事故。

④ 零件如发现磨损、变形严重或紧固件有松动情况时，则应立即停止工作，进行修理或更换新零件，待修复完善后，方可继续使用。

⑤ 开车前必须将各个油杯及油孔加油后方可开车运转。

⑥ 应经常保持机器清洁与完整。

⑦ 钢丝绳应定期检查，必须符合安全规程的要求。

10）机器的润滑

（1）及时充分的润滑是保证机器正常运转和延长使用寿命的必要措施。因此，按规定的加油及检查时间，一定要搞好油位检查的加油工作。

（2）为统一起见，所有风动机、减速机箱体、油雾器等处都用 20 号机油或透平油进行润滑，各滚动轴承均用钙基脂（黄油）润滑，各操纵阀、配气阀、气缸等装配时都应加适当的机油或黄油以助润滑。

（3）润滑油的材质，必须符合要求。不得混有灰尘、杂物及其他带有腐蚀性的杂物。

（4）抓斗的连接盘上面槽内和 8 根拉杆腔内，均应定期加油。

11）机器的维护与检修

经常的定期检修是保证机器正常工作、安全生产的有效措施，尤其是悬吊件更应特别注意。

（1）钢丝绳要经常检查，发现断丝、松股、压痕等应立即更换。

（2）机架、臂杆、绳轮支承座、连接螺栓等，要经常检查焊缝有否开裂，机件有否变形，螺栓有否松动等。如发现问题及时解决。

（3）气路系统应保持严密，不得漏风；滤气器要定期清洗，每周一次，油雾器要经常加油，保持正常滴油。其他各部件的检修，要根据具体情况及生产安排，进行处理，但原则上不能使机器带病工作。

（4）检修机器时，应系好安全带（用户自备）。上检修台时，不准由高处跳到检修台上。检修机器时，台上不准超过一人，不准放置超过 50 kg 的物件。

12）常见故障与处理（表 5-12）

表 5-12 常见故障与处理

故 障		原 因	清 除 方 法
注油器不滴油或滴油缓慢		润滑油黏度过低	更换合适的润滑油
		油管过滤网被堵塞	清洗油管及过滤网，保持油的清洁
抓斗工作不正常	抓斗不能张闭或张闭缓慢	接配气阀的小压气管被折死或破裂漏气	整理压气管，修补或更换小压气管
		控制抓斗操纵阀失灵	修理五位六通阀
	抓斗漏矸	抓斗配气阀阀芯卡住	修理或更换阀芯及弹簧
		活塞杆变形，橡胶密封损坏	检修活塞杆，更换密封卷
		抓斗抓尖磨损厉害，抓片变形	重新焊接抓尖，修理抓片
	拉杆变形，开焊	强度不够，焊接质量差	重新焊接，加强强度
提升机构运转不正常	提不动或提升速度缓慢	气压不足	提高气压
		压气管路漏气	检查管路，修理或更换
		钢丝绳脱槽或卷筒上钢丝绳乱绕、卡死	重新缠绕钢丝绳
		气动马达和减速箱的润滑油不足，运转声音不正常，速度减慢，钢套磨损严重	加润滑油，拆卸至地面检修，更换钢套
		制动器尚未打开，闸带过紧	松开闸带，修理制动器
		导向绳轮不转动	检修绳轮
	提升刹车失灵	制动器失灵	检修制动器
		闸带磨损严重	更换闸带
	提升钢丝绳扭成麻花	悬吊抓斗旋转器轴承损坏，旋转器失灵	更换旋转器轴承，检修旋转器
回转机构转不动或转动缓慢		万向接头销轴切断	更换销轴
		内齿轮被石块卡住	清扫内齿轮
		压气管路漏气，压力不足	检修管路，加大压风
		气动马达和减速机的润滑油不足，声响不正常，速度减慢，气动马达铜套磨损严重	加润滑油，拆卸至地面检修，更换铜套
变速机构伸不出，收不拢		管路系统漏气，漏油	检查管路，检修或更换
		增压气缸、油缸密封圈损坏	更换密封圈
		增压油缸油少或没有油	加油
		配气阀及控油阀失灵	检修配气阀及控油阀
		司机室操纵阀失灵	检修操纵阀
		推力油缸密封圈损坏	更换密封圈

5.3 机械法建井机械

5.3.1 概述

1. 功能、用途与分类

机械法建井机械一般为钻井机,简称钻机。其中竖井钻机也称为盲井钻机,是在井筒内充满泥浆等洗井介质的条件下,采用钻杆驱动,由上向下钻进井筒的一类钻机。竖井钻机(图 5-69)作为钻凿矿井的成套设备,采用钻井、泥浆护壁、洗井、悬浮下沉预制井壁和壁后充填的工艺,在地面完成掘、装、提、支等工作,避免了工人井下作业,适用于大涌水、厚流砂层、易塌方、不稳定地层的表土和岩石,是一种特殊的凿井工艺,可广泛用于矿山、建筑、交通、水电和国防等领域。

(a)

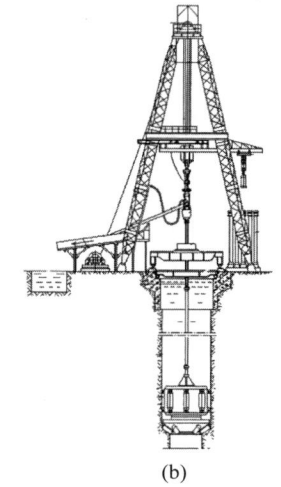
(b)

图 5-69 竖井钻机
(a)外形图;(b)结构图

按钻头结构方式的不同,竖井钻机可分为星轮式、行星式、潜孔式。

按钻进方式分,竖井钻机可分为全断面钻进、分层扩孔钻进、取芯钻进。

按钻头驱动动力所在位置分,竖井钻机可分为转盘接杆式、动力潜入式。

按钻机能力分,竖井钻机可分为移动式轻便钻机、强力钻机。

2. 机械法建井工艺

与爆破破岩凿井相比,机械破岩以"破岩兼顾控制围岩破坏"的理念为指导,在破岩过程中对井筒围岩扰动效应减小到最低,形成的规矩圆形井筒截面,提高了井筒围岩结构在高地应力条件下的自稳性能;同时,形成的井筒围岩裂隙率明显降低,有效降低了井筒围岩透水、涌水等水害的风险。千米深井机械破岩钻进,岩石的赋存条件和浅部相比发生一定变化,对于大体积机械破岩,温度的提高导致岩石的塑性和蠕变增强,而对破岩有利的脆性降低,裂隙封闭降低了岩石的崩裂效应,地层的多场应力状态使得处于三向应力条件的岩石更难以破碎。

如图 5-70 所示,机械破岩钻井装备种类很多,根据钻进破岩方式分为冲击钻进和旋转钻进装备,目前在大直径钻井中已不再采用冲击破岩方式;根据钻进方向划分为正向钻井和反向钻井;根据钻头旋转驱动方式划分为转盘方钻杆驱动、动力头驱动和井下动力装备驱动。这些都能够在常用的竖井钻机、反井钻机和竖井掘进机 3 种类型钻进设备上有所体现。

机械破岩的核心是破岩刀具。钻井设备以推进和旋转的方式,将能量高效传递到钻头上,同时钻头上布置的不同组合形式刀具和岩体直接接触,并将岩石从岩体上破碎下来。目前,大体积破岩以刮削、截割和挤压岩石破碎 3 种方式为主,在不同的机械破岩钻机的钻头中这 3 种破岩方式独立应用或以组合应用的方式进行破岩,以适应不同特性的地层条件。机械破岩的 3 个要素包括刀具的形状、压入岩石的力和刀具运动状态,需要针对不同物理力学性质的岩石,研究不同的破岩机理。不同的钻头类型和刀齿布置形成的钻头结构如图 5-71 所示。刮削破碎一般适用软岩或冲积地层,需要很大的扭转力矩来提供破岩所需的能量,在与竖井钻进方向和重力方向相反的条件下,很难和流体排渣实现匹配;截割破岩在煤、弱胶结砂岩等强度低且脆性较好的地层中具有良好效果,不适用坚硬岩层,目前已在冻结后的软岩和冲积地层的井筒建设中成功应用。各

种类型的挤压破岩型滚刀,在不同地层条件下都已实现了高效破岩,其应用范围正逐渐拓展。

挤压破岩将成为深部地层中机械破岩的主要方式,挤压破岩的滚刀包括盘形滚刀和镶齿滚刀,滚刀破岩具备 3 个要素,即刀齿或刀刃的形制、正向压力以及滚刀运动。在驱动力的作用下滚刀运动对岩石产生以剪切破坏为主的连续破碎。对于岩石脆性较好或者泥浆压力不高的情况,岩石能够从岩体上崩裂,其破岩效果好。镶齿滚刀除了剪切作用外,其滚刀运动产生的刀齿滑移作用,更适合破碎千米深井中高温导致的塑性增强的岩石。镶齿滚刀破岩影响因素分析示意,如图 5-72 所示。影响镶齿滚刀破岩的因素主要包括齿形、齿间距、齿排距、围压、节理等。

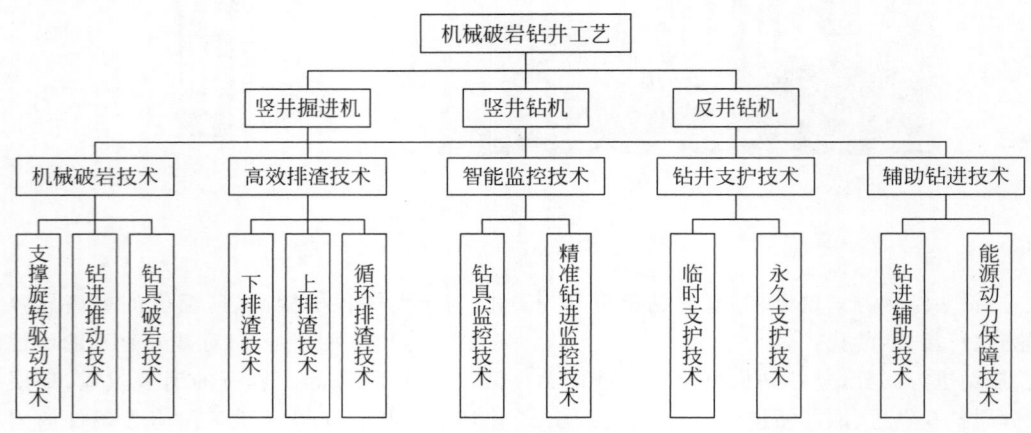

图 5-70　机械破岩钻井工艺

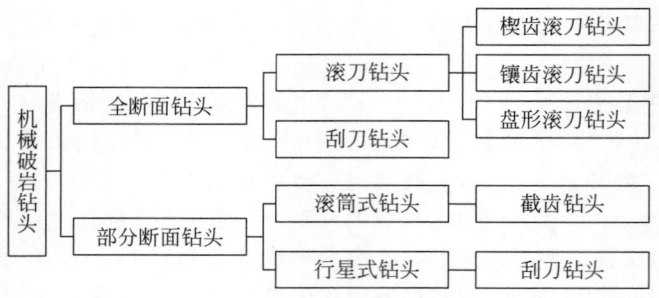

图 5-71　不同钻头类型和刀齿布置方式形成的钻头

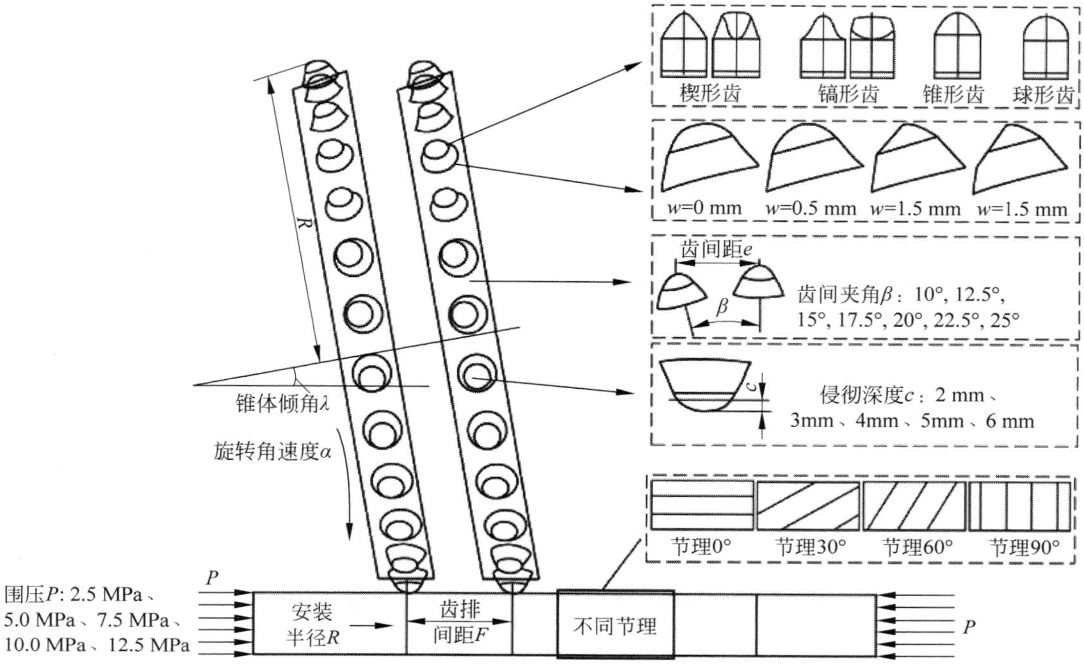

楔形齿　镐形齿　锥形齿　球形齿

$w=0$ mm　$w=0.5$ mm　$w=1.5$ mm　$w=1.5$ mm

齿间距e

齿间夹角β：10°、12.5°、15°、17.5°、20°、22.5°、25°

侵彻深度c：2 mm、3mm、4mm、5mm、6 mm

节理0°　节理30°　节理60°　节理90°

锥体倾角λ

旋转角速度α

围压P：2.5 MPa、5.0 MPa、7.5 MPa、10.0 MPa、12.5 MPa

安装半径R　齿排间距F　不同节理

图 5-72　镶齿滚刀破岩影响因素分析示意

钻井装备的推进能力、旋转扭矩、旋转转速 3 个主要参数是设计钻机性能的基础参数。推进能力必须满足布置在钻头上的多把滚刀的刀齿需要达到最小推力,主要通过分析滚刀体积破岩的正压力,计算出钻进推进压力,同时考虑钻具的重力、洗井液的浮力和摩擦力等因素,最终确定钻井设备的推进能力。旋转扭矩是根据滚刀推动力和装备尺寸计算得到的;旋转转速可通过滚刀运动方式与刀齿接触岩石的时间得到。推进能力、旋转扭矩、旋转转速的组合和钻机输送给钻头破岩的能量,以及能量转化为破岩的效率,决定了装备设计和钻井工艺是否合理。

3. 安全使用规范

钻进事故是降低钻进效率、拖延工期、降低钻井质量,增加钻井成本的主要原因之一。

1) 钻进事故的类型

钻进事故有各种各样,主要有如下几类:

(1) 卡埋钻头事故类:如井帮掉块挤夹、井径缩小挤夹和井帮坍塌埋钻挤夹等事故。

(2) 掉件事故类:包括钻具脱落和折断掉井事故和其他件掉井事故。

(3) 井斜和井径过分刷大事故。

(4) 钻头包糊事故。

(5) 井帮漏失事故。

2) 钻进事故的预防

对待事故,应以预防为主,防患于未然,因为事后的处理往往比预防要复杂得多,损失也大,有时还可能因处理无效引起更大的事故。

做好如下几项预防工作,可以大大减少钻进事故。

(1) 认真、全面地掌握钻进全过程,对出现的每一种事故预兆详细地进行研究,及时予以排除。

(2) 严格按照钻进技术措施进行作业,在特殊地层施工时,要制定专门的安全钻进措施,以充分的技术手段进行安全钻进。

(3) 因地制宜地选择钻进方法。

(4) 经常检查、维护钻进设备,尤其是对那些易发生故障的件要做到勤检查、勤维护,发现问题,及时处理,保持正常的工作状态。

对易掉件(如钻杆、牙轮),要加强防松措

施。如某钻机上用了如图 5-73 所示的卡子以后,大大减少了掉钻事故。

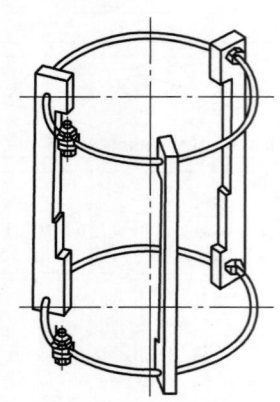

图 5-73　钻杆接头防松三翼卡

3) 事故处理的准备工作

(1) 事故发生后必须及时调查了解事故过程,判明事故类型、性质、事故件所在深度位置、状态(必要时,需用木盘黏胶泥下井调查)。

(2) 根据事故的实际情况:拟定两个以上的处理方案(当前者无效时,能马上运用后者)。

(3) 按处理方案选择或制造相应的处理设备、工具和仪表,并对其入井件的结构尺寸进行登记。

设计制造处理工具时,要注意如下几点:应尽量采用通用件和标准件,以便互换,减少制造工作量,工具的承载能力不仅要考虑事故件的重量,同时也要计入事故处理时的各种阻力,其结构最好不妨碍进行泥浆循环,以清洗处理工作面。

4) 处理钻进事故的几种方法

处理事故的方法,要根据当时的事故类型、性质等具体情况来确定。主要的处理方法有以下几种:

(1) 打捞

用各种打捞工具捞取井内的掉落物件的方法,适用于脱钻事故和钻具折断事故的处理,如图 5-74 所示。

(2) 拔取

适用于卡埋挤夹钻事故的处理。处理这些事故一般要采用强力提拔,用正常的提升力往往是提不动的。

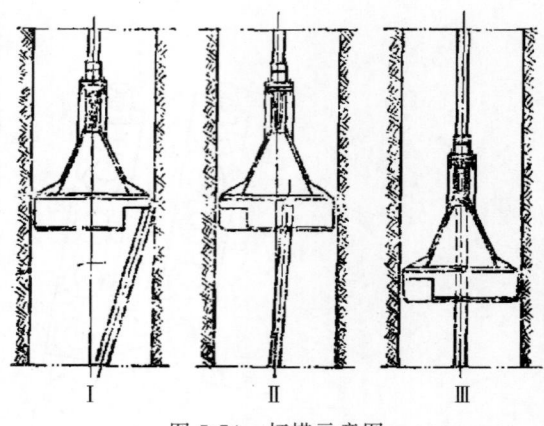

图 5-74　打捞示意图

对于掉块挤夹钻头一类事故,被卡件往往在井中还有一定的上下活动距离,此时可采用串拔方式(即上下反复串动)进行处理。

当埋挤力很大,超过提吊设备能力时,需用顶拔的方式进行处理。

用拔取法处理卡埋事故要注意:拔取力要缓慢增加,不应太猛太快,最大拔取力应控制在钻杆的允许范围以内,否则就要另行采取措施。

(3) 套取

当事故件全部被埋或埋挤太紧时,可用比事故件尺寸大的环形钻头进行套扩,使其完全暴露后再用其他方法提出。

(4) 截取

当用其他方法整体提出无效时,就需要用截割刀具将其割成数段后,再用其他方法处理。

(5) 扫刷

钻具被卡挤于井内某一井段不能提出或下放但还能旋转时,可用旋转钻具的方法扫刷井帮,以扫碎或扫活卡挤物,解除事故。扫刷和串拔结合使用,效果更好。

(6) 冲刷

冲刷法即通过对事故点进行强力泥浆循环来松动或清除阻碍物的方法。用此法可以单独处理埋挤力较小时的埋钻事故和钻头吸收器堵塞事故。与拔取结合时,可处理较严重的埋钻事故。

（7）震动

对于井筒浅部的掉块挤夹事故，可用敲击钻具的方法，使之在震动力的作用下予以松动，减少或消除对钻具的挤夹力，以便于提取。敲击的方向有上下之别。向下敲击适用于处理悬持挤夹件；向上敲击适用于井底挤夹件（此时，应将事故件强力提紧）。

5.3.2　竖井钻机的技术参数和结构组成

竖井钻机主要由钻具系统、旋转系统、提吊系统、洗井系统、其他辅助设备等组成。

1）钻具系统

钻具系统是钻井工作的重要组成部分，包括钻头和钻杆，它的主要功用是使钻头在旋转中破碎岩石。钻具系统是否适应岩石性质及其质量的好坏，在选用钻井工艺方面起着非常重要的作用，特别是对钻井质量、钻探速度、钻井成本方面产生着巨大的影响。

2）旋转系统

主动钻杆、钻杆、转盘及其传动设备的整体叫作旋转系统。扭矩由钻杆传递给钻头，从而使钻头旋转。旋转系统是产生扭矩用以驱动钻具旋转的系统，要求能够提供足够大的扭矩和一定的转速，带动钻具系统破碎岩石并能满足其他特殊作业的要求。旋转系统要能够进行正反转，并能可靠地制动。

3）提吊系统

提吊系统实质上是一台重型起重机，它是钻机的核心。它主要由井架、天车、游车、大钩、绞车等设备组成。提吊系统的作用是对钻具动作控制，在钻进过程中主要是提升并吊起钻具，控制进给速度，满足设定好的钻压要求，实现控制钻压。在井壁下沉过程中，它用于放下和提吊井壁。

4）洗井系统

钻机的洗井系统是指用于清洗井孔的一套系统，由压气排液器、能量换转器、滑槽、排架管等设备组成，在施工现场还有用于沉淀净化和清出岩渣的辅助设备。这些设备共同协作，将清洁的水送入井孔内，清洗井孔，保证井孔内部的清洁度和通畅度。洗井系统的功用是及时清除钻头破碎的岩渣，避免刀具重复破碎岩渣，以提高钻井的速度和效率。同时对刀具进行冷却。

当然，钻机设备还包括其他许多辅助设备，像钻井平台、专用汽车、封口车，也需要一些常用的起重运输装置，也包括检测压力、电流、钻井深度、垂直度的专用仪表等。

1．主要技术性能参数

竖井钻机是一种用于在地下进行竖直或斜向钻孔的设备。其主要技术参数包括以下几个方面。

1）钻进能力

钻孔深度：表示竖井钻机能够达到的最大钻孔深度。

钻孔直径：表示竖井钻机能够完成的最大钻孔直径。

2）转速和扭矩

主轴转速：表示竖井钻机主轴的旋转速度，通常以每分钟转数（r/min）表示。

最大扭矩：表示竖井钻机能够提供的最大扭矩，对于应对地层的硬度和复杂性非常重要。

3）进给系统

进给速度：表示钻进工具（如钻头）下降或提升的速度。

进给力：表示竖井钻机向下或向上施加的力，这与钻进的效率和稳定性有关。

4）移动性和定位

移动速度：表示竖井钻机在工地上的移动速度，这对于效率和灵活性至关重要。

定位精度：表示竖井钻机在进行钻孔时的定位准确性，对于需要准确定位的工程尤为重要。

5）动力系统

发动机功率：表示竖井钻机所搭载发动机的功率，通常以马力（hp）为单位。

燃油消耗率：表示竖井钻机在单位时间内消耗的燃油量，与经济性和环保性相关。

6）控制系统

自动化程度：表示竖井钻机是否配备自动化控制系统，以及控制系统的先进程度。

监控系统：表示竖井钻机是否配备了对各

项参数进行监控和调整的系统。

7）环境适应性

适用地层：表示竖井钻机适用的地层范围，包括对软土、岩石等地层的适应性。

工作温度范围：表示竖井钻机能够适应的环境温度范围。

8）安全性和可靠性

安全装置：表示竖井钻机是否配备了必要的安全保护装置。

故障诊断系统：表示竖井钻机是否具备故障诊断功能，以提高设备的可靠性和维护效率。

表5-13的技术参数是评估竖井钻机性能和适用范围的关键因素。在选择竖井钻机时，需要根据具体工程需求和地质条件来合理配置这些参数。

表 5-13　煤矿竖井钻机性能和所钻井筒数一览表

阶段	钻机型号	主要性能				使用时间	成井数量	备　注
		钻井直径/m	钻井深度/m	转盘扭矩/(kN·m)	提升力/kN			
初期阶段	ZZS-1	4.3	200	40	1300	1969—1978	8	中间试验钻机
	行星轮式钻机	6.2	120	39.2	750	1971—1980	2	沈阳红阳大钻
	MZ-Ⅰ	5.0	150	40	1300	1970—1979	4	常州钻井机
	MZ-Ⅱ	5.0	150	40	1300	1971—1979	2	天津704钻井机
	YZ-1	5.0	150	40	1300	1972—1982	4	太湖钻井机
	BZ-1	6.5	250	120	1400	1978—1979	1	表土钻井机
	QZ-3.5	6.2	250	58.4	1300	1978—1982	1	山东潜入式钻机
专用钻机阶段	ND-1	7.4	500	260	3200	1972—2001	8	上海大屯钻机
	SZ-9/700	9.0	700	300	3000	1976—2001	10	老9m钻井机
	AS-9/500	9.0	500	300	3000	1982—2002	9	新9m钻井机
	L40/800	8.0	600	420	4000	1982—1999	6	进口原西德钻机
现阶段	中型钻机	6.5	400	120	1500	2000—目前	15	中小井筒和钻孔桩
	SZ-9/700G	10.0	700	400	3000	2003—目前	1	
	AS-9/500G	11.0	800	400	3850	2002—目前	2	
	L40/1000	10.0	800	420	4000	2004—目前	2	
	AS-12/800	12.0	800	500	5500	2004—目前	1	
	AD120/900	12.0	900	600	7000	2007—目前	2	
	AD130/1000	13.0	>1000	600	8000	2007—目前	2	
合　计							80	

2. 钻具系统

钻具系统是直接执行钻岩工作的装置。它一般由钻头、导向器（稳定器）和钻杆柱组成，如图5-75所示。

1）钻头

钻头是钻具系统的最基本部分。它一般由刀盘、刀具、中心管、配重组等构成。有时导向器直接与钻头连成一体，作为钻头的组成部分。

根据功用不同，钻头有超前钻头和扩孔钻头之分。

超前钻头的钻进一方面给扩孔钻进工序开拓出了导向孔和破岩自由面；另一方面还能为此后的扩孔工作提供确凿的地质依据。基于超前钻头的作用及比较困难的钻进条件（无自由面），超前钻头直径一般不太大，多在0.7~1.2 m，但也有个别的重型钻机的超前钻头直径达到了3 m（全断面单次钻进直径达3.56 m）。

扩孔钻头的作用主要是将井筒扩大到所需的直径。为了较好地吸收钻渣，扩孔钻头下

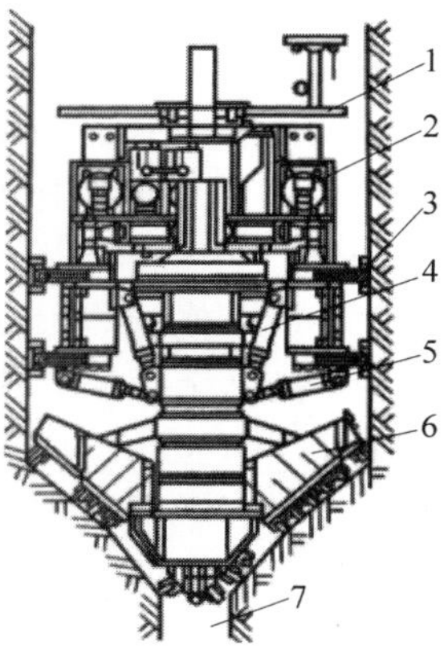

1—支护作业平台；2—操作控制平台；3—支撑系统；4—推进油缸；5—方向控制油缸；6—钻头；7—先导孔。

图 5-75　钻具系统

部一般装有吸收器。扩孔钻头的钻进面积一般比超前钻头大得多。各级扩孔钻头直径的大小一般根据钻机的能力（转盘扭矩和提吊系统的超吊能力等）及地层的钻进难易程度等决定。从充分利用设备能力的角度出发，各级扩孔所需要的扭矩、钻压之大小应基本上相同。

根据钻进方式不同，钻头还分为全断面钻进（单次或多次）钻头和取芯钻头。

全断面钻进法由于适用性广，钻头结构及钻进工艺等均较简单，是常用的方法。取芯法只适用于较硬的稳定地层钻进。取芯法钻进由于只需破碎总的取出岩石体积的 25%～35%，因此具有动力消耗省、钻进效率高等优点。

根据刀盘的运动形式不同，钻头还分为直接传动式和行星传动式。

针对钻进条件合理选用钻头的刀具，是提高钻进效率的关键因素之一。目前使用的刀具大体上可分为两大类。

（1）刮削刀具

它是一种以切割力和挤压力来破碎的刀具。适于在表土层及软岩层中钻进。在硬岩中钻进时刀具易磨损，切削功能急剧下降。此类刀具没有轴承，结构简单，制造容易，成本低廉。

（2）滚动刀具

这类刀具的特点是以其滚动动作来破碎岩层。目前常用的三种型式是楔齿牙轮、球齿牙轮和盘形滚刀。

楔齿牙轮（图 5-76）主要以压碎和剪切来破碎岩石。在钻进过程中，随着牙轮体的转动，各齿相继作用于岩石。在各相邻齿与岩层接触的交替中，牙轮重心与岩面的距离发生周期性的变化，即牙轮对岩面的位能发生了周期性的变化，由此产生了冲击和振动作用，有助于破岩工作。

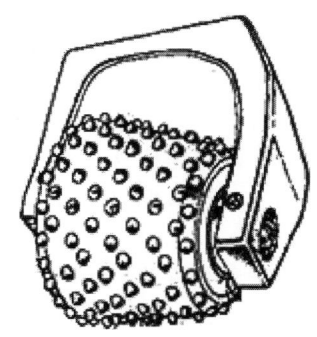

图 5-76　楔齿牙轮

球齿牙轮（图 5-77）是靠压碎和研磨作用来破岩的。其基本结构及布齿原则、轮体材质均与楔齿牙轮相似，不同之点主要在于齿形和齿料。球齿牙轮的齿就是镶压于牙轮体表层的硬质合金柱。齿形以半球面者居多，也有锥形等其他形状。由于这些特点，球形牙轮适用于钻进硬岩，要求钻压值也比楔齿牙轮大得多。

图 5-77　球齿牙轮

盘形滚刀（图 5-78）主要以剪切和龟裂作用来破岩。刀刃锋利时主要是剪切破岩；刀刃磨钝成圆弧状时就容易发生龟裂破碎。盘形滚刀有单刃圈和多刃圈的。盘形滚刀刀尖部要堆焊铸造碳化钨或镶焊硬质合金片。盘形滚刀的刀圈一般与其轴线是垂直的。但也有呈倾斜布置的,这样的好处是钻进中防止了齿的轨迹重合,在岩石上切出的破碎沟也宽得多。

图 5-78　盘形滚刀

刀盘是安置刀具的部件。目前,既有焊接结构的,也有铸钢结构的或铸焊混合结构的。铸造结构的整体性好,在运输和使用中不易变形,焊接结构制造较易、轻便,但易变形,影响刀具的安装精度,不利于钻进。

中空管一般由钻管、接头和法兰盘焊接而成。法兰盘和钻杆的连接,忌用环形焊缝,宜用开槽塞焊。对合金钢材,焊后要回火或焊接时保温,以免热影响区脆裂。法兰盘(与钻管相配)的套上端要呈锥状,以减少刚性。

配重组是由一定数量的配重块和卡盘、连接件组成的。配重块的数量可根据地层情况进行调整。为了保证钻井的垂直度,根据悬锤原理,钻头的总重量(包括所加配重组)应不小于所需钻压的 1.45 倍(泥浆中为 1.25 倍),目前钻进中,实际上比这值还要大一些,钻压加不上去。配重块一般用铸铁制成,也有用铅块做的,或用重晶石粉、水泥、沙子等盛在钢制圆筒中做配重用。

一般配重块上开有开口和联锁结构,配重块能互相咬住,不要从中心管顶端套入。配重组下部支承在中心管上的支承座上,上部用卡在中心管上的卡盘压住。

吸收器安装于扩孔钻头的底部,用于吸取刀具所破碎下来的钻屑。其效果如何,直接影响着钻进效率。吸收器的结构型式多种多样,最典型的有桶式、轮盘式、倒伞式三种。

桶式吸收器泥浆从位于吸收桶下部的钻杆上的各孔进入钻杆内。由于泥浆从桶中进入钻杆时,运动方向和速度发生了急剧的变化,在惯性力的作用下,钻屑易于从泥浆中分离出来,积存于桶中,把桶和钻杆下端的吸收口堵死。

轮盘式吸收器由筒体、若干流道和连接法兰组成。筒体用于加强结构和作超前导向用,其直径应比导向孔小 100～150 mm。流道可做成直线形或螺旋形,呈辐射状布置。各流道的倾角应等于或稍大于钻进面的倾角,以保证泥浆流动的平滑性。流道的截面形状一般为矩形或椭圆形,其小边的数值应小于泥浆三通允许通过的最大岩块的最大线性尺寸。各流道的总截面积的数值应等于或稍大于钻杆截面积。各流道入口要用钢条分隔成几格,控制大块岩石进入,以免造成"三通卡脖"等事故。

倒伞式吸收器(图 5-79)的筒体由数节不同直径的锥圈组成,调节这些圈,就可满足各级扩孔钻头的不同直径的要求,一机多用筒体在钻进时不随钻杆旋转,因此钻屑在自重和泥浆的作用下,能沿筒体斜面溜到中心,吸收效果较好,筒体下部是敞开的,不会堵死吸收口。若筒体有一定转速,沿筒外落下的钻屑也能从此口吸入钻杆。最下部是锥状掏孔钻头,带刮刀,用于清除掉入前一级井中的钻屑,节省了换超前钻头扫孔的时间。

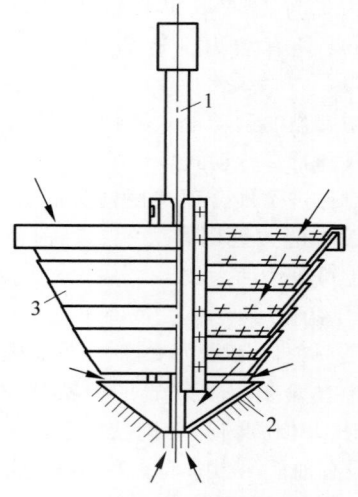

1—中心管;2—掏孔钻头;3—锥圈。

图 5-79　倒伞式吸收器

2）导向器

导向器（稳定器）（图 5-80）用于保持钻头在钻进过程的正确方向，防止偏斜过度。导向器有和刀盘做成一体的（如我国早期的钻头），也可制成单独件。单独件机动灵活，使用方便，可根据需要安装于钻杆柱的任何位置，稍改换一些件就可用于其他各级钻头的钻进，通用性好。导向器由筒体、若干导向辊（或弧形块）和中心管组成。各导向辊借托架均匀安装于筒体外缘，以在钻进中保证筒体不与井帮发生摩擦。更换托架或调节托架在筒体上的安装位置，就可改变导向器直径，以适应各级钻进的不同要求。

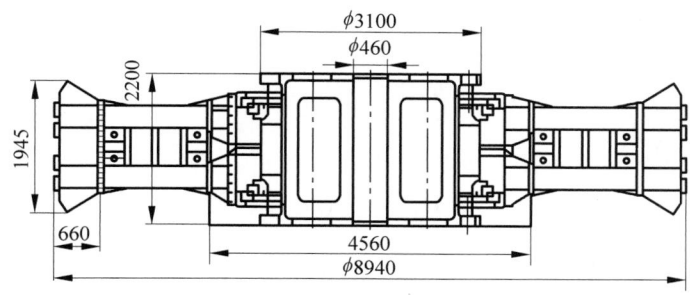

图 5-80　AD130/1000 型竖井钻机钻头导向器

3）钻杆柱

钻杆柱是连通地面和井下的枢纽。钻进过程中，传递破碎岩石所需的能量、井底钻压的调节、钻进深度的延伸、泥浆的返回及起下钻头等，都是借助于钻杆柱来完成的。钻进过程中，钻头的工作情况、井筒地层的各种变化，往往必须通过钻杆柱才能反映到地面上来。合理的钻进技术参数及其他技术措施，也只能在正确地使用钻杆柱的条件下才能得以实现。

杆柱包括若干钻杆。钻杆由钻杆接头和钻管组成。钻杆接头由上接头、下接头和接头连接套等组成。

由于钻杆受力状态复杂（拉、压、弯曲、扭转力俱全），钻管必须有足够的机械强度（拉、剪安全系数应为 2 以上）。在泥浆中工作的钻杆还应具有一定的耐蚀性能。为了减轻起吊系统的负荷，钻杆最好用合金钢材质无缝钢管制作。

钻杆接头除应满足以上要求外，还要求装拆灵活方便和连接可靠，以缩短起下钻时间、减轻工人劳动强度和减少掉钻事故。至目前为止，使用过的钻杆接头的结构型式有法兰盘-螺栓式、锥螺纹式、花键-螺纹式、六方-花键式和渐开线花键-矩形花键式等。

法兰盘-螺栓式和锥螺纹式是竖井钻机发展初期使用的接头型式，目前只有轻型钻机上仍有采用。花键-螺纹式是目前使用最普遍的一种接头型式。花键可以是矩形的，也可以是渐开线的，用于传递扭矩。螺纹型式有三角螺纹，也有梯形螺纹和锯齿形螺纹，主要用于传递拉力。锯齿螺纹是梯形螺纹和矩形螺纹的结合型式，兼有承载力大但又不易松扣的优点。由于这种型式的接头扭矩不再由螺纹传递，所以易于拆装，且改善了接头的受力状况。

后两种接头型式去掉了螺纹，用带钩头的矩形大花键来承受拉力，使拆、装效率大大提高，也减轻了工人的劳动强度。

钻杆主要参数是钻杆的直径（外径和内径）和钻杆的有效长度。直径根据钻杆受力大小和通过的泥浆流量、流速来定。钻杆的长度原则上应尽可能大些，因为钻杆越长，一方面钻杆柱中的钻杆接头数量就越少，即提吊系统的负荷减小，另一方面起下钻速度提高。但是，钻杆长度往往会受到吊运中不许可的弯曲变形、钢管的长度和井架高度等因素的制约。

3．旋转系统

旋转系统包括转盘及其传动装置，钻台与

方钻杆。

1）转盘及其传动装置

转盘的功用主要是：

（1）钻进中旋转钻具，或克服岩层给钻头的反扭矩；

（2）打捞时旋转打捞工具；

（3）起下钻时悬持钻杆柱和钻头；

（4）拆接钻杆（当装有辅具时）。

主轴承的寿命主要取决于其轴向载荷。为了减少此力，可用滚柱式补心，使方钻杆和补心间的摩擦由滑动型变为滚动型。为了适应各种钻井直径及不同地质条件的钻进要求，转盘的转速要能在较大的范围内变化，如今一般采用液压马达驱动转盘。

转盘的主要技术参数有开口直径、扭矩或功率、转速。

2）方钻杆

方钻杆（图 5-81）位于钻杆柱最上端。它是一种把转盘的功率传给钻杆以带动钻头旋转的过渡性钻杆。为了有效地传递转盘扭矩，方钻杆的截面通常制成棱角形——正方形或正六方形，套在转盘的方瓦中。四方形钻杆接触应力小，制造较简单，但截面尺寸较大，要求转盘有较大的开口直径，故一般只有小型钻机的方钻杆采用这种截面形状。与四方形钻杆相比，正六方形钻杆的特点是传递扭矩平稳，提高了抗弯抗扭强度，截面尺寸较小，但制造较困难。

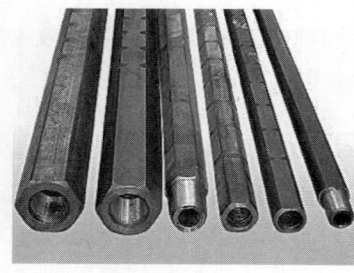

图 5-81　方钻杆

方钻杆的钻身有焊接结构的，也有分段锻造结构的。焊接结构制造方便，但结构强度较差，锻造结构与此相反。

方钻杆上部一般和三通用螺纹套相连，为

了在钻进过程中不致松扣，需采用反扣（左扣）。其下部用钻杆接头与钻杆相连接。方钻杆的内截面尺寸、有效长度尺寸及机械强度均应比钻杆的大。

在钻杆长度比较大（如 10 m 以上）或方钻杆太长而起下钻吊挂困难时，可考虑采用短方钻杆，此种方钻杆的有效长度比钻杆小。不过使用这种方钻杆，在加尺时，要另用一根短钻杆进行倒换。

3）钻台

钻台为一空间金属结构件，是安放转盘及其传动系统用的，起下钻等操作亦在其上进行。有些钻机还要用它来移运预制井壁。

使用中由于钻台承受有整个钻具系统的重量和由转盘传来的钻进反扭矩，因此它必须具有足够的强度和结构稳定性。同时为了方便操作和运输井壁，还要求它有一定平面面积。

钻台下部应有适当的空间高度，以作为拆装钻头、导向器和观察井口之用。当要用钻台移运井壁时，此高度一般要求≥1.5 m，同时要装设移动装置和钻台顶升装置。

4．提吊系统

提吊系统主要用于起下和提吊钻具。此系统包括井架、主绞车（包括传动装置）、天车、游车、大钩（或抱钩）、死绳装置及钻杆吊车、封口盘（或抱卡梁）等部件。

1）井架

井架是钻井的"骨架"，用于支持游动系统等部件。目前，竖井钻井中使用的井架有塔形架、四桅杆架及 A 形架三种型式。

塔形架是早期出现的一种金属井架。它一般具有四条大腿，且从上到下均用各种杆件相连（大多数为螺栓连接），大钩负荷集中在井架的几何中心，故结构稳定性好、承载能力大，但重量大、装拆费工。在深井钻机上此种井架至今仍被普遍采用，我国早期配套的竖井钻机也都采用此种井架。

四桅杆架的四条腿只由二层台、天车台相连，一般无连接杆件（或只少量几根），每条腿由数段构成。此种井架除具有塔形架的优点外，还比塔形架装拆省事、重量较轻、架内空旷。国内新钻机 SZ9/700 钻机和俄罗斯 yKB-5 钻机等采用了这种井架结构形式。

A 形架是一种新型井架，一般由两条主腿及两条斜撑组成，主腿也由数段组成。它由于具有结构简单、重量轻、拆装运方便、井场空旷等优点，故采用比重日渐增大。A 形架稳定性较差。y3TM-8.75 钻机等采用了此种井架型式。

此外，美、俄等国一些钻机上还使用了"Ⅱ"形井架。车装式钻机上还采用了单桅杆井架。井架是金属结构件，多用角钢、钢管等型钢制成。钢管井架强度高，使用、运输中不易变形，但成本较高。塔桅各焊接杆件的组合用螺栓连接，由于接头多，很费工。四桅杆架及 A 形架腿段均为焊接件（其截面多为三角形，但也有四边形和圆形的），段与段的连接用法兰（或接头）、螺栓，故装拆工作量少得多。井架的安装根据井架型式的不同略有区别。目前常用的有水平安装整体起立法和两爿水平安装平衡起立法及整体直立移位法。整体起立法多用于 A 形和 Ⅱ 形井架。两爿平衡起立法适用于塔形架和四桅杆架。

整体起立法由于空间作业多，起吊时容易变形等限制，不太适用于塔形架和四桅杆架。当两井口很近时，一般用整体直立移位法搬移井架。整体法及两爿平衡法均要另备扒杆、稳车等起吊设备和工具（扒杆重量约为井架重量的 1/3），不仅额外增加钻井设备重量，同时由于装拆这些设备使安装工期加长，所以目前有关部门正寻求井架自身起吊法。井架的主要参数是承载能力、高度和底跨尺寸。

井架的承载能力等于大钩负荷及大钩、游车、天车、钢绳等部件重量之和（井架实际荷载比其承载能力大得多，一般它还承受有死绳、快绳拉力，绷绳拉力，风压力及井架上其他构件、设备、工具的重量）。井架的高度主要取决于钻杆的长度和起下钻速度；井架底跨大小要保证井口设备（如钻台）进出方便及足够的操作空间（如钻头和钻杆的吊运）。

2）主绞车

主绞车用于起下钻具、送进钻头、下放井壁及其他井口作业。主绞车是钻机的主要设备之一。

主绞车包括卷筒装置（主轴、卷筒、轴承座）、制动装置、减速装置（主减速器、进给减速器）、动力设备及其相应的控制装置、底座和护罩等。从石油钻机调用的绞车上还有"猫头"装置。

竖井钻机上使用的绞车有单卷筒的，也有双卷筒的。

大多数竖井钻机采用单卷筒单轴主绞车。这种结构型式的绞车，结构紧凑、重量轻。双卷筒绞车，钢绳两端各绕在一个卷筒上，每个卷筒可单独转动。若只某个卷筒转动，则相当于单卷筒绞车。若两个同时转动，则大钩速度增加一倍，起了调速作用；各股钢绳受力也较均匀；由于无死绳端，不会集中磨损钢绳的某一处，故钢绳寿命也较高。双卷筒绞车结构较复杂。重型钻机的卷筒一般带有螺旋槽，其主要优点是：能增加绕绳层数，且使第一层钢绳的支承状况得到改善，有益于延长钢绳的使用寿命。

卷筒的直径和长度应保证所缠的钢绳层数为 3～4。

制动装置是主绞车的重要组成部分，其作用如下：

（1）正常停车：在提升终了时停车；在下放重物时，参与下放速度的控制。

（2）动力设备停止运转时，刹住起吊物，使之呈不动状态。以上属于工作制动范围。

（3）紧急停车：在紧急的情况下，制动装置必须保证（即使是起吊量很大时）能可靠、平稳地刹住卷筒，即安全制动。

目前竖井钻机上的主绞车制动装置有带式、瓦式和盘式三种。

从石油钻机调用的绞车上，大部分为带动式制动器。这种制动器用手动和气动控制。由于竖井钻机上提吊速度较低，其水刹车使用不上。国内新设计的竖井钻机专用主绞车多数制动器采用了新式制动装置——液压盘式端面制动器（图 5-82）。

与以带式为代表的径向制动器相比较，盘式端面制动器有以下特点：

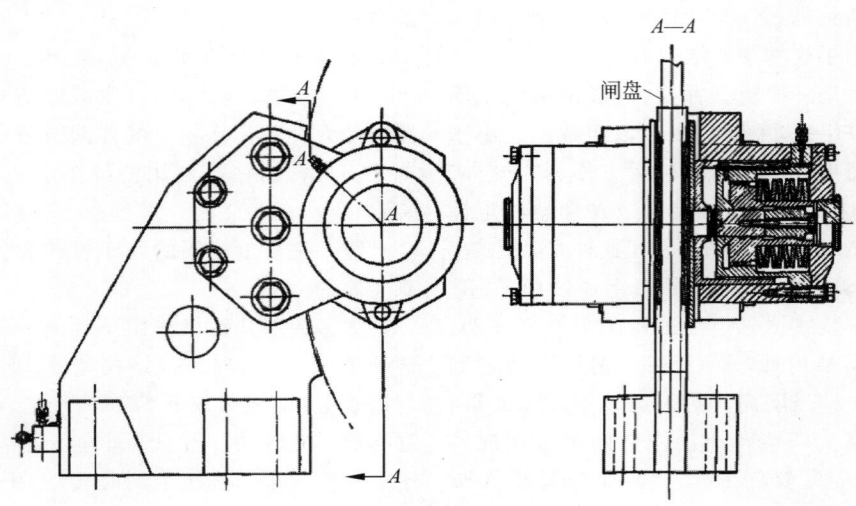

图 5-82　液压盘式端面制动器

（1）制动可靠性高

由于主绞车的制动是由两对以上相同型式的制动器来承担的，假若有一只制动器于运行中失灵，只丧失部分制动力，其他制动器仍能保证制动力矩大于 2 倍主绞车静力矩（设计时制动力矩一般取为静力矩的 3 倍），安全可靠；而像带式制动器那样的用集中制动力源的装置，一旦有某部分失灵，则整个装置就丧失制动能力。

（2）制动速度快、刹车灵活

由于盘式制动器的弹簧制动力是直接作用在活塞上推动制动闸片的，取消了带式制动器的套杠杆-铰接机构，所以运动质量少、惯性小、摩擦损失少、弹性变形小、动作快、灵敏度高。据在矿井提升机上测定，空程仅为 0.14 s 左右。

（3）结构紧凑、简单

由于盘式制动器采用了高压的液压系统作为制动力源，油缸尺寸很小，可将其直接置于制动盘面附近，不需通过一套杠杆而直接作用于制动闸片上，所以整个系统比气动的带式制动系统要紧凑得多，体积小，重量轻。

此外，由于同一绞车上的各制动器结构形式相同，便于制造和维修。

（4）制动力矩可调性、稳定性好

制动器的工作制动应保证制动力矩能随绞车的工作制度及负荷而改变。液压盘式制动器的制动力矩，可用液压站的调压装置来调节，调节级数多，操作方便。摩擦系数对盘式制动器的制动力矩影响小，无论水或热使摩擦系数发生变化时，盘式制动器的制动力均较稳定，故对摩擦系数的要求可稍放宽，以便于维护保养。制动时的绞车运转速度，对盘式制动器的制动力矩影响也较小（但机械受力大，闸片磨损大）。

（5）安装、使用和维修简便

① 制动面是平面，闸片与制动盘面的相对位置及间隙容易调好，安装省事。

② 制动盘轴向热伸长很小，使用中对其与闸片的间隙影响甚微，不影响使用。

③ 制动盘比制动轮的轮缘散热性好，通风冷却效果好，因此盘面变形小，热稳定性好，闸片受热小（特别是带有通风孔的盘）。

④ 可单独修理各个制动器。

⑤ 易于实现自动化操纵。绞车的减速装置有主减速器和进给减速器。在起下钻时，主电机通过主减速器带动卷筒旋转，而进给减速器和主减速器脱开。在正常钻进中，由于进给速度比起下钻速度低得多，用主电机带动效率太低，不合适。此时，是另用一小功率电动机通过进给减速器和主减速器来带动卷筒旋转，而主电动机处于空转状态。进给减速器受扭

矩很小(装在主减速器前面)而速度比很大,因此 SZ9/700 钻机等采用了针轮摆线齿轮减速器($i=187$)。为了满足各种起吊条件的不同要求(主要是提吊速度的调节)和便于控制,主电动机和进给电动机最好采用直流驱动。钻具进给的控制,在配套的钻机上,原先钻具送进操作是由司钻控制主绞车制动带的松紧来实现的。

3)天车和游车

天车和游车是一套复滑轮系(天车为定滑轮组,游车为动滑轮组),如图 5-83 和图 5-84 所示。其除了能把绞车卷筒的旋转运动转换为大钩的往复运动外,也有"增力减速"的作用,以用较小的绞车钢绳拉力提起大的起重量。

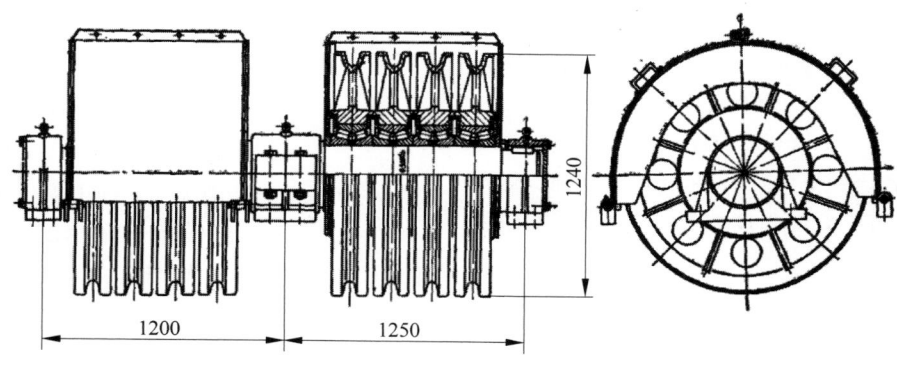

图 5-83　SZ9/700 钻机天车

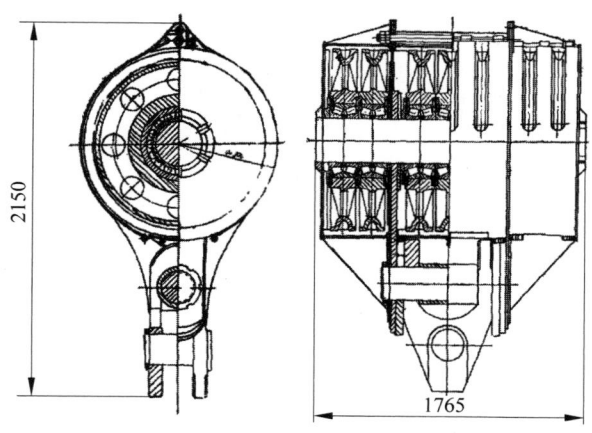

图 5-84　SZ9/700 钻机游车

天车-游车系统的滑轮数目、有效绳数及滑轮直径决定于大钩负荷能力、绞车拉力及钢绳的强度和直径。

在大钩的起重量和速度一定的条件下,天车-游车的滑轮数目及有效绳数越多,绞车卷筒的出绳拉力越小,转速越高,绞车减速器越小,但起升效率越低,钢绳磨损越严重,天车和游车结构越复杂;反之,滑轮及绳数越少,则钢绳负荷加大,其寿命缩短,同时由于要加大绞车出绳拉力和减少速度,使减速器加大。

较好的办法是改进钢绳的结构,增加钢绳的强度,以减少滑轮数目。也可以采用增加钢绳直径的方法,但带来的问题是由于绳径的增大,绞车卷筒、滑轮的尺寸和重量也随之增加,如果钻机的整体布置上允许,这样也是可以的。

总之,天车-游车系统的选择是受多种因素制约的,这些因素之间往往互相矛盾,需要根据情况有条件有所侧重地予以选择。表 5-14 是有效绳数选择参考表。

表 5-14 有效绳数选择参考表

大钩负荷能力/t	100	125	150	200	300	400	500
复滑轮组有效绳数	6~8	8~10	8~12	10~12	10~14	12~14	12~16

当死绳固定于地面或二层台时(大多属此情况),有效绳数为游车滑轮数目的两倍,天车比游车多一滑轮。复滑轮系的组成可用游车滑轮数×天车滑轮数的形式表示,如 5×6,即表示游车滑轮 5 个,天车滑轮 6 个,有效绳数为 10。

复滑轮系上的钢绳不仅受力大,载荷变化大,且在各滑轮上多次弯曲和摩擦,因此,对钢绳除了应有必要的强度外,还应有足够的柔性及耐磨性。

钢绳应按最大作用力及工作条件来选择。钢绳本身的拉断力应为所受最大拉力的 3~5 倍。

滑轮最小直径 D 根据所选定的钢绳直径 d 来计算,其关系为 $D/d \geqslant 23$(钻井机械中,对游车尺寸限制较严,此比值不如其他起重机械大)。

复滑轮系的穿绳方法有两种:顺穿法和花穿法(交叉穿法)。

(1) 顺穿法:其特点是钢绳从天车的一端穿入,绕过若干圈后再从另一端穿出(游车也如此),因此在起吊中游车上的各股钢绳受力是从一边向另一边递减或递增的,大钩容易歪斜,影响起吊作业及钻井垂直度,如图 5-85(a)所示。

(2) 花穿法:这种穿法的特点是快绳位于或靠近天车中心,其他各股绳依次交叉缠绕,故游车中心两边的钢绳总拉力是近似均衡的,大钩位于中心,此种绕法钢绳虽是交叉的,但因速度较高的滑轮上的钢绳交叉角度很小,对钢绳的磨损是极微的。竖井钻井现场多用花穿法,如图 5-85(b)所示。

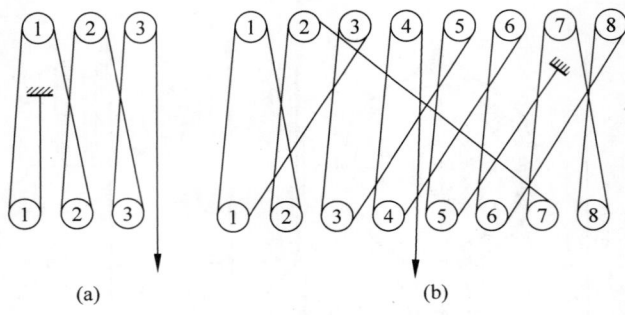

图 5-85 复滑轮系穿绳法示意图
(a) 顺穿法;(b) 花穿法

4) 大钩

大钩(或抱钩)用于吊悬钻具和其他井口起下作业。钻进作业对大钩的主要要求是安全可靠、操作轻便。大钩由钩身、钩座及提环等组成(图 5-86)。

钩身有锻造的、铸造的和钢板铆合的。钢板铆合结构多用在起重量大于 100 t 的场合。如 ZZS-1 型钻机上用的大钩钩身就是由四块 30 mm 厚的合金钢板铆接而成的。在钩身的钩口处装有保险装置,能在提吊过程中封住钩口。

钩座为铸钢件,两侧成兜形,用于连接提环的两端。钩座中的弹簧的作用是使已拆开的钻杆借弹力上升,使上下钻杆脱离,另外也起缓冲作用。

大钩的承载能力是钻机的主要基本参数,它决定了钻机的工作能力。大钩的承载能力用两项参数——大钩额定(公称)起重量和大钩最大允许短期载荷来表示。

大钩额定起重量是指悬挂在大钩上的钻具等的静止重量。此值等于钻机最大设计井深时的钻具(包括钻杆柱)、方钻杆、三通的总重量。在此种载荷作用上,大钩具有足够的强度和适当的安全系数。此时,冲洗液对钻具浮

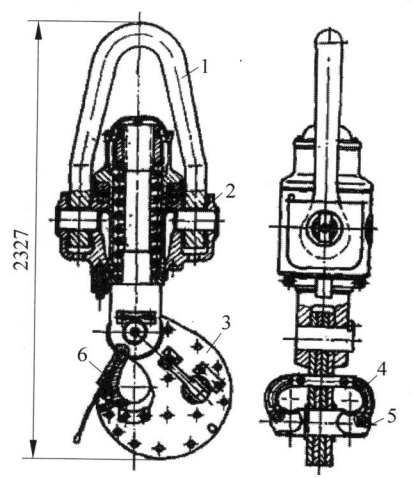

1—提环；2—钩座；3—钩身；4—耳环；5—
销轴；6—保险装置。

图 5-86　大钩示意图

力,一般认为与提升时冲洗液等对钻具的阻力
相抵消,两者均不予计入。

　　大钩最大允许短期载荷是,大钩在处理事
故,发生动载等超过额定起重量的条件下,不
致发生破坏的最大载荷。计算时,可不计入疲
劳安全系数,以免大钩过于笨重。由于短期超
载荷的计算尚无精确的方法,故目前计算中是
用额定起重量乘以一系数(超载系数)计算。
此系数在 1.2~1.5 范围内取,小值适于大起重
量,大值反之。

　　NDI 型和 SZ9/700 型钻机上采用了抱钩
代替大钩。抱钩(图 5-87)的突出优点在于起
下钻时不要另用吊卡和吊环,为此省去了松、
扣吊卡的空间作业,节省时间,且操作安全。
其缺点是,目前使用的结构,还不宜倾斜吊拖
物件,为此起下钻杆时倒运不便。

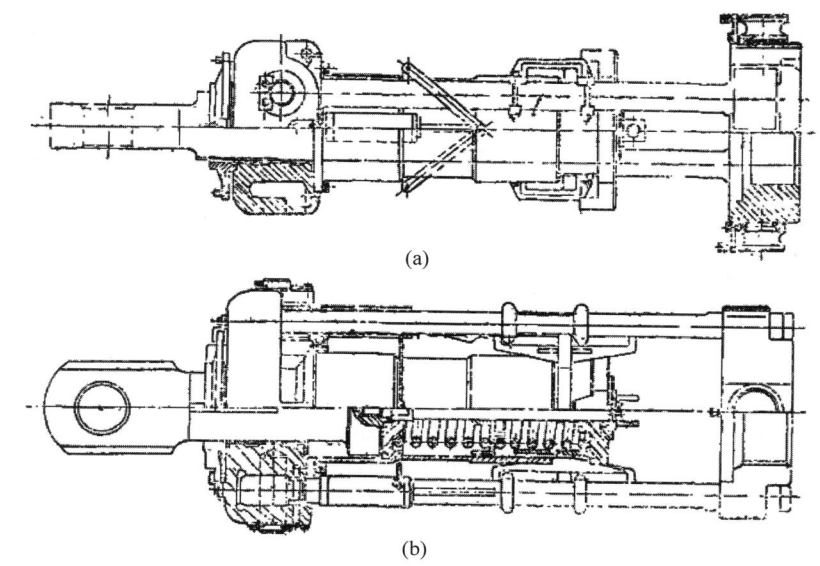

(a)

(b)

图 5-87　SZ9/700 型钻机抱钩示意图
(a)俯视图；(b)侧视图

　　国外有的钻机上使用了游车大钩(游车和
大钩连成一体),缩短了井架高度。其连接方
式有刚性的、半刚性的和铰链的三种,以刚性
连接者多见。

　　5)死绳装置

　　在钢绳的死绳端,安装有死绳固定装置。
在其附近装有液压膜式、电阻式或电磁式拉力

传感器。传感器输出的信号经放大,可显示出
钢绳中拉力变化的情况,即大钩负荷或钻压的
变化情况。死绳固定装置一般安装在绞车对
面的一条井架腿座上。近来使用上及设计上
均已改装在井架二层台同一边上的中部,这样
不仅使二层台以下的空间少了一根比较碍事
的钢绳,而且省去了安装在天车平台下部的死

绳导向装置,钢绳磨损减轻。

6)其他

封口盘:主要作用在于起下钻头时临时卡住钻头等不能从转盘通孔中通过之件,以便移搬转台。此外,封口盘还用于封盖井口和移运钻头、导向器等件。

封口盘由两半组成,可自行开合及整体移动。

SZ9/700型钻机由于钻头等大型件由龙门吊车直接吊进吊出井口,故用抱卡梁代替了封口盘,宽度大大缩小,重量降低,装拆运输均比封口盘方便。

钻杆吊车:钻进深度较浅时,因钻杆数量少,一般只是将钻杆斜靠于井口边上的钻杆架上,起下钻和加减尺时用大钩直接拉吊即可。对于钻进 200 m 以上的井时,由于钻杆数量多,在紧靠井口之处放不下,需要放置于井架之外。但这样一来,直接用大钩拖吊就困难了,需要设置专门的钻杆吊车。

5.洗井系统

竖井钻机的洗井系统是指用于清洗井孔的一套系统,由多个部件组成。这些部件共同协作,将清洁的水送入井孔内,清洗井孔,保证井孔内部的清洁度和通畅度。下面就来详细介绍竖井钻机的洗井系统的组成。

1)水箱

水箱是洗井系统的一个重要组成部分,用于存放清洁的水,供洗井系统使用。水箱通常由不锈钢或塑料制成,具有一定的容量,可以根据需要进行加水。水箱的大小和容量可以根据井孔的深度和直径来确定。

2)泵站

泵站是洗井系统的核心部分,包括水泵、管道和控制系统。水泵是将清洁的水从水箱中抽出并送入井孔中的设备。管道是将水从水箱中输送到水泵和喷嘴的设备。控制系统则是用于控制水泵和喷嘴的启停和水流量的调节。

3)喷嘴

喷嘴是安装在竖井钻机上的一个设备,用于将清洁的水喷洒到竖井壁上,清洗井孔。喷嘴通常由不锈钢制成,具有一定的耐腐蚀性和

抗磨损性。喷嘴的数量和位置可以根据井孔的直径和深度来确定。

4)过滤器

过滤器是洗井系统的一个重要组成部分,用于过滤水中的杂质和颗粒物,确保洗井水的清洁度。过滤器通常由不锈钢或塑料制成,具有一定的过滤效果和使用寿命。过滤器的大小和过滤精度可以根据井孔的深度和直径来确定。

5)控制器

控制器是洗井系统的另一个重要组成部分,用于控制洗井系统的运行,包括水泵的启停、喷嘴的开闭等功能。控制器通常由电子元件和控制面板组成,可以手动或自动控制洗井系统的运行。控制器还可以监测洗井系统的运行状态,并报警或停机,以保证洗井系统的安全和稳定运行。

综上所述,竖井钻机的洗井系统是由水箱、泵站、喷嘴、过滤器和控制器等多个部件组成的一套系统。这些部件共同协作,将清洁的水送入井孔内,清洗井孔,保证井孔内部的清洁度和通畅度。在使用洗井系统时,需要注意水的质量和水流量的调节,以保证洗井效果和安全运行。

6.其他辅助设备

钻进工作中,辅助工作所占的时间一般都比较多。以国内已钻成的几口井为例,除陈庄主井外,其他井的钻进辅助时间都占去了钻进总时间的 44% 以上。辅助工作中又以起下钻时间占的比重最高,且劳动强度也最大。为了改善这种状况,国内外均十分重视辅助工作的机械化和自动化。

辅助钻进设备和工具主要有:吊车、方钻杆悬挂装置、钻杆排放装置、钻头托架、起下钻工具等。

1)吊车

吊车是钻井工作中不可缺少的很重要的辅助设备。它的主要作用有:

(1)吊运钻具(包括钻杆的倒换)和钻台;

(2)安装、拆卸设备时的起吊作业;

(3)预制井壁的起吊作业和吊运井壁;

（4）钻进作业（如 BZ-1 型钻机）。

竖井钻井中，主要采用龙门吊车（如荷兰钻机）或履带式吊车。由于我国是采用预制钢筋混凝土井壁，重量大，所以国内钻机均使用了龙门吊车。有的钻机也同时采用了其他吊车，用于进行除井壁、钻头以外的较轻件的起吊作业。

2）方钻杆悬挂装置

国内钻机上，一般采用副钩来悬挂方钻杆等件。副钩用钢绳悬吊在天车台靠出浆管一侧的下部。为便于吊挂，三通上栓有绳套。在 SZ9/700 钻机上，因为龙门吊车要穿入井架，要求方钻杆等移置井架边上，所以采用了方钻杆吊车。用方钻杆吊车比用副钩操作安全、劳动强度低。

3）钻杆排放装置

目前，国内外钻机上采用的钻杆排放装置主要有三种：斜架、立架和平台。

斜架是目前国内所采用的一种钻杆排放装置。它适于钻井直径不太大、钻井深度较浅的场合使用。用斜架时一般是直接用大钩和辅助小绞车排放钻杆。

立架在 y3TM-8.75 和 yKB-5 钻机上得到了应用。

SZ9/700 钻机采用了钻杆排放平台，平台上固定了许多桩，钻杆就插立在这些桩上。平台比立架耗钢量少得多。立架和平台上的钻杆，均要用钻杆吊车等起吊设备来进行排放。

4）钻头托架

为了减少吊送钻头的时间，有些钻机上备有钻头托架或钻头平车，用来放置和运送超前钻头和尖底扩孔钻头。

5）起下钻工具

此部分包括提吊、悬持和拧拆钻杆、风管的工具，如吊卡、吊环、抱卡、大钳、猫头和旋绳器等。对这些件的共同要求是操作安全可靠、灵活轻便、使用方便。

（1）吊卡（图 5-88）

起下钻时，用吊卡卡在钻杆接头下部的台肩上，以便于提吊。吊卡有两种基本结构型式：合抱式和有体式。合抱式吊卡由较为对称

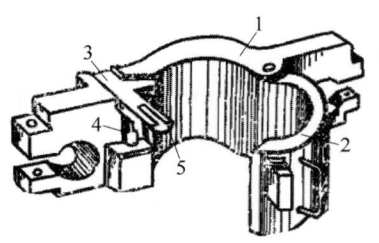

1—吊卡体；2—活卡口；3—保险扣板；
4—拉紧弹簧；5—锁栓。

图 5-88 吊卡示意图

的两半组成，每半上均有一个耳子，借其悬挂于吊环上。有体式吊卡的特点是有一本体（吊卡体），吊卡的两个悬挂耳子均开在其上。活卡口用销子与吊卡体相连。有体式吊卡的负载能力比合抱式大得多，是竖井钻进中常用的结构型式。

（2）抱卡

抱卡的基本结构与吊卡相同。由于它只是用于悬持钻杆柱，不用作上下运动，故抱卡带有底座，固定在转盘面附近或转盘面上（抱卡可在水平面内摆动或移动）。

（3）吊环

吊环是大钩与吊卡之间的环节。目前竖井钻进中采用了两种型式：单臂式和双臂式（图 5-89）。单臂式吊环重量轻，使用较方便。为了保证可靠性，吊环一般是整体模锻而成的。

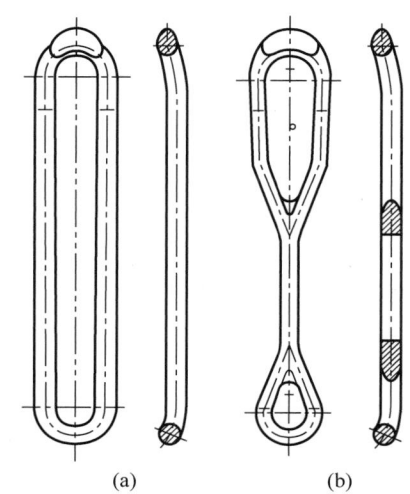

(a)   (b)

图 5-89 吊环示意图

（a）双臂式；（b）单臂式

制造吊环的材料通常为 35 号钢，模锻后正火处理。我国近年来采用了低碳马氏体钢制造环和吊卡。这种钢在机械性能方面，具有高强度和良好的塑性、韧性相结合的特点；同时还具有低的冷脆转化温度，缺口、过载敏感性也都较低。在工艺性能方面，这种钢具有优良的冷成型性和焊接性、较低的脱碳倾向和淬火变形倾向等优点。某厂用 20SiMnVBRe 和 20SiMnMoVA 低碳马氏体钢制造了负荷能力为 75 t、150 t、250 t、350 t 的石油矿用吊环，其自重只有同类老产品的 0.5～0.25，大大减轻了工人的劳动强度，提高了工作效率。

（4）大钳

当使用带螺纹结构的钻杆接头时，有时用通常的方法拆不开，要用大钳来拆卸。拆卸钻杆时，一般要用两把大钳。一把用来卡住钻杆，是不动的；另一把用来拧拆钻杆接头螺纹套，是转动的。

（5）旋绳器

旋绳器是猫头（从石油钻机调用的绞车上带有此种辅助卷筒）或其他牵曳装置的配套工具，用来拧拆钻杆接头的螺纹套。它是由两半组成的圆筒，其一半有一扇形带齿卡板，借其将旋绳器卡在螺纹套上。圆筒上可绕若干圈钢绳，钢绳的一端和麻绳相接（另一端拴在旋绳器的小钩上），这样猫头就可以通过麻绳而牵动旋绳器旋转，将钻杆接头螺纹套拆开或拧紧。

除以上所述外，辅助设备和工具还有各种用途的小型绞车、风管装拆工具及事故处理工具等。

7. 使用与维护

竖井钻机是用于在地下进行钻探和开采工作的设备。它们主要用于获取地下资源、进行地质勘探、建造基础设施以及进行环境监测等工作。

1）钻机组件

竖井钻机通常包括以下组件：

（1）钻头和钻具：钻头是用于钻孔的工具，可以根据需要进行更换以适应不同类型的地质。钻具是连接钻头并推动它向下钻探的

管道或者棒状结构。

（2）钻井平台或塔架：用于支撑和固定钻机，使其能够在垂直或倾斜的方向进行钻探。

（3）驱动系统：通常是由电动机、液压系统或者其他能源提供的动力系统，用于推动钻头和钻具进入地下。

（4）取心设备（可选）：有些竖井钻机具备取心功能，可以在钻孔过程中获取地质样本，以便进一步进行地质分析。

（5）控制系统：用于监控和控制钻机运行的系统，确保其在操作过程中安全可靠。

2）使用竖井钻机的步骤

使用竖井钻机的步骤通常包括：

（1）选择钻探位置：根据地质勘探或开采的需求，选择合适的钻井位置。

（2）准备钻机：将钻机移动到位置并进行安装，包括设置钻井平台或塔架、连接钻头和钻具等。

（3）启动钻机：启动钻机的驱动系统，开始钻孔操作。

（4）监控和调节：在钻探过程中，持续监控钻机的运行状况，必要时调整钻具或钻头以适应地质条件。

（5）收集样本（如有需要）：如果需要获取地质样本，则使用取心设备进行采样。

（6）完成钻探：当达到预定深度或完成钻探任务时，停止钻机操作。

（7）清理和维护：完成钻探后，清理钻井设备并进行必要的维护保养，以确保钻机的长期稳定运行。

这些步骤可能因特定的钻探任务、地质条件或使用的钻机类型而有所不同。在使用竖井钻机之前，确保操作人员熟悉设备操作手册，并遵循相关的安全标准和操作程序。

3）日常维护

竖井钻机的维护对于保持设备的高效运行和延长使用寿命至关重要。以下是一些常见的维护方法：

（1）清洁与润滑：定期清洁钻机表面和零部件，特别是钻头和钻具。保持润滑以减少磨损，并定期检查润滑系统。

（2）检查和更换磨损部件：定期检查各个部件，特别是易于磨损的部件，如轴承、密封件和传动系统。必要时及时更换。

（3）保持冷却系统有效：确保冷却系统正常工作，防止设备过热。检查水箱、散热器和冷却风扇的清洁度和运转情况。

（4）电气系统检查：定期检查电气系统，确保电线、插头和电源系统的安全性和可靠性。

（5）维护液压系统：定期检查液压油的质量和水平，并根据需要更换或添加液压油。

（6）定期校准和调整：校准测量设备，确保钻机操作的准确性。

4）注意事项

竖井钻机在使用过程中有以下注意事项：

（1）安全操作：绝对遵守安全操作规程。使用前，操作人员必须接受相关的培训，并了解钻机的安全操作要点。

（2）遵循制造商指南：严格遵循制造商提供的维护手册和操作指南。这些手册通常包含了关于维护的详细说明和时间表。

（3）及时维护：如果发现任何异常，如噪声增加、震动或性能下降，应及时停机检查并维修。

（4）保持记录：记录钻机的维护历史和操作情况，有助于设备状态跟踪和计划维护。

（5）环境考虑：考虑作业环境对钻机的影响，例如在潮湿或多尘环境中作业时，增加清洁和防护措施。

（6）定期检查：定期进行全面检查，以确保设备各部分运行良好，并进行必要的校准和调整。

（7）培训操作人员：定期为操作人员提供钻机的维护和安全操作培训，使其熟悉设备并能够进行基本的维护。

维护竖井钻机不仅有助于延长设备寿命，还能提高工作效率和安全性。定期维护和注意事项的遵循对于确保钻机正常运行至关重要。

第2篇

采矿作业机械

第6章

地下采矿机械

6.1 概述

6.1.1 功能、用途与分类

1. 滚筒采煤机功能、用途与分类

滚筒采煤机是以装有截割刀具并绕轴线旋转的截割滚筒为工作机构的采煤机。滚筒采煤机工作时,滚筒沿煤壁移动,截割刀具在采煤机牵引力作用下切入煤体,利用滚筒旋转产生的转矩,将煤从煤体上破落下来,滚筒在破落煤炭的同时,利用螺旋叶片将煤装入工作面输送机。在长壁式采煤工作面与刮板输送机、液压支架等配套使用实现采、装、运的机械化作业。

滚筒采煤机有单滚筒采煤机和双滚筒采煤机两种类型,目前主要使用双滚筒采煤机。

根据连接方式不同,滚筒采煤机可以分为主机架结构和分段式结构,分段式结构又有两段式和三段式之分。

根据牵引方式不同,滚筒采煤机可以分为有链牵引和无链牵引,无链牵引又有电牵引和液压牵引之分。

滚筒采煤机主要由截割部、牵引部、机架、电气控制系统、液压系统、辅助装置等组成,如图 6-1 所示。

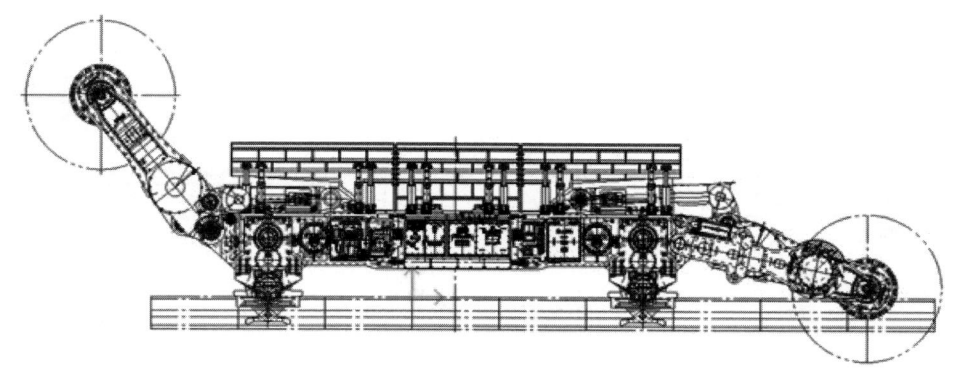

图 6-1 滚筒采煤机

2. 连续采煤机功能、用途与分类

连续采煤机是一种可以连续采掘煤炭的机械设备,它既可以用来开掘以煤为基岩的巷道,又可作为单独的采煤机使用,在我国很多大煤矿都有使用。特别对地质条件好的巷道开掘或者对煤矿井田构造复杂的边角煤开采有得天独厚的优势,是一种值得推广的煤矿机械设备。

　　连续采煤机掘进工艺最早在神东矿区应用成熟,得益于2008年后全套国产装备的成功研制,使其成为陕蒙边界矿区较为广泛应用的一种掘进方式,其矿区的煤层顶底板条件较为稳定、煤层厚度适中、瓦斯涌出量低、地压小、近水平、地质构造简单,巷道断面均为矩形,矿区井型通常较大,综采工作面推进速度快,对于顺槽的掘进速度要求高,顺槽多数为双巷甚至多巷布置,采用悬臂式掘进机截割速度慢、支护速度慢且二者平行作业率低,在掘进速度上远远满足不了大型矿井采掘接续的要求。

　　连续采煤机及其后配套装备均为履带式或胶轮式行走,移动灵活,3.3m宽横滚筒截割效率高、易实现截割锚护平行作业,机械化程度高,极大提升了顺槽的掘进速度。根据后配套运煤方式的不同,掘进工艺可以分为连续式工艺和间断式工艺,连续式工艺主要配置连续采煤机、连续运输系统、锚杆钻车、多功能防爆胶轮铲车;间断式工艺主要配置连续采煤机、梭车或运煤车、给料破碎机、锚杆钻车、多功能防爆胶轮铲车。连续采煤机实物图如图6-2所示。

图 6-2　连续采煤机实物图

6.1.2　采煤工艺

1. 滚筒采煤机采煤工艺

1) 在工作面中部开始割一个新采区(中部进刀法)

第一工作步骤如图6-3所示。

升起前滚筒;

降下后滚筒;

快速行驶至工作面中部。

第二工作步骤如图6-4所示。

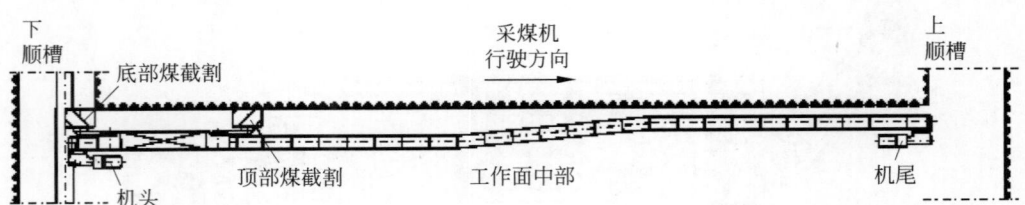

图 6-3　第一刀(行程)中部进刀法

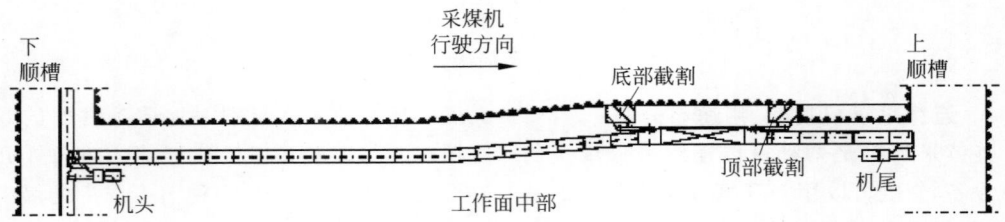

图 6-4　第二刀(行程)中部进刀法

采煤机至上顺槽的采煤行程。

第三工作步骤如图 6-5 所示。

移动运输机；

移动支架；

升起前滚筒；

降下后滚筒；

快速行驶至工作面中部。

第四工作步骤如图 6-6 所示。

采煤机至下顺槽的采煤行程。

2）在工作面-顺槽过渡地段开始一个新采区

第一工作步骤如图 6-7 所示。

采煤机至顺槽的采煤行程。

第二工作步骤如图 6-8 所示。

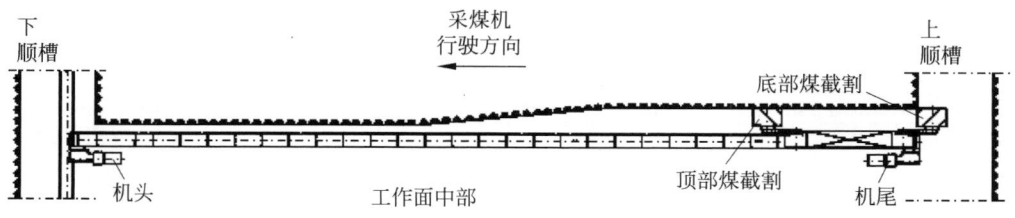

图 6-5　第三刀（行程）中部进刀法

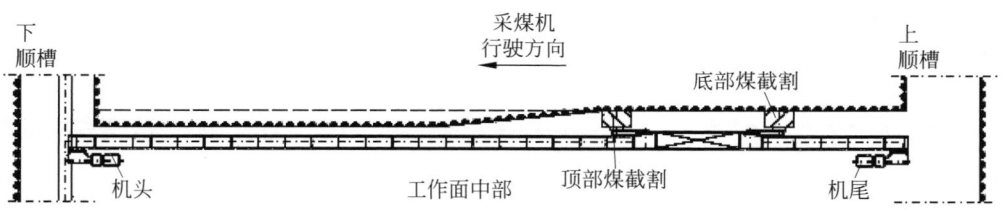

图 6-6　第四刀（行程）中部进刀法

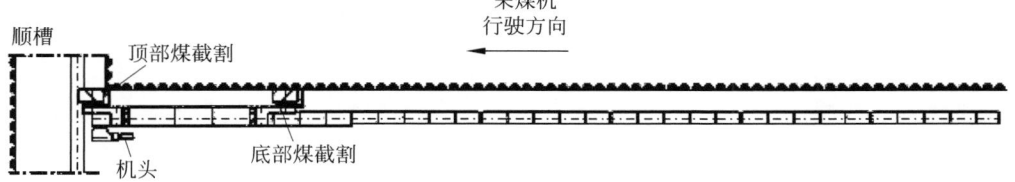

图 6-7　第一刀（行程）工作面端头

图 6-8　第二刀（行程）工作面端头

升起前滚筒；

降下后滚筒；

移动运输机；

移动支架至顺槽壁大约 20 m 处。

第三工作步骤如图 6-9 所示。

快速采煤行程，直至采煤机进入新的工作面机道。

第四工作步骤如图 6-10 所示。

升起前滚筒；

降下后滚筒；

移动运输机；

移动支架；

采煤机至顺槽的采煤行程。

第五工作步骤如图 6-11 所示。

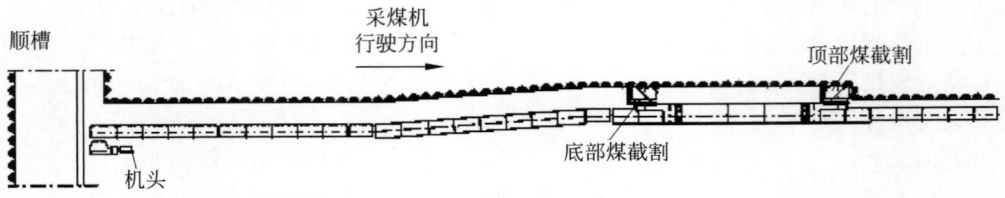

图 6-9　第三刀(行程)工作面端头

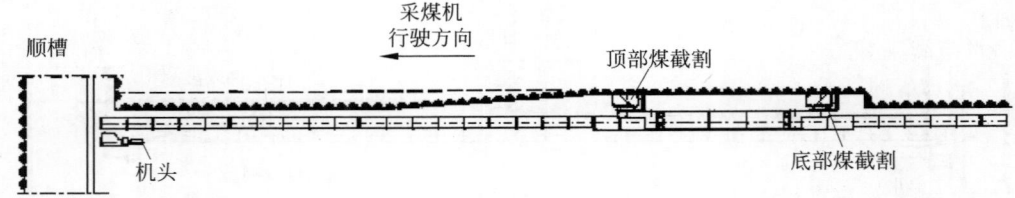

图 6-10　第四刀(行程)工作面端头

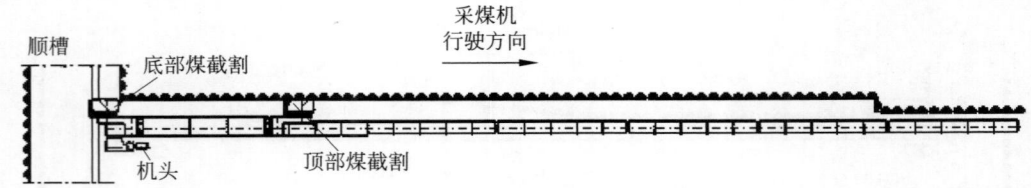

图 6-11　第五刀(行程)工作面端头

升起前滚筒;

降下后滚筒;

快速采煤行程,直至另一侧平巷;

重复二至四步骤。

3) 全工作面-整刀-半移动法

这种方式也可以简称为半刀法,它有以下特点:

采煤机无须进行典型的斜切式进刀环形行驶。

两个采煤行程完成一个完整的移动步距。

如图 6-12 所示,采煤机在机头和机尾大约 20 m 处如何开始截割一刀新煤,以及如何截割剩余的煤。

在进行第一个工作步骤时,运输机在工作面其他地方的位置相当于移动了半个步距。

半刀法的前提是:运输机在不移动整个步距的情况下也能被推直。

第一工作步骤如图 6-12 所示。

第二工作步骤如图 6-13 所示。

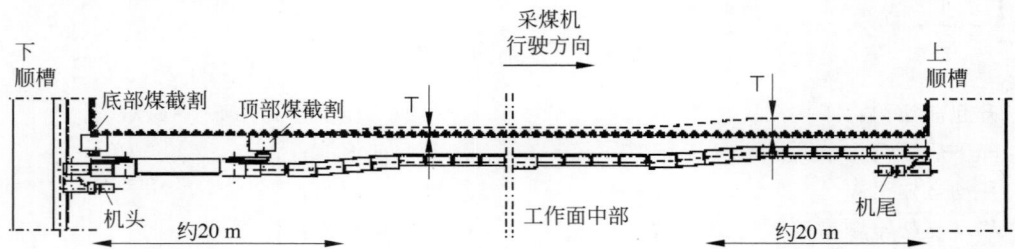

图 6-12　第一刀(行程)整刀-半移动法

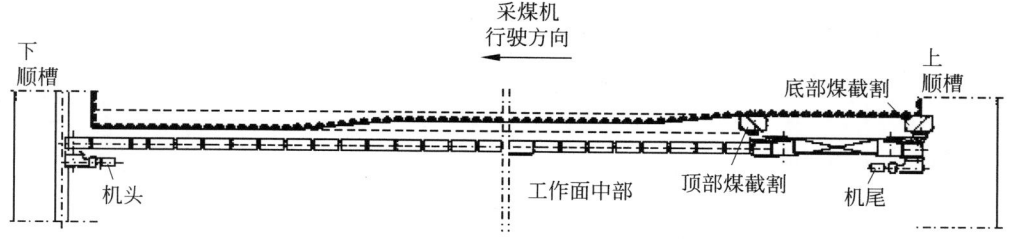

图 6-13　第二刀(行程)整刀-半移动法

2．连续采煤机采煤工艺

下面从不同的巷道布置介绍连续采煤机的核心工艺。

1）单巷掘进工艺

连续式工艺通常主要配套连续采煤机、连续运输系统(或连运一号车配带式转载机)、有轨卸料小车、刚性架皮带、锚杆钻车，需每隔一段距离掘出专门的调车硐室，当连续采煤机正常截割作业时，锚杆钻车停置在提前掘好的调车硐室内，当完成一个掘进循环后，首先将连续采煤机和连续运输系统快速退出至最近的调车硐室外(与连续运输系统跨骑皮带进行连接的卸料小车在皮带刚性架上前后滑轮滚动运动，实现进退)，然后将锚杆钻车调机置于空顶区域进行支护作业，支护完成后锚杆钻车退入调车硐室，连续采煤机和连续运输系统进入迎头继续截割，并依此顺序往复循环。其主要技术特点是煤炭从连续采煤机至皮带之间实现连续运输、截割率高、顶板支护机械化、支护

效率高、工人劳动强度低、操作简单且用人少、设备爬坡能力强，适用于巷道宽度≥5.0 m、中等稳定及以上顶板、坡度≤14°的条件。掘进工艺示意如图 6-14、图 6-15 所示。

间断式工艺通常主要配套连续采煤机、梭车、连运一号车、锚杆钻车和工作面皮带，每隔一段距离掘出专门的调车硐室，当连续采煤机正常截割作业时，锚杆钻车停置在调车硐室内等候，待完成一个掘进循环后，连续采煤机和梭车退出至调车硐室以外位置，锚杆钻车进入空顶区域进行锚杆支护作业，完成后锚杆钻车退出至调车硐室内，连续采煤机进入迎头继续掘进，并依此顺序往复循环。其主要特点是煤炭从连续采煤机至工作面皮带之间实现间断运输、顶板支护机械化、支护效率高、用人更少、进退机更快，但缺点是间断式运煤相对较慢、设备爬坡能力相对较小。掘进工艺适用于巷道宽度≥5.0 m、中等稳定及以上顶板、坡度≤9°的条件。掘进工艺示意如图 6-16 所示。

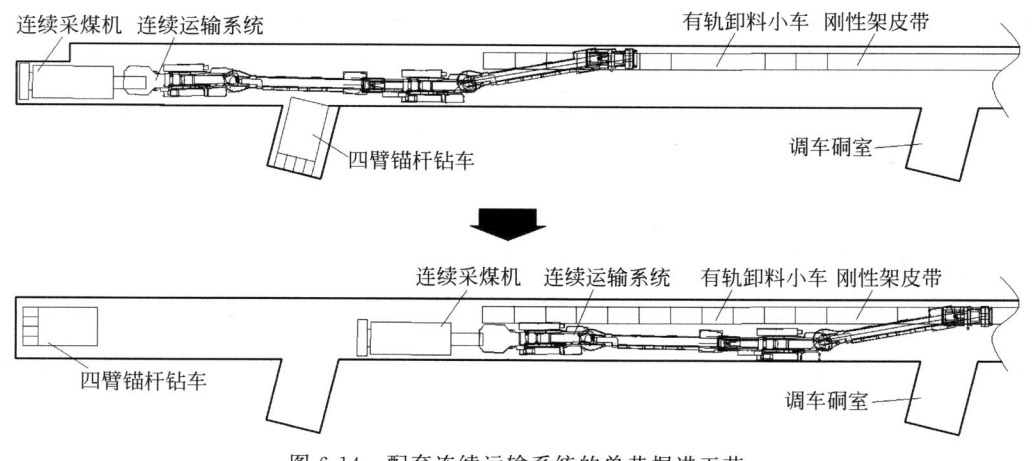

图 6-14　配套连续运输系统的单巷掘进工艺

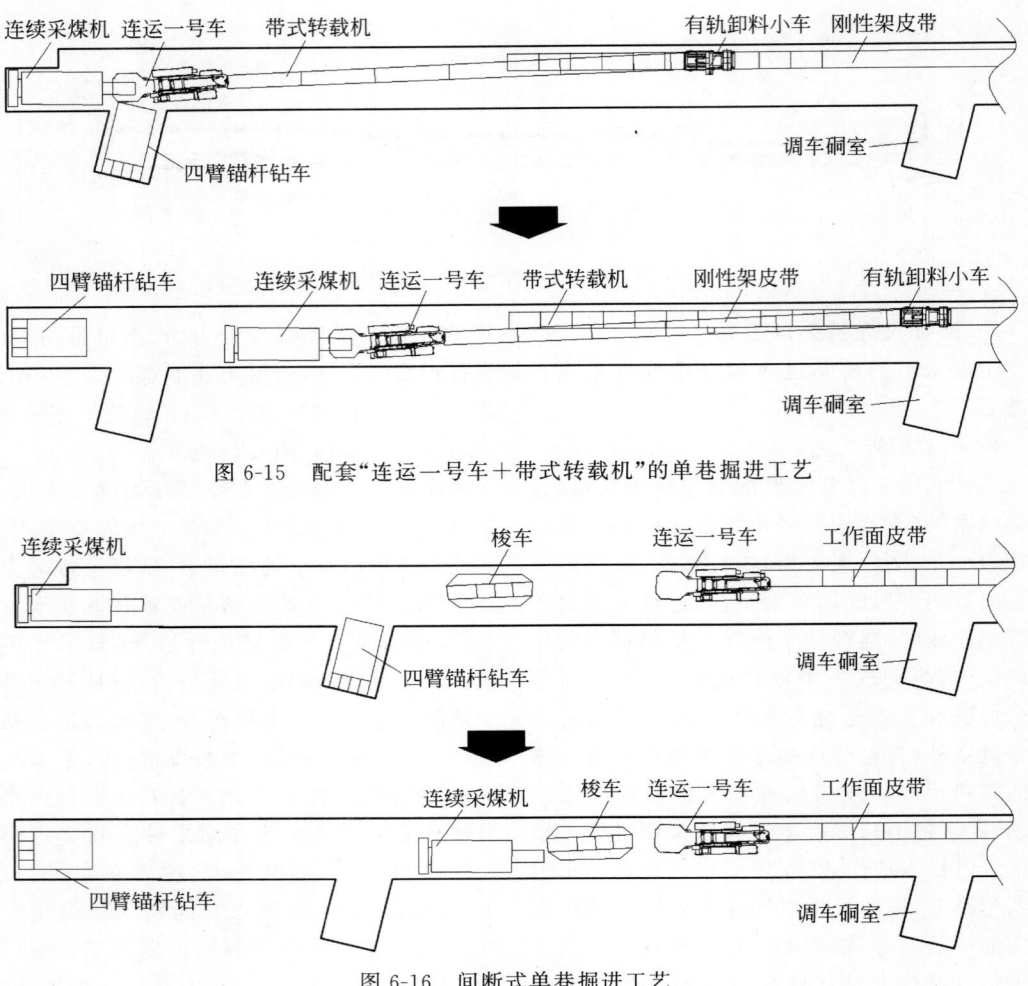

图 6-15 配套"连运一号车＋带式转载机"的单巷掘进工艺

图 6-16 间断式单巷掘进工艺

2）双巷掘进工艺

双巷掘进时，双巷之间采用联巷连接，连续采煤机和锚杆钻车分列两条巷道迎头，实现掘进和支护的平行交叉、互不干扰，完成一个掘进循环后，连续采煤机与锚杆钻车通过一系列调机过程互换位置，进行下一循环作业，以此往复完成双巷的快速掘进。主要技术特点是连续采煤机开机效率高、巷道支护实现机械化，支护效率高、工人劳动强度低、掘支平行作业，适用于中等稳定以上顶板条件。联巷间隔距离通常是 50～100 m，一个截割循环为 5 m 以上。双巷掘进工艺如图 6-17 所示。

3）三巷掘进工艺

连续采煤机成套装备可实现三条巷道同时掘进，可用于盘区煤层开拓大巷的准备。三巷掘进时，三巷之间采用联巷连接，工作面胶带输送机位于中间巷道，连续采煤机和两台锚杆钻车分列三条巷道迎头，实现掘进和支护的平行交叉、互不干扰，完成一个掘进循环后，利用连续采煤机截割速度快、支护速度稍慢的特点，连续采煤机与锚杆钻车通过一系列调机过程互换位置，连续可进入其余两条巷道继续掘进，锚杆钻车在调机后进入其他巷道空顶区域进行锚杆支护，以此往复完成三巷快速掘进。三巷掘进工艺如图 6-18 所示。

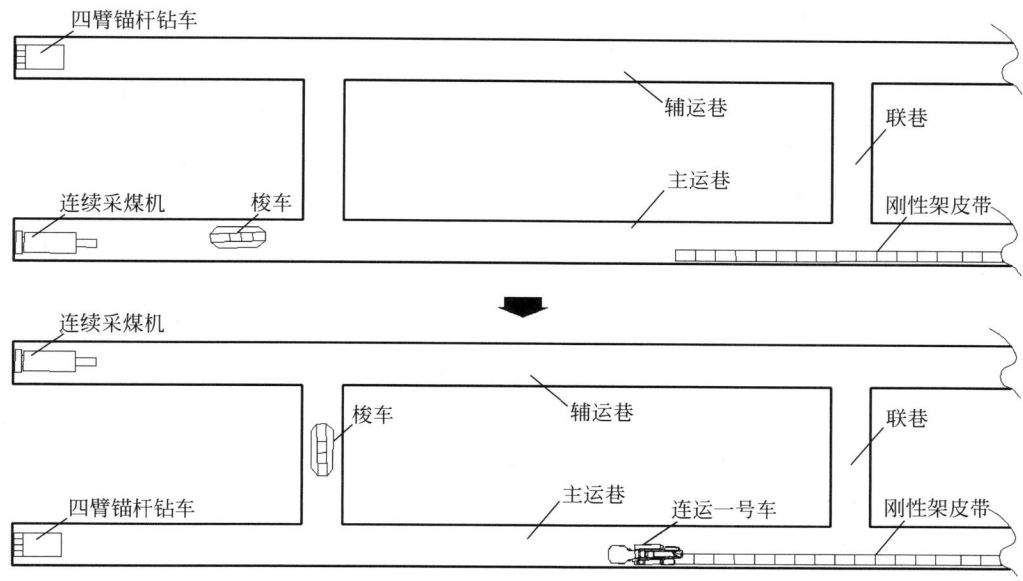

图 6-17　后配套梭车的双巷掘进工艺

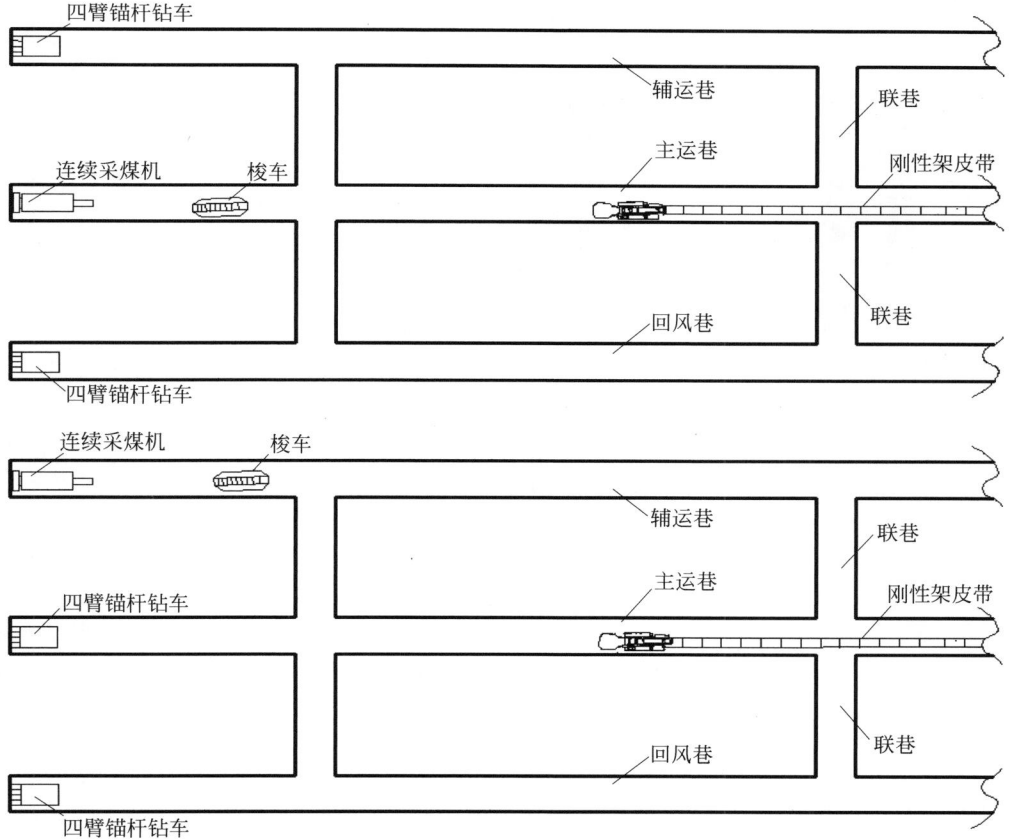

图 6-18　连续式三巷掘进工艺

连续采煤机开机效率高、巷道支护效率高、实现机械化，支护效率高、工人劳动强度低、三条巷道掘支平行作业，适用于中等稳定以上顶板条件。联巷间隔距离通常是 50～70 m，一个截割循环为 5 m 以上。

4）截割工艺

连续采煤机掘进过程中，利用巷道定向定位设备，通过"切槽"和"采垛"两个工序，完成规定循环进尺。切槽：在每次掘进巷道前，司机开动煤机调整在巷道前进方向的左侧顶板，以激光中线确定位置，切入煤体，从上而下正方向割煤；当割到底板时，煤机稍向后退，割完底煤，使巷道底板平整；装完余煤，再将截割头调整在巷道顶板，进行下一刀截割。割煤深度达到一个循环距离后退机，这一工序为"切槽"。采垛：完成切槽后退出煤机，调整煤机到巷道右侧，以激光线确定位置，开始截割巷道宽度的剩余部分，这一工序称为"采垛"。截割工艺如图 6-19 所示。

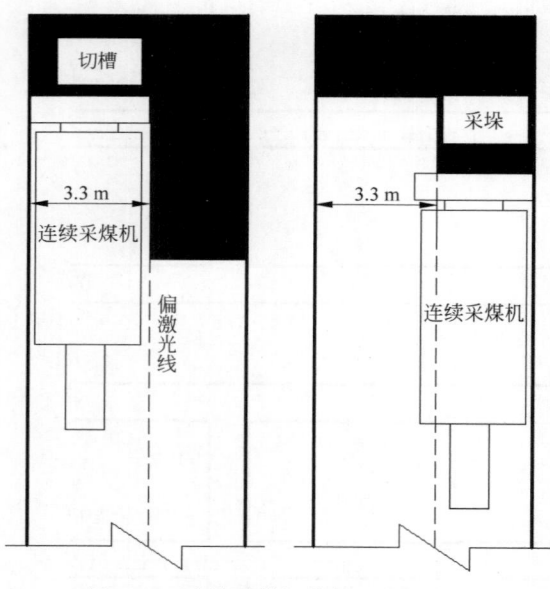

图 6-19　连续采煤机截割工艺示意图

运煤工序：工作面运煤由梭车来完成。将连续采煤机采落的煤炭，运至后方的转载破碎机上，经过破碎机破碎后，再转运到胶带输送机上运出掘进工作面。

清理浮煤工序：掘进完成一个循环后连续采煤机退出掘进的巷道，降下铲板，用连续采煤机先将巷道内的浮煤进行清理，然后，把梭车和连续采煤机退出巷道，铲运车进入清理空顶以外巷道浮煤后，锚杆机进行支护。待支护完成后，铲运车再次清理工作面浮煤。

6.1.3　发展历程与趋势

1．滚筒采煤机发展历程与趋势

1986 年，四川煤矿机械厂与重庆大学、德阳矿机厂等单位联合研制了 MG62-D 型极薄煤层电牵引单滚筒采煤机（MLTB-50 型），它是我国研发的第一台电牵引采煤机，截割电机功率为 50 kW，牵引部采用 2.5 t 电机车的 DZJB-4.5 直流电机，采高为 0.35～0.55 m，该机在重庆江北煤矿和开县煤矿进行了工业性试验。

1987 年，我国引进了两台美国久益公司的 3LS 直流电牵引采煤机，之后我国开始自主研发大功率电牵引采煤机。

以单滚筒截割功率为对比指标，中外电牵引采煤机向重型化发展态势如图 6-20 所示。我国电牵引采煤机起步比国外滞后约 10 年，先是通过技贸结合方式，与波兰、美国、英国、德国的先进技术合作制造产品，之后我国电牵引采煤机发展速度与国外基本平行。从 2006 年起，我国电牵引采煤机开始大跨越，迅速达到国外技术水平，近 15 年间在截割功率和采高指标上赶超了国外产品。

我国电牵引采煤机发展呈现了类似剪刀状的三条脉络，如图 6-20、图 6-21 所示。

（1）1990—2010 年，电牵引采煤机的截割功率近似线性地从 300 kW 增至 2000 kW，之后 10 年的截割功率大致保持在 2200 kW，但总装机功率出现增大趋势，以满足重载牵引及高产量破碎的功率需求。

（2）从 1995 年开始，我国对截割功率在 300 kW 左右的电牵引采煤机研发速度加快，出现了各类中小功率电牵引采煤机，以满足薄煤层开采的需要。

（3）2005—2010 年，我国研发出一批 400～1600 kW 截割功率的电牵引采煤机，填补了大采高与低采高之间的采煤机型谱空白。由此，形成了剪刀形的电牵引采煤机型谱。

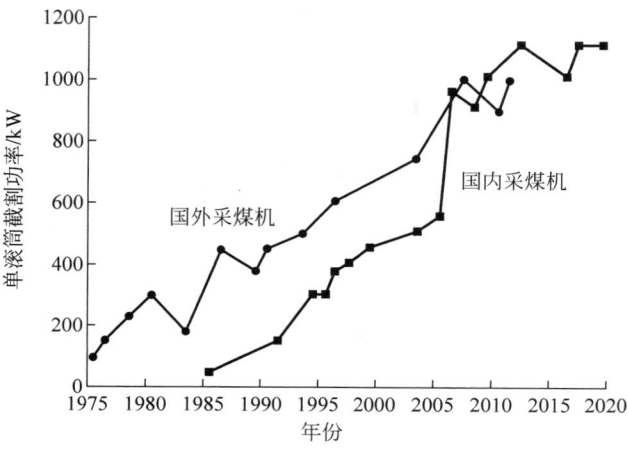

图 6-20　中外电牵引采煤机截割功率发展态势

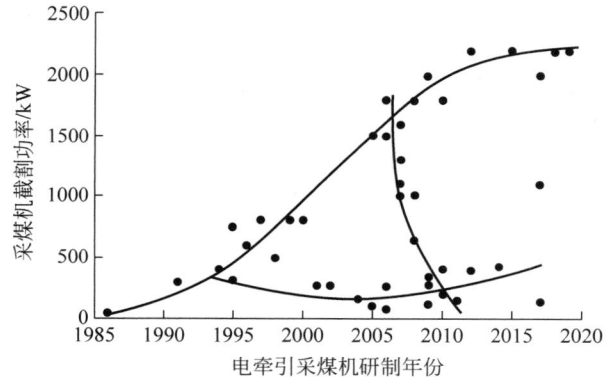

图 6-21　我国电牵引采煤机的型谱分布

电牵引采煤机是未来我国煤矿智能化开采的必需装备,总截割功率覆盖范围是 300～2400 kW,如此宽的采煤机型谱说明我国煤炭开采条件差异非常大。但是,目前的电牵引采煤机依然采用传统的刮板机导控行走方式,存在着偏载力矩大、行走阻力大、导向部件磨损快等难题,始终没有得到很好解决。随着机械传动技术创新、永磁电机的成熟应用,未来的电牵引采煤机行走技术还需改进,大功率电牵引采煤机亟须研发更可靠、更智能的采煤机器人行走技术。

2. 连续采煤机发展历程与趋势

1979 年和 1983 年,我国山西大同矿务局和西山矿务局从美国引进了连续采煤机,此后河北开滦、山东枣庄、黑龙江鸡西、河北邯郸等矿务局相继从美国引进了薄煤层和中厚煤层

连续采煤机。到 1995 年,我国引进了美国 4 家公司的 23 台连续采煤机,其中久益公司 11 台、英格索兰公司 4 台、杰弗里制造公司 1 台、费尔奇公司 7 台,分别在山西及神府东胜煤田使用。其中,1982 年大同矿务局大斗沟煤矿使用久益公司 12CM-9BUN 型连续采煤机;1986 年西山矿务局西曲煤矿使用英格索兰公司 LN800 和杰弗里公司 1036RB 连续采煤机;1987 年大同姜家湾矿使用久益公司 12CM-9BUN 型连续采煤机;1987 年山西雁北马口煤矿使用久益公司 12CM11-9BUN 连续采煤机,西山杜儿坪煤矿使用费尔奇公司 MARK-2 型连续采煤机;1994 年陕西神东大柳塔煤矿引进久益公司 12CM-18 连续采煤机。

2007 年,中国煤炭科工集团太原研究院研制出 EML340 型连续采煤机,是我国自主研发

的首台连续采煤机,2008 年 5 月在神东大柳塔煤矿完成了井下工业性试验,4 个月完成 2650 m 掘进进尺。目前的 EML 系列包括 EML340A-18/35 矮型、EML340-26/46 普通型、EML340-33/55 大采高型、EML300Y 窄型连续采煤机,均采用变频调速控制行走、湿式除尘技术,适于采高 1.3～5.5 m、坡度小于 16°、普氏硬度系数 $f \leqslant 4$ 的煤层开采。

2008 年,三一集团推出 ML340 连续采煤机,该机装机功率 524 kW,截割硬度系数 $f = 3$,截割断面为 5.4 m×4.2 m,适应巷道坡度≤17°,该机于 2009 年 5 月在陕西红柳林矿进行了工业性试验。2012 年研发出 ML400 连续采煤机,其截割范围为 2.1～4.5 m,掘进效率是普通掘进机的 4～6 倍。

2015 年,湖南长沙铁建重工集团自主研制出 ZJM4200 型全球首台护盾式快速掘锚机(连续采煤机),该机采用全液压驱动、履带式行走,可伸缩滚筒的上下截割形式,油缸推进、步进掘进的掘进形式,具有防护盾体的掘锚完全同步的特点,汇聚了掘锚同步、超前探放、智能导向、一次成巷、负压除尘、数字截割、数据交互、远程操控八大功能。

2019 年 10 月,江苏徐工集团推出 EML360 型连续采煤机,该产品有多种截割滚筒可选,适用于不同煤层,具有自动定位截割功能,可通过设定截割高度实现自动截割,行走采用高压变频调速,可自动根据工况调节速度,此外还具有可视及遥控功能,使视野更开阔、操作更灵活。

2019 年 10 月,黑龙江佳木斯煤矿机械公司在并入小松采矿设备公司之后,推出 EJM2×170 掘锚一体机,它是专用于复杂地质条件下进行煤巷快速掘进的装备,采用久益公司 HFX 锚杆机专利技术,全断面滚筒一次截割成型巷道,机载 6 台锚杆机,多位置同时进行锚杆支护作业,实现巷道快速支护,以达到空顶距最小化的目的。

连续采煤机是滚筒采煤机的一种拓展机型,具有横轴滚筒连续切削和履带自行走的优点,为短壁采煤创造了独具特色的采煤机械。不仅如此,连续采煤机在露天采矿、路面维护、海底采矿中也大有可为。比较而言,连续采煤机更接近于履带行走式采煤机器人,具有自主导控机器人(autonomous guided robot,AGR)的发展潜力,但还需突破以下关键技术:

(1)建立机器视觉、磁感定位、激光扫描多传感器融合导航及场景感知技术,形成自行走采煤机器人导航方法。

(2)研发新型机械臂(滚筒悬臂)结构,包括大功率、高负载的机电一体化驱动,低速重载调速技术、灵巧型机械臂等。

(3)自行走采煤机器人智能控制方法,包括自主定向、自主纠偏、自主避障、自主诊断等控制能力。

随着新技术的出现以及连续采煤机实际使用需求,各大连续采煤机生产商均提出了不同种类连续采煤机的发展方向。

久益公司是连续采煤机最大的生产厂商,提出了如下技术发展趋势:①针对连续采煤机截割功率不断增加的情况,提出将系统电压提高,从而降低电缆直径、减少电缆热耗损,优化电缆在设备中的布置,提高整机移动灵活性。②提出湿式滚筒截割技术,即在截割滚筒上的每把截齿后面都设有高压内喷雾(图 6-22)。高压内喷雾水不仅具有冷却截齿、降低截齿和煤岩体之间磨损、提高截齿使用寿命的功能,还能降低粉尘浓度,提高操作环境质量。③研制了双链轮链条运输系统,与传统单链轮单链刮板输送机相比,双链轮双链抗拉伸强度提高了 40%,且刮板链节距均等,运行更加平稳,噪声可降低 3 dB;降低了刮板链突然断裂的概率,增加了链条与链轮的接触面,降低了磨损量,延长了系统使用寿命。④研发了 Optidrive 集成驱动系统。该系统将软件、电子和机械系统统一优化设计,增设了反馈制动系统,实现了连续采煤机具有任意变速的能力,可精确控制设备速度,平稳加减速,减少了操作员疲劳。⑤研发了 Faceboss 控制系统。将操作人员辅助工具、自动顺序控制、高级诊断功能、机器性能检测和分析优化组合在一起,使操作人员在最佳效费比状态下操作连续采煤机,该系统具备生产优化功能。

图 6-22 久益公司湿式截割滚筒

山特维克(Sandvik)公司研制了 MC 和 MF 两个系列的连续采煤机。MC 系列连续采煤机结构紧凑,动作灵活,适合在较狭窄巷道中高效作业。该系列配置的低速截齿和高压水喷雾系统可有效降低煤尘污染。同时还配备了变频调速牵引和可选用的机载除尘器以及无线遥控装置。MF 系列连续采煤机主要为全断面连续采煤机(图 6-23),具有掘进速度快、机身稳定性好等优点,主要应用于开采钾盐、盐岩等矿物。

图 6-23 山特维克公司 MF320 型连续采煤机

比赛洛斯(Bucyrus)公司拥有用于软岩及硬岩截割的系列化连续采煤机,包含适用于薄至 810 mm、厚至 4700 mm 不同煤层厚度的机型。所有机型都配备了噪声低并可延长链条寿命的自动张紧装置的宽体带式输送机。另外,还采用了宽履带板、湿式截割头、变频可控交流电机和自诊断功能等。根据适用煤层厚度及硬度的不同,产品分为三个系列:25M、30M、35M。

费尔柴尔德(Fairchild)公司的极薄煤层连续采煤机 F330 采用齿轮直系传动,双滚筒直径仅 610 mm,底架高度 584 mm,机重为 36 t,适用于厚度在 0.71~1.35 m 煤层的开采。F330 采用了两个独立的纵轴式截割头(图 6-24),并可以随着煤层高度的变化而调节,能够准确地将截割界面控制在煤、岩交界面上,产出煤炭灰分控制在 1%~3%,实现清洁产煤。

图 6-24　全齿轮传动 F330 型极薄煤层连续采煤机

　　将连续采煤机应用于露天煤矿的边帮开采是连续采煤机应用领域的扩展。在边帮开采中，由于人员不能进入采硐，对于连续采煤机的导航、远程控制以及运输系统的匹配提出了更高的要求。中国煤炭科工集团太原研究院研制了包括连续采煤机、多单元速连胶带运输系统、步进式行走平台、移动式卸料部、远程控制平台、抽出式通风除尘系统以及远程控制系统、导航及姿态检测系统、边坡稳定性检测系统的边帮开采成套装备，如图 6-25 所示。该成套装备提高了露天煤矿边帮煤炭的回收率，保护采区生态环境，助力露天煤矿绿色可持续发展。

采硐

连续采煤机

图 6-25　连续采煤机边帮开采成套装备

6.1.4　安全使用规范

1. 滚筒采煤机安全使用规范

1）设备使用维护说明书中的警示符号

下面的符号用于设备使用维护说明书中特别重要的说明。

⚠　对生命和健康有直接危害的危险标志。

危险　无视这些标志必然导致危害健康甚至生命。

⚠　对生命和健康有潜在危害的警告标志。

警告　无视这些标志可能会伤害健康甚至生命。

⚠　重要信息、规程或警戒危险的标志。

注意　无视这些标志会造成设备事故。

☞　要正确处理与采煤机有关的重要事宜标志。

无视这些标志会造成采煤机或其附件故障。

2）采煤机上的标志

防爆标志　　Exd[ib]I(150℃)
　　　　　　ExdI(150℃)

3）概述

（1）除阅读安全规则外，每位运输、装卸、操作、维护人员必须阅读手册中与之相关的内容。

（2）所有工作必须遵守手册中各项条款。

（3）贴在采煤机上的各种安全、危险、操作、保护标志必须完整清晰。

（4）合同中如有附加安全条款也必须遵守。

4）正确使用

（1）采煤机必须按照手册要求的条件使用，使用者必须有充分的安全意识。任何影响机器的不安全因素，应立即予以纠正。

（2）采煤机只能用于采掘和装载煤炭、岩石、矿砂以及其他相似的矿物。以下使用都超出了其使用范围：

① 运人。

② 运料。

③ 起吊和牵引。

④ 在轨道上压碎块状物。

⑤ 用于破碎顶板。

以上都是不恰当的使用！

（3）不能用摇臂升起采煤机。

（4）必须严格按照制造商制定的安装、拆卸、使用、操作、维护和修理规则执行，以确保恰当使用。

（5）采煤机可以用于易燃和易爆气体环境。但是易燃和易爆气体浓度达到极限值时，必须停止机器运转并切断机器电源。

5）运输和安装

设备、大部件或单独零件运输时必须仔细固定并保证用于运输和安装的吊装设备有足够的吊装能力。

6）工作人员

（1）采煤机的工作人员必须熟悉本使用维护说明书，特别是安全手册，对于那些必要时在机器上工作的人员有同样的要求，例如更换截齿的维修人员等。

（2）为安全起见，长发必须系在后边，衣服必须紧身，不戴首饰，以防造成伤害。

（3）明确司机的责任并授权司机拒绝执行第三方违反安全的指示。

（4）不允许未经训练、培训或没有经验人员从事采煤机工作。

（5）应该使用依照规则或"使用维护说明书"所需的人身保护设备。

（6）操作者应该确保机器不被未经授权的

人员操作。

7）操作、维护及修理

（1）设备安装过程的安全和事故预防规程应适应机器的操作。

（2）机器只能在下述情况下操作：

① 具备所有的防护设备。

② 有"紧急停止"装置。

③ 具备所有隔声和除尘设备。

以上设备必须保证是有效的，而且是功能完备的。

（3）采煤机操作前必须预先检查所有控制装置和"紧急停止"装置。

（4）开始工作前，熟悉自己周围的环境和情况，例如工作区域内的障碍物。

（5）操作者在启动时必须确定采煤机和运输机工作范围内没有人。安全条例提到的每一种情形都必须避免！

（6）必须避免对机器可能造成危害的任何操作。

（7）操作失误时，立即停机并防止重新启动，立即改正失误。

（8）每班至少检查一次采煤机外在可视损坏和故障。若有需要，应立即停机并防止重新启动。

（9）必须遵守预启动报警装置和控制显示相关规定。

（10）采煤机必须按"使用维护说明书"操作说明所指出的方式开、关。

（11）如果采煤机在工作中发生安全故障而不能正常工作，应立即停机并向主管部门和人员汇报。

（12）采煤机在工作时，除尘系统既不能关闭，也不能移动。

（13）必须遵守"使用维护说明书"中的规定进行定期检查和维修。

（14）充分保证在安全范围内的维修。

（15）采煤机改装、修改以及增加新功能会影响安全，因此未经制造商许可不得实施。

（16）在开始工作和维护或修理之前，必须向操作人员简要介绍情况，并指定专人监督其过程。

（17）工作时手不要接触到热油，否则有烫伤或烧伤的可能。

(18)采煤机依靠电工作,如果不熟练,违规操作和修理,可能带来严重的或灾难性的后果。

(19)采煤机上必须装有能停止工作面刮板输送机运行的闭锁装置。采煤机因故暂停时,必须断开隔离开关和离合器。采煤机停止工作或检修时,必须切断电源,并断开隔离开关。启动采煤机前,必须先巡视四周,确认无危险后,方可接通电源。

(20)采煤机在维修前必须防止在斜坡上滑动。

(21)更换截齿或在滚筒上进行其他工作时,截割电机和滚筒之间的离合器必须断开。

(22)采煤机必须安装内、外喷雾装置。割煤时必须喷雾降尘,内喷雾压力和外喷雾压力不得小于3 MPa,喷雾流量应与机型相匹配。无水或喷雾装置损坏时必须停机。

(23)属关联检验的设备不得随意更改,如需要更换必须经相关机构进行检验后方可使用。

(24)工作面倾角在15°以上时,必须有可靠的防滑装置。

8)环境保护

(1)废液和换下的零件必须放在安全的地方,养成一个安全习惯和环境保护习惯,与之有关的规则必须遵守。

(2)必须遵守安全手册和规则中关于油、油脂和其他化学物质的使用规定。

9)其他危险

本节概述了在运输、存放、安装、操作、拆卸、维护和修理过程中可能出现的危险。

(1)机械危险

① 机器零部件间或采煤机与周围物体间挤伤或切断人的手足。

② 被滚筒、行走轮、拖揽装置、铁链卷伤或拉伤。

③ 被滚筒或抛出的煤块砸伤。

④ 机器下滑或机器意外移动。

⑤ 机器不够稳定。

(2)电气危险

电缆损坏。

(3)热危害

① 被热油或蒸汽烧、烫伤。

② 火花引起火灾。

(4)机械保护临时失效引起的危险。

(5)维修过程中去掉保护装置或控制装置引起的危险。

2. 连续采煤机安全使用规范

操作、保养和修理机器时所发生的多数事故,都是由于不遵守基本安全规则或预防措施引起的,若能认识到各种潜在危险情况,事故往往是可以避免的,对各种潜在的危险,必须对工作人员提出警告,还必须对工作人员进行训练,掌握必要的技能和正确使用工具。

不正确操作、润滑、保养和处理机器是危险的,并会造成人身伤亡。必须在阅读和理解机器的操作、润滑、保养和修理的资料之后,才可进行这些操作。

为防止故障及事故的发生,机器在使用中应当严格遵守下列各项安全警示。

⚠ **危险** 防爆外壳。这些箱体是制造厂依据防爆箱体认证所制定的标准进行设计、制造和组装的,在此后的例行时间间隔内,已经对这些部件的防爆性进行了确认。如果没有保持这些部件符合制造厂的技术要求,就可能会导致发生火灾或爆炸等危险情况。假如没有保持其防爆性,将会造成严重的伤亡事故。

⚠ **危险** 不要在机器上连接临时性电缆。如果触到高压电,会造成严重的电击伤亡。

⚠ **警告** 在开动机器或操作任何控制装置前,操作人员必须事先阅读过本使用说明书,接受过如何正确操作机器的培训,并且完全熟悉所有控制装置。否则,可能造成人员伤亡的严重事故。

⚠ **警告** 电气维修。该设备以电为动力,在调整、检修或更换部件的工作开始之前,一定要确保切断了这台机器的所有电源。"切断"一词的意思是:由执行维修人员挂出警告提示牌、进行闭锁并且从配电开关上实际断开拖曳电缆。对本手册中"切断"一词作其他任何解释都是不正确的。如果不遵守这一警告,可能会造成严重的伤亡事故。

⚠ **警告** 不得改变、拆除紧急停机装置,否则可能会造成严重伤亡事故。因为在紧急情况下,这些装置能够正常运行是很关键的。

⚠警告　紧急停机不能切断电源,仅能断开电动机控制回路,而并没有切断机器的进线电源。所以,在没有真正切断机器进线电源的情况下,绝不能进入电气控制箱内部进行操作,或进行任何维护、检修工作。否则会因触电或机器意外启动而出现严重的伤亡事故。

⚠警告　液压管路中有高压油,所以,在断开液压管或接头前,一定要先停机并释放掉压力。否则会被热的压力油严重致伤。

⚠警告　如果截割滚筒、装运铲板、后支承没有完全降低,或者未用垫块可靠地支撑住,就不要从油缸上拆下平衡阀。否则,截割滚筒或装运铲板会突然下降,造成严重的伤亡事故。

⚠警告　绝不可在仅靠液压支撑的部件下方工作。要安设足够的垫块支撑住载荷。否则,部件落下来会造成严重的伤亡事故。

⚠警告　决不允许被提升的设备经过人的上方,也不能够让人在被提升的设备下穿行。否则,如果部件落下来,就会造成严重的伤亡事故。

⚠警告　如果机器处在未支护的顶板下,而这时需要操作或维修,那么就必须设置临时支护,让人能够安全地接近机器。否则,因顶板塌落可能会造成严重的伤亡事故。

⚠警告　当驾驶机器时,机器的运动可能会出乎意料。所以,在驾驶本设备时,一定要保证在机器与煤壁之间不要有人。否则,当机器与煤壁碰撞时可能会致人死亡或严重受伤。

6.2　滚筒采煤机

6.2.1　概述

滚筒采煤机是以螺旋滚筒为工作机构的采煤机械,当滚筒旋转并截入煤壁时,利用安装在滚筒上的截齿将煤破碎,并通过滚筒上的螺旋叶片将破碎下来的煤装入刮板输送机。由于滚筒采煤机的采高范围大,对各种煤层适应性强,能截割硬煤,并能适应较复杂的顶底板条件,因而得到了广泛的应用。

6.2.2　主要技术性能参数

采煤机技术性能参数分为采煤机总体参数、采煤机整机结构、采煤机配套参数等。采煤机总体参数包括牵引速度、滚筒转速、截割功率、牵引功率、整机重量、牵引力等,采煤机整机结构参数包括机面高度、摇臂长度、牵引中心距、机面高度等,采煤机配套参数包括最大采高、最小采高、铲间距、空顶距、卧底量等。

表 6-1 是常用型号采煤机主要性能参数。

表 6-1　常用型号采煤机主要性能参数

采煤机参数		采煤机型号			
		MG1000/2660	MG750/1800	MG400/930	MG300/730
总体	总装机功率/kW	2660	1805	930	730
	采高范围/m	4.1~6.2	2.5~5	2~4	2~4
	适应煤层倾角/(°)	0~12	0~16	0~25	0~25
	供电电压/V	3300	3300	3300	1140
	截深/mm	865	865	800	800
	机面高度/mm	2340	1995	1584	1580
	牵引中心距/mm	7530	6365	6325	6605
	摇臂回转中心距离/mm	9820	8150	7875	8155
	摇臂水平时最大长度/mm	16 890	16 442	14 213	14 453
	配套滚筒直径/mm	ϕ3000	ϕ2500	ϕ2000	ϕ2000
	最大采高/mm	6200	5000	4000	4000
	下切深度/mm	600	550	390	390
	冷却方式	水冷	水冷	水冷	水冷
	配套刮板输送机	SGZ1200	SGZ1000	SGZ800/900	SGZ764/800
	整机质量/t	0~166.5	0~90	0~60	0~50

采煤机参数		采煤机型号			
		MG1000/2660	MG750/1800	MG400/930	MG300/730
截割部	截割电机功率/kW	2×1000	2×750	2×400	2×300
	截割电机转速/(r/min)	1488	1480	1480	1480
	供电电压/V	3300	3300	3300	1140
	摇臂结构形式	分体式直摇臂			
	摇臂长度/mm	3535	3357	2528	2524
	上 摆/(°)	50.88	43.32	41	40
	下 摆/(°)	18.55	22.54	24	24
	摇臂传动比	63.12	56.04	45.27	45.27
	滚筒转速/(r/min)	23.57	26.4	32.7	32.7
	截割速度/(m/s)	3.70	3.45	3.1	3.1
牵引部	牵引电机功率/kW	2×200	2×90	2×55	2×55
	牵引电机转速/(r/min)	0～1482～3200	0～1485～3500	0～1472～2455	0～1472～2455
	供电电压/V	660	380	380	380
	牵引型式	机载式交流变频调速销轨式无链牵引			
	牵引速度/(m/min)	0～12.3～25.6	0～10.4～24.58	0～7.7～12.8	0～7.7～12.8
	牵引力/kN	1500～700	726～305	750～450	750～450
	频率范围/Hz	0～50～108			

6.2.3 主要功能部件

1. 截割部

截割部是采煤机的工作部件,其组件主要有摇臂减速箱、截割电机、提升托架、冷却和喷雾装置、截割滚筒等,摇臂减速箱由壳体、轴组、双行星减速装置等组成。

直摇臂壳体采用整体铸钢结构,外壳有一焊接的冷却水套,水套上面装有 14 只喷嘴,用于外喷雾降尘。

截割部位于采煤机机身的两端,通过销轴与机身铰接,以销轴为回转中心,通过调高油缸活塞杆的伸缩,实现左、右滚筒的升降。摇臂与调高油缸采用销轴连接,摇臂的升降由调高油缸的行程来控制,左、右摇臂分别由各自的截割电机驱动,电机功率采用横向布置,在采空侧可以拆装。经二级直齿减速、双级行星减速后通过方形滚筒座来驱动滚筒转动,完成割煤和装煤。

1) 截割部传动系统

截割电机→第一传动轴装配→第二传动轴装配→第三传动轴装配→惰轮装配(X 套)→第一级行星减速→第二级行星减速→截割滚筒。

截割部的传动系统如图 6-26 所示。截割部电动机的输出轴是带有内花键的空心轴,通过细长柔性扭矩轴与齿轮 Z1 相连,电动机输出转矩通过齿轮 Z1、Z2、Z3、Z4、Z5、Z6、Z7、Z8 传到第一级行星减速Ⅰ,行星减速Ⅰ的行星架将动力传给第二级行星减速Ⅱ,行星减速Ⅱ的行星架输出,将动力传给方形连接套,最后传到截割滚筒。

2) 截割电动机

截割电动机为矿用隔爆型三相交流异步电动机,用于环境温度小于 40℃且甲烷或爆炸性煤尘含量不超过《煤矿安全规程》(2010 年版)中规定的工作面。

截割电机设有离合器,其操作手把安装在截割电动机采空侧。其中细长柔性扭矩轴为关键零件,其一端通过渐开线花键同电动机转子轴的内花键相连,另一端通过渐开线花键与Ⅰ轴齿轮内花键相连,当该轴在手柄和拉杆的作用下外拉后,与Ⅰ轴齿轮脱离,终止动力传递。

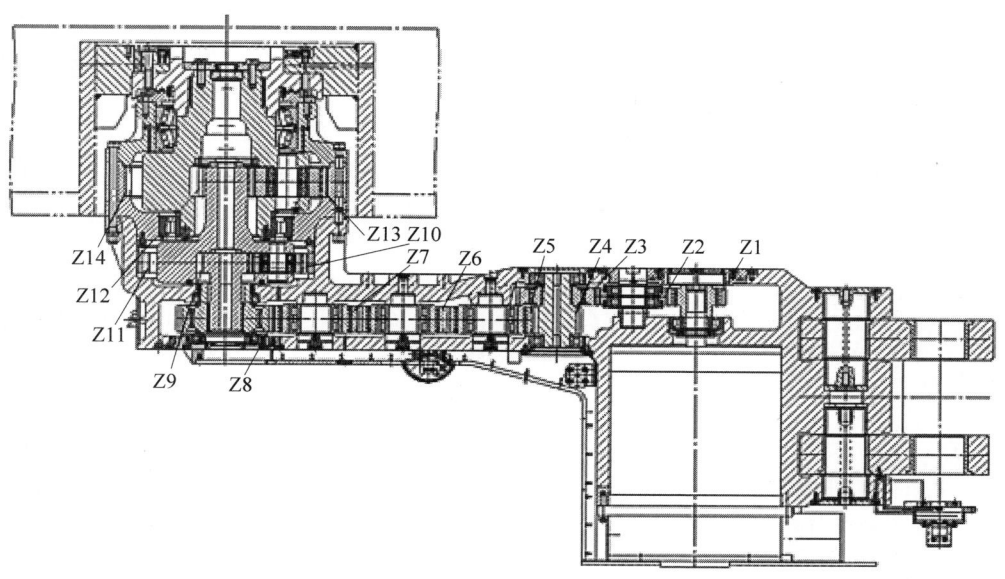

图 6-26 截割部传动系统

安装时,注意电动机冷却水口与摇臂壳体相对,接线盒为左、右对称结构,使左、右截割电动机通用。拆装时,可以利用电动机连接法兰上的顶丝螺孔顶出,从采空侧抽出,拆装方便。

3）第一传动轴组件

第一传动轴组件由齿轮轴、轴承、轴承座、密封、密封座等装配组成,如图 6-27 所示。

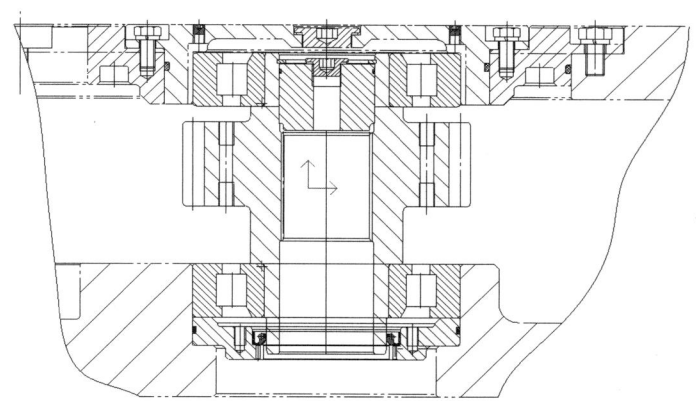

图 6-27 第一传动轴组件

截割电机的输出轴通过渐开线花键与截一轴齿轮上的内花键连接,截一轴齿轮由两个对称的圆柱滚子轴承支撑,靠采空侧的轴承装在壳体上,靠采煤侧的轴承安装在轴承座上。为了防止齿轮腔的油液漏入电机腔安装了旋转密封,旋转密封安装在密封座上,一旦该密封漏油进入电机腔,则可通过电机腔下部的放油孔排放,故需定期检查该放油塞。

4）第二传动轴组件

第二传动轴组件由齿轮、轴承、轴、套等装配组成,如图 6-28 所示。

齿轮 Z2 孔内装有两个圆柱滚子轴承,利用轴台阶定位轴承,轴上装有 O 形密封圈,防止油液外泄,截二轴装配支撑在摇臂壳体上,截二轴用挡板、螺钉固定在摇臂壳体上,只传递扭矩而不减速。

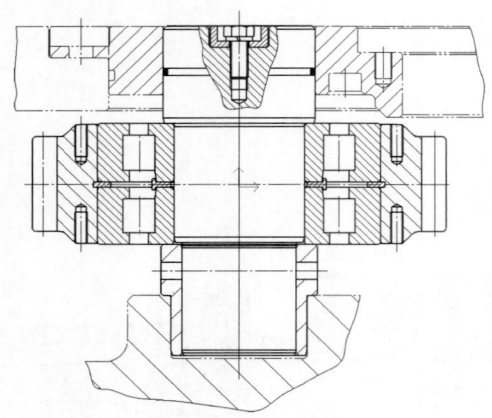

图 6-28　第二传动轴组件

5）第三传动轴组件

第三传动轴组件由齿轮轴、齿轮、轴承、端盖等装配组成，如图 6-29 所示。

轴齿轮轴上外花键与齿轮 Z3 连接，三轴由两个圆柱滚子轴承支撑，轴承均装在摇臂壳体上。

6）惰轮轴组件

惰轮轴组件由惰轮、惰轮轴、轴承等装配组成，如图 6-30 所示，采煤机截割部一般有 1～3 个不等的惰轮轴组件。

惰轮轴组件从采空侧装入，为盲孔轴组。惰轮孔内装两个圆柱滚子轴承，利用惰轮轴台阶定位轴承，惰轮轴上装有 O 形密封圈，防止油液外泄，惰轮轴固定在摇臂壳体上。惰轮轴装配支撑在摇臂壳体上，只传递扭矩而不减速。

7）截五轴装配组件

截五轴装配组件由齿轮轴、轴承、轴承座、密封、密封座等组成，如图 6-31 所示。

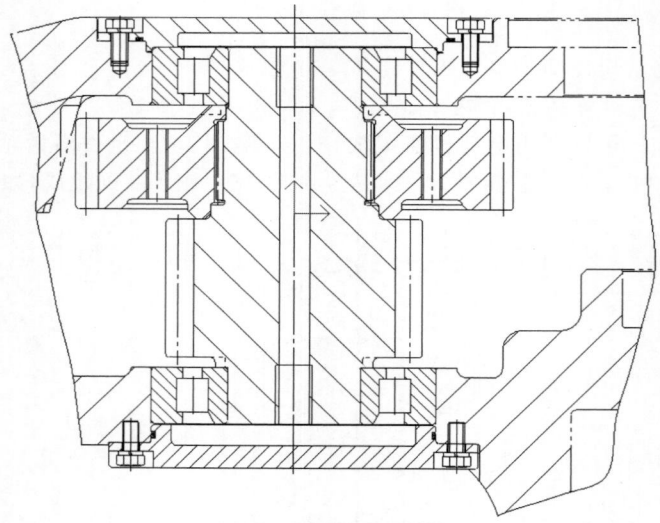

图 6-29　第三传动轴组件

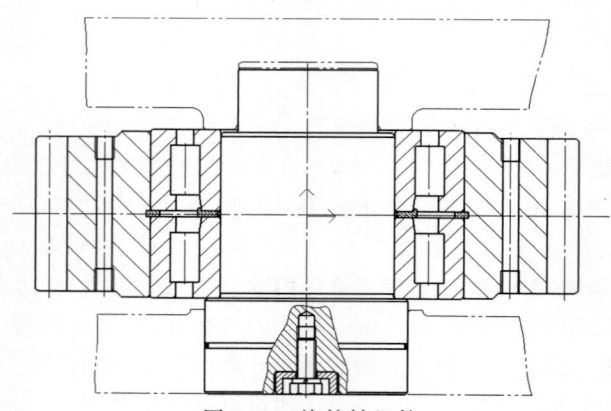

图 6-30　惰轮轴组件

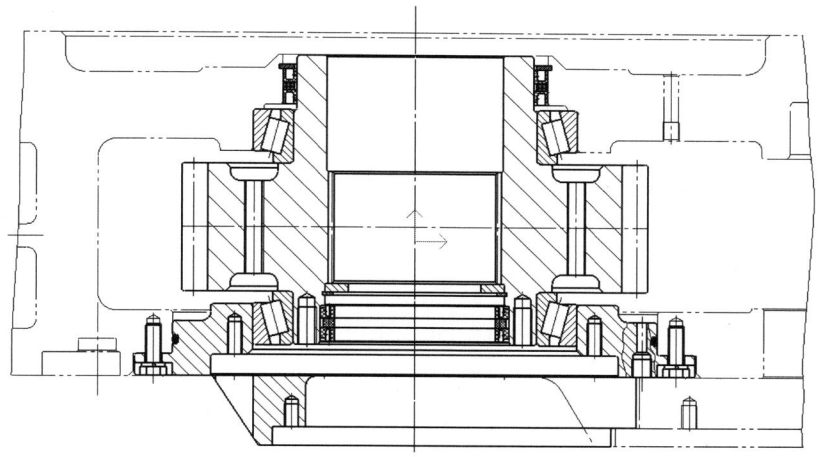

图 6-31　截五轴装配组件

齿轮轴由两个圆锥滚子轴承支承,靠采煤侧的轴承安装在壳体上,靠采空侧的轴承安装在轴承座上,同时,靠采煤侧壳体和靠采空侧的轴承座各安装有背靠背的两个密封,实现了分腔润滑。

8）双行星减速装配

行星减速器结构分为两部分。第一级行星减速机构主要由太阳轮、行星轮、内齿圈、行星架等组成。太阳轮的另一端与截五轴的内花键相连,输入转矩。当太阳轮转动时,驱动行星轮沿自身轴线自转,同时又带动行星架绕其轴线转动,内齿轮通过键固定在轴承座上,通过行星架齿轮,将输出转矩传给第二级行星减速。

第二级行星减速机构是截割部的最后一级齿轮传动,主要由太阳轮、行星轮、内齿轮和行星架组成。行星齿轮传动的动力是由截五轴装配中的齿轮,通过花键连接传递给图 6-32

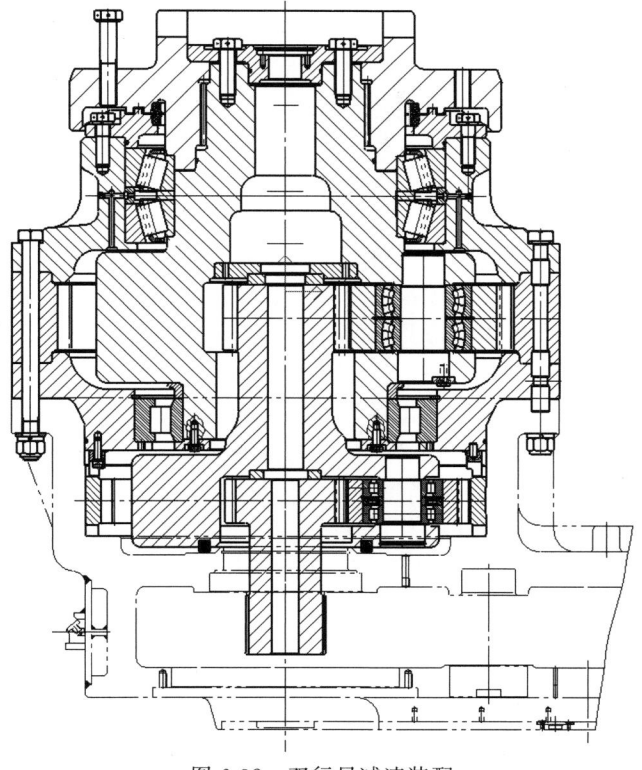

图 6-32　双行星减速装配

中的太阳轮,太阳轮与行星轮相啮合,行星轮与内齿轮相啮合,内齿轮通过圆柱销定位,并由长螺栓固定在摇臂壳体上,内齿轮固定,行星轮旋转,带动行星架转动,行星架通过花键与滚筒座相连,从而通过滚筒座将动力输出给截割滚筒。行星架的一端由轴承支撑在摇臂壳体上,另一端由轴承支撑在轴承座上。

采用两级行星减速的形式,结构紧凑,传动扭矩大,传动可靠。考虑行星轮间均载,第一级行星减速采用太阳轮与行星架双浮动结构,第二级行星减速采用太阳轮浮动结构。

方形滚筒座采用平面浮动油封,能适应行星机构的轴向窜动,适应在有煤尘和煤泥水的工况下工作。

为了防止煤尘进入行星机构和避免润滑油外泄,在滚筒座与密封座之间安装有浮动端面密封,它由两件对称的密封环配以两只耐高温的橡胶 O 形密封圈组成。一个密封环(静环)通过 O 形密封圈与密封座相连,另一个密封环(动环)与滚筒座相连。两环接触端面为滑动密封面,O 形密封圈被压缩后产生的轴向力促使两环相互压紧,可以进行有效的密封。浮封环静环固定在壳体沟座中呈静止状态,浮封环动环则随行星架相对旋转。密封能很好地阻止外界脏物进入壳体内部,并能防止内腔油液外漏,有效地起到了防尘与密封的作用。

9)截割滚筒

滚筒如图 6-33 所示,担负着落煤、装煤的作用,主要由滚筒筒体、截齿、齿座和喷嘴等组成,滚筒与摇臂行星减速器出轴采用方形连接套连接,连接可靠,拆卸方便。

滚筒筒体采用焊接结构,螺旋叶片上设有内喷雾水道和喷嘴,压力水从喷嘴雾状喷出,直接喷向齿尖,以达到冷却截齿、降低煤尘含量和稀释瓦斯的目的。为延长螺旋叶片的使用寿命,在其出煤口处采用耐磨材料喷焊处理。为适应较高牵引速度的要求,采用新型大镐形齿以及与之相配套的大齿座。齿座采用了特殊材料和特殊加工工艺,强度大,截齿固定方便、可靠。

滚筒属于易损件,正确维护和使用滚筒,

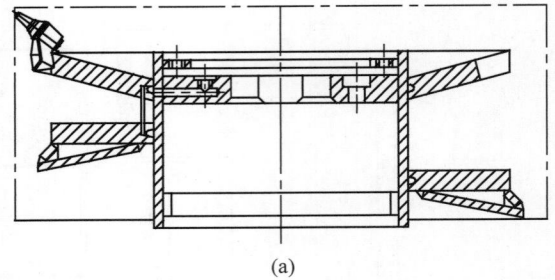

(a)

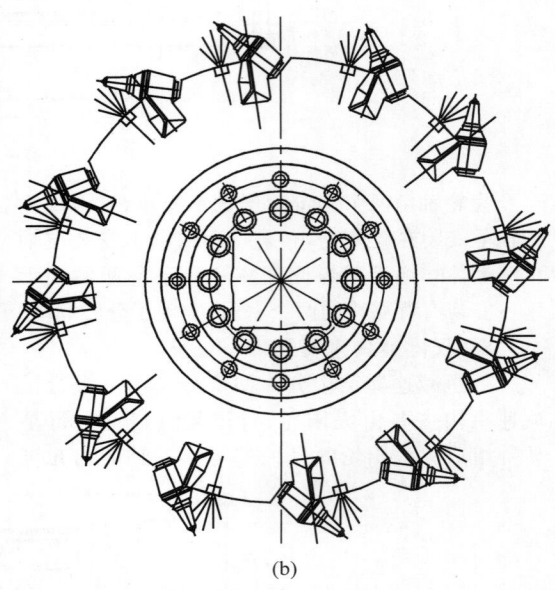

(b)

图 6-33 滚筒

对延长其工作寿命,提高截割功率是十分重要的,所以开机前必须做到如下几点:

(1)检查滚筒上的截齿和喷嘴是否处于良好状态,若发现截齿刀头严重磨损,应及时更换,若喷嘴被堵,亦应及时更换,换下的喷嘴经清洗后可复用。

(2)检查滚筒上的截齿和喷嘴是否齐全,若发现丢失,则应及时补上。

(3)截齿和喷嘴的固定必须牢靠。

(4)检查喷雾冷却系统管路是否漏水,水量、水压是否符合要求。

(5)检查固定滚筒用的螺栓是否松动,以防滚筒脱落。

(6)采煤司机操作时,做到先开水、后开机。停机时先停机、后停水,并注意不让滚筒割支架顶梁和输送机铲煤板等金属件。

2．牵引部

采煤机左、右牵引部分布在采煤机中间段的两侧，并与中间机架之间采用高强度螺栓、液压螺母连接紧固；左、右牵引传动箱的顶部和底部两侧，设计有液压长螺杆的安装支座，通过四条液压长螺杆将左、右牵引传动箱和中间控制箱紧固在一起，构成采煤机机身，连接简单、方便、可靠。

左、右牵引传动箱分别与左、右摇臂相铰接，左、右牵引传动箱不对称，但除左、右牵引传动箱箱体和少数零件不能互换外，其余所有零件均能互换。在左牵引传动箱的右腔，液压泵站整部件固定在此腔内，结构非常紧凑，留有操作窗口，操作维护简单方便。在右牵引传动箱左侧也有一个空腔，主要放置牵引变压器箱和辅助部件中的一些零件。

此外，左、右牵引传动箱与摇臂调高油缸缸尾铰接、与破碎装置调高油缸缸尾铰接、与破碎装置壳体铰接；左、右牵引传动箱的平滑靴支撑在运输机铲煤板上。采煤机上的所有截割反力、牵引阻力、油缸支承的反作用力、采煤机的限位导向阻力均由牵引传动箱箱体承受。

牵引传动箱内有两级直齿减速和两级直齿行星减速；牵引电机输出的动力经牵引传动系统减速后，传到外牵引的销轨轮，使其与刮板输送机的销轨相啮合，使采煤机实现行走。

1）内牵引传动系统

内牵引传动系统如图 6-34 所示。牵引电动机出轴花键与第一传动轴齿轮 Z1 相连，将电动机输出转矩通过齿轮 Z2、Z3、Z4、Z5 传给行星机构，经两级行星减速后由行星架输出，传给外牵引箱内的驱动轮，驱动轮与惰轮相啮合，惰轮与外牵引箱中的大齿轮啮合，最后再由销轨轮与工作面刮板机上的销轨啮合，实现采煤机行走。

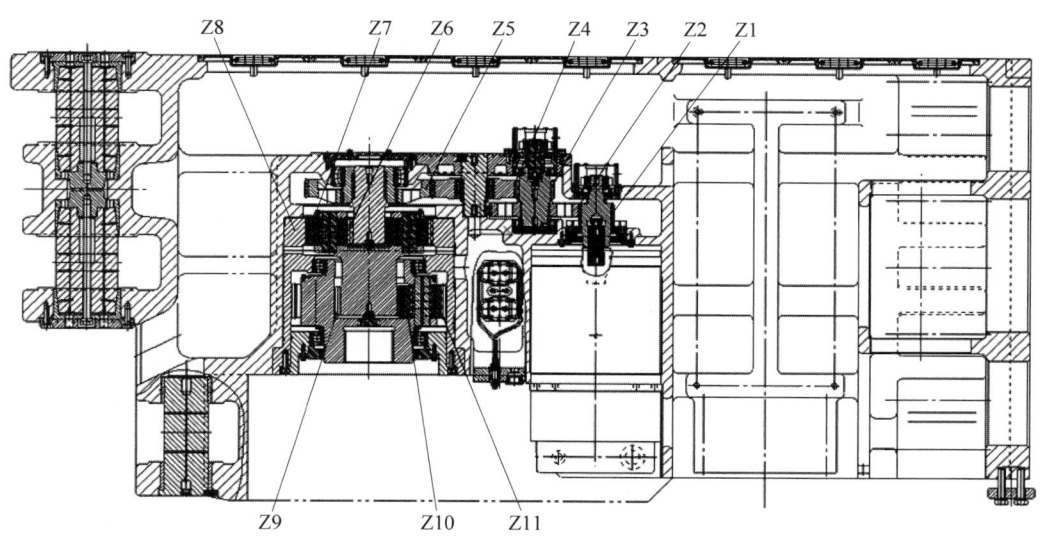

图 6-34　内牵引传动系统

2）一轴组件

一轴组件如图 6-35 所示。齿轮由轴承分别支承在轴承杯和支承座上，轴齿轮通过渐开线花键与电机出轴相连；轴承的轴向间隙应保持在 0.7～0.8。

3）二轴组件

二轴组件如图 6-36 所示，主要由齿轮轴、大齿轮、轴承等组成，由轴承支承在壳体上。轴承的轴向间隙应保持在 0.7～0.8。

4）三轴组件

三轴组件如图 6-37 所示，主要由三轴、轴承、套、齿轮等组成，靠心轴、轴承、套与壳体台阶定位；轴承的轴向间隙应保持在 0.6～0.7。

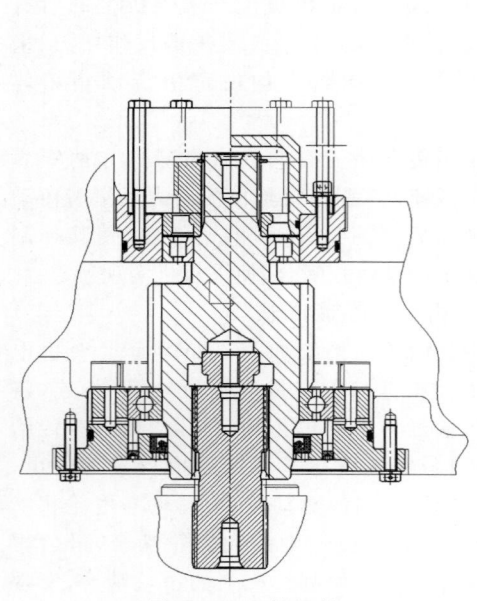

图 6-35 一轴组件

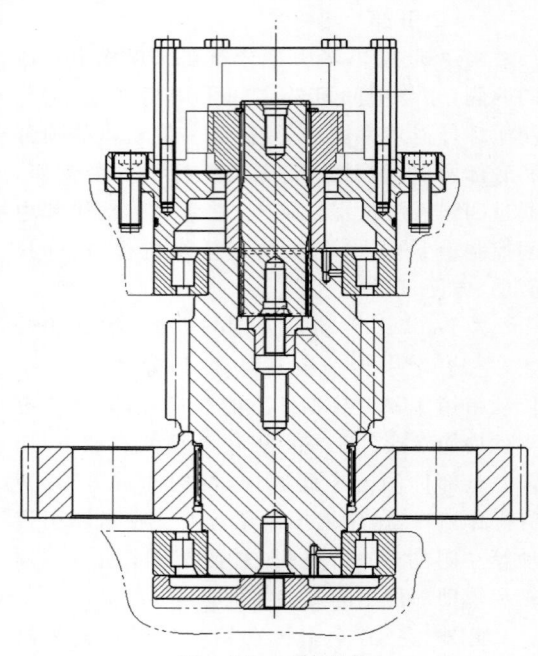

图 6-36 二轴组件

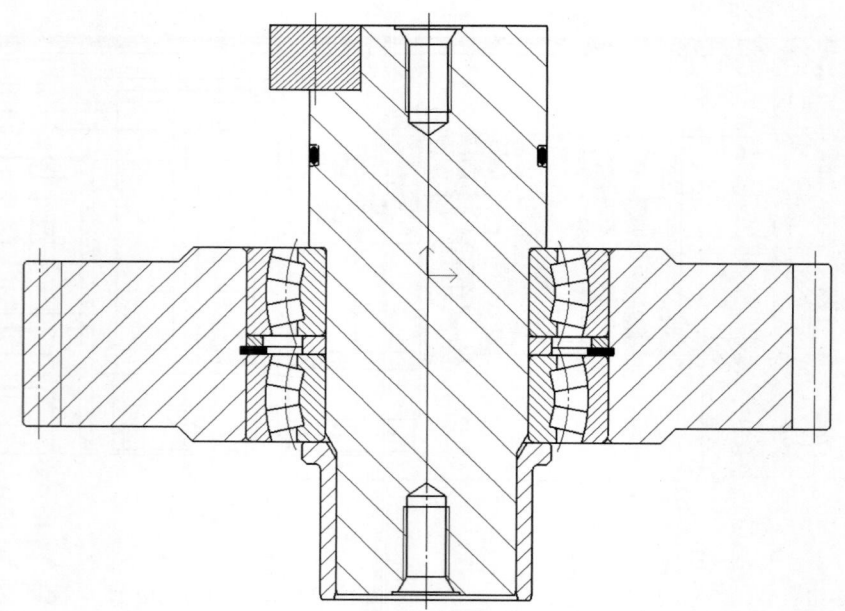

图 6-37 三轴组件

5）太阳轮组件

太阳轮组件如图 6-38 所示,主要由大齿轮、花键轴、轴承组成,轴承支承在轴承座上。花键轴一端是渐开线外花键,与大齿轮的渐开线内花键啮合;另一端是齿轮,即牵引行星机构的太阳轮。

6）行星机构

行星机构如图 6-39 所示。第一级行星轮减速机构主要由太阳轮、行星轮、内齿圈、行星架、支承轴承（滚柱）等组成。太阳轮的一端与

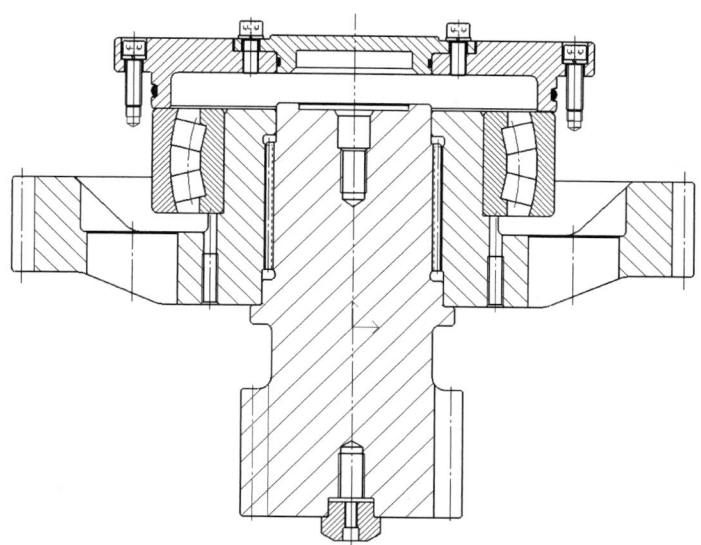

图 6-38　太阳轮组件

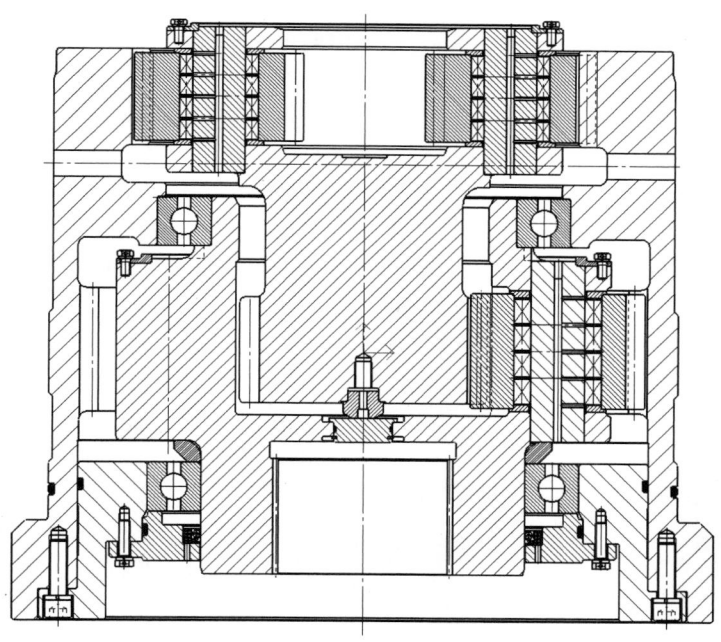

图 6-39　行星机构

第三传动轴组件大齿轮的内花键相连,输入转矩。当太阳轮转动时,驱动行星轮沿自身轴线自转,同时又带动行星架绕其轴线转动,行星架的一端同时又作为牵引行星机构的太阳轮,将输出转矩传给行星机构。

　　第二级行星轮减速机构主要由太阳轮、行星轮、内齿圈、行星架、支承轴承(滚柱)、大轴承、骨架油封、密封座等组成。当一级太阳轮转动时,驱动行星轮沿自身轴线自转,同时又带动行星架绕其轴线转动,行星架通过渐开线内花键和外牵引箱花键轴连接,将输出转矩传给外牵引箱。

7）滑靴组件

滑靴组件如图6-40所示，主要由滑靴架、滑靴轴、滑靴架销轴、滑靴轴挡板、平滑靴等部件组成。滑靴组件安装在左、右牵引传动箱的煤壁侧，支撑采煤机在铲煤板上，并随采煤机一起运动。

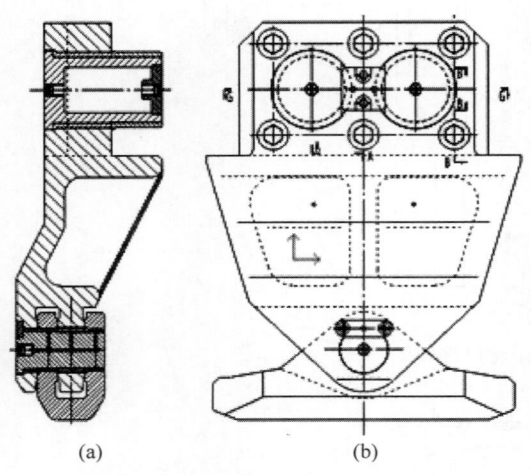

(a)　　　　　(b)

图 6-40　滑靴组件

8）外牵引

外牵引位于采煤机的采空侧，与牵引传动部采用止口、大矩形定位，同时采用螺柱和液压螺母连接。外牵引为双排结构，动力从牵引传动部的第二级行星架通过空心轴采用花键连接传给一级齿轮，一级齿轮与惰轮相啮合，惰轮与链轮组件中的大齿轮啮合，最后再由行走轮与工作面刮板机上的销轨啮合，使采煤机在工作面实现往复。

外牵引在采煤机的左右两端，能实现完全互换。其行走速度由变频器调节。外牵引由牵引传动部带动，经一级直齿减速，用惰轮调整机面高度，末级齿轮和链轮采用棘手连接，增大了扭矩的传递。它是采煤机的行走机构。

末级芯轴安装在位于箱壳的端盖上，且挂有导向滑靴；导向滑靴上下、左右限位在销轨上，对采煤机进行导向，同时还承受链轮的径向力及采煤机工作时的侧向力。导向滑靴与销轨的导向间隙，应能保证运输机垂直弯曲3°、水平弯曲1°时采煤机能顺利通过。外牵引内的支承轴承用油脂润滑，需定期检查油脂并加油。在采煤机的顶部设计有油箱组件，是为了定期为外牵引箱内的齿轮进行注油润滑，注油的多少可进行调节。

外牵引箱通过用液压螺母紧固的双头螺柱固定在牵引减速箱壳体上，将牵引反力传递给牵引减速箱壳体，使整个连接受力合理。

外牵引的传动系统如图6-41所示。通过空心轴将牵引传动部第二级行星架和外牵引齿轮连接传递动力，通过一级直齿和一级惰轮将动力传给链轮，实现采煤机在工作面的运行。

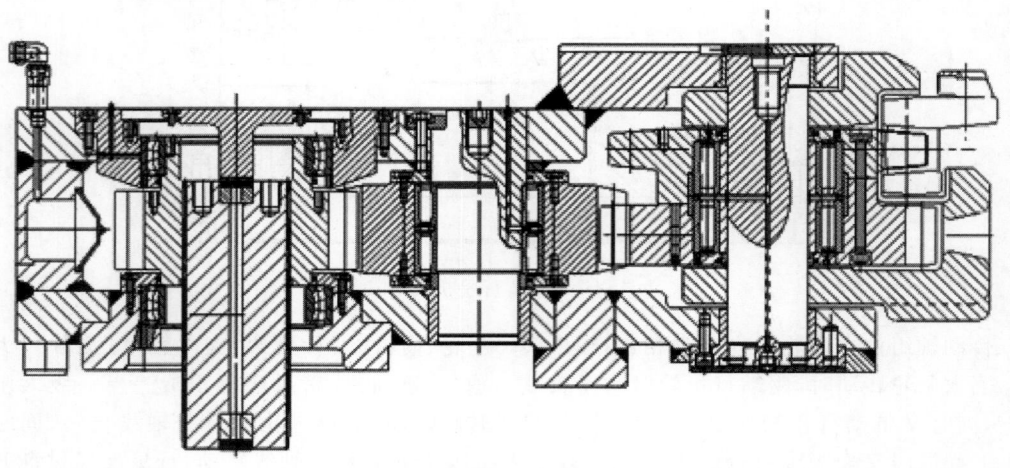

图 6-41　外牵引的传动系统

6.2.4 电气控制系统

交流电牵引采煤机电气控制系统是采煤机的控制核心,进入21世纪以来,随着科学技术进步,采煤机电气控制系统发展迅速,各生产厂家也不完全一样,但基本具备以下特征:

(1)以DSP数据处理模块为核心,采用CAN_BUS总线连接,完成数据采集、计算、数据分析、故障预警、数据上传。

(2)采用"一拖一"牵引方式,或"一拖二"牵引方式,并自动实现牵引功率平衡。

(3)预留以太网通信接口,TCP/IP协议。

(4)配备压力传感器、电流变送器、温度传感器等基本感知元件,对系统运行状况进行监测。

(5)具有开机预警、瓦斯超限报警及拉线急停功能。

电气控制系统装置为矿用隔爆兼本质安全型,防爆标志"Exd[ib]IMb"。

采煤机电气控制系统主要由采煤机用隔爆型控制箱、采煤机用隔爆型牵引变压器箱和采煤机用隔爆兼本质安全型变频调速控制箱三部分组合而成。

1. 采煤机用隔爆型控制箱

采煤机用隔爆型控制箱布置于采煤机的中间机架内左侧,具有控制、操作、电源配置及连线、分线等功能,如图6-42所示。

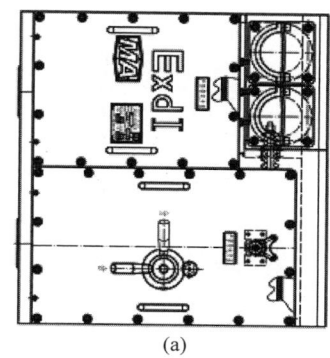

(a)

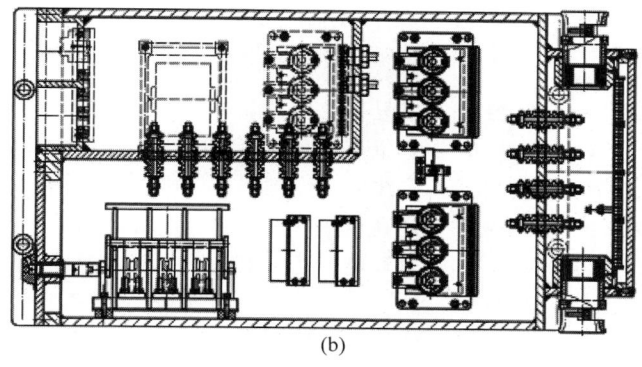

(b)

图6-42 采煤机用隔爆型控制箱

采煤机用隔爆型控制箱由电器腔和两个接线腔组成,电器腔除靠老塘侧开两个前盖外,还开有三个上盖,其中两个上盖便于元器件的安装和布线,另一个用于总电源进线的接线腔接线,另一个接线腔靠煤壁侧开盖。电器腔内装有3300V输入电源的隔离开关(不能带负荷通断),控制左右截割电机、牵引变压器、破碎电机和泵电机用的五个高压真空接触器,检测各电机电流和牵引变压器电流的电流互感器、各电机的漏电闭锁器等,控制变压器为各个控制电路提供电源。前盖装有隔离开关手把、急停拉线开关。高压箱的3300V电源由老塘侧前盖左上角的弯喇叭口引入。

接线腔的左右两侧装有喇叭口,左右截割

电机、破碎机电机、泵电机的连线,以及变压器箱的输入线均由此引出,其余的小喇叭口分别用于各控制线的出入。

2. 采煤机用隔爆型牵引变压器箱

采煤机用隔爆型牵引变压器箱布置于采煤机的右侧牵引传动箱旁,为牵引控制箱提供电源,如图6-43所示。

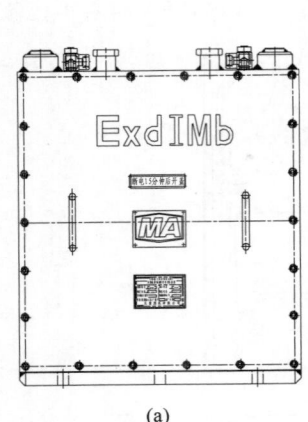
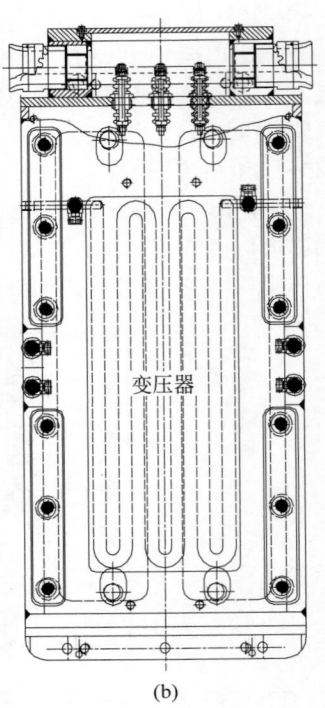

(a) (b)

图 6-43 采煤机用隔爆型牵引变压器箱

采煤机用隔爆型牵引变压器箱内部只有一个变压器元件,采用前后开盖,前盖上留有一个观察窗,后盖上连有一个接线腔,接线腔小盖朝后开盖,以便接线。变压器将来此高压箱的3300 V电压变压为660 V电压,通过双电缆供给牵引控制箱;变压器箱除前后盖外,上下左右四壁内部装有水冷冷却系统以冷却变压器。

3. 采煤机用隔爆兼本质安全型变频调速控制箱

采煤机用隔爆兼本质安全型变频调速控制箱布置于采煤机的中间框架内右侧,具有控制、操作、显示、电源配置及连线、分线等功能,如图6-44所示。

采煤机用隔爆兼本质安全型变频调速控制箱由电器腔和接线腔组成,除接线腔靠煤壁侧开盖外,电器腔在老塘侧和顶部各开两个盖,以便安装分别向左右牵引电机供电的两个变频器、电抗器和监控中心等。

接线腔左右两侧共装有喇叭口,变压器箱送入的660 V双电源线、左右牵引电机的连线均由此出入,其余的喇叭口分别用于连接端头控制站、传感器、分线盒,以及和相邻高压箱、变压器箱的连接控制线。

4. 电气控制系统主要功能

采煤机电气控制系统一般均应具备以下基本功能:采煤机送电、断电;预警;泵站电机启/停;左截割电机启/停;右截割电机启/停;破碎电机启/停;采煤机牵引系统送电、断电;采煤机左、右牵引加速、减速;采煤机牵引停止;采煤机左、右摇臂升、降;采煤机破碎机摇臂升、降;挡矸装置升、降;运输机闭锁;采煤

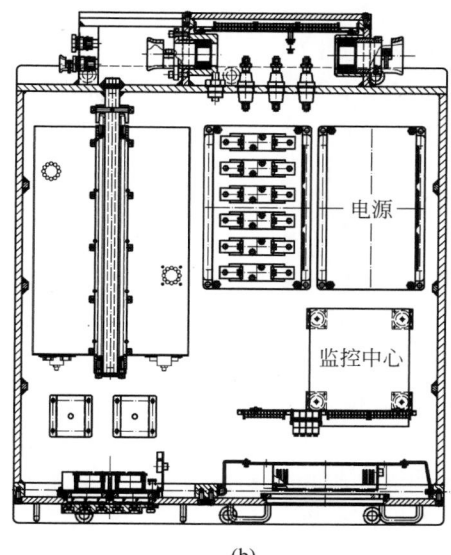

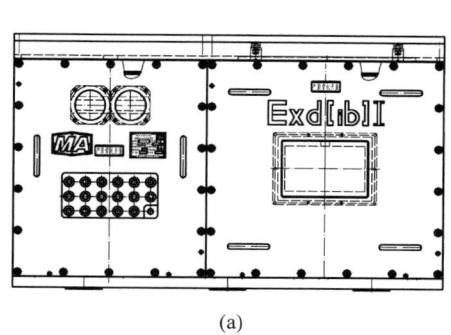

(a)　　　　　　　　　　　(b)

图 6-44　采煤机用隔爆兼本质安全型变频调速控制箱

机拉线急停；隔离开关电气闭锁和机械闭锁；电气系统漏电闭锁。

　　近十年来，许多设计制造公司生产的采煤机具备监测保护功能：左、右截割电机工作电流、绕组温度检测；超温报警和过热保护；左、右截割电机的恒功率自动控制及过载保护、重载反牵保护；牵引电机工作电流、绕组温度检测；负荷控制；变频器具有欠压、过压、过流、温度、缺相、超速等保护和报警功能；牵引变压器绕组的温度检测和过热保护；左右截割摇臂高速腔、牵引传动箱高速腔及泵站的油温检测、报警和保护；泵站油位检测与报警；调高系统高、低压油压压力检测；冷却水、左右内喷雾压力流量检测与报警；配备安装机载瓦斯断电仪，实现瓦斯浓度检测与超限停机保护；具有启动预警功能；具备上传采煤机工作状态数据、感知元件的信息、故障信息等功能。

　　随着人工智能、工业物联网、云计算、大数据等技术快速发展，将这些技术与煤炭开发利用深度融合，形成全面感知、分析决策、动态预测、协同控制的智能系统，实现煤矿生产过程的智能化运行，采煤机制造厂开发了智能型采煤机，具有如下智能化功能：

　　（1）对采煤机状态进行监测监控，实现自动诊断、故障预警。构建各关键部件的专家数据库，通过图表历史数据的诊断，完成采煤机左右摇臂（轴承振动、温度）、水路系统（流量、压力）、液压系统（压力、温度、液位）等关键部件故障预警。能够检测参与控制的感知元件的通信状态，对通信状态诊断并发布。

　　（2）对位置、采高、机身二维倾角等采煤机的姿态进行监测，并上传至综采工作面集中控制系统，实现各设备自动协调运行。

　　（3）基于绝对值旋转编码的煤机位置检测，实现煤机工作面精确位置检测。

　　（4）在左右摇臂铰接轴安装旋转编码器及调高油缸安装行程传感器，检测左右滚筒高度。

　　（5）在采煤机机身安装惯性导航系统，检测采煤机走向倾角和工作面倾角，对工作面进行校正，规划综采装备推进路径。

　　（6）调高系统电磁阀采用 PID（比例-积分-微分）控制技术，依据滚筒高度的目标值，精确控制采煤机油缸行程，形成闭环控制。

　　（7）利用安装在油缸的压力传感器及配合截割负载动态监测，实现煤岩硬度识别。

　　（8）采煤机仿形切割系统采用专用模块具有学习和自动重复割煤模式，在仿形截割模式下允许人工干预操作，系统自动记忆此干预过程,此过程数据覆盖对应的原有记录并作为仿形切割的模板数据。

（9）采煤机牵引速度智能调节系统,结合截割负载、牵引负载、运输机负载、工作面瓦斯浓度等的变化,并按照采煤机在中间机架和两端头不同行走位置,实现牵引速度自动调节。

（10）采煤机、液压支架、刮板运输机协调运行机制:在地质条件允许的情况下,采煤机控制指令由综采工作面集中控制系统发出,采煤机自身完成信号输出,驱动执行器动作。在远程控制时,采煤机就地控制具有优先级。

（11）采煤机在正常割煤过程中,综采工作面集中控制系统发出的控制指令能够根据采煤机位置和液压支架护帮板的收回情况,提前预判并及时调整采煤机的滚筒高度和牵引速度。采煤机与运输机联动:根据刮板运输机负荷,综采工作面集中控制系统发出调速指令,确保采煤机在其负荷大时减速或牵引停止。

6.2.5　液压系统

液压系统是电牵引采煤机的一个重要部件,其主要作用是将机械能转化为液压能,为采煤机的摇臂调高、破碎装置调高、挡矸装置调高及集中注油装置提供动力,同时为行走部的制动器提供控制油。

采煤机液压系统包括液压泵、液压控制阀、过滤器、冷却器等,液压系统为开式系统,所有油缸不工作时,油路块中二位三通调节阀接通,液压泵输出的油液通过二位三通调节阀回油池。当需要左调高油缸工作时,只要拉动相应的手柄或按动相应的电按钮或按动相应的无线电遥控器按钮,此时,控制左调高油缸的三位四通换向阀换向,来自主油路的油通过三位四通换向阀及其梭阀使油路块中二位三通调节阀断开,使系统建立起压力,压力油通过三位四通换向阀进入油缸,使油缸工作,带动摇臂升降。与液控单向阀并联的限压阀是为了限制油缸的最高工作压力,起保护油缸的作用。油缸腔内的两个单向阀有利于避免过载时产生空穴现象。

6.2.6　辅助装置

采煤机辅助装置有喷雾冷却系统、调高油缸、破碎装置、挡矸装置等。

1. 喷雾冷却系统

喷雾冷却系统的主要作用是为滚筒提供内喷雾,降低工作面粉尘含量,改善工人的工作条件;冷却截割电机、牵引电机及泵站电机;冷却摇臂、牵引传动部、泵站及控制箱;为外喷雾提供水源。

喷雾冷却系统主要由水阀组件、接头、软管和喷水块等组成。

喷雾冷却系统冷却水来自喷雾泵站,通过反冲洗过滤器的进水口进入,进入高压节流阀组件后分四路。一路分别送到左、右滚筒,用于滚筒的内喷雾,左、右滚筒的水量可调节;一路送至负压外喷雾,水量可调节;一路通过阀内的减压阀后进入低压节流阀组件。该阀有多路出口,第一路水进入左牵引传动箱冷却器对油箱进行冷却,之后进入左牵引电机,对左牵引电机进行冷却后由外喷雾块喷出;第二路水进入左摇臂的左截割电机冷却器后,进入左摇臂箱对左摇臂进行冷却后由固定在左摇臂上的喷嘴喷出喷向煤壁;第三路水进入泵站冷却器对泵站油箱中的液压油进行冷却后,再进入泵站电机对泵站电机进行冷却后由外喷雾块喷出;第四路水分别进入控制箱对控制箱进行冷却,进入破碎电机对破碎电机进行冷却之后,进入右破碎油箱对油箱进行冷却后由外喷雾块喷出;第五路水进入右摇臂的右截割电机冷却器后,进入右摇臂箱体对右摇臂进行冷却后由固定在右摇臂上的喷嘴喷出喷向煤壁;第六路水进入右牵引箱冷却器,对右牵引箱冷却后再进入右牵引电机,对右牵引电机冷却之后由外喷雾块喷出。

2. 调高油缸

调高油缸位于采煤机的煤壁侧牵引传动箱的上部(有的位于下部),与牵引传动部采用锥销铰接,通过油缸的行程调节滚筒的高度,以适应煤层的变化。

调高油缸一般为双作用油缸,从油缸的两

侧进液,正反两个方向运动,都是在压力油液的作用下完成的。在调高系统中,设有两个平衡阀为双向平衡阀,只要油缸一腔进油,油缸另一腔就自动打开排油;并设置了两个限压阀,油缸工作的压力由限压阀调定,以防止强烈冲击对油缸造成损坏,为了避免过载时产生空穴现象,增加了两个单向阀。

调高油缸的压力油是由泵站提供的,平衡阀和限压阀均固定在油缸侧面,平衡阀能将摇臂锁定在任一位置,限压阀能使摇臂在锁定位置上实现过载保护。保证调高油缸在供油管破裂或按钮操作阀渗漏的情况下也不会使摇臂降落。当采煤机截割滚筒受冲击超载,使调高油缸内产生超过规定的压力卸载,例如,遇到冒顶大块煤下压或支架顶梁下压以及滚筒卧底遇到大块岩石而上抬时,均能通过限压阀的卸压使摇臂由锁定位置下移或上移,从而保护了调高油缸。

3. 破碎装置

破碎装置是大功率大采高采煤机重要工作机构(小型采煤机不需要),分为右置和左置配置,采煤机在配套和订货时应特别注意。

由于长壁采煤的采煤高度增加,片帮和落煤的块度增大。当片帮和落煤的块度较大时,煤不能顺利通过机身与工作面输送机之间的过煤通道,为此需专门的装置进行破碎即破碎装置。

破碎装置与机身悬挂铰接,用铰接销连接,破碎机以铰接销为回转中心旋转;实现破碎机的滚筒上升和下降。破碎装置滚筒的升降由调高油缸的行程来控制,从而调节破碎机滚筒与工作面输送机刮板之间的距离。

破碎装置由一台交流电机驱动,经一级行星减速器减速后将动力传递给破碎滚筒,驱动破碎滚筒旋转完成破煤功能。破碎装置由油缸装置、摇臂、挡罩、行星减速装置、轴承座、滚筒、端盖轴承密封装置、电动机组成。

破碎电动机横向布置在破碎机摇臂头部,与破碎机滚筒在同一轴线,在采空侧可以拆装。

4. 挡矸装置

大型采煤机一般配置挡矸装置。挡矸装

置位于采煤机机身的上部,由于本机型机身较高,采高也很高,为了防止煤从煤壁砸到采空侧,保证人员和设备的安全,使工作能顺利开展,特别设计了挡矸装置。挡矸装置的顶护板为焊接件,分左、中、右三段,装机时将两两之间搭接在一起,并用螺栓紧固,从而连接成一个整体。顶护板靠煤壁一端铰接在机身上,另一端与可伸缩的支柱组件、顶护板油缸铰接。支柱组件和护板油缸也是一端与机身铰接,另一端与顶护板铰接。

需要可伸缩支柱辅助支护时,按下遥控器中的"挡矸升"按钮,则泵站给挡矸装置的油缸的大端面供油,顶护板升起,当顶护板升到一定位置后,将支柱与顶护板的铰销孔用销子插紧,使顶护板处于工作状态;当挡矸装置需要降下时,首先,将顶护板与支柱铰销孔的销子取下,然后按下遥控器中的"挡矸降"按钮,则泵站给挡矸装置的六个油缸的小端面供油,顶护板降下。

6.2.7　使用与维护

采煤机在出厂前已做过部件和整机的出厂试验,运抵现场后要经过短期搁置、地面试运转、运输下井、井下安装、井下试运转等过程,运转正常方可投入井下生产。

1. 采煤机的存放

(1)采煤机应贮存于通风和干燥的仓库内。

(2)采煤机外露的加工面涂以防锈油,并用油纸覆盖。

(3)橡胶密封件、各种高压胶管和各种电缆应在库房内贮存,其空气中不应含有酸、碱性或其他腐蚀性物质,还应避免太阳光照射,避免高温烧烤,以免引起过早老化,胶管的接口需用塑料帽或塑料塞堵好,以防灰尘杂质进入。

(4)摇臂、牵引传动箱、泵站以及调高油缸贮存时,应将其中的油液排放掉。摇臂(包括摇臂电机)、牵引传动箱(包括牵引电机)、泵站以及中间控制箱上的冷却管路中的积水用风管吹净、吹干。

（5）采煤机和组件必须完全置于室内存放；如果存放时间超过 1 年，则必须进行长期防腐处理，并定期对防腐措施进行检查，如果存放时间非常长，那么在投入使用前必须进行全面检查。

2．地面试运转

采煤机出厂前按采煤机行业标准进行部件和整机的试验和检测，合格后方可出厂，可以整机发往用户，也可以分几部分发往用户。在下井以前采煤机须经过地面组装，并且与相应的工作面输送机、液压支架等设备进行地面配套、检查、试运转正常后方可入井。

地面组装后检查的主要内容有：

（1）检查各部件是否完好无损，所有紧固件是否松动。

（2）各液压水路系统是否损坏，管路及连接是否渗漏。

（3）按要求注油、润滑、接通冷却水、电源进行空运转试验，检查各操作按钮、操作手柄动作是否灵活、可靠；传动系统运转状况、声音是否正常；冷却与喷雾是否有效；采煤机与工作面运输机配套尺寸是否正确等。

3．下井运输

1）运输前准备工作

在条件许可时，采煤机下井时，应尽可能分解成较完整、较大的部件，以减少运输安装的工作量，并防止设备损坏；根据井下安装场地和工作面的情况，确定各部件下井的顺序，以便于井下安装。

下井前所有齿轮腔和液压腔的油应全部放净，所有外露的孔口必须密封，对外露的结合面、联轴节、拆开的管接头及凸起易碰坏的操作手柄都必须采取保护措施；采煤机分解后的自由活动的部分，如牵引传动箱上的调高油缸以及一些电缆、管路等都必须加以临时固定和保护，以防止在起吊、井下运输时损坏，并防止脏污、水侵入设备内部。

2）运输过程注意事项

采煤机井下运输时，较大的部件、较重的部件，如牵引传动箱、摇臂中间控制箱等用平板车运送，平板车尺寸要适合井下巷道运输条件；能装入矿车的可用矿车运送；对于紧固件及零碎小件必须分类装箱下运，以免丢失。

用平板车运输时要找正质心，达到平稳，并牢靠地固定在车上，可以用直径 M24 的螺杆紧固在平板车上，不推荐使用钢丝绳或锚链固定，因为这种固定方式在运输过程中容易松动使物品滑落，更不允许直接用铅丝捆绑。

起吊用的工具，如绳爪、吊钩、钢丝绳、连接环等要紧固可靠，经外观检查合格后才可使用。对起吊装置其起吊能力应不低于 5 倍的安全系数，对推拽装置其推拽能力应不低于 2 倍的安全系数。

4．井下安装

在工作面选择一段场地，沿场地全长安装液压支架；应保证有足够的液压支架以加强顶板的支护和承担采煤机各部分的重量，必要时可安装附加支柱。

将左牵引传动箱、中间控制箱（内装泵站）和右牵引传动箱三段组合成一体，然后把这个机身的组合体安装于工作面输送机上。

分别安装左、右摇臂于左、右牵引传动箱上。

根据各软管标签上的标记连接各有关零部件。

根据各电缆的标签上的标记接通各有关电路。

接通压力液，使调高油缸的活塞杆伸出，直到能够装上与摇臂的连接铰销为止。

安装滚筒，拆去滚筒的螺堵，安装喷嘴、截齿。

5．井下试运转

执行使用前检查程序。

铺设刮板输送机，将采煤机骑在输送机上。

装配合格后，接通电机电源以前进行以下检查：

把采煤机各部件内部的存油全部排放干净。

所有的液压腔和齿轮腔注入规定的油液，注入的油量应符合规定要求。

检查油路、水路系统管路是否有破损、蹩

劲、漏油、漏液现象,喷雾灭尘系统是否有效,其喷嘴是否堵塞。

检查滚筒上的截齿是否锋利、齐全、方向正确、安装牢固。

检查各操作手柄、锁紧手柄、按钮动作是否灵活可靠,位置正确。

在正式割煤前还要对工作面进行一次全面检查,如工作面信号系统是否正常,工作面输送机铺设是否平直,运行是否正常,液压支架、顶板和煤层的情况是否正常等。

按正常井下操作顺序接上符合要求的水、电后,进行整机空载运行,并检查各运转部分的声音是否正常,有无异常的发热和渗漏现象;再操作各电控按钮和手把,检查动作是否灵活、可靠;内外喷雾是否正常;采煤机与输送机配套是否合适。

6. 采煤机的操作

1) 开机前检查

必须检查机器附近有无人员工作;

检查各操作手把、按钮及离合器手把位置是否正常;

油位是否符合规定要求,有无渗漏现象。

2) 采煤机工作过程注意事宜

必须先供水,后开机;停机时,先停机,后断水;检查各路水量,特别是用作冷却后喷出的水量需保证。

未遇意外情况,在停机时不允许使用"紧急停车措施"。

操作过程中随时注意滚筒位置,要防止割支架顶梁或运输机铲煤板等。

要随时注意电缆和水管工作状态,防止电缆和水管挤压、蹩劲和跳槽等事故的发生。

注意观察油压、油温及机器的运转情况,如有异常,应立即停机检查。

长时间停机或换班时,必须断开隔离开关,并把离合器手把脱开并锁紧,关闭水阀开关等。

7. 采煤机的维护与检修

1) 一般安全说明

只有在切断了采煤机的电源之后,才允许进行检修工作;隔离开关必须置于"关"的位置,未经授权时,开关不得接通。

在倾斜工作面检修时要确保采煤机不会滑动。

在检修时,拆下的各个组件以及在井下需更换的组件的运输包装和防护盖板,需保存以备今后再用。

零件和较大的组件在更换时应该非常小心地固定在起吊设备上,并确保不会因此产生危险。

只能使用性能良好并有足够起重力的起吊装置。

不要在悬挂于空中的重物底下停留或者工作。

只委托有经验的人员固定重物并给吊车司机发指令。发令人必须处在操作人员的视力范围内或者同他保持说话联系。

在检修/修理开始时,需将采煤机表面的脏物清理干净,尤其是清洁接头和螺栓连接副。不要使用腐蚀性的清洁剂。

如果在装配、检修和修理的时候有必要拆下安全装置,那么在检修和修理工作结束后,必须马上重装安全装置并进行检查。

2) 特别危险种类的说明

在供电方面出现故障时,马上切断采煤机电源。

定期检查采煤机的电气元件,出现缺陷、连接脱落以及电缆损伤,必须马上处理。

定期检查所有的管子、软管和连接处是否泄漏,有无外观可辨认的损伤。否则喷出管子的油会产生故障并引起火灾。

在对液压装置和水管进行各种检修工作时,这些设备都必须处于无压状态。

不能拧受压的螺栓。在拧螺栓前必须减去它们的压力。

3) 维护和检修内容

正确的维护和检修,对提高机器的可靠性、降低事故率、延长使用寿命十分重要。其主要内容一般分为日检、周检、月检。

(1) 日检

检查所有护板、挡板、楔铁、螺栓、螺钉、螺堵和端盖是否有松动,松动的及时紧固。

电缆、水管、油管是否有挤压和破损。

检查各压力表是否损坏。

各部位油位是否符合要求,是否有渗漏现象;检查所有外部液压软管和接头处是否有渗漏或损坏。

检查牵引传动箱(左、右)分别与中间控制箱之间的螺栓连接是否紧固可靠;检查牵引传动箱(左、右)分别与中间控制箱结合面燕尾槽楔铁的压板螺栓是否紧固。

各操作手柄、按钮动作是否灵活。

检查截割滚筒上的齿座是否有损坏,截齿是否有丢失和磨损并及时更换。

检查喷雾灭尘系统的工作是否有效,供水接头是否漏水,喷嘴是否堵塞和损坏,水阀是否正常工作,堵塞的喷嘴要及时清洗更换。

检查行走轮与导向滑靴的工作状况。

机器运转时,检查各部位的油压、温升及声响,以及中间段的连接是否有松动。

水量检查,特别是用作冷却后喷出的水量一定要符合要求。

按照各部件润滑要求给采煤机各部件进行注油润滑,检查自动集中润滑系统是否渗漏,是否注油正常。

(2)周检

除每天的维护和检查以外,还必须按以下要求进行每周的检查。

检查安装在阀组粗过滤器上的真空表的读数,如果真空表读数大于 0.03 MPa,就应该拆下进行清洗或更换过滤器的滤芯。

从放油口取样化验工作油中的过滤油质是否符合要求。

检查和处理日检中不能处理的问题,并对整机的大致情况做好记录。

检查司机对采煤机的日常维护情况和故障记录。

利用脚踏加脂泵对润滑泵油桶进行加脂,直至油桶右侧上方溢流口有油脂流出即完成加脂过程。

(3)月检

除每日和每周的维护和检查以外,还必须按以下要求进行每月的检查。

从所有的油箱中排掉全部的润滑油,按照规定注入新的润滑油。

检查液压系统和润滑部位,检查电缆、电气系统。

采煤机井下因故必须拆开部件时,应采取如下预防措施:

采煤机周围应喷洒适量的水,适当减少工作面的通风,选择顶板较好、工作范围较大的地点。

在拆开部件的上方架上防止顶板落渣的帐篷。

彻底清理上盖及螺钉窝内的煤尘和水。

用于拆装的工具以及拆开更换的零件必须清点,以防止遗落在箱体内。

排除故障后,箱内油液最好全部更换。

8. 液压系统故障原因及排除方法(表 6-2)

表 6-2　液压系统故障原因及排除方法

故 障 现 象	故 障 原 因	排 除 方 法
采煤机不牵引(低压不降)	刹车电磁阀电控失灵或阀芯卡卡	修理或更换刹车电磁阀
采煤机不牵引(低压下降)	(1) 调高泵损坏,如发生两侧密封面严重拉毛; (2) 高、低压油路严重漏损	(1) 修理或更换泵; (2) 检查油路泄漏处并处理
采煤机不牵引(系统无压)	(1) 油位过低,吸不上油; (2) 吸油管路堵塞; (3) 油液黏度过高; (4) 调高泵损坏,如发生键侧压溃、断轴; (5) 调高泵转向相反	(1) 将油加至正常位置,并检查泄漏处; (2) 排出堵塞物; (3) 排空油箱,更换低黏度油; (4) 修理或更换泵; (5) 改正电机接线

续表

故 障 现 象	故 障 原 因	排 除 方 法
调高泵的噪声过大	(1) 吸油处管路部分堵塞； (2) 空气由管路泄漏处进入系统； (3) 空气在管路中密闭； (4) 液压元件磨损或损坏； (5) 调高泵的连接法兰松动； (6) 油液黏度过大	(1) 排除堵塞物； (2) 检查接头是否泄漏,如需要则紧固并进一步检查软管； (3) 如需要给系统排气； (4) 更换元件； (5) 检查更换密封垫,适当紧固； (6) 换用适当黏度的油
系统元件磨损较快	(1) 油液内有研磨物； (2) 油液黏度低； (3) 持续高压超过泵的最大值； (4) 系统中有空气	(1) 清洗过滤器,更换油液； (2) 检查油液黏度是否合适； (3) 检查限压阀的整定压力,如需要重新调整； (4) 检查泄漏部位并进行修理
泵内元件损坏频繁	(1) 油压过高； (2) 泵由于缺油滞塞； (3) 外界异物进入泵内； (4) 软管损坏	(1) 检查调整安全阀的压力为 20 MPa； (2) 检查油位、过滤器及供油管道,修理或更换； (3) 拆开泵排除异物； (4) 检查软管,如需要请更换
系统压力过高	(1) 限压阀压力整定不当或阀失效； (2) 油液黏度过高	(1) 检查调整压力,更换失效的限压阀； (2) 检查油液黏度是否合适
调高系统不能动作	(1) 调高泵损坏,泄漏量太大； (2) 高压胶管损坏或接头松脱； (3) 限压阀失灵,压力调不到所需的压力值或调得过低； (4) 调高油缸内活塞密封圈损坏或缸体焊接脱焊,相互串油； (5) 调高油缸平衡阀密封不严,互相串油； (6) 粗过滤器圈严重堵塞	(1) 更换密封圈或调高泵； (2) 更换高压胶管或紧固接头； (3) 维修或更换限压阀； (4) 更换密封圈或修复开焊处； (5) 更换平衡阀； (6) 清洗或更换粗过滤器滤芯
阀和调高油缸过度磨损	(1) 油液中有研磨性物质； (2) 调高油缸安装不当； (3) 系统压力过高； (4) 油液黏度过低或过高； (5) 系统进入空气； (6) 零件安装不当	(1) 更换油液过滤元件； (2) 检查并重新安装； (3) 检查限压阀并重新调整； (4) 更换黏度标号适合的油液； (5) 排出空气检查泄漏； (6) 重新安装,合理装配

6.3　连续采煤机

6.3.1　概述

1. 连续采煤机智能化成套装备组成与扩展

为实现连掘工作面自动化,传统的连续采煤机、梭车、锚杆钻车、破碎机的连掘配套装备已不能满足要求,近年来,自动卷缆车的出现使连续采煤机的电缆管理初步实现了自动化,

而连掘工作面集中控制系统使工作面实现初步自动化。该系统是控制系统、通信系统和监控系统的有机融合,可实现工作面监控中心或者地面调度中心对连掘工作面设备的协调管理与集中控制,主要实现连续采煤机远控割煤、梭车自主驾驶和破碎机自动启停三种自动化功能。其中,破碎机自动启停是指:当梭车进入自主卸料泊位时,破碎机和可伸缩胶带机自动启动；当梭车远离泊位时,破碎机结合负

载电流情况，适时停机。

2．连续采煤机智能化研发新进展

通过对连续采煤机自动化升级，连续采煤机自动化割煤方式已实现连续采煤机就地控制、远程控制和自动化割煤三种模式。连续采煤机成巷分切槽和采垛工序，为保证连续采煤机正确调动入位，连续采煤机两侧各安装 2 组激光测距传感器，实时采集并计算连续采煤机与两帮的夹角和距离；通过惯性导航系统实现掘进定向；截割臂和运输机尾回转中心均安装角度传感器，实时检测采高和运输机摆动角度；通过角度传感并安装 360°云台摄像仪和红外线摄像仪，实时监测割煤和运煤过程，基于多传感器融合技术，实时监测工作环境信息（甲烷、粉尘）、工作电压和电流、液压系统压力、温度、液位、流量、执行机构的振动、位移、压力等运行参数和运行状态，基于近感探测技术实现连续采煤机与梭车的自动测距，并进行数据融合，避免设备碰撞。

6.3.2 主要技术性能参数

主要技术性能参数见表 6-3。

表 6-3 主要技术性能参数

	参　数	数　　值		参　数	数　　值
整机参数	总体长度	11.06 m	铲板部	装载形式	圆盘星轮式
	总体宽度	3.3 m		装载宽度	3.15 m
	总体高度	2.07 m		星轮转速	40 r/min
	卧底深度	205 mm		装载能力	17 m^3/min（最大）
	爬坡能力	±16°		原动机	YBUS-37（A）（1140）2 台
	截割硬度	单向压力≤40 MPa（煤），≤80 MPa（矸石）	第一运输机	形式	中单链刮板式
	总重	62.4 t		溜槽断面尺寸	0.762 m（宽）×0.39 m（高）
截割范围	高度	2.6～4.6 m		链速	1.8 m/s
	宽度	3.3 m		运输能力	15～27 m^3/min
	面积	9～15 m^2		原动机	YBUS-37（A）（1140）2 台
截割部	截割滚筒形式	横轴式	行走部	形式	履带式
	截割头转速	49 r/min		履带宽度	650 mm
	电动机	YBUS-170（1140）隔爆，水冷方式 2 台		制动方式	液压限位制动
				对地压强	0.184 MPa
	喷雾	外喷雾方式		行走速度	0～13.3 m/min
				原动机	液压马达 A6VE107（2 台）

6.3.3 主要功能部件

连续采煤机是一种高集成度复杂机械装备，由于井下空间有限，各执行机构均需要紧凑布置才能满足整机的要求。以中国煤炭科工集团太原研究院 EML340 系列连续采煤机为例，其子系统可以划分为截割系统、装载系统、刮板运输系统、行走系统、液压系统、冷却水及喷雾系统、除尘系统等。各系统性能的优劣及相互之间的匹配性是连续采煤机性能的基础。

1．截割滚筒组成

截割滚筒及其端盘采用分体式结构，它们的截齿配置各有自身的规律而又相互关联，如图 6-45 所示。截割滚筒按等截距一线一齿棋盘式排列，截割滚筒为双头螺旋叶片，左右截割滚筒的截齿呈对称方式配置；侧端盘部分由于截齿截割处于半封闭状态，截割阻力较大，截齿磨损严重，所以截齿布置较密，截齿多而截线间距小。采用这样的截齿螺旋排列规律，可有效改善截齿动态受力状况，使每个截齿在切割时两侧受力基本平衡，切割断面较大，切割的块煤比例较多,从而有利于降低比能耗。

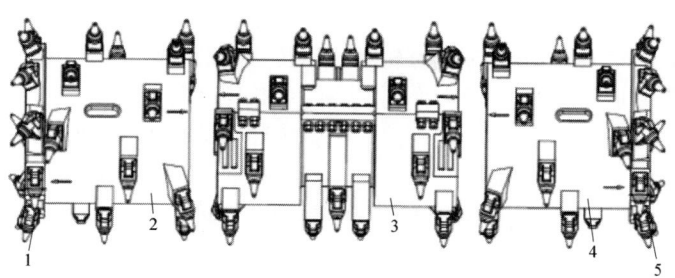

1—左端盘;2—左侧滚筒;3—中间滚筒;4—右侧滚筒;5—右端盘。

图 6-45 连续采煤机截割滚筒图

截割滚筒上截齿排列对机器的截割效率、振动及截齿的寿命有着重要的影响,为此利用计算机进行截齿排列和优化设计至关重要。通过建立虚拟滚筒动力学仿真模型,根据实际情况添加边界条件,获得计算结果,结合经典滚筒截齿排布理论分析数据,进行虚拟模型的修正,优化滚筒截齿的分布。目前国内高校和专业研究机构已编制了专业的滚筒设计软件,可自动生成切削图,同时针对不同边界条件自动进行载荷模拟分析,通过分析软件,可实现滚筒截齿优化排布,提升截割滚筒效率,减少截割过程振动(图 6-46)。

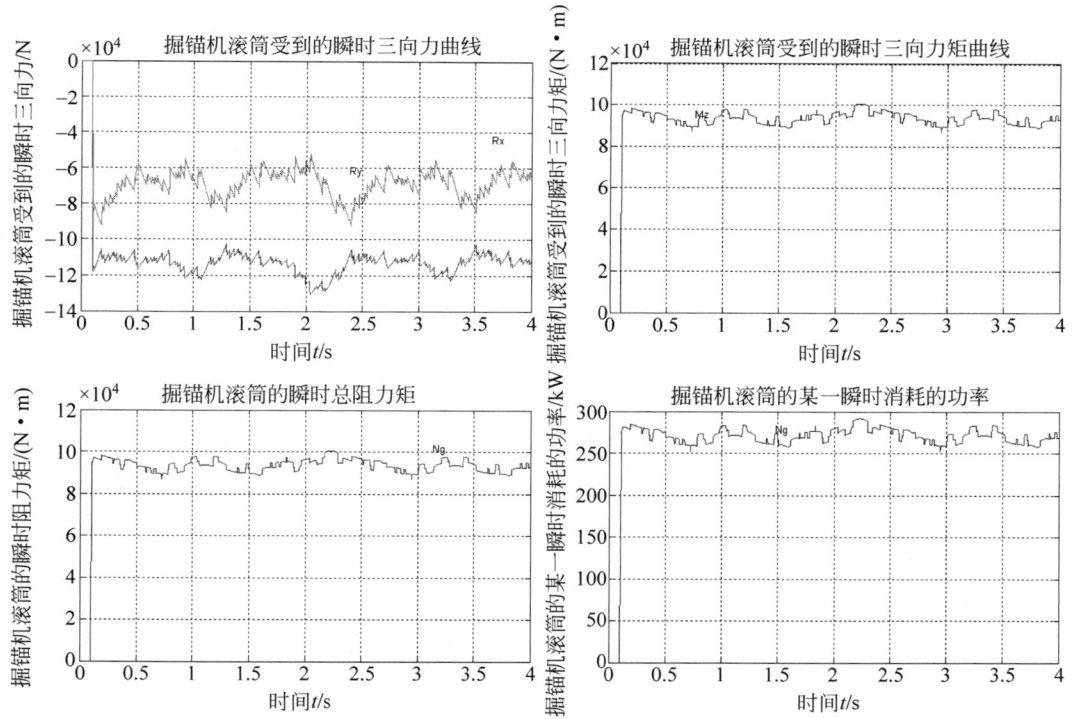

图 6-46 截割滚筒载荷计算模拟

2. 截割传动系统组成

截割齿轮箱由两台 170 kW 隔爆交流电机驱动,其传动原理如图 6-47 所示。两台截割电机对称布置在截割臂上方左右两侧,各自通过机械保护装置将动力传至齿轮箱。齿轮减速装置主要包括一级直齿圆柱齿轮传动、二级锥齿轮传动和三级行星齿轮传动。齿轮减速装置将两侧动力传递到主轴上，再通过主轴上的花键传至左右侧驱动轮毂和中间侧驱动轮毂上，最终将动力传至左右侧滚筒和中间滚筒。

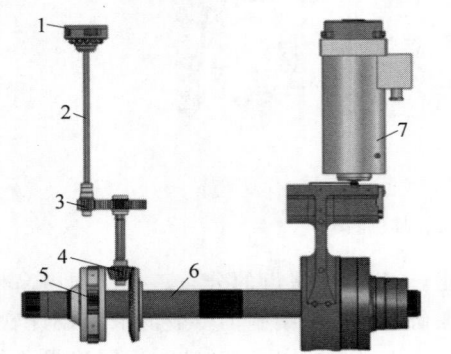

1—限矩器；2—扭矩轴；3——级直齿轮；4—二级锥齿轮；5—三级行星组件；6—减速器主轴；7—截割电机。

图 6-47　截割齿轮箱原理图

3. 机械过载保护系统

截割系统存在着大量的冲击载荷，为了保证截割电机和减速器的高可靠性，在截割系统中一般设置包括限矩器、扭矩轴在内的机械保护装置。

限矩器在传送动力的同时起机械过载保护作用。当外力矩低于限矩器摩擦片设定的摩擦扭矩时，限矩器将截割电机的动力传送至截割齿轮箱；相反，当外力矩高于限矩器摩擦片设定的摩擦扭矩时，摩擦片打滑，截割部停止工作，起到机械过载保护作用。此后，当外力矩低于设定的摩擦扭矩时，限矩器自动恢复动力传送，截割部继续工作。

扭矩轴将限矩器输出端的动力传递到截割齿轮箱的输入端，扭矩轴一般为带有 U 形缺口的细长轴。当外力矩低于扭矩轴保护值时，扭矩轴传送动力，截割电机驱动截割部正常工作；相反，当外力矩大于扭矩轴保护值时，扭矩轴扭断，与扭断的扭矩轴相连的一侧电机空转，停止驱动截割部，需要重新更换扭矩轴方可恢复工作。扭矩轴同样能在传送动力的同时起截割部过载保护作用。通常限矩器要先于扭矩轴动作起过载保护作用。

4. 装载系统

装载部将截割下的煤块装载到输送机上，将煤炭及时运出。按照装载结构的运动方式，分为耙爪装载和星轮装载两种方式，其中星轮转载使用最为广泛。连续采煤机星轮装载结构如图 6-48 所示，主要由铲板体、装运电机、装运减速器、链轮组件、耙爪组件组成。装载部的左右减速器对称地布置在铲板两侧，分别由两台交流电机驱动，其传动原理如图 6-49 所示。每台减速器有两路输出，一路输出到铲板上的耙爪组件，带动耙爪转动装载煤岩；另一路输出到链轮组件共同提供运输机的动力。该机构具有运转平稳、连续装煤、过载能力强、工作可靠、故障率低等特点。

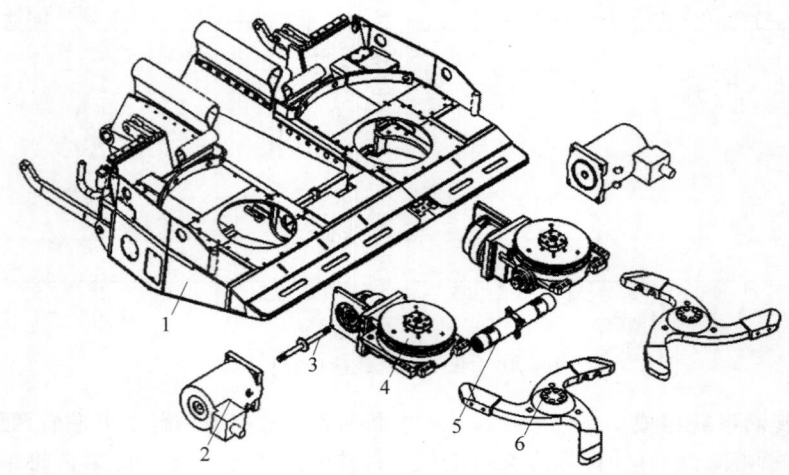

1—铲板体；2—装运电机；3—扭矩轴；4—装运减速器；5—链轮组件；6—耙爪组件。

图 6-48　连续采煤机星轮装载结构示意图

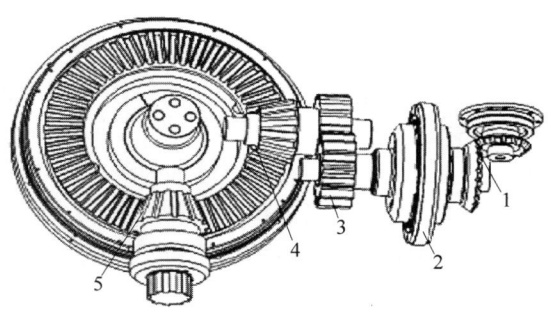

1——一级弧齿锥齿轮；2——二级行星组件；3——三级圆柱齿轮；4——四级锥齿轮（星轮输出）；5——五级锥齿轮（链轮输出）。

图 6-49　连续采煤机装运减速器结构简图

装载部安装在连续采煤机前端，通过一对销轴铰接于主机架上，在铲板油缸的作用下，铲板可绕销轴上下摆动，最大卧底量为 165 mm。铲板具有浮动功能，当铲板在铲板油缸的浮动行程范围内浮动时，前端遇到向上的阻力，铲板会在蓄能器的作用下抬高；而当前端悬空时，铲板又会在自身重力作用下降低，直到接触底板使底板的支撑力、油缸的支撑力与铲板重力达到平衡。此功能使铲板可自动适应底板的凹凸路况，实现沿巷道底板浮动，而不会使铲板铲入采煤底板轮廓线内。

5. 刮板运输系统

刮板运输机为单链刮板运输机，结构如图 6-50 所示，主要由中部运输槽、运输机尾、刮板链、尾滚筒与滑板组件、张紧油缸、机尾摆动油缸等组成。运输机位于设备中部，前端与主机架铰接，中部由运输机升降油缸支撑。刮板链的驱动链轮安装在铲板上，由装运电机通过减速器驱动。运输部的中板为耐磨板，运输槽

两侧靠机尾处有弹簧螺杆紧链装置。刮板链的张紧还可通过张紧油缸调节，调节范围为 0～360 mm。

6. 行走系统

连续采煤机采用无支重轮履带式行走机构，降低了故障率，提高了机器的稳定性。左、右行走机构对称布置，分别由交流变频调速电机直接驱动。如图 6-51 所示，行走机构主要由行走电机、行走减速器、导向张紧装置、履带架和履带链等组成。动力由电机输出，通过减速器减速后传递到链轮，由链轮驱动履带作卷绕运动实现机器的行走调动。

行走电机为交流变频调速电机，置于履带架上部，由螺栓连接到减速器上。减速器为五级传动，如图 6-52 所示，第一级为直齿圆柱齿轮，第二级为弧齿锥齿轮，第三、四级为直齿圆柱齿轮，第五级为行星减速，在第四级加装了一级惰轮。

履带架支撑连续采煤机的自重和截割部传递来的截割反力，采用箱形体、板焊形式，具有坚固耐用、重量轻等特点。同时履带架内部还设有液压油箱，两侧通过管路连通，使整机设计更加紧凑。行走减速器与履带架通过销轴连接，不仅减小了行走机构的最大不可拆解尺寸，而且可以实现行走减速器的整体快速拆装。导向张紧装置起到履带链的导向及张紧作用，通过使用黄油枪向安装在导向张紧装置油缸上的注油嘴注入油脂，完成履带链张紧。调整完毕后，装入适量垫板及一块锁板，拧松注油嘴螺塞，泄除油缸内压力后再拧紧该螺塞，使张紧油缸活塞在机器正常工作过程中不会承受张紧力。

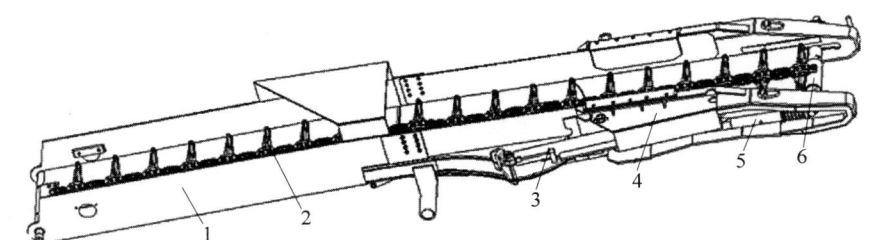

1——中部运输槽；2——刮板链；3——机尾摆动油缸；4——运输机尾；5——张紧油缸；6——尾滚筒与滑板组件。

图 6-50　连续采煤机运输机

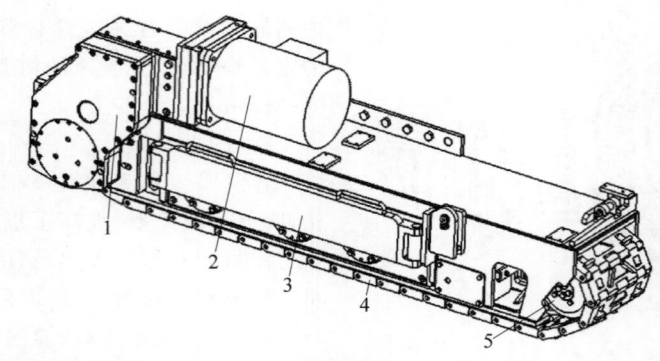

1—行走减速器；2—行走电机；3—履带架；4—履带链；5—导向张紧装置。

图 6-51　连续采煤机行走部

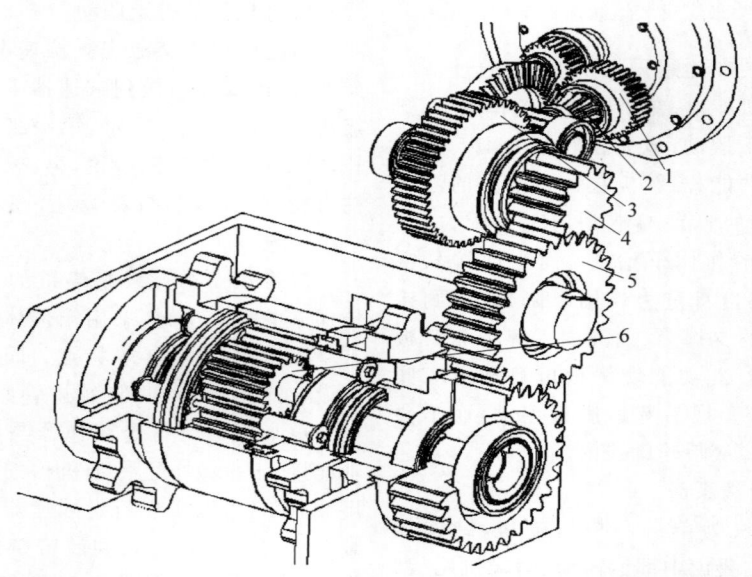

1——级直齿圆柱齿轮；2—二级弧齿锥齿轮；3—三级直齿圆柱齿轮；4—四级直齿圆柱齿轮；5—惰轮；6—五级行星减速。

图 6-52　连续采煤机行走减速器

6.3.4　电气控制系统

1. 概述

ML340 连续采煤机电气控制系统主要由电控箱、控制操作箱（以下简称操作箱）、矿用扩音电话、隔爆型照明灯、矿用本安型甲烷传感器以及各工作机构的电机等组成。连续采煤机电气控制系统是整机的重要组成部分，与液压控制系统配合，可自如地实现整机的各种生产作业，同时对左、右截割电机，油泵电机，左、右装载电机的工况及回路的绝缘情况进行监控和保护。

连续采煤机电控箱防爆型式：Exd［ib］I（隔爆兼本质安全型）。

连续采煤机操作箱防爆型式：Ex ib（本质安全型）。

2. 电控设备主要技术参数和特征

1）技术参数

（1）额定电压。

主回路：AC1140V。

电控箱：控制回路额定电压分别为 AC220V、AC127V、AC36V、AC24V。

操作箱：控制回路额定电压 DC24V。

显示回路额定电压 DC24V。

（2）额定电流：350 A。

（3）额定频率：50 Hz。

（4）输出分路数：6 路。

（5）额定功率：550 kW。

（6）瓦斯报警断电仪：最大开路电压DC12V；最大负载电流 DC300 mA。

（7）甲烷传感器：工作电压 DC12V；最大工作电流 130 mA。

2）使用条件

（1）海拔高度不超过 2000 m。

（2）周围环境温度－5～40℃。

（3）周围空气相对湿度不大于 95%（＋25℃）。

（4）能承受连续采煤机的振动，与水平安装倾斜度不超过 15°。

（5）适合在有沼气爆炸性混合物隧道或矿井中。

（6）在无破坏绝缘的气体或蒸气的环境中。

（7）无长期连续滴水的地方。

（8）污染等级为 3 级。

（9）安装类别为Ⅲ类。

3．电路的组成及工作原理

电气控制系统的功能和用途分述如下。

1）主回路

电气控制系统主回路主要由塑壳断路器、熔断器、真空接触器、中间继电器、阻容吸收电路以及电压传感器、电流传感器等组成。

塑壳断路器作为电源开关，当其闭合时主回路得电，同时对整个主回路起到过流、过载、短路等保护作用。真空接触器控制截割电机、油泵电机、装载电机的运转。利用阻容吸收电路吸收主回路电动机断电瞬间的反向电势。电流、电压传感器分别采集回路电流及电压信号并输入至每一个产品每一个周期（EPEC）专用控制器，通过编程实现对电机的过流、过载、断相、漏电检测以及电源的过压及欠压等保护作用。

2）控制电源

控制电源主要为电气控制系统提供所需的工作电源。

控制电源主要由控制变压器、熔断器、漏电断路器、开关电源等组成，一次侧为AC1140V，二次侧为 AC220V、AC127V、AC36V、AC24V。

3）控制回路

控制回路以 EPEC 专用控制器为核心，它接收各输入元器件的状态信息，通过编程计算，对所控制的元器件发出动作指令，实现对设备的逻辑控制。为了安全可靠，在控制回路中增设了中间继电器。在操作箱上装有紧急停止按钮，按下后，机器将立即停止运行。

4．工作原理

1）主控器与显示器的通信

电控箱通电，主控器与显示器通信时，显示器将显示画面。

2）复位、警报

将"复位/警报"开关旋至"警报"位置，警报继电器线圈得电，其常开点闭合，电铃回路接通电源，电铃鸣响，系统发出警报。

将"复位/警报"开关旋至"复位"位置，控制系统内各报警故障均复位。

截割电机启动前必须先发出报警信号。

3）电机漏电闭锁检测

在启动油泵电机时（将"油泵启/停"开关旋至"启动"位置），系统先整体对左截割电机、右截割电机、油泵电机、装载电机进行漏电闭锁检测，即各回路漏电闭锁检测继电器同时吸合。如有漏电发生，则分别对各个电机进行检测，确定漏电的电机，并显示。

4）油泵电机启动、停止

启动：将"油泵启/停"开关旋至"启动"位置，警报运行继电器先得电，电铃鸣响 7 s 后停止，此时油泵运行继电器得电，其常开点闭合，从而使真空接触器线圈得电，接触器主触点闭合，油泵电机主回路接通电源，电机运行。

停止：将"油泵启/停"开关旋至"停止"位置，油泵运行继电器线圈失电，其常开点断开，使真空接触器线圈失电，主触点断开，油泵电机主回路电源被切断，运行中的油泵电机将停止运行。

5）截割电机启动、停止

启动：油泵运行后，将"截割启/停"开关旋至"启动"位置，警报运行继电器先得电，电铃鸣响 5 s 后停止,此时左截割运行继电器得电,其常开点闭合,使左截割真空接触器线圈得电,左截割回路接通,电机运行;2 s 后右截割真空接触器线圈得电,右装载回路接通,电机运行。

停止:将"截割启/停"开关旋至"停止"位置,左、右截割运行继电器线圈失电,其常开点断开,使真空接触器线圈失电,接触器主触点断开,截割电机主回路电源被切断,运行中的截割电机停止运行。

6) 装载电机的启动、停止

正向启动:油泵运行后,将"装载启/停"开关旋至"正向启动"位置,警报运行继电器先得电,电铃鸣响 5 s 后停止,此时装载正向运行继电器得电,其常开点闭合,使正向真空接触器线圈得电,接触器主触点闭合,使装载正向主回路接通电源,装载电机启动运行。

反向启动:油泵运行后,将"装载启/停"开关旋至"反向启动"位置,警报运行继电器先得电,电铃鸣响 2 s 后停止,此时装载反向运行继电器得电,其常开点闭合,使反向真空接触器线圈得电,接触器主触点闭合,使装载反向主回路接通电源,装载电机启动运行(反向启动在堵转或检修时用,为自复位旋钮)。

停止:将"装载启/停"开关旋至"停止"位置,继电器线圈失电,其常开点断开,使装载运行真空接触器线圈失电,接触器主触点断开,电机主回路电源被切断,运行中的装载电机停止运行。

注意:装载电机正转与反转是互锁关系。

7) 上、下翻页

将"上/下翻页"开关旋至"上翻页"位置,显示器向上翻一页。

将"上/下翻页"开关旋至"下翻页"位置,显示器向下翻一页。

5. 电路的组成

保护回路主要由电流、电压传感器、熔断器、漏电断路器、电机内的温度传感器、温度开关、安装在油箱中的油温开关、安装在油箱中的液位开关、瓦斯传感器及漏电闭锁回路等组成。

6. 工作原理

1) 电机综合保护(以油泵电机为例)

当出现过流、过载、断相等故障时,控制器将电流传感器取来的信号经过编程计算,一旦出现过流、过载、断相,控制器将通过内部程序控制,使油泵运行的中间继电器线圈失电,真空接触器线圈失电,油泵电机主回路电源被切断,运行中的油泵电机停止。故障处理完毕后,将"复位/警报"开关旋至"复位"位置,油泵异常点复位。

2) 电机过热保护

当左、右截割电机长时间工作或故障引起绕组温度升高超过规定值,埋设在该电机绕组中的温度开关动作,使左、右截割运行继电器动作,切断对应真空接触器线圈回路,断开左、右截割电机的主回路,对左、右截割电机进行保护。

在截割电机中预埋了 PT100 温度传感器,信号送入控制器经过程序处理后,对电机进行启停控制,并在显示器上即时显示截割电机的温度和超温报警。

7. 故障信息

1) 油箱温度

当油箱温度超过规定值时,油箱过温信号送到控制器,经过程序处理,使运行中的所有电机立刻停止。

2) 油位过低

当油箱液位低于规定值时,油位过低信号送到控制器,经过程序处理,使运行中的所有电机立刻停止。

3) 瓦斯报警

当瓦斯含量超标时,瓦斯报警信号送到控制器,经过程序处理,使运行中的所有电机立刻停止。

4) 电压高、低超限

当电压过高、过低时,经过程序处理,使运行中的所有电机停止。

8. 操作方法

将电控箱右侧隔离开关手柄扳至"接通"的位置,此时前后照明灯同时点亮。检查显示器、电压表和机器周围,如果没有异常情况,即可按如下顺序进行开机操作。

（1）将"复/警报"开关旋至"警报"位置，发出开机信号。并观察工作现场，确认不能发生机械事故和人身事故后方可开机。

（2）将"油泵启/停"开关旋至"启动"位置，警报先鸣响 5 s 后，油泵启动运转。将"油泵启/停"开关旋至"停止"位置，运行中的油泵电机停止运行。（在试车时应注意油泵电机运转方向，若反转应重新接线）

（3）若需截割作业，将"截割启/停"开关旋至"启动"位置，警报先鸣响 5 s 后，截割电机运行。将"截割启/停"开关旋至"停止"位置，运行中的截割电机停止运行。（试车时应当观察截割电机的旋转方向，若反转需重新接线）

（4）若需装载电机作业，将"装载启/停"开关旋至"正向启动"位置，装载电机正向运行。将"装载启/停"开关旋至"停止"位置，运行中的装载电机运行停止。（试车时应当观察装载电机的旋转方向，若反转需重新接线）

（5）若需风机电机作业，将"风机启/停"开关旋至"启动"位置，风机电机运行。将"风机启/停"开关旋至"停止"位置，运行中的风机电机运行停止。（试车时应当观察风机电机的旋转方向，若反转需重新接线）

（6）注意不允许在不需要紧急停止的情况下，利用急停按钮停整机，也不允许利用停油泵电机的方法停截割、装载电机。

（7）停机后，切断电源，取下塑壳断路器手柄。

9. 注意事项

（1）当司机离开司机席时，必须将设在操作箱上的急停按钮锁死，将隔离开关旋至"停止"位置并把扳手取下。

（2）当需打开门或盖时必须先停电，并将煤尘打扫干净后方可松开紧固螺栓。

（3）检修时必须停电，特别应当注意的是，隔离开关上端至电源接线柱，停电后仍然带电，因此不能随意取下电源接线柱上的护板，若需检修此处，则前级馈电开关应停电。

（4）各电器组件之间的电缆不能拉得过紧，特别注意电源电缆不能压在履带下。

（5）必须定期检查各导线的连接部位是否有松动现象。

（6）各防爆部位紧固螺栓必须确实紧固。

（7）各电缆引入装置的密封胶圈、金属垫圈、压板等不得残缺，内外接地必须接牢。

（8）检修时不得随意改变电路元器件型号、规格、参数。

（9）每三个月对主要电器组件进行功能性检验，对电机进行性能试验。

6.3.5　液压系统

连续采煤机油缸及泥浆泵采用液压驱动。液压系统包括油箱、高压过滤器、回油过滤器、泥浆泵控制阀组和多路换向阀。系统泵站由电机驱动一台双联齿轮泵。主泵系统回路采用负载敏感控制，同时分别向各油缸回路提供压力油，另外系统还设置了自动加油装置为油箱补油，避免了补油时对系统的污染。辅泵通过泥浆泵控制阀组实现对泥浆泵的控制，如图 6-53 所示。

1. 油缸回路

EML340 型连续采煤机共有五组油缸，由一个六联多路换向阀控制来实现其动作。

截割臂升降油缸：该回路运用两个双作用液压油缸在工作过程的不同阶段提升、固定和降下截割臂，也可以在维修时用来帮助抬起连续采煤机前端。回路中设置有平衡阀，向下截割时用来保持截割臂升降油缸上的回路背压。当截割滚筒在采煤顶板上时，回路产生足够的压力以提起截割臂。

稳定靴油缸：稳定靴油缸安装在连续采煤机后下部，控制连续采煤机的抬起、降落。在机器维修时，还可配合截割臂使整个连续采煤机抬离地面，便于机器维护维修。

铲板升降油缸：铲板升降油缸控制铲板提升、下降、固定和沿巷道底板的浮动。铲板浮动可使铲板不会铲进底板轮廓线内，实现沿巷道底板漂浮。铲板运动由两个单作用的液压油缸控制，下降靠自身重力；回路中装有蓄能器便于实现浮动功能；平衡阀为铲板升降油缸提供备压，以便控制铲板的下降速度。

截割臂升降油缸　稳定靴升降油缸　铲板升降油缸　输送机升降油缸　输送机摆动油缸

泥浆泵　水路补水

加油泵

泥浆泵
控制阀组

电磁先导阀组

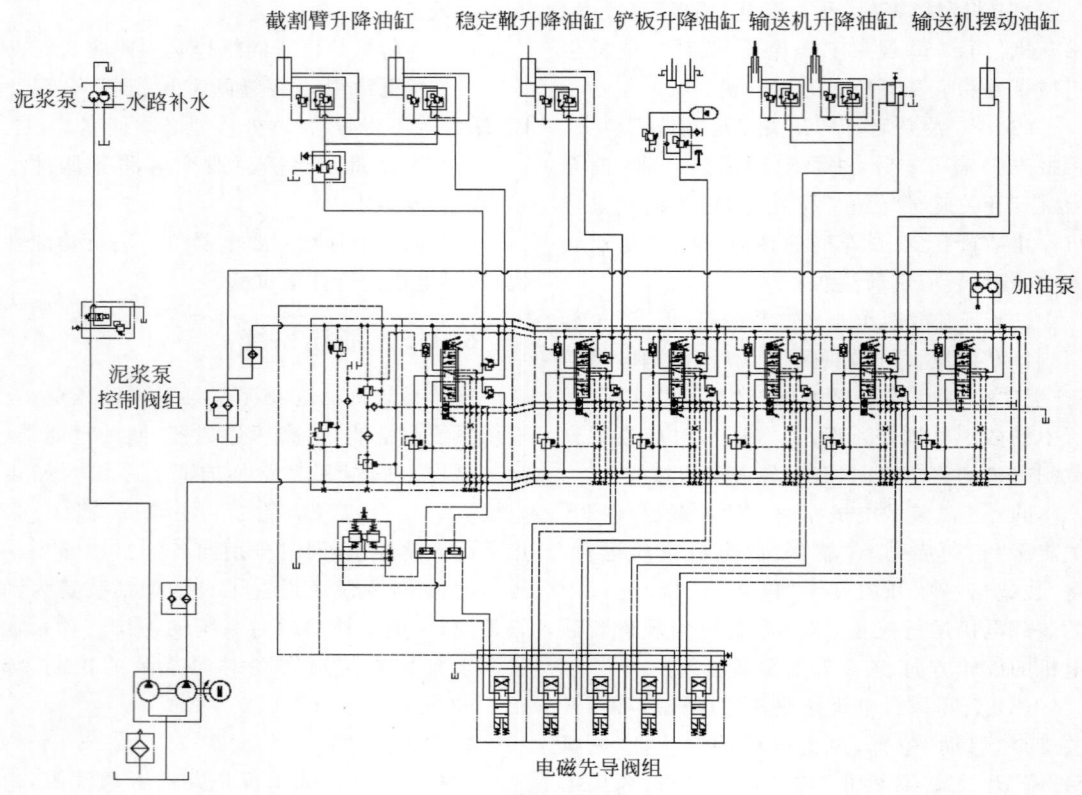

图 6-53　连续采煤机液压系统

运输机升降油缸：用于将运输机机尾定位在适当高度，实现运输机升降操作。运输机铰接在机架上并由两个可伸缩单作用液压油缸支起，可满足运输机机尾较大卸载高度要求。先导回路提供足够压力便于平稳降下运输机。

运输机摆动油缸：为双作用液压油缸，安装在运输机机尾左侧，可实现运输机机尾左、右摆动各 $45°$。

2. 自动加油回路

自动加油回路由多路换向阀一联、加油泵和接头等辅助元件组成，为油箱补油。补油时，油箱内必须要有一定量的油，以保证油泵吸油时不吸空。否则不仅不能补油，反而容易损坏油泵。

3. 辅泵回路

辅泵回路由双联泵的辅泵提供压力油，驱动安装在泥浆泵上的马达。马达与泵同轴安装，带动泵旋转以实现泥浆泵的工作。泥浆泵通过软管与除尘器出口连接，用于收集除尘系统中的泥浆，并将泥浆排出至连续采煤机装运部，随煤一起运出。

6.3.6　辅助装置

液压系统、电机以及减速器会产生大量热量，如果冷却系统没有足够的能力，将会导致各关键元部件迅速升温而损坏。冷却管路出口的冷却水一般用于降尘、截齿降温、消灭火花、除尘喷雾、提高工作面能见度等，改善工作环境，消除安全隐患，如图 6-54 所示。

1. 冷却水路的基本要求

水流量和压力要求：冷却喷雾系统供水流量和压力取决于喷雾除尘装置数量。为了保证截割过程中控制粉尘的浓度，必须要有足够量的供水，本系统至少需要 1.5 MPa 压力和 100 L/min 流量来满足最佳喷雾效果。

喷嘴要求：由于冷却和喷雾的水路串联，冷却后的水必须从喷嘴中畅通地喷出，任何时候喷嘴都不允许堵塞，否则将会严重影响冷却

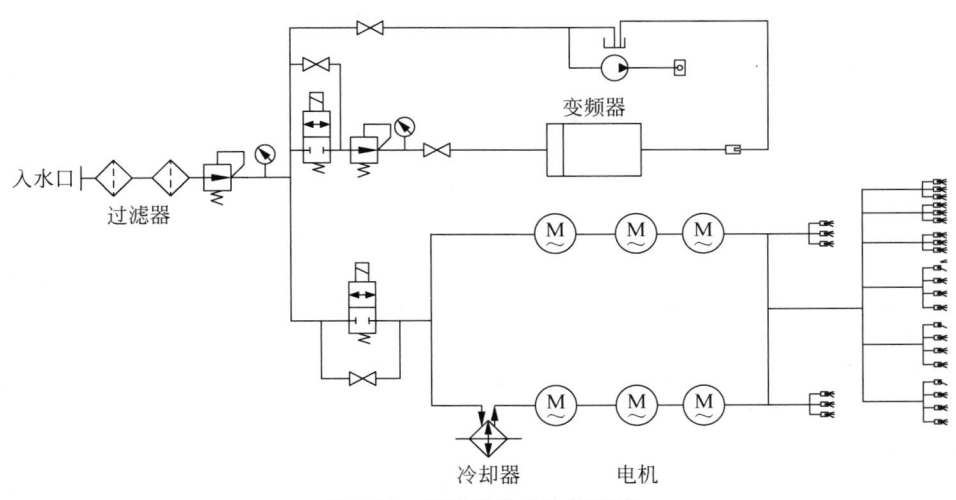

图 6-54　连续采煤机冷却系统

效果,降低设备寿命,也达不到喷雾降尘目的。

供水水质要求:要求洁净无腐蚀性,防止水中含有碳、硫、铁等化学元素及其所形成的化合物。本机水冷却喷雾系统虽设置了过滤器,但仍建议在连续采煤机供水管路上设置专用过滤器。

操作要求:当冷却喷雾水未接通前,不允许开机操作超过 15 min。

2.连续采煤机冷却喷雾系统

连续采煤机冷却、喷雾及除尘器的供水由电气系统控制。进水电磁阀得电开启,冷却水经水冷电机后由喷雾块喷嘴喷出;喷雾电磁阀得电开启,冷却水经变频器箱后由除尘器喷嘴喷出;当泥浆泵长时间不运转需重新启动时,需要手动开启球阀向泥浆泵入口灌水。泥浆泵控制阀组上的电磁阀得电后,控制油经电磁阀后驱动泥浆泵运行,将除尘器收集的泥污排至输送槽。

3.除尘系统

连续采煤机配有一套湿式除尘系统(图 6-55),对工作面含尘气流实行强制性吸出,配合工作

面压入式通风组成除尘系统。该系统由吸尘风箱、除尘器外壳、喷雾杆、除污垫层、水滴分离器、风机、泥浆泵组成。除尘装置主体呈 L 形,前部除尘风箱固定在截割臂上方。吸入口为三组朝下的条形通孔,通孔正对截割部与运输部。前部风箱可随截割臂同时升降。后部除尘器包括喷雾杆、除污垫层、水滴分离器、风机等,连接在连续采煤机机身左上方并固定不动。前后部连接过渡段为一连接盖和一连接板,可适应前部吸尘风箱随截割臂升降的需要。工作时,风机负压将含尘空气从吸尘风箱吸入,经喷雾杆喷嘴所形成的水幕,使空气中的粉尘颗粒湿润,然后经过除污垫层滤网将较大颗粒粉尘阻挡下来,湿润的含尘气流再进入水滴分离器。水滴分离器的作用是将吸进来的介质重新将其与水分离,被分离出来的介质汇集到位于水滴分离器下方的污物槽,然后由泥浆泵排出至连续采煤机运输部,随煤一起运出,过滤后的空气则由风机向连续采煤机后部排出。

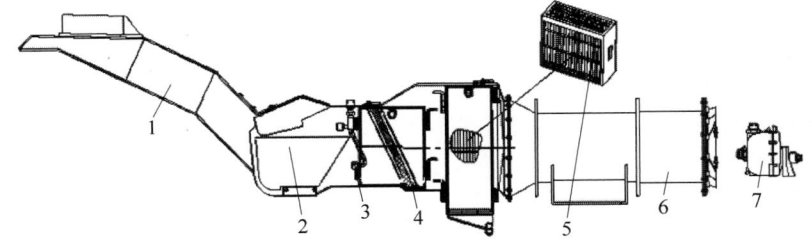

1—吸尘风箱;2—除尘器外壳;3—喷雾杆;4—除污垫层;5—水滴分离器;6—风机;7—泥浆泵。

图 6-55　连续采煤机湿式除尘系统

6.3.7 使用与维护

1. 运输机链条的张紧

（1）将铲板压接底板（此时履带部的支重轮处于游动状态）。

（2）将刮板链的张紧油缸进行张紧，具体做法是：用液压接头向油缸内注入高压油，使缸体前移，在缸体与垫板间隙插入垫块，油脂缸泄压。装配后所有铰接部分应转动灵活，不允许有卡滞、蹩劲现象。

警示：如果链条过紧或者左右张紧装置张紧不均匀，有可能造成驱动轴的弯曲、轴承损坏、液压马达的过负荷现象。

2. 张紧的调整

（1）履带部分，用张紧液压缸进行张紧。当履带过于松弛，则链轮与履带处于非啮合状态，应该及时放入卡板。

（2）用液压接头向张紧油缸注油张紧履带，调整完毕后，装入垫板及锁板，拧松注油嘴，泄除缸内压力后拧紧油嘴，使张紧油缸活塞杆不受张紧力。

（3）张紧程度要适当，履带张紧后要有一定的垂度，其垂度值为 50～70 mm。

（4）警示：不要随意拧动溢流阀手柄，当发现履带张紧不良时应进行调整。

3. 液压部分的调整

警示：如果液压系统的油压不够，则不能充分发挥连续采煤机的性能。在正常情况下，一个月左右对液压系统的压力进行一次检查及调整，禁止随意调整液压系统压力。

4. 地面运转与拆卸

（1）地面试运转之前，由专职电工检验电源电压，是否与机器要求供电电压（1140 V）相同，然后按要求接通电源。

（2）操作司机必须由经过专门培训的人员担任，其他人员不准随意操作。

（3）开机前检查各部油量是否适当，冷却水是否充足、清洁。

（4）开机前先点动电动机，看转向是否正确。

（5）开机前照例要信号报警，待无关人员撤离后，方可开机。

（6）机器运转时，有关人员密切注意各部位声音、温度是否正常。司机要集中精力，认真操作，不准离开操作台。

（7）地面试运转，必须设专人指挥。

（8）试运转完毕后，各手柄、按钮恢复原位，并将紧急停止按钮开关锁紧，切断电源。

（9）拆卸工作由专人负责，按照使用维护说明书规定，拆卸成部件。各部螺丝、垫圈、销子等妥善保管，以防损坏或丢失。

（10）拆卸下的部件要轻拿轻放，内螺孔用棉纱填好。柱塞等精密件要加包装，防止在运输过程中碰损。

（11）重要结合面拆卸时要刻标记，为重新组装提供方便。

5. 正常操作

1）开机前的检查

（1）首先检查周围的安全情况，并且注意巷道环境温度、有害气体等是否符合规定。

（2）检查各注油点油量是否合适，油质是否清洁。

（3）检查各电气结合面，螺丝是否齐全、紧固。

（4）检查各电缆是否吊挂不良或绷得太紧，是否有外部损伤、漏电现象。更要充分注意不要被连续采煤机压住或卷入履带内。

（5）所有机械，电气系统裸露部分是否都有护罩，是否安全可靠，经检查确认安全无误后，方可开机。

2）正式运行前的准备工作

（1）先按按钮使电机微动，以确定其运转方向是否正确。

（2）警示：开机前先鸣响报警，打开照明灯。

（3）电机空载运行 3 min，观察各部位音响、温度是否正确，有无卡阻或异常现象。

3）正式运行

（1）操作手柄时，要缓慢平稳，不要用力过猛。

（2）司机严格按操作指示板操作，熟记操作方式，避免误操作而造成事故。

（3）警示：非特殊情况下，尽量不要频繁启动电机。

（4）运输机最大通过高度为 420 mm，因此当有大块煤或岩石时应事先打碎后再运走。

（5）当运输机翻转时，注意不要将运输机上面的块状物卷入铲板下面。

（6）当启动截割电机时，应首先鸣响警铃，确认安全后再启动开车。

（7）截割煤时必须进行洒水，应将司机座左侧的截割头外洒水的阀门打开，确认有洒水时方可截割。

（8）截割头不能同时向左又向下、向右又向下，而必须单一操作。

（9）当机械设备和人身处于危险场合时，可直接按动紧急停止开关，此时全部电机停止运转。

（10）当油温升到 70℃ 以上时，应停止运行，检查液压系统和冷却系统。

（11）当冷却水温升到 40℃ 以上时，应停止运行，检查温升的原因。

（12）注意前部的截割头，后部的转载机，不要碰倒左右支架。

（13）当进行顶板支护或检查，更换截齿作业时，为防止截割头误转动，应将操作箱上的"支护、工作"转换开关严格地转向"支护"的位置；同时也应将设在司机席前方的截割电机不能转动的"紧急停止按钮"按下，并逆时针锁紧（在此状态下，油泵电机还能启动，各切换阀也是能操作的，因此操作时必须充分注意安全）。

6．日常维护与修理

（1）警示：当对电气设备及机械部分进行维护、修理时必须切断电源，在不带电的状态下进行工作。

（2）日常维修应按日检项目内容严格遵照执行。

（3）对于有泥土和煤泥沉积的部位要定期清除。

（4）维修液压系统时要充分注意煤尘和水的注入而造成液压系统的故障，对液压油的管理务必充分注意以下几点：

① 防止杂物混入液压油内。

② 当发现油质不良时应尽快更换新油。

③ 按规定更换过滤器。

④ 保证油箱内的油量。

⑤ 油冷却器内要有足够的冷却水通过，以防止油温的异常上升。

（5）维修电气系统，在欲打开防爆接触面时必须事先将外部的灰尘、煤泥清扫干净。

（6）为了防止防爆面生锈，可涂抹黄干油。

（7）各处的盖板拆开后，不要长时间放置，特别要防止浸入水。在高温及恶劣环境下尽量不要打开盖板。

（8）发现零部件损坏，失去原有性能，一定要及时修复或更换，不能带病工作，以免因小失大。

（9）处理电气故障必须由专职电工操作，先用验电笔验电，确认安全后方可检查，排除故障。

第7章

露天采矿机械

7.1　概述

露天矿矿床埋藏较浅,甚至露出地表,且矿床规模较大,其开采过程需要将矿体上部覆土及两盘围岩剥离,进而开采有用矿石。露天矿开采作业条件方便、安全程度高、开采环境好、生产安全可靠、生产空间不受限制,为大型机械设备的应用和机械化成套作业创造了良好条件。露天采矿机械设备复杂,种类繁多,劳动生产率高,经济效益良好。

7.1.1　功能、用途与分类

根据露天采矿作业流程,可将露天采矿机械分为钻孔设备、采装设备、运输设备以及辅助设备等。各类设备的功能用途如下:

钻孔设备:用于露天矿矿岩钻孔,为后续爆破做准备工作,其钻孔速度和炮孔质量对爆破、采装以及破碎等各项作业都有影响。目前露天矿用户常用的有潜孔钻机和牙轮钻机等,其中牙轮钻机逐步成为钻孔作业的主流设备。

采装设备:采装工作是指用铲装机械将矿、岩从其实体或爆堆中挖掘出来,并装入运输容器内或直接倒卸至一定地点的工作。其设备核心组成为各类挖掘机和土方机械,主要包括单斗机械挖掘机和单斗液压挖掘机,部分场合使用前端装载机。

运输设备:露天矿运输工作主要是将露天采场内采出的矿石运至选矿厂、破碎站、储矿场,或是将剥离的废石等运至排土场等。目前露天采场最主要的运输设备为矿用自卸车等。

辅助设备:露天矿开采过程中,需要对剥采工作面进行料堆倒运、地面平整、采装工作面清理等辅助作业,目前使用最多的辅助设备有前端装载机、推土机等土方工程机械。

7.1.2　采煤工艺

我国作为开采量居世界首位的煤炭生产大国,露天煤矿的开采是国内露天矿开采最常见的应用实例。目前国内大型露天煤矿的开采主要采用间断开采工艺、半连续开采工艺和连续开采工艺三种生产组织方式。不同开采工艺的选用,与露天矿用户矿山规模、开采技术方案和经济性等因素紧密相关,但核心还是围绕钻孔设备、采装设备、运输设备、辅助设备这几种关键机械设备组织生产。

7.1.3　发展历程与趋势

露天采矿机械的发展经过了漫长岁月的演变,逐步发展到现在种类繁多、门类齐全、灵活高效的使用现状。国内露天矿早先从学习国外先进的生产工艺入手,开采机械则以引进、仿制外国产品开始,之后逐步发展国产装备,目前露天矿开采领域的绝大部分主机产品均可以国产,但一些关键设备仍以国外品牌为主,如牙轮钻机、液压挖掘机等。

随着社会的进步和经济的发展,人们对于矿产资源的需求越来越多,得益于露天采矿技术的不断发展和装备制造水平的不断提升,露天采矿机械的发展逐渐趋于以下几点:

(1)采矿设备的大型化、成套化发展。采矿设备的大型化,既提升了企业的经济效益,又降低了人员成本。近年来,采矿设备大型化发展具体表现在露天钻孔设备的直径不断增大、露天采矿装载设备斗容量不断增大、露天运输设备吨位不断增大这几个方面。在设备大型化的同时,设备的成套化解决方案成为露天矿用户的重点关注方向。

(2)采矿设备的智能化发展。在露天开采工作中,智能化技术的应用是在设备自动化基础上的又一飞跃,可以大幅降低作业人员劳动强度,改善作业环境,有效提升开采效率,做到实时进行开采监控管理,及时处理开采过程中的突发问题。目前采矿设备的智能化主要聚焦在车载监控系统的智能化、矿卡调度系统的智能化、GPS定位系统的智能化等方面。在此基础上,一些关键采矿设备正在逐步实现有人值守、无人操作等功能,如远程无人操作智能挖掘机、无人驾驶矿卡、车铲协同智能控制系统等。

(3)采矿设备的人性化、绿色化发展。采矿设备在设计阶段就要坚持以人为本的原则,充分考虑设备使用的安全性和舒适性,使人、设备与采矿环境融为一体,从而更安全、舒适、高效地进行工作。同时设备的设计制造要最大程度地降低露天采矿作业对自然环境的不利影响,如降低噪声、粉尘污染,减少资源消耗,避免设备所用材料在使用过程中污染环境或对人体造成伤害等。

7.1.4　安全使用规范

露天采矿设备的安全使用管理主要考虑以下几点:

(1)经济管理因素。如设备的采购、修理、报废和回收利用,要充分考虑采矿企业的经济成本,选择设备最安全的处置办法。

(2)采矿工作人员的安全管理因素。采矿设备的安全运行,最根本、最重要的是要严格要求工作人员按照设备的操作规范和正确的流程使用,并对相关设备进行定期的故障检查和维修,采取一切有效措施保证采矿工作人员的人身安全。

(3)对露天采矿机械设备安全的监测。由于露天采矿的工作环境较为特殊,对露天采矿机械设备的安全进行实时的监测和采取预防性措施,对于预防采矿工作过程中发生安全事故有着非常重要的作用。

为有效提高露天采矿机械设备的使用安全性,可从以下几方面采取有效措施强化管理:

(1)提高对于采矿机械设备故障的诊断和维修技术。

(2)对机械设备的故障诊断方法和维修方法进行更新。

(3)强化采矿机械设备的安全设计。

(4)建立并完善对机械设备安全进行管理的工作体系。

(5)完善相关的机械设备安全标准和法规。

下面重点介绍几种露天采矿机械的关键设备。

7.2　牙轮钻机

7.2.1　概述

牙轮钻机是一种钻孔设备,多用于大型露天矿山。半个世纪以来,露天穿孔设备经历了"磕头钻"、喷火钻、冲击(潜孔)钻的发展,最终牙轮钻机以钻孔孔径大、穿孔效率高等优点成为大、中型露天矿目前普遍使用的穿孔设备。

牙轮钻机钻孔时,依靠加压、回转机构通过钻杆对钻头提供足够大的轴压力和回转扭矩,牙轮钻头在岩石上同时钻进和回转,对岩石产生静压力和冲击动压力。牙轮在孔底滚动中连续地挤压、切削冲击破碎岩石,有一定压力和流量流速的压缩空气经钻杆内腔从钻头喷嘴喷出,将岩渣从孔底沿钻杆和孔壁的环形空间不断地吹至孔外,直至形成所需孔深的钻孔。

按回转和加压方式分为底部回转间断加压式(简称卡盘式)、底部回转连续加压式(简称转盘式)和顶部回转连续加压式(简称滑架式或动力头式)三种。前两种由地质钻机和石油钻机移植而来,不适应矿山频繁移动和以高轴压钻进深50～100 mm的炮孔,已被淘汰,生产中实际使用的为后一种;按钻机功能分为小型(孔径≤150 mm,功率≤260 kW,整机质量<38 t)、中型(孔径为170～280 mm,功率为280～420 kW,整机质量为40～100 t)、大型(孔径为310～380 mm,功率为480～580 kW,

整机质量为115～130 t)和特大型(孔径≥445 mm,功率≥680 kW,整机质量2145 t);按使用场所分为露天和地下两类,前者孔径为250～559 mm,孔深为20～30 m,最深达50 m,后者孔径为120～225 mm,孔深达100 m。经济钻孔直径≥200 mm。以KY系列牙轮钻机为例,KY-250A型牙轮钻机结构组成如图7-1所示。

7.2.2　主要技术性能参数

主要参数包括直径、轴压、钻头速度和扭矩。

以KY系列牙轮钻机为例,其技术性能参数见表7-1。

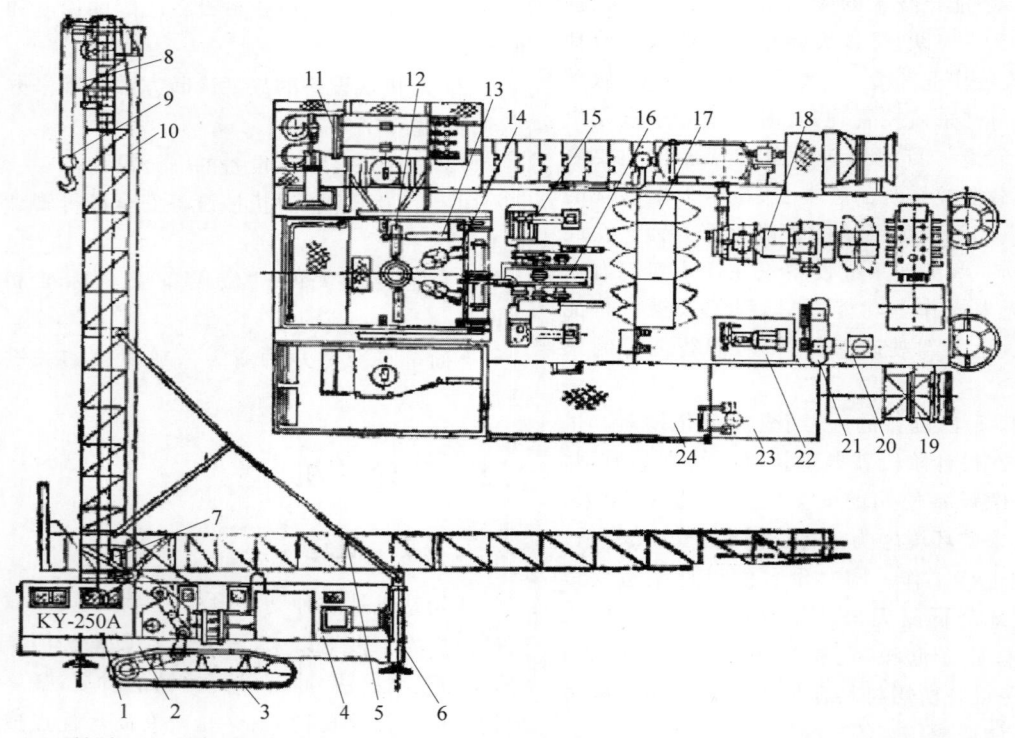

1—司机室;2—平台;3—行走机构;4—机棚;5—拉杆;6—千斤顶;7—链条张紧装置;8—回转小车;9—辅助卷扬;10—钻架;11—干式除尘系统;12—液压卡头;13—吊钳装置;14—钻杆架;15—起落钻架油缸;16—主传动机构;17—电气系统;18—压气系统;19—机棚净化器;20—干油集中润滑系统;21—压气控制系统;22—液压系统;23—湿式除尘系统;24—走台。

图7-1　KY-250A型牙轮钻机结构组成

表 7-1　KY 系列牙轮钻机技术性能参数

性能参数	参数单位	型号									
		KY-150A	KY-150B	KY-200	KY-200A	KY-250A	KY-250B1	KY-250B2	KY-250C	KY-310	KY-380
钻孔直径	mm	150	150	150~200	150~220	220~250	250	250~310	250	250~310	310~380
钻孔方向	(°)	65~90	90	70~90	70~90	垂直	垂直	90	垂直	垂直	垂直
钻孔深度	m	17	17	15;21	15	17	17	18	18	17.5	17
最大轴压	kN	160	120	160	196	207;353	207;353	0~450	400	交流500,直流310	550
钻进速度	m/min	0~2	0~2.08	0~3	0~3	0~0.94~2.1	0~1.24,0~2.78	0~9	0~25	交流0~0.98,直流0~4.5	0~8.8
回转转速	r/min	0~113	0~120	0~100	0~120	0~88	0~88	0~120	0~150	0~100	0~108
回转扭矩	N·m	3026~7565	5500	3679~9197	3950~9375	6270	6270	0~16910	13500	7210	8829
提升速度	m/min	0~23	0~19	0~20	0~17.67	6.9;14.8	9.7;21.8	0~26	0~20	0~11.87~20	0~19.8
行走方式		履带	液压驱动履带			履带			液压驱动履带		履带
行走速度	km/h	1.3	1.3	1	1	0.73	0.73	1.2	0~1	0~0.6	0~1
爬坡能力	(°)	12	14	12	12	12	12	14	14	12	14
除尘方式		干湿任选	湿法	干湿任选				湿法	干湿任选		
主空压机类型		螺杆式									
排渣风量	m³/min	18	19.5	18	27	30	30	40	40	40	50
排渣风压	MPa	0.4	0.5	0.35	0.4	0.35	0.35	0.45	0.4	0.35	0.35
安装功率	kW	240	315	320	320	400	400	500	500	405	630
外形尺寸/(长×宽×高) 钻架竖起	mm×mm×mm			9300×4060×14580	9750×3500×14817	8720×3580×12335	9120×4080×14395	12108×6215×25022	12107×6422×25080	14980×6950×27620	13720×7040×27050
外形尺寸/(长×宽×高) 钻架放倒	mm×mm×mm			14227×4060×5447	14247×3500×5090	12225×3580×5100	13285×4080×5100	24276×6215×7214	24327×6422×7315	27680×6950×6675	27400×7040×7650
整机质量	t			33.56	41.246	38.948	48	93	95.5	107	105
备注				油缸加压提升							全液压驱动

7.2.3 主要功能部件

1. 钻具

牙轮钻机钻具主要有牙轮钻头、钻杆和稳杆器。

1）牙轮钻头的分类与基本结构

牙轮钻头按牙轮的数目分，有单牙轮、双牙轮、三牙轮及多牙轮的钻头。单牙轮及双牙轮钻头多用于直径小于 150 mm 的软岩钻进。多牙轮钻头多用于炮孔直径 180 mm 以上岩心钻进，矿山主要使用三牙轮钻头，三牙轮钻头又可分为压缩空气排渣风冷式及储油密封式两种。压气排渣风冷式牙轮钻头（简称压气式钻头）是用压缩空气排除岩渣的。此种钻头使用于露天矿的钻孔作业。通常钻凿炮孔直径为 150～445 mm，孔深在 20 m 以下。储油密封式牙轮钻头是用清水或泥浆排除炮孔内岩渣的。此种钻头使用于石油钻孔、地质勘探钻孔及地下矿山钻孔或配套用于地下天井牙轮钻机。

矿用牙轮钻头系列及其适用岩石。矿用压气式牙轮钻头可分为钢齿及镶齿（硬质合金齿）两种。钢齿牙轮钻头主要用楔形齿。根据岩石硬软不同，楔形齿的高度、齿数、齿圈、齿圈距等都不同。岩石越硬，楔形齿的高度越小，齿数越多，齿圈越密。反之则相反。牙轮外排齿采用 T 形齿或 Ⅱ 形齿。镶齿钻头的齿形有球形齿、楔形齿和锥球齿等。在软岩中使用楔形齿，在中硬岩中使用锥形齿及锥球齿，在硬岩中使用球形齿。随岩石硬度的增加，硬质合金齿的露齿高度减小，齿数增多，齿圈数增多。反之则相反。

2）钻杆和稳杆器

和牙轮钻头配套的杆称为钻杆（又称钻管）。

稳杆器是牙轮钻进时防止钻杆及钻头摆动、炮孔歪斜、保护钻机工作构件少出故障和延长钻头寿命的有效工具。国内穿孔实践表明，牙轮钻进必须配备稳杆器。

稳杆器有两种形式：辐条式及滚轮式。辐条式稳杆器由四根用耐磨材料做成辐条焊在稳杆器上。有时在辐条上镶有硬质合金柱齿。辐

条式稳杆器适用于岩石普氏硬度系数 $f<16$ 的中等磨蚀性的矿岩，不宜用于钻凿倾斜炮孔。滚轮式稳杆器上装有 3 个滚轮。滚轮表面镶有硬质合金柱齿。由于滚轮摩擦阻力小，故滚轮式稳杆器使用寿命长，适用于岩石硬度高和磨蚀性强的矿岩，特别适用于斜炮孔钻进。

2. 钻架

钻架横截面多为敞口 Ⅱ 形结构件，4 根方钢管组成 4 个立柱，前立柱在提升加压机构为封闭链传动时，作为回转机构滑道；提升加压机构为齿轮齿条传动时，除了作为回转机构滑道外，并在内面上焊有齿条，供回转机构提升和加压。钻架内有钻杆储存和链条张紧等装置。

钻架安装在主平台 A 形架轴孔上，由液压油缸使钻架绕该轴孔转动，实现钻架立起和放倒。

钻架有标准钻架和高钻架两种，高钻架钻孔时，不用接卸钻杆可一次连续钻孔达到炮孔深度要求。

3. 回转机构

回转机构由直流电动机或液压马达（多用于地下钻机）、减速器、进气接头、钻杆接头和小车组成。它带动钻具回转，由主传动装置提供动力实现提升和加压。

回转机构与钻杆连接采用钻杆连接器。现多采用减震器，可以吸收钻孔时钻杆的轴向和径向振动，使钻机工作平衡，提高钻头寿命。

回转机构调速方式：

（1）采用直流电机驱动的调速方式，可采用可控硅供电并调速及磁放大器供电并调速。

回转机构有单电机驱动的，也有双电机驱动的。当前国内、外钻机用单电机驱动较多。

国内外牙轮钻机回转减速器的类型主要有两种：圆柱齿轮减速器和行星齿轮减速器。圆柱齿轮减速器应用比较广泛，其特点是制造容易、维护简单，但体积大和质量大、传动效率低。行星齿轮减速器的特点是体积小、质量小、效率高、传动比大，但是结构比较复杂、加工精度高。

（2）采用液压马达驱动的调速方式可以实

现无级调速,同时还具有体积小、质量小、承载能力大的优点。但与电机拖动系统相比,它存在泄漏及管裂等问题。

4. 加压-提升机构

加压-提升机构主要是为钻杆及回转小车的进给和提升提供动力,其驱动方式有电机驱动和液压马达驱动两种,此机构工作形式常见的有封闭链条传动和齿轮齿条传动两种。

(1) 封闭链条传动的驱动形式有两种,一种是电机驱动方式,采用提升与行走共用一台电机,加压采用直流或交流电动机两种方式,各动作间实现安全联锁。另一种是液压马达驱动方式,采用液压马达连接齿轮箱带动链条动作。

(2) 齿轮齿条传动形式,目前只有直流电机驱动方式。

5. 行走机构

行走机构完成钻机远距离行走和转换孔位,由主传动机构减速后,通过三级链条传动驱动履带行走;钻机直行和转弯通过控制左右气胎离合器完成。目前均为履带自行式,行走机构有电机驱动和液压马达驱动两种方式。

行走机构与主平台的连接是通过刚性后轴上两点及均衡梁上一点铰接,成为三点铰接式连接,使钻机在不平地面行走时钻机上部始终处于水平状态。

7.2.4 电气控制系统

牙轮钻机电控系统主要包括回转系统、提升/行走系统和加压系统。在我国,牙轮钻机生产厂不同,电气控制系统所采用的控制方式也各不相同,钻机的工作性能也有所不同。KY系列钻机中,KY-250A型和KY-250C型钻机回转机构采用直流电动机拖动,电位计控制自饱和磁放大器系统供电,提升/行走机构采用交流电动机拖动;KY-310型钻机回转机构和提升/行走机构全部采用直流电动机拖动,磁放大器控制发电机变流机组F-D系统供电;KY-310A型钻机回转机构和提升/行走机构同样采用直流电动机拖动,590+全数字控制系统供电。KY系列钻机加压系统全部采用滑差

励磁机控制。YZ-35型钻机回转机构和提升/行走机构采用的是直流电动机拖动,模拟数字电路控制三相全控桥式可控硅整流电路供电,加压系统采用的是液压马达加压。

各个不同类型钻机都有其优缺点,电气控制系统虽然已经进行多次更新换代,现在的电气控制系统在有些方面已经采用了先进的控制技术,但是在系统控制方面仍然存在一定缺陷。

7.2.5 液压系统

液压系统操作油缸和液压马达,完成钻架起落、接卸钻杆、液压加压、收入调平千斤顶等动作。液压系统有手动拉杆滑阀和电液控制滑阀两种,前者手感性强,后者动作反应快。

7.2.6 辅助装置

1. 排渣系统

牙轮钻机采用压气排渣,压缩空气通过主风管、回转中空轴、钻杆、稳杆器、钻头向孔底喷射,将岩渣沿钻杆与炮孔壁间的环形空间吹出孔外。

空气压缩机有两种形式:螺杆式和滑片式。

2. 除尘系统

除尘系统用于处理钻孔排出的含尘空气。

(1) 干式除尘。利用孔口沉降、旋风除尘和脉冲布袋除尘三级除尘。

(2) 湿式除尘。通常利用辅助空气压缩机压气进入水箱的双筒水罐内压气排水,与主风管排渣压气混合形成水雾压气,将岩渣中尘灰润湿后,随大颗粒排出孔外。也可用水箱中潜水泵向主风管排水方式,达到除尘目的。

3. 气控系统

气控系统具有操作控制回转机构提升制动、提升-加压离合、行走气胎离合、钻杆架钩锁、压气除尘、自动润滑等作用,通常由一台活塞式空气压缩机供气。

4. 干油润滑系统

钻机集中自动润滑系统由泵站、供油管路和注油器组成,润滑时间和润滑周期可自动控

制,并设有手动强制润滑按钮。

7.2.7 使用与维护

1. 钻机作业前的检查

钻机开动之前,司机必须按以下规定对钻机进行全面检查,如发现问题,予以排除后钻机方可投入运行。

1) 车下部分

检查电柱上开关各螺丝是否紧固,刀闸接触是否良好,电缆有无破损。检查履带板、销、开口销、行走链条、履带支架、千斤顶及撑盘是否齐全、完好正常,清除支撑轮和张紧轮的障碍物。检查地面是否有水和润滑油的痕迹,并查明来源。检查捕尘罩钢绳是否松弛或损坏,捕尘围帘是否被岩渣埋上或冻在地上,检查导向套是否完好。打开风包下部的阀门,放掉聚积的油水。检查高压开关,接触是否良好,瓷瓶有无裂纹及是否清洁。

2) 车上部分

检查电源变压器在空载运行中时,声音是否正常,瓷套管是否清洁及有无渗油、破裂和接线不良等现象。查看两个配电柜每个自动开关、接触器、继电器、电阻器等各部连接螺丝及导线有无烧损、变质、脱落等现象。检查机房内各电机是否正常,螺丝是否紧固。检查主空压机润滑油泵的油位,必要时加油。清理空气过滤器的灰盒,必要时用压风吹尘,检查空压机水冷却系统是否正常,必要时加防冻剂。检查高风温、水温开关及温度计是否完好。检查辅助空压机的油池过滤器及曲轴箱油位,检查酒精雾化器,必要时填加酒精。检查液压系统油箱的油位,不足 3/4 时加油。检查加压链条的张紧程度是否适宜,必要时加以调整。检查各部件螺丝,特别注意回转小车、回转电动机的底角、机壳、磁极的螺丝是否松动。检查回转电动机的电缆有无破损和变质现象。整流子面是否有黑迹和斑痕,硅橡胶是否变色变质,刷架固定螺丝是否松动。检查钻架上的电缆和风管,保证其运转自如,钻杆架必须锁住。检查钻头的牙轮和轴承是否完好。检查各部件润滑状况、管路和接头是否损坏和泄漏。检

查各抱闸是否正常,销、轴及开口销是否完好。检查各安全装置是否完好。检查所有手柄是否都在制动位置上,各种开关是否正常,各部位离合器是否断开,关闭主空压机进风口。检查双定子电机地脚螺丝是否松动,外罩是否齐全,减速机油箱是否有渗漏。若较长时间停机,合闸和送电前检查各磁力接触器是否动作灵活,有无故障。

2. 使用操作

1) 启动程序

合上机房内两个电气柜全部开关,然后合上电气柜风扇开关。启动辅助空压机并检查是否有漏气现象。启动机房内的增压风扇。启动液压油泵,并检查液压系统是否有漏油现象。摇动主空压机润滑器手柄,并检查各油杯的油位是否正常。启动主空压机散热器风扇及水泵,待循环水正常后,启动空压机。

2) 钻孔

调平钻机,放下捕尘罩,主副提升离合器手柄必须放在主提升位置。按下"操作接通"按钮,使回转和提升电机接通电源。慢慢地释放主提升制动器下放钻具,使钻头徐徐接近地面。把主风阀扳到"供风"位置,主风路开始向钻头供风,同时调节水量,开孔时回转速度不宜过高。钻头钻入地面以后,合上加压离合器,并把加压马达手柄推到加压位置,钻动轴压调节阀手柄和调节回转电机转速,以获得所需的孔参数。钻孔过程中,必须随时注意负载电流表,使指针在"绿区"内运行,严禁在"红区"内作业。如遇堵转,则时间不得超过 4 s。随时控制给定电位器有轴压控制柄,保持适当的转速和电流;钻孔过程中,必须注意回转电机是否有异常声音,温升是否超过允许值(75℃),电刷下是否冒火(火花等级不得超过 3/2 级)。运行中主空压机压力表指示应在 20~45 lb(1 lb≈0.453 kg),水温指示在 100~110℃,风温指标不得超过 360℃。检查变压器和各部电动机运转声音是否正常,温升是否合适。注意观察配电柜的异常现象,倾听异常声响和注意异常气味,如有异常,应查明原因及时处理。

从孔内提出钻具时,要边旋转边提升,以免卡转。当钻完一个孔时,要将钻杆上下升降几次,然后提出。在整个钻孔过程中,应经常注意排渣情况。钻机附近有大中爆破时,需将千斤顶收回,待爆破结束后再伸出继续作业。操作人员应根据采场矿岩情况合理选择钻头,做到正规作业,以得到最佳钻孔参数。

3)接卸钻杆

当完成第一节钻杆的钻进深度时即停止加压,使钻具在孔中升降数次以后停止回转,关闭主风阀和供水。扳动工具卡手柄,使其卡住钻杆上部的卡槽。反转回转电机的同时,与液压提升配合使钻杆和连接器分开,然后把小车提升到钻架顶部。检查钻杆螺纹并涂抹油脂。按下锁勾气控阀,放下装有第二节钻杆的钻杆架。下降小车,使回转电机慢速正转,连接器与第二节杆连接后,提升到一定高度。收回钻杆架并确认锁勾已经锁住。下降小车,慢速正转回转电机,使两节钻杆连接。收回工具卡,继续钻进。炮孔打完后,继续转动吹风,并使钻具在孔中升降数次,以免夹杆,然后提升钻具直到第一节杆提出炮孔。清除液压卡头上面的岩渣后,将钻具夹紧在卡头上,以便接头卸开时钻具能下落到凸缘上,反转回转机构卸下接头。如果在回转连接器处卸开了接头,则用吊钳在平台上卸。接头卸下后,提起回转机构和钻杆,放下钻杆架,将钻杆放在钻杆架的插座里,反向回转,从连接器上卸下钻杆。钻杆卸下后,再提起回转机构,然后升起带钻杆的钻杆架返回到储藏位置,并用锁勾锁住。放下回转机构,接上卡头卡住的钻杆,提起回转机构,使钻头升到平台的底部,制动并卡紧。

4)起落钻架

选好平坦地面并将钻机调平,回转小车下降到钻架底部。起架前把钻架升降手柄推至"下降"位置,使油缸上腔充满油,然后再把手柄拉至"升起"位置,使钻架升起,当钻架接近垂直时,应小心进行,以防液压冲击。钻架立起后,插入底部定位销。落钻架时,要把手柄先拉至"升起"位置,使油缸下腔充满油,然后再推至"下降"位置,将钻架放倒。

5)移车

提起捕尘罩,前后交替均匀地收回千斤顶,使履带落到地面(应先收前面的)。当确认钻头已提出孔外时,把主提升和副提升制动器手柄放到制动位置。提升离合器和加压离合器处于断开位置。先定好行车方向,合上行走离合器,转动调速旋钮,使钻机行走。移车时应使主空压机系统停止运转。

3.注意事项

1)启动时

在外部网路电柱开关送电前,应将钻机各开关扳到断开位置,如果同一电柱开关接有其他设备的电缆,则必须分别取得联系后方可送电。钻机在新孔位作业前,必须检查加压链条是否有刮、挂、脱等现象,未经检查确认不得开动回转小车。

2)钻孔时

必须用湿式除尘打孔,不准打干孔。注意钻机机身平衡,检查千斤顶是否有泄压情况。当发生重大人身和设备事故时,应立即停止作业,采取紧急措施,同时立即报告有关部门。未经领导批准,无关人员不准上车。严禁未经训练和考试不合格者独立操作钻机。

3)起落钻架时

起落钻架时,必须有人在旁边指挥和监护。落钻架前,必须卸下钻杆,并将回转小车下降至底部。钻架前,清除平台上的浮放物品。起落钻架前,必须检查钻架上风管、电缆、钢绳是否有刮、挂现象。起落钻架时,钻架前面和后面不得有人。

4)移车时

钻机在行走前、提升离合器和加压离合器时必须断开,主副提升制动器处于制动位置。车下无人引导和监护不得移动钻机。移车时,钻机履带外缘距掌子面不得少于 3 m。下坡时,司机室应在上坡端,坡度不能大于 25%,钻架应放倒。钻机行走时坡道要平直,并有足够的承压强度。稳车时,车体纵向中心线与掌子面的角度不得小于 45°,千斤顶距台阶边缘不得小于 2 m,不允许与台阶下部的电铲相对作业。移车过程中,司机不应离开操作位置。钻机所走的路面必须用推土机推平,不得有大块障碍物和危险裂缝,长距离行车必须将回转小车下降至钻架底部,行走中不得压电缆、水管和风管,升、降时要放倒钻架;移车前,必须检查和调整好行车制动器,无制动装置和制动失灵时,不得盲目行车。行车过程中一旦制动失灵,应迅速采取反向电机制动。没有充足的照明,夜间不得远距离行车。大角度转弯要选择平坦坚硬的地面进行,一次扭转角不应过大,而且要直行和扭转交替进行。扭转时注意附近有无其他设备和障碍物。

5)停车时

钻机要停放在平坦和受爆破影响较小的地方,并将前部朝向爆区。附近有大中爆破和较长时间停车时,千斤顶要收回。冬季停车时间较长时,各水箱和管路应采取措施,以防冻坏。

7.3 潜孔钻机

7.3.1 概述

潜孔钻机是利用潜入孔底的冲击器与钻头对岩石进行冲击破碎,因此,称为潜孔钻机,广泛用于金属矿山、水电、交通、建材、港湾和中国煤防工程中。潜孔钻机可以在中硬以上($f \geqslant 8$)的岩石中钻孔。钻机价格比较便宜,特别适用于中小型露天矿。

根据使用地点不同,分为井下潜孔钻机和露天潜孔钻机两大类。井下潜孔钻机有 K7-80、KQJ-100 型,露天潜孔钻机有 KQ-100、KQ-150、KQ-200、KQ-250 型。根据孔径不同,分为轻型潜孔钻机(孔径为 80～100 mm,整机质量为数百千克到 2～3 t)、中型潜孔钻机(孔径为 150 mm,整机质量为 10～15 t)、重型潜孔钻机(孔径为 200 mm,整机质量为 25～35 t)、特重型潜孔钻机(孔径为 250 mm,整机质量为 40～45 t)。

潜孔钻机的工作原理是,孔钻的风动冲击器连同钻头装在钎杆的前端,钻孔时,推进机构使钻具连续推进并将一定的轴向压力施加于孔底,使钻头与孔底岩石相接触。回转机构使钻具连续回转,安装在钻杆前面的冲击器,在压缩空气的作用下,使活塞往返冲击钻头,完成对岩石的冲击。压缩空气从回转供风机构进入,经中空杆直达孔底,把破碎的岩粉从钻杆与孔壁之间的环形空间排至孔外。由此可见,潜孔式凿岩的实质是,在轴向压力的作用下,冲击和回转两种破碎岩石方法的结合,其中冲击是间断的,回转是连续的,岩石在冲击和剪切力作用下不断地被压碎和剪碎。潜孔凿岩中,起主导作用的是冲击做功。

潜孔钻机的特点:冲击能量损失不随钎杆的加长而增加,可钻凿大孔径的深孔;工作面噪声大大降低;钻进速度快,机械化程度高,辅助作业时间少,提高了钻机的作业率;机动灵活;钻孔质量高;能钻凿中硬或中硬以上($f \geqslant 8$)的岩石。液压潜孔钻机结构如图 7-2 所示。

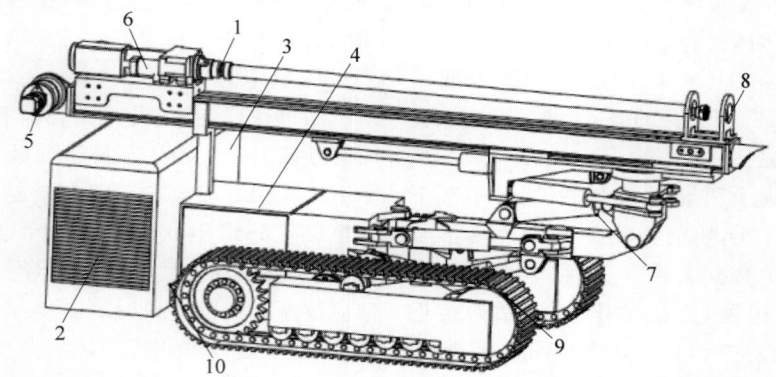

1—钻具;2—动力系统;3—压气系统;4—液压系统;5—推进机构;6—回转机构;7—定位机构;
8—卸杆器;9—行走机构;10—车架。

图 7-2　液压潜孔钻机结构图

7.3.2 主要技术性能参数

潜孔钻机的主要技术性能参数是设计潜孔钻机工作机构的主要依据,它包括钻具的转速和回转力矩、提升调压机构的轴压力、提升力和提升速度以及钻架起落机构的起落速度和起落时间等。这些参数是否合理,直接影响潜孔钻机的工作性能。

7.3.3 主要功能部件

1. 钻具

钻具由钻杆、钻头及冲击器组成。钻杆的两端有连接螺纹,一端与回转供风机构相连接,另一端连接冲击器。冲击器的前端安装钻头。

1)钻杆

钻杆的作用是把冲击器送到孔底,传递扭矩和轴压力,并通过其中心孔向冲击器输送压气和水。因钻杆受到复杂载荷作用和腐蚀作用,要求钻杆有足够的强度、刚度和冲击性,钻杆采用中空厚壁无缝钢管与其两端焊接而成。

2)冲击器

冲击器的作用是通过活塞的运动把压气的压力能转变为破碎岩石的机械能,并实现孔底排渣和处理夹钻。

冲击器的冲击功、冲击频率和耗气量是表征冲击器性能优劣的主要参数。冲击器的冲击功越大,钻孔速度越高。但冲击功的增加量是有一定限度的。因为,一方面受到钻头硬质合金柱强度的限制;另一方面,在钻头直径一定的情况下,单位功耗是不同的,且差别很大。

影响单位功耗最主要的因素有所破碎的岩石硬度和活塞冲击速度。对于坚硬的岩石,最优冲击速度为 $5 \sim 7.5$ m/s,若过低,则钻孔速度低,单位功耗增加;若过高,则不仅会增加单位功耗,而且会引起活塞和钻头的疲劳破坏。因此,在冲击功、冲击频率和活塞质量相同的情况下,细长活塞有利于减缓活塞和钻头的疲劳破坏,破坏岩石的效果好,单位功耗小。所以,冲击器宜采用棒槌形细长活塞结构。

冲击功越大,冲击频率越高,冲击功率就越大,但冲击功率大,钻孔效率不一定高,因此,冲击器多属于大冲击功、低冲击频率类型。

3)钻头

钻头是传递冲击能量,直接破碎岩石的工具。钻头技术要求有凿岩效率、钻孔速度及钻头寿命,主要取决于钻头的结构形式及材质状况。从受力情况看,钻头承受很大的动载荷和摩擦作用,因此,要求钻头有较高的表面硬度、较好的耐磨性和足够的冲击性。从结构上看,应有利于压气进入孔底以冷却钻头和排除岩渣。从能量传递上看,钻头重量与活塞重量之比应尽可能接近于1,以提高冲击能量的传递效率。活塞重量对冲击功、冲击速度和碰撞能量传递状态都有很大影响。在同样的冲击末速度条件下,活塞重量大,则冲击功大,冲击次数少,而碰撞反弹现象变化不明显,破岩效果是理想的,但活塞重量过大,势必将活塞尺寸加长,使其有效行程相应变小,因而冲击能量相对降低。

钻头按其结构,可分为整体式与分体式两种。整体式钻头具有便于加工和使用、能量传递效率高等优点,但整体钻头由于钻头工作面积硬质合片(柱)的磨损会导致整体钻头的报废,因此,广泛采用分体式钻头。按其钻刃形状,可分为刃片型、柱齿型和片柱混装型三种。

2. 动力系统

潜孔钻机的动力系统主要由柴油机、燃油箱、变速箱、带轮和油泵等构成,为潜孔钻机提供液压动力,决定了潜孔钻机的工作能力。

3. 压气系统

钻机压气系统是用在钻孔过程中清除残渣和冷却钻头,由空压机提供气压通过钻杆与钻头传递到钻孔位置,清除残留的灰尘和杂质,使钻孔质量更高。

4. 液压系统

液压系统由吸油滤油器、行走控制阀、回转控制阀、多路阀、减压阀、液压阀、油箱、液压管及操纵台等组成。

压力油由油泵经单向阀进入各控制阀,经过调压后的压力油进入各执行元件。操作者可根据工作需要,随时调定推进压力、回转压力、行走压力、变副油缸压力,完成所需要的动作。当然,一般情况下只需调整推进压力即可完成钻孔工作。

5. 推进机构

推进机构主要包括液压马达、主动链轮、从动链轮、链条组及带有缓冲作用的弹簧。链条的一端绕过主动链轮通过轴紧固在滑板的左侧,而另一端则经过从动轮固定在缓冲弹簧上,然后缓冲弹簧与上滑板的另一侧相连接,通过液压马达的正反转实现推进机构的提升与推进。通过自动控制系统的控制使得推进液压马达具备了缓冲的性能,同时滑板与链条连接的缓冲弹簧也具有缓冲功能,保证了机械运行的可靠性。

6. 回转机构

回转机构是由安装在冲击器上的液压马达提供的,该机构固定在上滑板上为潜孔钻机钻孔提供足够大的扭矩,该机构与钻杆相连从而将扭力传递到钻头上,达到破碎岩石的目的,同时其控制的正反转也可以与卸杆器相配合起到卸杆的作用。

7. 定位机构

定位机构是潜孔钻机重要的组成部分,它由横梁、下滑架、鹅颈和下支架组成,其主要作用是完成潜孔钻机在工作过程中的打孔定位工作。各个部件之间通过调角油缸连接,通过油缸的伸缩来完成角度的调节,进而达到钻孔定位的目的。

横梁是回转机构的滑行、钻具的推进和提升的导轨,是将钢板焊接在方钢上形成的轨道。

下滑板主要用来支撑和连接横梁,通过吊耳与伸缩液压缸连接,伸缩油缸的另一端与横梁连接,依靠伸缩油缸的伸缩,从而实现横梁的提升与下降,下滑板的另一端与鹅颈连接。

鹅颈是钻机中连接下滑板与下支架的重要部件,它直接关系到潜孔钻机在调整钻孔方向时的准确性,从而决定了钻孔时的工作效率等问题。鹅颈顶端与下滑板连接,下端与下支架连接,中间两端吊耳与鹅颈调角油缸连接,通过油缸伸缩来调节横梁和下滑板的方向。

下支架是将潜孔钻机的工作装置与车架连接在一起的部件,同时它又为潜孔钻机的钻孔定位提供帮助,由下支架主臂、支架水平调角油缸、支架垂直调角油缸组成。当车体行驶到指定位置时,纵向外倾角靠支架垂直调角油缸的伸缩来调节,主臂横向内外角靠支架水平调角油缸伸缩来调节,当横梁推放到指定位置时即可进行钻孔作业。

8. 卸杆器

卸杆器由上卸杆器、下卸杆器、上夹紧板、下夹紧板、夹紧油缸及卸杆油缸等部分构成。在卸杆的时候,推进机构将钻杆推放到指定位置,上、下夹紧板将钻杆夹紧,依靠夹紧油缸和卸杆油缸的伸缩完成钻杆螺纹的拧紧和松放。

9. 除尘系统

潜孔钻机的除尘系统能够延长整机的使用寿命,并且对于工作人员的身体健康也是至关重要的。除尘系统工作时捕尘罩紧罩孔口,孔底岩粉通过尘风压吹至孔口,再在除尘风机抽吸共同作用下,粉尘由捕尘罩进入风管,经旋风除尘器进行一级粗除尘,再由脉冲除尘器二次精细除尘,达到除尘、提高作业效率的效果。除尘系统如图7-3所示。

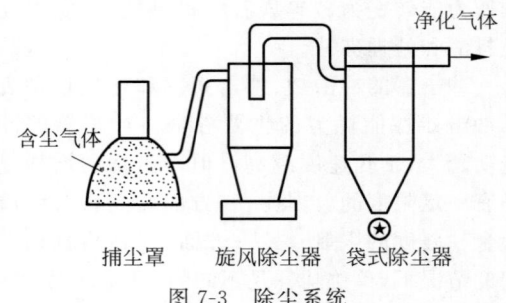

图 7-3　除尘系统

10. 行走机构

行走机构的设计比较复杂,主要由液压驱动马达、履带、多级齿轮减速器、张紧装置与从动轮等组成。行走装置的驱动方式采用双马达双减速器驱动,通过控制马达及减速器来完成整机的行走及转弯动作。同时,为了方便安装及维修保养,通常将减速机安装在履带宽度之内,用黄油润滑,采用不同的挡位来控制调节钻机的行驶速度,并采用刹车制动器完成钻机的制动作业,在操作安全上有了很大的保证。

11. 车架

车架是潜孔钻机的骨架,它是连接两个履带架、支撑钻机其他部分的主体。车架采用槽钢焊接而成,通过下面的负重轮将钻机的重量传给履带。

7.3.4　使用与维护

1. 使用操作

1)钻机使用中的安全注意事项

钻机停放时或放炮前,所有开关都应处于"0"位,并切断电源。钻机开始作业前,正副司机应联系好方可供电。夜间作业时,钻机周围应保证足够的照明。钻机在接卸杆时,平台前不准有他人停留,作业人员应戴安全帽。在滑架上工作时应系安全带。钻机作业人员必须穿绝缘鞋,带电移动电缆应注意安全。不许把电缆放在水里或搭在金属管道上。钻机移动时,应把钻具提到一定高度。并注意钻杆是否有脱落的动向,如有应立即停车并采取措施。钻机的前进与后退,钻具的正转与反转,都必须等主传动电机及回转电机停止转动后方可换向,以免造成电器与机械事故。检查电缆是否漏电、高压风管接头处是否牢固,防止伤人。在调整三联体、减压阀降压时,先打开主风管放气阀,将高压气少许放出,以免发生意外事故。

2)作业前准备

按润滑系统和要求进行润滑。接好风管、电源。行走操作应先检查各传动部位是否润滑良好,有无松动及损坏现象,滑架是否放置到行走位置,达到以上要求,方可进行行走操作。起落滑架:起落滑架由液压系统控制,首先启动电机,油泵给各液压控制系统供油,待油泵工作正常,压力表上达到规定压力值时,取掉滑架与机架耳座上的销轴,方可操作液压操作阀,实现滑架的起落。在起落滑架的过程中切忌操作六联按钮上的"直行或转弯操作按钮",完成滑架操作程序后根据钻孔的需要安装好滑架与机架上的销轴,停止油泵电动机,方可正常操作。

3)钻孔作业操作

将钻机移至钻孔位置稳好,将钥匙主令开关拨至"钻"位置,将"钻具推进"开关扳到"手动"位置,按下"钻具""手动""下降"按钮,使钻具缓慢下降,当钎头接触地面时停止。将"钻孔"开关扳到"开气"位置,开动冲击器。用"加压"开关加压。当冲击器进入岩石 100 mm 时,给回转机构以正转,即按下"回转电机"正转按钮。把"钻具推进"开关扳到自动位置,钻机便开始正常的钻孔作业。

4)停钻

钻孔完毕,再将"钻具推进"开关扳到"手动"位置,把钻具作短距离上下推拉,以吹净孔底岩粉,然后再将钻具提到地面,当冲击器接近孔口时应停风,继续把冲击器提出孔口,再停钻。

5)接副钻杆操作程序

当回转机构滑到滑架的下端终点时,将"钻具推进"开关扳到手动位置,把钻具作短距离上下提拉,以吹净孔底岩粉。将"钻孔"开关扳到关气位置。提起主钻杆,使主钻杆上扳子口稍高于钎托,关掉回转电机,将扳手插入接头柄部。给回转机构反转,使之与主钻杆脱开,主钻杆下落在钎托上。手动提升回转机构到滑架的最高位置。由上下送杆器把钻杆送入。手动下降回转机构,等回转机构的母接头接近副钻杆公接头时,给回转机构正转点动直到全部螺纹旋入为止,切不要将母接头直接插入公接头内,以防破坏螺纹。升起托杆器,再将副钻杆提起,直到副钻杆的粗端稍高于上送杆器为止。然后退回送杆器。下降副钻杆,当副钻杆母接头接近主钻杆公接头时,给回转机构正转以点动使大部分螺纹旋入。稍提起钻具,取下扳子,退回托杆器,并将钻具下降至孔底。将钻具推进开关扳到自动位置,给回转机构以正转,开动冲击器,开启收尘器,继续进行钻孔作业。

6)卸副钻杆操作程序

孔深达到要求后,用手动操作将钻具作短距离上下提拉,以吹净孔底岩粉。冲击器停风,用手动将钻具提起,到主钻杆上扳子口稍高于钎托时停止提升钻具并停止回转机构的转动。将托杆器托起,扳子插入主钻杆上扳子口(以免钻杆下落),回转机给风使抱爪抱紧副钻杆后接头,给回转机反转使主钻杆和副钻杆接头脱开。用手动将副钻杆提升,到副钻杆粗段稍高于上送杆器时为止,再将送杆器进入。用手动下降副钻杆,到副钻杆接头插入下送杆器插座为止。用扳子插入副钻杆下端柄部,停止给风使抱爪松开副钻杆接头,给回转机构反转点动,使回转机构与后接头脱开,手动提升回转机构,到回转机构的接头稍高于副钻杆时为止。取下副钻杆下部扳手,送杆器带副钻杆退回原位,托杆也退回原处。用手动将回转机构下降,到回转机构的母接头接近主钻杆的公接头为止。给回转机构的正转以点动,使回转机构与主钻杆接好。用手动将钻具稍提起,取下扳子,给回转机构以正转,再用手动继续提起钻具,到主钻杆下扳子口稍高于钎托为止。停止回转机构转动,插入扳子。用手动下降钻具,落在钎托上架住主钻杆为止。

2. 维护保养

1) 一般检查

经常检查钻机各部分有无损坏、变形及开焊之处;钻机各部分之螺栓、螺钉等是否紧固齐全,有无松动现象;尤其是回转机构的螺钉、螺栓更要经常检查、紧固;各个电机是否有声音异常及温升过高现象;减速箱内齿轮啮合是否正常,有无不正常的噪声,润滑是否良好;电气线路连接处有无松动脱落,各开关、按钮是否灵活可靠;电缆胶套有无破皮及断裂。

2) 定期检查液压油

潜孔钻车属于半液压车,即除了冲击采用压缩空气外,其余功能都是通过液压系统来实现的,因此液压油的质量对液压系统能否正常工作至关重要。

打开液压油箱,观看液压油的颜色是否清澈透明,若已乳化或变质必须立即进行更换。若钻车的使用频率较高,一般应半年更换一次液压油。禁止两种液压油混用。钻车配用的液压油为抗磨液压油,内有抗氧化剂、防锈剂和抗泡剂等,可以有效防止油泵、液压马达等液压元件的早期磨损。常用的抗磨液压油有YB-N32、YB-N46、YB-N68等,尾注数字越大,液压油的运动黏度越高。根据环境温度的不同,在夏季一般采用黏度较高的YB-N46或YB-N68液压油,在冬季采用黏度较低的YB-N32、YB-N46液压油,鉴于目前仍有部分抗磨液压油采用老牌号进行标注,如YB-N68标注为40号稠化液压油,YB-N46、YB-N32分别标注为30号和20号,因此用户在购买时一定要认清型号。

3) 定期清洗油箱和滤油器

液压油内的杂质不仅会造成液压阀失灵,还会加剧油泵、液压马达等液压元件的磨损,因此我们在结构上设置了吸油滤油器和回油滤油器,尽可能保证在系统中循环油液的清洁。但由于液压元件在工作中要产生磨损,添加液压油时不经意会带进杂质,因此定期清洗油箱和滤油器,是保证油液清洁、防止液压系统失灵以及延长液压元件寿命的关键。

改进后的吸油滤油器装在油箱的下方,与油泵吸油口相通,由于具有自锁功能,即拆下滤芯后滤油器能自动关闭油口而不泄漏,清洗时只需直接拧下滤芯用干净的柴油冲洗即可。吸油滤油器应每月清洗一次,若发现滤芯破损应立即更换。回油滤油器装在油箱的上方,与回油管相通,清洗时只需直接拧出滤芯用干净的柴油冲洗即可。回油滤油器应每月清洗一次,若发现滤芯破损应立即更换。油箱是吸油和回油的交汇处,也是杂质最容易沉积和集中的地方,因此应经常进行清理。每月应打开放油塞放掉部分油液冲出底部杂质,每半年彻底清理一次,放出全部油液(最好不再使用或多次过滤后再用),在油箱清理干净后,加入新的液压油。

4) 及时清理油雾器和添加润滑油

潜孔钻车是通过冲击器来实现冲击凿岩的,良好的润滑是保证冲击器正常工作的必要条件。由于压缩空气中常带有水分以及管路清理不干净,在使用一段时间以后油雾器的底部经常残存一定的水分和杂质,这都会影响冲击器的润滑和寿命,因此当发现油雾器不出油或油雾器内有水分和杂质时应及时予以排除。

加润滑油时首先必须关闭总进气阀,然后打开冲击气阀以排除管内余气,以免造成伤害。严禁无润滑油作业。

5) 做好柴油机的磨合及机油更换

柴油机是整个液压系统的原动力,它直接影响钻车的爬坡能力、推进(提升)力、回转扭矩和凿岩效率,及时地维护和保养是钻车发挥最佳效用的前提。

新机或大修后的柴油机在使用前必须进行磨合运转,以提高柴油机的可靠性和经济寿命。在低于70%额定转速和50%额定负荷的情况下运行50 h。磨合后应停机趁热放出油底壳内的机油,用柴油清洗油底壳和滤油网,更换机油和滤清器。磨合期以后应每工作250 h更换一次机油和滤清器。仔细阅读柴油机的使用说明书,做好其他保养事项。

6) 每班清理空滤防止柴油机拉缸

潜孔钻车因其凿岩效率高而深受用户喜爱,但效率越高同时产生的粉尘也越多,对柴油机的工作和寿命带来严重影响。因此,在结构上设置了二级空气滤清器(一级为干式纸芯空气滤清器,二级为油浸式空气滤清器),并增加了柴油机进风管,尽可能地防止粉尘等进入机体造成磨损和拉缸,延长柴油机的使用寿命。但空气滤清器只能暂时阻止粉尘等进入机体,工作一段时间以后必须进行清理,否则粉尘积存得多了,不仅会堵塞进风通道,而且会造成空气滤清器的破损,严重影响柴油机的性能和使用寿命。

一级干式空气滤清器必须每班清理。先将滤芯小心取出,轻轻抖动可排除大部分灰尘,然后用压缩空气从滤芯内侧向外吹,注意控制好气压,防止把滤芯吹破。不要用水、柴油或汽油清洗纸滤芯,否则滤芯的孔隙被堵后会增加进气阻力甚至导致滤芯破损。清理干净后要仔细检查滤芯有无破损,如有破损应立即更换。安装滤芯时必须保证连接处密封可靠。

二级油浸式空气滤清器应三天清理一次。在做好一级干式空气滤清器每班清理的前提下,二级油浸式空气滤清器可每三天进行一次清理。打开滤清器下部,取出金属滤网和油盘,用柴油仔细清洗干净,并将洗净的滤网用机油浸透后沥干备用。在干净的油盘内注入机油至刻度线,然后装入沥干后的滤网,在确保密封可靠后锁紧。注意:滤网清洗后必须浸润机油,油盘内必须加注机油,否则将失去过滤效果。进风口必须远离粉尘区。潜孔钻车的工作环境恶劣,粉尘较大,为此我们在一级空气滤清器上加接了一根进风管,尽量使柴油机的进风口能远离粉尘。作业时,应尽量将进风管的进风口避开粉尘密集区,并不得直接放在地上,以免吸入粉尘。粉尘特别大时,可适当加长进风管。

7.4　单斗液压挖掘机

7.4.1　概述

单斗液压挖掘机是一种在露天采矿和建筑、道路、水利等基建工程中都有广泛应用的用于采掘土石方施工的机械设备。液压挖掘机的工况恶劣多变,作业动作复杂多样,故不仅对液压系统提出了很高的要求,而且其液压系统也是工程机械中最为复杂的。液压挖掘机最主要的特点是传动系统采用液压油介质,因此其技术进步主要是围绕液压技术的发展而发展。

单斗液压挖掘机根据工作机构的结构形式主要分为正铲式和反铲式两种。正铲挖掘机因工作机构特点而适于作推压采装动作,具有提升力和推压力较大的优势,故多应用于超大机型。正铲挖掘机适于挖掘高出停机平面的工作面,而不宜挖掘低于停机面以下的工作面。反铲挖掘机是应用最为广泛的挖掘机,具有操作简单、动作灵活迅速等特点,因此中小机型应用最多,不过,近年来也有向大型化、专用化方向发展的趋势。反铲挖掘机主要适用于挖掘停机面以下的工作面。

7.4.2　主要技术性能参数

某品牌液压挖掘机主要参数应符合表7-2的规定。

表 7-2　某品牌矿用液压挖掘机主要参数表

性能参数		单位	型号			
			WY(D) 260	WY(D) 390	WY(D) 600	WY(D) 800
基本参数	标准斗容　正铲	m³	11～17	18～24	27～34	38～45
	标准斗容　反铲		13～17	18～24	29～34	38～42
	工作质量　正铲	t	240～290	350～400	500～680	700～1000
	工作质量　反铲		235～290	340～400	500～670	700～900
	额定功率　电机	kW	860～1050	1200～1500	1800～2200	2900～3400
	额定功率　发动机		940～1120	1250～1520	1880～2240	2800～3300
整机性能参数	最大斗杆挖掘力　正铲	kN	900～1370	1200～1810	2570～3340	2320～3300
	最大斗杆挖掘力　反铲		760～880	950～1050	1240～1500	1760～1800
	最大铲斗挖掘力　正铲	kN	840～1000	1130～1270	1570～1975	2230～2450
	最大铲斗挖掘力　反铲		830～870	1000～1155	1240～1670	1920～2000
	回转速度	r/min	3.0～4.8	3.0～4.8	2.8～4.5	2.7～4.5
	行走速度	km/h	2.2～2.8	2.1～2.7	2.0～2.6	1.8～2.5
	爬坡能力	%	≥40	≥40	≥40	≥36
	接地比压　正铲	kPa	170～240	170～250	180～290	210～280
	接地比压　反铲		170～240	170～250	180～290	210～280
主要作业范围参数	最大挖掘半径 A　正铲	m	13.0～14.5	14.0～16.0	16.0～18.0	17.0～19.0
	最大挖掘半径 A　反铲		15.0～17.5	17.0～19.0	18.0～21.0	21.0～22.0
	最大挖掘高度 B　正铲	m	13.0～17.0	14.0～17.5	15.0～21.0	19.0～21.0
	最大挖掘高度 B　反铲		14.0～16.5	15.0～18.0	15.0～21.0	16.0～17.0
	最大卸载高度 C　正铲	m	10.0～11.5	10.0～12.0	11.0～14.5	13.0～15.0
	最大卸载高度 C　反铲		8.5～10.5	9.5～11.5	10.0～13.0	10.0～12.0
	最大挖掘深度 D　正铲	m	2.5～4.0	2.6～4.0	2.7～4.6	2.3～4.6
	最大挖掘深度 D　反铲		6～9	7～10	8～9	8～9
液压参数	系统压力	MPa	28～37	28～37	28～37	28～37

7.4.3　主要功能部件

单斗液压挖掘机主要由工作机构、上部机构和下部机构三大部分组成。各个机构均由液压系统独立驱动,依靠电气控制系统控制并完成挖掘机的各种运动。

1. 工作机构

工作机构由铲斗、斗杆、动臂和油缸(包括开斗、斗杆、动臂和铲斗油缸)等组成。

铲斗是整体焊接结构,具有铲斗结构合理、刚度和强度大、满斗系数高以及整体使用寿命长等特点。铲斗主要由斗体、斗底、开斗油缸以及各连接销轴等组成。铲斗通过开斗油缸的伸缩完成闭斗和开斗。斗体主要由经调质处理或正火处理的低合金高强度钢板焊接而成。铲斗前壁的上部焊有由钢板组成、可更换的斗唇,斗体上使用了铸造的组合斗齿。铲斗斗底也是由经调质处理或正火处理的低合金高强度钢板焊接而成,主要由斗底板、开斗油缸和销轴、调整垫片等组成。

斗杆由斗杆本体、铜套、防尘圈和销轴组成。斗杆是由具有低温冲击韧性的低合金高强度钢板焊接而成的结构件。与动臂连接的跟脚和与铲斗连接的跟脚采用铸造结构,有利于减少单斗杆的应力集中现象,改善了装焊工艺。采用箱形结构,具有较高的抗扭刚性,保证了整个斗唇宽度上的切削力的均衡,使铲斗始终保持水平挖掘,有利于装满物料。

动臂由动臂本体、铜套、防尘圈和销轴组成。动臂是由具有低温冲击韧性的低合金高强度钢板焊接而成的结构件。与斗杆连接的跟脚和与平台连接的跟脚采用铸造结构,有利于减少单斗杆的应力集中现象,改善了装焊工艺。

油缸由动臂油缸、斗杆油缸、铲斗油缸和开斗油缸组成。动臂油缸主要用于动臂的提升和下降,斗杆油缸主要与动臂油缸和铲斗油缸完成平推和挖掘,铲斗油缸主要用于物料的挖掘,开斗油缸主要完成铲斗的开斗和闭斗。

2. 上部机构

上部机构由回转机构、液压系统、液压系统的冷却系统、分动箱的冷却系统、动力装置、回转平台、平衡重、回转支承、机棚、司机室、干油集中润滑系统等组成。

回转机构由并联且各自独立的两套回转传动装置和回转支承组成,两套回转减速机分别安装在回转支承的前后两端,一套在后,以平衡载荷。回转传动装置包括回转马达和回转减速机。回转减速机、回转马达安装在回转平台的上面;而回转立轴组件安装在回转平台的下面。

回转制动器装置采用液压盘式制动器,集成于马达尾部。

回转支承采用三排滚柱式结构,提高了整机的承载力,采用内齿结构,减小了粉尘对齿面的影响,提高了传动精度,延长了使用寿命;回转支承与回转平台和底架均有止口,方便安装和定位,增强了回转支承的通用性。

回转马达与回转减速机通过花键传动,法兰连接,回转减速机采用二级行星齿轮传动,结构紧凑。回转减速机与平台采用止口定位,为了加强螺栓连接的强度,提高防松效果,采用了进口细牙螺栓。

回转平台由回转平台本体、左辅助走台、右主走台、右辅助走台、动力单元平台、斜梯(上司机室用)和司机室走台等组成。

回转平台的右走台采用止口定位、螺栓连接、现场焊接的结构形式;动力单元平台架在回转平台本体上面,采用螺栓连接。中部平台为采用低合金高强度钢板焊箱形焊接结构件。在设计时将与动臂根脚连接的耳板和销孔向上抬高,使大容量铲斗在挖掘物料时能够顺利回收至动臂下部。动臂跟脚销和动臂油缸跟脚销与平台连接采用简支梁销轴式连接。每个销轴均有防止销轴转动的挡板,有效保护销轴和平台本体,牢固可靠。

平衡重位于回转平台的尾部,采用整体铸造结构。与平台采用止口定位、螺栓连接的结构形式。

司机室位于挖掘机左前侧的司机室底座上。司机室前窗为整体大窗;右侧配备一个大窗;左侧配备一个大窗和一个小开窗;下侧有小窗口用于观察履带行走装置,视野范围大,司机坐在操作位置上可方便地观察到铲斗、工作掌子面、挖掘和卸载情况以及挖掘机周边的环境状况。司机室的非窗表面均采取保温隔热设计,同时具有高隔声性能。在设备负载运转且门窗关闭的情况下,司机室内的噪声等级低于 75 dB。在司机室外侧周边装配一个小走台,作为侧窗、前窗的清理维修通道。司机室内配备有人机操作界面、各种显示仪表、报警器、照明装置、控制开关等,操作界面信息均为汉语。各控制元件均符合人体工学原理,司机操纵挖掘机所需的所有控制器和辅助操纵开关均布置在司机伸手可及的范围内,以减轻操作人员的劳动强度。司机室内留有故障监测和数据信息采集设备空间及接口。司机座椅为可调整、带腰部支撑的高靠背真皮扶手椅,电控按钮集成在座椅上。另配有副司机座椅。

动力装置采用全封闭结构,防止外界的大量灰尘随意进入机棚内部,从而保护机棚内的机械和电气设备不受外界灰尘的侵害。机棚的两侧有通风散热的百叶窗,有效地保证了发动机散热器的进风与排风。动力装置由发动机、燃油系统、进气系统、排气系统、冷却系统、动力单元机棚、分动箱、减震器等组成。

3. 下部机构

下部机构由底架梁、履带装置(包括行走机构)组成。

底架梁是由低温冲击韧性高的低合金高强度钢板、重型中央锻件、隔板及加厚的上、下盖板组焊接而成的分格式箱形、放射状整体焊接结构件。其纵深型的箱体隔板和平顶式的底架设计直接构成了回转支承的支撑,实现了载荷的最优化传递。底架梁的上平面用来安装回转支承;左、右两个侧面用来连接左、右履带架。

履带装置由履带链,左、右履带架,驱动轮,拉紧轮,支轮,托链轮装置,张紧装置等组成。履带装置采用两组多支点支承并且可独立驱动的履带运行机构。主要零、部件的材料都采用了优质合金钢和特殊的热处理工艺,以保证履带装置有较高的强度、刚度以及较好的耐磨性和抵抗冲击载荷的能力。

行走机构由两套独立的行走马达和减速机组成。制动器采用液压盘式制动器,集成于马达尾部。采用力士乐原装进口的马达和减速机。采用两套独立的履带行走装置,每套行走装置由一套行走减速机和两套马达组成。马达为定量马达,通过调整泵的流量来调整马达的转速,以调整行走速度。马达与减速机通过花键传动、螺栓连接。

左、右履带架为超重载箱形断面焊接结构。它们与底架梁间采用全长范围的抗剪止口支承并由高强度螺柱连接,精确确定左、右履带架相对于底架梁的前后及左右位置。履带链由高锰钢铸造的履带板串联成两组长度相同的封闭式链环组成。履带板与履带板之间靠销轴、挡销、开口销等连接而成。配有多种不同宽度的履带板供用户选择以适应不同的地质条件。驱动轮由合金钢铸造而成。与行走减速机采用止口定位,高强度细牙螺栓连接。张紧轮组件由张紧轮、张紧轴、铜套、浮动油封、轴承座、张紧油缸等组成。张紧轮组件是用来调整履带链的张紧程度的。张紧油缸同时具有张紧和缓冲作用。张紧油缸有两个油腔:一个干油腔和一个液压油腔。干油腔用于履带的张紧,液压油腔用于机器行走时的缓冲。托链轮组件由托轮、托轮轴、浮动油封和支座等组成。通过螺栓将支座和履带架连接,托链轮磨损后可以方便地更换。支重轮组件由支轮、支重轮轴、浮动油封和支座等组成。通过螺栓将支座和履带架连接,托链轮磨损后

可以方便地更换。

7.4.4 电气控制系统

液压挖掘机电气控制系统主要包括高压电缆接入耦合器、高压集电环、高压供电柜、高压启动柜、变压器、低压电源柜、低压控制柜、低压辅助控制柜、操作联动台、控制器、传感器等。

高压集电环传输电能,高压供电柜分合高压电源,高压启动柜提供高压电机的启动与保护,变压器转换电压提供控制以及其他辅助系统电源。低压电气控制采用车载网络CAN总线将各个控制器以及扩展模板、显示器、控制手柄、脚踏板等连接传输数据。控制器采集到控制信号与实时数据进行处理,控制液压系统的比例阀和开关阀。

常用的控制器为力士乐的BODAS控制器,是用于比例电磁铁和附加开关功能的可编程控制器,可同时用于简单和复杂的开式和闭式回路控制。BODAS控制器的输出经脉宽调制(PWM),可以最大程度地适应轴向柱塞元件和阀门的比例控制,确保高精度。开关量输出端可用于继电器、灯以及开关量电磁铁。

人机界面显示,通过CAN总线将各个控制器的异常信息、各个控制器接收到的温度、压力等信号显示在面板上。同时记录故障信息,提供维护提醒,形成生产表数据等。

7.4.5 液压系统

液压挖掘机的液压系统包括主油泵、多路换向主阀、液压缸、液压马达、先导液压系统、冷却系统及油箱、蓄能器、过滤器等液压附件。

主油泵与柴油机或电动机经分动箱连接,排出的液压油通过主阀,根据执行机构具体工况提供一定压力和流量的液压油,满足执行机构的作业需求。

主阀是整个液压系统的功率分配机构,它是由先导油路或手动杠杆操纵,使主阀的阀杆移位来实现的。主阀的基本功能主要有单动作控制、中位卸荷控制、泵流量控制、泵过载保护、加压、自动怠速、复合动作协调控制、直线

行走功能、再生功能、合流功能和防沉降功能。通过主阀可以操纵动臂的升降,斗杆的伸缩,铲斗的挖掘或卸载,平台的左、右回转,行走底盘的前进、后退或转弯等。主油泵和主阀的规格和调节控制的性能,直接影响到液压挖掘机的整机性能和品质。

液压缸主要有以下几种:动臂液压缸,用于控制整个工作装置的升降;斗杆液压缸,用于控制斗杆的伸缩;铲斗液压缸,用于控制铲斗的挖掘;开斗液压缸,用于控制铲斗的开斗。

液压马达的功能主要是行走驱动和回转驱动,实现整机向前、后退或转弯以及回转平台向左、向右回转或静止。

先导液压系统由先导油泵、先导油滤清器、先导溢流阀、安全截止阀、蓄能器、先导操纵阀等相关手柄,以及脚踏板、按钮和开关组成。先导泵输出的先导油经过先导油滤清器后进入先导系统的各个部件。

冷却系统包括发动机冷却系统和液压油冷却系统,通过冷却泵和冷却马达驱动风扇,调节液压系统的温度。

7.4.6　辅助装置

(1)液压油箱,主要用于贮存液压系统循环使用的液压油,同时散发一部分系统工作中产生的热量,分离液压油中混入的空气和消除系统中的泡沫。它不仅是一个容纳沉积污染物的重要装置,更要求其能够为液压泵以及整个液压系统的工作回路提供清洁度达标的液压油。因此,液压油箱的好坏直接影响液压系统的可靠性,尤其是液压泵等关键零部件的使用寿命。

(2)燃油箱,用于存放设备运行时所需的燃料。

(3)油冷却装置,用于降低液压油的工作温度。液压系统回路在机器作业时会产生大量的发热,主要靠循环的液压油带走,如果不能将液压油吸收的热量在下次循环前全部散掉,会导致热量积累,油温不断升高。油温过高会给机器带来诸多危害:首先是直接导致液压油容积率改变,使液压系统工作效率降低;

同时油黏度降低,润滑膜稀薄,摩擦增加,产热更大。其次是液压系统的零件因过热而膨胀,破坏了原有的配合间隙,泵阀、油缸等运动件容易出现卡顿甚至卡死。再次是高温会加速密封件老化,过早丧失密封作用,容易引发高压油液泄漏事故。总之,液压油温过高不仅会严重影响机器的正常使用,而且会降低液压元器件的使用寿命,增加维修成本。

(4)润滑装置,主要包括储油罐、润滑泵、安全阀、管路、分配器等。集中润滑系统能够达到注油便捷、自动给润滑部位打油、故障率低等优点,使得其应用正逐步从大型挖掘机向中小机型延伸。按照润滑油的消耗方式可分为全损耗型和循环型。全损耗型系统是指润滑油送至润滑点以后不再回收利用,常用于润滑油回收困难或油量很小无须回收的场合。挖掘机采用的集中润滑系统就属于全损耗型系统。

(5)灭火装置,一般标配人工灭火工具,可选配自动灭火装置。

(6)逃生通道,为驾驶员配备司机室就近逃生梯。

(7)防护装置,保护司机室在作业时不会被飞石或落石砸伤人。

7.4.7　使用与维护

液压挖掘机的使用应严格按照随机出厂的使用说明书的指导规范进行操作,主要包括启动前检查、安全启动机器、紧急停车、安全操作机器、工作装置控制等内容。

启动前检查:检查冷却液的液面位置高度(加水);检查发动机机油油位(加机油);检查燃油油位(加燃油);检查液压油油位(加液压油);检查空气滤芯是否堵塞;检查电线;检查喇叭是否正常;检查铲斗的润滑;检查油水分离器中的水和沉淀物。

启动机器:一般环境温度低于−5℃时,要预热。环境温度高于−5℃时,一般不用预热,可直接启动发动机,如果一次启动不着,须间隔5 min才可第二次启动。

操作机器:首先要确认周围状况。回转作

业时,对周围障碍物、地形要做到心中有数,安全操作;作业时,要确认履带的前后方向,避免造成倾翻或撞击;尽量不要把终传动面对挖掘方向,否则容易损伤行走马达或软管;作业时,要保证左右履带与地面完全接触,提高整机的动态稳定性。机器的稳定作业不仅能提高工作效率,延长机器寿命,而且能确保操作安全(把机器放在较平坦的地面上);驱动链轮在后侧比在前侧的稳定性好,且能够防止终传动遭受外力撞击;履带在地面上的轴距总是大于轮距,所以朝前工作稳定性好,要尽量避免侧向操作;要保持挖掘点靠近机器,以提高挖掘机稳定性;假如挖掘点远离机器,因重心前移,作业就不稳定;侧向挖掘比正向挖掘稳定性差,如果挖掘点远离机体中心,机器会更加不稳定,因此挖掘点与机体中心应保持合适的距离,以使操作平衡、高效。

液压缸内部装有缓冲装置,能够在靠近行程末端逐渐释放背压;如果在到达行程末端后受到冲击载荷,活塞将直接碰到缸头或缸底,容易造成事故,因此到行程末端时应尽量留有余隙。利用回转动作进行推土作业将引起铲斗和工作装置的不正常受力,造成扭曲或焊缝开裂,甚至销轴折断,应尽量避免此种操作,利用机体重量进行挖掘会造成回转支承不正常受力状态,同时会对底盘产生较强的振动和冲击,因此应该利用液压油缸的力量来进行挖掘作业。在装卸岩石等较重物料时,应靠近卡车车厢底部卸料,或先装载泥土,然后装载岩石,禁止高空卸载,以减小对卡车的撞击破坏。履带陷入泥中较深时,在铲斗下垫一块木板,利用铲斗的底端支起履带,然后在履带下垫上木板,将机器驶出。

有效挖掘方法:当铲斗缸和连杆、斗杆缸和斗杆之间互成90°时,挖掘力最大;铲斗斗齿和地面保持30°时,挖掘力最佳即切土阻力最小;用斗杆挖掘时,应保证斗杆角度范围在从前面45°到后面30°之间。同时使用动臂和铲斗,能提高挖掘效率。使用铲斗挖掘岩石会对机器造成较大破坏,应尽量避免挖岩;必须挖掘时,应根据岩石的裂纹方向来调整机体的位

置,使铲斗能够顺利铲入,进行挖掘;把斗齿插入岩石裂缝中,用斗杆和铲斗的挖掘力进行挖掘(应留心斗齿的滑脱);未被碎裂的岩石,应先破碎再使用铲斗挖掘。

坡面平整作业:进行平面修整时应将机器平放地面,防止机体摇动,要把握动臂与斗杆的动作协调性,控制两者的速度对于平面修整至关重要。

装载作业:机体应处于水平稳定位置,否则回转卸载难以准确控制,从而延长作业循环时间;机体与卡车要保持适当距离,防止在作180°回转时机体尾部与卡车相碰;尽量进行左回转装上,这样做视野开阔、作业效率高,同时要正确掌握旋转角度,以减少用于回转的时间;卡车位置应比挖掘机低,以缩短动臂提升时间,且视线良好;先装砂土、碎石,再放置大石块,这样可以减少对车厢的撞击。

松软地带或水中作业:在软土地带作业时,应了解土壤松实程度,并注意限制铲斗的挖掘范围,防止滑坡、塌方等事故发生以及车体沉陷较深。在水中作业时,应注意车体容许的水深范围(水面应在托链轮中心以下);如果水平面较高,回转支承内部将因水的浸入而润滑不良,发动机风扇叶片受水击打导致折损,电器线路元件由于水的侵入发生短路或断路。

行走操作:挖掘机行走时,应尽量收起工作装置并靠近机体中心,以保持稳定性;把终传动放在后面以保护终传动。要尽可能地避免驶过树桩和岩石等障碍物,防止履带扭曲;若必须驶过障碍物,则应确保履带中心在障碍物上。过土堆时,要始终用工作装置支撑住底盘,以防止车体剧烈晃动甚至翻倾。应避免长时间停在陡坡上怠速运转发动机,否则会因油位角度的改变而导致润滑不良。机器长距离行走,会使支重轮及终传动内部因长时间回转产生高温,机油黏度下降和润滑不良,因此应经常停机冷却降温,延长下部机体的寿命。禁止靠行走的驱动力进行挖土作业,否则过大的负荷将会导致终传动、履带等下车部件的早期磨损或破坏。上坡行走时,应当驱动轮在后,以增加触地履带的附着力。下坡行走时,应当

驱动轮在前,使上部履带绷紧,以防止停车时车体在重力作用下向前滑移而引起危险。在斜坡上行走时,工作装置应置于前方以确保安全,停车后,把铲斗轻轻地插入地面,并在履带下放上挡块。在陡坡行走转弯时,应将速度放慢,左转时向后转动左履带,右转时向后转动右履带,这样可以减少在斜坡上转弯时的危险。

液压挖掘机的日常维护主要包括定期更换各类过滤器滤芯、定期检查液压油并及时更换或补充、定期补充润滑油脂、燃油管理等。良好的维护和保养,能够减少机器的故障,延长机器使用寿命,缩短机器的非正常停机时间,提高工作效率,降低作业成本。据统计,70%左右的故障是管理不善和维护不良造成的。

为了防止外界环境中的灰尘和油中所含的杂质侵入挖掘机的主要部位,对关键零部件造成损坏,挖掘机上安装有各类过滤器以起保护作用。无论是运行时还是停机时,挖掘机上的这些过滤器都发挥着其各自的重要作用。

空气滤清器:空气滤清器可清除从外部环境吸入空气中的灰尘等异物,为发动机燃烧室内的燃油燃烧做功提供需要的新鲜空气,以防止发动机缸套及活塞环等的过快磨损。

机油和燃油过滤器:机油和燃油在贮存及加注过程中很容易混入水分和灰尘等杂质,且发动机工作时内部摩擦必会产生碎屑,安装过滤器则可滤除这些异物。若这些滤芯因污染严重而更换不及时,则会导致机油或燃油流动不畅而引起发动机功率不足,或是润滑不良导致发动机损坏。

液压油及过滤器:液压油是转化动力的介质,严禁尘土等异物的混入。平时可通过观察液压油的颜色变化,大致判断液压油的污染程度。如果发现油质异常,可通过取样检测,进而根据检测结果决定是否需要更换新油。

安装液压油过滤器可防止杂质进入液压系统的主要零部件,从而减少零部件的异常磨损。吸油过滤器被安装于液压油箱的吸油口,用于保护液压回路中的液压泵。而回油过滤器被安装于液压油箱的回油口,以减少回油对整个液压油箱的污染。随着时间的积累,过滤器的污染堵塞会越来越严重。如果不及时对污染了的过滤器滤芯进行更换,则油的流量会减少而使机器原有的性能无法充分地得到发挥。若继续使用已损坏或过度污染的过滤器,不仅无法过滤杂质,甚至可能使原滤出的杂质混入油中,从而缩短机器的使用寿命。因此,不仅应定期地更换过滤器滤芯,而且在平日的保养和检查中一旦发现异常,应立即更换滤芯或过滤器。

润滑油脂可在运动部位形成油膜,大幅减轻运动部件之间的摩擦,防止运动部件直接接触而加剧零件磨损。因此,及时加注润滑油脂十分重要,关系到机器能否正常顺利运转。若加注润滑油脂不及时、不充分,或是加注了不合适甚至劣质的润滑油脂,则都将影响形成合理的润滑油膜。如果在这种状态下继续运转机器,将引起机器运动部件配合部位的烧损,严重时将导致停机故障。

燃油的管理:要根据不同的环境温度选用不同牌号的柴油;柴油不能混入杂质、灰土与水,否则将使燃油泵过早磨损;劣质燃油中的石蜡与硫的含量高,会对发动机产生损害;每日作业完后燃油箱要加满燃油,防止油箱内壁产生水滴;每日作业前打开燃油箱底的放水阀放水;在发动机燃料用尽或更换滤芯后,须排尽管路中的空气。最低环境温度 0℃、−10℃、−20℃、−30℃ 对应的柴油牌号分别为 0 号、−10 号、−20 号、−35 号。

润滑油脂的管理:采用润滑油(黄油)可以减少运动表面的磨损,防止出现噪声。润滑脂存放保管时,不能混入灰尘、砂粒、水及其他杂质;推荐选用锂基型润滑脂 G2-L1,抗磨性能好,适用重载工况;加注时,要尽量将旧油全部挤出并擦干净,防止沙土黏附。

其他用油的管理:其他用油包括发动机油、液压油、齿轮油等;不同牌号和不同等级的用油不能混用,且不同品种挖掘机用油在生产过程中添加的起化学作用或物理作用的添加剂不同;要保证用油清洁,防止杂物(水、粉尘、颗粒等)混入;根据环境温度和用途选用油的标号。环境温度高应选用黏度大的机油,环境温度低应选用黏度小的用油;齿轮油的黏度相对较大,以适应较大的传动负载,液压油的黏度相对较小,以减小液体流动阻力。

定期保养的主要内容有:

(1) 新机工作 250 h 后就应更换燃油滤芯和附加燃油滤芯;检查发动机气门的间隙。

(2) 日常保养。检查、清洗或更换空气滤芯;清洗冷却系统内部;检查和拧紧履带板螺栓;检查和调节履带板张紧度;检查进气加热器;更换斗齿;调节铲斗间隙;检查前窗清洗液液面;检查、调节空调;清洗驾驶室内地板。

(3) 每 100 h 保养项目。动臂缸缸头销轴;动臂脚销;动臂缸缸杆端;斗杆缸缸头销轴;动臂、斗杆连接销;斗杆缸缸杆端;铲斗缸缸头销轴;半杆连杆连接销;斗杆、铲斗缸缸杆端;铲斗缸缸头销轴;斗杆连杆连接销;检查回转机构箱内的油位(加机油);从燃油箱中排出水和沉淀物。

(4) 每 250 h 保养项目。检查终传动箱内的油位(加齿轮油);检查蓄电池电解液;更换发动机油底壳中的油,更换发动机滤芯;润滑回转支承(2 处);检查风扇皮带的张紧度,并检查空调压缩机皮带的张紧度,并作调整。

(5) 每 500 h 保养项目。同时进行每 100 h 和 250 h 保养项目;更换燃油滤芯;检查回转小齿轮润滑脂的高度(加润滑脂);检查和清洗散热器散热片、油冷却器散热片和冷凝器散热片;更换液压油滤芯;更换终传动箱内的油(仅首次在 500 h 时进行,以后 1000 h 一次);清洗空调器系统内部和外部的空气滤芯;更换液压油通气口滤芯。

(6) 每 1000 h 保养项目。同时进行每 100 h、250 h 和 500 h 保养项目;更换回转机构箱内的油;检查减震器壳体的油位(回机油);检查涡轮增压器的所有紧固件;检查涡轮增压器转子的游隙;发电机皮带张紧度的检查及更换;更换防腐蚀滤芯;更换终传动箱内的油。

(7) 每 2000 h 保养项目。先完成每 100 h、250 h、500 h 和 1000 h 的保养项目;清洗液压

油箱滤网;清洗、检查涡轮增压器;检查发电机、启动电机;检查发动机气门间隙(并调整);检查减振器。

(8) 4000 h 以上的保养。每 4000 h 增加对水泵的检查;每 5000 h 增加更换液压油的项目。

(9) 长期存放。机器长期存放时,为防止液压缸活塞杆生锈,应把工作装置着地放置;整机洗净并干燥后存放在室内干燥的环境中;如条件所限只能在室外存放,则应把机器停放在排水良好的水泥地面上;存放前加满燃油箱,润滑各部位,更换液压油和机油,液压缸活塞杆外露的金属表面涂一薄层黄油,拆下蓄电池的负极接线端子,或将蓄电池卸下单独存放;根据最低环境温度在冷却水中加入适当比例的防冻液;每月启动发动机一次并操作机器,以便润滑各运动部件,同时给蓄电池充电;打开空调制冷运转 5~10 min。

电气系统维护保养需要特别注意的内容有:

(1) 检查电线是否受潮或绝缘层损坏。电线受潮或绝缘层损坏不仅可能导致漏电,且可能导致机器误动作或造成其他事故。

(2) 检查冷却风扇皮带的张紧度和磨损情况。

(3) 检查蓄电池电解液液位。

(4) 不得拆卸或分解安装在机器上的任何电气元件。

(5) 不得安装不符合要求的伪劣电气元件。

(6) 当清洗机器或在雨天作业时,不要使电气系统沾水。

(7) 在海滩作业后,应仔细清洁电气系统,以防腐蚀。

(8) 当安装冷风机或其他电气设备时,应将其连接在独立的电源接头上。所选的电源绝不可连接在熔断器、启动开关或蓄电池继电器上。

液压系统维护保养需要特别注意的内容有:

(1) 机器在作业刚结束后液压油温度仍然很高,要等油温完全冷却之后再进行维护保养。

（2）即使油温冷却了，系统内部仍可能有压力，应将液压油箱中的压力空气排完，彻底释放系统内部压力。

（3）在清洗或更换液压油滤芯和滤网，或者拆卸液压管道后，应排出油路中的空气。

（4）蓄能器内有高压氮气，使用不正确会非常危险，一定要严格遵照规定使用。

7.5 前端式装载机

7.5.1 概述

前端式装载机一般指以铲斗在装载机前端进行装载和卸料的装载机，是一种灵活、机动、高效、成本低的转载设备，在许多矿山得到广泛应用。通常情况下，前端式装载机在大型露天矿是一种重要的辅助设备，用以清理岩堆、从工作面搬运大块矿岩、筑路、排土和运输重型部件及材料等。在一定的条件下，如开采相距不远而又分散的矿体或多品种矿石，以及在中小型露天矿中，前端式装载机可以代替电铲作为主要生产设备。

近年来由于液力变矩器和铰接转向等新技术的应用，前端式装载机得到迅速发展，向大型化和高端化方向发展，国外已生产了功率为 $500\sim1300$ kW，斗容为 $10\sim23$ m³ 的露天矿用前端式装载机。

7.5.2 主要技术性能参数

柳工系列装载机的主要技术性能参数见表 7-3。

表 7-3　柳工系列装载机的主要技术性能参数

参　数	单位	型　号					
		818C	835H	856H	886H	890H	8128H
额定载重量	kg	1800	3500	5000	8000	9000	12 000
额定功率	kW	58.8	92	168	250	261	418
工作质量	kg	6000	10 800	16 900	25 300	30 600	52 000
标准斗容	m³	1	2	3	4.5	5.4	7
卸载高度	mm	2558	3115	3100	3300	3330	3910
最大掘起力	kN	48	94	175	220	245	395
卸载距离	mm	845	1090	1195	—	—	—
三项和①	s	8.8	9	10.3	10.5	11	14.58
整机长度	mm	5857	7500	8230	9300	9352	11 845
整机宽度	mm	2096	2460	2970	3150	3440	3830
整机高度	mm	2865	3340	3500	3580	3765	4195
轴距	mm	2200	2870	3320	3550	3700	4550

注：装载机的三项和参数指装载机一个完整的装卸流程（即举升、装卸和降落）的时间。

7.5.3 主要功能部件

如图 7-4 所示为我国生产的 ZL 型露天前端式装载机，它主要由发动机、液力变矩器、行星变速箱、驾驶室、车架、前后桥、转向铰接装置、车轮和工作机构等部件组成。它采用了液力机械传动系统，动力从柴油机经液力变矩器、行星变速箱、前后传动轴、前后桥和轮边减速器而驱动车轮前进。

7.5.4 工作机构

前端装载机的工作机构是铲装、卸载的机构（图 7-4），它包括铲斗、动臂、举升油缸、转斗油缸、转斗杆件及其操纵的液压系统等。

1. 铲斗

前端式装载机的铲斗除作装卸的工具外，运输时还兼作车厢，所以容积较大。目前，我国的 ZL 系列装载机铲斗容积有 1 m³、2 m³、

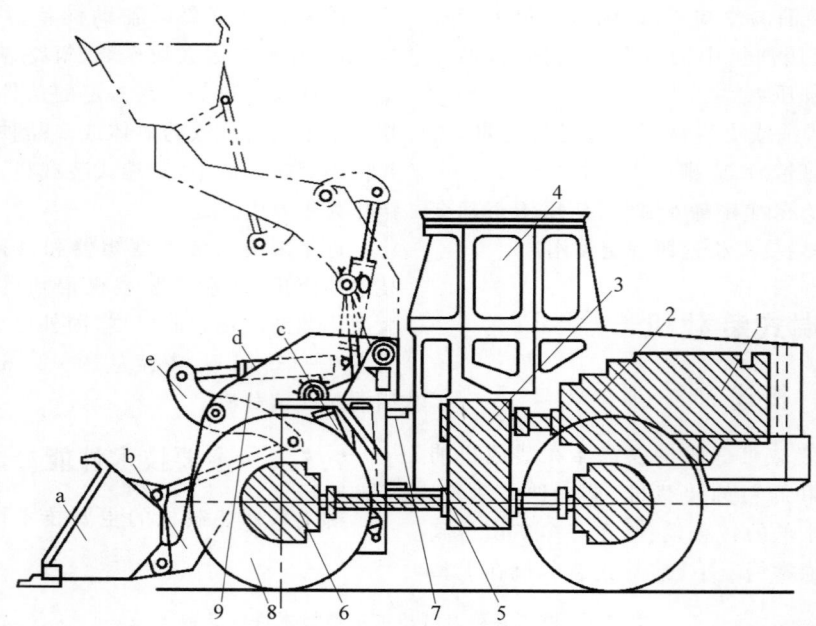

1—发动机；2—液力变矩器；3—行星变速箱；4—驾驶室；5—车架；6—前后桥；7—转向铰接装置；8—车轮；9—工作机构；a—铲斗；b—动臂；c—举升油缸；d—转斗油缸；e—转斗杆件。

图 7-4　ZL 系列前端式装载机组成

$3 m^3$、$5 m^3$ 等数种。铲斗由钢板焊成，斗底和斗唇采用耐磨合金钢。斗唇有带齿的和不带齿的两种，前者适于装载大块坚硬的矿岩，后者适于装载密度较小的物料（如卵石、煤炭等）。铲斗的几何尺寸应有一定的比例关系，铲斗的宽度应比两轮之间的外宽大 $50\sim100$ mm，以便清道和保护轮胎。

铲斗卸载方式有倾翻式、推卸式和底卸式三种，倾翻式简单可靠、容积大、适应面广，故多被采用。推卸式和底卸式铲斗卸载空间高度较小，多用于井下工作的前端机。推卸式铲斗还能较好地防止矿石在铲斗中黏结。

2. 动臂

动臂是铲斗的支持和升降机构，一般有左右两个（小型装载机可设一个）。动臂的一端铰接于车架上，另一端铰接在铲斗上。动臂多做成曲线形状，使铲斗尽量靠近前轴，减小倾翻力矩。动臂断面形状有单板、工字形、双板和箱形四种。箱形断面的动臂受力情况较好，多用于大中型装载机上。

3. 举升油缸和转斗油缸

举升油缸的作用是使动臂连同铲斗实现升降以满足铲装和卸料的要求。举升油缸活塞杆铰连于动臂上，另一端油缸则铰连于机架上。一般是一个动臂配置一个举升油缸。

转斗油缸的作用是使铲斗绕着其与动臂的铰接点上下翻转，以满足铲装和卸料的要求。转斗油缸一般配置 $1\sim2$ 个。举升油缸的布置方式有举升油缸立式布置和举升油缸卧式布置。

4. 转斗杆件

转斗杆件连接于转斗油缸与铲斗之间，其作用是将油缸的动力传递给铲斗。转斗杆件有连杆、摇臂等，其数量依配置方式而定。转斗杆件的配置方式有反转连杆式、平行四边形式和直接推拉式等。

反转连杆式配置如图 7-4 所示，其转斗油缸一端铰接于车架上，另一端铰接于摇臂上，摇臂的另一端经连杆连于铲斗。摇臂的中间回转点铰于动臂上。转斗油缸活塞杆伸出时铲斗铲取矿岩。在相同的油缸直径下，这种配置方式比活塞杆收缩时铲取矿岩的配置方式,能使铲斗获得较大的铲取力,因此应用较多。但是,这种配置方式杆件数目较多,如果杆件配置不合适会使铲斗在举升过程中产生前后摆动而撒落矿石。

平行四边形式配置的转斗杆件(图7-5),在动臂举升过程中,铲斗上口始终保持水平位置而不发生摆动,铲斗物料不致因举升而撒落,从而有利于提高作业效率。

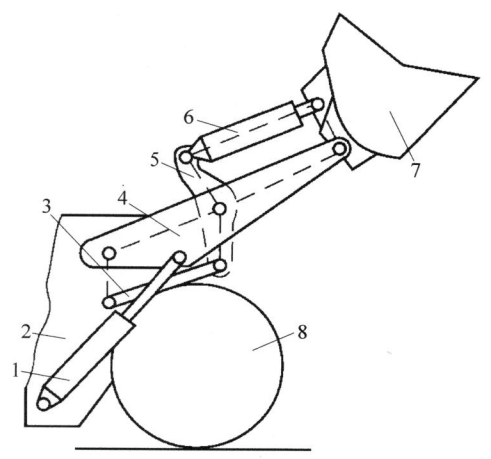

1—举升油缸;2—前车架;3—连杆;4—动臂;5—摇臂;6—转斗油缸;7—铲斗;8—车轮。

图7-5　平行四边形式配置的转斗杆件

7.5.5　行走机构

前端式装载机大部分采用轮胎式行走机构,只有少数采用履带式行走机构。轮胎式装载机行驶速度高,机动灵活,使用方便,应用广泛。履带式装载机接地比压低,牵引力大,路面通过性好,但行驶速度低,适用于很少转移的情况。

轮胎式行走机构包括车架、发动机、液力变矩器、变速箱、驱动桥、行走轮、转向装置和制动装置等。

1. 车架

车架上安装着装载机的其他零部件,是装载机的主架。

前端式装载机大部分采用铰接式车架,如图7-6所示,只有少数小型装载机采用整体式刚性车架。铰接式车架和整体式刚性车架在其结构和性能方面各有优缺点。

铰接式车架由两个半架组成,两个半架之间用垂直铰链连接。用液压缸推动,使一个半架相对于另一个半架转动一定的角度,以此实现装载机的转向。

在前车架上,焊有安装工作机构的耳座和安装前桥轴的底座;在后车架上,焊有安装发动机和变速箱等的支座。后桥轴则通过悬架铰接在后车架上。后桥轴可相对于后车架垂直摆动一定角度,使装载机在不平路面行驶时四轮能同时着地,改善行驶性能。

有的装载机车架是双铰链连接结构,具有水平布置和垂直布置的两组铰链,使前后车架在水平和垂直两个方向都可以转动。采用铰接式车架,使装载机具有较小的转弯半径和高度的机动性。

2. 传动系统

露天和井下的前端式装载机采用的传动方式一般有液力机械式、静液压式和电传动式三种。单纯的机械传动方式已经很少采用。

传动系统包括发动机、液力变矩器、变速箱、传动轴和驱动桥等。前端式装载机大部分采用柴油发动机,用变矩器提高装载机传动系统的柔性。变速器均采用动力换挡变速器,有行星式和定轴式两大类。变速器一般用2～4个挡排,两挡型变速器主要与双涡轮(或双导轮)液力变矩器配套使用,前后均为三挡的变速器与三元件单涡轮液力变矩器配套使用。

装载机为充分利用机重,提高牵引力,都采用双桥驱动。驱动桥均带有轮边减速装置,该装置均为行星式,大多置于轮辋内,也可置于桥壳里差速器两侧。

3. 转向系统

铰接式装载机的转向,是用液压缸推动其中一个半架相对于另一半架转动30°～50°实现的。转向系统由转向机、转向阀、转向油缸、随动杆、转向油泵和溢流阀等主要部件组成,如图7-7所示。转向油缸为双作用式,其两端分别铰接在前后车架上。

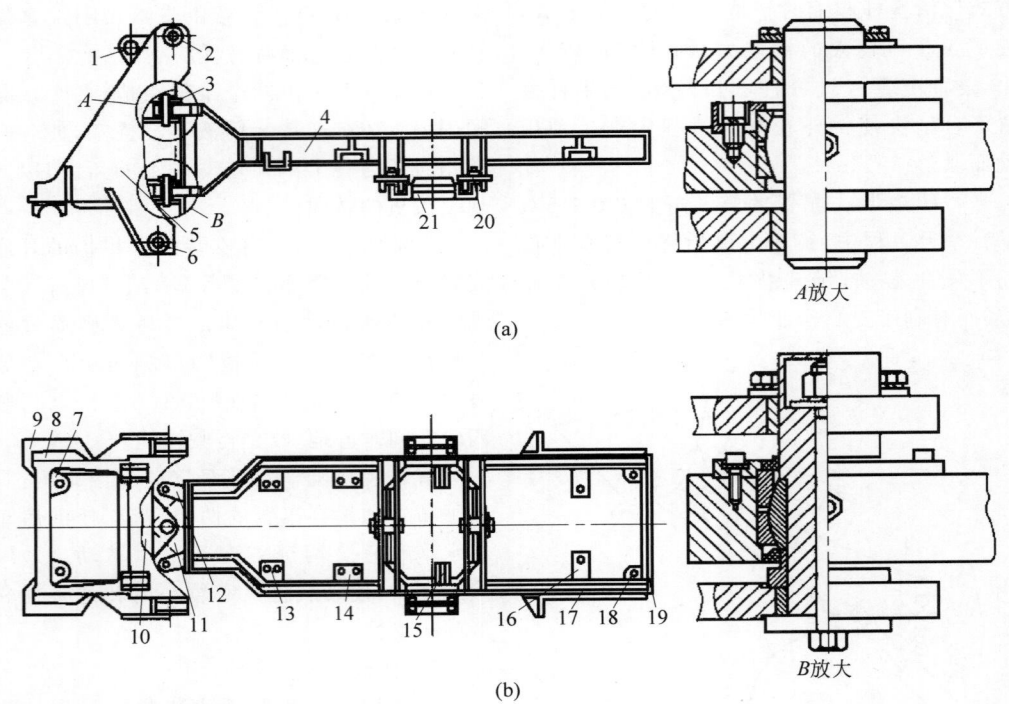

1,12—转斗缸耳座；2—动臂耳座；3—铰接销轴；4—后车架；5—前车架侧板；6—举升缸耳座；7—转向耳座；8—前板；9—底板；10—铰接座；11—铰接架；13—变速箱支架；14—变矩器支架；15—发动机前支架；16—发动机后支架；17—配重支架；18—连接板；19—后梁；20—轴销；21—悬架。

图 7-6　铰接式车架的结构

4．制动系统

　　为了使装载机能实现减速运行和安全停车，必须装有制动系统，以保证装载机正常工作及操作安全。

　　按制动的工作性质可分为工作制动和停车制动。工作制动是指装载机在运行中正常地制动减速直至停车，包括脚制动和装载机在长坡道下坡运行时采用的排气制动。停车制动是指装载机不工作时安全停站在一定位置所施加的制动，如在坡道上，使装载机能安全停车不至于下滑而发生危险事故。停车制动一般采取手制动。当脚制动失灵时，也采用手制动作为应急制动，故又称为紧急制动或故障紧急刹车。

　　制动系统包括制动器和制动器驱动机构两部分。轮式装载机的制动器包括主制动器、停车制动器和紧急制动器。主制动器一般置于 4 个车轮内，多用钳盘式制动器，也有用蹄式制动器的。近年来多片湿式制动器推广较快，由于它完全置于壳内油中，防泥沙及自动调整性能好。停车制动器是保证装载机在坡道上停歇制动的装置，装在变速器前输出轴上，均用带式或蹄式制动器。紧急制动器常与停车制动器合并，当某些紧急情况如制动系统空气压力下降至低于 0.27 MPa 时，为防止主制动器系统失败带来恶果，紧急制动器即进行制动。

　　制动器驱动机构有压缩空气式、静液压式和气顶油式。后者即用压缩空气推动静液压进行制动，由于它能获得较大的制动力，因此使用最广。

7.5.6　电气控制系统

　　装载机电气控制系统保证发动机的启动、熄火，以及全车照明、仪表检测设备、电控设备和其他辅助设备的工作，以保证装载机的行车、作业安全。电气控制系统分为电源和用电

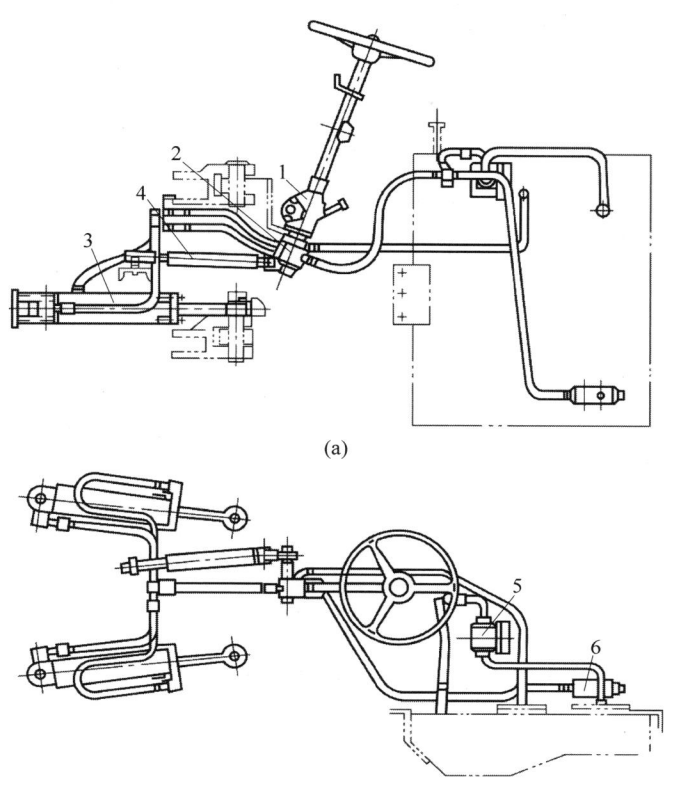

(a)

(b)

1—转向机；2—转向阀；3—转向油缸；4—随动杆；5—转向油泵；6—溢流阀。

图7-7 转向系统示意图

设备两大部分。电源部分包括蓄电池、发电机和调节器；用电部分包括启动装置、熄火装置、照明信号装置、监测显示装置和辅助装置等。

加快电控技术的集成应用，精确控制柴油机中的进气状态、燃油喷射状态、燃烧状态、排气后处理状态，使柴油机的综合性能不断地发展与进步。同时，柴油机电控技术又与传动系统工作要求、液压系统负荷状态相关联，实现各系统参数的联合通信与联合控制，使各系统的控制技术更具有全面性、有效性；传动系统电控技术可以实现自动换挡；液压系统电控技术可以实现液压驱动的电液比例控制；监控系统电控技术可以有效地监测系统的工作状态，使装载机各系统整合成有效的、统一的整体。

7.5.7 液压系统

装载机液压系统一般由工作装置液压系统(图7-8)、转向装置液压系统和变速器操纵液压系统三部分组成。

装载机大多采用定量系统，有的采用有级变量系统。小型装载机多用单泵向工作装置液压系统和转向液压系统两个系统供油。中大型装载机均用多泵式，即每个系统均配置独立的泵供油，有的将几个泵的流量通过流量阀进行组合。当需要大流量时由各泵合流，以保证装载机工作装置运动速度，而需要小流量时，某泵单独供油，其他泵处于无负荷空循环工况，即利用各定量泵组合成有级变量泵系统，在一定程度上满足了装载机工况要求，同时节省功率，减少系统发热。装载机工作装置液压系统压力一般选为15~22 MPa。

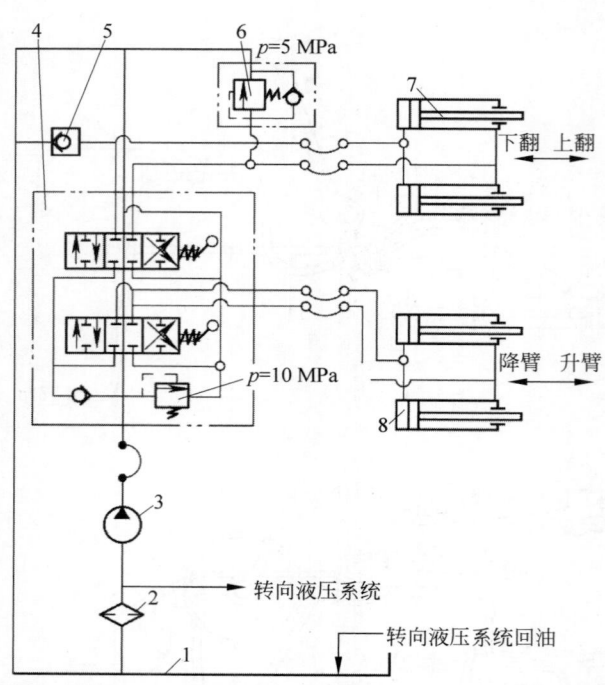

1—油箱；2—过滤器；3—齿轮油泵；4—多路换向阀；5—单向阀；6—单向顺序阀；7—转斗油缸；8—举升油缸。

图 7-8　工作装置液压系统

7.5.8　辅助装置

前端式装载机的驾驶室位置一般有两种：一种位于后车架上，一种位于前车架上。前者机器转向时，铲斗、前车架对司机有相对转动，司机对转向角度有直观感觉。倒车时装载机后退的方向与司机感觉倒车方向一致。后者司机前方视野好，便于装卸料时铲斗对准料堆或车辆，但倒车时司机感觉方向与装载机实际倒车方向不一致，且向后视野不好。

现阶段前端式装载机都配备有热平衡系统，从冷却空气的流向、流速，到热源系统的温度变化、散热器结构、热交换效率、散热器布置空间等全面考虑采用电子控制、按需运转的冷却风扇，使车辆系统保持正常、良好的系统温度，减少燃油消耗，降低噪声水平，同时又提高了系统的工作效率，保证系统可靠工作。

7.5.9　使用与维护

由于前端式装载机是特殊车辆，操作人员应接受厂家的培训、指导，对机器的结构、性能有充分的了解，并获得一定的操作及维护经验方可操作机器。生产厂家提供的《产品使用维护说明书》是操作者操作设备的必备资料，在操作机器前，一定要先阅读《产品使用维护说明书》，按要求进行操作保养。

注意磨合期的工作负荷，磨合期内的工作负荷一般不要超过额定工作负荷的60%，并要安排合适的工作量，防止机器长时间连续作业所引起的过热现象。

注意经常观察各仪表指示，出现异常应及时停车予以排除，在原因未找到、故障未排除前应停止作业。

注意经常检查润滑油、液压油、冷却液、制动液以及燃油油(水)位和品质，并注意检查整机的密封性。检查中发现油水缺少过多，应分析原因。同时，应强化各润滑点的润滑，建议在磨合期内，每班都要对润滑点加注润滑脂(特殊要求除外)。

保持机器清洁，及时调整、紧固松动的零部件以防因松动而加剧零部件的磨损或导致零部件丢失。

磨合期结束,应对机器进行强制保养,做好检查和调整工作,同时注意油液的更换。总之,装载机在磨合期内使用保养的要求可以归纳为:加强培训、减轻负荷、注意检查、强化润滑。只要重视并按要求对装载机实施磨合期的保养与维护,就会减少早期故障的发生,延长使用寿命,提高作业效率,从而带来更多收益。

装载机的正确操作规程:

(1)操作人员在进行驾驶与作业之前,应熟知装载机的各种性能、结构、技术保养、操作方法,并按规定进行操作。

(2)除驾驶室外,机上其他地方严禁乘人。

(3)向车内卸料时必须将铲斗提升到不会触及车厢挡板的高度,严防铲斗碰撞车厢,严禁将铲斗从汽车驾驶室顶上越过。

(4)下坡时采用自动减速,不可踩离合器踏板,以防切断动力发生溜车事故。

(5)装载机涉水后应立即停机检查,如发现浸水造成制动失灵,则应进行连续制动,利用发热排除制动片内的水分,以尽快使制动器恢复正常。

(6)装载机工作时,正前方不许站人,行车过程中,铲斗不许载人。

(7)工作时,铲臂下面严禁站人,禁止无关人员和其他机械在此工作和通行。

(8)严禁采用高速挡作业。

(9)操作人员离开驾驶位置时,必须将铲斗落地,发动机熄火,切断电源。

7.6　矿用推土机

7.6.1　概述

推土机配备有推土铲工作装置,通过机器向前运动进行切削、移动和铲平物料,或安装一个附属装置来施加推力或拉力的自行履带式或轮胎式机械,是一种能够进行挖掘、运输和排弃岩土的土方工程机械,在露天矿有广泛的用途。例如,用于建设排土场,平整汽车排土场,堆集分散的矿岩,平整工作平盘和建筑场地等。它不仅用于辅助工作,也可用于主要开采工作。例如,砂矿床的剥离和采矿,铲运机和犁岩机的牵引和助推,在无运输开采法时配合其他土方机械降低剥离台阶高度等。

推土机是一种结构简单,操纵灵活,生产效率高,既能独立完成拖、拉、铲、运、压、裂、装、填等多种作业,又能多台集体作业,或配合其他机械联合施工的土方机械。

7.6.2　主要技术性能参数

小松系列推土机的主要技术性能参数见表7-4。

表7-4　小松系列推土机的主要技术性能参数

参数	单位	型号					
		D85PX-15EO	D155AX-6	D275AX-5E0	D375A-6	D475A-5E0	D575A-3
工作质量	kg	27 550	40 560	49 980	71 640	108 390	131 350
额定功率	kW	197	264	335	455	664	753
额定转速	r/min	264	354	449	610	890	1050
接地长度	mm	3480	3275	3480	3980	4524	4530
接地比压	MPa	0.043	0.108	0.115	0.145	0.166	0.187
轨距	mm	2250	2140	2260	2500	2770	3220
标准履带宽	mm	910	560	610	610	710	760
爬坡性能	(°)	30					
铲刀提升高度	mm	1230	1250	1450	1690	1620	1850
铲土深度	mm	570	590	640	735	1010	900
推土板容量	m³	5.9	9.4	13.7	18.5	27.2	34
燃油箱容量	L	490	625	840	1200	1670	2100

7.6.3 主要功能部件

推土机是土方工程机械的一种主要机械，按行走方式分为履带式和轮胎式两种。因为轮胎式推土机较少，本手册主要讲述履带式推土机的结构组成。

履带式推土机主要由发动机、传动系统、行走系统、工作装置和操作控制系统等组成。

1. 工作装置

推土机是依靠前进动力，利用不同的工作装置来完成物料切割和推运作业的，因此，工作装置是推土机的重要组成部分。工作装置包括推土铲刀和松土器。

推土铲刀安装在推土机前端，可分为固定式铲刀和回旋式铲刀两种，固定式铲刀的推土板和推土机纵向轴线平面垂直，通过螺杆或液压缸调整斜撑杆长度，可改变铲刀在垂直平面内的倾角即侧倾角，调整范围在±12°之内；回转式铲刀推土板能在水平面内回转一定角度。推土板与推土机纵向轴线平面夹角称为回转角，一般为 60°～90°。为了平衡铲刀侧倾及偏载和横向载荷时顶推架的受力，并使外载荷均衡地传至推土机机体，固定式铲刀通常设置平衡补偿机构。固定式铲刀推土机如图 7-9 所示，回转式铲刀推土机如图 7-10 所示。

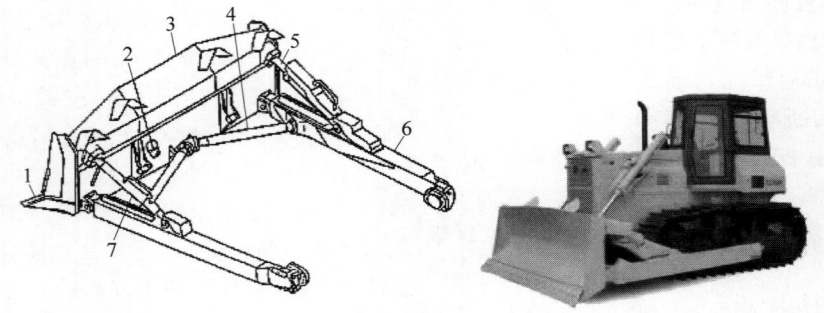

1—刀片；2—切削刃；3—铲刀；4—中央拉杆；5—倾斜油缸；6—顶推梁；7—拉杆（斜撑杆）。

图 7-9　固定式铲刀推土机

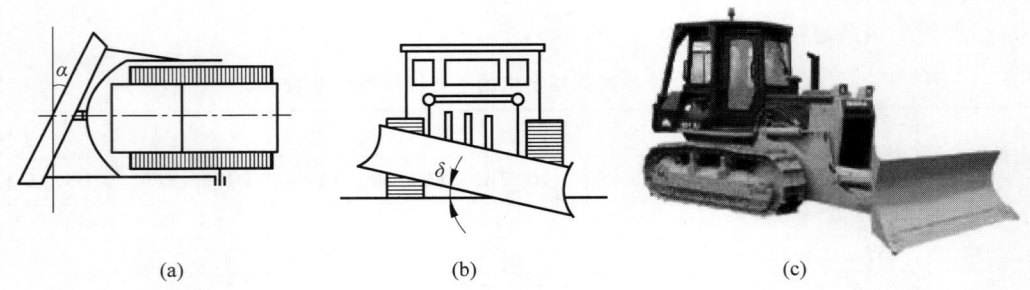

(a)　　　　　　　　　　(b)　　　　　　　　　　(c)

图 7-10　回转式铲刀推土机
(a) 铲刀回转；(b) 铲刀侧倾；(c) 推土机外形

松土器悬挂在推土机后部，配备在大中型履带推土机上，用来松散岩质硬土。松土器按连杆机构分为单连杆、双连杆及多连杆等类型，单连杆结构简单，但松土角随松土深度的变化改变较大，影响松土性能；双连杆则弥补了单连杆的不足，松土角则可基本保持不变；多连杆式松土器容易调整到松土阻力最小的最佳松土角，利于提高松土性能。松土齿的个数一般为单齿或三齿，松土齿的齿距为 0.8～1.4 m，松土齿的齿尖镶块磨损后可更换，图 7-11 所示为单齿松土器。

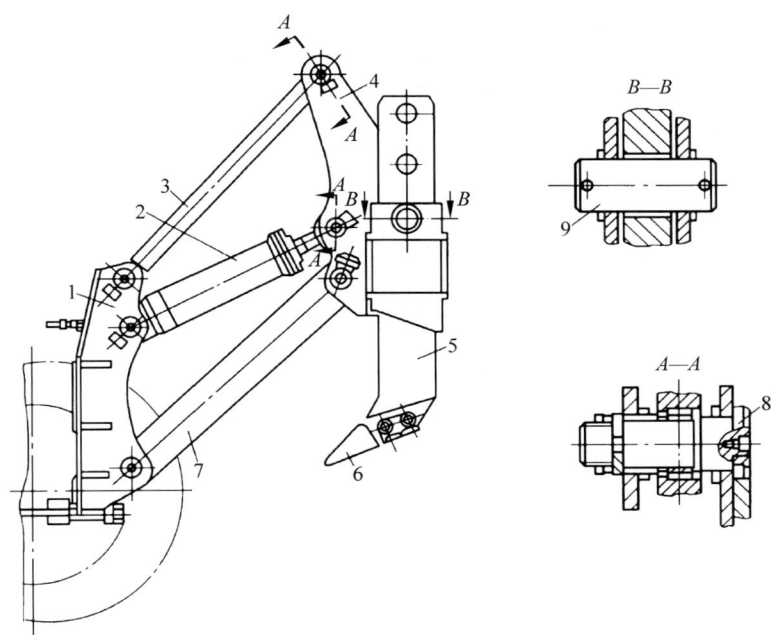

1—支承架；2—松土器支承油缸；3—上拉杆；4—横梁；5—齿杆；6—齿尖镶块；7—下拉杆；8,9—销轴。

图 7-11　推土机单齿松土器

2. 传动系统

传动系统的作用是将发动机的动力减速增扭后传给行走系统、制动系统、转向系统及工作装置，使推土机行驶、制动、转向，实施各种动作。目前，履带式推土机的传动系统多采用机械传动或液力机械传动。

1) 机械传动

机械传动系统是一种有级变速系统，由主离合器、万向节（联轴器）、变速器、中央传动、转向离合器和制动器、最终传动组成。

在机械传动系统中，主离合器的功用是换挡时切断发动机动力，并对传动系统起过载保护作用；变速器通过变换排挡使机械前进倒退行驶并获取合适的行驶速度；中央传动是一对圆锥齿轮，用来改变传动轴的旋转方向，并将动力传给两侧履带；转向离合器和制动器用来实现推土机转向、控制转向半径大小和减速停车；最终传动用来进一步减速增扭，以保证推土机有合适的行驶速度和牵引力。

机械传动可靠，传动效率高，结构简单，维修方便；但操作繁重，不能适应外阻力的变化，作业效率低，牵引性能不如其他传动方式，目前国内仅小型推土机采用。

2) 液力机械传动

液力机械传动系统是一种无级变速系统，由液力变矩器、联轴节、动力换挡变速器、中央传动器、转向离合器和制动器、最终传动器组成，如图 7-12 所示。

液力机械传动系统与机械传动系统的区别是：以液力变矩器代替主离合器，以动力换挡变速箱代替机械式变速箱，其他总成的结构原理与机械传动系完全相同。液力变矩器利用液体动能传递动力，其输出的扭矩能自动与负荷相适应，并具有无级调速的作用，同时，液力传动还具有缓和冲击、过载保护的功能。动力换挡变速器与机械传动系统中的变速器换挡方式不同，前者采用液压换挡（称动力换挡），驾驶员只起操纵作用，因而操纵轻便；后者采用人力换挡，操纵频繁，劳动强度大，驾驶员容易疲劳。

液力传动元件是液力变矩器，这种传动方式能根据外阻力的变化自动调整行驶速度和

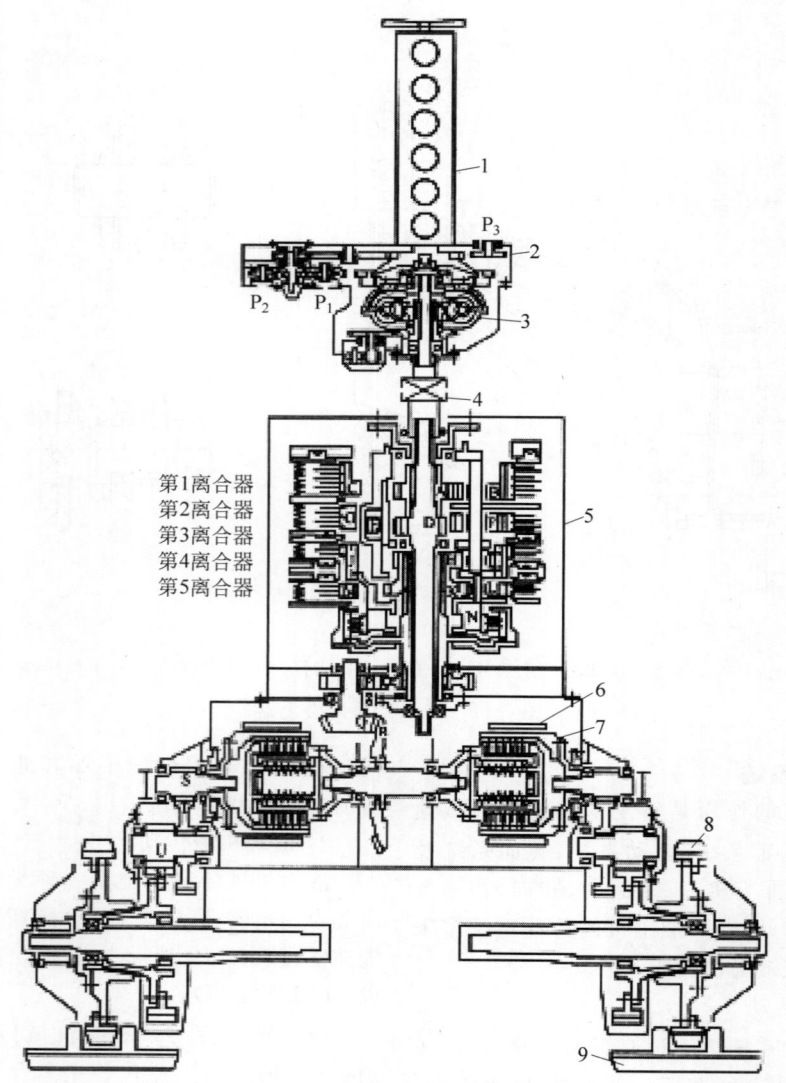

第1离合器
第2离合器
第3离合器
第4离合器
第5离合器

1—发动机；2—分动箱；3—液力变矩器；4—联轴节；5—动力换挡变速器；6—带式制动器；7—转向离合器；8—驱动轮；9—履带。

图 7-12　推土机液力机械传动系统结构原理图

牵引力，大大提高了推土机的牵引性能，从而提高其生产效率，操纵方便，并且能防止发动机过载；但是制造成本高，维修困难。目前中型以上的推土机均采用这种传动方式。

3. 行走系统

行走系统是直接实现机械行驶和将发动机动力转化成机械牵引力的系统，包括机架、悬挂装置和行走装置三部分。机架是整机的骨架，用来安装所有总成和部件。行走装置用

来支承机体，并将发动机传递给驱动轮的转矩转变成推土机所需的驱动力。机架与行走装置通过悬挂装置连接起来。

推土机的行走装置有轮式和履带式，由于作业对象不定、作业条件恶劣、载荷变化大、作业工序反复循环以及操作频繁等，因此，行走装置根据不同的工作环境，有不同的结构特点。因为履带行走机构在作业时的牵引性能好，比轮胎式行走机构优越，所以，目前推土机

仍然以履带式行走机构为主。

　　履带式推土机行走装置由驱动轮、支重轮、托轮、引导轮和履带、张紧装置等组成。履带围绕驱动轮、托轮、引导轮、支重轮呈环状安装，驱动轮转动时通过轮齿驱动履带使之运动；支重轮用于支承整机，将整机的载荷传递给履带，支重轮在履带上滚动，同时夹持履带防止其横向滑出，转向时，可迫使履带在地面上滑移；拖轮用来承托履带，防止履带过度下垂，以减少履带运动中的上下跳振，并防止履带横向脱落；引导轮是引导履带卷绕的，使履带铺设在支重轮的前方；张紧装置可使履带保持一定张紧度，以防跳振和滑落，还可缓和履带对车架的冲击。

　　轮式推土机的行走装置包括前桥和后桥，推土机的行驶速度小，车桥和机架一般采用刚性连接。为保证在地面不平时四个车轮都能与地面接触，将一个驱动桥与机架采用铰连接，以使车桥左右两端能随地面不平而上下摆动。

7.6.4　电气控制系统

1．电气控制系统组成及作用

　　电气控制系统保证发动机的启动、熄火，以及全车照明、仪表检测设备、电控设备和其他辅助设备的工作，以保证推土机的行车、作业安全。电气控制系统分为电源和用电设备两大部分。电源部分包括蓄电池、发电机和调节器；用电设备部分包括启动装置、熄火装置、照明信号装置、监测显示装置和辅助装置等。

2．电子技术的应用

1）GPS的应用

　　在GPS定位和导向的指引下，在施工成型要求、确定和控制机械运动的方向和移动距离以及确定和控制作业装置的动作和运动轨迹时，可以不用人工操作或简化人工操作。

2）计算机故障诊断系统

　　机载计算机可根据各种传感器的检测信号，结合专家知识库对机器的运行状态进行评估，预测可能发生的故障，在出现故障时发出故障信息并指导驾驶员查找和排除故障。

3）信息管理系统

　　采用网络通信技术，在办公室的控制中心实时监控推土机的作业状态，据此向司机提供基于文字提示的精确的机器故障状态和故障诊断信息。

4）发动机控制管理系统

　　根据传动装置和推土机的工作状态，自动调节发动机输出功率和转速，以满足不同作业工况的需要，提高燃料经济性。

7.6.5　液压系统

　　液压系统具有结构紧凑、操作轻便、工作平稳、切土力强、平地质量高、作业效率高等优点，推土机的控制基本实现液压化。推土机液压系统分为变速液压系统、转向液压系统和工作装置液压系统。

1．变速液压系统

　　工作原理：后桥箱→粗滤器→变速泵→精滤器→变速阀→液力变矩器溢流阀，被溢流的油回后桥箱。经过溢流阀的压力油进入液力变矩器，由液力变矩器背压阀来维持变矩器中的油液具有足够的工作压力。通过背压阀的油液经油冷器冷却后一部分到润滑阀，由于润滑阀的背压作用得以润滑变速箱，润滑后油流至变速箱底；一部分去润滑PTO，润滑后油流至变矩器底壳；一部分去润滑制动带，润滑后油流至后桥箱。回油泵保证使变矩器壳内的油不断地回到变速箱。

2．转向液压系统

　　工作原理：后桥箱→粗滤器→转向泵→精滤器→调压阀→液力变矩器溢流阀。一部分去驱动伺服阀。在转向拉杆拉到"转向"时，压力油从转向阀流到转向离合器。在转向拉杆拉到"制动"时，压力油也从制动阀流到制动助力器，从而操作转向制动器。

　　不管转向杆是否操作，在踩下制动踏板时，压力油从制动阀流到制动助力器，从而操作转向制动器。

3．工作装置液压系统

　　工作装置液压系统可根据作业需要，迅速提升或降下工作装置，也可实现铲刀或松土器缓慢就位,调整铲刀或松土器的切削角。如操纵铲刀提升和倾斜控制阀,则铲刀油缸实现铲刀的上升、下降、保持、浮动及控制倾斜油缸,实现铲刀的左倾斜、右倾斜、保持。操纵松土器控制阀则控制松土器油缸,实现松土器的上升、下降、保持,图7-13所示为某型推土机工作装置液压系统工作原理。该系统由油泵、操纵阀、安全阀、单向阀、过载阀、油缸、油箱、滤油器等组成。

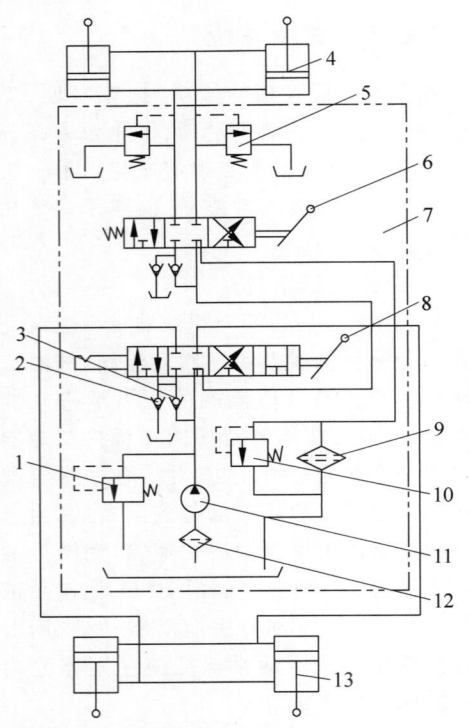

1—安全阀;2—补油阀;3—进油单向阀;4—松土器油缸;5—过载阀;6—松土器操纵阀;7—油箱及操作系统组成;8—铲刀操纵阀;9—滤油器;10—防堵塞单向阀;11—油泵;12—滤网;13—铲刀油缸。

图7-13 某型推土机工作装置液压系统工作原理图

推土机普遍采用开式液压回路,开式回路系统具有结构简单、散热性能好、工作可靠等优点。

7.6.6 辅助装置

推土机辅助装置包括覆盖件、燃油箱、液压油箱和空调系统。覆盖件包括驾驶室、各部分机罩、地板架翼板、防翻滚架等。

7.6.7 使用与维护

1.推土机的使用

基本作业循环:铲土、运土、卸土及返回。四个过程完成一个工作循环。

铲土过程:铲刀放在切土位置,调好铲土角,低速挡行进中缓慢下降铲刀使铲刀切入土壤适当深度,前进直到铲刀前堆满土为止。

运土过程:铲刀前堆满土后行进中将铲刀提升到地面,视运距长短确定是否换挡行驶到卸土点为止。

卸土过程:卸土于一堆或稍提起铲刀继续行驶将土铺于地上。

返回过程:挂倒挡或掉头行驶至铲土起点。

2.推土机使用注意事项

(1)推土机作业前,应先检查各部件连接是否良好,使用的燃油、润滑油、液压油等是否符合规定;各操纵杆和制动踏板的行程、履带的松紧度或轮胎气压是否满足要求,确认一切正常后方可启动。

(2)发动机运转时,严禁在推土机机身下面及周围进行任何作业;推土机在发动机启动后,严禁有人站在履带或刀片的支架上,应检查设备四周有无障碍物,确认安全后,方可开动;设备在运转中严禁任何人员上下或传递物件。

(3)推土机上下坡坡度应满足机械性能要求,横坡行驶时匀速进行,如需在陡坡上推土,应先进行挖填,使机身保持平衡,方可作业;多机相邻作业时,应保持足够的安全距离。

(4)在陡坡边缘作业时,应谨慎驾驶,铲刀不应越出边缘,倒车时,应先换挡后退,然后才能提升铲刀。

(5)在高边坡、陡坡上作业时,必须有专人指挥、防护,行驶在崎岖地面时应低速慢行,刀片宜控制在离地面约400 mm,不应上升过高,以保持车身姿态稳定。

(6)进行保养检修或加油时,应先放下刀片并关闭发动机;如需检查刀片,应把刀片垫牢,刀片悬空时,严禁探身于刀片下进行检查。

（7）推土机上下坡或超越障碍物时,应采用低速挡,上坡不应换挡,下坡严禁空挡滑行。必要时,下陡坡可将铲刀放下接触地面,并倒车行驶,利用推土板和地面产生的阻力控制推土机速度。

（8）推土机发生故障时,无可靠措施不应在斜坡上进行修理;发生陷车时,严禁用另一台推土机的刀片在前后顶推。在浅水地带行驶或作业时,应先查明水深,冷却风扇叶不得接触水面;下水前和出水后,均应对行走装置加注润滑脂进行保养。

（9）作业完毕后,应将推土机开到平坦安全的地方,落下铲刀,将变速杆置于空挡位置,再关闭主离合器;在坡道上停机时,应将变速杆挂低速挡,接合主离合器,锁住制动踏板,并将履带或轮胎修撑住;停机时,应先降低内燃机转速,变速杆放在空挡,锁紧液力传动的变速杆,分开主离合器,踏下制动踏板并锁紧。

3．推土机维护

1）每班维护

（1）检查液压油箱油面。将机械停放在水平位置,发动机停转约5 min后,油面应在油标检视孔规定的范围内。测量不足时,应加规定牌号的液压油至规定的油面高度。

（2）检查各液压油泵、液压阀和液压油缸。液压油泵、液压阀、液压油缸应工作正常,无异响。消除渗漏现象,各液压阀应工作灵敏、可靠。

（3）检查液压油管及管接头。油管及管接头如有松动,应予紧固,排除漏油现象;液压软管如有裂损、老化,应予以更换。

（4）检查推土铲刀角、刀片。刀角、刀片磨损严重者,应予以更换。

（5）检查松土器刀齿护套。松土器刀齿护套磨损严重或断裂时,应予以更换。

2）一级维护（每200工作小时进行）

（1）完成每班维护项目。

（2）液压油箱。新机或经大修后的机械首次使用200工作小时应更换液压油及滤清器。

（3）液压滤清器。清洗滤清器滤芯,纸质滤芯需更换。

（4）检查推土装置各铰接处、油缸球接头、油缸支承支架等处。检查并进行润滑。各零部件磨损严重时,应予以更换。

（5）检查松土器。对松土器各铰接处及油缸活塞顶端铰接处进行润滑。

3）二级维护（每600工作小时进行）

（1）完成一级维护项目。

（2）检查工作液压油的质量。检查油质,根据需要更换液压油。

（3）检查液压系统的密封性。如有渗漏,应予排除。

（4）检查液压油缸。油缸如有内泄漏,应拆检、清洗各零部件,更换橡胶密封件及其他损坏的零部件。

（5）检查各液压系统的工作情况。工作时,各液压系统应工作正常,若不能满足使用需要,则应查明原因,排除故障,如系统中有噪声或管路中有振动,则应排放空气。

4）三级维护（每1800工作小时进行）

（1）完成二级维护项目。

（2）液压系统。更换液压油,清洗滤清器滤芯,滤芯若有损坏,应予以更换;检查液压阀及油缸,在额定工作压力下,液压油泵、液压阀、液压油缸应工作正常,无异响,无漏油现象。

（3）检查铲刀的工作情况。必要时根据土质及工况,对推土装置进行调整。

（4）检查工作装置各部位。焊缝如有开焊,应进行补焊;销轴、销套磨损严重时,应予以更换。刀片磨损到高度为215 mm时,应予以更换或翻转使用到高度为175 mm时再换新;刀角磨损超限时,应予以更换。

（5）检查松土器。松土器各铰接处销轴、销套磨损超限时,应予以更换;松土器齿齿端磨损至235 mm,护套磨损至90 mm时,应予以更换。

7.7 矿用自卸车

7.7.1 概述

我国是世界最大的煤、铁、有色金属及稀

土生产国之一,对矿山机械有着巨大的需求,矿用自卸车是露天开采中的主要运输设备。矿山开采(包括煤、铁、铜、稀土、钻石矿等)包括地下开采和露天开采两种工艺。全世界40%的煤矿和80%的铁矿都采用露天方式开采。

矿用自卸车按行驶道路的不同,可分为公路型和非公路型两类。公路型属汽车范畴,一般在工矿企业或建筑工地上使用,它的载重量较小,一般不超过25 t,可在公路上行驶,与自动装卸机配合使用能够快速装卸。非公路矿用自卸车是指在露天矿山或大型土建工地等专用道路上,为完成岩石土方剥离与矿石运输任务而使用的,作短距离运输的一种专用载重车辆。该车工作特点是运程短,承载重,频繁上下坡,往返于采掘点和卸矿点,常与大型挖掘机、装载机、带式输送机等联合作业,构成装、运、卸生产线。

按前、后桥连接方式的不同,可分为铰接式自卸车和刚性自卸车。铰接式自卸车前、后车架之间有铰接轴和摆动环,前、后车架可绕两个相互垂直的轴相互转动。刚性自卸车的前、后车架则是刚体一体式的。铰接式自卸车在灵活性、越野性方面比刚性自卸车有优势,在较差路面的牵引能力强,适用于路况差或无

路的行驶环境;刚性自卸车直线稳定性好,行驶速度高,在较好的路况下运输效率高。在大型露天矿山使用较多的是刚性自卸车。

按货厢结构形式和卸货方式的不同,可分为刚性后卸式、整体底卸式和侧卸式。100 t级以上的矿用车多采用刚性后卸式结构,中小型车辆常采用侧卸式结构,整体底卸式以运煤车为主。

按整车车轴数量的不同,可分为双轴行驶式自卸车和多轴行驶式自卸车。多轴式矿用自卸车是指具有三个或三个以上车轴的矿用自卸车。绝大多数矿用自卸车采用双轴结构。

按传动方式的不同,可分为机械传动自卸车(简称机械轮)和电力传动自卸车(简称电动轮)。电力传动一般用于载重100 t以上的自卸车。

该部分讲述的主要对象矿用自卸车是选择柴油发动机作为动力的、采用电力传动的、双轴、后卸式刚性非公路自卸车,即电动轮自卸车。

7.7.2 主要技术性能参数

矿用自卸车主要厂商不同机型的主要技术性能参数见表7-5。

表 7-5 矿用自卸车主要厂商不同机型的主要技术性能参数

型号	承载质量/t	自身质量/t	斗容(SAE2∶1)/m³	发动机(额定功率@额定转速)	最高车速/(km/h)	生产厂商
NTE150	136		88	KTA50C (1193 kW)	64	内蒙古北方重型汽车股份有限公司
NTE200	172～186		123	K2000E (1490 kW)	64	内蒙古北方重型汽车股份有限公司
NTE240	236	177	156	QSK60 (1864 kW@1900 r/min)	64	内蒙古北方重型汽车股份有限公司
NTE300	300		218	QSK60 (2014 kW@1900 r/min)	64	内蒙古北方重型汽车股份有限公司
NTE360	330		218	QSK78 (2610 kW@1900 r/min)	64	内蒙古北方重型汽车股份有限公司
XDE130	120	85	73	MTU 16V2000 (970 kW@1800 r/min)	50	徐工集团工程机械股份有限公司

型号	承载质量/t	自身质量/t	斗容(SAE2：1)/m³	发动机（额定功率@额定转速）	最高车速/(km/h)	生产厂商
XDE200	180	140	110	MTU 12V4000 (1510 kW@1800 r/min)	56	徐工集团工程机械股份有限公司
XDE240	230	172	148	MTU 16V4000 (1864 kW@1800 r/min)	64	徐工集团工程机械股份有限公司
XDE320	300	210	211	MTU 16V4000 (2014 kW@1800 r/min)	64	徐工集团工程机械股份有限公司
XDE400	400	260	250	MTU 20V4000 (2800 kW@1800 r/min)	64	徐工集团工程机械股份有限公司
SF31904	108	85	63-107	KTA38-C (895 kW@2100 r/min)	45	湘电重型装备有限公司
SF32601	154	106	103-111	K1800E (1343 kW@1900 r/min)	54.7	湘电重型装备有限公司
SF33900	220	166	140	QSK60 (1864 kW@1900 r/min)	64	湘电重型装备有限公司
SF35100	300	210	215	QSK60 (2014 kW@1900 r/min)	64	湘电重型装备有限公司
TZE240	220	169	148	QSK60 (1864 kW@1900 r/min)	64	太原重工股份有限公司
TZE330	300	210	211	QSK60 (2014 kW@1900 r/min)	64	太原重工股份有限公司
793F	218	172	159-191	CAT C175-16ACERT (2051 kW@1800 r/min)	64	卡特彼勒公司
795F	318	252	181-252	CAT C175-16 (2535 kW@1800 r/min)	64	卡特彼勒公司
797F	363	260	240-267	CAT C175-20 (2828 kW@1800 r/min)	64	卡特彼勒公司
630E	170	124	103	SSA16V159 (1492 kW@1900 r/min)	51	日本小松公司
730E	183	141	148	SSA16V159 (1492 kW@1900 r/min)	55.7	日本小松公司
830E-AC	222	164	147	SDA16V160 (1865 kW@1900 r/min)	64	日本小松公司
930E-4	292	210	211	SSDA16V160 (2014 kW@1900 r/min)	64.5	日本小松公司
960E-2	327	249	214	SSDA18V170 (2495 kW@1900 r/min)	64.5	日本小松公司
980E-4	369	256	250	SSDA18V170 (2495 kW@1900 r/min)	64.5	日本小松公司
MT3300	109	97	69.6	MTU 16V2000 (899 kW@1900 r/min)	50	特雷克斯公司

续表

型号	承载质量/t	自身质量/t	斗容(SAE2∶1)/m³	发动机（额定功率@额定转速）	最高车速/（km/h）	生产厂商
MT3300AC	136	116	90	MTU12V4000（1286 kW）	64	特雷克斯公司
MT3700AC	186	150	123	MTU12V4000（1510 kW）	64	特雷克斯公司
MT4400AC	221	171	188	QSK60（2014 kW）	64	特雷克斯公司
MT5500AC	326	217	218	QSK60（2014 kW）	64	特雷克斯公司
MT6300AC	363	240	215	MTU 20V4000（2797 kW）	64	特雷克斯公司
Belaz 75137	136	107	135	MTU 12V4000（1194 kW@1900 r/min）	40	别拉斯公司
Belaz 75145	120	88	61	KTA38-C（895 kW@1900 r/min）	40	别拉斯公司
Belaz75171	160	136	84.5	K2000E（1492 kW@1900 r/min）	50	别拉斯公司
Belaz75302	220	152	130	MTU 16V4000（1716 kW@1900 r/min）	40	别拉斯公司
Belaz75315	240	162	141	MTU 16V4000（864 kW@1900 r/min）	64	别拉斯公司
Belaz75600	320	240	199	QSK78-C（2610 kW@1900 r/min）	64	别拉斯公司
Belaz75603	360	261	218	MTU 20V4000（2800 kW@1800 r/min）	64	别拉斯公司

7.7.3　主要功能部件

矿用自卸车主要功能部件由动力系统、行驶系统、货厢等组成。

1. 动力系统

矿用自卸车的动力系统是整车的能量来源，是构成车辆最根本的总成设备，为整车驱动、制动和辅助装置等提供原始动力。矿车多采用交流电传动系统，柴油机飞轮通过中间过渡盘与主发电机转子相连。当柴油机转动时，主发电机同轴转动，将燃油燃烧产生的热能转变为曲轴的机械能，带动主发电机转子转动产生三相交流电，经过电控系统给牵引电机供电，牵引电机驱动轮胎给整车带来动力。

动力系统主要由柴油机（进排气系统、冷却系统、燃油系统）、主发电机、牵引电动机、风机、万向轴、辅助系统及液压泵等组成。

柴油机通过过渡盘与主发电机同轴连接，主发电机通过输出轴与风机相连接，风机通过万向轴带动液压泵旋转。柴油机的冷却系统，如散热器通常安装在柴油机前端，位于整车最前面，冷却风扇由柴油机皮带轮直接驱动。传动装置的冷却系统从走台上的电控柜吸风对主发电机进行冷却；由主发电机提供动力，通过风机与后桥的连接管道为牵引电机散热。

进排气系统能保证空气清洁、顺畅地进入柴油机气缸，保证正常燃烧，废气则排出气缸。

柴油机和主发电机是整车的核心部件，它

们的连接也是整车的关键连接之一。柴油机与主发电机的连接主要分两种：一种为柔性连接，即用联轴器把两部分对接起来；另一种为刚性连接，选用高强度螺栓将发电机转子和柴油机飞轮连接。目前采用刚性连接的方式较多。

柴油机和主发电机连接好之后，作为动力系统的主要组成部分，它们通常先整体安装在公共底架（即副车架）上，副车架然后再与（主）车架相连，这样能够改善（主）车架承载情况，避免集中载荷，同时也便于动力总成的装卸。

燃油供给系统是保证柴油机正常工作的前提和基础，其作用是在柴油机工作过程中，及时为柴油机提供合适的数量、压力、温度和清洁度的燃油。矿用电动轮自卸车的燃油供给系统主要由燃油箱、燃油粗滤器、燃油预热系统、燃油油管阀及仪表等组成。

柴油机工作时，在燃油泵的压力作用下，燃油从燃油箱泵入燃油粗滤器，经粗滤后，进入柴油机燃油精滤器。精滤后的燃油分别进入柴油机左、右燃油总管，再分别进入各喷油泵及喷油器，为柴油机各缸提供燃料。剩余的燃油，经柴油机左、右燃油管汇合后再流回燃油箱。冬季严寒季节需要加热燃油时，可开启柴油机高温出水管路上的截止阀，通过燃油预热器加热燃油。

燃油滤清器能滤除燃油系统中的有害杂质和水分，保护柴油机正常工作，避免堵塞，减少磨损，提高柴油机的寿命。燃油滤清器可分为油水分离器和柴油精滤器。油水分离器的主要功能是分离柴油中的水；柴油精滤器通常集成在柴油机上，用来过滤柴油中的细小颗粒。

2. 行驶系统

行驶系统是矿用电动轮自卸车的重要组成部分，其基本功能是：接受牵引电动机传来的转矩，经轮边减速器的减速增扭作用，带动驱动轮旋转，在不超过路面附着力的前提下，驱动轮获得来自路面的反作用力，并将此力依次传递给驱动桥壳及车架，使得车辆能够启动、加速、前进和倒退；传递并承受路面作用于车轮上的各个方向的作用力和力矩；缓和不平路面对车架造成的冲击并衰减振动，保证车辆行驶的平顺性；控制车辆的行驶方向，保证自卸车的操纵稳定性。行驶系统主要由车架、前桥、后桥、悬架、轮胎、轮辋等组成。

矿用自卸车的车架属于超大型结构件，它是整个矿用电动轮自卸车承载、支撑和安装的基体，也是矿车最重要的结构部件之一。车架在整车结构中起到承上启下的作用，它几乎将所有系统连接到一起而总成为一辆整车，是矿用自卸车所有系统的连接中枢。车架是矿用自卸车的主体承载结构，既要承担与之连接的各个系统总成，尤其是货厢和物料的重力载荷，还要承受来自路面不平等因素产生的随机载荷及瞬间冲击、振动载荷。货厢自身质量与货厢内装载物料的全部质量（即有效装载质量）完全由车架来承担，是作用在车架上最主要的负载；同时，车架还承受整车各总成的质量和载荷。当矿车在不平路面行驶时，车架可能产生较大的纵向平面内的弯曲变形以及绕纵向轴线的扭转变形。因此，车架既要承受静态载荷，又要承受动态载荷。

矿用电动轮自卸车的车架通常属于多横梁结构，一般由2根纵梁和4～6根横梁组成，这种车架抗弯刚度很好，但抗扭刚度视梁的不同截面形状而有所不同。纵向方向上，左右两侧完全对称地分布着两根几乎相同的纵梁。横向方向上，视整车结构的需要，从前到后分布着保险杠、前端梁、龙门梁、牵引梁和后端梁等，分别主要支撑并连接散热器、走台支撑结构前桥举升液压缸/后桥、货厢等结构。龙门梁一般布置在通过前轮中心的竖直平面内，牵引梁一般布置在举升液压缸附近，并与后桥壳前后相连，大部分横梁采用圆柱形钢管，以增加整个车架的抗扭刚度。多横梁车架中纵梁和横梁的扭转变形相互耦合，横梁的布置方式对车架的整体扭转变形有决定性的影响。

一般矿用自卸车以前桥为转向桥，转向桥起到将自卸车转向系统的转向力传递到前车轮总成，并将路面的转向力驱动反馈到转向系统的作用。前桥一般由前轴、转向臂、转向拉杆、转向油缸等组成。

一般以后桥为驱动桥，后桥的作用首先是减速增扭，并根据实际道路所需的载荷大小，由电控系统合理分配转矩大小，分别驱动左右侧车轮。其次，后桥还要承受来自路面和车架传来的垂直力、纵向力和横向力，以及驱动力矩、制动力矩和转弯时的侧向力等。后桥一般由电动轮总成、后桥壳、横拉杆、驱动轮等组成。

悬架是矿用电动轮自卸车的重要总成之一，是车架与车桥（车轮）之间的一切传力连接装置的总称。悬架把车架与车桥/车轮弹性地连接起来，传递作用在车轮和车架之间的一切作用力和力矩，缓和路面传给车架的冲击载荷，减少由此引起的振动，使得车轮在不平路面和载荷变化时具有理想的运动特性，保证行驶的平顺性和操纵稳定性，降低车架的动载荷，延长使用寿命。

轮胎与轮辋属于矿用自卸车的行走部件，是对称安装在车桥两端的回转体，可绕车轴转动。轮胎及轮辋连接轮毂绕车轴旋转，并在车桥和路面之间传递载荷。轮胎和轮辋组合成对使用，轮胎是弹性元件，镶嵌于轮辋外缘，具有弹性、柔性和韧性，以及优良的变形恢复能力和地面附着能力，工作时可分散轮胎与轮辋自卸车对路面的压力，降低整车轮胎与轮辋运动的能量损失，同时实现充分传力、经久耐用的功能。轮辋是刚性制件，用于支撑轮胎并连接轮毂，具有相应的强度、刚度、传力以及连接等功能，保证实现轮胎的工作特性。

3. 货厢

货厢的作用是为物料提供装载空间，它是运输物料的直接承载体，也是矿用电动轮自卸车上体积最大的部件。无论是使用功能还是视觉效果，货厢都是矿用自卸车不可或缺的重要组成部分。

作为装卸物料的作业结构，货厢自重约占整车质量的 15%～25%，但需要承受着上百吨甚至几百吨物料的质量，受力情况十分恶劣。在物料装载过程中，货厢底板承受着巨大的冲击载荷。在物料运输过程中，货厢上下分别承受来自物料和车轮传递过来的双重动载荷；在

卸货过程中，还有来自物料对货厢底板、侧板频繁作用的摩擦力，这些都给货厢的强度、刚度、可靠性和使用寿命带来巨大的影响。货厢是矿用电动轮自卸车的直接工作部件，货厢的容积直接决定着矿用自卸车运输货物的装载量。不同的货物，如矿石、土方、煤或者煤粉具有不同的密度，所以同一型号的矿用自卸车在运输不同类型的货物时，所需货厢的容积和结构特点就不尽相同。

装载不同物料的货厢具有不同的结构和设计特点，但是，无论货厢的结构形式如何变化，大体均由底板、前板、侧板和护板四部分组成，为全焊接结构。底板是货厢的主要承载部件，经常承受物料巨大的重力、装载物料时的冲击力和倾卸物料时的摩擦力。侧板和前板以承受压力为主，护板则主要起到保护走台和驾驶室的作用。按货厢运输货物的不同，一般可分为金属矿石货厢、土石货厢和煤货厢等。按照货厢组装形式的不同，大致可分为两体式、三体式和多体式。由于受到制造和运输条件的限制，一般矿用自卸车的货厢均需分解为至少两部分，然后分别运往作业现场再进行整体组焊。

7.7.4 电气控制系统

整车电气控制系统核心部件包括主控制器 VCU、电驱控制系统、发动机 ECM、显示屏、触摸屏、GPS、称重系统、车辆燃油油量监测系统、胎压监测系统等部分。各部分分别控制车辆各个工作机构的工作，同时通过 CAN 通信进行数据交互，使车辆在行驶、调度、维护过程中，将车辆状态实时呈现在驾驶员、调度员以及维修人员面前。

驾驶室是整车控制信号的发生端和监视端，配备有完备的仪表显示和安全监控、报警系统，两块 10.4 英寸显示器，具有低反射和高色彩饱和度的特点，实时显示和监控设备驱动系统、发动机系统、灭火系统、称重系统、车辆燃油油量监测系统、胎压监测系统的工作状态与故障参数；辅助控制柜是整车控制信号的处理单元，集成了整车控制器、电源通断、电路保

护等装置，便于安装施工与故障处理，为车辆安全行驶保驾护航；电池箱与发动机构成了整车的供电系统；称重控制系统由一个称重控制器和四个压力传感器构成，压力传感器采集到四个点的压力值反馈回称重控制器，控制器中内嵌了复杂的智能算法，根据压力值、车辆行驶状态、倾角仪等数据计算出载重值，并将该结果以指示灯及数据显示行驶分别传达给电铲司机、调度室及矿卡司机；自动灭火系统采用纯机械结构工作方式，保障车辆在危险情况下如果发生断电，灭火系统依旧能正常工作，恢复上电后还能监视灭火系统是否有效；倒车辅助系统配备倒车蜂鸣器、倒车摄像头、倒车照明灯等装置，保障在倒车时人人共知、四周皆知。

矿用自卸车无人驾驶系统的研制，可实现矿用自卸车"装、运和卸"典型作业过程的完全无人自主运行，与钻机、电铲、推土机、平路机等露天煤矿作业关键设备配合工作。矿用自卸车无人驾驶系统结合主要设备物理位置及功能，可划分成地面系统/地面控制系统、车地无线通信系统、车载系统三部分。

7.7.5　液压系统

矿用自卸矿车的液压系统主要包括液压举升系统、液压制动系统和液压转向系统。液压系统的主要功能包括：完成自卸矿车货厢的举升和降落，从而实现卸载物料；执行自卸矿车的液压制动功能；实现自卸矿车的液压转向功能。液压系统对自卸矿车的装卸作业效率和整车制动安全性有着重大的影响。

自卸矿车的液压系统主要由液压泵、举升液压缸、举升控制阀组、制动器、制动控制阀组、转向油缸、转向器、流量放大器、转向控制阀组、液压油箱、蓄能器和过滤器等组成。

液压举升系统的性能好坏，将直接影响货厢的装卸效率和整车的工作效率。自卸矿车的液压举升系统通过功能阀组实现举升、保持、下降和浮动四种控制功能。举升动作的执行部件是多级举升液压缸，当货厢举升到规定的终点时，采用行程阀（或限位开关）对其实现

限位。浮动功能是指车辆在行驶过程中使举升液压缸与液压油箱相通，从而使货厢处于自由状态，这样能够延长举升液压缸密封件的使用寿命。

制动功能关系到行驶中的车辆能否安全地停下来，是任何矿车中必不可少的。自卸矿车的制动系统按照提供制动力的来源，可简单分为电阻制动、液压制动和弹簧制动，液压制动系统按不同工况可分为行车制动、停车制动、装载制动和紧急制动。液压制动系统由泵和蓄能器提供压力油，当液压泵出现故障不能提供动力时，蓄能器作为紧急制动动力源。制动功能的控制由液压制动踏板、阀驱动器、电液比例流量阀、制动阀组实现，制动动作由前行车制动器、后行车制动器和停车制动器完成。

自卸矿车的液压转向系统采用全液压动力转向系统，在转向盘转动时，带动转向器转动，提供油液给转向油缸，通过转向缸的伸缩，带动车轮转动，实现车辆运行过程中行驶方向的变化。液压转向系统中还包括辅助转向蓄能器，以便意外熄火或转向泵出现故障时，提供紧急转向的能源。当转向系统需要大流量液压油时，转向器的正常排量达不到要求，可采用转向器＋流量放大器的方案。

7.7.6　辅助装置

1. 冷却系统

矿用电动轮自卸车的冷却系统主要由柴油机冷却系统和电传动冷却系统组成。柴油机冷却系统的作用是将受热零件吸收的部分热量及时散发出去，使柴油机得到适度冷却，保证柴油机在正常温度状态下工作。矿用电动轮自卸车因使用工况极其恶劣，对柴油机冷却系统的要求也非常苛刻：冷却系统要保证柴油机在各种苛刻的使用条件下，冷却水和机油的温度均保持在正常范围内，即冷却系统必须保证整个装置包括柴油机正常可靠地工作；多灰尘环境下也能保证足够的散热能力；高温地区、高寒地区和高海拔地区等特殊条件下，冷却系统也能正常工作。既要防止柴油机过热，也要防止冬季柴油机过冷。

柴油机冷却系统一般为强制循环水冷系统，它利用水泵提高冷却液的压力强制冷却液在柴油机中循环流动。强制循环水冷系统主要由水套、水泵、散热器、风扇、风扇驱动装置及冷却管道等组成。

电传动冷却系统主要是给主发电机和牵引电动机等电气部件进行通风冷却，保证它们在允许的温度范围内工作。液压冷却系统的任务是及时冷却液压油，避免液压系统的频繁工作导致液压油温超过允许温升限制。

根据电传动结构以及需要散热设备的需求，电动轮风道系统主要设计成三部分：前风道主要用于电控柜整流器的散热，后风道主要用于后桥壳牵引电动机的散热，中间经过主发电机和风机，同时还可以给主发电机散热。风道风压的动力来自风机，风机通常与主发电机同轴，安装在主发电机之后，并由柴油机-发电机组提供能量。

矿用电动轮自卸车的通风系统，由前风道、风机、后风道和后桥壳风道组成。整个通风系统的风量自电控柜经前风道流向主发电机，再经过风机进入后风道流向后桥壳，给牵引电动机散热后，热量散失到大气中。风机的作用是将前风道的风量吸入主发电机，再将主发电机的风量压入后风道进入后桥壳。

2. 驾驶室

驾驶室是司机为完成矿用电动轮自卸车运输行驶和货厢升落作业，对设备进行操纵控制的密闭舱室，需要通过液压管路、电气仪表、冷却通风等众多系统的接口，以保证完成各种操控功能，实现矿用自卸车的正常行驶和货厢作业。

同时，驾驶室为司机提供便利舒适的乘坐条件和工作环境，使其免受车辆行驶时的振动、噪声、废气等的侵袭以及外界恶劣气候的影响。矿用自卸车常采用短头、双座、狭小空间布置的驾驶室，它通常是骨架支撑加平板组装式结构，左侧偏置固定在走台上，位置在左前轮上方，车架龙门梁左上部。驾驶室既是矿用自卸车的重要组成部分，也是矿车外观质量的重要体现。

3. 走台

走台也称平台，是矿用自卸车的重要组成部分，是除车架、货厢以外关键的承载部件，它主要由骨架和走板组成。走台提供了一个依托平台，同时还要考虑安装在其上的电控柜、电阻柜（制动电阻栅）、驾驶室等大部件的布置、连接、装卸和维修等问题。前支撑结构犹如两条腿一样，将走台前部撑起并固定，走台后部则与车架通过走台支座连接固定。

扶梯为司机和工作人员上、下车提供了安全方便通道，而护栏则为相关人员上车后的安全提供了有力保障。由于矿山作业环境的特殊性，在矿车发生意外车辆事故或火灾时，扶梯同时也为相关工作人员提供关键的逃生通道，它是整车安全性不可或缺的关键组成部分。

4. 灭火系统

矿用自卸车外形庞大，并存在较大的视野盲区，司机在车辆驾驶过程中，难以及时发现设备起火。待发现设备着火时，火势已经蔓延，并危及人员和设备安全。此时，操作人员若仅凭车载手持灭火器灭火，已错过最佳时机。为了及时发现并有效扑救火灾，保证操作人员能安全地操作，而且在起火时能够从驾驶室内安全地逃生，必须装备矿车灭火系统。

5. 称重系统

矿用自卸车一般均配备称重系统，可以自动记录载重量、装载进度等数据，帮助用户对设备产量进行准确监控。在驾驶室内配置显示器，司机可在驾驶室内观察装载情况，在车辆两侧配置液晶数字显示器，实时显示载重量。称重系统具有车速联锁保护及报警功能，当车辆超载时能够自动报警并限制车速。

7.7.7 使用与维护

1. 作业现场的安全注意事项

当步行至或离开车辆时，即使在能看见操作人员的情况下，也要与所有的机器保持安全的距离。

在启动发动机前，请彻底进行检查，看有无可能存在危险的异常情况。

请检查作业现场的路面,并确定最好和最安全的操作方法。

进行操作前,选择一个地面尽可能平整和坚实的区域。

如果需要在公共道路上或附近进行操作,请安排交通指挥人员来指挥行人和车辆,或在工作现场周围安装围栏。

操作人员在操作车辆前必须亲自检查工作位置、将使用的道路以及存在的障碍物。

一定要在工作现场确定行进道路。必须对道路进行保养以确保机器安全行驶。

如果需要在有水的地方行驶,请在通过较浅的部位前检查水的深度和流速,如果水深超过了允许的范围,请不要继续驾驶。

2. 启动注意事项

随时系好安全带。

启动发动机时,请鸣响喇叭以警告旁人。

如果控制装置上贴有警告标牌,则绝对不要启动发动机。

不允许任何其他人员坐在车辆平台上或台阶上。

不允许任何人在车辆移动时上、下车辆。

3. 驾驶注意事项

车辆行驶前请降下倾卸车身并将举升手柄移到浮动位置。

若无指示人员,请不要将车辆开进或开出建筑物。熟悉并服从操作人员和指挥人员之间的手势信号。当周围有其他的机器和人员时,操作人员在进出建筑物、装载现场或通过交通堵塞的地方时需要服从指挥人员的指挥。

请即时汇报在运输道路、矿井或卸载区域上的任何不利的可能导致危险的状况。

换班时请定期检查跑气的轮胎。如果在轮胎跑气的情况下驾驶车辆,请在轮胎冷却后才能将车辆停在室内。如果需要对轮胎进行更换,在给安装在机器上的轮胎充气时,请不要站在轮缘和锁紧环前。观察人员不能停留在这个区域范围内并需远离此轮胎。

驾驶车辆在粗糙路面行驶时,应保持低速,避免突然转向。

如果在车辆行驶过程中发动机关闭,紧急转向系统将会启动。请立即施加制动,并尽可能快速安全地停住车辆。

倒车时请确保倒车报警器工作正常。鸣响喇叭以提醒周围人员。必要时,指定人员负责监视车辆将经过的区域。

请不要将机器开上和开下带有草地、落叶或湿的钢板的斜坡。即使在很小的斜坡上它们都可能导致车辆打滑。

下坡行驶时,尽量使用电缆行制动以降低速度,不要突然转动方向盘。

如果发动机在斜坡上停机,完全施加行驶制动,待车辆完全停住后再施加停车制动。

如果能见度很差(如雾、雪或雨天),请停止作业。等待天气好转后再继续进行作业以确保作业安全。

在雪地或冰地作业时,即使在很小的斜坡上车辆都可能会侧滑,一定要安装防滑链。一定要缓慢行驶并避免在这种作业环境下突然启动、转向或刹车。

在有高度限制的隧道内、桥上、电缆下或进入封闭区域作业时,一定要极为小心。行驶前需将倾卸车身完全降下。

装载车辆时驾驶员不可离开座椅。

卸载前,请检查机器后面是否有其他人员或物体。在发出确定的信号后,慢慢操作倾卸车身。

在斜坡上倾卸时,机器的稳定性很差,有倾翻的危险。进行这样的作业时一定要极为小心。

不要在倾卸车身起升的情况下驾驶。

请不要驾驶车辆在峭壁、突出物和深沟附近作业。

尽可能避免驾驶车辆在刚铺好的泥土和沟渠附近作业。

在停车离开车辆时,一定要锁好驾驶室的门并将钥匙随身携带以防止任何未经允许的人员进入,并用垫块揳住车轮以防止车辆移动。

4. 矿用自卸车的维护

一定要将警告标牌挂在操作人员驾驶室内的控制杆上,以警示其他人员您正在机器上工作。如有必要，在机器四周也挂上警告标牌。

进行检查或保养前，将车辆停在坚实、平坦的地面上。降下倾卸车身，将方向控制杆置于停车位置，并将钥匙开关转到 OFF 位置，等待发动机关闭。

发动机关闭后等待 2 min。如果没有报警灯点亮，则将蓄电池断路开关转到 OFF 位置。检验断路开关功能是否正常。

用垫块揳住车轮以防止卡车移动。

在机器下方进行维护或修理前，一定要将所有可移动工作装置降至地面，或降至最低位置，并用垫块牢固地揳住机器轮胎。

如果未将机器牢固支撑，绝对不要在机器下方进行作业。

喷溅的油、润滑脂和散落的工具等将导致人员滑倒或绊倒。一定要保持机器的干净整洁。

如果水进入电气系统，可能会导致机器意外移动或部件损坏。不要使用水或蒸汽清洗任何传感器、连接器或驾驶室内部。

清洗电气控制室时要极为小心。不要让水通过门或通风口进入控制室。不要让任何水进入电气控制室上面的冷却空气进风道。如果水进入控制室（通过任何开口或缝隙），电子元件可能会发生严重损坏。

一定不要向后车轮电动马达盖内喷水，否则，车轮马达电枢将被损坏。

应在通风良好的区域加注燃油或机油。加注燃油或机油前应关闭发动机。溢出的燃油或机油可能导致打滑，应立即擦去溢出的油迹。牢固地拧紧燃油加油口和机油加油口的盖。一定不要用燃油清洗任何零件。

如果需要向散热器加注冷却液，则要关闭发动机，并等待发动机和散热器冷却后，再加注冷却液。按下散热器盖上的减压按钮以释放任何的压力。

检查燃油、机油、冷却液或蓄电池电解液时，应采用防爆规格的照明设备。如果采用无此防护装置的照明设备，则存在爆炸的危险。

不要弯曲或用硬的物体击打高压软管。

不要使用弯曲或开裂的配管、管路或软管。它们在使用中可能会爆裂。一定要修理任何松动或损坏的软管，燃油和/或机油泄漏可能会导致火灾。

一定要牢记工作装置油路始终处于高压下。完全释放系统内部压力之前，不要加注机油、排油或进行任何保养或检查。

卡车刚停机时，发动机冷却液和工作油处于高温高压下。在这种情况下，如果打开系统或更换过滤器可能导致烫伤或其他伤害，进行检查和/或保养前应等待温度和压力均降下来。

一定要将从机器排出的液体置于适宜的容器里，不要将液体直接排至地面。不要将机油或其他有害液体倒入下水道系统、河流等。处理有害物质（如机油、燃油、冷却液、溶剂、过滤器、蓄电池等）时，应遵守相应的法律法规。

保养轮胎和轮缘时，如果保养人员没有经过培训并且没有遵循正确的保养程序，将是很危险的。对轮胎进行不正确的保养或充气，将会由于压力过高而使其过热和爆炸。对轮胎进行不正确的充气，也会导致轮胎被尖锐的石头扎破。这两种情况都会导致轮胎损坏、严重的人身伤害甚至死亡。

将轮胎从卡车上拆下以进行修理前，需将气门芯部分拆下以放气，然后才能拆下轮胎与轮辋总成。放气过程中，人必须站在多片式车轮轮缘的锁环的潜在轨迹之外。

安装过的轮胎作为备件存放时，必须将其充气至必要的最小压力，以保证胎边可正确就位。在任何情况下，存放轮胎的最大充气压力都不得超过轮胎冷充气压力的 15%。

对安装在机器上的轮胎充气时，不要站在轮缘和锁环的前方。观察者不得进入工作区域内。严禁在车轮或轮胎附近焊接、吸烟或产生明火。

轮胎加压时，轮胎装在轮缘上时，不要焊接或加热轮缘总成。否则，轮胎内产生的气体可能会被引燃，导致轮胎和轮缘爆炸。

7.8 单斗机械挖掘机

7.8.1 概述

单斗机械挖掘机(俗称电铲)(图 7-14)是露天矿山开采系统的核心装备,承担矿岩的"挖掘"和"装载"两大重要功能,与相对应载重量的矿用自卸汽车及破碎站配套使用,适用于年产量为 500 万 t 及以上的大型露天煤矿、铁矿及有色金属矿山的剥离和采装作业。

图 7-14 单斗机械挖掘机

机械挖掘机包括标准斗容 4 m³、12 m³、15 m³、20 m³、27 m³、35 m³、45 m³、55 m³ 及 75 m³ 等产品,采用交流变频技术和齿轮齿条推压方式,具有挖掘力大、满斗系数高、挖掘稳定性好、工作适用性强、工作效率高、可靠性高、节能降耗、成本低、维护方便等特点。

机械挖掘机包括机械系统、润滑和气路系统、电气系统,依靠提升、推压、回转、行走和开斗五大传动机构协同作业,完成挖掘机对挖掘对象的切入、装满铲斗、转移、卸载和纵深挖掘等工作。单斗机械挖掘机主要参数尺寸如图 7-15 所示。

7.8.2 主要技术性能参数

WK 系列单斗机械挖掘机主要技术性能参数见表 7-6。

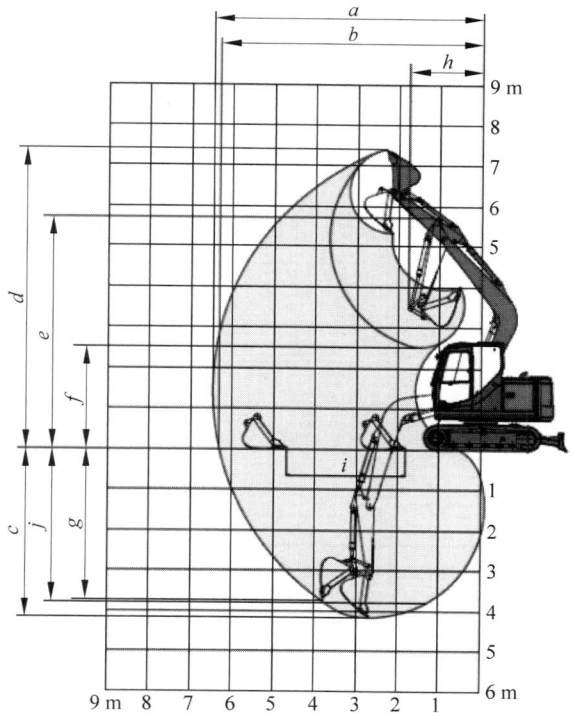

a—最大挖掘半径;b—地面最大挖掘半径;c—最大挖掘深度;d—最大挖掘高度;e—最大倾斜高度;f—最小倾斜高度;g—最大垂直挖掘深度;h—最小前端回旋半径;i—水平挖掘距离;j—2.4 m(8 in)平坦地面挖掘深度。

图 7-15 单斗机械挖掘机主要参数尺寸

表 7-6　WK 系列单斗机械挖掘机主要技术性能参数

参　数	单位	型　号								
		WK-4D	WK-12C	WK-15	WK-20C	WK-27A	WK-35	WK-45	WK-55	WK-75
最大挖掘半径	m	14.30	18.90	20.10	21.70	23.00	24.30	24.40	24.00	27.20
最大挖掘高度	m	10.10	12.80	14.30	14.30	16.20	18.00	17.40	18.20	19.60
最大卸载半径	m	12.65	17.40	18.00	19.60	20.90	22.00	22.00	21.20	24.10
最大卸载高度	m	6.30	7.60	9.30	8.60	9.80	11.10	10.00	10.10	11.20
机棚尾部回转半径	m	5.56	7.35	7.48	9.94	8.94	9.56	9.88	9.88	11.16
额定载荷	t	9	22	27	45	49	65	82	110	135
斗容范围	m³	4～6	8～14	12～20	16～37	23～46	25～54	31～61	36～76	46～100
最大爬坡角度	(°)	13								
履带板平均接地比压(履带板宽度/mm)	kPa	226	253	298	390(1321) 295(1778)	380(1397) 300(1829)	425(1397) 330(1829)	397(1890) 367(2050)	415(1930) 362(2210)	327(2600)
工作质量(履带板宽度/mm)	t	220	490	630	832(1321) 845(1778)	972(1397) 980(1829)	1065(1397) 1080(1829)	1375(1890) 1380(2050)	1540(1930) 1560(2210)	1988
配套矿用卡车	t	40	80～154	100～154	154～220	154～240	172～326	172～363	220～363	≥220
输入电压	kV	3～11　　(3 相 50 Hz 或 60 Hz)								
应承受的最小短路容量	MV·A	6	8	8	16	23	23	25	30	42
供电变压器最小容量	kV·A	400	1050	1600	2000	2800	2800	3000	3800	4500
提升电动机额定功率(AC690V)	kW	200	2×350	2×440	2×650	2×850	2×850	2×1200	2×1400	2×1800
推压电动机额定功率(AC690V)	kW	60	250	220	350	400	500	550	550	900
回转电动机额定功率(AC690V)	kW	2×65	2×160	2×250	2×260	4×200	2×400	3×450	3×450	3×700
行走电动机额定功率(AC690V)	kW	55	2×150	2×196	2×450	2×550	2×550	2×700	2×800	2×900

注：工作尺寸以有提梁没有均衡梁的标准铲斗为基准。

7.8.3　主要功能部件

机械式挖掘机由下部机构、上部机构和工作装置组成。

1. 下部机构

下部机构包括中央枢轴、辊盘装置、底架梁、行走机构和履带装置，如图 7-16 所示。

1) 中央枢轴

中央枢轴由枢轴、球面垫圈、枢轴螺母、防松键、干油罩、高低压集电环罩、紧固件等组成。中央枢轴是用来连接上部机构和下部机构的主要零件。中央枢轴为空心结构，中间是

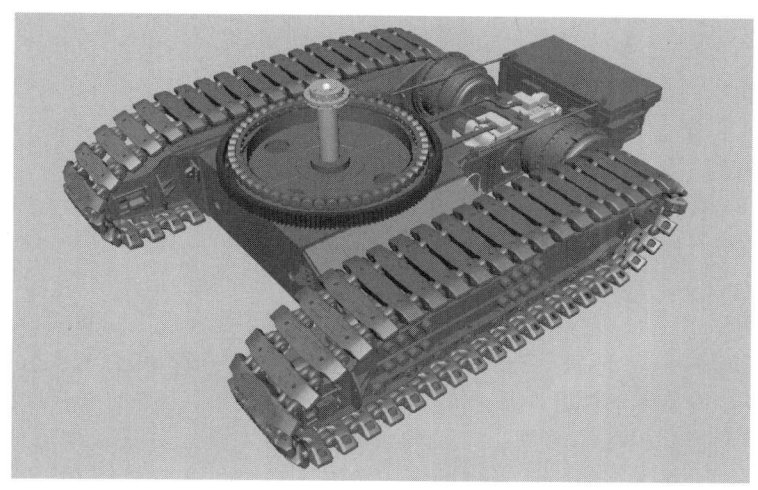

图 7-16　挖掘机下部机构

用来安装从上部机构向下部机构传送电缆、压缩空气和自动集中润滑系统等管路的集电环用管。

2）辊盘装置

辊盘装置采用加强型无边圆锥形辊子结构。辊盘由圆锥形辊子、辊架、销轴、尼龙套、垫等组成。

3）底架梁

底架梁主要包含底架梁本体、行走电机座、大齿圈、下环轨、排油管道、紧固件以及各种安全设施。底架梁是由低合金高强度钢板焊成的箱形放射形结构件。底架梁的上面用于安装回转大齿圈和下环轨，左、右两个侧面用来连接左、右履带架，并有支撑定位止口，后面用来安装行走机构。

4）行走机构

行走机构安装在机器后部，电机背对背侧式安装在电机座上，减速机的法兰面与履带架的法兰面相连接，采用双电机独立驱动，行星减速机传动，气动盘式制动器制动，分别驱动左、右两侧履带装置，以满足挖掘机行走时的不同要求。电机为双轴伸电机，一端连接盘式制动器，一端通过联轴器与减速机的输入轴连接，减速机的输出端直接通过花键与驱动轴连接，驱动轮带动履带链进行行走。

5）履带装置

履带装置采用两组对称的多支点支承并且可独立传动的履带运行机构，主要由履带链，左、右履带架，驱动轮，拉紧轮，后导轮，支轮，托带装置等组成。驱动轮采用架高结构，并带有一个后导轮，每侧包含八个支轮。两侧的履带架与底架梁之间采用定位止口定位，超级螺母连接。

2．上部机构

挖掘机上部机构包括提升机构、回转机构、回转平台、A形架、机棚、司机室、通风除尘装置等，如图 7-17 所示。

图 7-17　挖掘机上部机构

1）提升机构

铲斗提升机构采用前后布置的分流式传动，两台提升电机、两套减速传动链共同驱动一个提升卷筒。提升传动机构为两级硬齿面圆柱齿轮传动。

2）回转机构

回转机构由并联且各自独立的两套回转电动机、回转联轴器、回转减速机、回转立轴组件、制动器装置等组成。两套机构分别安装在回转大齿圈的前后两端以平衡载荷。

3）回转平台

回转平台由中部平台、左右主走台、左右侧走台、左右架高底座、上环轨、配重箱、左右登机梯以及梯子栏杆等零部件组成。

中部平台是箱形的焊接结构件，由低合金高强度钢板焊接的分格式深型箱体、放射形钢板排列的重型结构件，可实现载荷的最优传递，是回转平台的主要部分。其上部安装有挖掘机的提升机构、回转机构等，并支承 A 形架、起重臂、配重箱等。起重臂、A 形架、提升减速箱用销轴与平台上的重型耳板连接，这些耳板与回转平台形成一个整体。左右主走台、配重箱与平台之间采用止口定位、螺栓连接。

配重箱为箱式结构，用于放置配重球。

4）A 形架

A 形架包括前压杆、后拉杆、绷绳平衡装置以及销轴、梯子与平台等。双脚支架用来悬吊和固定起重臂倾角。

5）机棚

机棚主要分为前壁、左右侧壁、后壁、顶梁、顶盖等。所有壁板及顶盖分为若干小块，便于安装、拆卸。壁板与梁之间的接缝压有密封条，顶盖的上部有防雨槽，A 形架出口处设有密封罩，提升绳出口处为防雨檐，保证机棚内不进入雨水。机棚顶部设有与顶板不完全接触的钢格板，钢格板内不易堆积灰尘等杂物。右侧壁上设一个进机棚的门，左侧壁设有前后两个门，门采用密封式结构。机棚任何部位不得有漏雨现象。

6）司机室

司机室位于电铲右侧的架高底座上，要有良好的视野。所有窗口均采用淡色安全玻璃。每侧均配备一个视窗。而下侧的小窗口是履带架的观察口。在司机室周围装配一个小走台，作为前窗和侧窗的清理通道。司机室要求隔音防尘，墙壁和屋顶采用双层隔热，并具有良好的隔震措施，保温板应为阻燃材料，结构强度满足 ISO3449 FOPS 性能要求。

7）通风除尘装置

通风除尘装置由除尘器、装置底座、风帽、通风管道等组成，装置底座坐落在机棚的后壁上，前侧与机棚的后顶梁连接。

通风除尘系统采用新式滤筒式除尘系统，采用大功率的风机做强迫式吸风，并采用滤筒作为过滤装置。当脏空气通过滤筒时，对 $2\,\mu m$ 颗粒的粉尘净化率可达到 99%。风机将过滤后的干净空气吹往机棚，保证机棚内正压，降低粉尘对机电设备造成的损害，同时降低电气室内以及机棚内机电设备的工作温度，保证夏季高温时电气设备能在合理的温度下运行。

3. 工作装置

工作装置包括铲斗、斗杠、起重臂及推压机构、开斗机构，如图 7-18 所示，采用单梁起重臂支撑，双斗杠通过齿轮-齿条推压，挖掘和装载物料。

图 7-18 挖掘机工作装置

1）铲斗

铲斗主要由斗齿、斗体、提梁、斗底、斗底缓冲装置以及各个连接销轴等组成，采用铸焊结构。斗体主要由调质处理的合金钢板制成；斗前壁焊有可更换的耐磨板，锰钢铸件斗唇，铲斗斗底配有与其一体化的工字铰接弯梁；无销式斗栓机构配有锰钢铸造的斗栓和斗栓杠杆；提梁为加强型，带有 D 形绳块，保证部件的使用寿命，与顶部滑轮接触处为圆弧接触，保护顶部滑轮；采用摩擦盘式缓冲器；所有销轴采用淬硬的合金钢销轴,销套则采用锰钢制造;斗栓孔为可更换式的锰钢铸件。

2)斗杆

斗杆组件由左右单斗杆、齿条、后挡板、前挡板、连接筒等组成。通过更换铲斗中不同长度的拉杆,可以调整铲斗的安装角度。

单斗杆是由具有低温冲击韧性的低合金高强度钢板焊接而成的结构件,采用整体焊接、变板厚、不变梁高和梁宽的结构型式。

3)起重臂及推压机构

起重臂及推压机构主要由推压传动装置、起重臂根脚销、起重臂顶部平衡架、绷绳、推压限位编码器、提升绳保护架(托辊式)、起重臂缓冲器、起重臂顶部滑轮、推压一级减速轴装置、盘式制动器、盘式制动器罩、起重臂、皮带张紧器、推压电机通风装置、推压皮带罩、推压二级减速轴装置、推压轴装置、顶部缓冲器、起重臂平台等组成。所有滚动轴承和动密封件均采用进口优质产品。

斗杆的推压和回缩由一台电机驱动,通过V形抗冲击、有过载保护功能的动力联组皮带将动力传递给一台两级直齿硬齿面传动减速机,最后减速机又将动力传递到推压小齿轮和斗杆推压齿条上。

4)开斗机构

开斗机构由一个交流绕线电机通过直齿传动装置驱动重型开斗卷筒,开斗钢丝绳一端与卷筒间采用楔套式连接,另一端通过斗杆上安装的开斗摆臂之后与铲斗上的开斗杠杆相连接,中间通过鞍座内部,鞍座两端有滑轮装置控制钢丝绳的方向。开斗机构由开斗电动机、小齿轮、内齿圈、卷筒轴、卷筒、钢丝绳等组成,开斗机构安装在 A 形架前压杆上,开斗电机安全可靠。

7.8.4　电气控制系统

单斗机械挖掘机电气控制系统以西门子或 ABB 工业变频器为基础,采用完全自主研发的上位机管理监控、PLC 现场总线分布式控制、整流回馈变频调速三级控制系统。系统效率>97.5%(变频装置),节电性能高;功率因

素高(基波可达 1.0),功率因数总计>95%;对电网污染小,有更高的生产率和更低的运营成本。

整机供电系统由高压电源通过高压集电环接入高压开关柜,允许电网电压波动范围在 -10%~+10%,(-15%<1 min),功率因数总计可达 95% 以上,基波可达 1.0;开关柜结构坚固,有电压、电流继电保护,电流互感器用于主回路电流检测、保护,并设有站级氧化锌避雷器、压敏电阻,安装有多功能电力仪表,具备电能计量。

变压器由主变压器和辅助变压器组成,由环氧树脂浇注、抗震性能好,具有过热保护与报警功能,辅助变压器为挖掘机控制回路、辅助设施供电。

控制系统为西门子 S7 系列 PLC,采用分布式站点,对开关量信号的采集和系统逻辑的控制,通过 ProfiNET 现场总线与变频器进行数据通信,通过 MPI 与上位人机界面进行数据通信。智能化方面配备了状态监测和保护系统、远程监控系统、斗齿缺失监测系统。

驱动电机采用 C 级绝缘材料,提高电机的温升裕度,确保了电机的出力与运行可靠性;非传动端采用进口绝缘轴承,以避免轴电流形成;设置轴接地滑环,为轴电流提供接地通道;转子笼条为铜合金材料,端部焊接采用感应焊一次成型;适应挖掘机大扭矩、频繁启制动的运行工况;内置加热器,电机可靠性高,可实现三年免维护运行。

远程操控在挖掘机端布置点对点控制系统、视频环境感知采集系统、实时振动反馈及环境声场再现采集系统。经过融合和处理,由 5G 智能通信终端或光纤与挖掘机远程交互端进行交互;在矿车端布置对位装置和 5G 智能通信终端,实现矿车与电铲之间的信息交互和状态确认。

7.8.5　润滑和气路系统

1. 润滑系统

机械式挖掘机在正常工作期间,各运动副必须得到充分、适量的润滑。过量润滑和润滑

不足对运动副是同样有害的。为此,在机械式挖掘机润滑系统中,充分考虑到各机构运动副的不同润滑特点,分别采用连续供油和周期性供油的润滑方式。对提升减速机、回转减速机、推压减速机采用连续供油对内部齿轮进行充分润滑;对其他位置的滑动轴承和滚动轴承采用双线集中供油润滑系统,通过控制系统实现定时、定量的润滑,以保证各机构能够正常地工作。

机械式挖掘机的润滑系统包括以下三个部分:干油自动集中润滑系统(油脂)、开式齿轮油自动集中润滑系统(黑油)和减速箱稀油润滑系统。

机械式挖掘机的干油自动集中润滑系统(油脂)主要由以下几部分构成:润滑室内气动润滑泵、干油油箱、液动换向阀组,分布于平台、起重臂、A形架、履带架部分的分配器及管路等。可以通过调节双线分配器来调节润滑脂在不同点的供脂量,也可以通过调节润滑间隔时间来控制给油量。以各润滑部位得到适量的润滑脂为前提。

机械式挖掘机的开式齿轮油自动集中润滑系统(黑油)主要由以下几部分构成:润滑室内黑油油箱、气动润滑泵、液动换向阀,分布于平台下部大齿圈护罩、起重臂上的分配器、喷射控制阀及管路等。

机械式挖掘机的减速箱稀油润滑系统主要由以下几部分构成:油泵电机、过滤器、流量计及分布于减速箱的管路等。

2. 气路系统

机械式挖掘机气路系统由空气压缩机组、干燥机组、上部气路控制箱体组件、下部气路控制箱体组件、梯子控制单元、油雾器、油气水分离器、防冻器、管道等部分组成。

压缩空气分成上下两路传送。平台上部气路,输送到润滑室内气动泵、气动加脂(油)泵、提升和回转制动盘、喇叭、推压制动盘;下部气路通过旋转油气接头输送到下部控制行走制动器。气路系统配置有干燥机、防冻器、油气水分离器等,能有效去除系统中的水分,给各用气装置提供干燥的气源。

气路系统中控制元件电压为 AC220V,主要为各执行元件的开闭动作提供控制。在润滑室内安装有调试用手动操作控制箱,可以通过按钮或开关控制气路系统的动作。采用压力传感器监控主气路、梯子气缸、各制动器气缸的压力,并将传感器输出的信号在司机室进行实时显示。

各制动器的释放信号由制动器前安装的电接点压力继电器的信号给出。

气动梯子的升降有电动和手动两种方式。正常运行时可由司机在操作室内控制,当停电或检修时也可由操作人员在梯子气路控制箱操作相关按钮来完成。

7.8.6　辅助装置

设备装有从地面到机器平台的梯子,右边为斜式摆动梯,通过气缸驱动并动作,左边为伸缩梯,通过配重及挡铁动作。左右等机梯均设有与回转联锁的互锁装置,保证人身安全。

为便于走线及平台的平整性,在平台上部以及所有走线的地方均布置有活地板以及走线槽。线槽内部设有分隔板,将动力线和控制线分开,防止信号干扰。

在起重臂本体、回转平台、A形架、机棚、司机室周围和顶部都安装有梯子、走台、栏杆。各通道、走台均安装有金属格栅板、手扶栏杆、防滑台阶等。挖掘机配备了所需的安全装置,包括所有旋转部件的保护罩和走台、扶手等。

配备二氧化碳气体灭火器和自动灭火系统。自动灭火系统有自动灭火、手动灭火和紧急停止功能。

7.8.7　使用与维护

1. 使用

挖掘机的基本操作分为提升、回转、推压和行走四种运动。其中前三种运动用于挖掘操作,而第四种运动用于移动挖掘机。

挖掘循环是提升、推压和回转同时工作的一个流程,安全、有效的挖掘操作需要每一个流程平稳地过渡。将铲斗推压进工作面,同时提升装满铲斗。当铲斗伸出工作面以后,满斗回转,控制铲斗在一定的回转半径上的位置及卸载高度,控制回转平台的回转运动直到铲斗处于运送物料的矿用自卸车上方为止,对中铲斗,开斗机构打开铲斗斗底,完成物料的卸载。空斗回转,降低并缩回铲斗到物料工作面,以便开始下一个挖掘周期。

挖掘机使用过程中有以下注意事项:

(1)整机上的各种制动器系统只是夹持式制动器,除非遇到紧急情况,否则不能用于使机器停止运转。

(2)挖掘物料时铲斗不应太靠近挖掘机的前部,否则铲斗将撞击履带、履带架或起重臂下侧,履带板和起重臂下盖板可能被铲斗的频繁碰撞而损坏。

(3)挖掘时,斗杆的推压极限功能或过度伸出与过度收缩,不应和过度推压或顶起起重臂相混淆。过度推压是使用过度的推压力使铲斗插入工作面,导致起重臂的顶起。起重臂反复或过度顶起将导致绷绳的伸长和有关零部件过早损坏。

(4)在挖掘硬料时,最好是先铲动顶部的软料,也就是在工作面向下铲取直到下面的较硬矿岩。在挖掉了顶料以后,底料就较易挖掘了。

(5)要想高效地挖掘工作面上的矿料,就必须保持全部斗齿完好无损。斗齿缺少时不得使用挖掘机,因为使用缺齿的铲斗会严重损坏斗唇和齿座,而且斗唇、齿座磨损以后,新换上的斗齿与齿座存在配合不良的问题。

在下述各种情况下,操作人员依靠行走模式将挖掘机转移到合适位置:①已在现场完成了全部工作;②为了安全;③为了更加有效地作业;④为了维修保养。对于正常的行走操作,转台和工作装置应在底架的前方或司机室面向前方;当反向行走时,要小心,防止运行时履带轧压尾部的高压电缆。

2.维护

(1)检查各机构连接是否正常、可靠,若有松动或丢失,应及时修理和更换;

(2)检查接地件、钢丝绳等的磨损情况,如果磨损超限,需要及时更换;

(3)检查铲斗等所有大型焊接结构件是否有焊缝或母材开裂,必要时,应由焊接专业人员进行补焊;

(4)检查制动器、鞍座滑板等使用情况,必要时进行调整;

(5)检查铜套的磨损情况,必要时进行更换;

(6)检查各齿轮箱齿轮的啮合情况;

(7)检查各机构减速机润滑油的油位,必要时进行加注、油质分析或更换;

(8)检查各机构减速机是否漏油;

(9)检查回转大齿轮有无裂纹及断齿;

(10)检查上环轨与辊子的间隙及磨损情况;

(11)检查各部气路、润滑管路是否有泄漏,确保无过量泄漏现象,保持元器件清洁;

(12)检查气路主管路以及支路是否有漏气现象,检查电磁阀在打开和关闭状态下是否有漏气现象;

(13)检查快速排气阀并确保其工作正常,必要时清理所有快速排气阀,更换膜片;

(14)检查各气路压力表,保证各气路压力表工作正常和压力正确;

(15)检查润滑脂、开齿油箱油位;

(16)检查各润滑部位的润滑情况,目测每个润滑点是否有新油挤出;

(17)检查提升、回转、减速机循环系统的运行情况,清理网式过滤器,确保管路无泄漏、无堵塞、滤网干净无杂质;

(18)检查流量开关工作信号情况;

(19)检查所有接线是否牢固可靠,线鼻子有无松动;

(20)观察所有电气柜体内部是否有杂物、灰尘,必要时进行清理;

(21)检查所有电缆进出线孔的护套是否完整,防止电缆破皮;

(22)检查断路器、接触器、热继电器及接线端子有无虚接。

第8章

通压风排水机械

8.1 概述

矿井通风、压风与排水设备统属于矿山流体机械,这些设备对于保证矿井安全与高效生产有着重要的作用。其中,通风机的作用是为矿井工作人员及采矿设备提供安全适宜的工作环境;水泵设备的作用是将矿井开采过程中的矿井水排出矿井,消除矿井水对矿井的威胁;压风设备的作用是矿井生产中安全和清洁的动力源。

矿井通风过程如图 8-1 所示。装在地面的通风机 8 工作运转后在 A—A 截面处形成负压,使得井下空气产生流动。外界新鲜空气从通风井 1 流入,流经井底车场 2,通过大巷 3 到达工作面 4。气流经过高温高湿的工作面混入各种煤矿采集产生的有害气体与煤尘,成为污浊气体。污浊气体经回风巷 5、出风井 6 和风硐 7,通过通风机出口截面 B—B 排出矿井。通风机连续运转,为矿井输入新鲜空气,排出污浊气体并带走热量与湿度,形成连续气流,达到矿井通风的目的。

矿井排水过程如图 8-2 所示。在采矿过程中,来自大气降水、地表水和地下水的矿井水通过各种途径涌入矿井,这些水顺排水沟集中到水仓 1,而后流入泵房 4 内的吸水井 2 中。水泵 3 运转后,矿井水经水管 5 流到地面排水沟中,从而完成排水任务。

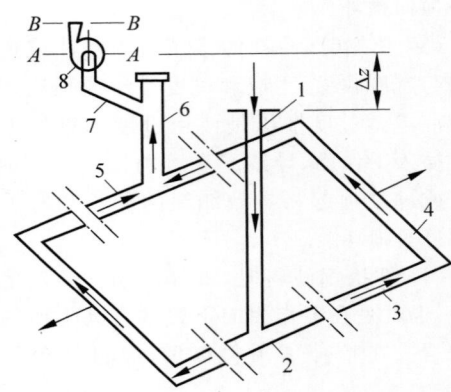

1—进风井;2—井底车场;3—大巷;4—工作面;
5—回风巷;6—出风井;7—风硐;8—通风机。

图 8-1   矿井通风过程示意图

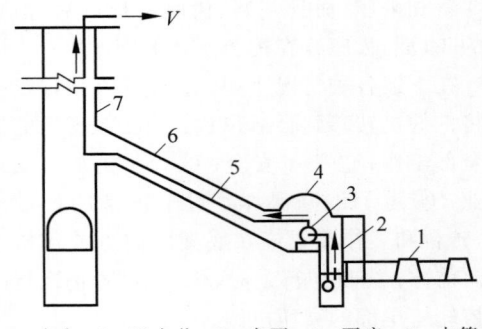

1—水仓;2—吸水井;3—水泵;4—泵房;5—水管;
6—管道;7—井筒。

图 8-2   矿井排水过程示意图

矿井压风设备如图 8-3 所示,空压机站一般设在井上,用管道将压缩空气送入井下,沿大巷到工作面,带动风动工具工作。在低沼气矿井中,送风距离较长时,为节省钢材,也可在井下主要运输巷道附近设置空压机站。

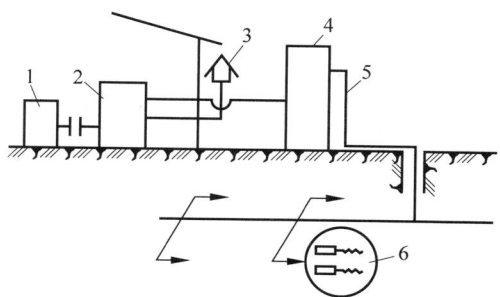

1—电动机;2—空压机;3—滤风器;4—储气罐;
5—管道;6—风动工具。

图 8-3　矿井压风设备示意图

8.2　矿井通风机

8.2.1　概述

矿井通风机是煤矿通风系统中的重要设备,其主要功能是给矿井巷道中的风流循环提供动力,调节矿井内部环境的湿度和温度,稀释或排出井下的瓦斯等有毒气体和粉尘,为矿井的正常运行和井下工作人员的生命安全提供保障。矿井通风机是将原动机的机械能转换为气体的动能和压力能的一种机械。

我国煤矿采用的主要通风机有离心式和轴流式两大类。小型矿井多采用离心式,大、中型矿井多采用轴流式。

8.2.2　组成与分类

1. 组成

矿井通风机主要由电动机、叶轮和机壳组成。通风机的工作原理是将三相异步电动机的转动通过联轴器传递给通风机主轴,进而带动叶轮旋转产生风能。电动机是通风机的动力部分,电动机的功率直接影响了通风机的转速。叶轮是通风机的重要部件,叶轮的尺寸、叶片数目及叶片形状对通风机的性能有很大影响。机壳的主要作用是将电动机和叶轮与外界隔离,避免外部因素对通风机的干扰和叶

轮高速旋转对工作人员造成伤害。

2. 分类

按气流运动方向分为:①离心式,气流轴向进入风机叶轮之后主要沿径向流动;②轴流式,气流轴向中,气流的方向处于离心式和轴流式之间,近似地沿锥面流动。

按风机出口压力的大小分为:①通风机,排气压力小于或等于 15 kPa;②鼓风机,排气压力为 15~290 kPa;③压气机,排气压力在290 kPa 以上;④真空泵,进气压力低于大气压力,排气压力一般为大气压力。

8.2.3　通风机的主要性能参数

风机性能是在标准状态下的性能。标准状态即指风机进口处气体压力为 10 1325 Pa,温度为 20℃,密度为 1.205 g/m³,相对湿度为 50%。

(1) 风量 q_v。风量是指单位时间内从进口处吸入气体的体积,也称为体积流量,单位是 m³/h 或者 m³/s。

(2) 风机的全压 $P_全$。单位体积气体流过风机叶轮所获得的能量。

(3) 风机的转速 n。每分钟叶轮的旋转圈数,单位为 r/min。

(4) 风机的功率。原动机的输出功率称为风机的轴功率 P_{sh};单位时间内从风机所获得的有效能量,称为有效功率 P_e。单位均为 kW。

$$P_e = P_全 Q/1000 \qquad (8\text{-}1)$$

式中:$P_全$——全压,Pa;

Q——体积流量,m³/s。

8.2.4　矿井通风机的结构和附属装置

矿井通风机按服务范围分为主要通风机(旧称主扇)、辅助通风机(旧称辅扇)与局部通风机(旧称局扇)。主要通风机是矿井的"肺脏",必须昼夜运转,它对保证矿井安全生产有着重大意义。

1. 离心式通风机

离心式通风机如图 8-4 所示,主要由动轮(又名叶轮)1、螺旋形机壳 5、吸风筒 6 和锥形

扩散器 7 组成。有些离心式通风机还在动轮前面装设具有叶片形状的前导器,其作用是使气流在进入动轮的方向产生扭曲,以调节通风机产生的风压和风量。动轮由固定在主轴 3 上的

轮毂 4 和其上的叶片 2 所组成。如图 8-4 所示,叶片按其在动轮出口安装角的不同,分为径向式、后倾式和前倾式三种。工作轮入风口分为单侧吸风(图 8-5)和双侧吸风两种。

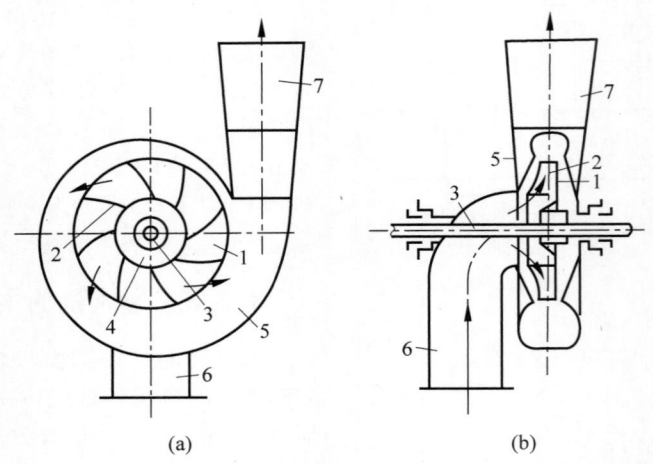

1—动轮;2—叶片;3—主轴;4—轮毂;5—螺旋形机壳;6—吸风筒;7—锥形扩散器。

图 8-4　离心式通风机结构图

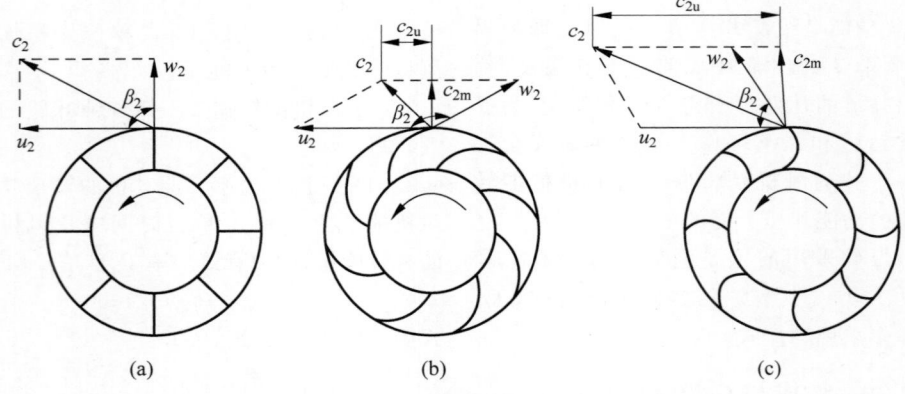

图 8-5　工作轮单侧吸风

当电动机经过传动机构带动动轮旋转时,叶道内的空气质点受到叶片的作用,沿叶道动轮外缘运动,并汇集于螺旋状的机壳中,而后由出口排入扩散器。与此同时,由于动轮中气体外流,因而在它的入口处形成负压,吸风筒吸引外界空气进入动轮,这样就形成了连续风流。空气受到惯性力作用离开动轮时获得能量,即动轮把电动机的机械能传递给空气,使空气的压力提高。空气经过动轮以后,压力就

不再提高,且压力不断发生转化。作抽出式通风时,因螺旋壳和扩散器的断面逐渐增大,空气的速压不断减小,静压逐渐增大,直至扩散器出口以较小速压流进大气中。

2. 轴流式通风机

如图 8-6 所示,轴流式通风机主要由动轮1、圆筒形机壳 3、集风器 4、整流器 5、流线体 6和环形扩散器 7 所组成。集风器是外壳呈曲线形且断面收缩的风筒。流线体是一个遮盖动

轮轮毂部分的曲面圆锥形罩,它与集风器构成环形入风口,以减小入口对风流的阻力。动轮由固定在轮轴上的轮毂和等间距安装的叶片 2 组成。叶片的安装角可以根据需要来调整,国产轴流式通风机的叶片安装角一般可调为 15°、20°、25°、30°、35°、40°、45°七种,使用时可以每隔 2.5°调一次。一个动轮和它后面一个有固定叶片的整流器组成一段。为了提高通风机的风压,有些轴流式通风机安装两段动轮。如图 8-7 所示,叶片按等间距 t 安装在动轮上,当动轮的机翼形叶片在空气中快速扫过时,由于叶片的凹面与空气冲击,给空气以能量,产生正压,将空气从叶道压出;叶片的凸面牵动空气,产生负压,将空气吸入叶道。如此一压一吸便造成空气流动。

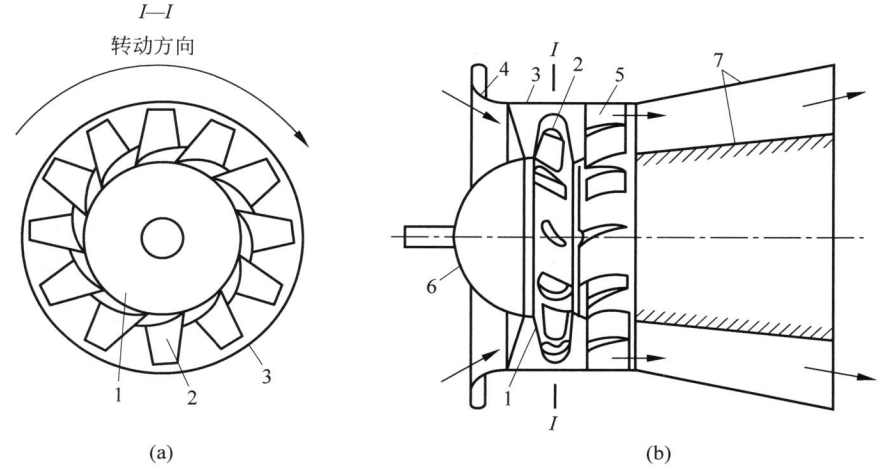

1—动轮;2—叶片;3—圆筒形机壳;4—集风器;5—整流器;6—流线体;7—环形扩散器。

图 8-6　轴流式通风机结构图

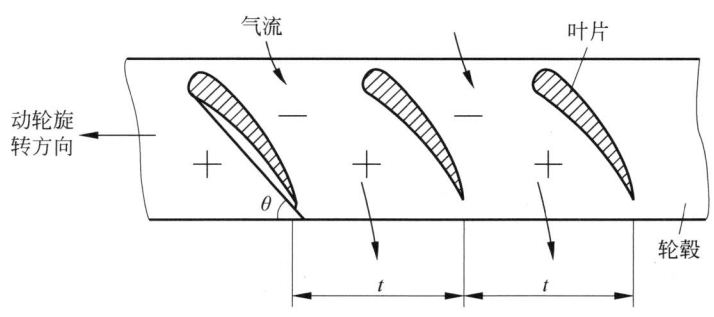

图 8-7　轴流式通风机动轮

整流器用来整理由动轮流出的旋转气流,以减少涡流损失。环形扩散器是轴流式通风机特有的部件,其作用是环状气流过渡到柱状气流时,速压逐渐减小,以减少冲击损失,同时使静压逐渐增加。

3. 主要通风机的附属装置

矿山使用的通风机,除从生产厂家运回的主机之外(有些系列的通风机在出厂时已附带了扩散器),在风井场地安装时尚有一些附属装置。在矿井通风工程中把主要通风机和附属装置看成一个整体,称作主要通风机装置。由于附属装置要与通风机一起在大风压、大风量条件下发挥其功能,因此附属装置的设计、施工和安装质量,对通风机工作风阻、外部漏风、稳定性以及工作效率的影响较大,必须予以高度重视。

1) 风硐

风硐是连接通风机和风井的一段巷道,如图8-8所示。因为通过风硐的风量很大,风硐内外压力差也较大,其服务年限又很长,所以风硐多用混凝土、砖石等材料建筑。为防止漏风,对风硐的设计和施工的质量要求较高。良好的风硐应满足以下要求:

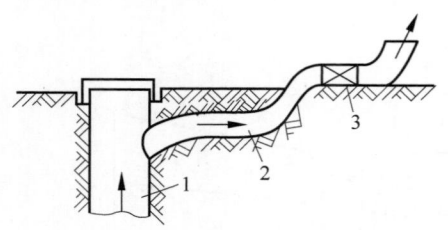

1—回风井;2—风硐;3—通风机。

图8-8　风硐

(1) 应有足够大的断面,风速不宜超过 15 m/s。

(2) 风硐的风阻不应大于 $0.0196 N \cdot s^2/m^8$,阻力不应大于 $100 \sim 200$ Pa。风硐不宜过长,避免产生较大的摩擦阻力;与井筒连接处以及从地下出露地表段要平稳过渡,转弯部分要呈圆弧形,内壁要光滑,并保持无堆积物,拐弯处应安设导流叶片,避免产生较大的局部阻力。

(3) 风硐及闸门等装置,结构要严密,以防止漏风。

(4) 风硐内应在风流较稳定处安设测量风速和风流压力的装置,为此,和主要通风机相连的这段风硐不应小于 $(10 \sim 20)D$(D 为通风机工作轮的直径)。

(5) 风硐与倾角大于 30°的斜井或立井的连接口距风口 $1 \sim 2$ m 处也应安设保护栅栏,以防止风硐中的脏、杂物或人员被吸入通风机。

(6) 风硐直线部分要有流水坡度,以防积水。

2) 防爆门(盖)

《煤矿安全规程》规定:装有主要通风机的出风井口应安装防爆门,防爆门每 6 个月检查维修 1 次。防爆门(盖)是在装有通风机的井口上为防止瓦斯或煤尘爆炸时毁坏通风机而安装的安全装置。在回风立井上口的防爆设施

形状像一个盖子,称作防爆盖;在回风斜井上口安装的防爆设施则是防爆门。

图8-9 所示为出风井口的防爆盖,防爆盖1用铁板焊成,四周用 4 条钢丝绳绕过滑轮 3,用挂有配重的平衡锤 4 牵住防爆门,其下端放入井口圈 2 的凹槽中,凹槽内注入液体达到密封的效果。当井下发生爆炸事故时,防爆门即能被爆炸波重开,起到卸压作用以保护通风机;而正常通风时它可以隔离地面大气与井下空气,防止地面空气短路进入通风机。

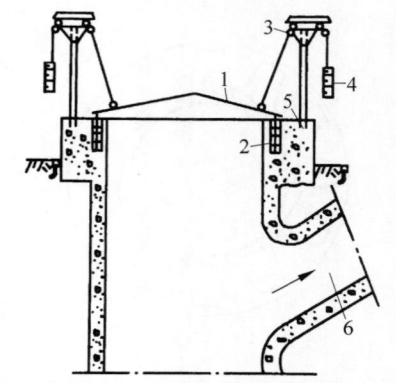

1—防爆盖;2—井口圈;3—滑轮;4—平衡锤;5—滑轮与平衡锤支柱;6—风硐。

图8-9　防爆盖

对防爆门(盖)的具体要求是:防爆门(盖)应布置在出风井轴线上,其面积不得小于出风井口的断面积。从出风井与风硐的交叉点到防爆门的距离应该比从该交叉点到主要通风机吸风口的距离至少短 10 m。防爆门必须有足够的强度,并且有防腐和防抛出的措施。如果采用液体作密封,则在冬季应选用不燃的不冻液,且要求以当地出现的十年内最低温度时不结冻为准。槽中应经常保持足够的液量,槽的深度必须使其内盛装的液体的压力大于防爆门(盖)内外的空气压力差。井口壁四周还应该安装一定数量的压脚,当反风时用它压住防爆门,防止防爆门(盖)造成风流短路。

4. 反风装置

当矿井在进风口附近、进风井筒或井底车场及其附近的进风巷中发生火灾、瓦斯和煤尘爆炸时,为了防止事故蔓延,缩小灾情范围,便于进行灾害处理和防护工作,有时需要改变矿

井的风流方向。

《煤矿安全规程》规定：生产矿井主要通风机必须装有反风设施，并能在 10 min 内改变巷道中的风流方向；当风流方向改变后，主要通风机的供给风量不应小于正常供风量的 40%。每季度应至少检查 1 次反风设施，每年应进行 1 次反风演习；矿井通风系统有较大变化时，应进行 1 次反风演习。

1）离心式通风机的反风装置

离心式通风机只能用反风门与旁侧反风道的方法反风，而不能采用通风机反转反风，如图 8-10 所示。

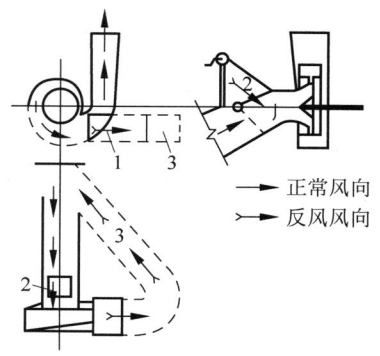

图 8-10 离心式通风机的反风装置

通风机正常工作时，反风门 1 和 2 处于实线位置，反风时将反风门 1 提起，把反风门 2 放下，地表空气自活门 2 进入通风机，再从活门 1 进入反风道 3，进入风井流入井下，达到反风的目的。

2）轴流式通风机的反风装置

轴流式通风机的反风方法有 3 种：

（1）利用备用通风机风道反风。如图 8-11 所示，I 号通风机正常运转时，分风门 4、入风门 6、7 和反风门 9 处于实线位置；反风时 I 号通风机停转，将分风门 4、反风门 9 I、9 II 打到虚线位置，然后开启入风门 6、7 并压紧，再启动 II 号通风机，即可实现反风。

（2）调节通风机叶片角度反风。这种方法无须开凿专用反风道，基建费较少。如 GAF 型轴流式通风机采用机械式整体调节叶片安装角实现风流的风向，如图 8-12 所示。

当通风机停转后从机壳外以手轮调节杆深入叶轮毂，手轮转动，使蜗杆 2、蜗轮 4 转动，而涡轮转动则使与其相连的小齿轮 7、大伞齿轮 6、小伞齿轮 5 跟随转动，从而达到改变叶轮安装角的目的。反风时，叶轮旋转方向不变，只需将叶轮转到图中虚线位置即可。

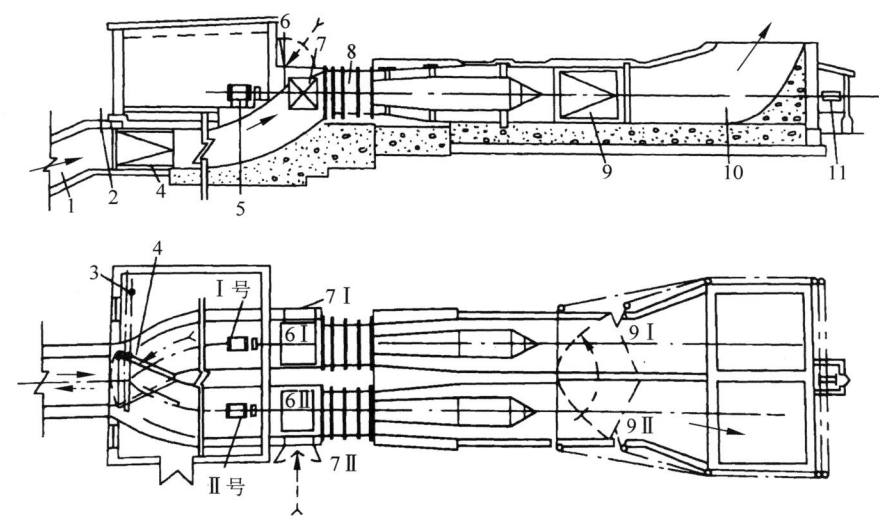

1—风硐；2—静压管；3,11—绞车；4—分风门；5—电动机；6—反风入风顶盖门；7—反风入风侧门；8—通风机；9—反风门；10—扩散器。

图 8-11 备用通风机反风

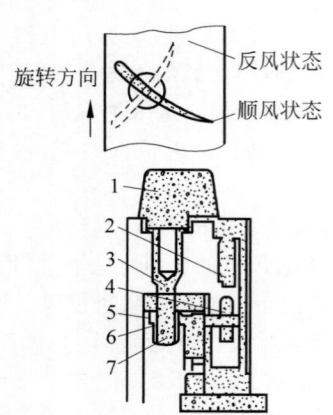

1—叶片；2—蜗杆；3—叶柄；4—蜗轮；5—小伞齿轮；
6—大伞齿轮；7—小齿轮。

图 8-12　机械式叶轮调节系统

（3）反转通风机叶轮旋转方向反风。这种方法是调换电动机电源的任意两相接线，使电动机改变转向，从而改变通风机叶轮的旋转方向，使井下风流反向。这种方法无须开凿专用反风道，基建费较少，也无须调节叶片安装角，反风方便。但是一些老型号的轴流式通风机反转反风后风量达不到要求；而一些新型对旋轴流式通风机直接反转反风后的风量即能满足要求。

5．扩散器

在通风机出口处外接的具有一定长度、断面逐渐扩大的风道，称为扩散器。其作用是降低风流出口速压以提高通风机的静压。小型离心式通风机的扩散器由金属板焊接而成，大型离心式通风机的扩散器用砖或混凝土砌筑，其纵断面呈长方形，节散器的敞角不宜过大，轴流式通风机的扩散器一般为 8°～10°，以防脱流。出口断面与入口断面之比为 3～4。环形扩散器由圆锥形内筒和外筒构成，外圆锥体的敞角一般为 7°～12°，内圆锥体的敞角一般为 3°～4°。水泥扩散器为一段向上有弯曲的风道，它与水平线所成的夹角为 60°，其高为叶轮直径的 2 倍，长为叶轮直径的 2.8 倍，出风口为长方形断面（长为叶轮直径的 2.1 倍，宽为叶轮直径的 1.4 倍）。有的水泥扩散器高度较高，像一个水泥塔，叫作扩散塔。扩散器的拐弯处为双曲线形，并安设一组导流叶片，以降低通风阻力。

对扩散器的设计和安装有较高的要求，必须使扩散器本身的通风阻力小于安装扩散器后回收的动能。除以上列出的主要通风机附属装置外，通风机的检修门、通风机房等也可以看作是主要通风机附属装置。

8.2.5　矿井通风机的常见故障及排除

（1）离心式通风机的常见故障及其产生原因和排除方法见表 8-1。

表 8-1　离心式通风机的常见故障及其产生原因与排除方法

故障	原　　因	排　除　方　法
振动	风机轴与电动机轴不同心，造成联轴器歪斜	将风机轴与电动机轴进行调整，重新找正
	轮盘与叶轮松动；联轴器螺栓松动	拧紧或更换固定螺栓
	机壳与支架，轴承箱与轴承座等连接螺栓松动	拧紧或更换固定螺栓
	叶轮铆钉松动或叶轮变形	冲紧铆钉或更换铆钉；用锤子矫正叶轮或更换叶轮
	主轴弯曲	校正主轴或修磨主轴
	机壳或进风口与叶轮摩擦	调整装配间隙，达到装配要求；改进安装
	风机进气管道的安装不良，产生共振	调整装配间隙，达到装配要求；改进安装
	基础的刚度不够或不牢固，当用弹性基础时，弹性不均等	加强或更换基础
	叶轮不平衡（磨损、积灰、生锈、结垢、质量不均）	清扫、修理叶轮；中心做静或动平衡
	轴承损坏或间隙过大	更换轴承
	烟道、风道设计不合理，引起低负荷时发生振动	增加管网阻力或重新设计计算；更换新风机
	共振（系统共振、工况性共振、基础共振等）	对系统进行运行工况调节

续表

故障	原因	排除方法
轴承温升过高	润滑油质量不良、变质；油量过少或过多；油内含有杂质	更换润滑油，调整和修理管路故障
	冷却水过少或中断	使冷却水供应正常
	轴承箱盖、轴承座连接螺栓拧紧力过大或过小	修理或调整
	轴与滚动轴承安装歪斜，前后两轴承不同心	修理或调整
	轴承损坏	更换轴承
	轴颈配合过紧	修磨轴颈，使其符合配合要求

（2）轴流式通风机的常见故障及其产生原因和排除方法见表 8-2。

表 8-2　轴流式通风机的常见故障及其产生原因与排除方法

故障	特征	原因		排除方法
机体振动	通风机与电动机发生同样而已知的振动，振动的频率域与转速相符合	转子不平衡	叶片质量不对称，一侧部分叶片被腐蚀或磨损严重，叶片上有不均匀的附着物	更换损坏的叶片或更换工作轮并找平衡，清扫叶片上的附着物
			平衡位置与位置不对	重新进行平衡并固定平衡块
	振动程度不一样，空载时轻，重载时大	轴承安装不良	联轴器安装不正	进行调整或重新安装
			通风机的机轴和电动机不同心	进行调整，重新找正
			皮带轮安装不正，两皮带轮轴线不平行	进行调整，重新找正
			基础下沉	进行修补
			传动轴弯曲	调整，校正
	发生不规则的振动，且集中于某一部分，噪声与转速相符，在启动或停止时可听到金属弦声	通风机内部有摩擦	工作轮歪斜与机壳内壁相碰或机壳刚度不够，左右摇晃	修理工作轮，调整推力轴承
			工作轮歪斜与进风口相碰	修理工作轮与进风口
	轴承箱等部分发生局部振动，机体振动不显著	转子固定部分间隙过大	转子的工作轮、联轴器或皮带轮与轴松动	重新配键，重新装配
			联轴器的螺栓松动，机座连接不牢，连接螺钉松动，刚度不够导致转子不平衡，引起剧烈的强迫共振	紧固螺母，拧紧螺母，充填间隙

续表

故障	特 征	原 因		排 除 方 法
轴承过热	轴承温度超过正常温度,用手摸拭时烫手	轴承安装不良	轴承箱振动剧烈	检查原因,进行处理
			润滑物质不良或充填过多	更换油脂,滚动轴承的注油量为其容油量的 2/3
			轴承箱盖与座连接螺栓过紧或过松	调整螺栓的松紧度
			轴承安装歪斜,前后两轴承不同心	重新调整或安装
			滚动轴承损坏	更换轴承
电机电流过大或温度过高	电机电流过大和温度过高		由于短路吸风现象,造成风量过大	消除短路吸风现象
			电压过低或电源单项断电	检查电压,更换保险片
			联轴器连接不正,皮圈过紧或间隙不均	进行调整

8.3 矿井离心式水泵

8.3.1 工作原理

离心式水泵由漏斗、外壳、叶轮、排水管、吸水管等组成,图 8-13 所示为单级离心式水泵的简图。

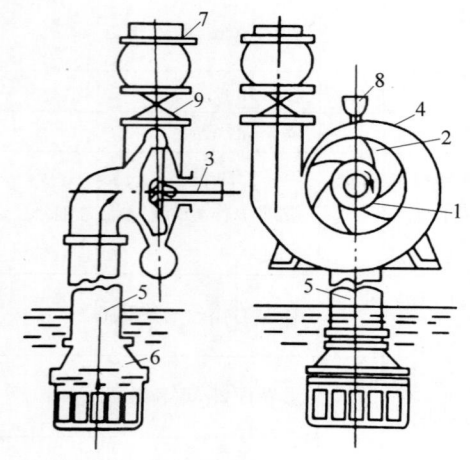

1—叶轮;2—叶片;3—轴;4—外壳;5—吸水管;
6—滤水器底阀;7—排水管;8—漏斗;9—闸阀。

图 8-13 单级离心式水泵简图

水泵的主要工作部件有叶轮 1,其上有一定数目的叶片 2,叶轮固定在轴 3 上,由轴带动旋转。水泵的外壳 4 为一螺旋形扩散室,水泵的吸水口与吸水管 5 连接,排水口与排水管 7 连接。

水泵在开始工作之前,预先通过注水漏斗 8 向泵内注入一定量的水。水泵启动后,传动轴带动叶轮旋转,泵内的水在离心力作用下从出口流出,此时水的动能和压力能都大大提高。

水在排出过程中,经过扩散室,很大一部分动能转变为压力能,沿着排水管排出,叶轮的进口处会出现真空。大气压作用于吸水井中的水,使其进入叶轮中,叶轮不停地旋转,排水过程就不会间断。

上述方法称为底阀灌泵法,离心泵安装位置高于吸水池水面。在水池水面浅的情况下,矿用多级离心式水泵灌泵容易失败。此外,可以采用负压储水箱方式灌泵代替底阀灌泵法。

8.3.2 离心式水泵的工作参数

表征水泵工作状况的参数被称为水泵的工作参数,它包括流量、扬程(压头)、功率、效率、转速和允许吸上真空度等。

1. 流量

流量是指单位时间内水泵排出液体的体积,又称排量。用符号 Q 表示,单位为 m^3/s。

2. 扬程

扬程是指单位质量液体自水泵获得的能量,又称为压头,用符号 H 表示,单位为 m。

3．功率

水泵功率是指水泵的单位时间内所做功的大小，可分为轴功率和有效功率。

1）轴功率

电动机（原动机）传给泵轴上的功率（即输入功率），叫作轴功率，用符号 N 表示，单位为 kW。

2）有效功率

水系实际传递给水的功率（即输出功率）叫作有效功率，常用符号 N_e 表示，单位为 kW。水泵扬程 H 可以理解为水泵输出给单位重量液体的功，而单位时间内输出液体的重量为 $\rho g Q$，故

$$N_e = \frac{\rho g Q H}{1000} \tag{8-2}$$

式中：Q——流量，m^3/s；

$\qquad H$——扬程，m；

$\qquad \rho$——水的密度，$\mathrm{kg/m}^3$。

4．效率

效率是指水泵有效功率与轴功率的比值，用符号 η 表示：

$$\eta = \frac{N_e}{N} = \frac{\rho g Q H}{1000 N} \tag{8-3}$$

5．转速

转速是指水泵转子每分钟转数，用符号 n 表示，单位为 r/min。

6．允许吸上真空度

允许吸上真空度是指水泵在不发生汽蚀时，允许吸上真空度的最大限值，常用符号 N_s 表示，单位为 m。

8.3.3 离心式水泵的分类

离心式水泵是一种量大面广的机械设备。由于应用场合、性能参数、输送介质和使用要求的不同，离心泵的品种及规格繁多，结构形式多种多样，因而分类方法很多。

按泵的工作位置可分为卧式泵和立式泵；按压水室形式可分为蜗壳式泵和导叶式泵；按吸入方式可分为单吸泵和双吸泵；按叶轮个数可分为单级泵和多级泵。每一台泵都可在上述各种分类中找到自己所隶属的结构类型。

泵的结构形式是由几个描述该泵结构类型的术语来命名的，如卧式单级单吸蜗壳式离心泵、立式多级导叶式离心泵等。

现有离心泵的结构类型如图 8-14 所示。

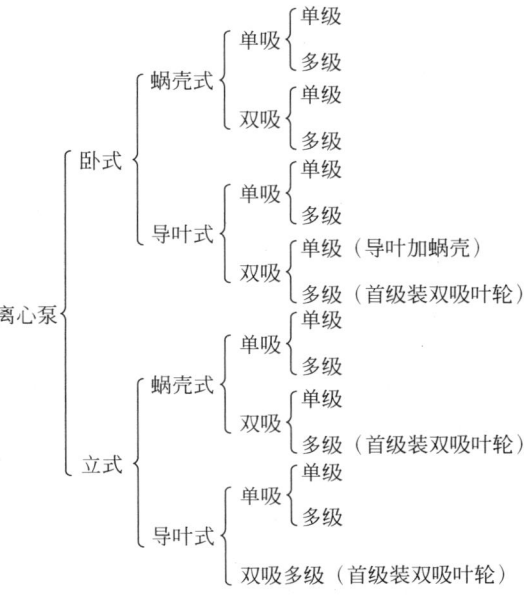

图 8-14 离心泵的结构类型

8.3.4 主要工作部件

通常情况下，离心式水泵的工作部件包括润滑装置、密封装置、水流经过部件、真空复位装置和传动装置等。其中，最为重要的部件有水流通过部件、密封圈装置、推力平衡装置以及传动装置。

1．水流通过部件

水在离心泵内部流通，经过吸入室、叶轮以及压出室等工作部件。

（1）吸入室。吸入室的主要作用是将水从吸水管路中不断地引入到叶轮。常见的有圆环形吸入室和锥形管结构。

（2）叶轮。叶轮的组成包括前盖板、后盖板和叶片等。弯曲的叶片将前、后盖板之间的空间分成了弯弯曲曲的通道。一般情况下，叶轮的结构分为闭式结构和半开放式结构，在矿山建设中，离心式水泵所要排出的水中含有大量的泥浆和颗粒，为了防止杂质将叶轮堵塞，

常常采用半开放式叶轮结构。

（3）导水圈。在螺旋形泵壳上固定有静止且带有导水叶片的圆环，它的叶片和叶轮叶片数量是不相等的，能够增大水流通道的截面面积。

（4）压出室。最后一级叶轮流出的水通过压出室收集到一起并流向离心泵的排水口处，常用的压出室形式有螺旋形压出室和圆环形压出室。在整个水流通道内，水的流速不变，冲击损失大大降低。

2．密封圈装置

叶轮、叶片等旋转部件同离心式泵壳之间是存在间隙的，因此，在叶轮入口处的泵壳上安装有密封圈，主要是为了保证叶轮同泵壳之间的间隙要小，阻止水流的逆向流通。如果矿用离心式水泵是多级泵，那么在各级泵壳之间还必须要安装密封圈，主要目的是阻止各级水泵之间水流的泄漏。一旦密封圈损坏，水流就会发生逆流，水泵的排水效率大大降低，同时还会使得轴向力产生不平衡。

3．推力平衡装置

一般情况下，多级水泵的进水方式都是单侧进水，叶轮的入口处和出口处水的压力是不同的，这主要是由于叶轮在螺旋形外壳内部旋转，因此外壳和叶轮之间存在间隔和空腔，此空腔之内充满了水，并且分别作用于叶轮的前、后盖板，前、后盖板的面积是不同的，作用在其上的推力也就不同，产生了轴向推力。对于多级离心式水泵来讲，轴向推力通常是很大的，如果轴向不平衡，离心式水泵就不能正常运行，因此，需要推力平衡装置。

8.3.5　离心式水泵的型号

离心式水泵的型号表明泵的结构类型、尺寸大小和性能，但其编制方法尚未完全统一，故在水泵样本及使用说明书中，一般都应对该泵型号的组成和含义加以说明。目前，我国多数离心式水泵的结构类型及特征在其型号中是用汉语拼音字母表示的。表 8-3 列出了部分离心泵型号中某些汉语拼音字母通常所代表的意义。

表 8-3　部分离心泵型号中某些汉语拼音字母及其意义

字母	意　　义	字母	意　　义
B	单级单吸悬臂式清水离心泵	QXD	单相干式下泵式潜水泵
D	节段式多级泵	QS	充水上泵式潜水泵
DG	节段式多级锅炉给水泵	QY	充油上泵式潜水泵
DL	立轴多级泵	R	热水泵
DS	首级用双吸叶轮的节段式多级泵	S	单级双吸式离心泵
F	耐腐蚀泵	WB	微型离心泵
JC	长轴深井泵	WG	高扬程横轴污水泵
KD	中开式多级泵	Y	液压泵
KDS	首级用双吸叶轮的中开式多级泵	YG	管道式液压泵
QJ	井用潜水泵	ZB	自吸式离心泵

该表中的字母皆为描述水泵结构类型或结构特征的汉字第一个拼音字母。但不少水泵并不按此规矩给出，如有些按国际标准设计或从国外引进的水泵的型号除少数为汉语拼音字母外，一般为表示该水泵某些特征的外文缩略语。如 IS 和 IB 均代表符合有关国际标准（ISO）规定的单级单吸悬臂式清水离心泵；IH 代表符合 ISO 标准的单级单吸式化工泵；引进泵的型号 DSJH 和 RSN 则分别代表单级双吸两端支承式离心石油化工流程泵和两级立式船用离心泵等。

8.3.6　离心式水泵的结构形式

离心泵在国民经济各部门得到了广泛的应用，它的整体结构有多种形式，下面介绍几种典型的结构。

1. 单级泵

只装一个叶轮的泵称为单级泵。按其转子支承方式,将这种泵分为悬臂式和两端支承式两类。

1) 悬臂式水泵

我国设计生产的 IS 型泵(图 8-15)即为一台单级单吸悬臂式清水离心泵。它的叶轮 5 由叶轮螺母 2、止动垫圈 3 和平键固定在泵轴 12 的左端。泵轴的另一端用以装联轴器,以便实现动力拖动。为防止泵内液体沿泵轴穿出泵壳处的间隙泄漏,在该间隙处皆设有轴封。IS 型泵采用的是填料式轴封,它由轴套 7、填料 9、填料环 8 和填料压盖 10 等组成。泵工作时,泵轴用两个单列向心球轴承支承着转动,从而带动叶轮在由泵体 1 和泵盖 6 组成的泵腔内旋转。因为该泵泵轴的两个支承轴承都位于泵轴的右半段,装叶轮的泵轴左半段处于自由悬伸状态,故把这种具有悬臂式结构的泵称为悬臂泵。

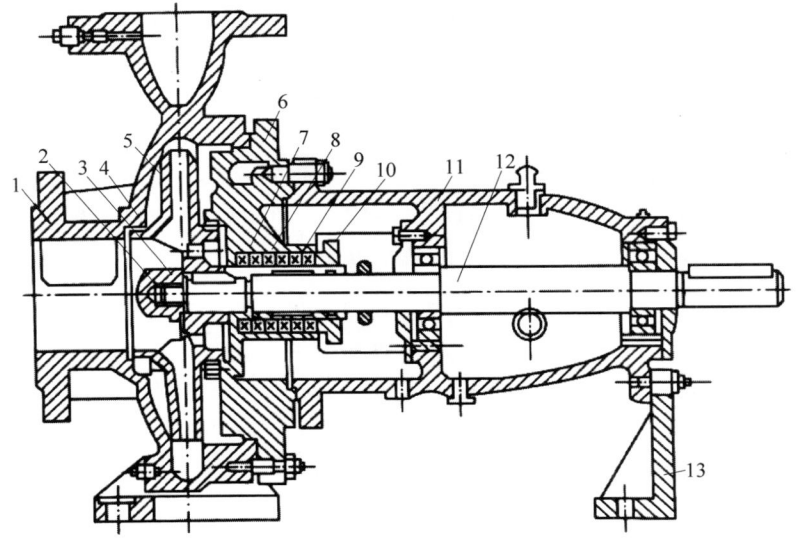

1—泵体;2—叶轮螺母;3—止动垫圈;4—密封环;5—叶轮;6—泵盖;7—轴套;8—填料环;9—填料;
10—填料压盖;11—悬架;12—泵轴;13—支架。

图 8-15 悬臂式水泵

悬臂式结构主要用于像 IS 型水泵这种轴向吸入的单吸式水泵。该泵多采用直锥管形吸入室。但双吸泵和径向或切向吸入的泵也可用悬臂式结构,此时水泵多用半螺旋形或环形吸入室。双吸式泵是轴向吸入的,双吸式叶轮与两侧分别采用了半螺旋形和变截面直管状吸入室。悬臂水泵结构有以下几种类型:

(1) 悬臂式水泵

IS 型泵的泵脚与泵体 1 铸为一体,轴承置于悬臂,安装在泵体上的悬架 11 内,因此,整台水泵的重量主要由泵体承受(支架 13 仅起辅助支承作用)。这种带悬架的悬臂式泵称为悬架式悬臂泵。IS 型泵的泵壳属端盖式泵壳,即它的泵壳由泵体和位于泵体 1 的泵盖组成,且泵体与泵盖间沿与泵轴线垂直的剖分面剖分。由于 IS 泵的泵盖位于泵体后端(自泵吸入口看),泵又为悬臂式悬臂泵,只要卸开连接泵体和泵盖的螺栓,叶轮即可与泵盖和悬架部件一起从泵体内拆出,再加上泵吸入口和压出口皆在泵体上,泵又采用了加长联轴器与电动机直联。因此,检修时不用拆卸吸入管路和压出管路,也不必移动泵体和电动机,只需拆下加长联轴器的中间连接件,即可拆出泵转子部件。

由于悬臂式水泵具有结构紧凑、检修方便等优点,不仅 IS 型泵的结构属于此类,IB 型清水泵、IH 型化工泵、Y 型单级液压泵,从瑞士引进的 ZE、CZ、ZA、ZF 和 ZU 型流程泵以及从美国引进的 SJA 型流程泵等单级单吸式离心泵也都采用了这种结构。

(2) 托架式悬臂水泵

图 8-16 所示的悬臂式水泵是 B 型单级单吸式离心式水泵。它的泵脚与托架 3 铸为一体,泵体 10 悬臂安装在托架上,故将这种泵称为托架式悬臂泵。

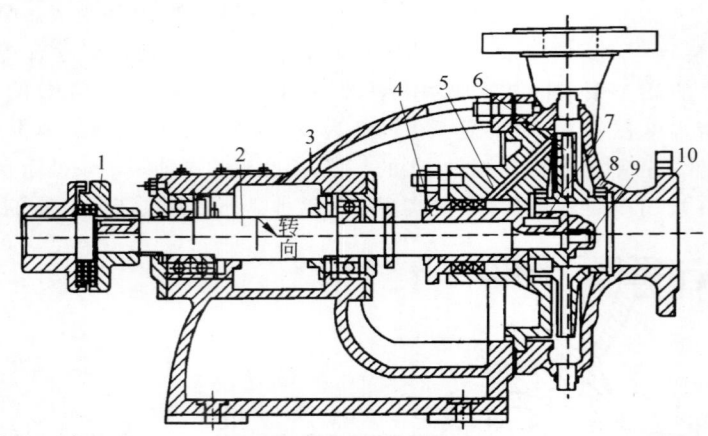

1—联轴器;2—泵轴;3—托架;4—轴套;5—泵盖;6—叶轮;7—键;8—密封环;9—叶轮螺母;10—泵体。

图 8-16 托架式悬臂水泵

B 型泵的泵体相对于托架可以有不同的安装位置,以便根据管路的布置情况,采用使泵体转动相应角度的方法,使泵路出口朝上、朝下、朝前或朝后。检修这种泵时,需要将吸入管路和压出管路与泵体分离,同悬架式悬臂泵相比,显然是不方便的。再加上这种泵的全部重量主要靠托架承受,托架较笨重,故我国近年来开始生产的单级单吸式离心泵使用托架式悬臂结构的不多,但这种结构的应用历史较长,泵的压出口又可以调换位置,对泵壳采用贵重材料制造的泵,用托架式悬臂结构还能大大降低成本。因此,除 B 型泵外,BA 型清水泵和 F 型耐腐蚀泵等我国较早生产的泵以及从澳大利亚引进的 AH、HH 和 L 等型号的渣浆泵也都采用了这种结构。

2) 双支承式水泵

大多数单级双吸式离心泵采用双支承结构,即支承转子的轴承位于叶轮两侧且一般都靠近轴的两端。

图 8-17 所示的 S 型泵即为单级双吸卧式双支承泵。它的转子是一单独的装配部件。双吸式叶轮 3 靠键 20、轴套 6 和轴套螺母 11 固定在轴 4 上。泵装备时,可用轴套螺母调整叶轮在轴上的轴向位置。泵转子用位于泵体两端的轴承体 12 内的两个轴承 15 实现双支承。因在联轴器 16 处有径向力作用在泵轴上时,远离联轴器的左端轴承所承受的径向载荷较小,故应将它的轴承外圈进行轴向紧固,以便让它承受转子的轴向力。

S 型水泵是由侧向吸入和压出的,并采用水平中开式泵壳,即泵壳沿通过轴线的水平中开面部分。它的两个半螺旋形吸水室和螺旋形压水室都是由泵体 1 和泵盖 2 在中开面处对合而成的。泵的吸入口和压出口均与泵体铸为一体。用这种结构,泵检修时无须拆卸吸入管和压出管,也不要移动电动机,只要揭开泵盖即可检修泵内各零件。

S 型水泵在叶轮吸入口的两侧都要设置轴封,该轴封也为填料密封,它由填料套 7、填料 8、填料环 9 和填料压盖 10 等组成。轴封所用的水封压力水是通过在泵盖中开面上开出的凹槽,从压水室引到填料环的。但有的中开式双吸泵要通过专设的水封管将水封压力水送入填料环。

双支承泵与悬臂水泵相比,虽因叶轮进口有轴穿过而使其水力性能稍受影响,且水泵零

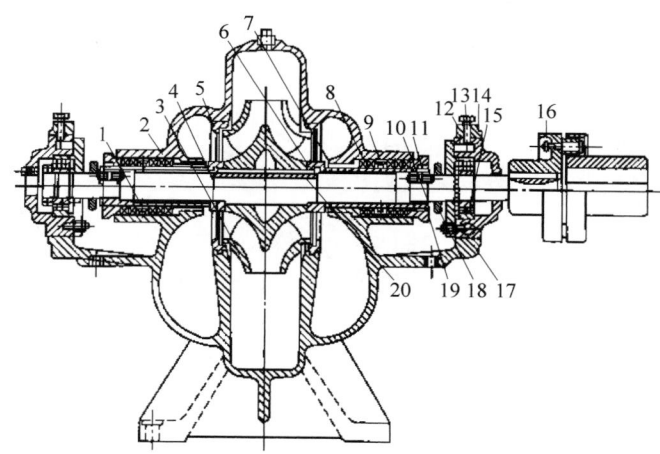

1—泵体；2—泵盖；3—叶轮；4—轴；5—密封环；6—轴套；7—填料套；8—填料；9—填料环；10—填料压盖；11—轴套螺母；12—轴承体；13—连接螺钉；14—轴承压盖；15—轴承；16—联轴器；17—轴承端盖；18—挡圈；19—螺栓；20—键。

图 8-17　单级多吸式双支承水泵（S 型）

件数要多些,泵体形状也比悬臂泵复杂,故工艺性差些,但双支承泵轴的刚性比悬臂泵要好得多。在轴长、轴径和叶轮质量都相等的情况下,若悬臂泵的悬臂部分轴长和两轴承同轴长之比为 1～1.5,则悬臂轴在叶轮处的静挠度比双支承轴的要大 4～6 倍,第一临界转速也低得多,为双支承泵的 1/2～1/2.5。若两种结构的轴长、叶轮质量及叶轮处的静挠度都相等,则悬臂泵的轴径为双支承泵轴径的 1.4～1.6 倍。因此,为提高运转可靠性,尺寸较大的双吸泵都设计成双支承结构。在双吸泵上用双支承结构还可以使叶轮两侧吸入口处形状对称,有利于轴向力的平衡。

应该指出,单级泵的双支承结构不仅用于双吸泵,也可用于单吸泵。

2．多级泵

多级泵是指装有两个或两个以上叶轮的泵。因这种泵的叶轮数多,为提高抗空化性能,它的首级叶轮还常与后面的各次级叶轮不同,故其结构比单级泵复杂。通常按采用的泵壳形式,将常见的多级泵分为中开式多级泵、节段式多级泵和双壳泵三种类型。

1）中开式多级泵

蜗壳式多级泵,无论是卧式泵（如图 8-18 所示的 DKS 型输油泵）,还是立式泵（如图 8-19 所示的 NL 型冷凝泵）,一般都采用中开式泵壳,即泵壳沿通过泵轴线的中开面剖分。这是因为蜗壳式多级泵采用了中开式结构后,转子装配部件整体装入泵体且不拆吸入及压出管道即可检修泵的优点,同时它还能用对称布置叶轮的方法平衡轴向力,因此不必再设专门的轴向力平衡装置。为了提高泵的抗空化性能,首级叶轮常为双吸式的,此时泵的总级数为奇数。当首级叶轮也是单吸式时,则总级数应为偶数。这种泵还常用交错布置各级蜗壳的方法,平衡作用在泵转子上的轴向力。

2）节段式多级泵

用径向剖分面将泵壳垂直于轴线一段一段地分割开的多级泵即为节段式多级泵。图 8-20 所示为 D 型卧式节段式多级泵。它是在所需个数的叶轮、中段及导叶的两端分别装吸入段和压出段,然后拧紧螺栓将这些零件紧固在一起。这种泵的单吸式叶轮只能按一个方向依次布置,其轴向力多用平衡盘 12 平衡。

节段式多级泵多采用双支承结构。但某些小型泵也有用悬臂式结构的。节段式多级泵的压水室一般都是导叶式的。为了使节段式泵能保持蜗壳泵所具有的高效区宽和运转平稳等优点,有的节段式多级泵采用了双蜗壳

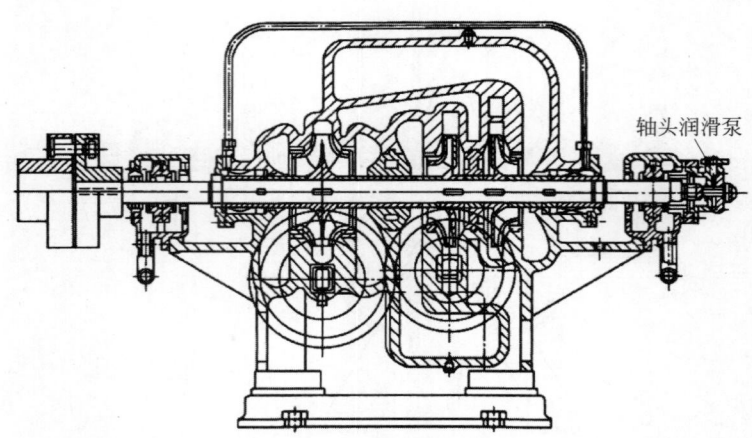

图 8-18　水平中开式的卧式蜗壳式多级泵（DKS 型）

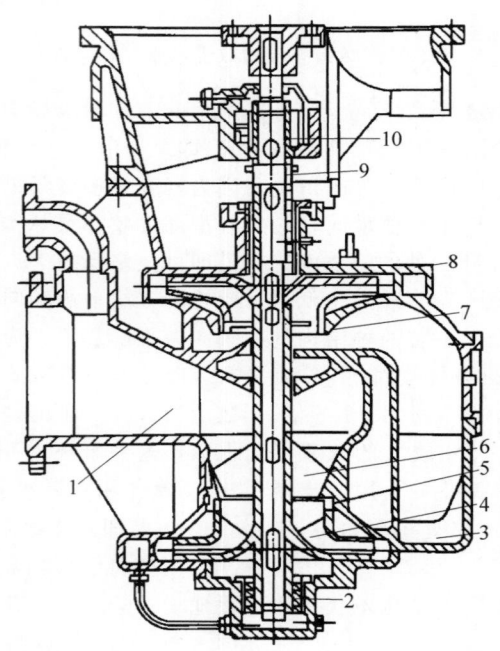

1—吸入口；2—导轴承；3—导叶式压水室；4,8—叶轮；5,7—密封环；6—导叶；9—泵轴；10—滚动轴承。

图 8-19　中开式的立式蜗壳式多级泵

式压水室。虽然节段式多级泵的检修拆装不如中开式泵方便，但它的结构紧凑，泵壳的铸造工艺性也好，各中段（从导叶）的形状尺寸皆相同，其个数可根据所需的级数增减，故便于系列泵的生产。再加上这种泵各段泵壳间径向剖分面的密封比中开面的密封容易些，使用

扬程比中开式多级泵高，因此，节段式结构在我国的多级泵中得到广泛的应用。除 D 型和 DL 型泵外，DG 型和引进的 HDSr 型多级锅炉给水泵以及 Y 型多级（不包括两级）液压泵等都属于节段式多级泵。

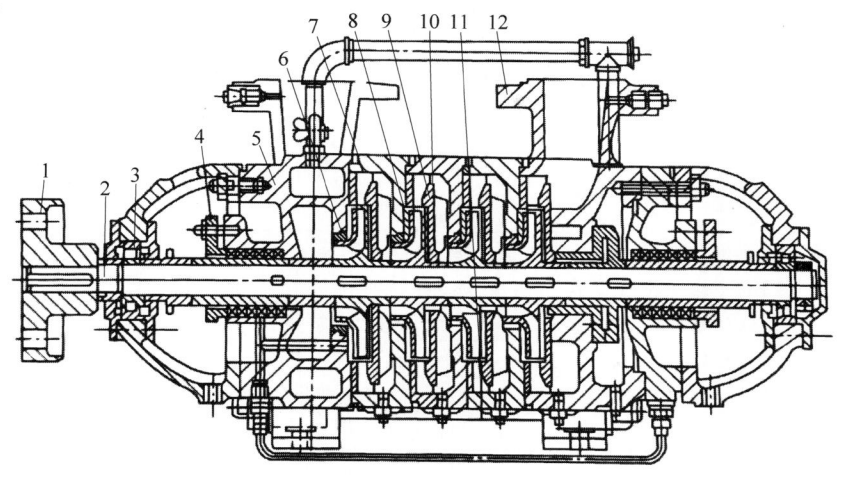

1—联轴器；2,11—滑动轴承；3—泵轴；4—填料密封；5—吸入室；6—密封环；
7,8—双蜗壳；9—压水室；10—泵盖；12—平衡盘。

图 8-20 卧式节段式多级泵（D 型）

8.3.7 离心式水泵的维护

矿用离心式水泵的工作环境比较恶劣，要想保证在不出故障的前提下长时间地运行，对其正确操作和维护就显得尤其重要。

1. 监测方面

主要针对润滑系统设置监测装置，其中包括对润滑油的压力监测和温度监测。润滑油压力是保证系统内润滑油量的有效参数，润滑油经过很长的管路输送到各个轴承处，在此过程中必然会有沿程压力损失和局部压力损失，压力有所降低。管路油压降低值必须要小于供油压力才能保证润滑油的供应。

滑油的温度是检验其黏度和油性的主要指标，温度过低会致使润滑油黏度增大，不利于其流动性和润滑性，给水泵的正常工作带来极大的威胁；温度过高致使其黏度降低，油膜厚度变小，大大降低其承载能力，润滑性能降低。

2. 汽蚀及其防治

1）汽蚀现象

汽蚀现象主要是由于泵体内部流体压力低于饱和蒸汽压力，部分水出现汽化现象形成气泡，体积上出现膨胀，随水流流动到泵体高压区域，受到压力作用，气泡重新凝结为液体

由于负压作用导致水流向该处汇集，形成冲击或水锤现象，作用在水泵叶轮上。长期作用下会对叶轮和水泵的流道表面造成金属疲劳，使表面出现蜂窝状孔洞以及表面金属的部分剥蚀，同时气泡携带的气体本身也会对金属表面进行氧化，对叶轮和流道表面进行腐蚀。

2）汽蚀的危害

离心式水泵汽蚀的种类主要包括叶片汽蚀、间隙汽蚀和涡旋汽蚀。汽蚀的危害有水泵性能的改变、引起振动和噪声及通流部件表面的破坏。

3）防治措施

排水泵发生汽蚀的性能指标，即允许汽蚀余量在设备生产和安装完毕后基本固定下来，我们在设备安装过程中就要保证合理安装位置来保证设备运转中不发生汽蚀并保证水泵正常的工作能力。我们还可以通过优化管路和系统，调整水流沿途阻力损失和速度状况，整合提高矿用离心式水泵的抗汽蚀能力。

3. 离心泵的常见故障与排除

离心泵常见的故障及其排除方法见表 8-4。

表 8-4　离心泵常见的故障与排除方法

故障	原因	排除方法
泵不满水	从填料处吸入空气	更换填料密封或压紧填料密封,增加填料的密封水量
	从排出阀处吸入空气	提高阀的密封性
	从管连接处吸入空气	找出泄漏部位并压紧填料
	底阀不合适	检查、修理阀
	真空泵不合要求	检查、修理泵
	吸气用电磁阀不符合要求	检查、修理泵
不启动	不具备启动条件	检查是否符合启动条件
	保护回路动作	检查保护装置
	原动机发生故障	检查、修理原动机
不出水	泵、吸入管水未灌满	再次灌水;检查吸入管连接器及泵填料处有无空气泄漏
	吸入、排出阀关死	打开吸入、排出阀
	过滤器、吸入管堵塞	拆卸并清除异物
	叶轮内有异物	拆卸并清除异物
	回转方向反了	正确接好电动机配线
达不到设计流量	有空气进入	检查吸入管连接器及泵填料处是否有空气吸入
	由于水位降低,淹没深度不够	延长吸入管,加大淹没深度
	叶轮内有异物堵塞	拆卸并清除异物
	转子部分磨损严重	由制造厂进行修理
轴承过热	润滑脂堵塞、给油不足	做适当调整
	润滑油老化	更换润滑油
	轴偏心	重新找正
	轴承有故障	检查、修理或更换
填料处过热	填料密封处压得过紧	稍微松动填料,使水稍有泄漏
	填料密封水的压力过大	降低密封水管的水压
	填料的密封水、冷却水水量不足	稍微提升水压力
泵振动	叶轮局部有堵塞	拆卸并排出异物
	叶轮破损	拆卸并更换叶轮
	流量过小	在设计点附近使用
	泵与原动机轴不同心	定心找正
	轴承破损	维修、检查或更换
	混入空气,发生汽蚀	改进吸入水位,改善吸水管,在设计流量点附近运转

8.4　矿用空气压缩机

8.4.1　概述

空气压缩机的种类很多,按工作原理可以分为容积型和速度型。容积型空气压缩机的原理主要是压缩气缸中气体的体积,提高单位体积内气体分子的密度从而使得气体压力增加。速度型空气压缩机的原理主要是将气体分子的速度转换为压力,即先使气体分子在压缩机中得到一个很高的速度,然后在扩压器中急剧降速,使动能转化为位能使气体压力提升。

容积型空气压缩机的型式有活塞式、滑片式、螺杆式等;速度型空气压缩机的型式有离心式、轴流式、混流式等。目前,国内空气压缩机以活塞式、螺杆式及离心式三种最为常用,离心式空气压缩机在处理大流量(>100 m³/min)时应用较广,活塞式、螺杆式压缩机在中小型空压站应用较广。设备选型的依据需要确定压缩空气设备的种类规格,并考虑设备总体的投资费用、运行费用、维修保养费用、能量回收、空气品质等方面,结合用户需求及当地条件综合比较后,选出最好的方案。

8.4.2　空气压缩机的结构

1. 活塞式空气压缩机

活塞式空气压缩机的工作原理是在工作过程中通过借助曲轴带动活塞的往复运动对空气直接压缩,从而使气缸内的气体在不断地被压缩下产生压缩空气。当空气被压缩到一定程度之后会产生一定压力排出。活塞式空气压缩机为了确保供气能够更加稳定,会为其

配备储气罐。图 8-21 所示为活塞式空气压缩机的工作原理图;图 8-22 所示为 L 形空气压缩机的结构图。

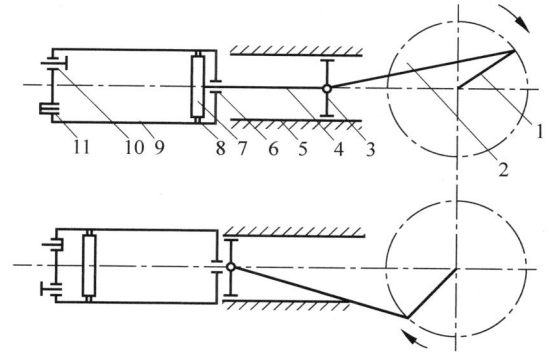

1—曲柄;2—连杆;3—十字头;4—活塞杆;5—滑道;6—密封装置;7—活塞;8—活塞环;9—气缸;10—吸气阀;11—排气阀。

图 8-21　活塞式空气压缩机工作原理示意图

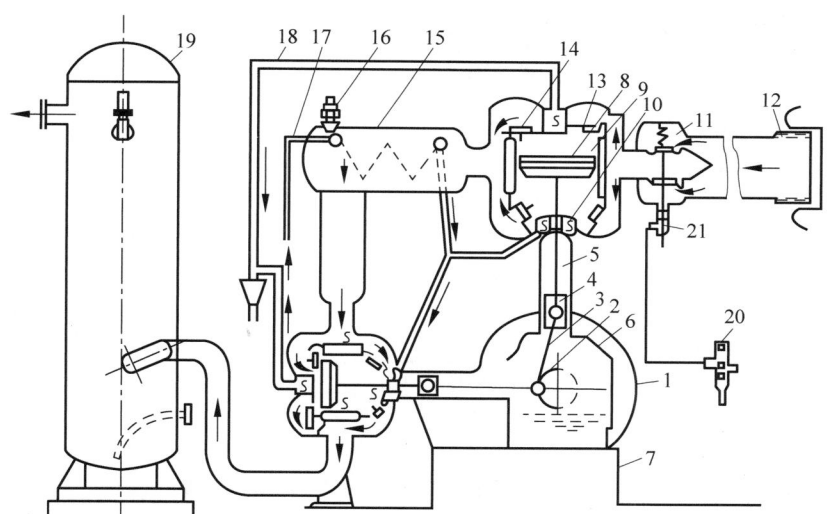

1—皮带轮;2—曲轴;3—连杆;4—十字头;5—活塞杆;6—机身;7—底座;8—活塞;9—气缸;10—填料箱;11—减荷阀;12—滤风器;13—吸气阀;14—排气阀;15—中间冷却器;16—安全阀;17—进水管;18—出水管;19—风包;20—压力调节器;21—减荷阀组件。

图 8-22　L 形空气压缩机的构造示意图

活塞式空气压缩机具有压力范围大,气量调节对压力影响小,不论气体流量大小均能达到所需压力,设备价格低,初期投资低,操作方便,使用寿命长的优点。但其设备体积大,结构复杂,易损件多,维护量大,运行费用高,主要易损件有气阀、活塞、活塞环、填料组件、阀

片、弹簧等;不平衡力矩大,噪声振动大,安装复杂,需要有较高的安装基础;依靠曲柄活塞机构工作,所以输气不连续,摩擦副多,运转阻力大,会随着排气温度提高降低效率、增加耗能。

2. 螺杆式空气压缩机

该压缩机在工作过程中通过借助阴阳螺

杆转子的相互咬合,促使齿间的容积不断减小,使得单位体积的气体密度不断增加,气体的压力自然随之提高,从而产生连续的压缩空气。螺杆式空气压缩机也属于容积式压缩机。但从上述工作原理来看,螺杆式空气压缩机与活塞式空气压缩机虽同属于一种类型的空气压缩机,但螺杆式空气压缩机供气更加稳定,因此,其工作时不需要配备储气罐。图8-23所示为螺杆式空气压缩机的工作过程图;8-24所示为螺杆式空气压缩机的结构图。

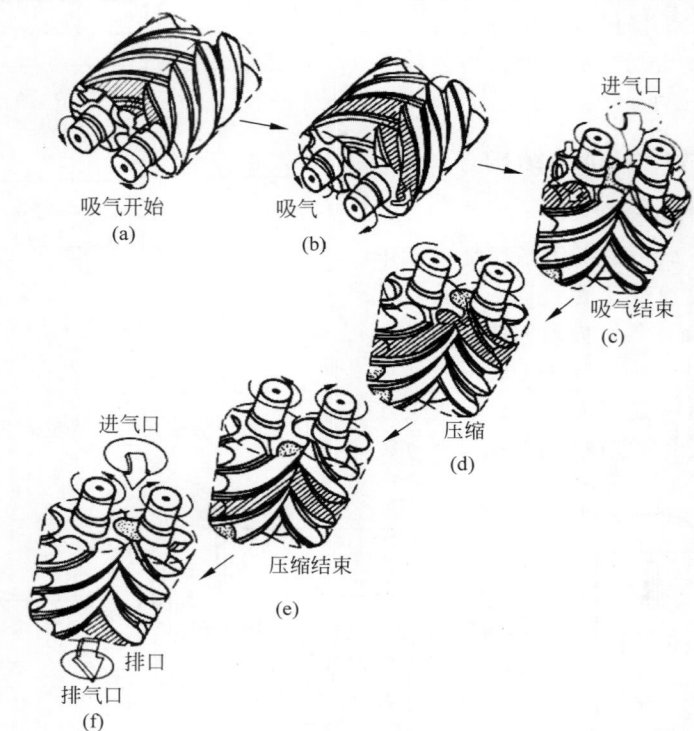

图 8-23　螺杆式空气压缩机的工作过程

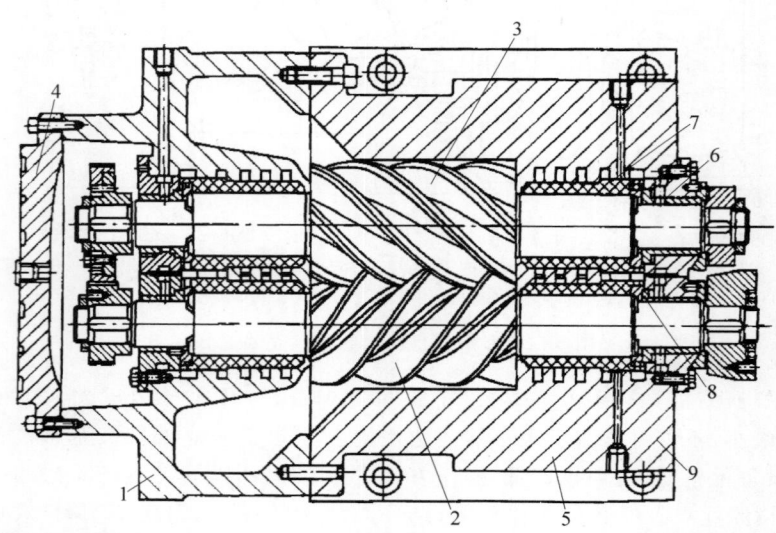

1—机壳;2—阳转子;3—阴转子;4—吸气端座;5—输气量调节装置;6—轴承;7—轴封;8—平衡活塞;9—排气端座。

图 8-24　螺杆式空气压缩机的结构

螺杆式空气压缩机依照其主机结构可分为单螺杆空气压缩机和双螺杆空气压缩机,单螺杆空气压缩机比双螺杆空气压缩机的成本低,易损件少,维护简单,单位容量大,但噪声大,容积效率低,主机寿命短;双螺杆空气压缩机由于其是双级压缩,故比单螺杆空气压缩机更适用于高压场合。螺杆式空气压缩机相较于其他空气压缩机单位体积排气量大,安装体积小,易损件少,运行可靠,运转平稳振动小,排气稳定,可按需要排气供气,操作相对简单。但运行噪声高,需采取消音措施,功耗相对高,

长期运转螺杆磨损间隙会变大,定期更换费用大。

3. 离心式空气压缩机

离心式空气压缩机作为速度式压缩机,工作运行原理与上述两种压缩机截然不同,其在工作过程中主要借助叶轮带动气体作高速旋转,让气体产生离心力,并且气体在叶轮里经过扩压流动,使通过叶轮后的气体的流速得到迅猛提升,从而使气体分子的动能逐渐增强,并将气体动能在叶轮快速转动下转化为空气压力,从而能够提供源源不断的压缩空气。图 8-25 所示为离心式空气压缩机的结构图。

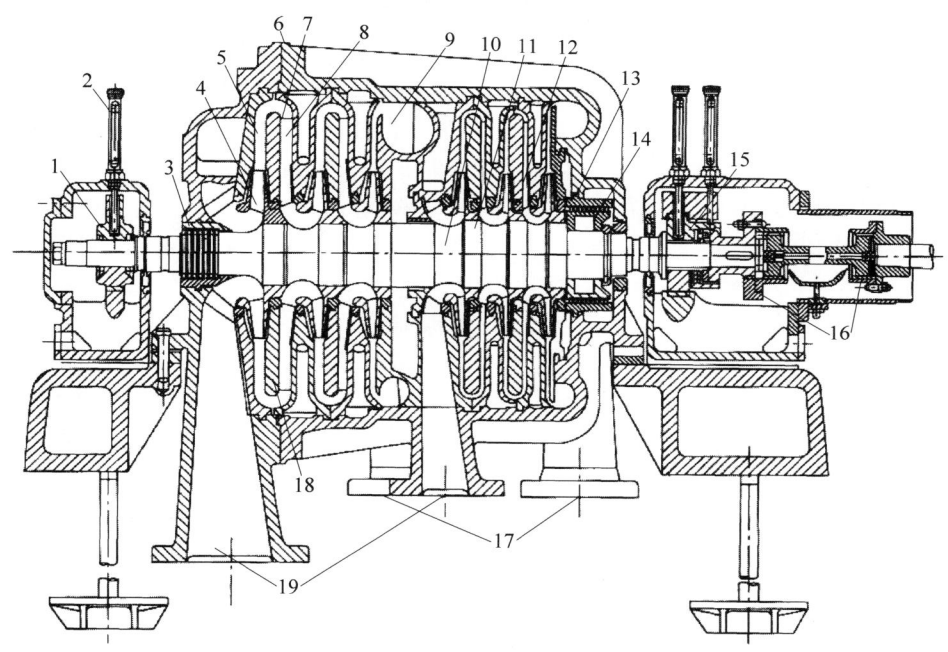

1—径向轴承;2—温度计;3—前轴封;4—叶轮;5—扩压器;6—机壳;7—弯道;8—回流器;9—蜗壳;10—主轴;11—叶轮进口密封;12—级间密封;13—后轴封;14—平衡盘;15—径向、推力轴承;16—联轴器;17—排出管;18—隔板;19—吸入室。

图 8-25　离心式空气压缩机的结构

离心式空气压缩机结构紧凑、重量轻,排气量范围大,易损件少,运行可靠,寿命长,排气不受润滑介质污染,供气质量高,大排量时效率高,利于节能。但操作相对复杂,运行维护成本高,排气量变化时易发生振动,齿轮箱噪声大,设备技术含量高,维护费用较大。

8.4.3　空气压缩机的主要部件

以图 8-22 的 L 形空气压缩机的构造示意图为例,活塞式空气压缩机的基本结构大致可分为机体部分、气缸部分、辅助部分。

1. 主机结构

1) 机体结构

机体是主要的基本部件,它包括机身、机

体、曲轴箱、中间接筒和端接筒等,是空气压缩机定位的基准件。机体内装有曲轴、连杆、十字头;外部承接气缸、电动机及其他附属部件。同时,机体又承受由活塞传递的气体作用力和运动部件的惯性力。机体可分为卧式、立式、对置式、角度式等型式。

2) 曲轴结构

曲轴是空气压缩机的重要运动件。它将电动机输入的转矩通过连杆、十字头等转变成往复作用力压缩气体而做功,即起传递扭转力矩的作用,同时还承受活塞、连杆方面传来的气体压力和惯性力。曲轴的结构形式有曲拐轴和曲柄轴两种。曲柄轴现在除微型压缩机外,很少采用。曲拐轴有整体式和组合式(做成若干部分,然后用法兰、键销装成一体)两种。

曲轴主要由主轴颈、曲臂、曲轴销和平衡铁组成。根据需要,曲轴可做成单曲拐、双曲拐和多曲拐等。曲轴可用铸造或锻造方法制造。

3) 主轴承

轴承有滚动轴承和滑动轴承两大类。滚动轴承使用维护方便,机械效率和标准化程度高。滑动轴承的结构紧凑,制造、安装方便。压缩机一般选用轴承精度最低的 G 级。

4) 连杆

连杆是空气压缩机的重要部件之一。它连接曲轴和十字头,使曲轴的旋转运动变为十字头的往复运动,并将动力传递给活塞。

5) 十字头

十字头是连接杆与活塞杆并承受侧向力的零件,具有导向作用。

6) 气缸

气缸是空气压缩机的重要部件之一,它连接在机身上,作用是构成气体的工作容积。气缸一般均由工作室、气阀室、填料函、冷却水夹套、气体接管和冷却水接管等部分组成。

7) 活塞组件

活塞组件包括活塞、活塞杆、活塞环等零件。

活塞在气缸中作往复运动,起压缩气体的作用。活塞与气缸内壁要有良好的密封性,否则会引起泄漏,使效率降低;活塞要求有足够

的强度、刚度和耐磨性;活塞要求重量轻、加工性能好,否则达不到工艺要求。

活塞杆是空气压缩机中较为重要的零件,它将活塞与十字头连接起来,传递作用在十字头上的力,带动活塞运动。空气压缩机运转时,活塞杆随活塞在气缸里工作,承受拉-压交变载荷。

活塞杆与活塞有两种连接方式:锥面连接和圆柱凸肩连接。

活塞环是气缸镜面与活塞之间的密封零件,同时也起着布油和导热的作用。

2. 吸、排气阀及安全阀的结构

1) 吸、排气阀

气阀的作用是控制气缸的吸、排气。目前,压缩机一般采用随管路气体压力变化而自行启闭的自动阀,如图 8-26(a)所示。

按阀片形式,气阀结构可分为环形阀、槽形阀和杯形阀等。气阀一般由阀座、阀片、弹簧、升程限制器、垫和螺栓等零件组成。目前应用最广泛的是环形阀,如图 8-26(b)所示。

2) 安全阀

安全阀是一种起自动保护作用的装置。空气压缩机的常用安全阀为开启式弹簧安全阀,如图 8-26(c)所示。安全阀应在工作压力下进行气密性试验,试验合格后进行铅封。

8.4.4　空气压缩机的主要参数

空气压缩机的性能主要参数有公称排气量、公称排气压力、排气温度与功率等;结构主要参数有外形尺寸、活塞的行程长度、气缸的数量、气缸在空间的排列形式以及压缩级数等。

公称排气量也叫公称容积流量,是把空气压缩机排气端测得的单位时间内排出压缩空气的容积,换算到空气压缩机吸气状态(压力、温度、湿度和压缩系数)的数值,称为排气量,用 V_m 表示,单位为 m^3/min。

公称排气压力通常指最终排出空气压缩机的气体压力,单位为 MPa。

排气温度为在各级测量的空气压缩机排出气体的实际温度。

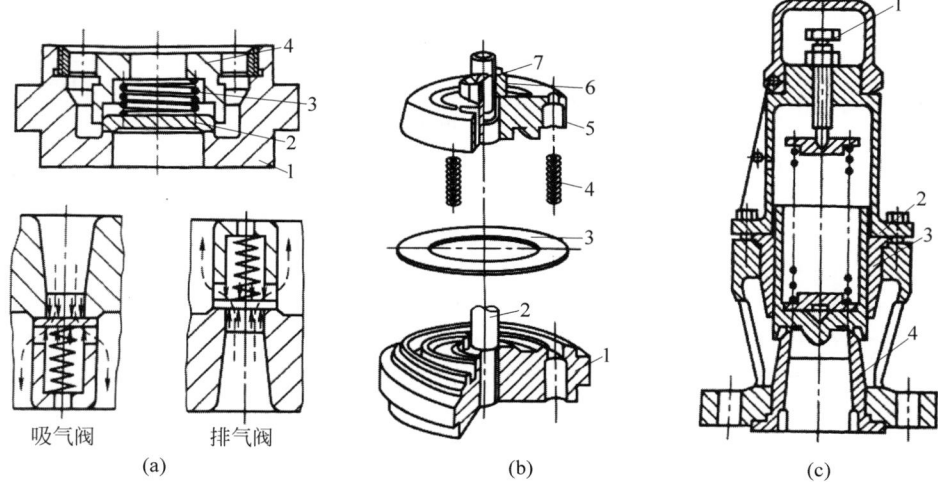

(a) 1—阀座；2—阀片；3—弹簧；4—升程限制器。

(b) 1—阀座；2—连接螺栓；3—阀片；4—弹簧；5—升程限制器；6—螺母；7—开口。

(c) 1—调节螺钉；2—阀瓣；3—导套；4—阀座。

图 8-26　气阀、环形阀与安全阀

功率为空气压缩机在循环过程中单位时间内所消耗的功，单位为 kW。

表 8-5 为中华人民共和国煤炭行业标准 MT/T 687—2009 推荐的活塞式空气压缩机基本参数，表 8-6 是中华人民共和国煤炭行业标准 MT/T 687—2009 推荐的双螺杆式空气压缩机基本参数，表 8-7 是单轴离心式空气压缩机基本参数。

表 8-5　往复活塞式空气压缩机基本参数

| 驱动电动机功率/kW | 额定排气压力/MPa | | |
| | 0.7(0.8) | 1.0 | 1.25 |
	公称容积流量/(m³/min)		
18.5	3.0　2.6 *(2.8　2.5 *)	2.5　2.2 *	2.2　2.0 *
22	3.6　3.2 *(3.4　3.0 *)	3.0　2.6 *	2.6　2.4 *
30	4.8　4.2 *(4.5　4.0 *)	4.0　3.6 *	3.4　3.2 *
37	6.0　5.3 *(5.6　5.0 *)	7.0　4.5 *	4.2　4.0 *
45	7.1　6.3 *(6.7　6.0 *)	6.0　7.3 *	7.0　4.6 *
55	9.5　8.5 *(9.0　8.0 *)	8.0　7.1 *	6.7　6.0 *
(63)	11　10 *(10　9.5 *)	9.0　8.0 *	8.0　7.1 *
75	13　12 *(12　11 *)	10　9.5 *	9.0　8.5 *
90	16(15)	13	11
110	19(18)	15	13
132	22(20)	18	16
160	28(26)	22	20
200	35(32)	28	25
250	42(40)	34	30
315	56(53)	46	40

注：1. 括号内数值为非优先选用值。

　　2. 带 * 数字表示无油或风冷空气压缩机的值。

表 8-6　双螺杆式空气压缩机基本参数

驱动电动机功率/kW	额定排气压力/MPa					
	0.7(0.8)		1.0		1.25	
	公称容积流量/(m³/min)					
	风冷	水冷	风冷	水冷	风冷	水冷
18.5	2.5(2.4)	2.3(2.2)	0.8	0.75	0.7	0.66
22	3.0(2.8)	2.8(2.6)	2.4	2.3	2.1	1.9
30	4.0(3.8)	3.8(3.6)	3.3	3.1	2.9	2.7
37	7.0(4.7)	4.8(4.5)	4.0	3.8	3.6	3.4
45	6.2(7.8)	7.9(7.5)	7.0	4.8	4.4	4.2
55	7.8(7.3)	7.4(6.9)	6.2	7.9	7.5	7.2
(63)	8.8(8.2)	8.4(7.8)	7.0	6.7	6.4	6.0
75	11(10)	10(9.3)	8.5	8.0	7.5	7.1
90	13(12)	12(11)	10	9.6	9.2	8.7
110	16(15)	15(14)	13	12	12	11
132	19(18)	18(17)	15	14	14	13
160	23(22)	22(21)	18	17	17	16
200	31(28)	30(27)	23	22	21	20
250	39(36)	37(34)	30	28	26	25
315	49(45)	47(43)	37	35	34	32

　注：1. 括号内数值为非优先选用值。

　　　2. 风冷空气压缩机风扇不由主电动机驱动时,公称容积流量按水冷空气压缩机参数选用。

表 8-7　单轴离心式空气压缩机基本参数

型号	代号	气量/(m³/min)	吸气压力/MPa	出口压力/MPa	转速/(r/min)	轴功率/kW
DA 350-61	6061D	370	0.097	0.72	8600	2000
DA 400-61	6063	430	0.097	0.65	8656	1967
DA 460-61	6063(长寿)	460	0.091	0.65	8852	2017
DA 200-61	6060	210	0.097	0.7	11 543	1040
DA 200-61	6060E	210	0.09	0.65	11 543	1040
DA 200-61	6060F	212	0.09	0.6	11 543	995
DA 200-61	6060L	230	0.082	0.63	11 543	1110
DA 1800-51	6091	1715	0.095	0.67	5860	7206
DA 70-41	6092	70	0.64	1.9	12 580	1412
DA 1200-41	6016	1200	0.097	0.60	7258	4453

8.4.5　空气压缩机的选型与维护

　供气量的确定,应以全矿各班生产中所需耗气量最大班次和压风自救需风量为计算依据。同时考虑到矿井使用风动工具在工作过程中不连续性,负荷波动性比较大的因素,要在实践中不断总结经验,进行负荷分析,了解不同单位使用风动工具的规律性,考虑管路漏气、机具磨损增加的耗气量以及海拔高度对供气量的影响。

1. 矿井正常生产用风量

$$Q = \alpha_1 \alpha_2 \gamma \sum_{i=1}^{n} n_i q_i K_i \qquad (8\text{-}4)$$

式中：α_1——沿管道全长的漏风系数，1000 m 以下应取 1.10，1000～2000 m 应取 1.15，2000 m 以上应取 1.20；

　　　α_2——机械磨损耗气量增加系数，应取 1.10～1.15；

　　　γ——海拔高度修正系数，当海拔高度为不大于 1000 m 时 γ 应取 1，海拔高度每增加 100 m γ 应增加 1%；

　　　n_i——用气量最大班次内，同型号风动机具的台数；

　　　q_i——风动机具的耗气量，m^3/min；

　　　K_i——同型号风动机具同时工作系数，见表 8-8。

表 8-8 同时工作系数

同型号风动机具同时工作台数	≤10	11～30	31～60	>60
K_i	1.00～0.85	0.85～0.75	0.75～0.65	≤0.65

2. 压风自救需风量

$$Q = K K_1 q_{自} \sum_{i=1}^{n} 总 \qquad (8\text{-}5)$$

式中：K——压风管路漏风系数，取 1.2；

　　　K_1——压风自救器安装区域工作人员不均衡系数，取 1.2；

　　　$\sum$ 总——压风自救安装区域的最多人数；

　　　$q_{自}$——压缩空气供给量，每人 0.3 m^3/min。

具体使用式(8-5)时，应注意，除风镐落煤工作面以外，对于掘进岩巷工作面，通常凿岩机与风镐不同时作业，故只计算凿岩机风量；对同一岩巷掘进工作面，锚喷机与凿岩机不同时作业，工作面锚喷时，一般配置两台风镐，它与锚喷机一般考虑同时作业。

根据《煤炭工业矿井设计规范》规定，选择系统及管径时，应保证工作地点的压力比风动机具的额定压力大 0.1 MPa（一个工程大气

压），同时还要考虑输气管路的压力损失、工作面软管的阻力损失，因此空压机的出口压力为

$$p = p_e + \sum \Delta p + 0.1 \qquad (8\text{-}6)$$

式中：p_e——风动机具中所需最大的额定压力，MPa；

　　　$\sum \Delta p$——达到设计产量时，压气管路中最远一路的压降，估算时可取每千米管长压降为 0.03～0.04 MPa；

　　　0.1——《煤炭工业矿井设计规范》规定的用气地点压力高于风动工具额定压力 0.1 MPa。

空气压缩机的选型需要先计算出估计的总供气量与出口压力，再参考 8.4.4 节所推荐的基本参数与有关空气压缩机产品样本选择满足要求的空气压缩机。选择时要尽量做到设备投资少，压缩机站占地面积小，使用灵活性大，同时要考虑设备的供应情况等。

根据全矿或分区最大供气量和所使用的压缩空气压力来选择空气压缩机。矿用气动机械的压缩空气表压力为 0.35～0.7 MPa，一般选用排气表压力为 0.7～0.8 MPa 的空气压缩机。当个别气动机械用的压缩空气压力超过上述压力时，可采用增加空气压缩机提高局部压力的措施。

对于同一空气压缩机站，应尽量选用同一型号、同一制造厂的空气压缩机，以便于站房的合理布置和备品、配件的互换，有利于操作、管理和维修。如果可选择的空气压缩机有两种及以上型号均能满足工作需要，应首先对比空气压缩机的台数、备用台数、比功率、电耗等，若不能确定，则应进行技术经济比较后再确定。在大、中型矿山，为了适应用气负荷的变化，站内也可配置两台能力较小的空气压缩机，以利于经济运行，但型号最好不要超过两种。备用空气压缩机的容量一般为全站计算用气量的 20%～30%，通常备用一台。

由于活塞式空气压缩机比功率小，耗电量少，易于调节排气量，故矿山固定式空气压缩机常采用活塞式。大型矿山当同一压缩机站

的最大供气量超过 $600\ m^3/min$ 时,因活塞式空气压缩机的气缸尺寸过大、质量过大,不宜采用单机排气量大于 $100\ m^3/min$ 的活塞式空气压缩机,可以考虑采用离心式空气压缩机。

在小型矿山或露天矿,当采用移动式空气压缩机时,除采用活塞式空气压缩机外,也常采用螺杆式或滑片式空气压缩机。

空气压缩机组的冷却方式选择,应结合机组排气量、建站位置的地形特点、水源供应、水质等综合考虑。

活塞式空气压缩机在运转过程中产生问题或故障的常见原因和排除方法见表8-9。

表8-9 活塞式空气压缩机常见故障与排除方法

故障	原因	排除方法
排气量达不到设计要求	气阀泄漏,特别是低压级气阀的泄漏	检查低压级气阀,并采取相应措施
	填料漏气	检查填料的密封情况,采取相应措施
	第一级气缸余隙容积过大	调整气缸余隙
	第一级气缸的设计余隙容积小于实际结构的最小余隙容积	若设计错误,应修改设计或采取措施调整余隙
功率消耗超过设计规定	气阀阻力太大	检查气阀弹簧力是否恰当,气阀通道面积是否足够大
	吸气压力过低	检查管道和冷却器,如阻力太大,应采取相应措施
	压缩级之间的内泄漏	检查吸、排气压力是否正常,各级气体排出温度是否增高,并采取相应措施
级间压力超过正常压力	后一级的吸、排气阀不好	检查气阀,更换损坏件
	前一级吸入压力过高	检查并清除之
	前一级冷却器冷却能力不足	检查冷却器
	活塞环泄漏引起排出量不足	更换活塞环
	到后一级间的管路阻抗增大	检查管路使之畅通
	本级吸、排气阀不好或装反	检查气阀
级间压力低于正常压力	排气阀泄漏	检查气阀,更换损坏件,检查活塞环
	吸入温度超过规定值	检查泄漏处,并消除之
	气缸或冷却器冷却效果不良	检查管道,使之畅通
排气温度超过正常温度	排气阀泄漏	检查排气阀,并消除之
	吸入温度超过规定值	检查工艺流程,移开吸入口附近的高温机器
	气缸或冷却器冷却效果不良	增加冷却器水量,使冷却器畅通
运动部件发出异常的声音	连杆螺栓、轴承盖螺栓、十字头螺母松动或断裂	紧固或更换损坏件
	主轴承,连杆大、小头瓦,十字头滑道等间隙过大	检查并调整间隙
	各轴瓦与轴承座接触不良,有间隙	刮研轴瓦瓦背
	曲轴与联轴器配合松动	检查并采取相应措施

续表

故障	原　因	排　除　方　法
气缸内发出异常声音	气阀有故障	检查气阀并消除故障
	气缸余隙容积太小	适当加大余隙容积
	润滑油太多或气体含水多,产生水击现象	适当减少润滑油量,调高油、水分离器效果或在气缸下部加排泄阀
	异物掉入气缸内	检查并消除之
	气缸套松动或断裂	检查并采取相应措施
	活塞杆螺母或活塞螺母松动	紧固之
	填料破损	更换填料
气缸发热	冷却水太少或冷却水中断	检查冷却水供应情况
	气缸润滑油太少或润滑油中断	检查气缸润滑油,看油压是否正常,油量是否足够
	由于脏物带进气缸,使镜面拉毛	检查气缸,并采取相应措施
轴承或十字头滑履发热	配合间隙小	调整间隙
	轴和轴承接触不均匀	重新刮研轴瓦
	润滑油油压太低或断油	检查油泵、油路情况
	润滑油太脏	更换润滑油
液压泵的油压不够或没有压力	吸油管不严密,管内有空气	排出空气
	油泵泵壳的填料不严密,漏油	检查并消除之
	吸油阀有故障或吸油管堵塞	检查并消除之
	油箱内润滑油太少	添加润滑油
	滤油器太脏	清洗滤油器

第9章

采掘辅助机械

9.1 耙装机

9.1.1 耙装机简介

耙装机是我国目前煤矿掘进所使用的主要装载设备,如图 9-1 所示,占装载机使用总台数的 80% 左右。耙装机以耙斗为工作机构,靠绞车牵引使耙斗往复运动,耙取煤或岩石并装入矿车、箕斗或转载机中。耙装机具有结构简单、操作容易的优点,适用范围较广,可用在高度 2 m 左右、宽度 2 m 以上的水平巷道或倾角小于 30°的倾斜巷道中工作,也能用于弯道处装载。耙装机能装大块岩石,在岩石块度为 300～400 mm 时装载效率最高。但由于耙装机是间断作业,使生产能力的提高受到一定限制,加之尺寸较大,无自行机构,因此机动性较差,且钢丝绳和耙斗磨损较快。

图 9-1 耙装机

耙装机主要分为 P-15B、P-30B、P-60B 三种类型。

(1)P-15B 耙装机可适用净高 2 m 以上(净断面 4.5 m² 以上)的巷道使用;

(2)P-30B 耙装机可适用净高 2 m 以上(净断面 6 m² 以上)的巷道使用;

(3)P-60B 耙装机可适用净高 2.4 m 以上(净断面 8 m² 以上)的巷道使用。

其中,耙装机型号组成及代表意义如下:

P 代表耙装机;15,30,60 代表耙斗容积;B 代表隔爆型。

各类型技术特征见表 9-1。

表 9-1　国产煤矿耙装机的技术特征

技术特征			型　号		
			P-15B	P-30B	P-60B
生产率/(m³/h)			15	35~50	70~110
耙斗容积/m³			0.15	0.30	0.60
绞车	型式		行星齿轮传动双卷筒		
	牵引力/kN	装载行程	6.4~10.1	13.5~19.5	23.3~32.7
		返回行程	5.04~7.85	9.6~13.92	17.5~24.5
	牵引速度/(m/s)	装载行程	0.9~1.4	0.85~1.22	0.97~1.35
		返回行程	1.2~1.9	1.18~1.70	1.34~1.86
	钢丝绳直径/mm		9.9	12.5~14	15.5~17
台车	轨距/mm		600	600,900	600,900
	轴距/mm		700	930	1000
	型号		JB-12-4	DZ₃b-17	YBB-30-4
	功率/kW		11	17	30
外形尺寸(长×宽×高)/(mm×mm×mm)			4700×1040×1750	6600×2045×1950	7825×1850×2327

9.1.2　耙装机的工作方式

以 P-30B 耙装机为例,如图 9-2 所示,P-30B 型耙装机主要由耙斗、绞车、机槽和台车等组成。工作时,耙斗借自重插入岩堆。耙斗前端的工作钢丝绳和后端的返回钢丝绳分别缠绕在绞车的工作滚筒和回程滚筒上。按动电动机按钮使绞车主轴旋转,再扳动操纵机构中的工作滚筒手把,使工作滚筒回转,工作钢丝绳不断缠到滚筒上,牵引耙斗沿底板移动将岩石耙入簸箕口,经连接槽、中间槽和卸载槽,由卸载槽底板上的卸料口卸入矿车。然后,操纵回程滚筒手把,使绞车回程滚筒回转,返回钢丝绳牵引耙斗返回到岩堆处,一个循环完成,重新开始。

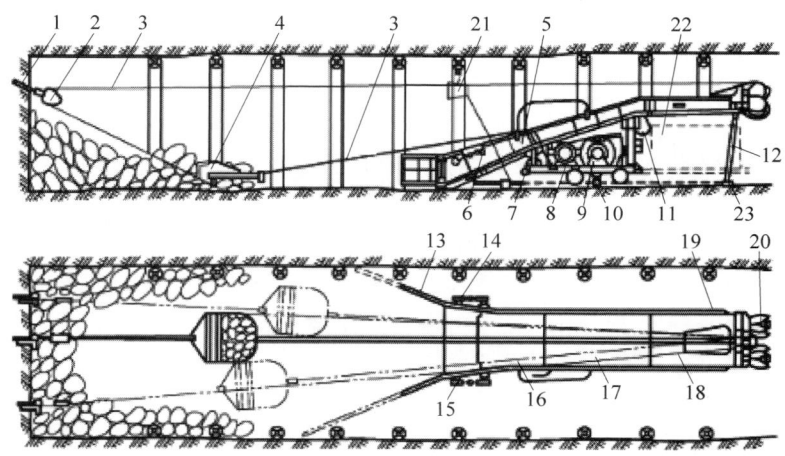

1—固定楔;2—尾轮;3—钢丝绳;4—耙斗;5—机架;6—护板;7—台车;8—操纵机构;9—绞车;10—卡轨器;11—托轮;12—撑脚;13—挡板;14—簸箕口;15—升降装置;16—连接槽;17—中间槽;18—卸载槽;19—缓冲器;20—头轮;21—照明灯;22—矿车;23—轨道。

图 9-2　P-30B 型耙装机工作原理示意图

所以,耙装机是间断装载岩石的。机器工作时,用卡轨器将台车固定在轨道上,以防台车工作时移动。为防止工作过程中卸料槽末端抖动,用撑脚将卸料槽支承到底板上。在倾角较大的斜巷中工作时,除用卡轨器将台车固定到轨道上外,另设一套阻车装置(图中未画出)防止机器下滑。固定楔固定在工作面上,用以悬挂尾轮。移动固定楔位置,可改变耙斗装载位置,以把取任意位置的岩石。

P-30B型耙斗式装载机在拐弯巷道中的使用如图9-3所示。第一次迎头耙岩时,钢丝绳通过在拐弯处的开口双滑轮到迎头尾轮,将迎头的矿渣耙到拐弯处,然后将钢丝从双滑轮中取出,把尾绳轮移至尾绳轮的位置,即可按正常情况耙岩。

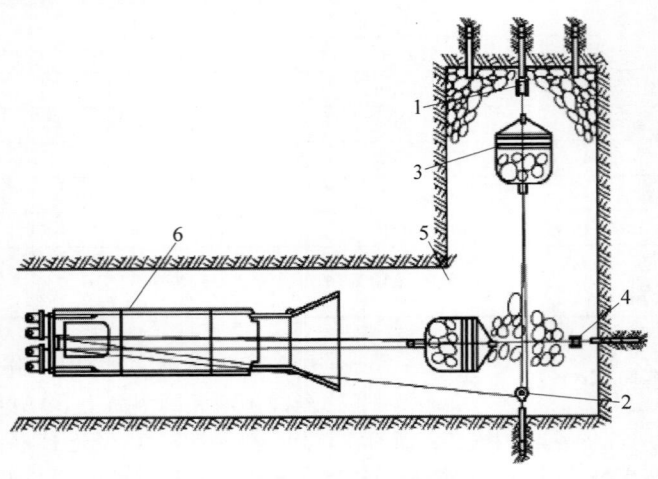

1,4—尾轮绳;2—双滑轮;3,5—耙斗;6—耙斗式装载机。

图9-3　P-30B型耙装机在拐弯巷道中的使用

此外,耙装机的绞车、电气设备和操纵机构等都装在溜槽下面。为了使用方便,耙装机两侧均设有操纵手把,以便根据情况在机器的任意一侧操纵。移动耙装机时,可用人力推动或用绞车牵引。

9.1.3　耙装机的组成结构

1. 绞车

P-30B耙装机的绞车采用行星轮传动的双滚筒绞车,由电动机2、减速器1、带式制动闸3、回程卷筒4、工作卷筒5、辅助闸6和绞车架7等部分组成,如图9-4所示。闸带式双卷筒绞车的一个卷筒用来缠绕工作钢丝绳(称工作卷筒),另一个卷筒则用来缠绕回程钢丝绳(称回程卷筒)。当启动电动机之后,可经减速器带动绞车主轴旋转,此时两个卷筒不动。若需耙斗开始耙取岩石时,司机操作控制手把将工作卷筒5一侧的带式制动闸3闸紧,通过行星轮结构,工作卷筒5便随主轴旋转缠绕钢丝绳,使耙斗处于工作状态,这时回程卷筒处于浮动状态。若使耙斗返回到耙岩石位置,司机松开控制工作卷筒一侧的带式制动闸手把,而将回程卷筒4一侧的带式制动闸闸紧,通过相应的行星轮结构,回程卷筒4则随主轴旋转缠绕钢丝绳,使耙斗处于回程状态,这时工作卷筒便处于浮动状态。制动闸(工作闸)除控制卷筒旋转缠绕钢丝绳使耙斗往返工作外,还可控制耙斗的运行速度。利用闸带与内齿圈闸轮之间摩擦打滑的特性,闸紧一些时速度就快一些,相反就慢一些。两个辅助闸用来对工作卷筒和回程卷筒进行轻微制动,以防止卷筒处于浮动状态时,缠在卷筒上的钢丝绳松圈而造成乱绳和压绳现象。

1) 主轴部件

绞车的主轴部件主要由工作卷筒1和回程卷筒8、内齿圈3和6、行星轮架4、绞车架7和9、

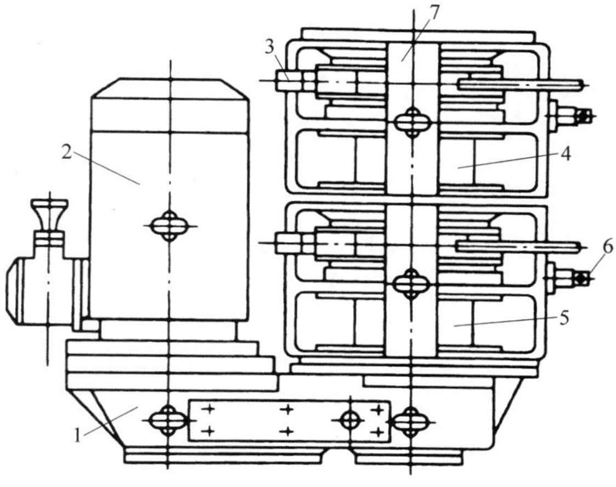

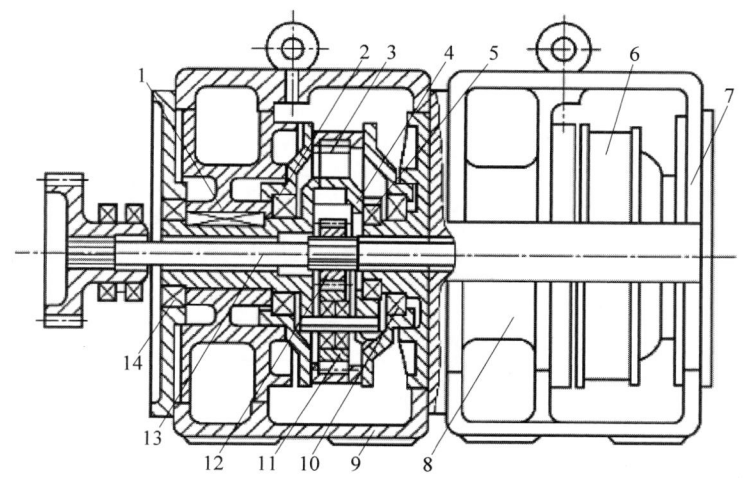

1—减速器；2—电动机；3—带式制动闸；4—回程卷筒；
5—工作卷筒；6—辅助闸；7—绞车架。

图 9-4　P-30B 型耙装机的绞车

行星轮 11、中心轮 12、主轴 13 和轴承等部分组成，如图 9-5 所示。绞车主轴过两个卷筒的内孔，并用花键固定着两个中心轮 12。工作卷筒和回程卷筒用键连接在行星轮架 4 上，同时支承在相应的滚珠轴承 2、5、14 上。内齿圈 3 和 6 支承在相应的滚珠轴承 2 和 10 上。整个绞车通过绞车架 7 和 9 固定在机器的台车上。主轴的安装方式很特殊，它没有任何轴承支承，呈浮动状态。这种浮动结构能自动调节 3 个行星轮 11 上的负荷趋于均匀，使主轴不受径向力，只承受扭矩。主轴左端与减速器伸出轴上

大齿轮的花键连接，实现传递扭矩。

2）带式制动闸

带式制动闸主要由钢带 4、钢丝石棉带 5、摇杆 8 和拉杆 10 等部分组成，如图 9-6 所示。石棉带磨损后可更换。闸带呈半圆形对称布置，2 条闸带用圆柱销 7 与绞车机架连接。当操纵机构使摇杆 8 顺时针转动时（摇杆右端向下拉），摇杆 8 使右闸带闸紧内齿圈外缘，同时拉杆 10 随摇杆 8 向右移使左闸带也闸紧内齿圈外缘，从而实现内齿圈内制动。反之，当操纵机构使摇杆 8 逆时针转动时（摇杆右端向上推），摇杆 8 使右闸带离开内齿圈外缘，同时拉杆 10 随摇杆 8 向左移使左闸带也离开内齿圈外缘，即左、右闸带几乎同时向外张开，从而实现内齿圈的松闸。为防止闸带松开距离过大，缩短制动时间，在闸带外缘上铆有凸肩 1。当该凸肩碰到固定在绞车架上的挡板 3 后，闸带便停止向外张开，使闸带内表面与内齿圈外缘（制动轮）之间保持一定的工作间隙。该间隙的大小可用调节螺钉 2 进行调节。两套带式制动闸可借助相应的杠杆操纵机构进行操作。

3）操纵机构

操纵机构主要由回程卷筒操纵手把 1、工作卷筒操纵手把 2、拉杆 3 与 4、短杆 6、长杆 7 和连杆 9 等部分组成，如图 9-7 所示，这是两套组装在一起的杠杆操纵机构。回程卷筒操纵

1—工作卷筒；2,5,10,14—轴承；3,6—内齿圈；4—行星轮架；7,9—绞车架；8—回程卷筒；
11—行星轮；12—中心轮；13—主轴。

图 9-5　绞车主轴部件

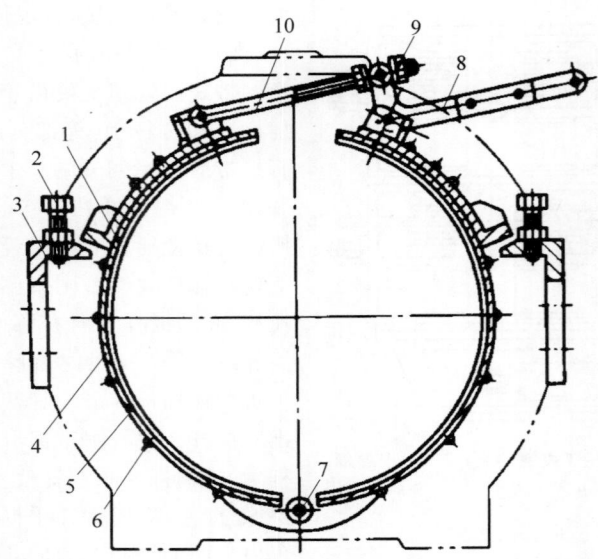

1—凸肩；2—调节螺钉；3—挡板；4—钢带；5—钢丝石棉带；6—铆钉；7—圆柱销；8—摇杆；9—调节螺母；10—拉杆。

图 9-6　绞车带式制动闸

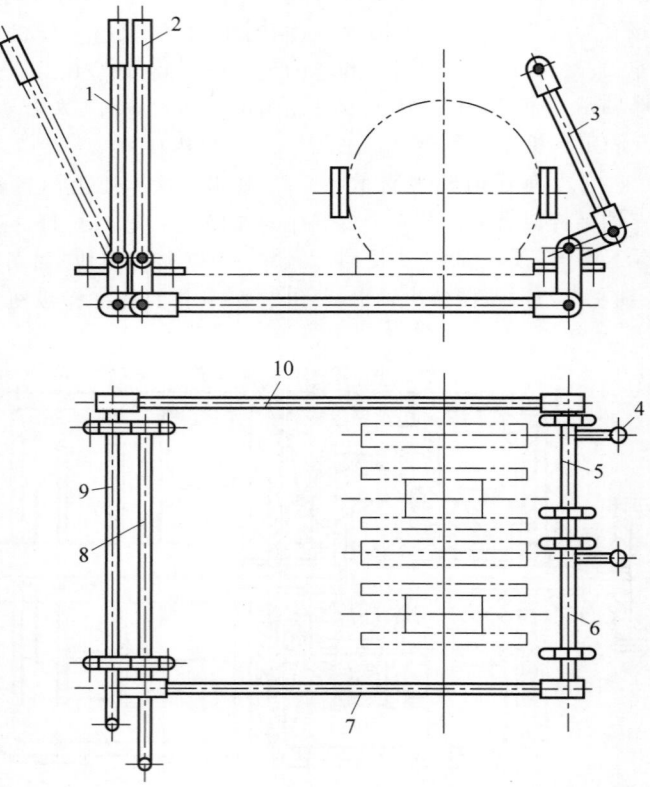

1—回程卷筒操纵手把；2—工作卷筒操纵手把；3,4—拉杆；5,6—短杆；7,10—长杆；8,9—连杆。

图 9-7　绞车操纵机构

手把1和工作卷筒操纵手把2分别控制相应的带式制动闸。如把回程卷筒操纵手把或工作卷筒操纵手把向右推时,通过相应的长杆7或10使拉杆3或4向下移,因拉杆与制动闸中的摇杆连接,所以摇杆被带动按顺时针转动,则对相应的内齿圈进行制动;相反,操纵手把1或2向左拉时,通过相应的长杆使拉杆向上移,则对相应的内齿圈进行松闸。

4) 辅助闸

辅助闸主要由铜丝石棉带1、闸瓦2、接头4、支座5、弹簧6、活塞7、手把8和把座9等部分组成,如图9-8所示。绞车工作时,只有一个卷筒缠绕钢丝绳处于工作状态,另一个卷筒却相应地处于浮动状态,随着耙斗的移动松开钢丝绳。这样,当耙斗停止工作时,由于浮动卷筒的惯性,该卷筒继续转动而放出部分钢丝绳,钢丝绳堆积在卷筒的出绳口处易引起乱绳事故,这样钢丝绳很容易损坏。为此,在2个卷筒的轮缘上各安装1个辅助闸,其作用就是以一定的制动力矩抵消浮动卷筒的惯性力矩。一般情况下这个辅助闸始终闸紧卷筒轮缘,使卷筒旋转始终具有一定的摩擦阻力矩,以便耙斗停止运动时及时克服惯性力矩而使浮动卷筒停止放绳。辅助闸的力矩一般是较小的,不致影响卷筒的正常转动。若摩擦阻力矩过大,则会增加绞车无用功率的消耗,降低机械效率。

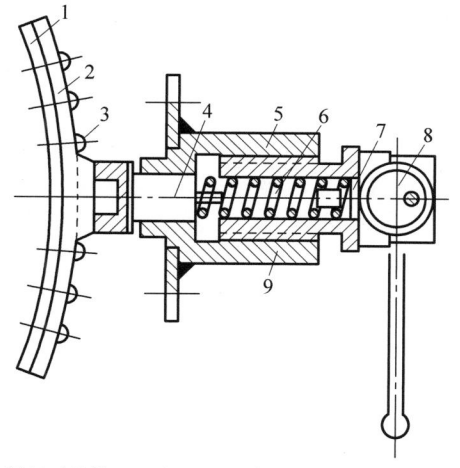

1—铜丝石棉带;2—闸瓦;3—铆钉;4—接头;5—支座;
6—弹簧;7—活塞;8—手把;9—把座。

图 9-8　绞车辅助闸

辅助闸的支座5用螺钉固定在绞车架上。把座9和支座5之间为螺纹配合。带偏心盘的手把8安装在把座9上。当顺时针转动手把(如图示位置)时,手把上的偏心盘推压活塞7向左移动,压缩弹簧6,使接头4推动闸带(由铜丝石棉带、闸瓦和铆钉组成)作用在卷筒轮缘上,产生一定摩擦阻力矩,抵消卷筒的惯性力矩。正常工作情况下,辅助闸手把就被调整在图示位置不动,使卷筒轮缘上始终具有一定的摩擦阻力矩。只有当人工拖拉钢丝绳的情况下,为了减小人力,才将手把8逆时针转动180°,使弹簧松开,此时闸带只以很小的力贴在卷筒轮缘上。闸带中的铜丝石棉带磨损后可更换。

2. 溜槽和台车

溜槽和台车组成耙装机的机架。

1) 溜槽

溜槽由进料槽、中间槽和卸料槽组成,三者之间用螺钉连接起来。如图9-2所示,进料槽又由簸箕口14、连接槽16和护板6组成。当矿车尺寸较长时,还可在中间槽和卸料槽之间加一段中间接槽。根据实际情况的需要,有时应加两副撑脚,以满足溜槽卸料端的刚性要求。进料槽的前端左、右两侧各铰接1块簸箕挡板13,它在耙斗耙取巷道两帮的岩石时起导向作用,并能防止岩石向两侧散开。挡板的张开角度不宜过大,一般小于30°,否则难以起导向作用。挡板的长度视巷道宽度而定,巷道宽的工作面挡板要加长,直到挡板一端碰到岩帮为止,挡板张开角度仍保持小于30°。簸箕口与连接槽的槽底铰接,在升降装置15(升降螺杆)的调节下,能改变簸箕口与巷道底板之间的倾角。护板的作用是使簸箕口与连接槽互相夹紧,以加强进料槽的刚性。进料槽的宽度从簸箕口起逐渐由大变小,中间槽17的形状取决于矿车和绞车的高度,并考虑岩石进入后不致自行下滑。中间槽槽底有两段凸起弯曲段,钢丝绳只与凸起段接触,磨损后可更换。中间槽全长的宽度应保持不变,并比耙斗的宽度稍大些,以利于耙斗在其内顺利通过,又能起一定的导向作用。

卸料槽18的末端槽底上开有卸料口,耙斗内的岩石便从此口卸入矿车或箕斗。末端还装有缓冲器19,它对耙斗卸料碰撞时起缓冲作用。卸料槽后部安装有4个头轮(滑轮),它们与另一些尾轮2和托轮11配合,使钢丝绳与卸料口错开,以防岩石砸坏钢丝绳。

2) 台车

台车是耙斗装载机的机架和行走部分,并承载着装载机的全部重量。台车由台车架、车轮、弹簧碰头等组成。在台车上安装有绞车、操纵机构以及支撑中间槽的支架和支柱。耙斗装载机工作时,用卡轨器将台车固定在轨道上,在斜井或上山装载时,还需设阻车器,以防装载机下滑。随着工作面的推进,耙斗的行程逐渐延长,为了达到较高生产率,应及时延铺轨道,用人工或绞车使台车前移,缩短耙装行程。

3. **耙斗**

耙斗是用绞车牵引往复运动,直接耙取松散煤岩的斗状构件。根据物料密度的大小有不同形式的耙斗,分为耙式、箱式和半箱式。耙式耙斗没有侧板,20世纪60年代以前曾用于耙取岩石;箱式耙斗两侧有侧板,适应较软、松散、细碎的物料;半箱式耙斗用于耙取块度大、密度大的物料。在装载行程中,耙斗被向前牵引,耙斗的自重使它逐渐插入料堆,耙斗内的物料沿着耙斗的尾帮升高并向前翻滚(图9-9),耙斗被逐渐装满,插入料堆的阻力也随着增大。当耙斗的自重和插入阻力达到平衡后,插入料堆的深度就不再增加。因此,耙斗的形状和质量直接影响耙斗装载机的生产率。

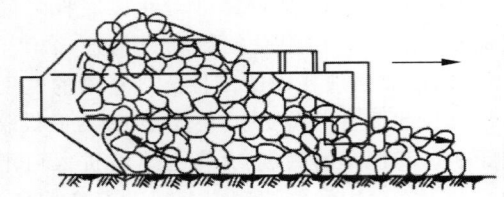

图9-9 耙斗装料过程

在装载过程中,耙斗斗齿插入物料的角度是变动的,通常把耙斗在静止水平位置时耙齿齿端内侧与水平面的夹角 α 称为耙角,耙齿齿端外侧面与水平面的夹角 β 称为后角(图9-10)。耙角大小直接影响耙斗的插入情况和装载效果。用于平巷时,耙角一般为50°~55°;用于倾角小于20°斜井时,耙角为65°~75°;用于倾角大于20°斜井时,耙角为70°~75°。

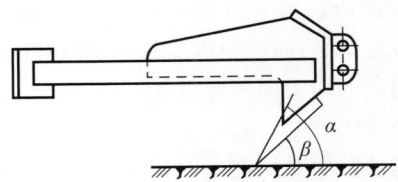

图9-10 耙斗耙角和后角

耙斗的长度、宽度和高度应保持适当的比例。耙斗过长、过宽均会影响耙斗的稳定性和增加耙斗装载机的长度和宽度。根据经验,耙斗长、宽、高的合理比例是2:1.5:1。

耙斗依靠自重插入料堆,重力越大越容易插入,但重力过大消耗功率增加,容易刮入底板,增加牵引阻力。耙斗的质量根据耙取的物料密度和块度大小决定,以耙斗的单位宽度质量表示。耙取硬岩和大块物料时,一般为500~600 kg/m;耙取软岩和松散细块物料时,一般为300~400 kg/m。

耙斗的各项参数选择合理时,耙斗的重心应在两端钢丝绳牵引点的连线以下,运行比较平稳,耙取岩石时,一般在3~4 m的行程内即能耙满,装满系数甚至可以大于1。

耙斗的结构如图9-11所示,主要由斗齿和斗体组成。斗体用钢板焊接而成,斗齿与斗体铆接。斗齿有平齿和梳齿之分,多使用平齿。斗齿材料为ZGMn13,磨损后可更换。尾帮后侧经牵引链8和钢丝绳接头1连接,拉板前侧与钢丝绳接头6连接,绞车上工作钢丝绳和返回钢丝绳分别固定在接头6和接头1上。

4. **导向轮**

导向轮是用来引导、改变钢丝绳方向的装置。它安装在装岩机的后部,由侧板、绳轮、心轴、滚动轴承等零部件组成,具有防尘性能。在心轴的轴端装有压注油杯,用来定期给滚动轴承注油。

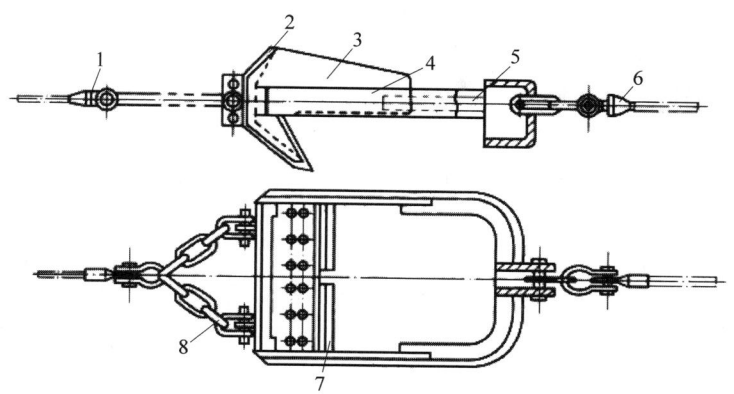

1,6—接头；2—尾帮；3—侧板；4—拉板；5—筋板；7—斗齿；8—牵引链。

图 9-11　耙斗结构

9.1.4　耙装机的基本参数

1. 生产率

耙装机的生产能力与耙运距离、耙斗工作与返回行程的速度、耙斗改变行程所需时间、耙斗装满岩渣程度和岩石松散容重等因素有关。

(1) 耙斗往返耙运 1 次岩石所需的循环时间 t：

$$t = \frac{L}{v_1} + \frac{L}{v_2} + t_1 + t_2 \qquad (9\text{-}1)$$

式中：L——耙斗运行距离，m；

$\quad\quad v_1$——耙斗工作行程速度，m/s；

$\quad\quad v_2$——耙斗返回行程速度，m/s；

$\quad\quad t_1$、t_2——耙斗在两次改变行程时的间
隙时间，s。一般情况取 $t_1 = t_2 = 10 \sim 20$ s。

(2) 每小时装载次数 i：

$$i = \frac{3600}{t} \qquad (9\text{-}2)$$

(3) 耙斗装载机的小时生产率 Q：

单位为 m^3/h 时的计算式：

$$Q = V\varphi i \qquad (9\text{-}3)$$

单位为 t/h 时的计算式：

$$Q = V\varphi i\gamma \qquad (9\text{-}4)$$

式中：V——耙斗容积，m^3；

$\quad\quad \varphi$——耙斗装满系数，一般对于煤取 $\varphi = 0.7 \sim 0.9$，对于岩石取 $\varphi = 0.5 \sim 0.9$；

$\quad\quad \gamma$——装运物料的松散体重，t/m^3。

2. 耙斗的容积

从式(9-4)可以看出，耙斗装载机的生产能力，不仅与每小时的耙装次数 i 有关，而且与耙斗的容积 V 有关。如果设计或选择的耙斗容积过大，生产率过高，则增加了制造成本。相反，耙斗容积过小，则不能完成装运任务。因此可以根据装载量的任务大小，反过来计算耙斗所需的容积。

$$V = \frac{Q}{\varphi i} = \frac{Q}{\varphi \cdot \dfrac{3600}{t}} = \frac{Q \cdot t}{3600\varphi}$$

$$= \frac{Q\left(\dfrac{L}{v_1} + \dfrac{L}{v_2} + t_1 + t_2\right)}{3600\varphi} \qquad (9\text{-}5)$$

根据计算结果，取消大的标准耙斗容积。

耙斗的容积，除与几何尺寸有关外，还和耙斗的结构形式、耙角等因素有关。目前只能按经验公式确定。

对耙式耙斗：

$$V = \frac{1}{2} H^2 B (\cos\beta + \cot\alpha) \qquad (9\text{-}6)$$

对箱式耙斗：

$$V = BHL - 0.4BH^2 \qquad (9\text{-}7)$$

式中：H——耙斗高度，m；

$\quad\quad B$——耙斗宽度，m；

$\quad\quad \beta$——岩石的自然安息角，(°)，一般 $\beta = 40°$；

$\quad\quad \alpha$——耙斗的耙角，(°)；

$\quad\quad L$——耙斗的长度，m。

所选的耙斗容积,应大于为了满足装载任务要求而计算出来的所需耙斗容积。

3. 耙斗运行时所需的牵引力

耙斗的运行阻力主要是耙斗自重及斗内物料质量沿巷道倾斜方向的分力和各种摩擦力。空耙斗返回行程的运行阻力为

$$F_1 = \psi G(f_1 \cos\alpha \pm \sin\alpha) \tag{9-8}$$

耙斗装满物料后的运行阻力为

$$F_2 = \psi G(f_1 \cos\alpha \pm \sin\alpha) + Q(f_2 \cos\alpha \pm \sin\alpha) \tag{9-9}$$

式中:G——耙斗质量;

Q——装在耙斗内的物料质量;

α——巷道倾角,$\sin\alpha$ 项在向上牵引时取"+",向下牵引时取"-";

f_1——耙斗对巷道底板的摩擦因数,可取 0.4~0.6;

f_2——装在耙斗内的物料对巷道底板的摩擦因数,可取 0.6~0.8;

ψ——综合考虑钢丝绳在巷道底板、溜槽及导向滑轮上的摩擦阻力和耙取物料的阻力系数,可取 1.4~1.5。

4. 电动机功率

耙斗装载机在各种工作情况下所需的电动机功率计算如下:

1) 耙斗工作行程时所需的电动机功率 P_g:

$$P_g = \frac{F_g v_1}{1020\eta} \tag{9-10}$$

式中:η——耙斗绞车的传动效率,$\eta = 0.8$~0.85。

2) 耙斗返回行程时所需的电动机功率 P:

$$P = \frac{F_f v_2}{1020\eta} \tag{9-11}$$

3) 电动机的等值功率 N:

$$N = \sqrt{\frac{N_g^2 \cdot \dfrac{L}{v_1} + N_f^2 \cdot \dfrac{L}{v_2}}{\dfrac{L}{v_1} + \dfrac{L}{v_2}}} \tag{9-12}$$

计算出的电动机等值功率 P,应小于或等于绞车电动机的额定功率。

9.1.5 耙装机的安全使用及故障检修

1. 操作

1) 操作前的准备工作

(1) 检查耙装机各部件连接情况,应牢固可靠。

(2) 检查电气设备是否良好,各按钮的动作是否灵活准确。

(3) 检查各操纵手把有无损坏,其动作是否灵活可靠。

(4) 检查耙斗体和耙齿是否完好,有无变形和磨损,必要时应及时更换。

(5) 检查钢丝绳是否完好,排列是否整齐,有无磨损和断丝,如磨损和断丝数超过规定值应及时更换。

(6) 检查绞车卷筒和制动闸是否完整齐全,动作是否灵活可靠。

(7) 检查导绳轮是否完好,转动是否灵活可靠。

(8) 检查行走机构是否完好,行走是否灵活可靠。

(9) 检查减速器的油量是否符合要求,运转有无异常响声。

2) 耙装机的操作

(1) 爆破后先在工作面打好上部炮眼,在打好的炮眼内或利用剩余的炮眼插入固定楔,悬挂好尾轮,便可开始耙岩。

(2) 操纵工作卷筒的操纵手柄,使工作卷筒转动,钢丝绳牵引耙斗进行耙装岩石,从卸料口卸入矿车内。

(3) 操纵返回卷筒手柄,使卷筒转动将空耙斗返回工作面。依次重复耙岩动作。

(4) 矿车装满岩石后,需进行调车,司机可利用调车时间,连续耙岩到簸箕口前,也可将少量岩石耙到机槽上。待矿车到达时,司机连续操作装车,这样可充分利用时间,提高效率。

(5) 耙取巷道两侧岩石时,只需向左、右移动尾轮即可。

(6) 在 90°弯道中使用时,常采用分段耙取岩石的方法,即先将工作面岩石耙到转弯处,

然后再移动尾轮位置,把转弯处岩石耙装到矿车内。

3)使用注意事项

(1)开车前一定要发出信号,机器两侧不得站人,以免伤人。

(2)操作时,两个制动闸只能一个闸紧,另一个闸松,否则会引起耙斗跳起,甚至拉断钢丝绳。操作过程中要保持钢丝绳的速度均匀,不可使钢丝绳忽松忽紧。

(3)耙取岩石时,若受阻过大或过负荷,要将耙斗退回 1～2 m,重新耙取。不得强行牵引,以免造成断绳或烧毁电动机等事故。

(4)在工作中应随时注意各部运转声音及电动机与轴承的温升情况。

(5)虽然电气设备具有隔爆性能,但由于钢丝绳与滑轮、溜槽、硬石块摩擦易产生火花,

易导致事故发生,因此要求工作面的瓦斯浓度不应超过 0.5%。

(6)在无矿车或箕斗时,不能将岩石堆放到溜槽上,以免被耙斗挤出或被钢丝绳甩出伤人。

(7)爆破前应将耙斗拉回到机器前端,以免被岩石埋住。爆破后应检查隔爆装置、电缆和溜槽,然后再进行工作。在拐弯巷道工作时,因司机看不到作业面,要设专人指挥。尤其在弯道超过 10 m 时,要设两人指挥,一人在作业面,另一人在拐弯处。机器要在坡度较大的上、下山工作时,一定要保证机器稳定可靠,尾轮固定严紧,并要保证人身安全。

2. 耙装机常见故障分析及排除方法

耙装机在生产中的常见故障、原因及排除方法见表 9-2。

表 9-2　耙斗装载机常见故障、原因及排除方法

故　障	原　因	排除方法
电动机声音异常,转速低,甚至停转	耙斗被卡住,电动机过负荷	停止耙运,倒退耙斗后再耙运
固定楔被拉出	固定楔未打紧	打紧固定楔
	楔眼未带偏角	重新打眼
钢丝绳拉断或脱出	钢丝绳磨损严重而断裂	截去严重磨损部分或换新绳
	钢丝绳绳夹未夹牢	夹牢钢丝绳
卷筒上钢丝绳缠乱	电动机反转	改变电动机的转向
	辅助制动闸未闸紧	调整辅助制动闸的弹簧
导向轮或尾轮的绳槽磨穿	未经常加润滑油,转动不灵活	更换绳轮
	轴承严重磨损而未更换	
	安装歪斜	
簸箕口升降不灵活	升降装置的螺杆积灰,旋转困难	清理积灰,并注油
	操作升降装置时两边用力不均	两边同时操作
制动时操作费力	操作系统的转轴或连杆受阻	清理障碍物
	闸带调节螺栓太松	拧紧调节螺栓
绞车的轮闸过度发热	连续运转时间过长	采用间歇工作
	闸带太松,制动时未能紧紧抱闸	调整闸带的调节螺栓
	闸轮与闸带间有油渍	清理油渍,更换闸带

9.1.6　运输、下井及维护

(1)装岩机在运输过程中,不允许受到强烈冲撞。电动机不得受到雨水的浸蚀。

(2)下井前,应检查各零部件及附件是否

齐全,并在地面进行总装及试运转,一切正常后方可下井。

(3)耙斗与钢丝绳的连接,应注意区分主绳与尾绳,工作滚筒与空程滚筒,工作滚筒与主绳受重载,工作时主绳应落在槽子的中间线上。

（4）装岩机下井时，需分段运输，待运到工作地点再重安装，在断面较小的巷道使用时，应注意分段运输的顺序，以便重装，其顺序依次是耙斗、进料槽、台车部分（包括绞车、中间槽）、卸载槽。

（5）维护见表9-3和表9-4。

表 9-3　润滑表

序号	润滑位置	处数	润滑方法	期限	润滑油种类	备注
1	尾轮	1	油枪注入	每月一次	1号钠基润滑油	
2	升降装置	4	涂油	每三月一次	1号钠基润滑油	
3	轮轴	4	油枪注入	每半年一次	1号钠基润滑油	
4	导向轮	2	油枪注入	每月一次	1号钠基润滑油	
5	操纵机构	12	油枪注入	每月一次	1号钠基润滑油	
6	减速器	1	灌入	每三月一次	齿轮油	
7	工作滚筒行星齿轮	1	灌入	每月一次	齿轮油	
8	空程滚筒	1	灌入	每月一次	齿轮油	

表 9-4　滚动轴承明细表

序号	所属部件名称	轴承代号 P-15B	P-30B	P-60B	数量	标准号
1	电机轴齿轮	210	211	311	1	GB/T 276—2013
2	电机轴齿轮	306	407	408	4	GB/T 276—2013
3	减速器滚筒	213	217	220	6	GB/T 276—2013
4	滚筒	216	220	224	4	GB/T 276—2013
5	工作滚筒	42 204	42 307	42 309	6	GB/T 283—2021
6	空程滚筒	42 204	42 305	42 307	6	GB/T 283—2021

9.2　巷道修复机

9.2.1　巷道修复机简介

我国煤矿以井工开采为主，需要在井下开掘大量巷道，巷道作为煤矿井下生产系统最基本单元，其安全、可靠的应用是确保矿井正常生产的基础。近年来随着开采强度和深度的增加，巷道围岩破坏变形的难题尤为突出，严重影响煤矿的安全采掘作业。现阶段，针对严重的巷道围岩变形，主要是采用人工修复或装载机、挖掘机等非专用设备，既费时费力，又导致修复成型效果差、围岩损伤等问题。煤矿用巷道修复机是一种多功能巷道修护设备，主要用于煤巷、半煤岩巷、全岩巷，可以对巷道顶板、底板及侧帮进行破碎、挖装、铲平等日常维护作业，也可对大块的岩石、煤块进行破碎，以便装运。巷道修复设备是专门用于煤矿巷道围岩修复治理施工的设备，能有效修复矿压及其他原因导致的变形煤巷或者岩巷，可大幅度提升巷道修复治理施工的机械化水平，进而促进我国煤矿巷道围岩控制技术的进一步发展，确保煤矿安全高效生产，推动煤炭行业技术进步。

9.2.2　巷道修复机的主要类型

1. 双动力系统巷道修复机

双动力系统巷道修复机的功能特点。双动力系统巷道修复机以矿用防爆动力电池与动力电为双动力源。行走机构运行时，采用防爆动力电池提供动力，不受电缆长度影响，满足其长距离行走要求；工作装置运行时，以井下动力电为动力，满足高强度工作和环境要求。工作装置采用三节臂结构，在动臂座处连接回转减速机、摆动液压缸以及俯仰液压缸，能够实现工作装置旋转180°、左右摆动35°以及俯仰15°动作。该巷道修复机还配备挖斗、破碎锤和铣挖机等属具，可实现破岩、卧底、挖掘以及平整等巷道修复工作。

双动力系统巷道修复机结构如图9-12所示，主要由双动力系统、工作装置、行走机构、操作台总成、液压系统和电控系统等部件组成。双动力系统为整机提供动力，工作装置是各项动作的主要执行机构，液压系统保证设备平稳运行，电控系统监测各项指标并及时反馈运行状态。双动力系统主要由防爆动力电池、电池控制器、电动机控制器、电池冷却系统以及电缆卷筒等部件组成。防爆动力电池作为巷道修复机的行走驱动力，驱动整机前进和后退；采用井下电源通过电缆卷筒输入动力作为工作装置的驱动力。双动力系统既满足了长距离自行走要求，同时具有清洁高效、充电快速、运行噪声小、续航能力强以及后期维修量少等特点。

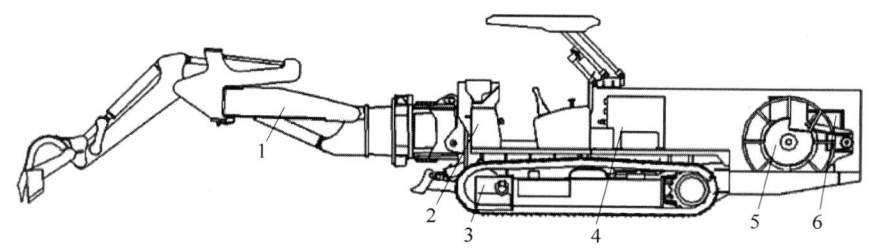

1—工作装置；2—操作台总成；3—行走机构；4—液压系统；5—动力系统；6—电控系统。

图9-12 双动力系统巷道修复机结构

1）行走驱动力

防爆动力电池与电池控制器相连，电池控制器用于控制防爆动力电池输出电能；电动机控制器置于防爆电动机与防爆动力电池之间，用于控制交直流转换，从而实现驱动交流防爆电动机运作，输出动力；冷却系统置于防爆动力电池内部，用于防爆动力电池散热，以增强防爆动力电池的安全性，延长防爆动力电池的使用寿命。此外，防爆动力电池集成为一体，置于本体上远离工作装置的一端，便于拆卸更换，有利于防爆动力电池的维修。

2）工作装置驱动力

井下动力电源通过电缆接入电动机控制器，电动机控制器直接驱动防爆电动机输出动力，作为工作装置的驱动力。电缆卷筒采用液压马达驱动，通过操作杆实现电缆的自由收放，降低了工人劳动强度。巷道修复机在井下修复巷道时，无须行走，与挖掘同时运行，防爆动力电池和动力电源作为并列动力输出，其切换方式由电控箱内部模块实现，模块引出控制线路到操作面板，实现面板控制。双动力共同驱动1套液压系统，形成并联单泵的结构形式，节省整机结构空间。巷道修复机前进时，模块切换到防爆动力电池模式，实现整机行走；工作装置运行时，切换到动力电源模式，满足挖掘作业要求。

3）工作装置

工作装置是双动力系统巷道修复机的主要工作执行元件，主要由摆动液压缸、回转减速机、动臂、动臂液压缸、中间臂、中间臂液压缸、斗杆、挖斗液压缸和挖斗等部件组成，如图9-13所示。它采用独有的三节臂结构，通过各液压缸来驱动三节臂，实现不同工作姿态，完成侧挖、掏带式输送机底以及挖毛水沟等作业。摆动液压缸通过液压油流量的改变实现整个工作臂左右摆动35°；回转减速器将直线运动转化为圆周运动，实现整个工作臂旋转180°，扩大工作臂的作业范围，提高工作臂的使用效率。通过控制动臂液压缸的伸缩，实现动臂上升和下降运动；通过控制中间臂液压缸的伸缩，实现斗杆的前后运动；通过控制挖斗液压缸伸缩，实现挖斗铲装的收放动作；挖斗上焊接斗齿座，斗齿安装在斗齿座上，斗齿是易损件，磨损后可以更换；破碎锤和铣挖机等属具可通过快换连接器实现快速更换,大大降低更换时间以及工人劳动强度,提高更换效率,充分发挥工作臂的性能。

4)行走机构

行走机构是巷道修复机前进的执行机构,主要由推土铲、行走架、履带总成、引导轮、支重轮、托架、驱动轮和减速机总成等部件组成,如图 9-14 所示。它的行走方式采用履带形式,确保其通行率;前端有推土铲,在巷道修复机作业时,支撑地面起到稳定机身作用,同时可用于平整巷道。

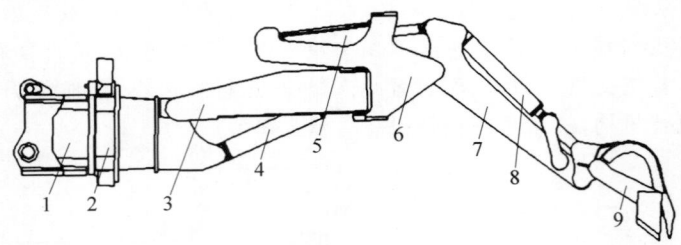

1—摆动液压缸;2—回转减速机;3—动臂;4—动臂液压缸;5—中间臂液压缸;6—斗杆;7—中间臂;8—挖斗液压缸;9—挖斗。

图 9-13 双动力系统巷道修复机工作装置结构

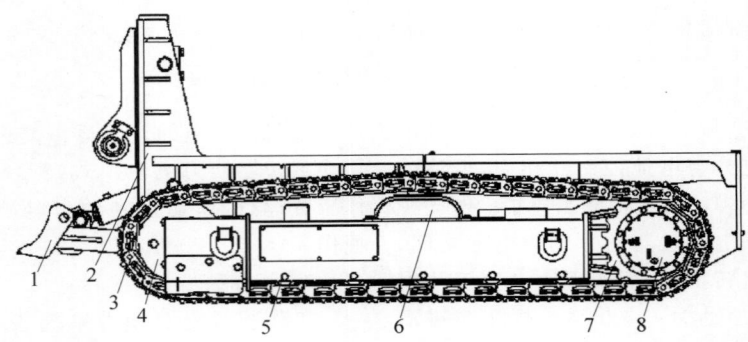

1—推土铲;2—行走架;3—履带总成;4—引导轮;5—支重轮;6—托架;7—驱动轮;8—减速机总成。

图 9-14 行走机构结构

行走架是行走机构的骨架,各部件均安装于其上。减速机总成内置液压马达、平衡阀、减速机和液压制动器,减速机为行星齿轮减速,在减速机与液压马达之间设置液压制动器,驱动轮通过螺栓连接到减速机外壳上。当液压系统向行走机构液压马达供油时,首先液压油驱动液压制动器打开,高压油驱动液压马达转动,然后液压马达通过减速机带动驱动轮运行,继而驱动轮带动履带总成实现整机的前进和后退;引导轮起导向履带作用;支重轮将整机重力传递到履带上,同时保证整机沿履带导轨作直线运动,不发生横向脱落;托架位于上部中间位置,承载履带重量,保证履带合理下垂量,避免前后运动时履带产生振动;引导轮后部安装张紧装置,确保履带张紧程度适中,避免履带过紧或过松,履带过紧会加速其磨损,造成使用寿命降低,履带过松则容易脱落,影响整机运行。

2. 新型矿用多功能巷道修复机

以岳城煤矿为例,该矿巷修一般采用人工挑顶、风镐破碎等传统方法来维护巷道,不但效果不理想,费时费力,还极易引发冒顶、区域瓦斯突出等重大事故。新型矿用多功能巷道起底装备,该机集起底、破煤、扩帮、搭台、装卸功能于一体,可以对煤矿井下巷道底板鼓起及巷道变窄进行破碎、挖掘、装卸、卧底清运、刷

帮等修复作业。综合现有调研的情况,机组的基本参数初步确定为:

(1) 根据调研数据,人工起底效率为 2 m³/工,按照 3 倍计算选用进口阿特拉斯 SB452 破碎锤,适配机型质量为 7~13 t。

(2) 根据详细方案设计,机组结构分为主机部、尾部组焊件、副油箱组件、驾驶台组件、动力臂摆动座、伸缩动力臂组件、中间连接部组件、快换装置、作业部件等,整机宽不超 1.2 m,总重不超过 10 t,功率不超 70 kW。

(3) 比照井下履带行走设备,初步确定行走速度为 1 m/s,根据机身质量,选定行走部参数,确定马达排量、工作压力、减速器速比、驱动链轮直径等,确定爬坡能力为 15°。

(4) 根据井下巷道断面尺寸,为了适应绝大多数矿井,保证顺利挑顶和刷帮,机组的最大挖掘高度初定为 2100 mm,最大水平切削半径定为 2800 mm。

(5) 破碎工况下,为保证坚硬的砂岩的破碎,破碎锤的工作压力需达到 7 MPa 以上。

研发的多功能巷道修复机结构如图 9-15 所示。

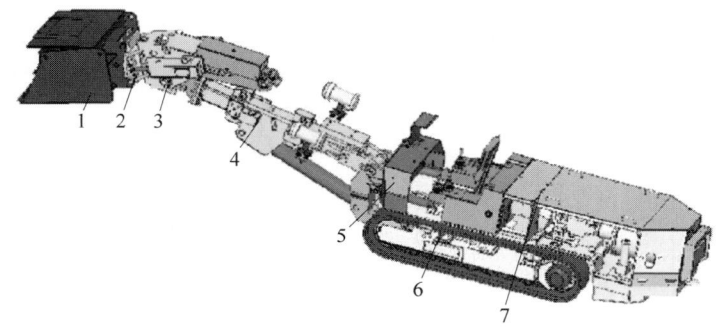

1—作业装置;2—快换装置;3—中间连接部;4—动力臂部;5—主机部;6—行走部;7—护罩组件。

图 9-15　多功能巷道修复机结构示意图

3. 主要设计部件

1) 主机

主机是一个稳固的整体钢板焊接结构,布置在机组的下部位置。它的前部通过销轴与动力臂摆动座相连,后部通过螺栓与尾部组件相连,上部是驾驶台及副油箱组件,两侧与行走部相连,结构如图 9-16 所示。

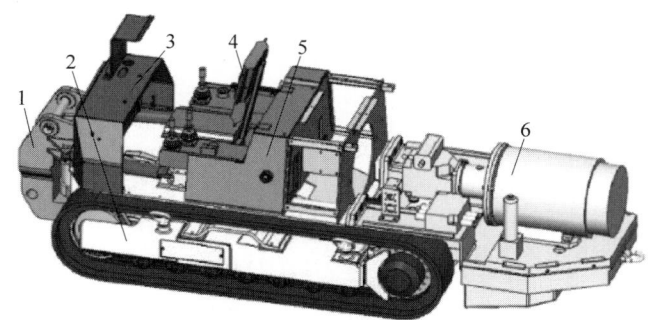

1—动力臂摆动座;2—机身;3—驾驶台组件;4—驾驶员座椅;5—副油箱组件;6—尾部组件。

图 9-16　主机结构图

如图 9-16 所示,主油箱位于履带行走机构之间的机架内,行走部内侧挡板为油箱左右隔板,前部凹槽内后面板和尾部面板为油箱前后隔板,整体焊接成箱形结构。主油箱内部左右两侧斜向焊接了两根 ϕ108 mm×1300 mm 的圆钢管,方便液压管路、控制电缆从机组尾部向机头安装。油箱尾部隔板设有吸油法兰,此外前后隔板各设置了规格不一的回油接口,方便液压管路就近回油。其中前后部分回油口通过钢管焊接成一条主回油管路向主油箱上端面伸出,与副油箱回油过滤器连通。

2）动力臂

动力臂结构如图9-17所示,动力臂伸缩油缸布置于内管组件内,驱动内外管组件相对运动,从而实现了作业装置的伸缩;内管组件在导向轮组件以及调整轮组件上下左右四个方向的约束下,于外管组件内进行伸缩运动;导向轮组件布置于外管组件的底部两端以及右侧两端,由导向轮、定位销、紧定螺钉以及外壳组成;调整轮组件布置于外管组件的顶部两端以及左侧两端,由偏心轮、定位销、紧定螺钉、安全板以及外壳组成。调整轮组件为偏心结构,当伸缩臂内外管间隙过大时,通过旋转相应位置的偏心轮,对内管组件进行横向及纵向的调整。调整步骤为:打开相应调整轮组件外壳盖板及安全板,向宽处旋转偏心轮直至其与内管达到合适位置,拧紧紧定螺钉并固定好安全板,最后合上盖板进行检验调试。

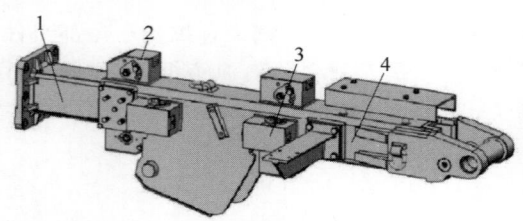

1—伸缩内管组件;2—调整轮组件;3—导向轮组件;
4—伸缩外管组件。

图9-17　动力臂结构图

3）快换装置

快换装置是一种快速更换作业装置的连接装置,它的内部配备了自动管路连接装置。通过快换装置,只需要将作业装置挂在快换装置的挂钩上,通过抬起作业装置,依靠自重就可完成装配。通过操作锁紧油缸,就可将快速装置的液压管路与作业装置连通,开启新的作业模式,主要结构如图9-18所示。

如图9-18所示,快换装置内有四条液压管

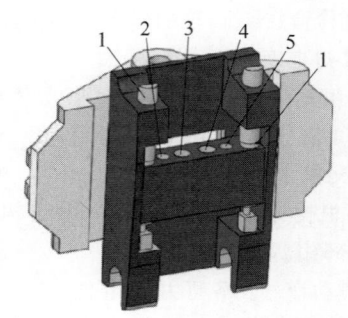

1—锁紧油缸;2—喷水降尘管;3—进油管;
4—回油管;5—卸油管。

图9-18　快换装置结构图

路,包括作业装置执行油缸的进油管、回油管、喷水降尘管以及卸油管。通过对快换装置锁紧阀的控制,四条液压管路与作业装置的相应四条管路相接通,从而在主机驾驶台上就可以实现作业装置相关功能的操作。

4）液压系统

修复机由55 kW电机驱动负载敏感泵提供油源动力,通过热交换器进行水冷却。液压系统的工作流程为:电机驱动油泵进行工作,液压油经安全阀后分为两股,一股为高压油,经吸油过滤器进入了三联阀及六联阀;另一股为低压油,经减压阀降压后,流入液压启动开关。如启动开关闭锁,先导油路无法进入控制手柄及换向阀,此时机组无法进行任何操作。只有打开液压启动开关,先导油路进入控制元件,才能操纵三联阀及六联阀驱动执行油缸完成相应功能动作。

4．现场试验及结论

巷道修复机于2019年10月17日至2020年5月31日在岳城矿13 081巷进行了现场试验,共计扩帮351 m,起底873.4 m。通过井下工业性试验,得出如下结论:

（1）设备设计结构合理,尺寸小,适合在巷道狭窄的情况下进行巷道起底,出矸系统简单,利用侧卸车配合出矸效率高,巷修机行走情况良好,对于小坡度和坑洼处起底适应性强。

（2）巷道修复机各作业部件均能满足施工要求,使用巷修机维护巷道提高了工效,安全性好。

（3）设备操作简单,操作人员易于掌握,用人少,人工成本低。

（4）实现了机械化起底作业,大幅度减小了工人劳动强度,改善了作业环境,取得了较好的经济效益和社会效益。

5. WPZ-45/700LY 型煤矿用远控巷道修复机

中国煤炭科工集团西安研究院有限公司（以下简称西安煤科院）研究开发 WPZ-45/

700LY 型煤矿用远控巷道修复机是一种用于煤矿巷道围岩治理施工的专用设备,如图 9-19 所示。该设备具有技术性能先进、工艺适应性强、安全可靠、移动搬迁方便等优点,主要适用于煤矿井下巷道底板、顶板及侧帮修复施工,整机具备凿、铲、吊、装等多个功能,并可远离巷道顶板冒落危险区域,进行遥控操作,具体技术参数见表 9-5。

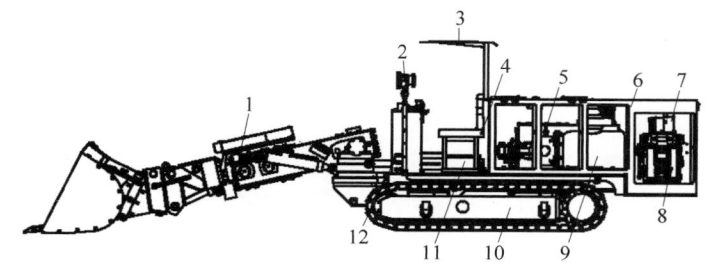

1—工作装置；2—机车灯；3—驾驶室；4—座椅；5—液压油箱；6—护板；7—散热装置；
8—电磁启动器；9—电机泵组；10—履带车体；11—电控箱；12—电控阀组。

图 9-19　WPZ-45/700LY 型煤矿用远控巷道修复机结构

表 9-5　WPZ-45/700LY 型煤矿用远控巷道
修复机主要技术参数

部件	参　数	数值
工作装置	卸载高度/m	≥2.8
	冲击频率/Hz	10～18
	破碎高度/m	3
	冲击能/J	700
	互换时间/min	5
隔爆兼本安型电控箱	额定功率/kW	0.25
	额定电压/V	127
本安型遥控器	电池容量/(mA·h)	2000
	遥控距离/m	20
液压系统	电机功率/kW	45
	液压泵排量/(mL/r)	71
	油箱容积/L	320
	系统压力/MPa	21
行走装置	行走速度/(km/h)	0.8
	爬坡能力/(°)	15
	质量/kg	10 000
	外形尺寸/(m×m×m)	7.7×1.2×1.5

1）工作装置

工作装置是修复机的执行机构,主要包括侧卸铲斗、破碎机构、快换装置、伸缩臂、基础臂、胶管导向装置及相关动作油缸等部件。侧卸铲斗主要由铲斗连接体、侧卸油缸和铲斗焊接体等部件组成,主要用于矸石的铲运和装载,沿机身可实现左、右方向出渣作业。破碎机构主要由破碎锤、连接组件、摆角油缸及给进油缸等部件组成,主要用于变形巷道围岩破碎施工。快换装置主要由快换油缸、连接座及曲柄滑块机构等部件组成,通过快换油缸伸、缩,实现曲柄滑块机构开合,完成侧卸铲斗和破碎机构的快速更换。

2）液压系统

液压系统是修复机的动力源,由隔爆型电动机、弹性联轴器、复合传感功率控制泵组、油箱、冷却器、滤油器、底座等部件组成,修复机采用开式系统,变量泵采用负载独立流量分配（LUDV）控制系统,实现对不同负载压力的多个执行元件同时进行快速与精确控制,各个元件互不干涉。

3）远控系统

远控系统硬件包括遥控操纵器、电控箱、电磁阀、位移传感器、无线接收器及油缸等,无线接收器与无线遥控器相互通信,进行控制信息与状态信息的交互,两者通过433无线通信模块以433/315MHz频率进行自动跳频通信,能够有效防止无线电干扰,控制系统结构如图9-20所示。

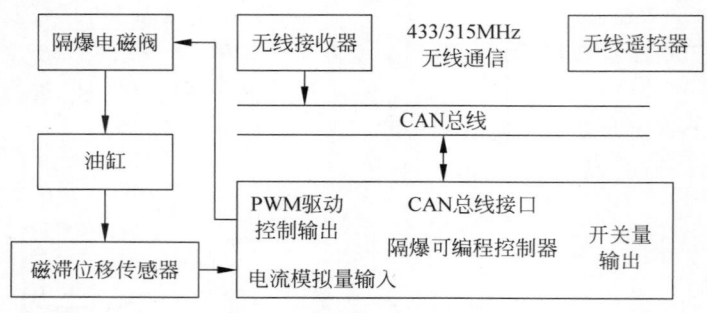

图9-20　远控系统结构

4）履带车体

履带车体主要由车体平台、机身护板和行走履带组成,左、右两组履带通过车体平台固定。工作装置、操作台、风冷散热器、泵站及附件等部件通过螺栓安装固定在车体平台上。

9.2.3　故障与改进措施

1. 油缸断裂

巷道修复机工作在泥岩和半煤岩巷道内,岩石平均硬度为F5～F6,巷道断面尺寸为3 m×4 m矩形巷道,每天三班连续工作,每班工作3 h,每班进尺4.8 m,修复及除渣效率为19.2 m³/h。

设备在运行过程中,斗杆油缸共断裂两次,第一次在坡度为12°的下坡时,设备运行109 h,油缸在缸杆伸出最长540 mm处断裂;第二次在水平巷道内工作,设备在更换油缸后工作45 h,油缸在缸杆伸出430 mm处断裂,两次断口均显示为脆断裂纹油缸断裂,如图9-21所示。

2. 整改方案

整改方案分别从设计和材料检验两个方面进行,完全解决油缸缸杆断裂故障。

首先对油缸材料进行严格检验,保证油缸缸杆强度和刚度达到设计要求,图纸标定的许用硬度大于800HV,活塞杆表面硬度为53～58HRC,对不合格产品进行返厂处理。

图9-21　油缸断裂图

其次,对油缸下部结构件进行改进。原油缸臂架采取箱式结构,上部有防护板防止重物掉落撞坏油缸,下部是全封闭空间。在保证结构强度前提下,在臂架下方开两个方形孔,使作业时上方碎石和煤渣掉落到腔体内部,通过方形孔排出臂架外,避免造成沉积,最终限制油缸活动范围使其承受弯矩,从而造成断裂。

现有某型号巷道修复机在煤矿巷道维修使用过程中发生了斗杆油缸缸杆断裂故障,设备使用工况为泥岩和半煤岩工况,岩石硬度 f 为5～6,设备运行109 h发生斗杆油缸缸杆断裂故障,再更换油缸后运行45 h后又断裂,为精准地找出故障根本原因,在油缸返司后第一时间对其进行了机械性能和材料化学成分检验,分别从设计计算、产品质量及使用工况三个方面进行了分析,根据分析结果得出故障原因。该油缸杠杆的失效模式属于脆性断裂。

油缸杠杆表面有微裂纹和孔洞等缺陷,在反复的拉-压作用力下,缺陷发生扩展,导致油缸杠杆承受交变应力的能力下降而发生脆性断裂。

9.3 喷浆机

9.3.1 定义

喷浆机(shotcrete machine)又称混凝土喷射机(concrete spraying machine),是依靠压缩空气或者其他动力驱动,将混凝土拌合料从料仓沿着输送管道连续输送至喷头,并在压缩空气的作用下,高速喷向作业面(岩石、土层、建筑结构物或模板等),使其得到快速凝结硬化,从而形成混凝土支护层的机械。

其优点在于具有施工方便灵活的特点。面对不同的施工要求,施工人员通过添加外加剂或外掺料来改善喷射混凝土性能,施工劳动强度低等,广泛应用于交通隧道、水利隧洞、矿井、地下厂房、地下国防工程、斜坡等的衬砌施工中。喷射混凝土机械设备如图9-22所示。

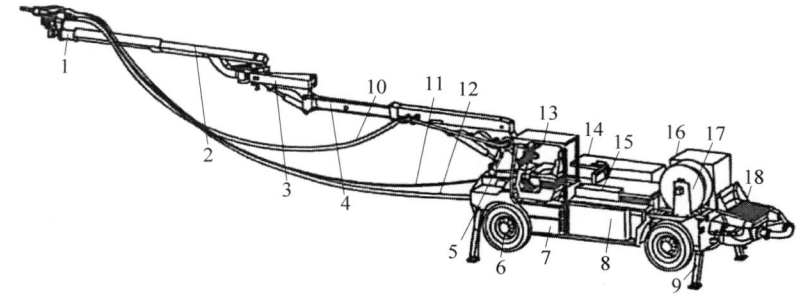

1—喷头总成;2—小臂;3—中臂;4—大臂;5—回转机构;6—行驶系统;7—液态添加剂计量泵送装置和高压清洗机(带水枪);8—电控柜;9—支腿总成;10—输送管路;11—速凝剂输送管路;12—高压空气输送管;13—驾驶室;14—空压机;15—液压油箱及风扇;16—速凝剂箱;17—电缆盘;18—泵送系统。

图 9-22 喷射混凝土机械设备

采用混凝土湿喷台车施工,相对于普通人工喷浆具有显著优势:安全系数高,由台车机械臂代替手持喷枪,操作人员只需在一旁安全区内遥控臂架和泵送系统,远离喷射面,便可进行喷浆支护作业;喷射质量好,精确的速凝剂配比保证喷射混凝土凝固后具有良好的混凝土喷射层及较低的混凝土回弹率;生产效率高,喷射量大,输送距离远、位置高,人员需求少;环保性好,低回弹率,能够大大降低机旁及喷嘴外的粉尘浓度,可有效降低粉尘对工作人员的身体危害。

9.3.2 国内外发展现状

1. 国外发展现状

喷射混凝土技术在世界上已有上百年的历史,1914年美国在矿山和土木工程中首先使用了喷射水泥砂浆,1948—1953年奥地利卡普隆水力发电站米尔隧洞最早使用了喷射混凝土支护。

喷射混凝土技术是新奥法施工的三大支柱之一,它以简便的工艺、及时的支护及较低的成本,在地下工程中得到广泛应用。特别是在瑞士、德国、法国、瑞典、美国、英国、加拿大及日本等国的应用更为广泛。

根据含水率和输送方式的不同,喷射混凝土大致可分为干式喷射混凝土、潮式喷射混凝土和湿式喷射混凝土。

1947年,联邦德国BSM公司最先研制出双罐式干式混凝土喷射机;1992年,瑞士阿利瓦公司研制出干式转子混凝土喷射机,随后各个国家相继研制出各种各样的干式混凝土喷射机(以下简称干喷机)。干喷机采用干喷法,是将干料拌合后送到喷头处与水混合,再到达受喷面上的一种方法。该方法的施工工艺较为简单方便,所需设备相对较少,仅仅需要干喷机与强制拌合机就能够操作,同时粉状速凝剂能够提前加入,且搅拌较均匀;输送距离相对较长,可达 300 m,垂直距离可达 180 m。

随着技术的不断进步,从 20 世纪 60 年代起,西方发达国家研制出湿喷机,开始推行湿喷技术。湿喷工艺主要是将加水搅拌好的成品混凝土加入湿喷机,输送到喷嘴位置,添加液体速凝剂,最终形成料束喷到施工面处。混凝土湿喷机具有以下优点:生产效率高;回弹

较低;湿喷时,容易控制水灰比,且混凝土水化程度较高,可有效改善喷射混凝土的质量,提高混凝土的均匀性;同时,能够大大降低机旁及喷嘴外的粉尘度,可有效消除对工作人员的身体危害。湿喷技术虽然起步较晚,但由于其较其他喷射方法具有明显的优点,故发展速度较快,见表 9-6。

表 9-6 喷浆机发展过程表

序号	发 展 过 程
1	1991 年美国的卡尔阿克力发明了喷射砂浆用的水泥枪并获得专利,并成立了 Cement Gun 公司
2	1942 年,瑞士阿利瓦(Aliva)公司研制成转子式干喷机,能喷射骨料最大粒径为 25 mm 的喷射混凝土
3	1947 年,联邦德国 BSM 公司研制成双罐式干喷机
4	20 世纪 50 年代,地质条件十分恶劣的奥地利陶恩(Tauern)公路隧道和巴基斯坦贝拉水道工程(宽 21 m×高 24 m)等大断面隧道采用喷锚支护相继获得成功
5	1965 年 11 月,我国冶金部建筑研究总院在多年研究工作的基础上,在鞍钢张岭铁矿 157 平洞成功地应用了喷射混凝土支护
6	1966 年,我国铁道部科学研究总院西南所在成昆铁路隧道中应用喷锚支护
7	进入 20 世纪 80 年代,我国便开始以降低回弹率为导向研发新型的混凝土喷射机。如国内各地方机械厂、研究院相继研制出 PH30 型喷射机、转子式混凝土喷射机、SP-4 型混凝土喷射机、WSP-2 型螺杆泵式喷射机等各种不同型号的混凝土喷射机
8	进入 21 世纪,随着科学技术的发展,国内外所研发的活塞泵式混凝土喷射机各项性能都有了很大的改善和提高,混凝土的喷射质量也有了较高的保证。如中联重科的 CIFA 公司生产的 CSS3 喷射机,阿特拉斯旗下 MEYCO 公司生产的 Potenza 喷射机,中国铁建重工生产的 HPS3016 喷射机等

2. 国内发展现状

我国是从 20 世纪 60 年代末在铁路隧道施工中推广新奥法施工时,开始采用喷射混凝土技术的。目前,喷射混凝土工艺主要有干(潮)喷和湿喷两种喷射方式。与干喷相比,湿喷的明显优势是生产效率高(机械化施工),粉尘浓度小,混凝土品质可控制、可设计,已在公路、铁路、水电、市政等方面得到越来越多的应用,相关施工规范也明确要求采用湿喷工艺。如在武广、贵广、成兰、太中银、成贵等在建和已建铁路项目中,均普遍采用了湿喷工艺。

但是相对国外喷射混凝土技术水平而言,我国的喷射混凝土技术发展及应用仍然滞后,干(潮)喷射工艺占比仍然较大,喷射混凝土设计强度等级仍然较低(公路 C20～C25,铁路

C25～C30),高性能喷射混凝土应用较少。干(潮)喷工艺条件下,喷射混凝土强度仅达到 C15 水平,初期支护结构基本为透水结构,毫无耐久性可言。

喷射混凝土技术的发展在很大程度上取决于混凝土湿喷机的性能。

一段时期,干喷机曾是煤巷混凝土喷射中主要的喷射作业设备。由于干喷技术施工效率低、回弹率高、粉尘大、喷射强度得不到保证,喷浆只能作为岩层的防风化保护层,不能作为有效的支护手段。但是,随着人们环保意识的增强以及对喷射混凝土质量要求的提高,混凝土湿喷技术逐步替代了干喷技术。

国内使用的湿喷机主要是气送型转子式和转子活塞式。气送型湿喷机主要存在漏风、

返风、产生黏结、不便清理等缺点;转子活塞式湿喷机具有生产效率高、回弹率低、粉尘低、喷射的混凝土匀质性好等优点,因此有较广的应用范围。

在国内,从 20 世纪 60 年代开始研制混凝土湿喷设备,先后也研制出几种不同于国外机型的湿喷机。TK-961 型混凝土湿喷机是中铁西南科学研究院有限公司于 1998 年研制的一种转子活塞式湿喷机。该机利用一组活塞将湿拌料推送至机器顶部的混合室,经与空气混合后,通过软管输送到喷嘴,在喷嘴处掺加速凝剂后喷出。

叶轮式混凝土湿喷机是安庆恒特工程机械有限公司研制的一种湿喷机。该机采用了一种叶轮喂料装置,利用旋转的叶片将湿料推送至机器下部的混合室,经与空气混合。掺加速凝剂后,通过软管输送到喷嘴,在喷嘴处喷出。

9.3.3　发展趋势和前景

20 世纪 90 年代以后,世界各国高度重视地下能源工程、水利工程、交通与城镇建筑建设等工程的合理开发与建设。喷射混凝土初期支护工艺对上述各隧道工程意义重大。随着人类不断提高对安全意识、环境保护等理念的认识,具有高自动化、高可靠性、节能环保性的喷射机将是未来的发展方向。

1. 自动化与智能化

随着科学技术的进步,喷射机械手自动化、智能化是发展的趋势之一。比如喷头的自动定位捕捉功能和自动化喷射施工;通过一键操作,实现对于滑移平台、多转台及臂架多关节的联动控制功能;通过智能化控制技术,对于混凝土喷射量、速凝剂添加量,空气压缩机风压,能够实现联动控制模式,达到最佳的喷射混凝土质量及反弹量控制技术等。

2. 高可靠性与极强的工况适应性

随着客户越来越理性地选择和使用混凝土喷射机械,以及不断出现的复杂施工工况,可靠性和工况适应性也是喷射机发展的趋势之一。如混凝土反弹控制技术的运用,能有效提高喷射效率;应急动力和应急模式功能的运

用,在无法作业时能够避免混凝土在整套输送管道系统中硬化甚至堵管,减少经济损失;大功率、大扭矩底盘动力,能够实现更好的爬坡能力及行驶的动力性,能更好地提高对于复杂工况的适应能力,并能更好地适应高海拔、超低温等高原地区的极限恶劣工况要求。

3. 结构紧凑与环保节能型

目前主流的喷射机采用双活塞式泵送系统,未来泵送系统的发展方向是无脉动混凝土泵送技术。无脉动混凝土泵送技术能够实现恒流量平稳输送,并在每个冲程换向过程中尽可能减小换向脉冲而产生的液压冲击。无脉动泵送技术对于喷射混凝土连续泵送、消除脉动冲击、提高动力功率、提高混凝土喷射质量具有重大意义。同时,未来的喷射混凝土空气压缩机向着紧凑化、低电压启动等适用性方向发展。

9.3.4　分类

1. 按施工工艺分类

混凝土喷射机是喷射混凝土施工中的核心设备,按混凝土拌合料的加水方法不同可分为干式、湿式和介于两者之间的半湿式(潮式)三种。干式混凝土喷射机(简称干喷机)依靠压缩空气输送干的混凝土拌合料至喷头,在喷头处与水混合后,再在压缩空气的作用下喷出。湿式混凝土喷射机(简称湿喷机)依靠液压动力输送湿的混凝土拌合料至喷头,再在压缩空气的作用下喷出。半湿式也称潮式,即混凝土拌合料为含水率 5%～8% 的潮料(按体积计),这种料喷射时粉尘减少,由于比湿料黏结性小,不黏罐,是干式和湿式的改良方式。

干式喷射混凝土(简称干喷混凝土)是将水泥、沙子、碎石混合料和粉状速凝剂按一定的比例混合搅拌均匀后,在松散、干燥、悬浮状态中,利用干喷机,以压缩空气为动力,经输料管到喷嘴处,与一定量的压力水混合后,变成水灰比较小的混凝土并喷射到受喷面上。该工艺简单、易操作,但粉尘大、回弹率高是其致命的弱点。干喷混凝土流程及工作现场图如图 9-23 和图 9-24 所示。

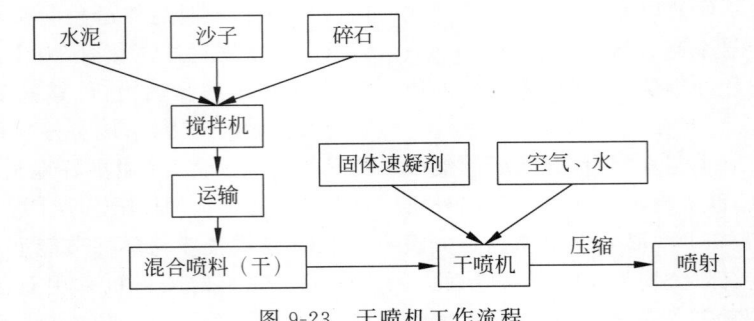

图 9-23　干喷机工作流程

图 9-24　干喷法工作现场

（1）优点：①非常高的初凝强度，用于早期密封与支护；②如使用筒仓贮存，存放时间几乎不受限制（保质期内）；③输送管道中不残留混凝土。

（2）缺点：①干喷质量差，喷射的混凝土强度仅能达到 C15。凝固时间长，初凝和终凝达到最终强度时间都较长；②粉尘多，有腐蚀性，影响工人健康；③反弹率高，一般达到 30％，浪费材料。

干喷机根据结构不同可分为双罐式、鼓轮式、螺旋式和转子式，见表 9-7。

表 9-7　干喷机的种类

分类	简　图	简　要　说　明
双罐式干喷机		双罐式混凝土干式喷射机由上罐储料室、下罐给料器、给料叶轮、钟形门、压缩空气管路、电动机等组成。关闭上、下罐间的下钟形门，向下罐中通入压缩空气。经给料叶轮将干拌合料连续均匀地送至出料口，由压缩空气沿输送管吹送至喷嘴

续表

分类	简　图	简　要　说　明
鼓轮式干喷机		鼓轮式混凝土喷射机在圆形鼓轮圆周上均布V形槽。鼓轮低速回转，料斗中的干拌合料经条筛落入V形槽，当充满拌合料的V形槽转至下方时，拌合料进入吹送室，由此被压缩空气沿输送管吹送至喷嘴
螺旋式干喷机		螺旋式混凝土喷射机由螺旋喂料器将料斗卸下的干拌合料均匀地推送至吹送室，然后由螺旋喂料器空心轴和吹送管引入的压缩空气将干拌合料沿输送管吹送至喷嘴
转子式干喷机		转子式混凝土喷射机在立式转子上开有许多料孔。转子在转动过程中，当料孔对准上料斗的卸料口时，就向料孔加料；当料孔对准上吹风口，压缩空气就将干拌合料沿输送管吹至喷嘴

2. 湿喷机

湿式喷射混凝土通过泵送作用将湿混凝土输送至喷头处，在喷头处加入液体速凝剂，混凝土与速凝剂在混流器中通过压缩空气的作用充分混合，最终将混凝土喷射在受喷面上（图9-25），并能够在喷射表面迅速凝固形成支护层。由于混凝土是以黏稠状在管道内泵送，因此这种方法不会产生粉尘，只需损耗较少的压缩空气。湿喷工艺流程图及湿喷法工作现场图如图9-26、图9-27所示。

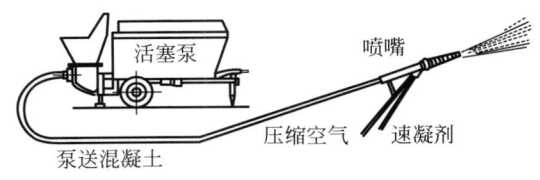

图 9-25　湿喷机示意图

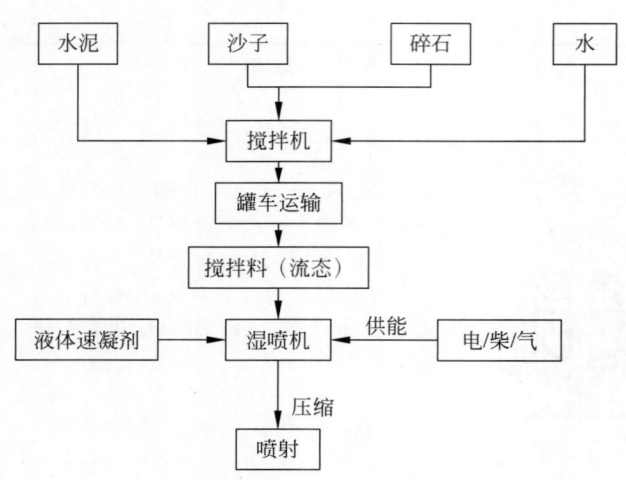

图 9-26　湿喷工艺流程图

图 9-27　湿喷法工作现场图

湿喷的特点：

（1）输送压力高，排量大，输送距离长。

（2）湿喷质量好，一般达到 C20 以上的混凝土强度，如果使用高性能速凝剂可以达到 30 MPa 以上的强度。对于深井等应力大的区域，可以更有效地提供支护。

（3）反弹率小，反弹可以做到小于 10%，节约了材料。

（4）粉尘少，保护了工人的健康。

3.按输送喷射混凝土的结构泵的分类

湿喷机根据输送喷射混凝土的结构不同可分为活塞泵式湿喷机、螺杆泵式湿喷机、软管挤压泵式湿喷机，见表 9-8。

表 9-8　湿喷机的种类

分　类	简　图	简　要　说　明
活塞泵式湿喷机		两个活塞泵交替工作实现吸料和泵出连续作业
螺杆泵式湿喷机		旋转的螺旋叶片将料斗中的混凝土输送到螺杆泵中，通过螺杆相对于定子套的啮合空间容积的变化来输送混凝土
软管挤压泵式湿喷机		泵体内的滚轮转动，连续挤压软管，实现吸料和输送

4. 按安装方式分类

除了以驱动泵的种类不同来予以区分,我们还可以按照喷射机的安装方式把喷射机分为固定式、拖式、轮式、履带式、轨道式等,见表 9-9。

表 9-9　喷射机按安装方式分类

分类		简　图	简　要　说　明
固定式			安装在固定基座上的混凝土喷射机。多用于工程量大、移动较少的场合
拖式			安装在可以拖行底盘上的混凝土喷射机。体积小,易于拖行和进行施工作业
轮式	自制底盘式		底盘由厂家自制,根据实际工况设计,适应隧洞、矿井等恶劣工况
	通用底盘式		通用卡车底盘,功率强劲,适合在野外工作

续表

分类	简　图	简　要　说　明
履带式		安装在履带式底盘上的混凝土喷射机,越野性能好,可以进入矿山和泥泞地带施工
轨道式		安装在轨道式底盘上的混凝土喷射机。轨道式成套湿喷设备可以实现在轨高效环保湿喷施工

5. 按动力来源分类

根据输送喷射混凝土动力来源的不同,喷射机可以分为泵送方式、空气压送方式和泵与空气压送方式三大类。目前主流的大型湿喷机属于泵与空气并用的压送方式,即混凝土输送采用活塞式泵送机构,在喷头处通过压缩空气使速凝剂与混凝土充分混合,并喷射到作业面上。小型湿喷机和干喷机属于空气压送方式,即混凝土输送与喷射均有压缩空气的参与,如转子式喷射机。回转力方式的喷射机、离心力方式的喷射机,则属于泵送方式,即经过泵送的方式(如活塞式泵送系统)将混凝土输送到喷头处,在喷头处通过高速旋转结构产生的回转力或离心力把混凝土投射到喷射面上。由于不使用压缩空气,因此粉尘小,消耗电力也少,是近年来新兴的一种喷射方式。

9.3.5　典型产品组成与工作原理

1. 转子式干喷机的组成与工作原理

转子式干喷机具有生产能力大、输送距离远、出料连续稳定、上料高度低、操作方便、适合机械化配套作业等优点,是一种广泛应用的机型。转子式干喷机主要由驱动装置、转子总成、压紧机构、给料系统、气路系统、输料系统、速凝剂添加系统等组成,如图 9-28 所示。

图 9-28　转子式干喷机

1)驱动装置

驱动装置由电动机和减速器组成。电动机的轴端连接主动齿轮轴,传动齿轮通过减速器减速后,驱动安装在输出轴上的转子旋转。传动齿轮由减速器箱体内的润滑油飞溅润滑,并由测油针测定油位。

2)转子总成

转子总成主要由防粘料转子,上、下衬板

和上、下密封板组成。防黏料转子的每个圆孔中内衬为不易黏结混凝土的耐磨橡胶料腔,该结构提高了喷射机处理潮料的能力,减少了清洗和维修工作。

转子上、下面各有一块衬板,采用耐磨材料制造,使用寿命较长;上、下密封板由特殊配方的橡胶制成,耐磨性能好。

3)压紧机构

压紧机构由前、后支架及压紧杆、压环等组成。前、后支架在圆周上固定上座体,使转动的转子和静止的密封衬板之间有一个适当的压紧力,以保持结合面间的密封。拆装时,压环带动上座体绕前支架上的圆销转动,可方便维修和更换易损件。

4)给料系统

给料系统主要由料斗、振动筛、上座体和振动器等组成。上座体是固定料斗的基础,其上设有落料口和进气室。振动器为风动高频式,有进气口(小孔),安装时注意进气口处的箭头标志,防止反接。

5)气路系统

气路系统主要由球阀、压力表、管接头和胶管等组成。空气压缩机通过储气罐提供压缩空气,三个球阀分别用于控制总进气和通入转子料腔内的主气路以及通入助吹器的辅助气路,另一个球阀用以控制向振动器供给压缩空气。系统中设有压力表,以便监视输料管板中的工作压力。

6)输料系统

输料系统主要由出料弯头和喷射管路等组成。出料弯头出口处,由于压缩空气将混合料流经旋流器时,其料得到了加速旋转,因而不易产生黏接和堵塞;喷头处设有水环,通过球阀调节进水量。螺旋喷头采用聚氨酯材料制成,耐磨性能好。

干喷机工作原理和结构特征是:带有衬板的转子以一定的转速旋转,结合板压在衬板上固定不动,结合板上连接有进风管和出料弯头,当转子中装有物料的各个料杯转动到与进风管和出料弯头相通时,在压气的作用下,物料通过出料弯头和输料管输送到喷嘴,并在喷嘴处加水喷射出去。在此过程中,由结合板和衬板组成的密封副起到了密封压缩气体和物料的作用。干喷机的主要优点是输送距离长,设备简单,耐用。但由于它使干拌合混凝土在喷嘴处与水混合,故而施工粉尘和回弹均较大,干喷作业产生的粉尘危害工人健康,尤其是窄小巷道工程施工中,粉尘污染更为严重。

2. 湿喷机的组成与工作原理(图 9-29)

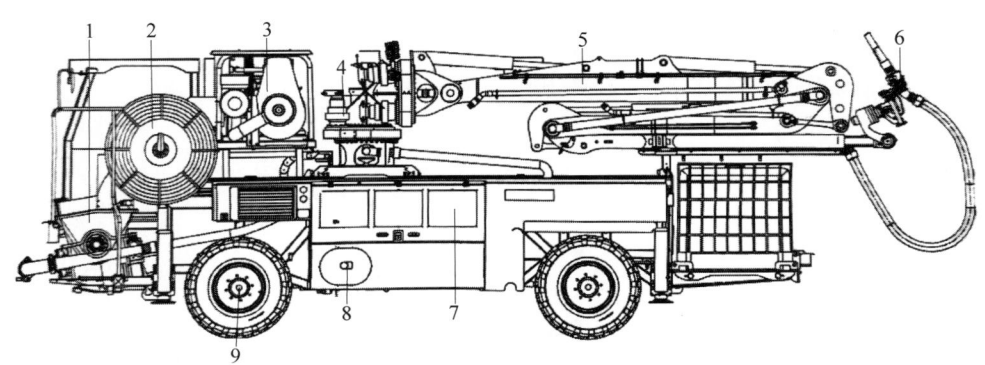

1—泵送单元;2—电缆卷筒;3—空气压缩机;4—液压系统;5—臂架;
6—喷头;7—电气系统;8—添加剂系统;9—底盘。

图 9-29 大型湿喷机组成结构

1)湿喷机的组成

(1)喷头。喷头与臂架是湿喷机的重要组成部件之一,为了适应复杂工作环境的要求,湿喷机的喷头与臂架往往具有极高的自由度,操纵灵活,以扩大喷射混凝土的作业范围。

喷头控制装置如图 9-30 所示,主要由喷头机构、摆动马达、喷嘴等组成。通过摆动马达的作用,具备三种转动方式,分别是喷头左右摆动、上下摆动、刷动功能。

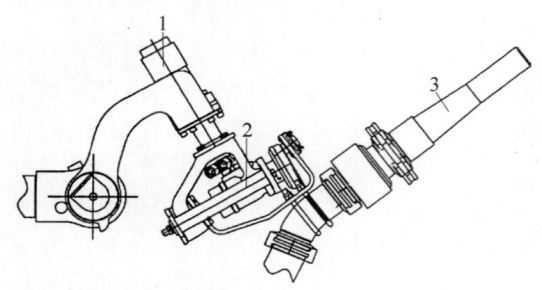

1—摆动马达;2—喷头机构;3—喷嘴。

图 9-30　湿喷机喷头控制装置

（2）臂架。臂架的结构有折叠式和伸缩式两种,主要由转台、多节臂架、油缸、回转机构、连杆、销轴、输送管路等组成。图 9-31 所示的臂架结构具有垂直旋转功能,三节 Z 形折叠臂,第三节臂还具有伸缩臂架,该结构能够有效增加喷射作业面并减小臂架展开收缩空间。

（3）底盘。湿喷机的底盘有多种类型,包括轮式、履带式、轨道式等。目前市场上的大型湿喷机以轮式居多,轮式又分为自制底盘和通用底盘两类。

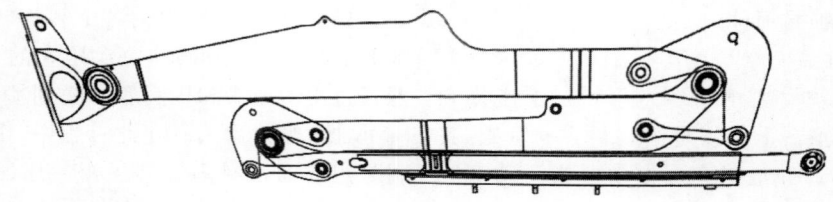

图 9-31　湿喷机臂架结构

（4）泵送单元。泵送单元是由混凝土料斗、分配阀、混凝土缸、水洗箱、推进装置和控制装置等零部件所组成的系统。目前广泛使用的活塞式泵送单元,是由压力油推动泵送油缸活塞杆,活塞杆带动混凝土活塞从而实现混凝土的推送。活塞式泵送单元一般有单缸和双缸两类,但双缸具有连续、平稳、生产率高的优势,所以主流的泵送单元都采用双缸,其组成如图 9-32 所示。

（5）压缩空气系统。压缩空气系统是湿喷机的重要组成部分,主要由空气压缩机、电气控制系统、输送管路、气压调节元件等组成。空气压缩机是压缩空气系统中最重要的部件,湿喷机上使用的空气压缩机分为两大类:滑片式和螺杆式。滑片式和螺杆式空气压缩机技术要求对比见表 9-10。

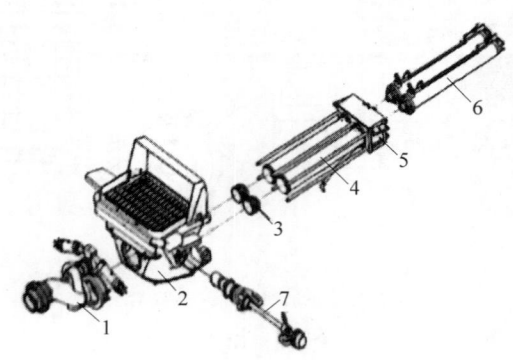

1—分配阀;2—料斗;3—混凝土活塞;4—混凝土缸;5—水洗箱;6—泵送油缸;7—搅拌机构。

图 9-32　泵送单元

表 9-10 滑片式和螺杆式空气压缩机对比表

技术要求	滑片式空气压缩机	双螺杆式空气压缩机
转子数	1 个转子	1 对阴阳转子
运动速度	1500 r/min 或 1800 r/min	1500～3000 r/min
运动形式	单纯回转运动	阳转子驱动阴转子进行啮合
加工、装配要求	加工要求很高,但不需要专用设备;装配简单易行	必须使用专用设备加工,要求十分严格;装配复杂
材质寿命	使用寿命都在 10 万 h 以上	受多种因素影响,实际使用寿命低
有效吸入容积	有效吸入容积较大;达到相同的排气量其转速可明显降低	有效吸入容积较小;达到相同的排气量只能靠增加转速
容积效率	容积效率高,气体回流量小;不必提高转速也能保证排气量	泄漏点较多,效率低;需要增加转速来保证排气量

（6）添加剂系统。添加剂系统主要由添加剂箱、添加剂泵、输送管路、计量系统等组成,如图 9-33 所示。目前湿喷机的添加剂泵主要分为软管泵（图 9-34）和螺杆泵（图 9-35）两大类。软管泵的优点是价格相对较低,能适应恶劣环境,对各种添加剂液体的适应性好;缺点是胶管是易损件,需要经常更换,出口压力相对较低,如图 9-34 所示。

图 9-34 软管泵示意图

路;变频电动机驱动控制简单,调速准确,但是在恶劣环境下的可靠性没有液压系统高。

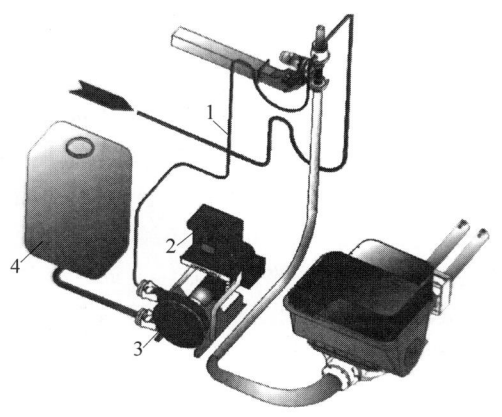

1—输送管路;2—计量系统;3—添加剂泵;4—添加剂箱。

图 9-33 添加剂系统

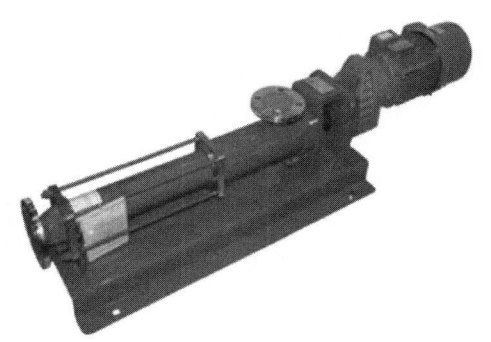

图 9-35 螺杆泵示意图

螺杆泵的优点是出口压力高,整体尺寸小,便于布置;缺点是价格高,对恶劣作业环境的适应性不强,结构复杂,如图 9-35 所示。此外,在添加剂泵的驱动方式上,也有液压马达驱动与变频电动机驱动两种方式。液压马达驱动可靠性高,但是需要增加额外的液压回

（7）液压系统。液压系统是混凝土喷射机的核心部分,液压系统质量的高低会直接影响主机的工作性能和效率。根据混凝土喷射机的基本功能可以将喷射机液压系统分为泵送及分配液压系统、臂架液压系统、行走液压系统、添加剂液压系统、辅助液压系统、回油散热液压系统等。其中,泵送、分配液压系统的作

用是泵送混凝土,是整个液压系统的核心,如图 9-36 所示。

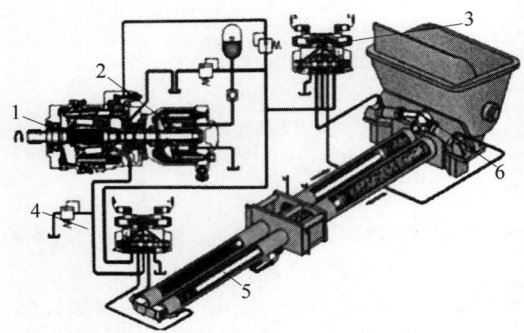

1—主轴泵;2—恒压泵;3—分配阀组;4—泵送阀组;5—泵送油缸;6—摆动油缸。

图 9-36　泵送、分配液压系统示意图

(8) 动力系统。湿喷机具备行驶和作业两套动力系统,通常采用电动机驱动作业、发动机驱动行驶的方式进行,有的产品也可以实现电动机与发动机驱动作业的双动力系统。

(9) 电气系统。湿喷机电气系统由底盘电路、上装电路组成。底盘电路控制底盘的行走,上装电路控制作业系统。

2) 电气系统的功能

下面就电气系统的部分功能进行介绍。

(1) 人机交互界面。电气系统中配置了显示屏,实现人机交互,通过该显示屏可以实现以下功能:

① 监控功能,实现系统实时运行状态的显示。

② 设置功能,实现对设备控制参数的调整。

③ 查询功能,实现设备的历史报警信息、设备基本信息等查询。在进行页面操作时,需进行身份认证,以进行各页面操作权限的匹配。

(2) 行驶与作业动力转换。喷射机行驶动力由底盘发动机提供。行驶时,将发动机动力提供给底盘行驶机构。作业时,连接电缆,将电动机动力驱动泵组等作业系统。

(3) 支腿、臂架操作。在确认臂架已经放置在位的情况下,才允许操作支腿,否则可能引起倾翻事故。在支腿伸展完成后可操作臂架。通过遥控器臂架操纵杆可以控制臂架动作,或在按下臂架控制台上的"臂架动作按钮"的同时,操作"臂架操纵杆",实现机械控制臂架动作。

(4) 转速调节。正反泵及排量调节泵送启动时,通过泵送控制盒面板和遥控发射机面板上的泵送操作开关,可选择进行正泵或反泵操作。通过泵送控制盒面板和遥控发射机面板上的排量电位计,可以对泵送速度进行调节。

(5) 正反搅拌和润滑功能。料斗有搅拌功能,通过泵送控制盒面板的搅拌操作开关,可选择进行正搅拌或反搅拌操作。泵送单元工作时需要润滑。当启动泵送时,润滑泵控制板自动得电,润滑泵开始工作,用户可以通过泵送控制盒面板自行设置润滑时间参数。

3) 其他系统的工作原理

(1) 活塞式泵送系统。大型湿喷机是通过双活塞式泵送单元来实现泵送混凝土的。

(2) 压缩空气系统(图 9-37)。大型湿喷机自带滑片式或者螺杆式空气压缩机,是将原动机(通常是电动机)的机械能转换成气体压力能的装置,是压缩空气的气压发生装置。在电压足够的情况下无须外接压缩空气。但当空气压缩机出现故障或电压不满足空气压缩机工作电压的时候,可以通过外接压缩空气正常工作,压缩空气压力一般为 4～6 bar。

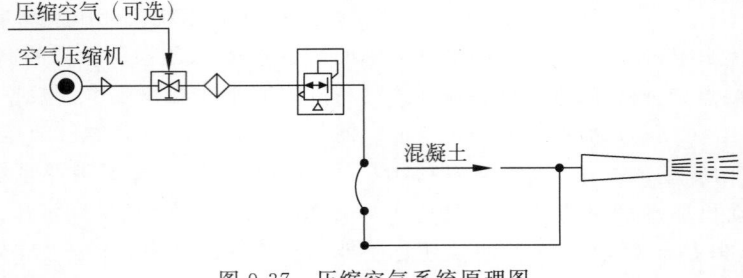

图 9-37　压缩空气系统原理图

（3）添加剂计量系统。添加剂计量系统可以精确测量并自动调节添加剂的添加量，适合所有液态添加剂，在泵送参数发生变化时使添加剂添加比率保持恒定。添加剂计量系统的工作原理：当添加剂计量系统在自动与泵送系统匹配的时候，只要在控制系统的显示屏幕上输入所需要添加的添加剂的百分比，添加剂计量系统通过泵送传感器读取泵送频率，即泵送速度，反馈给控制系统，通过处理器的处理，内部控制系统自动调节蠕动泵的转速，从而控制蠕动泵的流量。在蠕动泵联轴器上安装有转速传感器，通过传感器读取蠕动泵的转速并显示在控制系统的显示屏幕上，如图9-38所示。

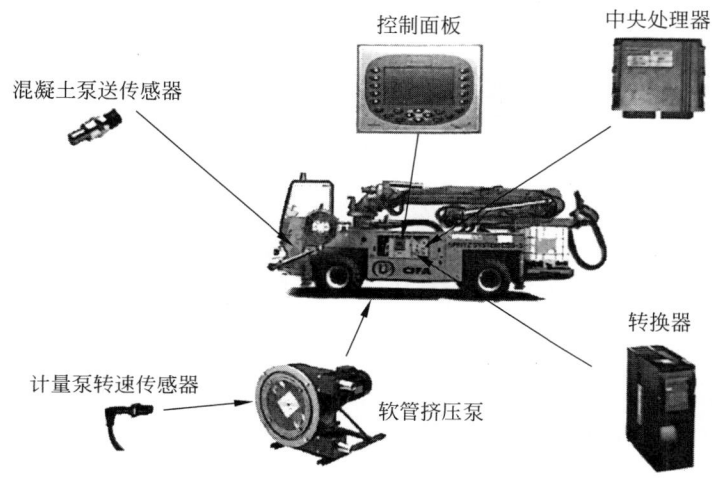

图 9-38　添加剂计量系统工作原理示意图

当添加剂计量系统在手动位置的时候，则是通过面板上的排量开关来控制蠕动泵的转速，从而控制添加剂计量系统的流量。

（4）底盘行驶系统。喷射机底盘一般采用自制轮式底盘，主要由车架、车桥、轮胎、发动机、液压泵、马达、变速箱、传动轴等组成。静液压系统驱动的底盘按其功能可以划分为行驶液压系统、制动液压系统、转向液压系统。

（5）作业液压系统。喷射机作业液压系统按其功能可以划分为泵送液压系统、分配液压系统、臂架液压系统、腿液压系统、搅拌清洗液压系统。

9.3.6　技术规格和主要技术参数

1. 技术规格

喷射机的型号可按 JG/T 5093—2018 的规定编制，也可由制造商按一定的规则自行编制。

按照行业标准 JG/T 5093—2018，喷射机型号由组、型、特性代号，主参数代号，更新、变型代号组成，如湿式喷浆机 HSP、PZ-5 喷浆机、PZ-5B 矿用防爆喷浆机、防爆喷浆机 ZSPB-5、气动喷浆机等几种类型。

2. 主要技术参数

目前喷射机的技术规格和技术参数还没有形成统一的标准，依据国际标准《建筑物施工机械和设备 混凝土喷射机 术语和商业规范》(ISO 21592—2006)和实际情况对喷射机的主要技术参数进行归纳，并提供几种典型产品的技术参数，如图9-39所示。

喷射机起源于国外，但随着行业需要，国内的喷射机厂家也陆续出现，并根据国内的工况推出了不同型号的喷射机。表9-11、表9-12为国内外主要厂家的典型产品技术参数。

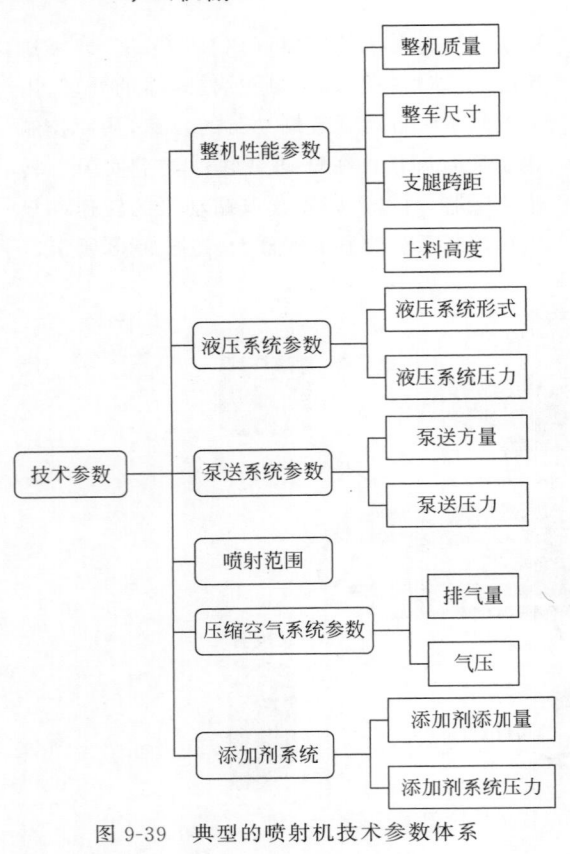

图 9-39　典型的喷射机技术参数体系

续表

参　数		单位	数值
泵送系统	最大理论喷射量	m³/h	30
	最大泵送压力	MPa	8
	混凝土缸径/行程	mm	180/1000
	料斗容积	L	500
	允许骨粒最大粒径（泵送/喷射）	mm	22/16
	配料型式	—	裙阀
高压风	供风量	m³/min	10～13
	风压	MPa	0.8
速凝剂	输送压力	MPa	0.8
	速凝剂计量/输送能力	L/h	60～600

表 9-12　徐工集团 HPS30V 喷机参数

参　数		单位	数值
行驶系统	整机质量	kg	17 000
	外形尺寸(含输送管)	mm×mm×mm	8300×2745×3190
	发动机额定功率	kW/(r/min)	92/2200
	废气排放标准	—	国Ⅲ
	爬坡能力	%	46
	转弯半径	m	6.5
	最大速度	km/h	21
喷射系统	最大喷射高度	m	17
	最大喷射宽度	m	28
	前方最远喷射距离	m	14
	最小可喷射作业隧道高度	m	4
	最大作业深度	m	7
	喷嘴座轴向回转	(°)	360
	喷嘴座轴向摆动	(°)	240
	喷嘴偏转角 X 刷动	(°)	8×360
泵送系统	最大理论喷射量	m³/h	40
	最大泵送压力	MPa	8
	混凝土缸径/行程	mm	180/1000
	料斗容积	L	420
	允许骨粒最大粒径泵送/喷射	mm	22/16
	配料型式	—	裙阀
高压风	供风量	m³/min	15
	风压	MPa	0.8
速凝剂	输送压力	MPa	0.8
	速凝剂计量/输送能力	L/h	160～1000

表 9-11　徐工集团 HPC30V 湿喷机参数

参　数		单位	数值
行驶系统	整机质量	kg	18 000
	外形尺寸（含输送管）	mm×mm×mm	9360×2500×3660
	发动机额定功率	kW/(r/min)	132/2400
	废气排放标准	—	国Ⅴ
	爬坡能力	%	30
	转弯半径	m	9.5
	最大速度	km/h	90
喷射系统	最大喷射高度	m	18
	最大喷射宽度	m	29.6
	前方最远喷射距离	m	12.3(距车头)
	最小可喷射作业隧道高度	m	4
	最大作业深度	m	7.7
	喷嘴座轴向回转	(°)	360
	喷嘴座轴向摆动	(°)	240
	喷嘴偏转角 X 刷动	(°)	8×360

9.3.7　选型要素

混凝土喷射机主要用于地下工程、岩土工程等，其工作环境恶劣，这就对喷射机的选型提出了更为苛刻的条件。不同的施工应用领域使用的喷射机不尽相同，下面是影响喷射机选型的关键要素。

施工作业工况主要考虑施工场地大小、转场便利性、道路运输等因素。对于护坡等户外施工的情况，选择通用底盘式喷射机较为合适。通用底盘功率强劲，不但可以承担喷射作业的功能，还可以承担道路运输的功能。大中型隧洞、矿井施工环境，如果移动频率较高，可选择通用底盘式喷射机或自制底盘式喷射机。通用底盘式喷射机体积大，作业范围大，在大型隧道施工中有一定优势。自制底盘式喷射机由于根据实际工况设计，体积相对要小，转场便利，爬坡能力强，也适合大中型隧道和矿井等工况。小型隧道，由于施工空间较小，可选择自制底盘喷射机，相对小的体积使得其在施工中更具灵活性。长期在矿山和泥泞地带施工，对喷射机越野能力要求高，可以选择履带式喷射机。履带接触面积大，爬坡能力强，适应泥泞等湿滑地面。一些特殊作业环境比如隧道轨式巷道，由于已经铺设了轨道，选择轨道式成套喷射设备比较合适，可以实现混凝土搅拌罐单轨（在轨）连续运输材料、混凝土湿喷设备单轨（在轨）连续喷射。

9.3.8　使用及安全规范

1. 喷射机的操作顺序

1）机器进入场地

需要注意的是大型移动式湿喷机底盘分为道路型和非道路型工程机械。非道路工程机械在未取得上路许可的情况下是禁止开上机动车专用道路的。

2）机器的定位与稳定

停车时注意清空周围空旷区域，确保不存在妨碍稳定装置定位的障碍物，确保路面平坦且坚固。在机器工作领域四周的行车通道或人行横道附近设置障碍和警示标志，以阻止任

何人或交通工具进入该区域。作业时一定要放下平衡支腿，并保证车辆的水平度。

3）启动遥控器

通常湿喷机会有有线和无线两种遥控器，根据需要选择遥控模式。打开并操作遥控器。每个遥控器上都有一个应急停止按钮用于紧急停止作业。

4）移动和展开臂架

大型湿喷机械手有一个最小展开高度和最小展开空间。请确认有足够空间供湿喷机械手的臂架展开，并按照机器的展开次序打开臂架。

5）前期作业

在开始混凝土泵送以前，确定水箱内有水。检查液压油箱液位。检查添加剂箱液位。如果需要使用外接风源，从工地连接压缩空气管至机器。如果有配备，可以使用控制面板附近的压力调节器调节空气压力。倾倒一定量的薄砂浆。为了润滑混凝土运输管道，应该向料斗中倾倒一定量的薄砂浆。

6）泵送流程

操纵臂架移动、转台旋转、喷嘴移动，将喷射方向垂直指向需要覆盖的墙面。搅拌运输车供料，打开泵送开关，泵送混凝土开始。打开添加剂控制开关，调节合适的添加剂值。打开压缩空气开关，调节压力至合适的值，喷射开始。

7）清洗机器

作业完成以后，必须彻底清洗料斗、混凝土管、S阀、活塞、喷头等粘有混凝土的部件，以及添加剂相关管道。直到所有能接触到混凝土的部件被清洗干净。为了防止水泥和混凝土附着于设备上，方便清洗，建议在设备上撒一层石蜡、机油或其他产品。

2. 注意事项

1）输送管道

泵送混凝土都利用管道实现一定距离的输送。管道内壁的光滑或粗糙、变径、弯曲和润滑等，都对泵送是否顺利有影响。管道心再设置应尽量平直、少变径、少弯曲以减小泵送阻力。喷射设备的输送管道比较受限制，不仅

管径较小，而且不可避免地有变径和弯管，同时又不可避免地要使用输送阻力较大的软管，唯一的有利条件是泵送距离有限，通常在 15～30 m。减小输送阻力的设计措施包括：拉长变径距离，使输送阻力的变化比较缓和；尽可能使用硬管，只在不得不用软管的地方用软管，尽可能减少弯管等。施喷中也要采取一些技术措施来减小输送阻力，防止堵管。

2）泵送压力

混凝土泵的压力是泵送得以实现的动力。混凝土在管道中运动时，受多种阻力妨碍，如输管壁对混凝土的摩擦阻力，从大截面流向小截面时的变径阻力，通过弯曲管道的阻力以及骨料间相互阻挡的阻力等。活塞若不能提供足够的压力来克服这些阻力，泵送过程就会中止。因此，混凝土泵要消耗相当大的功率来实现泵送。在同等输送能力混凝土泵中，应选择最大。输送压力较高的泵，克服阻力的能力就大一些、堵管的概率就小一些。

3）输送压力的脉动

任何液压混凝土在管道中的输送压力都是有脉动的，这是泵送单元的结构特点所决定的。这种压力脉动越频繁、脉动的压力差越大，则造成混凝土在管道中流动越不平稳，造成混凝土离析、泌水的机会也越大，从而堵管的机会也越多。压力脉动越频繁、脉动的压力差越大，设备和管道的振动频率也越高、振幅越大，能量的消耗以及设备和管道的磨损也越厉害。同时这种压力脉动还加大了喷射料的流速脉动变化，不利于操作控制，增大了反弹并降低了质量。好的混凝土输送泵，应该泵送行程较长，使压力脉动的频率降低，同时能消除活塞换向时的压力脉冲，使泵送更平稳。

4）速凝剂使用的注意事项

对于速凝剂的使用，必须使用保护器具（眼镜、防尘罩、手套等）。而且，如不慎入眼，要用大量的清水冲洗干净，必要时要接受医生的诊断治疗。粉状速凝剂容易吸湿，液体速凝剂容易沉淀、分离、变质，所以要注意贮存方法。用于喷射混凝土的速凝剂要选用新鲜的，风化、劣化了的速凝剂对速凝性有损害，附着

性也会变差。

5）避免吸入空气造成堵管

供应混凝土的搅拌输送车在交替时，要及时停止混凝土泵的运转。使料斗内始终有60%以上的混凝土，或以S阀管不露出混凝土为限。料斗内混凝土太少，S阀管露出混凝土时，混凝土缸有可能吸入空气。可压缩的空气在输送管道内会形成气阻，轻则造成喷射时"放炮"现象，影响喷射流的稳定性，降低喷射质量和增加反弹；严重时气阻会造成堵管，使喷射作业暂停。由气阻造成的堵管，在排除时比一般堵管危险。被压缩的空气在突然释放时，可能造成物料喷溅，带压喷溅的物料可能伤及人员。因此由气阻导致堵管后，排堵时要注意先释压，松动管路时还应有防喷溅的措施。

6）强制执行的例行保养

设备如果因故停机，最好的混凝土也泵不出去，喷不出去。因此，保证混凝土正常泵送和喷射的最后一个重要因素是设备的正常有效运转。强制执行的例行日常保养包括每次施喷后的清洗清理，是保证设备正常运行、减少不必要的损耗和故障、最大限度降低运行成本的有效措施，也是从设备上保证混凝土泵送、喷射作业正常进行的有效手段。日常清洗保养的正确，严格执行，一方面靠有关工作人员对设备的熟悉了解，所以应学会正确合理的清洗保养方法；另一方面靠执行人员的高度责任性，应一丝不苟地认真实施清洗保养。混凝土泵送和喷射设备上，没有允许在作业后可以暂不清理保养的地方，没有允许残留混凝土和粉尘的地方。无论是否指定专职清洗保养人员，混凝土泵和喷射臂的操作人员都应直接参加清洗保养作业。

7）熟练操作和安全

泵送喷射设备涉及电路（交流高压动力电路和直流低压控制电路）、液压、气路、速凝剂回路、机械、内燃机、行走底盘等，是比较复杂的综合设备。要能够熟练掌握，需要多方面的知识基础和经验。这需要操作员在操作设备过程中不断地学习和积累各方面的经验。设

备行走、泵送和喷射是带有一定危险性的作业,要保证人员和设备的安全,必须严格遵守安全作业的各项规定,不能有丝毫粗心大意。随时查阅有关安全作业的规定,有利于及时纠正和防止违章作业。

9.3.9 维护和保养

适时正确的维护是保证设备高效、稳定、长寿的关键。时刻记住设备工作场地的环境对设备的不利因素。以下对设备各个部件的一系列的检查,是保证设备高效、稳定、长寿的关键。

1. 技术保养内容与周期

(1) 使用 5 年以内的混凝土湿喷台车:每年检查 1 次。

检查必须每年进行 1 次,如果从上次检查时间起算,机组工作时间达到 500 h 或泵送混凝土达到指定量,即使不到一年时间,也应进行检查。

(2) 使用 5~10 年的混凝土湿喷台车:每 6 个月检查 1 次。

检查必须每 6 个月进行 1 次,如果从上次检查时间起算,机组工作时间达到 250 h 或泵送混凝土量达到指定量时,即使不到 6 个月时间,也应进行检查。

(3) 使用 10 年后的混凝土湿喷台车:每季度检查 1 次。

检查必须每季度进行 1 次,如果从上次检查时间起算,机组工作时间达到 125 h 或泵送混凝土量达到 5000 m³ 时,即使不到一个季度,也应进行检查。

开机时间与设备工作时间为定期检查的时间依据。电控系统记录了设备的运转时间,故应置于正常的工作状态,不得更改和消除记录。操作人员应负责开机检查,应在记录本上记录检查结果并签字确认。记录本应随机保存,以备查核。

2. 日常维护

(1) 仔细检查液压管路有无泄漏,如有泄漏现象,找到泄漏处并将其修复。

(2) 如果怀疑或发现有泄漏现象,应经常

检查液压油箱液面高度。

(3) 定期对转动、铰接部位进行加油润滑,以提高使用寿命。

(4) 定期检查各部位有无变形裂纹。

(5) 定期检查各电气元件有无挤压、松动、脱落等不良情况,如有,应及时将其修复。

(6) 工作时发现速凝剂堵塞时,检查速凝剂管路单向阀能否回位及喷嘴混流器内喷嘴是否堵塞,如有,则应及时清洗管路。

(7) 每次喷射作业结束后,彻底将臂架系统的喷头、伸缩臂和湿喷台车上的混凝土及尘土清洗干净(包括内部和外表)。

(8) 定期清理料斗内混凝土,检查泵送水箱内是否有混凝土。若有,则立即更换泵送活塞。

(9) 每次喷射作业结束后,应检查各连接及紧固件是否松动,特别要注意料斗振动部位螺栓。如有松动,应及时拧紧。

每 1~2 个班次,需进行上述检查、维护。

3. 使用注意事项

混凝土湿喷台车使用注意事项有:

(1) 作业完成后,及时清理驾驶室仪表台、电线、插头上附着的混凝土,方便下次转场时观察发动机冷却液温度、蓄电池电量等关键参数。

(2) 保证底盘充足的启动电源,电压表指示数值应保持在 24 V 以上。如缺电,则应加大油门及时充电,充满电需用时 30 min 左右。

(3) 不允许在发动机运转时关闭电源总开关,否则会损坏整机电气系统;整机停止工作后,请关闭电源总开关。

(4) 寒冷地区(环境温度低于-10℃)使用注意事项:

① 机组转场前,发动机要彻底进行预热工作 20 min 左右。

② 工作前,机组提前开机预运行,以对液压油加温。

③ 如果蓄电池的电解液已结冰,当进行充电或用别的电源启动发动机时,在启动前,要把蓄电池的电解液融化,并检查是否有泄漏。

④ 作业完成后,把粘在电线、电线插头、挡

位杆、驾驶室内构件上的水及混凝土清除干净,防止下次使用时出现机器操作失灵。

⑤ 根据环境温度,发动机水箱应加注合适比例的冷却液,防止发动机损坏。

4. 保养周期须知

为确保混凝土湿喷台车组长时间的稳定运行,要求各相关人员应按照技术要求进行机组的维护保养。国内主要湿喷台车厂家随机说明书中,都对相应机型机组需要保养维护的位置、介质类型、周期作了明确的要求。湿喷机组投入使用后,应当按照说明书中的有关要求,定期对设备进行保养。

5. 液压系统的保养

液压系统比较复杂,须由专业技术人员进行液压系统的检修。如果发现问题,检查原因,并在进行所有操作之前修复整个液压系统。

(1) 查找泄漏原因并排除。

(2) 检查安全阀、液压硬管和软管、接头、液压缸是否磨损或泄漏(管路磨破突然爆裂会导致严重危险)。

(3) 立即更换任何磨损严重的管道。

(4) 在液压系统工作前,确保系统回路中没有压力,并检查蓄能器已经释放压力。

(5) 由于工作中的液压油能达到很高的温度,在打开接头前必须穿戴防护服,防止烫伤。

(6) 用油箱的液位计来检查油箱中的油量,如需加油,则应加满。换油时,将系统中的旧油放尽。

6. 整机的外观保养

(1) 机器上的标签或者铭牌不得剔除;如有损坏,应立刻更换。

(2) 为了阻止水泥和混凝土附着于设备上,并方便清洗,建议在设备上撒一层石蜡、机油或其他产品。

(3) 作业后,要把堆积、残留在臂架、喷头和车身的混凝土清理干净,并将"三臂"的收缩臂内的混凝土清理干净,臂架黄油嘴打上足够的黄油。

(4) 工作期间,留意所有设备的移动,避免设备被击中或者撞上其他物品。

(5) 如果使用高压水清洗机清洗机器,不可集中作用于涂漆表面上的某一点,而是要进行大面积清洗。建议在喷头的尖端使用橡胶块,可以避免涂漆表面与金属物碰撞引起的设备损坏。水温应为 60~70℃。

9.3.10 安全要求及应急处理

1. 湿喷作业安全要求

(1) 必须佩戴好相关安全防护用具。

(2) 喷射混凝土的工作面,有足够的照明设备。

(3) 工作之前,检查安全装置,发动机油位,轮胎状况和气压(应根据输送距离确定,如发现工作压力骤升、喷头出料中断,则应立即停机;排除故障时,不准把喷嘴对人);电气系统,后视镜及所有可运动组件在设备动作前必须固定(喷射混凝土的机械设备,应安设在基础牢固、岩石稳定或已有支护的安全地点)。喷射边墙和顶拱使用的台架,要严实坚固,设有围栏和防护网,不得有悬空探头板。对整机表面喷涂一层保护层,工作后把保护层及时清理干净。

(4) 启动后,检查发动机油压、制动系统压力、发动机温度及所有指示灯的工作情况,并检查有无油气泄漏。

(5) 湿喷台车的喂料筛网,不得任意打开,更不允许将手或棍棒伸入喂料口内。

(6) 喷射时,喷嘴应尽量保持与喷砌面垂直,距离为 0.8~1.2 m,不得太远或太近,最理想的喷射距离是距离喷砌表面 1 m。

(7) 喷射料以 50~70 m/s 高速喷出,喷射区内严禁有人。

(8) 喷射间隙,应关闭高压风,且使喷嘴向下指向地面,以免混凝土浆堵塞速凝剂管路。

(9) 工作完毕,先停止供料,用高压风吹净喷射管、速凝剂管路,待机器中余料喷完后,依次停风停水,机件拆除清理干净。若两次喷射间隔时间超过 30 min,则应用水洗净喷射管和速凝剂管路。

(10) 本次湿喷作业后,应对设备进行日常维护,确保下次使用时机器处于完好状态。

2．应急处理

（1）如输料软管发生堵塞，可用木棍轻轻敲打外壁，如敲打无效，可将软管拆卸，用压缩空气吹通。

（2）作业中，如发生风、水、输料管路堵塞或爆裂时，必须依次停止风、水、料的输送。喷头应由专人看护，以防消除堵塞后喷头摆动喷射伤人。当移动喷射地点时，必须首先关闭湿喷台车，喷嘴前方不得站人。

（3）当混合器发生堵塞时，不准用榔头敲打混合器，更不允许用风钻清理混合器，而应停机拆除检修。

（4）当监控量测发现支护体系变形、开裂等险情时，应采取应对措施。当险情危急时，应将人员撤出危险区。

9.4　梭式矿车

梭式矿车，又称轨轮式梭式矿车，是一种用于隧道、井巷、矿山开采、引水洞、导流洞、石油输送管道、天然气输送管道、隧洞掘进和采矿施工中的出渣、装矿的运输贮存设备，属于提升贮运设备。梭式矿车采用整体式车体，下设两个转向架并且可以升降，车厢底部设有刮板式或链条式自动转载输送机构，便于将整体车厢装满和转载运输或向后卸渣矿。

电动装岩机、立爪装载机、蟹爪装载机、转载运输机械化作业，梭式矿车既是转载设备又是运输设备。其特点是加大矿车容积 $6\sim45$ m^3，减少调车次数，可搭接组合一次装完爆破量无须调车，实现装岩出矿连续循环掘进作业，还能提高装岩机的生产能力，是最佳的配套掘进方案之一，方案之二是汽车或矿用卡车运输配套。使掘进速度和功效翻倍增长，无人或少人辅助，大大减轻劳动强度，调车时间是纯装岩时间的 $5\sim10$ 倍。岩石块度不受限也加快转载运输速度效益。

大型梭式矿车主要适用于铁路隧道、水工涵洞、地下矿井及军事洞室等较大工程断面的机械化施工作业，是一种高效的出渣运输设备。它主要与电机车、挖斗装载机配套使用，

组成一套机械化程度高，装渣容量大的隧道无烟掘进系统。其具有环保、出渣效率高、操作简便及工人劳动强度低等特点。

9.4.1　梭式矿车的组成

梭式矿车主要由运输机的槽形车厢和走行部分组成，用牵引电机车牵引在轨道上行驶。车体设置在两个转向架上，在车厢底板上装有刮板或链板运输机，用风或电力驱动，也有风电两用的，普遍采用电动驱动工作。

9.4.2　梭式矿车的使用方法

矿料石渣从车厢的装渣端装入，连续转动的刮板或链板运输机就自动地将矿料石渣转载到卸渣端；待整个梭车装满，由牵引电机车牵引至卸渣场，然后再开动运输机，便可安全可靠地向两侧卸渣，将矿料石渣自动卸掉。

9.4.3　梭式矿车的优点

1．速度快

梭车可单车使用，也能若干辆串套搭接组成梭式列车运行。用梭车代替斗车配合装渣机出渣，可一次性将爆破方量全装完，以减少调车和出渣时间，也减少调车和出渣时间，加快隧道掘进速度。

2．简单灵活

梭式矿车基本上综合了斗车和厢式矿车的灵活性、结构简单性。

3．容积大

梭式矿车有容积大，能连续转载、自动卸渣的优点，它可在 $12\sim15$ m 小半径弯道上运行，既不用搭排架就可在卸渣线的前端卸渣，又能安全可靠地向两侧卸渣，使卸渣不受弃渣场地的限制。

因此，梭车在世界各国矿山巷道开挖施工中使用较为普遍，在隧道及地下工程施工中也常采用。国内生产的梭车定型产品分小型梭式矿车、大型梭式矿车，容积有 4 m^3、6 m^3、8 m^3、10 m^3、12 m^3、14 m^3、16 m^3、20 m^3、25 m^3、30 m^3、45 m^3 11 种。铁路隧道和公路隧道根据其施工特点和要求，宜发展单个的大容积梭

车,用牵引电机车牵引在轨道上行驶。江西萍乡岩鼎科技已研制的梭车容积最大达 45 m³。

4. 节约成本

用梭车代替斗车和厢式矿车配合挖斗扒渣机出渣,可减少调车和出渣时间,加快隧道掘进速度,自然也就减少了掘进成本。

因此,梭式矿车有着以下优点:连续卸载速度快,大容积贮量大,卸车效率高方便,矿石料渣不结底,不污积巷道,矿石块度不限制,使用灵活方便,设备可靠性极高等。它是小型翻斗式矿车和侧卸式矿车等运输工具因为贮存量不大,又要组合成列车式的形式,要建造井底车场,又要来回调车等复杂安全系统和维护成本上的优化改变而来,是现有最先进的运输矿车,它既简单,贮存量又大,如自动卸矿,一排炮下来的矿只要一次性就可以运走。它是矿山井巷,水电站导流洞,水利引水洞,天然气输送管道,小矿山隧洞,公路、铁路隧道、支洞等施工单位或个人使用作业最适合的运输工具。

9.4.4　对比表

转式运输装备见表 9-13。

表 9-13　转式运输装备对比表

对比项	转式运输装备	
	S8 型梭车 1 辆	0.75 m³ 矿车 10 辆
装车时间	36.5 min	51.7 min
去运返时间	18.6 min	40 min
装岩机生产能力	8.7 m³/h	4.9 m³/h
掘进工效	0.8 m³/工班	0.21 m³/工班
作业人数	3~5 人/班	12~16 人/班
装岩工效	7.3 m³/工班	0.62 m³/工班

某矿断面为 7.5 m³(2.9 m×2.6 m),岩石为闪长岩,$f=12\sim14$,岩石块度以 300~400 mm 居多,最大 800~1000 mm,先采用 S8 型梭车转运,后又增加 10 辆 0.75 m³ 矿车辅助作业,经施工管理统计列表比较,在基本相同条件下,使用梭车出渣较使用一般矿车,装岩效率提高 55%,并使装岩工效提高 7 倍,掘进工效提高 4 倍。

9.4.5　标准防爆型梭式矿车

隧洞井巷工程的贮存提升运输设备有 ST-8、SB-8 立方型和 ST-25、SB-25 立方等大、小标准防爆型梭式矿车。4 立方的载重量是 10 t,8 立方的载重量是 20 t,12 立方的载重量是 24 t,16 立方的载重量是 32 t,25 立方的载重量是 53 t。

防爆标准型梭式矿车在隧洞井巷弯道的小转弯半径分别是:4 立方的是 8 m,8 立方的是 12 m,12 立方的是 15 m,16 立方的是 18 m,25 立方的是 30 m。

4 立方梭车的电机功率是 10.5 kW,8 立方的电机功率是 13 kW,12 立方的电机功率是 18.5 kW,16 立方的电机功率是(2+18.5) kW,25 立方的电机功率是(2+22) kW。

4 立方梭车的外形尺寸是 6.3 m 长,1.3 m 宽,1.7 m 高;8 立方梭车的外形尺寸是 9.6 m 长,1.6 m 宽,1.7 m 高;12 立方梭车的外形尺寸是 11 m 长,1.7 m 宽,1.7 m 高;16 立方梭车的外形尺寸是 13 m 长,1.7 m 宽,1.84 m 高;25 立方梭车的外形尺寸是 14 m 长,1.74 m 宽,2.75 m 高。

4 立方梭式矿车适宜的隧洞井巷断面和配用钢轨是 2.2 m 宽、2.2 m 高的断面运输和用 12 kg 的钢轨。

8 立方梭式矿车适宜的隧洞井巷断面和配用钢轨是 2.5 m 宽、2.5 m 高的断面运输和用 18 kg 的钢轨。

12 立方梭式矿车适宜的隧洞井巷断面和配用钢轨是 3.4 m 宽、3.4 m 高的断面运输和用 18 kg 的钢轨。

16 立方梭式矿车适宜的隧洞井巷断面和配用钢轨是 4 m 宽、4 m 高的断面运输和用 24 kg 的钢轨。

25 立方梭式矿车适宜的隧洞井巷断面和配用钢轨是 4.2 m 宽、4.5 m 高的断面运输和用 24 kg 的钢轨。

第3篇

矿山运输机械

第10章

矿井提升机械

10.1 概述

矿井提升设备是联系矿井井下与地面的"咽喉"设备,是井下与地面联系的主要工具,在矿井生产中占有重要的地位。其主要用途是把井下的矿石和废石经井筒提升到地面,下放材料,在地面与井底之间升降人员、设备等,实现物流和人流的运输。矿井提升设备的主要组成部分是:提升容器、提升钢丝绳、提升机、天轮和井架、装卸载附属装置、电控系统等。常用的提升容器是罐笼和箕斗。

矿井提升系统按提升作用可分为主井提升系统和副井提升系统;按井筒倾角可分为竖井提升和斜井提升两种类型;竖井提升根据所使用的提升机和提升钢丝绳数量的不同可分为单绳提升系统和多绳提升系统;根据提升容器的不同可分为箕斗提升系统、罐笼提升系统和混合提升系统;根据提升机布置的不同可分为塔式提升系统和落地式提升系统。

矿井提升设备是矿山较复杂且庞大的机械-电气机组,在工作中一旦发生故障,就会严重影响矿井的正常生产,甚至造成人身事故。为此,掌握矿井提升设备的构造、工作原理、性能、设备选择、运转理论等方面的知识,对合理地选择和维护使用,使其确保高效率和安全可靠地运转,有着极其重要的意义。

10.2 矿井提升机

10.2.1 发展历程

1. 国内发展现状

矿井提升机已有很长的发展历史。早在公元前1100年前后,我国古代劳动人民就发明了辘轳,用手摇辘轳的方法提升地下矿产物,以后发展成畜力绞车,这就是现代提升机的始祖。但是由于我国长期处于封建社会,工业技术没有得到正常发展,直到全国解放时,我国还不能生产矿井提升机。新中国成立后,我国在河南洛阳建立了自己的提升机制造工业——洛阳矿山机器厂,1958年投产。我国提升设备的设计制造最初是仿制苏联,后发展到自行设计制造。1953年,抚顺重型机器厂制造了我国第1台单绳缠绕式双筒提升机。

1958年,洛阳矿山机器厂开始仿制苏联BM型矿井提升机,并在改进国外产品的基础上,设计制造了我国第一台井塔式JKM2×4多绳摩擦式提升机,1960年又设计生产了1台井塔式JKM3×4多绳摩擦式提升机,并逐渐形成批量生产能力,摆脱了依赖进口的局面。

20世纪70年代开始,仿制型提升机的结构缺陷日益凸显。洛阳矿山机器厂开始重新审视我国矿井提升机的现状和发展方向,进行了一些新结构的试验和研究。在此基础上,借鉴国外矿井提升机的新技术,特别是盘形制动系统技术,设计出我国第一台大型单绳矿井提升机,卷筒直径达6 m。此外,随着井塔式多绳提升机的广泛应用,其局限性也逐渐显现,如提升机安装在钢筋混凝土井塔上,其耐震力远不如钢结构井架;当矿井通过流砂层及地质条件差的地区时,采用钢筋混凝土井塔的地质结构不能满足要求。1977年,洛阳矿山机器厂研制了我国第一台落地式JKMD2×2多绳摩擦式提升机。20世纪80年代末期,通过引进一些国外新技术,洛阳矿山机器厂已可生产各种新型大型矿井提升机,包括电动机悬挂直联形式的大型多绳摩擦式提升机,其摩擦轮直径达4 m。为使提升机的制造实现标准化、通用化和系列化,洛阳矿山机器厂制定了单绳缠绕式和多绳摩擦式提升机的国家标准。现在洛阳矿山机器厂不但能生产4~6 m的大型单绳缠绕式提升机,而且还能生产井塔式和落地式的多绳摩擦式提升机,1992年又生产了直连式的多绳摩擦式提升机,为我国深部开采和开发大产量的矿井及直流电动机拖动的推广应用,提供了性能良好、技术先进的设备。

20世纪90年代末,随着我国矿山矿井日益向大型化、高产化方向发展,多绳摩擦式提升机日趋成为主导的矿山提升设备。特别是大型多绳摩擦式提升机,因具有显著的优点而受到矿山用户的欢迎。同时随着控制技术的不断进步,开发研究技术先进、性能可靠、高效节能的新一代大型多绳摩擦式提升机日益迫切。1999年,中信重工机械股份有限责任公司开始研发并于2001年成功制造了国内最大规格的双电动机直联形式的JKMD-5.7×4落地式多绳摩擦式提升机,其摩擦轮直径达5.7 m,是国内首台采用双电动机悬挂直联形式的多绳摩擦式提升机,改变了我国特大型提升机依赖进口的局面。

近年来,我国的大型和特大型矿井提升机在技术上取得了很大的进步,但关键技术如液压制动系统、电控系统技术与国际知名企业相比,仍然存在明显差距,不少用户不惜高价引进国外产品。近期的市场需求显示,立项建设的特大型矿井在逐渐增多,一方面为适应矿山工业的发展,需开发研制适应年产1000万t矿井的大型和特大型矿井提升机;另一方面需要加大科研力度,关键技术要寻求大的改进和突破,打造国产提升机的精品,抗击进口产品的冲击。

目前,我国能生产矿井提升机的企业主要有中信重工机械股份有限公司、山西新富升机器制造有限公司、锦州矿山机器(集团)有限公司、贵州高原矿山机械股份有限公司等大型制造企业,它们都能够生产各种大型的矿用提升机、矿用提升绞车。株洲煤矿机器厂、山西新富升机器制造有限公司还可以生产液压防爆绞车,以满足煤矿、冶金矿山的需要。为矿井提升机提供配套方案的中信重工机械股份有限公司、洛阳源创电气有限公司、湖南湘潭电控设备厂和天津电控设备厂,所生产的多种电控设备和比较先进的动力制动、低频拖动和晶闸管控制的各种电控设备及监控设备,也正以较快的速度向世界先进水平迈进。

2.国外发展现状

国外提升机的发展已有150多年的历史。其中几个有代表性的时期是:1827年,西方资本主义国家出现第一台蒸汽式提升机;1877年,制造出第一台单绳摩擦式提升机;1905年,由于电力的发展,使用了第一台电气拖动的矿井提升机,逐渐代替了蒸汽提升机;1938年,创造了第一台多绳摩擦式矿井提升机;1957年,生产出多绳缠绕式提升机。国外矿井提升设备主要生产厂家有瑞典的ABB公司,德国的GHH、DEMAG、EPR、SIEMAGE公司和美国的AEG公司,国际上矿井提升机正朝着投资低、效益高、安全可靠、便于集中管理、自动化程度高的大型和特大型方向发展,出现了年产1000万t的特大型矿井,开采深度已超过2000 m,每次提升量50 t,提升速度为25 m/s,其中70%实现了自动化控制。与之配套的交-交变频系统、交-直-交变频系统也已广泛应用。提升机已大多采用由计算机控制的全自动化运行方式,提升速度及容器位置的监控全由电气控制系统自动监测、反馈和调整。

随着社会的发展,为提高劳动生产率和各项经济技术指标,对现有的提升设备进行技术改造,不断地采用新技术、新工艺,诸如采用新型制动器、液压站,使用寿命较长且结构稳定的线接触、面接触、三角股、多层股钢丝绳,采用直流拖动和自动化控制等,从而提高了设备的提升能力、自控化程度和安全可靠性。事实证明,生产需求是推动技术发展的动力。现在国外箕斗有效载重量已超过 50 t,提升速度接近 20 m/s,拖动功率达 10 000 kW 以上;在拖动控制方面,已广泛采用了集中控制及自动控制设备;多绳提升机的绳数多达 10 根;井深从数百米到 3000 m。例如,瑞典的基鲁那铁矿,在一个矩形的井塔上安装了 12 台多绳提升机(9 台单箕斗提升机、2 台双箕斗提升机和 1 台罐笼提升机),每小时提升能力近万吨,各台提升机均由综合控制台进行集中控制,采用晶闸管技术,直流拖动,计算机参与监控。

从国内、外看矿井提升机的发展,都在采用最新的技术、工艺和材质,使提升设备向大型化、高效率、体积小、重量轻、能力大、安全可靠、运行准确和高度集中化、自动化方向发展。

3. 千米深井的发展前景

我国目前煤矿开采深度普遍小于 800 m,大量煤炭深埋在超过 1000 m 的地下尚未开发。随着经济的快速发展,社会对能源的需求越来越大,煤矿深井开采已成为世界主要采煤国面临和需要解决的问题。据统计,目前我国煤炭的开采深度平均约 500 m,并正以每年 8~12 m 的速度向深部发展。未来 10 年内,我国矿山的开采深度必将达到 1000~2000 m。20 世纪 80 年代初,德国煤矿开采深度已达 1443 m,到 80 年代中期,国外深度超千米的矿山至少有 79 座。1977 年,我国赵各庄煤矿开采深度达 1154.4 m,目前我国开采深度超千米的矿井至少有 17 个。多绳摩擦式提升机在深井中使用时,由于提升机钢丝绳加长,不仅加大提升负荷,而且在深井提升工况下钢丝绳因张力变化过大,其寿命将急剧下降,这成为制约矿井提升安全与效率的主要因素。深井提升钢丝绳普遍存在的问题有:断丝较早且不均

匀,钢丝绳有效金属截面减小,抗拉强度降低,整体破断力下降等,使得钢丝绳使用寿命较短。如铜陵冬瓜山铜矿提升高度为 1100 m,钢丝绳平均使用寿命约为 3 个月;徐州庞庄张小楼主井提升机的提升高度为 1039.6 m,钢丝绳平均使用寿命为 6 个月;因此国内多绳摩擦式提升机不建议在深度超过 1200 m 情况下使用。一般情况下,对于深井提升,可采用分段提升方式,即采用成熟的单绳缠绕式提升机或多绳摩擦式提升机进行分段开采,技术方面很容易实现,但所需的设备较多,生产和管理成本会明显增大,并且增加了故障的发生概率;另一种方式是采用布雷尔提升机(即多绳缠绕式提升机),只需 1 套提升设备就可完成,避免了多段提升带来的复杂的运转系统及硐室工程,节省了投资成本。1958 年,南非开始采用多绳缠绕式提升机,并普遍应用于 2000 m 左右提升高度的矿井。多绳缠绕式提升机是一种双筒缠绕式提升机,其每个卷筒中间有 1 个挡绳板,使得每个卷筒上可同时缠绕 2 根钢丝绳,钢丝绳采用多层缠绕,通过天轮装置后 2 根钢丝绳与同一个提升容器连接。由于是无尾绳提升,避免了深井提升中尾绳的原因使得提升钢丝绳张力波动过大而对其使用寿命带来的影响。多绳缠绕式提升机具有提升能力大、卷筒直径较小、作双钩提升时可用于多水平提升、不需要尾绳装置、适用于特深井提升等许多优点,解决了多绳摩擦式提升机在深井提升中存在的钢丝绳问题,改变了深井开采的提升模式。该提升技术在国外已有一定的应用,目前在国内的应用还是空白。深部煤炭资源是我国能源保障的重要组成部分,今后将有许多矿井陆续进入深部开采,因此,深部开采将成为未来采矿业的发展趋势。深部提升是深部采矿需解决的一个重要问题,由于千米深井的高应力和高温的特殊地质环境,对提升运输设备提出了新的要求,同时也对技术人员提出了新的挑战。如何安全、高效、低成本地开采及运输深部煤炭资源,将成为我国煤矿行业需要突破的重大技术问题。

4. 关键技术与国内、外差距

国内提升机近 10 年已取得了长足进步,但与国际上矿井提升机相比仍有一定差距,主要在基础理论研究方面、基础原件和新材料应用方面、加工工艺和加工设备的精度方面、可靠性和耐久性方面存在较大差距,特别是提升机的大型电动机技术、关键电控技术,还处于发展阶段。

提升机的整机技术与国外发达国家相比还有相当差距,一是电气方面,变频调速系统、微电子技术应用、可编程序逻辑控制系统(PLC)等,由于国产电子元件的质量、寿命等原因,仍摆脱不了对国外产品的依赖。目前国内运行的先进的电控系统,或者是整体从国外引进,或者是关键技术引进,或者是关键元件引进,总之仍处于学习阶段。因此,在引进、吸收、消化的基础上缩小与国外先进技术的差距,开发适合我国国情的提升机电控系统势在必行。二是机械方面,由于受国内机械加工设备及工艺、材料及热处理等因素的影响,在设计上留有余地,安全系数的选取趋于保守,与瑞典 ABB 公司的同类产品相比,结构尺寸大、重量增加,导致成本加大。换句话说,由于受材料供应、标准件配套、设备加工精度等因素影响,结构和尺寸尚不能完全与国外公司等同。现有的技术人员缺乏广泛的学术交流活动,特别是国际性的学术交流,缺乏技术人员的培训和二次教育。重生产、轻科研也是国内企业的通病,制约了矿井提升机的技术发展。近年来,我国的煤炭、冶金等矿山已陆续从瑞典、德国等地引进了许多大型矿井提升机及其电控设备的成套(或部分)设备,国际上各大提升机制造公司纷纷进入我国市场,有的国际知名品牌公司还在国内建立了制造厂,给国内提升机的生产制造带来了冲击和考验。为替代进口,节约外汇,提升设备的质量,参与国际市场竞争,需要加快开发研制大型矿井提升机及其电控设备的步伐,满足重点矿井的主提升系统需要,满足现有矿井挖潜、扩大提升能力的需要。

10.2.2　分类与结构

提升机的用途是缠绕和传动钢丝绳,从而带动容器在井筒中升降,完成矿井提升或下放负载的任务。矿井提升机的分类方式很多,如图 10-1 所示。目前我国生产和应用的矿井提升机主要有单绳缠绕式和多绳摩擦式两种。前者称为单绳缠绕式提升机,后者称为多绳摩擦式提升机。矿井提升机总体上在向大负载、高速、大型化、自动化和高可靠性方向发展。

矿井提升机主要由机械部分、电气部分和辅助机械部分组成,如图 10-2 所示。

1) 机械部分

机械部分主要由工作机构,制动系统,机械传动系统,观测操纵系统,拖动、控制和自动保护系统等部分组成。

(1) 工作机构。主轴装置是提升机的工作机构,主要包括主轴、主轴承及轴承座、卷筒(摩擦轮)、卷筒衬板(摩擦衬垫)、制动盘、调绳装置等。工作机构的作用是缠绕或搭挂提升钢丝绳;承受各种载荷,并将载荷经轴承传给基础;调节钢丝绳长度。

(2) 制动系统。其主要包括制动器和制动器控制装置。制动控制装置的主要作用是调节制动力矩,实现工作制动、安全制动和紧急制动功能。在提升机停车时能够可靠制动;在减速阶段及重物下放时,参与提升机速度控制;具有安全保护作用或紧急事故情况下使提升机迅速停车,避免事故发生。

(3) 机械传动系统。其主要包括减速器和联轴器。前者的作用是减速和传递动力;后者的作用是连接两个旋转运动的部分,并通过其传递动力。

(4) 观测操纵系统。其主要包括深度指示器、深度指示器传动装置和操纵台。深度指示器分为牌坊式、圆盘式、小丝杠式等形式,其传动装置有牌坊式深度指示器传动装置、圆盘式深度指示器传动装置、监控器。深度指示器及其传动装置或监视器的作用是:向司机指示提升容器在井筒中的位置;提升容器接近井口卸载位置和井底停车位置时,发出减速信号;提

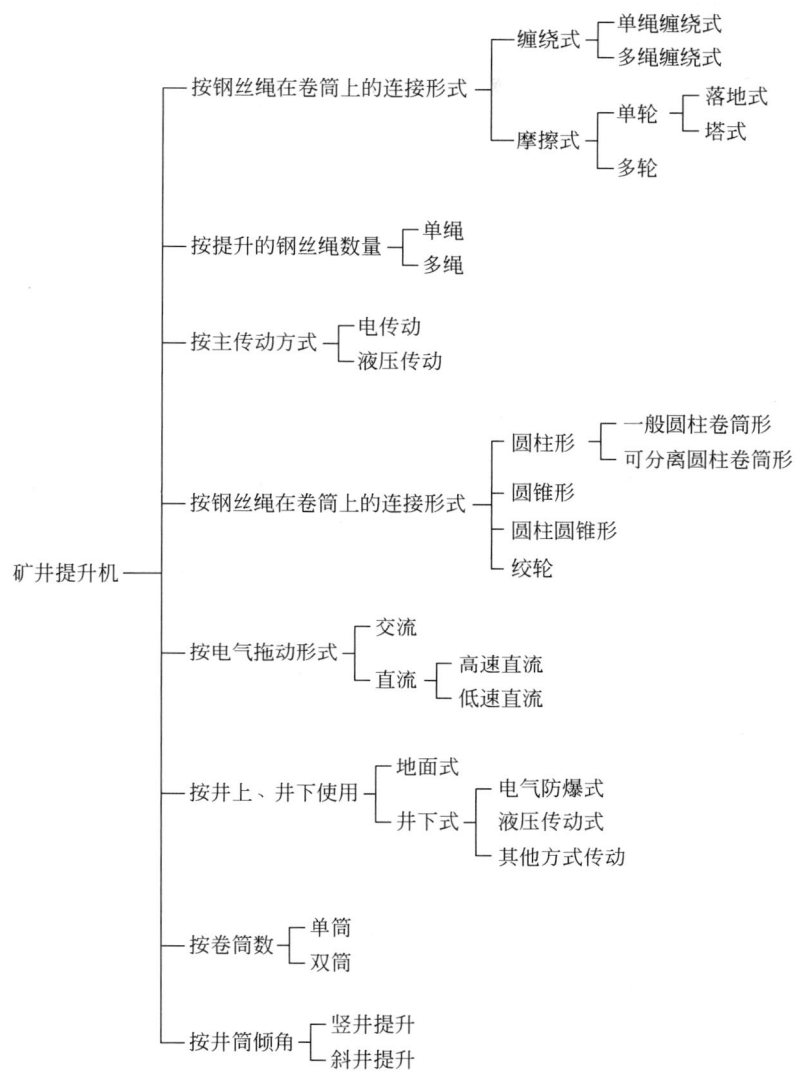

图 10-1　矿井提升机的分类

升容器过卷时,牌坊深度指示器、圆盘深度指示器传动装置或监控器上的开关能够切断安全保护回路,进行安全制动;提升机在减速阶段超速时,能够通过限速装置进行过速保护;需要解除二级制动时,能够通过解除二级制动开关予以解除;对于多绳摩擦式提升机常配置数字深度指示器,能够自动调零,以消除由于钢丝绳在摩擦轮摩擦衬垫上的滑动、蠕动和伸长及衬垫磨损等所造成的指示误差。操纵台的作用是使用其上的各种把手和开关操纵提升机完成提升、下放及各种动作;通过其上的各种仪表向司机反映提升机的运行情况及设备的工作状况。

2)电气部分

电气部分由拖动电动机、电气控制装置、电气保护装置组成。提升机工作需要启动力矩大、启动平稳、具有调速功能、短时频繁正反转反复工作的拖动装置。从电力拖动而言,矿井提升机可分为交流拖动和直流拖动两大类。为了得到设计的速度和拖动力,必须对提升机进行必要的控制。为了保护提升机安全运转,还必须设置一系列的保护监测装置。

工作机构 ── 主轴装置和主轴承

制动系统 ┬ 制动器
        └ 液压传动装置

机械传动系统 ┬ 减速器（包括微拖动减速器）
            └ 联轴器

润滑系统 ── 润滑站

矿井提升机

观测操纵系统 ┬ 斜面操纵台
            ├ 深度指示器和传动装置
            └ 测速发电机装置

拖动、控制和自动保护系统 ┬ 主电动机和微拖动电动机
                      ├ 电气控制系统
                      └ 自动保护系统

辅助机械部分 ┬ 司机椅子
            ├ 机座、机架
            ├ 护栅、护板、护罩
            └ 天轮装置、导向轮装置、车槽装置（适用于多绳摩擦式）

图 10-2　矿井提升机的结构

（1）直流拖动系统。直流拖动系统一般采用直流他励电动机作为主拖动电动机。根据供电方式不同，直流拖动系统又可分为两类：一类是发电机组供电的系统（简称 G-M 系统），另一类是晶闸管供电的系统（简称 V-M 系统）。G-M 系统的特点是过载能力强，所需设备均为常规定型产品，供货容易，运行可靠，技术要求较低，对系统以外的电网不会造成有害的影响，但维护工作量大。与前者相比，V-M 系统具有功率放大倍数大、快速响应性好、功耗小、效率高、调速范围大、运行可靠、设备费用低等优点，其缺点是晶闸管元件的过载能力较低、有冲击性的无功功率等。直流他励电动机：功率 800～1250 kW 的一般可以选用高速直流电动机带减速器，1250 kW 以上的一般都采用低速直流电动机与提升机直联方式驱动。直流拖动具有调速性能好、启动转矩大等优点。因此，在副、主井提升电动机功率大于 2000 kW 时，较多采用直流拖动。直流电动机降低电压启动、调速是最经济、最方便的方法。由于可控硅技术的发展，通过控制晶闸管触发角，就可以无级调节晶闸管整流装置的输出直流电压，从而可以调节直流电动机的转速。

（2）交流拖动系统。交流拖动系统常见拖动方案有绕线型异步电动机转子回路串电阻调速系统和交流电动机交-交变频调速系统。交流绕线式异步电动机：由于交流接触器的限制，单机运行功率不超过 1000 kW，双机运行功率不超过 2000 kW（双机拖动）。交流绕线式异步电动机拖动是目前应用最为广泛的拖动方式，主要满足 1.5×10^6 t/年以下矿井主、副井提升的需要。交流绕线式异步电动机具有结构简单、质量轻、制造方便、运行可靠等优点，与直流电动机相比，价格低，又不需要另外的供电电源变换装置。它的缺点是调速性能不如直流电动机，启动阶段和调速时电能损耗较大，运行不经济。其单水平深井提升时提升效率与用发电机组供电的直流拖动系统相当；但用于要求频繁启动或不同运行速度的多水平提升机时不经济。交流变频调速同步电动机：可控硅交-交变频装置的应用使这类交流同步电动机开始用于提升机的拖动。交-交变频器是将三相交流电源从固定的电压和频率直接变换成电压和频率可调的交流电源，不需设置

中间耦合电路。其主要优点是只进行一次能量变换,效率较高;设备较简单,可靠性较高。缺点是主回路所使用的晶闸管元件数量较多,这比直流拖动中的晶闸管整流装置复杂。虽然交流拖动中的变频装置较直流拖动中的整流装置复杂,相应的投资费用也较高,但由于交流电动机本身较直流电动机具有结构简单、单位容量费用低、维护工作量小等优点,因此交-交变频器供电的交流拖动系统较晶闸管整流装置供电的直流拖动系统的一次性投资要少。

(3)拖动方式的选择。直流拖动虽然在调速和控制上优点很多,是交流异步电动机所无法比拟的,但由于结构复杂等原因限制了更大的发展。交流拖动较直流拖动具有以下优点:由于没有直流电动机的换向器和电刷,结构简单,维修量小,寿命长;质量比直流电动机轻,轴向尺寸短,而且功率容量基本不受限制;调速范围广,控制方便,可保持较高的效率和功率因数;交-交变频后的波形接近于正弦波,因而谐波含量很低,一般不需补偿装置。其主要缺点是:可控硅元件数量多,需要的耐压低,维修量可能大;交-交变频装置的投资较高,制造技术要求很高。目前,大容量矿井提升机大多采用直流拖动方案,尤以 V-M 系统为主。而在交流拖动系统使用了动力制动、低频制动、可调机械闸、负荷测量、计量装载等辅助装置后,也可获得较满意的调速性能。随着晶闸管交-交变频技术和微机技术的出现,产生了交流无换向器电动机,近年来大型矿井提升机大量采用了这种拖动方式。

3) 辅助机械部分

辅助机械部分主要由天轮装置、导向轮装置、车槽装置等部分组成。

(1)天轮装置。天轮装置安装在井架上,供引导钢丝绳转向之用。

(2)导向轮装置。当多绳提升机的主导轮直径大于两个提升容器之间的距离时,为了将摩擦轮两侧的钢丝绳相互移近,以适应两个提升容器中心距离的要求,或为获得大于 180°的围包角,需装设导向轮装置。导向轮装置由一个固定轮和若干个游动轮组成,两种轮子总数目与主导轮装置相同。导向轮由轮毂、轮辐和轮缘组成。轮缘绳槽内装有衬垫,磨损后可更换。游动导向轮轴套与轴间用黄油润滑。

1. 单绳缠绕式提升机

1) 单绳缠绕式提升机的分类

单绳缠绕式提升机是出现较早、在我国使用较多的一种类型。目前使用的单绳缠绕式提升机有 KJ 型和 JK 型两大类。KJ 型矿井提升机是我国在 1958—1966 年生产的仿苏联 BM-2A 型产品,此类产品目前已不再生产,但在一些老矿井中仍在使用。经过不断的改进,我国现在主要生产 JK 系列(包括 JK 型和 JK/A 型)矿井提升机。

按滚筒数目的不同,单绳缠绕式提升机有单滚筒和双滚筒之分。单滚筒提升机只有一个卷筒,钢丝绳的一端固定在卷筒上,另一端绕过天轮与提升容器相连。卷筒转动时,钢丝绳向卷筒上缠绕或放出,带动提升容器升降。如果单卷筒提升机用作双钩提升,则要在一个卷筒上固定两根缠绕方向相反的提升钢丝绳。提升机运行时,一根钢丝绳向卷筒上缠绕,另一根钢丝绳自卷筒上松放。其特点是:提升机的体积和质量较小,但由于这种提升机只有一个卷筒,容绳量小,适用于提升能力较小的场合,如产量较小的斜井或井下采区上、下山等。双滚筒提升机在一个主轴上有两个滚筒,一个为固定滚筒(死滚筒),一个为游动滚筒(活滚筒)。固定滚筒与主轴固接,游动滚筒通过离合器与主轴相连,其优点是两个滚筒可以相对转动,便于调节绳长或更换水平位置。

单绳缠绕式提升机适用于浅井或中等深度的矿井。在深井及大终端载荷的提升系统中,钢丝绳的直径和提升机卷筒容绳宽度都要求很大,这将导致提升机体积庞大,质量激增,因而在一定程度上限制了单绳缠绕式提升机在深井中的使用。

2) JK 型缠绕式提升机

我国现在生产的 JK 型矿井提升机,是在 XKT 型提升机的基础上,经过局部修改和系列化整顿出来的产品。

近几年来,由于科学技术不断进步发展,在

JK 型提升机大批生产的同时,吸收了国外的先进经验并做了改进,克服了原来存在的切向键易松动、离合器离合困难、调绳油缸与联锁阀漏油、蛇形弹簧寿命短、维修量大等问题,其结构的性能有很大的提高。其主要改进内容如下:

(1) 主轴与固定滚筒支轮的连接采用无键连接,滚筒幅板与支轮采用高强度螺栓或铰制孔螺栓连接,便于拆装。

(2) 带塑衬结构的滚筒,使钢丝绳排列整齐,避免咬绳,运行平稳,延长钢丝绳的使用寿命。

(3) 滚筒采用对开装配式结构,现场安装时不需要进行焊接,保证了质量,缩短了现场安装周期。

(4) 采用装配式结构的制动盘,在制造时经过精加工,现场安装时不需要车加工,减少了安装工序。

(5) 主轴承采用双列向心球面滚子轴承,简化安装,减少维修,提高转动效率,消除轴向窜动量大的问题。

(6) 调绳离合器采用径向齿块式调绳离合器,调绳达到快速、准确,提高了作业效率,并消除了 JK 型提升机油缸漏油现象。

(7) 制动器采用油缸后置装配式制动器,达到制动灵活、安全可靠。

(8) 液压站采用延时时间可达 0~10 s 的双级液压延时二级制动液压站。

(9) 减速器采用渐开线齿形、中硬齿面单斜齿平行轴减速器或中硬齿面行星齿轮减速器。

(10) 电动机与减速器高速轴相连接的联轴器采用弹性棒销联轴器,其缓冲性能好,使用寿命长,不需油脂润滑,备件易得,更换方便。

(11) 为阻止电机转子惯性,减少停车时转子惯性引起的齿轮往返冲击,配有电机制动器。

(12) 配有机械牌坊式、圆盘式双套深度指示器,带有由监控器传动的小丝杠精针指示器,实现了指示准确,多种保护齐全、灵敏可靠。

(13) 为安全运行,达到规程的要求,增设了机械限速保护装置。

目前我国生产的 JK 系列矿井提升机规格参数见表 10-1 和表 10-2。

表 10-1　JK 系列提升机规格参数(单筒)

序号	型　号	卷筒			钢丝绳最大静张力	钢丝绳最大直径	最大提升高度或斜长			最大提升速度
		个数	直径	宽度			一层缠绕	二层缠绕	三层缠绕	
			m		kN	mm	m			m/s
1	JK-2×1.5		2.0	1.50	60	25	280	605	962	7.0
2	JK-2×1.8			1.80			350	746	1176	
3	JK-2.5×2		2.5	2.00	90	31	393	832	1312	9.0
4	JK-2.5×2.3			2.30			463	974	1528	
5	JK-3×2.2		3.0	2.20	130	37	435	917	1447	12.0
6	JK-3×2.5			2.50			506	1060	1664	
7	JK-3.5×2.5	1	3.5	2.50	170	43	501	1049	1654	12.0
8	JK-3.5×2.8			2.80			572	1193	1871	
9	JK-4×2.2		4.0	2.20	245	50	415	875	1395	
10	JK-4×2.7			2.70			532	1110	1752	
11	JK-4.5×3		4.5	3.00	280	56	579	1242	1958	14.0
12	JK-5×3		5.0	3.00	350	62	593	1232	1948	
13	JK-5×3.5			3.50			710	1469	2307	

注:1. 最大提升高度或斜长是按照钢丝绳最大直径计算的参考值。

　　2. 最大提升速度是按一层缠绕计算时的提升速度。

　　3. 本表中产品规格为优先选用的规格。若采用非标规格,必须满足现行安全规程要求。

表 10-2　JK 系列提升机规格参数（双筒）

序号	型　号	卷　筒				钢丝绳最大静张力	两根钢丝绳最大静张力差	钢丝绳最大直径	最大提升高度或斜长			最大提升速度
		个数	直径	宽度	两卷筒中心距离				一层缠绕	二层缠绕	三层缠绕	
			m		mm	kN		mm	m			m/s
1	2JK-2×1	2	2.0	1.00	1090	60	40	25	163	369	605	7.0
2	2JK-2×1.25			1.25	1340				222	487	784	
3	2JK-2.5×1.2		2.5	1.20	1290	90	55	31	205	453	738	9.0
4	2JK-2.5×1.5		2.5	1.50	1590				276	595	953	
5	2JK-3×1.5		3.0			130	80	37	270	584	942	12.0
6	2JK-3×1.8			1.80	1890				341	727	1159	
7	2JK-3.5×1.7		3.5	1.70	1790	170	115	43	312	667	1074	
8	2JK-3.5×2.1			2.10	2190				407	858	1364	
9	2JK-4×2.1		4.0			245	165	50	392	828	1324	
10	2JK-4.5×2.2		4.0	2.20	2290	280	185	56	410	864	1385	14.0
11	2JK-5×2.3		5.0	2.30	2390	350	230	62	429	900	1446	
12	2JK-5.5×2.4		5.5	2.40	2490	425	280	68	447	936	1506	
13	2JK-6×2.5		6.0	2.50	2590	500	320	75	457	957	1543	

注：1. 最大提升高度或斜长是按照钢丝绳最大直径计算的参考值。

2. 最大提升速度是按一层缠绕计算时的提升速度。

3. 本表中产品规格为优先选用的规格。若采用非标规格，必须满足现行安全规程要求。

3）JK 型提升机的结构特点

JK 型提升机有单筒和双筒之分，其滚筒直径有 2 m 至 6 m 的规格，单筒提升机的整体布置及组成如图 10-3 所示，双筒提升机的整体布置及组成如图 10-4 所示。产品型号编制方法应符合 GB/T 20961—2018 的规定，JK 型提升机与我国 20 世纪 50 年代仿苏联 2BM 型及 60 年代 KJ 型以及仿苏联改进后的 JKA 型老系列提升机比较，在结构上具有下列特点：

（1）提升能力平均提高 25%，重量平均减轻 25%，节省了大批钢材，减少了转换质量，降低了电耗。其技术性能比较见表 10-3。

（2）主轴装置的滚筒采用 16Mn 的钢板焊接成厚筒壳无支环的结构，滚筒内部不设支环和斜撑，重量轻，强度高。

（3）采用新结构的制动器及二级制动液压站或恒减速液压站，具有安全可靠程度高，制动力矩可调性好，重量轻，结构紧凑，动作快，灵敏度高，维修方便，通用性能好的特点。

（4）采用了新型减速器，提高了承载能力和传动效率，减轻了自身重量。

（5）采取牌坊式深度指示器共同使用，能准确地指示和适应多水平提升。

（6）采用液压齿轮调绳离合装置，调绳省力、省时、安全可靠。

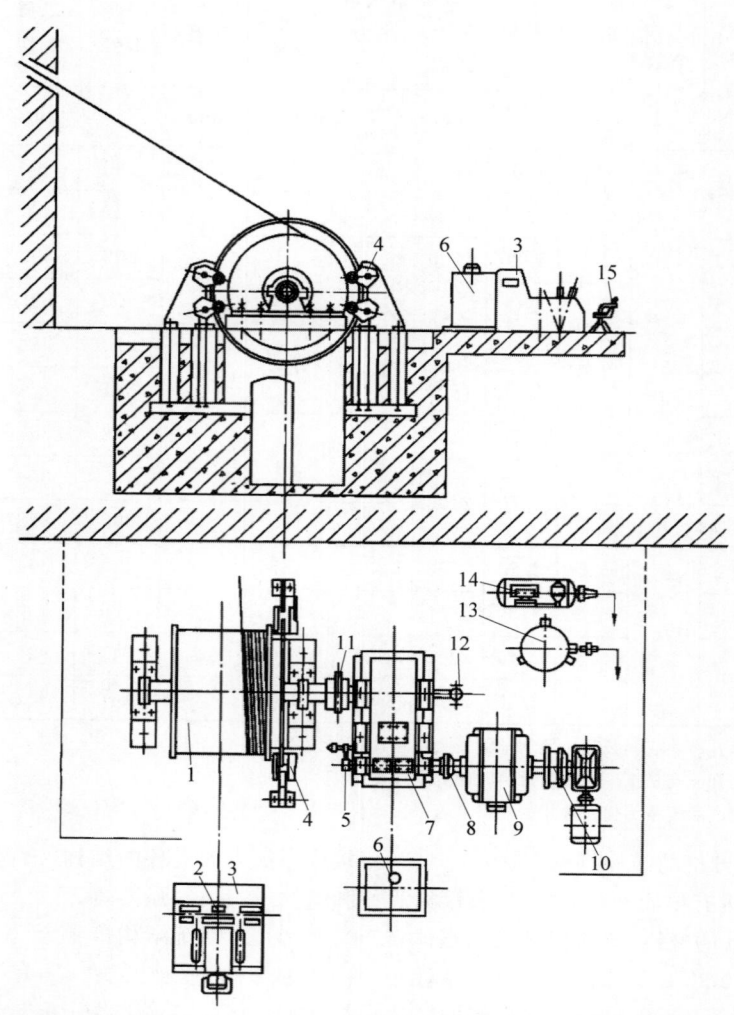

1—主轴装置；2—深度指示器；3—操纵台；4—盘式制动器；5—测速发电机装置；6—液压站；7—减速器；8—蛇形弹簧联轴器；9—电动机；10—微拖动装置；11—齿轮联轴器；12—深度指示器传动装置；13—储气筒；14—空压机；15—司机椅子。

图 10-3　JK 型单筒提升机的整体布置及组成

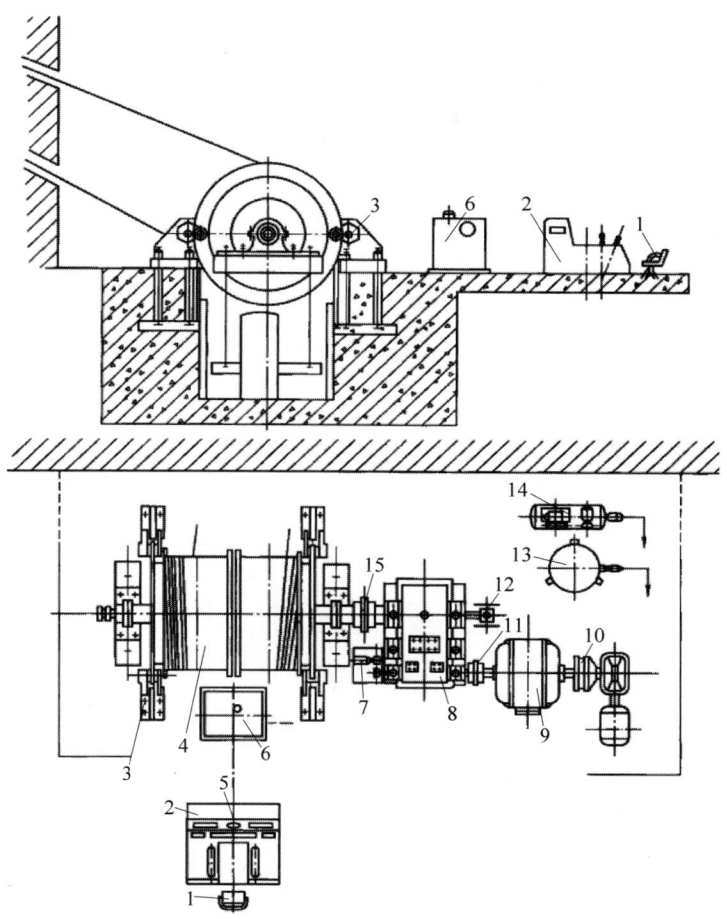

1—司机椅子；2—操纵台；3—盘式制动器；4—主轴装置；5—深度指示器；6—液压站；7—测速发电机装置；8—减速器；9—电动机；10—微拖动装置；11—蛇形弹簧联轴器；12—深度指示器传动装置；13—储气筒；14—空压机；15—齿轮联轴器。

图 10-4　JK 型双筒提升机的整体布置及组成

表 10-3　JK 型提升机与 KJ、JKA 型提升机技术性能比较表

产品规格	提升能力/t		设备质量/t	
	产品型号		产品型号	
	JK 型	KJ 与 JKA 型	JK 型	KJ 与 JKA 型
单筒 2.0 m	6	5	17	23
单筒 2.5 m	9	6.5	27.4	34
双筒 2.0 m	4	3	19.6	27
双筒 2.5 m	5.5	4	28.6	35.7
双筒 3.0 m	8	5	43.3	50
双筒 3.5 m	11.5	11.5	63	84

4）主轴装置

主轴装置是提升机的主要工作和承载部件，由卷筒、主轴和轴承等组成，主要起着缠绕提升钢丝绳，承受各种正常和非正常力，以及当改变提升水平时，调节钢丝绳长度（单绳双滚筒提升机）的作用。

（1）JK 型单筒提升机主轴装置

JK 型单筒提升机主轴装置由主轴承 1、主轴 4、滚筒 10、左轮毂 3、右轮毂 6 等部件组成，如图 10-5 所示。主轴承是用来支承主轴、滚筒和提升载荷的，轴承一般采用双列向心球面滚子，轴承也可采用滑动轴承，滑动轴承内的轴瓦上嵌有巴氏合金层，以供主轴承载的转动。

轮毂压配在主轴上或用强力切向键与主轴固定在一起，主轴与卷筒的连接方式有单法兰单夹板结构和双法兰双夹板结构，滚筒与轮毂采用高强度螺栓连接。单筒 2 m 提升机滚筒上只有一个制动盘，单筒 2.5 m 以上的提升机都有两个制动盘。

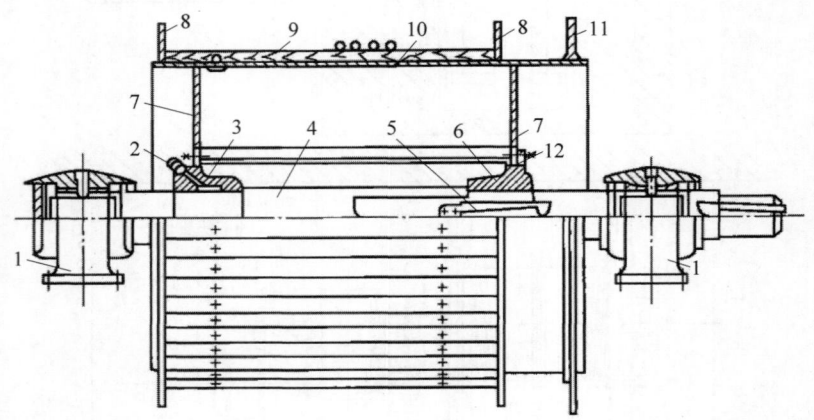

1—主轴承；2—润滑油杯；3—左轮毂；4—主轴；5—切向键；6—右轮毂；7—轮毂；
8—挡绳板；9—木衬；10—滚筒；11—制动盘；12—精制配合螺栓。

图 10-5　JK 型单筒提升机主轴装置

单筒提升机为上方出绳。如采用单筒提升机双钩提升时，右侧钢丝绳为上方出绳，左侧钢丝绳为下方出绳。

（2）JK 型双筒提升机主轴装置

JK 型双筒提升机主轴装置由主轴承 1、主轴 11、固定滚筒 9、游动滚筒 5、四个轮毂、调绳离合器 3 等主要部件组成，如图 10-6 所示。图中右边的滚筒叫固定滚筒，左边的叫游动滚筒，其左侧装有齿块式调绳离合器。其结构特征如下：

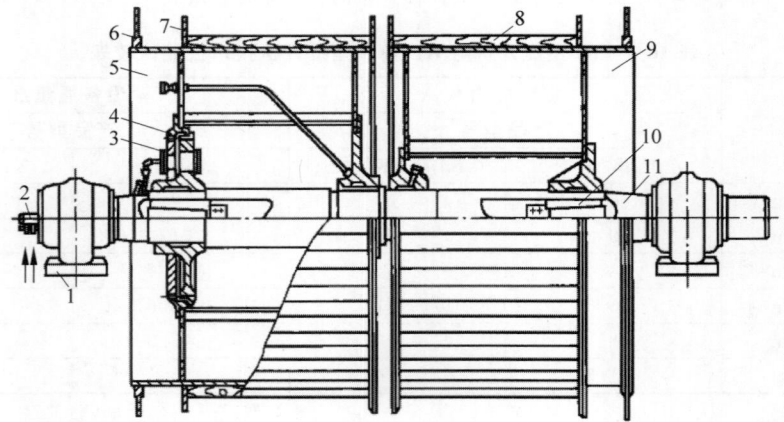

1—主轴承；2—密封头；3—调绳离合器；4—尼龙套；5—游动滚筒；6—制动盘；
7—挡绳板；8—木衬；9—固定滚筒；10—切向键；11—主轴。

图 10-6　JK 型双筒提升机主轴装置

① 固定滚筒：固定滚筒与轮毂的连接、轮毂与主轴的连接和单筒提升机主轴装置相同。

② 游动滚筒：游动滚筒与支轮的连接采用数量各一半的精制配合螺栓和普通螺栓。游动滚筒右侧的支轮与主轴的配合为两半铜瓦滑装在主轴上，用油杯注油润滑，以保护主轴和支轮，避免在调绳时主轴与支轮相对运动所发生的摩擦，造成主轴的损伤。游动滚筒左侧毂板上用精制配合螺栓固定着调绳离合器的内齿圈，左端面上方有注油孔，为定期向铜瓦、支轮注润滑油用，以减少磨损。

双筒提升机游动滚筒上的钢丝绳为下方出绳，固定滚筒上的钢丝绳为上方出绳。双筒提升机固定滚筒左侧也留有出绳孔，在进行二层和满四层缠绕时，钢丝绳必须从左侧绳孔导出，以免钢丝绳集中在主轴的中部，影响其强度。在进行双层缠绕时，为避免咬绳，应增设钢丝绳的过渡装置。其过渡装置如图 10-7 所示。

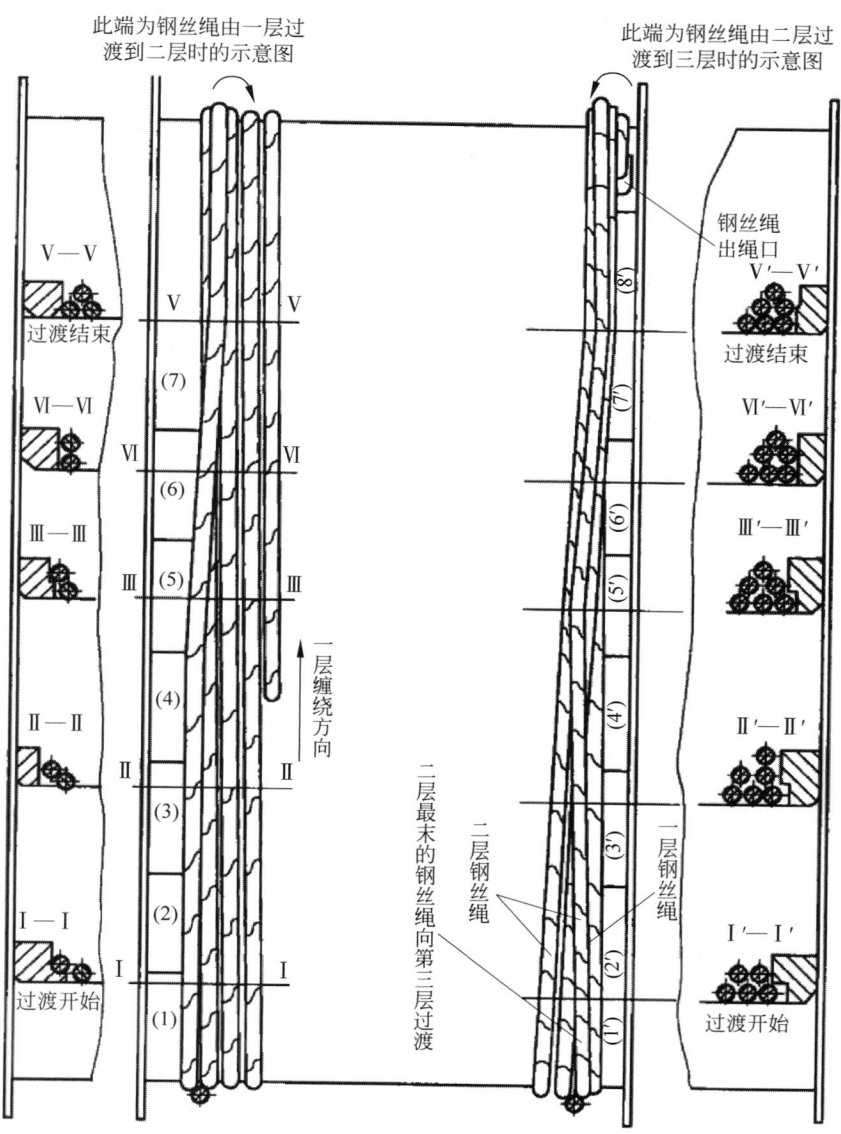

图 10-7 钢丝绳过渡装置

2. 多绳摩擦式提升机

1）多绳摩擦式提升机的分类与适用范围

单绳缠绕式提升机的提升高度受滚筒容绳量的限制,提升能力又受到单根钢丝绳强度的限制。当矿井产量很大,井筒比较深时,采用单绳缠绕式提升机就不能满足生产的需要。随着矿井产量和井深的不断增加,一次提升量也随之增大,如仍采用单绳缠绕式提升机的话,就必须采用更大的提升机和直径更大的钢丝绳。这样带来制造困难、基建投资增大费用、生产维修量增加等缺点。矿井生产的需要,促使人们研究新的摩擦提升原理,并按照此原理制造了单绳和多绳摩擦式提升机。摩擦提升是 1877 年德国人戈培(Koepe)最早提出的,将一根钢丝绳搭在主导轮上,容器悬挂在钢丝绳的两端,依靠绳的正压力和衬垫的摩擦力实现容器的升降工作。这样既解决了深井提升时单绳缠绕式提升机滚筒过宽的问题,又解决了制造上的困难,即所谓单绳摩擦式提升机。由于主导轮的宽度减小,主轴的直径与长度均相应地减小,相对地减小了机器的重量和回转力矩,电动机的容量也相应降低很多。随着生产发展的需要,1938 年,瑞典制造出世界上第一台多绳摩擦式提升机,受到世界各主要工业国的普遍重视,并积极选用。

多绳摩擦提升是以多根较细的钢丝绳代替单绳摩擦提升较粗的一根钢丝绳的工作,从而又进一步地解决了单绳摩擦提升所存在的主导轮与钢丝绳直径较大的缺点。例如我国某矿使用的一台单绳摩擦式提升机,所使用的钢丝绳直径为 70 mm,主导轮直径为 7 m,这样粗的钢丝绳和主导轮直径无论在制造、运输和悬挂方面都是相当困难的。1958 年,我国设计试制出第一台 DJ2×4 多绳摩擦式提升机,1961 年又设计制造出 JKM 型的多绳摩擦式提升机。目前国内常用的多为 JKMD/JKM 系列的多绳摩擦式提升机。

目前我国主要采用井塔式提升机,其优点是:机房设在井塔顶层,与井塔合成一体,节省场地;省去天轮;全部载荷垂直向下,架稳定性好;可获得较大围包角;钢丝绳不因暴露在外受雨雪的侵蚀,而影响摩擦系数及使用寿命。但井塔的质量大,基建时间长,造价高。井塔式多绳摩擦式提升机如图 10-8 所示。塔式多绳摩擦式提升机又可分为无导向轮系统和有导向轮系统。无导向轮系统结构简单。有导向轮系统的优点是使提升容器在井筒中的中心距不受主导轮直径的限制,可减小井筒的断面;同时可以加大钢丝绳在主导轮上的围包角;有导向轮系统的缺点是钢丝绳产生了反向弯曲,会影响钢丝绳的使用寿命。

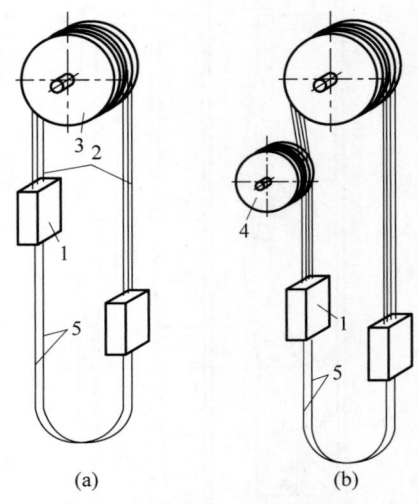

1—提升容器或平衡锤;2—提升钢丝绳;
3—摩擦轮;4—导向轮;5—尾绳。

图 10-8　塔式多绳摩擦式提升机示意图
(a)无导向轮的多绳摩擦提升系统;
(b)有导向轮的多绳摩擦提升系统

落地式提升机的机房直接设在地面上。其主要优点是:井架较低,质量小,投资较低;建井架比建井塔占用井口时间短,井筒装备和提升机安装工程可同时施工,加快建设进度;在工程地质不良和地震区,提升机房和井架的安全稳定性比井塔高。其主要缺点是:占地面积大,工业场地比较狭小的矿井不便采用;钢丝绳暴露在外,弯曲次数多,影响钢丝绳的工作条件及使用寿命。落地式多绳摩擦式提升机如图 10-9 所示。

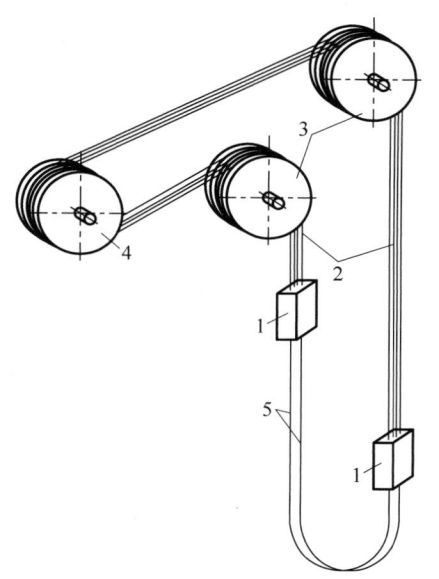

1—提升容器或平衡锤；2—提升钢丝绳；3—导向轮；
4—摩擦轮（主导轮）；5—尾绳。

图 10-9 落地式多绳摩擦式提升机示意图

2）多绳摩擦式提升机的特点和发展趋势

多绳摩擦式提升机与单绳缠绕式提升机相比，具有以下优点：

（1）由于钢丝绳不是缠绕在主导轮上，故提升高度不受容绳量的限制，因而主导轮的宽度较缠绕式卷筒小，可适应深度和载荷较大的矿井的使用要求。

（2）由于载荷由数根提升钢丝绳共同承担，故钢丝绳直径较相同载荷下单绳提升的直径小，并导致主导轮直径也小。因而在相同提升载荷下，多绳提升机具有体积小、质量轻、节省材料、制造容易、安装和运输方便等优点。同时发生事故的情况下多根钢丝绳同时断裂的可能性极小，因此提高了提升设备的安全性，可不在提升机容器上装设断绳防坠器，给采用钢丝绳作罐道的矿井提供了有利条件。

（3）由于多绳提升机的运动质量小，故拖动电动机的容量与耗电量均相应减小。

（4）在卡罐和过卷的情况下，有打滑的可能性，可避免断绳事故的发生。

（5）当采用相同数量的左捻和右捻钢丝绳

时，可减轻提升容器因钢丝绳扭力而产生的对罐道的侧向压力。既降低了运动中的摩擦阻力，又可减轻容器罐耳与罐道间的单向磨损，延长了罐道与罐耳的使用寿命。

多绳摩擦式提升机与单绳缠绕式提升机相比，具有以下缺点：

（1）由于提升容器由数根提升钢丝绳共同悬挂，因而悬挂新绳和更换钢丝绳的工作量都比较大，维护较复杂。同时，为保证每根钢丝绳运行中的受力相等，不仅在提升容器上要设平衡装置，而且对提升钢丝绳的质量和结构的要求都比较高；当提升钢丝绳中有一根需要更换时，必须将全部提升钢丝绳同时更换，且要求换用具有同样弹性模量、规格和强度的钢丝绳，以保证在实际运动中的钢丝绳具有相同的伸长性能。

（2）由于使用数根直径较小的钢丝绳提升，因而钢丝绳的外露面积增加了，在井筒中受矿井腐蚀性气体侵蚀的面积也相应增大。由于钢丝绳直径和绳股中钢丝直径均较小，耐腐蚀性能显著降低，尤其对井筒淋水呈酸性的矿井更为显著。这些因素对钢丝绳的使用寿命产生不利的影响。

（3）多绳摩擦式提升机是依靠提升钢丝绳在摩擦轮的衬垫上产生的摩擦力提升的，因而对衬垫的质量要求较高，即需要衬垫具有较高的摩擦系数、较高的耐磨性和一定的弹性。在车削衬垫上的绳槽时，还要求各绳槽的尺寸尽量一致，绳槽之间尺寸的差值越小越好。为了保证提升钢丝绳与衬垫之间具有足够的摩擦系数，需针对不同使用工况使用特殊的润滑油脂，从而增加了成本。

（4）多绳摩擦式提升机安装在井塔上时，设备吊运的工作量较大，给安装和维修都带来不便。为了解决井塔上工作及检修人员的上下问题，还需要设置电梯。

（5）多绳摩擦式提升机的提升钢丝绳两端分别固定于两个提升容器（提升容器与平衡锤）上，钢丝绳的长度是固定的，只能适用一个生产水平,不能使用双容器提升为多水平的生产服务,也不适用凿井提升。

(6)由于提升钢丝绳和主导轮上的衬垫间有蠕动现象,故对钢丝绳及衬垫的磨损有一定的影响,对深度指示器的准确性也有影响。

综上所述,多绳摩擦式提升的优越性是显著的。目前,多绳摩擦提升机发展的方向是:向大型、全自动化和遥控方向发展,并发展各种新型和专用提升设备。发展落地式和斜井多绳摩擦式提升机,研究其用于浅井、盲井甚至天井的可能性,以扩大使用范围;采用新结构,以减小机器的外形尺寸和质量。

多绳摩擦式提升钢丝绳的根数取决于多种因素。根据我国矿井的实际情况,提升钢丝绳的根数以四根和六根为宜,在特殊情况下可采用八根。钢丝绳半数左捻,半数右捻,并互相交错排列。

为了保证各绳间负载均匀分配和简化钢丝绳长度的调整,必须保证钢丝绳的初始伸长和弹性伸长最小,并具有高度的耐磨性。目前,首绳可优先选用镀锌三角股钢丝绳,也可采用西鲁型钢丝绳或密封钢丝绳等。尾绳可采用不扭转钢丝绳或扁钢丝绳,圆尾绳根数一般为首绳之半,扁尾绳则用一根或两根。不扭转钢丝绳较扁钢丝绳易于制造和大量生产,用圆尾绳旋转连接器作悬挂装置可以克服圆钢丝绳在使用过程中发生的旋转问题。

我国生产的JKMD(落地式)和JKM(井塔式)系列多绳摩擦式提升机规格参数见表10-4和表10-5。

表 10-4　落地式多绳摩擦式提升机基本参数

序号	产品型号	摩擦轮直径	钢丝绳根数	摩擦系数	钢丝绳最大静张力差	钢丝绳最大静张力	钢丝绳最大直径	钢丝绳间距	最大提升速度		天轮直径	钢丝绳仰角
									有减速器	无减速器		
		m	根		kN	kN	mm	mm	m/s		m	(°)
1	JKMD-1.6×4	1.60			30	105	16		8.0	—	1.60	
2	JKMD-1.85×4	1.85			45	155	20	250			1.85	
3	JKMD-2×4	2.00			55	180	22		10.0		2.00	
4	JKMD-2.25×4	2.25			65	215	24				2.25	
5	JKMD-2.8×4	2.80			100	335	30				2.80	≥40 至 <90
6	JKMD-3×4	3.00	4	0.25	140	450	32	300	15.0		3.00	
7	JKMD-3.25×4	3.25			160	520	36			16.0	3.25	
8	JKMD-3.5×4	3.50			180	570	38				3.50	
9	JKMD-4×4	4.00			270	770	44				4.00	
10	JKMD-4.5×4	4.50			340	980	50	350			4.50	
11	JKMD-4.5×6	4.50								—		
12	JKMD-5×4	5.00			400	1250	54				5.00	
13	JKMD-5×6	5.00										

表 10-5 井塔式多绳摩擦式提升机基本参数

序号	产品型号	摩擦轮直径	钢丝绳根数	摩擦系数	钢丝绳最大静张力差	钢丝绳最大静张力		钢丝绳最大直径		钢丝绳间距	最大提升速度		导向轮直径
						有导向轮	无导向轮	有导向轮	无导向轮		有减速器	无减速器	
		m	根		kN	kN		mm		mm	m/s		m
1	JKM-1.3×4	1.30	4	0.25	30	—	105	—	16	200	5.0	16.0	1.85
2	JKM-1.6×4	1.60			40	—	150	—	20		8.0		
3	JKM-1.85×4	1.85			45/50	150	165	20	22		10.0		1.85
4	JKM-2×4	2.00			55	180		22					2.00
5	JKM-2.25×4	2.25			65	215		24					2.25
6	JKM-2.8×4	2.80			100	335		30		250			2.80
7	JKM-2.8×6		6		160	520					15.0		
8	JKM-3×4	3.00	4		140	450		32					3.00
9	JKM-3×6		6		220	670							
10	JKM-3.25×4	3.25	4		160	520	—	36	—				3.25
11	JKM-3.5×4	3.50			180	570		38					3.50
12	JKM-3.5×6		6		270	860				300			
13	JKM-4×4	4.00	4		270	770		44			—		4.00
14	JKM-4×6		6		340	1200							
15	JKM-4.5×4	4.50	4		340	980		50					4.50
16	JKM-4.5×6		6		440	1450							

3）多绳摩擦式提升机的结构特点

多绳摩擦式提升机主要由主轴装置、制动器装置、液压站、减速器、电动机、深度指示器系统、操纵台、导向轮装置、车槽装置、弹性联轴器等部件组成。主导轮表面装有带绳槽的摩擦衬垫。衬垫应具有较高的摩擦系数和耐磨、耐压性能，其材质的优劣直接影响提升机的生产能力、工作安全性及应用范围。国产多绳摩擦式提升机形式分为 JKM（井塔式）（如图 10-10 所示）和 JKMD（落地式）。产品型号编制方法应符合 GB/T 10599—2023 的规定。

（1）主轴装置和制动装置

如图 10-11 所示，主轴装置由主导轮 7、主轴 3、两个滚动轴承 4 等组成。

主导轮多采用整体全焊接结构，少数大规格提升机由于受运输吊装等条件的限制或安装于井下的缘故，需要做成两半剖分式结构，在接合面处用定位销及高强度螺栓固紧。主导轮和主轴的连接方式有两种：一种是采用单法兰、单面摩擦连接，另一种是主导轮与主轴采用双法兰、双夹板、双平面摩擦连接。主轴多采用整体锻造结构，在轴上直接锻出一个或两个法兰盘后加工而成。制动盘在主导轮的边上，可以有一个或两个制动盘。制动盘和主导轮的连接可以是焊接或者以可拆组合式连接。摩擦衬垫用固定块（由铸铝或塑料制成）压紧在主导轮轮壳表面上，不允许任何方向有活动。为更换提升钢丝绳、摩擦衬垫和修理盘式制动器的方便与安全，在一侧轴承梁上（或地基上）装有一个固定主导轮用的锁紧器。

（2）减速器

减速器是提升机机械系统中一个很重要的组成部分，其作用是传递运动和动力。它不仅将电动机的输出转速转化为提升卷筒所需的工作转速，而且将电动机输出的转矩转化为提升卷筒所需的工作转矩。多绳摩擦式提升

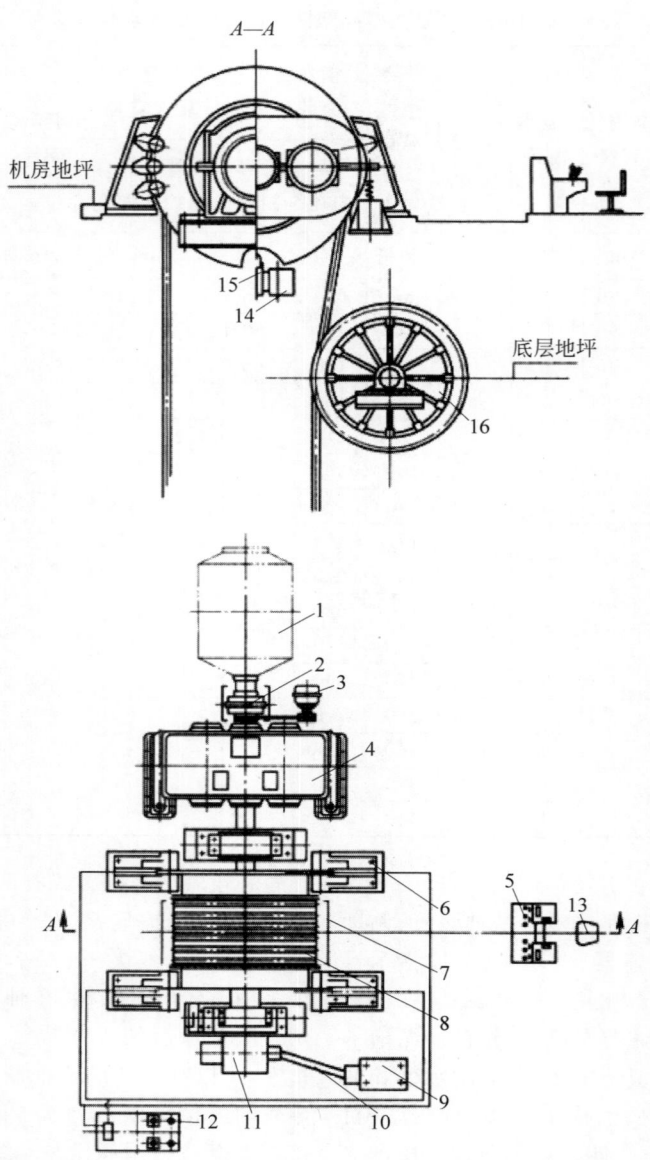

1—电动机；2—弹簧联轴器；3—测速发电机装置；4—减速器；5—斜面操纵台；6—盘形制动器；7—摩擦轮护板；8—主轴装置；9—深度指示器系统；10—万向联轴器；11—精针发送装置；12—液压站；13—司机椅子；14—车槽架；15—车槽装置；16—导向轮。

图 10-10　JKM 多绳摩擦式提升机总体结构示意图

机减速器的主要类型有：平行轴齿轮减速器、同轴式功率分流齿轮减速器、渐开线行星齿轮减速器。多绳摩擦式提升机减速器的速比一般为 7～15。

（3）深度指示器

多绳摩擦式提升机在运行时，钢丝绳与主导轮之间不可避免地会产生蠕动和滑动，摩擦衬垫也会产生磨损。因此，深度指示器应能自动消除上述原因所造成的误差，从而能够正确地指示出容器在井筒中的实际位置，因此都设有自动调零装置。所谓调零，就是每次提升之后，在停车期间将指针调整到零位。

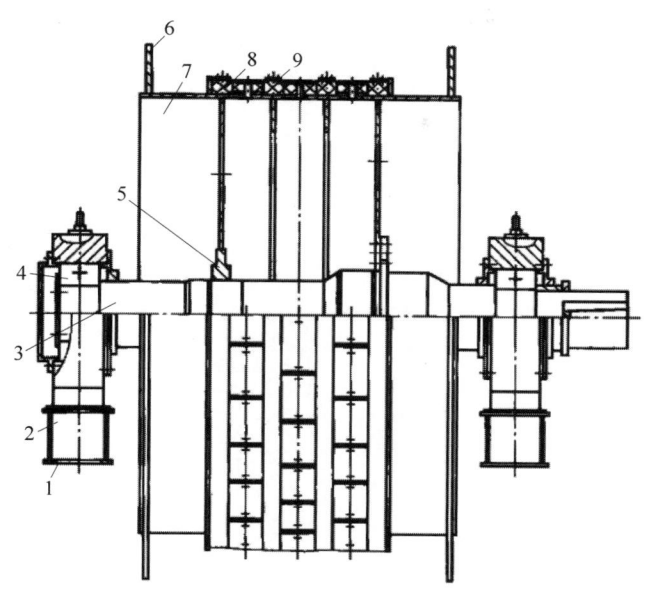

1—垫板；2—轴承座；3—主轴；4—滚动轴承；5—轮毂；6—制动盘；7—主导轮；8—摩擦衬垫；9—固定块。

图 10-11　多绳摩擦式提升机主轴装置

（4）摩擦衬垫

摩擦衬垫是提供传动动力的关键部件，承担着钢丝绳比压、张力差，以及两侧提升钢丝绳运行的各种动载荷与冲击载荷。因此，它与钢丝绳对偶摩擦时应具有较高的摩擦系数，且摩擦系数受水和油的影响较小。摩擦衬垫应具有足够的抗压性能和抗疲劳性能，较好的耐磨性能，且磨损时的粉尘对人和设备无害。在正常温度变化范围内，摩擦衬垫能够保持其原有性能。摩擦衬垫应具有一定的弹性，能起到调整一定的张力偏差的作用，并减小钢丝绳之间蠕动量的差。上述性能中最主要的是摩擦系数，提高摩擦系数将会提升设备的经济效果和安全性。摩擦衬垫采用固定块和压块（由铸铝或塑料制成）通过螺栓固定在筒壳上，不允许在任何方向有活动。钢丝绳的绳距与提升容器间的悬挂装置的结构尺寸有关。常用的几种摩擦衬垫的材料性能见表 10-6。

表 10-6　几种常用摩擦衬垫材料性能

衬垫材料	运输胶带	皮革	聚氯乙烯	聚氨酯橡胶	新型高分子材料
摩擦系数	0.2	0.2	0.2	0.23	0.25
许用比压/MPa	1.5	1.5	2.0	2.0	2.0

10.2.3　矿井提升系统

1. 立井提升系统

立井一般采用单绳缠绕式提升和多绳摩擦式提升，近年来新建的矿井大部分为落地式摩擦提升。

1）立井单绳缠绕式提升系统

立井单绳缠绕式提升系统又分为立井罐笼提升系统和立井箕斗提升系统。

（1）立井罐笼提升系统多为副井提升系统

由于罐笼提升系统的装、卸载方式多为人力或半机械化操作方式，再加上提升内容的变化较大，如提升矸石、材料、设备、升降人员等，故不易实现自动化提升，如图 10-12 所示。

从图 10-12 可以看出，两根提升钢丝绳 2 的一端固定在提升机 1 的滚筒上，而另一端则绕过井架 4 上的天轮 3 后悬挂提升容器——罐笼 5，两根提升钢丝绳在提升机滚筒上的缠绕方向相反。这样，当电动机启动后经减速器带动提升机滚筒旋转，两根钢丝绳则经过天轮 3

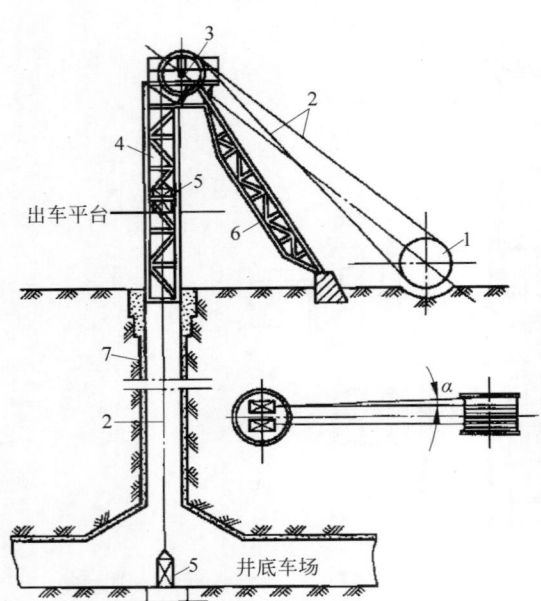

1—提升机；2—钢丝绳；3—天轮；4—井架；5—罐笼；
6—井架斜撑；7—井筒。

图 10-12　立井罐笼提升系统

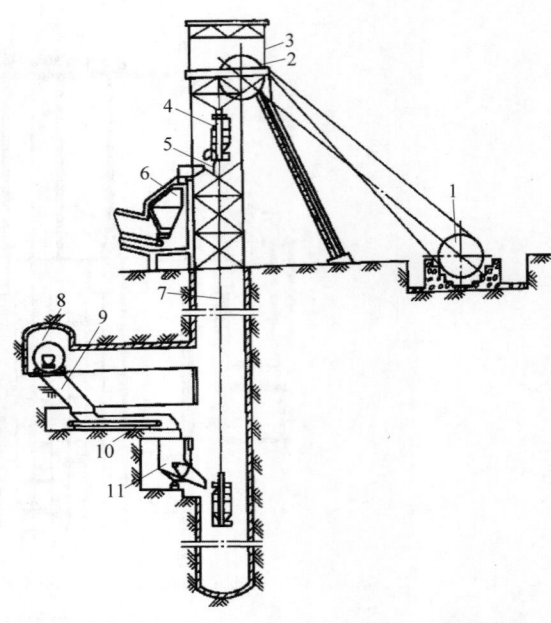

1—提升机；2—天轮；3—井架；4—箕斗；5—卸载曲轨；
6—地面煤仓；7—钢丝绳；8—翻车机；9—井下煤仓；
10—给煤机；11—装载斗箱。

图 10-13　立井箕斗提升系统

在提升机滚筒上缠上和松下，从而使提升容器在井筒里上下运动。不难看出，当位于井上口出车平台的罐笼与井底车场罐笼装、卸工作完成后，即可启动提升机进行提升，将井底罐笼 5 提至井上口出车平台位置，原井上口的罐笼则同时下放到井底车场位置进行装车，然后重复上述过程完成提升任务。

（2）立井箕斗提升系统为主井提升系统

与副井提升系统相比，除容器不同外，其装、卸载分为机械与自动装、卸载的方式，易实现自动化操作，如图 10-13 所示。目前，随着矿井生产向更深部开发，矿井提升设备提升能力不断增大，40t 箕斗现已在多矿使用，新集刘庄矿是 40t，4 容器，淮南张集 40t 箕斗、50t 箕斗已有开发意向，提升速度也已达到 15 m/s，而且每天的设备运行时间超过 22 小时。

从图 10-13 可以看出，上、下两个箕斗分别与两根钢丝绳 7 相连接，钢丝绳的另一端绕过井架上的天轮 2 引入提升机房，并以相反的方向缠绕和固定在提升机 1 的滚筒上，开动提升机，滚筒旋转，一根钢丝绳向滚筒上缠绕，另一

根钢丝绳自滚筒上松放，相应的箕斗就在井筒内上下运动，完成提升重箕斗、下放空箕斗的任务。当煤炭运到井底车场的翻车机硐室时，经翻车机 8 将煤卸到井下煤仓 9 内，再经装载闸门送入给煤机 10，并通过定量装载斗箱 11 的闸门装入位于井底的箕斗内。与此同时，另一个箕斗即位于井架的卸载位置，箕斗通过安装在井架上部的卸载曲轨 5 时，曲轨将箕斗底部的扇形闸门打开，将煤卸入地面煤仓 6 内。

2）缠绕式提升机布局

当井筒位置已经确定后，正确选择提升机的安装地点是十分重要的。在决定提升机安装地点时，通常要考虑如下问题：矿井地面工业广场布置，井筒四周地形条件，井下所留安全煤柱位置及尺寸，以及地面运输生产系统等。

根据矿井具体生产条件，如果双容器在井筒中的布置形式如图 10-14（提升机安装位置示意图）所示，对于箕斗提升，提升机房应布置在井筒卸载位置的对侧；对于罐笼提升，提升机房应布置在重车运行方向的对侧。提升机将安装在图 10-14 中的 A 处。这种布置方式，

井架高度稍小,且提升机房离井筒位置也最近,我国多数矿井采用这种布置方式。

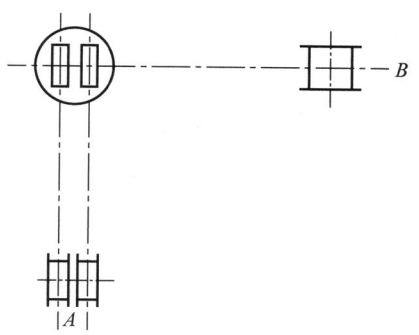

图 10-14 提升机安装位置示意图

有的矿井只有一个开采水平。这时,可以选用单滚筒提升机作双钩提升。如容器在井筒中的布置方式仍如图 10-14 所示,通常将提升机安装在 B 处。这种布置方式,两个天轮不在同一水平,但在一个垂直平面内。

一些矿井有两套提升设备。这时,两套提升机与井筒的相对布置方式,根据国内外的实际资料看,不外乎有如下方案:垂直式(图 10-15(a))、斜角式(图 10-15(b))、同侧式(图 10-15(c))和对侧式(图 10-15(d))。对侧式的优点是井架负载易平衡。同侧式和斜角式的优点是提升机房占地比较紧凑。

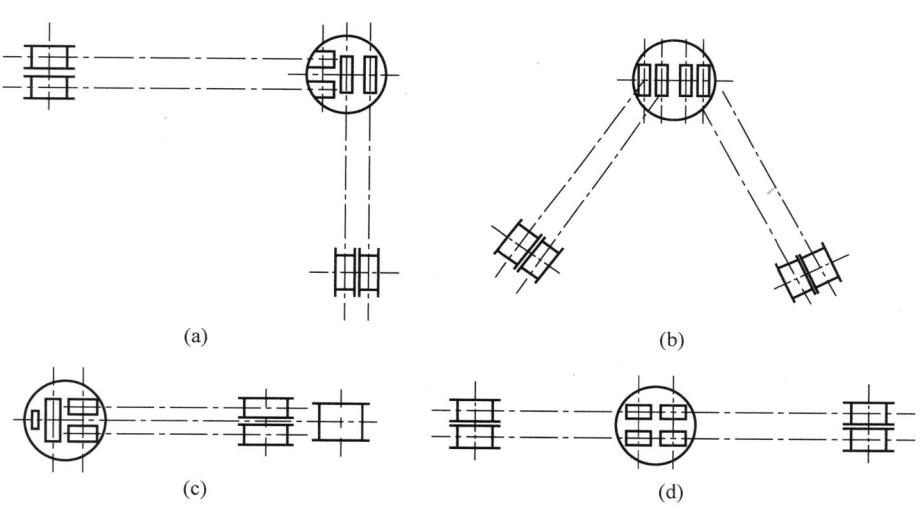

图 10-15 井筒中布置两套提升设备时的相对安装位置
(a)垂直式;(b)斜角式;(c)同侧式;(d)对侧式

无论在井筒中布置一套还是两套提升设备,在选择提升机安装地点时,重要的是根据具体条件,因地制宜地去考虑。

3) 缠绕式提升机布局控制因素

井架高度、提升机轴线与井筒中心线的距离、钢丝绳弦长、偏角和倾角是影响提升机与井筒相对位置的五个因素。

（1）钢丝绳最大内外偏角 α_{2max}、α_{1max}

所谓钢丝绳的偏角,是指钢丝绳弦与通过天轮平面所形成的角度,有内偏角和外偏角之分。在提升过程中,随着滚筒的转动,钢丝绳在滚筒上缠绕或放松,偏角是变化的。

① 偏角过大将会导致钢丝绳与天轮之间

的磨损加剧,降低钢丝绳的使用寿命,磨损严重时还可能引起断绳事故。因此《煤矿安全规程》规定,内外偏角不得超过 1°30′。

② 如果内偏角过大,当钢丝绳缠绕滚筒时,绳弦与已缠到滚筒上的绳圈之间会相互接触,并产生磨损,这一现象称为"咬绳",如图 10-16 所示。所以,最大内偏角 α_{2max} 不仅受《煤矿安全规程》的上述限制,同时还受不产生"咬绳"的限制。

（2）井架高度 H_j

如图 10-17 所示,井架高度是指从井口水平至天轮中心轴线间的垂直距离。

$$H_j = H_x + H_r + H_g + 0.75R_t \quad (10-1)$$

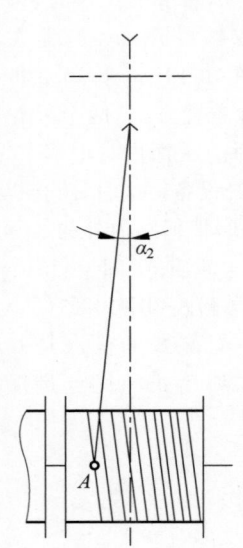

图 10-16 "咬绳"示意图

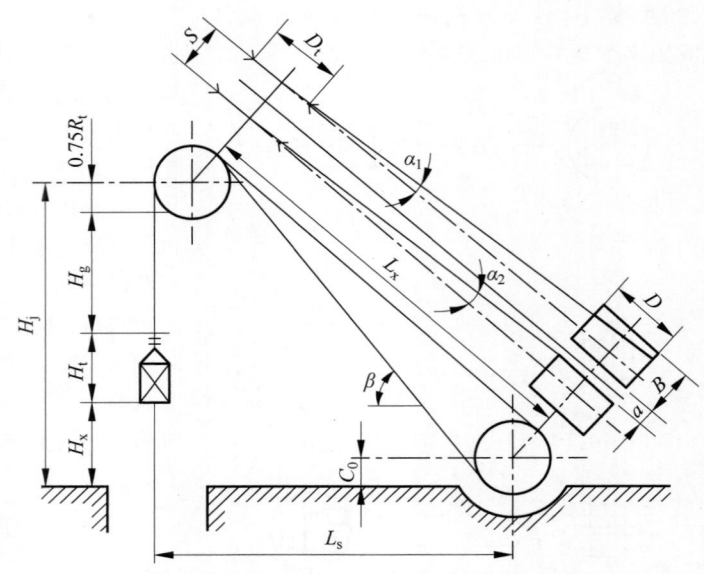

图 10-17 提升机与井筒相对位置

式中：H_x——卸载距离，m，由井口水平到卸载位置的容器底座间的距离。对于罐笼提升，$H_x=0$；对于箕斗提升，一般 $H_x=18\sim25$ m，并与煤仓的参数和箕斗卸载方式有关。

H_r——容器全高，m，由容器底至连接装置最上面一个绳卡的距离，其数值可由容器规格表查出。

H_g——过卷高度，m，指容器从正常卸载位置起，到容器的任何部分与井架的任何部分相碰为止，容器所能继续上升的高度，通常是容器连接装置的最上面一个钢丝绳卡或绳头最先与天轮相碰，故以此为准。对于罐笼提升，最大速度小于 3 m/s 时，$H_g>4$ m；最大速度大于或等于 3 m/s 时，$H_g\geqslant6$ m，对于箕斗提升，$H_g\geqslant4$ m。

R_t——天轮半径，m，$0.75R_t$：天轮与绳头相碰处至天轮轴心处的距离。

井架高度按照式（10-1）计算后圆整为整数值。

（3）最小允许绳弦弦长 L_x

钢丝绳弦长是钢丝绳离开滚筒处与天轮切点的一段绳长。绳弦越长内外偏角越小。根据 α_{1max}，有

$$L'_{x\,min}=\frac{B-\dfrac{s-a}{2}-3(d+\varepsilon)}{\tan\alpha_{1max}} \tag{10-2}$$

根据 α_{2max}，单层缠绕时有

$$L''_{x\,min}=\frac{\dfrac{s-a}{2}-\left[B-\left(\dfrac{H+30}{\pi D}+3\right)(d'+\varepsilon)\right]}{\tan\alpha_{2max}} \tag{10-3}$$

多层缠绕时有

$$L''_{x\,min}=\frac{\dfrac{s-a}{2}}{\tan\alpha_{2max}} \tag{10-4}$$

式中：B——滚筒宽度，m；

s——两天轮中心距，m；

a——两滚筒之间的间隙，m；

ε——绳圈间隙，m；

d——钢丝绳直径，m。

根据式（10-2）～式（10-4）的计算结果，取其中大者作为弦长最小值 $L_{x\,min}$。一般情况下，弦长不应超过 60m。

（4）滚筒中心与井筒提升中心距离 L_s

根据允许的最小弦长计算 $L_{s\,min}$：

$$L_{s\,min}=\sqrt{L_{x\,min}^2-(H_j-C_0)^2}+R_t \quad (10\text{-}5)$$

式中：C_0——滚筒中心至井口水平的高度差。

式（10-5）中滚筒中心线与井口水平的高度差 C_0 由下述三部分组成：

① 滚筒中心线高出提升机房地面的高度。此值取决于提升机的型式，可由所选的提升机规格表查得。

② 提升机房地面与室外地坪的高度差。因为提升机房大多数为双层建筑物，为使地下室层不致过分潮湿且采光较好，常用半地下室式结构。提升机房地下室内标高一般低于室外地坪标高 1.5~2.0 m。这样，只要提升机房地下室高度确定后，就可算出提升机房与室外地坪的高度差。当然，进行实地测量也可确定这一数值。提升机房地下室的高度与电气设备的型式、容量有关，应结合具体情况确定。

③ 提升机房室外地坪标高与井口水平标高差。此值应根据矿井地形条件决定。

为了防止在运转中钢丝绳跳出天轮轮缘，钢丝绳弦不宜过长，一般限制在 60 m 以内。因为弦长过大时，振动也随之增大。井筒中仅布置一套提升设备时，提升机与井筒相对位置布置的结果，弦长多数是能满足上述要求的，只有在井筒中布置两套提升设备，而且两台提升机采用同侧布置方案时，后台提升机的弦长就有可能超过 60 m。这时可在地面适当的地方加设支撑导轮，以减小弦长跨度。

对于需要在井筒与提升机房之间安装井架斜撑的矿井：

$$L_{s\,min}\geqslant 0.6H_j+D+3.5 \quad (10\text{-}6)$$

一般来讲，式（10-5）所确定的 $L_{s\,min}$ 值能够满足式（10-6）的要求。

（5）实际弦长 L_x 及内外偏角 α_2、α_1 核算

当井架高度 H_j 确定后，根据上述确定的 $L_{s\,min}$ 值，反算实际弦长 L_x 及内外偏角 α_2、α_1。

$$L_x=\sqrt{(H_j-C_0)^2+\left(L_s-\dfrac{D_t}{2}\right)^2} \quad (10\text{-}7)$$

$$\alpha_1=\arctan\dfrac{B-\dfrac{s-a}{2}-3(d+\varepsilon)}{L_x} \quad (10\text{-}8)$$

单层缠绕时

$$\alpha_2=\arctan\dfrac{\dfrac{s-a}{2}-\left[B-\left(\dfrac{H+30}{\pi D}+3\right)(d+\varepsilon)\right]}{L_x}$$

$$(10\text{-}9)$$

多层缠绕时

$$\alpha_2=\arctan\dfrac{\dfrac{s-a}{2}}{L_x} \quad (10\text{-}10)$$

（6）下出绳角 β

出绳角 β 的大小会影响提升机主轴的受力情况。JK 型提升机主轴设计时是以下出绳角 $\beta=15°$ 考虑的。若 $\beta<15°$，钢丝绳有可能与提升机基础接触，增大了钢丝绳的磨损。对于 JK 型提升机，要求满足 $\beta>15°$。

$$\beta=\arctan\dfrac{H_j-C_0}{L_n-R_t}+\arcsin\dfrac{D+D_t}{2L_x}$$

$$(10\text{-}11)$$

4）多绳摩擦式提升系统

多绳摩擦式提升系统有塔式（图 10-18）和落地式两种。多绳摩擦式提升系统提升容器可以是箕斗也可以是罐笼。它具有体积小、重量轻、提升能力大等优点，适用于较深矿井。

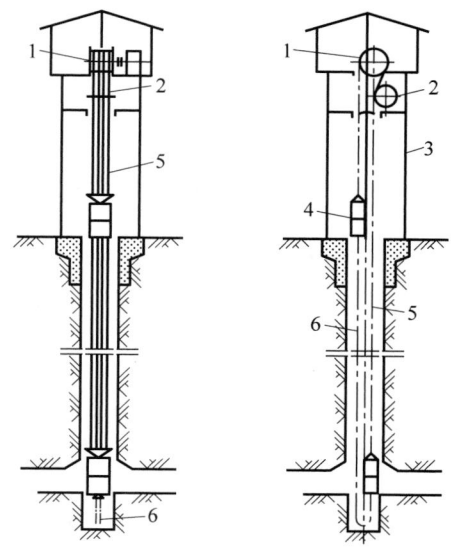

1—提升机；2—导向轮；3—井塔；4—罐笼；
5—提升钢丝绳；6—尾绳。

图 10-18　塔式多绳摩擦罐笼提升示意图

下面主要介绍塔式多绳摩擦式提升机井塔高度和钢丝绳在摩擦轮上围包角的计算。

（1）井塔高度

由图 10-19 可见，式（10-1）只相当于计算了井口到导向轮中心的一段距离。井塔高度 H_t 内，还应包括多绳摩擦轮中心高出导向轮中心的高度 H_{md}。常取 $H_{md} = D + (1.5 : 2)$ m。

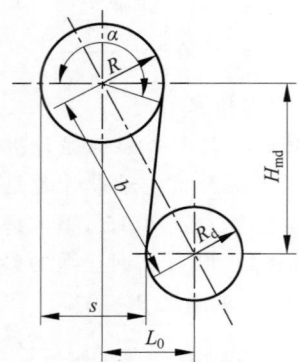

图 10-19　摩擦轮与导向轮相对位置

如图 10-20 所示，井塔高度为

$$H_t = H_x + H_r + H_g + H_{md} + 0.75R_d$$

（10-12）

式中：H_x——容器卸载高度，m，对于罐笼提升，$H_x = 0$；对于箕斗提升，根据煤仓及箕斗结构确定。

　　　H_r——容器全高，m。

　　　H_g——过卷高度，m，当提升速度小于 10 m/s 时，过卷高度应不小于提升速度值，但最小不得小于 6 m；当提升速度大于 10 m/s 时，过卷高度不得小于 10 m，现在倾向于统一按 10 m 计算。

　　　H_{md}——摩擦轮与导向轮间的高度差，m。

　　　R_d——摩擦轮半径，m。

为了防止过卷或紧急制动时容器冲上机房，一般在过卷高度内设置楔形罐道和防撞梁，用以强制容器停止运行和保护提升机。防撞梁设在楔形罐道的终点。

（2）钢丝绳对摩擦轮围包角

塔式安装多绳摩擦式提升机，在有导向轮时，钢丝绳在摩擦轮上的围包角一般限制在

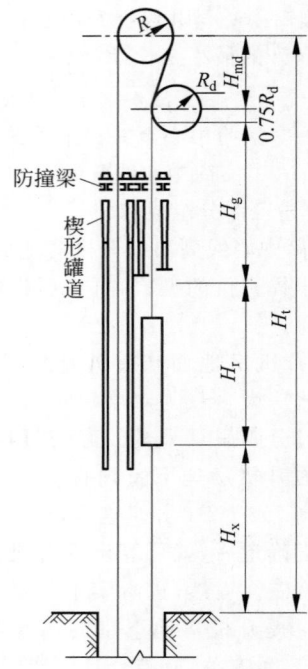

图 10-20　塔高度计算示意图

195°以内，如图 10-21 所示，并按下式计算：

$$\alpha = \pi + \frac{\pi}{180}\left(\arcsin\frac{R + R_d}{b} - \arctan\frac{L_0}{H_{md}}\right)$$

（10-13）

式中：R——摩擦轮半径，m；

　　　R_d——导向轮半径，m；

　　　b——摩擦轮与导向轮中心距，m；

　　　L_0——摩擦轮与导向轮中心间水平距离，m；

　　　H_{md}——摩擦轮与导向轮中心垂直高度差，m，一般取 4.5 m，$R = 2.8$ m 时，H_{md} 取 5.0 m，$R = 3.25$ m 时，H_{md} 取 6.0 m，$R = 3.5$ m 时，H_{md} 取 6.5 m。

由图 10-21 可知，$\alpha = \pi + \theta$。

多绳摩擦轮与导向轮水平中心距 OA：

$$OA = S + r - R \qquad (10\text{-}14)$$

式中：S——两容器中心距；

　　　r——导向轮半径；

　　　R——摩擦轮半径。

两轮轴心连线 OO_1：

$$OO_1 = \sqrt{OA^2 + H_t^2} \qquad (10\text{-}15)$$

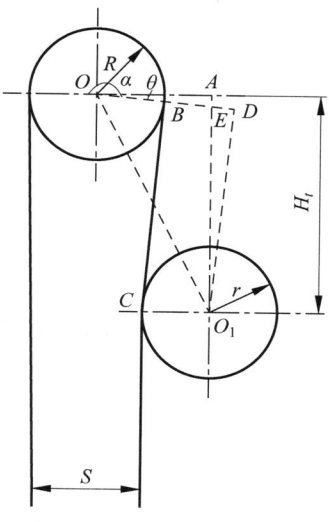

图 10-21 塔式多绳摩擦式提升系统示意图

图 10-21 中 BC 段钢丝绳为两轮的公切线。延长 OB 至 D 点，并令 $BD = r$，则 $\angle OO_1D$ 可表示为 $\angle OO_1D = \arcsin \dfrac{R+r}{OO_1}$。因 $\triangle EDO_1 \backsim \triangle OAE$，故 $\theta = \angle AO_1D$。

在直角三角形 OAO_1 中，有下列关系：$\angle OO_1A = \arcsin \dfrac{OA}{AO_1}$。由图可知，$\theta = \angle OO_1D - \angle AO_1D$，将相应关系代入上式，得出

$$\theta = \arcsin \frac{r+R}{\sqrt{(S+r-R)^2 + H_t^2}} - \arctan \frac{S+r-R}{H_t} \tag{10-16}$$

围包角

$$\theta = \pi + \arcsin \frac{r+R}{\sqrt{(S+r-R)^2 + H_t^2}} - \arctan \frac{S+r-R}{H_t} \tag{10-17}$$

（3）多绳张力平衡系统

多绳提升中各钢丝绳的张力往往难以保持一致，其原因是：①各绳的物理性质不一致，弹性模量不等；②各绳槽的深度不等；③钢丝绳的长短不一；④各钢丝绳的滑动不等；⑤钢丝绳的蠕动。为了消除钢丝绳物理性质不同而引起的张力差，最好使用连续生产的钢丝绳。当采用四绳提升时，为消除扭转的影响，应右捻和左捻各用两根，并且右捻和左捻的两根钢丝绳都应分别从一根钢丝绳中截取，并且从两段中间截下一小段送交试验。

为了改善钢丝绳张力的不平衡状况，通常设置平衡装置，如图 10-22 所示，常用的平衡装置有平衡杆式、角杆式、弹簧式和液压式。图(a)、(b)所示为杠杆式，由于受到调整范围的限制，仅用于不深的矿井中；图(c)所示的弹簧式简单轻便，但因调整量有限，常用于电梯，在矿山中不多见；图(d)为液压式，可达到钢丝绳张力的完全平衡。

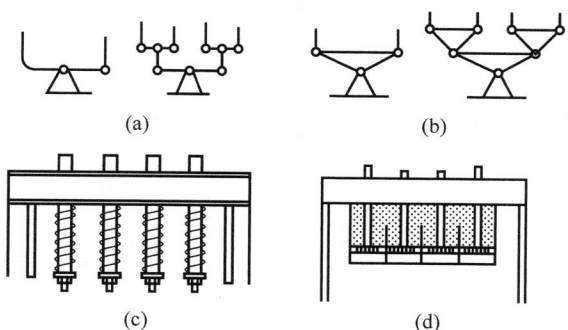

$$(a) \qquad\qquad\qquad (b)$$

$$(c) \qquad\qquad\qquad (d)$$

图 10-22 钢丝绳拉力平衡装置示意图

（a）平衡杆式；（b）角杆式；（c）弹簧式；（d）液压式

　　螺旋液压式调绳装置可以定期调节钢丝绳的长度，以调整各绳的张力差，如图10-23所示。可将它的液压缸互相连通，在提升过程中使各绳的张力自动平衡。该装置具有调整迅速、劳动量小、准确度高和自动平衡等优点。同时，这种张力平衡装置的行程主要有两种，分别是400 mm和500 mm，如果调绳距离大于这两个行程，调整绳长时可用楔形环窜绳的方法来解决。目前，在多绳提升系统中普遍采用的张力平衡装置是YXZ型，其型号有YXZ600、900、1350、1700、2000、2500、3000、4000型，多绳摩擦提升机钢丝绳张力自动平衡装置调绳距离分别为355 mm、540 mm、685 mm、735 mm、865 mm、898 mm、933 mm和1130 mm。

　　螺旋液压调绳器的结构如图10-24所示。活塞杆1的上端与楔形绳环连接，下端为梯形螺杆，它穿过液压缸2和底盘3后用圆螺母6顶住。载荷经底盘、圆螺母、活塞杆直接传到提升钢丝绳上。液压缸盖4上有输入高压油的小孔。各液压缸之间用高压软管连通，调节钢丝绳张力时，压力油经软管同时充入各液压缸的上方。压力油推动缸体向上移动，下端的圆螺母6便离开液压缸的底盘3。此时，活塞和高压油代替圆螺母承受钢丝绳所加的载荷。当全部钢丝绳的液压缸底盘下面的圆螺母都离开时，各钢丝绳承受载荷的张力完全相等。然后可以轻易地旋紧不承受载荷的圆螺母6，使之贴靠于液压缸的底盘下面。然后，释放油压，调整工作完成。若将所有液压缸内的活塞用压力油顶到中间位置，并将圆螺母退到螺杆末端，在油路系统充满油后，将油路阀门关闭，即能实现提升过程中的各钢丝绳张力的自动平衡。

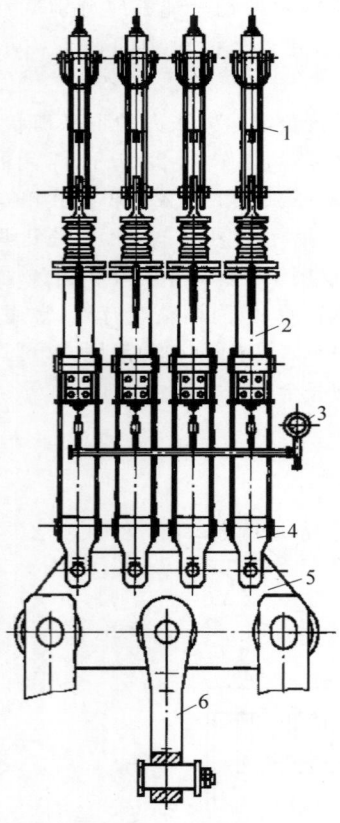

1—楔形绳环；2—螺旋液压调绳器；3—液压管路及压力表；4—连接组件；5—连接板；6—主拉杆。

图 10-23　螺旋液压式调绳装置

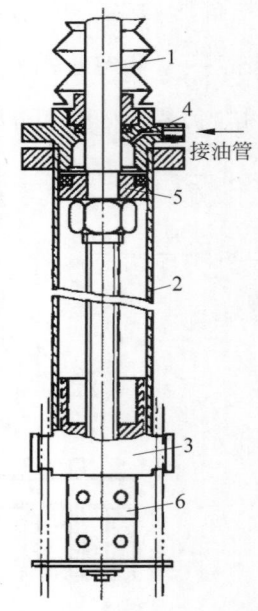

1—活塞杆；2—液压缸；3—底盘；4—液压缸盖；5—活塞；6—圆螺母。

图 10-24　螺旋液压调绳器的结构

张力自动平衡悬挂装置(如图 10-25 所示)能够较好地解决多绳摩擦提升机钢丝绳的动态平衡问题。该装置的基本原理与螺旋液压调绳装置类似,但解决了连通油缸的密封问题,因而实现了钢丝绳之间的动平衡。此外,该装置在安全可靠性方面也做了重大的改进。其原理是采用闭环无源液压连接式,无论是处于运动还是静止时,油缸内的油液通过连通管进入张力小的连通油缸,使其活塞杆往外伸长或缩短,直到每根钢丝绳的张力相等。

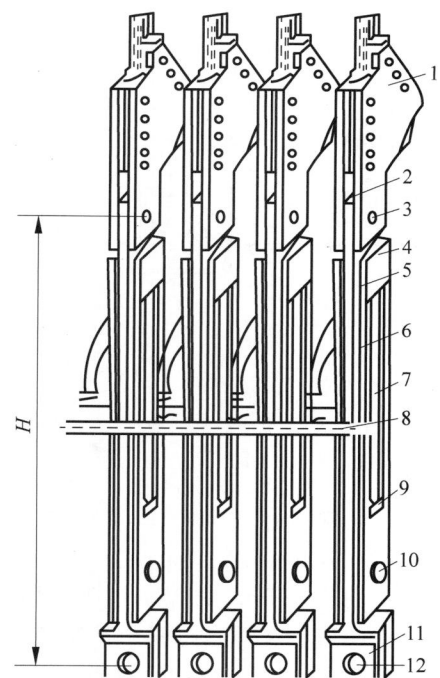

1—楔形绳环;2—中板;3—上连接销;4—挡板;5—压板;6—侧板;7—连通油缸;8—连接组件;9—垫块;10—中连接销;11—换向叉;12—下连接销。

图 10-25　XSZ 型多绳提升钢丝绳张力自动平衡悬挂装置结构

2. 斜井提升系统

1) 斜井箕斗提升系统

斜井箕斗提升具有生产能力大、装卸载自动化等优点,但需安设装卸载设备和煤仓,故较串车提升投资大、设备安装时间长。此外,为了解决矸石、材料、设备和人员的运送问题,还需设一套副井提升设备。因此产量较小的斜井多采用串车提升,但年产量在 30 万~60 万 t 的斜井,倾角在 20°~35°时可考虑采用斜井箕斗提升。斜井箕斗多采用双钩提升系统。箕斗斜井的布置及对斜井的技术要求可参照串车斜井的有关规定。

斜井箕斗提升系统属主井提升系统,串车提升系统一般为副井提升系统,小产量的矿井也兼作提煤的主井提升系统,如图 10-26 所示。

在图 10-26 中,提升机 11 的滚筒上缠绕两根钢丝绳,每根绳的一端绕过天轮 10 连接着箕斗 4,位于井下口装载位置的箕斗等待装载,井上的箕斗在栈桥上已卸载完等待运行。当井下矿车进入翻车机硐室 1 中的翻车机内,经翻转后,将煤卸入井下煤仓 2 内,装车工操纵装载闸门 3,将煤卸入井下箕斗 4 内,而另一个箕斗则在地面栈桥 6 上,通过卸载曲轨 7 将闸门打开,把煤卸入地面煤仓 8 内。由于箕斗座上的提升钢丝绳经过天轮 10 后与提升机 11 的滚筒连接并固定,所以滚筒旋转时即带动钢丝绳走动,从而使箕斗 4 在井筒斜巷 5 中往复运动,实现提升与下放的任务。

2) 斜井串车提升系统

斜井串车提升系统可作为主井提升系统,也可作为辅助提升系统。在上、下物料时,多采用矿车和运料车;在升降人员时可将串车摘掉,挂上人员运输车后运输人员。从图 10-27 可以看出,它与斜井箕斗提升基本一样,所不同的是它以矿车作为提升容器,矿车在井下装满车后,拉至斜井井口 8 处转为地面水平轨道,人工摘钩后转入道岔,再挂空车作为物料车等待下井。

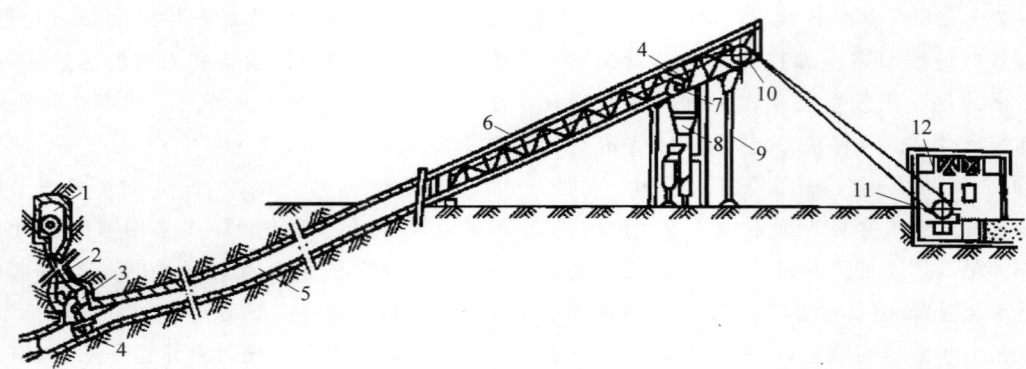

1—翻车机硐室；2—井下煤仓；3—装载闸门；4—箕斗；5—井筒斜巷；6—地面栈桥；7—卸载曲轨；8—地面煤仓；9—立柱；10—天轮；11—提升机；12—机房。

图 10-26　斜井箕斗提升系统

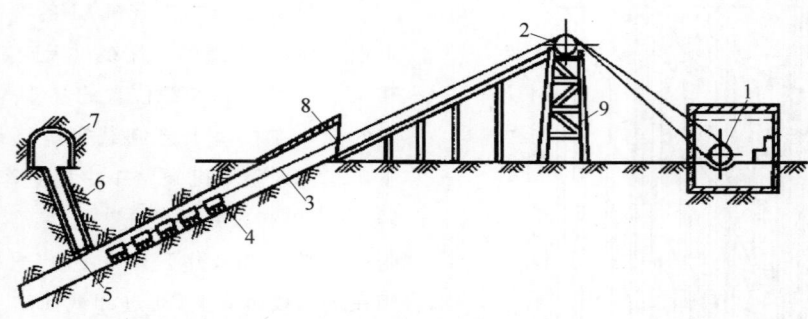

1—提升机；2—天轮；3—提升钢丝绳；4—矿车；5—装载闸门；6—井下煤仓；7—运煤巷；8—斜井井口；9—井架。

图 10-27　斜井串车提升系统

10.3　矿井提升容器

10.3.1　箕斗

1. 箕斗概述及发展现状

箕斗是用于提升有益矿物和矸石的提升容器，主要由斗箱、框架、连接装置及闸门等组成，用于矿井主井提升。

我国 20 世纪 70 年代设计的系列箕斗多为曲轨翻转底卸式，目前这种箕斗基本已淘汰，仅有少数矿井使用。它的主要结构特点是箕斗底部设有一扇形闸门装置，闸门结构为曲轨连杆下开式平板闸门。卸载方式为曲轨卸载，即箕斗在卸载时，卸载曲轨首先打开连杆自锁机构，同时平板闸门向下翻转进行卸载。其缺点是：根据多年的现场使用，箕斗在运行中，扇形门经常在井筒中突然打开，特别是遇到水煤的情况下，经常被冲开，扇形门打开后超出箕斗外形过长，造成箕斗装煤溜咀及井筒装备被拉坏，扇形门被挤变形、损坏。由于闸门由曲轨连杆机构自锁，在开闭过程中冲击较大，造成闸门转动轴弯曲。而且，箕斗运行过程中可能会出现闸门因自重和煤压作用意外自动打开而造成井筒装备及箕斗损坏的事故。

为了克服老式系列箕斗的缺点，我国开发了第二代箕斗，即外动力开闭垂直平板闸门箕斗、外动力底扇形闸门箕斗。外动力开闭垂直平板闸门箕斗的主要结构特点是闸门为一个能在斗箱侧壁导轨中垂直运动的平板。在闸门关闭时，闸板为斗箱的一部分，并承受箱内煤压。闸门的开启和关闭均要由安装在井架上的卸载装置来实现。其卸载方式为当箕斗到达卸载位置并停稳后，依靠外动力（气缸）开闭装置将门打开，进行卸载。它的优点是闸门结构简单、重量轻、不伸出箕斗外廓、没有卸载滚轮、斗箱卸载口不收缩，提高了有效容积。

外动力底扇形闸门箕斗的主要结构特点是扇形门安装在斗箱底部。闸门的开启和关闭均要依靠安装在井架上的卸载装置来实现。其卸载方式为：闸门开闭装置安装在井口的卸载点上，等箕斗停稳后，依靠外动力开门卸载。它的优点是：闸门不会因自重和荷载压力自动打开，开后闸门也不会超出箕斗外廓。缺点是：卸载装置复杂，需要外动力操纵，休止时间长。

第二代箕斗需要在井架上增加一套外动力卸载装置，结构复杂，卸载休止时间长。在正常情况下，箕斗运输卸载位置停稳后，捕捉器须走完一段空行程后，才能将闸门托住并开始往上提，这样就增加了箕斗停止时间（一般为8～10 s），即增加了一次提升循环时间。

为此，我国又开发出第三代箕斗，即曲轨自动开闭侧底扇形闸门上开式箕斗。箕斗进入曲轨起弯点时，闸门即开始打开。箕斗至停罐位置时，卸载时间已进行了 20%～30%，这样既节约了箕斗的休止时间，又节约了箕斗一次提升循环时间。上开式扇形闸门箕斗的主要结构特点是扇形闸门安装在斗箱下部，在井架上安装有固定卸载曲轨，闸门的开闭是利用提升绞车的牵引力通过卸载曲轨来实现的。其卸载方式为：箕斗到达卸载位置，卸载滚动轮进入固定曲轨，利用绞车牵引力自动将闸门打开。

我国煤矿立井广泛采用固定斗箱底卸式箕斗，其形式有很多种，过去一些矿井普遍采用扇形闸门底卸式箕斗，现在新建的大型矿井多采用后开式底圆弧门或上开式侧扇形门箕斗。图 10-28 所示为几种常见的箕斗。

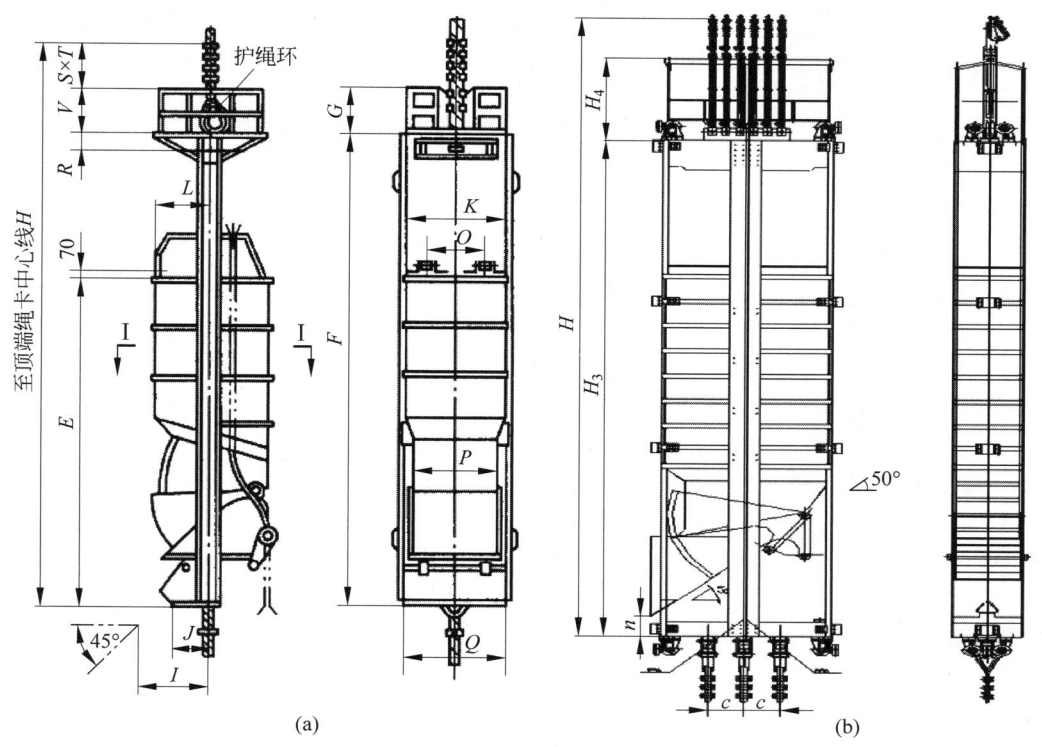

图 10-28　几种常见的箕斗

(a) 单绳悬挂箕斗；(b) 多绳悬挂箕斗；(c) 同侧装卸箕斗；(d) 异侧装卸箕斗

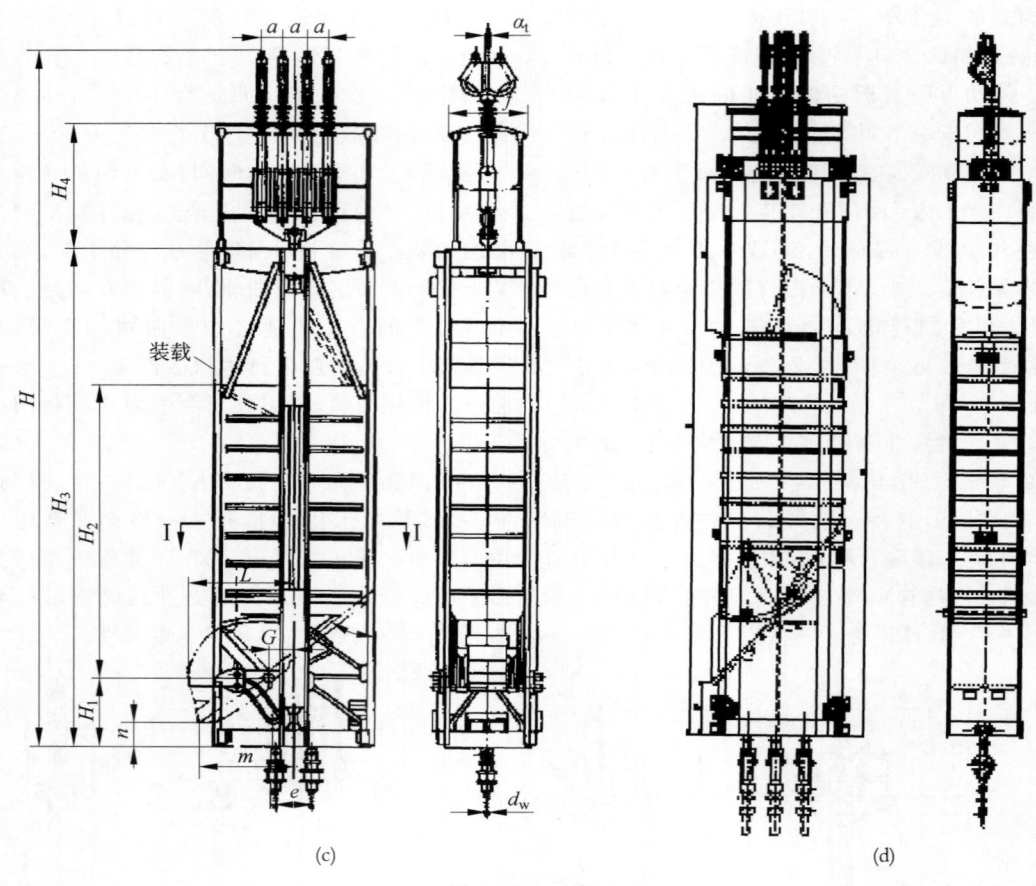

(c)　　　　　　　　　　(d)

图 10-28　（续）

2．立井箕斗装卸载设备

1）箕斗装载设备

箕斗装载设备最早采用手动控制，目前已发展到完全自动化。在 20 世纪 40 年代初期，箕斗装载设备只按容积来决定载荷量，一般矿井都是采用定容式定量斗的容积和箕斗的有效容积完全相同的方法。随着提升设备载荷的不断增大，而矿井的条件不可能将所有的设备都直接安装在井筒处，于是，将井下煤仓后移，利用输送机连接定容式定量斗和井下煤仓。20 世纪 40 年代末期，出现了定容式定量机取代定容式定量斗。

采用定容式定量机或定容式定量斗的容积测量法，由于受煤的湿度和块度大小的影响，测量误差有很大变化，严重影响提升绞车的安全运行和煤矿经济效益分析。进入 20 世纪 60 年代后，由于电子技术和传感技术的发展，在定量斗和定量机上安装了称重元件，于是就出现了常用的定量斗箱式和定量输送机式装载设备。

（1）定量斗箱式装载设备

定量斗定重装载系统有直立仓式和斜仓式两种。由于直立仓式具有预先计量，可消除箕斗装载的过载现象，减少了箕斗装载时的撒煤，箕斗悬吊装载可使提升机启动时提升钢丝绳不受冲击，延长钢丝绳的寿命，采用外动力开启闸门，使装载设备不易产生误动作，安全可靠，所以现已被广泛采用。我国多采用直立仓式定量斗定装载系统，通常与箕斗定型配套使用。图 10-29 所示为立井箕斗定量斗箱式装载设备，这种装载设备主要由斗箱、溜槽、闸门、控制缸和测重装置组成。当箕斗到达井底装煤位置时，通过控制元件开动控制缸 2，将闸门 4 打开，斗箱 1 中的煤便沿溜槽 5 装入箕斗，压磁测重装置 6 控制斗箱 1 中的装煤量。

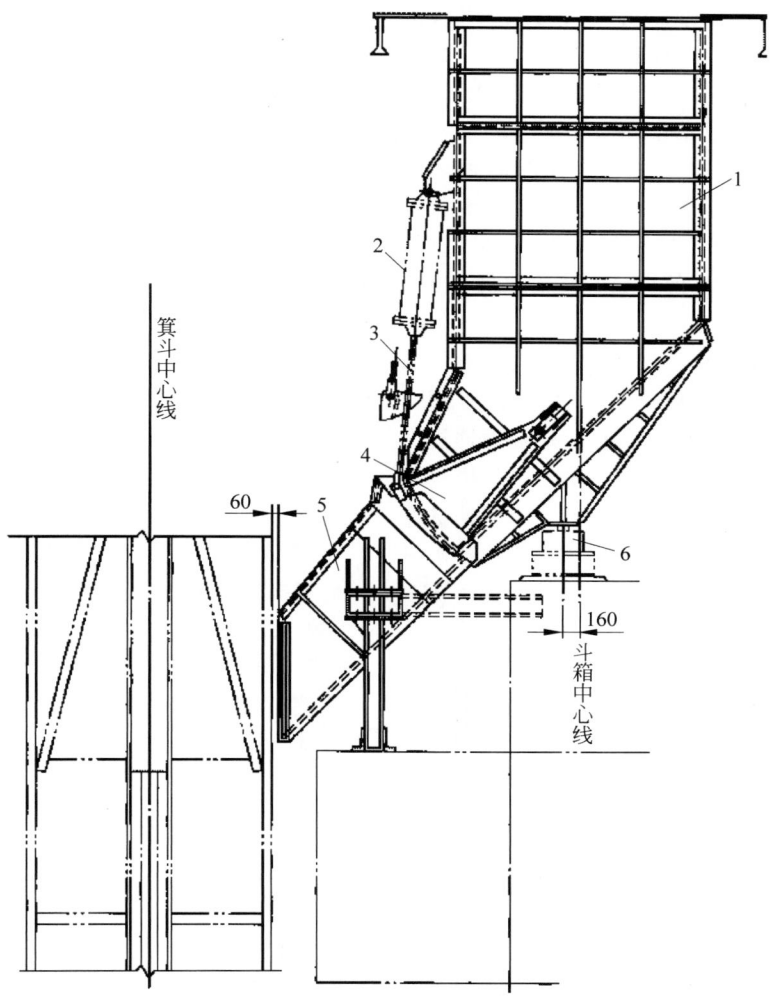

箕斗中心线

60
160
斗箱中心线

1—斗箱；2—控制缸；3—拉杆；4—闸门；5—溜槽；6—压磁测重装置。

图 10-29　定量斗箱式装载设备

目前,定量斗测重也有采用液压测重定量装置的方式,该定量装置由重力传感器与测量控制两部分组成。重力传感器的工作原理为:将液体密封在一特制的、易于变形的容器内,被测重物体放在容器上,当物体重量增加时,其内液体压力也随之升高,测量液体压力的大小,便可换算出其上物体的重量。在重力传感器上安装一压力传感器,压力传感器的输出信号经电缆传送到 PLC 对信号进行处理后,显示并输出信号,并可与提升自动化控制系统联网。

装载量 20 t 以下的定量斗一般采用单点测重,装载量 20 t 以上的定量斗则通常采用三点或四点测重。依靠测量定量斗内的原煤重量来控制给煤量,进行预先自动计量,定量斗计重到规定量后即停止给煤。定量斗装载方式适用范围非常广泛,不仅适合于一套提煤箕斗、一个井底煤仓单侧布置,也适合于一套提煤箕斗、两个及以上多个井底煤仓单侧布置;还适合于两套提煤箕斗、多个井底煤仓单侧或双侧布置;对于要求井底煤仓容量大、需要多煤种分装分运等矿井,也完全适用。

对于定量斗装载方式,其优点是结构简单、技术成熟、管理环节少、便于维护、计量准确、完全国产,价格低廉;但其缺点是定量斗较高,且体积大,需要较大的装载硐室,施工及支护难度大,要求围岩条件好,且因定量斗较高,煤的二次破碎较严重。

(2)定量输送机式装载设备

定量输送机根据所配置箕斗的品种分为两类:一类是定量带式输送机,一类是定量板式输送机。定量输送机运行可靠,效果良好,目前国内已使用12 t的定量带式输送机和24 t的板式输送机。

图10-30所示为定量输送机装载设备示意图。输送机2安放在称重装置(负荷传感器)6上。输送机2以0.15~0.3 m/s的速度通过煤仓闸门7装煤,当装煤量达到规定值时,由负荷传感器发出信号,控制煤仓闸门7关闭,输送机停止运行。待空箕斗到达装煤位置时,输送机以0.9~1.2 m/s的速度开动,将胶带上的煤全部快速装入箕斗。

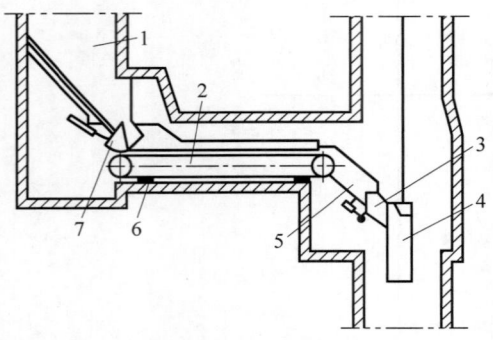

1—煤仓;2—定量输送机;3—活动过渡溜槽;4—箕斗;
5—中间溜槽;6—负荷传感器;7—煤仓闸门。

图10-30 定量输送机装载设备

定量输送机为卧式计量,由于其宽度尺寸较大,通常采用"一对二"闸门分别向两个箕斗装载。它有四个重量传感器和两个体积控制器,有快、慢两种运行速度。慢速运行时向定量输送机上储煤,当煤的重量达到箕斗装载量时,井底煤仓口的扇形闸门关闭,停止储煤;当箕斗停在装载位置时,由传感器发出信号,定量输送机快速向箕斗内装载。整个定量输送机的储煤段包围在一个密封的防尘壳子里,并置于四个重量传感器上,为了获得快、慢两种速度,传动装置部分使用双速电动机,或者使

用超越离合器连接的两套具有不同输出功率的传动装置。

定量输送机装载方式仅适合于:主立井井筒内装备一套提煤箕斗,且井底煤仓(最好只有一个)距井筒较近的装载系统;主立井井筒内装备两套提煤箕斗,但两个井底煤仓必须位于井筒两侧的装载系统。对于定量输送机装载方式,其优点是不需在井筒附近开凿较大的硐室;减少装倒次数,因而可减少煤的破碎;箕斗装载均匀,减少提升钢丝绳的冲击;有利于实现提升自动化。其缺点是结构较复杂,平面尺寸大,制造难度大,使用维护成本高,向箕斗装载时需要外加动力,慢速动态称重计量时间长。

2)箕斗卸载设备

根据卸矿方式不同,竖井箕斗分为底卸式、侧卸式和翻转式三种。

20世纪60年代,我国发展了扇形闸门底卸式箕斗,如图10-31所示。其动作顺序为:提升动力迫使卸载滚轮沿卸载曲轨滑动,扇形门绕闸门回转轴打开,同时活动溜槽在滚轮上向前滑动,并向下倾斜处于工作位置,斗箱的

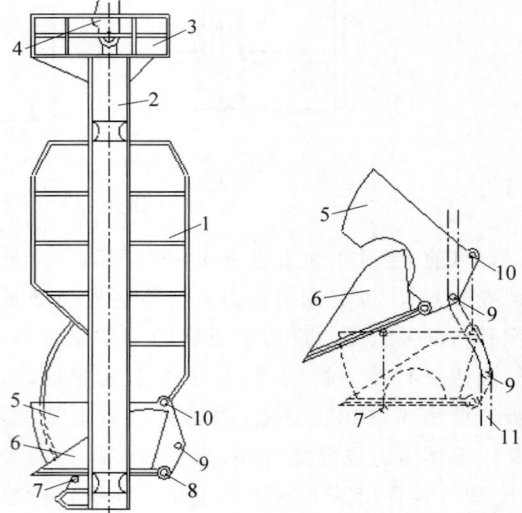

1—斗箱;2—框架;3—活动平台;4—楔形绳环;5—扇形闸门;6—活动溜槽;7—滚轮;8—溜槽回转轴;9—卸载滚轮;10—闸门回转轴;11—卸载曲轨。

图10-31 扇形闸门底卸式箕斗

煤由煤口经过活动溜槽,卸入煤仓中,关闭闸门顺序则相反。设备特点是:结构简单,动作可靠,但是箕斗在卸煤过程中,活动溜槽可能超出箕斗的最大轮廓线,因此会造成与井筒装备相撞的恶性事故,影响矿井的安全生产。目前,扇形闸门底卸式箕斗已很少使用。

图 10-32 所示为平板闸门底卸式箕斗,其动作顺序为:提升动力迫使滚轮在井架上的曲轨中运动,改变滚轮对连杆的锁角,当锁角为零度时,闸门借助煤压打开,开始卸载,关闭闸门顺序则相反。设备特点是:卸载曲轨短,撒煤较少且动作可靠,但其结构较复杂,连杆受力大。

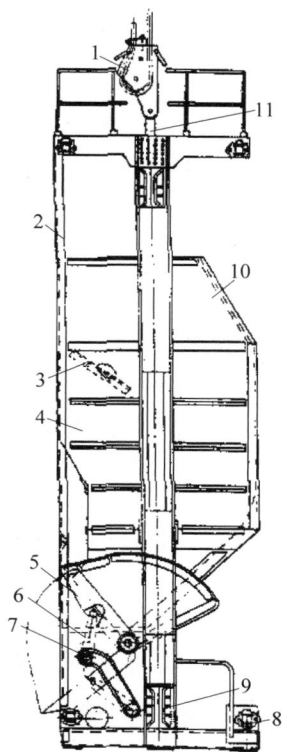
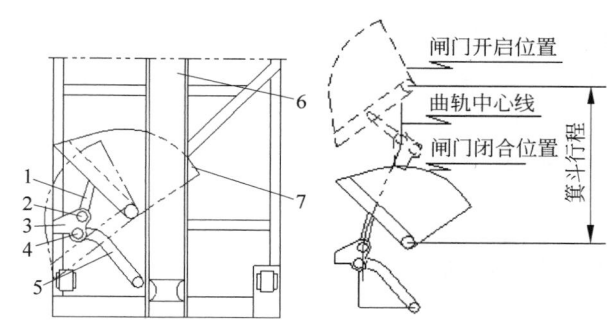

1—楔形绳环;2—框架;3—可调节溜煤板;4—斗箱;5—闸门;6—连杆;7—卸载滚轮;
8—套管罐耳(用于绳管道);9—钢轨罐道罐耳;10—罩子;11—连接装置。

图 10-32　平板闸门底卸式箕斗

图 10-33 所示为扇形闸门侧底卸式箕斗,其工作原理为:箕斗进入曲轨起弯点时,闸门即开始打开。箕斗至停罐位置时,卸载时间已进行了 20%～30%,这样既节约了箕斗的休止时间,又节约了箕斗一次提升循环时间。其特点是:

(1) 采用固定斗箱侧底卸形式,斗箱断面尺寸和有效容积与原箕斗相同。

(2) 采用曲轨自动卸载的侧底卸式扇形闸门,其回转中心位于斗箱外部,回转轴为通轴,依靠闸门自重使其始终处于关闭状态。

(3) 罐道间距与原箕斗相同,采用钢轨罐道,用滑动罐耳导向。

(4) 采用楔形绳环悬挂装置,不损伤钢丝绳表面;用换向连接杆与箕斗框架连接,安装、拆卸和窜绳方便。

(5) 箕斗提升中心线与原箕斗保持一致,且空、重箕斗的重心均与提升中心保持一致,使其运行平稳,减轻了箕斗对罐道的冲击。

(6) 卸载曲轨曲线设计合理,减少阻力和卸载冲击。

图 10-34 所示为翻转式箕斗,其特点是:

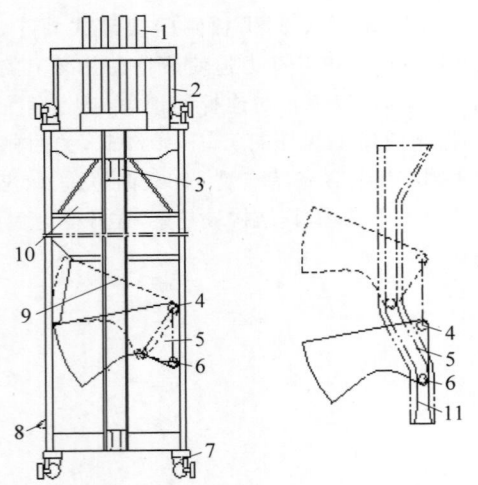

1—连接装置；2—平台；3—罐耳；4—回转轴；5—扇
形闸门；6—卸载滚轮；7—滚动罐耳；8—溜煤槽；
9—框架；10—斗箱；11—曲轨。

图 10-33　扇形闸门侧底卸式箕斗

斗箱与框架间没有闭锁装置，这种卸载方式一
般用于小吨位的箕斗。

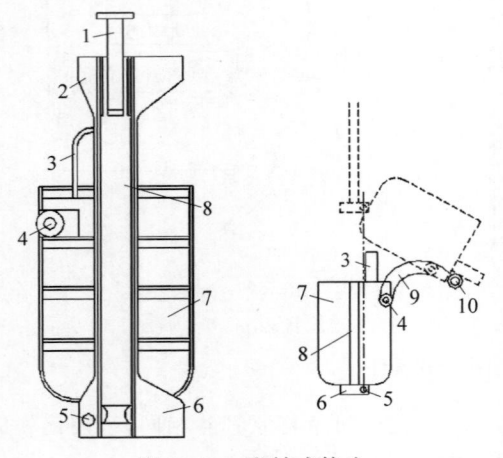

图 10-34　翻转式箕斗

图 10-35 所示为外动力垂直平板闸门侧底
卸式箕斗，为了避免下开折页式箕斗在运行中
误开门的缺点，20 世纪 60 年代，欧洲一些国家
发展了外动力开启垂直平板闸门底卸式箕斗。
如英国的克灵莱煤矿 18 t 箕斗、贝韦寇茨煤矿
的 12 t 箕斗、德国的罗森瑞煤矿 30 t 箕斗、豪
斯阿登煤矿的 30 t 和 16 t 箕斗、瓦尔朱姆煤矿
的 16 t 箕斗和格特尔波恩煤矿的 16 t 箕斗等，
都是采用垂直平板闸门底卸式箕斗。

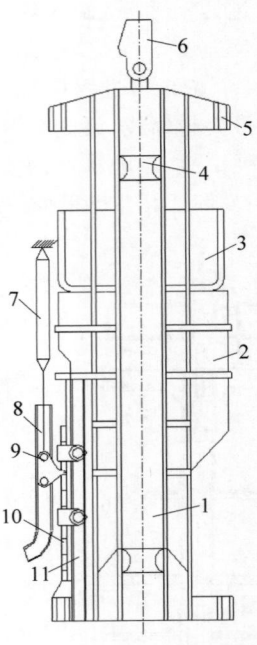

1—框架；2—斗箱；3—活动平台；4—罐耳；5—滑套
座；6—楔形绳环；7—油缸；8—卡爪曲轨；9—卡爪；
10—插板闸门；11—闸门导向槽钢。

图 10-35　外动力垂直平板闸门侧底卸式箕斗

这种箕斗的闸门是一个位于箕斗底部的
垂直插板，一般是由固定在卸载站的气动装置
开闭的，但也有个别吨位的箕斗是用卸载曲轨
开闭的，如英国的夸尔特谊尔公司就有这种产
品。其优点如下：

（1）运行可靠，在运行中不会发生误开门事故。

（2）箕斗闸门打开后，不超出箕斗断面范
围之外。发生过卷时，箕斗能无阻碍地通过。

（3）箕斗闸门没有两侧挡板，箕斗有效宽
度和卸料口宽度都比其他形式闸门宽，不易卡
煤，且斗箱有效容积大。

（4）闸门结构简单，闸门和斗箱都比较坚
固，维护方便。

（5）卸载平稳，由于取消了卸载曲轨，因而
消除了箕斗与卸载曲轨在卸载过程中的冲击
现象，减少了提升装置和井架的动载荷，同时
也不需要箕斗运行的爬行阶段，绞车可按三阶
段速度图运行。

缺点是：①卸载时间较长；②卸载时开闭
闸门需加外动力。

图 10-36 所示为外动力活动直轨底卸式箕斗，其特点是：重量相对较轻、卸载结构可靠、卸载时箕斗对井架冲击较小，打开时不超过箕斗最大轮廓线，但它的辅助元器件很多。

为了改善大吨位箕斗存在的卸载冲击力大的缺点，我国近年来设计了外动力滑轨侧底卸式箕斗闸门开闭装置，它由液压缸、导轨、卸载小车等装置组成，如图 10-37 所示。

3. 斜井箕斗

斜井箕斗用于斜井提升矿石。斜井箕斗提升以 25°为下限，在矿山小于 20°斜井就可考虑用皮带运输机。箕斗在斜井井筒倾角大于60°时，沿轨道运行的稳定性差，以采用竖井提升方式为好。斜井箕斗提升系统如图 10-26 所示。

斜井箕斗有后壁卸载式（简称后卸式）、前卸式及翻转式三种形式，煤矿斜井提升主要采用后卸式箕斗。后卸式箕斗构造示意图如图 10-38 所示。

后壁卸载式箕斗的斗箱 1 与主框 2 铰接。斗箱后部安有与其铰接的扇形闸门 3，闸门上有一对卸载滚轮 6。斗箱上还安有前后两对车轮，前轮 4 的轮缘宽，后轮 5 的轮缘窄。当箕斗进入卸载位置时斗箱倾斜，箕斗顺利卸载。JX系列后卸式斜井箕斗技术规格见表 10-7。

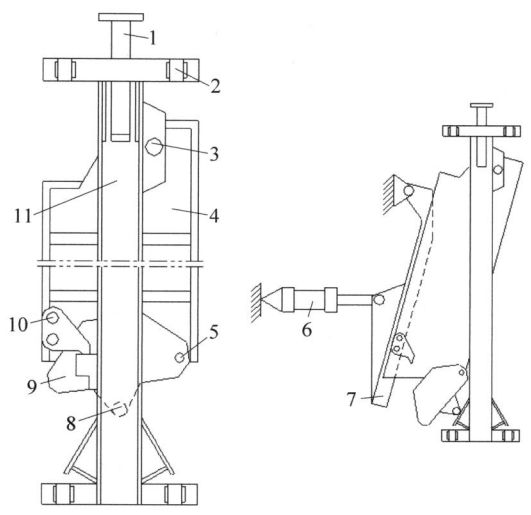

1—连接装置；2—罐耳；3—斗箱旋转轴；4—斗箱；
5—闸门回转轴；6—气缸；7—卸载直轨；8—托轮；
9—闸门；10—挂钩；11—框架。

图 10-36 外动力活动直轨底卸式箕斗

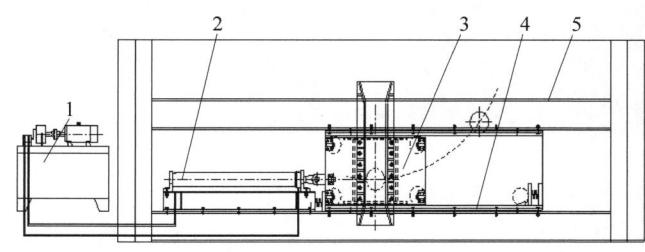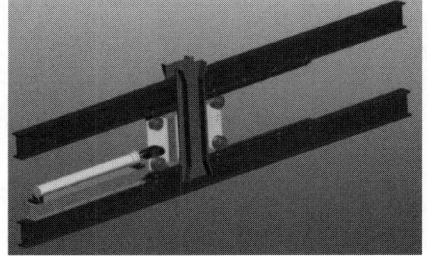

1—液压泵站；2—液压缸；3—卸载小车；4—导轨；5—机架。

图 10-37 超大吨位箕斗：外动力滑轨侧底卸式

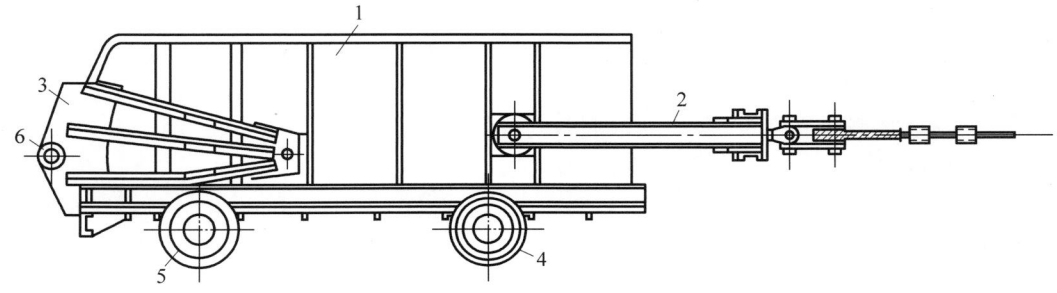

1—斗箱；2—主框；3—扇形闸门；4—前轮；5—后轮；6—卸载滚轮。

图 10-38 斜井后卸式箕斗示意图

472

表 10-7 JX 系列后卸式斜井箕斗技术规格

箕斗型号	名义装载质量/t	质量/kg	斗箱容积/m³	轨距/mm	最大宽度/mm	高度(自轨面计)/mm	全长(包括绳卡)/mm	选用轨道规格/(kg/m)
JX-3	3	2661	4.07	1300	1630	1485	6740	24
JX-4	4	3045	5.64	1400	1730	1600	7480	24
JX-5	6	4496	8.24	1400	1770	1840	8735	38
JX-8	8	5705	10.9	1500	1870	1900	9590	38
JX-12	12	7856	13.3	1500	2080	1900	9793	38
JX-15	15	10 670	16.6	1500	1850	1920	11 495	38

注：适用于井筒倾角 20°～35°。

斜井前卸式箕斗及其卸载示意图如图 10-39 所示,由于去掉了箕斗箱体两侧突出的卸载轮,可以避免箕斗运行当中发生刮碰管缆、设备与人员等事故;加大了箕斗有效装载宽度,提高了井筒巷道空间尺寸利用率;卸载速度更快(7～11 s),还能提升带水渣浆或混凝土衬砌运输;结构简单,易于生产制造且相对成本较后卸式更低。

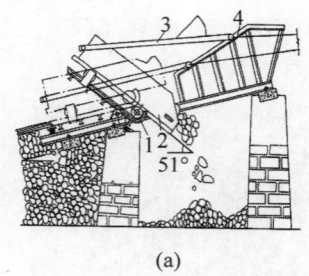  

(a)   (b)   (c)

图 10-39 斜井前卸式箕斗及其卸载示意图
(a)卸载示意图；(b)卸载实物图；(c)斜井前卸式实物图

翻转式斜井箕斗构造示意图如图 10-40 所示。翻转式箕斗的框架 1 可以绕固定在斗箱两侧的转轴 2 转动。斗箱 3 备有两对轮子,其后轮 4 的钢轨接触面较前轮 5 为宽。在井筒中这两对轮子同在钢轨 6 上运行,但在地表箕斗卸载处,钢轨弯曲成水平,而在其外侧另外敷设了一对轨距较大的钢轨 7。当箕斗运行至弯轨处时,箕斗前轮继续沿钢轨 6 运行,而后轮则沿着钢轨 7 的方向被继续提升,使箕斗翻转卸载。

4. 立井箕斗型号及选择

1) 立井箕斗型号

目前,我国使用的立井单绳箕斗为 JL 或 JG(JS)型;多绳箕斗为 JDS、JDG 型。标准单绳和多绳箕斗主要参数、规格尺寸见表 10-8 和表 10-9。

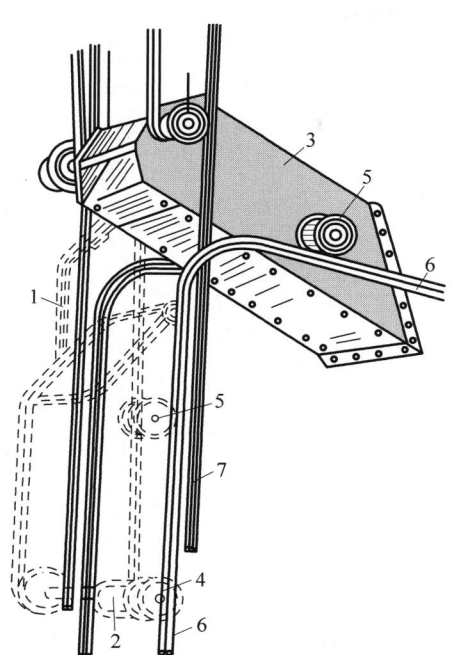

1—框架；2—转轴；3—斗箱；4—箕斗后轮；5—箕斗前轮；6—斜井钢轨；7—辅助钢轨。

图 10-40 翻转式斜井箕斗构造示意图

表 10-8 立井单绳箕斗规格表

型号	名义吨位/t	有效容积/m³	最大终端负荷/kN	尾梁处允许荷重/kN	配套楔形绳环	允许提升速度/(m/s)
JG-2	2	2.2	57	15	XS90	10
JS-2	2	2.2	57	15	XS90	10
JG-2.5	2.5	2.8	67	15	XS90	10
JS-2.5	2.5	2.8	67	15	XS90	10
JG-3	3	3.3	77	15	XS90	10
JS-3	3	3.3	77	15	XS90	10
JG-4	4	4.4	100	20	XS150	10
JS-4	4	4.4	100	20	XS150	10
JG-5	5	5.5	125	27	XS150	10
JS-5	5	5.5	125	27	XS150	10
JG-6	6	6.6	135	27	XS200	10
JS-6	6	6.6	135	27	XS200	10
JG-7	7	7.7	145	32	XS200	10
JS-7	7	7.7	145	32	XS200	10
JG-8	8	9	155	32	XS200	10
JS-8	8	9	155	32	XS200	10
JG-9	9	10	165	32	XS200	10
JS-9	9	10	165	32	XS200	10
JG-12	12	13.2	200	32	XS200	10
JS-12	12	13.2	200	32	XS200	10
JS-15	15	16.5	300	45	XS300	10

表 10-9 立井多绳箕斗规格表

型号	名义吨位/t	斗箱容积/m³	提升绳数/根	提升钢丝绳直径/mm	最大终端载荷/kN	尾梁处允许荷重/kN	自重/kg	允许提升速度/(m/s)
JDG20	20	22	4～6	30～40	800	360	27 600	16
JDS20	20	22	4～6	30～40	800	360	25 500	12
JDG22	22	24	4～6	30～40	850	360	29 500	16
JDS22	22	24	4～6	30～40	850	360	27 500	12
JDG25	25	28	4～6	36～46	900	360	34 650	16
JDS25	25	28	4～6	36～46	900	360	32 850	12
JDG27	27	30	4～6	36～50	900	360	38 500	16
JDG30	30	30	4～6	36～50	1100	420	45 100	16
JDG32	32	35	4～6	36～50	1250	520	48 500	16
JDG35	35	38	4～6	36～50	1250	520	51 520	16
JDG40	40	44	4～6	40～56	1400	520	55 100	16
JDG42	42	46.5	4～6	40～56	1500	600	57 450	16
JDG45	45	50	4～6	50～66	1700	600	63 100	16
JDG50	50	55	4～6	50～66	2000	720	66 300	16

立井单绳箕斗代号示例:

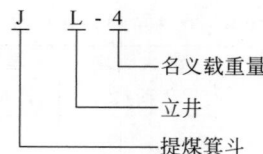

立井多绳箕斗代号示例:

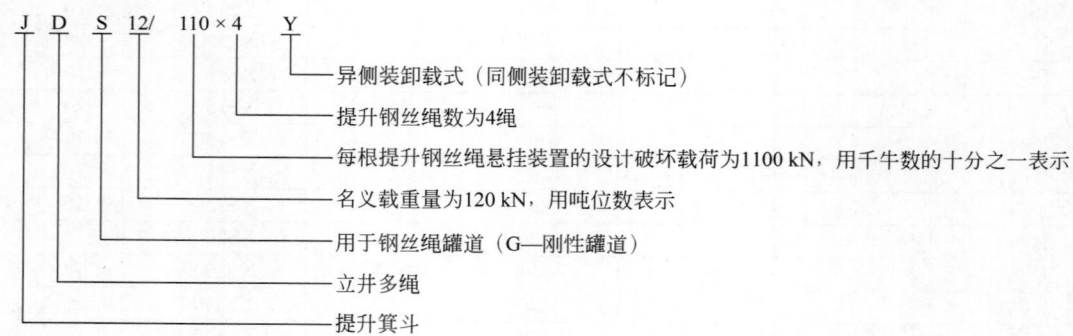

2) 立井箕斗选择

进行提升设备选型设计时,矿井年产量 A_n 和矿井深度 H_s 为已知条件。当提升容器的类型确定后,还要选择容器的规格。

为了确定一次合理提升量,从而选择标准的提升容器,可按洪晓华主编的《矿井运输提升》中所提供的步骤计算:

(1) 确定合理的经济速度 V_j

$$V_j = (0.3 \sim 0.5)\sqrt{H} \qquad (10\text{-}18)$$

式中:H——提升高度,且 $H = H_z + H_s + H_x$。

(2) 估算一次提升循环时间 T_x'

$$T_x' = \frac{H}{V_j} + \frac{V_j}{a} + \mu + \theta \qquad (10\text{-}19)$$

式中:a——提升加速度,一般 $a = 0.8\ \text{m/s}^2$;

μ——箕斗低速爬行时间,一般取 $\mu=$ 10 s;

θ——箕斗装卸载休止时间,一般取 $\theta=$ 10 s。

（3）计算每小时提升量 A

$$A_s = \frac{Ca_f A_n}{b_r t_s} \quad (t/h) \quad (10\text{-}20)$$

式中:C——提升不均衡系数,对箕斗,$C=1.15$,对罐笼,$C=1.2$,兼作时,$C=1.25$;

A_n——矿井设计年产量;

a_f——提升富裕系数;

t_s——提升设备每天工作小时数,一般为 14 h;

b_r——提升设备每年工作日数,一般为 300 天。

（4）计算小时提升次数 n_s

$$n_s = \frac{3600}{T'_x} \quad (10\text{-}21)$$

（5）计算一次合理提升量 Q'

$$Q' = \frac{A_s}{n_s} \quad (10\text{-}22)$$

根据式（10-22）求出的一次合理提升量 Q',查表选取与 Q' 相等或接近的标准箕斗,其名义装载量可以大于或小于 Q'。在不加大提升机滚筒直径的条件下,应尽量选用大容量箕斗,以较低的速度运行,降低能耗,减少运转费用。

（6）计算一次实际提升量 Q

$$Q = \gamma V \quad (10\text{-}23)$$

式中:γ——煤的松散容重;

V——标准箕斗的有效容积。

5. 新型箕斗

如图 10-41 所示为铝合金材质提升容器。轻质铝合金容器在矿山已有应用,且已证明在相同提升条件下,采用铝合金容器可大幅度提高一次有效装载量,提高矿井提升系统的提升能力;在不改变原有提升机的情况下,可以增加提升系统的服务开采深度;在满足同样提升条件的前提下,可以相应地减小钢丝绳的终端载荷,减小提升钢丝绳的直径,有利于降低选用提升机的规格。

(a)　　　　　　　　(b)　　　　　　　　(c)

图 10-41　铝合金材质提升容器

（a）铝合金竖井箕斗；（b）铝合金斜井箕斗；（c）铝合金罐笼

轻型铝合金箕斗和钢塑结构轻型箕斗,都以钢结构为骨架,用高强度铝合金或是高强度工程塑料为箱体板料,以合理的结构和制作工艺,减轻箕斗自重,增加有效装载量,达到降低提升能耗的目的。

铝合金结构轻型斜井箕斗:除钢结构外,受力不大的斗箱侧板、前后挡板等,是以高强度铝合金板和角铝制作的。该合金的特点是:强度高、密度小、综合性能较好、抗应力腐蚀性能优良,满足了箕斗的强度和刚度要求。钢塑结构轻型斜井箕斗：除钢结构外,斗箱侧板、底板、前后挡板、防撒挡板等,均采用超高分子量聚乙烯板材。其性能特点是：使用寿命高于钢质,耐磨性是碳钢及不锈钢的 3～7 倍；摩擦系数小、自润滑、不吸水、不黏结物料；抗冲击性强度高(超高分子量聚乙烯为工程塑料之首,其分子量高达 300 万,冲击强度大于 150 KJ/cm²)；综合机械性能好,耐酸、碱、盐腐蚀,不老化,耐低温,重量轻,密度是钢材的1/8。由于 LC15 铝合金可焊性能差,焊后强度降低 50％左右,所以箕斗各部件之间连接及箕斗成型应采用螺栓连接或铆接。为了保证连接质量和维修方便,所以箕斗结构采用 30CrMnSi 镀镉精制螺栓连接。经检验,铝合金箕斗可比钢箕斗的重量减轻 30％～50％,对改善主井单绳缠绕式提升系统的状况,有条件地增加提升能力提供了有效的途径。

除铝合金外,双相钢和钛钢也都应用到了提升容器的制造当中。双相钢属于奥氏体-铁素体型钢,具有强度高、耐腐蚀性好等特点,用它代替 16Mn 的话,提升容器的重量可以减轻 1/3。金属钛通常用作航空材料,具有很高的强度和冲击韧性,可耐高温和抗振动,具有很强的抗腐蚀能力,而且密度小,仅为 4.5 t/m³,将它应用到提升容器的制造中,容器重量可以减少 43％。

除此之外,随着我国矿井提升开采的深度不断增加,生产规模也在不断增加,箕斗的提升载荷越来越大,图 10-42 所示为徐州煤矿安全设备制造有限公司生产的世界最大 50 t 箕斗。

图 10-42　徐州煤矿安全设备制造有限公司生产的世界最大 50 t 箕斗

10.3.2　罐笼

1. 罐笼概述及其结构

罐笼一般应用于矿井的副井提升系统,是矿井提升中的重要设备之一,用于提升人员、矿石、设备、材料等。对于中、小型矿井,罐笼也可以作为主井提升,提升煤炭。当提升煤炭、矸石或下放材料时,将煤车、矸石车或材料车装入罐笼即可,当提升设备时将设备直接装入罐笼内或放在平板车上再装入罐笼。

在国内的提升容器发展过程中,罐笼更新换代较快,从标 66 系列、T77 系列、B86 系列到近年出现的新形式罐笼,其结构形式逐步由复杂到简单,并且更加安全可靠。图 10-43 所示为单绳单层普通罐笼结构示意图。罐笼罐体是由横梁 7 及立柱 8 组成的金属框架结构,两侧包有钢板。罐体的节点采用铆焊结合的形式。罐笼顶部设有半圆弧形的淋水棚 6 和可打开的罐盖 14,以供运送长材料。罐笼两端装有帘式罐门 10。为了将矿车推进罐笼,罐笼底部铺设有轨道 11。为了防止提升过程中矿车在罐笼内移动或跑出罐笼,在罐笼底部还装有阻车器 12 及自动开闭装置。在罐笼上装有罐耳 15 及橡胶滚轮罐耳 5,以使罐笼沿装设在井筒内的罐道运行。在罐笼上部装有动作可靠的

防坠器 4,以保证生产及升降人员的安全。罐笼通过主拉杆 3 和双面夹紧楔形环 2 与提升钢丝绳 1 相连。为保证矿车能顺利地进出罐笼,在井上及井下装卸载位置设承接装置。

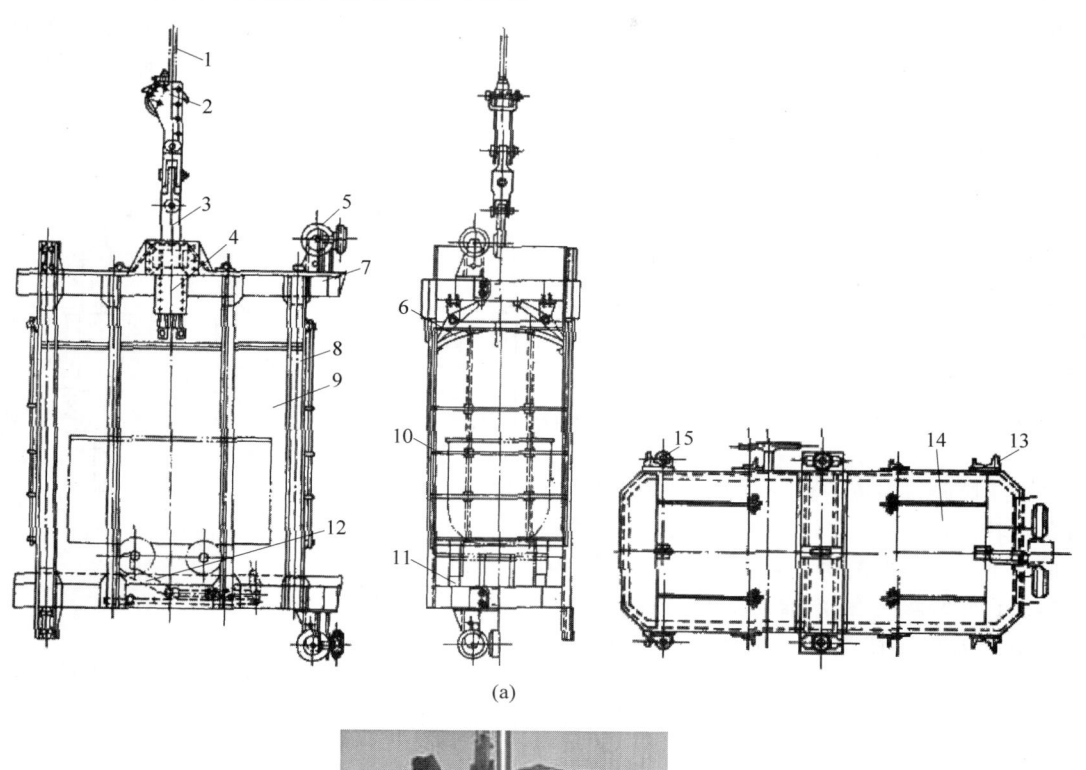

(a)

(b)

1—提升钢丝绳;2—楔形环;3—主拉杆;4—防坠器;5—橡胶滚轮罐耳;6—淋水栅;7—横梁;8—立柱;9—钢板;10—罐门;11—轨道;12—阻车器;13—稳罐耳;14—罐盖;15—套管罐耳(用于绳罐道)。

图 10-43　单绳普通罐笼

(a)单绳普通罐笼结构图;(b)单绳普通罐笼实物图

标准单绳普通罐笼按固定车箱式矿车名义载重确定为 1 t、1.5 t、3 t 三种形式,每种又有单层和双层之分。

多绳标准普通罐笼与标准单绳普通罐笼结构稍有不同,其不同点为:罐笼自重较大,罐笼中留有添加配重的空间,不装设防坠器;连接装置增设钢丝绳张力平衡装置,用来自动调节各绳张力。

2.罐笼防坠器

防坠器是罐笼上的一个重要组成部分,用来保证升降人员的安全。防坠器的作用是,当提升钢丝绳或连接装置断裂时,可以使罐笼可靠地支承到井筒中的罐道或制动绳上,避免罐笼坠落引发重大伤亡事故。《煤矿安全规程》规定:"升降人员或升降人员和物料的单绳提升罐笼(包括带乘人间的箕斗),必须装置可靠的防坠器。"

由于防坠器担负的任务重要,在井筒中运转条件较差,而且经常处于备用状态,一旦发生断绳事故又要求其动作灵活可靠,因此设计制造出良好的防坠器、正确地维护和检查以保证防坠器的可靠性是一项十分重要的工作。对于立井防坠器的要求是:

(1)保证在任何条件下,无论提升速度和终端载荷多大,都能平稳可靠地制动住下坠的罐笼。

(2)在制动下坠的罐笼时,为了保证人身和设备的安全,在最小终端载荷时(空罐只乘 1 人)制动减速度不应大于 50 m/s^2,延续时间不超过 0.2~0.5 s,在最大终端载荷时(矸石罐)制动减速度不应小于 10 m/s^2。

(3)结构简单,动作灵活,便于检查和维护,不误动作,重力要小。

(4)防坠器的空行程时间,即从断绳到防坠器发生作用的时间不大于 0.25 s。

(5)防坠器每天要有专人检查,每半年进行一次不脱钩检查性试验,每年进行一次脱钩性试验。

目前我国最常用的防坠器是 BF 型防坠器,如图 10-44 所示,它由开动机构、传动机构、抓捕机构、缓冲机构 4 个部分组成。其中,开动

机构是当主提升绳断绳时使得防坠器动作;传动机构是将开动机构的动作命令传递到执行机构的桥梁;抓捕机构则是防坠器制动的关键部分,负责将罐笼制动在制动绳上;缓冲机构能够有效降低突然制动带来的大减速度,使得制动过程更加平稳。同时,我国新设计的制动绳防坠器,因为设有专用的制动钢丝绳,可以用于任何形式罐道。

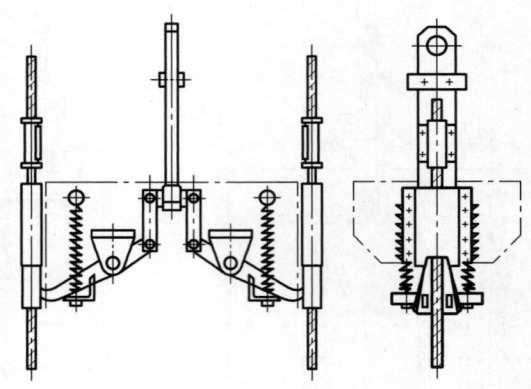

图 10-44   BF 型防坠器

3.罐笼定位装置

1)承接装置

为了便于矿车出入罐笼,必须使用罐笼承接装置,罐笼的承接装置有承接梁、罐座及摇台三种形式。

(1)承接梁是最简单的承接装置,只用于井底车场,且易发生蹾罐事故。

(2)罐座是利用托爪将罐笼托住,故可使罐笼的停车位置准确。推入矿车的冲击由托爪承担,但要下放位于井口罐座上的罐笼时,必须先将罐笼提起,托爪靠配重自动收回,使操作复杂化。过去设计的矿车,一般井口用罐座,井底用承接梁,中间水平用摇台。但在新设计的矿井中不采用罐座和承接梁,而采用摇台。

(3)摇台由能绕转轴转动的两个钢臂组成,如图 10-45 所示。它安装在罐笼进出口处。摇台的工作原理为:当罐笼停于卸载位置时,动力缸 3 中的压缩空气(或液压油)排出,装有轨道的钢臂 1 靠自重绕轴 5 转动,下落并搭在罐笼底座上,将罐笼内轨道与车场的轨道连接

起来。固定在轴 5 上的摆杆 6 用销子与活套在轴 5 上的摆杆套 9 相连,摆杆套 9 前部装有滚子 10。矿车进入罐笼后,压缩空气(或液压油)进入动力缸 3,推动滑车 8。滑车 8 推动摆杆套 9 前的滚子 10,致使轴 5 转动而使钢臂抬起。

当动力缸发生故障或因其他原因不能动作时,也可以临时用手把 2 进行人工操作。此时要将销子 7 去掉,并使配重部分 4 的重力大于钢臂部分的重力。这时钢臂 1 的下落靠手把 2 转动轴 5,抬起靠配重 4 实现。

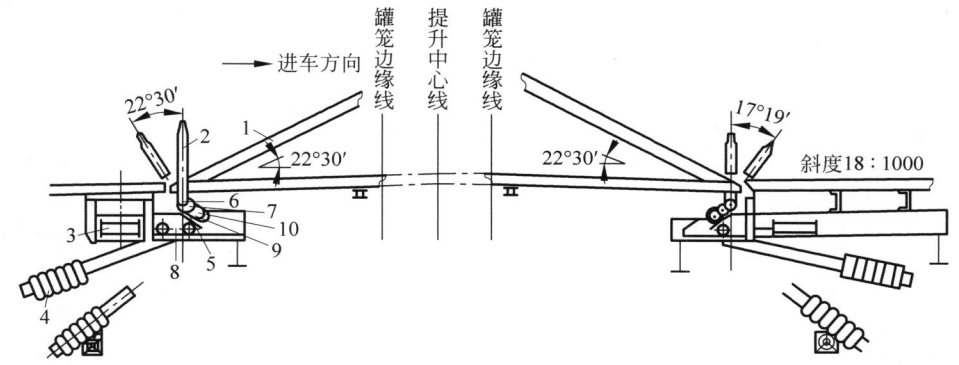

1—钢臂;2—手把;3—动力缸;4—配重;5—轴;6—摆杆;7—销子;8—滑车;9—摆杆套;10—滚子。

图 10-45　气动重锤摇台

图 10-46 所示为自适应补偿托罐摇台,利用强力弹簧蓄能器作为缓冲阻力,吸收罐笼落罐时的动能。当罐笼以爬行速度正常落罐时,由于该装置有一定初始托罐力,从而柔性托住罐笼;当罐笼高速下落时,罐笼可以使托爪向下翻转,避免蹾罐事故发生。

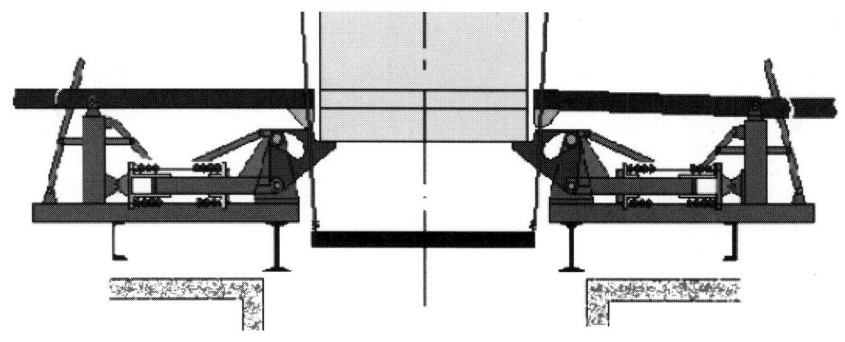

图 10-46　自适应补偿托罐摇台

图 10-47 所示为缓冲阻尼同步摇台,由托罐承接、缓冲阻尼和传动三部分组成。当罐笼提物以爬行速度缓慢下落时,信号控制推杆使托爪推出,托爪在液压力作用下,承接缓慢落下的罐笼;当罐笼高速落下,罐笼的向下冲击力大于所设定的缓冲阻力时,托爪以大销轴为回转支点下翻,使罐笼通过。

摇台的应用范围广,井底、井口及中间水平都可使用,特别是多绳摩擦提升必须使用摇台。由于摇台的调节受摇臂长度的限制,因此对停罐准确性要求较高,这是摇台的不足之处。

图 10-48 所示为柔性罐座,它采用耐酸碱的可重复使用的橡胶制品作为缓冲元件,其基本结构是一个长方锥体。当罐笼以爬行速度落罐时,可以起到缓冲托罐的作用,当罐笼提起后,可以恢复原状。由于不能再安装其他形式的防蹾罐缓冲装置,这样它本身兼作防蹾罐装置,但是当罐笼高速过放时,柔性罐座受较大冲击会产生反弹现象。

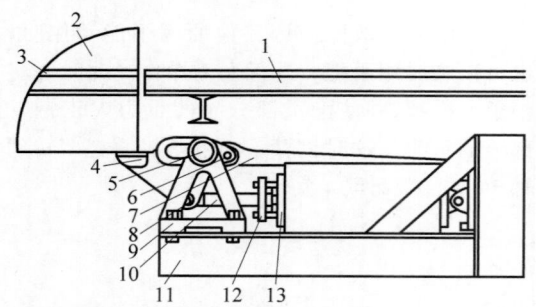

1—进车侧轨道；2—罐笼；3—罐笼内轨道；4—托爪；5—大销轴；6—同步弹性轴；7—推拉杆；8—小销轴；9—大支架；10—主轴；11—机座；12—调力装置；13—液压阻尼缓冲系统。

图 10-47 缓冲阻尼同步摇台

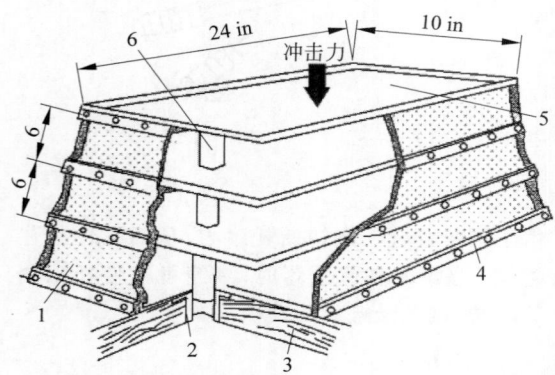

1—橡胶壁板；2—钢导向套；3—木梁；4—夹板；5—钢板；6—导向杆。

图 10-48 柔性罐座
注：1 in＝25.4 mm。

2）稳罐装置

如图 10-49 所示，使用钢丝绳罐道的罐笼，用摇台作承接装置时，为防止罐笼由于进出时的冲击摆动过大，在井口和井底专设一段刚性罐道，利用罐笼上的稳罐罐耳进行稳罐。在中间水平因不能安设刚性罐道，必须设置中间水平的稳罐装置。稳罐装置可采用气动或液动专门设备，当罐笼停于中间水平时，稳罐装置可自动伸出凸块将罐笼抱稳。

为了能够对大罐笼进行承接，国外西马格公司开发了锁罐稳罐装置，如图 10-50 所示。锁罐装置由液压驱动的锁舌组成，当罐笼就位时，锁舌分别插入下层（或上层）甲板的承载结构中。锁罐装置的目的是将罐笼固定在预设的装卸载位置，以提供一个稳定和准确的定位。

图 10-51 所示为锁罐稳罐装置工作示意图。摇台由包括轴承在内的坚固焊接平台结构、底部和侧面锁定机械以及液压缸组成。摇台提供地平面与相应水平罐笼甲板之桥接，安装在罐笼的进出口侧。罐笼就位后，摇台下放并搭接在罐笼甲板上可使矿车平稳地运输到罐笼甲板之上。通过侧面的锁定机制，摇台被可靠地固定在提升位置，可防止在提升过程中突然下降。

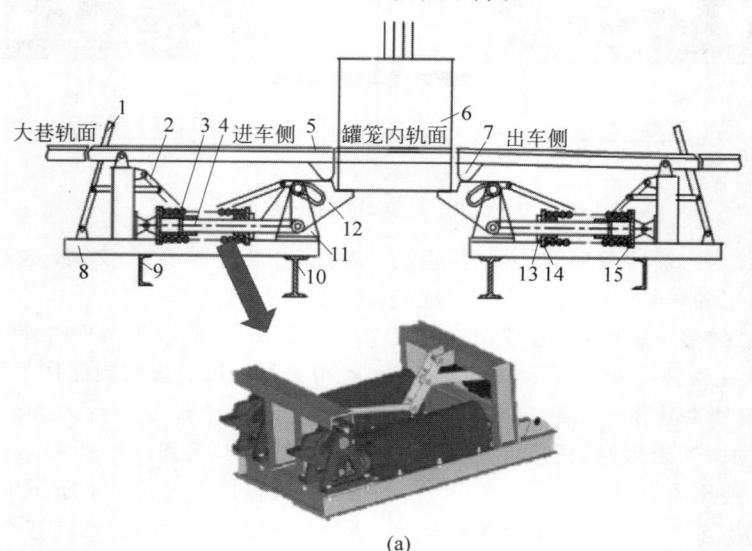

(a)

1—拨杆；2—连杆；3—弹簧；4—缓冲杆；5—大巷轨道；6—罐笼；7—压块；8—机架；9—槽钢；10—工字钢；11—支架；12—托爪；13—挡板；14—左弹簧座；15—右弹簧座。

图 10-49 承接稳罐装置

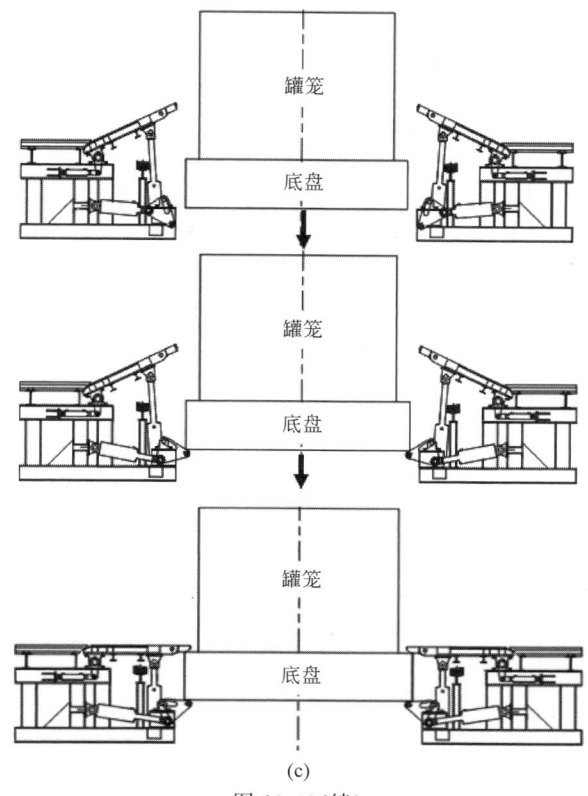

(b)

1—上补偿臂；2—锁定机构；3—底座；4—换层机构；5—缓冲机构；6—下补偿臂。

(c)

图 10-49（续）

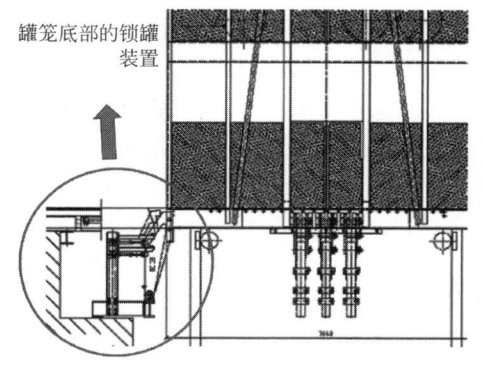

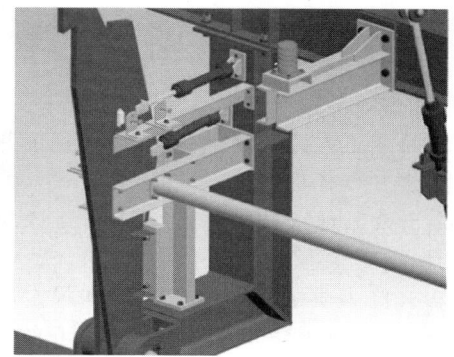

图 10-50　锁罐稳罐装置

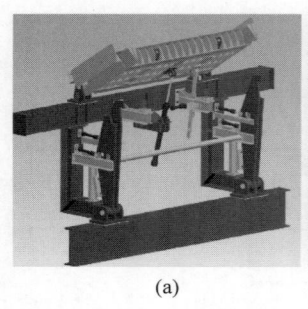 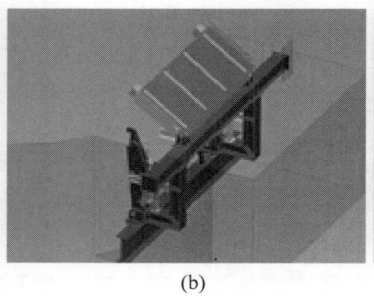 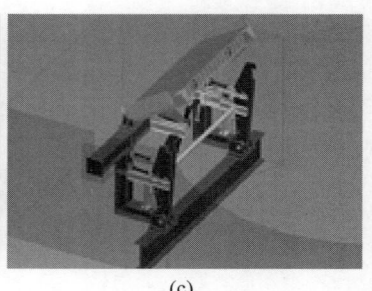

(a)　　　　　　　　　(b)　　　　　　　　　(c)

图 10-51　锁罐稳罐装置工作示意图

图 10-52 所示为罐笼安全门,安全门用于　和安全阻隔。
立井矿井车场的罐笼提升作业中的设备锁闭

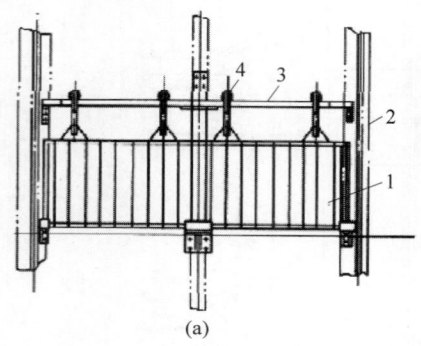 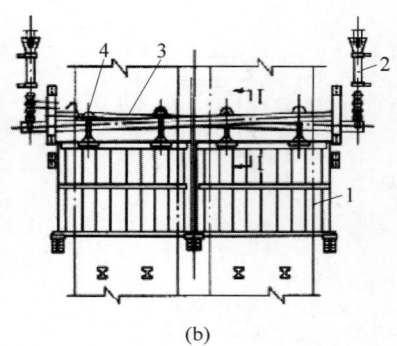

(a)　　　　　　　　　　　　(b)

1—立杆；2—罐笼；3—横杆；4—连接装置。

图 10-52　罐笼安全门
(a) 手动安全门；(b) 气动安全门

4.罐笼选择

按如下规定确定副井罐笼规格：

(1) 根据井下运输使用的矿车名义载重量(主井为箕斗提升时辅助运输矿车的名义载重量)确定罐笼的吨位。

(2) 根据运送最大班下井工人的时间不超过 40 min 或每班总作业时间是否超过 5 h 来确定罐笼的层数。一般应先考虑单层罐笼,不满足要求时再选择双层罐笼。

此外,罐笼的选择还应考虑如下规定：

(1) 升降工人的时间,按运送最大班下井工人时间的 1.5 倍计算。

(2) 升降其他人员的时间,按升降工人时间的 20%计算。

(3) 升降人员的休止时间按下列规定取值：单层罐笼每次升降 5 人及以下时,休止时间

为 20 s,超过 5 人,每增加 1 人增加 1 s；双层罐笼升降人员,如两层同时进出人员,休止时间比单层增加 2 s 信号联系时间。当人员只从一个平台选出罐笼时,休止时间比单层增加一倍,另外增加 6 s 换置罐笼时间。

(4) 普通罐笼进出材料车和平板车休止时间为 40~60 s。

(5) 提升矸石量按日出矸石量的 50%计算；运送坑木、支架按日需量的 50%计算。

(6) 最大班净作业时间为上述各项提升时间与休止时间之和,一般不得超过 5 h。

(7) 能够运送井下设备的最大和最重部件。

(8) 对于混合提升设备,每班提煤和提矸时间均应计入 1.25 不均衡系数,其提升能力不宜超过 5.5 h。

10.3.3　提升容器导向装置

提升容器在井筒内运行需设导向装置,提升容器的导向装置(罐道)可分为刚性和挠性两种。挠性罐道采用钢丝绳,刚性罐道一般用钢轨、各种型钢和方木。刚性罐道固定在型钢罐道梁上。以前的提人罐道多用木罐道,木罐道具有变形大、磨损快、易腐烂和提升不平稳等缺点,因此逐渐被钢罐道和钢丝绳罐道所代替。钢罐道的形式有钢轨罐道和用型钢焊接而成的矩形组合罐道。钢轨罐道的主要缺点是侧向刚度小,易造成容器横向摆动,刚性罐耳磨损太大,所以钢轨罐道一般用于提升速度和终端载荷都不大的提升容器。钢丝绳罐道的安装工作量小、维护简便、高速运行平稳。但对容器之间及容器与井壁之间的间隙要求较大,因此就必须增大井筒净断面积,且使井塔或井架的荷重增大,这些都限制了钢丝绳罐道的使用。如果井筒垂线发生错动,则不能采用钢丝绳罐道,此时应采用刚性罐道。

滚轮罐耳是配合刚性罐道使用的罐笼或箕斗的导向装置,其作用是既可作为提升容器沿罐道运行的导向轮,又可连接提升容器与罐道,并传递提升容器与罐道间的作用力。它既是提升容器安全平稳运行的重要装置,又是影响井筒装备工作稳定性的关键件,其工作性能的好坏对井筒刚性装备的工作质量有着十分重要的作用。图 10-53 所示是两种型式的滚轮罐耳。其特点如下:

(1)以液压缓冲器取代传统的缓冲结构,承载能力大、运行平稳、可靠性高、寿命长、调整维修方便。

(2)底座等零部件采用新型材料,整体结构强度更高,抗冲击性强。

(3)缓冲器复位压力小,可有效地避免滚轮与罐道产生异常碰撞。通过杠杆传递到减震筒上,同时起到导向、缓冲与稳定作用。

罐道与罐耳由滑动摩擦变为滚动摩擦,因此减少了动力消耗,降低了噪声,罐道和罐耳的磨损也大大降低,从而提高了罐道和罐耳的使用寿命。

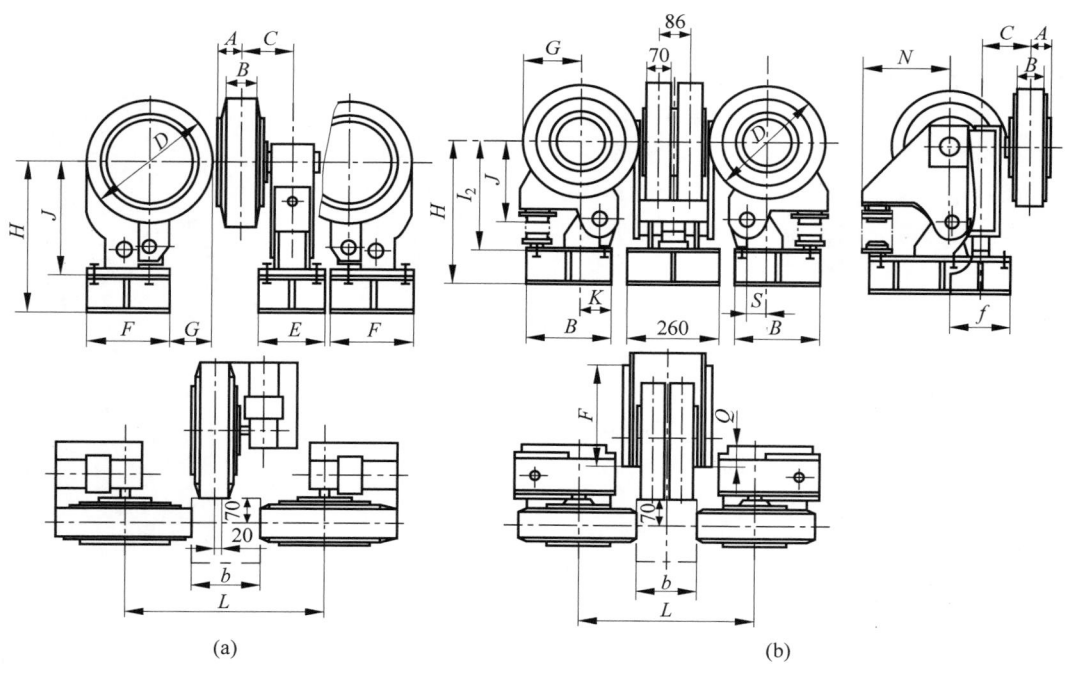

图 10-53　两种型式的滚轮罐耳
(a) 单排轮滚轮罐耳;(b) 双排轮滚轮罐耳

10.3.4 新型提升容器

图 10-54 所示为铝合金材质提升容器。轻质铝合金容器在矿山已有应用，且已证明在相同提升条件下，采用铝合金容器可大幅度提高一次有效装载量，提高矿井提升系统的提升能力；在不改变原有提升机的情况下，可以增加提升系统的服务开采深度；在满足同样提升条件的前提下，可以相应地减小钢丝绳的终端载荷，减小提升钢丝绳的直径，有利于降低选用提升机的规格。

(a)　　　　　　　　(b)　　　　　　　　(c)

图 10-54　铝合金材质提升容器

(a) 铝合金竖井箕斗；(b) 铝合金斜井箕斗；(c) 铝合金罐笼

图 10-55 所示为混合立井提升的箕斗罐笼。箕斗罐笼，是将箕斗和罐笼合并，使其兼具主、副提升的双重功能。煤矿通常采用主井和副井分设的模式（或是双提升系统的混合井），而箕斗罐笼支持"一个井筒、一台提升机、一对提升容器既完成主提升任务，又完成副提升任务"这样一种新型模式（不允许人、料同时提升），从而为矿井设计提供新的选择。

图 10-56 所示为矿用电梯。20 世纪 70 年代初有少数金属和非金属矿山根据自己的需要，将普通楼房电梯或自制简易电梯安装到矿山的立井中，用于中段和中段各水平间升降人员、物料和机器。由于矿山井筒环境与楼房井道条件差异明显，必须开发适用于矿山环境的专用电梯。

目前，世界最大箕斗单次提升负载已达 50 t，最大罐笼已达 60 t，但是仍然无法满足提升容器向超深井、特大吨位发展的技术需求。为此，中国矿业大学提出了新的解决方案，即利用垂直式直线电机对提升容器进行辅助驱动，

图 10-55　混合立井提升的箕斗罐笼

可在目前世界最大 50 t 箕斗、60 t 罐笼的基础上，再额外增加 20% 以上的推动力，实现超深井特大吨位提升，如图 10-57 所示。

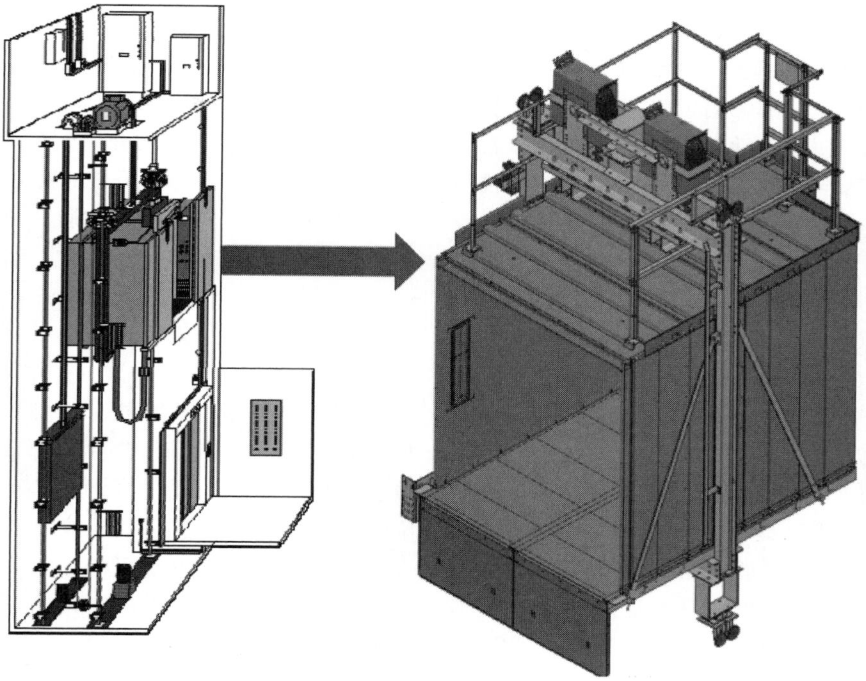

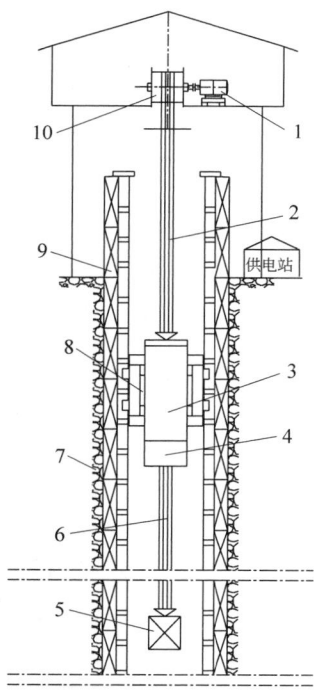

图 10-56　矿用电梯

1—提升电机；2—钢丝绳；3—箕斗本体；4—卸载口；5—平衡锤；6—尾绳；7—井壁；8—直线电机；9—钢结构支架；10—摩擦轮

图 10-57　垂直式直线电机辅助驱动的超深井特大吨位箕斗提升系统

10.4　建井提升机械

竖井施工期间随着作业面的延伸，需要人员、设备、材料、出渣的运输提升和吊盘（作业盘）风水电管线的悬吊提升；运输提升系统由凿井提升机、提升天轮、吊桶和吊桶专用钩头装置组成，悬吊提升系统由稳车、悬吊天轮、吊盘等组成。

10.4.1　凿井提升机

1. 凿井提升机类型

凿井提升机在整个井筒施工期间起着重要的作用，主要用于煤炭、有色金属、黑色金属等矿山行业，并承担着容器的提升、人员的上下、材料和设备的运送、出渣等任务，是联系井上与井下的重要交通工具，被人们称为矿山的"咽喉设备"；在建井初期，其选型与布置的合理与否直接关系到矿井提升的安全与建井速度。

凿井用提升机通常有两种型式：单滚筒提升机和双滚筒提升机。单滚筒提升机只可作为单钩提升；双滚筒提升机既可作为双钩提升，也可作为单钩提升。建井井筒施工期间考虑井筒内布置安全距离因素及施工工艺方便高效，一般考虑单滚筒提升，布置两台单滚筒绞车配合基本可以达到竖井施工月均进度百米的速度；如果考虑竖井井底水平巷道工作量较大的情况，一般考虑一台单滚筒提升机和一台双滚筒提升机井筒期间单钩提升的配合布局，其中双滚筒提升机的提升中心线提前考虑设计布置在井筒平面合适位置，便于竖井结束后转入平巷提升时改造提升方式为双钩罐笼提升方式；个别断面较大（直径 10 m 以上）的较深井筒施工，也可以考虑建井期间 3 台提升机布置的方式以提高提升效率。而凿井提升机主要是用在建井的初期，一般地质条件较好的在 1 年左右可完成井筒的建设，地质条件较为复杂需要穿插揭煤工序、水害治理工序的情况下 2～3 年完成井筒的建设；当井筒的建造项目完成后，凿井提升机也就结束了使用功能；在不同的矿井，由于井深、地质条件、受力情况不同，提升机不能够重复使用，造成浪费资源，因而目前有许多学者对其提出重复利用的构想和设计，以解决设备基础复杂、搬运困难等问题，从而提高凿井提升机的使用效率。

根据建井施工条件等因素，凿井设备平面布置应尽可能考虑两套单钩提升方案：

（1）不需临时改绞的井筒。在井径 5 m 以上时，选用两部单滚筒提升机；在井径 5 m 以下时，因井筒断面较小只能选用一部单滚筒提升机；在井径 10 m 以上的较深井筒施工时，可以考虑建井期间选用三部提升机；凿井期间均单钩提升吊桶。

（2）需临时改绞的井筒。在井径 5 m 以上时，选用一部双滚筒提升机和一部单滚筒提升机；在井径 5 m 以下时，选用一部双滚筒提升机。凿井期间均单钩提升吊桶；当井筒到底后临时改绞时，双滚筒提升机挂双罐笼提升。

2. 凿井提升机的选型

提升机在选型过程中，要综合考虑井筒开凿及临时改绞后提升机的静拉力及静拉力差是否能满足提升的要求，并根据提升钢丝绳规格对提升机滚筒的直径、宽度以及缠绳量进行验算，以符合《煤矿安全规程》规定，其中单滚筒提升机和双滚筒提升机基本参数分别见表 10-10 和表 10-11。

表 10-10　单滚筒提升机的基本参数

序号	型号	卷筒			钢丝绳最大静张力	钢丝绳最大直径	最大提升高度或斜长			最大提升速度	优先选用减速器速比	电动机转速（不大于）
		个数	直径	宽度			一层缠绕	二层缠绕	三层缠绕			
			m		kN	mm	m			m/s		r/min
1	JKZ-2.8×2.2	1	2.8	2.20	180	40	380	797	1259	5.68	15.5	600
2	JKZ-3.2×3		3.2	3.00	200	42	595	1229	1919	6.48		
3	JKZ-3.6×3		3.6	3.00	220	44	633	1306	2038	7.30		
4	JKZ-4×3		4.0	3.00	285	50	611	1261	1976	7.85	16	
5	JKZ-4×3.5		4.0	3.50	285	50	728	1497	2332			
6	JKZ-4.5×3.7		4.5	3.70	340	56	771	1583	2469	7.94	17.8	
7	JKZ-5×4		5.0	4.00	410	62	837	1716	2677	7.85	20.0	
8	JKZ-5.5×5		5.5	5.00	500	68	1068	2182	—	8.64		

注：1. 最大提升高度或斜长是按照钢丝绳最大直径计算的参考值。

2. 最大提升速度是按第一层缠绕时的计算速度。

3. 最大提升速度仅说明设备具备该能力。

表 10-11 双滚筒提升机的基本参数

序号	型号	卷筒			钢丝绳最大静张力	两根钢丝绳最大静张力差	钢丝绳最大直径	最大提升高度或斜长			最大提升速度	优先选用减速器速比	电动机转速（不大于）
		个数	直径	宽度				一层缠绕	二层缠绕	三层缠绕			
			m		kN		mm	m			m/s		r/min
1	2JKZ-3×1.8	2	3.0	1.80	1890	180	155	40	322	678	1080	6.08	15.5	600
2	2JKZ-3.6×1.85		3.6	1.85	1940	220	180	44	360	752	1199	7.30		
3	2JKZ-4×2.65		4.0	2.65	2740	285	255	50	530	1097	1726	8.11		
4	2JKZ-5×3		5.0	3.00	3090	410	290	62	603	1242	1959	7.85	20.0	
5	2JKZ-5.5×4		5.5	4.00	4090	500	410	68	833	1706	2668	8.64		

注：1. 最大提升高度或斜长是按照钢丝绳最大直径计算的参考值。

2. 最大提升速度是按第一层缠绕时的计算速度。

3. 最大提升速度仅说明设备具备该能力。

在提升机选型时，容器等重型设备的载重量以及井筒深度（容绳量）等也是考虑的主要因素。选择凿井用提升机的同时还需考虑提升能力与抓岩能力是否相匹配，以保证抓岩机在装岩时间内不间断地连续工作。提升能力也应大于抓岩机的生产能力，以使提升能力在井筒深度不断增加时仍能满足成井速度的要求。为了提高装岩和提升能力，在井筒布置允许的条件下，应尽量加大吊桶的容积和抓斗容积。当井内选用 1.5 m³ 以下的吊桶时，配套 0.11 m³ 小抓岩机；当井内选用 2.0 m³ 以上的吊桶时，可配套 0.4～0.6 m³ 的大抓岩机，并另配 0.11 m³ 小抓岩机以便清底，加快排矸速度。在采用常规设备建井时，可以根据井筒直径确定提升机吊桶数量、容积和井深，进而确定提升容器的最大终端荷重；同时，根据井筒是否临时改绞可确定提升机的型式，并根据井底工程量、建井工期可确定临时罐笼型式，最终可选择提升机型号。

提升速度和电机功率的确定：在装岩能力一定的前提下，提升能力是影响排矸的关键。在符合《煤矿安全规程》规定的前提下提高现有提升设备提升速度，是提高提升能力的一种可行办法。在选择提升机提升速度时，均按提人速度考虑，以保证每个提升容器均能上下人员的同时，尽可能提高提升速度。通常双滚筒提升机在吊桶提升时选用的电机容量偏大。

临时改绞提双罐时应重新验算，尽可能选择小容量、高速电机。

提升机的布置方式：岩石吊桶应尽可能地布置在靠近井筒中心线处，使之有效地利用井筒中部的空间，保证安全提升。井筒断面空间允许的情况下，两个吊桶应尽量布置在同一条提升线上，可简化井筒平面内的各设备布置和天轮平台副梁的布置；单滚筒提升机作单钩提升时，提升方位一般与马头门方位相同。布置时，应使滚筒提升中心线与吊桶中心线重合，以减小提升绳偏角、避免绞车滚筒上咬绳现象；双滚筒提升机在布置时，考虑临时罐笼的出车方向，其提升方位角应与马头门方位角相同，在凿井期间需利用固定滚筒担负吊桶单钩提升。因此，在设计布置时，还要考虑合理布置保证绳偏角尽量小，以防凿井期间吊桶提升绳与临时改绞罐笼提升绳咬绳的问题。

3. 提升安全措施

（1）加大井内各固定盘的安全间隙。在设计井内各盘时，在布置许可的情况下，其盘梁外缘距吊桶及滑架滑套最外缘的安全间隙越大越好，以防吊桶运行产生晃动或吊盘对中有偏差而引起碰撞。

（2）满足罐道绳张紧力。在凿井吊桶提升和临时改绞后的罐笼提升时，罐道绳均应具有一定的张紧力，以保证提升容器能沿着罐道绳平稳地运行。但现场使用吊桶提升时，罐道绳往往难以达到。

（3）凿井提升机的电控系统历经了转子串电阻调速控制系统、PLC控制系统、高压变频控制系统的发展，近年来，视频监控系统可以把竖井井下作业面、吊盘上的吊桶运行通道、井口、卸矸台等若干关键环节场景在司机台实时显示，在提升控制安全上趋于成熟，大幅降低了竖井提升安全事故。

10.4.2　凿井绞车

竖井凿井期间使用的凿井绞车（稳车）分为单滚筒稳车和双滚筒稳车两类，主要用于井筒施工期间悬吊作业盘（吊盘）和风水管线等。

双滚筒稳车采用两个滚筒，两个滚筒的提升中心线紧凑错开适当距离、前后布置，配合双槽凿井天轮，可作为凿井期间需要双绳悬吊、同步动作的压风管路、供水管路与排水管路的升降与悬吊装置；稳车的蜗轮蜗杆减速系

统自锁能力强，重载制动效果好，调速机构设置3 m/min和6 m/min两种速度，重载时必须设置在慢速3 m/min时运行；双滚筒稳车的传动机构设置成差动和直通两种工作模式，正常工作模式为"直通"，悬吊管路的两根钢丝绳张紧力差距过大会造成管路旋转，这时必须调绳，需要调绳时把稳车临时调整到"差动"状态工作；采用球面蜗轮副传动的蜗轮、蜗杆减速机，并加有一级直齿变速齿轮。转换变速手把快慢速位置，可切换快、慢两种速度。绞车空载收放钢丝绳时采用快速；重负荷时稳车使用慢速，安全可靠。减速机采用差速装置，通过转换手柄可使用输出的两只小齿轮实现差动和直动的转换，需要调整钢丝绳或单卷筒运转时使用差动，两卷筒同时运转时使用直通，转换手柄均须在停车状态下且安全制动器制动时才能进行。其技术基本参数见表10-12。

表 10-12　双滚筒凿井绞车（稳车）系列主要技术特征

型　号		2JZ-10/800	2JZ-16/1000	2JZ-25/1300
钢丝绳最大静张力/kN		100	160	250
钢丝绳最大静张力允差/kN		3.0	5.0	7.5
第一层钢丝绳最大速度/(m/s)		0.075	0.075	0.075
卷筒容绳量（单筒）/m		800	1000	1800
钢丝绳缠绕层数		7	9	10
钢丝绳规格直径/mm		32	40	52
卷筒参数	直径/mm	800	1000	1050
	宽度/mm	1250	1400	1500
	中心高/mm	800	1050	1250
电动机	型号	YZR250M2-8	YZR280M-8	YZR315M-8
	功率/kW	37	55	90
	转速/(r/min)	720	728	720
	电压/V	380	380	380
外形尺寸	长度/mm	4370	5480	6200
	宽度/mm	3410	3750	4170
	高度/mm	1750	2250	2650
绞车总质量（稳车总质量）/t		13(6.5)	22(11.6)	28(14.6)

单滚筒稳车配合单槽天轮，用于凿井期间电缆、吊盘、吊桶稳绳、整体组合模板等的升降、悬吊，稳车的蜗轮蜗杆减速系统自锁能力强，重载制动效果好，调速机构设置3 m/min和6 m/min两种速度。其技术基本参数见表10-13。

表 10-13　单滚筒凿井绞车（稳车）系列主要技术特征

| 型号 | 钢丝绳最大静张力/kN | 卷筒容绳量/m | 钢丝绳速度/(m/s) | | 钢丝绳直径/mm | 电动机 | | 外形尺寸（长、宽、高）/(mm×mm×mm) | 质量/kg |
			快速	慢速		功率/kW	电压/V		
JZ-10/800	100	800	0.079	0.049	31	22	380	3040×2570×1770	6800
JZ-16/1000	160	1000	0.1	0.05	40	37	380	3398×3350×2160	12 800
JZ-25/1300	250	1300	0.1	0.05	52	45	380	4082×3645×2720	18 000
JZ-40/1800	400	1800	0.1	0.05	60	90	380	5000×4350×3045	30 985

　　近年来，随着监控监测和控制技术的发展，稳车的控制系统改造为 PLC 变频集中控制方式，并且通过在凿井悬吊天轮轴承座下布置压电传感器的方式实时监测稳车终端负荷的数据并及时反馈到控制系统，可以有效避免钢丝绳运行不同步、钢丝绳受力超限等因素造成的放大滑、断绳坠落等事故发生。

10.4.3　吊盘

1. 吊盘的构造组成

　　吊盘是井筒内的工作平台，主要由梁格、盘面铺板、吊桶通过的喇叭口、管线通过孔口、风筒口、扇形活页、立柱、固定和悬吊装置等部分组成，如图 10-58 所示。其所需层数取决于井筒施工工艺要求，通常多以多绳悬吊，使它沿井筒上下升降。吊盘作为井筒施工的作业平台，有若干台稳车利用钢绳悬吊在井筒掘进工作面上方的适当高度，随着井筒施工工序的调整要及时调整吊盘距离工作面的高度。主要吊盘上一般设置风水电动力的终端转换设施，水箱、卧泵排水设施，中心回转抓岩机、混凝土浇筑用的分灰器装置等，同时还起到保护井下安全施工的作用。吊盘还用来张紧稳绳，保证吊桶的平稳运行。在井筒掘砌完毕后，一般还要利用吊盘适当改造后安装井筒设备。

　　由于吊盘要承受施工荷载（包括施工人员、材料和设备的重量），且上下升降频繁，因而要求吊盘结构坚固耐用。吊盘采用金属结构，吊盘的盘架由型钢组成，一般用工字钢作主梁、槽钢作圈梁。并根据井内凿井设备布置

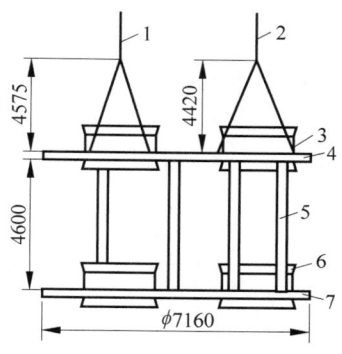

1—主提升稳绳；2—副提升稳绳；3—稳绳悬吊卡；
4—上盘层；5—立柱；6—喇叭口；7—下层盘。

图 10-58　吊盘侧面结构示意图

的需要，用槽钢或小号工字钢设置副梁，并留出各通过孔口。盘面铺设防滑网纹钢板，使用螺栓固定在梁上。

　　使用的吊盘有双层或多层。当采用单行作业或混合作业模式时，一般采用双层吊盘，吊盘层间距为 4～6 m；当采用平行作业模式时，可采用多层吊盘，如图 10-59 所示。多层吊盘层数一般为 3～5 层，为适应施工要求，中间各层往往做成能够上下移动的活动盘，其中主工作盘的间距也多为 4～6 m。多层吊盘的盘面布置和构造要求，与双层吊盘基本相同。

　　吊盘的梁格由主梁、次梁和圈梁组成。两根主梁一般对称布置并与提升中心线平行，通常采用工字钢；次梁需根据盘上设备及凿井设备通过的孔口以及构造要求布置，通常采用工字钢或槽钢；圈梁一般采用槽钢冷弯制成。梁格布置需与井筒内凿井设备相适应，并应注意

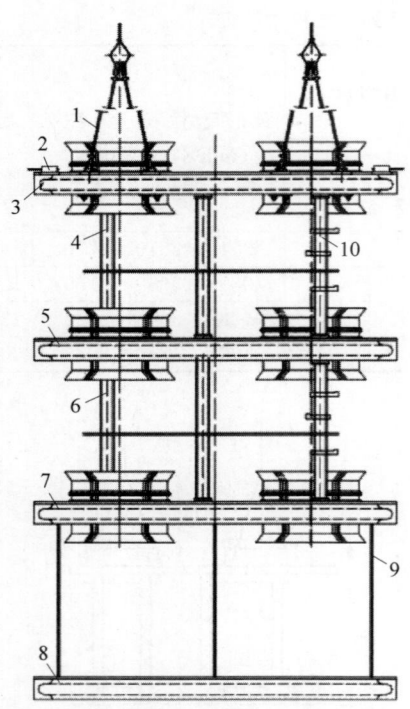

1—钢丝绳；2—吊盘固定装置；3—上层吊盘；4—吊盘上
立柱；5—中层吊盘；6—吊盘下立柱；7—下层吊盘；
8—四层吊盘；9—悬吊钢丝绳；10—刚性梯柱。

图 10-59　多层吊盘结构示意图

降低圈梁负荷。各梁之间采用角钢和连接板，
用螺栓连接。

各层盘吊桶通过的孔口，采用钢板围成圆
筒，两端做成喇叭口。喇叭口除保护人、物免
于掉入井下外，还起提升导向作用，防止吊桶
升降时碰撞吊盘。喇叭口与盘面用螺栓连接。
上、下喇叭口距盘面高度一般为 0.5 m，操作盘
上的喇叭口应高出盘面 1.0~1.2 m。采用多
层吊盘时，可设整体喇叭筒贯穿各层盘的吊桶
孔口，以免吊桶多次出入盘口而影响提升速
度。盘上作业人员可另乘辅助提升设备上下。
吊泵、安全梯及测量孔口，采用盖门封闭。其
他管路孔口也设喇叭口，其高度应不小于
200 mm。

各层盘沿周长设置扇形活页，用来遮挡吊
盘与井壁之间的孔隙，防止吊盘上坠物。吊盘
起落时，应将活页翻置盘面。活页宽度一般为
200~500 mm。

立柱是连接上、下盘并传递荷载的构件，
一般采用厚皮无缝钢管或重型工字钢，其数量
应根据下层盘的荷载和吊盘空间框架结构的
刚度确定，一般为 4~8 根。立柱在盘面上适当
均匀布置，但力求与上、下层盘的主梁连接。

为防止吊盘摆动，通常采用木楔、固定插
销或丝杆配合撑靴撑紧装置，使之与井壁顶
住，数量不少于 4 个。盘上装有环形轨道或中
心回转式大型抓岩机时，为避免吊盘晃动，影
响装岩和提升，宜采用液压千斤顶装置撑紧井
帮。吊盘一般采用多绳悬吊方式，悬吊钢丝绳
的下端可以直接与吊盘的主梁连接或者由分
叉绳与吊盘的主梁连接，盘面上悬吊点设计原
则是受力分布合理且可以保证盘体平衡。

2．凿井施工设备选型

立井井筒凿井施工中，布置在井筒内的设
备主要包括吊桶、风筒、卧泵、水箱、分灰器、抓
岩机等。采用的设备型号及数量依据不同直
径井筒的施工需求确定。根据大量的施工经
验，直径 6 m 井筒可布置 2 套 3 m³ 吊桶提升。
随着井筒直径增大，吊桶数量和体积也相应增
大，最大的 12 m 井筒可布置 4 个 5~8 m³ 吊
桶；6~10 m、10~12 m 直径井筒分别选用 1、2
台适当型号卧泵，并分别布置 6 m³、8 m³ 水箱；
一般选用 2 台 HZ-6 型中心回转抓岩机。不同
井筒直径凿井吊盘上布置的凿井设备选型情
况见表 10-14。

表 10-14　不同井筒直径凿井吊盘上
布置的凿井设备选型情况

井筒直径/m	吊桶容积/m³	风筒直径/mm	抓岩机
6	3(2)	800	HZ-6(1)
7	3(1)、4(1)	800	HZ-6(1)
8	4(1)、5(1)	800	HZ-6(1)
9	5(1)、5~6(2)	1000	HZ-6(2)
10	5(1)、6~8(2)	1000	HZ-6(2)
11	5(2)、6~8(2)	1000	HZ-6(2)
12	5(2)、6~8(2)	1000	HZ-6(2)

10.4.4　吊桶

矿井开采需要先在岩层中开凿构筑井筒

和巷道,立井井筒是新建矿井中的关键工程。立井施工技术复杂,作业场所狭窄,工作环境恶劣,且受地质条件变化(井下涌水、煤层瓦斯涌出等)的影响大,有时甚至威胁安全生产。井筒工程量虽然只占全矿井井巷工程量的 3.5%～5%,但其施工工期往往占到全矿井建设总工期的 35%～40%。为了加快矿井建设速度,缩短矿井建设工期,提高凿井技术水平、加快立井施工速度就具有特别重要的现实意义。其中,很重要的方面是在凿井过程中及时足量地把破碎岩石外运出来。

一种典型的轻型机械凿井施工系统如图 10-60 所示,它是由六臂伞形钻架、中心回转抓岩机等主要设备组成的机械化作业线,具有机械化程度高、设备轻巧、灵活方便的优点。提升机械化凿井作业效率的最重要因素是如何使装岩能力与提升能力相匹配。为了保证抓岩机在装岩时间内连续不断地进行工作,配用两套单钩提升系统,并选用足够的吊桶容积。

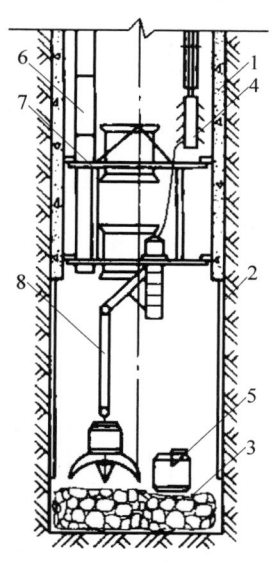

1—永久井壁;2—临时支护;3—凿岩工作面;4—分风器;5—吊桶;6—风筒;7—吊盘;8—抓岩机。

图 10-60 典型轻型机械凿井施工系统

凿井吊桶分为翻卸式和底卸式两种结构。

1. 翻卸式吊桶

翻卸式吊桶分为挂钩式吊桶和坐钩式吊桶,如图 10-61 所示。吊桶在立井井筒开凿期

间作为提升矸石、升降人员和材料的主要容器,当井筒排水量小于 6 m³/h 时,也可用作排水容器。挂钩式吊桶和坐钩式吊桶的差别是挂钩式吊桶是平底结构而坐钩式吊桶是双层桶底结构,坐钩式吊桶的双层桶底用于自动翻石,其原理如图 10-62 所示。

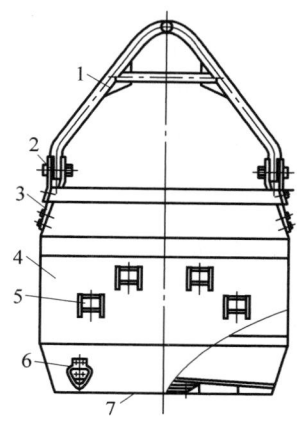

1—吊钩桶梁;2—销轴;3—耳环;4—桶体;5—脚蹬;6—钩环(挂钩式吊桶);7—双层桶底(坐钩式吊桶)。

图 10-61 翻卸式吊桶结构示意图

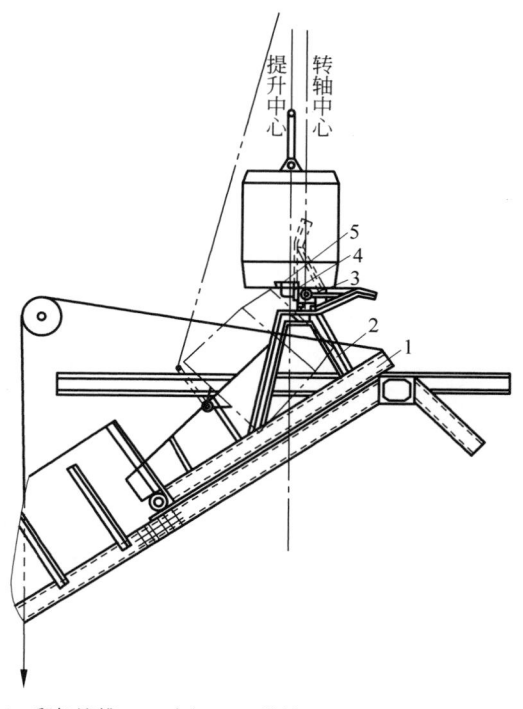

1—翻卸溜槽;2—支架;3—横轴;4—坐钩;5—吊桶底。

图 10-62 坐钩式吊桶的自动翻卸矸石装置

挂钩式吊桶有4种型号,容积分别为0.5 m³、1.0 m³、1.5 m³和2.0 m³;坐钩式吊桶有8种型号,容积分别为1.0 m³、2.0 m³、3.0 m³、4.0 m³、5.0 m³、6.0 m³、7.0 m³和8.0 m³。

2. 底卸式吊桶

底卸式吊桶是立井施工中用于运送混凝土的专用设备,其结构示意图如图10-63所示。吊桶的闸门开启和关闭机构由操作手把、连杆组成一个杠杆系统,操作手把一端的一个铰链固定在底圈的支点,另一个铰链通过连杆与扇形板铰链连接,当操作手把向下按动时闸门开启,反之则关闭。把吊桶运送到作业位置之后,用杠杆或操作手把打开扇形闸门,即可自动卸下混凝土,可显著地提高立井砌壁施工中运输混凝土的速度。在出料口的弧形板面上设有橡胶板,保证了出料口部的密封性和浆液不泄漏。

为了防止运输中闸门开启,把插销座焊接在桶身锥体的上部,插销座加工为扁长孔,可容插销钩头通过。插销座由上、下两块钢板组成,两块钢板开口部分可容纳操作手把(杠杆)的横杆卡入。当关闭闸门时,启闭手把贴近桶身,手把横梁进入闭锁机构的插销座开口部分,再插入插销钩头,可阻止手把横杆脱出。在插入插销钩头后即转动90°,以防止插销跳出。插销头部用焊接的连接环系挂在桶身上,操作方便,可使充满料浆的吊桶闸门不会随便打开,保障了运输的安全。其底卸式吊桶的基本技术参数见表10-15。

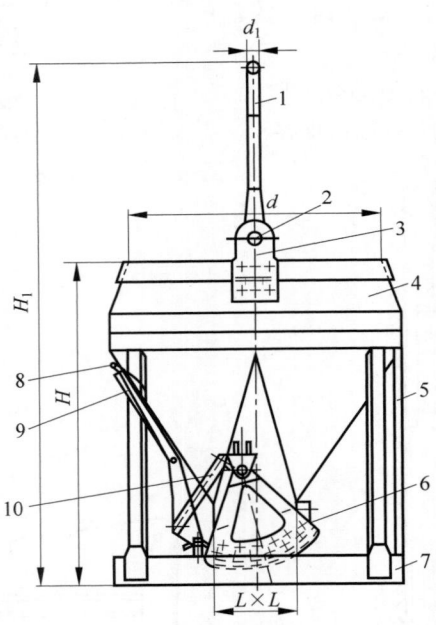

1—桶梁;2—销轴;3—耳环;4—桶体;5—爬梯;6—扇形闸门;7—底座圈;8—操作手把;9—闭锁机构;10—连杆。

图 10-63 底卸式吊桶结构示意图

表 10-15 吊桶规格及主要尺寸

序号	吊桶形式	规格型号	吊桶容积/ m³	吊桶外径/ mm	桶口直径/ mm	桶体高度/ mm	吊桶全高/ mm	桶梁直径/ mm	质量/kg
1	挂钩式吊桶	TG-0.5	0.5	825	725	1100	1730	40	195
2		TG-1.0	1.0	1150	1000	1150	2005	55	348
3		TG-1.5	1.5	1280	1150	1280	2270	65	478
4		TG-2.0	2.0	1450	1320	1350	2480	70	600

续表

序号	吊桶形式	规格型号	吊桶容积/m³	吊桶外径/mm	桶口直径/mm	桶体高度/mm	吊桶全高/mm	桶梁直径/mm	质量/kg
5	坐钩式吊桶	TZ-2.0	2.0	1450	1320	1300	2430	70	728
6		TZ-3.0	3.0	1650	1450	1650	2890	80	1049
7		TZ-4.0	4.0	1850	1630	1700	3080	90	1530
8		TZ-5.0	5.0	1850	1630	2100	3480	90	1690
9		TZ-6.0	6.0	2050	1830	2200	3766	90	2121
10		TZ-7.0	7.0	2050	1830	2500	4069	95	2349
11		TZ-8.0	8.0	2200	1916	2550	4178	105	2900
12	底卸式吊桶	TD-1.0	1.0	1314	1280	1550	1730	67	639
13		TD-1.6	1.6	1482	1320	1965	2838	75	876
14		TD-2.0	2.0	1650	1450	1930	3170	80	1063
15		TD-2.4	2.4	1650	1450	2100	3340	80	1070
16		TD-3.0	3.0	1850	1630	2232	3612	90	1253
17		TD-4.0	4.0	2200	1980	2569	4175	90	1750

10.4.5 凿井天轮

竖井凿井期间使用的天轮分为两类:

一类是和提升机配套使用的提升天轮,直径为 1.2～4.0 m,单槽单绳,采用滚动轴承,适用重载、快速。

另一类适合凿井稳车配套使用的凿井"悬吊"天轮,直径为 0.65～1.25 m,分单槽(单绳)、双槽(双绳)两种,天轮轴与轮之间采用滑动轴承,适用重载、慢速;其中单槽天轮配合单稳车使用,用于凿井期间吊盘、吊桶稳绳、整体组合模板升降、悬吊;双槽天轮配合双稳车使用,用于凿井期间双绳悬吊、同步动作的压风管路、供水管路、排水管路的升降、悬吊。

1. 凿井提升天轮

凿井提升天轮用于满足立井凿井期间提升吊桶和凿井罐笼时的需要,如图 10-64 所示,其使用的技术参数见表 10-16。

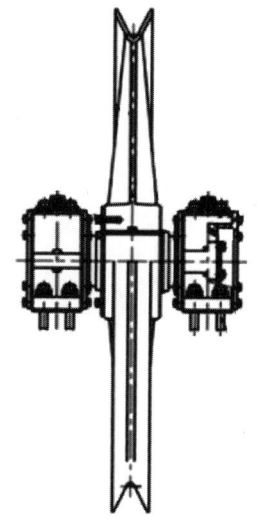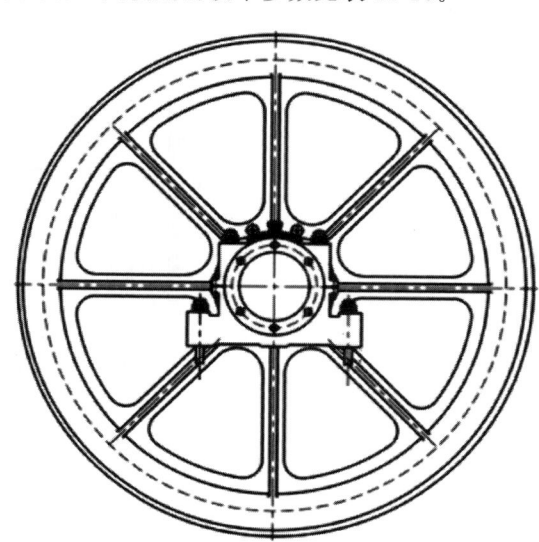

图 10-64 凿井提升天轮示意图

表 10-16 凿井提升天轮基本参数

天轮直径/mm	容许钢丝绳最大直径/mm	钢丝绳全部钢丝破断力总和/N	轴承座中心距/mm	轴承座主要尺寸/mm							滚动轴承型号	天轮外形尺寸/mm		质量/kg
				螺栓	A	B	AI	CI	H	h		D0	B0	
1200	20	284 000	460	M20	130	400	60	340	140	50	3616	1310	647	518
1600	26	485 500	500	M24	140	460	65	400	160	60	3618	1724	697	645
2000	31	672 500	600	M30	165	530	80	460	180	70	3620	2619	834	1077
2500	40	1 135 000	720	M40	185	680	92	600	240	90	3628	2700	982	1814
3000	46	1 510 000	850	M42	210	780	108	680	275	100	3632	3224	1141	3290
3500	50	1 793 581	1000	M42	270	780	108	680	275	100	3632	3760	1307	3730
4000	62	2 611 700	1030	M46	320	920	150	740	350	100	23 244	4260	1355	4800

2．凿井悬吊天轮

凿井悬吊天轮分为单槽悬吊天轮和双槽悬吊天轮，如图 10-65 所示，其使用技术参数分别见表 10-17 和表 10-18。

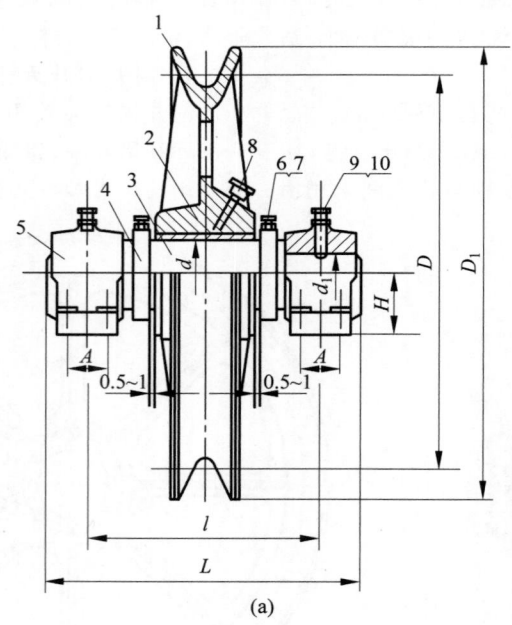

1—绳轮；2—轴套；3—轴；4—挡圈；5—轴承座；6—螺钉；
7—螺母；8—旋盖式油环；9—螺钉；10—螺母。

图 10-65 悬吊天轮示意图
（a）单槽悬吊天轮；（b）双槽悬吊天轮

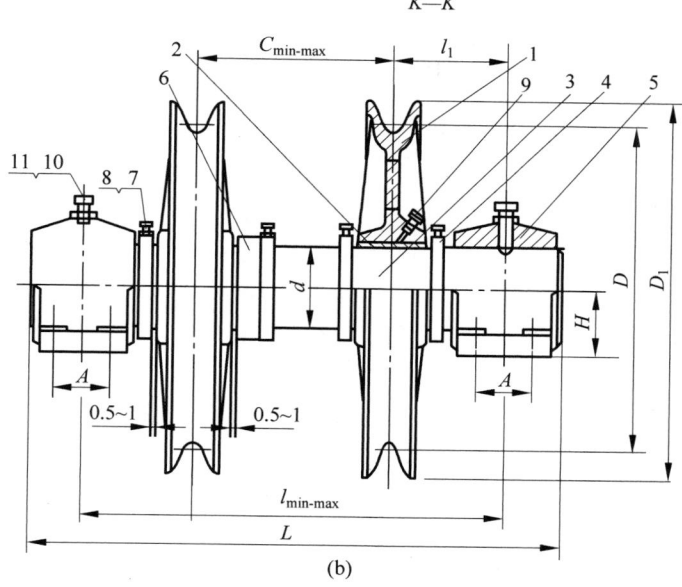

1—绳轮；2—轴套；3—轴；4—挡圈；5—轴承座；6—垫圈；7—螺钉；
8—螺母；9—旋盖式油环；10—螺钉；11—螺母。

图 10-65（续）

表 10-17 单槽悬吊天轮技术基本参数

序号	型号	钢丝绳最大直径/mm	单根钢丝绳最大静张力/kN(t)	主压尺寸/mm							轴承座螺栓孔尺寸 $\phi \times A \times B$/(mm×mm×mm)	质量/kg
				轴径 D(H9/D9)	轴径 D(H9/D9)	轮径 D	外径 D_1	轴座距 i	轴长 L	中心高 H		
1	MZS2.1-0-1×0.65	32	100(10)	100	85	650	775	340	490	100	$\phi26\times70\times250$	230
2	MZS2.1-0-1×0.8	40	160(16)	120	100	800	960	400	560	110	$\phi26\times80\times280$	382
3	MZS2.1-0-1×1.05	52	250(25)	150	120	1050	1260	460	620	120	$\phi26\times80\times300$	670
4	MZS2.1-0-1×1.25	60.5	400(40)	180	140	1250	1495	520	680	140	$\phi26\times80\times330$	1088
5	MZS2.1-0-1×0.1w	29	100(10)	120	85	800	920	400	550	100	$\phi26\times70\times250$	310
6	MZS2.1-0-1×1.05w	35.5	160(16)	150	100	1050	1200	400	560	110	$\phi26\times80\times280$	500

表 10-18　双槽悬吊天轮技术基本参数

| 序号 | 型号 | 钢丝绳最大直径/mm | 单根钢丝绳最大静张力/kN（t） | 主压尺寸/mm | | | | | | | 轴承座螺栓孔尺寸 $\phi \times A \times B$/（mm× mm×mm） | 质量/kg |
				轴径 D（H9/D9）	轴径 D（H9/D9）	轮径 D	外径 D_1	轴座距 i	轴长 L	中心高 H		
1	MZS2.2-0-2× 0.65/270-420	31	100（10）	150	270～420	650	775	630～ 780	940	140	$\phi 26 \times 80 \times$ 280	550
2	MZS2.2-0-2× 0.65/630-850	31	100（10）	150	630～850	650	775	990～ 1210	1370	140	$\phi 26 \times 80 \times$ 280	616
3	MZS2.2-0-2× 0.8/270-420	40	160（16）	180	270～420	800	960	670～ 820	990	160	$\phi 26 \times 80 \times$ 280	882
4	MZS2.2-0-2× 0.8/850-960	40	160（16）	180	850～960	800	960	1250～ 1360	1530	160	$\phi 26 \times 80 \times$ 280	956
5	MZS2.2-0-2× 1.05/320-420	52	250（25）	210	320～420	1050	1260	800～ 900	1070	180	$\phi 26 \times 80 \times$ 280	1555
6	MZS2.2-0-2× 1.05/850-960	52	250（25）	210	850～960	1050	1260	1330～ 1440	1610	180	$\phi 26 \times 80 \times$ 280	1403

10.4.6　钩头装置

　　钩头装置是提升钢丝绳和提升吊桶的连接装置，如图 10-66 所示，传统轻型吨位的钩头上部和钢丝绳连接采用板卡卡固方式，近年来重型吨位的钩头上部和钢丝绳连接采用合金浇筑楔形固定方式结构更紧凑；钩头装置主要的功能是作为载荷连接传递，采用平面轴承卸力防止提升钢丝绳运行中的自身旋转而导致提升容器旋转是钩头装置的重要性能。随着大型提升机、大吊桶的使用，目前建井行业使用的配套的钩头装置系列最大到 18 t 以适应 8 m³ 吊桶的使用载荷。其钩头的基本技术参数见表 10-19。

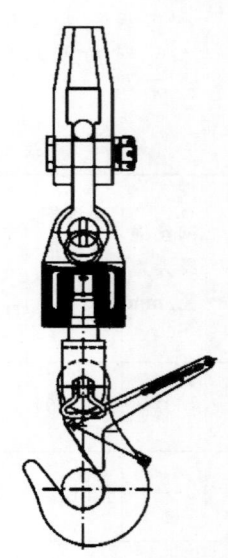

图 10-66　钩头装置示意图

表 10-19　钩头装置基本参数

| 序号 | 规格型号 | 允许载荷/ t | 吊钩开口尺寸/mm | 总高度/ mm | 适应钢丝绳直径/ mm | 质量/kg | 配套适用吊桶规格 | |
							座（挂）钩/m³	底卸/ m³
1	G11	11	125	1565±10	40-42	194	4.0/5.0	2.0/3.0
2	G13	13	140	1762±10	44-48	281	5.0/6.0	3.0/4.0
3	G15	15	140	1777±10	46-50	303	6.0/7.0	4.0
4	G18	18	130	1829±10	56-58	345	7.0/8.0	4.0

10.5 斗式提升机

近年来,我国国民经济的发展已经进入快车道。建材、化工、冶金、粮食、煤炭、运输等各个行业突飞猛进,正向专业化、大型化、现代化迈进。这些行业对输送设备的要求也越来越高,许多大型项目要求提升和输送能力要达到1000 t/h以上甚至更高,输送物料的性能也越来越多样化,对粒度、温度、耐磨琢性、耐腐蚀性、防黏结的要求越来越苛刻。斗式提升机具有结构简单、维护成本低、输送效率高、升运高度大、运行稳定、应用范围广等优点。因此,根据用途不同,产生了块状物料斗提机、粉粒状物料斗提机、耐高温斗提机、耐磨损斗提机、耐腐蚀斗提机、防黏结斗提机等各种专用斗提机。本部分主要介绍与矿山相关的斗式提升机,其他专业的提升机不再详述,可查阅其他专业书籍。

10.5.1 结构及工作原理

斗式提升机是利用均匀固接于无端牵引构件上的一系列料斗,并沿竖直或倾斜方向连续输送各种物料的大型机械设备。斗式提升机的整机主要包括头部、驱动装置、中间箱体、尾部、提升部件五大部分。如图10-67所示。

其各部分作用分别是:

(1)头部壳体要保证几何精度和足够的刚度,头轴和头轮要保证足够的强度和运转精度,所选头部轴承及其座要有一定的安全系数。

(2)驱动装置的结构和布置必须满足斗式提升机功率和传动的需要,其位置的布局必须考虑到设备的稳定性,其传动方式尽量紧凑、简洁、方便维护和检修,尽可能地减轻驱动装置重量。

(3)中间箱体在设备的运行中起到了巨大作用。首先,它要支撑整台斗式提升机的大部分重量,其抗压强度和运行振动应满足要求;其次,十几节甚至几十节中间箱体,要保证安装精度和互换性,就必须在设计、制造中遵循批量生产的原则,要有一定的工装胎具做保证,确保其直线度、法兰平面度、刚性及其对角

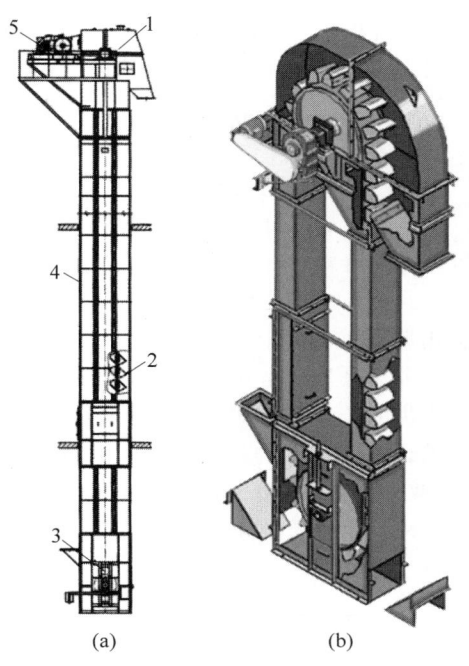

1—头部;2—提升部件;3—尾部;4—中间箱体;
5—驱动装置。

图10-67 斗式提升机示意图
(a)斗式提升机结构示意图;(b)斗式提升机三维图

线性精度。

(4)尾部在整台设备的最下部,它的作用如下:一是要支撑整台设备,使其稳固可靠;二是要确保链条(胶带)的张紧恒定,调节自如;三是尾部要设置观察门和检修安装门,便于链条(胶带)和料斗的安装、检修;四是在尾部根据需要设置料位计、速度检测仪等安全保护装置。

(5)提升部件包括链条(胶带)和料斗及连接件,这也是整台设备的关键部分所在。链条(胶带)的设计结构、制造精度、热处理性能和安全系数的选取,直接影响着斗式提升机的使用寿命,而其料斗的结构、形状、精度则直接影响到物料的提升效果。

斗式提升机的工作原理:由驱动装置通过电机、减速机、联轴器以及大小链轮,将动力输出到头部主轴上,通过头轮转动,带动链条(胶带)按照一定的运行方向匀速运行。依靠固定在链条(胶带)上的料斗,将均匀流入尾部进料口的物料从斗式提升机的尾部,不间断地提升

到斗式提升机的头部,然后从头部出料口将物料卸出去,完成物料的整个提升过程。

10.5.2 分类及型号选用

1. 斗式提升机分类

斗式提升机的分类很多,按安装方式的不同可分为垂直式、倾斜式,其中以垂直式居多。当垂直式提升机不能满足特殊要求时,可选用倾斜式提升机。按牵引构件形式分为带式和链式。带式提升机提升速度较高,适用于提升粉状或块度较小的物料,因其强度较低,不宜用在承载能力很大的场合。链式提升机强度高,承载能力大,适用于提升中等或大块度的物料。按料斗的形式分为深斗、浅斗和带挡边

料斗,如图 10-68 所示。深斗适用于输送煤炭、干砂、砾石、石灰等易于倒出来的物料;浅斗适用于输送水泥或湿砂等易成团或易黏在料斗上的物料;带挡边料斗适用于输送大块的物料。按装填方式的不同分为掏取式、流入式,如图 10-69 所示。掏取式主要用于输送粉末状、颗粒状、小块状的无磨琢性或半磨琢性的散装物料;流入式用于输送大块状和磨琢性大的物料。按卸载特性分为离心式、离心-重力式、重力式,如图 10-70 所示。离心式卸料主要是带式的,适用于运送流散性好的粉状、颗粒状和小块状物料。重力式卸料使用带挡边的料斗运送块状的、沉重的物料。离心-重力式卸料介于上述两者之间。

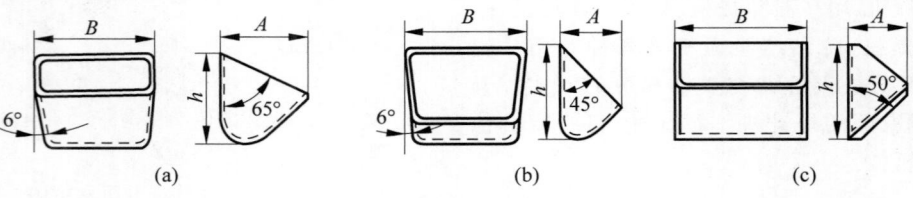

图 10-68 料斗类型
(a) 深料斗;(b) 浅料斗;(c) 带挡边料斗

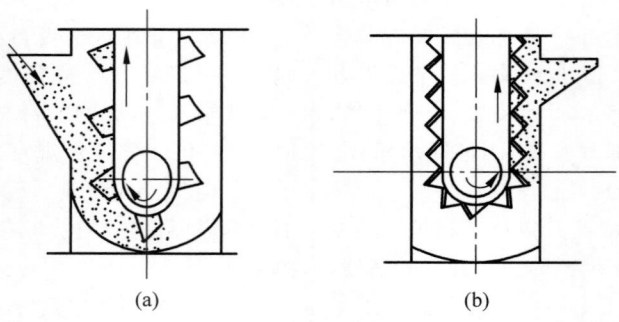

图 10-69 装载方式示意图
(a) 掏取式装载;(b) 流入式装载

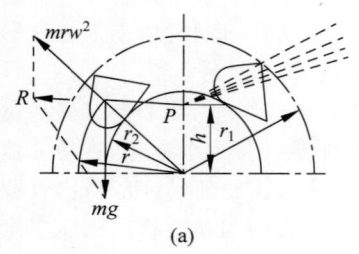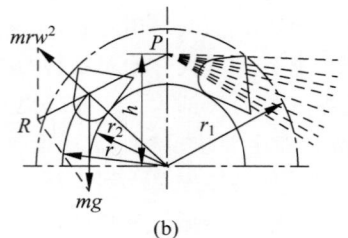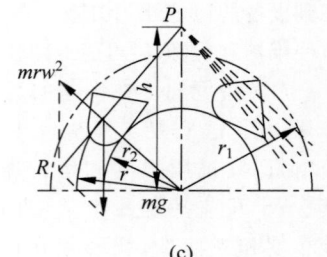

图 10-70 卸载特性示意图
(a) 离心式;(b) 离心-重力式;(c) 重力式

其中斗式提升机离心式卸料原理是：料斗以一定间隔固定在牵引构件上，胶带绕过提升机传动滚筒和改向滚筒形成上升有载分支和下降无载分支的闭合系统。输送带通过设置在提升机头部的驱动装置将动力传递给料斗，使料斗能够在闭合的环形系统中循环运动。当物料随料斗一同运行至提升机顶部时，料斗会在离心力的作用下由料斗抛出并沿提升机的导料板滑行至卸料口卸出。

1）BL系列板链式斗式提升机

BL系列板链式斗提机按斗速可分为低速和高速，按排数可分为单排和双排。一般来说，斗速为0.05～0.8 m/s的为低速型，斗速为0.8～1.8 m/s的为高速型，低速板链斗提机以双排链为主，高速板链斗提机则有单排链和双排链两种。

低速板链斗提机主要用在矿山、冶金、建材、化工、煤炭等行业，常用的机型有NE、TB、TBZ等。其特点是链条节距较大，链速较低，头轮和链条之间通常采用带齿啮合，料斗以深斗为主，一般采用流入式进料。由于斗速慢，入斗的物料不宜飞溅出来掉到斗提机尾部，因此很少会出现掏料现象。流入式多用于提升颗粒状、块状、磨琢性强、温度高的物料，也可以提升粉状物料，其料斗布置紧密以防物料撒落，在其卸料时一般采用重力式卸料的方法。

高速板链斗提机主要用在建材、化工、粮食、港口等领域，其链条节距较小，链速较高，为了减少振动和噪声，降低磨损，链速一般控制在2 m/s以内。进料方式为流入式和掏取式，适宜提升的物料以粉状和小颗粒状为主，这些物料进入斗提机的瞬间，会与较高速度上升的料斗发生逆向碰撞，个别物料会飞溅出来

掉到斗提机尾部，因此，这些物料就需要料斗进行掏取。掏取的料斗，唇边应适当加强，以抵抗磨损。在头部卸料则采用重力和离心混合式卸料。高速板链斗提机的头轮可分为带齿和光轮两种，带齿啮合的机型如NSE、NBH等小节距套筒滚子链提升机，光轮靠摩擦带料的机型如TG、ZX等小节距套筒链提升机。

除以上之外，还有脱水斗提机、捞渣斗提机以及其他专用斗提机，也属于板链斗提机的范畴。其中，在进行NE型低速、NSE型高速、TBZ型重载、TG型中央链高速、ZX型中心链高速、TB型低速板链斗式提升机的设计时，可参照张广民主编的《斗式提升机》中相关设备尺寸。

2）胶带式斗式提升机

胶带式斗式提升机主要用于建材、化工、粮食、煤炭、矿山、冶金、港口、建筑等行业，具有轻便、灵活、节能、成本低、效率高、噪声小、运行平稳、检修方便等优点，应用非常广泛。其缺点是易老化、耐热性差。该斗提机主要采用离心式或混合式卸料，适宜提升堆积密度小于2 t/m³的粉状、粒状、小块状的无磨琢性、半磨琢性物料；物料温度不宜超过60℃，如果采用耐热橡胶带温度不得超过200℃。

胶带式斗提机可分为两类，即普通胶带斗式提升机和钢丝胶带斗式提升机。

普通胶带斗式提升机一般只用在提升量小、温度不高、高度小于40 m的场合。由于易伸长，使用时调节比较频繁。钢丝胶带斗式提升机将胶带内编织物改为钢丝编织，不但大大增大了其强度，而且克服了易伸长的缺点，因此可以在高度超过100 m的情况下使用。其主要性能特点见表10-20。

表10-20 胶带式斗式提升机性能特点

类型	普通胶带斗式提升机	钢丝胶带斗式提升机
提升物料种类	粉状、粒状、小块状的无磨琢性、半磨琢性物料	粉状、粒状、小块状的无磨琢性、半磨琢性物料
斗速	1～3 m/s	1.2～2.0 m/s
斗距	100～800 mm	320～1800 mm
斗宽	60～630 mm	250～1600 mm

续表

类型	普通胶带斗式提升机	钢丝胶带斗式提升机
料斗形式	Q、H、Zd、Sd	Zh、Sh
提升量	2～260 t/h	60～1400 t/h
提升高度	40 m	120 m
壳体形式	单壳体或双壳体	双壳体
功率消耗	0.004 kW/(t·m)左右	0.004 kW/(t·m)左右
胶带结构	帆布胶带、合成纤维胶带,胶带伸长量大,胶带接头形式分硫化和重叠式	钢丝编织胶带,胶带伸长量小,胶带接头形式为专用带夹接头
张紧方式	螺杆弹簧张紧、重力式张紧	螺杆弹簧张紧、重力式张紧、自平衡式张紧
整机重量	较板链式、环链式轻	较板链式、环链式轻
卸料方式	离心式或混合式	离心式或混合式
占地面积	较小	较小
生产成本	低	较高

3) 环链式斗式提升机

环链式斗式提升机在国民经济的各个行业应用比较普遍,它具有结构简单、生产成本低、维修方便等优点,如图 10-71 所示。但是,由于其在链条自身啮合原理方面属于瞬间点对点啮合,因此受力点的接触应力非常大,所以接触点磨损比较严重。普通型的环链式斗式提升机链条寿命较短,因此不能使用在大型、重载、超高的斗提机上,经过不断改进,采用《矿用高强度圆环链》(GB/T 12718—2009)作为牵引构件的 THG 型高效环链式斗提机较好地解决了这些问题。

其中 THG 型高效环链式斗提机较普通 TH 型环链式斗提机具有更多的优点,其在原来基础上增大了提升高度和提升量,采用 GB/T 12718—2009 作为牵引构件,其技术参数、性能特点见表 10-21 和表 10-22。

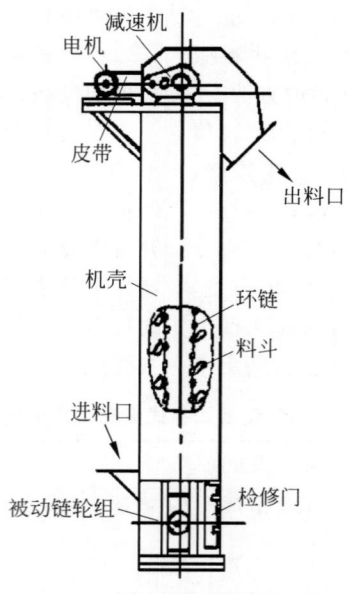

图 10-71　环链式斗式提升机示意图

表 10-21　THG 型高效环链式斗提机(配用 Sh 型料斗)主要技术参数

型　号	THG 160	THG 200	THG 250	THG 315	THG 400	THG 500	THG 630	THG 800	THG 1000	THG 1250	THG 1600
提升量、填充系数/(L/(m³/h))	30	50	70	100	160	210	350	475	715	1120	1550
斗宽/mm	160	200	250	315	400	500	630	800	1000	1250	1600
斗速/(m/s)	0.93	0.93	1.04	1.04	1.17	1.17	1.31	1.31	1.47	1.47	1.47
斗距/mm	270	270	336	378	420	480	546	630	756	756	882
水平斗容/L	2.6	4.1	6.5	10	16	25	40	64	102	161	255
斗链质量/(kg/m)	31	32	34	43	61	80	89	107	150	188	233
提升高度/m	60	60	60	60	60	60	60	55	55	40	40

表 10-22　THG 型高效环链式斗提机(配用 Zh 型料斗)主要技术参数

型　号	THG 160	THG 200	THG 250	THG 315	THG 400	THG 500	THG 630	THG 800	THG 1000	THG 1250	THG 1600
提升量、填充系数/(L/(m³/h))	21	33	45	74	120	160	250	345	520	810	1110
斗宽/mm	160	200	250	315	400	500	630	800	1000	1250	1600
斗速/(m/s)	0.93	0.93	1.04	1.04	1.17	1.17	1.31	1.31	1.47	1.47	1.47
斗距/mm	270	270	336	378	420	480	546	630	756	756	882
水平斗容/L	1.9	2.9	4.6	7.4	12	19	29	47	74	117	184
斗链质量/(kg/m)	31	32	34	43	61	80	89	107	150	188	233
提升高度/m	75	75	75	75	75	75	75	70	70	55	55

4) 钢丝绳斗式提升机

GS 型钢丝绳斗式提升机是一种新型结构的斗式提升机,它的出现可以使制造成本有所降低。这种斗式提升机的最大优点是机体轻便、结构简单、运行平稳、提升量大、操作方便、适应性强、提升高度大、使用寿命长。相比之下,它较钢丝胶带斗式提升机有更多的优越性。

(1) GS 系列钢丝绳斗式提升机的斗链结构

GS 系列钢丝绳斗式提升机斗链与板链斗式提升机斗链结构有很大的区别,其提升牵引链采用普通钢丝绳或不锈钢钢丝绳,钢丝绳与料斗之间的连接采用钢丝绳夹固定,料斗之间的钢丝绳上套有管节,提升牵引链轮采用无齿结构,如图 10-72 所示。

(2) 工作原理

GS 系列钢丝绳斗式提升机的料斗采用密斗布置,料斗之间缝隙比较小,进料时漏料的

机会就少,当料斗提升物料时,8 个料斗固定螺栓确保料斗不发生歪斜,斗式提升机运行中钢丝绳与头轮不接触,而是钢丝绳夹与头轮之间接触,依靠两者之间的摩擦提升物料,钢丝绳夹与头轮均属于易损件,需要定期更换。

2. 斗式提升机型号选用

作为常用的提升设备,斗式提升机的选用受很多因素的制约,选错型号会带来无尽的麻烦。一般斗式提升机的选型取决于以下几个要素。

(1) 物料的形态:物料是粉状、颗粒状还是小块状。

(2) 物料的物理性质:物料有没有吸附性或者黏稠度,是否含水。

(3) 物料的比重:一般斗式提升机参数都是针对堆积比重在 1.6 以下的物料设计和计算的,太大的物料比重需要进行牵引力和传动部分抗拉强度的计算。

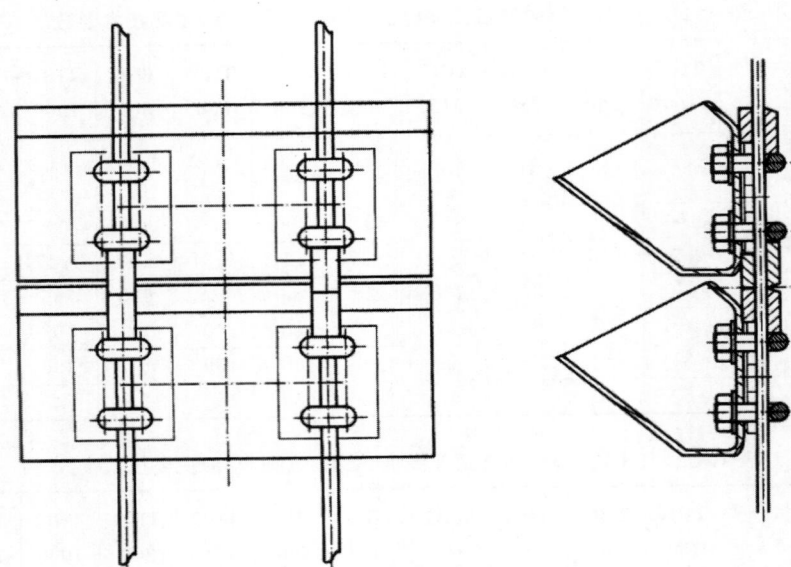

图 10-72　GS 系列钢丝绳斗式提升机的斗链结构

（4）单位时间内的输送量。

一般来说，物料的形态直接决定物料的卸料方式，一般而言，粉状物料采用离心抛射卸料、块状物料采用重力卸料，而卸料方式的不同决定斗式提升机采用的料斗形式的不同，离心抛射卸料多采用浅斗和弧形斗，而重力卸料需采用深斗。

斗式提升机所采用料斗的类型不同则单位时间内提升的物料输送量是不一样的。

斗式提升机最终的输送量是取决于料斗形式、斗速、物料比重、物料性质、料斗数量的一个综合参数。选型过程如下：物料比重→传动方式（斗提型号）→物料性质→卸料方式→料斗形式→该系列斗式提升机的提升量→确定机型。

10.5.3　常见故障及排除方法

斗式提升机在运行中会出现各种复杂的问题，但只要掌握其工作原理、使用特点和常见故障产生的原因及解决方法，在实际使用中对症下药，就可以使斗式提升机处于良好的运行状态，从而保障设备的安全生产，提高设备的使用率，降低设备故障停运率。

1．头部返料严重

斗式提升机头部返料的原因很多，大致如下：

（1）畚斗结构设计不合理，物料无法卸净。

（2）头部旋转速度偏低。

（3）头部卸料高度不够。

（4）出料口唇板距料斗唇边间隙过大。

解决方法：对畚斗的结构进行优化设计，使之满足物料的抛射；适当提高斗式提升机旋转速度，以保证物料顺利卸出；调整斗式提升机头部高度，使斗式提升机头部的抛料轨迹和出料孔吻合；减小出料口唇板距离料斗的间隙，使物料可以顺利越过该间隙进入出料口。

2．驱动电动机故障

驱动电动机出现故障的主要原因是温度过高，导致电动机被烧毁。电动机温度过高的原因是电动机设计功率偏小，或者斗式提升机的某些部件被卡住而引起"闷车"。

针对电动机设计功率偏小的问题，通过计算得出驱动功率，扩大 1～2 个级别选取电动机，同时根据经验公式，来核算电动机的驱动功率是否合理。

斗式提升机的某些部件被卡住而引起"闷车"，在斗式提升机安装和试车时一定要十分注意,一旦发生"闷车",要立即切断电源,查明原因,及时调整,清除故障后再开机。同时,需要驱动功率在 30 kW 以上的斗式提升机,尽量使用液力耦合器,因为液力耦合器有过载保护作用,可防止瞬间的过载烧坏电机,以保障斗式提升机正常工作。

3. 头部芯轴断裂

斗式提升机的头部是整机的重要部件,其头部滚筒承受着牵引链条或牵引皮带,以及畚斗及其所输送物料的全部重量,因此头部滚筒的芯轴极易折断。头部芯轴的断裂原因如下:

(1)头部芯轴强度不够,主要是未进行热处理或热处理没有达到要求。

(2)头部芯轴的材质不达标。

(3)头部芯轴的设计结构不合理,可能存在过渡台阶产生应力集中。

(4)长期超载运行,头部芯轴疲劳断裂。

对于斗式提升机头部芯轴的受力情况,首先要分析斗式提升机是否长期超载运行,造成疲劳断裂,若是这样则应采取措施,严格避免超载现象发生。其次看选材和设计结构是否合理,头部芯轴的材料一般选用 45 号钢或 40Cr,如果选材不合理,可以选用更好的材料。在具体结构设计中,轴的过渡台阶处应加工成圆角,以避免造成应力集中,否则容易造成头部芯轴断裂。头部芯轴的强度主要看热处理的结果,一般情况下,头部芯轴热处理的硬度应为 220~260HB。

4. 液力耦合器出现故障

液力耦合器是斗式提升机必需的部件之一,它安装在电动机和减速机之间,是依靠液力传动的软启动联轴器,可以有效地传递扭矩,同时也会有效地保护电动机和减速机。在日常使用中,液力耦合器的常见故障是:充油量不符合要求、漏油、液力油变质,还有就是由于斗式提升机过载,液力耦合器油温过高,从而熔化易熔塞,使液力油漏出,断开电动机和减速机的连接。采取有效的方法,完全可以控制液力耦合器的故障。首先,液力耦合器的充油量必须符合要求,发现漏油及时处理,同时经常检查液力油,发现液力油变质要及时更

换。在斗式提升机正常运转时,要控制超载,因为当设备超载时,阻力变大,会使负载增大,电动机的驱动扭矩不足以驱动负载,使液力耦合器的驱动轮高速旋转,而负载轮静止,或转速过低,造成液压油温度过高,从而熔化易熔塞,液力油漏出,液力耦合器断开连接。因此,在使用斗式提升机时,要尽量避免过载。

5. 减速机损坏

斗式提升机一般功率都偏大,其减速机的故障也是斗式提升机的常见故障之一。减速机常见的故障有如下几种:高速轴断裂、高速齿轮打齿、减速机轴承损坏和润滑不充分。为了解决减速机损坏故障,最常见的方法就是在电动机和减速机之间配置液力耦合器,利用液力耦合器的软启动功能,解决刚性联轴节连接造成的高速轴断裂和高速齿轮打齿事故,同时经常检查减速机内部的油位、油质,发现缺油及时补全,油质发生变化及时更换,这样就会大幅度降低减速机发生事故的概率。

6. 头部驱动滚筒轴承损坏

斗式提升机的头部,是靠电动机驱动减速机,最后带动驱动滚筒进行运行的,因此头部驱动滚筒的轴承受径向力很大,该轴承损坏的概率也就偏高。一般情况下该轴承损坏的原因如下:

(1)设计时选型偏小,造成轴承承载力不足,在使用时会因为瞬时过载而造成轴承损坏;

(2)轴承润滑保养不到位,或润滑油变质,不能起到润滑轴承的作用,造成轴承"干磨",此时会加剧轴承的损坏;

(3)轴承有质量问题,为高仿或翻新的轴承,这在无形中会造成轴承损坏。

针对驱动滚筒轴承损坏的故障,可以采取以下措施予以解决:在设备设计过程中,充分考虑斗式提升机的过载系数,通过计算得出轴承的型号后,加大 1~2 级来选取轴承,这样就可以满足设备的正常使用要求;同时,按照设备保养计划,定期进行保养,做到用新油换旧油,保证轴承的良好润滑;再有就是购置轴承时,选取名牌产品,拒绝假冒伪劣产品,这样就

从另一个侧面解决了轴承的损坏问题。

7. 畚斗脱落

畚斗是斗式提升机的承载部件,更是重要的部件。畚斗和牵引皮带会牵引链条依靠畚斗螺栓连接,因此螺栓强度不够,或螺栓松动,或是畚斗螺栓与螺母紧固后未焊牢,在长期运行时,畚斗就会松动,造成疲劳而被剪断;同时,在畚斗的运行中若存在卡碰现象,也会造成畚斗脱落。

对于畚斗的脱落,首先要解决畚斗连接螺栓的问题,因此需要采用高强度连接螺栓,同时要经常检查,防止其松动,重要的是要在紧固后将螺栓焊接牢固,避免其开焊松动,这样就会减少螺栓的疲劳损坏,从而降低畚斗脱落的概率。同时,要经常检查畚斗的卡碰现象,发现畚斗卡碰,及时处理解决。及时检查、及时发现,是解决畚斗脱落问题的关键所在。

8. 畚斗磨损严重

在斗式提升机的运行中,畚斗负责舀取物料、输送物料和抛卸物料,因此畚斗的抗磨损性能就显得极其重要。由于畚斗需要和物料紧密接触,因此会造成畚斗唇部损坏;在一些特殊场合,物料粒度过大,畚斗在舀取物料时更容易造成磨损;斗式提升机的运行速度一般都比较高,因此畚斗运行速度过大,也会造成物料和畚斗磨损。

针对畚斗产生磨损的故障,如果物料磨蚀性很强,应当采用更耐磨的材料来加工畚斗。目前,对于粮食行业,常用尼龙材质的畚斗,这种材质既可以提高畚斗的耐磨性,又可以减少畚斗的自重。如果物料粒度较大,在输送过程中经常出现大块物料,导致无法提升,如果物料粒度无法改变,那么就应采用更大规格型号的斗式提升机,或用带角度的皮带输送机来提升物料。同时,需要适当调整斗式提升机的运行速度,保证物料顺利舀入和卸出。

9. 尾部积料严重

尾部积料是斗式提升机常见的故障之一,产生尾部积料的主要原因:

(1)斗式提升机的入料不均匀,瞬间入料过大,造成机尾严重堵料,俗称"闷车";

(2)斗式提升机设计时的输送量不能满足实际需要,长时间使用会造成尾部积料过多;

(3)斗式提升机运行速度或卸料点结构设计不合理,造成卸料不净,使部分物料没能够顺利卸出而返回机尾料仓,造成尾部积料。

针对斗式提升机尾部积料的问题,可以从以下方面来解决:严格控制斗式提升机上游输送设备的输送量,使之均匀地入料,不致使瞬间入料过多,造成堵料;若斗式提升机输送量达不到使用要求,则要更换大一级或两级的斗式提升机来满足需要;根据所输送物料的特性,科学、合理地设计斗式提升机的运行速度,同时合理设计卸料口的位置和形状,保证物料能够全部卸出,不致使物料返回机尾,这样就会有效控制机尾积料的故障。

10. 斗式提升机振动和噪声较大

运行超过5年的斗式提升机,一般都会不同程度地产生振动,并且运行噪声较大。斗式提升机产生振动或噪声过大的原因有如下几种:

(1)斗式提升机安装精度不够,垂直度超差,使头轮和尾轮不照应,在运行中就会造成设备整机振动;

(2)畚斗脱落,运行中存在卡碰机壳的现象,从而产生振动;

(3)畚斗和皮带连接螺栓部分脱落,造成畚斗歪斜,从而使畚斗的轴线和斗式提升机竖直轴线不平行,产生侧向力,使皮带和畚斗产生偏载,从而产生振动,并伴随着较大的噪声;

(4)由于输送链条或皮带过松或变形,其在运行中左右摆动,从而产生振动,甚至产生噪声。

对于斗式提升机产生振动和噪声的故障,可以从以下几个方面予以解决:在安装时,利用先进的设备进行实时监控,使斗式提升机的安装精度达到规定的要求,使斗式提升机的头轮和尾轮的平行度达到规定的范围,并且使整机的垂直度达到规定的要求;经常检查畚斗运行情况,及时发现脱落的畚斗,及时修理或更换,使之不会产生侧向力,以影响设备的正常使用;当输送链条过于松动时,可以缩短链条长度,或者更换链条,以保证链条的松紧度;若皮带由于受力产生塑性延长变形,可以采取重新做皮带接头的方法来缩短皮带,保证皮带的松紧度。经过上述改动,就可以保证斗式提升机在运行时不致振动,甚至产生噪声。

10.5.4 其他特殊类型的斗式提升机

1. 耐高温斗式提升机

耐高温斗式提升机在国内应用比较多的行业包括化工、冶金、建材等。使用的温度一般在800℃以内,提升高度一般小于50 m。

耐高温斗式提升机的基本工作原理是:确保在斗式提升机提升高温物料的过程中,料斗能达到耐高温、不变形,使用寿命确保达到两年以上;斗式提升机的头、尾部的传动部件能够耐高温辐射和传导,长时间运行不发生蠕变、不降低强度、不产生缺陷;斗式提升机的工作链条在高温运行的环境中,做到有效隔离,尽量避免其与高温物料接触;工作斗链的运行速度尽可能慢,以减少链条在高温环境下的磨损和噪声。

在结构处理方面,料斗在制作时,不但要采用较好的耐热不锈钢,而且在结构上也要进行特殊处理;而在料斗与工作链条之间还要采用隔离措施;耐热斗式提升机的头、尾部重要部件要采取水循环制冷措施;头、尾轮轴以及链条的强度和刚度计算,要考虑高温状态下的材料安全系数。

2. 防黏结斗式提升机

黏结物料的提升在用户看来是一件非常困难的事情,黏结物料在进入料斗后,容易黏在料斗里,无法在斗式提升机的出料口卸出来,造成大量物料黏结在料斗上返回尾部,很快就会使设备因堵塞停机,无法实现物料的提升作业。这种现象在化工、煤炭、轻工、环保等领域普遍存在。

防黏结斗式提升机的工作原理:利用料斗的特殊结构,当物料提升到出料口上方时,采取刮、敲、反击等有效措施,料斗内的黏结物料基本上被清理干净。

3. 倾斜安装提升机

倾斜安装提升机主要包括因为工艺要求必须在倾斜状态下使用的斗式提升机,主要品种有:在30°~90°的倾角使用的粉料、颗粒状物料、块状物料的斗式提升机;需要脱水或脱掉其他液体的斗式提升机,具体说是指通过某种方法将物料从液体中捞起来,并在运行过程中使物料脱水,然后提升到一定的高度,再将物料卸出。设备的倾斜角度一般在50°~80°之间,主要用于洗煤厂的洗煤脱水、电厂锅炉的炉渣捞渣脱水、环保的污泥脱水、砂石厂的洗砂脱水,果品或蔬菜在加工、洗涤、筛分过程中的提升作业等。

4. 托盘斗式提升机

托盘斗式提升机主要应用在小件物品的连续垂直提升中,其料斗形状类似托盘,托盘的间距比较大,托盘上用来摆放小件物品,斗式提升机下部设有装物点,上部设有卸物点,装物点有机械手负责定时、定点装物,卸物点有机械手负责定时、定点卸物,形成一道连续的流水作业。

5. 活斗斗式提升机

活斗斗式提升机主要应用在物料不允许破损的场合,如成球的球状物料、成型的柱状物料以及特殊形状的其他易碎物料。

活斗斗式提升机的料斗虽然固定在输送链条上,但是它可以随时翻转将物料卸出,不但可以垂直提升,而且可以水平输送;不但可以多点进料,而且可以多点出料,使用非常方便。

6. 悬链式斗式提升机

悬链式斗式提升机主要用在港口卸船、仓库取料、河道清淤等领域,工作斗链采用套筒滚子提升链,料斗为挖取式,工作时自动悬垂张紧,依靠自重挖取物料。

7. 耐压斗式提升机

耐压斗式提升机是指设备箱体内在带压的情况下,将物料提升到一定高度,同时还要保证压力不泄漏,在化工行业用途较为广泛。

参考文献

[1] 陈维健,等.矿山运输提升设备[M].北京:煤炭工业出版社,1997.

[2] 聂虹.矿井提升机的发展与现状[J].矿山机械,2015,43(7):13-17.

[3] 洪晓华,陈军.矿井运输提升[M].徐州:中国矿业大学出版社,2005.

[4] 佟冉.多绳摩擦式提升机在矿井中的应用[J].能源技术与管理,2022,47(1):128-130.

[5] 晋民杰,李自贵.矿井提升机械[M].北京:机械工业出版社,2011.

[6] 矿井提升机故障处理和技术改造编委会.矿井提升机故障处理和技术改造[M].北京:机械工业出版社,2013.

[7] 王进强.矿山运输与提升[M].北京:冶金工业出版社,2015.

[8] 杜波,张步斌,冯海平.矿井提升设备的发展现状及趋势[J].矿山机械,2016,44(6):7.

[9] 张复德.矿井提升设备[M].北京:煤炭工业出版社,1995.

[10] 钟春晖.矿山运输与提升[M].北京:化学工业出版社,2009.

[11] 李军风,张炜.浅谈煤矿立井提升箕斗的发展现状及前景[J].中州煤炭,2006,5(5):30-31.

[12] 李海波.对煤矿立井提升箕斗的发展现状及前景的探讨[J].科技信息,2010(31):369,408.

[13] 聂建华.煤矿立井箕斗提升定量装载方式的发展探讨[J].煤矿机械,2007,28(4):4-5.

[14] 孙素娟.立井箕斗闸门形式的探讨[J].煤矿机械,2006,27(6):990-992.

[15] 孙如海.侧底卸式扇形门自动卸载轻型箕斗[J].矿山机械,1995(12):43-44.

[16] 杨惠林.斜井箕斗提升[J].探矿工程,1981(2):26,55-56.

[17] 江西岩鼎地下科技有限公司.无卸载轮前卸式箕斗[EB/OL].http://px.100ye.com/g50227508.html.

[18] 何修荣.铝合金罐笼在多绳摩擦提升系统中的应用[J].矿山机械,2009(9):58-61.

[19] 李令德,贺彩龙.BF型防坠器缓冲绳在制动过程中的作用分析[J].机械研究与应用,2015,28(2):48-49.

[20] 孙如海.我国煤矿轻型箕斗现状和发展趋势[J].矿山机械,1998(11):5-6,47-49.

[21] 刘勇.特大型箕斗的永磁直线电机辅助提升系统设计研究[D].徐州:中国矿业大学,2019.

[22] 鲍久圣,张磊,葛世荣,等.垂直式直线电机辅助驱动的超深井特大吨位箕斗提升系统[P].CN201911100559.0,2019-11-12.

[23] 鲍久圣,张磊,葛世荣,等.垂直式直线电机辅助驱动的超深井特大吨位罐笼提升系统[P].CN201911100558.6,2019-11-12.

[24] 高军,孙连成,陈金忠.提升容器的改造和发展趋势[J].煤矿机械,1996(5):3-7.

[25] 张亚丹,刘吉祥.储存容器[M].北京:化学工业出版社,2009.

[26] 洪晓华.矿井运输提升[M].2版.徐州:中国矿业大学出版社,2005.

[27] 葛世荣,鲍久圣,曹国华,等.采矿运输技术与装备[M].北京:煤炭工业出版社,2014.

[28] 王广臣.凿井提升设备的选择[J].建井技术,1993(1):6-9,47.

[29] 赵军.凿井提升机的选择与布置[J].矿业快报,2004(8):42-43.

[30] 孟繁银,陈靖华,谢健萍.凿井提升机组合卷筒合理结构研究[J].矿山机械,1986(12):22-24.

[31] 贾希林,孙清华,侯胜龙,等.立井井筒凿井设备布置优化设计[J].建井技术,2005,26(6):36-37,35.

[32] МЕЈНКСЕТОВ С С,孙忠国.移动式凿井提升机研制的基本趋向[J].矿山机械,1981(4):32-35.

[33] 赵光辉,徐永福,段秋华,等.一种新型集成式、易搬迁凿井提升机[P].CN112591639A,2021-04-02.

[34] 王介峰,等.凿井工程图册(第五分册)[M].北京:煤炭工业出版社,1989.

[35] 李涛,赖泽金,彭星新,等.超深立井凿井吊盘结构设计研究[J].建井技术,2012,33(2):30-33.

[36] 王建平,靖洪文,刘志强.矿山建设工程[M].徐州:中国矿业大学出版社,2007.

[37] 赵士兵,王厚良,张广文.立井凿井施工内层井壁套砌用专用吊盘[P].CN202181898U,2012-

04-04.

[38]　王宇锋,刘志强,李幸福,等.深大立井凿井吊盘结构与型钢选型研究[J].煤炭科学技术,2015,43(1):91-94.

[39]　葛世荣,鲍久圣,曹国华,等.采矿运输技术与装备[M].北京:煤炭工业出版社,2014.

[40]　曹善华,顾迪民.中国土木建筑百科辞典[M].北京:中国建筑工业出版社,2001.

[41]　刘广,董亚新,郝鹏.斗式提升机的结构分析及优化[J].粮食与食品工业,2013,20(2):50-52.

[42]　徐春华.斗式提升机的选型与设计[J].煤矿机械,2014,35(5):43-44.

[43]　张广民,王东文,景涛.斗式提升机[M].西安:西北工业大学出版社,2015.

[44]　虎自平,曹新华,宁有才,等.斗式提升机的结构分析及改进[J].现代食品,2016(1):

[45]　邱磊.基于web的带式(链式)斗式提升机设计[D].太原:太原科技大学,2011.

[46]　刘庚.基于EDEM斗式提升机卸料过程的研究[D].太原:太原科技大学,2018.

[47]　沈少南,陈莲.斗提机的常见故障及解决方法[J].现代食品,2017(20):5-8.

[48]　吴晓霞,申闪光.煤泥运输中斗提机的设计[J].煤炭技术,2021,40(1):159-160.

[49]　傅田,缪莹赟.基于ANSYS矿用斗式提升机头轮组数值模拟研究[J].煤炭技术,2021,40(11):202-204.

[50]　周建兴,于晓林,李伟明,等.斗式提升机电动盘车装置的应用[J].现代矿业,2021,37(9):269-270.

[51]　赵紫峰.斗式提升机的安装使用及维护保养[J].煤炭与化工,2021,44(8):85-86,89.

74-76.

第11章

固定运输机械

11.1 概述

11.1.1 固定运输机械用途及工作特点

煤炭既是我国的主要能源,又是重要的化工原料。中华人民共和国成立以来,煤炭工业作为我国的重要能源工业,为保障和推动国民经济的发展,取得了举世瞩目的伟大成就。我国煤炭储量居世界前列,原煤年产量在1949年为0.32亿t,到2017年已突破34.45亿t,跃居世界第一位。根据我国的国情,在一次性能源结构中,煤炭所占的比重一直在70%以上;而在今后相当长的时期内,煤炭仍然是我国的主要能源。随着我国经济社会的不断改革和发展,煤炭工业必将高速、持续、科学地向前发展。

矿山运输是煤炭生产过程中必不可少的重要生产环节。从井下采煤工作面采出的煤炭,只有通过矿井运输环节运到地面,才能被加以利用。矿井运输在矿井生产中担负以下任务:

(1)将工作面采出的煤炭运送到地面装车站。

(2)将掘进出来的矸石运往地面矸石场或矸石综合利用加工厂。

(3)将井下生产所必需的材料、设备运往工作面或其他工作场所。

可以说,矿井运输是矿井生产的"动脉"与"咽喉"。其设备在工作中一旦发生故障,将直接影响生产,甚至造成人身伤亡。此外,矿井固定运输机械设备的耗电量很大,一般占矿井生产总耗电比重的50%~70%。因此,合理选择与维护、使用这些设备,使之安全、可靠、经济、高效地运转,对保证矿井安全高效地生产,提高煤炭企业的经济效益和促进经济社会的可持续发展,都具有重要的现实意义。这就要求矿山机电技术人员很好地掌握矿井运输设备的各种类型、结构、工作原理、运行理论、工作性能、维护、运转等方面的知识和技能。

固定运输机械设备(如刮板输送机、带式输送机、螺旋输送机、振动输送机等)的特点是:

(1)整机长度与运输距离相等。

(2)连续运行。

(3)运输能力与运输距离无关。

由于矿井固定运输机械设备是在井下特殊环境中工作的,空间受到限制,故要求它们结构紧凑,外部尺寸尽量小。因为井下瓦斯、煤尘、淋水、潮湿等特殊工作环境,还要求设备防爆、耐腐蚀等。

井下运输线路和运输方式是否合理,对能否降低运输成本的影响甚大。而它们的合理性在很大程度上取决于开拓系统和开采方法，因此，在决定矿井开拓系统和开采方法时，不仅要考虑运输的可能性和安全性，还要考虑它的合理性和经济性。

图11-1所示为矿井运输与提升系统示意图。图中煤流路线为：回采工作面15的刮板输送机—区段运输机巷转载机、胶带机（或刮板输送机）—采区运输上山11的胶带输送机—采区煤仓12装车—胶带运输大巷6（或电机车牵引矿车组）—井底车场翻车机卸车、井底煤仓3—主井1的箕斗提升到地面。

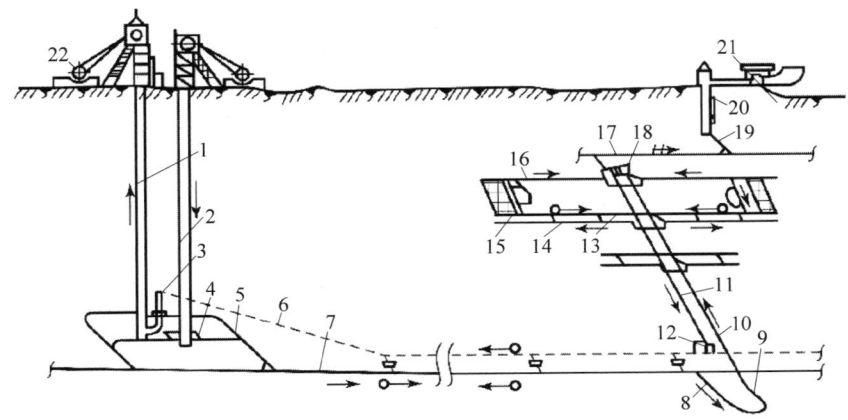

1—主井；2—副井；3—井底煤仓；4—中央变电所；5—井底车场；6—胶带运输大巷；7—轨道运输大巷；8—采区石门；9—采区车场；10—采区轨道上山；11—采区运输上山；12—采区煤仓；13—区段运输巷；14—区段轨道巷；15—回采工作面；16—工作面回风巷；17—总回风巷；18—采区绞车房；19—回风石门；20—回风立井；21—通风机；22—矿井提升机

图11-1　矿井运输与提升系统示意图

由上可知，矿山固定运输机械遍布各个环节，每一环节均布置有必需的设备，而环节越多，使用的设备台数和转载点也越多，可能的故障也越多。因此，如条件许可，应尽可能减少环节、简化系统，以便安全生产，提高经济效益。

11.1.2　固定运输机械分类

矿山固定运输机械的种类很多，按其结构特点和用途可分为连续运输机和装卸机械，而连续运输机又可以分为有挠性构件和无挠性构件，有挠性构件包括带式输送机、刮板输送机、板式输送机、链式输送机等，无挠性构件包括螺旋输送机、振动输送机等，装卸机械则包括叉车、堆取料机、单斗装载机等。本章主要针对固定运输机械进行详细介绍。

连续运输机根据工作原理和构造特征可分为有挠性构件的运输机械和无挠性构件的运输机械。二者的主要区别在于前者是把货物置于承载件上，由挠性构件牵引拖动承载件沿一定的路线运行。

1. 有挠性构件的连续运输机械

有挠性构件的输送机的结构特点是：被运送物料装在与挠性构件连接在一起的承载构件内，或直接装在挠性构件（如输送带）上，挠性构件绕过各滚筒或链轮首尾相连，形成包括运送物料的有载分支和不运送物料的无载分支的闭合环路，利用牵引件的连续运动输送物料。

有挠性构件的运输机主要包括带式输送机、刮板输送机、板式输送机和链式输送机等。

（1）带式输送机。带式输送机是一种利用连续而且具有挠性的输送带不停地运转来输送物料的输送机。它主要由输送带、滚筒、托辊、驱动装置、支撑底架等部件组成。它借助传动滚筒与输送带之间的摩擦传递动力，实现物料输送。

（2）刮板输送机。刮板输送机是一种利用固结在焊接链上的刮板在料槽中的移动来输送散状物料的输送机械。按照工作原理和结构形式，刮板输送机可分为普通刮板输送机和埋刮板输送机。

（3）板式输送机。板式输送机主要由驱动装置、传动链轮、张紧装置、运载机构、机架和清扫装置等机构组成。板式输送机输送线路布置灵活，倾角可达35°，一般用来输送散状物料或成件物品，尤其适合输送沉重、粒度大、摩擦性强和热度高的物料，能够在露天、潮湿等恶劣条件下可靠地工作，广泛地应用于冶金、煤炭、化工、电力、水泥和机械制造等部门。

（4）链式输送机。链式输送机用绕过若干个链轮的无端链条做牵引构件，由驱动链轮通过轮齿与链节的啮合将圆周力传递给牵引链条，在牵引链条上固接着一定的工作构件以输送货物。

2．无挠性构件的连续运输机械

这类输送机的结构特点是：利用工作构件的旋转运动或往复运动，或利用介质在管道中的流动将物料向前输送。它主要包括螺旋输送机、振动输送机等。

（1）螺旋输送机。螺旋输送机是一种常用的无挠性输送设备，它依靠带有螺旋叶片的轴在封闭的料槽中旋转而推动物料移动。

螺旋输送机结构紧凑合理、维修量小、输送能力大、检修方便、使用周期长，广泛用于各生产建筑部门粉粒状物料的输送，如水泥、煤粉、散料、灰渣等。

（2）振动输送机。振动输送机是利用振动来实现物料输送的一种输送机。它一般用作散装物料的水平或小倾角输送，广泛地被用于采矿、冶金、化工、机械制造以及其他许多工业部门的物料输送。

11.2　带式输送机

11.2.1　概述

带式输送机是由承载的输送带兼作牵引机构的连续运输设备，可输送矿石、煤炭等散装物料和包装好的成件物品。由于它具有运输能力大、运输阻力小、耗电量低、运行平稳、在运输途中对物料的损伤小等优点，被广泛应用于国民经济的各个部门。在矿井巷道内采用带式输送机运送煤炭、矿石等物料，对建设智能化矿井有重要作用。

带式输送机有优良的性能，在连续装载的条件下它能连续运输，所以生产率比较高。同其他型式的输送机相比，具有槽形输送带的带式输送机重量要轻得多，它的投资成本也最低。带式输送机的单机长度最大，目前国内最长的单台输送机长达15 km。由于可以运用高速运煤，因此当宽度与其他输送机相同时，带式输送机的运输能力要大得多。又因为运转部分的重量较轻以及输送带对托辊的摩擦系数小，所以带式输送机驱动装置所需要的功率较小，因而电能消耗量也最少。考虑到上述优点以及运行可靠、维护方便等好处，可以说，带式输送机是矿业输煤系统中最合适的运输机械设备。

带式输送机按其结构不同可分为多种型号。表11-1所列是《煤矿用带式输送机型号编制方法》（MT/T 154.4—2008）中所规定的带式输送机分类及代号。

表 11-1　带式煤矿用输送机型号（MT/T 154.4—2008）

产品类型代号	第一特征		第二特征		产品类型和特征代号	主参数		补充特征				
	类型	代号	结构型式	代号		项目	单位	物料单向输送			物料双向输送	乘人
								平运	上运	下运		
煤矿用带式输送机 D	固定	U	绳架	S	DUS	带宽（管径）/分段功率	cm/kW	不标注	S	X	P	R
			钢架	J	DUJ							
	可伸缩	S	绳架	S	DSS							
			钢架	J	DSJ							
	转载	Z	牵拽型 桥式	Q	DZQ							
			牵拽型 摆动式	B	DZB							
			牵拽型 自移式	Y	DZY							
	斗子	D			DD							
	波纹挡边	W			DW							
	管状	G			DG							

带式输送机可用于水平和倾斜运输，可采用室内布置（通过栈桥布置）和露天布置（带防雨罩）。在倾斜运输时，不同物料允许的最大倾角不同。一般的带式输送机用于运煤时，提升的角度不大于20°，在卸大煤块的地方，带式输送机的倾角不得大于12°～15°。若倾角超过此值，则由于物料与输送带间的摩擦力不够，物料在输送带上将产生滑动，因而影响运输生产率。

11.2.2　主要部件及结构原理

目前国内带式输送机生产选型的标准包括TD75型、DTII型、DTII（A）型和DY-96M型。

带式输送机主要组成部件如图11-2所示。

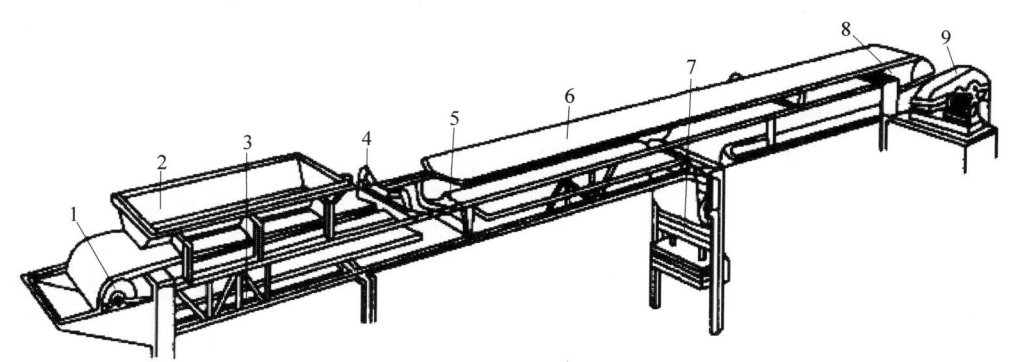

1—改向滚筒；2—导料槽；3—机架；4—槽形托辊；5—平行托辊；6—输送带；7—重锤张紧装置；8—传动滚筒；9—驱动装置。

图 11-2　带式输送机简图

普通的带式输送机主要由输送带、托辊、机架、驱动装置、联轴器、拉紧装置、驱动滚筒组、改向滚筒组、制动装置和清扫装置等组成。为了更好地了解带式输送机的构造及原理，本节将分别对其主要部分及结构原理作介绍。

1. 输送带

在带式输送机中，输送带既是牵引构件，传递动力和运动，又是承载构件，支承物料载荷。输送带是带式输送机中最主要的也是最贵的部件。

通用型带式输送机常用的输送带按带芯织物分可分为棉帆布芯、尼龙布芯、维尼纶布芯、涤纶布芯及钢丝绳芯等。近几年为了适应更长更大的带式输送机设计需求，输送带厂家研发了低滚动阻力胶带,它广泛应用于超长距离带式输送机的实际案例中。

1) 棉帆布芯胶带和尼龙布芯胶带

两者都属于织物芯胶带,芯垫材质不同。织物胶带用挂胶的帆布叠成若干层衬垫作骨架,外面用橡胶覆盖,形成一定厚度的覆面层。上覆面较厚,视物料特性的不同,一般为 3～6 mm,是输送带的承载面,直接与物料接触并承受物料的冲击和磨损。下覆面层与支撑托辊接触,主要承受压力,为了减小输送带沿托辊运行时的压陷滚动阻力,下覆面较薄,一般为 1.5～2 mm。侧边橡胶覆面的作用是,当输送带跑偏与机架接触时,保护输送带不受机械损伤。橡胶输送带结构简图如图 11-3 所示。

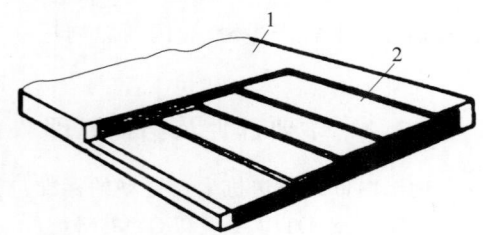

1—覆盖胶;2—纤维织物层。

图 11-3　橡胶输送带结构简图

输送带的衬垫芯层承受拉伸载荷和冲击载荷。带的强度取决于衬垫芯的层数和带的宽度。若输送机的输送量大,阻力大,此时胶带所受的张力也大,则需要采用衬垫层数较多的胶带。衬垫层使胶带有足够的横向刚度,在支撑托辊上容易形成槽形,又不致过分变平而引起散料和增加运动阻力。覆面层保护带芯免受机械损伤、防潮和提高摩擦系数。

普通型棉帆布芯胶带的带芯拉断强度为 56 000 N/m,多用在较短的带式输送机中;强力型尼龙帆布芯胶带的带芯拉断强度为 140 000 N/m,当输送机较长且输送量较大而普通型布芯胶带不能满足要求时使用。

2) 钢丝绳芯胶带

钢丝绳芯胶带以一组平行布置的高强度钢丝作为带芯,外面覆橡胶而制成,如图 11-4 所示。

钢丝绳由 7 根直径为 1.2～4 mm 的钢丝

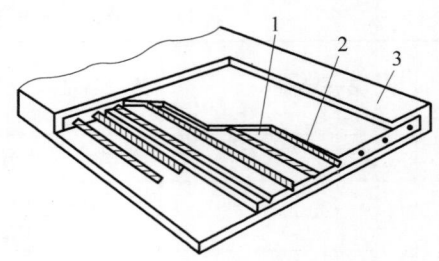

1—带芯胶;2—钢丝绳;3—覆盖胶。

图 11-4　钢丝绳芯橡胶带断面

顺绕而成,中间一根钢丝较粗。钢丝绳较粗,钢丝绳的排列为左旋和右旋相同布置,以保证胶带平整。胶带的主要技术参数有宽度、帆布层数、工作面和非工作面覆盖胶厚。钢丝绳芯带式输送机主要用于平硐、斜井和地面,可以大运量、长距离连续运输煤、岩石、矿石等散粒物料。其优缺点如下:

(1) 运输距离长。因为带式输送机的运输距离主要取决于输送带的抗拉强度,我国钢丝绳芯输送带的强度为 5000 N/mm,而人造纤维中抗拉强度最大的尼龙带只能达到 3150 N/mm,相比之下,钢丝绳芯输送带的强度高得多,因而可作长距离运输。

(2) 生产率高。带式输送机是一种连续的运输机械,只要适当地提高带速,增大带宽,生产率就会急剧上升。钢丝绳芯胶带是单层结构,钢丝绳芯体挠性好,又由于钢丝绳纵向排列,横向刚度小,所以成槽性好,因而增大槽角亦可提高生产率。

(3) 经济效果好。通常火车爬坡能力为 30%,汽车爬坡能力为 100%。而带式输送机爬坡能力为 287%,因此带式输送机比汽车、火车爬坡能力大,从而可缩短距离,减少基建工程量和投资,并可缩短施工时间。

(4) 结构简单。由于钢丝绳芯输送带强度高,其伸长率一般仅为 0.2%(织物衬垫带为 1.3%～1.5%),所以大大缩短了张紧行程,从而使张紧装置的结构简单、紧凑,占地面积小。

(5) 钢丝绳芯输送带使用寿命长。钢丝绳芯输送带为单层结构,挠性好、耐冲击、不易引起层间剥离。又因单机长度大,在同样的使用年限中输送带受冲击和弯曲次数少,从而提高了输送带的使用寿命,大量节省了橡胶。

(6)运行速度大。这种输送机比钢丝绳牵引的带式输送机的速度大,目前国外钢丝绳牵引的带式输送机的最大速度是 4.06 m/s,一般速度为 2~3 m/s;而钢丝绳芯带式输送机最大速度为 10 m/s,一般为 5~6 m/s。增加带速是提高生产率的有效措施之一,因在运输量相同条件下,可缩短带宽,节省投资。

钢丝绳芯带式输送机也存在着一些缺点,因芯体无横丝,故钢丝绳芯输送带横向强度低。当金属物或坚硬物料卡在溜槽口时,会引起纵向破裂。

钢丝绳芯输送带伸长率小是优点,但也是一个弱点。因为当滚筒与输送带间卡进物料时,就容易引起钢丝绳芯的局部异变,致使钢丝断裂。因此对韧性大和坚硬的矿石来说,尤其应重视钢丝绳芯输送带的清扫问题。

2. 托辊

托辊是承托输送带使它的下垂度不超过限定值从而减小运行阻力,保证带式输送机平稳运行的重要部件。托辊沿带式输送机全长分布,数量很多、使用率高,其总重占整机重量的 30%~40%,造价约占整机的 20%,所以,托辊质量的好坏直接影响输送机的运行,而且托辊的维修费用已成为带式输送机运营费用的重要组成部分,这就要求托辊运行阻力小,运转可靠,使用寿命长等。因此,对托辊的结构形式、材质、润滑及辊径等的改进都是国内外重点研究的内容。

托辊按用途不同分为承载托辊、调心托辊和缓冲托辊三种。

1)承载托辊

承载装运物料和支承回程的输送带使用,有槽形托辊和平行托辊两种。承载装运物料的槽形托辊一般由三个等长托辊组成,两个侧辊的斜角 α 称为槽角,常用角度为 30°、35°,需要时,可设计成更大的槽角,如四托辊组、五托辊组,最大槽角可达 70°。平行托辊是一个长托辊,主要用作下托辊,支撑下部空载段输送带,在装载不大的输送机上部承载段有时也使用平行托辊。V 形和反 V 形托辊主要用于支承下部空载段输送带,在下部空载段采用 V 形和反 V 形托辊能较好地扼制输送带跑偏。图 11-5 所示是各种承载托辊的结构形式。

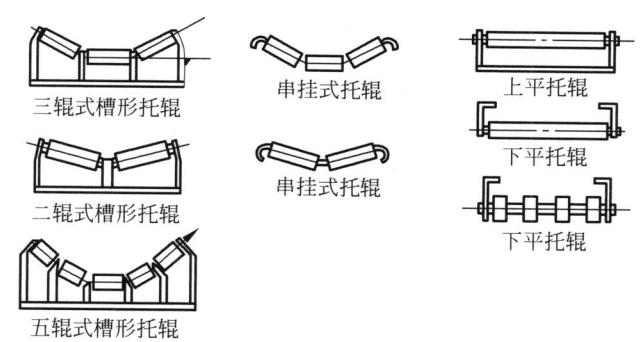

图 11-5　各种承载托辊的结构形式

对于承载式托辊,托辊密封不可靠会引发轴承润滑失效,进而导致托辊旋转阻力急剧增加直至完全卡阻,这已成为煤矿井下带式输送机的主要故障原因之一,提高托辊密封与润滑性能对于提升带式输送机的工作效率具有重要现实意义。中国矿业大学基于纳米磁性液体密封与润滑理论设计了新型托辊样品,实验表明,采用磁性液体密封润滑的托辊在不同实验条件下具有低旋转阻力、高抗水淋性、长密封寿命等优异性能,可为井下带式输送机向低能耗、高可靠、长寿命方向发展提供有力技术支撑。

2)调心托辊

调心托辊是将槽形或平行托辊安装在可

转动的支架上构成,如图 11-6 所示。当输送带在运行中偏向一侧时(称为跑偏),调心托辊通过旋转调整能使输送带返回中间位置。它的调偏过程如下:输送带偏向一侧碰到安装在支架上的立辊时,托辊架被推到斜置位置,如图 11-6 所示。此时作用在斜置托辊上的力 F 分解成切向力 F_t 和轴向力 F_a。切向力 F_t 用于克服托辊的运行阻力,使托辊旋转轴向力 F_a

作用在托辊上,欲使托辊沿轴向移动。由于托辊在轴向上不能移动,因而 F_a 作为反推力作用于输送带,当达到足够大时,就使输送带向中间移动返回,这时,立辊的推动使转动支架逐渐回到原位。这个反推作用,像在船上作用于岸边的撑力使船离岸一样,力的大小与托辊斜置角度有关。一般在承载段每隔 10～15 组固定托辊设置一组调心托辊。

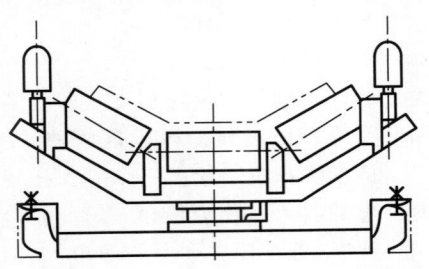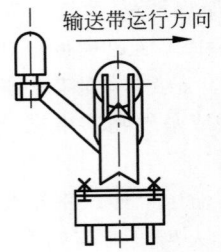

图 11-6 调心托辊

斜置托辊对输送带的这种横向反推作用也能用于不转动的托辊架。如发现输送带由于某种原因在某一位置上跑偏比较严重时,将该处的若干组托辊斜置一适当的角度,就能纠正过来。

防止输送带跑偏的另一简单方法是:将槽型托辊中两侧辊的外侧向前倾斜 2°～3°。

3) 缓冲托辊

安装在输送机受料处的特殊承载托辊用于降低输送带所受的冲击力,从而保护输送带。它在结构上有多种形式,例如橡胶圈式、弹簧板支承式、弹簧支承式或复合式,图 11-7 所示为其中两种形式,橡胶圈式和弹簧板支承式。

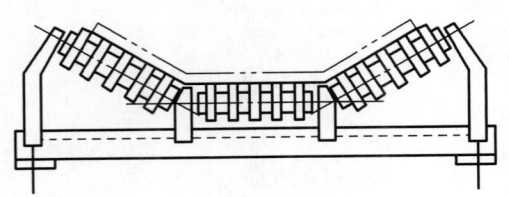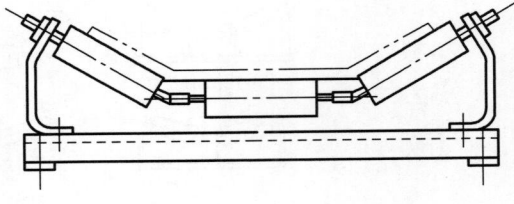

图 11-7 缓冲托辊

此外,还有梳形托辊和螺旋托辊。在回程段采用这种托辊,能清除输送带上的粘料。

托辊间距的布置应保证输送带有合理的垂度,一般输送带在托辊间产生的垂度应小于托辊间距的 2.5%。上托辊间距见表 11-2,下托辊间距一般为 2～3 m,或取上托辊间距的 2 倍。

表 11-2 上托辊间距

物料特性(松散物料堆积密度 γ)/(kg/m³)	带宽/mm			
	300～400	500～650	800～1000	1200～1400
≤1800	1500	1400	1300	1200
1000～2000	1400	1300	1200	1100
>2000	1300	1200	1100	1000

在装载处的托辊间距需要小一些,一般为300~600 mm,而且选用缓冲托辊。

在满足胶带下垂度的前提下,大型带式输送机的托辊间距可以不同,输送带张力大的部位间距大,输送带张力小的部位间距小,增大托辊间距能减小输送带的运行阻力。但对高速运行的输送机,设计时要注意防止因输送带发生共振而产生输送带的垂直拍打。

托辊直径在世界各国都已标准化,ISO有两种标准。现将世界部分国家的公制托辊直径列于表11-3中。

表11-3 世界部分国家托辊直径

国别及型号	托辊直径/mm
中国(GB 50431—2020)	63.5、76、89、102、108、127、133、152、159、168、194、219
日本(JIS 8803-76)	89.1、93、114.3、118、139.8、143、165.2
德国(DIN 1580-71)	63.5、88.9、108、133、159、193.7、219.1
俄罗斯(ГОСТ 22646-77)	63、89、(102)、108、(127)、133、(152)、159、194
ISO 1537:1975	63.5、76、89.9、101.6、108、127、133、150、152.4、168.3、193.7、219.1

托辊密封结构的好坏直接影响托辊阻力系数和托辊寿命。日本、德国和我国的托辊都采用迷宫式密封装置。图11-8所示为我国DT-75托辊结构图。迷宫式密封的缺点是托辊在低温下工作时,其旋转阻力较常温下成倍增加。因此在低温条件下工作的托辊,设计和使用时要充分注意温度的影响。

筒与胶带之间的摩擦力使胶带运转。

带式输送机驱动装置通常由电动机、高速级联轴器、可控启动装置、减速器、低速级联轴器、传动滚筒等组成,如图11-9所示。

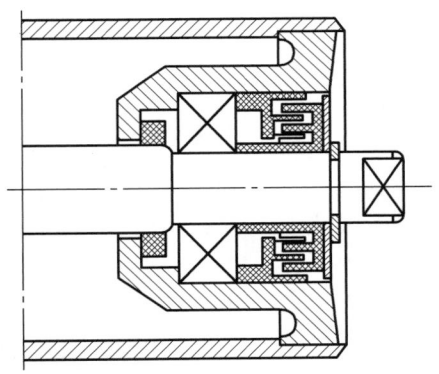

图11-8 我国DT-75托辊结构图

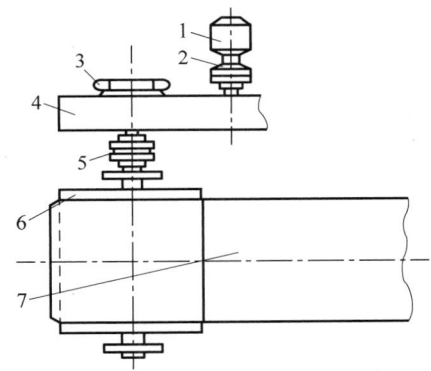

1—电动机;2—高速级联轴器;3—滚珠逆止器;4—减速器;5—低速级联轴器;6—传动滚筒;7—输送带。

图11-9 带式输送机驱动装置

煤矿井下用的托辊密封装置不仅应能有效地防止煤尘,还应能有效地防止水进入轴承。对密封性能的具体要求和对各零件、润滑脂及托辊性能的规定,详见《煤矿用带式输送机托辊轴承技术条件》(MT/T 655—1997)。

3. 驱动装置

驱动装置是带式输送机的动力来源,电动机通过联轴器、减速器带动滚筒转动,借助滚

1)电动机

燃料运输系统带式输送机的运行环境较差,一般采用YX系列高效节能鼠笼式三相异步电动机。这种电动机具有高效、节能、启动力矩大、性能好、振动小、噪声低、可靠性高、使用维护方便的特点。长距离输送的带式输送机也可选用绕线式交流异步电动机或采用高效变频电动机。

2）联轴器

电动机与减速器、减速器与传动滚筒之间的相互连接，是靠联轴器来实现的。电动机与减速器的连接常采用刚性联轴器，当传递功率较大时，可选用碟簧联轴器。目前，对于长距离、大负荷的带式输送机，为平衡各电动机之间的负荷，缓和冲击，液力联轴器得到了广泛应用，带式输送机常采用刚性联轴器。

3）减速器

减速器是电动机和传动滚筒之间的变速机构，一般电动机的转速较高(590～2980 r/min)，而带式输送机驱动滚筒的转速仅 40 r/min，需要通过减速器降低转速，增大转矩。带式输送机常用的减速器为圆柱齿轮减速器。此种减速器结构紧凑，效率高，工作可靠，使用寿命长，维护检修量小。常用的有 ZL 型、ZS 型等。

另外还有一种新型减速器，其输入轴与输出轴呈垂直方向布置，它们有 DCY 型、DBY 型、SS 型等产品。减速机采用渗碳淬火磨齿加工的硬齿面齿轮，承载能力比软齿面齿轮提高 4～6 倍，因而在相同的承载能力时，硬齿面齿轮比软齿面 ZQ 齿轮重量降低 50％～60％，平

均使用寿命增加一倍。又由于输出输入轴呈垂直布置，比平行驱动占地面积减少 50％以上。

4）传动滚筒

传动滚筒是依靠它与输送带之间的摩擦力带动输送带运行的部件，分为钢制光面滚筒、包胶滚筒和陶瓷滚筒等。钢制光面滚筒制造简单，缺点是表面摩擦系数小，一般用在短距离输送机中。包胶滚筒和陶瓷滚筒的主要优点是表面摩擦系数大，适用于长距离大型带式输送机中。其中，包胶滚筒按表面形状不同可分为光面包胶滚筒、菱形（网纹）包胶滚筒、人字形沟槽包胶滚筒。人字形沟槽包胶胶面摩擦系数大，防滑性和排水性好，但有方向性。用于重要场合的滚筒，最好选用硫化橡胶胶面。用于井下时，胶面应采用阻燃材料。

一种特殊的传动滚筒叫电动滚筒，电动滚筒将电机和减速齿轮全安装在滚筒内，其中内齿轮装在滚筒端盖上，电动机经两级减速齿轮带动滚筒旋转。图 11-10 所示是其中一种结构。电动滚筒结构紧凑，外形尺寸小，功率范围为 2.2～55 kW，环境温度不超过 40℃，适用于短距离及较小功率的单机驱动带式输送机。

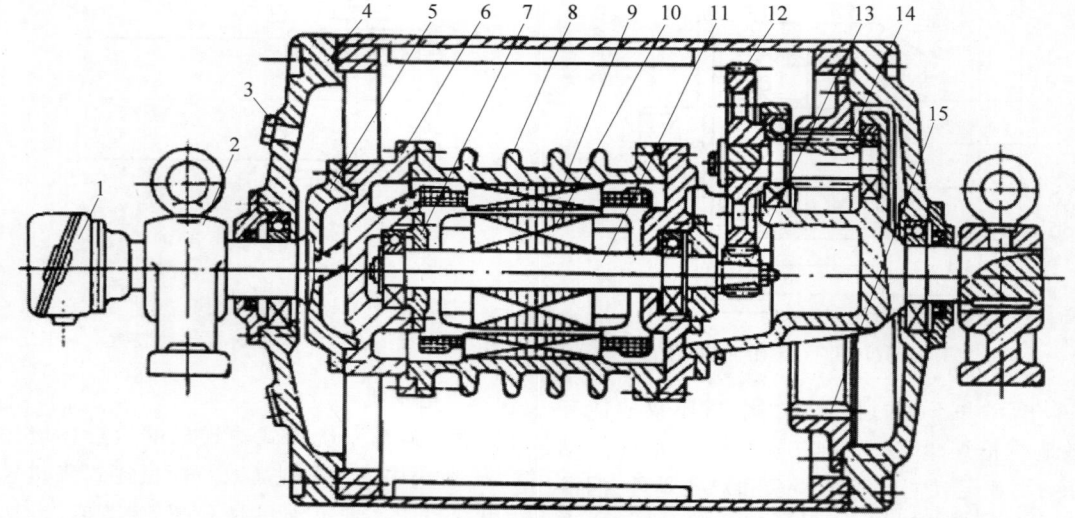

1—接线盒；2—支座；3—油塞；4—端盖；5—法兰盘；6—电机端盖；7—内盖；8—电机外壳；9—电机定子；10—电机转子；11—电机轴；12,13,14—齿轮；15—内齿轮。

图 11-10 油冷式电动滚筒

滚筒主要参数：

滚筒的主要尺寸是直径与宽度；主要静力学参数是容许最大静受力与容许最大静扭矩。

（1）滚筒宽度。滚筒的宽度取决于带宽，它们之间的关系见表 11-4。滚筒宽度大于胶带宽度的原因是胶带在滚筒上容许一定程度的跑偏。

表 11-4　滚筒宽度与带宽的关系　　m

带宽	滚筒宽	二者带宽差	带宽	滚筒宽	二者宽度差
0.4	0.50	0.10	1.20	1.40	0.2
0.5	0.60		1.40	1.60	
0.65	0.75		1.60	1.80	
0.80	0.95	0.15	1.80	2.00	
1.00	1.15		2.00	2.20	

（2）滚筒直径。国际标准与我国标准规定的滚筒直径系列值见表 11-5。

表 11-5　标准滚筒直径系列　　m

直径	直径	直径	直径
0.10	0.25	0.63	1.40
0.125	0.315	0.80	1.60
0.16	0.40	1.00	1.80
0.20	0.50	1.25	2.00

影响滚筒直径的因素如下：

① 附加弯曲应力；

② 胶带许用强度利用率；

③ 胶带承受弯曲载荷的频次（与胶带的导绕方式、绕过滚筒的数目、运距和速度有关）；

④ 胶带表面的面比压；

⑤ 使用地点与条件（地区、井下、露天、移动、固定）；

⑥ 覆盖胶或其上的高花纹的变形量。

5）可控启动装置

对带式输送机实现可控启动有多种方式，大致可分为两大类：一类是用电动机调速启动，另一类是用鼠笼式电动机配用机械调速装置对负载实现可控启动和减速停车。

电动机调速启动可用绕线式感应电动机转子串电阻调速、直流电机调速、变频调速即可控硅调压调速等多种方式。

机械调速装置有调速型液力耦合器、可控启动传输（controlled start transmission，CST）及液体黏滞可控离合器三种。这里介绍一下可控启动传输。

可控启动传输是美国为带式输送机设计使用的一套可控启动装置的总称。它的主体是一个可控无级变速的减速器，如图 11-11 所示。其原理是在一级行星传动中，用控制内齿圈转速的办法调节行星架输出的转速，使负载得到所需要的启动速度特性和减速特性，并能以任意非额定的低速运行。内齿圈的转动用多片型液体黏滞离合器控制。

多片型液体黏滞离合器是由若干个动片和静片交叉叠合而成的，如图 11-11（b）所示，动片组经外齿花键与行星轮系的内齿圈连接，静片组经内齿花键与固定在减速箱体上的轴套连接，离合器的离合由环形液压缸操作。

多片型液体黏滞离合器的原理是依靠动、静片之间的油膜剪切力传递力矩。研究表明，两块盘状平行平板之间充有极薄的油膜（小于 $20~\mu m$）时，主动板依靠油膜的剪切力可以向从动板传递转矩，它所传递转矩的大小与两板的间隙（即油膜厚度）成反比。据此，调节离合器环形液压缸的压力，改变动、静片间的油膜厚度，就能控制它所传递的转矩。当输出轴上的转矩大于负载的静阻力矩时，负载就加速；转矩平衡时，负载就稳定运行。

由图 11-11 可看出：CST 的可控无级变速减速器的传动系统输入轴（左侧）与鼠笼式感应电动机连接，输出轴与负载（带式输送机的驱动滚筒）相接。电动机启动时，多片型离合器的液压缸上不加压，动、静片之间有较大的间隙。输入轴经一级齿轮减速后，带动行星轮系的太阳轮旋转，由于动、静片之间的间隙大，动片的转动不受阻，内齿圈可自由旋转，使得行星轮只能自转，行星架和输出轴不能动，这样一来，电动机是无载启动。当电动机无载启动达到其额定转速稳定运行后，负载的启动是由环形液压缸向离合器的动、静片上加压，改变动、静片间的间隙来执行的。当输出轴上由

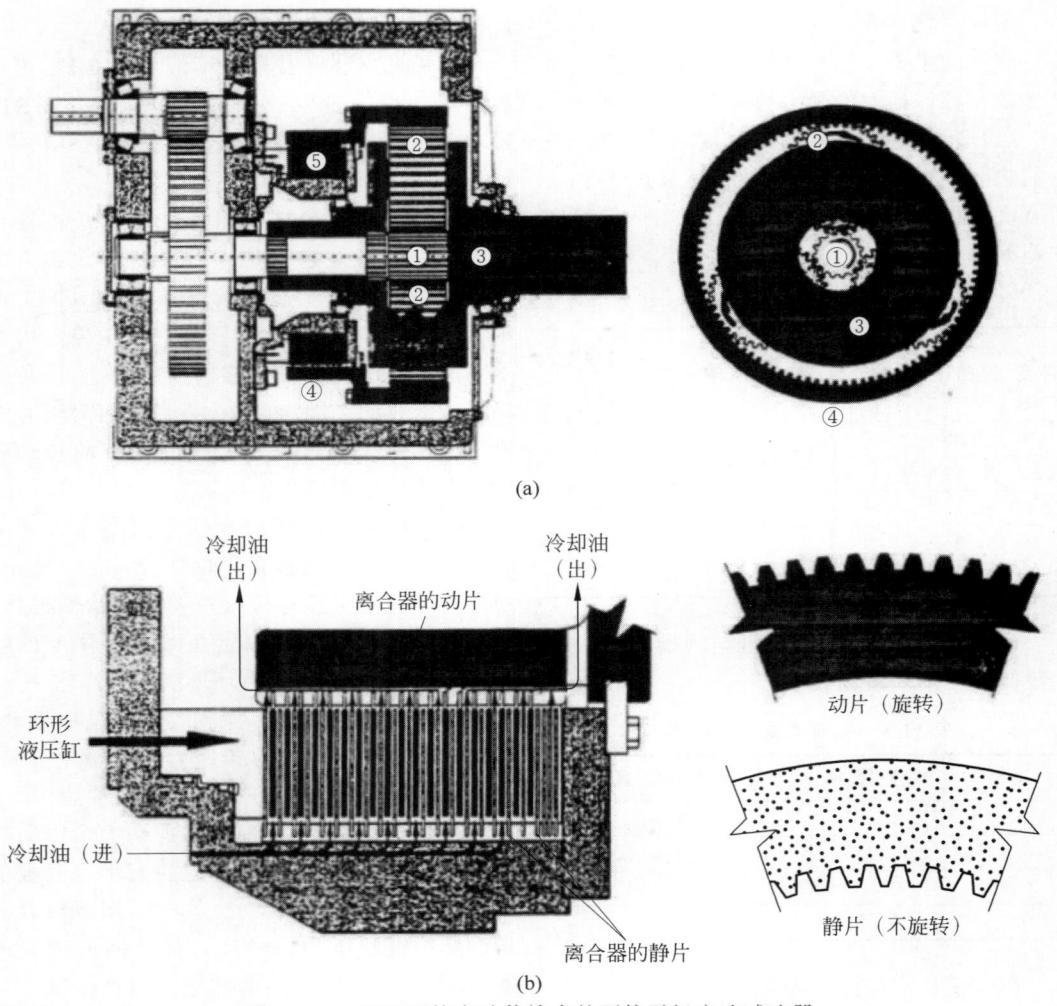

(a)

图 11-11 CST 可控启动传输中的可控无级变速减速器

(b)

电动机得到的转矩大于负载的静阻力矩时，负载就开始启动运转。

在 CST 总体中与主体可控无级变速减速器配套的装置有：控制离合器环形油缸的液压伺服系统、给离合器和润滑系统供油的液压系统、油液冷却系统及电控监测系统。电控监测系统由可编程控制器和检测各种参数的传感器组成。

CST 对带式输送机有如下功能：

（1）电动机无载启动；

（2）输送带的加、减速度特性任意可调；

（3）输送带可低速运行；

（4）冷却系统可满足频繁启动的需要；

（5）控制系统的响应极快；

（6）过载保护灵敏；

（7）多电机驱动时的功率分配均衡；

（8）有多种监测、保护装置，能连续对各种参数进行有效监测和控制，可靠性高。

4．机架

机架是用于支承滚筒及承受输送带张力的装置，它包括机头架、机尾架和中间架等，各种类型的机架结构不同。

井下用便拆装式带式输送机中，机头架、机尾架做成结构紧凑便于移置的构件。中间架则是便于拆装的结构，有钢丝绳机架、无螺栓连接的型钢机架两种。钢丝绳机架如图 11-12 所示。

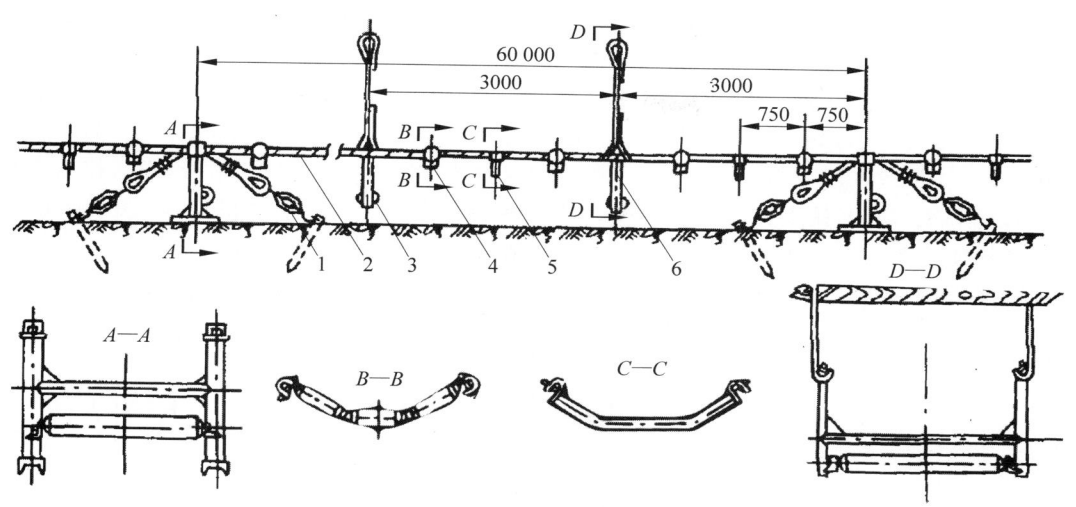

1—紧绳装置；2—钢丝绳；3—下托辊；4—铰接式上托辊；5—分绳架；6—中间吊架。

图 11-12　绳架吊挂式支架

5．拉紧装置

拉紧装置的作用是使输送带具有足够的张力，保证输送带和传动滚筒之间产生摩擦力使输送带不打滑，并限制输送带在各托辊间的垂度，使输送带正常运行。常见的几种拉紧装置如图 11-13 所示。

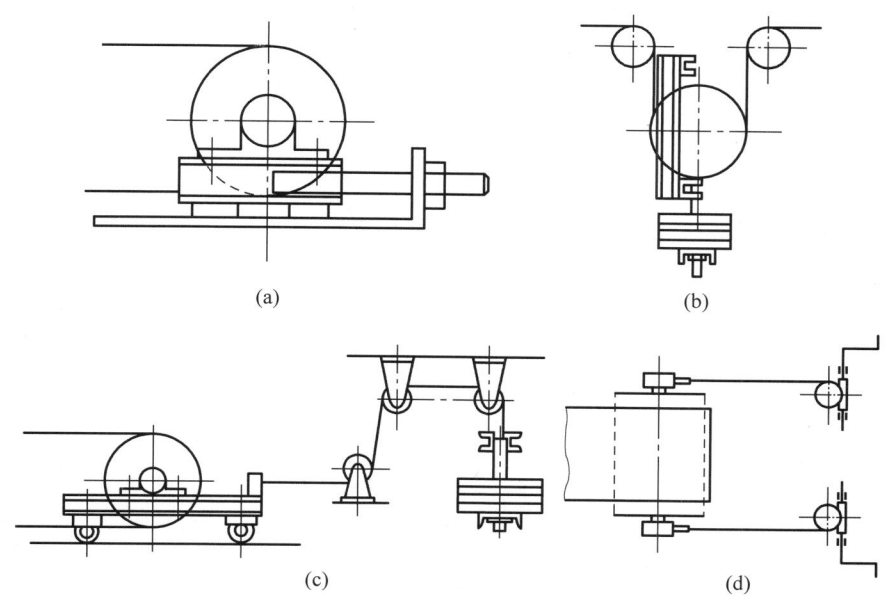

(a)　　　　　　　　　　　　(b)

(c)　　　　　　　　　　　　(d)

图 11-13　常见的几种拉紧装置

（a）螺旋拉紧装置；（b）垂直式拉紧装置；（c）重锤车式拉紧装置；（d）钢丝绳绞车式拉紧装置

1）螺旋拉紧装置

螺旋拉紧装置如图 11-13（a）所示，拉紧滚筒的轴承座安装在活动架上，活动架可在导轨上滑动。螺杆旋转时，活动架上的螺母跟活动架一起前进和后退，实现张紧和放松的目的。这种拉紧装置只适用于机长小于 80 m 的短距离输送机。

2）垂直式和重锤车式拉紧装置

垂直式和重锤车式拉紧装置都是利用重锤自动拉紧，其结构原理如图 11-13（b）和图 11-13（c）所示。这两种拉紧装置拉力恒定，适用于固定式长距离输送机。

3）钢丝绳绞车式拉紧装置

这种拉紧装置是利用小型绞车拉紧，其结构原理如图 11-13（d）所示。因其体积小、拉力大，所以广泛应用于井下带式输送机。

中国矿业大学研制的 YZL 系列液压绞车自动拉紧装置如图 11-14 所示，这种自动拉紧装置结构紧凑，绞车不需频繁动作，拉紧力传感器不怕潮湿和泥水的影响，工作可靠。表 11-6 所示是其主要技术特征。

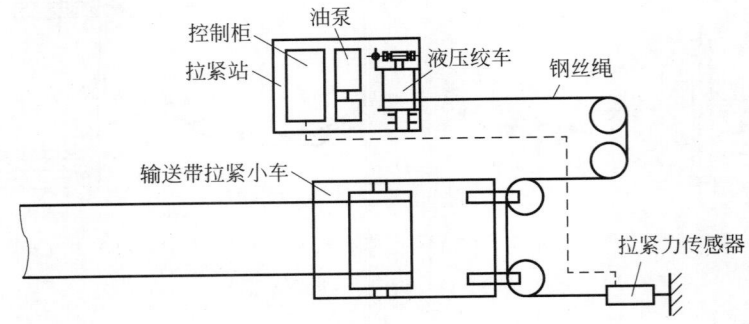

图 11-14　YZL 系列液压绞车自动拉紧装置

表 11-6　YZL 系列液压绞车自动拉紧装置主要技术特征

型号	最大拉紧力/kN	拉紧行程/m	拉紧站外形尺寸/(mm×mm×mm)
YZL-50	50	20	1600×1100×1000
YZL-100	100	25	1700×1200×1000
YZL-150	150	30	1700×1200×1000

6. 逆止装置

如果带式输送机有倾斜段，当倾斜角超过一定数值（一般为 4°）时，若电动机断电，带负荷倾斜输送的带式输送机，则有可能会发生输送带逆向转动，即自行反向运行，使煤堆积外撒，甚至会引起输送带断裂或机械损坏。因此，一般都要设置制动装置。目前应用最多的制动装置是滚柱逆止器、NJ 非接触逆止器等。

1）滚柱逆止器

在运输系统中，普遍地使用构造简单、动作可靠的滚柱逆止器作为制动器。滚柱逆止器结构紧凑，倒转距离小，制动力矩大。它装在减速器低速轴的另一端，一般与带式逆止器配合使用，如图 11-15 所示。滚柱逆止器的构造和工作原理如下：在电动机和减速器之间的联轴器旁边，牢固地安装一个用 8～10 mm 厚的钢板焊成的特殊支架。这个支架有两块侧板，其间装了一块凹形板，在架子上还装有一

个能绕自身的轴转动的滚子。为了增加摩擦，滚子表面涂了一层橡胶，其外径等于 30～50 mm。滚子长度与联轴器轮缘宽度一样。支架要安装得使凹形面和联轴器外缘之间有一个大小可变的间隙，输送带正方向运转时，处在这个间隙中间的滚子能自由地转动，不妨碍输送机运行；斜升输送机停车以后，若输送带反向运动，则滚子立刻被挤入支架和联轴器外缘之间的锥形间隙，可靠地使输送带制动。许多工厂都制造了这种逆止器，并长期在带式输送机上使用。

简单地讲，滚柱逆止器的星轮为主动轮并与减速器轴连接，当其顺时针回转时，滚柱在摩擦力的作用下使弹簧压缩而随星轮转动，此为正常工作状态。当胶带倒转即星轮逆时针回转时，滚柱在弹簧压力和摩擦力作用下滚向空隙的收缩部分，搜紧在星轮和外套之间，这样就产生了逆止作用。

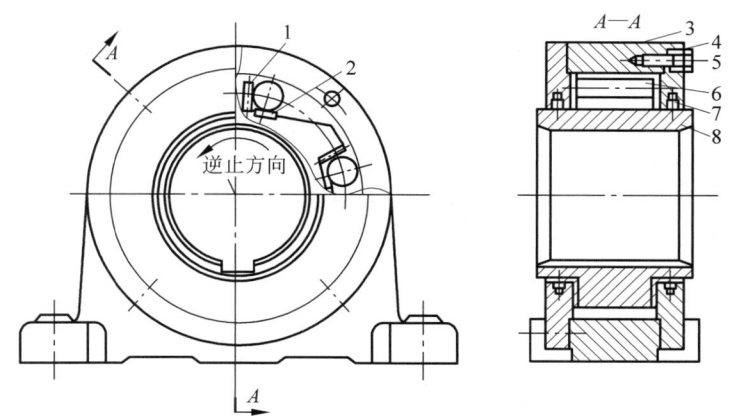

1—压簧装置；2—镶块；3—外套；4—挡圈；5—螺栓；6—滚珠；7—毡圈；8—星轮。

图 11-15　滚柱逆止器

2）NJ 非接触逆止器

NJ 非接触逆止器是一种高速防逆转装置，具有逆止可靠、解脱运转无卡滞、逆止力矩大、重量轻、安装方便等优点，其综合机械性能明显优于其他逆止装置。其内部结构采用优化设计的新型异形楔块，除耐冲击、逆止力矩大之外，还巧妙利用自身旋转之离心力，当输入轴正向转速高于电机设定转速时，逆止器内部可实现无接触工作，极大程度提高了使用寿命。此外，NJ 非接触逆止器还能有效地阻止物料因重力而发生的逆行或下滑事故，并且在逆止状态时，整个驱动装置仍处于卸载状态，将不会影响对电动机、减速机等驱动部件的维修和更换，对防止因驱动系统损坏而出现的逆行事故具有可靠的安全防护作用。

7. 制动装置

下运带式输送机必须设置制动装置，且需要至少有二级制动模块。为安全起见，驱动滚筒（传动滚筒）所需的最大制动力应按照最不利的制动工况计算；上运或平运带式输送机根据工作需要或者《煤矿安全规程》需要与逆止器配合配备制动器。制动器分液力制动器（如图 11-16 所示）、高速制动盘式、低速制动盘式，根据实际需要选取。

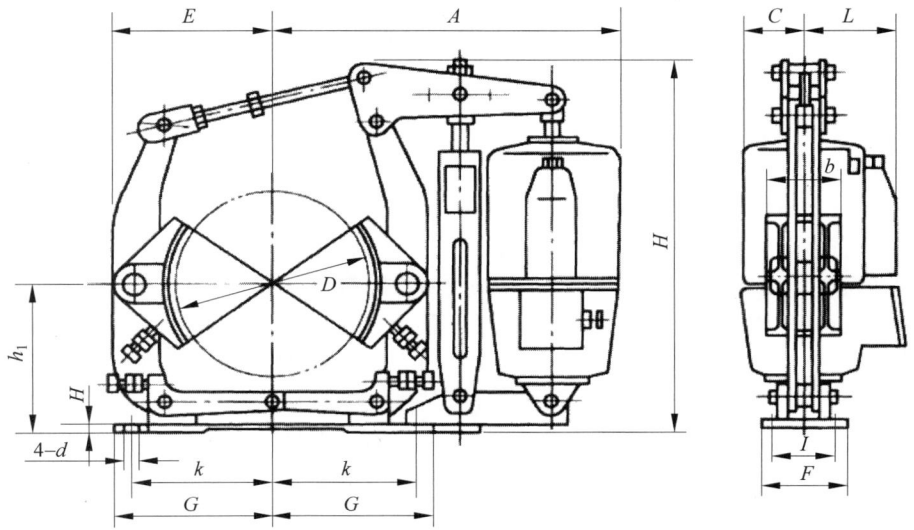

图 11-16　电动液压推杆制动器

安全制动应满足带式输送机安全可靠停机的要求。制动装置的布置和功能应符合下列规定：发电工况的下运带式输送机,制动器宜设在输送机尾部；负值圆周力绝对值大的下运带式输送机,制动装置应具有逐渐加大制动力矩和平稳停机的制动性能；制动圆周力应符合《带式输送机工程技术标准》(GB 50431—2020),当两种工况的工作制动圆周力相差较大时,宜采用能自动控制减速度的制动系统。制动装置应符合下列规定：制动力应满足工作环境和使用条件的要求；制动器应具有可调节制动力的功能；机械摩擦式制动装置应进行发热校验计算,许用温度应根据制动装置的技术条件和工作环境条件确定；停机制动可采用可控减速装置,当带速降到预定值后,宜采用机械摩擦式制动装置停机。

电机转动驱动离心泵轮旋转使压力油推动活塞,活塞上的推杆及杠杆机构一起升压缩圆柱弹簧,使制动臂闸瓦打开,电动机失电停转时泵轮也停止旋转,这样活塞杆在弹簧力的作用和本身自重的作用下降落,使磁粉制动器抱闸。电动液压推杆制动器制动平稳,无冲击和噪声,但制动较慢,使用受到一定的限制。

8. 清扫装置

清扫装置是为卸载后的输送带清扫表面黏着物之用。最简单的清扫装置是刮板式清扫器,由多组刮板组成,如图 11-17 所示。刮板组安装在链节上,链条的一头固定在一个特殊的滚筒上。滚筒回转时,刮板不断地与输送带接触并把输送带上所黏附的煤清扫掉。与输送带脱离接触后,刮板与链节一起抖动,把本身所黏附的煤抖落下来。

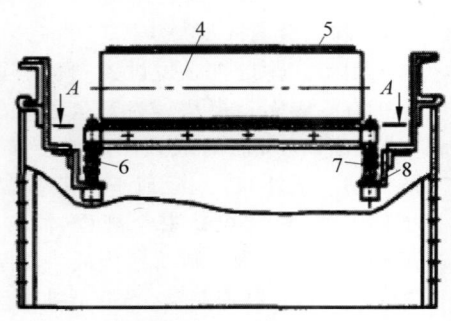 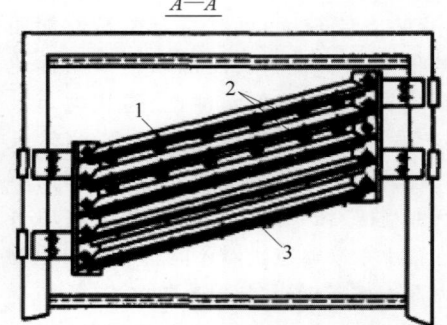

1—刮板；2—主刮板；3—夹板；4—传动滚筒；5—输送带；6—弹簧；7—导向杆；8—支架。

图 11-17　多刮板清扫器

用挠性刮板棒清扫输送带效果也很好。这些具有挠性的刮煤棒装在同一根轴上,与带式输送机纵轴线成一个角度,依靠重锤的作用向输送带压紧。挠性棒能经常和输送带紧贴,对输送带进行清扫不会把煤放过去,它对输送带表面的磨损要比普通的刮板轻。

在清扫过程中,物料黏附在胶带面上并通过胶带传给托辊和滚筒,这些物料可能堆积在托辊和滚筒处,物料的堆积使托辊和滚筒的外形和直径尺寸改变,从而加剧胶带的磨损,导致胶带跑偏,也增加运行阻力和降低效率。因此,需要同时装设头部 P 型、H 型清扫装置和空段清扫装置。

头部清扫装置安装在卸料滚筒下方,用于清扫输送带的承载面,在矿山中应用较多的是弹簧刮板清扫器,利用弹簧压紧橡胶刮板,把煤从胶带上刮下来。

空段清扫装置用来清扫输送带非承载面,防止物料进到尾部张紧滚筒和垂直重锤式张紧滚筒表面上,空段清扫器焊接在这两个滚筒前方。其中,V 形橡胶刮板清扫器是使用较多的带式输送机输送带空回段清扫装置。刮板清扫器的工作件应该用耐磨的橡胶或钢板制造。顺槽所用的可伸缩带式输送机一般采用机械接头。

综上所述,为了把输送带清扫干净,特别

是在输送湿的、含黏土质的煤时,最好采用由两级组成的综合清扫方案:第一级是普通的刮板清扫器(单刮板或双刮板);第二级是具有单独刮板弹簧的多刮板清扫器或者水力气力清扫装置。

张紧滚筒和改向滚筒的清扫,可使用钢板制成的单刮板(刮刀),单刮板的一边与滚筒贴紧,把滚筒上黏附的煤刮下来。为了尽量减少张紧滚筒下的落煤和减少张紧滚筒豁煤,必须在张紧滚筒前的输送带回空分支上装设犁状刮板(单侧的或双侧的),用它把撒落下来的煤从输送带回空分支上清扫掉。

9. 装载装置

装载装置由漏斗和挡板组成。对装载装置的要求:当物料装在输送带的正中位置时,应使物料落下时能有一个与输送方向相同的初速度;当运送物料中有大块时,应使碎料先落入输送带垫底,大块物料后落入输送带以减少对输送带的损伤。

11.2.3　带式输送机自动化技术

带式输送机是煤矿重要的井下煤炭运输设备,在煤炭运输过程中扮演着不可或缺的角色,能否安全稳定运行将直接影响煤矿的开采效率。随着目前煤矿井下设备开采强度的增加,开采周期的延长,对带式输送机的质量提出了更大的考验。煤炭运输过程中带式输送机会出现各种各样的故障,如输送带打滑、跑偏、撕裂等情况,影响了带式输送机的工作寿命,降低了煤炭的开采效率。一般情况下对于带式输送机采用人工巡检的方式进行故障查询,这样的保护方式低效且存在盲区,难以满足煤矿生产需求。对带式输送机系统的自动化改造已是大势所趋,本书结合某煤矿带式输送机自动控制系统进行说明。

1. 煤矿井下带式输送机故障情况

矿井下开采环境复杂多变,煤矿井下的环境十分恶劣,存在水、粉尘、瓦斯等有毒有害气体;矿井下机械设备时常出现故障,给矿井高效生产带来不利影响。输送带运输机作为巨型运输设备,随着开采强度的增加,在煤炭运

输过程中,会出现诸多故障。主要故障及原因有以下几种:

(1)输送带跑偏。输送带跑偏在带式输送机日常故障中占有较大比重,本质为输送带中轴线与支架中心不在同一直线上,可能是安装错误引起,也可能是在输送带运行过程中出现。长时间的输送带跑偏会导致输送带撕裂,影响使用寿命,也可能会使输送带支架坍塌,甚至造成人员伤亡事故。

(2)输送带堆煤。输送带堆煤现象是输送机长期撒料引起的。输送机撒料一般有三种原因:输送带跑偏,输送带长期悬空,受料点落料位置不对中。

(3)输送带打滑。输送带打滑主要是指输送带工作过程中张力不足引起的原地滑动现象,可能是张紧力不足或者配重方式不合理引起的。另外,驱动滚筒表面胶皮磨损,造成驱动摩擦力不足,也会导致输送带打滑现象的发生。输送带打滑现象会导致输送带驱动滚筒表面迅速升温,给驱动滚筒及打滑处输送带带来难以修复的伤害。

(4)输送带撕裂。输送带撕裂是带式输送机长期处于高强度工作状态,致使输送带表面保护胶皮磨损引起的,这样会导致输送带强度下降,输送带拉伸强度得不到保障,最终导致断带或纵向撕裂等事故的发生。输送带一旦发生断裂,不仅影响煤炭运输的进度,还会造成人员伤亡事故。

2. 自动化控制系统设计

1) 设计原则

(1)先进性。随着科学技术的不断发展,煤矿也正朝着现代化、智能化的方向发展,在系统设计时,要保证技术的先进性,要考虑到带式输送机在工作过程中可能会出现的意外情况,使系统可全面监控带式输送机的工作状态。

(2)可靠性。矿井生产活动应在保证安全的前提下进行,对带式输送机进行自动化控制设计时也应以此为前提,系统必须具有高度的可靠性,并配备自我诊断、故障隔离等功能。

(3)抗干扰性。因为各个矿井地质条件可

能有很大差别,井下生产存在较大的差异性和不确定性,带式输送机工作时肯定要抵抗外界干扰,为了保证控制系统能够正常运行,必须具有一定的抗干扰性。

2)自动控制系统整体方案设计

结合煤矿实际情况设计带式输送机自动控制系统的整体方案,如图 11-18 所示。可以看出,带式输送机中的两部电机分别配备了变频器,变频器与 PLC 进行连接,接收 PLC 下达的指令,对输出的电压频率进行调整,实现对两部电机的输出转速的控制。变频器与 PLC 之间基于 Profibus 总线进行连接。速度传感器和转速编码器分别对带式输送机输送带的运行速度和电机的输出转速进行检测。煤量检测装置对输送机装载的煤量大小进行检测。传感器和检测装置通过 RS485 实现与 PLC 的连接,将结果输入控制器中进行分析。PLC 与监控主机之间基于工业以太网实现数据信息交互。所有检测和分析结果均需传入监控主机并存储到服务器中,同时监控屏幕会显示带式输送机的运行状态。

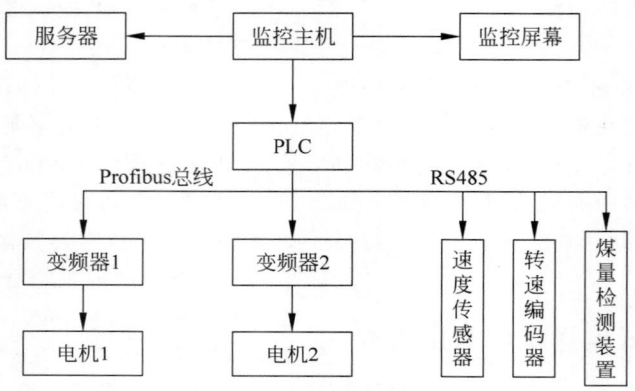

图 11-18　自动控制系统整体方案框图

3)自动控制系统主要功能

(1)系统可以根据设备输送的煤矿物料重量大小,对其运行速度进行自动调整,确保运行速度与煤矿物料重量之间相互匹配,提升设备运行的稳定性,降低设备运行能耗。

(2)系统可以确保两部电机之间的功率平衡,即两部电机工作时输出的功率保持同步,延长电机使用寿命。

(3)所有检测和分析结果均会存储到数据服务器中,可以随时对相关数据和结果进行查询。系统能够以图表的形式呈现带式输送机的运行状态,包括操作记录、故障状态等信息,方便技术人员对设备进行维护保养。

4)自动控制系统主要硬件设施选型

(1)PLC。PLC 是自动控制系统中非常关键的硬件设施,其性能好坏会对系统运行的稳定性产生重要影响,结合实际情况以及以往的工业实践经验,选用 PLC。该型号控制器具有无槽位约束、采用模块化设计、结构紧凑等优点,能够在复杂的矿井环境下稳定运行。PLC 的主要硬件模块如图 11-19 所示,主要包括 CPU 模块、数字量输入和输出信号模块、模拟量输入信号模块、以太网通信模块等。

CPU 模块是 PLC 中最为关键的模块,CPU 可以进一步分为存储器和微处理器,作用是对用户程序以及输入的检测数据进行接收、存储并处理。此次使用的 CPU 模块型号为 CPU315-2DP,具有良好的性能,响应时间短,可靠性高,完全能够满足带式输送机自动控制系统的实际使用需要。控制器在输出信号时主要以数字量模式输出。以太网通信模块可以实现与控制主机之间的数据通信。

(2)检测装置设计。系统采用电子输送带秤对输送机输送的煤矿物料重量进行实时检测,采用 SS102K 型电机转速传感器对两部电机的输出转速进行检测,采用 GSD-5 型矿用速

```
┌─────────────────┐        ┌──────────────┐        ┌──────────────────────────┐
│   CPU模块        │────────│              │────────│  数字量输入信号模块        │
│  (CPU315-2DP)   │        │              │        │ (SM321 DI32×DC24V)        │
└─────────────────┘        │              │        └──────────────────────────┘
                           │   S7-300型   │        ┌──────────────────────────┐
                           │     PLC      │────────│  数字量输出信号模块        │
                           │              │        │ (SM322 DO32×DC24V)        │
┌─────────────────┐        │              │        └──────────────────────────┘
│  以太网通信模块   │────────│              │        ┌──────────────────────────┐
│   (CP343)       │        │              │────────│  模拟量输入信号模块        │
└─────────────────┘        └──────────────┘        │ (SM331 8×12 bit)          │
                                                    └──────────────────────────┘
```

图 11-19 PLC控制器的主要硬件模块

度传感器对输送带的运行速度进行检测。以上使用的各类传感器或检测装置均属于防爆本质安全型装置,可以在复杂的矿井环境下工作。需要说明的是,以上检测装置获得的均属于模拟量信号,需要经过 A/D 转换器将其转换成为数字量信号才能够输入 PLC 中进行分析。

5) 自动控制系统主要工作流程

为确保带式输送机运行过程中两部电机功率平衡,根据其输送的煤块重量对运行速度进行调整,提升设备运行的稳定性并降低能耗,制定了系统的主要工作流程图,如图 11-20 所示。

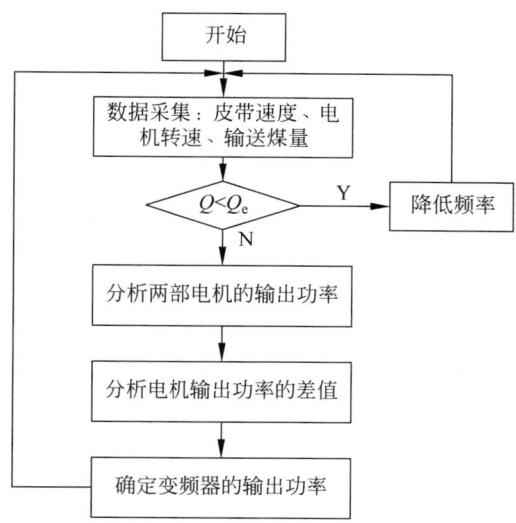

图 11-20 自动控制系统工作流程

系统启动工作后,开始对输送带运行速度、电机输出转速以及输送带输送煤量大小进行检测。若输送的煤量 Q 低于设备的额定输送容量 Q_e,系统下达控制指令,降低变频器的输出频率,控制电机转速下降。如果设备输送的煤矿重量为额定重量,则需要对两部电机的功率大小进行分析,如果两部电机之间存在功率不平衡的问题,系统会根据功率不平衡程度下达控制指令,对两部电机的输出转速进行调整,确保电机之间的功率平衡。

6) 实际工程应用

将设计的自动控制系统部署到某煤业 DTL140 型带式输送机工程实践中,验证系统运行过程的可靠性和稳定性。在实践中对自动控制系统的各项功能进行现场测试,并对功能进行优化改进调整。结果表明,在整个运行调试期间,自动控制系统的运行过程稳定、可靠,未出现明显故障问题,可以对带式输送机的运行过程进行自动化控制。

自动控制系统的成功实践应用,使得带式输送机运行过程更加稳定,能够根据煤矿运输重量对其运行速度进行自动调整。初步估计认为,其能耗大小与之前相比降低了 12% 左右。另外,由于设备运行稳定性提升,降低了设备故障率,运维人员数量减少了 2～3 名,节省了一定的设备维护保养成本和维护人工成本,提升了运输效率。分析认为,自动控制系统投入使用后,每年可以为煤矿企业节省 100 万元以上。

3. 总结

我国大多数矿井为综合机械化矿井,带式输送机是综合机械化矿井最重要的运输设备,其工作状态直接影响矿井产量。由于运输距离长,带式输送机在使用的过程中可能会出现故障,开发一套带式输送机自动化控制系统,实现带式输送机的自动化管理，可在降低工作量的同时，提高管理效率。控制系统可以对输送带输送的煤量、输送带速度、电机的转速进行检测。在 PLC 和变频器的综合作用下，根据实际输送煤矿重量，对电机输出转速和输送带运行速度进行控制，保障两部电机之间的功率平衡。将自动控制系统部署到工程实践中，在现场对其各项性能进行测验，取得了良好的效果，提升了带式输送机运行稳定性，降低了电能消耗，创造了良好的经济效益。

11.2.4 带式输送机最新发展

带式输送机的发展十分迅速，现已发展成了一个庞大的矿山运输与提升设备，不再是常规的开式槽形和直线布置的带式输送机，而是根据使用条件和生产环境设计出了多种多样的机型。在此将煤矿中最新使用的几种带式输送机类型介绍如下。

1. 超长运距带式输送机

近年来，通过引进国外先进国家的带式输送机整套设备及技术，以及国内广大科研技术人员的共同努力，可以说国内设计和制造长距离、大运量带式输送机的水平已经可以满足国内市场的需求，但是一些关键技术尚需引起重视并加以深入研究和开发。

国内投入使用的部分长距离、大运量的典型带式输送机见表 11-7，其中，中电建水电八局池州长久骨料有限公司长距离石灰石矿山曲线输送机工程重载调试成功，整机长 13 000 m，胶带带宽 2400 mm，带速 5.0 m/s，额定运量 13 000 t/h，驱动功率 7×2800 kW；王家岭煤矿主平硐带式输送全长 12.8 km，胶带带宽 1600 mm，带速 4.5 m/s，额定运量 3000 t/h，驱动功率 4×1250 kW。

表 11-7 典型带式输送机

地点	物料	运量/(t/h)	带宽/mm	机长/m	带速/(m/s)	驱动功率/kW
王家岭	煤	3000	1600	12 800	4.5	4×1250
向家坝	砂石	3000	1200	8294	4	4×900
池州长久	石灰石	13 000	2400	13 000	5	7×2800
天津港	煤	6600	1800	8984	5.6	5×560

1）驱动技术

长距离带式输送机的驱动功率普遍较大，为了减小输送带强度以及降低电网峰值，有利于设备小型化和降低成本，大多采用多点驱动方式。理想条件下，功率分配比和驱动力分配比相同，实际情况中，由于各种元素的偏离，各电机实际功率分配发生较大的偏离，造成功率负载不平衡，严重时会造成电机超载及损坏。因此多电机间的功率平衡是其安全运行的必要条件。

CST 驱动器可用于实现对最难控制的大惯性负载的总体控制，如长距离运输带和带多个同步驱动器的输送机。无论输送机上的负载变动或周围条件如何，CST 驱动器均可在保持平滑启动和关闭的情况下高效传递电机功率和扭矩。

CST 具有以下优点：

（1）带式输送机可以使用多台 CST，启动负载之前驱动电机空载启动，而 CST 输出轴并不运动，在电机达到额定速度之后，通过控制系统使每台 CST 离合器的液压力逐渐增加来缓慢、平稳地对输送带进行张紧，然后输送带平稳地加速到满速。故而输送带受力平稳，输送带的安全系数取值一般可由 10 降到 6.5。

（2）由于电机的选择是基于运动条件而不是启动条件，因此使用 CST 时，电机的功率及尺寸可以达到最小。

（3）CST 也可以控制带式输送机的停车，由于增加了停车时间，输送带上的动态力可减到最小。

其缺点是：

（1）行星减速器与液体黏性传动装置结合，相互影响。

（2）制造难度大，安装调试复杂。

（3）对油的黏度与清洁度要求特别高,否则影响齿轮寿命。

（4）维护复杂,费用高。

2）变频器驱动技术

变频调速装置主要由功率器件——绝缘栅双极型晶体管(insulated gate bipolar transistor, IGBT)、控制器与电抗器组成。其工作原理:通过控制器来调节功率器件中的绝缘栅极,使进入功率器件的交流电源的频率发生变化。根据公式 $n=60f/P$ 所示(n 为电动机转速、f 为交流电源频率、P 为电动机极对数),电动机转速与交流电源频率成正比关系。当交流电源的频率由小到大变化时,电动机转速也随之由小到大变化。只要控制频率变化范围以及频率变化的时间,就可使输送机按照设定的速度曲线平稳地启动,达到输送机的软启动,这是交流电机较理想的调速方法。这种技术近几十年来随着电子技术的进一步发展和可控硅生产技术的逐步成熟而开始应用。目前国内外正在加紧研制高性能、高压、大容量、可满足防爆要求的变频器。

变频器的优点是:①真正实现了带式输送机系统的软启动;②实现带式输送机电机驱动的功率平衡;③启动平滑,转矩大,没有冲击电流,可实现重载启动;④降低输送带带强要求。

变频器的缺点是:①电动机不能空载启动;②防爆产品依赖进口,价格昂贵;③控制复杂、使用维护要求高;④对环境温度与清洁度要求高;⑤变频调速会产生强大的信号干扰,影响其他电气控制设备的正常工作。

3）路线布置

长距离带式输送机路线走向是指在输送系统受料始点和卸料终点间通过技术经济综合分析比较,选择一条符合工程建设要求的几何路径。

（1）路线走向选择的基本原则

① 尽量避开已有建筑物、村庄、铁路、公路、高压线路等;

② 优选直线走向路线布置,尽量减少路线中的水平与垂直转弯;

③ 尽量避开地质条件复杂、受洪水位威

胁、基础挖方、填方量大的不利地段,优选地质条件好、栈桥高度小、路线短、转载环节少的路径;

④ 坚决避开军事管辖区、文化古迹保护区等禁止通过的区域;

⑤ 在现有技术条件下,带式输送机单机长度尽量做大,以减少中间环节,提高整个系统的安全性和可靠性;

⑥ 驱动装置站和重要转载点的布置位置应尽可能邻近矿区和城镇,方便设备的检修和维护;

⑦ 遵循市场经济效益原则,优选投资少、成本低、效益高的方案路线。

（2）路线选择方法

对所处区域的不同选线方法有所不同,大体可按先平面、后纵断的原则进行选线,即先根据起点和终点所处的位置及周边的影响因素,优先选择直线布置,如直线布置无法满足要求,采用曲线布置时应尽量加大转弯半径、减少转弯次数,并尽可能地与现有道路靠近,远离居民区等环境敏感区域。纵断面布置时,对于地处平原或戈壁的项目,纵断面布置主要考虑填挖的平衡和线路的排水,结合技术经济分析比较,从投资和运营成本上寻求总费用最优的方案。

① 减少线路中的水平与垂直转弯可以有效缩短线路,降低土建和设备投资,还可以降低输送机的功率损耗,改善输送机运行条件,从而减少投资。

② 优化线路,减少起伏布置,还可以简化输送机运行工况和控制系统,使整体系统更加安全可靠。

③ 合理设置转载环节。

2. 大倾角带式输送机

大倾角带式输送机是一种常用的运输设备,广泛地应用在煤炭、化工等行业生产当中,具有占用空间小、结构简单紧凑、维修便利以及运行可靠的特点,在露天煤矿和井下煤矿中广泛应用。

1）在露天煤矿的应用

在不断发展的过程当中,大倾角带式输送机技术在实际应用当中也得到了有效的优化。

在露天煤矿生产当中,需要做好该设备的应用把握,更好地提升其应用效果。

对于大倾角带式输送机来说,其在实际应用当中的特点有:第一,是一种大倾角输送机,同带式输送机相比,具有较为相似的结构,应用到了特制的挡边输送带。第二,倾角能够根据工作需求在0°~90°之间变动,在线路设置方面,能够布置为C、Z以及L形。其空载、满载托辊为平形托辊,通过分压轮将输送带两个侧边压住,以使线路能够迅速变化。第三,在应用当中具有能耗小以及输送能力大的特点,在现今大型露天矿、港口、矿井与电厂当中都得到了较多的应用。

就目前来说,露天煤矿在实际开采当中,采掘场内至地表煤炭运输方面,主要会使用普通带式输送机或者卡车。使用大倾角带式输送机同传统方式相比具有以下应用优势:

(1)具有较小的占用空间,能够有效减少工程量。在露天煤矿当中,具有较大的采掘深度,在几十米至数百米之间。在150 m的深度情况下,用于一般35°槽角的普通输送机设备,则具有16°的最大角度,此时输送长度为500 m。如果将角度进行放缓,该长度还将增加。用于卡车时,其最大坡度为8°,根据道路缓坡长度进行计算,需要在现场修建长度3000 m的运输道路。如果使用普通带式输送机,无论是高架铺设还是沿着地面铺设,都需要应用到造价昂贵的栈桥以及较多的填挖方工程,而如果使用大倾角输送机,则能够在减小占用空间的情况下有效降低工程量。

(2)提升角度大,降低成本。根据露天煤矿的特点,可以在采掘场端帮位置安装输送机,该位置帮坡角一般在30°以上,则可以铺设在端帮位置,在现场条件满足要求的情况下,可以对角度进行进一步的提升,通过应用该方式缩短运输距离,有效地减少了具体运营成本。

(3)减少油耗。卡车在运行过程当中,需要耗费较多的柴油资源。在应用大倾角带式输送机的情况下,用电驱动设备替代油驱动设备,在以电代油的情况下有效减少油耗,切实提升经济效益。

(4)利于环保。在卡车运输中,会形成较多的尾气与粉尘,而在使用普通输送机设备运输时,也会存在一定撒料及漏料等情况,并因此对周边环境造成污染。在应用大倾角带式输送机的情况下,能够有效减少产生的粉尘与尾气,能够避免撒料、漏料问题的发生,在实现清洁生产目标的基础上,较好地满足环保要求。

2) 在井下煤矿的应用

随着煤矿开采、煤层赋存条件的变化,在煤矿井下对大倾角带式输送机的应用逐渐增多。采用大倾角带式输送机,不仅可以减少工程量,降低投资费用,还能缩短建设周期,具有较好的经济效益,在今后煤矿的运输中将会起到越来越重要的作用。

(1)防止物料下滑的措施

① 花纹输送带的表面设计有特殊的沟槽,这种沟槽设计可增大物料在其上的摩擦阻力,因此,采用花纹输送带输送物料,在一定的倾角范围内能够阻止物料的下滑。据了解,目前通过采用花纹输送带可使上运输送机的倾角提高到28°以上,一般不超过32°。但是对于花纹输送带,需要采用与之相适应的清扫器,因为其表面具有沟槽,若采用常规清扫器清扫,其清扫效果会比较差。另外,寒冷地带含水量大的煤矿不适宜采用花纹输送带,因为输送带沟槽内的积水易结冰,造成输送带表面光滑,对物料的摩擦力减小,从而会造成物料下滑。若单独采用花纹输送带无法实现对物料的输送,应考虑采用其他有效措施。

② 采用多辊深槽形上托辊组。普通的带式输送机,上托辊通常采用槽角为35°的槽形托辊组。若增大槽形托辊组的槽角,可增大输送带对物料的包裹力,增加物料的内部摩擦力,进而可阻止物料的滑落。对于大倾角带式输送机,需要采用深槽托辊组,深槽托辊组一般取侧托辊角度不小于50°。常用的深槽托辊组有四辊深槽托辊组与五辊深槽托辊组。当槽角的增大影响输送带成槽时,需考虑采取其他措施。四辊深槽托辊组有两种:一种为双排V形托辊交错布置的深槽托辊组,如图11-21

所示。此种托辊组采用 4 个标准托辊，中间 2 个托辊呈 V 形。这种托辊组可将输送机倾角提高至上运 28°、下运 25°。另一种为双排 V 形托辊，4 个标准托辊按双排中心呈对称方式布置，如图 11-22 所示。中间 2 个托辊呈 V 形布置，与水平方向夹角较小，外侧两托辊槽角较大。五辊深槽托辊组为 3+2 形式，即一个槽形三托辊与一个 V 形托辊并排布置，其托辊也都为标准托辊。

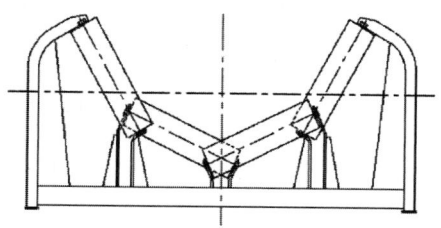

图 11-21　双排 V 形托辊交错布置深槽托辊组

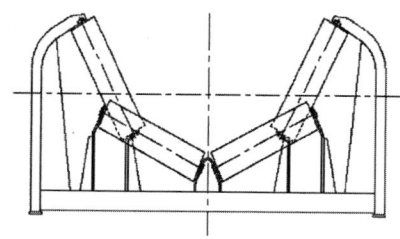

图 11-22　双排 V 形对称布置深槽托辊组

③ 选择合理的上托辊组间距。上托辊组间距应取值适当，不宜取太大，这样可以减小输送带的下垂度，保证物料运行的平稳性。一般间距不大于 1.2 m。

④ 设置挡料装置。在输送机的运输过程中，动态的运行状态易使块状的物料失去稳定性而滚落下滑，因此，应在输送机的全程范围内设置挡料装置，以防止滚落的物料下行而造成伤人事故。一般每间隔 30 m 考虑设置 1 组挡料装置。

（2）采用逆止装置与制动装置

大倾角上运带式输送机必须同时装设逆止装置和制动装置。在逆止力较小时，可选择减速器自带逆止器；当逆止力较大时，应在低速轴上设置逆止器。制动装置可起到防止逆转的双保险作用。当采用多个逆止装置时，须保证每个逆止装置都能单独承担整机所需的逆止力。

大倾角下运带式输送机须设置制动装置，因其在运行中常处于发电状态，易发生"飞车"和"滚料"现象，在保证正常停车和紧急停车的情况下，为避免发生事故，不宜采用机械抱闸制动，应采用可控软制动装置，实现多级制动。目前国内常用的可控软制动装置有盘式制动装置、液力制动装置、液压制动装置和液黏可控制动装置。

（3）拉紧装置的选择

拉紧装置可为带式输送机提供一定的张紧力，以保证其正常运转。选用自动式拉紧装置，有利于延长输送带寿命。自动式拉紧装置有液压自动拉紧装置和电动绞车自动拉紧装置，其中液压自动拉紧装置比较常用。

（4）驱动装置的布置形式

对于大倾角带式输送机来说，其驱动装置的布置形式会受带式输送机的运输距离、运量、运输线路、输送带强度及安全系数等因素影响。最有利的方式是充分利用带式输送机的输送带强度，尽可能减小其最大拉力。根据实践经验，头部布置双滚筒驱动装置和中部布置单滚筒驱动装置为最佳布置形式，这样可大大减小拉力，最大可减少 35%，对于长距离输送机来说可减少 18%。对于中长距离的带式输送机，可采取头部双滚筒驱动、尾部单滚筒驱动的布置方式，能将最大拉力降低 30%。

3. 永磁驱动带式输送机

永磁电机是一种利用稀土永磁体励磁的电机，永磁体充磁后能够产生永久磁场，无须励磁电流就可以大幅度提高功率因数，因而永磁驱动技术的应用可以节约大量电能。我国作为稀土储量世界第一的国家在永磁驱动领域具有得天独厚的发展条件，但因矿山装备均在重载、高温、潮湿、隔爆等严苛工况下运行，而钕铁硼材料的永磁体工作温度要求小于 150℃，受温度影响较大，可耐更高温度的稀土钴永磁体材料价格又比较高昂，因此在过去永磁电机在矿山装备中的实际使用极少。

近年来，电力电子技术的进步以及现代控

制理论的应用有力地推动了大功率永磁电机的发展,进而使永磁驱动技术在航空航天、交通运输、风力发电等行业中得到了广泛的应用,也为永磁驱动技术在矿山运输领域的发展带来了广阔的研究前景。

1) 永磁张紧装置

针对目前带式输送机张紧系统的现状和实际需求,智能张紧系统采用永磁电机和变频器为核心构架,以实现对输送机张力变化的快速响应,解决传统液压张紧系统响应速度慢、调节精度差的难题。

传统液压控制方案的不足主要在于反应速度慢、调控精度差,无法对输送带张力的变化进行及时响应。在永磁张紧装置中(图 11-23),张紧小车设置在固定的滑动轨道上,电动绞车的传动轴两侧分别通过联轴器和永磁同步电动机、电磁制动装置相连接,永磁电机用于驱动绞车的运行,电磁制动装置则处于常开状态,当输送带张力过大时系统及时对绞车进行制动,防止输送带的张力过大,影响运行稳定性。在实际运行时系统通过监测输送带的张紧力和悬垂度,经过滤波分析后确定输送带的状态,然后输出控制调节信号,控制变频器输出调节信号,实现对永磁同步电机转速的灵活控制。

2) 永磁直驱电动机

永磁直驱电动机驱动系统的关键部件是永磁直驱电动机,其生产和设计是基于传统异

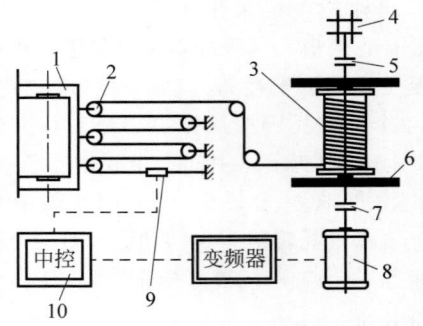

1—张紧小车;2—滑轮组;3—张紧滚筒;4—电磁制动器;5—联轴器;6—绞车支架;7—联轴器;8—永磁同步电动机;9—张力传感器;10—控制器。

图 11-23 带式输送机永磁张紧装置结构示意图

步电动机和同步电动机的成熟技术,主要区别是永磁电动机的转子采用高效的永磁体(钕铁硼等)替代了鼠笼转子。在频率恒定的情况下,电动机的输出转速主要由电动机的级数(磁极个数)决定。传统异步电动机的级数增加只能依靠增加线圈数量实现,有很强的局限性,而永磁电动机转子部分采用永磁体代替励磁线圈,很容易实现大级数。根据转速与级数的比例关系 $n = 60f/P$,磁极对数多,旋转磁场的转速就低,所以永磁电动机输出扭矩大、转速低。配置低速永磁同步电动机直接驱动带式输送机滚筒(图 11-24),可以取消传统电动机必须配置的减速机和联轴器、液力耦合器等,使整个传动系统简单、高效。

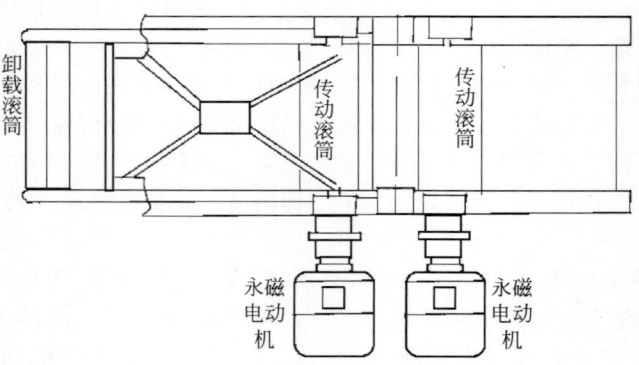

图 11-24 永磁直驱电动机驱动系统

3) 全永磁智能驱动带式输送机

现有的带式输送机驱动机构与张紧机构一般采用独立的控制系统,协调性差,张紧过程存在着滞后性。在带式输送机采用永磁直驱的基础上,再进一步利用永磁驱动技术对其张紧机构进行改造,通过对驱动与张紧的协同控制可以实现全永磁智能驱动。图 11-25 所示

为中国矿业大学与北京百正创源公司提出的全永磁智能驱动带式输送机,采用机头与机身中部多电机多点驱动方式,驱动系统与张紧系统均采用永磁同步电动机作为动力源,共用一套综合控制系统,已成功应用于鄂尔多斯昊华精煤高家梁矿等多家煤矿。

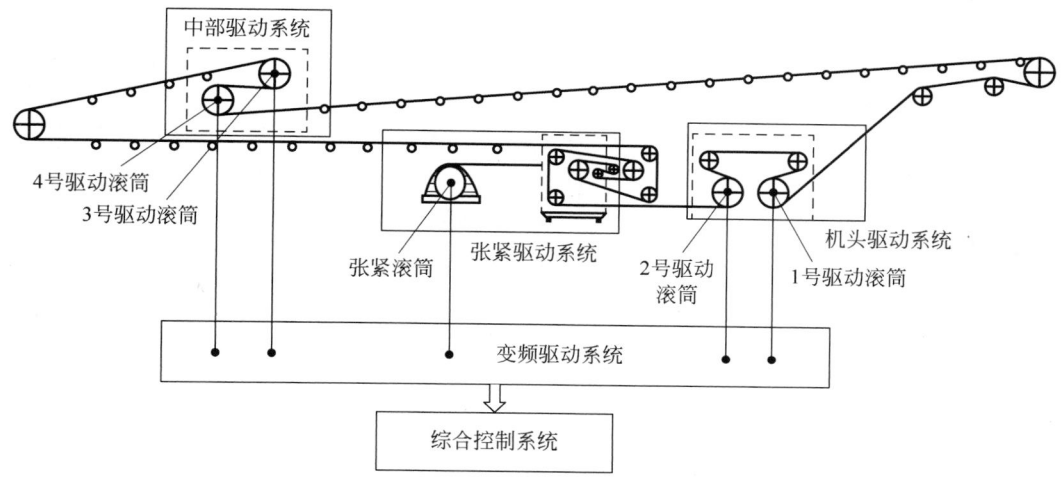

图 11-25 全永磁智能驱动带式输送机系统架机

4. 可伸缩带式输送机

随着高产高效现代化煤矿的建设,综采自动化程度不断提高,尤其大采高综采高效工作面的长足发展,使煤矿井下采煤工作面不断延伸。为保证生产的原煤输出,大功率、高带速、大倾角可伸缩带式输送机的使用越来越频繁,现场对输送机工作效率及可靠性的要求也越来越高。可伸缩带式输送机在工作过程中为满足不同长度的要求需不断地收放胶带,因此输送机胶带的收放速度直接影响着带式输送机的效率。卷带装置的主要功用是将拆除后的输送带缠绕成卷后再接入储带仓,以满足输送机对不同运输距离的要求。

目前,我国使用较多的卷带装置,按照结构特点和工作原理可分为机械式和液压式两大类。下面就几种典型卷带装置的结构特点、工作原理进行介绍,并指出各卷带装置性能上存在的不足。

1) 恒转速机械卷带装置

恒转速机械卷带装置示意图如图 11-26 所

示。该恒转速机械卷带装置由一台电动机作为动力,经减速器减速后,由其输出轴上的对轮驱动长轴,长轴又带动卷带筒一起旋转进行卷带,长轴另一端固定于活动支撑架上的轴承座内,待卷带结束后,取下手提环,卷带筒与卷带一并抽出。调偏装置通过调节丝杠,可以方便地拆装胶带卷和胶带筒,并可以自由调节支撑架的高度,以保持长轴的水平卷带不致跑偏。同时,在卷带筒上方和卷带装置前均设有可靠的自动调偏装置,在卷带过程中,可以有效地进行上、下、左、右的自动调偏,以保证卷带质量和效果。该装置骑跨于距胶带机头约 100 m,靠近运巷车场下运口处。这种卷带装置随着卷带筒上的缠绕直径越来越大,而转速没有变化,卷带线速度随着卷带直径的加大而增加,电机易出现因负载速度过高而过载甚至烧毁现象。

2) 恒带速机械卷带装置

恒带速机械卷带装置的示意图如图 11-27 所示。该恒带速机械卷带装置由电动机将动

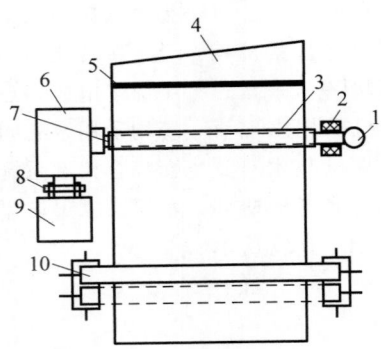

1—手提环；2—轴承；3—卷带筒；4—胶带；5—胶带卡；6—减速器；7—卷带轴；8—对轮；9—电动机；10—调偏装置。

图 11-26　恒转速机械卷带装置

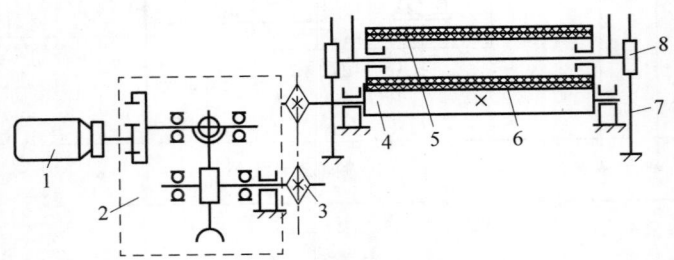

1—电动机；2—减速器；3—链轮传动装置；4—驱动滚筒；5—可拆卷筒；6—输送带；7—导轨；8—滑块。

图 11-27　恒带速机械卷带装置

力传给减速器减速后，再由链传动传给驱动滚筒，固定可前后调偏的驱动滚筒，再将动力传递给在其垂直正上方的卷筒；随着卷筒上卷带直径越来越大，卷带心轴也随之沿两边垂直滑轨向上均匀移动；当电动机反转放带时，卷筒可沿两边轨道向下滑移，卷筒依靠与驱动滚筒之间的摩擦作用力可完成输送带缠绕工作；卷筒卷带时是匀速转动的，即线速度始终保持一定。

该卷带装置不是由电动机直接驱动卷筒，而是靠驱动滚筒与输送带间的摩擦力传递动力，保证了输送带的线速度恒定不变，避免了线速度随卷带直径的加大而增加的现象，但当负载突增或过大时就会造成驱动滚筒与输送带相对滑动，使得卷带不能正常进行。

3）恒功率液压卷带装置

恒功率液压卷带装置的示意图如图 11-28 所示。该液压恒功率卷带装置由机架、液压控制泵站、固定夹带机构和液压卷带机构及水平移动夹带机构等组成。该装置布置在可伸缩带式输送机贮带仓的后方，整套设备的动力均由液压泵站提供。当储带仓储满输送带时，先通过左侧固定夹带机构、水平移动夹带机构中的液压缸将输送带夹紧，然后推出水平推移液压缸中的活塞杆，拉动输送带向卷带装置方向移动至最大行程。此时右侧固定夹带机夹紧输送带，并松开水平移动夹带机构，水平推移液压缸回缩。然后再夹紧水平移动夹带机构，并松开右侧固定夹带机构，水平推移液压缸活塞杆推出。此工作过程可反复操作，直至把输送带接头拉至液压卷带机构附近，抽出输送带扣联接销轴，将拉出的输送带缠绕在卷轴上，松开水平移动夹带机构，固定右侧夹带机。启动液压卷带机构，开始卷带。卷带结束后，卷带装置摇臂旋转 90°，把卷好的输送带送到机身外，然后再次通过水平移动夹紧机构，水平推移液压杆拉动输送带，将输送带接头重新连接。松开所有夹带机构，收带工作结束。

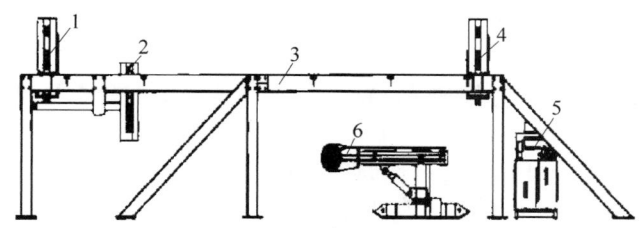

1,4—固定夹带机构；2—水平移动夹带机构；3—机架；5—液压控制泵站；6—液压卷带机构。

图 11-28 恒功率液压卷带装置

所有夹带机构的液压缸回路中均装有液压锁，可保证液压缸夹紧力恒定。并安装防滑落机构，以保证在带式输送机正常运行时，不会有误夹紧输送带的事故发生。

该恒功率液压卷带装置液压系统采用压力补偿轴向柱塞泵与定量径向柱塞马达的组合，泵口压力和流量根据负载的变化而相应变化，很好地解决了负载、卷带直径增大带来的问题。

目前在卷带装置的研究中尚存在以下问题：

（1）对液压卷带装置的研究尚处于静态特性方面，已不能满足对动态特性方面的要求，针对卷带装置液压系统动力学行为的研究未见报道。

（2）对卷带装置液压泵站中的斜盘式恒功率轴向柱塞泵进行整体系统的仿真分析研究尚不深入。

（3）在卷带装置结构设计中，大多采用传统的方法并结合工程师的经验对零件进行设计和校核，不能满足工作性能要求，且设计周期长。

（4）卷带的速度有待于进一步提高，以减小工人的劳动强度，缩短停产时间。

基于上述分析可见，动态性能好、卷带速度高的新型卷带装置的研制已成为今后卷带装置的发展趋势。

5. 线摩擦驱动带式输送机

对于长距离、大运量和高速度的输送，主要采用钢丝绳芯和钢丝绳牵引带式输送机。近年来又研制和使用了一种线摩擦多点驱动带式输送机，如图 11-29 所示。如上海某煤炭装卸码头使用的就是这种输送机，其主要技术特征为：运距 400 m，运量 1000 t/h，带宽 1000 mm，带速 3.15 m/s，功率 7×30 kW。该输送机共有 7 套 30 kW 的驱动装置，头尾各布置两套，中间每隔 100 m 布置一套长约 15 m 的小型带式输送机作为中间驱动装置。

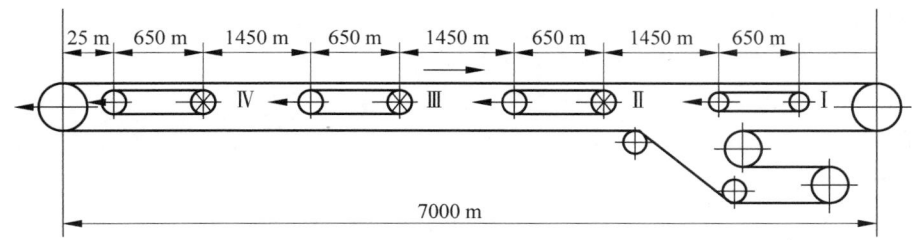

图 11-29 线摩擦驱动带式输送机传动系统

所谓线摩擦带式输送机，即在一台长距离带式输送机（称为主机）某位置输送带（称为主带）下面加装一台或几台短的带式输送机（称为辅机），主带借助重力或弹性压力压在辅机的输送带（辅带）上，辅带通过摩擦力驱动主带，即借助于各台短的带式输送机上输送带与长距离带式输送机的输送带间相互紧贴所产生的摩擦力，而驱动长距离带式输送机。这些短的带式输送机即为中间直线摩擦驱动装置，长的带式输送机的输送带则为承载和牵引机构。

使用线摩擦驱动带式输送机，可以将驱动

装置沿长距离带式输送机的整个长度多点布置,可大大降低输送带的张力,故可使用一般强度的普通输送带完成长距离、大运量的输送任务;同时,驱动装置中的滚筒、减速器、联轴器、电动机等各部件的尺寸可相应地减小,亦可采用大批量生产的小型标准通用驱动设备等,故可降低设备的成本,从而使初期投资大大降低。因此,线摩擦驱动带式输送机已成为目前国内外长运距、大运量带式输送机的发展方向之一。

6. 转弯式带式输送机

由于现代煤矿机械化程度提高,因此煤炭运输也多使用带式输送机,但由于矿井下各种条件的限制,输送机巷道无法完全做到直线运输,很多情况是一条巷道高低起伏、左右偏离,导致一条带式输送机无法完成运输,需要多次转载,影响输送效率。因此便提出了平面转弯的构思,经过长时间的设计、试验,再加之在应用地面输送系统后,终于将转弯系统应用于煤矿井下,使得带式输送机在井下实现更长的输送距离。

井下常用转弯系统有两种形式,即强制导向转弯和自然变向转弯。强制导向转弯是在转弯点增加导向转弯装置,即我们所见的利用导向滚筒并进行二次落料实现输送带的强制变向,此种装置适合于转弯点张力较小和硫化接口的输送带。自然变向转弯则是使输送带按照力学规律自然弯曲运行,水平弯曲带式输送机即属于此类型。它采用普通输送带,经过计算得出转弯半径,并根据此半径沿输送线路布置其托辊组,输送带可在其上弯曲运行而不致跑偏。平面转弯带式输送机的布置和结构特点就是使其产生一个相反的离心力来平衡胶带张力夹角带来的向心力。为此,平面转弯带式输送机的弯段设计通常可以采用下列措施。

1)基本措施

使转弯处的托辊具有一定的安装支撑角,按照计算的转弯半径,使托辊的内侧端向输送带运行方向移动,从而使托辊的轴线与曲线的法线方向偏转一个角度,并使转弯内侧托辊组

按照与转弯点的距离逐渐增加其数量并增大成槽角 θ_o,使得输送带在此处具有自动居中能力。但成槽角不可过大,否则会导致输送带在转弯处产生纵向断裂,可采用图 11-30 所示的结构。

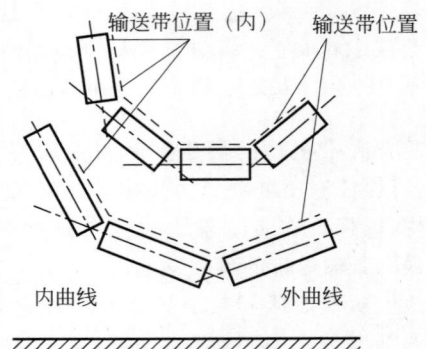

图 11-30　内曲线侧增设托辊

2)附加措施

输送带在转弯处的内侧边所形成的曲线叫内曲线,而另一侧叫外曲线。由于内曲线抬高,中间托辊轴线与水平面的夹角称为内曲线抬高角 r(图 11-31)。其目的是减小转弯半径,易于实现平稳转弯。抬高角越大转弯半径越小,但抬高角过大会导致输送物料向外侧托辊导致撒料。对于采用单托辊组的回程分支,在两回程托辊之间的输送带上面加压带辊(图 11-32),以增大托辊给输送带的横向摩擦力,可以减小回程侧的转弯半径。

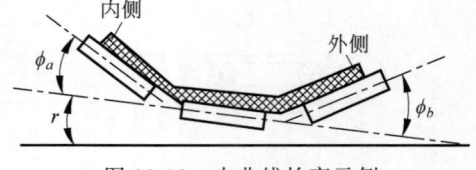

图 11-31　内曲线抬高示例

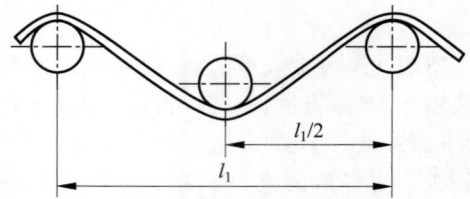

图 11-32　回程分支加压带辊示意图

3）应急措施

常用应急措施是设置侧边立辊,也就是在转弯处的输送带的内外侧设置立辊,限制输送带的跑偏。这是一种备而不用或尽量避免采用的措施。假如这种措施经常发生作用,会加快胶带的磨损,缩短输送带的寿命。

河南能源化工集团有限公司焦煤集团古汉山矿、中马矿等近几年的部分带式输送机中就采用了平面转弯技术,其中最大转弯角达10°,且在保证正常生产的前提下无须人员进行维护与调整。输送机水平转弯减少了物料因二次落料溢出或堵塞的危险,减少了粉尘飞扬和噪声,并使供电系统和控制系统更集中,有利于环境保护,取消了中间转载卸料的高度,减少了不必要的能耗和二次转载所增加的各种设备及相关管线的费用。

7. 气垫带式输送机

气垫带式输送机的研究工作始于荷兰。20 世纪 70 年代初期,荷兰 Sluis 公司的制造厂已经批量生产气垫带式输送机,其年产量达20 km。与此同时,联邦德国、美国、英国、日本和苏联也相继开始研制气垫带式输送机,使其结构进一步完善。我国在气垫带式输送机研制方面虽然起步较晚,但由于气垫带式输送机的技术经济效果显著,近年来也发展很快。气垫带式输送机的工作原理及其结构不同于前述的几种带式输送机,其工作原理如图 11-33 所示。气垫带式输送机是利用离心式鼓风机1,通过风管将有一定压力的空气流送入气室2,气流通过盘槽3上按一定规律布置的小孔进入输送带4与盘槽之间。由于空气流具有一定的压力和黏性,在输送带与盘槽之间形成一层薄的气膜(也称气垫),气膜将输送带托起,并起润滑剂作用,浮在气膜上的输送带在原动机驱动下运行。由于输送带浮在气膜上,变固体摩擦为流体摩擦,所以在运行中的摩擦阻力大大减小,运行阻力系数为 0.02~0.002。

气垫带式输送机的优点:

(1)结构简单、维修费用低。由于气室取代了托辊,输送机的运动部件大为减少,维修量和维修费用明显下降。

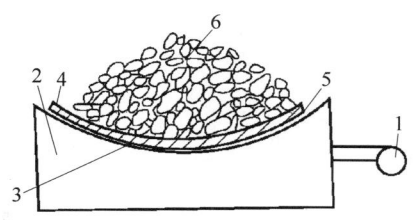

1—离心式鼓风机;2—气室;3—盘槽;
4—输送带;5—气垫;6—物料。

图 11-33　气垫带式输送机工作原理

(2)运行平稳,工作可靠。由于气室取代了托辊,输送带浮在气膜上运行十分平稳,原煤在运输中不振动、不分层、不散落,改善了工作环境,减少了清扫工作。

(3)能耗少。经过对样机在不同运量工况下的实测证明,可节电 8%～16%,若采用水平运输,则可节电 20%～25%。

(4)生产率高。带宽相同时气垫带式输送机的装料断面和带速可增大与提高;若运量相同,带宽可以下降 1～2 级。

8. 新技术在带式输送机及通廊(桁架)结构中的应用

通过剪切系数测试、时效性测试、粉尘测试、颗粒筛分和含水率测试、安息角测试、卸料角测试等,然后规范实验室测试方法,根据历史测试数据建立数据库,进一步发挥测试效果。同时,包括安息角、卸料角、爬坡角的测试。具体如图 11-34 所示。

运用 DEM-FEM(离散单元法-有限单元法)耦合技术,系统分析了带式输送机水平输送过程中的料流运行情况,仿真还原输送机于不同填充率与输送速度条件下的输送性能表现,有效提取输送带截面的径向载荷数据,为评价截面径向刚度性能、托辊布置形式、支架布置设计、输送机整体力学行为分析奠定了计算数据基础。示意如图 11-35 所示。

基于产品技术数据库,将产品模型的定量技术参数变量化,实现产品设计过程中技术参数免维护执行,根据指定设计要求,实现产品开发的快速化模型建立、计算优化、工程出图,参数化计算、新算法、数据库开发都是优化设计的主要手段,如图 11-36 所示,可大幅削减研

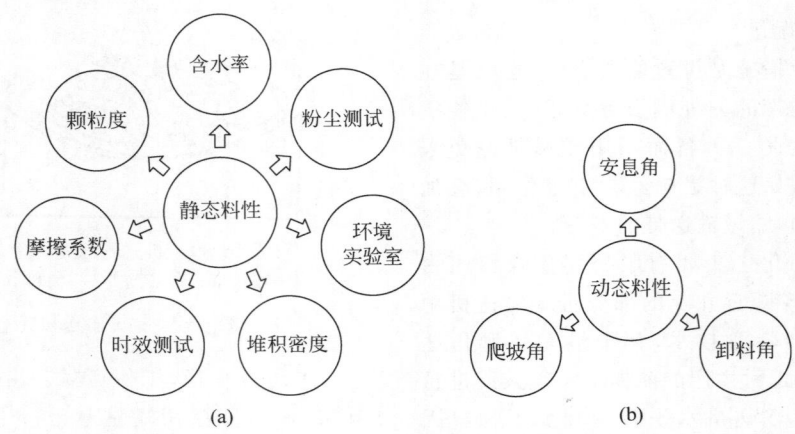

图 11-34　散料料性分析示意

（a）动态分析系统图；（b）静态分析系统图

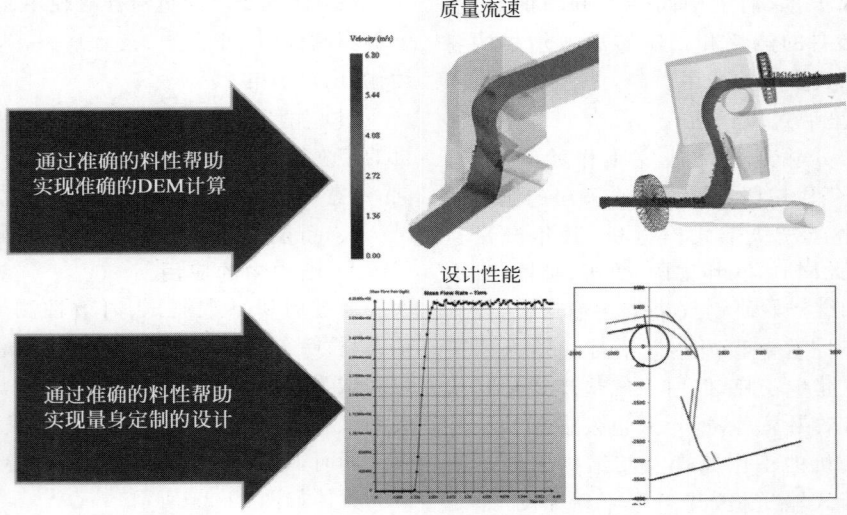

图 11-35　基于离散单元法（DEM）的散料流动性分析示意

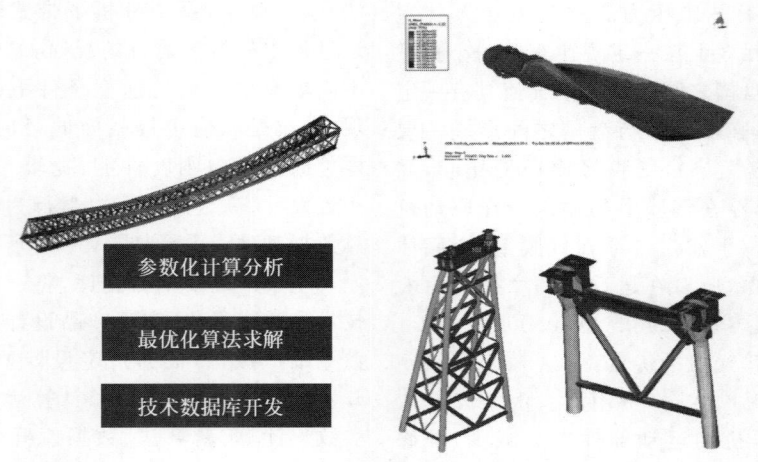

图 11-36　结构的优化设计示意

发成本、提高设计输出可靠性,确保制造、施工周期与质量,提高工程效益与市场竞争力。

11.2.5 管道机械式输送系统

1. 概述

随着现代化生产发展的要求,环保成为当今时代一个日趋重要的问题,在世界范围内引起广泛重视。输送系统在工作中产生的粉尘和撒料,对环境的污染已经引起世界各国输送机设计、制造和使用部门及行政管理部门越来越多的关注。为了减少输送过程中的污染,提倡环保无害化输送物料,人们对密闭输送进行研究和开发,出现了多种形式的封闭型带式输送机,其基本形式有圆管状和其他异形管状(指断面形状而言)带式输送机等,见表11-8。

表 11-8 封闭式的带式输送机的基本形式

序号	断面结构形式	基 本 概 况
1		这种圆管带式输送机是由日本石桥株式会社在20世纪70年代开发的,在世界32个国家和地区获得了专利或正在申请专利。它是由六边形(或八边形)的托辊组将输送带强制性卷成边缘相互搭接的圆管状,进行物料的密闭输送。 在日本还有阪东-化学株式会社、日光工机株式会社、大仓商事株式会社生产的圆管带式输送机。 到1979年,在世界各地投入使用的已有500余台,而到20世纪90年代中期发展到610余台,总长度有86 km。其中在日本国内使用最多,有450余台,在其他各国有160余台。我国也有很多台投入使用
2		与上述圆管带式输送机所用零部件相似,也是采用由六个固定托辊组成的六边形托辊组,将输送带强制性卷成圆管状,但托辊是在支撑板的两侧布置,每侧三个托辊,且位置相互衔接。第一台于1992年5月在德国一家水泥厂投入运行,输送石灰石。管径 $d_{管}=250$ mm,长度 $L=580$ m,输送量 $I_m=350$ t/h,目前已有40余台投入使用,日本用得最多
3		德国汉诺威大学1983—1986年研制,第一台在一家水泥厂投入使用,管径 $d_{管}=200$ mm,长度 $L=400$ m,$I_m=90$ t/h,现有3台在运行,所用输送带考虑了其边缘及中部的预应力,使输送带所受张力更为合理。 支撑装置由独立的圆盘构成,其六个托辊也是安装在圆盘两侧,圆盘可以横向移动,同时可绕圆管输送带中心线旋转,从而调整输送带在运行中的扭转

续表

序号	断面结构形式	基 本 概 况
4		输送带是用一条特殊制造的圆胶管沿纵向切开,在输送线路上自行成为圆管状,从而减小了附加阻力,减小能耗,搭接长度小(小于 $d/2$),转弯半径小,有载分支采用四个固定或可调托辊,无载分支采用三个可调托辊保持圆管状,1987 年法国 VSR 公司研制出该种输送机,现有 80 余台投入运行,主要在日本,管径 $d_{管}=100\sim350$ mm,输送量 $I_m=40\sim50$ t/h
5		该机有别于上述机型,因它的输送带边缘不是搭接而是重叠,且被两个水平辊子夹持在一起,上、下分支被夹持的边缘均在上方。目前已有 80 余台在世界各地投入使用
6		此种输送机与上述基本相似,只是在两重叠边缘除了有两个水平辊夹持外,其上方尚有一个压辊使之两边缘保持不上下窜动,它是由日本住友重机械工业株式会社于 20 世纪 80 年代初研制的,目前已生产带宽 $B=400\sim2600$ mm,相应管径为 $100\sim695$ mm
7		导轨式管状输送机,采用特殊的方法将输送带边缘与轮子连接在一起,且相隔一定间距安装一对,轮子可以自由沿其槽形导轨运行,靠改变两边导轨间距 t 使输送带由槽形逐渐变成管状,把物料包起来达到密闭输送的目的

序号	断面结构形式	基　本　概　况
8		夹持性带式输送机,装料时输送带为平形或槽形,装料后通过导向辊、承载辊及夹持辊,使输送逐渐被封闭而运行,直到卸料处,输送带从夹持辊上分离出来而逐步展开进行卸料。可进行曲线输送避免转载。倾角一般可达 30°,如果在输送带上设置隔离板则倾角可达 60°,充填量70%
9		扁管带式输送机。其上、下分支输送带呈扁平管状。下部有托辊支承,上面搭接部分由小压辊压紧,输送带的芯层只铺设在其中间部分。弯曲部分用纯橡胶,可容易地将两侧边翻上来相互搭接形成密闭的扁平管状输送断面,这种输送机弯曲半径很小,可垂直提升
10		三角形断面管状输送机,适应高输送量输送粮食,为了达到良好的提升性能,有的配置附加内部隔板
11		与上述机型基本相似的密封式输送机。输送带将物料包裹起来在槽形托辊上运行,其上方用托辊将输送带的两侧弯折压住而达到封闭输送的目的

续表

序号	断面结构形式	基 本 概 况
12		这种密闭带式输送机是利用两个吊挂托辊和一个压辊将输送带的凸缘夹持且吊起，并形成梨形断面，我国于 1981 年研制成功，在沈阳冶炼厂使用
13		输送带两边缘分别制成特殊的凸、凹形，重叠后类似拉链，从而保证其密闭性，并有倾斜辊轮支承输送带的凸缘部分，该机由法国研制开发并在加拿大进行试验
14		吊挂管状带式输送机。其输送带两侧有凸缘，其间有承受牵引力的钢丝绳。倾斜滚轮和垂直导向轮夹持重叠在一起的凸缘，形成梨形的封闭断面，它的最小水平弯曲半径可以很小，$R \approx 0.4$ m

　　上述所介绍的封闭式管状带式输送机，大致分两大类：一是圆管状带式输送机，见表 11-8 中序号 1～7；二是异形管状（包括梨形、扁圆形和三角形断面等）带式输送机，见表 11-8 中序号 8～14。表 11-8 并未包括全部，还有其他多种类型，但是它们的特点是相同的。

　　封闭型带式输送机具有如下特点：

　　(1) 可密闭输送物料。不飞扬，不撒落，不泄漏。因回程分支输送带成管状，所以不必担心黏附在输送带上的物料撒落，同时也防止了管外物料的混入，实现无害化输送，净化了环境。

　　(2) 可空间弯曲输送。可绕过各种障碍物和设施不需要多台转载，设计方便，布置简单，可以设计出非常经济的总体布置方案，以较小的曲率半径实现空间弯曲的布置线路。

　　(3) 可提高输送机的倾角。物料被包在输送带里，这样就增加了物料与输送带内表面之间的相互摩擦，因而可提高带式输送机的倾角，一般 $\beta \geqslant 30°$，加隔板后可达 60° 乃至 90°，缩短了整机长度，降低了成本和基建费用。

　　(4) 没有跑偏现象。从构造原理上，不会产生跑偏，从而减少了维护费用。

　　圆管带式输送机在众多封闭型带式输送机中开发最早，发展最快，而且目前用量也最大，主要是因为它比其他封闭型带式输送机的结构（包括机架和输送带）简单，同时其断面更小（仅为普通带式输送机断面的 1/3～1/2），且有许多零部件与普通带式输送机通用。机架间设有关节连接，能使输送机左右移动，作为移置带式输送机就更为方便。另外可往复输送物料，通过翻转输送带或采用特殊的加料装置，便可利用回程分支实现物料双向输送，以满足某些工艺要求。因此,目前在世界各地很多台圆管带式输送机在各行业部门使用。根据管径、输送量和输送长度所统计的、在世界范围内所使用的圆管带式输送机的台数如图 11-37 所示。

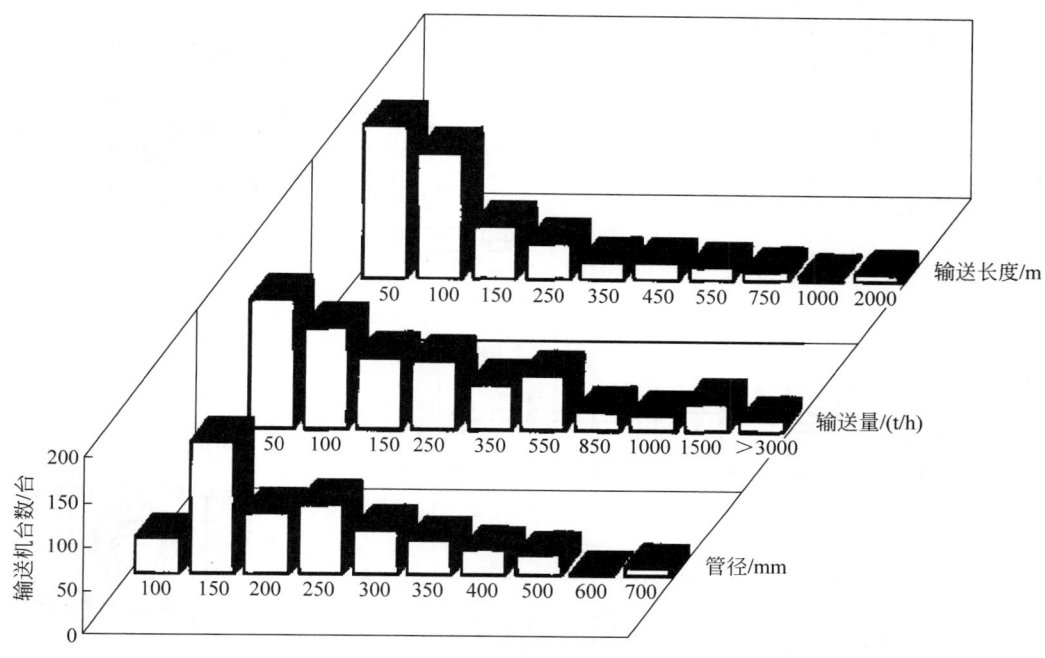

图 11-37　世界范围内使用的圆管带式输送机台数

2. 系统组成及工作过程

圆管带式输送机是在通用带式输送机的基础上发展起来的一种新型带式输送机,它靠摩擦驱动,并利用按一定间距布置的正多边形(一般为正六边形)托辊组强制输送带卷成圆管形,其基本组成如图 11-38 所示。其工作过程是:物料从尾部加料漏斗处进入加料段,输送带由平形变为 U 形,再经过过渡段逐渐变为圆管形,把物料包住密闭运行。输送到头部过渡段时,圆管形输送带由 U 形渐渐展成平形,把物料卸掉。承载、回程分支输送带均可形成圆管形运行,全圆管形如图 11-38(a)所示,或使回程分支以平形运行,单圆管形如图 11-38(b)所示。图中以正六边形托辊组作为正多边形托辊组的示例。

3. 主要零部件的构造及其参数

1) 圆管带式输送机的输送带

输送带是圆管带式输送机的承载件,同时也是牵引构件。输送带采用的抗拉体(芯层)有织物芯(图 11-39)和钢丝绳芯(图 11-40)两种。

由于刚性和柔性要求,必须采用一种特殊的骨架结构。输送带必须具有刚性,从而在通过托辊组时形成并保持圆管形。同时,它也必须有一定的柔性,保证输送带能通过过渡段,经由加料段在线路中卷成圆管形运行和平面状地通过滚筒卸料。这可在输送带的织物层间加橡胶层来实现。

为了保证搭接部分很好地密封,从而防止物料泄漏,要降低输送带边缘的刚性。进一步讲,要控制上下胶层的厚度和硫化次数,提高输送带自然趋向圆管形的能力。

为了紧急维修,可以暂时采用金属接头或用普通输送带代替,直到可作长期维护。

输送带应具有良好的弹性、纵向柔性,一定的横向刚度和柔性及抗疲劳性能。因此,它与普通带式输送机的输送带在结构和橡胶配方上均有不同。织物带的芯层呈阶梯状,如

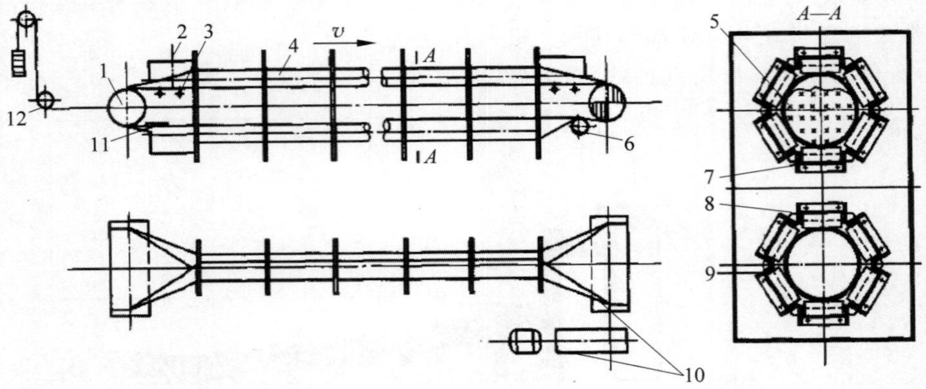

(a)

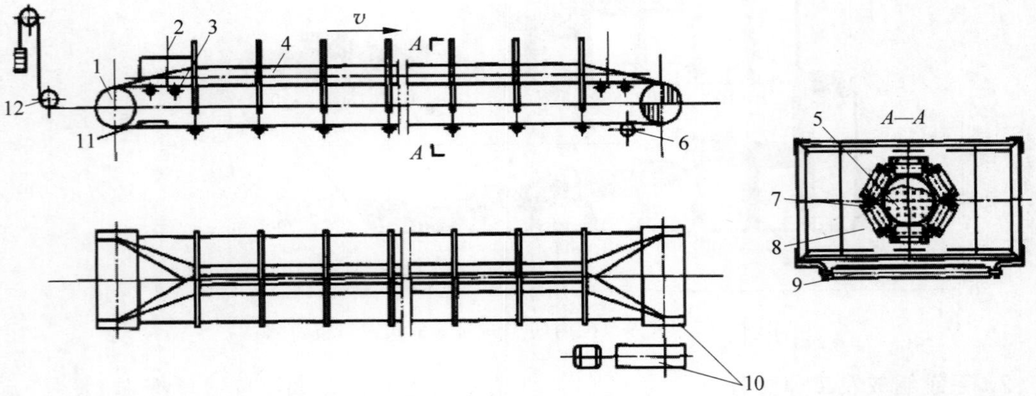

(b)

1,3—改向滚筒；2—导料槽；3—输送带；5—物料；6—改向(增面)滚筒；7—正多边形托辊组；8—框支架；
9—回程分支托辊；10—传动滚筒和驱动装置或电动滚筒； 11—清扫器；12—拉紧装置。

图 11-38　全、单圆管形圆管带式输送机
(a) 全圆管形圆管带式输送机；(b) 单圆管形圆管带式输送机

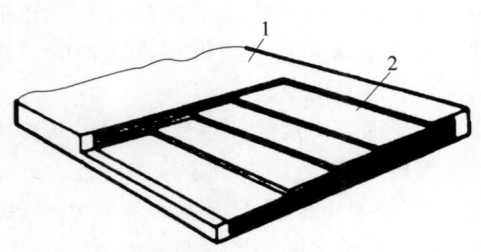

1—覆盖胶；2—纤维织物层。

图 11-39　织物芯输送带

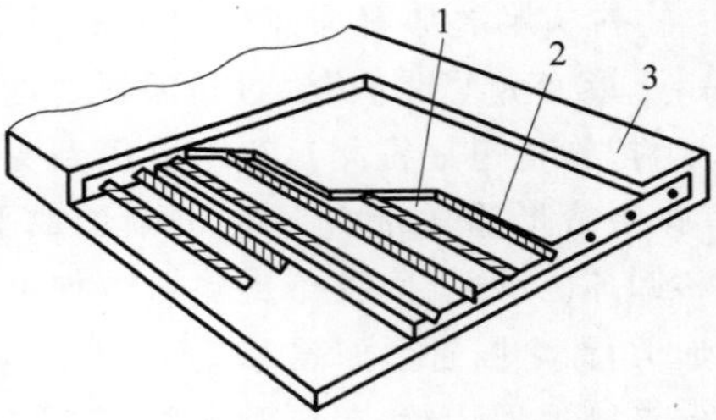

1—带芯胶；2—钢丝绳；3—覆盖胶。

图 11-40　钢丝绳芯输送带

图 11-41 所示,边缘 A 处芯层薄,从而具有较好的柔性,保证边缘搭接部分有较好的密封性。此处还应具有耐磨损性能,以增加输送带的使用寿命,而中间胶的作用是使输送带具有一定的弹性和柔性,以使输送带能保持其成管性。

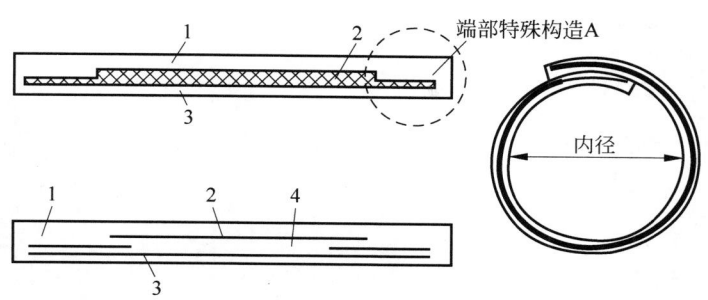

1—内覆盖胶；2—芯体层；3—外覆盖胶；4—中间胶层。

图 11-41　织物芯输送带的结构

对于长距离圆管带式输送机,输送带也可采用钢丝绳芯(ST)结构,如图 11-42 所示,此时,在钢丝绳的上下各铺有一层横向织物。就像织物芯输送带结构一样,在织物和钢丝绳之间也有一层橡胶。

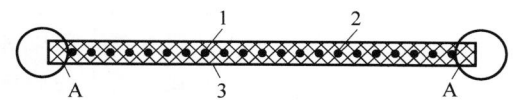

1—内覆盖胶；2—钢丝绳；3—外覆盖胶。

图 11-42　钢丝绳芯输送带的结构

钢丝绳芯输送带中的钢丝绳应采用较小的直径,可采取增加钢丝绳根数的办法来保证其具有一定的带强,以减小输送带的厚度,使其纵向和横向都具有一定的柔性,从而使输送带具有良好的密封性和抗疲劳性能。

2) 托辊及托辊组

对圆管带式输送机所用的托辊来说,要求其运行阻力小,防水浸入密封性好。普通带式输送机的槽形托辊组的侧辊槽角一般为 35°左右。而圆管带式输送机的六边形托辊组的侧辊倾角成 60°,如果密封不好,雨水易于浸入,在短时间内可能引起托辊不转动。因此,圆管带式输送机对托辊的密封要求更为严格。根据日本对托辊的调查结果,调整润滑油的充填率,可以使其回转阻力更小。

圆管带式输送机所用的托辊组包括平行托辊组、槽形托辊组和多边形托辊组。一般来说,平行托辊组用于单圆管带式输送机的回程分支,各种槽角的槽形托辊组用于过渡段,而多边形托辊组则用于输送段承载分支和全圆管带式输送机的回程分支。多边形托辊组一般取六边形,图 11-43 所示为六边形托辊组。相邻托辊的最小间隙应小于输送带厚度,一般为 2~5 mm,过大间隙会使输送带边缘易嵌入而损坏。

输送带四周的托辊通常被称为圆管形保持(pipe shape keeping,PSK)托辊。当圆管带式输送机直线运行,没有任何垂直或水平弯曲时,上行程(或圆管带式输送机的承载侧)的底部三个托辊承受输送带和物料的重量,顶部的三个托辊维持输送带呈圆管形。当输送机有垂直和水平弯曲部分时,围着输送带的一部分托辊可能成为承载托辊,而其他的托辊来维持输送带的圆管形。回程分支也是如此。在回程分支中使输送带保持圆管形,而不是像通用带式输送机那样采用平形,是为了保证其可以采用与承载分支同样的结构,以引导输送带通过垂直或水平弯曲段,或可以实现双向往返输送。

六边形托辊组的六个托辊可以安装在框支架的一侧(图 11-43(a)),也可装在两侧(图 11-43(b))形成六边形。

六边形托辊组根据配置形状分为平底船型和峰点型,其中要在过渡段交替布置平底型和峰点型 2 组。此外,托辊可设置在框支架的两侧形成两个六边形托辊组的组合,有四种组合形式。

在输送机的尾部过渡段(输送带由平形卷成圆管形),与通用带式输送机相似,输送带由

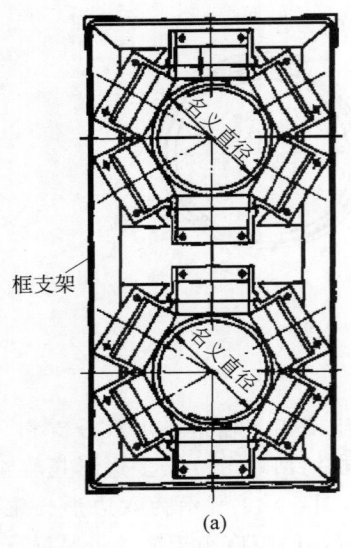
(a)

(b)

图 11-43　六边形托辊组结构

不同槽角的托辊组支承,如图 11-44 所示。在这里,通过导料槽为输送机加载,以保证把物料加在输送带的纵向中线附近,利于输送带的运行,加料侧板下的位于输送带中心位置的托辊可以吸收装载物料的冲击载荷。在输送带进入圆管形前,需安装一组五边形托辊组,其上两边的两侧托辊要有不同的槽角(图中为 55°和 60°,此措施亦可用于回程分支),用以对输送带的两边进行强制成型,使它们重叠后成为圆管形,以防相互干涉。同时,在圆管形的开始处装有一组特殊的托辊,由 12 个排成不重合的两个六边形托辊组成。

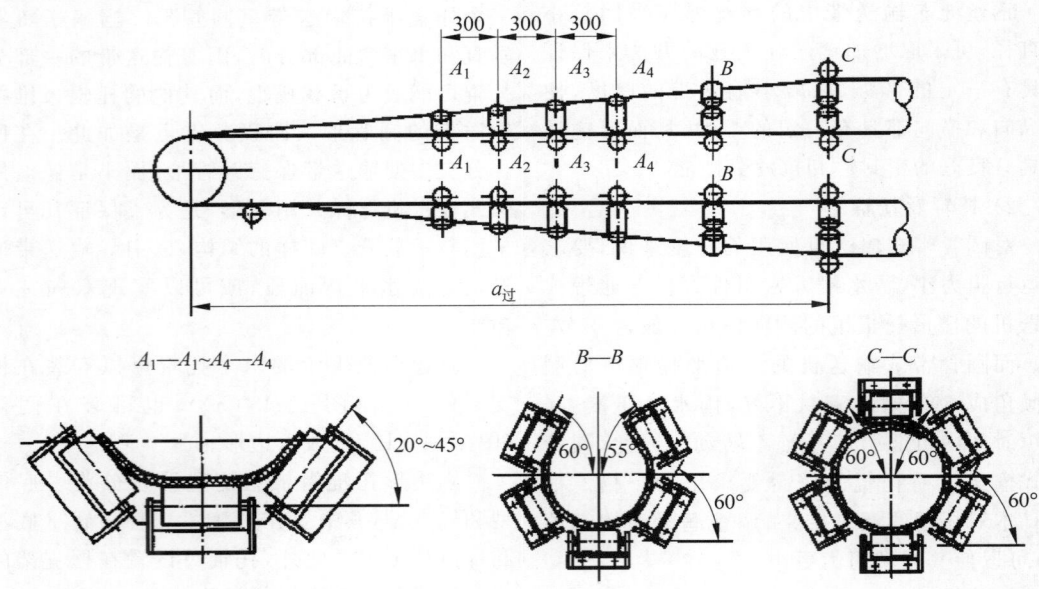

图 11-44　过渡段托辊布置简图

安装在框支架两侧组成的多边形托辊组,在成管搭接长度为管径 1/3～1/2 的情况下,可以有效避免运行的输送带夹进托辊间隙中造成事故。

3）框支架

框支架中用来支承托辊的面板非常简单。面板由平板冲压而成,制造非常经济。也可采用 PSK 板结构,节省钢材用量。大型圆管带式输送机的面板由角钢和钢板制成。托辊安装孔由配钻而成。以保证所要求托辊安装的精确度。

面板的结构可以是多样的,图 11-45 所示为目前常用的结构,图 11-46 所示是一种新型组合面板结构,与上述结构相比,具有结构简单、重量轻、安装方便等优点。而图 11-47、图 11-48 所示的组合面板装配的圆管带式输送机更可显示出其布置灵活的优点。

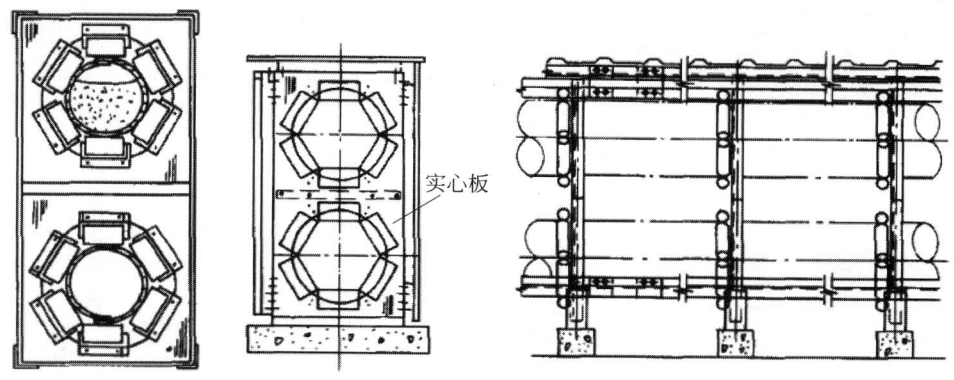

图 11-45　传统结构框支架

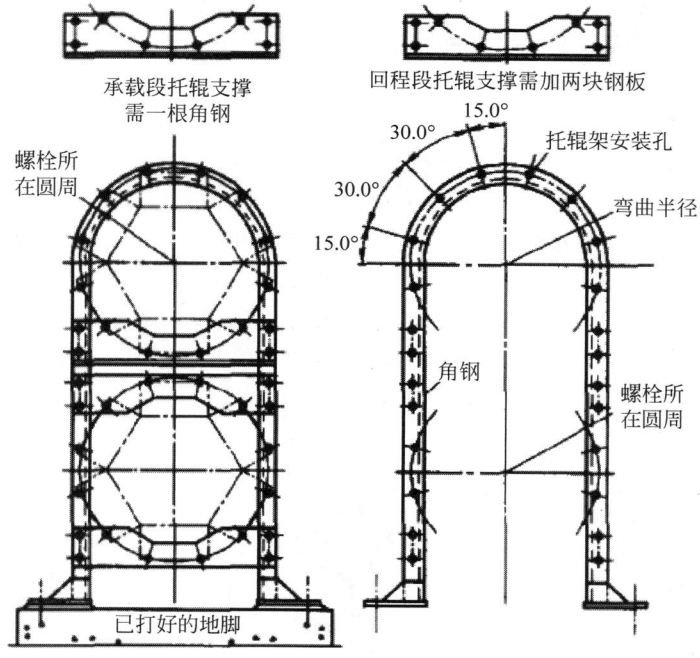

图 11-46　组合型框支架 1

所有面板都应与输送机的纵向轴线垂直正交,国外某公司只取有 1 mm 的公差范围。

支承桁架、平台和柱脚与通用带式输送机相似。由于托辊面板的面板效应,圆管带式输送机的桁架(包括走台)更加坚固,因此允许采用稍轻型的设计。

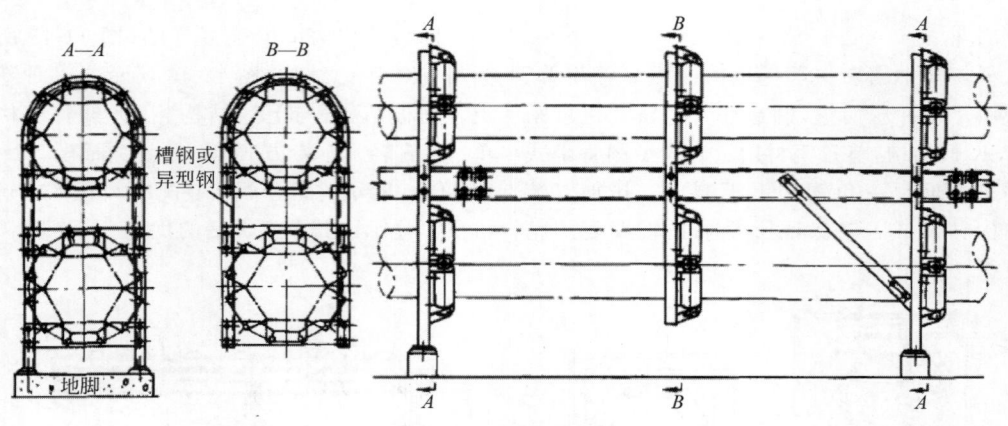

图 11-47　组合型框支架 2

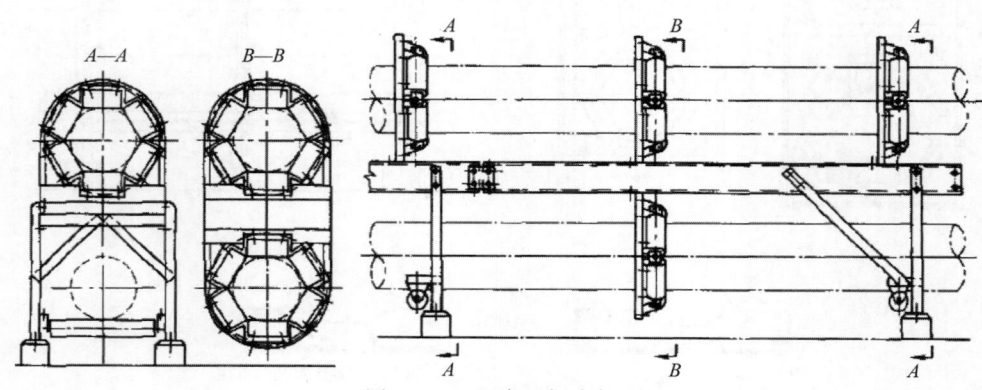

图 11-48　组合型框支架 3

对于长距离的圆管带式输送机，在设计时就应考虑环境温度变化引起结构架伸缩的问题。可采用铰接等结构连接方式。

通过型通廊也可满足长跨距的要求，根据圆管带式输送机的尺寸大小，维修走台可以设置在一侧或两侧（图 11-49，图 11-50）。典型的圆管带式输送机形状可采用较轻桁架设计，这样就减小了基础载荷。

4）滚筒

圆管带式输送机的输送带通常会产生左右扭转的状态，在头部滚筒处输送带会出现横向移动，因此用于圆管带式输送机的滚筒的宽度要比普通带式输送机的滚筒宽度大（图 11-51），这样头部卸料槽内部宽度尺寸也应加大，见表 11-9。

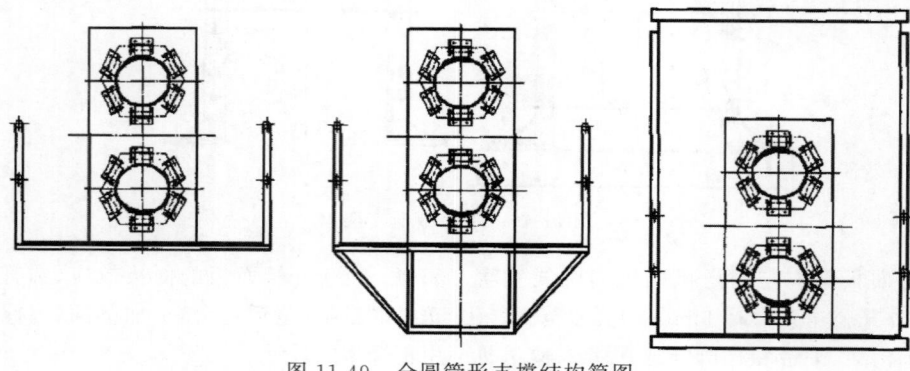

图 11-49　全圆管形支撑结构简图

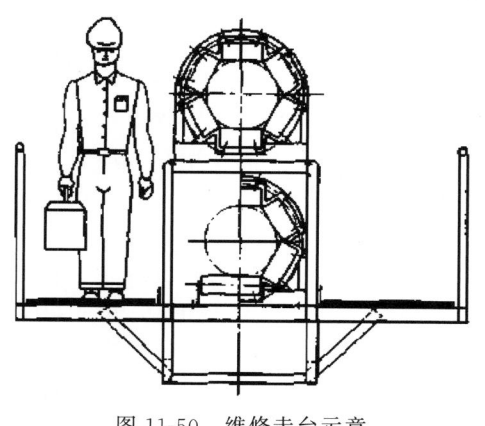

图 11-50　维修走台示意

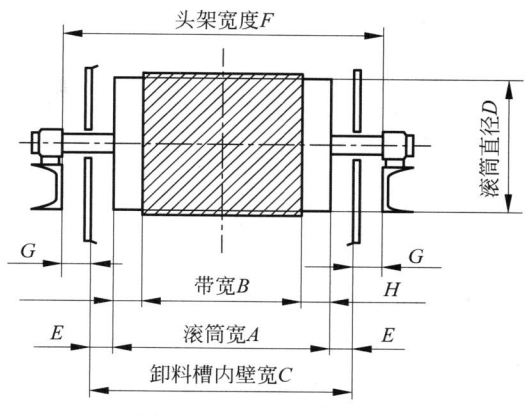

图 11-51　滚筒结构示意

表 11-9　滚筒结构尺寸　　　　　　　　　　　　　mm

$d_{管}$	A	B	C	D	E	F	G	H
$\phi150$	750	600	850	500、630	50	1000	75	75
$\phi200$	930	750	1080	630、800	75	1280	100	75
$\phi250$	1150	1000	1300	630、800	75	1500	100	75
$\phi300$	1280	1100	1450	800、1000	85	1650	100	90
$\phi350$	1480	1300	1650	800、1000	85	1850	100	90
$\phi400$	1800	1600	2000	1000、1200	100	2200	100	100
$\phi500$	2200	1800	2450	1200、1400	125	2650	100	150/200

滚筒的直径与所使用的圆管带式输送机的规格、芯层的层数和种类及中间橡胶的嵌入方法有关,钢丝绳芯输送带对应的标准滚筒直径见表 11-10。

表 11-10　钢丝绳芯输送带对应的标准滚筒直径　　　　　　　　　　　　mm

输送带型号及其拉伸强度/ （N/mm）	滚筒分类		
	大张力、传动滚筒	尾部、拉紧、改向滚筒	增面滚筒
ST630	630	500	400
ST800	630	500	400
ST1000	800	630	500
ST1250	800	630	500
ST1600	1000	800	630
ST2000	1000	800	630
ST2500	1250	1000	800
ST3150	1400	1250	1000
ST4000	1600	1400	1000
ST5000	2000	1600	1250

5）驱动

对于直线倾斜的、中间长度相等的圆管带式输送机与通用带式输送机来说,通用带式输送机长度加 91.5 m(300 ft)的功率消耗和张力大小与圆管带式输送机相同。如果按输送机的输送能力和尺寸来比较,圆管带式输送机所需功率稍多些。假如圆管带式输送机有弯曲部分，为改变输送带内物料的输送方向，也要消耗一些功率。尽管输送带弯曲的圆管带式输送机比同样长度的直线形通用输送机所需功率相对要大，但取消了转载点及与转载点有关的提升设备。当对多段通用带式输送机（有另外的功率要求，在每个转载点把物料转载到下一台输送机上）与圆管带式输送机的功率需求相比较，圆管带式输送机的耗能相当，甚至更少。

还要特别考虑圆管带式输送机在冬季运行时启动力矩增大的情况，要采取措施克服输送带在寒冷环境下变得僵硬和潮湿物料结冰结块引起的附加阻力。

一般选用可调速驱动装置，结合物料横断面监测器控制圆管带式输送机的启动，启动时间一般取 100 s 以内，带速在额定带速的 10%～100% 内可调。同时采用跑偏开关、拉绳开关等安全保护装置。

与通用带式输送机相比，圆管带式输送机的每次特定应用，必须对其功率需求和输送带张力进行详细的工程计算。

4．轮式圆管状带式输送机系统

一种封闭带式输送机系统，具有轨道和间隔开的多个托架，这些托架在由该轨道支撑的轮子上运行。连续传送带（胶带）由这些托架支撑并具有封闭构造，在该封闭构造中该传送带（胶带）封闭由该系统运输的散装物料。一个或多个导带器沿着该轨道定位，并且与该连续传送带（胶带）接合，以将该连续传送带（胶带）保持在其封闭构造中。其结构示意图如图 11-52 所示。

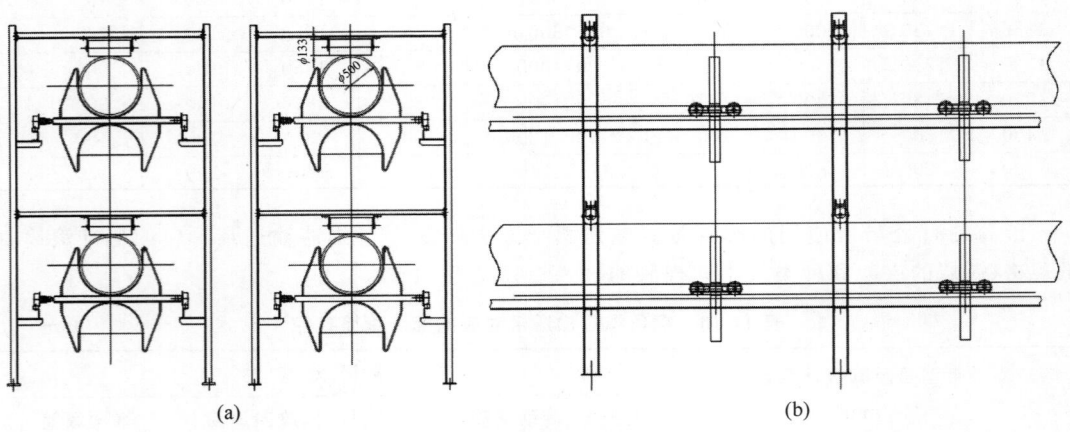

(a)　　　　　　　　　　　　(b)

图 11-52　轮式圆管状带式输送机

(a) 断面图；(b) 正面截图

研究表明，通过减小胶带的压陷阻力和承载胶带通过托辊组的变形阻力分析，轮式圆管状带式输送机的能耗和胶带张力均只是现有同运量管带机的 20% 左右，运行成本能够降低约 50%，同时，可以缩短施工时间，减少转载点，减少托辊的维护。目前，国内某青年技术团队正在深入该课题，实际应用正在筹备中。未来使用的场地有露天矿山、火力发电厂、井工矿山-洗选中心、港口、化工等。

11.2.6　带式输送机自移机尾

现阶段，在常规带式输送机进行机尾运动的过程中，需在其机头部位设置一部绞车提供拉力，并且还需众多工作人员辅助完成整个运动，考虑到煤矿矿井的空间较为狭窄，巷道无法提供足够的运动空间，由此导致带式输送机机尾在移动过程中由于移动速度太慢而难以完成相应的动作，并且还会出现移动过程中胶带跑偏以及转载机的机头发生倾斜的现象，而通常选择人工化方法来实现转载机和运输巷带式输送机连接的过程,需要通过众多工序与环节才能完成,整个过程的时间过长,极大增加了安装与拆卸的难度,此外还会产生许多人员安全隐患,对采煤环节造成不利影响。

1. 综采工作面带式输送机推进现状及存在的问题

现如今,采煤机械化的发展速度之快有目共睹,不仅采煤设备向着大功率及连续性方向持续发展,而且人们已经充分认识到安全高效运行的重要性。在与转载机衔接的运输巷中,带式输送机主要是通过人工手段对机尾进行缩短,以此保证工作面的推进。施工办法中的拆除、安装的工程量大且工序也较为复杂,而且施工周期长、环节多。由于需要人工拉移,势必给工人增加劳动量。而且由于采掘巷道及矿井地质的复杂情况,常遇到各种障碍,直接影响综采工作面的正常生产,同时安全系数也大大降低。这就要求与之配套的运输设备能随工作面的推进而及时有效地解决上述问题。

针对以上存在的问题,采用输送机自移机尾装置与机头自动张紧相配合,自动缩短运输巷输送机长度。带式输送机自移机尾装置可广泛用于采煤工作面顺槽转载机与带式输送机机尾正确搭接以便快速推移,可以使工作面快速推进,保证顺槽运输与转载设备的良好衔接。因此,根据以上分析,本章介绍一种 ZY2700 型带式输送机的自移机尾结构,ZY2700 型自移装置是目前比较先进的输送机尾自移设备,是工作面顺槽运输设备桥式转载机与带式输送机的中间衔接装置,可实现工作面回采期间带式输送机机尾的前移,能满足快速推进的需要。同时,其具有胶带跑偏调整、桥式转载机推移方向校正和自行前移等功能,保证顺槽运输转载的通畅和良好衔接。

2. ZY2700 型自移机尾装置结构组成

ZY2700 型自移装置主要由组合基架、小车、液控系统、托辊等组成(图 11-53)。

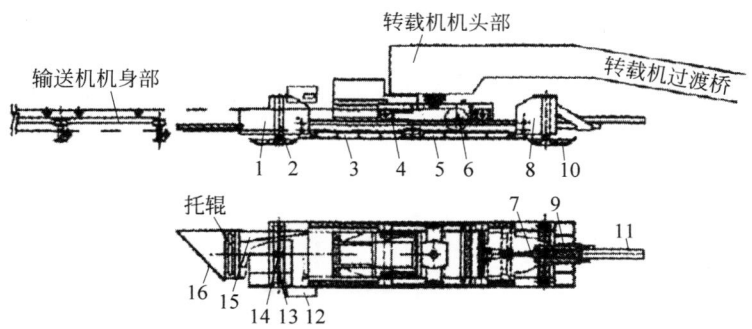

1—前支撑架;2—调平缸;3—前段机架;4—机尾小车;5—后段机架;6—机尾滚筒;7—棘轮推进机构;8—后支撑部;9—推移缸;10—滑橇;11—棘(齿)杆;12—液压操作系统;13—滑靴;14—侧移缸;15—导板;16—清扫器。

图 11-53 ZY2700 型自移装置示意图

1) 组合基架

组合基架主要由头端架、基架、尾端架、刮煤板、辅助输送带运行的 500 滚筒、200 滚筒、注油装置、滑架、滑座等组成。组合基架与小车组装后,是转载机机头的主要支撑体,是完成调高、调偏和自移功能的基础部件,全部滚筒均采用稀油润滑,浮动机械密封,远程注油。

(1) 头端架部分。其包括两个主要结构件:头端架和刮煤板。头端架包括头端架体、活动架和固定架等,分别通过销连接,实现立

缸与活动架和固定架的定位,固定架与头端架体、活动架与滑块、滑块与水平缸的连接,水平缸与滑架固定在一起,实现头端架部分的调高和侧移。刮煤板连接在头端架上,其作用是清除下胶带上表面的煤尘等杂物。

(2) 基架。基架是自移小车的运行轨道,两端各用四个销分别与头端架、尾端架连接。

(3) 尾端架部分。尾端架包括尾端架体、活动架、固定架等,其作用与头端架相似,分别通过销连接:实现立缸与活动架和固定架的定

位,固定架与尾端架体、活动架与滑块、滑块与水平缸的连接,水平缸与滑架固定在一起,实现尾端架部分的调高和侧移。

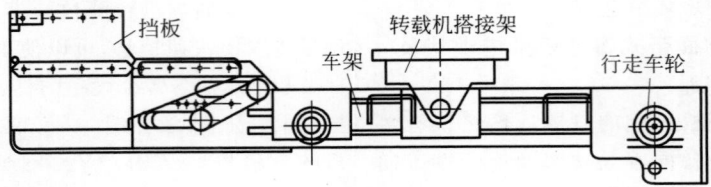

图 11-54 行走小车结构

转载机机头与小车上的两层铰接桥架用固定环连接,可满足转载机三个方向的转动自由度,还可有效地解决转载机传动部的偏重问题。将带式输送机的胶带绕过 500 滚筒折返,然后用 220 滚筒进行压带,使输送带平稳地在压板与前车架的间隙中运行。

小车的四个车轮骑在基架的轨道上,可沿轨道前后移动,行程最大可达到 2700 mm。

3)液控系统

液控系统由 4 个调高立缸、2 个侧移水平缸、2 个推移缸、2 个千斤顶、10 个液控换向阀、6 个液控单向阀、8 个安全阀和高压胶管等组成(图 11-55)。以乳化液泵站作为动力源,供

2)小车

小车主要由车架、横梁、喷雾装置、支架、轮架和压板等组成(图 11-54)。

液压力为 31.5 MPa。4 个调高立缸进液回路(升起基架)设有液控单向阀和安全阀,以保证基架在升起后维持所要求的状态稳定,而不致在自移装置的自重和转载机机头重量作用下自行下落。两个侧移水平缸缸体与滑架用压板连接,其活塞杆端通过销轴及滑块与调高立缸相铰接,以实现机架侧向移动,进而带动转载机机头与带式输送机自移机尾侧向移动,最大侧移量 200 mm。推移缸安装在基架两侧,分别通过 4 个 φ80 mm 销与小车、前基架相连,构成自移装置的拉移系统,最大行程 2700 mm。双缸推移,推力较大,结构简单,便于维护。

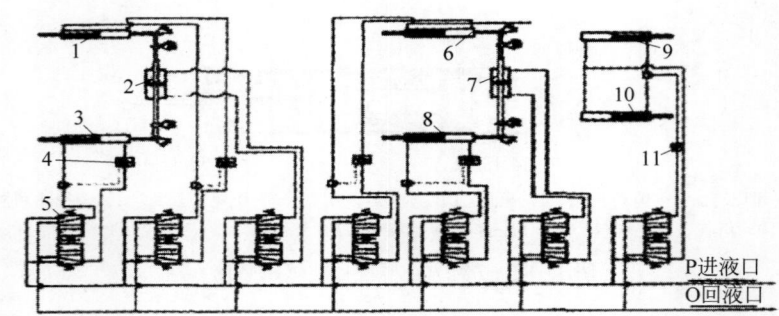

1,6—调高液压缸(左);2,8—调高液压缸(右);3—侧移液压缸(前);4—液控单向阀;5—四通阀;
7—侧移液压缸(后);9—推移液压缸(左);10—推移液压缸(右);11—节流阀。

图 11-55 带式输送机自移机尾液压控制系统原理

所选用的阀:①BZF200A10/A16 操纵阀组 10Z;②ZHYFII.00 安全阀;③KDF1B 液控单向阀。

3. 自移装置工作原理

通过调高液压缸对机身的高度及偏斜进行调整,在滑橇中设有一个侧移液压缸,将其

杆体和滑橇连接在一起。再利用滑靴,将调高液压缸和活塞杆两端相连接,使得机架顺利完成侧向行走。然后转载机机头和输送机自移机尾就会随着机架移动而进行横向行走。最后整体机身随着液压缸的推移完成前移。通过输送带将自移机尾滚筒和带式输送机衔接

在一起,建立一个封闭式运输系统。液压控制系统包括节流阀、液控单向阀、四通阀。其中节流阀是用来实现液压缸的推移工作,液控单向阀是用来控制侧移液压缸的,而四通阀是用来控制调高液压缸的。带式输送机自移机尾推移系统就是由这个液压控制系统控制的,如图11-55所示。

系统将工作面液压站设成动力源,传递31.5 MPa的压力。液控单向阀门设在调高液压缸回路上,并且机身升起以后可维持正常状态,防止自行下落情况的发生。在此设置节流阀的作用在于保证推移整体机身时推移速度能够得到控制。

4. ZY2700型自移装置操作程序

ZY2700型自移装置中小车结构与转载机机头连成一体,构成自移装置自移的支撑点,小车通过φ80 mm销与推移缸活塞杆相连接,推移缸缸体与基架通过φ80 mm销相连接,构成以转载机为支撑的自移系统。在推移转载机时,小车及推移缸活塞杆随之一起前移,活塞杆被压入缸筒,根据采煤工艺要求在完成一定截深后,即可推出推移缸进行基架的推移工作。

ZY2700型自移装置可完成自行拉移、胶带跑偏调整及校正功能。其操作程序如下:

1) 基架自行拉移操作

(1) 随着工作面输送机的推移前进,转载机随之向前移动,与其相连的小车也一起按步距在基架轨道上前移。

(2) 当采煤机完成一定截深后,小车也随转载机前移一定距离,与小车连接在一起的推移缸的活塞杆被逐渐压入缸体(行程≤2700 mm),当小车在轨道上运行到接近基架导轨的前端时,则应向前移动自移装置。

(3) 操纵四个调高立缸的控制手柄,使立缸收缩,提起滑架,使基架完全落于顺槽底板,完成自移装置的推移准备工作。

(4) 操纵推移缸控制手柄,使高压工作液进入缸体推动活塞杆伸出,由于推移缸活塞杆和缸体分别与小车和基架相连,即可推动整体基架前移。

(5) 当推移缸活塞杆完全伸出后,即完成基架推移工作,这时即可进行调高以及调偏等操作。

2) 调整胶带跑偏的操作

当胶带向一侧跑偏时,可操作相应的调高立缸或必要时尚需操作侧移水平缸,把基架相应一侧抬高或校正,直到胶带恢复到正常位置为止。

3) 校正自移装置及转载机机头的操作

当转载机机头与工作面前进方向偏斜时,或当带式输送机与自移装置发生偏斜时,可进行校直,操作程序为:

(1) 操作调高立缸使基架升起,离开顺槽底板。

(2) 操作侧移水平缸向所要求方向移动基架,调高立缸与基架及滑块以滑架为支点,沿滑架向预定方向移动。侧移水平缸设计行程为200 mm,前后各两个水平缸,对称位置安装,沿要求预定方向移动。

(3) 操作调高立缸将基架落到顺槽底板上,并使滑架离开底板。操作侧移水平缸使滑架恢复到中位。

(4) 操作调高立缸,使滑架落在顺槽底板上,同时升起基架离开顺槽底板,调整基架的高度。

(5) 如果需调整的距离较大,可重复进行上述过程,直到达到所要求的移动距离。在中间阶段的侧移过程中可以充分利用200 mm行程,每次将滑架移到极限位置,但最后应使水平缸恢复中位。

(6) 既可同时向一个方向移动基架的前、后端,也可以单独移动基架的一端,又可同时向相反方向移动基架的前、后端。

4) 浮动托辊高度的调整

由于顺槽底板的起伏、带式输送机和自移装置高度的配套不合适,造成从输送机末端机架到自移机尾间的过渡段输送带无支承、支承高度不合适,导致输送带成型不好,原煤外泄。

在运行过程中输送带自移机尾的操作者,根据实际情况可随时调整浮动托辊的高度,以适应输送机和自移装置的高度变化。

5. 输送机自移机尾优势

自移机尾已经成为煤矿井下作业可伸缩带式输送机的关键结构，能够实现偏差调整、自移与高度控制的多项功能，一定程度上减少了职工的劳动强度及作业时间，提升了采煤区队的工作效率，保证了矿井正常有序生产。现开滦各煤矿的一些工作面都在使用自移机尾装置，均能够减少作业人员的体力消耗，改善安全生产环境，提高劳动效率。自移机尾推广应用后，对保证工作质量、创造安全生产的环境，都有十分重要的意义。同时还能够根据地面的凹凸特征以及载荷变化情况对引起胶带跑偏的问题实施有效调整，并对转载机推移进行方向调节，完成各个环节的机械控制，充分实现了高产高效的工作需求。

11.3 刮板输送机

11.3.1 概述

刮板输送机利用刮板链作为传送机构实现物料连续运输，主要用于井工煤矿的回采工作面或顺槽等场所，与支架、采煤机共同配合，实现落煤、装煤、运煤及推移的机械化。如图 11-56 所示，刮板输送机主要部件包括机头部（包括机头架、驱动装置、链轮组件等）、中部溜槽（包括过渡槽、变线槽、中部槽和调节槽等）、刮板链、机尾部（包括机尾架、驱动装置、链轮组件等）、电缆槽、无链牵引装置、推移梁等。

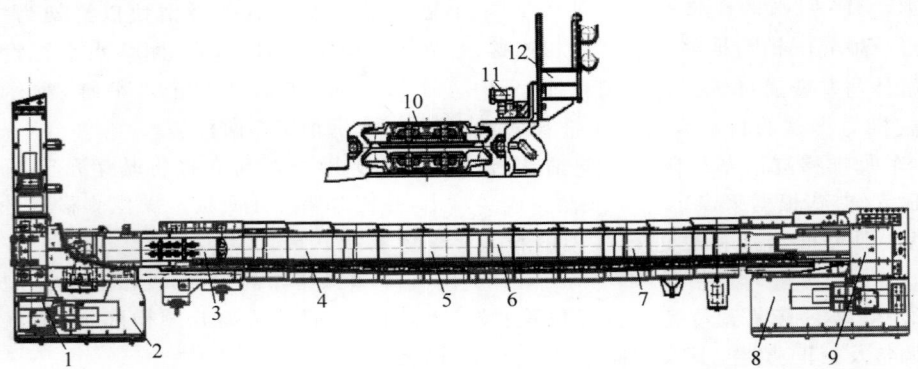

1—机头部；2—机头推移梁；3—机头过渡槽；4—左变线槽；5—中部槽；6—开天窗槽；7—右变线槽；8—机尾推移梁；9—机尾部；10—刮板链；11—销轨；12—电缆槽。

图 11-56　矿用刮板输送机

一般的刮板输送机能在坡度 25°以下的条件下使用，使用中要受拉、压、弯曲、冲击、摩擦和腐蚀等多种作用，因此必须有足够的强度、刚度、耐磨和耐腐蚀性。由于采用刮板链推动物料在溜槽内滑行的运输方式，摩擦阻力大，相应部件磨损严重，设备故障率高，但由于特殊工况和使用功能的特殊要求，在采煤工作面还没有更好的机械可替代。随着产品结构、材料和制造工艺不断研究改进，刮板输送机性能不断提升，功能更加完善，可靠性和使用寿命显著提高。

刮板输送机在煤矿的发展历史上大致经历了三个阶段。第一阶段在 20 世纪 30—40 年代，是可拆卸的刮板输送机，如 V 型、SGD-11型、SGD-20 型等。第二阶段是 20 世纪 40 年代前期由德国制造的可弯曲刮板输送机，这种刮板输送机可适应底板凹凸不平和水平弯曲等条件，移设时不需拆卸，并且运煤量也增大，如SGW-44 型刮板输送机。第三阶段是 20 世纪60 年代的大功率铠装可弯曲重型刮板输机，如SGD-630/75 型、SGD-630/180 型等，溜槽采用轧制槽帮焊接，重量轻。

自 20 世纪 90 年代以来，以铸焊中部槽为特征的采煤工作面刮板输送机向大运量、长运距、大功率、高可靠性方向发展,链条强度大幅提升,重载软启动、链条自动张紧、运行状态自动监测等新技术广泛采用,刮板输送机输送量从 1000 t/h 增大到 6000 t/h,运距从 200 m 增加到 450 m,链速则从 1 m/s 增大到 1.8 m/s。以中煤张家口煤矿机械有限公司制造的 SGZ1400/4800 型刮板输送机为例,设备输送能力达 6000 t/h,槽宽为 1400 mm,装机功率 4800 kW,铺设长度 400 m,已在内蒙古、陕西、山西大采高广泛应用,年产量 1200 万 t,整机寿命达到 5000 万 t。

为使刮板输送机的生产达到标准化、系列化和通用化,提高产品的制造质量,我国于 2002 年修订并发布了《矿用刮板输送机型式与参数》(MT/T 15—2002),2006 年修订发布了《刮板输送机通用技术条件》(MT/T 105—2006)。《矿用刮板输送机型式与参数》是产品系列的规划,是今后一个阶段设计制造新产品的依据。《刮板输送机通用技术条件》规定了刮板输送机的主要质量标准和技术要求,以提高产品质量,但这些标准已滞后于刮板输送机实际的机型变化和技术发展。

刮板输送机的刮板链的型式有四种:中单链型、边双链型、中双链型和准边双链型。实际使用中,中双链型刮板链使用最为广泛,链条也由标准的圆环链衍生出紧凑链、宽扁链、宽带链等多个品种,强度显著提高。刮板输送机卸载型式有两种:端卸式和侧卸式。端卸式机头架体积小,对工作面的适应性好,适用于地质条件复杂的工作面,侧卸式机头架实现了刮板输送机与顺槽转载机刚性连接,卸载效果更好,利于工作面快速推进,适用于地质条件好的采煤工作面。刮板输送机中部槽结构有两种:开底式和封底式。开底式中部槽底链阻力较大,仅在轻型中部槽中采用,重型溜槽普遍采用封底式,为便于底链检修,封底式中部槽又变型出开天窗槽。中小功率刮板输送机通常采用单速电机或双速电机驱动,对于单机功率 400 kW 以上的刮板输送机,软启动的应用日趋普及,尤其是高压变频技术具有高可靠、易维护、可实现运行过程调速的优异性能,已逐步取代 CST、液力耦合器等其他的软启动方式。目前,随着采煤机械化水平的提高,刮板输送机装机功率普遍在 400 kW 以上,单机功率 700~1000 kW 的刮板输送机广泛应用,刮板输送机最大装机功率达到 3×1600 kW。部分典型刮板输送机性能参数见表 11-11。

表 11-11　刮板输送机性能参数

型　号	输送能力/(t/h)	铺设长度/m	装机功率/kW	中部槽高/mm	中底板厚度/mm	圆环链规格/mm	寿命/Mt
SGZ630/150	250	200	150	205	25/16	22	1.5
SGZ630/264	450	200	264	263	30/16	26(22)	3
SGZ730/400	800	200	400	290	30/20	26	4
SGZ764/500	1000	200	500	290	30/20	30	6
SGZ830/630	1200	200	630	290	30/25	30	8
SGZ900/800	1500	250	800	308	40/30	34	10
SGZ1000/1050	2000	250	1050	308	40/30	38	>12
SGZ1000/1400	2500	250	1400	346	40/30	42	>15
SGZ1000/2400	3000	300	2100	350	40/30	48	>20
SGZ1000/3000	3500	350	3000	376	50/30	48	>25
SGZ1250/3600	4000	350	3600	376	50/40	52	>30
SGZ1400/4800	6000	400	4800	450	60/40	56/60	>40

目前煤炭开采正朝着少人化、无人化、智能化发展。作为综采工作面三机之一，刮板输送机正向高可靠性、高智能化的方向发展，需要政府、煤矿生产企业、煤机制造企业、科研院所和高校开展政、产、学、研、用五位一体式的通力合作，走坚持自主研发、创新的道路，提升核心竞争力，推动我国煤炭安全高效智能化开采水平再上一个台阶，为促进煤炭产业转型升级作出新的贡献。

11.3.2 主要部件和技术要求

按工作需要，对矿用的刮板输送机的结构有如下要求：

（1）能够同时满足左工作面和右工作面工作要求。

（2）各部件便于在井下运输和拆装。

（3）同类型的部件安装尺寸和连接尺寸应尽量统一，保证通用互换。

（4）刮板链安装后，在正、反方向都能顺利运行。

（5）有紧链装置，且操作方便，安全可靠。

（6）能够与支架配合，实现横向推移。

（7）要有足够的强度、刚度和耐磨性。

（8）端部卸载的刮板输送机，机头架应有足够的卸载高度，防止空段刮板链返程带回煤。

（9）配置刮板链复位器，刮板链在脱出槽体时能够在机头或机尾处返回槽内。

（10）用于机械采煤的工作面刮板输送机，机头架的外形和结构形式应便于采煤机自开切口。

（11）用于综采工作面的刮板输送机，相关的外廓尺寸应与采煤机和液压支架相配。

（12）对于带倾面的工作面，工作中有下滑可能时，刮板输送机应有防滑锚固装置。

刮板输送机由机头部、机尾部、中部槽及其附属部件、刮板链、机头尾推移装置等部分组成。下面分述其结构和技术要求。

1. 机头部

机头部由机头架、链轮组件、减速器、联轴器、电动机和紧链装置、防护盖板等组成，将电动机的动力通过减速器降速增大扭矩后，再由链轮组件传递给刮板链。图 11-57 所示是刮板输送机的驱动机头部示意图。

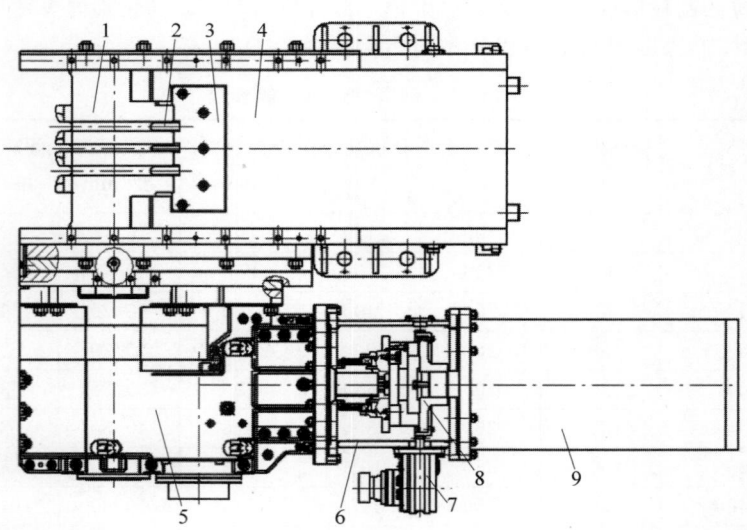

1—链轮组件；2—拨链器；3—舌板；4—机头架；5—减速器；6—连接罩；7—紧链装置；8—联轴器；9—电动机。

图 11-57 刮板输送机驱动机头部

1) 机头架

机头架是机头部的骨架,由高强度钢板焊接制成,保证足够的强度和刚度,各型机头部的共同点如下:

(1) 两侧对称,都能安装减速器,以适应左、右采煤工作面的需要。

(2) 链轮组件与减速器输出轴可以通过内外花键啮合,或者采用齿轮联轴器连接,便于井下的拆装。

(3) 机头架包含拨链器和舌板等附件,拨链器伸入链轮的齿槽内,能够使链条在与链轮的分离点处顺利脱开,舌板的作用是便于链轮组件和拨链器拆卸安装,舌板也是易损部件,磨损后也便于更换。

(4) 机头架的易磨损部位采取耐磨措施,例如,加焊高锰钢焊层或局部采用耐磨材料的可更换零件。

按物料卸载方式,机头架分为端卸机头架和侧卸机头架,如图 11-58 所示。端卸机头架结构简单,体积小,物料运行方向不变,直接从端部卸载;侧卸机头架结构复杂,物料在弧形犁煤板的作用下,从机头架侧向卸载,可顺利实现动量的转换,卸载通畅,减少大块煤的堵塞,底链回煤量少;侧卸机头架高度小,零部件磨损小;机头架与转载机机尾刚性连接,采用端头支架可实现工作面的快速推移。侧卸式机头架的缺点是体积大,安装运输困难,适用于地质条件好的中西部矿井。

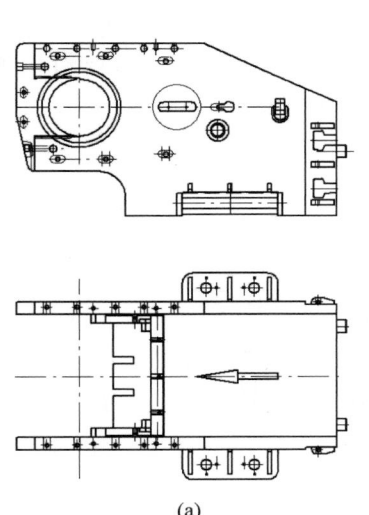 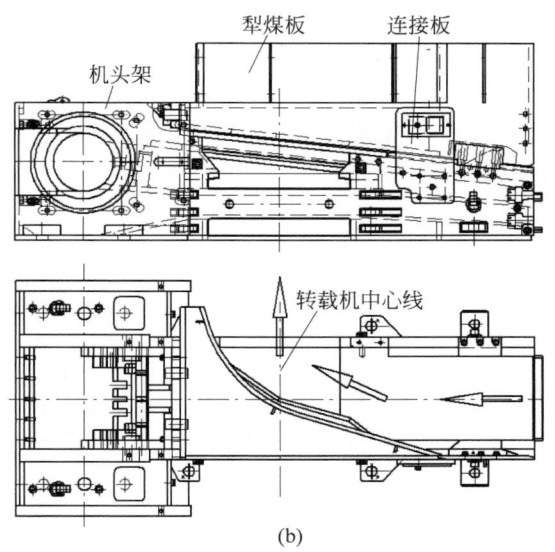

图 11-58 机头架
(a) 端卸机头架;(b) 侧卸机头架

2) 链轮组件

如图 11-59 所示,链轮组件由链轮轴、链轮体、轴承座、轴承、旋转密封、联轴器以及其他附件构成,链轮组件通常采用的双列圆锥滚子轴承,具有较大的径向和轴向承载;旋转密封为金属浮动油封,浮动油封两个金属环所构成的旋转密封面能够有效抵抗煤粉、细砂的进入。刮板输送机链轮多为 7 齿,采用 Ni、Mo 合金精炼材料,链轮窝数控加工成型,齿面淬火处理硬度 48~58HRC,淬硬层厚度 >15 mm,具有较高的强度和耐磨性。

链轮组件通常采用安装在机头架上的储油箱进行润滑,左右轴承座上各有一个空心定位销,一个通过胶管与油箱下部出油口连接,另一个与油箱侧面的排气接头连接,分别实现注油和排气的功能,形成一个完整的润滑通路。稀油润滑对轴承滚道和滚子具有良好的冷却和冲洗效果,油箱能够及时补偿链轮组件泄漏,每天检查油箱的液位可及时发现密封的泄漏,使用方便。

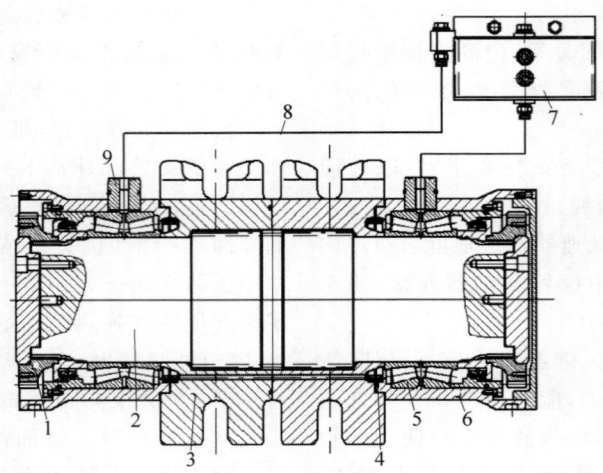

1—联轴器；2—链轮轴；3—链轮体；4—旋转密封；5—轴承；6—轴承座；7—储油箱；8—胶管；9—定位销。

图 11-59　链轮组件

3）减速器

（1）刮板输送机减速器按内部结构型式分为定轴减速器和行星减速器两大类。定轴减速器如图 11-60 所示，由一级伞齿传动和两级斜齿传动构成，结构简单、维修方便，但体积偏大，适用于中小功率刮板输送机。

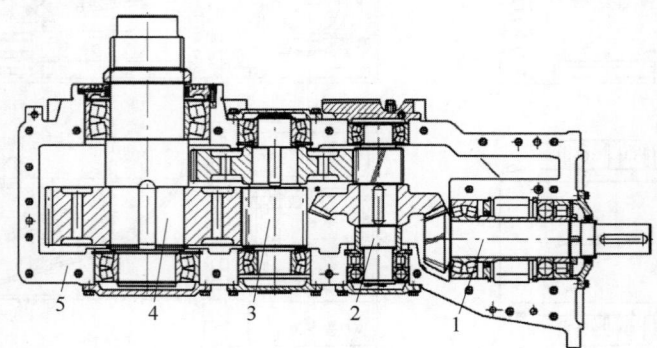

1—输入轴；2—伞齿轮轴；3—斜齿轮轴；4—输出轴；5—箱体。

图 11-60　圆锥圆柱齿轮减速器

行星减速器如图 11-61 所示，减速器由两级定轴传动和一级行星传动构成，其中齿轮轴的端盖安装油泵，可对输入轴进行强制润滑。减速器输出端采用行星传动。减速器箱体内布置多组冷却器，采用外接循环水强制冷却。

行星减速器的特点是输出端采用功率分流传动，结构紧凑，重量轻，工作可靠，适用于中等功率和大功率刮板输送机。

刮板输送机用减速器的输出轴通常采用渐开线花键的连接型式，承载能力强，拆装方便。

（2）刮板输送机减速器按照减速器与刮板输送机机架的安装型式分两种，即平行减速器和垂直减速器，图 11-60 和图 11-61 所示均为平行减速器，平行减速器的输出轴和输入轴垂直。平行减速器安装在机头尾的支架侧，垂直减速器安装在机头尾煤壁侧的顺槽，充分利用采煤工作面的空间。

图 11-62 所示减速器为垂直减速器，采用两级行星传动，减速器输出轴和输入轴同心。

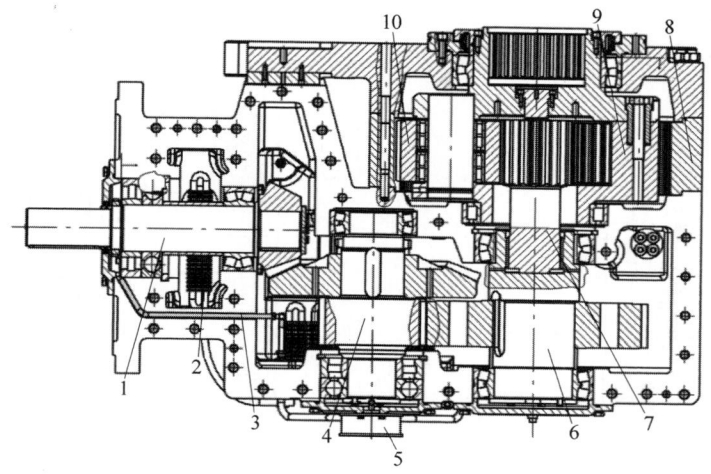

1—输入轴；2—冷却器；3—油管；4—齿轮轴；5—油泵；6—Ⅲ轴；7—太阳轮；8—大齿圈；9—行星架；10—行星轮。

图 11-61　平行行星减速器

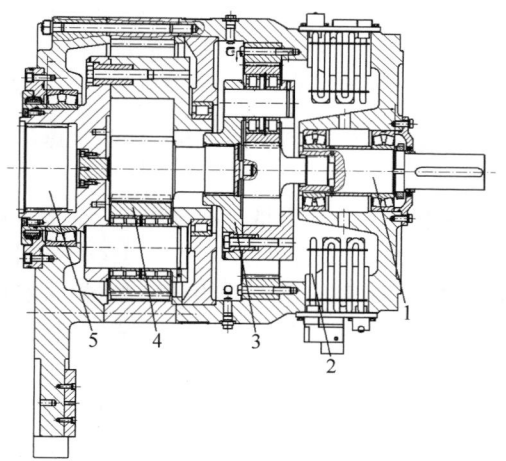

1—输入轴；2—冷却器；3—高速行星轮系；4—低速行星轮系；5—输出内花键。

图 11-62　垂直行星减速器

4）齿轮联轴器

减速器的输出端与链轮组件通过齿轮联轴器连接（图 11-63），传递力矩大，同时具有良好的调心功能。齿轮联轴器由两个半联轴器和一个内齿套组成，半联轴器分别与减速器输出轴和链轮轴连接，两个半联轴器通过定位螺栓隔开，定位螺栓也限制内齿套的轴向窜动。半联轴器与内齿套配合的大直径端采用短的鼓形齿，提高齿轮联轴器的调心能力。

内齿套上安装密封套，通过油嘴可实现齿

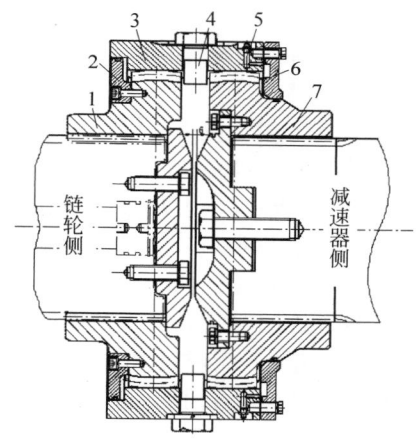

1—左半联轴器；2—密封套；3—内齿圈；4—定位螺钉；5—注油嘴；6—密封套；7—右半联轴器。

图 11-63　齿轮联轴器

面润滑。拆去定位螺栓，内齿套向减速器侧拨动，可将链轮组件横向取出，方便维修更换。

5）高速输入端联轴器

电机与减速器之间采用联轴器的型式随机型变化多种多样，有弹性联轴器、限矩型液力耦合器、摩擦限矩离合器、阀控充液式液力耦合器。

（1）弹性联轴器

弹性联轴器由分别安装在电机和减速器上的钢质半联轴器和弹性块组成，如图 11-64所示，电机通过联轴器将转矩传递到减速器。

弹性联轴器结构简单,弹性块为弹性橡塑材料,可以补偿传动部件制造加工误差,并吸收运行过程中的冲击。

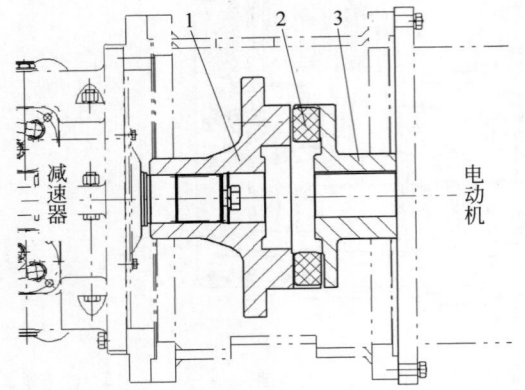

1—电机联轴器;2—弹性块;3—减速器侧联轴器。

图 11-64　弹性联轴器

弹性联轴器单独使用时主要用于小功率刮板输送机,弹性联轴器与其他类型联轴器配合,在大功率刮板输送机上使用。

(2)限矩型液力耦合器

如图 11-65 所示,液力耦合器是利用液体流动传递动力的联轴器,具备软启动和多点驱动的功率平衡功能,能够吸收冲击,广泛用于中小功率输送机的驱动。用于刮板输送机的液力耦合器多为限矩型液力耦合器。

煤矿用液力耦合器的工作介质是清水,具有压力和温度双重保护;在非易爆环境中工作可用 20 号透平油。采用清水作工作介质时,应添加防结垢、防锈蚀、防泡沫等添加剂。

刮板输送机传动系统采用水介质液力耦合器有诸多优点:

① 电机轻载启动,解决了刮板输送机启动困难的问题;

② 能够充分利用电机的峰值转矩启动;

③ 可适当降低输送机的装机功率,节约能源;

④ 吸收传动系统的冲击,提高传动系统的运行可靠性,减少断链事故的发生;

⑤ 可使多电机驱动系统的电机功率达到基本平衡,避免个别电机超载运行;

⑥ 采用单速电机拖动,减少一根供电电缆;

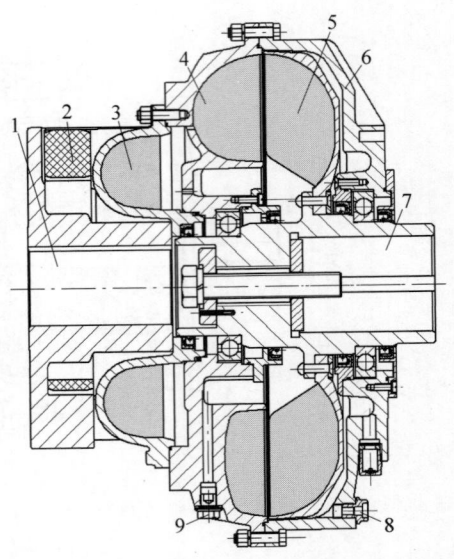

1—电机端联轴器;2—弹性块;3—辅助室外壳;4—泵轮;5—透平轮;6—外壳;7—输出端轴套;8—易熔保护塞;9—注液塞。

图 11-65　液力耦合器

⑦ 液力耦合器采用水介质,无起火爆炸的危险。

使用水介质液力耦合器应注意:必须对水质进行化验,以确定添加剂的合理比例。国内液力耦合器采用金属铝作为壳体材料,某些国外煤矿则采用铸铁材质,提高安全防爆性能。

(3)摩擦限矩离合器

摩擦限矩离合器(图 11-66)是由多组摩擦片组成的干式离合器,由圆周均布的多个弹簧组加载,限矩离合器满足设定转矩值下的传动,摩擦片组不打滑。当传动系统出现冲击负荷时,摩擦限矩离合器主从摩擦片之间产生相对滑动,控制冲击负荷峰值。在滑动过程中,输出摩擦转矩设定值始终保持不变。摩擦限矩离合器的扭矩设定值为电机额定扭矩的 3～4 倍。在寿命期内摩擦限矩离合器不需要维护,当磨损指示销的 δ 值为 0 时,摩擦限矩离合器达到寿命极限,容易滑动,无法正常传递扭矩。

摩擦限矩离合器与弹性联轴器组合用于大功率双速电机传动装置和变频电机驱动,削弱电机转动惯量对减速器和链条冲击,减少断链故障的发生。

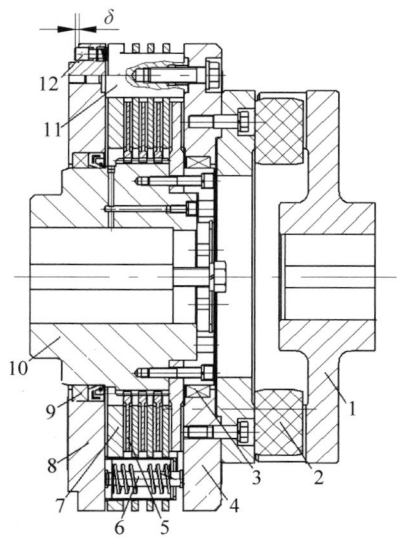

1—电机端联轴器；2—弹性联轴器；3—滑动轴承；
4—右连接片；5—从动摩擦片；6—弹簧组件；7—主
动摩擦片；8—左连接片；9—滑动轴承；10—减速器
端联轴器；11—连接柱销；12—磨损指示销。

图 11-66　摩擦限矩离合器

（4）阀控充液式液力耦合器

刮板输送机重载冲击大，普通的限矩液力耦合器工作过程容易过热喷液，工作可靠性差，阀控充液式液力耦合器（图 11-67）就是针对限矩液力耦合器的缺陷，引入阀控供液系统，通过工作过程中水的循环散热，控制耦合器内腔温度，防止喷液故障发生，满足工况要求。

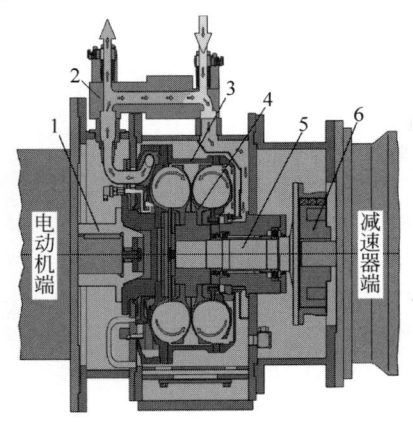

1—电机端联轴器；2—电磁注液阀；3—外轮（泵轮）；
4—内轮（涡轮）；5—传动轴；6—减速器端联轴器。

图 11-67　阀控充液式液力耦合器

停机时，阀控充液式液力耦合器内腔的水排空，电机空载启动达到额定转速后，通过对耦合器限定时间（20 s）大流量供液，在电机峰值扭矩下实现刮板输送机平稳启动。阀控充液型耦合器结构简单，运行成本低，零部件使用寿命长，但对水质和供水流量要求较高，影响其工作稳定性。

6）电动机

刮板输送机驱动可采用单速电动机或双速电动机。单速电动机多与液力耦合器配套使用，其中小功率与限矩型液力耦合器配套使用，700 kW 以上大功率电机需与阀控充液式液力耦合器配套使用。

双速电动机在中等功率刮板输送机上，如图 11-68 所示，它的定子上装两套绕组，一套低转速绕组，一套高转速绕组。以低速绕组运转时，能给出 3 倍以上额定转矩的启动转矩。低速运行时的输出功率约为高速时的 1/2，启动电流比用高速绕组的电流低很多，电压降低。使用双速电机时，以低速绕组启动，达到一定转速时，换接高速绕组常态运转。双速电机驱动系统结构简单，但多台电动机的平衡性差，启动电流大。

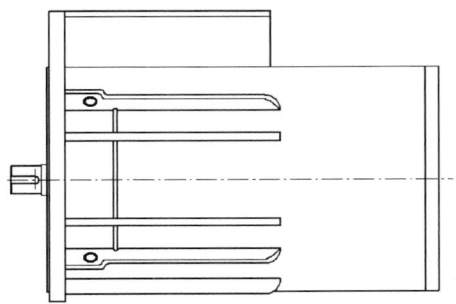

图 11-68　矿用双速电动机

随着高压变频技术的发展，变频软启动在刮板输送机上应用日趋普及，如图 11-69 所示，变频一体机加减速时间 0～255 s 连续可调，可实现刮板输送机的平滑启动，无机械冲击和电气冲击，能够实现刮板输送机低速软启动和多点机。变频一体机具有多挡位调速功能，方便设备检修，根据运量需要调整链速，减少能耗和设备磨损。

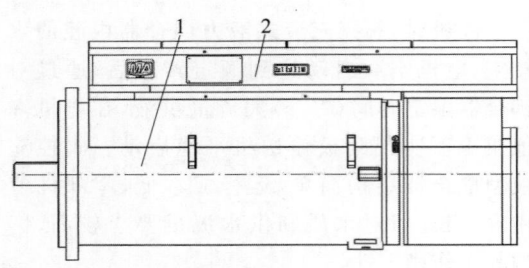

1—电动机；2—机载变频器。

图 11-69　变频一体机

为解决刮板输送机传统异步驱动系统因减速器而造成的传动效率低、故障率高、可靠性低等问题，中国矿业大学基于永磁同步电机设计了 1 套输送量可达 1500 万 t/年的刮板输送机永磁直驱系统，并搭建小功率永磁同步电机直驱台架模拟试验。结果表明，该系统在刮板输送机启动及负载变化时能够快速响应且比较准确。

输送机电机必须是矿用隔爆型电机，工作电压有 660 V、1140 V、3300 V，电机防护等级不低于 IP54，必须具有 "ExdI" 和 "MA" 安全标志。电机采用循环水冷却，冷却水压力＜3 MPa，并以端面法兰连接方式与减速器通过连接罩刚性连接。

7）输送机电机启动开关

输送机电机配套的开关必须是隔爆型或本质安全型。开关隔爆腔内可集成 8 组甚至更多的真空磁力启动器，可用于输送机、转载机、破碎机和其他井下设备电机的集中启动控制。

2. 刮板链

刮板链由刮板组件、链条、接链环组成，是刮板输送机的牵引构件。刮板的作用是刮推槽内的物料。目前使用的有中单链、中双链、边双链和准边双链四种。

边双链（图 11-70）多用于小功率的输送机，输送机平直时边双链的导向性好，刮板运行稳定，但输送机处于弯曲状态时两条圆环链的负荷差异较大。边双链采用短链条连接，接链环较多，易发生断链事故。

中单链（图 11-71）可用于中等功率刮板输送机，采用大直径圆环链，输送机处于弯曲状态时，链条柔性得到良好发挥，受力均匀，刮板遇刮卡阻塞可偏斜通过，刮板变形时不会导致过链轮时跳链。中单链的缺点是链环尺寸大，机头、机尾高度增加，拉煤能力不如边双链，特别是对大块较多的硬煤。

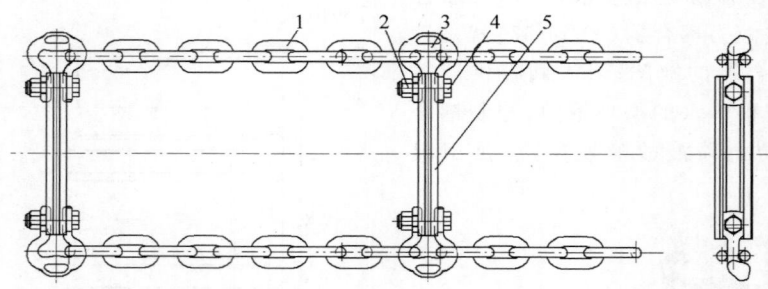

1—圆环链；2—防松螺母；3—连接环；4—螺栓；5—刮板。

图 11-70　边双链式刮板链

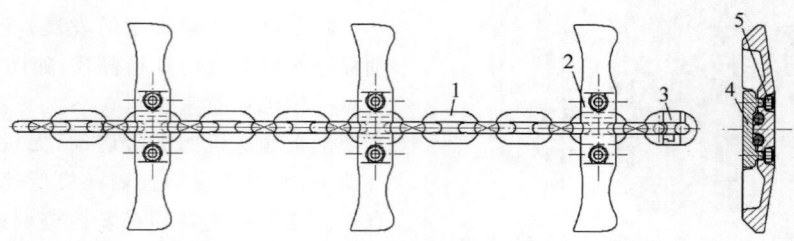

1—圆环链；2—刮板；3—接链环；4—U 形螺栓；5—防松螺母。

图 11-71　中单链式刮板链

中双链(图 11-72)兼具边双链和中单链的优势,广泛应用于各种功率档次的输送机。中双链的链间距较小,运行时两条圆环链的负荷差异较小,输送机弯曲时,仍可发挥圆环链的正常承载能力。中双刮板链采用长链条,工作可靠,事故率低。目前,大运量、长距离、大功率工作面重型刮板输送机普遍采用中双链。

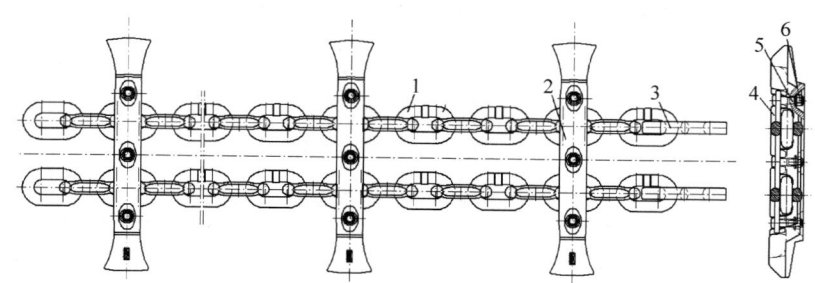

1—圆环链;2—刮板;3—接链环;4—卡链横梁;5—螺栓;6—防松螺母。

图 11-72 中双链式刮板链

1) 刮板

刮板的作用是刮推槽内的物料和在槽帮内起导向作用。在运行时还有刮底清帮、防止煤粉黏结和堵塞的功能。刮板的两端呈斧头形状,有利于清理槽帮内口浮煤,减小运行阻力。刮板采用高强度合金钢模锻成型,在整体调质处理的基础上,端头中频淬火,提高耐磨性。

对于刮板与链条的连接,边双链式目前多采用图 11-70 所示的方式,马蹄形连接环的两侧套入链环,然后用螺栓与刮板连接;中单链采用图 11-71 所示的方式,刮板上有链窝,此链窝与链条的平环相配,用特制的 U 形螺栓和防松螺母固定;中双链采用图 11-72 所示的方式,刮板上有链窝,卡链横梁和刮板夹持两个链条的平环,用 3 条螺栓和螺母固定牢固。

2) 链条

链条是刮板输送机最薄弱的环节,不仅承受交变负荷和频繁的重载冲击,还存在链轮、溜槽和物料的磨损,以及矿物质腐蚀,链条强度直接关系到整机的可靠性。《矿用高强度圆环链》(GB/T 12718—2009)对圆环链的形式、基本参数及尺寸,技术要求、试验方法及验收规则都作了规定。标准规格从 10×40 到 42×152 共 10 个。按强度分为 B、C、D 三个等级,D 级强度最高,B 级强度最低,C 级居中。

随着刮板输送机向大功率、重型化方向发展,对圆环链的强度提出更高要求,目前通过改进材料,优化热处理工艺,链条的强度已近极限。由于材料和热处理工艺的不稳定性,以及井下矿物质腐蚀影响,D 级链条在实际使用中的性能极不稳定,应力腐蚀导致的非正常断裂问题突出,实际应用以 C 级链条为主。目前轻型刮板输送机仍采用标准的圆环链,而重型刮板输送机使用的链条的立环采用锻造,在圆环链基础上发展出紧凑链、宽扁链、宽带链,如图 11-73 所示。立环在压扁的同时增加宽度,截面积增大,强度等级提高。根据表 11-12,56×187 宽带链的高度为 126 mm,强度为 3900 kN,42×146 圆环链的高度为 133 mm,强度为 2200 kN,56×187 宽带链可以替代 42×146 圆环链在同等高度溜槽上使用,强度提高 77%,相应装机功率增加,设备工作可靠性提高。链环强度提高的同时,链环的底面加宽,与中部槽中板的接触区增大,有利于减轻中板磨损。

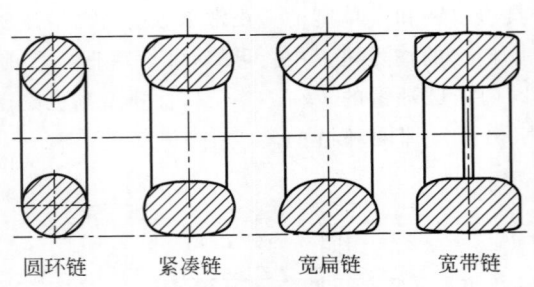

图 11-73　链条断面比较

圆环链　紧凑链　宽扁链　宽带链

表 11-12　链条立环高度与强度对照表

规格	立环高度/mm				破断负荷/kN
	圆环链	紧凑链	宽扁链	宽带链	
18×64	60				410
22×86	74				610
26×92	86	75	60		850
30×108	98	87	75		1130
34×126	109	98	85	80	1450
38×137	121	110	99	91	1810
42×146	133	115	109	99	2200
48×152	154	127	115	109	2900
52×170		135	127	118	3400
56×187		146	131	126	3900
60×181/197			141	135	4520

3）接链环

刮板输送机使用的链条是由若干个段链节用接链器连接而成的。按链段的长短又分为长链段和短链段，对于边双链型的刮板链，采用马蹄环和螺栓将刮板与短链环连接的同时也实现了短链条的连接。

对于单链、中双链，接链环的型式较为多样，较为常用的有：锯形齿接链环、梯形齿接链环、弧形齿接链环、卡块式接链环和 V 形锁接链环等，其中锯形齿、梯形齿、弧形齿三种接链环齿形不同，结构相似，加工简单，适宜批量生产，强度偏低，适用于 34×126 规格以下的圆环链。梯形齿接链环如图 11-74 所示。它由两个相同的带梯形齿的半链环和圆柱销组成，两个半环相互嵌合成一体，采用圆柱销限位。

卡块式接链环（图 11-75）由两个相似的左、右半链环及附属的支撑卡块和限位螺栓组成：右半环上有一通孔，左半环上有螺纹孔，通

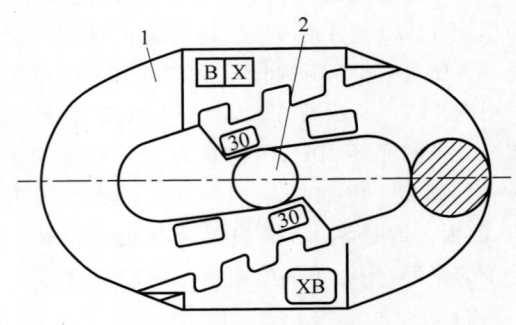

1—半链环；2—弹性柱销。

图 11-74　接链环

过支撑卡块两个半环 C 形的凸凹槽相互嵌合定位，支撑卡块上有一通孔，用一条内六方螺栓可将支撑卡块与左、右半环结合形成一体，实现圆环链的连接。为提高强度，卡块式接链环中间相互结合部分的断面大于标准圆环链，不能进入链轮的齿槽，只能采用平环的安装位置使用。

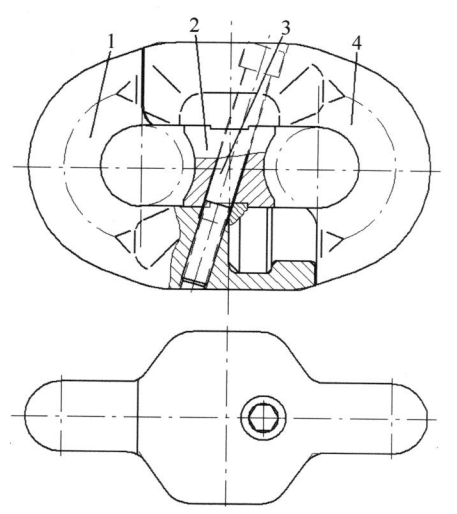

1—左半链环；2—支撑卡块；3—限位螺栓；4—右半链环。

图 11-75　卡块式接链环

V 形锁接链环（图 11-76）由两个完全对称的半环组成，通过 T 形槽和限位销分别实现上下和左右限位，两个半环的结合处加宽，提高强度。V 形锁接链环结构简单，通过数控加工保证配合精度，疲劳强度提高。V 形锁接链环只能作为立环使用，由于高度小，广泛用于大规格锻造立环链条的连接。

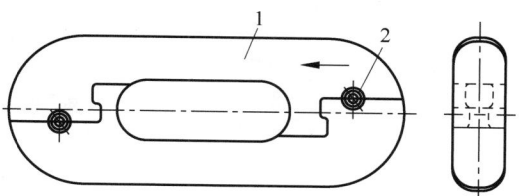

1—半链环；2—弹性柱销。

图 11-76　V 形锁接链环

3. 溜槽

溜槽处于刮板输送机机头至机尾之间，依次分为过渡槽、左变线槽、中部槽、开天窗槽、右变线槽（包含双凸连接槽），有的刮板输送机还配置调节槽。

1）中部槽

中部槽是刮板输送机最主要的组成部分，主要分为轧制中部槽和铸焊中部槽两种。

轧制槽帮中部槽如图 11-77 所示，中部槽由左右"Σ"形轧制槽帮和中板焊接而成，结构简单，轧制槽帮中部槽的挡煤板、无链牵引齿条、定位架、铲煤板等全部采用螺栓与中部槽连接，重量轻，搬运方便，但是由于零部件数量多、连接强度低，因此，工作可靠性差。目前，轧制槽帮中部槽仅用于少数煤矿的小功率输送机，或者在个别非经常移动的工况下使用。

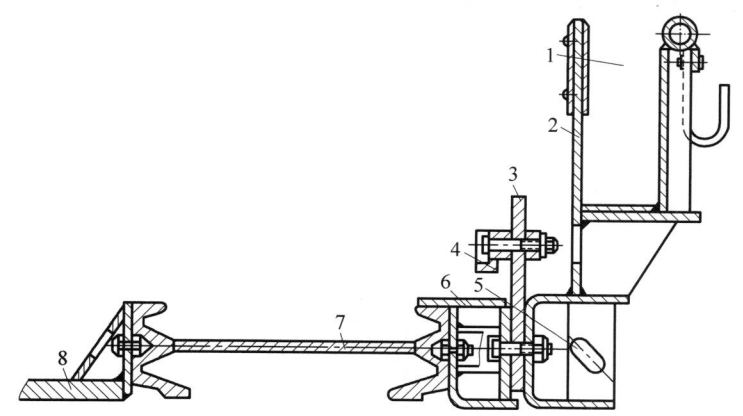

1—电缆槽；2—挡煤板；3—无链牵引齿条；4—导向装置；5—千斤顶连接孔；6—定位架；7—中部槽；8—铲煤板。

图 11-77　轧制槽帮中部槽

铸造槽帮中部槽（图 11-78）的铲煤板槽帮和挡煤板槽帮采用高强度耐磨合金钢铸造，槽帮的结构可根据功能需要增加各种结构，铲煤板和铲煤板槽帮合成一体，推移耳和挡煤板槽帮合成一体，挡煤板槽帮与中板、封底板组焊成为整体结构，实现了输送机中部的无螺栓连接，输送机运行可靠性大幅度提高。

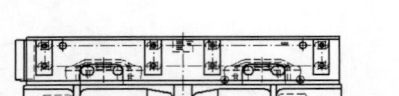

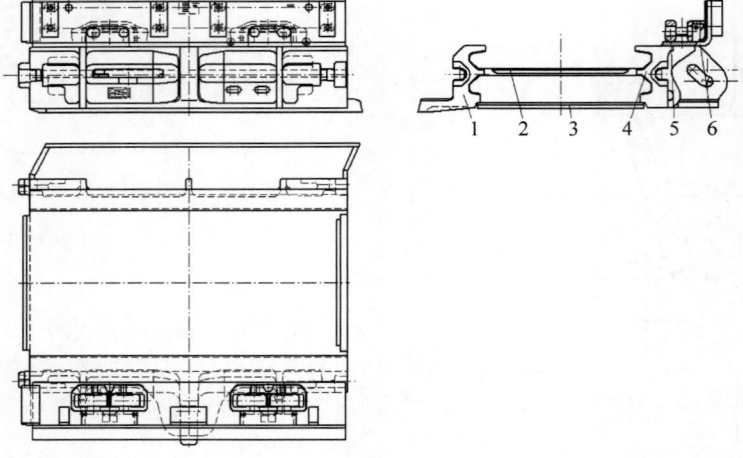

1—铲煤板槽帮；2—中板；3—封底板；4—挡煤板槽帮；5—轨座；6—弯板组件。

图 11-78　铸造槽帮中部槽

铸造槽帮槽间连接采用高强度哑铃销，单侧连接强度达 3000～4000 kN，可承受高达 1000 kN 的液压支架拉架力，铸造槽帮中部槽内宽 630～1400 mm，长 1500～2050 mm，中板厚 25～60 mm，规格多样，型式灵活，适应不同配套要求，单节中部槽质量大于 5 t，过煤寿命超过 4000 万 t。

中部槽的型式列入标准的有中单链型、边双链型、中双链型三种。除了用于轻型刮板输送机的中单链型采用冷压槽帮钢外，其他都用热轧槽帮钢制成。中部槽的断面形状有三种，其尺寸系列在《刮板输送机中部槽尺寸系列》中有规定。

2）开天窗槽

开天窗槽（图 11-79）在中板的中间或靠近中间的部位设置一块可拆卸的活动中板，在检修底链道的刮板链时，可将活动中板拆下，进而可进行链条更换等工作。根据使用经验，刮板输送机每 10 节中部槽应最少配置 1 节开天窗槽，其中靠近机头（机尾）处应多布置开天窗槽，而中间部件间隔可适当增大。

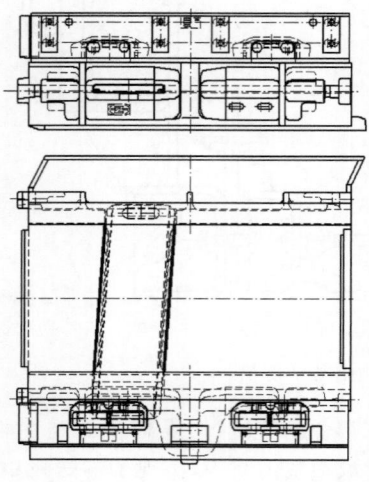

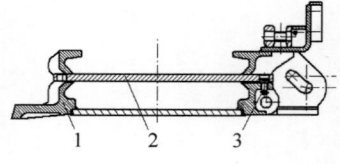

1—开天窗槽体；2—活动插板；3—限位销。

图 11-79　开天窗槽

3）变线槽

变线槽（图 11-80）是为了保证采煤机割通，满足采煤机自开缺口而设计的特殊槽。与中部槽的结构形式基本相似，将铲煤板和采煤机的牵引销轨轨座向煤壁偏转一定角度，增大采煤机摇臂与输送机间隙，以使采煤机滚筒有更大的运动范围，能够顺利割透煤壁。根据设备配套尺寸，变线槽一般为 3～5 节。变线槽多设置活动插板，以便于底链检修。

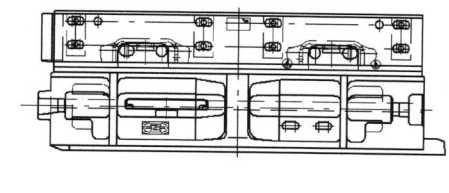
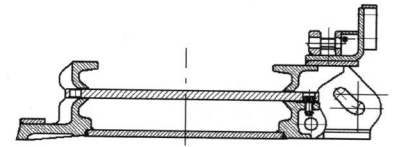
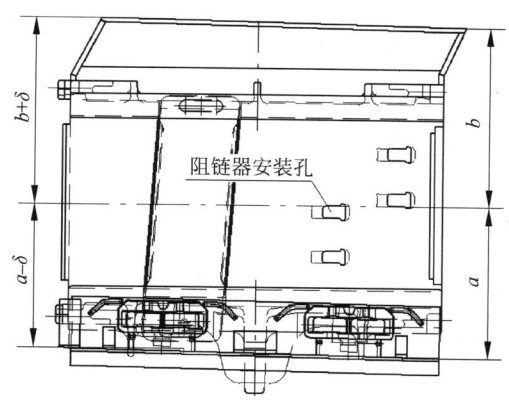

图 11-80　变线槽

4）连接槽

连接槽（图 11-81）是一种特殊型式的溜槽，通常布置在机头尾处，与过渡槽连接。其他类型铸焊溜槽端头都是一凸一凹，连接槽的结构特点是两端都是凸端头。连接槽的使用可使得溜槽对接后连接型式的左右对称，都是凸端头，实现了机头、机尾过渡槽通用，满足刮板输送机左、右工作面的安装要求。

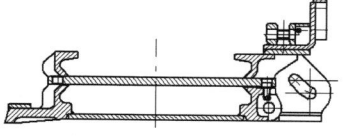
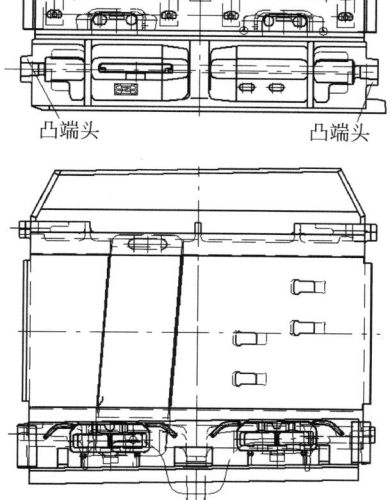

图 11-81　连接槽

5）调节槽

调节槽主要用于调节输送机的长度。调节槽的长度可大于或小于中部槽长度，以满足工作面总体的特殊要求。由于涉及与液压支架的配套推移点和采煤机的牵引机构，在大型综采输送机上较少采用调节槽。

4. 过渡槽

过渡槽（图 11-82）用于机头（机尾）架与中部槽的平滑过渡与连接，由于机头架（机尾架）较高，而中部溜槽较低，刮板链在通过过渡槽时需要爬升一定角度，因此上翼板的磨损速度快，通常采用可更换的结构，采用螺栓连接，方便更换。

5. 后部输送机中部槽

后部输送机中部槽（图 11-83）专门用于低位放顶煤后部输送机，与正常中部槽的主要差别是取消了销轨轨座和电缆槽连接板。

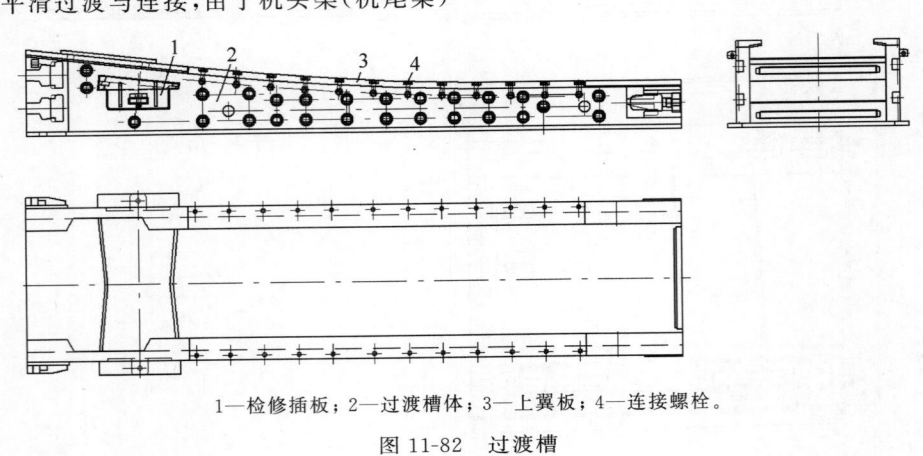

1—检修插板；2—过渡槽体；3—上翼板；4—连接螺栓。

图 11-82　过渡槽

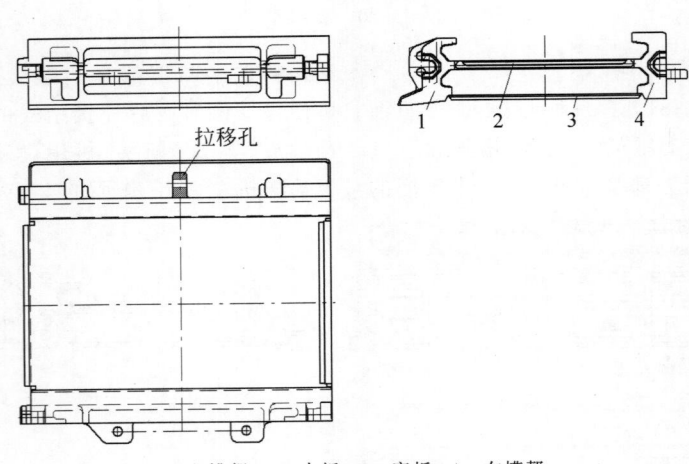

1—左槽帮；2—中板；3—底板；4—右槽帮。

图 11-83　后部输送机中部槽

后部输送机中部槽的底链道可以敞开，也可以封闭。敞开式的底链道有利于处理后部输送机的断链事故，有利于底链道回煤阻力的释放，适用于底板较好的工作面；封闭式的底链道回链阻力较小，溜槽位移也较小，适用于底板较软的工作面，但处理断链事故较困难。

为便于底链故障处理，后部输送机中部槽也是每隔若干节中部槽设置一节开天窗槽。

后部输送机中部槽与液压支架的侧拉油缸采用圆环链柔性软连接，拉移链长度调节方便，最小调节量为两个链环节距。

6. 电缆槽

电缆槽(图 11-84)与中部槽配套使用,主要功能有:

(1)增大运送物料的有效货载面积。中部槽所配置的电缆槽最低高度应由输送机的输送能力确定,要确保运输过程中煤炭不外溢。

(2)安全防护功能。设计电缆槽高度时要考虑工作面采高、倾角等因素,要考虑可能存在的煤壁坍塌危险状况下的人员安全,因此,电缆槽的高度应足够大。尤其是大采高工作面输送机的电缆槽(挡板),进行高度设计时要充分考虑人员的安全。但请注意:大采高工作面输送机的电缆槽(挡板)不是最可靠的安全防护墙,人员应避免接近输送机,而应在规定的安全通道内行走或停留。

(3)采煤机拖曳电缆的导向槽。采煤机拖曳电缆铺设在敞开的导向槽内,拖曳电缆随采煤机的行走在导向槽内移动。当采煤机处于输送机两端往复行走时,拖曳电缆局部折叠可达三层,因此,电缆槽的槽深要满足拖曳折叠层数的基本要求。导向槽净宽要大于拖曳电缆夹板的宽度。

(4)电缆、水管、通信电缆和其他管路的通道。电缆槽下部设置了固定电缆槽,可以铺设供电电缆、水管、通信电缆和其他管路。如果铺设管线较多,还可以在电缆槽外侧增挂可拆卸电缆槽(或挂钩)。固定电缆槽设置受液压支架的制约,要校核与液压支架底座、立柱的间隙。

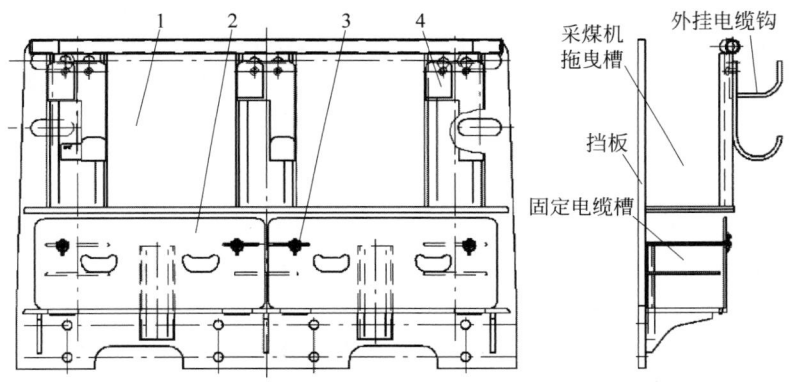

1—电缆槽体;2—活动盖板;3—限位销;4—附属电缆钩。

图 11-84 电缆槽

7. 哑铃销

输送机中部槽之间通常有哑铃销(图 11-85),利用限位块限位,强度高,结构简单,拆装方便。哑铃销需要确保输送机处于推溜或拉架状态时,中部槽之间可上下左右摆动一定角度,可满足采煤工作特殊要求。哑铃销与相应型式中部槽配套,连接强度从 700 kN 到 3000 kN 以上,最强的哑铃销强度已达 5000 kN,可保证支架推移时哑铃销不损坏。哑铃的强度约为中部槽哑铃窝强度的 50%,在非正常工况下,哑铃拉伸断裂,可保证中部槽不被损坏。

8. 机尾部

输送机机尾传动部有两种基本结构:无伸缩功能的固定式机尾部和伸缩机尾部。

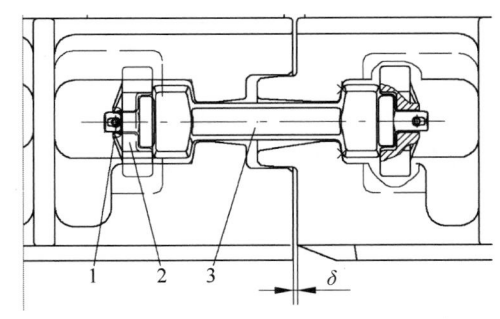

1—限位销;2—限位块;3—哑铃销。

图 11-85 哑铃销组件

对于端卸式刮板输送机来讲,机尾传动部可与机头传动部通用,仅加装一套回煤罩。

伸缩机尾部多用于大功率输送机,可实时

调整刮板链链张力,使链条处于适度张紧状态,并可减少掐链次数。

具有伸缩功能的机尾传动部如图 11-86 所示,由传动装置、伸缩机尾架、链轮组件、回煤罩、伸缩油缸、液压控制系统等部件组成。设计机尾传动部时,传动装置、链轮组件等可做到与机头传动部通用。

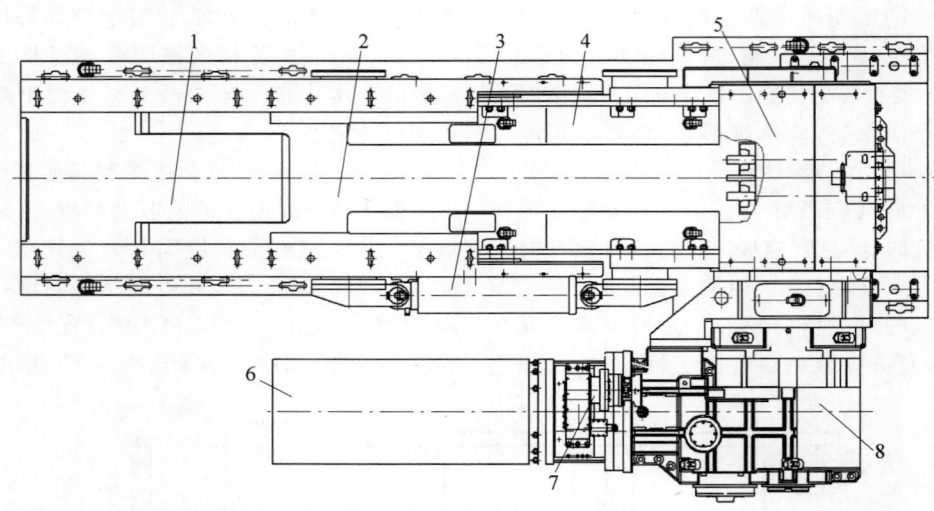

1—固定机尾架;2—活动机尾架;3—伸缩油缸;4—弧形压链板;5—保护罩;6—电动机;7—紧链装置;8—减速器。

图 11-86　机尾传动部

1) 伸缩机尾架

伸缩机尾架由固定架体和活动架体组成。固定架体和活动架体的中板、侧板及上翼板相互插接,活动架体通过压板式导轨安装到固定架体上。伸缩机尾的有效伸缩行程根据输送机的铺设长度有所不同,在 300～1000 mm 之间。

2) 伸缩油缸

伸缩油缸的结构如图 11-87 所示,由工作面的泵站提供乳化液,供液压力 31.5 MPa,并配置安全阀,最大压力 45 MPa。液压油缸采用快换接头与液压控制阀组连接。大功率输送机伸缩油缸通常配置位移传感器,以实现自动控制。

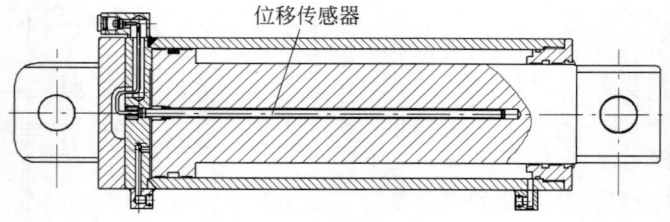

位移传感器

图 11-87　机尾伸缩油缸

3) 机尾液压控制系统

伸缩机尾的调节可采用手动液控换向阀通过伸缩油缸控制,油缸连接的无杆腔管路配置液控单向阀,可实现油缸自锁。大功率刮板输送机的机尾伸缩越来越多地采用自动控制,根据负载等工况因素,实现链张力的实时调节,提高设备工作可靠性。图 11-88 所示是伸缩机尾的液压控制阀组,通过就地操作电磁换向阀,控制油缸,调节链张力,也可将信号通过信号电缆和控制电缆将液压控制阀组与电控控制系统连接,实现机尾的自动控制。伸缩机尾控制原理图如图 11-89 所示。

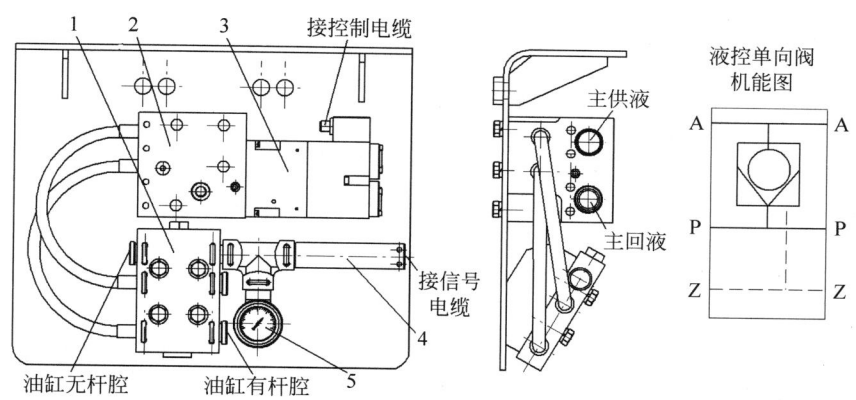

1—液控单向阀；2—主阀体；3—电磁换向阀；4—压力传感器；5—压力表。

图 11-88　伸缩机尾控制阀

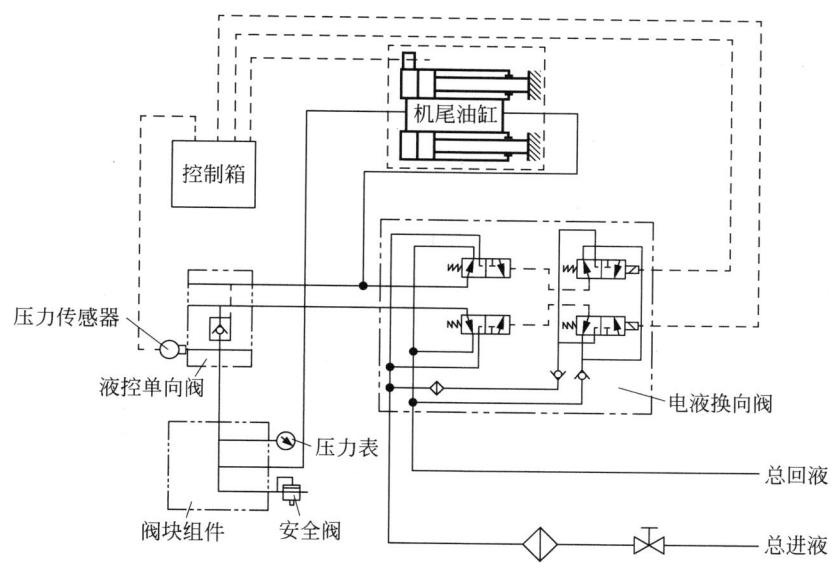

图 11-89　伸缩机尾控制原理图

9．紧链装置

刮板输送机工作过程中，圆环链受力弹性伸长变化显著，因此需要采取有效措施，避免重载情况下链条伸长造成局部堆链，通常的措施是在停机检修时，通过缩短链条，使链条保持一定的预张紧，在工作时，链条不会松弛。目前通常应用的紧链方式有闸盘紧链和液压马达紧链装置。

1）闸盘紧链装置

闸盘紧链是直接利用电机拖动实施紧链，具体操作如图 11-90 所示，先将刮板链靠近机头的一端利用阻链器固定，另一端绕经机头链轮的上部，启动机头部电动机使链轮逆时针转动，将链条拉紧，并用制动装置（图 11-91）将与电机轴连接的闸盘制动，链轮停止转动，在头轮和阻链器之间的链条完全松弛，根据工作状态链条的松弛程度，将链条去除一段，用接链环重新连接，再正向转动电机，卸掉阻链器，刮板输送机就可以正常工作。

利用电机作为动力紧链，电机转速高，手动锁紧闸盘制动力矩有限，仅在小功率刮板输送机上使用。

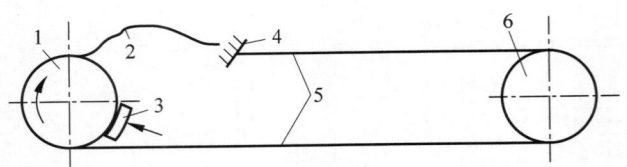

1—头轮；2—松链段；3—制动器；4—阻链器；5—紧链段；6—尾轮。

图 11-90 刮板输送机紧链示意图

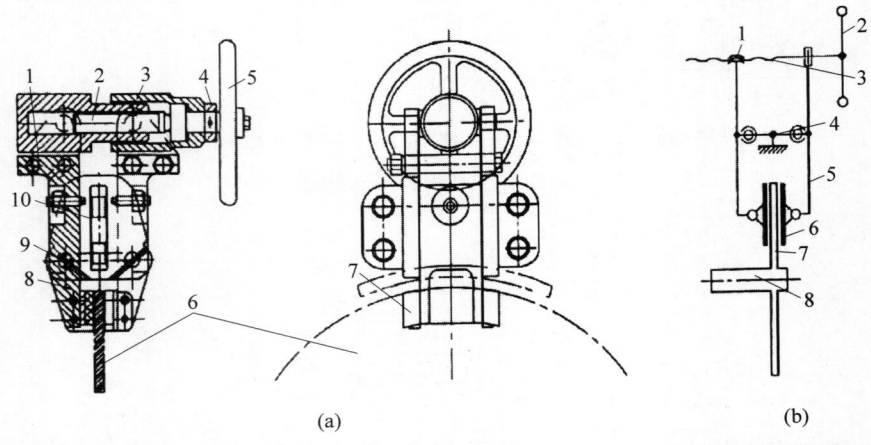

(a)   (b)

（a）：1—连接螺栓；2—丝杠；3—轴套；4—套；5—手轮；6—闸盘；7—闸块；8—制动板；9—销轴；10—连接座。
（b）：1—螺母；2—手柄；3—丝杠；4—连接座；5—制动板；6—闸块；7—闸盘；8—减速器输入轴。

图 11-91 闸盘紧链装置

2）液压马达紧链装置

液压马达紧链装置采用专用的液压马达作为动力进行紧链操作，链条运行速度低。如图 11-92 所示，液压马达紧链装置安装在减速器的输入轴处，液压马达的扭矩经大小齿轮减速后通过电机大齿圈带动输送机减速器的输入轴，使刮板链低速运行，链条张紧后，依靠后置的制动器制动。液压马达紧链装置的总速比达 200 以上，刮板运行速度低于 2 m/min，因此采用液压马达紧链装置进行紧链，操作平稳、安全、可靠。

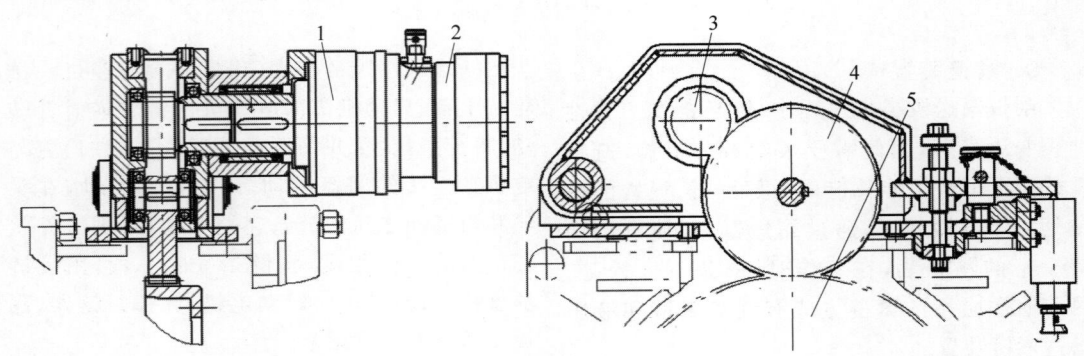

1—液压马达；2—制动器；3—小齿轮；4—大齿轮；5—电机大齿圈。

图 11-92 液压马达紧链装置

如图 11-93 所示,液压马达紧链装置操作时,通过转动压紧螺杆,液压马达紧链装置的输出齿轮与电机齿圈正常啮合,给液压马达供液即可使减速器转动,实现紧链操作。定位销处于指示销上、下定位孔时,分别表示齿轮正常地完全脱开与啮合到位。为保证运行安全,液压马达低速传动装置运转时,不允许启动输送机电机。应将液压马达低速传动装置的闭锁开关接入输送机电机的启动开关,可实现两套传动装置的电气互锁。

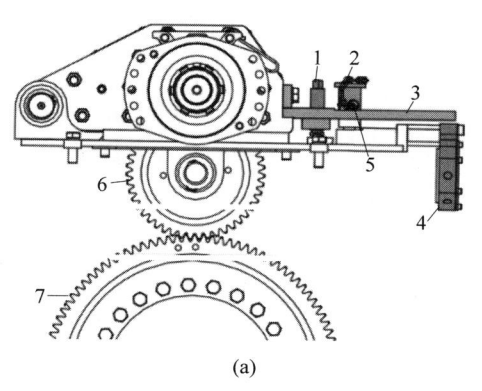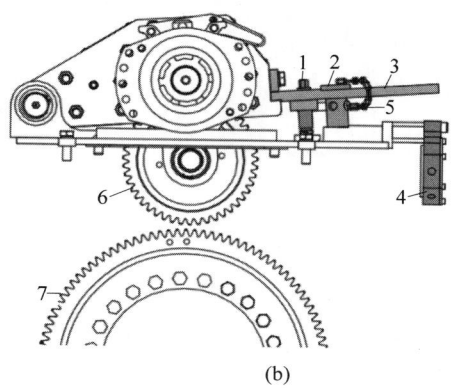

(a)　　　　　　　　　　　(b)

1—压紧螺杆；2—指示销；3—铰接臂；4—限位开关组件；5—定位销；6—输出齿轮；7—电机齿圈。

图 11-93　液压马达紧链装置操作示意图
(a) 紧链状态(齿轮啮合)；(b) 正常工作状态(齿轮脱开)

液压马达控制阀如图 11-94 所示,液压马达控制阀原理图如图 11-95 所示,马达采用手动换向阀实现正反向转动的控制,同时通过液控换向阀打开自锁式制动器。马达供液管路采用平衡阀,以实现转子供液平稳,紧链液压马达的内部结构如图 11-96 所示,由液压马达和制动器两部分组成。不供液时,活塞在碟簧的作用下压紧制动盘,主轴处于自锁制动状态。操作液压马达控制阀同时给液压马达柱塞与制动器供液,活塞动作,碟簧被压缩,制动器打开,转子带动主轴转动,驱动减速器张紧链条。

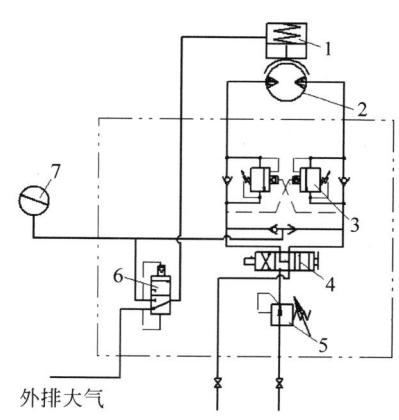

外排大气

1—制动器；2—液压马达；3—平衡阀；4—手动换向阀；
5—溢流阀；6—液控换向阀；7—压力表。

图 11-95　液压马达控制阀原理图

10. 采煤机的无链牵引

刮板输送机作为采煤机的行走轨道,需要与采煤机配合,形成完整的牵引行走系统。

1) 采煤机齿轮-销轨牵引机构

齿轮-销轨牵引机构(图 11-97)是目前广泛应用的采煤机牵引型式,行走滑靴在铲板槽帮上滑行,导向滑靴 C 形包住销轨,导向滑靴内部的齿轮与销轨啮合,使采煤机在中部槽上行走。

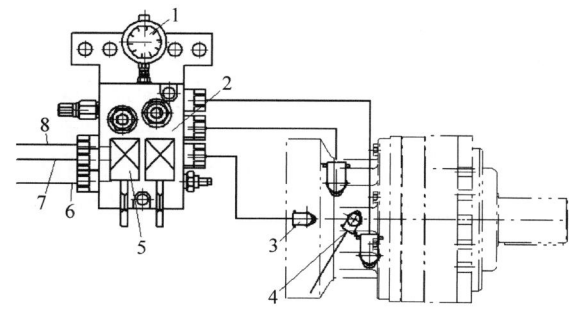

1—压力表；2—组合阀；3—制动器口；4,6—泄液口；
5—手动换向阀；7—回液口；8—供液口。

图 11-94　液压马达控制阀

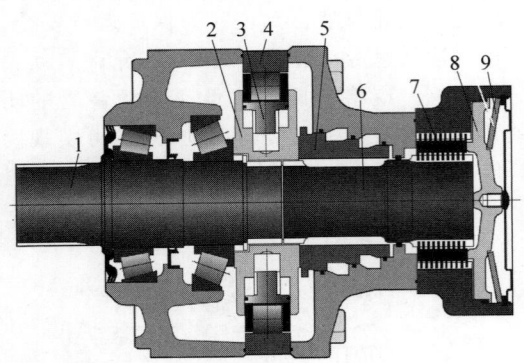

1—输出轴；2—转子；3—柱塞；4—内曲线定子；5—配液盘；6—制动轴；7—摩擦片；8—活塞；9—碟簧。

图 11-96　液压马达结构简图

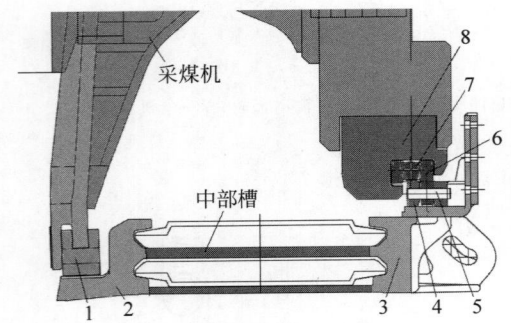

1—行走滑靴；2—铲板槽帮；3—挡板槽帮；4,6—销轨；5—定位销；7—采煤机牵引轮；8—导向滑靴。

图 11-97　采煤机的齿轮-销轨牵引机构

销轨有焊接式、整体铸造、整体锻造等多种结构型式，其中整体锻造销轨采用优质合金锻造，通过调质和表面淬火等热处理工艺，销轨齿面和各导向表面具有较高的硬度，芯部具有足够的韧性，提高了销轨强度和耐磨损能力。销轨具有优良的机械性能，工作可靠，使用寿命长。随着生产工艺的成熟，整体锻造的成本降低，应用越来越广泛。

销轨的节距有 126（125）mm、147 mm、151 mm、172 mm，可满足不同规格采煤机的配套需求。126 mm 节距锻造销轨适应牵引力 1500 kN，147 mm 节距锻造销轨适应牵引力 2000 kN，172 mm 节距锻造销轨适应牵引力达到 3000 kN。

2）采煤机齿轮-销轨啮合分析

由于刮板输送机配置的销轨和采煤机牵引装置由不同的工厂设计和制造，需要对销轨牵引机构进行啮合分析，以确保牵引轮与销轨啮合的正确啮合，不发生干涉。

通过销轨与牵引轮的啮合分析可得到以下结果：

（1）采煤机运行过程中，销轨与牵引轮是否产生啮合干涉，牵引轮是否与销轨安装座干涉。

（2）牵引轮的速度变化。

（3）啮合压力角是否满足使用要求。

（4）牵引轮与销轨啮合的相对滑动速度。

在进行啮合分析时，要注意考虑各种可能出现的工况条件，例如中部槽在最大垂直转矩下，会造成相邻销轨齿的间距发生变化。图 11-98 所示为采煤机牵引导向滑靴或销轨磨损状态下，销轨与牵引轮的啮合分析，在中部槽最大的摆动角度下，轨座处两节 147 mm 销轨的最小节距 137 mm，销轨最大节距 157 mm，经验证，采煤机牵引轮与销轨均处于正常啮合状态，能够满足使用要求。

11．刮板输送机变频驱动技术

随着我国采煤技术和装备的水平不断提高，矿用变频器在煤矿井下已经得到普遍应用，特别是刮板输送机变频器近几年在国内煤矿逐步推广应用。

1）刮板输送机变频驱动主要优势

（1）解决刮板输送机重载启动的问题

刮板输送机停车的随机性和负载的巨大波动性以及生产系统其他设备的原因，常导致输送机意外停机，经常需要在重载下重启刮板输送机，启动困难的情况经常出现。采用了变频驱动后，变频器可以自由调节电动机供电频率，以低于 50 Hz 的频率启动，在各种控制模式的保障下，实现电动机低速启动，保证电动机可以输出较大转矩，解决刮板机重载启动的问题。

（2）避免设备启动过程中对电网带来的冲击和压降

带载启动时，电动机启动电流达到 6～8 倍的额定电流，导致电网电压下降，影响刮板输送机的启动性能，同时影响电网上其他设备的正常运行，引起其他设备欠压保护，造成误动

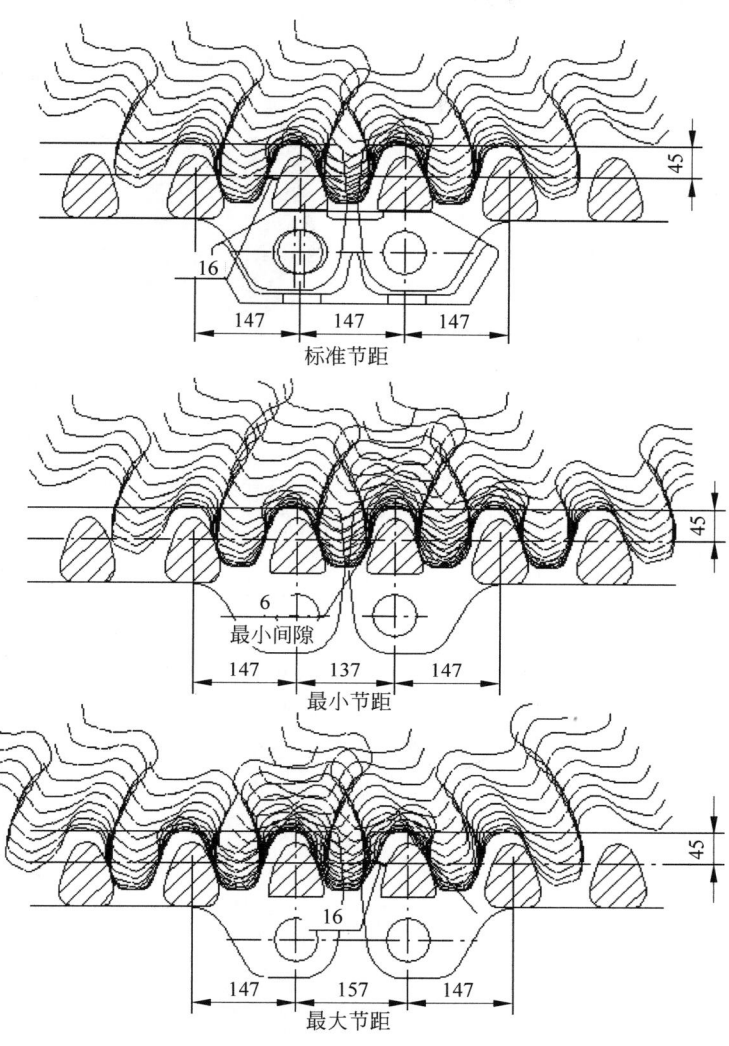

图 11-98 采煤机齿轮-销轨啮合分析示意图

作。刮板输送机的频繁启动,会使电动机绕组发热,从而加速绝缘老化,影响电动机寿命。使用了变频驱动后,变频器可以使电动机以低频启动,提供较大的启动转矩的同时,大大降低电动机启动电流,使电动机启动时,不会对电网产生较大的电流冲击,不会对电网其他设备产生较大影响,降低启动电流产生的压降,提高了刮板输送机的启动性能,降低了电动机的绕组内耗,电动机发热现象随之减少,增加电动机使用寿命。

（3）减少机械冲击和磨损,提高设备寿命

一般电动机满载启动时间为 4～6 s,启动加速度可达 $0.2～0.3 \ \mathrm{m/s^2}$。刮板输送机的传动系统尽管有一定的预紧力,停机时,传动系统为松弛状态,各个环节都有一定的间隙（联轴节、齿轮、花键、链轮与链条、每对链环间存在各种间隙）,且链条为弹性体。电动机启动瞬间,在克服间隙和链条拉伸的过程中,对整个传动系统造成强大的机械冲击,几乎所有的传动元件在这个过程中都要受到冲击应力。双速电动机驱动时,由低速切换到高速也会产生机械冲击。使用变频驱动后,设备启动和运行过程中,速度变化、转矩变化都以平滑的方式过渡,减少了在启动和运行过程中对机械设备带来的冲击和磨损,有效提高设备的使用寿命。

（4）实现多机驱动时的功率平衡

由于电动机额定参数差异及链条节距变化、输送机上负载分布变动及链条张力变化（引起节距变化），存在严重的电动机功率不平衡问题,不能充分发挥功率配置的作用。井下测试结果表明,机头、机尾两传动部电动机的输出功率呈交替变化,刮板输送机总输入功率远低于配置功率,但对单台电动机而言,又存在短时频繁超载现象。对于超重型刮板输送机,负载不均匀问题会更加突出。使用变频驱动后,变频器的控制系统会根据电动机的运行状态和刮板机负载,通过转矩调节、转速调节等方式,自动调节电动机运行速度和电动机输出转矩,使机头、机尾电动机功率达到平衡,充分发挥电动机功率配置的作用。

（5）实现智能调速

传统的方式中,电动机为单速电机或者双速电机,在刮板机启动后,电动机一直保持在工频下工作,电动机的转速和转矩只能依靠电动机自身的特性曲线自适应调节,无法自主调节电动机转速,造成了刮板机负载很小时或者刮板机空载时,电动机依旧保持高速运转,造成了大量电能的损失,同时加大了设备的磨损。使用变频驱动后,可以根据负载大小和实际工况进行智能调速,达到节能降耗的效果。

2）刮板输送机变频驱动的应用型式

综采工作面刮板输送机变频技术驱动有矿用变频一体机和矿用变频器（分体变频器）两种应用方式。

（1）矿用变频一体机驱动

矿用变频一体机集电动机和变频器于一体（图11-99）,上部是变频器,下部是交流异步电动机,省去了变频器与电动机之间的连接电缆,结构紧凑,减小了设备的体积和占用空间,变频器与电动机的冷却水路串联,功率器件安装在折返式水道的水冷板上,具有机械结构强、散热效率高的特点。

图11-100所示为典型的工作面三级控制系统,其中组合开关、一体机控制器和集中控制台安放在远离工作面的顺槽内,一体机控制

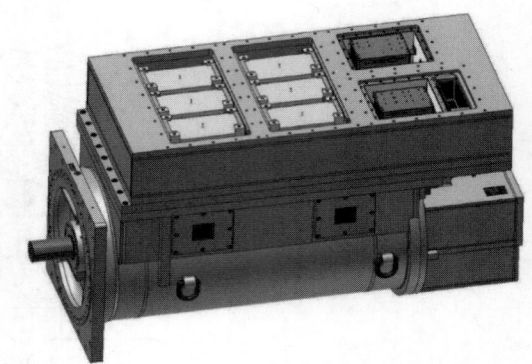

图11-99　矿用防爆交流异步变频调速一体机

器首先控制组合开关各回路向变频一体机供电,并通过有线（或无线）数据通信控制变频一体机启停、保护、刮板输送机机头、机尾功率平衡及运行参数的采集和集中显示。在手动和调试方式下,操作一体机控制器的键盘、按钮可实现对每台变频一体机的启动、停机、调速、换向及运行方式设置;在远程集控方式下,将一体机控制器设置为远控方式,将启停控制权限上交集中控制台,通过集中控制台对工作面刮板输送机、转载机、破碎机进行一键顺序启停及联锁停机保护控制。

（2）矿用变频器与电机分体驱动

矿用变频器采用隔爆兼本安防爆型式,采用基于矢量控制或直接转矩控制（DTC）的交-直-交变频控制技术,三电平（或多电平）输出,具有多种控制模式选择,适用于煤矿井下有瓦斯、煤尘爆炸危险的恶劣环境下胶带机、刮板机、风机、水泵及其他设备电机的变频调速。

矿用高压变频器按整流方式分为6脉波整流（图11-101）和12脉波整流（图11-102）两种。

6脉波整流：三相3.3 kV交流电源直接输入变频器,通过三相整流输出时每个周期有6个脉冲波动,称为6脉波整流。由于三相整流输出直流电压不超过输入电压的1.3倍,逆变后的输出电压达不到输入电压,所以6脉波整流方式的变频器适用于供电线路较短、供电电源稳定的工作条件。其优点是不需要更换移相变压器,不增加供电线路,节省技改升级成本,缺点是50 Hz变频输出时输出电压存在5%～10%压降,同时对供电电源产生严重污染。

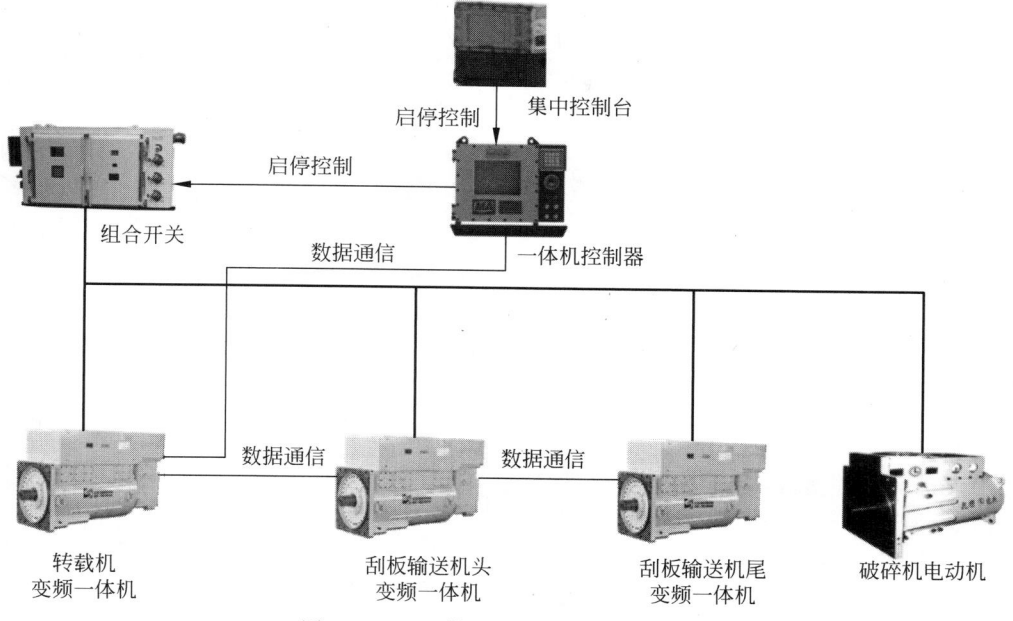

图 11-100 工作面三级控制系统电气图

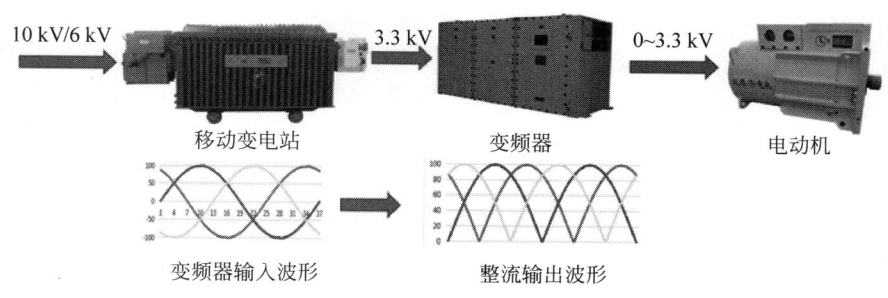

图 11-101 6 脉波整流

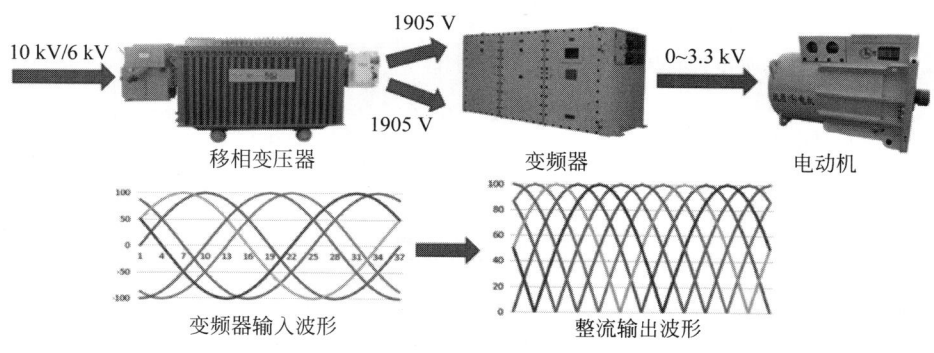

图 11-102 12 脉波整流

12脉波整流：移相变压器输出两路相位相差30°的三相1905 V(或1705 V)交流电源输入变频器,通过两路三相整流输出串联后形成

直流母线电压,由于每个周期有12个脉冲波动,称为12脉波整流。通过两路整流输出后串联形成的直流电压达到4900 V,大于3300 V

的峰值电压,逆变后的输出电压能够超过 3300 V。所以 12 脉波整流方式的变频器具有升压功能,能够补偿供电线路较长和供电电源不稳定产生的压降。由于两路相差 30°的输入电源,能够抵消变频器产生的幅值较大的奇次谐波,对供电电源污染不严重,适用于供电线路较长、功率较大的应用条件。

(3) 刮板输送机多机功率平衡控制

多台电机驱动同一负载时,不可避免会出现转速、转矩的不同步问题,速度快、转矩大的电机将承受较重负载,因此电机的同步运行成为运行中的控制重点。主从控制连接方式一般有以下两种:

① 对于柔性连接负载,当主机接收到正常启动信号后,主机启动变频器,同时将运行信号、运行转速及转矩电流发送给从机,从机按照主机发送过来的数据正常启动、运行、输出转矩的控制。从机本身具备转矩电流的调节,同时将自身的转矩电流与主机发送过来的转矩电流做比较,从机会自动调整自身的输出转速,从而达到电机之间的转矩平衡。

② 对于刚性连接负载,当主机接收到正常启动信号后,主机启动变频器,同时将运行信号、运行转速及转矩电流发送给从机,由于主机是刚性连接,所以主从机运行转速基本一致,从机按照主机发送过来的数据正常启动、运行、输出转矩的控制。从机本身具备转矩电流的调节,同时将自身的转矩电流与主机发送过来的转矩电流做比较,从机会自动调整自身的输出转矩,从而达到电机之间的转矩平衡。

针对刮板输送机不同的运行状态,进行以下控制过程:

① 刮板输送机链条未张紧时,两台电机之间的连接方式为柔性连接,即弹性负载连接;从机应采用速度加转矩控制。

② 刮板输送机链条张紧时,两台电机之间的连接方式为刚性连接,即刚性负载连接;从机采用转矩控制。

③ 采煤过程中出现的顶板漏煤、片帮等现象,会导致两台电机之间连接方式出现柔性连接、刚性连接的状态转化。

因此,不能用单一的柔性或者刚性连接方式处理刮板输送机的双机功率平衡;主机根据从机的运行速度、转矩值,计算出从机转矩给定量,从机按照主机转矩给定量输出转矩。

(4) 变频一体机与分体变频驱动对比

变频一体机与分体变频驱动对比见表 11-13。

表 11-13　变频一体机与分体变频驱动对比

项　　目	变频一体机	分体变频驱动
安装	(1) 使用普通电缆。 (2) 对其他通信设备没有干扰,不用考虑电缆敷设问题	(1) 变频器到电机需要屏蔽专用电缆。 (2) 电缆敷设需要考虑与通信电缆的干扰
占地空间	电机与变频器一体化,不需要开拓硐室放置	需要掘进硐室放置变频器
长距离供电	对电缆长度没有要求	变频器到电机电缆受长度限制
对电机影响	(1) 电机采用耐电晕的设计。 (2) 电缆较短,尖峰电压较低,电机寿命长	变频器到电机电缆的分布电容和电感会形成共振,尖峰电压叠加到输出电压上,损坏电机绝缘,影响电机使用寿命

(5) 永磁同步电动机变频驱动

近几年,随着大功率永磁同步电动机生产技术的提高和制造成本的降低,变频驱动永磁同步电动机应用于刮板输送机的案例越来越多,相比变频驱动交流异步电动机,变频永磁同步电动机驱动具有以下优点:

① 启动过程转速平稳、没有冲击电流,对电网和设备冲击小。

② 电机的发热主要来自启动时的大电流冲击及绕组的铜耗、铁损,永磁电机没有启动大电流,绕组没有励磁电流,工作效率高,电机发热少,可靠性更高。

③ 启动转矩大,适合重载频繁启动的工况。

④ 低速、轻载时工作效率较高,适合长期低速运行的工况下使用,具有高效、节能的优势。

12. 刮板输送机智能化技术

为了满足数字化矿山、智能化无人、少人工作面及国家节能降耗、绿色开采的要求,现代的测量技术、传感器、现代电机理论及微电子技术在刮板输送机设备上的应用越来越广泛深入,可实现刮板输送设备的工况监测、链条自动张紧、煤量监测、断链保护、智能启动和智能调速及常见故障诊断、关键零部件健康状态分析等功能,提高设备的易用性,降低故障处理难度,保证刮板输送设备的高效、稳定运行,具体如下。

(1) 刮板输送机工况监测:动力部配置温度、压力、流量等传感器,传感器接入工况监测分站,可实时监测减速器油温、减速器油位和油质、减速器输入轴温度、减速器输出轴温度、冷却水压力或流量、电机绕组温度、电机轴承温度、电机冷却水压或流量,同时通过实时监测变频器的工况参数,可实时显示刮板输送机启停状态、电机电流、电压、功率等运行参数。

(2) 链条自动张紧:刮板输送机在机尾安装链条自动张紧装置,通过实时监测伸缩油缸的行程和压力并结合刮板输送机启停状态和输出转矩,自动对链条张紧状态进行调整,保证设备启动前张紧链条、不堆底链,设备运行中始终保持链条张紧油缸伸出位移不变,设备停止后自动放松链条,避免链条长时间处于紧绷状态。

(3) 智能启动:智能控制器通过对刮板输送机机头、机尾的变频驱动装置的独立控制,在设备启动时按照智能启动控制模型控制输送机机头、机尾电机的启动顺序和启动曲线,保证刮板输送机先张紧下链道链条,低启动冲击,避免松链跳齿。重载或带载启动时,能根据溜槽堆煤量调整机头、机尾电机启动时差等参数,实现电机的平滑加载,限制直接作用于刮板链上的最大静载和动载冲击值,避免链条过度拉伸损伤。

(4) 智能调速:智能控制器内部集成了基于权重的智能调速控制模型,根据采煤机运行参数、变频器实时转矩,并结合煤量扫描仪采集的实时煤量信息,智能测算刮板输送机的运量信息,实现刮板输送机运行速度正比于实际的装煤量,智能调整刮板输送机运行速度。

(5) 链条的智能保护:通过与智能控制器建立通信,结合设备启停控制功能,可以在启动前自动张紧刮板输送机链条,避免堆链;停机后自动放松链条,将链条张紧力降低到要求的范围(处于松弛状态),避免链条始终处于紧绷状态,有效延长链条使用寿命。

(6) 煤量检测:煤量检测装置可对刮板输送机上的物体散料体积和流量进行非接触式测量,得出输送设备上的实时物料信息,为智能控制系统提供调速的基础信息数据。

目前,刮板输送机智能化技术仍处于发展和探索的初级阶段,由于受到煤矿井下恶劣条件及煤矿井下防爆安全的限制,有些检测和控制技术无法得到应用,针对刮板输送机工况检测还存在无法突破的技术瓶颈,如:断链、断刮板、链条和链轮疲劳磨损、哑铃销断裂或脱落及刮板输送机上窜下滑等工况的检测。随着人工智能、5G通信及AI视频技术在煤矿井下智能化工作面的应用,刮板输送机智能化水平将得到显著提高。

11.3.3　链啮合传动原理

1. 链传动运动学

链啮合传动,是驱动链轮通过轮齿与链节的啮合,将链轮旋转的转矩变成直线牵引力传给牵引链。链条由许多刚性链节组成,绕经链轮时呈多边形围绕,链条间歇地随相遇点轮齿运动。当链轮作等速圆周运动时,链条是变速直线运动,并以链轮旋转一个链节所对应的中心角为周期。这种运动特性,可由下述分析看出。

把链条当作刚体,设链轮节圆的半径为 R,链轮旋转的角速度为 ω,如图 11-103(a)所示,φ 为相遇点轮齿的圆周速度 v_0 与水平线的夹角,v 为链条水平运动的瞬时速度。可以看出:

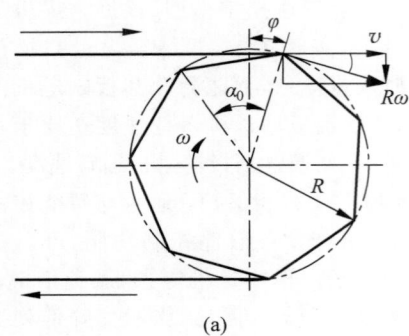

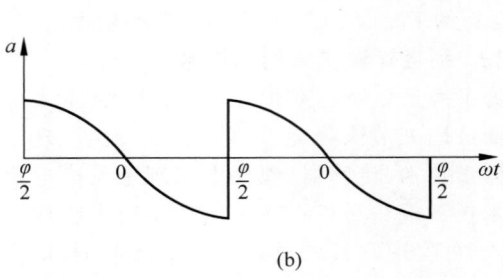

(a)　　　　　　　　　　　　　(b)

图 11-103　链传动速度分析

(a) 速度分析；(b) 加速度图像

$$v = v_0 \cos\varphi = R\omega\cos\varphi \qquad (11\text{-}1)$$

φ 角的大小等于相遇点轮齿的半径与链轮纵轴线的夹角，这个夹角随链轮的旋转而变化，从相遇点刚开始啮合时的 $\alpha_0/2$ 逐渐减小到 0，再逐渐增加到 $\alpha_0/2$。链轮继续旋转时，另一个轮齿在相遇点与链条啮合，链条的速度就随这个新的相遇点轮齿的运动而变化。据此，式(11-1)中 φ 角的变化范围为

$$-\alpha_0/2 \leqslant \varphi \leqslant \alpha_0/2$$

式中：α_0——一个链节所对应的链轮圆心角。

由此可知，即使链轮的角速度不变，链条的瞬时速度也是变化的，其速度特性如式(11-1)所示，速度变化的周期为链轮旋转一个 α_0 角。链速的变化范围为

$$R\omega\cos\frac{\alpha_0}{2} \leqslant v \leqslant R\omega$$

由于链速的变化，链条运动中就有加速度，链条运动的加速度为

$$a = \frac{\mathrm{d}v}{\mathrm{d}t} = -R\omega^2\sin\varphi \qquad (11\text{-}2)$$

链条运动的加速度也随 α_0 角变化，其变化范围为

$$R\omega^2\sin\frac{\alpha_0}{2} \geqslant a \geqslant -R\omega^2\sin\frac{\alpha_0}{2}$$

加速度变化曲线如图 11-103(b)所示。可以看出，链条在相遇点啮合开始时的加速度最大，随链轮旋转，加速度逐渐减小到 0，然后达到最大负值；到另一个轮齿啮合时，链条运行的加速度由最大负值突变到最大正值。加速度变化周期也是链轮旋转一个 α_0 角所需的时间。最大加速度的绝对值为

$$|a_{\max}| = R\omega^2\sin\frac{\alpha_0}{2} \qquad (11\text{-}3)$$

由链轮几何关系得

$$\sin\frac{\alpha_0}{2} = \frac{l}{2R} \qquad (11\text{-}4)$$

将式(11-4)代入式(11-3)得

$$|a_{\max}| = \frac{1}{2}\omega^2 l \qquad (11\text{-}5)$$

式中：$a_{\max}$——链条最大加速度；

ω——链轮旋转的角速度；

l——链节距；

R——链轮分度圆半径。

可以看出，其他条件相同时，链节距越大，链条运行的最大加速度越大。

2. 牵引链的动负荷

链条是作变加速运动的，有加速度就有惯性力，因此，链条在运行中不仅受静负荷，还受动负荷，并且是周期性动负荷。若加速度为正，惯性力的方向与运行方向相反，则动负荷使链条的张力增加；若加速度为负，惯性力的方向与运行方向相同，则动负荷使链条的张力减小。

由图 11-103(b)可以看出，在后一个轮齿开始啮合的瞬间，链条的加速度从 $-a_{\max}$ 增加到 $a_{\max}$，在这一瞬间的加速度为 $2a_{\max}$。如果参与这一加速运动的物体质量为 M，则链条所受的动负荷为 $2Ma_{\max}$。由于这一负荷是瞬间施加的，按力学原理，突加载荷在链条中产生的应力大一倍，这样，链条所受的动负荷应按 $4Ma_{\max}$ 计。考虑到在这个变化瞬间，后一个轮

齿啮合之前的加速度为 $-a_{max}$，其惯性力与链条运动方向相同，因此，链条实际所受的最大动负荷按下式计算：

$$F_d = 2 \times 2Ma_{max} + (-Ma_{max}) = 3Ma_{max}$$

$$(11\text{-}6)$$

实际上，链条不是刚体，在张力作用下有变形，刮板输送机用的圆环链，其刚度视不同规格为 $(2\sim6)\times10^7$ N。

作为弹性体的链条，链轮传给它的牵引力不能同时作用在整条链子上，而是有一定的传播速度，也不是整条链子都是一个相同的加速度，参与加速运动的质量也不是整条链子及所带的负载。因此式(11-6)只可用于链子很短的情况。对于弹性链，只要不在共振条件下运行，链条所受的最大动负荷比用式(11-6)计算的要小。

输送机的刮板链在承载后被煤埋在槽内，沿槽底滑动运行，由于其工作条件复杂多变，虽已进行了许多研究，还不能准确地计算出其动负荷，所以目前近似地按静负荷的20%计算。

11.3.4　刮板输送机的使用维护与发展

1. 输送机的安装及使用

(1) 输送机按照有关文件技术要求进行完整组装；对于重要部位的螺纹紧固件要确认螺栓的强度等级，采用力矩扳手拧紧到规定力矩。采用可回转 $90°$ 的菱形头螺栓连接时，按规定在螺栓支座内安放防转垫片。

(2) 减速器、链轮按说明书要求注油，并达到规定油位；配置外置油箱的部件安装时要确保运行中油箱始终高于被润滑部件。

(3) 配置了强制润滑泵的减速器，减速器初次运行时要检查润滑泵的运转状态，以确认润滑泵供油正常。如果更换润滑泵要对供油状态进行重新确认。

(4) 电机、减速器的冷却装置供水压力不准超过许用压力，要保证足够的供水流量，冷却水要达到基本的清洁度。

(5) 传动装置的轴伸端采用花键的减速器或链轮安装时花键表面涂润滑脂；齿轮联轴器

安装时轮齿表面填涂润滑脂。

(6) 配置阀控充液式液力耦合器的刮板输送机，阀控耦合器供水系统要满足 200 L/min 的流量，压力 0.4~1.6 MPa，必须经 50 μm 的过滤器过滤后再注入。

(7) 乳化液分支管路、供水分支管路应通过截止阀与主供液(供水)管路进行连接。

(8) 配置检查槽(观察槽)的输送机，应按照检查槽比例进行安装，机头(机尾)过渡段安装密度可稍大一些。

(9) 刮板链所用的圆环链必须配对安装，不允许新旧链条混合安装；刮板链组装前要注意接链环的安装方向，圆环链不应出现扭结。

(10) 刮板链紧链时，要使用合适的阻链器或制动器，保证操作安全。

(11) 输送机电机正确启动顺序，机尾略早于机头，以双速电机驱动的输送机为例：机尾电机低速启动—机头电机低速启动—机尾电机高速启动—机头电机高速启动。

(12) 刮板链的张紧力应适度。

2. 输送机的维护

(1) 输送机在回采过程中要尽量保持平直。

(2) 输送机中部槽间的哑铃销(或长环)不允许在缺失状态下运行，应经常检查，及时更换补齐。

(3) 要经常检查输送机中部槽与液压支架相连的连接销是否安装到位，一旦发现有脱开的连接销要及时重新安装。

(4) 端卸输送机在回采过程中要保持输送机机头与转载机溜槽处于合理的位置，以保证顺利卸载和转运，减小输送机的底槽回煤量。

(5) 新减速器初始运行 200 h 后更换润滑油。注入新润滑油前，应对减速器箱体内部进行清洗，之后每隔 2000 h 更换润滑油。

(6) 检查减速器、链轮的密封，及时更换损坏的密封件，避免减速器、链轮在缺油的状态下运行。减速器的透气塞要保持畅通，避免进水。定期检查减速器的油温，关注减速器运行噪声，为减速器运行状态诊断提供依据。减速器中的润滑油质要定期检查。

(7) 输送机的刮板链应在适度张紧状态下

运行。当采煤机正常采煤接近机尾,刮板输送机处于最大负荷状态时,如果机尾上方的刮板链可沿着中部自由下滑,并且链条松弛量不大于一个链条节距,则可认为刮板链的张紧力适度。停机时,采用链条测力装置检测张力数值,并以此作为输送机刮板链张紧力的调整依据。链条预张紧力检测前,应将输送机调成直线,排空物料。如检测张紧力不合适,对于采用可伸缩机尾的输送机可通过调整机尾的伸缩行程来调整,对于机尾无伸缩功能的输送机只能通过增减链环数量进行调节。

(8)观察输送机机尾的回煤量,如果回煤量偏大,则应查找原因,进行处理。侧卸式输送机多是由于转载不畅引起的;端卸式输送机除转载不畅的原因外,还可能是由于输送机机头与转载机溜槽的距离过大造成的。

(9)新组装的刮板链在井下安装并运行7个工作日后,要对螺母重新紧固一遍。经常检查并紧固刮板的防松螺母。防松螺母只准使用一次,不准重复使用。

(10)根据接链环使用状况,达到一定过煤量后成批更换接链环。

(11)输送机机头过渡槽及机尾架的压链板是极易磨损的部件,要定期检查磨损量,及时维修或更换,以免引起漂链刮卡等事故。

(12)液力耦合器要按照说明书要求定量充液。液力耦合器的易熔塞、爆破片要采用符合标准的产品,且要通过煤矿安全认证,禁止用任何其他螺塞替代。对于发生喷液的液力耦合器一定要等待温度降低后再进行定量充液,更换爆破片。

(13)除非常状态,输送机停机前应排空溜槽内的所有物料,以便于下一次启动。

(14)输送机搬家前,要对输送机中部槽进行编号,并在中部槽适当位置标注。在新工作面按照顺序号进行中部槽的铺设安装。

(15)用于紧链的液压马达传动装置及其液压控制装置停用期间要妥善保护(保管),停用期间要定期启动马达,运转数分钟,以更新液压马达传动装置及其液压控制装置内的液体。这种维护性运转应在检修班进行,要确保液压马达传动装置与输送机主传动系统脱离。

(16)输送机传动装置如安装了摩擦限矩器,要定期检查磨损检查销的高度。一旦检查销与安装面平齐,需更换摩擦限矩器。

3. 常见故障及其处理方法

输送机常见故障及其处理方法见表11-14。

表11-14 输送机常见故障及其处理方法

序号	故障现象	故障原因	处理方法
1	电动机启动困难,或启动后缓慢停转	负荷过大或卡链	减轻负荷,减小溜槽中的煤量;消除卡链现象
		电气线路损坏或断相	检查供电电路,更换损坏零件
		供电电压下降	检查供电电压,实现额定电压供电
2	电动机及端部轴承过热	长时间超负荷运转	减轻负荷,缩短超负荷运行时间
		冷却散热情况不好	检查冷却水管路;清除电动机周围积煤及杂物
		轴承缺油或损坏	检查轴承状况并注油
3	电动机运转声音不正常	单相运转	检查单相运转原因,接通各相电源线
		接线端子接触不良	检查供电线路及接线端子
4	减速器运转声音异常	齿轮啮合状况不好	检查调整齿轮啮合状况
		轴承或齿轮过度磨损或损坏	更换损坏的轴承与齿轮
		润滑油中存在金属等杂物	清除润滑油中的杂物或换注新油;检查一轴轴承润滑状况
		轴承游隙过大	调整轴承轴向游隙量

续表

序号	故障现象	故障原因	处理方法
5	减速器油温过高	润滑油不合格或不洁净	按规定换注新润滑油
		润滑油过多	放出多余的润滑油
		冷却不良,散热不好	检查冷却水管路及水量; 清除减速器周围积煤及杂物
6	减速器漏油	密封圈损坏	更换损坏的密封件
		箱体合口不严,轴承盖螺栓不紧	拧紧箱体合口面及各轴承盖螺栓
7	链轮组件轴承过热	密封或轴承损坏	更换损坏的密封件或轴承
		润滑油不洁净	清洗轴承,更换新油
		润滑油量不足	注足润滑油
8	链轮卡链	链轮或刮板链损坏	检查链轮与刮板链
		拨链器损坏	更换新拨链器
9	刮板链在链轮上跳牙或掉链,链环在链轮处损坏	链条拧转或接链环装反	调整链条或接链环
		两条链长度误差超过规定公差值	更换长度超差的刮板链段
		链轮过度磨损	更换链轮
		刮板链过度松弛	重新紧链
		刮板变形	更换刮板
		链条卡进金属物	检查链条是否卡进金属异物,发现卡物及时清除
10	刮板链在溜槽中掉道	刮板链过度松弛	重新紧链
		刮板严重磨损或变形	更换刮板
		工作面不平直,输送机溜槽偏转角度过大	使工作面保持平直,弯曲段圆顺过渡
		双链受力不均衡,刮板倾斜	检查双链长度误差,必要时更换链段
11	刮板链过度振动	刮板链过紧	调整刮板链张紧程度
		溜槽脱开或搭接不平	对接好溜槽,调平溜槽接口
12	电缆与电缆槽刮卡	电缆槽连接螺栓松动	拧紧电缆槽与底挡板连接螺栓
		挡板或电缆槽变形	修理或更换变形的挡板、电缆槽

4．刮板输送机发展趋势

随着我国煤炭需求的高涨和矿山机械科研水平逐渐提升,采煤工作面生产能力的不断增大,以及低碳经济的要求,也促进矿山机械和配套件向节能减排方向发展。刮板输送机的主要发展趋势如下。

1) 设备重型化

设备重型化是煤炭集约化生产、高强度开采单机单产不断提高的要求,也是提高劳动生产率、节约投资、降低生产成本的重要途径。重型化集中表现在运距更长、生产能力大、装机功率不断增大、重量大、电压高、寿命长、可靠性高。未来几年,国内"一矿一面、一个采

区、一条生产线"的矿区将逐步增多,工作面长度 300~500 m,这些工作面实现日产 2 万～8 万 t,年产 600 万～2000 万 t,这样就需要刮板输送机装机功率 2000~6000 kW,输送能力高达 8000 t/h。

2) 设备自动化

设备自动化是提高劳动生产率、降低劳动强度、保障安全的重要手段。刮板输送机自动化主要包括启动与运行过程负载状态监测、各关键零部件运行温度状态监测,以及根据采煤机截割速度与位置信息对运行参数调节,最终实现设备自动控制,保证设备安全与可靠运行,以更好地发挥设备的效率。当自动控制发

展相对成熟后,最终会实现采煤机、液压支架、刮板输送机的联动作业,从而实现工作面的自动化。

3)设备智能化

设备智能化是通过一些监测和监控装置,监控刮板输送机运行过程,实现工况检测和故障诊断。自动伸缩机尾技术、运行工况在线监测监控技术、故障诊断及预防性维护技术都是发展的重点。智能化不仅仅局限于设备自身条件的监测与控制,还对刮板输送机实现工况检测,实现远程故障诊断和运行过程监控。在工作中不断采集信息,录入系统加以分析,打包保存形成数据库,在日后的工作中利用已有信息和采集信息的工作情况比对,对系统的主要参数如减速器油质、油位、温升、链轮轴组、刮板链的运行等进行评估与预测,提供有效机器状态信息,可以在维修间隙及时处理,保证设备安全、高效运行。智能化不仅是发现和预测设备故障,还可以提供维修方案和处理方法,将损失降到最低,在短时间内恢复生产。

我国刮板输送机在总体技术上已经与国外产品保持同步,并针对国内复杂的地质条件开发出大量个性化产品,充分满足了煤矿开采的需要。但在一些高端产品和技术方面,尤其是一些关键零部件的可靠性、设备的自动化等方面和国外设备还有一定的差距,在加强对外广泛合作的同时,更需要脚踏实、持之以恒地努力。

11.4 板式输送机

11.4.1 板式输送机概述

板式输送机也是连续运输机的一种,如图 11-104 所示。它的基本结构是在一根或两根封闭的牵引链总成上,安装了许多块平板,作为承载的装置,把物料装在这些平板上。当链条带着链板移动时,物料也被向前输送。链条(一般用片式链)在运输机两端绕过驱动链轮和张紧链轮。星轮的驱动装置和带式运输机类似,而张紧装置则一般采用螺旋式拉紧。

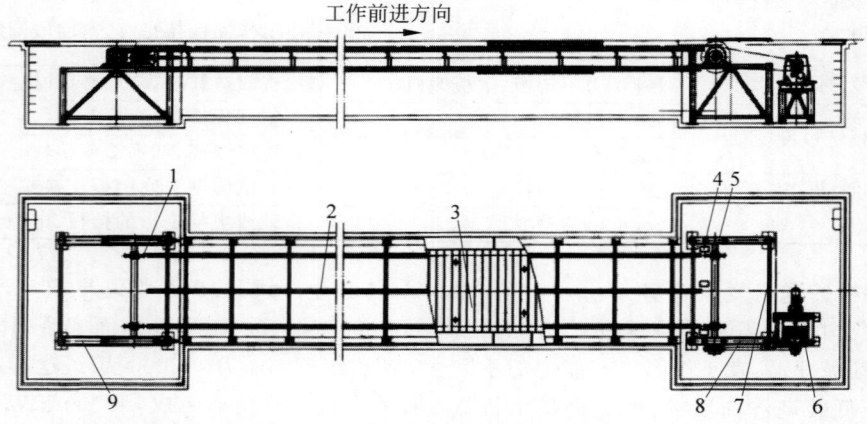

1—张紧装置;2—中间支架;3—链板总成;4—链条润滑装置;5—传动装置;6—驱动装置;7—传动装置支架;8—滚子链;9—张紧装置支架

图 11-104　板式输送机

1905 年,在瑞士出现了鳞片钢带式输送机,之后在冶炼、矿山、铸造等行业中发展了板式输送机。1945 年后,一些缺乏橡胶资源的国家,如德国、日本、苏联等国都曾生产过煤矿专用的板式输送机以替代带式输送机。中国于1966 年在煤矿井下沿煤层等高线开拓的顺槽中使用了单链牵引的弯曲型板式输送机。自20 世纪 70 年代以来,这种输送机在煤炭行业中已被淘汰。

板式输送机在冶金工业、煤炭工业、化学工业、动力工业、机械制造业和国民经济的其他工业部门中均有广泛的应用。它可沿着水平方向和倾斜方向运送各种散装物料和成件物品；也可用于流水生产中运送工件。同带式输送机相比较，它可输送较沉重的、块度较大的、具有锋利棱角的和对输送器有强烈磨损性的物品，更宜输送炽热物品。所以，在机械化生产的铸造车间中，它获得较普遍的应用。

板式输送机的主要优点：

（1）适用范围广。对于被输送的固态物料，除了黏度特别大的物料之外，一切物料和物件均可用它输送。

（2）承载量大。输送量可达数十吨以上，尤其适用于大重量物料的运输。

（3）牵引链条强度高，容许输送机有很大的长度，即可作长距离的运输工作。

（4）运行平稳可靠。

（5）输送线路布置灵活性较大，可在一定范围的转弯半径内爬升和下降。

（6）同带式输送机相比较，它有较大的爬升角度和较小的过渡转弯半径，即可在较短的距离内完成一定高度的爬升。板式输送机的倾角可达 $30°\sim35°$，当底板稍作改进（如设横向挡条或采用深型底板）时，倾角可达 $45°$ 以上，有的甚至高达 $60°$。过渡转弯半径一般为 $5\sim8$ m，而带式输送机的过渡半径为 $55\sim75$ m。

板式输送机的主要缺点：

（1）底板和牵引链自重大，运行阻力大，比较笨重；

（2）底板和牵引链的磨损快，润滑和维修不便，而且噪声大；

（3）结构较复杂，制造较困难，故成本也较高；

（4）由于大量的铰链连接，使用和维修不便。

11.4.2　板式输送机的分类

板式输送机形式多样，变体繁多，可根据不同的原则加以分类。

（1）按机座的形式可分为：固定式和移动式。由于板式输送机结构比较笨重，不易搬迁，一般均制成固定式。移动式较少采用。但对于长度小，结构轻，仅作给料用的板式输送

机以及锻工、热处理车间运送灼热工件的轻型板式输送机，有时可制成移动式。

（2）按安装和布置方式可分为：水平型、水平倾斜型、水平-倾斜-水平综合型。

（3）按牵引链的结构形式可分为：铸造链式、冲压 Y 形链式、环链式、可拆链式和片式关节链式等。

（4）按牵引链的数量可分为：单链式和双链式。

（5）按底板结构可分为：无挡边平型、有挡边平型、无挡边波浪型、有挡边波浪型、有挡边深型和箱型等。

（6）按运动特征可分为：连续式和脉动式。

（7）按驱动方式可分为：液力驱动式和电力机械驱动式。

（8）按驱动装置的数量可分为：单点驱动式和多点驱动式。

（9）按机型结构可分为：敞开式和密闭式。

现国内使用最多的有：双链有挡边波浪型板式输送机（鳞板输送机）、双链式平板输送机和轻型平板输送机。铸造车间普遍使用前者。近年来，随着铸造生产的半自动化和自动化，具有许多独特优点的脉动式板式输送机（步移式板式输送机），正被越来越多地采用。

板式输送机的类型较多，下面就几种较常见的板式输送机进行介绍。

1. 连续式鳞板输送机

鳞板输送机是应用最广泛的板式输送机之一，其可作为固定式机械化运输设备，运送散状物料或单件重物，尤其适用于输送大块的或灼热的物料，便于物料在运输过程中完成冷却、干燥、加热、清洗及分类等工序。

鳞板输送机的结构如图 11-105 所示，相关技术参数见表 11-15，其结构由下列各部分组成：机座 1、头部驱动链轮 2、张紧链轮 3、由许多单独板片组成的板带 4 和带有滚轮的链条 5，链轮 2 由驱动装置 6 所驱动。由于牵引链与链轮的轮齿相啮合，拖动链条及固接在链条上的板带一起沿着输送机的纵向中心线运动，并以其支承滚轮沿着固定在机座 1 上的轨道行走，从而完成物件的运输。被运送的物件，通

过装设在输送机上方、靠近尾部的一个或几个导料槽 7 将物件导入输送机上。而卸料时,则

通过头部链轮和卸料接斗 8。

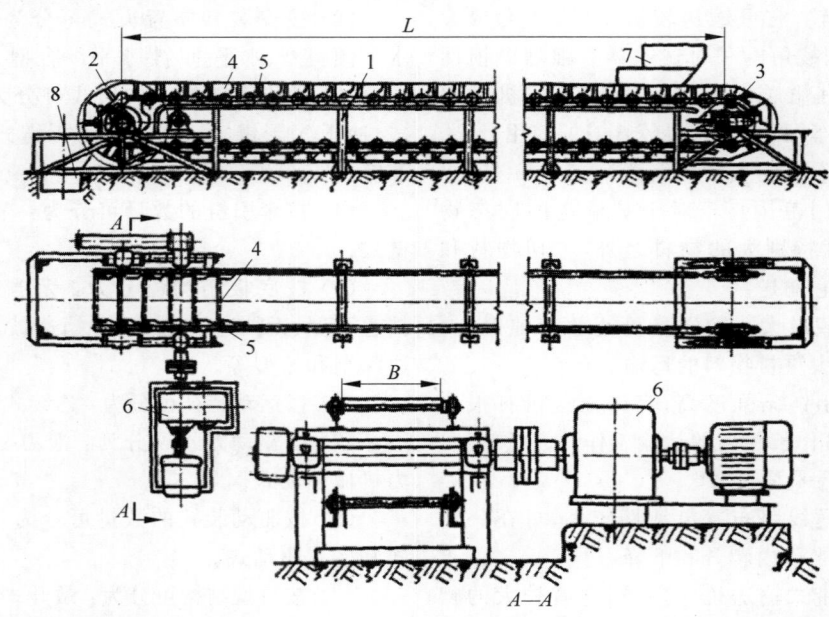

1—机座;2—头部驱动链轮;3—张紧链轮;4—板带;5—带滚轮的链条;6—驱动装置;7—导料槽;8—卸料接斗。

图 11-105　鳞板输送机

表 11-15　连续式鳞板输送机主要参数

序号	宽度/mm	长度/m	速度/(m/min)	额定给料量/(kg/m)
1	500	—	—	88
2	650	—	0.25	129
3	800	160	0.87~2.6	310
4	800	110	0.87~2.6	310
5	1000	100	0.87~2.6	328

2. GBQ 型轻型板式输送机

GBQ 型轻型板式输送机适用于短距离输送给料粒度在 160 mm 以下的块状物料。在矿山、工厂、化工、水泥、建材等部门,它广泛用于从贮料仓往破碎、运输等机械作均匀连续给料。可水平安装,其最大向上倾角为 20°,如图 11-106 所示。相关技术参数见表 11-16。

3. BH 型中型板式输送机

BH 型中型板式输送机是连续输送机械,主要用于由贮料仓或转料漏斗向破碎机或其他输运设备连续均匀地配给或转动各种松散物料或具有一定黏性的物料。运行线路为水平或倾斜的直线,最大安全倾角为 25°。相关技术参数见表 11-17。

4. GBZ 型重型板式输送机

GBZ 型重型板式输送机是运输机械的辅助设备,在大型选矿厂破碎分级车间及水泥、建材等部门,作为料仓向初级破碎机连续和均匀给料用,也可用于短距离输送粒度与密度较大的物料。可水平安装,也可以倾斜安装。在向上运输时,最大倾斜角为 12°,为避免物料直接打击到输送机上,要求料仓不出现卸空状态。相关技术参数见表 11-18。

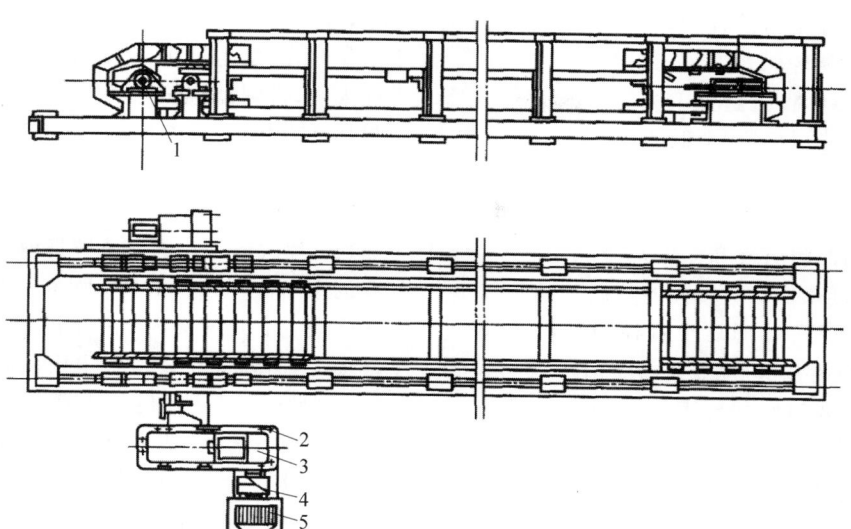

1—滑块联轴器；2—传动支架；3—减速器；4—弹性联轴器；5—电动机。

图 11-106　GBQ 型轻型板式输送机

表 11-16　GBQ 型轻型板式输送机技术参数

序号	宽度/mm	链板长度/m	速度/(m/s)	额定给料量/(m³/h)
1	500	6000	0.16	52
2	650	95 000	0.16	52
3	800	1200	0.1	41
4	800	1400	0.16	60

表 11-17　BH 型中型板式输送机

序号	宽度/mm	链轮中心距/mm	速度/(m/s)	额定给料量/(m³/h)
1	800	3000	0.02～0.25	340
2	1000	6000		550
3	1250	12 000	0.01～0.25	800
4	1600	18 000	0.01～0.2	1000

表 11-18　GBZ 型重型板式输送机

序号	宽度/mm	链板长度/m	速度/(m/s)	额定给料量/(m³/h)
1	1200	4500	0.05	100
2	1200	5000	0.05	100
3	1200	5600	0.05	100
4	1200	6000	0.05	100

11.4.3　板式输送机的主要部件

1. 牵引构件

牵引构件是鳞板输送机最重要的部件之

一。它是联系各部件的纽带。

1) 对牵引构件的基本要求

为了使板式输送机可靠而耐久地工作，并具有高效率，对其牵引构件有如下要求。

（1）具有相当的挠性，以保证自由地回绕较小直径的链轮；

（2）强度高，重量轻；

（3）制造简单，成本低廉；

（4）结构上便于固接承载构件和行走构件；

（5）便于传递驱动力；

（6）高的耐磨性和使用寿命。

2）以链条作牵引构件的特点

（1）链条可以回绕小直径的链轮或鼓轮，特别是短环链，这一优点尤为突出；

（2）承载构件和行走构件易于固接其上，并且连接强度高；

（3）链条传递牵引力大，以片式关节链为例，国内已生产有破坏载荷高达 85 t 的链条；

（4）链条和链轮是以啮合方式传递牵引力的，传动方式可靠；

（5）承受载荷时伸长量小。

用链条作牵引构件也有它的缺点：链条自重大，制造比较复杂，所以成本比较高；链节数量多，维修保养不大方便；在尘土较大的场合下工作时，易发生链关节咬死现象；运动速度不能太快，否则，当速度超过一定数值时，会产生附加动力荷载，使牵引力增大，磨损加剧，缩短其使用寿命。

3）几种常用的链条

（1）片式链。片式关节链目前被认为是最完善的牵引链，如图 11-107 所示。板式输送机大多采用它。片式链内链片 1 固定在衬套 2 的平端面上，而外链片 3 则利用锁片固定在销轴 4 上。因此，当链条在链轮上弯折时摩擦发生在销轴和衬套之间，压力分布面积显然比无衬套时大得多。所以，关节的磨损小。同时，片式牵引链比较耐冲击，工作可靠，运动比较平稳。片式链的缺点是：只能在垂直于板片平面内弯曲，不能承受其他方向的弯曲作用；在链的关节处，对灰尘的敏感性大，因而在露天或多灰尘的场所工作时，易被磨损；成本比较高。

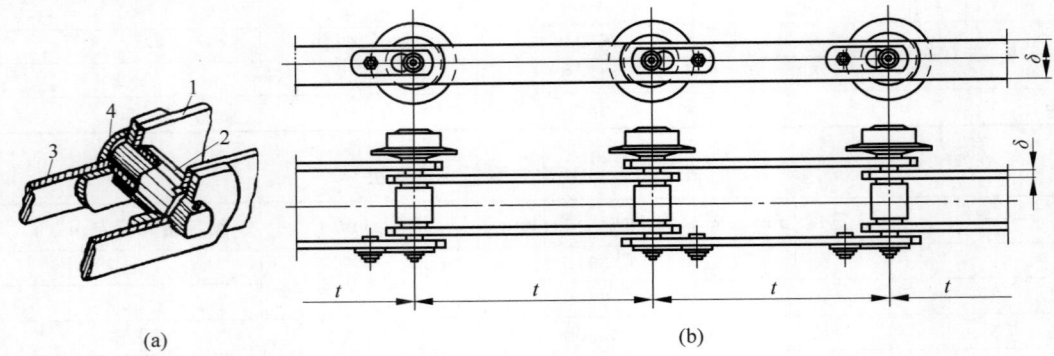

(a)　　　　　　　　　　　(b)

1—内链片；2—衬套；3—外链片；4—销轴。

图 11-107　片式链

片式关节链链条节段是成对的，故输送机上的链环数应是偶数。

图 11-107(b)所示结构，滚轮装设在牵引链的外侧（有的结构把滚轮从牵引链上脱离开来），滚轮内装设滚动轴承，当滚轮作这种配置时，输送机牵引力的传递不通过滚轮，而是通过内链片之间的滚柱。

图示结构中，行走滚轮仅支承板带上的负载，故荷载比较小，可以用直径不大的轴和滚动轴承来承受。

具有图示结构牵引链的板式输送机，其主要优点是运行阻力小，适用于重载荷、长距离（150 m 以上）输送的情况。其使用和维护也方便得多，因为滚轮装在滚动轴承上，不需要经常润滑；同时，在不拆开牵引链的情况下，就可以简便地更换行走滚轮。

目前，国内用于运输机械的片式牵引链，已有工厂定型生产。

（2）冲压 Y 形链。冲压 Y 形链（图 11-108）具有结构简单、重量轻、加工容易、成本低廉的特点。同此种链条相配的驱动链轮结构简单、制造容易，也是采用此链的重大优点。

同片式链相比，冲压 Y 形链的缺点是磨损较快。此种链条在板式输送机中，已开始被越来越广泛地采用。

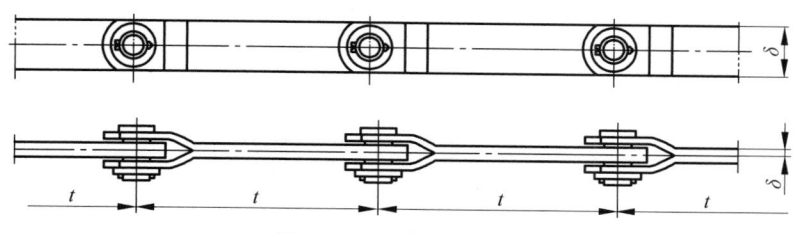

图 11-108　冲压 Y 形链

（3）环形链。如图 11-109 所示，此种链条由圆钢制成。它具有结构简单、制造容易的特点。同时，这种链条既可在垂直面内弯曲，又可在水平面内弯曲，故曲线输送机（板式输送机的一种）常用它作牵引构件。曳引用环形链的严重缺点是工作过程中链被拉长。这种拉长并不是由于环节伸长了，而是由于环节间接触面的磨损。这些接触面面积很小（理论上为点接触），由于没有润滑，再加上研磨性粉尘的作用，因此在运动过程中磨损很快，产生了链条节距的加长和链条的伸长。如果链条是用带有放置链环的承窝的鼓轮（图 11-110）来驱动，当伸长了的链条节距变得大于承窝节距时，输送机就开始跳动地工作，因之在驱动装置及链条上都受有附加的动力载荷，这更增加了链条和驱动装置零部件的磨损。所以，一般情况下，板式输送机不宜采用此种链条作曳引构件。但是，对于工作条件好、输送距离短、运动速度低的板式输送机，允许使用长形环链。

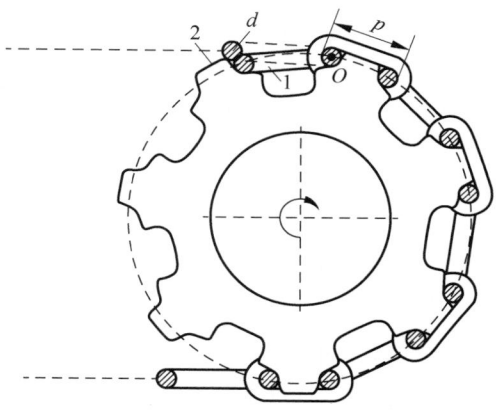

1—环形链；2—链轮。

图 11-110　环链与链轮配合图

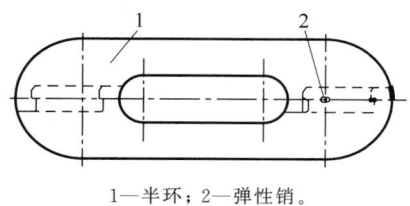

1—半环；2—弹性销。

图 11-109　环形链

2. 底板

底板（图 11-111）是板式输送机的承载构件，它是用螺栓或者焊接的方式固接到角钥或

特殊结构的零件上，后者再同牵引构件紧固在一起。底板与被运送物件的关系最为密切，所以，底板的结构形式，直接取决于被送物件的物理特性、输送量和物件在底板上的放置形式。底板的材料则取决于物料的化学特性、物理特性及受力状况。譬如铸造车间输送灼热铸件的输送机，由于被运送物件的高温、密度大、不规则的外形等特征，故必须采用钢制或铸铁的波浪形底板，输送易碎物件的水平形输送机则采用木质的水平形底板。

板式输送机底板的主要形式如下：

（1）无挡边波浪形。此种板形的输送机，用于输送 300℃ 以下的中等和重型成件物品及散状物料。这类输送机装载时，必须设置辅助装料斗或导料槽。

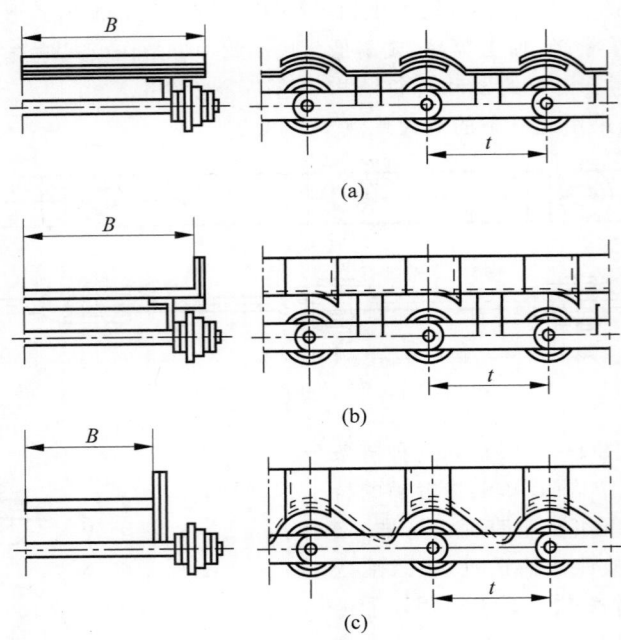

图 11-111　板式输送机底板主要类型

(a) 无挡边波浪形；(b) 有挡边波浪形；(c) 有挡边深形

（2）有挡边波浪形。这类板形用于输送温度 300℃ 以下的中等和重型成件物品及散状物料。配有这种底板的输送机，生产率高，用于高倾角（可达 30°～35°）线路的输送。

（3）有挡边深形。此种板形用于高生产能力（每小时可高达 800 m）和高倾角（可达 45°）的情况下，输送中等重量的散状物料或小块物料。

无挡边底板输送机，底板宽度 B 等于底板的最大宽度，有挡边底板其宽度 B 等于两挡边内侧之间的距离。

相邻两底板挡边交叠部分，相互间应有一定的间隙。间隙的大小与所运物料关系很大。当输送细颗粒散状物料时，间隙过大，则漏撒现象严重，过小则往往因装配不良而带来挡边之间的机械摩擦，从而增大运行阻力和动力消耗。挡边交叠部分，一般情况取 $\delta = 5 \sim 6$ mm。当其运送洁净的成件物品时，交叠部分间隙可适当加大些，取 $\delta = 7 \sim 8$ mm。铸造车间的挡板，因主要用于运送带砂灼热铸件或者灼热的旧砂，其情况属于前者。

3. 机架

板式输送机的机座（又称机架或支架）由头轮支架、传动支架、张紧链轮支架、中间段支架、凸弧段支架及凹弧段支架等部件组成，如图 11-112 所示。对各种轨道支架，应考虑安装及调整方便，通常机架在高度方向上可以调节。

支架一般用角钢或槽钢等型材制作。对于重型板式输送机的头轮支架和传动支架，通常用钢板焊接而成或采用 H 型钢梁结构。机座的首末两端制成供安装驱动系统和张紧装置用的单独框架（通常称为头轮支架和尾轮支架），而中间直线区段用作支持行走部分，它一般制成 4～6 m 的金属结构段。行走滚轮的支承轨道用角钢（用于轻型输送机）或槽钢（用于重型输送机）制成，也可用轻轨制作。在凹弧形曲线区段上支承轨道的上方需装设压轨，以防止其支承滚轮在转向时，由于采用了较小的转弯半径而跳离轨道。流水生产线上的输送机，在操作区段上，为了安全，往往还装设各种形式的护栏。

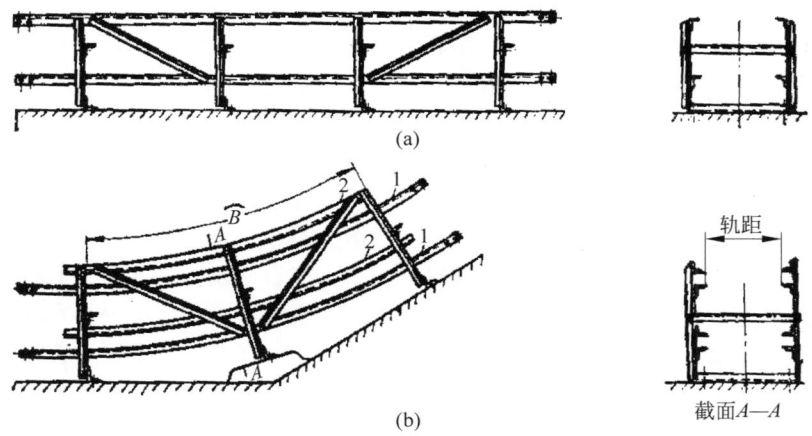

1—角钢；2—压轨。

图 11-112 板式输送机机座

（a）直线区段；（b）曲线区段

4．驱动装置

驱动装置的作用是产生原动力,如图 11-113 所示,带动牵引构件、承载构件和行走构件运动,从而完成输运物件的使命。

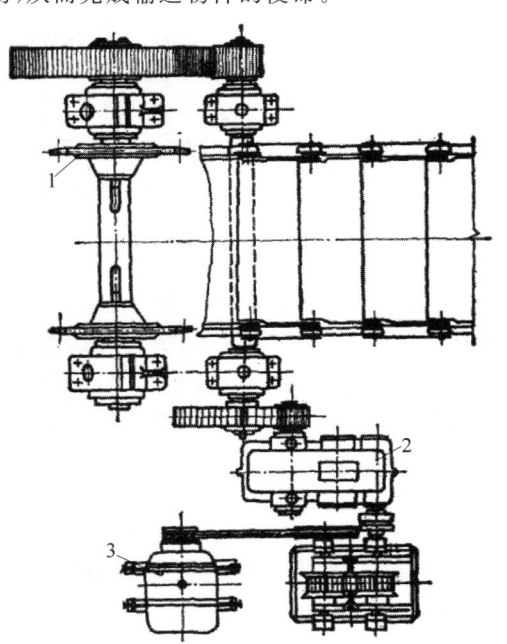

1—头部链轮；2—传动机构；3—电动机。

图 11-113 板式输送机驱动装置构造

板式输送机驱动装置传递牵引力的方式属于啮合传力式,这是以链条作为牵引构件所决定的。用于啮合传力的驱动构件,通常有以

下几种：链轮、具有承窝的鼓轮、特殊爪形轮和具有特殊爪形的链条履带装置。前三者常装设在 $180°$ 的转向处;具有特殊爪形的链条履带装置则安装在输送机的直线区段上。

根据传动机构不同,驱动装置有以下几种形式：多个开式传动方式组合、完全封闭式、综合式(具有减速器和开式传动)。板式输送机因速度低,单一传动机构往往不能满足大速比的要求,所以,一般均采用综合式的传动机构。

根据输送机速度变化的要求,驱动装置有单一速度和多级速度之分。可在驱动系统中设置变速装置(无级或有级),或者变更传动机构中的几个零件(如输送带轮或链轮),也可采用多速电机或无级调速电机等方法来实现单一速度或多级速度。这样一来,就可以按照运输量的需要或工艺变更的需要来调节速度。此时,一切设计参数均应按最大速度予以考虑。鳞板输送机在一般情况下,多使用单一速度。但是,当其工艺上有变速要求时,应设置变速装置。

对于运输距离长的输送机,还可采用多个单独的驱动装置协调工作,安装于输送机轮廓上的不同位置。这样,可以降低牵引构件的总张力,也就降低了对牵引构件的各项技术要求。这必将延长牵引构件的使用寿命。尽管如此,本书并不推荐采用多点驱动。因为,多

一套或几套驱动装置,从总的经济观点、布置灵活性和占地面积等因素来综合考虑,并不合理。多点驱动只有在很长距离(200 m 以上)、重载的情况下,才具有经济意义。

板式输送机驱动装置的结构有以下几种。

1) XL 型驱动装置

XL 型驱动装置即行星摆线针轮减速器-链传动-传动链轮装置。减速器自带电动机,并可以根据工艺要求配置变频器,实现无级调速。链传动的速比一般取 2~3。这种传动装置目前应用最为广泛,它具有许多突出的优点。

(1) 布置灵活。可以布置在输送机的左侧或右侧、输送机头部的上方或下方以及链轮轴的前端或后端。

(2) 由于最后一级传动采用链传动,因此,在总功率及总速比相同的前提下可以将减速器的速比及规格尺寸减小,从而使结构紧凑、占用空间小、造价低。

(3) 由于结构简单,安装、调试及维修都非常方便。

2) YDXL 型驱动装置

YDXL 型驱动装置即电动机-带传动-行星摆线针轮减速器-链传动传动链轮装置。通过改变传动副中带轮的直径可以调速。

3) XS 型驱动装置

XS 型驱动装置即行星摆线针轮减速器(带电动机)-十字滑块联轴器-传动链轮装置。该装置的优点在于安装、调试及维修方便,纵向尺寸小,但横向尺寸较大,占用空间大。

4) YDXS 型驱动装置

YDXS 型驱动装置即电动机-带传动-行星摆线针轮减速器-十字滑块联轴器-传动链轮装置。与 XS 型驱动装置相比,这种驱动装置占用空间小,造价低。

5. 张紧装置

张紧装置的作用是使牵引构件取得初张力,并限制其在支承装置之间的垂度,补偿使用过程中牵引链在载荷作用下的伸长和磨损后的伸长。在以链条为牵引构件的鳞板输送机中,初张力必须使牵引构件在驱动链轮绕出分支上的张力,足以保证牵引构件能正确地从驱动链齿上绕出。张紧装置的结构有很多种。以下介绍常见的螺旋张紧装置。

图 11-114 所示的螺旋张紧装置主要由一对张紧螺杆、驱动部和承载运行部组成。张紧链轮(含轮毂)通过双滚动轴承支承在链轮轴上。这种结构可以降低牵引链条绕过链轮时的阻力系数。同时当多条牵引链节距的累积误差不等而导致链条不同步时,可以使链轮轮齿与牵引链链关节的位置自动得到调整,保证链轮轮齿与牵引链的正确啮合,避免了多根牵引链出现张力不均甚至悬殊现象,从而提高了牵引链条的整体性能。

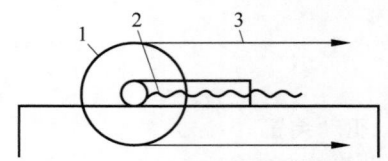

1—驱动部;2—张紧螺杆;3—承载运行部。

图 11-114 螺旋张紧装置

对于长距离、重载荷及运行速度较高的板式输送机,还可在螺旋张紧装置中加入压缩弹簧,这种结构可以解决制造误差所造成的链轮与轮齿相位不同及链条的累积长度误差等问题。

机械张紧装置在使用过程中,牵引构件的张力是变化的,它随着牵引构件的伸长而逐渐减小,必须定期检查和张紧。张紧力过小,会使牵引构件的垂度加大,破坏啮合,影响传动。牵引构件的过度张紧,则影响牵引构件绕折的活动性,增大运行阻力和磨损。这些也就是机械张紧装置的缺点。它的主要优点是结构简单、外形尺寸小。

张紧装置一般均装设在牵引构件以 180° 转弯的回转链轮上。张紧装置的行程应根据输送机的长度、外形轮廓以及牵引构件的型式来选择。

11.4.4 技术要求与安装调试

1. 板式输送机的技术要求

1) 一般要求

(1) 所有原材料、外购件和外协件应有合格证书,否则必须经检验合格后方可使用。

（2）产品使用的钢材应进行表面预处理，除锈等级要达到 GB/T 8923.1—2011 规定的 Sa2 或 St2 级。铸件应消除内应力，不得有损害零件强度和产品外观的缺陷（如裂纹、结疤、夹砂等）。

（3）产品的安全设施应符合 GB 5083—1999 的规定。

（4）密闭式输送机应具有良好的排尘和清灰设施，应便于检修、排除故障和更换运载机构的零部件。清扫口、观察孔、两侧与尾部检修门应开启迅速、可靠，密闭良好无泄漏。清扫口、观察孔、两侧与尾部检修门应开启迅速、可靠，密闭良好无泄漏。

（5）输送机应能在 −30～45℃ 的环境温度和露天潮湿的条件下安全可靠地工作。输送灼热物料时，轴承的润滑部位应无渗油现象。

2）结构性能要求

（1）装拆方便，维修简单；

（2）主要的易损件具有互换性；

（3）运载机构具有抗热变形能力，能承受物料落下时的冲击；

（4）张紧装置的滑座移动灵活，便于调整和紧固；

（5）长距离输送时，具备故障自动报警和事故紧急停车装置；

（6）倾斜输送时，能安装防止运载机构逆转的安全装置；

（7）能安装对输送槽进行清扫的辅助装置。

3）能耗系数要求

输送机沿水平线路，每 1 t 物料输送 1 m 距离的能耗应不大于下述规定：

轻型系列：0.12 kW/(t·m)；

中型系列：0.16 kW/(t·m)。

4）运行性能要求

（1）整机运行平稳，启动和运行过程无异常响声和振动；

（2）输送链和链轮能正确啮合，运载机构不跑偏；

（3）支承输送槽的滚轮转动灵活；

（4）输送槽交叠部位无卡碰干涉，输送和卸料过程不漏料和撒料；

（5）各支承部位的轴承温升不超过 35℃，最高温度不超过 80℃；

（6）负荷运行的噪声值不超过 85 dB(A)；

（7）输送机应有满负荷启动的能力，在超载 15% 的条件下能正常启动运转，并具有过负荷自动保护的功能；

（8）密闭式输送机的防尘降噪能力应达到 GB 5083—1999 的规定。

5）主要零部件要求

（1）用于运载机构的牵引链应符合 GB/T 8350—2008 的规定；

（2）运输槽底板的材质不低于 Q345 钢板；

（3）运输槽槽体交叠部位的间隙，轻型不大于 1.5 mm，中型不大于 2 mm；

（4）运输槽槽体两端滚轮支架孔中心线的同轴度公差为 Φ0.5 mm；

（5）滚轮支架孔中心线对输送槽纵向中心平面的垂直度公差为 0.5 mm；

（6）驱动链轮齿形应符合 GB/T 8350—2008 的规定，链轮和张紧轮的材质不低于 ZG310-570，齿面淬火处理后的表面硬度为 44～54HRC，淬透层深度不少于 1.5 mm；

（7）驱动轴与张紧轴的材质要求综合力学性能不低于调质处理后的 45 号钢，并能通过 GB/T 6402—2008 无损检测；

（8）支承滚轮采用 S45 钢，外圆面淬火处理，硬度为 44～54HRC。

6）机体要求

（1）机体应具有良好的抗冲击性能，结构应便于装拆和改变安装倾角；

（2）滚轮导轨内侧与上平面的直线度公差为 1/1000，轨距偏差为 +3 mm，导轨上平面对机体头尾轴承座安装平面的平行度公差为 1.5 mm；

（3）机体主梁的直线度公差为 1.5/1000，沿机体纵向最大允许为 10 mm。

7）装配要求

（1）总装配前应对输送链每个节点的运转部位加注润滑油，检验各链节均应灵活、无阻滞。

（2）与传动装置装配的联轴器、减速器与逆止器装置，应符合各自相应标准的技术要求。而传动装置应预先装配合格,在通过旋转试验后,再与主机相连。

(3)装配驱动链轮装置、张紧装置和滚轮等部件时,对轴承座油腔加注润滑脂不得少于油腔容积的2/3;轴承应转动灵活、无阻滞。在高温和低温工况下应采用相应的润滑剂类型。

(4)驱动链轮装置的两驱动链轮同侧齿廓在节径处的位置度公差为1.5 mm。

(5)驱动轴中心线对机体中心平面的垂直度公差为驱动轴两轴承座间距的1/1000。

(6)安装运载机构时,每侧链条中线对链轮中线的偏移量应不大于1.5 m,并调节输送链的预张力,以消除各链节运转零件之间的间隙。

(7)多级驱动的长距离输送机,应达到牵引链的同步运行和均衡受力,不应出现单侧链条偏斜、松弛和局部起拱等现象。

8)表面涂装要求

(1)所有未加工表面和加工的非配合表面均涂防锈漆两遍,外露表面加涂面漆两遍。涂漆前应将表面的残留物(锈迹、焊渣、油污、毛刺及氧化物等)清除干净。应保证漆面光洁、均匀、色泽一致、附着牢固。

(2)所有配合的零件表面外露部分涂润滑脂。

(3)输送机漆膜厚度应为75～160 μm,漆膜的附着力应符合GB/T 9286—2021规定的2级要求。

9)产品使用寿命要求

在用户遵守输送机技术文件规定的使用维护条件下,到第一次大修的使用期为16 000 h,输送链的使用寿命为3年,输送槽为2.5年,驱动链轮为6年。

2. 板式输送机安装调试

为确保输送机达到预期的生产能力,同时能保证可靠耐久的工作,除按设计要求严格保证制造质量和各部件的装配质量外,还必须做好输送机的安装和调整工作。

1)安装

板式输送机的安装,往往都是将独立的部件运至安装现场,然后进行整体安装。安装的基本任务是使部件与部件,输送机与建筑结构,以及相关联的机器设备配合协调。其安装

程序如下。

(1)根据安装图,定出设备的纵向中心线。纵向中心线是整个输送机的安装基准。在车间内部,通常是以厂房柱网坐标为基准标出的。画线时,建议最好以厂房柱网仅作一次基准,画出输送机的纵向中心线及头尾轮的横向坐标之后,就无须再用柱网基准。如果与输送机相关联的设备已安装完毕,安装输送机时,则应以相邻设备的关系尺寸为主要依据来确定其中心线,与厂房坐标的关系尺寸仅作参考,这样更能保证运输系统正确和可靠的工作。

(2)在输送机的纵向中心线上,先定出头轮轴的轴线中心位置,然后,沿纵向中心线逐段丈量。按输送机的总长度尺寸定出尾轮轴的中心位置。

(3)以上述中心线为基准,定出机架地脚位置、轨道安装位置、驱动装置的纵横向中心位置等。

(4)定出各中心位置之后,应结合土建结构施工图,查找预埋件并清理,然后根据安装图的要求进行各种机架的安装。

(5)机架(包括头架、尾架、中间支架和驱动装置支架)安装完后,接着安装轨道。

(6)安装传动链轮轴部件、张紧链轮轴部件、链轮时应保证尽可能小的共面误差;链轮轴要相互平行;同一挂链条的链轮要保持在同一平面内,避免歪斜和跳动。链轮的共面误差会使链条产生横向摆动,使链条和链轮发生侧磨、冲击并使链条过盈配合处的连接牢固度减弱,严重时可使开口销等止锁零件剪断,以及链板腰部爬上齿顶。

(7)安装输送链条。首先将各链段按长度精度分成几组,在地面上展平拉直;然后进行合理搭配并连接起来,使同一输送机上的多挂输送链长度尽可能相等,当输送链的附件结构不对称而又有几挂链条并列使用时,应特别注意左边和右边的正确配置。另外,在链条装上链轮前应进行一下盘啮检验,检验其啮合是否太紧或太松。如果太紧或盘啮不起来,则该链条就不能安装使用。

(8)在输送链附件上安装承载构件。为了

保证安装精度,一般应首先将承载构件按四个或八个一组分组;然后先装每组的第一件,装好后再装每组的第二件;依次将承载构件装牢,同时调整好各相邻承载构件的间隙或重叠距离。承载构件若为多次组合,应提前组装好。

(9)安装板式输送机的其他附属装置,如各种安全护罩、安全护栏及地坑盖板、物料溜槽、导料槽等。

(10)安装电气及控制部分。

2)调试

板式输送机的调试工作是在输送机安装基本完成以后进行的。调试时应注意以下几点。

(1)输送机链轮的轮齿与牵引链条是否在正常啮合状态下工作。如果啮合情况不好,可拧动链轮轴承座的调节螺栓,调整链轮轴中心线的位置。

(2)调节张紧装置,使牵引链的初张力适度。初张力过大,则增加整个线路的张力和动力损耗;初张力过小会影响链轮和牵引链的正常啮合,使运行不稳定。余下的张紧行程不应少于总行程的50%。

(3)检查所有的行走滚轮是否转动灵活。如有滑动和卡轨等现象,应立即更换或排除故障。

(4)输送机运行过程中,各运动部件如有卡死或强制的机械摩擦等现象,应立即排除。

(5)驱动装置安装好以后,应对输送机进行10~20 h的空载跑合试验,以保证正式运行时的可靠性。

11.4.5 常见故障及设备运维

1. 操作说明

(1)在输送机附近设置了控制柜,控制输送机的启动和停止;

(2)启动前要进行全线检查后方可按动启动开关,同时灯亮,铃响10 s后输送机开始运行;

(3)在输送机沿线设置了急停开关,如发现异常现象,应就近按动急停开关,并发出事故警报。

2. 常见故障及处理

常见故障及处理方法见表11-19。

表 11-19 常见故障及处理方法

部件名称	故障形式	故障原因	检修方法
链条	链条过度磨损	缺少润滑或滚子故障	润滑或更换滚子
	链支持小车滚轮不转	润滑积存物过多	清洗或更换滚子
	链支持小车变形或折断	轨道上异物干涉	清除异物并更换损坏零件
驱动装置	电机不转	—	检测保险丝及外部接线清理或更换限位开关
	启动缓慢	—	检测保险丝及线路电压
	驱动装置过热	电压不稳	更换保险丝
		障碍物堵塞通风孔	清除障碍物
		轴承无油或损坏	更换轴承或添加润滑油
	减速器噪声大	加速器缺油	检查游标并加润滑油更换轴承或添加润滑油
		轴承无油或损坏	
	减速器漏油	油堵松动	紧固油堵
		轴承油封损坏	更换油封
	驱动链过度磨损	驱动链倾斜	调整驱动链
		润滑不良	添加润滑
回转装置	滚子卡住不转	脏物或油污积存	清洗或更换滚子
张紧装置	活动架移动不灵	轨道中有异物	清扫轨道
		走轮不转或涩滞	清洗走轮
	张紧到极限位置	链条过长	调整张紧装置

3. 维护及保养

1) 链条的维护与保养

(1) 每周一次稀油(高温)润滑链条销轴;

(2) (高温)链支撑小车每周加一次(高温)润滑油;

(3) 每月检查一次链条有无过度磨损,链支撑小车螺栓有无松动,小车体有无变形损坏。

2) 轨道的维护与保养

(1) 每天检查一次轨道有无障碍物;

(2) 经常保持轨道的清洁干净;

(3) 每月检查轨道有无过度磨损。

3) 驱动装置的维护与保养

(1) 试运转时应在驱动链和支撑轨及张紧链轮轨道上滴注少量润滑油,以后每运转 100 h 应滴注一次;

(2) 新安装的减速器运转 100～200 h 后必须更换新油,以后每运转 6 个月更换一次;

(3) 每个月检查一次驱动链,使之保持合适的张紧力;

(4) 每月清洗一次驱动链,防止有脏物积存;

(5) 每月检查一次所有紧固螺栓是否松动并紧固之;

(6) 每 3 个月检查一次减速器是否漏油并保证规定的油面高度。

4) 回转装置

(1) 每月检查一次滚子是否转动灵活,是否有损坏,是否有油污或脏物堆积;

(2) 每月加一次润滑脂。

5) 张紧装置的维护与保养

(1) 每两个月润滑一次走轮和伸缩轨;

(2) 每半年清扫轨道中异物以保持活动架移动灵活;

(3) 每半个月观察张紧力是否合适。

4. 安全防护

(1) 应对所有管理输送机设备和在输送机下工作的有关人员进行电气、机械方面安全规范知识教育,严格遵守有关操作规程;

(2) 应有专人管理输送机设备的启动和停止;

(3) 应制订专门的维修保养计划,编写设备故障及有关维修保养记录;

(4) 按规定的周期彻底检查有关部件,定期进行维修保养,更换损坏零件;

(5) 对输送机进行定期保养的人员要经过专门的培训,必须清楚了解设备的结构及性能,熟悉有关的控制元件和原理;

(6) 在保养、修理或清理设备之前,应断掉电控柜上的主电源开关,确保无关人员不得接触此开关;

(7) 如果需要在系统运行的状态下,检查机械或电气部分,应有一个有资质的电气工程师在场,并确保告知所有操作者和相关人员正在进行检查工作;

(8) 在重新启动已停止的输送系统时,应确保所有人员已远离设备,并知道系统即将重新启动;

(9) 应确认无工具或维修设备遗落在设备周围;

(10) 禁止后退行走。

11.5　链式输送机

11.5.1　链式输送机概述

链式输送机(图 11-115)是用绕过若干链轮的无端链条作为牵引构件,由驱动链轮通过轮齿与链节的啮合将圆周牵引力传递给链条,在链条上或固接着的一定的工作构件上运输货物的连续运输设备。

链式输送机的出现同链条产品一样,可以追溯到一千多年前的水车,在我国农村使用了 1700 多年,其结构就是一台刮板式链式输送机。

1500 年,伟大的画家、发明家达·芬奇提出了现代链条结构的构思。此后,随着现代链条的发展,链式输送机也同步得到发展。19 世纪末,链式输送机已开始在军工、钢铁等行业得到应用。所以,链式输送机是机械化输送领域中历史悠久、使用时间长、结构品种多因而占有重要地位的一个部类。

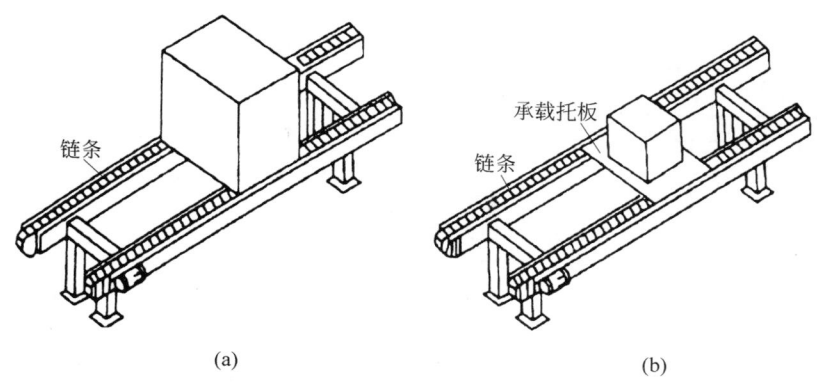

图 11-115 链式输送机结构示意图

（a）直接以链条承接输送；（b）利用承载托板来承接输送

现代链式输送机在发展初期，由于受当时的社会整体水平与链条性能的制约，发展速度比较缓慢。直到 20 世纪初，一方面，社会上各种工业机械的大生产对机械化输送提出了强烈要求。另一方面，汉斯·雷诺于 1800 年发明的套筒滚子链也得到大量生产，这为链式输送机的发展创造了极为有利的条件。于是，各种形式的链式输送机陆续问世，生产输送机的企业不断建立，像著名的制造输送机的美国 WEBB 公司，就是于 1919 年成立的。到今天，先进的工业国家几乎都有制造链式输送机的大公司，如美国的 WEBB、ASI；日本的 NKC、大福与椿本；德国的多尔；英国的海顿和法国的西塔姆、威利等。链式输送机的产品也已从早期的结构粗大、外表笨重、功能单一、可靠性差和维修不便等低水平阶段发展到现在功能完善、调速精度高、可靠性好、有较高技术含量的机械产品。

在链式输送机发展的历程中，除了链条产品的发展及新材料的出现，增强了链式输送机的功能，改善了整机的强度与刚度外，可编程控制器与计算机的出现，对链式输送机的发展亦是一种巨大的推动力。链式输送机的电气控制系统中配上了高精度、高灵敏度、高可靠性的速度控制、信号采集、信号传递、逻辑执行元器件，使链式输送机的电气控制水平有着突飞猛进的变化，使有些复杂的带逻辑网络功能

的自动化输送线有可能实现。当前，高性能的链式输送机已具有故障自诊断、故障等级判别及模糊智能控制等先进功能。最新出现的全数字化的链式输送机正得到链式输送机行业的重视。

我国的链条工业是中华人民共和国成立后才开始正式建立的，机械化输送业在中国的发展也只有几十年的历史。所以，我国的链式输送机行业是一个年轻的行业。由于国家的大力扶植，大部分新兴的链式输送机企业，通过广泛地同国内有关的高校联合，共同承担工程、联合开发，有些还与国外的同行进行长期的合作，与国外先进企业联合设计与生产新型的链式输送机，并努力与国际接轨。通过这些途径，在很短的时间内，我国的链式输送机制造企业快速地提高了自身的技术水平，个别先进企业已将链式输送机产品出口到国外，我国的链式输送机械也正逐步走向世界。

最简单的链式输送机由两根套筒辊子链条组成，其输送链示意图如图 11-116 所示。链条由驱动链轮牵引，链条下面有导轨，支承着链节上的套筒辊子。货物直接压在链条上，随着链条的运动而向前移动。

用特殊形状的链片制成的链条，可以用来安装各种附件，如托板等。用链条和托板组成的链板输送机是一种广泛使用的连续输送机械。如果辊子支承力的方向垂直于链条的回

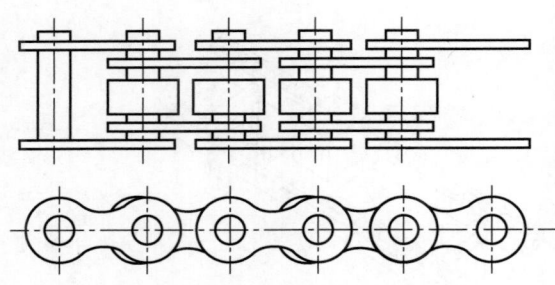

图 11-116 输送链示意图

转平面,则可以制成水平回转的链板输送机。如果托板铰接在链条上,可以侧向倾翻,则可以制成自动分选机。在需要把货物卸出的地点将托板倾翻,即可使货物滑到相应的输送分选溜槽内。

链式输送机广泛运用于食品、药品、洗涤用品、调味品、乳制品及烟草等物品的加工、包装、运输、分配的生产线。

链式输送机的主要优点:①结构简单,加工制造容易;②传动过程较精准、无滑动;③可适用于高温或环境恶劣的场合;④使用寿命长、效率高。

链式输送机的缺点:①由于链条作为传动机构,故存在速度波动,平稳性较差;②链轮与链条接触部位噪声大、振动大;③结构本身无过载保护。

11.5.2　链式输送机的分类

链式输送机的类型很多,用于港口、仓库货物装卸的链式输送机主要有悬挂输送机、链板输送机、刮板输送机和埋刮板输送机。本章其他节对链板输送机和刮板输送机有详细介绍,故本节着重介绍悬挂输送机和埋刮板输送机。

1. 悬挂输送机

1) 悬挂输送机简介

悬挂输送机是一种空间作业的连续输送机,用于车间内部或各个车间之间工件物品的流水连续输送。在流水连续输送过程中,可以进行对工件的各种顺序工艺作业,并可在苛刻的环境(如高温、有害介质等)下工作。由于它既充分利用空间,又可以与地面的作业配合进行,所以一直被大批量生产的现代化企业广泛采用。几乎适用于机械制造(其中特别适用于铸造、总装等部门)、汽车制造、食品、纺织、橡胶以及建材等工业部门。

悬挂输送机的优点:

(1) 具有空间性,可以布置在空间的任何方向,容易适应工艺过程的改变并可在输送的过程中完成一定的工艺操作;

(2) 可以作长距离的输送,其范围可以从几米到几百米,当采用多机驱动时可达 1 km 左右;

(3) 被输送物品在特性、形状、尺寸(长度由几毫米到几米)和质量(可由不到 1 kg 到几吨)等方面可以是多种多样的;

(4) 可以固装在厂房的建筑物上,对地面设备的布置及生产工作没有影响或影响很少,因而提高了地面生产面积的经济性;

(5) 有可能消除各个工序间的中间储存场所,因为整个悬挂输送机本身可直接使工件形成活动的储存场所;

(6) 动力消耗少。

悬挂输送机的缺点:

(1) 由于装卸过程中要使工件或物料沿高度方向移动,所以较难实现自动化;

(2) 一般轻便的物品由人工装卸,笨重的则需用各种起重设备和专用的升降台,不如地面输送机装卸料方便;

(3) 成本较高。

2) 悬挂输送机结构形式

图 11-117 所示为悬挂输送机总体简图,也反映了它的结构形式。它主要由驱动装置、输送链及其附件(滑架、吊具和小车等)、轨道、张紧装置、安全装置(上坡捕捉器、下坡捕捉器)与润滑装置等组成。普通悬挂输送机型号与基本参数见表 11-20。

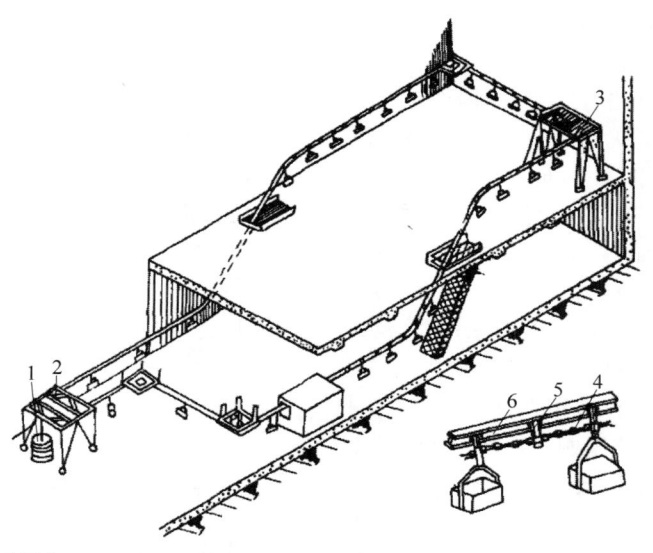

1—重平衡；2—张紧装置；3—驱动装置；4—悬挂输送链；5—滑架；6—轨道。

图 11-117　悬挂输送机

表 11-20　普通悬挂输送机型号与基本参数

输送机型号	牵引链名义节距/mm	牵引链理论节距/mm	滑架小车最大载荷/kg	滑架小车质量/kg	最大倾角	最小垂直转弯半径/mm
XT80	80	80	250	2	45°	1250
XT100	100	100	500	4	45°	2000
XT160	160	160	800	10	45°	4000

2. 埋刮板输送机

埋刮板输送机(图 11-118)是一种在封闭的壳体内,借助于运动着的刮板链条连续输送粉状、颗粒及小块状等散粒物料的输送设备。由于刮板链条埋在被输送的物料之中,故称为埋刮板输送机。水平输送时,物料受到刮板链条在运行方向上的推力,物料被挤压,于是在物料自重及机壳侧壁的约束下,物料间产生了内摩擦力,它确保了料层之间的稳定状态,并足以克服物料在机槽中移动而产生的摩擦阻力,物料就随同刮板链条向前输送,形成连续整体的物料流。垂直提升时,物料受到刮板链条在运动方向上的提升力。由于物料的起拱特性、自重及壳壁的约束,物料中产生了横向侧压力,形成阻止物料下落的内摩擦力。同时,下部的不断给料也使上部物料的下落受到连续不断的阻力,迫使物料随刮板链条向上运

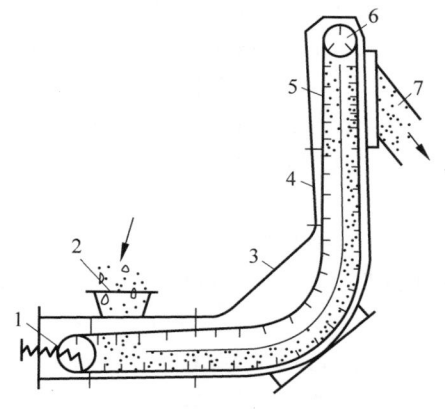

1—张紧装置；2—加料仓；3—弯道；4—机槽；
5—刮板链条；6—驱动链条；7—卸料口。

图 11-118　埋刮板输送机

动。当这些作用力大于物料与壳壁间的摩擦力以及物料的自重时,物料就会形成连续整体的料流,从而被提升。因为刮板链条运动中的

振动,料拱会时而破坏、时而形成,使物料在提升过程中相对于刮板链条产生一种滞后现象,这对输送效率和速度略有影响。

埋刮板输送机的优点:①埋刮板输送机结构简单,体积小,重量轻,占地面积少;②输送线路布置灵活,可水平输送、倾斜输送、垂直提升输送;③可多点加料、多点卸料输送;④输送密闭,防尘、防毒、防爆,可改善劳动条件,防止环境污染;⑤生产制造容易,安装维护方便。

埋刮板输送机的缺点:①不宜输送流动性强、易悬浮、磨琢性强和易碎的物料;②输送距离、提升高度有一定的限制;③埋刮板输送机的输送速度和生产率较低,功率消耗较大。

埋刮板输送机主要由封闭断面的机槽(机壳)、刮板链条、驱动装置及张紧装置等组成。机槽分成两个部分,一部分为工作分支,另一部分为非工作分支,通常采用矩形断面。机槽头部设有驱动链轮,驱动链轮由电动机和传动装置带动。机槽的尾部设有张紧链轮和螺旋式张紧装置。机槽还开有加料口和卸料口。

刮板链条既是牵引构件,又是承载构件,通常由不同形式的刮板和链条焊接而成。链条可用套筒滚子链或叉形片式链。叉形片式链由于其关节的特殊形式可以防止物料颗粒进入链条板片之中。刮板的结构形式有 T 形、U 形、O 形、H 形、L 形等。常用刮板的结构形式如图 11-119 所示。其中 U 形刮板使用最普遍,可用于水平、倾斜和垂直方向输送,而 T 形刮板、L 形刮板适用于水平输送。在选用刮板结构形式的时候,输送一般物料可选结构较简单的形式;输送黏性较大的物料也可选用结构较简单的形式,以减少物料在刮板上黏附,便于卸料和清扫;物料的悬浮性及流动性越大和机槽越大,所选用的刮板结构形式也越复杂(如 H 形、O4 形);在大机槽中输送堆密度大的物料时,为增加刮板的刚性,可采用带斜撑的 O4 形刮板。U 形刮板有外向和内向两种布置方式,两者相比较,外向刮板链条较为平稳,有利于卸料,但输送机头部和尾部的尺寸较大。

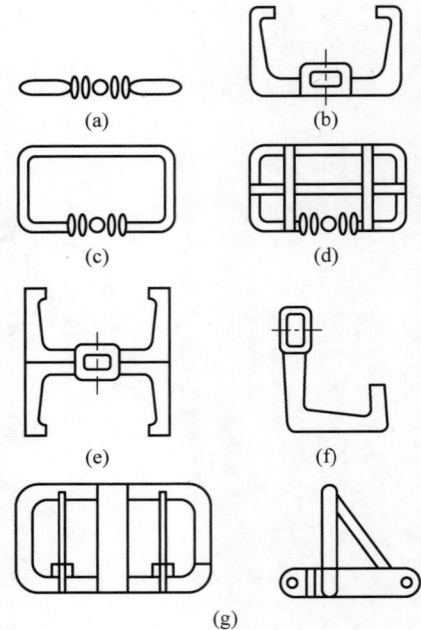

图 11-119 常用刮板的结构形式
(a) T1 形;(b) U 形;(c) O1 形;(d) O4 形;
(e) H 形;(f) L 形;(g) 带斜撑的 O4 形

11.5.3 链式输送机的主要部件

尽管链式输送机的品种繁多,有些结构还比较复杂,但作为组成输送机的功能部件基本由下述几类组成。

1. 链条

链条是输送机的主要部件,是链式输送机的脊梁。链条是由众多相同(或相间相同)的链节用铰链连接起来的挠性件,如图 11-120 所示。它像钢丝绳与胶带一样,只能传递拉力。只有用特殊结构或在各向异向的特殊情况下才能传递压力。链条元件一般由优质钢与工程塑料制成。链条作为输送构件有诸多优点,如:相邻链节相互间可以灵活回转,故即使在小半径范围内转向时仍无附加弯曲应力;每个链节都有良好的连接和固定附件的可能性;每个链节均可更换,便于维修;允许链条零件有些磨损与腐蚀;有良好的耐热性和耐冷性。

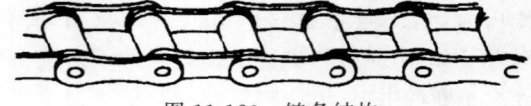

图 11-120 链条结构

1）输送链特点

输送用链条的工作条件一般是运动速度低，一挂链条组成的链节数多，链条长度大，链节承受载荷大。因而性能良好的输送链条应有下列特点：

（1）链条承载能力与链条本身重量的比值小；

（2）链条耐磨性好；

（3）在运转过程中其链条与导轨间组成的滑动或滚动摩擦副的摩擦阻力小；

（4）链节容易安装和固定附件；

（5）用于特殊工况时，还要求具有耐冲击和耐热、耐冷和耐各种不同的腐蚀介质的性能。

2）输送链的分类

输送链使用工况差别很大，所以品种繁多。通常按制造方法与结构特征两种方式进行分类。

（1）从制造方法可以分为：冲压链、锻造链、铸造链和焊接链；

（2）从结构特征可以分为：直板滚子链、弯板链易拆链、可拆链、销合链、齿形链、叉形链、平顶链和圆环链等。

3）直板滚子输送链

直板滚子输送链是使用最广泛的一种输送链，其基本结构如图 11-121 所示，由内链节和外链节组成。内链节也称滚子链节，它由两个内链板、两个套筒和两个滚子组成。套筒和内链板为过盈配合，滚子空套在套筒外，可以自由回转。外链节也称销轴链节，它仅由两个外链板和两个销轴组成。销轴与外链板亦为过盈配合。内、外链节依次通过销轴和套筒组成的铰链连接起来成为链条。使用时链条两端为内链节，通过连接链节构成封闭状。所以一般输送链链节数均为偶数（如是奇数时需用过渡链节）。直板滚子输送链的链板形状如图 11-121 所示，有平直状与凹腰状两种，后者常用于小节距链条。滚子输送链的滚子有小滚子和大滚子两种，大滚子直径大于链板高度，所以使用直板大滚子输送链时链条与其支承的导轨间为滚动摩擦。大节距滚子输送链的销轴有实心销轴和空心销轴两种。

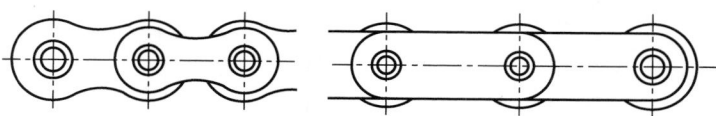

图 11-121　凹腰链板与平直链板

4）双节距直板滚子输送链

双节距直板滚子输送链又称延长节距直板滚子输送链，如图 11-122 所示。延长节距的目的是减小整链重量（在链条总长相同、静强度相同的条件下，双节距直板滚子输送链可减小重量 30%～40%）。当然，在链轮尺寸相同的条件下，因多边形效应增加使运动的平稳性下降。这些特点在选用双节距直板滚子输送链时应予以考虑。

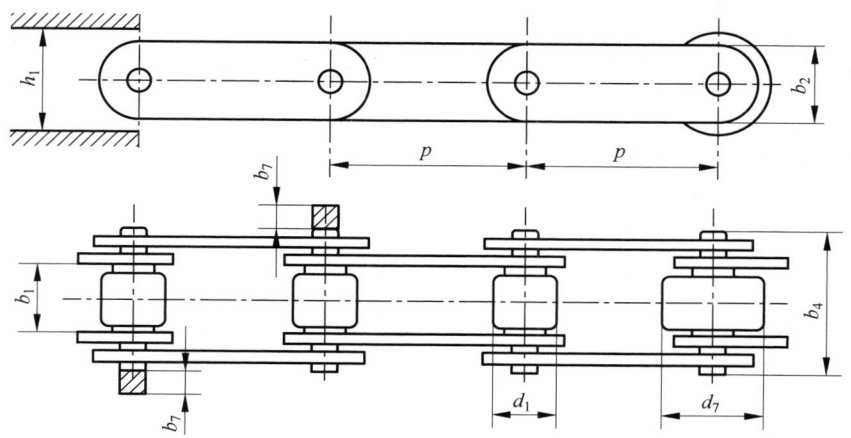

图 11-122　双节距直板滚子输送链

5) 弯板输送链

弯板输送链的结构如图 11-123 所示,它不像直板输送链那样由内、外链节组成,所以,弯板链的接长与缩短是以一个链节距为基本单位的(直板链要接长与缩短时,除非用类似弯板链节的过渡链节,否则均要以两个链节距为基本单位)。

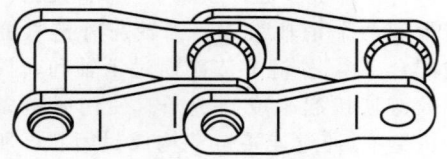

图 11-123　弯板输送链

曳引用钢制焊接弯板链是在曳引输送机上使用的链条。这种链条的结构如图 11-124 所示,它与工程用钢制焊接弯板链的结构基本相同,只是弯板链的高度较小,并且与弯板链相焊接的套筒不是圆柱状,为使对所输送的物料有最大的推刮作用,使用链条时应使链节的封闭端(焊接端)向前运行。

6) 倍速链

倍速链是功能式承托输送机上使用的一种输送链,是近几十年推出的一种工厂自动化生产线用链条的类型。倍速链的结构如图 11-125 所示,由组合滚轮、链板、销轴和止锁件组成。组合滚轮,由中间滚轮与两侧滚子组合而成。滚轮与滚子均用工程塑料制造。倍速链的内、外链板尺寸相同,安装在销轴上后,内链板与销轴为间隙配合,外链板与销轴是过盈配合。倍速链滚子的作用相当于大滚子链结构上的钢制滚子,它既与链轮齿相啮合又同支撑轨相接触。滚轮则用来承接工装板,工作时,用来搁置被输送物件的工装板由滚轮承托,所以,链条以速度 v 运行时,被输送的物件由于滚轮半径 R 与滚子半径 r 不同,可以得到比链条速度高数倍的运行速度。

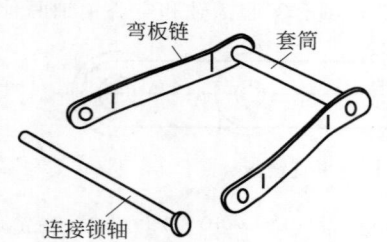

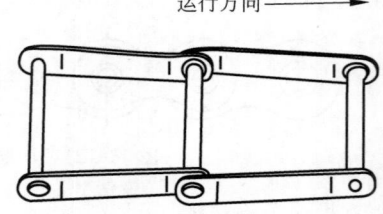

运行方向———→

图 11-124　曳引用钢制焊接弯板链

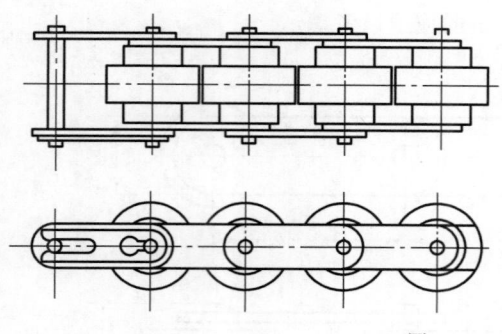

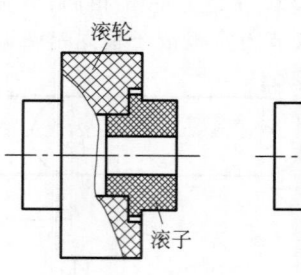

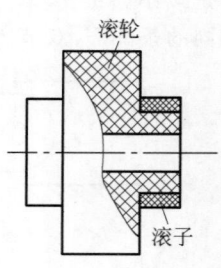

图 11-125　倍速链

倍速链的特点:

(1) 链条以低速运行,所以输送机工作平稳、噪声低、耐磨损、使用寿命长。因工装板与物件会以高于链条 2～3 倍的速度运行,故输送机仍保持所需的工作效率。

(2) 由于工装板与滚轮之间是摩擦传动,可利用它们之间可能出现的滑差,对链条起保护作用。

（3）链条的重量与使用寿命均比板条式承托输送机要好。

（4）适用于电子器件、家电设备等轻型物件的输送。

7）双铰接输送链

双铰接输送链是专门用于轻型悬挂输送机的输送链，故也称为轻型悬挂输送链。为了能使链条沿弯曲轨道自由地实现水平转弯与垂直转弯，要求链条具有在相互垂直的方向相邻链节能回转的结构。双铰接输送链如图11-126所示，装有行走滚轮与导向滚轮，所以，应用这种链条后，既使链条得到很好的支撑，又使输送机的轨道结构更加简单。

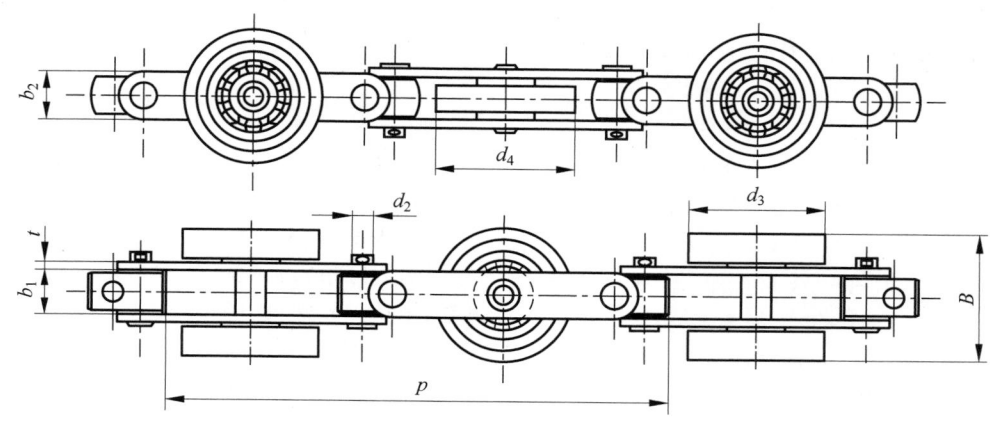

图 11-126　双铰接输送链

8）齿形链

齿形链主要由齿状链片与销轴两种零件组成。相邻链节的链片交错排列，利用销轴（或滚销）铰接在一起组成链条。由于结构本身的特点，齿形链条与链轮啮合时多边形效应小。啮合过程中冲击、振动小，噪声低，故又称无声链，通常在高速工况下作传动链使用。近年来，利用齿形链传动运转平稳的特点，亦有把齿形链作输送链来用。

齿形链结构如图11-127所示，齿楔角均为60°，链片背部平直，好使用它形成平整的承托物品表面，铰链采用摇销结构，由轴承枢轴与摇销组成。所以链条工作过程中铰链内部是滚动摩擦，摩擦阻力小，且不易挤死。

齿形链视组成链条链片的数量确定链条宽度，传动链都是紧密排列的，作输送链使用时，视承载物品的几何形状与重量，通过链片间加衬套的办法，让链片稀疏排列，以减轻链条重量。

2. 输送链附件

为了扩大输送链的使用功能，大部分输送

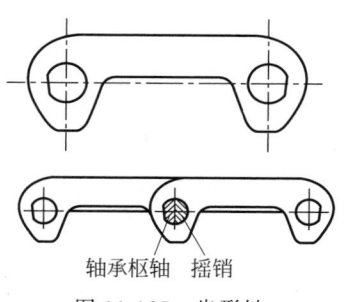

轴承枢轴　摇销

图 11-127　齿形链

链条使用时需配置带附件的链节，使输送链不仅具有承托（悬挂、顶托）物件的功能，还具有拉曳（推、刮）物件和具有满足积放与节拍动作等柔性输送功能。输送链使用工况千差万别，故输送链附件的结构多种多样，按功能一般分为两大类。

1）刚性功能

刚性功能是指在空间笛卡儿坐标系内，输送链条能在坐标系 x、y、z 所构成的轴线或平面内通过附件来实现承托、悬挂或驱动被输送物料的能力，附件的结构可以是链条本体构成元件的变异，如延长销轴、加高链板、折弯链板等。这类附件常称为一级附件。也可以通过链条本体外增加元件来扩大功能,如利用增加方管、圆管、导管、钢板、角钢、型钢等起到约束引导输送物件运行方向的作用。这类固结在链条上的构件,也就是附件,通常依次称为二级附件、三级附件……从广义的角度看,如果这些构件固结在链条运行的轨道上,以实现规矩约束输送链条的运行轨迹,且由于设计时必定要与链条结构一起考虑,所以也可以按链条附件来对待。

2) 柔性功能

柔性功能是指输送链条通过附件以增加积放或节拍输送的能力。使链条增加柔性功能的附件,一般均采用滚轮或滚轮组。滚轮常为二级附件,装在一级附件上,设置在链条的顶部或侧面。有些链条把滚轮或滚轮组植入链条本体,构成了独立的新的链条类型,最上面的滚轮就不能算作附件。

在输送链标准中,一级附件往往已标准化了,有特殊要求时也可自行设计。二级以上附件都需自行设计。进行附件结构设计时应遵循下述原则:使物料重力传送到输送链的支承轨道上所经过的路程最短;力流路线所经过的各零件的设计应考虑等强度,附件应重量轻、结构工艺性好、费用省。附件可装在链条的一侧或两侧,可在内、外链节上都设置,也可只设置在内链节或外链节上,宜优先装设在外链节上。

3. 链轮

输送链条要与链轮配合使用。对于输送链轮来说,因为与之相配的链条通常节距较大,为了避免链轮尺寸过大,相对于传动用链轮,输送链轮的齿数一般都较少。图 11-128 所示为输送链链轮,输送链链轮的齿槽常使用节线有分离量的齿槽形状。用这种齿形可使输送链条能通过铰链(滚子)在链轮齿根圆上作周向移动来补偿链条节距的变化。除用小节距滚子输送链的小型输送机上的链轮用范成法加工外,输送链轮常用的是半精密链轮,一般不采用范成法加工,具体的链轮形式需根据所需输送链配型。

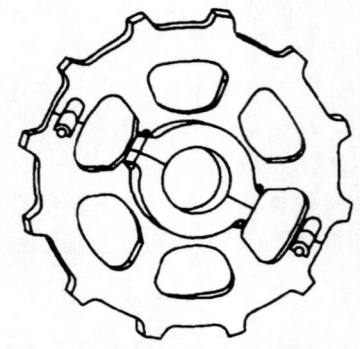

图 11-128 输送链链轮

4. 张紧装置

张紧装置用来拉紧尾轴,其作用在于:

(1) 保持输送链条在一定的张紧状态下运行,消除因链条松弛使链条输送机运行时出现跳动、振动和异常噪声等现象;

(2) 当输送链条因磨损而伸长时,通过张紧装置补偿,保持链条的预紧度。

张紧装置有重锤张紧与弹簧张紧两种方法,张紧装置应安装于链条输送机线路中张力最小的部位。

5. 驱动装置

驱动装置,又称为驱动站。通过驱动装置将电动机与输送机头轴连接起来,驱动装置的组成取决于其要实现的功能,通常驱动装置要实现的功能有:

(1) 降低速度。由于驱动电机的转速相对于输送链条运行速度的要求高得多,所以链条输送机必须有减速机构。减速机构通常有带传动、链传动、齿轮传动、蜗杆传动和履带驱动机构等。

(2) 机械调速。输送链条的运行速度如需在一定范围内变动,虽然可通过电动机调速来实现,由于单纯用电动机调速,会有电机转速低、输出转矩小的弊病,所以在驱动装置中设置机械调速装置,如机械无级变速机与变速箱等。

(3) 安全保护。链条输送机工作过程中要求有安全保护与紧急制动的功能,安全保护设备与制动设备大都设置在驱动站的高速运行部分。

直线驱动装置也称履带式驱动装置,或称链-链驱动装置。这种驱动装置的末端的驱动机构是如图 11-129 所示的传动比为 1 ∶ 1 的链传动,在封闭的滚子传动链上装有"拨齿"(也有采用齿状的异形链板),通过拨齿与输送链条相啮合驱动输送链条。

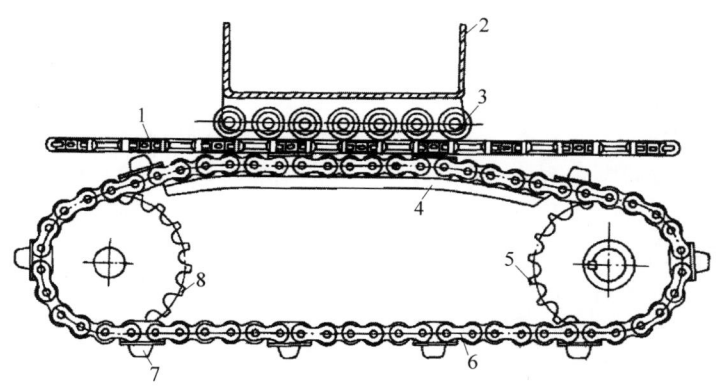

1—易拆链;2—支撑滚子架;3—支撑滚子;4—支撑块;5—驱动链轮;6—驱动链;7—驱动块;8—张紧链轮。

图 11-129 直线驱动装置

设计这种驱动机构时应使拨齿间的间距略大于输送链的节距,亦即要求驱动滚子链的"节距"略大于输送链的节距;并且直线驱动的啮合区段应有足够的长度;此外,拨齿与输送链间的啮入与啮出应该是渐进的。这需要靠合理设计张紧块的几何形状来保证。

6. 电控装置

电控装置对单台链条输送机来说,其主要功能是控制驱动装置,使链条按要求的规律运行。但对由输送机组成的生产自动线,如积放式悬挂输送线、带移行器等转向装置的承托式链条输送线设备,它的功能就要广泛得多。除一般的控制输送机速度外,还需完成多机驱动的同步、信号采集、信号传递、故障诊断等使链条自动生产线满足生产工艺要求的各种功能。

按照输送机的功能,电控设备可分为以下几类。

1) 标准电控装置

主要用于以物料输送为目的的单台链条输送机上,这类电控装置的主要控制内容有:①速度调整;②驱动保护;③过载保护;④限位保护。

2) 由链条输送机组成的生产自动线的电控装置

由链条输送机组成的生产自动线,如家电、轻工等行业的装配线、检测线,这些生产线除搬运工件外,还有各种管理功能,故这类被称为地面设备系统工程的控制装置,其控制对象远比标准电控装置要多,一般由 PLC 进行过程控制、计算机监控。

3) 具有积放功能的链条生产自动线的电控装置

这类电控装置主要指贮运系统的空中积放链及地面积放设备的控制系统,常用于汽车、摩托车行业规模化生产设备上。按其载重量,可分为 50 kg 积放链、500 kg 积放链两大类物流设备,两者的控制方式略有差异。这类电控装置的主要控制内容有:

(1) 系统编组、系统运行;

(2) 系统自诊断,实时地指示各种故障点及故障类型。

积放式输送机的行车轨道是由平行的牵引轨和承载轨双层复合组成的,链条推杆和承载小车通过执行机构的动作,可以相互脱开或咬合运行。全系统采用升降装置,道岔的分流与合流、转轨装置、停止器等,可将各种节奏不同的运输线路、贮存仓库、工艺线路联合成一个统一的完全自动化的工程系统。

因此,该装置控制对象多,软件工作量较大。一般配有模拟显示屏,直观地指示运行状态和显示关键部位的故障,或直接采用计算机进行生产流水线的运行、监控及数据处理、报表打印等。

11.5.4 技术要求与安装调试

1. 链式输送机的技术要求

1)链条技术要求

(1)链环的长度方向应与钢材的轧制纤维方向一致。

(2)链条零件不应有裂纹、折叠、氧化皮和材料过烧的痕迹。链条零件不应修补。

(3)链环和销轴配合面的内孔表面粗糙度应为 $Ra3.2$ m,外径轴表面粗糙度应为 $Ra1.6$ m,锐边倒钝去毛刺。

(4)组装后的链条所有铰接部位应转动灵活。

(5)链条组装的链段长度由制造商和用户协商确定。

(6)驱动链轮材料的力学性能不应低于 GB/T 11352—2009 中 ZG310-50 的性能。回转装置链轮材料的力学性能不应低于 GB/T 1348—2019 中 QT500-7 的性能。

2)链轮技术要求

(1)链轮分度圆上相邻的齿距偏差不应大于 0.5 mm。

(2)链轮齿廓的表面粗糙度为 $Ra6.3$ μm,顶圆和齿槽底部浅槽的表面粗糙度为 $Ra25$ m。

(3)链轮齿根圆直径 d 的公差为 h14,齿顶圆直径 d 的公差为 js14。

(4)链轮在齿根圆直径处的端面圆跳动和径向圆跳动公差为 $0.005d$。

(5)链轮齿廓偏差不应大于 1.0 mm,齿面不应凹进。

(6)钢制链轮齿面热处理硬度应为 45~50HRC。

3)链条试验技术要求

(1)全部链条应检查外观质量和铰接部位的转动灵活性。

(2)从每批生产的链条中任选 3 组长度为 5 节的链段按表 11-21(链段测量长度公差 ΔL 除外)检查链条的参数尺寸:任选 1 组长度为规定链段测量长度 3200 mm(或为 3000 mm)的链段,检查链段测量长度公差 ΔL。当测量结果不符合要求时应重复检测。重复检测的试样件数应加倍,重复检测结果如不符合要求,则此批链条为不合格。

表 11-21 链基本参数

参 数	数 值				
名义节距/mm	75	80	100	150	160
理论节距 P'/mm	76.6	80	100	153.2	160
啮合节距 P/mm	152.4	160	200	306.4	320
啮合节距公差 ΔP/mm	±2.0			±2.2	
链环宽 B_{max}/mm	28	30	37	52	55
销轴长 l_{max}/mm	47	48	58	80	
外环间距 E_{min}/mm	20.1	21	27	34.3	40
相对转角 α_{min}/(°)	9	10		5	6
链段测量长度 L/mm	40P		32P	20P	
链段测量长度公差 ΔL/mm	+31.2 −13.5	+31.8 −12.7	+19.1 −12.7	+18.8 −9.0	+19.1 −6.4
极限拉伸载荷 Q_{min}/kN	98	110	220	320	400
每米质量 m_{max}/(kg/m)	3.1	3.8	4.7	9.43	9.1

(3) 每批链条的总长度不应超过 1000 m。

(4) 啮合节距 P 应在施加 $0.01Q_{min}$ 极限拉伸载荷状态下测量。

(5) 取规定链段测量长度 L_1 为 3200 mm（或 L_2 为 3000 mm）的链段，在全长支承并施加 $0.01Q_{min}$ 极限拉伸载荷状态下测量其长度。

(6) 全部链片应经过无损检测。

(7) 用材料拉伸试验机测定链条极限拉伸载荷 Q_{min}。试验长度至少有 4 个节距，两端用销轴贯穿，与试验机的夹具连接。夹具的结构应使链条能够自由转动。如破断发生在夹具附近，则试验应重做。

(8) 测定链条每米长度的质量，至少应取一段长度约 15 m 的完整链条检测其质量，取其每米质量的算术平均值作为链条的每米质量 m_{max}。

2. 链式输送机的安装调试

由于链式输送机种类繁多，下面以埋刮板输送机为例，介绍其安装及试运行。

1) 安装前准备

(1) 设备到厂后，应对机器各个零部件进行检查、清点、分类，妥善保管，不应露天堆放，以免锈蚀损坏。如发现机件有不全或损坏情况，应设法补齐或修复。

(2) 刮板链条是埋刮板输送机的关键部件，在安装前应检查刮板链条的关节是否转动灵活，如转动不灵活则应拆下用汽油或煤油除锈，并用砂纸擦磨打光，至转动灵活为止，严禁涂抹润滑油。

(3) 应仔细核对（实测）机壳及驱动装置基础或平台的安装尺寸，如发现问题，应及时处理。

(4) 准备好必要的安装工具和材料。

2) 设备安装

(1) 安装工作必须有钳工、起重工、电工、电焊工等专业工人参加。

(2) 安装时首先用水平仪找平基础和安装支架的水平度，然后将之固定。

(3) 按制造厂出厂时各段机壳的连接标记顺序组装，各段机槽法兰内口的连接应平整、密合，如有错位，只允许比刮板链条运行前方的法兰口稍低，其值不得大于 1 mm，不允许接

口法兰和导轨处有上下、左右的错移，以保证刮板链条运行时不致产生卡碰现象。

(4) 机体组装后测定其机槽两侧对对称中心面的对称度。根据输送机长短，机槽两侧对对称中心面的对称度偏差值不应超过安装要求。

(5) 调整后头部必须牢固地焊于安装支架上。尾部、中间机壳和其他节段应适当固定，固定方式见第四节选型设计的要求，以防止输送机在运行时产生摇动位移。

(6) 头轮、尾轮及导轮、托轮必须对中，轮轴应保持平行，以避免刮板链条运行时跑偏。

(7) 安装刮板链条时应再次检查刮板链条是否转动灵活。只有转动灵活的刮板链条方可进行安装。

装入刮板链条前应先将所有观察盖、头部和尾部的端盖板、弯曲段的下盖板打开（必要时可将水平段、回转段的上盖板也打开），尾轮调到拉紧行程的起端，判明刮板链条的运行方向（运行方向见施工图或装箱说明书的箭头所示。这对模锻链和双板链尤为重要，切勿装反），准备好刮板链条需要的数量，并应配有少量备件。组装刮板链条时，应根据输送机的机型、长度和安装现场的具体条件，确定安装办法和相应的措施。在一般情况下，采用分段组装的办法，即将十节左右的刮板链条串接为一组，逐组在输送机里安装。当刮板链条绕过头轮后可用人工盘车带动。当刮板链条进入输送机后，其尾端应用撬杠和结实的绳索拉住，以便串接刮板链条后，防止刮板链条下滑速度太快而造成事故。

刮板链条的最后接头，可在水平中间段的上部即空载部分或弯曲段的上观察孔处予以连接。

刮板链条安装后，应调整拉紧装置，保持刮板链条有适当的松紧度。如发现太紧或太松，应在最后接头处，加入或卸下 1~2 节刮板链条，而后再次进行调整。调整后拉紧装置尚未利用的行程应不小于全行程的 50%。

(8) 驱动装置架必须牢固地安装在基础或平台支架上。电动机、减速器的出轴应和输送机头部出轴平行，大、小链轮应对中，定位后用

螺栓与驱动装置架紧固。

开式链传动的传动链条在安装前,应先启动电动机,观察小链轮的转动方向是否与刮板链条的运行方向一致,如旋转方向有误,则应在重新连接电源线后方可安装传动链条。

3)设备调试

完成输送机各部分安装工作后,即可进行空载运转试验。开车前应做如下工作:

(1)所有轴承、传动部件和减速器内应有足够的润滑油。

(2)检查和清除输送机机槽内部遗留的工具、铁件或其他杂物。

(3)全面检查输送机各部分是否完好无损,刮板链条松紧度是否合适。

(4)当上述各项准备工作做好后,先手动盘车,观察刮板链条是否与壳体卡碰和跑偏,当无缺陷后,可接通电源,点动开车。如运转正常,即可进行空载运转。

空载运转应符合下列规定:

(1)刮板链条运行方向与规定方向相同,进入头轮时啮合正确,离开头轮时不出现卡链、脱链等现象;

(2)刮板链条运行平稳,不得跑偏,不允许有卡刮碰的情况;

(3)连续运行2h,在此期间测4~5次电流、电压、能耗、噪声、链速,均不应超标;

(4)若使用调速电动机或变频调速,应先按最低速度进行试车运行1h,再以工作速度运行1h。

空载运转时,在头部、尾部和中间各主要部位,应设有专人观察刮板链条和驱动部分的运转情况。如发现问题应及时停车。

当空载运转2h并对运转情况满意后,可进行负载运转试验。

负载试运行时,首先空载启动,待运转正常时逐渐均匀加料,不得骤然大量加料,以防堵塞或过载。加料口应设置有网格,以防大块物料或铁块混入机槽中。

试运转时应做好原始记录,其中包括空载和负载运行时的电压、电流、功率、链条运行速度等,并查对和设计要求是否相符。

11.5.5　常见故障及设备运维

1. 操作说明

(1)每次启动后,应先空载运转一定时间,待设备运转正常后方可加料,应保持加料均匀,不得大量突增或过载运行。加料前控制好物料的粒度和含水率,不可输送不符合规定的物料。

(2)如无特殊情况,不得负载停车。一般应在停止加料后,待机槽内物料基本卸空时再停车。如满载运输时发生紧急停车后的启动,必须先点动几次或适量排除机槽内的物料。

(3)若有数台输送机组合成一条流水线,启动时应先开动最后一台,而且逐台往前开动,停车顺序应与启动顺序相反。这也可采取电气联锁控制。

(4)操作人员应经常检查机器各部,特别是刮板链条和驱动装置应保证完好无损状态。一旦发现有残缺损伤的机件(如刮板严重变形或脱落、链条的开口销脱落、弯曲段中间导轨严重磨损等),应及时修复或更换。

(5)运行过程中应严防铁件、大块硬物、杂物等混入输送机内,以免损伤设备或造成其他事故。

(6)切勿将手及头伸入机槽,检查刮板链条松紧度应在停车后进行。

(7)经常检查头部及驱动装置的紧固性是否良好,发现松动等问题应及时解决。

(8)出现卸料不畅,应停机分析,不得随意敲打。

(9)注意保持所有轴承和驱动部分良好润滑,保证链式输送机各部位的润滑。

(10)埋刮板输送机在一般情况下,一季度小修一次,半年中修一次,两年大修一次。大修时埋刮板输送机的全部零件都应拆除清理,更换磨损零件,电动机、减速器按各自产品的技术要求进行维护和修理。

2. 常见故障及处理

1)卡料

卡料是刮板链条上的残留物料未得到及时清除,在头轮轮槽处被卡紧,物料愈积愈多、愈压愈实,最终填满头轮轮槽,即产生卡料现象。它会使刮板链条与头轮无法正常啮合,甚至被抬起,影响输送机正常运行。卡料严重时会造成断链。

解决办法是在输送机头部卸料口适当部位增设一套破拱卸料板和清扫板,并在头部壳体中部设置一块伸入头轮槽的刮料刀。

2) 返料

返料是指被输送的物料在终点没有完全卸下,跟随输送机构进行下一次输送。返料会造成弯曲段积料和尾部积料。尤其是湿度大的物料和黏附性强的物料易引起返料,链板形状复杂的也易引起返料。

解决返料问题,除控制物料含水率和采用较简单的刮板外,还需在头部卸料口安装清扫器装置。

3) 浮链

MS 型和 MZ 型上水平输送段有时会发生浮链。当选型不合理,如槽宽太小,运行速度太高,刮板链条较轻,输送距离较长时易发生浮链;当物料呈粉尘状、小颗粒状,且黏附性较大,压结性较强,特别是吸湿后易固结成板块状时,最易形成浮链。浮链会减小运量,严重时输送机无法正常工作。

克服浮链故障,可以考虑:对易产生浮链的物料,适当选择较大槽宽的机型和重量较大的套筒滚子链,适当减小运行速度,输送距离较长时,可两台串接;采用倾斜焊接的刮板链条并在刮板链条上配清扫板,在头、尾部配圆弧挡板,在机槽底部不设导轨,并且注意要在物料卸净后方才停机;经常检查机槽底部是否有固化物料压结层,若有应及时清除。

对于已投入使用的、有浮链现象的埋刮板输送机,可在机槽承载壳体内每隔 3～5 m 配一段压板压住链条。

11.6　螺旋输送机

11.6.1　概述

螺旋输送机从发明到现在已经近两千年,现如今被广泛地应用于诸多领域的各种部门,例如矿山、食品、电力等运输部门,主要用于输送煤、砂、水泥、混凝土等小块、颗粒状和粉状、散状物料。螺旋输送机不仅可以完成物料的输送、提升和装卸,还可以完成混合、压缩、熔变。根据生产需要处理输送过程中的物料,实现高温、酸、碱甚至腐蚀性物质的输送。

螺旋输送机由带有螺旋叶片的转动轴在一密闭的机壳内旋转,使进入的物料沿机壳向前运移,用于连续短距离输送散状物料。其工作原理是:在设备的进料口实现物料的进入时,螺旋轴在电动机的驱动下(螺旋叶片焊接在轴上)开始转动,物料进入螺旋机槽内后,物料就与螺旋叶片发生接触,彼此之间产生相互作用力。这一过程中,通过自身惯性,物料就沿着螺旋轴转动方向移动,当物料的速度发生变化时,物料的离心力大于摩擦力,物料就有向螺旋机槽壁的方向滑动的趋势;摩擦效应导致物料速度降低并且在其和螺旋叶片的表面之间产生相对滑动,从而,物料就会有轴向方向的速度。

根据输送物料的特性、要求及结构的不同,螺旋输送机有如下几种不同型式。

普通螺旋输送机(水平螺旋输送机)。它的工作原理是:当物料进入固定的机壳内时,由于物料的重力及对机壳的摩擦力作用而不随螺旋体一起转动,物料只在旋转的螺旋叶片推动下向前移动。如图 11-130 所示,其构造包括半圆形的固定机壳、由驱动装置驱动的螺旋体及进、出料口等构件。普通螺旋输送机适宜输送粉状和粒状、小块状物料,如水泥、化肥、煤粉、纯碱、纸浆、谷物、面粉、饲料等;不适宜输送长纤维状、坚硬大块的或黏性大的物料,因为输送这些物料,易产生卡死或堵塞设备事故。普通螺旋输送机输送长度一般不大于70 m,输送物料温度应小于 200℃,安装倾角不大于 20°,因安装倾角过大将使输送效率降低,同时会使物料堵塞设备,影响输送效果。普通螺旋输送机的特点是:结构简单、工作可靠、维修方便、成本较低、密封较好,并可多点进料和多点卸料,但由于物料对螺旋体及机壳的摩擦和螺旋体对物料的搅拌,运行阻力较大,能耗较高。

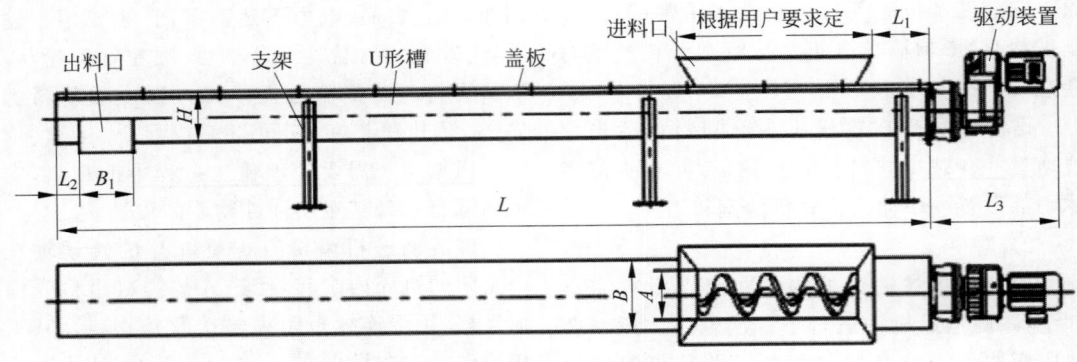

图 11-130　普通螺旋输送机示意图

垂直螺旋输送机。其结构与普通螺旋输送机基本相似，如图 11-131 所示，物料进入机壳内是靠高速旋转的螺旋体产生的离心力与机壳壁的摩擦力，使物料不随螺旋体转动，也不从螺旋体与圆形机壳的环形间隙中下落，而由螺旋叶片推动向上运移。垂直螺旋输送机由旋转的螺旋体及圆筒形机壳所组成，驱动装置一般装在顶部，也可装在下部，物料可由下部进料口进入，也可装设水平进料口强迫进料。垂直螺旋输送机的提升高度一般不超过 30 m，中间可设有轴承，其特点是外形尺寸小、占用场地少、安装方便、结构简单、容易密闭输送、制造费用低，但其运行阻力比水平螺旋输送机大，因此消耗功率较大。同时由于物料与螺旋叶片及机壳内壁产生严重磨损，故使用寿命较短。

螺旋管输送机（或称滚筒输送机）。如图 11-132 所示，其工作原理是在圆筒形机体内焊有连续的螺旋叶片，机体与螺旋叶片一起转动，进入的物料因与螺旋叶片及机体内壁在摩擦力的作用下一起旋转并提升起来，而后在重力的作用下物料又沿螺旋叶片向下滚动而作轴向运移。其构造包括圆筒形机体、两端进出料口、中间进出料口、托轮及驱动装置等。螺旋管输送机适用于水平输送高温、大块（包括粉状、粒状）、流体物料，不适宜输送含水量大的黏性粉状物料。其特点是结构紧凑、密封性好、能多点进料和多点卸料，可同时完成输送、搅拌、混合等多种工艺要求，而且运行可靠，不会出现物料卡楔现象，且驱动能耗低，是较好

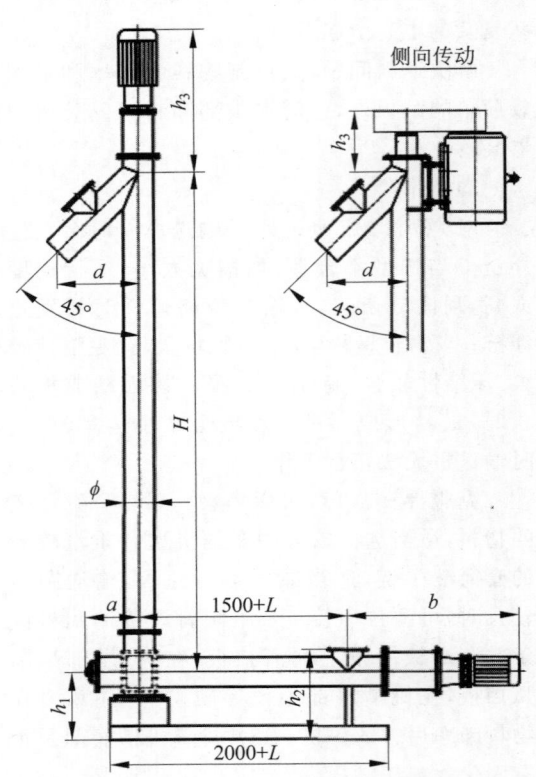

图 11-131　垂直螺旋输送机示意图

的节能输送设备。

可弯曲的螺旋输送机（图 11-133）。它能弯曲输送物料，其工作原理与螺旋输送机相同，只是螺旋体的中心轴用高强度挠性材料制成，中心轴外面黏合特种合成橡胶，经硫化而成为螺旋叶片，从而使螺旋体具有可挠曲性，并可按使用现场的要求，任意弯曲布置。由于可弯曲螺旋输送机可避免物料的转载及构造

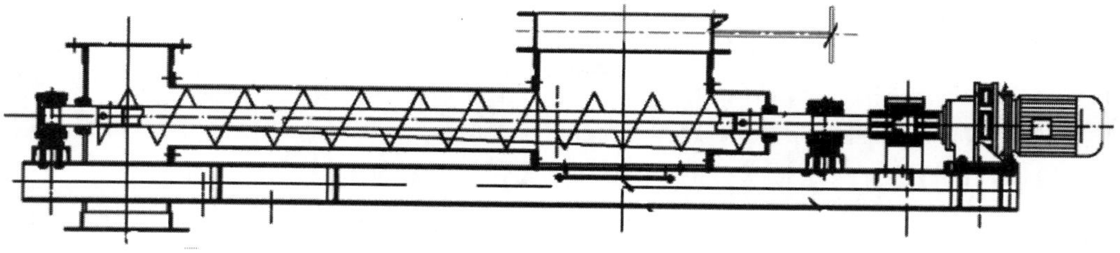

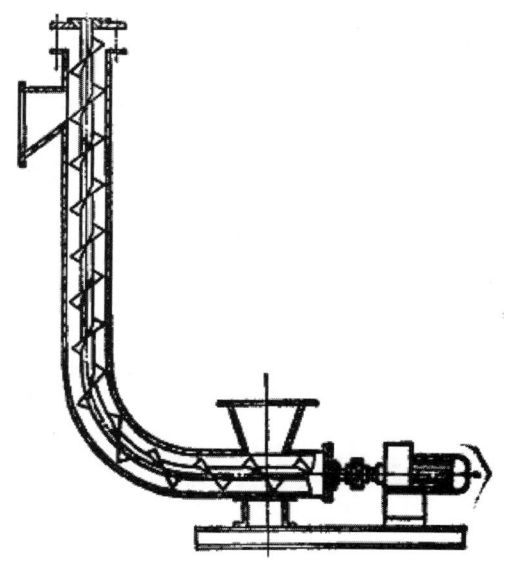

图 11-132 螺旋管输送机

简单、噪声小、中间不设悬吊轴承,所以输送物料阻力小。当机壳内进入过多物料或有硬块物料时,螺旋体可自动浮起,不会产生卡楔或堵塞现象,因此适用于建材、化工、粮食、饲料等工业输送粉状、粒状、小块状物料。

图 11-133 可弯曲的螺旋输送机

按输送形式分类又有:

有轴螺旋输送机,顾名思义就是将螺旋叶片装设在螺旋轴上,通过螺旋轴的转动带动螺旋叶片的转动,通过推动物料的运行,从而实现物料的运送。

无轴螺旋输送机,是与有轴螺旋输送机相对而言的,无轴螺旋输送机是指在螺旋叶片中间部分没有螺旋轴,而采用整个螺旋叶片装设在螺旋机壳内,通过叶片实现物料的推送。但是因为没有螺旋轴,无轴螺旋输送机具有较强的抗缠绕性。

随着我国输送行业的高速化、集成化的提高,输送行业向着规模化、标准化、协同化的方向发展。螺旋输送机在输送行业的应用十分广泛,尤其在减轻人们的劳动强度和实现与未来的人工智能技术的对接方面起到了极其关键的作用。因而在总结国内外螺旋输送机的研究情况的基础上,得出了其未来的发展趋势,主要表现在:

(1)绿色环保化。当前,我国的金属材料的储备是比较匮乏的。基于我国可持续发展的国情,节约资源,减少对环境的污染,从而使螺旋输送机的设计实现绿色环保化。

(2)人工智能化、自动化。随着工业 4.0 以及中国制造 2025 的推进,螺旋输送机的发展必将朝着智能化的方向发展,这将会节约大量的人力资源。

(3)螺旋输送机的低能低耗。螺旋输送机的能源大部分消耗在摩擦磨损上,关于这方面的问题亟待解决。

(4)轻型化。为降低运输、二次搬运以及现场组装的成本,轻型化会是未来发展的趋势。

(5)空间可弯曲输送。通过设计柔性螺旋输送机,实现直线输送的同时也能实现弯曲输送,在今后的发展中必将成为闪光点和突破点。

(6)输送介质和应用环境的扩大化。目前,螺旋输送机的使用范围受到限制,结合现代先进制造技术,提高输送机对高温、易腐蚀、黏性大的散体的适用性,提高垂直螺旋输送机对自然环境的适应性。

11.6.2 水平螺旋输送机

水平螺旋输送机的主要构件是螺旋体,根据所输送物料的特性不同,螺旋叶片的形状分实体的、带式的、叶片式的及齿形的四种，如图 11-134 所示。实体螺旋叶片如图 11-134(a) 所示，是最常用的一种型式，适宜输送干燥的、小颗粒的或粉状物料。带式螺旋叶片如图 11-134(b) 所示，适宜输送带水分的、中等黏性、小块状物料。叶片式螺旋叶片如图 11-134(c) 所示，齿形螺旋叶片如图 11-134(d) 所示，这两种形状的螺旋叶片适宜输送黏性较大及块度较大的物料，在输送过程中，同时可完成搅拌、混合等工艺要求。

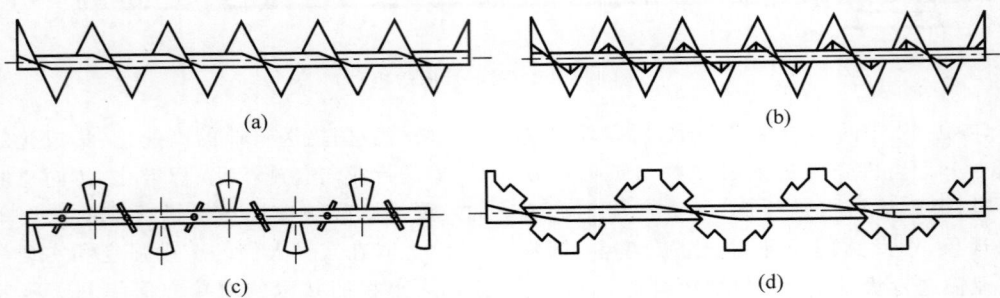

图 11-134　螺旋形状

(a) 实体的；(b) 带式的；(c) 叶片式的；(d) 齿形的

1. 螺旋直径的确定

螺旋直径可按下列简化公式计算：

$$D \geqslant K \sqrt[2.5]{\frac{Q}{\gamma \cdot C}} \qquad (11\text{-}7)$$

式中：D——螺旋直径，m；

　　　K——物料综合系数（见表 11-22），K 值包括螺旋输送机填充系数及物料特性系数；

　　　Q——输送量，t/h；

　　　γ——物料密度，t/m³；

　　　C——装置倾斜角校正系数（见表 11-23）。

表 11-22　物料综合系数

物料的特性	物料的典型例子	推荐螺旋型式	K 值	A 值	ω_0 值
磨琢性小粉状	煤粉、石灰、面粉、纯碱	实体螺旋	0.062	75	1.2
有磨琢性粉状	水泥、干炉渣、石膏粉、白粉	实体螺旋	0.095	35	2.5
磨琢性小粒状	谷物、泥煤、食盐、锯木屑	实体螺旋	0.079	50	2.5
有磨琢性粒状	砂、型砂、炉渣、造型土	实体螺旋	0.1	30	3.2
磨琢性小小块状<60 mm	煤、石灰石	带式或叶片式	0.09	40	3.2
黏性易结块	黏土、面粉团、含水糖	带式或叶片式或齿形	0.15	20	4

表 11-23　装置倾斜角校正系数

倾斜角 β	0°	≤5°	≤10°	≤15°	≤20°
校正系数 C	1.0	0.9	0.8	0.7	0.65

如果输送物料块度较大或输送量不易控制，应选用较大的螺旋直径。按式 (11-7) 计算得出的 D 值应圆整为标准直径，GX 型号螺旋输送机标准直径为 150 mm、200 mm、250 mm、

300 mm、400 mm、500 mm、600 mm、700 mm。LS 型螺旋输送机标准直径为 100 mm、125 mm、160 mm、200 mm、250 mm、315 mm、400 mm、500 mm、630 mm、800 mm、1000 mm、1250 mm。WLS 型无轴螺旋输送机标准直径为 100 mm、160 mm、200 mm、250 mm、500 mm、800 mm、1000 mm、1250 mm。

2. 螺旋转速的确定

螺旋转速不宜过高,以免物料受过大的切向力而被抛起,影响输送效率,螺旋最大许用转速由下列经验公式计算:

$$n_{max} = \frac{A}{\sqrt{D}} \qquad (11-8)$$

式中：n_{max}——螺旋许用最大转速,r/min;

D——螺旋直径,mm;

A——经验系数(见表 11-21)。

按上式计算的转速应圆整为 20 r/min、30 r/min、35 r/min、45 r/min、60 r/min、75 r/min、90 r/min、120 r/min、150 r/min、190 r/min,或按驱动装置相近额定转速圆整。在满足输送量要求的情况下,应选用较低的转速,以减少物料对螺旋叶片及机壳的磨损,提高其使用寿命。

3. 功率计算及驱动型式的选用

螺旋输送机驱动装置所需功率按下式计算:

$$P_0 = \frac{Q}{367}(\omega_0 L \pm H) \qquad (11-9)$$

式中：P_0——螺旋轴所需功率,kW;

ω_0——物料的阻力系数(见表 11-18);

L——螺旋输送机水平投影长度,m;

H——螺旋输送机倾斜布置时垂直投影高度,m,如图 11-135 所示;

Q——输送量,t/h。

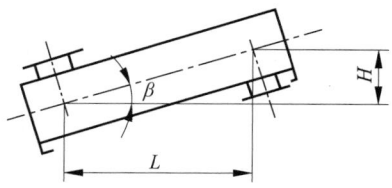

图 11-135　螺旋输送机倾斜布置尺寸示意图

电动机功率:

$$P = K_1 \frac{N_0}{\eta} \qquad (11-10)$$

式中：P——电动机功率,kW;

K_1——功率备用系数,取 $K_1 = 1.1 \sim 1.4$;磨琢性的物料及物料输送量变化较大时,宜选用较大值,要求满载启动时,所选用的电动机功率要更大些;

η——驱动装置总功率,一般取 $0.90 \sim 0.94$。

螺旋输送机的驱动装置由电动机、减速器及联轴器组成,减速器型号可根据选定的电动机功率及螺旋输送机与电动机转速比确定。当螺旋输送机输送物料量比较稳定时,可选用齿轮减速电动机与螺旋输送机通过联轴器,直接传动,从而使结构紧凑,占地较少,运行可靠。如果螺旋输送机进料不稳定,经常出现超载运行,可通过三角带及减速器来驱动螺旋输送机,当超载时,三角带打滑,就可保护电动机及减速器免受损坏。

4. 水平螺旋输送机的安装及调整

制造厂提供的螺旋输送机包括主机及驱动装置成套设备,主机分头节装置、中间节装置、尾节装置,主机头节和尾节分别装设推力轴承箱体及平轴承箱体,推力轴承箱体承受推动物料所产生的轴向力及径向力,平轴承箱体只承受径向力,其轴可作轴向移动,借以调节螺旋体安装长度。单机输送长度较大时,需在两端同时驱动,两端轴承箱体的出轴通过联轴器与驱动装置连接。推力轴承箱体及平轴承箱体均在制造厂组装后出厂,到现场可直接安装。中间节每节螺旋体均设有中间悬吊轴承,由悬吊轴承座及轴瓦组成,轴瓦由铸铁或粉末冶金等材料制成,采用润滑脂(黄油)润滑。螺旋输送机机壳为用钢板制成的 U 形槽,边缘折边或焊接上角钢,两端有连接法兰,上部设有盖板。一般螺旋体两端由法兰和连接轴相连接。

1) 安装顺序

螺旋输送机安装时,先将头尾部及中部机壳按出厂编号或由推力轴承箱体首端依次排列在基础上,每段机壳法兰间放置石棉垫,用螺栓连接,并将基础螺栓暂时固定(不拧紧),再将螺旋体与经过清洗后的悬吊轴承及连接轴组装好,螺旋体与连接轴法兰间应加石棉垫,从首端螺旋体开始逐节放入机壳内,并拧紧连接螺旋体法兰的螺栓,直至尾节并依靠平轴承箱体中轴的轴向窜动,进行长度调节,这样使所有螺旋连接成整体。主机完成安装后,再安装驱动装置。

2)安装技术要求

(1)机壳的组装应符合下列规定:

① 机壳连接后,在头尾部机壳两端机座中心拉一细钢丝作为主机中心线,各段机壳中心线要与该中心线重合,并应符合表11-24的规定。

表 11-24　机壳同轴度限定值

螺旋输送机长度/m	3～15	15～30	30～50	50～70
同轴度/mm	<4	<6	<8	<10

② 机壳安装纵向直线度不超过长度的1/1000,横向直线度不超过槽宽的1/500。

③ 相邻机壳的内表面在接头处的错位不超过3 mm。

④ 机壳连接处应紧密贴合,不允许有间隙。

⑤ 机壳内壁与螺旋体外圆的名义间隙及最小间隙见表11-25。

表 11-25　机壳内壁与螺旋体外圆的名义间隙及最小间隙

螺旋直径/mm	100	125～315	400、500	630、800	1000、1250
名义间隙/mm	≤7.5	≤10	≤12.5	≤15	≤20
最小间隙/mm	4	5	6.6	7.5	10

(2)悬吊轴承座安装在机壳两侧的角钢上,通过螺栓及两个螺母并紧,但不得使悬吊轴承座固定在支承角钢上,而是使悬吊轴承座在支承角钢上可以纵向移动,保持浮动状态。悬吊轴承座端面与其连接轴两端法兰面的间隙应接近相等。

(3)螺旋输送机主轴与驱动装置减速器低速轴采用浮动联轴器连接,安装时其同轴度不超过表11-26的值。

表 11-26　安装时同轴度限制

联轴器外径/mm	50～120	120～250	250～500	500～1000
同轴度/mm	$\phi0.15$	$\phi0.20$	$\phi0.25$	$\phi0.30$

(4)浮动联轴器的圆盘两边,须留有1～2 mm间隙。

(5)整机全部安装调整完毕后,再拧紧基础螺栓。

(6)进出料口如在现场装置,应在整机固定后再焊,进、出料口法兰面应与主机纵向中心线平行,并与进、出料管紧密贴合,不应有间隙。

3)螺旋输送机的调整

(1)各悬吊轴承应可靠地支承连接轴,不得使螺旋体卡住或压弯,安装完毕后可用手拨动驱动装置高速轴,以检查带动螺旋体转动是否灵活,若转动阻力较大或螺旋体与机壳有局部摩擦和卡碰现象,即说明各节悬吊轴承及机壳中心安装的同轴度不符合要求,需要加垫调整。

(2)安装完毕后,打开尾端平轴承箱体闷盖,测量球轴承外圈与闷盖止口间的间距,此间距不应小于10 mm,以保证因温度升高使螺旋体向尾端伸长所需要的距离,及拆卸螺旋体时须将平轴承箱体轴向尾部推动。若此间距过小,可在机壳连接法兰间加厚石棉垫进行调整。螺旋体连接长度可通过螺旋体与连接轴法兰间加垫的厚薄进行调整。

(3)驱动装置减速器低速轴与螺旋输送机

轴的高度差,可用垫片调整驱动装置高度。

（4）机壳与盖板间需加帆布垫,防止粉尘泄漏。

11.6.3　垂直螺旋输送机

垂直螺旋输送机由下部进料口、上部卸料口、垂直螺旋体、支承轴承及驱动装置组成。对密度较大、流动性好的物料,可采用自流式进料口,即物料靠自重流入下部进料口内。当物料密度较小、流动性差时,需采用强迫进料形式,即选用水平输送的螺旋输送机,其一端与垂直螺旋输送机下部进料口相连接,使物料通过螺旋输送机强迫输入。

当提升高度小于 8 m 时,只需在垂直螺旋输送机上部设悬吊轴承,下部不需设置轴承,由物料自身支承着螺旋体,当提升高度较大时,中部可设置径向轴承。

垂直螺旋体向上推送物料所需的最低转速称临界转速,低于临界转速时,就不能达到向上输送物料的目的。

1. 转速的确定

1）临界转速的计算

$$n_1 = 30\sqrt{\frac{\tan(\alpha+\rho)}{\mu r}} \qquad (11\text{-}11)$$

式中：n_1——临界转速,r/min;

　　α——螺旋叶片的螺旋升角,(°);

　　ρ——物料与螺旋表面之间的摩擦角,(°);

　　μ——物料与机壳内壁的摩擦系数;

　　r——物料轴距中心的平均半径,m。

$$r = \frac{R}{\alpha}(\sqrt{1-\varphi}+1) \qquad (11\text{-}12)$$

式中：R——机壳内壁半径,m;

　　φ——物料在机壳内的充满系数,一般取 $\varphi=0.5$。

2）工作转速的确定

垂直螺旋输送机的工作转速实际上要比计算的临界转速大一倍或一倍以上,一般情况下要根据输送某种物料使之稳定运行来确定。在稳定运行并满足输送量要求的情况下,选用较低转速可减少物料对螺旋叶片及机壳的磨损,以提高垂直螺旋输送机的使用寿命。

2. 输送能力的确定

若取 $\varphi=0.5$,垂直螺旋输送机的输送量可按下列简化公式计算：

$$Q = 9.42D^3 n\gamma \qquad (11\text{-}13)$$

式中：Q——输送量,t/h;

　　D——螺旋直径,m;

　　n——螺旋转速,r/min;

　　γ——物料密度,kg/m³。

根据选定的螺旋直径计算的输送量若不能满足要求,则需选用较大的螺旋直径或适当提高螺旋转速。LC 型垂直螺旋输送机螺旋标准直径为 125 mm、200 mm、250 mm、315 mm。

表 11-27 列出几种不同螺旋直径的垂直螺旋输送机在输送一般粉状物料时的有关数据,可供选用时参考。

表 11-27　不同螺旋直径的垂直螺旋输送机的有关数据

螺旋直径/mm	螺旋转速/(r/min)	输送能力/(m³/h)
125	300～420	5.5～8
200	250～350	18.5～26.6
250	200～300	30～44
315	170～250	50～75

3. 功率计算及驱动型式的选用

垂直螺旋输送机所需驱动功率,可按下式计算：

$$P_D = \frac{QH\omega_0}{367} \qquad (11\text{-}14)$$

式中：P_D——垂直螺旋输送机所需轴功率,kW;

　　Q——输送量,t/h;

　　H——提升高度,m;

　　ω_0——阻力系数,其值根据物料特性不同取,如谷物可取 5.5～7.5,煤粉、水泥可取 6.6～8.3。

电动机功率：

$$P = K_1\frac{P_D}{\eta} \qquad (11\text{-}15)$$

式中：K_1——功率备用系数,取 $K_1=1.1～1.3$;

　　η——驱动装置总效率,一般取 0.9～0.94;

　　P——电动机功率,kW。

由于螺旋转速较高,可采用低转速电动机通过三角带传动,也可选用立式齿轮减速电动机,直接驱动。一般驱动装置均装于垂直螺旋输送机顶部,避免在底部装设轴承及传动齿轮以及增加密封的困难,只有当顶部不易设置检修平台或不便维修的情况下,驱动装置才装于垂直螺旋输送机底溜。

4．垂直螺旋输送机的安装及调整

LC型垂直螺旋输送机依靠下部底座支承,由基础螺栓固定,机壳由钢管通过端部法兰连接组成,法兰有止口,以保证机壳连接同轴度要求,一般底部不设轴承,中部采用滑动轴承,上部设有推力轴承箱体,以支承螺旋体质量和物料的轴向推力。电动机则通过三角输送带及输送带轮驱动推力轴承箱体的主轴,从而带动螺旋体转动,达到输送物料的目的。

1) 安装顺序

垂直螺旋输送机须按出厂编号自上而下进行安装,由于推力轴承箱体在制造厂已组装好,故不需拆卸,可直接装在上部端盖上,并将上部螺旋体与推力轴承箱体主轴用法兰连接,套入上部机壳使端盖与机壳法兰连接,再将中部螺旋体与上部螺旋体用法兰连接,并套入中部机壳,如此逐节进行。当中部节有中间轴承时,则须将螺旋体套入中间轴承壳体,使螺旋体与中间连接轴连接。

2) 安装技术要求

(1) 管形机壳及螺旋体的连接法兰间,不需加任何垫片,螺旋体安装后最大圆跳动不应大于2 mm。

(2) 机壳安装直线度不得大于2 mm。

(3) 中间轴承轴瓦的下端面与连接轴法兰面间隙不超过5 mm,使轴瓦上端面与连接轴法兰间有较大的间隙,当螺旋体承重或温度升高而伸长时,不至于使连接轴法兰与轴承轴瓦相碰。

(4) 中间轴承轴瓦为含油粉末冶金材料制成,运行时不需加润滑油。

(5) 螺旋体法兰连接螺栓须采用保险垫圈。

(6) 机壳外应相隔一定间距装设固定圈,使垂直螺旋输送机通过固定圈,牢固支承在建筑物上,以保证设备的稳定运行。

3) 垂直螺旋输送机的调整

(1) 驱动装置的三角带松紧度可通过电动机底板上支承螺栓进行调节。

(2) 机壳安装时,为保证一定的直线度,可通过机壳法兰间加薄铜片垫进行调整。

(3) 螺旋体全跳动,可通过轴瓦支承螺栓进行调节。在调节时应注意允许连接轴稍有径向跳动,使螺旋体能较灵活地转动。

(4) 垂直螺旋输送机运行的稳定性与不同的物料特性所适应的转速有关,安装试运行时,若运行不稳定或有较大的振动,须适当更改三角带轮传动比,以调整螺旋体转速。

11.6.4　螺旋管输送机

如图11-136所示,螺旋管输送机由输送管(滚筒)、螺旋叶片、支撑滚子(托轮)、支撑圈、驱动齿轮、大齿圈、加料口、卸料口和齿轮电机等组成。除筒体两端设有进出料口外,根据使用需要,也可在筒体中部设置数个进料口或出料口。各进出料口,均设有密封装置,以防止物料泄漏。为了防止进入物料有一定气压而使粉尘溢出,可根据实际需要在进料口增加密封或吸尘口。

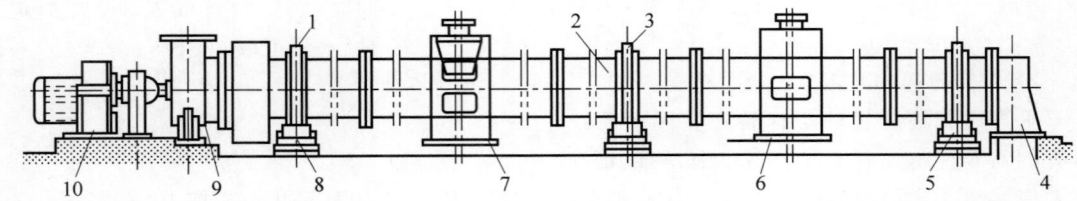

1,3—支撑圈;2—螺旋管;4—卸料口装置;5,8—托轮装置;6—中间卸料口装置;7—中间加料口装置;9—加料口装置;10—减速电机。

图 11-136　螺旋管输送机

螺旋管输送机端部设有进料口可适应不稳定的进料量自流加料,可以在中部任何位置设置数个进料口,但中间进料口投入的物料粒度不宜大于 30 mm,进料量要求稳定,不宜过大。

中间进料口装置由上下固定的壳体及装设在输送管上随之转动的弧形叶片进料盘组成,物料自壳体一侧进料口进入后,由转动的进料盘引入输送管输送物料。中间进料口装有阀门,控制进料量,由于进料盘导流叶片制成弧形,中间进料口阀门关闭停止进料时,输送管内输送的物料不能从进料盘溢出,因此中间进料口装置只能进料不能出料。

出料口可设在尾部,也可设在中部任何位置,实现多点出料,由于可在圆形输送管上装有启闭门,因此在多个出料口中可以任意选择某一出料口卸料。

为了保证物料在输送管内形成泻落状态,输送管必须有一适当的转速,若转速过高,物料在离心力的作用下紧贴输送管内壁,随输送管一起旋转,不能达到输送物料的目的。转速过低,将使输送量降低,影响输送效率。

中间出料口装置,除具有固定的壳体外,并在输送管上装有随之转动的两个相对的弧形启闭门,该启闭门引出的转动轴在壳体外部操作启闭,并有定位装置固定,可随意选定出料口出料。

螺旋管输送机的驱动装置不能采用三角带或链条传动来驱动螺旋轴,以避免轴端在径向力作用下产生悬臂载荷,使整个机体脱离托轮。

螺旋管输送机输送长度(即两端进出料口中心距离),一般为 3~40 m,0.5 m 一挡,可任意选定,整机由分段输送管连接而成,输送管连接法兰间设有滚轮,滚轮下部有托轮装置支承转动,由端部(进料口端部或出料口端部)齿轮减速电机直接驱动。

托轮装置由底座、机座、托轮轴、托轮及滚动轴承所组成,托轮外圆经热处理后表面硬度大,提高了耐磨性能。机座下部设有油槽,用以润滑托轮。在输送高温物料时,滚动轴承应采用耐高温润滑脂,如二硫化铝润滑脂。底座两端装设的调节螺栓,可移动托轮以调节筒体上下或左右的偏差。当输送物料温度较高或筒体较长时,须选用加长承压面的托轮,这样才能满足筒体伸缩范围较大的要求。

1. 转速的确定

1) 极限转速计算

螺旋管输送机最高极限转速可按下式计算:

$$n' = \frac{42.4}{\sqrt{D_{max}}} \qquad (11\text{-}16)$$

式中:n'——最高极限转速,r/min;

D_{max}——进料口旋转部件的最大直径,m,见表 11-28。

表 11-28 进料口旋转部件的最大直径

螺旋直径/mm	300	400	500	600
D_{max}/mm	750	850	950	1100

2) 工作转速的计算及确定

$$n = \frac{32}{\sqrt{D_{max}}} \qquad (11\text{-}17)$$

式中:n——工作转速,r/min。

一般物料工作转速可按表 11-29 选取。

表 11-29 输送一般物料的工作转速

	螺旋直径/mm	300	400	500	600
转速/(r/min)	易流动物料	45	40	35	30
	堆积密度小、流动性差的物料	35	30	25	20

2. 螺旋直径的确定

螺旋管输送机的螺旋直径是根据输送量、转速及物料特性按下式计算的:

$$D = \sqrt[3]{\frac{Q}{37.6 n \gamma \varphi}} \qquad (11\text{-}18)$$

式中:D——螺旋直径,mm;

Q——输送量,t/h;

n——转速,r/min;

γ——物料密度,kg/m³;

φ——物料在机体内充满系数,可取 0.2~

0.35,物料块度大时,采用较小值。

由式(11-18)求得螺旋直径按 GT 型螺旋管输送机标准直径 300 mm、400 mm、500 mm、600 mm 圆整,并需按输送的物料任何截面上最大尺寸不大于螺旋直径 1/4 进行验算。

3. 功率计算及驱动型式的选用

螺旋管输送机所需驱动功率按下式计算:

$$P_0 = 6.36D^{2.5}L\gamma\varphi \qquad (11\text{-}19)$$

式中:P_0——所需驱动功率,kW;

D——螺旋直径,m;

L——两端进出料口中心距,m;

γ——物料密度,kg/m^3;

φ——物料在机体内充满系数。

电动机功率:

$$P = K_1 \frac{P_0}{\eta} \qquad (11\text{-}20)$$

式中:K_1——功率备用系数,取 $K_1 = 1.1 \sim 1.3$;

η——驱动装置总效率,一般取 0.9~0.94;

P——电动机功率,kW。

螺旋管输送机一般均选用齿轮减速电动机直接驱动,根据计算功率按齿轮减速电动机额定功率圆整选用。

4. 螺旋管输送机的安装及调整

螺旋管输送机,因其外形像滚筒,故又称为滚筒输送机。滚筒输送机的代号为 GT,其部分规格参数见表 11-30。为了保证物料在筒体内形成泻落状态,筒体必须有适当的旋转速度。若转速过高,物料在离心力作用下紧贴筒体内壁,随筒体一起旋转,因而不能达到输送物料的目的;若转速过低,输送量降低,影响输送效率。根据目前工厂生产的几种不同规格的滚筒输送机螺旋直径及齿轮减速电机额定转速,一般可按表 11-30 选取筒体转速,也可按表 11-30 中的相近转速选取。

表 11-30　滚筒输送机的部分规格参数

规 格 型 号		GT30	GT40	GT50	GT60
螺旋直径 D/mm		300	400	500	600
螺旋管筒体转速/(r/min)	易流动的物料	44	39	35	31
	堆积密度小、流动性差的物料	35	31	24.5	20.4

GT 型螺旋管输送机端部进料口由进料口及回转勺轮装置所组成。中间进料口装置由上下固定的壳体及装设在机体上随机体转动的弧形叶片进料盘所组成,物料自壳体一侧装有控制闸门的进料口进入后,由转动的进料盘引入机体内进行物料输送。中间出料口除有固定的上下壳体外,并在机体上装有随机体转动的两相对弧形启闭门,该启闭门可由引出的操作杆在壳体外部操作,并由定位装置固定。整机由几段机体连接而成,机体内有固定在其内壁上的带状螺旋体,机体连接法兰间设有滚轮,滚轮下部有托轮装置支承转动,托轮用地脚螺栓固定在基础上。驱动装置一般采用齿轮减速电机在端部进料口或出料口端直接驱动。

1)安装顺序

首先将各托轮装置及中间进、出料口下部壳体按总装图分别放置在基础上,其中防止轴向窜动的凹槽托轮装置应放在驱动装置一端,用地脚螺栓固定(不拧紧),再将机体按编号与滚轮逐节连接并放置在托轮上,经调节后,再固定托轮装置和安装进、出料口及驱动装置。

2)安装技术要求

(1)连接机体时,应使相邻两机体内螺旋叶片首尾端相衔接。

(2)机体连接后,应在两端滚轮外圆 +Y 方向(顶点)及 +X 或 -X 方向(侧面),分别用水平仪及细钢丝,测量各滚轮中心的同轴度,其同轴度允差 0.6 mm,机体倾斜度不大于 40°。

(3)主机安装后用百分表检查传动轴端圆跳动值,不应大于 0.8 mm。

(4)当输送高温物料时为避免热膨胀作用,机体可向安装驱动装置相反方向伸长,因此除凹形托轮外,其他托轮及中间进、出料口壳体安装时,均应向驱动装置相反方向偏离机体滚轮及机体中间进、出料口中心位置装设,以防机体因温度升高伸长而滚轮脱离托轮,或使进、出料口与固定的壳体相碰。

（5）进、出料口各压垫环内,一般用浸油毛毡密封,输送高温物料时须用浸油石棉填料密封,防止粉尘溢出,但不应将毛毡或石棉填料压得过紧,以免增加机体转动阻力。

（6）驱动装置减速器低速轴与螺旋管输送机主轴由浮动联轴器连接,安装时其同轴度一般为 0.05～0.2 mm。

（7）各托轮在运行中必须随滚轮转动。

（8）滚轮与托轮接触面应均匀。

（9）运行时机体不允许向一端窜动。

（10）浮动联轴器圆盘的两边,须留有 1～2 mm 间隙。

3）螺旋管输送机调整

（1）可通过托轮的水平移动来调整滚轮和机体的位置及横向偏差。

（2）运行时若发现滚轮与托轮接触不均匀,即需调整托轮,使托轮中心线与滚轮中心线保持平行。

（3）各进、出料口的压垫环内孔与转动的机体四周间隙,可通过加、减垫调整固定的进、出料口或中间进、出料口壳体的位置,使其四周间隙保持均匀。

（4）机体主轴与减速器输出轴中心线的同轴度,可通过在驱动装置机座上加调整垫来保证。

11.6.5 无轴螺旋输送机

1. 简介

无轴螺旋输送机,是指在输送机输送长度内采用无中心轴螺旋的螺旋输送机。它从结构上可以分为两种：一种是与传统意义上的有轴螺旋输送机相比,采用无轴螺旋的螺旋输送机,使用时其机槽外壳是固定不动的,靠无轴螺旋的旋转来输送物料；另一种就是我们经常使用的螺旋管输送机（也称为滚筒输送机）,其螺旋焊接在可以旋转的管状机壳（输送管）的内壁上,当输送管旋转时物料就被输送。

2. 结构组成及主要零部件构造

无轴螺旋输送机（图 11-137）,其结构由电动机 1、减速机 2、进料口 3、无轴螺旋 4、衬里 5、

出料口 6、U 形槽或管状壳体 7 和盖板 8 等组成（图 11-138）。U 形槽由优质不锈钢等材料制成,内表面采用超高分子聚乙烯等材料作衬里（图 11-139）,具有良好的滑动性能和最小阻力,且十分耐用；无轴螺旋采用无焊接加工工艺,整根轴无焊缝,保证良好的结构性能。U 形槽可制成封闭或半封闭式；驱动装置采用带减速器的电机,与机槽通过法兰直联（图 11-140）,结构紧凑；整机根据用户需要可水平布置或倾斜放置,倾角≤30°；螺旋输送机可采用控制柜控制,控制系统具有连续工作和间断工作功能,间隔时间由用户任意设定,系统具有过载保护和音响、灯光报警；单机输送长度可达 20 m。

图 11-137　无轴螺旋输送机

无轴螺旋输送机与传统有轴螺旋输送机相比,采用无中心轴设计,利用具有一定柔性的整体钢制螺旋推送物料,有下列性能特点。

（1）抗缠绕性强。无中心轴干扰,对于输送带状、易缠绕物料有特殊的优越性。

（2）构造简单。

（3）在机槽的内表面镶上耐磨板可减少输送磨琢性物料时对机槽的磨损及功率消耗,耐磨材料可以是金属或塑料,例如聚乙烯或 X5 CrNi 1810。

（4）无轴螺旋由机槽的耐磨衬里内表面支撑,仅与驱动装置相连接。

（5）输送机的卸载装置不仅可在螺旋的径向布置,而且可在轴向布置。

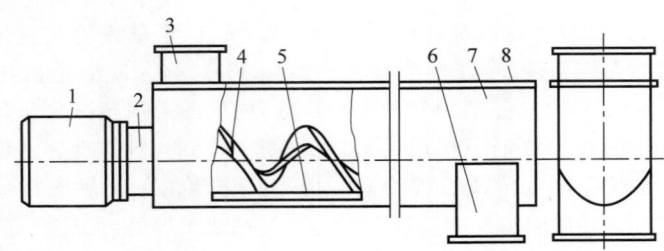

1—电动机；2—减速机；3—进料口；4—无轴螺旋；5—衬里；6—出料口；7—U形槽或管状壳体；8—盖板。

图 11-138　无轴螺旋输送机结构简图

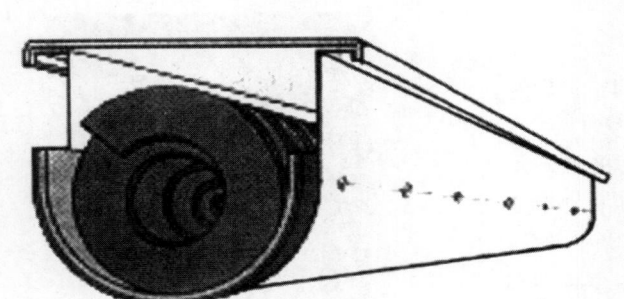

图 11-139　带可更换衬里的U形槽

图 11-140　直联驱动方式

（6）由于无轴，机槽内的物料面积可增加。

（7）料槽无轴承，输送流畅，在槽体与无轴螺旋之间没有物料回流。

（8）维修简便。

（9）环保性能好。采用全封闭输送和易清洗的螺旋表面，可保证环境卫生和所送物料不受污染、不泄漏。

（10）扭矩大、能耗低。由于螺旋无轴，物料不易堵塞，排料口不堵塞，因而可以较低速度运转，平稳传动，降低能耗。扭矩可达 4000 N·m。

（11）输送量大。输送量是相同直径传统有轴螺旋输送机的1.5倍。

（12）输送距离长。单机输送长度可达 60 m。并可根据用户需要，采用多级串联式安装，超长距离输送物料。

（13）能机动工作，一机多用。

（14）结构紧凑，节省空间，外形美观，操作简便，经济耐用。

（15）如进出料口采取密封措施，则可使物料不外泄，空气污染小。

基于上述优点，无轴螺旋输送机因而常被用于以下场合：

（1）可输送传统有轴螺旋输送机和带式输送机不能或不易输送的物料，如：①颗粒状和粉状物料；②潮湿的和糊状物料；③半流体和黏性物料；④易缠绕和易堵塞物料；⑤有特殊卫生要求的物料；⑥袋装垃圾等。

（2）主要用于污水处理厂和处理垃圾、树木、纸及食品的工厂，如：①污水处理厂运送粗细格栅的栅渣及脱水后的污泥；垃圾处理站输送垃圾；工业废物输送；锅炉上煤系统；②粮食、食品、制药等行业有特殊卫生要求的物料输送；③粮库、食品厂等膨松物料、散料的输送。

（3）选矿厂再磨物料及尾矿输送。

（4）石油、化工、造纸、建筑、能源等领域有特殊环保要求的物料输送等。

3. 规格参数

无轴螺旋输送机在国内还没有形成完整的系列,根据其机槽宽度有 260 mm、320 mm、355 mm 和 420 mm 四个规格,用代号 WLS 代表无轴螺旋输送机,则上述部分规格的部分参数见表 11-31,图 11-141 所示为国产无轴螺旋输送机的规格代号定义。图 11-142 和表 11-32 列出了国外无轴螺旋输送机的结构尺寸供读者参考。

表 11-31　国产部分无轴螺旋输送机的部分规格参数

型号	转速 20 r/min 时的参考输送量/(m³/h)			尺寸/mm					推荐输送长度/m	安装角度/(°)
	0°	15°	30°	槽内宽	槽外宽	总高	传动机构总长	下料口宽		
WLS260	2.2	1.4	1.0	260	370	270	350	280	≤20	≤30
WLS320	4.4	3.3	2.2	320	430	340	400	350		
WLS355	8.3	5.8	3.3	355	465	380	450	400		
WLS420	12.8	9.3	5.8	420	530	430	500	400		

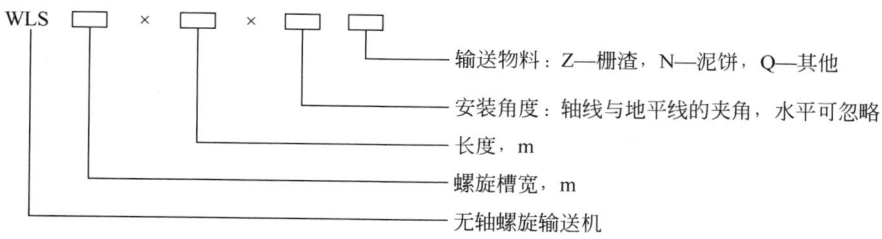

图 11-141　国产无轴螺旋输送机的规格代号定义

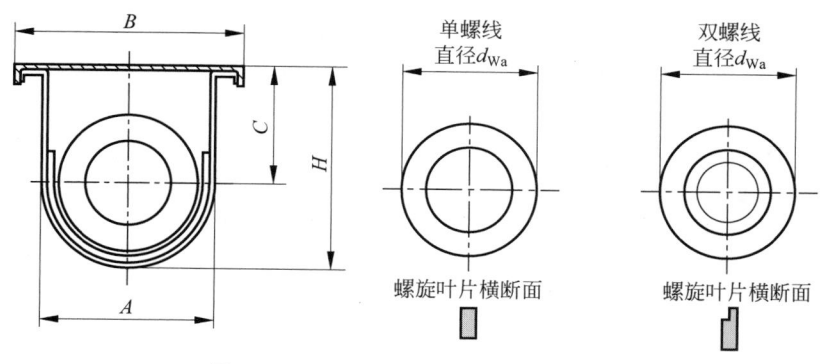

图 11-142　无轴螺旋输送机的结构尺寸

表 11-32　无轴螺旋输送机的结构尺寸

规格	A/mm	B/mm	C/mm	H/mm	D_y/mm	填充率 35%、转速 30 r/min 时的输送量/(m³/h)
WLS114	114	170	85	145	95	0.4
WLS156	156	225	115	190	135	1.2
WLS220	220	300	150	260	190	3.4
WLS260	260	350	175	305	230	6.0

规格	A/mm	B/mm	C/mm	H/mm	D_y/mm	填充率 35%、转速 30 r/min 时的输送量/(m³/h)
WLS320	320	410	205	365	280	11.0
WLS360	360	465	230	410	320	16.0
WLS420	420	526	360	470	370	25.0
WLS460	460	570	285	515	395	30.0
WLS500	500	610	305	555	440	42.0
WLS600	600	725	365	685	530	74.0
WLS700	700	835	425	775	630	124.0
WLS800	800	935	465	865	730	192.0

无轴螺旋输送机水平输送时允许的充填率 φ 为 70%$\leqslant\varphi\leqslant$90%；大倾角和垂直布置时只能在低转速下工作，其输送量受到限制，充填率为 $\varphi\approx0.8\sim0.9$。实验表明，充填率越大，无轴螺旋承受的扭矩和轴向力就越大，成正比、线性增长的关系，且与转速大小无关。

无轴螺旋与机槽之间的摩擦系数取决于它们之间的接触条件，有时会高达 1（铁-铁），通常可取摩擦系数 $\mu_{WT}\approx0.33$，因为 U 形机槽、耐磨衬垫和无轴螺旋之间的接触情况是不明确的。

11.6.6 螺旋输送设备的选用和布置

使用螺旋输送机，不仅需要通过计算确定设备的技术参数，并且要根据输送物料的特性和特殊的技术要求，选择设备的型式和合理的布置方法，才能保证设备的正常运行。

1. 螺旋输送设备的选用

螺旋输送机及其配套设备的选用应注意下列事项：

（1）根据输送物料的特性选用。对粉状、粒状、小块状物料水平或倾斜输送（$\beta\leqslant20°$）时，可选普通螺旋输送机；对大块、高温及流体物料可选用螺旋管输送机；对粉状、细粒状物料垂直提升时，可选用垂直螺旋输送机。

（2）普通螺旋输送机不适宜输送易爆的、易燃的、有毒的或有腐蚀性的物料。必要时需与制造厂协商，采用专门的安全措施。

（3）对输送要求严格的食用物料（如葡萄糖等），螺旋输送机的机壳、螺旋体、轴承座等与物料接触的部件，需采用不锈钢、铜等材料制成，其内部轴承不能加润滑油，因此须选用粉末冶金含油轴瓦，并应有良好的密封措施，以防止对食物的污染。

（4）由于螺旋输送机的机壳是固定安装的，故在环境温差较大地区，或输送物料温度较高、输送距离较长时，必须采取措施，防止机壳因温度变化伸缩而损坏设备。一般情况下可在机壳法兰间加较厚的石棉垫，借以调节机壳的伸缩，或将机壳浮动支承在底座上（图 11-143），使机壳能在底座上自由滑动从而调节其伸缩。

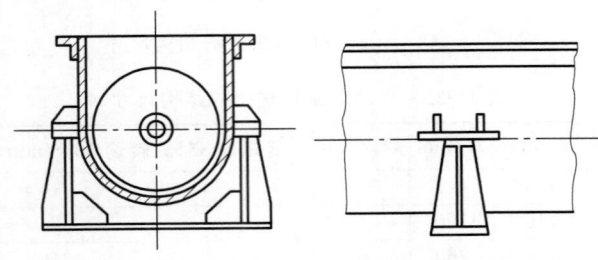

图 11-143　螺旋输送机的机壳浮动支撑座

（5）螺旋管输送机驱动装置不能采用三角带或链条传动来驱动螺旋轴，以避免轴端在径向力作用下产生悬臂载荷，使整个机体脱离托轮。

（6）由于螺旋输送机对超载非常敏感，因此当装设在料斗（或料仓）下部等处，进料量不易控制时，可能会出现超载和物料堵塞现象，甚至会损坏驱动装置，须在螺旋输送机进料口装设刚性叶轮喂料器等均匀供料装置，以保证设备的安全运行。

（7）当螺旋输送机进料时，壳体内有一定的压力，即会使粉尘自进料口密封处溢出，污染环境。在此情况下，进料口尚需采取泄压和除尘措施，或在进料口处装设电动闪动阀等装置，以防粉尘泄漏，保证环境不受污染。

2.螺旋输送设备的布置

螺旋输送设备需根据使用要求及生产场地不同，进行合理的布置。在布置时，须留有通道，以及适当的空间位置，以便于加油、维修安装等。其主要部件的布置及支承形式分述如下。

1）螺旋输送设备进出料口的布置形式

根据输送物料的流向不同，螺旋输送设备的进、出料口有以下几种布置形式。

（1）螺旋输送机进、出料口的布置形式（图 11-144）。

（2）垂直螺旋输送机进、出料口的布置（图 11-145）。

（3）螺旋管输送机端部及中部进、出料口的布置形式（图 11-146）。

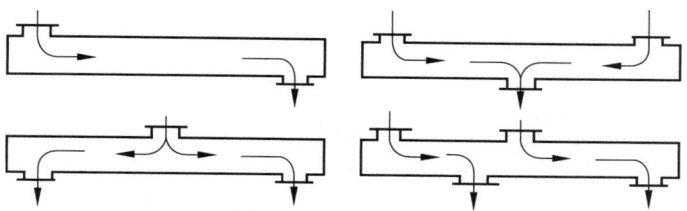

图 11-144　螺旋输送机进、出料口的布置形式

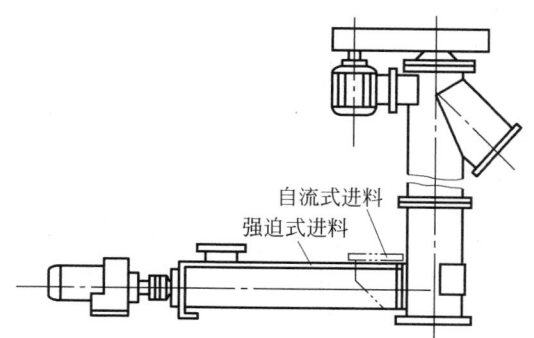

图 11-145　垂直螺旋输送机进、出料口布置

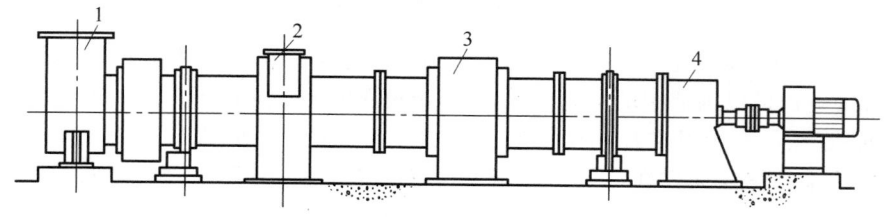

1—端部进料口；2—中部进料口；3—中部出料口；4—端部出料口。

图 11-146　螺旋管输送机进、出料口布置

2）各种不同的驱动装置

（1）采用电动机、减速器组合的驱动装置（图 11-147），其中又分左装和右装两种形式。

（2）采用电动机、轴装减速器用三角带传动的驱动装置（图 11-148）。

（3）采用齿轮减速电动机直接驱动的装配形式（图 11-149）。

（4）垂直螺旋输送机驱动装置的布置形式（图 11-150）。

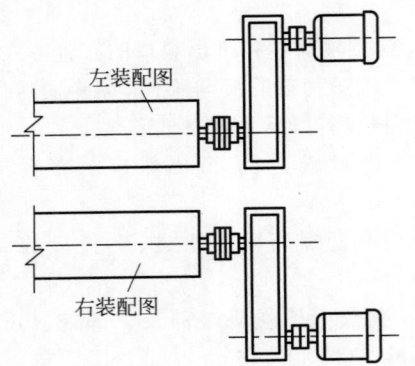

图 11-147　电动机及减速器组合驱动装置

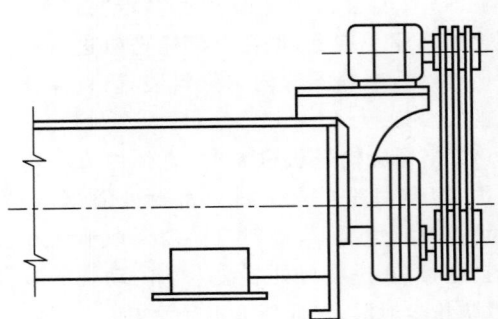

图 11-148　电动机及轴装减速器组合驱动装置

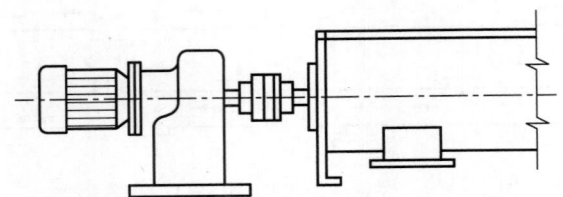

图 11-149　齿轮减速电动机驱动装置

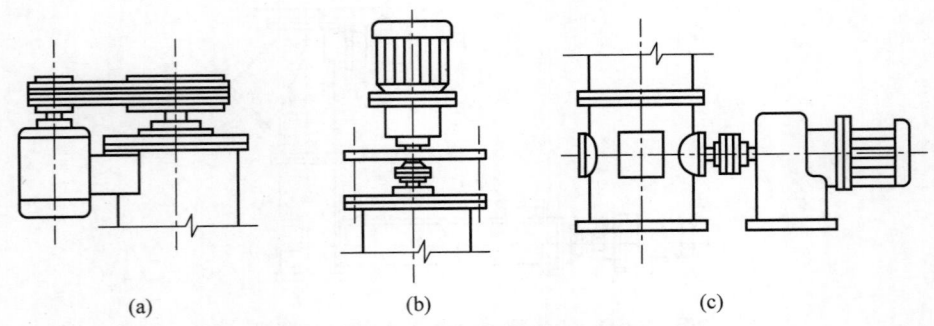

（a）　　　　　　（b）　　　　　　（c）

图 11-150　垂直螺旋输送机驱动装置布置

（a）电动机及三角带传动；（b）立式齿轮减速电动机直接驱动；（c）齿轮减速电动机在下部驱动

3）螺旋输送设备的支承形式

水平螺旋输送机根据使用的场地情况，可在地面上安装、悬吊支承及在地沟中安装等。地面安装是用基础螺栓固定在混凝土基础上或安装在钢架上，因此整个设备比较牢固稳定。当受到某些条件限制，不能装设在地面上时，可装设在悬吊于混凝土梁上的钢架中，或装设在固定于混凝土墙上的钢架上。

在某种特定的情况下，螺旋输送机需装设在地沟内，为了满足安装及检修的要求，设备与地沟壁之间需有一定的空间尺寸。表 11-33 是各部分最小安装尺寸的推荐数值。

表 11-33 最小安装尺寸的推荐数值　　　　　　　mm

螺旋直径	H	a	a₁	b	b₁	c
100	500	1100	1450	800	850	300
125	500	1100	1450	800	850	300
200	650	1200	1700	850	1000	350
250	800	1250	1850	850	1050	400
315	1000	1350	2000	900	1100	450
400	1200	1450	2200	950	1200	500
500	1400	1700	2550	1100	1350	600
630	1700	1950	3000	1250	1600	700
800	2000	2350	3700	1500	2000	850
1000	2400	3850	4500	1800	2400	1050
1250	3000	3400	5550	2100	2950	1300

4）两台螺旋输送机相互衔接的方式

由于螺旋输送机单机输送长度有限，同时不能随意弯曲输送，因此需要数台连接组合成输送线路。图 11-151 是两台螺旋输送机的进、出料口相互衔接的形式。

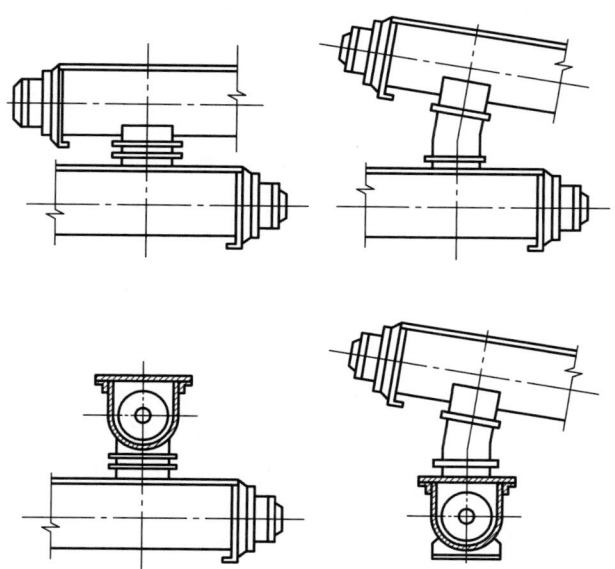

图 11-151　两台螺旋输送机进、出料口的相互衔接形式

11.6.7　螺旋输送设备的操作和维修

1. 螺旋输送设备的试运行

1）设备试运行前的检查

螺旋输送设备试运行包括空载试运行和负载试运行。当设备安装完毕后，须先进行下列方面检查。

（1）检查有无安装工具等物件遗留在机体内，以免在试运行时造成事故而损坏设备。

（2）对各处的连接螺栓及地脚螺栓再进行一次全面拧紧。

（3）对各润滑点按规定加油。减速器齿轮箱内按规定牌号加润滑油至所示油面。

2）空载试运行

各部检查完毕后，即可进行空载运行试验。

（1）先用手拨动驱动装置高速轴，使设备

转动数圈,检查有无相互阻碍、卡碰现象,以及有无异常声音。

(2) 首次启动应操作电气开关点动数次,检查设备旋转方向是否正确。

经观察确认没有上述现象后,方可投入空载运行,螺旋输送设备连续空载运行不少于2 h,空载运行技术要求如下。

(1) 运行平稳,没有不正常的响声或振动,电气设备及联轴器安全可靠。

(2) 各部轴承及减速器没有漏油现象。

(3) 空载运行2 h后各部轴承及电动机温升不得超过20℃。

(4) 螺旋输送机空载运行产生的噪声按规定的方法测定不大于80 dB。

(5) 螺旋管输送机在空载运行过程中,各个托轮不允许有不转动现象,机体滚轮与托轮的接触应均匀,机体在运行过程中不允许有轴向窜动现象,各进、出料口及固定壳体不得有跳动现象。

若在空载试运行过程中发现有不正常现象,应立即停机检查,进行处理。

3) 负载试运行

空载试运行正常停机后,须再全面地将所有连接螺栓和地脚螺栓拧紧一次,即可投入负载试运行。负载试运行技术要求如下。

(1) 负载连续试运行时间不少于4 h。

(2) 在运行过程中,应逐步增加投料至额定输送量为止。

(3) 应保持进、出料情况良好,无明显阻料现象。

(4) 电机不应超载,电气控制要可靠。

(5) 在负载试运行过程中,必须注意观察、监视,每小时记录一次负载试运行状况,测量电动机电流及电压值。

2. 操作和维修的基本要求

螺旋输送设备能否保持良好的运行状态和较长的使用寿命,不仅取决于设备的制造质量和安装质量,还取决于长期的运行管理和维护,因此为了管好、用好设备,应根据下列要求,制定完善的管理制度。

(1) 企业必须有分管设备的领导及组织机构,负责制定和贯彻执行设备管理的各项规章制度、维修计划、备品备件消耗和储备定额,对操作、维修人员进行安全、技术教育和考核,提高操作、维修人员的素质,统一组织调度维修力量。

(2) 必须合理地使用设备,严禁超载和违章运行,严格按计划维修,不断提高设备完好率。

(3) 建立健全岗位责任制,其内容包括:岗位分工制、岗位操作法、交接班制及安全责任制。

(4) 不断采用新技术、新管理方法,延长设备使用寿命,缩短检修时间,降低运行和维修费用,提高劳动效率。

(5) 须有专职人员负责电子技术设备、计量仪表、检测设备的管理,保持各类仪表、计量设备经常处于灵敏、准确、稳定的状态。

(6) 建立完善的设备技术档案,保存设备的技术资料、图纸,收集设备运行、维修、检测等各项技术数据及资料,严格按国家档案制度进行管理。

3. 安全操作规程

螺旋输送设备的安装、维修和使用,必须符合安全规程要求,应采取有效的措施,减少或消除一切事故的发生,设备的操作和管理人员,必须熟悉和严格遵守下列有关规定。

(1) 螺旋输送设备必须由经过培训合格的人员操作,其他人员不得擅自操作。

(2) 对有爆炸性的、易燃的及其他有危害性的物料,如果未采取特殊的安全措施,不能使用螺旋输送设备输送。

(3) 制造厂一般不提供电气控制设备,使用单位应按电气规范要求,配置螺旋输送设备的电气控制设备,并应有下列电气保护措施:

① 在设备超载一定延时不能恢复或有一相断开的情况下,能自动切断电源。

② 当设备发生故障时,应能在现场立即切断电源,因此需要在设备附近装有紧急切断电源的开关。

③ 为了使操作人员了解设备运行情况,应在设备附近装有信号装置,当设备启动时,发

出音响信号,设备运行时有灯光显示信号。

④ 为了保证螺旋输送设备启动后才能供料,停机前即停止供料的要求,应设置电气联锁装置。

⑤ 当螺旋输送设备停机检查或检修时,必须采取防止设备意外启动的安全控制措施。

⑥ 设备装置在潮湿地区较长时间不使用时,电气设备须经检查后,才能再次启动。

(4) 不允许任何人在螺旋输送机盖板上踩踏或行走,当螺旋输送机安装在横跨人行通道上时,应在螺旋输送机上部搭桥通行。

(5) 设备在运行时,不允许将手脚伸入机体内,也不允许用棍棒伸入机体内搅动物料。

(6) 螺旋输送设备外露的转动部件,如联轴器、带轮、螺旋管输送机托轮等,都需有防护罩。螺旋管输送机转动的机体两侧,应设有围栏,以保护工作人员安全通行。

(7) 螺旋输送设备所有部件应连接严密,盖板、检视门应加垫片用螺栓拧紧,防止物料泄漏、粉尘溢出,污染工作环境。

4. 事故预防及处理

为了保证设备正常运行,减少不应有的损失,必须采取积极措施,坚持以防为主,提高管理水平,加强对运行中的设备监视和检查,以减少或消除事故隐患。

1) 设备事故的预防措施

(1) 应注意监视超过允许的温度、大块及含水量大的物料进入机体内,以防止损坏设备。

(2) 使用螺旋输送机输送物料时,必须采取措施,防止进料过多,导致超载运行而损坏驱动装置。

(3) 螺旋输送设备停机前,应尽可能卸净机体内的物料,启动后才投入物料,以保证设备在空载状况下启动。运行中途停电,机体内物料未能排净,再次启动若有困难,需将机体内物料取出,才能启动运行。

(4) 垂直螺旋输送机停机时,机壳内物料无法排净,若存积在机壳内物料停留时间过长受潮黏结时,则必须将下部检视门打开,用手搬动驱动装置带轮,使螺旋体反转,可使机壳内积料流下,自下部检视门逐步取出,然后才

能启动。

(5) 螺旋管输送机输送高温物料时,停机前不仅需要将机体内物料排净,而且在物料排净后尚须空载运行15 min左右,使机体温度下降至100℃以下,才能停机,以防止在高温下停机,机体产生永久变形,不能继续使用。

(6) 使用螺旋输送设备输送的物料直接排入下部料仓的情况下,必须有监视料仓料位的设施,防止料仓内料满,不能向料仓内排料,使物料堵塞在设备机体内,形成超载运行,而损坏设备。

(7) 螺旋管输送机滚轮及托轮间,必须经常保持有黏度较大(HJ-40或HJ-50)的润滑油,才能避免滚轮及托轮相互滚动时不正常的磨损。

(8) 若螺旋管输送机的机体内有黏结的物料,影响输送,绝不能用铁锤在机体外部敲打,导致机体损坏,可采用投入石块运行一段时间的办法,使机体内黏结的物料自行清除。

(9) 螺旋管输送机在运行时,应经常检查机体是否弯曲变形,若有弯曲变形现象,应立即在机体连接法兰间加垫校直。

2) 设备事故的处理

为了及时掌握和分析设备事故发生的原因,根据企业情况不同,需制定设备事故管理办法。

(1) 设备事故按停机时间长短、损失大小及性质严重程度,分为重大设备事故和普通设备事故两种,由于发生严重设备缺陷被迫立即停机,也按事故处理,但事先已掌握设备的缺陷和不正常的现象,及时采取措施修理,虽造成停机可不作为设备事故,应按非计划检修处理。

(2) 发生设备事故时,操作人员应立即采取紧急措施,以制止事态的扩大,并应立即向主管人员报告,迅速组织力量处理。

(3) 每次事故发生后,须做好详细记录,必要时应绘制简图或附上照片,以作为设备检修和改进的依据。

(4) 凡重大事故发生后,厂主管领导必须组织人员认真分析事故的原因,查明责任,并

予以及时处理,接受教训,定出预防措施。

(5)重大事故发生后,要按规定填写"重大设备事故报告表",其内容包括设备事故发生的时间、停机的时间、事故造成的各项损失、发生事故的主要原因、事故的责任者、事故发生的经过及采取处理事故的措施、修复后缺陷情况、事故的教训及今后应采取的措施等。

5. 螺旋输送设备的维修

合理、及时对设备进行维护与修理,可使设备在良好的状态下可靠运行,防止早期损坏,提高使用寿命。

1)设备维护

螺旋输送设备必须定人操作和维护,设备维护分日常维护和定期维护两种。

日常维护:

(1)保持螺旋输送设备工作环境的清洁,定时擦拭设备。

(2)每班须对各润滑点加油,螺旋管输送机滚轮与托轮间应加油,保证良好的润滑状况。

(3)经常检查各连接部件有无松动,设备运行时,若有不正常的响声和振动,须及时停机处理。

(4)保持电路及电气设备工作可靠。

定期维护:

螺旋输送设备每连续运行 3 个月后,由操作及维修人员进行一次较全面的检查、维护。

(1)检查轴承的轴瓦、连接轴磨损情况,若轴瓦磨损量超过 2 mm,连接轴磨损量超过 1 mm,应予以更换。

(2)所有滚动轴承内润滑油不足,应予补充,工作失效,应予更换。

(3)更换减速器内润滑油。

(4)滚动轴承处橡胶密封磨损漏油时应予调节或更换。

(5)采用三角带传动时,若三角带有损伤应全部更换。

(6)全面检查各易损零部件及电器,若有损坏或工作失效,须予以更换或修复。

(7)紧固各部位零件。

2)计划检修

采用计划检修,有利于合理地安排人力、物力,及早做好检修前的准备工作,并能缩短修理时间,减少停机损失和维修费用。设备检修前,应对设备的技术状况进行调查,并需查阅修理前期设备发生的故障、检查记录和操作人员反馈的信息资料及停机后全面清理、检查的情况,拟订具体检修项目和计划。一般情况下,螺旋输送设备计划检修应包括下列内容。

(1)打开轴承箱体两端轴承盖检查是否有污物进入,若有污物浸入,轴承易磨损,须拆卸清洗后重新注油。

(2)电机两端轴承需拆洗重新注油。

(3)螺旋叶片、机壳等,经检查磨损不能使用时,需更换或修复。螺旋体叶片末端较易磨损,可用耐磨焊条堆焊,以延长螺旋体使用寿命。

(4)更换已损坏不能使用的易损件。

(5)机壳有油漆脱落锈蚀部位,须除锈后重新涂防锈漆和表面漆。

(6)整机进行一次全面的检测,按安装技术要求进行调整。

(7)严格执行检修质量验收制度,检修完工后,须由专人按技术要求检查验收,确认合格后,才能投入运行。

(8)检修合格后,须及时提交竣工报告及总结,附检修测试数据,存入技术档案。

11.7　振动输送机

11.7.1　概述

1. 振动输送机及其分类

振动输送技术是将松散物料通过振动机体从一个位置转移到另一位置的技术,它的工作原理是通过激振器强迫承载体输送槽或输送塔按一定方向运动,从而使物料向前移动,实现输送的目的。振动输送机的优点是结构简单、重量较轻、造价不高、能量消耗较少、设备运行费用低、润滑点与易损件少、维修保养方便,便于对含尘的、有毒的、带挥发性气体的物料进行密闭输送,有利于环境保护。由于承载体是金属制件及润滑点远离物料,因此,输送高温物料温度可达 200℃。当采用耐热钢做承载体或采取冷却措施时,输送物料的温度可达700℃;如对承载体结构稍加改进,在输送过程中还可实现物料的筛选、干燥、加温、冷却的工艺要求。所适应的物料范围很广,对于块状、粒状或粉状物料,输送效果都很好。目前在采矿、冶金、机械制造、煤炭、化工、建材以及粮食、轻工等部门得到了广泛的应用。振动输送机的工作面通常完成以下振动:简谐直线振动、非简谐直线振动、圆周振动和椭圆振动等。依赖上述振动,物料沿工作面移动。不同的振动机械采用不同的运动学参数时,物料在工作面上会出现不同形式的运动:

（1）相对静止。物料随工作面一起运动而无相对运动。

（2）正向滑动。物料与工作面保持接触,同时,物料沿输送方向与工作面作相对运动。

（3）反向滑动。物料与工作面保持接触,同时,物料逆着输送方向与工作面作相对运动。

（4）抛掷运动。物料在工作面上被抛起,离开工作面,沿工作面向前作抛物线运动。

目前,振动输送机主要有惯性振动输送机、偏心连杆式振动输送机和电磁式振动输送机等。

（1）惯性振动输送机,由惯性激振器驱动,惯性激振器通常由偏心块、主轴、轴承和轴承座等组成,工作机体的振动是由偏心块回转时产生的周期变化的离心力引起的。目前普遍使用的惯性激振器主要有单轴惯性激振器和双轴惯性激振器。单轴惯性激振器是利用一个带偏心块的轴使输送框架振动,其运动轨迹一般为圆形或椭圆形,这种输送机基础所受的动载荷很大。双轴惯性激振器是靠两根带偏心块的主轴作同步反向旋转,物料的运动状态是抛掷运动或直线运动,但是这种输送机对地面仍会产生较大载荷。欧洲一些国家,开始把单轴振动系统发展为双轴振动系统,并且发展为不同结构形式的双轴或多轴振动输送机。这种输送机在下质体和基础之间用软弹簧隔振,降低了传给基础的动载荷。由于马达式激振器大规模发展以及自同步理论的出现,惯性

振动输送机得到了大规模的发展与应用,并且向大长度、大输送量方向发展。惯性式振动机一般具有如下几个特点:

① 该类振动机的弹簧刚度为常数或接近于常数。

② 机器在远离共振状态下工作,工作频率 ω 与固有频率 ω_0 之比 Z_0 通常在 2～10。

③ 该类振动机的阻尼很小。

④ 由于固有频率小于工作频率,所以弹簧的刚度很小,因而,传给地基的动载荷小,振动机具有良好的隔振性能。

⑤ 该类振动机的结构比较简单。

（2）偏心连杆式振动输送机,这是目前各类振动输送机中使用最多的一种,它是由弹性连杆式激振器驱动的,弹性连杆式激振器由偏心轴、连杆及连杆端部的弹簧组成。工作机体借弹性连杆激起振动。这种输送机的结构形式大部分为双质体平衡式,两个振动质体之间用摆杆连接,上、下两个质体均可作为承载件,可以同时用来输送物料,因此输送效率较高,物料的运动状态为抛掷运动。近年来对这种平衡式共振型输送机,在底架与基础之间进行隔振,使基础所受的动载荷较小,所以应用比较广泛。但是这种输送机容易产生横向弹性弯曲振动,限制了其可能达到的最大长度,一般不能超过 30 m。

（3）电磁式振动输送机是随着电磁振动给料机的发展而发展起来的,它是由电磁激振器驱动的。电磁激振器由铁芯、线圈及衔铁组成。交变电流或脉动电流通过线圈,使电磁铁产生周期变化的电磁吸力,从而使工作机体产生振动。可控硅的大量推广使用,使电磁激振器的频率大幅减低,这样输送机的重量大为减轻,设备费用也大为降低,输送速度得到了显著提高。因此,电磁式振动输送机得到了相应的发展。

振动输送机通常由激振器、工作机体及弹性元件三部分组成。

（1）激振器是振动输送机的振源,用以产生周期变化的激振力,使工作机体产生持续的振动,它产生的激振力的大小直接影响着承载

体的振幅,其交变频率即为振动输送机的工作频率。常用的激振器有惯性式激振器、弹性连杆式激振器、电磁激振器、液压式或气动式激振器,以及凸台式激振器等。目前多采用箱式激振器,采用相对位置可调的扇形偏心块,可实现激振力大小的调整,从而达到振幅可调的目的,但需要增加强度较大的横梁。目前国内外的发展趋势是采用激振电机,但由于激振电机与料槽一起振动,所以要求电机具有较高的耐振性能。

(2)工作机体。如输送槽等,在振动过程中,将能量传给物料,又是参振质体,其质量是振动系统中的重要参数,工作机体必须具有足够的刚度和强度。

(3)弹性元件包括隔振弹簧(支撑振动机体,使机体实现所要求的振动,并减小传给基础或结构架的动载荷)、主振弹簧(即共振弹簧或称蓄能弹簧)、连杆弹簧(传递激振力等)。

生产的需要,推动了振动输送机的迅速发展,同时也推动了对振动输送理论、振动输送机本身的振动理论和多驱动自同步理论的研究,从而提出了很多新的工作原理,创造出了各种不同的振动输送机的结构类型,提高了振动输送机工作的稳定性,发展了各种大长度、大生产率和高效率的振动输送机,同时工作寿命也得到了保证。但仍有一些问题需要进一步解决:扩大振动输送机的使用范围,解决密度大、粒度目数小的粉料的输送和黏结性物料的输送问题;改进电磁振动输送机和惯性振动输送机的控制系统,实现电磁输送机的无级变频、降频及惯性输送机的无级变频;减少设备的噪声;减轻各种结构类型振动输送机对基础的动载荷以及提高各种零件的使用耐久性等。

11.7.2 水平振动输送机

1. 水平振动输送机的用途与特点

槽体水平安装或微斜安装(倾角小于10°)的振动输送机称为水平振动输送机。这类振动输送机在我国工业部门中得到了广泛的应用。振动输送机主要用于块状、粒状或粉状物料的输送。例如,化学药品、食品、水泥、玻璃原料、矿石、精矿与尾矿、煤炭、铸造型砂、机器零件、烟草等物料及物件的输送。在干磨选矿厂、钢铁厂、铸造厂、炭素厂、化工厂、制药厂、水泥厂、食品厂、机械厂中常常应用这种设备。

振动输送机与其他输送机相比,具有以下特点。

(1)密封性好,可经济而有效地达到防尘目的。这是其他类型输送机不能比拟的。例如,带式输送机虽然可以借防尘罩来密封,但消耗钢材多,外形尺寸大,重量和成本增加,机器零部件仍处在多尘的环境中,维修不便,寿命也受到影响;埋刮板输送机和螺旋输送机虽能较好密封,但某些零部件磨损大,寿命短。而振动输送机的管体可做成圆形或方形,而且物料在管体中作跳跃式前进,磨损较轻,防尘又很严密。

(2)可输送高温或有害、有毒的物料。带式输送机输送高温物料是不允许的,因为胶带不能承受较高的温度。而板式输送机和螺旋输送机,在高温下工作也是不允许的,因为润滑油在高温下就会变稀而流到轴承外部,使回转件不能得到很好的润滑。而振动输送机采用风冷时,可输送500℃左右的物料,采用水夹套时,可输送1000℃左右的物料。

(3)在输送的同时,可以方便地完成冷却、干燥、脱水、筛分、混合、保温、隔热、湿化等各种工艺。在需要防尘的场合及输送高温、有毒、有害的物料时,常常应用振动输送机。振动输送机还具有下列优点:结构简单、制造容易、安装调整方便、维修工作量小、能量消耗少(仅高于带式输送机)、操作安全等。但是,振动输送机不适宜输送湿黏物料,不宜用于10°以上的向上倾斜输送,当不正确设计时,会有较大的噪声,产生较大的动载荷等。

2. 振动输送机的组成及分类

图11-152所示为振动输送机的主要组成部分,主要由进料装置、排料装置、输送管体、驱动部分、主振弹簧、平衡底架与隔振弹簧等组成。

驱动部分是振动输送机的动力来源及产生激振力的部件,使管体及平衡架产生振动。

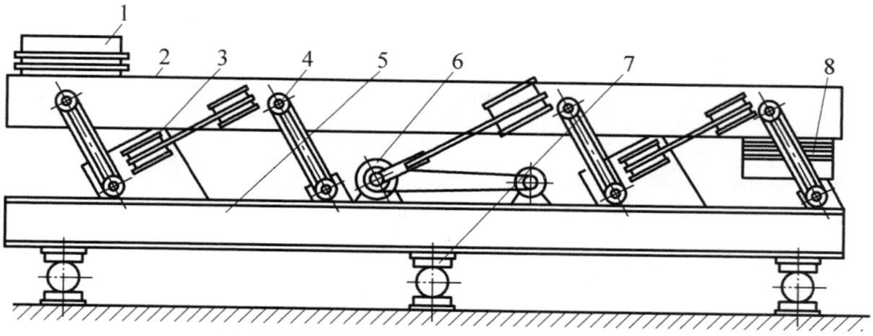

1—进料装置；2—管体；3—主振弹簧；4—导向杆；5—平衡底架；6—驱动部分；7—隔振弹簧；8—排料装置。

图 11-152　振动输送机的主要组成部分

管体和平衡底架是振动输送机系统中的两个振动质量，管体作输送物料之用，而平衡底架主要用来平衡管体的惯性力，以减小传给基础的动载荷。

主振弹簧与隔振弹簧是振动输送机系统中的弹性元件。主振弹簧的作用是使振动输送机有适宜的近共振的工作点（即频率比），使系统振动的动能和位能互相转化；隔振弹簧的作用是减小传给基础的动载荷。导向杆的作用是使管体与平衡架沿垂直于导向杆中心线作相对振动。

进料装置与排料装置是用来控制振动输送机的进料与出料的，一般通过软连接与固定设备衔接在一起。

随着工业技术的发展，振动输送机的品种和规格正在不断增多。根据各种振动输送机的特点可作如下分类。

1）按驱动装置形式分类

水平振动输送机按照驱动装置的形式可分成如下三种。

（1）弹性连杆式振动输送机，由弹性连杆式激振器驱动。

（2）电磁式振动输送机，由电磁激振器驱动。

（3）惯性式振动输送机，由惯性激振器驱动。

2）按动力学状态和动力学因素分类

按动力学状态可分为非共振类振动输送机（一般在远超共振状态下工作）和近共振类振动输送机。

按振动质体的数目可分为单质体、双质体和多质体振动输送机。

按系统的线性和非线性特性可分为线性振动输送机与非线性振动输送机。

按两个质体的平衡性可分为平衡式振动输送机与不平衡式振动输送机。

3）按物料运动状态分类

（1）物料作滑行运动的振动输送机。

（2）物料作抛掷运动的振动输送机。

除此以外，还可以按其他一些特性对振动输送机进行分类。

3. 弹性连杆式振动输送机的构造及特点

弹性连杆式振动输送机按其结构特点可分为下列四种：单质体振动输送机、不平衡式双质体振动输送机、无隔振的平衡式双质体振动输送机、弹簧隔振平衡式振动输送机。

下面分别叙述这几种振动输送机的构造。

1）单质体振动输送机的构造及特点

图 11-153 所示为单质体振动输送机的构造图。该输送机是由槽体、弹性连杆传动部、主振弹簧、导向杆、固定架等几个部分组成的。

输送槽体由与槽体成 60°角的导向杆（也可以根据用途成 45°或 30°）及与导向杆成直角安装的螺旋弹簧支承，导向杆控制槽体的振动方向。螺旋弹簧起调节近共振的工作点的作用，即调节工作频率 ω 与系统固有频率 ω_0 的比值大小。该振动输送机通常在近共振状态下工作，主振弹簧变形时，储存能量，而当变形减小时放出能量。但是，在振动输送机工作过程中，要损失一部分能量，这就要由激振器或传动部分来补给。装于固定底架上的电动机

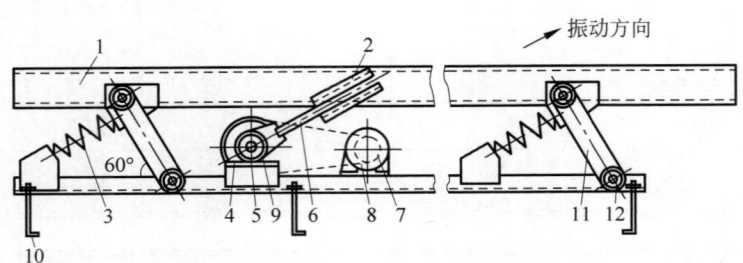

1—槽体；2—连杆弹簧；3—主振弹簧；4—调节螺栓；5—偏心轴；6—连杆；7—电动机；8—输送带轮；
9—连杆套；10—基础螺栓；11—导向杆；12—固定架。

图 11-153 单质体振动输送机构造图

经三角输送带减速，将运动传到偏心轴上，轴的旋转运动变换为连杆的往复运动，再通过连杆与槽体间的橡胶弹簧，即连杆弹簧，将激振力传给槽体，连杆弹簧的作用是减少启动转矩和避免传动部分受冲击载荷，并使系统实现弹性振动。该种振动输送机的构造简单，便于制造安装。但是，因固定架用地脚螺栓直接固定于混凝土基础上，因此传到基础上的力很大，必须要有坚固的基础。基于上述原因，这种输送机不得有过分沉重的槽体和过大的振动加速度。为了减小传给地基的动载荷，可以采用两台振动输送机前后配置，用两对偏心相差180°的主轴带动连杆作往复运动，使它们传给地基的动载荷互相抵消，但惯性力矩不能抵消。对于这种振动输送机，只要有能抵抗惯性力矩的几根立柱就可以将振动输送机装于5～6 m 的高处。

2）不平衡式双质体振动输送机的构造及特点

图 11-154 所示为不平衡式双质体振动输送机的构造。由图可见，该机两侧共有 9 对导向杆，间距 2 m 左右。导向杆两端分别与管体和底架上的橡胶铰链连接在一起。并采用 6～8 对剪切橡胶弹簧，剪切弹簧拉杆一端用橡胶铰链固定于底架上，另一端夹紧在管体上的两个剪切弹簧的中间。在底架与管体之间还装有偏心连杆传动装置，从而使剪切弹簧、连杆弹簧、管体与底架构成主振动系统。

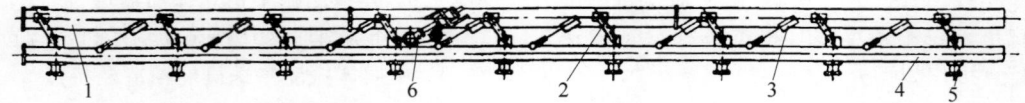

1—管体；2—导向杆；3—剪切橡胶弹簧；4—底架；5—隔振弹簧；6—偏心连杆传动装置。

图 11-154 不平衡式双质体振动输送机构造图

在底架两侧下方还装有 9 对隔振弹簧，它与所支承的整个机器组成了隔振系统。

该机的基本构造如下。

（1）输送管体。它是由上、下半槽焊接而成的矩形管体，管体由 6 mm 厚的 A3 钢板制成。为了提高管体的强度，上、下半槽的焊缝应错开焊接。

（2）底架部分。底架是由 28 号槽钢焊成的钢架，可根据安装与搬运的需要分成几段，每段之间用连接板与螺栓连接。为避免过大的弹性弯曲振动，整台机器的弯曲固有频率必须与工作频率错开。底架槽钢的凹槽中装有铸铁配重块，用螺栓紧固在槽钢上，底架上还焊有电动机底座板。

（3）导向杆。导向杆的作用是使管体沿导向杆垂直方向振动，并支承管体重量。导向杆通过橡胶铰链与管体及底架连接。

（4）剪切橡胶弹簧。每组剪切弹簧在管体上焊有一个弹簧座，每个弹簧座有两个剪切弹簧，它们的两侧用螺栓连接在弹簧座上，其内侧连接在拉杆上,拉杆的另一端通过橡胶铰链固定于底架上。

（5）传动部分。它包括装于底架上的电动机和偏心轴,以及三角输送带轮与连杆等几个部分,连杆头部还有连杆弹簧,通过它与管体相连。

（6）隔振弹簧。圆柱形压缩隔振弹簧安放于底架下方的上弹簧座内,而下方浮放于下弹簧座内。

3）无隔振的平衡式双质体振动输送机的构造及特点

图 11-155 所示是无隔振的平衡式双质体（单管）振动输送机的外形。该机由上输送管、下平衡架、弹性连杆、激振器、主振螺旋弹簧、固定底架组成。在固定底架上的电动机,通过三角输送带、偏心轴、弹性连杆将激振力传给上管体,同时,下质体受到反方向的作用力。上、下质体用橡胶铰链支于固定底架上,其振动方向是与导向杆中心线相垂直的,它们之间还装有主振螺旋弹簧,该弹簧具有一定刚度,使振动系统在近共振状态下工作。

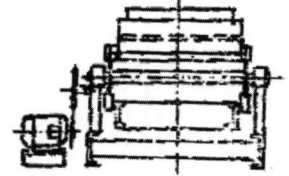

图 11-155 无隔振的平衡式双质体振动输送机

物料从左端加入上输送管。由于振动,物料连续向右移动,并从右端排出。上、下质体通常作反向振动,所以管体与料斗之间须采用软连接密封。该种振动输送机上、下质体必须进行较精确的平衡。当平衡不精确时,会将不平衡的惯性力传给地基。这种输送机的优点是平衡性较好、噪声小、密封性好、功率消耗较少等。

4）弹簧隔振平衡式振动输送机的构造及特点

图 11-156 所示为弹簧隔振平衡式振动输送机的构造。

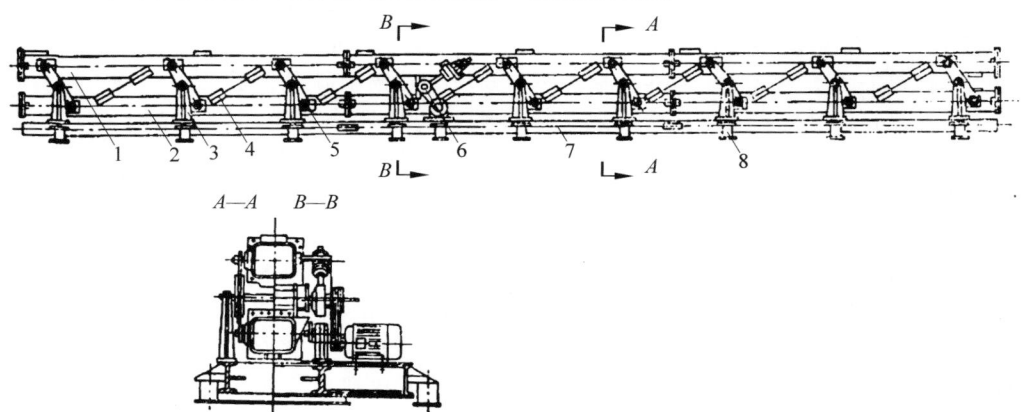

1—上管体；2—下管体；3—支架；4—剪切橡胶弹簧；5—导向杆；6—传动部；7—底架；8—隔振弹簧。

图 11-156 弹簧隔振平衡式振动输送机构造图

由图 11-156 可见,上、下管体是由装有橡胶铰链的导向杆联系在一起的。而导向杆是通过中点的橡胶铰链及支架固定于底架上的,导向杆与支架共 9 对,间距 2 m 左右。上、下管体还用剪切弹簧联系在一起。此外,在上、下管体间还装有弹性连杆传动装置,从而使剪切橡胶弹簧、连杆弹簧与上、下管体组成了在近共振状态下的主振动系统。

在底架下方还安装有 9 对隔振弹簧,隔振弹簧的总刚度是按下列原则设计的,即它在垂直方向上的低频固有频率在每分钟 200～280 次范围内选取,从而使隔振弹簧与它所支承的整个重量组成了在远离共振状态下工作的隔振系统。

　　该振动输送机的优点是:输送量大、隔振良好、噪声很小、安装极为方便、维护检修工作量少、功率消耗比较经济等。这种振动输送机的构造较复杂,机器高度也较大。因此,它适用于产量大、要求隔振性能良好的场合。

4. 惯性式与电磁式振动输送机的构造及特点

1) 惯性式振动输送机的构造与特点

惯性式振动输送机可分为两类,一类是在非共振状态下工作的自同步式振动输送机,另一类是在近共振状态下工作的惯性共振式振动输送机。

　　(1) 自同步式振动输送机

　　自同步式振动输送机是借两台激振电机使槽体沿某一倾斜方向振动的输送机。图 11-157 所示为自同步式振动输送机的外形。该输送机由三个部分组成:输送槽体、激振电机和隔振装置。

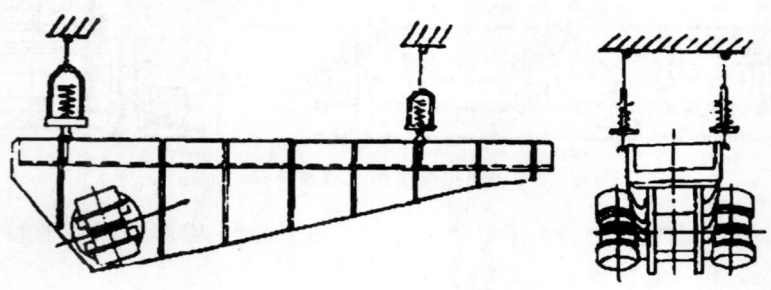

图 11-157　自同步式振动输送机

　　输送槽体是由钢板焊接成的槽形结构。槽体下方有两块承受激振力的推力板,在槽体的横向上有加强筋板。激振电机固定于槽体下方推力板的两侧,两激振电机作同步反向回转,激振力垂直于两激振电机轴心线所成的平面,槽体上方装有两对带有隔振弹簧的隔振装置。当槽体沿倾斜方向振动时,物料便从给料端向排料端输送。该种振动输送机有以下特点:

　　① 由于机器在远超共振状态下工作,因此,工作时不会使槽体发生振幅明显增大或减小的现象,振幅较稳定;

　　② 改变激振电动机固定偏心块与可调偏心块的重叠角度,便可调整激振力,进而可调节输送量,但若需要在运转过程中调整输送量,则需采用电磁振动给料机加料;

　　③ 这种输送机可制成弹簧悬挂式,也可以制成弹簧支承式;

　　④ 一般适用于 5 m 以内的短距离输送。

　　该种振动输送机的优点是构造简单、制造方便、维护检修容易;而其缺点是要向两台激振电机同时供电,电能消耗较大。

　　(2) 惯性共振式振动输送机

　　图 11-158 所示为惯性共振式振动输送机。该机主要由输送槽体、单轴惯性激振器、隔振弹簧组成,输送槽体、平衡重与剪切橡胶弹簧及惯性式激振器组成了主振动系统。电动机通过三角输送带使激振器主轴回转,主轴上的偏心块回转运动产生的惯性力,使主振动系统产生近共振的振动。输送槽体与平衡重沿倾斜方向相对振动,使槽体中的物料向前运动。

　　输送槽体、平衡重与隔振弹簧组成隔振系统,此系统在远离共振的状态下工作。由于隔振系统的固有频率较小,隔振弹簧刚度不大,这种双质体惯性近共振式输送机有较好的隔振性能。

　　单轴惯性共振式振动输送机也可以做成单质体式,但这种振动输送机会把槽体的惯性力传给地基。

　　惯性共振式振动输送机的优点是所需激振力较小,通常为非共振类振动机所需激振力的 1/8～1/3,因而传动机构受力小,而且耐用。该种输送机的电能消耗也较少,停车后物料滞

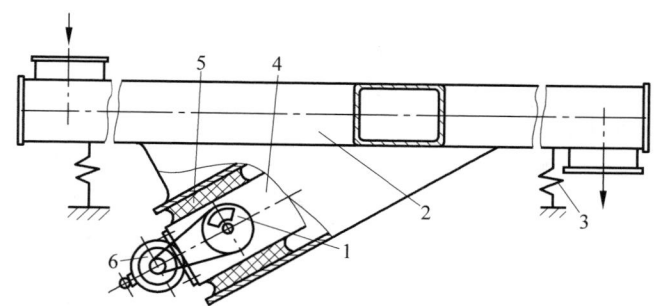

1—单轴惯性激振器；2—输送槽体；3—隔振弹簧；4—平衡盘；5—剪切橡胶弹簧；6—电动机。

图 11-158 惯性共振式振动输送机

后的时间也较短。缺点是机器重量较大，结构较复杂，振幅稳定性较差。

这种输送机的振幅是通过三相调压器、可控硅调压等方式进行调节的。

由于采用橡胶弹簧作为主振弹簧，温度变化对刚度有明显影响，因此，该种输送机宜应用于温差较小的场合。

2) 电磁式振动输送机

电磁式振动输送机根据激振器的多少可分为单激振器驱动与多激振器驱动两种；而按激振器中的弹簧类型又可分为板弹簧、螺旋弹簧和橡胶弹簧振动输送机。

电磁式振动输送机由输送管、电磁激振器与支承隔振弹簧组成，输送管由普通圆钢管制成，这有利于密封和防尘。单激振器驱动的振动输送机的长度一般不大于 6 m。

几种典型振动输送机的技术特征列于表 11-34 中。

表 11-34 几种典型振动输送机的技术特征

技术特征	双管振动输送机	非线性不平衡式振动输送机	自同步式振动输送机	惯性共振式振动输送机
管体尺寸(宽×高或直径)/(mm×mm)	400×350	300×250	$\phi 300$	$\phi 400$
双振幅/mm	14	10	7	8
振动次数/(次/min)	600	840	940	800
振动方向角/(°)	30	30	30	30
电动机功率/kW	13	5.4	2×11	2.2
产量/(t/h)	100	30	30	30
机器长度/m	18	27	5	6
机器质量/t	11	8	1.8	2

11.7.3 垂直振动输送机

1. 垂直振动输送机的分类与使用范围

1) 分类

垂直振动输送机按用途可分为两类，即螺旋式振动提升机和漏斗型振动喂料机。

(1) 螺旋式振动提升机按所采用的激振器可分为惯性式螺旋振动提升机、弹性连杆式螺旋振动提升机、电磁式螺旋振动提升机等。

(2) 漏斗型振动喂料机按所采用的激振器型式也可分为惯性式漏斗型振动喂料机(或简称惯性式振动喂料机)、偏心连杆式漏斗型振动喂料机(或简称偏心连杆式振动喂料机)、电磁式漏斗型振动喂料机(或简称电磁式振动喂料机)等。在工业上使用得最多的是电磁式振动喂料机。

垂直振动输送机,不论是螺旋式振动提升机还是漏斗型振动喂料机,不论是采用哪种激振型式——惯性式、偏心连杆式或电磁式,都可以按参振质量分为单质体和双质体。此外,还可以按动力学特性分为共振型和远超共振型。

2)使用范围

(1)螺旋式振动提升机

螺旋式振动提升机主要用来向工业建筑物上层输送松散的颗粒状、块状或粉状物料,也可用来输送高温物料,在输送过程中同时完成烘干或冷却等工艺过程。常用于建筑工地输送砂、石,铸造车间输送造型砂、废砂,也用于化工厂输送热的橡胶材料并同时进行冷却等。它的最大输送高度可达 10 m 或略高些,当工艺要求更高些时可考虑采用多台连续输送。它的最大生产率一般不超过 30 t/h。

采用螺旋式振动提升机与采用倾斜输送机、斗式提升机相比,它的优点是:占地面积小,结构简单,设备购置和使用维护的费用都不大。缺点是:提升高度和输送量都不能太大。

(2)漏斗型振动喂料机

漏斗型振动喂料机主要用于机器制造业的机器零件及成件物品的输送,用于加工、装配、检查等工序中,在输送过程中可以完成零件的排队、检查、记数等工作。

在机器制造业中采用漏斗型振动喂料机,可以提高机床的工作效率,有利于实现机器制造行业中生产流程的自动化。

2. 垂直振动输送机的构造与工作原理

1)单轴惯性式垂直振动提升机

单轴惯性式垂直振动提升机,利用能同时产生垂直方向的激振力与绕垂直轴的激振力矩的单轴惯性激振器来激振,其构造如图 11-159 所示。激振器通常安装在上料螺旋槽体的下部,整台提升机通常支承或悬挂于隔振弹簧上,支承或悬挂机体的弹簧刚度较低,故传给基础或悬挂点的动载荷亦不大。

单轴惯性式激振器产生的在垂直方向的激振力与绕垂直轴的激振力矩,使螺旋槽体同时产生垂直方向的振动和绕垂直轴线的扭转振动。振动频率由激振器电机的转速确定。

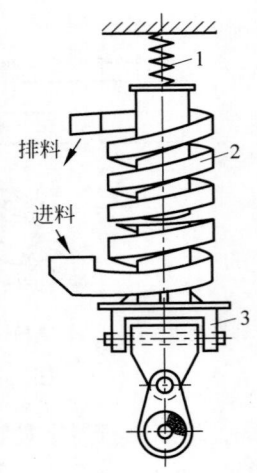

1—隔振弹簧;2—螺旋槽;3—单轴惯性激振器。

图 11-159 单轴惯性式垂直振动提升机

电动机的同步转速通常为每分钟 1500 次、1000 次或 750 次。振幅通常为 1~5 mm,最大不超过 10 mm。

2)平行轴式单质体垂直振动提升机

平行轴式单质体垂直振动提升机的构造如图 11-160 所示。平行轴式(双轴式)惯性激振器安装在提升机螺旋槽的下部。激振器与螺旋槽之间用螺栓紧固连接,并支承于上部和下部的隔振弹簧上。同步器中间有两对直径相同的齿轮,下面一对齿轮的轴通过中间轴与双轴激振器的两根轴相连接。上面一对齿轮为中间传递齿轮,其作用一是为避免下面一对齿轮在直接啮合时,因直径太大出现较高的线速度;二是保证双轴惯性激振器的两根轴作等速的反向回转。由图 11-160 可见,同步器和电动机均固定装在基础上,而双轴惯性激振器与同步器之间有相对运动,因此,须采用较长的中间轴,中间轴的两端与激振器及同步器轴相联,且连接处均需采用弹性联轴器或万向联轴器,以利于惯性激振器与同步器之间的相对运动。另外,为了保证机器运转时的稳定性,在螺旋输送槽的上端与基础之间常设有导向装置。

垂直振动提升机的动作原理是:首先由电动机将运动传至同步器,然后经中间轴传递给

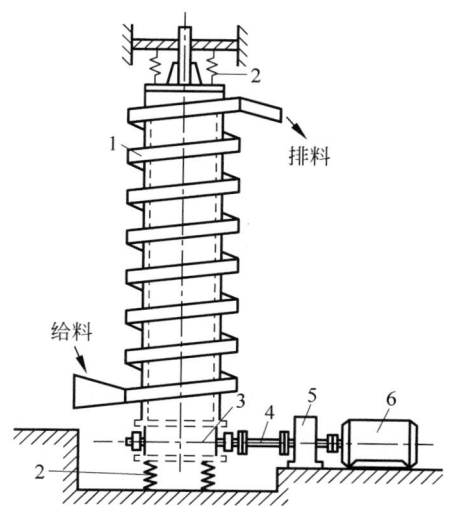

1—螺旋槽体；2—隔振弹簧；3—惯性激振器；
4—中间轴；5—同步器；6—电动机

图 11-160　平行轴式单质体垂直振动提升机

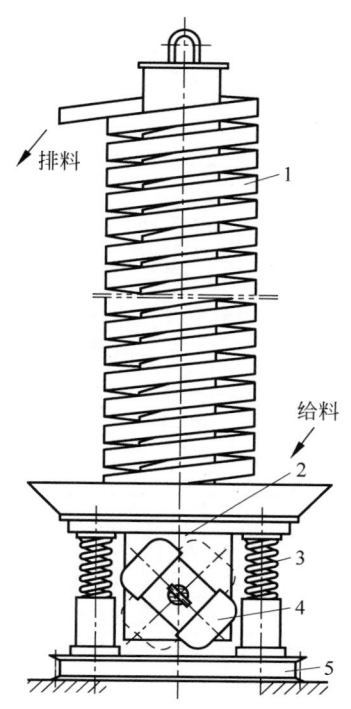

1—螺旋槽体；2—底座；3—隔振弹簧；
4—激振电机；5—底架

图 11-161　交叉轴式单质体垂直振动提升机

双轴激振器；由于激振器每根轴两端的偏心块都有相同的夹角，因此当激振器两轴作等速反向回转时便产生垂直方向的激振力和绕垂直轴的激振力矩，使螺旋输送槽产生垂直方向的直线振动和绕垂直轴的扭转振动，其振动的合成方向与水平面的夹角大于螺旋槽的升角，螺旋槽的升角一般为 4°～8°，而振动合成方向与水平面夹角一般为 30°～50°，从而可使物料沿螺旋槽连续地向前运动。这种振动提升机的振动频率通常接近每分钟 1000 次或 1500 次，其振幅通常小于 5 mm。

3）交叉轴式单质体垂直振动提升机

交叉轴式单质体垂直振动提升机的结构简图如图 11-161 所示。这种垂直振动提升机的构造比较简单，两个交叉安装的激振电机（或称惯性振动器）安装在底座上，激振器可以采用双出轴的激振电机，也可采用单出轴的激振电机（仅在电机的一端出轴上安装偏心块），螺旋槽体直接装在底座上，并用螺栓紧固。整机支承于隔振弹簧上。

由于两台激振电机的规格和特性相同，并有一个共同的刚性底座，因而在无其他机械连接的情况下，可以达到自动同步运转。并且与平行轴式惯性激振器相同，也可产生垂直方向

的惯性激振力和在水平面内绕垂直轴的惯性激振力矩。因此螺旋槽上的任意一点均会产生垂直振动和绕垂直轴的扭转振动。这两种振动的合成，是沿着倾斜方向的振动。振动方向与水平面的夹角为 30°～50°，与螺旋槽底夹角为 20°～45°。这种振动可使物料沿着螺旋槽向上输送。这种垂直振动提升机通常所采用的频率与振幅与平行轴式相同。激振电机同步转数为每分钟 1000 次、1500 次、750 次，其振幅可为 3～6 mm，最大不超过 10 mm。

4）惯性式双质体垂直振动提升机

图 11-162 所示为惯性式双质体垂直振动提升机的构造。

这种垂直振动提升机通常在共振状态下工作，结构较复杂，一般为较大型的振动提升机。当对基础的隔振要求十分严格时，可将底盘的振幅设计得很小，在这种情况下传给基础的动载荷就可以明显地减小。惯性激振器安装在底盘 7 上，在惯性激振器的箱体内有一对

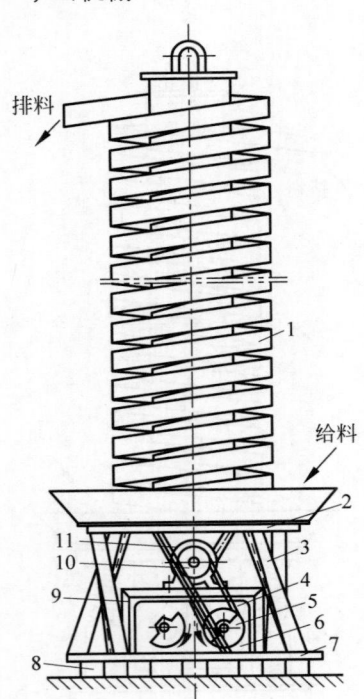

1—螺旋槽体；2—上圆盘；3—板弹簧钮；4—三角输送带；5—大输送带轮；6—惯性激振器；7—底盘；8—橡胶减振器；9—电机架；10—小输送带轮；11—电动机。

图 11-162　惯性式双质体垂直振动提升机

速比为 1 的齿轮，使激振器的两根主轴作等速反向旋转，轴的两端都装有偏心块，在它们之间有一定的相位差角。电动机装在电机架上，而电机架则安装在底盘上，螺旋槽体与上圆盘用螺栓紧固在一起，上圆盘与底盘是用板弹簧来连接的，板弹簧为提升机的主振弹簧（也称共振弹簧），整个机器支承在隔振弹簧上。当电动机通过三角输送带带动惯性激振器的两根主轴作等速反向旋转时，便可产生垂直方向的激振力和绕垂直轴的激振力矩，使该提升机的槽体产生垂直振动和绕垂直轴的扭转振动。通常采用的振动频率为每分钟 700～1000 次；振幅为 3～8 mm，个别情况下达 10 mm。

5）偏心连杆式单质体垂直振动提升机

图 11-163 所示为偏心连杆式单质体垂直振动提升机的结构示意图。这种结构通常应用在槽体直径较大的机器中，由于这种振动机的外形尺寸和重量较大，并在近共振状态下工作，所以需要很大的基础，并且一般不宜安装

在建筑物的上层。这种振动提升机的激振频率通常为每分钟 500～800 次，振幅为 5～10 mm。

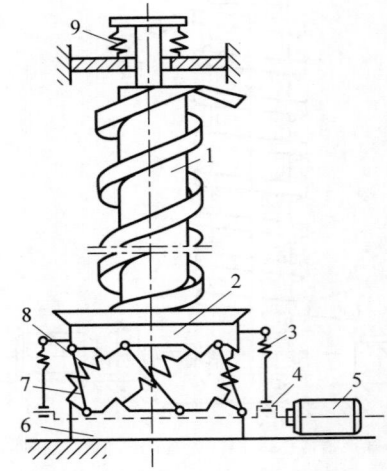

1—螺旋槽体；2—上部支承盘；3—弹性连杆；4—偏心轴；5—电动机；6—底盘；7—摆杆；8—主振弹簧；9—支承弹簧。

图 11-163　偏心连杆式单质体垂直振动提升机

6）偏心连杆式双质体垂直振动提升机

图 11-164 所示为偏心连杆式双质体垂直振动提升机的构造简图。偏心连杆式双质体垂直振动提升机的构造与偏心连杆式单质体垂直振动提升机构造相异之处，是双质体式在底盘下面装有橡胶减振器，从而构成了双质体的振动系统。这种垂直振动提升机也在近共振状态下工作，所采用的频率和振幅与单质体振动提升机基本相同，其优点是有良好的隔振性能，除安装在建筑物的底层外，还可以安装在建筑物的上层。

7）电磁式垂直振动提升机

电磁式垂直振动提升机的构造和工作原理与漏斗型电磁振动喂料机的构造及工作原理基本相同。与惯性式及偏心连杆式垂直振动提升机相比较，电磁式频率较高（每分钟 3000 次），振幅较小（双振幅 0.5～1.5 mm）。提升高度一般为 2～3 m，而在特殊条件下可达 6 m。

3. 漏斗型振动喂料机的构造与工作原理

1）单激振器电磁振动喂料机

单激振器电磁振动喂料机的构造如图 11-165 所示。

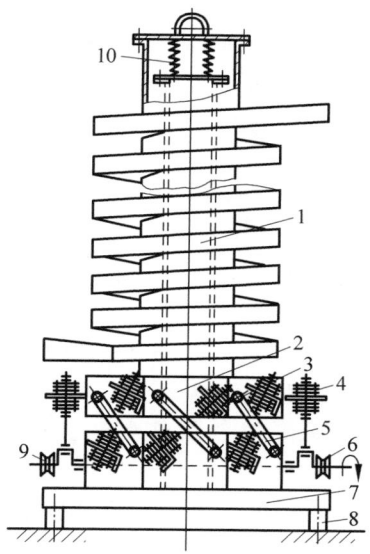

1—螺旋槽体；2—上部支承盘；3—主振弹簧；4—弹性连杆；5—摆杆；6—偏心轴；7—底盘；8—橡胶减振器；9—输送带轮；10—支承弹簧。

图 11-164 偏心连杆式双质体垂直振动提升机

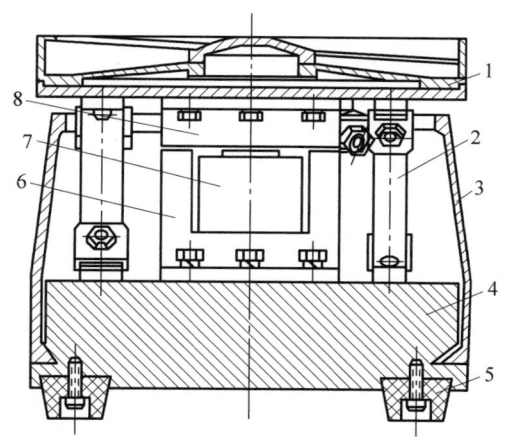

1—漏斗；2—板弹簧；3—外罩；4—底座；5—橡胶减振器；6—铁芯；7—线圈；8—衔铁。

图 11-165 单激振器电磁振动喂料机

激振器电磁铁的铁芯用螺栓固定于底座上,电磁铁的衔铁用螺栓固定于带内螺旋的漏斗的底板上,整个电磁铁垂直安装于喂料机的中心。漏斗型螺旋槽与电磁铁的衔铁组成振动质体Ⅰ。电磁铁的铁芯、线圈与外罩、底座组成振动质体Ⅱ。振动质体Ⅰ与Ⅱ之间通过板弹簧连接,连同橡胶减振器组成了双质体振

动系统。由电磁激振器产生的垂直方向的电磁激振力,使整个机体产生垂直振动和绕垂直轴的扭转振动。漏斗型螺旋槽的振动方向与板弹簧的安装角度、安装半径、两个振动质体的质量比及转动惯量比有关。振动喂料机的振动频率通常为每分钟 3000 次,双振幅为 0.5～1.5 mm。

2）水平布置多激振器电磁振动喂料机

图 11-166 所示为沿圆周水平布置多激振器电磁振动喂料机的结构简图。

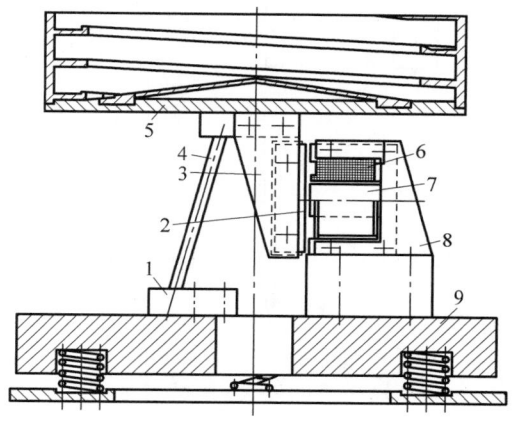

1—弹簧座；2—衔铁；3—衔铁支座；4—弹簧；5—漏斗；6—线圈；7—铁芯；8—铁芯支座；9—底座。

图 11-166 水平布置多激振器电磁振动喂料机

在图 11-166 上只表示出一个电磁激振器,实际上沿漏斗和底座的圆周装有多个电磁激振器（常装有 3～4 个）同步工作,漏斗和底座之间安装有圆柱形弹簧,组成双质体强迫振动系统。当线圈通电后,衔铁和铁芯之间产生电磁激振力,漏斗与底座产生相对扭转振动的同时,也产生垂直方向的相对振动。振动频率一般为每分钟 3000 次,而双振幅为 0.5～1.5 mm。

3）沿圆周倾斜布置多激振器电磁振动喂料机

这种漏斗型电磁振动喂料机的构造如图 11-167 所示。沿圆周装有四个电磁激振器,每个电磁激振器均呈倾斜安装。用电磁激振器产生的电磁激振力强迫漏斗 4 及底座 1 产生垂直振动和绕垂直轴的扭转振动。与上述两种漏斗型电磁振动喂料机相同,振动频率通常

为每分钟3000次,双振幅常为0.5～1.5 mm,机器在近共振状态下工作。

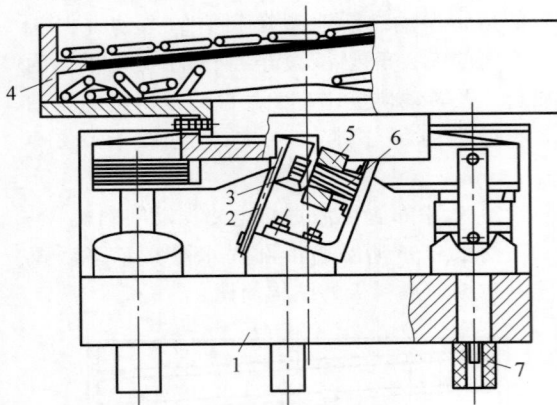

1—底座;2—板簧;3—衔铁;4—漏斗;5—线圈;
6—铁芯;7—橡胶减振器。

图11-167 多激振器漏斗型振动喂料机

11.7.4 振动输送机的安装、调整与维护

以弹簧隔振平衡式振动输送机为例,说明连杆式振动输送机的安装、调试与维护方法。

1. 振动输送机的安装

振动输送机安装得好坏,关系到该机能否长期可靠地运转,因此,必须给予充分重视。

1)对振动输送机安装工作的基本要求

(1)振动输送机的底架与槽体必须安装平直,建议其平直度在10 m,长度不大于5～8 mm。底架与槽体过大的挠曲会引起较大的安装应力,进而会引起这些机件的早期损坏。

(2)为了达到以上要求,隔振弹簧的下表面应该有接近相同的标高(对水平安装的振动输送机而言),其允差应为5～8 mm。

(3)振动输送机的导向杆的安装角度应接近相同,剪切弹簧应与导向杆相垂直,其安装角度对其安装公称位置的允差为±1°。

(4)传动轴应与槽体中心线垂直,两传动连杆应互相平行,不得有过大的歪斜,安装角度允差为±1°。传动轴安装后转动应灵活,用手能搬动360°角以上。

(5)振动输送机所有螺栓和螺钉应锁紧,一般应加弹簧垫圈,也可采用双螺母来锁紧。

在没有锁紧垫圈或锁紧螺母的情况下,螺栓就会很快松动,进而会影响机器正常工作。

2)振动输送机的安装顺序

(1)测定各隔振弹簧支承点的标高,或在附近墙壁画上水平线。

(2)将底架垫起找平。

(3)将槽体支承在底架上,并找平。

(4)在底架下面安装隔振弹簧及弹簧下座板。

(5)将导向杆与剪切橡胶弹簧焊接于或用螺钉固定于槽体和底架上。

(6)安装传动轴组件和电动机,焊接激振板。

(7)将机器落下,焊接给料口和排料口,安装密封套,固定好两端盖板。

3)机器的搬运

(1)机器应分段搬运,每段长度为6 m左右。

(2)槽体与底架吊运时,禁止使用单钢绳吊运,应使用两条钢绳,分别将钢绳挂于距离吊运件两端1/4总长处。

(3)搬运时,所有橡胶件切勿与油类、酸类、碱类物品接触。

4)机器的安装方法

(1)标高的测量

测出隔振弹簧支承点的标高,或在附近墙壁上画上水平线,此项工作可用测量用经纬仪进行。

(2)底架的安装

将底架用工字钢、槽钢或枕木垫起,找平(按测量标高)后,用连接板连接各段底架。

(3)槽体安装

将槽体安放在底架上,用角钢架架到所需的高度,再按槽体底面找平。最好先找平中间段槽体,然后安放并找平前段及后段槽体。必须注意将两个法兰对准并固定在一起后再与槽体焊接。这样可避免槽体承受过大的安装变形所引起的应力。在各段槽体的法兰间要留出缝隙,然后涂上环氧树脂,再重新用螺栓把紧,以达到防尘目的。在两段槽体法兰中间,不要加石棉垫或其他密封胶垫,以免降低槽体的刚性。

（4）导向杆与剪切弹簧的安装

将导向杆的橡胶铰链压入轴套中，再量好角度压入短轴，固定槽钢块，用角度尺画线或直接按角度尺角度找正，将导向杆固定于槽体上。注意各导向杆必须互相平行。

剪切橡胶应用不同工具将它压入弹簧座中，每块弹簧的压缩量为 4 mm。这样可使剪切橡胶弹簧在工作时始终处于压缩状态中，以保证剪切弹簧与硫化侧板之间的硫化层不致因受拉伸而损坏。焊接剪切弹簧时，先在槽体或底架上画好斜线或直接用 30° 角度尺找正，然后焊接。

（5）传动装置的安装

装配传动轴部件时，首先检查轴与轴承座等零件的装配尺寸，然后将轴承、轴套、连杆头等零件加热到适当的温度（在油中加热）。再用铜锤打入，切勿用铁锤直接猛击。安装轴承盖时，应先在轴承内加二硫化钼或黄干油，油量以不多于轴承座空腔 2/3 为宜。

将已装配好的传动轴部件搬到槽体或底架相应的安装位置上，找正后，把紧轴承座的连接螺栓。在紧固螺栓的过程中，应用塞尺检查轴承盖与轴及轴套的间隙，如发现上下左右间隙过小，应该用铜片将轴承座的某一侧垫起，直到上下左右间隙接近相同，不发生卡碰为止。当用手搬动输送带轮时，偏心轴应能自由转动。

传动轴部分定位之后，焊接激振板。焊接前，先从传动轴中心引一条与水平面夹角为 30° 的斜线，并将它画在槽体的侧壁上。同时在侧壁上画几条与此斜线相垂直的线（即与水平面成 60° 的斜线），并经过激振板两侧的中心孔画一条连线，以使此线与 30° 斜线相交。点焊激振板使之与 30° 斜线垂直，与 60° 斜线平行，同时其中心孔水平线应交于 30° 斜线上。

试装连杆，将轴的偏心转至下死点，使连杆通过激振板孔的中心，观察连杆是否与激振板垂直，如误差很小，即可将激振板焊死。

（6）隔振弹簧的安装及配重块的固定。

把地基铲平，垫好垫板，使其与底架上的

上垫板距离相同，然后落下机器。将配重块固定于槽钢两侧面的槽内，固定于槽钢侧面时应打实，加弹簧垫圈后将螺栓拧紧。

2．振动输送机的试车

振动输送机安装、调整完毕，再经过仔细检查，然后进行空载试车和负载试车。空载试车时间应不低于 4 h。空载试车的目的是检查振动输送机槽体振幅的稳定性，传动轴轴承、电动机及弹簧的温升，各连接零件有无松动，以及可能出现的其他问题。空载试车应检查的项目及要求如下。

（1）振动输送机启动应平稳、迅速、振幅稳定，不产生左右摇摆、跳动、冲击及其他不正常的声响。

（2）在试车中，振动输送机应达到预定的振次和振幅。

（3）连续运转时，应用手抚摸轴承、电动机、橡胶弹簧或测量其温升，也可以利用点温计进行测量。轴承和电动机的温升不应超过 35℃，其最高工作温度不应超过 70℃，而橡胶弹簧的最高温度以不超过 80℃ 为宜。若在启动后短时期内，传动轴轴承出现不正常的噪声和温度急剧升高，应立即停车，检查轴承固定情况及润滑情况，排除故障后再启动。

（4）检查各部分螺栓有无松动和其他异常情况，发现问题及时解决。

空载试车合格后，方可进行负载试车。

负载试车的目的：检查振动输送机负载情况下振幅的变化，产量能否达到工作要求；在额定产量下机器有无明显的弹性弯曲振动，有无冲击和跳动，给料口和排料口是否畅通；槽体各部有无漏料等现象发生。发现问题应及时解决。

负载试车合格，才允许投产使用。

3．振动输送机的维护

维护人员必须严格遵守振动输送机的操作与运转的一般规则。因为这是保证机器正常工作和长期可靠运转的十分重要的因素。

1）开车前的注意事项

开车前应对设备进行仔细检查。检查重点：连杆大螺母有无松动；传动三角输送带的张紧程度,各部螺栓有无松动或损坏;各给料口和排料口密封胶套有无破裂。当槽体内有大量物料时,须将物料全部排出,然后停车,进行联锁启动。

传动轴轴承应定期注油,最好用二硫化钼进行润滑,在缺乏上述润滑油的情况下,也可以采用黄干油进行润滑。在打开轴承盖进行加油时,加油量不应超过整个轴承空间的2/3。此外,还可以用油杯往轴承内定期加油。

2) 运转过程中的检查

检查振动槽体的振幅是否稳定;振幅是否达到规定的数值,如振幅过小,应查清原因给予及时处理。

检查料槽上部物料运动速度是否正常,如发现速度过小,应根据原因采取相应的措施。

应随时注意振动输送机各部有无异常的响声,并应了解发生响声的部位,分析其产生的原因,最后采取适当的措施加以解决。

应经常用手摸轴承盖附近,检查轴承温度。当发现轴承温度有逐渐升高的趋势,则应往轴承中添注润滑油,轴承与电动机的最高温度不得超过70℃。经常用手触摸剪切橡胶弹簧和连杆弹簧的温升,最高温度以不超过80℃为宜。如发现机器摇摆、跳动等不正常情况,应立即采取措施,消除故障。

应观察槽体各部有无漏灰,对漏灰部位应及时修补,或更换密封套。当在机器运转过程中无法解决,而对运转无严重影响时,应注以标记,待停车时检修。如发现振动输送机料槽堵料,应立即停止给料。

3) 停车时注意事项

停车前应先停止向振动输送机给料,并将槽体中的物料全部排出,尽量避免带料停车。

参考文献

[1] 徐志刚. 迈步自移机尾阀后补偿四联同步阀组的设计与研究[J]. 煤矿机械,2019,40(8):16-19.

[2] 唐树峰,王鹏. 带式输送机自移机尾自动清浮煤装置研究[J]. 价值工程,2019,38(2):175-178.

[3] 肖洁玲,刘虎. 超长推移行程带式输送机自移机尾的改进[J]. 煤矿机械,2019(4):75-76.

[4] 郝大学. 带式输送机简易自移机尾的研究与使用[J]. 科研,2016(8):39.

[5] 许让斌,曾令龙. 中间转载式可伸缩带式输送机研发和结构创新设计[J]. 煤矿现代化,2018(4):85-87.

[6] 王琳. 皮带机自移机尾在综采工作面的应用[J]. 能源与节能,2015(1):174-175,183.

[7] 王义行. 链条输送机[M]. 北京:机械工业出版社,1997.

[8] 黄大巍,李凤,毛文杰. 现代起重运输机械[M]. 北京:化学工业出版社,2006.

[9] 周润,董金炎,龚卫锋. 物流机械设备使用基础[M]. 北京:中国财富出版社,2010.

[10] 秦同瞬. 物流机械技术[M]. 北京:人民交通出版社,2001.

[11] 纪宏. 起重与运输机械[M]. 北京:冶金工业出版社,2012.

[12] 黄学群. 运输机械选型设计手册[M]. 北京:化学工业出版社,2011.

[13] 赵巧芝. 我国刮板输送机发展现状、趋势及关键技术[J]. 煤炭工程,2020,52(8):183-187.

[14] 张捷美. 螺旋输送机技术综述[J]. 科技展望,2016,26(14):168.

[15] 冯金水. 大运量超重型带式输送机自移机尾设计[J]. 煤炭科学技术,2011,39(11):81-83.

[16] 宋伟刚. 通用带式输送机设计[M]. 北京:机械工业出版社,2006:76.

[17] 周正山,石丹. 链斗卸船机链传动多边形效应的分析[J]. 起重运输机械,2017(7):37-39.

[18] 陈立德. 机械设计基础[M]. 北京:高等教育出版社,2013.

[19] 高爱红. 短距重载刮板输送机链传动啮合特性分析[J]. 煤炭工程,2016,48(4):135-138.

[20] 蒲明辉,朱晓慧,张冬磊. 基于ADAMS的链传动多接触系统仿真效率的提高[J]. 机械设计与研究,2016(6):60-64.

[21] 潘世强,操子夫,赵婉宁. 基于虚拟样机的打捆机链传动系统仿真分析[J]. 中国农机化报,2016(5):41-44.

[22] 黄鹏辉,李波. 机械式停车设备滚子链传动平稳性分析[J]. 特种设备安全技术,2017(3):

33-35.

[23] 王洋洋,鲍久圣,葛世荣,等.刮板输送机永磁直驱系统机——电耦合模型仿真与试验[J].煤炭学报,2020,45(6):2127-2139.

[24] 姚旺,鲍久圣,阴妍,等.刮板输送机关键部件磨损与运行阻力计算问题及对策[J].煤炭技术,2018,37(6):255-257.

[25] 葛世荣,郝尚清,张世洪,等.我国智能化采煤技术现状及待突破关键技术[J].煤炭科学技术,2020,48(7):28-46.

[26] 杨小林,葛世荣,祖洪斌,等.带式输送机永磁智能驱动系统及其控制策略[J].煤炭学报,2020,45(6):2116-2126.

[27] 赵少迪,鲍久圣,徐浩,等.矿用带式输送机承载托辊的磁性液体润滑与密封性能[J].机械工程学报,2021,57(21):211-219.

[28] 郝建伟,鲍久圣,葛世荣,等.带式输送机永磁驱动系统自抗扰同步控制策略[J].电机与控制应用,2021,48(9):27-35.

[29] 张磊,鲍久圣,葛世荣,等.永磁驱动技术及其在矿山装备领域的应用现状[J].煤炭科学技术,2022(3):50.

[30] 聂树文.大倾角带式输送机在露天煤矿的应用[J].矿业装备,2021,(1):148-149.

[31] 马鹏飞.长距离带式输送机线路布置探讨[J].煤炭技术,2022,41(1):229-230.

[32] 陆小康,黄晓飞,王学峰.永磁直驱系统在煤矿带式输送机中的应用[J].煤炭科技,2021,42(6):140-143.

[33] 郝丽娅.煤矿井下大倾角带式输送机设计要点及实际应用调研[J].煤矿机械,2019,40(3):139-142.

[34] 李丽娜.矿用带式输送机自动控制系统的应用研究[J].煤炭与化工,2022,45(1):101-103.

[35] 王占贵,霍明明.基于西门子PLC的带式输送机输煤自动控制系统设计[J].煤矿机械,2020,41(3):15-16.

[36] 刘江.基于PLC的矿用带式输送机自动控制系统改造[J].水力采煤与管道运输,2019(3):109-110,112.

[37] 汪玉,郑红满,郑旺来,等.基于ANSYS Workbench的带式输送机机架结构分析[J].机械工程师,2018(2):130-131,133.

[38] 郑红满.超大型越野带式输送机系统的设计[J].煤矿机械,2017,38(6):96-99.

[39] 郑红满,王俊霞.大型可伸缩带式输送机关键技术的探讨[J].煤矿机电,2010(5):59-60.

第12章

矿山运输车辆

12.1 矿山运输车辆概述

12.1.1 矿山运输车辆现状

近年来我国煤矿开采技术取得了很大的进展,采掘机械化的发展尤为迅速,全国出现了一批现代化煤矿以及数以百计的百万吨采煤队。在高产、高效的"双高"矿井建设中,日产超万吨甚至班产超万吨的工作面也已出现。无论在矿井总产还是工作面单产方面都已接近世界发达国家的先进水平。回采工作面效率也有较大提高,回采工人数在井下总工人数中所占比例大幅下降。但矿井全员效率提高却很慢,与发达国家的差距仍然很大。

以某矿务局 1995 年统计数据为例,其回采工效为 80 t/工,全员效率 5.4 t/工。美国的回采工效为 157 t/工,全员效率 18.43 t/工。两者相比,美国的回采工效是其 2 倍,全员效率是其 3.4 倍。综采工作面搬家,国外仅需 1~2 周即可完成,用工 200~500 人次;而我国煤矿传统方式需要 25~40 d,用工 5000 人次以上,甚至超过 1 万人次。我国综采矿井每采百万吨煤辅助运输用工为 800~1200 人次,是先进国家的 7~10 倍。表 12-1 所示为我国与国外主要采煤国家辅助人员比例对比。

表 12-1 我国与国外主要采煤国家辅助人员比例对比

项 目	国外主要采煤国家	中 国
百万吨辅助运输用工/人次	50~120	300~500
掘进队组辅助运输人员所占比例/%	15~25	30~50
矿井辅运人员占井下职工总数比例/%	10~25	33~50
综采工作面搬家所需时间/周	1~2	4~7
综采工作面搬家辅助运输用工/人次	200~500	4000~6000

究其原因,主要是我国煤矿辅助运输系统落后,效率太低,基本上仍停留在 20 世纪 50 年代的水平,还在沿用无极绳绞车等多段分散落后的传统辅助运输方式,运输环节多,系统复杂,效率低。由井底车场至采区工作面,需经多次中转编列。一条工作面巷道就需设置多台调度绞车,占用大量设备和劳动力。据统计,我国煤矿辅助运输人员约占井下职工总数的 1/3 以上,有些矿甚至达 50%,不仅如此,工伤事故也较多,按死亡人数统计约占总数的 12%,按事故起数统计约占总数的 18%。图 12-1 所示为 2009 年全国各类型煤矿事故基本情况。

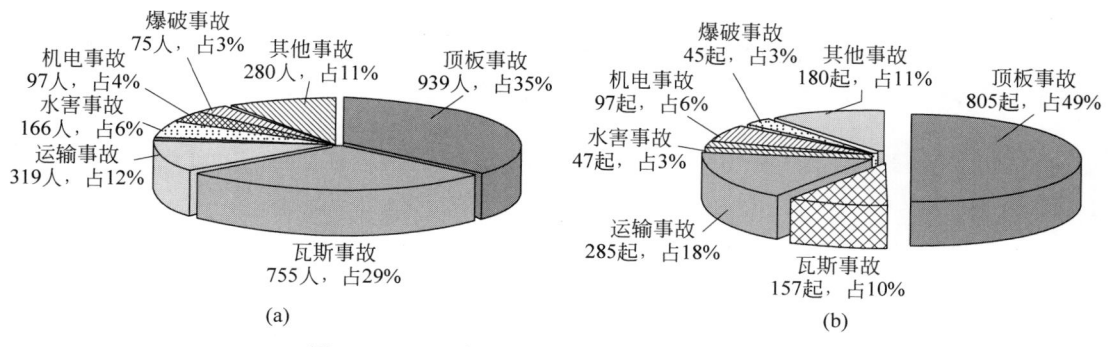

图 12-1 2009 年全国各类型煤矿事故基本情况
(a) 按死亡人数统计；(b) 按事故起数统计

目前,我国多在主要运输大巷用专用乘人列车运送人员,进入采区后就难以实现机械运人。工人将大量体力和时间消耗在路途中,这种损失是无形的。随着井型和开拓范围的不断扩大,运输距离越来越长,这个问题更加突出。另外,对于矿井开拓中的一些重大技术问题,如沿煤层布置运输大巷带来的巷道起伏不平的辅助运输问题,采用传统方式是难以解决的。

传统辅助运输方式又称为常规辅助运输方式,轨道运输是我国大多数煤矿井下采用的主要辅助运输方式。常用设备有架线电机车、蓄电池机车、斜巷绞车和调度绞车,新型辅助运输车辆主要有无轨胶轮车、防爆柴油机车、齿轨车、卡轨车、齿轨卡轨车和无极绳连续牵引车等,但所占比例较小。

总之,目前我国煤矿的辅助运输车辆除少数采用新型高效的辅助运输设备以外,大部分辅助运输系统仍然相当落后,与我国煤矿生产中的综采、综掘等现代化系统相比很不适应,现已成为制约我国煤炭生产发展的薄弱环节。如何加速实现我国煤矿辅助运输现代化,已成为一个亟须解决的难题。

12.1.2 矿山运输车辆的特点

当前国外煤矿使用的高效辅助运输设备有单轨吊、卡轨车、齿轨车和无轨胶轮车四大类。按牵引动力分,有钢丝绳牵引、柴油机牵引和蓄电池牵引三大类。与传统的辅助运输设备相比,这些设备在技术特性、运输效率和安全性能方面具有许多明显的优点:

(1) 运行安全可靠、不跑车、不掉道。设备设有工作、停车安全和超速及随车紧急制动三套安全制动系统,并有防掉道装置,适于在井下大巷和采区运行。

(2) 爬坡能力强。设备能在起伏坡度较大和弯道道岔较多的情况下行驶。

(3) 牵引力大。设备能实现重型物料如重型液压支架的整体搬运,对散料、长料能进行集装运输,载重量大。

(4) 运行速度快。因具有防掉道等安全设施及安全监控与通信等装置,能够以较高的速度在采区运行。

(5) 设备能实现远距离连续运输。

(6) 有比较完整的配套设备和运输车辆。设备能够满足人员和各种材料设备的运输需要,可实现装卸作业机械化。

得益于这些优点,当前运输车辆发展很快。世界一些主要采煤国家在 20 世纪 70 年代就以这些设备进行运输,建立了符合自己国情的煤矿高效辅助运输系统,并取得了巨大的经济效益。

12.1.3 矿山运输车辆分类

矿山运输车辆的分类方法较多(图 12-2),按有无轨道可分为有轨型、无轨型和绳索架空型三类。可以将轨道运输分为地轨式(包括齿轨)和悬吊式两种。地轨式是指轨道铺设在巷道底板上,由普通钢轨或特殊钢轨构成轨道线路,如电机车运输轨道线路。悬吊式是指固定在巷道顶板上,由特殊轨构成轨道线路,如单轨吊运输线路。无轨运输是相对轨道运输而言的,指运输车辆直接运行在巷道底板的路面上完成运输任务的运输方式,如内燃机胶轮车及蓄电池胶轮车运行的线路。

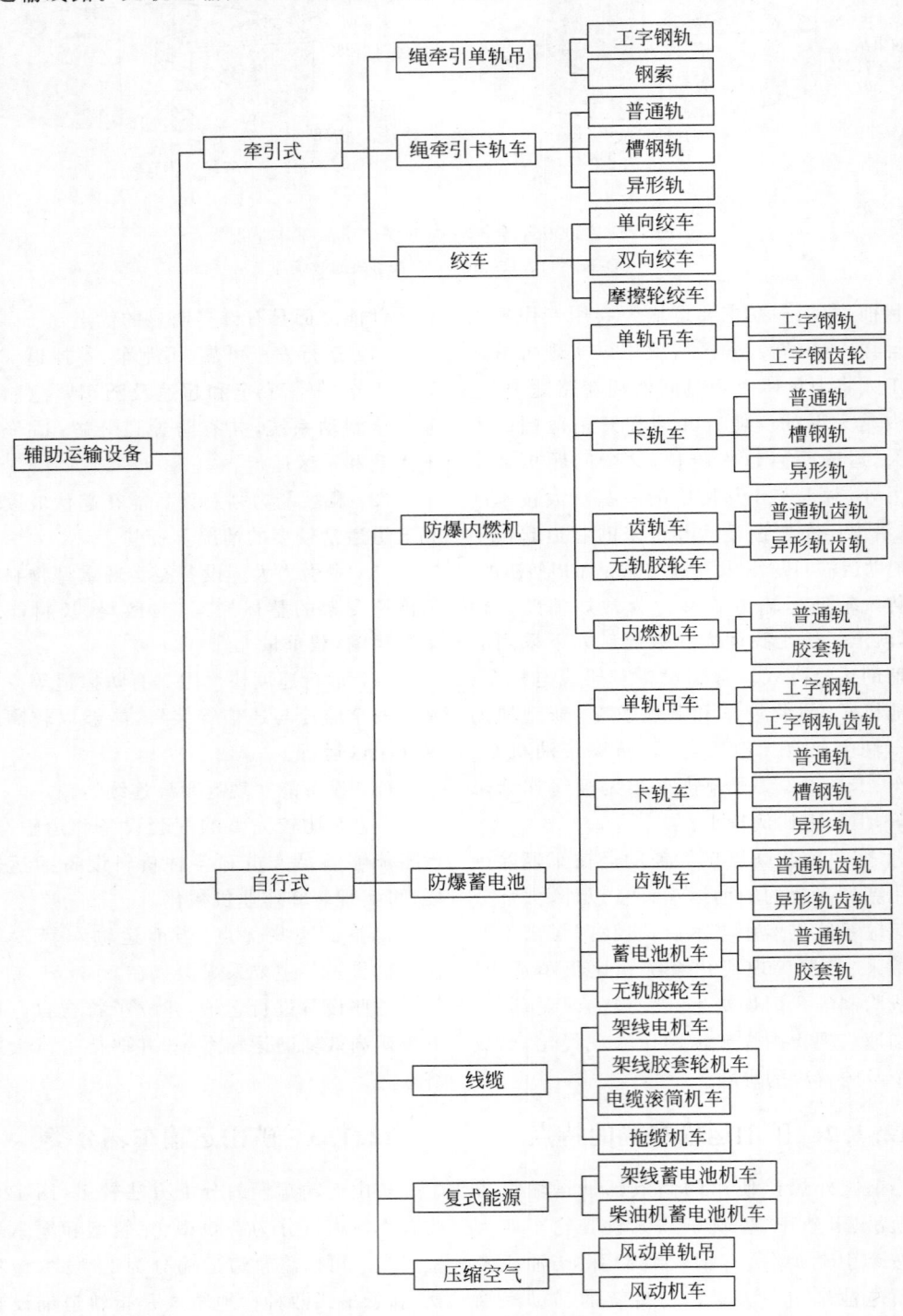

图 12-2　矿山运输车辆按运行方式分类

煤矿辅助运输设备按牵引方式不同可分为钢丝绳牵引、柴油机牵引、蓄电池或架线电机车牵引三类；按设备类型可分为电机车、绞车、带式运输设备、单轨吊车、卡轨车、齿轨车、无轨运输车、架空乘人装备和无极绳连续牵引车等。此外还有翻车机、爬车机、阻车器、制动装置及起吊梁等组成设备。其中，架线电机车、各种绞车和带式运输设备可归为传统辅助运输设备，而单轨吊车、卡轨车、齿轨车、无轨运输车、架空乘人装置和无极绳连续牵引车可归为现代辅助运输设备。国外煤矿使用的高效辅助运输设备按种类分为单轨吊、卡轨车、齿轨车和无轨胶轮车四大类；按机车类型则可分为调度绞车、无极绳绞车、单轨吊挂机车、窄轨机车、普通轨胶套轮机车、专用轨及普通轨卡轨车、半卡轨车、齿轨机车和无轨胶轮机车等多种形式。

上述分类方法进行不同组合又派生出不同设备形式。牵引式是指将驱动（动力）设备安装在某一固定地点，通过钢丝绳向运输车辆传递动力的方式。例如，绳牵引单轨吊、绳牵引卡轨车、调度绞车及连续牵引车等均为牵引式运输设备。自行式是指动力装置在轨道或路面上运行，直接牵引运输车辆的方式。例如，防爆内燃机单轨吊及防爆内燃机齿轨车等均为内燃机自行式运输设备；防爆蓄电池单轨吊、防爆蓄电池无轨胶轮车、架线电机车、蓄电池机车等，虽然提供电力的方式不同，但均为电动自行式辅助运输设备。

本章主要介绍一些矿山典型运输车辆，包括电机车、卡轨车、齿轨车、吊轨车、无轨胶轮车、露天矿卡车、架空索道车、无极绳连续运输车和矿用小绞车，主要从产品车辆基本特征、车辆结构组成、车辆选型及车辆技术参数等几大方面展开介绍。

12.2　电机车

12.2.1　电机车简介

1. 电机车概述

电机车（electric locomotive）是轨道车辆运输的一种牵引设备，利用牵引电机驱动车轮转动，借助车轮与轨面间的摩擦力使机车在轨道上运行。这种运行方式的牵引力不仅受牵引电机（或内燃机）功率的限制，还受车轮与轨面间的摩擦制约。机车运输能行驶的坡度有限制，运输轨道坡度一般为3‰，局部坡度不能超过30‰。其按结构分类有架线式电机车、蓄电池电机车和复式能源机车，具体见 MT/T 333—2008 标准。

2. 用途

矿用电机车是重要的运输设备，主要用于井下运输大巷的长距离运输，它相当于铁路运输中的电气机车头，牵引着由矿车或人车组成的列车在轨道上行走。例如，湘西集团生产的大型工矿电机车 ZG150-1500 型 6 轴电力机车（图 12-3）。矿用电机车广泛应用于煤矿、金属和非金属矿山及桥梁、隧道等工程施工现场，在煤矿、金属和非金属矿山环境应用尤其广泛，可进行对煤炭、矸石、材料、设备、人员的运送。

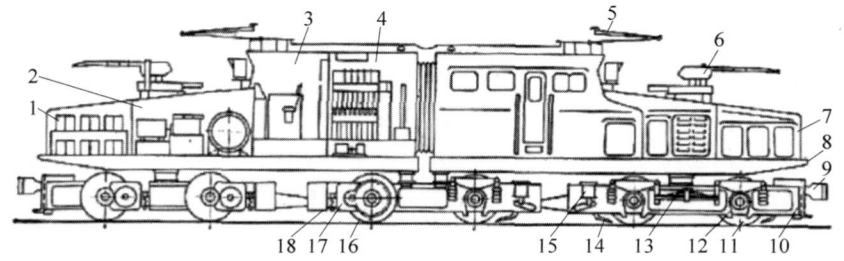

1—电阻室；2—辅机室；3—司机室；4—高压室；5—正弓；6—旁弓；7—车体；8—底架；9—车钩；
10—转向架构架；11—轮对；12—轴箱；13—弹簧悬挂装置；14—撒砂装置；15—基础制动装置；
16—齿轮传动装置；17—牵引电动机；18—牵引电动机悬挂装置。

图 12-3　150 t 架线式露天矿用电机车

3．国内外发展概况及发展趋势

矿用电机车的发展已有 100 多年的历史，在我国也有 50 多年的生产史。矿用电机车主要经历了直流串励电阻调速电机车、直流串励斩波调速电机车、交流异步变频调速电机车和永磁同步电机车四个发展阶段。其中，永磁同步电机作为牵引电机，取代了传统的电激磁磁极，简化了机械部分结构，取消了转子的滑环、电刷，采用无刷结构，缩小了转子体积，省去了激磁直流电源，消除了激磁损耗和发热。

在我国矿山牵引机车领域，各矿山牵引电机车生产厂家和科研单位正积极研发矿山牵引交流电机车，并取得了一定成果。2011 年 11 月，湖南省湘潭牵引机车厂有限公司成功下线了我国首套 20 t 矿用架线式双机牵引无人驾驶变频调速电机车，应用于安徽铜陵冬瓜山铜矿。

由于国内矿用电机车生产企业研发实力参差不齐，且关键元部件生产企业研发新产品的积极性不高，矿山生产厂家技术改造投入低，致使我国矿用电机车以直流串励斩波调速和交流异步变频调速为主。电机车的供电方式分为蓄电池供电和直流架空线供电两种，无论是直流斩波牵引电机车还是交流驱动牵引电机车，结构大致相似，一般采用单逆变器双电机驱动的结构，即"一拖二"控制方式。图 12-4 所示为一种蓄电池供电的矿用电机车系统结构图。当前，应借鉴铁路和城市轨道交通领域采用的交流机车控制技术，同时充分考虑矿山的环境条件，实现我国矿用电机车全面交流化改造，以充分发挥异步电机车的优势，增加矿山的生产效率和经济效益。

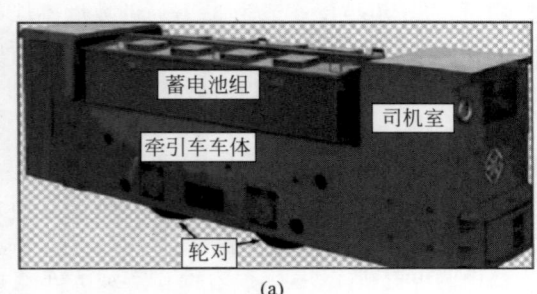

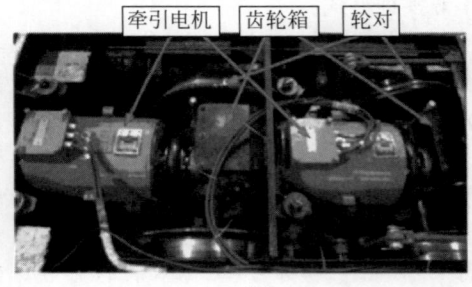

(a)　　　　　　　　(b)

图 12-4　矿用电机车的结构图

（a）牵引电机车的结构；（b）双电机驱动电机车

在国外，自 1882 年德国西门子公司研制出世界上第一台矿用电机车以来，矿用电机车的发展已有 100 多年的历史。直流串励牵引电动机具有启动性能好、调速范围宽、过载能力强、功率利用充分以及调速简单等优点。因此，除了瑞典 ASEA 公司在 20 世纪 70 年代为美国科罗拉多州 Henderson 钼矿提供的 24 辆 LGT-45 型机车采用他励牵引电动机外，其他窄轨矿山牵引电机车基本上都采用直流串励牵引电动机。

最初直流串励电机车采用串电阻调速方式，电阻调速装置通过开闭组合控制蓄电池串并联、电动机串并联、电动机弱磁和电阻串入。

1）串电阻调速的主要缺点

（1）调速过程中串入的电阻将电能通过热能的形式消耗，电机车效率低；

（2）电动机两端电压有级调节，机车速度呈台阶式变化，调速极不平滑；

（3）调速触头多，易损坏，日常维护量大，且配件价格较贵。

随着电力电子技术的发展，直流串励斩波电机车取代了串电阻电机车。斩波电机车采用 IGBT 大功率电力电子器件，通过 IGBT 栅极控制信号的占空比改变电动机的供电电压，实现直流串励电动机的变压调速。

2）斩波调速的主要优点

（1）实现无级调速，启动平稳，加速均匀，体现直流电动机良好的调速性能；

（2）节能效果好，由于采用变压调速，电机车效率高；

（3）电气线路简单，采用模块化设计，便于维修和更换。

随着大型露天矿山的开采数量增多，规模不断增大，井下矿山也逐渐向超深井、超大规模方向发展，对电机车提出了新的发展要求，未来的井下工矿电机车将呈现大型化、智能化、高效可靠、节能环保的趋势。

（1）电机车向大型化方向发展。由于受井下巷道的限制，目前地下矿山使用的电机车基本为窄轨机车，且以小吨位机车为主，常用机型集中在 20 t 以下。但随着井下矿山逐渐向超深井、超大规模方向发展，对电机车运输能力的要求也随之增加，井下电机车也逐渐向大型化方向发展。

（2）电机车向智能化方向发展。随着采矿业技术的不断发展和矿产资源需求的扩大，采矿规模越来越大，年开采量上千万吨级特大矿山不断出现。一些特殊矿山处于高海拔、超深度，存在大量涌水或其他危险，对矿石运输能力、效率和安全性提出了越来越高的要求。无人驾驶的电机车能使矿山的矿石运输自动化程度大大提高，运输能力得到更大发挥，提升机车运行安全问题，以防止司机误操作造成安全事故，与此同时也可以减少矿山运输事故的发生。

（3）电机车向节能环保的方向发展。随着技术的发展，节能环保成为影响未来电机车的重要因素。目前蓄电池电机车多采用铅酸蓄电池作为供电电源。鉴于铅酸蓄电池存在析氢和电解液泄漏等问题，并且在使用过程中需要添加硫酸和蒸馏水，硫酸和铅会严重污染环境，且铅酸电池使用寿命短，超级电容器、锂离子电池已开始得到应用，未来混合动力能源将逐步应用于电机车。新能源蓄电池具有工作电压高、体积小、无记忆效应、无污染、自放电小等优点，还能够随时充电。

4．矿用电机车分类

矿用电机车根据不同的分类方法可以分为不同的种类，目前国内外主要从工作电源、结构原理、启动与运行方式、转子结构、用途和运转速度等几个角度进行分类，具体如下：

（1）按工作电源分类。根据电机车工作电源的不同可分为直流电机车和交流电机车。其中交流电机车还分为单相电机车和三相电机车。

（2）按结构及工作原理分类。电机车按结构及工作原理不同可分为直流电机车、异步电机车和同步电机车。其中，同步电机车可分为永磁同步电机车、磁阻同步电机车和磁滞同步电机车；异步电机车可分为感应电机车和交流换向器电机车。直流电机车按结构及工作原理可分为无刷直流电机车和有刷直流电机车。

（3）按启动与运行方式分类。电机车按启动与运行方式不同可分为电容启动式单相异步电机车、电容运转式单相异步电机车、电容启动运转式单相异步电机车和分相式单相异步电机车。

（4）按转子的结构分类。电机车按转子的结构不同可分为笼型感应电机车（旧标准称为鼠笼型异步电机车）和绕线转子感应电机车（旧标准称为绕线型异步电机车）。

（5）按用途分类。电机车按用途可分为驱动用电机车和控制用电机车。驱动用电机车又分为电动工具（包括钻孔、抛光、磨光、开槽、切割、扩孔等工具）用电机车、家电（包括洗衣机、电风扇、电冰箱、空调器、录音机、录像机、影碟机、吸尘器、照相机、吹风机、电动剃须刀等）用电机车及其他通用小型机械设备（包括各种小型机床、小型机械、医疗器械、电子仪器等）用电机车。控制用电机车又分为步进电机车和伺服电机车等。

（6）按运转速度分类。电机车按运转速度不同可分为高速电机车、低速电机车、恒速电机车、调速电机车。低速电机车又分为齿轮减速电机车、电磁减速电机车、力矩电机车和爪极同步电机车等。调速电机车除可分为有级恒速电机车、无级恒速电机车、有级变速电机车和无级变速电机车外,还可分为电磁调速电机车、直流调速电机车、PWM变频调速电机车和开关磁阻调速电机车。异步电机车的转子转速总是略低于旋转磁场的同步转速;同步电机车的转子转速与负载大小无关,而始终保持为同步转速。

12.2.2　结构组成与工作原理

12.2.2.1　ZK_{10}^7-250型矿用电机车的机械结构

矿用电机车由机械和电气设备两部分组成。本节介绍 ZK_{10}^7-250 型矿用典型电机车,图12-5所示为 ZK_{10}^7-250 型矿用电机车结构示

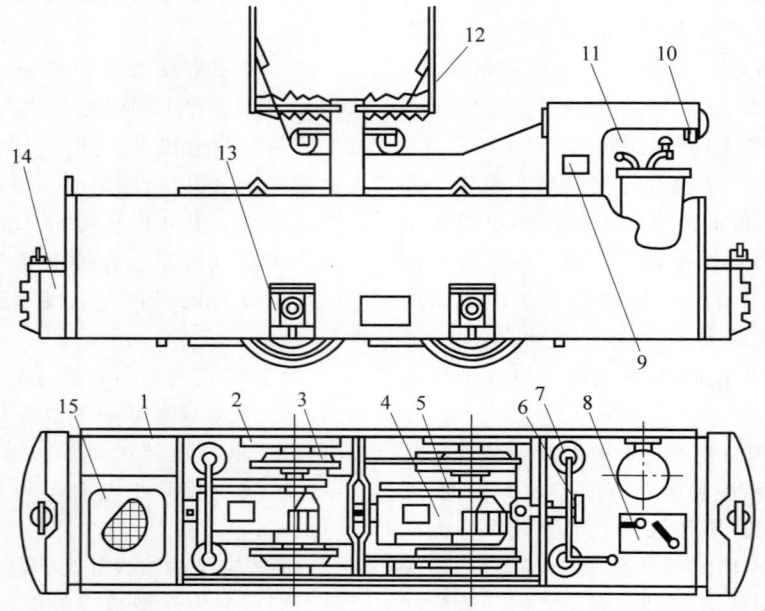

1—车架;2—弹簧托架;3—轮对;4—牵引电机车;5—齿轮传动装置;6—制动手轮;7—砂箱;8—控制器;
9—自动开关;10—车灯;11—司机室;12—受电弓;13—轴箱;14—连接器和缓冲器;15—启动电阻。

图12-5　ZK_{10}^7-250型矿用电机车主要结构示意图

意图。机械主体部分包括车架、轮对、轴箱、弹簧托架、制动系统、撒砂系统、齿轮传动装置和缓冲连接装置等。

1. 车架

车架是用钢板焊接或用螺栓连接而成的框形架,是电机车的主体部件,电机车的机械、电气设备都安装在车架上。车架通过弹簧托架、轴箱、轴箱中的轴承活动地支撑在轮对轴的两端。车架中间一般设两块隔板,一方面加强车架,另一方面将车架隔成三个空间。一端为司机室,安放控制装置和司机座位。另一端为电阻室,安放电阻器。中间安放牵引电动机和机械制动系统、撒砂装置、弹簧托架、行走机构等机械部分。

车架是承受载荷并且受力复杂的部件。它不仅承受电机车大部分重量,运行中还承受纵向、横向水平载荷,如牵引力、制动力、转弯时的离心力等以及冲击振动载荷,因此应有足够的机械强度。

车架钢板的厚度往往比机械强度所要求的大得多,这主要是为了增加电机车的黏着质量。司机室的底板采用很厚的铸铁板,不仅能在各轮轴间较均匀地分配载荷,还可以降低电机车的重心,提高其运行稳定性。

2. 连接器和缓冲器

电机车车架两端均装有连接器和缓冲器,矿用机车的连接器和缓冲器通常做成一体。连接器的作用是挂接矿车组,以适应不同矿车

连接器的高度。电机车连接器上有若干层接口,与矿车连接时,将矿车连接器置于某一接口中,再用插销连接。

缓冲器的作用是缓冲电机车所受的纵向冲击载荷。缓冲器有刚性和弹性的两种,其结构如图12-6所示。刚性缓冲器是整体的铸铁或铸钢件,由于它的质量很大,可以吸收一部

分冲击力,从而减轻对电机车的冲击载荷。架线式电机车通常采用弹性缓冲器。弹性缓冲器用缓冲弹簧或橡胶垫吸收冲击力。

弹性缓冲器有单向作用的和双向作用的两种,后者既可缓冲电机车与矿车冲击时的冲击载荷,也可以缓冲电机车启动或加速时产生的冲击载荷。

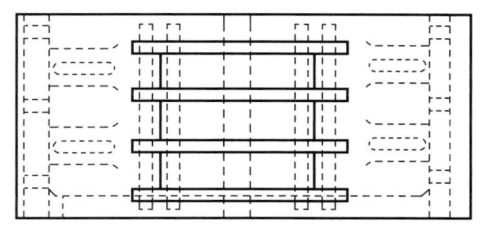
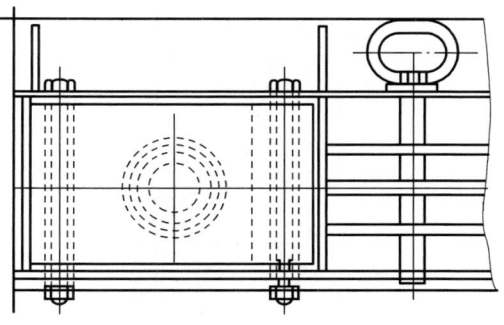
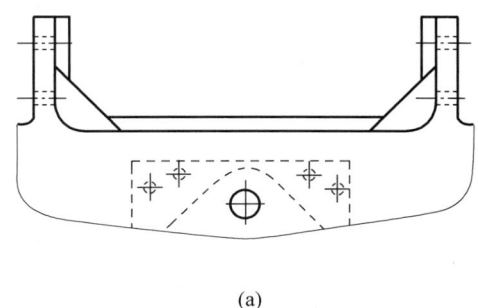
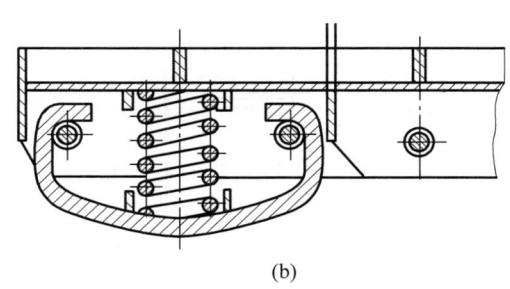

(a)   (b)

图 12-6 缓冲器结构
(a) 刚性缓冲器;(b) 弹性缓冲器

3. 轮对和轴箱

轮对是由两个车轮压装在一根轴上组成的部件,如图12-7所示。车轴用优质钢经锻造制成。车轮由轮心和轮毂热压装配而成。轮心采用铸钢或铸铁材料,轮毂则用优质钢轧制。这种结构的优点是轮毂磨损后可以更换,而不必更换整个车轮,缺点是制造成本较高,所以也有采用整体车轮的。

轮对所受载荷很大,并且受力复杂,工作条件恶劣,不但承受车架和装在车架上全部设备的重量,在运行中还承受由于轨道不平整或经过轨道接头、道岔产生的冲击。此外,车轴还承受扭矩和弯矩。因此,要求轮对具有足够的强度,使用中应加强检查、维修。矿用电机

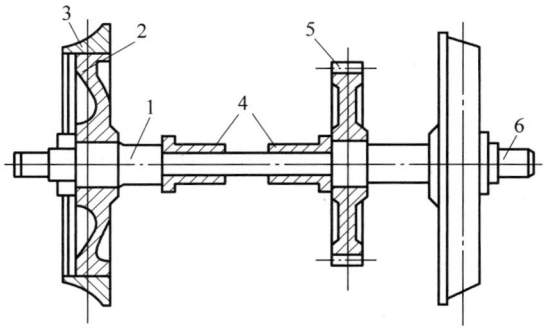

1—车轴;2—轮心;3—轮毂;4—轴瓦;5—齿轮;6—轴颈。

图 12-7 矿用电机车轮对

车一般采用双轴,并且两轴都是主动轴。

轴箱是车架和轮对的连接点,为一铸造箱体,如图12-8所示。轴箱体1内装有两排圆锥

滚柱轴承4,轮对的轴颈套装在轴承内圈孔中,可以自由转动。轴箱上部设有安放弹簧托架的座孔8。箱体两侧设有导向槽9与车架相配,电机车运行在不平的轨道上时,车架可以沿着导向槽在托架弹簧的极限变形内上下移动,使弹簧托架起到缓冲作用。

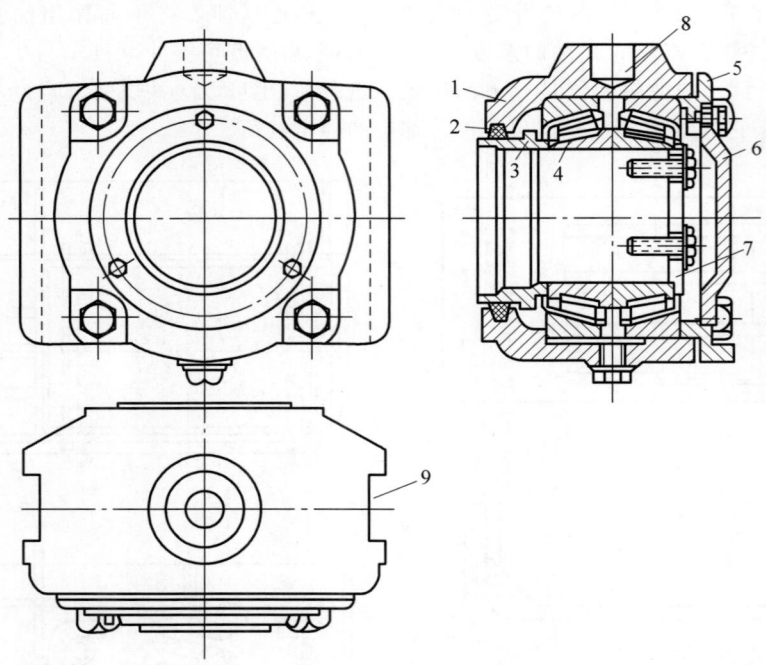

1—轴箱体;2—毡垫;3—止推环;4—滚柱轴承;5—止推盖;6—轴箱端盖;7—轴端盖;8—座孔;9—导向槽。

图 12-8　矿用电机车的轴箱

4．弹簧托架

弹簧托架由缓冲弹簧、均衡梁和连接件组成,如图12-9所示。缓冲弹簧一般采用叠板弹簧或螺旋弹簧,矿用电机车最常用的是叠板弹簧。

电机车车架通过弹簧托架弹性地支撑在轮对的轴箱上。其目的是缓冲电机车运行过程中由于轨道不平整或车轮不规则等引起的冲击和震动,若采用均衡托架还能将机车重力均匀地分配到各个车轮上。

弹簧托架有两种:一种是单独托架,每组弹簧单独工作,不与其他弹簧相关联。采用单独托架时,机车运行中轨道不平或钢轨接头等局部沉陷可能使某一车轮脱离轨面而悬空,不仅会发生很大冲击,影响弹簧托架的寿命,而且使机车处于极不稳定状态,容易造成出轨事故。另一种是均衡托架,各组弹簧用杠杆铰接成一个系统进行工作,使各弹簧均匀受力,把机车重力均匀地分配到各个车轮上。矿用电机车大多数采用均衡托架。

均衡托架又分横向均衡托架和纵向均衡托架两种。横向均衡托架的机车车架一端支承在两个单独托架B、C上,另一端通过横向均衡梁的A点支承在另两托架叠板弹簧的外端,使电机车的重力支承在三点上。这样,在任何情况下机车重力都将均衡地分配在各个车轮上,从而提高电机车运行的稳定性。纵向均衡托架是将两侧的前后托架用纵向均衡梁连接起来,纵梁的终点即为车架支点之一。这样,两侧弹簧托架便可通过纵向均衡梁自动地调整前后轮上的负荷,使机车重力在各个车轮上均衡分布。

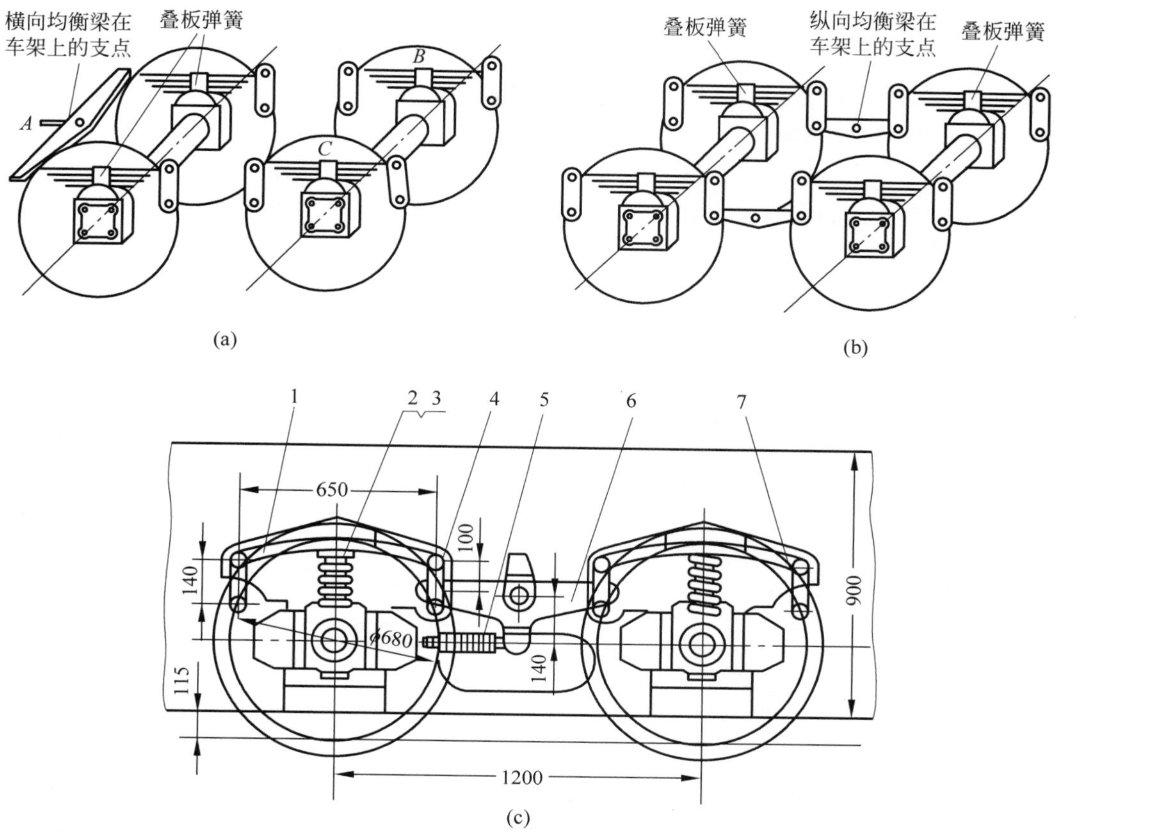

横向均衡梁在
车架上的支点
叠板弹簧
A
B
C
(a)
叠板弹簧
纵向均衡梁在
车架上的支点
叠板弹簧
(b)
1
2 3
4
5
6
7
650
100
140
φ680
140
115
900
1200
(c)

1—支撑梁；2,3—内外双排圆柱螺旋弹簧；4,7—托架连杆；5—弹簧稳定器；6—纵向均衡梁。

图 12-9　电机车弹簧托架

(a) 横向均衡叠板弹簧托架；(b) 纵向均衡叠板弹簧托架；(c) 7 t、10 t 电机车新式均衡托架

5. 机械制动装置

矿用电机车除小吨位机车外，一般都设有电气制动和机械制动两种制动装置。其作用是在电机车运行中进行制动，使电机车减速或停车。

电气制动不磨损车轮和闸瓦，但制动力随机车运行速度降低而减小，因而为了迅速停车还必须施加机械制动。

矿用电机车机械制动装置一般采用闸瓦式制动器，其制动方式有手动、气动和液压制动三种。手动控制是最简单、最基本的控制方式。气动和液压制动结构较复杂，但操纵方便，制动迅速。在气动或液压控制系统中均应附加手动控制，以提高控制系统的可靠性。

图 12-10 所示为手动机械制动系统。当司机转动手轮 1 时，通过螺杆 3 使均衡杆 4(其中点处有螺母)前后移动，从而通过拉杆 5 和制动杆 6，使闸瓦压紧或松开车轮轮毂，进行制动或解除制动。正反扣螺栓 7 用于调整闸瓦与轮毂之间的间隙。

1
2
3
4
5
6
7

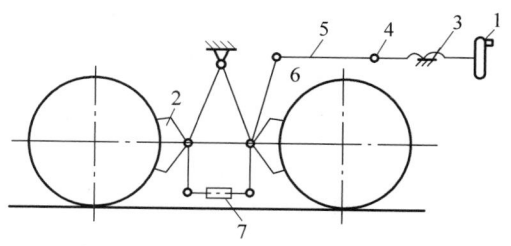

1—手轮；2—闸瓦；3—螺杆；4—均衡杆；
5—拉杆；6—制动杆；7—正反扣螺栓。

图 12-10　电机车手动机械制动系统示意图

6. 齿轮传动装置

牵引电动机的转矩通过齿轮传动装置传

递到主动轴。齿轮传动装置有两种类型：一种为单独传动，即每根主动轴分别由单独的牵引电动机驱动；另一种为组合传动，即电机车的两个主动轴由一台牵引电动机驱动。目前矿用电机车除 14 t 的外，单独传动装置都为一级齿轮减速，如图 12-11（a）所示。其主动齿轮用键装在牵引电动机的轴端，从动齿轮由可以拆开的两个半齿轮合成，通过键用双头螺栓紧固在电机车轴上。齿轮装在齿轮罩箱中，以便进

行润滑和防护。牵引电动机一端用滑动轴承套装在电机车的主动轴上，另一端用壳上的凸耳通过弹簧吊架弹性地吊挂在车架上。采用这种安装方式是为适应车架和轮对是弹性联系的两部分，保证齿轮的传动中心距不变，并缓和电机车运行中对牵引电动机的冲击和振动。组合传动只适用于小吨位电机车，如图 12-11（b）所示。

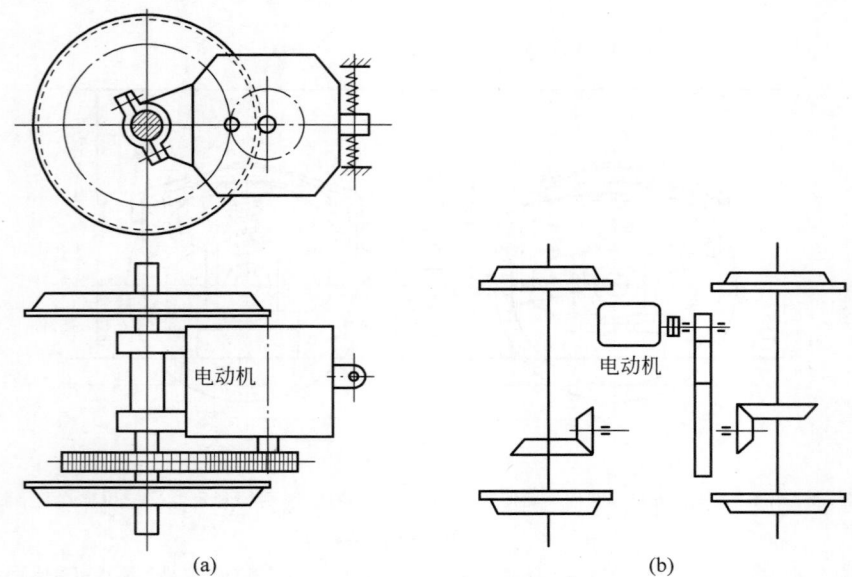

(a)　　　　　　　　　　(b)

图 12-11　矿用电机车齿轮传动装置
（a）一级齿轮减速的单独传动；（b）小吨位电机车的组合传动

7. 撒砂装置

电机车启动或制动时，在车轮运行前方的钢轨上撒砂，增大黏着系数，从而提高电机车的牵引力和制动力，这对于提高电机车运输能力和行车安全有重要意义，为此电机车上设有撒砂装置。撒砂装置有多种型式，但都由四个砂箱和杠杆、连杆操纵系统组成。砂箱成对地安置在车轮外侧。这样，不论机车运行方向如何，都能保证有一对砂箱可以把砂子撒在滚动的车轮前方。操纵杠杆系统由司机室内的手柄或脚踏板控制。图 12-12 所示为一种矿用电机车的撒砂装置。它有两个操纵手柄，上手柄操纵前部砂箱，下手柄操纵后部砂箱，当拉动手柄时，手柄臂将拉杆 1 向左拉动，摇臂 2 将拉

杆 3 上提，锥体 4 与砂箱底之间打开一缝隙，砂子便经出砂导管 5 撒在轨面上。手柄靠弹簧复位，使砂箱关闭。砂箱中需装粒度不大于 1 mm 的干砂。

12.2.2.2　矿用电机车的电气设备

矿用电机车的电气设备包括牵引电动机、电气控制设备和照明设备等。

1. 牵引电动机

目前我国矿用电机车的牵引电动机采用具有良好牵引特性的直流串激电动机。与其他激磁方式的直流电动机和交流异步电动机相比，直流串激电动机具有下列优点：

（1）直流串激电动机启动时，能以较小的启动电流获得较大的启动转矩，因而在要求启

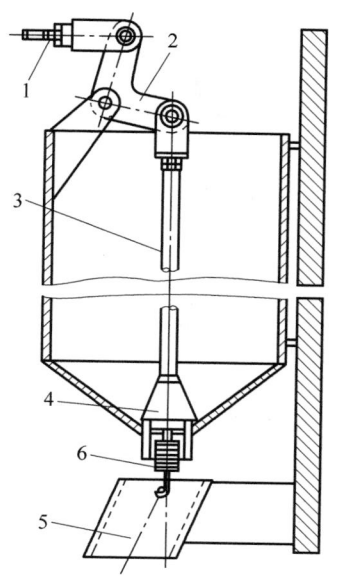

1,3—拉杆；2—摇臂；4—锥体；5—出砂导管；6—弹簧。

图 12-12　矿用电机车的撒砂装置

动力矩相同的条件下，可以采用容量较小的牵引电动机。

（2）直流串激电动机具有软特性，它的转矩和转速能随负载变化自动调节。当电机车上坡或负荷增大时，电动机的转速会随着转矩的增大而自动降低，既可保证安全运行，又不会从电网吸取过大的功率，从而使牵引变流所和牵引电网负荷比较均衡。

（3）架空牵引电网电压变化时，仅影响直流串激电动机的转速，而对其转矩几乎没有影响。因此，在运输距离较长、架空导线电压降较大时，也能满足电机车启动的要求。

（4）两台直流串激电动机并联工作时，负荷分配比较均匀。当电机车的两台牵引电动机特性有差异或后主动轴上的车轮直径不相等时，两台牵引电动机的负荷电流不同，但使用直流串激电动机时，这种负荷差甚小，为 5%～10%。这样可以避免个别电动机在运转中因负荷不均而产生严重过载现象。

由于矿用电机车工作条件较恶劣，牵引电动机都制造得很坚固，而且是全密封的，采用自然风冷。

2．电机车的电气控制及电气控制设备

1）电机车的电气控制

电机车的电气控制就是牵引电动机的控制，即控制牵引电动机启动、调速、换向、断电惰行以及电气制动。

（1）启动矿用电机要求电机车牵引力保持不变，也就是要求牵引电动机保持启动加速度不变，从而要求电机车牵引力保持不变，即要求牵引电动机的转矩保持不变。

由电机学可知，直流电动机在磁路不饱和时的转矩为

$$M = C_m \Phi I = C'_m I^2 \qquad (12\text{-}1)$$

式中：C_m——与电枢结构有关的常数；

　　　Φ——电动机的主磁通；

　　　I——电枢电流。

由式（12-1）可以看出，转矩与电流的平方成正比，欲使转矩不变电流必须不变。

电枢在主磁场中旋转时，电枢绕组中产生的反电动势 $E = C_e \Phi n$（C_e 为取决于电机结构的常数；n 为电枢转速）。

电枢电压为 U 时，电枢电流

$$I = \frac{U-E}{r} = \frac{U - C_e \Phi n}{r} \qquad (12\text{-}2)$$

式中：r——电动机各绕组的总电阻，对直流串激电动机为电枢绕组和激磁绕组的电阻之和。

由式（12-2）可以看出，在电动机接通电源的瞬间，电枢转速 n 为零，因而反电动势 E 为零，而电动机绕组电阻 r 又很小（$r \ll 10\Omega$），所以启动电流将很大。这不仅可能烧毁电动机绕组，而且由于过大的转矩而产生过大的机械冲击，可能造成机械损坏，或引起主动车轮在钢轨上空转。而在启动过程中随电枢转速 n 的增加，反电动势 E 增大，电枢电流则减小，因而转矩也随之减小。

综上所述，为限制启动电流，矿用电机车普遍采用两台电动机串并联并在电路中接入启动电阻的方法启动，如图 12-13 所示。为了使启动过程平稳并达到最大速度，应随着电动机转速的增高相应地减小启动电阻直到零，以保证启动过程中电动机转矩不变。

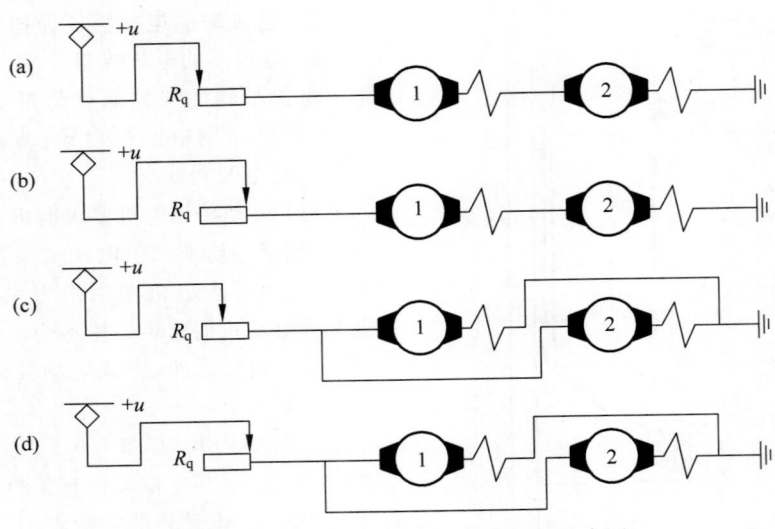

图 12-13　两台牵引电动机串并联启动示意图

（2）调速电机车启动完毕以后，当电机车的牵引力与列车运行阻力相等时，列车将匀速运行，这时的运行速度称平衡速度，平衡速度只取决于一定的运行条件。但电机车在运行中经常需要改变速度，如经过道岔、进入弯道及调车时应降低运行速度。因此，需要对电机车进行调速。

由牵引电动机电枢电流公式可得电枢转速

$$n = \frac{U - I_r}{C_e \Phi} \quad (12\text{-}3)$$

由式（12-3）可以看出，改变电动机端电压 U 或改变电动机的主磁通 Φ 都可以调节电动机的转速。常见的矿用电机车均采用牵引电动机串联或并联，从而改变电动机端电压进行调速。这种调速方法可以获得两种运行速度，电动机串联的运行速度约为额定速度的一半。这种方法平滑性较差，但由于电机车对调速要求不高，两级调速就能满足其运行需要。

只有一台牵引电动机的小吨位电机车可以采用在电动机电枢回路中串接电阻的方法降低端电压，来进行调速。而具有两台牵引电动机的电机车不采用串接电阻的方法调速，以避免在电阻上消耗大量的电能以及增加电阻的重量和体积。

为了克服传统调速方法的缺点，国外广泛采用可控硅脉冲调速，我国各地也正在试验研究。可控硅脉冲调速装置相当于一个无触点快速开关，安装于电源和电动机之间。周期性地接通、切断这个开关，可以将直流电压转变成脉冲电压，加在电动机两端的电压为脉冲电压的平均值，这种开关又称直流斩波器或继续器，其基本电路和波形如图 12-14（a）所示。

设可控硅导通时间为 t，周期为 T，两者之比 t/T 称导通比，如电源电压为 U，则加于电动机两端的平均电压 U_p 为

$$U_p = U \frac{t}{T} = Utf \quad (12\text{-}4)$$

式中：f——工作频率，$f = 1/T$。

由式（12-4）可以看出，平均电压与导通比成正比，改变导通比即可使平均电压从零到 U 无级调节，从而达到无级调速的目的。由式（12-4）还可以看出，平均电压随导通时间或工作频率变化而变化，因此脉冲调速有三种控制方式：固定可控硅的通断周期 T，调整可控硅的导通时间 t，即可调整其脉冲宽度（图 12-14（b）），称"定频调宽"；固定可控硅的导通时间 t，改变可控硅的通断周期 T，即可调整其工作频率（图 12-14（c）），称"定宽调频"；同时调整导通时间和工作频率，称"调宽调频"。

可控硅脉冲调速的优点是：启动平稳，无级调速，改善黏着状态，节省电能，操作灵活省力，维护简单。

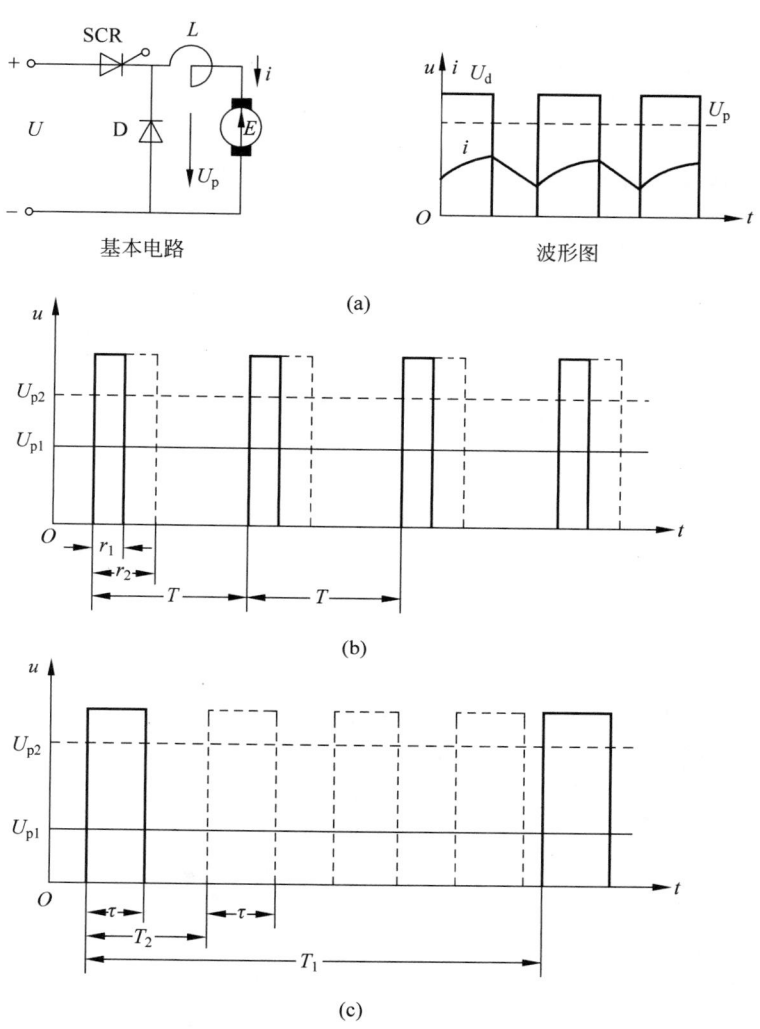

图 12-14　可控硅脉冲调速基本原理

（a）基本电路和波形；（b）定频调宽调速方式；（c）定宽调频调速方式

如前所述，矿用电机车除采用机械制动外，还采用电气制动。虽然电气制动的效果随列车速度的减小而降低，并且不能依靠电气制动准确停车，但电气制动和机械制动相互配合可大大改善电机车的制动性能。

矿用电机车的电气制动普遍采用动力制动方式。进行动力制动时，首先切断电动机的电源，然后在牵引电动机的两端接上制动电阻。这时电动机电枢由车轮带动旋转，作发电运行。由于发电运行时电动机电流改变为相反方向，产生的转矩也改变为相反方向，使电动机轴上产生制动力矩。在制动过程中，电动机所产生的电能消耗在制动电阻上，故又称能耗制动。动力制动线路简单，不从电网中吸取电能，产生的机械冲击也较小。但电动机在制动过程中有电流流过，电机绕组温升增高，因此在确定牵引电动机容量时需增大 15%～20%。

2）电机车的电气控制设备

电机车的电气控制设备就是操纵牵引电动机的电气设备，目前常用的矿用电机车的电气控制设备主要有控制器、电阻器、受电器以及自动开关等。

（1）控制器。控制器是一多触点转换开关，用来进行电路中有关触点的开、闭转换，以实现牵引电动机的电气控制。矿用电机车设有主控制器和换向器，两控制器装在一外壳中。主控制器和换向器的轴分别称为主轴和换向轴。

主控制器通常采用凸轮型控制器。凸轮型控制器的主轴上装有许多用坚固的绝缘材料制成的凸轮盘，凸轮盘的侧面装有若干个接触元件，每个接触元件由一个活动触点和一个固定触点构成。活动触点可在凸轮盘凸缘推动下与固定触点紧密接合，凸轮抬升后，活动触点在弹簧作用下与固定触点分离。当转动主轴手柄时，就能使各个凸轮盘按一定顺序闭合或断开各个接触元件。凸轮控制器具有触点磨损较少、容易更换、消弧措施完善、能承受频繁操作等优点，故多用于进行启动、调速、断电及电气控制等主要操作。

换向控制器多采用鼓型控制器。鼓型控制器的换向轴上装有鼓轮，鼓轮上装有若干个活动触点，旋转换向轴手柄，能使这些活动触点与它们对应的固定触点闭合或断开。鼓型控制器结构较简单，但因其无消弧装置，触点磨损较快，不能带电操作，因此只用来作断电后的换向操作。图12-15所示为单电动机的控制器工作原理图。

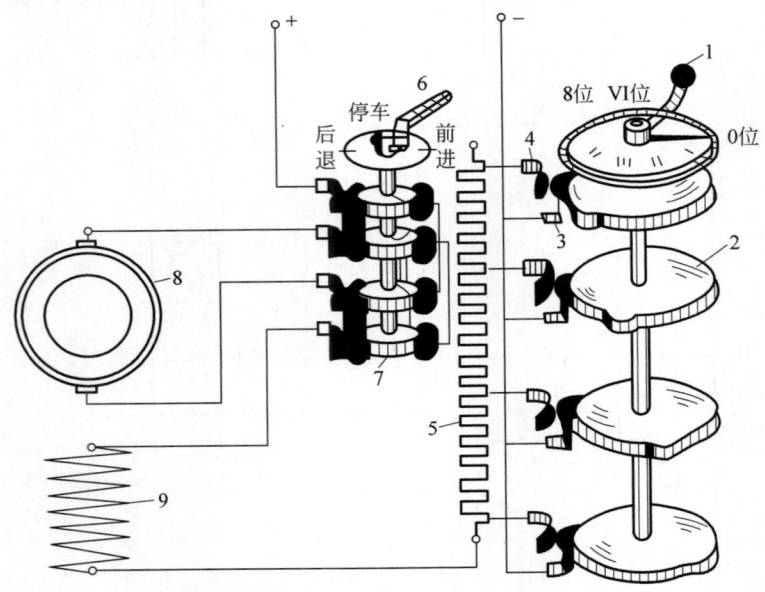

1—主轴手柄；2—凸轮盘；3—活动触点；4—固定触点；5—电阻；6—换向轴手柄；7—鼓轮；8—电枢；9—激磁绕组。

图12-15 单电动机控制器工作原理图

为防止误操作，在控制器主轴与换向轴之间设有机械闭锁装置，其作用是：主轴和换向轴均处于停止位置时主轴不能转动，只有当换向轴置于工作位置即"向前"或"向后"的位置时主轴才能转动到各工作位置，便于司机正确选择开车方向；当主轴处于工作位置时换向轴不能转动，只有当主轴处于停止位置时换向轴才能转动，以避免换向轴触点带电分合而烧毁；当换向轴在任一台牵引电动机单独工作位置时，主轴只能在停止和两电动机串联运行的工作位置间转动；只有当两者都处于停止位置时，换向轴手柄才可以取下，因此电机车司机称换向轴手柄为电机车钥匙。

（2）电阻器。电阻器是牵引电动机启动、调速和动力制动的主要设备，通常由几个单独的电阻元件组合而成，通过不同的连接方式可获得不同的电阻值。电机车的电阻器是用康铜或铁铬铝等高阻合金的线材或带材绕制成的螺旋管形电阻元件，置于机车一端的电阻室中。

（3）受电器。受电器是架线式电机车从架线上取得电能的装置。矿用电机车的受电器有沿架线滚动的滚轮或滚筒受电器和沿架线滑动的滑杆受电器。后者应用范围最广，其优点是：在具有分支的线路上运行时便于通过架线交叉点，横向脱离架线的可能性很小；滑杆磨损后更换方便。通常滑杆用铝制作，为减轻滑杆与架线的磨损，可在滑杆顶部中间制出V形的纵向凹槽，槽内充填润滑脂，随电机车的运行，润滑脂涂在滑杆和架线表面上，起润滑作用，并能减少滑杆与架线间产生的火花。铝制滑杆易受电火花灼伤和磨损。一种新型接触零件——炭素滑板，具有润滑、耐磨和抗电灼的良好性能，不仅可延长滑板本身的使用寿命，还能减轻架线的磨损，因而值得推广。

3）ZK_{10}^7-250型架线式电机车的电气控制原理

图12-16（a）所示为矿用电机车的控制线路，分照明线路和动力线路两部分。照明线路由照明开关K、熔断器RD、照明电阻R、聚光照明灯ZD及插座CD等组成。动力线路由受电器NG，自动开关ZK、启动电阻$R_1 \sim R_4$、动力制动附加电阻R_4、R_5以及牵引电动机Q_1、Q_2等组成。图中T_1、T_2、T_3、SK、1、2、3、4、5、6、7为主控制器的触点；其余为换向器的触点；SQ_1、SQ_2分别为两台电动机电枢绕组；CQ_1、CQ_2为激磁绕组。各段电阻值列于图中附表。

图12-16（b）所示为电气接线图。图的右边是换向器的展开图，图中显示出换向轴有七个位置。图中竖向粗黑线段表示控制轴在各位置时相应的触点闭合。

（1）0位：此时换向器所有触点均不闭合。

（2）前进1：表示1号电动机单独向前进方向转动。

（3）前进2：表示2号电动机单独向前进方向转动。

（4）前进1+2：表示1号、2号电动机均向前进方向转动。

各段电阻值

符号	电阻(欧)	
	ZK_{10}^7-250型	ZK_{10}^7-550型
R_1—R_2	0.687	2.268
R_2—R_3	1.374	4.536
R_3—R_4	1.374	4.536
R_4—R_5	0.458	1.512

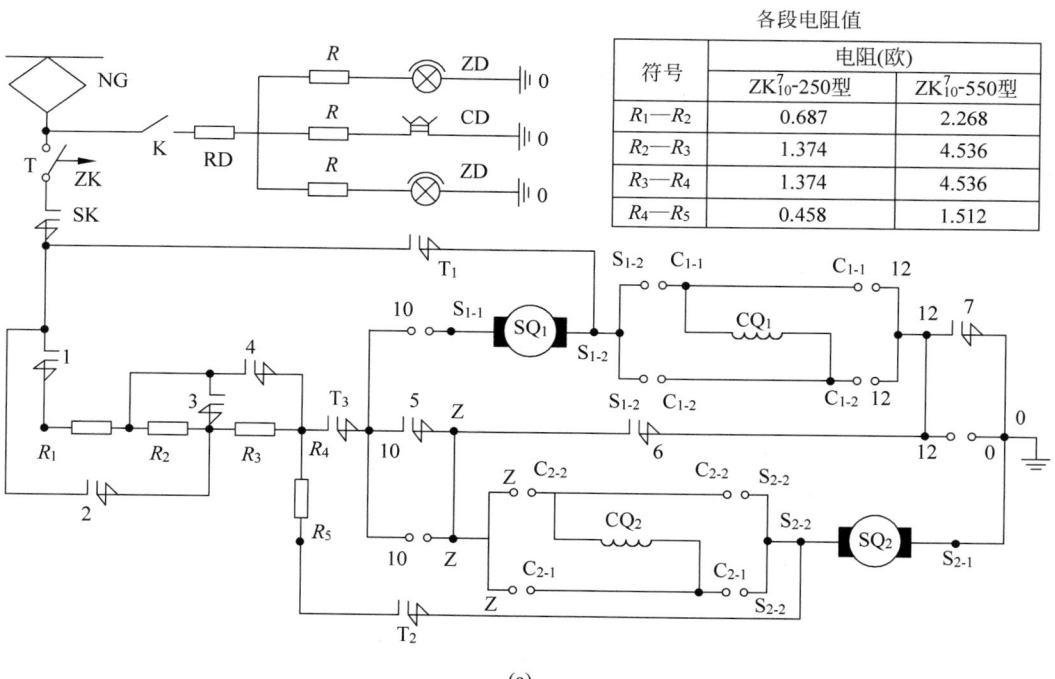

(a)

图12-16　ZK_{10}^7-250型矿用架线电机车电气控制原理图

（a）电气控制原理图；（b）电气接线图

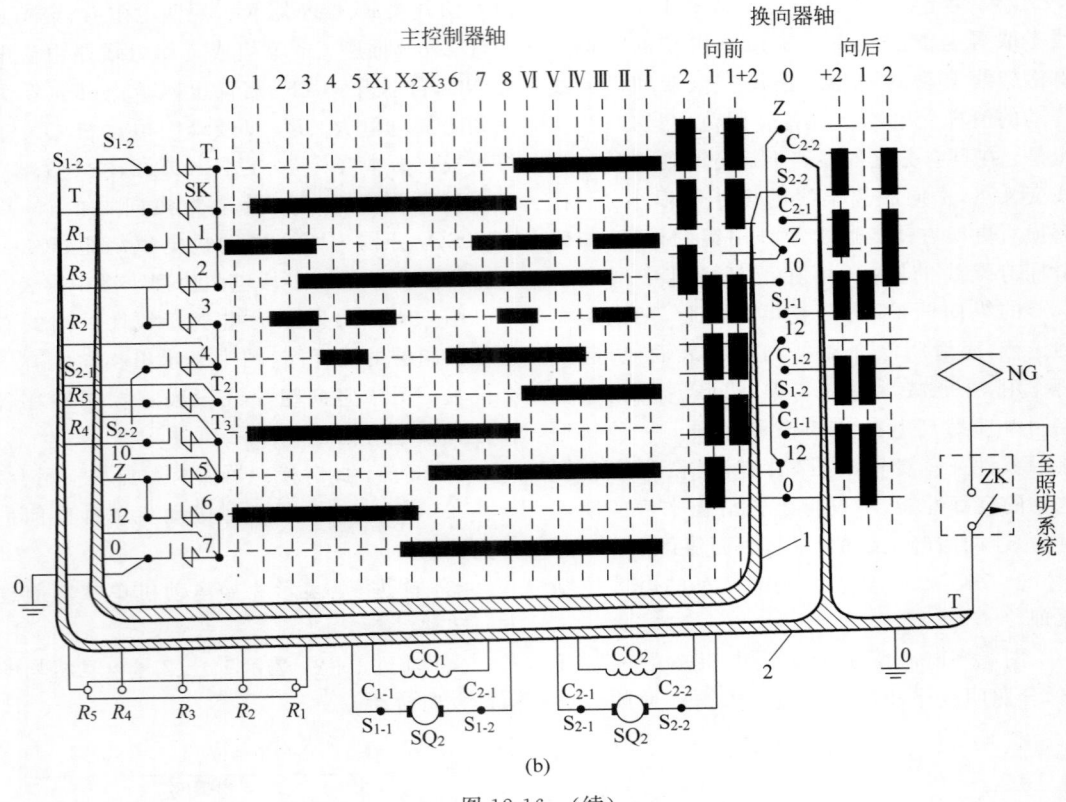

图 12-16 （续）

位置 X_3：触点 SK、2、5、7 及 T_3 闭合，启动电阻仍被接入，两电动机并联运行。电流通路如下：

$$NG \rightarrow ZK \rightarrow SK \rightarrow 2 \rightarrow R_3{-}R_4 \rightarrow T_3 \rightarrow$$
$$\begin{array}{l} SQ_1 \rightarrow CQ_1 \rightarrow 7 \\ 5 \rightarrow CQ_2 \rightarrow SQ_2 \end{array} \rightarrow 0$$

位置 6：触点 SK、2、4、5、7 及 T 闭合，启动电阻 $R_2{-}R_3$ 段与 $R_3{-}R_4$ 段并联，总电阻减小，两电动机转速升高，仍并联，电机车加速运行。

位置 7：触点 SK、1、2、4、5、7 及 T_3 闭合，启动电阻 $R_1{-}R_2$、$R_2{-}R_3$、$R_3{-}R_4$ 三段并联，两电动机仍并联，电机车继续加速。

位置 8：触点 SK、1、2、3、4、5、7 及 T_3 闭合，启动电阻全部短接，两电动机并联，直接接至电网，电动机端电压等于电网电压。电机车全速运行，启动完毕。电流通路如下：

$$NG \rightarrow ZK \rightarrow SK \rightarrow 2 \rightarrow 3 \rightarrow 4 \rightarrow T_3 \rightarrow$$
$$\begin{array}{l} SQ_1 \rightarrow CQ_1 \rightarrow 7 \\ 5 \rightarrow CQ_2 \rightarrow SQ_2 \end{array} \rightarrow 0$$

进行电气制动时，必须逆时针方向转动主轴手柄，转到零位时，电源被切断，继续逆时针方向转动到各制动位置时：

位置 I：触点 1、5、7、T_1 及 T_2 闭合，两电动机自电网上切断，并交叉连接作发电运行，全部启动电阻以及 R_4、R_5 串联作为两电机的负载。两电机发出的电能在电阻上转变为热能而消耗，使电机车减速。

位置 II：触点 1、3、5、7、T_1 及 T_2 闭合，启动电阻 $R_2{-}R_3$ 段被短接，两电动机仍交叉连接发电运行。

位置 III：触点 1、2、3、5、7、T_1 及 T_2 闭合，启动电阻 $R_1{-}R_2$ 和 $R_2{-}R_3$ 段被短接，两电动机交叉连接发电运行。

位置 IV：触点 2、4、5、7、T_1 及 T_2 闭合，启

动电阻 $R_1—R_2$ 段开路，$R_2—R_3$ 段与 $R_3—R_4$ 段并联再与 $R_4—R_5$ 段串联，作为交叉连接发电运行两电动机的负载。

位置Ⅴ：触点 1、2、4、5、7、T_1 及 T_2 闭合，启动电阻 $R_1—R_2$、$R_2—R_3$ 段与 $R_3—R_4$ 段并联后再与 $R_4—R_5$ 段串联，作为交叉连接发电运行两电动机的负载。

位置Ⅵ：触点 1、2、3、4、5、7、T_1 及 T_2 闭合，切除 $R_1—R_2$、$R_2—R_3$、$R_3—R_4$ 段，只剩 $R_4—R_5$ 段，作为交叉连接发电运行两电动机的负载。

图 12-16（b）的左边是主控制器展开图。图中示出主控制轴有五组共 18 个位置，横向粗黑线段表示主控制轴在各位置时相应的触点闭合。

后退方向与前进方向类似，也有三个位置。

（1）0 位：触点 1、6 闭合，两台牵引电动机串联但未接通电源。

（2）1～5 位置：两牵引电动机串联启动，位置 5 可串联运行。

（3）X_1～X_3 位置：两牵引电动机由串联向并联过渡。

（4）6～8 位置：两牵引电动机并联且逐渐加速，位置 8 启动结束。

（5）Ⅰ～Ⅴ位置：电气制动。

图 12-16 中附表列出主控制轴在各位置时触点闭合程序及相应的电阻值。

下面根据图 12-16 说明电机车的操纵步骤，以及各控制轴处于不同位置时电路的导通状态。

开车时，首先把换向轴手柄由零位扳到前进或后退（1+2）位置上。触点 Z-C_{2-2}、C_{2-1}—S_{2-2}、10—S_{1-1}、12—C_{1-2}、S_{1-2}—C_{1-1} 闭合，把牵引电动机的电枢绕组和各自的激磁绕组串联起来。然后将主轴手柄由零位开始顺时针方向转动，主轴手柄扳到下列位置时，电路导通状态、牵引电动机和电机车运行状态如下：

位置 1：触点 SK、1、6 及 T_3 闭合，接通电源。两牵引电动机串联并加入全部启动电阻，

电动机启动。电流通路如下：

受电器 NG→ZK→SK→1→R_1→R_2→R_3→R_4→T_3→SQ_1→CQ_1→6→CQ_2→SQ_2→0。

位置 2：触点 SK、1、3、6 及 T_3 闭合，启动电阻 $R_2—R_3$ 段被短接；两电动机加速，仍串联运行。

位置 3：触点 SK、1、2、3、6 及 T_3 闭合，启动电阻 $R_1—R_2$ 与 $R_2—R_3$ 两段被短接，两电动机继续加速，仍串联运行。

位置 4：触点 SK、2、4、6 及 T_3 闭合，启动电阻 $R_1—R_2$ 段被切除，$R_2—R_3$ 与 $R_3—R_4$ 段并联，两电动机继续加速，仍串联运行。

位置 5：触点 SK、2、3、4、6 及 T_3 闭合，全部启动电阻被短接，两电动机串联后直接接至电网，每台电动机的端电压为网路电压之半，电机车的速度近似为额定速度之半，故称半速。电流通路如下：

受电器 NG→ZK→SK→2→3，4→T_3→SQ_1→CQ_1→6→CQ_2→SQ_2→0。

位置 X_1：触点 SK、2、3、6 及 T_3 闭合，启动电阻 $R_3—R_4$ 段重新接入，两电动机速度稍有下降，仍为串联运行。

位置 X_2：触点 SK、2、6、7 及 T_3 闭合，启动电阻 $R_3—R_4$ 段仍接入，2 号电动机短接，1 号电机电压升高，转速升高，电机车加速运行。

当改变电机车运行方向时，必须先把主轴手柄转到零位，再把换向轴手柄转到与开车方向相反（1+2）位置，使两台牵引电动机的激磁绕组的接法改变。由于磁场改变了方向，电动机的旋转方向也随之改变，从而改变了电机车运行方向。

12.2.3 选用原则和选用计算

1. 选用原则

选择电机车是一个技术经济问题，需要考虑的因素较多，其中主要因素有运输量、采矿方法、装矿点的集中与分散情况、运输距离和车型的特殊要求等。一般可按表 12-2 选择电机车质量和矿车容积。

表 12-2　运输量与机车质量、矿车容积、轨距、轨型的一般关系

表 12-2　运输量与机车质量、矿车容积、轨距、轨型的一般关系

运输量/(万 t/年)	机车质量/t	矿车容积/m³	轨距/mm	轨型/(kg/m)
8～15	1.5～3	0.6～1.2	600	12～15
15～30	3～7	0.7～1.2	600	15～22
30～60	7～10	1.2～2.0	600	22～30
60～100	10～14	2.0～4.0	600,762	22～30
100～200	14,10 双机	4.0～6.0	762,900	30～38
200～400	14～20,14～20 双机	6.0～10.0	762,900	38～43
>400	40～50,20 双机	>10.0	900	43 及以上

注：选择平硐的运输设备时亦按年运输量选取，并取表中的上限值。

当装矿点较分散和溜井贮矿量小时，应选用多台小吨位机车；当装矿点集中、贮矿量大和运距较长时，应选用较大吨位机车。因中段运量和供矿条件不同，必要时可选两种型号机车。当选用双机车牵引时，应选两台同型号机车。专为掘进中段用应选小吨位机车。在运距长、运量大的平硐，选用大吨位机车运输的同时，还应考虑运输人员、材料和线路维修等配备小吨位机车。电机车质量和矿车容积选定以后，再根据其他要求和条件确定其型号。

2. 列车选用计算

在选定电机车及矿车型号以后，便可进行列车组成的计算。列车组成计算就是计算列车中的车组质量，并据此确定车组的矿车数。电机车牵引的车组质量取决于电机车的轮缘牵引力、安全制动距离和牵引电动机按允许温升确定的长时电流。计算步骤是：首先按启动时的黏着条件和制动条件分别计算车组质量，取其小者计算矿车数；然后按牵引电动机的温升条件进行校验。

1）按启动条件计算车组质量

按启动条件计算电机车牵引的车组质量时，必须考虑到最困难的启动情况。如前所述，在井下运输中一般都是重列车下坡运行，但在特殊情况下可能发生重列车上坡启动的情况。因此在按启动条件计算电机车牵引的车组质量时，应按重列车沿弯道上坡启动来计算。

重列车沿弯道上坡启动时，电机车应给出的牵引力为

$$F = 1000(m_d + m_z) \cdot$$
$$g(w_z + i_p + w_w + 0.11a)(N) \quad (12-5)$$

式中：m_d——电机车质量，t；

　　　m_z——重车组质量，t；

　　　w_z——重列车启动时的阻力系数；

　　　w_w——弯道阻力系数；

　　　i_p——线路平均坡度；

　　　a——启动时加速度，m/s²。

为保证启动时电机车车轮不打滑，电机车的牵引力不应超过黏着力的极限值。将式(12-5)代入式(12-6)，则电机车牵引的车组质量为

$$F \leqslant P_n \varphi \quad (12-6)$$

$$m_z \leqslant \frac{P_n \varphi}{w_z + i_p + 0.11a + w_w} - m_d(t)$$
$$(12-7)$$

式中：P_n——电机车黏着重力；

　　　φ——黏着系数。

2）按制动条件计算车组质量

按制动条件计算车组质量时，也要考虑到列车制动最不利的情况，即应按重列车下坡制动进行计算。为安全起见，根据电机车照明灯有效射程，《冶金矿山安全规程》规定井下列车运送货载时制动距离不得超过 40 m，运送人员时制动距离不得超过 20 m。由于电机车照明技术的改进，井下矿用电机车车灯的照明射程距离已达到 100 m。因此，现把制动距离定为 60 m。

设列车开始制动时的速度等于电机车的长时速度，则制动时的减速度为

$$a = \frac{v_c^2}{2L_z} \quad (m/s^2) \quad (12-8)$$

式中：v_c——电机车的长时速度，m/s；

　　　L_z——制动距离，m。

重列车沿直线线路下坡制动时所需的制

动力为

$$B = 1000(m_d + m_z) \cdot g(0.11a + i_p - w_z) \text{ (N)}$$
$$(12-9)$$

为使制动时不把制动轮闸死，电机车最大制动力不应超过它的黏着力，得按制动条件确定车组质量：

$$m_z \leqslant \frac{P_z \varphi}{0.11a + i_p - w_z} - m_d \text{ (t)} \quad (12-10)$$

由上述两个条件分别计算出电机车牵引的车组质量以后，取其小者计算组成车组的矿车数。车组的矿车数为

$$z = \frac{m_z}{G + m_0} \text{ (辆)} \quad (12-11)$$

式中：G——矿车的有效装载量，t；

m_0——矿车质量，t。

3）按牵引电动机温升条件校验列车组成

按启动和制动条件确定车组矿车数后，还必须按牵引电动机温升条件对其进行校验。按温升条件校验的目的是：保证列车运行时，牵引电动机的等值电流不超过它的长时电流。如能满足这个条件，牵引电动机的温升就不会超过允许温升。

（1）计算牵引电动机的牵引力。

首先计算电机车牵引重车组和空车组运行时的牵引力：

重车时，

$$F_z = 1000[m_d + z(G + m_0)] \cdot g(w_z - i_p) \text{ (N)}$$
$$(12-12)$$

空车时，

$$F_k = 1000(m_d + zm_0) \cdot g(w_k - i_p) \text{ (N)}$$
$$(12-13)$$

每台牵引电动机的牵引力：

重车时，

$$F'_z = \frac{F_n}{n} \quad (12-14)$$

空车时，

$$F'_k = \frac{F_k}{n} \quad (12-15)$$

式中：w_z、w_k——重列车和空列车运行阻力系数；

n——电机车牵引电动机台数。

（2）查取牵引电动机的电流及电机车的速度。

根据计算出的每台牵引电动机的牵引力 F，在牵引电动机的特性曲线上查取重列车和空列车运行时的牵引电动机的电流 I 以及相应的牵引速度 v。

（3）计算重列车和空列车在最长运输距离上的运行时间及列车往返一次的时间。

重列车运行时间

$$t'_z = \frac{L_{max}}{60v_{zp}} \text{ (min)} \quad (12-16)$$

空列车运行时间

$$t'_k = \frac{L_{max}}{60v_{kp}} \text{ (min)} \quad (12-17)$$

式中：L_{max}——最远装车站的距离，m；

v_{zp}——重列车的平均速度，$v_{zp} = 0.75v_z$，m/s；

v_{kp}——空列车的平均速度，$v_{kp} = 0.75v_k$，m/s。

在最长运输距离上列车往返一次总运行时间 $T'_y = t'_z + t'_k$，往返一次所需总时间

$$T' = T'_y + t_\theta \text{ (min)} \quad (12-18)$$

式中：t_θ——每个运输循环中的休止时间，min，包括调车、让车、装卸载作业时间和意外耽误的时间等。一般计算时取 $t_\theta = 20 \sim 25$ min。

（4）计算电机车牵引列车往返一次的等值电流。

牵引电机车的等值电流 I_d 用均方根法计算：

$$I_d = a \sqrt{\frac{I_z^2 t'_z + I_k^2 t'_k}{T'}} \text{ (A)} \quad (12-19)$$

式中：a——调车系数，即调车时牵引电动机工作系数，其值与运输距离有关。运距小于 1000 m 时取 1.4；运距为 1000～2000 m 时取 1.25；运距大于 2000 m 时取 1.15。

4）电机车台数的计算

（1）一台电机车每班可能完成的往返次数为

$$m = \frac{60t_b}{T_y + \theta} = \frac{60t_b}{T} \quad (12-20)$$

式中：t_b——电机车每班工作小时数，取 6～6.5 h；

T——在加权平均运输距离上往返一次的总时间，min；

T_y——在加权平均运输距离上往返一次的运行时间，min。

$$T_y = t_z + t_k = \frac{L_p}{60v_{zp}} + \frac{L_p}{60v_{zk}} \quad (12-21)$$

式中：t_z、t_k——重列车和空列车在加权平均运输距离上的运行时间，min；

L_p——加权平均运输距离，m。

（2）完成每班出矿量需要的往返次数为

$$m_1 = \frac{cA_b}{zG} （次／班） \quad (12-22)$$

式中：A_b——某中段的班平均生产率，t/班；

c——运输不均衡系数，可取 $c = 1.2 \sim 1.3$；

z——车组中的矿车数；

G——矿车有效载重量，t。

（3）每班运输废石、人员、材料设备等所需要的总往返次数 m_2。

设运送废石、人员、材料设备所需的往返次数分别为 m_j、m_r、m_c，则

$$m_2 = m_j + m_r + m_c （次／班）$$

其中运送废石的次数按废石量计算，运送人员和材料设备的往返次数可根据各矿具体情况确定。

每班运送货载和人员的总往返次数为

$$m_0 = m_1 + m_2 （次／班）$$

（4）需要的电机车工作台数为

$$N = \frac{m_0}{m} （台） \quad (12-23)$$

式中：N——备用电机车台数，$N = N_1 + N_2$，工作电机车在 5 台以内时备用 1 台，工作电机车台数在 6 台以上时备

用 2 台。如果电机车通过井筒极不方便，最好在各主要生产中段分别考虑备用电机车的台数。

3．牵引变流所容量的计算和整流设备的选择

井下电机车运输中，由于各电机车在同一时间所处位置及工作状态不同，因此很难精确计算牵引变流所的负荷。牵引变流所的容量按连续负荷计算，选择整流设备，再用短时最大负荷验算整流设备的过负荷能力。

1）牵引变流所的连续负荷

当电机车台数在 5 台以下时，常采用平均负荷法计算牵引变流所的连续负荷 P_f。公式为

$$P_f = \frac{U}{1000\eta} N_1 I_p K_t （kW） \quad (12-24)$$

式中：U——牵引网路电压，计算时可取为母线电压，V；

η——牵引网路效率，取 0.9；

N_1——工作电机车台数；

K_t——同时工作系数，按表 12-3 取用；

I_p——电机车正常运行时的平均电流，A，$I_p = (I_z' + I_k')/2$；

I_z'、I_k'——电机车正常运行时的电流，A。

表 12-3 同时工作系数 K_t

N_1	1	2	3	4	5	6
K_t	1.0	0.75	0.65	0.62	0.6	0.59

当电机车台数较多时，可利用需用系数计算牵引变流所的连续负荷 P_f：

$$P_f = K_x N_1 P_n （kW） \quad (12-25)$$

式中：K_x——需用系数，按表 12-4 取用；

P_n——电机车小时容量，kW。

表 12-4 需用系数 K_x

N_1	5	6	7	8	9	10	11	12	13	14
K_x	0.40	0.35	0.33	0.30	0.28	0.27	0.26	0.25	0.24	0.23

2）牵引变流所的最大负荷

当工作电机车台数不超过两台时，可将电机车同时启动时的负荷作为最大负荷。

$$P_{fmax} = N_1 U I_q n \times 10^{-3} （kW） \quad (12-26)$$

式中：I_q——每台牵引电机车的起动电流，A；

n——牵引电动机台数。

其他符号意义同前。

当工作电机车台数超过两台时,则按三分之二电机车启动、三分之一电机车正常运行来计算最大负荷:

$$P_{fmax} = \frac{1}{3}k_t U N_1 (I_p + 2nI_q) \times 10^{-3} \text{(kW)}$$

$$(12-27)$$

整流设备的过负荷系数 γ:

$$\gamma = \frac{P_{fmax}}{P_\gamma} \quad (12-28)$$

式中：P_γ——整流设备额定连续输出功率,kW。

过负荷系数 γ 不应超过整流设备的允许值,交流设备有发电机组和硅整流器等种类。由于硅整流器无转动部分、效率高、体积小、安装和维修方便,因而被广泛采用。

常见牵引用硅整流器的技术数据列于表12-5,硅整流器允许的过负荷系数见表12-6。

表 12-5 牵引用硅整流器技术数据

型 号	相数	电源电压/V	输出功率/kW	输出电压/V	输出电流/A	长×宽×高/(mm×mm×mm)
GTA-75/115	3	380	8.625	115	75	650×1000×1600
GTA-100/275	3	380	27.5	275	100	650×1000×1600
GTA-100/600	3	380	60	600	100	650×1000×1600
GTA-200/275	3	380	55	275	200	650×1000×1600
GTA-200/600	3	380;660	120	600	200	800×600×2000
GTA-300/275	3	380;660,3000,6000	72.5	275	300	650×1000×1900
GTA-400/275	3	380;660,3000,6000	110	275	400	650×1000×1900
GTA-600/275	3	380;660,3000,6000	165	275	600	1200×900×1900

表 12-6 硅整流器允许的过负荷系数

型号(北京整流器厂)	GTA-100/275		GTA-200/275		GTA-200/600		GTA-300/600		GTA-600/275	
参 数	γ	t/min	γ	t/min	γ	t/min	γ	t/min	γ	t/min
数 值	1.5	120	1.5	120	1.5	120	1.5	120	1.5	120

12.2.4 安全使用操作规程与维护保养

12.2.4.1 电机车运输安全操作规程

(1)电机车司机必须经过安全技术培训,并考试合格,持证上岗,非电机车工不准操作电机车。

(2)司机必须熟练掌握所驾驶机车的机械性能及原理,确保运行安全。

(3)司机必须坚持贯彻执行岗位责任制,服从调度指挥,任何情况下不准将机车交给无证人员驾驶。

(4)司机必须严格执行交接班制度,接班后应对机车、矿车进行详细检查,只有认定机车"三有"(照明、警铃、制动)完好,连接器和电流保护装置处于正常状态,方可使用机车。不准在行驶中交接班。

(5)电机车司机应对电机车进行维护保养,做到"四勤"(勤检查、勤保养、勤维护、勤清整),听从指挥。

(6)电机车停车时司机离开电机车,必须将主手柄回至零位,刹紧机车,切断控制电源,取下控制手把保管好,并告知调度室。

(7)7 t以上机车可以准搭一人,但搭乘人员只准乘坐司机室,严禁乘坐电阻箱上。

(8)正常行驶时应由机车在前端牵引,严禁机车长距离倒车,如需短距离倒车要有专人在车尾指挥。

(9) 司机在开车前的检查。为确保安全，开车前司机必须认真作如下检查：

① 驾驶室应干净、完好；

② 各部件连接装置、各紧固件连接可靠；

③ 机车"三有"（照明、警铃、制动）完好；

④ 控制器的换向手柄、操作手把、制动轮应灵活，闭锁应可靠；

⑤ 各润滑点润滑良好。

(10) 电机车启动时的操作顺序及注意事项：

① 合上自动开关，将换向手把按上；

② 接到开车信号后，将换向手把扳到所需的行车方向；

③ 响铃示警，接到反馈信号后将车闸松开；

④ 把控制器手把自"零"位推到"1"位，使电机车慢慢启动，等全部车辆启动后速度不再上升时，再将控制器手把均匀地增加速度，推到2、3等位置，使车辆达到合适速度。

(11) 起动中的注意事项：

① 除将控制器手把推到两个电动机串联的最后位置和并联的最后位置可以长期停留外，其他位置不可停留过久；

② 禁止将控制器手把停留在两个位置中间；

③ 启动困难时，应切断自动开关并找出原因，处理好之后再按启动顺序启动，不得强行开车。

④ 禁止推动一个位置以上的加速方法。

(12) 司机操作电机车时的注意事项：

① 电机车司机必须按调度指令行车，在开车前必须发出开车信号，确保信号的确认与反确认；

② 司机操作电机车时应坐在座位上，目视前方，左手握控制器操作手把，右手拉好集电弓绳，防止过槽口或滑触线脱落时挂落集电弓；

③ 严禁司机在车外开车，严禁不松闸就开车；

④ 机车在运行中严禁将头或身体任何部位伸出车外；

⑤ 机车运行中司机必须经常注意前方，观察人员、车辆、道岔岔尖位置以及有无障碍物等，精心操作。

(13) 司机应正确使用车闸。车闸是为停止机车和车辆而设的，是保证安全运行不可缺少的重要组成部分，必须保证完好，操作灵活可靠，有问题及时处理，不可带病运行。必须按如下要求正确使用：

① 严禁不松闸就开车。

② 在运行中禁止使用车闸调速。

③ 制动时，必须先将控制器手把转回"零"位，禁止操作手把未回时施闸。

④ 制动时，除特殊情况外，不准突然给闸过急、过猛、过紧，否则容易出现闸瓦与车轮抱死、车轮在轨道上滑行的现象。出现这种现象时应迅速松闸缓解，而后重新施闸。

⑤ 司机需预判机车在预定地点停车的制动距离，应根据坡度大小、牵引车辆多少适当地提前减速。

(14) 司机在运行中遇到异常情况的处理：

① 发现架空线或轨道异常情况，须立即停车检查、处理和上报。

② 在运行中如遇停电，应立即将控制手把转回"零"位，刹紧机车，做好处理和联系工作，同时做好警戒。

③ 行车中，自动开关跳开时，应立即将控制器手把转回"零"位，重新合上，再开车。自动开关第二次跳开时，应停车检查，问题处理好后方可送电。

④ 在行车中，如遇到可能撞车、撞人等危险情况可紧急停车，同时使用电闸、手闸。

⑤ 车内电器着火时立即切断电源。

⑥ 电机车司机自己搬道岔时必须停车，严禁边行车边搬道岔。

⑦ 电机运行必须做到"九慢"（即视线不明慢、上下班时慢、见人慢、过岔机慢、开停车慢、转弯慢、进出坑慢、巷道狭窄地段慢、进出槽脚慢）、"九停"（即行人未听清信号停、行人无法避让时停、道上有障碍物停、架空线脱落坠地时停、运行时响声异常时停、跟车人员及其他人员大声呼喊时停、机车脱链跳道时停、信号不明时停、发现机车刹车失灵时停）。

⑧ 司机在行车中应当保持头脑清醒,遇有异常情况应冷静,对症处理。

(15) 有下列缺陷的机车禁止运行:

① 无缓冲器;

② 机车"三有"(照明、警铃、制动)不完好;

③ 挂钩不完善;

④ 机车无防护棚;

⑤ 受电弓不完善。

(16) 电机车车头不许运带任何物品。

(17) 检查维护电机车时,必须切断电源。

(18) 电机车、矿车必须每班进行清扫,严禁用水冲洗机车。

(19) 发现机车或矿车跳道时必须立即停车,并用专用爬轨器处理,严禁用刚性材料(如钢管等)作顶车棒;顶车时顶车人员应选择好位置。

12.2.4.2　电机车日常维护

为了及时消除电机车安全隐患,确保电机车达到动态完好,实现安全运输,必须对电机车进行日常维护保养和计划性检修。

1. 电机车日常维护检查

1) 制动装置日常维护检查

(1) 检查制动系统的制动杆、传动杆及其连接零件是否正常、完整,动作是否灵活。制动手轮转动应灵活,螺杆、螺母配合不松旷;传动件应连接配合适当,无松旷现象,无润滑不良现象。

(2) 若施闸时出现空动时间过长、制动不平稳现象,应检查闸瓦与轮对的接触面积和闸瓦间隙,可视具体情况用调节螺杆调整闸瓦间隙到规定范围。对磨损余厚超过规定或出现裂纹的闸瓦进行更换,并调整到闸瓦在四个轮对上的受力均衡为止。

2) 撒砂装置日常维护检查

(1) 检查撒砂装置是否灵活可靠,出砂口是否对准轨面中心。

(2) 检查砂子是否干燥充足,符合要求。

3) 轮轴及传动装置日常维护检查

(1) 检查车轮有无裂纹,轮箍是否松动,车轮踏面的磨损深度是否符合完好标准要求。

(2) 检查齿轮箱(罩)固定是否牢靠,有无漏油情况,有无油的异味。

(3) 检查轴承箱端盖固定是否牢靠,有无漏油情况。

4) 车架及其他机械部分日常维护检查

(1) 检查车架弹簧、吊架、均衡梁有无裂纹和严重磨损。若发现上述情况应及时报告值班调度,并进入车库更换可能导致事故的缺陷弹簧、均衡梁等。

(2) 检查连接装置是否有损伤和磨损超限。

(3) 检查各紧固件,不得有松动和断裂。

(4) 检查轴瓦油箱情况,应使滑动轴承的温度小于 65℃,滚动轴承的温度小于 75℃,清除油箱的积尘。定期注油,更换变质的污油。

5) 压缩空气制动系统日常维护检查

(1) 检查控制阀手柄(或脚踏板)的灵活程度;检查调压阀、安全阀的灵敏程度;检查空压机运转是否正常;检查空压机电动机的换向器、碳刷和刷握是否正常。

(2) 保持压力表清洁、清楚。当压力表指针明显下降时,应检查制动管路的密封完好情况。

(3) 每日至少清洗一次进气滤清器前面的滤板或滤网,防止阻塞。

(4) 每班开车前要做一次压力试验。要在全松闸状态和全制动状态下进行,并观察压力差是否在正常范围内。

(5) 在电机车运行过程中如果空压机出现异常响声应立即停车检查,判断是否出现故障。

(6) 每班工作结束后应打开储气罐下方的放水阀门,及时排除罐中的冷凝水和废油。

6) 受电器日常维护检查

(1) 检查受电器弹簧压力是否在规定范围,集电器起落是否灵活。

(2) 检查受电器上的滑板(或滚轮、滚棒)的磨损程度,连接螺钉、销轴是否完整、齐全、紧固,不得断裂和松脱。

(3) 检查受电器上电源引线连接是否牢固。

7) 控制器日常维护检查

(1) 检查换向器手把和控制器手把的螺栓、销子等装置是否牢固准确、灵活可靠。

（2）检查接触器的石棉消弧罩及消弧线圈是否完整无破裂,有无烧损、断路及短路情况。

（3）检查铜触头及接线是否牢固,接触是否良好;触头压力是否达到规定的 15～30 N;触头互相错位是否不大于 0.5 mm;烧损修整量或磨损量是否超过原厚度的 25%。凸轮接触器的触头烧损量修整后其打磨量不得超过原有厚度的 20%;连接线断量超过 25% 时需要更换。

（4）凸轮上的接触片表面不得有烧损伤痕,磨损厚度超过 25% 时应更换。

8）牵引电动机日常维护检查

（1）擦除电动机表面潮气和污垢。用吹尘器(或皮老虎)清洁电动机内部。

（2）检查整流子工作表面是否光滑,有无烧痕、磨损和失圆现象;检查刷握装置是否在中线上,如不在则校正,刷握与整流子表面的间隙应保持在 3～7 mm;用塞尺检查电刷与刷握件内的间隙和高度应符合规定尺寸;用弹簧秤检查和校正电刷与整流子接触的压力,应保持压强为 30～40 kPa。

（3）检查电枢绕组、磁极绕组对地和它们之间的绝缘电阻,电动机电压在 250 V 或 550 V 时,绝缘电阻应大于 0.3 MΩ 或 0.5 MΩ。否则应对电动机内部进行干燥处理。

（4）检查电枢扎线是否牢固;检查电枢与磁靴之间的气隙有无刮擦现象;检查所有紧固件、各接线是否牢固可靠,有无松脱现象。

（5）检查电动机防护罩是否完整;检查窗小盖密封是否良好;检查通风装置有无缺陷。

（6）检查各防爆面,应使其保持良好性能。

9）其他电气设备日常维护检查

（1）检查电阻器的各接线端子和电阻元件,不得松动和断裂。

（2）调整好前照明灯的照度,更换损坏的灯泡及熔断丝,熔断丝的容量必须符合要求。

（3）对蓄电池电机车要检查插销连销器与电缆的连接是否牢固,防爆性能是否良好。

10）电源装置日常维护检查

防爆特殊型蓄电池电机车的日常维护,除一般电机车项目外,还应对电源装置进行检查。电源装置的检查工作由充电工在充电室进行,其主要内容有:

（1）检查蓄电池组的连接线及极柱焊接处有无断裂、熔化现象。

（2）检查橡胶绝缘套有无损坏,极柱及带电部分有无裸露。

（3）检查蓄电池组有无短路现象。

（4）检查蓄电池池槽及盖有无损坏漏酸;检查蓄电池封口剂是否开裂漏酸;检查特殊工作栓有无丢失或损坏,帽座有无脱落。

（5）检查蓄电池箱及箱盖有无严重变形。

（6）检查电源插销连接器是否完好。

2. 电机车的润滑

电机车内部的运动构件工作时的位置准确与否和灵活程度是电机车能否安全行驶的关键因素。运动构件的准确工作位置取决于构件中各零件相互接触面的间隙和润滑效果。润滑效果不好,就会使电机车的工作性能恶化,运动构件的零件磨损,甚至出现运行故障。例如,轴箱中的轴承、减速箱中的齿轮、制动系统中连接杠杆的销轴和孔之间如果没有足量的油润滑,就会产生干摩擦。干摩擦会使轴承温度升高,磨损轴件甚至形成局部烧结而不能旋转;使齿轮表面磨损甚至发生齿牙崩块断齿而不能传递动力;使制动杠杆的销轴、孔磨损,制动时形成"卡滞"现象,使制动失灵,甚至造成电机车行驶中刹车失灵而发生事故。电机车保养安全要点如下:

（1）维护保养工作必须在电机车停车状态下进行,不得在行驶中进行。

（2）用拆卸零部件的方法检查故障、排除故障时,应在车库内进行。

（3）行驶中的小故障处理,可在运行线路上进行,但必须取得运输调度同意后方可工作,还应设置警示标牌或信号,预防其他车辆冲撞到检修车辆,确保司乘人员安全。

（4）被检修的车辆停稳后,要用止轮器、木楔等将机车稳住,预防检查中车辆滑动伤人。

（5）维护电气零件时,要切断电源后进行验电,确认无电后再行作业。架线电机车要落下受电器,并可靠闭锁,拉开自动开关,切断机车架线电源。蓄电池机车要拔开蓄电池插销连接器,断开电源。

(6)蓄电池电机车的电气设备只允许在车库内打开检修。禁止在装载车场或井下运输大巷的行车途中拆开检修。

(7)检查压缩空气系统时,切记不要用手去试摸缸体、缸盖和排气管部分,以免烫伤。当司机离开电机车时,应及时断开空气压缩机电源开关。

12.2.5 常见故障及排除方法

12.2.5.1 电机车常见机械故障处理

1. 受电器故障的处理

当电机车行驶中频繁出现受电器跳动,有较大电弧光,或车灯忽明忽暗、车速不稳定等情况时,应对集电器进行下列检查和处理:

(1)检查受电器滑板(滚轮、滚棒)磨损情况。有凹坑或熔化结块时,用锉刀加工整修平滑。变形严重或有裂纹时,应更换新配件。

(2)根据受电器起落装置的灵活程度,支承弹簧弓子对架线的压力情况,在滑板达到规定的高度时,将弹簧压力调整到35~55 N。

(3)各处连接螺钉、销子松脱时,可用工具调整到合适程度,对磨损和断裂的器件要及时更换。

2. 制动装置故障的处理

电机车在行驶中进行工作制动时,出现在规定距离之内不能将车停住的情况;或松开制动手轮后,制动杠杆没有带动制动闸瓦脱离轮对踏面,形成带载启动故障。从机械方面分析,上述故障主要是因为制动系统不正常,必须对其进行检查并排除故障。

1)机械制动系统故障处理

(1)检查制动闸瓦间隙。在完全松闸状态时,检查闸瓦与轮对踏面间隙是否在3~5 mm,紧闸时的接触面积是否大于60%。小于此规定数值时,应用调节螺杆对闸瓦间隙和接触面积进行调整,以达到规定值为准。

(2)检查制动闸瓦的磨损程度。当闸瓦磨损余厚小于10 mm时,同一制动杆两闸瓦的厚度差大于10 mm时,应更换磨损超限的闸瓦,

并根据《煤矿机电设备检修技术规范》执行相关操作。

(3)检查制动均衡杆(梁)。检查杆(梁)两端高低差是否大于5 mm,大于5 mm时,应检查与其连接的拉杆、制动杠杆的销轴是否磨损超限。这些连接杠杆之间的销轴和孔磨损过限,就会使制动闸瓦与轮对踏面之间出现间隙,闸瓦抱死轮对踏面,制动杠杆之间产生"自锁"而不能缓解,此时必须更换磨损量超限的制动杆和销轴。若没有出现过度磨损情况,应及时加油润滑,消除卡滞情况,使各连接杆灵活可靠。

(4)检查制动手轮及螺杆螺母机构。检查手轮旋转的灵活程度,衬套及螺杆螺母机构的润滑情况。当机械制动系统的手轮转紧圈数超过2圈时,有压缩空气制动系统的手轮转紧圈数超过3圈半时,要检查衬套和螺杆螺母机构的磨损程度,当磨损量严重使其出现松旷间隙时,必须拆卸修理或更换磨损件。

(5)检查制动杠杆。制动杠杆出现位置不正则需要进行调整,变形严重时必须修整平直或更换新制动杆。

2)压缩空气制动系统故障的处理

(1)检查控制阀手把(或脚踏板)的位置是否正确到位;调整不正确的踏板位置,更换损坏的手动控制阀。

(2)检查三通阀、制动阀和管路的密封元件,如有损坏应更换。

(3)制动闸瓦在制动缸压力释放后不能自动缓解时,应检查恢复弹簧的压力,更换出现塑性变形或断裂的弹簧。

3)撒砂装置故障的处理

(1)砂子流不到轨面中心时,出砂管可能受碰撞歪斜,应进行调正校直处理。

(2)砂子流不出时,应检查砂子是否潮湿结块,若出现潮湿结块,应更换新干砂。拉杆、摇臂的连接销轴磨损后,出现卡滞故障时,会导致锥体不能打开而不出砂。摇摆式砂箱不出砂时,还应检查箱轴的旋转灵活程度。

(3)若操纵杆变形,进行调直整形处理,不能复原并影响工作的应更换。

（4）摇摆式砂箱出现漏砂时，应检查可调弹簧的完好程度，调整移位的弹簧位置和压力，更换损坏的弹簧。

（5）采用压缩空气制动系统的撒砂装置不撒砂时，应先检查撒砂阀是否灵活可靠，更换失效的撒砂阀。其次检查压缩空气的管路和制动阀及调压阀的密封情况，更换漏气的密封元件。

4）缓冲装置故障的处理

（1）当电机车的缓冲装置失去缓冲性能时，应将缓冲器拆卸开，检查内部的零件完好程度。校正变形的弹簧连接件，调整弹簧压力和橡胶碰头位置，更换损坏的弹簧和橡胶碰头。

（2）插销由于碰撞发生变形不能拔出来或连接链环不能伸入缓冲器挂车时，应更换插销或连接链环。

3. 轮对装置故障的处理

1）轮对装置出现故障的原因

当电机车行驶中出现车体剧烈振动和左右摇摆时，就电机车本身而言可能的原因是：

（1）轮箍（圈）踏面磨损严重，或出现断裂、松脱情况。

（2）同一车轴上的两个车轮直径差，前后轮对之间的直径差超过规定数值较大。

（3）车轴的轴颈磨损量超过原直径的 5%时，车轴划痕变深变长，甚至出现疲劳损坏。

（4）轮对内轴承发生干摩擦造成轴承轴件损坏或温度升高发生故障。造成轴承温度升高的原因有轴承缺油或损坏，轴承外套与轴承箱松动，发生相对移动，轴承间隙不合适，轴承外盖不合适卡轴承等。

2）轮对装置故障处理方法

检查中如出现上述情况，应在车库中对机车进行修理。排除故障的步骤如下：

（1）把轮对装置从车体上分离出来。方法是：首先用枕木将牵引电动机底部垫稳固，将电动机吊架上的螺母旋松取下，将轮对轴箱的轴承盖取下，将车架向上吊起、移开并放置平稳，把轮对装置从车体下移出。

（2）把踏面磨损超限、出现断裂裂纹的轮箍从轮心上拆除。换装新轮箍时，要采用热装工艺。注意必须保护轮毂、轴及齿轮，不使之受热。热装的轮箍用小铁锤敲击声音清脆为合格；声音沙哑为松动，不合格，必须重新热装。

（3）车轴划痕深度超过规定，出现裂纹、磨损超限时应更换新轴。轴与轴孔可采用涂镀、电镀式喷涂工艺修复，但不得用电焊修补。

（4）轴承温度高或有卡滞故障时，对缺油的要加油，油质污脏的要更换新油。轴承松动，间隙过大时，要调整至规定数值，对卡轴承的端盖要重新安装合适，对磨损严重的或轴件损坏的轴承要用退卸器拆卸，并用煤油清洗干净。安装新轴承时，先将轴承在 75～100℃激活的热油中加热 10～15 min 后，再进行装配。

4. 齿轮箱装置故障的处理

当电机车行驶中出现齿轮啮合不正常响声，或出现异常油味时，应停车查看齿轮箱，观察油标尺是否在规定的最高位和最低位之间。确认为缺油时，应及时补充油量到规定位置。异常响声确认为齿轮箱内发出时，则可能是由于缺油出现齿轮干摩擦，或磨损量过大造成齿轮位置不正，齿间隙超限。刺耳尖声可能是齿轮间掉进异物或齿牙剥蚀、断齿引起的，此时必须将机车开入车库维修。

拆检维修齿轮箱时应注意下列事项：

（1）上、下箱解体时，必须将上箱分箱面置放在木块上，不能将分箱面随意放置在地面上，以防碰伤箱面造成密封不严；下箱面用遮盖物盖严，并不得在其上放置工具等物。

（2）对清洁度不好有污渍杂物的脏油，应清除倒掉，清洗干净箱体后再装新油。

（3）上、下箱重新安装时，一定要密封好，以防漏油。必要时可涂密封胶，但必须将旧胶清除干净后再涂新胶。

（4）更换剥蚀的齿轮时，注意退卸轴与齿轮连接的键与键槽，不得碰伤轴表面。安装新齿轮时要用合格的新键连接。

5. 处理机械故障安全要点

（1）遵守自检自修制度，检查分析故障原因，并及时排除故障，不能处理的应及时通知运输调度，再行处理。

（2）架空线下作业必须严格执行架空线停送电制度，严禁带电作业；

（3）行驶中的小机械故障处理可在运行线路上进行，但必须征得运输调度同意后方可工作，还应设置警示标牌或警示信号，防止其他车辆冲撞到检修车辆，确保司乘人员安全；

（4）处理机车故障时必须在电机车停车状态下进行，不得在行驶中进行；

（5）被检修的车辆停稳后，要用止轮器、木楔等将机车稳住，防止检查中车辆滑动伤人；

（6）用拆卸零部件的方法检查、排除故障时，应在车库内进行；

（7）起吊作业时，重物下严禁站人，选用的起吊工具必须符合《煤矿安全规程》有关规定。

12.2.5.2 电机车常见电气故障处理

电气线路可能产生的某些故障会直接影响电机车的启动、运行和电气制动等，因此，对电机车发生的电气线路故障能够有一个较正确的判断与分析是非常重要的，从而可迅速地排除故障，确保电机车安全正常运行。一般电气线路的故障主要是由于线路中的断路、短路（接地）错接。下面以 ZK-10 型架线电机车常见的电气线路故障为例进行简要分析。

1. 启动中常见故障

1）控制器闭合后，电机车不运行

这是电气线路某些部位断路（断开）引起的。常见的断路如下：

（1）受电器发生断路。可能是由于弹簧压力不足使滑板或滚轮没有与架空线接触，或电源线折断、接线端子松脱而造成电机车无电压（此时照明灯不亮）。这种情况下，控制手把在任何位置，电机车都不能行走。

（2）自动开关断路。可能是由于自动开关的接触触头烧损、脱落；电源导线折断；接线端子脱落或磁力线圈断路而造成控制回路无电压（此时照明灯有光）。这种情况下，控制手把在任何位置，电机车都不能行走。

（3）控制器应该导通的部分断路。可能是控制器的主触头或辅助触头脱落、接触不良、导线折断引起的，从而造成控制手把在各个启

动位置或部分启动位置电机车不能行走，这种情况可根据电机车的接线图进行判断处理。

（4）启动电阻断路。启动电阻断路也会造成控制手把在不同位置电动机不能启动，此时应根据电机车不行走的不同启动位置，判断并处理某段启动电阻或连接线的断路。

（5）牵引电动机内部断路（断线）。可能是牵引电动机的主磁极或换向磁极线圈断路，连接导线、接线端子断路或电刷与换向器（整流子）接触不良而导致电动机不能启动。这种情况下，应将电机车开进车库检查处理。

2）控制器闭合后，启动速度快

主要原因可能是：

（1）启动电阻本身短路；

（2）牵引电动机励磁绕组中某线圈短路。

3）控制器闭合后，启动速度慢

这是控制器线路中某些触头、连接导线短路或断路，造成单机运转或启动电阻该断开的没有断开引起的。对此故障应根据原理接线图分段查找并处理。

4）电机车运行方向与换向手把指示方向相反

这是牵引电动机励磁绕组或换向磁极绕组与正负电源线接反造成的，控制手把在零位，受电器与架空线接触时自动开关跳闸。主要原因是自动开关动触头（磁力线圈）或控制器的电源线接地，或控制器部分静触头接地。

2. 运行中常见故障

1）加速时车速变化不大或突然下降

控制手把由低速位置向高速位置转换时，电机车速度变化不大或速度突然下降，主要原因有：

（1）主控制器内应该闭合的触头没有闭合，应该断开的启动电阻没有断开，此时电机车运行的速度变化不大。

（2）串联运行中造成单电机运行。这是由于控制器内的主触头 7 或连接导线 12 接地。

（3）并联运行中造成单电机运行。这是由于控制器内的主触头 7 或连接导线 12 断路。

2）自动开关突然跳闸

这是电气系统主回路中某些部位短路或

接地造成的,其原因除电机车启动中自动开关跳闸外,可能还有:

(1) 电流整定不合适或过电流;

(2) 牵引电动机换向器(整流子)面上火花过大,造成弧光与外壳短接;

(3) 牵引电动机导线绝缘受到破坏造成短路或接地;

(4) 牵引电动机内部短路。

3) 控制手把由高速位置向低速位置转换时,内部触头发火

这是静触头上消弧装置失效引起的,其原因可能是:

(1) 触头部位消弧线圈短路;

(2) 消弧罩损坏,不起消弧作用;

(3) 各触头闭合与断开的动作不协调;

(4) 负荷过大或操作不当。

4) 电机车运行中突然无电压

这是牵引网路停电或本车电气系统电源回路断路造成的。其原因可能是:

(1) 受电器局部接地,使牵引变流所的保护装置动作,牵引网路停电;

(2) 受电器与架空线接触部分的电源线断路;

(3) 控制器内部触头接触不良或连接导线断路;

(4) 启动电阻断路;

(5) 牵引电动机的主磁极或换向磁极线圈和电刷等有关导电部分断路;

(6) 自动开关自行释放或导线断路。

5) 牵引电动机在运转中突然不转、电流大、温度高

主要原因可能是:

(1) 牵引电动机过载,造成电枢或磁极线圈击穿短路;

(2) 短时启动频繁或电动机长时间处于启动状态;

(3) 电枢轴承缺油损坏,或电枢轴弯曲;

(4) 电枢绑线松脱,卡在磁极之间。

遇到牵引网路停电时,应拉下受电器,检查受电器各部位有无上述问题,并及时向调度汇报本电机车的情况,再行处理。

3. 电气制动(动力制动)常见故障

1) 制动力矩小

主要原因是制动电阻不能短接。可以通过制动力矩小的不同位置判断某段制动电阻的短接。

(1) 制动的第一位置力矩小,可能是电动机转速太低。

(2) 制动的第二位置力矩小,可能是 R_2—R_3 没有短接。原因是主触头 3 没有闭合、接触不良或此段连接导线断路。

(3) 制动的第三位置力矩小,可能是 R_1—R_3 没有短接。原因是主触头 2 没有闭合、接触不良或此段连接导线断路。

(4) 制动的第四位置力矩小,可能是 R_2—R_4 没有并接。原因是主触头 3 没有闭合、接触不良或此段连接导线断路。

(5) 制动的第五位置力矩小,可能是 R_1—R_4 没有并接。原因是主触头 2,4 没有闭合、接触不良或连接导线断路。

(6) 制动的第六位置力矩小,可能是 R_1—R_4 没有短接。原因是主触头 1、2、3、4 不能闭合,接触不良或此段连接导线断路。

2) 无制动力矩

这是制动系统中双电动机不能形成并联回路引起的。其原因可能是:

(1) 控制器主触头 7 不能闭合接触,或此段连接导线断路;

(2) 控制器主触头 5 不能闭合接触,或此段连接导线断路;

(3) 控制器主触头 11 或 13 不能闭合接触,或此段连接导线断路。

3) 仅单一运转方向无制动力矩

这种现象一般在控制器检修后试运转中发生,主要原因可能是换向手柄的铜片错位。如果换向手把指示向前进方向运行,辅助触头 10 与 S_{1-1} 不能被铜片短接,而使触头 10 与对应元件短接,会造成 1 号牵引电动机开路。此时向前进方向运行时无制动力矩。

4. 脉冲调速装置常见故障

脉冲调速装置的常见故障是晶闸管(可控硅)脉冲调速中换流失效,关不断主晶闸管,就

是常说的"失控"。常见的失控现象表现为下列三种：

（1）启动失控。表现为电机车启动时猛地向前冲，甚至使自动开关跳闸或快速熔断器熔断。

（2）加速过程中失控。表现为电机车在加速过程中，突然从低速变成全速。

（3）减速调速过程中失控。表现为电机车减速过程中速度不减。

产生失控的原因是多方面的，司机及维修人员对失控要进行正确的分析与判断。首先应熟悉晶闸管（可控硅）脉冲调速电路的工作原理，每一个元件的作用、相互关系及安装位置等。

1）故障分析处理的一般原则

（1）失控现象发生后，首先把换向手把置于"零"位，控制手把置于"O"位置，拉下集电弓，断开自动开关（对蓄电池电机车需拔出电源插销连接器），再打开控制箱，检查各部分引线是否松动、断线，各种触头接触是否良好，行程开关、调磁机构或调速电位器（调速电阻）位置是否正确。如果检修后第一次试车，对蓄电池电机车还应检查电源插销连接器是否完好、极性是否接错以及各引出线头位置是否接错。

（2）检查触发控制板。插头接触片是否良好、是否有锈迹、是否有煤粉和潮湿。印刷板面有无腐蚀生锈，元件引线有无虚焊、脱焊和腐蚀断线。

（3）若以上情况均属正常，则应将备用触发控制板换上，再进行试验。若故障已排除，说明故障在触发控制板上，否则，故障可能发生在斩波器（断续器）上。

（4）检查电源装置是否有断线、电压太低等现象，若电压低于规定值应更换电池。

（5）电机车在运行中出现故障后，一般不宜在井下处理，井下主要更换触发控制板的插件。因此，要有备用触发控制板插件，而且能互换通用。对井下矿用防爆型蓄电池电机车的电气设备，必须在车库内打开检修。

2）架线电机车脉冲调速常见故障及处理方法

以 KTA 系列型控制装置为例，此类故障

及处理方法如下：

（1）启动失控。触发线路失控的原因是启动脉冲延时环节发生故障或无副脉冲输出，或副脉冲功率太小，应先换触发控制板插件。如换插件后仍失控，则是主电路硅元件损坏、换流电抗器短路、换流电容器损坏或电容量大大减小。

（2）"跳弓"后二次受电或牵引网路电压低失控。原因为低压闭锁与启动脉冲延时单元发生故障，应更换触发控制板插件。

（3）能由低速逐渐调到全速，但不能由全速调到低速。主回路的原因是 K 触点不能断开，或辅助充电回路开路。若主电路无问题，则是触发线路中继电器故障，应更换触发控制板插件。

（4）轻载不失控，重载失控。如牵引网路电压正常，故障原因是主电路换流电容器有损坏、断线或容量减小。

（5）低速不失控，高速失控。故障原因是触发线路脉冲移相范围的高段间隔太大，应更换触发控制板插件。

（6）电机车刚开起来不失控，运行一会儿就失控。故障原因是可控硅（晶闸管）散热器松动、散热条件不好或可控硅的热稳定性差，温度升高后，特性变坏。对于这种情况须改善散热条件及更换可控硅。

（7）时而失控，时而不失控。先换触发控制板插件，如是触发线路中元件松动，则换插件后即可正常工作，否则是可控硅的关断时间较长。换流电容器反向放电关断可控硅时，使可控硅承受反向电压的时间接近或刚好等于可控硅的关断时间，这样若负载电流稍有变化，便不能满足关断可控硅的要求。可更换关断时间短的可控硅，如还不能解决，应检查换流电容、换流电感和反压电感等元件参数有无变化，接触引线是否良好。

5．处理电气故障安全要点

（1）遵守自检自修制度，检查分析故障原因，并及时排除故障，不能处理的应及时通知调度，再行处理。

（2）处理电气故障时必须首先切断电机车

电源,进行验电,确认无电后再行作业。架线
电机车要落下受电器,拉开自动开关,切断机
车架线电源。对蓄电池机车要拨开蓄电池插
销连接器,断开电源。

(3) 架空线下作业必须严格执行架空线停
送电制度,严禁带电作业。

(4) 处理电气故障时必须在电机车停车状
态下进行,不得在行驶中进行。

(5) 行驶中的小电气故障处理可在运行线
路上进行,但必须征得运输调度同意方可工
作,还应设置警示标牌或信号,预防其他车辆
冲撞到检修车辆,确保司乘人员安全。

(6) 被检修的车辆停稳后,要用止轮器、木
楔等将机车稳住,预防检查中车辆滑动伤人。

(7) 对井下矿用防爆型蓄电池电机车的电
气设备,不准在工作地点等室外随时打开检
修,必须在车库内打开检修。

12.2.6 XDC65型牵引电机车工程案例

XDC65型牵引电机车主要由车架总成、转
向架、驾驶室、制动系统、传动系统及控制系统
等组成(图12-17)。传动系统中轮对、减速器、
电机同制动系统一起固定于转向架上,转向架
通过芯轴旁承与车架连接,车架上安装有电池
组、空压机、电气控制系统、气制动管路及驾驶
室等,用于实现自身行走、制动,并牵引各专用
车,为各专用车提供制动气源。

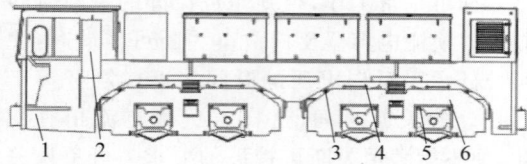

1—车架总成;2—驾驶室;3—转向架;4—控制系统;
5—制动系统;6—传动系统。

图12-17 XDC65型牵引电机车结构示意图

XDC65型牵引电机车(以下简称电机车)
主要针对广州地铁8.8 m盾构施工设计,其主
要作用是牵引功能车辆运进管片和砂浆,运出
渣土。其主要技术参数见表12-7。

表 12-7 XDC65 型牵引电机车技术参数

参　　　数	数　　值
质量/t	65
轨距/mm	4150
轮径/mm	900
驱动功率/kW	840
速度/(km/h)	0~10
通过最小曲线半径/m	25
最大牵引力/kN	164
减振方式	V形橡胶弹簧+橡胶减振堆
牵引能力/kN	4170(爬坡 30‰) 4980(爬坡 25‰)
外形尺寸(长×宽×高)/ (mm×mm×mm)	10 600×1600×2890

2018年1月底,XDC65型牵引电机车试制
完成(图12-18),在工厂内进行了厂内性能试
验,同时邀请国家工况电传动车辆质量监督检
验中心对电机车牵引力进行了测试。经测试,
XDC65型牵引电机车牵引力达186.2 kN,满足
400 t重物的牵引要求。2018年2—3月,设备在
广州佛莞城际项目进行负载400 t及制动试
验,并连续进行300 h工业性试验。测试结果
表明,XDC65型牵引电机车组空载(负载)加速
时间合理,制动灵敏,制动距离在设计要求之
内(≤40 m),300 h工业性试验应用正常,机车
整体性能和可靠性满足设计要求。2018年
3月初,XDC65型牵引电机车通过了国家工况
电传动车辆质量监督检验中心的性能检测认
证。2018年3月8日,70多名专家齐聚广州佛
莞地铁项目对XDC65型牵引电机车进行了现
场评审,认定XDC65型牵引电机车组整体质量
可靠、性能稳定,自此该型电机车开始在广州
地铁18号线和22号线全线推广使用。

图 12-18 XDC65 型牵引电机车

12.3 卡轨车

12.3.1 卡轨车简介

1. 卡轨车定义

卡轨车是国内外使用较为广泛的辅助运输系统之一,近期我国卡轨车(主要是绳牵引卡轨车)技术发展较快。卡轨车运输系统是在普通窄轨车辆运输的基础上,用无极绳绞车或液压绞车作为牵引动力的新型运输系统。目前国内外大量使用的卡轨车仍以绳牵引的占大多数。

2. 卡轨车的用途

卡轨车运输是在普通窄轨车辆运输基础上,改用专用轨道并增加卡轨轮防止车辆脱轨掉道,以提高其运输安全可靠性的新型运输系统,特别适用于重物和人员列车在上下坡道及弯道上运输重物和人员。卡轨车运输系统如图12-19所示。

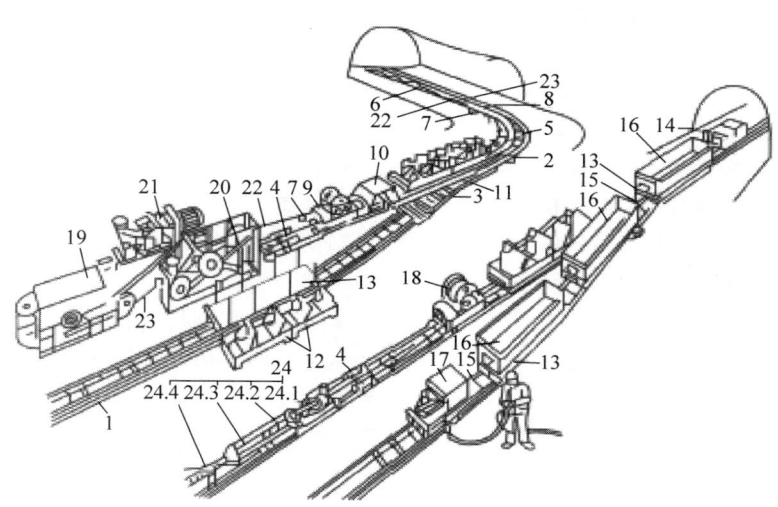

1—直线轨道;2—弯道;3—道岔;4—缓冲装置;5—弯道导向轮组;6—托绳轮;7—空绳导绳轮;8—通过式导绳轮组;9—牵引车;10—控制车;11—带人座运输车;12—人座车;13—运输车;14—制动车;15—连接杆;16—可翻转容器;17—调度用卡轨车;18—储绳滚筒;19—牵引绞车;20—张紧装置;21—带操纵台的泵站;22—返回绳(空绳);23—牵引绳;24—回绳站;24.1—带护板回绳轮;24.2—测力计;24.3—棘轮张紧器;24.4—锚固装置。

图 12-19 钢丝绳牵引的卡轨车运输系统

3. 国内外发展概况及发展趋势

目前卡轨车是煤矿井下辅助运输的主要运输工具之一。卡轨车最早起源于英国、德国和美国等一些采煤技术发达的国家。早在20世纪60年代末,德国和英国先后研制成功了钢丝绳牵引卡轨车和机车卡轨车;随后美国、法国和苏联等国家也都开展了对卡轨车的研制和使用。到了70年代,卡轨车成为煤炭生产的主要运输设备,得到了广泛的推广和运用。它不仅可以在分支巷道内运输各类材料、人员和设备,而且可以应用在多个采掘面,其安全性、经济性以及高效性远远超过了传统的无极绳运输系统。

我国直到20世纪90年代后期才对卡轨车进行详细的研究,并研制出适应我国煤矿环境的卡轨车。但总体技术水平与国外同类产品相比还有一定差距,尤其是在计算机控制技术方面明显落后于国外,还没有成熟的采用计算机控制技术的卡轨车运输系统。长期以来,国内的煤矿井下辅助运输系统采用传统的架线电机车、小绞车、蓄电池机车等,其系统功率小、运输距离短、速度调节困难、制动能力差而且控制困难,这也严重制约了我国煤矿的总产量。针对这些问题,80年代中期,国家提出了

"七五"攻关项目高性能卡轨车辅助运输系统研究。90年代初,常州科研试制中心及其他科研单位相继研制出了不同形式的卡轨车,目前已有部分项目通过鉴定并应用于煤矿井下。目前,我国已研制出三种不同形式的卡轨车:FIA型无极绳牵引卡轨车、普通轨无极绳牵引卡轨车以及CK-66柴油机胶套齿轮卡轨车。

1)FIA型无极绳牵引卡轨车

FIA型无极绳牵引卡轨车系统的基本结构与普通轨无极绳牵引卡轨车一致,均采用钢丝绳牵引、液压绞车驱动的方式。其系统主要设备有:绞车张紧器、远程操作台、牵引绞车、运输车辆、轨道及附件、乘人装置、通信监控设备和锚固站等。

2)普通轨无极绳牵引卡轨车

普通卡轨车运输能力大、性能安全、易于操作,且不需要另设轨道,可以利用矿井下原有的轨道,运输距离从1000～2000 m不等。这种卡轨车控制系统能够实现高度自动化,具有超速保护、紧急停车等故障保护功能,可有效防止系统溜车,整个运输过程不需转载。

3)CK-66柴油机胶套齿轮卡轨车

该卡轨车采用柴油-液压驱动系统。其主要构成为:中心柴油液压动力部分、驱动两个驾驶室的驱动部分、材料车以及独立制动车头和车尾的制动车。它可以牵引运输人车或其他运输车辆,机车重约为10 t,列车最大总重可达到35 t,最大牵引速度一般为3.5 m/s,减速后齿轮驱动部分的最大运行速度为1 m/s。石家庄煤矿机械有限责任公司生产的矿山卡轨车辅助运输系统在国内卡轨车产品中具有明显优势,其生产的KCY-6/900型、KSD-90J型卡轨车目前已广泛应用于煤矿生产中。

目前国外已经普遍地将卡轨车应用在矿井辅助运输中,其最大牵引速度可到3～5 m/s,平均运输距离超过2000 m,运输量占到矿井辅助运输总量的30%以上,最大运距超过4000 m,运输能力达到30 t以上。卡轨车的牵引方式有多种,主要有柴油机、绳牵引以及蓄电池等多种形式。随着变频器的发展,国外已率先将变频技术、矢量控制技术以及PLC控制技术成

功地应用于绳牵引卡轨车运输系统中,可满足煤矿辅助运输系统大功率、长距离、容易控制、速度可调的要求,不但有效地提高了煤矿辅助运输系统的运行可靠性、安全性,而且大大提高了系统的运输效率。近年来随着蓄电池的发展,卡轨车的牵引方式也与时俱进,逐步发展为蓄电池牵引方式。随着卡轨车牵引方式的应用与发展,矿井辅助运输设备中的制动装置也应运而生且逐步发展。例如,德国研制了三种制动装置,该三种制动装置分别在贝考里特型、沙尔夫型和科拉姆型的卡轨车中使用。但是这三种制动装置都是液压制动,存在液压制动方式不可避免的弊端,并且三种型号的卡轨车在不制动的状态下,分别对应的制动装置均存在需要手动使制动闸离开轨道平面,无法自动地离开轨道平面的不足。英国研制了两种制动装置:板式压轨制动装置和三面抱轨制动装置(图12-20)。法国把煤矿井下辅助运输设备分为两种,即多用途运输设备和专门用来运送人员的单用途运输设备,制动器主要采用德国先进技术。美、俄等国随后也发展起来。

图12-20 抱轨制动装置

4. 卡轨车分类

卡轨车有钢丝绳牵引和机车牵引两种形式,机车牵引的卡轨车包括防爆柴油机车、防爆特殊型胶轮电机车和架线电机车等。从国内外卡轨车的发展历程看,首先是钢丝绳牵引的卡轨车受到人们重视,20世纪70年代初又发展了柴油机牵引的卡轨车。近年来以蓄电池为动力的机车在煤矿生产中占有一席之地。

卡轨车是目前矿井运输中较理想的辅助运输设备,它能安全、可靠、高效地完成材料、设备、人员的运输任务,是现代化矿井运输的发展方向。卡轨车的突出特点是:载重量大、爬坡能力强、允许在小半径的弯道上行驶、可有效防止车辆掉道和翻车。轨道的特殊结构允许在列车中使用闸轨式安全制动车,可有效防止列车超速和跑车事故。

1)无极绳牵引卡轨车

煤矿井下钢丝绳牵引卡轨车(简称卡轨车)是用普通轨、槽钢轨或异形轨在车辆上增设卡轨轮以防止脱轨掉道的运输系统,由连接在牵引车前后两端的循环式钢丝绳(称为无极绳)牵引。卡轨车特别适用于大坡度、多起伏巷道中支架、物料及人员的输送。

从国外卡轨车生产和使用来看,钢丝绳牵引的卡轨车技术比较成熟,应用广泛。钢丝绳牵引的卡轨车及单轨吊的运输距离一般在 1.5 km 之内,如果巷道平直、转弯少、坡度小,运距可增至 3 km 以上。钢丝绳运输系统几乎可在任何坡度上运行,对坡度的各种限制常取决于所用车辆的型号及其制动系统。卡轨车运输适于 25°以下的坡度,一般限制在 18°。特殊情况下可达 45°,这样大的牵引运行坡度是机车牵引方式达不到的。坡度增大后为保持较大钢丝绳牵引力,可采用双绳或三绳牵引方式,为保证重载运输时重心平稳,防止转弯时翻倒,钢丝绳牵引的卡轨车运行速度一般不超过 2 m/s。卡轨车的牵引钢丝绳直径在 16～30 mm,不允许使用活接头,但可使用插接接头。

钢丝绳牵引卡轨车的控制一般由绞车司机远程操作,在牵引车上设跟车人员,由跟车人员向绞车司机发出停、开信号,以确保安全。另外,跟车人员也可使用遥控装置直接制动绞车。

钢丝绳牵引卡轨车的优点为:结构简单、工作可靠、价格便宜、维修方便、牵引力大、可用多绳牵引、爬坡角度大。缺点为:分叉处需另设新线路而且需设转载站,运输距离有局限性,长距离运输需多台串联,交接处设转载站,改变运距不方便,需移动锚固站。

钢丝绳牵引卡轨车的适用条件:固定的运输线路,不分叉、转弯不多、运距不变、大运量、坡度较大的巷道。

2)柴油机卡轨车

钢丝绳牵引卡轨车的应用,促进了柴油机牵引卡轨车的研制和应用。与钢丝绳牵引的卡轨车相比,柴油机卡轨车具有以下优点:司机跟车操作,能直接监视路面情况和运行情况,路轨分岔、延伸均很方便。由于属自行式运输设备,所以比钢丝绳牵引车具有更大的灵活性,在长距离运输中不需转载,特别适用于分叉多、转弯多、运距不断延伸的区段。柴油机车的不足之处在于:牵引力有限、爬坡能力差、柴油机散热量大,对深部开采不利,噪声和空气污染虽在允许范围内,但毕竟增加了污染源,维修工作量较大,井下需设置专门的机车维修站。此外,价格也比钢丝绳牵引的液压绞车高出许多。

随着国外防爆柴油机车在国内的推广应用,我国许多研究部门、生产厂家也研制出了自己的产品,广泛应用在防爆柴油机车和后面要介绍的齿轨牵引机车上。

3)蓄电池卡轨车

蓄电池卡轨车与柴油机卡轨车类似,可在分支巷道中运行,它以蓄电池为动力,清洁环保。但由于机车自身质量较大,牵引力较小、爬坡能力较低。适用的巷道倾角一般不宜过大,有关资料中注明运行倾角不大于 8°。蓄电池卡轨车在煤矿井下应用比较少,实际使用时应按卡轨车的牵引特性来选取。

12.3.2　结构组成与工作原理

本节以绳牵引卡轨车为例,说明卡轨车的结构组成和工作原理。

1. 结构组成

卡轨车系统是窄轨铁路运输发展的分支,主要由轨道系统、卡轨车辆及牵引控制设备三部分组成。图 12-21 所示为煤矿井下钢丝绳牵引卡轨车系统,主要由牵引绞车、张紧装置、钢丝绳、车辆、轨道系统和电控及通信系统等部分组成。

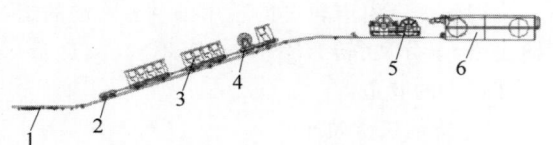

1—轨道系统；2—制动车；3—人车；4—牵引制动储绳车；5—张紧装置；6—牵引绞车。

图 12-21　煤矿井下钢丝绳牵引卡轨车系统

1) 牵引绞车

牵引绞车按滚筒结构形式分为抛物线单滚筒结构绞车和绳槽式双滚筒结构绞车，按驱动形式分为液压绞车和机械绞车。

单滚筒结构绞车的特点：结构简单、易加工、成本低，牵引钢丝绳在驱动轮上的包角大；需要的紧绳力小；轮衬为铸铁材料，钢丝绳在滚筒上滑动并且绳间产生摩擦，因此钢丝绳磨损大。

绳槽式双滚筒结构绞车的特点：相对于单滚筒绞车结构复杂、加工精度高、生产成本高，牵引钢丝绳在驱动轮上的包角小；需要的紧绳力较大；轮衬一般采用非金属材料，钢丝绳在滚筒上滑动小且绳间保持一定间距，钢丝绳磨损小。

液压绞车的特点：采用液压马达驱动，可实现无级调速，启动平稳。但结构复杂，成本高。液压绞车的结构在前面单轨吊车一章有介绍，此处不再赘述。

机械绞车的特点：通过电机驱动，结构简单，使用方便，成本较低。但是无法承受大负载，可能由于电气故障造成危险。

机械绞车有 JWB 系列和 KSD 系列。JWB系列绞车主要由电机、减速机、传动齿轮、主绳轮、副绳轮、电液制动器、箱体和底座及电气控制系统组成。其传动原理如图 12-22 所示，电动机动力通过联轴器传给变速箱（或减速机）。减速后通过联轴器和一对传动齿轮传递到主绳轮上，通过主绳轮上的摩擦轮衬与绕在其上的钢丝绳摩擦产生牵引力使车辆系统运行。

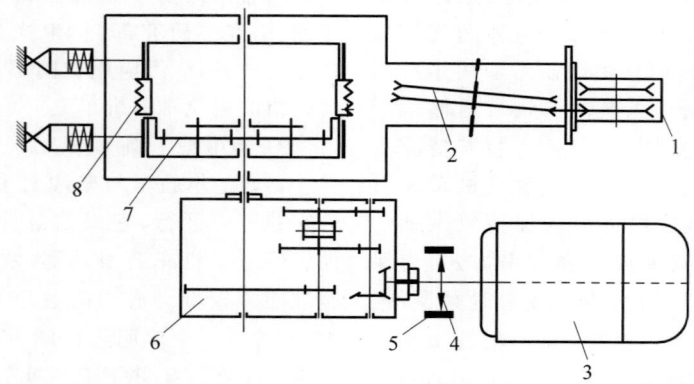

1—导向滑轮；2—副滚筒；3—电动机；4—联轴节；5—电力液压块式制动器；6—变速箱（双速齿轮）；
7—行星齿轮；8—主滚筒。

图 12-22　机械传动原理图

2) 张紧装置

张紧装置的作用是及时吸收钢丝绳伸长的部分，拉紧非受力侧的钢丝绳，以使钢丝绳具有足够的预紧力，防止打滑。张紧装置按张紧方式分为重锤张紧和液压张紧。重锤张紧装置又分为三轮紧绳器、五轮紧绳器和塔式紧绳器。

重锤张紧的优点是对于松绳的吸收反应迅速，可使整条钢丝绳一直处于张紧状态。缺点是重锤行程大。塔式紧绳器如图 12-23 所示，其占用空间大，一般安装在地面上。三轮紧绳器和五轮紧绳器（图 12-24）占用空间小。但吸收绳的长度小，一般在卡轨车系统中至少要安装两套该装置。

液压张紧装置如图 12-25 所示，其优点是吸收绳的长度大、占用空间小、张紧力大；缺点是车辆行走至变坡点时，张紧装置紧绳的反应时间比重锤紧绳装置稍短。

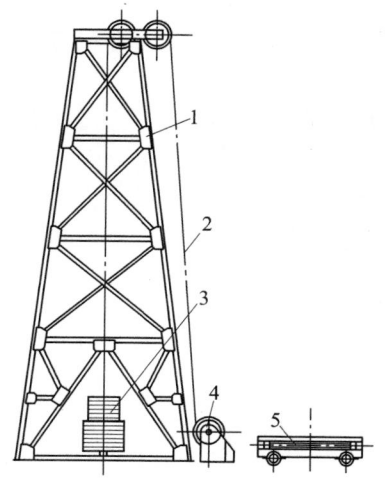

1—塔体；2—钢丝绳；3—重锤；
4—绳轮；5—小车。

图 12-23　塔式紧绳器

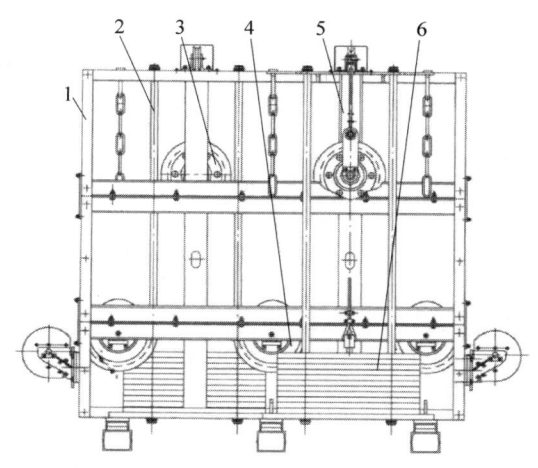

1—框架；2—立柱；3—动滑轮；4—定滑轮；
5—滑道；6—重锤。

图 12-24　五轮紧绳器

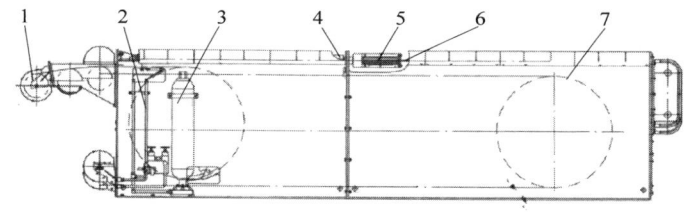

1—导绳轮；2—管路；3—蓄能器；4—液压缸；5—回绳轮；6—钢丝绳；7—张紧轮。

图 12-25　液压张紧装置

液压双绳紧绳器主要由前框架、后框架、张紧轮、液压缸、液压管路以及导绳轮和回绳轮等组成。

液压紧绳器的工作原理：卡轨车在运行至变坡点时，其松绳边与紧绳边必然出现交换现象，紧绳器随即自动完成松绳边与紧绳边的交换工作。对于卡轨车运行车辆来说，由于两边的钢丝绳长短不同，所以弹性伸长也不同。因此液压缸及时动作，驱动张紧轮作相应的调整，牵引绳侧的张紧轮被液压缸向后拉，张紧松绳。

3）轨道装置

轨道系统包括轨道、轨枕、道岔、托绳轮、压绳轮、导绳轮、回绳装置、阻车器等。卡轨车用轨道分为普通轨、槽钢轨和异形轨三种形式。

（1）普通轨

普通轨卡轨车的轨道可通行普通矿车，不需要中间转载环节。普通轨卡轨车存在的主要问题是，由于道夹板及道钉的限制，卡轨轮安装空间受限，因而强度和刚度不易保证。即使卡轨轮刚性足够大，因普通轨轨头尺寸小、轨道安装状态受力易变形，卡轨轮也容易失效，制动的可靠性低。另外，受道夹板的限制，制动车的制动爪通过性较差，通过道岔就更加困难。

由于普通轨卡轨及制动性能不可靠，车辆容易发生掉道、翻车等安全事故。到目前为止，国内外都没有找到有效办法解决这些问题，因而普通轨卡轨车未得到广泛应用。20世纪 80 年代，英国、德国和波兰等国家的技术人员先后研制了槽钢轨卡轨车，解决了卡轨和制动问题。

普通轨卡轨方式如图 12-26 所示,制动方式如图 12-27 和图 12-28 所示。

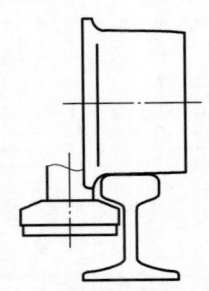

图 12-26　普通轨卡轨方式

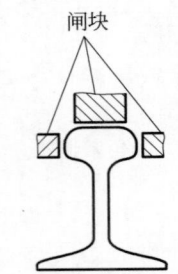

图 12-27　闸块抱轨制动方式

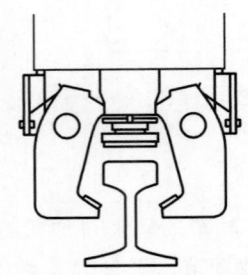

图 12-28　卡瓦抱轨制动方式

（2）槽钢轨

槽钢轨如图 12-29 所示,其与普通轨的主要区别在于其设有轮缘槽,这一设计可以防止卡轨车在行驶中发生脱轨意外。但轮缘槽的设计,导致槽钢轨工艺复杂,制作难度高,对钢轨的平直度、扭转以及轨唇的外观形状等精确度要求更高,同时施工焊接上要采用闪光焊等科技含量高的焊接工艺。

（3）异形轨

传统的轨道运输系统已不能满足现代矿井安全、高效运输的要求。为适应新形势下的煤矿井下辅助运输业的发展,彻底解决煤矿井

图 12-29　槽钢轨

下轨道运输中存在的一系列问题,石家庄煤矿机械有限公司研制出了 SMJ 系列煤矿用热轧异形钢轨(简称异形轨)。异形轨是一种专为矿井运输研制的轨道,如图 12-30～图 12-32 所示,其轨底及内侧轨头尺寸与普通轨一致,外侧轨头与槽钢结构形式相似,做了加强处理。异形轨集合了槽钢轨和普通轨的优点,又克服了各自的缺点,具有以下特点:

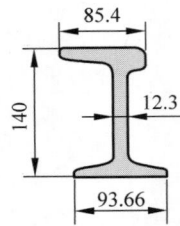

图 12-30　SMJ140 型异形轨

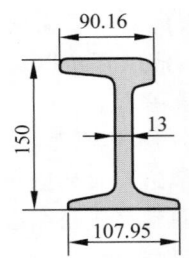

图 12-31　SMJ150 型异形轨

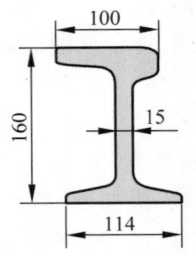

图 12-32　SMJ160 型异形轨

① 能与普通轨直接对接,减少中间转载环节。异形轨的内侧轨头为普通轨结构,将普通轨与异形轨结合在一起设计为整体金属结构的过渡轨,实现与普通轨直接对接。普通轨道上运行的车辆可以直接在异形轨系统上运行,减少了中间转载环节。

② 轨道铺设简单方便,可采用多种安装铺设方式,从而降低使用成本。异形轨既可制作成金属结构的梯子形轨道,搭接铺设简单快捷,又可按照普通轨的方法进行铺设,在轨道接头处布置可安装托绳轮以及道外绳轮的金属轨枕。该轨枕可与地面锚固,其他位置使用已有的水泥轨枕或木质轨枕、道钉或压板进行铺设,以降低铺设成本。

③ 既具有足够的卡轨空间,又满足安全可靠的制动要求。在满足刚度和强度要求的情况下,保证了多种安装形式下卡轨导向轮的运行空间。在确保车辆不掉道、不翻车的情况下(即确保车辆不偏离运行轨迹),采用上下夹轨的制动方式,可靠地实施夹轨制动,缩短制动距离并留有必要的制动缓冲距离。

异形轨踏面较宽,可增加承载轮与轨道的接触面积,减小轨道与车轮的承载比压,减少轨道与车轮间的磨损,提高轨道和车轮的使用寿命。例如,通常机车是靠车轮与轨道的摩擦力牵引车辆,为了增加机车的黏着牵引力,往往将机车做得很重,尤其是胶套轮机车,使用异形轨可显著增加胶套轮的使用寿命。

④ 具有良好的耐磨性和耐腐蚀性能。异形轨采用耐磨和耐腐蚀性材料制造而成,且具有良好的韧性,既不会出现脆裂现象,又适应煤矿井下较为潮湿的环境。

⑤ 异形轨可满足不同煤矿的使用要求。应用于斜井人车系统可提高斜井人车的安全可靠性;应用于采区巷道,可提高起伏轨道的运输效率和安全可靠性能,并且轨道拆卸方便;应用于齿轨卡轨车运输系统,可省去坡道护轨的设置;应用于机车运输系统,可有效缩短安全制动距离,提高轨道运输的安全性。异形轨可随工作面伸缩,满足全路况物料运输和人员运输以及综采综掘设备运输的实际要求。

异形轨从本质上解决了长期以来困扰我国大多数煤矿的井下辅助运输难题。异形轨及其制动方式在国际上处于领先水平,是煤矿井下辅助运输史上的一次创新,为推动煤矿井下辅助运输机械化水平和技术进步起到了积极作用。

(4)道岔

卡轨车的道岔为专用道岔。由于轨道间设有钢丝绳,摆轨转动受到限制,为使钢丝绳不阻碍摆轨运动,将道岔设计成双层结构。上层为固定轨和摆轨,下层为底座,钢丝绳在下层通过。道岔控制方式分为气动控制和液压控制,槽钢轨道岔如图12-33所示,异形轨道岔如图12-34所示。

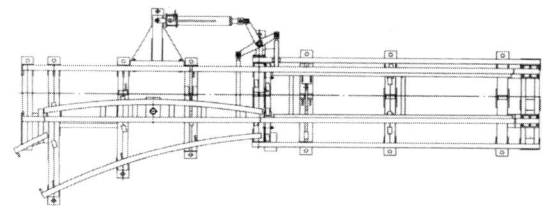

图 12-33 槽钢轨道岔

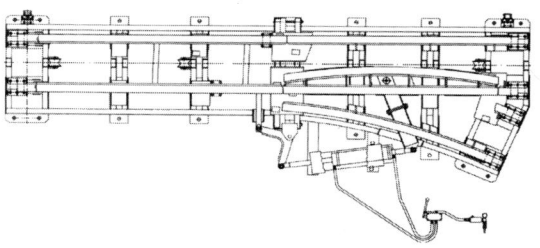

图 12-34 异形轨道岔

(5)回绳装置

回绳装置分为带紧绳的回绳装置和不带紧绳的回绳装置,可紧绳的回绳装置的紧绳方式又分为重锤张紧(图12-35)和液压张紧(图12-36)两种。

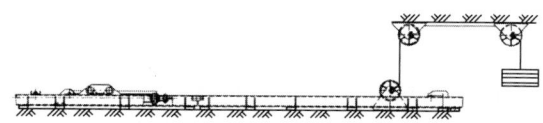

图 12-35 重锤张紧式回绳装置

(6)托绳轮

如果牵引钢丝绳托底,会加快钢丝绳的磨

损并加大钢丝绳的运行阻力,降低卡轨车的牵引效率,因此有必要保证钢丝绳在卡轨车运行的全过程被托绳轮托起。一般情况下,每间隔8 m布置一组托绳轮(即安装在道节轨枕上)。

另外,在轨道系统的凸轨处视具体情况应布置多组托绳轮,以分散凸轨上托绳轮的磨损,延长其使用寿命。托绳轮的结构如图 12-37 所示。

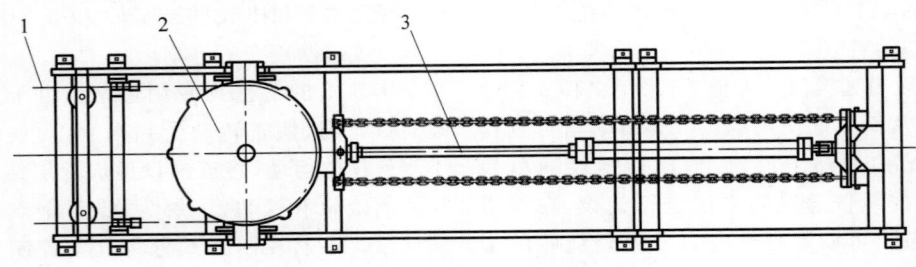

1—钢丝绳;2—尾绳轮;3—液压缸。

图 12-36　液压张紧式回绳装置

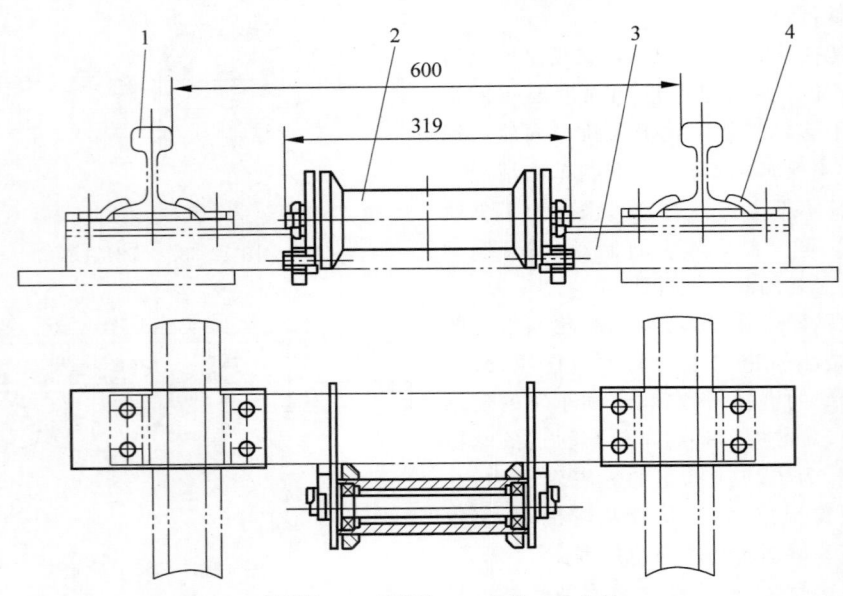

1—普通轨;2—托绳轨;3—轨枕;4—扣件。

图 12-37　卡轨车普通轨托绳轮的结构

(7) 压绳轮

压绳轮如图 12-38 所示,一般布置在凹轨处,为了使压绳轮受力均匀,凹轨宜使用多组压绳轮平均分担压绳力,轨道的垂直转弯半径不小于 15 m。压绳轮轮架外侧需安装道外导绳轮,用于压下轨道外侧钢丝绳。

压绳轮的另外一种功能就是对牵引钢丝绳纠偏,一般情况下每 80 m 左右布置一组,巷道条件好时可适当加大间距,应尽量减少绳轮的布置数量。

2. 工作原理

钢丝绳牵引的卡轨车为无极绳牵引方式。牵引绳的两极绳头固定在牵引车上,车辆与制动车挂接在牵引车后,列车在轨道上作往复运行。牵引车上设有储绳滚筒,根据运距长短,将多余的牵引绳储存在储绳筒内,以便在运距变化时通过收放钢丝绳调节运输长度,而不用截绳或重新接绳。在制动车上设有限速制动装置,可手动和自动控制。在坡道运输中制动车应挂在列车的下方(当列车进出斜坡道时,

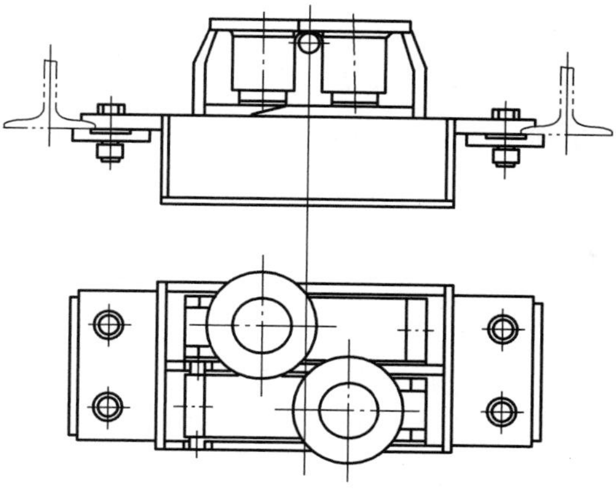

图 12-38 压绳轮

运输车辆与牵引车、制动车要重新组列),以便在列车出现断绳、脱钩或超速时紧急制动,防止列车跑车。

卡轨车的轨道有槽钢轨、普通轨和异形轨,由于重载和转载的需要,槽钢轨逐渐被异形轨取代。槽钢轨或异形轨与轨枕固定在一起形成梯子道,长 3 m 或 6 m。用快速装置连接,安装在地板上。在轨道上运行的车辆一般由转向架轮组和平板车体构成。转向架轮组是车辆的承重行走机构,它除了有两对垂直承重行走轮外,还装有两对水平导向滚轮。行走轮在槽钢轨道的上端面行走,水平滚轮在槽口内滚动,由此把车轮固定在轨道上,保证行走轮不掉道。这种滚轮也称为卡轨轮。

3. 主要产品的技术性能

国内生产卡轨车的厂家主要是石家庄煤矿机械有限责任公司,产品型号按驱动方式分为变频驱动的 KSD 系列绳牵引卡轨车和液压驱动的 KCY 系列绳牵引卡轨车。其他生产卡轨车的国家主要有德国、英国等。

1) KSD 系列绳牵引卡轨车

KSD 系列绳牵引卡轨车主要技术参数见表 12-8。

2) KCY 系列绳牵引卡轨车

KCY 系列绳牵引卡轨车主要技术参数见表 12-9,国外绳牵引卡轨车技术参数见表 12-10。

表 12-8 KSD 系列绳牵引卡轨车主要技术参数

参 数 名 称	单 位	设 备 型 号				
		KSD90J	KSD110J	KSD120J	KSD140J	KSY180/560P
牵引力	kN	90	110	120	140	180
运行速度	m/s	0～3	0～2	0～2	0～2	0～3
适用坡度	(°)	≤25	≤25	≤25	≤25	≤25
主电机功率	kW	250	200	250	280	560
驱动轮直径	mm	1900	1900	1900	1900	1900
工作电压	V	660	660	660	660	660
适用钢丝绳直径	mm	26	28	28	28	32
轨距	mm	600;900	600;900	600;900	600;900	600;900
水平转弯半径	m	≥6	≥6	≥6	≥6	≥6
垂直转弯半径	m	≥15	≥15	≥15	≥15	≥15

表 12-9 KCY 系列绳牵引卡轨车主要技术参数

参 数 名 称	单 位	设 备 型 号			
		KCY-6/600	KCY-8/600	KCY-6/900	KCY-8/900
牵引力	kN	60	80	60	80
运行速度	m/s	0～2	0～2	0～2	0～2
适用坡度	(°)	≤25	≤25	≤25	≤25
适用钢丝绳直径	mm	22	24	22	24
轨距	mm	600	600	900	600
水平转弯半径	m	≥4	≥4	≥4	≥4
垂直转弯半径	m	≥15	≥15	≥15	≥15

表 12-10　国外绳牵引卡轨车主要技术参数

项目摘要	德国沙尔夫公司		德国穆肯豪普特公司	英国备考瑞特公司	苏　联	
	双轨 800	双轨 500	400；650；900	400；600	KH-1	KH-2
卡轨类型	外卡槽钢	外卡槽钢	内卡槽钢	内卡槽钢	普通钢轨	
轨型	180	180 或 40	140 或 180	140 或 180	P24；P33	
轨距/mm	内口 800	内口 500	400；650；900	外口 400；650	600；900	
钢丝绳直径/mm	32 或 28	30	5.5～30	9～35	15	16.5
钢丝绳牵引力/kN	2×60	45/60	30；45；60；90	45；60；90	30	35
最大牵引速度/(m/s)	2.6；4	4	4	4.6	2.4	2
最大单车载重/t	15～30	15	10；13；15；20	12～23	15	9
最大倾角/(°)	14～25	30～45	25～45	45	6	20
弯曲半径（水平/垂直）/m	4/10	4/10	4/10	4/10	4/10	12/20
制动系统	工作制动液压紧急制动、车超速动作夹轨缘	工作制动液压紧急制动、车超速动作夹轨缘	工作制动液压紧急制动、车超速动作夹轨缘	工作制动液压紧急制动、车超速动作夹轨缘	工作制动液压紧急制动、车超速动作夹轨缘	
功率/kW	240～300	110～240	66；110；160；330	90～300	90	
主油泵	轴向柱塞变量	轴向柱塞变量	轴向柱塞变量	轴向柱塞变量	轴向柱塞变量	
液压马达	径向柱塞变量 低速大扭矩	径向柱塞变量 低速大扭矩	径向柱塞变量 低速大扭矩	径向柱塞变量 低速大扭矩	径向柱塞变量 低速大扭矩	
绳轮直径/mm	800～1200	640～800	640～1200	900～1800	900	
制动能力/kN	120～140	120～140		100/200		
长×宽×高/(mm×mm×mm)	9430×1440×2070	9430×1440×2070	8200×1240×1700			

12.3.3　选用原则和选用计算

1. 选用原则

钢丝绳牵引卡轨车运输的基本计算内容包括：列车组成、阻力、张力、绞车牵引力及功率、钢丝绳的拉紧力。

1）运行速度

卡轨车牵引绞车的运行速度可根据实际运量和运距进行调整。

考虑到在重型设备运输时的安全稳定性，目前设计时卡轨车的最大运行速度一般不超过 2 m/s。

2）运输单元的平均有效载荷

在物料及设备的辅助运输中，运送物料的品种繁多。采用集装化运输是实现从地面供货点到井下使用点运输机械化的基础。它可大大提高运输效率和安全性，并可降低劳动强度。在确定井下运输量时，根据材料、设备的质量和尺寸大小，用集装箱和捆扎的方式，将各种物品组合成一个个便于运输及装卸的运输单元。运输单元的质量和组成一般要求如下：

（1）每集装箱的运输质量在 2.5 t 以内，平均有效载荷不超过 2 t；

（2）无集装箱捆扎时在 3 t 以内；

（3）长度小于 3.1 m 的材料用集装箱装运，大于 3.1 m 的捆扎装运；

（4）运送支架、胶带卷等重型物件时采用重载运输车装运。

2．列车组成

钢丝绳牵引卡轨车系统是由牵引车、运输车、制动车组成的，主要根据运输量或绞车的牵引能力确定满足运输能力所需的运输车辆的数目。在设计运输设备能力时，要按最大负荷、最大运距考虑，并计入 20% 的备用能力，以便适应加大采掘强度时运输能力的增加。

钢丝绳牵引卡轨车运输为往返式运输，为达到一定运输能力，每次应牵引的运输车数根据下式计算：

$$Z = \frac{Q\left(\dfrac{2L}{60v_p} + t_p\right)}{60G} \tag{12-29}$$

式中：Z——每次牵引的运输次数；

Q——每次运输需完成的运输量，t/h；

G——每个运输单元有效载重量，t；

L——运输距离，m；

v_p——平均运行速度，m/s，$v_p = 0.75v$，v 为运行速度；

t_p——装、卸载及调车等辅助作业时间，min。

式（12-29）中若运输量以运输单元件数计，则

$$Q = Gn \tag{12-30}$$

式中：n——每小时需运送的运输单元数。

则运输车数为

$$Z = \frac{n\left(\dfrac{2L}{60v_p} + t_p\right)}{60} \tag{12-31}$$

卡轨车列车组成：1 辆专用牵引车加 Z 辆运输车加 1 辆制动车，或 1 辆兼用牵引车加 $(Z-1)$ 辆运输车加 1 辆制动车。

3．运行阻力

钢丝绳牵引卡轨车的总运行阻力包括列车运行阻力和牵引绳沿线路运行时所受的各种阻力，如图 12-39 所示。

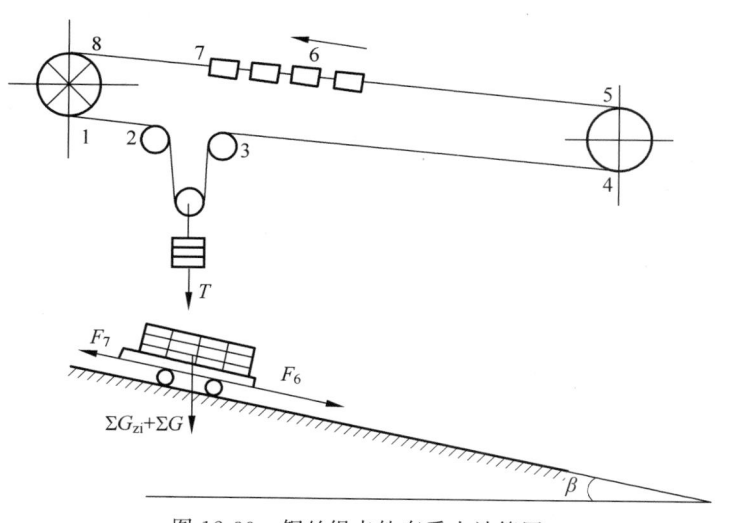

图 12-39　钢丝绳卡轨车受力计算图

1）列车运行阻力

列车运行的静阻力主要包括基本阻力和坡道阻力。基本阻力是列车运行经常承受的阻力，主要由摩擦力构成，利用阻力系数计算，阻力系数由试验得到。坡道阻力是列车在坡道运行时，列车重力沿坡道倾斜方向形成的分力。计算方法如下：

设列车自重为 $\sum G_{zj}$；

$$\sum G_{zj} = G_{z1} + G_{z2} + ZG_{z3} + ZG_{z4} + ZG_{z5}$$
$$(12\text{-}32)$$

式中：Z——运输车数量；

G_{z1}——牵引车自重；

G_{z2}——运输车自重；

G_{z3}——运输车自重；

G_{z4}——运输车自重；

G_{z5}——运输车自重。

列车有效载重为每个运输单元有效载重量与每次牵引的运输车数，设其为 $\sum G$，则

$$\sum G = ZG \qquad (12\text{-}33)$$

列车运行基本阻力为

$$F_0 = 1000\left(\sum G_{zi} + \sum G\right)g\omega\cos\beta$$
$$(12\text{-}34)$$

式中：F_0——基本阻力，N；

ω——列车运行阻力系数，一般取 $\omega = 0.03$；

β——运行坡道最大倾角，(°)；

g——重力加速度，取 $9.8\ \mathrm{m/s^2}$。

列车坡道阻力为

$$F_1 = \pm 1000\left(\sum G_{zi} + \sum G\right)g\omega\sin\beta$$
$$(12\text{-}35)$$

式中：F_1——坡道阻力，N。

"±"选取原则：上坡运行取"+"，下坡运行取"−"。

列车运行最大阻力为

$$F_L = F_0 + F_1 +$$
$$1000\left(\sum G_{zi} + \sum G\right)g(\omega\cos\beta + \sin\beta)$$
$$(12\text{-}36)$$

2）牵引钢丝绳运行阻力的线路效率

钢丝绳运行阻力主要是钢丝绳沿线路直线段和曲线段运行时，各托绳轮及导向轮上所受的各项阻力。卡轨车中的钢丝绳运行阻力是按线路效率计算的，线路效率由试验得到，通常按下式计算：

$$n_L = 0.8 - \frac{0.01}{15} \times \alpha \qquad (12\text{-}37)$$

式中：n_L——线路效率；

0.8——直线运行效率；

α——水平弯道转角，(°)。

一般水平弯道平均每转 15°，效率降低 1%。

3）钢丝绳牵引列车总运行最大阻力

计算公式为

$$F = \frac{1000\left(\sum G_{zi} + \sum G\right)g(\omega\cos\beta + \sin\beta)}{0.8 - \dfrac{0.01}{15} \times \alpha}\ \mathrm{(N)}$$
$$(12\text{-}38)$$

4）钢丝绳的最大张力及拉紧力

（1）钢丝绳的最大张力

牵引钢丝绳各点张力用逐点计算方法计算。

如图 12-39 所示，一方面，在卡轨车牵引运输时，钢丝绳的最大张力点在点 8 处。由逐点计算式知，为克服运行阻力，最大张力 F_8 与绞车摩擦轮分离点 1 处的张力 F 有下列关系：

$$F_8 = F_1 + F \qquad (12\text{-}39)$$
$$F_8 - F_1 = F \qquad (12\text{-}40)$$

另一方面，钢丝绳与牵引绞车为摩擦传动，F_8 与 F 还应满足挠性体摩擦传动的欧拉公式：

$$F_8 = F_1 e^{\mu\alpha} \qquad (12\text{-}41)$$

同时考虑一定备用摩擦力，防止摩擦轮与牵引绳之间打滑，F_8 与 F_1 有下列关系：

$$F_8 - F_1 = \frac{F_1(e^{\mu\alpha} - 1)}{n}\ \mathrm{(N)} \qquad (12\text{-}42)$$

式中：n——摩擦力备用系数，可取 1.2；

α——钢丝绳在摩擦轮上的总围包角，rad；

μ——钢丝绳与摩擦轮间的摩擦系数，取 0.1～0.3。

联立以上各式得

$$F_1 = \frac{Fn}{e^{\mu\alpha} - 1} \qquad (12\text{-}43)$$

$$F_8 = F\left(\frac{Fn}{e^{\mu\alpha} - 1} + 1\right) \qquad (12\text{-}44)$$

钢丝绳最大张力为

$$F_{max} = F_8 = F\left(\frac{n}{e^{\mu\alpha} - 1} + 1\right)\ \mathrm{(N)}$$
$$(12\text{-}45)$$

（2）拉紧力的计算

拉紧装置的拉紧力按拉紧装置的位置并根据计算得出的张力值计算，图 12-39 所示的拉紧装置位置，采用重锤张紧时其拉紧力为

$$T = 2F_1 \qquad (12\text{-}46)$$

（3）牵引钢丝绳的选择

牵引钢丝绳按最大静张力 F_{max} 选择，并满足强度条件：

$$F_{max} \leqslant \frac{\sigma_b A}{B} \qquad (12\text{-}47)$$

式中：σ_b——钢丝绳材料的抗拉强度，N/m^2；

A——钢丝绳中全部钢丝的截面积之和，m^2；

B——安全系数，运人时不小于 9，运物料时不小于 6.5。

（4）绞车牵引力及功率

绞车摩擦轮的静圆周牵引力等于摩擦轮上钢丝绳两侧静张力差（即总运行阻力 F）：

$$P = F$$

$$= \frac{1000\left(\sum G_{zi} + \sum G\right) \cdot g(w\cos\beta + \sin\beta)}{0.8 - \dfrac{0.01}{15} \times \alpha} \ (N)$$

$$(12\text{-}48)$$

当绞车牵引列车以速度 v 稳定运行时，在摩擦轮轴上的功率为

$$N = \frac{Pv}{1000\eta} \ (kW) \qquad (12\text{-}49)$$

式中：P——绞车牵引力，N；

v——绞车的牵引速度，m/s；

η——绞车的传动效率。

（5）卡轨车运输能力的计算方法

牵引卡轨车的运输能力可按下式计算：

$$Q = \frac{F\eta}{g(\sin\alpha + f_k\cos\alpha)} - G_d \qquad (12\text{-}50)$$

式中：Q——卡轨车的运输能力，t；

F——牵引力，kN，查表（卡轨车主要技术参数）获得；

η——综合效率，取 0.8；

g——重力加速度，取 9.8 m/s^2；

α——运行巷道坡度（倾角），(°)；

f_k——运行阻力系数，取 0.03～0.04，

运行工况较好时取最小值，工况较差时取最大值；

G_d——机车及配套设备（储绳车、承载车及安全制动车等车辆）自重，t。

12.3.4　安全使用操作规程与维护保养

1. 卡轨车司机安全技术操作规程

本规程规定了井下卡轨车司机的操作方法和安全要点，适用于井下 S3、N1 卡轨车司机。

1）上岗条件

（1）卡轨车司机必须经过专门的培训，考试合格，持证上岗。

（2）必须熟悉井下采区运输系统，懂得卡轨车的基本构造原理，并能处理运行中出现的一般故障。掌握本系统应知应会知识、各种规章制度、安全操作规程，确保系统正常运行。

2）安全规定

（1）必须严格执行交接班制度和工种岗位责任制，遵守本规程和岗位标准化作业标准以及《煤矿安全规程》的有关规定，严禁做与本职工作无关的事情。

（2）首车司机严禁在车外操纵机车工作。

（3）卡轨车的红灯要安装在醒目位置。

（4）运输设备或材料时严禁同时在平板车上乘坐人员。

3）接班

（1）按时进入接班地点。

（2）向上班司机询问设备工作情况，查看各种记录、车牌是否齐全。

（3）现场检查：

① 检查驱动站是否卫生整洁，无杂物、无油污、无擦痕；

② 检查所有安全栅栏、护网是否安装完整紧固；

③ 目视电气设备、液压传动设备是否完好，地脚螺栓是否松动；

④ 检查泵站、驱动滚筒、张紧装置及油位、油温、压力是否正常，有无泄漏；

⑤ 查看照明声光信号、仪表指示是否正常，colis2000 反馈信息是否正常；

⑥检查绳衬、制动闸磨损是否超限,发现问题应及时调整及更换,否则司机有权拒绝开车;

⑦测试通信信号发送功能是否正常,检查手把操作是否可靠有效。

4)试车

(1)送电。将主泵电机电源开关打到送电位置;目视检查四个电气控制箱指示灯是否正常,遥控接收指示灯是否正常。

(2)发信号。司机坐在操作室座位上与首车司机通信联系,通知准备工作就绪,进行试车;当收到首车司机发出的准确开车信号后,准备启动电机开车。

(3)启动开车。启动电机开关按钮,使泵站工作空载运转;操作液压绞车控制杆进行作业。观察绞车运转情况,发现异常立即停车检查;试车运行时,配合检修工检查钢丝绳及驱动站工作运转情况。

(4)交接双方将存在问题交代清楚,落实责任,遗留问题及时向队值班室汇报。

(5)执行交接班手续,接班人上岗作业。

5)正常运行

(1)启动。各部位检查情况正常,运行条件就绪后,司机与列车首车上的司机联系准备开车。司机接到来自列车首车司机的准备开车信号,合上开关箱上的手柄,送上660 V电源,再打开开关箱上的紧急停车按钮,查看监控系统有无故障显示,没有故障就打开电动机电源开关,让电动机启动,系统准备启动。司机按照首车司机的指令向前或向后操作方向控制手把驱动滚筒运转,使液压绞车正常作业。

(2)开车。列车运行过程中,司机必须集中精力,认真监视各种仪表显示状况,平稳操作;卡轨车要按规定速度行驶,严禁超载、超速行驶。一般设备运输速度要控制在2.5 m/s。进入车场前、变坡点或转弯要控制在1 m/s,大型设备运输要控制在1.5 m/s以下,车场内速度必须控制在0.5 m/s以内;运输途中除特殊情况外严禁无故紧急停车;绞车运行工作中,注意绞车泵站工作有无不正常声音、冲击振动、异常音响等;绞车运行途中,发现异常现象或故障立即联系停车检查,排除故障;运输人

员时,必须安装乘人架,并固定牢靠。人员上下车必须在指定地点,司机必须听从首车司机准确指令,平稳操作,均匀加减速度。

(3)停车。当接到准备停车信号后,司机根据指令减速停车;绞车停车后,按下停车闭锁开关,抬脚释放脚踏控制开关,最后关闭电机启动开关;作业完毕后,将控制开关上的电源控制开关打到闭锁位置。

6)交班

(1)交班前清理现场卫生,对绞车、钢丝绳重新检查,发现问题详细记录;

(2)交班时应向接班人详细交代本班绞车运转、信号的使用情况,当班存在的问题等;

(3)陪同接班人现场检查,发现问题及时协同处理,遗留问题落实责任,并向队值班室汇报;

(4)上井后,要到队部做详细的记录。

7)其他要求

(1)本规程审批后,所有管理人员及工作人员都必须认真学习,签字或盖章后方可上岗作业;

(2)本规程未涉及之处请相关人员参照新版的《煤矿安全规程》《岗位标准化作业》执行。

2.维护和保养

在卡轨车使用期间应每班有1~2名保养维护人员,配合绞车司机、跟车司机做好设备及轨道的日常保养维修工作。

1)通信信号的维护

配备专人按信号说明书的要求做好信号灯的充电和维护工作。

2)绞车的维护

绞车的减速机使用150号工业齿轮油,每半年更换一次。液力推杆制动器中加注20号机械油,要加至油位螺栓处。制动器制动闸瓦磨损后要及时更换,开式齿轮和轴承要定期加注润滑脂。要经常观察轮衬的磨损情况,轮衬绳槽磨损达到20 mm后要及时更换。

3)轮子的维护

各轮子要转动灵活,及时清理影响轮子转动的杂物。

12.3.5　常见故障及排除方法

卡轨车常见故障现象、原因分析和排除方法具体见表12-11。

表 12-11　卡轨车常见故障及排除方法

故障现象	原因分析	排除方法
绞车上钢丝绳打滑，达不到额定牵引力	张紧器重砣落地	增大钢丝绳预紧力
	潮湿等致使轮衬摩擦系数变小	排除积水；并可在滚筒上撒一些水泥、沙子等物质
	张紧器重砣太轻	加大重砣
牵引车运行过程中易掉道	电源的电压低	调整变压器的电压
	车辆转盘不灵活	修理车辆
	轨道质量较差	调整轨道，详见轨道铺设具体要求
信号接收效果差	发射机电量不足	及时充电
	信号线连接松动	检修信号线路
	手机损坏	维修手机
	基地电台内部接头接触不良	维修基地电台
	外置喇叭接线松动	维修接线线路
压绳轮撞开阻力大	杂物阻碍轮体摆动	及时清理杂物
压绳轮跳绳	压绳轮安装数量小	增加压绳轮数量
	弹簧损坏	更换弹簧

12.3.6　卡轨车工程案例

卡轨车可以提高煤矿井下辅助运输的安全性和运输效率，被煤矿企业广泛应用。下面以余吾煤业北翼轨道 KSD90J 型绳牵引卡轨车和 YQKGC-A 型卡轨车为例简要介绍。

12.3.6.1　KSD90J 型绳牵引卡轨车

1．现场条件

山西潞安集团余吾煤业有限责任公司北翼轨道大巷，运输距离 2200 m，巷道最大坡度 6°，平均坡度 3°，最大整体运输质量为 28 t。最大运行速度不小于 2.5 m/s，轨距为 900 mm，两钢丝绳布置在轨道中间。

2．设备型号

选用 KSD90J 型绳牵引卡轨车，其主要技术参数见表 12-12。

表 12-12　KSD90J 型绳牵引卡轨车主要技术参数

序号	参数名称	单位	参数
1	牵引力	kN	90
2	牵引速度	m/s	0～3
3	停车制动闸制动力	kN	≥135
4	安全制动闸制动力	kN	≥90
5	垂直转弯半径	m	≥15

续表

序号	参数名称	单位	参数
6	水平转弯半径	m	≥20
7	钢丝绳直径	mm	28
8	主绳轮直径	mm	1900
9	变频控制器功率	kW	280
10	变频控制器电压	V	660

3．系统配置

1）牵引绞车

牵引绞车由防爆电动机、减速器、停车制动器、主绳轮、副绳轮、安全制动闸、箱体、底座等组成。主电动机内部要设电加热装置，防止停机时间过长造成设备受潮。

2）液压（双绳）紧绳器

液压紧绳器工作时可实现卡轨车两侧钢丝绳自动张紧，最大紧绳量 7 m。

3）液压泵站

一个液压泵站为牵引绞车的安全制动闸提供松闸动力；另一个液压泵站是为紧绳器配置的，用于确保紧绳器正常工作。

4）电控系统

电控系统由变频调速柜、操纵台、检测装置、跟车司机可遥控信号发射机等组成。本系统采用低压变频技术控制电机转速，并利用机械传动实现软启动、软停车,运行速度在 0~3 m/s 间无级调节。

5) 绞车房控制钢丝绳走向轮组

根据实际情况布置轮组,用于调整牵引绞车和液压紧绳器之间的钢丝绳走向。

6) 轨道系统

轨道系统由导向滑轮、阻车器、开始轨、直轨、凸轨、凹轨、辅线用水平弯轨、道岔、过渡轨、终端轨、回绳站、托绳轮和压绳轮等组成。

轨道采用 SMJ 异形轨焊接而成的梯子轨。

道岔为气动控制,额定工作压力为 0.4 MPa。

回绳装置设置为 15 m 长,可吸收 19 m 长钢丝绳永久变形量,在回绳站配备重砣张紧装置。

7) 车辆

车辆部分包括牵引车、载重车和制动车以及牵引拉杆、牵引销轴等。载重车根据载重量的不同分为 20 t 载重车、30 t 载重车。制动车保险闸制动力不小于 135 kN,保险闸动作速度为 3.45 m/s。

4. 应用效果

异形轨卡轨车在余吾煤业北翼轨道大巷的成功应用,为余吾煤业井下辅助运输开辟了一片新的领域,极大地提高了井下辅助运输水平。可实现大载荷、大坡度运输,卡轨可靠,安全制动有保证,车辆在普通轨和异形轨上可实现连续不转载,改变了井下辅助运输环节多、占用人员多、效率低、运输成本高的状况。对提高煤矿井下辅助运输的安全性,提高煤矿井下辅助运输的技术水平,提高煤矿的经济效益,发挥出极大的作用。

12.3.6.2 YQKGC-A 型卡轨车

1. 卡轨车的组成

YQKGC-A 型液压牵引卡轨车系统主要由两个卡轨车(主车和副车)、12 个液压卡轨器、13 个液压双向锁、一个迈步推移千斤顶和一个操作台等组成。其具体结构如图 12-40 所示,主要技术参数见表 12-13。

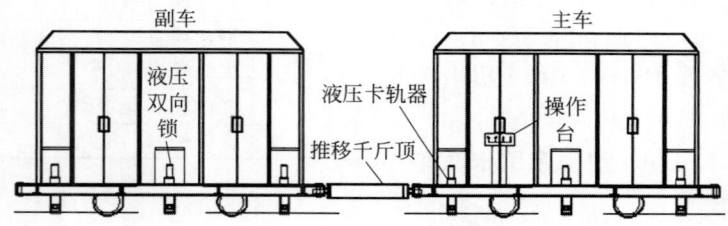

图 12-40 液压牵引卡轨车系统示意图

表 12-13 卡轨车主要技术参数

型 号	YQKGC-A	工作介质	乳 化 液
额定工作压力	31.5 MPa	单车自重	3000 kg
单车外形尺寸	2880 mm×1260 mm×1933 mm	轨距	600 mm
步进距离	1 m/步	最大爬坡度	10°
整车制动力			400 kN/600 kN

2. 液压牵引卡轨车的优点

通过试用,对液压牵引卡轨车系统从技术性能、安全保障、经济实用、机动灵活及适用条件等方面进行分析,总结出其优点如下。

1) 液压双向锁

液压双向锁实际上是断液安全锁,即当液压泵站的高压乳化液断供时,液压双向锁就封

死了已经夹紧轨道的卡爪千斤顶内的高压乳化液,使其缸内的高压乳化液不外泄,从而保证了设备列车处于安全的刹车状态,不会发生溜车现象。

2) 安全保障性

(1) 该车全部防爆防水,所用的液压千斤顶及平板车已通过煤矿安全标志认证,符合煤

矿安全生产要求,可消除相关人员以往使用绞车牵引电机、电缆等担心淋水、浸水的顾虑。

(2)有卡轨制动和液压双向锁保压,不溜车、不掉道,运行可靠,可有效防止以往绞车牵引出现的"跑野车"带来的人员伤亡和设备损坏。同时司机在操作室内操作,可以有效保护司机免受意外伤害,安全性大大提高。

(3)司机近距离操作能够看清楚列车周围的情况,便于处理紧急事宜。

(4)列车运行速度慢,不易发生碰撞事故。

3)经济实用性

像以往类似配套设备的工作面一样,广泛使用的绞车牵引一般需要一部 18.5 kW 的回柱绞车和一根约 300 m 长、直径 22.5 mm 的钢丝绳,而且绳套的制作必须严格,确保绝对可靠。生产过程中需要经常检查钢丝绳和连接装置的安全性。列车牵引时,首先要靠别的小绞车把回柱绞车拉拽到合适位置,然后用木柱固定牢靠,再将钢丝绳与设备列车连接。操作起来既费力,又不安全,且回柱车和钢丝绳磨损相当严重,一个工作面采完,基本这部回柱车需要出井大修,钢丝绳也需要更换。该液压牵引卡轨车一次投入可以重复在几个工作面使用,而且只需要一名司机即可完成操作,具有投资费用低、运营成本低、安全高效和维修量小的优点。

4)机动灵活性

该车在巷道运行中不受巷道底板起伏不平(驼峰)的限制,不受岔道的限制,不受距离的限制,可上下坡,可进入支岔道,直达运输目的地。能实现远距离连续运输,而且装卸转载方便。

5)适用范围宽

该液压牵引卡轨车系统的外形宽度小,可通过断面狭窄的巷道,即使将其安设在综采工作面皮带巷,仍可保留充足的行走空间,完全不影响人员进出工作面。所用轨道规格可在 22~38 kg/m 之间选择,适用范围宽,巷道坡度 ≤10°,水平曲率半径 ≥12 m。

3. 应用效果

该液压牵引卡轨车应用于晋华宫矿大井

11 层西翼 307 盘区 8707 面皮带运输巷 2707 巷的轨道上,位于设备列车的中部(即电气列车与乳化液泵站之间),用于牵引和推动整套设备列车移动。其制动和驱动都是利用乳化液泵站提供的高压乳化液(压力 31.5 MPa)作为动力源,运动方式是迈步移动式,取代以往调度绞车牵引,实现设备列车的自移运动。

12.4　齿轨车

随着我国煤矿井型设计的大型、特大型化,综采、综掘及沿煤层掘进巷道和锚网喷护技术大量普及应用,井下采场范围不断拓宽,我国煤矿的开采技术有了长足的进步,采掘机械化程度有了很大的提高,采掘速度和采掘设备向重型化发展的速度不断加快。我国现存的多数小绞车、小蓄电池机车等多段分散落后的传统辅助运输方式已经不能满足综采、综掘等现代化系统的需求。我国煤矿大量使用的普通轨道机车,其最大缺点就是不能适应起伏不平且带坡度的巷道,其运行坡度为 3% 左右,局部坡度不超过 3%。所以,一般矿井中的机车运输只限于大巷而不能进入上下山及工作面巷道。为了解决这一问题,我国引进及研发了齿轨卡轨车,简称齿轨车。

齿轨车(图 12-41)是以防爆低污染柴油机或防爆蓄电池为动力的自驱动机车,可在煤矿井下具有瓦斯、煤尘等爆炸危险场所使用,是我国煤矿井下新一代高效辅助运输设备。齿轨车以普通钢轨或 SMJ 异形轨为轨道,在 3° 以下的巷道可直接利用井下现有轨道系统,通过驱动轮与轨道黏着高速运行;在 3° 以上的坡道上需加装齿条,通过驱动齿轮与齿轨啮合以增大牵引力和制动力,实现低速重载荷运输。齿轨车具有结构紧凑、传动效率高、安全可靠、机动性好、牵引力大、运输距离长、对巷道适应性强等特点,可安全、高效地完成运输材料、人员和整体搬运液压支架的任务,可以实现从井底车场经大巷到采区工作面的直达运输,中途不需要转载或更换机车。

齿轨车与钢丝绳式、皮带式井下辅助运输

图 12-41　齿轨车

设备相比运行灵活,运输距离长;与其他轨道机车相比,在黏着质量相同的条件下,牵引力大,爬坡性能好。但由于技术、材料等限制,齿轨车还存在一些问题,比如:胶套轮磨损严重,使用寿命短;柴油机能耗高,维护量大,使用成本高等。目前,齿轨车正在向高牵引力、高承载能力、高制动力、高速化方向发展。本节主要介绍齿轨车的类型、工作原理和结构、安全防护、选型及一些典型型号齿轨车。

12.4.1　主要类型

齿轨车有多种类型,按动力源不同,可分为防爆柴油机驱动齿轨车和防爆蓄电池驱动齿轨车两种;按传动方式不同,可分为机械传动、液力传动和液压传动三种;按驱动轮系不同,可分为胶套轮齿轨车和钢轮齿轨车。

齿轨车执行的行业标准有两个,一个是《煤矿用防爆柴油机胶套轮/齿轨卡轨车技术条件》(MT/T 588—1996),另一个是《煤矿用防爆柴油机钢轮/齿轨机车及齿轨装置》(MT/T 589—1996),两个标准从不同的产品类型归属分别规定了齿轨车的型号含义,如图 12-42 所示。

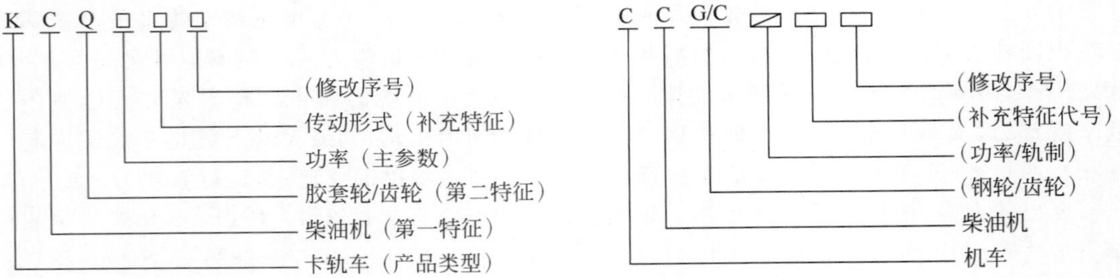

图 12-42　齿轨车的型号含义

1. 防爆柴油机驱动齿轨车

防爆柴油机驱动齿轨车是以防爆型低污染柴油机为动力的自驱动机车。机车具有前后两个司机室,可双向行驶,主副两个司机室都能控制和操作机车,并能同时操作安全制动装置。机车用于普通轨时,适应巷道坡度不超过 12°,大于 10°以上坡道,轨道系统必须增设护轨;用于异形轨时,全程卡轨运行,适应坡度更大。该类型齿轨车如图 12-43 所示。

图 12-43　防爆柴油机驱动齿轨车

2. 防爆蓄电池驱动齿轨车

防爆蓄电池驱动齿轨车是以防爆特殊型蓄电池为动力的自驱动机车,机车同样有前后两个司机室,可双向行驶。与防爆柴油机驱动齿轨车相比较,该齿轨车具有维护简单、使用方便、无污染、噪声低等优点,但由于防爆蓄电池的原因,存在外形体积大、牵引能力小、连续运输时间短等缺点。该类型齿轨车如图 12-44 所示。

图 12-44　防爆蓄电池驱动齿轨车

12.4.2　工作原理和主要结构

齿轨机车是利用齿轮齿条传动的原理,在两根普通轨道中间加装一根与轨道平行的齿条作为齿轨,机车运行时除利用车轮与轨道的黏着力形成的牵引力外,另增加1~2套驱动齿轮(即制动装置)与齿轨啮合以增大牵引力和制动力。这样,机车在平道上仍用普通轨道,靠黏着力牵引列车运行;在坡道上则以较低的速度用齿轮齿轨形成的驱动力加黏着力牵引(实际上以前者为主)。

一般来说,机车车轮与钢轨之间产生的黏着力只能适用于巷道坡度不大于3°条件下的牵引运行。齿轨机车采用齿轮啮合的方式驱动,需铺设齿轨才能完成。齿轨与普通钢轨的位置关系如图12-45所示。

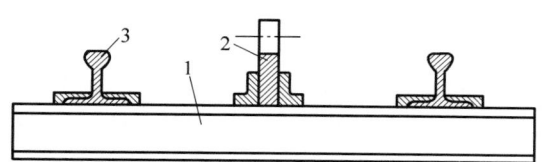

1—轨枕;2—齿轨;3—普通钢轨。

图 12-45　齿轨与普通钢轨的位置关系

行驶齿轨机车的轨道需要加固,钢轨选型应不小于 22 kg/m,坡道上铺设齿轨的地方要采用型钢轨枕,进入齿轨区要装设特殊的弹簧和齿轨。

齿轨轨道可以过道岔。在坡道上,齿轨机车的道岔一般分为两种形式:一种是齿条连续道岔,如图12-46(a)所示,这种道岔采用道岔与齿条同时摆动拨道的结构;另一种是齿条断开道岔,如图12-46(b)所示,拨道时齿条不动,此种道岔操作容易,结构也较为简单,多用于线路坡度不太大的地方。

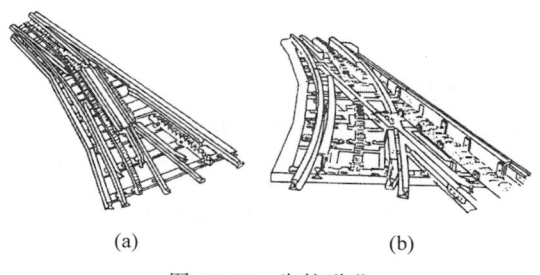

(a)　　　　　　　　　　(b)

图 12-46　齿轨道岔

(a)齿条连续道岔;(b)齿条断开道岔

齿轨机车工作示意图如图12-47所示。

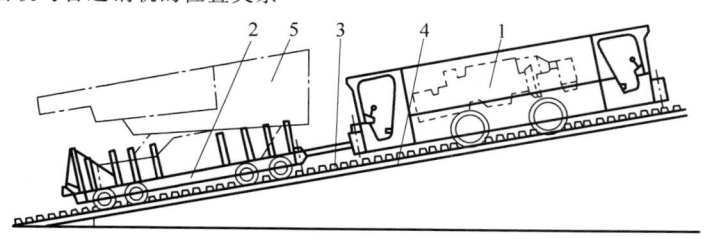

1—齿轨机车;2—重载平板车;3—齿轨;4—普通钢轨;5—支架。

图 12-47　齿轨机车运送支架示意图

下面以石家庄煤矿机械有限责任公司生产的 KCQ80J(A)型防爆柴油机胶套轮/齿轨卡轨机车为例,对齿轨机车的工作原理及结构进行介绍。机车主要由机架、司机室、动力系统、机械传动系统、液压制动系统、气动控制保护系统、操纵系统、电气系统等部分组成,如图12-48所示。

1. 机架

机架的主体由两块厚 16~18 mm、长 5 m 的高强度钢板与各种连接板、加强筋焊接而

成,两长板通过缓冲器连接座用螺栓紧固在一起,上部的纵梁、横梁也靠螺栓连接,便于拆装。齿轨车上的分动箱、驱动箱、差速箱和其他部件通过螺栓与车架连成一体。

2. 司机室

司机室主要由司机室壳体、仪表盘、座椅、手持灭火器、照明灯、喇叭、急停开关、各种操纵装置等组成。

司机室壳体底座在车架的长板上,背部与车架靠螺栓连接,司机室内设有运行速度表、

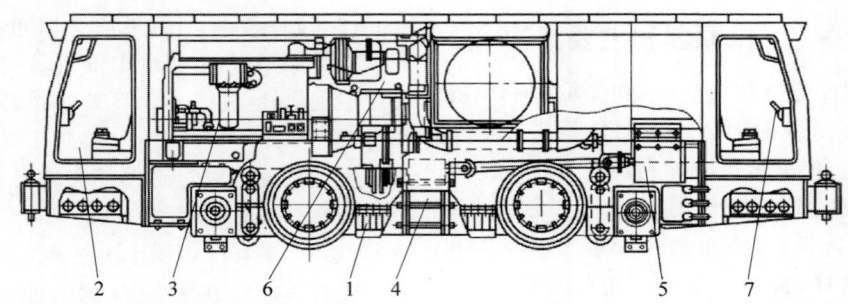

1—机架；2—司机室；3—动力系统；4—机械传动系统；5—液压制动系统；6—气动控制保护系统；7—操纵系统。

图 12-48　KCQ80J（A）型防爆柴油机胶套轮/齿轨卡轨机车结构图

液压制动系统压力表、柴油机机油压力表、柴油机机油温度表、柴油机冷却水温度表、柴油机启动开关等，利用这些仪表可随时监控齿轨车的运行情况。司机室前窗口安装了钢化玻璃，具有良好的视野，使司机能更安全地驾驶。油门操纵系统采用齿板结构，手柄可固定在任一齿位上，保证机车平稳运行。急停开关可保证在紧急情况时使齿轨车紧急制动停车。

3. 动力系统

齿轨车动力系统由柴油机及防爆、净化、冷却系统组成，柴油机采用国产低污染防爆柴油机，额定功率为 80 kW，额定转速为 2200 r/min，启动方式为电启动。主机采用裸机功率 132 kW 的康明斯 6BT 涡轮增压型柴油发动机，具有油

耗省、功率大等特点。进气系统配置了进气阻火器及空气关断阀，可以有效阻止防爆柴油机燃烧室火焰回火进入外界；排气系统采用水冷式缸盖、水冷式排气歧管及水冷增压器，并配置废气处理装置，可有效阻止防爆柴油机排气火焰外泄；冷却系统采用封闭强制循环水冷式，可以使柴油机的表面温度、冷却水温度及废气指标均达到国家行业标准要求；燃油系统中在高压油泵上安装了断油气缸，可在紧急状况下使油泵断油，从而及时停机。

4. 机械传动系统

机械传动系统主要由防爆离合器、变速箱、高速制动器、分动箱、万向传动轴、差速箱和驱动箱等组成，其传动顺序如图 12-49 所示。

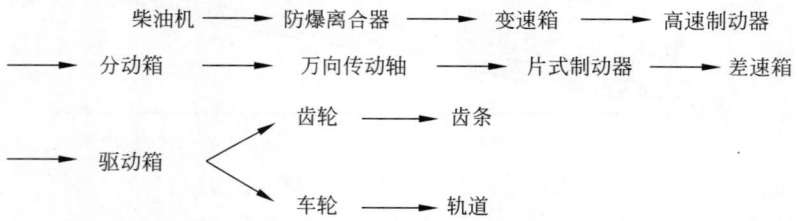

图 12-49　KCQ80J（A）型防爆柴油机胶套轮/齿轨卡轨机车传动顺序

1）离合器

本机车采用单片、干式摩擦防爆离合器，可以满足煤矿井下防爆的要求。此离合器传动效率高、噪声小、结合平稳。离合器踏板自由行程间隙 3～4 mm，当摩擦片厚度小于规定要求 2.8 mm，以及铆钉头低于摩擦表面不足 0.5 mm 时，应更换新摩擦片。

2）变速箱

变速箱采用东风 EQ145 型汽车的变速箱，

它有五个前进挡，一个倒挡，五挡为直接挡，二、三、四、五挡上装有锁销惯性同步器，同步器可以方便换挡，同时避免换挡时结合齿的齿端冲击，从而延长齿轮的使用寿命。倒挡只用在很短时间的倒车，使机车停靠在正确的位置上。变速箱的变速操纵为双向远程操纵，采用软轴操纵。

3）高速制动器

高速制动器采用东风 EQ145 型汽车的手

动制动器,此制动器为双蹄鼓式,用液压缸操纵。当制动蹄摩擦片的铆钉头低于摩擦表面不足 0.5 mm,以及油污过重、烧焦变质等,使摩擦系数下降,制动效能降低时,应换铆新片。

4)分动箱

分动箱为齿轮箱,它通过滑移齿轮及中间介轮使传到万向传动轴的运动实现正、反转,从而实现机车的前进和后退。其滑移齿轮的移动靠司机室后背的转换手柄拨动拨叉实现。分动箱的润滑为飞溅润滑。

5)万向传动轴

万向传动轴为开式管状结构,分为两节,拆装时应注意传动轴总成是经过动平衡检验的,应按传动轴上原来所刻箭头记号复装。两箭头记号应在同一轴向平面内。

6)差速箱、驱动箱

差速箱通过一级斜齿轮减速将运动传至差速器,差速器为直齿锥齿轮式,装有四个行星轮,它使两个弧形伞齿轮输出轴差速运动,从而实现两个驱动箱中的齿轨轮差速运动,以利于齿轨轮同齿条啮合均匀,而且容易入齿。在差速箱的输入端装有一个片式制动器,用来保证机车制动的可靠性。可以使用螺栓解除片式制动器的制动。

差速箱通过两对弧形伞齿轮将运动分别传至两个驱动箱,再经过一级直齿轮减速,分别驱动两个齿轨轮及四个黏着驱动轮。齿轨轮与行走轮(黏着驱动轮)同心而直径不同,靠最后一级直齿减速比的匹配使齿轨轮节圆线速度与行走轮线速度相同,以保证齿轨运行和黏着运行的同步转换。在齿轨轮的内部设有六组缓冲装置,可减少齿轨轮与齿条啮合时的冲击,保证机车平稳运行。

5.液压制动系统

液压制动系统主要由齿轮泵、离心释放阀、制动液压缸、手压泵、液控阀、手动换向阀、阀板等组成,可实现机车超速停车制动。手压泵的作用是在机车出现故障时解除制动液压缸制动,使机车能被拖走。停车制动时操纵制动手把,使手动换向阀动作,片式制动器通过一个节流阀回油制动,四个制动液压缸通过卸荷阀回油实现快速制动,同时离合器制动液压缸进油,使摩擦离合器打开,切断动力源,而高速制动液压缸通过一个节流阀回油最后制动。四个制动液压缸上的制动块磨损达到 5 mm 时应予以更换。

6.气动控制保护系统

气动控制保护系统主要由气泵、气缸、喇叭和各种开关等组成,可以分别实现柴油机系统的报警、指标超限保护及停机功能。不仅操作简单、方便,而且安全保护功能十分可靠,大大增加了防爆柴油机的安全性。它的六项保护是:

(1)防爆柴油机机体表面温度的保护:当防爆柴油机机体表面任一处温度高于 150℃ 时,柴油机上安装的喇叭会发出报警声音,同时在 1~3 s 内柴油机的熄火装置动作,柴油机熄火停机。

(2)防爆柴油机的冷却液温度保护:当柴油机内部冷却液温度高于设定值 98℃ 时,柴油机上安装的喇叭会发出报警声音,同时在 1~3 s 内柴油机的熄火装置动作,柴油机熄火停机。

(3)防爆柴油机机体排气温度的保护:当柴油机排出的废气温度高于 70℃ 时,柴油机上安装的喇叭会发出报警声音,同时在 1~3 s 内柴油机的熄火装置动作,柴油机熄火停机。

(4)防爆柴油机机油压力保护:当柴油机的机油压力低于设定值 0.069 MPa 时,柴油机上安装的喇叭会发出报警声音,同时在 1~3 s 内柴油机的熄火装置动作,柴油机熄火停机。

(5)防爆柴油机的补水箱水位保护:当柴油机的补水箱水位低于设定值时,柴油机上安装的喇叭会发出报警声音,同时在 1~3 s 内柴油机的熄火装置动作,柴油机熄火停机。

(6)机车的超速保护:当机车的速度达到 3.45 m/s 时,限速装置和柴油机的熄火装置动作,柴油机上安装的喇叭发出报警声音,机车制动、柴油机熄火停机。

7.操纵系统

操纵系统包括离合器操纵系统、变速操纵系统及油门操纵系统。

1）离合器操纵系统

离合器操纵系统由踏板组、离合主泵、离合分泵、扇形板等组成。踩下踏板，离合主泵工作将压力油压入离合分泵，离合分泵的活塞杆带动扇形板运动并传至离合器拨杆，使离合器脱开，脚松开，离合分泵回油，离合器复位合上。在安装调试时应使脚踏板的行程与离合器工作行程相适应。

2）变速操纵系统

变速操纵系统由变速杆、操纵器总成、变速软轴总成、选挡顶杆机构及相关的固定装置组成。变速箱离前后司机室都较远，要实现五正、一倒，六个挡位变速，就需将司机室一个手把的六个操纵位置靠选，换挡软轴将运动传至变速箱使之实现伸缩移动和转动两个运动，最后实现变速。选、换软轴总成装配时不可用手挤压密封罩，更不可用工具敲击密封罩，以免损坏内部构件，装配时不可使软轴的外皮和密封件破损。不可使软轴与其他管、线干涉摩擦，更不可压挤软轴，同时应远离发动机排气管等发热表面；软轴走向必须自然、顺畅，软轴的端部应保持 100 mm 以上的直线段，不可有急弯，特别是不能走 S 形弯（弯曲半径不少于 200 mm），软轴应多加固定，以使之正常工作。两司机室的变速操纵为联动型。

3）油门操纵系统

油门操纵系统由手柄组、油门软轴、连杆等组成，手柄组上有一齿板，可使手柄固定在任一齿位上。前后司机室操作不联动，油门靠弹簧复位。

8. 电气系统

本系统采用隔爆直流 24 V 发电机供电。电源 DC24 V/240 W（隔爆直流发电机）；照明 DC24 V（35 W/2 只）；信号灯 DC24 V（5 W/2 只）；柴油机启动分为气马达启动和电马达启动两种。

当柴油机采用气马达启动时，电气系统主要用于照明，柴油机工作时，发电机输出 DC24 V 电压经开关加至灯上，开关闭合灯亮，断开灯灭。两司机室分别装有照明灯、信号灯，用户可根据需要进行组合，如前照明、后信号等。

当柴油机采用电马达启动时，电气系统主要用于启动和照明，通过防爆电源箱给电马达供电启动柴油机，柴油机工作时，发电机输出 DC24 V 电压给防爆电源箱充电同时经开关加至灯上，开关闭合灯亮，断开灯灭。两司机室分别装有照明灯、信号灯，用户可根据需要进行组合，如前照明灯、后信号灯等。

12.4.3　安全防护及使用要求

1. 制动系统

（1）机车须设计工作制动、停车制动和紧急制动三套制动装置，紧急制动装置须既可手动又能自动释放。

（2）紧急制动装置应满足以下条件：

运行速度超过机车最大额定速度 15% 时能自动施闸。制动闸作用的空动时间不大于 0.7 s。在最大载荷、最大坡度上以最大设计速度向下运行时，制动距离应不超过在这一速度下 6 s 的行程。在最小载荷、最大坡度向上运行时，制动减速度不大于 5 m/s²。

（3）紧急制动装置的静制动力应不小于机车额定牵引力的 1.5～2 倍。

（4）在额定载荷及额定运行速度下，工作制动的制动距离应满足以下规定：

黏着驱动运行时，运货制动距离不大于 40 m，运人制动距离不大于 20 m；齿轨驱动运行时，制动距离不大于 15 m。

（5）紧急制动装置应设计成失效安全型的，当系统压力消失时，系统应处于制动状态。

（6）机车的连接杆件应采用低碳优质钢制作，其破断强度，在运人时安全系数不小于 13，运物时不小于 10，在型式试验中必须做抽样拉断试验，不符合要求不得使用。

2. 动力装置

（1）当防爆柴油机机体表面任一处温度高于 150℃ 时，柴油机上安装的喇叭会发出报警声音，同时在 1～3 s 内柴油机的熄火装置动作，柴油机熄火停机。

（2）当柴油机内部冷却液温度高于设定值 98℃ 时，柴油机上安装的喇叭会发出报警声音，同时在 1～3 s 内柴油机的熄火装置动作，柴油机熄火停机。

（3）柴油机排出的废气必须进行冷却,当温度高于70℃时,柴油机上安装的喇叭会发出报警声音,同时在1～3 s内柴油机的熄火装置动作,柴油机熄火停机。

（4）当柴油机的机油压力低于设定值0.069 MPa时,柴油机上安装的喇叭会发出报警声音,同时在1～3 s内柴油机的熄火装置动作,柴油机熄火停机。

（5）当柴油机的补水箱水位消耗到低于设定值时,柴油机上安装的喇叭会发出报警声音,同时在1～3 s内柴油机的熄火装置动作,柴油机熄火停机。

（6）当机车的速度达到3.45 m/s时,限速装置和柴油机的熄火装置动作,机车制动、柴油机熄火停机。

（7）柴油机在额定功率范围内、未稀释的发动机排气中,一氧化碳浓度应小于1000 ppm（1 ppm＝10^{-6}）,氮氧化物浓度应小于800 ppm,废气的排出口应向下,排出口应使用稀释装置,用大于15倍的空气进行稀释废气。

（8）柴油机进排气系统每一部件必须进行0.8 MPa的水压试验,保压3～5 mm不得有渗漏。

（9）柴油机进排气系统必须设置防爆栅栏,栅栏板厚度应不小于1 mm,宽度（沿进或排气气流方向）不小于50 mm,必须使用防腐蚀、耐磨损的材料制造,栅栏板之间的间隙不大于0.5 mm,栅栏板及其附属框架的防爆面边长尺寸应不小于25 mm。支撑架零件以及进、排气系统其他各部件之间,所有防爆结合面的有效宽度均不得小于13 mm,结合面的平面度不得超过0.15 mm。

（10）燃油箱应能承受0.3 MPa的水压试验,燃油箱上应设置加油孔和通气孔,通气孔上应设有在油箱翻倒时防止燃油泄出的机构。燃油系统应设置停油阀及油位指示器。

3.司机室

（1）司机室应设防护链（杆）。司机室前窗应视野宽广,使司机能清楚地观察前方信号和线路。

（2）司机头部位置噪声不得超过90 dB(A)。

（3）机车的主副两个司机室都可控制和操纵机车,当一个司机室控制操纵机车时,另一个司机室控制操纵装置应闭锁,操纵无效,但两个司机室都能同时操作安全制动装置。操作手把中应具有自动回零机构。

（4）司机室内应装有柴油机监控保护装置、瓦斯自动检测报警装置、断电（油）装置,以及液压油压力表、冷却水温度表等指示仪表。

（5）司机室内必须设置一台以上手提式灭火器,且能方便地从车上取出使用。

4.其他方面

（1）机车的卡轨装置应安全可靠。对于普通轨,在大于10°坡道上应装设护轨,以防止机车掉道。

（2）机车用的轨道应采用不小于22 kg/m的普通钢轨,普通轨的铺设质量应符合《煤矿安全规程》的规定。

（3）机车上的所有电气设备必须做成隔爆型或本质安全型,并符合GB 3836—2021的有关规定。

（4）电缆或电线应使用符合国家标准的耐油及阻燃型材料制造,所有的导线必须用合适的方法固定。

（5）为了更好地发挥齿轨卡轨车的运输能力,设计的巷道坡道应尽可能小些,而且尽量避免较大坡道与急转弯相连接。

（6）铺设双轨的巷道宽度应大于4 m,铺设单轨的巷道宽度应大于2.5 m。

（7）平巷净高应大于2.6 m,坡道巷净高应大于2.8 m。若运输的货物高度偏低可适当降低。

（8）对于人员运输必须在巷道内建立人员上、下车站,上、下车站及运输区的起点、终点及车库均要有站牌标识,并设信号显示及照明设施。

（9）人员运输必须使用专用人车,只有在不危及人员安全的前提下才允许列车穿越风门。

（10）在齿轨入轨段、垂直及水平弯道、上坡道、下坡道处应设置标识,机车在通过这些地方时应以低速运行。

（11）单台KCQ80J(A)型齿轨卡轨车运行

需要的通风量为 360 m³/min。

5. 机车日常维护

（1）机车表面应清洁，无油污、粉尘。

（2）每班检查各连接件的紧固情况，特别是两驱动箱体、差速箱与机架、传动轴与箱体的连接情况，若发现松动及时处理。

（3）每班检查柴油机散热器、补水箱、燃油箱、柴油机油池、液压油箱等中液量，液量不足时应及时补充。

（4）检查各油路、水路、气路，如有渗漏应及时排除。

（5）检查各仪表、灯光是否正常。

（6）检查各操纵系统是否灵活、可靠，必要时应予调整，每班向离合器踏板轴等转动、移动件处加注 30 号机油。

（7）定期检查柴油机风扇、发电机皮带的张紧程度是否合适，皮带是否完好。必要时应予调整、更换。

（8）每班检查各车辆轮系及其他运动零部件的润滑情况，并加入适量的润滑脂。

（9）每星期向传动轴中部伸缩叉及驱动齿轮处加钙基润滑脂（ZG-1 号），加至润滑脂挤出为止。

（10）每星期向传动轴两端滚针轴承处加注变速箱用齿轮油。

（11）每 24 h 原地搬动离心释放拨杆，打开释放阀，制动一次，检查制动情况。

（12）环境温度较低时，应注意防冻。

6. 机车定期保养

（1）最初开机的 200 h 应更换一次液压油，并更换或清洗各个过滤器，以后每 1000 h 重复一次。

（2）变速箱、分动箱、差速箱、驱动箱的润滑油每 800 h 更换一次。

（3）定期检查制动闸块、制动摩擦片的磨损情况，磨损严重的应予更换。

（4）每月用专用测速装置检查机车的离心释放速度及制动情况，使之处于正常状态。

（5）每三个月分别在齿轨段和无齿轨段测量制动力，若达不到规定值，进行调整或更换制动元件，直到完全达到规定值方可使用。

（6）机车每运行 3000 h 进行一次中修，每运行 6000 h 进行一次大修。

（7）柴油机系统、电气系统的维护保养按相应的维护说明书进行。

（8）设备出厂前或在使用单位较长时间停机，需放净柴油机散热器、补水箱及水洗箱中的冷却水，以免冻坏。

12.4.4　典型型号齿轨车

1. KCQ80J（A）型防爆柴油机胶套轮/齿轨卡轨车

KCQ80J（A）型防爆柴油机胶套轮/齿轨卡轨车（图 12-50）由石家庄煤矿机械有限责任公司研制。机车以防爆低污染柴油机为动力，采用机械传动，电子监控气动控制保护，液压制动。该机以普通钢轨为轨道，在 3°以下的巷道可直接利用井下现有轨道系统，在 3°以上的坡道采用齿轨牵引，可以实现从井底车场经大巷到采区工作面的一条龙服务，中途不需要转载或更换机车。该机车具有结构紧凑、简单，传动效率高，安全可靠，故障率低，维修容易，机动性好，牵引力大，运输距离长，对巷道适应性强等特点，可安全、高效地完成运输材料、人员和整体搬运液压支架的任务。

图 12-50　KCQ80J（A）型防爆柴油机胶套轮/齿轨卡轨车

KCQ80J（A）型机车的技术先进性与优势：

（1）齿轨车具有三种制动和六项保护功能，安全、高效。

（2）传动效率高，牵引力大，机动性好，运输距离长。

（3）整体刚性结构，结构紧凑，操作简单，故障率低。

（4）关键零部件与汽车件通用，使用费用和维修费用低。

（5）整车适应性强，巷道系统的改造费用低。

KCQ80J（A）型机车主要性能参数见表12-14，相关数据见表12-15、表12-16。

表 12-14 KCQ80J（A）型机车主要性能参数

序　号	参 数 名 称		单　位	参 数 值
1	牵引力	齿轨牵引力	kN	≥90
		黏着牵引力	kN	≥22
2	牵引速度	正向5速	m/s	0.42,0.71,1.25,2.0,3.0
		倒1速	m/s	0.4
		离心限速度	m/s	3.45±0.17
3	制动力	齿轮驱动	kN	≥135
		黏着驱动	kN	≥33
4	爬坡能力	齿轮驱动	(°)	≤12
		黏着驱动	(°)	≤5
5	轨距		mm	600,900
6	水平转弯半径		m	≥10
	垂直转弯半径		m	≥20
7	机车自重		kg	10 000
8	机车外形尺寸（长×宽×高）	不卡轨时	mm×mm×mm	5240×1140×1620
		卡轨时	mm×mm×mm	5240×1329×1620
9	液压系统压力		MPa	4.5
10	防爆柴油机参数	型号		KC6102ZDFB(A)
		额定功率	kW	80±5
		额定转速	r/min	2200

表 12-15 齿轨运行运输能力

牵引力/kN	最大牵引速度/(m/s)	变速箱挡位	不同坡度的运输能力/t				
			4°	5°	8°	10°	12°
90	0.42	1挡	90	76.8	53.2	44.2	37.9
77.6	0.71	2挡	77.8	66.3	45.9	38.1	32.7
44.1	1.25	3挡	44.2	37.6	26.1	21.7	18.5
27.7	2.0	4挡	27.7	23.6	16.4	13.6	—

表 12-16 黏着运行运输能力

牵引力/kN	最大牵引速度/(m/s)	变速箱挡位	不同坡度的运输能力/t					
			0°	1°	2°	3°	4°	5°
18	3.0	5挡	60	37.9	27.7	21.8	18	15.3
22	2.0	1~4挡	73.3	46.3	33.96	26.7	22	18.7

2. KCQ80E 型防爆柴油机胶套轮/齿轨卡轨车

KCQ80E 型防爆柴油机胶套轮/齿轨卡轨车（图12-51）由石家庄煤矿机械有限责任公司研制。

该型机车是采用液力变矩器、液力传动的新型齿轨车（简称液力机械齿轨车）。该机车适用于 SMJ 系列异形轨和强度≥22 kg/m 的普通轨，可实现从井底车场经大巷到采区工作面的一条龙服务，中途不需要转载或更换机车,可安全、高效地完成材料、人员和液压支架的运输任务。

图 12-51 KCQ80E 型防爆柴油机胶套轮/
齿轨卡轨车

KCQ80E 型机车的技术先进性与优势:

(1)具有前进、后退各三挡自动无级变速功能,换挡冲击小,可提高加速平稳性和行驶速度。

(2)取消离合操纵系统,驾驶操作简便。

(3)具有坡道换挡功能,性能更优越。

(4)机车在异形轨上卡轨运行、夹轨制动,安全性能更高。

KCQ80E 型机车主要性能参数见表 12-17,相关数据见表 12-18、表 12-19。

表 12-17 KCQ80E 型机车主要性能参数

序 号	参 数 名 称		单 位	参 数 值
1	额定牵引力	齿轨牵引力	kN	90
		黏着牵引力	kN	22
2	牵引速度	运行速度	m/s	0~4
		超速保护限速速度	m/s	4.6
3	制动力	齿轮驱动	kN	≥135
		黏着驱动	kN	≥33
4	爬坡能力	齿轮驱动	(°)	≤18
		黏着驱动	(°)	≤5
5	轨距		mm	600,900
6	轨型			SMJ140/SMJ150/SMJ160 异形轨;强度≥22 kg/m 普通轨
7	水平转弯半径		m	≥10
	垂直转弯半径		m	≥20
8	液压系统压力		MPa	<13
9	机车自重		kg	9000
10	机车外形尺寸(长×宽×高)		mm×mm×mm	4990×1240×1690
11	防爆柴油机参数	型号		KC6102ZDFB
		额定功率	kW	80±5
		额定转速	r/min	2200

表 12-18 齿轨运行运输能力

牵引力/kN	最大牵引速度/(m/s)	变速箱挡位	不同坡度的运输能力/t				
			4°	5°	12°	14°	18°
90	0.43	1 挡	89.8	52.3	36.7	31.9	25.2
41	0.95	2 挡	40.2	22.8	15.6	13.4	10.3
22	1.7	3 挡	20.6	11.3	—	—	—

表 12-19 黏着运行运输能力

牵引力/kN	最大牵引速度/(m/s)	变速箱挡位	不同坡度的运输能力/t					
			0°	1°	2°	3°	4°	5°
22	0.96	1挡	72.8	45.7	32.6	25.2	20.6	17.1
22	1.8	2挡	72.8	45.7	32.6	25.2	20.6	17.1
22	1.7	3挡	72.8	45.7	32.6	25.2	20.6	17.1

3. CXQ55/600(900)J 型蓄电池齿轨机车

CXQ55/600(900)J 型蓄电池齿轨机车（图 12-52）由石家庄煤矿机械有限责任公司研制。该机车是以 250 V、560 A/h 大容量防爆特殊型蓄电池为动力的自驱动机车，没有尾气排放污染，噪声低。机车自重 15 t，黏着牵引力可达 40 kN 以上。在 3°以下的坡道可直接利用井下现有轨道系统，在 3°以上的坡道采用齿轨牵引。CXQ55/600(900)J 型机车主要性能参数见表 12-20。

图 12-52　CXQ55/600(900)J 型蓄电池齿轨机车

表 12-20　CXQ55/600(900)J 型机车主要性能参数

序 号	参 数 名 称		单 位	参 数 值
1	牵引力	齿轨驱动	kN	50
		胶轮黏着	kN	40
		钢轮黏着	kN	21
2	制动力	齿轨驱动	kN	≥82.5
		胶轮黏着	kN	≥40
		钢轮黏着	kN	≥21
3	牵引速度	齿轨驱动	m/s	0～1.5
		黏着驱动	m/s	0～3
		离心释放速度	m/s	3.5
4	外形尺寸（长×宽×高）	600 轨距	mm×mm×mm	8460×1230(1300)×1750
		900 轨距	mm×mm×mm	8460×1230(1329)×1750
5	最大单件载荷		t	16(坡度 8°)
6	机车自重		t	15

4. ZL200 系列齿轨卡轨车

ZL200 系列齿轨卡轨车由德国 SMT 沙尔夫集团公司制造。该系列齿轨车由主机及两端驾驶舱组成，两组驱动单元配置在齿轨卡轨车主机的底盘中，制动采用盘式刹车设计，利用驱动单元上的传感器实时监测机车的运行速度，确保机车安全运行；在机车转弯时，利用转向装置精准控制驱动轮上的齿辊，与轨道的齿条垂直配合，可降低运行噪声，延长行走单元的使用寿命。齿轨卡轨车机车主机采用一体化设计，有效减小了机车长度，可提高系统运行稳定性。

对于超重设备（如重达 48 t 的液压支架）的运输，尤其在大倾角、长距离的工况条件下，该系列齿轨卡轨机车具备独特的优势：齿轮齿条的驱动方式以及卡轨装置的设计能够实现更大坡度的运输,有效排除溜车、侧翻等安全隐患。特殊设计的轨道和道岔同样能够实现由车场至工作面的不转载运输,可有效缩短重载设备搬运的工作时间,最大限度地保证运输的安全性。

齿轨卡轨机车的轨道系统采用具有低温抗冲击性以及焊接结合力高的特种钢材制造。根据不同运输区间的底板条件,轨道单元被设计成不同长度和弯曲度的规格。轨道单元中各个部件按照设计精度要求预焊接而成,充分保证与机车的配合精度、耐用性以及可重复使用性。

轨道系统由直轨单元、弯轨单元、调节轨道单元及道岔组成。高质量的轨道单元是齿轨卡轨车系统正常运行的保证。同时,根据地质条件和载重工况,配置不同长度的轨道单元,合理分配载荷,并可实现垂直方向±4°范围内的调节,充分适应井下巷道底板的起伏。

齿轨卡轨机车的轨道系统可与普通轨道对接,使普通矿车能够进入齿轨卡轨机车轨道系统中运行。这样,齿轨卡轨机车便可与普通轨道运输系统形成接力运输,从而提高了系统应用的灵活性。

齿轨卡轨机车的轨道是由轨道、齿条及钢枕焊接在一起形成的轨道单元。每个轨道单元重达几百千克。如果依靠人工搬运,会面临很大的安全风险,而且施工效率低下。德国SMT沙尔夫集团公司为此特别设计制造了实现轨道安装、拆卸自动化的设备——轨道安装车。轨道安装车是安装在平面运输车上的吊装设备,由轨道舱及吊臂组成。通过齿轨卡轨机车提供动力,吊臂能够实现轨道铺设以及拆运的工作。轨道安装车的使用大大减少了轨道作业时的安全隐患,极大地提高了工作效率。

ZL200 系列齿轨卡轨车主要性能参数见表 12-21。

表 12-21　ZL200 系列齿轨卡轨车主要性能参数

序　号	参 数 名 称	单　　位	数　　值
1	额定牵引力	kN	200
2	最大速度	m/s	2/2.6
3	柴油机功率	kW	80/130
4	制动力	kN	300
5	最大爬坡角度	(°)	30
6	最小水平转弯半径	m	4.775
7	最小垂直转弯半径	m	20

12.4.5　齿轨车应用

齿轨卡轨车与其他辅助运输设备相比具有显著的优点,具体如下:

(1)与单轨吊机车相比,它的承载能力大,运行速度快,对巷道支护无特殊要求。

(2)与绳牵引卡轨车相比,它运输距离长,机动灵活,可实现多方向运行。

(3)与无轨胶轮车相比,它对巷道底板条件要求不高,并可在较窄的巷道中实现辅助运输的机械化。

(4)与绞车相比,由于它不需要使用数量众多的绞车,同时机车操作简单,运输过程中不需要转载,不但可以减少大量的人员,而且可大大降低工人的劳动强度。

(5)使用范围广。齿轨卡轨车可实现一套设备完成运物运人双重功能,解决大倾角抗翻转和大的牵引力问题,可在坡度 30°以下的大倾角煤巷中运行,一次运送有效载荷可达 32 t。

(6)运输效率高。机车在铺轨的煤巷内连续运行,中间环节少,从而节约了大量的辅助工作时间,同时机车牵引能力大,运行速度高,可不断运人运物,大大提高了运输效率和工人的劳动效率。

(7)安全可靠。机车采用液压制动方式,启动、运行、停车平稳,冲击小,安全性大大提高,在使用齿轨车的整个过程中,机车本身未出现任何安全隐患。

的轨道是一种特殊的工字钢,工字钢轨道悬吊在巷道支架上或砌梁、锚杆及预埋链上。

12.5　吊轨车

吊轨车是将材料、设备、人员等通过承载车或起吊梁悬吊在巷道顶部的单轨上,由吊轨车的牵引机构牵引进行运输的系统。吊轨车

12.5.1　主要类型

吊轨车按牵引方式的不同,可分为钢丝绳牵引单轨吊车、防爆柴油机单轨吊车和防爆特殊蓄电池单轨吊车三种类型,如图 12-53～图 12-55 所示。

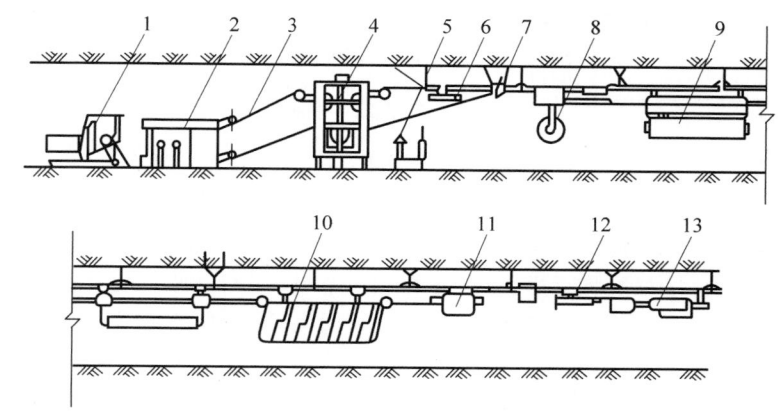

1—泵站;2—绞车;3—钢丝绳;4—紧绳器;5—控制台;6,12—阻车器;7—导绳轮;8—牵引储绳车;
9—运输车;10—人车;11—制动车;13—尾绳站。

图 12-53　钢丝绳牵引单轨吊车示意图

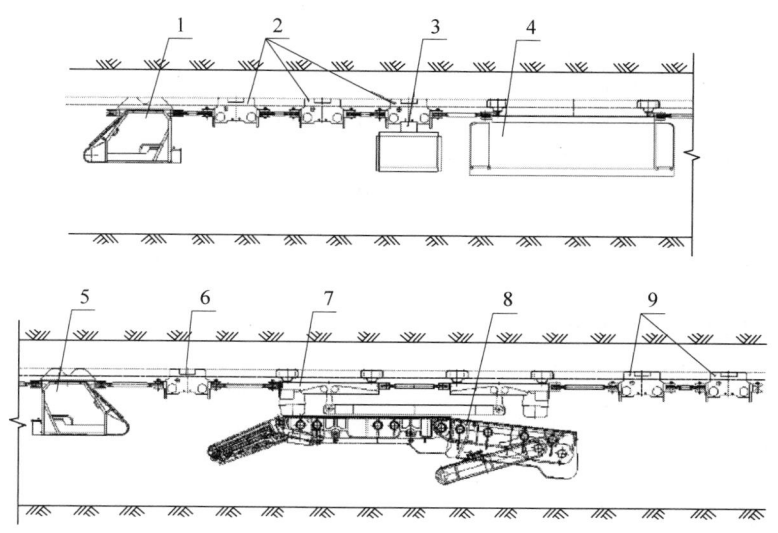

1,5—司机室;2,6,9—驱动部(含制动);3—辅车;4—主机;7—起吊梁;8—液压支架。

图 12-54　防爆柴油机单轨吊车示意图

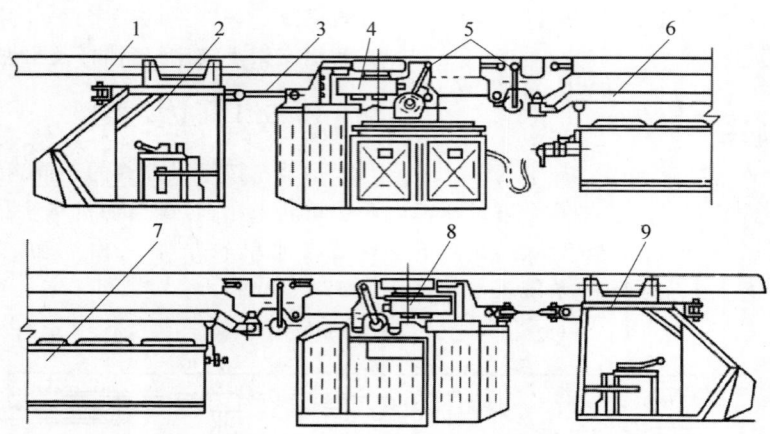

1—轨道；2,9—司机室；3—连接拉杆；4,8—驱动部；5—制动闸；6—电源专用吊梁；7—电源箱。

图 12-55　防爆特殊蓄电池单轨吊车示意图

1. 钢丝绳牵引单轨吊车

钢丝绳牵引单轨吊车是将运送人员、物料的车辆悬吊在巷道顶部单轨上通过钢丝绳绞车牵引的一种运输机车，它主要用于回采和掘进工作面的材料、设备、人员的运输。其特点是能适应于大坡度的巷道，不受巷道底板变形的影响，能有效地利用巷道断面空间，减少运输环节，减轻体力劳动。不足之处在于运距受限，道岔分支运输不方便。

1) 工作原理

钢丝绳牵引单轨吊车的工作原理：以无极绳绞车为动力来源，通过牵引钢丝绳与驱动轮之间的摩擦力带动钢丝绳运行，从而牵引单轨吊车沿单轨轨道往复运动。图 12-56 所示为钢丝绳牵引单轨吊车工作原理图。

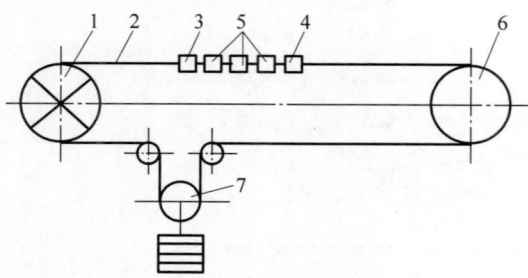

1—摩擦轮；2—钢丝绳；3—牵引车；4—制动车；
5—集线箱；6—回绳轮；7—张紧装置。

图 12-56　钢丝绳牵引单轨吊车工作原理图

牵引钢丝绳 2 绕过摩擦轮 1 后，一端固定在牵引车 3 上，另一端绕张紧装置 7 后，再绕过回绳轮 6，固定在牵引车下方的储绳筒上，两端固定好后，由张紧装置将钢丝绳拉紧，使钢丝绳具有一定的初张力。然后启动电动机，若为液压绞车则带动液压泵运转，液压泵排出的高压油输送到牵引绞车的液压马达上，从而驱动牵引绞车的摩擦轮运转；若为机械绞车则通过减速机（或变速箱）驱动摩擦轮转动，使无极绳和挂在钢丝绳上的运输吊车作往复运动。牵引车将牵引绳两端固定，即牵引钢丝绳的一端固定在牵引车上，另一端固定在牵引车下方的储绳筒上。多余的钢丝绳可以缠绕在储绳筒上，在一定范围内可以利用其调节运输距离。

2) 结构组成

钢丝绳牵引单轨吊车系统主要由牵引部分、列车部分、轨道系统、导绳滑轮组、电气及联络信号装置等部分组成。

（1）牵引部分

若采用液压驱动，则牵引部分包括液压摩擦轮绞车、泵站、操纵台、钢丝绳及张紧装置。该部分由泵站产生高压油，驱动绞车上的一对液压马达。通过操纵系统控制主泵排量，实现无级调速。马达通过小齿轮与主绳轮内齿啮合带动主绳轮转动，再经具有较高摩擦系数的轮衬驱动钢丝绳、牵引车辆运行。张紧装置将钢丝绳松边到规定值,以防止绞车打滑。

摩擦轮绞车是单轨吊车的驱动装置。为增加钢丝绳在摩擦轮上的包角,需将牵引绳在摩擦轮上作多圈螺旋围绕。摩擦轮连续运转时,为使钢丝绳不绕出轮外,常用的方法有两种:一种是采用多槽轮与另一个偏置的导向轮配合,即导向轮式摩擦绞车,如图 12-57 所示;另一种是使用有抛物线曲面的宽绳轮,即抛物线绳轮式摩擦绞车,如图 12-58 所示。抛物线绳轮式摩擦绞车在运行中,钢丝绳在曲面的周向和轴向都有滑动,增大了绳与轮面间的磨损;其优点是结构简单。导向轮式摩擦绞车的缺点是:虽无滑动磨损,但同样的围绕圈数,钢丝绳在轮上的包角只有抛物线绳轮式摩擦绞车的一半,且结构较复杂。两种形式的摩擦轮现在都有应用。

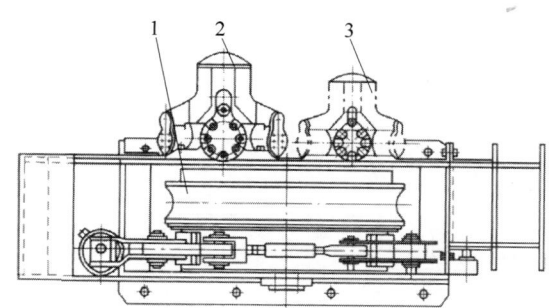

1—抛物线形绳轮(摩擦轮);2,3—液压马达。

图 12-58　抛物线绳轮式摩擦绞车示意图

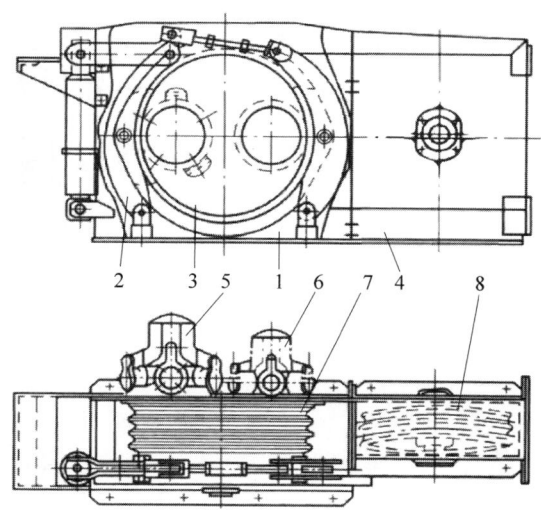

1—机架;2—制动闸;3—制动轮;4—导向轮机架;
5,6—液压马达;7—摩擦轮;8—偏置导向轮。

图 12-57　导向轮式摩擦绞车示意图

摩擦轮绞车一般由下列部件组成:

① 机架,用来支撑绳轮和制动装置。

② 驱动绳轮(包括槽形绳轮和抛物线形绳轮),由装有小齿轮的径向柱塞式低速大扭矩液压马达驱动。小齿轮与内齿圈啮合,内齿圈与驱动绳轮相连,驱动绳轮、小齿轮与制动闸构成一个整体。驱动轮上一般镶有特制的衬垫,用于增大摩擦系数。液压马达可布置在驱动绳轮的左侧或右侧。

③ 制动装置,由角移式双瓦制动闸和液压制动缸组成,其中制动闸可以产生与最大牵引力相适应的制动力。

④ 液压马达。牵引绞车所用的液压马达一般为径向柱塞式低速大转矩液压马达,用来直接驱动牵引绞车。当高压油进入配油轴后,高压油经与配油轴高压腔相通的机壳上的油孔进入柱塞缸,在柱塞上产生一个推力,这个推力通过连杆作用在曲轴上,其切向分力推动曲轴旋转。与此同时,曲轴连杆推动低压柱塞排油,变换进出油口位置,可改变液压马达的旋转方向。根据需要,牵引绞车可采用一台或两台液压马达,安装在绞车的左侧或右侧。液压马达传动轴的转速取决于轴向柱塞泵供给的油量,其转向则取决于输油的方向。由于油量可以从零调到最大值,所以液压马达的转速可作相应变化。

摩擦轮绞车的传动系统示意图如图 12-59 所示。

液压泵站是牵引绞车的动力源。泵站由两台油泵组成,固定在底架上,并通过弹性联轴器与电动机连接。在液压泵站的机壳内除了装有一台高压轴向柱塞泵外,还装有一台在闭式循环系统中更新工作油液的齿轮补给泵、一台齿轮冷却泵、一个由安全阀及单向阀组成的阀组,以及一个回油过滤器和一个空气过滤器。

(2)列车部分

列车部分包括牵引储绳吊车、承载吊车、

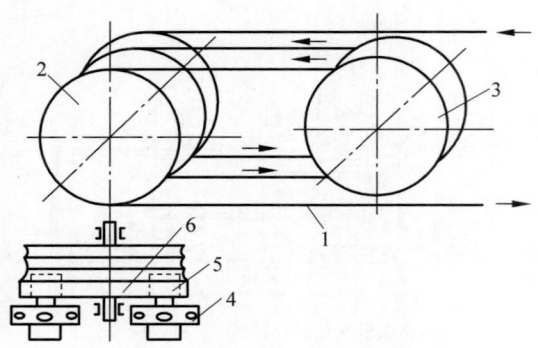

1—牵引钢丝绳；2—传动绳轮；3—导向轮；
4—液压马达；5—小齿轮；6—内齿圈。

图 12-59 摩擦轮绞车的传动系统示意图

制动吊车、人车，以及各种牵引杆、销轴等。列车部分根据运输对象的不同，可以有不同的编组方式。但牵引储绳车和安全制动车须编入其中，并将安全制动车布置在列车上坡时的最下端，在既有上坡又有下坡的系统中应在列车两端各布置一台安全制动车。

① 牵引储绳吊车

牵引储绳吊车如图 12-60 所示，主要起固定牵引钢丝绳的两端并存储多余钢丝绳，完成牵引力的传递作用。这种吊车是一个组件，在中间的车体上有与牵引绳连接的外伸式牵引臂绳卡。为使吊车在牵引绳的偏心力作用下不偏斜，牵引吊车的车架上除装有行走轮外，还有成对安装的导向轮。牵引吊车的一端与车组中的吊车连挂。

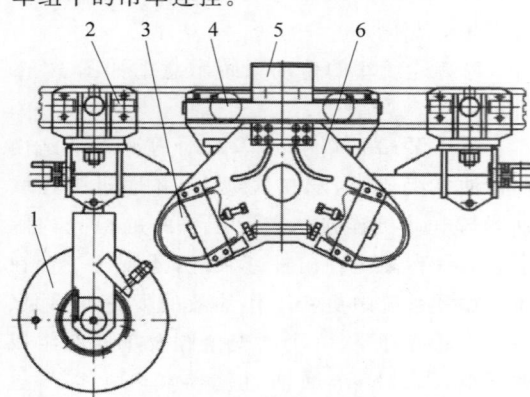

1—储绳筒；2—导向轮；3—楔板；4—承载轮；
5—牵引臂；6—车体。

图 12-60 牵引储绳车示意图

为在运输距离改变时调节牵引绳长度，在牵引车的主车下吊挂一个储绳筒，将足够长的牵引钢丝绳缠绕在储绳筒上，运距变更时，从储绳筒上放出或绕入钢丝绳，然后用绳卡将牵引绳固定在吊车上。牵引吊车的数量取决于巷道的长度，巷道长度小于 500 m 时使用一辆牵引吊车，超过 500 m 时应配备两辆牵引吊车。

② 承载吊车

承载吊车是直接吊装设备、材料以及悬吊人车或其他吊具的吊车。最简单的承载吊车由两对行走承载轮和车架构成。在车架下吊挂货物，在两端与其他吊具连接。为改善其运行性能，减小通过曲线轨道的阻力，可将承载吊车设计成除行走轮之外，在前后各加一对导向轮的结构。

承载吊车如图 12-61 所示。

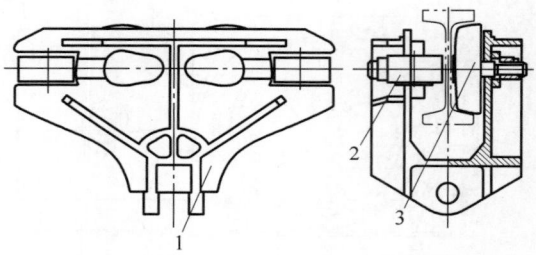

1—承载架；2—导向轮；3—承载轮。

图 12-61 承载吊车示意图

③ 制动吊车

制动吊车是带有安全制动装置的吊车。在运行中断、车速超过规定值时，能立即自行启动，将制动车及与它连接的车组停在轨道上，制止跑车。由于闸瓦上有硬质合金爪，因而不论轨道干燥或潮湿，其制动力相同。

安全制动装置由制动闸瓦、制动臂、制动液压缸、离心释放器和液压控制装置等组成。制动吊车的工作原理如图 12-62 所示。

另一种结构的制动吊车如图 12-63 所示。

制动吊车的结构与承载吊车基本相同，只是在各支承滚轮内均装有制动缸。各滚轮端部均装有硬合金闸块 2。车组运行时，制动液压缸 4 内充压力油，迫使活塞压缩弹簧 6，使闸块离开导轨腹板而处于松闸状态。需要制动时，使制

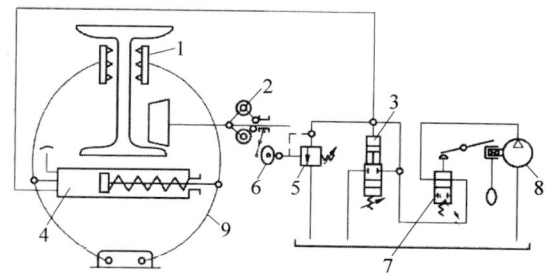

1—闸瓦；2—离心控制器；3—限压阀；4—制动液压缸；5—制动阀；6—制动操纵杆；7—隔离阀；8—手摇泵；9—制动臂。

图 12-62　制动吊车工作原理图

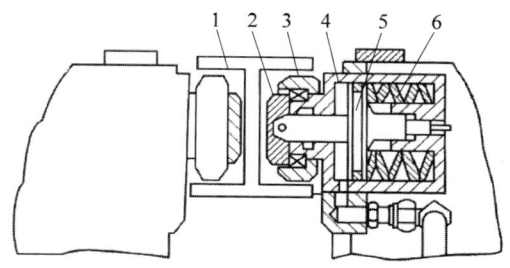

1—导轨；2—闸块；3—支撑滚轮；4—制动液压缸；5—活塞；6—弹簧。

图 12-63　另一种结构的制动吊车

动液压缸 4 内的压力释放，弹簧 6 伸张，推动油塞杆顶住闸块 2，抱紧导轨腹板实现停车制动。

④ 人车

人车是单轨吊车系统运送人员的专用车辆，其结构如图 12-64 所示。

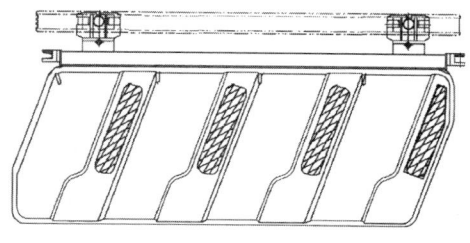

图 12-64　人车结构图

（3）轨道系统

早期单轨吊车使用的轨道多用从德国进口的 I140E 工字钢制作，如图 12-65 所示，每节长 3 m，这种材料制作的轨道一般情况下只能承受 20 t 的载荷。大于 25t 的载荷现在都使用 I140V 工字钢制作。导轨的连接如图 12-66 所

示。每节导轨的两端分别焊有上、下连接柄和上连接钩、下连接销。安装时，先将后一节导轨的下连接销穿过前一节导轨下连接柄上的孔，然后绕销轴转动后一节导轨，使上连接钩的柱销套入前一节导轨的上连接柄缺口中，用 $\phi 8 \times 64$ 的圆环链将上连接柄吊挂起来，两节导轨就牢固地连接在一起了。

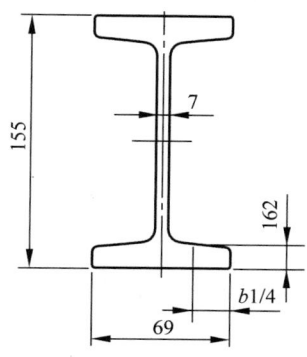

图 12-65　I140E 工字钢

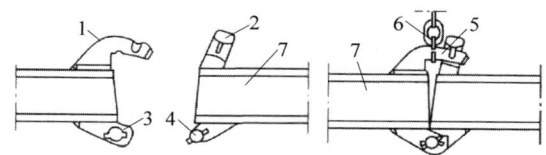

1—上连接柄；2—上连接钩；3—下连接柄；4—下连接销；5—吊钩；6—吊链；7—导轨。

图 12-66　工字钢导轨的连接

导轨有直轨和曲轨之分。直轨有带导绳轮安装座和不带导绳轮安装座两种，其布置间隔随巷道条件而定，起伏不平处导绳轮应密一些。带安装座的导轨最大间隔不超过 24 m，即平均每 8 节导轨中，至少有 1 节带有安装座的导轨。每节曲轨上均有 3 个安装座，可根据需要安装一组导绳轮、一对或两对悬吊链。曲轨每节长 1 m，是预制成的。曲轨之间用法兰盘刚性连接。为方便牵引绳在弯道上导向，每节曲轨上都有绳轮座。曲轨与直轨之间用特殊的连接直轨相连。无论直轨或曲轨部分，都可以从中间拆换任一节导轨。只有松开圆柱销或连接螺栓，导轨才可以从侧面撤出。

（4）导绳滑轮组

导绳滑轮组是牵引钢丝绳的托绳导向装

置,如图 12-67 所示。

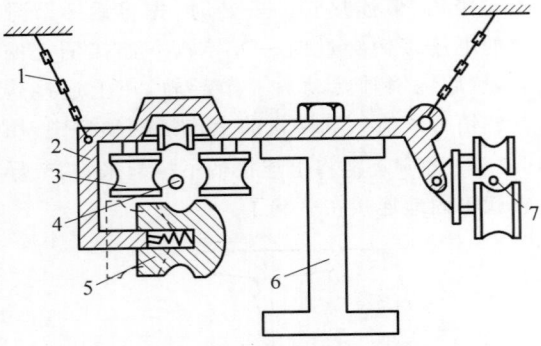

1—吊链;2—滑轮架;3—滑轮;4—重载绳;5—大滑轮;6—导轨;7—空载绳。

图 12-67　导绳滑轮组

支承滑轮的滑轮架安装在导轨的导绳轮安装座上,并通过圆环链悬吊在巷道顶梁上。导绳滑轮组由左、右两组滑轮和滑轮架组成。一组为空载绳 7 托绳导向,由两个平行安装在同一支座上的滑轮组成。滑轮支座可以绕其销轴旋转 90°并可根据需要调节空载绳的位置。另一组为重载绳 4 托绳导向,由围绕在重载绳四周的四个滑轮组成。重载绳下面的大滑轮 5 内装有弹簧,当牵引车上的牵引臂通过导绳滑轮组时,过轮压板先推挤大滑轮,压缩弹簧,使大滑轮移至虚线位置;当牵引臂和钢丝绳顺利通过后,过轮板离开大滑轮,大滑轮便在弹簧作用下复位,以保持托绳导向位置。

3) 使用条件

采用钢丝绳牵引单轨吊车运行的倾斜巷道倾角不应大于 25°,单轨吊车吊轨线路的垂直曲率半径不小于 10 m。钢丝绳牵引单轨吊车用于运行线路长度固定、运输距离不大于 2000 m 且无分岔的巷道。

2. 防爆柴油机单轨吊车

防爆柴油机单轨吊车是以防爆低污染柴油机为动力的单轨吊车,特点是体积小,机动灵活,适应性强,不怕水,不怕煤,不受底板状况的影响,过道岔方便,连续运输距离长,用于掘进巷道时能迅速接长轨道,安全可靠,经济性好,可以实现从井底车场甚至从地面(斜井或平硐开拓时)至采区工作面的直达运输。

1) 工作原理

该种机车由两个驾驶室和发动机以及驱动单元等主要部分组成,以防爆低污染柴油机为动力源,通过主泵——制动泵、控制泵、液控单元控制并驱动马达,经行星减速机构使驱动轮沿轨道腹板滚动实现行走。

驱动轮在工字钢的两侧成对装设,用弹簧或液压缸使驱动轮紧压在工字钢轨道的腹板两侧,液压马达使驱动轮旋转,并依靠驱动轮与轨道的摩擦力形成的牵引力使机车运行。驱动轮外表面一般衬有具有高摩擦系数的聚氨酯,用以提高牵引力,使机车可以在大倾角下运行。

柴油机的启动有气、液、电、手摇机械多种方式。若为液压启动方式,第一次开车前用手压泵加压,当达到调定压力后,液压马达启动柴油机,实现循环工作。柴油机单轨吊的液压系统一般采用闭式液压系统,主泵为一台轴向变量柱塞泵,驱动马达为斜轴定量柱塞马达。控制系统分别由气、液控制系统组成,实现联动操作,该系统首先通过空气压缩和气动阀来控制液压阀,再通过液压阀组控制单轨吊车的液压系统。

此外,单轨吊机车还有温度控制保护系统、压力控制保护系统及制动保护系统,依靠压力传感器和气动传感元件对机车系统进行自动控制。

2) 结构组成

防爆柴油机单轨吊车主要由主司机室、副司机室、安全制动装置、承载吊车、车体、减速器、驱动轮等部分组成。

主、副司机室分设在主机两端,内设操作手把、喇叭、照明灯、红色信号灯等及各种显示装置,如冷却水温度表、润滑油压力表、液压系统压力表、补油系统压力表、排气温度表、润滑油温度表等。司机室内还须设置瓦斯自动检测报警断电仪和灭火器。

车体部分由防爆柴油机及附属装置、主油泵及液压控制站、液压油箱、液压启动装置、燃油箱、散热器等组成。

3）使用条件

使用防爆柴油机单轨吊车的巷道要加强通风,其通风应能将空气中的有害物质稀释到《煤矿安全规程》规定的范围之内,瓦斯含量不应超过1%,环境温度不高于35℃。单台使用时,配风量不少于 4 m³/(min·kW);使用超过两台时,第一台按单台配风量配风,第二台按第一台的75%配风,第三台及三台以上按第一台的50%配风。巷道一般采用U形钢支架,T形棚或锚喷。由于柴油机单轨吊不受运输距离和使用时间的限制,而且可以向大功率、大牵引力方向发展,因此可实现煤矿重型设备的直达运输。

3. 防爆蓄电池单轨吊车

防爆蓄电池单轨吊车是以防爆特殊型蓄电池为动力,由防爆电动机驱动的单轨吊车,它能适应起伏多变(坡度小于18%)的巷道和半径不小于 6 m 的弯道及多支路运输。

1）工作原理

防爆蓄电池单轨吊车以防爆蓄电池为动力源,蓄电池经专用快速插头将电能送至防爆电控箱,再经电控箱内的四象限变频处理,把蓄电池提供的直流电逆变成三相交流电,驱动牵引电机以及油泵电机旋转输出动力。牵引电机动力经减速机最终传递至摩擦驱动轮,使摩擦驱动轮与吊轨摩擦产生驱动力,同时经过变频器的控制实现正反双向行驶和变频无级调速。另外,油泵电机驱动液压油泵工作,使液压系统建立压力,提供给起吊梁,完成起吊梁对物料的提升与下放。压力油作用于每组机车驱动装置上的夹紧液压缸,使摩擦驱动轮给吊轨足够的夹紧力,以使摩擦驱动轮与吊轨摩擦产生驱动力;压力油同时也驱动制动液压缸,完成制动器的制动和松闸。

机车在平坦或者上坡路段行驶时,依靠蓄电池提供能量来完成牵引工作;机车下坡时,重力作用使机车产生下滑力,下滑力传至电机,使电机旋转处于发电工况,发出的电能可以给蓄电池充电,实现能量回馈制动。

2）结构组成

防爆蓄电池单轨吊车由司机室、电源车、起吊梁、驱动车、控制车、液压系统、电控系统等部分组成。

（1）司机室（驾驶室）

防爆蓄电池单轨吊车有两个司机室,分别安装在单轨吊车的两端,作为驾驶人员操作运行和监视机车状况的工位。两个司机室的控制器采用斩波调速或变频调速,两套控制器之间设有电气联锁装置,只有当一端控制器的换向手柄在零位时,另一端的控制器才能操作,但两套控制器均可操作紧急制动。

每个驾驶室均由吊架和司机室组成。司机室通过四个减振弹簧悬挂在吊架下,内有椅座、操纵机构、按钮开关、显示仪表、照明信号灯具、悬梯、灭火器、工具箱和接线箱等装置。吊架上的承载轮和导向轮用于使吊车在轨道上行驶。

（2）电源车

电源车是单轨吊车的总动力源,由电池梁和蓄电池组组成。电池梁由两个承载小车和一个电池梁体组成,电池梁体通过球面轴及销轴悬吊于承载小车下面;蓄电池由电池组和箱体组成。电池组由多块煤矿井下用铅酸蓄电池串联组合而成。电池装入专用箱体内,箱体顶部前后端伸出两个吊耳,通过销轴悬吊于电池梁下。

电池组的"＋"极和"－"极由防爆隔离开关专用插头引出,给防爆电控箱供电,作为单轨吊车的总动力源。防爆隔离开关是快速插拔的电气连接器,其内部设有快速熔断器,用于外部电路发生短路时,保护电池不受损害,同时还配置拔插互锁隔离开关,即隔离开关断开后才能拔插插头。电池箱体一端并排设有两个隔离开关,其中左侧一个内部设有快速熔断器,以便隔离开关插头的快速拔插。

（3）起吊梁

起吊梁是用于起吊大型或重型物体的横梁,运行在专用轨道上,通常由钢材制成,具有坚固的结构和多个吊点。起吊梁通过吊钩或其他悬挂装置连接到吊车的悬挂系统,以进行起吊操作。其动力来自单轨吊液压泵站,通过液压马达、减速机、链条及吊钩来起吊货物。

起吊梁的设计需要考虑起重物体的重量、形状和重心位置，以确保安全和稳定的起吊过程。在操作时，操作人员需要根据起吊梁的特性和起重物体的要求来选择合适的起吊梁，并确保其正确安装和使用。

（4）驱动车

几台驱动车组合在一起，是机车产生驱动力的装置。每台驱动车由一个驱动架、两个驱动装置组成。驱动架由一个架体、两个制动装置、一个夹紧液压缸、四个承载轮、四个导向轮组件组成；驱动装置由一个驱动轮、一个驱动轮载、一台减速机及一台电机组成。为使驱动轮在导轨间产生足够大的驱动力，导轨两侧的一对驱动轮由一个液压夹紧缸连接。当单轨吊车工作时，夹紧缸收缩，一对驱动轮与导轨压紧，产生足够的正压力，以保证单轨吊车工作时有足够的驱动力。

每台驱动车设有两个弹簧制动机构，通过制动液压缸伸缩实现制动和松开。当单轨吊车处于运行状态时，制动液压缸回缩，克服弹簧的阻力，使制动刹车蹄与导轨离开，单轨吊车可自由行驶；单轨吊车停车时，制动液压缸泄压，压缩的弹簧使制动刹车蹄与导轨夹紧，在摩擦力的作用下单轨吊车迅速停车。

驱动车除了上述的行走机构、驱动夹紧机构、制动夹紧机构外，还有承载轮、导向轮等机构，因此在日常使用中，驱动车是维护和保养的关键部件之一。

（5）控制车

控制车总成包括承载小车、限速小车、控制梁、液压系统、防爆箱、电控系统等部分。

（6）液压系统

单轨吊车的液压系统由液压站、管路系统、执行液压缸以及起吊马达组成。当单轨吊车行走时，液压系统使驱动轮与导轨之间夹紧并松开制动器的抱闸；在停车时为起吊梁马达提供液压动力，起吊货物。

当单轨吊车行走工作时，首先要求液压系统建立起工作压力，由控制中心发出指令，启动油泵电机，使油泵向系统提供压力，待液压系统压力达到设定的最低值时发出系统压力

正常信号，单轨吊车正常工作；待系统压力达到设定的最高值时，油泵停止工作，系统保压。等系统压力降到补压检测值时，系统自动启动油泵电机，进行补压；当系统压力再次达到设定的最高值时，油泵电机停止工作，完成一次循环。系统如此循环工作。

当液压系统发生故障，不能正常进行补压，系统压力降到设定的最低值时，液压系统发出警报并使单轨吊车停止运行。

正常工作时，单轨吊车接到加速（或减速）操作命令后，控制中心首先检测液压系统工作压力是否正常，正常后方允许牵引逆变器工作。系统压力未建立之前，行走逆变器不具备工作条件。

液压系统压力回路设有两个紧急离心释放阀，当单轨吊车失速时，离心释放阀自动打开，系统泄压，使制动器液压缸泄压，制动器紧急停车。

（7）电控系统

电控系统包括逆变器、控制中心、操作部分和显示部分。通过逆变器将蓄电池提供的直流电逆变成三相交流电，供给行走电机和液压站油泵电机。控制中心对操作信号、运行状态信号、各回路压力信号进行检测和逻辑处理，并根据处理结果发出控制指令。

3）使用条件

防爆蓄电池单轨吊车机动灵活、噪声低、无污染、发热量小，属于储能式动力源，工作一段时间后，电源箱需要充电，一般每工作 3～4 h 就需更换蓄电池或对蓄电池充电，造价较高，因此不适于长距离、大坡度、大载荷或繁重的运输工况。受蓄电池能重比的限制，功率偏小，自重较大，每千瓦功率质量相当于柴油机的 2.5 倍，不利于重载爬坡。所以，蓄电池电机车多用于巷道平缓、载荷较小的短途运输。对于巷道坡度大、运输距离长、作业频繁、载荷较大的运输，最好采用柴油机单轨吊车。由于蓄电池的能量较小、效率较低，充放电管理复杂，维修费用较高，所以蓄电池单轨吊车的推广应用受到一定限制。

12.5.2　单轨吊车安全防护

单轨吊车配备安全制动装置,制动装置上装有一个自动限速装置,当运行速度超过运行最大速度的15%时自动起作用。这种限速装置既能自动施闸,又能手动施闸,其制动力总和不小于额定牵引力的1.5~2倍。

防爆柴油机单轨吊车还具有保护装置,当出现下列任意情况时,均能使柴油机停止工作,并实施紧急制动:

(1)柴油机转速超过许可最大转速时;

(2)柴油机废气排气口温度超过70℃时;

(3)柴油机冷却水温度超过95℃时;

(4)柴油机润滑油压力低于规定值时;

(5)液压系统补油压力低于规定值时;

(6)单轨吊车运行速度超过规定值的15%时。

司机室内装设瓦斯自动检测报警断电仪,对于防爆柴油机单轨吊车,当巷道中瓦斯含量达1%时,自动报警,瓦斯含量达到1.5%时,自动断电(油),柴油机停止工作;对于防爆蓄电池单轨吊车,当瓦斯含量达到1%时自动报警并断电。

12.5.3　单轨吊车选型

单轨吊车选型计算时应注意:各种类型单轨吊车都有各自的优缺点、一定的适用条件和使用范围,因此,要根据矿井的具体条件综合分析比较,因地制宜,合理选用。

单轨吊车选型计算的主要内容包括:选择单轨吊车的类型;计算实际需要的牵引力;选择标准系列的牵引绞车或柴油机车;计算一台单轨吊车的日运输能力;确定采区或全矿所需单轨吊车的台数。

煤矿井下实际情况复杂,选用设备的能力和使用范围要留有一定余地。为节省投资和不影响生产,装备新的辅运设备时,应尽量利用井下现有的巷道条件,并充分考虑现有的运输系统和设备。

单轨吊车选型计算必须根据下列条件进行:

(1)单轨吊车的运输距离;

(2)单轨吊车运行巷道的坡度大小;

(3)单轨吊车的运行轨道有无分支;

(4)单轨吊车需运送单件最大质量;

(5)单轨吊车是否运送人员。

根据已知条件和各种类型单轨吊车的适用范围来选择单轨吊车的牵引形式:绳牵引的单轨吊车或柴油机车牵引的单轨吊车(也可选择蓄电池机车牵引的单轨吊车,但由于目前蓄电池容量较小,该种机车不能运送质量较大的设备)。

12.5.4　典型型号单轨吊车

1. SDY-40型钢丝绳牵引单轨吊车

SDY-40型钢丝绳牵引单轨吊车的运输能力见表12-22,主要技术参数见表12-23。

表 12-22　SDY-40 型钢丝绳牵引单轨吊车运输能力

坡度/(°)	0	5	10	12	16	20	25
运输能力/t	108.7	27.8	16.1	13.7	10.7	8.8	7.3

表 12-23　SDY-40 型钢丝绳牵引单轨吊车技术参数

序　号	参数名称	单　位	参数值
1	轨道型号		I140E
2	牵引速度	m/s	0~2
3	上行坡度	(°)	≤20
4	额定牵引力	kN	40
5	钢丝绳直径	mm	22
6	水平曲率半径	m	≥6
7	垂直曲率半径	m	≥15

2. FND-90 型内燃机单轨吊车

石家庄煤矿机械有限责任公司生产的 FND-90 型内燃机单轨吊车由机车、制动吊车、人车、6 t 起吊梁、轨道系统、3 t 载重吊车、12 t 起吊梁、安装吊挂平台、平板吊架、集装箱、加油车以及各种牵引杆组成。

FND-90 型内燃机单轨吊车是以防爆低污染柴油机为动力的液压式自驱动机车,适用于环境温度不高于 35℃ 的矿井,要求巷道断面面积不小于 7 m²,尤其是多岔道、多支线、长距离的巷道。

FND-90 型内燃机单轨吊车的主要技术参数见表 12-24,运输能力见表 12-25。

表 12-24　FND-90 型内燃机单轨吊车主要技术参数

序号	参数名称		单位	参数值	备注
1	牵引力		kN	60	
2	牵引速度		m/s	0~2	
3	制动闸制动力		kN	≥90	
4	爬坡能力		(°)	≤18	
5	轨道型号			I140E	
6	水平拐弯半径		m	≥4	
7	垂直拐弯半径		m	≥10	
8	制动车制动力		kN	43/车	
9	制动车制动速度		m/s	2.3	
10	柴油机	功率	kW	69(2500 r/min)	
		CO	ppm	≤1000	废气含量
		NOₓ	ppm	≤800	废气含量

表 12-25　FND-90 型内燃机单轨吊车运输能力

速度/(m/s)	不同坡度巷道牵引吨位/t					
	0°	5°	8°	12°	14°	18°
0.55	218.18	55.92	38.76	27.59	24.15	19.39
1.00	120.00	30.76	21.32	15.17	13.28	10.67
1.30	92.31	23.66	16.40	11.67	10.22	8.20
1.50	80.00	20.51	14.21	10.12	8.86	7.11
1.80	66.67	17.09	11.84	8.43	7.38	
2.00	60.00	15.38	10.66	7.59		

3. DXP40 型防爆蓄电池单轨吊车

DXP40 型防爆蓄电池单轨吊车的运输能力见表 12-26。

表 12-26　DXP40 型防爆蓄电池单轨吊车运输能力

序号	参数名称	单位	参数值
1	最大牵引力	kN	60
2	最大制动力	kN	90
3	最大车速	m/s	1.65
4	最大爬坡能力	(°)	12

续表

序号	参数名称	单位	参数值
5	水平转弯半径	m	4
6	垂直转弯半径	m	10
7	蓄电池容量	A·h	560
8	机车总功率	kW	41.5
9	机车总质量	t	8.5

12.5.5 单轨吊车在工程中的应用

1. 钢丝绳牵引单轨吊车的应用

土耳其欧麦莱尔煤矿主运输巷道距离为1950 m,平均坡度为4°,最大坡度为10°,5处 $R=10$ m水平拐弯,最大运输质量为14.5 t。

选用设备为石家庄煤矿机械有限责任公司生产的SDY-40型钢丝绳牵引单轨吊车。其技术参数见表12-27。部分技术参数的说明如下:

(1)牵引力与运输载荷的关系。因单轨吊车在运输负载时的拉力是由钢丝绳提供的,所以单轨吊车在运行线路上运行时钢丝绳上是有一定运行阻力的。钢丝绳运行阻力加上运行车辆和负载在不同工况下(运行坡度、运行方向等)的运行阻力就是卡轨车实际运行时所需的牵引力,当单轨吊车输出的牵引力、单轨吊车运行的线路确定后,单轨吊车实际运送载荷的吨位也就确定了。也就是说,单轨吊车在固定线路上运送载荷的大小取决于单轨吊车的标称牵引力大小。

(2)安全制动车的制动速度。根据我国煤矿行业的产品标准,为单轨吊车配套的安全制动车制动时车辆运行速度为额定速度的15%,所以厂家生产的产品应控制安全制动车实施制动时的运行速度,通常这一速度是不能手动调节的(要靠增、减调整件或换件来完成),国际上也是这样规定的。

(3)轨道的垂直转弯半径和水平转弯半径。单轨吊车运行轨道的垂直转弯半径和水平转弯半径宜大、勿小,这样对设备的运行有益(在巷道允许的状况下)。

表 12-27　SDY-40型钢丝绳牵引单轨吊车技术参数

序　号	参 数 名 称		单　位	参 数 值	备　注
1	额定牵引力		kN	40	绞车输出的牵引力
2	运行速度		m/s	0～2	
3	适用倾角		(°)	≤20	单轨吊车允许使用的倾角
4	最大运送吨位		t	15	
5	轨道型号			I140E	
6	水平转弯半径		m	9 或 12	
7	垂直转弯半径		m	15	
8	安全制动车参数	制动力	kN	43	
		最高限速	m/s	<2.6	
		制动速度		2.3	实施制动时的运行速度
9	钢丝绳直径		mm	21.5	6×19—21.5(每根钢丝绳有6股,每股有19根钢丝,钢丝绳直径为21.5)
10	使用电压/频率		V/Hz	1140/50	
11	运距		m		
12	信号装置		套	1	
13	人车		座	8	若乘坐10人,则间距太小
14	3 t起吊梁		t	负载:3	
15	6 t起吊梁		t	负载:6	

2. 防爆柴油机单轨吊车的应用

霍州煤电汾源煤业公司井下煤层倾角约30°,为倾斜煤层,在矿井处于基建阶段时,煤矿主要进行+1360 m水平下回风、运输、轨道三条下山大巷的掘进工作,下山巷道平均斜长760 m,坡度20°。

柴油动力单轨吊机车主要技术规格:柴油机功率为126 kW;运行速度为0～2.2 m/s;

驱动单元数量为 5 个单驱＋1 个双驱；每个驱动单元的牵引力为 20 kN，7 个驱动单元机车的牵引力为 140 kN；整体外形为高 1359 mm、宽 800 mm、长 13.87 m；自重 7070 kg；型号为 IMM8604.030-120TDx（防爆）；冷却方式为水冷却；发动机种类为增压直列式 6 缸直喷柴油机；输出功率为 126 kW；启动方式为液压启动，额定压力为 19 MPa。

单轨吊车轨道系统组成及质量要求：

（1）单轨吊车轨道系统组成。单轨吊车轨道主要由直轨、弯轨、道岔组成。直轨长 2 m 或 3 m，曲轨长 1 m；固定板长度为 250 mm，吊链规格为 ϕ18 mm×64 mm、40 t 马蹄环。

（2）单轨吊车运输线路质量要求：

① 单轨吊车轨道采用 ϕ22 mm×2500 mm 左旋螺纹钢高强锚杆吊挂固定。由两根锚杆固定一个专用吊板，用一根吊链连接吊板和轨道，同时必须保证轨道悬吊链铅垂偏角不大于 5°，锚杆外露于岩面为 200 mm，每根锚杆的初锚力不得小于 180 N·m。

② 弯轨水平曲率半径不小于 4 m，垂直曲率半径不小于 8 m，轨道接头间隙不大于 3 mm，高低和左右允许误差不超过 2 mm，接头摆角垂直不大于 5°，水平不大于 3‰。

③ 每组道岔固定点不少于 7 处，采用风动控制方式均匀分布在道岔上；须设置机械闭锁装置；轨道接头处转角不大于 3°，下轨面接头轨缝不大于 3 mm。

3．防爆蓄电池单轨吊车的应用

DXP40 型防爆蓄电池单轨吊车于 2006 年 6 月运达漳村矿煤矿，经安装调试后，分别做了 8 t、15 t 及 20 t 以上，坡度分别为 5°、8°和 13°不同地段的带载试验，试验结果基本达到了试验大纲的要求。之后被应用到该矿井下的 2202 工作面，担负该工作面掘进期间的运送物料和人员任务，该工作面巷道长度达 2400 m，开切眼长度达 230 m，每一小班往返 2 趟以上。小班运行距离 10 km，远班运行距离 30 km。

为进一步验证其运送大型设备的能力与安全性，该矿于 2008 年 3 月在 2302 工作面回收后期组织进行了 DXP40 型电牵引单轨吊车运输支架试验，试验情况如下：

运输距离 500 m；巷道坡度最大 6°（2302 运绕），平均 2°（23 材料巷）；支架质量 25 t；支架数量 26 组。

运行速度为 0.2～0.3 m/s（2302 运绕），0.5～0.8 m/s（23 材料巷）；工作电流为 165～185 A（2302 运绕），60～130 A（23 材料巷）；系统压力为 13～14 MPa，夹紧压力为 11.5 MPa，制动压力为 10～11 MPa，起吊压力为 7～8 MPa。

在整个测试期间，机车性能良好，电气部分动作灵敏、可靠，液压部分系统压力稳定，制动可靠，运行平稳，圆满完成了运输 26 组支架的任务。

DXP40 型防爆电牵引单轨吊车不仅操作简单，而且液压系统较柴油机单轨吊车简洁，从而使机车的故障率和检修工维护量减小，降低了工人的劳动强度，提高了工作效率。

DXP40 型防爆电牵引单轨吊车价格便宜，由于其全部使用国产元件，因此维护使用成本较柴油机单轨吊车大幅下降。

DXP40 型电牵引单轨吊机车技术先进，性能良好，操作、维护简单，噪声低、污染小，并且具有运行成本低、节能等优点，不仅能大大改善井下运输条件，提高运输能力，而且可以节省运行费用，节约维修时间。在新进口柴油机单轨吊车价格居高不下、旧柴油机单轨吊车逐渐老化的情况下，DXP40 型电牵引单轨吊机车的应用前景越来越广阔。

4．吊轨车的发展前景

目前，我国煤矿及隧道工程在用的单轨吊机车有防爆柴油机单轨吊机车、防爆蓄电池单轨吊机车、锂电池单轨吊机车等，这几种机车存在以下问题：防爆柴油机单轨吊机车的运载能力较大，连续运输能力较强，但是由于尾气排放的原因，污染较为严重；防爆蓄电池单轨吊机车和锂电池单轨吊机车受电池容量的限制，牵引力较小，续航能力低。在一些老矿区，具有长距离、大角度、快速、安全清洁运输的需求。因此，2019 年 1 月，国家煤矿安全监察局发布《煤矿机器人重点研发目录》，提出了要研发"井下无人驾驶运输车""露天矿卡车无人驾驶系统在内的五大类共 38 种煤矿机器人"，为矿山运输系统无人化发展指明了研发方向。2020年2月,国家发展和改革委员会、国家能源局、应急管理部、科技部等八部委联合印发了《关于加快煤矿智能化发展的指导意见》,指出要重点突破包括"连续化辅助运输"和"露天开采无人化连续作业"在内的九大技术与装备,再次明确了矿山运输向连续化、无人化发展的政策导向。因此我国亟须开展单轨吊的无人驾驶研究。2021年,中国矿业大学提出了一种蓄电池式无人驾驶单轨吊车及其控制方法、一种柴油机式无人驾驶单轨吊车及其控制方法,并于同年在石家庄煤矿机械有限责任公司完成了单轨吊无人驾驶场地试验,如图12-68所示。开展单轨吊无人驾驶技术研究,不仅有利于矿井运输系统减人增效保安全,而且有助于加快推进我国矿山智能化建设进程。

图12-68 中国矿业大学与石煤机联合开展的
单轨吊无人驾驶场地试验

12.6 无轨胶轮车

煤矿井下辅助运输可分为轨道辅助运输和无轨辅助运输两大类。根据井田煤层赋存条件和矿井开拓特点,轨道辅助运输以悬吊单轨(天轨)和铺设双轨(地轨)为主要特征,采用架线电力、防爆柴油机、蓄电池和钢丝绳为牵引动力,运输机车主要有小绞车电机车、单轨吊机车、卡轨车、卡轨胶套轮车、齿轨车、齿轨胶套轮车等。

现在矿井开拓开采巷道多为沿煤层布置,上下山巷道居多,巷道起伏多,坡度小,这就出现了线路随底板或煤层的起伏变向,限制了普通架线电机车的使用。若采用绞车接力提升,则有些地方的倾角不具备矿车下放条件,而且绞车提升系统复杂,摘挂钩频繁,自动化程度低,设备台数多,给管理带来很大困难,系统效率很难提高;另外,提升绞车由于防爆和空间限制,井下的大功率绞车发展很难。单轨吊机车运输容易受顶板采动影响,支架易发生变形,增加巷道的维护成本;另外,单轨吊机车运行最大速度一般不超过2 m/s,运送液压支架时速度更慢,一般为0.7 m/s,因此效率低,难以推广。卡轨车与单轨吊机车相比,速度高,运载单重大;与普通绞车牵引车相比,运输距离长,安全性好,不易掉道,可适应倾角20°以下的倾斜巷道(柴油机卡轨车适应巷道倾角8°以下,加齿轨时可达18°~19°)。但卡轨车检修维护量大,运营费用高,尤其当巷道压力大,有底鼓时不宜使用。齿轨车可根据巷道坡度变化情况,采用黏着牵引或齿轨牵引两种方式互相转换,灵活方便,载重能力大,可运送液压支架;但需要长距离铺设齿轨,不仅费用高、维护难,而且机车在齿轨上运行速度很慢,由于起伏多,难免积水,造成齿轨车在泥泞条件下齿条啮合运行困难。齿轨车只能运行到工作面附近,各种大型设备、器材以及经常用的大宗材料仍需转运到工作面,从而耗费大量人力、时间和设备。

无轨胶轮车作为无轨辅助运输设备,是以胶轮行驶的车辆,无须铺轨,整车采用防爆柴油机、电机等为牵引动力,实施运输或其他作业,从而克服了上述各种形式有轨运输的缺点。其运输环节少,机动灵活,对巷道起伏变化适应性强,能够快速实现从地面或井底车场直至工作地点不需转载的直达运输。

在采煤技术比较先进的国家,无轨辅助运输已被广泛采用。柴油机无轨胶轮车在英国于1959年即运用于煤矿井下。20世纪80年代以来,国外无轨胶轮车已经形成系列化的产品,能够全范围解决煤矿辅助运输问题,给矿井机械化辅助运输及工作面搬家带来巨大的方便和可观的经济效益。煤矿井下无轨辅助运输技术发达的国家主要有美国、澳大利亚、南非、英国和德国等,生产厂商主要有 Boart Longyear、DBT、SMV、Eimco、Domino、Sandvik、PAUS 等公司。

据统计,近年来我国煤矿辅助运输人员约占井下职工总人数的 1/3,有的矿甚至达 50%,与国外先进采煤国家相比差距很大。有轨辅助运输的安全状况也不好,其事故率约占井下工伤事故总数的 30%,严重影响了矿井内全员效率的提高和煤矿安全生产,并成为制约我国煤炭生产发展的一项薄弱环节。近年来我国新建成的众多大、中型矿井和改(扩)建矿井在这些方面都进行了积极的实践和探索,并采用了无轨辅助运输技术,对我国煤矿井下辅助运输的发展起到了有力的推动作用。20 世纪 90 年代中期,我国有数家单位开展了无轨辅助运输设备的研发,逐步填补了我国无轨运输设备的空白,目前,我国无轨胶轮车的生产厂家已有 30 多家。

与传统的辅助运输设备相比,无轨辅助运输设备在技术特性、运输效率和安全性能等方面都具有许多明显的优点。

(1) 运输效率高。无轨胶轮车机动灵活,车速远高于有轨运输车辆,可实现一次装载后从地面直到各个分散采区工作面,或从井底至各个分散采区工作面单一设备不经转载地直达运输,运输速度快,可大量节省辅助运输人员,提高运输效率。

(2) 车型多,易实现多种作业全面机械化,并可实现一机多用,集铲、装、运、卸等功能于一体。

(3) 载重能力大,爬坡能力强。可实现重型物料和大型设备(如重型液压支架、采煤机等)的整体搬运,节省时间和人力、物力,大大解放了劳动力,单机能力可达 80 t;对散料、长材能进行集装运输;负载爬坡可达 14°,可以在水平煤层与近水平煤层中使用。

(4) 运行安全可靠。无须轨道,不存在掉道问题,乘坐安全舒适。

(5) 运输环节少,尤其是大型设备;运输成本低。

实践证明,井下无轨辅助运输设备具有高效能、多用途、灵活方便、安全和适应性强等优点,是煤矿辅助运输的主要发展方向。

无轨胶轮运输主要存在以下不足之处:

(1) 在小型材料运输方面单次运量较小。为克服此种不足,目前普通运料车已从载重 3 t、5 t 发展到 10 t 甚至 12 t,以增加单次运量。

(2) 维修维护工作量大、成本较高。经过多年发展,为更好地规范使用、维护保养、拆解维修等工作,我国正在进行无轨胶轮车维护和大修的相关标准制定,以期保持车辆的安全及技术性能,延长无轨胶轮车的使用寿命。相关制造单位也在努力降低成本,逐步减少使用单位购置车辆费用。

12.6.1　主要类型

1. 按产品用途分类

无轨胶轮车产品按用途分为运输类、铲运类、搬家类和特殊用途类等。运输类无轨胶轮车分为运送人员和运输物料两种车型,分别简称人车和料车。这类车辆约占无轨胶轮车总数的 75%。人车主要用于井上及井下人员的通勤运输、特殊人员的下井服务、发生事故时人员的紧急救护等,充分体现出无轨胶轮车机动灵活及方便快捷的特点。料车主要用于材料和中小型设备较长距离的运输,实时满足井下各处作业的需求。

铲运类无轨胶轮车以铲、运、卸物料为主,具有多种可快换铲叉装置,用于井下工程施工、中小型设备装铲及短距离转运等。这类车辆约占无轨胶轮车总数的 20%。

搬家类车辆主要用于完成大型设备搬家倒面的工作,包括支架搬运车、大型设备的铲运车等。

特殊用途类无轨胶轮车包括洒水车、加油车、维修车、救护车、卷缆车、混凝土运输车等车辆,用以完成相应的特殊作业。

搬家类和特殊用途类无轨胶轮车约占无轨胶轮车总数的 5%。

2. 按产品结构形式分类

无轨胶轮车产品按结构形式分为铰接式、

整体式和拖挂式等。

铰接式车辆由前后两段车架铰接组成,铰接转向可有效减小转弯半径。较大吨位的无轨胶轮车宜采用铰接形式,以提高转弯时的通过性,利于在井下运行。

整体式车辆采用整体车架,结构紧凑,易于操控。

拖挂式车辆由驱动部和拖车两部分构成,驱动部可拖带拖车,也可作为独立的动力加装其他作业工具,如铲叉举升装置等。

3. 按产品动力形式分类

无轨胶轮车产品按动力形式分为柴油动力、蓄电池动力等形式。

柴油动力车辆通过燃烧柴油产生动力,以防爆柴油机作为发动机,通过底盘传动系统驱动车辆行驶。蓄电池动力车辆以防爆蓄电池作为电源,防爆电机作为发动机,通过底盘传动系统驱动车辆行驶。

4. 按产品传动方式分类

无轨胶轮车产品按传动方式分为机械传动、液力传动、液压传动及电力传动等形式。

机械传动车辆以机械方式传动,通过机械离合器、变速箱、传动轴和车桥等机械部件传递动力和运动。

液力传动车辆通过液力耦合器或液力变矩器等液力传动部件,利用其中液体流动和流态的变化,传递动力和运动。

液压传动车辆通过液压泵、液压马达和液压管路等液压元件实现静液压动力传递和车辆运动。

电力传动车辆的原动机分为柴油发动机和电动机两类。前者由柴油发动机带动发电机,将发出的电能供给电动机,或储存至蓄电池后供给电动机;后者直接由蓄电池供电,通过充电装置为蓄电池充电。电力传动方式有多种,主要有:①电动机加变速箱或减速箱,再通过传动轴和车桥传递动力和运动;②电动机直接与传动轴或驱动桥连接;③每个驱动轮直接安装电动机加轮边减速装置总成,通常称为电动轮。

12.6.2 工作原理和结构组成

1. 工作原理

无轨胶轮车是本身具有动力装置的轮式行驶车辆,其工作原理与地面车辆基本相同。

现代汽车,包括工程车辆的结构已经比较完善,是由多种机构和装置组合而成的。这些机构与装置的型式、结构和相互间的位置及布置虽然多种多样,但总体构造及主要机构的构成和作用原理大体上是类似的。井下无轨胶轮车的结构均是依照路面车辆的原理,结合煤矿使用条件进行设计或改制的,因此其工作原理与路面车辆基本相同。

1) 总体构造

汽车的总体构造基本上由四部分组成,即发动机、底盘(包括传动系、行驶系、转向系和制动系)、车身、电气设备,如图12-69所示。

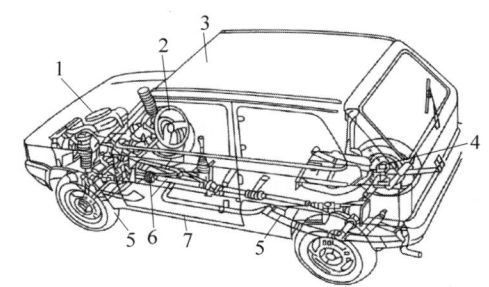

1—发动机;2—转向系;3—车身;4—制动系;5—行驶系;6—传动系;7—电气设备。

图12-69 汽车结构图

2) 发动机

发动机是车辆的动力装置,内燃机作为发动机时其作用是使供入其中的燃料燃烧而产生动力,电机作为动力机时其作用是使接入的电能通过电磁感应产生动力。

3) 底盘

底盘接收发动机发出的动力,使车辆行驶。底盘由传动系、行驶系、转向系和制动系组成,带有其他工作机构的车辆,底盘还附有工作机构的动力装置部分。

传动系接收发动机发出的动力,经由离合器、变速箱、万向传动装置、驱动桥等输出至行驶系。

行驶系将车辆各总成、部件连接成一体，起支承全车并保证车辆行驶的作用。驱动桥输出的扭矩传至车轮，车轮回转，桥壳通过悬挂与车辆各总成、部件连接，从而实现车轮带动整车行驶。

转向系用以保证车辆按照驾驶员所定方向行驶，主要由转向器和转向传动装置组成，方向盘的转向动作传递至车轮，使车轮偏转从而实现整车转向。

制动系用以迅速降低车辆行驶速度以至停车，是保障车辆安全的装置之一。它主要由制动器和制动传动装置组成。除行驶功能外还有其他功能的车辆，在底盘上往往还布置有工作机构的动力装置部分。

（1）车身。车身是用以承载乘客、货物及安装其他辅件或工作机构的部分，又是驾驶员的操作场所，应安全、舒适、方便、美观，且符合流体力学原理，以减小风阻和降低燃料消耗。

（2）电气设备。电气设备由电源、发动机的启动系（电启动的车辆）、照明装置、信号装置、显示仪表、电控及保护装置等组成，以保证车辆驾驶的安全、经济和舒适。随着先进机电技术越来越多地在车辆上应用，驾驶操作变得更加安全和人性化，燃油消耗也进一步降低。

4）车辆的能量传递及转换

（1）车辆的动力流

① 机械传动的无轨胶轮车。柴油的化学能或蓄电池的电能 $\xrightarrow{柴油机或电机}$ 柴油机或电机输出的机械能 $\xrightarrow{传动轴和齿轮}$ 驱动车轮回转的机械能。

② 液力传动的无轨胶轮车。柴油的化学能或蓄电池的电能 $\xrightarrow{柴油机或电机}$ 柴油机或电机输出的机械能 $\xrightarrow{液力变矩器泵轮}$ 传动液的动能 $\xrightarrow{液力变矩器涡轮}$ 液力变矩器输出的机械能 $\xrightarrow{传动轴和齿轮}$ 驱动车轮回转的机械能。

③ 液压传动的无轨胶轮车。柴油的化学能或蓄电池的电能 $\xrightarrow{柴油机或电机}$ 柴油机或电机输出的机械能 $\xrightarrow{油泵}$ 液压油的压力能 $\xrightarrow{马达}$ 马达

回转的机械能 $\xrightarrow{传动轴和齿轮}$ 驱动车轮回转的机械能。

④ 电力传动的无轨胶轮车。柴油的化学能或蓄电池的电能 $\xrightarrow{电机}$ 电机输出的机械能 $\xrightarrow{机械连接系统或齿轮箱}$ 驱动车轮回转的机械能。

（2）运动流

① 机械传动的无轨胶轮车。柴油机或电机输出的回转运动→齿轮箱变速→传动轴→车桥主减速→半轴→轮边减速→车轮回转运动。

② 液力传动的无轨胶轮车。柴油机或电机输出的回转运动→传动液的循环流动→涡轮输出回转运动→齿轮箱变速→传动轴→车桥主减速→半轴→轮边减速→车轮回转运动。

③ 电力传动的无轨胶轮车。电机输出的回转运动→齿轮箱变速或减速→传动轴→车桥主减速→半轴→车轮回转运动。或：电机输出的回转运动→轮边减速→车轮回转运动。

2. 结构组成

1）发动机

汽油机的点火方式为点燃式；而柴油机为压燃式，不使用火花塞，因此煤矿井下的无轨胶轮车采用柴油机作为动力源，以提高安全性。

对于井下使用的车辆，有以下严格要求：

在井下行驶的车辆有车速限制：运人车辆最高行驶速度为 25 km/h，运料车为 40 km/h。

井下运行的车辆须具备防爆性能：井下使用的柴油机属于防爆柴油机，其结构如图 12-70 所示。这种柴油机具有防爆性能，在爆炸环境中工作不会点燃环境气体，且排放指标符合煤炭行业相关标准要求。未经稀释的排气中，有害气体成分不应超过：一氧化碳（CO）0.1%，氮氧化物（NO_x）0.08%。

防爆柴油机是经防爆处理、防爆试验并取得煤安证书的柴油机，可作为井下无轨胶轮车的发动机。柴油机防爆处理主要包括以下内容。

（1）柴油机主机的防爆处理

防爆柴油机对隔爆接合面有要求，隔爆接合面为隔爆外壳不同部件相配合在一起（或外壳连接）的地方，且火焰或燃烧生成物可能会

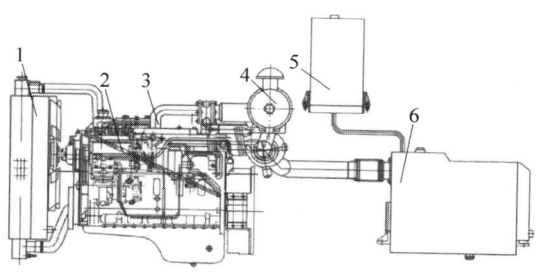

1—水箱散热器；2—防爆柴油机主机；3—进气系统；
4—空滤器；5—补水器；6—水洗箱。

图 12-70 防爆柴油机的结构

由此从外壳内部传到外部的部位，其中缸盖与机体之间隔爆接合面的有效宽度不小于 9 mm，平面度不大于 0.15 mm；进排气系统各部件之间的隔爆接合面（阻火器除外）、进排气系统与缸盖之间的隔爆接合面有效宽度不小于 13 mm；隔爆接合面的内部边沿到螺栓孔的边沿有效宽度不小于 9 mm；隔爆接合面中含有冷却水道通孔的隔爆面，由接合面内部到水道通孔边沿的有效宽度应不小于 5 mm；利用杆套间隙作为隔爆面的，杆套间隙应不大于 0.2 mm，轴向长度应不小于 25 mm；喷油器与缸盖的配合，其间隙应不大于 0.2 mm，轴向长度应不小于 25 mm；在隔爆腔机体上应避免钻通孔，至少留 3 mm 或 1/3 孔径的壁厚，取其大者，如果钻通孔应用螺塞堵死，螺塞最小拧入深度不小于 12.5 mm，最小啮合扣数不少于 6 扣，并有防松措施；在隔爆腔机体的盲孔上拧固螺塞时，对螺塞长度的要求是，当无垫圈时，应在孔底至少还有一个螺距的余量。飞轮腔安装干式离合器时，飞轮壳法兰安装面作为防爆面，需进行防爆处理；由于无轨胶轮车基本上需要全路况运行，在其行驶和维修期间，有可能受到撞击的零部件的外壳均不允许使用轻金属制造；防爆柴油机及其配套的非金属零部件，应采用电阻值小于 1×10^9 Ω 的不燃性或阻燃材料制造；用于密封的垫衬，应使用带有金属骨架或金属包封的不燃性材料制造；防爆柴油机隔爆接合面的表面粗糙度 Ra 应不超过 6.3 μm，且不得涂油漆。发动机若带有电气控制件，也应符合相应防爆要求。

（2）柴油机启动的防爆处理

可以使用弹簧启动器、液压启动器、压缩空气启动器或防爆电启动机，启动过程中有可能产生火花的元部件应采用隔爆结构；采用压缩空气启动器时，选用的空气压缩机不应成为点燃源；使用防爆电启动机时，与其配套的蓄电池电源应满足防爆要求，且连续 5 次启动后，表面温度不超过 150℃。

（3）吸排气系统的防爆处理

设置吸排气阻火器，尾气排放处理装置。阻火器为安装在防爆外壳开口处，允许可燃性气体和空气通过，但能防止火焰穿过的一种装置。它由阻火器外壳和阻火元件组成，由于需要每班清洗，结构设计应便于在无轨胶轮车上组装、维修和移出清洗，并进行准确的安装定位，以满足防爆要求。阻火器类型分为栅栏形和珠形，如图 12-71 和图 12-72 所示。栅栏形阻火器又有框架式、圆筒式和波纹式等。

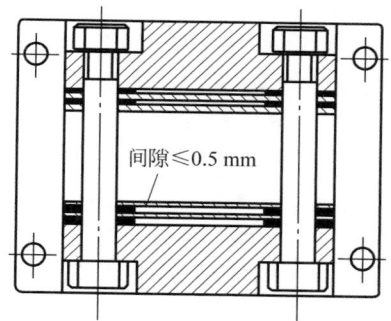

间隙≤0.5 mm

图 12-71 栅栏形阻火器

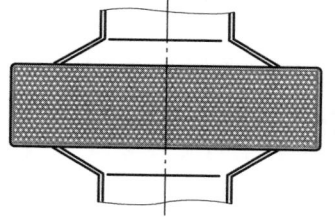

图 12-72 珠形阻火器

阻火器框架隔爆接合面宽度应不小于 25 mm，不允许在阻火器隔爆接合面内钻孔；阻火器应使用耐高温、防腐蚀、耐磨损的材料制造；阻火器栅栏板的厚度应不小于 1 mm，平面度不大于 0.15 mm，气流方向的宽度不小于

50 mm,相邻两栅栏板之间的间隙不大于0.5 mm。珠形阻火器采用直径为5 mm的球形体时,气流方向的填充厚度应不小于60 mm,采用直径为6 mm的球形体时,气流方向的填充厚度应不小于90 mm,且装配好的珠形阻火器,内部球形体不得有松动。

尾气排放处理装置分为湿式和干式两种,如图12-73和图12-74所示。湿式尾气排放处理装置设置冷却净化水箱,冷却净化水箱可安装在阻火器前或后。为避免受到高温及尾气腐蚀影响,此净化水箱与阻火器的固定板应采用耐腐蚀材料。冷却净化水箱安装在阻火器前的应为隔爆结构,与阻火器相连接的隔爆接合面宽度应不小于25 mm,其他隔爆接合面的宽度不小于13 mm,箱体内边沿到螺栓孔边沿的距离不小于9 mm。冷却净化水箱应设置水位标记,如果在采用隔爆结构的冷却净化水箱上设置玻璃窗口式水位标记,窗口面积应小于25 cm²。如果冷却净化水箱较小,需外接补水箱时,冷却净化水箱上可不设置水位标记,但外接水箱上应设置,采用喷淋冷却的冷却净化水箱上可不设置水位标记,但喷水箱上应设置。冷却净化水箱注水孔应采用螺纹隔爆结构,孔盖上应设系紧装置;冷却净化水箱安装在阻火器后时,前部与阻火器的连接部分应采用防爆结构。另外,冷却净化水箱上设有水位和排气温度报警装置。图12-74所示为干式尾气排放处理装置,它与涡轮增压器废气出口连接,涡轮增压器同样包有冷却水套,以控制外表面温度不超过150℃。除过滤降尘处理外,冷却液在换热管内循环,管排放的为被冷却的发动机尾气,这种方式消耗的水量小,无须频繁加水和换水,排气无水雾,与水阻相比,排气阻力也较小;缺点是需定期清理管外污垢,否则会使换热效果下降,排气阻力增加。

2)底盘

底盘接收防爆柴油机发出的动力,使车辆得以行驶。底盘由传动系、行驶系、转向系和制动系组成,带有其他工作机构的车辆,底盘还附有工作机构的动力装置部分。

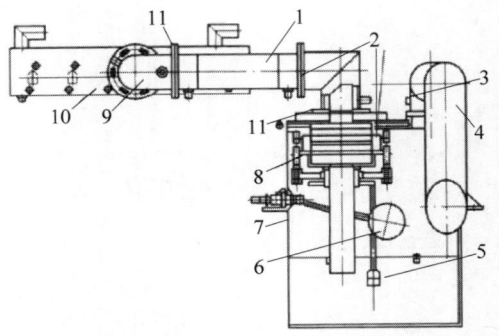

1—水夹层波纹管;2,11—隔爆接合面;3—排气温度传感器;4—废气出口;5—水位报警浮球;6—水位控制浮球;7—冷却净化水箱;8—排气阻火栅栏;9—水夹层弯管;10—水夹层排气管。

图12-73　湿式尾气排放处理装置

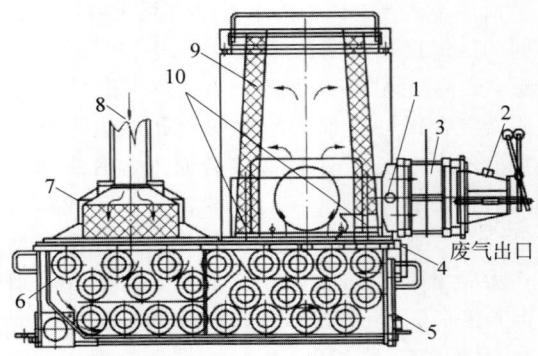

1—隔爆栅前温度传感器;2—废气出口温度传感器;3—废气隔爆栅;4—过滤器前温度传感器;5—检查清洁盖;6—冷却管;7—带水套的废气净化器及隔爆栅;8—接增压器废气出口;9—可更换废气颗粒过滤器;10—旁通阀。

图12-74　干式尾气排放处理装置

（1）传动系

如图12-75和图12-76所示分别为两轮驱动和四轮驱动传动系。传动系接收发动机发出的动力,经由离合器、变速箱、万向传动装置、驱动桥等各传动元件输出至行驶系。按照传动系中传动元件的特征,传动系又分为机械式、液力式、静液式和电力式等几种形式。目前井下无轨胶轮车中这几种形式都有应用。

① 机械式传动系

对于机械式传动系,使用防爆离合器进行车辆换挡时的离合操作。特制的防爆离合器壳固定于防爆柴油机输出端飞轮壳上,此处接合面为隔爆接合面,离合器盖固定于飞轮盘上。

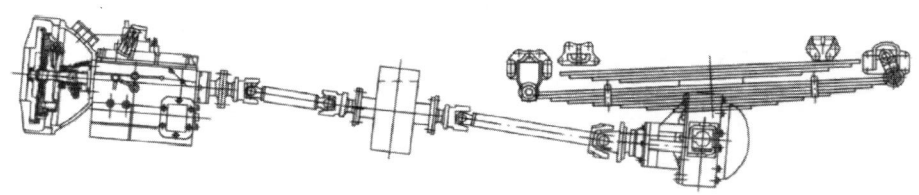

图 12-75　两轮驱动传动系

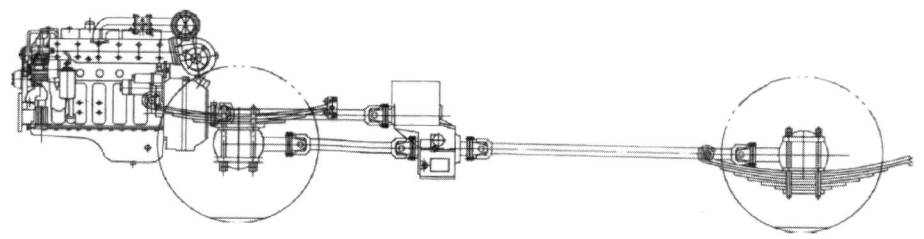

图 12-76　四轮驱动传动系

如图 12-77 所示,防爆离合器主要由防爆阻火器、干式摩擦片总成、压盘总成、拨叉机构和防爆离合器壳组成。阻火器连接处属于隔爆接合面,阻火器总成应符合防爆要求,拨叉回转轴与防爆壳体间也为隔爆接合面。离合器总成应进行防爆试验,按要求通入甲烷混合物进行试验。定型产品需进行至少 10 次试验,方可用于无轨胶轮车产品。

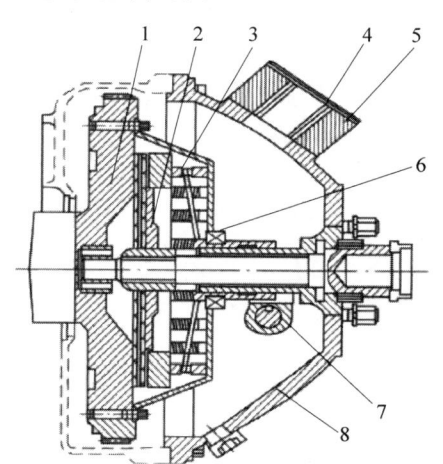

1—飞轮;2—干式摩擦片总成;3—离合器压盘;
4—阻火器盖板;5—离合器阻火器;6—分离杠杆;
7—拨叉;8—防爆离合器壳。

图 12-77　防爆离合器典型结构

根据防爆要求,传动系变速箱不能使用轻金属制造,又由于车辆自重及载重量大,且井下坡度大,连续爬坡时间长,因此变速箱速比通常比较大。万向传动装置应适应井下运输条件,密封良好,连接可靠。

驱动桥载荷应能适应无轨胶轮车车重大、路况恶劣的工况;采用四轮驱动附着力大,单桥驱动时应防止车辆打滑。

② 液力式传动系

液力传动无须离合器,采用变矩器和动力换挡变速箱的双变结构,路况适应性好,启动扭矩大,适合井下工况,因此较大吨位的车辆采用双变的较多,如图 12-78 所示。其中 1 为变矩器,2 为动力换挡变速箱,变矩器与动力换挡变速箱有一体式和分体式两种,图 12-78 所示为一体式双变结构。图 12-79 所示为一体式双变结构实物,也称液力变矩器。液力变矩器通过挠性盘与发动机飞轮连接,带动泵轮旋转,泵轮的叶片带动传动液旋转,冲击涡轮叶片,推动涡轮旋转,之后液流再通过导轮回流至泵轮,完成一次循环。液力变矩器扭矩及速度传递如图 12-80 所示,泵轮、涡轮和导轮对液流的转矩分别为 M_b、M_w、M_d,液流对涡轮的转矩 M_w 与 M_w' 大小相等,方向相反,其中 $M_w = M_b + M_d$,起增大液力变矩器扭矩的作用。液力变矩器涡轮轴输出的扭矩传递至动力换挡变速箱,由液压控制的多片摩擦式离合器能在带负荷(不切断动力)的状态下结合和脱开,实

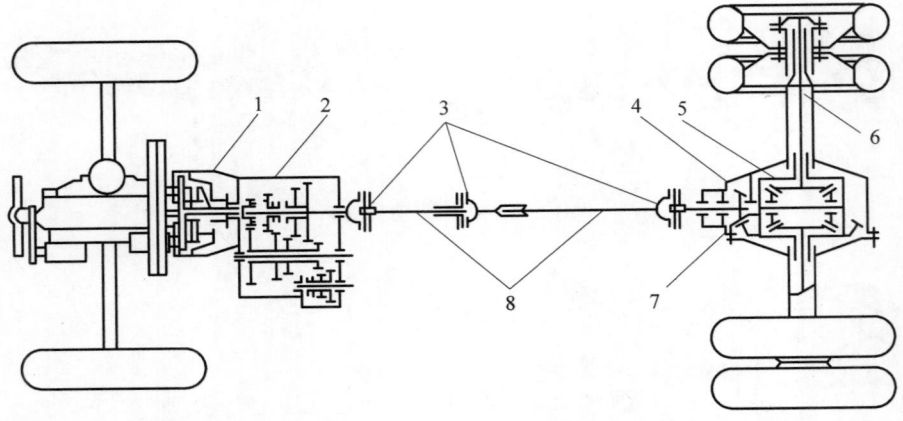

1—变矩器；2—动力换挡变速箱；3—万向节；4—主减速器壳体；5—差速器；6—半轴；7—主减速器；8—传动轴。

图 12-78　液力式传动系

图 12-79　一体式双变结构实物

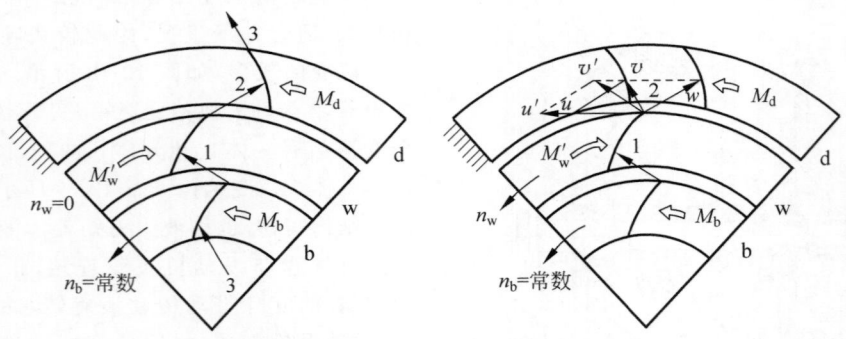

图 12-80　液力变矩器扭矩及速度传递图

现换挡操作,齿轮与齿轮之间为常啮合,换挡操作简单、平顺。

③ 静液式传动系

静液式传动系又称容积式液压传动系统,为液压传动,防爆柴油机带动液压泵作为动力组,压力油经管路到各种控制元件及液压马达,再由液压马达将工作油压转变为扭矩,经驱动桥减速、差速,通过半轴传递到驱动轮或直接带动车轮,如图 12-81 和图 12-82 所示。井下无轨胶轮车中的大型支架搬运车常采用液压传动系统,如图 12-83 所示的搬运车采用的是液压马达直接驱动车轮的一种静液式传动系统。无轨胶轮车采用静液传动,当采用变驱系统时,驾驶员通过操纵杆操纵液压阀,控

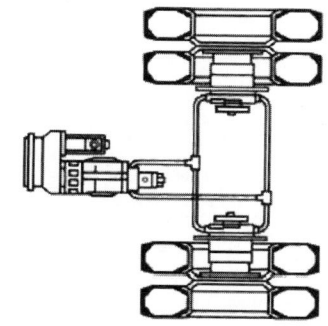

1—油泵；2—液压自动操纵装置；3—操纵杆；4—油门
踏板；5—制动踏板；6—液压马达；7—液压驱动桥。

图 12-81　液压马达驱动车桥的静液式传动系 图 12-82　液压马达直驱车轮的静液式传动系

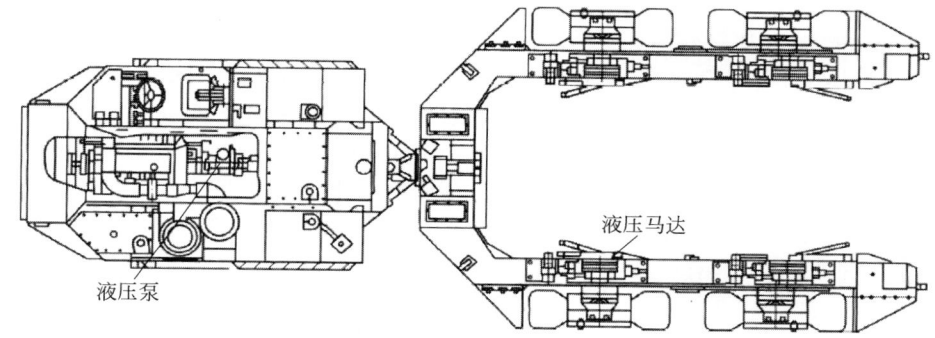

图 12-83　大型液压支架搬运车

制液压泵输出压力油的流量。起步时车辆所受阻力大，可将液压泵控制为小流量，系统建立高压，以使马达输出大扭矩，从而在驱动轮上产生足够大的驱动力，实现车辆起步。起步后，行驶阻力减小，可逐渐增大液压泵流量，马达扭矩逐渐减小，同时马达和驱动轮转速逐渐增大，从而实现车辆的起步加速。井下无轨胶轮车使用静液传动，优点是传动系统容易布置，行驶平稳，可在不中断传动的情况下平稳地实现无级变速，具有非常理想的特性；传动系统零部件也大为减少，使整车布置方便并可增大离地间隙，改善通过性；液压系统可用于动力制动，使制动操作轻便；由于是液压传动，整车防爆性能好，不存在金属件摩擦产生火花的问题，可满足井下防爆要求。不足之处是机械效率较低，液压件价格较高，使用寿命和可靠性不够理想（存在油液泄漏、液油污染、密封件老化等弊端，影响液压系统工作）等。目前的无轨胶轮车中，大型支架搬运车、部分铲运车以及一些顺槽车采用的是静液式传动系。

④ 电力传动系

电力传动系是早期采用的一种无级传动装置，其组成和布置与静液式传动系有些类似，由发动机带动发电机发电，将发出的电能送到电动机。或由蓄电池将电能送到电动机，可以只用一个电动机与传动轴或驱动桥输入端连接，如图 12-84 所示；也可以在每个驱动轮内部安装牵引电机和轮边减速器，这种驱动轮又称为电动轮。

电力式传动系的优点是：从电动机到驱动轮只有电气连接，使汽车的总体布置简化、灵活；随着电控技术日新月异地发展和在电动汽车上的应用，采用电力式传动系的车辆启动、变速更加平稳，具有无级变速特性，操纵更加简单、省力、智能和人性化，噪声更低，车辆性能进一步优化，有利于延长车辆使用寿命；另外，增加电制动，可减少长时间机械制动的磨损和发热，提高行驶安全性，并可在一定程度上回馈电能，节省能源。

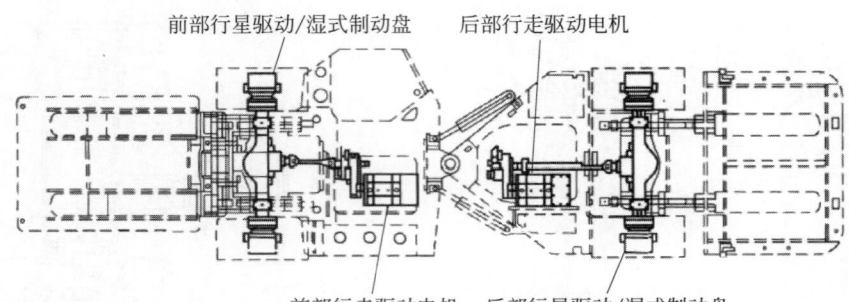

图 12-84　蓄电池支架搬运车

电力式传动系的缺点是：质量大，效率低，消耗较多的有色金属（如铜）等，尤其在井下，电机及电气元件经防爆处理后，质量更大。在使用蓄电池的系统中，还需考虑电池的使用寿命、续航里程等问题。

使用蓄电池的支架搬运车，整车以蓄电池为电源，两台电机通过变速箱和传动轴分别驱动前后车桥的主减速器，另有一台电机作为油泵电机，驱动液压辅助系统。

（2）行驶系

行驶系总成如图 12-85 所示，包括车架、悬架、车桥和车轮。

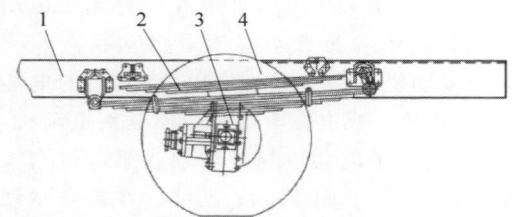

1—车架；2—悬架；3—车桥；4—车轮。

图 12-85　行驶系

车架是全车的装配基体，无轨胶轮车运行于井下，巷道狭窄，上下坡路段居多，巷壁突出物较多，路面颠簸，照明不足，极易发生车辆碰撞、刮蹭，因此相对于路面车辆，无轨胶轮车对车架的强度要求较高，板材较路面车辆厚，车架结构需要进一步加强。无轨胶轮车的车桥相对于路面车辆承载更大、桥壳尺寸更大、强度更高。由于井下路况不够平整，要求无轨胶轮车具有较强的通过性能，车桥需有足够的离地间隙，以保证通过性。行业标准中要求无轨

胶轮车的最小离地间隙大于 160 mm，因此车桥的主减速壳体尺寸需加以限制。考虑到尺寸及桥壳强度的要求，目前非公路车辆的主减速壳体多数做成圆柱状，并集成湿式制动器，半轴壳体做成矩形截面，在增加强度的同时也便于安装，同时增加轮边减速装置以获得较大传动比，得到更大的驱动力。车桥如图 12-86 所示。

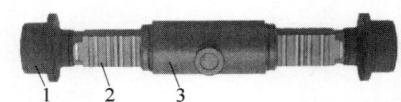

1—轮边减速；2—半轴壳体；3—主减速及湿式制动器。

图 12-86　车桥

由于井下路况恶劣，车辆自重及载重量大，运行速度低，因此一般重型无轨胶轮车以及料车的车轮不使用充气轮胎，而采用载重量大、抗静电的填充轮胎或实心轮胎，以增加承载能力和延长使用寿命，实现安全行驶。当无轨胶轮车碾压到突出或尖锐物时，使用填充轮胎可避免出现因轮胎漏（泄）气或突发情况而失去控制的危险，增强适应性，同时填充轮胎还具有超强耐热性能，能够延长使用寿命，在车速较低的井下车辆上使用具有一定的减振性，基本可以满足减振要求；实心轮胎一般是聚氨酯复合轮胎，耐磨性能好，拉伸和抗撕裂强度高，回弹性、吸振性、抗冲击性好，耐老化、耐酸碱、耐霉菌、耐低温，可在 −45℃ 条件下使用，承载能力大，使用寿命长，尤其适用于运行于井下苛刻路面、低速重载的无轨胶轮车使用。井下使用的轮胎具有特殊深花纹形状设

计,耐磨损、防撕裂,能够提供更好的牵引性能,具有耐切割性,且做了较好的胎侧保护。

（3）转向系

无轨胶轮车的转向系按转向动力源的性质可分为机械转向系、动力转向系和全液压动力转向系。

① 机械转向系

机械转向系结构如图 12-87 所示,与路面车辆中的转向系相同,由转向操纵机构（转向器之前）、转向器和转向传动机构（转向器之后）三大部分构成。

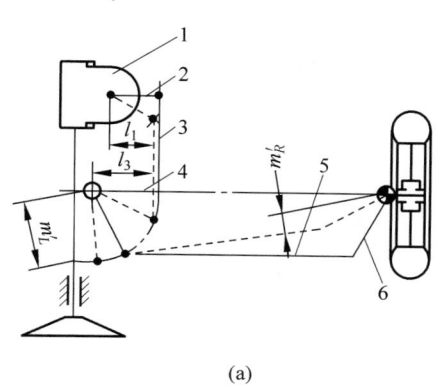
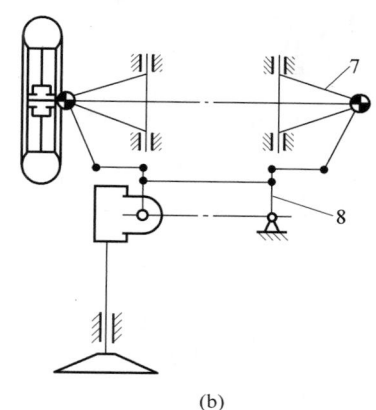

(a)　　　　　　　　　　　　　(b)

1—转向器；2—转向摇臂；3—转向纵拉杆；4—转向节臂；5—转向横拉杆；6—转向梯形臂；7—悬架；8—摆杆。

图 12-87　机械转向系结构图

（a）与非独立悬架转向轮匹配；（b）与独立悬架转向轮匹配

② 动力转向系

机械转向器与转向动力系统相结合,可构成动力转向系,转向泵自发动机或变速箱取力口取力,输出压力油助力操纵转向器,既可使转向轻便,又可通过液体阻尼吸收路面传来的冲击。如图 12-88 所示即为动力转向系的一种形式。由于无轨胶轮车在井下运行,路面条件差,车体重,为使转向轻便、结构简单紧凑,目前 3 t 以下的无轨胶轮车大多采用这种型式。

③ 全液压动力转向系

全液压动力转向桥如图 12-89 所示,图示结构为驱动前转向桥上的转向液压缸进行前轮偏转转向,使前后轴或前后车架相对摆动,实现铰接转向。

全液压动力转向系的原理如图 12-90 所示。全液压动力转向适用于重载车辆或工程车,车速不超过 50 km/h,借助于液压转向器可实现重载车辆轻松转向。转向器与转向桥之间无须任何机械连接,与常规机械式转向相比,无须传动杆系,整车空间更好布置。较大

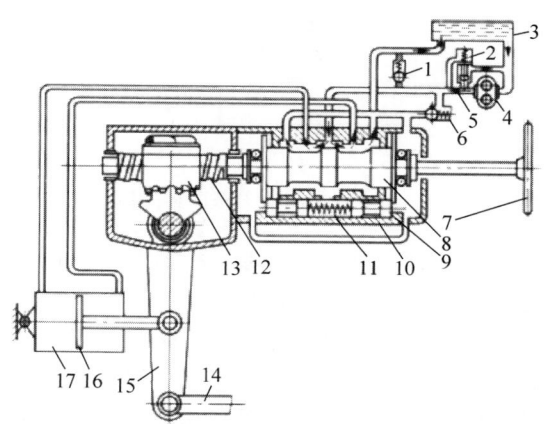

1—安全阀；2—溢流阀；3—油壶；4—转向泵；5—节流口；6—单向阀；7—方向盘；8—滑阀；9—反作用阀；10—转向分配阀体；11—回位弹簧；12—转向螺杆；13—转向螺母；14—转向拉杆；15—转向摇臂；16—活塞；17—动力缸。

图 12-88　动力转向系

吨位（3 t 以上）井下无轨胶轮车的转向系除采用滑动转向的车辆外,均采用全液压动力转向系。

图 12-89　全液压动力转向桥

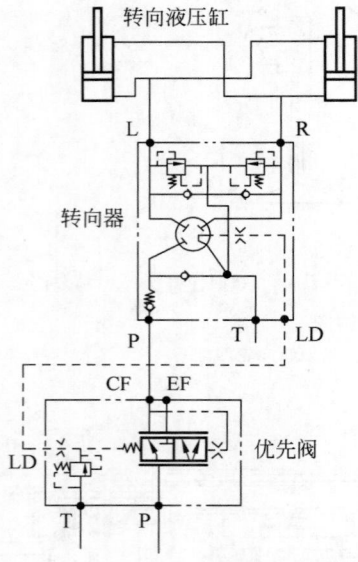

图 12-90　全液压动力转向系的原理

如图 12-90 所示,转动方向盘时,转向柱通过键连接带动转向器控制阀芯相对阀套转动,两者之间相对转动一定角度至阀芯与阀套有油路接通,压力油便进入阀芯上的通道作用于转子组并推动其转动,油液经由转子被输送至转向液压缸。转子的回转又作用于图 12-88 所示全液压动力转向桥阀套,使其跟随阀芯进行回转。油路截面的开度大小取决于方向盘的转向速度和转向压力,负载敏感系统的工作取决于转向速度。转向动作停止,阀芯随之停止,但油液仍继续通过油口通到转子,转子和阀套因而继续转动,随着转动,油口断面趋于关闭,转子也随即静止,转向液压缸到达预期位置,回中弹簧复位阀柱活塞和阀套,并使其

保持中位,这样就实现了助力转向和回中。优先阀的作用是优先转向,转向控制油通过油口 CF 供至转向器,在完全满足转向油量要求的前提下,优先阀换向,多余油量由 EF 口供给其他工作机构或直接回油箱,从而保证了安全转向所需流量,并能稳定流量,多余流量还可用于其他机构工作。

（4）制动系

井下运行条件恶劣,道路情况复杂,灵敏可靠地减速、停车或使已停下来的无轨胶轮车保持不动,直接关系到车辆的操控性能以及煤矿人员和财产的安全。

无轨胶轮车应设置工作制动、停车制动和紧急制动。工作制动装置的功用是使正在行驶中的车辆减速或在最短的距离内停车。停车制动的功用是使已停在各种路面上的车辆保持不动,但有时在紧急情况下,两种制动装置可同时使用而增加车辆的制动效果。紧急制动和停车制动可为一套系统,但与工作制动应分别采用各自独立控制的两套机构,避免制动系统出现故障时两种制动同时失效。

行业标准规定:载重 2 t 及以上的无轨胶轮车,要求工作制动必须采用湿式制动,防止制动产生火花或表面温度过高;载重 2 t 以下的采用干式摩擦片式制动时,摩擦部件的闸块或闸衬应选用不产生点燃火花或其他具有同等效力的材料,不允许使用轻金属合金。对于制动能力,要求无轨胶轮车工作制动的最大静态制动力不小于机车最大质量的 50%,动态制动能力要求在水平干硬路面上,以额定载荷,初速度为 20 km/h 时的制动距离不大于 8 m,如果最高工作车速低于 20 km/h,以最高车速为初速度,制动距离不大于 8m;停车制动能力,要求无轨胶轮车在承载 1.5 倍额定载荷情况下,在规定的最大坡道上保持静止状态不产生位移。

由于相对地面车辆,无轨胶轮车的制动力要求较高,普通鼓式制动器尺寸较大,制动力不足,普通钳盘式制动器不符合防爆要求,制动力也不足,因此两者较少使用,不再赘述。下面介绍井下无轨胶轮车常用的液压湿式制

动装置。无轨胶轮车常用的液压湿式制动装置包括控制操纵系统和制动器两部分。

湿式制动液压原理如图 12-91 所示。制动油泵通过充液阀向蓄能器充液，达到充液阀设定压力时，P 口与 O 口接通。无其他工作回路时，油液直接回油箱，泵在低负荷下运转，可减少功率损失和油液发热。多次踩下行车制动踏板或多次实施手制动后，蓄能器压力降低至

设定值时，充液阀动作，O 口节流，系统快速建立压力，再次对蓄能器充液。系统设置蓄能器，可避免液压泵频繁启动和长时间高压溢流，稳定制动压力。同时在系统失去动力，液压泵不能运转时，车辆仍可以实施一定次数的制动（一般为 5 次以上），从而可对紧急情况进行处理或对故障车辆进行拖离。此外车辆还配备手压泵，必要时可对蓄能器进行手动充液。

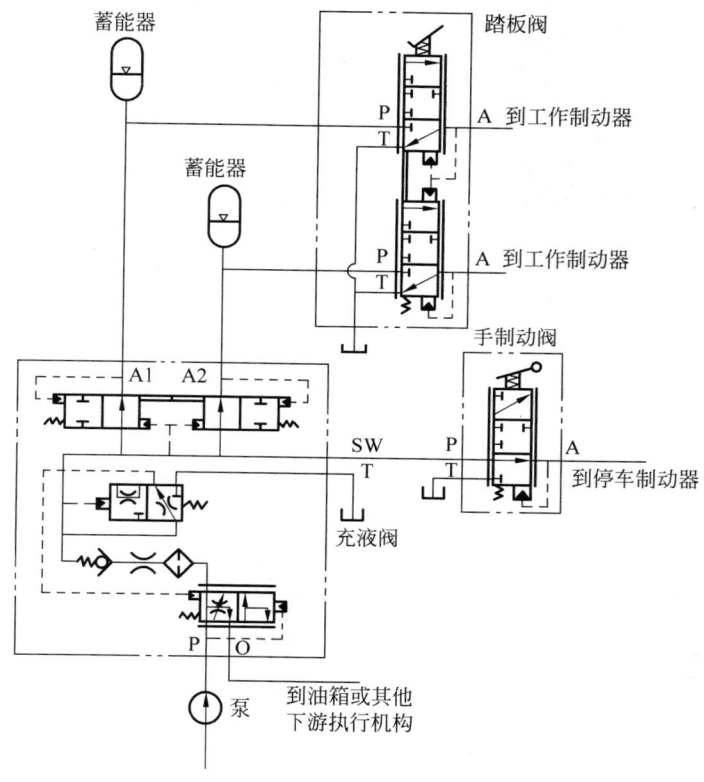

图 12-91　湿式制动液压原理

图 12-91 中工作制动踏板阀为双联动踏板阀，采用双回路控制，可在一路出现故障情况下另一路仍能实施制动。

制动踏板可安装在方便驾驶员操作的位置，并可对远距离制动器进行操纵。连续踩下踏板，首先 T 口被关断，之后两个联动踏板阀的 P 口和 A 口被接通，制动压力油被通入制动器。同时制动器侧的压力油又通过先导油路作用于踏板阀的底侧，进而通过阀杆作用于踏板主压缩弹簧，反作用于踏板，因此制动压力与踏板行程成正比。保持踏板角度，控制阀芯

移动至控制位置，即可保持制动回路所需的压力，因此施加于踏板的力与踏板行程成正比，与制动力成正比，驾驶员的路感直接并且操作轻便。松开踏板，踏板主压缩弹簧释放，阀芯复位弹簧推动阀杆复位，P 口和 A 口被断开，制动器泄油。拉起手制动阀手柄时，A 口与 P 口断开，与 T 口接通，制动器泄油，在制动器弹簧的作用下实施停车制动；放下手柄时，A 口与 T 口断开，与 P 口接通，压力油推动制动器弹簧，打开停车制动器。

无轨胶轮车的制动器分为工作制动器和

停车/紧急制动器。非驱动桥和驱动桥湿式工作制动器如图 12-92 和图 12-93 所示,为轮边湿式制动器的一种型式。

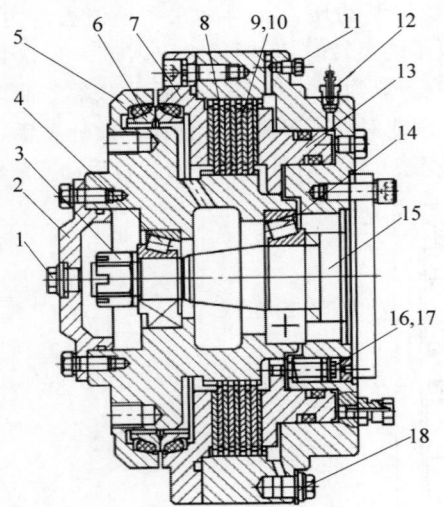

1—注油塞;2—端盖;3—螺母;4,14—轴承;5—动壳;6—浮动油封;7—压盖;8—静壳;9,10—摩擦片;11—透气塞;12—排气塞;13—活塞;15—轴;16—螺栓;17—弹簧;18—放油塞。

图 12-92　非驱动桥湿式工作制动器

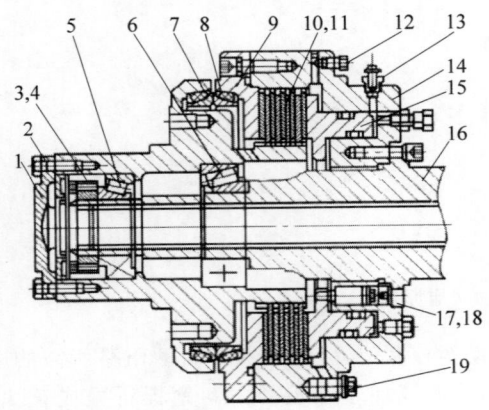

1—半轴;2—油封;3,4—锁母;5,6—轴承;7—动壳;8—浮动油封;9—压盖;10,11—摩擦片;12—透气塞;13—排气塞;14—静壳;15—活塞;16—桥壳;17—螺栓;18—圆柱压缩弹簧;19—放油塞。

图 12-93　驱动桥湿式工作制动器

图中制动器左侧通过轮辋螺栓与车轮轮辋连接;右侧为固定部分,与车桥桥壳连接。两部分之间的密封采用回转密封,主要有骨架油封和浮动密封两种形式。浮动密封具有自

补偿、对恶劣环境耐受性好、强度高、使用寿命长等特点,故井下使用浮动密封的较多。如图 12-92 和图 12-93 所示,压力油通入活塞右腔,推动活塞左移,压缩弹簧,推动摩擦片组的静片左移,压紧动片,从而对与其相连的回转部分及车轮实施制动。

一种型式的湿式停车制动器的结构如图 12-94 所示,为安全失效型。活塞右端腔内没有压力油时,活塞在弹簧力的作用下右移,同时带动静片组右移,静片压紧动片,实现安全失效制动;活塞右端腔内通入压力油时,活塞在油压的作用下左移,压缩弹簧,同时放松静片,解除对动片的压紧,实现加压解除制动。无轨胶轮车采用湿式制动器,可以避免摩擦片间回转摩擦产生火花,造成爆炸点火源,同时,安全失效型制动可保证在系统动力消失,液压或气压系统压力泄漏的条件下,仍能对车辆进行制动,保证井下车辆运行的安全。

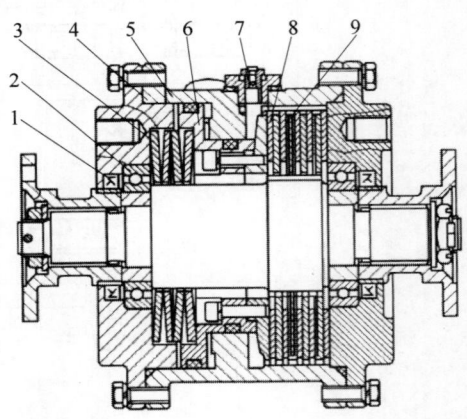

1—油封;2—轴承;3—弹簧组;4—O 形圈;5—壳体;6—活塞;7—放气塞;8—钢片;9—粉片。

图 12-94　湿式停车制动器结构图

① 车身

通常汽车的车身按车身壳体受力情况可分为非承载式车身、半承载式车身和承载式车身。井下整体式运人车辆和改装车大多采用非承载式车身,这种车身的车壳用弹性元件与车架相连,车壳承受货物及乘客的质量载荷和行驶时的空气阻力和惯性力,车壳质量和其他载荷如发动机和底盘的质量及支承反力则由车架承受。这种车由于车架与车壳连接件能

吸收一部分由地面和发动机传来的振动和噪声，所以能改善乘坐的舒适性；专业化设计的无轨胶轮车的料车，考虑井下运行的车辆车身强度要求较高，车身高度要求较低，故车身设计大多为承载式，整体焊接而成，加工有附属零部件的安装定位孔和面等，地板高度降低，在车身较低的前提下增加车内空间，且车身整体刚性和强度较高，车身不易损坏；但振动和噪声会直接传入车内，目前多采用减振座椅、耐振仪表、封闭驾驶室等措施减振和降噪。

② 电气设备

当无轨胶轮车某监控参数出现异常情况时，可以及时发出报警信号，并使防爆柴油机自动停止运转的安全装置称为胶轮车的自动监控、保护系统。发动机表面温度超过 $150℃$、排气温度超过 $70℃$、冷却水超温（蒸发冷却式柴油机为水位过低）、防爆水洗箱水位过低、机油压力过低、发动机超速、瓦斯浓度达到 1%（有煤（岩）与瓦斯突出矿井和瓦斯喷出区域中瓦斯浓度达到 0.5%）等情况出现时，能进行声光报警并自动关闭风门、油门停机（使用便携式瓦斯检测报警仪时可手动停机）。声光报警装置应符合防爆要求，并达到相应强度。

无轨胶轮车上应配备自动灭火系统或便携式灭火器等消防设施，便携式灭火器可方便地从无轨胶轮车两侧取出。使用的防爆柴油机动力大于或等于 $70\ kW$ 时，应配备车载灭火器或至少两台便携式灭火器。车载灭火系统启动时，防爆柴油机应能自动熄火。

照明、信号灯及安全提示信号。胶轮车应有符合防爆及照度要求的照明灯及信号灯，由于井下光线不足，对车辆照明的照度要求较高，一般要求车辆大灯的照度，在距离车辆前方 $20\ m$ 处不小于 $4\ lx$，红色信号灯能见距离不小于 $60\ m$。另外，应加装具有煤矿安全认证证书的转向灯、刹车灯、示廓灯、倒车语音提示装置等。

显示仪表及附加电器件。显示仪表应符合防爆要求，并位于驾驶员易观察位置，且操作方便，根据要求和需要显示相应内容。附加电器件如暖风空调、雨刷、通信器材等需有煤矿安全认证证书。

3．配套设备及设施

无轨胶轮车运输系统主要由车辆运行巷道、车辆运行的路面、无轨胶轮车设备、无轨运输系统硐室及配套设施和保证车辆运行的安全装备组成。

1）无轨胶轮车的运行巷道

无轨胶轮车的运行巷道必须满足车辆运行安全间距要求：车辆距巷道两侧附着物突出部分不得少于 $0.6\ m$，距顶板吊挂物突出部分不得少于 $0.3\ m$。

2）无轨胶轮车运行路面

（1）天然路面。采用无轨胶轮车运输的回采工作面巷道路面，当底板煤岩性普氏系数 $f≥4$ 或者巷道底板为比压大于 $0.1\sim0.25\ MPa$ 的较坚硬岩石，且巷道底板平整、干燥、无淋水、无浮煤时，可采用天然路面。采用天然路面，一般轮胎磨损较快，且车辆运行速度慢，服务年限较短。

（2）人工路面。矿井井底车场及主要无轨运输大巷、采区集中运输巷及其他路面状况比较差的无轨运输巷道，须对路面进行必要的硬化处理，这种经处理过的巷道路面称为人工路面。人工路面主要有混凝土路面和碎石路面。采用人工路面，车辆运行速度高，轮胎磨损小。

（3）无轨胶轮车设备。按运输能力和用途来分主要配备以下无轨胶轮车设备：

① 重型支架搬运车：最大能力目前已达 80 t，主要用于大型支架的运输。

② 多功能铲运车：最大能力目前已达 55 t，主要用于支架及设备的搬移、运输。

③ 中型多用途车：最大承载能力目前为 $10\sim12$ t，主要用于 10 t 以下设备、材料、人员的运输。

④ 中型自卸车：最大承载能力目前达 10 t，主要用于散装物料及少量矸石的运输。

⑤ 小型多用途车：承载能力达 3 t，主要用于 3 t 以下设备、材料的运输。

⑥ 小型客货两用车：承载能力达 3 t，主要用于支护材料及人员的运输。

（4）无轨运输系统硐室及配套设施主要有：

① 设备材料换装硐室及相应配套设施。

② 无轨胶轮车检修硐室及相应配套设施。

③ 加油硐室及相应配套设施。

④ 矸石换装硐室及相应配套设施。

（5）运行安全装备主要有：

① 车辆运输安全监控系统。

② 漏泄通信系统。

③ 瓦斯自动报警仪。

④ 巷道内装备的引导车辆安全行驶的各种警示标志，独头巷道和岔口应装备信号指示灯。

12.6.3　使用及安全防护

1. 司机上岗条件

（1）必须经过专业技术培训，考试合格后方可上岗。

（2）熟悉设备的结构、性能、参数及完好标准，并会进行一般性的检查、维修、保养及故障处理。

（3）熟悉行驶路线范围、巷道参数支护形式，掌握各种安全标志和信号的有关规定。

（4）能正确使用通信设施，正确使用瓦斯自动报警仪与灭火器。

2. 安全规定

（1）作业前必须进行本岗位危险源辨识，作业过程中必须严格执行相关规定。

（2）对在用防爆胶轮车应严格按照规定进行使用和维护，正确地使用燃油、润滑油、液压油和冷却水。

（3）当班时不得从事与本职工作无关的事情，严格执行交接班制度。

（4）严禁防爆胶轮车车辆带病运行，防爆胶轮车司机不得疲劳驾车。

（5）进入或离开驾驶室时，不得把方向盘当作扶手。严禁在手刹起作用时挂挡起步，不准越级换挡。

（6）开车前，确认防爆胶轮车周围无障碍物后，方可鸣笛起步。

（7）入井必须按规定着装，严禁携带烟草、点火物品及易燃易爆等违禁品。

（8）防爆胶轮车必须由专人驾驶，严禁交给他人驾驶。

（9）运送物料车辆的驾驶室除驾驶员外只限乘坐一人，严禁人货混装。拉运物料尤其是零散物料和设备时，必须捆绑牢固。

（10）装载货物必须按照核定载重量装车，不准超载。禁止拉运超长、超宽、超高的物料。特殊情况下，必须制定专项措施。

（11）防爆胶轮车行车遵循靠右（国内矿井）通行原则，严禁超速行驶；在主要运输巷道内料车行驶速度不得超过 40 km/h，人车行驶速度不得超过 25 km/h，其他巷道车速不得超过 15 km/h，会车速度不得超过 5 km/h，行驶到巷道交叉点、转弯处，及前方有车辆、人员或视线有障碍时，应提前 20 m 减速鸣笛，速度不得超过 10 km/h，并变换灯光；经过巷道施工地段或遇有行人时，做到"一慢、二看、三通过"，在施工人员指挥下或靠巷道右侧停车，确认安全后方可通行。

（12）两车同向行驶前后间距不得小于 50 m；防爆胶轮车在井下运行过程中禁止超车，严禁顶、撞风门。

（13）防爆胶轮车下坡行驶时应提前换挡减速慢行，不得中途换挡，下坡严禁空挡滑行。

（14）防爆胶轮车通过泥泞路面时必须低速行驶，不得急刹车。车辆涉水时，应事先查明行车路线，并需有人引车；如水深超过排气管，不得强行通过。如防爆胶轮车陷入坑内，若用车牵引，应有专人指挥，互相配合。

（15）在斜巷停车时应拉紧手制动器，下坡挂倒挡，上坡挂前进挡，并将车轮可靠阻挡。

（16）自卸车卸料时，检查防爆胶轮车上方和周围有无障碍物及行人。卸料后，车斗及时复位，不得边走边落。向坑洼地卸料时，必须和坑边保持安全距离，防止坍塌。

（17）检修倾卸装置时，应撑牢车厢，以防车厢突然下落伤人。

（18）电源箱严禁井下开盖；安全保护装置、电控箱严禁带电开盖；排气栅栏每班必须清洗干净。

（19）防爆胶轮车使用结束后不得随意停放，必须停放在指定地点；车辆严禁在 0 ℃ 以下的环境中长时间停放。

(20) 当防爆胶轮车停放在安全位置、发动机停转后,司机拉紧手制动器方可离开驾驶室。

3. 准备工作

1) 启动前的检查

(1) 外观检查,查看机壳、轮胎等有无损坏。

(2) 阻火栅栏清洁检查,清理现有的阻火栅栏或者更换阻火栅栏。

(3) 发动机油位检查,用油尺查油位,如油位低,可补入合格的油到油尺标注的位置。

(4) 通过高、低位可视窗检查液压油位。

(5) 用油尺检查传动齿轮箱油位。

(6) 用油量表或高、低位可视窗检查油箱油位。

(7) 用高、低位可视窗检查机器冷却水位,如需要,则加入清洁水到高位可视窗的中间位。

(8) 清理空气过滤器中积存的灰尘,必要时更换。

(9) 检查瓦斯报警仪和灭火器材是否完好有效。

(10) 检查轮胎和轮胎螺栓的紧固状况。

(11) 检查气启动气压表的读数,应显示为规定值,或检查电启动电瓶,保证启动电压正常。

2) 启动后的检查

(1) 用油尺检查传动箱油位,如偏低,则补加合格的油到油尺标注的位置。

(2) 检查指示灯工作情况。

(3) 观察各油压表显示压力是否符合规定及检查各油温表所示温度是否符合规定。

(4) 检查喇叭。

(5) 检查工作制动及停车制动的操作。

(6) 检查车辆转向系统的操作。

(7) 通过目测、耳听,检查柴油机工作是否正常,如有不正常情况须及时处理。

(8) 检查各系统有无渗漏、松动或异响。

(9) 确认车辆无问题后方可准予进入运行状态。

(10) 检查前进/后退操纵杆是否灵活可靠。

4. 操作程序

经检查确认车况良好后,按照以下启动步骤进行。

1) 电启动防爆胶轮车的启动步骤

打开总电源,拨动驾驶室侧仪表板上的启动开关到能够听到报警的声音后约 3 s,阻风门和柴油断油缸已打开。再继续向右拨动启动按钮,此时应能听到发动机发出"轰隆"的声音,说明发动机已启动,松开启动按钮,发动机启动完毕。

若此次启动不成功,待 2 min 后可按上述步骤重新启动发动机。

2) 气启动车辆的启动步骤

打开总气源,拨动驾驶室侧仪表板上的启动开关到"开"的位置,观察驾驶室仪表板上启动气压表,显示值应大于 0.7 MPa,若气压低于 0.7 MPa 应进行补气。补气操作:启动前打开气压保护开关后,气压低于 0.7 MPa 时进行补气;把外界气源接到补气口,打开球阀充气,当系统气压达到 0.7 MPa 时关闭球阀。

按下升压按钮,此时应能听到"嘶"的声音,阻风门和柴油断油缸打开。再按下启动按钮,此时应能听到发动机发出"轰隆"的声音,说明发动机已启动(持续时间大约 3 s)。松开启动按钮,观察驾驶室仪表板上的发动机机油压力表,当压力显示超过 0.25 MPa 时,发动机启动完毕。

若此次启动不成功,观察主驾驶室侧仪表板上启动气压表,显示值应大于 0.7 MPa,此时可按上述步骤重新启动发动机,若气压低于 0.7 MPa,应进行充气。

3) 完成启动程序,发动机运行后的步骤

(1) 选择前进挡或后退挡。

(2) 选择第一挡传动。

(3) 对脚制动施加轻压,并松开停车制动。

(4) 踩油门以增大发动机速度,同时放松脚刹。

(5) 当选择高挡时,短暂释放加速器踏板上的脚踏压力;当选择低挡时,稍微增加加速器上的脚踏压力。

(6) 只有车辆完全停止时,才能改变其运行方向。

司机操作中应做到:

(1) 根据运输任务的性质选择相应的车辆

及车厢。

（2）加强封车与人车运行前的检查。

（3）严格限制各类胶轮车的行驶速度。

4）胶轮车故障停车时的检查内容（要及时汇报处理）

（1）发动机冷却水温度是否过高。

（2）机油压力失压。

（3）发动机温度过高。

（4）液压油温度过高。

（5）液压油油位过低。

（6）尾气排放温度过高。

（7）当操作自卸车厢时，先将操作手柄的锁紧装置解除，再按需要操作。

5）停车时要确保停在安全区域，在不阻碍其他车辆运行的前提下进行的操作

（1）无轨胶轮车关闭发动机前，使用停车制动停车，并通过操作前进/后退操纵杆使发动机空转，缓慢地冷却。

（2）检查启动压力表读数是否为规定值，如低于规定值，必须向系统充压。

（3）停止柴油机运行。

（4）在关掉发动机后，应摆动方向盘释放液压系统的压力，直到转向压力表显示读数为零。

（5）驾驶员在变速杆未打到空挡位、机器未制动、发动机未停转、转向压力表未返零位之前不得离开机器。

5. 安全注意事项

1）行驶中的安全注意事项

（1）柴油机启动后应急速预热，待水温达到55℃以上才允许开车行驶。

（2）在车辆行驶过程中，应注意观察仪表指示是否正常。柴油机正常运转的水温应保持在80～95℃范围内。

（3）行驶过程中应注意查看或倾听车辆各部工作状况，若发现不正常声响，应及时检查和排除。

重载上坡和遇到故障情况下需用低速行驶时，应用低速一、二挡，但在正常行驶中使用一、二挡的时间不宜过长。

（4）在井下巷道中应按照相关规范规定的速度行驶，严禁超速。

（5）下坡行驶时，不允许熄火或换入空挡滑行，下陡坡应换入较低挡，利用柴油机来制动，并通过间断踩制动踏板使下坡速度不致过快。

（6）需换入倒挡时，应待车完全停止后，在观察车后和周围情况下以缓慢速度倒车。

（7）车辆行驶时出现异常响动应及时停车检查，确认无故障后才可继续行驶。

（8）若井下巷道中积水深度超过400 mm，车辆不得涉水通过。

2）停车时的安全注意事项

（1）胶轮车在停车时应逐步减少负荷并降低转速。

（2）停驶柴油机熄火前应低速运转2～3 min，使柴油机均匀冷却。

（3）停车时应将气罐中的气压充到0.7 MPa以上。

（4）停车时应拉起停车制动手柄，确保驻车制动，在下坡道停车时应将换挡手柄置入倒挡，在上坡道停车时还应同时将换挡手柄置入一挡。

（5）司机在下车后应关闭气罐的总开关。

（6）每班下班时，要用高压水清洗排气栅栏。

（7）每隔两天吹一次空滤滤芯。

6. 防爆胶轮车安全管理规定

1）一般安全管理规定

（1）胶轮车司机必须经过专业培训并获得司机驾驶证，否则不允许驾驶胶轮车。

（2）胶轮车司机在启动车辆前必须检查车辆各部件，在确保所有部件完整有效后方可驾驶。

（3）车辆在行驶过程中必须前有照明，后有红尾灯，有灭火器，严禁在没有照明、红尾灯的情况下启动车辆。

（4）开车前必须按响喇叭，提醒其他人员，严禁在喇叭未鸣的情况下启动车辆。

（5）正常行驶时，不得背对前进方向行驶，确实无法做到时，必须有跟车工指挥。

（6）在同一巷道中行驶的两辆胶轮车之间的距离保持在50 m以上。

（7）车辆的制动距离每年至少测定一次，并符合操作说明书的要求。

（8）必须正确执行调度指令，保持运输中的通信联络，不得随意关闭通信装置。

（9）巷道中所有的信号标志与调度指令均为车辆安全行驶的依据，所有车辆的运行不得违反。

（10）所有在井底车场行驶的胶轮车，其运行速度都不得超过30 km/h。

2）行车安全管理规定

（1）胶轮车在巷道口、坡度段、噪声大的地段或遇行人，以及前方有障碍物或视线有障碍时，都必须减速鸣笛，确认安全后方可通过。

（2）胶轮车司机必须随身携带瓦斯检测仪，当瓦斯浓度超过1%时，应立即熄火停机，查明原因；待瓦斯浓度降到1%以下时方可开车运行。

（3）胶轮车载人时，所有乘员均应坐在客厢座位上，严禁坐在其他设备上。

（4）上坡或者下坡应采用低挡缓慢行驶。

（5）严禁用胶轮车顶拉其他物体。行驶途中因故障停车，需用其他胶轮车拖车时，必须执行专项措施，并采用专用的拖车装置。

（6）胶轮车司机操作时应保持坐在驾驶椅上、目视前方、双手握住方向盘（操作手把）的正确姿势，严禁将身体任何部位露出车外，严禁站在车下开车。

（7）司机上岗后不得擅自离开岗位，严禁在车辆未停稳时离开司机室。司机暂时离开岗位时必须做好车辆制动，依次做好工作制动、停车制动、脱离离合器、柴油机怠速运转、停机、锁车等操作。

（8）司机必须按信号指令开车，开车前首先鸣笛示警，检查确认周围无人时方可启动。

（9）司机停车离开驾驶室前，必须按规定释放停车制动回路和方向盘控制回路的压力，且避免突然释放。

3）停车安全管理规定

（1）在井下装卸货物时必须制动锁车，但不熄灭车灯。

（2）运输途中除会、让车外，一般不允许停车。必须停车时应事先汇报调度或车队，通知其他车辆并制动锁车、亮灯，斜巷还需采取掩车措施。

（3）停车时，要确保停在安全地段，并停靠在距人行侧帮部20 cm以外，确保行人通行畅通的地方。

（4）停车时，应将车的驻车制动手柄拉到有效位置、换挡手柄处于空挡和柴油机停转后，司机才可离开驾驶室。

（5）若在上、下坡停车，一定要在轮胎后加楔垫撅住或把车辆开进煤柱中间位置。

（6）在下坡、平路停车时，合理操作制动阀，确保能够有效制动。

（7）当司机进入或离开驾驶室时，不要把操纵阀杆当扶手。

4）装卸车安全管理规定

（1）胶轮车在装料运输时，要确保货物绑扎牢固，严禁超宽、超高、超载运输，严禁人货混装。

（2）胶轮车在装卸材料或其他货物时，必须制动锁车，不得熄灭车灯。

（3）在运送大件、重型设备材料时应充分考虑以下因素：装载质量的均匀分布、装卸地点的工作条件、运输线路状况、装卸顺序与安装顺序等。

（4）运送大型设备（如液压支架等）或车辆倒行，影响司机视线时，必须制定专门措施。

（5）装大件物料时，应先在顶板施工2根以上的专用起吊锚杆。用手动葫芦进行起吊时，必须首先对起吊锚杆牢固情况进行检查，确认无误后方可进行起吊。

（6）卸大件物料时应使用专用起吊锚杆，用手动葫芦进行起吊。

（7）运送爆破材料时，必须严格执行《煤矿安全规程》有关规定。

（8）卸料地点距工作面的距离需大于50 m。

5）车辆会车

（1）必须在指定的会车硐室（地点）会车，非会车地点严禁会车。

（2）车辆会车速度限制在5 km/h内。

（3）会车时，车与车、车与巷帮的距离都不得少于 0.5 m。

（4）胶轮车在指定地点内会车时，应遵循空车让重车、下坡车让上坡车的原则。

（5）无会车硐室（地点）的巷道，禁止对面有行驶的车辆。

6）收尾工作

工作结束后，清理车辆，做到整洁有序，将车开到指定地点，并做好记录后方可离岗。

7. 油脂管理

（1）在井底车场应建立专门的胶轮车油脂库，安设铁门，并悬挂闲人免进的标志牌。

（2）库房要建立油脂使用台账，并由专人负责填写。

（3）不同种类的油脂应分类存放，并悬挂鲜明的标志牌。不同油脂必须使用专用油壶和抽油器，严禁混用。

（4）油脂库消防器材必须配备齐全。

（5）油桶不得平倒、斜置，不得有油污，时刻保持油脂库干净、清洁。

8. 避灾

（1）应有发生瓦斯、煤尘、火灾事故时的避灾路线。

（2）应有发生水灾时的避灾路线。

12.6.4　无轨胶轮车选型

煤矿井下无轨胶轮辅助运输系统由无轨胶轮车和与其匹配的井巷硐室两部分构成。在无轨胶轮辅助运输系统的选型设计中，核心内容是无轨胶轮车的选型。

1. 无轨胶轮车型式和选型

（1）无轨胶轮车型式的选择应根据运输对象的特点和作业要求确定。运输人员需用专用人车或客货两用车，运散料需用自卸式材料车，运小型设备需用固定式平板材料车，运支架需用支架搬运车，清理巷道或装载需用多功能铲运车或防爆装载机等。另外，还需配备一定数量的特种车辆。

根据运输对象的特点、载重、巷道条件，无轨胶轮车可选铰接式车架或整体式车架。

（2）驱动方式和制动形式选型。一般无轨胶轮车可选驱动方式有 4×2 型和 4×4 型两种

（另有多轮驱动）。一般而言，底板条件较差、巷道距离长和坡度大于 7°的工作面巷道运输类车辆和重型车辆应选用 4×4 型驱动方式，在坡度小于 7°且硬化的路面运输的运输类车辆可用 4×2 型驱动方式。无轨胶轮车应设置工作制动、停车制动和紧急制动。

（3）无轨胶轮车外形尺寸选型。车辆外形宽度、高度和长度以及最小通过半径，应与煤矿井下辅助运输巷道的宽度、高度和最小转弯半径相匹配。

2. 无轨胶轮辅助运输系统的选型

煤矿井下无轨胶轮辅助运输系统包括副井、辅助运输大巷、采区（盘区）上下山、工作面材料巷等运输环节，具体的煤矿井下无轨胶轮辅助运输系统的构成以及辅助设备的选用，与煤层地质条件、开采方式和采掘机械化程度等多种因素有关。

3. 无轨胶轮车硐室

煤矿井下无轨胶轮辅助运输系统中，有无轨胶轮车加油、维修、存放、充电等硐室。此外，当无轨胶轮车单车道双向行驶时还需设会让站，一般每隔 300 m 左右设置一个。有时还需设换装硐室、换向硐室等。

12.6.5　典型型号无轨胶轮车

1. 进口无轨胶轮车车型

我国常见的进口车型主要有以下几种。

1）880D-60 型轻型多功能车、888 型无轨胶轮运人车

在国外，具有可更换车厢实现多种运输功能的车辆被称为 multi-purpose vehicle 或 utility vehicle，我们称之为多功能车。图 12-95 所示为英国 Eimco 公司生产的 880D-60 型轻型多功能车。类似的产品还有该公司早期生产的 888 型无轨胶轮运人车，澳大利亚 Boart Longyear 公司生产的 MK-3S 型多功能车等。

880D-60 型轻型多功能车负载能力为 3 t，功率为 45 kW，主要用于小型物料由地面到井下施工现场的直达运输，也可安装乘人车厢后用于人员运输。888 型无轨胶轮运人车结构紧凑，运行灵活，一次可载 8 人，可在 5 m 宽的巷

图 12-95　880D-60 型轻型多功能车

道内原地掉头。

880D-60 型轻型多功能车最大的特点：车架为整体式且外形尺寸小，可以直接进出罐笼；全液压驱动，链条传动，车辆转弯半径小，可以作原地 360°转弯，操纵简单灵活。其技术参数见表 12-28。

表 12-28　880D-60 型轻型多功能车和 MK-3S 型多功能车技术参数

参 数 名 称	型　　号	
	880D-60	MK-3S
动力形式	柴油机	柴油机
动力装置型号	PERKINS1004-4	CAT3304
功率/kW	45	74
启动方式	液压式	气压式
传动方式	静液压	液力机械
驱动方式	全轮	二轮
车架形式	整体式	铰接式
最大速度/(km/h)	19.3	29.7
最小转弯半径/mm	4950	8550/3850
最大爬坡能力/(°)	14.5	14
自重/t	5.8	9.6
载重/t	3	8
外形尺寸/(mm×mm×mm)	4620×1660×1965	7290×2390×1716

2）MK-3S 型多功能车

MK-3S 型多功能车由澳大利亚 Boart Longyear 公司生产，负载能力 8 t，车架为分体铰接式，可更换不同用途车厢用于人员、材料、设备、矸石等的运输，兼具消防、洒水、救护等功能；由于车体外形尺寸较大，解体下井后再重新组装，对于竖井一般不再上井，只在井下运输，但车厢可放在有轨平板车上进罐笼。目前常用的车厢有 17/21 人座车厢、槽形车厢、平板车厢、洒水车厢（罐）等。该车速度快，运输效率高；在工作面搬家时，能很好地与支架搬运车配合，运送搬家货物。其技术参数见表 12-28。

3）912X 型重型支架搬运车

912X 型重型支架搬运车由英国 MCO 公司生产，如图 12-96 所示，可搬运 25 t 重型液压支架等大型设备，柴油机功率 112 kW，允许最大负荷力矩为 46 t·m。主要用于采掘工作面设备搬迁与安装以及从井底车场换装站到采掘工作面之间 8～25 t 的重型设备的运输。该车自带拉力为 12 t 的液压绞车，铲板高度上下可调，旧工作面拆除时，不仅能将设备拖曳移位，而且能实现自行铲装和运输；新工作面安装时，可将运来的设备自卸并调整就位，大大减少了转载环节，减轻了工人的劳动强度，实现了一机多用和运输的高效率。

图 12-96　912X 型重型支架搬运车

4）ML25 型多功能铲车

ML25 型多功能铲车由澳大利亚多米诺（Domino）公司生产，如图 12-97 所示。其柴油机功率 74 kW,配 1.75 m³ 铲斗和承载 7.8 t 的铲叉,升举负载能力 3 t,其工作头可快速更换,可用于整修道路、起重装卸、设备器材及散装物料的短途运输。

图 12-97　ML25 型多功能铲车

5) 澳大利亚 SMV-D 型运人车

澳大利亚 SMV-D 型运人车为柴油机驱动,4×4 驱(3 挡除外),长 6200 mm,宽 2000 mm,高 1800 mm,离地间隙 350 mm,可载 16 人,整备质量 5200 kg,运行质量 6700 kg,发动机为 Per-kins1006-6 型,排量 6 L,变速箱为 Clark T20000 型动力换挡变速箱,前后轴均为 Clark/Hurth 型车桥,后桥带限滑差速器,全液压转向,行车制动为湿式液压双回路四轮制动,停车/紧急制动为单回路四轮制动,弹簧制动、液压释放,启动方式为气启动,发动机保护为气保护。该车安全保护装置动作可靠,转向、换挡、制动灵活可靠,乘坐舒适,通过性好,故障率低,整车使用寿命长,有的矿上此种车使用寿命已近 10 年。

6) SMV 公司 Brumby 系列多功能料车

SMV 公司 Brumby 系列多功能料车采用的柴油发动机为 Perkinsl006-6 型,原始功率 99 kW。最大载荷能力 4000 kg,总质量 11 000 kg,启动方式为气压式。发动机最大扭矩 400 N·m (1900 r/m)。尾气排放指标:堵转时,ω_{CO} = 350 ppm; ω_{NO_x} = 500 ppm。变速箱为 Clark T20000 型动力换挡变速箱,四轮驱动。行车制动为湿式液压双回路四轮制动,停车/紧急制动为单回路四轮制动,弹簧制动、液压释放,工作制动距离 2500 mm。整体式车架,液压助力四轮转向,内转弯半径 2430 mm,外转弯半径 5050 mm。充气式外胎;利用液压控制的快速连接装置可更换铲斗、叉子、安装吊臂、牵引拖挂框架等,操作简单快捷,可实现铲、运、推、卸、吊及牵引等作业,又可以在工作面及巷道铲运浮煤,清理路面,运输散装物料和辅助材料,拖带框架运输、牵引等。图 12-98 所示分别为该系列多功能料车的加油模块,可提升式载人/维修用平台,卷带器,搬运提升组件,推、卸、铲、运、铲斗,牵引拖挂框架,吊臂等组件。

图 12-98　SMV 公司 Brumby 系列多功能料车的组件

7) 澳大利亚 DBT 公司 FBL 系列多用途搬运车与支架搬运车

澳大利亚 DBT 公司的 FBL-10 型和 FBL-15 型搬运车是工作能力分别为 10 t 和 15 t 的多用途搬运车,可组装各种快联件,具有装卸、搬运、堆放、倾倒等多种功能,广泛用于矿区作业,主要用于装载和搬运大型物料,如图 12-99 和图 12-100 所示。采用动力分别为 172 hp 和 195 hp(1 hp=745.7 W)的卡特彼勒(Caterpillar) 3126 型六缸涡轮增压四冲程防爆柴油发动机,防爆系统由干式排放调节系统及与其配套的排气、进气隔爆阻火栅栏组成。干式尾气处理系统具有可更换的微粒过滤器和一个排气催化净化器。为了方便清理,排气过滤的出口管处装有可拆卸更换的隔爆阻火栅栏。启动系统为气启动形式,安全保护系统为防爆电保护系统。FBL-10 型采用 Dana-Spicer 32000 型动力换挡变速箱和 Dana-Spicer16D 型车桥,FBL-

15 型采用 Dana-Spicer 36000 型动力换挡变速箱和 Dana-Spicer19D 型车桥，车桥集成带强制冷却的 POSI-STOP 型制动器，整车四轮驱动。

图 12-99　FBL-10 型搬运车

图 12-100　FBL-15 型搬运车

FBL-40 型和 FBL-55 型搬运车是具有高承载能力的支架搬运车，承载能力分别为 40 t 和 55 t，它们的主要功能是在整个采矿工程中搬运和放置长壁采矿和支护设备。车上带有一套标准的铲叉和绞盘及其他一些附件和工具，可用于装卸、搬运和拖动重物、材料和设备，如图 12-101 所示。采用动力均为 195 kW 的卡特彼勒 3126 型六缸直列四冲程涡轮增压防爆柴油发动机。防爆系统由干式排放调节系统及与其配套的排气、进气隔爆阻火栅栏组成；干式尾气处理系统具有可更换的微粒过滤器和一个排气催化净化器。为了方便清理，排气过滤的出口管处装有可拆卸更换的隔爆阻火棚栏。启动系统为气启动形式，安全保护系统为防爆电保护系统。车辆采用 Dana-Spicer 36000 型动力换挡变速箱，前桥为 Dana-Spicer 21D 型重型车桥，后桥为 Dana-Spicer 19D 型重型车桥和 Dana-Spicer21D 型轮端，车桥集成带强制冷却的 POSI-STOP 型制动器，整车四轮驱动。

图 12-101　FBL-40 型（FBL-55 型）搬运车

FBL 系列多用途搬运车与支架搬运车的主要技术参数见表 12-29。

表 12-29　FBL 系列多用途搬运车与支架搬运车主要技术参数

参数项目	型号			
	FBL-10	FBL-15	FBL-40	FBL-55
动力形式	柴油机	柴油机	柴油机	柴油机
动力装置型号	CAT3126	CAT3126	CAT3126	CAT3126
功率/hp	172	195	195	195
启动方式	气压式	气压式	气压式	气压式
传动方式	液力机械	液力机械	液力机械	液力机械
驱动方式	四轮	四轮	四轮	四轮
车架形式	铰接式	铰接式	铰接式	铰接式
最大速度/(km/h)	26	32	20	20
最小转弯半径/mm	6256/2955(带铲斗)	6174/3070(带铲叉)	6174/3070(带铲叉)	6174/3070(带铲叉)
最大爬坡能力/(%)	14	14	14	14
整备质量/t	19	29	42	47
载重/t	10	15	40	55
外形尺寸/(mm×mm×mm)	9665 × 2300 × 1800(～2052)	10 050 × 2550 × 1900(～2150)	10 050 × 2550 × 1900(～2150)	10 050 × 2550 × 1900(～2150)

8）澳大利亚 Boart Longyear 公司 U 形框架式支架搬运车

澳大利亚约翰芬蕾工程有限公司（Boart Longyear）生产的 LSC-350P 支架搬运车，LWC-40T、LWC-50T、LWC-55T、LWC-80T 等系列 U 形框架式支架搬运车，具有自重轻、重心低、运行平稳、装卸方便快捷、转运速度快、运行时司机视线好的优点。此种搬运车在使用时将其拟承载的液压支架平面叉插入 U 形

框架内，动力来源为防爆柴油机，由动力驱动液压系统实现液压支架的起升和下降，以拖拉动力完成搬运作业。它是液压支架搬运工具中最简便、最有效、最常见的装卸、搬运工具。如图 12-102 所示为 LWC-40T 支架搬运车，21 世纪初由中国神华神东矿区率先引进使用，实际使用中取得了非常明显的效果，带动我国煤矿液压支架快速搬迁技术实现了飞跃式发展。主要进口框架式支架搬运车参数见表 12-30。

图 12-102　LWC-40T 支架搬运车

表 12-30　主要进口框架式支架搬运车主要参数

参数项目	型　号				
	LSC-350P	LWC-40T	LWC-50T	LWC-55T	LWC-80T
生产厂家	约翰芬蕾	Boart Longyear	Boart Longyear	Boart Longyear	Boart Longyear
外形尺寸/(mm×mm×mm)	—	9421×3450×1670	9800×3600×1500	10 080×3670×1873	10 588×4125×1971
自重/t	12	22.5	28	25	36
载重/t	35	40	50	55	80
发动机	CAT3306PC	CAT3126	CAT3126	CAT3126	CAT C9
发动机功率/kW	110	170	171	193	242
转弯半径/mm	3125/6925	2670/6851	3011/7164	4024/7463	3850/8168

2. 国产无轨胶轮车车型

1）运输料车

国产胶轮车生产厂家中，中国煤炭科工集团太原研究院和常州科研试制中心（简称常州科试）胶轮车生产规模最大。主要有 3 t、5 t、8 t、10 t 等系列吨位的运输料车车型。形式有平头或尖头、铰接或整体式，可举升自卸或平推卸料，单向驾驶或双向驾驶，两轮驱动或四轮驱动或二四轮切换，采用机械传动或液力传动等方式。

国内沈阳北方交通、连云港天明、石家庄煤矿机械有限责任公司等 40 多家企业也都生产此类运输料车。

图 12-103 所示为中国煤炭科工集团太原

研究院 WC3Y（C）型运输料车，采用六轮驱动，驱动力大，双向驾驶，滑移转向，转弯半径小，整车高度较低，适宜工作面巷道运输。

图 12-103　中国煤炭科工集团太原研究院
WC3Y（C）型运输料车

图 12-104 和图 12-105 所示为石家庄煤矿机械有限责任公司 WC5E 型 5 t 铰接自卸料车、WC3J 和 WC5J 型（3 t 和 5 t）整体式运料

车,5 t 铰接自卸料车采用液力机械传动,全液压铰接转向,目前铰接部除水平 x-y 方向摆动外又增加了前后车体垂直方向的摆动自由度,保证四轮着地承载,减少了重载车架的变形。

图 12-105　石家庄煤矿机械有限责任公司
WC3J、WC5J 型运输料车

图 12-104　石家庄煤矿机械有限责任公司
WC5E 型运输料车

表 12-31 和表 12-32 所示分别为中国煤炭科工集团太原研究院和常州科试运输料车主要技术参数。

表 12-31　中国煤炭科工集团太原研究院运输料车主要技术参数

参 数 项 目	型 号						
	WC3J(E)	WC3Y(C)	WC5J(B)	WCJS3Y(B)	WCJ5E(H)	WCJ8E(B)	WCJ12E(B)
动力形式	柴油机	柴油机	柴油机	柴油机	柴油机	柴油机	柴油机
额定功率/kW (2200 r/min)	65	65	65	65	90	110	130
启动/保护方式	气/电	气/电	气/电	气/电	气/电	气/电	气/电
传动/驱动方式	机械/后双轮	液压/全轮(6轮)	液力机械/四轮	液力机械/四轮	液力机械/四轮	液力机械/前轮	液力机械/四轮
爬坡能力/(°)	14	14	14	14	14	14	14
空载/满载车速/(km/h)	37/36	14/5	37/36	21/20	32/30	26/25	30
额定载重/kg	3000	3000	5000	3000	5000	8000	12 000
整备质量/kg	4620	6500	5300	6200	8500	12 300	11 000
转弯内/外半径/m	5.6/7.5	3.5/5.1	5/7.5	2.7/4.7	3.8/6.2	4.8/8	4.1/6.6
外形尺寸/ (mm×mm×mm)	5700× 1960× 2220	4880× 1600× 1850	5700× 2000× 2400	5400× 1600× 2000	6850× 1980× 2020	7930× 2380× 1930	7550× 2300× 2100

表 12-32　常州科试运输料车主要技术参数

参数项目	型 号					
	WC3	WC3E	WC5E	WC8E	WC8E(B)	WC10E
动力形式	柴油机	柴油机	柴油机	柴油机	柴油机	柴油机
额定功率/kW	50	66	75	75	75	105
启动	电/电	电/气	气/电	气/电	气/电	气/电
传动/驱动方式	机械/四轮	液力机械/四轮	液力机械/四轮	液力机械/四轮	液力机械/四轮	液力机械/二、四轮切换
爬坡能力/(°)	14	14	14	14	14	14
最高车速/(km/h)	36	34	38/32(满载)	30/27(满载)	30	33/28(满载)

续表

参数项目	型　　号						
	WC3	WC3E	WC5E			WC8E	WC8E（B）	WC10E
额定载重/kg	3000	3000	5000			8000	5000	10 000
整备质量/kg	7500	7000	8000			8940	8500	10 000
转弯半径/m	6	6	6.5			6.5	3.8（内）/6.5（外）	3.8（内）/6.5（外）
外形尺寸/（mm×mm×mm）	6000×1900×2000	6400×1880×2000	6670×1960×2000	8033×1960×2000	7500×1960×2115	6670×1960×2000	7250×1980×1990	7500×1960×2000

（表头说明：WC5E 列跨三个子列；WC8E 列下方数值为 6670×1960×2000）

2）运人车

运人车分为指挥车、运量较大的通勤车以及客货两用车等，形式有整体式和铰接式等，驱动分为两驱、四驱以及分时四驱等。图 12-106（a）、（b）所示分别为中国煤炭科工集团太原研究院生产的 WC6R 型运人车和 WC20R 型运人车。

表 12-33 和表 12-34 所示分别为中国煤炭科工集团太原研究院和常州科试生产的运人车主要技术参数。

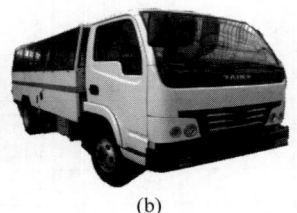

(a)　　　　　　　　　(b)

图 12-106　中国煤炭科工集团太原研究院生产的 WC6R 型 WC20R 型运人车

（a）WC6R 型运人车；（b）WC20R 型运人车

表 12-33　中国煤炭科工集团太原研究院运人车主要技术参数

参数项目	型　　号				
	WC5/0.5J	WC9RJ	WC10R	WC12RY（A）	WC20RJ（E）
额定载人数	5 人＋载货 0.5 t	9 人	10 人＋载货 1 t	12	20
动力形式	柴油机	柴油机	柴油机	柴油机	柴油机
额定功率/kW（2200 r/min）	65	65	65	65	65
启动/保护方式	气/电	气/电	气/电	气/电	气/电
传动/驱动方式	机械/分时四驱	机械/分时四驱	机械/后双轮	机械/全轮（6 轮）	机械/后双轮
爬坡能力/（°）	14	14	14	14	12
最高车速/（km/h）	46	46	37（空载）/36（满载）	14（空载）/5（满载）	37（空载）/36（满载）
整备质量/kg	3550	3600	4980	6900	5250
车架形式	整体式	整体式	整体式	整体式	整体式
转弯半径/m	4.85（内）/6.8（外）	4.85（内）/6.8（外）	5.5（内）/7.5（外）	0（内）/3.5（外）	5.5（内）/7.5（外）
外形尺寸/（mm×mm×mm）	5400×1950×1800	5400×1950×2100	5700×1960×2220	4880×1600×2050	5700×1960×2220

表 12-34　常州科试生产的运人车主要技术参数

参数项目	型　号					
	WC1E	WC12RE	WC7RE	WC20RE	WC24RE（A/B）	WC24R（B）（薄煤层）
额定载人数	6人/（载货1 t）	12人	7人	20人	24/20	16
动力形式	柴油机	柴油机	柴油机	柴油机	柴油机	柴油机
额定功率/kW（2200 r/min）	66	66	66	66	66	66
启动/保护方式	气/电	气/电	电/电	气/电	气/电	电/电
传动/驱动方式	液力机械/后轮	液力机械/后轮	液力机械/四轮	液力机械/后轮	液力机械/四轮	液力机械/前轮
爬坡能力/（°）	14	14	14	14	14	12
最高车速/（km/h）	42	42	45	40	35	30
整备质量/kg	4600	4800	5200	5200	8100/7800	8500
车架形式	整体式客货	整体式	整体式	整体式	铰接	铰接
转弯半径/m	6.85	6.85	4/6.8	7.5	6.6	7
外形尺寸/（mm×mm×mm）	5400×1880×1910	5400×1880×1910	4960×2000×2000	6740×1880×1910	7830×1880×2110/7165×1880×2110	7620×1880×1650

3）支架搬运车

国产支架搬运车主要有中国煤炭科工集团太原研究院生产的40 t、55 t、80 t、100 t支架搬运车和江苏天明机械集团有限公司生产的40 t、50 t、55 t、80 t支架搬运车。表12-35所示为中国煤炭科工集团太原研究院的支架搬运车参数。除40 t支架搬运车外，其他车型的结构形式与澳大利亚 Boart Longyear 公司的LWC系列相近，另外，在原框架的基础上可增加封底底板、箕斗式铲板、支架护板装置、液压绞车、推料装置等，以加强框架并方便装载。

表 12-35　中国煤炭科工集团太原研究院系列框架式支架搬运车主要参数

参数项目	型　号				
	WC40Y	WC50Y	WC55Y	WC60Y	WC80Y
结构形式	铰接式	铰接式	铰接式	铰接式	铰接式
载重/t	40	50	55	60	80
外形尺寸/（mm×mm×mm）	9150×3500×1980	9870×3500×2020	9870×3500×2100	9870×3500×2020	10350×4160×2125
离地间隙/mm	300	300	300	250	300
发动机功率/kW	200	260	260	260	260
最大行走速度/（km/h）	20（空载）/12（满载）	20（空载）/15（满载）	20（空载）/15（满载）	18（空载）/14（满载）	15（空载）/10（满载）
最大爬坡度/（°）	12	14	14	14	10

图 12-107（a）所示为中国煤炭科工集团太原研究院研制的 WC55Y 型支架搬运车，其额定载重 55 t，以柴油机为动力，具有完全自主知识产权。其系列产品 WC50Y（A）型支架搬运车成功参与完成了神华宁煤金凤煤矿 11801 工作面的回撤任务，现场应用良好。图 12-107（b）所示为新研制的全六轮液压驱动 WC80Y 型 80 t 支架搬运车，驱动力大，爬坡能力强。

(a)   (b)

图 12-107　中国煤炭科工集团太原研究院 WC55Y 型、WC80Y 型支架搬运车

(a) WC55Y 型；(b) WC80Y 型

图 12-108 所示为中国煤炭科工集团太原研究院生产的 WCJ80E 型拖车式支架搬运车，该车以 55 t 铲板式支架搬运车为动力牵引部分，配以承载拖车，为三段式铰接结构，额定承载 80 t，最大承载能力为 100 t。拖车部分采用封底作为铲板，并增加相应的绞车和推移机构。

此外，中国煤炭科工集团太原研究院研制了系列铲板式支架搬运车，主要吨位目前有 25 t、40 t、55 t 和 75 t 四种，形式和功能类似英国 Eimco 公司的 912X 型支架搬运车，表 12-36 所示为中国煤炭科工集团太原研究院系列铲板式支架搬运车主要参数。图 12-109 所示为目前全球载重最大的防爆柴油机铲板式搬运车——WC75E 铲板式搬运车。该车于 2020 年在陕蒙转龙湾煤矿、金鸡滩煤矿 7 m 大采高综采工作面完成了推广应用，显著提升了大采高综采工作面的安装和回撤效率，使用效果良好。

图 12-108　中国煤炭科工集团太原研究院的 WCJ80E 型拖车式支架搬运车搬运 100 t 液压支架入井

表 12-36　中国煤炭科工集团太原研究院系列铲板式支架搬运车主要参数

参数项目	型　　号			
	WC25E	WC40E	WC55E	WC75E
结构形式	铰接式	铰接式	铰接式	铰接式
载重/t	25	40	55	75
外形尺寸/(mm×mm×mm)	9500×2200×1900	10 030×2630×2180	10 200×3100×2160	11 300×3500×2300
离地间隙/mm	275	280	300	300
发动机功率/kW	200	260	260	260
最大行走速度/(km/h)	19(空载)/18(满载)	22(空载)/21(满载)	20(空载)/18(满载)	15(空载)/8(满载)
最大爬坡度/(°)	14	14	14	14

图 12-109　WC75E 铲板式搬运车

3. 防爆蓄电池无轨胶轮车

1) 柴油无轨胶轮车存在的主要问题

柴油无轨胶轮车的动力源采用的是防爆柴油机。经过防爆处理的柴油机，进排气阻力加大，引起燃烧不充分，燃烧不充分又会引起排气污染增大，进一步增加了排气处理难度，并增加了排气处理装置清理的工作量。清理不充分又会阻塞排气，进一步引起燃烧不充分，进而形成恶性循环。煤矿井下环境非常特殊，空间狭小，通风不良，柴油机排放的尾气不能及时排出巷道，积聚在狭小空间内，会被井下工作人员大量吸入体内，其中对人体健康危害最大的是一氧化碳、碳氢化合物和氮氧化合物等，这些有害物质能够引起人的呼吸道疾病、生理机能障碍，甚至导致癌症。此外，防爆柴油机启动困难，启动及运转噪声非常大；防爆柴油机油耗高，效率低，动力不足，致使胶轮车运行费用高，爬坡能力差，提速慢；防爆柴油机无轨胶轮车故障率高，整车维修维护工作量很大；井下长距离下坡时，柴油无轨胶轮车连续制动，极易引起制动器发热失效，引发事故。

对于防爆柴油机无轨胶轮车而言，以上这些固有问题很难从根本上解决。

2) 蓄电池无轨胶轮车的特点及关键技术

以蓄电池为动力的防爆电动无轨胶轮车具有零排放、零污染、噪声低、效率高、运行费用低、爬坡能力强、提速快的特点，同时下坡时能够实现制动能量回馈，即在下坡时，牵引电机成为发电机，把车辆的动能转换成电能，经过变频器逆变存储到蓄电池中，实现能量回收，节能降耗，同时可避免制动器摩擦片过热失效，从而提高整车安全性。

因此，防爆电动无轨胶轮车是目前唯一能从根本上解决防爆柴油无轨胶轮车上述问题的车型，并可大大改善井下工人的作业环境，具有良好的经济效益和社会效益。

（1）防爆蓄电池技术

铅酸蓄电池具有性能可靠、稳定等优点，因其体积、重量大，多用于设备搬运、铲装作业等井下特种作业的防爆车辆上，并将防爆铅酸蓄电池电源装置设计成快换结构，可保证井下作业的连续性，广泛应用在短距离往复作业的特种作业车辆上。

磷酸铁锂电池具有零排放、无污染、使用安全、充放电循环寿命长、充电无记忆、可以高倍率充放电、充电效率高等诸多优点。经防爆处理的磷酸铁锂电池箱能量密度相对铅酸电池能量密度提高1倍，具有质量轻、体积小的特点，成为矿用电动胶轮运人车的首选；但其对充放电十分敏感，低温电能充放比例下降，无法达到额定容量，需针对电池特性开发专用的电池管理单元，严格控制每块电池充放电电压和温度，以适应北方地区冬季严寒和夏季相对温暖的气候特点，最大化利用电能。

防爆蓄电池技术是矿用蓄电池无轨车辆的关键技术，使用新型高能量密度蓄电池取代铅酸蓄电池已经成为发展趋势，其技术还在不断改进中。目前取得安全标志证书可以在煤矿井下使用的电池有煤矿特殊型铅酸蓄电池装置和电力机车用矿用隔爆型电池电源箱等。防爆磷酸铁锂电池在井下无轨车辆上应用，其容量受相关法规的限制，无法应用在大吨位车辆上。

（2）牵引电机技术

电动车辆最常使用的是直流牵引电机，但直流电机存在效率低、体积大、质量大、碳刷需经常维护等问题。目前广泛应用变频交流电机、开关磁阻电机、永磁无刷直流电机等，其中永磁无刷直流电机控制相对简单，效率最高可达95%以上，而且体积小、质量小、供电电压宽、免维护，是当前电动运人车和轻型材料车首选的牵引电机。

变频交流电机、开关磁阻电机结构简单，过载能力强，可靠性高，操控能力好，广泛应用在大中吨位的材料车和特种作业车上。

3) 蓄电池无轨胶轮车研究

目前，国内从事蓄电池无轨胶轮车研究的厂家主要有石家庄煤矿机械有限责任公司、中国煤炭科工集团太原研究院有限公司、航天重型工程装备有限公司、深圳市德塔防爆电动汽车有限公司等。

在防爆锂离子蓄电池无轨胶轮车方面，石

家庄煤矿机械有限责任公司是国内最早研究矿用防爆锂离子蓄电池无轨胶轮车的厂家,经过多年努力,研发了一系列的矿用电动胶轮车。该公司的第一代矿用电动胶轮车车型,试验并对比了铰接式车型与整体式车身、电机直驱与机械变速箱驱动、前驱与后驱等各种方案,对驱动技术、电池管理系统、动力电池放电特性、防爆电源装置、回馈制动技术、车辆轻量化技术、传动技术、机电集成等方面进行专业化研究,为后续车型的研究积累了丰富经验。

　　第二代车型对整车防爆技术、整车安全技术、整车可靠性设计、整体结构布局、整机质量控制及车桥载荷分布技术、传动技术等关键技术进行了深入研究,最大限度地降低了整备质量,提高了传动效率。并通过对动力电池组的

选择、驱动控制系统的选择及功率匹配、能量管理、回馈制动、整车控制系统设计等关键技术深入研究,提高了电气系统效率。第二代矿用电动胶轮车中,WXD-20R 型矿用电动胶轮车进行了工业性试验,并得到矿方的高度认可。

　　该公司在总结前两代经验的基础上,结合矿方的实际需求对产品进行精心设计,融入各项最新研究成果,设计改进了 WLR-18 型矿用电动胶轮车,即第三代车型,如图 12-110 所示,并在国内第一个取得煤矿安全试用证,已在中煤王家岭煤矿进行了工业性试验。WLR-11型、WLR-5 型(图 12-111)和 WLL-5 型等车型正在进行工厂试验或生产。这几种车型的主要技术参数见表 12-37。

图 12-110　石家庄煤矿机械有限责任公司 WLR-18 型矿用电动胶轮车

(a)　　　　　　　　　　　　(b)

图 12-111　石家庄煤矿机械有限责任公司 WLR-11 型、WLR-5 型矿用电动胶轮车

(a) WLR-11 型;(b) WLR-5 型

表 12-37　WLR-11 型、WLR-5 型和 WLL-5 型主要技术参数

参数项目	型　　号			
	WLR-18	**WLR-11**	**WLR-5**	**WLL-5**
额载人数(载重量)	18 人	11 人	5 人	5 t
动力形式	电机	电机	电机	电机
额定功率/kW	55	45	25	75
爬坡能力/(°)	14	14	14	14
最高车速/(km/h)	50	50	50	40
满载续航里程/km	80	100	120	100
转弯半径/m	6.35	6.5	6.75	6.5
外形尺寸/(mm×mm×mm)	5990×2030×2380	5600×2050×2350	4360×1850×1840	7190×1980×2150

目前,石家庄煤矿机械有限责任公司已经获得了矿用电动胶轮车驱动系统、矿用隔爆型动力锂电池电源装置等多个相关专利。WLR-18型人车现已取得矿用电动胶轮车煤安证,实际应用中能够实现安全运行,动力表现强劲、制动灵敏、操控灵活、乘坐舒适、涉水及淋水能力好、可靠性高、保护功能强,具备很高的技术水平。目前该公司正在继续研发多种型式的矿用电动胶轮车。

该公司对整车性能设计、高效传动系统、整车布局设计、电驱控制系统和控制策略等方面的关键技术进行了创新研究,在行业内处于领先地位。主要技术有:

(1)锂离子蓄电池驱动的矿用无轨胶轮车整机设计技术。通过对整车动力特性进行计算,结合整车载荷分布、驱动系统设计及轻量化设计,成功研制了锂离子蓄电池驱动的高动力性、高安全性的防爆无轨胶轮车,填补了国内空白。

(2)矿用隔爆型动力锂离子蓄电池电源技术。该公司采用主动均衡技术,结合高精确度控制、高耐压轻量化防爆设计,成功研发了国内首台矿用隔爆型动力锂离子蓄电池电源装置。

(3)矿用电动无轨胶轮车驱动技术。采用复合型调速系统、复合型制动系统以及硬连接自动换挡调速系统,研发了矿用电动无轨胶轮车驱动系统,该系统具有效率高、可靠性高、安全性好等特点。

(4)整车电驱控制技术。整车电驱控制系统主要包括主控制器、变频调速控制系统、蓄电池能量管理系统和辅助控制系统。整车采用CAN通信方式,系统灵活、稳定。主控制器通过接收驾驶员的输入指令,控制变频调速控制系统驱动电机加、减速,通过接收蓄电池能量管理系统和变频调速控制系统的状态参数,实现整车的优化运行,能够将制动回馈能量反馈到电源箱,从而可以提高整车的续航里程。

(5)安全技术。该公司在整车布局设计中,针对承载部件强度设计、传动及制动系统可靠性、维修维护安全性、碰撞安全、消防安全、制动安全、整车防爆安全、灯光警示安全、电气安全等方面进行了专门设计,以保障行车安全;设有绝缘检测模块,当检测到系统绝缘性能下降或系统漏电时,能切断系统供电,保障行车安全;装有加速度传感器,当检测到车辆加速度高于2g时能自动切断电源输出,保证整车安全。

(6)快速充电技术。为满足不同用户的使用要求,充电时间在1~3 h内可调,用户可根据工况选择充电时间。

中国煤炭科工集团太原研究院是国内最早研发防爆锂离子蓄电池运人车的企业之一,在电池防爆设计领域,在国家"863"高技术研究发展计划项目的支持下,创新开展锂离子电池主动均衡控制技术研究。在研究过程中对磷酸铁锂电池单体和成组的安全性进行了系统测试,研究了电池过充、过放等条件下释放气体的可燃性,积累了大量的电源装置安全性、可靠性、防爆性能、产品应用相关研究经验,研制出了防爆锂离子电源装置,推出了WLR-19防爆锂电池运人车(图 12-112)、WLR-19(A)防爆锂电池运人车、WLR-5 锂电池运人车(图 12-113)等相关产品,获得"防爆圆筒薄壁蓄电池箱"及电机、整车的相关发明专利。中国煤炭科工集团太原研究院防爆锂离子蓄电池车主要参数见表 12-38。

图 12-112 WLR-19 锂电池运人车

图 12-113 WLR-5 锂电池运人车

表 12-38　中国煤炭科工集团太原研究院防爆锂离子蓄电池运人车主要参数

参数项目	型　号	
	WLR-19	**WLR-5**
整备质量/kg	6000	3250
乘坐人数/人	19	5
外形尺寸/(mm×mm×mm)	6200×1900×2350	5370×1920×1800
最大允许坡度/(°)	14	14
最高车速/(km/h)	25	25
整机功率/kW	55	50
电池容量/(kW·h)	64	32
续航里程/km	90	120

在防爆铅酸蓄电池无轨胶轮车产品方面，中国煤炭科工集团太原研究院早在 2007 年就开始进行防爆铅酸蓄电池矿用电动无轨胶轮车的研发，经过多年努力，陆续推出了系列矿用防爆铅酸蓄电池无轨胶轮车，如 WJX-7FB 防爆铅酸蓄电池铲运机（图 12-114）、WJX-10FB 防爆铅酸蓄电池铲运机（图 12-115）、WX45J 蓄电池支架搬运车（图 12-116）、WX80J 蓄电池支架搬运车（图 12-117）等多种车型。一些车型的主要参数见表 12-39。

图 12-114　WJX-7FB 防爆铅酸蓄电池铲运机

图 12-115　WJX-10FB 防爆铅酸蓄电池铲运机

图 12-116　WX45J 蓄电池支架搬运车

图 12-117　WX80J 蓄电池支架搬运车

表 12-39　中国煤炭科工集团太原研究院防爆铅酸蓄电池车主要参数

参数项目	型　号						
	WJX-7FB	**WJX-10FB**	**WJX-10FB(A)**	**WX25J**	**WX45J**	**WX40J**	**WX80J**
产品名称	防爆蓄电池铲运机	防爆蓄电池铲运机	防爆蓄电池铲运机	防爆蓄电池支架搬运车	防爆蓄电池支架搬运车	防爆蓄电池支架搬运车	防爆蓄电池支架搬运车
载重/t	7	10	10	25	45	40	80
外形尺寸/(mm×mm×mm)	8400×2100×2050	9700×2720×1945	9000×3000×1300	11 800×2950×1400	12 640×2840×1730	9900×3500×1400	13 500×3500×2100
离地间隙/mm	220	335	260	300	300	300	300

续表

参数项目	型 号						
	WJX-7FB	WJX-10FB	WJX-10FB(A)	WX25J	WX45J	WX40J	WX80J
牵引电机功率/kW	55	55	55	150	150	140	300
最大行走速度/(km/h)	8	8	8	8	5.5	12	8

12.6.6 无轨胶轮车应用

1. 应用巷道

无轨胶轮车的外形尺寸中长度和宽度尺寸较大,自重及载重量大,因而车轮对巷道底板的比压较高。井下运行无轨胶轮车的巷道,宽度及底板的抗压强度必须满足车辆正常运行的条件。运行无轨胶轮车的巷道要求采用混凝土铺设,底板硬度 $f \geq 4$,纵向坡度一般小于或等于 $7°$,局部纵向坡度小于或等于 $14°$,横向坡度 $3° \sim 5°$。巷道最小宽度应适应多功能车和支架搬运车的宽度,一般每侧还要留有不小于 300 mm 的安全间隙。巷道转弯最小外半径大于或等于 $7 \sim 8$ m。行驶巷道的通风量大于或等于 500 m³/min。巷道最小高度应以运送液压支架搬运车的高度为准,并距离顶板不小于 250 mm。对于新建矿井最好采用连续采煤机多条巷道掘进,每隔 50 m 设一联络巷,便于无轨胶轮车掉头转向、双向运输;巷道形式采用矩形,锚喷支护。一般巷道宽度 $4.5 \sim 5.5$ m,高度不小于 3.2 m,采用混凝土路面,巷道最大坡度不超过 $10°$,并有完善的行车标志。

2. 应用情况

从巷道工程量、巷道设施、设备购置、辅助人员配备等方面与其他辅助运输系统比较,无轨胶轮车辅助运输系统的技术经济指标占明显优势,在条件合适的矿区已成为高产高效矿井辅助运输的首选运输方式。从国内外使用情况来看,采用无轨胶轮车辅助运输,为提高矿井生产能力创造了有利条件,并在生产上取得了很好的成效。神府东胜矿区是我国第一家全面将无轨胶轮车作为矿井辅助运输方式的特大型矿区。无轨胶轮车以其灵活、机动、快速、安全、高效的运输形式,解决了长期以来

煤矿辅助运输抑制矿井大幅提高生产能力的瓶颈问题,使我国高产高效矿井建设达到世界先进水平成为可能。

神东公司从 1994 年开始到现在,已购进各种类型无轨胶轮车 1000 多台,全矿区已基本实现了无轨胶轮车辅助运输,大大提高了矿井生产的技术经济效益。传统的辅助运输系统运营费用占吨煤成本的 $15\% \sim 20\%$,为 $10 \sim 20$ 元;而无轨胶轮车在大柳塔煤矿使用,吨煤运输费用仅为 1 元,大大低于传统的辅助运输方式,从而降低了吨煤成本。工人在上下班的过程中把大量体力和时间消耗在路途中,这种损失是无形的,随着井型的变化和开拓范围的不断扩大,运输距离越来越长,这个问题会更加突出。用胶轮车运送人员不仅避免了工人远距离行走消耗体力,而且速度快、舒适性高,减少了现场交接班时间,同时也提高了工人上班时的工作效率。综采工作面搬迁时,用传统的轨道运输方式,拆、装、运需用 $4000 \sim 6000$ 个工,用时 $40 \sim 60$ 天,而采用无轨支架搬运车仅需一周时间,最短时间是 3.1 天(运输总质量达 5500 t),可自装自卸,做到整体拆除、铲装、运输、卸载和调整就位,既减轻了工人的劳动强度,又大幅提高了生产效率和安全性。

除了上述常规应用外,当无轨胶轮车运行于井下长距离大坡度巷道时,上坡时柴油机发热严重、功率损失增加,尾气排放加剧,下坡时频繁制动导致制动安全性变差,极易引发安全事故。现有矿井大坡度巷道大多数坡度不大于 $10°$,长度不大于 500 m,载重 10 t 以下的小、中型胶轮车勉强可以运行,而对于重型搬运车之类的车辆,则上坡动力不足爬不上去,下坡需要依靠固定绞车牵引,车辆适应性很差。针对长距离大坡度的运行要求,中国煤炭科工集

团太原研究院和神东煤炭集团公司合作了"矿井油电双动力辅助运输装备"科研项目,研究了柴油机和电机分时独立驱动的无轨胶轮车,在架线辅运大巷采用电驱动运行,车载集电器将接触网系统的电能传输到双动力车辆,为车辆提供驱动电能,实现煤矿井下主要进风巷内的尾气污染零排放。在非架线巷道采用防爆电喷柴油机驱动运行,将电机动力切换为柴油机动力,即切断电机动力源,利用防爆电喷柴油机为车辆提供驱动动能,可使巷道尾气排放同比有效降低。经过在地面试验场的充分试验,达到了预期效果。

目前神东矿区全部骨干矿井,山东济宁2号、3号矿井,山西晋煤集团的寺河煤矿、赵庄煤矿及周边多个矿井,朔州、大同、阳泉的一些矿井,陕西黄陵矿、山东兖矿集团的一些矿井都在使用无轨胶轮车辅助运输。国内许多在建和筹建的 $6×10^6$ t 左右及以上的矿井,条件适宜的大多选用无轨胶轮车辅助运输。

3. 我国防爆无轨胶轮车存在的问题及发展前景

我国防爆无轨胶轮车存在的问题如下:

(1) 故障率高。目前国内无轨胶轮车的生产虽经十年多的发展,但在设计、制造过程中仍存在较多缺陷,车辆的整体性能不高,故障率高,维护量大;从现场使用情况看,车辆出车率最高达 80%~85%,一般情况下,出车率只能维持在 80% 左右。

(2) 车辆购置费用和运行费用高。防爆无轨胶轮车总体价格较高,单台防爆无轨胶轮车的价格大约等于 3 台普通低污染车的价格;车辆耗油量大,是低污染车的 3 倍以上;备件费用高,维护成本大,大修费用高(每次的大修占原购车费用的 45% 左右,每两年大修一次);车辆运行费用居高不下,每台防爆无轨胶轮车每月的运行费大约为 2 万元,是低污染车的 3~4 倍。

(3) 防爆无轨胶轮车设计制造存在以下缺陷:

① 车辆整体结构性差,部分部件相互不匹配,易造成零部件的损坏。

② 车辆转向在怠速下较重,转向系统不灵活。

③ 车辆灯光亮度与发动机转速有关,在下坡和转弯时亮度不足。

④ 运转噪声大。

⑤ 发动机经过防爆处理后的功率降低20%以上,造成耗油量增大。

目前我国煤矿辅助运输无轨胶轮车巨大的燃油(柴油)消耗、严重的尾气排放,使节能、减排成为现代化矿井必须解决的重要课题,也是无轨胶轮车设计制造改进的方向。

因此,降低故障率,优化完善设计,严把制造质量关,提高无轨防爆胶轮车的整体性能,努力降低胶轮车的制造成本,并提高车辆在生产矿井的可靠度与安全度,降低购置费用和运行成本,加强配件生产,更好地为矿井服务,成为无轨胶轮运输的发展方向。

但是,防爆柴油车辆存在的高污染、高噪声、高油耗、低寿命的问题无法从根本上解决,而矿用电动无轨胶轮车具有无污染、零排放、低噪声、极低的运行和维护费用等优点,成为替代防爆柴油机无轨胶轮车的最佳产品,寄望于蓄电池技术及电控技术的发展和突破,全面推广矿用电动胶轮车,建设绿色矿井,改善煤矿作业环境是无轨胶轮车新的发展方向。

由于无轨胶轮辅助运输系统适合应用在水平和倾角在 12°以下的煤层中,我国 35% 以上的大中型煤矿符合这一条件,均可采用无轨胶轮辅助运输系统运输,因此,无轨运输具有较大的市场需求和广阔的发展前景。近年来,煤炭行业加速推进信息化、智能化建设,2019年初,国家煤监局发布《煤矿机器人重点研发目录》,明确将大力推动煤矿现场作业的少人化和无人化。相关规划明确,到 2025 年全部大型煤矿基本实现智能化。因此,矿井辅助运输系统向智能化乃至无人化发展是必然的趋势,当前无轨辅助运输设备研制的主要任务是,在改进和完善现有无轨胶轮车的性能和可靠性的同时,大力研发无人驾驶无轨胶轮车。如图 12-118 所示为中国矿业大学与太原煤科院合作研发的井下防爆无人驾驶顺槽运输无轨胶轮车,图 12-119 所示为中国矿业大学自主研发的"智矿 1 号"无座舱式无人驾驶无轨胶轮车。总之,目前无轨辅助运输设备正向市场多元化、产品多样性、多机型与多功能方向发展。

图 12-118　中国矿业大学与太原煤科院合作研发的井下防爆无人驾驶顺槽运输无轨胶轮车

图 12-119　中国矿业大学研发的无座舱式无人驾驶无轨胶轮车

12.7　露天矿卡车

煤炭作为我国社会经济发展的主要能源之一,目前需求量仍然很大,世界上 40% 的煤矿和 80% 的铁矿都采用露天矿方式开采。露天矿作为我国煤矿开采的主要方式之一,其开采效率与社会发展息息相关。我国露天矿总产能(8~9)亿 t/年,占我国煤炭总产能的 20% 左右,最大生产规模达 3500 万 t/年,超过 1000 万 t/年的特大露天矿有 20 余座。

露天矿运输所用的设备包括自卸卡车、拖车和普通卡车、胶轮式前端装载机以及胶轮式铲运机,其中以自卸卡车为主。在国外,自卸汽车载重量不断增加,以适应露天矿山生产规模日益扩大的需要。自 1963 年美国通用电气公司的第一台载重量为 85 t 级电动轮自卸卡车问世以来,西方各国特别是美国、加拿大、澳大利亚等国的大型露天矿山已经日益普遍地采用这种自卸卡车,其中最常用的吨位为 100~120 t,最大吨位高达 350 t。

在国内,随着汽车工业、橡胶工业和石油工业的迅速发展,自 20 世纪 60 年代中末期以来,新建露天矿山企业的内部生产运输非常普遍地采用了露天矿公路卡车运输,即使是老的大露天矿,随后也纷纷改用矿用自卸车运输。生产用车的类型也正迅速地由小型改为大型,矿用自卸车的载重量已从 20 世纪 50—60 年代的 10 t 左右发展为数十吨。目前,我国内蒙古北方重型汽车股份有限公司、徐工集团等厂家已能制造载重百吨以上(最大达 360 t)的电动轮自卸汽车。

与矿山的其他运输方式相比,露天矿卡车运输具有爬坡能力较大、转弯半径小、机动灵活、适应性强的优点。与准轨铁路相比,公路基建工程量小,施工较易,基建时间短,基建投资少。露天矿自卸车运输用于露天开采,有利于加快掘沟速度,可以缩短新水平的准备时间,便于适应陡帮开采、横向开采、分期开采等矿山工程的部署以及分采、分装、分运的作业需要,调车方便、车位灵活,因而利于提高装载设备的效率,而且,其排废工艺简单,排弃效率高,堆置成本低,且易于发展高位排土。

露天矿自卸车运输的缺点在于燃料和轮胎的消耗大,运营费用高,经济合理的运距短,行车安全程度比较差,维修保养工作量大,而且易受气候条件(冰雪、雨水、酷暑、严寒)的影响。

基于上述特点,在露天矿,汽车运输除了适用于一般条件的矿床开采之外,尤其适用于地形或矿体产状复杂、矿点多而分散、运距不大(3 km)、需要分采、使用陡帮开采等条件的矿床。但是不适用于泥质多水(或多雨)的露天矿山。当露天采深超过某一限度之后,采用单一的汽车运输方式就难获得最优的经济效果,多改用汽车-胶带联合运输。

12.7.1 主要类型

1. 露天矿卡车的类型

露天矿使用的汽车有三种类型:自卸式卡车(后卸式)、底卸式卡车和自卸式卡车列车。

(1)自卸式卡车(后卸式)。自卸式卡车是最普通的矿用型卡车,可分为双轴式和三轴式两种结构类型。双轴式自卸车多为后桥驱动,前桥转向。三轴式自卸车由两个后桥驱动,一般用在特重型卡车或宽体矿车上。自卸式卡车的结构形式如图 12-120 所示。从外形看,它和一般载重汽车的不同点就是由货厢伸出的部分保护驾驶室及周边设备不受落石伤害。重型自卸车的外形结构如图 12-121 所示。矿用重型自卸车主要构件的安装位置如图 12-122所示。

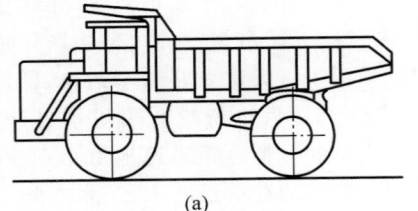
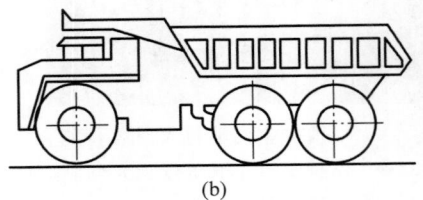

(a)　　　　　　　　　　　(b)

图 12-120　自卸式卡车结构形式

(a)双轴式;(b)三轴式

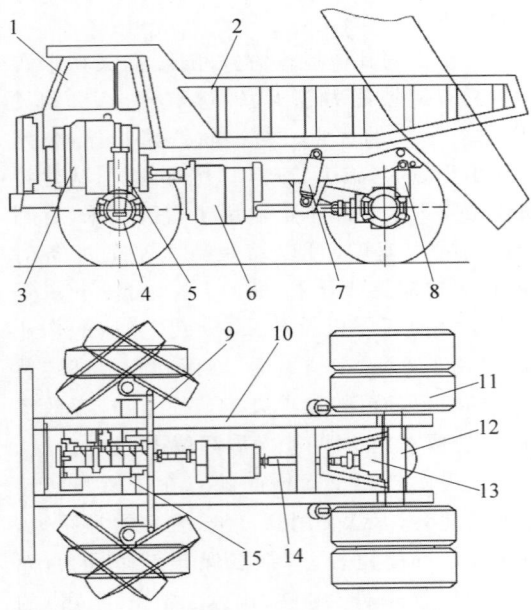

1—驾驶室;2—货箱;3—发动机;4—制动系统;5—前悬挂;6—传动系统;7—举升缸;8—后悬挂;9—转向系统;10—车架;11—车轮;12—后桥(驱动桥);13—差速器;14—转动轴;15—前桥(转向桥)。

图 12-121　重型自卸车外形结构示意图

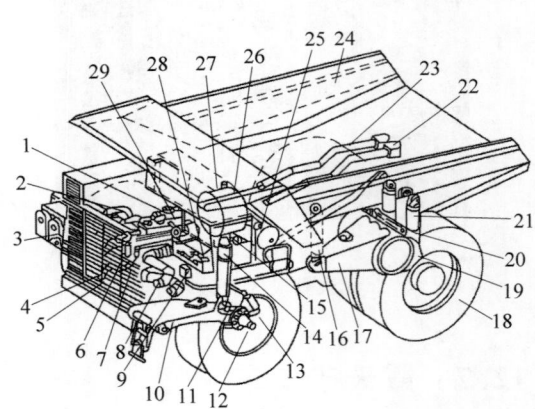

1—发动机;2—回水管;3—空气滤清器;4—水泵进水管;5—水箱;6,7—过滤器;8—进气管总成;9—预热器;10—牵引臂;11—主销;12—羊角;13—横拉杆;14—前悬挂油缸;15—燃油泵;16—倾卸油缸;17—后桥壳;18—行走车轮;19—车架;20—系杆;21—后悬挂油缸;22—进气室转轴箱;23—排气管;24—车箱;25—燃油粗过滤器;26—单向阀;27—燃油箱;28—减速器踏板阀;29—加速器踏板阀。

图 12-122　矿用重型自卸车主要构件的安装位置

（2）底卸式卡车。底卸式卡车可分为双轴式和三轴式两种结构形式。可以采用整体车架，也可采用铰接车架。底卸式卡车使用很少。

（3）自卸式卡车列车。自卸式卡车列车是指由一个人驾驶的两节或两节以上的挂车组，主要由鞍式牵引车和单轴挂车组成。由于它的装卸部分可以分离，所以无须整套的备用设备。美国还生产双挂式卡车列车和多挂式卡车列车，主车后带多个挂车，每个挂车上都装有独立操纵的发动机和一根驱动轴。重型货车多采用列车结构式，运输效率较高。

2. 露天矿用卡车的传动方式与种类

矿用自卸车分为机械传动式和电传动式。矿用自卸车根据用途不同，采用不同形式的传动系统。

（1）机械传动式。采用人工操作的常规齿轮变速箱，通常在离合器上装有气压助推器。这是使用最早的一种传动形式，设计和使用经验多，加工制造工艺成熟，传动效率可达90%，性能好。但是，随着车辆载重量的增加，变速箱挡数增多，结构复杂，要求操纵熟练，司机也易疲劳。机械传动式中的特殊形式——液力

机械传动式在传动系统中增加液力变矩器，减少了变速箱挡数，省去主离合器，操纵容易，维修工作量小，消除了柴油机及传动系统的扭振，可延长零件寿命；不足之处是液力传动效率较低。为了综合利用液力和机械传动的优点，某些矿用车在低挡时采用液力传动，起步后正常运转时使用机械传动。世界上30～100 t的矿用自卸车大多数采用液力机械传动形式。20世纪80年代以来，随着液力变矩器传递效率和自动适应性的提高，液力机械传动已可完全有效地用于100 t以上乃至360 t的矿用车，具有较优异的牵引特性和传动效率，其车辆性能完全可与同级电动汽车媲美。

（2）分布式混合动力传动式。相较于传统的混合动力结构，其结构布置更灵活多变，在动力源的数量及排布形式上也更加复杂化，适合开展车辆多种驱动模式的研究，其适用性更广、更强。中国矿业大学基于重型煤炭运输车系统结构提出了一种新型分布式混合动力驱动系统（图12-123），多轴驱动提供了强大的驱动力，大幅改善了重型运输车的动力性及燃油经济性，可实现节能减排。

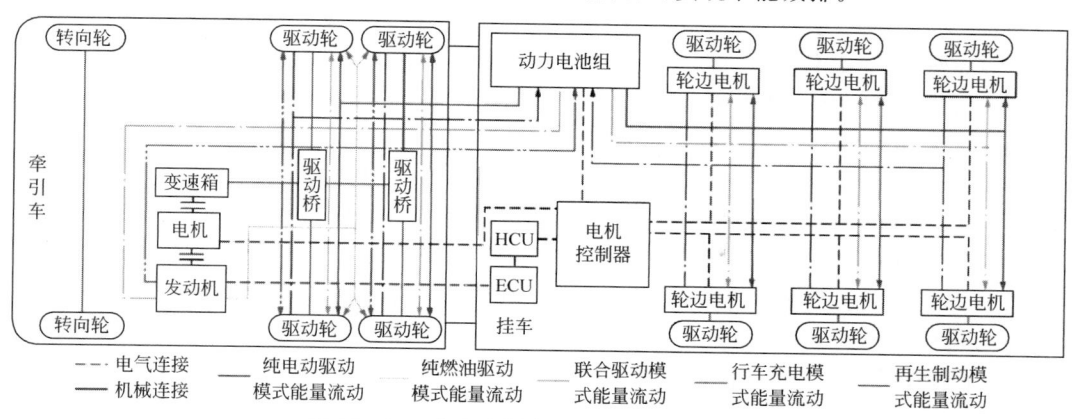
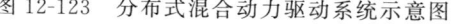

图12-123 分布式混合动力驱动系统示意图

（3）多动力耦合混动式。这种形式的传动系统以柴油机、电机以及液压系统作为动力源，通过耦合装置将三大动力源进行耦合，从而实现重型矿卡实际工作需求，动力源的增加有效地提高了重型矿卡的动力性能。中国矿业大学基于重型矿卡提出一种露天矿重型自卸车油、电、液三元混动系统及其控制方法

（图12-124），在满足车辆动力需求的前提下，可实现行驶在更多复杂的运行工况下，利用双行星排传动机构，让发动机尽可能少地参与工作，减少排放，从而改善露天矿的工作环境。根据不同的行驶环境，车辆可自动进行工作模式的切换，降低驾驶员的操作复杂度。

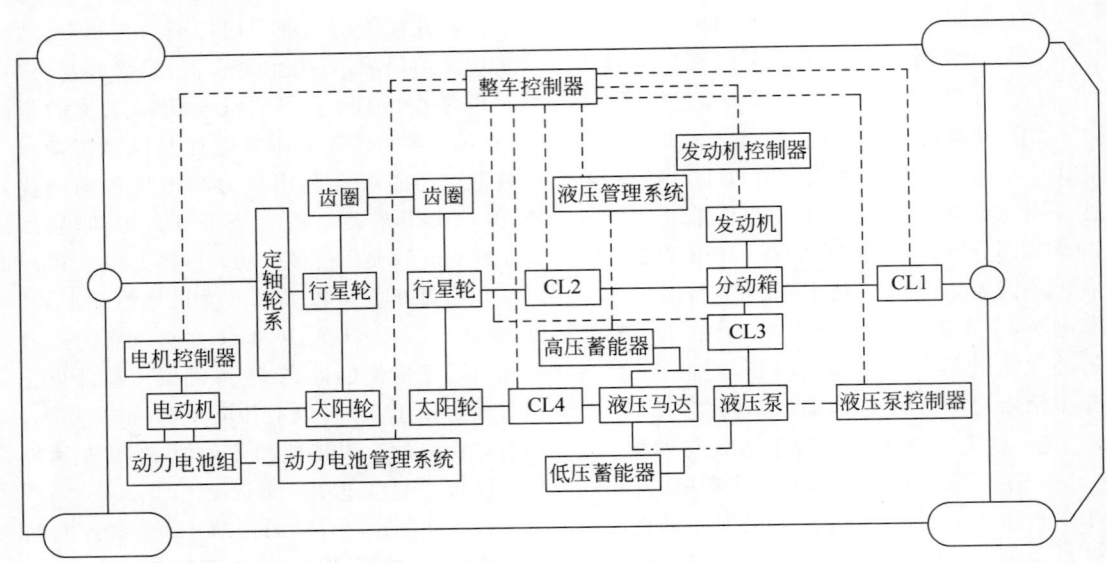

图 12-124　露天矿重型自卸车油、电、液三元混动系统示意图

（4）电传动式（又称电动轮式）。这种形式的传动系统以柴油机为动力，带动主发电机产生电能，通过电缆将电能送到与汽车驱动轮轮边减速器结合在一起的驱动电动机，驱动车轮转动，通过调节发电机和电动机的励磁电路和改变电路的连接方式来实现汽车的前进、后退及变速、制动等多种工况。电传动汽车省去了机械变速系统，便于总体设计布置；还具有降低维修量、操纵方便、运输成本低等特点，但制造成本高。采用架线辅助系统的双能源矿用自卸车是电传动汽车的一种发展产品，它用于深凹露天矿，这种电传动车分别采用柴油机、架空输电作为动力源，爬坡能力可达 18%；在大坡度的固定段上采用架空电源驱动时汽车牵引电动机的功率可达柴油机额定功率的 2 倍以上，在临时路段上，则由本身的柴油机驱动。这种双能源卡车兼有汽车和无轨电车的优点，牵引功率大，可提高运输车辆的平均行驶速度；而在临时的经常变化的路段上，不用架空线，可使在装载点和排土场上作业及运输的组织工作简化。

矿用车按驱动桥（轴）形式，可分为后轴驱动、中后轴驱动（三轴车）和全轴驱动等形式；按车身结构特点，可分为铰接式和整体式两种。

12.7.2　基本结构

自卸车主要有车体、发动机和底盘三部分。底盘又包括传动系统、行走部分、操纵机构（转向系统和制动系统）和卸载机构等。

1. 传动系统

（1）液力机械传动系统。液力机械传动系统如图 12-125 所示，由发动机发出的动力通过液力变矩器和机械变速器，再通过传动轴、差速器和半轴传给主动车轮。

（2）电力传动系统。图 12-126 所示为 120D 型自卸车传动系统的布置图，发动机 1 直接带动交流发电机 10，发电机发出的三相交流电经过整流输给直流牵引电动机（轮内马达）7，电动机通过两级轮边减速器使后轮旋转。油气 II 型悬挂装置用于连接车厢。

轮边减速器如图 12-127 所示。电动机通过中心齿轮 18、大中间齿轮 13、小中间齿轮 12 和内齿圈 11 使车轮旋转。中心齿轮 18 是浮动的，用于使三个中间齿轮受力均衡。内齿圈和扭力管是一体的，用螺栓固定在轮毂上，电动机的驱动力经过轮边减速器传递到车轮上。

整个轮边减速器里面装有一定量的润滑油，电动轮内装有制动器。为保持良好密封、不使润滑油渗漏，在电动轮内共设有五套密封装置。

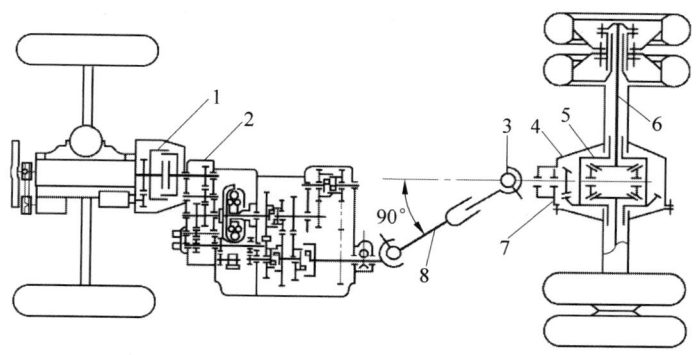

1—离合器；2—变速器；3—万向节；4—驱动桥；5—差速器；6—半轴；7—主减速器；8—传动轴。

图 12-125　液力机械传动系统示意图

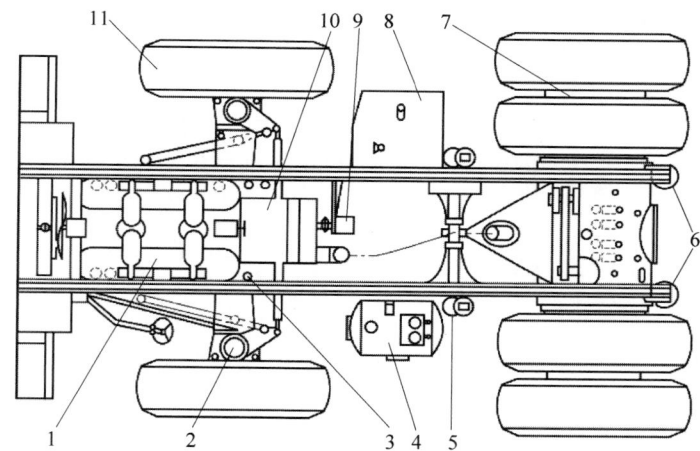

1—发动机；2—油气Ⅱ型前悬挂；3—储能器；4—液压油箱；5—举升缸；6—油气Ⅱ型后悬挂；
7—轮内马达；8—燃油箱；9—液压泵；10—发电机；11—轮胎。

图 12-126　120D 型自卸车传动系统布置图

2．柴油机

目前重型自卸车均以柴油机作为主要动力源（即发动机）。

（1）柴油机的优缺点。与汽油机相比，其主要优点为：

柴油机的热效率高，为 30% ～ 36%，市场价格比较便宜，所以柴油机比汽油机的经济性好。

柴油机的燃料供给系统和燃烧都较汽油机可靠，所以不易出现故障。

柴油机所排出的废气中，对大气污染的有害成分相对较少。

柴油的引火点高，不易引起火灾，有利于安全生产。

但柴油机也存在着一些缺点，主要表现为：结构复杂、重量大；燃油供给系统主要装置要求材质好、加工精度高，所以其制造成本较高；启动时需要的动力大；噪声大，排气中含 SO_2 与游离碳多等。

（2）柴油机的类型。重型车用柴油机按行程分类，可分为二行程和四行程两种。目前，矿用重型自卸柴油机绝大部分是四行程的。

3．悬挂装置

悬挂装置是汽车的一个重要部件，悬挂的作用是将车架与车桥进行弹性连接，以减轻和消除道路不平给车身带来的动载荷，保证汽车

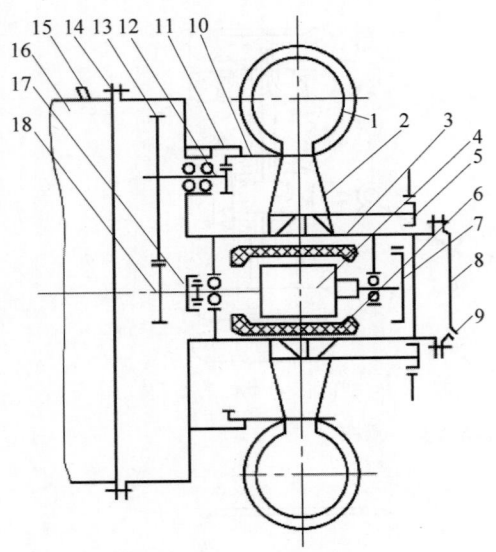

1—轮胎；2—轮辋；3—轮毂；4—转子；5—工作制动
闸；6—磁极；7—停车制动闸；8—轮边挡板；9—出风
口；10—扭力管；11—内齿圈；12—小中间齿轮；13—大
中间齿轮；14—突缘；15—进风管；16—后桥管；17—齿
轮联轴器；18—中心齿轮。

图 12-127　轮边减速器示意图

必要的行驶平顺性。

　　悬挂装置主要由弹性元件、减振器和导向
装置三部分组成。这三部分分别起缓冲、减振
和导向作用，三者共同的功用是传递力。

　　汽车悬挂装置（简称悬挂）的结构形式很
多，按导向装置的形式可分为独立悬挂和非独

立悬挂。前者与断开式车桥连用，而后者与
非断开桥连用。载重汽车的驱动桥和转向桥
大都采用非独立悬挂。按采用的弹性元件种
类来分，又可分为叶片弹簧悬挂、螺旋弹簧
悬挂、扭杆弹簧悬挂和油气弹簧悬挂等多
种。目前，大多数载重汽车采用叶片弹簧悬
挂。近年来由于矿用重型汽车向大吨位发
展，同时为了提高整车的平顺性及延长轮胎
使用寿命，减少驾驶人员的疲劳，现已广泛
应用油气悬挂。少量汽车开始采用橡胶弹簧
悬挂，效果也很好。

　　（1）钢板弹簧悬挂的结构。钢板弹簧通常
是纵向安置的。交通 SH361 型汽车前悬挂如
图 12-128 所示。用滑板结构来代替活动吊耳
的连接，它的主要优点是结构简单、重量轻、制
造工艺简单、拆卸方便，减少了润滑点，可减小
主片附加应力，延长弹簧寿命。滑板结构是近
年来的一种发展趋势，如我国交通 SH361 型汽
车前悬挂和东欧一些国家生产的汽车多采用
这种结构形式。钢板弹簧用两个 U 形螺栓固
定在前桥上。为加速振动的衰减，载重汽车的
前悬挂中一般都装有减振器，后悬挂中则不一
定。T20-203 型自卸汽车前后桥都安装了双向
作用的筒式减振器。在前悬挂钢板弹簧的盖
板上装有两个橡胶减振胶垫，以限制弹簧的最
大变形并防止弹簧直接撞击车架。

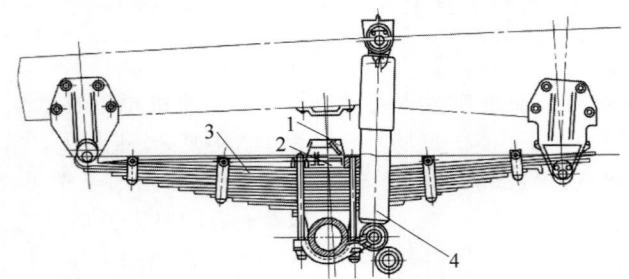

1—缓冲块；2—衬铁；3—钢板弹簧；4—减振器。

图 12-128　交通 SH361 型汽车前悬挂结构

　　（2）油气悬挂的结构。载重在 30 t 以上的
重型载重卡车，越来越多地采用油气悬挂。采
用油气悬挂的目的就是改善司机的劳动条件，
提高平均车速，适应矿山的恶劣道路条件和装

载条件。由于油气悬挂与其他形式悬挂相比
具有显著的优越性，因此在国内外的大吨位自
卸汽车上得到了广泛应用。油气悬挂一般由
悬挂缸和导向机构两部分组成。悬挂缸是气

体弹簧和液力减振器的组合体。油气弹簧的种类有简单式油气弹簧、带反压气室的油气弹簧、高度调整式油气弹簧等。油气悬挂中主要的弹性元件就是油气弹簧及其组成的悬挂缸，而悬挂中的导向机构比较简单，因此不必多述。但不要误认为油气弹簧就是汽车的油气悬挂。国外某型号矿用自卸车采用油气Ⅱ型（HYDRAIRII）油气弹簧（组成的悬挂缸），是当前比较典型、简洁的一种油气弹簧。自卸汽车后悬挂缸如图12-129所示。

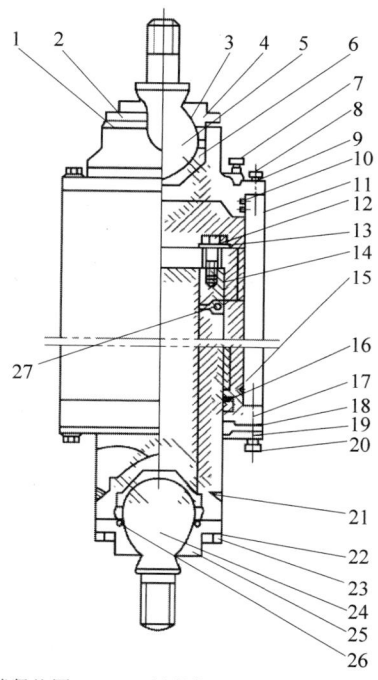

1,22—锁紧垫圈；2,23—锁紧螺母；3,26—O形环；4—球头螺栓挡块；5,24—球头螺栓；6,21—球衬；7—充气阀；8,12—螺钉、垫圈；9—球头螺栓挡板；10,15—O形环背环；11—外壳；13—上支撑座；14—活塞；16—活塞杆密封；17—下支撑座；18—刷杆器；19—刷杆器挡板；20—螺钉；25—球头座；27—止回球阀。

图 12-129　自卸汽车后悬挂缸

油气Ⅱ型悬挂缸的主要机件仅有两个：一个是与车架相连的外缸筒，另一个是与车桥相连的杆筒。杆筒上套有活塞，活塞内充液压油，油液上部空间充有氮气或者其他惰性气体。活塞下部在外缸筒内壁和杆筒外壁间围成一个环状空间，空间内充满了油液。环状空间和活塞上部是相通的，其通道是钻在杆筒上

的四个小孔，其中两个是单向阀，两个是阻尼孔。其工作过程是：当汽车行驶时，路面的起伏引起杆筒在缸筒内上下运动。杆筒缩入时，氮气受到压缩，储存能量；杆筒伸出时，氮气膨胀，释放能量。这相当于钢板弹簧的压缩和伸张。在杆筒上下运动时，环状空间的容积也在变化，缩入时容积增大，活塞上部的油液往内补充；伸出时容积减小，油液排往活塞上部。油液的排出和补充都要通过杆筒上的小孔，利用小孔的尺寸控制油流往复的速度，产生一定的阻尼作用。这种阻尼作用会消耗一定能量，起着一个双向减振器的作用。在杆筒伸出时，也就是当油气弹簧回弹时，只有两个小孔做通道，这增加了阻尼作用，延缓了回弹。悬挂缸的两个球头螺栓分别固定在车架和后桥上。外缸筒是经过热处理的无缝钢管，在车杆筒外表经过镀铬后磨光。

图 12-130 所示为上海 SH380A 型油气悬挂缸，它包括两部分：球形气室和液力缸。球形气室固定在液力缸上，其内部用油气隔膜13隔开，一侧充满工业氮气，另一侧充满油液并与液力缸内油液相通。氮气是中性气体，对金属没有腐蚀作用。在球形气室上装有充气阀接头14。当桥与车架相对运动时，活塞4与液力缸筒3上下滑动，缸筒盖上装有一个减振阀、两个加油阀、两个压缩阀和两个复原阀8。当载荷增大时，车架与车桥间距缩短，活塞4上移，使充油内腔容积缩小，迫使油压升高。这时液力缸内的油液经减振阀7、压缩阀10和复原阀8进入球形气室1内压迫油气隔膜13，使氮气室内压力升高，直至与活塞压力相等时，活塞就停止移动。这时，车架与车桥的相对位置就不再变化。当载荷减小时，高压氮气推动油气隔膜把油液压回液力缸内，使活塞4向下移动，车架与车桥间距变长，直到活塞上压力与气室内压力相等时，活塞即停止移动，从而达到新的平衡。就这样随着外载荷的增大与减小自动适应。减振阀、压缩阀和复原阀都在缸筒上开一些小孔起阻尼作用，当压力差为0.5 MPa时，压缩阀开启；当压力差为1 MPa时，复原阀开启，这样振动衰减效果较好。

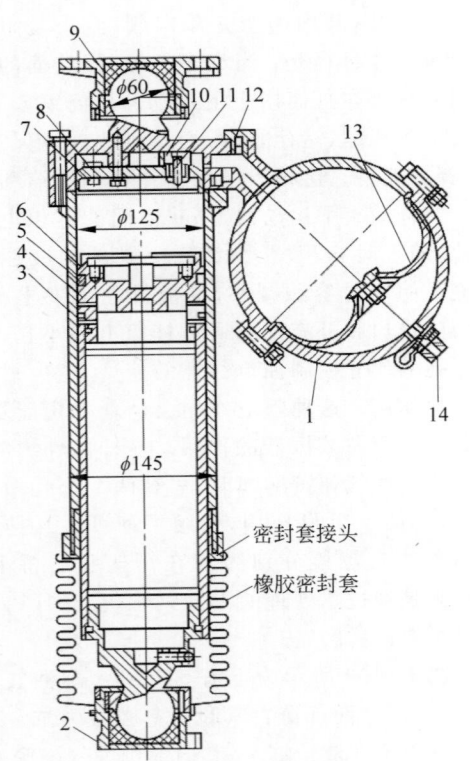

1—球形气室；2—下端球铰链接盘；3—液力缸筒；4—活塞；5—密封圈；6—密封圈调整螺母；7—减振阀；8—复原阀；9—上端球铰链接盘；10—压缩阀；11—加油阀；12—加油塞；13—油气隔膜；14—充气阀接头。

图 12-130　上海 SH380A 型油气悬挂缸

4. 动力转向装置

转向系统用于改变汽车的行驶方向和使汽车保持直线行驶。普通汽车的转向系统由转向器和转向传动装置两部分组成。由于重型汽车转向阻力很大，为使转向轻便，一般均采用动力转向。

动力转向是以发动机输出的动力为能源来增大司机操纵前轮转向的力量。这样，使转向操纵十分省力，提高了汽车行驶的安全性。

在重型汽车的转向系统中，除装有转向器外，还增加了分配阀、动力缸、液压泵、油箱和管路，组成了一个完整的动力转向系统，如图 12-131 所示。

动力转向所用的高压油由发动机驱动液压泵供给。转向加力器由动力缸和分配阀组成。动力缸内装有活塞，活塞的左端固定在车

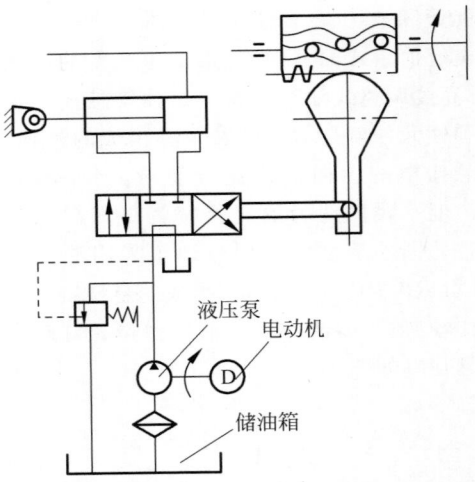

图 12-131　克拉斯 256B 型汽车的动力转向系统

架的支架上。司机通过方向盘和转向器控制加力器的分配阀，使自液压泵供来的高压油进入动力缸活塞的左侧或右侧。在油压作用下，动力缸移动，通过纵拉杆及转向传动机构使转向轮向左或向右偏转。

由于车型和载重量不同，上述动力转向系统各总成的结构形式和组成也有差异。动力转向系统按动力能源、液流形式、加力器和转向器之间的相互位置不同，可以分为不同的类型。

按动力转向系统的动力能源分，分为液压式和气压式两种。露天矿与井下车辆主要采用液压式。

液压式动力转向的油压（一般为 6～16 MPa）远较气压式（仅有 0.6～0.8 MPa）高。所以液压式动力缸尺寸小，结构紧凑，重量轻。由于液压油具有不可压缩的特性，故转向灵敏度高，无须润滑。同时，由于油液的阻尼作用，可以吸收路面冲击，所以目前液压式动力转向被广泛用于各型汽车上，而气压式动力转向则应用极少。

液压式动力转向，按液流的形式可分为常流式和常压式。

常流式是指汽车不转向时，系统内工作油呈低压状态，分配阀中滑阀在中间位置，油路保持畅通，即从液压泵输出的工作油经分配阀回到油箱，一直处于常流状态。

常压式是指汽车不转向时，系统内工作油

呈高压状态,分配阀总是关闭的。常压式需要储能器,液压泵排出的高压油储存在储能器中,达到一定的压力后,液压泵自动卸载而空转,以此保证液压系统不出现破坏性高峰载荷。

1) 常流式液压动力转向

图 12-132 所示为常流式液压动力转向结构的工作原理。该结构由液压泵 3、分配阀(包括滑阀 7 和分配阀体 9)、螺杆螺母式转向器

(包括转向螺杆 11、转向螺母 12 及转向垂臂 14)及动力缸 15 等主要部分组成。滑阀 7 装在转向螺杆 11 上,其两端装有止推轴承。滑阀 7 的长度比分配阀体 9 的宽度稍大一些,故两止推轴承端面与阀体端面之间有一定的轴向间隙 h。间隙 h 决定滑阀 7 轴向移动的行程。在滑阀 7 上有两道环槽,分别与分配阀体 9 上的环槽相配合,在阀体上有油道,分别与进油管、回油管、动力缸 15 左右腔室相连通。

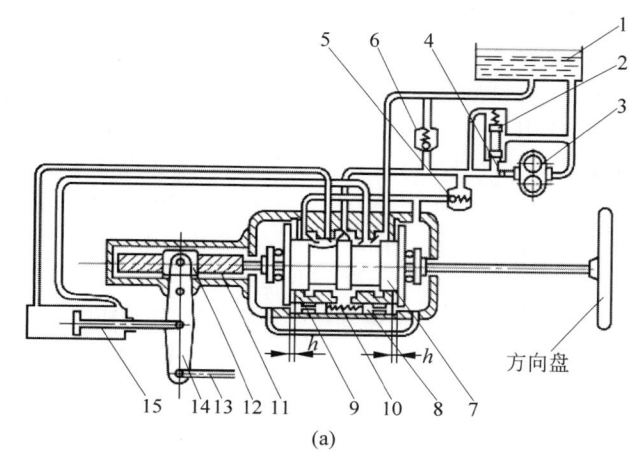

(a)

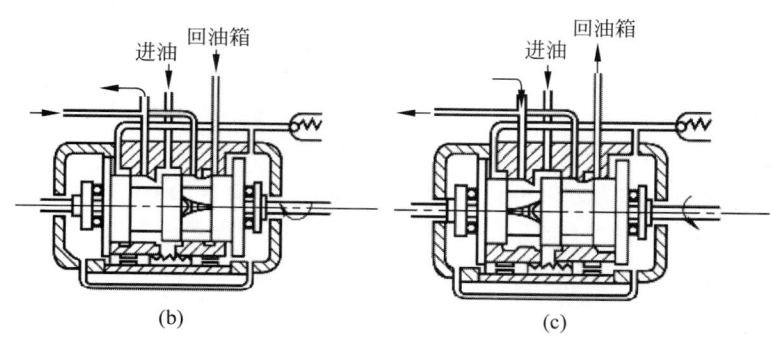

(b)　　　　　　　　　　(c)

1—油箱;2—溢流阀;3—液压泵;4—量孔;5—单向阀;6—安全阀;7—滑阀;8—反作用柱塞;9—分配阀体;10—定中弹簧;11—转向螺杆;12—转向螺母;13—纵拉杆;14—转向垂臂;15—动力缸。

图 12-132　常流式液压动力转向结构工作原理
(a) 直线行驶时;(b) 右转弯行驶时;(c) 左转弯行驶时

当汽车沿直线行驶时(图 12-132(a)),滑阀 7 依靠装在分配阀体 9 内的定中弹簧(回位弹簧)10 保持在中间位置。由液压泵 3 输送出来的工作油,从滑阀和阀体环槽边缘的环形缝隙进入动力缸的左、右两腔室,同时又通过回油管回到油箱。这时,油路保持畅通,液压泵的

负荷很小,只需克服管路阻力,油压处于低压状态。因此,这种结构形式称为常流式液压动力转向。由于动力缸左、右腔室内油压相等,因此活塞保持在中间位置。

当开始转动方向盘时,因为转向阻力很大,所以转向螺母保持不动。此时,转向螺杆

上作用有一个轴向力。如果这个轴向力大于定中弹簧的预紧力及作用于反作用柱塞上的油压作用力,转向螺杆就必然要克服间隙 h 产生轴向移动,其移动方向取决于转向螺杆螺纹的方向及方向盘转动的方向。因此,滑阀也随之作轴向移动,使油路发生变化。

当汽车向右转向时(图 12-132(b)),方向盘带动左旋向螺杆顺时针方向转动,则螺杆和滑阀克服间隙 h 向右轴向移动。此时,动力缸左腔与进油道相通,而右腔则与回油道相通。动力缸左腔在压力油作用下推动活塞向右移动,转向螺母随之向左移动,并通过转向垂臂及纵拉杆带动转向轮向右偏转。在方向盘和转向螺杆向顺时针方向继续转动过程中,上述的液压加力作用一直存在。

当方向盘转过一定角度而保持不动时,螺母也不能再继续相对于螺杆左移。但动力缸中活塞在油压作用下继续向右移动,从而带动螺母、螺杆和滑阀一起左移,直到滑阀位于中间稍偏右的位置。此时活塞的推力与回正力矩相平衡,动力转向系统则停止工作,转向轮便不再继续偏转,而以某一不变的转向角转向。由此可见,采用了动力转向后,转向轮偏转的开始和终止时间都较方向盘转动的开始和终止时间略晚一些。

汽车向左转向时的情况如图 12-132(c)所示,此时滑阀左移,动力缸加力方向相反。

在转向过程中,动力缸中的油压随转向阻力而变化,两者互相平衡(在液压泵允许的负荷范围内)。如果油压过高,当克服了转向阻力后还有剩余时,转向轮会加速转向,直到超过方向盘所给定的转向速度,转向螺母带动螺杆作轴向移动。此时,螺杆移动的方向与转向开始时移动的方向相反。结果,滑阀改变了油路,减小了动力缸中的油压,转向轮的速度又会减慢,这种作用称为"反馈"。

液压泵是由发动机带动的。因此,液压泵的供油量受到发动机转速的影响。汽车在行驶过程中,发动机的转速在很大范围内变化。当发动机怠速运转时,液压泵应有足够的排量,以满足汽车具有一定转向速度的要求。发动机高速运转时,液压泵的排量会过大。为此,在系统中装有分配溢流阀 2 和量孔 4,当液压泵排量增加时,溢流阀 2 开启,一部分工作油经溢流阀返回液压泵进油口。

反作用柱塞 8 利用定中弹簧 10 紧靠在滑阀两端的止推轴承上,同时又紧靠在阀体的凸台上。在转向过程中,反作用室中总是充满高压油,而油压又与转向阻力成正比。在转向时,要使反作用柱塞移动,必须克服反作用室中油压产生的反作用力。此力传到司机手上,可以借以感到转向阻力的变化情况,即形成了路感。

所有的液压动力转向系统,尽管其结构形式多种多样,但基本要求是相同的,具体如下:

(1)导向轮与方向盘有随动作用;

(2)转向可靠,液压系统失效时可改用人力操纵;

(3)具有"路感";

(4)应不阻碍导向轮的自动回正,保证具有较好的直线行驶性;

(5)具有较高的灵敏度,即空程和滞后时间少。

2)常压式液压动力转向

国外某型号矿用自卸汽车常压式液压动力转向系统的组成如图 12-133 所示。它的组成部分除转向液压泵、分配阀及动力缸外,还有储能器和卸荷阀等。

储能器 10 是一个高压容器,由活塞分成两室,一为气室,一为储油室。事先要通过充气阀往气室内充以 7.04 MPa 的高压氮气,充气压力由压力表 13 指示,此时,活塞被推至底部。

当液压泵 2 工作时,从液压泵输出的压力油经卸荷阀 3 进入单向阀 4 后分成两路:一路至储能器 10,另一路至分配阀 6。主油室和储能器油室内油压不断增高,从而将储能器内活塞往上推,压缩气室中的氮气,直至主油室内油压达到 17.6 MPa 时为止。这一段时间液压泵处于高压运转状态。当主油路油压达到 17.6 MPa 时卸荷阀 3 动作,从液压泵输出的油液返回油箱。液压泵自动卸荷,转入低压运转状态。

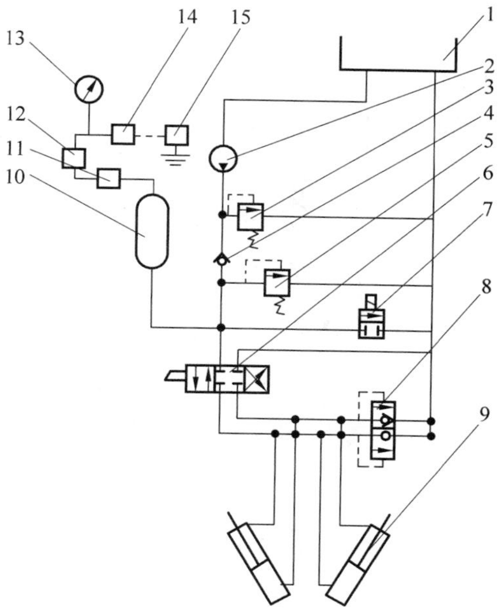

1—油箱；2—液压泵；3—卸荷阀；4—单向阀；5,8—安全阀；6—分配阀；7—放油电磁阀；9—动力油缸；10—储能器；11—速度保险器；12—充气阀；13—压力表；14—压力感应塞；15—警报器。

图 12-133 常压式液压动力转向系统

分配阀 6 是常闭的，无论汽车转向或不转向，整个系统一直处于高压状态。当转向时，司机转动方向盘，通过转向器使分配阀的滑阀移动，主油路内高压油立即进入动力缸。当主油路油压降低后，卸荷阀动作，又使液压泵转入高压运转状态，将压力油输送至主油路。

储能器储存的高压油以备紧急转向之用，如液压泵失效，主油路的工作油得不到补充的情况发生时。此时，储能器往主油路输送油液，储能器气室内氮气膨胀，活塞下降，直至储能器能量消耗完为止。储能器储存的压力油可供 4～5 次紧急转向之用，足以使汽车驶回修理场地或停放在安全地带。

当储能器气室内气压低于 13 MPa 时，压力感应塞 14 触点闭合，电路接通。此时，警报器 15 发响，警告灯发亮。如通往压力表和警告装置的管路漏气，氮气就会通过速度保险器 11；漏泄速度足够大时，速度保险器便关闭，阻止氮气进入司机室。

为防止液压系统过载，在主油室上装有安

全阀 5。它的开启压力调整为 21.11 MPa。动力缸的工作油压为 17.6 MPa，油压过高会使动力缸受到损害。每一动力缸由安全阀 8 保护，它的开启压力调整为 17.6 MPa。

卡车检修时，液压泵虽不工作，但储能器还储有高压油。为防止检修时发生安全事故，在主油路中装有放油电磁阀 7。放油电磁阀开关钥匙处在接通位置时开启。在 45 s 内，系统内压力油通过放油电磁阀全部返回到油箱，储能器能量释放，系统内工作油压降至零。

5. 制动装置

制动系统的功用是对于行驶中的机械施加阻力，迫使其减速或停车；在车辆下坡时控制车速，并使卡车停在斜坡上。卡车具有良好的制动性能，对保证安全行车和提高运输生产率起着极其重要的作用。

重型卡车，尤其是超重型矿用自卸车，由于吨位大，行驶时车辆的惯性也大，需要的制动力就大；同时由于其特殊的使用条件，对卡车制动性能的要求与一般载重汽车有所不同，制动系统也有许多不同的结构形式。重型卡车除装设有行车制动、停车制动装置外，一般还装设有紧急制动和安全制动装置。紧急制动是在行车制动失效时，作为紧急制动之用。安全制动在制动系气压不足时起制动作用，使车辆无法行驶。

为确保卡车行驶安全并且操纵轻便省力，重型卡车一般均采用气压式制动驱动机构；而气液综合式（即气推油式）制动驱动机构在超重型矿用自卸汽车中得到了广泛的应用。制动管路广泛采用双管路系统。

矿山使用的重型卡车经常行驶在弯曲而坡度很大的路面上，长期而又频繁地使用行车制动器势必会造成制动鼓内的温度急剧上升，使摩擦片迅速磨损，引起"衰退现象"和"气封现象"而影响行车安全。

所谓"衰退现象"是指摩擦片温度升高引起摩擦系数降低，而制动力矩也相应减小。所谓"气封现象"是由于制动鼓过热，制动轮缸内制动液蒸发而产生气泡，使油压降低，制动性能下降甚至失效。为此，重型卡车的制动系统还增设有各种不同结构形式的辅助制动装置，如排气制动、液力减速、电力减速等装置，以减轻常用行车制动装置的负担。

卡车在制动过程中，作用于车轮上有效制动力的最大值受轮胎与路面间附着力的限制。如有效制动力等于附着力，车轮将停止转动而产生滑移（即所谓车轮"抱死"或拖印子）。此时，汽车行驶操纵稳定性将受到破坏。如前轮抱死，则前轮对侧向力失去抵抗能力，汽车转向将失去操纵；如后轮抱死，由于后轮丧失承受侧向力的能力，则会侧滑而发生甩尾现象。为避免制动时前轮或后轮抱死，有的重型汽车装有前后轮制动力分配的调节装置和制动时都能避免车轮抱死的制动防抱死装置（anti-lock braking system，ABS）。

如果制动器的旋转元件是固定在车轮上的，其制动力矩直接作用于车轮，则称为车轮制动器。旋转元件装在传动系统的传动轴上或主减速器的主动齿轮轴上，则称为中央制动器。车轮制动器一般由脚操纵作行车制动用，但也有的兼起停车制动的作用，而中央制动器一般用手操纵作停车制动用。车轮制动器和中央制动器的结构原理基本相同，但车轮制动器的结构更为紧凑。制动器的一般工作原理如图12-134所示。一个以内圆面为工作面的金属制动鼓8固定在车轮轮毂上，随车轮一起旋转。制动底板11用螺钉固定在后桥凸缘上，它是固定不动的。在制动底板11下端有两个销轴孔，其上装有制动蹄10，在制动蹄外圆表面上固定有摩擦片9。

当制动器不工作时，制动鼓8与制动蹄上的摩擦面之间有一定的间隙（其值很小），这时汽车轮可以自由旋转。

当行驶中的汽车需要减速时，司机踩下制动踏板1，通过推杆2和主缸活塞3，使主缸内的油液在一定压力下流入制动轮缸6，并通过两个轮缸活塞7使制动蹄10绕支撑销12向外摆动，使摩擦片9与制动鼓8压紧而产生摩擦制动。当消除制动时，司机不踩制动踏板1，制动轮缸中的液压油自动卸荷。制动蹄10在制动蹄回位弹簧的作用下恢复到非制动状态。

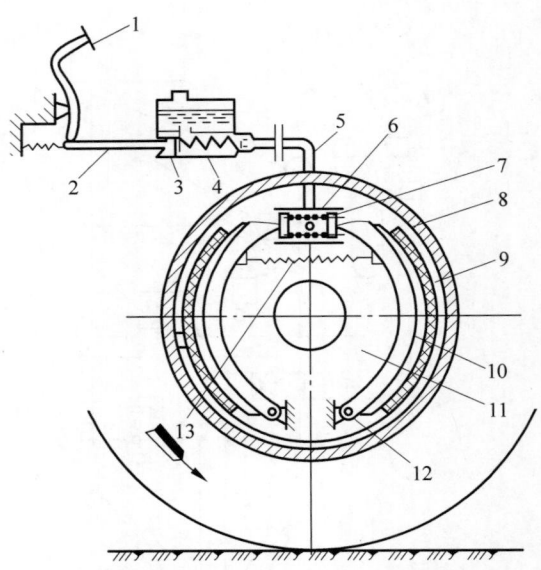

1—制动踏板；2—推杆；3—主缸活塞；4—制动主缸；5—油管；6—制动轮缸；7—轮缸活塞；8—制动鼓；9—摩擦片；10—制动蹄；11—制动底板；12—支撑销；13—制动蹄回位弹簧。

图12-134　制动器工作原理示意图

12.7.3　保养和检修

露天矿卡车的修理工作分为小修、中修和大修三种制度。小修工作不定期进行，中修工作（总成检修）每两个月进行一次，大修工作每年进行一次。

小修是指卡车发生零星故障时，为及时将其排除并恢复正常性能所进行的修理工作。这种修理工作通常无预定计划，根据卡车的具体技术状况临时确定修理或更换项目。小修工作可与定期保养同时进行，其具体工作内容见一级保养和二级保养。

中修是指卡车在大修理间隔中期，为消除各总成之间技术状况不平衡所进行的一次有计划的平衡性修理，以保证卡车在整个大修间隔期内具有良好的技术状况和正常的工作性能。中修除完成小修或定期保养的全部工作内容外，还包括以下工作内容。

（1）对发动机进行解体检查，进行全面彻底的清洗；检查曲轴、连杆、凸轮轴与轴承的配合间隙及磨损情况，检查各种配合件、传动件的磨损情况,视情况更换已损坏或磨损超限的零部件(如活塞环、油封等)。

(2)拆下喷油泵、输油泵、喷油器,清洗校验,恢复良好的供油性能。

(3)拆检离合器,更换磨损超限或损坏的零件,调整间隙。

(4)检查气泵等附件的工作性能,必要时应进行修理作业。

(5)拆洗变压器,检查各挡齿轮的轴向间隙及齿面磨损情况,检查各轴承的间隙,检查各换挡机构的工作状况,更换磨损超限的零件。

(6)拆检传动轴、伸缩套节、万向节、轴承等,更换磨损超限的零件。

(7)检查转向机构及联动装置,更换润滑油,清洁助力器油箱及滤网,调整各部位间隙,检查转向液压泵压力。

(8)拆检前轴,检查工字梁、转向节、转向臂、横直拉杆及球销有无损伤,检查主销与衬套的间隙,更换已损坏或磨损超限的零件、轴承等,组装后检查前轮定位要素。

(9)拆洗后桥主减速器、差速器,检查齿轮的磨合情况,调整啮合间隙。

(10)检查后桥各轴承的磨损情况,必要时更换磨损超限的零件。

(11)检查车架各部位,如有严重变形、断裂,应进行修复;对松动的铆钉应重新进行铆接;修补损坏和变形的车箱。

(12)拆检前后钢板,更换变形、断裂、失去弹性的钢板,并进行除锈、除漆;片与片之间涂减磨剂,更换磨损超限的衬套和钢板销。

(13)对于损坏变形的车门及其余钣金件进行校正、焊补。

(14)对车身脱漆或裂损焊补处进行补漆,整理车容。

(15)检查自卸机构的性能及液压缸的密封性,检查液压泵压力。

(16)检查举升油缸总成、缸座及管件等。

(17)拆下蓄电池,清洁外表,检查各极板的固定情况,检查电液密度及单格电压,并进行充电。

(18)检查全车电气设备及仪表的工作性能,必要时修理或更换损坏的设备。

大修是指卡车在寿命期内,周期性地彻底检查和恢复性修理,使汽车基本上达到原有的动力性能、经济性能、安全可靠性能和良好的操作性能。大修除完成中修(总成修理)的全部工作内容外,还包括以下工作内容。

(1)全部解体卡车,对所有零件彻底清洗,清除油污、积碳、结胶、水垢,并进行除锈、脱旧漆,做好防锈工作;凡属橡胶、胶木、塑料、铝合金、锌合金、尼龙零件、牛皮制品、制动蹄片及离合器摩擦片等不允许用碱水清洗,用碱水清洗过的零件必须用清水冲洗除碱。

(2)各类油管、水管、气管等管道应清洁畅通,不能有任何泄漏及严重的凹痕。

(3)主要旋转零部件,如曲轴、飞轮、离合器压盘、传动轴等,需进行动平衡或静平衡试验(检查)。

(4)对有密封要求的零件或组合件,如气缸盖、缸体、散热器、储气筒、制动总泵、气室等,应进行水压或气压试验。

(5)对主要零件及有关安全的零件,如曲轴连杆、凸轮轴、前轴、转向节、转向节臂、球头销、转向蜗杆轴、传动轴、半轴、半轴套管等都应进行擦伤检查。

(6)对基础件及主要零部件应检查其几何尺寸和主要部位的表面形位公差,特别是配合基准面的平面度、壳孔轴线的同轴度、垂直度、距离等。

(7)凡有分级修理尺寸的零件,均应按分级尺寸修配。

(8)各部螺栓、螺母所用的垫圈、开口销、保险垫片及金属锁线等均应按规定装配齐全;开口销及金属锁线应按穿孔孔径选择相应的规格;连接件的重要螺栓、螺母,应无裂纹、损坏或变形;凡有规定拧紧力矩和拧紧顺序的螺栓、螺母,应按规定拧紧;连接件有两个以上对称的螺栓时,在拧紧时必须采用对角法分数次均匀拧紧。

(9)盛润滑油的容器必须清洁,装油后必须加盖,加油时必须有过滤器装置。

(10)各种摩擦片不得粘有油污,如有必须彻底擦洗干净。

（11）各种零件检查合格后方可装配，除几何形状和加工精度符合要求外，选用的或自行配置的主要零部件，应对其材质、力学性能、硬度进行检查，必须达到标准。各总成及附件应经试验，性能符合要求方可总装。

（12）拆检和清洗蓄电池，检查各极板的固定情况，检查电液密度的单格电压，进行充电。

（13）彻底检查和测量全车电气设备及仪表的工作性能，修理或更换损坏或失灵的设备、零部件及仪表。

（14）防锈喷漆，并进行全车性能试验。

12.7.4　常见故障及排除方法

露天矿重型卡车的常见故障及排除方法见表 12-40。

表 12-40　露天矿重型卡车的常见故障与排除方法

故障现象	故障原因	排除方法
发动机不能启动或启动困难	蓄电池极桩松脱或搭铁接触不良	紧固极桩或搭铁
	蓄电池温度过低，电火花程度太弱	对蓄电池保暖，适当减小断电触点的间隙并清除污垢
	电刷与整流子接触不良	调整电刷压紧弹簧
	启动开关或电机损坏	检修或更换已损坏的零部件
	压缩压力不足或油路中有空气	检查气门间隙，增加压力并排除油路中的空气
	活塞连杆系统机械阻力过大	调整安装间隙并加强润滑
	润滑油黏度太大	换用黏度合适的润滑油
	燃油油面过低	加足燃油
	喷油系统不畅通	检修液压泵、过滤器、喷油器及喷油嘴
	气门间隙过小或密封损坏	调整气门间隙并更换已损密封件
启动之后工作不正常	油中有水分和空气	分离油中水分和空气
	调节机构不灵活，转速时快时慢	检查或更换控制阀套、泵柱塞及连杆
	有的泵柱塞或调速弹簧折断	检查或更换柱塞弹簧及调整弹簧
	喷油器供油不均匀	检查或调整喷油器
	齿杆卡死在不供油位置，随即熄火	检修或更换齿杆
	油路中有水或空气	分离并排除油路中的水或空气
	发动机过冷或润滑油不良	预热发动机和更换润滑油
	气缸垫窜气及压缩压力不一致	检查气缸，更换已损零件
	各气缸的喷油量或喷油提前角不一致	调整喷油器和气门
机油压力太低	机油泵或限压阀工作不正常	检修或更换泵及阀的已损零件
	油面过低，机油黏度过小	选用黏度合适的油，并加足油量
	机油冷却喷嘴控制阀失灵	检查或更换控制阀
	机油压力感应件或仪表失灵	检查或更换已损件
	各部间隙过大或管路漏油	调整间隙，更换密封件
转速达不到额定值	调速器动作失灵	调整或更换高速弹簧
	喷油嘴喷射性能恶化，针阀卡滞或燃油雾化不良	检修或更换喷油嘴及针阀
	发动机的工作温度太低	继续预热发动机
	加速踏板连接件失灵	检修踏板及附件

续表

故 障 现 象	故 障 原 因	排 除 方 法
发动机功率不足	油路或过滤器堵塞	检查或清洗油路及过滤器
	输油泵或喷油器损坏	检修或更换输油泵及喷油器
	增压器或中冷器工作不正常	检修或更换已损件
	气门间隙调整不当	重新调整间隙
	压力太低,配气不正	检查增压器,提高压缩压力
	油路系统有水或空气	排除水或空气
	发动机过热,温升太高	使发动机冷却降温
发动机排放黑烟	机器负荷过大或连续有冲击载荷	操作时避免超载
	气缸压缩压力不足或气门间隙过大	检查增压器和中冷器,调整气门间隙
	气温太低,工作温升不够	预热机器,提高工作温度
	气路堵塞,进入气缸的空气量小	清洗空气滤清器及管道
	燃烧室内积碳过多	清洗燃烧室及附件
	燃油质量不好,黏度大	换用质量符合要求的燃油
	喷入各气缸的油量不均或油量过大	调整喷油器的供油量
	个别气缸雾化不良,不工作	调节各气缸的供油及喷化系统
发动机排放蓝烟	机油油面太高,机油窜入燃烧室	适当降低机油油面
	机油温度过高,黏度下降	冷却机油,使之降温
	机油质量不合格	清洗油底壳,换装合格的机油
	活塞环磨损严重或装反	检查并更换磨损超限的活塞环
	活塞与缸壁间隙过大或出现反椭圆	检查并更换磨损超限的活塞及缸套
发动机突然熄火	油中混入水分或空气	分离油中的水分和空气
	输油泵零件损坏,工作不正常	检修或更换出油阀及柱塞弹簧等已损件
	齿轮及齿条系统发生卡滞现象	检修或更换已损件
	工作温度过高,零件间抱死	检修或更换传动件
	机油压力过低,零件之间润滑不良,零件互相抱死	检查机油润滑系统,加强润滑
发动机过热	水泵运转不正常,供水量不足	检修水泵并更换已损零件
	散热器或节温器工作不正常	检修或更换散热器或节温器
	冷却液面过低	加足冷却液
	冷却管路水垢过厚或堵塞	检修管路,除去水垢或其他污物
	冷却风扇传送带过松或风扇离合器损坏	检修风扇,更换已损件
运转振动严重	气缸压力不均匀	检查增压器及气缸垫,更换已损件
	个别气缸不工作或工作不正常	检查和调整喷油泵及喷嘴
	各气缸活塞组合件的重量不平衡	调配各活塞组合件,尽量使其重量相等
	飞轮或曲轴不平衡	调整飞轮或曲轴的平衡重
	曲轴端隙或轴瓦间隙过大	调整轴端及曲轴瓦的间隙
	各气缸供油时间或点火时间不一致	检查调整喷油泵及正时齿轮

续表

故 障 现 象	故 障 原 因	排 除 方 法
发生不正常声响	曲轴衬瓦间隙过大或合金烧蚀	检查衬瓦并更换已损件
	曲轴弯曲或端隙过大	修理曲轴并调整端隙
	连杆衬瓦间隙过大或合金烧蚀	修理或更换已损件
	连杆弯曲或装置不当,撞击油底壳	调整或更换连杆
	活塞销断裂或衬套磨损	检查活塞销,更换已损件
	活塞碰撞气缸壁	更换活塞,调整活塞与气缸的间隙
	活塞环在环槽中过松、断裂或卡住	检查活塞环及环槽,更换已损或不合适的活塞环
	气缸漏气,压力不足	检查或更换密封垫
	气门处有关间隙不合适	检查和调整气门、挺杆和导管等处的配合间隙
	喷油压力不当或各气缸供油量不均	检查和调整喷油泵,使压力及供油量符合要求
	气缸点火不当或个别气缸不工作	检查和调整正时齿轮间隙
	带轮、飞轮或磁电动机松动窜位	检查并拧紧固定螺栓
	发电机电枢撞击磁铁或轴承润滑不良	调整轴承间隙并加强润滑
	发动机过热,产生早燃现象	检查并调整冷却系统,使发动机降温
产生"飞车"现象	调速器的杆件卡滞	检查和调整调速器
	调速器内有水结冰或机油过多且太黏	排除水和冰,换用合适的机油
	两级式调速器连接销松脱	检查并紧固轴
	调速器飞块脱落或折断	修理或更换飞块
	大量润滑油窜入气缸并燃烧	调整润滑油至适量并截止窜流
	调节齿杆卡在最大供油位置上	排除卡滞,调回正确位置
离合打滑	离合器压紧力降低	调节踏板行程和弹簧压紧力
	摩擦片粘有油污,摩擦系数降低	清洗摩擦片
	摩擦片磨损严重,铆钉外露,工作失效	换装新摩擦片
离合器分离不彻底	踏板行程过大或分离杠杆高度不一致	调整踏板行程和杠杆高度
	摩擦片过厚或盘面挠曲不平	校正和修磨摩擦片
	中压盘分离机构失灵或分离弹簧折断	调整分离机构,更换已损坏弹簧
	工作缸缺油或混入空气	排出空气,加足油量
	工作缸的压力不足	检查密封圈并更换已损件
离合器踏板沉重	助力系统气压不足或管路漏气	检查管路,更换失效的密封件
	气压作用缸活塞密封圈磨损	更换已损密封件
	排气阀漏气	检查或更换密封件
	随动控制阀失灵	检修调整控制阀各杆件及管路

续表

故 障 现 象	故 障 原 因	排 除 方 法
变速器发生不正常声响	轴承磨损,发生松旷现象	检查和更换轴承
	齿轮间啮合状态恶化,传动时发生撞击	检修或更换严重磨蚀的齿轮
	齿轮出现断齿	更换已损齿轮
	轴变形或花键严重磨损	修理或更换已损件
变速器跳挡	啮合齿断面已磨损成锥形	更换已损齿轮
	自锁机构弹簧弹力减弱或折断	更换失效的弹簧
	变速叉轴定位槽磨损超限	修理定位槽或换装新件
	变速叉变形或端面磨损严重	修理或更换变速叉
	轴承松旷,轴心线不正	检查和更换磨损的轴承
换挡困难或乱挡	变速叉变形或损坏	校正修理或更换
	远距离操纵机构变形及卡滞	校正和调整操纵杆件
	变速杆定位销松动或折断	检查变速杆,更换已损件
	变速杆球头磨损严重	修理球头或更换变速杆
	各杆件配合间隙过大,挡位感不明显	调整间隙或更换磨损超限的杆件
驱动桥发生不正常声音	轴承松动或损坏	检查和调整轴承间隙,更换已损件
	螺旋锥齿轮间隙过大	调整啮合间隙
	行星齿轮与十字轴卡滞	调整十字轴间隙或更换已损件
	轮边减速器齿轮磨损严重	调整间隙,更换已损件
制动不良或失灵	制动气压不足	检查或清洗过滤器、气阀及密封装置,更换已损零件
	制动压力不稳定	检查和调整压力调节器及安全阀
	制动液压系统混入空气	排除空气,检查加压器、制动分泵和液压缸,更换已损密封件
	制动间隙过大或凸轮轴卡滞	调整制动闸及凸轮轴
	制动蹄与制动鼓之间有油质或污物	清扫制动间隙工作面
	摩擦片靠合面积过小或制动鼓变形失圆	修理或更换失效零件
	摩擦片磨损严重,铆钉外露	换装新摩擦片
制动时跑偏	某一侧制动器或制动气室失灵	检查并调整制动器,使两侧制动力平衡
	两侧的摩擦片型号和质量不一致	选配型号及质量相同且符合要求的摩擦片
	摩擦片磨损不均匀	调整摩擦片,使其磨损均匀
制动时锁住	制动蹄与制动鼓之间的间隙过小	适当调大制动间隙
	制动蹄回位弹簧力不足或弹簧断裂	检查和调整回位弹簧,更换已损件
	制动蹄支撑销、凸轮轴与衬套装配过紧或润滑不良	调整部件装配间隙并加强润滑
	制动阀或快放阀工作不正常	调整或更换阀件
	制动液压系统不畅通	清洗系统中的堵塞污物
	制动分泵自动回位机构失效	检查或更换紧固片及紧固轴,使配合松紧合适
	摩擦片变形或转动盘花键齿卡住	校正和修理摩擦片及花键齿

续表

故 障 现 象	故 障 原 因	排 除 方 法
转向沉重	液压系统缺油,使转向加力作用不足	检查油罐油面高度,按规定加足油并排气,检查并排除漏油现象
	液压系统内有空气	排气并检查油面高度和管路及各元件的密封性
	液压泵磨损,内部漏油严重,使压力或排量不足	更换或拆检液压泵,排除故障
	液压泵安全阀漏油或弹簧太软使压力不足	修理安全阀,换装合适弹簧并调整油压
	驱动液压泵的传送带打滑	调整传送带张力
	液压泵、动力缸或分配阀的密封圈损坏,泄漏严重,压力不足	更换密封圈,排除泄漏故障
	过滤器堵塞,使液压泵供油不足	清洗过滤器,更换滤芯
	压力供油管路接头漏油或管路堵塞	更换或清洗管路和接头
	转向器或分配阀轴承预紧力过大,使转向轴转动困难	重新调整轴承间隙
	转向系统各活动部位缺乏润滑油	加注润滑油
	前轮胎充气不足	按规定压力给轮胎充气
	主销推力轴承损坏或有缺陷	更换轴承
前轮摆头	转向器支架、转向管柱支架、悬挂支架等松动	紧固各支架及附件
	转向拉杆球销间隙过大	调整球销间隙
	分配阀定中弹簧损坏或定中弹簧弹力小于转向器逆传动阻力,使滑阀不能保持在中间位置或正常运动	更换弹簧
	液压系统缺油	加足油并排气
	液压系统内有空气	排气并充油
	液压泵流量过大,使系统过于灵敏	重新进行液压泵选型或调整参数
	前轴安装不正	找正前轴
	减振器堵塞或失灵	清理或更换减振器
	前轮胎充气压力不同	量准轮胎气压并充气
	前轮胎磨损不均	更换轮胎
	前轮毂轴承间隙过大	调整轴承间隙
	U 形螺栓松动	紧固 U 形螺栓
	转向节臂松动	锁紧转向节臂
	车轮松动或不平衡	紧固轮胎螺母并进行动平衡试验

续表

故 障 现 象	故 障 原 因	排 除 方 法
在行驶中不能保持正确方向	分配阀定中弹簧损坏或定中弹簧弹力小于转向器逆传动阻力,滑阀不能及时回位	更换阀弹簧
	分配阀的滑阀与阀体台肩位置偏移,滑阀不在中间位置	更换或调整分配阀总成,消除偏移
	分配阀的滑阀与阀体台肩处有毛刺	清除毛刺
	由于液压泵流量过大和管路布置欠妥,液压系统管路及节流损失过大,在动力缸活塞两侧造成压力差过大而引起车轮摆动	降低管路及节流损失,减小液压泵流量,重新布置管路等
	前轴安装不正	找正前轴
	前轮胎磨损不均	更换轮胎
	一个前轮胎气压不足	量准轮胎气压并充气
	一个前轮经常处于制动状态	调整、检修制动器
	一个前轮轴承卡住	调整轴承间隙或更换轴承
左右转向轻重不同	分配阀的滑阀偏离阀体的中间位置,或因制造误差,虽处在中间位置但台肩两侧的预开间隙不等	更换或调整分配阀总成
	滑阀内有脏物、棉纱等,使滑阀或反作用柱塞卡住,造成左右移动的阻力不等	清洗分配阀,去除脏物、棉纱等
	整体式转向器中液压行程调节器开启动作过早	调整液压行程调节器
快转方向盘时感到沉重	液压泵供油不足	调整油泵供油量
	选用的液压泵流量过小,供油不足,引起转向滞后	重新选用液压泵
	高压胶管在高压下变形太大而引起滞后	更换高压胶管
方向盘抖动	液压装置内未完全排除空气	排气并充油
	油罐中缺油,使液压泵吸入空气	加油并排气
	液压泵吸油管路密封不良,吸进空气	修复或更换密封元件
方向盘自由间隙太大	转向传动杆件的连接部位磨损严重,间隙过大,松旷	调整间隙或更换杆件
	转向摇臂轴承销松动	修复或更换
	转向器内部传动副磨损,使间隙增大	调整或修复
	转向器支架松动	紧固支架螺栓
方向盘回正困难	转向传动杆连接部位缺少润滑油(脂),使回转阻力增大	加注润滑油(脂)
	转向器阻滞	检查转向器,消除阻滞
	分配阀中有脏物,使滑阀阻滞	清洗分配阀,清除脏物
	转向管柱(轴)轴承咬死或卡滞	更换轴承,加注润滑油(脂)
	分配阀中弹簧损坏或太软	更换弹簧

续表

故 障 现 象	故 障 原 因	排 除 方 法
液压油耗严重	油罐盖松动向外窜油	拧紧油罐盖
	液压泵、分配阀或动力缸的油封或密封圈损坏	更换油封或密封圈
	油管或接头损坏或松动	修复或更换油管或接头
液压泵压力不足	驱动带打滑	调整传送带张力
	安全阀泄漏严重或弹簧压力不够	修复安全阀或更换压力弹簧
	溢流阀泄漏严重	修复溢流阀
	液压泵磨损严重造成泄漏或液压泵损坏	更换液压泵及附件
	油液黏度太低,易泄漏	检查油液,更换黏度合适的液压油
液压泵压力过高	安全阀堵塞、失灵	检查并消除堵塞
	安全阀弹簧太硬	更换合适的压力弹簧
液压泵流量不足	传送带打滑	调整传送带张力
	溢流阀弹簧太软	更换阀弹簧
	安全阀、溢流阀泄漏严重	更换或修复安全阀、溢流阀
	油罐缺油或液压泵吸油管堵塞	加油并检查油管,消除堵塞
	液压泵磨损严重	更换液压泵及附件
液压泵流量太大	溢流阀卡住	修复并调整阀体
	溢流阀弹簧太硬	更换弹簧
液压泵噪声大	油罐中油面过低,使液压泵吸入空气	加油并排气
	液压系统中的空气尚未排完	排气并充油
	出油过滤器堵塞或破裂,使液压泵吸油管堵塞	清除油罐或管路中的过滤器碎片,更换过滤器
	管路或接头破裂或松动而吸进空气	修复或更换管路、接头
	液压泵磨损严重或损坏	检查并更换液压泵

12.7.5 露天矿卡车智能调度

露天矿卡车作业机动灵活,分散于整个露天矿区,采用一般的管理方法和管理手段难以实现自动实时采集生产指标,确定卡车位置与设备状态。露天矿卡车自动实时调度系统则可改变这种状态,实现集中监控和管理采运设备,从而实现更有效的运作目标。

1. 露天矿卡车调度系统简介

露天矿卡车调度方式基本上可分为定点配车和随机配车两大类,各自具有不同的配车原理和特点。

1) 定点配车

在某一工作班内,将某个车队固定配置给某一采掘工作面的挖掘机。在多个排卸点条件下,可事先通过工艺系统模拟确定该工作面物料的合理流向及货流分配,对重车去向进行优化决策。空车以挖掘机与卡车配置的从属关系进行调度,某个挖掘机发生故障时,依据就近调配、向产量完成差的工作面和重点工作面配车的原则进行调整。

2) 随机配车

在某一工作班内,卡车不是固定配置给某一采掘工作面的挖掘机,而是根据整个系统实际作业状况,依据调度准则进行实时调配,以充分发挥采、运设备的能力,获得最优的经济效益。卡车机动调配是一个复杂的多变量、多目标决策问题,需要将实际工况及卡车车位信息及时反馈给决策系统,以便及时、准确地做出卡车调配决定,下达调配指令,指挥生产。

因此,实现随机配车需要建立一个自动化实时调度系统。该系统根据通信方式不同,可分为有线通信调度系统及无线通信调度系统。

（1）有线通信调度系统。该系统在露天矿区范围内根据需要设置一定数量的区段分站。区段分站与中央调度室的主机间采用通信电缆连接,每个分站和若干个路边机及显示牌也用通信电缆连接。卡车运行时,通过安装在车上的小型无线发射机连续地发射该车的编码信号,路边机收到信号后通过通信电缆传给区段分站及中央调度室主机。卡车位置通过接收车号的路边机的位置来确定。卡车实际工况,诸如装车的挖掘机号、装载的矿岩种类、装载量等由安装在卡车上的工况监测仪测定,通过卡车上的发射器发出,路边机接收并传给分站及中央调度室主机,后者根据实际生产状况及调度原则做出调度决定,调度指令通过区段分站显示在牌上,以指挥卡车司机。

（2）无线通信调度系统。通过安装在卡车及中央调度室的无线收发装置完成卡车工况、车位信息及调度指令的发送和接收。中央调度室设有全球定位系统（GPS）地面固定站,每个卡车上都装有卡车工况检测仪、卫星信号接收装置、指令显示屏,以及无线接收、发射装置。卡车工况、卡车位置等信息通过卡车上的无线发射装置发送给中央调度室或其分站。中央调度室做出决策后,通过中央调度室或分站无线发射装置将调度指令发送给卡车,以指挥生产。

2.卡车工况监测系统

监测的卡车工况包括卡车所在的挖掘机号、矿岩种类、实际装载量、卡车作业状态（等待、装车、运行、故障等）,并反馈给中央调度室作为调度决策的重要依据。该系统主要包括司机室内的卡车工况监测仪以及相关部件上的传感系统两部分,具有完成各种工况信息的采集、模-数转换、信息处理、分类统计等功能。

3.GNSS卡车车位监测系统

系统由配备在中央调度室的GNSS地面固定站和配备在卡车上的GNSS车载机组成。前者由卫星信号接收天线、主机板、调制解调

器、无线发射装置及计算机组成,后者由卫星信号接收天线、主机板、调制解调器及无线发射装置组成。固定站的计算机可与大屏幕显示屏连接,显示卡车运行情况。利用GNSS确定动点位置坐标可达米级精度,还可给出动点运行速度等参数,利用实时差分法计算卡车的瞬时位置坐标,其定位误差小于10 m,速度误差小于0.2 m/s,每秒可进行一次定位,完全能满足露天矿卡车车位测定精度的要求。

4.卡车实时调度优化决策软件系统及调度模型

卡车实时调度优化决策软件系统是整个调度系统的核心,主要包括技术数据前期处理子系统、外部指令及上级指挥子系统、大屏幕显示子系统、卡车实时调度优化决策子系统。

1）技术数据前期处理子系统

该系统具有以下功能:

（1）建立和修改工艺系统及运输道路网络系统;

（2）确定各采掘工作面至矿岩排卸点的最优路径及运距;

（3）按班计划剥采量确定各采掘工作面班计划产量;

（4）按班计划排弃量确定各排卸点班计划排卸量;

（5）进行矿岩合理流向及流量分配,作为重车调配的依据;

（6）按班矿石搭配计划确定各采掘工作面的采掘比;

（7）确定矿山工程及各作业工作面的优先级;

（8）班前对采、运、排工艺系统构造模型进行计算机模拟,预测在相应系统状态下采、运、排设备类型和数量的合理匹配,以及产量的完成情况;

（9）处理采、运、排设备故障,进行故障时间预测及实际修复时间统计计算。

2）外部指令及上级指挥子系统

主要处理应急、临时的上级指令及计划变更;改变计算机软件系统的某些决策,执行特殊调度指令等。若中央调度软件系统或信息

反馈子系统发生故障,可用外部指令及上级指挥子系统人工临时发出调度指令。

3)大屏幕显示子系统

显示露天矿采场、排土场、运输道路系统、地面生产系统的图形。显示采、运设备作业状态,卡车位置,运行方向,产量及有关指标等。

4)卡车实时调度优化决策子系统

该系统位于中央调度室主机上,依据调度准则、生产计划、作业条件、产量完成情况等工况信息,对每台卡车做出最优调度决策,下达给卡车司机。

12.8　架空索道车

为了减轻下井人员的体能消耗,体现以人为本的管理理念,《煤矿安全规程》第三百六十五条规定:人员上下的主要倾斜井巷,垂深超过 50 m 时,应采用机械运送人员;第三百五十八条规定:长度超过 1.5 km 的主要运输平巷,上下班时应采用机械运送人员。

煤矿通常使用的机械运人装置有输送带、人车、架空乘人装置。按《煤矿安全规程》附录一中的主要名词解释,架空乘人装置的定义为:在倾斜井巷中采用无极绳系统或架空轨道系统运送人员的一种乘人装置,包括行人辅助器、蹬座(猴车)和单轨吊车等各种型式的乘人装置。

本节中的架空乘人装置特指蹬座,如图 12-135 所示。该装置具有以下优点:

图 12-135　架空乘人装置(蹬座)

(1)对巷道地形适应性强,受巷道变形影响小。

(2)驱动装置占用空间小。

(3)钢丝绳运行速度低,乘员距离地面近,可随时上、下车,运行安全可靠。

(4)首期投资少,能耗少,自动化程度高,维护简单,每班所需司乘人员少,运营费用低。

(5)可实现双向连续运输,运输能力大。

12.8.1　主要类型

1.架空乘人装置的组成

架空索道乘人装置(俗称"猴车")以防爆电动机为动力,其驱动轮通过摩擦力拖动牵引钢丝绳移动,主要由驱动装置(包括电动机、减速器或液压系统、驱动轮、制动器和机架等)、绳轮组(包括托绳轮、压绳轮、收绳轮、导向轮等)、上下车装置、水平转弯装置、吊椅、回绳装置(包括回绳轮、导向装置、张紧机构和导绳轮等)、牵引钢丝绳、安全保护装置(包括越位保护、沿途紧急停车、速度保护、装置重锤限位保护、液压系统的过压和超温保护等装置)、语音声光信号装置和电气控制系统等组成。

2.架空乘人装置执行标准

目前,架空乘人装置执行的行业标准有两个,一是《煤矿用架空乘人装置安全检验规范》(AQ 1038—2007),该规范主要从设计和检验角度对各种类型架空乘人装置进行了规范;二是《煤矿用架空乘人装置》(MT/T 1117—2011),该行业标准规定了各种类型架空乘人装置的设计、加工制造和检验标准。

3.架空乘人装置分类

按照 AQ 1038—2007 的规定,架空乘人装置的分类如下:

(1)按运行方式分为双侧运行、单侧运行。

(2)按吊椅型式分为固定吊椅、普通可摘挂吊椅、高速专用吊椅、大坡度可摘挂吊椅。

(3)按制动方式分为电液制动器制动、液压站制动、气动制动。

(4)按张紧方式分为重锤张紧、液压张紧。

(5)按调速方式分为变频调速、液压调速、直流调速、开关磁阻调速、交流电机调速。

4.架空乘人装置产品型号

架空乘人装置产品型号如下所示:

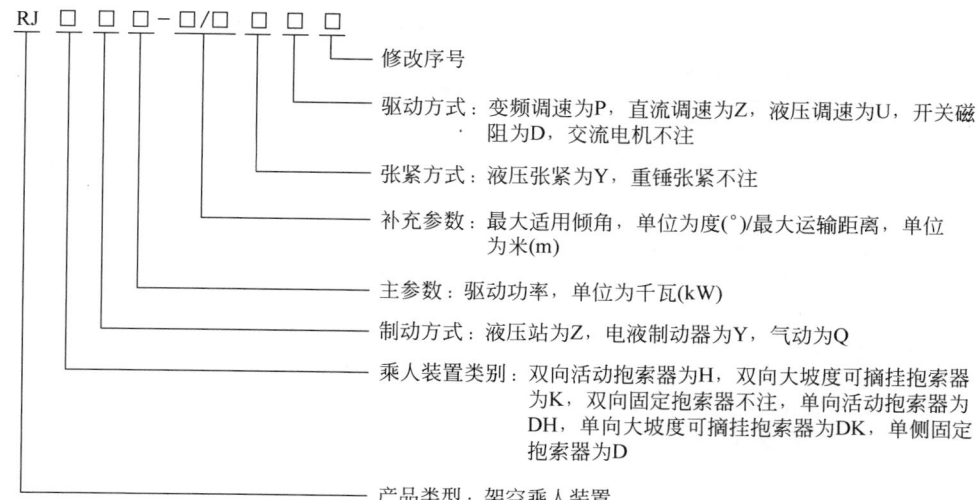

RJ □ □ □ - □ / □ □ □

- 修改序号
- 驱动方式：变频调速为P，直流调速为Z，液压调速为U，开关磁阻为D，交流电机不注
- 张紧方式：液压张紧为Y，重锤张紧不注
- 补充参数：最大适用倾角，单位为度(°)/最大运输距离，单位为米(m)
- 主参数：驱动功率，单位为千瓦(kW)
- 制动方式：液压站为Z，电液制动器为Y，气动为Q
- 乘人装置类别：双向活动抱索器为H，双向大坡度可摘挂抱索器为K，双向固定抱索器不注，单向活动抱索器为DH，单向大坡度可摘挂抱索器为DK，单侧固定抱索器为D
- 产品类型：架空乘人装置

5. 架空乘人装置的基本参数

架空乘人装置的基本参数见表12-41。

表 12-41　架空乘人装置的基本参数

序　号	参数名称	固定吊椅乘人装置	可摘挂吊椅乘人装置		
			普通可摘挂吊椅乘人装置	高速专用吊椅乘人装置	大坡度可摘挂吊椅乘人装置
1	运行速度/(m/s)	≤1.2	≤1.5	≤3.0	≤1.5
2	最大适应倾角/(°)	35	14	14	25
3	绳间距/m	≥1	≥0.8	≥1	≥0.8

6. 架空乘人装置的工作条件

(1) 工作时周围空气中的瓦斯、煤尘和二氧化碳、硫化氢等有害气体浓度不应超过《煤矿安全规程》的规定。

(2) 环境温度为0～40℃，相对湿度不大于85%（环境温度为(20±5)℃时），海拔高度不超过1000 m，无腐蚀性气体。

(3) 当海拔高度超过1000 m时，应考虑空气冷却作用和介电强度的下降，选用的电气设备应根据制造厂和用户的协议进行设计和使用。

(4) 工作记录。若设备在安装或维修改造中做了较大的技术变更，应当有对技术变更做出说明的文件资料。应当有各种工作记录：《运行记录》《日常检查和维护保养记录》《钢丝绳检查维护记录》《抱索器移位记录》等。

12.8.2　工作原理

架空乘人装置的工作原理如图12-136所示。在巷道端头设有动力驱动装置、上下车站，尾端设有上下车站、尾轮和重锤式张紧装置。驱动装置的电动机带动减速器与其直连的驱动轮转动，并依靠驱动轮（衬垫）和钢丝绳之间摩擦带动钢丝绳和乘人器一起在线路上不停地循环运行，完成运送人员的任务。

巷道沿途设有一托一压形式的托（压）绳轮，在以上部件之间贯穿了一根无极钢丝绳，形成一种封闭的运输线路。吊椅（乘人器）供人员乘坐，利用其上方的抱索器中衬垫与钢丝绳的摩擦而紧紧地抱在运行的钢丝绳上，从而运载着人员从线路起点的上（下）车站运行到终点的下（上）车站。

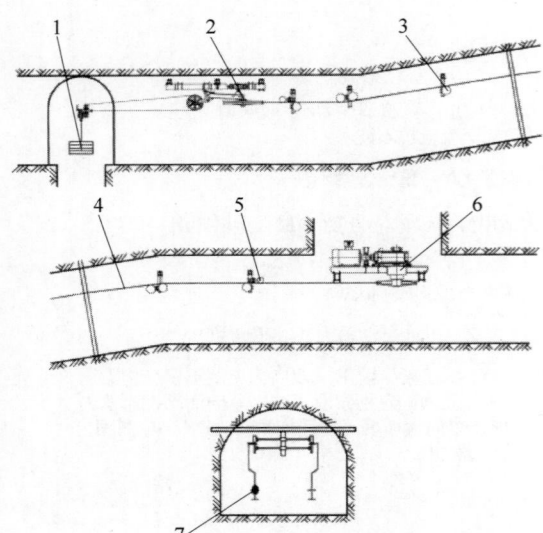

1—重锤；2—尾绳装置；3—托绳轮；4—钢丝绳；
5—压绳轮；6—驱动装置；7—吊椅。

图 12-136　架空乘人装置工作原理

在钢丝绳运行时，按使用固定吊椅、活动吊椅、可摘挂吊椅三种情况，人员使用架空乘人装置的过程如下所述：

（1）固定吊椅：运行速度较慢，乘坐人员在上（下）车站依次乘坐上（下）车。

（2）活动吊椅：在上车站，活动吊椅挂在滑道上靠自重滑入钢丝绳；在下车站，活动吊椅可滑上滑道，自动脱离钢丝绳。根据巷道情况，在运行速度小于 1.2 m/s 时，也有采用乘员跑动上、下车的方式，乘员手持吊椅，在牵引钢丝绳运行时，将抱索器挂接到钢丝绳后再乘坐吊椅。

（3）可摘挂吊椅：乘坐人员在驱动部附近从乘人器存放架上取下乘人器，将抱索器放在启动轨上，坐上吊椅，右手握椅杆收脚，左手按启动按钮，乘人器在上车站轨道上自行下滑，依靠抱索器衬垫与钢丝绳的摩擦运行到尾部下车站。到达下车站待乘人器呈静止状态时，放脚落地，从下车轨道上取下乘人器放到存放架上，如此循环往复。

除单独设计的水平转弯处，架空乘人装置运行线路的中心线在水平面上的投影应为一条直线。

12.8.3　安全防护

为了保证乘员、设备安全，架空乘人装置设置了多种保护。按照保护的实现方式，分为机械式保护装置、电气式保护装置。机械式保护装置比电气式保护装置相对可靠，不会出现电气元件故障后保护失效的问题，但无法在出现故障后使乘人装置停车。在实际应用中，应根据现场情况，合理确定采用何种保护装置。

电气式保护装置接入电控系统，当任意一个电气式保护装置运行后，系统执行急停动作：制动闸施闸，主电机断电。架空乘人装置发生故障，或电气式保护装置动作后，电控系统应在操作台显示故障位置，而且应在排除故障和安全装置经人工复位后，方能重新启动。

机械式保护装置采用机械式结构，可实现变坡点捕绳、防止乘员越位、运行区间防掉绳等多种保护。

下面介绍架空乘人装置具有的具体保护功能。

1. 总停开关

架空乘人装置应设置总停开关，发生特殊情况时，司机按下总停开关，系统会紧急停车，保证乘员、设备安全。总停开关应选择带自锁机构的开关，当开关被按下后不会自动复位。

2. 电控装置的保护

电控装置应具备过流、过压、欠压、电源缺相等保护，保证其能正常工作。

3. 工作制动器与安全制动闸

驱动电机与减速器之间应安装工作制动器，驱动轮应设置安全制动闸。所有的制动装置应为失效安全型，制动力（矩）应为额定牵引力（矩）的 1.5～2 倍。严禁司机擅自调整制动闸。

架空乘人装置在严重过载或其他故障情况下可能产生严重超速（即飞车）现象。为了避免酿成危及人身或设备的重大事故，应采取紧急制动，这时工作制动器和安全制动器应能自动地相继投入工作。但是，如果制动减速度太大，又会使牵引系统剧烈跳动，引起大面积掉绳事故。所以，相关标准对制动减速做出了相应规定：

安全制动闸制动时的空动时间应不大于 0.7 s；重车下行、空车上行时，工作制动器的平均减速度不应小于 0.3 m/s²，重车上行、空车下行时工作制动器的平均减速度不应大于 1.5 m/s²。

4. 制动器闭锁保护

乘人装置主电机启动时，工作制动器必须处于松闸状态，否则乘人装置不能启动。

由于现场无法避免出现设备带负载启动的情况，工作制动闸打开与主电机启动的时间间隔不能太短，防止出现设备溜车。

5. 乘人间距控制保护

固定抱索器的系统，吊椅间距已经固定，不会出现乘人间距过小的问题，所以乘人间距控制保护是专为采用非固定抱索器的乘人系统设定的，以避免乘人间距过小造成系统超载，带来安全事故。

在上车区间前面，按照设计规定的乘人间距设置开关及指示灯，当乘员通过第一个开关后，指示灯亮，此时严禁第二个人员乘坐，待第一个乘员通过第二个开关时，指示灯熄灭，此时下一位乘员可以上车，否则不得乘车。

6. 沿线紧急停车保护

由于架空乘人装置的安装距离长，运行条件复杂，应设置沿线急停装置。当遇到特殊情况时，乘员能通过沿线紧急停车保护装置立即控制乘人装置急停，保护乘员、设备安全。

沿线急停装置的开关安装间距应不大于 50 m。沿线急停装置之间用拉线连接，乘员经过的区域均应铺设拉线，并确保乘员在乘坐吊椅时能随时伸手拉动拉线，使系统急停。

紧急停车开关动作后应能自锁，防止开关自动复位后远处的司机继续开机。

图 12-137 所示为 KHJ1/12L 型煤矿井下紧急闭锁开关，其内部带有编码板，通过多芯线连接。当开关动作时，操作台显示对应开关位置，同时开关侧面的指示灯闪烁，提醒维护人员。

图 12-138 所示为 GEJ30 型跑偏传感器，其内部不带编码板，可以采用多芯线分组连接方式，当开关动作后，操作台显示分组区间，分组

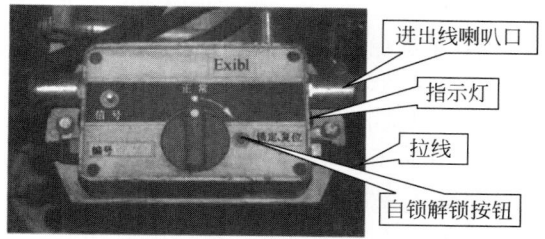

图 12-137 KHJ1/12L 型煤矿井下紧急闭锁开关

数量视多芯线内部线缆数量确定。如果信号线接入带编码板的接线盒，通过设置接线盒中编码可以实现与智能拉线开关一样的功能，拉线开关动作后，在操作台显示对应开关的位置。

图 12-138 GEJ30 型跑偏传感器

7. 速度保护

乘人装置应具有速度保护装置，并有运行速度显示，当乘人装置（牵引钢丝绳）运行速度超过或低于设计规定数值的 15% 时应自动断电，同时制动装置制动。

目前常用的测速传感器有隔爆型、本安型，均能满足实际工作需要。某些测速传感器还可以检测速度方向，实现钢丝绳倒转时的保护（逆行保护）。

8. 钢丝绳无损在线监测装置

煤矿用钢丝绳无损在线监测装置安装在钢丝绳需要检测的重点部位，在钢丝绳正常工作过程中，自动完成对钢丝绳的检测工作。

目前常用的钢丝绳无损在线监测装置的工作原理是：首先由弱磁加载组件完成对被测钢丝绳的弱磁规划，使被测钢丝绳处于稳定的待测状态，然后由高性能传感器检测模块完成对被测钢丝绳全程状态信息的提取，并输出原始检测信号。当钢丝绳处于危险状态时，系统会提示用户采取人工或自动停车等预先设定

好的应急处理措施,从而保障钢丝绳安全运行。

9.越位保护装置

越位保护装置能够可靠防止乘员越位乘坐。越位保护的实施方式可分为两种。

1)电气式越位保护装置

当乘员乘坐吊椅穿越下人区间后,该装置能发出信号,使系统断电急停,制动装置制动,从而保证乘员不会继续前行,避免出现危险。

电气式越位保护装置的安装位置应考虑系统的制动距离确定。

2)机械式越位保护装置

该装置主要适用于采用非固定抱索器的系统。

当乘员乘坐吊椅穿越下人区间后,该装置能阻挡抱索器(吊椅)继续前行,从而保证乘员不会继续前行,避免出现危险。

10.变坡点掉绳保护

变坡点保护具备两种功能。

1)防止钢丝绳继续掉落

如上变坡点的钢丝绳掉绳,钢丝绳会继续下落,由于钢丝绳在乘员正上方,而且下落的钢丝绳力量很大,若砸落到乘员身上,可能对乘员造成伤害。

如下变坡点的钢丝绳掉绳,钢丝绳会向上方弹起,可能将乘员甩落,对乘员造成伤害。即使乘员没有被甩落,也无法下车。

因此,变坡点应设置机械式捕绳器装置,当钢丝绳掉落后将其托住,保护乘员不受伤害。

2)使系统急停,防止事故扩大

变坡点处的钢丝绳掉绳后,电气式掉绳保护装置动作,使系统断电急停,制动装置制动,防止钢丝绳继续运行造成事故扩大。

当电气式掉绳保护装置动作后,钢丝绳会继续掉落,虽然系统断电急停,但如果此时开关已自动复位,司机在机头处能继续开机运行,存在很大的安全隐患。因此变坡点应设置能自动停车的、开关不能自动复位的电气式掉绳保护,并设置机械式掉绳保护装置。

机械式掉绳保护存在的危险因素:钢丝绳掉落到该保护装置上后,可能使抱索器拉拽到该保护装置,形成次生事故。所以,安装机械式掉绳保护的地点,可以同时安装电气式保护,能使设备及时停车。

11.固定吊椅防过摆装置

固定吊椅通过驱动轮、尾绳轮时会产生摆动,可能挂住乘员或巷道中其他设备,因此应设置固定吊椅防过摆装置。

12.减速机油温、油位保护

驱动装置运行中,减速箱内油温温升应不超过 35℃,各主要部件壳体最高温度应不超过 75℃。当驱动装置的减速器油温、油位保护装置发出信号后应报警,通知司机及时处理。减速器缺油或油温过高致使润滑油失效,可能造成减速器无法正常工作,设置这样的保护可以有效提高系统的安全性。

13.泵站油温、油位保护

液压站油温温升不应超过 34℃,最高油温不应超过 70℃。

目前架空乘人装置使用的泵站主要有两种功能:作为安全制动闸的动力源,液压打开制动闸液压缸,碟簧制动;液压传动驱动装置的动力源。

泵站设置油温、油位保护可提高系统的可靠性,对于采用闭式传动的液压架空乘人装置尤为重要。

14.张紧限位保护

在张紧装置的前后两个极限位置前应设置保护开关,当张紧小车触发张紧限位装置的开关时,架空乘人装置自动停止运行,防止因系统张力不够造成溜车事故。在实际应用时,应每班检查张紧装置能否自由移位,防止张紧装置卡阻造成张紧限位保护失效。为防止张紧装置冲出滑道,建议加装保险绳。

12.8.4 主要部件及选型

1.乘员运输能力计算

系统乘员运输能力与钢丝绳运行速度、乘人间距的关系见式(12-51),并且相邻两吊椅沿牵引钢丝绳方向的间距应不小于牵引钢丝绳 5 s 的运行距离,且应不小于 5 m。

$$n = \frac{3600v}{l} \qquad (12\text{-}51)$$

式中：n——运输能力，人/h；

v——钢丝绳运行速度，m/s；

l——乘人间距，m。

固定抱索器乘人装置和可摘挂抱索器乘人装置的运行速度不应超过 1.2 m/s；运行速度达到 1.5 m/s 时，活动抱索器乘人装置应能实现乘员静止上下，但运行速度不应超过 3.0 m/s。

2. 驱动装置选型

根据安装位置、用户使用要求等不同工况，驱动装置有多种型式，一般可分为落地式、悬吊式。实际应用时，应根据不同情况灵活选用。

3. 主电机选型

按正常载荷情况计算电动机功率时应计入功率备用系数，对于满员上行、无人下行的工况，即主电机处于牵引状态时，备用系数应取 1.15；对于满员下行、无人上行的工况，即主电机处于发电状态时，备用系数应取 1.30。并应按最不利载荷情况下启动或制动时的功率与所选电动机额定功率的比值不大于该电动机过载系数的 0.9 倍的条件校验。

4. 减速器选型

一般情况下，对于架空乘人装置的工况，减速器生产厂家都有减速器的服务系数大于 1.5 的要求。减速器的额定输入功率应大于主电机功率的 1.5 倍，以确保减速器的可靠性、安全性。

架空乘人装置的相关标准（AQ 1038—2007）也有要求：在主机正常运转情况下，减速器使用寿命不少于 5000 h。

设计驱动装置时必须严格遵守有关规定，并保留与减速器厂家签订的技术协议。

试运行前应按减速器厂家的要求加注润滑油，并进行空载试验。空载运行 30 min 左右，确认无故障后方可加载运行。试车时应经常检查运转情况，不得有异常冲击、振动，不得渗、漏油。

每次开机前应检查减速机内油面是否符合要求，注意补足油量，及时更换变质润滑油。检查通气帽是否通气顺畅。工作中发现异常情况应停机检查，查明、排除故障后方可继续工作。

减速器应经常保持清洁，外表面不得堆积灰尘，以免影响散热。

5. 驱动轮设计

应进行探伤检查，不应有影响机械强度和使用性能的缺陷。

驱动轴提供设备需要的牵引力，是驱动装置的主要承力部件，其遭到破坏时，可能造成飞车、驱动轮从坡顶滚落等事故。如果有内部缺陷，当系统重载时突然紧急制动，驱动轴更容易断裂损坏，由于此时是运人高峰期，发生此情况后果极其严重。

设计驱动轴时，必须使其有足够的安全系数，在各种工况下都能保证安全，必须精确计算、校核疲劳强度安全系数和静强度安全系数。

同样，回绳站的尾轮也应进行探伤，不应有降低机械性能和使用性能的缺陷。

联轴器的许用传递扭矩应大于制动器的制动力矩，防止制动时损坏联轴器。

6. 钢丝绳选择

宜采用镀锌钢丝绳。镀锌可以防止钢丝锈蚀断丝，并减轻钢丝之间的磨损。

《煤矿安全规程》第四百条规定，架空乘人装置的牵引钢丝绳的安全系数不得小于 6。钢丝绳的安全系数等于实测的合格钢丝绳拉断力的总和与其所承受的最大静拉力（包括绳端载荷和钢丝绳自重所引起的静拉力）之比。

钢丝绳的变形一般分为三个阶段。

1）初始结构性永久变形

当新绳开始使用后，受到负载的影响，钢丝绳整体直径变小，长度增加。事实上，由于伸长量取决于钢丝绳的结构类型、负载大小和工作时的弯曲频次等很多因素，长度的实际增加值很难计算。因此，对于运输距离比较长的巷道，一般选用预张拉钢丝绳，能消除大部分初期永久伸长，避免设备使用初期就需要重新插接钢丝绳。

2）弹性变形

这个阶段的钢丝绳弹性变形基本符合胡克定律，一般按下式计算：

$$l = \frac{FL}{EA} \tag{12-52}$$

式中：l——弹性伸长；

　　　F——钢丝绳的拉力，N；

　　　L——钢丝绳总长度，m；

　　　E——钢丝绳的弹性模量，GPa；

　　　A——钢丝绳截面积，mm²。

3）永久伸长

当钢丝绳受力超过屈服极限后便进入永久伸长阶段，随着负载的继续增加钢丝绳继续伸长，直至断裂。

随着钢丝绳结构设计的改进、制造质量的提高和使用经验的增多，导致钢丝绳失效的主要原因已从钢丝绳问世初期拉应力过大演变为断丝总数达到报废标准而正常退役。钢丝绳的断丝主要分为疲劳断丝、腐蚀断丝和磨损断丝。相关标准对钢丝绳断丝做了详细规定，在使用钢丝绳的过程中应该严格遵守。

下面介绍钢丝绳在购买、插接、维护和保养时具体的注意事项。

（1）购买时的相关要求

牵引钢丝绳应具有"产品质量证明书"和"煤矿矿用产品安全标志"证书。

新绳到货后，应由检验单位进行验收。合格后应妥善保管备用，防止损坏或锈蚀。钢丝绳的钢丝有变黑、锈皮、点蚀麻坑等损伤时，不得用于升降人员。

每卷钢丝绳必须有出厂厂家合格证、验收证书等完整的原始资料。保管超过1年的钢丝绳在悬挂前必须再进行一次检验，合格后方可使用。

（2）插接时的注意事项

被插接的两盘钢丝绳的结构、规格、厂家等应完全相同。

在插接过程中拉紧钢丝绳时，应使用不损伤钢丝绳的专用夹具，不得使用普通的U形绳夹。

钢丝绳插接时，其插接长度不得小于钢丝绳直径的1000倍。相邻两个插接接头之间没有插接的钢丝绳长度不得小于钢丝绳直径的3000倍。插入长度不得小于钢丝绳直径的60倍。接头的外观应浑圆饱满、压头平滑，捻距均匀、松紧一致，各绳股应将中间股均匀并严

密包围，不能因插入的绳股弯度太大而造成周围绳股之间有过大的缝隙。

插接完毕，钢丝绳空载运行24 h后，插接段绳股交叉点的直径增大率不得超过钢丝绳公称直径的10%；插接段其他部位的直径增大率不得大于钢丝绳实际直径的5%和公称直径的6%。

（3）维护、保养的注意事项

钢丝绳的使用期限应不超过2年。如果断丝、直径减小和锈蚀都未达到规定，最多可以延长1年。提升钢丝绳专用油脂在国内又叫戈培油或增摩脂，它不能增加摩擦系数，只能防止钢丝绳锈蚀和减弱钢丝之间的磨损。任何油脂都会降低系统的摩擦系数，从而降低摩擦力。

在钢丝绳的使用过程中，至少每周检查一次。对断丝较多的一段应停车详细检查。断丝的突出部分应在检查时剪下，检查结果应记入钢丝绳检查记录簿。

各种股捻钢丝绳在一个捻距内断丝断面积与钢丝总断面积之比达到25%时，必须更换。

提升钢丝绳以钢丝绳标称直径为准计算的直径减小量达到10%时，必须更换。更换时必须同时更换全部钢丝绳。

7．轮系

线路中承受向下作用力的绳轮称为托绳轮，承受向上作用力的绳轮称为压绳轮。由两个或两个以上压绳轮组成的轮组称为压绳轮组，由两个或两个以上托绳轮组成的轮组称为托绳轮组。

1）双联水平绳轮

双联水平绳轮的作用是控制两股钢丝绳的间距，当驱动轮（尾轮）直径大于绳距时，有必要加装水平绳轮来规范绳距。双联水平绳轮如图12-139所示。

双联水平绳轮的两个绳轮架的开挡距离可以调节，绳轮架本身可以绕转轴自由转动，保证从驱动轮过来的钢丝绳按照一定的锥度进出，运行平稳，并能均衡分配钢丝绳对轮衬的压力，从而延长轮衬的使用寿命。转轴里镶

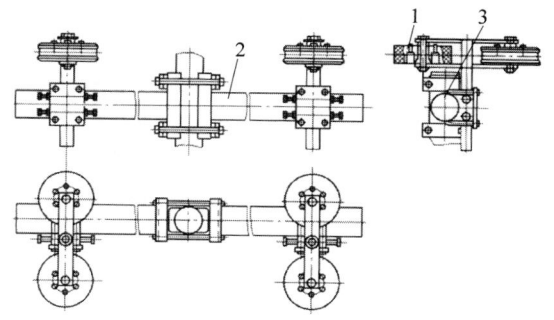

1—双联绳轮组；2—绳轮架；3—通用夹。

图 12-139 双联水平绳轮

有耐磨衬套，以提高衬套的质量和延长转轴的寿命。双联水平绳轮的轮体采用铸钢件。绳衬和轮体采用在外侧的法兰盘连接，以利于更换绳衬。

2）单轮型托绳轮

单轮型托绳轮（图 7-140）轮体采用板焊件，采用带防尘盖的球轴承，绳衬和轮体采用双法兰盘连接，绳衬利于更换。法兰盘和转轴两处的连接采用自锁螺母，以保证连接的可靠性。

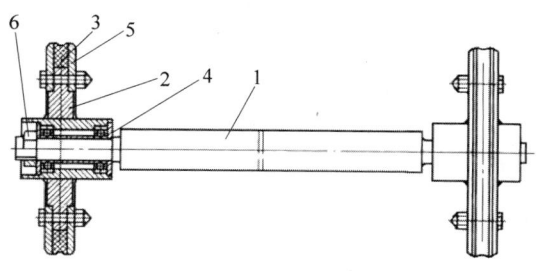

1—转轴；2—轮体；3—绳衬；4—轴承；
5—法兰盘；6—自锁螺母。

图 12-140 单轮型托绳轮

3）双轮型托绳轮

双轮型托绳轮（图 12-141）的轮体和单轮型的相同。双轮型托绳轮用铰制螺栓安装于框架上，框架套在转轴上，可绕轴自由转动。

4）单轮型压绳轮

压绳轮分单轮和双轮，单轮（图 12-142）主要用于直线段或 5°以下变坡点的压绳，双轮主要用于 5°以上变坡点的压绳。轮体采用铸钢 ZG35 制造，保证有足够的强度；采用带防尘盖

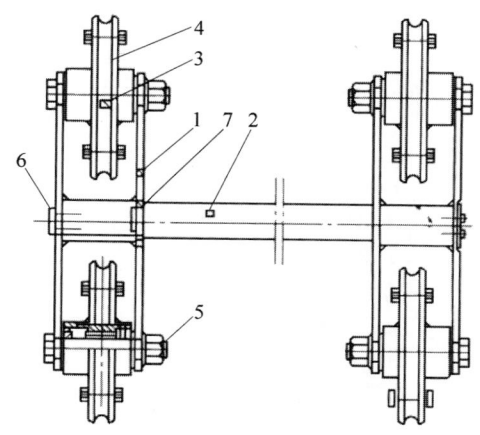

1—框架；2—转轴；3—轮体；4—法兰盘；
5—铰制螺栓；6—单耳制动垫；7—衬套。

图 12-141 双轮型托绳轮

球轴承；绳衬和轮体采用放在外侧的法兰盘连接，利于更换绳衬。法兰盘和转轴两处的连接都采用自锁螺母，以保证连接的可靠性。

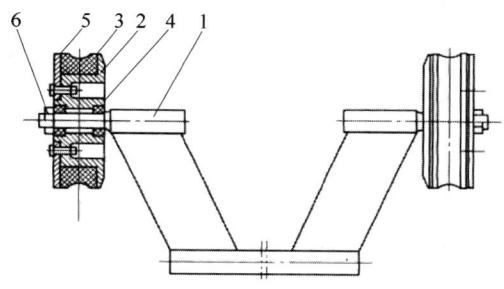

1—曲柄轴；2—轮体；3—绳衬；4—轴承；
5—法兰盘；6—自锁螺母。

图 12-142 单轮型压绳轮

5）双轮型压绳轮

双轮型压绳轮（图 12-143）的轮体和单轮型的相同。双轮型压绳轮用铰制螺栓安装于框架上，框架套在转轴上，可绕轴自由转动。

框架与轴用衬套连接，衬套为高耐磨衬套。这种结构能均衡分配钢丝绳对轮衬的压力，延长轮衬的使用寿命。轮体用铰制螺栓连接在框架上。更换轮衬时，把铰制螺栓取下，取出轮体，再卸下法兰盘。双轮型的连接螺母均采用自锁螺母。

6）支架

目前架空乘人装置的托、压绳轮的安装支

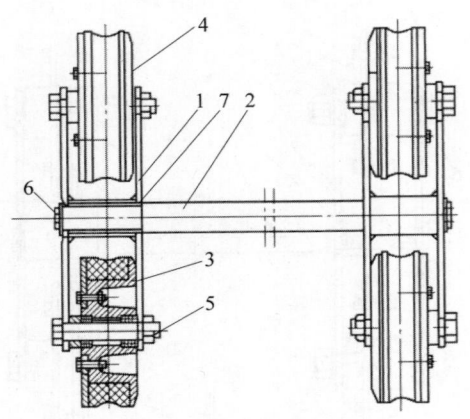

1—框架；2—转轴；3—轮体；4—法兰盘；
5—铰制螺栓；6—单耳制动垫；7—衬套。

图 12-143　双轮型压绳轮

架没有相关要求,这里引用索道相关标准,以供参考。支架采用开口型材时,其壁厚不得小于 5 mm;采用闭口型材时,其壁厚不得小于 2.5 mm。且内壁应进行防腐处理。

8．抱索器

抱索器是运载工具与钢丝绳之间的连接装置,依靠牵引钢丝绳的牵引力,带动运载工具进行运输。按照抱索器的工作方式可分为固定抱索器、活动抱索器、可摘挂抱索器、高速抱索器等,随着技术的不断进步,还会有更多的抱索器种类出现。

为了保证运输安全,有关标准对抱索器做出了以下规定:

抱索器钳口两端应有圆弧过渡,端部内外不允许有棱角;抱索器的抗滑力不应小于重车在最大坡度时下滑力的 2 倍;抱索器应有足够的强度,安全系数不小于 5。

1) 固定抱索器

固定抱索器如图 12-144 所示,由压爪、压紧螺栓、锁紧螺母、顶杆、碟簧及安装座组成。抱索器靠压紧螺栓卡在钢丝绳上,内部的碟簧可以部分补偿钢丝绳径缩造成的预压力减小,防止吊椅打滑。由于抱索器与牵引钢丝绳相对固定,随着牵引钢丝绳移动,运行时需要绕行,对钢丝绳有一定的损害。固定抱索器的钳口形状应与驱动轮、尾轮的轮槽形状相适应。固定抱索器的最大适用倾角一般小于或等于 35°。

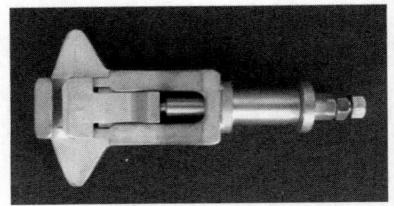

图 12-144　固定抱索器

2) 活动抱索器

活动抱索器(图 12-145)内部有一个或两个摩擦块,运行时搭接在牵引钢丝绳上,依靠摩擦块与牵引钢丝绳之间的摩擦力实现载人运行。活动抱索器能随时摘挂,运行时不能绕行驱动轮和回绳轮,所以必须配备乘员机械过位保护装置。活动抱索器最大可用倾角达 18°,但考虑到巷道环境对钢丝绳与摩擦块之间摩擦系数的影响,活动抱索器的适用倾角一般不超过 14°。

图 12-145　活动抱索器

3) 可摘挂抱索器

可摘挂抱索器如图 12-146 所示,它利用杠杆原理卡紧牵引钢丝绳,运行过程中能随时摘挂,也属于一种活动抱索器。更改杠杆比可以提高最大适用倾角,考虑巷道环境对钢丝绳与摩擦块之间摩擦系数的影响,最大适用倾角一般小于或等于 25°,但某些企业也在 32°倾角的巷道使用。由于不能绕行驱动轮和回绳轮,采用这种抱索器的系统必须配备乘员机械过位保护装置。

图 12-146　可摘挂抱索器

4）高速抱索器

高速抱索器如图 12-147 所示，类似活动抱索器，靠摩擦块与钢丝绳之间的摩擦力实现载人运行。高速抱索器带有 4 只滚轮，滚轮成 90°角，使乘人器可在车站轨道上自由滑行，完成乘员静止上下、水平转弯、吊椅存储等多种作业。高速抱索器一般都配备乘员静止上下装置，可以实现乘员间距控制，不需要配备机械过位保护。

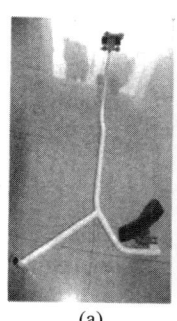

图 12-148　架空乘人装置的吊具

(a) 单人吊椅；(b) 双人吊篮；(c) 双人吊厢

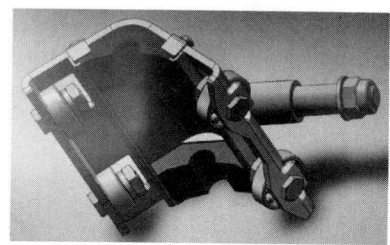

图 12-147　高速抱索器

9. 吊椅

《煤矿用架空乘人装置安全检验规范》（AQ 1038—2007）明确规定：吊杆和牵引钢丝绳之间的连接不应自动脱扣。吊椅应有足够的强度，安全系数不小于 5。

吊椅与抱索器连接后，抱索器抱紧钢丝绳时应使吊椅的座椅保持水平。吊椅运行时不应碰及钢丝绳导向装置等部件。

乘人装置运行时，吊椅应无自滑现象，固定吊椅转动灵活，通过驱动轮和尾轮时无离心甩动，活动吊椅和可摘挂吊椅摘挂灵活、可靠。吊椅通过各托、压绳轮时不应有干涉现象。架空乘人装置的吊具如图 12-148 所示，可分为敞开式、封闭式两种。通常所说的吊椅是一种敞开式运载装置，乘员暴露在巷道风流中，冬季在井口入风巷乘坐时很不舒适，采用封闭、半封闭的吊厢式的吊具可以很好地解决这个问题。架空乘人装置的吊椅按乘人数量可分为单人、双人两种。

10. 上下车装置

配合高速抱索器可实现人员静止上下站。上人侧设限位控制装置，可控制乘员乘坐间距。下人侧设有逆止器，防止乘员到站下车时

吊椅回滑。如图 12-149 所示为采用气动限位的静止上下人装置。

图 12-149　采用气动限位的静止上下人装置

上人侧的乘员间距控制装置可分为自动、手动两种：采用自动限位装置时，通过电控系统 PLC 的控制，限位装置按设定的时间打开、关闭，只有限位装置处于打开状态时，乘员（吊椅）方可通行，通过与牵引钢丝绳呈一定角度的滑道搭接到牵引钢丝绳上，实现载人运行；采用手动限位装置时，依靠乘员或现场管理人员的手动操作控制乘员间距。

当乘员到达下人点后，抱索器（吊椅）通过滑道，与牵引钢丝绳脱离，由于滑道与牵引钢丝绳呈一定角度，运行速度逐渐降低，直至静止，方便乘员下车。为了防止抱索器（吊椅）回滑，需要安装逆止器。

11. 吊椅存储装置

吊椅存储装置如图 12-150 所示，用于存放吊椅，其两端分别与静止上、下人车站相连。乘员下车后，将吊椅存放在存储装置的滑道上，上车时将吊椅沿滑道推至上人侧即可。

12. 水平转弯装置

乘员（吊椅）通过水平转弯装置（图 12-151）时，抱索器通过滑道脱离牵引钢丝绳，沿滑道

图 12-150　吊椅存储装置

自由滑动通过弯道,然后沿滑道搭接到牵引钢丝绳上,继续运行,从而实现乘员不下车即可水平拐弯。

图 12-151　水平转弯装置

13. 回绳装置

回绳站安装在架空乘人装置系统的尾部,主要包括尾轮、滑道和张紧塔;尾轮通过移动框架固定在单轨滑道上,与单轨吊运行方式相同,由张紧塔内的重锤牵动尾轮以达到牵引钢丝绳张紧的目的。它的作用是改变钢丝绳的方向,并使牵引钢丝绳保持一定的预紧力。预紧力由系统牵引力确定,可根据系统设计要求,在设计允许的范围内通过增减重锤来调整张紧力的大小。

1）尾轮

尾轮如图 12-152 所示,由回绳轮、回绳轮架、滚轮(张紧轮)和双滑轮(跑车)等组成。

图 12-152　尾轮

回绳轮对钢丝绳起导向和张紧作用,保持钢丝绳在运行过程中的张力,保证运行的平稳性和满足驱动轮的防滑要求。

2）张紧塔

张紧塔如图 12-153 所示,由框架和配重块等组成。配重块一般设置在线路张力较小的最低点上,起调节钢丝绳运行时张力变化的作用。

图 12-153　张紧塔

配重块应按设计值安装。配重块用四根螺栓组装,互相靠紧,避免松动。当配重上下移动时,框架能防止配重块脱出。

在塔框架立柱的上方和下方内侧各装有一只限位行程开关,当系统张力过大或失去张力时,配重块接触限位行程开关使驱动部自动停机,确保系统的安全运行。

14. 张紧装置

目前常用的张紧装置有机头张紧、机尾张紧两种形式。

张紧小车的行程应大于钢丝绳的永久变形量,并大于钢丝绳截取一次接头所需补偿的长度。在张紧小车的滑道极限位置应设置限位装置,使小车达到极限之前,系统能自动停车。

目前国内常用的张紧方式有两种:液压张紧、重锤张紧。

液压张紧装置张紧力的变化范围约为 ±10%,计算牵引钢丝绳的最大工作张力时,应计入该张紧装置张紧力的增加值;重锤张紧装置张紧力的变化范围不超过 ±3%,因此,计算最大工作拉力时可忽略不计。

1）液压张紧

液压张紧装置具有结构紧凑、外形美观、配置方便、节省空间等优点。为保障安全,液压张紧装置应符合下列要求：

（1）应有确定张紧力数值的功能，方便用户及时调整。

（2）液压张紧装置的油压超过正常值的±10%时，应能自动停止运行，并应在控制台或控制柜上显示相应的故障信息。

（3）应设置安全阀，安全阀应有单独的卸压回路。

（4）液压管路和连接元件的破裂安全系数应不小于3。

（5）油压系统应设手动泵，在使用紧急或辅助驱动时，液压张紧系统应能够运行。

（6）应设油压显示装置。

（7）液压缸的固定点应采用球铰。

2）重锤张紧

重锤张紧装置具有结构直观、故障率小、易于维护的优点。为保障安全，重锤张紧装置应符合以下要求：

（1）应有重锤限位保护装置。

（2）应采用机械限位的方式限制行程，在正常运行的情况下，不应达到终端位置。

（3）张紧装置运动部分的末端应装设行程限位开关并对其进行监控。

（4）张紧重锤和张紧小车的导向装置应保证不会发生脱轨、卡住、倾斜或翻倒现象。

（5）驱动装置和张紧装置设在同一站时，张紧小车和张紧重锤的运动应不受扭矩影响。

（6）应具备起吊装置以便于进行维修工作。

12.8.5　典型型号架空乘人装置

按照驱动装置的传动方式，架空乘人装置可分为机械传动、液压传动两大类。

1. 机械传动架空乘人装置

驱动装置是驱动牵引钢丝绳运行的装置。其中，驱动轮水平配置时，称为卧式驱动装置；驱动轮垂直配置时，称为立式驱动装置。设计部门应根据用户现场实地情况灵活选型，在实际应用中，绝大多数系统采用卧式驱动装置（驱动轮水平放置）。

驱动装置如图12-154所示，是架空乘人装置的动力部分，包括防爆电机、电液推杆制动器、减速器、驱动绳轮、从动绳轮、安全制动闸、机架等。电机的动力传至驱动轮，带动钢丝绳运行。

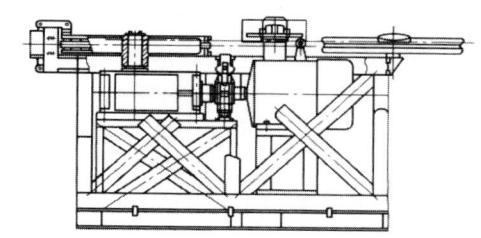

图12-154　驱动装置

驱动部结构型式，依系统对牵引力的要求不同，有单轮和双轮两种；根据使用环境，又分为落地式和悬吊式两种。

采用变频装置时，机械猴车可以实现无级变速。典型机械传动系统参数见表12-42。

表12-42　典型机械传动系统参数

参数项目	单位	产品型号			
		RJHY55-18/1700P（A）	RJHY75-18/2100P（A）	RJHY110-18/3000P（A）	RJHY132-15/4000P（A）
最大适用倾角	（°）	18	18	18	15
最大运输距离	m	1700	2100	3000	4000
最大运行速度	m/s	1.7	1.7	1.7	1.7
减速器型号		MC3RVHF07	M3RVSF60	MC3RVSF09	M3RVSF70
工作制动器型号		YWZ9-315/B80	YWZ9-315/B80	YWZ9-400/B121	YWZ9-400/B121
驱动电动机额定功率	kW	55	75	110	132
驱动电动机型号		YBK2-250M-4	YBK2-280S-4	YBK2-315S-4	YBK2-315M-4

续表

参数项目	单位	产品型号			
		RJHY55-18/1700P(A)	RJHY75-18/2100P(A)	RJHY110-18/3000P(A)	RJHY132-15/4000P(A)
驱动轮最大外径	mm	1280	1680	1680	1680
钢丝绳最低安全系数		6	6	6	6
双向最大输出效率	人/h	510	440	408	408
围包角	(°)	180	180	360	360
乘员上下车方式		乘员静止上下车	乘员静止上下车	乘员静止上下车	乘员静止上下车

2. 液压传动架空乘人装置（高速方案）

目前市场上的液压传动架空乘人装置均采用闭式系统方案，利用静液压传动系统自身的制动能力保障系统在满员上行、满员下行的各种工况下可靠运行。平常维护时，必须保证所有环节能正常工作，如出现问题，可能出现飞车等严重事故。根据其驱动部分的构成，可分为高速方案、低速方案。高速方案采用高速马达通过减速器降低转速后，带动驱动轮旋转，牵引钢丝绳运行。其优点是马达的寿命较长；缺点是增加的减速器出现故障后用户无法自行维修，致使维护成本增加。

液压传动架空乘人装置与机械传动架空乘人装置的配置不同之处主要在驱动装置，其余部分如驱动轮、绳轮组、上下车装置、水平转弯装置、吊椅、回绳装置、牵引钢丝绳、常用安全保护装置、语音声光信号装置和电气控制系统等都基本相同。但是，针对液压传动的特点，增加了液压系统的过压和超温保护等安全保护。

液压驱动架空乘人装置一般采用闭式液压传动系统，使用具有连续流动性的液压油作为工作介质，通过主电机驱动主泵，将机械能转换成液体的压力能，经过压力、流量、方向等各种控制阀，送至液压马达中，转换为机械能，驱动负载。

液压系统主要由动力源（电动机、液压油泵）、执行器（液压马达、液压缸、液压制动器、轮边制动器）、控制阀（控制阀组、集成模块）、液压辅件（散热器、油箱、过滤器、连接管路、压力表和压力传感器、机架等）、液压介质（液压

油）等组成。

1）液压泵总成

液压泵总成如图 12-155 所示，由闭式斜盘轴向柱塞泵、补油泵和控制泵三泵串联成一体，工作时主泵的 A 口和 B 口直接与液压马达的进出油口连接，在主电机转动方向不变的情况下，通过改变变量控制油口的供油顺序和压力，可实现液压马达的正、反运转和改变运行速度。内装的补油泵的作用是为主泵补充液压油以及降低油温。控制泵用于控制工作制动和紧急制动闸的松闸和制动。

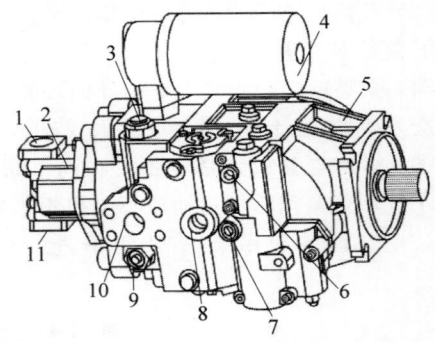

1—控制泵出口；2—控制泵；3—主泵溢流阀2套；4—补油过滤器；5—主泵；6—主泵变量控制口2；7—主泵变量控制口1；8—主泵泄油口；9—补油压力调节旋钮；10—主泵 A 口，背面 B 口；11—控制泵进油口。

图 12-155　液压泵总成

闭式油泵为双向变量轴向柱塞泵，油泵未工作时，其斜盘处于中位，启动电机时，若控制其排量变化的电磁阀未得电，则油泵没有压力油输出，马达不会转动，因此电机启动时钢丝绳不动，为空载启动。

当控制油泵排量的电磁阀一端得电时，油

泵斜盘倾斜,油泵将输出压力油带动马达运转,调节电磁阀的电压,改变油泵斜盘倾斜的角度,可改变油泵的排量,从而改变油泵输出液压油的流量,马达的转速随之改变。转速的变化特性由电磁阀上的电压的变化特性决定。当电磁阀另一端得电时,油泵斜盘向另一方向倾斜,油泵输出液压油的方向相反,马达运转的方向随之改变。

2)减速机总成

目前常用的是高速马达加减速机的方案(图 12-156)。该装置由行星减速机、液压制动器和液压马达三部分组成。

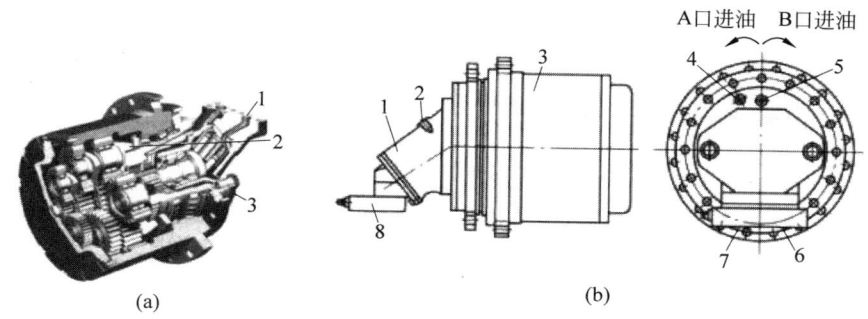

（a）：1—液压马达；2—液压制动器；3—壳转行星减速机。

(b)：1—液压马达；2—泄油口；3—行星减速机；4—齿轮箱注油口；5—制动闸油口；6—马达 B 口；7—马达 A 口；8—冲洗阀。

图 12-156 减速机总成

（a）立体图；（b）结构组成图

减速器为壳体转动式,液压马达与减速器连接,减速器再与驱动轮相连接,直接带动驱动轮旋转。

3. 液压传动架空乘人装置（低速方案）

目前国内进口的液压架空乘人装置均为沙尔夫猴车系统,其特点是没有机械式减速器,采用赫格隆低速大扭矩马达,马达直接安装在驱动轮中,减少了中间环节,提高了传动效率,如图 12-157 所示。

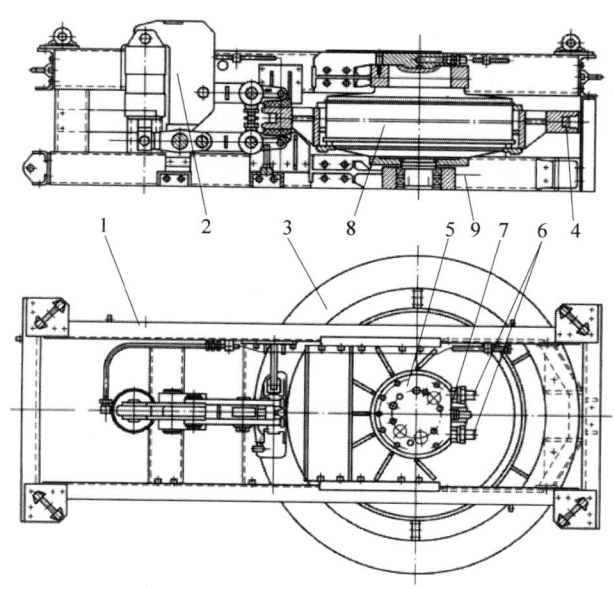

1—机架；2—安全制动闸；3—驱动轮；4—驱动轮衬；5—配油盘；6—进、出油管；7—泄漏油管；8—马达；9—下支承座。

图 12-157 液压传动低速方案

1）技术参数

沙尔夫猴车液压传动架空乘人装置的主要技术参数见表12-43。

表12-43 沙尔夫猴车主要技术参数

项　目	参　数
总安装长度/m	1332
主电机功率/kW	90
工作压力/MPa	≤26
速度/(m/s)	0~1.5
牵引力/kN	48

2）驱动装置液压原理

图12-158所示为沙尔夫猴车液压传动架空乘人装置的液压原理图。

12.8.6　架空乘人装置应用

1. 架空乘人装置在矿井中的应用

架空乘人装置是一种既经济又安全的煤矿井下运送人员的设备。其发展方向为高速、长运距、大运量、多变坡和智能控制。

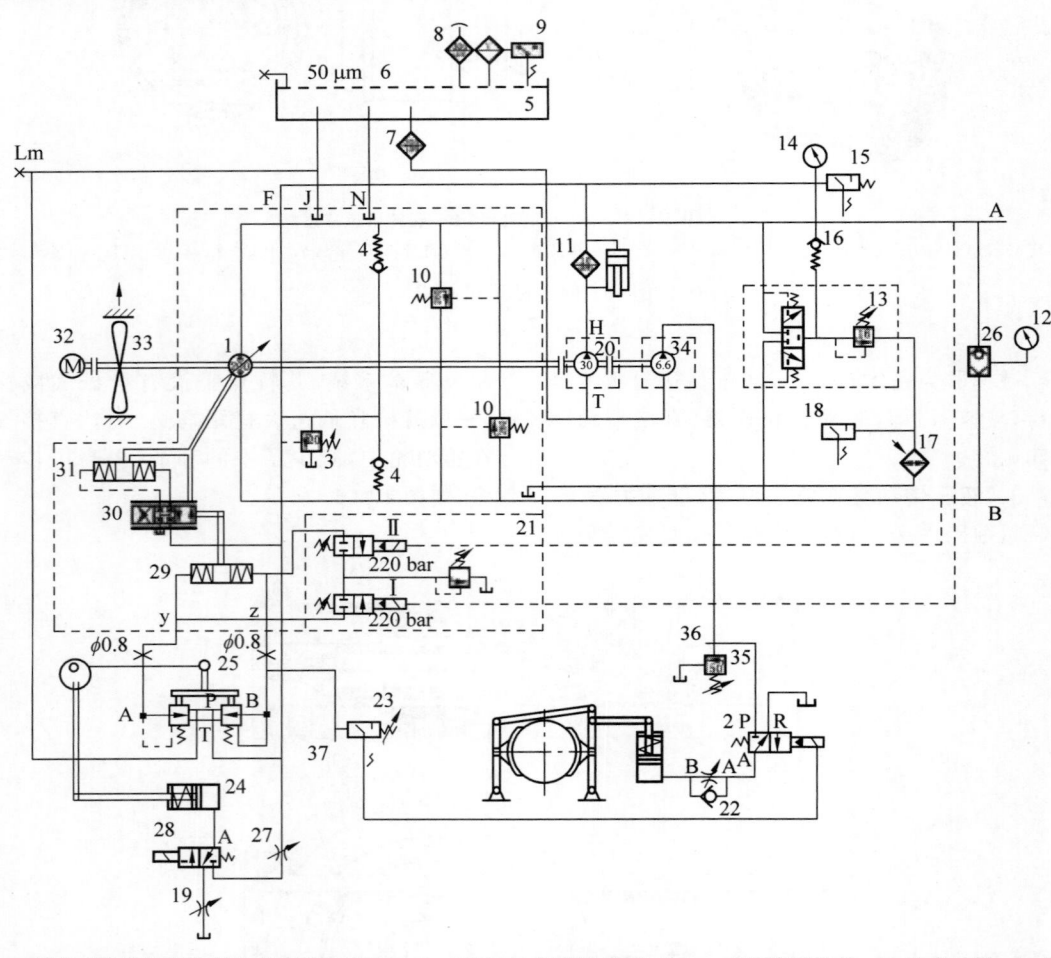

1—调节式旋转斜盘泵，轴向柱塞泵 BPV200；2—(Y1)3/2 电磁阀，直径 16 mm，用于制动释放；3—冷启动阀；4—进给阀；5—补偿箱；6—筛分装置；7—过滤筛；8—过滤器；9—(S7)油位控制开关；10—工作压力限制阀；11—交换式过滤器；12—工作压力显示器；13—升压限制阀；14—升压显示器；15—(S8)升压控制开关(10~15 bar)；16—单向阀；17—冷却器；18—(S6)温度控制开关，70℃；19—回流减压阀(DN8)；20—升压和控制压力泵；21—压力截止阀；22—减压阀，直径 12 mm，用于制动控制(可锁定)；23—(S3)压力开关，用于制动释放控制(1~10 bar)；24—控制液压缸；25—控制压力调节器(2~8 bar)；26—转换阀；27—减压阀，直径 8 mm；28—(Y2)3/2 电磁阀，直径 6 mm，用于驱动控制；29—伺服缸；30—伺服阀；31—操作缸；32—(MI)电机；33—风扇叶轮；34—泵，用于制动释放控制；35—限压阀，用于制动释放压力；36,37—测压点，检修时使用。

图 12-158　沙尔夫猴车液压传动架空乘人装置液压原理图

目前,我国有2万多个综采工作面,500多个百万吨以上的主力矿井,1000多个普采工作面和5万多个掘进工作面。随着我国煤矿生产中的综采、综掘等现代化系统的发展,架空乘人装置作为煤矿斜井和平巷人员的高效辅助运输设备,应用越来越广泛。

2. 架空乘人装置的经济效益

架空乘人装置与斜井人车相比较,具有安全、运送能力大、动力消耗小、设备简单、易加工制造、维修工作量小等优点。下面对架空乘人装置与传统的斜巷人车从经济综合效益方面进行比较分析,论证架空乘人装置在矿山应用中的优越性。

斜巷长660 m,安装长度720 m条件下安装一套1.6 m的提升绞车牵引人车的经济投入分析如下所述。

一次性投入:1.6 m绞车及电控系统,60万元;铁路(24 kg/m)1400 m,68万元;水泥轨枕1200根,6.24万元;钢丝绳(ϕ24.5 mm)长900 m,1.92万元;斜巷人车3部,2部使用、1部备用,2.5×3万元=7.5万元;通信设施及器材,0.5万元。合计144.16万元。

每年运行费用:电能费用,按斜井人车每天运行6 h计算,1 h耗电量125 kW,一年按365天计,一年电费$6\times125\times365\times0.52$元=142 350元=14.235万元。维修费用,每年换一次钢丝绳费用1.92万元,维修工4人年工资费用6.4万元,斜巷人车试验的材料、人工费用约为0.45万元。合计23.005万元。

相同条件下,安装一套架空乘人装置的经济投入分析如下所述。

一次性投入:驱动装置(机架、电动机、减速机、高速联轴器、安全制动闸),14万元;需要钢梁144根,2.29万元;吊椅177个,3.19万元;托绳轮288个,12.31万元;回绳装置1.5万元;钢丝绳长度1450 m,1.77万元;电气控制系统(西门子PLC编程控制),7.5元。合计42.56万元。

每年运行费用:电能费用,按架空乘人装置每天运行8 h计算,1 h耗电量22 kW,一年按365天计,一年的电费$8\times22\times365\times0.52$元≈33 400元=3.34万元。维修费用,每两年换一

次钢丝绳费用$1.19\div2$万元=0.595万元,维修工2人年工资费3.2万元。合计7.135万元。

架空乘人装置投资小,一次性投入只占斜井人车的一半左右,并且后期的运行维护成本低。

3. 架空乘人装置的社会效益

1)人员运送量大、操作简单、上下人方便

架空乘人装置不需要专人操作,在巷道端头设有动力驱动装置、上下车站,尾端设有上下车站、尾轮和重锤式张紧装置。驱动装置的电动机带动减速器与其直连的驱动轮转动,并依靠驱动轮(衬垫)和钢丝绳之间的摩擦力带动钢丝绳和乘人器一起在线路上不停地循环匀速运行,完成运送人员的任务。若采用先进的PLC的电控系统,则通过远红外检测装置实现有人上车时自动开车,无人乘坐时自动停车。因此,工人到达后可以随到随行,不需等待。

2)运行安全可靠

《煤矿安全规程》规定:用斜巷人车运送人员时,运行速度不得大于4 m/s,因为加速、减速,轨道质量等因素,其运行不稳定。架空乘人装置运行速度低(0.8~3.0 m/s),乘人吊椅离地最大距离为250 mm,运行平稳可靠,所有人员可以在运行中方便自如地上、下吊椅。斜巷人车的机械制动,一旦紧急停车或者动作失灵、断绳会造成极大的伤害或死亡事故。而架空乘人装置具有设备电气互锁、电机保护(失压、短路、过载)、张紧保护、沿途紧急停车闭锁等较为完善的安全保护功能,安全保障系数高,一旦发生事故,不会对人身造成严重伤害。

3)适用范围广,布置方式灵活、独特

斜巷人车的应用受条件制约。架空乘人装置不仅可以布置在专用巷道外,还可以与带式输送机共用一条巷道,也可布置在小断面巷道,通过单向往复运行实现小运量的人员输送。

4)维修量小

斜巷人车安装或大修之后,在下井使用前必须进行全速空载、重载脱钩的试验。并且每班要对绞车、钢丝载全速脱钩试验,每两年进行一次重载全速脱钩试验,合格后方可使用。而架空乘人装置,每天只对机头、机尾、绳卡、

座椅、托绳轮等检查，无异常即可运转，钢丝绳在托绳轮上运转，磨损小，维修量小。

12.9 无极绳连续牵引车

无极绳连续牵引车是以钢丝绳牵引的煤矿辅助运输系统，主要用于煤矿井下工作面顺槽、采区上下山、集中轨道巷，直接利用井下现有轨道系统，实现固定线路或一定区域内不经转载的连续直达运输。因此，它适用于工作面顺槽、采区上下山及集中轨道巷进行长距离、多变坡、大倾角和大吨位辅助运输，特别是大型综采设备的运输。此外，也可用于进出罐笼、地面调车等轨道运输。

12.9.1 主要类型

无极绳连续牵引车按牵引绞车变速方式分为单速、机械变速、电气变速、液压变速、变频调速和开关磁阻调速等几种方式。

无极绳连续牵引车型号表示方法如下：

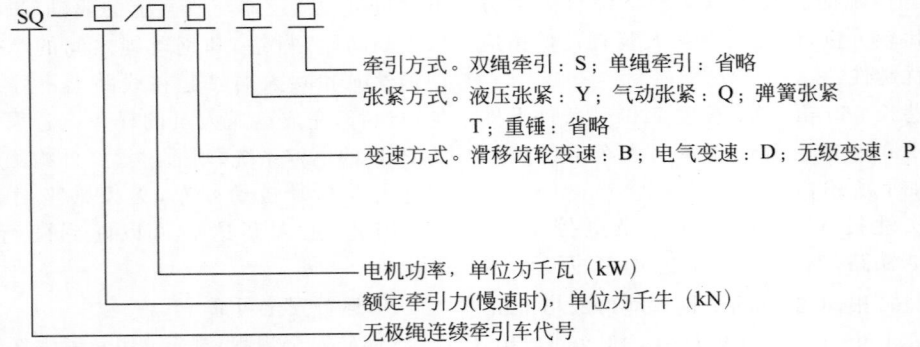

牵引方式。双绳牵引：S；单绳牵引：省略
张紧方式。液压张紧：Y；气动张紧：Q；弹簧张紧T；重锤：省略
变速方式。滑移齿轮变速：B；电气变速：D；无级变速：P
电机功率，单位为千瓦（kW）
额定牵引力（慢速时），单位为千牛（kN）
无极绳连续牵引车代号

示例：牵引力为 80 kN、滑移齿轮变速无极绳连续牵引车表示为 SQ-80B。

常用的无极绳连续牵引车的参数见表 12-44。

表 12-44 常用的无极绳连续牵引车的参数

型　号	额定牵引力/kN	电机功率/kW	牵引速度/（m/s）	钢丝绳			驱动滚筒最小直径/mm	轨距/mm
				最小直径/mm	结构	最小破裂拉力/kN		
SQ-20/22	20	22	1	18		179	950	
SQ-30/37	30	37	1	18		179	1200	
SQ-40/45B	40/25	45	0.67/1.12	20		220	1200	
SQ-50/55B	50/30	55	0.67/1.12	20		220	1200	
SQ-60/55B	60/35	55	0.67/1.12	20		220	1200	
SQ-60/90P	60	90	0～1.16～2.32	20	6×19S+FC	220	1200	
SQ-80/110B	80/48	110	1/1.67	24		317	1200	
SQ-80/110P	80	110	0～1～2	24		317	1200	600/900
SQ-90/90B	90/50	90	0.7/1.3	24		317	1400	
SQ-90/110P	90	110	0～0.88～1.76	24		317	1400	
SQ-120/132B	120/70	132	0.7/1.3	28		432	1600	
SQ-120/132	120	132	0～0.8～1.6	28		432	1600	
SQ-160/160PS	160	160	0～0.72～1.44	24		317	1600	
SQ-160/160P	160	160	0～1.0	32		564	1600	
SQ-200/250P	200	250	0～1.0	32		564	1600	

12.9.2　无极绳牵引原理

1. 工作原理

无极绳连续牵引车的工作原理如图12-159所示。

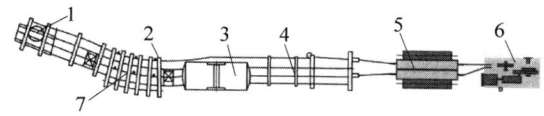

1—尾轮；2—压绳轮；3—梭车；4—托绳轮；
5—张紧装置；6—牵引绞车；7—转弯装置。

图12-159　无极绳连续牵引车工作原理示意图

牵引钢丝绳一端固定在梭车楔块上，另一端经张紧器后在驱动滚筒上缠绕3～3.5圈，再通过张紧器及沿途压绳轮组及托绳轮组，在系统末端尾轮上缠绕半圈后固定在梭车另一楔块上。电动机带动驱动滚筒运转，从而驱动牵引绞车的摩擦轮运转，使钢丝绳和连接在钢丝绳上的梭车运行，并带动与梭车连接的车辆在轨道上往复运行。它与传统无极绳绞车的不同之处是用梭车固定牵引钢丝绳的两端，钢丝绳不是循环运行，而是往复运行。被牵引车辆（如平板车、材料车、矿车及人车等）直接与梭车相连接，连接方式可以是软连接，也可以是硬连接。

2. 结构组成

系统主要由无极绳牵引绞车、张紧装置、梭车（也称牵引车）、压绳轮组、托绳轮组、尾轮、操控装置等部分组成（图12-160），各主要配套部件通过钢丝绳组成完整的运输系统。无极绳连续牵引车布置示意图如图12-161所示。

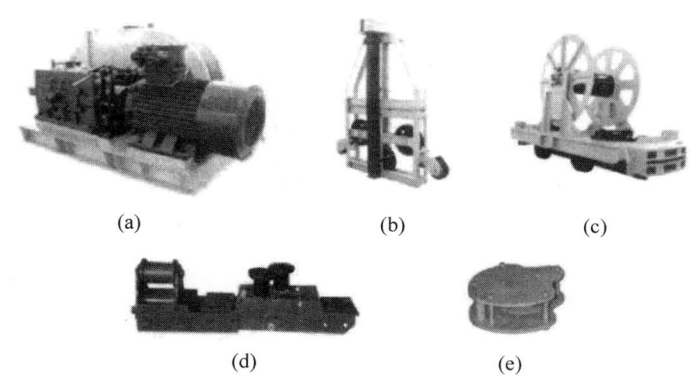

(a)　　　　　　　　(b)　　　　　　　　(c)

(d)　　　　　　　　(e)

图12-160　无极绳连续牵引车主要组成部件

(a) 牵引绞车；(b) 张紧装置；(c) 梭车；(d) 轮组；(e) 尾轮

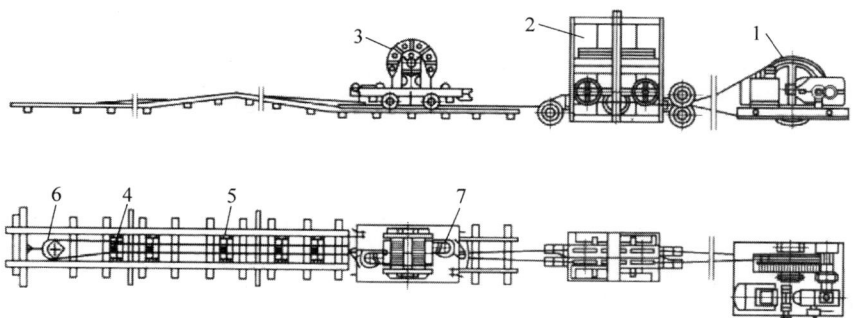

1—牵引绞车；2—张紧装置；3—梭车；4—压绳轮组；5—托绳轮组；6—尾轮；7—楔块。

图12-161　无极绳连续牵引车布置示意图

1）牵引绞车

牵引绞车由底座、防爆电机、联轴器、电液制动闸、手动闸、减速箱（变速箱）、驱动滚筒及防护罩等组成。牵引绞车是整个系统的动力源，采用机械或液压传动，利用摩擦方式带动钢丝绳驱动系统运转。

牵引绞车按滚筒分为两种形式：抛物线单滚筒形式和绳槽式双滚筒形式。其结构示意图分别如图 12-162 和图 12-163 所示。

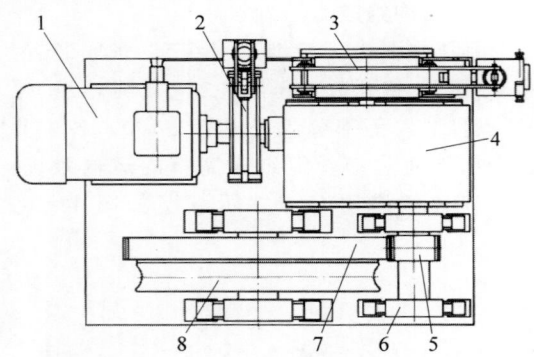

1—电动机；2,3—制动器；4—变速箱；5—齿轮轴；
6—轴座；7—齿圈；8—驱动轮。

图 12-162　抛物线单滚筒绞车

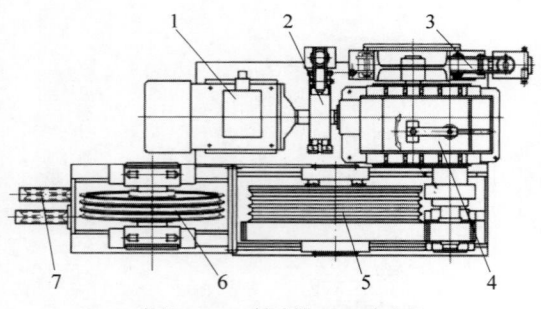

1—电机；2,3—制动器；4—减速机；
5—主绳轮；6—副绳轮；7—导绳轮。

图 12-163　绳槽式双滚筒绞车

抛物线单滚筒绞车的特点：抛物线单滚筒驱动时，钢丝绳在滚筒上缠绕 3～3.5 圈，钢丝绳包角大，可以前后出绳，在实际安装布置时与运输线路道岔方向无关，安装布置灵活方便；结构简单，成本较低。缺点是在滚筒上绳与绳之间互相接触挤压摩擦，钢丝绳与绳衬之间存在滑动摩擦，钢丝绳磨损相对较严重，寿命较短。

绳槽式双滚筒绞车的特点：绳槽式双滚筒驱动也称为对轮驱动，包括一个驱动滚筒和一个从动滚筒。钢丝绳一般在驱动滚筒上缠绕 3 个或 4 个半圈，在从动滚筒上缠绕 2 个或 3 个半圈，以此形成螺旋缠绕，主滚筒上的绳衬采用摩擦系数大、强度高的复合材料，可大大减少绳衬对钢丝绳的磨损，提高钢丝绳使用寿命。缺点是结构较复杂，成本较高。

牵引绞车在设计时的参数限制：考虑到设备运行的安全稳定性，在设计时绞车最大速度一般不超过 2.5 m/s，整体运输液压支架时速度一般为 1.0 m/s；运距按 1000～3000 m 设计；最大爬坡能力根据牵引力及最大运输质量反求，一般不超过 12%。

2）张紧装置

为保证钢丝绳具有一定的初张力，无极绳运输系统必须配备张紧装置。由于无极绳连续牵引车运输距离长，钢丝绳变化积累量较大，要保证钢丝绳恒定的牵引力，张紧装置必须具有较大的吸收和张紧钢丝绳的能力。

无极绳牵引运输系统中钢丝绳张紧至关重要。张紧装置可以保证钢丝绳在滚筒绳衬上有较稳定的正压力，促使牵引绞车正常牵引，而钢丝绳不至于在滚筒上打滑。另外，在起伏变化巷道运行时钢丝绳的紧边和松边是经常变化的，张紧装置必须及时响应，吸收起伏坡度变化引起的钢丝绳长度变化以及因钢丝绳弹性变形而产生的伸长量，保证随时对松边钢丝绳施加一定的张力。

张紧装置可以有多种张紧形式，总体上分为液压张紧和机械张紧。机械张紧装置结构简单、反应速度快、成本低，一般采用三轮或五轮重锤式张紧器。五轮张紧装置结构示意图如图 12-164 所示，主要由架体、张紧绳轮组、动轮组、导绳轮组和重锤等部分组成。

3）压绳装置

无极绳连续牵引车需要在上下起伏的巷道中工作，牵引钢丝绳会因为张紧力的作用出现向上飘绳与拉棚的现象，直接影响系统运行安全。

为防止钢丝绳出现拉棚现象，并有效地防

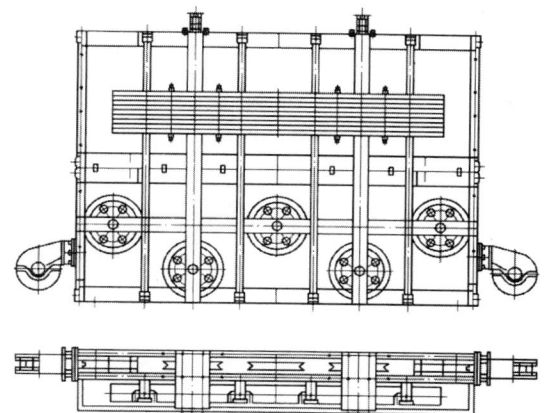

图 12-164 五轮张紧装置结构示意图

止车辆掉道,必须采取可靠的压绳措施。在轨道垂直曲率凹弧段采用强制性压绳装置,并以此防止两钢丝绳由于轨道不直而相互交叉。

压绳轮分主压绳轮组和副压绳轮组,副压绳轮组的轮子相对固定,结构简单;主压绳轮组的轮子靠弹簧拉紧,在受到外力作用时会张开,结构相对复杂。主压绳轮组结构示意图如图 12-165 所示,副压绳轮组结构示意图如图 12-166 所示。

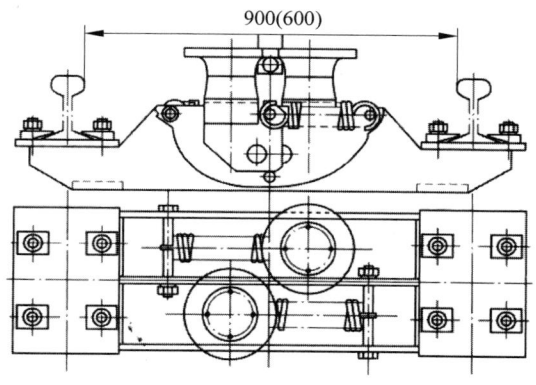

图 12-165 主压绳轮组结构示意图

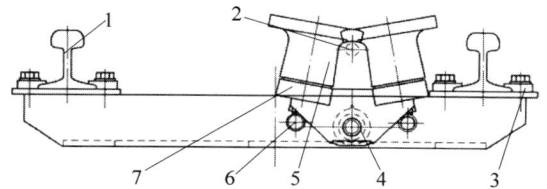

1—轨道;2—钢丝绳;3—压板;4—销轴;
5—压绳轮;6—销;7—轮架。

图 12-166 副压绳轮组结构示意图

4)托绳轮

为适应起伏变化的坡道,沿途配置有托绳轮组,可避免钢丝绳摩擦巷道底板,减小运行阻力,并延长钢丝绳使用寿命。托绳轮组结构如图 12-167 所示。

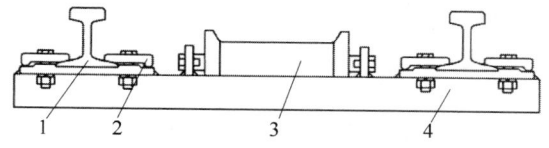

1—轨道;2—压板;3—托绳轮;4—底座。

图 12-167 托绳轮组结构示意图

5)梭车

梭车的主要作用是牵引车辆通过弯道和主压绳轮组,以及固定和储存钢丝绳。梭车主要由车架、储绳筒、车轮组件、楔块、牵引板等组成。不同制动方式的梭车还配备有相应的制动闸。梭车结构如图 12-168 所示。

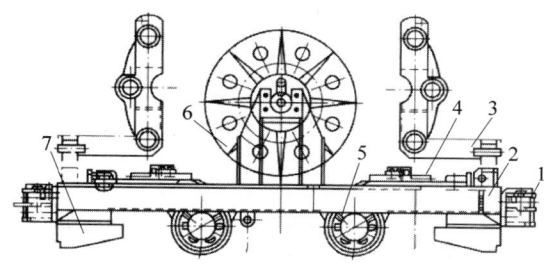

1—碰头;2—车架;3—排绳装置;4—楔块;
5—轮对;6—储绳筒;7—牵引板。

图 12-168 梭车结构示意图

6)转弯装置

煤矿井下巷道除底板起伏变化外,还经常出现水平转弯。为使无极绳连续牵引车能够顺利通过轨道的水平曲率弧段,必须设置转弯装置。

转弯是通过梭车和弯道系统来实现的,梭车通过弯道时借助弯道轮组与梭车牵引板的偏差,利用牵引板使钢丝绳强制偏离轮组,实现车辆通过。梭车通过后,钢丝绳由于张力自行回位,完成转弯。

为便于运输及安装,转弯装置制成单组,弯道由各个单组相互连接。转弯装置结构如图 12-169 所示,主要由轨枕、护轨、转向轮和轨道连接板组成。单组转弯装置的铁轨中心曲线弧长为 1 m，每单组转弯装置设置两根轨枕，轨枕纵向中心线就是通过其曲率中心的放射线。

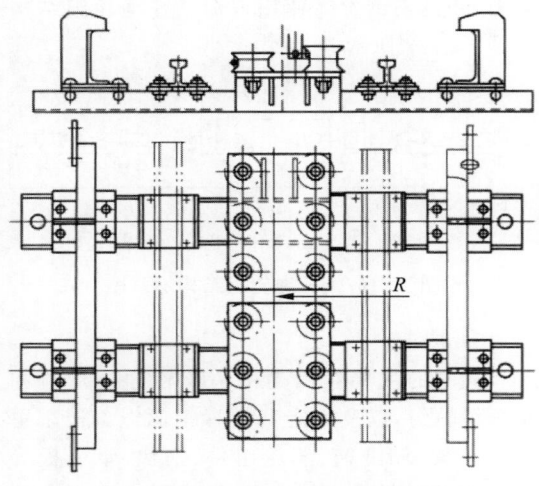

图 12-169　转弯装置结构示意图

护轨可防止梭车运行到弯道处掉道、侧翻，它由槽钢弯曲而成。为增加其强度，在每根槽钢上焊接了两块筋板。导向轮的作用是对钢丝绳进行拐弯导向，为适应窄轨运输，在很小的空间内铺设两排导向轮。对导向轮的基本要求为结构紧凑，强度高。导向轮的直径越小，对钢丝绳的损伤会越大，为此，必须将导向轮布置得较密，以减少轮组对钢丝绳的损伤。

7）尾轮

尾轮（图 12-170）固定在运距的终端，承受着双倍的钢丝绳牵引力，并可随运距的变化方便地移动，以满足变化运距的运输线路要求。在运输液压支架时，需浇灌水泥基础固定尾轮，其他情况可用锚杆或其他方法固定尾轮。

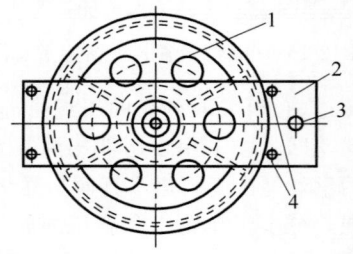

1—轮体；2—固定盖板；3—主拉杆；4—固定螺栓（副拉杆）。

图 12-170　尾轮示意图

8）辅助电器及材料

辅助电器及材料见表 12-45。

表 12-45　辅助电器及材料

序　号	型号（参考）	名　称	数　量	备　注
1	QBZ-120/1140(660)N	矿用隔爆型真空可逆电磁启动器	1 台	75 kW 以下绞车
	QBZ-200/1140(660)N			135 kW 以下绞车
2		通信声光信号器（打点器）	1 套（含电缆线）	必须任选其一
		移动通信/信号系统		
		斜井人车信号装置		
3	BZA1-5/36-3	矿用防爆型控制按钮	1 只	
4		绞车房及尾灯照明灯	5～6 套	防爆型
5	6×19S＋FC1670（GB/T 8918—2006）	钢丝绳（直径选择满足安全系数要求）	根据巷道具体长度确定（2 倍巷道长度加插接长度）

3. 配套设备

无极绳连续牵引车系统配置有牵引绞车、张紧装置、梭车、尾轮、压绳轮组及托绳轮组等，通过钢丝绳组合成一套完整的运输系统，在不同工况条件下，系统可通过不同配置来满足工况要求。

无极绳连续牵引车对于巷道的要求：使用坡度一般小于 20°，最佳使用坡度为 12°以下；运输距离最大可达 3000 m，最佳运输距离为 1500～2000 m；最小水平曲率半径为 9 m，垂直曲率半径为 15 m，坡点和拐点处应平缓过渡，弯道处不得有变坡和道岔。对于采区上（下）山和集中轨道巷等道岔较多的巷道，为保证副绳顺利通过，在道岔处需使用木轨枕。

1）牵引绞车的选择

牵引绞车是整个系统的动力源，决定着无

极绳连续牵引车的运输能力,一般需根据巷道具体的条件和运输的最大重量来选择牵引绞车。另外,牵引绞车安装位置的巷道(硐室)宽度一般为 3~4 m,特殊情况下进行扩巷。

2) 张紧装置的选择

张紧装置需要根据系统钢丝绳的伸长量来选配,除此之外还要根据巷道条件合理布置张紧装置的位置。

3) 绳轮的选择

钢丝绳的导向是根据坡道变化配置各种导向轮组来完成的。绳轮布置得是否合理,可直接影响钢丝绳和轮系的使用寿命。在变坡点处要根据角度大小来配置绳轮的数量,巷道折角大,就要增加绳轮的数量。

利用压绳装置可对运行的钢丝绳实施强制导向,实际应用方案有以下两种。

(1) 两绳均实现强制导向

这种布置方案是主绳和副绳上均安装压绳轮组,可以使钢丝绳随轨道起伏变化运行时,始终不出现飘绳现象。

由于主绳上连接有梭车,梭车通过时,主压绳轮组必须能打开,梭车通过后主压绳轮组必须能自动关闭,因而主压绳轮组设计为弹簧开闭式,梭车上必须安装牵引板以便能通过主压绳轮组。副绳属于空绳,无论任何器件与之相连接,压绳轮组都不需要打开和关闭,因而将副压绳轮组设计为固定式。

此布置方案存在一定的缺点:梭车通过主压绳轮组时,由牵引板强制撞开,会产生一定的冲击。所以压绳轮底座与轨道的连接必须牢固,否则主压绳轮组会有一定的转动。另外,由于井下条件恶劣,长时间运行后,压绳轮动作的可靠性会降低。在车场上,由于梭车牵引板要通过道岔,因而道岔弯轨豁口比较宽,弯轨强度较低。

(2) 单绳(副绳)实现强制导向

这种布置方案仅对副绳实施强制导向,而主绳则始终处于自由状态。

此种方式简化了系统配置,增加了设备运输可靠性,解决了上一种方案存在的所有问题,但仍存在一定缺陷,主要是在坡道变化较

大处主绳飘得较高,严重时可拉到顶棚,需加装天轮等。变坡处的轨道状态也会直接影响压绳效果:如果变坡处凸弧段曲率半径过小,须把道床重新挖低,让突出处均匀过渡,缓慢变化,以免主绳拉底。

4. 车辆的选择

应根据轨距选择与梭车配套的车辆,矿车、平板车、材料车等车辆可使用矿上现有的车辆。梭车分为 600 mm 和 900 mm 两种轨距,底部安装有牵引板,主要用于通过主压绳轮组和弯道。牵引板分为一般布置和特殊布置两种情况。特殊布置是在 600 mm 轨距单道往返运输中,为满足系统布置需要,牵引板偏离轨道中心线 40 mm,主要是解决主、副压绳轮组布置空间问题;在其他布置(一般布置)方式中均将牵引板布置在轨道中心线上,车辆运行中梭车受力更加合理。

为保证梭车顺利通过井下现有轨道和道岔,且不在道岔上开较大的缺口,设计时将牵引板抬离轨面 4 mm。运距缩短时为排绳操作方便,设计有排绳装置。

5. 转弯装置的选择

转弯装置是根据巷道转弯半径而选配的,如果一条运输线路中出现 S 弯,则转弯装置必须制作成左弯和右弯两种形式,以便于梭车通过。

弯道如果铺设在坡底,必须把其两端的钢丝绳强制压住,否则运行时钢丝绳容易弹出,影响系统正常运行。另外,弯道两端如果铺设压绳轮组,则必须把压绳轮组布置在离弯道入口一个梭车的距离,以保证梭车安全地通过压绳轮组。

12.9.3　安全防护

无极绳连续牵引车的防护包括绞车制动失效保护、梭车防断绳保护、车辆超速保护、车辆越位保护、电控系统的保护等。

1. 绞车的安全保护

绞车外露旋转部件应有安全防护装置,绞车应具有工作闸和紧急闸两套制动闸,紧急制动闸可兼作停车制动闸。制动闸结构示意图

如图 12-171 所示。紧急制动闸应动作灵活,制动可靠,结构应为失效安全型,其性能应满足以下要求:紧急制动闸的制动力应大于绞车额定牵引力的 1.5 倍;施闸时的空动时间不大于 0.7 s;在最大载荷、最大坡度上以最大设计速度向下运行时,制动距离应不超过相当于在这一速度下 6 s 的行程。绞车所有制动器的制动带(块)接触面积不得小于 80%。

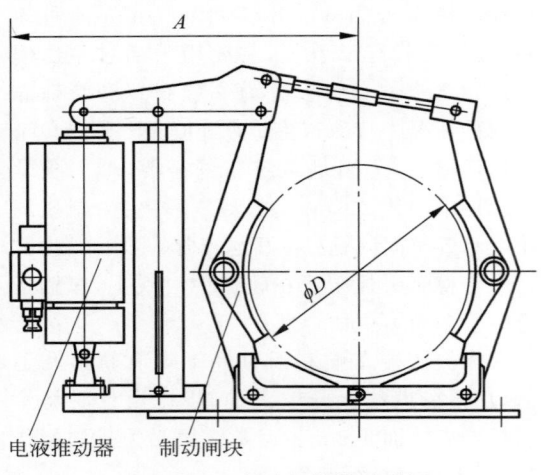

图 12-171　制动闸结构示意图

绞车滚筒绳衬与干燥钢丝绳之间的静摩擦系数应满足以下要求:金属轮衬不小于 0.12;非金属轮衬不小于 0.3。

绞车滚筒上绳衬直径应满足以下要求:抛物线滚筒直径至少为牵引钢丝绳直径的 50 倍;绳槽式主滚筒轮衬直径至少为牵引钢丝绳直径的 40 倍,导绳副滚筒直径至少为牵引钢丝绳直径的 28 倍。

机械变速绞车应在停车状态换挡,运行时不能出现脱挡现象。

2. 张紧装置的安全防护

张紧装置配重侧应安装防护网。钢丝绳牵引车辆运行的过程中,车辆经过变坡点时,梭车前后两端钢丝绳松紧状态会发生变化,张紧装置在紧绳过程中会出现重砣上下浮动的现象,安装护网将重砣与人员隔离,可防止人员被重砣伤害。

3. 钢丝绳及梭车的安全保护和防护

钢丝绳在梭车上的固定应采用楔块固定

方式,避免钢丝绳损伤。钢丝绳在梭车上的固定如图 12-172 所示,钢丝绳两端绳头穿过车架,绕过楔块,将端头固定在压块下,多余的绳缠绕在储绳筒上,当钢丝绳拉紧时,楔块随钢丝绳张紧,越拉越紧,钢丝绳就被锁紧在楔块上。松开时,转动松绳螺栓,螺栓向外顶开楔块,松开夹紧的钢丝绳。

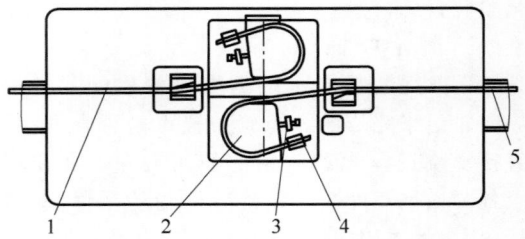

1—钢丝绳一端绳头;2—楔块;3—松绳螺栓;
4—压块;5—钢丝绳另一端绳头。

图 12-172　钢丝绳在梭车上的固定示意图

钢丝绳的两个端头都固定在梭车楔块上,其作用有两个:一是能够保证钢丝绳受力越大,卡得越紧,越安全可靠;二是楔块导绳槽半径大、曲率小,楔形段长度大,在运距变化需要储绳或放绳时,可避免处于楔块内的钢丝绳受损。

梭车防断绳保护:为保证运行安全,要求梭车具有可靠的紧急制动机构,对钢丝绳断绳进行保护。借鉴插爪式斜井人车制动装置,设计带防跑车装置,在意外情况下,插爪下落,在轨枕上实施制动;或设计断绳超速保护系统,速度达到设定值时自动对轨道两侧施闸,制动闸为失效安全型,液压松闸,碟形弹簧制动。由于梭车在起伏坡道运行,均设计为双向制动。

在坡道起伏变化严重的区段,为防止钢丝绳飘绳出现车辆掉道和拉棚等事故,系统设计中要考虑压绳装置。

梭车连接装置以破断强度为准的安全系数应符合下列规定:运送人员时为最大牵引力的 13 倍;运送物料时为最大牵引力的 10 倍。

4. 电控综合保护装置

电控综合保护装置用于煤矿井下无极绳连续牵引运输时的电气保护,具有绞车速度显示,梭车位置显示,正、反向启动,沿线急停闭锁,机头、机尾防止过卷,漏泄通信,语音广播报警以及岔道弯道报警功能。保护装置示意图如图 12-173 所示。

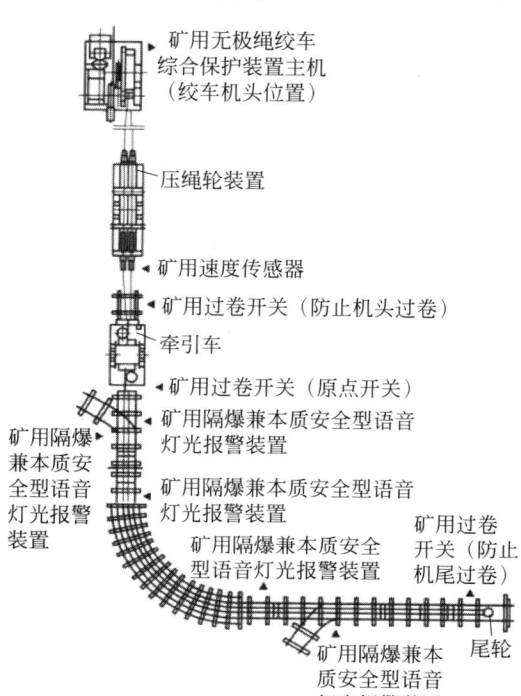

图 12-173 无极绳连续牵引车运输系统保护
装置示意图

无极绳连续牵引车电控装置以 PLC 为核心,配以专业化人机界面,具备实时监控、速度显示、紧急停车、过卷保护、道岔语音警示及沿线语音通信等功能,与变频调速装置配合使用,可实现绞车自动化控制。电控设备如图 12-174 所示。整套设备还具有过电流、欠压、漏电流等保护功能。

12.9.4 典型型号无极绳绞车

无极绳连续牵引车的运输距离一般为 1500～2000 m,最大可达 3000 m;运行速度一般为运输液压支架类重型设备 0.5～1.5 m/s,运输材料、矸石 1.5～2.0 m/s。下面以两种典型设备为例分别做具体介绍。

1. SQ-80 型无极绳连续牵引车
SQ-80 型无极绳连续牵引车采用普通轨道运输(常用 18 kg/m、22 kg/m、24 kg/m、30 kg/m

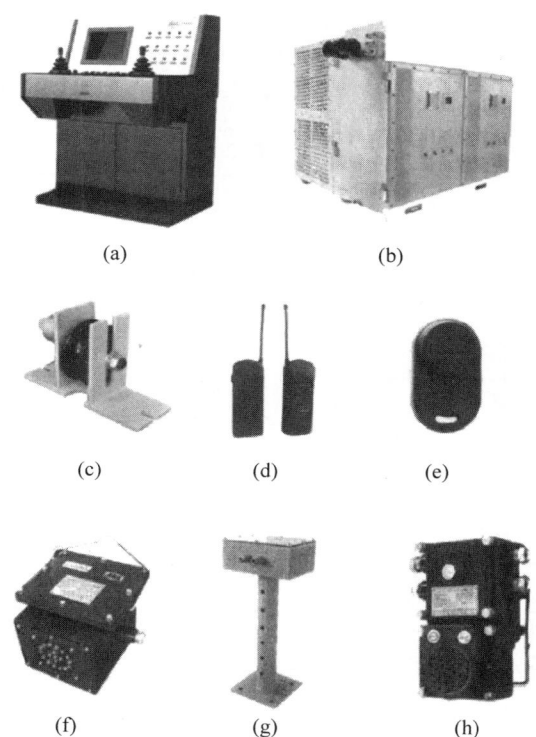

图 12-174 无极绳连续牵引车电控设备
(a) KTJ127 型矿用隔爆兼本质安全型变频器控制台;
(b) 矿用隔爆兼本质安全型变频调速装置;(c) 速度传感器;(d) 矿用本安型手持电台;(e) 矿用本安型识别卡;(f) 语音灯光报警装置;(g) 过卷开关;(h) 信号急停控制箱

轨)。在弯道两侧增设了专用护轨,以确保过弯道运输的安全可靠。在梭车(牵引车)上设置插爪式防溜车装置,此装置可在钢丝绳突然断裂(特别是梭车在坡道上时)的情况下起安全制动作用。在梭车两端设置牵引板,钢丝绳可通过道岔。采用张紧装置张紧牵引钢丝绳,张紧力可调。运输距离的调节方法是把尾轮回移,临时固定即可,随工作面回采而逐步后移。多余钢丝绳回收绕在梭车的储绳筒上。与制动人车配套使用,可实现工作面顺槽的人员运输,在异常情况下,人车可紧急制动,从而保证人车运行的安全性和可靠性。

1) 使用范围
该产品是以钢丝绳牵引的轨道运输设备,替代传统小绞车接力、对拉运输,适合长距离、多变坡、大倾角、大吨位工况条件下采区轨道巷及工作面顺槽材料、人员及综采设备不经转载的直达运输,可直接进入工作面,减少运输环节。

2)主要技术参数

SQ-80型无极绳连续牵引车主要技术参数见表12-46。

表 12-46　SQ-80 型无极绳连续牵引车主要技术参数

参 数 名 称	参 数 值			
绞车功率/kW	55	75		110
滚筒直径/mm	1200			
最大牵引力/kN	50	60	80	
钢丝绳规格	6×19φ22～24 mm		6×19φ22～26 mm	
绳速/(m/s)	1.0	1.0,1.7	0.67,1.12	1.0,1.7
适应倾角/(°)	10	12	15	15
轨距/mm	600,900	600,900	600,900	600,900
轨型/(kg/m)	18,22,24,30			
最大运距/m	≤1500		≤2000	
最大容绳量/m	500,1200			
电机型号	YB280M-6	YB280S-4	YB315-6	YB315S-4
绞车外形尺寸/(mm×mm×mm)	3000×150×1480	3000×1715×1480	3100×17 515×1480	3260×1480×1812

2. SQ-120/132P 型无极绳连续牵引车

石家庄煤矿机械有限责任公司生产的 SQ-120/132P 型无极绳连续牵引车为抛物线单滚筒驱动方式,采用变频调速(软启动、软停车、无级变速)。司机操作处配有梭车距离显示装置。两套电液制动闸配合实施制动,紧急制动与停车制动时两闸同时制动。

牵引绞车传动原理如图 12-175 所示。

SQ-120/132P 型无极绳连续牵引车主要技术参数见表 12-47。

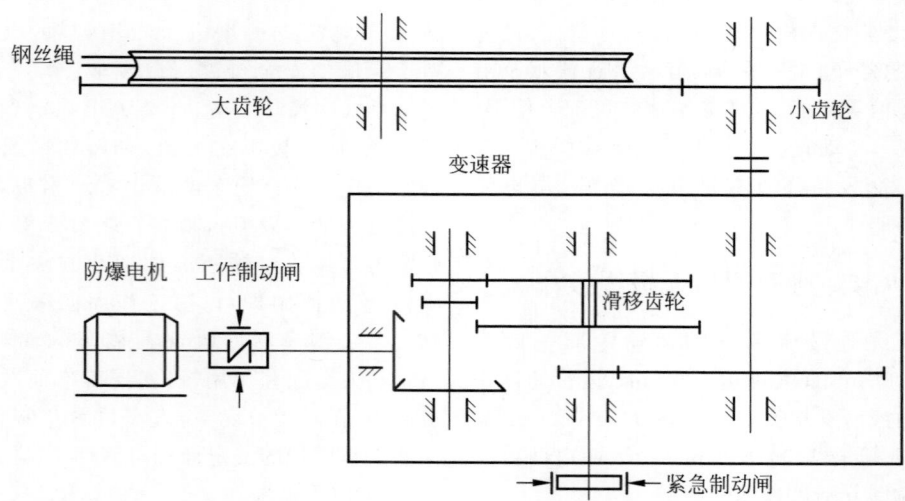

图 12-175　SQ-120/132P 型牵引绞车传动原理

表 12-47　SQ-120/132P 型无极绳连续牵引车主要技术参数

参数名称	单位	参数
电机功率	kW	132
调速方式		变频调速
滚筒直径	mm	1600
最大牵引力	kN	120
钢丝绳直径	mm	28
钢丝绳速度	m/s	0～1,0～1.7
适用倾角	(°)	<18
钢丝绳张力	kN	≤123
储绳量	m	800
梭车轨距	mm	600,900
最大运距	m	2000

12.9.5　无极绳绞车应用

1. 工程应用案例一：盘区运输

1) 现场条件

3102 巷、5102 巷是三、五盘区的集中辅助运输巷道，巷道长度分别为 1400 m、2000 m，实际总长度 3393 m（至 5102 巷 5 号横川），多起伏，最大坡度 8°，轨道铺设为单轨，设置有 7 个车场，轨距 600 mm，轨型 22 kg/m，运输最大质量 24 t。巷道有分区通风风门 3 道，运输系统改造前共安装 17 部小绞车，沿途线路支线多。

2) 选型计算

(1) 选择单轨运输方案

根据计算（计算过程略），选用 2 套 SQ-80（110 kW）型无极绳绞车配合运输。其中每套由绞车、张紧装置、梭车和尾轮及轮组通过钢丝绳各串联成一套运输系统。

两套共需操作人员 6～9 人。

(2) 系统方案

一根钢丝绳（主绳）布置在轨道内，另一根钢丝绳（副绳）布置在轨道外侧，通过尾轮分开。

根据巷道实际情况，第一套牵引绞车与张紧装置倾斜布置在 3207 横川（1400 m），尾轮布置在第三道风门过后；第二套牵引绞车与张紧装置倾斜布置在 3217 横川（2000 m），尾轮布置在巷道尾端。

绞车、张紧装置、尾轮均打混凝土地基固定。沿途根据巷道起伏变化情况布置相应轮组。在巷道大低洼处布置组合压绳轮组，防止钢丝绳抬得过高而挑翻矿车，在巷道凸点处布置组合托绳轮组。所有轮组均设计成组合式，便于现场拆卸和组装，用螺栓、压板固定在轨道底部。

绞车为两挡，即 1.0 m/s、1.7 m/s，具有制动延时功能，且延时可调，并能实现对称安装布置和前后出绳，便于靠帮布置。

运送料车时，为防止列车在下坡时追尾掉道，把较大坡道修整到平缓过渡程度，坡度变化为 0°～3°～5°～8°。

配备双通信系统：一套为具有打点、通话和急停功能的漏泄移动通信系统，另一套为具有打点、通话和急停功能的固定打点器。

为安全运输，同时配备语音信号报警装置和自动停车的过卷装置。三道风门设置为信号自动启闭，且在运输时留守人员值班。

(3) 运输计算

由于第二套无极绳绞车运输线路较长，整条巷道的运输按第二套计算：按绞车牵引重车速度 $v=1.0$ m/s 计算，进送一次所需的时间为

$$T_{上}=2000 \div (1.0 \times 60) \text{min} \approx 33 \text{ min}$$

回程快挡 $v=1.7$ m/s，所需时间

$$T_{下}=2000 \div (1.7 \times 60) \text{min} \approx 20 \text{ min}$$

运输一趟（往返）总用时为 $(33+20+40) \text{min} = 93 \text{ min}$。

每班按 7 h 工作时间计算，每班进支架 $(7 \times 60 \div 93)$ 趟 ≈ 5 趟。

每日进料车 $(5 \times 8 \times 3)$ 车 = 120 车。

2. 工程应用案例二：上下山运输

1) 现场条件

东二辅助采区轨道运输巷是一条采区集中运输轨道巷。巷道约长 1500 m，大部分为煤巷中拓成，其中约有 300 m 岩巷。该巷道运输距离约 1800 m，入口 50 m 处有一个 135° 角的转弯，随后全部是直巷道。直巷中有四处较大的变坡点，最大的有两处，坡度约 13°，巷道宽 4 m，高约 2.4 m。

该巷道作为一个采区的集中运输巷，担负

着采区内采掘工作面材料、岩石及安装、撤除的全部运输任务。按矿井生产任务要求,至少满足一个综采工作面、一个综掘工作面及两个普掘工作面的运输要求,并且还需要满足下一步运送人员的要求。

2) 选型计算

首先考虑现普遍使用的运输绞车。通过初步计算,该巷道形成完整的运输系统约需要 JD-55 型绞车 4 部,HT-8 型回柱绞车 2 部,总功率约 235 kW,需配备岗位人员约 12 人/班。

后选择使用 SQ-80 型无极绳连续牵引车。经计算(计算过程略),需设备一套,装机功率 75 kW,需配备人员 7 人/班。

主电机 75 kW,钢丝绳速度(二挡)1 m/s、1.75 m/s,减速机双速可调。

3) 配套施工

(1) 装运支架侧铺设 24 kg 钢轨,另一侧铺设 18 kg 钢轨,双轨并行运行。

(2) 巷道坡度不大于 10%。

12.10 矿用小绞车

矿用绞车是煤矿生产的重要设备,主要用于井下人员及物料的运输和提升,矿车的调度,综采设备的安装、拆卸及搬迁,各种重物及设备的牵引等。辅助运输类绞车主要包括提升绞车、调度绞车、回柱绞车等。

12.10.1 矿用小绞车概述

绞车是指用卷筒缠绕钢丝绳或链条提升或牵引重物的轻小型起重设备,又称卷扬机。早在公元前两千年,我国就发明了一种叫作"绞盘"的绞车模型。绞车具有通用性高、结构紧凑、体积小、重量轻、起重大、使用转移方便等优势,因此在矿山开采中广泛使用。我国矿用绞车的使用历史可以追溯到 20 世纪 40 年代,主要是苏联和日本生产的矿用小绞车;20 世纪 60 年代开始,我国已开始自行设计并制造绞车,并在 20 世纪 70 年代制定了自己的标准,逐步向标准化生产过渡。

目前国内矿用绞车多以电机作为驱动方式,传动系统多采用两级行星减速器传动,传动系统较简单,易于维护。电机驱动的方式存在不能无级调速,超载时无法进行过载保护等缺陷。目前,多个煤矿已自主对井下矿用绞车进行了变频器调速以及液压传动改造。与国内相比,日本、欧美等国家和地区机械化程度高,矿用绞车研制较早,20 世纪 60 年代,日本、美国就已经推广液压传动绞车,80 年代后,又开始推广应用液压-机械传动绞车。由于液压-机械传动绞车具有制造容易、质量稳定、寿命长、传动效率高、噪声低、体积小等优点,在国外获得广泛应用并逐步向大型化方向发展。目前国内矿用绞车依照不同的分类方法可划分成多种类型,根据使用用途主要分为提升绞车、调度绞车、回柱绞车等。

12.10.2 提升绞车

提升绞车是一种圆柱形卷筒提升机,属于 JT 系列的提升机,其卷筒直径一般为 800~1600 mm。根据卷筒的数目不同,可分为双卷筒和单卷筒两种,主要用于井下提升工作。

1. 工作原理

提升绞车的工作原理:将两根提升钢丝绳的一端以相反的方向分别缠绕并固定在提升绞车的两个卷筒上,另一端绕过井架上的天轮分别与两个提升容器相连。这样,通过电动机改变卷筒的转动方向,可将提升钢丝绳分别在两个卷筒上缠绕和松放,以达到提升或下放容器,完成提升任务的目的。

2. 结构组成

提升绞车机构主要由主轴装置、盘形制动器、联轴器、减速器、机座、电动机、深度指示器等部分组成,其结构如图 12-176 所示。

1) 主轴装置

该设备的主轴装置由卷筒、主轴、两个轴承座等部分组成。提升钢丝绳为上出绳,这是根据人机关系的要求确定的,卷筒上装有衬板。卷筒通常采用高强度低合金钢 16Mn 整体焊接而成,制动盘和卷筒采用焊接连接。主轴两端采用可调心双列滚动轴承,效率高、拆卸维修方便。

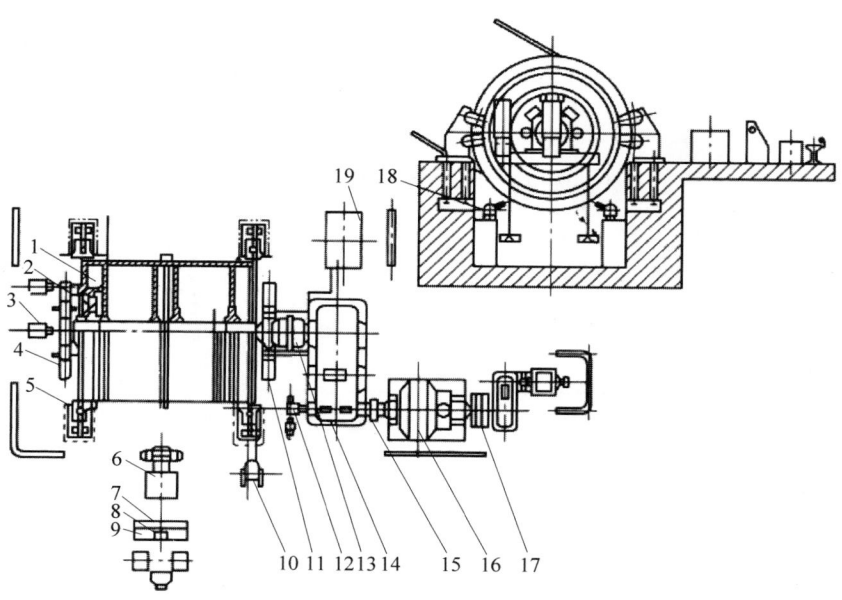

1—主轴装置；2—径向齿块离合器；3—多水平深度指示器传动装置；4—左轴承梁；5—盘形制动器；6—液压站；7—操纵台；8—粗针指示器；9—精针指示器；10—牌坊式深度指示器；11—右轴承梁；12—测速发电机；13,15—联轴器；14—减速器；16—电动机；17—微拖装置；18—锁紧器；19—润滑站。

图 12-176　提升绞车结构图

2）盘形制动器

盘形制动器是提升绞车制动系统的重要部分之一。盘形制动器装置是把盘形闸用销轴及螺栓安装在支架上，每个支架上安装一副，共两副。盘形制动器是制动系统的执行机构。盘形制动器对制动盘直接产生压力，由制动盘和闸瓦间的摩擦力形成所需的制动力矩，完成工作制动和安全制动。

3）联轴器

提升吊车在电动机与行星减速器的高速轴端采用弹性柱销联轴器连接，主要由两个半联轴节和尼龙棒销等组成。

4）减速器

减速器主要由行星减速器、齿轮减速器和开式齿轮减速器组成。

（1）行星减速器。电机输出的动力通过弹性柱销联轴器，带动行星减速器的太阳齿轮轴转动，从而带动太阳齿轮传动，太阳齿轮带动行星齿轮旋转，行星齿轮带动内齿圈旋转。由于行星齿轮安装在行星架上，所以行星架也是可以旋转的，为了输出扭矩，必须将内齿圈固

定，才能将动力从行星轮架输出。内齿圈的固定是通过将 B 管离合器液压缸内充满压力油，从而推动液压缸内活塞向外运动，制动离合器盘。由于离合器盘与内齿圈是固结连接，所以内齿圈也被制动，从而通过行星架向外输出动力。

（2）齿轮减速器。行星减速器输出的动力通过连接齿轮传递到齿轮减速器的高速轴上，高速轴上的小斜齿轮将动力传递到低速轴上的大斜齿轮上，再通过低速轴上的小开式齿轮输出。

（3）开式齿轮减速器。由齿轮减速器输出的动力通过小开式齿轮传递到大开式齿轮，从而传递到卷筒，带动卷筒旋转。减速器各轴均采用滚子轴承支撑，并采用铸钢与铸铁的封闭式机壳，由于齿轮的传动系统为封闭式，所以润滑可靠，运转平稳，噪声低，效率高。

5）深度指示器

深度指示器的作用是指示提升容器在井筒中的位置，容器接近井口或车场时发出减速信号，当提升容器过卷时，打开装在深度指示

器上的终点开关,切断保护装置回路,进行紧急制动。

3. 设备型号

提升绞车分为 JTP 型和 JTK 型,JTP 型提升绞车采用液压盘式制动器,JTK 型提升绞车采用块式制动器。提升绞车型号及技术参数见表 12-48 和表 12-49。

表 12-48　JTP 型调度绞车型号及技术参数

| 产品型号 | 卷筒参数 | | | 钢丝绳参数 | | | 电动机转速/(r/min) | 最大提升速度/(m/s) | 最大提升高度或斜长/m | | |
	个数	直径/mm	宽度/mm	最大静张力/kN	最大静张力差/kN	最大直径/mm			一层缠绕	二层缠绕	三层缠绕
JTP-1.2×1	1	1200	1000	30	—	20	≤1000	2.6	134	297	472
JTP-1.2×1.2			1200						168	371	582
JTP-1.2×0.8	2		800		20				99	232	370
2JTP-1.2×1			1000						134	297	472
JTP-1.6×1.2	1	1600	1200	45	—	26		4.1	172	382	601
JTP-1.6×1.5			1500						226	491	767
2JTP-1.6×0.9	2		900		30				118	272	434
2JTP-1.6×1.2			1200						172	382	601

表 12-49　JTK 型调度绞车型号及技术参数

| 产品型号 | 卷筒参数 | | | 钢丝绳参数 | | | 最大提升速度/(m/s) | 缠绕层数 | 最大提升高度或斜长/m |
	个数	直径/m	宽度/m	最大静张力/kN	最大静张力差/kN	最大直径/mm			
JTK-1×0.8	1	1.0	0.8	20	—	16	1.8	3	426
JTK-1.2×1	1	1.2	1.0	30	—	20	2.6	3	472
2JTK-1.2×0.8	2	1.2	0.8	30	20	20	2.6	3	370
JTK-1.2×1.2	1	1.2	1.2	30	—	20	2.6	3	582
2JTK-1.2×1	2	1.2	1.0	30	20	20	2.6	3	472
JTK-1.4×1.2	1	1.4	1.2	35	—	22	2.6	3	617
2JTK-1.4×1	2	1.4	1.0	35	25	22	2.6	3	505
JTK-1.6×1.2	1	1.6	1.2	45	—	26	4.1	3	601
2JTK-1.6×0.9	2	1.6	0.9	45	30	26	4.1	3	434
JTK-1.6×1.5	1	1.6	1.5	45	—	26	4.1	3	767
2JTK-1.6×1.2	2	1.6	1.2	45	30	26	4.1	3	601

12.10.3　调度绞车

调度绞车是煤矿井下普遍使用的一种小型绞车,工作机构为卷筒缠绕式,传动形式为行星齿轮传动。它具有体积小、重量轻、承载能力大、效率高等特点。经常使用的是 JD 型调度绞车,如图 12-177 所示。

调度绞车是在短距离内牵引矿车组慢速运行的设备,用于在平巷或倾斜井巷调度车辆或进行辅助运输与提升。

1. 工作原理

从图 12-177 中可以看出,JD 型调度绞车的工作原理可以分三种情况来分析：

图 12-177 JD 型调度绞车

（1）左制动装置（制动闸）抱紧，右制动装置（工作闸）松开，电机输入转矩。此时绞车为 NGW 两级行星齿轮串联传动。制动闸抱紧时，卷筒被刹住不能转动。电动机带动低速行星架空转，右制动轮随着转动，调度绞车呈非工作状态。

（2）右制动装置（工作闸）抱紧，左制动装置（制动闸）松开，电机输入转矩。此时绞车为 NGW 封闭式两级行星齿轮传动，双级并联输出。制动闸松开时，卷筒旋转。工作闸抱紧使得低速行星架固定，即两个内齿圈并联旋转，合成输出一个扭矩与速度。此时调度绞车呈工作状态。

如果左、右制动装置逐渐松开和抱紧，或逐渐抱紧和松开，则绞车即处于启动和停车时

的调速状态，卷筒根据工作需要由停到慢至快或由快至慢到停，而电动机始终转动。

（3）左、右制动装置（制动闸和工作闸）同时松开，电机输入转矩（或断电）。此时绞车呈自由状态，无固定输出。如果调度绞车在倾斜井巷工作，重物可以借助自重下滑，带动卷筒反转，失去控制时会放飞绞车，这是绝对不允许的。电机在此状态下反向输入转矩，称为工作下放状态，两制动装置应交替抱紧和松开，调节下放速度或制动绞车停止下放。

正常下放重物时，应先将电动机反转并闸住制动闸。绞车正常运转之后，逐渐松开制动闸、抱紧工作闸。这样卷筒会在电动机驱动下反转，而无过速的危险。下放的速度可借助制动闸对卷筒进行半制动来控制。当需要作反向提升时，必须重新按启动按钮，使电动机反向运转。需要注意的是，当电动机启动后，不准将工作闸和制动闸同时闸住，否则会烧坏电动机或发生其他事故。

2. 结构组成

调度绞车主要由卷筒装置（内设高速行星齿轮系与低速行星齿轮系）、左、右制动装置、电动机装置（兼作左支座）、右支座和机座等组成，JD 型调度绞车结构如图 12-178 所示。

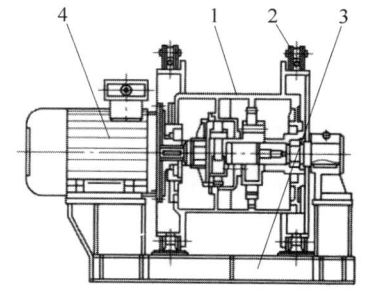
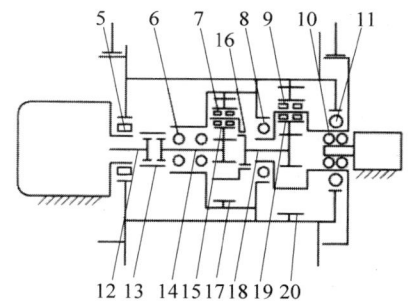

1—卷筒装置；2—制动装置；3—机座；4—电动机；5～11—各部位轴承；12—电机轴端齿轮；13—内齿套；14—高速太阳轮；15—高速行星轮；16—高速行星架；17—高速内齿圈；18—低速太阳轮；19—低速行星轮；20—低速内齿圈。

图 12-178 JD 型调度绞车结构

卷筒一般由铸钢制成，主要功能是缠绕钢丝绳以进行牵引。在卷动的制动盘上装设制动装置，借以控制绞车运行与停止。在卷筒壳体内装有减速齿轮，因而它又具有减速机外壳的作用。制动装置由左、右两部分组成，在

图 12-178 左侧（即电动机一侧）的制动装置称为制动闸，其功能是制动卷筒；右侧的制动闸具有摩擦离合器的作用，称为工作闸，当工作闸完全刹紧后，电动机带动卷筒转动。左、右两部分制动装置的结构与动作原理完全一致。

机座一般由铸铁制成,它的作用有两个:一是用来定位和固定调度绞车内部零部件,如电动机、轴承支架、制动装置和挡绳板等;二是用来在调度绞车的工作地点对其固定。

电动机装置是调度绞车的驱动部件,为绞车工作提供动力。调度绞车的特点是电动机轴端直接带有齿轮,与行星齿轮传动系统直接啮合。电机轴同时兼作卷筒的支承轴,形成卷筒的左侧支撑。

3. 设备型号

调度绞车型号及技术参数见表 12-50。

表 12-50 调度绞车型号及技术参数

参 数 项 目		型　　　号		
		JD-1	JD-1.6	JD-2
最大静拉力/kN	绕绳 400 m	10	16	20
	绕绳 300 m	11.4	18	22
	绕绳 200 m	13.3	20	24
	绕绳 100 m	14.5	22.5	26
绳速/(m/s)	最大值	1.033	1.2	
	最小值	0.433	0.6	
容绳量/m		400	400	
钢丝绳直径/mm		12.5	15.5	
卷筒尺寸/(mm×mm)		ϕ224×304		
电动机参数	型号	(隔爆)JBJ-11.4	(隔爆)JBJD-22-4	(隔爆)JBJD-25-4
		(非隔爆)JOJ-11.4	(非隔爆)JOJD-22-4	(非隔爆)JOJD-25-4
	功率/kW	11.4	22	25
	转速/(r/min)	1460	1478	1470
	电压/V	380/660	380/660	380
可逆磁力启动器		QC83-80N(隔爆可逆)	QC83-80N(660 V)	
		QC8-30(隔爆不可逆)	QC10-5/8(非隔爆)(380 V)	
隔爆控制按钮		LA81-3(LA81-2)	LA81-3A(隔爆),LA10-3H(非隔爆)	
外形尺寸/(mm×mm×mm)		1100×765×730	1345×1140×1190	1350×1140×1190
机器质量/kg		550	1450	1460

调度绞车须适应井下经常性的迁移,同时还要适应在窄小的空间环境下工作,所以,各种型号的调度绞车一般都设计成紧凑轻便的结构。为了使受其调度的矿车组移动平稳并能准确地停车,调度绞车的工作速度都不是太高。

调度绞车的选择是根据现场对调度(或提升)能力的需求情况,进行选型或能力核算。绞车选型是根据工作地点的作业数据确定调度绞车型号,能力核算是根据调度绞车的技术参数确定最大调度(或提升)矿车数,以及调度处理车数的能力。

12.10.4 回柱绞车

回柱绞车是用来拆除和回收矿山回采工作面顶柱的机械设备,安装在回风巷。

1. 工作原理

电动机安装在底座上通过联轴器与蜗轮减速机连接,动力通过一对齿轮传动给圆弧面蜗杆、蜗轮,由齿轮轴上的小齿轮经中间过桥大齿轮带动卷筒,卷引钢丝绳进行工作。回柱绞车传动原理图如图 12-179 所示。

2. 结构组成

回柱绞车主要由电动机、减速机构、过桥齿轮、卷筒装置、制动器、底座等部分组成。

(1) 电动机。绞车采用专用隔爆电动机,电动机为 F 级绝缘。

(2) 减速机构。减速器采用一级圆弧蜗轮和一级齿轮传动。在蜗轮传动机构中,蜗杆左

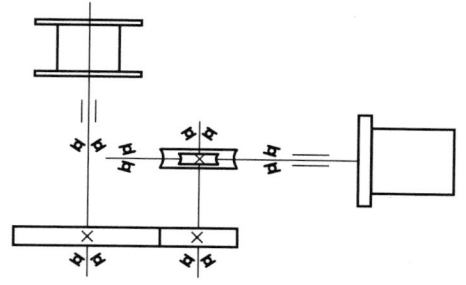

图 12-179　回柱绞车传动原理图

端装有调节环和紧定螺钉等零件,右端装有轴承盖、挡盖等零件,用来调节蜗轮轴向位置和轴承轴向间隙。

(3) 过桥齿轮。过桥齿轮是为了适应绞车结构的需要(加大卷筒轴和蜗轮轴的中心距)而设置的,心轴固定在箱体中部。过桥齿轮轴

心钻油孔,外端加油塞,组成挤压式油杯。

(4) 卷筒装置。卷筒装置主要由主轴、卷筒、大齿轮、轴承座等组成。

大齿轮固定在卷筒上,卷筒安装在卷动主轴的两个滚动轴承上,主轴两端用轴承支座和齿轮箱壁支撑。

卷筒上设有穿绳孔,将绳头穿入后用绳卡将螺钉紧固。

(5) 底座。底座用槽钢及钢板焊接,呈长条形,雪橇状。卷筒装置、蜗轮减速机、电动机等部件分别装在底座上形成一个整体。底座上焊有钢环,以便绞车在井下安装、固定及移动、拖运之用。

3. 设备型号

回柱绞车主要型号及技术参数见表 12-51。

表 12-51　回柱绞车主要型号及技术参数

| 型号 | 牵引力/kN | 钢丝绳直径/mm | 平均绳速/(m/s) | 容绳量/m | 电动机参数 | | | 外形尺寸(长×宽×高)/(mm×mm×mm) | 质量/kg |
					型号	功率/kW	电压/V		
JH₂-5	49.0	16.0	0.17	80	JBJT₃-7.5	7.5	380/660	1510×624×515	633
JH-8	78.4	15.5	0.102	80	YB160M-6	7.5	380/660	605×530×677	672
JH₂-14	137.2	22.0	0.13	150	JBO₃-71-6	17.0	380/660	1817×930×910	1678
JHC-14	140.0	22.0	0.095	125	YB160L-6	11.0	380/660	1568×765×869	1157
JH₂-20A	196.0	24.5	0.106	170	JBO₃-72-69	22.0	380/660	2560×968×797	1500

参考文献

[1] 李美锦.煤矿电机车司机[M].徐州:中国矿业大学出版社,2016.

[2] 侯志学.矿山运输机械[M].北京:冶金工业出版社,1996.

[3] 赵铁.电机车司机[M].北京:煤炭工业出版社,2000.

[4] 贺显林.XDC65型牵引电机车[J].工程机械,2020,5(51):4-7.

[5] 魏景生,吴淼.中国现代煤矿辅助运输[M].北京:煤炭工业出版社,2016.

[6] 于励民,仵自连.矿山固定设备选型使用手册[M].北京:煤炭工业出版社,2008.

[7] 郭其玉.YQKGC-A型液压牵引卡轨车在综采工作面中的应用与探讨[J].山东煤炭科技,2015,6(58):129-131.

[8] 叶跃进.KCQ80J(A)型防爆柴油机胶套轮/齿轨卡轨车使用说明书[Z].2008.

[9] 石家庄煤矿机械有限责任公司.煤矿机械装备产品画册[Z].2014.

[10] 何凡,张兰胜.矿井辅助运输设备[M].沈阳:东北大学出版社,2012.

[11] 中煤建设开发总公司.现代矿井辅助运输设备选型及计算[M].北京:煤炭工业出版社,1994.

[12] 中华人民共和国住房和城乡建设部.煤矿井下辅助运输设计规范:GB 50533—2009[S].北京:中国计划出版社,2009.

[13] 张荣立,何国纬,李铎.采矿工程设计手册[M].北京:煤炭工业出版社,2003.

[14] 谢锡纯,李晓豁.矿山机械与设备[M].徐州:中国矿业大学出版社,2000.

[15] 国家煤炭工业局.柴油机单轨吊车：MT/T 883—2000[S].北京：煤炭工业出版社，2001.

[16] 王玉林.DXP40 防爆蓄电池电牵引单轨吊车系统[J].煤,2008,17(10)：62-64.

[17] 鲍久圣,王旭,阴妍,等.一种蓄电池式无人驾驶单轨吊车及其控制方法：ZL202110147601.5[P].2021-10-29.

[18] 鲍久圣,王旭,阴妍,等.一种柴油机式无人驾驶单轨吊车及其控制方法：ZL202110147609.1[P].2021-12-10.

[19] 王臻.浅谈煤矿井下无轨辅助运输的发展趋势[J].科学之友,2011,6：54-55.

[20] 郑州金辰机电技术有限公司.JC6108DFB 型防爆柴油机使用说明书[Z].2007.

[21] 澳大利亚 DBT 公司.FBL-55 支架搬运车使用说明书[Z].2005.

[22] 国家发展和改革委员会.矿用防爆柴油机无轨胶轮车通用技术条件：MT/T 989—2006[S].北京：煤炭工业出版社,2006.

[23] 国家发展和改革委员会.矿用防爆柴油机通用技术条件：MT 990—2006[S].北京：煤炭工业出版社,2006.

[24] 中国煤炭科工集团太原研究院.山西天地煤机装备有限公司产品样本[Z].2013.

[25] 宁恩渐.采掘机械[M].北京：冶金工业出版社,1991.

[26] 王运敏.中国采矿设备手册(上、下册)[M].北京：科学出版社,2007.

[27] 周志鸿,马飞,毛纪陵.地下凿岩设备[M].北京：冶金工业出版社,2004.

[28] 王荣祥,李捷,任效乾.矿山工程设备技术[M].北京：冶金工业出版社,2005.

[29] 孔德文,赵克利,徐宁生,等.液压挖掘机[M].北京：化学工业出版社,2007.

[30] 杨占敏,王智明,张春秋,等.轮式装载机[M].北京：化学工业出版社,2006.

[31] 中国矿业学院.矿山运输机械[M].北京：煤炭工业出版社,1980.

[32] 陈寰.矿山企业设计原理[M].北京：化学工业出版社,1984.

[33] 卢雪红.液压与气压传动[M].徐州：中国矿业大学出版社,2010.

[34] 葛世荣,鲍久圣,曹国华.采矿运输技术与装备[M].北京：煤炭工业出版社,2015.

[35] 韩培欣,鲍久圣,杨帅,等.混合动力技术在车辆工程领域的应用与研究现状[J].现代制造工程,2016(5)：143-147.

[36] 鲍久圣,邹学耀,陈超,等.重型煤炭运输车分布式混合动力系统设计及控制策略[J].煤炭学报,2021,46(2)：667-676.

[37] 国家安全生产监督管理总局.煤矿安全规程[M].北京：煤炭工业出版社,2011.

[38] 阴妍,章全利,鲍久圣,等.一种无人化无极绳绞车运输系统及其控制：ZL 202110944515.7[P].2021-10-13.

第13章

矿井运输辅助机械

13.1　概述

　　井下轨道运输的辅助机械设备包括翻车机、推车机、给料机、转载机等。这些设备对于提高竖井提升和调车场的生产效率、减轻工人劳动强度与实现运输机械化具有重要作用。它们多用在装车站、井底车场和地面轨道运输中。本章主要介绍这些设备的用途、类型及一般结构，不过多涉及设计方面的知识。

13.2　翻车机

　　翻车机是广泛应用于电力、港口、冶金、煤炭、化工等行业的大型自动卸车设备，用于翻卸标准铁路敞车所装载的散粒物料。翻车机作业线以翻车机为主要设备，辅助设备一般包括重车调车机、空车调车机、迁车台、夹轮器等。

　　目前，国外生产翻车机卸车系统的公司主要有英国亨肖公司、美国德拉芙公司、德国克房伯公司等，其生产的翻车机自动化水平较高，系统稳定可靠。国内企业自 20 世纪 50 年代开始生产翻车机，只有 70 多年的专业制造史。20 世纪 80 年代以来，国内企业开始与美国德拉芙公司、英国亨肖公司等进行技术合作。目前，国内在运行的翻车机大部分集中应用在电厂与港口。在国内，生产翻车机系统的企业主要有大连重工集团有限公司、武汉电力设备厂、中国华电工程(集团)有限公司 3 家。

　　翻车机是翻卸固定车厢式矿车内矿石、废石或其他物料的一种专用卸载设备。当井下巷道用固定车厢式矿车运输而井筒用箕斗提升时，翻车机设置在井底车场内；当用罐笼提升或平硐运输时，设置在地面卸载处。按结构形式，翻车机可分为前倾式翻车机、圆形翻车机和侧卸式翻车机三类。

13.2.1　前倾式翻车机

　　前倾式翻车机按有无动力分为无动力和有动力两种；按矿车是否通过分为不通过和通过两种。

　　无动力前倾式翻车机的结构如图 13-1 所示。这种翻车机是利用矿车的自重、偏心使矿车旋转从而卸载的设备，安装在井底车场和地面生产系统中可减轻工人的劳动强度。这种翻车机结构简单。其缺点是翻转过程中翻车机和矿车要承受强烈的冲击载荷。

　　液压传动的前倾式翻车机是有动力翻车机的一种形式，结构稍复杂，但工作比较平稳，可以减少冲击载荷，有利于延长翻转机和矿车的使用寿命。

　　前倾式翻车机在我国中小型矿山中应用比较广泛。它有结构简单、制造容易、安装方便等优点，且一般不需要外加动力。其缺点是矿车必须摘钩，每次只能翻卸一辆矿车，故生产能力较小；因卸载过程中冲击载荷较大，不

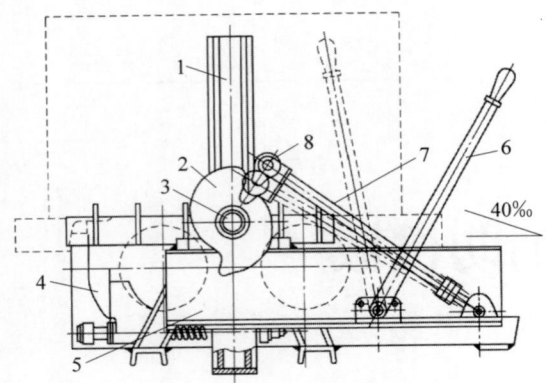

1—回转架；2—凸轮；3—回转轴；4—带缓冲弹簧的阻
爪；5—支座；6—手把；7—止动杆；8—滚轮。

图 13-1　无动力前倾式翻车机结构图

适于大容积矿车的翻卸。

目前我国矿山使用的前倾式翻车机多数为不通过式的，即矿车卸载以后需要从原道返回，因此只适用于折返式运输系统。为了适应环形调车场的需要，一些矿山使用通过式前倾翻车机，矿车卸载以后可以直接通过。其阻车和稳架装置采用机械联动，整个卸载工作都是自动的。其工作原理是：重车进入翻车机后，利用重力偏心形成的转矩和惯性力矩进行翻转与复位，矿车翻转过程中靠抓车钩抓住，复位后利用一套闭锁机构锁住回转架，同时矿车顺坡自溜通过。

13.2.2　圆形翻车机

圆形翻车机是一种侧卸式卸载设备。它与前倾式翻车机相比，结构复杂，重量大，而且成本高；但笼体的回转一般采用机械车，工作比较平稳，根据需要可以翻卸一辆、两辆或两辆以上矿车，并能直接通过，待卸的列车也可以不摘钩，故生产能力较大。

根据运输系统和生产能力的不同要求，圆形翻车机的构造形式可大致分类如下：

（1）按动力方式分为手动和机械传动。

（2）按翻卸车数分为单车和双车式。

（3）按矿车排列位置分为串列和并列式。

（4）按待卸列车连接状态分为摘钩和不摘钩式。

（5）按电机车是否通过分为通过式和不通过式。

手动圆形翻车机主要靠偏心重力矩自动翻卸矿车，一般不需要外加动力。其特点是结构简单，重量轻，便于制造。缺点是采用固定的偏心重力矩保证合适的翻转速度比较困难。

电动圆形翻车机的结构如图 13-2 所示，它由旋转笼体 1、传动轮 4、支撑轮 7、定位装置 3、传动装置、挡矿板 2、阻车器 6 以及底座 5 等主要部分组成。有些翻车机还设有矿车清扫器。

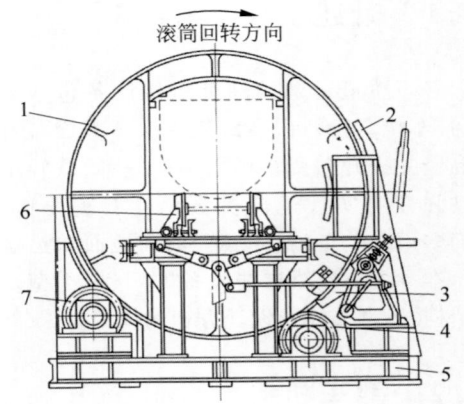

1—旋转笼体；2—挡矿板；3—定位装置；4—传动轮；
5—底座；6—阻车器；7—支撑轮。

图 13-2　电动圆形翻车机结构图

电动圆形翻车机的工作原理：当重矿车进入旋转笼体的轨道上后便开动电动机，经减速器带动传动轮旋转，利用传动轮与笼体端环间的摩擦力使笼体回转进行卸载。当笼体回转 180°后，矿车内矿物全部卸出，继续转 180°，则恢复原位，推入重车，顶出空车，再进行下次翻卸。

翻车机形式按使用具体条件选择，其使用条件和优缺点比较见表 13-1。

表 13-1　翻车机使用条件和优缺点比较

翻车机形式	使 用 条 件	优 点	缺 点
前倾通过式	适用于自溜调车场,卸载后通过矿仓	不用动力,制造简单,卸载能力大	矿车进翻车机时冲击力较回转式翻车机大,车组必须分解卸载
前倾后退式	卸载后矿车退出料仓,适用于自溜车场或人工推车	不用动力,制造较通过式简单	较通过式卸载能力低,其他与通过式相同
回转式	可以单车或车组卸载,矿车可前进或后退,用机车牵引或人工调车	对矿车冲击较前倾式小,车组卸载时可不摘钩,因此车辆周转率高	需要动力,制造较前倾式复杂

　　翻车机的主要指标是它所能容纳的矿车尺寸及每分钟的翻转次数,因此应按矿车规格及要求的翻卸能力来选择。例如,在井底车场用的翻车机,每分钟翻转次数必须与井底车场的通过能力相适应,而平硐外的翻车机每分钟翻转次数则应与平硐设计生产率相适应。若要求的每分钟翻转次数很多,采用单车翻车机不能满足要求,可选用双车翻车机或两台单车翻车机同时工作。

　　目前,国内金属矿山常用的电动圆形翻车机有:0.7 m³ 单车和双车,1.2 m³ 双车,2 m³ 单车和双车,4 m³ 双车,10 m³ 单车,其型号及主要技术特征见表 13-2。

表 13-2　电动翻车机型号及主要技术特征

型 号	生产能力/(t/h)	轨距/mm	适应矿车型号及每次翻车数	翻车机外形尺寸			旋转体参数		电机功率/kW
				长/m	宽/m	高/m	滚圆直径/mm	转速/(r/min)	
YFD0.7-6Z	210		YGC0.7-6 1辆	4627	2780	3060	2500	4.97	4.2
YFS0.7-6	420	600	YGC0.7-6 2辆	6664	2785	3060	2500	4.97	4.2×2
YFS1.2-6 YFS1.2-7	720		YGC1.2-6 YGC1.2-7 2辆	7606	3231	3485	3000	4.91	6.3×2
YFD2-6 YFD2-7	750		YGC2-6 YGC2-7 1辆	5557	3280	3220	2700	7.58	7.5
YFS2-6 YFS2-7	1340	762	YGC2-6 YGC2-7 2辆	11 292	3107	3525	3000	4.71	8.8×2
YFS4-7 YFS4-9	2400		YGC4-7 YGC4-9 2辆	12 320	4590	4635	4000	3.89	17.5×2
YFD10-7 YFD10-9	3000	900	YGC10-7 YGC10-9 1辆	11 998	4700	4668	4000	3.89	22×2

13.2.3 侧卸式翻车机

侧卸式翻车机以摇架代替转筒,车辆在摇架上被夹紧后,随同摇架绕上方的轴旋转140°～170°后卸车。由于旋转时摇架和车辆的重心升高,驱动功率和结构重量有所增加,但不需要建地下仓料。它主要由压车机构、翻转机构、驱动机构、锁定机构、缓冲机构、控制器等组成。

13.2.4 提高翻车机效率的方法

提高翻车机卸车系统效率的方法是增加卸车系统在单位时间内的循环次数,主要方法如下所述。

(1)采用C型结构端环的翻车机。此方法用于翻卸需解列作业的混编敞车列。采用C型端环的翻车机同拨车机配合作业,可以使拨车机大臂带车穿过翻车机,实现稳定的调车作业,进而提高卸车效率。近年来,这种卸车方式已越来越多地成为翻卸混编列车的主选方式。由于翻车机的端环采用敞口结构,翻车机的钢结构须具有较大的刚度。

(2)采用专用的铁路车辆。在国外,散料专用线的车辆大多为具有旋转车钩可以不摘钩作业的敞车,这种车辆的车钩可以旋转,由于不需要摘钩作业,可以节省大量的摘钩作业调车的时间,进而可大幅提高卸车系统的作业效率。由于专用车辆的长度为定值,这种翻车机很难对混编车辆进行作业。

(3)提高卸车系统各设备的动作速度及采取大功率、高速度的设计方案。这种设计方案可以在一定范围内有效地提高翻车机卸车系统的作业效率,但其效率的提高受到拨车机牵引车辆速度的限制。当牵引加速度达到一定值时,容易引起设备及车辆的损坏。

(4)增加设备,缩短各设备的作业时间。这种方法往往会增大设备的投资。

为了尽可能提高卸车效率,往往将以上方法组合使用。现在国外多采用可翻卸不解列敞车及提高各设备作业的方法。

13.2.5 单车翻车机的主要特点

单车翻车机以大连重工起重集团生产的C型机为典型,主要有以下特点:

(1)系统卸车效率高。贯通式翻车机卸车系统翻卸能力为每小时30～33节,折返式翻车机卸车系统翻卸能力为每小时25～27节。

(2)系统中各单机可手动或自动运行,也可全线自动运行,操作简单,运行安全可靠,自动化程度高。

(3)翻车机采用固定平台,利用液压系统实现靠车和压车,最大限度地降低翻车机对车辆的损坏程度。

(4)夹紧装置液压系统中设有卸荷回路,能消除卸料后车辆转向架弹簧外伸所施加在车辆边梁上的力,有效保护车辆。

(5)拨车机采用变频调速、盘式制动,运行平稳,定位准确,没有明显的冲击现象,拨车机大臂的起落架采用配重式结构,起重平稳,运行灵活,定位准确,无冲击。

(6)迁车台采用销齿传动,对位准确,迁车台上设有液压涨轮器,可以使车辆可靠地定位。迁车台侧面设有液压缓冲器,可以在事故或其他非正常情况下起缓冲作用。

(7)卸车系统中的囊式除尘器具有较好的喷雾除尘效果,能有效抑尘,达到环保要求。

(8)翻车机卸车系统的液压系统安全可靠,密封良好无渗漏,其外露部分设有防尘罩,能适应较差条件的环境,满足各种工况的要求。液压缸、液压阀、滤油器、密封件等关键液压元件均采用性能稳定的进口产品,运行安全可靠。

13.3 推车机

推车机是副井中用来将矿车推进或推出罐笼的一种机械设备。目前,我国煤矿中广泛使用的装罐推车机主要是电动圆环链推车机。这种推车机以高强度圆环链为牵引机构,结构简单,工作可靠,耐磨损,寿命长。

目前使用的推车机最大行程只能到达罐笼的边缘线,不能满足所有工况的要求。这里用二维数组来形象描述推车机各工况。假设罐笼里矿车数目分别为0、1、2三种情况,并将其表示为M(0)、M(1)、M(2);轨道上分别有空矿车数目分别为 0、1、2 三种情况,并将其表示为 N(0)、N(1)、N(2)。

(1) M(0)N(1)、M(0)N(2)两种工况可以把空矿车推入罐笼。

(2) M(1)N(2)、M(2)N(2)可以实现空矿车顶出重矿车。

(3) M(2)N(1)只能实现顶出矿车。

(4) M(1)N(0)、M(1)N(1)、M(2)N(0)均不能将重矿车推出罐笼。

在使用矿车的运输作业中,为了进行矿车的装载、提升和卸载,常常要在较短距离内使用推车机来移动矿车的位置,如将矿车推入、推出罐笼或翻车机,对提高矿井提升的自动化水平、减轻工人劳动强度有重要作用。推车机按其使用地点可分为以下几类:

(1) 设在罐笼前的推车机。这类推车机的特点是将一辆或两辆矿车推进罐笼,同时将罐笼内的空车顶出。因此,只需要较小的推力,但动作要求较为迅速,以免延长提升工作时间。其推车速度约为 1 m/s,而后退速度为 1.2～1.4 m/s。更换一次矿车需 6～7 s。

(2) 设在翻车机前的推车机。这类推车机一般用于推动由电机车拉来的不经摘钩的整个列车,每次将一辆或两辆重矿车推入翻车机卸矿,同时将其中的空矿车顶出。

(3) 设在装载站的推车机。这类推车机也用于推动整个列车。

上述后两类推车机都需要很大的工作推力,但推车速度却应小些,以便降低车组启动和停止时的惯性阻力。翻车机前的推车机推车速度约为 0.5 m/s;而在装载站,由于装车工作的要求,矿车应移动得慢一些,速度为 0.15～0.25 m/s。

推车机按其结构可分为以下两类:

(1) 有牵引机构,利用链条或钢丝绳牵引推爪。

(2) 无牵引机构,由气、液缸直接推动带爪的小车。

推车机按能源的种类可分为电动、气动、液压式。根据推车机和矿车的相对位置不同,又可分成下行式和上行式,目前多数矿山采用下行式。

13.3.1　链式推车机

图 13-3 所示为安装在翻车机前面的圆环链式推车机示意图。推车机安装在地沟内的混凝土基础上,它由传动装置 1、拉紧装置 2、头轮支架 3、推爪小车 4、小车轨道 5、头轮组 6 等组成。链上固定着推爪小车,推爪小车可以绕活轴偏转。电动机经减速器和主动链轮带动链条运转。在工作行程中,推爪小车推动矿车的底挡使矿车前进。为使链子立即制动,并让矿车停位准确,在传动装置中应设有电磁制动阀。

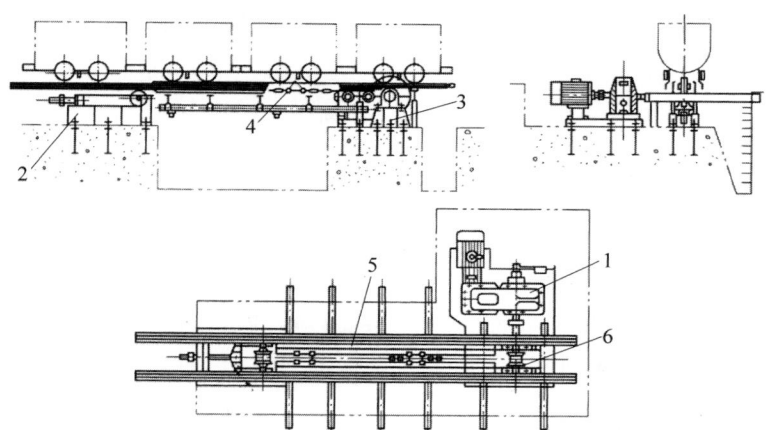

1—传动装置;2—拉紧装置;3—头轮支架;4—推爪小车;5—小车轨道;6—头轮组。

图 13-3　圆环链式推车机示意图

推车机和翻车机在配合使用时,它们之间应互相联锁,在翻车机工作行程终了时,能自动开动推车机;而推车机行程终了时,又将开动翻车机。这种互相联锁的系统,能够避免推车机和翻车机同时开动而造成重大事故。

使用上述推车机必须构筑使下链通过的地沟,需要较大的基础,因而限制了它的应用范围。

13.3.2 钢绳推车机

图 13-4 所示为钢绳推车机示意图。它由小推车 1、摩擦轮 2、导向轮 3、拉紧轮 4、牵引钢绳 5、减速器 6、电动机 7 等组成。电动机经减速器使摩擦轮转动,通过钢绳牵引小推车在导轨 8 上往返运行,小推车上的推爪便推送钢轨 10 上的单个矿车或车组前进。这种推车机由于只有一个推爪,故只能单向推车。为了保证推车机工作时钢绳与摩擦轮之间有足够的摩擦力,设置拉紧轮是非常必要的。推爪重心偏后,故其头部总是抬起的,但推爪小车后行推爪碰到车轴时,推爪可绕其小轴 9 转动后又抬起其头部。

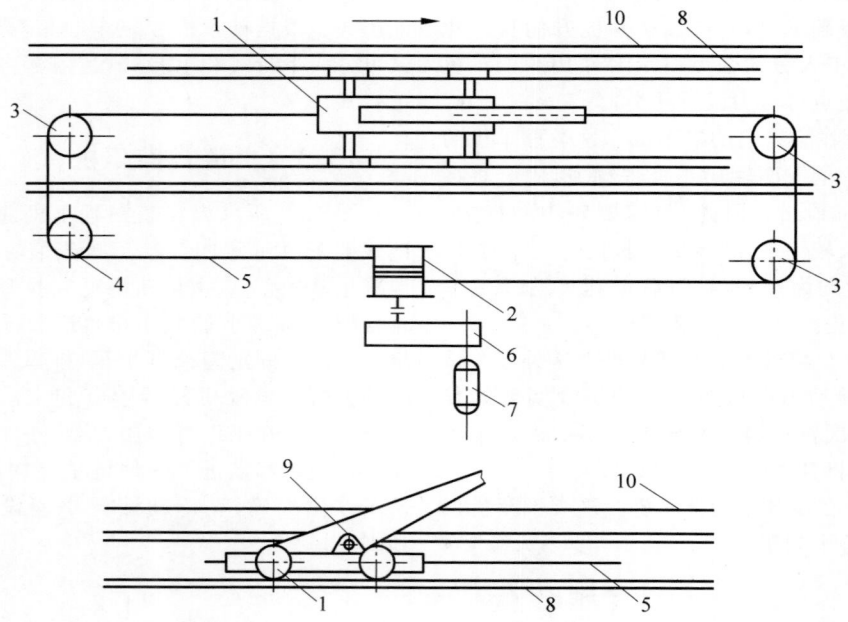

1—小推车;2—摩擦轮;3—导向轮;4—拉紧轮;5—牵引钢绳;6—减速器;7—电动机;8—导轨;9—小轴;10—钢轨。

图 13-4　钢绳推车机示意图

钢绳推车机的行程可以长一些,可以用在井底或井口车场更换罐笼内的矿车。推爪小车的导轨如果做成曲线的,亦可用在曲线上推车,这时钢绳导向轮亦应沿着曲线布置。

在双罐笼提升时,靠近井口两股轨道上的推爪小车可以各用一台驱动装置,也可以共用一台启动装置。如果两个推爪小车共用一个驱动装置,则一个推爪小车向罐笼推送矿车的同时,另一个推爪小车向后移动,准备来罐时推车。这种形式通常用于主井提升较为合适。

钢绳推车机的结构简单,安装和维护均较方便。其主要缺点是钢绳在导向轮和卷筒上经常承受弯曲作用和摩擦,容易损坏。但正确选择导向轮及卷筒直径,能适当延长钢绳寿命。因此钢绳推车机得到比较广泛的使用。

13.3.3 风动推车机

风动推车机装在靠近井筒轨道的中间,但略低于轨面水平。当罐笼在车场水平停稳后,便操纵四通阀,使压气进入气缸,通过活塞杆推动推爪小车沿导轨向前运动,从而将重矿车推入罐笼并顶出罐内空矿车。矿车入罐后推车机退回原位,等待下一次推车上罐。风动推车机的推爪小车与钢绳推车机的基本相同。它一般与复式阻车器配合使用。

13.3.4　液压推车机

液压推车机结构示意图如图13-5所示,图13-5(a)所示为推车机结构组成部分,图13-5(b)所示为移动小车放大图。

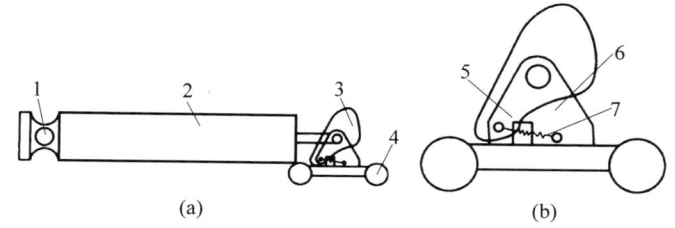

1—销；2—液压缸；3—推头；4—移动小车；5—定位块；6—支座；7—拉簧。

图 13-5　液压推车机结构示意图

液压缸左端由销与基础铰接,右端与固定在移动小车上的支座铰接,拉簧的作用是产生拉力,与推爪的重力相平衡,使推爪处于图示抬头位置。液压缸活塞杆伸出,移动小车沿其导轨前进,推爪推动矿车前进。当矿车前进到位时,行程开关发出信号使液压活塞杆缩回,移动小车后退。此时,推爪碰到障碍物能自动绕其铰接销轴顺时针转动,拉簧伸长,以便推车机顺利回到原位。退回到原位后,在拉簧作用下推爪逆时针转动,直到与定位块接触,恢复到图示抬头位置,为下一个推车循环做好准备。

13.3.5　液压销齿推车机

液压销齿推车机结构示意图如图13-6(a)所示,它主要由液压马达、传动链轮、销式链板、推车器等组成,解决了原有链式推车机、钢绳推车机、风动推车机、液压推车机不能进罐推车的问题,目前已在煤炭、有色金属等矿山广泛应用。

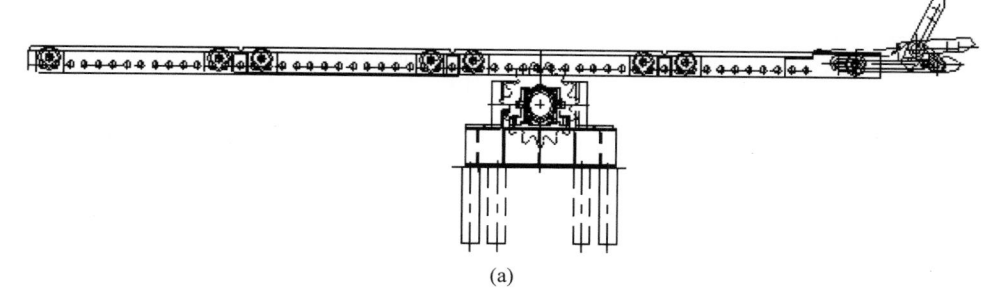

(a)

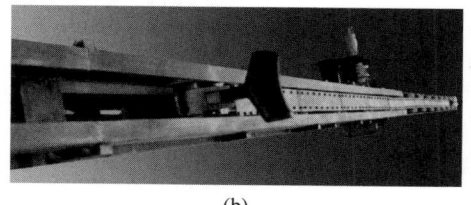

(b)

图 13-6　液压销齿推车机

(a) 结构示意图；(b) 实物图

几种推车机的优缺点比较如下：

（1）链式推车机：具有输送能力大的特点，但它的结构复杂，小型冶金矿山很少采用。

（2）钢绳推车机：具有结构简单、制造容易、基建费用低等特点。但它靠摩擦传递动力，钢绳磨损快，维护工作量大。

（3）风动推车机：具有结构简单、造价低、效率高、维护方便等特点。但这种推车机对矿车的冲击力大，由于气缸的行程有限，推车距离受到一定的限制。

（4）液压推车机：结构简单，安装施工方便，振动冲击小，推车效率高，安全可靠，在工矿企业应用广泛。

（5）液压销齿推车机：可以进入罐笼内推车，效率高，减轻工人劳动强度。但结构尺寸较大，需要较长的安装场地。

13.4 给料机

为了均匀、连续不断地从矿仓排料孔卸出物料，或者对一些受料设备均匀、连续地给料，如跳汰机、破碎机、球磨机等设备，则可以使用给料机。

给料机种类繁多，有振动给料机、往复给料机、螺旋给料机、圆盘给料机、叶轮给料机和板式给料机等。目前选煤厂中应用最多的是振动给料机。

13.4.1 电磁振动给料机

电磁振动给料机一般由槽体、电磁激振器和减振装置三个主要部件组成。在图13-7所示的电磁振动给料机中，除了运输物料的槽体2和用作支承的隔振弹簧1外，主要构件就是电磁激振器3。

图13-8所示为电磁振动给料机的工作原理图。由槽体、连接叉、衔铁以及槽体中物料的 $10\% \sim 20\%$ 等质量构成质点 m_1；激振器壳体、铁芯和线圈等质量构成质点 m_2。m_1 和 m_2 这两个质点用板弹簧（或螺旋弹簧）连接在一起，形成一个双质点定向振动系统。根据机械振动学的共振原理，将电磁振动给料机的固有

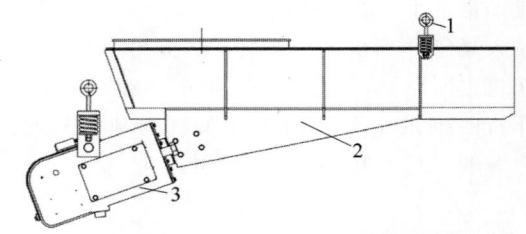

1—隔振弹簧；2—槽体；3—电磁激振器。

图13-7 电磁振动给料机结构示意图

频率调到与电磁激振力的频率相近，使其比值在 $0.85 \sim 0.90$ 范围内，机器在低临界近共振的状态下工作。因而，电振给料机具有消耗功率甚小的特点。

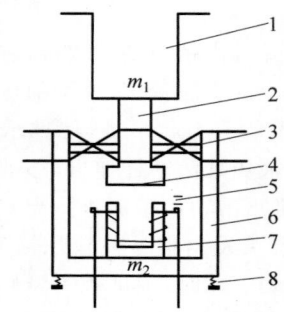

1—槽体；2—连接叉；3—板弹簧；4—衔铁；5—气隙；6—壳体；7—铁芯；8—减振器。

图13-8 电磁振动给料机结构示意图

电磁激振器电磁线圈的电流一般是经过单相半波整流的。当线圈接通后，在正半周内有电压（图13-9）加在电磁线圈上，因而电磁线圈中有电流通过，在衔铁和铁芯之间便产生一脉冲电磁力，互相吸引。这时槽体向后运动，激振器的主弹簧发生变形，储存一定的势能。在负半周，线圈中无电流通过，电磁力消失，由于板弹簧的作用，衔铁和铁芯朝相反方向离开，槽体向前运动。这样，电振给料机以交流电源的频率，每分钟作3000次往复振动。由于槽体的底平面与激振器的激振力作用线间有一定的夹角，因此，槽体中的物料沿抛物线轨迹连续地向前运动。

目前，在采矿、冶金、煤炭、化工、建材、机械制造以及粮食、轻工等企业中，电磁振动给料机已经比较广泛地用于各生产环节之中。

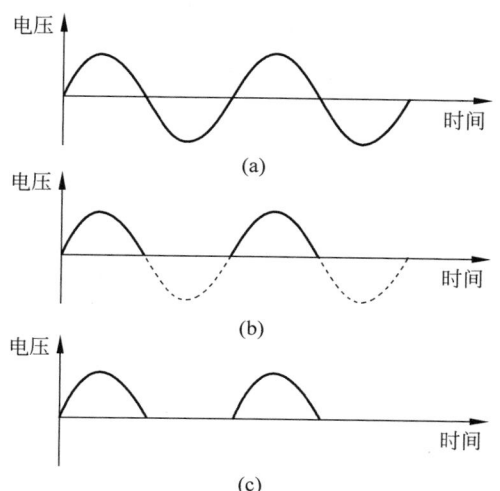

图 13-9　电压和电磁力的变化示意图

电磁振动给料机是一种较新型的定量、给料设备,由于采用电磁力驱动和利用机械振动的共振原理,与机械驱动的给料机(如圆盘给料机、摆式给料机、板式给料机等)相比有一些显著特点。例如,没有转动零部件,没有润滑点,结构比较简单,重量较轻,驱动功率小,可以在运转过程中随意调节给料量,维护检修方便等。它的用途很广,例如,从料仓排料;向皮带输送机、斗式提升机等给料;向破碎机、粉碎机喂料,以及定量包装和定量配料等。此外,电磁振动给料机还可以用于自动控制的生产流程中,实现生产自动化。

电磁振动给料机既可以输送松散的粒状物料,也可以输送直径在 400~500 mm 的块料以及粉状物料。特别是电振给料机的槽身可用钢板或合金钢板制成,没有润滑点,物料距电器部分较远,容易绝热,因此,还适用于输送高温的、磨损性大的以及有腐蚀性的物料,并便于实现密封输送或给料。

电磁振动给料机的维护注意事项如下:

(1)经常检查所有螺栓的紧固情况,特别是主弹簧的预紧螺栓。

(2)铁芯和衔铁之间的气隙在任何时候都应保持平行和清洁。

(3)工作在尘埃较多的场合或输送铁磁性物料时,激振器的密封盖必须盖好。

(4)线圈压板必须压紧,防止因振动而使线圈磨损,可用橡皮管套在线圈引出线外部,进而保护线圈引出线。

(5)在设备运转中,如振动突然发生变化,除马上检查电气控制部分外,还应检查主弹簧是否有断裂现象。如有损坏,应换上同样规格尺寸的弹簧。

(6)给料槽更换耐磨衬板时,应换上厚度相同的产品。

13.4.2　惯性振动给料机

惯性振动给料机由惯性激振器驱动,该激振器又分为专用振动电动机和箱式惯性振动激振器两种。由于振动给料机槽体体积小、质量小,所以一般由振动电动机驱动。

振动电动机是振动机械中通用的激振力源,它是动力源与振动源结合为一体的激振源,是在转子轴两端各安装一组可调偏心块(图 13-10),利用轴及偏心块高速旋转产生的离心力作为激振力。振动电动机的激振力利用率高、能耗小、噪声低、寿命长。振动电动机的激振力可以无级调节,使用方便。

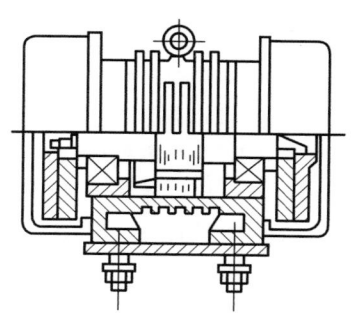
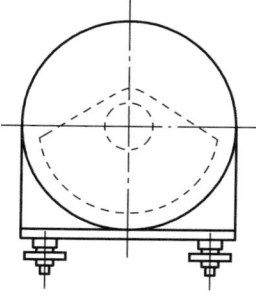

图 13-10　振动电动机结构

惯性振动给料机的安装形式如图 13-11 所示。在槽体的斜下方平行安装两台性能相同的振动电动机 3,当两台电动机作同步反向回转时,其合成的激振力作用于槽体,并使槽体沿激振力 s—s 方向作直线往复振动。

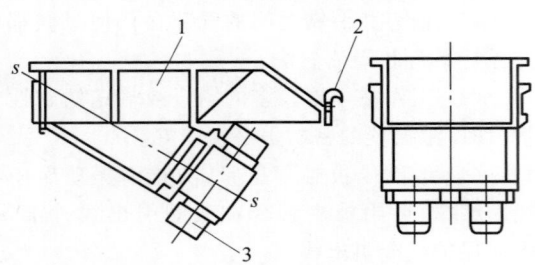

1—槽体;2—吊挂转置;3—振动电动机。

图 13-11 惯性振动给料机

惯性振动给料机的特点如下:

(1) 结构简单,安装方便,运行稳定可靠。

(2) 输送量大,输送效率高,对物料适应性强。

(3) 能耗低,维修量小,运行费用低。

(4) 采用变频调速,给料量调节方便,更容易实现系统自动控制。

(5) 选用防爆激振器可用于有防爆要求的场合。

13.4.3 自同步振动给料机

图 13-12 所示为自同步振动给料机的总体结构图,从图中可以看到,自同步振动给料机的激振器是由一对参数大致相同的激振电机组成的,两台激振电机通常平行安装于槽体的后部两侧或槽体的下方,并对称于给料机的纵向对称平面。两台激振电机的轴线与槽底平面所夹的角度和所需的振动方向角互为余角。两台激振电机的轴线也可以与槽体的对称平面相垂直,安装在给料机槽上。

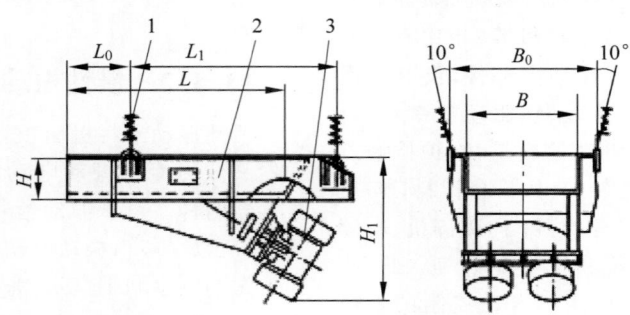

1—减振器;2—槽体;3—激振电机。

图 13-12 自同步振动给料机结构图

其减振器的构造与电振给料机减振器的构造基本相同。根据自同步原理,两电机启动后将很快进入同步状态,即以同一转速运转,两电机的偏心块产生的惯性力在两轴心连线方向上互相抵消,而在与两轴心连线相垂直的方向上叠加为激振力。此激振力是按正弦规律变化的,使振动给料机获得输送物料所必需的振动。

自同步振动给料机与强制同步的振动给料机相比,结构较简单;便于设计和制造多驱动结构形式,这一点对于设计、制造大型的振动给料机十分有利,对于设计较长料槽的振动给料机也十分有利。与电振给料机相比,它同样具有工作频率低、振幅较大的优点,因而可以获得较高的输送速度。另外,维修费用较少,噪声较小。所以,这种振动给料机近年来获得了比较广泛的应用。

自同步振动给料机的维护注意事项如下:

(1) 检查给料机和激振器振幅,不得超过给料机设计限值。

(2) 检查主振橡胶弹簧是否开裂。

(3) 检查隔振弹簧是否开裂。

(4) 检查各紧固螺栓是否松动。

(5) 检查电动机运转中是否有异常声响。

自同步振动给料机的操作规程如下:

(1) 给料机安装与振动电机接线后,进行全面的安全检查,以避免开机后发生人身与设备事故,确认各处螺栓紧固,设备可靠接地,方可开机。

（2）给料机不宜空载运转时间过长,30 min 以内停机后,要将全部螺栓紧固一次,以后要定期检查,发现松动及时紧固,确保振动电机与设备的牢固连接。

（3）在调整给料量时,可以通过以下方法进行:

① 调整加大振动电动机的激振力。

② 调整槽体吊挂的长度,使槽体沿下料方向往下倾斜,倾斜角度通常在 0°～14° 范围内,按不同物料的自然安息角,以不自动跑料为原则。

13.4.4　往复给料机

往复给料机是一种由料斗或料仓给料的老式给料装置。如图 13-13 所示,这种给料机的往复运动的底板 1 安装在料斗下面,呈水平或微倾斜安装,底板支承在滚轴 3 上,由偏心轴 4 通过连杆驱动,带动给料机在滚轴上往复运动。闸门 6 用来调节给料机上料层的厚度 h。当底板 1 在连杆驱动下向前运动时,其上的物料受到向前运动的惯性力,克服物料与底板间的极限摩擦力而向前滑移一段距离。当底板后退时,新的物料又从料仓中落到底板后端,重复上述过程,从而均匀地运输物料。

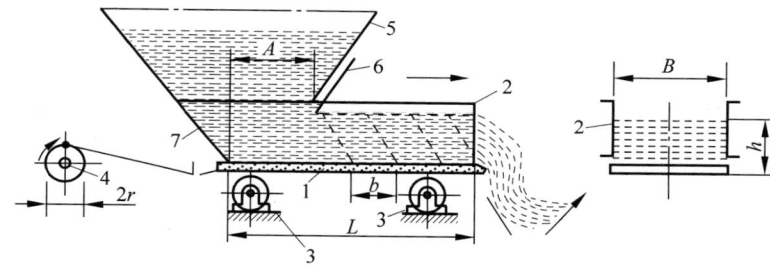

1—底板；2—侧板；3—滚轴；4—偏心轴；5—料斗；6—闸门；7—给料槽。

图 13-13　往复给料机

往复给料机用于输送粉料、粉料与块料的混合物料或小块物料,在选煤厂中用于输送粉尘或用在瓦斯浓度较大,易引起瓦斯爆炸的料仓下面,如翻车机房下面的煤仓给煤;有时也用于潮湿物料的给料,如中煤仓下的给料。

往复给料机主要特点如下:

（1）工作可靠、寿命长。

（2）重量轻,体积小,维护保养方便。

（3）结构简单,运行可靠,调节安装方便。

（4）采用封闭式框架结构,大大提高了机架的刚度。

（5）装有限矩型液力耦合器,能满载启动,过载保护。

（6）最大给料量可达 1200 t/h（煤）,是目前国内最大的往复给料机。

（7）采用先进的平面二次包络环面蜗杆减速器设计,承载能力大,传动效率高。

（8）侧衬板、斜衬板与底板之间留缝可调,能比较准确地控制留缝大小,大大减少了漏料。

（9）驱动装置对称布置,并采用双推杆,使整机受力均衡,传动平稳,消除了底板往复时的扭摆现象。

（10）底板有立向筋板,并用三道通长托辊支承,保证了底板本身刚度,消除了现有往复给料机底板工作中弯曲变形的弊端。

（11）衬板由小块耐磨钢板拼成,这样不仅更换时轻便容易,且可以根据实际磨损情况,有针对性地更换磨损了的衬板块,从而使材料合理利用,降低维修费用。

往复给料机的缺点是:由于给料频率高,噪声大;由于是靠高频振动给料,其振幅和频率受物料粒度及密度影响较大,所以给料量不稳定,给料量的调整也比较困难;由于是靠振动给料,给料机必须起振并稳定在一定的频率和振幅,但振动参数对底板受力状态很敏感,故底板不能承受较大的仓压,需增加仓下导料槽的长度,结果是增加料仓的整体高度,使工程投资加大。

往复给料机安装及使用要求如下:

(1)往复给料机固定安装在储料仓口下,在安装前需要确定水平位置,将机架与仓口用螺栓紧固,然后再将传动平台安放在正确位置上,H形架与机架、传动平台焊牢,减速机、电动机找正安装,调节适当,用螺栓紧固。

(2)安装后需要进行空负荷试车,运转过程中检查各部件工作是否正常,滚动轴承最高温升不得高于 60℃。

(3)依据卸料要求调节生产率时,将曲柄部位销轴拔出,松动螺母,转动曲柄壳的位置"1、2、3、4"选择固定,将销轴插入,连接曲柄与曲柄壳,紧固销轴和螺母,调整完毕后再开车。

往复给料机产品日常检修与维护要求如下:

(1)给料机运行前,煤仓内应贮有足够原煤量,以避免装煤入仓时直接冲击底板(给煤板)。

(2)每月连续工作后应检查机件有无松动等不正常现象,若有不正常现象出现,应立即检修。

(3)给料机与煤直接接触的底衬板,其磨损程度大于原厚度的二分之一必须进行修补或更换。

(4)转动部件连续工作六个月后需检查一次,拉杆部分的机件必须保持正常配合,如有不正常现象,立即修复或更换。

(5)对主要部件的维护:

① 减速机:每六个月检查一次,同时对滚动轴承和箱体进行清洗或更换润滑油。

② 电动机:按规定的电动机检修养护要求进行。

13.4.5　螺旋给料机

螺旋给料机在各行各业应用很广,其分类方法也有很多种。

根据输送形式的不同,可分为有轴螺旋给料机和无轴螺旋给料机两种。有轴螺旋给料机适合输送颗粒较小的物料和干粉物料,如石灰、水泥、粉煤灰、粮食、炭黑等。无轴螺旋给料机适用于有黏性、易缠绕的物料,如垃圾、污泥等。

根据螺杆数量的不同,可分为单螺杆螺旋给料机、双螺杆螺旋给料机以及多螺杆螺旋给料机。顾名思义,单螺杆螺旋给料机由一个螺杆进行输送,适合运输粉末状、小块状和颗粒状物料,不适合运输带有黏性的物料,在输送过程中黏性物料会黏附在螺旋叶片和螺筒外壁上,导致给料机堵塞。双螺杆螺旋给料机根据螺旋轴间的相对位置可分为啮合型双螺杆螺旋给料机和非啮合型双螺杆螺旋给料机。另外还有子母螺杆螺旋给料机。啮合型螺旋给料机适合输送黏性物料,两个螺旋叶片相互啮合可以有效地预防粘黏、黏壁现象,非啮合型螺旋给料机适合运输无黏性物料,与单螺杆螺旋给料机相比,其具有更高的输送效率。

按照结构和布置形式不同,可分为水平螺旋给料机、倾斜螺旋给料机、垂直螺旋给料机、螺旋管给料机(滚筒给料机)和可弯曲螺旋给料机。螺旋管给料机是将连续的螺旋叶片焊接在螺筒上整体一起转动,适合输送温度较高、供料不均、有防污染要求和有防破碎要求的物料。可弯曲螺旋给料机的螺旋轴为可挠曲的,可根据空间需要任意布置曲线,避免了物料的转载。

下面重点介绍水平螺旋给料机、倾斜螺旋给料机和垂直螺旋给料机。

1. 水平螺旋给料机

水平螺旋给料机利用旋转的螺旋将物料在机筒内推移而进行输送工作,是最常见的输送形式,如图 13-14 所示。水平螺旋给料机的工作原理是:将物料从入料口投入机筒后,由于物料的重力及物料与机筒间的摩擦力作用,机筒下半部分的物料不随螺旋体旋转而是在螺旋叶片推动下向前移动,从而运输物料到出料口进行下一道工序。水平螺旋给料机的转速相对于垂直螺旋给料机较低,主要用于水平输送物料,输送距离一般不大于 70 m。水平螺旋给料机有 GX、LS、LSS、LSF、TLSS 等形式，其区别在于轴承、料槽、密封、入料等不同。

图 13-14　水平螺旋给料机

水平螺旋给料机的特点是：承载能力相对较大、安全可靠；适应性强、安装维修方便、寿命长；整机体积小、转速高，可确保快速均匀输送；整机噪声低、适应性强，进出料口位置布置灵活；密封性好、刚性较好。

2. 倾斜螺旋给料机

倾斜螺旋给料机（图 13-15）利用旋转的螺旋叶片将物料推移而进行输送。倾斜螺旋给料机在水平螺旋给料机的基础上将螺杆倾斜一定角度，使得物料在空间上输送。

图 13-15　倾斜螺旋给料机

倾斜螺旋给料机在设计和使用时更加注重倾斜角对螺旋输送的影响。图 13-16 所示为物料在倾斜螺旋给料机中各角度关系图。

$$\alpha + \beta + \varphi_w = 90°$$
$$\beta_{max} = 90° - \alpha - \varphi_w$$

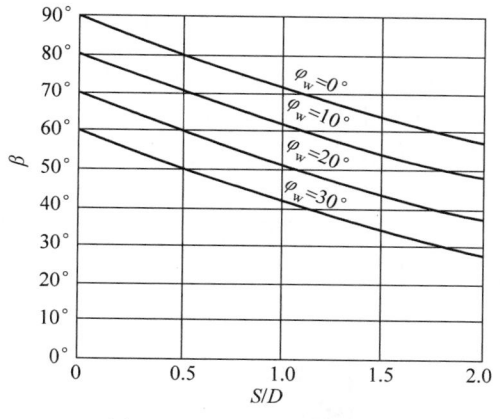

图 13-16　倾斜角度图

式中：α——螺杆螺旋角；

　　　β——倾斜角；

　　　φ_w——物料与螺旋叶片壁面摩擦角。

根据图 13-16 得到各个角的位置关系，提取出 α、D 和 S 的位置关系，进而推导出 $\tan\alpha = S/\pi D$，计算方法如图 13-17 所示。从而得到在输送具有不同壁面摩擦角的物料时，倾斜螺旋给料机所允许的最大倾斜角 β 与螺杆螺旋角 α 的关系图，如图 13-18 所示。

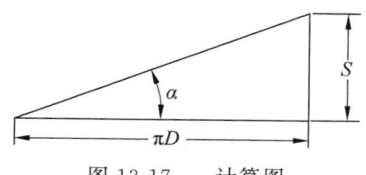

图 13-17　α 计算图

图 13-18　β 与 S/D 关系图

图中只给出壁面摩擦角分别为 0°、10°、20° 和 30° 时，允许最大倾斜角 β 与螺杆螺旋角 α 的关系曲线。可以看出，壁面摩擦角 φ_w 越大，倾斜螺旋给料机所允许的最大倾斜角 β 越小；螺杆螺旋角越大，允许最大倾斜角 β 越小。

3. 垂直螺旋给料机

垂直螺旋给料机是一种在竖直方向输送物料的设备，其机筒与水平方向垂直，如图 13-19 所示。垂直螺旋给料机的螺旋体转速比普通螺旋输送机的高，通过螺旋叶片的旋转，在离心力和摩擦力的作用下实现物料的垂直输送。该机输送量小，输送高度小，转速较高，能耗大，特别适合输送流动性好的粉粒状物料。其主要用于提升物料，提升高度一般不大于 8 m，填充率为 0.5~0.8。

图 13-19 垂直螺旋给料机

垂直螺旋给料机是在垂直方向输送物料，通常认为，螺杆转速越高，生产能力也就越高。但是由于垂直螺旋给料机的输送机理是利用离心力，转速过高时，离心力太大，物料颗粒会向外甩出，反而不利于输送，因此需要着重考虑物料在机筒内的受力情况。物料在垂直螺旋给料机内的受力图如图 13-20 所示。

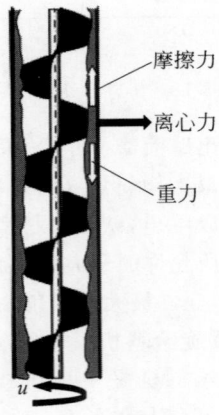

图 13-20 物料受力图

分析物料受力时，需要用到三个物理量，分别是切向速度 u、离心力 Z 和摩擦力 F，可通过物理公式及简单推导得到，具体公式如下：

$$u = \frac{2\pi r n}{60}$$

式中：u——切向速度，m/s^2；

$\quad\quad r$——物料旋转半径，即机筒半径，m；

$\quad\quad n$——转速，r/s。

$$F = Z\tan\varphi_w$$

式中：F——摩擦力，N；

$\quad\quad Z$——离心力，N；

$\quad\quad \varphi_w$——物料与机筒壁面摩擦角。

$$Z = \frac{Gu^2}{g}$$

式中：Z——离心力，N；

$\quad\quad G$——物料重力，N。

物料在垂直螺旋给料机内平衡时，摩擦力 F 等于重力 G。垂直螺旋给料机中物料需要由下往上输送，所以摩擦力 F 应大于重力 G，即 $F > G$。由此可以推算出垂直螺旋给料机能使物料正常输送的最小转速为

$$n_{\min} = \frac{30u}{\pi r} = \frac{30}{\pi}\sqrt{\frac{Zg}{G}} = \frac{30}{\pi}\sqrt{\frac{g}{r\tan\varphi_w}}$$

根据上述公式，得到垂直螺旋给料机能使物料正常输送的最小转速与物料壁面摩擦角、螺杆直径间的关系式，画出关系函数图如图 13-21 所示。可以看出，当壁面摩擦角 φ_w 分别为 10°、20° 和 30° 时，垂直螺旋给料机能使物料正常输送的最小转速由大变小。同样，所需最小转速 n 也随着螺杆直径的增大而减小。

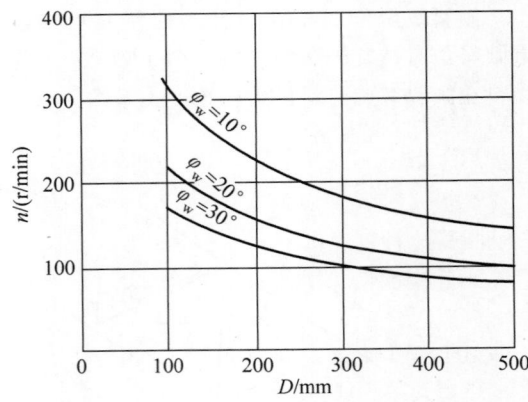

图 13-21 转速与直径关系图

13.4.6 圆盘给料机

圆盘给料机是中、细粒度的原材料常用给料设备，广泛运用于矿山、冶金、煤炭、建材、化

工等相关部门。现阶段,我国黄金矿山开采普遍用的是圆锥齿轮传动圆盘给料机(图13-22),及一部分普通的圆柱蜗杆传动圆盘给料机(图13-23)。

图13-22　圆锥齿轮传动圆盘给料机

图13-23　圆柱蜗杆传动圆盘给料机

圆盘给料机简介:圆盘给料机由驱动控制系统、给料机本体、计量检测用带式输送机和计量检测控制系统等组成。给料机和带式输送机由一套驱动控制系统驱动,该驱动控制系统的电磁离合器实现了给料机的开、停和兼具的功能转换的功能。计量检测带式输送机的带速小于1 m/s,是为了更好地测定怠速并防止称量辊偏斜。

圆盘给料机的应用范围:圆盘给料机为容积式计量检测的给料设备,能均匀、连续地将原材料喂送到下一道生产工序,比较适用于喂送各种非黏性原材料,不适用于流动性能良好的粉状原材料。比较适合用圆盘给料机喂送的原材料有矿石、煤粉、水泥、熟料、石灰石、黏土等粉状、粒状或小块状原材料。

圆盘给料机在选矿工艺中的使用:圆盘给料机是比较适用于粒径20 mm以下粉矿的给料设备。

圆盘给料机运转平稳可靠,调节给料量较方便快捷,能源消耗少,但结构比较笨重,比较适用于黏性较小的粉粒状原材料。

电动机经联轴器通过减速机带动圆盘。圆盘转动时,料仓内的原材料伴随着圆盘向出料口的一方移动,经闸门或刮刀排出原材料。排出量的大小可用刮刀控制系统或闸门来调节。圆盘给料机套筒一般来说有蜗牛式和直筒式两种。蜗牛式套筒用闸门排料,具备下料均匀、准确的特点,对溶剂、反矿粉等配料合适。直筒式套筒用刮刀排料,堵料的情况较蜗牛式套筒轻,但下料量波动大。当精矿粉使用量较大时,宜用带活动刮刀套筒;相反,熔剂或燃料用料量小时,宜选用闸门式套筒。

圆盘给料机的结构如图13-24所示,主要有四个组成部分:料斗、水平圆盘、齿轮和固定刮板。

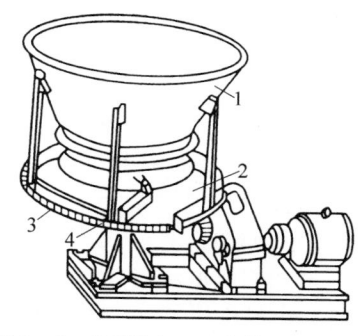

1—料斗;2—水平圆盘;3—齿轮;4—固定刮板。

图13-24　圆盘给料机结构图

圆盘给料机安装在锥形料仓或料斗底部,仓下装有套筒;套筒的下部边缘和盘面间留有一定的间隙 h,此间隙的大小可由套筒来调节。圆盘给料机主要用于流动性不良、易于搭拱的物料,如浮选精矿仓的排料;也可用于粒径50 mm以下原煤或精煤仓下的配煤。

13.4.7　移动式叶轮给料机

移动式叶轮给料机适合在隧道中、储料堆下面或长料仓下面使用,在选煤厂用于封口型料槽受煤坑下给煤。

如图13-25所示,给料机的叶轮3由电动机1经减速器2带动旋转,将物料从狭窄的托

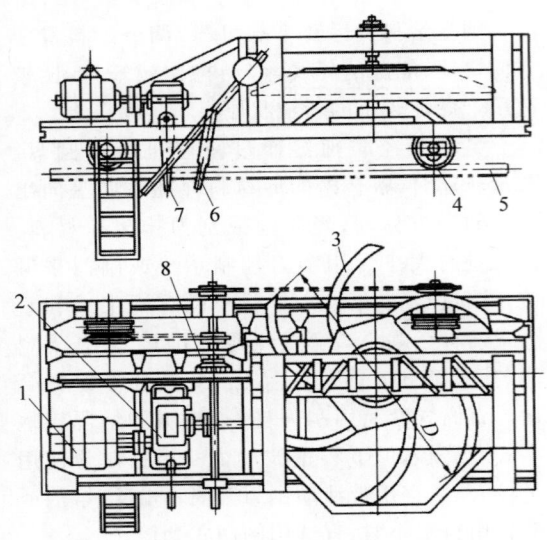

1—电动机；2—减速器；3—叶轮；4—车轮；5—导轨；6—行车方向变换杆；7—速度变换杆；8—行车方向变换器。

图 13-25　移动式叶轮给料机

板上刮下来。机架上装有车轮 4,可在导轨 5上沿料仓狭缝移动,轨道铺设在带式输送机的支架上。在给料机工作段两端各装有一个挡辊,当行车方向变换器的杠杆碰到挡辊时,行车方向即改变。挡辊的位置可以变动,以便调整给料机工作区间的长度。

使用叶轮给料机的注意事项如下:

(1) 叶轮给料机的工作环境及被送物料温度不得高于 50℃和低于－10℃,不得输送具有酸碱性油类和有机溶剂成分的物料。

(2) 叶轮给料机电动机须绝缘良好,移动式给料机电缆不要乱拉和拖动,电动机要可靠接地。

(3) 叶轮给料机是集粉体物料稳流输送、称重计量和定量控制为一体的新一代产品,适用于各种工业生产环境的粉体物料连续计量和配料,其采用了多项先进技术,运行可靠,控制精度高,尤其适用于建材、冶金、电力、化工等行业粉体物料的连续计量和配料。

(4) 叶轮上装有若干个叶片,其上装有橡胶密封片,用压板压紧,密封片紧贴外壳内壁。当电机旋转时,主轴、叶轮同时旋转,物料从上部料仓通过进料口进入叶轮槽内,旋转的叶轮把物料带到出料口喂送出去。

(5) 叶轮给料机应按规定的安装方法安装在固定的基础上。

(6) 叶轮给料机正式运行前应将轮子用三角木块揳住或用制动器刹住,以免工作中发生走动。多台给料机平行作业时,机与机之间、机与墙之间应有 1 m 的通道。

(7) 叶轮给料机使用前须检查各运转部分、胶带搭扣和承载装置是否正常,防护设备是否齐全。

(8) 叶轮给料机给粉量的调节是靠改变电磁调速异步电动机的转数实现的,变速系统由一级蜗轮与蜗杆副构成。稳流给粉螺旋与计量螺旋同步调速,稳流给粉螺旋物料填充系数为 1.0,计量螺旋物料填充系数为 0.6,台时产量大范围(1：10)调整时,重量信号真实,计量精度高。稳流给粉螺旋和计量螺旋之间为软连接,可根据现场要求任意调整水平安装角度。

13.4.8　甲带给料机

甲带给料机(图 13-26)广泛应用于煤矿、冶金、电力等行业各种料仓的给料,它克服了振动给料机与往复式给料机的能耗大、噪声大、机械在工作中易疲劳等缺点,具有能耗低、噪声低、连续平稳运行、无明显疲劳现象出现等优点,从而可以满足现场高效、节能、降耗、环保、便捷的需求。

图 13-26　甲带给料机

甲带给料机由机架、底板(给煤槽)、传动平台、漏斗、闸门、托辊等组成。电机开动后经弹性联轴器、减速机、曲柄连杆机构拖动倾料的底板在辊上作直线往复运动,煤均匀地卸到其他设备上。

甲带给料机通过在料槽的底部设一封闭

的皮带,在一端由驱动滚筒驱动,另一端设改向滚筒,中间设若干组托辊支承皮带,使皮带在平面的两个方向上均有一定的柔性,在受到较大冲击力时不会产生较大的变形。给料量可以通过调整皮带运行速度来实现。

甲带给料机的主要特点如下:

给料量 200～1000 t/h,手动无级调速,根据具体工况连续可调;设备检修时,平板闸门手动或液压切断仓内煤流;各部件间采用可拆卸连接,重量轻,安装、维护方便,使用寿命长;可替换振动给煤机、往复式给煤机,而原安装基础基本不作改变。

13.5 转载机

转载机是回采和掘进运煤系统的中间转载设备。它的长度较小,便于随采煤工作面的推进和带式输送机的伸缩而整体移动。它安装在采煤工作面运输巷内,把采煤工作面刮板输送机运出的煤转运到可伸缩带式输送机上。

在综合机械化采煤过程中,使用转载机的优点主要有两个方面:一是它能够将货载抬高运输,便于向可伸缩带式输送机装载;二是它和可伸缩带式输送机配合使用可以减少带式输送机伸缩、拆装次数,从而加快采煤工作面的推进速度,提高生产效率。

13.5.1 转载机的组成和工作原理

1. 转载机的组成

转载机一般由行走部、机头传动部、中间悬拱段、爬坡段、水平段、拉移装置和机尾部等组成。图 13-27 所示为 SZB-764/132 型刮板转载机结构图。有些转载机在水平段中安装破碎机,用以破碎大块煤。

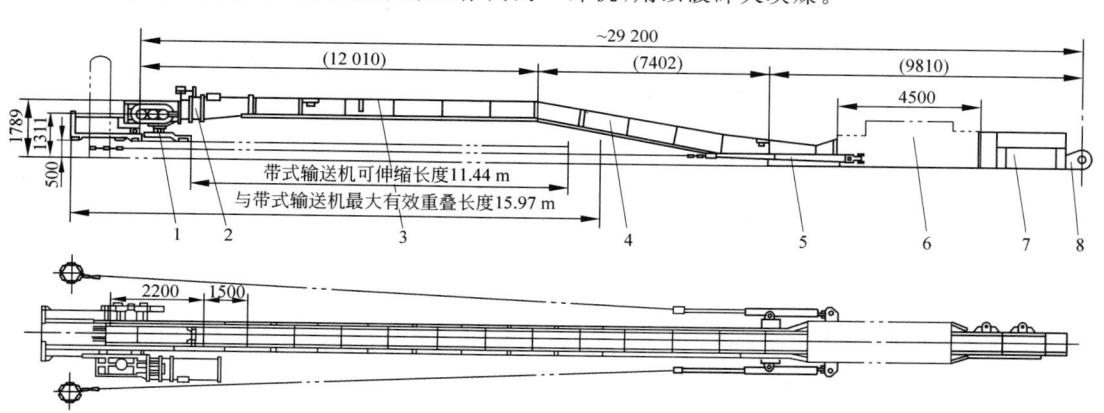

1—行走部;2—机头传动部;3—架桥段;4—爬坡段;5—拉移装置;6—破碎机;7—落地段;8—机尾部。

图 13-27 SZB-764/132 型刮板转载机结构图

2. 转载机的推移

转载机的机尾安装在刮板输送机机斗下面的回采巷道底板上,接收从工作面内运出的煤。如图 13-28 所示,转载机机头安放在游动小车架上,小车放在带式输送机机尾架的轨道上。这样,随着工作面的推进,运输巷道逐渐缩短,利用拉移装置使转载机整体前移。转载机的逐步前移使其桥部与带式输送机的机尾重叠起来,从而缩短运输巷道的运输长度,减少对带式输送机的操作次数。

随着采煤机械化水平的提高,顺槽带式输送机配置自移机尾装置,用以支撑转载机机头。如图 13-29 所示,自移机尾机架上有行走小车,机架与行走小车通过推移油缸连接,转载机的移动是通过转载机机尾部的迈步支架或工作面的端头支架推移实现的,小车也随转载机机头左移,推移油缸再以小车为支点,推动机架左移。通过交替操作可以实现顺槽带式输送机和转载机的推移,操作更加方便、安全、高效。

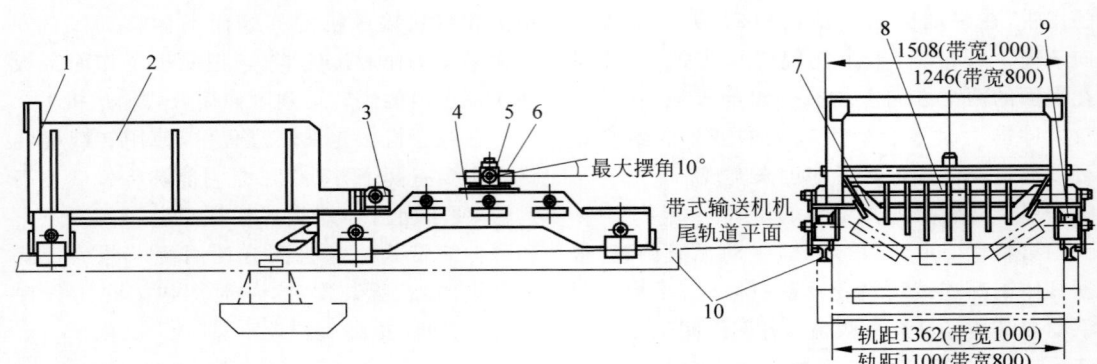

1—连接架；2—卸料挡板；3,5—支座；4—车架；6—铰接梁；7—托梁；8—缓冲装置；9—滚轮；10—带式输送机机尾架轨道。

图 13-28　转载机行走部

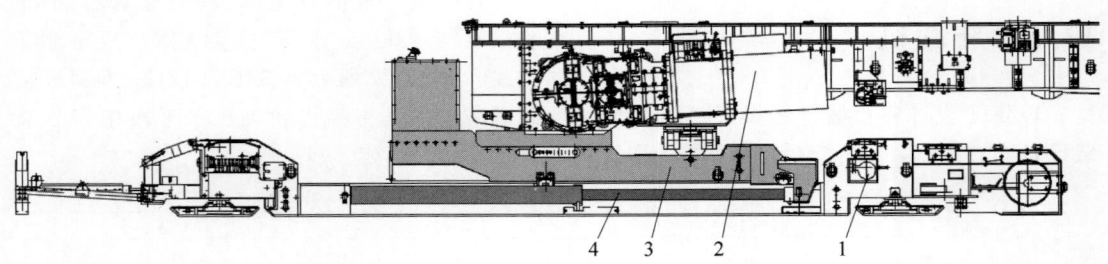

1—机架；2—转载机机头；3—小车；4—推移油缸。

图 13-29　转载机与自移机尾配置图

转载机与可伸缩带式输送机配套使用时的移动距离一般为 12 m，等于转载机机头部和中间悬拱部分与带式输送机机尾的有效搭接长度。当转载机移动到极限位置时，可伸缩带式输送机必须伸缩一次。由于可伸缩带式输送机的不可伸缩部分长度（全部拆除可伸缩部分后的最小长度）一般为 50 m 左右，因而当回采巷道运输距离小于 60 m 时，不能继续使用可伸缩带式输送机。此时，可将转载机的水平段接长，若因此导致转载机功率不够，可在机头部增加一套传动装置，单独完成回采巷道中的运输任务。有时也可将带式输送机的储带装置逐段拆除，而不必接长转载机，最后全部拆除带式输送机，用转载机单独完成回采巷道中的运输任务。

13.5.2　转载机的结构

1. 机头部

机头部是把电动机的动力传递给刮板链的装置，由机头架、传动装置、链轮组件等部分组成。

1）机头架

小功率的转载机机头架采用固定式，结构简单；大功率的转载机机头架普遍采用可伸缩式，方便链条张力的调整。如图 13-30 所示，减速器固定在活动架上，依靠油缸推动活动架可在固定架上伸缩调节，固定架和活动架通过定位销定位。定位孔调整的最小距离为 10 mm，伸缩式机头架行程通常大于 300 mm。

在转载机运行过程中，链条因磨损等原因容易松弛。重载状态下，当机头链轮下部的链条松弛明显时，可采用伸缩机头架进行微量调整，保持链条的适度张紧，操作方便。当伸缩式机头架达到工作极限时，机头完全缩回，采用紧链装置进行掐链操作，每次可去除链条的长度增加，可减少掐链操作次数。

2）传动装置

传动装置由电动机、液力耦合器、紧链装

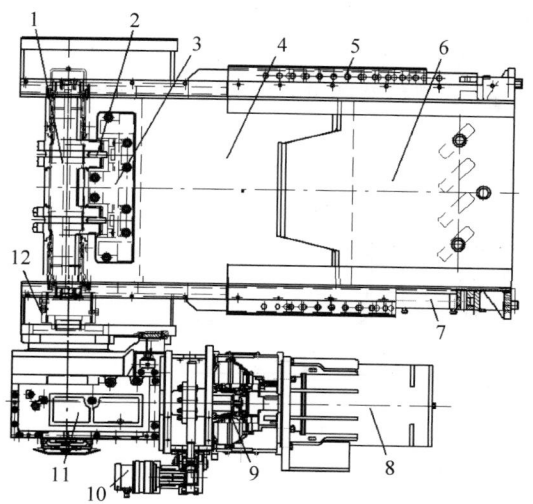

1—链轮组件；2—拨链器；3—舌板；4—机头活动架；5—定位销；6—固定架；7—油缸；8—电动机；9—液力耦合器；10—紧链装置；11—减速器；12—齿轮联轴器。

图 13-30　转载机伸缩机头部

置、减速器构成，减速器输出端与链轮组件通过联轴器连接。

（1）联轴器。转载机驱动电动机与减速器采用液力耦合器连接。减速器输出轴和链轮轴的连接与刮板输送机类似，有的通过花键直接连接，有的采用齿形联轴器连接。

（2）减速器。转载机减速器采用与刮板输送机相似的平行轴减速器，电机轴与转载机中心线平行，以节省巷道空间。转载机的链速较刮板输送机高，减速器的速比小。

（3）链轮组件。如图 13-31 所示，转载机的刮板链采用中双链型式，为改善刮板受力状况，提高刮板强度与寿命，链条中心距较大，链轮轴的受力情况也得到改善。转载机链轮体与链轮轴采用键连接，轴端通过齿轮联轴器与减速器输出轴相连，链轮组件通过轴承套固定在机头架上，以定位销定位。链轮轴有中心孔，通过非传动侧的油箱给轴承注油润滑。

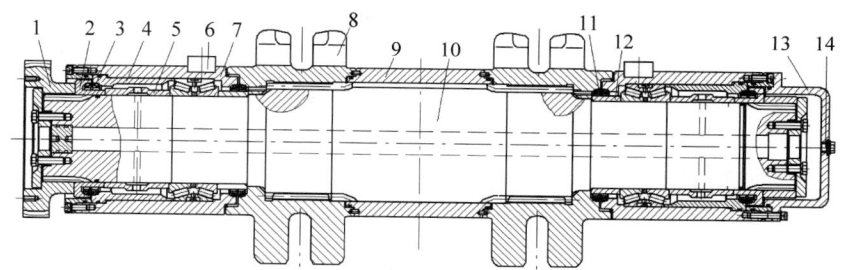

1—半联轴器；2—密封座；3—浮动密封；4—压套；5,12—内隔套；6—定位销；7—轴承座；8—链轮；9—外隔套；10—链轮轴；11—浮动密封；13—油箱；14—螺钉。

图 13-31　机头链轮组件

2．机身部

转载机机身部分按功能分为落地段、爬坡段和架桥段。落地段采用单侧挡板卸料槽，用于接收输送机上的物料，卸料槽之间采用哑铃销连接，有很好的柔性。爬坡段具有凸槽、连接槽、铰接槽、凹槽，溜槽间采用端面法兰刚性连接，溜槽顶部安装密封盖板。架桥段由多节溜槽刚性连接，搭接在带式输送机机尾上，与机头架和凸槽连接，在此段完成物料的输送与卸载。

1）卸料槽

如图 13-32 所示，卸料槽由铸造凸端头、凹

端头、中板、底板、侧板、挡板焊接而成，溜槽间采用凸、凹端头定位，中板相互搭接，防止漏料。中底板和侧板采用耐磨板，以提高使用寿命。

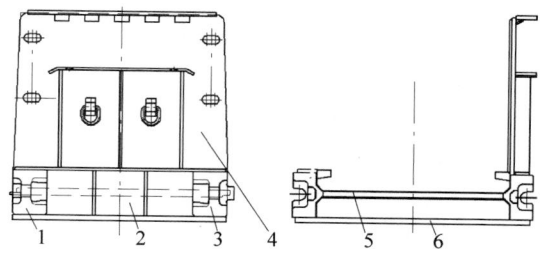

1—凹端头；2侧板；3—凸端头；4—挡板；5—中板；6—底板。

图 13-32　卸料槽

2）凹槽和凸槽

转载机从爬坡段引向水平段的弯槽为凸槽，从水平段引向爬坡段的弯槽为凹槽，如图 13-33 所示。它们的作用是将转载机机身从底板过渡升高到一定高度，形成一个坚固的悬拱结构，以便搭伸到带式输送机机尾上去，将煤运到带式输送机上。凹、凸槽的弯曲角度约为 10°。溜槽圆弧处，刮板链与溜槽间摩擦力大，易磨损，所以在凹、凸槽的链道用耐磨合金焊条堆焊，以提高耐磨性。

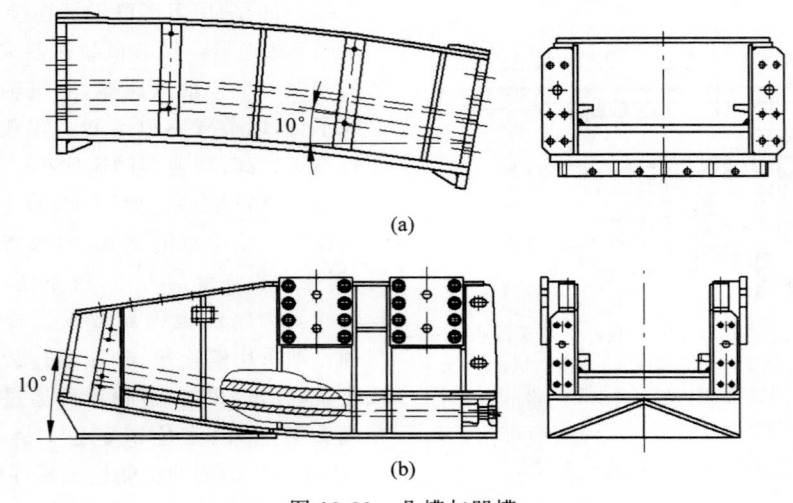

(a)

(b)

图 13-33　凸槽与凹槽
（a）凸槽；（b）凹槽

3）铰接槽

如图 13-34 所示，铰接槽由左槽体和右槽体铰接而成，摆动角度 3°～6°，安装在凸、凹槽之间，可使转载机更好地适应顺槽底板的起伏变化。

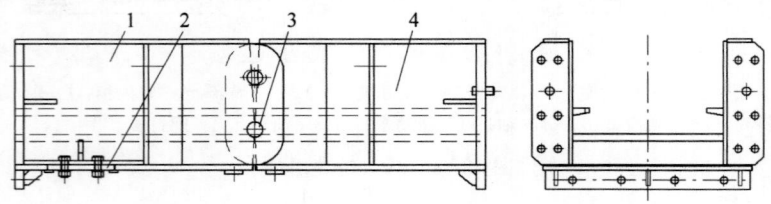

1—左槽体；2—检修盖板；3—铰接轴；4—右槽体。

图 13-34　铰接槽

4）架桥槽

根据转载机与皮带机搭接长度要求，架桥段由一节或多节架桥槽组成，如图 13-35 所示，架桥槽与机头和凸槽采用端面法兰刚性连接。架桥槽侧面有观察盖板，底部有检修盖板，分别用于底链的观察与检修。

3. 机尾部

转载机的机尾主要由机尾架、链轮组件和拔链器等部件组成，采用无驱动装置的低、短结构，如图 13-36 所示。机尾链轮通常采用 5齿，以便尽量降低刮板输送机的卸载高度，有利于与侧卸式机头架匹配和减小工作面运输巷采空区长度，如图 13-37 所示。

4. 刮板链

如图 13-38 所示，转载机刮板链为中双链型式，链条的中心距比较大，刮板与链条采用U 形螺栓连接。

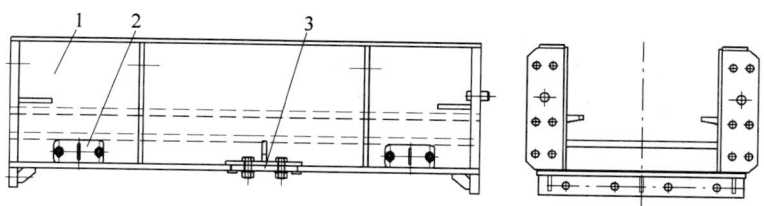

1—槽体；2—观察盖板；3—检修盖板。

图 13-35 架桥槽

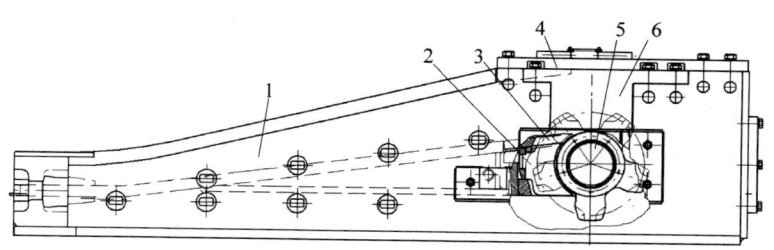

1—机尾架；2—拨链器；3—舌板；4—盖板；5—链轮组件；6—压块。

图 13-36 转载机机尾部

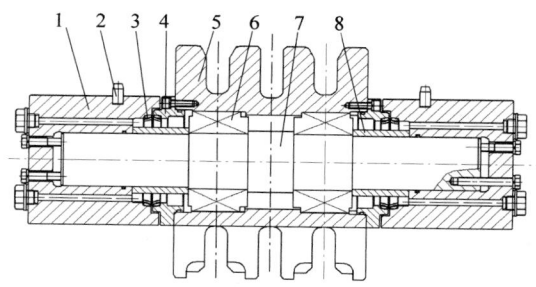

1—滚筒；2—定位销；3—浮动密封；4—密封座；5—链轮体；6—轴承；7—链轮轴；8—隔套。

图 13-37 机尾链轮组件

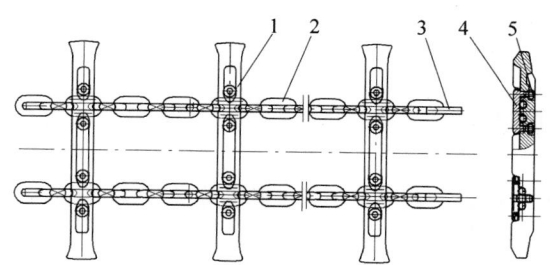

1—刮板；2—圆环链；3—接链环；4—U形螺栓；5—防松螺母。

图 13-38 转载机刮板链

13.5.3　转载机的推移

转载机运行期间,随着工作面输送机的推移,要进行拉移操作。转载机拉移根据拉移装置的不同,可以与输送机同步,也可能不同步,转载机拉移可能滞后输送机一到两个步距。如果转载机与交叉侧卸式输送机配套,则转载机与输送机同步推进。

转载机的拉移(推移)方式大体有四种,分别为传统拉移方式、端头液压支架推移方式、与交叉侧卸式输送机同步推移方式和转载机整体自移方式。

1. 传统拉移方式

拉移装置主要有千斤顶拉移装置、锚固站拉移装置、端头支架千斤顶拉移装置和绞车拉移装置。

千斤顶拉移装置在单独拉移转载机或同时拉移转载机与破碎机时使用。它由牵引链、卡链体、拉移千斤顶和操纵阀等组成,如图 13-39 所示。拉移时将牵引链一端固定在锚固柱窝下部,另一端固定在伸出活塞杆端的卡链体上,千斤顶缸体通过连接架固定在转载机上,接通工作面乳化液高压管路,操纵设在转载机爬坡段侧面的操纵阀。当千斤顶杆缩回时,转载机随千斤顶缸体前移。拉移一次行程就是活塞杆的行程。

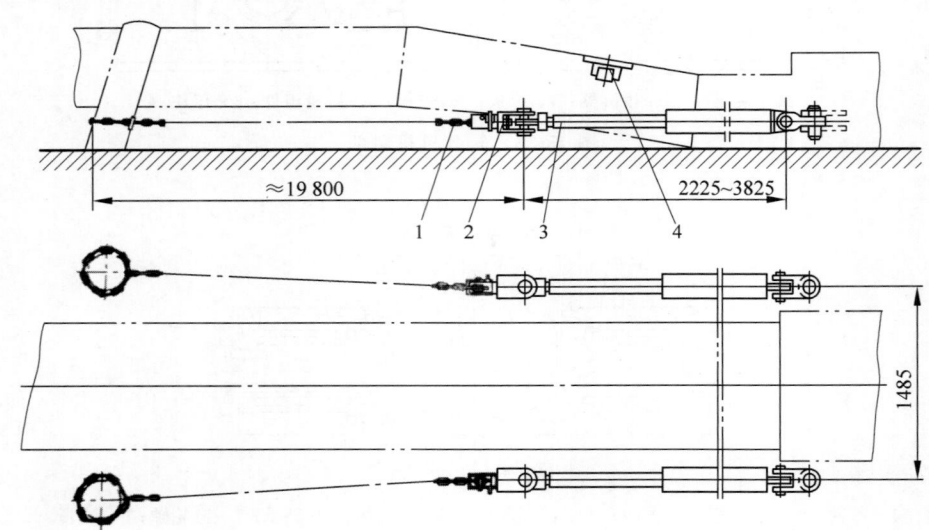

1—牵引链;2—卡链体;3—拉移千斤顶;4—操纵阀。

图 13-39　转载机千斤顶拉移装置

2. 端头液压支架推移方式

如图 13-40 所示,端头支架为左右对称结构,左右支架的底座分别通过拉移油缸与转载机拉移槽连接,左右支架的顶梁通过平衡油缸连接。端头液压支架与转载机互为支点,可以实现转载机和端头支架的前移。工作面输送机每推进一个步距,转载机和端头支架相应前进一个步距。

图示位置为初始工作状态,左右支架撑住巷道顶板,拉移油缸完全缩回,需要推移转载机时,两油缸同时供液伸出,转载机移动一个步距,然后左右支架分别降架拉移,跟随移架到位。

3. 与交叉侧卸式输送机同步推移方式

如图 13-41 所示,与交叉侧卸式输送机配套的转载机,转载机机尾与输送机机头采用销轴刚性连接为整体,当液压支架推移输送机时,转载机亦必然被同时推移。由于转载机的长度较小,不足 30 m(含破碎机长度),所需推移力较小,由多台液压支架提供的推力足够保证转载机前移。

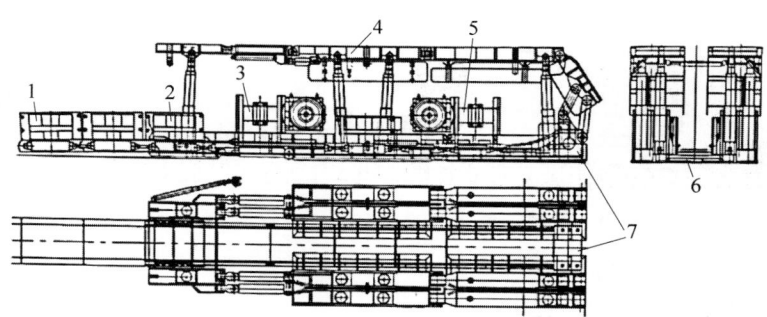

1—转载机；2—转载机拉移槽；3—前部输送机；4—端头支架；5—后部输送机；6—转载机溜槽；7—转载机机尾。

图 13-40　端头液压支架推移示意图

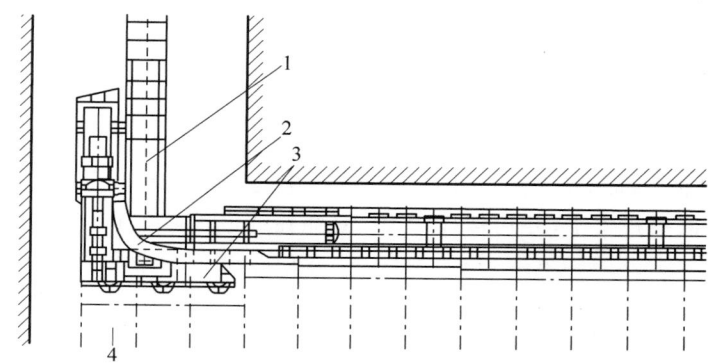

1—转载机连接槽；2—输送机机头架；3—机头推移梁；4—端头支架。

图 13-41　与交叉侧卸式输送机配套的转载机推移方式

4. 转载机整体自移方式

转载机整体自移装置如图 13-42 所示，转载机的落地段溜槽两侧对称安装有多组带有行走轮的抬升油缸，并配置导轨、推移油缸和液压控制系统。转载机需要移动时，抬升油缸将转载机槽体抬升离开底板，在推移油缸作用下，转载机通过行走轮在导轨的支撑下向左移动一个行程后，抬升油缸收回，转载机落地。抬升油缸收回到极限，导轨被提升脱离地面，推移油缸缩回，导轨受力向左移动直至油缸完全缩回，抬升油缸停止供液，导轨靠自重落到地面。转载机通过行走轮在导轨上移动属于滚动，阻力小，动作灵活。

13.5.4　转载机的安装、使用与维护

1. 安装与拆除

1）安装前的准备

桥式转载机在工作面运输巷道中与可伸缩带式输送机配套使用。在安装转载机之前，应先安装好可伸缩带式输送机机尾（包括转载机机头小车行走轨道），然后将转载机各部件搬运到相应的安装位置，并需准备好起吊设备和支撑材料（如方木或轨道枕木等），以便吊起转载机部件和安装机头及桥拱部结构时架设临时木垛。

2）安装程序

（1）从机头小车上卸下定位板，将机头小车的车架和横梁连接好，然后把小车安装在带式输送机机尾部的轨道上，并安上定位板。在后退式采煤系统中，采煤工作面循环作业开始时，转载机机头小车处于带式输送机机尾末端的上方。

（2）吊起机头部，将其安放在机头行走小车上，将机头架下部固定梁上的销轴孔对准小车横梁上的孔，然后插上销轴，拧上螺母，用开口销锁牢。

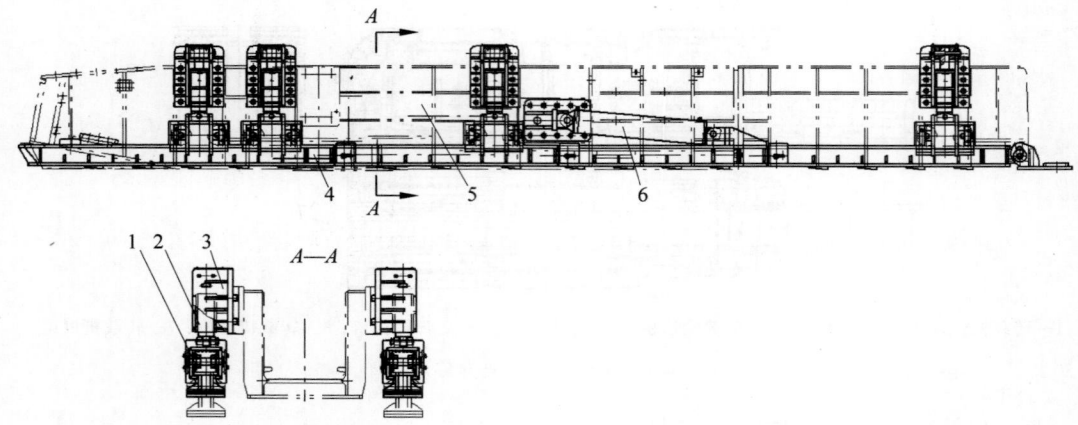

1—行走轮组件；2—抬升油缸；3—槽体连接座；4—导轨；5—转载机推移槽；6—推移油缸。

图 13-42　转载机整体自移装置

（3）搭起临时木垛。将中部槽的封底板摆好，铺上刮板链，再将中部槽装上去，将圆环链拉入链道，再将两侧挡板安上，并用螺栓与中部槽及封底板固定。依次逐节安装，相邻侧板间均以高强度紧固螺栓连接好。正确拧紧各紧固件，以保证桥拱部结构的刚度。

（4）安装弯折处凸、凹槽及倾斜段中部槽时应调整好位置和角度，然后拧紧螺栓。安装倾斜段中部槽时，亦应先搭临时木垛进行支撑。

（5）水平装载段的安装方法与桥拱部分相同，只是在巷道底板上安装时不再需要临时木垛。该段料一侧安装低挡板，以便于装载。

（6）由于两侧挡板允许有制造公差，因而连接挡板的端面可能有间隙。安装时根据情况可将平垫片或斜垫片插入挡板端面间隙中，进行调整（有条件时最好在井上进行预安装、试运转，各侧板、底板全部编号标注，以便于井下对号安装。这样配合较好，桥身刚度较大）。

（7）水平装载段中部槽逐节装好后，即接上机尾，将中部槽、封底板、两侧挡板全部用螺栓紧固好。

（8）各部结构安装好后，即可拆除临时木垛。

（9）试运转传动机构。将底链挂到链轮上，插好紧链钩；把紧链器手柄扳到"紧链"位置，开反车（链轮反转）紧链；分别选用3、5、7个链环的调节链调整刮板链长度；最后将链圆环首尾相接成闭合无极刮板链；再将紧链器手柄扳到"非紧链"位置，拆除紧链钩。链圆环的张紧程度为松环不得大于两环，以运送物料时链条在链轮下面稍有下垂为宜。

（10）将导料槽装到带式输送机机尾部轨道上，置于转载机机头下面，上好导料槽与机头小车的连接销轴。

安装时，应注意将传动装置装在人行道一侧，以便于检查、维护；刮板链的安装应符合要求；刮板链的连接螺栓应朝向刮板链的运行方向；链条不许有"拧麻花"现象；刮板链在上槽中时，连接环的突起部分向上，立链环的焊接口向上，平链环的焊接口向中部槽中心线，以减少链环磨损，延长使用寿命。

3）拆除顺序

转载机拆除顺序应根据具体情况而定，一般可按安装顺序进行。

（1）拆除破碎机及中部槽挡煤板。

（2）抽除刮板链，拆除机头部传动装置。

（3）拆除机尾架，逐节向前拆除中部槽。在拆除桥拱部分时，需迈步交替铺设木垛支撑。

（4）拆除机头架及行走部，并把拆除下的设备装车运走。

（5）回收运输巷道内电气设备、电缆、水管和运输设备等。

拆除传动部时，所有外露的轴端、轴套、连接罩、法兰盘止口等部位应防止生锈、弄脏、损坏；拆卸胶管时，胶管两端必须用堵塞器堵住；

拆卸的零部件(如螺栓、螺母等连接件)应存放在适当的箱内,以防止生锈和损坏。

2．操作及运转

转载机在下井之前,为了检查其机械性能,使安装、维修和操作人员熟练地掌握操作技术,应在地面进行安装和试运转。

1) 试运转

试运转时应检查下列各项:

(1) 检查电气控制系统运转是否正确。

(2) 检查减速器和液力耦合器有无渗漏现象,刮板链过链轮时是否正常,刮板链松紧程度是否适当。

2) 正常运转

正常运转时应注意下列事项:

(1) 减速器、链轮、液力耦合器和电动机等传动装置处必须保持清洁,以防止过热,否则会引起轴承、齿轮和电动机等零部件损坏。

(2) 圆环链链条须有适当的预紧力。一般机头链轮下链条的松弛量为圆环链节距的 2 倍为宜。

(3) 拉移转载机时,须保证行走部在带式输送机的导轨上顺利移动。如果歪斜,应及时进行调整。

(4) 拉移装置的锚固柱必须锚固可靠。

(5) 经常检查刮板链螺栓、挡板之间的螺栓、底板螺栓及齿轮联轴器螺栓有无松动现象,发现松动应及时拧紧。

(6) 转载机严禁运送材料,应避免空负荷运转,无正常理由不得反转。

3．维护

为了保证转载机安全运行,发挥其最佳性能,必须按要求定期维护转载机的各零部件。

1) 日检

(1) 检查转载机刮板链的张紧程度,发现松弛时应及时拉紧。

(2) 检查刮板有无弯曲,刮板链连接螺栓有无松动或脱落。发现损坏的刮板要及时更换,脱落的螺栓要及时补齐,松动的要拧紧。

(3) 检查电动机、减速器的声音是否正常,以及振动、发热情况。

(4) 检查液力耦合器、减速器的油量是否

符合规定要求。

(5) 检查桥身部分及爬坡段有无异常现象,中部槽两侧挡板和封底板的连接螺栓有无松动现象。

(6) 检查机头行走小车和导料槽移动是否灵活可靠。

(7) 向各润滑脂注油点注入规定的润滑脂。

2) 月检

除日检外,还应检查:

(1) 电动机绝缘及接线情况。

(2) 减速器的油质是否良好,轴承、齿轮的润滑状况和各对齿轮的啮合情况。

(3) 液力耦合器的油质是否良好,必要时可清洗换油。

(4) 机头架与各部件的连接情况,如有松动要及时紧固。

(5) 链轮与机尾滚筒的运转情况,注意有无磨损和松动现象。

3) 大修

当一个工作面采完之后,应将设备升井进行全面检修,具体如下:

(1) 对转载机进行全部解体、除锈、清洗检查。

(2) 对开裂变形的机头、铲煤板、挡煤板、机头、机尾、底托架等结构进行整形补焊、加固。

(3) 更换磨损超限的中部槽的中板或中部槽、过渡槽。

(4) 更换各部磨损超限的轴承,损坏的弹簧、螺栓等易损件。

(5) 更换全部密封件和其他橡塑件。

(6) 检修减速器,更换损坏的齿轮等零部件。

(7) 检修电动机。

(8) 对各零件进行防锈处理。

13.5.5 转载机的故障及其处理

1．判断故障的基本知识

1) 工作条件

对一起故障的正确判断,首先要注意该设备所处的工作条件。工作条件不但包括桥式转载机所处的工作地点、环境及负荷状态,还

包括对它的维护情况、已使用的时间和零件的磨损程度等。将工作条件与桥式转载机的结构性能和工作原理一并分析考虑,即可做出比较准确的判断。

2) 运转状态

通过桥式转载机的运转声音、温度和稳定性三个相互关联的因素及其运转表现,掌握它的运行状态,并且把这些信息作为判断故障的重要依据。其中,对声音的掌握靠听觉;对稳定性的掌握靠视觉和用手去触及的感觉,也常与声音结合判断;对温度的掌握是很重要的,

因为所有机件故障的发生,除突然过载造成的损失外,多伴有温度的升高,所以维护人员要在没有温度仪器指示的情况下,运用多种方法判断设备的运行温度。

3) 表现形式

桥式转载机常见故障都有较明显的外部征兆,这与它的结构及工作原理有关,所以要经常观察其外部有哪些明显变化,以便准确掌握其工作状况。

2. 常见故障及其处理方法

转载机常见故障及其处理方法见表 13-3。

表 13-3　转载机常见故障及其处理方法

序　号	故障现象	故障原因	处理方法
1	电动机不能启动或启动后又缓慢停止	供电电压太低	提高供电电压
		电站容量不足,启动电压太大	加大电站容量
		负荷太大	减轻运载负荷
		开关工作不正常	检修调试开关
		电机有故障	检查绝缘电阻、三相电流、轴承等是否正常
		运动部位有严重卡阻	排除卡阻部位
		操作程序不对	按操作程序操作
2	电动机及端部轴承发热	启动过于频繁	减少启动次数
		超负荷运转时间太长	减轻负荷,缩短超负荷运转时间
		电机散热状况不良	检查冷却水是否畅通,水压是否正常,清除电机上的浮煤及杂物
		轴承缺油或损坏	给轴承加油或更换轴承
		电机输出轴连接不同心	重新调整
3	链轮组件轴承温升过高	注油不足	按要求加足润滑油
		轴承损坏	更换损坏的轴承
		润滑油中有杂物	清洗轴承及轴承座,更换新油
4	减速器声音不正常	齿轮啮合不好	调整齿轮啮合情况
		齿轮或轴承过度磨损或损坏	更换齿轮或轴承
		箱体内有杂物	清除杂物并清洗干净,更换新油
		轴承间隙太大	调整轴承间隙
5	刮板链被卡住,向前或向后只能开动很短距离	转载机超载或底链被回煤卡住	根据情况,卸掉上槽煤;清理底槽煤;检查机头处卸载情况

续表

序　号	故　障　现　象	故　障　原　因	处　理　方　法
6	刮板链在链轮处跳牙	刮板链太松	重新紧链,缩短链条
		圆环链"拧麻花"或接链环装反	接顺链条或接链环
		双股链条的长度或伸长量不相等或环数不同	检查链条长度,如不合格,则应双股同时更换
		链轮过度磨损	更换链轮
		刮板过度弯曲	更换刮板
		链条被异物卡住	清理异物
7	机尾滚筒不转或发热严重	机尾架变形,滚筒歪斜	矫正或更换
		轴承损坏	更换轴承
		密封损坏	更换密封,清洗轴承并换油
		油量不足	补足润滑油
8	桥身悬拱部分有明显下垂	连接螺栓松动或脱落	拧紧或补充螺栓
		连接挡板焊缝开裂	更换挡板

参考文献

[1] 魏景生,吴淼.中国现代煤矿辅助运输[M].北京:煤炭工业出版社,2016.

[2] 何凡,张兰胜.矿井辅助运输设备[M].沈阳:东北大学出版社,2012.

[3] 钟春晖.矿山运输与提升[M].北京:化学工业出版社,2009.

[4] 陈寰.矿山运输[M].北京:化学工业出版社,1994.

[5] 康华.矿物加工辅助设备[M].北京:煤炭工业出版社,2015.

[6] 电磁振动给料机编写组.电磁振动给料机[M].北京:机械工业出版社,1973.

[7] 闻邦椿,刘凤翘,刘杰.振动筛、振动给料机、振动输送机的设计与调试[M].北京:化学工业出版社,1989.

[8] 董放.炭黑螺旋给料机的结构优化及模拟[D].青岛:青岛科技大学,2020.

[9] 金敬华.井下运输机械及使用[M].北京:煤炭工业出版社,2013.

[10] 中国煤炭教育协会职业教育教材编审委员会.综采运输机械使用与维修[M].北京:煤炭工业出版社,2008.

[11] 中国煤炭教育协会职业教育教材编审委员会.综采运输机械[M].北京:煤炭工业出版社,2014.

[12] 中国煤炭教育协会职业教育教材编审委员会.采掘机械[M].北京:煤炭工业出版社,2013.

[13] 冶金部马鞍山矿山研究院技术情报研究室.国外选矿设备手册[M].马鞍山:冶金部马鞍山矿山研究院技术情报研究室,1987.

[14] 《中国选矿设备手册》编委会.中国选矿设备手册[M].北京:科学出版社,2006.

第14章

管道运输机械

14.1　概述

　　人类的地下采矿一直使用机械工具来破碎矿石,然后将其运送到地面。虽然破碎技术和运输技术不断发生变化,但旋转动力驱动原理没有发生实质性的变革。但是,人们始终在探索如何实现更高水平的采矿运载技术。19世纪末,喷气推进、喷水推进催生了高速运载工具,由此人们想到了利用水压动力输送开采的矿物。管道水力运输技术被用于地下采矿和海底采矿运输。这些都可以认为是特殊的采矿运输技术,需要深入研究。本章从三个方面介绍特殊运输机械,分别为输送矿石散料的管道水力系统和管道气力输送系统,以集装容器封装矿石散料输送的集装容器式管道输送系统。

　　2016年12月,国家发展和改革委员会和国家能源局联合发布的《煤炭工业发展"十三五"规划》着重强调:牢固树立创新、协调、绿色、开放、共享的新发展理念,适应把握引领经济发展新常态,深入贯彻"四个革命、一个合作"能源发展战略思想,努力建设集约、安全、高效、绿色的现代煤炭工业体系。绿色煤炭物流是绿色煤炭工业体系的重要环节,串联煤炭开采、加工、储运、利用及回收的各个领域。没有绿色煤炭物流的建立和发展,煤炭的绿色生产和绿色消费就难以有效衔接,环保的煤炭输送技术则是构建绿色煤炭物流的关键。当前煤炭输送方式如公路运输、铁路运输、皮带运输和电机车运输等均无法解决煤炭运输中的煤尘污染、煤渣抛撒、废气排放等环境问题。煤炭与环境无交互作用的封闭运输技术是实现煤炭绿色物流的有效途径。管道输送是继传统的公路、铁路、水运和空运四种运输方式之后的第五种新兴运输方式,具有以下突出技术优势:①经济性,投资省、输送时间连续、没有空回程;②实用性,易于实现自动化控制、方便维修;③效率高,运输能力大;④污染小,符合当今对环保的要求。

　　管道运输(pipeline transport)是用管道作为运输工具的一种长距离输送液体、气体及固体物资的运输方式,目前使用的散装物料装置的种类多种多样,归结起来,大致可分为流体和容器两种方式,如图14-1。

　　任何一种输送方式都不可能是万能的,这两类输送方式有各自的适用范围,应结合工程的实际情况通过方案的综合评价,择优选用。本章也将对这两类六种管道输送方式进行介绍。

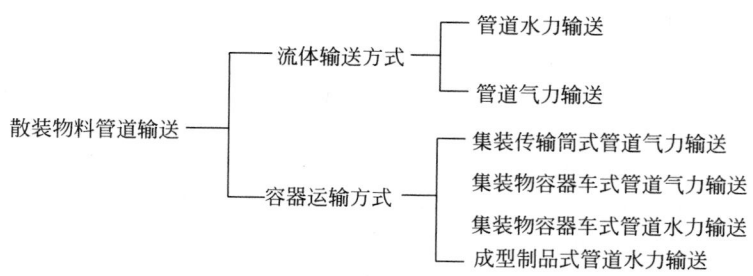

图 14-1　管道输送技术分类

14.2　管道水力输送系统

管道水力输送属于固-液两相流,用液体在管道中输送固体物料的历史较气力输送更早,它起始应用于水利、采矿和土木工程中,美国的黑梅萨煤浆管道年输浆数百万吨、运距数百千米,是至今最成功的典例。由于煤炭、土砂、深海底的矿物资源以及废弃物输送不仅运量大,且运距或提升的深度也大,采用浆体管道输送技术的经济效益和社会效益仍令人注目。

14.2.1　管道水力输送分类与特点

1. 管道水力输送的分类

从输送和利用的观点出发,根据流动特性,浆体可分为均质体和非均质体。在均质体和非均质体之间还有伪均质体,此外,还有带滑移沉积层或固定沉积层的浆体。

1) 均质体

均质体是一种含有微细颗粒(-325 目)的固液混合浆体,即使在很低流速(层流)甚至在静止条件下,固液也不发生沉淀分选,即在浆体流动方向的垂直截面上顶部与底部的浓度差很小,是呈均匀状态的一相流体。

这类浆体有的呈牛顿体性状,一般常作为宾汉体或伪塑性体处理。

均质体在浆体输送技术中通常称作非沉降性浆体。

2) 伪均质体

固相颗粒较均质体稍粗或重度较大,只有在一定的流速下运动(紊流),浆体流动方向的垂直截面上顶部与底部的浓度差才会较小,故称之为伪均匀体,也就是在一定条件下的均质体。

3) 非均质体

当固体颗粒粒径或重度较大时,即使在一定流速的紊流状态下,浆体流动方向垂直截面上仍存在相当大的浓度差。但是,当流速或者浓度很大时,由于紊流扩散作用和黏度的增大有阻止颗粒沉降的趋势,浆体的这种非均质性状会有所减轻。当流速和浓度足够大时,有时也可能形成伪均质体。

当流速低于所谓沉积临界流速时,浆体截面底部会出现跳跃状或滑动状的沉积层,称为滑移层非均质体;当流速进一步降低时,就会由滑移沉积层变为固定不动的沉积底层,此时称为固定沉积层非均质体。

非均质体属于两相流体,其流动特性按两相流方法分析。

非均质体在浆体输送与利用技术中又称为沉降性浆体。

目前,管道水力输送已广泛用于输送各种原材料、土砂、飞灰、纸浆、木片浆、煤、各种矿石、矿渣、废弃物等。作为世界五大运输方式之一,管道水力输送在各类工厂、矿山、土木工程和海洋工程等领域均占有重要的位置。

2. 管道水力输送的特点

1) 管道水力输送的优点

管道水力输送的优点主要在于:①建设周期短、建设速度快;②能耗小、运营费低、运输成本低;③受地形条件的限制少,易于克服自然地形的障碍;④可以实现稳定连续运输,不存在铁路、公路运输方式的车厢空载回程和寒冷地区物料在车厢中的冷冻问题;⑤安全可靠、作业率高，几乎可不停顿地进行全年输送，几乎没有物料损耗；⑥由于长距离浆体管道绝大部分埋设在冻土层以下，因此不占或少占农地，受气候变化的影响较小，不污染环境，不破坏生态平衡；⑦可极大地减小建设工程量、减少管理人员和辅助生产设施，便于维护管理；⑧易于实现数字化、智慧化管理。

2）管道水力输送存在的局限性和不足

管道水力输送存在的局限性主要有：①输送物料粒度受到一定限制；②管道线路一旦发生故障，会导致整个系统停止运转；③要有足够的水源；④不适用于脱水费用大的物料运输；⑤初期投资较高，基建费用较大；⑥对要求输送量变化大的场合，适应性较差；⑦输送管路需要定期或不定期徒步检查；⑧在输送过程中存在沉淀、堆积和管堵的危险，要考虑输送管的防堵及耐磨措施；⑨不宜输送具有溶水性、易变质的物料。

表 14-1 所示为对目前几种固体物料输送方式的比较评价。

表 14-1　几种输送方式的比较评价

序号	项目名称	输送方式					
		浆体	气力容器车输送	水力式容器输送	自卸车	带式输送机	船舶
1	线路的选择	◎	◎	◎	×	○	○
2	输送距离	○	○	○	×	○	◎
3	输送量	◎	○	○	×	○	◎
4	被输送物料的大小	×	○	◎	◎	○	◎
5	维修保养	×	○	○	○	×	○
6	能耗	◎	○	○	○	○	◎
7	用水量	×	◎	×	◎	◎	◎
8	前处理	×	○	○	◎	○	◎
9	施工工作量	◎	×	×	◎	○	◎
10	公害	○	○	○	×	○	○
11	自动化程度	◎	◎	◎	○	○	○
12	安全可靠	○	○	○	○	○	○
13	占用土地面积	○	○	○	○	×	—

注：◎最好；○较好；×不好。

14.2.2　发展进程及趋势

管道在中国是既古老又年轻的运输方式。早在公元前 3 世纪，中国就创造了利用竹子连接成管道输送卤水的运输方式，可以说是世界管道运输的开端。

1. 国外管道水力输送技术

管道水力运输技术始于输送煤炭，它萌芽于美国，1881 年由瓦莱斯·安德鲁斯（Walath C. Andlus）首先在试验室取得成功，不久之后应用于英国的伦敦电厂。1957 年，美国铁路运煤价暴涨，固本煤炭公司（Consolidating Coal Co.）委托威廉姆斯兄弟公司（Williams Broths Co.）在俄亥俄州修建了第一条长距离输煤管道，将乔治城洗煤厂的煤炭送到克利夫兰电气照明公司东湖电厂，为 670 MW 发电机组供煤，该线路的输煤管道长 173 km，管径 254 mm，年运煤量 140 万 t。这条输煤管道的全程运价（包括制浆、脱水费用）为 2.2 美元/t，当时的铁路运价为 3.74 美元/t。这条输煤管道运行了 6 年，共运输煤炭 630 万 t。实践证明，这条输煤管道在技术和经济上都取得了成功。1963 年，该输煤管道被铁路财团收购后，改运电厂灰渣。

此后，1967 年澳大利亚建成世界上第一条铁精矿输送管道——萨凡奇河铁精矿输送管道，1970 年美国建成从亚利桑那州东北部的黑迈沙露天矿到内华达州南端的莫哈夫电厂的输煤管道。目前,世界上已建成 100 多条浆体管道长距离输送管线,其中的萨马柯(Samarco)铁精矿管线和黑梅萨(Black Mesa)输煤管线最具代表性。1977 年,巴西建成的萨马柯管线全长 399 km,管径 508 mm,年输送能力为 1200 万 t。设有两座泵站和两座阀站。管线沿程地形复杂,起点标高约 1000 m,终点标高 24 m,中间翻过一座高山,最高点标高 1180 m。为了克服加速流,在阀站安装了 5 条调压旁路,在批量输送时可根据压力的变化分别串接 1～5 条调压旁路。该管线设计寿命为 20 年,从生产实际情况看,寿命可达 35 年。黑梅萨管线全长 439 km,设有四座泵站。管线沿程地形复杂,中间经过六座不同大小山峰和两条河流,其标高从 2000 m 下降到 150 m,最后 21 km 高差降落 914 m。输送管道管径由 457 mm 减至 305 mm,借此提高管内煤浆流速增大阻力来消除加速流。该管线 2005 年已关闭,其寿命近 35 年。1979 年投入运行的埃特西管道输煤线,管径 965 mm,全长 1640 km,年输煤能力 2500 万 t。

2．国内管道水力运输

20 世纪 80 年代初,我国开始浆体管道输送技术的开发研究,"六五""七五"期间长距离输煤管道被列为原国家计委、科委重大项目攻关课题,"九五"列为国家战略发展目标之一,进入 21 世纪后被发改委和商务部列为国家鼓励类项目和鼓励外商投资项目。目前我国已建成尖山铁精矿、大红山铁精矿、瓮福磷精矿、大峪口磷精矿、神渭输煤管道等数条浆体输送管线。

1995 年 5 月,贵州省瓮福磷精矿浆体输送管线建成并投入运行,该管线全长 45.6 km,年输送精矿 200 万 t,管线设一个泵站。管线沿程地形不十分复杂,标高落差为 348 m,管道内径 210 mm,管线最大敷设坡度 12%。管道设计寿命为 25 年,最大磨蚀量为 5 mm。瓮福磷精矿浆体输送系统由 2 个储浆罐、2 台喂料泵、3 台主泵、1 条管道、1 个终端阀门站和 2 个终端储浆罐组成。

1997 年 6 月,我国第一条铁精矿长距离浆体输送管道——太原钢铁集团尖山铁精矿管线顺利投产。该管线全长 102 km,每年可输送精矿 300 万 t,起点至终点标高落差 525 m,只设一座泵站。

昆钢玉溪大红山铁精矿输送管线是我国一条距离最长、扬程最高、泵站最多的长距离铁精矿输送管线,管线全长 171 km,沿程设三座泵站(1 号泵站位于夏洒镇,海拔 670 m;2 号泵站位于新化乡,海拔 1454 m;3 号泵站位于富良棚镇,海拔 1854 m)和四座中间压力监测站(1 号站海拔 2010 m,2 号站海拔 1300 m,3 号站海拔 2232 m,4 号站海拔 1900 m)。管线沿程地形复杂,需翻越三座山峰,穿过 12 条隧道,跨越河流沟谷 38 个。

2020 年 9 月,圆满完成全线投料试运行的陕西煤业化工集团神渭输煤管道是我国第一条长距离输煤管线,也是世界上规模最大、运距最长的输煤管线。管道工程设有一个首端、一个首端供水泵站、三个终端用户,设计年输煤炭 1000 万 t,全长 727 km,沿程设有六座泵站,其中五座干线泵站,一座分输泵站。

国内外已建的部分长距离浆体管道的有关情况见表 14-2。

表 14-2　长距离铁精矿输送管线

序号	项目名称	项目所属国	物料品种	规模/(万 t/年)	运距/km	浆体重浓度/%	管径/mm	投产年份
1	东湖电厂输煤管道	美国	煤炭	140	173	46	—	1957
2	黑梅萨输煤管道	美国	煤炭	500	440	48	457	1970
3	萨凡奇河铁精矿管道	澳大利亚	铁精矿	230	85	50～60	244	1967
4	拉赫库利斯铁精矿管道	墨西哥	铁精矿	450	309	60～68	350	1976
5	希拉格兰德铁精矿管道	阿根廷	铁精矿	210	32	55～65	219	1976

续表

序号	项目名称	项目所属国	物料品种	规模/(万 t/年)	运距/km	浆体重浓度/%	管径/mm	投产年份
6	茂山-清津铁精矿管道	朝鲜	铁精矿	200	98	50	275	1975
7	列别金斯克铁精矿管道	俄罗斯	铁精矿	240	26.5	55	323	—
8	博拉帕拉铁精矿管道	南非	铁精矿	440	265	50	406	1982
9	瓮福磷精矿管道	中国	磷精矿	200	46	55~60	230	1995
10	太钢尖山铁精矿管道	中国	铁精矿	300	102	65	230/212	1997
11	埃萨钢铁铁精矿管道	印度	铁精矿	700	268	—	360/410	2005
12	帕拉铝土矿管道	巴西	铝土矿	135	245	—	254	2007
13	昆钢大红山铁精矿管道	中国	铁精矿	230	171	65	168/150	2007
14	陕西神渭输煤管道	中国	煤炭	1000	727	50~55	610/323/273	2022

3. 管道水力输送技术的发展趋势

进入 21 世纪,随着世界范围内对生态环境保护要求日趋严格,大型能源企业寻求一种绿色环保、低碳节能、高效经济的运输方式,打造矿山—管道—用户或者工业废渣—管道—最终废料处理的新的物流体系已迫在眉睫,这也对管道水力输送技术提出更新、更高的要求。

目前,长距离管道水力输送技术发展的趋势主要在于:一是进一步拓展管道输送固体颗粒的粒度范围(粗颗粒)和物料的种类(各类废渣、废料等)。二是进一步提高和完善管道水力输送的技术,使管道输送的产品更便于与终端用户工艺衔接。例如,近年来,随着煤化工产业和锅炉燃烧技术的发展,区域内采用输煤管道直接输送高浓度气化浆或燃料浆,终端直接供气化炉或燃烧炉燃用技术越来越受到关注,这可克服采用中等浓度煤浆输送给终端用户带来的诸多不便。三是加大研发节能高效输送设备的力度,实现管道输送系统的数字化、智慧化管理。

14.2.3　系统组成及主要部件

管道水力输送系统的类型比较繁杂,各类煤浆、金属矿浆、非金属矿浆、土砂、工业废渣等浆体的管道输送系统存在较大的差异。各类浆体的管道输送系统一般包括制浆系统、泵输系统、终端处理系统等主要生产工艺环节以及相配套的生产辅助设施。

大多数金属矿山或非金属矿山都位于比较偏远的山区,且矿山开采的原矿中精矿品位都不是很高。如矿石采用管道输送方式,通常在矿山毗邻处建设选矿系统,选出精矿产品后通过管道输送给终端用户。

对于一般金属或非金属矿石,在选矿过程中必须对矿物进行充分解离,以便分选出精矿产品。大多需要经过粗碎、细碎、磨矿、分选等工艺环节,分选出的精矿一般粒度范围可以满足浆体管道输送的要求。

通常矿浆管道输送系统与选矿厂的精矿浆或者尾矿浆的排放系统衔接。所以,矿浆管道制浆系统的主要功能是将选矿厂排出的精矿浆或者尾矿浆的浓度调控到适合管道输送的范围,然后输送至储浆设施储存,以保证管道输送的连续稳定、安全可靠。

管道输送的矿浆在进入矿浆管道泵输送系统前,一般在喂料泵与首泵站主泵之间设置有安全检测环路,其主要作用是检测浆体的粒度、浓度、黏度、pH 值、阻力损失及磨蚀度等,以保证浆体符合管道输送的要求。一般环管的长度不应小于 200 m。

矿浆管道的泵输系统根据输送距离的远近,设置单个或者多个泵站。泵输系统主要由喂浆泵、主输泵、各类控制阀门以及自动控制、压力检测、阴极保护、水击防护等辅助设施组成。

矿浆管道的终端系统一般应根据终端用户对输送产品的质量要求设置相应的处理工艺,主要有储浆、矿浆的脱水、脱水产品的储存以及污水处理等。

不论是土砂的管道水力输送系统,还是煤浆、矿浆和石灰石浆体管道输送系统,都主要包括制浆、输送和后处理等环节。由于矿山尤其是铁矿山和铜矿山很少靠近城镇,这些地区又没有现成的运输方式可供利用,因此,这些属于"外延"环节,即把所需的精矿从交通不便的地区运出来;此外,在输送到目的地后的利用前处理环节等均要在系统规划、设计和实施时一起考虑。

1. 浆体制备系统的设备

浆体制备是整个浆体管道输送系统的主要组成部分,其作用是制备满足管道水力输送要求的,合适浓度、合适颗粒级配的浆体。浆体制备系统的主要设备一般有给料机、破碎机、磨机、筛分机、浓缩机、水力旋流器、搅拌式储浆槽(罐)、pH值调整设施、除氧设施和浆体质量检测设施等。

1)给料机

给料机在浆体制备系统中使用得比较多,其主要作用是将储存设备中的物料转输给后续作业。给料机一般有普通型给料机和定量给料机,后者主要通过自动控制给料量,保证后续作业的稳定性。

2)破碎机

破碎机用于对物料进行初步粉碎,以满足磨机进料的粒度要求。破碎机有粗碎、中碎和细碎等几类,多为干式运行,主要形式有颚式、回旋式、圆锥式和反击式等。

3)磨机

磨机用于将固体物料进一步磨细,以达到管道输送对固体颗粒级配的要求。磨机的类型有自磨机、球磨机和棒磨机等。在输煤管道制浆系统中,为了制得颗粒级配比较合适的煤浆,主要采用棒磨机。

4)筛分机

筛分机的作用是将物料按粒度大小进行分级,以便将分级后的物料分别送给不同的后续作业。在浆体管道输送系统的调制或储存设施之前应设安全筛,避免超限颗粒进入调浆或储浆设施。

5)浓缩机

(1)普通浓缩机。普通浓缩机是设在浓缩池中一种可以连续工作的浓缩设备,具有连续浓缩、操作简单、生产安全可靠、效果好等优点。

浓缩机主要由圆形浓缩池和耙式刮板机两部分组成。浓缩池里悬浮于矿浆中的固体颗粒在重力作用下沉降,上部则成为澄清水,使固液得以分离。沉积于浓缩池底部的矿泥由耙式刮板机连续地刮集到池底中心排矿口排出,而澄清水则从浓缩池上沿的溢流口排出。

(2)高效浓缩机。高效浓缩机由于充分发挥了絮凝剂对固体颗粒的絮凝作用,借助于底部给料和絮凝作用形成的动态沉淀层,其处理能力与普通浓缩池相比呈几倍甚至十几倍地增加。

高效浓缩机通过在料浆中添加恰当量的絮凝剂来促进沉淀,这是一种提高浓缩效率的创新方法。料浆与絮凝剂迅速均匀混合,可以获得最佳絮凝效果,从而使絮凝团快速沉降,实现液固分离。图14-2所示为管道输送系统高效浓缩机俯视图。

图14-2 高效浓缩机俯视图

6)水力旋流器

水力旋流器主要用于浆体的分级、脱泥和浓缩,尤其在冶金矿山选矿行业得到广泛应用。水力旋流器结构简单,价格低,占地少,投资少,设备本身无运动部件,容易维护。

水力旋流器的原理如图14-3所示。当矿浆在砂泵(或高差)作用下以一定压力和流速经给矿管沿着切线方向进入圆筒后,便以很快的速度沿着筒壁旋转,而产生很大的离心力。在离心力和重力的作用下,较粗、较重的矿粒被抛向器壁,沿着螺旋线的轨迹向下运动,并由圆锥体下部的底流口排出,而较细的颗粒则在锥体中心和水一起形成内螺旋状的上升矿浆流,经溢流口排出。

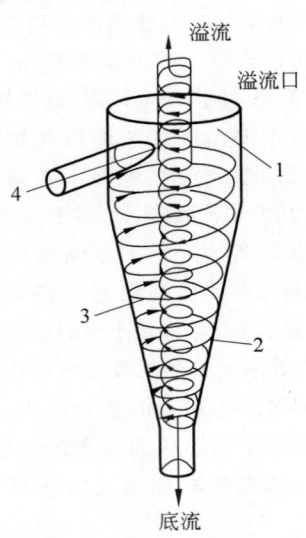

1—盖下流;2—外旋流;3—内旋流;4—进料。

图 14-3 水力旋流器的原理

7) 储浆设施

长距离浆体管道中一般都设有储浆设施,以使整个系统连续稳定、安全可靠地运行。制浆设备中,搅拌式储浆槽应用较为普遍。搅拌式储浆槽既可调节前后两道工序的流量平衡,又可保证浆体不沉淀。浆体搅拌槽通常分为五种,即溶药搅拌槽、混合搅拌槽、反应搅拌槽、澄清搅拌槽和消化搅拌槽,其中应用最多的是混合搅拌槽。

长距离浆体管道首、终端及中间泵站都设有大型搅拌式储浆罐,用于保证系统运行连续稳定、安全可靠。储浆罐有效容积的选择一般应根据管道输送的规模、运距以及泵站的间距等因素综合考虑。一般来说,首端储罐的有效容积不宜小于 8 h 的矿浆输送量;中间泵站储罐的有效容积不宜小于 1 h 的矿浆输送量;终端储罐的有效容积不宜小于上游泵站至终端干线管道容积的总和。

为了节约搅拌能量,长沙矿冶研究院设计了局部流态化吸出式矿浆仓,即在储浆时无须

搅拌,浆体自然沉降到最大极限的沉降浓度。卸料时在储仓下部利用高压水按要求进行局部流态化排浆,通过喂料泵将浆体送到安全检测环管和主泵。图 14-4 所示为制浆系统搅拌槽。

图 14-4 制浆系统搅拌槽外观

局部流态化吸出式矿浆仓是一种新型储浆设备,它利用流态化和虹吸原理进行卸料,其优点是结构简单、造价低廉、电耗小,既可贮存物料,又能对卸出料浆进行流量和浓度调节及控制。该设备已经应用于太钢尖山铁精矿浆体长距离管道输送系统中。

在火力发电厂锅炉炉渣、石子煤的固液分离系统中,为了接收和储存水力除灰、除渣后的渣浆,常常会用到脱水仓。它具有占地少、排水水质好、运渣方便、劳动强度低等优点。图 14-5 所示为火力发电厂的 TSC 脱水仓。脱水仓一般设置两台,互相切换,交替使用。

图 14-5 TSC 脱水仓

脱水仓主要由仓体、分离器、底流挡板、溢流堰、滤水部件、排渣门、平台、振动器、支架等组成。灰渣浆进入脱水仓,经过顶部的分离器分离,小颗粒浆体及灰浆通过分离器进入脱水仓中心,大颗粒经分离器甩向仓壁。脱水仓上部有底流挡板,使沉淀区水流平稳,有利于沉

降。溢流水通过围堰进入溢流槽，经过排水管进入回水系统或排掉。排渣门上设有电控气动装置的排水装置和气封装置，仓底部排渣门上方设有两个振动器，以利于排尽仓内的矿渣。

8）pH 值调整设施

对于长距离浆体输送管路，由于部分浆体对管壁的腐蚀性较大，需要调整其 pH 值，一般加入石灰乳将其 pH 值调整到合适程度，也可采用氢氧化钠作 pH 值调整剂。

9）除氧设施

为了消除氧对管道的腐蚀作用，一般需要对冲洗水和浆体进行除氧处理，通常采用加除氧剂的方法。

10）浆体质量检测设施

浆体质量检测主要通过设置在喂料泵与主泵间的安全试验环管完成。安全试验环管一般设在首泵站，其主要作用是保证进入主泵的浆体有合格的粒度、浓度、pH 值和磨蚀度。若浆体不符合要求，则可通过旁路返回浓缩机或者储浆设施重新进行制备和调整。

2. 浆体输送系统的设备

浆体输送系统的主要设备有喂料泵、主泵、管道、阀门、清管器发射和回收装置、冲洗水装置、消能减压装置、储浆罐、数据传输与监控设施及阴极保护设施等。

1）喂料泵

喂料泵用来给主泵提供进口压力。喂料泵一般采用离心泵，流量一般与主泵相同，压力为 0.5 MPa 左右。图 14-6 所示为神渭输煤管道蒲城终端场站喂料泵现场图。

图 14-6　神渭输煤管道蒲城终端场站喂料泵

2）主泵

主泵是浆体管道输送系统的核心设备。短距离输送一般采用离心泵。长距离输送可以采用柱塞泵、活塞泵、隔膜泵、油隔离泵和水隔离泵等。

3）管道

浆体管道输送系统中管道是重要的组成部分。目前使用的管道主要是钢管，近年来正在推广使用铸石、橡胶和聚氨酯衬里的耐磨管道。

浆体管道输送系统所用的钢管通常是碳素钢或锰钢。一般输送管径小于或等于 150 mm 时选用焊接钢管或无缝钢管，管径大于 150 mm 时选用卷焊钢管。

4）阀门

浆体管道输送系统中，各种浆体阀门是用得最多的设备。长距离浆体管道由于压力高，因此广泛使用球阀，该阀门过流断面与管路相同。其他高压阀还有旋塞阀、溢流阀、角阀等。中低压阀门在短距离浆体管道输送系统中使用较多，主要有衬胶阀、胶管阀、三片式矿浆阀等。衬胶阀内部所有过流断面均衬以橡胶，可以延长寿命。胶管阀是一种具有独特结构形式的阀门，耐磨性好，开启方便。三片式矿浆阀的特点是全部易磨损件集中在可拆卸的三片式上，维护方便，密封性好，寿命长。

5）清管器

清管器以被清洗管道内流体的自身压力或其他设备提供的水压或气压作为动力，在管道内向前移动，进行刮削，将堆积在管道内的污垢及杂物推出管外。

清管器在管道中是靠前后压差来驱动的，具体驱动方式有两种：一种是利用流体的背压作为清管器行进的动力，适合于较短的管道；另一种是利用从清管器周边泄漏的流体产生的压力，使附着在管壁上的污垢粉化并排出。后一种方式适合长距离管道清洗。

6）冲洗水装置

长距离浆体管道一般应设置置换水冲洗系统，当管道长时间停输时，宜用水置换管道内的浆体。该装置包括蓄水池、供水泵及相应的管道和阀门。

7）消能减压装置

浆体管道在实际运行中，由于地形地物的因素可能产生加速流，会对管道产生危害。为了消除导致加速流的多余能量可以采用消能装置。实践中常常采用由一系列孔口节能装置组成的消能阀来实现消能。孔口节能装置由陶瓷制成，非常耐磨。目前，浆体可以依次通过程序控制消能站内若干个减压孔板来实现消能。

图 14-7 所示为神渭输煤管道蒲城终端场站孔板消能站，在直管道上方布置有数个弯曲环管，环下面有阀，消能孔板安装在环形管段。通过控制阀门使浆体流经弯管段，达到消能的目的。通过计算消能站入口压力，确定需要消能多少，需要多少孔板，然后通过控制开关阀门进行消能。

图 14-7　神渭输煤管道蒲城终端场站孔板消能站

8）管道的防腐与保温设施

长距离浆体管道一般选用钢制管材，并进行防腐处理，一般宜采取外防腐层与阴极保护联合控制措施。寒冷地区架空管道通常要采取保温措施。

3. 浆体输送终端处理系统的设备

浆体输送终端处理系统须根据用户对产品的要求来设置相应的处理工艺。一般设有储浆、脱水、浓缩、储煤及污水处理设施等。

输煤管道终端脱水系统一般采用离心式脱水＋压滤脱水装置，金属矿浆输送系统多采用真空过滤机。

浆体管道输送系统中的污水主要为浓缩、脱水和用水冲洗管道时产生的污水。由于大部分浆体输送工程产生的污水只含有该种物料的悬浮物，因此处理工艺大多采用物理方法，最常用的设备就是浓缩机。如达不到污水排放的要求，必须采用污水处理系统深度处理。

对于输煤管道终端系统来说，如果管道输送的煤浆可直接供给用户，则终端场站储浆设施的有效容积除考虑上游管段总有效容积外，还需考虑与用户间煤浆产品的储存需求。

神渭输煤管道蒲城终端场站设有 15 个 24 m×25 m（直径×高度）储浆罐，如图 14-8 所示。

图 14-8　神渭输煤管道蒲城终端场站储浆罐

14.2.4　煤浆管道输送系统

煤浆管道运输是一种新兴的煤炭运输方式，是能源交通运输领域的一项重大技术突破。煤浆管道运输是将固体煤炭破碎到细小粒度，经磨机湿磨到所要求的合适浓度、粒度级配并形成煤浆，然后用泵沿埋入地下的管道输送到终端，经脱水后供用户燃用或直接供水煤浆锅炉燃烧。

当前技术成熟并已付诸实施的是以水为介质的中浓度煤浆的管道运输，如美国黑梅萨输煤管道、陕西神渭输煤管道等。这种煤浆运输方式主要用于解决大运量、长距离的煤炭运输问题，输送的煤浆的质量浓度一般在 50% 左右。

还有一种方式被称作高浓度水煤浆管道输送，该种运输方式主要是为配合煤化工、电厂的气化炉或者燃烧炉直接喷烧高浓度水煤浆。高浓度水煤浆一般可分为气化浆和燃料浆，这类煤浆相对中浓度管道输送的煤浆来说粒度更小、浓度更高，所以煤浆的自然黏度很高，必须在制浆过程中添加一定量有助于煤浆稳定、降低黏度的添加剂。

1. 陕西神渭输煤管道工程

上文所述的陕西神渭管道输煤项目由陕西煤业化工集团有限责任公司投资建设，中国煤炭科工集团武汉设计研究院有限公司承担 EPC 工程总承包。管道年输煤 1000 万 t，全长 727 km，系世界规模最大、运距最长，也是我国乃至亚洲的第一条长距离输煤管道，如图 14-9 所示。

图 14-9　神渭煤炭管道线路图

该项目由我国自主设计、建设，途经陕西省榆林、延安、西安、渭南 4 市 18 县（区）。管道系统共设有 9 个地面站，即一个首端场站、一个首端供水场站、四个中间加压泵站、三个终端场站。其中 1 号泵站位于神木红柳林矿，海拔 1168 m，2 号站位于佳县，海拔 1145 m，3 号站位于清涧，海拔 987 m，4 号站位于延长，海拔 1114 m，5 号站位于黄龙，海拔 1230 m，6 号分输站位于蒲城，海拔 389 m。全线还设有 6 处截断阀室、1 个蓄能调压站和 1 个消能站、14 个排气阀站、24 个压力监测站点和 11 个阴极保护站等安全保障设施。管道沿线地形复杂，线路的最高点位于黄龙山旗杆庙，高程为 1569 m，该点与蒲城终端场站地形落差 1180 m，是管道全线最危险、最复杂的区段。全线穿（跨）越工程 1537 处，其中隧道工程 59 座，总长 55.5 km；穿越铁路 26 处、公路 115 处、河流 70 处。

陕西神渭输煤管道全线主要包含供煤、供水、制浆、泵输、储浆、脱水及生产辅助系统等。管道全线系统组成如图 14-10 所示。

神渭管道输煤工程建设过程中，面对该项目规模大、线路长、工艺系统环节复杂等诸多难点和重大科技难题，中国煤炭科工集团武汉设计研究院广大科研设计人员大胆创新、努力攻关，重点开发研究解决了长距离、大运量煤浆制备技术，长距离输煤管道系统多泵并联相位角消振技术，长距离管道输煤系统 5 级泵站串联同步技术，长距离管道输煤系统多泵站闭路和开路的无扰动切换技术，5 级泵站闭路压力调节技术，浆体管道水击超前保护技术，复杂地形、大落差加速流防治技术，浆体管道的测堵和测漏技术，常规浓度煤浆转化为气化浆制备技术等多项重大技术难点。这些宝贵的科技成果和核心技术填补了我国长距离管道输煤技术的多项空白，为煤炭高效、环保、清洁输送和利用提供了技术保障，开创了全新的煤炭物流方式，为传统能源产业转型升级提供了新动能。

神渭管道输煤项目的投产运行，将极大缓解铁路、公路煤炭运力不足问题，节约运输成本，解决陕西省北煤南运的困局。同时革新了煤炭运输方式，打破了长期制约能源企业煤炭运输的"瓶颈"，对促进我国乃至世界煤炭运输行业的发展具有重要意义。

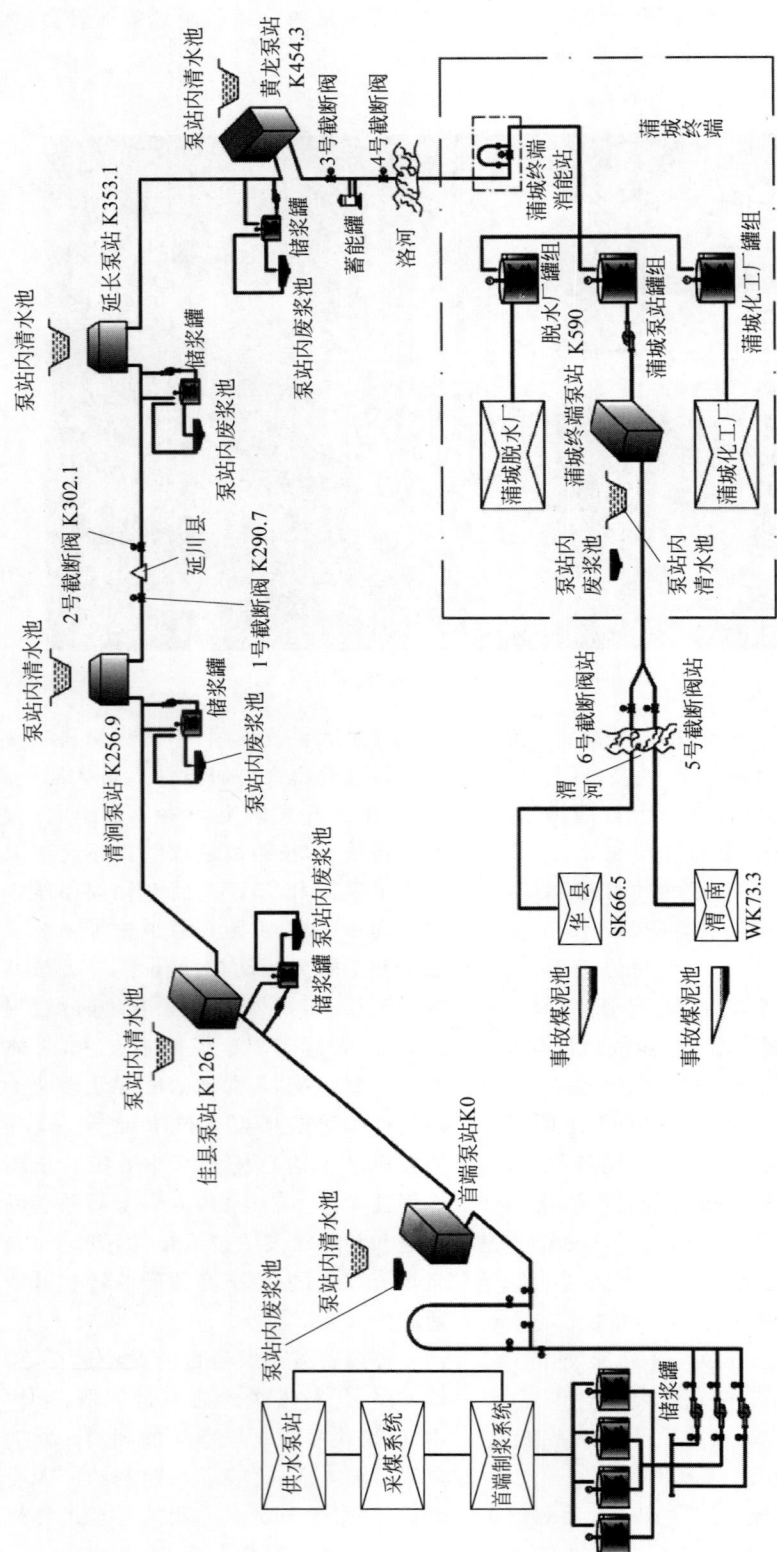

图 14-10 陕西神渭输煤管道系统构成示意图

2. 矿井水力提升技术

水力提升技术与管道输送技术一样,都是利用水作为运动介质,将固体物料沿管道由低处提升到高处。水力提升可用于水力采煤矿井提升煤炭,也可以用于金属矿山的井下排泥和粉碎矿石运输。

1) 管道水力提升系统

水力提升机实际上就是一种喷射泵,它是利用一种工作流体高速运动的动能来输送另一种流体的装置。水力提升机由高压供水泵、水射器及输送管道三部分组成。高压泵将水加压后送入水射器喷嘴中,水从喷嘴中高速喷出,从而在喷嘴周围形成真空,不断从混料池中将固体颗粒吸入高速流体,并经管道提升到地面,其系统示意图如图 14-11 所示。

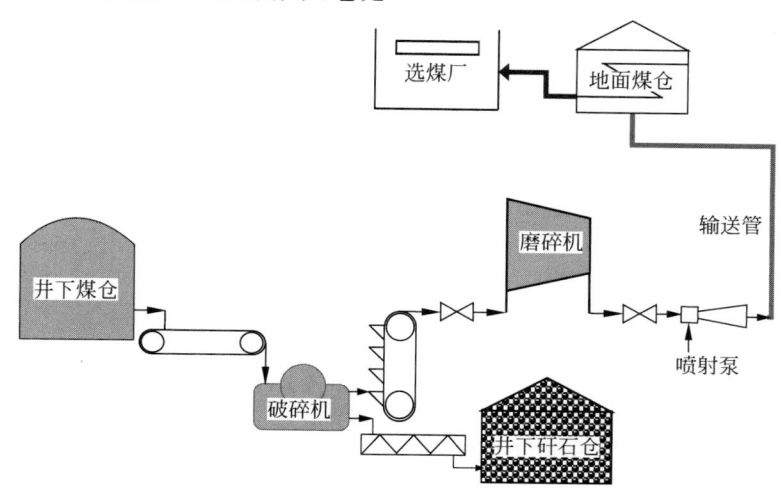

图 14-11　矿井水力提升系统示意图

矿石用普通方法开采、搬运和破碎,然后在地下粉碎筛分,与水混合之后的矿浆贮存在搅拌桶内,然后用压力泵输送至地面的受料搅拌桶内,矿石浆料再送到选矿厂进行加工处理。管道提升的输送能力很大,一座年产 50 万 t 的矿井,仅用直径 100 mm 的管道即可完成矿石的提升运输。

1984 年,德国普鲁萨格金属公司开始进行水力运输矿石研究,提出了一种联合水力提升运输方法。该方法将矿石调成高浓度矿浆,用水平泵送至竖井,经稀释后由竖井垂直管道提升到地表,整个系统如图 14-12 所示。在采掘工作面附近,将矿石粉碎并送入中间料仓,在料仓排矿口处加入少量水,调和成可泵送的高浓度矿浆。由一台活塞泵将高浓度矿浆送至竖井内,此处高浓度矿浆再由另一台活塞泵直接、连续地注入垂直上升的水流中。稀释矿浆中的矿石经竖井输送管道运至地表,在地表脱水之后送往选矿厂深加工。

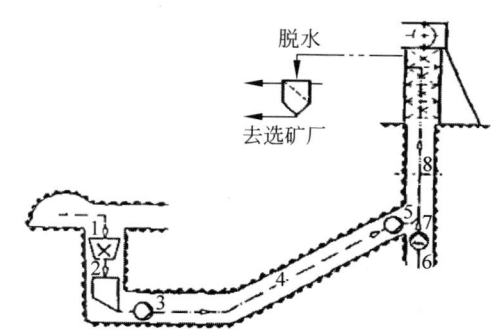

1—粉碎机;2—矿浆仓;3—高浓度矿浆泵;4—高浓度矿浆管道;5—高浓度矿浆给料泵;6—清水泵;7—给料管;8—竖井运输管道。

图 14-12　水平运输和垂直提升相结合的水力运输系统

有学者提出了利用水力提升系统延伸矿山开采的系统布置方案,如图 14-13 所示。这种机械提升与水力提升相结合的运输系统是较为经济的矿石运输方案。矿石用汽车运到现有提升水平,浆泵的水力提升装置安装在地表以下 400～600 m 水平。随着矿山的进一步发展,水力提升装置可迁移至更深的水平,而常规的提升竖井无须靠近目前开采的矿体。水力提升系统可以取代或部分取代竖井提升系统。

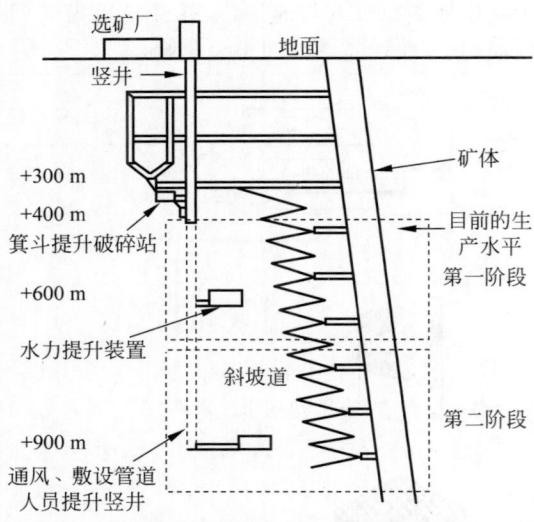

图 14-13　现有机械提升与水力提升的联合运输系统

2) 水采水力提升工艺

(1) 水力提升工艺

① 单段水力提升。我国早期从苏联引入水采技术时形成了单段水力提升技术,1958 年前后在淮南矿区、开滦唐家庄、峰峰羊渠河、徐州王庄和旗山、肥城杨庄、枣庄八一等煤矿应用,把煤破碎、筛分到粒径 50 mm 左右,然后通过煤水泵以管道有压运输方式提升到地面。

随着煤水泵质量提高,闭路破碎系统加带定量给煤装置的压入式煤水仓的运用,管道加衬技术的发展,一次水力提升技术在我国日臻成熟。八一矿、陶庄矿的提升高度超过了 600 m,管道长度超过了 6000 m,多组煤水泵多段串联,短期内煤水比达到 1∶1 或更高,基本上消除了堵管事故。

水力提升工艺具有如下优点:适应性强,针对巷道的断面、倾角、起伏、曲折等复杂变化,通过一根管道就能完成煤炭运出任务;连续性强、运输能力大、事故率低,除泵站外几乎不需设专人管理,在开拓部署上具有灵活性,节省巷道工程和其他运输提升设备,能克服矿井运输能力不足的问题。但是,水力提升也存在一些缺点:由于破碎机破碎,以及通过高速离心泵的碰撞,煤炭侧块煤率降低,煤泥增加;电耗大,井深巷远时尤其耗电;管道磨损较严重;输送高浓度、大粒度的煤浆时,操作不当时容易堵管;煤炭排到地面后,煤浆分级作业量较大。

② 多段水力提升。在输送途中分设多个入料桶和渣浆泵,相当于若干个短程水力提升系统接力输送物料。这种工艺在中间段需要安装入料桶,硐室体积较大,存在多级提升配合问题。由于物料在中间过程停留,会增加煤炭泥化程度。

③ 串联水力提升。各级提升泵串联解体加压,输送物料在中途无停留,直接进入地面洗煤生产环节,泥化程度低,利于后续环节煤泥水处理。

④ 分级水力提升。将回采煤炭粉碎之后,先对其分级筛分,粗粒煤炭采用旱运方式,而细粒煤炭采用水力运输。例如,当年的开滦吕家坨矿年产煤炭 300 万 t,工作面煤浆到采区硐室使用刮板筛分级,筛上煤炭产品约 60%,采用矿车运输和箕斗提升。筛下品进入卧式煤水仓,用煤泥泵排到地面。实践证明,这种分级组合式运输方式的经济指标优于机械化开采工艺。从工艺特点上看,把相当一部分煤炭由管道运输改为旱运,简化了煤水系统,使其电耗、管道磨损、煤的碎化都降低许多。

(2) 水力采运联合采煤工艺

水力采煤已有 80 多年历史,在我国经历了近 70 年的发展。经过几十年的努力,我国目前已形成了具有中国特色的三种水采工艺。

① 水力落煤、水运水提的采煤工艺

这种常规水采工艺已比 20 世纪五六十年代的技术水平有了很大的提高,落煤水压已形成高、中压,大、中流量系列,落煤效果提高,水枪效率达到 70%,煤水泵一次维修时间和寿命已有很大提高。

② 水力落煤、分级水提的采煤工艺

这种经济型水采工艺是在传统的水采工艺基础上发展而来的,与常规水采工艺相比,采用细粒分级水力提升技术,系统得以简化,投资少,见效快,节水节电。经济型水采的特点是:以刮板捞坑在采区分级煤粒(0.5 mm),大粒度煤进行旱运旱提,大大降低电耗;小粒度的煤泥浆在井下进行浓缩,然后再用泥浆泵送到地面选煤厂,澄清后水可复用,从而基本上实现循环水利用;大小硐室结合,采区采用小型煤泥硐室,可节省工程量和装机容量(水力提运可节省装机容量 1500 kW 左右)。

③ 区域化水采工艺

区域化水采工艺是指水采系统全部集中在井下,采用新型刮板捞坑式脱水筛,落下的煤进行 0.1 mm 粒度分级,筛上煤(水分为 12%)近 90% 用旱运旱提;筛下煤浆采用组合旋流器的高频振动筛回收,煤泥浆中的煤回收率达到 33.8%(总回收率达到 91% 以上);水经过斜管澄清处理后,浊度在 350 mg/L 以下,供水采使用,实现水采用水井下闭路循环。装机容量比常规水采节省 30%~50%。区域化水采,使水采工艺发生了根本性变化,投资比常规水采节省 2/3,年产 20 万 t 的水采区投资仅 700 万~800 万元,降低了生产成本,扩大了水采的适用范围,为旱采矿井局部实现水采提供了可能。

3) 钻采水力提升工艺

钻孔水力开采地下固体矿床的基本原理是:用钻孔揭露矿床,用下入孔内的水枪破坏矿层,使之成为可流动的水-矿混合物(矿浆),再下入孔内的水力提升器(喷射泵)或气举提升器(空气升液器)将矿浆输送到孔外的地面或坑道、漂浮式设备上,矿浆中沉淀的矿石即为钻孔水力开采的矿石。矿浆输送到地面的称地面钻孔水力采矿法,矿浆输送到坑道的称地下钻孔水力采矿法。

苏联、南斯拉夫以及美国、匈牙利、印度、澳大利亚等国家先后使用钻孔水力开采强度不高的松散矿物,如磷矿、煤矿、铝土矿、铀矿、含金砂矿。由于钻孔水力开采固体矿物具有基建投资少、建矿周期短、对生态破坏小,及可实现地下无人化开采、作业安全性好、劳动强度低等优点,近几年一些国家仍然继续坚持进

行钻孔水力开采工艺的研究试验,其中俄罗斯在这方面取得显著的进展。

钻采使用的工具是矿层冲刷水枪与矿浆水力提升集于一体的钻具,在孔内同轴安装外径 168 mm 和 108 mm 的管子,其结构如图 14-14 所示。

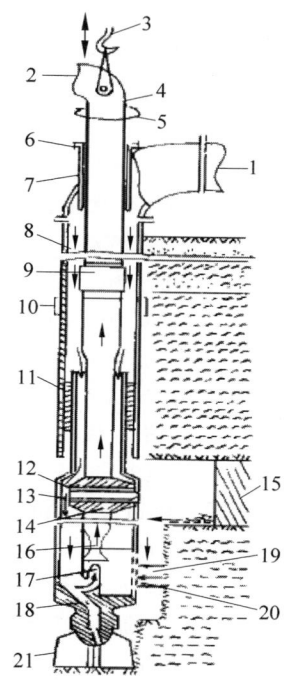

1—来自水泵的压力水;2—矿浆;3—提引器;4—矿浆管;5—回管;6—压盖;7—密封填料盒;8—送水管道;9—矿浆管连接接箍;10—送水管连接接箍;11—封隔器;12—水枪;13—水枪调节阀;14—整流罩;15—矿层;16—混合室;17—喷嘴;18—钻进装置活门;19—供矿浆的硐室;20—栅格;21—钻头。

图 14-14　钻孔水力采矿工具结构图

20 世纪 50 年代末,联邦德国、苏联、日本和美国等国家对钻孔水力采煤进行过工业性应用,由于工作面单产较低,到 70 年代末就停止了使用。进入 20 世纪 90 年代,俄罗斯、日本、美国等国家又重新研究钻孔水力采煤工艺,目的是利用钻孔水力采煤技术解决薄煤层开采、近地表煤层和有突出危险煤层开采的技术难题。目前,钻孔水力采煤方法大体可分为三种类型:井工钻孔采煤、地面钻孔采煤和气液脉冲采煤。

（1）井工钻孔水力采煤工艺

该工艺是 20 世纪 50 年代末，西德煤矿协会、埃森煤炭公司和鲁尔煤炭公司在短壁无支护采煤法基础上发展起来的。它将回采巷道改为大孔径钻孔，通过钻杆内的通道将高压水射流输入钻头，经旋转钻头的喷嘴进行水力钻孔和水力扩孔落煤。然后，通过水力运输和提升系统把采落的煤炭输送到地面。

（2）地面钻孔水力采煤工艺

该工艺是用钻孔开拓煤层，操作人员在地面操作钻孔内的高压射流进行落煤，采落的煤利用射流泵或气压提升至地面。该采煤方法也称无井口非常规采煤方法。从钻孔布置状态，该采煤方法基本可分为三种方式：穿层钻孔采煤法，沿层钻孔采煤法，穿层钻孔和沿层钻孔联合采煤法。

① 穿层钻孔水力采煤法

该方法是在井工钻孔水采法和石油钻井开采法基础上提出的，图 14-15 所示为其开采工艺示意图。在开采区域按 20 m×20 m 网格在地面布置钻孔位置，每个钻孔位置按开采顺序钻直径 300～500 mm 的垂直钻孔至煤层，并在孔口处和过松散层处加封口套管和加固套管，套管与孔壁间用混凝土灌浆。钻头装有与钻杆垂直的喷嘴，开采顺序为由下而上，在喷嘴回转（1～2 r/min）的同时，缓慢上下移动，破碎的煤最大粒径不超过管径的 1/3。为了能在线监测地下落煤情况，在钻头装设视频或声呐探测器。每个钻孔的开采范围为 15～20 m，并留有煤柱。每个孔回采结束后，洗选后的矸石等废岩石由钻孔自流至采空区，控制开采段的矿压，并且可以控制地表变形。每个采段回采结束后封孔，进行复垦造田或植树造林。

② 沿层钻孔水力采煤法

该方法适用于倾斜、急倾斜的露头煤层，图 14-16 所示为该采煤工艺示意图。首先在地面按煤层走向每间隔 20 m 左右设一个开采条带，每个条带的中间部位由地面沿煤层底板打 350 mm 钻孔，当打到 6～8 m 处时放置直径 325 mm、长 6～8 m 的套管，套管与钻壁灌浆，在孔口安装密封装置以防漏气。钻杆直径

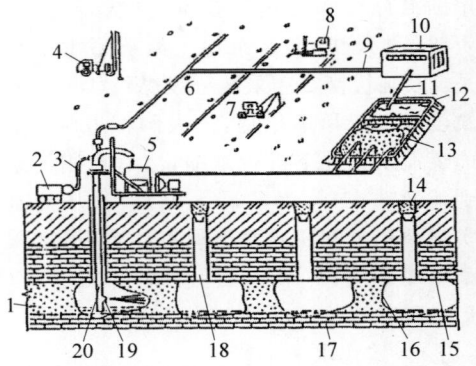

1—煤层；2—压缩机；3—输气管；4—钻机；5—开采综合机组；6—采区；7—布管机；8—推土机；9—高压供水管；10—泵站；11—抽吸管；12—溢流沉淀池；13—煤水仓；14—封孔塞；15—煤层顶板；16—煤柱；17—煤层底板；18—钻孔；19—射流发生装置；20—气动提升机。

图 14-15　地面穿层钻孔水力采煤示意图

273 mm，并作为供水管，供水管的下部为开采部。开采部安装两个喷嘴，其中一个喷嘴平行于钻杆，其作用是钻孔和在这个钻窝产生涡流，使被破碎的煤水浓度保持均匀地进入排煤管内；另一个喷嘴垂直于钻杆，其作用是扩孔落煤，该喷嘴距钻孔喷嘴有一定距离，以保证射流在空气中落煤。这两个喷嘴可旋转 180°以上。采用下行采煤方式，即边钻孔边回采，倾向条带开采距离 100～150 m。供水管中安装一个直径 219 mm 的排煤管，一直延伸至排煤钻窝。压缩空气经套管和钻杆进入采煤空硐，形成一定的压力，该压力作用于液面上，使煤浆沿排煤管输送到地面。

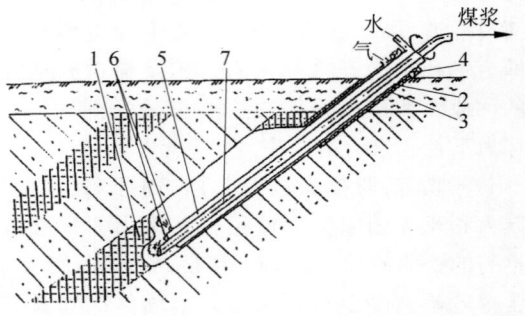

1—开采煤层；2—孔口固定套管；3—水泥砂浆；4—密封器；5—供水管；6—喷嘴；7—煤浆提升管。

图 14-16　沿层钻孔水力采煤工艺示意图

③ 穿层钻孔和沿层钻孔联合水力采煤法。

该方法的适用条件与沿层钻孔水力采煤方法相同,图 14-17 所示为该采煤工艺示意图。

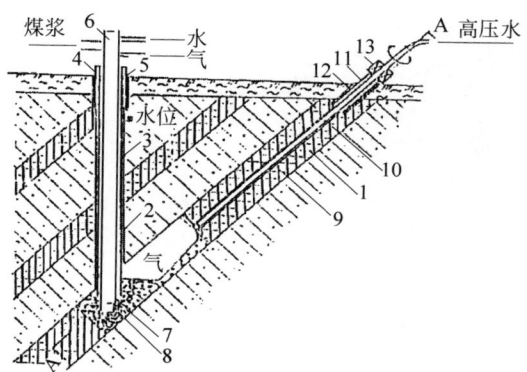

1—开采煤层;2—穿层排煤钻孔;3—套管;4—导向管;5,12—灌浆孔;6—气动提升管;7—涡流喷嘴;8—涡流;9—沿层落煤钻孔;10—供水管;11—导向管;13—密封器。

图 14-17　穿层钻孔和沿层钻孔联合水力
采煤工艺示意图

沿煤层走向每隔 30～40 m 为一个开采条带,在每个条带从煤层中部打两个对称的微倾斜沿层钻孔,交合于开采条带的底部。每个钻孔只有回转钻杆内为高压水通道,钻杆底部安装垂直于钻杆的落煤喷嘴。孔口加 5～6 m 的孔口固定套和密封装置。在开采条带中间位置打一垂直穿层钻孔至开采条带最下端的沿层钻孔交合处,该孔有三个通道,即气管、水管和煤浆管,分别起提升压气、水射流搅拌和提升煤浆作用。由于没有旋转部件,孔口仅用灌浆密封。

采用上行采煤方式,即沿层钻杆缓慢上提,喷嘴回转扩孔落煤。采落的煤和水沿煤层底板流至垂直穿层钻孔的底部钻窝内,在水射流作用下,钻窝内的煤浆产生涡流,并在压气作用下将煤浆均匀地提升至地面。每个条带回采结束后,用矸石回填,以控制矿压并达到环保目的。

3. 深部煤炭流态化管道输送系统

我国"富煤、贫油、少气"的能源禀赋决定了煤炭在我国国民经济发展中将长期占据基础性主体能源地位。2020 年,煤炭占我国一次能源消费比重为 56.8%,持续保持在较高水平。探测表明,我国有超过 70% 的煤炭资源埋藏在 2000 m 以深,而现有的煤矿开采水平绝大多数在 1000 m 以浅,且将在几十年内开采殆尽,这就意味着要提高煤炭资源的储备量,未来煤炭资源开发必须向地球深部进军。然而,随着开采深度的增加,深部高应力与灾害、深部矿井建设与提升、深部岩石力学等关键技术性难题也将出现,传统井工开采方式及装备已经无法适应 2000 m 以深的深部煤炭开采。

2016 年以来,谢和平院士等人创新提出了深部煤炭资源流态化开采的颠覆性理论与技术构想(图 14-18),其核心思想是通过在井下实施智能化采、选、充无人开采及电、气、热原位转化,将深部固体矿产资源原位转换为气态、液态、气-固混合态等流态化资源输送出来加以利用,最终实现"井下无人、地上无煤"的开发目标。在上述技术体系中,采用类似盾构机的流态化自主开采装备代替传统的综采工作面"三机"装备,在深部煤层以回行开采模式采掘煤炭,然后把煤炭原位转化成易输送的煤浆、液体、气体、电能等流态化能源,再通过合适的提升方式将其输送至地面加以利用。

研究表明,传统钢丝绳提升系统在技术经济性和安全可靠性等方面均难以满足深部煤炭流态化开采后的提升要求。首先,面对 2000 m 以深的超深井,矿井提升机的钢丝绳长度将达到传统矿井的 2 倍以上,钢丝绳本身自重就变得极大,钢丝绳提升系统的经济性和安全性都难以保证;其次,超深井提升系统的制造难度将会加大,提升容器的可靠导向和稳定运行也将变得十分困难;最后,随着提升高度的增加,提升机在运行过程中对外部扰动将会更加敏感,尤其是在高速运行时轻微的扰动就会加剧提升机的振动,使钢丝绳张力出现异常波动,加剧钢丝绳的疲劳损伤,严重时会导致提升系统无法正常运行。因此,面向 2000 m 以深的超深井提升,研究发展新型提升运输方式就成为深部资源开发所必须解决的关键问题之一。为实现"井下无人、地上无煤"的深部煤炭开采和运输模式,中国矿业大学提出了一种"主辅

图 14-18　煤炭深部原位流态化开采系统组成架构

结合"的复合运输提升系统。其中,主运输系统采用流态化管道输送技术,通过多级泵送装置将流态化开采系统生成的煤浆等流态化物料直接输送到地面煤浆站;辅助运输系统负责设备、材料和运维人员的上下井输送,采用直线电机与钢丝绳复合提升系统,将直线电机的初级布置在竖井两侧的钢架上,次级布置在罐笼的两侧,通过对直线电机推进系统和摩擦提升系统的协同控制来实现高效能复合提升。主运输系统与辅助运输系统在同一竖井中并排布置,运输人员与设备的罐笼可在每层的中间泵室停留,进入中间泵室内进行日常检修工作。该技术可有效克服传统钢丝绳提升方式在超深井重载提升中应用的技术瓶颈。深部煤炭流态化管道输送系统示意图如图 14-19 所示。

14.2.5　矿山管道浆体管道充填系统

　　长期以来,由于技术、经济等各方面因素的制约,只有极少数煤矿采用水砂充填法或矸石充填法采煤。近几年来,随着煤炭开采技术和矿山充填技术的迅速发展,从资源回收和环境保护的角度出发,采用充填采煤技术开采"三下"(即建筑物下、铁路下、水体下)压煤已成为煤矿绿色开采的一个重要方向和研究热

点。目前在煤矿中实施的充填开采技术主要有四种,即似膏体(泵送或自流)充填采煤技术、膏体充填采煤技术、高水充填采煤技术和矸石充填采煤技术。

1. 煤矿充填系统案例

1) 煤矿似膏体泵送充填采煤技术

公格营子煤矿井田内的 6 煤组全区发育,为该矿主采煤层,煤层平均煤厚 15 m,属特厚煤层。由于该矿井田位置距老哈河 2.5 km,河床底部含水沙层覆盖于煤系地层上部为第四系沙层孔隙含水,水文地质条件较复杂,给地下煤矿开采造成很大的困难和安全隐患,甚至会发生重大水灾事故。因此防治水害是生产全过程中极其重要而且必须完成好的任务之一。此外,井田边界南部有公格营子村庄和公路,西部有叶赤铁路通过,因此企业面临"三下"压煤开采的难题。为了安全有效地开采"三下"压煤,该矿采用似膏体泵送充填采煤技术开展"三下"压煤的开采实践。

（1）充填系统构成

① 充填能力。充填采煤设计生产能力为年产 30 万 t,平均日产 900 t。煤的堆密度为 1.3 t/m³,则日充填量需 690 m³。充填工作时间 10 h,考虑富裕系数 1.3,则充填能力按 90 m³/h 设计。

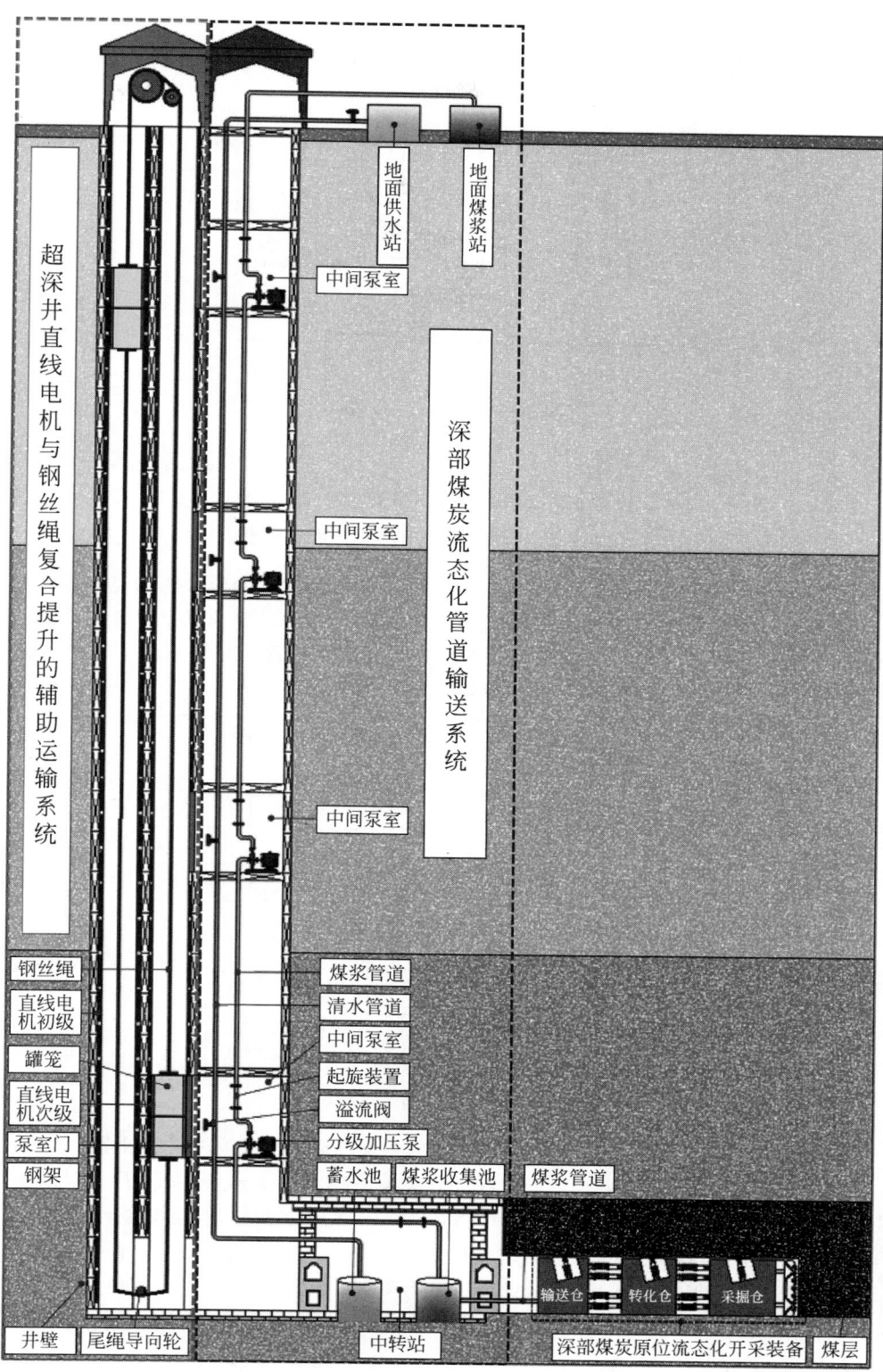

图 14-19　深部煤炭流态化管道输送系统示意图

② 充填站主要设备。充填站的主要功能是实现充填料浆的制备和泵送,示意图如图 14-20 所示。充填站主要设备有:双卧轴搅拌机 1 台,充填泵 1 台,胶凝材料仓 1 座,煤矸石仓 1 座,粉煤灰仓 1 座,配套钢结构 1 套。

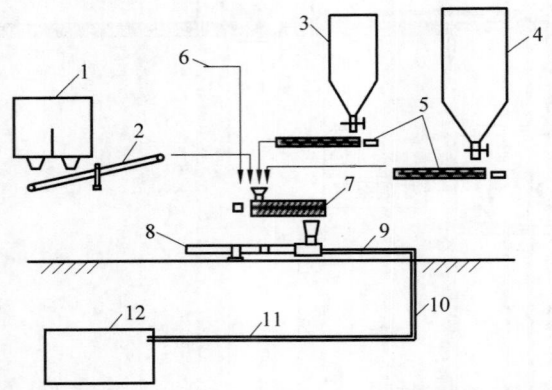

1—煤矸石仓;2—带式输送机;3—胶凝材料仓;4—粉煤灰仓;5—螺旋给料机;6—充填用水;7—卧式搅拌机;
8—充填泵;9—地面充填管路;10—充填钻孔;11—井下充填管路;12—充填采空区。

图 14-20 充填料浆制备及管路输送系统示意图

(2)充填工

似膏体充填系统使用的材料是破碎煤矸石、粉煤灰、胶结料和水等物料。充填的过程为:先将煤矸石破碎加工,然后把煤矸石、粉煤灰、胶结料和水等物料按比例混合搅拌制成似膏体浆液,再通过充填泵把似膏体浆液输送到井下充填工作面。充填系统工艺流程图如图 14-21 所示。

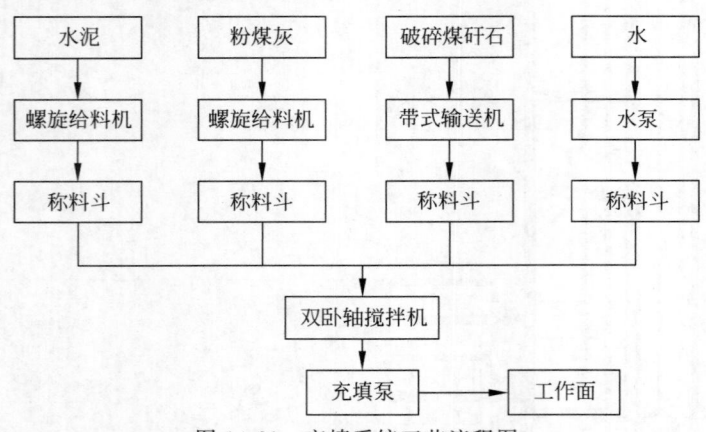

图 14-21 充填系统工艺流程图

2)煤矿似膏体自流充填系统

孙村煤矿目前开采垂深已达 1350 m,煤炭资源逐渐减少,多年强化开采产生的矸石山占用了 300 多亩的土地,容积已近饱和,新增矸石堆放成为制约矿井发展的难题,还对城镇环境和汶河水系造成了污染。为了缓解深部产量压力,提高煤炭资源回收率,消灭地面矸石山,实现深井老矿可持续发展,孙村煤矿在进行矿井系统改造时部分解放了井田南区－400 m 开采水平至－210 m 开采水平主副暗斜井约 300 万 t 的保护煤柱,但在煤柱上方地面尚有河床、村庄、学校、公路、商业店铺,这些地面构筑物和建筑物需要保护。为克服以上难题,孙村煤矿实施了城镇下仰斜似膏体自流充填开采技术。

(1)充填系统设计

向采空区充填的材料类似于膏体,似膏体

充填系统由地面破碎系统、制备系统、井下输送系统和采场充填系统四部分组成。在孙村煤矿矸石山附近建立充填制备站,该站的主要功能是将水泥、粉煤灰、煤矸石加水制成质量浓度为72%~75%的胶结充填料浆。在制备站附近施工两个充填钻孔,一个工作,一个备用,两钻孔间距10 m,钻孔直径121 mm,钻孔至-210 m开采水平垂高约为380 m。

（2）充填系统主要设施

充填系统主要设施包括:

① 搅拌设备。水泥、粉煤灰、煤矸石、添加剂搅拌采用 ϕ2000 mm×2100 mm 的搅拌桶,有效容积为5.8 m^3。桶内布置双层搅拌叶片,叶片直径650 mm,上层叶片为右旋式,下层叶片为左旋式,叶片转速240 r/min。驱动电动机功率40 kW,转速970 r/min。搅拌桶内安设料位计,出浆口外由短钢管与主充填管道相连。搅拌桶出口安装电磁流量计和核辐射浓度计测定浆体流量和质量浓度。搅拌桶底部设置清洗装置和故障排砂口,由电动螺旋杆控制开启。水泥粉煤灰浆搅拌采用 ϕ1500 mm×1500 mm 的支搅拌桶,有效容积为2.3 m^3。

② 缓冲漏斗。煤矸石堆场内的煤矸石由电溜子提升转运到设在圆盘给料机上方的缓冲漏斗内,经圆盘给料机、振动筛、带式输送机向主搅拌桶供料。缓冲溜斗为锥台型,上口直径5.26 m,下口直径2.0m,高度3.5 m,容积38.6 m^3。

③ 粉煤灰仓。按粉煤灰日最大消耗量计算,粉煤灰仓总容积为248 m^3。设计采用两个圆柱-圆锥立式密闭仓,每个仓容积124 m^3,每小时供应粉煤灰20.7 m^3。仓体为钢板结构,板厚20 mm,圆柱直径5000 mm,仓底出料口直径300 mm,仓全高10.1 m,容积133.8 m^3,有效容积113.7 m^3(料仓装满系数0.85),两仓交替使用。

④ 添加剂仓。添加剂仓采用圆形水池形式。添加剂按水泥与粉煤灰质量的1%~1.5%添加。设计添加剂仓直径5.0 m,高3.0 m,容积58.9 m^3,满足连续12 d的使用量。

（3）充填工艺

充填系统工艺流程如图14-22所示。似膏体充填料浆依靠自重和高度压差向井下输送,充填料浆的输送路线为:充填制备站→充填钻孔→钻孔绕道→210 m水平石门→工作面运输斜巷→工作面采空区。系统充填能力为100~120 m^3/h。

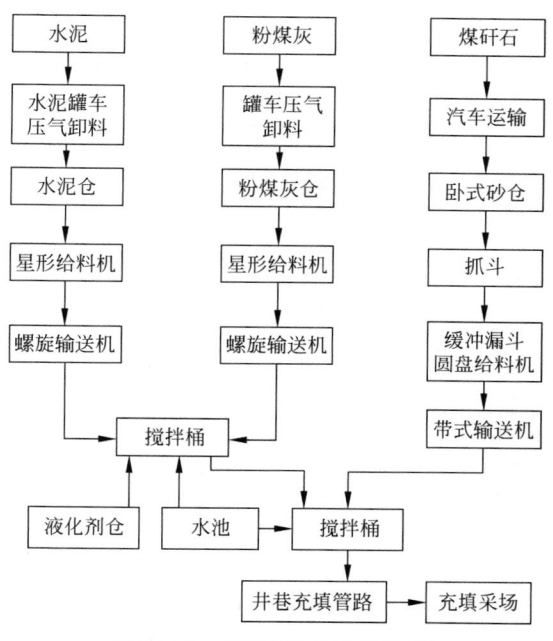

图 14-22　充填系统工艺流程图

3）煤矿膏体充填系统

膏体充填采煤技术就是将煤矸石、粉煤灰、河砂、工业炉渣等在地面加工制作成质量浓度为80%左右的牙膏状浆体,采用充填泵加压,通过管道输送到井下,对采空区进行充填的采煤方法。通过对煤矿采空区进行充填,达到支撑上覆岩层、防止或减少地表沉陷的目的。

整个充填工艺系统可以划分为四个基本环节,分别是矸石破碎、料浆制备、管道泵送、充填体构筑。工艺流程图如图14-23所示。

（1）矸石破碎子系统

有关膏体充填材料配比试验表明,矸石作为膏体充填的骨料,需要有合理的粒级组成,才能使膏体充填材料既具有良好的流动性能,又具有较高的强度性能,为此,对矸石破碎加工提出以下要求:

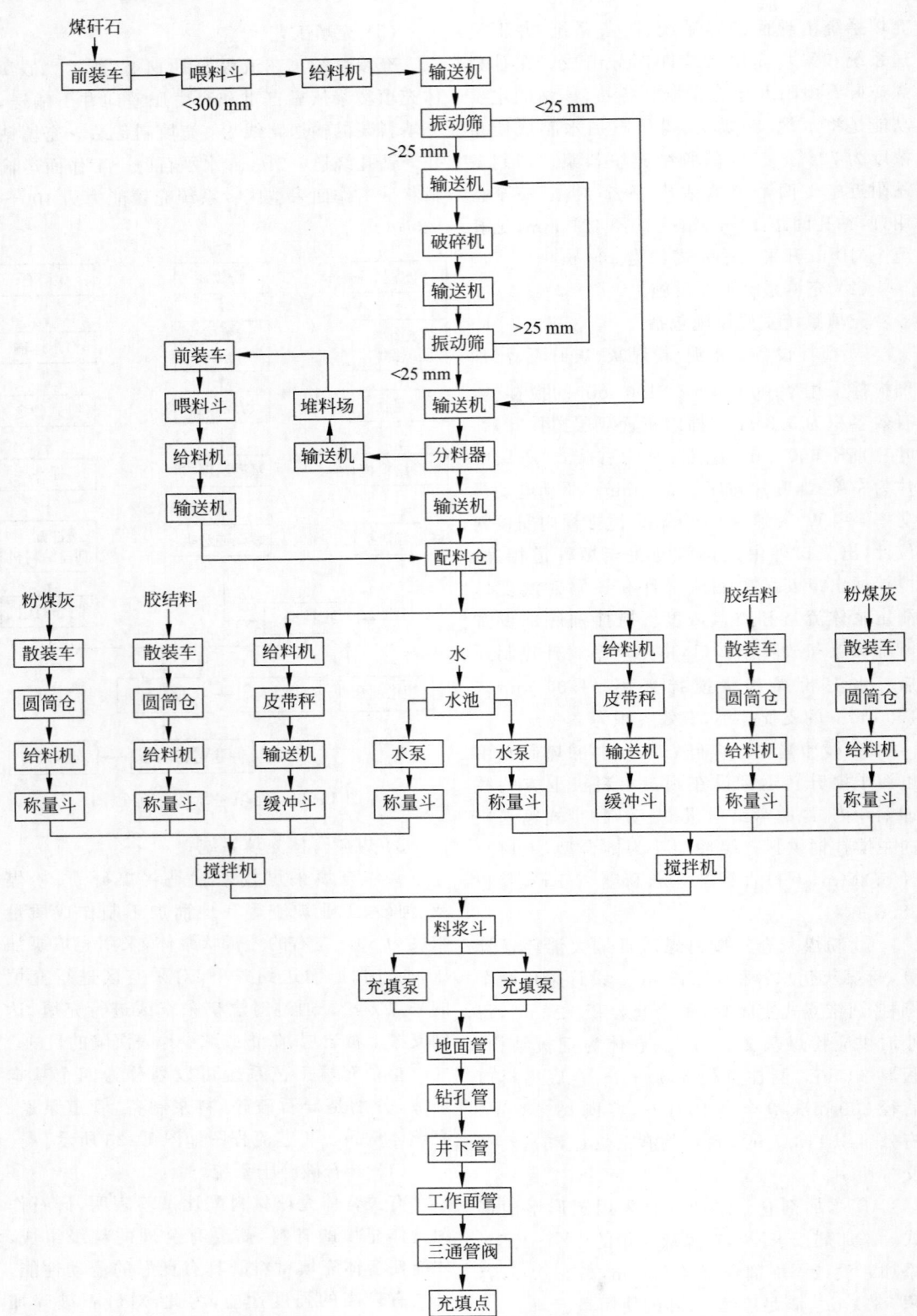

图 14-23 膏体充填系统工艺流程图

① 最大粒度小于 20～25 mm。

② 小于 5 mm 的颗粒所占的比例为 30%～50%。

（2）配比搅拌子系统

配比搅拌子系统由相同的两套设备组成，两套设备一用一备或并行工作，根据矿井实际充填情况决定。主要设备包括：2 台间隙式强制双卧轴混凝土搅拌机、1 个矸石配料漏斗、2 台皮带秤、2 台矸石上料带式输送机、2 个水泥仓、2 个粉煤灰仓、2 台水泥螺旋给料机、2 台粉煤灰螺旋给料机、2 个水泥称量斗、2 个粉煤灰称量斗、2 个称水斗、2 个收尘袋、1 个料浆缓冲斗等。

配比搅拌工艺分四步：称重、投料、搅拌、放浆。

（3）管道泵送子系统

膏体充填料浆采用专用充填泵加压管道输送，系统由充填泵、充填管及其配件、管道压气清洗组件、沉淀池等组成。

（4）充填工作面构筑子系统

为了实现膏体充填工作面构筑，及使用先进的开采技术实现综合机械化高效安全开采，采用专门充填液压支架，如图 14-24 所示。充填液压支架具有以下特点：

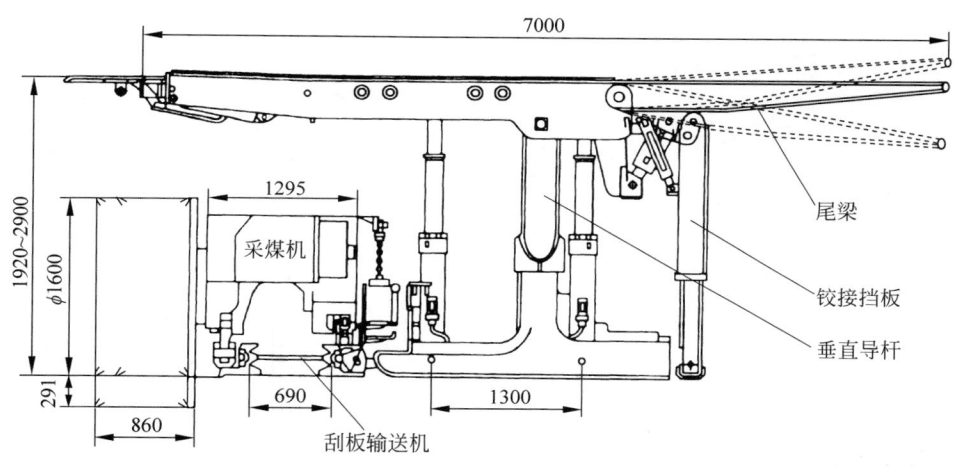

图 14-24　充填液压支架

① 充填液压支架不仅要支护采煤工作空间，还要保证在充填体达到初凝的 4～6 h 内支护处于采空区的充填空间，保证充填作业的安全和充填体不被直接顶板压垮，起到保证充填率的关键作用。

② 充填支架应能够作为隔离墙，承受膏体充填料浆对支架产生的侧向压力，保护充填袋不被膏体挤压鼓破，保持充填体直立固化的形态。

③ 解决工作面开采和充填在时间和空间上的矛盾。

4）煤矿高水充填系统

高水充填采煤技术是采用高水材料制备成料浆，充入采空区后不用脱水便可以凝结为固态充填体的一种新的充填采煤工艺。

基于高水充填材料的性能特点，这种充填系统主要包括材料贮存、浆体制备、浆体输送以及浆体混合四个子系统。图 14-25 所示为充填系统地面布置示意图。

5）煤矿固体（矸石）充填系统

固体（矸石）充填采煤技术的基本思想是将地面的矸石、粉煤灰等材料通过垂直连续输送系统运输至井下，再用带式输送机等相关运输设备将其运输至充填开采工作面，借助固体充填采煤液压支架、固体充填物料转载机及固体充填物料刮板输送机等充填采煤关键设备实现采空区充填。固体充填采煤系统主要包括地面充填材料制备与输送系统、固体物料投料及输送系统、工作面充填系统。固体充填采煤系统布置如图 14-26 所示。其中运煤、运料、通风、运矸路线如下：

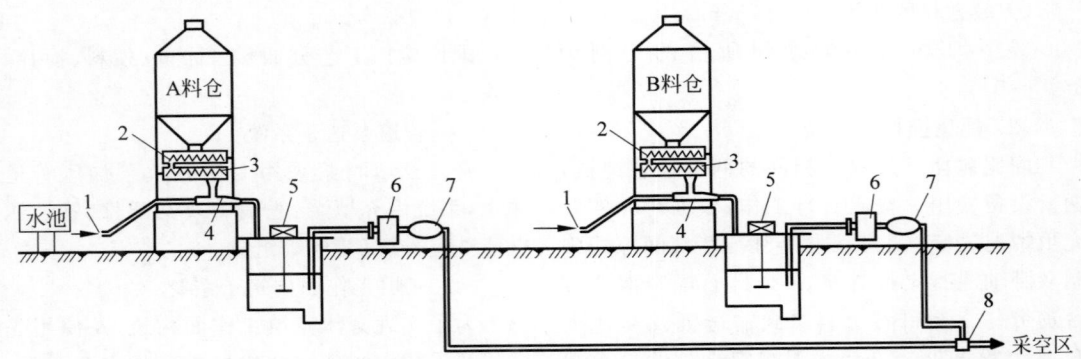

1—给水泵；2—螺旋给料机；3—计量螺旋；4—计量器；5—搅拌机；6—充填泵；7—流量计；8—混合器。

图 14-25 充填系统地面布置示意图

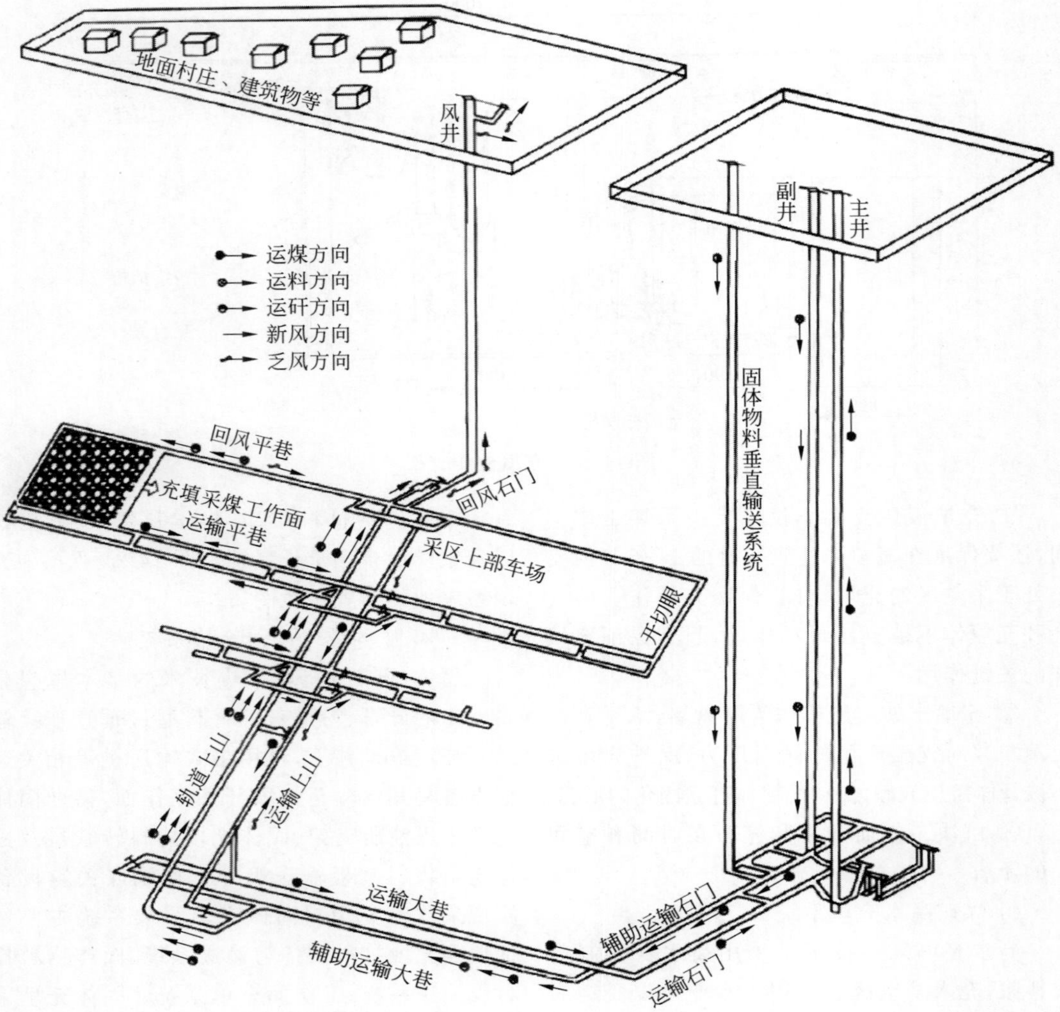

图 14-26 固体充填采煤系统布置图

① 运煤路线：充填采煤工作面→运输平巷→运输上山→运输大巷→运输石门→井底煤仓→主井→地面。

② 运料路线：副井→井底车场→辅助运输石门→辅助运输大巷→采区下部车场→轨道上山→采区上部车场→回风平巷→充填采煤工作面。

③ 新风路线：副井→井底车场→辅助运输石门→辅助运输大巷→轨道上山→回风平巷→充填采煤工作面。

④ 乏风路线：充填采煤工作面→回风平巷→回风石门→风井。

⑤ 运矸路线：地面→固体物料垂直输送系统→井底车场→辅助运输石门→辅助运输大巷→轨道上山→回风平巷→充填采煤工作面。

（1）地面充填材料制备与输送系统

固体（矸石）充填采煤技术采用的固体充填材料一般有矸石、粉煤灰、黄土及风积沙等。目前，煤矿充填采煤技术所选用的固体充填材料多为煤矿开采和洗选过程中排放的矸石。一般地面矸石充填材料制备输送系统（图14-27）分为三个环节：

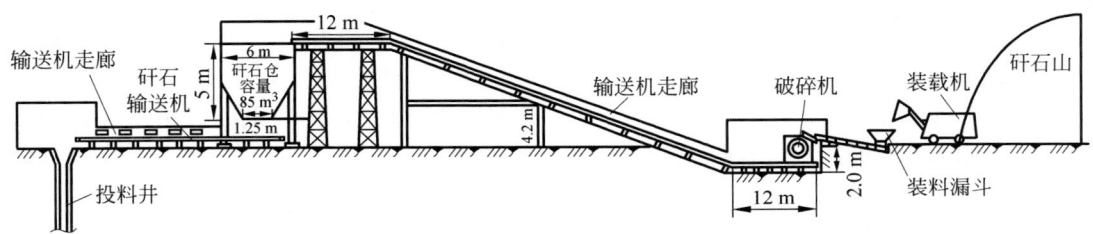

图 14-27　地面矸石充填材料制备输送系统示意图

① 将矸石山矸石装载至输送机上。此环节主要采用推土机、装载机及装料漏斗等设备，把矸石装载至带式输送机或者刮板输送机上。

② 对矸石进行破碎。输送机把矸石运输至破碎机进行破碎，达到充填工艺所要求的粒径。

③ 运输至投料井口。破碎后的矸石经带式输送机运输至投料井上口，此时要有控制系统对矸石的运输速度进行控制，在必要情况下需要设置地面矸石仓。

如果有多种物料（如矸石和粉煤灰混合）按照一定的比例混合作为充填材料，则需要采取措施控制这几种固体物料的输送速度，从而控制其配比。一般都是通过设置地面矸石仓或者其他固体物料的缓冲仓达到控制输送速度的目的。

（2）固体物料垂直输送系统

① 投料系统。充填材料采用大垂深投料钻孔输送至井下储料仓，然后通过带式输送机运至工作面。

垂直投料输送系统的主要设备包括地面运输装置、缓冲装置、满仓报警装置、控制装置等。直接投放系统结构如图14-28所示。

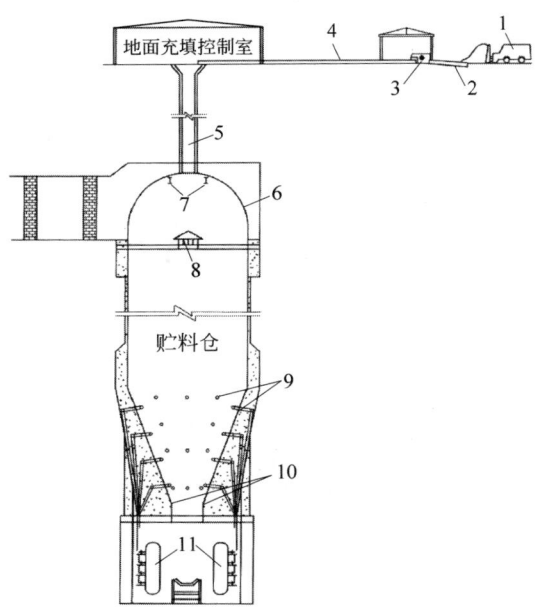

1—推土机；2—刮板输送机；3—破碎机；4—带式输送机；5—投料井；6—挡矸笼；7—起吊钢梁；8—锥形缓冲器；9—快速启闭器；10—护帮钢板；11—清理装置。

图 14-28　固体充填物料直接投放系统结构示意图

② 井下输送系统。结合矿井已有生产系统，充填开采工作面充填材料用带式输送机运送，其输送路线为：地面矸石仓→投料井→储料仓→采区运矸巷→采区运矸上山→运料（矸石）巷→回采工作面。

2．金属矿充填系统案例

1）金属矿山尾砂胶结充填系统

因为尾砂胶结充填的贮存、制备及管道系统可以与尾砂水力充填、全尾砂高浓度胶结充填以及全砂土似膏体充填系统的主体部分相互兼容，故本节将系统介绍尾砂胶结充填的充填材料贮存和料浆制备、输送和管道系统以及采场充填等内容。

尾砂水力充填系统由充填材料贮存、制备、输送、采场充填、废水废渣处理五部分组成。尾砂水力充填系统与尾砂胶结充填系统的主要差别在于后者配有水泥供给系统及制浆部分。尾砂水力充填系统对制浆的浓度要求不严，而尾砂胶结充填系统则要求制备出满足充填体强度要求的浓度的水泥砂浆。两种充填系统如图 14-29 所示。

2）金属矿山全尾砂高浓度胶结充填

传统的尾砂胶结充填技术在矿山的应用，促进了充填采矿技术的发展。但随着这项技术的广泛应用，也暴露出一系列的突出问题：充填体强度低、养护周期长、充填效率低、井下脱水污染环境、尾砂利用率低、充填成本高等。为了解决这些问题，在各国专家和工程技术人员的不懈努力下，全尾砂高浓度和膏体胶结充填技术应运而生。

充填料及充填系统：

凡口铅锌矿全尾砂高浓度胶结充填是这种充填技术的典型代表。采用矿上自产的 325 号硅酸盐水泥作为胶凝材料，密实密度为 3100 kg/m³，松散密度为 1200 kg/m³。为降低水泥耗量，国外许多矿山还使用复合胶凝材料，大多采用碱性活化剂——水泥制备复合胶凝材料。凡口铅锌矿全尾砂高浓度胶结充填自流输送系统包括全尾砂浆脱水装置、料浆搅拌装置、自流输送管路系统和仪表自动检测及微机综合处理系统四部分，如图 14-30 所示。

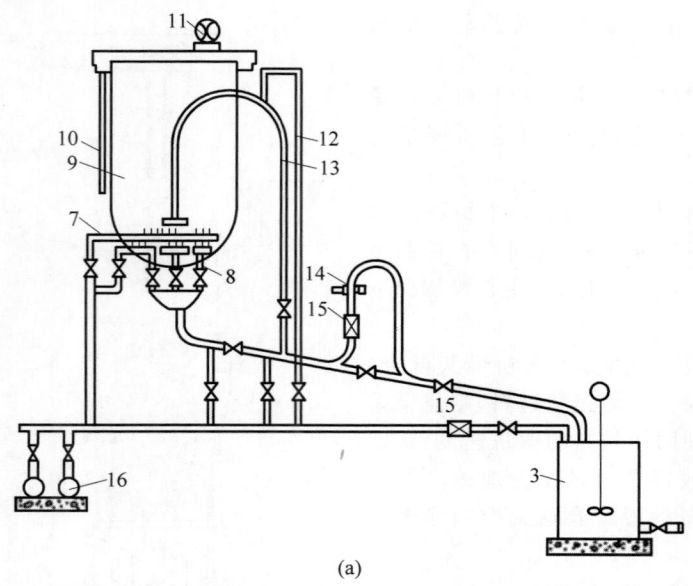

(a)

1—选厂砂泵；2—水力旋流器；3—搅拌桶；4—井下充填砂泵；5—刚性叶轮给料机；6—仓顶收尘器；7—造浆压力管；8—造浆喷嘴；9—砂仓；10—溢流管；11—料位计；12—供水管；13—虹吸管；14—浓度计；15—流量计；16—水泵

图 14-29　充填系统图
(a) 尾砂水力充填系统；(b) 尾砂胶结充填系统

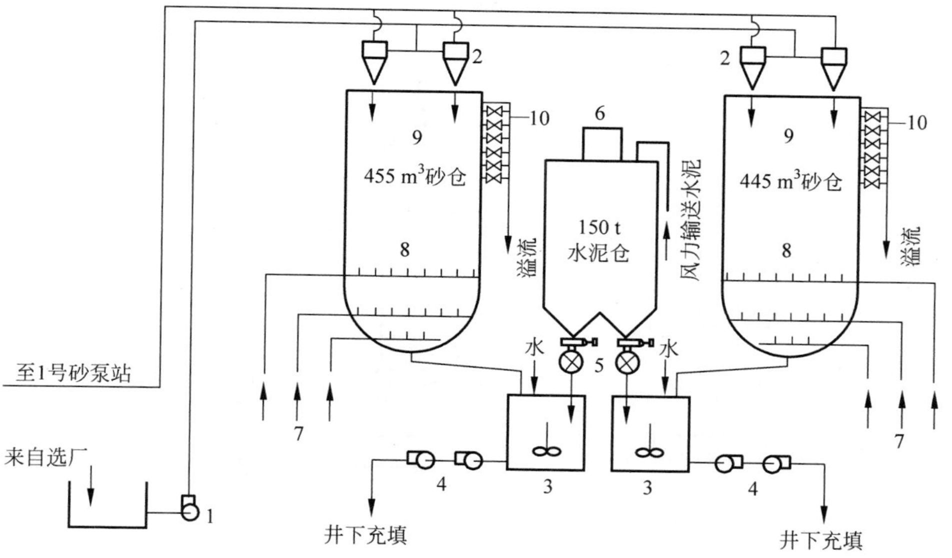

(b)

图 14-29(续)

该工艺系统中的关键设备是：①对低浓度全尾砂浆进行两段脱水的高效浓缩机和 68 m² 圆盘真空过滤机；②300 m³ 卧式尾砂仓内的电耙，向 35 m³ 中间料仓供料，为防止在分料漏斗内尾砂结拱堵塞，其内部装有振动放料机；③制备高浓度易流动砂浆的两段搅拌装置，第一段搅拌采用双轴叶片式搅拌机，第二段搅拌采用高速搅拌机。试验表明，灰砂比为 1∶5 时，经过高速搅拌，28 d 的单轴抗压强度比普通搅拌提高 10% 左右，流动性提高 4%～7.5%；而灰砂比为 1∶10 时，强度可提高 16% 左右。可见水泥含量低时，效果尤为显著，这样就有可能在不降低充填体强度的前提下减少水泥耗量。

3）金属矿山膏体泵送胶结充填系统

金川二矿区膏体泵送充填系统是我国科技人员借鉴国外经验，经过十几年的研究开发，在近几年正式投产运行的膏体充填系统。其设计能力为 60 m³/h，每天充填 12～13 h，日充填能力可达 720～780 m³。图 14-31 为金川二矿区膏体充填系统工艺流程图。

主要工艺流程包括物料准备、定量搅拌制备膏体、泵压管道输送、采场充填作业等。

选厂的尾砂经旋流器分级后，-37μm 细泥返回浓密池，+37μm 粗尾砂排至两个 φ10 m×

10.5 m 大型搅拌槽贮存待用。矿山充填时，尾砂用 4 台 2DYH-140/50 油隔离泵，经 3×φ180 mm、长 3100 m 管道，上行输送至矿山搅拌站 2×520 m³ 尾砂仓中备用。在尾砂浆入仓过程中加入絮凝剂以加速尾砂沉降。充填时，由尾砂仓造浆以 60% 左右浓度放到中间稳料搅拌槽，搅拌均匀后再泵至水平带式真空过滤机脱水处理成含水 22%～24% 的滤饼，滤饼经带式输送机与分别来自地面碎石仓的碎石(-25 mm)或棒砂和粉煤灰同时进入第一段双轴叶片式搅拌机进行初步混合，制成膏体非胶结充填料，再经双轴螺旋搅拌机均匀搅拌后，由 KSP140-HDR 液压双缸活塞泵经管道泵压输送到设在坑内 1250 中段的第二泵站内的第一段搅拌槽(双轴叶片式)，在此与来自地面的水泥浆混合并经两次搅拌制成膏状胶结充填料，由坑内泵站的第二段 KSP140-HDR 液压双缸活塞泵经管道送到充填采场。

膏体胶结系统所用水泥由地面水泥仓仓底直接放出，定量给入活化搅拌槽，制成一定质量浓度的水泥浆后，再由 KSP140-HDR 液压双缸活塞泵经 101.6 mm 管道压送到泵站供制备胶结充填料之用。

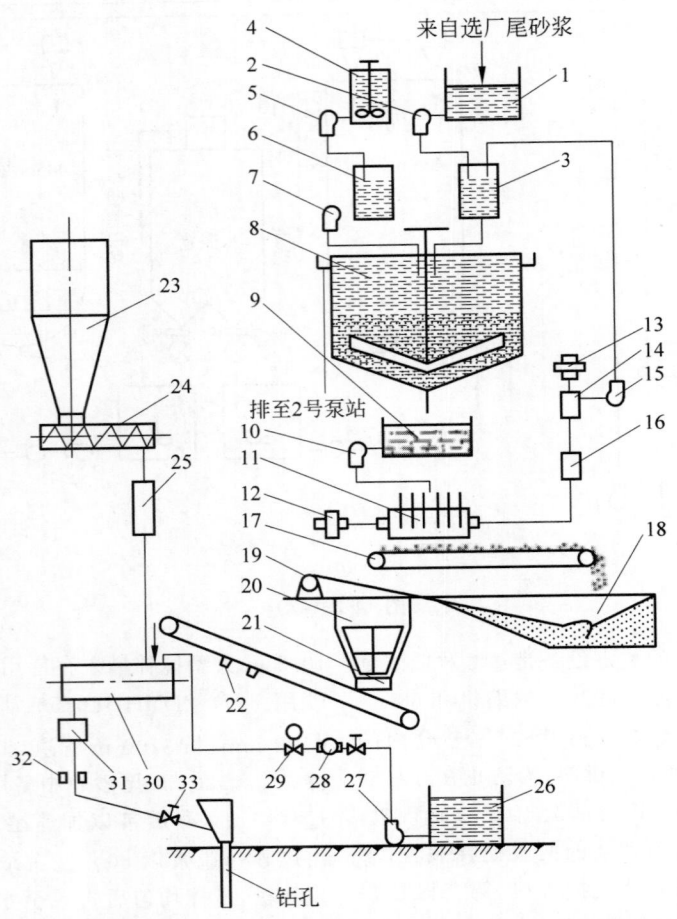

1—贮砂池；2—离心砂泵；3—缓冲槽；4—絮凝剂搅拌槽；5—离心式水泵；6—絮凝剂缓冲槽；7—絮凝剂输送泵；8—高效浓密机；9—沉砂池；10，15—衬胶砂泵；11—真空过滤机；12—罗茨鼓风机；13—真空泵；14—滤液缸；16—气水分离器；17—带式输送机；18—卧式砂仓；19—电耙绞车；20—分配漏斗；21—振动放料机；22—带计量秤带式输送机；23—水泥筒仓；24—双管螺旋喂料机；25—冲址流抵计；26—水池；27—清水泵；28—流截计；29—电动夹管阀；30—双轴搅拌机；31—高速搅拌机；32—浓度计；33—夹管阀。

图 14-30　全尾砂高浓度胶结充填工艺系统图

4）金属矿山高水速凝尾砂胶结充填系统

高水速凝尾砂胶结充填料（简称高水充填料）包括高水材料、惰性材料（全尾砂、分级尾砂、山砂、河砂、海砂和人造砂等）和水。高水充填料与尾砂胶结充填料比较，有三点不同：

（1）采用的胶凝材料不同。传统的尾砂胶结充填以硅酸盐水泥系列及其他活性混合材料等为胶凝材料，而高水充填料则以高水材料作胶凝材料。

（2）细泥含量的要求不同。传统的尾砂胶结充填一般要求骨料中-20 μm 的细泥含量占骨料总量的 10%～15% 以下，如果细泥含量过多，很难使渗透系数达标，并会出现严重离析。而高水充填料则对细泥含量无严格要求，因而可以使用全尾砂作骨料。

（3）充填料中水的作用不同。传统水泥胶结充填中水的主要作用是作为固相物料的输送介质，其中很少部分水参与水化硬化作用，大部分水最终要从采场中排泄而出。而高水充填料中的水既作为固相物料的输送介质，又参与水化硬化作用，使水、尾砂和高水材料在进入采场后固结成为充填体。

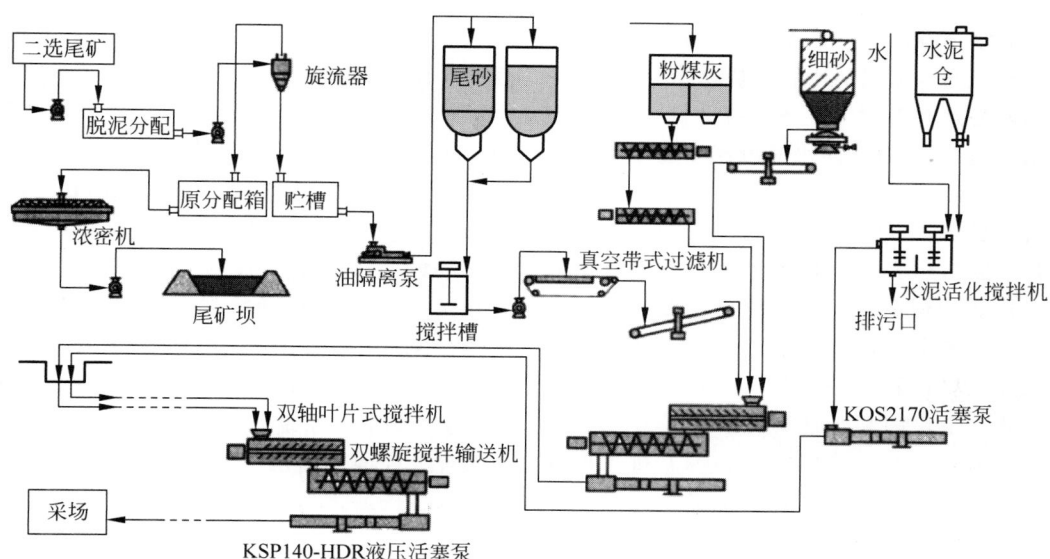

图 14-31　金川二矿区膏体充填系统工艺流程图

使用高水材料制备的胶结充填料浆均匀性好、整体性好、不析水，并可用于各种浓度的料浆，其形成的充填体不需脱水、脱泥，具有速凝早强等显著特点，因而简化了充填工艺系统，大幅度地提高了充填能力。在制备高水充填料时，一般需将甲、乙料先分别制备成浓度为 $60\%\sim70\%$ 的甲、乙料充填料浆，然后用两条管路输送至充填地点，在到达充填地点前经混合器混合送入待充填采空区。这样便形成了两套独立的制备和输送系统，并要求两套系统的工作能力协调一致，其工艺流程如图 14-32 所示。高水速凝尾砂胶结充填单浆工艺流程如图 14-33 所示。

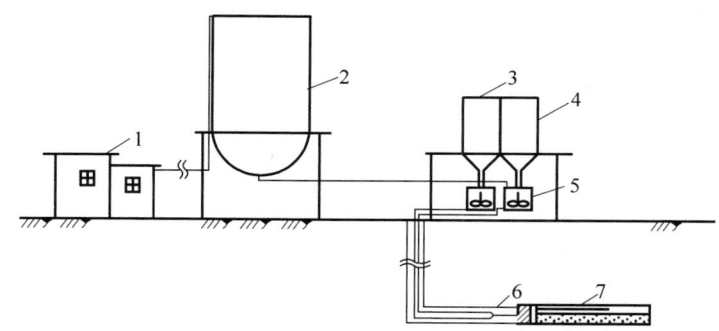

1—选厂；2—尾砂仓；3—甲料仓；4—乙料仓；5—叶轮式搅拌桶；6—混合器；7—充填采场。

图 14-32　高水速凝尾砂胶结充填双浆工艺流程图

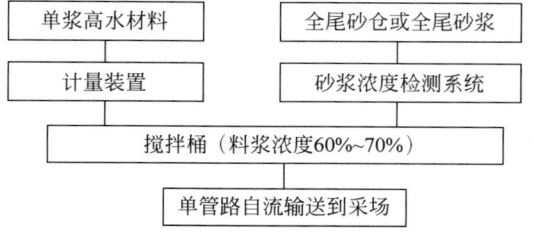

图 14-33　高水速凝尾砂胶结充填单浆工艺流程图

高水速凝尾砂胶结充填工艺将高水材料、惰性材料和水按照配比制备成高水充填料,并由制备站通过管道输送至待充地点。与尾砂胶结充填系统相似,高水速凝尾砂胶结充填系统包括供砂、给料计量、制浆、除尘和输送等子系统。虽然各个矿山的条件不尽相同,高水速凝尾砂胶结充填系统也有所差异,但基本的系统组成是相似的。下面介绍焦家金矿采用的分级尾砂高水速凝胶结充填工艺,用于上向进路胶结充填和下向进路胶结充填采场。

焦家金矿的高水速凝尾砂胶结充填制备站是在原尾砂胶结充填制备站的基础上改建而成的。改建后的制备站既能进行尾砂胶结充填,又能进行高水速凝尾砂胶结充填,与新建一座高水速凝尾砂胶结充填制备站相比,具有投资省、工期短、见效快等显著优点。

原尾砂胶结充填制备站采用地面集中制备方式。它由半球形底立式砂仓(圆形断面,容量 900 m³ 1 座、455 m³ 2 座)、水泥仓(方形断面,容量 150 t 1 座)、搅拌桶($\phi 1.5$ m×1.5 m 2 台)、砂泵及管路辅助设施五部分组成。由于高水材料为甲、乙两种粉料,需要分别与尾砂浆混合、搅拌、输送,因此新增了一套高水材料仓和给料、搅拌、泵送、管路及除尘系统。新增的这套充填制备系统与原有的 900 m³ 立式砂仓系统组合构成高水速凝尾砂胶结充填制备系统,如图 14-34 所示。

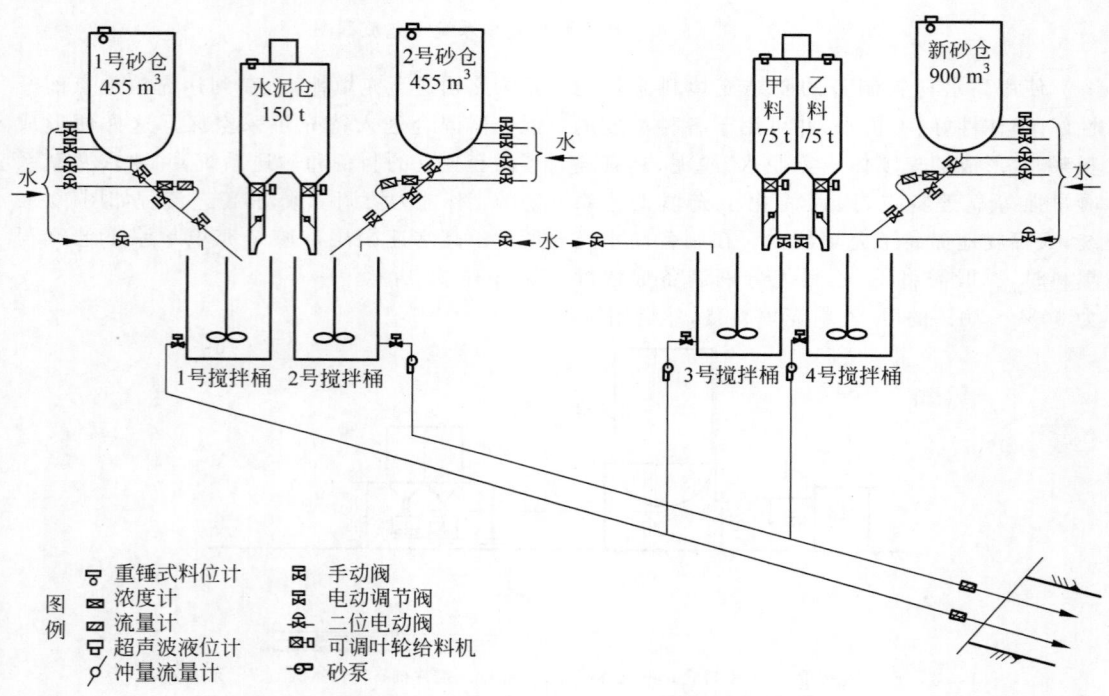

图 14-34　高水速凝尾砂胶结充填制备系统

14.2.6　矿山供排水管道输送系统

1. 给排水构筑物

在矿山给排水工程系统中,构筑物通常有取水头部、反应池、沉淀池、滤池、清水池、水泵房、水仓、水塔等。地下矿山给排水构筑物不多,多数矿山用水水源为地下水源,没有净化设施。

2. 用水分析

地下矿山由矿井、工业场地、机修、火药库、选矿场以及生活区等组成。矿山规模、建设条件、采矿与选矿建设位置关系等不同,矿山的建设组成也不同。矿山用水综合指标通常用开采 1 t 矿石所用水量来衡量,它受多种因素影响,如规模、建筑组成、采矿装备水平、地域、气候条件、生活水平、采矿和选矿位置关系等。通常情况下,地下矿山井下用水主要包括井下凿岩设备用水、破碎冷却用水、防尘用水、消防用水、降温用水、"六大系统"用水等;井上用水主要包括机修用水、空压机站补充水、选矿用水、火药库用水、行政福利设施用水等。

3. 供水系统

矿山往往距城镇较远,无法与城市公共设施相接,必须建有独立的水源、输水管线和配水系统,统称供水工程系统。供水(又称给水)工程系统是供应全矿生活用水、生产用水和消防用水的设施,由取水工程、净水工程和输配水工程三部分组成。地下矿山一般采用直流供水系统,管网布置为枝状或环状,如图 14-35 所示,供水管道均沿巷道明设。空压机站采用独立循环供水系统,通常只供给补充水。管网敷设方式视地域条件而定,北方宜埋设,南方不受冰冻影响地域可明设。管道敷设位置须避开塌落区,埋设管道采用给水铸铁管或给水塑料管,明设管道应采用钢管,并用柔性管接头连接。为保证安全生产,节省水源和输水系统的投资,矿山常建有大型贮水池,贮存消防水量和调节水量。地下矿山井下用水通常经井口送下,供水流程如图 14-36 所示。

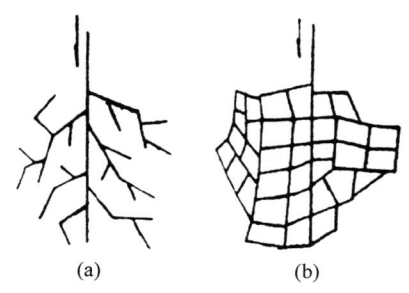

图 14-35 供水管网
(a) 枝状管网;(b) 环状管网

1) 供水系统分类

(1) 集中供水

供水区域利用共同的取水构筑物、净水厂和输配水设备(水质、水压相同),统一供应生活、生产和消防等多项用水,称为集中供水系统。这种系统简单,管理方便,一般用于服务

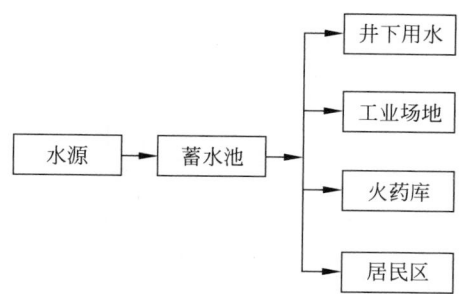

图 14-36 供水流程

年限较长的中段和有可能利用地形(或中段)高差来设置供水构筑物(水池或水箱等)形成自然压头的场合,若其形成的自然压头超过设计要求,可在其中部或中段以上设置减压阀(或减压水箱)进行压力调节。深井矿山井下供水多采用这种方式,地面供水池是井下唯一的直接供水水源。不具备集中供水条件的矿山或中段可采用气压水箱单独供应各设备用水,即下面所说的分散供水。

(2) 分散供水

供水区域地形高差较大、功能区分比较明显的矿区,用水要求差别较大,常采用相互独立的供水系统,称作分散供水系统。根据水质差异来划分的叫分质供水系统,如图 14-37 所示;根据水压差异来划分的叫分压供水系统。凿岩用水、降尘用水和消防用水共用一种供水系统,一般不设专门的消防供水系统。分散供水系统的水源可以用或不用同一个。如地面水经简单处理后供工业用水,地下水经检验、消毒供生活用水。深井矿山井上、井下地势标高差异大,各用水点对水质、水量的要求不同。生产用水和生活用水通常是两套水系统,即深井矿山采用分散供水系统。若中段水仓水质好,可利用水仓内的水作凿岩、喷雾等用水,采用加压小水泵保证用水水压。

2) 供水管网

(1) 供水管网布置形式

矿山供水工程系统中,供水管网的布置形式主要有枝状、环状两种。所谓枝状管网,即管网布置如同树枝,从树干(主供水管道)到树梢(支供水管道)越来越细,如图 14-35(a)所示。

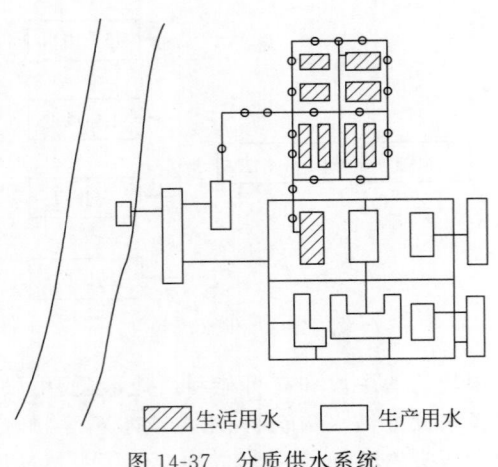

图 14-37　分质供水系统

在枝状管网中若出现管网损坏现象,则在损坏处后面的所有供水管线都将出现断水现象。枝状管网的主要特点为:管线总长度较小,初期投资较省。环状管网的特点恰好与之相反,多用于不允许存在断水现象的场合,环状管网如图 14-35(b)所示。矿山井下供水管网通常为枝状管网。

(2)供水管网系统图

矿山井下供水管网系统图通常根据矿山开拓、采掘进度计划等有关资料绘制。供水系统图上,基建时的管线和矿山设计管线一般区别对待,不属于矿山设计管线的管线用虚线表示,通常将井下供水管网与压气管网绘制于同一张图纸内,如图 14-38 所示。供水管网图上,根据各用水设备用水量的多少标明各管段所需通过的流量及相应长度,根据管段水头损失计算结果标注各管段管径及其他辅助设施(如减压水箱、减压阀、气压水箱、加压水泵等)。

4.排水系统

矿山生产、建设过程中,经常出现不特定来源的水不断进入矿井的现象。多余的水在巷道、采场等处汇聚,不但影响生产,还威胁井下工作人员的健康和安全。矿山排水工程系统的主要作用就是将矿井内多余的水及时排至地面,为井下生产创造良好的工作环境,保障工作人员安全、健康工作及机械、电气设备正常运行。排水工程系统是矿山生产、建设过程中必不可少的设施,它始终伴随矿山生产、

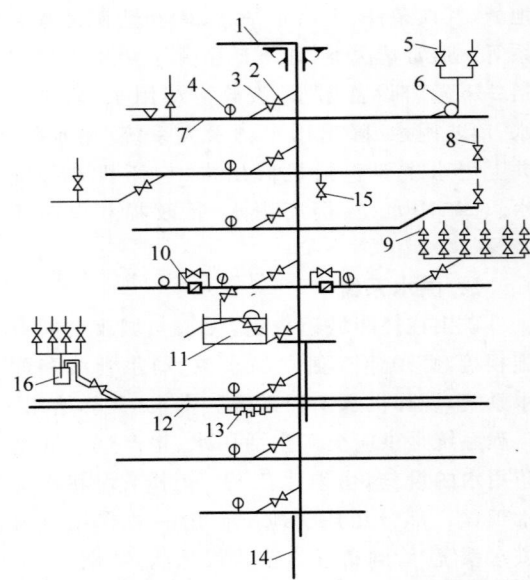

1—从地面来的供水主管;2—中段与主管的联络管;3—闸阀;4—水压表;5—采场工作面管;6—局部压力补偿水泵;7—中段干线管;8—天井工作面管;9—孔板减压器;10—减压阀;11—减压水箱;12—压气管;13—供水管与压气管为灭火急用的联络管上的逆止阀;14—下部装载硐室等用水管道;15—消火栓;16—气压水箱

图 14-38　矿山井下供水系统

注:减压水箱常设置在中段马头门处;气压水箱放置在中段、天井或采场内。

建设工作,直到矿山到达服务年限,矿井报废。矿山排水工程系统通常由水泵、泥浆泵、电动机、启动设备、排水管线、管线附件及仪表等设备构成。排水构筑物有水仓、水泵房、水沟、管子道和管子间等。矿山排水工程系统不仅需要及时排出正常涌水期内的井下余水,还要排出涌水高峰期内的井下余水。

1)排水方式

矿山排水方式根据所使用排水设备情况的不同可分为自流排水和机械(扬升)排水两种。矿山深部开采因开采条件和环境特殊,多数须借助排水泵将井下余水排至地面。

(1)自流排水

自流排水是利用高差,通过一定的平巷使水自然流动至地面的排水方法。此法具有投资省、经营费用少、管理简单、生产可靠等明显优点,在条件允许的情况下应尽量采用。

（2）机械（扬升）排水

机械（扬升）排水即利用水泵和排水管线将采场底部水仓中的水排至地面,有固定式、移动式两种。矿山井下水泵房多采用固定式。在平巷掘进时多采用移动式,并在巷道低洼处开掘水窝将水排出;竖井和斜井掘进时,可把水泵悬挂在专用钢丝绳上,使之随掘进工作面移动。

2）排水系统分类

矿山排水系统,按垂直方向可分为直接排水和接力（分段）排水系统;按水平方向可分为分区排水和集中排水系统。

（1）直接排水系统

直接排水系统是指井下的水通过排水设备直接排至地面的排水系统,如图 14-39 所示。其中,图 14-39（a）为竖井单水平开采直接排水;图 14-39（b）为竖井多水平开采,各水平涌水分别由本开采水平排水设备排至地面;图 14-39（c）为竖井两水平同时开采,上水平涌水量较小,经技术经济比较后,让上水平涌水通过管路自流至下一水平水仓,然后两个水平的涌水由下水平排水设备排至地面;图 14-39（d）为斜井单水平开采,地质条件较稳定、无大断层,经技术经济比较后,采用钻孔下排水管的方法将水排至地面。地质条件较复杂或井深较大时,可采用沿斜井井筒敷设排水管路的方法,将水排至地面。

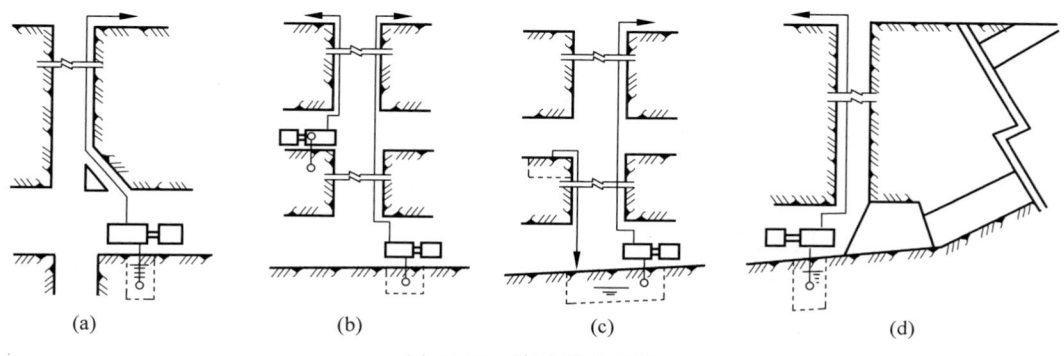

图 14-39　直接排水系统

直接排水系统比较简单,开拓工程量小,基建投资、管理费用低,管路敷设容易,但因排水过程中上一水平的水需流至下一水平再排出,其排水、耗电量将增加。矿井开采水平数不多,且下水平涌水量大于上水平涌水量时,通常采用直接排水系统,即将泵房建在最下水平,一次性将水排至地表。采用直接排水系统可按照节能的原则,尽可能利用上部水平涌水的位能（如将上部水平涌水通过管路接入下部水平水泵吸水管内）。

（2）接力（分段）排水系统

接力（分段）排水系统指井下的水经过几段排水设备才转排至地面的排水系统,如图 14-40 所示。该系统常用于采深较大、排水设备能力有限的矿山。多水平同时开采时,为减少井筒内管路敷设趟数,也常采用接力（分段）排水系统。其中,图 14-40（a）所示为竖井多水平开采分段排水系统。竖井单水平开采,井深超过水泵扬程,可在井筒中部开拓泵房和水仓（相当于两水平接力（分段）排水系统）将井下水经过两段排水设备排至地面。图 14-40（b）所示为斜井两个水平同时开采的分段排水系统。当上水平排水设备因故停止运行时,上下两水平均存在被水淹没的危险。当上部水平涌水量很大,下部水平涌水量很小时,采用接力（分段）排水系统（主排水泵站通常建立在涌水量最大的水平）;反之,采用直接排水系统。

深井或超深井矿山,因矿井较深,开采水平数较多,情况比较复杂,其排水系统一般通过技术经济比较后确定。

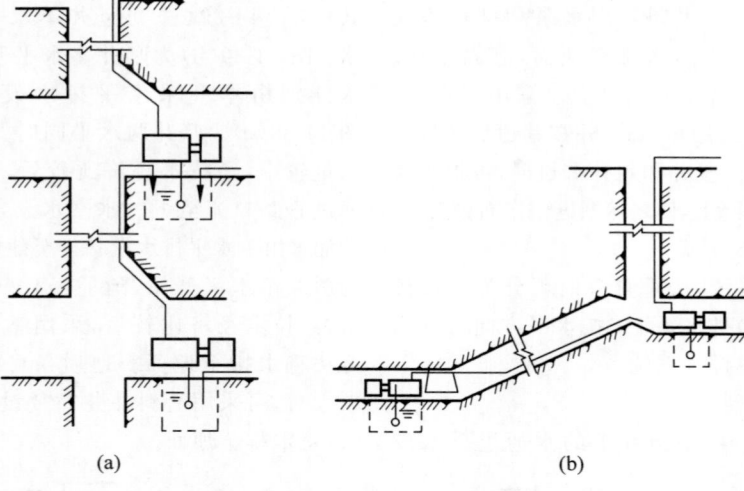

(a)   (b)

图 14-40　接力(分段)排水系统

（3）分区排水系统

分区排水系统是在矿井（区）内的各个分区，分别由几个排水系统排出井下的水。其适用于矿床规模大，水量大，走向长，井筒个数多，或矿区内水文地质、水质变化大的矿山。各排水分区自成系统，排水独立性强，疏干排水效果好；但系统分散度高，管理不便，工程量有时比较大。

（4）集中排水系统

与分区排水系统相反，集中排水系统是在矿井（区）内的各个分区均由一个排水系统排出井下的水，如图 14-41 所示。其多用于涌水量不大、矿区范围小的矿井。这种排水系统基建投资少、经营费用较低、管理较简单，但水量大、矿床规模大的矿山要预先开掘较大的巷道及水沟。

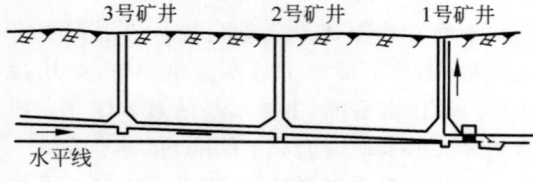

图 14-41　集中排水系统

深井开采中，涌水量小的浅部矿体或距地面较近的中段，距井底车场较远，可采用小井或大钻孔作排水管将井下的水直接排至地面，即钻孔排水，如图 14-42 所示。

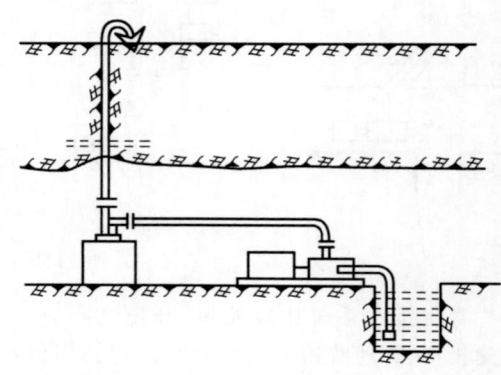

图 14-42　钻孔排水系统

总体来说，深井或超深井矿山通常采用集中排水系统，若矿井超深、水量较大，采用接力排水系统；若矿井水文地质复杂、涌水量大，初期主排水泵站不应设置在最低水平。

3）排水管路

（1）管路条数

一般涌水量较大的矿井均设有工作和备用水管，其中工作水管的能力能配合工作水泵在内排出矿井的正常涌水量。工作和备用水管的总能力，能配合工作和备用水泵在 20 h 内排出矿井 24 h 的最大涌水量。涌水量小于 50 m^3/h，服务年限较短的小型矿井排水管路通常立井设两条，斜井设一条。

（2）管道材料

排水管沿立井敷设,多用无缝钢管或焊接钢管。排水管路沿斜井敷设,压力小于 1 MPa 的采用铸铁管;压力大于 1 MPa,采用焊接钢管或无缝钢管。pH 值小于 5 的酸性水,压力小于或等于 1 MPa,采用硬聚氯乙烯塑料管;压力大于 1 MPa,则与塑料厂协商定货或采取其他措施。

（3）管道敷设

① 立井敷设。立井管道常敷设于井筒中专用管子间内,管子间通常留有安装管子的足够位置,并且留有检修时更换管子的必要空间。立井管道传统上采用法兰连接,近年来普遍采用焊接。

② 斜井管道敷设。斜井管道通常根据井筒内的设施情况布置在人行道一侧或布置在非人行道一侧,通常沿底板敷设或沿井壁架设。斜井管道像立井管道一样,以前采用法兰连接,近年来已逐步采用焊接。

（4）钻孔排水。

钻孔排水常用于斜井开拓的矿井。与斜井井筒敷设管道相比,管路短,电耗少,维修量小。受钻机能力的限制,钻孔容易偏斜,排水管径和排水高度均不大。

14.3　管道气力输送系统

管道气力输送技术属气固两相流,已有百余年历史。曾在相当长的一段时间里,研究和应用停留在对悬浮稀相管道气力输送的基础研究和组成系统的主要装置部件和构造改进上,以期解决耗能大、物料的破碎、管道等部件的磨损以及管道的堵塞等在实际使用中出现的问题。在 20 世纪后期 20 余年中,低速密相气力输送技术研究开发的成功,使气力输送技术从机理、应用上均有一个新的质的突破。由于计算机技术的飞速发展,以往人们感到棘手的气力输送过程管道中的复杂流态可以通过流动机构模型的建立用数值统计进行计算,使研究不断深化和定量化;同时,由于制造技术和材料工程的飞速发展,控制技术和传感技术

的长足进步及应用,低速密相气力输送技术在众多的产业领域成功地被应用,从而解决了以往物料破碎、管道磨损、高耗能等问题,并提高了系统的可靠性和工程的经济性。

14.3.1　管道气力输送机理

气力输送装置是在管道内利用气体作为承载介质,将物料从一处输送到另一处的输送设备。它的优点如下:

（1）输送效率较高。

（2）整个输送过程完全密闭,受气候、环境条件的影响小。这不仅改善了操作的工作条件,而且被输送的物料不致吸湿、污损或混入其他杂质,从而保证了被输送物料的质量。

（3）在输送的同时可进行诸如混合、分级、粉碎、烘干、选粒等制备工艺过程,也可进行某些化学反应。

（4）对不稳定的化学物品可用惰性气体输送,安全可靠。

（5）设备简单,结构紧凑,占地面积较小,布置输送管线较易。

（6）易于对整个系统实现集中控制和程序自动化。

它的缺点如下:

（1）与其他输送设备相比,能耗较高。

（2）输送物料的粒度、黏性与湿度受一定的限制。

除一些易破碎、黏附性强、磨琢性大、有腐蚀性和易发生化学变化的物料需特殊考虑外,一般松散的颗粒状、粉状物料均可采用气力输送。

物料在管道中的流动状态实际上很复杂,主要随气流速度及气流中所含的物料量和物料本身性质等的不同而显著变化。通常,当管道内气流速度很高而物料量又很少时,物料颗粒在管道中接近均匀分布,并在气流中呈完全悬浮状态被输送（图 14-43(a)）。随着气流速度逐渐减小或物料量有所增加,作用于颗粒的气流推力也减小,使颗粒速度也相应减慢。加上颗粒间可能发生碰撞,部分较大颗粒趋向下沉接近管底,这时管底物料分布变密,但物料仍

然正常地被输送（图 14-43（b））。当气流速度再减小时，可以看到颗粒呈层状沉积在管底，气流及一部分颗粒在管道的上部空间通过。而在沉积层的表面，有的颗粒在气流的作用下也会向前滑移（图 14-43（c））。当气流速度低于悬浮速度或者物料量更多时，大部分较大的颗粒会失去悬浮能力，不仅颗粒停滞在管底，在局部地段甚至因物料堆积形成"沙丘"。气流通过"沙丘"上部的狭窄通道时速度加快，可以在一瞬间将"沙丘"吹走。颗粒的这种时而停滞、时而被吹走的现象是交替进行的（图 14-43（d））。如果局部存在的"沙丘"突然大到充填整个管道截面，就会导致物料在管道中不再前进。如果设法使物料在管道中形成短的料栓（图 14-43（e）），则也可以利用料栓前后气流的压力差推动它前进。通常，在料栓之间有一薄薄的沉积层。当料栓前进时，其前端将沉积层的颗粒铲起，随料栓一起前移，同时在尾端颗粒不断与料栓分离溃散，留下来变成新的沉积层。从表面看来，整个料栓在移动，但其中的颗粒却陆续被料栓前端铲起的颗粒所置换。因此，实际上物料颗粒只是一段距离、一段距离地呈间歇状前移。

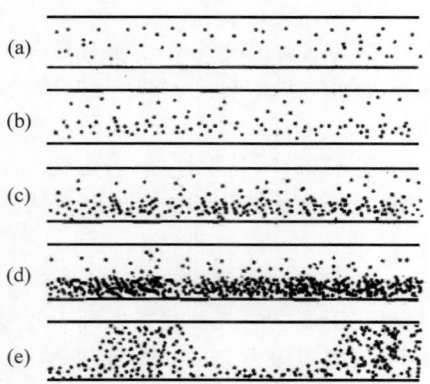

图 14-43　物料在管道中的输送状态

以上所说的物料气力输送流动状态中，前三种属于悬浮流，颗粒是依靠高速流动的气流产生的动压被输送的，这类流动状态也称动压输送。后两种属于集团流，其中最后一种又称栓流，物料是依靠气流的静压推送的，第四种则动、静压的作用均存在。从管道中物料的实际流动状态中还可以观察到一些其他的流动形式，它们不过都是上述几种典型流动状态的中间过渡状态。有些流动状态并不稳定，在同一管道中的不同部位也可以同时有几种形式出现。

14.3.2　管道气力输送的发展进程

当人们从自然界风力吹石卷尘和日常生活中常见的吮吸现象获得启示之后，就设想利用气流在管道中运送物料。基于这个设想，早在 1810 年英国 Medhurst 就提出了利用管道将邮件进行气力输送的方案。因此，气力输送技术乃始于成件物品的筒式输送。数十年后气力输送才开始用来卸送谷物、棉花和砂等散状物料，出现了第一台浮船式气力卸船设备以及固定式的吸粮机设备。这些气力卸船设备问世之后曾在欧洲各国（特别是当时的粮食输入国，如英国、荷兰、德国）获得了应用和普及。但限于当时的制造技术水平，气力输送技术在较长的一段时间内几乎无多大进展，装置均是基于低混合比悬浮输送原理设计的。直到 20 世纪初才将其应用范围扩大到车间内部的物料运输。对于气力输送理论和实验的系统研究最早的要数 1924 年由德国 Gasterstadt 发表的研究报告，他提出的附加压损系数法至今仍用于稀相气力输送的设计计算。近数十年来，气力输送技术的应用发展异常迅速。就稀相悬浮输送来说，其输送模型、流动状态分析、压力损失设计计算、组成装置和系统的各种部件结构以及操作管理均已有一定的研究深度和经验的积累。然而，稀相悬浮气力输送具有本质上的缺陷，即其输送风速高带来能耗大、管道磨损、输送物料的破碎和分离除尘困难等问题，于是人们试着从低输送风速、高浓度中来寻找新的途径，开发新的装置。1962 年联邦德国 Gattys 公司的内套管式气力输送装置开发成功，同年瑞士 Buhler 公司的外旁通管式装置、1969 年英国 Warren-Spring 试验所的脉冲气刀式气力输送装置相继问世。这些引人注目的研究成果受到了世界各国的普遍重视，使粉粒体的气力输送技术进入了一个崭新的阶段,此后又相继出现了日本日曹公司的成栓器脉冲式、小松制造公司的球式等粉体设备,使气力输送技术日臻完善。在此期间由于计算及测试技术、材料技术的进步,稀相悬浮输送技术的理论研究和应用技术上也有了长足的进步。例如,运用电子计算机对设计计算过程的数据分析、模拟计算和优化设计;对测试数据的处理;对弯管的耐磨结构、材料和供料、卸料机构的防卡机构;从物性的角度来探讨装置输送的适用性;运用放射性同位素、光导纤维测定技术对物料运动参数的测定等。

作为气力输送最初应用的筒式输送装置也有了新的发展。1960年在联邦德国汉堡建造了两条管径为450 mm、长度分别为1.8 km和2.2 km的邮件输送实用管线。由于上述装置输送成功的激发,有轮集装容器管道输送技术的研究在苏联、美国、加拿大、日本又活跃了起来。苏联设有这类装置的管线最长达50 km,每年运送矿石200万t,还计划建造几条更长的矿产品输送线,最大管径为1220 mm。日本由新日铁和大福机工合作研制的集装容器管道输送系统已在新日铁室兰厂输送热石

灰和石灰石过程中起到重要的作用,输送管径为600 mm,年输送能力为17万t。目前,世界上对碎石、砂、城市废弃物、农产品的集装容器管道输送提出了不少方案和经济可行性论证,可以预见,筒式输送技术将作为流体管道输送技术中的一个重要分支受到重视和发展。

近年来,气力输送技术在矿山开采输送中也得到了进一步发展。管道气力输煤以压缩空气作为输送介质,利用气体的动能或压能使煤炭按照预定管线进行输送,广泛应用于近距离煤粉和电厂石子煤输送,与包括管道水力输煤的其他输送方式相比,该技术具有设备简单、占用空间小、配置灵活、易于自动化控制等优点,是一种绿色、可循环利用、自动化程度高的输送方式。

14.3.3 管道气力输送分类与特点

气力输送有多种分类方法。在这些分类方法中,最方便的是按照在管道中形成的气流,将气力输送分为吸送式和压送式两大类。无论当今气力输送装置的形式有多少,都可以分别归属于这两大类(表14-3)。

表14-3 气力输送分类

划 分 依 据	类 型	划 分 依 据	类 型
料气混合比	稀相<10,中相10~25,密相>25	气源压力/MPa	低压0~0.05
气流方式	吸送(负压),压送(正压)		高压0.1~0.7
气源压力/MPa	高真空−0.05~−0.02	输送机理	动压(速度能),静压(压力能)
	低真空−0.02~0	流动状态	悬浮流,集团流,栓流

气力输送系统根据管道内部气体的压力状态不同,可分为正压输送和负压输送,如图14-44所示。正压输送系统如图14-44(a)所示,动力气源风机位于输送系统前端,物料经供料器喂入输送系统后,在加速室内实现物料和气流混合,并在高于环境压力的气流作用下在管道内输送,当物料到达输送系统终点后,经集料仓收集实现气固分离,气体经过滤后排入环境或重新收集利用。正压输送可用于物料由一处输送至一个或多个集料仓工况,适合较高容量和较远距离的输送。

负压输送系统如图14-44(b)所示,动力气源风机位于输送系统末端,由于管道内气体压力低于环境压力,物料与介质气流一同吸入输送系统进行混合输送,当物料达到输送终点时,物料和气体在集料仓分离,物料由卸料器卸出,气体经除尘器净化后由风机排入环境或重新收集利用。负压输送可用于物料由一处或多处输送至一个集料仓工况,由于真空度限制,较正压输送系统输送距离较短,且对颗粒的流动性要求高。

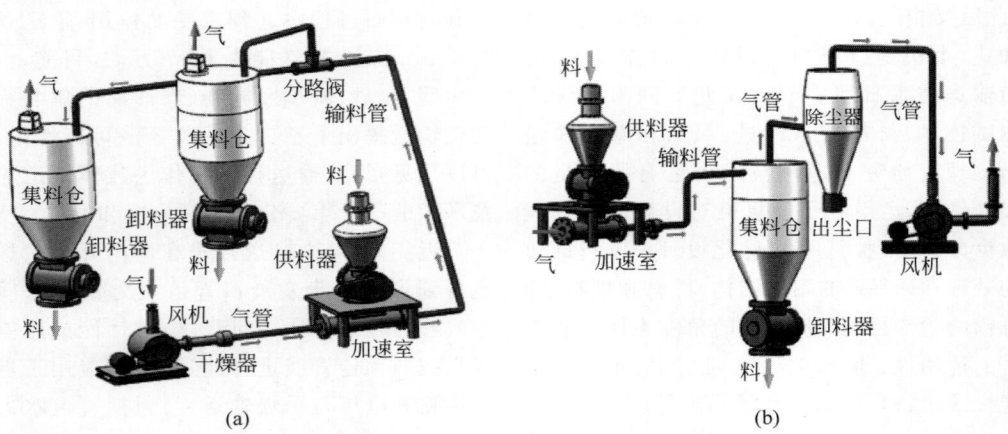

图 14-44　气力输送系统
(a) 正压输送；(b) 负压输送

气力输送系统根据输送时料气比（物料与气流的质量比）的大小可分为稀相输送和浓相输送。稀相输送一般依靠较高流速气体携带的动能实现物料输送，亦即动压输送。浓相输送则根据输送系统的料气比大小和被输送物料性质，可分别依靠气体的动能或压差实现输送，亦即动压输送或静压输送。对于稀相输送系统，物料速度与气流速度接近，因此系统能耗高，物料破碎和管道磨蚀严重。对于浓相输送系统，尤其依靠静压输送的浓相输送系统，系统输送速度低，可有效降低物料破碎、管道磨蚀及系统能耗，且输送终端气固分离容易，但该输送技术仅适用于存气性较好的物料。

1. 吸送式气力输送

吸送式气力输送系统如图 14-45 所示。气源设备装在系统的末端。当风机运转后，整个系统形成负压，这时，在管道内外存在压差，空气被吸入输料管。与此同时，物料也被空气带入管道，并被输送到分离器。在分离器中物料与空气分离，被分离出来的物料由分离器底部的旋转卸料器卸出，空气被送到除尘器净化，净化后的空气经风机排入大气。

2. 压送式气力输送

压送式气力输送系统如图 14-46 所示。气源设备设在系统的进料端前面。由于风机装在系统的前端，因而物料不能自由地进入输料管，必须使用有密封压力的供料装置。当风机

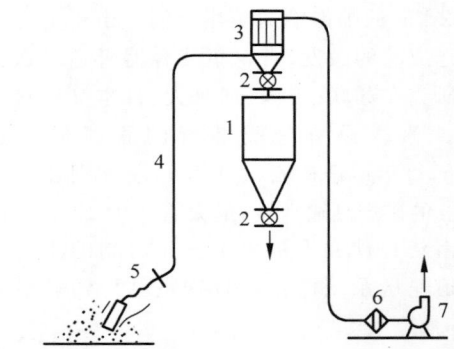

1—储料罐；2—旋转供料器；3—分离收尘器；4—输料管；5—吸嘴；6—紧急粉尘过滤器；7—罗茨鼓风机。

图 14-45　吸送式气力输送系统

开动之后，管道中的压力高于大气压力。这时，物料从料斗经旋转供料器加入管道中，随即被压缩空气输送至分离器中。在分离器中，物料与空气分离并由旋转卸料器卸出。

除以上两种主要类型外，尚有复合类型的气力输送系统。它由吸送式和压送式复合组成，称之为混合式气力输送系统，如图 14-47 所示。这种系统兼有两者的特点，可从数处吸入物料，并把物料压送到较远处。但这种系统较复杂，同时气源设备的工作条件较差，易造成风机叶片和壳体的磨损。

表 14-4 所示为根据不同输送压力对当今常用的一些气力输送系统的分类，各类气力输送系统的特点及应用比较见表 14-5。

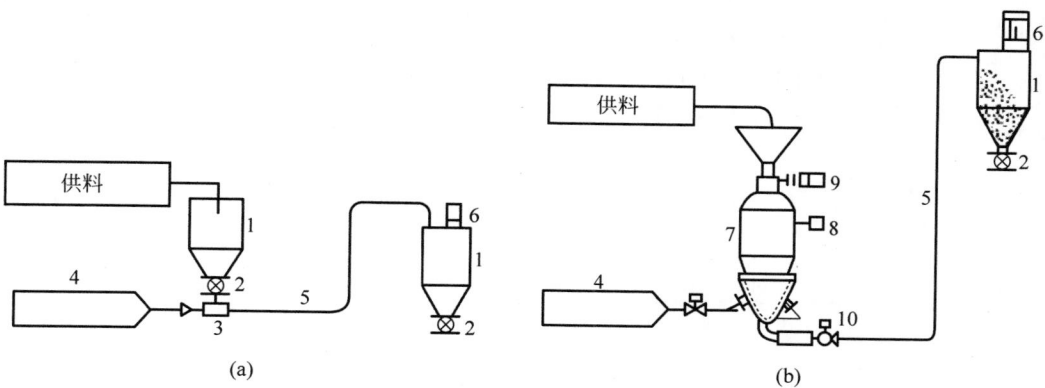

1—储料罐；2—旋转供料器；3—喷射供料器；4—气源；5—输料管；6—排放过滤器；
7—发送罐；8—料位计；9—进料阀；10—出料阀。

图 14-46　压送式气力输送系统
（a）低压压送式；（b）高压压送式

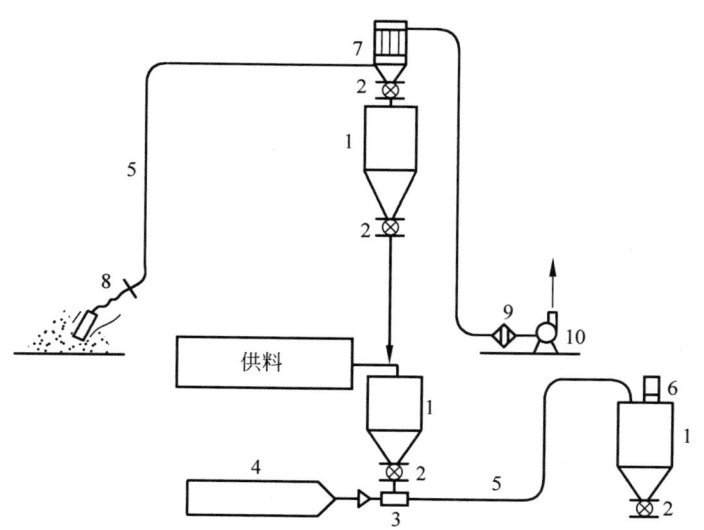

1—储料罐；2—旋转供料器；3—喷射供料器；4—气源；5—输料管；6—排放过滤器；
7—分离收尘器；8—吸嘴；9—紧急粉尘过滤器；10—罗茨鼓风机。

图 14-47　混合式气力输送系统

表 14-4　常用气力输送系统的分类

型式	压力状态	供料装置	主要参数					系统结构图
			输送能力/(t/h)	输送距离/m	输料管径/mm	气源压力/kPa	气源型式	
吸送式	低真空	料槽、吸嘴	3	50	25.4～155	10～20	通风机	
	中真空	料槽	8	60	80～600	25	离心式风机	
	中到高真空	闸板式、螺旋式、旋转式	5～50	50～200	105～250	20～50	离心式风机、罗茨风机	
	高真空	吸嘴	40～300（单管）	60	160～400	50	罗茨风机	
压送式	低压	螺旋式、旋转式	80	100	80～250	50	罗茨风机	
		流化仓泵式	50	60	160～205	150	罗茨风机	

续表

型式	压力状态	供料装置	主要参数					系统结构图
			输送能力/(t/h)	输送距离/m	输料管径/mm	气源压力/kPa	气源型式	
压送式	低压到高压	喷射泵式	10	50	80～160	150～700	罗茨风机、空压机	
	高压	旋转式	100	1000	80～250	400～700	往复式压机或螺杆式空压机	
		双级闸阀式加螺旋式	30	600	80～160	400～700		
		仓泵式	600	1000	80～350	400～700		
	高压栓流	脉冲或振动供料式	30	800	80～205	400～700		

注：CY—旋风式分离器；B—袋滤器；BL—风机；R—罗茨风机；C—空压机。

表 14-5　各类气力输送系统的特点及应用

型式	压力状态	特　点	用　途
吸送式	低真空	(1) 设备简单； (2) 可实现由数处向某一处集中输送； (3) 对黏附性和磨耗性小的物料可将气源置于分离器之前，用简单的卸料器便可实现连续卸料； (4) 适用于短距离、小容量输送	(1) 纤维、纸屑、木屑、加工设备切屑等输送； (2) 注塑机粒状原料供料输送； (3) 收尘输送； (4) 干燥输送
	中真空	(1) 设备简单； (2) 可输送用压送式供料难以输送的物料； (3) 适用于间歇输送	(1) 书籍形状物料的输送； (2) 纸屑、木片、烟丝等输送； (3) 垃圾、废弃物输送
	中到高真空	(1) 设备简单。 (2) 由于采用双级卸料阀，对很细的物料也可保持气密而连续卸料。可在高的真空度情况下连续地作高效输送。 (3) 通过对输料管的冷却，可对高温粉料作冷却输送。 (4) 适用于从低而狭窄的料斗中将料卸出	(1) 食品、谷物、化工制品的输送； (2) 灰、炭黑等高温粉粒料输送
	高真空	(1) 适用于从船舱、车辆和仓库中卸料，从狭窄和深的存料仓出料； (2) 大型船舶用气力卸船机可通过设置水平/垂直输料管伸缩、吊臂旋转、无线遥控操作使设备高效、可靠地工作	(1) 固定式装置用于吸卸苏打粉料、氧化铝粉料； (2) 行走式装置用于谷类和氧化铝粉料的大容量吸卸操作
压送式	低压	(1) 设置转换阀可实现从一处向数处分散输送； (2) 分离器和卸料器简单	广泛地用于输送一般生产设备中的原料、制品
		(1) 供料器是带有流化板的仓泵。可动部分少，设备简单，寿命长。 (2) 可对粉料作高浓度、高效率输送。 (3) 短距离输送效果显著	水泥、铝矾土等粉料的近距离输送
	低压到高压	(1) 通过喷射器将物料吸入而作压送； (2) 由于输送空气的压损大，输送量和输送距离受到限制	(1) 可从容器中将粉粒料吸出压送； (2) 可用于供料器难以布置的情况； (3) 粉粒料的小容量、近距离输送

续表

型式	压力状态	特　　点	用　　途
压送式	高压	对难以输送的粉粒料(密度大、粒度不均匀)可实现定量稳定输送	(1) 矿物粉粒料输送; (2) 一般粉粒料的长距离输送
		(1) 设有两级卸出阀,可通过旋转给料器连续供料,从而实现连续压送; (2) 可对存在背压的管路作连续供料输送	用于水泥窑、化学工程装置的连续供料输送
		(1) 构造坚固,可在恶劣的工况条件下对粉料作大容量、长距离输送; (2) 内部设有流化板,可作高效输送	(1) 可用于水泥、粉煤灰和铝矾土等大容量、长距离输送; (2) 水泥船的自卸
压力推动式		(1) 将流态化的粉粒料作栓流输送; (2) 输送速度极低,耗气量小,能耗小; (3) 输送过程粒子的破碎少; (4) 分离收尘设备可做得很小	(1) 可输送粉料和粒径小于 3 mm 的粉粒; (2) 可输送调味品等怕碎物料

14.3.4　管道气力输送技术的矿山应用

管道气力输送在矿山中的应用包括:井下采出杂煤的气力提升,采煤后填充材料的气力充填,选矿厂干磨矿粉的气力输送等。

对于煤矿和矿山在采矿后形成的空区,为了防止其地层下沉,影响地上人身、财产的安全,采取回填的方法,其中气力充填的新工艺在国内外得到日益广泛的应用。气力充填根据地质条件可采用全部充填或局部充填;充填的材料有岩石、矸石、炉渣等。气力充填致密,充填体的沉降率为 35%,可减小地表下沉量。气力充填可与开采运输平行作业,提高工作效率。但气力充填尚存在能耗大、费用高、管路易堵、设备磨损大等问题。

气力充填的特点和要求如下:

(1) 充填物料的堆集密度 $0.8 \sim 3$ t/m^3,粒度 $10 \sim 50$ mm,最大不超过 80 mm,细粉量不得超过总量的 $10\% \sim 15\%$。

(2) 气流速度按最大块物料悬浮速度的 $1.2 \sim 2$ 倍选用。一般 $v_a = 45 \sim 60$ m/s,当输送长度超过 500 m 时,风速相应增加至 $80 \sim 100$ m/s。一般管道均为水平布置,不允许有垂直提升。

(3) 输料管管径应根据块度和充填能力来选择,一般管径为 $150 \sim 200$ mm。当充填能

力为 50 m^3/h 时,管径约 150 mm;当充填能力为 $60 \sim 100$ m^3/h 时,管径约 175 mm;当充填能力为 $80 \sim 120$ m^3/h 时,管径约 200 mm。弯管必须采用特殊结构和耐磨材料,如带衬块的弯头可保证充填 1 万 m^3 的石块。

(4) 气力充填无卸料器,在输料管的末端有导向槽,依靠气流的喷射力将充填物料直接抛至充填区。

(5) 为了防止充填区粉尘飞扬,应设置抽尘风机,并在充填材料中加水,以保持一定的湿度。一般含水量(质量分数)$2\% \sim 6\%$,不超过 8%。

气力充填机分仓式和回转式两种:

(1) 仓式气力充填机。该机分单仓、双仓和三仓三种。充填材料从受料斗进入,自动落入上仓内再进入下仓,两仓之间由闸阀连接,压缩空气从进风口进入,料仓下装有绕垂直轴旋转的配料机构,物料转至充填管的上部时,压缩空气将物料吹入输料管。该充填机输送能力为 $30 \sim 40$ m^3/h;每立方米物料在标准状态下耗气量为 100 m^3。

这种充填机体积庞大,结构复杂,不适于广泛推广。

(2) 回转式充填机。该机分立式和卧式两种,按旋转轴呈水平或垂直旋转而定,其结构原理如图 14-48 所示。

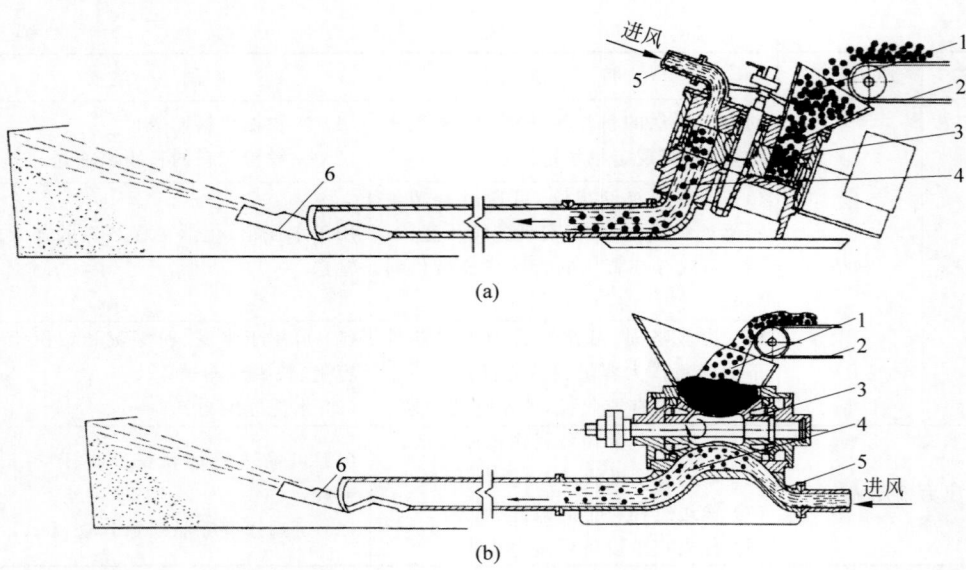

1—进料斗；2—带式输送机；3—回转供料器；4—配料混合室；5—进风管；6—末端导向槽。

图 14-48　回转式充填机结构原理

(a) 立式气力充填机；(b) 卧式气力充填机

　　该机输送压力为 0.3～0.4 MPa；风量为 250～300 m³/min；每立方米物料在标准状态下耗气量为 80～150 m³；混合浓度比为 14～26。

表 14-6 所示为国外回转式气力充填机主要技术参数。

表 14-6　国外回转式气力充填机主要技术参数

参数项目	型　　号					
	德国 KZK-700	德国 KZ-500	德国 KZ-120	德国 KZS-50	德国 ST-150A	俄罗斯 3M-2M
充填能力/(m³/h)	70～80	30～35	100～120	40～50	145	80
充填管径/mm	150	125～150	175	150	150～175	150
电动机功率/kW	10	7.5	24～26	10	22.4	11
空气压力/MPa	0.4	0.4	0.4	0.4	0.2	0.35～0.4
输料管最大长度/m	500	500～600	700～800	150	800	750
外形尺寸/ (m×m×m)	3.66×1.06× 1.35	2.33×0.76× 0.96		2.36×1.47× 0.79	1.97×1.6× 1.55	2.35×1.15× 1.32
上料筒数量/个	6	6	6	5	5	8
机器质量/t		2.5	6.2	2		2.45

14.4　集装容器式管道输送

　　集装物容器车（容器）式管道输送，是将被输送的物品或物料盛装在容器中，容器车（容器）本身不带动力，由具有一定压力或一定真空度的空气、惰性气体流来推送，这种方式称集装物容器车式气力管道输送（PCP）；对于承载介质使用水或液体的集装物容器（容器车）的管道输送，称为集装物容器（容器车）式水力管道输送（HCP）。图 14-49 所示为集装物容器车（容器）式管道输送的主要分类。

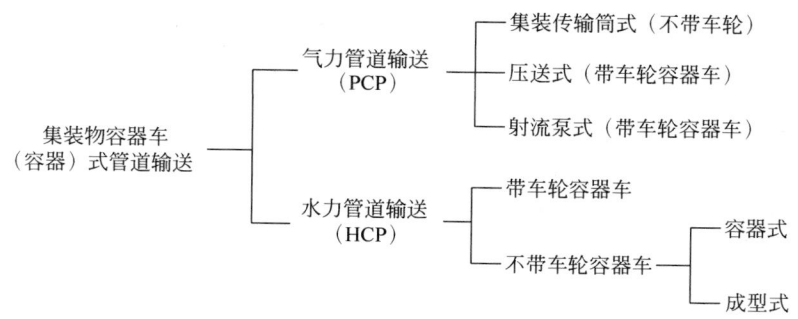

图 14-49　集装物容器车式管道输送主要分类

14.4.1　集装传输筒式管道气力输送

1. 概述

集装传输筒式管道气力输送是现代管道集装容器车（容器）式输送的应用雏形，这种有包装的物料管道气力输送装置的发展已有很长的历史。1792 年在维也纳建造了第一台气力输送装置。1853 年克拉尔克建造了世界上第一套双向联系的单管道气力输送电极系统，用于伦敦电报局与交易所之间的情报联系。1865 年西门子在德国建造了第一套长度为1.8 km 的气力输送邮件装置，1868 年又建成了 4.8 km 长的第二套双向管路输送邮件系统。因此，在欧美等国家和地区用气力来输送邮件得到广泛的应用，可以这么说，气力输送邮件是成件物品气力输送的先驱。渐渐地，这种集装传输筒式管道输送成件物料的方法越来越具有通用性。实际的需要促使这种输送设备在结构上不断地推陈出新，例如，冶金部门中由车间向实验室的风动送样，输送化学样品，向各工位输送工具、各种零部件以及药品、票证等。此外，还由此发展到输送不用专门包装材料且具有正确几何形状的小件物品（包、盒、罐），应用范围迅速扩大到机械制造、冶金、食品工业以及医院、银行等部门。

在上述技术和装置应用的鼎盛时期，许多国家对上述集装传输筒式管道气力输送系统所包含的设备进行了专业化生产，同时，其系统的基础部件如集装传输筒、管道、管道连接件实行了标准化，例如，当时应用最多的集装传输筒式管道输送装置管道直径为 37 mm、55 mm、68 mm、75 mm、86 mm、105 mm、120 mm、125 mm、150 mm。一些国家如美国、比利时、瑞士等还对集装传输筒的构造材料作了研究，广泛地采用了轻合金、塑料，输送管道采用聚乙烯和铝合金管。输送装置具有高的使用可靠性和漂亮精致的外观；对于多连接点系统，采用了自动认址设备和选择最佳路线的逻辑元件设计。

集装传输筒式管道气力输送在苏联也发展相当快，并在其国民经济的各部门取得了良好的使用效果。其中，圆形集装传输筒式管道气力输送装置应用范围最为广泛。

随着工业和技术的进步，特别是 20 世纪中期之后计算机和信息技术的快速发展，作为最初用于邮局传输邮件、电报、文件、信息资料的集装传输筒式管道气力输送已被迅速发展的 IT 产业所替代。然而，在迅速发展起来的塑料工业、食品工业中，它又得到新的应用，例如，用于输送中空塑料容器的生产线设备中；同样，在冶金部门中的风动送样仍在继续使用，与以往不同的是，装置已实现了高度自动化，在本质上已不同于当初的气力输送邮件装置。

2. 输送机理和装置分类

集装传输筒式管道气力输送的输送机理是：在有压气流的作用下，将装有某种物料、具有一定几何形状的壳体——集装筒沿着管路进行输送，或者不用集装筒，而直接输送成件物料和物品。

根据制造生产线的流程和用户之需、输送量的大小、输送距离的近远、收发点和装卸点的数量和相互位置,集装传输筒式管道气力输送装置具有多种不同的分类方式。

按照被输送对象的种类,可分为集装传输筒输送和无集装传输筒输送两类。前者是将物料装在专门的传输筒中输送的,而后者可将成件物料本身看成集装传输筒,这种不用集装传输筒的输送装置仅用于带包装或不带包装的小件物料的输送。各企业的生产部门中的成品和半成品均属于这种物料。根据输送管道横截面的形状,可分为圆形截面管和非圆形截面管。非圆形截面管常采用矩形和椭圆管道。这种小尺度的集装传输筒式管道气力输送与大尺寸、大运量的当代容器车式管道输送的明显区别在于,传输筒或物料通常在管道内滑动输送,而容器车式管道输送大多采用滚动输送。

输送是在有压气流的作用下进行的,根据管道内压力差的特点,分为三种不同的类型。

1) 吸送式气力输送装置

它是由鼓风机在管道中运转产生负压使集装传输筒进行运动的。

2) 压送式气力输送装置

它是由鼓风机在管道中运转产生正压使集装传输筒进行运动的。

3) 混合式气力输送装置

在装置系统中部分输送管处于负压状态,而另一部分处于正压状态;或者传输筒在压力作用下向一个方向移动,而返回运动是由管道中负压来完成的。根据输送距离的远近和所需压力大小又可分为低压情形(一般 <10 kPa)、中压情形(<50 kPa)和高压情形(>50 kPa);根据输送线路收发站和装卸站的配置,大致有以下几类。

(1) 单管单向输送(图 14-50)。该方式为最简单的输送方式,用于使用次数较少且仅向单方向输送的场合。由于集装传输筒不能返回,故集装传输筒的数量要考虑适当地备用。

(2) 单管往复式输送(图 14-51)。该方式为在特定的两站之间用一根管道来实现双向相互发送。但在任何一方使用时,在发送的集装传输筒未到达目的地之前另一方不能使用,

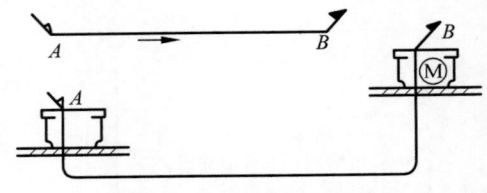

图 14-50 单管单向输送

因此,不适用于使用次数频繁的应用场景。

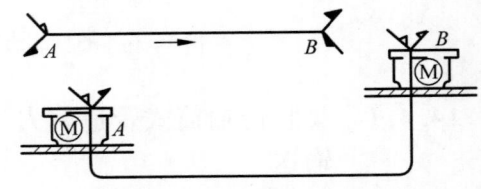

图 14-51 单管往复式输送

(3) 双管往复式输送(图 14-52)。该方式是将两站间用两根管道来连接,相互独立地发送。此种方式较前两种使用频度大大提高。其发送的控制方法也进而可以设置为自动发送和连续发送控制。

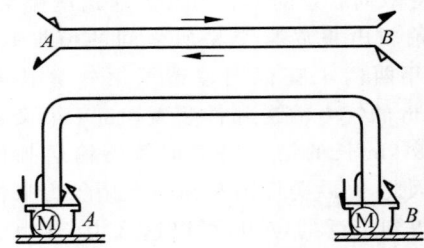

图 14-52 双管往复式输送

(4) 相互联系地向一个方向输送(图 14-53)。该方式是将数个站分别按一定方向依次配管而实现对任一站之间相互联系的发送。但其他站间在发送时不能使用。由于使用自动发送控制,他站发送一结束,则自动地立即开始另一次发送。

(5) 相互联系双管式输送(图 14-54)。该方式是针对数个站,用两根管道来进行输送,在中间站设置发送器和接收器连接装置,故较上一类可以省去无用的行程,但中间站设备稍多。将该方式与其他方式结合使用则可以实现相近部门之间以及较远部门的联系输送。

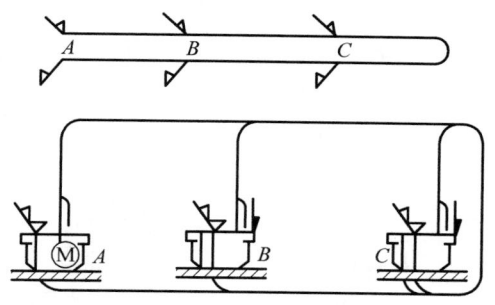

图 14-53 相互联系地向一个方向输送

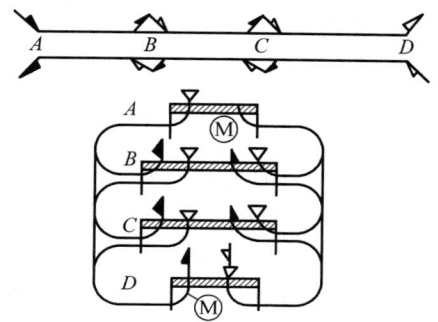

图 14-54 相互联系双管式输送

（6）集中分配式输送（图 14-55）。该方式的特点是将系统分成几个回路,实行各回路之间的联系发送。设有中间站,根据工作人员的选择送到指定回路站而发送。

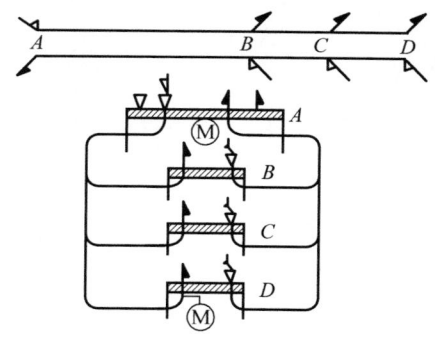

图 14-55 集中分配式输送

（7）相互联系循环式输送（图 14-56）。该方式是将数个站用一根管依次连接,将始端和末端导入中转器,可作连续循环。在中转器中管内空气的流动可从起始端出来,而管道为循环式,则任意二局站间可联系。局站多时可适当地配置中转器,以节省迂回回路。

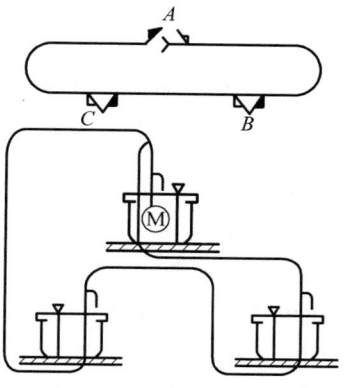

图 14-56 相互联系循环式输送

3．特点及其应用范围

一种好的输送方式在很大程度上取决于它所具有的技术经济效果,以及对环境的影响。集装传输筒式管道气力输送具有以下特点:

（1）输送具有连续性,对物料(液态料、散料、成件或块料)适用性好,采用集装传输筒,传输过程中不会对物料造成质的损伤;

（2）配置自由、灵便;

（3）结构较简单、维护方便;

（4）物料与输送介质分离较简单,无须像气力输送系统的端部那样设置分离、收尘设备;

（5）易于实现自动化;

（6）输送过程中噪声较小,此外,受气候条件影响小,装置美观。

存在的缺点是:对单向物流用集装传输筒,存在空传输筒如何返回发送站的问题。对于多分支系统来说,结构形式较复杂,会使设备投资提高,对设备制造安装有较高的要求。

4．系统组成及主要部件构造

集装传输筒式管道气力输送系统不论型号、用途和结构形式如何,均由集装传输筒、管道、各种管路附件(岔道、三通管、线膨胀补偿器和阀门等)、管道连接件、收发站、装卸站、系统控制设备和气源站组成。

1）集装传输筒

根据集装传输筒所输送的物料形状和大小的不同,传输筒有各种构造形式和尺寸。最基本的要求如下:自重最轻,且有效容积最大;行走部分有一定的机械强度和耐磨性,滑动阻力最小；在行走过程中不会自行打开，以保证被输送物料的质量，且操作灵便。

集装传输筒由外壳、头部和尾部密封件，以及筒盖组成。外壳可用轻金属（铝合金）或塑料（聚乙烯、聚丙烯、聚苯乙烯等）制成。如将集装筒外壳制成透明状，可见内部物品，则传输筒不仅便于识别，而且外观优美，招人喜爱。密封部的功能则是减少从传输筒表面与管壁的间隙中的空气泄漏，除此之外，还可起到支承、稳定作用。对密封件的要求是，具有耐磨性，行走时产生的噪声低。密封件一般用易于更换的细毛毡、皮革和塑料制成。可以将集装传输筒外壳本身的横向环形凸缘看作密封件，也可直接以端盖作为密封件。一般集装传输筒与管道内壁的间隙在 2~5 mm。

盖子及其锁定装置具有多种形式。端面装料方式最为常见。一般为两侧端盖；或按集装传输筒的前进方向，在筒体的后部安装单盖。对于前者，前部的端盖还可起到缓冲作用。用螺纹将端盖拧到筒体上是最简单的固定方法。但采用这种方法要求强化管理，操作

人员必须严谨负责，盖子必须拧到支承面为止，以防脱落。除此以外，还有滚珠式、卡口插座式、止动式和按钮式等。图 14-57 所示为带端盖的集装筒结构。

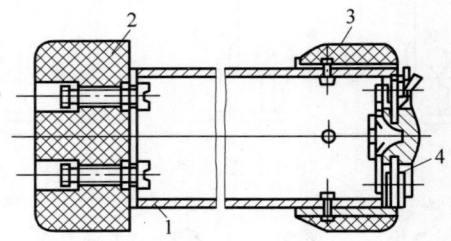

1—硬铝外壳；2—细毛毡缓冲器；3—细毛毡密封圈；4—带按钮式锁定的盖。

图 14-57　带端盖的集装筒结构

图 14-58 所示为用弹簧栓固定盖子的集装传输筒，集装传输筒的盖子 5 用铰链 10 固定在外壳上，靠两个带销子的弹簧栓使盖处于闭锁状态。当销子移动到彼此靠近位置时，弹簧栓便可从外筒体的孔中拔出，以便打开盖子。壳体用铝管材制成，头部和尾部则用细毛毡或工业用皮革制成。

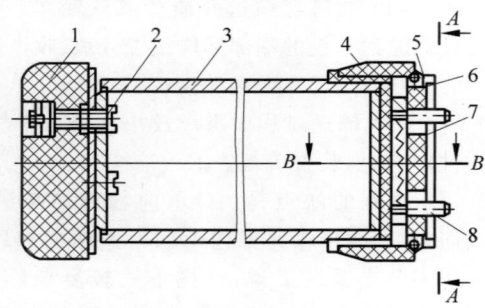
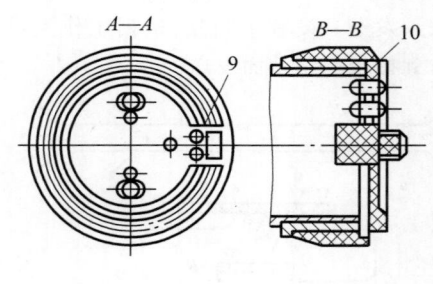

1—头部；2—螺钉；3—外壳；4—尾部；5—盖子；6—固定栓；7—弹簧；8—销子；9—铆钉；10—铰链。

图 14-58　用弹簧栓固定盖子的集装传输筒

图 14-59 和图 14-60 所示为用于冶金企业输送钢样、炉渣和烧结矿试样用的集装传输筒。筒体材料用金属制成，盖子用螺纹拧在外壳上。外筒上的凸缘可作为密封件，这种用金属制成的集装传输筒行走时噪声较大。

插座式闭锁装置连接的集装传输筒结构简单、操作方便，如图 14-61 所示。

当输送液态制品的试样时，重要的是应保

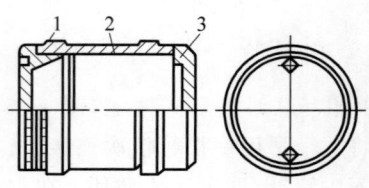

1—盖子；2—外壳；3—底部。

图 14-59　输送钢样的集装传输筒

证试样排空后传输筒得到清洗，不允许残留他

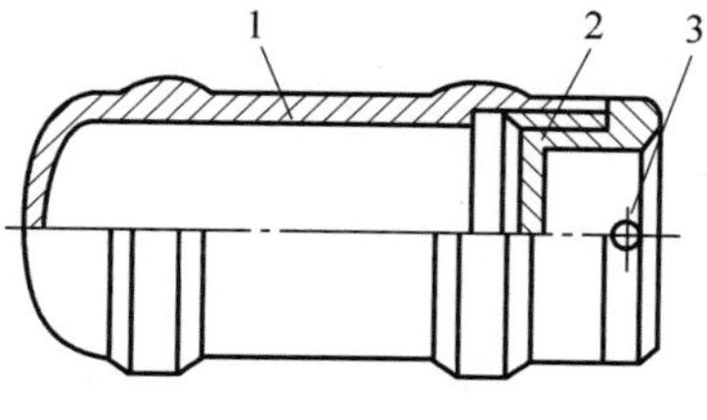

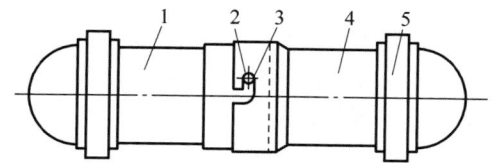

1—盖子；2—外壳；3—销子。

图 14-60　输送炉渣和烧结矿试样用的集装传输筒

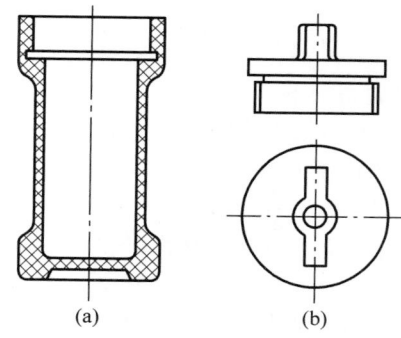

均用化学性能稳定的聚丙烯压铸而成。盖子通过螺纹拧在外壳上，为了保证有较好的密封性，盖子上还外加一层 3～4 mm 的耐油橡胶垫圈。

1—外壳的塑料部分；2—卡口的凸起；3—槽；
4—外壳的金属部分；5—密封圈。

图 14-61　带卡口插座式的集装传输筒

图 14-62　输送液态制品试样的集装传输筒
(a) 外壳体；(b) 盖子

物(包括制品的气味在内)。输送液态制品试样的集装传输筒如图 14-62 所示，它也可用于输送具有强侵蚀性的油脂产品。外壳和端盖

稿纸、文书等可折叠物可以使用圆柱形集装传输筒传输，图 14-63 所示为一些典型结构形式的圆柱形集装传输筒。图 14-64 所示为用于输送书类、账本等物品的矩形传输盒。

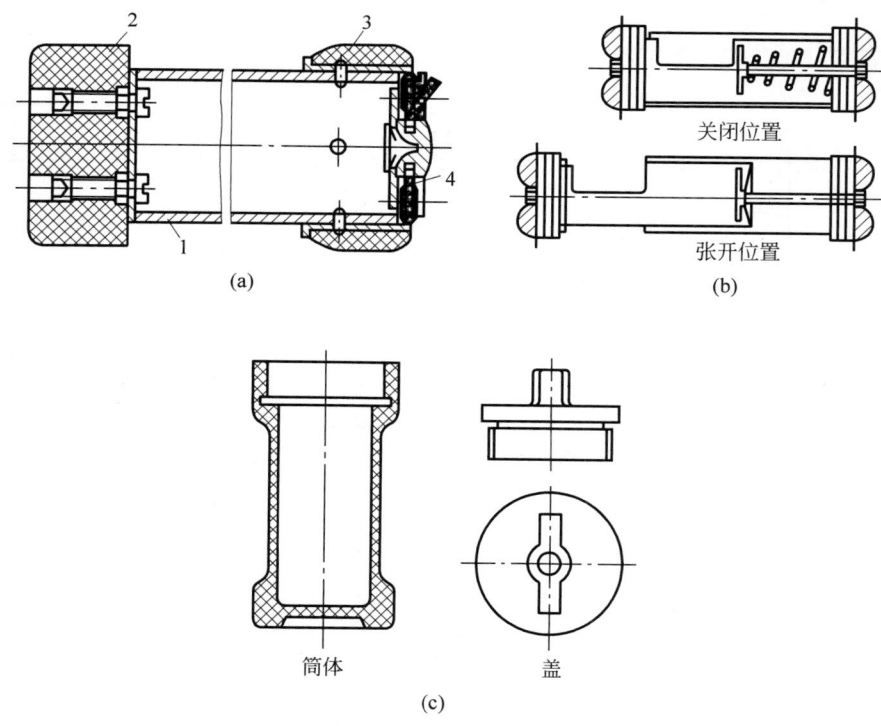

1—筒体；2—减振毛毡；3—密封环；4—按扣插销端盖。

图 14-63　圆柱形集装传输筒
(a) 按扣端盖传输筒；(b) 伸缩侧盖式传输筒；(c) 液体用传输筒

图 14-64 矩形传输盒

2）输送管道

由于传输筒直接沿着管道的内壁滑动，因此对输送管道的内壁质量和制造精度要求较高。在集装传输筒管道气力输送系统中，管道材料用铝合金、黄铜管、钢管（包括不锈钢管）、塑料管和非金属管较多。直径较小、距离较短的管道多数用塑料管和非金属管。表 14-7 所示为常用的管径和尺寸。

当输送管为矩形管时，用矩形断面的冷拔铝管，当壁厚为 2～5 mm 时，其横断面尺寸有 60 mm×40 mm，70 mm×50 mm，80 mm×60 mm，90 mm×60 mm，100 mm×50 mm，100 mm×60 mm，120 mm×60 mm 等几种。铝合金管具有重量轻、价格较低和外形美观、安装方便等优点。当有防蚀要求时，才考虑使用不锈钢管和黄铜管。对于铝合金管和塑料管，最可行的连接方法是用环氧树脂进行胶粘接。在粘接时可使用套管，套管长度一般等于 (1.5～2)D，其内径略大于被连接管的外径。此外，还有用螺纹法等连接的方式。如图 14-65 所示为几种连接方式示意图。

表 14-7　常用的管径和尺寸　　　　　　mm

外径	60	65	70	75	80	85	90
壁厚	0.75～5.0	1.5～5.0	1.5～5.0	1.5～5.0	2.0～5.0	2.0～5.0	2.0～5.0
直径允许误差	0.35						
外径	95	100	105	110		115	120
壁厚	2.0～5.0	2.5～5.0	2.5～5.0	2.5～5.0		3.5～5.0	3.0～5.0
直径允许误差	0.50						

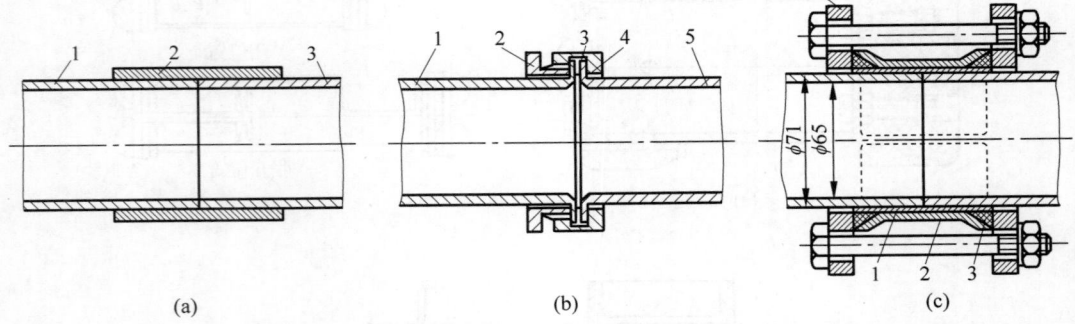

(a)　　　　　　　　(b)　　　　　　　　(c)

(a) 1,3—管道；2—套管。(b) 1,5—管道；2—螺母；3—垫圈；4—连接螺母。
(c) 1—开口铜环；2—套管；3—密封圈；4—法兰盘。

图 14-65　管道的连接方式
（a）粘接连接；（b）螺纹连接；（c）法兰连接

在敷设整个系统装置管线时，原则上，在直线段，由于实际上不会产生传输筒堵塞的危险性，因而可使用不可拆卸连接。但在系统管线安装各种管道附件的位置可采用可拆卸连接。

弯曲段的曲率半径应根据被输送的传输筒尺寸大小经计算确定。通常，在小直径的管路系统中，$R=(10～20)D$。此外，小截面的输送系统管道敷设可不受提升高度和斜度大小的限制。当在室外敷设管线时，有地下、地上和架空三种情形。架空敷设管道时，应采用金属支架式和钢筋混凝土支座，一般跨距控制在 18～20 m。

3）管路附件设备

图 14-66 所示为一种装有电磁传动装置的水平岔道结构。这种岔道能使集装传输筒从水平管段转向垂直支管。岔道的主要零件是铝合金铸件,管路接触器的用途是确定集装传输筒通过岔道后,向控制系统发出信号使岔道复位。

图 14-67 所示为垂直岔道结构,其用途是把集装传输筒由垂直输送管送出。上述两种岔道均使集装传输筒的运动方向发生改变。能同时改变集装传输筒和空气流动方向的岔道装有电磁、机电或液力传动装置,后者用于大管径的系统中。图 14-68 和图 14-69 所示分别为带回转管段的岔道和带机电传动装置的岔道。

根据管道材质,一般每隔 150～200 m 设置一个热补偿器,如图 14-70 所示。

4）收发站

收发站的作用是使集装传输筒进入输送管道,并在管道出口处顺利地接收。收发和装卸设备就装设在集装传输筒的发送和接收点。根据收发站所在的位置,分为末端站和中间站,中间站可分为通过式和不通过式,不通过站一般设在支管线上,并用岔道与主干线相接。吸送式装置在厂内输送中得到广泛应用。图 14-71 所示为发送站中经常使用的三种形式发送器。第一种设在末端,构造是带盖的铸造漏斗,盖子上有橡皮垫,在管道中负压的作用下,盖子会紧密地贴合在漏斗的端部密封面上,从而保证系统的气密性;另两种均设在中间式发送站上,一种是端部放入集装传输筒,而另一种是侧向进筒。

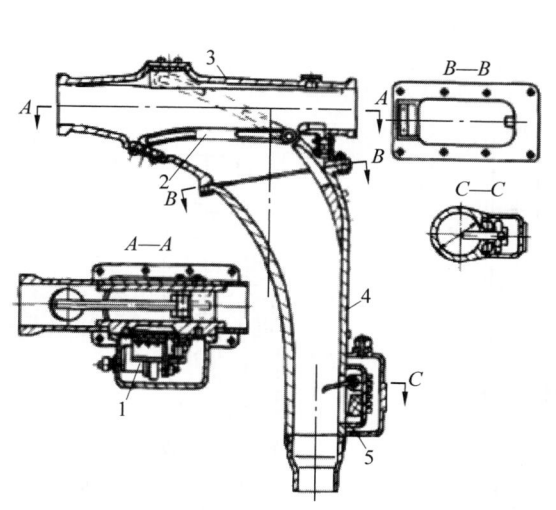

1—电动、液动或气动自控装置；2—活门；
3—本体；4—支管；5—控制开关。

图 14-66　水平岔道结构

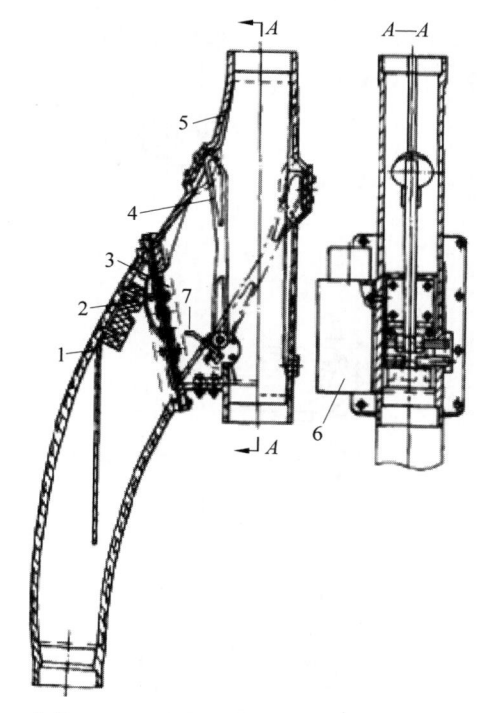

1—支管；2—缓冲垫；3—缓开阀；4—活门；5—本体；
6—电动、液动或气动自控装置；7—控制开关。

图 14-67　垂直岔道结构

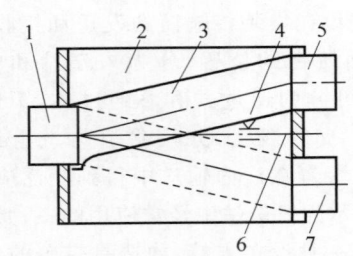

1,5,7—输送管道；2—壳体；3—回转管；
4—轴承部件；6—轴线。

图 14-68　带回转管段的岔道示意

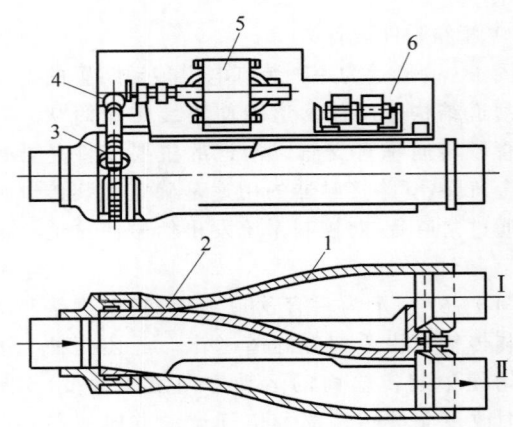

1—壳体；2—回转部分；3—涡轮传动装置；
4—伞齿轮副；5—电机；6—罩壳。

图 14-69　带机电传动装置的岔道示意

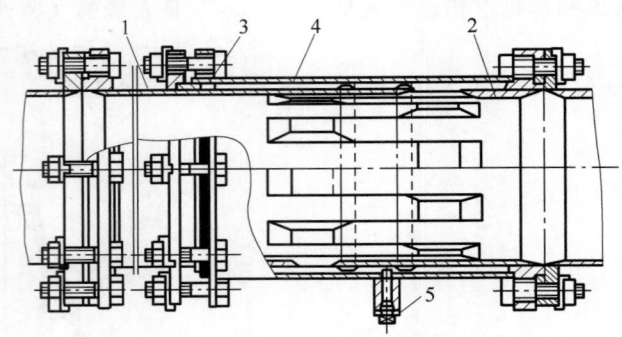

1,2—活接管；3—密封填料；4—外套管；5—放水塞。

图 14-70　填料式补偿器

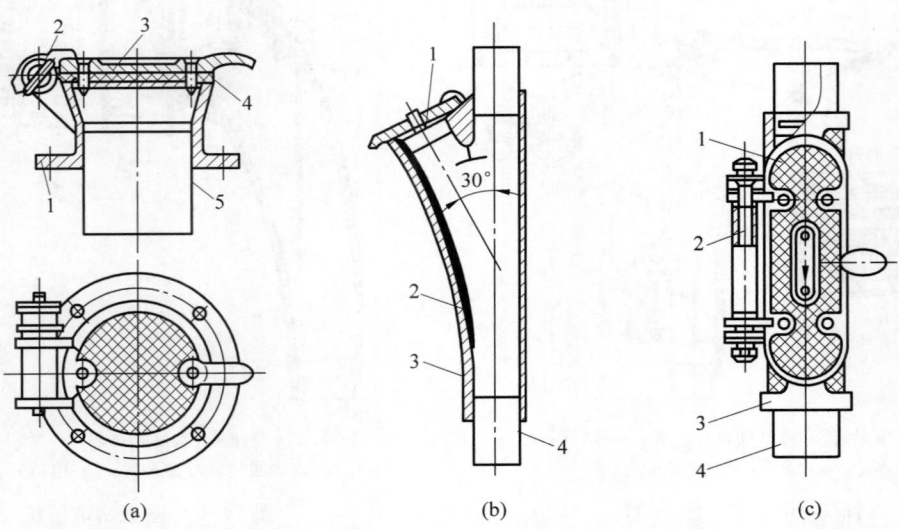

(a)　　　　　　　　　(b)　　　　　　　　　(c)

(a)1—壳体；2—轴；3—盖子；4—垫圈；5—管道。(b)1—盖子；2—橡胶板；3—壳体；4—管道。
(c)1—盖子；2—轴；3—壳体；4—管道。

图 14-71　发送站中的三种形式发送器

(a) 末端式；(b)（集装筒从端部发送的）中间式；(c)（集装筒从侧面发送的）中间式

接收站的构造形式是多种多样的。图 14-72 所示为采用负压装置的末端接收站,空气经入口 1 进入,再通过三通管 2 沿风管 3 进入鼓风机。集装传输筒则依靠惯性通过阀 4 进入制动管道 5,再在气垫的作用下经导向漏斗 6 进入接收槽 7。图 14-73 所示为采用真空装置的中间接收站,由阀门 1 和 2 组成的闸门系统能使集装传输筒在不破坏干线中气流的情况下从管线中卸出。对于输送速度高、重量较大的集装传输筒,可用图 14-74 的构造,以及时将集装传输筒制动并使之卸出。

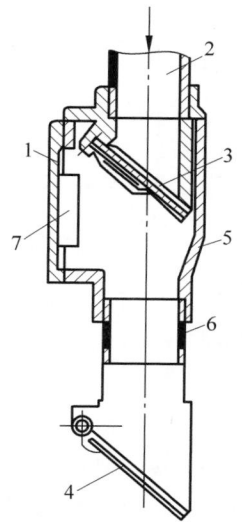

1—盖子;2—管道;3—旁通阀;4—排气阀;
5—壳体;6—套管;7—挡板。

图 14-74　接收站的闸门系统

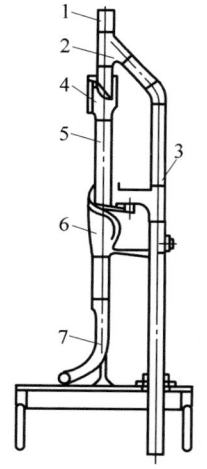

1—入口;2—三通管;3—风管;4—阀;5—制动管道;6—导向漏斗;7—接收槽。

图 14-72　采用负压装置的末端接收站示意图

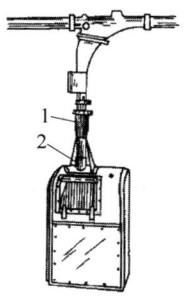

1,2—阀门。

图 14-73　采用真空装置的中间接收站示意图

5)气源站

气源站的作用是为气力输送系统提供有压空气,它由空气滤清器、压力调节器、管路系统和消声器等组成。对气源站的要求是效率高、结构简单、工作可靠、外形尺寸小及噪声低。一般集装传输筒具有较低的气流速度,仅在个别快速分析试样系统选用高达 40 m/s 的速度。气源设备大多采用容积式鼓风机和离心式鼓风机,只有当输送距离较远和输送较重的传输筒时才采用空压机。

14.4.2　集装物容器车式管道气力输送

1. 输送机理

集装物容器车式管道气力输送是将被运送的物料和物品装入容器车,按一定的时间间隔送入管线中,集装物容器车本身不带动力,而是由管道中具有一定压力或一定真空度的空气进行输送。该系统的基本组成如图 14-75 所示,它主要由动力源、终端设备、管线、容器车和控制设备等组成。

(1)动力源:包括泵和风机。

(2)终端设备:包括装载站、卸载站、发送和接收装置等设备。

(3)管线:用于连续和高速输送容器车的专用管线。

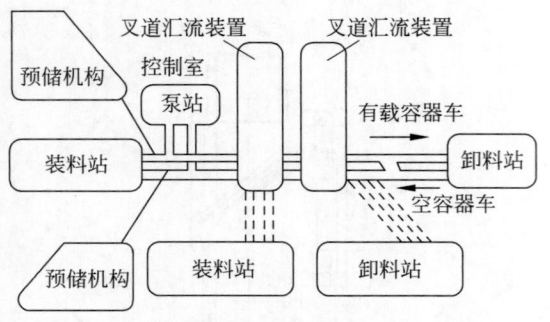

图 14-75   集装物容器车式管道气力输送系统的
            基本组成

（4）容器车：承载物料和物品的车辆，可单个使用或多个组成容器车组。

（5）控制设备：各部分的运转控制和监控设备。

图 14-76 所示为系统的工作流程。

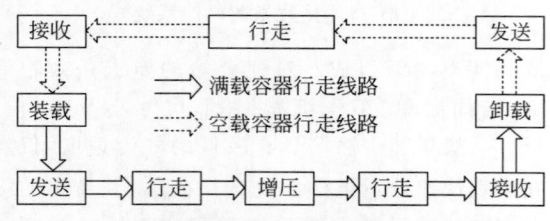

图 14-76   集装物容器车式管道气力输送系统的
            工作流程

2. 分类

集装物容器车式管道气力输送系统可分为吸送式、压送式和混合式三种。一般来说，吸送式适用于轻量、短距离输送；压送式则适用于高速、长距离运输。根据回路的形式还可分为单管往复式和双管往复式两类。单管往复即用一条管路进行往复输送；而双管往复即一条管路输送装载容器车，另一条管路走行空载返回的容器车。图 14-77 所示为集装物容器车式管道气力输送系统的分类。

3. 特点及其应用前景

集装物容器车式管道气力输送系统与当今主要的其他运输方式如汽车、铁路、浆体管道输送和长距离带式输送机相比，有以下优点。

（1）具有汽车运输对多目的地发送的机动性。

（2）具有铁路所特有的高速运输专用管线。

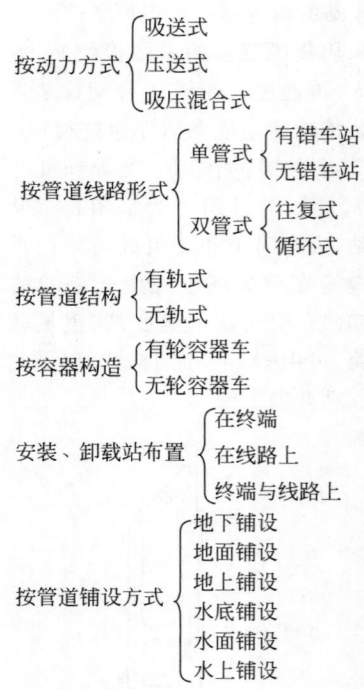

图 14-77   集装物容器车式管道气力输送系统分类

（3）具有地铁所特有的稳定线路。

（4）具有带式输送机所固有的定时、定量的自动连续性。

（5）具有集装箱车船运输所特有的高效集装化。

此外，它又可与其他的物料输送设备相结合形成一个更大的物流系统，具体来说有以下特点。

（1）设置的灵活性。容器车式管道输送系统能在任意的场所（架空悬置、地面、地下，穿越河流、沼泽湖泊或海底、山岳、沙漠等）设置。

（2）不受气候、环境条件等限制，可作大运量、长距离连续输送。容器车式管道输送系统可通过增加容器列车的组成台数，缩短发送时间间隔，增大输送往来次数，增大输送量。也可如同铁路、输送机一样，用复线管道输送来增大输送能力，以获得更好的经济效果。

（3）安全、无公害的清洁输送。容器的移动是在管道内以流体力为动力源来实现的，输送过程无排气、恶臭、噪声、振动。

（4）对粉粒料、块状物、城市垃圾，乃至一般的生活消费用品均可进行输送。

（5）系统组成简单，保养、检修、维护方便。由于气力容器管道输送使用橡胶车轮，管道的磨损极小，经久耐用。埋设在地下的管线维护量小，并可作防冻处理。

（6）易于实现自动化，运行可靠性高。

该系统的不足如下：

（1）系统的最初投资较高。

（2）当达不到预定设计的输送量时，其费用会增加。

（3）一般容器车的长度为输料管径的4倍。因此，弯管段曲率半径要大于40倍的输料管径。

（4）虽然容器车式管道运输系统较铁路和公路运输可以在较大的倾斜角情况下输送，但在大倾斜角输送时，输送系统不经济。

（5）变更输送量和输送线配置较为困难，故在方案论证和系统设计时应对运量和线型

作慎重选择。

基本投资的经济效益是决定新技术是否被采用的重要依据。既然容器车式管道输送方式可作为现代运输货物的可能方式之一，那么，在规划某一运输工程项目作方案选定时，就必须将它与其他可能采用的运输方式相比较，特别是与现在已被社会所接受的传统运输方式。当前，运输散料的主要方式是铁路和公路运输。此外，尚有长距离带式输送机、浆体管道输送、索道输送正在发展。而在上述的运输方式中，最主要的应用方式是公路和铁路运输。在进行经济性比较分析时，各国和同一国家的不同部门，甚至同一部门在不同的时期所作的经济比较，其结果也不尽一致。根据各国对不同范围的运量和运距所作的经济分析结果来看，可以得出一个倾向性的结论。表 14-8 所示为集装物容器车式管道气力输送与其他两种运输方式的综合比较。

表 14-8　集装物容器车式管道气力输送与其他运输方式的综合比较

比较项目		运输方式		
		容器车式管道气力输送	汽车输送	带式输送机输送
速度	速度/(km/h)	30	20～100	0～10
	定时性	准确	不一定,受交通影响	准确
方便性	被运送物品的适用程度	适用多品种	适用多品种	不适用多品种
设备	路线	管道线	一般道路	输送机通道
	车辆	容器	汽车	不需要
	成本	中	小(仅从汽车来看)	大
保养费用	保养	容器管线保养少	车辆保养	检修场所多,备品多,操作量大
	操作	人员少	司机	人员少
	成本	较低	司机人员费、保养费大	保养费非常大
效率	动力	集中气源	动力分散车、发动机效率低	动力分散
	装载能力	大	小	中等
控制	自动化成本	集中控制、运转	分别控制	自动运转小
安全性	安全	安全卫生	交通事故、货损	人员卷入,物料撒落
环卫	公害	无公害	排气、噪声	粉尘
紧凑性	占据空间	小	中	大

4．国外开发研究现状及中国的应用前景

1）国外研究现状

表 14-9 所示为美国在容器车式管道气力

输送技术方面的研究发展状况。他们在引进苏联技术之后，建立试验线，开展理论和试验研究，并建立短距离的实用线，然后将该技术

在国内开发应用和输出。表 14-10 所示为日本的研究和开发进展状况,根据气力容器车式管道输送技术的特点开拓在各方面应用。

美国对该技术研究、开发较迟,但大有后来居上之势。已开发完成连续装料和卸料 PCP 系统及相应的软件。

表 14-9　美国集装物容器车式管道气力输送技术的研究、开发和应用

时　间		内　容
1969 年	基础研究	佐治亚工艺学院 M. P. Carstens 教授组成 PCP 研究中心,开展基础理论研究
1971 年	试验线	亚特兰大　佐治亚大学
		输送物料:邮件
		管径:400 mm
		输送距离:400 m
1973 年	试验线	休斯敦　TUBEXPRESS 公司
		输送物料:煤
		管径:406 mm
1976 年	试验线	受交通部委托对东、西海岸 1120 km 城市货物运输作可行性分析
1984 年	试验线	输送物料:煤
		输送距离:4.2 km
		输送量:2000 kt/年

表 14-10　日本集装物容器车式管道气力输送技术的研究、开发和应用

时　间		内　容
1972 年	引进、吸收、消化	大福机工株式会社从美国 Tubexpress 公司引进
1973 年	引进、吸收、消化	住友商事、鹿岛建设、新潟铁工、住友金属联合从苏联引进
1975 年	试验线	日野工场
1976 年	试验线	住友金属工业(株)波崎研究中心
1977 年	实用线	新日本制钢(株)室兰钢厂
		输送物料:生石灰
		管径:610 mm
		输送距离:1.4 km
		输送量:240 kt/年
1983 年	实用线	住友水泥(株)栃木工厂
		输送物料:石灰石
		管径:996 mm
		输送距离:3.2 km
		输送量:2000 kt/年

2) 中国的应用前景

根据容器车式管道气力输送技术的特点以及在国外一些国家的实际应用,结合我国的国情,可考虑在中、短程能源运输领域中开拓应用。我国是世界上煤炭资源蕴藏量最为丰富的国家之一。煤炭是我国的主要能源,主要用于发电、民用燃料、工业用煤和出口换汇。煤炭生产又与运输煤炭的能力紧密相连,目前,我国的煤运主要方式有铁路、汽车,近几年来正在研究采用煤浆管道输送、坑口电站高压输电。在中、短程能源运输方案选择时,容器车式管道气力输送技术可考虑用来进行煤矿至电站、煤矿到洗煤厂、煤矿到港口或车站之间的输送。特别是对缺水的地区,更具有现实的应用前景。

5. 系统组成及主要部件构造

有轮容器车管道输送系统是最有代表性的,主要由容器车(容器列车)、输送管道、装载装置、卸载装置、容器车发送装置、容器车接收制动装置、动力装置、道岔装置、控制装置及容器车检修时的调出装置等组成。以下就系统组成设备中的特殊性设备及应注意的事项作简要介绍。

1) 容器车(管道列车)

容器车用于装载被输送的物料。一般系统对容器车的要求是容量大,承载能力高,质量小,运行阻力小,其挡风板与管壁的密封效果好,运行平稳,噪声小,耐用可靠。

容器车按行走方式分为沿管壁行走和沿轨道行走两类。

(1) 沿管壁行走的容器车(图14-78)

它由容器车体、车轮、悬挂装置、挡风板、缓冲器和连接器等组成。行走车轮安装在容器车体两端的悬挂装置上,一般每端的车轮数量为2~6个,呈辐射状分布,沿管壁运行。为了避免由于车轮的蛇形运动和转弯时离心力的影响容器倾转,容器车体自由地吊挂在悬挂装置上,并能始终处于垂直状态,保证物料不被撒出。容器车体的形状取决于管道截面和被输送物料的形状和性质,可以是圆柱形、矩形或其他形状。容器的前端装有缓冲器,碰撞时起缓冲作用。容器挡风板上装有和管壁有一定间隙的密封圈。这样既可以获得较大的风压推力,又可以减小与管壁的摩擦力。

图14-79所示为美国 TUBEXPRESS 公司的容器车构造,采用两轮支承行走机构。这样,走轮直径大,可以减小在管道中行走时的接触压力,从而提高管道的使用寿命。试验已证实这种构造的行走性能稳定可靠。

(2) 沿轨道行走的容器车(图14-80)

它与沿管壁行走的容器车的主要区别是支承轮固定安装在容器车体的两端,沿铺设在管子中的轨道行走,并由两侧的导向轮导向,由扶持轮扶持。这种容器车结构简单,不磨损管壁,可以采用螺旋焊接管,也可采用钢筋混凝土管。

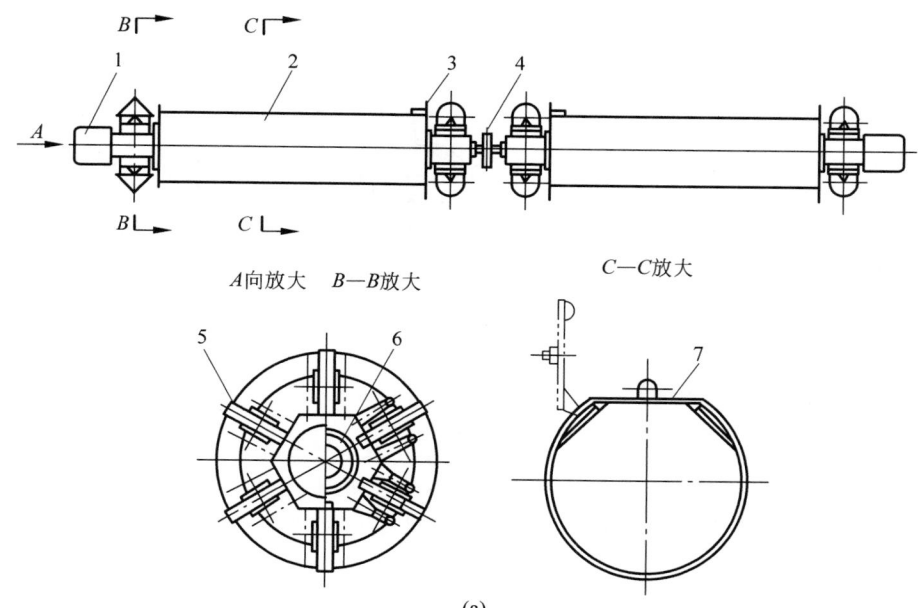

A向放大 B—B放大 C—C放大

(a)

1—缓冲器;2—容器车体;3—挡风板;4—连接器;5—行走车轮;6—悬挂装置;7—盖板。

图14-78 沿管壁行走的容器车

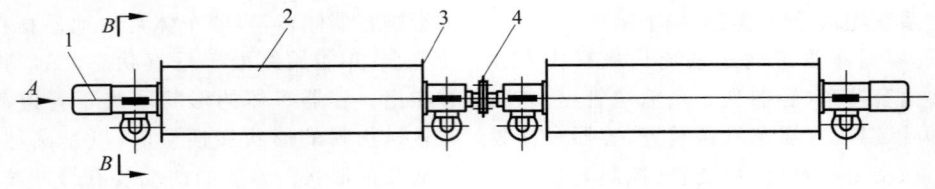

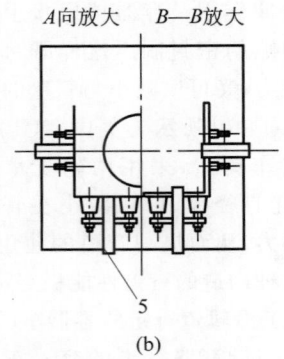

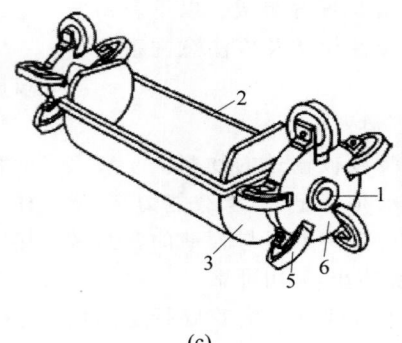

(b)   (c)

图 14-78（续）

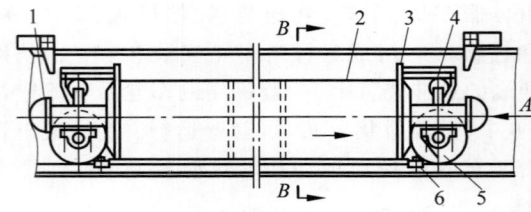

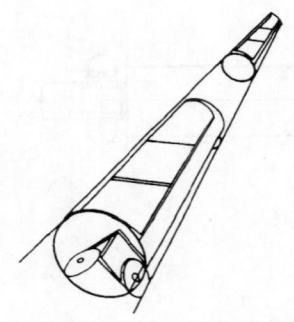

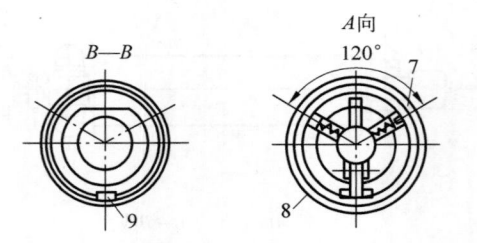

1—缓冲器；2—容器本身；3—挡风板；4—悬挂；5—车轮；
6—扶持轮；7—导向轮；8—管道；9—轨道。

图 14-79　两轮行走机构容器车　　　　图 14-80　沿轨道行走的容器车

容器车又分为有盖和无盖两种,有盖的用于输送液体和粉尘状、易飞扬的物料。容器有底部开门的,主要用于一些连续卸料的系统和物料易于粘贴容器壁的场合。

在实际应用中,通常由几个容器车组成容器列车进行输送。容器列车的容器数量由容器的有效载重量、系统运输能力和其他作业条件确定。容器车体的材料一般采用钢材,也有采用铝合金和玻璃钢的。车轮的材料有铸铁、钢、橡胶和工程塑料等。铁轮和钢轮滚动阻力小,车轮磨损少,但运行噪声大,必须考虑管道的磨损。橡胶轮运行噪声小,管道磨损少,但运行阻力大,车轮磨损大。工程塑料轮运行阻力小,车轮磨损小,管道磨损也少,但必须考虑高速运行时温升对车轮性能的影响。

2）输送管道

（1）管道

容器管道系统多采用钢管,但目前已开始

开发非金属材料管。钢管可以是直缝焊接管，也可以是螺旋焊接管。直缝焊接管以钢管壁作为容器车的支承，螺旋焊接管则必须焊一根钢轨作为容器车的支承。

容器管道输送系统的管道是由多节管子连接而成的。系统对管道的要求如下：

①　连接处要齐平、光滑，以保证容器车能平稳地运行。

②　密闭性好，保证不漏气。

③　管道应有足够的强度和刚度，以承受容器车重力、动载荷、风载荷、热膨胀载荷和地震载荷等。

④　能补偿温度变化引起的伸缩。

⑤　噪声、振动小，以减小对环境的影响。

⑥　管道本身的磨损与腐蚀小，以延长使用寿命。

管子的连接方式有可拆式连接和固定焊接两种。

管道的铺设形式需根据现场地形情况选择，达到距离最短、充分利用空间和投资最小的要求。

（2）支架

支架用于支撑管道及其附属部件。在考虑支架的强度和安装间隔时，需要考虑以下载荷：由风力、地震以及运行的车辆产生的离心力引起的水平载荷；由温度变化引起的纵向载荷；由积雪以及管道和支架自身的重量产生的垂直载荷。

支架按结构分，有单支架、柜架型支架和悬挂式支架等多种形式。

（3）鞍座

鞍座用于管道与支架或地基之间的连接。鞍座应能把从管道传来的载荷可靠地传递到下部结构，一般不允许由于管道温度变化所产生的伸缩影响传递到下部结构，除非采用弹性变形补偿支架。

（4）伸缩接头

伸缩接头用于补偿温度变化引起的管子伸缩，保证在预定的温度变化范围内有足够的伸缩余地。它应具有密闭性，并保证容器车运行时不产生卡阻现象。图14-81（a）所示为无轨梳齿式伸缩接头，用于无轨管道。图14-81（b）所示为有轨梳齿式伸缩接头，用于有轨管道。对于埋设于地下和水中的管道，由于温差不大，可不设伸缩接头。

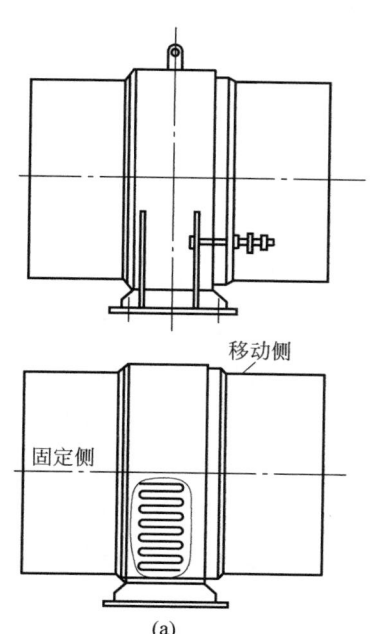

(a)

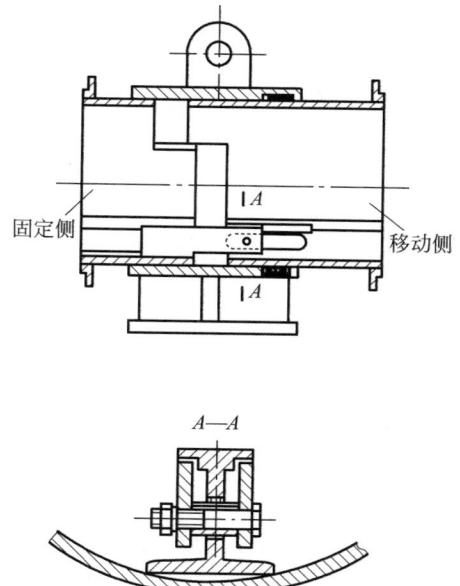

(b)

图14-81　伸缩接头

3）装载装置

根据运输工况或装载前后工序所应用的不同设备情况，装载装置的结构也各不相同。装载一般松散物料的装载装置由存料仓、输送机、自动定量加料装置和缓冲料仓等组成。

装载装置的结构设计应考虑以下几点。

（1）为了缩短容器列车的发车间隔，应尽量减少容器列车装载的时间。

（2）保证容器列车准确定量加料。

（3）降低物料到容器列车的落料高度，减少装载冲击。

（4）防止物料飞散，采取防粉尘污染措施。

容器列车装载一般采用料斗、振动给料机、旋转给料机以及电子秤配以旋转台，如图14-82所示。

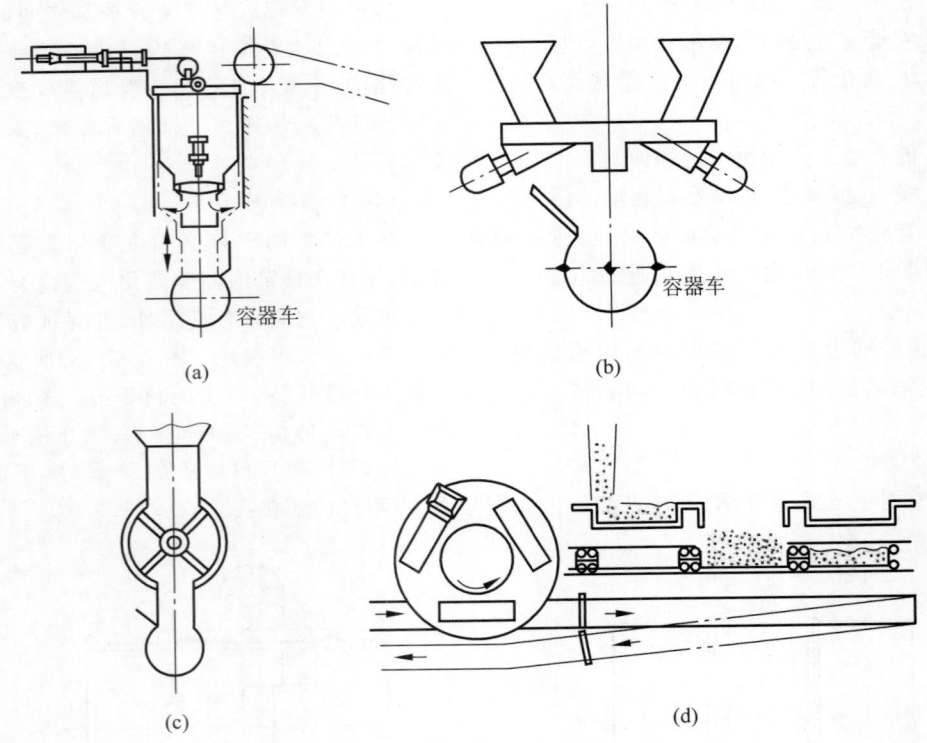

图 14-82　装载装置

（a）料斗供料；（b）振动给料机供料；（c）旋转给料机供料；（d）电子秤配以旋转台

如图 14-83 所示为 TUBEXPRESS 公司的装载立台构造，容器车通过装载装置时不停车，而是经计算后，使得装料速度与容器车速度相匹配，从而实现容器车慢速移动的同时完成装料。

4）卸载装置

卸载装置一般采用旋转翻车机（图 14-84），根据物料的特性和系统的要求，也有的采用底开门且容器列车不停车的卸料方式，以便缩短卸料时间和发车间隔。但这种容器列车结构复杂，可靠性低。

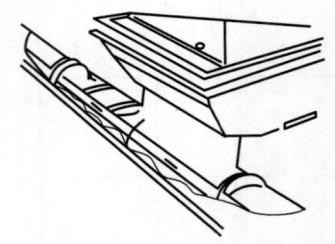

图 14-83　TUBEXPRESS 公司的装载立台构造

图 14-85 所示为是美国 TUBEXPRESS 公司的卸载站构造，在卸载部管道内做成螺旋线自动导引容器车翻转而卸料。这种构造也是

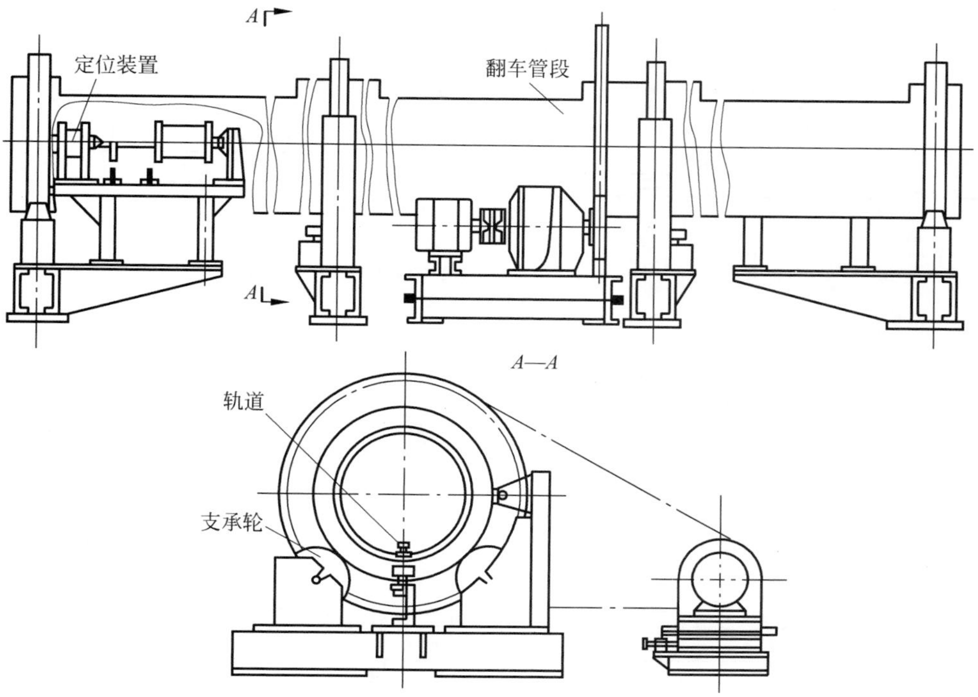

图 14-84 旋转翻车机卸料装置

在容器车不停车时进行卸载，从而有助于提高系统的运输效率。

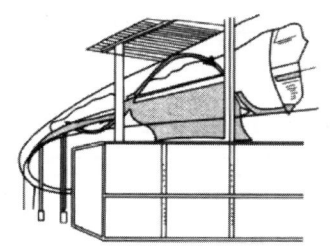

图 14-85 TUBEXPRESS 公司的卸载站构造

5) 容器车发送装置

容器车的发送装置用于将完成装、卸作业的容器车按照规定的发车间隔送到管道中，并利用主鼓风机产生的推动力使容器列车在管道中运行。发送装置由主鼓风机、蝶阀、闸阀、辅助风机和配管组成（图 14-86），也可采用倾斜管段，不设置辅助鼓风机，用瓣阀代替闸阀。

6) 容器车接收制动装置

接收制动装置用于接收从管线来的满载或空载高速容器列车。容器列车在接收制动装置中经过减速、制动和整列之后，进入装载站和卸载站。接收装置具有储存功能，能使容器列车以一定的间隔进行装、卸载作业，保证系统有节奏和稳定地运行。接收制动装置的制动方式有多种，如图 14-87 所示。

（1）液压气动制动

运动中的容器列车进入制动装置后，由液压阻尼器和空气阻力对其进行制动，如图 14-87(a)所示。

（2）末端空气制动

末端空气制动利用末端效应，即当容器列车突然进入管道端部的密闭空间时，在容器列车迎面上作用有与车速成平方关系的制动力，使容器列车减速制动。这种方式结构简单、工作可靠，如图 14-87(b)所示。

（3）环流制动

在制动区内设置多个辅助鼓风机，使区内形成多个环流区。通过这些环流区的顺序动作，使容器列车依次移动，如图 14-87(c)所示。依靠两个闸阀的交替开闭，确保容器列车能以一定的时间间隔送出装载、卸载区。这种制动

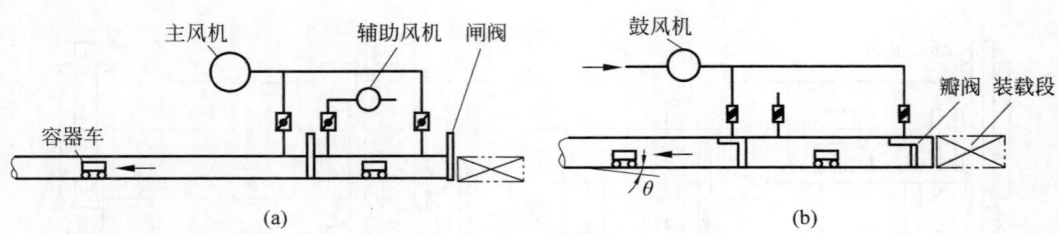

图 14-86 容器列车发送装置

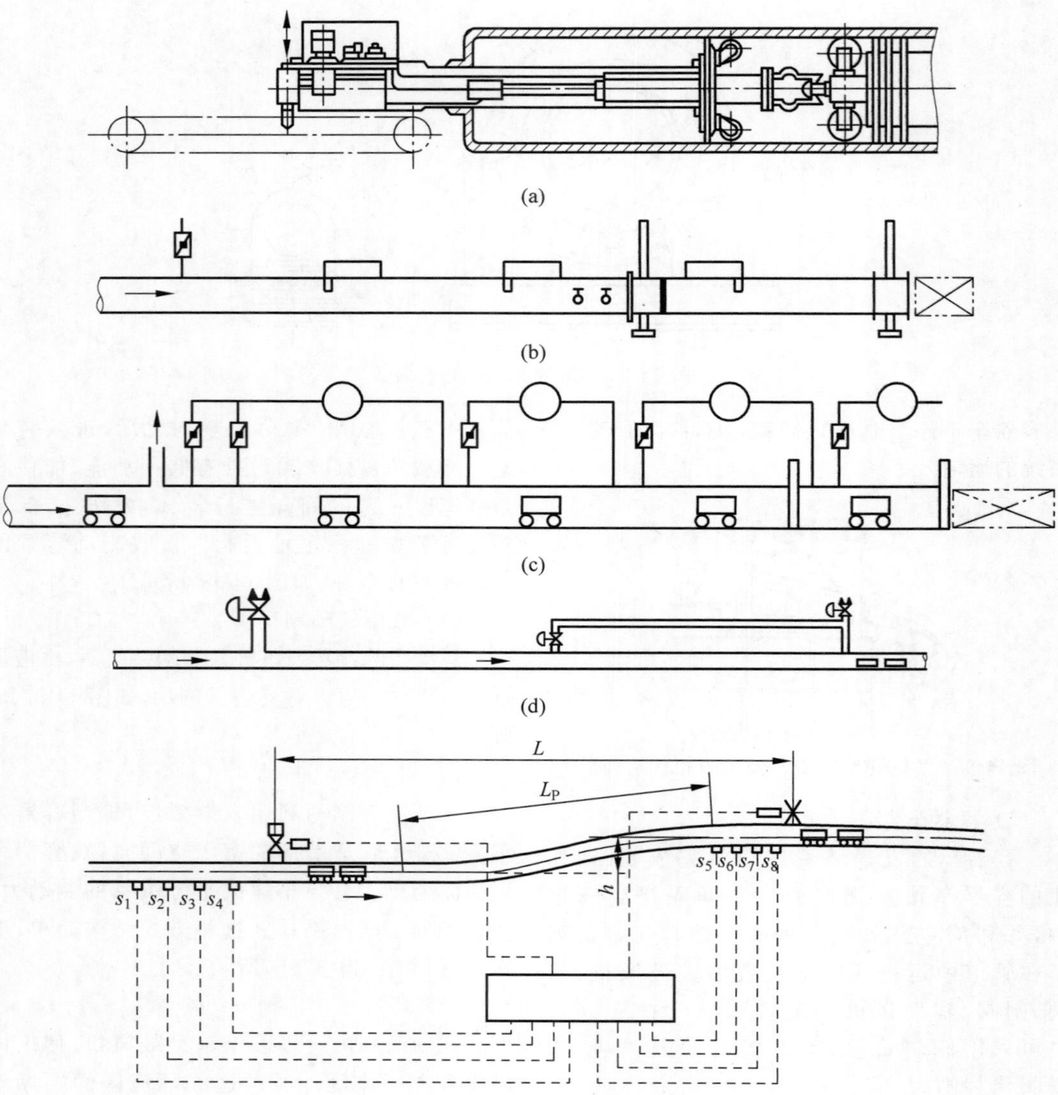

图 14-87 容器列车接收区段制动方式

方式需要有较长的制动段和使用多个鼓风机、蝶阀。特别是当管子直径很大时,用鼓风机传送重载容器列车就更困难。

(4) 可控速度制动

这种方式是设置有排气孔的可调加速阀和制动阀(或增加一个平衡阀),利用检测元件测定容器列车的运行速度和管道内压力,并将这些数据送入比较仪与设定值进行比较,由比较仪控制上述两阀的开闭。这种方法的优点是机械结构简单,容器列车的速度得到控制,减少了冲击,但是控制系统复杂,如图 14-87(d) 所示。

(5) 重力-空气缓冲制动

这种方式是将制动区管线、装载段和卸载段抬高,以使容器列车进入装、卸载站时将大部分的动能转换成势能。这一段可视为缓冲区。容器列车的运行速度是通过管道上的传

感器测定的。比较仪接收传感器的信号,将它与设定值相比较,用比较后的信号控制两个排气口的加速阀和减速阀,如图 14-87(e) 所示。

7) 动力装置

动力装置包括鼓风机和空气压缩机。鼓风机提供容器列车在管线中运行所需的动力。可以采用离心鼓风机或罗茨鼓风机,其规格型号及数量由管道系统的空气动力计算确定。为了提高系统工作的可靠性,必须装设一个或几个备用鼓风机组。

8) 控制装置

气力容器车式管道输送系统是一个规模庞大、技术复杂、终端分散且相距甚远的全自动化系统。其控制系统主要由各站的可编程序控制器、中控室计算机、各种参量的检测装置及位置检测元件等组成(图 14-88)。控制系统有以下四种功能。

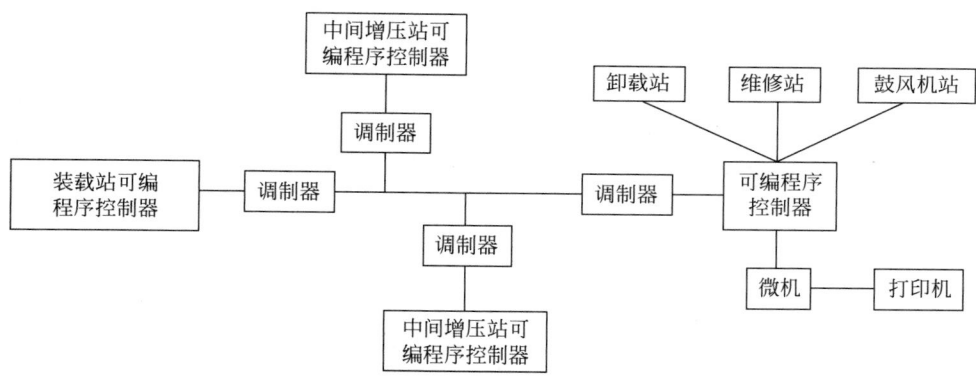

图 14-88 系统控制配置

(1) 过程控制

采用可编程序控制器作主控机,用安装在管线上和站房的光电管和接近开关作检测元件,进行过程控制。它控制以下内容。

① 控制列车的发送、运行、接收及所经过的道岔。由于空气动力不稳定,小车运行随机性大,需要进行实时数据采集。

② 对装载站和卸载站上的其他作业流程进行控制,主要是对鼓风机、空气压缩机、装载装置、卸载装置等的控制。

(2) 远距离数据传输

随着管线长度的增加,自动化程度的提

高,就需要进行远距离数据和信息传输。对于一般距离短的管道,装、卸载站的 PLC 系统经由模块连接进行站间的联锁。长距离的数据传输可采用光纤和微波技术。

(3) 计算机管理

建立管理数据库,进行管道的生产和事故管理。它具有查询及报表编制功能,包括:日、周、月、年报表,物料种类的统计,事故及故障统计等。

(4) 系统监视

系统监视可以采用一般的模拟屏,也可以采用计算机的彩色屏幕显示,或两者兼用。图

形监视系统采集各机构的实时数据,并显示在屏幕图形上。图形显示内容包括:全线运转状态、系统各主要部分运转状态的显示,故障即时显示及其他显示。监控系统检出故障时用声音报警,并在屏幕图形上显示。必要时用打印机打印文字记录。

为了提高系统工作的可靠性,必须采用先进可靠的位置和状态检测元件。采用具有抗其他光线干扰能力的红外光源、光电开关和非接触式的接近开关。

9)容器车的故障检查

对容器车除进行定期检修外,在每个运行循环中都对其运行阻力进行一次自动检测,并将检测不合格的列车通过引入-引出装置,用已准备好的合格列车进行替换。也可采用遥测车轮轴承温升的方法检出故障列车。

14.4.3 集装物容器车式管道水力输送

1. 输送机理

集装物容器车式管道水力输送与集装物容器车式管道气力输送不同的是:集装物容器车式管道水力输送利用水作为承载流体,通过充满在管道中的有压水携带和推送盛装物料的容器或带轮的容器车。

由于水的密度为空气的 1000 倍,输送时无须带车轮的容器车,且适合长距离输送。集装物容器车式管道水力输送系统的基本组成如图 14-89 所示,主要由动力源、终端设备、管线、容器或带车轮的容器车、控制设备和水槽等组成。集装物容器车式管道水力输送系统的工作流程如图 14-90 所示。

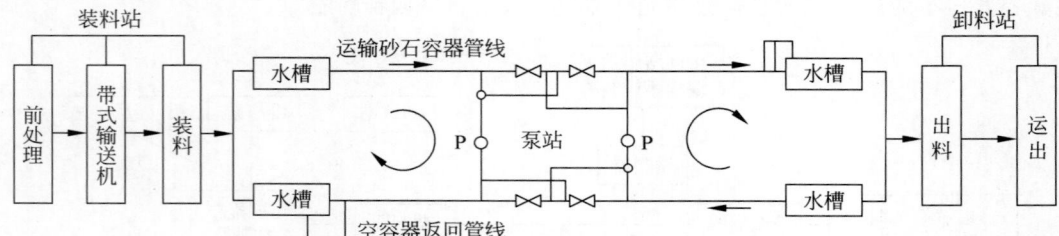

图 14-89 集装物容器车式管道水力输送系统的基本组成

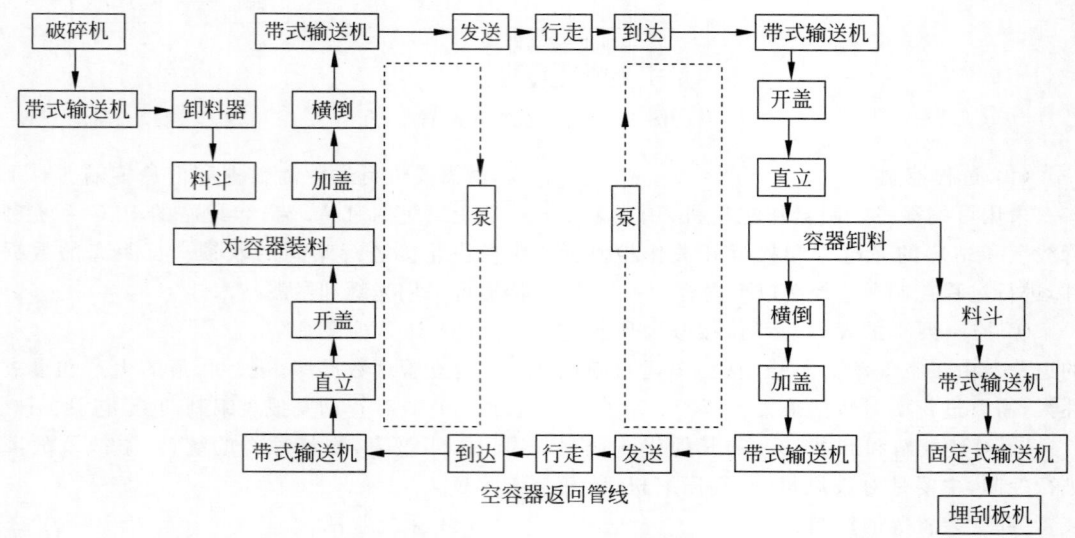

图 14-90 集装物容器车式管道水力输送系统的工作流程

2. 特点及其应用前景

集装物容器车式管道水力输送系统的设想在1880年就由美国的鲁滨逊（Robinson）申请了专利，但上述设想始终未进行实质性的应用研究和开发。直到20世纪60年代初，加拿大的RCA（Research Council of Alberta）公司率先对无车轮的容器式管道水力输送进行研究，并于1967年建成了大型的试验线设施。之后，法国、联邦德国、南非、荷兰、美国、日本等也相继开展了研究。特别是法国，Sogreh公司首先建成了小型实用线，用以输送重金属粉末。1973年后，日本日立造船公司对带车轮的集装物容器车式管道水力输送系统通过大型试验线设施开展试验研究和实用装置的设计，试验研究表明：用集装物容器车式管道水力输送系统可以实现土砂、矿石等物料的大运量、长距离输送。

在已开发的集装物容器车式管道水力输送系统中，有带车轮的容器车、不带车轮的容器，以及成型棒料式。前两种是集装密封化的水力管道输送（hydraulic capsule pipeline，HCP），物料被装在密不透水的容器车或容器中。而成型棒料式是制品化的HCP，这种形式无须将物料封装在容器车或容器内，制品化的棒料可以直接通过管道输送。

HCP的特点是可以长距离运输，美国能源部将距离小于300 km的HCP输煤与煤浆管道作比较后得出结论：HCP具有良好的经济性。无疑，其输煤成本较汽车低很多，在大多数情况下也较火车低。此外，它不存在煤污染水的问题，输送用水可继续回用；采用HCP技术还可减少运输中的设备和人身安全事故，降低噪声。HCP技术用于输送固体废弃物和输送谷物及农产品均有开发前景。在未来，通过地下HCP管网连接各城市、城镇，通过物流的信息控制管理，可以以网络的形式如同汽车和铁路运输一样输送货物。

3. 系统组成及主要部件构造

HCP系统同样由动力源、容器（容器车）、管线、装卸站、控制设备等组成。

1）HCP的动力源

HCP的动力源要让容器通过，用普通的浆体泵无法实现，必须设计和开发特殊的技术或可让容器自由地通过的泵。

（1）离心泵

采用一般的离心泵，用一组阀件的开启和闭合来实现，这种方法称为旁路泵送。图14-91所示为加拿大Alberta研究联合体RCA开发的一种系统。该系统由二级组成，通过第一级四个奇数阀件关闭、四个偶数阀件开启、泵曳引容器进入侧置管线S_1，与此同时通过管线S_2泵送水。进入第二级时，四个奇数阀件开启，关闭偶数阀件，这时泵就驱动容器进入管线2。该系统周期性交替操作实现泵送容器。这种系统的优点是经济和有效，用一般的离心泵就可实现输送。

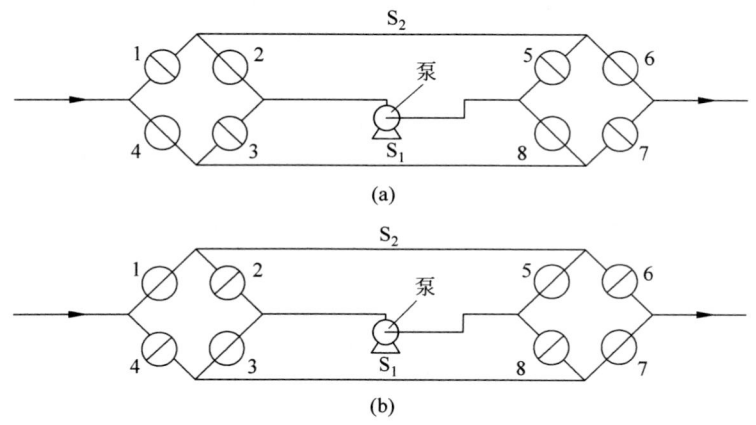

图14-91　旁路泵送系统方法
（a）第一步；（b）第二步

然而,这种系统存在以下缺点:

① 为了避免阀件开启、关闭时带来水击,需要慢慢地操作,这样就会影响容器通过的速度,降低线路充满率和系统的效率;

② 旁路管线 S_1 和 S_2 必须很长(对于一个大的商用系统甚至达到 1 km),这样使系统成本增加;

③ 系统需配置手动和自动启动闭门机构,也导致成本增加。

(2) HCP 用特殊壁部射流泵

图 14-92 所示为带有一个喷射口的射流泵,其入口设置在喷射口下流管道的外壁上。这种 HCP 的射流泵常常从同一管线中分流或排出水。水可以从上流或下流轴线排出。当喷射器配置在水槽后部时,称其为下流喷射型;反之,则为上流喷射型。

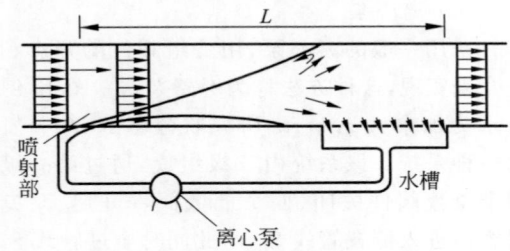

图 14-92　HCP 用特殊壁部射流泵

这种泵简单,可以实现对容器和流体的输送,但效率较低,由 RCA 开发的 Vortex 上流喷射泵效率仅为 15%。图 14-93 所示为南非开普敦大学设计的可逆型 HCP 泵,活塞 A 和 B 交替地上下运动,而容器从一个通道移动到另一个通道。这种 HCP 泵具有超过 70% 的效率,但存在以下缺点:

① 充满率低,不能一个容器接连一个容器地发送;

② 系统较复杂,且阀件的频繁操作会带来阀件的疲劳破坏;

③ 容器有可能被卡住。

图 14-94 所示为荷兰 Twente 大学研发的 HCP 泵。

该泵本质上是一台下流喷射泵,只是喷射器几乎垂直于管壁喷射,当泵中无容器通过

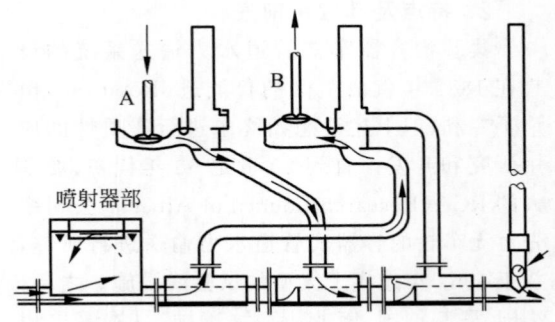

图 14-93　南非开普敦大学设计的 HCP 泵

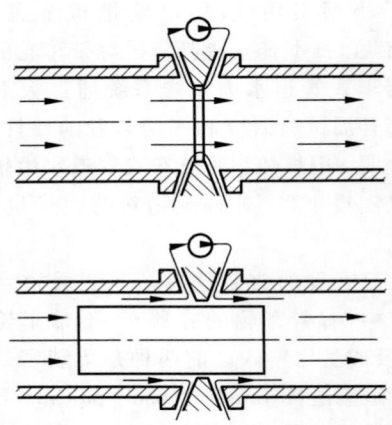

图 14-94　荷兰 Twente 大学研发的无阀门件 HCP 泵

时,流动呈短路状态,泵不起作用。一旦容器抵达,则喷射器喷射出水流从而带动容器向前移动,使容器向前。这种系统特别适用于低压(短距离、小尺度)管道,具有高的充填率,能用于厂内的输送。图 14-95 所示系统也是该大学开发的,用于深海矿开采。用离心泵使两个储水槽保持一定的液位差,利用高位储水槽中的液体在大气压的作用下向低位储水槽流动来带动容器。

此外,有的 HCP 泵利用直线电机的原理将一组导线绕在管线的一短段外部,而金属壁的容器如同"转子",金属壁的材料可用铸铁或带铝外层的钢材。美国密苏里大学哥伦比亚分校就开发了一种电磁 HCP 用泵。这种泵构造简单,具有高的可靠性和耐久性,其效率也可超过 50%。

2) 容器(容器车)

无轮 HCP 容器如图 14-96 所示,容器筒体

上加盖,盖部密封部位涂覆聚氨酯,以便于固定。图 14-97 所示为美国密苏里大学哥伦比亚分校容器管道技术研究中心为输送农产品用的 HCP 容器设计的防水盖部的各种构造。

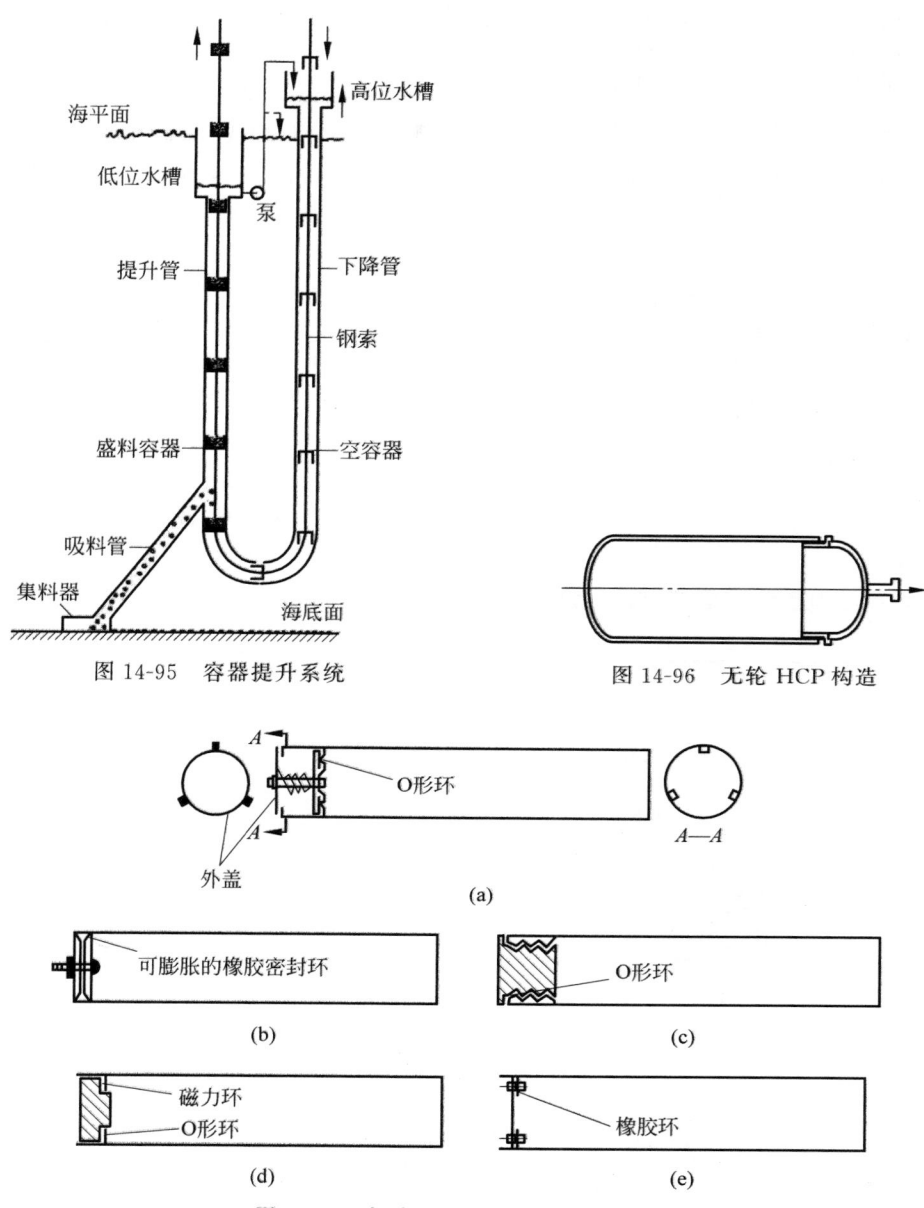

图 14-95 容器提升系统

图 14-96 无轮 HCP 构造

图 14-97 各种不同的无轮容器盖部构造
(a)多点嵌合盖;(b)栓塞盖;(c)螺旋紧盖;(d)带磁力环的盖;(e)柱螺栓状盖

图 14-98 所示为带轮 HCP 用的容器车构造。

3)容器在装卸站的注入和逸出

将容器注入管道的方法之一是使用锁扣型容器注入装置,如图 14-99(图中序号为阀门)所示。该装置的操作分两步:第一步,开启奇数阀,关闭偶数阀,这时泵曳拉储水池中的容器进入管位锁定,闭环系统的另一端水在泵的驱动下流返储水池;第二步,将偶数阀开启,奇数阀关闭,这时主泵驱动容器进入锁定部位下流管线。需用两台泵。

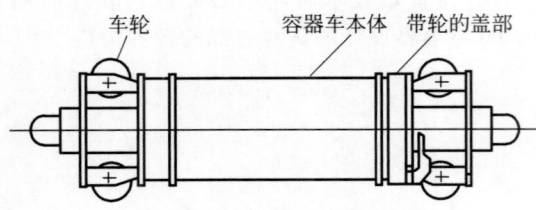

图 14-98 有轮容器车构造

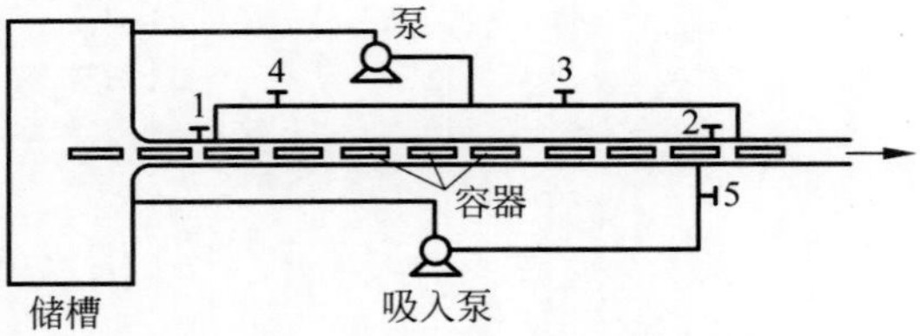

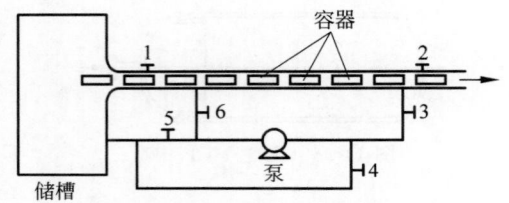

图 14-99 锁扣型容器注入装置

图 14-100 所示为交替型锁定喷射器注入装置。该型式使用一个泵,系统操作分两步:第一步,打开奇数阀,关闭偶数阀,泵驱动容器进入锁定状态;第二步,将奇数阀关闭,偶数阀开启,则泵驱动容器进入锁定和推送注入下流管线。使用这种型式锁定注入器,每一容器的编组间距较密,但充填率低,车辆编组距离仍很长。该问题可以通过设置两套平行的锁定注入器装置交替注入容器来解决。这种系统的优点是可采用通常的离心泵。

图 14-101 所示为密苏里大学哥伦比亚分校开发的一种容器注入系统。供料装置类似饮料罐装机,利用容器的重力使其"掉"入类似枪支的压弹机构中。图 14-101(a)所示为管线的进口站,图 14-101(b)所示为管线的中间站,中间站供入与进口站供入不同的是,必须让容器来自上流而无障碍通过装置的底部。在进口站,供入装置自由地进入注入槽;而在中间站,供入装置容器由支撑件或拨叉来操作,容器不能逐一进入管道,须通过传感器、电控来精确控制。使用这种重力供料注入器,如果单台无法实现高的充填率,可使用多台连续地对管线注入。

图 14-100 交替型锁定喷射器注入装置

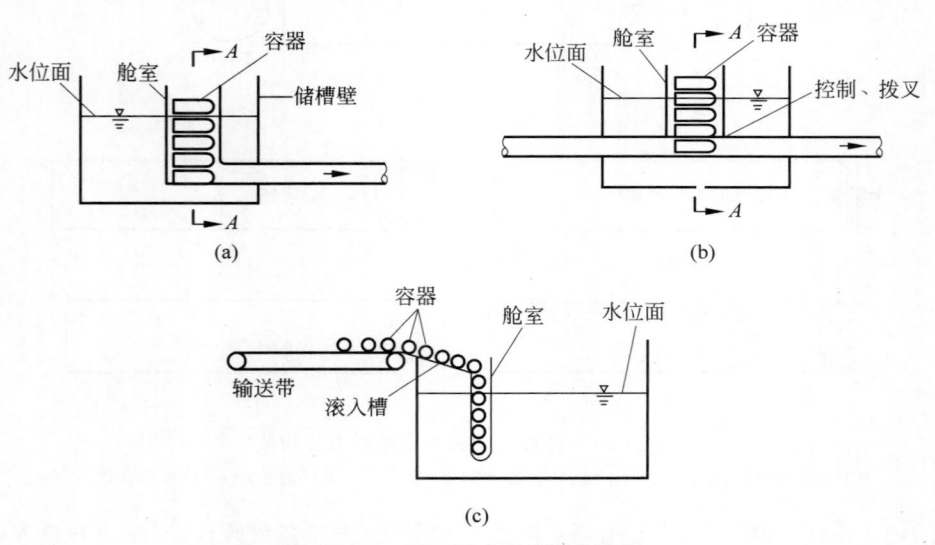

(a) (b)

(c)

图 14-101 "压弹"式容器注入装置
(a) 进口站注入;(b) 中间站注入;(c) A—A 截面

　　HCP 容器经自动化系统排列整齐后,将容器输送至终端站。在那里,将容器中的盛装物　　料卸出、清理、堆放和空返。图 14-102 所示为一种输送系统,它将到达的容器转出。在中间站要取出容器较困难,但对于不同的系统,可通过特殊的设计来实现。图 14-103 的装置,在接近中间站的前端有一个 Y 形分叉,使用一台

管道式容器泵来分检。图 14-104 所示为机械式和液力式分流岔道。

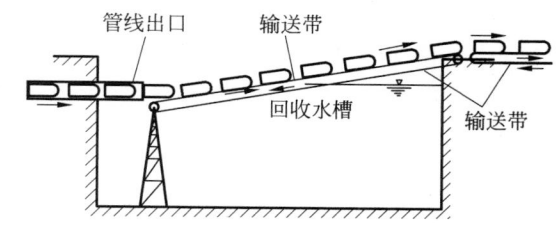

图 14-102 管道系统出口端的输送系统

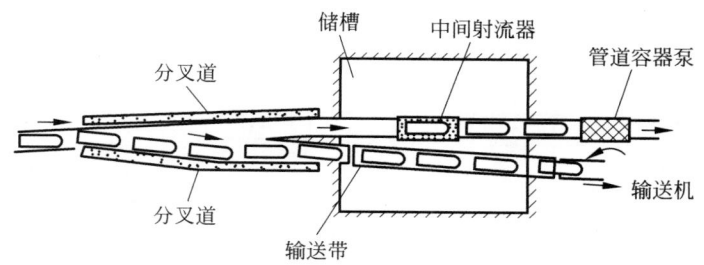

图 14-103 Y 形分叉部的中间站分检装置

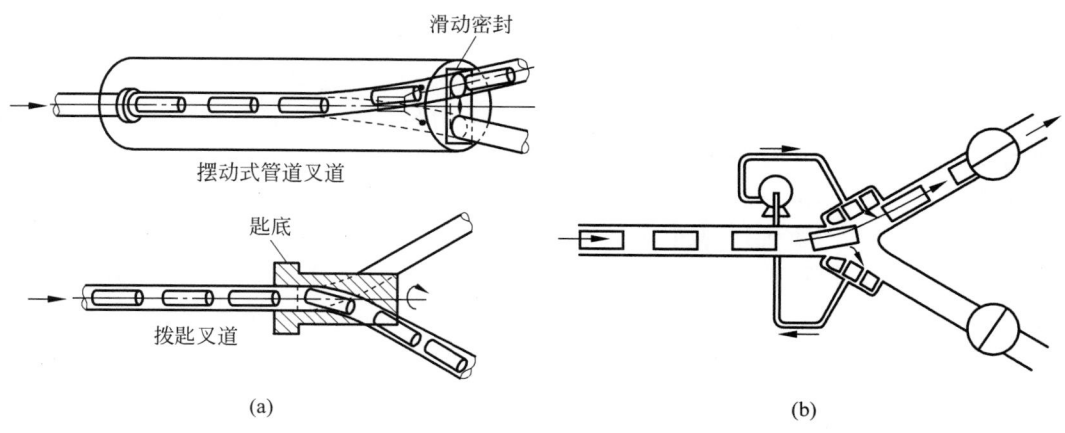

(a) (b)

图 14-104 机械式和液力式分流岔道

(a) 机械式岔道;(b) 液力式岔道

14.4.4 成型制品式管道水力输送

成型制品式管道水力输送是无须集装容器车(容器)的水力输送技术之一,它是 20 世纪 80 年代末才研究、开发的新型输送方式。目前,已研发出污泥脱水后制成泥棒的管道输送管线和煤棒的水力输送管线(coal log pipeline, CLP),其中 CLP 被认为是最为典型和颇有前

景的新的水力管道输送方式。

1. CLP 的机理和系统组成

CLP 是一种使用有压水作为载体,将压制成的圆柱状的煤棒(coal log)作长距离输送的管道输煤系统。图 14-105 所示为由采煤地到电厂用户的 CLP 输煤系统示意图。由图可见,由煤矿开采出来的煤先经破碎筛选设备筛选,再由制棒设备压制成可进行管道运输的煤棒。

煤棒中含有黏合剂,且不同品种的煤中加入一定的添加剂,如输送高硫煤时加入适量的去硫吸附剂。已制成的煤棒可以从制棒设备上直接或间接地送往输煤管道。其供料速度可自动地控制,管线中的相关阀件也可根据进料管系统中煤棒的需求量和位置自动地启闭。当

煤棒通过管线被运输到目的地后,离开输煤管到机械输送设备,再转运到压碎设备处。压碎成粉料的煤就可供各种类型的锅炉(如煤粉型、旋风型、流化床型、自动加煤型)燃烧。在系统的末端还设有水处理设备,整个系统无须回程管道和装载运煤容器车(容器)。

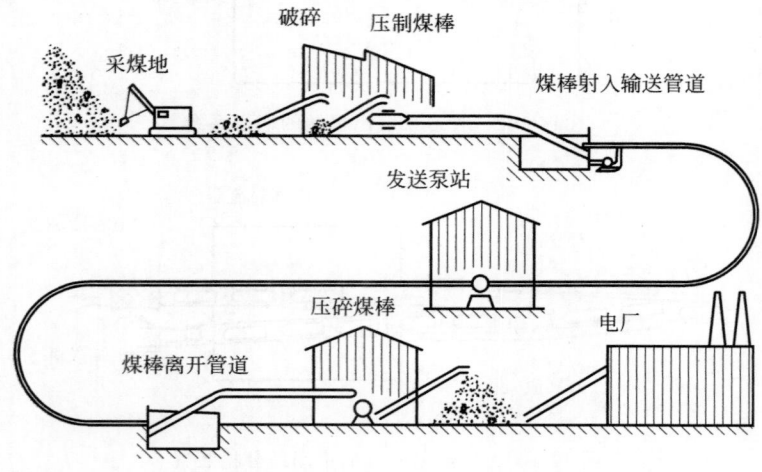

图 14-105　CLP 系统示意

2. 长距离运煤技术现状和 CLP 的特点

运煤方式的选择取决于煤的产地、煤的运量、运煤距离和现时能提供的输煤技术及设备的性能参数等因素。对于长距离运煤,传统的方式是铁路、水路和公路。煤的运价往往比在矿区的价格高得多。根据统计,驳船是最廉价的运煤方式,其次是铁路和煤浆管道,最为昂贵的方式是卡车。水路运输价格最低,是因为驳船使用天然水道。除了经济的因素外,运煤方式对环境的影响也是个重要问题,而且变得愈来愈重要。严格的环境要求包括:对空气、水、土壤的排放标准;对道路的不利影响(安全性、阻塞、噪声和维护);运煤装载、携运、卸载设备对环境的影响。目前,煤浆管道输送是一种商业化的输煤方式,众所周知,美国的黑梅萨煤浆输煤管线全长 440 km,管径 457 mm,年输煤量约 480 万 t,已有成功输煤的案例。总的来说,煤浆管线输煤的能耗较卡车运煤方式低,且与铁道运煤不相上下,其优点是:连续输送;基建投资较省、施工周期较短;受地形限制较小,运输管线较短;运营费用较低、管理人

员少;易于自动化和维护检修较简单;占地少,对环境和生态影响小;具有全天候性等。另外,也存在若干局限性,如需耗费较多的水量,缺水地区不宜采用;管线对运量变化适应性差,在输送过程中会产生细粉化,从而造成终端脱水困难、成本增加的问题。CLP 技术不仅具有煤浆管道输送技术的优点,而且它仅需煤浆管道输送时的 20％～50％ 的水量就可输送等量的煤。通过 CLP 技术输煤的单位价格约为采用煤浆管道输送的一半,而 CLP 的输煤量可较煤浆管道提高 2～3 倍。由于经济效益随运量的上升和运价的下降而增加,因此,使用 CLP 系统比使用煤浆管道系统划算。

3. CLP 技术的研究和开发进展

CLP 的基础研究始于美国密苏里大学,得到美国能源部和一个由公司组成的财团的赞助,其后又得到密苏里州和美国国家科学基金会(NSF)的资助。1992 年 9 月成立了容器管道输送技术研究中心(CPRC),该中心已相继建成两条主要的试验循环管线:

(1) 管径为 55 mm 的管道线,长度为 23 m,

呈环形布置。煤棒通过一个射流泵来输送,环形管道用透明的有机玻璃制成,用以观测在直线段和180°转弯段运行的煤棒。图14-106所示为该输送试验管线。

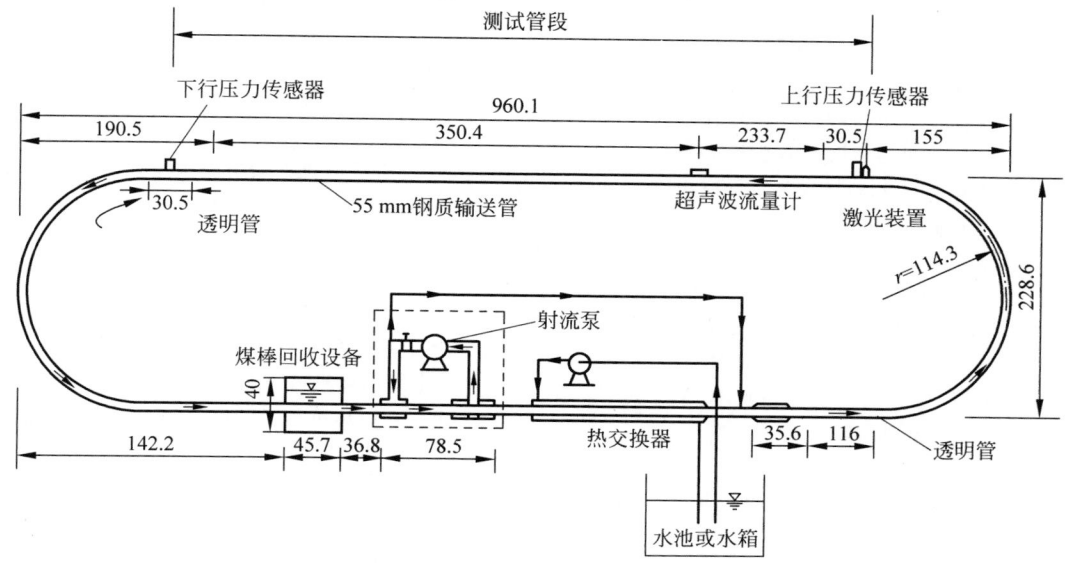

图 14-106　管径为 55 mm 的试验线(图中除管径外,尺寸单位为 cm)

(2) 大型试验环道线长 131 m,管径为 204 mm,由钢管组成,在管线中做试验运行的特制煤棒质量达 15 kg,煤棒装载入管道采用的是一套半自动化的输送机系统。在该试验环线上也有一段短的透明管段,以便观察煤棒在管线中的流动,如图 14-107 所示。

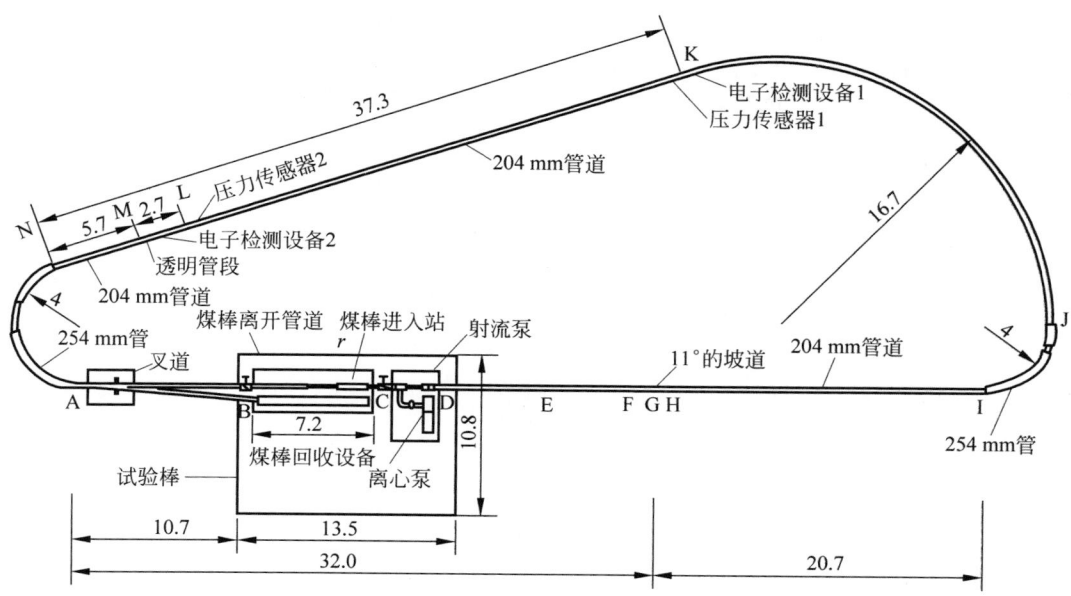

图 14-107　管径为 204 mm 的试验线(图中未注明尺寸单位为 m)

参考文献

[1] 张兴荣.管道水力输送[M].北京：中国水利水电出版社,1997.

[2] 赵利安,徐振良,王铁力.浆体管道输送理论与技术[M].北京：煤炭工业出版社,2018.

[3] 陈宏勋.管道物料输送与工程应用[M].北京：化学工业出版社,2003.

[4] 王荣祥,李捷,任效乾.矿山工程设备技术[M].北京：冶金工业出版社,2005.

[5] 钱桂华,曹晰.浆体管道输送设备实用选型手册[M].北京：冶金工业出版社,1995.

[6] 黄玉诚.矿山充填理论与技术[M].北京：冶金工业出版社,2014.

[7] 王新民,古德生,张钦礼.深井矿山充填理论与管道输送技术[M].长沙：中南大学出版社,2010.

[8] 鲍久圣,赵少迪,王忠宾,等.一种深部煤炭流态化管道输送系统：ZL202110715365.2[P].2022-02-18.

[9] 鲍久圣,赵少迪,王忠宾,等.一种深部煤炭流态化开采装备自主行走机构：202110715377.5[P].2021-08-06.

[10] 纪云.喷浆物料长距离管道气力输送特性研究[D].徐州：中国矿业大学,2019.

[11] 杨伦,谢一华.气力输送工程[M].北京：机械工业出版社,2006.

[12] 郑慧玲,刘英林.驱动带式输送机的直线电动机次级的设计[J].机械工程与自动化,2012(2)：175-176.

[13] 宋凯,宋亦旭,程树康.磁悬浮列车用直线电机推进系统发展综述[J].微电机,1999,32(1)：32-35.

[14] 曾辉.直线电机在城市轨道交通中的优势及应用[J].交流技术与电力牵引,2008(1)：51-54.

[15] 张义儒,董云增,程绍先.直线电机与悬浮技术的应用[J].煤矿工程师,1992(4)：46-49.

[16] 李志平.直线电机在西德煤矿中应用的发展[J].陕西煤炭,1987(2)：56-61.

[17] 王莉,秦勇,贾利民.管轨运输系统及试验线案例分析[J].综合运输,2013(6)：45-50.

[18] 宿秀元.管轨运输地面运行控制系统原理样机的设计与实现[D].北京：北京交通大学,2009.

[19] 郑慧玲.直线电机在带式输送机上应用的可行性研究[D].太原：太原理工大学,2012.

[20] 熊光煌,王爱龙,刘星达.直线电机驱动带式输送机系统的动态分析[J].电工技术学报,1996,11(2)：38-41.

[21] 鲍久圣,张磊,葛世荣,等.垂直式直线电机辅助驱动的超深井特大吨位箕斗提升系统：CN201911100559.0[P].2019-11-12.

第4篇

矿物分选机械

第15章

破碎机械

15.1 概述

15.1.1 功能、用途与分类

1. 破碎与破碎机械

破碎是指在外力作用下,物料从大到小、从整变散、从强变弱的过程。

对物料进行破碎的主要目的是实现有用矿物与脉石的解离、满足物料使用粒度要求、增大比表面积、满足设备处理粒度要求、满足安全生产要求等。

破碎机械是指利用输入能量,实现破碎过程的机构或机器的总称。从广义角度理解,破碎过程充斥在世界的每个角落、每个过程,大到宇宙大爆炸理论,小到分子断裂、电子迁移,再到我们每天的咀嚼与消化,都是破碎过程的另一种表现。从狭义角度理解,破碎是所有工业过程的重要环节,矿石的破碎、固体废物的破碎,食品的加工,药物或化妆品的制备,都缺少不了破碎过程。这里涉及的主要是与各类

矿物、矿石,固体废物(以下统称物料)等工业过程相关的破碎机械。

矿山开采出来的矿石或矿物,原矿最大粒度一般在 1500 mm 以下,这样的粒度不能在工业中直接应用,必须经过破碎和磨碎作业,使其粒度达到规定的要求。破碎作业一般将矿石变成粒度大于 1 mm 的产品,小于 1 mm 粒度的产品一般通过磨碎作业完成。

物料破碎广泛应用于矿物、矿山、冶金、建材、化工、能源、交通、陶瓷、医药、食品加工、农业林业、环保市政等行业与领域。人类生活和生产中每年有数百亿吨固体物料需要经过各种程度与形式的破碎与磨碎加工。据统计,世界上约 12% 的电能用于碎磨物料,其中约 15% 用于破碎,85% 以上消耗于磨碎。

破碎及破碎机械在国民经济中发挥着巨大作用,在提高破碎效率、降低破碎功耗、优化破碎筛分流程,最终实现低碳绿色中有十分重要的作用。

破碎作业常见划分范围如表 15-1 所示。

表 15-1　破碎作业常见划分范围

作业名称		给料最大粒度/mm	产物最大粒度/mm
破碎	粗碎	1500~300	350~100
	中碎	400~100	100~25
	细碎	100~25	25~3
磨碎	粗磨	30~10	3.0~1.0
	细磨	0.3~1.0	<0.1
	超细磨	0.1	0.005

2. 破碎机械的分类与用途

由于待破碎物料种类多样，力学性质千差万别，针对这样复杂的破碎对象，又有多样的破碎方法、工艺和不同的机械结构与传动形式，所以破碎机械的种类繁多。基于接触的常用破碎机械的分类与用途归纳整理见表 15-2。

表 15-2　基于接触的常用破碎机械的分类与用途

破碎部与物料接触方式	包含的破碎机种类	适应物料	主要破碎方法	典型物料
点接触	破碎机械、齿辊式破碎机、液压锤、液压剪	①脆性物料；②中、高硬度；③粗、中、细碎	刺破	矿物、石灰石、焦炭、钢筋混凝土等
面接触	旋回、圆锥、颚式、高压辊磨机、光辊破碎机	①脆性物料；②中、高硬度；③粗、中、细碎	挤压	各类脆性矿石、矿物
点-面接触	ERC 颚辊破碎机	①脆性物料；②中、高硬度；③粗、中、细碎	挤压-折断	各类脆性矿石、矿物
线接触	往复式剪切机、旋转撕碎剪切机	①韧性物料；②低、中、高硬度；③粗、中、细碎	剪切	城市垃圾、电子废弃物、报废汽车
冲击	锤式、反击式、石打石、选择性破碎机、环链破碎机	①脆性物料；②低、中、高硬度；③中、细、粗碎	冲击	各类矿石、矿物，混凝土、电子废弃物、报废汽车等

3. 破碎机械效果评价

准确、客观、全面的破碎效果评价，对于破碎机械的选型、使用、设计、研发都至关重要。完整的破碎机械效果评价需要评价指标、测定方法与标准等元素。其中，评价指标又可分为工艺指标、机械性能指标、环境节能指标、操作维护与智能化管理指标等。

1) 工艺指标

工艺指标用于评价破碎设备满足工艺性能的效果，主要包括：第一类，破碎性能指标，包括处理能力、破碎比、破碎产品粒度分布特性、破碎效率、破碎强度、细粒增量、限上率、限下率、破碎形成二次粉碎概率等性能指标；第二类，系统优化与安装布置指标，包括设备系统布置优化、设备高度、外形尺寸、单位生产能力的设备质量与占用空间指标等。下面介绍几个关键的指标。

（1）处理能力

破碎机械单位时间破碎物料的总质量，一般以吨/小时(t/h)表示。处理能力是破碎机械最重要的数量效率指标。当然，必须在相同工况、相同物料和给料、出料粒度组成情况下，处理能力才具有准确的可比较性，否则，处理能力就是一个相对的技术指标。

破碎机械的处理能力严格说还可以分为破碎能力和通过能力两个指标，一般在破碎机械的物料通过过程中，对大粒度物料和产品粒度级范围物料进行破碎作业，这部分代表了破碎能力，还有入料中的一些或大部分小颗粒物料直接通过破碎腔，没有受到破碎作用，这部分细颗粒和受到破碎作业物料的总和，称为通过能力。破碎和通过的比例与物料粒度组成和破碎设备工作原理相关。破碎机械的能量消耗主要与破碎能力相关。

（2）破碎比

破碎比(crushing ratio)是破碎机入料粒度和破碎后产品粒度之比。破碎比是衡量破碎机工艺性能的重要指标，衡量通过一次破碎物料粒度减小的幅度。因同一物料，粒度的测定方法不同，粒度值也有较大差别，为使破碎比具有更好的可比较性和科学性，除有特殊规定外，一般要统一入料粒度和产品粒度的测定方法和评价标准。破碎机的能量消耗和处理能力都和破碎比有着密切关系。常见破碎机合理破碎比和适用破碎对象见表 15-3。

表 15-3　常见破碎机合理破碎比和适用破碎对象

类型	物料硬度	物料磨蚀性	适宜物料水分	合理破碎比	主要应用领域
颚式破碎机	软到坚硬	不受限	干、潮湿，不能黏湿	3～5	采石场、大型矿山、砂石骨料、固废资源化
旋回破碎机	软到坚硬	磨蚀性	干、潮湿，不能黏湿	4～7	采石场、大型矿山
圆锥破碎机	中硬到坚硬	磨蚀性	干、潮湿，不能黏湿	3～5	采石场、砂石、骨料、矿山
立式复合破碎机	中硬到坚硬	磨蚀性	干、潮湿，不能黏湿	3～5	矿山、建材
锤式破碎机	软到中硬	轻度磨蚀性	干、潮湿，不能黏湿	3～10	煤炭、焦炭、化肥、中小矿山
卧式反击式破碎机	软到中硬	轻度磨蚀性	干、潮湿，不能黏湿	10～25	采石场、砂石、骨料、固废资源化
立式反击破碎机	中硬到坚硬	轻度磨蚀性	干、潮湿，不能黏湿	6～8	砂石、骨料、固废资源化
石打石破碎机	软到坚硬	不受限	干、潮湿，不能黏湿	2～5	砂石、骨料、固废资源化
辊式破碎机	软到中硬	轻度磨蚀性	干、潮湿、黏湿	2～6	煤炭、焦炭、化肥、中小矿山
分级破碎机	软到硬	磨蚀性	干、潮湿、黏湿	2～6	大型矿山
高压辊磨机	中硬到坚硬	磨蚀性	干、潮湿，不能黏湿	5～25	铜矿、金矿、钻石矿、铂金矿、煤炭、烧结炉渣，水泥，各类原矿物

（3）破碎效率

破碎就是减小粒度的过程。破碎效率是衡量破碎机械粒度减小效率的最重要指标。破碎效率从原理上指破碎产品中由破碎生成的质量（破碎产品总质量扣除入料中原有的小于要求产品粒度的质量）与入料中应破碎的质量（大于产品粒度的物料质量）之比。

参照煤炭行业标准《选煤厂破碎设备工艺效果评定方法》（MT/T 2—2005），采用破碎效率为主要指标，细粒增量为辅助指标，综合评定破碎机的破碎效果。

破碎效率按下式计算：

$$\eta_P = \frac{\beta_{-d} - \alpha_{-d}}{\alpha_{+d}} \times 100\% \qquad (15\text{-}1)$$

式中：η_P——破碎效率（有效数字取到小数点后第一位）；

α_{+d}、α_{-d}——入料中大于或小于产品粒度含量，%；

β_{-d}——排料中小于要求破碎粒度 d 的含量，%。

（4）细粒增量

细粒增量是指破碎过程中，将入料破碎到"细粒"粒度以下的质量百分比。一般破碎过程，将细粒增量作为一个负面指标来看待。因为将物料破碎到不必要的细粒级，不但会降低资源的有效利用，还会增加不必要的破碎功耗、加大破碎机磨损、产生过多粉尘等。

参考上述各参数，细粒增量按下式计算：

$$\Delta = \beta_{-a} - \alpha_{-a} \qquad (15\text{-}2)$$

不同工业应用，细粒具体数值需根据相应标准或应用实际需要进行规定。在选煤厂，对于排料要求粒度大于和等于 50 mm 的粗碎，细粒一般指 13～0 mm；对于排料要求粒度小于 50 mm 的中碎和细碎，则细粒是指 0.5～0 mm。

2）机械性能指标

机械性能指标指破碎机械运转过程中与机械性能相关的各项参数与指标，包括设备主要机械参数、运转可靠性指标（可靠性）、动载荷系数（平稳性）、设备使用寿命（持久性）等。

3）环境节能指标

环境节能指标指环境友好性、节能降耗方面的各项性能，包括噪声、粉尘、温室气体排放等环境指标，单位产能装机功率、破碎能耗等能耗指标，整机或部件可再制造、可循环利用程度等。

4）操作维护与智能化管理指标

操作维护与智能化管理指标包括可维护性、易操作性、操作维护用时及对生产的影响程度、智能化程度、标准化程度、性价比等。

4. 破碎机械的合理选用

如何选择好用、适用的破碎机械是每个工艺、系统设计人员和管理人员最关心的问题。破碎机械是否好用的决定性因素包括破碎设备类型的选择、同类型设备工作原理的科学性与先进性、生产厂家的技术与设计水平、生产加工质量和服务水平等。简单说就是设备选型和生产厂家的确定两个方面。

破碎机械在实际的应用过程中能够实现理想的破碎效果，满足破碎过程的数量、质量要求，达到运转高可靠性、最低的维护量、最大程度的环境友好性。大量工业实践表明，先进可靠的破碎机械要想达到理想的使用效果，合理选型是最为关键的环节，具有方向性决定作用。

破碎机械虽然从表面上看只是一台单机设备，但必须从整个工艺系统的角度考虑与选用才会达到理想的结果。破碎设备的选用要综合考虑以下多方面因素。

选型原则见表15-2，可以简化记忆为"硬脆面-中脆点-粉脆冲-硬韧剪"，坚硬脆性物料采用面接触破碎设备，硬或中硬脆性物料采用点接触式破碎设备，脆性物料的粉碎作业采用冲击破碎设备，韧性高强度物料采用剪切设备。

1）破碎物料

物料的不同物理力学性质，如脆性、韧性、坚硬程度，可磨性，物料水分、黏湿性等都会对破碎机械的选用产生影响，如表15-4～表15-8所示。

表 15-4　常见物料破碎相关特性

材　　料	材料类型	平均质量/ (t/m^3)	材　　料	材料类型	平均质量/ (t/m^3)
矾土	3-5-G	0.96	褐煤-德州（原矿）	1-5-D-E	0.72～0.8
氧化铝	3-G	1.12～1.92	褐煤-达科他（原矿）	1-6-D-F	0.72～0.8
蔗渣	1-6-C	0.112～0.128	石灰-卵石	1-5-E	0.848～0.896
重晶石	3-5	2.24～2.88	石灰石-破碎的	2-5-F	1.44～1.6
树皮（废木料）	2-6-G	0.16～0.32	锰矿石	3-5-G	2～2.24
玄武岩（破碎）	3-G	0.16～0.32	大理石-破碎的	2-5-F	1.44～1.6
铝土矿（粉碎）	3-5-F	1.2～1.36	泥灰岩-生的和湿的	2-6-E-H	2.08～2.24
膨润土	2-5	0.64～0.8	中煤	2-5-G-F	—
砖块	3-F	1.6～2	磷矿石	2-5	—
碳电极（烘烤）	2-G	—	钾矿	1-E	—
碳电极（未烘烤）	1-F	—	钾矿压实片	1-E	—
水泥熟料	3-5-F	1.2～1.52	石英-破碎的	3-5-E	1.36～1.52
水泥岩	2-5-F	1.6～1.76	生活垃圾	2-G	0.72～0.8
木炭	2-5-D-F	0.288～0.4	砂-干堤	3-5	1.44～1.76
黏土（干）	3-5	0.96～1.2	砂-铸造	3-5	1.44～1.76
煅烧黏土	3-F	1.28～1.6	砂岩-破碎的	3-F	1.36～1.44
无烟煤	1-4-D-E	0.88～0.96	页岩-破碎的	2-5-F	1.44～1.6
烟煤	1-5-C-D-E	0.72～0.88	牡蛎壳	2-5-E	1.12～1.28

续表

材　料	材料类型	平均质量/ (t/m³)	材　料	材料类型	平均质量/ (t/m³)
次烟煤	1-5-C-D-E	0.72～0.88	磷酸氢钙	2-5-E-H	0.688
石油焦	2-5	0.56～0.672	白云石	2-5-F	1.44～1.6
冰晶石	1-5-F	1.76	平炉渣	3-G	2.56～2.88
碎玻璃	3-5-E	1.28～1.92	高炉矿渣	3-4-F-E	1.28～1.44
硅藻土	2	0.176～0.224	板岩	2-E	1.36～1.52
铝渣	3-F-C	—	皂石(滑石)	1-F	0.64～0.8
萤石	2-5-F	1.44～1.6	过磷酸石灰	2-6-F-H	0.8～0.88
富勒生土	2-5	0.56～0.64	暗色岩-破碎的	3-5	1.68-1.76
花岗岩-破碎的	3-5-G-H	1.44～1.6	重过磷酸钙	2-6-F-H	0.8-0.88
砾石	3-5-F	1.44～1.6	天然碱矿石	2-5-F	1.44-1.6
石膏岩	2-5-F	1.44～1.6	碳化钨	3-4-G	—

表 15-5　破碎物料主要特性代号

项　目	分　类	代　号
耐磨性	低磨蚀性等	1
	中磨蚀性等	2
	强磨蚀性等	3
流动性	高度自由流动-安息角达到30°等	4
	自由流动-安息角30°～45°等	5
	迟滞-安息角45°及以上等	6
特殊特性	吸湿的等	A
	高腐蚀性等	B
	轻度腐蚀性等	C
	暴露在空气中时可降解等	D
	极易碎等	E
	中度易碎等	F
	强韧性等	G
	塑性的或黏性的等	H

表 15-6　常见矿石主要强度数值范围

岩石名称	抗压强度/MPa	抗拉强度/MPa	剪切强度	
			内摩擦角/(°)	内聚力/MPa
玄武岩	150～300	10～30	48～55	20～60
石英岩	150～350	10～30	50～60	20～60
辉绿岩	200～350	15～35	55～60	25～60
辉长岩	180～300	15～36	50～55	10～50
流纹岩	180～300	15～30	45～60	10～50
花岗岩	100～250	7～25	45～60	14～50
闪长岩	100～250	10～25	53～55	10～50
安山岩	100～250	10～20	45～50	10～40

岩石名称	抗压强度/MPa	抗拉强度/MPa	剪切强度	
			内摩擦角/(°)	内聚力/MPa
白云岩	80～250	15～25	35～50	20～50
大理岩	100～250	7～20	35～50	15～30
片麻岩	50～200	5～20	30～50	3～5
灰岩	20～200	5～20	35～50	10～50
砂岩	20～200	4～25	35～50	8～40
板岩	60～200	7～15	45～60	2～20
铁矿石	60～150			
砾岩	10～150	2～15	35～50	8～50
石灰岩	10～260	1～15	42	6.72
千枚岩、片岩	10～100	1～10	26～65	1～20
页岩	10～100	2～10	15～30	3～20
砂质页岩	20～90			
煤	5～80（一般10～20）			
无烟煤	19.6（垂直层理）			
烟煤	10.7（垂直层理）			
褐煤	13.5（垂直层理）			

表 15-7　常见岩石强度与抗压强度比值

岩石名称	与抗压强度的比值			
	抗拉强度	抗剪强度	抗弯强度	抗压强度
煤	0.009～0.06	0.25～0.5		
页岩	0.06～0.325	0.25～0.48	0.22～0.51	
砂质页岩	0.09～0.18	0.33～0.545	0.1～0.24	
砂岩	0.02～0.17	0.06～0.44	0.06～0.19	1
石灰岩	0.01～0.067	0.08～0.10	0.15	
大理岩	0.08～0.226	0.272		
花岗岩	0.02～0.08	0.08	0.09	
石英岩	0.06～0.11	0.176		

表 15-8　常见矿物与矿石功指数 W_i

物料	密度/(g/cm³)	功指数 W_i/(kW·h/t)	物料	密度/(g/cm³)	功指数 W_i/(kW·h/t)
长石	2.59	11.67	安山岩	2.84	22.13
铬铁	6.75	8.87	重晶石	4.28	6.24
锰铁	5.91	7.77	玄武岩	2.89	20.41
硅铁	4.91	12.83	铝矾土	2.38	9.45
燧石	2.65	26.16	水泥熟料	3.09	13.49
锌矿	3.68	12.42	水泥生料	2.67	10.57
镍矿石	3.32	11.88	铬矿石	4.06	9.60

续表

物料	密度/(g/cm³)	功指数 W_i/(kW·h/t)	物料	密度/(g/cm³)	功指数 W_i/(kW·h/t)
油页岩	1.76	18.10	黏土	2.23	7.10
磷肥	2.65	13.03	煅烧黏土	2.32	1.43
磷酸盐矿石	2.66	10.13	煤	1.63	11.37
钾碱矿石	2.37	8.88	焦灰	1.51	20.70
浮石	1.96	11.93	石油焦	1.78	20.70
磁黄铁矿	4.04	9.57	铜矿石	3.02	13.13
石英岩	2.71	12.18	珊瑚	2.70	10.16
石英	2.64	12.77	闪长岩	2.78	19.40
黄铁矿	3.48	8.90	白云石	2.82	11.31
金红石矿	2.84	12.12	刚玉	3.48	58.18
砂岩	2.68	11.53	铅锌矿石	3.97	11.35
石灰石	2.69	11.61	萤石	2.98	9.76
锰矿	3.74	12.46	辉长岩	2.83	18.45
云母	2.89	134.50	方铅矿	5.39	10.19
钼	2.70	12.97	柘榴石	3.30	12.37
页岩	2.58	16.40	玻璃	2.58	3.08
硅石	2.71	13.53	片麻岩	2.71	20.13
石英砂	2.65	16.46	金矿	2.86	14.83
碳化硅	2.73	26.17	花岗岩	2.68	14.39
银矿	2.72	17.30	石墨	1.75	45.03
烧结矿	3.00	8.77	砾石	2.70	25.17
高炉渣	2.39	12.16	石膏岩	2.69	8.16
板石	2.48	13.83	铁矿	4.27	13.11
硅酸钠	2.10	13.00	赤铁矿	3.76	12.68
正长岩	2.73	14.90	磁铁矿	3.88	10.21
锡岩	3.94	10.81	铁燧岩	3.52	14.87
钛矿	4.23	11.88	蓝晶石	3.23	18.87
暗色岩	2.86	21.10	铅矿石	3.44	11.40
铀矿	2.70	17.63	氧化铝	3.90	17.50

2）入料粒度与处理能力

入料粒度和处理能力是破碎过程中两个重要的技术指标，是破碎机械选型主要遵循的依据。破碎过程中粗、中、细碎所面临的主要问题不同，设备考虑的出发点也会不同。

粗碎过程需要重点考虑破碎力，因为粗碎过程瞬间处理的物料颗粒数少，属于大粒度单颗粒破碎过程，需要瞬间的输入破碎力大，要求粗碎设备有足够的整体强度与刚度和瞬间的大功率输出。尽量选用以刺破、剪切、冲击、挤压为主的破碎方式，克服物料的抗拉或抗剪切强度破碎。粗碎机械选择：中等左右强度物料宜选用分级破碎、冲击式破碎机等，坚硬物料采用颚式破碎机或者旋回破碎机（大处理能力）。粗碎破碎设备技术对比如表15-9所示。

表 15-9　常见粗碎破碎设备技术对比①

类型	参考型号	入料粒度/mm	出料粒度/mm	入料口尺寸/(mm×mm)	设备尺寸：高×长×宽/(m×m×m)	设备高度与颚破碎机比较差异	驱动功率/kW	处理能力/(t/h)	破碎强度/MPa	破碎面类型	功能部件尺寸/(mm×mm)	转速/(r/min)	设备质量/t
分级破碎机	H1250(TCC)	1200	300	3000×3000	1.6×8.0×3.6	-168%	500	8000~10000	200	点接触式	齿辊直径×辊长 1500×3000	30	80
颚辊破碎机	ERC25-34(Krupp)	1100	300	1300×3400	4.3×5.6×7.1	1	600~800	4400~8800	200②	点-面接触式	偏心辊径×辊长 2500×3400	130~200	240
复摆颚式破碎机	C200(Mesto)	1200	300	1500×2000	4.5×6.7×4.0	+5%	300	855~1110	300	面-面接触式	入料口 1500×2000	200	147
简摆颚式破碎机	PEJ(沈冶)	1250	170~220	1500×2100	4.5×9.2×9.1	+5%	280	400~500	300	面-面接触式	1500×2100	100	220
旋回破碎机	TSUV1400×2200(FLSmidth)	1200	300	入料口宽度 B:1400	8.0×9.0×5.6	+78%	600~750	6208~9490	300	面-面接触式	入口宽度:1400 动锥直径:2200	120	250

① 表中数据来源于各品牌官方网站和公开宣传资料,仅供参考;

② 此数据是该产品宣传材料涉及的可见数据,实际破碎强度应可以达到 300 MPa。

细碎过程需重点关注破碎比和持续能量输出,细碎过程属于颗粒群破碎或料层破碎,需要破碎设备的破碎比较大,能量的持续输入强度高,此时,"石打石"冲击式破碎机、大功率反击式破碎机、高压辊磨机等便成为重点选择对象。如果细碎过程对产品粒度的中间粒度组成有较大期望,在控制粒度上限前提下最大程度提高中间粒级产量,此时分级破碎技术和设备就有其技术优越性。

中碎过程破碎机械选择是最多元化的,需要根据不同情况酌情决定。对于中碎产品及作为最终产品的矿物、石灰石、焦炭、电石等,分级破碎便是最佳选择。后续还有磨矿流程,如果对过粉碎敏感度不高,则圆锥破碎机、锤式破碎机、反击式破碎机、颚式破碎机都在考虑范围内,可同时参考其他因素进行选择,如性价比、设备高度、可靠性、运转稳定性、维护量等。

3)流程工艺确定破碎设备种类

破碎机械是服务于不同的工业流程的,破碎机选型也要与工艺流程具体要求相适应。如工艺流程追求流程简化、整体高度空间小、最终产品粒度要求严格、细粒增量少、处理能力大等不同的设计目标,则就要有相应的破碎设备的选型原则与之相匹配。

(1)流程简化

传统的选煤工艺流程如图 15-1(a)所示,传统的辊式破碎机不能严格保证产品粒度,使得后续选煤流程不能正常运行,出现管路或选煤设备的堵塞,所以需要采用先筛分-筛上物返回破碎的闭路破碎流程。

采用分级破碎机后,因为分级破碎机具有严格保证产品粒度、筛分破碎双功能、处理能力大、运行可靠性高等技术特点,井下原煤由斜井皮带运输上井,直接给入分级破碎机,破碎产品满足选煤粒度要求,通过皮带直接运到选煤厂,给入浅槽等洗选设备。流程如图 15-1(b)所示,相当于用一台设备取代了采用齿辊破碎机的整个原煤准备车间。

对比(a)、(b)两个流程,因为破碎设备的工作原理和性能不同,就可形成不同的工艺流

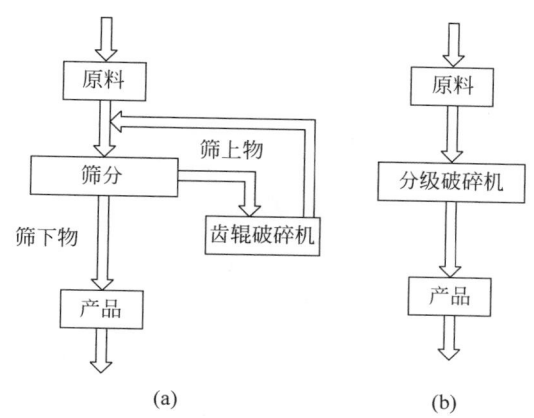

图 15-1　破碎机类型与工艺流程简化
(a)齿辊破碎机闭路破碎;(b)分级破碎机开路破碎

程,带来的是工艺流程的大幅简化和基建及设备费用的大幅度降低,所以不同的工艺流程需要选用与其设计目标相适应的破碎设备。

(2)厂房高度

工艺系统设计过程中,如果想要尽量控制厂房高度,那么不同类型破碎机因为工作原理和结构特点的差异,在相同入料粒度情况下,其设备高度差异较大,尤其是作为初级破碎设备。图 15-2、图 15-3 展示了相同破碎技术要求下不同类型破碎设备的高度和自身质量对比,设备高度,整个破碎系统的总高度差异会更显著,这样在给料难度、系统造价、安装维护等方面就会产生非常大的差异,可见破碎设备的选型具有非常重要的影响。

15.1.2　发展历程与趋势

1. 破碎机械发展历程

工业化之前,破碎作业应该是历史最为悠久的,伴随着人类社会的发展而发展。早在石器时代,人类就已经利用石器进行最为原始的破碎作业了,石锤、凿、磨盘等是人类最早的破碎工具。进入青铜时代的锛、凿(图 15-4)等,作为简易的破碎工具促进了人类的发展进步。铁器时代逐步发展起来的各种铁器工具,如斧、锛、凿、锥、钳、砧等破碎、磨碎工具,一直沿用到近代,甚至在我们现代生活中还在使用。

公元前 2000 多年就出现了最简单的粉碎工具——杵臼。杵臼进一步演变为公元前 200—

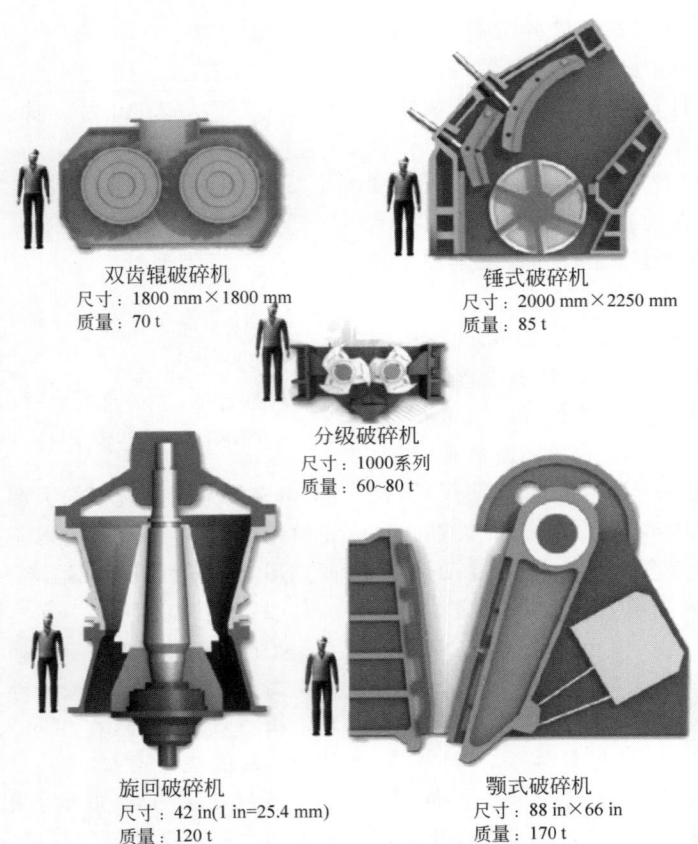

双齿辊破碎机
尺寸：1800 mm×1800 mm
质量：70 t

锤式破碎机
尺寸：2000 mm×2250 mm
质量：85 t

分级破碎机
尺寸：1000系列
质量：60~80 t

旋回破碎机
尺寸：42 in(1 in=25.4 mm)
质量：120 t

颚式破碎机
尺寸：88 in×66 in
质量：170 t

图 15-2　不同类型粗碎设备相同技术要求下设备高度和自身质量对比
主要参数：处理能力 1000 t/h；入料 750 mm；出料 250 mm；破碎物料：中等硬度

(a)　　　　　　　　　　　　　　　　(b)

图 15-3　采用颚辊破碎机和旋回破碎机破碎系统高度对比
（a）采用颚辊破碎机 ERC 破碎流程系统；（b）采用旋回破碎机破碎流程系统

图 15-4　青铜锛、凿三件

图 15-7　水车驱动齿辊式破碎机

前 100 年的脚踏碓（图 15-5）。最早采用连续粉碎动作的破碎机械是公元前 4 世纪由鲁班发明的畜力磨（图 15-6），另一种采用连续粉碎动作的破碎机械是辊碾，它的出现时期稍晚于磨。公元 200 年之后，中国杜预等在脚踏碓和畜力磨的基础上研制出了以水力为原动力的连机水碓、连二水磨、水转连磨等（图 15-7），把生产效率提高到一个新的水平。这些机械除用于谷物加工外，还扩展到其他物料的粉碎作业上。这些工具运用了杠杆原理，初步具备了破碎机械的雏形，不过，它们的粉碎动作单一，效率低，能量输入主要是人力、畜力等生物能。

图 15-5　脚踏碓

图 15-6　畜力磨

19 世纪以后，蒸汽机和电动机出现，人类进入工业化时代，破碎工具也由简单的间歇性、由生物能驱动的方式进化为工业机械，破碎作业的发展很大程度上和破碎机械的发展相融合了。

一方面，近代的破碎机械是在蒸汽机和电动机等动力机械逐渐完善和推广之后相继创造出来的。另一方面，粉磨机械也有了相应的发展，19 世纪初期出现了用途广泛的球磨机；1870 年在球磨机的基础上，发展出排料粒度均匀的棒磨机；1908 年又创制出不用研磨介质的自磨机。20 世纪 30—50 年代，美国和德国相继研制出各类辊磨机。

爆破技术及机械化的应用与快速进步，使得采矿过程中形成的矿物颗粒粒度增大，生产能力也越来越强。这就要求破碎设备的入料粒度和处理能力不断加大，从而促进了破碎、磨碎设备的发展与进步。

2．破碎机械发展趋势

破碎机械发展至今，破碎强度、处理能力、粒度上限都已基本满足了工业发展的技术需要，今后大的发展趋势是在各项指标和可靠性继续提高的基础上，探索突破性的破碎理论与技术方法，显著提高破碎过程能量利用率、降低设备磨损和零件消耗，以实现破碎机械的零排放和零能量浪费。

1）突破性破碎理论与技术方法的研究

矿石破碎过程能量消耗巨大。根据国家统计局数据，破碎磨矿（以下简称破碎）能耗可达全国总能源消费的 1.15% 以上，直接消费能量约 1.520×10^3 PJ。世界上用于碎矿、磨矿的电能占总电能消耗 3.3% 左右。如此巨大的能量消耗相对应的却是破碎能量效率仅为1%～2%。与人类工业快速发展、破碎机械突飞猛进相对应的是破碎能耗理论在几十年的时间里却进步缓慢。

早在19世纪,国内外众多研究者就开始关注破碎能耗问题。以Rittinger、Kick和Bond为代表的研究者分别提出了破碎作业输入能量与破碎前后矿物特征参数(面积、体积及裂缝等)之间关系的假说,尽管后来的研究者对上述假说进行了修正,提出更加精确的粉碎功耗计算方法,但这些假说都是尝试从输入能量与破碎前后矿物特征参数建立经验模型,导致研究结果的应用缺少普适性,制约了物料破碎过程的节能、环保和智能化发展。如果没有破碎理论与相关技术方法的突破性发展,很难实现破碎机械的零排放和零能量浪费。

2) 料层选择性破碎

从基于单颗粒或颗粒群的破碎原理,发展到以层压料层破碎的新型破碎机,将成为破碎设备的发展方向。高压辊磨机、单缸圆锥破碎机、振动颚式破碎机、惯性圆锥破碎机等新型破碎设备都很好地应用了"料层选择性破碎"原理,使物料的细碎技术领域进入了崭新阶段,实现了物料的"多碎少磨",扩大了破碎机的应用范围。

3) 材料、焊接、液压等机械最新成果推动破碎机械更加可靠与可控

各类新型耐磨材料和防磨损强化工艺、3D打印增材制造,破碎机箱体从铸造到高强焊接,破碎体、主轴等锻造增强,液压系统替代原有的弹簧系统,液压动力在有些场合替代传统机械减速传递方式,都将从不同层面推动破碎机械的可靠性、可控性和针对恶劣工况的适应性。

4) 创新性破碎技术和产品研究

从传统的机械力破碎方式到电脉冲预处理、激光破碎、高压水射流、低温破碎等新型破碎方式,各类创新性能量利用方式、创新性破碎设备工作原理和机械结构,对破碎解离的准确性、高效性和前沿性都提出更高要求,因此需要在这些新技术方面实现更大突破。随着国民经济的快速发展,对物料破碎在质和量的方面都提出了更高的要求。

5) 智能化、定制化

生产系统智能化的基石是设备智能化,未来的生产将在现有自动化基础上,由信息物理系统(cyber physical system,CPS)将物料信息、生产设备、自动化控制、人员管理系统紧密结合在一起,检测设备与生产设备。生产设备与管理系统都将实现数字互联和信息交流,使生产系统转变成一个自运行智能环境,甚至能够连接远在千里之外的产品,形成更大的智能物联网。

例如,炼钢厂因焦炭灰分超标而通过物联网直接控制选煤厂旋流器底流口的调整,这样的事情便不足为奇。破碎设备应用的智能化首先是标准化、模块化、数字化,并在此基础上实现信息化和智能化。在这样的环境下,破碎设备同样需要实现从机械化到信息化再到智能化的发展。

生产系统的智能化、定制化运行同样要求每一台设备都具有高度定制化的特点,根据用户的实际需求自由切换和调整技术参数,以高效满足物联网情境下的技术需求。同时,要求设备具有智能故障诊断和故障自愈等功能。

15.1.3　破碎机械安全使用规范

破碎机械功能特性决定了该类机械具有很大的操作危险性和环境破坏性,使用过程中稍有不慎就有可能造成较大安全事故甚至人身伤亡。该类机械旋转部件多,破碎腔敞口大,运行功率大,运行环境中的噪声、粉尘会影响视听等,这些都是破碎机械容易出现安全事故的主要原因。

1. 一般要求

(1) 破碎设备预定使用的安全措施应符合国际和行业相关标准的要求。

(2) 破碎设备应按人机工程学原理设计,以降低劳动强度,避免操作者疲劳。

(3) 操作者工作时应采取必要的防护措施,如防缠绕、防飞溅、防噪声、防粉尘等防护措施,在破碎机械运行环境中,这些都需要重点防护。

（4）锐边、尖角和凸出部位的设计应避免对人身造成不必要的割伤、刺伤、磕碰等伤害。

（5）如有与冷或热表面接触的危险,应设醒目的警告标志和防护装置。

（6）高压管、软管和管接头应确保结构可靠,允许压力满足安全标准。软管应标明最大工作压力。在操作位置附近的软管或管子必要时应安装防护罩,避免管子或软管爆裂瞬间,高压液体伤害操作者。

（7）进入操作和维修位置的通道装置应符合 GB/T 17300—2017 的规定。

（8）破碎设备周围应留有足够的操作和维修的空间,避免空间局促造成磕碰或遇危险逃离时受到限制。

（9）在高温、高寒环境下工作,对操作人员应有必要且充分的防暑降温、防寒或防潮湿等保护措施。

2．操作位置

（1）破碎设备的操作应在周围环境对人员没有危险的状态下进行。

（2）操作位置应能预防物料下落产生的危险,对进料、出料、输送等过程应采取必要的防护措施。

（3）操作位置应有便捷的通道及可视性,保证不对人员构成危险。

（4）操作室门开的方向应能使操作人员在出现危险时快速离开。

（5）破碎设备的工作平台要安装护栏,以防人员跌落。

（6）主操作室的噪声不应超过 85 dB(A)。

（7）主操作室座位处的加权均方根加速度修正值不应超过 1.25 m/s^2,振动试验参照 GB/T 8419—2023 的方法进行。

（8）主操作室的粉尘浓度不应大于2 mg/m^3。

（9）操作位置附近不应有易燃易爆物品。

3．控制系统与装置

（1）破碎设备控制系统安全部分应符合 GB/T 16855.1—2018 的规定。

（2）控制系统应设置一个能正常停机的总停开关,在工作过程中必要时可随时实现安全停机。

（3）实现急停功能的急停装置应符合 GB/T 16754—2021 的要求。对于电气设备急停的特定要求应符合 GB/T 5226.1—2019 中的 9.2.2、9.2.3.4 和 10.7 的要求。

（4）急停后正常功能的恢复只能在急停装置上通过手控操纵进行。

（5）动力供给中断后,只能通过手控操纵才能重新启动;当动力供给故障或液压、气动系统压力下降时,应有保护措施,以免发生危险。保护装置和防护措施应保障有效。

（6）系统发生紧急情况时,应有报警系统自动发出报警信号。报警信号应能方便发出和接收,并与相应的安全装置联锁。

（7）控制装置的操作应安全、快捷、可靠,其设计配置和标志应符合 GB/T 15706—2012 的规定。主要的控制装置应布置在操纵的舒适区域内,辅助控制装置可布置在操纵的可及范围内或危险范围外的其他位置。

（8）所有的急停与安全装置应按其功能定期进行检查。

4．安全防护

（1）开展任何维修保养工作前,应切断动力电源,还应有警示装置,示意人员正在维修。

（2）破碎设备运动部件的设计、制造和安装应避免 GB/T 15706—2012 中所描述的危险:在机器的预定使用期间,始终存在的危险(例如:危险运动部件的运动、焊接过程中产生的电弧、不利于健康的姿势、噪声排放、高温);意外出现的危险(例如:爆炸、意外启动引起的挤压危险、破裂引起的喷射、加速/减速引起的坠落),使人员尽可能少地在危险区域内进行人工操作。

（3）对于人员可及范围内的旋转和传动部件,应配置防护装置。固定式防护装置应符合 GB/T 8196—2018 的规定,固定式防护装置应采用以下方式保持其位置:永久固定(如通过焊接);通过紧固件(螺钉、螺母)固定,使得不使用工具不可能将其移除/打开,固定式防护装置可采用铰接辅助打开。

（4）颚式(反击式)破碎机拉杆,应定期检查、更换,以免拉杆断裂所引起的任何危险。

（5）反击式、锤式破碎机,存在着物料及回转元件意外飞出的重大危险,进料口应使用幕帘和安装进料溜槽,且周围应设防护装置。操作者每班注意观察设备惯性运转件,如锤头、板锤等的磨损情况。

（6）齿辊式破碎机、分级破碎机破碎齿部的咬入能力和裹挟能力强,要求凡是进入破碎腔作业前,必须采取可靠有效的防齿辊偏移或旋转的防转机构或装置。

（7）进料溜槽应装检查门,其位置应便于接近。设备运转时,不应开启检查门,以免物料飞出伤人。观察门窗所有的紧固件应有可靠的防松功能。

（8）对于圆锥、旋回破碎机,配重采用把合形式的,所有紧固件应有可靠的防松。

（9）破碎机进料口应配有一定的辅助设备,防止大块物料进入时产生的堵塞。

（10）清除破碎腔阻塞物时,如果需要人员进入破碎腔内清理阻塞物,应系好安全带。为防止转子重心偏移,应采用防转动闭锁措施。

（11）当非破碎物料落入破碎腔过载时,保护装置应起作用。使用说明书应清晰描述破碎设备误入非破碎物料的排除方法。

（12）无特殊要求或保护措施的破碎机,不应带料启动。

（13）撕碎机装有高速转动锋利刀具。为避免人身伤害,机器配备安全系统防止操作者接触机器危险工作区域。

5．电气设备

（1）破碎设备所用电气设备的保护接地、绝缘电阻、耐压试验等要求应符合 GB/T 5226.1—2019 的有关规定。用于易燃易爆环境的电气设备应符合 GB/T 3836.1—2021 的规定。

（2）变压器或高压电缆四周应设置防护栏杆或将其布置在隔离间,并设置相应的安全标志。安全标志应符合 GB 2894—2008 的规定。

（3）破碎设备的电动机应设有短路保护、过载保护与缺相保护;对高压电动机,还应有延时低电压保护。

（4）破碎设备的轴承、电机、容易松动部位,宜配备相应的温度、振动、扭矩、噪声、粉尘等类型传感器,利于远程监测设备运行状况,实现设备的实时状态的监测与信息上传。

6．液压润滑系统

（1）液压系统应符合 GB/T 15706—2012 的规定,系统压力不应超过管路的最大工作力,压力下降与液体泄漏时,不应导致危险。系统应配置温度或压力监控装置,在温度或压力超过许可范围时发出警报。

（2）用于压力超过 15 MPa 的软管应是预制成型的。软管应与电线隔离开,并避开热的表面和锐边。移动的液压软管应配备导向装置。

（3）液压油箱应有液位指示器,各液压元件、接头处不能漏油。

（4）润滑系统应安全可靠,如用油站润滑,则油泵电动机与主电动机应有电气联锁装置,当润滑系统发生故障不能正常工作时应发出信号,保证主电动机自动停车,并应设有油温异常、油量不足或油压下降超出允许值时的信号装置;润滑系统中应设有安全阀、压力计、温度计等安全装置。

（5）液压、润滑系统应安装在防火和通风的安全位置,它可以与主机隔开。

7．安装、运行、维护和保养

（1）破碎设备使用现场应具备可靠的起吊装置。

（2）安装设备的基础应可承受预定载荷,且表面平整,易于设备的安装。

（3）破碎设备应按逆物料处理流程方向逐机启动,顺物料处理流程方向延时逐机停机。

（4）启动机器的装置应位于能看到机器周围情况的地点,停车开关应设在该机器附近;如在启动装置处看不到被启动的机器,则应有启动预示信号（电铃或指示灯）,而且应在得到允许开车的信号后,方可开车。

（5）润滑点应能清晰识别、易于接近,对人不应造成危险。

（6）打开检修门或机壳进入机内维修,应有支架或其他预防措施,以防意外关闭,造成危险。

（7）破碎设备内部易损件磨损不能胜任工作时应及时更换。

（8）受到离心力作用的运动部件应固定可靠，其固定件应定期检查其磨损情况和磨损是否均匀，确保设备运转的动平衡满足使用要求，否则必须及时更换。

（9）检修时应将破碎腔内的物料排净方可进行，以免维修时物料下落伤人。

（10）在更换易损件时，如果需要灌铸锌基合金或环氧树脂，应保证通风良好并对人员和周围环境采取防飞溅的保护措施。

8．平台和通道

（1）破碎设备的工作平台周围，应设防护栏杆。工作平台设有梯子和护栏。梯子的设计应符合 GB 4053.1—2009 和 GB 4053.2—2009 的规定，护栏的设计应符合 GB 4053.3—2009 的规定

（2）走道和工作台应避免油和水的聚集，应有防滑措施。

（3）走道和工作台应满足预期的承载及空间要求。

（4）通道口保持通过通畅，如有物体碰撞、坠落危险的地点，均应设置醒目的警告标志和防护设施。

9．照明

（1）破碎设备工作现场应有照明装置。

（2）操作室及维修点的照度不应低于100 lx。

（3）在有爆炸性气体、粉尘或危险性混合物的工作环境中，应选用安全型灯具。

10．防火防爆

（1）破碎设备的电控室和操作室应采用防火材料。

（2）对有可能产生起火和爆炸的危险设备，制造商应在说明书中提出警告。

（3）破碎设备的工作场地应定点放置灭火装置。

（4）手提式灭火器应符合 GB 4351.1—2005 的规定。手提式灭火器应放置在方便易取的地方，取放不应需要任何工具。

11．警告装置

（1）发出信号的警告装置必须能准确、清晰地发出警告信号，操作者应定时检查所有的

警告装置。

（2）有紧急危险时，必须有警告装置对作业范围内的人员发出报警信号。

12．常见危险因素

破碎设备寿命期内，在运输、安装、使用和维护过程中可能产生的危险见表15-10。

表 15-10　常见危险因素

序号	危 险 因 素
1	缠绕或卷入
2	摩擦或磨损
3	液体、气体的泄漏与喷射
4	元件、物料的抛射与坠落
5	锐边、角形部件
6	触电
7	与冷或热的表面接触
8	工作环境过热或过冷
9	噪声危害
10	振动危害
11	火灾与爆炸
12	操作位置不符合人机工程学原理
13	个人防护不当
14	误操作
15	照明不足
16	人员滑倒、绊倒、跌倒或从平台、梯子上跌落
17	能源供应失效
18	控制系统失灵或缺失
19	液压、气动管路和电缆破裂
20	运动部件无防护装置
21	过载保护、电气保护装置失灵或缺失
22	急停装置失灵或缺失
23	安全信号和报警装置失灵或缺失
24	报警信号失灵或缺失
25	紧固件的松动
26	接触或吸入有害液体、气体、水雾、烟雾和灰尘

注：上述危险不会同时发生在同一种破碎设备上。

15.2　圆锥破碎机

15.2.1　概述

圆锥破碎机是破碎腔以面接触方式对物料进行挤压、研磨破碎，适用于中硬及坚硬物料和脆性物料的粗、中、细碎作业的高效破碎

设备。其主要用于矿石的一级、二级或三级破碎作业。粗碎圆锥破碎机又称为旋回破碎机（以下统称为旋回破碎机），用于一级破碎，入料粒度一般可达 1500 mm，出料粒度一般为100～300 mm，单机处理能力可达 10 000 t/h，最大装机功率可达 1200 kW。中细碎圆锥破碎机（以下没有特殊说明情况下统称圆锥破碎机）最大入料粒度一般为 300～400 mm，单级合理破碎比范围为 3～6，产品粒度一般为 10～50 mm，最小为 3～5 mm。圆锥破碎机的产物粒度分布曲线如图 15-8 所示。

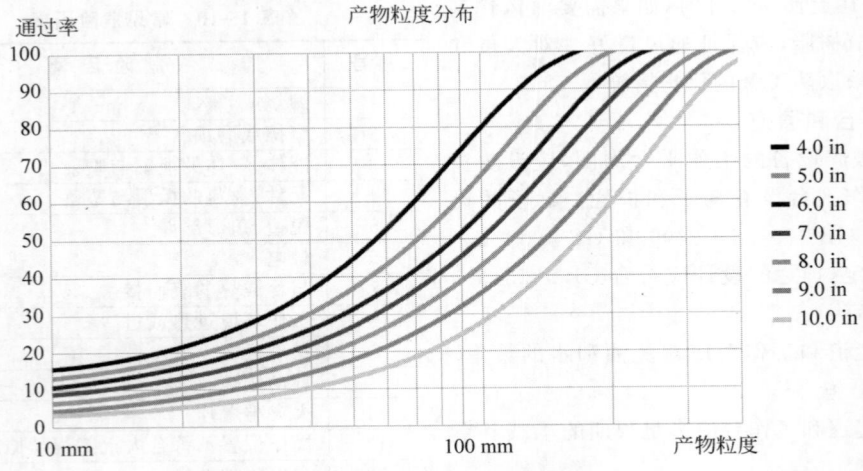

图 15-8　圆锥破碎机的产物粒度分布曲线

注：1 in＝25.4 mm。

圆锥破碎机破碎矿石或岩石普氏硬度在 5～16，如铁矿石、石灰石、铜矿石、石英、花岗岩、砂岩等。其可广泛用于矿山行业、冶金行业、建筑行业、筑路行业、化学行业及硅酸盐行业。

圆锥破碎机的破碎原理如图 15-9 所示，破碎壁（动锥）轴线在偏心套的带动下产生偏心距作旋摆运动，与固定轴线的轧臼壁（定锥）产生环状的交替变换空间，当破碎壁在一侧靠近轧臼壁，破碎腔空间变小，对物料进行挤压、冲击破碎；同时，对侧破碎壁则正好远离轧臼壁，破碎空间变大，刚刚被挤压破碎后的细粒物料靠重力排出。这样的破碎、排料过程沿圆周方向连续交替进行。物料沿着破碎腔从上到下，不断重复被压碎、下落，再被压碎、下落的过程，直到破碎的粒度变得足够小，以便它可以通过狭窄的出口为止，这个出口就是圆锥破碎机的排料口。一些圆锥破碎机技术参数见表 15-11，圆锥破碎机的处理能力见表 15-12，圆锥破碎机状态监测系统见表 15-13。

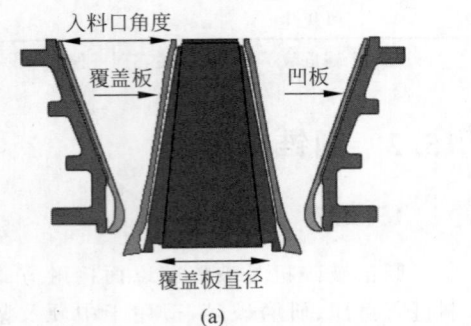

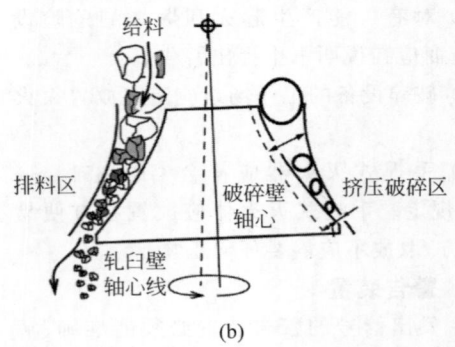

图 15-9　圆锥破碎机的破碎原理

（a）粗碎圆锥破碎机（旋回破碎机）；（b）中、细碎圆锥破碎机

表 15-11 圆锥破碎机技术参数

型号	生产时间	牌号	进料口/mm(由英寸换算)	处理能力/(t/h)	功率/kW	功率质量比	破碎比	剥离时间/h	备注
Bulldog	1905	Mk I	457	200	150	1:1	2.5:1	48	侧向卸料-皮带驱动(平带,之后为V字形带)
	1910	Mk I	1219	1200	225	1:1	2.5:1	48	需要每日多次维护
	1919	Mk I	1524	2000	330	1:1	2.5:1	48	在50年间不断改进,成为其他型号的设计基础
	1950		已被取代						销量超2400台
TC	1950	Mk II	1524	3000	375	1:1.5	3.5:1	30	循环卸料-皮带驱动(平带,之后为V字形带)
	1969	Mk II	1829	3400	525	1:1.5	3.5:1	30	20世纪60年代初引入的液压调节
	1990		已被取代						
NT	1990	Mk III	1524×2870	4500	750	1:1.7	4.0:1	17	循环卸料-轴驱动
	2005	Mk III	1524×2870	6000	1000	1:2.0	4.0:1	17	有限元分析与现代控制的结合
	2013		仍在使用						模块化和简化的组件
TSU	2006	Mk IV	1600×2896	8000	750	1:1.7	4.5:1	5	循环卸料-轴驱动
	2009	Mk IV	1600×2997	10 000	1200	1:2.3	4.5:1	5	有限元分析与现代控制的结合
	2013		仍在使用						从顶部维修偏心轮
TSUV	2020	Mk V	1829×3302	15 000	1500	1:2.7	4.5:1	4	作为TSU,但有更多增强。外壳可旋转,主轴位置可自动校准

表 15-12　圆锥破碎机处理能力

型号	最大排料口							
	102 mm	127 mm	152 mm	178 mm	203 mm	229 mm	254 mm	279 mm
900×1500 1100×1500	680～1058	1199～1823	1536～2259	1915～2749	—	—	—	—
1100×1900 1300×1900	—	1474～2272	2254～3383	2800～4058	3396～4766	—	—	—
1400×2200 1600×2200	—	—	2351～3791	2886～4519	3472～5300	—	—	—
1600×2600 1800×2600	—	—	2926～4842	4142～6733	4913～7821	5436～8494	—	—
1600×3000 1800×3000	—	—	—	4800～6050	5550～7450	6700～8750	7500～9650	8250～10 750
1600×3300 1800×3300	—	—	—	5000～6100	7250～8750	8600～10 100	10 500～12 550	12 400～14 400

注：所有处理能力均基于堆积密度为 1.65 t/m³ 和黏结破碎功指数为 13 kW·h/t 的材料。最小和最大处理能力基于细粒和粗粒的进料级配。细粒：$F_{80}=450$ mm。粗粒：$F_{80}=700$ mm。

表 15-13　TSUV 圆锥破碎机状态监测系统

监测类别	监测内容	优　点	服务包级别	
			级别 Ⅰ	级别 Ⅱ
过载检测	一般过载警告	这些功能都由智能控制系统监控,目的是避免轴承、框架、偏心主轴、齿轮和传动装置长期磨损与过载损坏	是	是
	高比功率		是	是
	缸套磨损		是	是
	过度颠簸		是	是
	过粉碎		否	是
	细粒过多		否	是
	矿石硬度高		否	是

续表

监测类别	监测内容	优 点	服务包级别	
			级别 I	级别 II
破碎机轴承	整体轴承状况	及时在开机前更换部件,防止严重故障发生	是	是
	中间轴轴承		是	是
	外偏心轴瓦		是	是
	内偏心轴瓦		否	是
	主轴磨损环		否	是
振动	中间轴轴承	自动在开机前更换部件,防止严重故障发生	否	是
	波形弹簧		否	是
	齿轮状况		否	是
	不定期监测		否	是
机油润滑系统	泵的磨损情况	自动调整润滑系统,避免破碎机自动停机	是	是
	过滤器工况		是	是
	水库水位监测		是	是
	流量分流监测		是	是
	冷却系统优化		是	是
	机油污染监测	改善油的清洁质量和防尘密封系统的监控,从而提高了润滑系统部件和轴承的使用寿命	否	是
	防尘密封系统		否	是
润滑油润滑系统	润滑油液位监测	确保轴承间有充足的润滑油,避免低油位引起跳闸	是	是
	润滑油流量监测		是	是
液压系统	泵的磨损情况	自动维护润滑系统,避免中断破碎机最大排料口的调整	是	是
	过滤器工况		是	是
	水库水位监测		是	是
	泄漏监测	防止主轴偏移和产物粒度过大	是	是
	活塞密封损坏	自动更换机油,从而延长液压系统部件的使用寿命	是	是
	机油污染监测		否	是
衬垫	磨损监测	优化衬垫更换计划	是	是

圆锥破碎机的破碎原理如图 15-10 所示。圆锥破碎机工作时,破碎机的水平轴由电机通过三角皮带和皮带轮来驱动,水平轴通过大、小齿轮带动偏心套旋转,破碎机圆锥轴在偏心套的带动作用下,使得破碎壁表面时而靠近轧臼壁表面,时而远离轧臼壁表面,破碎过程就在固定的轧臼壁(定锥)和旋回运动的动锥(破碎壁)之间完成。物料在破碎腔内不断地受到挤压、折断和冲击而破碎。破碎后的物料在自重的作用下从破碎机下部的排料口排出。圆锥破碎机动锥的上腔支撑在固定主轴上端的球面轴瓦上,其下腔与偏心轴套连接,其运动由偏心轴套直接带动。当偏心轴套绕主轴旋转时,动锥不仅随偏心轴套绕机器的中心线做旋转运动,而且还绕自己的轴线旋转,动锥的整体绕着其球面支承中心作空间旋摆运动。

动锥(破碎壁)的轴线与主轴(轧臼壁)轴线相交于固定点,即球面中心点,其夹角称为进动角。破碎机运转时,动锥轴线相对机器中心线作圆锥面运动,其锥顶为球面支承中心,该点在动锥的运动过程中始终保持静止。因此,动锥的运动可视为刚体绕定点的转动,即动锥的运动由两种旋转运动组成:进动运动或牵连运动(动锥绕机器中心线作旋转运动)和自转运动或相对运动(动锥绕自己的轴线作旋转运动)。

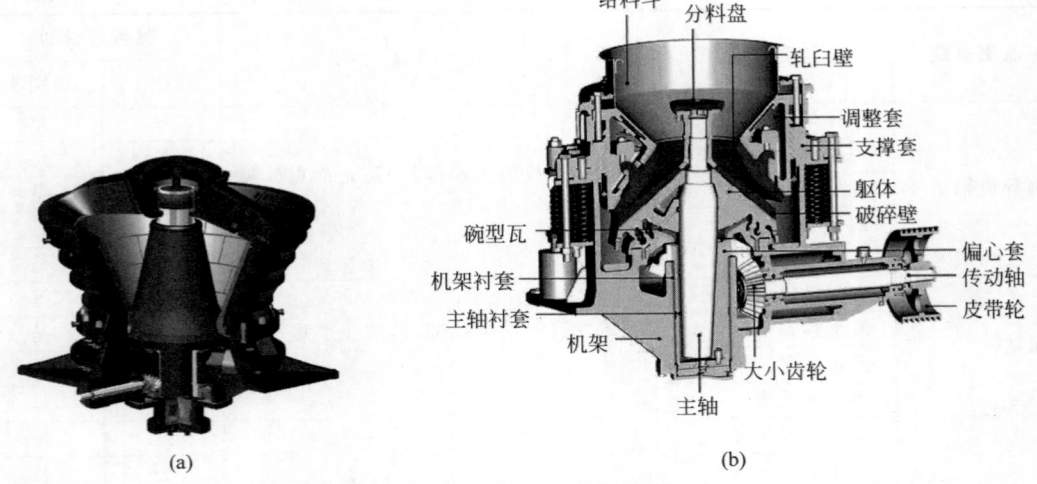

图 15-10　圆锥破碎机的机械结构原理
（a) 旋回破碎机；（b）圆锥破碎机

圆锥破碎机的规格型号一般由动锥衬板所覆盖的动锥工作面的底部直径确定,相比于其他类型破碎设备,圆锥破碎机具有破碎比大、产品粒度均匀、生产效率高、能耗低以及排料口便于调节等特点,易于实现自动控制,常布置于破碎工艺流程的末端,对控制最终破碎产品尺寸和粒型起到关键作用。

15.2.2　主要技术性能参数

圆锥破碎机在设计研发或选用过程中,主要的技术性能参数可分为破碎性能参数和机械结构与运行技术参数两大类。破碎性能参数是与破碎物料的强度特性、粒度、粒形、破碎能力等相关联的工艺性能指标,如破碎强度,给料口、排料口尺寸,平行带腔形与长度,破碎啮角,生产率,比能耗等。机械结构与运行技术参数则包括电机功率、偏心轴转速、进动角、排料口调节方式、定锥的调整与固定方式、防尘密封、动力传动方式、比质量、比体积等。

1. 圆锥破碎机在破碎流程中的应用

如上文所述,在矿物或岩石的破碎流程中,旋回破碎机或后面章节介绍的颚式破碎机作为一级破碎设备,圆锥破碎机则在二级或三级破碎中使用,破碎产品一般可作为最终产品使用、出售或进入后续磨矿、高压辊磨等环节。

在破碎流程中起到粗、中、细碎的作用。圆锥破碎机很多时候起到粒度把关或者产品整形等控制性作用。

旋回破碎机问世几百年以来生产能力一直比颚式破碎机高 3～4 倍,因此是大型矿山和其他工业部门对各种坚硬物料的粗碎作业中应用广泛的典型设备。

旋回破碎机的主要优点是破碎过程是沿着圆环形的破碎腔连续进行的,因此生产能力较大,单位电耗较低,工作较平稳,适于破碎片状物料,破碎产品的力度比较均匀,可广泛用于粗碎、中碎各种硬度的矿石。其缺点是结构复杂,检修比较困难,修理费用较高;机身较高,增加厂房与基础建设费用。

2. 破碎物料的物理性质

圆锥破碎机因采用面接触破碎方式,破碎工作面大,强度高,耐磨损性能强,腔体磨损粒度超限后,后排料口可以调小继续工作。这些特点都使得其适用于中硬及坚硬物料和脆性物料的破碎作业。圆锥破碎机适用于中等硬度(一般指抗压强度 120 MPa)以上脆性岩石,不适合黏湿物料或者韧性、塑性物料的破碎作业。对于中硬以下页岩、泥岩、煤炭等因其层状节理显著,遇水容易出现粘湿粘堵等问题,所以较少使用。

3．给料口和排料口宽度

圆锥破碎机的给矿口宽度，是指可动锥离开固定锥处两锥体上端的距离。旋回破碎机给矿口宽度的选取原则与颚式破碎机相同，$B=(1.15-1.25)D$。中、细碎圆锥破碎机，一般给矿口宽度 $B=(1.20-1.25)D$，其中，D 为给矿粒度。当两破碎部件旋摆到最近距离时，其上部最小距离称为紧边给料口；当两破碎部件旋摆到距离最远的位置时，其上部最大距离称为松边给料口，松边给料口决定给料的最大尺寸。按一般常规，最大给料尺寸不超过松边给料口的80%。

4．排料口宽度

排料口是指当两破碎部件旋摆到最近的位置时，其底部最近两点间的距离。圆锥破碎机动锥偏心旋摆的运动特点决定了排料口从最紧边到最松边在一定范围内变化，如图15-11所示，排料口尺寸在 $e_{min}\sim e_{max}$ 变化。

破碎机工作过程中，排料口的尺寸设置非常关键，直接决定了设备的处理能力、合格产品率、破碎过程能量利用效率，产品粒度组成、产品粒形等。排料口尺寸大小选择与破碎过程物料通过量及合格产品的相互关系见图15-12。

圆锥破碎机主要结构术语如图15-13所示。

图15-11　圆锥破碎机排料口变化示意

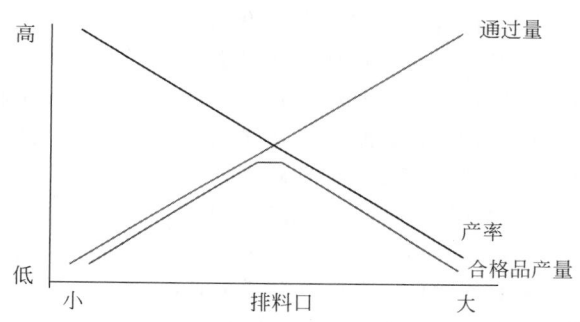

图15-12　排料口尺寸与破碎通过量及合格产品产量的关系

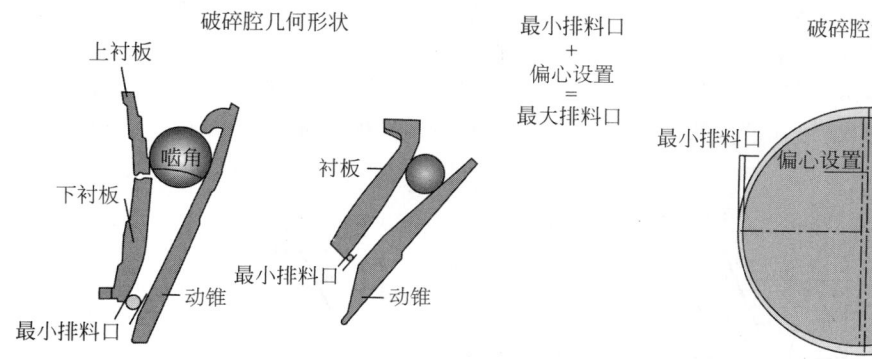

图15-13　圆锥破碎机主要结构术语

排料口宽度是破碎产品粒度的决定性参数。对于中、细碎，在确定中碎圆锥破碎机排料口宽度时，必须考虑破碎产品中过大颗粒对于细碎机给矿粒度的影响，因为中碎机一般不设检查筛分，而细碎圆锥破碎机通常都有检查筛分。中碎排料口宽度 e 与产品允许最大粒度之间的关系为 $e=d_{max}/Z$，其中，Z 按照软矿石、中硬矿石、硬矿石分别取值 1.6、1.9 和 2.4，细碎时排料口宽度一般是所要求产品粒度尺寸。

5．破碎腔形与平行带

在旋转周期中定锥和动锥衬板的下部最靠近时，在某一范围内两衬板近似相互平行，该区域称为平行带。以平行带为主要代表的圆锥破碎机破碎腔的形式见图 15-14，图中 D 为底锥直径，B 为给料口宽度，e 为排料口宽度，l 为平行带长度。标准型的平行带短，l 约为 0.085D，用于中碎；中间型的平行带适中，用于中、细碎；短头型平行带最长，l 约为 0.16D，用于细碎。

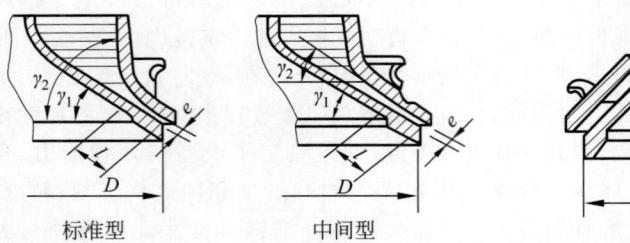
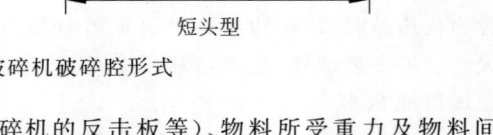

图 15-14　中、细碎圆锥破碎机破碎腔形式

6. 圆锥破碎机的啮角

人对食物营养的摄取与消化开始于张开嘴咬住食物，随后是咀嚼初步消化。与此类似，破碎机对物料的破碎过程，是从对物料的咬入开始的，咬入效率高，不但能提高物料通过破碎腔的总体速度，提高破碎机的处理能力，同时还能降低在入口处相互刮擦产生的破碎机入口部位磨损和物料的过粉碎，并减少此过程不必要的能量消耗。万事开头难，破碎物料的咬入直接决定了整个破碎效果与效率，是至关重要的一环。

破碎机对物料的咬入主要靠以下几种因素完成：破碎壁和物料的摩擦力、破碎腔对物料的挤压力、破碎部由几何形状产生的夹带力（比如齿辊破碎机的齿、锤式破碎机的锤、反击破碎机的反击板等）、物料所受重力及物料间的相互挤压朝向排料口的分力等。

圆锥破碎机，尤其是粗、中碎过程中，破碎壁形状多为有一定夹角的局部近似平面的挤压作用，由于破碎部几何空间产生的夹带作用不明显，同时物料间的相互作用，兼有对咬入有利的向下分力和不利的向上分力，所以这两项因素可以忽略。重点是考虑摩擦力和破碎腔作用力，而这两种因素就体现在破碎过程中的啮角。

啮角是指可动锥和固定锥表面之间的夹角。破碎机咬入物料能力的重要技术指标，主要由物料与破碎壁的摩擦力、破碎腔形成的夹角两部分决定。

1）粗碎圆锥破碎机（旋回破碎机）的啮角
粗碎圆锥破碎机啮角如图 15-15 所示。

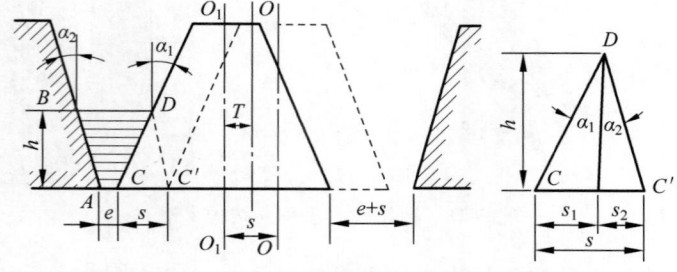

图 15-15　粗碎圆锥破碎机（旋回破碎机）的啮角

$$\alpha = \alpha_1 + \alpha_2 \leqslant 2\varphi \qquad (15\text{-}3)$$

式中：φ——物料与锥面之间的摩擦角，$\varphi =$ arctanμ，其中 μ 是两者间的摩擦系数，一般矿石与钢之间的静摩擦系数为 0.3～0.4，所以 $\varphi = 16°\sim22°$。

α_1——固定锥母线和垂直平面的夹角；
α_2——可动锥母线和垂直平面的夹角。
一般取啮角 $\alpha = 12°\sim27°\leqslant2\varphi = 32°\sim44°$。

2）中碎圆锥破碎机啮角 α
见图 15-14 中的标准型和中间型。

$$\alpha = \gamma_2 - \gamma_1 \leqslant 2\varphi \qquad (15\text{-}4)$$

一般啮角 $\alpha = 20° \sim 23°$。

3）细碎圆锥破碎机啮角

见图 15-14 中的短头型，因其破碎腔基本呈平行状态，夹角很小，其啮角问题基本不用考虑。

7．可动锥转速与摆动次数

1）粗碎旋回破碎机可动锥转速确定

粗碎圆锥破碎机靠矿石自重排料，物料作自由落体下降的同时，会受到破碎壁的摩擦阻力，尤其是待破碎物料群的阻碍下落作用。可动锥摆动次数的理论数值基于这样假设，见图 15-15。物料从高度 h 下落到排料口的时间正好等于可动锥摆动一次，排料口达到最大 $(e+s)$ 的时间。基于此假设，破碎机可达到最大处理能力，此时：

$$\sqrt{\frac{2h}{g}} = \frac{30}{n} \qquad (15\text{-}5)$$

$$n = 30\sqrt{\frac{g}{h}} \qquad (15\text{-}6)$$

$$n = 470\sqrt{\frac{\tan\alpha_1 + \tan\alpha_2}{r}} \qquad (15\text{-}7)$$

式（15-7）是理论最佳转速，实际上，物料下落的同时受到锥体摩擦阻力和离心力、物料群的阻挡等综合作用，物料的下落时间要比理论下落时间慢，从而可动锥的转速和摆动次数也会相应减少。实际工作中，通常按照经验公式来计算粗碎圆锥破碎机的转速（见表 15-14）：

$$n = 160 \sim 42B \qquad (15\text{-}8)$$

式中：n——可动锥转速，r/min；

B——给矿口宽度，m。

表 15-14　粗碎旋回破碎机可动锥转速

破碎机规格/mm	偏心距/mm	旋回破碎机的主轴转速(/r/min)		
		理论转速	经验转速	实际选取
500	12	292	139	140
700	—		131	140
900	19	232	122	125
1200	18	238	110	110

2）中、细碎圆锥破碎机转速确定

由于这类破碎机可动锥倾角较小，且破碎腔内有一段平行带，物料在破碎腔内有很明显的排队效应，即便被破碎后物料也不可能自由下落，靠物料所受重力、物料间相互挤压沿着可动锥斜面下滑而排出。

图 15-16 为破碎物料在可动锥体上的受力分析。

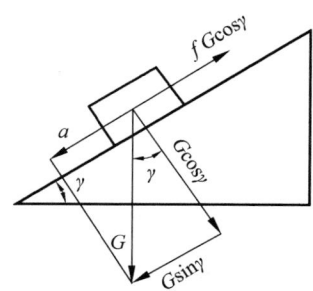

图 15-16　物料在可动锥体上的受力分析

假定中碎（标准型）圆锥破碎机的平行带长度为 L，可动锥转动一圈的时间 t 内物料以匀加速度 a 滑过该段平行带长度，则有

$$L = \frac{1}{2}at^2 = \frac{1}{2}g(\sin\gamma - f\cos\gamma)\left(\frac{60}{n}\right)^2 \qquad (15\text{-}9)$$

整理后可得

$$n = 133\sqrt{\frac{\sin\gamma - f\cos\gamma}{L}} \qquad (15\text{-}10)$$

式中：γ——可动锥倾角；

g——重力加速度，$9.8\ m/s^2$；

a——物料下滑加速度，$a = g(\sin\gamma - f\cos\gamma)$，$m/s^2$；

f——物料与可动锥表面的摩擦系数，一般 $f = 0.35$；

n——可动锥转速，r/min；

L——破碎腔平行带长度，m。

对于细碎（短头型）圆锥破碎机，其平行带长度约比中碎增大一倍，也就意味着，相同的转速前提下，物料在平行带内要经历两次破碎，这也强化了其破碎效果。

与粗碎圆锥破碎相同，中、细碎圆锥破碎机也可用经验公式计算可动锥转速（见表 15-15）：

$$n = 81 \times (4.92 - D) \quad (15\text{-}11)$$

式中：D——可动锥下部最大直径，m。

表 15-15　中、细碎弹簧圆锥破碎机可动锥转速

破碎机规格/mm	经验转速	实际使用转速	破碎机规格/mm	经验转速	实际转速
600	350	356	1750	257	245
900	325	330	2200	220	220
1200	301	300			

8. 处理能力的确定

破碎机的处理能力，可细分为通过能力和破碎能力。通过能力，是把通过破碎腔的大小颗粒都统计在内的全部物料流的总质量。破碎能力，是指只计算通过破碎腔中大于产品粒度颗粒的总质量，而小于产品粒度颗粒夹杂通过的质量不计算在内。如果进入破碎机的物料是经过筛分后的筛上物，且筛孔直径就是产品粒度，则破碎能力等同于通过能力。

因圆锥破碎机破碎物料基本是经过筛分的筛上物，所以其处理能力就是指破碎能力。圆锥破碎机的处理能力因为受各种不确定因素影响，很难精确计算出来。

从理论上处理能力就是单位时间内通过破碎腔的物料总体积与堆密度的乘积，再综合考虑给料不均匀性、入料粒度组成、排料口排料速率等影响因素进行适当调整而得到的处理能力。影响破碎机处理能力的因素有很多，以下几个是常见的主要因素。

（1）破碎产品粒度，产品粒度的实际要求具体尺寸、评定方法等。如：同样是要求产品粒度为 50 mm 的破碎机。第一种情况，实际管理对粒度要求并不十分严格，基本满足要求就可以，实际有些出料粒度长度方向为 80 mm，甚至到 100 mm，也能接受，此时处理能力为 Q_r（粗略评价）。第二种情况，破碎产品通过标准筛进行筛分，以 P95、P80 等为产品粒度要求，此时处理能力为 Q_s（严格筛分）。第三种情况，因工艺需要，以产品颗粒中三个尺寸的最大尺寸或最小尺寸为粒度衡量指标，此时处理能力为 Q_m（极限尺寸）。很明显这三种情况下，表面上都是以 50 mm 为产品粒度要求。实际三个处理能力 Q_r 比 Q_s 就会大出很多，甚至差将近一倍，Q_m 比较起来也会因标准不同而变化很大。这种情况在评估破碎设备的破碎比时也同样存在巨大差异。

（2）物料性质，包括物料密度、可碎性、入料粒度组成、水分、黏湿性等。

（3）破碎机的规格型号，主要工作参数。

（4）破碎腔形状，破碎部咬入物料的能力，物料排出方式与效率。

（5）破碎机的操作参数，实际破碎比、给料均匀程度等。

（6）这么多影响因素交织在一起，每一个参数数值选取又依据实际工况有所变化，使得通过理论精确计算出破碎机的处理能力非常困难，所以目前应用比较多的计算方法还是依靠经验公式来得到：

$$Q = K_1 K_2 K_3 Q_0 = K_1 K_2 K_3 q_0 e \quad (15\text{-}12)$$

式中：Q——生产条件下实际处理能力，t/h；

Q_0——标准条件下（中硬矿石，堆密度 1.6 t/m³）开路破碎时的破碎机处理能力，t/h，$Q_0 = q_0 e$；

e——破碎机生产时排料口宽度，mm；

K_1——物料可碎性系数，查表 15-16 取值；

K_2——物料堆密度修正系数，$K_2 = \delta / 1.6$；

K_3——物料粒度（或破碎比）修正系数，查表 15-17 和表 15-18 取值；

q_0——破碎机排料口单位宽度的处理能力，t/（mm·h），具体数值查表 15-19～15-21 确定。

这个经验公式不但适用于圆锥破碎机（包括旋回破碎机和圆锥破碎机），颚式破碎机也适用。

式（15-12）中各参数所起作用不同，决定性参数是 q_0 和 e，需要通过实际试验、半工业生产、工业生产测定。不同品牌产品，因其机械性能和细节设计不同，会有一定差异。K_1、K_2、K_3 是修正调节参数。

旋回破碎机和颚式破碎机都属于靠面挤压进行的一级粗碎设备，二者破碎腔的截面是基本相同的，且都是在破碎腔下端最小尺寸处进行排料，只不过颚式是直线段间歇排料，处理能力小，旋回破碎机是圆形，连续排料，处理能力大，二者和 K_1、K_2、K_3 的选取是一样的。圆锥破碎机因为破碎腔形截面与前两种破碎机差别较大，所以 K_3 的选取有所不同，但与破碎物料相关的 K_1、K_2 是相同的。

这个经验公式从形式上看比较简单，准确与否的关键是各个参数值的试验测定与工业经验总结。

表 15-16　可碎性系数 K_1

矿石硬度	抗压强度/MPa	普氏硬度系数 f	K_1
硬	160～200	16～20	0.9～0.95
中硬	80～160	8～16	1.0
软	<80	<8	1.1～1.2

表 15-17　旋回和颚式破碎机粒度修正系数 K_3

给料最大粒度 D_{max} 和给料口宽度 B 之比 $e = D_{max}/B$	0.85	0.6	0.4
粒度修正系数 K_3	1.0	1.1	1.2

表 15-18　弹簧圆锥破碎机矿石粒度修正系数 K_3

标准型或中间型		短头型	
e/B	K_3	e/B	K_3
0.6	0.90～0.98	0.35	0.90～0.94
0.55	0.92～1.00	0.25	1.00～1.05
0.40	0.96～1.06	0.15	1.06～1.12
0.35	1.00～1.10	0.075	1.14～1.20

注：e 指上段破碎机排料口；B 为本段破碎机给料口，闭路破碎时指闭路破碎机的排料口和给料口的比值；设有预先筛分取小值，不设预先筛取大值。

表 15-19　粗碎旋回破碎机的 q_0 值

破碎机规格/（mm/mm）	500/75	700/130	900/150	1200/180	1500/180	1500/300
q_0/(t/(mm·h))	2.5	3.0	4.5	6.0	10.5	13.5

表 15-20　中、细碎圆锥破碎机的 q_0 值（t/(mm·h)）

破碎机规格/mm	ϕ600	ϕ660	ϕ900	ϕ1200	ϕ1650	ϕ1750	ϕ2100	ϕ2200	ϕ3000
开路弹簧标准型、中间型	1.0		2.5	4.0～4.5	7.8～8.0	8.0～9.0	13.0～13.5	14.0～15.0	
闭路底部单缸液压标准型		1.35	2.5	4.46	8.45			15	28
闭路底部单缸液压中间型		1.48	2.76	4.90	9.25			16.5	30.6
开路弹簧短头型			4.0	6.50	12.0	14.0	21.0	1.0	
闭路底部单缸液压短头型		2.29	4.25	7.56	14.30			25.4	47.3

表 15-21　颚式破碎机的 q_0 值

破碎机规格/(mm×mm)	250×400	400×600	600×900	900×1200	1200×1500	1500×2100
q_0/(t/(mm·h))	0.4	0.65	0.95～1.00	1.25～1.30	1.9	2.7

圆锥破碎机能力表作为 MP 破碎机正确选型的参考工具，所给能力适用于容重 1.6 t/m³ 的物料。破碎机是生产线上的一个重要组成部分，因此，破碎机的性能部分取决于给料机、运输皮带、振动筛、基础结构、电动机、驱动装置以及缓冲仓等的正确选用和操作使用。

以下因素有助于提高破碎机的能力和性能：①选择适当的破碎腔；②合理的给料粒度；③给料量可控制；④给料均匀分布在破碎腔 360 度圆周处；⑤排料皮带机满足破碎机最大能力；⑥适当的预先和检查筛分；⑦自动化控制；⑧足够大的排料空间。

以下因素将对破碎机的能力和性能产生负面影响：①给料中含黏性物料；②破碎机给料中的细料（小于破碎机排料）超过破碎机能力的 10%；③给料过湿；④给料在破碎腔中偏析；⑤破碎腔圆周给料分布不均；⑥给料量不可调控；⑦没有有效利用连接的马力；⑧排矿皮带机能力太小；⑨预先和检查筛分能力不足；⑩破碎机排料空间不够大；⑪物料异常坚硬，难以破碎；⑫在低于建议的速度下运行破碎机。

9. 电动机功率的确定

破碎过程中，破碎机功率消耗影响因素非常多，从物料硬度等物理力学指标、粒度特性、物料内部缺陷分布、破碎比等指标到破碎机结构特点、转速、啮角、排料方式与效率等操作因素都会影响破碎过程能量消耗。由于影响因素多，很难精确计算，但破碎机电机功率无论对于设计制作还是设备选用、系统设计都是非常重要的技术经济指标。目前，电机功率的确定主要有两种方法。

（1）靠经验公式计算获得，也是目前应用较多的方法，如表 15-22 圆锥破碎机电机功率的确定所示。

表 15-22　圆锥破碎机电机功率的确定

破碎机种类	电机功率确定公式/kW	备　　注
旋回破碎机	$N=85D^2K$	K：可动锥转速修正系数，查表 15-23
中细碎开路弹簧圆锥破碎机	$N=50D^2$	
闭路底部单缸液压圆锥破碎机	$N=75D^{1.7}$	

注：D 为可动锥下部最大直径，m；按照上述公式计算的圆锥破碎机电机功率，一般比正常工作时的实测功率大 2～3 倍，可对带载启动和高强度异物进入破碎腔及瞬时破碎能力过载造成的尖峰载荷有较好的适应能力。

表 15-23　旋回破碎机可动锥转速对功率修正系数 K

给料口宽度/mm	500	700	900	1200	1500
K	1.00	1.00	1.00	0.91	0.85

（2）通过传统三个破碎理论中的体积或裂缝假说，并结合现有邦德功指数等已有试验数据或有针对性地进行试验研究获取某种物料的邦德功指数，计算得出。

由经典破碎能耗理论可知，雷廷格（Rittinger）表面积假说适用于磨碎，基克（Kick）体积假说适用于粗碎，而邦德（Bond）裂缝假说则介于两者之间，如图 15-17 所示。

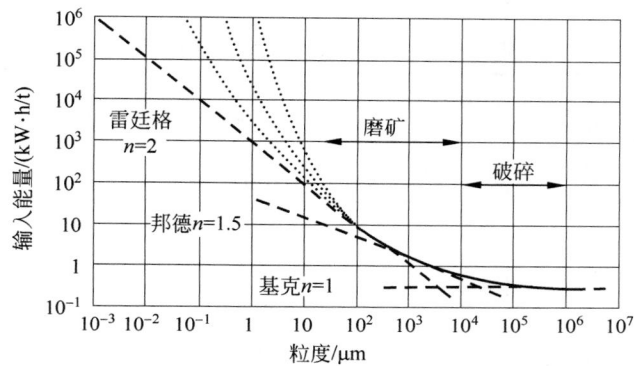

图 15-17　三个破碎能耗假说适用粒度范围

$$W = W_i\left(\frac{10}{\sqrt{P_{80}}} - \frac{10}{\sqrt{F_{80}}}\right) \times Q_w \quad (15\text{-}13)$$

式中：W——计算破碎功率，kW；

　　　W_i——功指数，kW·h/t；

　　　Q_w——处理能力，t/h；

　　　P_{80}——产品中80%物料通过的粒度尺寸，μm；

　　　F_{80}——给矿中80%物料通过的粒度尺寸，μm。

实际工作中，W_i 需要经试验测得，常见矿物与矿石功指数见表 15-24，P_{80}、F_{80} 由经过对技术资料粒度分析可以计算得出。

下面列举一个实际案例，尝试用 Bond 裂缝假说确定圆锥破碎机电机功率。已知：

设备类型：旋回破碎机；

设备型号：48-74，入料口宽度 48 in；

破碎物料：中等硬度的石灰石；

物料密度：$\rho = 2.6$ t/m³；

破碎功指数：$W_i = 9.96$ kW·h/t，经冲击试验测定；

出料口宽度：7 in；

处理能力：$Q_w = 2300$ t/h；

计算入料粒度，根据旋回破碎机入料粒度按照入料口 2/3 的规定：

$$F_{80} = 48 \times \frac{3}{2} \times 25.4 \times 10^3 = 81.3 \times 10^4 \ \mu m \quad (15\text{-}14)$$

出料粒度是根据出料口宽度为 7 in，查阅该类旋回破碎机粒度特性曲线确定。

$$P_{80} = 5.625 \times 25.4 \times 10^3 = 14.3 \times 10^4 \ \mu m \quad (15\text{-}15)$$

$$\begin{aligned} W &= W_i\left(\frac{10}{\sqrt{P_{80}}} - \frac{10}{\sqrt{F_{80}}}\right) \times Q_w \\ &= 9.96 \times 2300 \times \left(\frac{10}{\sqrt{143\,000}} - \frac{10}{\sqrt{813\,000}}\right) \\ &= 343 \ kW \end{aligned} \quad (15\text{-}16)$$

这个电机功率是破碎物料理论上直接消耗的功率，对于电机功率选择还要考虑两个因素：电机功率影响因素——因粒度组成不同，以及大小粒度物料内部缺陷对物料强度影响程度不同，增加一个因破碎阶段不一样的系数 k，粗碎 $k=0.75$，中碎 $k=1.0$，细碎 $k=1.4$；

电机功率影响因素二——电动机通过传动系统,把能量传递给破碎工作部分,这个传递过程伴随着能量损耗,所以实际电机功率选取要比理论功率增大一个效率系数,这个系数针对不同的破碎阶段、不同原理的破碎方法、不同的传动系统设计、不同生产厂家都会有差异,需要根据实际情况确定。这里我们暂时按照传动损失为20%,即传递效率 $\eta=80\%$ 计算电机功率:

$$N_{th}=\frac{W\times k}{\eta}=\frac{343\times0.75}{0.8}=322\ kW \tag{15-17}$$

作为对比,我们按照经验公式

$$N_e=85D^2K=85\times1.88^2\times0.92=276\ kW \tag{15-18}$$

对比这两个电机功率可看出,理论计算方法数值偏大。

表 15-24　常见矿物与矿石功指数 W_i

物料	密度/(g/cm³)	功指数 W_i/(kW·h/t)	物料	密度/(g/cm³)	功指数 W_i/(kW·h/t)
长石	2.59	11.67	安山岩	2.84	22.13
铬铁	6.75	8.87	重晶石	4.28	6.24
锰铁	5.91	7.77	玄武岩	2.89	20.41
硅铁	4.91	12.83	铝矾土	2.38	9.45
燧石	2.65	26.16	水泥熟料	3.09	13.49
锌矿	3.68	12.42	水泥生料	2.67	10.57
镍矿石	3.32	11.88	铬矿石	4.06	9.60
油页岩	1.76	18.10	黏土	2.23	7.10
磷肥	2.65	13.03	煅烧黏土	2.32	1.43
磷酸盐矿石	2.66	10.13	煤	1.63	11.37
钾碱矿石	2.37	8.88	焦灰	1.51	20.70
浮石	1.96	11.93	石油焦	1.78	20.70
磁黄铁矿	4.04	9.57	铜矿石	3.02	13.13
石英岩	2.71	12.18	珊瑚	2.70	10.16
石英	2.64	12.77	闪长岩	2.78	19.40
黄铁矿	3.48	8.90	白云石	2.82	11.31
金红石矿	2.84	12.12	刚玉	3.48	58.18
砂岩	2.68	11.53	铅锌矿石	3.97	11.35
石灰石	2.69	11.61	萤石	2.98	9.76
锰矿	3.74	12.46	辉长岩	2.83	18.45
云母	2.89	134.50	方铅矿	5.39	10.19
钼	2.70	12.97	柘榴石	3.30	12.37
页岩	2.58	16.40	玻璃	2.58	3.08
硅石	2.71	13.53	片麻岩	2.71	20.13
石英砂	2.65	16.46	金矿	2.86	14.83
碳化硅	2.73	26.17	花岗岩	2.68	14.39
银矿	2.72	17.30	石墨	1.75	45.03
烧结矿	3.00	8.77	砾石	2.70	25.17
高炉渣	2.39	12.16	石膏岩	2.69	8.16
板石	2.48	13.83	铁矿	4.27	13.11

续表

物料	密度/(g/cm³)	功指数 W_i/(kW·h/t)	物料	密度/(g/cm³)	功指数 W_i/(kW·h/t)
硅酸钠	2.10	13.00	赤铁矿	3.76	12.68
正长岩	2.73	14.90	磁铁矿	3.88	10.21
锡岩	3.94	10.81	铁燧岩	3.52	14.87
钛矿	4.23	11.88	蓝晶石	3.23	18.87
暗色岩	2.86	21.10	铅矿石	3.44	11.40
铀矿	2.70	17.63	氧化铝	3.90	17.50

10. 旋回破碎机主要技术参数

不同规格圆锥破碎机的技术参数见表15-25。

表 15-25　不同规格圆锥破碎机的技术参数

破碎机尺寸/mm	进料口×内衬直径/(mm×mm)	允许最大给料粒度/(mm×mm×mm)	小齿轮轴速度/(r/min)	每分钟回转次数	偏心距/mm	电动机功率/kW	质量/t
1066.8～1651	1092.2×1651	711.2×939.8×1397	497	150	25.4 31.75 38.1	224 261 298	129
1371.6～1879.6	1371.6×1879.6	889×1193.8×1803.4	497	135	25.4 31.75 38.1 42.862 5	261 298 336 373	255
1524～2260.6	1524×2260.6	990.6×1346.2×2006.6	497	125	25.4 31.75 34.925 38.1 44.45	224 298 336 373 447	440
1524～2768.6	1524×2768.6	990.6×1346.2×2006.6	497	110	25.4 31.75 38.1 44.45 50.8	373 447 559 671 746	645

不同规格圆锥破碎机的生产能力见表15-26。

表 15-26　不同规格圆锥破碎机的生产能力

破碎机尺寸	偏心距/mm	参考处理量/(t/h) 排料口设置/mm														
		114.3	127	139.7	152.4	165.1	177.8	190.5	203.2	215.9	228.6	241.3	254	266.7	279.4	292.1
1066.8～1651	25.4	830	935	1050	1159	1360	1539									
	31.75	970	1109	1229	1370	1599	1820									
	38.1	1119	1270	1430	1579	1850	2099									

续表

破碎机尺寸	偏心距/mm	参考处理量/(t/h)														
		排料口设置/mm														
		114.3	127	139.7	152.4	165.1	177.8	190.5	203.2	215.9	228.6	241.3	254	266.7	279.4	292.1
1371.6~1879.6	25.4			1360	1470	1599	1689	1820	1920							
	31.75			1850	2019	2170	2310	2479	2619							
	38.1			2099	2280	2514	2619	2879	2969							
	42.8625			2280	2479	2669	2859	3049	3229							
1524~2260.6	25.4				1830	1960	2089	2270	2390	2519	2649					
	31.75				2109	2250	2409	2619	2760	2889	3049					
	34.925				2409	2559	2730	2969	3139	3289	3459					
	38.1				2619	2790	2969	3230	3399	3579	3769					
	44.45				3179	3389	3609	3929	4139	4349	4579					
1524~2768.6	25.4						2239	2370	2489	2689	2899	3089	3289	3489	3699	3919
	31.75						2699	2899	3049	3279	3509	3769	3999	4259	4489	4759
	38.1						3299	3749	3779	4069	4379	4688	4979	5289	5598	5938
	44.45						3919	4198	4409	4709	5078	5429	5799	6148	6498	6888
	50.8						4559	4899	5118	5459	5869	6269	6678	7078	7488	7938

Sandvic 底部单缸液压圆锥破碎机主要技术参数见表 15-27。

表 15-27　Sandvic 底部单缸液压圆锥破碎机主要技术参数

规格型号	CH830i	CH840i	CS840i	CH860i
额定生产能力/(t/h)	61~283	103~427	212~659	250~910
最大给料粒度/mm	211	250	431	315
电机功率/kW	250	330	330	500
闭合侧设置范围/mm	4~41	10~48	22~70	13~51
偏心距范围/mm	24~52	28~52	24~48	30~70
内衬	A,B,EF,FlexiFeed B	A,B,EF,FlexiFeed B	A,B,S	A,B,FF
外衬	C,EC,EF,F,M	C,EC,F,M,MC	EC,C	EC,C,MC,M
质量/kg	12 734	20 278	25 794	50 530
规格型号	CH865i	CH870i	CS890i	CH895i
额定生产能力/(t/h)	155~517	208~1283	275~1837	258~1077
最大给料粒度/mm	123	350	428	127
电机功率/kW	550	600	750	750
闭合侧设置范围/mm	10~44	10~70	13~70	10~70
偏心距范围/mm	30~70	32~80	24~70	24~70
内衬	A,B,EF,OB	A,B,EF,OB,FF	A,B,HC,EF,FF	EF,OB,HC
外衬	F,EF,HR	EC,C,MC,M,MF,F,EF,HR	EC,C,MC,M,MF,F	EFX,EF,EEF,HR
质量/kg	49 750	67 000	97 000	96 000

Nordberg MP 圆锥破碎机主要技术参数见表 15-28。

表 15-28 Nordberg MP 圆锥破碎机主要技术参数

技术规格		型号	GP100S™	GP200S™	GP300S™	GP500S™	GP7™	GP100™	GP220™	GP330™	GP550™
		功率/kW	75~90	110~160	132~250	200~355	375~560	75~90	132~220	250~315	250~400
		破碎机基本质量/kg	7350	10 900	16 200	33 300	62 000	5800	10 200	15 700	26 500
进料口	破碎腔 进料口/mm	EF						46 (46.038)	58 (58.738)		68 (69.85)
		F						53 (50.8)	89 (88.9)	85 (88.9)	95 (95.25)
		MF						95 (95.25)	101 (101.6)	107 (107.95)	113 (112.713)
		M	206 (206.375)					141 (141.2888)	118 (117.475)	135 (134.938)	152 (152.4)
		C	239 (238.125)	222 (222.25)	247 (247.650)	321 (320.675)	335 (334.963)	142 (142.875)	182 (187.325)	184 (184.15)	192 (192.088)
		EC		295 (296.863)	332 (331.788)	401 (400.05)	414 (415.925)		213 (212.725)	225 (225.425)	250 (249.237)
		EC-LS/ EC-TR			332 (331.788)	442 (446.088)	450 (446.088)		213 (212.725)	225 (225.425)	265 (265.113)
出料口	出料口选项/mm		16,20,25 (15.875, 20.638, 25.4)	18, 25, 28, 32,36 (17.463, 25.4,28.178, 31.75,35.719)	18, 22, 25, 28, 32, 36 (17.463, 22.225, 25.4,28.178, 31.75,35.719)	18, 25, 28, 32, 36, 40 (17.463, 22.225, 25.4,28.178, 31.75,35.719, 39.688)	25, 28, 32, 36, 40, 45, 50 (25.4,28.178, 31.75,35.719, 39.688, 39.688, 45.244,50.8)	16, 20, 25 (15.875, 20.638, 25.4)	18, 25, 28, 32, 36, 40 (17.463, 25.4,28.178, 31.75,35.719, 39.688)	18, 22, 25, 28, 32, 36, 40 (17.463, 22.225,25.4, 28.178,31.75, 35.719, 39.688)	25,28,32,36, 40,45 (25.4,28.178, 31.75,35.719, 39.688,39.688, 45.244)

续表

闭合侧设置范围/mm	处理能力/(t/h)							
6	35~50							
1.588	35.4~49.9							
8	40~65	70~90	105~145					
7.938	39.9~65.3	69.8~89.8	105.2~145.1					
10	45~73	80~130	110~190	>140				
9.525	44.4~72.6	79.8~129.7	109.7~190.5	>140.6				
15	50~95	105~175	130~260	160~310				
15.081	49.9~95.2	104.3~174.1	129.7~259.4	159.6~309.3				
20	65~105	120~230	155~300	190~340	80~90			
19.844	65.3~105.2	119.7~229.5	154.2~299.3	189.6~339.2	79.8~89.8			
25	150~265	180~350	230~410		105~155	110~160	180~200	
25.4	149.7~264.8	179.6~349.2	229.5~409.1		105.2~154.2	109.7~159.6	179.6~199.5	
30	165~280	210~390	250~450		120~195	150~265	170~290	350~450
30.163	165.1~279.4	208.6~390.0	249.4~449.0		119.7~194.1	149.7~264.8	169.6~289.3	350.1~449.9
35	>180	>265	280~510		135~220	190~330	200~400	430~640
34.925	>179.6	>264.8	279.4~508.8		135.1~219.5	189.6~329.2	199.5~399.1	429.9~639.4
40		>350			145~230	210~365	215~440	500~840
39.688		>349.2			145.1~229.5	209.5~364.6	214.1~439.0	499.8~839.9

续表

处理能力				
45	155~250	300~470	580~970	>400
44.45	154.2~249.4	299.3~468.9	580.5~970.5	>399.1
50	>235	375~670	650~1140	
50.8	>234.9	374.6~668.5	649.4~1140.1	
55	>230	400~750	750~1260	
55.563	>220.4	399.1~748.3	749.2~1258.9	
60	>240	450~800	830~1380	
60.325	>239.4	449.0~798.2	829.9~1379.5	
65		470~870	900~1500	
65.088	>259.4	468.9~868.0	899.7~1499.3	
70~80		>500	>980	
69.85~79.375	>498.9	>979.6		
80~90			>1130	
79.375~90.488			>1130.1	

技术规格	型号	HP3™	HP4™	HP5™	HP6™	HP100™	HP200™	HP300™	HP400™	HP500™
	躯体直径/mm	1000 (990.6)	1120 (1117.6)	1250 (1244.6)	1400 (1397)	735 (736.6)	940 (939.8)	1120 (1117.6)	1320 (1320.8)	1520 (1524)
	功率/kW	250	315	370	500	90	132	220	315	355
	破碎机质量/kg	16 100	24 200	29 000	44 550	6470	12 160	18 100	25 600	37 000
进料口	最大尺寸/mm	220 (222.25)	252 (250.825)	317 (317.5)	331 (330.2)	150 (215.9)	185 (177.8)	241 (241.3)	304 (304.8)	351 (349.25)

续表

闭合侧设置/mm 范围	处理能力/(t/h)								
6					45~55				
6.35					45.4~54.4				
8					50~60	220~300	158~205	135~175	94~122
7.938					49.9~59.0	222.2~299.3	157.8~204.9	136.1~172.3	94.3~122.4
10	175~220	140~175			55~70	280~380	181~246	155~210	108~147
9.525	176.9~217.7	140.6~176.9			54.4~68.1	281.2~376.4	181.4~245.8	154.2~208.6	107.9~146.9
13	230~290	185~230	115~140	90~120	60~80	335~450	229~311	195~265	136~185
12.7	231.3~290.2	185.9~231.3	113.4~140.6	90.7~117.9	59.0~81.6	335.6~449.0	228.6~311.1	195.0~263.0	136.1~185.1
16	280~350	225~280	150~185	120~150	70~90	370~490	275~369	235~315	164~220
15.875	281.2~349.2	226.8~281.2	149.7~185.9	117.9~149.7	72.5~90.7	371.9~489.8	274.8~369.1	235.8~312.9	164.2~220.4
19	320~400	255~320	180~220	140~180	75~95	410~535	304~403	260~345	182~241
19.05	322.0~399.1	254.0~322.0	181.4~217.7	140.6~181.4	77.1~95.2	408.2~535.1	303.8~402.7	258.5~344.6	181.4~241.3
22	345~430	275~345	200~240	150~190	80~100	430~570	335~439	285~375	199~262
22.225	344.7~430.8	276.6~344.6	199.5~240.4	149.7~204.8	77.1~99.8	426.3~571.4	334.7~439.0	285.7~371.9	198.6~262.1
25	365~455	295~370	220~260	160~200	85~110	440~630	352~460	300~400	210~279
25.4	362.8~453.5	294.8~371.9	217.7~258.5	158.7~199.5	90.7~127.0	444.4~625.8	352.0~459.8	299.3~339.1	209.5~279.4
32	405~535	325~430	230~280	170~220	110~155	515~715	380~500	310~440	217~307
31.75	403.6~539.7	326.5~430.8	231.3~281.2	167.8~217.7	108.8~154.2	512.5~712.0	380.4~499.8	308.4~439.9	216.7~307.4
38	445~605	360~490	250~320	190~235		570~790	422~550	360~500	251~349
38.1	444.4~670.7	358.3~492.1	249.4~322.0	190.5~235.8		571.4~789.1	421.8~549.6	358.3~498.9	251.2~349.2
45	510~700	410~560	300~380	210~250			468~600	400~555	279~388
44.45	507.9~702.9	408.2~566.9	299.3~380.9	208.6~249.4			468.0~599.5	399.1~553.3	279.4~387.3
51	580~790	465~630	350~440						
50.8	580.5~798.2	462.6~634.9	349.2~439.9						

处理能力

不同筛孔和排矿口下的物料通过率见表15-29。

表 15-29　不同筛孔和排矿口下的物料通过率

筛孔/mm	紧边排矿口 50 mm	紧边排矿口 38 mm	紧边排矿口 25 mm	紧边排矿口 19 mm	紧边排矿口 13 mm
90	97～100	100			
75	92～98	99～100	100		
50	67～81	86～94	99～100		
38	54～64	68～78	92～94	100	100
25	38～45	48～54	65～80	94～98	99～100
19	30～35	37～42	51～62	82～90	96～99
16	25～29	31～35	43～54	73～82	92～97
13	22～25	26～29	35～44	63～73	83～93
10	18～21	22～24	28～34	52～61	70～91
6	13～14	15～16	19～23	36～44	50～57
MP800 t/h	1460～1935	1100～1285	735～980	580～690	495～585
MP1000 t/h	1830～2420	1375～1750	915～1210	720～900	615～730

15.2.3　主要功能部件

圆锥破碎机是用来对物料进行破碎的机械,和其他机械组成的基本思路一致,按照各部分完成的功能可分为动力源及动力传动系统、破碎功能部、粒度调整功能部、支撑液压辅助系统四大部分,如图15-18所示。

目前,国内外常见的圆锥破碎机包括用于粗碎的旋回破碎机、用于中细碎的弹簧圆锥破碎机、底部单缸液压圆锥破碎机和周边多缸液压圆锥破碎机几大类。它们的工作原理、结构类型、粒度调节方式、过载保护方法等的对比见表15-30。

1. 支撑辅助功能:
机架支撑、润滑、密封、过载保护等

2. 破碎核心功能:
动锥锥体+定锥锥体形成的破碎空间

3. 动力传递功能:
输入轴+锥形齿轮副+偏心轴套+主轴

4. 粒度调节功能:
液压油缸或机械螺纹或弹簧

图 15-18　圆锥破碎机功能单元

表 15-30　常见圆锥破碎机功能部件类型

破碎机类型	破碎阶段	开闭路	排料口间隙调整方式	过载保护方式,异物排出	破碎锥耐磨损	主要密封方式	破碎腔总体形状
液压旋回破碎机	粗碎	开路	底部单缸液压起落动锥主轴	底部单缸	锰钢衬板	干式防尘	W
螺纹调整旋回破碎机	粗碎	开路	旋转主轴上端锥形螺帽	带轮上设安全销	锰钢衬板	干式防尘	W
弹簧螺纹调整圆锥破碎机	中细碎	开路	定锥螺纹调整环	弹簧	锰钢衬板	水封	M
底部单缸液压圆锥破碎机	中碎居多	闭路	底部单缸液压起落动锥主轴	底部单缸	锰钢衬板	水封	M
周边多缸液压螺纹调整圆锥破碎机	中细碎	闭路	定锥螺纹调整环	油缸	锰钢衬板	水封	M

1. 旋回破碎机主要功能部件

旋回破碎机工作原理是利用破碎锥在壳体内锥腔中的旋回运动,对物料产生挤压、劈裂和弯曲作用,粗碎各种硬度的矿石或岩石。旋回破碎机由查尔斯·布朗(Charles Brown)在 1877 年发明的,并在 1881 年由盖茨(Gates)进一步发展。第一台连续破碎又连续排料的破碎机是美国 Allis-Chalmers(阿利斯-查尔默斯)公司 1898 年推出的旋回破碎机。旋回破碎机的作用是直接破碎原矿石(run-on-mine,ROM)。旋回式破碎机总是采用垂直安装。旋回破碎机一般按其入料开口尺寸和动锥直径来分类。

旋回破碎机的关键部件有:主轴;动锥与定锥破碎组成的破碎腔;悬挂主轴的横梁组件和衬套;上、下机架壳体组件;偏心套与衬套部件;小齿轮和轴总成;液压支撑调整总成。

旋回破碎机排料口的调整和过载保护有机械与液压两种方式。两种方式各有优缺点。装有破碎锥的主轴的上端支承在横梁中部的衬套内,其下端则置于轴套的偏心孔中。轴套转动时,破碎锥绕机器中心线作偏心旋回运动。它的破碎动作是连续进行的,动锥体在偏心套的作用下作旋摆运动,不作整体的旋转运动,破碎与排料同时进行,破碎效率高。

1) 动力传动部

破碎机是由电机驱动的,传动部将电机的动力经三角皮带、联轴器、传动轴、小圆锥齿轮传给大圆锥齿轮和偏心套,偏心套带动主轴实现动锥体作沿圆周方向连续的左右钟摆动作,也称为锥面旋回运动;旋回破碎机名称由此而来。此时的主轴并不随大锥齿轮和偏心套作同步的旋转运动。动力传动轴横放在机座内,轴架中装有青铜衬套、润滑密封等结构。

2) 横梁部

横梁部主要是为主轴上端提供一个支承点,主轴上端插入横梁的中心孔里。由于液压旋回破碎机的动锥采用底部液压油缸支承,其顶部支撑结构比普通悬挂式旋回破碎机要简单一些。横梁中心孔里装有铜质锥形衬套,主轴上端插入铜质锥形衬套锥形孔内。衬套的锥形孔正好能满足主轴作锥面旋回运动的要求。工作时,主轴轴头就在锥形衬套锥形孔中作旋摆滑滚运动。当调整旋回破碎机排矿口时,主轴轴头可以在锥形衬套里上下移动,为防止主轴轴头和横梁被矿石打伤,横梁上设有保护帽和护板。

3) 上、下机架壳体

上支架壳体连接上部横梁部、下部机架下壳体,壳体有上下法兰连接环,上下连接环通过止口与横梁和下壳体定位,法兰通过螺栓连接。壳体内有耐磨锰钢衬板,衬板和壳体之间浇筑一层锌合金,以增强衬板的强度和配合,这部分耐磨衬板组成的定锥和动锥耐磨衬板形成旋回破碎机的破碎腔体。

下机架壳体起到支撑整体设备、固定偏心轴套和动力传动系统的作用。下壳体机架机座中心筒由四根筋板与机座连为一体，筋板与中心筒外面设有锰钢护板，以免落下的矿石砸坏筋板和中心筒，中心筒内压配有大铜套，偏心轴就在此轴套中旋转。下壳体上面与上壳体连接，下部作为机器与安装基础的结合部分安装在钢筋混凝土或钢制基础上。

4）偏心轴套部

偏心轴套是动锥产生旋回运动的运动改变部件，它将外表面的大伞齿轮所作的固定轴心旋转运动，通过偏心转换为偏心套内侧主轴以顶端悬挂中心为固定点的沿圆周方向连续进行的左右旋摆运动，在这种运动的带动下，安装在主轴外侧的动锥锥面靠近和远离外侧定锥面，实现破碎和排料。偏心轴套随大伞齿轮一起作高速旋转运动，而与其内侧面结合的主轴并不作同步旋转，所以它们之间的相对运动较大，通过偏心轴套和主轴间的铜衬套的滑动轴承，并通过润滑避免摩擦生热过多而抱死。为使巴氏合金铸牢，在偏心轴套内表面加工有密布的燕尾槽。在中心套筒与大圆锥齿轮之间放有三片止推圆盘。下面圆盘是钢的，用销子固定在中心套筒的上端以防松动；上面的圆盘也是钢的，用螺钉固定在大圆锥齿轮上，并与其一起转动，中间圆盘由青铜制作。这里面使用各种铜套或铜盘，基本有零件间相对运动的情况发生，起到滑动轴承的作用。

5）动锥部

动锥是破碎机的主要部件，为防止磨损，在其外表面衬有可以更换的环形锰钢衬板，衬板与锥体之间浇注了一层锌合金，以增强衬板的强度和配合。锥体和主轴采用静配合，其间浇注锌合金。主轴的底端固着着上摩擦盘，上摩擦盘的底面为凸球面，以适应动锥的旋摆动作，它和中摩擦盘的球面相配合。

6）液压油缸部

液压油缸安装在机座的底部，用螺栓连接。油缸体内的活塞上方安有中、下部两块摩擦盘，中摩擦盘用青铜制成，上面为凹球面，下面为平面，上面和连接于主轴底端的上摩擦盘相配，下摩擦盘固联于活塞上不转。中摩擦盘以小于上摩擦盘的转速转动。摩擦盘上具有相对运动的表面都开设一些油沟，以便对其进行润滑。油缸下部靠YX形密封圈和Q形密封圈密封。改变油缸的油量，将动锥顶起或落下，定锥不同，这样就改变了排料口尺寸，从而能实现调整破碎机的排矿口。

7）润滑系统

旋回破碎机的主轴轴头与横梁中心孔衬套之间采用黄干油润滑，由专门的干油站或人工定时加入润滑脂。其他各摩擦表面采用稀油循环润滑。图15-19为PXZ1400/170液压旋回破碎机稀油润滑原理图。润滑油可从油箱经油泵6、截止阀5和4流出后，经过滤器12、截止阀9、冷却器8、截止阀10进入旋回机体；也可经过滤器12、截止阀11进入机体。更具体来说，进入机体油分成两路，一路进水平轴，润滑水平小伞齿轮轴和青铜轴套，流回油箱；另一路从液压缸中部进入，先润滑三个摩擦盘，再沿主轴和偏心轴套之间间隙以及偏心套和固定衬套之间的间隙上升，同时润滑这两个表面；从偏心轴套内表面上升的油与挡油环相遇而溢至圆锥齿轮，经回油管流回油箱。从

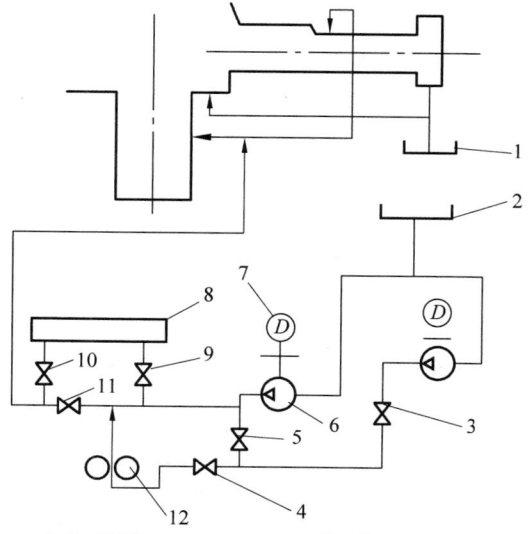

1,2—油箱；3,4,5,9,10,11—截止阀；6—油泵；7—电机；8—冷却器；12—过滤器

图15-19 润滑系统

偏心轴套外表面上升的油至偏心轴的三个止推圆盘,润滑圆盘和大小齿轮后也经回油管流回油箱。

8) 液压系统

液压系统由单级叶片泵、单向阀、溢流阀、单向节流阀、截止阀、蓄能器和油箱组成,如图 15-20 所示。蓄能器起保险作用,内部充气压力为 1.5 MPa;单向节流阀起过铁动作块复位动作慢的作用,以减轻复位时对破碎机的强烈冲击。

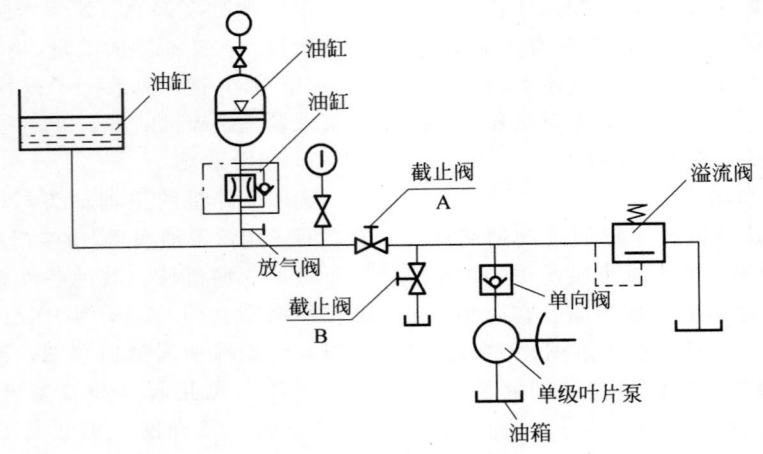

图 15-20 液压系统

在破碎机开动之前,首先泵向油缸内充油。其次序是:首先打开截止阀 A,关闭截止阀 B,启动油泵,当油压达到 0.8 MPa 时,动锥开始上升;当动锥升至工作位置之后即可关闭截止阀 A,同时停止油泵,液压系统的压力仍保持 0.8 MPa 左右。破碎机开动之后,由于破碎矿石,这时系统油压为 1.1～1.5 MPa。

当非破碎物落入破碎腔时造成破碎力增强,系统油压也随之增加,油缸内油被挤入蓄能器中(此时油缸的油压和蓄能器的气压均在 1.5～2.1 MPa 波动),排矿口增大,非破碎物排出;非破碎物排出之后,由于蓄能器单向节流阀的作用,动锥比较缓慢地复位。如果非破碎物尺寸过大而不能通过排矿口排出时,油压为 2.1～2.2 MPa,此时通过电接点压力表的作用便自动停机。

典型液压式旋回破碎机机械结构如图 15-21 所示。

2. 弹簧圆锥破碎机主要功能部件

弹簧圆锥破碎机主要特点是定锥与壳体周向采用预张紧状态的螺旋弹簧作为粒度调整和过铁释放的保险装置,当破碎腔中出现不可破碎物体时,定锥克服螺旋弹簧的弹性力,允许排料间隙增大以排出不可破碎物,保护机械部件不受损坏。该类型设备依靠机械方式实现排料间隙的锁紧与释放,结构与工作原理相对简单,应用广泛。但因弹簧弹性力可控制性差,该类设备具有粒度控制效果差、破碎效率偏低、操作与自动化程度低、不利于实现设备智能化的缺点。弹簧圆锥破碎机机械结构如图 15-22 所示。

第一代弹簧圆锥破碎机由美国 Symons 兄弟于 1926 年发明并申请了专利。1928 年美国 Nordberg 公司购买了该项专利且制造出了世界上第一台圆锥破碎机。

中国第一台圆锥破碎机于 1953 年由沈阳重型机器厂利用苏联提供的图纸生产,到 1956 年已经可以生产全系列的弹簧圆锥破碎机。1986 年,沈阳重型矿山机械厂从美国 Nordberg 公司引进了西蒙斯 Symons 圆锥破碎机的设计和制造技术。

弹簧圆锥破碎机工作时,电机通过液力耦合器、小圆锥齿轮驱动偏心套底部的大圆锥齿轮,使偏心套旋转,使锥体作旋摆运动而破碎物料。

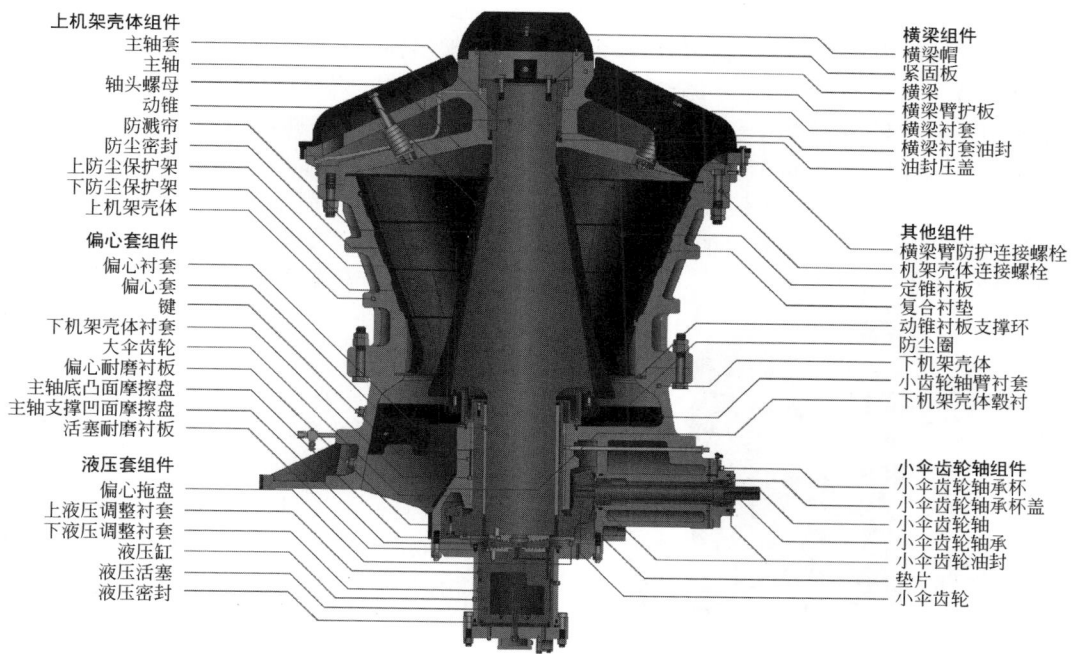

上机架壳体组件
主轴套
主轴
轴头螺母
动锥
防溅帘
防尘密封
上防尘保护架
下防尘保护架
上机架壳体

偏心套组件
偏心衬套
偏心套
键
下机架壳体衬套
大伞齿轮
偏凸耐磨衬板
主轴底凸面摩擦盘
主轴支撑凹面摩擦盘
活塞耐磨衬板

液压套组件
偏心拖盘
上液压调整衬套
下液压调整衬套
液压缸
液压活塞
液压密封

横梁组件
横梁帽
紧固板
横梁
横梁臂护板
横梁衬套
横梁衬套油封
油封压盖

其他组件
横梁臂防护连接螺栓
机架壳体连接螺栓
定锥衬板
复合衬垫
动锥衬板支撑环
防尘圈
下机架壳体
小齿轮轴臂衬套
下机架壳体毂衬

小伞齿轮轴组件
小伞齿轮轴承杯
小伞齿轮轴承杯盖
小伞齿轮轴
小伞齿轮轴承
小伞齿轮油封
垫片
小伞齿轮

图 15-21 典型液压式旋回破碎机机械结构

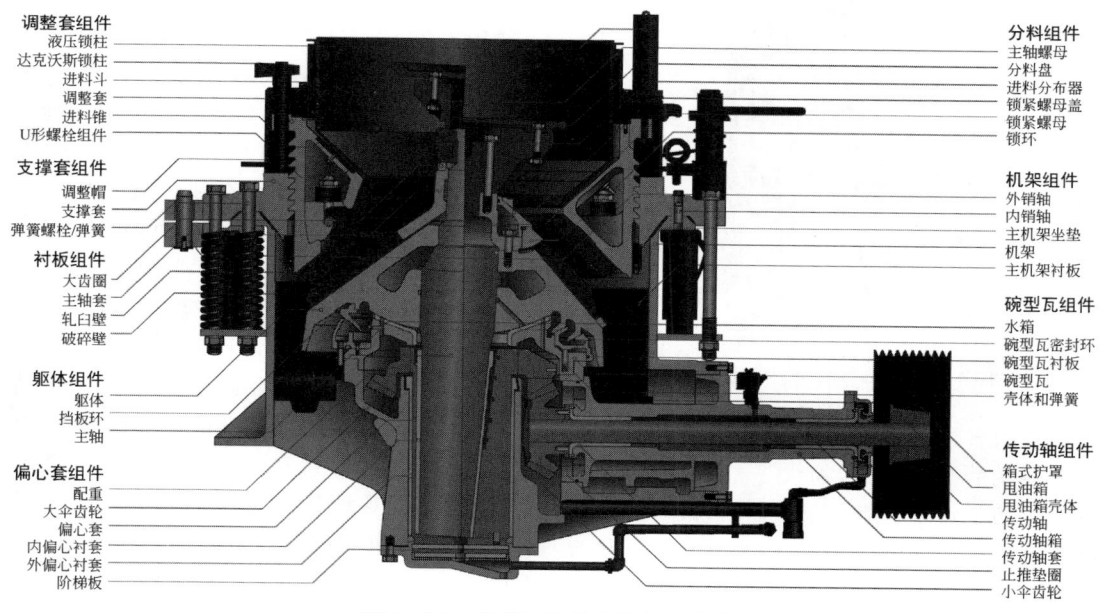

调整套组件
液压锁柱
达克沃斯锁柱
进料斗
调整套
进料锥
U形螺栓组件

支撑套组件
调整帽
支撑套
弹簧螺栓/弹簧

衬板组件
大齿圈
主轴套
轧臼壁
破碎壁

躯体组件
躯体
挡板环
主轴

偏心套组件
配重
大伞齿轮
偏心套
内偏心衬套
外偏心衬套
阶梯板

分料组件
主轴螺母
分料盘
进料分布器
锁紧螺母盖
锁紧螺母
锁环

机架组件
外销轴
内销轴
主机架坐垫
机架
主机架衬板

碗型瓦组件
水箱
碗型瓦密封环
碗型瓦衬板
碗型瓦
壳体和弹簧

传动轴组件
箱式护罩
甩油箱
甩油箱壳体
传动轴
传动轴箱
传动轴套
止推垫圈
小伞齿轮

图 15-22 弹簧圆锥破碎机机械结构

3. 周边多缸液压圆锥破碎机主要功能部件

周边多缸液压圆锥破碎机是在西蒙斯圆锥破碎机基础上发展而来的,主要特点是将定锥与周向壳体相对位置的调整与控制部件由弹簧替换为若干套液压油缸和蓄能器,其作用与弹簧基本相同,优点是能够实现排料口的自动调节、过载保护以及清腔等功能,易于实现自动控制与设备智能化。周边多缸液压圆锥破碎机与弹簧圆锥破碎机的不同之处,除由多液压油缸替代弹簧外,还有一个优点,主轴与主机架固装在一起,破碎机工作时主轴保持静止不动,而弹簧圆锥破碎机工作时主轴和动锥一起绕破碎机中心线作旋摆运动。液压周边多缸圆锥破碎机外观与弹簧圆锥破碎机外观如图15-23和图15-24所示。

图 15-23　液压周边多缸圆锥破碎机外观

图 15-24　弹簧圆锥破碎机外观

　　周边多缸圆锥破碎机采用了偏心轴套绕定轴旋转的独特设计,加大了主轴强度,并为实现大功率破碎创造了条件。同时,通过采用颗粒间层压破碎原理设计的特殊破碎腔及与之相匹配的摆频,显著提高了破碎机的处理能力、破碎力和破碎比,增加了产品成料的细粒级物料产率,并改善了粒形。该机在发生过铁及瞬时闷车的情况下,液压系统能实现自动排料,保护了破碎机不受损伤。

　　周边多缸圆锥破碎机利用高悬挂点产生的大破碎冲程与更高的转速相结合,使圆锥破

碎机的额定功率、破碎力和通过能力大大提高,能够用较少的设备在较小的空间中得到较大产能。周边多缸圆锥破碎机以"层压破碎"原理为设计理论基础,使物料粒级更为均匀,用于生产石料,产品形状更趋于立方体,用于选矿厂中细碎,产品细粒级含量更高,达到更好的"多碎少磨"效果。周边多缸圆锥破碎机可以根据实际需要对产品粒级的要求以较低速度运行,以生产较少的细料,生产更优的产品,产量更高。

　　主要技术特点:①液压缸取代弹簧,过铁行程加大,可靠性提高;②主轴与动锥分开,主轴改为固定式,短粗圆柱,承载能力大;③动锥无须限制自转速度,提高了破碎速度(动锥摆频);④双向作用液压缸,几分钟完成清理破碎腔;⑤液压推杆调节排矿口,液压推杆协助拆定锥总成;⑥取消水环密封,改为技术非接触密封;⑦功率加大;⑧标准型和短头型通用一个动锥,可匹配6~8种衬板腔形。液压周边多缸圆锥破碎机结构如图15-25所示。

　　周边多缸液压圆锥破碎机代表性产品是美年(Metso)公司所属品牌Nordberg于20世纪80年代初生产出的全新结构的Omnicone圆锥破碎机,于90年代初生产出HP(high performance)周边多缸液压高性能圆锥破碎机以及随后生产出更大破碎强度、功率和处理能力的MP系列周边多缸液压高性能圆锥破碎机。

4. 底部单缸液压圆锥破碎机

　　底部单缸液压圆锥破碎机通过设在动锥主轴底部的液压缸,实现动锥的升降,调节动锥和定锥齿板之间的距离,以达到调整产品粒度或者不可破碎物料安全通过的目的,当破碎机内落入不可破碎物体时,液压缸内的油压迅速升高,当油缸内的油压超过设定极限值时,液压缸安全阀打开,动锥下降排料口变大,不可破碎物排出,避免对于设备的损害。出料粒度的调整主要通过液压系统上升或下降动锥,调整动、定锥的间隙来实现,也可以通过选用不同的破碎腔型,选用不同的偏心套以改变物料的出料大小,但后者需要更换内腔衬板或偏心套,实际生产过程中,实现起来不是很方便。

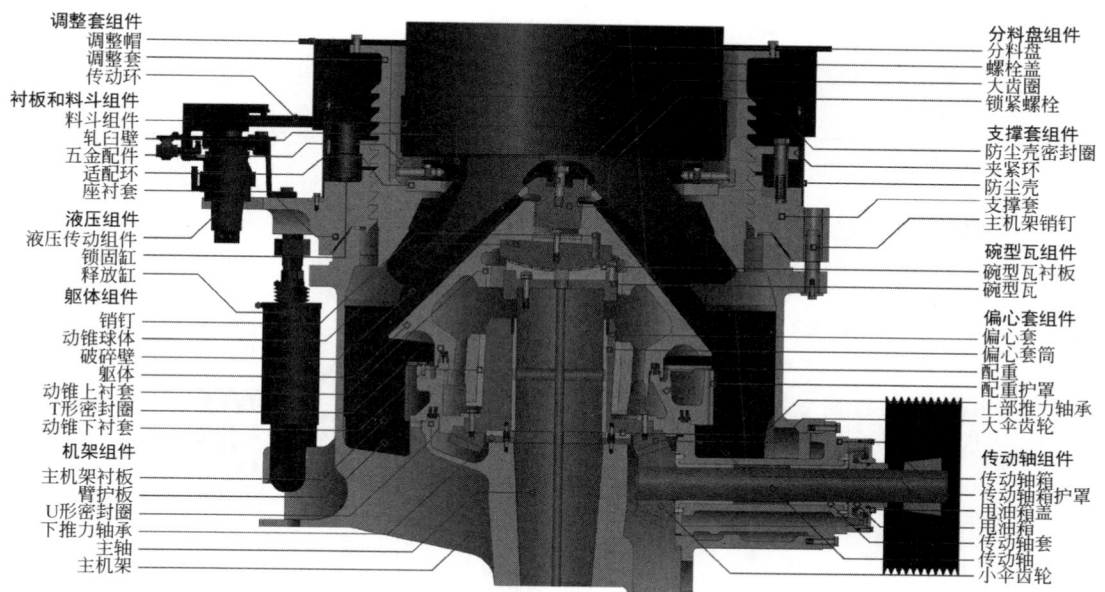

图 15-25　液压周边多缸圆锥破碎机结构

与弹簧或周边多缸圆锥破碎机通过调整定锥位置达到调整粒度和过载保护相比，底部单缸液压圆锥破碎机的定锥位置保持不变。动锥底部采取液压缸支撑，辅助压力传感器和计算机控制系统，既能实现过铁释放，又可实现排料粒度间隙的在线调整，极大提高了设备自动化程度和智能化可行性。

最初的底部单缸液压圆锥破碎机由阿利斯-卡尔默斯（Allis-Chalmers）公司推出，以单颗粒破碎为主，破碎效率偏低。随后，山特维克（SANDVIK）公司的 CH 和 CS 系列底部单缸液压圆锥破碎机、Metso 公司的 GP 系列圆锥破碎机在其基础上研制出更高效的新一代。该类设备共同特点是破碎腔以挤满给料方式，动锥采用高频率大冲程，配置以大功率电机驱动，以料层粉碎和选择性粉碎的方式，实现高产高效的破碎效果。底部单缸液压圆锥破碎机结构如图 15-26 所示。

底部单缸液压圆锥破碎机的特点是圆锥陡度大，摆动频率高，偏心距小，采用主轴简支梁支撑形式，底部单缸液压支架与顶部为星形框架结构，整体结构简单，外形美观，便于自动控制。此外，移动锥轴承的球面半径大，轴的偏心角很小，破碎腔长，提高了破碎的材料的均匀性，也就是说，产品粒度均匀，针板材料少，破碎力和功率波动很小。

但底部单缸液压锥的破碎力略显不足，尤其不适合破碎坚硬的物料。由于调整方式是升降锥，在进料不均匀的情况下，磨机壁磨损不均匀，而且由于油缸在底部，工作空间小，给维护带来一定的困难。

底部单缸圆锥破碎机和周边多缸圆锥破碎机区别主要体现在以下几个方面：

（1）不同的粉碎效果。底部单缸液压圆锥破碎机放电口灵活、放电粒径相对不太稳定，周边多缸液压圆锥破碎机是层压破碎，挥拍速度越快，层压破碎的效果越好，所以周边多缸液压圆锥破碎机成品细粒级高，产品粒度更均匀。

（2）不同的生产成本。底部单缸液压圆锥破碎机结构紧凑，故障率低，价格稍贵，但维修费用低，从长远考虑是值得投资的。周边多缸液压圆锥破碎机采用全液压保护及调整装置，设备基础投资小，价格比底部单缸便宜，可为客户节省生产成本。

（3）适用范围不同。底部单缸液压圆锥破碎单物料效果较好，但如果物料在破碎腔内实现颗粒破碎，底部单缸液压圆锥破碎效果不如周边多缸液压圆锥破碎，就设备的应用范围而

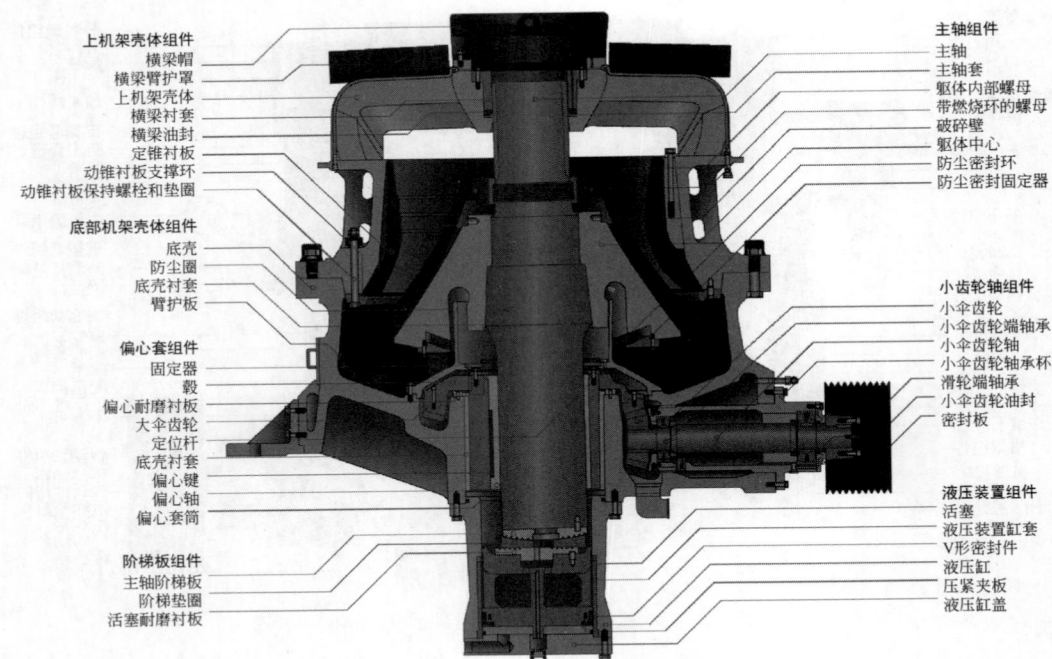

上机架壳体组件
横梁帽
横梁臂护罩
上机架壳体
横梁衬套
横梁油封
定锥衬板
动锥衬板支撑环
动锥衬板保持螺栓和垫圈

底部机架壳体组件
底壳
防尘圈
底壳衬套
臂护板

偏心套组件
固定器
毂
偏心耐磨衬板
大伞齿轮
定位杆
底壳衬套
偏心键
偏心轴
偏心套筒

阶梯板组件
主轴阶梯板
阶梯垫圈
活塞耐磨衬板

主轴组件
主轴
主轴套
驱体内部螺母
带燃烧环的螺母
破碎壁
驱体中心
防尘密封环
防尘密封固定器

小齿轮轴组件
小伞齿轮
小伞齿轮端轴承
小伞齿轮轴
小伞齿轮轴承杯
滑轮端轴承
小伞齿轮油封
密封板

液压装置组件
活塞
液压装置缸套
V形密封件
液压缸
压紧夹板
液压缸盖

图 15-26　底部单缸液压圆锥破碎机结构

言,周边多缸液压圆锥破碎机比较广泛。在同等功率和生产时间下,周边多缸液压圆锥破碎机的产量约为底部单缸的两倍。

底部单缸圆锥破碎机和周边多缸圆锥破碎机都有各自的优势,所以具体的使用方便要根据客户的实际生产需要,如果客户想要低成本的设备,可以选择周边多缸圆锥破碎机;如果想要好的颗粒尺寸,可以选择多个气缸。如果要使用寿命长,可以选择底部单缸。

5.惯性圆锥破碎机

惯性圆锥破碎机是苏联选矿研究设计院(全名为全苏有用矿物机械加工科学研究设计院,即简称"米哈诺布尔",俄文"МЕХАНОБР")的专家从 20 世纪 50 年代起,历经几十年的努力研制成功的一种基于层压破碎原理和惯性挤压破碎的高效、大破碎比的圆锥破碎机。其产品粒度细、过铁能力强等出类拔萃的性能和优秀的应用效果令世人瞩目。20 世纪 90 年代初,由北京矿冶科技集团有限公司引进至我国,历经 20 余年的发展,惯性圆锥破碎机在中国取得了长足的进步和发展。

惯性圆锥破碎机结构如图 15-27 所示,主要由主电机、传动部件、激振器部件、工作机构和机壳等组成。工作机构由动锥部件和定锥部件组成,锥体上分别附有耐磨衬板,衬板之间的空间形成破碎腔。主电机带动激振器旋转产生惯性力,动锥靠近定锥时,物料受到冲击和挤压被破碎,动锥离开定锥时,破碎产品因自重由排料口排出。而且动锥与传动机构之间无刚性连接,发生过铁等情况时设备不会被损坏。惯性圆锥破碎机工作原理如图 15-28所示。

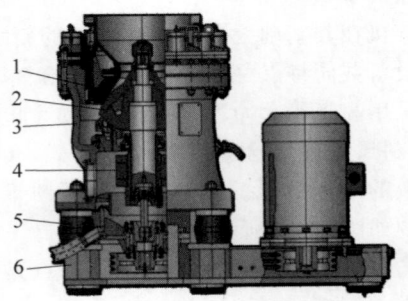

1—定锥部件;2—动锥部件;3—机壳;
4—激振器;5—减振器;6—机架。

图 15-27　惯性圆锥破碎机结构

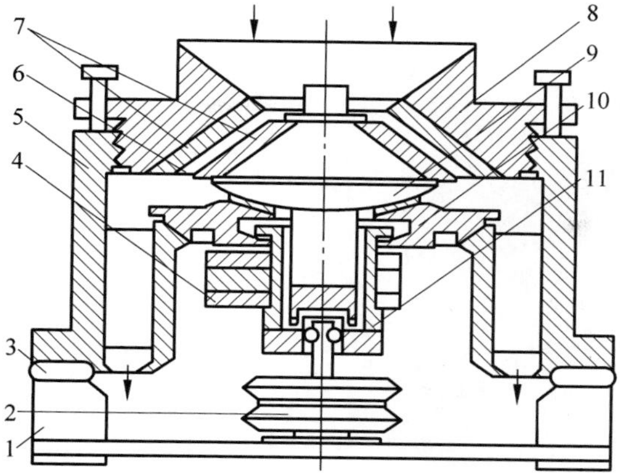

1—底架；2—皮带传动装置；3—隔振元件；4—激振器；5—外壳；6—球面瓦；7—衬板；8—定锥；9—动锥；10—动锥支座；11—轴套

图 15-28 惯性圆锥破碎机工作原理

惯性圆锥破碎机和传统圆锥破碎机在结构和工作原理上主要有以下几点不同：

（1）前者是皮带传动，轴套和传动轴间通过万向节轴连接；后者是伞齿轮传动，大齿轮固定于轴套上。

（2）前者的轴套无偏心，主轴不带锥度；后者是偏心轴套，轴套和主轴都有锥度。

（3）前者是通过激振器高速旋转的离心力来带动动锥产生冲击振动等破碎力；后者是通过偏心轴套迫使动锥作偏心运动来产生挤压等破碎力。

（4）当破碎腔中卡有大块不可破碎物时，前者的动锥停止摆动，激振器继续旋转，不会损坏设备；后者的动锥继续被迫强制运动，只能通过自身有限地调整定锥或动锥的位置来调整排放口间隙以试图排出不可破碎物，易造成设备损坏。

（5）前者满负荷启动与停车，后者须空负荷启动和停车。

（6）前者无须牢固的基础，无须地脚螺栓固定；而后者必须有强大牢固的基础，用地脚螺栓固定。

（7）惯性圆锥破碎机的破碎频率比传统的圆锥破碎机高一倍左右。

（8）按支撑偏心激振器的方式分为利用带球面接头的联轴节支撑偏心激振器型、利用动平衡方案的平衡偏心块支撑主激振器型、利用

滑动止推轴承支撑激振器型及利用液压缸活塞支撑激振器型。

由于惯性圆锥破碎机是挤满给料，在由惯性力引起的强烈脉动冲击作用下，物料在破碎腔中承受挤压、剪切、弯曲和扭转等作用，从而实现"料层粉碎"和"选择性破碎"。它具有以下优点：

（1）破碎比大，产品粒度细且均匀；

（2）具有良好的"料层选择性破碎"作用；

（3）产品粒度可调，调节偏心静力矩、激振器转速和排料间隙，可获得所需的产品粒度；

（4）技术指标稳定，产品粒度几乎与衬板磨损无关；

（5）操作和安装方便，由于整机采用二次隔振，基础振动小，工作噪声小，安装时不需庞大基础和地脚螺栓；

（6）良好的过铁性能，由于动锥与传动机构之间无刚性连接，过铁时不会损坏机器；

（7）简化碎磨流程，减少辅助设备台数，由于产品粒度细，无须振动筛构成闭路，大大节省设备和基建投资；

（8）应用范围广，调节破碎机工作参数，可破碎任何脆性物料。

15.2.4 圆锥破碎机的使用与维护

圆锥破碎机使用与维护主要包括：粒度调整的实现；确保破碎过程顺利进行需要保证的工作条件；内衬等易损件的更换；铁器等异物进入破碎腔的处理；润滑、密封、液压系统、紧固等各部分保持良好的工作状态等。

1. 粒度调整与过载保护

粒度调整依据不同类型圆锥破碎机工作原理进行相应的调整，如图 15-29 所示。其大致分为两类，底部单缸液压起降动锥方式和螺纹旋转调整环起降定锥体。

无论液压旋回破碎机还是底部单缸圆锥破碎机，其粒度调整方式都是通过调整主轴下端的液压缸内液压油的数量，顶起或降下动锥体，从而调节定锥和动锥在排料口处的间隙。破碎腔内进入铁器等异物，液压缸内油压升高，液压系统的安全阀打开，动锥迅速下降，实现过载保护功能。

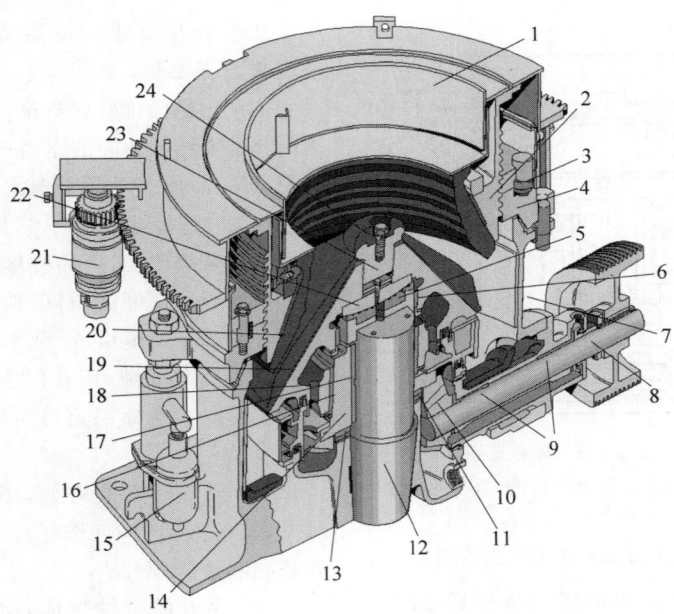

1—给料斗；2—定锥；3—锁紧缸；4—调整环；5—球面瓦；6—动锥上铜套；7—主机架；8—水平轴；
9—水平轴铜套；10—大齿轮和小齿轮；11—下推力轴承；12—主轴；13—偏心套推力轴承；14—偏心套；
15—过铁释放缸总成；16—动锥下铜套；17—偏心套铜套；18—动锥；19—动锥衬板；20—定锥衬板；
21—液压调整马达；22—动锥球体；23—锁紧螺栓；24—分料盘。

图 15-29　液压周边多缸圆锥破碎机粒度调整结构

液压圆锥破碎机粒度调整方式如图 15-30 所示，当需要调整粒度时，锁紧缸卸载，锁紧环和调整环与动锥间的锯齿形螺纹放松，然后，液压调整马达旋转小齿轮推动调整环旋转，锯齿形螺纹使得动锥上升或下降，从而调节定锥衬板和动锥衬板在排料口处的距离，从而调整粒度。调整到位后，锁紧缸加压，锁紧液压缸撑起锁紧环使其脱开调整环，并与定锥螺纹锁紧。

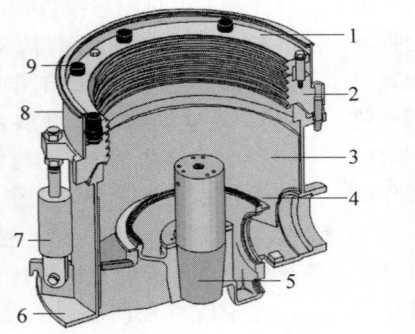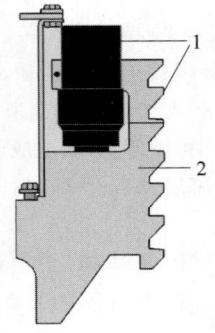

1—锁紧环；2—调整环；3—主机架垫；4—U形密封；5—主轴；6—主机架；7—过铁释放缸；8—防尘罩；9—定锥锁紧缸。

图 15-30　液压圆锥破碎机粒度调整结构

当有铁器等异物进入破碎腔内时，动锥保持不动，支撑在弹簧或液压缸上面的定锥组合体受到向上的抬起力，此时弹簧或液压缸被拉长，排料口瞬间增大，非破碎物即可排出，之后弹簧或过铁释放缸回收,定锥组合体恢复原位,从而实现过载保护功能。

2.锥体耐磨衬板的更换

由动锥和定锥衬板所围成的破碎腔完成物料作业,直接和破碎物料挤压摩擦,是破碎机的主要磨损部件。衬板随着破碎物料累积增多和设备使用时间的推移会磨损,为了确保不因衬板磨损造成破碎腔和排料口尺寸加大

从而排料粒度超限,并且有效保护主套管和轴不受损坏,圆锥破碎机的运行过程中要时刻关注衬板的磨损情况,可以通过手动(厚度测量)或使用适当的状态监测工具(如激光扫描)进行监测。衬套和套管要按预定的时间间隔或根据记录的磨损率进行更换。为方便锥体衬板的更换,有些厂家还专门开发了专用的卡掉装置(图15-31),可以极大提高更换效率、优化工作环境。

图15-31 FLSmidth 设计开发的专门用于圆锥破碎机锥体更换检修的卡掉装置

定锥衬板更换参考程序如下:

(1)当定锥衬板磨损严重或磨至排矿口增大不能调整时,须重新更换衬板;

(2)安装新衬板之前应彻底清除黏附在架体锥面上的干固黏结料,待完全干固后方可开动机器进行工作;

(3)如果上部衬板磨损不严重仍可继续使用时,也可不做更换,但必须处理好新旧衬板的结合部位。

动锥衬板更换参考程序如下:

(1)为了顺利除掉破碎圆锥已经磨损的衬板,可先松开衬板上压紧机构螺帽上旋15～25 mm,然后少许给矿,经过若干小时连续工作后,则衬板和锥体的连接即可自行破坏,但在这段工作时间内,应有人注意观察松动情况,以免发生事故;

(2)将已磨损的衬板用气焊切割,切割时应注意温度避免损坏相关件;

(3)预热对浇灌锌合金质量有很重要的影响,可视细节和灌锌环境温度情况进行适当预热(150～200℃),冬季尤为重要;

(4)灌锌应一次完成,灌后应再次拧紧固定装置。

图15-32 所示为定锥安装示意图。

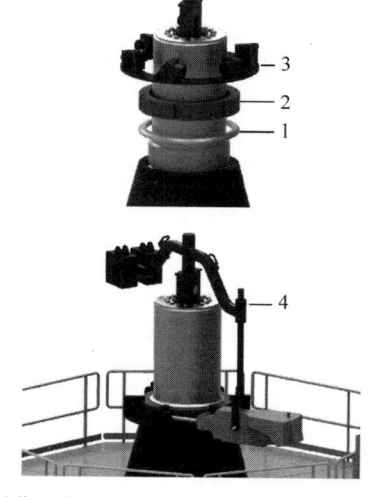

图中所示装配步骤:

1—安装填料环;2—安装螺母;3—安装敲击插座;4—安装紧固臂和锤子;5—拧紧螺母并将填料环焊接在一起。

图15-32 圆锥破碎机定锥安装

3.圆锥破碎机使用与维护

1)破碎机的日常使用与维护

(1)破碎机负荷试车检查合格后方可投入生产,在破碎机投入生产的初期应十分注意观

察,迅速掌握所用破碎机的运行规律。

(2)经常检查破碎机各运动、摩擦紧固部位,发现问题及时处理,不能及时发现和处理各种异常现象使某些部位在不良情况下容易造成设备应用隐患。

(3)保持设备运转的环境整洁,对保证破碎机正常工作和减少磨损以及减少检修次数非常重要,因此检修时要十分重视各摩擦部位的洁净,以及管油和油质的品质。

(4)精心检修,对破碎机正常工作和减少磨损以及减少检修次数有重要的意义,对破碎机的主要摩擦部位应仔细刮研,保持良好接触,对紧固部位应认真紧固,否则将导致检修次数增多,零件使用寿命将低。

2)破碎机检修时注意事项

(1)检查偏心套内外巴氏合金加工表面的磨损情况,如发现局部脱落可以用补焊方法修补,如大部分脱落则应重新浇注。

(2)检查破碎圆锥底部球面密封的工作情况,及时清除污物和补充润滑干油。

(3)检查传动铜套的磨损情况,测量径向间隙,同时也应注意轴向间隙的变化。

(4)检查油缸上部摩擦盘的磨损情况和油缸下部的密封情况。

(5)检查圆锥齿轮的间隙齿面接触和大圆锥齿轮下部摩擦盘的磨损情况。

(6)检查横梁中心孔内的衬套磨损和润滑情况,并及时填满润滑油。

(7)检查破碎圆锥上耐磨衬板的磨损与固定情况。

(8)检查润滑、液压油的液位、压力、接头稳定情况。

3)破碎机启停机注意事项

(1)破碎机开动前必须认真检查润滑油路有无堵塞现象,液压系统压力是否正常,螺钉螺帽销子是否固定,皮带张紧是否正常,破碎腔内残存的矿石是否清理干净;确认无误后发出指令,然后再开动破碎机。

(2)破碎机运行一段时间后,方能给矿,破碎机运转时不允许用手或工具检查任何零件,必要时应采取足够的安全措施后方可进行。

(3)破碎机运转时,不许做任何修理工作,不许打开机座上的人孔,观察下料情况。

(4)破碎机运转时应时刻注意机器的声音,如发现异常声音,应立即停车检查。

(5)破碎机须在停止给矿一段时间后,破碎腔内无残存矿石方可停机。

(6)必须保证破碎机的排料通畅,不允许有矿石堆积堵滞现象发生。

(7)安装偏心套和破碎圆锥时,机器内部不允许有人。

(8)检查或安装破碎机底部油缸时,要有确切的安全措施,避免矿石、零件或其他物品从破碎机上部落下。

4)空转试验

(1)在设备各部分安装完后要做空负荷试验,检查安装是否合乎要求。

(2)在破碎机启动前应检查主要连接处的紧固情况。

(3)启动前用手盘动传动部,使空偏心轴转动2~3圈,认为灵活无卡堵现象时,方可开车。

(4)破碎机启动前应先启动油泵,直到各润滑点得到润滑油,见油回箱后,方可启动破碎机。润滑装置应达到如下要求:给油管的压力应在规定范围内、回油温度不得超过规定温度、试验后拆卸时破碎机各个摩擦部分不应发生贴铜烧伤和磨损等现象。

(5)空转试验连续运转不得少于规定时间。破碎机空转试验必须达到如下要求:破碎圆锥绕自己中心线自转的转数不得超过规定转速、圆锥齿轮不得有周期性的噪声。

(6)破碎圆锥转数很快可能产生不良现象,应当立即停车,进行检查调整,同时检查给油量,随后重新开车试验。

(7)圆锥齿轮如有周期性噪声,必须检查齿轮安装的正确性,并且检查齿轮间隙。

5)负荷试验

(1)空转试验合格以后,方可进行负荷试验。

(2)负荷试验应连续进行规定时间以上。

(3)负荷试验开始时加入少量的矿石,然后逐渐地增加到满载。

(4)负荷试验必须达到下列的要求:破碎

机无急剧的振动和噪声、破碎机给矿与排矿正常、产品粒度与处理能力与规定参数相符、液压站工作正常。

（5）润滑系统符合下列要求：给油压力在规定范围内、回油温度不超过规定温度、各磨损件没有损伤现象、电气设备工作正常。

6）破碎机给料的控制

（1）矿石必须给在分配盘的中间，不准许将矿石直接给入破碎腔内。因为这样做易使破碎机过载，使衬板磨损不均。

（2）正确的给矿条件是矿石经分配盘均匀地分散在破碎腔内、给入的矿石不能高出轧臼壁的水平。

（3）破碎机的最大给矿尺寸，不准等于给矿口尺寸（给矿块最大尺寸≤85%给矿口尺寸），否则将导致破碎机产量的降低以及破碎机某些零件的损坏。

（4）破碎机不准负荷启动，负荷启动定会造成事故。

（5）停车时，必须先停止给矿机，并让已进入破碎腔的矿石破碎排出后，最后使破碎机停车。

（6）破碎机工作时应经常检查锁紧系统的压力及液压站的工作情况，发现问题及时处理。

（7）不正确的安装对破碎机将有以下不良影响：破碎机产量降低、排矿粒度不均匀且大块多、磨损件磨损得不均匀或者加快磨损。

（8）进料口距分配盘的高度对破碎机的正常工作有重要意义，高度太高时矿石容易不经分配盘直接进入破碎空间，因此，必须按规定的高度来进行安装。

（9）弧形钢板是用来保护进料箱不被损坏以及使得矿石不易在进料箱内堵塞，在安装时需要保持弧形钢板的形状和弧形钢板距进料口边缘的尺寸，以免堆积矿石。

7）圆锥式破碎机各部分的安装与调节

（1）圆锥式破碎机的安装：在安装圆锥式破碎机之前，应在近处设置一个牢固，较高一点的木架子作为安装破碎圆锥用；清除掉涂在轴与球面上的保护油层，并用风吹净润滑油孔与油沟；在锥轴表面涂一层黄干油，球上涂一层稀油；破碎圆锥安装时要轻轻放入空偏心

轴中，稳稳地使球面与碗形轴承之碗形瓦接触避免损坏球形圈，并按图 15-32 进行安装（安装填料环、安装螺母、安装敲击插座、安装紧固臂和锤子、拧紧螺母并将填料环焊接在一起）。

（2）圆锥式破碎机机架的安装：安装机架时应保持严格的垂直性和水平性，可在底座的环形加工面上用水平仪及悬锤检查底座的中心线；用调整楔铁调整好底座的水平后，将地脚螺钉拧紧，进行第二次灌浆；当二次灌浆层硬化后，从破碎机底座下再取出调整楔铁，并用水泥充填此空隙，然后再按机架的安装步骤进行检查；保持底座的水平性与垂直性，能保证机器可靠地工作，否则将使铜套单面接触，研磨偏心套和引起密封装置工作不正常。

（3）圆锥式破碎机传动轴的安装：安装传动轴时应在底座与传动轴架的凸缘法兰间垫上调整垫片；传动轴装入以后，用样板检查与传动齿轮有关的尺寸；传动齿轮轴向移动量应为 0.4～0.6 mm；拆卸传动轴时可利用传动轴架法兰上的方头固定螺钉顶出，在不拆卸传动轴时方头螺钉不要拧上。

（4）圆锥式破碎机空偏心轴的安装：空偏心轴安装前先将垫片装在底盖上用吊钩将底盖在机架下端，然后再用吊钩将下圆板及圆板依次装在底盖上，并使下圆板的凸起和底盖的凹处卡好；按将空偏心轴装配时，可用环首螺钉将偏心套装入架体中心孔内，装入时要稳落，不要使齿轮受到撞击；空偏心轴装好后，大小齿轮的外端面必须对齐并检查齿轮啮合间隙。对于 1200 破碎机齿轮的齿侧为 2.1～2.58 mm。

（5）碗形轴承的安装：碗形轴承安装前的准备工作为清除油槽及油孔内的杂物、检查防尘圈和挡油圈有无碰坏或变形现象、检查各加工表面有无损坏之处，如有损坏应立即进行修理；碗形轴承架应与底座配合紧密，并用塞尺检查水平接触面的紧密情况；碗形轴承安装好后，立即用盖板将碗形瓦盖好装破碎圆锥时再将盖板拿下；安装碗形轴承时应注意保护进水管、排水管、挡油圈、防尘圈，以免装入时碰坏。

（6）防尘装置的安装：若防尘装置采用干油密封，安装时在单腔中注满干油，每次检修

时应做适当的补充;若采用水封装置做防尘结构,排水管在接近水箱处应设一个便于检查的接水管,进水管路上应设有水量的调节阀,当圆锥式破碎机停止工作时应能全部排出防尘槽中的水。

(7) 润滑装置的安装:润滑装置可按本厂设计的装配图进行安装,也可根据当地的具体条件配置,但用户自行决定的配置图及所需零件均由用户自备;润滑装置的配置,必须保证润滑回油的顺利;在安装破碎圆锥前应完成润滑装置的安装,因为应先进行润滑装置的试验,如此时润滑方面有了故障拆卸修理都很方便。

(8) 调整装置、调整套、弹簧的安装:将支承套、调整环清理干净;在锯齿形螺纹上涂以干稀油混合液,将锁紧油缸装在支承套上锁紧缸的接口部接到液压站的接口部上;将支承套安装在机架上;将调整环旋转装入支承套内;将锁紧螺母扭在支承套上,对准销孔打入四个销钉;安装漏斗装置及漏斗;安装防尘罩,此时要注意将调整环的四个键块卡在防尘罩的槽中;按图纸规定调整弹簧的工作高度;安装推动缸蓄势器,推动缸的两个接口 M 和 N 分别接到液压站的接口 M 和 N,蓄势器接口通过补心软管和四通接到锁紧缸油路中。

(9) 液压站的安装与调整试验:破碎机液压站就放在基础部的适当位置上,以便于操作,液压站连通主机的各管路零部件及软管,可按现场实际情况适当布置;液压站的 M、N、P 三个口分别与推动缸的 M、N 口以及锁紧缸的 P 口相接;液压站各部装好后进行打压试验,试验压力为 140 kgf/cm²;锁紧试验,往锁紧缸打之前必须往蓄势器充入 75~80 kgf/cm² 氮气,其必须在推动缸卸压后往锁紧缸打压,若在试验中锁紧缸及其管路存在残留气体,可借助于管路中或蓄势器底部螺堵排除之;调整试验,即使锁紧缸卸压后用推动缸做调整排矿口的试验;做到液压站元件良好,操纵灵活。

8) 圆锥式破碎机工作时注意事项

(1) 轧臼壁的更换:轧臼壁有 U 形螺钉把在调整环上,两者之间注入锌合金,使之紧密结合,新安装或更换轧臼壁时,在工作 6~8 h 后,应检查其紧固情况,并再次拧紧 U 形螺钉。

(2) 圆锥破碎壁的更换:圆锥破碎壁是用圆锥头固定在圆锥躯体上的,二者之间浇铸有锌合金,新安装或新更换的圆锥破碎壁工作 6~8 h 后,应检查其紧固情况,发现松动应立即紧固。

(3) 齿轮啮合:由于摩擦使圆板磨损,影响了齿轮间隙的变化,为保证齿轮的正常啮合必须在底盖上补加垫片,其垫片的厚度应等于圆板的磨损量。

(4) 碗形轴承和密封装置:安装碗形轴承时,注意不使钢丝绳碰坏挡油环(可用硬木等物支持在钢丝绳之间);装配时,支承球面应进行刮研,保证破碎圆锥与碗形互球面在外圆接触内环应确保 0.35~0.5 mm 的环状间隙;碗形轴瓦是用周围灌注的巴化合金的锁钉固定在碗形轴承架上的,防止碗形轴瓦沿圆周方向转动;碗形轴承架与架体用键(销)固定好,如果工作中发现碗形轴承架与架体有间隙必须立即进行处理。

(5) 圆柱形衬套:圆柱形衬套与架体为第三种过渡配合,为了防止衬套的转动,又在衬套上部槽内注入了锌合金,更换新衬套时应按架体的实际尺寸配制,因为破碎机经过长时间的工作和装卸必然造成配合关系的改变,如果间隙过大将导致衬套发生破裂。

(6) 圆锥形衬套:锥套与空偏心轴要配合,注入锌合金以防止锥套转动,锌合金要充满全部间隙,由于热注锌合金可能造成锥套的变形,因此制造备件时应按偏心套内径的实际尺寸配制以保持原有的配合。

(7) 弹簧:弹簧的作用是当破碎机进入不可破碎物时保护破碎机不被损坏,所以弹簧的压力与破碎机的破碎力相适应,破碎机在正常工作时弹簧是不动的,仅仅在破碎腔中落入铁块使破碎机超载时才抬起支承套发生弹簧被压缩的现象;破碎机上部在正常工作时发生跳动,这是不正常的现象,必须仔细分析原因,采取措施排除,如果错误地压缩弹簧,不但不能正常地工作,反而可能发生零件的损坏,因为压缩弹簧将引起破碎力的增加。

15.3　颚式破碎机

15.3.1　概述

颚式破碎机是一种具有悠久历史的常用破碎设备，主要适用于中等硬度以上物料的中、小处理能力一级粗碎，二、三级中碎作业，其显著技术优势是整机高度低、结构简单、维护量小，运行成本低。其广泛应用在矿山、冶金、建材、固废资源化、化工等行业领域。近些年来，颚式破碎机的结构形式出现了一些创新性变化，也得到了广泛的应用。用于中硬以上物料中碎作业时，颚式破碎机也适合于中、小处理能力且对产品粒形要求不高的场合，否则一般使用圆锥破碎机或其他类型破碎设备。

颚式破碎机最大入料粒度可达 1500 mm，处理能力传统简单摆动式颚式破碎机（简称简摆）或复杂摆动式颚式破碎机（简称复摆）可达 1500 t/h，新型颚辊破碎机可达 8000 t/h，装机功率为 400 kW 左右，破碎强度可达 400 MPa（铬铁合金），工业用出料粒度下限一般在 20～30 mm。

颚式破碎机用于粗碎作业时，主要将金属矿山、矿石等经爆破后的原矿（run-of-mine，ROM），大块的钢筋混凝土、冶金、化工原料等物料破碎至满足运输或自磨/半自磨机或其他中碎设备给矿粒度要求，具有入料粒度大、破碎强度高等特点，属于重型设备，一般采用开路作业。高硬度物料的粗碎作业主要的破碎设备就是颚式破碎机和旋回破碎机，与旋回破碎机相比，颚式破碎机处理能力小，但高度低，结构简单，维护方便，设备及基建费用低。如果颚式破碎机不能满足系统大处理能力的要求，就要选用旋回破碎机，但其设备高度高，结构相对复杂，维护难度大，设备及土建费用高。

15.3.2　颚式破碎机工作原理

颚式破碎机的工作部分是两块颚板。一块固定颚板（定颚）垂直（或略倾斜）固定在机体前壁上；另一块活动颚板（动颚）倾斜或垂直，与固定颚板形成上大下小的破碎腔。活动颚板朝向固定颚板作周期性的往复运动，时而分开，时而靠近。靠近时，两块颚板之间的物料受到挤压、剪切和摩擦作用而破碎。分开时，物料进入破碎腔，并逐步下移，最终破碎产品从下部排出。

颚式破碎机按照活动颚板的摆动方式不同，可以分为简单摆动式颚式破碎机、复杂摆动式颚式破碎机、综合摆动颚式破碎机等。颚式破碎机通过定、动颚板之间的张开、闭合与相对运动，对夹在其间的物料通过挤压、冲击、剪切、研磨等综合作用进行破碎，属于典型面接触式的破碎设备，具有面接触破碎设备所具有的破碎强度高、破碎体耐磨时间长等技术优势。颚式破碎机破碎腔型随着动、定颚板形式的变化而生成不同的类型，颚板上的条状破碎带根据不同的破碎工况也会有很多变化，颚板也有平面形、弧形甚至是圆辊状等多种形式，见图 15-33 颚式破碎机工作原理。

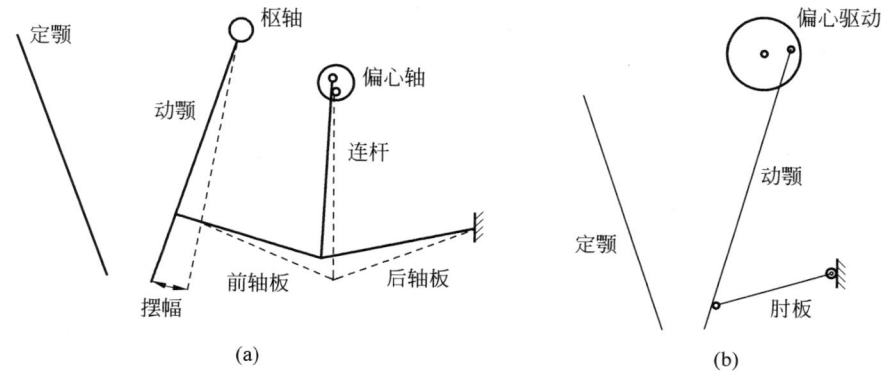

图 15-33　颚式破碎机工作原理
（a）摆式；（b）复摆式

颚式破碎机的运动学特征是定颚板保持静止但可以作静态位置调整,动颚板运动形式则主要包括绕固定回转中心的双肘板简单摆动,偏心轴驱动的动颚板、动颚辊复杂摆动等形式。

从动力学角度,颚式破碎机一般都配有重型飞轮,用以存储空载半周期的转动能量并在破碎半周期用于物料破碎能量。由于破碎机仅有半周期碎矿,所以其单位产能所需要的设备质量和占地空间都比较大。因其从原理上就有偏心轴和飞轮储能等偏心动载荷存在,所以颚式破碎机需要有坚固的机架、底座和基础。

15.3.3　颚式破碎机主要类型

根据上述颚式破碎机的工作原理,颚式破碎机按照活动颚板的摆动方式及形状的区别,主要包括简摆、复摆、偏心辊颚式破碎机三种类型。此外,还有振动颚式破碎机、双腔双动颚式破碎机、外动颚式破碎机等类型。

1. 简单摆动式颚式破碎机

简单摆动颚式破碎机动作过程:定颚固定在机架的前壁上,动颚则悬挂在动颚回转轴上。当偏心轴旋转时,带动连杆作上下往复运动,从而使两块推力板亦随之作往复运动。通过推力板的作用,推动悬挂在悬挂轴上的动颚作往复运动。当动颚摆向定颚时,落在破碎腔的物料主要受到颚板的挤压作用而粉碎。当动颚摆离定颚时,已被粉碎的物料在重力的作用下,经破碎腔下部的出料口自由卸出。因为颚式破碎机的工作是间歇性的,粉碎和卸料过程在破碎腔内交替进行,影响了颚式破碎机的破碎效率。这种破碎机工作时,动颚上各点均以悬挂轴为中心,单纯作圆弧摆动,见图 15-34。由于运动轨迹比较简单,故称为简摆式颚式破碎机。简摆的优点是:运动轨迹简单,所受载荷稳定,运行可靠性高,适合于大处理能力、高破碎强度的应用场合。缺点是与复摆相比,动颚运动轨迹单一,主要是水平往复运动,没有明显的垂直动作过程对物料施加朝向排料口的摩擦力,物料的咬入和排出完全靠重力,影响了破碎机的处理能力。在很多应用场合,其基本被复摆所取代。

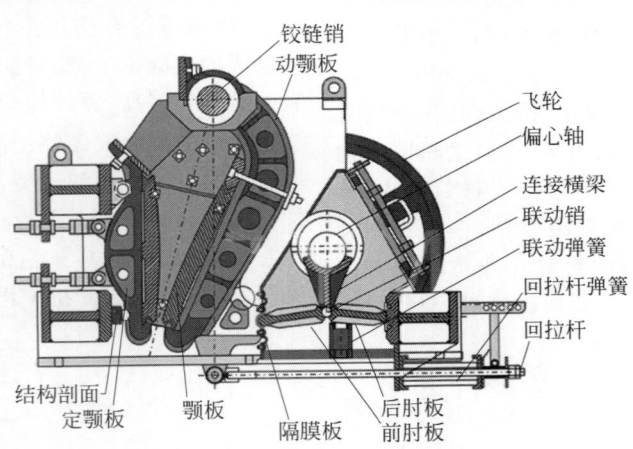

图 15-34　简摆颚式破碎机

2. 复杂摆动颚式破碎机

复杂摆动颚式破碎机动作过程:由电动机驱动皮带和皮带轮(见图 15-35、图 15-36),通过偏心轴使动颚上下运动,当动颚上升时肘板和动颚间夹角变大,从而推动动颚板向定颚板接近,与此同时物料被挤压、剪切、研磨等多重破碎;当动颚下行时,肘板和动颚间夹角变小,动颚板在拉杆、拉杆弹簧的作用下离开定颚板,此时已破碎物料从破碎腔下口排出,随着电动机连续转动破碎机动颚作周期性的压碎和排料,动颚板的运动轨迹是和定颚垂直的水平周期摆动和平行于定颚表面的上下运动组合而成的不同离心率的近似椭圆,见图15-37(b)。这样的运动轨迹使得动颚板对物料除了横向挤压,还有纵向的挤压、摩擦,既有利于入料口对物料的咬入、排料口的排料,也有利于破碎腔内对物料层进行松散压实,提高破碎效果,降低破碎功耗。这种运动轨迹带来的负面作用就是动颚板磨损加剧,动颚偏心轴及轴承所受冲击与载荷加大,容易出现故障,所以复摆开始时主要用于小处理能力和不是太硬的物料破碎场合,但随着材料与加工水平的提高,复摆因运动复杂、载荷恶劣造成的不能大型化的问题基本得到有效解决,其处理量大,对物料的咬入和排出能力强,对物料破碎方式多、

效果好的优点体现出来,所以得到了更为广泛的应用。简摆与复摆的综合对比见表15-31。颚式破碎机动颚的运动轨迹如图15-37(c)所示,活动颚板在运动过程中,其表面每个点都画出了一个椭圆,顺序是从1-2-3-4运动,可以简单认为从1到3是动颚挤压物料破碎过程,从3到1是动颚回程落料过程,在位置3时,动颚有向下的运动趋势,能够促进物料下落,这一点也解释了为什么说复摆颚破碎量高。动颚板运动的椭圆轨迹,可以近似看作水平行程和垂直行程的矢量和,对破碎有效的是水平行程,垂直行程更多的是加速了颚板的磨损。

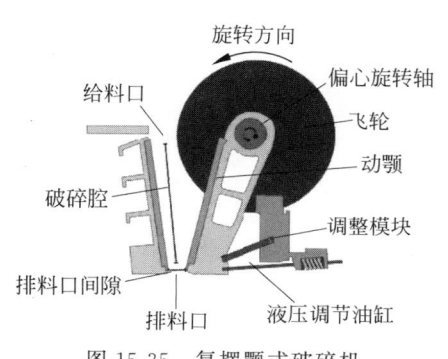

图 15-35　复摆颚式破碎机

图 15-36　复摆颚式破碎机外形

表 15-31　简摆颚式破碎机和复摆颚式破碎机技术对比

对比项目	简摆颚式破碎机	复摆颚式破碎机	产生技术差异的原因
应用范围	应用范围窄,用量小,适应性差,一般仅用于高硬度矿石和岩石的粗碎作业	应用范围广,冶金、矿山、建材、化工、筑路等领域,适应性强,在粗、中、细碎都可应用	由于复摆动颚板水平摆动同时,也有垂直运动,有利于对物料的咬入与排出,所以适应能力强,范围广
单机处理能力	大、中型	中、小处理能力为主,随着结构高强度材料和耐磨材料技术提高也已经实现大型化	复摆型动颚质量和破碎反力载荷都作用一根心轴上,对主轴及轴承强度要求都高,所以,起初复摆以中、小处理能力为主。简摆不存在类似问题,所以一般用在大、中型,高强度破碎场合

续表

对比项目	简摆颚式破碎机	复摆颚式破碎机	产生技术差异的原因
破碎效率	低	高	复摆动颚板水平摆动同时,也有垂直运动,破碎腔顶部,运动轨迹为椭圆形,破碎腔中部,运动轨迹为更扁的椭圆形,破碎腔底部、排料口附近,运动轨迹几乎变成上下的往复运动。这样的运动轨迹有利于入料口对物料的咬入与排料口对产品的排出。简摆只有水平摆动,所以破碎效率低,相同结构尺寸复摆比简摆处理能力大
过粉碎	相对低	相对高	复摆的水平与垂直复合运动使得动颚板与物料的相互摩擦加剧,提高了过粉碎比例
颚板磨损	慢	快	复摆的水平与垂直复合运动使得动颚板与物料的相互摩擦加剧,颚板磨损较简摆加剧很多,相对使用寿命短
能量消耗	高	低	简摆动颚与定颚板间只有固定的相对运动对物料进行挤压,克服的是物料的抗压强度为主。复摆则通过复合的挤压、剪切、摩擦等综合运动,既有利于物料层的相互挤压研磨,也有利于通过克服物料的抗压、抗剪甚至是抗拉强度,所以能量消耗偏低
机械结构复杂程度	双轴、双肘板,结构复杂,造价高	偏心轴直接带动动颚运动,结构简单,造价低	简摆与复摆因其工作原理不同,结构形式有差异

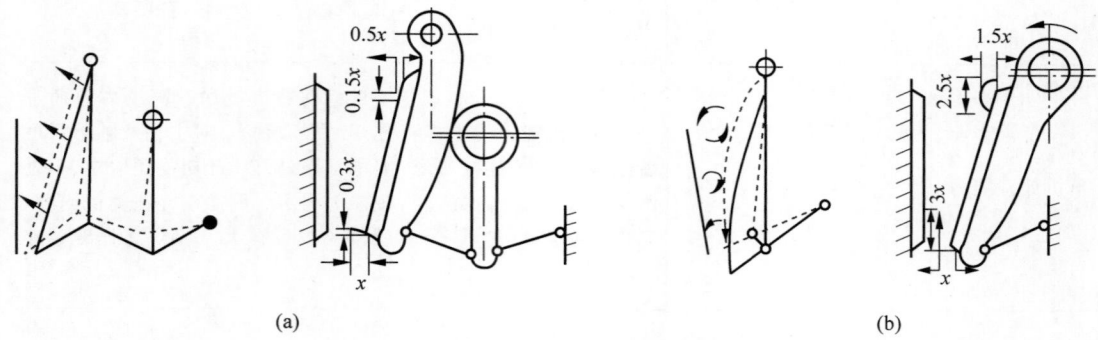

图 15-37　颚式破碎机动颚运动轨迹

(a)简摆颚式破碎机;(b)复摆颚式破碎机;(c)复摆动锥不同位置运动轨迹

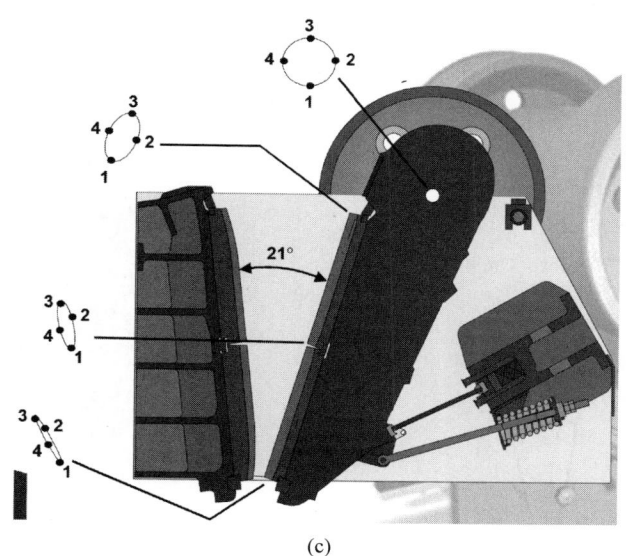

21°

(c)

图 15-37(续)

3．C 系列颚式破碎机

Nordberg 公司一直是世界颚式破碎机发展与创新的杰出代表品牌。该公司 1921 年开始生产简摆,历经 VB、MK、K 系列的不断改进与革新,于 1975 年推出 C 系列颚式破碎机。经过百年发展,Nordberg 的颚式破碎机已在全球安装使用 1 万余台。C 系列破碎机已经成为世界上应用最为普及的颚式破碎机,其在破碎腔设计、破碎技术实现、整机结构设计、框架结构加工、设备安装的可靠灵活、耐磨寿命等方面都有很多独到之处。

C 系列颚式破碎机有两种系列机型。第一种用于固定和移动式破碎(包括 C80,C100,C3054,C110,C125,C140,C145,C160,C200)。第二种是为小型移动破碎站的需要而专门设计的机型(C96,C106,C116)。所有 C 系列颚式破碎机都适用于破碎坚硬的岩石。C 系列颚式破碎机的技术特点主要体现在以下几个方面。

1) C-Jaw 破碎腔设计

颚式破碎机的破碎腔形状、体积和变化规律对破碎效率、破碎效果具有至关重要的影响。C 系列颚式破碎机拥有更大的破碎腔体积,与传统颚式破碎机相比较更深、更宽、更长,采用小啮合角与最佳动力学等特性,可确

保破碎腔内各区域的强劲破碎力。通过破碎腔的特殊设计破碎在破碎腔上部即可发生,有效给料粒度大于其他同尺寸颚式破碎机,允许小排料口作业 CSS,不会发生堵塞现象。与同规格的前款机型相比,该破碎机的破碎腔体积增大 20% 左右,一次可破碎更多的物料,大幅提高处理能力。在恶劣的采场或矿山粗碎应用工况下,也可保证更高的产量,并保持料流通畅,从而既能节省爆破成本,又可处理粗大块给料。

C 系列破碎腔的变化主要体现在:一是颚板形状从直线变曲线,优化入料、出料和物料的破碎过程,见图 15-38;二是通过大角度肘板设计,使得腔体下部冲程变大,破碎机产量和破碎效率都得到提高,见图 15-39;三是通过增加开口尺寸和破碎腔深度,增大破碎腔体积,大幅度提高破碎粒度和处理量。

C 系列颚式破碎机拥有高效动颚运动和破碎腔底部的大偏心距,更大的给料口增加了进料能力,并确保岩石顺畅地进入破碎腔。更小的咬入角减小了颚板衬板的磨损,从而降低运行成本,并确保物料在破碎腔内快速向下流动。

偏心距从破碎腔顶部到底部增大。破碎腔底部更大的冲程幅度可以提高产能和破碎

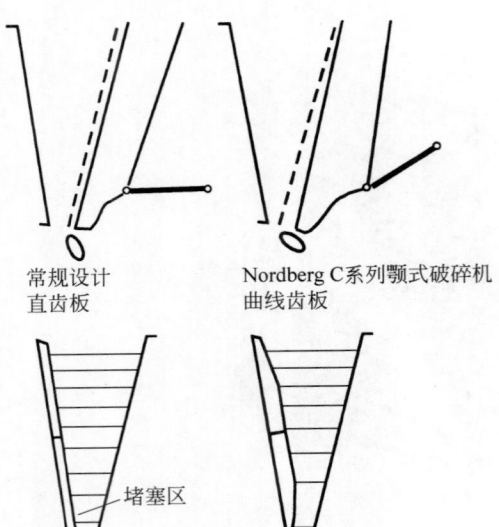

常规设计   Nordberg C系列颚式破碎机
直齿板   曲线齿板

堵塞区

图 15-38   C系列颚板直齿板改成优化曲线齿板

常规设计肘板角度小   Nordberg C-Jaw设计大角度肘板

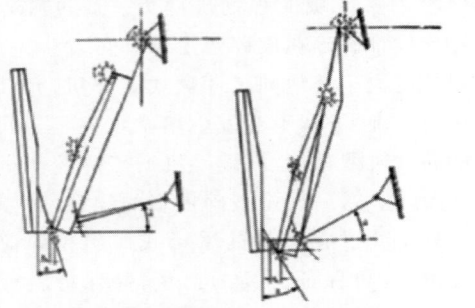

➡ 大角度肘板使得腔型下部冲程更大
➡ Nordberg C系列颚式破碎机产量更高

图 15-39   C系列大角度肘板提高动颚冲程

比,从而确保在各种作业中的高产量。卓越的进料能力、大倾角破碎腔确保最佳咬合高效动颚运动实现最高产能和破碎比。

2)C-Jaw 模块化无焊接框架

C系列颚式破碎机采用重型化高强度可拆分框架设计。见图 15-40,机体框架采用创新的模块化、无焊接、非铸造框架结构,两个热轧钢侧板通过大直径螺栓和精加工的孔销机构与前后端板连接,机架牢固地拴接在一起,避免了设备在承受冲击荷载时因应力集中点,赋予设备最大的抗疲劳性、最佳的可靠性,大大提高设备可靠性的同时,也有利于设备拆装、运输和多形式安装,尤其适合矿井下安装、维

护与使用,也有利于设备的可修复。还可以节省安装时间和成本,可在数天内完成安装,以减少现场工程和制造。

图 15-40   C系列颚式破碎机设备外形

动颚总成采用高质量 Vaculok 真空铸钢件构成,并通过两个大型铸钢或铸铁飞轮传动。采用超大球形滚动轴承,充分保证破碎作业的高产、高效和低成本。

此外,锻造的重型偏心轴和四个同等规格的大型球形滚动轴承,使 C系列颚式破碎机具有超凡的可靠性。迷宫式密封保护轴承的润滑油脂不被污染。整体铸钢轴承箱能够保证与破碎机架完全配合,并且还能避免对轴承架造成不必要的负荷,而这种不必要的负荷在分体式轴承箱结构中是不可避免的。

3)人性化设备维修与安全防护

C系列颚式破碎机为模块化、专业化设计,可以使自动化系统对颚式破碎机进行升级,实现给料机、破碎机和输送机的远程监控和调节设置。通过这种方式,可以远程控制颚式破碎机,使之更容易操作,而且更安全。

关键区域均有磨损保护。易损组件和零部件的设计易于维护和更换。在原有破碎机基础上易于安装、远程监测、自动化和排料口调节选装件可以分体运输。安全的飞轮和驱动装置防护罩保护操作人员免受运动部件伤害。选装的整体电机底座,可将破碎机驱动电机直接安装在破碎机后部上,见图 15-41。

另外,设计的给料溜槽可以确保破碎机的不间断喂料。标配的颚板衬板、颊板和肘板起重工具和飞轮与驱动装置护罩,专业专用的维

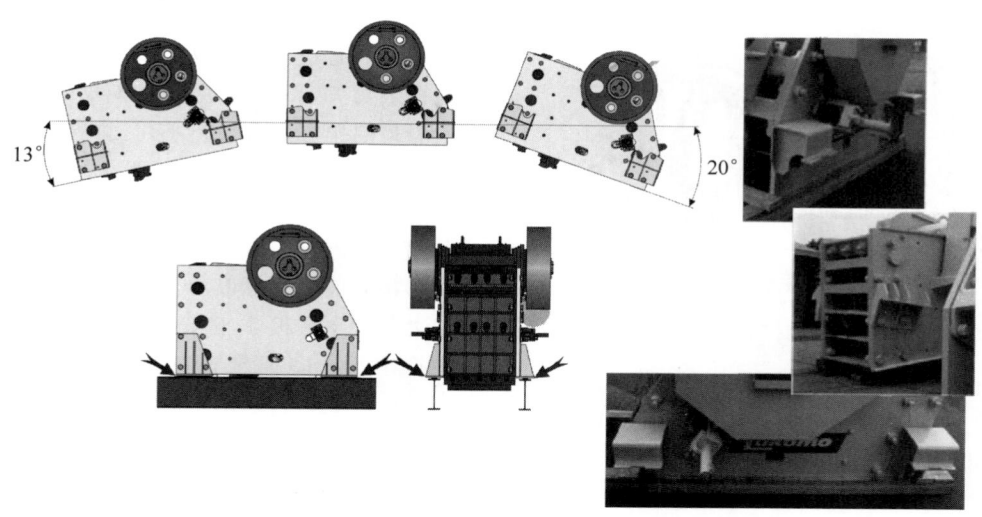

图 15-41　C 系列破碎机托架式万能安装

修平台,安全、快速和便利的排料口调整系统,都体现了设备破碎功能之外的专业化与人性化,是我国该类设备欠缺需要学习的地方。

15.3.4　颚式破碎机发展与创新

1858 年,Eli Whitney Blake 取得颚式破碎机专利权,制造了世界首台双肘板颚式破碎机,完美解决了他所在的镇修建两英里马路所需骨料破碎的难题。自此至今的 160 多年后,颚式破碎机依然是物料破碎普遍应用的破碎设备,由两个相对运动的平面对物料进行挤压破碎这一工作原理基本没变,表现出极其强大的生命力。当然,颚式破碎机能长时间保持持续的生命力,除了原理简单、实用,适应性强之外,不断地创新与发展也是重要的保证。其主要表现在动力源种类,动颚的运动与结构方式,颚板结构与形状,轴承类型,排料口调整,整机结构形式,材质与结构强度等方面。

1. 颚破动力源能量强度与效率不断提高

主要的动力源应该只有蒸汽机,1888 年特斯拉发明了交流电动机以后,20 世纪以后逐渐由电动机取代蒸汽机,随着电动机效率的不断提高,破碎机的能量转换效率不断提高,颚式破碎机的最大破碎力、处理能力和破碎效率也逐渐得到提高。从最初的几个马力的驱动功率,发展到现在最大可以到 540 hp 以上,但驱

动单元的体积却越来越小、越来越紧凑,甚至是直接安装到破碎机主体上,不再单独占用空间。

2. 动颚结构形式不断优化

动颚运动形式、结构方式决定了颚破的破碎强度、破碎效果,还有设备运行稳定性、排料口调整等方面,是颚破最为关键的部分。从最初的回转轴顶部安装双轴回转双肘板布莱克颚破(见图 15-42)发展到后来的回转轴底部安装的楔形颚式破碎机(见图 15-43);再到目前最为常用的回转轴顶部安装单轴旋转单肘板的复摆。动颚的机构形式在不断演进过程中,结构在简化,强度在提高,可靠性在稳定提高。

(a)　　　　　　　(b)

图 15-42　布莱克颚破

(a)总体视图;(b)机械装置

3. 破碎腔形与颚板几何形状的演进与丰富

颚破的破碎作业在破碎腔内完成,定、动颚板形成的破碎腔对物料进行咬入、破碎、排出等动作,直接决定破碎效率和破碎效果,破

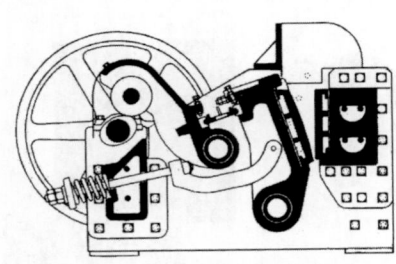

图 15-43　楔形颚式破碎机

碎腔及颚板形状在满足破碎需求的前提下,还要考虑到颚板的使用寿命、破碎强度、固定与更换、腔形调整等多方面需求,是颚破最为关键的组成部分。

颚破的破碎腔由动颚板、定颚板以及两侧壁衬所围成。破碎腔的形状是由给料口尺寸、嚙角、动颚板与定颚板以及两侧壁衬板的布置方式、衬板纵向和横向断面的形状等因素所决定的。破碎腔总体呈 V 字形,一般定颚板分为垂直和向外侧倾斜一定角度两种方式,颚板本身形状又可按照纵断面和横断面来分类。颚板纵断面一般可分为平面型、曲面型、平面-曲面-平面综合型等,见图 15-44。颚板按照横断面根据不同的使用工况,可以有很多种齿形,这些齿形沿齿板长度方向既可以保持不变,也可以有所变化,见图 15-45。

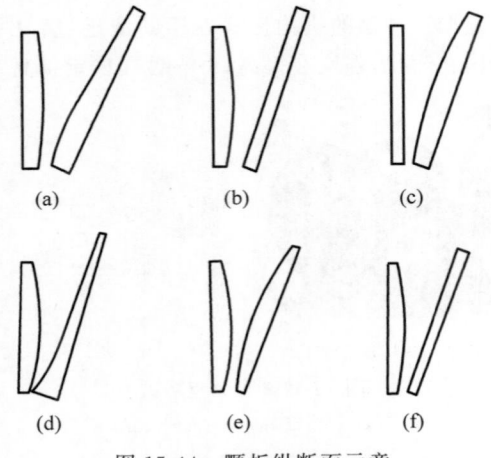

(a)　　　　　(b)　　　　　(c)

(d)　　　　　(e)　　　　　(f)

图 15-44　颚板纵断面示意

破碎腔的腔形直接影响破碎机主要经济技术指标,如生产率、比能耗、产品粒度组成、粒形和衬板使用寿命等,因此受到国内外学者的重视,并进行大量研究工作。

根据颚式破碎机的生产率沿破碎腔高度变化曲线可知,沿破碎腔高度各截面生产率,从给料口向排料口愈来愈小,且排料口处有较小生产率,因此这个地方是堵塞点。

根据动颚板表面各点实际水平行程计算出的直线形破碎腔,与假设动颚平衡计算出的直线形破碎腔相比可以看出,一种破碎腔在给料口处生产率大很多,破碎腔下部,约 1/3 高度处生产率小很多而排料口生产率两者一样。原因是破碎腔给料口水平行程,远大于排料口处的水平行程,而在破碎腔下部约 1/3 高度处,有小的水平行程。因此,为了改善排料口处生产率,提高破碎机的生产率,一般采用曲线形破碎腔。

为了优化破碎腔形,一般采用变嚙角设计破碎腔,且嚙角值从排料口向给料口是逐渐加大的,但必须保证给料口嚙角值小于极限嚙角值,确保能顺利咬入物料。此外,为了使衬板能掉头使用,可将两头制成对称性。

4. 整机结构形式的演进

颚式破碎机的动、定颚的结构变化主要体现在细节之处,朝着更加可靠、稳定,容易更换与维护等方向演进。颚破经过多年的改进,变化比较明显的两个地方一个是设备更加紧凑,复摆的结构形式比简摆的结构形式简化很多,而动力源也就是电动机布置越发紧凑。这些变化更加有利于发挥颚式破碎机作为粗破设备高度低、占地空间小的优势,有利于其在移动式破碎站上的布置与使用,见图 15-46(a)、(c)。

另一个比较普遍的提高是颚式破碎机的机架从原来的铸造或焊接形式,发展成为通过螺栓连接的模块式机架模式,侧板用大直径螺栓和精密加工的销孔与前后端板连接,螺栓不传递载荷,只是起到连接作用,载荷由销轴-孔结构承担。这避免了铸造机架可能的气孔、砂眼等铸造缺陷,焊接机架所具有的应力集中,焊接缺陷等问题,而且,整机拆装、零配件更换更为便利与快捷。现在其已经在国内外普遍应用,见图 15-46(b)。

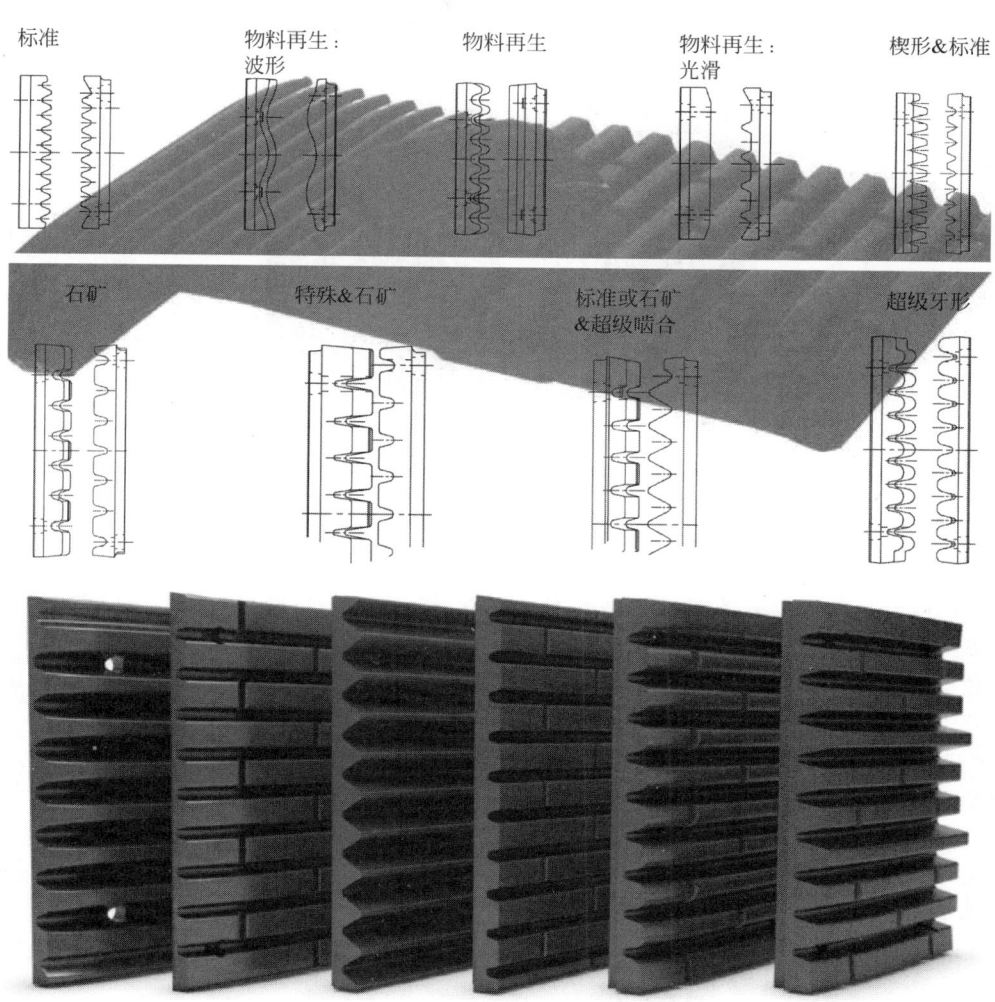

图 15-45 颚板齿形示意

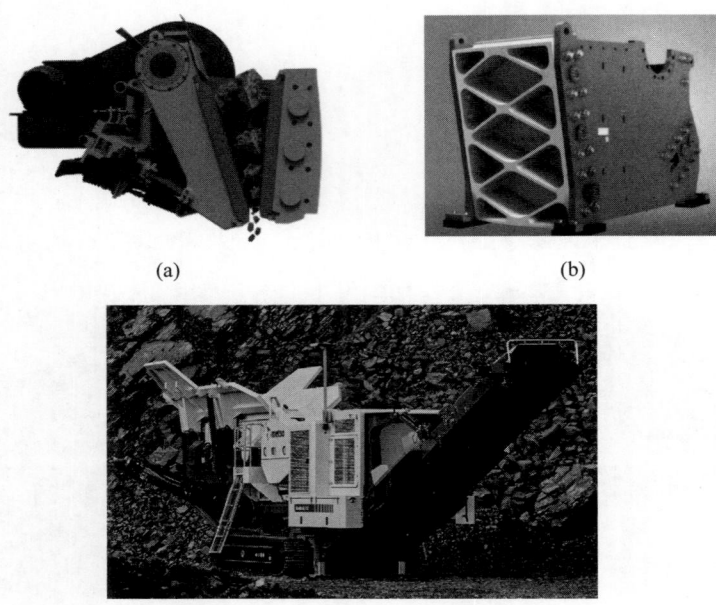

(a)　　　　　　　　　　　(b)

(c)

图 15-46　颚式破碎机紧凑设计在小型移动破碎站

15.3.5　主要技术性能参数

颚式破碎机的主要技术性能参数可分为工作参数和工艺参数两大类。

颚式破碎机的工作参数包括入料口尺寸、腔体及颚板结构形式、啮合角、破碎力、动颚行程、偏心轴转速、电机功率等与设备结构和运行相关的相对固定的工作参数，见表 15-32、图 15-47。

颚式破碎机的工艺参数主要包括入料粒度、排料粒度、粒度特性曲线、破碎比、破碎效率、细粒增量、破碎强度、生产率等与破碎物料相关的随外界变化的工艺参数，见表 15-33、图 15-48～图 15-50。

1. 主要技术参数总览

表 15-32　颚式破碎机主要工作参数总览

参数名称	代表符号与单位	定义或描述	参数选取	备注
给料口尺寸，参见表 15-37	给料口宽度 B(mm)；给料口长度 L(mm)	B：指颚式破碎机破碎腔最上端，动、定颚板衬板内侧最短距离，是颚式破碎机最主要工作参数之一，决定了最大破碎粒度和处理能力。L：指颚式破碎机两侧边间距离，决定了入料沿长度方向的最大尺寸，也是设备处理能力的决定性参数	最大入料粒度 D_{max} 一般取值为 $0.8 \times B$。我国对颚式破碎机一般的命名规则是名称：PE(J/F/X)颚式破碎机(简摆/复摆/细碎)；规格：$B \times L$	举例：PEF900×1200，指复摆颚式破碎机，给料口宽度 900 mm，给料口长度 1200 mm

参数名称	代表符号与单位	定义或描述	参数选取	备注
排料口尺寸	b(mm)	颚式破碎机破碎腔最下端,动、定颚板衬板内侧最短距离。最小排料口(closed side setting,CSS)和最大排料口(open side setting,OSS)。最小排料口尺寸决定破碎机的出料粒度、产品粒度组成、破碎能量消耗和颚板磨损。最大排料口决定物料排出速度和设备的处理能力	一般脆性物料破碎完出料粒度 d 大约是 $1.5\times$ CSS	
动颚水平行程	S_x(mm)	排料口水平方向的变化数值。$S_x = $ OSS $-$ CSS 动颚水平行程增大,破碎机产量提高,破碎功耗增加	$S_x \leqslant (0.3\sim0.4)$CSS 或 $S_x = 0.054B$	复摆动颚水平行程与动颚旋转偏心距成正比。简摆动颚水平行程随传动角增大而增大
啮角	α	动颚板与固定颚板间的夹角。啮角是确保颚板夹住物料破碎,物料不向上滑动甚至跳跃的基本要求	一般 $17° \leqslant \alpha = \arctan(B-b)/H = 2\psi \leqslant 26°$,矿石与颚板摩擦角 $12°$ 左右。H 为颚式破碎机腔体深度(mm)	(1) 采用曲面形状颚板的啮角是变化的,动颚运动过程中啮角也在变化; (2) 啮角的存在限制了颚式破碎机的破碎比一般在 $3\sim6$; (3) 如果想提高破碎比,就要增加破碎腔深度 H,设备就会增大,破碎效率会降低和磨损增加
偏心轴转速	n(r/min)	偏心轴每分钟转速就是动颚的摆动次数,直接影响生率、比功耗和过粉碎。此参数还直接影响到设备的可靠性、运转稳定性和衬板的使用寿命	n 在 430 r/min,生产率达到最大。一般实际转速取值 $200\sim350$ r/min。$$n = 665\sqrt{\dfrac{\tan\alpha}{S}}$$	随转速提高,比功耗基本成正比增加,过粉碎量也是逐渐增加。综合生产率、比功耗、过粉碎、衬板磨损等

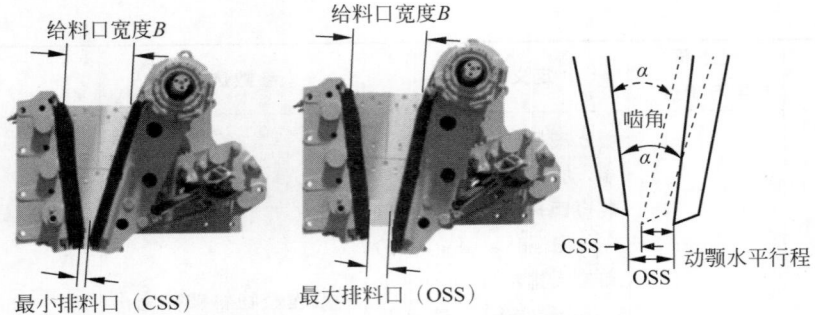

图 15-47　颚式破碎机工作参数示意

表 15-33　颚式破碎机主要工艺参数总览

参数名称	代表符号,单位	定义或描述	取值	备注
生产率	Q, t/h 或 m²/h	产量或生产能力、处理能力指单位时间破碎机所处理的总质量或总体积	$Q = \dfrac{30LnS_x(2b - S_x)\rho}{\tan\alpha_1 + \tan\alpha_2}$ 式中:ρ 堆积密度,t/m³	破碎机最重要工艺性能指标。影响因素很多,在相同设备参数情况下,入料粒度组成、物料硬度、韧性、物料水分,甚至环境温度等都会影响生产率
破碎力	F, kN	颚式破碎机的破碎力指破碎颚板在对破碎腔内的物料进行挤压破碎时,被破碎物料反作用在破碎腔体、连杆或偏心轴上的力的统称	$F_{\max} = \dfrac{\sigma_B}{20}HLK$ 式中:K 指物料填充系数,$K = 0.24 \sim 0.30$	颚式破碎机在一个工作循环中,破碎力由零变到最大,再由最大变到零,脉动循环载荷。最大破碎力简摆在偏心轴转角180°时,复摆发生在160°时。破碎力沿破碎腔从上到下逐渐增加
破碎功率	P, kW	颚式破碎机的功率是指为充分满足完成规定单位时间破碎作业所需要的最低功率值	方法 1: $P = \dfrac{F_{\max}k_e S_{xp} n\cos\alpha}{6 \times 10^6 \eta}$ 式中:k_e:等效破碎系数,$0.21 \sim 0.37$; S_{xp}:颚齿板上各点水平行程平均值,m; η:破碎机总效率:$0.81 \sim 0.85$。 方法 2:经验公式: $P = \dfrac{BL}{50} \sim \dfrac{BL}{120}$ 大型破碎机取值偏小,小型破碎机取值偏大。 方法 3:根据体积假说 $P = KQ\ln D/d$ 计算 式中:K 综合了富裕系数、物料特性的经验系数	目前,行之有效的功率确定方法,还主要是靠生产厂家依据现有数据,看经验放大或缩小配套电机功率

续表

参数名称	代表符号，单位	定义或描述	取值	备注
入料粒度	D，mm	给入破碎机的最大入料粒度	一般是按破碎机入料口尺寸的 80% 选取，$D=0.8B$	
出料粒度	d，mm	也就是破碎后的产品粒度，一般按照 P80 确定，也可以根据需要按最大粒度确定	颚式破碎机破碎脆性矿物出料粒度一般是 CSS 的 1.5 倍	
粒度特性曲线	particle size distribution curve，PSD	表示各粒级物料产率与各粒级关系的曲线	正累积/负累积曲线；对数坐标/双对数坐标。$$y = 100\left(\frac{x}{x_{\max}}\right)^k$$式中：y：筛下产物的负累积产量，%；x：筛孔尺寸；$x_{\max}$：物料中最大粒度，当筛孔尺寸 $x = x_{\max}$ 时，则全部物料皆成筛下产物，即 $y=100\%$；k：与物料性质有关的参数，破碎产物介于 $0.7\sim1$	粒度特性曲线，入料和产品都可以有粒度特性曲线，通过该曲线可以得到有关粒度点或区域的相关信息。它是表征破碎设备粒度特性最为有力的技术特征
破碎比	i，reduction ratio，RR	入料最大粒度与出料最大粒度的比值	i 一般合理取值 $3\sim6$	合理破碎比是指综合考虑破碎效率、细粒增量、齿板磨损等最佳破碎比范围

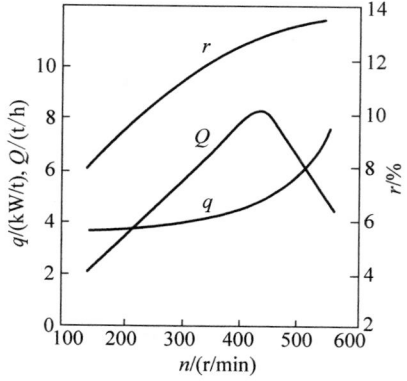

图 15-48　颚式破碎偏心轴转速与破碎机各参数的关系

q—比功耗（kW/t）；Q—生产率（t/h）；r——5 mm 级别含量的百分数（%）；n—偏心轴转速（r/min）

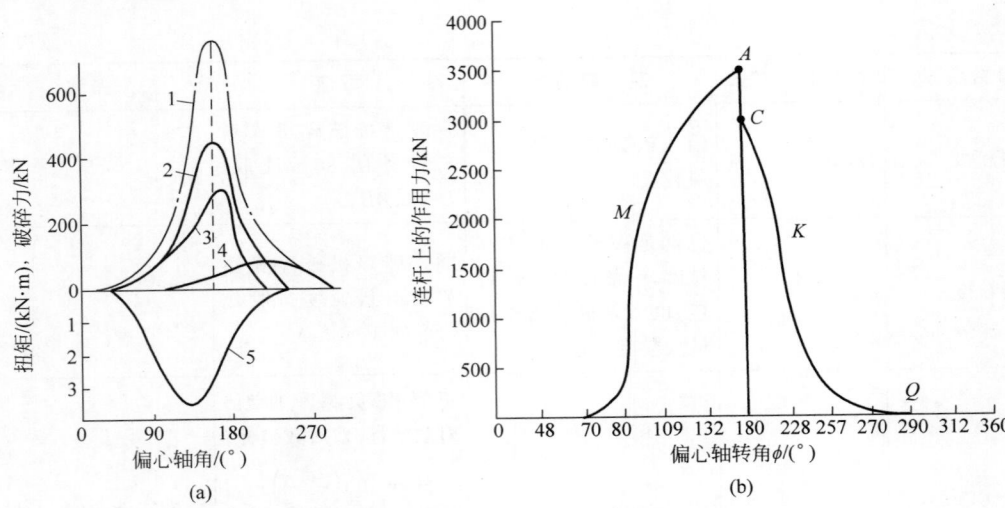

1—总破碎力；2,3,4—破碎腔下、中、上部破碎力；5—偏心轴扭矩

图 15-49　颚式破碎机破碎腔和连杆破碎力分布规律

（a）破碎腔破碎力随转角分布；（b）连杆破碎力随转角分布

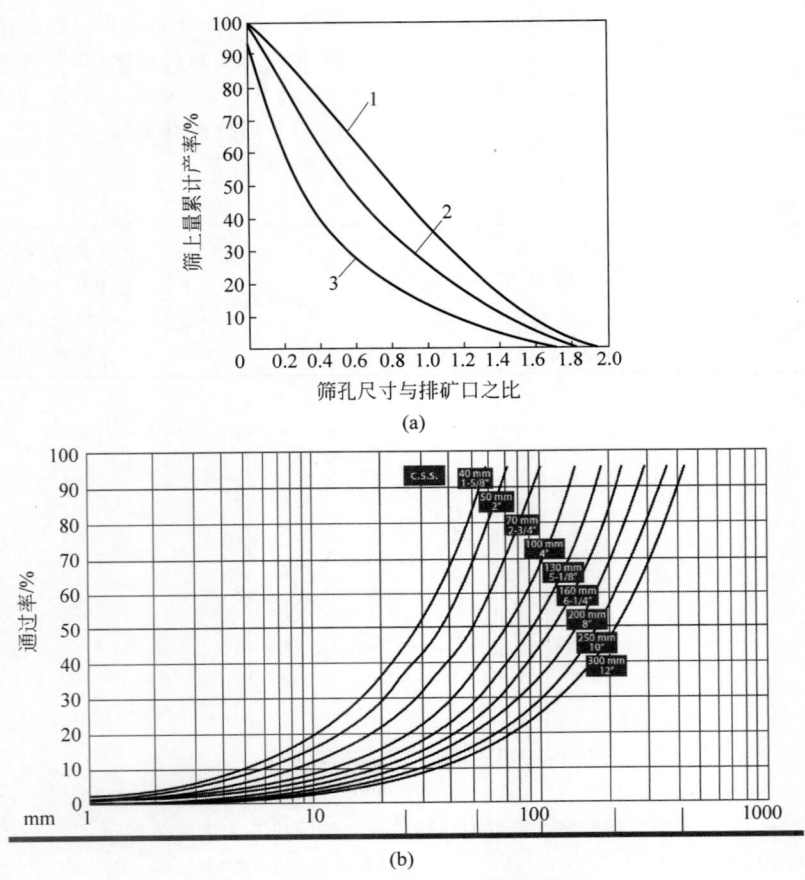

图 15-50　颚式破碎机产品粒度特性曲线

（a）产品粒度与 CSS 排料口尺寸相对正累积粒度曲线；（b）C 系列复摆排料口尺寸与产品粒度半对数坐标负累积曲线

2．主要类型颚式破碎机技术规格

1）标准型号颚式破碎机技术规格

经过多年发展，颚式破碎机规格型号已经基本确定，实际选用可以参考表 15-34～表 15-36。

表 15-34　颚式破碎机定型产品技术规格[①]

类型	规格	给料口尺寸		推荐的给料最大粒度/mm	偏心轴转数/(r/min)	主电动机功率/kW	处理能力/t/h
		宽/mm	长/mm				
简摆式	900×1200	900	1200	750	180	110	140～200
	1200×1500	1200	1500	1000	135	180	250～350
	1500×2100	1500	2100	1250	100	280	400～500
复摆式	400×600	400	600	340	290	30	12～33
	500×750	500	750	400	270	55	35～80
	600×900	600	900	500	250	80	75～200
	900×1200	900	1200	750	225	110	180～360
	1200×1500	1200	1500	1000	190	200	325～525
	1500×2100	1500	2100	1250	160	310	580～818

① 段希祥，肖庆飞.碎矿与磨矿[M].北京：冶金工业出版社，2013.

表 15-35　复摆颚式破碎机基本参数（JB/T 1388—2015）

参　数			单位	型　号				
				PE-150×250	PE-250×400	PE-400×600	PE-500×750	PE-600×900
给料口尺寸	宽度	公称尺寸	mm	150	250	400	500	600
		极限偏差		±10	±10	±20	±25	±30
	长度	公称尺寸		250	400	600	750	900
		极限偏差		±15	±20	±30	±35	±45
最大给料尺寸				130	210	340	425	500
开边排料口宽度 b	公称尺寸			30	40	60	75	100
	调整范围			±15	±20	±25	±25	±25
处理能力			m³/h	≥3.0	≥13.0	≥25.0	≥40.0	≥60.0
电动机功率			kW	≤5.5	≤15.0	≤30.0	≤55.0	≤75.0
质量（不包括电动机）			kg	≤1000	≤3000	≤7000	≤10 500	≤15 500

参　数			单位	型　号			
				PE-750×1060	PE-900×1200	PE-1200×1500	PE-1500×1800
给料口尺寸	宽度	公称尺寸	mm	750	900	1200	1500
		极限偏差		±35	±45	±60	±75
	长度	公称尺寸		1060	1200	1500	1800
		极限偏差		±55	±60	±75	±90
最大给料尺寸				630	750	950	1200
开边排料口宽度 b	公称尺寸			110	130	220	285
	调整范围			±30	±35	±60	±65
处理能力			m³/h	≥130.0	≥190.0	≥400.0	≥550.0

续表

参　　数	单位	型　　号			
		PE-750×1060	PE-900×1200	PE-1200×1500	PE-1500×1800
电动机功率	kW	≤110.0	≤132.0	≤220.0	≤355.0
质量(不包括电动机)	kg	≤27 800	≤46 000	≤90 000	≤125 000

注1：处理能力的测定和粒度组成以下列条件为依据：

　　a) 破碎物料为松散密度 1.6 t/m³、抗压强度 150 MPa 的矿石(自然状态)；

　　b) 颚板为新颚板，在开边排料口宽度 b 为公称值的情况下；

　　c) 工作情况为连续进料；

　　d) 排料粒度的组成和计算参见附录 A。

注2：表中所列规格系列可根据市场和用户的要求调整和发展，其处理能力等基本参数按设计技术文件的规定。

　　注：① 表中数据源于机械行业标准《复摆颚式破碎机》(JB/T 1388—2015)。

　　　　② 表中数据适用于破碎抗压强度极限在 250 MPa 以下各种矿石与岩石。

表 15-36　简摆颚式破碎机基本参数(JB/T 3264—2015)

型号	给料口宽度 B 的公称尺寸和极限偏差	给料口长度 L 的公称尺寸和极限偏差	最大给料粒度	开边排料口宽度 b 的公称尺寸	开边排料口宽度 b 的调整范围	处理能力 Q(排料口宽度为公称值时)	电动机功率	整机质量(不含电动机)
	mm					m³/h	kW	t
PEJ-400×600 (PEJ-0406)	400±20	600±30	340	60	±20	≥18	≤45	≤15
PEJ-500×750 (PEJ-0507)	500±25	750±35	425	75	±25	≥40	≤55	≤22
PEJ-600×900 (PEJ-0609)	600±30	900±45	500	100	±25	≥60	≤75	≤29
PEJ-750×1060 (PEJ-0710)	750±35	1060±55	630	110	±30	≥110	≤90	≤56
PEJ-900×1200 (PEJ-0912)	900±45	1200±60	750	130	±35	≥180	≤110	≤75
PEJ-1200×1500 (PEJ-1215)	1200±60	1500±75	1000	155	±40	≥310	≤160	≤145
PEJ-1500×2100 (PEJ-1521)	1500±75	2100±90	1300	180	±45	≥550	≤250	≤260
PEJ-2100×2500 (PEJ-2125)	2100±90	2500±100	1700	250	±50	≥800	≤400	≤470

注1：表中处理能力的确定以下述条件为依据：

　　a) 待破碎物料的松散密度为 1.6 t/m³，抗压强度为 150 MPa；

　　b) 颚板为新颚板；

　　c) 工作情况为连续给料。

注2：括号内的型号为习惯用型号。

　　注：① 表中数据源于机械行业标准《简摆颚式破碎机》(JB/T 3264—2015)。

　　　　② 表中数据适用于破碎抗压强度极限在 300 MPa 以下各种矿石与岩石。

2）C 系列颚式破碎机技术参数

C 系列颚式破碎机技术参数见表 15-37。

表 15-37 C 系列颚式破碎机技术参数

参 数 项		型 号								
		C80™	C96™	C106™	C116™	C120™	C130™	C150™	C160™	C200™
最大装机功率/kW		75	90	110	132	160	185	200	250	400
转速/(r/min)		350	330	280	260	230	220	220	220	200
基本破碎机质量①/kg		7650	10 150	15 650	19 240	27 990	40 150	50 950	76 300	124 000
破碎机工作质量②/kg		9340	12 260	18 510	22 470	31 690	46 300	59 440	87 260	147 110
最小排料口/mm		40	60	70	70	70	100	125	150	175
最大排料口/mm		175	175	200	200	175	250	250	300	300
给料口尺寸	宽度③/mm	800	930	1060	1150	1200	1300	1400	1600	2000
	深度③/mm	510	580	700	760	870	1000	1200	1200	1500
	最大入料粒度④/mm	410	460	560	610	700	800	960	960	1200

①无选装件的破碎机；②有选装件的破碎机；③实际给料口深度取决于破碎腔；④该尺寸指的是估计给料口能进入岩石的最大尺寸。

C 系列颚式破碎机处理能力见表 15-38。

表 15-38 C 系列颚式破碎机处理能力

		C80™	C96™	C106™	C116™	C120™	C130™	C150™	C160™	C200™
破碎机通过量，无预筛粗碎。预筛是指经过预先筛分后处理能力										
紧边排料口		处理能力/(t/h)								
40 mm		63～86								
预筛		55～75								
50 mm		65～95								
预筛		65～95								
60 mm		92～127	121～155							
预筛		80～110	105～135							
70 mm		109～155	144～178	173～213	190～236	205～277				
预筛		95～135	125～155	150～185	165～205	175～240				
80 mm		133～179	156～212	190～242	209～265	237～321				
预筛		110～150	140～180	165～215	180～235	195～270				
90 mm		156～210	182～246	215～275	236～300	269～365				
预筛		125～175	160～200	190～235	205～255	310～305				
100 mm		179～242	209～283	240～313	263～338	303～409	316～428			
预筛		140～190	175～225	205～265	225～285	235～325	270～369			
125 mm		241～327	281～380	306～414	335～445	391～529	407～551	420～568		
预筛		175～245	220～280	255～325	270～345	285～395	325～446	340～470		
150 mm		309～417	357～483	387～523	415～555	484～654	503～681	521～705	599～811	

续表

	C80™	C96™	C106™	C116™	C120™	C130™	C150™	C160™	C200™
预筛	210~290	265~335	305~385	320~405	340~475	380~523	400~555	430~610	
175 mm	380~514	438~592	472~638	500~670	581~800	605~819	627~849	722~976	917~1241
预筛	245~335	310~390	355~450	370~465	385~540	435~600	460~635	495~695	630~890
200 mm			562~760	590~800		711~963	739~999	849~1149	1082~1464
预筛			395~500	410~520		490~677	520~720	560~790	710~1000
225mm						822~1112	855~1157	983~1331	1255~1699
预筛						545~754	580~800	625~880	785~1105
250 mm						937~1267	975~1319	1121~1517	1437~1898
预筛						600~831	640~880	685~965	865~1215
275 mm								1264~1710	1625~2199
预筛								745~1055	940~1320
300 mm								1411~1909	1820~2462
12″								815~1145	1015~1435

15.3.6　主要功能部件

1. 颚式破碎机的基本结构

复摆颚式破碎机主要由机架、颚板、侧护板、主轴、飞轮、肘板和调整机构等组成。简摆破碎机结构和复摆类似,详见图15-51。

图 15-51　颚式破碎机基本结构

颚式破碎机由电动机驱动,通过皮带传动驱动偏心轴旋转,固定在偏心轴外套上的动颚相对定颚板周期性地靠拢与分开。颚式破碎机的结构主要服务于破碎腔内对物料的破碎过程,除满足设备高效工作、可靠运转外,还要考虑润滑、检修、安装、磨损件维护、过载保护等问题。

颚式破碎机的破碎腔是由定颚板和动颚板及两侧侧板组成的倒梯形立体空间。一般情况下,定、动颚破碎板都由耐磨锰钢制成,破碎板用螺栓和卡槽、楔铁等方法固定于定颚和动颚上。为了提高咬料能力和破碎效果,两破碎板的表面都带有不同类型的纵向波纹,而且是凸凹相对,对物料除有压碎作用外,还有弯曲、折断作用。破碎腔两侧上也有锰钢衬板。由于破碎板的磨损不是均匀的,特别是靠近排矿口的下部磨损最大,因此,往往把破碎板制成上下对称的,下部磨损后,可将其倒置而继续使用。大型破碎机的破碎板由许多块组合而成,各块都可以相互更换,这样就可以延长破碎板的使用期限。

为了使破碎板与动颚和定颚紧密贴合,其间须衬有由可塑性材料制成的衬垫。衬垫用锌合金或塑性大的铝板制成。因为贴合不紧密,会造成很大的局部过负荷,使破碎板损坏,紧固螺栓拉断,甚至还会造成动颚的破裂。

动颚悬挂在偏心轴上,偏心轴则固定在机架上。偏心轴将皮带轮传递过来的旋转运动,转化为动颚的复摆破碎运动,活动颚板可同时做垂直和水平的复杂摆动,颚板上各点的摆动轨迹是由顶部的接近圆形连续变化到下部的椭圆形,越到下部的椭圆形越扁,动颚的水平行程则由下往上越来越大地变化着,因此对石块不但能起压碎、劈碎作用,还能起碾碎作用。由于偏心轴的转向是逆时针方向,动颚上各点的运动方向都有利于促进排料,因此破碎效果好,破碎率较高,产品粒度均匀且多呈立方体。

复摆动颚后部通过单肘板和机架连接,单肘板既起到调节排料口大小以便调节产品粒度的作用,也可以起到过载保护的作用,当破碎机落入不能破碎的物体而是机器超过正常负荷时,单肘板立即折弯或折断,破碎机就停止工作,从而避免整个机器的损坏。

复摆颚式破碎机和简摆颚式破碎机相比,复摆颚式破碎机的机器质量较小,结构简单(少了一件连杆、一块肘板、一根心轴和一对轴承),生产效率较高(比同规格的简摆颚式破碎机生产效率高20%~30%)。但复摆颚式破碎机的颚板垂直行程大,石料对颚板的磨削作用严重,磨削较快,且能量消耗也大,工作时易产生较多的粉尘。

机架即机座,实际上是个上下开口的四方斗,主要用作支承偏心轴和承受破碎物料的反作用力,因此要求具有足够强度,一般采用铸钢整体铸造,规格小的可用优质铸铁代替。大型破碎机的机架由分段铸成后再用螺栓装配在一起,铸造工艺较为复杂。自制的小型颚式破碎机可用40~50 mm厚的钢板焊成,但其刚度不如铸钢好。

后推力板不仅是传递力的杆件,而且也是破碎机的保险零件。

当连杆向下运动时,为使动颚、推力板和连杆之间相互保持经常接触,因而采用以两拉杆和两个弹簧所组成的拉紧装置。拉杆铰接于动颚下端的耳环上,其另一端用弹簧支撑在机架后壁的下端。当动颚向前摆动时,拉杆通过弹簧来平衡动颚和推力板所产生的惯性力。

颚式破碎机有工作行程和空转行程,所以电动机的负荷极不平衡。为了减小这种负荷的不均衡性,在偏心轴的两端装有飞轮和带轮。带轮同时也起飞轮作用。在空转行程中,飞轮把能量储存下来,在工作行程中再把能量释放出来。

在机架后壁与楔铁之间,放一组具有一定尺寸的垫片。当改变垫片的厚度时,可以调整排矿口的宽度。

当要求改变产品的粒度时,排料口要具有可靠便捷的调整装置。颚式破碎机的排料口调整方式主要有垫片调整和楔块调整两种。垫片调整是通过调整机架后壁与楔铁间的垫片数量来实现;楔块调整是借助后推力板支座与机架后壁之间的两个楔块的相对移动来实现,该调整装置由推力板、楔铁与机架构成。

由于破碎载荷为周期性类似脉动载荷,因此必须考虑运转中的速度波动调节,以使运动平稳并能合理利用原动机能量。

在破碎过程中,破碎腔内可能落入非破碎物料,因此还要考虑机器的过载保护。

2.主要零部件的结构分析

1)连杆

连杆在工作中承受很大的拉力,故选用ZG270-500铸钢材料。连杆结构如图15-52所示。它由上、下两部分组成,上部的轴承盖用2个大螺栓固定在连杆下部,两者中间镶有耐磨软合金的轴瓦,该轴瓦叫连杆轴承,它套在偏心轴上。大型破碎机连杆轴承用循环油润滑,并设有水管,以便散去轴承的热量。

当偏心轴转动时,连杆作上下运动,在改变方向时,必须克服惯性。为了减小其惯性,减少振动,减少无用功的消耗,设计时应当尽可能减小连杆的质量,所以连杆的断面常制成工字形、十字形或箱形。连杆部件质量占整机重的8%~13%。本设计中采用的连杆是两个工字形。

2)动颚

动颚是支承齿板且直接参与破碎矿石的部件,要求有足够的强度和刚度,其结构应该坚固耐用,动颚分箱形和非箱形。动颚一般采

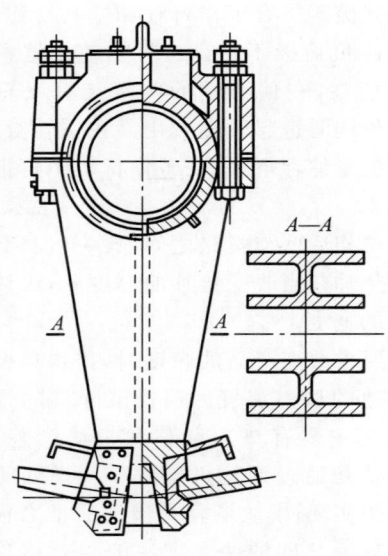

图 15-52　连杆结构

用铸造结构。为了减小动颚的质量,本设计采用非箱形。

如图 15-53 所示,安装齿板的动颚前部为平板结构,其后部有若干条加肋板以增强动颚的强度与刚度,其横截面呈 E 形。

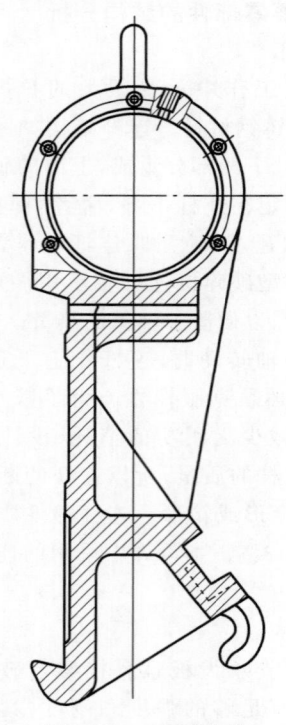

图 15-53　动颚结构

3）颚板

颚板是颚式破碎机中直接与矿石接触的零件,结构虽然简单,但它对破碎机的生产率、比能耗、产品粒度组成和粒度以及破碎力等都会产生影响,特别对后三项影响比较明显。

颚板承受很大的冲击力,因此磨损得非常厉害。为了延长它的使用寿命,可以从两方面研究:一是从材质上找到高耐磨性能材料,二是合理确定齿板的结构形状和集合尺寸。

现有的破碎机上使用的齿板一般采用 ZGMn13。其特点是在冲击负荷作用下,具有表面硬化性,形成又硬又耐磨的表面,同时仍能保持其内层金属原有的韧性,故它是破碎机上用得最普遍的一种耐磨材料。

颚板横断面结构形状有平滑表面和齿形表面两种,后者常见的是三角形和梯形表面,如图 15-54 所示。

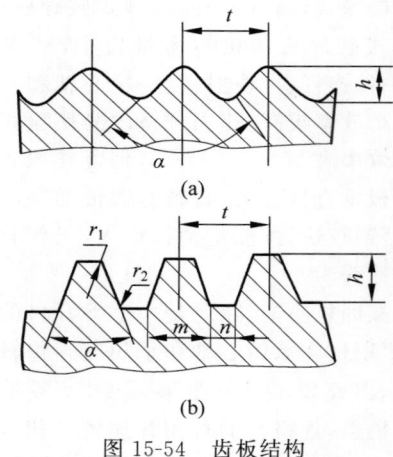

图 15-54　齿板结构

(a) 三角形；(b) 梯形

4）肘板

破碎机的肘板是结构最简单的零件,但其作用却非常的重要。通常有三个作用:一是传递动力,其传递的动力有时甚至比破碎力还大;二是起保险件作用,当破碎腔落入非破碎物料时,肘板先行断裂破坏,从而保护机器其他零件不发生破坏;三是调整排料口大小。

在机器工作时,肘板与其支承的衬板间不能得到很好的润滑,加上粉尘落入,所以肘板与其衬垫之间实际上一种干摩擦和磨粒磨损状态。这样,对肘板的高负荷压力,导致肘板与肘垫很快磨损,使用寿命很低。因此肘板的结构设计要考虑该机件的重要作用,也要考虑其工作环境。

按肘头与肘垫的连接型式可分为滚动型与滑动型两种,如图 15-55 所示。肘板与肘垫之间传递很大的挤压力,并受周期性冲击载荷。在反复冲击挤压作用下磨损较快,特别是图 15-55(b)所示的滑动型更为严重。为提高传动效率,减少磨损,延长其使用寿命,可采用图 15-55(a)所示的滚动型结构。肘板头为圆柱面,衬垫为平面。由于肘板的两端肘头表面为同一圆柱表面,所以当肘板两端的衬垫表面相互平行时,肘板受力将沿肘板圆柱面的同一直径,并与衬垫表面的垂直方向传递。在机器运转过程中,动颚的摆动角很小,使得肘板两端支撑的肘垫表面的夹角很小,所以在机器运转过程中,肘板与其肘垫之间可以保持纯滚动。

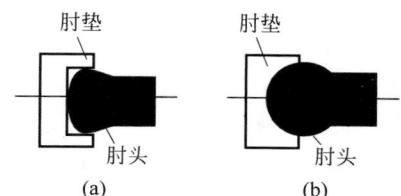

图 15-55 肘头与肘垫连接型式
(a) 滚动型;(b) 滑动型

5)调整装置

调整装置提供调整破碎机排料口大小作用。随着衬板的不断磨损,排料口尺寸也不断地变大,产品的粒度也随之变大。为了保证产品的粒度要求,必须利用调整装置,定期地调整排料裂口的尺寸。此外,当要求得到不同的产品粒度时,也需要调整排料口的大小。现有颚式破碎机的调整装置有多种多样,归纳起来有垫片调整装置、楔铁调整装置、液压调整装置以及衬板调整。常见的垫片调整装置见图 15-56。

6)保险装置

当破碎机落入非破碎物时,为防止机器的重要的零部件发生破坏,通常装有过载保护装置。保险装置有三种:液压连杆、液压摩擦离

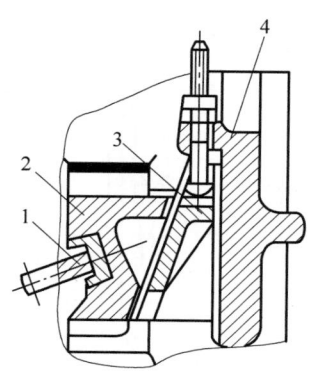

1—肘板;2—调整座;3—调整楔铁;4—机架。

图 15-56 调整装置结构

合器和肘板。肘板是机器中更换方便、结构简单、造价低的零件,所以选择其作为保险装置得到广泛应用且经济有效。但当肘板断裂后,机器将停车,应重新更换新肘板后方可工作。肘板保险件的另一个缺点是由于设计不当,常常在超载时它不破坏,或者没有超载它却破坏了,以致影响生产。因此设计时除应正确确定由破碎力引起的肘板压力,以便设计出超载破坏的肘板面积外,在结构设计时,应使其具有较高的超载破坏敏感度。肘板通常有如图 15-57 所示的三种结构:中部较薄的变截面结构、弧形结构和 S 形结构。其中图 15-57(a)结构在保证肘板的刚度和稳定性的同时,提高其超载破坏敏感度。图 15-57(b)、(c)两种结构是利用灰铸铁肘板抗弯性能这一特性,选择合适的结构尺寸使得肘板呈拉伸破坏,显然提高了肘板破坏的敏感度。尽管如此,肘板是否断裂主要取决于计算载荷和截面尺寸计算是否准确。

7)机架结构

破碎机是整个破碎机零部件的安装基础。它在工作中承受很大的冲击载荷,其质量占整机质量很大比例,而且加工制造的工作量也很大。机架的刚度和强度对整机性能和主要零部件寿命均有很大的影响,因此,对破碎机架的要求是:机构简单容易制造,质量小,且要求有足够的强度和刚度。破碎机机架按结构分,有整体机架和组合机架;按制造工艺分,有铸造机架和焊接机架。

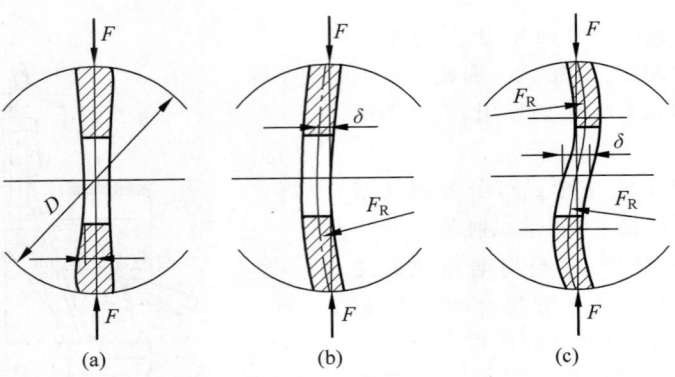

图 15-57　肘板结构

整体机架,由于其制造、安装和运输困难,故不宜用于大型破碎机,而多为中、小型破碎机所使用。它比组合机架刚性好,但制造较复杂。从制造工艺来看,分为整体铸造机架和整体焊接机架。整体铸造机架刚性好,但制造相对困难,特别是单件、小批量生产,成本很难控制。整体焊接机架便于加工制造,质量小,组装拆卸都方便,但要求焊接质量高,焊接后要求退火。随着焊接技术的发展,国内外颚式破碎机的焊接机架用得越来越多,并且大型破碎机也采用焊接机架。

8) 传动件

偏心轴是破碎机的主轴,受有巨大的弯曲力,偏心轴一端装带轮,另一端装飞轮。

9) 飞轮

飞轮用以存储动颚空行程时的能量,再用于工作行程,使机械的工作负荷趋于均匀,带轮也起着飞轮的作用。

10) 润滑装置

偏心轴轴承通常采用集中循环润滑。心轴和推力板的支承面一般采用润滑脂通过手动油枪给油。动颚的摆角很小,使心轴与轴瓦之间润滑困难,在其底部开若干轴向油沟,中间开一环向油槽使之连通,再用油泵强制注入干黄油进行润滑。

15.3.7　使用与维护

1. 使用说明

1) 准备工作

(1) 空载试车

① 颚式破碎机连续运转 2 h,轴承温升不得超过 30℃。

② 所有紧固件应牢固,无松动现象。

③ 飞轮、槽轮运转平稳。

④ 所有摩擦部件无擦伤、掉屑和研磨现象,无不正常的响声。

⑤ 排料口的调整装置应能保证排料口的调整范围。

(2) 有载试车

① 颚式破碎机不得有周期性或显著的冲击、撞击声。

② 最大给料粒度应符合设计规定。

③ 连续运转 8 h,轴承温升不得超过 30℃。

(3) 破碎机准备工作

① 仔细检查轴承的润滑情况是否良好,推力板的连接处是否有足够润滑脂。

② 仔细检查所有紧固件是否紧固。

③ 仔细检查传动带是否良好。若发现有破损现象,应及时更换,当传动带或带轮上有油污时,应用抹布将油污擦净。

④ 检查防护装置是否良好,发现有不安全现象时,应及时排除。

⑤ 检查破碎腔内有无矿石或杂物,若有矿石或杂物,则必须清理干净,以确保破碎机空腔启动。

2) 启动

(1) 经检查、证明机器与传动部分情况正常,便可启动。

(2) 本机只能在无负荷情况下启动。

(3) 启动后,若发现有不正常的情况,应立即停车,待查明原因排除隐患,方可再次启动。

3）使用注意事项

（1）根据使用情况，碎石轧料槽上面应设保护罩，防止碎石由轧料槽内崩出伤人。

（2）开机前，要清除破碎机内及周围的杂物，必须检查各润滑部位，并用手扳动数圈，各部机构灵活才允许开机。

（3）破碎机正常运转后，方可投料生产。待碎物料应均匀地加入破碎机腔内，应避免侧向加料或堆满加料，以免单边过载或承受过载。

（4）正常工作时，轴承的温升不应该超过30℃，最高温度不得超过70℃。超过上述温度时，应立即停车，查明原因并加以排除。

（5）破碎机工作时，要防止石块嵌入张力弹簧中，而影响弹簧强度。严禁用手从颚板间取出石块，如有故障应用撬棍、铁钩等工具处理。

（6）停车前，应首先停止加料，待破碎腔内物料完全排出后，方可关闭电源。

（7）破碎时，如因破碎腔内物料阻塞而造成停车，应立即关闭电源停止运行，将破碎腔内物料清理干净后，方可再行启动。

（8）调节排料口时，应先松开拧紧弹簧，待调整好后，再适当调整弹簧的张紧程度并拧紧螺栓，以防衬板在工作时脱落。

（9）破碎机使用一段时间后，应将紧定衬套松动而损伤机器。颚板一端磨损后，可掉头使用。

2. 维护保养

1）保养

（1）定期关颚破机，检查机器。任何石料破碎设备在开关机的时候，都应该注意定期关颚破机，检查机器内部的磨损情况，如中心入料管、锥帽、叶轮上下流道衬板、圆周护板、耐磨块的磨损程度，及时更换磨损较严重的部件，对这些部件进行修补。同时注意更换部件的质量型号和尺寸等，一定要按原来部件参数更换。

（2）颚破传动带定期检查。颚破传送带是石料生产线中不可缺少的，机器的带动都是传

送带的功劳。定期调整传送带的松紧程度，保证传送带受力均匀。双电机驱动时，两侧三角胶带应进行分组选配，使其每组长度尽可能一致。如发现传动带磨损程度太厉害请及时更换。

（3）机械部件的润滑。颚式破碎机采用车用润滑脂特级或 3 锂基脂，每工作 400 h 加入适量润滑脂；工作 2000 h，打开主轴总成对轴承进行清洗；一般工作 7200 h 更换新轴承。

（4）此外，为保证颚式破碎机正常工作，除正确操作颚破外，必须进行计划性维修，其中包括日常维护检查小修、中修和大修。

2）润滑与维修

（1）润滑

① 经常注意并及时做好摩擦面的润滑工作，可确保机器的正常运转和延长其使用寿命。

② 颚式破碎机所采用润滑脂应根据使用的地点、气温条件而定，一般情况下采用钙基、钠基和钙钠基润滑脂。

③ 加入轴承座内的润滑脂为其空间容积的 50% 左右，每 3～6 个月更换一次。换油时应用洁净的汽油或煤油清洗滚柱轴承的滚道。

④ 颚式破碎机开动前，推力板与推力板支座之间应注入适量的润滑脂。

（2）维修

为保证颚式破碎机正常工作，除正确操作外，必须进行计划性维修，其中包括日常维护检查，小修、中修和大修。

① 小修主要内容包括检查并修复颚破调整装置，高速排料口间隙，对磨损的衬板调整或更换。检修传动部分、润滑系统及更换润滑油等。小修的周期为 1～3 个月。

② 中修除进行小修的全部工作外，还包括更换推力板、衬板，检查并修复轴瓦等。中修的周期一般为 1～2 年。

③ 大修除进行中修的全部工作外，还包括更换或车削偏心轴和动颚心轴，浇铸连杆头上部的巴氏合金，更换或修复各磨损件。颚式破碎机大修的周期一般为 5 年左右。

3. 故障解决

1）颚式破碎机

颚式破碎机在运行过程中承受力矩或振动较大，常会造成传动系统故障，常见的有：皮带轮与轴头部位产生间隙造成的轴头与轮毂磨损，偏心轴受力造成的轴承位磨损等。

出现上述问题后传统维修方法是将轮毂扩孔，补焊或刷镀后机加工修复为主，但两者均存在一定弊端：补焊高温产生的热应力无法完全消除，易造成材质损伤，导致部件出现弯曲或断裂；而电刷镀受涂层厚度限制，容易剥落。以上两种方法都是用金属修复金属，无法改变"硬对硬"的配合关系，在各力综合作用下，仍会造成再次磨损。

上述维修方法在西方国家已不常见，当代欧美等发达国家针对以上问题多使用高分子复合材料的修复方法，应用最成熟的是某国技术，其具有超强的黏着力，优异的抗压强度等综合性能，可免拆卸、免机加工进行现场修复。用高分子材料维修既无补焊热应力影响，修复厚度也不受限制，同时产品所具有的金属材料不具备的退让性，可吸收设备的冲击震动，避免再次磨损的可能，并大大延长设备部件的使用寿命，为企业节省大量的停机时间，创造巨大的经济价值。

（1）颚式破碎机机架严重跳动的原因

在颚式破碎机工作时发现机架严重跳动时应当首先停机检查以下几方面：

① 地脚栓是否松动或断裂。

② 飞槽轮位置是否跑偏。

③ 主机基础固定是否稳固，有无隔振措施。

（2）颚式破碎机机架严重跳动的解决办法

① 如果地脚栓松动用扳手上紧螺栓就可以，如果脚栓断裂，需要更换新的螺栓。

② 解决飞轮位置跑偏的办法是，拆下飞槽轮盖板，放松飞槽轮套紧螺栓，调整飞槽轮位置，然后紧定飞槽轮张紧套螺栓。

③ 如果由于主机不稳定造成颚式破碎机

严重晃动，应当加固基础，在机器与地之间加枕木或者橡皮条。

（3）故障原因及排除方法

① 飞轮旋转但动颚停止摆动。产生原因：a. 推力板折断；b. 连杆损坏；c. 弹簧断裂。排除方法：a. 更换推力板；b. 修复连杆；c. 更换弹簧。

② 齿板松动、产生金属撞击。产生原因：齿板固定螺钉或侧楔板松动。排除方法：紧固或更换螺钉或侧楔板。

③ 轴承温度过高。产生原因：a. 润滑脂不足或脏污；b. 轴承间隙不合适或轴承接触不好或轴承损坏。排除方法：a. 加入新的润滑脂；b. 调整轴承松紧程度或修整轴承座瓦或更换轴承。

（4）产品粒度变大。产生原因：齿板下部显著磨损。排除方法：将齿板掉头或调整排料口。

（5）推力板支承垫产生撞击声。产生原因：①弹簧拉力不足；②支承垫磨损或松动。排除方法：①调整弹簧力或更换弹簧；②紧固或修正支承座。

（6）弹簧断裂。产生原因：调小排料口时未放松弹簧。排除方法：排料口在调小时首先放松弹簧，调整后适当地拧紧拉杆螺母。

2）锤片式粉碎机

常见到经检修和初次安装的锤片式粉碎机在试运转中机身发生强烈振动。出现这种情况主要有以下几个原因：

（1）检修装配中锤片安装错误。锤片换面掉头使用时，为防止转子质量失去平衡，粉碎机内所有的锤片必须一齐换面掉头，否则会在运行中发生强烈振动。

（2）对应两组锤片质量之差超过 5 g。排除的方法是调整锤片质量，使相应两组质量之差小于 5 g。

（3）个别锤片卡得太紧，运行中没有甩开。可停机后用手转动观察，想办法使锤片转动灵活。

（4）转子上其他零件质量不平衡，这时需要分别仔细检查调整平衡。

（5）主轴弯曲变形。解决的办法是校直或更换。

（6）轴承间隙超过极限或损坏。一般更换新轴承才能解决问题。

15.4 辊式破碎机

15.4.1 概述

1. 辊式破碎机发展历史

采用辊式原理进行破碎的历史久远，辊式是一种比较古老的破碎工具与设备。

20 世纪，我国农村还普遍应用磨面的碾子、压粮食用的碌碡，都运用的是典型的辊式破碎原理，这种沿用几千年的劳动工具，有着非常科学高效的工作原理，其最大的创新之处是将原来破碎用杵臼或脚踏碓所采用的往复间歇运动方式，变为连续的旋转运动，从滑动变为滚动，减小劳动强度的同时，大幅提高了生产效率，称得上古代破碎工具一项伟大的发明创造。

现在工业上广泛应用的立式磨、雷蒙磨、高压辊磨机等破、磨设备虽然输入的能量密度大、转速高、处理能力强、产品粒度更细，但其核心工作原理还是有很大继承性和相似性。据说，碾子、石磨、砻等都是由我国春秋时期的鲁国人鲁班（公元前 507 年至公元前 444 年）发明的，距今大概有 2500 年历史，碌碡是在碾子基础上改进而成的，见图 15-58。

图 15-58　我国古代沿用至今的辊式破碎工具
(a) 脚踏碓；(b) 石磨；(c) 石碾子；(d) 碌碡

同以上简单的破碎工具相比，明末宋应星所著的《天工开物》卷六的《甘嗜》中所记载的甘蔗榨汁机具有破碎机器的基本组成元素。书中详细记录了古代的甘蔗榨汁设备采用牛拉石辊压榨甘蔗取汁法，所记载的榨汁机就是一个典型意义的破碎机械，有动力源、传动机构、斜齿轮，压榨辊等一个机器的关键部分一应俱全，见图 15-59。

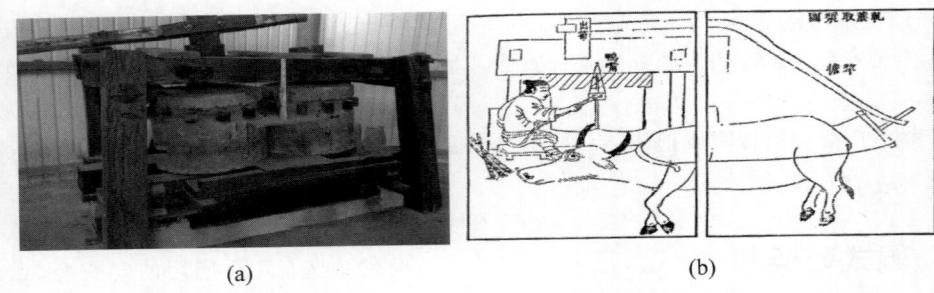

图 15-59 《天工开物》记载的榨汁机是较早的辊式破碎机器

(a) 石辘压榨机器现代复制品；(b) 石辘压榨机工作原理

工业革命以来,具有现代意义的辊式破碎机是 1806 年用蒸汽机驱动的辊式破碎机,至今已有 200 余年的历史。由于其结构简单、易于制造,特别是过粉碎少,能破碎黏湿物料,故被广泛用于中低硬度物料破碎作业中,近些年其应用范围更加广泛,相继出现了分级破碎机、高压辊磨机、辊式剪切撕碎机等新型辊式破碎设备,该类设备表现出旺盛的生命力。

2. 辊式破碎机适用范围与分类

辊式破碎机是利用辊子旋转过程中,辊面上各类破碎齿相互配合进行刺破、剪切、撕拉(点接触破碎)或辊面间、辊面与侧壁间的挤压作用(面接触破碎),对物料进行破碎的设备。

辊式破碎机的局限性体现在:破碎比一般为 2~6,因破碎齿尖或辊面的受力及磨损体积小,所以破碎强度低,耐磨体寿命短,对耐磨体的耐磨损性和强度韧性综合技术要求高。

辊式破碎机可以应用到粗、中、细碎作业或磨碎作业中。不同类型的设备有着不同的应用范围。综合来看,脆性物料、韧性物料,干式物料、黏湿物料,中硬以下物料、坚硬物料都可以有合适的辊式破碎机类型。入料粒度可以到 1500 mm 甚至更大,脆性物料破碎强度可到 300 MPa,单机处理能力可以大于 10 000 t,单机装机功率可以大于 10 000 kW。

辊式破碎机从广义上看,种类多,范围广,凡是由圆柱体或椭圆柱体相互之间或与侧壁、床面相对运动对物料进行破碎都可以看成辊式破碎机,可以用于破碎,也可用于磨碎。依此分类见图 15-60。

3. 辊式破碎机主要类型

狭义的辊式破碎机是广泛应用的单辊、双辊、四辊,辊面带齿或光面。设备种类主要包括(齿)辊式破碎机(以下简称辊式破碎机)、分级破碎机、高压辊磨机、辊式撕碎剪切机等,如图 15-61 所示。常见的辊式破碎机类型与技术特点见表 15-39。其中辊式破碎机根据齿辊有无破碎齿又分为光辊破碎机(图 15-62)和齿辊破碎机;根据齿辊的数量又分为单辊式齿辊破碎机(图 15-63)、双齿辊破碎机(图 15-64)、四齿辊破碎机(图 15-65)。

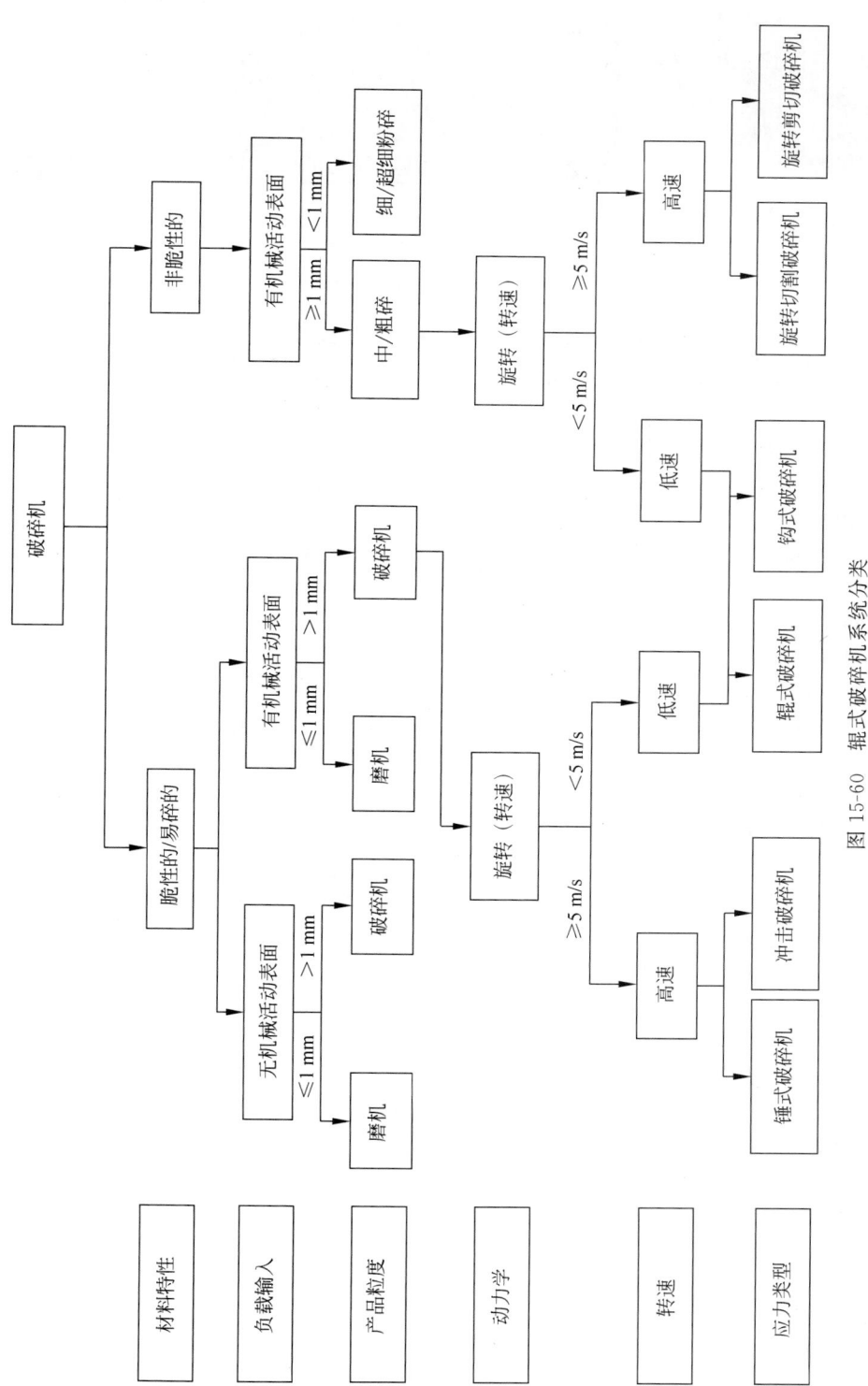

图 15-60　辊式破碎机系统分类

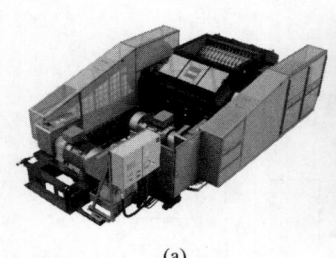  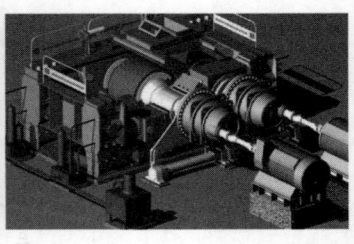

(a)   (b)   (c)

图 15-61　辊式破碎机主要类型

(a) 齿辊破碎机；(b) 分级破碎机；(c) 高压辊磨机

表 15-39　常见的辊式破碎机类型与技术特点

类型	主要技术参数	适用范围	技术特征	应用特点	英文名称	数据来源
齿辊破碎机	入料粒度范围[1]：10～800 mm 出料粒度[1]：2～250 mm 最大处理能力[2]：6500 t/h 破碎强度[1]：120 MPa 齿辊最大尺寸[2]：$\varphi \times L = 2000 \times 3050$ mm 最大装机功率[2]：1000 kW	矿山、矿物建材、化工等行业。中等硬度以下脆性物料细、中、粗、碎	(1) 浮动辊异物退让；(2) 转速相对高；(3) 皮带传动、转动惯量大，装机功率小	(1) 过铁适应性强；(2) 相较分级破碎机不能严格保证产品粒度、过粉碎大一些、破碎强度低、处理能力偏小；(3) 没有减速器，高、低速联轴器等，设备生产造价低	single/double/four (tooth) roll crusher	[1]《双螺破碎机》(JB/T 10245—2015)；[2] Hazemag. com HRC 产品资料
分级破碎机	入料粒度范围[1]：100～1500 mm 出料粒度[1]：50～400 mm 最大处理能力[2][3]：12 000 t/h 破碎强度[3]：275 MPa 齿辊最大尺寸[2]：$\varphi \times L = 2000 \times 4000$ mm 最大装机功率[2]：900 kW	矿山、矿物建材、化工等行业。脆性、黏湿性物料，粗、中碎	多样破碎齿；低转速、低加载速率；结构强度大、强行破碎	分级破碎双重作用；过粉碎低、成块率高、破碎强度高、处理能力大	sizer	[1]《矿用双齿辊破碎机》(JB/T 11112—2010)；[2] 泰伯克分级破碎机资料；[3] MMD sizer 产品资料

续表

类型	主要技术参数	适用范围	技术特征	应用特点	英文名称	数据来源
高压辊磨机	齿辊最大尺寸[1][2]：$\varphi \times L = 3000 \times 2000$ mm 最大装机功率[1][2]：2×6300 或 2×7644 kW 比破碎压力[1]：$3500 \sim 4500$ kN/m² 破碎强度：250 MPa 最大通过能力[2]：6930 或 7200 t/h 入料粒度上限[1]：$10 \sim 75$ mm 或 120 mm 出料粒度[1]：$0.04 \sim 12$ mm 辊面耐磨钉使用寿命：硬物料约 10 000 小时，软物料约 20 000 小时，铁精矿约 30 000 小时	金属、非金属矿山，水泥行业，化工。矿石、造粒，球团矿破磨。坚硬脆性物料细碎、粗磨	300 MPa 的超高压力	破碎强度高、多碎少磨	HPGR	[1] 成都利君矿山样本； [2] metso：outotec HRC 高压辊磨机资料； [3] FLSmidth-ThyssenKrupp 技术资料

图 15-62 光辊破碎机

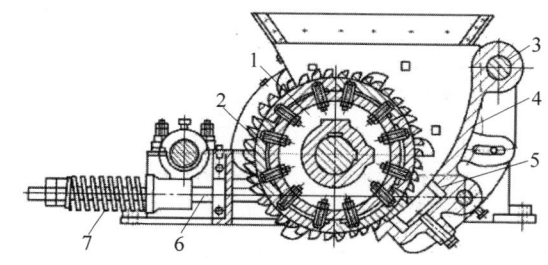

1—辊衬；2—辊子；3—悬挂轴；4—颚板；
5—衬板；6—拉杆；7—弹簧。

图 15-63 单辊式齿辊破碎机结构

图 15-64 双齿辊破碎机设备结构

图 15-65 四齿辊破碎机设备结构

15.4.2 主要技术参数

辊式破碎机种类多、应用范围广,生产厂家执行标准多样,技术参数的差异性是所有破碎机中较为显著的。其主要技术参数仅针对表15-39近年来常见的辊式破碎机类型与技术特点所列的三类典型辊式破碎机。数据主要来自通用行业标准,国内、国外典型先进品牌产品参数。

1. 传统辊式破碎机

1)传统辊式破碎机技术特征

辊式破碎机是一类传统的破碎设备。该类设备有几个基本特征:

(1)采用皮带传动

通过大皮带轮驱动齿辊旋转,有时为了降低齿辊转速或单机拖两辊,还要增加减速齿轮或同步传动齿轮。这种结构的缺点是传动效率偏低,占地空间大;优点是大皮带轮、齿轮高速旋转过程中转动惯量大,可以在处理量不是太大工况下,破碎过程中的瞬间过载有很好的储能释放、均衡载荷的作用,可以适当降低配套电动机的额定功率,所以辊式破碎机类似处理能力机型一般配套电机比分级破碎机小一到两个型号,同时,因为采用皮带传动,减少了联轴器、减速器、液力耦合器等传动机构,破碎机的制作成本低。

(2)一个辊采用退让方式

配套工作的两个辊一般采用一个固定、一

个浮动、能够根据破碎载荷情况退让然后还原的工作方式。辊的弹性退让单元,采用最多的是弹簧,也有采用液氮缸、液压缸等方式。

优点是对进料适应性强,遇到铁器、不可破碎物料等退让排出,破碎机的连续性得到保证,破碎机也不易损害,还可以简便调整出料粒度。

缺点是遇到硬的物料或者物料量集中,退让机构就会动作,这样大量超粒度物料通过,所以辊式破碎机的破碎强度低、不能严格保证产品粒度,对于粒度要求严格的工况只能采用闭路破碎、配套检查筛分环节,工艺流程复杂。辊式破碎机一般用于抗压强度低于120 MPa的中硬以下脆性物料的破碎作业。

(3)破碎齿形相对单一、过粉碎相对分级破碎机大

辊式破碎机主要用于对物料的破碎作业,尤其是细碎、中碎作业,破碎齿形相对单一,缺乏非常有针对性的专业齿形破碎齿形,对物料的破碎作用方式以弯曲、挤压破碎为主,所以与分级破碎机相比破碎过程能量利用率相对低。与其他类型破碎设备比较过粉碎低、成块率高、粒形好,但与分级破碎机相比,在中、粗碎作业过程中过粉碎偏高、单位能耗偏高。

2)传统辊式破碎机技术参数

传统辊式破碎机技术参数见表15-40。

表 15-40 标准辊式破碎机主要技术参数(JB/T 10245—2015)

参数项目	型号				
	2PGC- 370×1200	2PGC- 400×630	2PGC- 450×500	2PGC- 550×1000	2PGC- 600×750
辊子直径/mm	370	400	450	550	600
辊子长度/mm	1200	630	500	1000	750
给料粒度/mm	20~60	40~150	60~200	80~300	100~300
出料粒度/mm	3~25	5~50	5~80	5~100	5~100
处理能力/(t/h)	3~5	10~40	10~40	30~80	30~90
电动机功率/kW	≤18.5	≤15	≤15	≤45	≤30
质量(不包括电动机)/kg	≤1600	≤4000	≤3800	≤7100	≤7650

续表

参数项目	型号				
	2PGC- 600×900	2PGC- 620×410	2PGC- 800×400	2PGC- 850×1500	2PGC- 900×900
辊子直径/mm	600	620	800	850	900
辊子长度/mm	900	410	400	1500	900
给料粒度/mm	100~350	40~80	80~250	100~400	150~500
出料粒度/mm	5~100	5~60	5~80	5~150	5~150
处理能力/(t/h)	30~110	12~50	15~60	45~150	45~180
电动机功率/kW	≤45	≤30	≤30	≤45	≤75
质量(不包括电动机)/kg	≤7950	≤3600	≤8500	≤27 100	≤18 700

参数项目	型号				
	2PGC- 1015×760	2PGC- 1000×1500	2PGC- 1200×1500	2PGC- 1250×1600	2PGC- 1370×1900
辊子直径/mm	1015	1000	1200	1250	1370
辊子长度/mm	760	1500	1500	1600	1900
给料粒度/mm	100~300	150~500	150~500	150~600	200~800
出料粒度/mm	5~150	5~200	10~150	10~200	10~250
处理能力/(t/h)	30~150	50~200	70~240	100~300	200~500
电动机功率/kW	≤90	≤132	≤150	≤150	≤440
质量(不包括电动机)/kg	≤19 500	≤35 000	≤52 000	≤55 000	≤108 000

注1：处理能力的确定以下列条件为依据：

(1) 破碎物料的抗压强度≤120 MPa；

(2) 表面水分≤20%(质量分数)；

(3) 物料堆密度为 0.8~1.6 t/m³；

(4) 辊子全长范围内连续均匀进料。

注2：出料粒度的合格率应≥80%。

注3：表中所列规格系列可根据市场需要而调整和发展。

注4：同一规格破碎机可根据标准规定的处理能力范围,形成不同出料粒度的系列产品,以满足不同用
    户的要求。

3）HRC 型辊式破碎机技术参数

HRC 型辊式破碎机技术参数见表 15-41。

表 15-41　HRC 系列辊式破碎机主要技术参数

型号	装机功率/kW	辊尺寸(D×L)/ (mm×mm)	设备质量/kg	产品粒度/mm	给料粒度/mm	处理能力/ (t/h)
HRC 0605	15~37	600×510	6350~7200	15~60	75~250	105
HRC 0607	15~37	600×700	7800~8500	15~60	75~250	150
HRC 0610	37~55	600×1020	11 200~14 500	15~60	75~250	210
HRC 0616	45~90	600×1530	18 100~19 300	15~60	75~250	335
HRC 0620	45~90	600×2040	22 000~24 500	15~60	75~250	420
HRC 0810	45~90	800×1020	12 700~15 200	25~150	125~500	565
HRC 0816	90~160	800×1530	25 500~29 300	25~150	125~500	900

续表

型号	装机功率/kW	辊尺寸(D×L)/ (mm×mm)	设备质量/kg	产品粒度/mm	给料粒度/mm	处理能力/ (t/h)
HRC 0820	90～160	800×2040	31 000～35 100	25～150	125～500	1100
HRC 1010	55～160	1000×1020	19 700～25 200	30～200	150～700	740
HRC 1016	90～160	1000×1530	33 000～37 800	30～200	150～700	1180
HRC 1020	90～160	1000×2040	39 500～44 000	30～200	150～700	1480
HRC 1210	75～160	1200×1050	23 800～29 100	30～250	150～400	900
HRC 1216	132～200	1200×1650	42 600～50 200	30～250	150～400	1440
HRC 1220	200～315	1200×2050	69 100～77 100	30～250	150～400	1800
HRC 1225	200～315	1200×2550	80 500～89 500	30～250	150～400	2250
HRC 1420	250～355	1200×2050	78 500～89 500	50～250	150～500	1935
HRC 1425	250～355	1200×2550	86 500～91 500	50～250	150～500	2400
HRC 2020	250～500	2000×2050	113 000～129 500	200～400	800～1200	4350
HRC 2025	250～800	2000×2550	154 000～177 500	200～400	800～1500	5450
HRC 2030	450～1000	2000×3050	195 000～225 500	200～400	800～2000	6500

注：1. 表内数据源于 Hazemag 公司 HRC roll crusher 产品技术表；

2. 表中数据仅供参考，可根据实际需要进行针对性设计；

3. 表中数据试验条件：①中等硬度石灰石；②给料粒度分布为典型粒度分布；③粒度范围是从 0 mm 开始的混料；④产品粒度适中。

4）光辊破碎机技术参数

光辊破碎机技术参数见表 15-42。

表 15-42　光辊破碎机主要技术参数（JB/T 10245—2015）

参　数	型　号								
	2PG- 200×125	2PG- 400×250	2PG- 610×400	2PG- 610×610	2PG- 750×500	2PG- 900×900	2PG- 1000×800	2PG- 1200×800	2PG- 1200×1000
辊子直径/mm	200	400	610	610	750	900	1000	1200	1200
辊子长度/mm	125	250	400	610	500	900	800	800	1000
给料粒度/mm	5～20	10～30	20～40	20～50		20～60		20～70	20～90
出料粒度/mm	0.4～4	2～8	2～30	2～35				2.5～35	
处理能力/(t/h)	0.5～1.5	2～10	4～30	5～40	6～55	15～80	18～90	18～95	35～120
电动机功率/kW	≤5.5	≤15	≤37	≤45		≤75		≤90	≤110
质量(不包括电动机)/kg	≤500	≤1430	≤3600	≤5000	≤7000	≤19 700	≤24 000	≤24 200	≤46 400

注 1：处理能力的确定以下列条件为依据：

(1) 破碎物料的抗压强度≤120 MPa；

(2) 表面水分≤20%（质量分数）；

(3) 物料堆密度为 1.6 t/m³；

(4) 辊子全长范围内连续均匀进料。

注 2：出料粒度的合格率应≥80%。

注 3：表中所列规格系列可根据市场需要而调整和发展。

注 4：同一规格破碎机可根据标准规定的处理能力范围，形成不同出料粒度的系列产品，以满足不同用户的要求。

5）四齿辊破碎机技术参数

四齿辊破碎机技术参数见表15-43。

表 15-43　四齿辊破碎机主要技术参数（JB/T 14276—2021）

型号	辊子直径/mm		辊子长度/mm	进料粒度/mm	出料粒度/mm	处理能力/(t/h)	电动机功率/kW
	上辊	下辊					
4PGC-700×600	700	800	600			50	（37～45）×2
4PGC-800×700	800	900	700			70	（45～55）×2
4PGC-900×800	900	1000	800			90	（45～75）×2
4PGC-900×900	900	1000	900			120	（55～90）×2
4PGC-1000×800	1000	1100	800			140	（55～90）×2
4PGC-1000×900	1000	1100	900			170	（75～110）×2
4PGC-1000×1100	1000	1100	1100	≤300	≤8	200	（90～132）×2
4PGC-1000×1300	1000	1100	1300			250	（110～160）×2
4PGC-1000×1400	1000	1100	1400			300	（110～200）×2
4PGC-1000×1600	1000	1100	1600			350	（132～250）×2
4PGC-1000×1800	1000	1200	1800			450	（160～280）×2
4PGC-1000×1900	1000	1200	1900			500	（160～280）×2
4PGC-1000×2200	1000	1200	2200			600	（200～315）×2
4PGC-1000×2500	1000	1200	2500			700	（250～355）×2
4PGC-1000×2800	1000	1200	2800			800	（280～400）×2
4PGC-1100×3200	1100	1400	3200			1000	（355～500）×2

注1：表中所列规格可根据市场需要进行调整和发展。

注2：同一规格破碎机可根据出料粒度的不同，形成不同处理能力的系列产品，以满足不同用户的要求。

2. 分级破碎机

1）分级破碎的原理、特点与应用

分级破碎机是20世纪80年代出现的一种全新的破碎技术与设备。两个带有各类破碎齿的齿辊相向或反向旋转，通过对物料的刺破、拉伸和挤压进行破碎。

分级破碎是指通过对破碎齿型和齿的布置及安装形式的设计，实现对不同粒度组成的入料进行通过式、选择性破碎，只对大于粒度要求的物料进行破碎，而符合粒度要求的物料直接通过，从而达到破碎、分级双重功能，见图15-66。

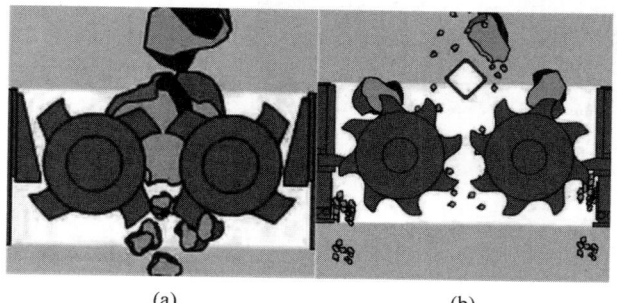

图 15-66　分级破碎原理示意
（a）破碎为主内旋；（b）分级为主外旋

分级破碎的工作原理和分级破碎机的结构特点使得分级破碎机应用过程中具有如下特点:一是通过一次破碎过程可实现分级、破碎双重作用;二是严格保证产品粒度,可作为粒度把关设备,无须检查筛分和闭路破碎流程;三是过粉碎低、细粒增量少、成块率高;四是单机处理能力大,破碎效率高;五是破碎强度大、可靠性高;六是整机高度低、运行振动小、噪声低、粉尘少。

基于以上技术优点,分级破碎机非常适于脆性或含有黏湿成分物料的粗、中碎作业,尤其是期望破碎产品过粉碎小、成块率高的应用场合。抗压强度低于 300 MPa 的脆性物料,入料粒度一般在 1500 mm 以下,出料粒度 50~400 mm,单机处理能力最大可达 12 000 t/h,单机破碎比 2~6。

煤炭、焦炭、石灰石、氧化铝矿石、油母页岩、石膏、钾盐矿等中硬脆性物料,也包括白云石、铁矿石、花岗岩、钢筋混凝土等很多坚硬岩石与物料的初级、二级破碎作业,都可以采用分级破碎技术与装备。

分级破碎机现已成为国内外煤炭、焦炭等破碎作业的首选和主导设备,原来常用的齿辊式破碎机、锤式破碎机甚至颚式破碎机都逐步被其取代。

分级破碎机的常见名称有:"分级破碎机""筛分破碎机""强力双齿辊破碎机""分级机""齿辊式分级破碎机""轮齿式破碎机""齿式破碎机"等,英文名称一般用"sizer or sizing-crusher or roll sizer"等。

典型分级破碎机产品如图 15-67 所示。

2) TCC 系列分级破碎机技术参数

TCC 系列分级破碎机技术参数见表 15-44。

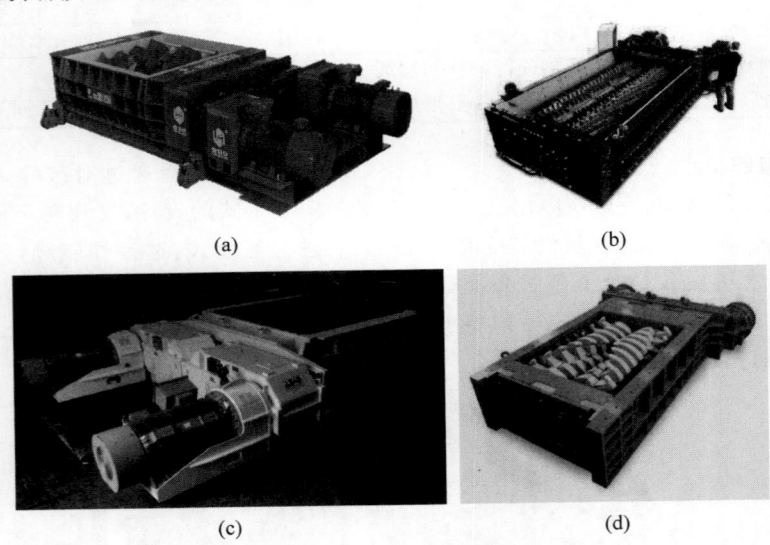

(a)   (b)

(c)   (d)

图 15-67 典型分级破碎机

(a) TCC 分级破碎机(中国);(b) AUBEMA-CPC 分级破碎机(德国);
(c) FLSmidth-ABON 分级破碎机(澳大利亚);(d) MMD 分级破碎机(英国)

表 15-44 TCC 系列分级破碎机主要技术参数

型号	辊径 D/mm	辊长/mm	给料粒度内旋(外旋)/mm	产品粒度/mm	破碎强度/MPa	通过能力/(t/h)	破碎能力/(t/h)	装机功率/kW	设备质量/t
TCC6005 V/H18.5		500				60～90	30～50	2×18.5	6
TCC6010V/H22		1000				120～180	80～120	2×22	7.5
TCC6015V/H37		1500				150～280	100～200	2×37	9
TCC6020V/H45		2000				200～300	120～250	2×45	11
TCC6025V/H75	600	2500	200(100)	50	160	350～600	250～400	2×75	16
TCC6030V/H110		3000				500～800	300～500	2×110	22
TCC6035V/H160		3500				700～1200	400～600	2×160	28
TCC6040V/H200		4000				900～1500	500～800	2×200	45
TCC7010V/H30		1000				120～180	80～130	2×30	8
TCC7015V/H55		1500				150～250	100～200	2×55	10
TCC7020V/H75		2000				200～300	120～250	2×75	15
TCC7025V/H90		2500				350～600	250～400	2×90	20
TCC7030V/H132	700	3000	300(150)	50	160	500～800	300～500	2×132	28
TCC7035V/H160		3500				700～1200	400～600	2×160	35
TCC7040V/H200		4000				900～1500	500～800	2×200	48
TCC7050V/H250		5000				1200～2000	650～1000	2×250	64
TCC7060 V/H315		6000				1800～2400	800～1500	2×315	90

续表

型号	辊径 D/mm	辊长/mm	给料粒度内旋(外旋)/mm	产品粒度/mm	破碎强度/MPa	通过能力/(t/h)	破碎能力/(t/h)	装机功率/kW	设备质量/t
TCC8010V/H75 (S132)	800	1000	600	200	200	100~600	100~400	2×75 (132)	16
TCC8010V/H55			300	50	160	120~200	100~150	2×55	10
TCC8015V/H90 (S160)		1500	600	200	200	500~1000	300~750	2×90 (160)	18
TCC8015V/H75			300	50	160	150~300	120~240	2×75	15
TCC8020V/H110 (S200)		2000	600	200	200	800~2000	400~1000	2×110 (200)	24
TCC8020V/H75			300	50	160	200~400	150~300	2×75	20
TCC8025V/H90 (S250)		2500	600	200	200	1500~2500	600~1200	2×132 (250)	30
TCC8025V/H90			300	50	160	350~600	200~450	2×90	24
TCC8030V/H160 (S315)		3000	600	200	200	2000~4000	800~2500	2×160 (315)	35
TCC8030V/H110			300	50	160	500~800	400~650	2×110	28
TCC8040V/H250 (S450)		4000	600	200	200	3000~6000	1800~4000	2×250 (450)	42
TCC8040V/H200			300	50	160	900~1500	500~900	2×200	32
TCC1015V/H110 (S200)	1000	1500	500~900	150~300	250	500~1500	300~1200	2×110 (200)	20
TCC1020V/H132 (S250)		2000				800~2500	500~1800	2×132 (250)	26
TCC1030V/H200 (S355)		3000				1500~3000	800~2400	2×200 (355)	40
TCC1040V/H280 (S560)		4000				2500~8000	1200~4000	2×280 (560)	60

续表

型号	辊径 D/mm	辊长/mm	给料粒度内旋(外旋)/mm	产品粒度/mm	破碎强度/MPa	通过能力/(t/h)	破碎能力/(t/h)	装机功率/kW	设备质量/t
TCC1220V/H200 (S355)	1250	2000	800~1200	200~400	300	1000~3000	800~2400	2×200 (355)	38
TCC12V30/H280 (S500)		3000				3000~8000	1800~5000	2×280 (500)	60
TCC1520V/H250 (S500)	1500	2000	1000~1500	300~500	300	1200~4000	600~2400	2×250 (500)	56
TCC1530V/H315 (S600)		3000				3000~10 000	1800~5000	2×315 (600)	89
TCC1540V/H400 (S730)		4000				5000~15 000	2400~7000	2×400 (730)	100
TCC2020V/H280 (S500)	2000	2000	1200~2000	400~500	300	1500~5000	800~3000	2×280 (500)	60
TCC2030V/H355 (S730)		3000				3000~8000	1200~6000	2×355 (710)	90
TCC2040V/H450 (S900)		4000				5000~15 000	2400~9000	2×450 (900)	130

注：1. 表中数据主要参考泰伯克公司技术资料，仅供参考；

2. 依据行业标准《煤用分级破碎机》(MT/T 951—2005)中数据做了相应调整；

3. 表中数据破碎物料是煤炭，堆密度 0.9 t/m³，破碎强度 160 MPa。

3）CPC 系列分级破碎机技术参数

CPC 系列分级破碎机技术参数见表 15-45。

表 15-45　CPC 系列分级破碎机技术参数

型号	最大通过能力/(t/h)	给料粒度/mm	出料粒度/mm	备注(外旋或内旋)
SI12-0615	300	300	50	外旋
SI12-0620	400	300	50	
SI12-0625	500	300	50	
SI12-0815	600	300	100	内旋
SI12-0820	800	300	100	
SI12-0825	2000	300	100	
	1000	300	50	外旋
SI12-0830	3000	300	150	内旋
	1500	300	50	
SI12-0935	1500	300	50	外旋
SI12-0940	2000	300	50	

续表

型号	最大通过能力/(t/h)	给料粒度/mm	出料粒度/mm	备注（外旋或内旋）
SI12-1020	2000	800	200	内旋
SI12-1030	3000	800	200	
SI12-1220	2000	1000	300	
SI12-1230	3000	1000	300	
SI12-1425	2500	1500	300	
SI12-1435	3000	1800	300	
SI12-1440	4000～5000	1800	300	
SI12-1840	8000～12 000	1800	300	外旋

注：1. 表中数据源于德国 AUBEMA-CPC 两家公司技术资料，表中数据仅供参考；

2. 表中各项指标破碎物料为煤炭，堆密度 0.9 t/m³。

4）ABON 系列分级破碎机技术参数

ABON 系列分级破碎机技术参数见表 15-46。

表 15-46　ABON 系列分级破碎机技术参数

机型	入料粒度/mm	排料粒度/mm	处理能力/(t/h)	外形尺寸/(mm×mm×mm)	装机功率/kW	整机质量/t
5/180CC	0～150	<50	300	5230×1740×700	132	14
6/160HSC	0～300	50～100	900	5421×2270×840	250	20
6/220CC	0～300	50～100	1200	6221×2416×840	250	23
6/250HSC	0～300	50～100	1500	6375×2270×840	250	25
6/250HSS	0～100	<30	500	6166×2270×840	250	28
7/160CC	0～600	50～300	1500	5614×2220×840	250	21
7/160HSC	0～600	50～200	1100	5614×2220×840	250	22
7/250HSC	0～600	50～200	2000	6559×2270×840	250	27
7/250HSS	0～100	<30	800	6384×2642×840	250	30
7/300CCTD	0～600	100～300	3500	7083×2732×1100	2×250	45
8/220CC	0～900	200～300	3000	6852×2784×1100	250	38
8/300CCTD	0～900	200～300	4500	7307×3530×1100	2×250	50
9/300CCTD	0～1000	200～300	5500	7307×3630×1100	2×315	55
10/220CHD	0～1100	300～350	3000	7427×3394×1400	355	63
10/220CCTD	0～1100	300～350	3000	7017×4770×1400	2×250	72
11/220CHD	0～1200	300～350	3500	7428×3490×1400	1×355	70
11/220CCTD	0～1200	300～350	3500	7428×4540×1400	2×355	75
11/300CCTD	0～1200	300～350	4000	7780×4540×1400	2×355	80
13/300CCTD	0～1500	300～450	6000	8305×5317×1600	2×355	110
16/350CCTD	0～2000	300～450	12 000	7790×6640×2000	2×630	200

注：1. 表中数据源于 FLsmidth-ABON 技术资料，表中数据仅供参考；

2. 表中各项指标破碎物料为煤炭，堆密度 0.9 t/m³。

3．高压辊磨机

1）高压辊磨机原理与应用

高压辊磨机是由两个相向旋转的辊面对高硬度物料进行高压细碎、粗磨的破碎设备。从结构形式是一种典型的辊式破碎设备，其工作原理与技术参数和常规辊式破碎机、分级破碎机却完全不同，见图 15-68（a）。

高压辊磨机从原理上：首先采用准静态挤压，降低破碎物料断裂阈值和能量消耗；同时，采用料层粉碎的方式，除了辊面对物料的挤压破碎外物料之间也相互破碎并在物料内部产生裂纹，以利于后期磨矿节能降耗，见图 15-68（b）。

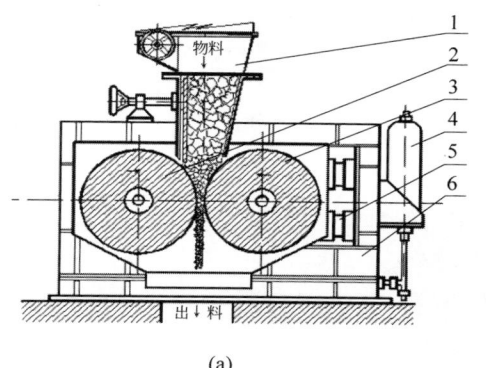

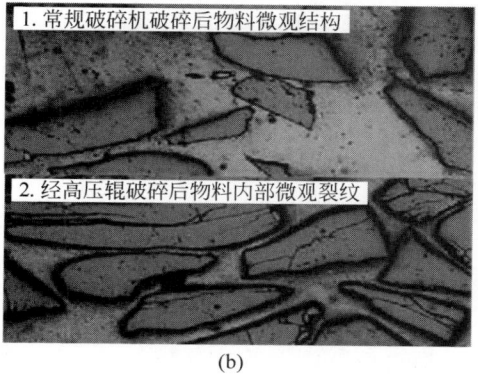

1—加料装置；2—固定辊；3—活动辊；4—储能器；5—液压油缸；6—机架。

图 15-68　高压辊磨机工作原理

（a）高压辊磨机工作原理；（b）物料经高压辊作用后内部变化

高压辊磨机具有破碎力大、破碎强度高、比功耗低、处理能力大的特点。经过高压辊磨处理的物料为后续磨矿提供伴有预加工内部缺陷的小粒度给料，可以大幅降低磨矿过程的能量消耗，很好地实现中、高硬度物料"多碎少磨"节能降耗。对于高硬度物料处理，高压辊磨机也可以部分替代圆锥破碎或自磨机的部分功能，或与其匹配优化应用。

高压辊磨机主要用于金刚石、铁矿、铜矿等各类矿石，水泥、球团、炉渣等的细碎、粗磨等过程。常见高压辊磨机品牌如图 15-69 所示。

高压辊磨机的主要技术指标，齿辊最大尺寸：$\varphi \times L = 3000 \times 2000$ mm，最大装机功率：2×6300 kW 或 2×7644 kW，比破碎压力：$3500 \sim 4500$ kN/m²，破碎强度：250 MPa，最大通过能力：6930 t/h 或 7200 t/h，入料粒度上限：10 ～ 75 mm 或 120 mm，出料粒度：0.04～12 mm。

图 15-69　国际典型高压辊磨机品牌

（a）CLM 高压辊磨机（成都利君）；（b）中信重工高压辊磨机；（c）KHD 高压辊磨机；（d）Mesto-Outotec 高压辊磨机；（e）Koppern 高压辊磨机现场应用；（f）WEIR 高压辊磨机

（c）
（d）
（e）
（f）

图 15-69（续）

2）高压辊磨机技术参数

高压辊磨机技术参数见表 15-47。

表 15-47　高压辊磨机技术参数

规格	辊子/mm		装机功率/kW	给料粒度/mm		通过产量/（t/h）
	直径	工作长度		90%	10%	
GM100-65	1000	650	2×315	≤25	25～40	105～145
GM100-80	1200	800	2×500	≤25	25～40	180～230
GM140-80	1400	800	2×630	≤35	35～60	280～360
GM140-110	1400	1100	2×800	≤35	35～60	460～510
GM170-110	1700	1100	2×900	≤40	40～60	550～650
GM170-140	1700	1400	2×1100	≤40	40～60	750～900

注：1. 通过产量为压辊在线压力不低于 7 t/cm、抗压强度不大于 180 MPa、邦德功指数为 10 kW·h/t～14 kW·h/t
的脆性物料时的产量。

2. 出料粒度：≤5 mm 为 55%，≤3 mm 为 50%，≤0.075 mm 为 25%。

3）CLM 高压辊磨机技术参数

CLM 高压辊磨机技术参数见表 15-48。

表 15-48　CLM 高压辊磨机主要技术参数

系列	辊径/mm	辊宽/mm	通过量/(t/h)	最大入料粒度/mm	主电机功率/kW
CLM120	1200	500～800	200～400	≤30	2×250～2×400
CLM150	1500	600～1200	400～900	≤35	2×450～2×900
CLM170	1700	700～1400	650～1300	≤40	2×630～2×1250
CLM200	2000	800～1600	900～2300	≤50	2×1000～2×2240
CLM240	2400	1000～1700	2000～4000	≤60	2×1800～2×3150
CLM260	2600	1200～1800	2700～5000	≤65	2×2500～2×4000
CLM300	3000	1400～2200	4300～7200	≤75	2×3550～2×6300

注：本表数据参考成都利君技术资料，数据仅供参考。

4）POLYCOM 高压辊磨机技术参数

POLYCOM 高压辊磨机技术参数见表 15-49。

表 15-49　POLYCOM 高压辊磨机技术参数

规格	0	1	2	4				5		
型号	9/7	11/8	14/8	14/10	15/11	17/10	17/12	17/12	17/14	20/10
辊径/mm	950	1100	1400	1410	1520	1700	1700	1700	1700	2000
辊宽/mm	650	800	800	950	1100	1000	1200	1200	1400	1000
磨削力/kN	2700	3400	4300	7000				8600		
功率/kW	2×220	2×450	2×500	2×800				2×1600		
L_1/mm	1150	1300	1600	1720	1720	1900	1900	2100	2100	2100
L_2/mm	3240	3750	3735	4305	4305	4490	5050	5530	5530	5950
B/mm	1860	2150	2164	2580	3030	3030	3030	3025	3500	3000
H/mm	1371	1685	1895	2095	2095	2220	2220	2390	2390	2760
Y/mm	3910	4300	4580	4960	5870	5230	5010	5010	6260	5160
X/mm	6000	7000	7360	7860	9850	6800	8250	9600	10 400	9270

规格	6		7		8		9	10
型号	19/15	20/15	20/15	20/17	22/15	24/17	26/18	30/20
辊径/mm	1850	2000	2000	2000	2200	2400	2600	3000
辊宽/mm	1500		1500	1650	1550	1650	1750	2000
磨削力/kN	11 000		13 500		17 000		20 000	25 000
功率/kW	2×1850		2×2500		2×2800		2×3400	2×5000
L_1/mm	2200	2200	2200	2200	3000	3000	3500	2000
L_2/mm	6020	6020	6550	6550	7725	7725	8500	9500
B/mm	3310	3460	3640	3640	3820	3820	4150	4600
H/mm	2635	2855	2795	2795	3160	3180	3510	3600
Y/mm	6800	7000	6980	7100	7860	7860	9000	7400
X/mm	11 300	12 000	11 300	11 600	11 600	11 600	14 000	14 000

注：表中数据参考 FLSmidth 技术资料，数据仅供参考。

POLYCOM 高压辊磨机外形图如图 15-70 所示。

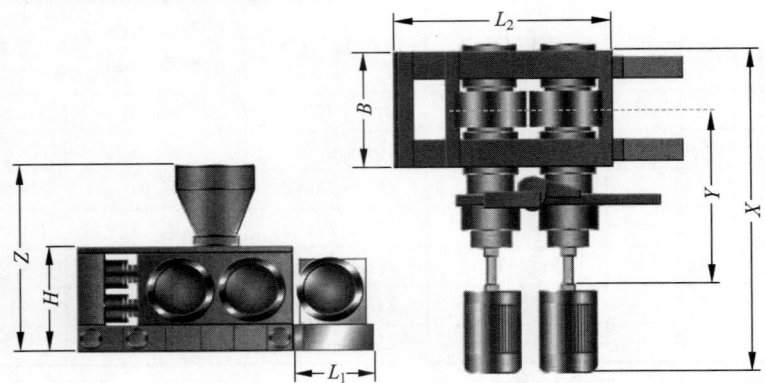

图 15-70　POLYCOM 高压辊磨机外形图

POLYCOM 高压辊磨机粒度曲线如图 15-71 所示。

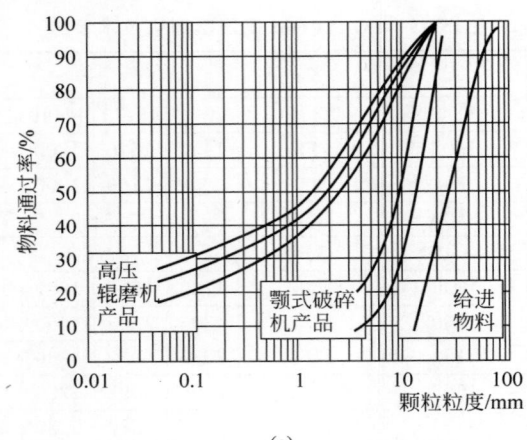

(a)

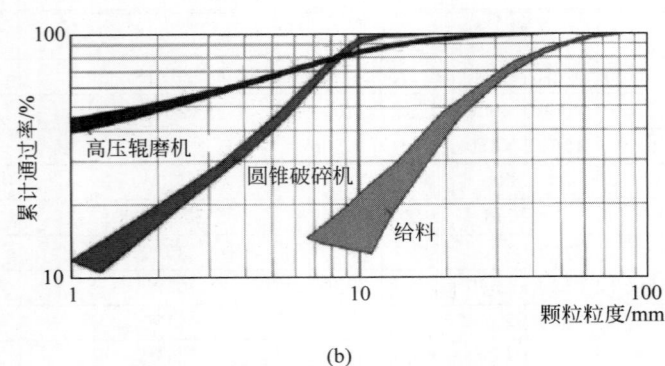

(b)

图 15-71　POLYCOM 高压辊磨机粒度曲线

（a）POLYCOM 高压辊磨机粒度曲线；（b）高压辊磨机与圆锥破碎机粒度特性对比

15.4.3 主要功能部件

传统辊式破碎机主要功能部件如图 15-72 所示。

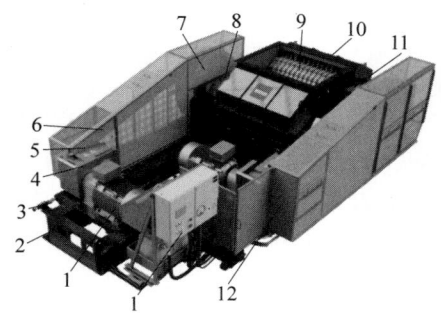

1—电动机；2—机架；3—张紧装置；4—减速装置；5—小带轮；6—皮带；7—大带轮；8—固定轴承座；9—齿辊；10—机壳；11—浮动轴承座；12—安全罩。

图 15-72 传统辊式破碎机主要功能部件

高压辊磨机主要功能部件如图 15-73 所示。

1—检修小车(选配)；2—卷扬机系统(选配)；3—固定辊系；4—活动辊系；5—进料装置；6—检修护栏；7—主机架；8—扭力支承；9—减速机；10—减速机润滑系统；11—联轴器 & 护罩；12—液压系统；13—主电机；14—电机底座。

图 15-73 高压辊磨机主要功能部件

15.4.4 使用与维护

1. 传统辊式破碎机

1）安装与使用

首先确保安装基础平面度。设备安装在不平整的基础上，将使破碎机的基座扭曲变形，导致齿轮工作状况恶化，使用寿命缩短。

为了缓冲破碎机对厂房结构的振动，可以在破碎机机架和厂房结构梁之间安装减震垫。

一般电动机底架和破碎机是整体机架，设备调试时确保平行度和同轴度。如果是分体机架，安装时应注意两机架的高度和平行度，

齿辊的中心轴线和传动轴中心线确保同轴度要求。

安装破碎机外罩，连接入料溜槽和排料溜槽。各法兰盘间均应加橡胶密封，以减小煤尘外溢。

保险装置的弹簧或液压缸，要有一定的预压量，应根据破碎机及破碎原理的要求进行调整。其中，单、双齿辊的破碎机弹簧恢复力通过装配破碎机时顶紧弹簧来达到。四齿辊破碎机，预紧力的调节通过减压装置调节氮气压力实现。

为使齿辊磨损均匀，应使原料能够沿破碎

机齿辊整个长度上均匀给入,给料速度也要尽量保持均匀。

设备全部安装完,应进行不少于 4 h 的空运转,并对电机电流大小、轴承温升及齿轮啮合等情况进行检查。设备空运转后,可部分带料试车,试车超 8 h,方可按额定处理能力给料运行。

破碎机入料的最大粒度与齿辊直径有关,同一类型的破碎机,齿辊直径越大入料粒度上限越大。破碎产物的粒度,可以通过调节浮动辊位置,改变齿辊之间的间隙来实现。

应定期抽样检查破碎产品粒度是否符合要求。如果产品粒度过大,可能是由于辊齿磨损或弹簧过松,应采取相应措施解决。齿辊磨损严重或破碎齿被打掉需要更换破碎齿板时,要注意将一个辊的齿放在另一个辊的 4 个齿中间,即放在 4 个齿的对角线的交点上。

2)设备运行

破碎机给料一定要经过可靠的除铁装置除铁,以防不可破碎杂物进入破碎机。启动前应清除破碎腔内部物料,空载启动。齿轮箱内的油位适中,确保各种轴承的润滑状态良好。

长期停用破碎机的初次启动,应先手动盘车,确认设备运转正常,然后将电机"点动"几次,确认电动机转向无误后,才能正式启动破碎机。

启动破碎机达到额定转速且无异常情况后再给料。停机时要先停给料,然后把破碎机内的物料排空再停机。

定期对运转部件润滑或采用自动注油设备。随时监测轴承温度,不能超过额定温升,如发现轴承过热,必须停机处理。

要保持浮动齿辊移动滑架座平面清洁干净,以便破碎腔内进入不可破碎物料时,能及时退让,排除故障。

四齿辊破碎机应注意如下事项:

(1)主、副传动齿轮箱采用稀油润滑,按要求应定期更换箱内润滑油,并保持适当的油位,保证充足的油量供应。对上、下段破碎辊轴承采用 2 号或者 3 号锂基润滑脂润滑,正常工作时每周注油一次。

(2)维护检修需要开启主副传动齿轮箱的检视盖、轴承盖或齿轮箱时,在重新装上前必须更换其密封件,并在各个静止密封上均匀涂抹一层干固性的密封膏,以防止密封面渗油、漏油。

(3)变更物料的破碎比、强度、粒度时,重新调整缓冲缸的氮气压力。

(4)破碎机检修后,当重新装配破碎辊、夹壳联轴器时,圆螺母和联轴器螺栓均应严格控制扭紧力矩。

3)常见故障分析

传统辊式破碎机常见故障及排除方法见表 15-50。

表 15-50 传统辊式破碎机常见故障分析

常 见 故 障	产 生 原 因	排 除 方 法
主轴承温度过高	润滑油脂不足	加入适量的润滑脂
	润滑油脂污染	清洗轴承后更换润滑脂
	轴承损坏	更换轴承
出料粒度超限	破碎齿磨损严重或浮动辊位置变动,弹簧变松	更换破碎齿或进行堆焊
		重新调整破碎辊中心距、紧固弹簧
振动加大	轴承损坏	更换轴承
	联轴器损坏	更换联轴器
	紧固螺栓松动	检查各处螺栓,重新紧固
处理能力不足	给料不均匀	调整给料
	给入超限大块过多,破碎比不合理	减小入料粒度
	进入木料	停车,排除木料
破碎机掉齿或掰齿	破碎腔体内进入铁器	注意除杂,更换修复破碎齿
润滑泵溢流阀出油	管路或接头堵塞	排除故障,更换油管或接头

2．分级破碎机

1）准备与调试

（1）准备工作

① 检查耦合器、减速机、润滑油泵的注油类型和注油量。

② 润滑油泵的调试。确定润滑油泵油桶中已经加注要求的润滑脂及脂量，接好润滑油泵电机电源后，主轴（从输出端视）或压入板（从储油器上方视）的旋转方向应为顺时针。

确定每个油嘴出口都正常出油，保证轴承能正常润滑。根据润滑点需要的油量的大小用调整螺钉来调整其供油量，拧出油量最小（最小为零），拧入油量增大，最大油量时调整螺钉与凸轮的轴向间隙不得小于规定值，以防止柱塞折断。调整好后用螺母锁紧。主机润滑点少于润滑脂泵供油点时，可将多余部分的油量调整钉调到不供油位置（严禁堵死）。

设定电控系统中的计时器参数，设定第一个计时器参数为 8 h（油泵电机每累计 8 h 开始自动运行）；设定第二个计时器参数为 10 min（润滑油泵电机运行 10 min 后，自动停止），即满足设备每运转 8 h，给轴承注油 10 min。

③ 检查电机、减速机、主轴的同轴度。满足电机与减速机不同轴度＜0.3 mm；角向误差≤15°，减速机与主轴不同轴度径向＜20 mm；角向误差≤15°。如果不能满足要求，重新调整，调整完毕后紧固地脚螺栓。

④ 手工盘车，机器应无卡阻且转动灵活。

（2）空载试车

首先必须确认人员远离破碎腔、旋转件等危险部位，并用广播连续播报试车通知，然后点动电机启动和停止按钮，当各部分转动无异常后，即可投入空运转。空运转 4 h，应随时观察运转情况：声音、振动、发热和油脂泄漏等。螺栓等连接件如有松动，应及时紧固。

（3）负载试车

空运转试车正常后，即可投入 8 h 负载运转，并继续观察上述各项运转情况，一切正常后方可投入生产。

2）运行与维护

（1）严禁铁器进入破碎机

由于分级破碎机属于强力破碎机，遇到铁器时，不会产生退让。当煤中夹杂着铁器时，对破碎机的破坏是致命性的。轻则闷车、打齿，重则损坏破碎辊主轴、减速机和电机。所以强烈建议，在破碎机的上游工艺安装性能可靠的除铁装置，清除夹杂在煤炭中的铁器。

当有一些木料进入分级破碎机的时候，木料不能马上被破碎，其会镶嵌在破碎齿上，和破碎辊一起转动。由此会导致小于破碎要求的物料不能由齿缝间漏下，破碎机处理能力下降。如果过多的小于破碎要求的物料不能顺利通过，会导致破碎机堵塞、闷车的情况发生。

如发现有铁器、大型木料进入破碎机，必须及时停车，把铁器清理出破碎腔后方可再次开机运行。

（2）检查螺栓松动

破碎机运行前，检查各个部位的螺栓是否松动，严格保证电机、减速机、破碎辊主轴的同轴度。分级破碎机使用的电动机，转速非常高，当电机与耦合器同轴度超出要求时，长期运转就会导致耦合器梅花联轴节损坏、耦合器连接盘损坏，情况严重的会造成减速机输入轴损坏。减速机输出轴和破碎辊主轴转速比较低，但是传递非常大的扭矩，如果同轴度超出合理的范围，会导致减速机低速轴损坏，减速机打齿的现象。

在破碎机运转前，必须检查电机、减速机地脚螺栓是否松动，如有松动，按以上要求校准同轴度，然后再紧固地脚螺栓方可投入运行。

（3）电动机的维护

为了达到电动机的期望寿命，正确的维护是至关重要的。保持电动机的散热片、风扇和气路清洁以便于合适地散热。保持电动机的周围区域干净，无妨碍足够的空气循环的障碍物。

保持电动机足够润滑。不要在电动机上涂过多的油脂。过多的油脂会流出轴承箱并破坏电动机机翼上的绝缘层。在给电动机加润滑脂前，移走放油塞以避免过多的油的流失。并用一块干净的抹布擦拭所有的装置以防止污染物流入装置中。

当电动机长时间处于空闲状态时,应遵循下面的操作准则:保持电动机的干净和干燥,提高或移动所有的电刷以防腐化。定期地转动轴以防润滑油固结,检测绝缘电阻以防止由潮气吸收或其他原因造成的损坏。

(4) 减速机的维护

减速器的输入轴线与输出轴线与其连接部分轴线应保证同轴,其误差不得大于所用联轴器的允许值。安装好后,箱体油池内必须注入所需润滑油,油面应至油尺规定的上限刻线。减速器在正式使用前,用手转动,必须灵活,无卡阻现象,然后进行空载运转,时间不得少于 2 h。

减速机运转应平稳,无冲击、振动、杂音及漏油等现象,发现故障应及时排除。在使用中当发现油温显著升高,温升超过 40℃ 或油温超过 80℃ 时,以及产生不正常的噪声等现象时,应停止使用,检查原因,如是齿面胶合等原因所致,必须修复,排除故障,更换润滑油后再使用。在使用中发现接合面渗油严重或漏油,打开机盖涂 601 密封胶,若发现油封漏油,请按原油封型号更换油封。

当环境温度低于 0℃ 时,启动前润滑油预热。建议减速箱每 4000 h 换一次油。放油可通过取下底盖上的放油塞来进行。加油时取下检查孔盖通过上盖加入符合要求的润滑油,并重新密封上盖。加油直至油尺标定的位置。

(5) 耦合器的维护

液力耦合器正反转都能传递扭矩,耦合器安装好以后应检查旋转方向是否正确。耦合器必须安装防护罩。耦合器正常运转时工作液体的温度<90℃。正常运转时应无震动、无杂音、渗漏油等。如有不正常现象必须立即停机检查,排除故障。

定期检查耦合器工作液体的质量和数量,定期检查联轴器弹性件和密封件的磨损情况,如不符合要求应立即调换。易熔塞中的易熔合金熔化后,必须更换同规格的易熔塞,切不可以用其他物件替代。耦合器在出厂前经过严格的平衡和渗漏试验,所以,非专业人员不

允许随意打开耦合器。

(6) 润滑系统的维护

破碎机轴承长期承受重载荷、大冲击的作用,润滑对于轴承至关重要,既要保证轴承的充分润滑,又不能使轴承过润滑。过润滑和不能充分润滑都会影响破碎机的使用寿命。

把所有的装有润滑膏或者是润滑液的容器进行密封以防止灰尘、沙粒等进入。在装入润滑油之前,彻底清洁所要润滑的部位。把所有要润滑的部位用干净的布包好,以防止污染物进入所要润滑的部件。

当用自动润滑系统来进行润滑的时候,要采取一定的措施来防止润滑剂短缺,同时采用报警装置(喇叭、电铃、闪光灯等)在润滑油位低于最小油位时进行报警。当系统的润滑失效时要关闭系统,另外,无论有多少套防护措施,都要定期地对设备进行检查。

(7) 破碎齿的维护

当破碎齿磨损到一定程度时,为保证破碎粒度及破碎齿的使用寿命,要及时更换破碎齿板、齿盘、齿靴或齿帽等,或使用耐磨焊条对破碎齿堆焊修复,一旦出现异常情况(如铁器进入破碎腔)导致掉齿应及时修补破碎齿。

(8) 电控系统的使用与维护

开车前应仔细检查破碎机和系统的工况,在确保破碎机和系统工况完好的情况下再开车,停车前排空破碎机中的物料,避免下次带载开车。

为避免对电网造成大的冲击,建议操作司机把两台电机分开启动,待第一台电机运行平稳后,再启动第二台电机。

当破碎机超载预警时,建议操作司机立即停止破碎机入料,密切观察破碎机转速,如短时间内报警不消除,应停止正转运行。间隔一段时间后启动反转运行,密切观察破碎机转速,如转速正常,可停止反转运行。间隔一段时间后再启动正转运行,如转速正常,可恢复入料继续运行;如转速不正常,应停止正转运行,重复上述过程。如此往复三次后仍不正常,应立即按下急停按钮,仔细检查破碎机工况,排除卡堵故障后方能再开车,开车前先弹

起急停按钮。

当破碎机超载报警自动停车时,操作司机应立即停止破碎机入料,仔细检查破碎机工况,排除卡堵故障后方能再开车,开车前先弹起报警消除按钮。

当综合保护报警自动停车时,操作司机应立即停止破碎机入料,仔细检查供电电源、系统及破碎机工况,排除故障后方能再开车,开车前先弹起报警消除按钮。

3)常见故障与排除

分级破碎机常见故障与排除方法见表15-51。

表 15-51　分级破碎机常见故障与排除

常 见 故 障	产 生 原 因	排 除 方 法
主轴承温度过高	润滑油脂不足	加入适量的润滑脂
	润滑油脂污染	清洗轴承后更换润滑脂
	轴承损坏	更换轴承
出料粒度超标	破碎齿磨损严重	更换破碎齿或进行堆焊
		刚性调整破碎辊中心距
自动停机	液力耦合器泄漏	补充工作液体
	破碎腔堵料	清理破碎腔物料
	传感器损坏或安装有误	更换或调整传感器
振动加大	轴承损坏	更换轴承
	联轴器损坏	更换联轴器
	同轴度超差	重新调整电机、减速机同轴度
处理能力不足	给料不均匀	调整给料
	耦合器工作液体不足	补充工作液体
	进入木料	停车,排除木料
耦合器喷油	可能堵、卡、过载等,电控不起作用,易熔塞喷油保护电机	排除故障,更换新的原装易熔塞
耦合器过热橡胶梅花垫磨损严重	耦合器对中度不好	重新调整对中度
耦合器/减速机漏油	油封坏掉	排除原因,更换油封
转速表显示正常转速一半	测速传感器松动,或润滑油封住磁铁块	调整紧固传感器,保证与辊轴距离在许可范围内,或清理润滑油
设备振动严重并发出声响	破碎齿辊圆螺母松动与箱体干涉	紧固圆螺母
破碎机掉齿或掰齿	破碎腔体内进入铁器	注意除杂,更换修复破碎齿
设备突然报警/停车	断相/短路/过载等	排除故障,重新启动
润滑泵溢流阀出油	管路或接头堵塞	排除故障,更换油管或接头
润滑泵出油嘴不出油	泵柱塞损坏	排除其他故障,更换柱塞

3.高压辊磨机

1)操作注意事项

(1)全粒级给料:为达到最佳辊压效果,给矿前尽量不设预先筛分,保证全粒级给料,并且保证合理的料柱高度,使物料在辊压前达到预密实。

(2)除铁:物料进入料仓之前,在带式输送机上设置除铁器及金属探测仪,除去矿石中夹杂的铁块等金属异物,保证高压辊磨机作业安全。

(3)入料水分:高压辊磨机的喂料中含有一定的水分和泥,有利于生成一种自生的耐磨表面,矿石更利于形成层压,对传统细碎作业难以通过的含水、含泥偏高的黏性矿石也能够处理,大大提高了设备的适应能力。不同工艺水分要求不同,一般来看入料水分最好控制在 8% 以下。

（4）中心给料：进料的下料口要求在称重仓的中心位置，这样进入的物料就不会在仓里产生离析、分级的现象，如果称重仓内存在分级、离析的物料进入高压辊磨机，这样就会导致设备运行存在很多问题，比如，辊缝间隙差、压力差、电流差及形成一次性料饼的质量。

（5）称重仓：在整个工艺操作过程中，控制称重仓的仓重稳定是关键环节，控制仓重可以保证物料连续性，设备的稳定性以及料饼料的质量，称重仓的变化直接反映整个工况操作状态。

（6）气动阀：设备主要是控制高压辊磨机的喂料与断料。气动阀动作的稳定性与可靠性，是高压辊磨机运行的首要条件，气动阀的气缸的推力与拉力必须稳定、迅速、可靠。一般要求在气动阀上面装棒闸，便于气动阀的检修。不推荐使用电动阀机构，因为电动控制一旦全厂出现断电事故，电动机构将无法操作，直接导致称重仓的物料全部压在高压辊磨机两辊中间，为下次开机、清理辊间物料带来很多麻烦。

2）使用维护（见表 15-52）

表 15-52　高压辊磨机使用与维护

检查项目	出现现象	检测项目及调整方法
称重仓	仓重增加	减小给料量
		增大进料阀门开度
		称仓重达到上限时，停止给料
	仓重减小	增大给料量
		减小进料阀门开度
		称重仓达到下限，关闭气动阀
高压辊磨机	辊电流超高	减小进料阀门开度
	两辊的电流偏差比较大	增大电流小的辊系那侧进料阀的开度或减小电流大的辊系那侧进料阀的开度
	辊间间隙过小或在原始辊缝中运行	增大进料阀门开度
		喂料管或侧挡板是否磨损或磨穿
		辊面磨损或柱钉断
	左、右侧存在压力差	喂料管或侧挡板是否磨损或磨穿
		液压系统有问题，参照液压培训资料
		称重仓进料存在着布料不均，粗细分离
气动闸板阀	气动阀动作很小或根本不动作	气动阀选型是否过小导致推力不足
		气源是否打开或压力是否过小
		推动过程中是否有卡阻的现象

15.5　反击式破碎机

15.5.1　概述

1. 工作原理

反击式破碎机是一种典型的冲击式破碎设备，在电动机驱动下，高速旋转转子上固定不动的板锤，将动能传递到被破碎物料，物料进入板锤作用区后，与转子上的板锤撞击破碎，后又被高速离心抛向反击衬板上再次破碎，然后又从反击衬板上弹回到板锤作用区再

次破碎，如图 15-74 所示。此过程犹如固体颗粒形成的涡流，物料先后进入多级反击腔重复进行破碎，物料被破碎至所需粒度，由出料口排出，这个过程有板锤、反击衬板与物料的相互撞击，也有物料间大量的相互高速碰撞，整个破碎过程物料在空中碰撞充分，转子携带的动能转化为物料破碎所需的功。

这样的破碎过程，不同于面接触式破碎机破碎体与物料接触挤压或剪切刺破，物料破碎过程破碎体与物料只是极短暂接触，在空间上不受约束，属于"自由"状态的破碎，物料的破

图 15-74 反击式破碎机工作原理

碎过程会充分地沿着节理分界面和内在脆弱面断裂,主要靠克服物料的抗拉强度,破碎本身能量消耗低。破碎的结果是,去掉物料的脆弱部分和锐利边角,最大限度保持物料固有的几何形态和最大强度,非常适合于骨料产品破碎与整形。

反击式破碎机的破碎机理为:①反击破碎。受高速板锤的冲击,从而使物料获得较高的速度,物料撞击到反击板上,物料得到进一步破碎。②自由冲击破碎。在破碎腔内,物料受到高速板锤的冲击,另外物料之间也相互冲击,同时板锤与物料存在摩擦,从而使物料在破碎腔内在自由状态下沿其脆弱面破碎。③铣削破碎。物料进入板锤破碎区,大块物料被高速板锤铣削破碎并抛出。经上述两种破碎作用大于出料口尺寸的物料,在出料口处也被高速板锤铣削破碎。上述三种破碎机理,以自由冲击破碎为主。

2. 反击式破碎机适用范围与种类

反击式破碎机,可以适用于煤炭、石膏、石灰石、玄武岩、建筑垃圾等各类脆性矿物、矿石和建筑垃圾等的粗、中、细碎作业,可广泛应用于矿山、建材、环保、化工、冶金、医药等众多领域。

目前,综合国内外典型产品数据可知,反击式破碎机入料粒度一般可在 1500 mm 以上,装机功率最大可达 2500 kW,破碎脆性物料抗压强度上限可达 300 MPa,单机最大处理能力可达 1850 t/h(出料粒度 50 mm)。对于中等硬度脆性物料,出料粒度下限一般在 20 mm 左右,对于低硬度脆性物料,如煤炭、焦炭等,出料粒度可达 3 mm,此时单机处理能力可达 200 t/h。单级破碎比 10～40,最大可达 150,板锤线速度一般为 15～80 m/s。

反击式破碎机具有破碎比大,破碎效率高,产品粒度、粒形均匀,条片状颗粒少,设备体积小,结构简单,可以进行选择性破碎解离等优点。缺点是粒度可控性差、运行噪声大、粉尘大、板锤磨损快等。

反击式破碎机的类型比较多,从大的原理上有单转子和双转子两大类,单转子又分为可逆和不可逆两大类,其中的反击板形式、破碎腔的形式又有很多种变化。双转子反击式破碎机又分为同向旋转串联式和反向、相向旋转等不同工作模式。双转子与单转子相比体现出破碎比大、产量高、产品粒度均匀等特点,但功耗高。反击式破碎机主要分类见表 15-53。

表 15-53 反击式破碎机主要分类

单转子			双转子		
不可逆式		可逆式	同向旋转	反向旋转	相向旋转
不带均整栅板			转子位于相同水平		
带均整栅板			转子位于不同水平		

3. 反击式破碎机发展与现状

采用冲击原理对物料进行破碎的专利是1842年提出的,但实际应用的反击式破碎机到20世纪才出现。在锤式破碎机投入应用约30年后,在总结锤式冲击破碎机应用的优缺点基础上,1924年,德国 Hazmag 公司的 A. Andres 设计了利用反击式冲击破碎原理的破碎设备,后来又开发出"Andres"单转子和双转子类型。这种反击式原理的破碎设备结构类似于现代鼠笼型破碎机,因为无论从结构上,还是从工作原理上分析,物料需要反复冲击,破碎过程中可以自由无阻排料,但由于受到给料粒度小和处理能力小的限制,虽然具备反击式破碎机的特点,但其更接近现在的鼠笼型破碎机,主要用于低硬度脆性物料的细碎作业。

1946年,德国人 Erhard Andreson 在总结了鼠笼型破碎机的锤式破碎机的结构特性和工作原理基础上,发明了现代意义上的反击式破碎机,标志着反击式破碎机的正式诞生。

反击式破碎机易损件磨损很快,反击板耐磨寿命低,破碎强度低等使得其主要用于破碎煤、焦炭和烧结矿等中等硬度物料的中碎作业。得益于这种反击式破碎机从原理上破碎输出力大、破碎物料粒形好,生产效率高,可以处理大块物料,以及它在机械结构上比较简单,维修方便,其得到了快速发展。

随着耐磨材料技术的发展,整机结构强度的增加,德国 KHD 公司首先推出硬岩反击式破碎机,从而使反击式破碎机的应用范围从中、细碎扩大到粗、中、细碎,破碎物料从中硬以下拓展到坚硬矿石,单机处理能力也得到极大提高。采用反击式破碎机可以破碎抗压强度300 MPa 的玄武岩、安山岩等物料,可以满足建筑、路桥等建设骨料的破碎强度需要。

近些年来,伴随着耐磨材质和机械制造与设计水平的进一步发展,各类大型高性能的反击式破碎机不断涌现,单机处理能力可达3000 t/h,入料粒度更是达2 m,破碎强度350 MPa 或更高。

15.5.2 主要技术参数

1. 转子直径

转子直径可按下式计算:

$$D = \frac{100(d + 60)}{54} \tag{15-19}$$

式中:D—— 转子直径,mm;

d——入料粒度,mm

对于单转子反击式破碎机,按上述计算结果乘以0.7。转子的直径和长度比值一般为0.5～1.2,矿石硬度高、韧性强、抗冲击力较强时,取小比值。这些公式与数值都是经验数值,针对不同物料情况会有所差异,仅供设计选用参考。

2. 转子圆周线速度

转子板锤最大直径处的圆周线速度是反击式破碎机的主要工作参数。该参数决定着破碎机的处理能力、产品粒度、破碎比、板锤磨损、破碎效率。一般情况下,当转子圆周线速度提高时,破碎机的处理能力和破碎比都显著增加,产品粒度变细,而且进料块度大的破碎程度更为明显。但同时,线速度增加,功率消耗会随之增加,板锤磨损也加快。转子线速度应该综合考虑物料破碎特性、处理能力、破碎比、板锤磨损几方面取优而定。一般在粗碎时,转子的圆周线速度为15～50 m/s,而且细碎时取40～80 m/s。

反击式破碎机转子圆周线速度的计算公式如下:

$$v = 0.01(1 - \mu^2)^{1/3} \sqrt{\frac{g}{\gamma}} \frac{\sigma_0^{5/6}}{E^{1/3}} \tag{15-20}$$

式中:v——转子圆周线速度,m/s;

μ——物料的泊松系数,横向应变与周向应变之比的绝对值,无因次,一般矿石为0.16～0.34;

g——重力加速度,9.8 m/s²;

γ——矿石的体积密度,t/m³;

σ_0——矿石抗压强度,MPa;

E——矿石的弹性模量,MPa。

例如,对于煤炭 $\mu = 0.25$,则式(15-20)可简化为

$$v = 0.01\sqrt{\frac{g}{\gamma}}\frac{\sigma_0^{5/6}}{E^{1/3}} \quad (15\text{-}21)$$

在 PF-B-1210 反击式破碎机上用极限抗压强度为 240 MPa 的青石所做的粒度试验如图 15-75 所示。从图中可以看出,在物料硬度较大的情况下进行细碎时,尽管冲击速度较高,但物料平均破碎比并不大。

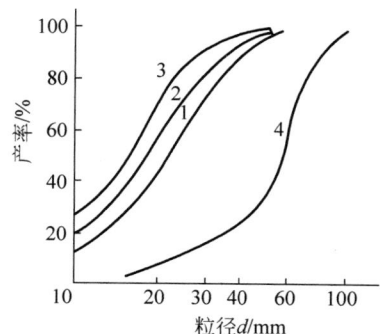

1—500 r/min;2—680 r/min;3—850 r/min;4—进料粒度曲线 排料口间隙:50mm。

图 15-75　反击式破碎机转速与粒度关系曲线

3. 处理能力的计算

反击式破碎机的处理能力理论上可以看成物料松散密度和物料理论通过体积的乘积。在此基础上再综合考虑物料松散系数、实际工况校正系数求得接近实际情况的处理能力公式。如图 15-76 所示,物料通过体积由转子线速度、转子表面至固定反击板最小间距、转子宽度三个尺寸形成的三维空间和一周板锤个数决定。

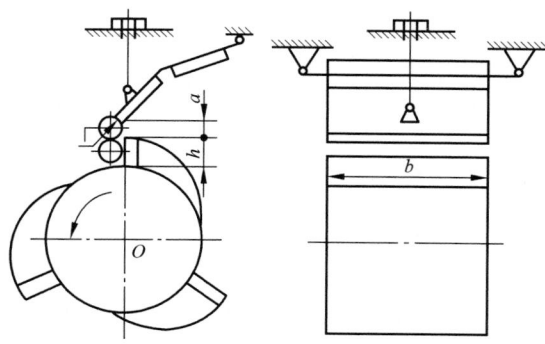

图 15-76　反击式破碎机处理能力计算示意

基于上述分析,反击式破碎机处理能力可用下式计算:

$$Q = 60K_1 C(h+a)bdn\delta \quad (15\text{-}22)$$

此外,如果以转子线速度为主要参数,反击式破碎机处理能力还可按下式计算:

$$Q = 3600 v\gamma\delta ba \quad (1\text{-}23)$$

式中:Q——处理能力,t/h;

　　K_1——工况校正系数,这个系数是根据设备结构、工作参数而确定的,对实际处理能力结果影响较大,一般通过试验和生产数据总结得到,一般取 0.1～0.3;

　　C——转子一周板锤个数;

　　h——板锤高度,m;

　　a——板锤顶面与反击板之间的间隙,m;

　　b——转子长度,m;

　　d——排料粒度,m;

　　n——转子转速,r/min;

　　δ——物料的散密度,t/m³;

　　γ——松散系数,取值 0.2～0.7;

　　v——转子的圆周速度。

4. 电机功率的确定

影响反击式破碎机功率的因素很多,破碎物料的处理能力、物料破碎强度粒度组成等特性、破碎比等工艺参数和破碎机结构参数设计、转速选择、破碎腔形设计、设备运行效率等机械参数是决定破碎机功率的主要因素。除此外,物料水分、工作环境、入料出料等操作状况都会影响电机功率。因设计因素较多,很多因素较难有准确数据,故反击式破碎机电机功率根据生产实践和试验数据,对应处理能力,采用经验公式计算。

根据时间生产资料计算方法:

$$N = KQ \quad (15\text{-}24)$$

根据实验数据得出的经验公式为

$$N = K_w Qi^{1.2} \quad (15\text{-}25)$$

式中:N——电机功率,kW;

　　K——计算系数,相同粒度要求状况下,每破碎 1 t 产品的单位功率消耗,$K = 0.5$～2.0 kW/t,一般中等硬度脆性矿物破碎时 K 取值为 1.2 左右;

　　K_w——比例系数,与物料硬度相关,中等硬度矿石一般取值 0.02～0.04;

i——破碎比。

我国生产的反击式破碎机,根据用途可分为普通型(PF 型)、煤用(PFM 或 PFD 型)、硬岩型(PFY 型)、立轴式(PFL 型)双转子(2PF 型)等。国外公司具有代表性的有 Hazmag 公司的 H 系列,Nordberg 的 NP 系列,Sandvic 的 HSI 系列等。单转子反击式破碎机是应用范围最为广泛的一类反击式破碎机,包括可逆式和不可逆式、粗碎用和中、细碎用不同类型。

5. PF 型反击式破碎机

根据《单转子反击式破碎机》(JB/T 6993—2017),PF 型反击式破碎机适用于抗压强度低于 140 MPa 的脆性非金属物料的中、细碎作业。单转子反击式破碎机技术规格见表 15-54。

表 15-54 单转子反击式破碎机技术规格(JB/T 6993—2017)

型 号	PF-0504	PF-1007	PF-1210	PF-1315	PF-1416
转子直径/mm	500	1000	1250	1320	1400
转子长度/mm	400	700	1000	1500	1600
进料粒度/mm	≤100	≤250	≤250	≤350	≤600
出料粒度/mm	≤20	≤30	≤30	≤30	≤70
处理能力/(t/h)	4~8	15~30	40~80	160~200	200~220
电动机功率/kW	7.5	37	95	200	355
参考质量(不包括电动机)/t	1.35	6	15	23	58

注 1:转子直径是指转子在工作时板锤顶端回转的运动轨迹(圆)的直径;转子长度是指转子工作段长度,进料粒度是指物料最大边长。

注 2:处理能力是指破碎机在破碎抗压强度不大于 140 MPa,水分不大于 10%(质量分数)的物料,表中规定的出料粒度的通过率为 80%,板锤、反击板未经磨损时的处理能力。

注 3:表中规定的电动机功率为平均值,电动机功率的确定取决于被破碎物料的自然特性和需要的产量,其实际功率在订货时由制造厂根据被破碎物料特性及使用工况确定。

PF 型反击式破碎机结构示意图如图 15-77 所示。

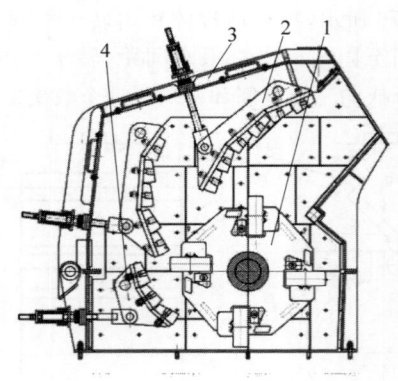

1—转子;2—反击架;3—机架;4—均整架。

图 15-77 PF 型不可逆反击式破碎机结构示意

6. NP 型反击破碎机

诺德伯格 NP 系列反击式破碎机综合了 BP 和 HS 反击式破碎机 50 年积累的成功经验。重型化转子设计、高耐磨材料以及破碎腔设计的结合,提高了生产能力和产品质量的同时降低了设备运行成本和磨损部件消耗。该类设备能够在粗碎、中碎、细碎和资源回收利用中广泛应用,适用于采石和砾石、水泥、混凝土与沥青和矿渣回收利用等。NP 系列反击式破碎机如图 15-78 所示。NP 系列反击式破碎机的独特性能使其具备多种不同配置,从而能够适应更多的应用选择。NP 系列破碎机的主要技术优点包括以下几个方面。

图 15-78　NP 系列反击式破碎机

(1)板锤耐磨性好、使用寿命长。通过多年耐磨材质研发,具备不同强度、种类齐全的耐磨衬板,极大提高磨损部件(板锤、反击板衬板、机架侧护板等)的耐磨损性和针对性。NP 系列反击式破碎机极大地提高了磨损部件的模块化程度,大幅度地减少了磨损部件的种类。同时还采用金属复合材料板锤,金属基复合材料或 MCC 由金属和陶瓷合金构成。金属基体可以为钢或铸铁。陶瓷部分由遍布于板锤的颗粒组成。这种复合材料兼具非常坚硬的陶瓷表面和有用的铸铁或钢的机械特性两种性质,这一解决方案可极大地延长板锤的使用寿命。MMC 的耐磨性比普通单金属材质高 2~4 倍。另一个优点是,可保持更长久的板锤边缘锋利度,确保更好地与物料接触,即便板锤部分磨损掉依然可以较好地保持工作状态。

(2)处理能力大,极高的破碎比、产品粒形好。通过不断地优化设计,破碎腔变得更大,给料粒度更大;优化衬板和特定的转子,提高了各种应用条件下的生产效率。表 15-55 和表 15-56 给出了 NP 系列反击式破碎机粗碎用主要技术参数和 NP 系列反击式破碎机中、细碎用主要技术参数。增大了转动惯量,提高了设备产量同时获得更大的破碎比,实现了以较少的破碎段数获得较大的破碎比和极佳的成品立方体形状,满足沥青和混凝土产品规范对针片状含量的要求。图 15-79 给出了 NP 系列反击式破碎机粒度特性曲线。

表 15-55　NP 系列反击式破碎机粗碎用主要技术参数

型号	入料口尺寸/(mm× mm)	转子尺寸 (D×L)/ (mm× mm)	最大给料尺寸/mm	处理能力/(t/h)		电机功率 (额定/最大)/ kW	转子质量/ kg	整机质量/ kg
				(800~200/ 100mm)	(600~200/ 100mm)			
NP1313™	1320× 1225	1300× 1300	900	450/300	480/320	200/250	6340	17 800
NP1415™	1540× 1320	1400× 1500	1000	560/365	600/400	250/315	8165	21 850

续表

型号	入料口尺寸/(mm×mm)	转子尺寸(D×L)/(mm×mm)	最大给料尺寸/mm	处理能力/(t/h)		电机功率(额定/最大)/kW	转子质量/kg	整机质量/kg
				(800~200/100mm)	(600~200/100mm)			
NP1620™	2040×1634	1600×2000	1300	870/570	930/620	400(2×200kW)/500(2×250)	15 980	40 500
NP2023™	2310×1986	2000×2300	1500	1780/1160	1970/1270	1000kW(2×500kW)/1300kW(2×650kW)	28 280	74 230

表 15-56　NP 系列反击式破碎机中、细碎用主要技术参数

型号	给料口尺寸/mm	转子尺寸(D×L)/(mm×mm)	最大给料粒度/mm	处理能力/(t/h)(400~60/40mm)	处理能力/(t/h)(200~40/20mm)	电机功率(额定/最大)/kW	转子质量/kg	整机质量/kg
NP1110™	1020×820	1100×1000	600	190/150	210/130	160/200	3065	9250
NP1213	1320×879	1200×1300	600	250/200	280/180	200/250	4850	12 780
NP1315	1540×930	1300×1500	600	315/250	350/225	250/315	6370	16 130
NP1520™	2040×995	1500×2000	700	500/400	560/360	400(2×200)/500(2×250)	10 400	27 100

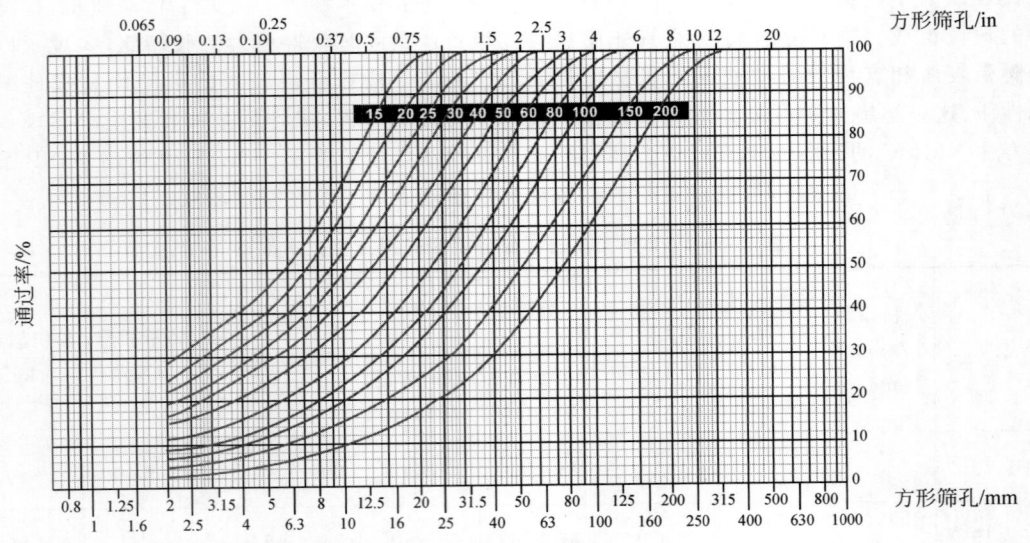

*所示之级配和生产能力取决于给料级配、物料密度及其可破碎性。

图 15-79　NP 系列反击式破碎机粒度特性曲线

（3）可靠性高,操作、安装、维护安全便捷。NP 系列反击式破碎机采用了独特的板锤固定锁紧装置,板锤通过一组楔块总成固定在转子上,增大了紧固扭矩,使得板锤的可靠性更高。板锤与转子接触面经过机械精加工,消除了转子与板锤之间的间隙,从而降低了板锤断裂概率,突破了传统习惯,采用铸铁材料作为板锤。

NP 系列反击式破碎机同一液压装置既能打开机架,又能够作为反击板排料口调节装置,可缩短破碎机的停车时间。通过机架两边的检查门,可以进入破碎机内部进行检查、维修和更换。板锤可垂直或水平方向更换,使设备适用于各种不同的应用条件。在实际破碎作业过程中,各个部件的磨损程度并不相同,因而能够根据各部件磨损程度的不同进行相互调换,从而减少了备品备件和磨损部件的用量。机架上的传感器在设备维护保养时,可防止设备意外启动,从而保证了维护保养工作的安全性。第三级反击板,可控制开路工艺流程的最大给料粒度。

（4）自动化程度高。自转子旋转系统(self rotating rotor)自动润滑装置和轴承温度传感器,使得在维护保养过程中(更换板锤或调节反击板)定位转子,无须人工介入,即可将转子定位在破碎机内部,便于维护保养以及保证维护保养工作的安全性。

（5）适于处理黏性物料。

7. HPI 型粗碎用反击破碎机

HPI 是 Hazmag 公司为石灰石和骨料破碎领域研发的大型单转子反击式破碎机。该类破碎机主要用于原矿石的粗碎作业,破碎效率高、处理能力大,且带有液压控制与调节的反击板调节控制机构与自动控制在线调节系统。如表 15-57 所示,入料粒度最大为 1900 mm,最大入料体积可达 3 m³,出料粒度为 200 mm 左右时处理能力为 2500 t/h,装机功率为 2700 kW,是世界上目前大型反击式破碎机的代表产品。

表 15-57 粗碎用反击式破碎机主要技术参数

型号	处理能力/(t/h)	电机功率/kW	破碎腔尺寸/(H×W)/(mm×mm)	最大给料粒度/m³(mm)	转子尺寸(D×W)/(mm×mm)	整机质量/kg
HPI 1622	770	710	1290×2270	1.4(1200)	1640×2250	65 000
HPI 1822	1100	1100	1600×2270	2(1400)	1800×2250	76 000
HPI 2022	1350	1250	1830×2270	2.2(1600)	2000×2250	94 500
HPI 2025	1550	1400	1290×2520	2.3(1600)	2000×2500	102 500
HPI 2030	2000	1900	1290×3020	2.4(1600)	2000×3020	119 000
HPI 2225	1650	1500	2000×2520	2.4(1600)	2200×2500	117 000
HPI 2230	2150	2000	2000×3020	2.5(1700)	2200×3000	129 000
HPI 2530	2500	2700	2125×3020	3(1900)	2500×3000	162 500

如图 15-80、图 15-81 所示,该设备采用 Hazmag 经典的"Andreas system"双破碎腔,使给入的大块物料在两个破碎腔内充分地冲击破碎,实现更大的破碎比。

HPI 系列反击式破碎机在常规两级反击破碎腔下面,配有特殊设计的磨碎反击板,以确保产品粒度限上率得以严格控制,为破碎产品随后进入磨机提供合格粒度。图 15-82 所示为 HPI 粒度特性曲线。当破碎机用于石灰石或资源回收破碎作业流程,后续没有磨矿需求时,磨碎通道可以通过液压调节装置收起不用或不用配备。

该类设备的核心技术之一是铸造和焊接组合的模块化转子,实现了高强度、运行可靠、易更换、长寿命的综合优异性能。

8. 双转子反击式破碎机

双转子反击式破碎机可以看成是单转子的加强版,通过配置两个转子强化物料的破碎过程,可以大幅提高处理能力或破碎比。两转子转向相反,相当于两个单转子反击破碎机并联使用,其处理能力可以大幅增加,并且可以节约占地空间,如图 15-83(a)所示。两转子同向旋转串联使用,相当于连续进行了两级破碎,破碎比变大,处理能力也会增加,两转子水平配置可以降低机器高度,但有可能造成大颗粒中间跑粗,如图 15-83(b)所示。两转子采用一定高差并横向紧密配合,就可减少跑粗现象发生,如图 15-83(c)所示。

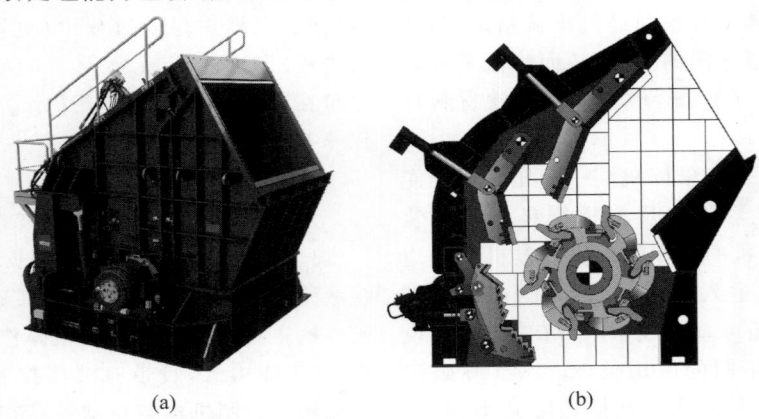

(a)　　　　　　　　　　　　(b)

图 15-80　HPI 反击式破碎机(带有磨碎通道)

(a)外形;(b)内部结构(带有磨碎通道)

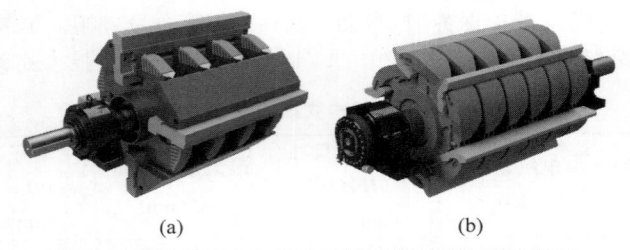

(a)　　　　　　　　　　　　(b)

图 15-81　HPI 反击式破碎机焊接与铸造组合转子

(a)带有焊接背板的转子;(b)铸造背板的转子

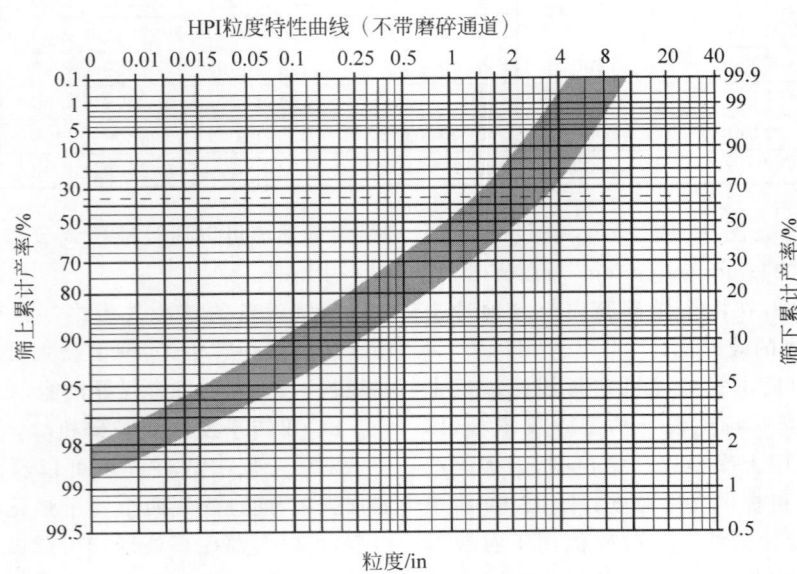

图 15-82　HPI 粒度特性曲线(不带磨碎通道)

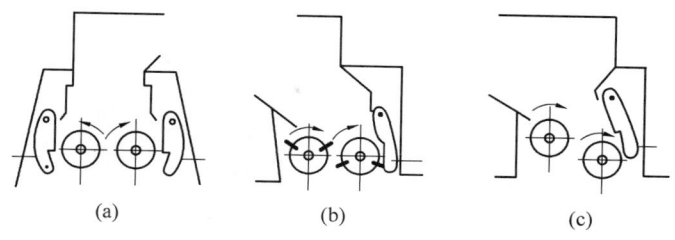

图 15-83 双转子反击式破碎机工作方式示意

双转子反击式破碎机两个转子采用单独驱动方式，由两台电动机经弹性联轴器、液力耦合器、三角皮带传动分别驱动。表 15-58 给出了国产双转子反击式破碎机技术参数。

表 15-58 国产双转子反击式破碎机技术参数（JB/T 2259—2017）

型号	转子尺寸（$D \times L$）/（mm×mm）	最大给料尺寸/mm	出料粒度/mm	生产率/（t/h）	电动机功率/kW		转子转速/（m/s）	
					第一转子	第二转子	第一转子	第二转子
2PF-0606	$\phi 650 \times 650$	350	<20	20～30	28	28	25～35	40～50
2PF-1010	$\phi 1000 \times 1000$	450	<20	50～70	60	75	25～35	40～50
2PF-1212	$\phi 1250 \times 1250$	850	<25	100～140	130	155	25～35	40～50
2PF-1622	$\phi 1600 \times 2250$	1100	<25	260～340	320	380	25～35	40～50
2PF-2022	$\phi 2000 \times 2250$	1200	<25	440～560	570	650	25～35	40～50
2PF-2030	$\phi 2000 \times 3000$	1400	<25	750～1000	1250	1250	25～35	40～50

2PF 型双转子反击式破碎机是我国常用的型号。图 15-84 所示为国产 2PF 1250×1250 双转子反击式破碎机外形图。HPC 是 Hazmag 公司专门为破碎石灰石或骨料开发的大处理能力和大破碎比破碎机，如图 15-85 所示。

表 15-59 和图 15-86 给出了 HPC 型双转子反击式破碎机技术参数和 HPC 型双转子反击式破碎机（带有磨碎通道）粒度特性曲线，且其产品破碎到一定细度，可以直接给入球磨机进行磨矿。

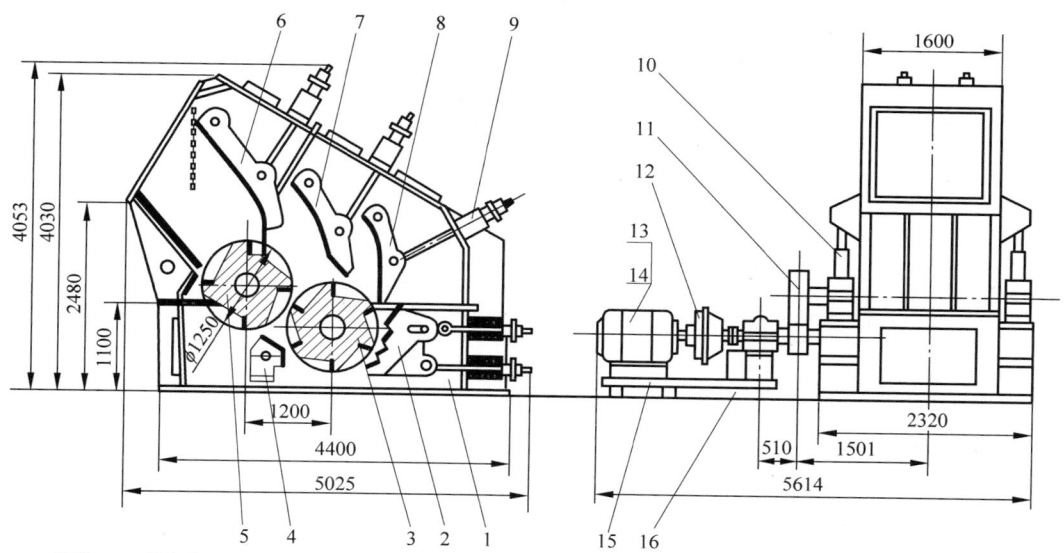

1—机体；2—均整板；3—第二转子；4—反击座；5—第一转子；6—第一反击板；7—第二反击板；8—第三反击板；9—弹簧调整部分；10—液压缸；11—带轮；12—液力耦合器；13—第一传动电动机；14—第二传动电动机；15—传动底座；16—油箱部分。

图 15-84 国产 2PF 1250×1250 双转子反击式破碎机外形

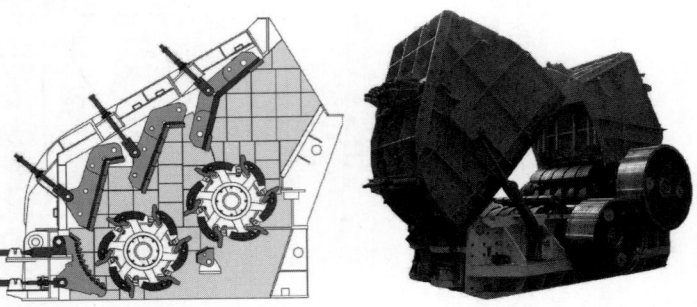

图 15-85　HPC 型双转子反击式破碎机(带有磨碎通道)结构

表 15-59　HPC 型双转子反击式破碎机技术参数(带有磨碎通道)

型号	一级转子直径/mm	电机功率/kW	破碎腔尺寸/(mm×mm)	最大入料粒度/m³(mm)	二级转子尺寸/(mm×mm)	整机质量/kg
HPC-1414	230	250/315	950×1420	0.5(1000)	1340×1340	28 000
HPC-1615	400	400/500	1400×1520	1.0(1200)	1640×1500	62 000
HPC-1618	470	500/560	1400×1820	1.2(1300)	1640×1800	70 500
HPC-1622	550	560/710	1400×2270	1.4(1500)	1640×2250	92 000
HPC-1822	850	900/1000	1500×2270	2.0(1500)	1800×2250	101 000
HPC-2022	1150	1200/1400	1770×2270	2.2(1500)	2000×2250	131 000
HPC-2025	1325	1300/1600	1770×2520	2.3(1600)	2000×2500	160 000
HPC-2030	1650	1650/2000	1770×3020	2.4(1700)	2000×3000	180 000

注：表中数据以破碎中等硬度石灰石为标准。

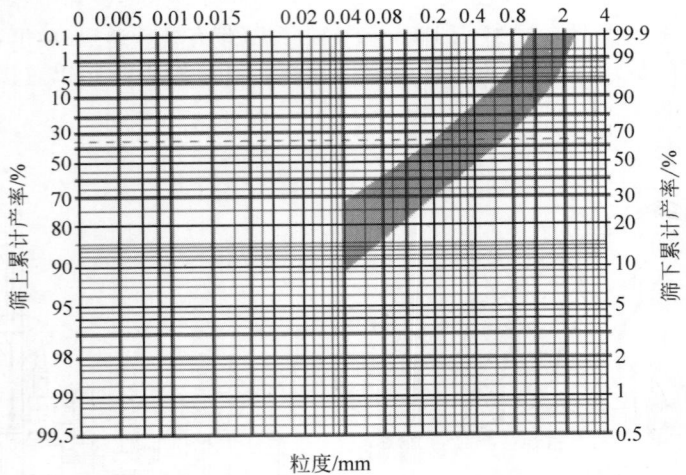

图 15-86　HPC 型双转子反击式破碎机(带有磨碎通道)粒度特性曲线

15.5.3　主要功能部件

反击式破碎机主要功能部件可分为五大部分：①驱动部件；②转子部件；③反击板部件；④调整装置；⑤支撑机架与润滑控制等辅助部分。其中①②③部件是破碎机的工作部件，直接实现破碎功能，④是对破碎参数进行调节和优化的功能部件，⑤则是实现设备连续运行、可靠安全的保障部件。

驱动部通过电动机将输入电能转化为动能，通过皮带减速传动，将动能传递给转子。转子部件上的板锤将待破碎物料挟带进入破碎腔,将电机传递过来的动能转化为破碎所需的冲击动能,将物料反复抛向反击板。反击板部件固定反击板衬板,配合转子实现物料的冲击破碎,通过反击板表面形状角度的设计,实现物料向下传递,使得破碎过程重复进行、不断向前推进等功能,反击板背部连接弹簧或液压调节装置,实现调节板锤和反击板间隙从而调整产品粒度,或者当有异物进入破碎腔时,反击板退让,实现破碎机过载保护的功能。

1. 转子与板锤固定方式

反击式破碎机的转子是整个破碎机中最为关键的部件,它起到传递破碎能量、咬入和破碎物料,固定板锤等作用。转子设计决定了板锤固定和拆装的方式,板锤寿命很大程度上决定了破碎机的使用寿命,转子转速直接决定了破碎机的处理能力和破碎效果,转子加工质量决定了破碎机运行的稳定性和可靠性。反击式破碎机的转子一般包括动力传递、主轴轴承旋转、板锤固定与支撑装置几大部分。

转子板锤底座有整体铸钢、多块铸钢、钢板焊接等不同形式。整体式铸钢结构质量较大,比较容易满足破碎机所需的转动惯量要求;同时,也比较坚固耐用,便于安装锤头,加工精度容易满足;多块铸钢或型钢组合形式,这种组合式转子易于加工制造,结构灵活;小型反击式破碎机也可采用钢板焊接的空心转子,结构简单、容易制造,但强度和耐用性较差。

板锤的固定方式主要包括楔块固定、压板固定、螺栓固定三种方法或其组合。

楔块固定:采用楔块将板锤固定在转子上,利用板锤回转时产生的离心惯性力与撞击破碎时的反力紧固自锁,而对转子易受磨损处制成可更换的结构形式,装卸简便。这种固定方式能保证转子速度越快,板锤固定越牢,而且工作可靠,拆换比较方便。这是板锤目前较好的一种固定方式。楔块采用铸钢材质,有一定的韧性及塑性,强度和硬度较高,切削性良好。

压板固定:反击式破碎机的板锤从侧面插入转子的沟槽中,两端采用压板压紧,但这种固定方式使板锤不够牢固,工作中板锤容易松动,这是因为板锤制造加工要求很高,且高锰钢等合金材料不易加工。

螺栓固定:固定容易实现,但螺栓露在打击表面,极易损坏,而且螺栓受到较大的剪力,容易松动,一旦剪断将造成严重事故。

综上,反击式破碎机板锤的三种固定方式,每种方式的特点不同,在选择时,要根据实际情况,选择合适的固定方式对设备的生产能力也有直接的影响。实际的固定方式是上述三种方式的组合,可以综合各方面的优点,达到可靠稳定、便于拆卸、有利于提高板锤金属利用率的目的。图 15-87 所示为典型的板锤固定方式。

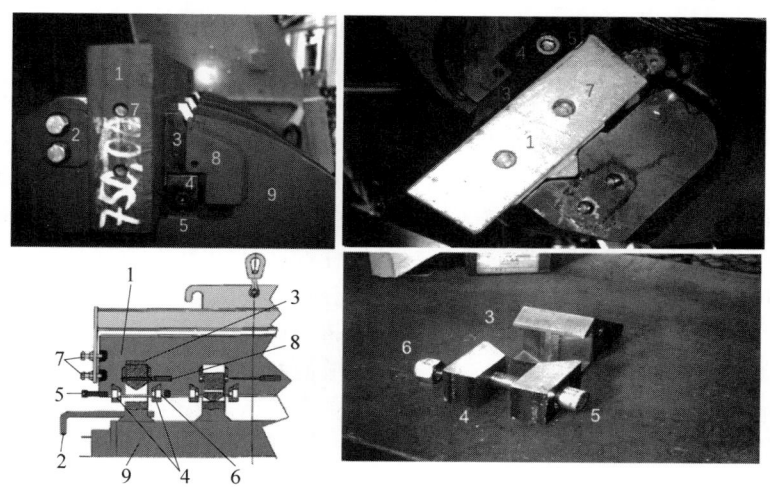

1—反击板锤;2—端盖板;3—上板锤楔块;4—锁紧下楔块;5—锁紧螺栓;6—锁紧螺母;
7—起吊螺栓;8—上板锤楔块定位销;9—转子

图 15-87 反击式破碎机板锤典型固定方式

2．板锤类型与主要耐磨材料

板锤的形状很多，有长条形、T 形、S 形、工形、斧形和带槽式等形状，现在一般为长条形。

板锤材料一般采用高铬铸铁、高锰钢和其他耐磨合金钢制成。以颜色区分的不同材料的反击锤板如图 15-88 所示。板锤耐磨材质与入料粒度磨损特性对照如图 15-89 所示。

图 15-88　以颜色区分的不同材料的反击板锤

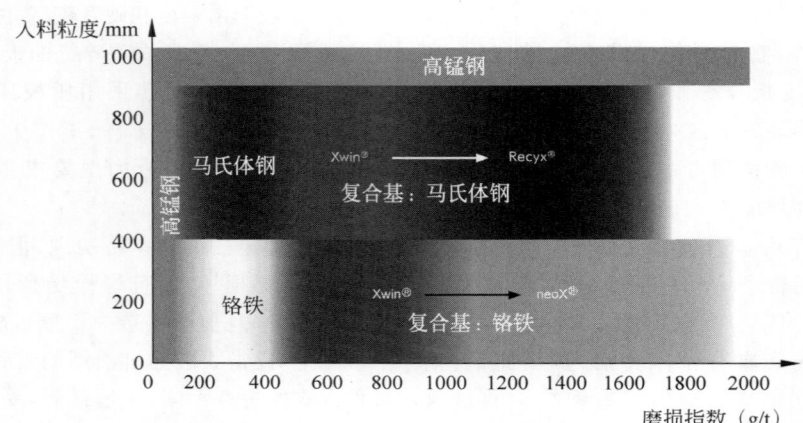

图 15-89　板锤耐磨材质与入料粒度磨损特性对照

1）高锰钢

初级破碎机的锤头或反击板常用材料为高锰钢，优质的 Mn14 和 Mn18 具有较高的抗冲击稳定性，即便给料中偶尔含有铁器等坚硬异物也能很好地适应。高锰钢反击板是个最常见的材料选择，当然，也可以选择其他性价比高的材料。图 15-88 中标红色或橘色的反击板为高锰钢材料。

2）高铬铸铁

在卧式冲击破碎机中普遍应用的是高铬白口铁，含铬量平均 20％，最高达 26％，高铬白口铁有着非常好的耐磨损性，但缺点也很明显，脆性要远大于高锰钢，当破碎给料中含有铁器等异物，绝对不允许使用这种材质，否则很容易造成锤头或反击板的损坏。该种材质标记为黑色或白色。

3）低合金马氏体钢

马氏体合金钢（martensitic alloy steel，MAS）的显微组织几乎全部为马氏体组织，具有较高的抗拉强度，最高强度能够达到 1600 MPA，也是目前工业化生产中强度最高的冷成型钢种。马氏体耐磨钢的耐磨性比高锰钢还要高。标记为绿色。

马氏体钢由于其具有较高的强度、硬度及耐磨性。低合金马氏体钢是采用 Cr、Ni、Mo 等元素合金化，然后通过淬火与低温回火热处理，获得回火马氏体组织，马氏体钢具有高硬度、高强度和耐磨性的优良性能，近年来，通过进行降低含碳量、增加镍含量的方式，能够得到超级马氏体钢，在国际上，各种在开发低碳、低氮的超级马氏体钢方面投入巨大。马氏体钢锤头或反击板用在采石或资源回收领域。

4）陶瓷基铬铁复合材料

陶瓷基铬铁复合材料是一种优质的复合耐磨材料，硬质合金提供表面的耐磨性，无论中铬还是高铬含量耐磨性都要高于标准的铬铁反击板,这种材质在其他领域也有很好的应用效果。但这种材质不适合应用于破碎高硬且磨蚀性强的场合。标记为黄色。

5)马氏体合金钢陶瓷基复合耐磨材料

马氏体陶瓷复合耐磨合金钢是一种优质的复合金属钢,在磨损表面镶有硬质陶瓷合金。与马氏体钢基体复合的硬质合金陶瓷基复合材料使用寿命比标准马氏体钢合金钢明显提高。这种材料通常用于资源回收工业和采石场的一级破碎。这种材料不适合应用在

包含石灰石或炉渣的回收破碎作业中。标记为蓝色。

3.反击板与机壳

反击板是反击式破碎机关键的破碎功能部件,物料被转子上的板锤裹挟并抛到反击板上而破碎,反击板将冲击破碎后的物料重新弹回冲击区,再次进行冲击破碎获得所需的产品粒度。PF 型不可逆反击式破碎机的结构如图 15-90 所示。反击式破碎机结构如图 15-91所示。

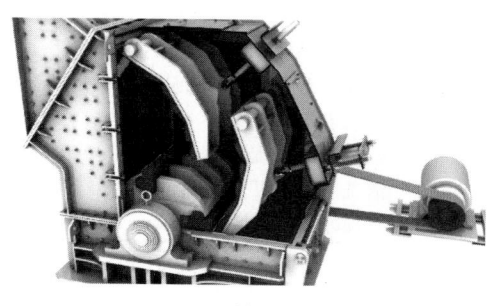
(a)

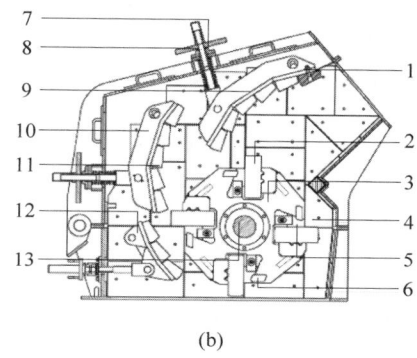
(b)

1—反击衬板螺栓;2—板锤;3—转子架;4—衬板;5—压紧板;6—锁紧块;7—弹簧;8—拉杆;9—第一反击架;10—第二反击架;11—反击衬板;12—下反击架;13—主轴

图 15-90　PF 型不可逆反击式破碎机结构示意

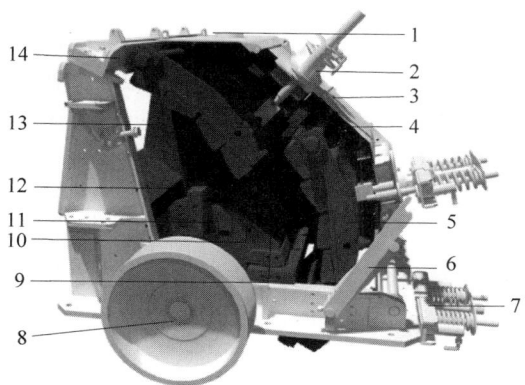

1—入料口;2—一级破碎衬板设置杆;3—后框架;4—一级破碎衬板;5—二级破碎衬板;6—液压缸和安全臂;7—铁质杂物弹簧保险装置;8—转轴;9—转子;10—转子锁孔;11—板锤锁紧装置;12—板锤;13—机架侧内衬;14—机架横梁。

图 15-91　反击式破碎机结构

反击板的形式很多,主要有折线形和弧线形两类。折线形反击面能使在反击板各点上的物料都以近似垂直方向进行冲击,因此可获得最佳的破碎效果。圆弧形反击面能使料块由反击板反弹出来之后,在圆心区形成激烈的冲击粉碎区,以增加物料的自由冲击破碎效果。

反击背板一般采用钢板焊接。其反击面上装有耐磨的衬板,也可用反击辊或篦条板组成。

带有篦缝的反击面,其产品细粒级含量较少,可提高设备生产能力,节省电耗。但存在结构复杂、反击面磨损后难以更换、磨损快等缺陷。

4．使用与维护

1）定期检查

（1）设备的电机、润滑需每周做一次全面的检查。

（2）定期检查固定部位的紧固情况、轴承密封和电气开关等情况。

（3）每周对机器的主要零件如板锤、反击衬板、衬板的磨损情况进行检查。

2）常见故障及处理方法

常见故障及处理方法见表 15-60。

表 15-60　常见故障及处理方法

常见故障	故障原因	消除方法
振动量骤然增加	更换或装配板锤时,转子未很好地平衡	重新安装板锤,转子进行平衡校正
出料过大	衬板或板锤磨损过多,引起间隙过大	通过调整前后反击架间隙或更换衬板或板锤
机器内部产生敲击声	不能破碎的物料进入机器内部; 衬板紧固件松弛,板锤撞击在衬板上; 板锤或其他零件断裂	停车后清理破碎腔; 检查衬板的紧固情况及板锤与衬板的间隙; 更换断裂件
轴承温度过高	润滑脂过多或不足; 润滑脂脏污; 轴承损坏	检查润滑脂是否过量; 清洗轴承后更换润滑脂; 更换轴承

3）紧急停车情况

（1）听到金属敲击声或电流表显示超负荷现象时应立即停车。

（2）振动量突然增加,应立即停车检查处理。

（3）轴承温升超过 30℃ 时,应立即停车。

4）检修周期和检修内容

（1）小修

检查各旋转部件的紧固螺栓有无松动,检查各润滑部位是否有缺油现象。

（2）中修

① 包括小修内容。

② 检查板锤、反击衬板、衬板的磨损情况。

③ 检查轴承、密封是否需要更换。

（3）大修

① 包括中修内容。

② 调整转子和反击衬板的间隙。

③ 更换易损件,更换已磨损的板锤。

④ 更换已磨损的反击衬板、衬板。

⑤ 对其他磨损的部件进行更换和修复。

⑥ 清洗轴承密封,必要时更换。

5）检修方法及质量标准

（1）转子和反击衬板的间隙调整：

当转子在运行时,转子与反击衬板之间的间隙不能被调整。如物料成块地滞留在反击板与板壳之间,建议在重新调整间隙之前稍微抬起反击架,这样成块的进料会变松,反击架容易调整。

（2）更换易损件时,首先打开后上架。使用时,先将后上架与中箱体的连接螺栓卸下,将后上架缓缓打开。

（3）更换板锤时,用翻盖装置将后上架打开。用手转动转子,将需调整或更换的板锤转至检修门处,然后固定转子。

（4）反击衬板：打开后上盖,拆除固定反击衬板用的开口销、开槽螺母、螺栓,即可将磨损后的反击衬板更换。

（5）衬板：调整反击衬板均需打开后上架,所有衬板允许在磨损较重地域和磨损较轻的地域互换。

（6）润滑：必须严格遵守润滑说明,以确保破碎机正常高效率地工作。

6）试车与验收

（1）试车前的准备工作

① 检查并确认破碎机机体没有残留金属物品和任何其他物料。

② 检查所有紧固零件是否锁紧牢固。

③ 检查各检修门是否密封。各门在关闭前应在其外沿四周抹一层较厚的润滑油脂，使其关闭后有较好的气密性。

④ 检查轴承内是否有适量的油脂。

（2）试车

① 在启动电动机试车前，先行人工盘车实验，确认无异常响声后再空负荷启动。

② 空负荷试车必须遵循先点动后连续的原则，确认无异常响声后再空负荷试车。

③ 空运转时要求机器运转平稳，无异常振动及声响。空运转试车连续时间不少于 2 小时，轴承温度稳定，其温升不超过 30℃。

④ 机器空负荷试车情况正常后，方可进行负荷试运转。负荷试运转的连续时间不少于 4 小时。

（3）验收

检修质量符合本规程要求，并做到工完场清，检修记录齐全、准确，试车合格，即可办理验收手续交付生产使用。

7）使用维护检修安全注意事项

（1）机器运转时，工作人员不能站立在惯性力作用线的范围内，电器开关的安装也要避免这个位置。

（2）机器运转时，严禁打开检查门观察机器内的情况，严禁进行任何调整、清理检修等工作，以免发生危险。

（3）严禁向机器内投入不能破碎的物料，以免损坏机器。

（4）机器在检修时，首先应切断电源。

（5）在机器运转中，严禁机器过负荷工作。

（6）电器设备应接地，电线应可靠绝缘。

（7）启闭上盖系统时，严禁在上盖运动的两个方向上有人存在，开启结束时，必须在支臂下部垫好垫块，并保证牢固可靠绝对安全后方可进行其他工作。

15.6　锤式破碎机

15.6.1　概述

锤式破碎机是一种典型的冲击式破碎设

备，高速旋转的转子上装有可以自由旋转的各种类型的锤头，利用锤头携带的动能对物料在反击板间进行反复冲击，克服物料的抗拉、抗压等强度，达到破碎物料的目的。

锤式破碎机具有破碎比大、处理能力大、应用范围广、适应能力强、设备类型多等显著特点，缺点是噪声大、粉尘大、相对维护量大、对基础要求高等。

目前，综合国内外典型产品资料，锤式破碎机入料粒度一般可达 1000 mm，装机功率最大可达 2500 kW，破碎脆性物料强度上限一般为 200 MPa，也可以破碎钢板、废旧汽车等强韧性物料。对于脆性物料，出料粒度下限可以达到 1 mm，此时单机处理能力大约在 60 t/h，出料粒度为 50 mm，单机最大处理能力可达 3000 t/h，单级合理破碎比为 30 左右，甚至更大。

各种类型的锤式破碎机，可以适用于煤炭、石膏、石灰石、岩石等各类脆性矿物或矿石，也可以应用于废旧汽车、钢板、城市垃圾等强韧性物料，可广泛应用于矿山、建材、化工、冶金、医药等领域的粗、中、细碎作业。

15.6.2　锤式破碎机主要类型

锤式破碎机自 1895 年由 M. F. Bedmson 发明至今，经过 100 多年的发展，得到不断完善、丰富与提高，应用领域不断扩大。锤式破碎机以其工作原理简单可靠、机械结构简单、设备外形紧凑、维修和更换便捷、处理能力范围大、适用物料种类多、粒度变化范围大、适应性强等技术优势成为应用范围最为广泛、种类最多的一类破碎设备。

锤式破碎机类型根据锤的形式、转子主轴安装方向、筛板有无、转子数量、旋转方向等，依据不同标准可以有不同分类。根据主轴方向分为横轴和立轴两种类型，根据转子数量分为单转子和双转子，根据筛板有无分为有筛板和无筛板，根据旋转方向分为可逆式和不可逆式，锤头类型更加多样，有板锤式、带齿环锤式、平面环锤式、镰刀形、马蹄形、多回转轴组合式锤头等，详见表 15-61。

表 15-61 锤式破碎机主要类型

单转子			双转子
不可逆式		可逆式	
立轴	横轴		
有筛网			
无筛网			
锤头类型				

15.6.3 主要技术参数

1. 工作原理与适用范围

锤式破碎机有一个高速旋转的转子,上面装有一次或二次铰接的冲击锤,破碎腔侧面配有反击板,底部配有筛板篦条。当物料进入破碎机后,被高速旋转的锤子击碎或从高速旋转的转子获得能量,高速抛向筛壁或反击板而被击碎。在破碎腔内部偏上的区域,通过锤头和破碎板来击碎进来的大块物料,在中部区域,物料通过锤头和破碎板的打击来获得进一步细的粒度。在底部区域,通过锤头和破碎筛板

(棒条状的)来获得最终需要的物料产品粒度,粒度合格的产物从篦条缝隙中排出,篦条上的物料继续被锤头打击、挤压或研磨,直至全部透过篦条为止。

配有底部的筛板篦条的锤式破碎机,一般是 PCH(Z)系列的环锤式破碎机,见图 15-92(b)所示,一般适用于中等硬度以下脆性物料,且要求物料水分低、没有黏湿性。这种设备的优点是粒度保证准确,可控性强,缺点是易黏湿堵塞,处理能力偏下,磨损与维护量大。所配环锤有些带四个齿,此种环锤起到破碎和碾压排料作用,有些两个带齿环锤和两个平面环锤

对称配套使用,带齿环锤有利于咬入和破碎物料,平面环锤有利于将破碎后的物料碾压进入　或透过下部所设筛板篦条,见图 15-92。

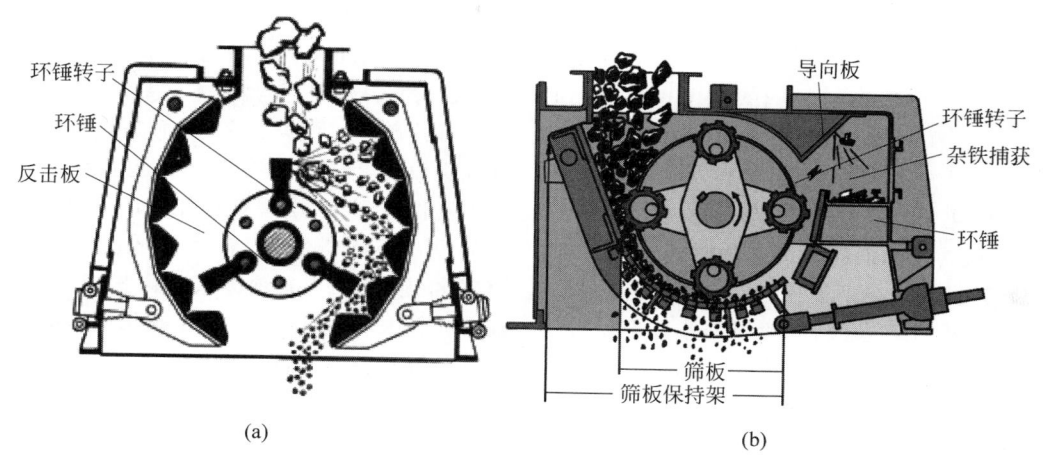

(a)   (b)

图 15-92　锤式破碎机工作原理示意
（a）PCXK 系列防堵塞可逆无筛板锤式；（b）PCH(Z)系列有筛板环锤

绝大部分种类的锤式破碎机,没有下部控制粒度的筛板篦条,无论是立轴的还是水平轴的,主要靠锤头和反击板间对物料的多次冲击。这种无筛板锤式破碎机优点是不易堵塞,对物料水分要求低,适应能力强,处理量大,过粉碎偏小;缺点是对粒度的控制除设备本身锤头形状、数量、冲击速度,锤头组数等因素外,还要依赖破碎物料自身的破碎特性,不容易实现粒度的精确控制,不是超粒就是过粉碎,设备配置和物料之间的匹配度非常关键。

锤式破碎机采用不同的结构形式,可以广泛适用于从中硬以下脆性物料或矿业废物,到腐蚀性弱的固废,含水分及油脂的有机物、纤维结构、弹性和韧性较强的木块、石棉水泥废料、回收石棉纤维和金属切屑、硬质塑料、干燥木质废物以及废弃的金属家用电器、动力电池、废旧汽车、废旧钢板等物料的粗、中、细碎作业。

2. 主要技术参数

1）主要工作参数计算

（1）转子转速计算

锤式破碎机工作过程中,可以控制调整的是转子转速,但实际与破碎效果相关的是锤头的圆周线速度,而锤头圆周线速度取决于转子转速与锤头回转直径两个因素。锤头的圆周线速度根据被破碎物料的性质、破碎产品的粒度、锤头的磨损等因素来综合考虑决定,实际运行锤式破碎机圆周线速度为 18～65 m/s,则转子转速

$$n = \frac{344}{D} \sim \frac{1235}{D} \quad (15\text{-}26)$$

式中：n——转子速度,m/s；
   D——转子的直径,m。

一般锤式破碎机转速范围在 200～1000 r/min。速度越大,产品的粒度越小,但相应的锤头及衬板、篦条的磨损越大,对机器零部件的加工精度要求越高,尤其是转子的动平衡显得非常重要。实际使用过程中,在满足产品粒度和处理能力要求的情况下,圆周线速度应偏低选取。

（2）生产率的计算

生产率与锤式破碎机的规格、形式、转子转速、产品粒度、入料粒度组成及物料性质等因素有关。由于影响因素多,变化大,没有一个精确的锤式破碎机的生产率理论计算公式。一般都是参照厂家的产品参数、生产实践数据准确确定。一般采用以下经验公式进行预期估算：

$$Q = KLD\rho \quad (15\text{-}27)$$

式中：Q——生产率，t/h；

L——转子长度，m；

ρ——物料的密度，t/m³；

K——经验系数，一般对于中等硬度物料 $K=30\sim45$，设备规格较大时取上限值，反之取下限值，对于煤炭等软性脆性物料，$K=130\sim150$。

（3）电机功率的计算

电机功率的消耗取决于物料的性质、给料的圆周线速度、破碎比和生产率。目前，尚无一个完整的计算公式，一般根据实践经验和实验数据，根据以下经验公式进行初步计算：

$$N=KD^2Ln \qquad (15\text{-}28)$$

式中：N——电机功率，kW；

K——经验系数，取值在 $0.1\sim0.2$，小型机取下限，大型机取上限。

2）锤式破碎机类型技术参数

锤式破碎机种类繁多，下面是具有代表性的几类设备相关技术参数。其包括用于中硬以下脆性物料中、小型处理能力的 PCH（Z）系列环锤式破碎机，对物料水分适应性较强的 PCK 可逆和 PCL 立轴锤式破碎机，还有处理能力比较大的 EV、PCC、CPC 等几个国际知名品牌的锤式破碎设备，见表 15-62。

表 15-62　锤式破碎机分类

设备型号	命名规则	适用范围	处理能力	备注
PCH（Z）环锤式破碎机	转子直径×长度，dm，例如：PCH1016 环锤式破碎机，转子直径 1000 mm，转子长度 1600 mm	中硬以下脆性物料的中、细碎作业，常用出料粒度到 13 mm 左右，也可在 3～60 mm。不适合黏湿物料破碎，容易堵塞筛板	一般单机 8～1000 t/h（出料粒度 30 mm）	PCH 用于煤炭、焦炭等低强度脆性物料；PCHZ 用于石灰石等中等硬度脆性物料中、细碎作业
PCM、PC（K）M 煤用锤式破碎机	转子直径×长度，dm，例如：PCKM1825 煤用锤式破碎机，转子直径 1800 mm，转子长度 2500 mm	主要用于煤炭的细碎作业	15～400 t/h（出料粒度 3 mm）	机械行业标准《煤用锤式破碎机》（JB/T 3765—2017）
PCXK 无堵塞可逆锤式破碎机	转子直径×长度，dm，例如：PCKM1413 煤用锤式破碎机，转子直径 1400 mm，转子长度 1300 mm	最大特点是没有筛板，对于含水物料适应力较强，主要用于抗压强度 100 MPa 以下的煤矸石、煤炭、褐铁矿等脆性物料细碎作业	2～250 t/h（出料粒度 8 mm），破碎比 10 左右	

（1）PCH（Z）系列锤式破碎机

PCH 系列和 PCH（Z）系列锤式破碎机技术参数分别见表 15-63 和表 15-64。

PCH（Z）系列锤式破碎机结构如图 15-93 和图 15-94 所示。

（2）PC（K）M 系列煤用锤式破碎机

PC（K）M 系列煤用锤式破碎机的技术参数见表 15-65。

PC（K）M 系列煤用锤式破碎机结构如图 15-95 所示。

（3）PCXK 系列无堵塞可逆环锤破碎机

PCXK 系列无堵塞细碎破碎机技术参数见表 15-66。PCXK 无堵塞可逆环锤破碎机如图 15-96 所示。

表 15-63　PCH 系列锤式破碎机技术参数

型号	转子直径×长度/(mm×mm)	转子转速/(r/min)	最大给料块度/mm	排料粒度①/mm	挠力值/N	最大分离件(转子)质量/kg	生产能力/(t/h)	电动机 型号	功率/kW	电压/V	质量/kg	质量(不含电动机)/kg
PCH-0402	400×200	960			1650	190	8~12	Y132M$_2$-6	5.5		100	800
PCH-0404	400×400	970	200		2520	300	16~25	Y160L-6	11		150	1050
PCH-0604	600×400				3090	540	22~33	Y180L-6	15		170	1430
PCH-0606	600×600	980			6100	730	30~60	Y225M-6	30	380	360	1770
PCH-0808	800×800		≤30		4950	1400	75~105	Y280M-8	45		600	3600
PCH-1010	1000×1000				7800	2700	160~200	Y315M$_2$-8	90		1100	6100
			300				200~245	Y315M$_3$-8	110		1200	
PCH-1016	1000×1600	740			12 710	3280	300~350	JS128-8	155		1600	8560
							400~500	Y400-8	220		3100	
PCH-1216	1200×1600		400		23 100	5100	500~620		280	6000	3600	15 000
							620~800	Y450-8	355		4100	
PCH-1221	1200×2100				41 300	6830	800~1000		450		4300	24 000

① 排料粒度可在 3～60 m 任意选择。当排料粒度≤15 mm 时,生产能力应为表列数值的 60%;当排料粒度为 3 mm 时,最大给料块粒度不超过 100 mm,物料表面水分不大于 10%,生产能力应为表列数值的 30%。

表 15-64　PCH(Z) 系列锤式破碎机技术参数

型号	转子直径×长度/(mm×mm)	转子转速/(r/min)	最大给料块度/mm	排料粒度/mm	产量①/(t/h)	电动机 型号	功率/kW	电压/V	质量/kg	外形尺寸/mm 长	宽	高	挠力值/N	最大分离件(转子)质量/kg	总质量(不含电动机)/kg
PCHZ-0404	400×400	970	80		15~25	Y160L-6	11		150	980	890	570	2900	350	1100
PCHZ-0606	600×600	980	100		35~55	Y225M-6	30	380	360	1350	1270	820	6100	730	1770
PCHZ-0808	800×800		120		60~80	Y135S-8	55		850	1750	1620	1080	8300	1550	4100
PCHZ-1010	1000×1000		140	≤15	100~130	Y315M$_2$-8	110		1200	2100	2000	1340	13 800	2950	6800
PCHZ-1016	1000×1600	740			200~250	Y400-8	220		3100	2700	2000	1350	18 700	3520	9800
PCHZ-1216	1200×1600		160		300~350	Y450-8	355	6000	4100	3100	2800	1750	28 100	5700	15 000
PCHZ-1221	1200×2100				400~450	YKK450-8	450		4300	3620	3350	1950	41 300	6830	24 000

① 表中所列产量为破碎石灰石产量。排料粒度为 3 mm 时,物料表面水分应不大于 10%;排料粒度可在 3～60 mm 任意选择。当排料粒度≤10 mm 时,产量应为表列数值的 60%;当排料粒度≤3 mm 时,产量应为表列数值的 35%。

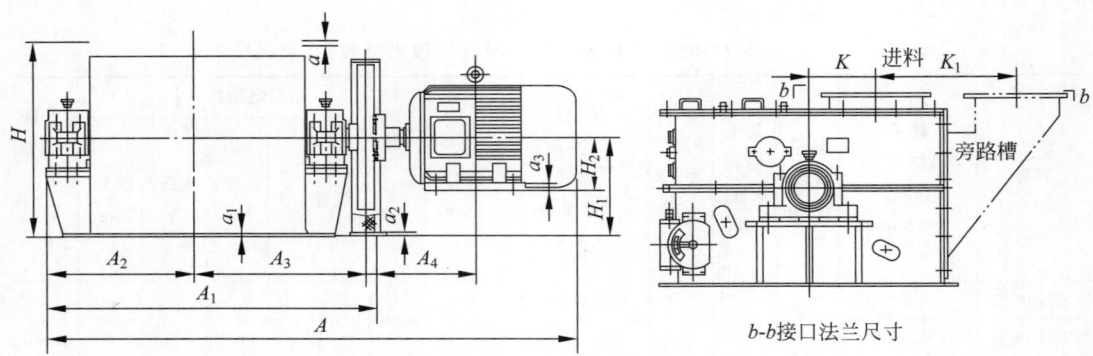

图 15-93　PCH(Z)系列锤式破碎机结构

图 15-94　PCH(Z)系列锤式破碎机实物图

表 15-65　PC(K)M 系列煤用锤式破碎机技术参数

型号	转子直径/ mm	转子长度/ mm	进料粒度/ mm	出料粒度/ mm	产量/ (t/h)	转子速度/ (r/min)	电动机功率/kW	机器质量/ t
PCM-1316	1300	1600	≤300	≤10	150～200	590	200	19.7
PCM-1818	1800	1800	≤300	≤20	300～400	590	480	28.4
PCM-1825	1800	2500	≤300	≤25	650～750	590	800	45.5
PCKM-0606	600	600	≤80	≤3	15～30	1250	55	3
PCKM-0808	800	800	≤80	≤3	50～70	1250	115	4.3
PCKM-1010	1000	1000	≤80	≤3	100～150	980	280	10.5
PCKM-1212	1250	1250	≤80	≤3	150～200	740	320	15.8
PCKM-1413	1430	1300	≤80	≤3	200～250	740	380	16.3
PCKM-1414	1430	1400	≤80	≤3	250～350	985	520	17
PCKM-1416	1410	1608	≤80	≤3	350～400	985	560	17.7

注：1. 转子直径指转子在工作状态时锤头顶端的最大运动轨迹。

2. 产量指破碎标准无烟煤时，被破碎物料抗压强度限为 12 MPa，表面水分小于 9%。密度为 900 kg/m³ 时的产量。

3. 机器质量不包括电动机的质量。

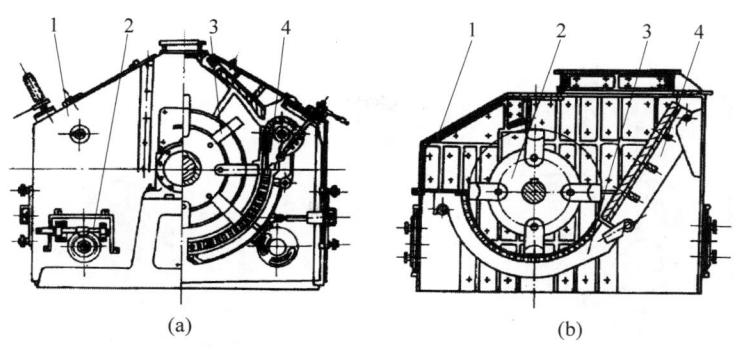

（a）：1—架体部；2—调整部；3—转子部；4—篦条部。

（b）：1—机架部；2—转子部；3—筛条部；4—打击板。

图 15-95　PC(K)M 系列煤用锤式破碎机结构

（a）可逆式；（b）不可逆式

表 15-66　PCXK 系列无堵塞细碎破碎机技术参数

型号	转子			给料粒度/mm	出料粒度/mm	生产能力/(t/h)	配套电动机						机重（不含电动机）/kg
	直径/mm	长度/mm	转速/(r/min)				型号	转速/(r/min)	电压/V	功率/kW	质量/kg		
PCXK-0302Z	300	200	1440	≤40	≤6	2	Y132S-4	1440	380	5.5	68		550
PCXK-0402Z	400	200	1440	≤40	≤6	3	Y132S-4	1440	380	5.5	68		800
PCXK-0606Z	600	600	1480	≤60	≤8	20	Y250M-4	1480	380	55	427		3000
PCXK-0806Z	800	600	1270	≤80	≤8	30	Y280S-4	1480	380	7.5	562		4500
PCXK-0808Z	800	800	1270	≤80	≤8	45	Y280M-4	1480	380	90	670		5000
PCXK-0810Z	800	1000	1270	≤80	≤8	60	Y315S-4	1480	380	110	1000		5600
PCXK-1010Z	1000	1000	1160	≤80	≤8	80	Y315M3-6	1480	380	132	1210		8000
PCXK-1012Z	1000	1200	1200	≤80	≤8	100	Y315M1-6	1480	380	160	1500		9800
PCXK-1016Z	1000	1600	1200	≤80	≤8	120	YKK400-6 / YKK450-6	1500	6000 / 10 000	220	3805 / 4825		11 500
PCXK-1212Z	1200	1200	1200	≤80	≤8	150	YKK400-6 / YKK450-6	980	6000 / 10 000	280	3975 / 4978		13 500
PCXK-1216Z	1200	1600	1200	≤80	≤8	200	YKK450-6 / YKK450-6	980	6000 / 10 000	355	4207 / 5307		18 000
PCXK-1413Z	1400	1300	1200	≤80	≤8	250	YKK500-8 / YKK500-8	740	6000 / 10 000	400	6250 / 6705		19 800

（4）CPC/AUBEMA 锤式破碎机

AUBEMA（德）公司成立于 1945 年，专业从事破碎机的生产，尤其是其细碎用大型锤式破碎机在我国电力行业有着大量的应用。该品牌设备的主要技术优势体现在处理能力大、破碎粒度下限低、可靠性高、使用寿命长等。

2008—2012 年，AUBEMA 团队与 Sandvic 经过几年合作后，又单独出来采用 AUBEMA 与 CPC 双品牌运作模式，继续生产在煤炭/电力/化工及化肥领域的大型锤式破碎机。

CPC/AUBEMA 锤式破碎机的应用实物如图 15-97 所示。

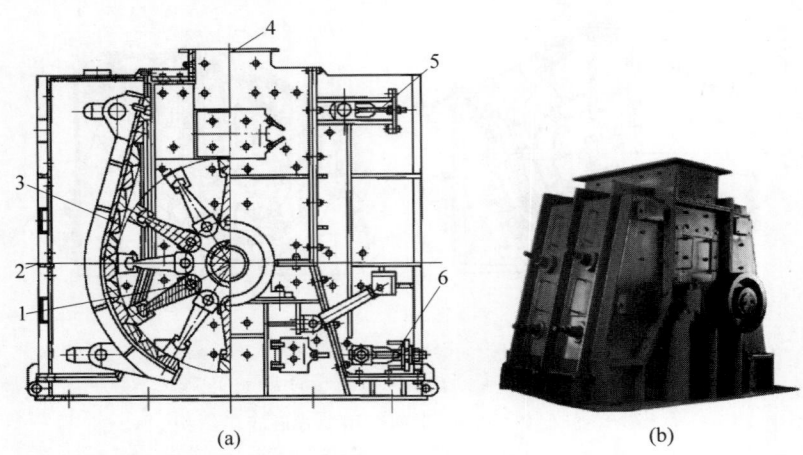

(a)   (b)

1—转子组件；2—机壳组件；3—反击板组件；4—入料口；5—反击板上部调节机构；6—排料口调节机构。

图 15-96　PCXK 无堵塞可逆环锤破碎机

（a）结构；（b）实物

图 15-97　CPC/AUBEMA 大型锤式破碎机应用

CPC/AUBEMA 锤式破碎机的技术参数和典型应用分别见表 15-67 和表 15-68。

表 15-67　CPC/AUBEMA 锤式破碎机主要技术参数

参 数 项 目	型　　号							
	1212	1214	1414	1418	1622	1626	1630	1634
处理能力/(t/h) P90＝8 mm	100～150	150～200	200～250	300～350	400～550	550～700	700～850	850～1000
电机功率/kW	132～200	250～315	355～400	450～560	600～850	850～1100	1000～1250	1200～1500

表 15-68　CPC/AUBEMA 大型锤式破碎机典型应用数据

类型	适用物料	物料可磨性	阶段	入料/mm	出料/mm	出料/mm	处理能力/(t/h)		电机功率	使用单位	
不可逆或可逆	煤炭、石灰石	HGI40-70	中碎	0~300	0~30		在出料粒度 30 mm,可达 2500 t/h			江苏利港发电有限公司有应用	
			细碎	0~50	0~8	0~5	在出料粒度 8 mm,可达 1000 t/h	在出料粒度 5 mm,可达 600 t/h	最大 1750 kW	中国 100 多个 CFB 电厂有应用	
可逆锤击式细碎机	石灰石或炼焦煤、化肥	HGI 40-70	中碎	0~200	0~30	0~10		出料 10 mm,可达 500 t/h	1000 kW	土耳其几个发电厂有应用	
			细碎	50	0~3	0~1	在 0~3 mm,可达 500 t/h	在出料粒度 1 mm,可达 120 t/h	630 kW	神华乌海能源有限公司西来峰焦化厂	土耳其 ISDMIR 钢厂 800 t/h,出料 3 mm

（5）PCC 锤式破碎机

美国宾夕法尼亚破碎机公司 Pennsylvania Crusher（PCC）于 1905 年成立,是世界知名破碎机设备开发和制造生产厂家。PCC 生产制造 9 大类、400 多个不同用途型号的破碎机设备,其锤式破碎机广泛应用于燃煤发电、冶金、石化、水泥等领域。PCC 公司细碎机也早已用于中国流化床锅炉电厂,质量和运行状况良好。

TKK 型 KOAL-KING 环锤式破碎机（MODEL TKK KOAL-KING GRANULATOR）。TKK 型环锤式破碎机在世界上广泛应用。该机型最常在发电厂、矿山、水泥厂等地用于煤炭破碎工作。它具有处理能力大、过粉碎低等特点,也可以用于处理潮湿、冻结的煤炭。

该设备的主要特点包括:

① 独特的开放式结构。因为具有独特的敞开式结构设计,TKK 型环锤式破碎机停机维修所需时间短。该设备后部配有液压开启铰链机构,可以完全打开,可以把整个转子组合及破碎室的大部分都敞露出来。这样,当需要拆除转子组合、更换锤头或做内部维修时就没有障碍,并且不会触动入料系统的其他零部件。

② 分立式轴承套。与常规的一体式结构不同,该类设备转子轴承套是分立式的。这样不必把轴承从转子轴上拆下,就可以容易地冲洗和润滑轴承。润滑方式分为油脂润滑和循环润滑油系统两种。

③ 可选配出料旁路。当已经破碎的煤炭必须返回煤炭处理系统时,可选择使用出料旁路槽。用该旁路槽引导这些煤炭直接流过筛笼组合,再从破碎机底部的出料口送出,而不必再次经过破碎室,从而免除了对破碎机零件不必要的磨损。

④ 大开孔筛笼。因为特殊设计的筛笼具有非常大比率的开孔面积,所以该类环锤式破

碎机能够有效防止堵塞。即使是处理黏性物料也没有问题，也有很好的适应能力。

⑤出料粒度调整方便快捷。要保持正确的出料粒度，筛笼需要进行调整，以补偿正常的磨损。这项任务可以通过外部螺旋机构的调整很容易地完成。为了进一步简化这项工作，大型规格的环锤式破碎机可选择定制单点齿轮调节器。TKK36型环锤式破碎机本身附带有单点筛笼调节器，作为标准配置。所有环锤式破碎机都采用正向筛笼调整。因为经验表明，对于湿煤，重力依赖式系统无法操作。

⑥专利环形有齿锤头。与普通锤头不同，该种锤头具有特殊结构，能更有效地破碎物料，使用寿命更长。TKK型环锤式破碎机采用宾夕法尼亚锻钢锤头。它们被安装于覆盖整个筛笼区域，以产生更加均匀的破碎效果，并使筛笼磨损均匀一致。

⑦破碎机的过载保护。不可破碎的杂物，通过一个嵌板，被导入机内杂铁收集器中，可定时地清理掉。

⑧没有飞轮。与其他环形锤式破碎机不同，PCC环锤式破碎机无须在机壳外设置飞轮，因为单是转子组件本身的质量，已提供足够的惯性，这样就避免了飞轮对工作人员的潜在危险。

TKK 26 型有 5 种规格，可接受入料粒度最大为 255 mm。

TKK 36 型 72 系列有 21 种规格，可接受入料尺寸为 300～460 mm。

PCC锤式破碎机的技术参数见表 15-69。

表 15-69 PCC 锤式破碎机技术参数

型号	转子直径/mm	转子长度/mm	电机功率/kW	转子转速/(r/min)	最大给入尺寸/mm	主机质量/kg	旁路溜槽的额外质量/kg
36×40	914	1016	221	720	305	3632	250
36×49	914	1245	331	720	305	4313	318
36×59	914	1499	331	720	305	4994	341
36×68	914	1727	441	720	305	5675	386
36×78	914	1981	515	720	305	6538	431
44×60	1118	1524	257	720	356	8524	477
44×71	1118	1803	331	720	356	9852	590
44×82	1118	2083	368	720	356	11 082	658
44×93	1118	2362	441	720	356	11 804	704
48×71	1219	1803	441	720	406	11 032	772
48×82	1219	2083	515	720	406	12 984	817
48×93	1219	2362	515	720	406	14 664	863
48×103	1219	2616	588	720	406	16 662	908
48×114	1219	2896	662	720	406	18 251	953
60×93	1524	2362	662	600	457	18 378	1249
60×103	1524	2616	735	600	457	20 135	1362
60×114	1524	2896	735	600	457	22 355	1476
72×114	1829	2896	919	450	457	33 369	1816
72×125	1829	3175	919	450	457	37 319	2066
72×136	1829	3454	1103	450	457	41 904	2315
72×147	1829	3734	1103	450	457	46 081	2633

注：根据原矿煤的最大块数，大块破碎的冰冻煤也可以接受。

PCC 环锤式破碎机结构示意图如图 15-98 所示。

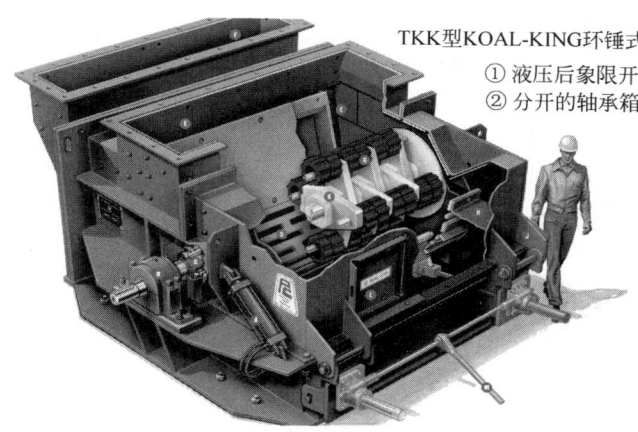

TKK型KOAL-KING环锤式破碎机
① 液压后象限开启器（可选择）节省时间
② 分开的轴承箱便于维护

图 15-98　PCC 环锤式破碎机结构示意

PCC 可逆防堵塞锤式破碎机设备如图 15-99 所示。

图 15-99　PCC 可逆防堵塞锤式破碎机设备

（6）EV 系列大型锤式破碎机

EV 系列大型锤式破碎机是 FLSmidth 的产品，该公司成立于 1882 年，是世界水泥装备行业中大型跨国公司，提供全套水泥技术装备及优质工程服务。EV 系列破碎机可以在水泥行业将 1000 mm 左右的大粒度石灰石等直接破碎到很小粒度，直接进入后续磨机作业，实现"多碎少磨"节约能源。

EV 系列锤式破碎机的突出技术优点包括：

① 大破碎比。单级破碎比可高达 100，在很好控制产品粒度的情况下，单机处理能力可以达到 2500 t/h。

② 设备结构紧凑。占地面积小，安装高度低。

③ 锤头使用寿命长。锤头磨损到总质量的 30％ 以内，都可以保持很好的破碎效果。

④ 采用齿轮驱动替代皮带传动。使用齿轮驱动代替常见的 V 带传动，便于设备维护。

⑤ 锤头交错布置。既可以使锤头完整地覆盖整个出口篦板，也使锤头增加了对物料的打击概率，增加了冲击破碎机的整体破碎效率，破碎产品具有相对较高的细粒比例，用能源效率更高的冲击破碎替代能源效率较低的磨矿过程，为后续磨机提供更细的入料。

⑥ 配有给料辊。水平进料系统，破碎转子前，设计有两个均匀布料缓冲辊，有利于提高设备处理能力和破碎比。

⑦ 出口篦板可调。出口篦板缓解高速转子携带物料对运输皮带的高速冲击带来的损害。

⑧ 液压启动壳体和破碎腔空间调节。有利于壳体打开，便于维护。锤面和篦板间距液压可调，可以随时补偿锤头磨损造成的粒度超限问题，提高锤头使用寿命。

EV 系列锤式破碎机的技术参数见表 15-70。

EV 系列锤式破碎机的结构如图 15-100 所示。

EV 系列锤式破碎机产量与出口篦板宽度曲线如图 15-101 所示。

EV 系列锤式破碎机筛下物与筛格尺寸曲线如图 15-102 所示。

表 15-70 EV 系列锤式破碎机技术参数

型 号	入料辊			环锤转子		最大给料参数		总质量/t
	编号	线速度/(m/s)	转速/(r/min)	线速度/(m/s)	转速/rpm	最大粒度/mm	最大质量/kg	
EV 150 * 150-1	1	1	24	30~39	380~495	900	1500	71
EV 150 * 200-1	1	1	24	30~39	380~495	1200	1800	79
EV 200 * 200-1	1	1	19	30~39	290~375	1400	2000	95
EV 200 * 200-2	2	0.67/1	13/19	30~39	290~375	1400	2000	107
EV 200 * 300-1	1	1	19	30~39	290~375	2000	3000	131
EV 200 * 300-2	2	0.67/1	13/19	30~39	290~375	2000	3000	146
EV 250 * 250-1	1	1	19	30~39	230~300	1900	3500	157
EV 250 * 250-2	2	0.67/1	13/19	30~39	230~300	1900	3500	170
EV 250 * 300-1	1	1	19	30~39	230实300	2400	5000	174
EV 250 * 300-2	2	0.67/1	13/19	30~39	230~300	2400	5000	190

图 15-100 EV 系列锤式破碎机结构

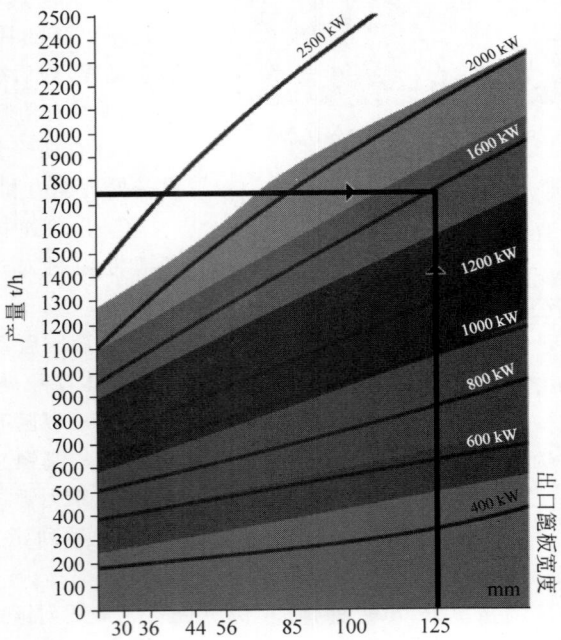

- EV 250×300
- EV 250×250
- EV 250×300
- EV 200×200
- EV 150×200
- EV 150×150
- 近似电机尺寸

例：125 mm的出口篦板和1750 t/h的生产能力需要配有约
1600 kW电机的EV 250×250破碎机实现。

图 15-101 EV 系列锤式破碎机产量与出口篦板宽度曲线

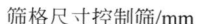

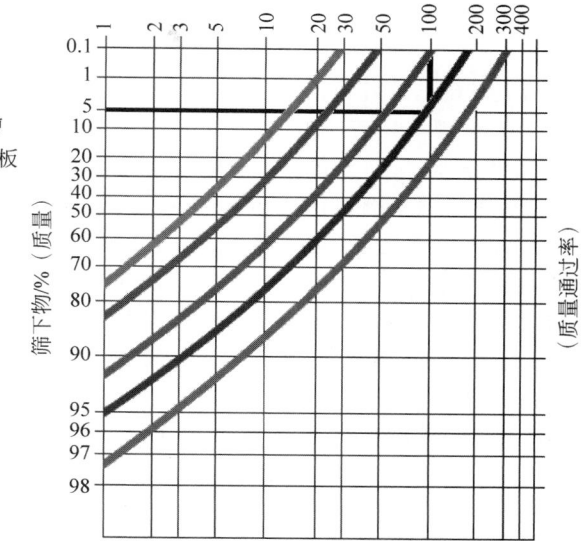

筛格尺寸控制筛/mm

■ 30 mm槽
■ 44 mm槽
■ 85 mm槽
■ 125 mm槽
■ 无出口篦板

例：为了在100 mm的控制筛中达到大约5%的筛余物的产品尺寸分布，需要一个具有125 mm槽的出口篦板。

图 15-102　EV 系列锤式破碎机筛下物与筛格尺寸曲线

15.6.4　使用与维护

PCH(Z)系列环锤式破碎机由转子、机体、调节机构等主要部分组成，电动机通过弹性柱销联轴器直接驱动转子。

转子部分由主轴、端板、隔板、销锤、环锤等主要零件组成，环锤吊挂在锤销上，锤销安装在端板和隔板上，端板和隔板用平键和螺母固定在主轴上。

机体部分由上下机壳、破碎板、筛板、反击板、衬板、托板等主要零件组成。破碎板和筛板安装在托板上。托板的一端用轴悬挂在上机壳两侧的轴座上，另一端通过连接板与调节机构相连。衬板安装在机壳两侧的壁上，用以保护机壳不受磨损。破碎板、筛板、反击板和转子形成破碎腔。

调节机构部分由蜗杆、蜗轮、指针、间隙指示牌等主要零件组成，用于调节并显示转子与筛板之间的间隙。

环锤式破碎机是一种带有环锤的冲击转子式破碎机。环锤不仅能随转子公转，还能绕锤销自转。物料进入破碎腔后，首先受到随转子高速旋转的环锤的冲击作用破碎，被破碎的物料同时从环锤处获得动能，高速度地冲向破碎板，受到第二次破碎，然后落到筛板上，受环锤的挤压和磨剥进一步破碎，并透过筛孔排除。不能破碎的杂物进入金属收集器，而后定期清除。

出料粒度的调节，是通过更换不同规格的筛板来实现的。转子与筛板之间的间隙，可根据需要通过调节机构进行调节。

1. 安装与试车

1）安装的技术要求

（1）破碎机主轴的水平度允差≤0.2 mm/m；

（2）破碎机主轴垂直方向的水平度允差≤1 mm/m；

（3）破碎机主轴与电动机主轴的同轴度允差为 ϕ0.1 mm；

（4）破碎机飞轮联轴器与电动机联轴器的轴线偏角≤40′。

2）安装

本说明书提供的安装布置图，仅用于表示破碎机与电动机的排列位置，用户应参照图样，结合上料、排料等具体情况另行设计总的安装布置图。

破碎机的安装应在钢筋混凝土基础干固后进行。安装方法如下：

（1）安装时首先检查基础上的各预留孔位置、安装高程是否与安装布置图相符，然后将破碎机和电动机分别吊装于基础上，对准基础上预先拉好的中心线，在底座用楔形垫块初调到符合安装的技术要求，并锁上地脚螺母，接着进行基础的第二次浇灌工作。

（2）待第二次浇灌的混凝土基础干固后，先精调破碎机，使之符合安装的技术要求第 a、b 条，并拧紧破碎机的地脚螺母，然后精调电动机，使之符合安装的技术要求第 c、d 条，并拧紧电动机的地脚螺母。

（3）全部安装完毕后，用手转动飞轮，主轴必须转动灵活，轻便自如。如遇到卡死，必须重新调整，达到要求为止。

3）试车

破碎机安装完毕后，应进行 2～4 h 的空载试车和 5～6 h 的负荷试车。要经过盘车，确保无卡住现象后才能试车。

（1）空载试车

空载试车在不给料的情况下进行，应达到如下要求：

① 按启动程序启动和停车，电气联锁系统应符合设计要求；

② 所有紧固件应牢固可靠，无松动现象；

③ 飞轮转动平衡；

④ 轴承最高温度不超过 75℃；

⑤ 轴承润滑正常，无漏油现象。

（2）负荷试车

负荷试车应在空载试车合格后进行，除符合空载试车的要求外，还必须达到如下要求：

① 不应出现显著振动和异常响声；

② 给料位置正确，排料正常。

2．操作规程

1）启动前的准备工作

（1）检查轴承座是否有适当数量的润滑油。

（2）检查转子与筛板之间的间隙，特别是换上新的环锤后。

（3）检查破碎腔有无异物。

（4）检查下机壳两侧的腰圆压板上的螺母是否牢固可靠。

（5）盘车 2～3 转，确保无卡住现象。

2）启动

首先发出开车信号，然后启动电动机。

3）运转

（1）破碎机空载运转 1～2 min 后，如运转正常，方可给料，给料应连续、均匀地从进料口的宽度上流入破碎腔。

（2）严禁有软件和其他不能破碎的物料进入，以免损坏设备和造成意外事故。

（3）破碎机工作时，工作人员不能站在转子惯性力作用线上，并严禁进行任何清理、调整、检查等工作，以免发生危险。

（4）轴承最高温度不得超过 75℃，如超过 75℃应立即停车，查明原因，妥善处理。

4）停车

停车顺序如下：

（1）停止给料后，让破碎机继续运转，直到将破碎腔的物料处理完毕。

（2）停止破碎机。

（3）停止排料运输机。

5）间隙的调节

转子与筛板之间的间隙（一般略大于出料粒度）可根据需要进行调节。调节时，先松开下机壳两侧的腰圆形压板上的螺母（共 4 处），再转动蜗杆进行调节，调好后，将松开的螺母拧紧。

6）清理一次金属收集器里面的杂物

3．维护与保养

（1）定期检查各紧固件是否可靠。

（2）每当破碎机工作 60 h 后，检查各轴承的润滑情况，补足润滑脂（1 号钙钠基润滑脂）一次。

（3）定期检查各受磨零件的磨损情况。

（4）环锤的更换。更换环锤时，先打开活动盖板、取出反击板、取掉上机壳两侧的小盖，然后用手转动飞轮，将锤销对准上机壳两侧的小孔，取出锤销上的插销（取插销时，注意不让飞轮偏转），然后取出锤销，进行更换。

环锤的安装应达到如下的要求：

① 对称排的环锤质量差不超过 0.1 kgf；

② 全部排的环锤的质量应沿同一方向递增。

（5）筛板的更换。更换筛板时，先打开活动盖板，取出反击板、活动板以及压紧筛板的压板，然后取出筛板，进行更换。

（6）轴承座的润滑油，每隔 3～6 月更换一次，加油量为轴承座部空间的 2/3。

4．常见故障与处理方法（表 15-71）

表 15-71　锤式破碎机常见故障与处理方法

故　障	原　因	处 理 方 法
振动	破碎机与电动机安装不同轴	校正和调整，使之达到安装的技术要求
	转子不平衡	重新安装环锤
	进料块度过大或进料不均匀	控制进料块度
	轴承座或地脚螺母松动	仔细检查，及时拧紧
产量减少	环锤磨损	修复或更换环锤
	转子与筛板的间隙过大	调节间隙
机出现不正常的响声	不能破碎的物料或金属进入破碎腔	清理破碎腔
	零部件松动	仔细检查，及时拧紧
	零部件断裂	仔细检查，更换断裂件
	环锤与筛板碰撞	调整锤头与筛板的间隙
轴承温度过高	润滑油不足	加油
	润滑油脏污	换油
	轴承损坏	更换轴承

参考文献

[1] 夏晓鸥，罗秀建.惯性圆锥破碎机[M].北京：冶金工业出版社，2015.

[2] 孙时元，刘效良.中国选矿设备手册[M].北京：科学出版社，2006.

[3] 段希祥，肖庆飞.碎矿与磨矿[M].北京：冶金工业出版社，2013.

第16章

筛分机械

16.1 概述

16.1.1 功能、用途与分类

筛分技术广泛应用于冶金、矿山、煤炭、化工、电力、建筑、粮食、医药和环保等部门,可对各种各样的松散物料进行筛分分级、脱水、脱泥、脱介。在冶金厂,冶炼过程中送入高炉的原料及燃料必须事先进行筛分,将粉末状的细料从混合物料中分离出来,以免粉状物料过多而影响高炉熔炼过程中的透气性,从而避免高炉出现严重事故;在选矿厂,破碎-筛分工艺流程中,普遍采用振动筛对矿石进行预先筛分、检查筛分和预先检查筛分;在选煤厂,不同工艺环节采用不同筛分机械对煤炭进行分级,得到不同粒度、不同用途的产品:采用直线振动筛对精煤和末煤进行脱介处理,采用振动离心脱水筛对煤泥及细粒煤进行脱水作业等;在化工厂,筛网振动筛和超细粉体筛是化工原料和产品(如化肥和复合肥)分级加工的关键设备;此外,在食品加工等领域也广泛利用筛分作业对物料进行净化处理,在工程建筑、道路施工过程中也需要利用各种类型的筛分机械对砂石散体骨料进行筛分分级处理。

筛分机械的种类繁多,按振动与否分类,有振动筛和固定筛;根据筛面的结构分为弛张筛、振网筛、滚轴筛等;根据振动筛参数变化分为高频筛、概率筛、等厚筛等。

(1) 按筛面的结构形式和运动形式,可以将振动筛分为以下几种类型:

① 固定筛。固定筛是最简单也是最古老的筛分机械,筛面由许多平行排列的筛条构成,排列的方向一般与筛上料流的方向相同。筛面呈倾斜安装,工作时固定不动,物料靠自重沿筛面下滑而筛分,倾角可取 35°~45°。根据筛缝大小,筛面可采用圆钢、方钢、钢轨或 T 形断面的型钢。固定筛构造简单,寿命长,无动力消耗,没有运动部件,设备成本和使用成本低,缺点是单位面积处理能力低,筛分效率低,且安装时要求较大的落差。因此,固定筛一般只用于分级粒度不小于 50 mm 时的筛分。弧形筛和旋流筛属于新型固定筛:弧形筛筛面呈圆弧形,筛条与筛上料流方向垂直;旋流筛的筛面是圆锥形,筛条近似与母线平行。它们可用于初步脱水、脱泥或脱介,工作时皆利用矿浆沿筛面运动时产生的离心力强化筛分。

② 滚筒筛。滚筒筛的筛面为圆柱面或圆锥面筛筒,筛筒的中心轴线装有转轴,当传动装置带动转轴转动时,筛筒也随之回转。圆锥面筛筒水平安装,物料由筛筒小端给入,并随筛筒旋转被带起,当达到一定高度时,因受重力作用自行落下,如此不断起落运动实现物料的筛分。滚筒筛运转平稳可靠,但生产能力低,筛孔易堵塞,筛分效率低。

③ 振动筛。振动筛是目前应用最广泛的

筛分机械。在选煤厂的分级、脱水、脱泥、脱介等生产环节，基本上是振动筛。振动筛由筛箱、振动器、传动装置和弹性支撑组成。振动筛是依靠不平衡转子(偏心块或偏心轴)产生的离心力激振筛箱，使筛箱按一定的频率和振幅振动。振动筛的运动特点是频率高、振幅小，物料在筛面上作跳跃运动，生产率和筛分效率都较高。振动筛按振动频率是否接近或远离共振频率分为共振筛和惯性振动筛。共振筛有结构复杂、调整困难、故障较多等缺点。在筛分作业中，常见使用的是惯性振动筛，一般习惯地简称振动筛。

(2) 按筛面工作时运动轨迹的特点，振动筛分为圆运动振动筛(简称圆振动筛)和直线运动振动筛(简称直线振动筛)两大类。圆振动筛由于振动器有一根轴，所以又叫单轴振动筛。直线振动筛振动器由两根轴组成，所以也称双轴振动筛。

(3) 特殊筛面筛分机械。有一些筛分机械，筛面具有特殊性，如弛张筛、螺旋滚轴筛、旋转概率筛、变幅筛、圆筒离心筛以及用于粗煤泥回收的旋流筛、电磁筛。

16.1.2　发展历程与趋势

新中国成立 70 多年来，筛分机械走过了一个从无到有、从小到大、从落后到先进的发展历程。整体上，我国筛分机械发展前后经历了测绘仿制、联合研制和引进提高、自主领先等多个阶段。

20 世纪 50 年代，由于工业基础较薄弱，理论研究和技术水平比较落后，我国的筛分机械也很落后，这个阶段生产中使用的筛分机都是仿制苏联的 TYN 系列圆振动筛、BKT-11 及 BKT-OMZ 型摇摆筛，波兰的 WK-15 圆振动筛、CJM-21 型摇摆筛和 WP1 及 WP2 型吊式直线振动筛。为适应生产发展需要，当时洛阳矿山机器厂、锦州矿山机械厂和上海冶金矿山机械厂等几家制造单位通过对从苏联和波兰进口的几种振动筛进行测绘仿制，形成了国产型号为 SZZ 系列自定中心振动筛、SZ 系列惯性筛和 SSZ 系列直线筛等。这些筛分机的仿制成功，为我国筛分机械的发展奠定了坚实的基础，并培养了一批技术人员。

1967 年，基于市场需求，洛阳矿山机械研究所、鞍山矿山机械厂、北京煤矿设计院、沈阳煤矿设计院、平顶山选煤设计院组成联合研发团队，制定了我国第一个煤用单/双轴振动筛系列型谱，进行了 ZDM(DDM)系列单轴振动筛和 ZSM(DSM)系列双轴振动筛的产品设计工作。在此基础上，洛阳矿山机械研究所、鞍山矿山机械厂、东北工学院和西安煤矿设计院等 9 家单位又组成矿用基型振动筛设计组，设计出 2ZKB2163 直线振动筛、YK1545 和 2YK2145 圆振动筛、YH1836 重型振动筛、FO1224 复合振动筛四种基型新系列振动筛。1980 年，鞍山矿山机械厂完成了这四种基型筛的制造，通过了技术鉴定，并在工业生产中得到了广泛的应用，这标志着我国筛分机械已走上了自行研制发展的道路。

20 世纪 80 年代以来，我国筛分机械的发展也进入了一个新的阶段。冶金和煤炭系统不断从国外引进先进的振动筛，如上海宝钢引进了日本神户制钢所和川崎重工株式会社制造的用于原料分级、焦炭筛分、电厂煤用分级的振动筛和烧结矿用的冷矿筛；鞍钢和唐钢引进了德国申克公司的热矿筛；山东兖州矿务局兴隆庄选煤厂引进了美国 RS 公司的 TI 倾斜筛和 TH 水平筛；河北开滦矿务局范各庄选煤厂从德国 KHD 公司引进了 USK 圆振动筛、USL 直线振动筛，钱家营选煤厂引进了波兰米克乌夫采矿机械厂制造的 PWK 圆振动筛和 PWP 直线振动筛；山西西山矿务局西曲选煤厂和安徽淮北矿务局临涣选煤厂从日本神户制钢所引进了 HLW 型直线振动筛等。引进的这些振动筛基本上代表了 20 世纪 70 年代国际振动筛的技术水平。在引进这些筛机的同时，国内生产振动筛的厂家，如鞍山矿山机械厂在 1980 年把从美国 RS 公司引进的 TI 和 TH 型振动筛制造技术，转化为国内型号 YA 系列圆振动筛和 ZKX 系列直线振动筛，在国内得到了广泛的应用。1986 年，洛阳矿山机器厂把从日本引进 HLW 型振动筛制造技术转化为国内型号 ZK 系列振动筛，其筛分面积达 27 m²，是当时国内最大的直线振动筛。国外振动筛产品和制造技术的引进,拓宽了我国筛分机械设计制造人员的视野,使他们从中学习和掌握了先进的理论、方法、设计技术、制造工艺和管理水平。

20世纪90年代以来,为突破黏湿细粒煤用振动筛入料粒度下限,中国矿业大学选矿工程中心团队联合多家矿山装备制造企业开展了潮湿细粒煤深度筛分技术研究,研发了一系列弹性筛面及筛分装备,如琴弦筛、梯流筛、抛射筛、弛张筛等。针对筛分装备大型化过程中出现的横梁断裂、侧板开裂以及能耗较高的问题,提出了超静定大型振动筛分技术,基于双组超静定网梁体激振器、超静定承重梁、加强梁和帮箱体结构侧板,研发了世界上第一台高性能超静定结构大型振动筛,大幅度提高了大型振动筛激振横梁、承重梁、加强梁、侧板的强度和刚度,使用寿命提高20%~60%,筛分效率提高5%~10%。在此基础上,为解决难筛分矿物高效分级技术瓶颈,团队引入筛体-粒群动态耦合作用理论,提出了分布激振筛分方法,设计了附加击打刚柔耦合弹性筛面,研制了难筛分矿物高效筛分装备。相比于国内外同类型设备,难筛分矿物高效筛分装备处理能力提高30%,筛分效率提高5%,筛面使用寿命提高50%以上,达到国际领先水平。

16.1.3　使用规范及注意事项

振动筛一般使用规范主要包括开机阶段、运行阶段、停车阶段三个方面的安全检查工作:

(1) 开车前的准备:①检查进出料溜槽及筛下溜槽或管道是否畅通;②确认检修工作已经完成、检修人员已经撤离设备;③检查设备是否送电,根据调度安排,选择就地或集控方式。

(2) 运行中的操作:①就地开车时,接到调度的开车指令,按下启动按钮开车,集控开车时,由调度进行集中控制开车;②运行中,注意观察筛分机的运转情况,发现问题及时汇报调度;③检查筛下物料中是否有粒度超限或筛板破损等情况;④筛分机运行中应均匀给料;⑤检查筛分机是否有异响、温度是否正常;⑥注意观察脱水筛筛面是否跑水,发现问题,

及时汇报调度并进行处理;⑦注意观察脱介筛的脱介情况及喷水情况,发现异常及时汇报调度。

(3) 停车时的操作:①就地开车时,接到停车信号后,待设备上无物料时,方可按下停车按钮进行停车;②集控开车时,由调度集中控制停车;③将运行中发现的问题,向调度汇报;④按规定填写岗位记录,做好交接班工作。

此外,振动筛的操作注意事项主要包括以下几点:筛分机运行中严禁靠近、接触、清理或维修;清理筛面、处理事故或检修时,严格执行断电、挂牌、闭锁制度,筛分机停稳前严禁作业;筛分机应空载启动,不得超负荷运转;发现有危及人身和设备安全的情况时,应立即停车并汇报调度;操作箱上挂有停机牌时,禁止启动设备。

16.2　固定筛分机械(格筛)

1. 概述

格筛常用于物料的粗、中碎前的预先筛分。筛孔尺寸一般大于50 mm,但有时可小到25 mm。用这种筛子只能粗糙地把物料分成筛上和筛下两种产品。格筛的构造简单、坚固,不消耗动力,没有运动部件,设备费用低,维修方便,允许由车厢直接将物料卸到筛面上,缺点是生产率低,筛分效率不高,一般为50%~60%,筛孔易被堵。

2. 主要技术性能参数

格筛的宽度取决于装料器械装料边的宽度,如装料箕斗与运输带的宽度等。为了避免物料堵塞在筛面上,筛子的宽度 B 应大于最大物料块直径的3倍。筛面长度 L 应根据筛面宽度来选取,通常取 $L/B \approx 2$。

固定筛的生产率 Q 可按式(16-1)计算:

$$Q = qA\delta \qquad (16\text{-}1)$$

式中:A——筛面面积,m^2;

　　　δ——格条间缝隙,mm;

　　　q——比生产率,即当格条间缝隙为1 mm时单位筛面面积的生产率,$t/(mm \cdot h \cdot m^2)$,可按表16-1选取。

表16-1 格筛筛孔尺寸为1mm时单位面积的生产率

指 标 名 称	筛孔尺寸/mm										
	10	12.5	20	25	30	40	50	75	100	150	200
比生产率q/ (t/(mm·h·m²))	1.4	1.35	1.2	1.1	1	0.85	0.75	0.53	0.4	0.26	0.2

3. 主要功能部件

格筛是由平行排列的钢棒或钢条组成的,钢棒或钢条称为格条或筛条,钢棒或钢条可采用圆钢、方钢、钢轨或梯形断面的型钢,格条借横杆(螺杆)连在一起构成筛面,格条间由一定大小的垫圈隔开,以获得一定大小的筛孔。固定格筛通常倾斜放置(图16-1),倾斜角α的大小应能使物料沿筛面自动地下滑。通常取倾斜角α大于物料对筛面的摩擦角,一般取α=35°~45°,而对于黏性物料,可取α=50°。物料由倾斜筛面的上方给入,靠物料自重由上而下沿筛面滑落,并进行筛分。

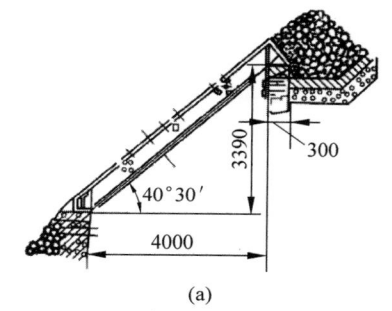

(a)

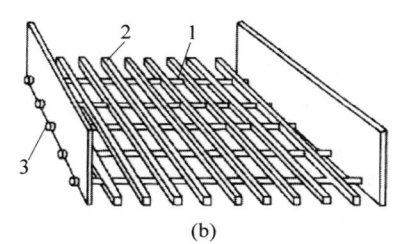

(b)

1—垫圈;2—格条;3—拉紧螺杆。

图16-1 格筛及其安装

格筛常用于物料的粗、中碎前的预先筛分。筛孔尺寸一般大于50 mm,但有时可小到25 mm。用这种筛子只能粗糙地把物料分成筛上和筛下两种产品。固定格筛的构造简单、坚固,不消耗动力,没有运动部件,设备费用低,维修方便,允许由车厢直接将物料卸到筛面上,缺点是生产率低,筛分效率不高,一般为50%~60%,安置这种筛子需要相当大的高度和面积,筛孔易被堵塞。

4. 使用与维护

1)使用

倾斜放置,物料倾于高端,在自重作用下沿筛面滑下,小于筛面缝隙或筛孔的颗粒通过筛面达到分级。

2)维护

(1)筛板应存放在干燥、无腐蚀性气体的库房内。

(2)筛板每存放一年,应进行一次维护。

16.3 振动筛分机械

16.3.1 不同振动形式振动筛

1. 直线振动筛

1)概述

直线振动筛是目前我国选煤(矿)厂使用最广泛的一种筛分机械,应用于矿物的分级、脱泥、脱水和脱介等。该振动筛主要通过同步异向旋转的双不平衡重激振器来实现筛箱的振动。其筛箱运动轨迹为直线,振动方向与筛面的夹角通常为30°~65°,筛箱可以水平安装或倾斜安装。直线振动筛具有结构简单、可靠性强、筛分效果好的优点。我国常用的直线振动筛主要有DS系列、ZS系列、ZKS系列、ZKB系列和双电机拖动的振动筛,其型号表示方法如图16-2所示。

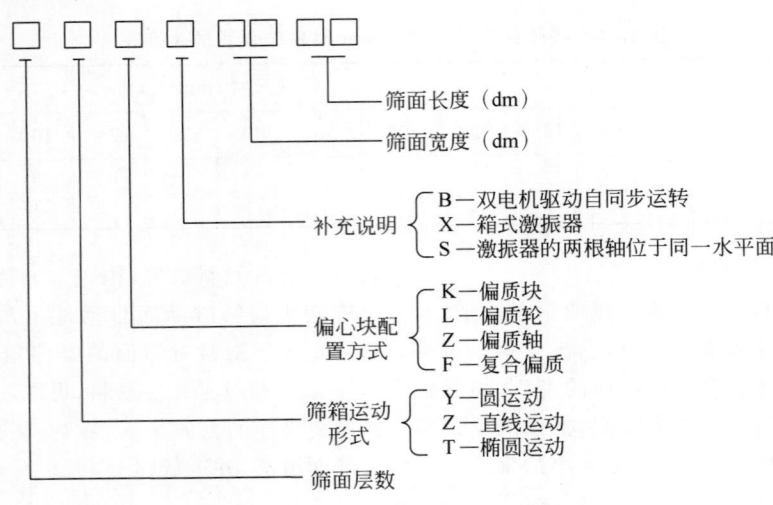

图 16-2 型号表示方法

2) 主要技术性能参数

(1) 筛面倾角

直线振动筛的倾角决定其处理能力和筛分效率。根据实践经验,当用于 50 mm 以上的物料筛分时,筛面选取较大倾角;用于 40 mm 以下中、细物料的筛分,筛面选取较小倾角;用于脱水、脱介和脱泥,筛面倾角选取 −3°～0°。

(2) 振动方向角

直线振动筛一般接近水平安装,为了保证物料的向前跳动,必须有一定的振动方向角。国内外使用的直线振动筛的振动方向角一般为 30°～65°,国产直线振动筛大多采用 45°的振动方向角。

(3) 筛面振幅

直线振动筛的筛面振幅通常选取 4～6 mm。

(4) 筛面振次

直线振动筛的筛面振次一般选取 750～970 min^{-1}。

(5) 处理能力

直线振动筛处理能力可以按照平均法进行计算:

$$Q = F \times q \qquad (16\text{-}2)$$

式中:Q——振动筛的处理量,t/h;

F——筛面的工作面积,m^2;

q——单位筛面面积的处理量,t/(m^2·h),煤炭筛分时 q 的推荐值见表 16-2。

几种常见直线振动筛的技术参数见表 16-3～表 16-7。

表 16-2 煤炭筛分单位面积处理量

筛子种类	筛分种类		筛分效率大于/%	筛孔尺寸/mm						
				100	50	25	13	6	0.5	0.25
				单位面积处理量 q/(t/(m^2·h))						
圆振动筛	准备筛分		70	110～130	55～65					
直线振动筛	准备筛分	干法	80		35～40	20～25	8～10			
		湿法	85				10～12	8～10		
	最终筛分	干法	85		35～40	18～22				
		湿法	85				10～12	8～10		
	脱水	末煤								
		煤泥							2	1.5
	脱介	块煤					10	10		
		末煤							3	
		末矸							2	

表 16-3　ZKX 系列直线振动筛技术参数

参数项目	单位	型号											
		ZKX-936	2ZKX-936	ZKX-1236	2ZKX-1236	ZKX-1248	2ZKX-1248	ZKX-1536	2ZKX-1536	ZKX-1542	2ZKX-1542	ZKX-1548	2ZKX-1548
筛面规格(宽×长)	m×m	900×3600	900×3600	1200×3600	1200×3600	1200×4800	1200×4800	1500×3600	1500×3600	1500×4200	1500×4200	1500×4800	1500×4800
工作面积	m²	3.0	3.0	4.0	4.0	4.5	4.5	5.0	5.0	5.5	5.5	6	6
筛面层数	层	1	2	1	2	1	2	1	2	1	2	1	2
筛孔尺寸 上层	mm	0.5~13.0	3.0~50.0	0.5~13.0	3.0~50.0	0.5~13.0	3.0~50.0	0.5~13.0	3.0~50.0	0.5~13.0	3.0~50.0	0.5~13.0	3.0~50.0
筛孔尺寸 下层	mm	—	0.5~13.0	—	0.5~13.0	—	0.5~13.0	—	0.5~13.0	—	0.5~13.0	—	0.5~13.0
筛倾角	(°)	0	0	0	0	0	0	0	0	0	0	0	0
最大入料粒度	mm	300	300	300	300	300	300	300	300	300	300	300	300
振幅	mm	4~7	4~7	4~7	4~7	4~7	4~7	4~7	4~7	4~7	4~7	4~7	4~7
振动频率	Hz	14.8	14.8	14.8	14.8	14.8	14.8	14.8	14.8	14.8	14.8	14.8	14.8
振动方向角	(°)	45	45	45	45	45	45	45	45	45	45	45	45
处理量	t/h	20~25	20~25	30~50	30~50	33~53	33~53	35~55	35~55	40~65	40~65	42~70	42~70
电动机功率	kW	7.5	7.5	7.5	7.5	11.0	11.0	7.5	7.5	11.0	11.0	11.0	11.0
参考质量	kg	4670	5510	4986	6100	5750	7230	5270	7215		8030	6630	8440

参数项目	单位	型号											
		ZKX-1836	2ZKX-1836	ZKX-1842	2ZKX-1842	ZKX-1848	2ZKX-1848	ZKX-2148	2ZKX-2148	ZKX-2448	2ZKX-2448	ZKX-2460	2ZKX-2460
筛面规格(宽×长)	m×m	1800×3600	1800×3600	1800×4200	1800×4200	1800×4800	1800×4800	2100×4800	2100×4800	2400×4800	2400×4800	2400×6000	2400×6000
工作面积	m²	7.0	7.0	7.5	7.5	8.0	8.0	9.0	9.0	11.0	11.0	14.0	14.0
筛面层数	层	1	2	1	2	1	2	1	2	1	2	1	2
筛孔尺寸 上层	mm	0.5~13.0	3.0~50.0	0.5~13.0	3.0~50.0	0.5~13.0	3.0~50.0	0.5~13.0	3.0~50.0	0.5~13.0	3.0~50.0	0.5~13.0	3.0~50.0
筛孔尺寸 下层	mm	—	0.5~13.0	—	0.5~13.0	—	0.5~13.0	—	0.5~13.0	—	0.5~13.0	—	0.5~13.0
筛倾角	(°)	0	0	0	0	0	0	0	0	0	0	0	0
最大入料粒度	mm	300	300	300	300	300	300	300	300	300	300	300	300
振幅	mm	4~7	4~7	4~7	4~7	4~7	4~7	4~7	4~7	4~7	4~7	4~7	4~7
振动频率	Hz	14.8	14.8	14.8	14.8	14.8	14.8	14.8	14.8	14.8	14.8	14.8	14.8
振动方向角	(°)	45	45	45	45	45	45	45	45	45	45	45	45
处理量	t/h	45~85	45~85	50~90	50~90	60~100	60~100	70~110	70~110	85~125	85~125	95~170	95~170
电动机功率	kW	7.5	7.5	11.0	11.0	15	15	15.0	15.0	22.0	22.0	30.0	30.0
参考质量	kg	5428	7470	6890	8050	5750	9235	8640	13000	8990	13990		14840

注：处理量按松散度为 0.85~0.9 t/m³ 的煤计算。

表 16-4　ZSM 系列直线振动筛技术参数

参数项目/双单位	ZSM-1556A	ZSM-1556B	ZSM-1756A	ZSM-1756B	ZSM-2065A	ZSM-2065B	ZSM-2570A	ZSM-2570B
筛面规格（宽×长）/m×m	1.50×5.60	1.50×5.60	1.75×5.60	1.75×5.60	2.00×6.50	2.00×6.50	2.50×7.00	2.50×7.00
工作面积/m²	7.5	7.5	9.0	9.0	12.0	12.0	16.0	16.0
入料粒度/mm	≤300	≤300	≤300	≤300	≤300	≤300	≤300	≤300
筛孔尺寸/mm　上层	13.00~50.00	13.00~50.00	13.00~50.00	13.00~50.00	13.00~50.00	13.00~50.00	13.00~50.00	13.00~50.00
筛孔尺寸/mm　下层	—	0.25~13.00	—	0.25~13.00	—	0.25~13.00	—	13
振动频率/Hz	13.33~15	13.33~15	13.33~15	13.33~15	13.33	13.33	13.33	13.33
振幅/mm	5.5	5.5	5	5	4.5	4.5	4.5	4.5
振动方向角/(°)	45	45	45	45	45	45	45	45
筛面倾角/(°)	-2~10	-2~10	-2~10	-2~10	-2~10	-2~10	-2~10	-2~10
处理量/(t/h)	30~60	30~60	50~80	50~80	70~100	70~100	90~150	90~150
电动机　转速/(r/min)	1500	1500	1500	1500	1500	1500	1500	1500
电动机　功率/kW	15	2×7.5	15.0	2×7.5	18.5	2×11	2×15	2×15

注：1. 电动机转速为同步转速。

2. 用于煤的脱水、脱泥与脱介，其最大入料粒度不应大于 100 mm。

3. 处理量是以烟煤散装密度考核的。

表16-5　DS、ZS系列直线振动筛技术参数

型号	处理能力/ (t/h)	入料粒度/ mm	筛面面积/ m²	筛网层数	筛孔尺寸/ mm	双振幅/ mm	频率/ Hz	电动机 型号	电动机 功率/kW	外形尺寸 长/mm	外形尺寸 宽/mm	外形尺寸 高/mm	机器质量/ kg
ZS1556A	60	300	7.5	1	0.25	11	13.33	Y160L-4	15	5850	2675	17 017	4497
ZS1556B	60	300	7.5	1	0.25	11	13.33	Y160I-4	11	5850	2854	1707	4572
ZS1756A	50~80	300	9	1	0.5,1	10	13.33	Y160L-4	15	5850	2925	1703	4953
ZS1756B	50~80	300	9	1	6.8	10	13.33	Y160M-4	11	5850	3104	17 031	5030
ZS2065A	70~100	300	12	1	10,13	9	13.33	Y180M-4	18.5	6750	3208	1885	6399
ZS2065B	70~100	300	12	1	10,13		13.33	Y160M-4	11	6750	3428	1885	6471
ZS2570B	90~150	300	16	1	10,13	10	12.5	Y160L-4	15	7200	4056	2213	9700
2ZS1556A	60	300	7.5	1	0.25,0.5, 13,15	11	13.33	Y160L-4	15	5850	2527	20 231	5504
2ZS1556B	60	300	7.5	2	0.25,0.5, 13,15		13.33	Y160M-4	1	5850	2854	20 231	5595
2ZS1756A	50~80	300	9	2	0.25,0.5, 12,15 13,15	10	13.33	Y160L-4	15	5850	2777	2020	5960
2ZS1756B	50~80	300	9	2	0.25,0.5, 13,15	10	13.33	Y160M-4	11	5850	2854	2020	6052
2ZS2065A	70~100	300	12	2	1,6,8 10,13	9	13.33	Y180M-4	18.5	6750	3428	2185	7768
2ZS2065B	70~100	300	12	2	1,6,8 10,13	9	13.33	Y160M-4	11	6750	3148	2185	7840
2ZS2570B	90~150	300	16	2	1,6,8 11,10,13	10	12.5	Y160L-4	15	7217	4056	2563	11 864
ZS1856	50~80	300	9	2	0.25,0.5, 1,6,8,10	11	13.33	Y160M-4	11	5660	2778	1577	4580
DS2065	70~100	150	12	1	0.5,6,8,10	9~11	13.83	Y180M-4	18.5	6650	2162	1800	5650
2DS1256	40~54	300	6	2	0.5~13 25~50	9~11	13.83	Y160L-4	15	5750	1388	2100	4340
DS1555	30~50	300	8	1	0.5~13 10~50	9	13.33	Y160M-4	11	5650	1626	7800	4647

表 16-6 ZKZ 系列直线振动筛系列型谱

型号	筛箱规格 宽/mm	长/mm	面积/m²	型号	筛箱规格 宽/mm	长/mm	面积/m²
ZKZ1230	1200	3000	3.6	2ZKZ1230	1200	3000	3.6
ZKZ1237	200	3750	4.5	2ZKZ1237	1200	3750	4.5
ZKZ1537	500	3750	5.6	2ZKZ1537	500	3750	5.6
ZKZ1545	1500	4500	6.75	2ZKZ1545	1500	4500	6.75
ZKZ1845	1800	4500	8.1	2ZKZ1845	1800	4500	8.1
ZKZ1852	1800	5250	9.45	2ZKZ1852	1800	5250	9.45
ZKZ22445	2400	4500	10.8	2ZKZ2445	2400	4500	10.8
ZKZ2452	2400	5250	12.6	2ZKZ2452	2400	5250	12.6
ZKZ2460	2400	6000	14.4	2ZKZ2460	2400	6000	14.4
ZKZ3052	3000	5250	15.7	2ZKZ3052	3000	5250	15.7
ZKZ3060	3000	6000	18	2ZKZ3060	3000	6000	18
ZKZ3660	3600	6000	21.6	2ZKZ3660	3600	5000	21.6

表 16-7 ZKP 系列大型直线振动筛主要技术参数

型号	筛箱规格 宽/m	长/m	面积/m²	频率/Hz	振幅/mm	入料粒度/mm	筛孔尺寸/mm	电动机	外形尺寸 长/mm	宽/mm	高/mm	质量/kg
ZKP3052	3.0	5.25	15.7	15	4.5~5	0~300	0.5~50	Y225S-4, 37kW	6090	4473	2225	10 676
ZKP3060	3.0	6.0	18					Y225S-4, 37kW	6840	4575	2290	12 240
ZKP3660	3.6	6.0	21.6					Y225M-4, 45kW	6880	51 981	2500	14 688
2ZKP3052	3.0	5.25	15.7					22BM-4	6090	4636	2835	17 270
2ZKP3060	3.0	6.0	18					Y250M-4, 55kW	6840	4676	2835	19 800
2ZKP3660	3.6	6.0	21.6					Y250M-4	6880	5487	2995	23 562

3）主要功能部件

（1）激振器

直线振动筛主要采用两种激振器，即块偏心激振器和激振电动机。块偏心激振器见图16-3，它由两对主、副偏心块，一根轴，两套大游隙（3G）轴承及轴承座等构件组成。激振力由主、副偏心块产生，激振力大小可由主、副偏心块的夹角调整；激振电动机主要由电机和偏心块组成。激振力由电机旋转带动偏心块产生。直线振动筛一般使用四套块偏心振动

器，筛箱两侧板各安装两套振动器。小规格直线振动筛亦可使用两台激振电动机，其激振力的大小可通过调整其偏心块的夹角实现。

（2）筛面及其紧固装置

为适应大块、大密度物料的筛分与煤矸石脱介的需要，重型直线振动筛的筛面应有较大的承载能力、耐磨和抗冲击性能。设计中宜采用梯形断面的钢棒作为筛条。为减小噪声，提高耐磨性，亦可使用成型橡胶条，用螺栓固定在筛面托架上，如图16-4所示。

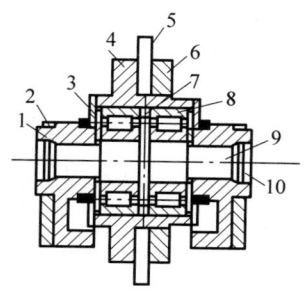

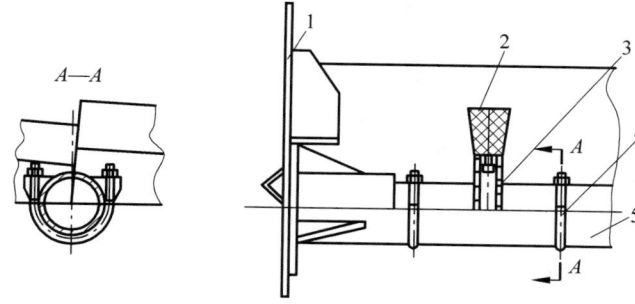

1—主偏心块；2—副偏心块；3—轴承盖；
4—轴承座；5—筛箱侧板；6—压圈；7—挡圈；8—轴承；9—轴；10—轴端压盖。

图16-3　块偏心激振器

1—侧板；2—橡胶条筛面；3—筛面托架；4—U形螺栓；5—横梁。

图16-4　重型直线振动筛紧固装置

振动筛设计规范：直线振动筛单层筛和双层筛的下层筛面，采用带框架的不锈钢筛面；双层筛的上层筛面，当筛面宽度不超过1.5 m时，采用中间不需压板紧固的自承重筛板；超

过1.5 m时，采用冲孔筛板或编织筛网等。其紧固方式是沿筛面两侧板处采用压木、木楔压紧，如图16-5所示。中间各块筛板之间则用螺栓经压板压紧，如图16-6所示。

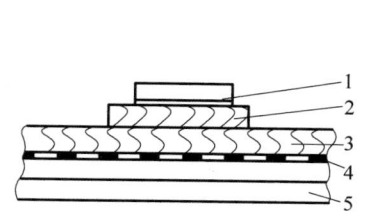

1—侧板阻挡角钢；2—木楔；3—压木；4—筛面；5—振动筛托架。

图16-5　压木、木楔压紧

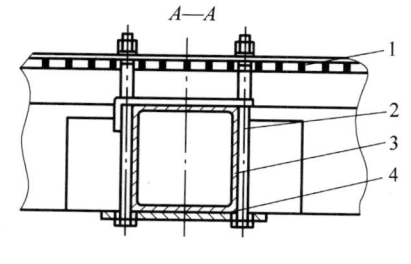

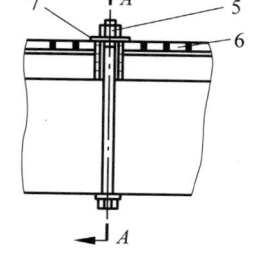

1—筛板；2—螺栓；3—振动筛横梁；4—底部压板；5—螺母；6—筛板；7—压板。

图16-6　螺栓经压板压紧

（3）筛框

直线振动筛的筛框主要由振动器支撑孔、侧板、上支承梁、横梁螺栓夹座、排料嘴、支座、后挡板和抗磨板组成，如图16-7所示。筛框所

用横梁一般用两端带法兰的封闭型材构成，目前多为圆形或矩形。当无合适的规格选用时，矩形梁也可压制对焊，其成型方式冷热均可，但在长度方向同一形态只能一次成型。焊缝

必须焊透,并进行消除应力处理。直线振动筛焊缝位置宜布置在振动方向的垂线上。筛框侧板和后挡板、排料嘴及横梁宜采用高强度螺栓或环槽铆钉连接,受力较小部位也可采用普通螺栓加锁紧螺母连接。

(4) 传动装置

① 直线振动筛采用直接传动和非直接传动两种方式。直接传动是由电动机通过联轴器直接驱动振动器,如图 16-8 所示。其中联轴器有三种形式:

a. 万向联轴器是汽车的通用件,如图 16-9

所示。该联轴器也可用于两振动器的连接。

b. 轮胎联轴器由法兰和数片胶带组成,如图 16-10 所示。由于其周向刚度较大,可以传递很大扭矩,但径向刚度很小,因而可承受较大的径向圆跳动变形,可用于电动机与振动器的连接。它的轴向尺寸较小,可以减小振动筛的宽度。

c. 橡胶联轴器(三爪挠性联轴器)由三爪法兰、圆形橡胶平带、压板和螺栓等组成,如图 16-11 所示。这种联轴器轴向尺寸较大,可用于两振动器的连接。

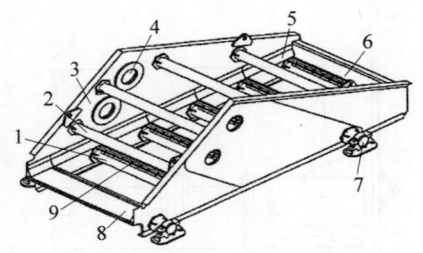

1—横梁;2—上支撑梁;3—侧板;4—振动器支撑孔;5—抗磨板;6—后挡板;7—支座;8—排料嘴;9—螺栓夹座。

图 16-7 筛框

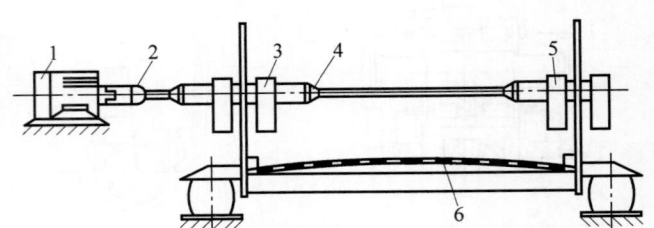

1—电动机;2—万向联轴器;3—振动器;4—万向联轴器;5—振动器;6—筛面。

图 16-8 直接传动

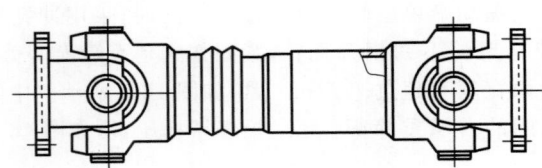

图 16-9 万向联轴器

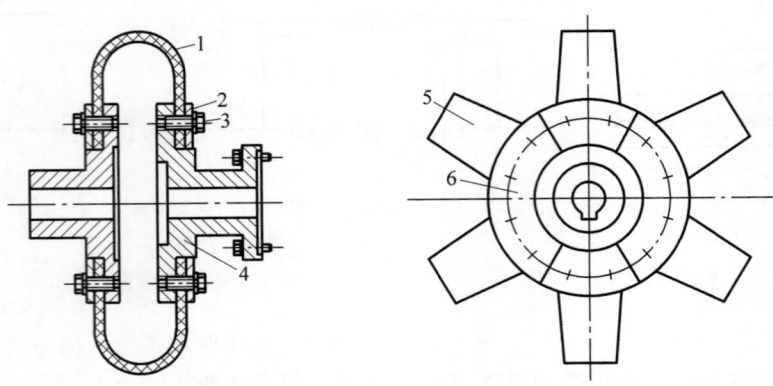

1—胶带;2—压板;3—螺栓;4—联轴器法兰Ⅰ;5—胶带;6—联轴器法兰Ⅱ。

图 16-10 轮胎联轴器

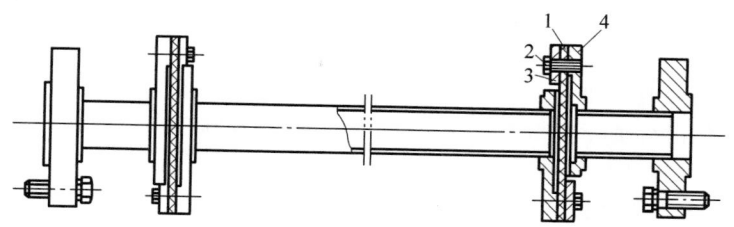

1—圆形橡胶平带；2—螺栓；3—压板；4—三爪法兰。

图 16-11　橡胶联轴器

② 非直接传动是由电动机经一级 V 带减速，再通过联轴器与振动器连接，如图 16-12 所示。可根据需要选择用万向联轴器、轮胎联轴器和橡胶联轴器中的一种。

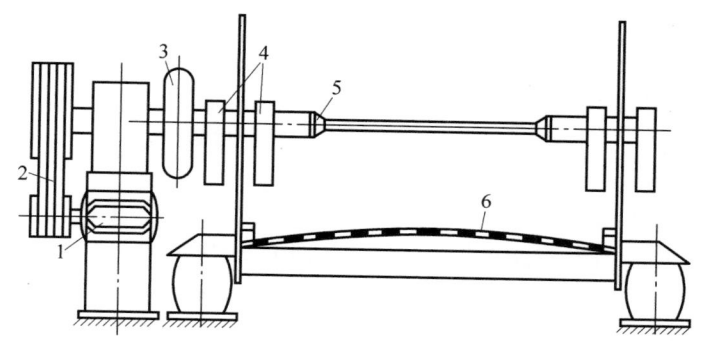

1—电动机；2—V 带；3—轮胎联轴器；4—振动器；5—万向联轴器；6—筛面。

图 16-12　非直接传动

每台座式安装方式的直线振动筛由四组弹簧支撑，每组弹簧视振动筛的规格不同，可由一个至多个弹簧组成。支撑弹簧可用橡胶弹簧或螺旋弹簧，亦可用复合弹簧。一般在支撑装置中还设计有摩擦阻尼器，其结构如图 16-13 所示。鉴于橡胶弹簧和复合弹簧的橡胶内阻较大，对过共振区时的振幅有一定限制作用，亦可不设计阻尼器和其他的限制装置。

4）使用与维护

（1）直线振动筛的使用

① 振动筛启动前的检查

振动筛的操作人员，应了解振动筛的各部结构和简单的工作原理。在开动振动筛之前，应做好开车准备，检查传动带或轮胎联轴器的情况，筛网完好情况及其他各部零件状况。

② 振动筛的启动和停车

振动筛一般用于矿物破碎筛分或分选工艺流程中，要求振动筛空载启动和停车，因此

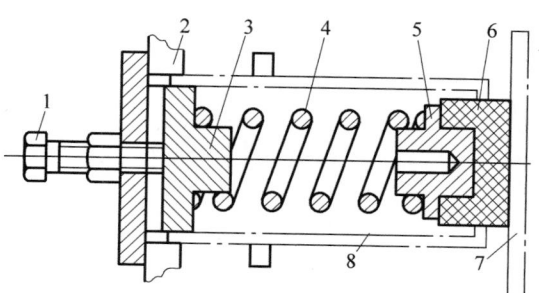

1—调整螺栓；2—法兰；3—弹簧座；4—螺旋弹簧；
5—橡胶座；6—橡胶体；7—筛箱侧板；8—套筒。

图 16-13　摩擦阻尼器

需遵守逆工艺流程启动，顺工艺流程停车。振动筛启动时，需闭合闸刀开关，将线路接入电网，按启动按钮，应一次启动完成。振动筛除特殊事故外，不允许带料停车，振动筛停车，按停车按钮完成。

③ 振动筛的润滑

a. 振动筛的润滑，主要是指对振动器轴承

的润滑。有些强迫同步的直线振动筛,还要对传动齿轮进行润滑。传动电动机也应按使用说明书规定,每年检修时加油脂。

b. 振动筛的润滑分油脂润滑和稀油润滑两种。对采用油脂润滑的振动器,应使用温度范围在 30～120℃ 的优质锂基润滑脂。在正常工作条件下,一般每个振动器在 24 h 内加油脂 150～200 g。由于振动器工作环境恶劣,也可每 8 h 加油脂 1 次。最好采用高压式黄油枪注油。采用万向联轴器传动轴的筛子,也需对万向联轴器部分加注润滑脂。对采用稀油润滑的振动器和齿轮,可用优质齿轮油,加油量视振动器的结构而定。新安装的筛子,运行 80 h后,要更换润滑油 1 次,以后每 300 h 更换润滑油 1 次。

c. 在冬季和夏季,由于气温的不同,最好采用不同黏度的润滑油。注油时,一定要对油枪嘴和注油口周围清理干净,不能让灰尘进入油腔。

④ 筛机振动器的旋转方向

自同步直线振动筛,一般两个偏心质量由两个电动机分别带动。两个电动机的特性必须相同,旋转方向必须相反。强迫同步的直线振动筛,对旋转方向无明确规定。

⑤ 振动筛振幅的调整

当振动筛在操作过程中,发现其振幅的大小不能满足筛分作业的要求时,可以对其振幅进行调整。块偏心式振动器可以调整主副偏心块的夹角。夹角变小,激振力变大,振幅变大;反之,夹角变大,激振力变小,振幅变小。对轴偏心式振动器,可以增减配重飞轮和带轮上的配重块,以增减振动筛的振幅。

(2) 直线振动筛的维护

筛子维护和检修的目的是了解筛子的工作状况,并修理和更换损坏、磨损的零部件,以恢复筛子的工作能力。其内容包括日常维护、定期检查和修理。

① 日常维护

日常维护内容包括筛子表面,特别是筛面紧固情况,松动时应及时紧固。定期清洗筛子表面,对于漆皮脱落部位应及时修理、除锈并涂漆,对于裸露的加工表面应涂以工业凡士林以防生锈。日常维护检查内容如表 16-8 所示。

表 16-8　日常维护检查内容

检查部位		检查内容
振动器	润滑油润滑	1. 检查油位; 2. 如果筛子长期停止工作后重新使用,应取出旧的润滑油,重新加新油到规定油位; 3. 检查通气孔是否畅通; 4. 检查迷宫密封中是否有油脂; 5. 检查是否漏油; 6. 检查螺栓是否松动; 7. 设备运转时,振动器的轴承温度是否过高
	润滑脂润滑	1. 检查润滑脂的补充情况; 2. 检查润滑脂是否过多; 3. 检查螺栓是否松动; 4. 设备运转时,振动器轴承温度是否过高
传动装置		1. 如果是 V 带传动,检查 V 带松紧是否适当; 2. 检查 V 带是否磨损; 3. 主动带轮和从动带轮是否对准、有无松动情况; 4. 如果是轮胎式联轴器传动,检查轮带是否磨损或断裂

续表

检查部位		检查内容
筛箱		1. 检查由于物料的堆积,可能形成筛箱和给料溜槽、排料溜槽间的碰撞; 2. 检查筛网的拉紧状态和磨损情况; 3. 检查筛孔是否被堵塞及物料的堆积; 4. 检查螺栓是否松动; 5. 筛子运转时,物料在筛面上分布是否均匀
支承装置和 吊挂装置	支承装置	1. 检查弹簧是否断裂或损坏; 2. 检查物料是否在弹簧周围堆积; 3. 检查各个弹簧压缩程度是否均匀; 4. 检查地脚螺栓是否把紧
	吊挂装置	1. 检查钢丝绳是否磨损或断裂; 2. 各个索具固定钢丝绳是否牢固; 3. 检查钢丝绳的抖动情况,必要时调整平衡锤的位置; 4. 检查吊挂弹簧是否损坏,压缩量是否一致,受力是否均匀

② 定期检查

定期检查包括周检、月检和年检。

a. 周检。检查激振器、筛面、支承装置等各部位的螺栓紧固情况、锁紧情况,检查三角带张紧程度,必要时适当张紧。检查筛子时,须特别注意查看在飞轮上的不平衡块固定得是否可靠,如固定不牢,筛子运转时,不平衡块就可能脱离飞轮,导致安全事故。周检内容如表16-9所示。

表 16-9　周检

检查部位	检查内容
振动器	1. 检查油和油脂是否被污染,如发现油或油脂中有鱼鳞状的金属颗粒,说明轴承和滚子表面有剥蚀物落下。对以上情况,应清洗轴承座内腔,重新注入新油; 2. 检查万向联轴器传动轴或挠性连接轴的连接螺栓紧固情况; 3. 异常噪声检查及异常轴承温升检查
筛箱	1. 检查侧板上螺栓紧固情况,检查侧板是否有裂纹或过度磨损; 2. 检查筛面张紧、磨损和断裂情况; 3. 检查筛面下橡胶垫条磨损情况; 4. 支承部件的检查、故障排除

b. 月检。检查筛面磨损情况,如发现明显的局部磨损应采取必要的措施(如调换位置等),并重新紧固筛面。检查整个筛框,主要检查主梁和全部横梁焊缝情况,并仔细检查是否有局部裂纹。检查筛箱侧板全部螺栓情况,当发现螺栓与侧板有间隙或松动时,应更换新的螺栓。

c. 年检。对振动器拆开检查修理,进行清洗,更换已磨损零件。对筛箱作全面检查,对侧板和横梁的损坏情况进行检查,更换已磨坏的螺栓和已磨坏的筛网。

③ 修理维护

对筛子进行定期检查时所发现的问题,应进行修理维护。修理的内容包括及时调整三角带拉力,更换新带,更换磨损的筛面以及纵向垫条,更换减振弹簧,更换滚动轴承、传动齿轮和密封件,更换损坏的螺栓,修理筛框构件的破损等。

筛框侧板及横梁应避免发生应力集中,因此不允许在这些构件上施以焊接。对于下横梁开裂应及时更换,侧板发现裂纹损伤时,应在裂纹尽头及时钻 5 mm 孔,然后在开裂部位加补强板。

激振器的拆卸、修理和装配应由专职人员在洁净场所进行。

拆卸后检查滚动轴承磨损情况,检查齿轮

齿面,检查各部件连接情况,清洗箱体中的润滑回路使之畅通,清除各结合面上的附着物,更换全部密封件及其他损坏零件。

维修时应特别注意:

a. 激振器及传动装置拆卸应由有经验的技术工人进行,严禁野蛮操作,防止损坏设备。

装配前应保持零件洁净。

b. 更换后的新筛网应每隔 4～8 h 重新张紧一次,直至张紧为止。

④ 常见故障处理

振动筛的故障及其产生的原因,以及如何消除的方法见表 16-10。

表 16-10　常见故障处理

故　障	产生原因	消除方法
轴承发热	轴承缺油	向轴承内注油
	轴承过量注油	检查轴承油量,进行调整
	轴承游隙过小	改用大游隙轴承
	轴承损坏	更换轴承
振动器端部发热	迷宫密封圈间产生摩擦	加大迷宫密封槽深度或宽度;检查固定密封圈的螺栓是否松动
筛子转速不均、失速	V 带张力不够	调整 V 带轮中心距
	V 带跳槽	检查自动张紧电动机座的弹簧是否断裂
筛子扭振,筛箱四角振幅相差很大,筛箱横向摆动增大	两侧振动器的偏心块相位不对(夹角不一致)	检查万向联轴器传动轴和偏心块连接位置,调整两侧偏心块,使其完全对称
	强迫同步的箱式振动器(位于侧板)有一侧齿轮啮合位置不对,或两侧齿轮啮合位置都不对	检查齿轮啮合位置,调整到正确位置
	四角支承弹簧刚度差大	调整和选配支承弹簧,使两边弹簧刚度趋于一致
筛子振动不均匀	物料堵塞	检查给料溜槽、排料溜槽和筛箱间是否有物料堵塞
	筛子承受波浪式载荷	加调节漏斗等措施,使给料均匀
	支承弹簧损坏	更换损坏的弹簧
筛子停车	电源故障	检查电源和电动机引线
钢丝绳断裂	非均匀载荷	新的钢丝绳必须完全拉直,要求每 8 h 调节一次钢绳长度,直到钢绳长度稳定为止
	抖动	平衡锤位置不对,加以调整
	索具安装不正确	正确安装使用索具,卡紧钢绳
	腐蚀	检查钢绳上有无腐蚀现象,可以喷涂防腐润滑剂
	钢绳长度过大或过小	长度不应超过 3500 mm,不短于 750 mm
筛分机有异常噪声	轴承损坏	更换新轴承
	筛箱螺栓松了	拧紧已松螺栓
	筛网张紧松了	重新拉紧筛网
筛网损坏	筛网下橡胶垫条损坏	更换橡胶垫条,使筛网得到正确的支托
	筛网没有拉紧	新筛网每 4 h 拉紧一次,直到完全拉紧为止。运转中发现筛网松了,应及时张紧
	筛网弯钩不合适	所用弯钩必须在筛网全长上拉紧筛网,延长使用寿命

续表

故　　障	产 生 原 因	消 除 方 法
筛分效果不佳	筛网堵孔	减少给料量,清理筛面,排除堵孔
	被筛物料水分增大	控制来料水分
	物料层过厚	适当减少给料量,增加倾角
	筛网拉得不紧	重新拉紧筛网

2. 圆运动振动筛

1) 概述

圆运动振动筛是利用一个带偏心块的激振器使筛箱实现振动的筛机,其运动轨迹一般为圆形或近似圆形,其筛面要有较大倾角,煤用圆振动筛的筛面倾角一般采用 $15°\sim20°$。与作直线运动的振动筛相比,该筛机具有结构简单、制造成本低廉和维修工作量少等特点,因而在工业各部门中得到广泛的应用。我国常用圆振筛主要型号为 DD 型、ZD 型、YA 型、YK 型和 SZZ 型。不同振动筛型号表示方式见图 16-14、图 16-15、图 16-16。

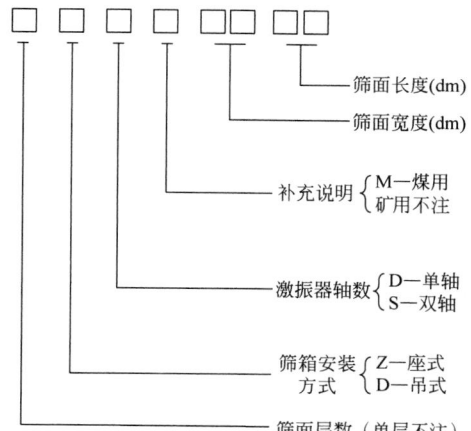

图 16-14 DD、ZD、DDM、ZDM 型振动筛
型号表示方式

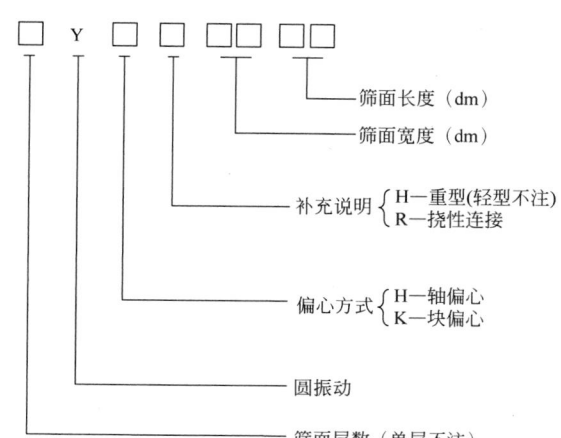

图 16-15 YA、YK、YAH、YKR 型振动
筛型号表示方式

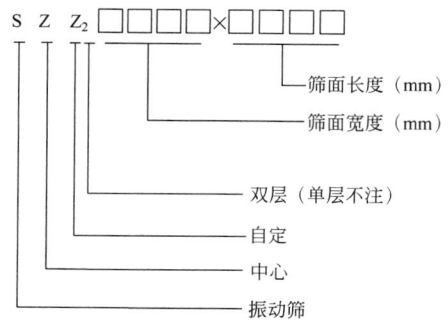

图 16-16 SZZ 型自定中心振动筛

2) 主要技术性能参数

(1) 抛掷指数

在一般情况下,根据筛子的用途选取,圆振动筛抛掷指数 K_v 一般取 $3\sim5$,直线振动筛宜取 $K_v=2.5\sim4$。难筛物料取大值,易筛物料取小值。筛孔小时取大值,筛孔大时取小值。

(2) 振动强度

振动强度的选择主要受材料强度及其构件刚度等的限制。目前的机械水平 K 值一般

在 $3\sim8$ 的范围内,振动筛则多取 $3\sim6$。

(3) 筛面倾角

对于圆振动筛一般取 $15°\sim25°$,振幅大时取小值,振幅小时取大值。

(4) 筛箱的振幅

筛箱振幅是设计筛子的重要参数,其值必须适宜,以保证物料充分分层,减少堵塞,以利透筛。通常振幅取 $3\sim6$ mm,其中筛孔大者取大值,筛孔小者取小值。

几种常见的圆振筛性能参数如表 16-11～表 16-14 所示。

表 16-11　矿用圆运动振动筛主要技术性能参数

型号	筛面 层数	筛面 面积/m²	筛面 倾角/(°)	筛孔尺寸/mm	给料速度/mm	处理量/(t/h)	频率/Hz	双振幅/mm	电动机 型号	电动机 功率/kW	外形尺寸(长×宽×高)/(mm×mm×mm)	总质量/kg
DD918	1	1.6	20	1~25	≤60	10~30	16.67	5~6	Y100L-4	2.2	1926×1418×1809	440
2DD918	2	1.6	20	1~25	≤60	10~30	16.67	5~6	Y100L-4	2.2	1926×1418×2013	600
ZD918	1	1.6	20	1~25	≤60	10~30	16.67	6	Y100L-4	2.2	1926×1737×1434	553
2ZD918	2	1.6	20	1~25	≤60	10~30	16.67	6	Y100L-4	2.2	1926×1737×1634	702
ZD1224	1	2.9	20	6~40	≤100	70~210	16.17	6~7	Y112M-4	4	2471×2109×1334	1130
2ZD1224	2	2.9	20	6~40	≤100	70~210	16.17	6~7	Y112M-4	4	2560×2099×1780	1545
DD1235	1	3.5	20	50,100	≤100	150~210	15.33	2.5~3.5	—	5.5	—	2235
ZD1235	1	3.5	20	50	≤100	150~210	15.33	2.5~3.5	—	5.5	—	2235
ZD1530	1	4.5	20	6~50	≤100	90~270	15.33	6~7	Y132S-4	5.5	3071×2619×1566	1650
2ZD1530	2	4.5	20	6~50	≤100	90~270	16.17	6~7	Y132S-4	5.5	3170×2619×2250	2260
ZD1540	1	6	20	6~50	≤100	90~270	16.17	7	Y132M-4	7.5	4069×2651×2038	2070
2ZD1540	2	6	20	6~50	≤100	90~270	16.17	7	Y132M-4	7.5	4156×2651×2656	2850
DD1740	1	6	20	50	≤100	240~360	15.33	2.5~3.5	—	7.5	—	3070
ZD1740	1	6	20	50	≤100	240~360	15.33	2.5~3.5	—	7.5	—	3070
ZD1836	1	6.5	20	6~50	≤150	100~300	16.17	7	Y160M-4	11	3669×3016×1807	4960
ZD1836J	1	6.5	20	43×58 87×104	≤150	100~300	16.17	7	Y160M-4	11	3069×3100×1807	4754
ZD2160	1	12	20	6~50	≤150	240~540	15.00	8	Y180L-4	22	6080×3776×3075	6529

表 16-12　YA 型圆振动筛主要技术性能参数

| 型号 | 筛面 | | | | | 给料粒度/mm | 处理量/(t/h) | 频率/Hz | 双振幅/mm | 电动机 | | 外形尺寸(长×宽×高)/(mm×mm×mm) | 总质量/kg |
	面积/m²	层数	倾角/(°)	筛孔尺寸/mm	结构					型号	功率/kW		
YA1236	4.3	1	20	6~50	编织	≤200	75~245	14.08	9.5	Y160M-4	11	3757×2364×2456	4905
2YA1236	3	2	20	6~50	编织	≤200	75~245	14.08	9.5	Y160M-4	11	3757×2364×2456	5311
YA1530	4.5	1	20	6~50	编织	≤200	80~255	14.08	9.5	Y160M-4	11	3184×2670×2280	4675
YA1535	5.4	1	20	6~50	编织	≤200	95~310	14.08	9.5	Y160M-4	11	3757×2670×2419	5137
2YA1535	5.4	2	20	6~50	编织	≤200	95~310	14.08	10.5	Y160L-4	15	3757×2715×2419	5624
YAH1536	5.4	1	20	30~150	冲孔	≤400	240~660	12.58	11	Y160M-4	11	3757×2570×2437	5621
2YAH1536	5.4	2	20	30~150/6~50	上冲孔下编织	≤400	240~660	12.58	11	Y160L-4	15	3757×2715×2437	5045
YA1542	6.3	1	20	6~50	编织	≤200	110~360	14.08	9.5	Y160M-4	11	4331×2670×2655	5515
2YA1542	6.3	2	20	6~50	编织	≤200	110~360	14.08	9.5	Y160L-4	15	4331×2715×2675	6098
YA1548	7.2	1	20	6~50	编织	≤200	125~410	14.08	9.5	Y160L-4	15	4904×2715×2854	5918
2YA1548	7.2	2	20	6~50	编织	≤200	125~410	14.08	9.5	Y160L-4	15	4904×2715×2861	6321
YAH1548	7.2	1	20	30~150	冲孔	≤400	320~780	12.58	11	Y160L-4	15	4904×2715×2943	6842
2YAH1548	7.2	2	20	30~150/6~50	上冲孔下编织	≤400	320~780	12.58	11	Y160L-4	15	4904×2715×2943	7404
YA1836	6.5	1	20	6~50	编织	≤200	115~370	14.08	9.5	Y160M-4	11	3757×2975×2419	5205
2YA1836	6.5	2	20	6~50	编织	≤200	115~370	14.08	9.5	Y160L-4	15	3757×2975×2419	5946
YAH1836	6.5	1	20	30~150	冲孔	≤400	290~800	12.58	11	Y160M-4	11	3757×2975×2437	5900
2YAH1836	6.5	2	20	30~150/6~50	上冲孔下编织	≤400	290~800	12.58	11	Y160L-4	15	3757×3020×2437	6353
YA1842	7.6	1	20	6~50	编织	≤200	135~430	14.08	9.5	Y160L-4	15	4331×3020×2675	5829
2YA1842	7.6	2	20	6~50	编织	≤200	135~430	14.08	9.5	Y160L-4	15	4331×3020×2675	6437
YAH1842	7.6	1	20	30~150	冲孔	≤400	340~900	12.58	11	Y160L-4	15	4331×3020×2700	6352
2YAH1842	7.6	2	20	30~150/6~50	上冲孔下编织	≤400	340~900	12.58	11	Y160L-4	15	4331×3020×2700	7037

续表

型号	层数	筛面 面积/m²	筛面 倾角/(°)	筛面 筛孔尺寸/mm	筛面 结构	给料粒度/mm	处理量/(t/h)	频率/Hz	双振幅/mm	电动机 型号	电动机 功率/kW	外形尺寸(长×宽×高)/(mm×mm×mm)	总质量/kg
YA1848	1	8.6	20	6~50	编织	≤200	150~490	14.08	9.5	Y160L-4	15	4904×3020×2861	6289
2YA1848	2	8.6	20	6~50	编织	≤200	150~490	14.08	9.5	Y160L-4	15	4904×3020×2861	6624
YAH1848	1	8.6	20	30~150	编织	≤400	385~1000	12.58	11	Y160L-4	15	4904×3020×2943	7122
2YAH1848	2	8.6	20	30~150 / 6~50	上冲孔 下编织	≤400	385~1000	12.58	11	Y160L-4	15	4904×3020×2943	7740
YA2148	1	10	20	6~50	编织	≤200	175~570	12.47	9.5	Y180M-4	18.5	4945×3423×3515	9033
2YA2148	2	10	20	6~50	编织	≤200	175~570	12.47	9.5	Y180L-4	22	4945×3463×3515	10 532
YAH2148	1	10	20	30~150	冲孔	≤400	445~1200	11.80	11	Y180M-4	18.5	4945×3423×3501	10 430
2YAH2148	2	10	20	30~150 / 6~50	上冲孔 下编织	≤400	445~1200	11.80	11	Y180L-4	22	6092×3463×3501	11 190
YA2160	1	12.6	20	6~50	编织	≤200	220~715	12.47	9.5	Y180M-4	18.5	6092×3423×3674	9926
2YA2160	2	12.6	20	6~50	编织	≤200	220~715	12.47	9.5	Y180L-4	22	6092×3463×3674	11 249
YAH2160	1	12.6	20	30~150	冲孔	≤400	565~1400	11.80	11	Y200L-4	30	6116×3619×3849	12 490
2YAH2160	2	12.6	20	30~150 / 6~50	上冲孔 下编织	≤400	565~1400	11.80	11	Y200L-4	30	6116×3619×3849	13 858
YA2448	1	11.5	20	6~50	编织	≤200	200~650	12.47	9.5	Y180M-4	18.5	4945×3728×3473	9834
YAH2448	1	11.5	20	30~150	冲孔	≤400	515~1300	11.80	11	Y200L-4	30	4970×3925×3638	11 830
2YAH2448	2	11.5	20	30~150 / 6~50	上冲孔 下编织	≤400	515~1300	11.80	11	Y200L-4	30	4970×3925×3638	13 012
YA2460	1	14.4	20	6~50	编织	≤200	250~810	12.47	9.5	Y200L-4	30	6091×3925×3850	12 240
2YA2460	2	14.4	20	6~50	编织	≤200	250~810	12.47	9.5	Y200L-4	30	6091×3925×3850	13 583
YAH2460	1	14.4	20	30~150	冲孔	≤400	645~1500	11.80	11	Y200L-4	30	6091×3925×3846	13 096
2YAH2460	2	14.4	20	30~150 / 6~50	上冲孔 下编织	≤400	645~1500	11.80	11	Y200L-4	30	6091×3925×3846	14 455

表16-13　YK型圆振动筛主要技术性能参数

型号	筛面 层数	面积/m²	倾角/(°)	筛孔尺寸/mm	结构	给料粒度/mm	生产能力/(t/h)	频率/Hz	双振幅/mm	电动机 型号	功率/kW	参振质量/kg
YK1230	1	3.6	15~30	3~50	编织冲孔橡胶聚氨酯	≤200	233	16.17	6~10	Y160M-6	7.5	2050
2YK1230	2	3.5	15~30	3~50		≤200	233	16.17	6~10	Y160L-6	11	3128
YK1445	1	6.3	15~30	3~50		≤200	272	16.17	6~10	Y160L-6	11	3060
2YK1445	2	6.3	15~30	3~50		≤200	272	16.17	6~10	Y200L1-6	18.5	4900
YK1615	1	7.2	15~30	3~50		≤200	310	16.17	6~10	Y180L-6	15	3590
2YK1645	2	7.2	15~30	3~50		≤200	310	16.17	6~10	Y200L1-6	15	5750
YK1845	1	8.1	15~30	3~50		≤200	350	16.17	6~10	Y180L-6	15	3980
2YK1845	2	8.1	15~30	6~100		≤400	524	12.33	12~14	Y225M-8	22	6680
YK2045	1	9	15~30	3~50		≤200	388	15.17	6~10	Y180L-6	15	4200
2YK2045	2	9	15~30	6~100		≤400	582	12.33	12~14	Y225M-8	22	6780
YK2060	1	12	15~30	3~50		≤200	388	16.17	6~10	Y200L1-6	18.5	5700
2YK2060	2	12	15~30	6~100		≤400	582	12.33	12~14	Y250M-8	30	9150
YK2445	1	10.8	15~30	3~50		≤200	465	16.17	6~10	Y225S-8	18.5	5680
2YK2445	2	10.8	15~30	6~100		≤400	700	12.33	12~14	Y250M-8	30	8128
YK2480	1	14.1	15~30	6~100		≤400	700	12.33	12~14	Y225M-8	22	6590
2YK2450	2	14.4	15~30	6~100		≤400	700	12.33	12~14	Y280S-8	37	9150
YK3052	1	15.75	15~30	6~100		≤400	875	12.33	12~14	Y250M-8	30	7070
2YK3052	2	15.75	15~30	6~100		≤400	875	12.33	12~14	Y280S-8	37	11160
YK3060	1	18	15~30	6~100		≤400	875	12.33	12~14	Y250M-8	30	8500
YK3652	1	18.9	15~30	6~100		≤400	1050	12.33	12~14	Y250M-8	30	8195

表 16-14 YKR 型圆振动筛主要技术参数性能

型号	筛面			结构	给料粒度/ mm	生产能力/ (t/h)	频率/ Hz	双振幅/ mm	电动机			质量/ kg
	面积/ m²	倾角/ (°)	筛孔尺寸/ mm						型号	功率/ kW		
YKR 1022	2.25					27~247.5			Y132S-4	5.5		2060
YKR 1230	3.6					43~396			Y132M-4	7.5		2580
YKR 1237	4.5					54~495			Y132M-4	7.5		2897
YKR 1437	5.25					63~577.5			Y160M-4	11		3087
YKR 1445	6.3					75~693			Y160M-4	11		3874
YKR 1637	6			编织筛网、条缝筛网、橡胶筛网、聚氨酯筛网等		72~660			Y160M-4	11		3771
YKR 1645	7.2					86~792			Y160L-4	15		4901
YKR 1837	6.75	15~35	13~100		<300	81~742.5	13.67~15	7~10	Y160L-4	15		4490
YKR 1845	8.1					97~891			Y160L-4	15		4486
YKR 1852	9.45					113~1039.5			Y180M-4	18.5		5021
YKR 2045	9					108~990			Y180M-4	18.5		5025
YKR 2052	10.5					126~1155			Y180M-4	18.5		6835
YKR 2060	12					144~1320			Y180L-4	22		7297
YKR 2445	10.8					129~1188			Y180L-4	22		6923
YKR 2452	12.6					151~1386			Y180L-4	22		7248
YKR 2460	14.4					172~1584			Y200L-4	30		9450
YKR 3045	13.5					162~1485			Y200L-4	30		8673
YKR 3052	15.75					189~1732.5			Y200L-4	30		9225
YKR 3060	18					216~1980			Y200L-4	30		10005
YKR 3652	18.9					227~2079			Y225S-4	37		12545
YKR 3660	21.6					259~2376			Y225M-4	45		13732

续表

型号	筛面				给料粒度/mm	生产能力/(t/h)	频率/Hz	双振幅/mm	电动机		质量/kg
	面积/m²	倾角/(°)	筛孔尺寸/mm	结构					型号	功率/kW	
2YKR 1022	2.25	15~35	13~100	编织筛网，条缝筛网，冲孔筛网，橡胶筛网，聚氨酯筛网等	<300	27~247.5	13.67~15	7~10	Y132M-4	7.5	2954
2YKR 1230	3.6					43~396			Y160L-4	15	3579
2YKR 1237	4.5					54~495			Y160L-4	15	4372
2YKR 1437	5.25					63~577.5			Y160L-4	15	4767
2YKR 1445	6.3					75~693			Y180M-4	18.5	5692
2YKR 1637	6					72~660			Y180M-4	18.5	6307
2YKR 1645	7.2					86~792			Y180M-4	18.5	7052
2YKR 1845	8.1					97~891			Y220L-4	30	8702
2YKR 1852	9.45					113~1039.5			Y220L-4	30	10 305
2YKR 2045	9					108~990			Y220L-4	30	9425
2YKR 2052	10.5					125~1155			Y220L-4	30	10 702
2YKR 206o	12					144~1320			Y200L-4	30	11 189
2YKR 2445	10.8					129~1188			Y200L-4	30	10 567
2YKR 2452	12.6					151~1386			Y200L-4	30	11 813
2YKR 2460	14.4					172~1584			Y225S-4	37	12 738
2YKR 3045	13.5					162~1485			Y225M-4	45	13 913
2YKR 3052	15.75					189~1732.5			Y225M-4	45	15 079
2YKR 3060	18					216~1980			Y250M-4	55	16 758

续表

型号(现用)	层数	面积/m²	倾角/(°)	筛孔尺寸/mm	结构	给料粒度/mm	生产能力/(t/h)	频率/Hz	双振幅/mm	电动机 型号	功率/kW	外形尺寸(长×宽×高)/(mm×mm×mm)	总质量/kg
					筛面								
SZZ400×800	1	0.29	15	1~25	编织	50	12	1500	6	Y90S-4	1.1	1353×797×1250	120
SZZ₂400×800	2	0.29	15	1~16	编织	50	12	1500	6	Y90S-4	1.1	1383×797×1250	149
SZZ₂800×1600	1	1.3	15	3~40	编织	100	20~25	1430	6	Y100L1-4	2.2	2167×1653×1110	498
SZZ₂800×1600	2	1.3	15	3~40	编织	100	20~25	1430	6	Y100L2-4	3	1935×1678×1345	822
SZZ1250×2500	1	3.1	15	6~40	编织	100	150	850	2~7	Y132S-4	5.5	2569×2110×1006	1021
SZZ₂1250×2500	2	3.1	15	6~50	编织	150	100	1200	2~6	Y132M2-6	5.5	2635×2376×1873	1260
SZZ₂1250×4000	2	5	15	3~60	编织	150	120	900	2~5	Y132M-4	7.5	4184×2158×3146	2500
SZZ1500×3000	1	4.5	20	6~16	编织	100	245	800	8	Y132M-4	7.5	2855×2342×1650	2234
SZZ1500×4000	1	6	20	1~13	编织	75	250	810	8	Y132M-4	7.5	3951×2386×2173	2582
SZZ₂1500×3000	2	4.5	15	6~40	编织	100	245	840	5~10	Y132M-4	7.5	3050×2524×1855	2511
SZZ₂1500×4000	2	6	20	6~50	编织或冲孔	100	250	800	7	Y132M-4	7.5	4155×2751×2656	4022
SZZ1800×3600	1	6.48	25	6~50	编织或冲孔	150	300	750	8	Y180M-4	18.5	3750×3060×2541	4626

3）主要功能部件

圆振筛筛机主要由筛箱、筛网、振动器、减振弹簧装置、底架等组成。采用筒体式偏心轴激振器及偏心块调节振幅，振动器安装在筛箱侧板上，并由电动机通过三角皮带带动旋转，产生离心惯性力，迫使筛箱振动。筛机侧板采用优质钢板制作而成，侧板与横梁、激振器底座采用高强度螺栓或环槽铆钉连接。振动器安装在筛箱侧板上，一并由电动机通过联轴器带动旋转，产生离心惯性力，迫使筛振动。

根据激振器结构的不同，圆运动振动筛可分为三种，即简单惯性振动筛、自定中心惯性振动筛以及偏心式圆振动筛。就目前我国选煤厂使用的情况来说，自定中心式圆振动筛用得最多，简单惯性式圆振动筛使用较少，偏心式圆振动筛已被完全淘汰。

（1）简单惯性圆振动筛

简单惯性圆振动筛筛箱的振动是由不平衡的惯性作用造成的。

图 16-17 说明了简单惯性式圆振动筛的工作原理。在这种筛子中，主轴的飞轮上装有不平衡重。当主轴转动时，不平衡重所产生的激振力使筛箱作圆形运动，由于筛箱本身的反作用力作用，筛箱的中心和不平衡重是绕假想轴线 O-O 回转的，筛箱回转的离心力与不平衡重所产生的离心力平衡。根据上述原理，在筛子工作时，主轴中心线的空间位置是变化的，它绕假想轴线 O-O 转动，它的回转半径实际上就是筛子的振幅。我国选煤厂目前使用的 WK 型和 YK 型单轴振动筛都是属于简单惯性式振动筛。

① WK 型单轴振动筛

图 16-18 是 WK 型单轴振动筛的结构示意图。WK 型振动筛属于吊挂式，其筛箱用吊挂装置悬挂起来，激振器在筛箱质心下方，借电动机带动激振器的主轴回转，产生径向变化的激振力，驱动筛箱做圆形（或近似圆形）运动轨迹的振动。筛箱前后方各设有水平弹簧，以防止启动和停车时通过共振区所产生的强烈摆动。

② YK 型单轴振动筛

YK 型单轴振动筛是在吸收国外筛分机，

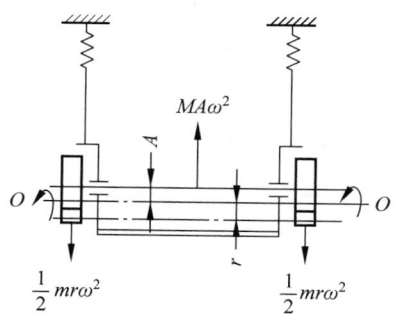

图 16-17　简单惯性式圆振动筛的工作原理

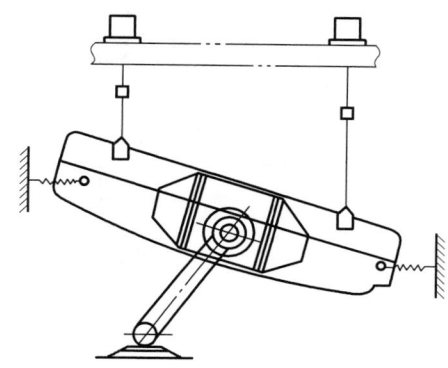

图 16-18　WK 型单轴振动筛的结构示意图

特别是德国 KHD 公司在 USK 型筛分机结构特点的基础上研制的产品，采用简单惯性式激振器。其安装方式分为吊式和座式两种，图 16-19 所示为座式结构。其采用隔振弹簧倾斜支承在支架上，筛面分单层和双层。其结构特点如下：

a. 采用块偏心激振器，直接安装在筛箱侧帮上。

b. 采用电动机、三角胶带、瓣形轮胎联轴器（图 16-20）驱动激振器转动。瓣形轮胎联轴器的轴向和径向刚度均很小，使联轴器具有较大的弹性，在旋转方向上有较大的刚度，能很好地适应筛子在停机时共振所引起的大振幅和大扭矩需要。筛箱两侧两个激振器之间采用中间轴和两个挠性盘联轴器相连。传动中采用轮胎联轴器，克服了三角胶带轮随筛箱一起振动引起胶带时松时紧的缺点。

c. 筛箱侧板采用整块钢板折弯制造。

d. 横梁及各部件与筛箱侧帮采用环槽铆钉连接。

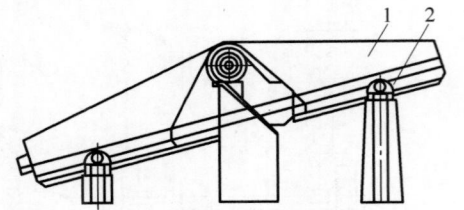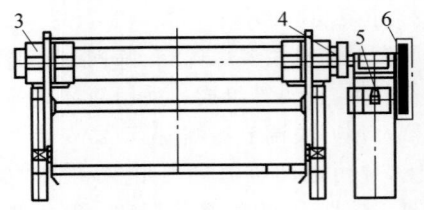

1—筛箱；2—隔振弹簧；3—偏心块罩；4—轮胎联轴器；5—电动机；6—胶带轮。

图 16-19　YK1543 圆运动振动筛结构示意图

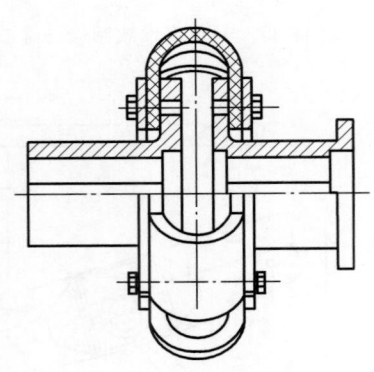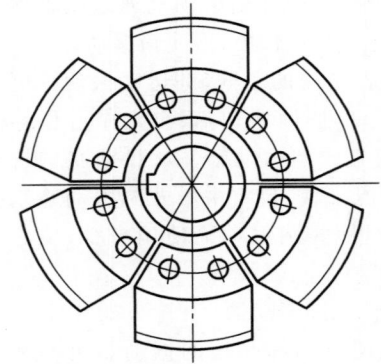

图 16-20　瓣形轮胎联轴器结构示意图

（2）自定中心式圆振动筛

自定中心式圆振动筛根据振动器结构不同，可分为轴承偏心式和皮带轮偏心式两种。

图 16-21（a）为轴承偏心式自定中心圆振动筛的工作原理。在这种筛子中，主轴是一根偏心轴，其偏心部分通过轴承与筛箱连接。轴上装有一对不平衡轮。当筛子工作时，主轴绕 O-O 轴线转动，筛箱和不平衡轮各自产生离心力，这两个离心力的方向相反。如果根据筛箱的质量适当地确定激振器的不平衡重的质量，使两个离心力得到平衡，就能使筛子工作时激振器的回转轴线固定不动，使筛箱在垂直平面上作圆形运动。

图 16-21（b）是皮带轮偏心式自定中心式圆振动筛的工作原理。这种振动筛的主轴没有偏心，不平衡轮（皮带轮）的轴孔与它的轮缘不同心，具有一定的偏心距，因此，轴的中心线与不平衡轮的中心线不在一根轴线上。从图中可见，O-O 为不平衡轮的中心线，x-x 为主轴的中心线。因为不平衡轮同时又是皮带轮，转动时要绕本身的中心线 O-O 回转，所以筛箱的重心也必然绕这根中心线回转，这和轴承偏心式

的原理一样。当筛子工作时，筛面和不平衡重所产生的离心力方向相反，适当确定两者的质量，也能达到激振器回转轴线固定不动的目的。

从上述原理可见，要使筛子工作时能自定中心，就需要恰当地调整激振器的不平衡重的质量。关于这个问题，在后面还有讨论。由于自定中心振动筛工作时，皮带轮回转中心线不变，所以传动的三角带不会时松时紧，这样，筛子的频率容易稳定，皮带的寿命也可以延长。

① DD（ZD）系列单轴振动筛

a. DD 系列单轴振动筛的结构。图 16-22 是 DD1740 单轴振动筛，这种筛子由筛箱 5、激振器和弹簧吊挂装置等组成。筛箱用弹簧吊挂装置悬吊在筛架上。弹簧吊挂装置包括钢丝绳 1、隔振螺旋弹簧 4 和防摆配重 2。改变对应两组钢丝绳的长度，可以调节筛箱的倾角。激振器装设在筛箱的中部，它包括偏心轴 7、偏心配重轮 6 和偏心皮带轮 8，利用滚动轴承将偏心轴装设在筛箱上。偏心皮带轮由电动机通过三角皮带带动。当筛子工作时，激振器使筛箱做接近圆形的运动。在筛箱振动时，皮带轮回转中心线的空间位置一般不变。

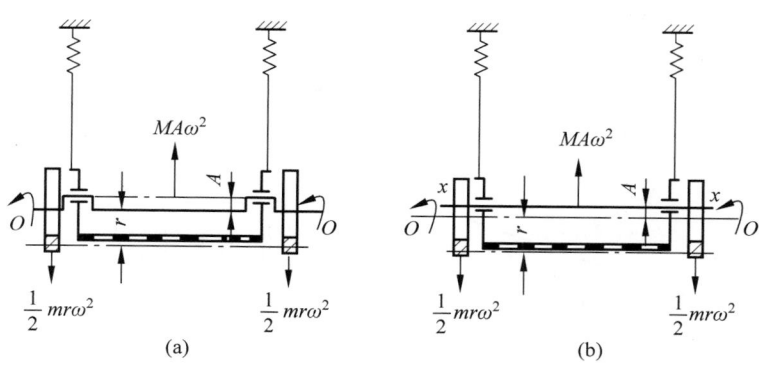

图 16-21　自定中心式圆振动筛工作原理

（a）轴承偏心式；（b）皮带轮偏心式

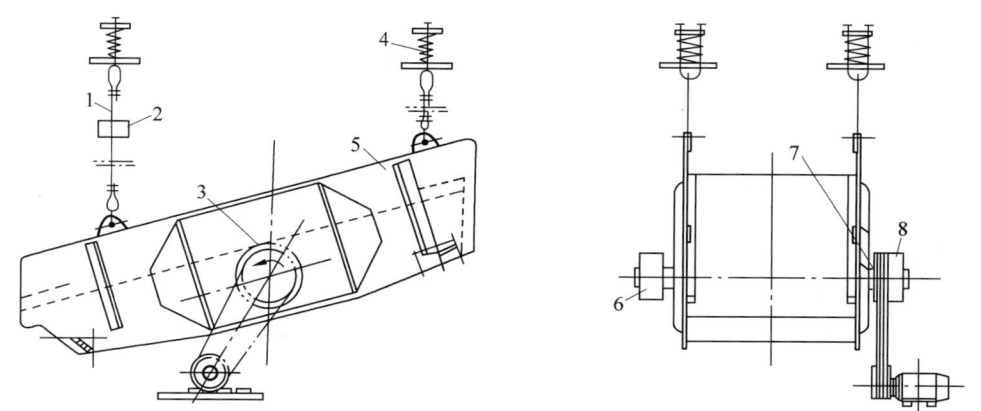

1—钢丝绳；2—防摆配重；3—激振器；4—螺旋弹簧；5—筛箱；6—偏心配重轮；7—偏心轴；8—偏心皮带轮。

图 16-22　DD1740 单轴振动筛构造

b. ZD 系列单轴振动筛的结构和技术特征。图 16-23 为 ZD1740 单轴振动筛。这种筛子是座式的，其筛箱用隔振螺旋弹簧支承在机座上。这样，可以减小筛子所占的空间。由图可见，这种振动筛除了在支承装置上与 DD 系列单轴振动筛有所不同外，其他主要结构基本相同。

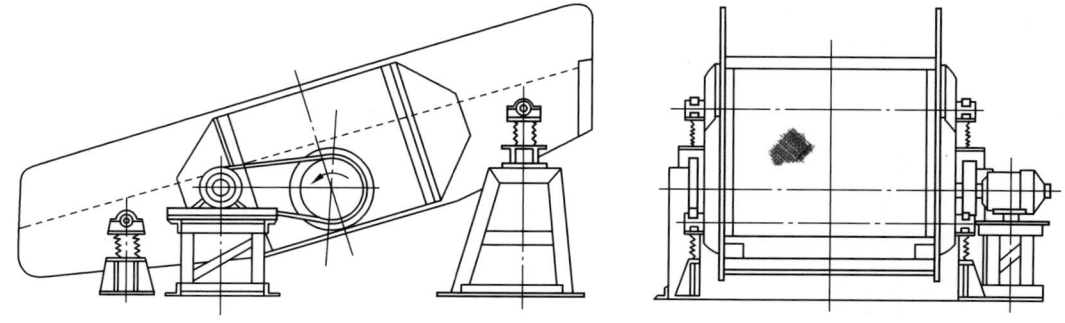

图 16-23　ZD1740 型单轴振动筛

② YA 系列单轴振动筛

YA 系列单轴振动筛是在吸收美国 RS 公司 TABOR 分公司的 TI 型筛分机结构特点的基础上研制的产品。其结构示意图如图 16-24 所示。该筛分机的筛面分单层和双层两种,由隔振弹簧倾斜支承在支架上。工作面积 4.3～21.6 m²,共四十余种规格型号。

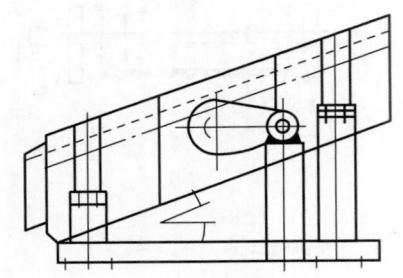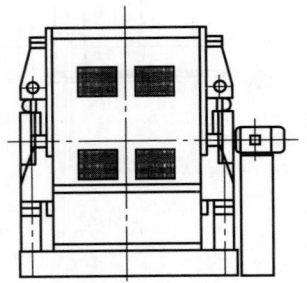

图 16-24　YA 型系列单轴振动筛结构示意图

4) 使用与维护

(1) 筛分机的安装与调整

① 安装前的准备

新设备在安装前,应该进行认真检查。由于制造的成品库存堆放时间较长,如果遇到轴承生锈、密封件老化或者搬运过程中损坏等问题,则需要更换新零件。还有如激振器,出厂前为防锈,注入了防锈油,正式投入运行前应更换成润滑油,安装前应该认真阅读说明书,做好充分准备。

② 安装

a. 安装支承或吊挂装置。安装时,要将基础找平,然后按照支承或吊挂装置的部件图和筛子的安装图,顺序装设备部件。弹簧装入前,应按端面标记的实际刚度值进行选配。

b. 将筛箱连接在支承或吊挂装置上。装好后,应按规定倾角进行调整。对于吊挂式的筛子,应当同时调整筛箱倾角和筛箱主轴的水平。一般先进行横向水平度的调整,以消除筛箱的倾斜。水平校正后,再调整筛箱纵向倾角。隔振弹簧的受力应该均匀,其受力情况可通过测量弹簧的压缩量进行判断。一般给料端两组弹簧的压缩量必须一样,排料端两组弹簧也应如此。排料端和给料端的弹簧压缩量可以有所差别。

c. 安装电动机及三角胶带。安装时,电动机的基础应该找平,电动机的水平需要校正,两胶带轮对应槽沟的中心线应当重合,三角胶带的拉力要求合适。

d. 按要求安装并固定筛面。

e. 检查筛子各连接部件(如筛板、激振器等)的固定情况,筛网应均匀张紧,以防止产生局部振动。检查传动部分的润滑情况,电动机及控制箱的接线是否正确,并用手转动传动部分,查看运转是否正常。

f. 检查筛子的入料、出料溜槽及筛下漏斗在工作时有无碰撞现象。

③ 试运转

筛分机安装完毕后,应该进行空车试运转,初步检查安装质量,并进行必要的调整。

a. 筛子空车试运转时间不得小于 8 h。在此时间内,观察筛子启动是否平稳、迅速,振动和运行是否稳定、无特殊噪声,通过振幅观察其振幅是否符合要求。

b. 筛子运转时,筛箱振动不应产生横摆。如出现横摆,其原因可能是两侧弹簧高差过大、吊挂钢丝绳的拉力不均、转动轴不水平或三角胶带过紧,应进行相应的调整。

c. 开车 4 h 内,轴承温度渐增,然后保持稳定。最高温度不超过 75℃,温升不能超过 40℃。

d. 如果开车后有异常噪声或轴承温度急剧升高,应立即停机,检查轴是否转动灵活及润滑是否良好等,待排除故障后再启动。

e. 开车 2～4 h 后停机检查各连接部件是否松动,如果有松动,待紧固后再开车。

f. 试车 8 h 后如无故障,才可对安装工程验收。

④ 调整

筛箱的振幅应符合规定。对于直线运动的筛子,振幅可以利用测量三角形测出,测量三角形是在白底上绘画的黑三角形,一般放在筛箱的侧板上,其底边与振动方向平行。

在测量三角形里画着一束平行的基线,上面标有刻度以表示三角形中相应截面的宽度。当筛箱振动时,由于人视觉上的惯性,在白底上将看到两组三角形,两组三角形斜边交点的读数就是筛子的行程(即 2 倍振幅)。

振幅不合要求可能是因为激振力小,频率降低可能是因为皮带打滑,它们可以通过调整不平衡块的质量和张紧皮带进行调整。

筛箱振动不应产生横摆。出现横摆的原因可能是弹簧高差过大、钢丝绳的拉力不均、传动轴不水平或三角皮带过紧,应进行相应的调整。

如果发现物料在筛面上产生堆积,可能是筛子传动轴转动方向或筛面的倾角不对,应当改变转动方向或加大筛面的倾角。

(2) 操作要点

① 操作人员在工作前应阅读值班记录,并进行设备的总检查。检查三角带的张紧程度、振动器中的油位情况,检查筛面张紧情况。

② 筛子启动应遵循工艺系统顺序。

③ 在筛子工作运转时,要用视、听觉检查激振器和筛箱的工作情况。停车后应用手触摸轴承盖附近,检查轴承温升。

④ 筛子停车应符合工艺系统顺序。除特殊要求外,严禁带料停车后继续向筛子给料。

⑤ 交接班时应把当班筛子技术状况和发现的故障记入值班记录。记录中应注明零部件的损伤类别及激振器加换油日期。

⑥ 筛子是高速运动的设备,筛子运转时操作巡视人员要保持一定的安全距离,以防发生人身事故。

(3) 维护与检修

筛子维护和检修的目的是了解筛子的工作状况,并修理和更换损坏、磨损的零部件,以恢复筛子的工作能力。其内容包括日常维护、定期检查和修理。

① 日常维护

日常维护内容包括筛子表面,特别是筛面紧固情况,松动时应及时紧固。定期清洗筛子表面,对于漆皮脱落部位应及时修理、除锈并涂漆,对于裸露的加工表面应涂以工业凡士林以防生锈。

② 定期检查

定期检查包括周检和月检。

a. 周检:检查激振器、筛面、支承装置等各部位的螺栓紧固情况、锁紧情况,检查三角带张紧程度,必要时适当张紧。检查筛子时,须特别注意查看在飞轮上的不平衡块固定得是否可靠,如固定不牢,筛子运转时,不平衡块就可能脱离飞轮,导致安全事故。

b. 月检:检查筛面磨损情况,如发现明显的局部磨损应采取必要的措施(如调换位置等),并重新紧固筛面。检查整个筛框,主要检查主梁和全部横梁焊缝情况,并仔细检查是否有局部裂纹。检查筛箱侧板全部螺栓情况,当发现螺栓与侧板有间隙或松动时,应更换新的螺栓。

③ 修理

对筛子进行定期检查时所发现的问题,应进行修理。修理的内容包括及时调整三角带拉力,更换新带、更换磨损的筛面以及纵向垫条,更换减振弹簧,更换滚动轴承、传动齿轮和密封件,更换损坏的螺栓,修理筛框构件的破损等。

筛框侧板及横梁应避免发生应力集中,因此不允许在这些构件上施以焊接。对于下横梁开裂应及时更换,侧板发现裂纹损伤时,应在裂纹尽头及时钻 5 mm 孔,然后在开裂部位加补强板。

激振器的拆卸、修理和装配应由专职人员在洁净场所进行。

拆卸后检查滚动轴承磨损情况,检查齿轮齿面,检查各部件连接情况,清洗箱体中的润滑回路使之畅通,清除各接合面上的附着物,更换全部密封件及其他损坏零件。

维修时应特别注意:

a. 激振器及传动装置拆卸应由有经验的

技术工人进行,严禁野蛮操作,防止损坏设备。装配前应保持零件洁净。

b. 更换后的新筛网应每隔 4～8 h 重新张

紧一次,直至张紧为止。

(4) 常见故障处理

筛分机的常见故障及消除措施见表 16-15。

表 16-15 筛分机的常见故障及消除措施

常见故障	原因	消除措施
筛分质量不好	筛孔堵塞	停机清理筛网
	原料水分高	减少给料量
	筛子给料不均匀	调节给料量
	筛上物料过厚	减少给料量
	筛网不紧	拉紧筛网
筛子转速不够	传送带松	张紧传送胶带
轴承发热	轴承缺油	注油
	轴承弄脏	洗净轴承,更换密封环,检查
	轴承注油过多或油的质量不符合要求	检查注油状况
	轴承磨损	更换轴承
筛子的振动力弱	飞轮上的重块装得不正确或过轻	调节飞轮上的重块
筛箱的振动过大	偏心量不同	找好筛子的平衡
筛子轴转不起来	轴承密封被塞住	清扫轴承密封
筛子在运转时声音不正常	轴承磨损	换轴承
	筛网未拉紧	拉紧筛网
	固定轴承的螺栓松动	拧紧螺栓
	弹簧损坏	换弹簧

3. 椭圆运动振动筛

1) 概述

对双轴振动筛激振器的偏心质量或偏心距加以调整,可使其作椭圆形轨迹的运动。椭圆轨迹运动的双轴振动筛筛分效果更好,能够避免细粒物料黏结堵塞筛网,可提高筛分效果,所以有些双轴筛采用椭圆形的运动轨迹。我国常用的椭圆振动筛主要有 DYK(B)、TAB、TKB 型振幅递减椭圆运动筛,其型号表示方法如图 16-25、图 16-26 所示。

2) 主要技术性能参数

椭圆筛基本性能参数见表 16-16、表 16-17。

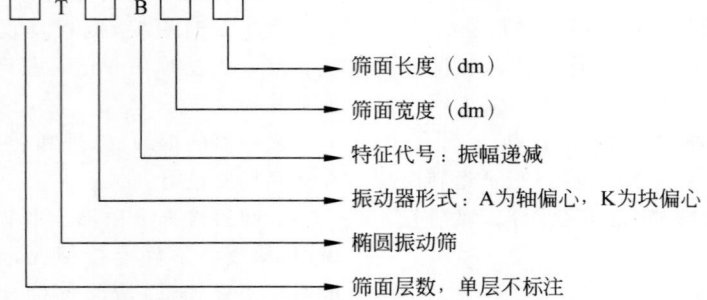

图 16-25 振幅递减椭圆运动筛型号表示方法(1)

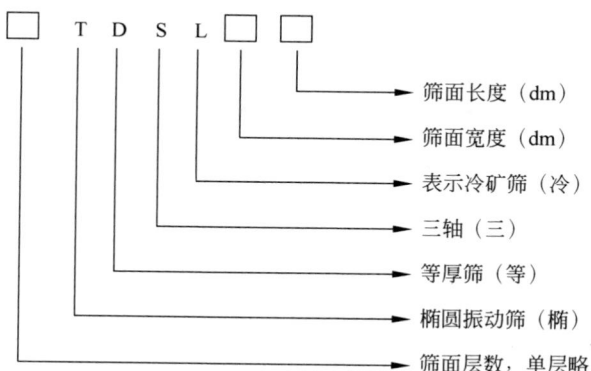

图 16-26　振幅递减椭圆运动筛型号表示方法（2）

表 16-16　椭圆筛基本性能参数

筛面规格（宽×长）/（m×m）	筛面面积/m²	最大入料粒度/mm	筛面层数	筛孔尺寸/mm	筛面倾角/（″）	振幅/mm				振动频率/Hz	处理量/（t/h）	电动机功率/kW
						入料端		出料端				
						长轴	短轴	长轴	短轴			
2.4×6.2	14.88										550～1000	2×18.5
2.7×6.2	16.74										600～1100	2×22.0
3.0×7.2	21.6										700～1300	2×30.0
3.4×7.2	24.48										800～1400	2×37.0
3.8×8.2	31.16										950～1600	2×45.0
4.2×8.2	34.44										1050～2000	2×55.0
5.0×11.3	56.50	400			20	6.00	0.75	4.50	0.75	12.33	200～2500	2×75.0
2.1×6.2	13.02										550～1000	2×18.5
2.7×6.2	16.74										600～1100	2×22.0
3.0×7.2	21.60										700～1300	2×30.0
3.4×7.2	24.48		2	上:50～150 下:5～10							800～1400	2×37.0
3.8×8.2	31.16										950～1600	2×45.0
4.2×8.2	34.44										1050～2000	2×55.0
5.0×11.3	56.50										1200～2500	2×75.0

注：处理量是以松散烟煤为依据来考核的。

表 16-17　椭圆等厚筛的基本性能参数

型号	筛面规格(宽×长)/(m×m)	筛面面积/m²	筛孔尺寸/mm	筛面倾角/(°)	振动频率/Hz	振幅/mm		振动方向角/(°)	最大入料粒度/mm	处理量/(t/h)	电动机功率/kW
						长轴	短轴				
TDS1-1530	1.5×3.0	4.5	0.5~20	12,20	12.5 13.3	4.0~5.0	1.5~2.5	45	200	60~100	18.5
TDSL-1545	1.5×4.5	6.75								80~100	
TDS1-1560	1.5×6.0	9		6,14,22						80~120	30
TDSI-1845	1.8×4.5	8.1		12,21						120~150	18.5
TDSI-2060	2.0×6.0	12.00		6.14,22						150~200	37
TDSI-2575	2.5×7.5	18.75								300~400	55
TDSI-2580	2.5×8.00	20.00									75
TDSL-2690	2.6×9.0	23.4									90
TDSL-3075	3.0×7.5	22.50								300~500	75
TDS1-3090	3.0×9.0	27		10,15,20							90
TDSL-3175	3.1×7.5	23.25		5,10,15							75
TDS1-3690	3.6×9.0	32.4		15,20,25						600~1000	
TDSI-38100	3.8×10.0	38								800~1100	2×55
TDSI-38108	3.8×10.8	41.00									
TDSI-40100	4.0×10.0	40								900~1200	2×75

2TKB-50113 大型振幅递减椭圆振动筛的结构如图 16-27 所示,由筛框、四台电动机、激振器、电动机支座、隔振装置支座、隔振装置、下筛面和上筛面等组成。

该筛机的性能参数如表 16-18 所示。

2TYA1842 椭圆振动筛的运动轨迹为椭圆,适用于中、小粒度物料的干、湿分级,筛机比同规格的其他直线振动筛筛分效率高,处理量大。电动机可安装在筛机的左侧或右侧。其技术性能及参数信息见表 16-19。

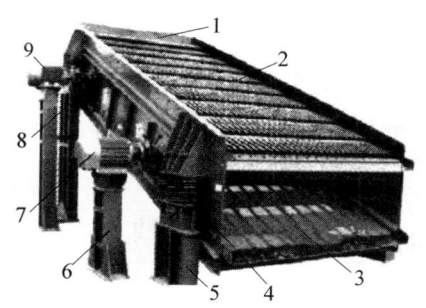

1—筛框；2—上筛面；3—下筛面；4—隔振装置；5—隔振支座；6—电动机支座；7—电动机；8—激振器；9—电动机。

图 16-27　2TKB-50113 大型振幅递减椭圆振动筛

表 16-18　2TKB-50113 大型振幅递减椭圆振动筛性能参数

性能指标	参数	性能指标			参数
筛面宽度/m	5	入料端	振幅方向	长轴/mm	6
筛面长度/m	11.3			短轴/mm	0.75
筛面面积/m²	56.5	出料端		长轴/mm	4.5
筛孔尺寸/mm	上：50～150 下：5～50		振幅值	短轴/mm	0.75
筛面/(°)	20	电动机	型号		Y280M-8
筛面层数	2		功率/kW		45×4
入料粒度/mm	≤400		转数/(r/min)		740
生产能力/(t/h)	1200～2500	最大外形尺寸(长×宽×高)/mm×mm×mm			11 251×10 181×7493
振动频率/Hz	12.33	质量/kg			79 400

表 16-19　2TYA1842 椭圆振动筛技术性能及参数

筛面					给料粒度/mm	处理量/(t/h)	频率/Hz	双振幅/mm	振动方向角/(″)	电动机	
层数	面积/m²	倾角/(°)	筛孔尺寸/mm	结构						型号	功率/kW
2	7.56	5	上：11.5 下：5	上：铁栅 下：楠齿	≤50	350～400	14.17	12	45	Y225M-6	30

外形尺寸（长×宽×高）/(mm×mm×mm)	总质量/kg	每支点工作动负荷/N		每支点最大动负荷/N		最大拆分件		处理量给定依据
		给料端	排料端	给料端	排料端	外形尺寸（长×宽×高）/(mm×mm×mm)	质量/kg	
5679×4860×3220	17 514	±3720	±3720	±18 600	±18 600	4970×2650×1265	7593	烧结矿筛分

　　TAB（TKB）系列大型振幅递减椭圆振动筛，广泛用于煤炭、冶金、矿山等行业大、中粒度物料的筛分分级。筛箱的运动轨迹为椭圆形，振幅值从入料端向出料端递减，使入料端处的物料快速减薄而分层透筛，大块物料迅速下滑，中小块物料快速筛分，保持整个振动筛

面料层厚度基本相等。与同规格的传统圆运动振动筛相比,具有生产能力大、筛分效率高等优点。TAB(TKB)系列振幅递减椭圆振动筛技术参数如表16-20所示。

表 16-20   TAB(TKB)系列振幅递减椭圆振动筛技术参数

| 型号 | 筛面 | | | 给料粒度/mm | 生产能力/(t/h) | 功率/kW |
	层数	长×宽/(mm×mm)	筛孔尺寸/mm			
2TAB3072	2	3.05×7.2	上:25~100;下:5~25	≤300	600~1200	2×30
2TAB3672	2	3.65×7.2	上:25~100;下:5~25	≤300	600~1200	2×37
2TAB2882	2	3.85×8.22	上:25~100;下:5~25	≤300	600~1200	2×45
2TAB4282	2	4.25×8.22	上:25~100;下:5~25	≤300	600~1200	2×55
2TKB50113	2	5.05×11.32	上:25~100;下:5~25	≤300	600~1200	2×45

3) 主要功能部件

图16-28所示为日本古河株式会社制造的E型振动筛。它是一种双轴椭圆运动的振动筛,由筒式激振器、筛箱、隔振弹簧、筛面、电动机、电动机座和皮带轮等组成,用于中小粒级煤的干式或湿式筛分,以及脱水、脱介和脱泥。

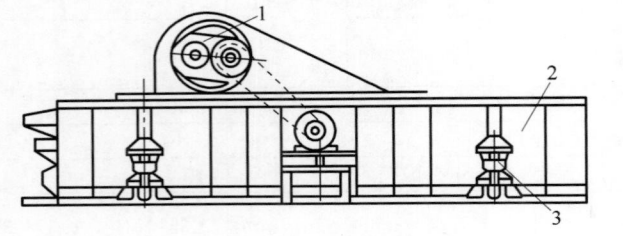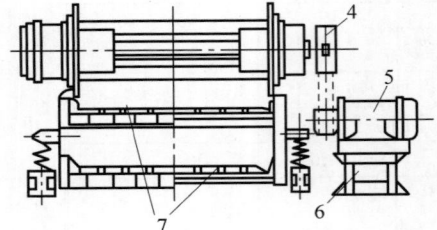

1—激振器;2—筛箱;3—隔振弹簧;4—皮带轮;5—电动机;6—电机机座;7—筛面。

图 16-28   双周椭圆振动筛(E型振动筛)

该筛采用的筒式激振器结构如图16-29所示,由滚柱轴承、两根偏心轴、一对斜齿轮、套筒和皮带轮等组成。电动机通过皮带轮和三角皮带带动主动偏心轴旋转,再通过一对斜齿轮带动从动偏心轴作反方向等速旋转,从而产生激振力。由于两根轴的偏心质量不等,所以激振器带动筛箱作椭圆运动。

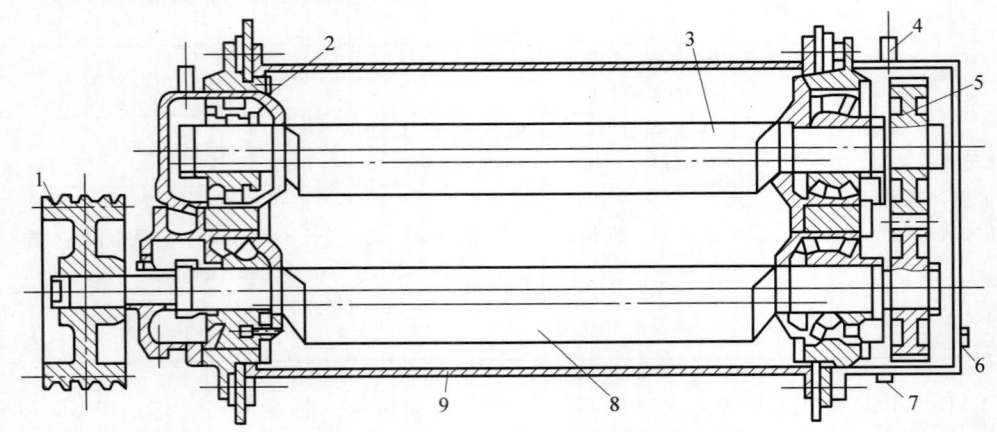

1—皮带轮;2—轴承;3—从动偏心轴;4—油杯;5—斜齿轮;6—油位表;7—排油塞;8—主动偏心轴;9—套筒。

图 16-29   双周椭圆振动筛的激振器

激振器的工作原理如图 16-30 所示,两根轴的偏心质量矩($m_1 r_1 > m_2 r_2$)不相等,所以离心力 $F_1 > F_2$,在 1、3 位置,离心力抵消一部分,作用于筛箱上的力为 $F_1 - F_2$,在椭圆运动轨迹上为短轴 b;在 2、4 位置,离心力叠加,作用于筛箱上的力为 $F_1 + F_2$,在椭圆运动轨迹上为长轴 a,相当于双振幅。这种椭圆振动筛的长短轴之比为 1∶6。

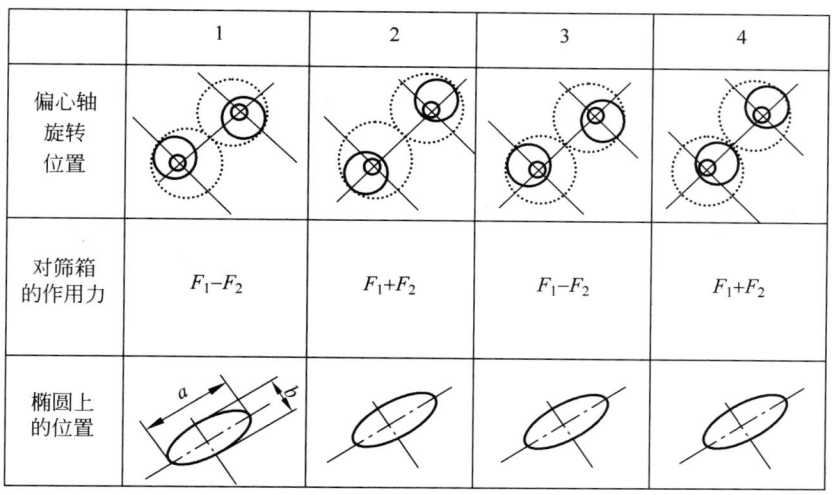

	1	2	3	4
偏心轴旋转位置				
对筛箱的作用力	$F_1 - F_2$	$F_1 + F_2$	$F_1 - F_2$	$F_1 + F_2$
椭圆上的位置				

a—长轴;b—短轴。

图 16-30　双周椭圆振动筛的激振器的工作原理

单轴双质体椭圆振动筛的结构如图 16-31 所示,由激振器、筛箱、下质体、隔振弹簧、支杆、剪切橡胶弹簧、筛面和电动机等组成。这种椭圆振动筛具有以下特点:

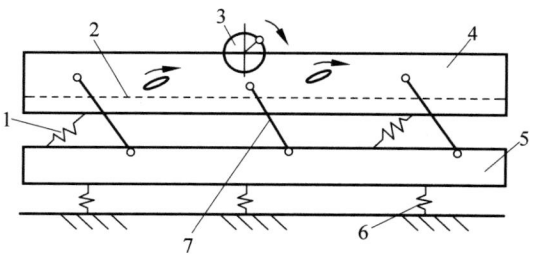

1—剪切橡胶弹簧;2—筛面;3—激振器;4—筛箱;
5—下质体;6—隔振弹簧;7—支杆。

图 16-31　单轴双质体椭圆振动筛的结构示意图

(1) 单轴激振器安装在筛箱上。

(2) 筛箱与下质体用剪切橡胶弹簧连接在一起,筛箱与下质体仅在剪切方向能产生相对运动,因而在这个方向激振器仅带动筛箱(上质体)振动,而在垂直方向上,激振器可带动上、下质体一起运动,所以筛箱的运动轨迹为椭圆形。

(3) 下质体支承在隔振弹簧上。

图 16-32 是 2DYK(B)4282 大型振幅递减椭圆振动筛结构简图。该筛机由两组振动器、筛箱及隔振装置等组成。振动器由轴和偏心块、轴承和轴承座、电动机、挠性联轴器组成。筛箱是由钢板与型钢焊接或铆接而成的箱形结构。侧板与筛面托架用环槽铆钉连接,筛箱内固定有筛网或筛板,筛箱由 4 组隔振弹簧支承,金属螺旋弹簧采用内外组合弹簧,弹簧支承装置横向装有阻尼块,用来限制筛机横向摆动和筛机过共振区时振幅的增大,减少停机时间。

4) 使用与维护

(1) 筛分机械的使用

① 启动筛分机前的检查

筛分机的操作人员,应了解筛分机的各部结构和简单的工作原理。在开动筛分机之前,应做好开车准备,检查传动带或轮胎联轴器的情况,筛网完好情况及其他各部零部件状况。

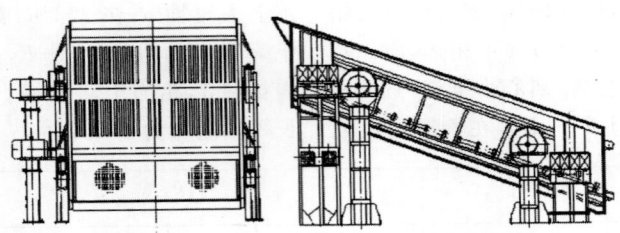

图 16-32　2DYK(B)4282 大型振幅递减椭圆振动筛

② 筛分机的启动和停车

筛分机一般用于破碎筛分或洗选工艺流程中,要求筛分机空载启动和停车,因此需遵守逆工艺流程启动,顺工艺流程停车。筛分机启动时,需闭合闸刀开关,将线路接入电网,按启动按钮,应一次启动完成。

筛分机除特殊事故外,不允许带料停车,筛分机停车,按停车按钮完成。

③ 筛分机的润滑

筛分机的润滑,主要是指对振动器轴承的润滑。有些强迫同步的直线振动筛,还要对传动齿轮进行润滑。传动电动机也应按使用说明书规定,每年检修时加油脂。

振动筛的润滑分油脂润滑和稀油润滑两种。对采用油脂润滑的振动器,应使用温度范围为 30～120℃ 的优质锂基润滑脂。在正常工作条件下,一般每个振动器在 24 h 内加油脂 150～200 g。由于振动器工作环境恶劣,也可每 8 h 加油脂 1 次。最好采用高压式黄油枪注油。采用万向联轴器传动轴的筛子,也需对万向联轴器部分加注润滑脂。对采用稀油润滑的振动器和齿轮,可用优质齿轮油,加油量视振动器的结构而定。

新安装的筛子,运行 80 h 后,要更换润滑油 1 次,以后每 300 h 更换润滑油 1 次。在冬季和夏季,由于气温的不同,最好采用不同黏度的润滑油。注油时,一定要将油枪嘴和注油口周围清理干净,不能让灰尘进入油腔。

④ 筛分机振动器的旋转方向

圆振动筛的振动器可以顺料流方向旋转,也可逆料流方向旋转。但是,顺料流方向旋转,物料通过筛面的速度较快,因而有利于提高筛子的处理能力。逆料流方向旋转,物料通过筛面的速度较慢,物料的堵孔倾向较大,一般需要加大筛面的倾角。自同步直线振动筛,一般两个偏心质量由两个电动机分别带动,两个电动机的特性必须相同,旋转方向必须相反。强迫同步的直线振动筛,对旋转方向无明确规定。

⑤ 筛分机振幅的调整

当筛分机在操作过程中发现其振幅的大小不能满足筛分作业的要求时,可以对其振幅进行调整。对块偏心式振动器,可以调整主副偏心块的夹角。夹角变小,激振力变大,振幅变大;反之,夹角变大,激振力变小,振幅变小。对轴偏心式振动器,可以增减配重飞轮和带轮上的配重块,以增减振动筛的振幅。

(2) 筛分机的维护和检修

筛分机的维护和检修,应由熟悉筛分机性能的专职人员进行。筛分机需要经常地和系统地进行检查和修理,使筛分机处于良好的工作状态下,以减少停机时间和修理费用,延长筛分机的使用寿命。筛分机的检修可以分为日检、周检、月检和年检几个阶段进行。

4．高频筛

1) 概述

高频振动筛是现代矿物加工过程中的重要设备,广泛应用于煤炭、矿山、冶金、化工以及建材等行业细粒物料的分级、脱水及脱介等作业。该筛型主要特点是频率高、振幅小,振动频率不低于 24 Hz,振幅为 0.8～2.5 mm。高频振动筛分为筛箱振动式和筛网振动式,前者与一般振动筛结构相似,其振动装置采用偏心块振动器或振动电机固定在筛箱上使筛箱振动。后者的特点是激振机构直接激振筛网,而筛箱不动。驱动方式主要包括块偏心式振动器双电机自同步驱动、箱式振动器双电机自同步驱动、箱式强迫同步驱动以及电磁振动器驱动等形式。国外最典型的高频振动筛是美国德瑞克高频筛、维尔科脱水筛和 SD 型高频振动筛。我国常用的高频振动筛主要有 QZK 系列曲面筛、GZ/GZT 系列、GPS 系列、DZS/MVS 系列电磁振动高频筛以及叠层高频筛。我国高频筛型号及其型号表示方法繁多,以 ZKG 系列型号表示方式为例,如图 16-33 所示。

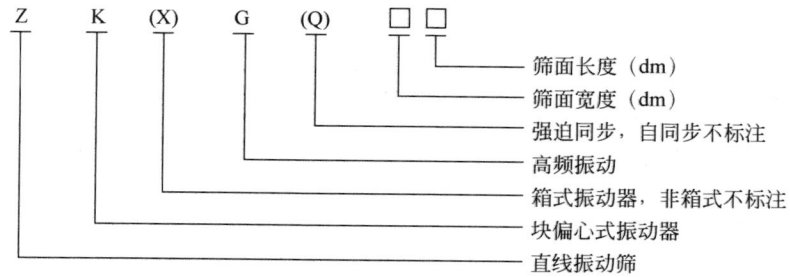

图 16-33　ZKG 系列高频振动筛型号表示方法

2) 主要技术性能参数

高频筛工作频率在 24 Hz 以上,振幅一般为 0.5~2 mm,振动强度可达 5~10 g,通常筛面按照−5°~5°的倾角进行安装。德瑞克高频叠筛是目前以最小占地面积和最小功率获取最大筛分能力的高频筛,其工作频率甚至可以达到 50 Hz,筛面倾角为 15°~25°,在入料浓度为 20%~40%时,不加喷水的条件下分级效率可以达到 90%。国产 QZK 系列曲面筛基本原理和 GZ/GZT 系列相似,采用弧形段与负倾角筛面阶梯式布置的方式,是目前市场上应用最为广泛的一种高频振动筛。几种常见高频振动筛的技术参数如表 16-21~表 16-25 所示。

表 16-21　QZK 系列曲面高频筛技术参数

型号	处理能力/	给料粒度/	筛面面积/	筛孔尺寸/	振动频率/	电机功率/	机器质量/
	(t/h)	mm	m²	mm	Hz	kW	kg
QZK1233	6~12	0~6	3.96	0.2~1	23.67	2×3	3050
QZK1433	6.5~13	0~6	4.34	0.2~1	23.67	2×3	4130
QZK1533	7~14	0~6	4.95	0.2~1	23.67	2×5.5	4060
QZK1833	8~16	0~6	5.94	0.2~1	23.67	2×7.5	4900
QZK2041	10~25	0~6	8.2	0.2~1	23.67	2×7.5	4720
QZK2045	10~28	0~6	9.0	0.2~1	23.67	2×7.5	4980

表 16-22　GZT 系列高频筛技术参数

名称	单位	型号		
		GZT1231	GZT1431	GZT1836
入料浓度	%	≥45	≥45	≥45
处理能力	t/h	14~17	18~22	25~33
筛面规格	mm×mm	1200×3100	1400×3100	1800×3600
工作面积	m²	3.5	4.03	6.12
筛孔	mm	0.2~0.3	0.2~0.3	0.2~0.3
振幅	mm	0.87~2.8	0.87~2.8	0.87~2.8
频率	Hz	25	25	25
筛上产品水分	%	24~27	24~27	24~27

表 16-23　GPS 系列高频直线振动筛技术参数

型号	筛面			振幅/mm	频率/Hz	给料粒度/mm	生产能力/(t/h)	电机功率/kW
	宽×长/(mm×mm)	筛孔尺寸/mm	筛网形式					
GPS1431	1.4×3.1	0.25~1	条缝	1.5	24	≤50	10~18	11
GPS1437	1.4×3.7	0.25~1	条缝	1.5	24	≤50	16~22	11
GPS1531	1.5×3.1	0.25~1	条缝	1.5	24	≤50	15~20	11
GPS1536	1.5×3.6	0.25~1	条缝	1.5	24	≤50	18~25	11
GPS1637	1.6×3.7	0.25~1	条缝	1.5	24	≤50	20~30	11
GPS1837	1.8×3.7	0.25~1	条缝	1.5	24	≤100	23~40	11
GPS2036	2.0×3.6	0.25~1	条缝	1.5	24	≤100	26~50	15
GPS2045	2.0×4.5	0.25~1	条缝	1.5	24	≤100	26~55	15

表 16-24　MVS 系列电磁振动高频筛技术参数

项　　目		参　　数
筛面尺寸	宽/mm	400；800；1200；1500；2000；2400；3000
	长/mm	800；1000；1100；1200；1500；1800；2000；2500；3000；3500；4000；4500；5000；6000
工作面积	m²	0.32~18.00
入料粒度	mm	≤20
筛孔	mm	0.043~6.00
振幅	mm	0~2.6
频率	Hz	25~55
单位筛面处理量	t/(m²·h)	1~12
筛面倾角	(°)	10~40
筛分效率	%	50~90

表 16-25　HGZS 系列叠层高频筛技术参数

型号	处理能力/(t/(台·h))	分离粒度/mm	筛面面积/m²	振动频率/Hz	电机功率/kW	备注
HGZS-12-1207Z	6~30	0.074~6	3.44	1405	1.8	两路再造浆
HGZS-33-1007Z	30~120	0.074~6	4.41	1405/1500	3.6	三叠层再造浆
HGZS-44-1007Z	40~150	0.074~6	5.88	1405/1500	4.5	四叠层再造浆
HGZS-55-1007Z	50~200	0.074~6	7.45	1405/1500	4.5	五叠层再造浆
HGZS-55-1207Z	80~220	0.074~6	8.88	1405/1500	4.8	五叠层再造浆
HGZS-55-1207ZⅡ	80~250	0.074~6	13.2	1405	7.2	五叠层两段再造浆

　　3）主要功能部件

　　高频筛由筛箱、高频振动器、减振装置及支撑结构、筛面以及布料器等主要功能部件构成。示意图如图 16-34、图 16-35 所示。

　　（1）高频振动器

　　高频振动器主要有块偏心激振器、激振电机以及电磁激振器。箱式块偏心激振器见图 16-36，它由两对主、副偏心块，一根轴，两套大游隙（3G）轴承及轴承座等构件组成。激振力由主、副偏心块产生，激振力大小可由主、副偏心块的夹角调整；激振电动机由电机和偏心块组成，激振力由电机旋转带动偏心块产生。

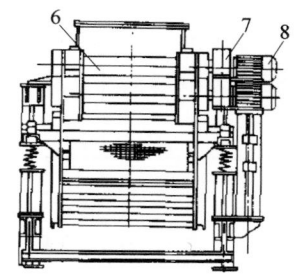

1—底架；2—支撑装置；3—电机架；4—筛框；5—给料箱；6—振动器；7—联轴器；8—电动机。

图 16-34　GZ 系列高频筛示意图

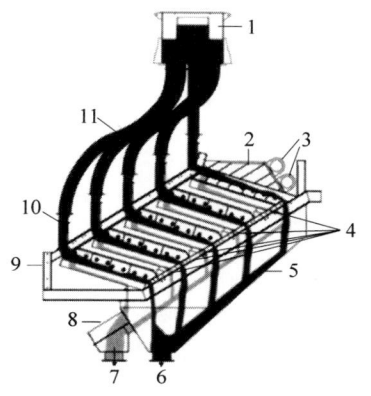

1—分料器；2—顶部筛箱；3—高频振动电机；4—底部筛箱；5—筛上产品收集料斗；6—筛上产品；7—筛下产品；8—筛下产品收集槽；9—框架；10—喂料器；11—输料管。

图 16-35　叠层高频筛示意图

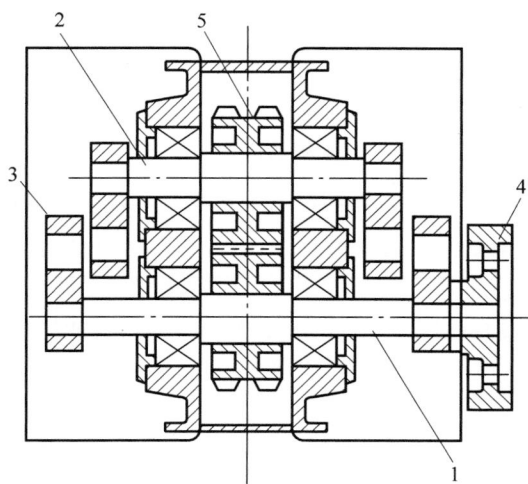

1—主动轴；2—从动轴；3—不平衡重块；4—皮带轮；5—齿轮对。

图 16-36　箱式激振器

（2）筛框

筛框由钢板、角钢焊接而成，侧板配置高强度加强筋等辅助设施。其主要由侧板、后挡板、横梁和排料嘴等组成。

4）使用与维护

（1）激振器安装检修时不得硬性敲打或有撬劲现象，确保轴承的原装配套使用，不得互换；偏心块所附加的偏心块或配重板的厚度、数量必须相同，轴承的径向游隙应采用 C3 级。

（2）万向联轴节与两侧激振器的连接必须同心，两侧偏心块处于自由铅锤位置，万向节连接螺栓能顺利穿过；安装时如出现偏差应检查万向联轴节两端连接处是否同心，不得摆动偏心块角度进行安装。

（3）振动筛应采用刚度相同的弹簧进行安装，入料端和排料端两侧弹簧刚度应尽量一致，允许高度差不超过 3 mm。

（4）振动筛橡胶弹簧的支撑座两侧应在同一水平面内，误差为 2～4 mm，以保证筛面上物料均匀前进。

（5）设备检修完成后，保障主轴灵活转动，无摩擦、卡死现象，在正常的运转情况下，轴承温度不宜超过 45℃。

（6）在启动和停机时的过共振的振幅为正常的 5 倍，最大时不应超过 8 倍。

（7）定期对各螺栓连接部位进行检查，使其牢固可靠。

（8）定期对筛板、横梁的使用磨损情况进行检查。

（9）定期检查橡胶弹簧、挠性连接片以及

万向联轴节。

（10）按照设备要求对各润滑点进行润滑和更换润滑油,振动器润滑油加注频次为每月1次,保障油位不超过轴承内空间的2/3,否则易造成轴承温度过高。

日检、周检内容如表 16-26、表 16-27 所示。

表 16-26　日检

日 检 内 容		
振动器	润滑油润滑	1. 检查油位,如果油位过低,应加油。 2. 如果筛子长期停止工作后重新使用,应放出旧的润滑油,重新加新油到规定油位。 3. 检查通气孔是否通畅。 4. 检查迷宫密封中是否有油脂。 5. 检查是否漏油。 6. 设备运转时,振动器的承受温度是否过高
	润滑脂润滑	1. 检查润滑脂的补充情况。 2. 检查润滑脂是否过多。 3. 检查螺栓是否松动。 4. 设备运转时,振动器承受轴温度是否过高
传动装置		1. 如果是 V 带传动,检查 V 带松紧是否合适。 2. 检查 V 带是否磨损。 3. 主动带轮和从动带轮是否对准,有无松动情况。 4. 如果是轮胎式联轴器传动,检查轮胎是否磨损或断裂
筛箱		1. 检查由于物料的堆积,可能形成筛箱和给料溜槽、排料溜槽间的碰撞。 2. 检查筛网的拉紧状态和磨损情况。 3. 检查筛孔是否被堵塞及物料的堆积。 4. 检查螺栓是否松动。 5. 筛子运转时,物料在筛面上分布是否均匀
支承装置和吊挂装置	支承装置	1. 检查弹簧是否断裂或损坏。 2. 检查物料是否在弹簧周围堆积。 3. 检查各个弹簧压缩程度是否均匀。 4. 检查地脚螺栓是否把紧
	吊挂装置	1. 检查钢丝绳是否磨损或断裂。 2. 各个机具钢丝绳是否牢固。 3. 检查钢丝绳的抖动情况,必要时调整平衡锤的位置。 4. 检查挂吊弹簧是否损坏,压缩量是否一致,受力是否均匀

表 16-27　周检

周 检 内 容	
振动器	1. 检查油和油脂是否被污染,如发现油或油脂中有鱼鳞状的金属颗粒,说明轴承和滚子表面有剥蚀物落下。对以上情况,应清洗轴承座内腔,重新注入新油。 2. 检查万向联轴器传动轴或挠性连接轴的连接螺栓紧固情况。 3. 异常噪声检查及异常轴承温升检查
筛箱	1. 检查侧板上螺栓紧固情况,检查侧板是否有裂纹或过度磨损筛。 2. 检查筛面张紧、磨损和断裂情况。 3. 检查筛面下橡胶垫条磨损情况。 4. 支承部件的检查、故障排除

月检时,按日检、周检内容检查外,重点检查梁和侧板是否正常,以及筛网的磨损情况,发现问题,及时处理。年检时,对振动器拆开检查修理,进行清洗,更换已磨损零件。对筛箱做全面检查,对侧板和横梁的损坏情况进行检查,更换已磨坏的螺栓和已磨坏的筛网。

16.3.2　不同筛面结构振动筛

1. 香蕉筛

1) 概述

等厚筛是近年来大型选煤厂广泛采用的新型直线振动筛,适用于煤炭或类似密度的矿物干式、湿式筛分(如煤炭脱水、脱介、脱泥)等作业。在等厚筛同一个筛框上安装多段具有不同倾角的筛面,筛面的倾角从入料端到排料端依次递减。在同一振动强度下,物料在各段筛面上可获得不同的抛掷强度和运动速度。入料端的物料抛掷强度和运动速度最大,并依次向排料端递减,使筛面上物料层厚度从入料端到排料端保持不变或递减,从而实现等厚筛分(国外也称薄层筛分),使分层透筛或者脱水效果更佳。等厚筛的名称因此而得,而其弯曲的外形与香蕉相似,又称之为香蕉筛,如图 16-37所示。入料端物料前进速度最快,用于快速将物料铺开、松散、易筛颗粒快速透筛;中段筛面倾角逐渐减小用于筛分;排料端筛面倾角最小用于检查性筛分。

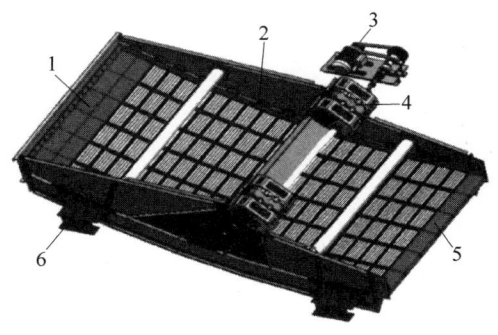

1—入料段；2—筛箱；3—传动装置；4—激振器；
5—出料段；6—隔振弹簧

图 16-37　香蕉筛立体图

目前,国外在香蕉筛的研制方面,澳大利亚、德国、美国居世界领先地位,主要产品有申克的 SLO 型单层香蕉筛和 SLD 型双层香蕉筛、优斯特跃狮(JOEST)的 SREN 单层香蕉筛和 SRZN 双层香蕉筛、康威德的 Conn-Weld/DVE 香蕉筛、约翰芬雷的 BRU 型香蕉筛、诺德伯格的多倾角(MS)振动筛和多倾角(MF)振动筛、克房伯输送技术公司的 DU-14 香蕉筛等。

我国于 1977 年采用等厚筛分法技术应用于煤炭筛分,原煤炭部选煤设计研究院承担了国家"六五"科技攻关项目"等厚筛分法的研究与推广",该项目通过大量的实际工业试验来探索等厚筛分工艺参数,为后来国内等厚筛的设计提供了比较科学的理论依据。在此工作的基础上,1981 年选煤院设计出 ZSD1894 型直线等厚筛样机,并成功应用于阜新平安煤矿选煤厂,该机是我国第 1 台单机实现等厚筛分的振动筛。在 1983—1988 年,选煤院又先后完成 ZD1273 等厚筛、ZD2490 等厚筛和 ZD1046 小型等厚筛设计,除 ZD2490 等厚筛仅使用 2 台外,其余 3 种规格均在国内得到了大量推广。1985 年选煤院还完成了等厚筛系列型谱编制,为我国等厚筛系列化和标准化打下了基础。进入 20 世纪 90 年代,国内其他单位在选煤院等厚筛技术基础上开发了其他机型的等厚筛产品,但由于基础工作不扎实,设备可靠性差,因此在国内并没有得到大面积的推广。从 1995 年以来,由于我国选煤厂规模的逐渐加大,特别是近年来随着重介质选煤技术在我国大面积地推广,香蕉筛以其处理量大、效率高、性能可靠等优点,越来越受到广泛的青睐。

国内外香蕉筛的分类见表 16-28。

香蕉筛型号表示方法符合 GB/T 25706—2010 规定,方法如图 16-38 所示。

上述部分香蕉筛结构如图 16-39～图 16-42所示。

2) 主要技术性能参数

目前,国内外具有代表性的生产企业所产香蕉筛的技术性能参数见表 16-29～表 16-31。

表 16-28　国内外香蕉筛分类

国外			国内		
类别		主要特点	类别		主要特点
申克	SLO 型单层	高激振力、高处理量,结构具有极强的耐疲劳性,可以做成较大的筛分面积	选煤院	ZD 系列	
	SLD 型双层		煤炭科学研究总院唐山研究院	SXJ 系列	
优斯特跃狮	SREN 单层	整体质量小 40% 以上,应力影响降低 25% 以上,使用的电动机功率小 15% 以上	鞍山重型机器股份有限公司	ZXF (T) 系列	筛面为 39.56 m² 的香蕉筛,每小时筛分能力高达 2500 t,产品性能、筛分面积、工作效率在世界同类产品中排名第一
	SRZN 双层				
康威德	Conn-Weld/DVE	使用效率为 90%～95%,在效率相同的情况下,处理量比其他同类产品高 20%;最大规格宽 4.27 m×长 9.15 m			
约翰芬雷	BRU 型	最大有效筛分面积:宽 4.2 m×长 9.15 m			
诺德伯格	多倾角(MS)振动筛	最大规格:宽 3.6 m×长 8.5 m	山西赛德筛选技术设备有限公司	JR 系列	单层、双层,筛型规格达到了宽 3.6 m,长 8.4 m,工作面积为 5.7～30.2 m²
	多倾角(MF)振动筛				
克虏伯	DU-14 型	双层不平衡驱动,上层大倾角,下层水平布置			

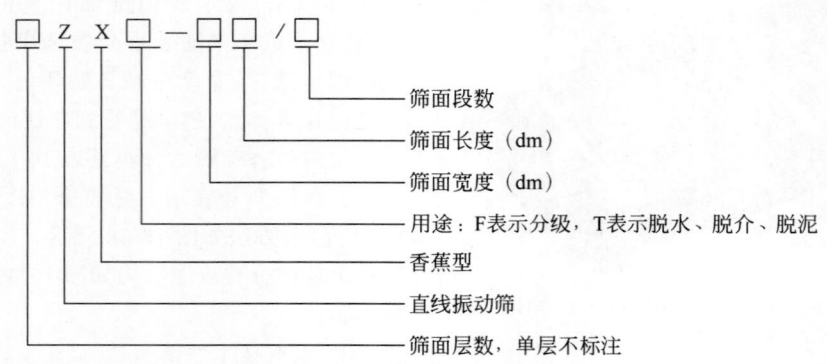

图 16-38　香蕉筛型号表示方法

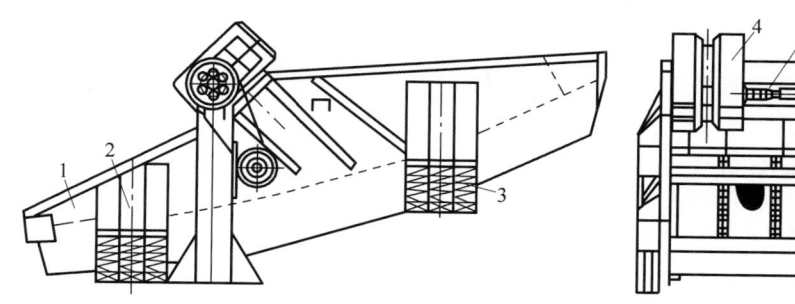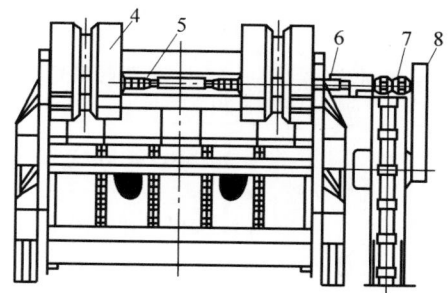

1—筛箱；2—支撑装置；3—弹簧；4—激振器；5—万向传动轴（内）；
6—万向传动轴（外）；7—传动装置；8—三角带。

图 16-39　ZD3061 型直线等厚筛结构简图

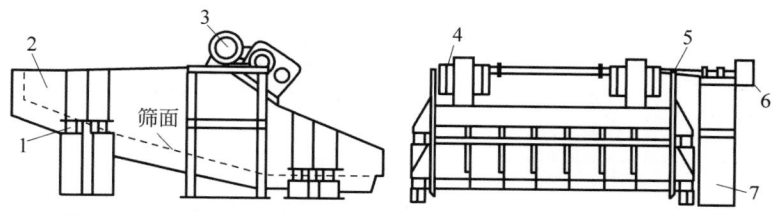

1—弹簧；2—筛箱；3—电动机；4—激振器；5—万向联轴器；6—皮带轮；7—支座。

图 16-40　SXJ 型等厚筛

图 16-41　ZXT3661/5 型香蕉筛

图 16-42　JR3072 型香蕉筛

表 16-29　国外知名品牌香蕉筛的技术参数

国别及公司	香蕉筛型号	转速/ (r/min)	双振幅/ mm	振动强 度/g	功率/kW	质量/kg
德国申克	SLO 4.3×9.0	950	8~9	4.54	75	38 000
	SLO 4261W	960	8~10	5.15	55	19 981
	SLO 3661W	900	9~11	4.98	37	11 230

续表

国别及公司	香蕉筛型号	转速/ (r/min)	双振幅/ mm	振动强 度/g	功率/kW	质量/kg
德国优斯特跃筛	2SRZN 4270×7320	830	12	4.62	75	32 200
	SRZN 4270×7320	830	12.3	4.62	55	20 540
美国康威德	DWE 3661	900	10	4.52	30	17 372
澳大利亚卢德维琪	BRU 4273	840	11.3	4.46	75	22 200
	BRU 4261	986	8.6	4.67	55	19 390
	BRU 3673	990	10	5.25	55	19 800
芬兰美卓矿业	MF 3.0×6.1	850	12	4.85	22	14 000

表 16-30　国内知名品牌香蕉筛的技术参数

厂家	型号	面积/ m²	转速/ (r/min)	双振幅/ mm	振动强 度/g	功率/ kW	直线振动 同步原理	质量/ kg
鞍重股份	ZXF4985	41.65	900	10	4.53	75	强迫同步	33 325
	ZFT4273	30.66	900	10	4.53	55	强迫同步	21 388
天津奥瑞	2-ABD4373	31.39	900	9.5	4.30	75	强迫同步	33 000
	ABS3685T	30.60	950	9.5	4.79	55	强迫同步	21 290
天地科技	SXJ4261	25.62	880	10	4.33	110	强迫同步	23 000
南昌矿机	BS4273	30.66	980	7～10	3.76	2×37	自同步	27 162
唐山森普	MDMS3648	17.28	900	11	4.98	4×11	自同步	14 150
河南威猛	WZDS3690	32.40	980	8～12	4.29	2×37	自同步	

表 16-31　国内知名品牌香蕉筛的技术参数

型号	筛面规格 （宽×长） /m×m	筛面			入料 粒度/ mm	筛孔 尺寸/ mm	振动 角/(°)	振幅/ mm	振动 频率/ Hz	处理量/ (t/h)	电动机 功率/ kW
		层数	面积/ m²	段数	倾角/ (°)						
ZXF- 1848/4	1.8× 4.8		8.64	4							150～ 650	15
ZXF- 1861/5	1.8× 6.1		10.98	5							180～ 800	22
ZXF- 2448/4	2.4× 4.8	1	11.52	4	10～35	≤300	13.0～ 100.0	45	5	15	220～ 1000	22
ZXF- 2461/5	2.4× 6.1		14.64	5							250～ 1200	30
ZXF- 2473/6	2.4× 7.3		17.52	6							280～ 1500	37

续表

型号	筛面规格(宽×长)/m×m	筛面			倾角/(°)	入料粒度/mm	筛孔尺寸/mm	振动角/(°)	振幅/mm	振动频率/Hz	处理量/(t/h)	电动机功率/kW
		层数	面积/m²	段数								
ZXF-3061/5	3.0×6.1	1	18.30	5	10~35	≤300	13.0~100.0	45	5	15	320~1700	37
ZXF-3073/6	3.0×7.3		21.90	6							350~1800	37
ZXF-3085/7	3.0×8.5		25.50	7							400~2000	45
ZXF-3661/5	3.6×6.1		21.96	5							400~2000	45
ZXF-3673/6	3.6×7.3		26.28	6							450~2000	45
ZXF-3685/7	3.6×8.5		30.60	7						14.17	500~2500	55
ZXF-4261/5	4.2×6.1		25.62	5							580~2800	55
ZXF-4273/6	4.2×7.3		30.66	6							650~3000	55
ZXF-4285/7	4.2×8.5		35.70	7							720~3200	75
ZXF-4985/7	4.9×8.5		41.65	7							850~3500	2×55
2ZXF-1848/4	1.8×4.8		8.64	4			上层50.0~100.0;下层13.0~50.0			13.33	150~650	22
2ZXF-2461/5	2.4×6.1		14.64	5							250~1200	37
2ZXF-3061/5	3.0×6.1		18.30	5							320~1700	55
2ZXF-3073/6	3.0×7.3		21.90	6							350~1800	75
2ZXF-3661/5	3.6×6.1		21.96	5							400~2000	75
2ZXF-3673/6	3.6×7.3		26.28	6							450~2000	75

续表

型号	筛面规格（宽×长）/m×m	筛面				入料粒度/mm	筛孔尺寸/mm	振动角/(°)	振幅/mm	振动频率/Hz	处理量/(t/h)	电动机功率/kW
		层数	面积/m²	段数	倾角/(°)							
ZXT-1848/4	1.8×4.8		8.64	4							80～120	15
ZXT-1861/5	1.8×6.1		10.98	5							100～150	22
ZXT-2448/4	2.4×4.8		11.52	4							110～180	22
ZXT-2461/5	2.4×6.1		14.64	5							140～250	30
ZXT-3061/5	3.0×6.1		18.30	5							180～300	37
ZXT-3073/6	3.0×7.3	1	21.90	6	5～25	≤50	0.5～13.0	45	5	15	200～350	37
ZXT-3661/5	3.6×6.1		21.96	5							230～400	45
ZXT-3673/6	3.6×7.3		26.28	6							250～450	45
ZXT-4261/5	4.2×6.1		25.62	5							300～500	55
ZXT-4273/6	4.2×7.3		30.66	6							350～500	55
ZXT-4985/7	4.9×8.5		41.56	7							400～800	55×2

注：处理量是指筛分堆密度为 0.85～0.95 t/m³ 的煤时的计算值。

3）主要功能部件

香蕉筛主机主要由筛框、筛面、振动器、减振器、电机传动装置五大部分组成。

（1）筛框

筛框是构成筛箱、用于支撑筛面的主要构件，由侧板、筛面支撑纵梁、下横梁、上横梁、后挡板和振动器安装主梁等部分组成。大型香蕉筛在进行筛框连接装配时必须采用铆接技术。侧板必须用整张板材下料成型，不许拼接；侧板上的加强件最好用优质钢板折弯件，避免采用型材的材料低劣和轧制的缺陷。筛面支撑纵梁是安装和支撑筛板的部件，在实际应用中由于受物料冲击最易损坏，国内外设计几乎都是采用角钢，鞍重股份设计了"勾"形梁结构，以增加其强度，如图 16-43 所示。下横梁是连接两片侧板和安装筛箱附件的部件，也是评价振动筛可靠性和使用寿命的指标之一。目前国际上先进的香蕉筛下横梁多采用"矩形方梁"，因为矩形方梁在同等条件下，其抗弯截面系数比较大，即梁的横截面抗弯能力比较强。另外此件处于筛面的下方，在筛分磨损大、易腐蚀的物料时，要对下横梁进行全部包胶、密封处理，以提高其使用寿命。上横梁和后挡板是筛面以上的筛框加强件，应选择无缝钢管和折弯件。振动器安装主梁是大型香蕉筛中最重要的部件，是安装箱式振动器并把激振力传递给侧板及下横梁和筛面的过渡部件，目前比较先进合理的主梁结构是内带加强筋的矩形方梁结构和双排工字钢结构。

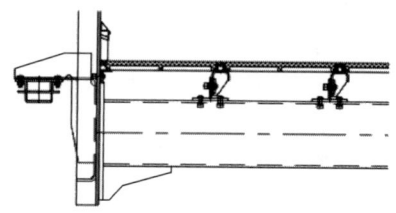

图16-43 "勾"形梁结构及轨座卡扣式
安装筛板剖视示意图

（2）筛面

筛面是振动筛上的易损部件，其结构、材质不同，使用寿命也不同。筛板的选择设计要尽量满足安装拆卸方便、使用寿命长、开孔率高等要求。目前先进的香蕉筛筛板都采用模块式安装，从安装方式上分，有压板压接式和轨座卡扣式两种。

（3）振动器

目前，国内市场上的香蕉筛大多采用自同步振动原理，设计、制造简单，成本低。但对于大型香蕉筛，如果采用自同步振动原理，筛分机的可靠性明显降低，通常会出现筛箱弹簧四支撑点对称处振幅不一致现象，称为"扭振"。扭振会加速振动筛的侧板开裂、横梁折断等，缩短其使用寿命。另外，若两轴振动器、两台驱动电机的传动精度和阻尼稍有不同，就会引起转速误差，出现振动方向角不稳定现象，影响设备的处理能力。自同步原理筛分机的振动器大部分采用甘油润滑。由于存在加油频繁、轴承润滑不充分、易发热等问题，其使用寿命较短。国际上大型香蕉筛的设计几乎都采用强迫同步原理，即采用带斜齿轮传动的箱式振动器、稀油飞溅润滑。这种振动器不但轴承使用寿命长，而且抛射角稳定，便于实现大型化。但这种振动器对密封、润滑、加工和装配精度要求较高，其技术含量和制造成本也很高。

（4）减振器

减振器是筛机运动部分和基础之间的缓冲减振装置，由弹簧及上下支座构成。振动筛上通常用的弹簧有金属螺旋弹簧、橡胶弹簧、复合弹簧等。目前国内外香蕉筛最常采用的是金属螺旋弹簧，其特点是减振性好，工作时对基础的冲击负荷小，工作环境不受温度影响，符合大振幅振动筛的运行需求。但金属螺旋弹簧在筛机启动或停机时，过"共振区"时间较长，为了缩短其共振时间，一般在大型香蕉筛的弹簧四支撑点对称位置附加横向阻尼装置。另外，为了避免金属螺旋弹簧两个端面在筛机工作时与上下支座发生摩擦噪声，要安装一个非金属弹性垫（通常为橡胶或聚氨酯材料），不但能够降低振动筛的运行噪声，还能提高金属螺旋弹簧的使用寿命。

（5）电机传动装置

电机传动装置的作用是将电动机的动力传递给振动器。电动机的级数越低、功率越大，其价格就越昂贵；反之，价格越便宜。目前国际上最常采用的电机传动形式是：电动机的输出轴安装一个小胶带轮，通过V形三角带将动力传递给大胶带轮；在轴承箱座的另一端，通过万向传动轴将动力传递到振动器上，从而完成整个动力输出、传递功能。对于大型香蕉筛，两个或两个以上的箱式振动器之间的动力传递一般采用万向传动轴。万向传动轴两端接头部分靠中间的花键连接，随着其长度增加，在工作中万向传动轴的离心力及挠度也增加，使其传动精度降低，而且经常出现损坏现象。目前国际上先进的香蕉筛都采用如图16-44所示的传动结构。

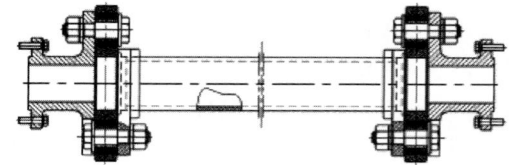

图16-44 中间传动器结构示意

图16-44中的中间传动器取消了万向传动轴的中间花键部分，改为空心直管，两端通过橡胶挠性盘和法兰盘与振动器连接。该结构的优点：一是取消了原万向传动轴的中间花键部分，无须定时人工润滑；二是在启机时，两端的橡胶挠性盘能够缓冲、吸振；三是传动精度高、使用寿命长。

4) 使用与维护

（1）箱式激振器

采用进口大游隙调心滚子轴承及飞溅稀油润滑。激振器不戴通气帽，避免外界粉尘或异物进入激振器；高磁性油塞能够吸附激振器内部金属细屑；通过增减偏心轮上的配重块可以改变激振器的激振力。

（2）筛箱

筛箱横梁在设计时采用高强度合金钢无缝矩形管。在考虑正常载荷的基础上，为适应不可预知的外部恶劣环境影响，预留较大安全系数。横梁整体采用聚脲喷涂工艺，对其表面进行喷涂处理，使横梁更耐磨、更耐冲刷，防腐效果更优。筛箱侧板由高精度数控机床切割而成，制作侧板的钢板采用的是整张合金钢钢板，不得进行拼接、焊接并且表面不得有划伤及弯曲。侧板上所有连接孔采用数控高精度机床加工，保证了侧板所有连接孔加工精度及相互的位置精度；在侧板应力较大的部位，增加加强角钢与加强板，提高侧板的强度与刚度。为减小焊接应力，侧板所有部位的连接均采用虎克铆钉。

（3）驱动总成

驱动总成主要是驱动激振器运转，为筛机提供动力源。该装置由电动机、皮带轮、驱动轴、轴承座组件、十字万向轴组成。电动机安装在可调的支撑上，方便传动皮带张紧，电动机与驱动轴进行带连接，将动力传给驱动轴，驱动轴通过十字万向轴与激振器进行连接，该驱动装置可以实现长期连续运行、低噪声、免维护。

（4）聚氨酯筛板

聚氨酯筛板采用了国际最先进的设备和原材料，并且根据各种工况进行专业的配方及网孔型设计。由于聚氨酯筛板具有高弹性的特点，可有效解决在各种筛分过程中物料糊住筛面和卡住筛孔的现象。

2. 弛张筛

1）概述

弛张筛是一种用于黏湿细粒物料干法深度分级的筛分设备。该筛面由耐磨聚氨酯材料制成，具有良好的弹性和韧性。弛张筛分过程中，通过筛面周期性弛张运动，产生远高于传统振动筛的筛面加速度，为 $30 \sim 50$ g。同时，由于筛孔的周期性变形，筛面不易堵孔，弛张筛在处理黏湿细粒物料的深度筛分方面具有显著优势。根据实现弛张运动的方式不同，弛张筛又可分为曲柄连杆式弛张筛和振动式弛张筛。

曲柄连杆式弛张筛主要由曲柄-连杆机构、驱动电机、固定筛框、浮动筛框、减振弹簧、筛面等关键部件组成，如图 16-45 所示。该筛机通过十字横梁连接两个独立的筛箱，筛面交替安装在两个横梁之间，由驱动电机带动曲柄-连杆机构进行往复运动，浮动筛框相对于固定筛框作周期性运动，从而使筛面产生交替的张紧、松弛运动。

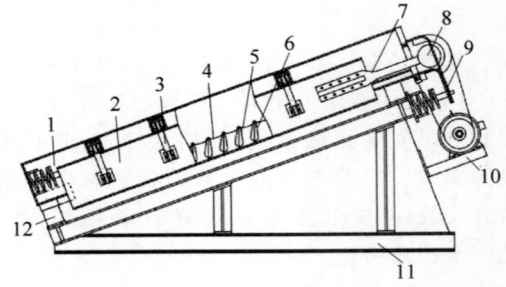

1—内筛箱；2—外筛箱；3—支板弹簧；4—筛板；5—内横梁；6—外横梁；7—连杆弹簧装置；8—传动装置；9—缓冲装置；10—电动机支架；11—支撑底架；12—隔振弹簧（来源：JB/T 10171—2012）。

图 16-45　曲柄连杆式弛张筛结构

振动式弛张筛主要由激振器、固定筛框、浮动筛框、支撑弹簧、剪切弹簧、筛面等组成，如图 16-46 所示。其运动原理：固定筛框的基本振动带动浮动筛框产生附加振动，进而使两个筛框作异向振动。另外，聚氨酯筛面两端分别安装在固定筛框和浮动筛框的横梁上，随着两个筛框的相对运动，筛面进行交替往复的张

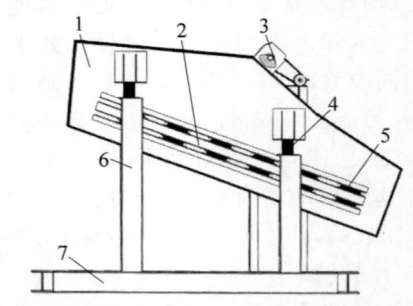

1—固定框；2—浮动框；3—电机驱动装置；4—支撑弹簧；5—剪切弹簧；6—支架；7—底座。

图 16-46　振动式弛张筛结构

紧、松弛,进而使筛面获得较高的振动加速度。

与传统振动筛相比,弛张筛的筛面振动强度大、筛分效率高,广泛应用于矿山、冶金、化工、建材等行业。其中单边驱动式弛张筛的型号表示方法如图 16-47 所示。

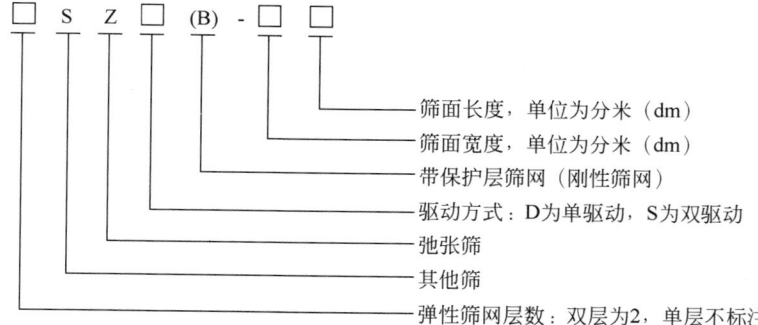

图 16-47　单边驱动式弛张筛型号表示方法

2) 主要技术性能参数

（1）筛面倾角

振动式弛张筛的安装角度一般在 15°以上。振动式弛张筛的筛面倾角一般为 15°～22°,由于曲柄连杆式弛张筛的主浮筛框只有沿筛面方向的运动,为了达到与振动式相同的处理量,需要加大整个筛体的安装倾角,筛面倾角最大可达到 30°。

（2）筛面振幅

振动式弛张筛的主筛框振幅为 4～7 mm,浮动框振幅为 12～20 mm。曲柄连杆式弛张筛的主筛框振幅和浮动框振幅均为 12 mm 左右。

（3）工作频率

振动式弛张筛的工作转速为 600～850 r/min,曲柄连杆式弛张筛的工作转速为 500～600 r/min。

（4）处理效率

振动式弛张筛的单位面积消耗功率比曲柄连杆式弛张筛低,面积效率和体积效率也要比曲柄连杆式弛张筛低,效率的对比见表 16-32。

表 16-32　同等处理能力下两种弛张筛效率对比

弛张筛种类	型号	入料粒度/mm	处理能力/(t/h)	单位面积消耗功率/(kW/m²)	面积效率/(η_s/(h·m²))	体积效率/(η_v/(h·m³))
曲柄连杆式	LF2.2-8.82/28ED	0～50	300	1.907	5.946	0.889
振动式	KRL/ED3×8	0～50	300	1.25	6.68	1.666

几种弛张筛的技术参数如表 16-33～表 16-35 所示。

3) 主要功能部件

（1）驱动机构

振动式弛张筛通过激振器产生振动,详细结构可见直线振动筛部分。

曲柄连杆式弛张筛的驱动部分主要由两大总成共八个零部件组成,结构简图如图 16-48 所示。电机通过 V 形皮带将动力传给传动轴,传动轴将动力通过万向轴传送给偏心轴。偏心轴通过带动推力杆弹簧和内筛框来驱动整个弛张筛的筛面做松弛与张紧运动。动力总成包括驱动电机和 V 形带传动。电机的输出轴上为主动轮,万向轴上为从动轮,通过带传动将电机的高转速降低为合适的转速,从而带动弛张筛偏心轴的转动。偏心轴的转动速度决定了弛张筛筛面的弛张频率。传动总成包括传动轴、万向轴、偏心轴、法兰轴承、偏心轴承和推力杆弹簧。传动轴一端与皮带轮连接,另一端与万向轴端铰接,万向轴与偏心轴轴端铰接,带动偏心轴旋转。外筛框与内筛框通过轴承连接在偏心轴上,通过偏心轴的偏心旋转来带动内外筛框的运动。

表 16-33 单曲柄连杆式弛张筛技术参数

型号	筛面规格(宽×长)/(m×m)	筛面面积/m²	筛孔尺寸/mm	筛面倾角/(°)	相对振幅/mm	振动频率/Hz	最大入料粒度/mm	电动机功率/kW	处理量/(t/h)
SZD-1021	1.0×2.10	2.10	1~30	15~25	24	10~11	50	7.5	25~50
2SZD-1021			上 14~30 下 1~13						
SZD-1042	1.0×4.20	4.20	1~30					11.0	50~100
2SZD-1042			上 14~30 下 1~13						
SZD-1542	1.5×4.20	6.30	1~30	15~25	24	10~11		15.9	80~150
2SZD-1542			上 14~30 下 1~13						
SZD-1550	1.5×5.04	7.56	1~30						95~180
2SZD-1550			上 14~30 下 1~13						
SZD-2050	2.0×5.04	10.08	1~30					18.5	120~240
2SZD-2050			上 14~30 下 1~13						

表 16-34　双曲柄连杆式弛张筛技术参数

型号	筛面规格 （宽×长）/ （m×m）	筛面 面积/ m²	筛孔尺寸/ mm	筛面 倾角/ (°)	相对 振幅/ mm	振动 频率/ Hz	最大入料 粒度/ mm	电动机 功率/ kW	处理量/ （t/h）
SZS-1542	1.5×4.20	6.30	4~10	15~25	24	10~11	50	15.0	80~146
2SZS-1542			上 14~30 下 1~13					30.0	
SZS-1555	1.5×5.50	8.25	4~10					18.5	100~196
2SZS-1555			上 14~30 下 1~13					37.0	
SZSB-1555			1~13				80	18.5	100~296
SZS-1567	1.5×6.70	10.05	4~10					22.0	120~240
2SZS-1567			上 14~30 下 1~13				50	45.0	
SZS-2050	2.0×5.00	10.00	4~10					22.0	120~235
2SZS-2050			上 14~30 下 1~13					45.0	
SZSB-2050			1~13				80	22.0	120~360
SZS-2055	2.0×5.50	11.00	4~10				50	45.0	140~255
2SZS-2055			上 14~30 下 1~13					22.0	
SZSB-2055			1~13				80		140~400

续表

型号	筛面规格（宽×长）/(m×m)	筛面面积/m²	筛孔尺寸/mm	筛面倾角/(°)	相对振幅/mm	振动频率/Hz	最大入料粒度/mm	电动机功率/kW	处理量/(t/h)
SZS-2067	2.0×6.70	13.40	4~10	15~25	24	10~11	50	30.0	170~310
2SZS-2067			上14~30 下1~13					45.0	
SZSB-2067			1~13				80	30.0	170~480
SZS-2090	2.0×9.00	18.00	4~10				50	37.0	230~420
2SZS-2090			上14~30 下1~13					55.0	
SZSB-2090			1~13				80	37.0	230~650
SZS-2290	2.2×9.0	19.80	4~10				50	45.0	255~465
2SZS-2290			上14~30 下1~13					55.0	
SZSB-2290			1~13				80	45.0	255~720
SZS-3090	3.0×9.00	27.00	4~10				50	55.0	340~625
2SZS-3090			上14~30 下1~13					75.0	
SZSB-3090			1~13				80	55.0	340~972

表 16-35 UB 型振动式弛张筛技术参数

型号	面积/m²	筛孔/mm	最大粒度/mm	处理量/(t/h)	频率/(r/min)	电机功率/kW
UFSB1860	10.62	6	50	170～200	800	11
UFSB2460	14.16	6	50	230～270	800	15
UFSB2480	18.89	6	50	310～360	800	22
UFSB3070	21.63	6	50	350～410	800	22
UFSB3080	23.61	6	50	380～450	800	22
UFSB3660	21.26	6	50	340～400	800	30
UFSB3680	28.33	6	50	460～540	800	30
UFSB4390	39.49	6	50	640～750	800	37
UFSB43120	50.74	6	50	820～970	800	45

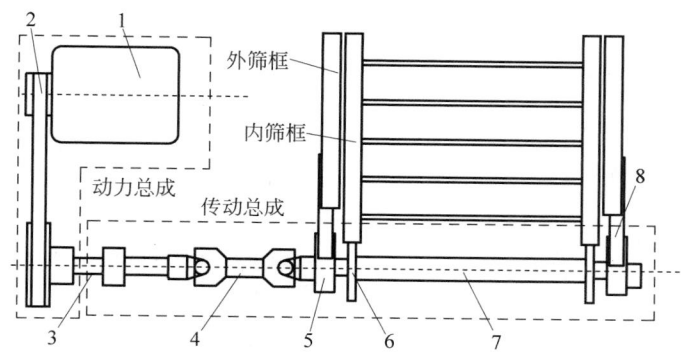

1—电机；2—V 形皮带；3—传动轴；4—万向轴；5—偏心轴承；6—法兰轴承；7—偏心轴；8—推力杆弹簧。

图 16-48 曲柄连杆式弛张筛驱动部分

（2）筛面及其紧固装置

弛张筛的筛面为筛分的最核心部分，其与被筛物料直接接触，其所用材料影响到筛分效果以及使用寿命。聚氨酯材料内部结构较为致密，不易被细小颗粒渗透，同时干分子化合物具有疏水的特性，所以用聚氨酯材料制作的筛面不易黏附潮湿的细颗粒物料，同时其本身的运动有很高的抛射强度，在弛张的过程中有自洁的效果，不易发生堵孔现象。

目前，弛张筛筛面的安装方式有螺栓固定式和卡槽嵌入式两种。

① 螺栓固定式安装：筛板沿筛宽方向布置，筛板两侧均匀布置螺栓孔，为了确保筛板与筛梁接触区受力均匀，筛板通过压条与筛梁上的螺栓连接，为防止磨损螺栓，上方装有防磨螺帽，如图 16-49 所示。这种安装方式，筛机两侧密封不好，会有物料侧漏到筛下，此外，筛

板采用螺栓固定式安装会导致筛面不平，容易阻碍物料流动且螺栓容易磨损，拆装比较麻烦。目前国内使用的弛张筛中 Liwell 弛张筛的筛板多采用的是螺栓固定式安装方式。

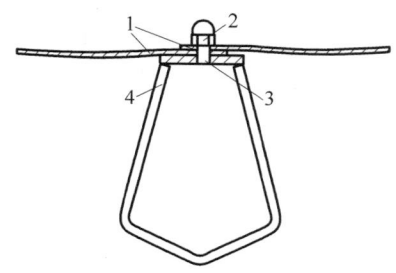

1—筛板；2—防磨螺帽；3—螺栓；4—筛梁。

图 16-49 螺栓固定式安装

② 卡槽嵌入式安装：筛板沿筛宽方向布置，每根固定梁和浮动梁上方均装有牛角形卡槽，相邻筛板共用一个筛面卡槽，两块筛板间

的缝隙用楔条密封,如图 16-50 所示。筛体两侧的筛面卡槽,采用大弧度的牛角设计,可有效防止筛上物侧漏到筛下,减少筛下物料错配物含量。卡槽嵌入式安装方式拆装简单,更换方便。宾得、伯特利、奥瑞及优格玛的筛板安装大都采用的是卡槽嵌入式安装方式。

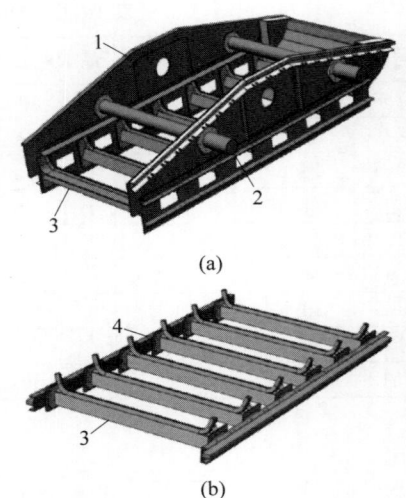

1—侧板;2—加强梁;3—横梁;4—边梁。

图 16-51　振动式弛张筛筛框结构
(a) 主筛框;(b) 浮动筛框

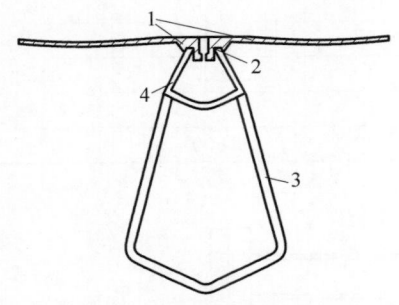

1—筛板;2—楔条;3—筛梁;4—筛面卡槽。

图 16-50　卡槽嵌入式安装

（3）筛框

普通的圆振动筛固定筛面的横梁均与侧板铆接,是一个整体,系统的振动模型为单质体振动,而振动式弛张筛固定筛面的一半横梁与侧板铆接成一个整体,称为主筛框,另一半横梁做成一个整体,称为浮动筛框,主筛框和浮动筛框之间通过剪切弹簧连接,所形成的系统为双质体振动系统。振动式弛张筛主筛框与普通圆振动筛的筛框类似,由侧板、横梁、加强梁等组成,其不同之处是侧板底部,横梁之间开有方形孔,每一个方形孔里通过一根浮动筛框的横梁,在主筛框的外部,用两根边梁将所有的浮动梁连接在一起形成浮动筛框,如图 16-51 所示。

曲柄连杆式弛张筛的筛体部分主要包括外筛框、内筛框和支撑导向弹簧。内外筛框的一端通过轴承分别连接在偏心轴的不同轴端上,内筛框通过橡胶弹簧与弛张筛机架部分相连接,外筛框通过推力杆弹簧与偏心轴连接,同时还通过支撑导向弹簧与内筛框连接。内外筛框中间有均匀间隔布置的横梁,用来固定筛面的两端。内外筛框的横梁布置方式为等间距交错布置,这样使得筛面的两端得以分别布置在不同的筛框上,如图 16-52 所示。

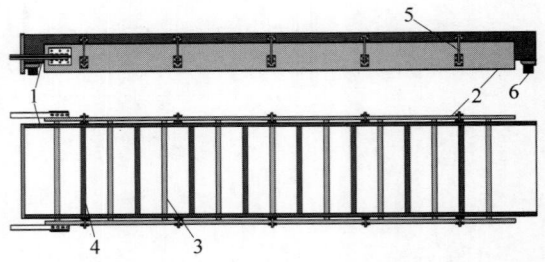

1—内筛框;2—外筛框;3—外筛框横梁;4—内筛框横梁;5—支撑导向弹簧;6—橡胶弹簧。

图 16-52　曲柄连杆式弛张筛筛框结构

4）使用与维护

（1）弛张筛的使用

操作前检查电机油位、筛面张紧情况。运行过程中,检查电机、轴承的温升,防止温升过高。筛机启动与停机应遵循相应的工艺系统顺序。

（2）弛张筛的维护

日常维护内容主要包括:筛面张紧、破损情况,激振器、驱动电机、浮动筛框、固定筛框等关键部位的螺栓紧固、锁紧情况。定期检查主梁、固定梁、浮动梁和全部横梁的焊缝情况,并检查局部裂纹;筛面破损时,及时更换筛面。

3. 概率筛

1) 概述

概率筛又称振动概率筛,是基于颗粒通过筛孔概率原理而设计的一种筛分设备,这种筛分机筛孔尺寸大于要求的分级粒度,其结构特点是筛面的筛孔长、倾角大、筛面短和层数多。概率筛的筛箱由箱框和 3~6 层筛面组成,各层筛面的倾角自上而下递增;最上层筛面倾角为 15°~35°,以下各层筛面按 4°~6° 递增,最上层筛面的筛孔最大,下面各层筛面的筛孔尺寸逐层递减。一般最上层筛面的筛孔要比分级粒度大 10~50 倍,最下层筛面的筛孔是分级粒度的 1.5~2 倍。

此外,筛面倾角和筛孔大小有相关性,它们之间的关系式是

$$a_{临} = \arccos\left[\frac{d + (1-\psi)b}{a+b}\right] - \delta \quad (16\text{-}3)$$

$$\psi = e^{-2.84\left(\frac{d}{a}+0.255\right)} \quad (16\text{-}4)$$

式中:d——颗粒直径;

a——筛孔尺寸;

b——筛丝直径;

ψ——物料弹跳后落入筛孔的系数;

δ——物料投落方向与垂线夹角。

概率筛主要体现的是多层筛面(3~6 层)、大倾角(30°~60°)、大筛孔(筛孔尺寸是分离粒度的 2~10 倍)、短筛面(筛面长 1.4~2 m)的特点,其筛面是由相互重叠、倾角自上而下递增、筛孔大小逐层递减的结构特征组成。我国常用的概率筛型号主要表示方法如图 16-53 所示。

2) 主要技术性能参数(表 16-36、表 16-37)

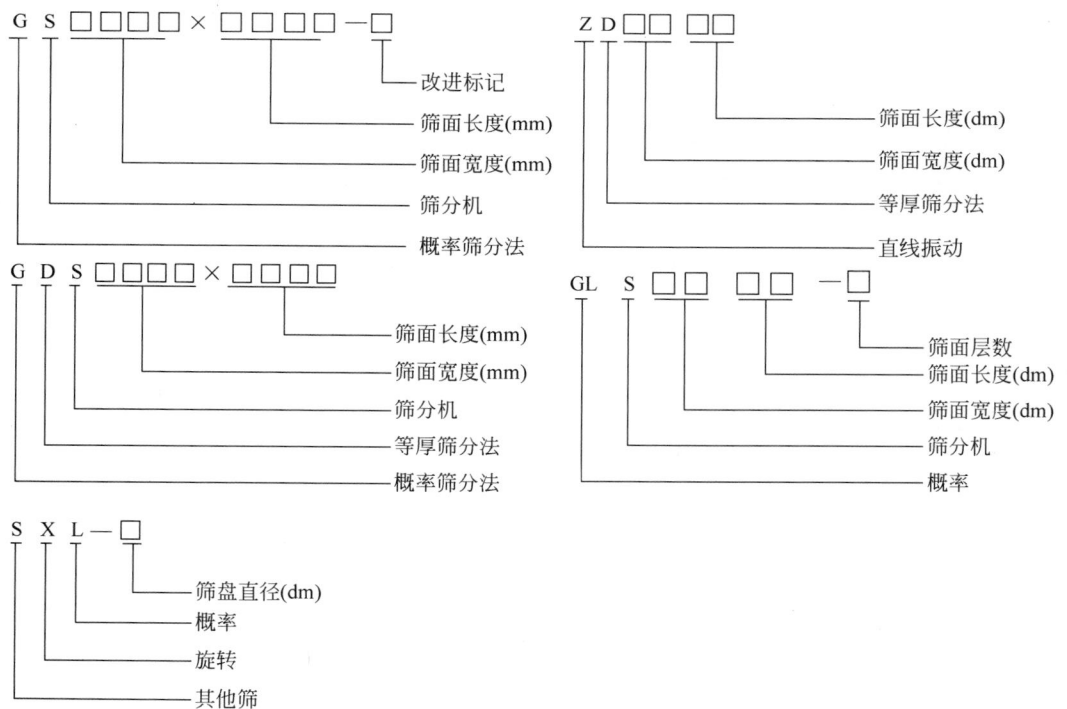

图 16-53 概率筛型号表示方法

表 16-36 GLS 型概率筛主要技术性能参数

型号	筛面层数	筛面结构	筛孔尺寸/mm	筛面面积/m²	筛面倾角/(°)	物料粒度/mm	驱动电机 型号与规格	功率/kW	振次/(min⁻¹)	双振幅/mm	生产能力/(t/h)	分效率
GLS0615	2~5 (2~8)	编织网	<50	0.9n	15~30	≤50	YZO8-6	0.55×2	960	5~8 mm	15~50	≥95%
GLS0820				1.6n			YZO10-6	0.75×2			15~50	
GLS1018				1.8n			YZO16-6	1.1×2			30~100	
GLS1020				2.0n			YZO16-6	1.1×2			30~100	
GLS1225				3.0n			YZO20-6	1.5×2			30~120	
GLS1530				4.5n			YZO40-6	3.0×2			30~160	
GLS1536				5.4n			YZO50-6	3.7×2			30~160	
GLS1830				5.4n			YZO50-6	3.7×2			30~180	
GLS1836				6.5n			YZO50-6	3.7×2			30~180	
GLS2030				6.0n			YZO50-6	3.7×2			30~180	
GLS2040				8.0n			YZO50-6	3.7×2			50~200	
GLS2045				9.0n			YZO50-6	3.7×2			50~200	

表 16-37 XLS 型概率筛主要技术性能参数

参数项目		型号 SXL-20	型号 SXL-24	型号 SXL-30
入料粒度/mm		150~200	200~250	250~300
分级粒度/mm		0~50(单层),0~100(双层)		4~13
处理量/(t/h)		20~25		10.0
给料盘	直径/mm	1360	1600	2000
	转速/(r/min)	11		
	驱动电动机功率/kW	4.0		
筛盘	直径/mm	2000	2400	3000
	筛面面积/m²	1.70	2.50	3.45
	筛条数量/根	180	240	300
	转速/(r/min)	40~80		
	驱动电动机功率/kW	7.5		
排料盘	直径/mm	2720	3120	3800
	转速/(r/min)	6		8
	驱动电动机功率/kW	5.5		7.5

3) 主要功能部件

概率筛的筛面均作直线振动,故与普通振动筛一样,可采用双轴惯性激振器,用两台电动机分别带动。对于体积小、质量小的概率筛,可用一对振动电机直接装在筛箱上激振,两激振电动机自同步运转,产生直线振动。由于筛箱和激振器之间的连接方式不同,故有两种不同激振系统的激振器:①激振器直接固接在筛条上,像普通直线振动筛,这种概率筛是线性振动系统;②激振器安装在平衡架上,平衡架与筛箱之间是弹性连接,筛箱用弹簧吊挂,这种概率筛是双质量振动系统。概率筛基本上采用带有弹簧的悬吊装置,质量小的小筛分机用圆柱螺旋弹簧连接吊挂装置进行调节。根据厂房条件和配置的需要,概率筛也可安装成座式,和直线振动筛一样,筛箱通过一组弹簧支承在机座上,如图16-54所示。

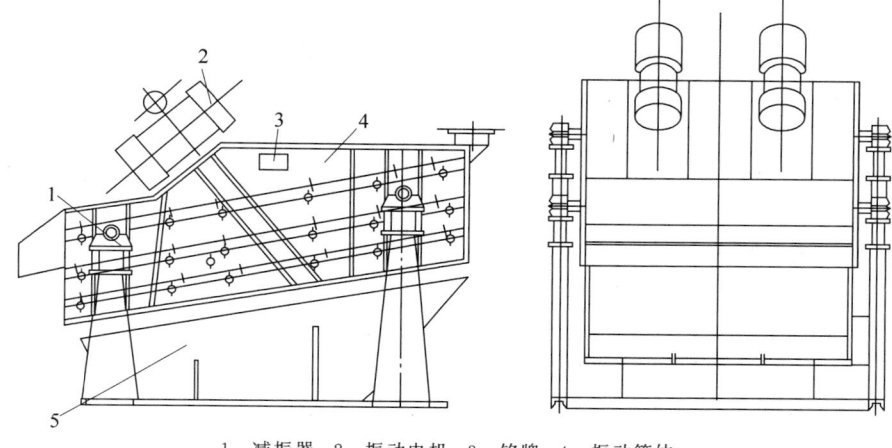

1—减振器;2—振动电机;3—铭牌;4—振动筛体。

图16-54 筛箱、激振器、筛面

概率筛最早是由瑞典人摩根森于20世纪50年代研制成功的,中国研制的概率筛于1977年问世,在工业生产中得到广泛应用的有自同步式概率筛和惯性共振式概率筛等,其优点如下:

① 处理量大。单位处理量相当于一般振动筛的5~10倍。

② 筛孔不易堵塞。由于概率筛采用了大筛孔和大倾角,物料透筛能力强,筛孔不易堵塞。

③ 筛面拆卸与更换容易。一个筛面往往只用两个螺栓固定,拆卸更换容易,用时短。

④ 筛机安装简单容易。仅用四个隔振弹簧悬吊在机架上或支承在机架上。

⑤ 生产费用低。

(1) 自同步振动概率筛

自同步振动概率筛由一个筛箱框架和5层(一般为3~6层)坡度自上而下递增、筛孔尺寸自上而下递减的筛面组成,安装在筛箱上的带偏心块的激振使悬挂在弹簧上的筛箱作直线振动。物料从筛箱上部入料口给入后,迅速松散,并按不同粒度均匀分布在各层筛面上,然后各粒级的物料分成6路从筛面下端及下方排出,具有处理能力大和能耗小的优点。其由筛箱、激振电机、筛网固定装置、筛上物出口、筛下物出口、盖板、筛网、入料口、悬吊装置等组成,如图16-55所示。其主要用于原煤的准备筛分与最终筛分。该类型概率筛具有大筛孔(筛孔尺寸是分离粒度的2~10倍)、短筛面(筛面长度1.4~2.0 m)、多层筛面(3~6层)及大倾角(30°~60°)等特点,且筛面互相重叠、筛面倾角自上而下递增、筛孔大小逐层递减。概率筛可将外在水分高(大于7%)、细泥含量大(0~50 mm)的煤筛分成4个粒级产品(0~6 mm、6~13 mm、13~25 mm 和25~50 mm)。由于筛孔尺寸为分离粒度的2~10倍,故处理量大,堵孔较少,设备体积小,占地面积小,维修方便。对外在水分7%~14%的烟煤进行

6 mm 分级粒度筛分时,处理能力可达 160 t/h,筛分效率在 80% 以上,是一种较好的用于潮湿细粒黏性物料的筛分设备。缺点是细粒级物料筛分时,需设置多层筛面增加筛分面积,筛箱高度较大,因此不适应目前振动筛大型化、大处理量发展要求,且概率筛属于近似筛分,筛分精度相对较低,只适于对筛分精度要求不高的场合。

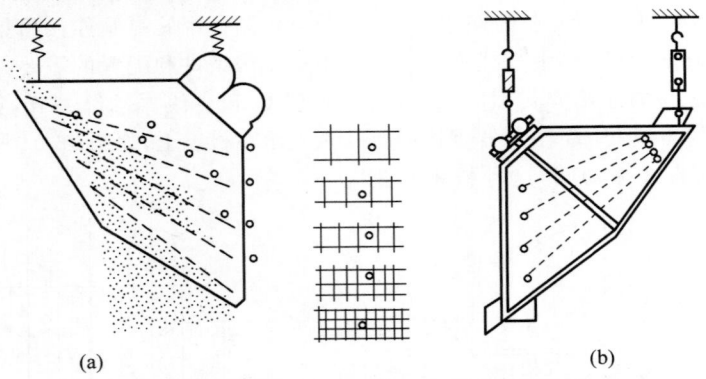

图 16-55　自同步概率筛工作原理与筛体结构

（2）惯性共振式概率筛

惯性共振式概率筛主要用于炼铁厂焦炭和烧结矿的筛分,采用单轴惯性激振器,由筛箱、平衡质体与剪切橡胶弹簧所组成的主振动系统在近共振状态下工作,如图 16-56 所示。该筛机在完成筛分工作的同时,兼做给料机使用。该筛机为双质体振动系统,在两个振动质体之间装有剪切弹簧,两个质体与剪切橡胶弹簧组成了主振系统,其工作频率略低于主振系统的固有频率。筛箱用四个隔振弹簧悬吊在结构架上,平衡质体通过剪切橡胶弹簧与筛箱相连,两个振动质体与隔振弹簧组成了防止把振动传给机架的隔振系统。筛机的工作频率通常为隔振系统固有频率的 3 倍以上,这样可获得良好的隔振效果。

惯性共振式概率筛的特点如下:

① 产量大。其单位面积产量约是普通振动筛的 5 倍,用于焦炭筛分的产量为 80～120 t/h;用于烧结矿筛分,产量为 220～260 t/h。

② 启动、停车迅速。启动时间只需 0.4 s 左右,而停车后送料之后时间不超过 3 s。对于一般振动筛,与自同步概率筛相比,其启动、停车时间要 3～5 倍甚至还需要更长时间。

③ 该筛机除了筛分之外,还兼做给料机使用,当筛机开动后,料仓中的物料即会自动进入筛机中。

④ 筛面采用橡胶筛板,耐磨性高,筛孔不

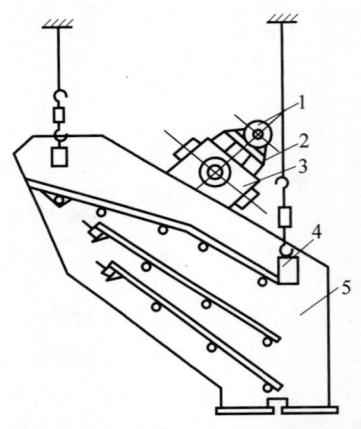

1—传动部分；2—平衡质体；3—剪切橡胶弹簧；4—隔振弹簧；5—筛箱。

图 16-56　惯性共振式概率筛结构

易发生堵塞。

⑤ 噪声小,由于采用了剪切橡胶弹簧为主振弹簧,工作时无刺耳噪声,耐磨橡胶筛板,相应地减少了物料冲击筛板时产生的噪声。

⑥ 防尘较好。由于采用了全封闭的筛箱结构,无须另设防尘措施。设备紧凑,结构简单。

⑦ 筛面拆卸容易,维修工作量很小。

惯性共振式概率筛的主要功能部件如图 16-57 所示。

① 筛箱:筛箱由钢板电焊而成,侧板与横梁采用优质耐热不锈钢或优质耐热钢制造,主

受力板和侧板的连接,侧板和横梁的连接采用　环槽铆钉铆接,连接紧固可靠。

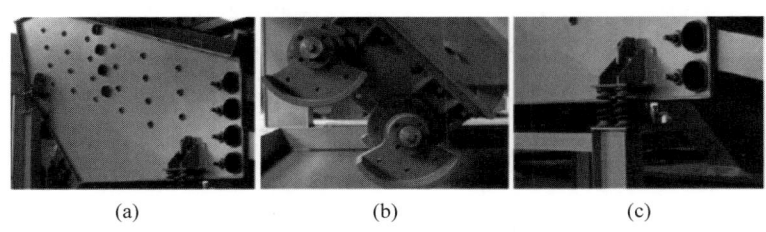

图 16-57　主要功能部件

(a) 筛箱；(b) 激振器；(c) 弹簧

作用:限制物料的运动面积,防止物料在筛分过程中出现溢散现象;配合机壳防止外界灰尘进入,防止干扰物料的正常筛分。

② 激振器:概率筛激振器是概率筛的核心结构,是由两个单不平衡重振动器组合而成的,由装在两根振动轴端的一对惰齿轮使它们强迫联系起来(也可以由双电机驱动)。

作用:激振器产生激振力后将其施加到设备上,再使得筛分物料受到一定形式和大小的振动力,从而实现对物料的筛分作业。

③ 概率筛的支承(吊挂)装置:支承装置由弹簧,弹簧的上、下支座,定位块,筛箱耳轴和摩擦阻尼器等组成。

作用:防止共振现象产生,防止筛箱产生横向摆动。

④ 减振主装置:即减振弹簧,减振弹簧的安放位置就在概率筛的筛体和筛座之间。

作用:降低噪声;可以减少振动力对机器造成的损耗,对机器进行保护。

4) 使用与维护

(1) 安装与调试

① 包装箱或开始安装振动筛之前,应彻底检查所提供的说明书和图纸。装箱单详细地列明了各包装箱的内容。在接收货物之后,要检查包装箱内的物件,然后,重新密封包装箱以免箱内物件损失或损坏,只有当安装期间需要这些物件时,才再次开箱。

② 为橡胶或聚氨酯覆层的部件,例如橡胶弹簧,必须给予防护,以免遭受直接强烈光照、高温、较大的昼夜温度变化或机械性损坏。

③ 无论使用何种包装材料,设备均应放置在水平支座或枕木上,避免直接接触地面。短期存放时,应采用防水帆布覆盖设备;长期存放时,则要将更结实耐用的材料覆盖或存放于室内。

④ 在运输或安装振动筛时可以卸下振动电机,或请厂家技术人员进行现场指导。

安装振动电机时请务必核对以下安装条件:

① 振动电机环境温度的正常值,按一般规定,是从 -15℃ 至 +40℃。如有超出范围请在签订协议时注明。

② 如果电动机安装在通风很差的室内,该室内的环境温度会高于规定的温度界限。要采取措施保证室内充分通风。

③ 如果环境空气中含有较多灰尘,在机体上聚集,将降低冷却效果,造成机体过热。

④ 安装位置应无有害气体或蒸气(例如易燃气体)。如果安装位置存在有害气体,则要采用特种电动机。

运行:

① 参考接线和连接图,检查电源、继电器、其他保护装置和启动器的接线及相互连接状况。

② 检查各接头,保证其连接紧密,绝缘良好,引线连接位置正确并具有足够间距。

③ 验证电动机机体和终端箱接地正确。

启动:

① 当初次启动电动机时,要进行无载运转,在连接负载之前,要保证电动机运转良好,无噪声,旋转方向正确。

② 检查供电电压等于电动机的额定电压。供电电压的容许偏差是额定电压的 +10%(当处于额定频率时)。超过偏差将会引起绕组过热。

③ 电源频率的容许偏差在 +5% 额定值的

范围内(当处于额定电压时)。在电压和频率两者都有偏差的情况下,总的容许限值是10%,绝对值或双偏差的和数以百分率计算。

④ 振动电机能够连续地二次启动,在正常负载条件下,电机开始处于正常工作温度。在电动机断电 30 min 的冷却期限之后,它能够第三次启动。

⑤ 如果驱动设备具有较大的惯性以至于延长了启动时间(启动时间异常得长久),或者不能顺利地完成启动,在启动时产生异常噪声,则要与公司取得联系。

⑥ 可采用手感方式或采用振幅牌来检查振动幅度。

⑦ 注意任何部件的松动情况,当振动筛的螺栓松动或其他部件松动时,不得进行操作,否则,振动筛结构将会发生严重损坏。在调整松动部件之前,要根据现场安全规程,断开振动筛电源并使振动筛停机。

⑧ 在设备初运行 50 h 之后和此后每隔 150 h 运行之后,或按照说明书中维护部分的规定,检查所有螺栓的紧固性。

⑨ 在设备初连续运行的 50 h 期间,要经常地检查振动电机的工作温度,以便保证正确地选择适合于工作温度的润滑油。

⑩ 振动电机达到其稳定的工作温度大约需连续运行 2 h。

(2) 使用与维护

① 驱动装置和进料系统断开电源之后,才可维修或清洁设备。切勿爬上正在运行的筛子。

② 要遵循执行筛子的每日例行检查和每隔 150 h 运行的系统检查。

③ 振动电机的维护细节请参照振动电机使用说明书。

④ 作为一般指导要求,设备每运行 150 h,必须检查所有螺栓的紧固性。对于某些筛板结构,需要更经常地检查。

⑤ 振动设备上紧固振动电机的安装螺栓均采用双螺母防松措施,无须在螺母与部件之间装上热处理硬化的垫圈。

⑥ 振动结构和所有连接的可运行部件(例如弹簧等),必须能够正常运行。振动筛的任何部分均不应碰撞固定的部件(例如溜槽、平台),也不应在有聚集送料状态下进行工作。

⑦ 及时检查并清除筛板黏附物料。要在发生完全失效之前进行修复或更换磨损的筛板模块或松动的筛板模块,以防止损坏其他筛机部件或其他相关设备。

⑧ 及时更换损坏的弹簧。除了处理不当或在弹簧圈中堆积物料之外,在正常情况下,弹簧具有很长的使用寿命,一个弹簧出现故障可表明整套弹簧接近使用期限。如果发现一个弹簧有故障,那么建议更换在该支承部位的整套弹簧。

⑨ 在每次换筛板时,要检查侧板、横梁、筛板支承轨(若有)和连接板。在任何情况下,均要至少每一个月检查筛板支承轨和连接板。

4. 琴弦筛

1) 概述

琴弦筛(图 16-58)是 20 世纪 80 年代末开发出来的一种细粒分级筛,采用单轴块偏心激振,第二层筛网为琴弦式结构,使筛丝随着筛子振动而产生颤动。高振次大振幅、圆运动轨迹、振动强度可达 5.9 G,对物料分层、小颗粒透筛十分有利,物料在筛面上连续上抛、分散,在与筛面相遇的碰撞中使细粒级物料透筛,从而实现物料分级。

琴弦式振动筛主要由筛箱、挠性吊架和驱动机构组成,筛面一般为双层,上层为大筛孔的冲孔筛板或编织、焊接筛网,下层为弦索式筛网,上层筛面筛出大块物料,以保证下层的入料粒度不致过大。通过调整琴弦间距,可以控制物料的分级粒度,调整琴弦的弛度,可改变琴弦的振动频率。框架由边框、中间框、斜撑角钢组成,边框两端按筛缝要求加工出锯齿形槽,网弦为直径 2.5 mm 的钢丝绳或单根钢丝,两端压在钢制卡头内,张紧力要求均匀,中间由中间梁上的弹性件定位支承。网弦沿筛宽横向或纵向布置,琴弦筛面积一般为 $2\sim3$ m^2,频率为 25 Hz,振幅为 4 mm。弦索式筛网开孔率大,筛缝为 $3\sim13$ mm,开孔率为 $60\%\sim80\%$。由于弦索的二次振动,筛面具有自清扫能力,筛孔不易堵塞。

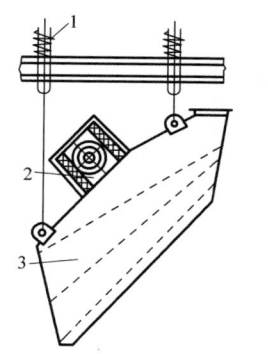
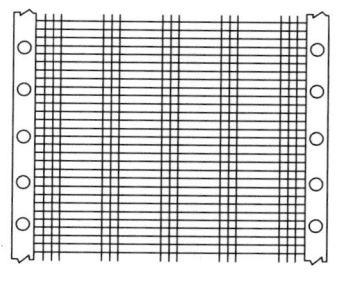

1—吊挂装置；2—激振器；3—筛箱。

图 16-58　琴弦筛结构示意

琴弦筛筛网弹性好、开孔率高,筛丝 2 次振动条件优越,具有较好的自清能力,分级下限低、不堵孔、单位面积处理量大。但筛网的强度较低,筛丝易断,筛面寿命短,经常出现磨损或疲劳折断,且在振动过程中,筛丝松弛后再次张紧困难,影响筛分效果。上层筛面虽起到保护下层筛面的作用,但下层筛面损坏后,不易发现,且更换筛面烦琐。

我国常用的琴弦筛主要为 GXS 系列琴弦筛,该系列振动筛适应于高水分、细粒级含量高的多种矿物的干法深度筛分,适应于入料粒度 0～100 mm 的物料进行预先分级或最终筛分。

该筛机采用高次大振幅圆运动轨迹。第二层筛网采用琴弦式钢丝绳筛网,筛丝随机产生二次振动,不易堵塞筛孔,自清能力强。该筛机设计合理,刚度、强度大,运转平稳、可靠。噪声低,质量小,安装方式灵活,既可吊式安装又可座式安装。

该筛机在处理粒度为 0～50 mm(-6 mm 占 60%左右)、外在水分为 7.2%～11.5%的原煤时,筛分总效率为 70%左右。

GXS 系列细粒分级筛主要分为座、吊两种型式,见图 16-59。

琴弦筛型号表示方式如图 16-60 所示。

2) 主要技术性能参数

表 16-38 ～ 表 16-40 分别列出了 GXS、SQDZ 和 GX 系列琴弦筛的主要技术性能参数。

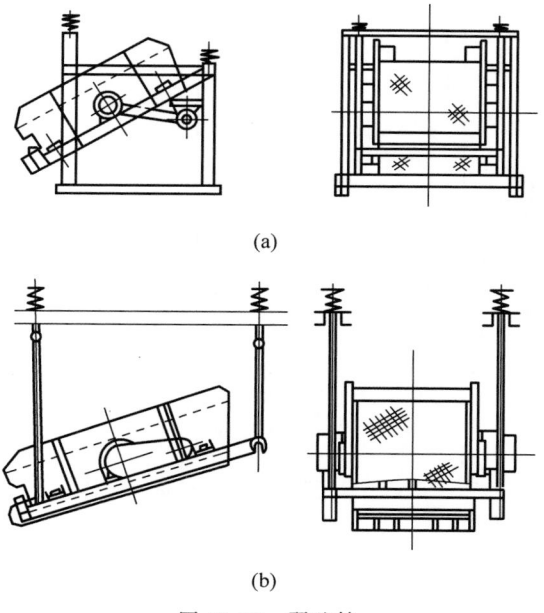

(a)

(b)

图 16-59　琴弦筛

（a）座式；（b）吊式

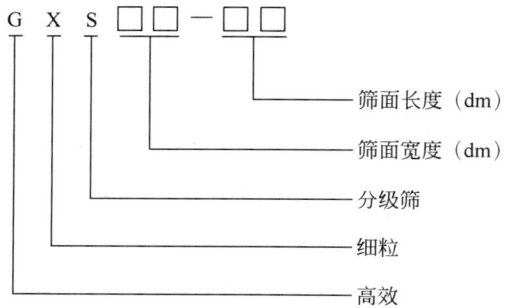

图 16-60　琴弦筛型号表示方式

注：吊式在"G"前加"D",底座不标注。

表 16-38　GXS 系列琴弦筛

参数\规格	处理量/(t/h)	入料粒度/mm	分级粒度/mm 上层	分级粒度/mm 下层	筛面 面积/m²	筛面 层数	功率/kW
GXS0918	50	≤100	50、25、13	4、6	1.6	2	2×3.0
GXS1218	100	≤100	50、25、13	4、6	2.2	2	2×3.0
GXS1226	120	≤100	50、25、13	4、6	3.1	2	2×3.0
GXS1426	150	≤100	50、25、13	4、6	3.6	2	2×3.0
GXS1630	200	≤100	50、25、13	4、6	4.8	2	2×3.0

表 16-39　SQDZ 系列琴弦筛

型号	处理能力/(t/h)	入料粒度/mm	筛面面积/m²	筛网层数	筛孔尺寸/mm	双振幅/mm	电动机 型号	电动机 功率/kW	外形尺寸(长×宽×高)/mm	机器质量/kg
SQDZ1220	60~70	0~50	2	2	0.5~6	7	Y112M-4	4	2400×2043×2160	1500
SQDZ1225	50~80	0~50	3	2	0.5~6	7	Y132S-4	5.5	2660×2043×2160	1800
SQDZ1525	70~110	0~50	3.4	2	0.5~6	7	Y132S-4	5.5	2700×2400×2100	2200
SQDZ1535	100~130	0~50	5.1	2	0.5~6	7	Y132M-4	7.5	3650×2350×2420	2600

表 16-40　GX 系列琴弦筛

项　目		型号 GX-1218	型号 GX-1426	型号 GX-1630
入料粒度/mm		0~50	0~50	0~50
筛箱尺寸/mm		1200×1800	1400×2600	1600×3000
筛面面积/m²		2.2	3.6	4.8
分级粒度/mm	上层	50、25、13	50、25、13	50、25、13
	下层	4、6	4、6	4、6
工作频率/Hz		18~33	18~33	18~33
工作振幅/mm		4	3.5	3.5
筛面倾角调整范围/(°)		20~45	20~45	20~45
处理量/(t/h)		<100	<150	<200
质量/kg		1546	2170	3200

3）主要功能部件

（1）筛箱

① 两侧板应采用机械性能不低于《锅炉和压力容器用钢板》（GB 713—2014）中 20 g 的钢板制造，不得拼接；

② 制造横梁的无缝钢管应符合《结构用无缝钢管》（GB/T 8162—2018）的要求，材料为 20 号钢；

③ 各折弯件折弯后不得有裂纹及明显压痕；

④ 各焊接件接合面必须清理毛刺并进行除锈处理。

（2）上筛板（筛网）

用于煤炭分级，筛网的使用寿命不得低于 2000 h。

（3）下琴弦筛网

① 筛网托架应焊接规整，两对角线长度之差不得大于对角线长度的千分之一；

② 组成小下弦筛网的钢丝绳应采用抗拉强度不低于 180 MPa 的硅锰弹簧钢丝编制；

③ 钢丝绳的张紧力为 50 N±5 N，不得有折弯、扭曲现象。

（4）螺旋弹簧

螺旋弹簧应符合《热卷圆柱螺旋压缩弹簧 技术条件》（GB/T 23934—2015）中的规定。

（5）振动器

① 振动器轴承座轴承及其他零部件清洗后，清洗油的清洁度不大于 350 mg；

② 主轴轴向游动量必须保持在 0.5～

2 mm 范围内，无渗油现象；

③ 振动器零件不应有裂纹和其他可见缺陷，回转件不允许补焊；

④ 振动器两偏心块质量差不得大于 0.2 kg。

4）使用与维护

使用与维护注意事项如下：①振动电机定期加油维护；②产品的所有紧固螺栓要定期紧固确保不发生松动共振；③定期观察筛网的磨损状态，及时更换筛网；④定期清洗筛面，对于漆皮脱落部位应及时修理、除锈并涂漆，对于裸露的加工表面应涂防锈剂；⑤检查整个筛框（主梁和全部横梁焊缝情况）是否有局部裂纹等。

5. 振动弧形筛

1）概述

振动弧形筛主要用于选煤厂及选矿厂对物料进行预先脱水、脱泥、脱介以及细颗粒分级，依靠筛条入料侧尖锐的棱边对矿浆的切割作用实现物质分离，如图 16-61 所示。振动源主要是激振电机或气动击打装置，可以显著克服常规弧形筛的物料堆积和筛面堵孔的问题。振动弧形筛按给料方式的不同，分为自流弧形筛和压力弧形筛，自流弧形筛是一种小弧度、低压力的低速给料弧形筛，借助于具有一定高差的入料箱自流给料，压力弧形筛是一种大弧度、高压力的高速给料弧形筛，二者均沿切线方向沿圆弧筛面进行给料。振动弧形筛表示方法如图 16-62 所示。

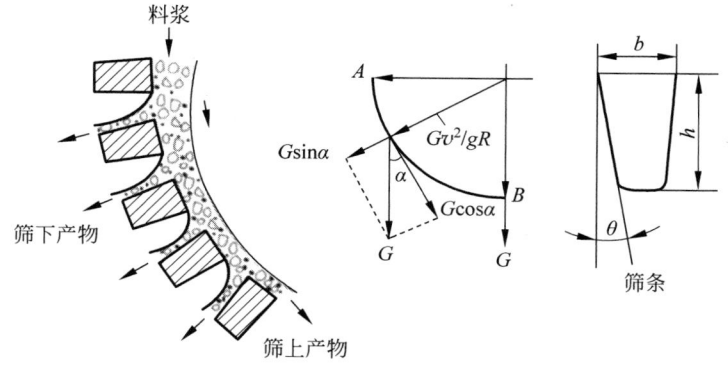

图 16-61　弧形筛工作原理

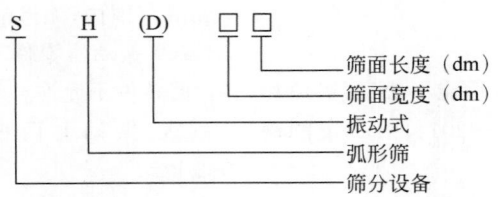

图 16-62 弧形筛表示方法

2）主要技术性能参数（表 16-41）

振动弧形筛的筛面包角和入料方式是影响筛分效果的关键因素，筛面包角根据实际入料压力进行合理选择，通常选择 45°或 60°，入料压力较小时，选择小包角结构筛面。

（1）筛面弧度

筛面弧度的选择一般由物料的流动状态而定，国产弧形筛筛面弧度采用 45°和 60°，由于重介质选煤脱介的配套需求，近年来出现了 53°包角的弧形筛面。

（2）筛面曲率半径

筛面曲率半径 R 通常为 1018～2030 mm。

（3）筛缝宽度和筛条宽度

矿浆厚度约为筛缝宽度的 25％，筛缝宽度约为筛下粒度直径的 2 倍。

（4）入料浓度

入料浓度在 25％左右较为合适，当入料浓度低于 15％和大于 40％时，筛分效率明显降低。

（5）入料压头

入料压头通常为 300～500。

表 16-41　振动弧形筛主要技术性能参数

类　　型		处理能力/(m³/h)			
筛面包角/(°)		45		60	
筛面半径/mm		1000	2000	1000	2000
筛孔/mm	0.15	40～100	60～170	50～140	90～230
	0.20	50～130	80～230	70～180	110～300
	0.25	60～160	100～270	80～220	140～360
	0.50	100～290	180～480	140～390	240～650
	1.00	170～470	290～770	230～620	390～1000

3）主要功能部件

振动弧形筛主要由给料箱、筛箱、弧形不锈钢筛面以及激振电机等主要功能部件组成，结构简单且占地面积小，振动弧形筛结构如图 16-63 所示。

4）使用与维护

（1）振动弧形筛使用过程中筛网极易磨损，需要定期对筛网进行 180°反转。

（2）检查筛网是否张紧或破损等，及时更换筛网。

（3）检查筛机各连接螺栓的紧固情况，及时调整拧紧。

（4）使用过程中及时调整入料压力和方向，保障沿筛面切线方向给料。

6. 组合振动筛

1）概述

组合振动筛是一种新型高效振动筛，可以由多个单元筛构成，与传统振动筛相比实现了重大突破，即将原来仅有一个振幅、一个频率的单一筛体变成了有各自独立激振装置的多个筛分单元组合筛，各独立单元可以实现不同的倾角参数、振幅和频率。解决一台筛机有不同的振幅、振动强度、筛面倾角和堵塞问题，提高了筛分效率。

组合振动筛上下多个单元筛的运动参数如何合理选择与匹配，各单元筛的运动特性如何设置，才能更有利于物料快速松散透筛，从而提高其筛分效率，是组合振动筛设计需要解

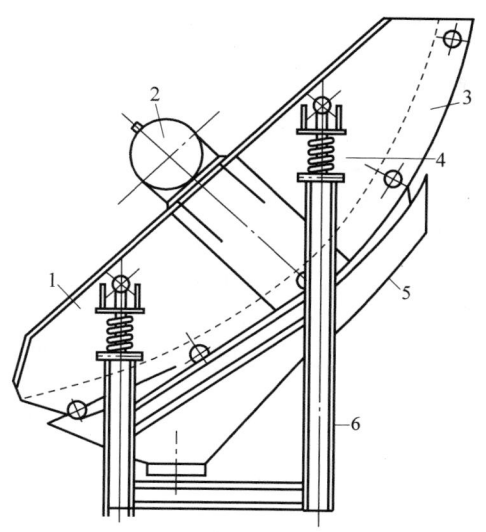

1—筛箱；2—激振电机；3—不锈钢条缝弧形筛板；4—减振弹簧；5—筛下溜槽；6—支架。

图 16-63 振动弧形筛结构

决的关键问题。

组合振动筛广泛用于煤炭、火力发电等黏湿煤的粒度分级的场合,用于选煤厂的原煤二次分级或三次分级,增加了原煤入洗量,用于发电厂的原煤分级,提高了磨煤量,深受广大用户欢迎。组合振动筛解决了生产上黏湿煤堵塞筛孔的难题,替代了传统筛,促进了振动筛行业的技术进步,增添了推进煤炭、发电产业发展的新型筛分设备。其市场前景广阔,应用量大、面广,能够创造显著的经济效益和社会效益。

组合式振动筛的特点有:①连续生产,自动分级筛选。②封闭结构,无粉尘溢散。③噪声低。④启动迅速,停车极平稳。⑤体积小,安装简单,操作和维护方便。⑥筛网利用率高,不易堵眼,更换丝网容易。

GDZS系列高效单元组合振动筛,其型号表示方法见图16-64。GDZS系列高效单元组合振动筛采用自主研究的4项专利技术设计,适用于粒度小于50 mm的黏湿细颗粒煤(含水分7%～14%;分级粒度3～13 mm)的干法筛分。其还适用于粒度小于50 mm的黏湿细颗粒其他各类矿物的干法筛分。筛机实现了多

单元、多段筛面倾角、各单元不同频率、不同振幅;解决了黏湿细粒级物料易堵孔、透筛率低难筛分等问题。

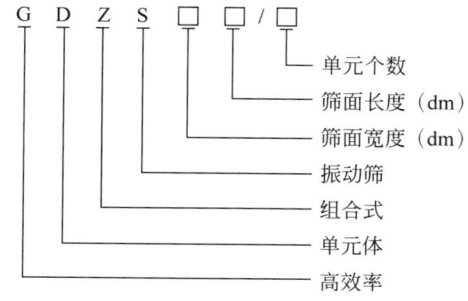

图 16-64 型号表示方法

2)主要技术性能参数

(1)筛面倾斜角

筛面倾斜角与筛子处理量和筛分效率有关。筛子的倾斜角越大,其处理量越大,但筛分效率就越低。对于圆振筛,筛面倾斜角为15°～25°;对于直线振动筛,筛面倾斜角为0°～8°。在实际生产中,根据物料的干湿程度选择合适的筛面倾斜角。

(2)振动筛振幅和主轴转速

振幅一般为2～8 mm。当筛孔较小或用于脱水时,取小值。当筛孔较大时,选用大值。对于主轴转速,可按下式计算:

$$n=\sqrt{\frac{(4-6)\times10^6}{A}}\qquad(16-5)$$

式中:A——振幅,mm;

n——主轴转速,n/min。

(3)振动倾斜角

振动倾斜角通常为45°,对于某些难筛物料如碎石、焦炭、烧结矿的倾斜角可高达60°。

(4)物料沿筛面运动速度和料层厚度

物料沿筛面运动速度通常为0.12～0.4 m/s,不超过1.2 m/s。对于圆振筛,物料沿筛面运动速度与筛面倾斜角有关。

料层厚度δ与筛孔尺寸a的关系为$\delta\leqslant(3\sim4)a$;厚度与筛上物料的平均粒度d_0的关系为$\delta\approx(2\sim2.5)d_0$。

多单元组合振动筛的每个单元筛箱设计采用不同振动参数组合,以适应黏性物料在不

同筛分过程中对运动速度和振动强度的需求。在筛机入料单元设计有较大的筛面倾角、高频率小振幅，在筛机出料单元设计有较小的筛面倾角、低频率大振幅，各单元筛振动参数如表 16-42 所示。

表 16-42　各单元筛振动参数

单 元	筛面倾角/(°)	振幅/mm	振动频率/Hz	振动强度/G	特 征
入料单元筛	23～30	4.5～5.5	16.16	5.78	大倾角 高频率 小振幅
过渡单元筛	20～23	7～9	12.16	4.78	中倾角 低频率 中振幅
出料单元筛	15～20	8～10	12.16	5.36	小倾角 低频率 大振幅

GDZS2460/2 型组合振动筛是在双幅异频振动筛的基础上研制的一种高效振动筛。它具有结构简单、质量小、振动参数先进、单位面积生产能力大、筛分效率高、筛板易更换等特点，大大提高了筛机的处理能力和效率，尤其适用于潮湿细颗粒物料的干法筛分作业，具有良好的应用和推广前景。其性能参数如表 16-43 所示。

表 16-43　GDZS2460/2 型组合振动筛性能参数

序号	参 数 名 称	参 数 数 值
1	型号规格	GDZS2460/2
2	筛面规格/(mm×mm)	2400×6000
3	筛面面积/m²	14.4
4	单元筛个数	2
5	筛孔尺寸/mm	13
6	给料粒度/mm	3～13
7	处理能力/(t/h)	≥280
8	上振动筛电机频率/Hz	16.16
9	下振动筛电机频率/Hz	12.16
10	振动筛质量/t	9.5
11	上、下振动筛电机功率/kW	15
12	上振动筛倾角/(°)	23
13	下振动筛倾角/(°)	20

GDZS40100/5 型组合振动筛的筛面不易糊住，筛分效率高，处理量大，最大可达 1500 t/h。其性能参数如表 16-44 所示。

表 16-44　GDZS40100/5 型组合振动筛性能参数

序号	参 数 名 称	参 数 数 值
1	型号规格	GDZS40100/5
2	倾角/(°)	20、23、26
3	入料粒度/mm	＜500
4	振动轨迹	圆形
5	振幅/mm	14
6	频率/Hz	12.16
7	额定能力/(t/h)	500～1500
8	筛孔尺寸/(mm×mm)	13×32
9	有效面积/m²	38
10	电机功率/kW	10×15

GDZS2148/2AT 型振动筛入料端（入料单元）采用大筛面倾角、高振动频率和小振幅，可实现黏湿成团物料的快速松散和分层，而排料端（出料单元）采用小筛面倾角、低振动频率和大振幅目的是降低料速，加大物料颗粒的跳跃行程使临界颗粒（接近筛孔尺寸颗粒）更能充分透筛。其突出特点体现为：明显提高了含水较多的难筛分物料的筛分效率，而且不堵孔、不堆料，具有极强的实用性；采用了多频异幅、变化筛面角度的多单元组。其性能参数如表 16-45 所示。

表 16-45　GDZS2148/2AT 型组合振动筛性能参数

序号	参 数 名 称	参 数 数 值
1	型号规格	GDZS2148/2AT
2	筛面宽度/mm	2100
3	筛面长度/mm	4800
4	筛分面积/m²	10.02

续表

序号	参数名称	参数数值
5	筛网形式	内含钢丝绳的聚氨酯筛网
6	筛孔尺寸/(mm×mm)	10×35
7	处理能力/(t/h)	240
8	功率/kW	2×7.5
9	上单元筛频率/Hz	16.16
10	上单元筛振幅/mm	5.5
11	上单元筛面倾角/(°)	28
12	下单元筛频率/Hz	12
13	下单元筛振幅/mm	9
14	下单元筛面倾角/(°)	20

3）主要功能部件

GDZS2460/2 型组合振动筛由上单元振动筛、下单元振动筛、机架、电机和减振弹簧等组成,如图 16-65 所示。各单元振动筛的结构相似,都包括激振器、筛架、弹簧、电机及轮胎联轴器等部分,但其振幅、倾角、频率等参数不同。

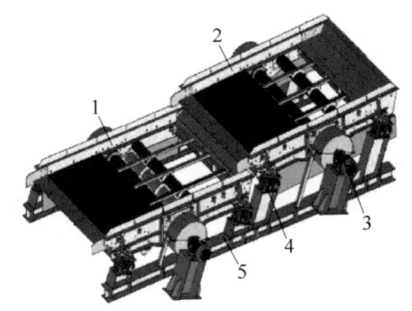

1—下单元振动筛；2—上单元振动筛；3—电机；
4—减振弹簧；5—机架。

图 16-65 GDZS2460/2 型组合振动筛结构

组合振动筛设计技术和原理：激振器带有偏心块,并受电动机驱动,产生激振力,使整个组合振动筛作圆轨迹振动,物料通过振动筛面向前运动,从而使筛面的物料筛分分级。设计时,可把上单元筛面倾角设计得大一些、频率高一些、振幅小一些,使物料在筛上移动得快一些;下单元筛面则正好相反,以利于物料快速松散透筛。

GDZS40100/5 型组合振动筛的筛体由五个各为一体的单元筛箱组成(即五个独立的筛分系统),一根长轴横穿筛箱,两侧安装有对称的偏心质量块作为激振器,经挠性联轴器与电机相连,筛板选用具有一定弹性的内含钢丝绳的聚氨酯筛板,筛体通过减振弹簧安装在支座上,如图 16-66 所示。从入料端到排料端,五台单元筛筛面倾角依次为 26°、23°、23°、20°、20°,倾角由上至下呈递减排列,其中入料端的单元筛筛面倾角较大。

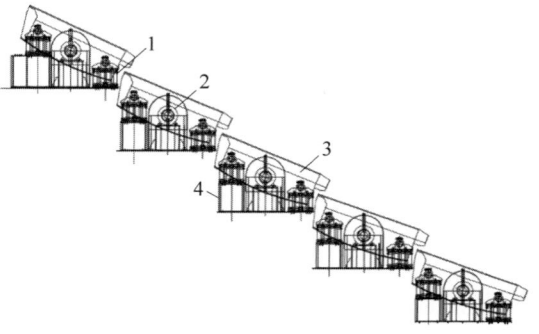

1—弹簧；2—电动机；3—箱体；4—机架。

图 16-66 GDZS40100/5 型组合振动筛结构

工作时,偏心块在电动机的驱动下产生离心力,使每个单元振动筛的参振系统(物料、单元筛框及筛面组成的参振体系)在设计的频率和振幅范围内作圆轨迹运动,从而实现物料在筛面上的有效松散、分层、透筛三个筛分过程。通过分析颗粒在倾斜筛面上的运动可知,筛面倾角越大,物料前进速度越大,筛孔在水平面上的投影面积越小,临界颗粒堵住筛孔的可能性就越小,有利于保证筛面的开孔率。此外,弹性聚氨酯筛网用钢板压条紧固于筛框上,使筛网在筛框振动时可产生二次振动,有利于易黏附成团的湿物料高效分散,大于筛孔的物料在弹性聚氨酯筛网上跳跃前进成为筛上产品,而卡堵在筛孔中的难透筛颗粒通过筛网柔性自振和物料间的碰撞而透筛,进而保证了所有物料在筛面上不堆积,在筛分过程中始终保持着较高开孔率。

GDZS2148/2AT 型组合振动筛拟设计为2～5 个独立筛箱串联组合结构,因每个单元筛面倾角变化而使多个单元筛面连接起来后形成凹弧形。如图 16-67 所示,振动器安装在单元箱板上,经挠性联轴器与电机相连,单元箱通过减振弹簧置于支座上。振动筛设计为整体密封防尘电动机,一台左装一台右装。

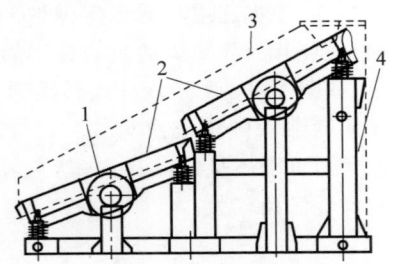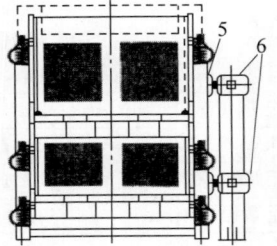

1—振动器;2—单元筛箱;3—挡料装置、防尘罩、漏斗;4—减振支撑装置;5—挠性联轴器;6—电动机和支架。

图 16-67　GDZS2148/2AT 型组合振动筛结构

4)使用与维护

(1)使用

① 启动前:

a. 检查粗网及细网有无破损。

b. 每一组束环是否锁紧。

c. 检查旋振筛的筛框的 V 形圈是否有破损,如果有破损需要及时修补,防止物料泄漏。

② 启动时:

a. 注意有无异常杂音、电流是否稳定。

b. 振动有无异状。

c. 每次使用完毕即清理干净。

(2)维护

① 日常维护

a. 建议制作支撑架,以挂吊备用筛面。

b. 每班检查筛格压紧装置,如有松动则应压紧。

c. 经常检查密封条,发现磨损或有缺陷应该及时更换。

d. 筛格应该经常取出,定期检查筛面是否破损或凹凸不平,筛孔是否堵塞等。

e. 每班检查进料箱的连接是否松动,如果间隙变大,引起碰撞,会使设备破裂。

f. 振动筛虽然无须润滑油,每年仍然需要大修一次,更换衬板,对两道筛面进行修整等。振动电机要拆下检查,并给电机轴承换油,如果轴承损坏,则要更换。

g. 每班检查筛体支撑装置,观察中空橡胶垫有无明显变形或者脱胶现象,当橡胶垫破损或者过度压扁时,应同时更换两块中空橡胶垫。

振动筛日常维护内容包括筛子表面,振动筛特别是筛面紧固情况,振动筛松动时应及时紧固。振动筛定期清洗筛子表面,振动筛对于漆皮脱落部位应及时修理、除锈并涂漆,对于裸露的加工表面应涂以工业凡士林以防生锈。

② 振动筛定期检查

振动筛定期检查包括周检和月检。定期地检查粗网、细网和弹簧有无疲劳及破损,机身各部位是否因振动而产生损坏,需添加润滑油的部位必须加油润滑。

③ 振动筛修理

a. 对振动筛筛子进行定期检查时所发现的问题,应进行修理。振动筛修理内容包括及时调整三角带拉力,更换新带,更换磨损的筛面以及纵向垫条,更换减振弹簧,更换滚动轴承、传动齿轮和密封,更换损坏的螺栓,修理筛框构件的破损等。

b. 筛框侧板及梁应避免发生应力集中,振动筛因此不允许在这些构件上施以焊接。振动筛对于下横梁开裂应及时更换,侧板发现裂纹损伤时,应在裂纹尽头及时钻 5 mm 孔,然后在开裂部位加补强板。激振器的拆卸、修理和装配应由专职人员在洁净场所进行。

c. 振动筛拆卸后检查滚动轴承磨损情况,检查齿轮齿面,检查各部件连接情况,清洗箱体中的润滑回路使之畅通,清除各结合面上的附着物,更换全部密封件及其他损坏零件。

16.4 转动筛分机械(筒形筛)

1. 概述

筒形筛(图16-68)也叫滚筒筛、转筒筛,是一种选矿上常用的设备,通过筛体的不断旋转,可以将大块的废石抛出,大大提高了下一步的分选作业效率。滚筒筛工作时,电动机通过联轴器把减速机与滚筒装置连接在一起,驱动滚筒装置绕其轴线转动。物料翻转滚动,通过不同网目的筛网对物料逐一筛出,卡在筛孔的物料也可被弹出,防止堵塞。

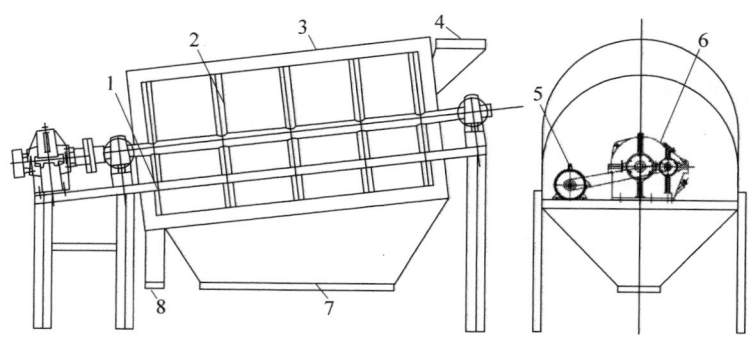

1—支架;2—筛筒;3—上隔尘罩;4—入料口;5—驱动电机;6—减速机;7—细料排料口;8—粗料排料口。

图16-68 筒形筛

滚筒筛可处理6~55 mm的物料,在湿筛条件下甚至可以处理更细粒级的物料。尽管滚筒筛运行过程无振动,但在每一时刻仅能利用筛面的一部分,因此其处理量低于振动筛,且极易堵塞,筛分效率低,工作表面的面积仅为整个筛面面积的1/8~1/6。它比平面筛笨重,具有金属消耗量大、成本高等特点。因此滚筒筛只用于中筛和细筛,筛孔尺寸通常为1~75 mm。

一般滚筒筛按其工作表面形状分为圆柱形、截圆锥形、角柱形和角锥形滚筒筛。柱形滚筒筛的回转轴线通常装成不大的倾角,一般为4°~7°,而锥形滚筒筛装成水平。滚筒筛可分为有轴滚筒筛和无轴滚筒筛,其广泛应用于集料筛分和磨矿产品筛分等许多筛分作业。自磨、半自磨和球磨产品往往使用安装在磨矿口的滚筒筛来阻止钢球进入后续处理设备以及避免砾石在磨机中积累。滚筒筛也用于湿法擦洗铝土矿等矿石。我国常用的滚筒筛型号表示方法如图16-69所示。

2. 主要技术性能参数

滚筒筛的主要参数包括筛筒的直径和长度、筛机的转数、筛机的生产率和功率等。

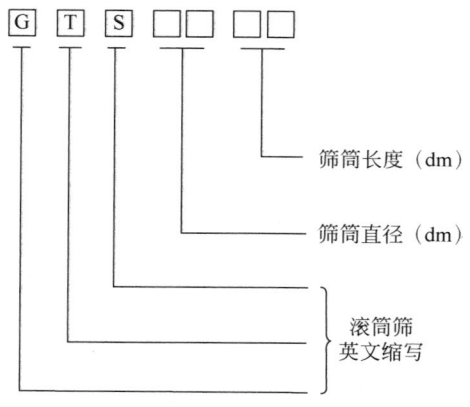

图16-69 筒形筛型号表示方法

筛筒长度(dm)

筛筒直径(dm)

滚筒筛英文缩写

1)筛筒直径

筛筒直径 D 应大于最大料块直径 d_{max} 的14倍,即

$$D > 14 \times d_{max} \qquad (16-6)$$

2)筛筒长度

筛筒的长度 L 通常按下式计算,即

$$L = (3 \sim 5) \times D \qquad (16-7)$$

3)筛机转数

筛机的转数 n 通常按下式计算,即

$$n = 8/(R^{0.5}) \sim 14/(R^{0.5}) \qquad (16-8)$$

4) 滚筒筛生产率

圆柱形滚筒筛的生产率 Q 可按下式计算,即

$$Q = 0.72 \times \rho \times \mu \times n \times \tan(2\alpha) \times (R \times h)^{1.5} \quad (\text{t/h}) \qquad (16\text{-}9)$$

式中:R——筛筒的半径,m;

h——物料层厚度,m;

ρ——物料的密度,kg/m³;

μ——物料松散系数,一般取 0.6~0.8;

n——筛机的转数,r/min;

α——筛机轴的倾角,(°)。

5) 滚筒筛功率

滚筒筛功率消耗在四个方面:①散粒混合物料沿筛网向下运动时颗粒的滑动摩擦阻力;②将散粒混合物料举高所做的功;③滚子的滚动摩擦阻力;④滚子轴颈在其轴承内的摩擦阻

力。其他小的阻力可用机械效率 η 一并考虑。

对于用托轮传动的滚筒筛,其传动轴上的功率 P 可按下式计算,即

$$P = R \times n \times (m_1 + 13m_2)/29\,200 \times \eta \qquad (16\text{-}10)$$

式中:m_1——回转筛筒的质量,kg;

m_2——筒内被筛物料的质量,kg;

n——传动效率,取 0.7。

支承在轴承上的滚筒筛的功率 P 可按下式计算,即

$$P = d \times n \times (m_1 + m_2)/17\,500 \times \eta \qquad (16\text{-}11)$$

式中:d——轴颈直径,m;

其他符号意义同前。

一些常见滚筒筛的技术参数见表 16-46。

表 16-46 常见滚筒筛的技术参数

型号	筒体规格/m	筒体倾角/(°)	筒体转速/(r/min)	筛孔尺寸/mm	最大进料粒度/mm	处理量/(m³/h)		电机功率/kW
						筛孔(2mm)	筛孔(20mm)	
GTS820	0.8×2	6	32	2~20	网孔尺寸×2.5	7	30	3
GTS830	0.8×3	6	32	2~20	网孔尺寸×2.5	8	50	3
GTS1030	1×3	6	25	2~20	网孔尺寸×2.5	10	60	4
GTS1040	1×4		25	2~20	网孔尺寸×2.5	11	80	4
GTS1230	1.2×3	6	20	2~20	网孔尺寸×2.5	12	100	5.5
GTS1240	1.2×4	6	20	2~20	网孔尺寸×2.5	14	120	5.5
GTS1250	1.2×5	6	20	2~20	网孔尺寸×2.5	15	140	5.5
GTS1530	1.5×3	6	17	2~20	网孔尺寸×2.5	16	120	5.5
GTS1540	1.5×4	6	17	2~20	网孔尺寸×2.5	18	150	7.5
GTS1550	1.5×5	6	17	2~20	网孔尺寸×2.5	20	180	11
GTS1560	1.5×6	6	17	2~20	网孔尺寸×2.5	22	200	11

3. 主要功能部件

1) 圆柱形滚筒筛

圆柱形滚筒筛如图 16-70 所示,由给料斗、筛筒、电动机、减速器、轴承、大小齿轮、支承滚子、机架、外筒等组成。圆柱形滚筒筛的一端支承在轴承上,而另一端支承在滚子上。电动机通过联轴器带动减速器与小齿轮回转,小齿轮带动筛筒轴上的大齿轮转动,从而驱使筛筒回转。被筛物料从给料斗送入筛筒内,由于筛筒的回转,物料沿筛筒内壁滑动,细物料

通过工作表面透过筛孔落入收料斗中,而粗物料则从筛筒的另一端排出,实现物料的筛分分级。

2) 角锥形滚筒筛

角锥形滚筒筛结构如图 16-71 所示,主要由电动机、减速器、机架、轴承座、主轴、轴套、丝杠、筛板、进料口、细料斗和粗料口等组成。机架采用角钢焊接成矩形框体,中间加有支承,确保其有较高的强度,机架两端焊接钢板,用以安装轴承座。

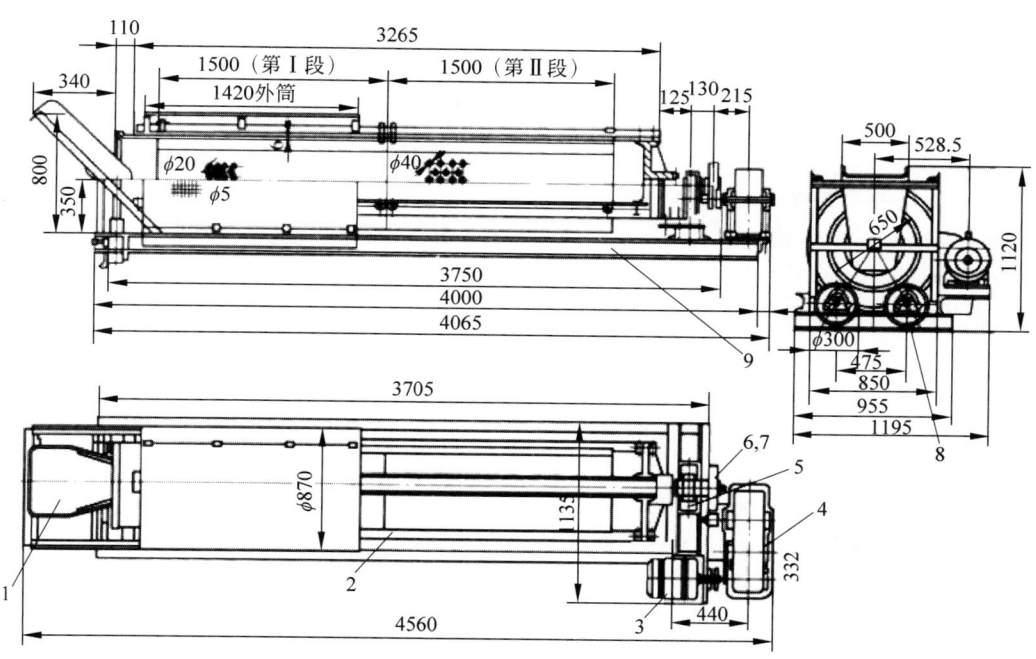

1—给料斗；2—筛筒；3—电动机；4—减速器；5—轴承；6,7—大小齿轮；8—支撑滚子；9—外筛筒。

图 16-70　圆柱形滚筒筛

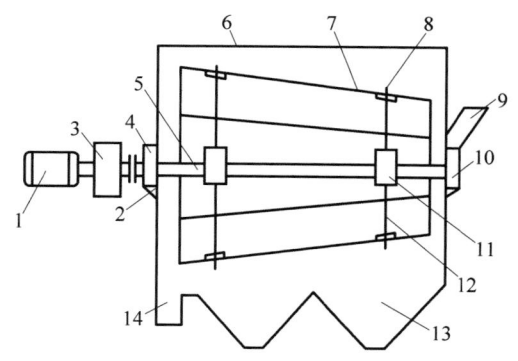

1—电动机；2—机架；3—减速器；4—轴承座；5—主轴；6—上箱体；7—筛板(8块)；8—垫板；9—进料口；10—轴承座；11—轴套；12—丝杠；13—细料斗；14—粗料口。

图 16-71　角锥形滚筒筛结构

主轴、轴套、丝杠、筛板等组成筛筒。根据筛板的质心位置确定两轴套的支承位置，主轴通过键与轴套装配在一起，用以固定筛板和传递动力，而且便于调整、拆卸和维修。轴套圆周均布钻孔，丝杠过盈配合装入孔内。筛板钻孔后用螺母固定在丝杠上，便于拆卸和维修。为使筛板平稳坚固，筛板在丝杠固定处的上、下面放置斜铁，增加了筛板的刚度和螺母装配

稳定性。筛板用 12 mm 以上的钢板剪制成梯形，筛孔呈直线均匀排列。筛板装配后呈八面锥柱状，为防止丝杠松动或脱落，将丝杠与轴套、筛板与筛板之间点焊。筛筒的锥度大小决定生产率与筛分效率的高低，筛体的锥度一般取 5°～10°为宜，筛体的锥度与直径大小由两端丝杠的长短调整。上、下箱体用 4 mm 钢板焊接而成，下箱体用螺栓固定在机架上，上箱体焊接成梯形结构，两侧各开有观察孔，便于观察及清理物料。筛筒与箱体之间最小距离为100 mm，确保筛筒不产生碰撞和振动。

4．使用与维护

1）滚筒筛的使用

（1）调试准备

① 滚筒筛各部件安装完，检查合格后，可进行试运转。试运转前，应详细检查各部件按图纸所示安装正确，各紧固件牢靠，筛体周围是否有妨碍滚筒筛运行的障碍物。

② 让长方形检修门处于打开位置，并通过手动盘车旋转筛分筒，观察梳形清筛机构有无犯卡、摩擦现象，若有则可通过调整螺栓进行调整。

③ 检查各轴承座、变速箱应润滑良好，变

速箱油位应适当。

④ 电源接头应牢固可靠,绝缘良好,接地正确。

(2) 空载试车

① 点动电机控制按钮,检查电机转向应与笼式滚筒筛所示转向一致。

② 启动设备运转 1～2 h,观察滚筒筛运行情况,若发现异常声响或其他现象,应及时停机检查,找出原因,排除故障。

(3) 投料运行

① 在筛分机处于运转平稳状态下,启动进料及出料设备,进行投料试车。

② 正常出料后关闭密封隔离罩。

③ 检查出料粒径和有无漏料及扬尘情况。

④ 运转 0.5 h,对各部件进行仔细检查,发现问题及时处理。

⑤ 工作过程中应经常检查运行情况,若发现运行不正常或有异常声响,应及时停机检查,找出原因,排除故障。

2) 操作维护

滚筒筛运行可靠,维护量小,对运行中应注意的几点问题简述如下:

(1) 开车时必须先开启滚筒筛,再开启给料设备;停车时相反。

(2) 运行前三天,要每天对滚筒筛紧固件进行检查,如有松动应及时紧固。以后则定期(每周或半月)对滚筒筛紧固件进行检查及处理。

(3) 轴承座、变速箱应定期检查润滑情况,并及时加油和换油。大轴轴承采用 2 号锂基润滑脂,正常情况下,每两月加注一次润滑脂,加

注量不宜过多,否则易引起轴承过热。各处轴承应每年清洗检查一次。

(4) 设备长期停用(30 天以上的)重新启动时应对电机绝缘进行检测,以避免电机烧毁。

16.5 其他筛分机械

16.5.1 滚轴筛

1. 概述

滚轴筛的筛面由许多根带有盘子的滚轴横向平行排列而成,相邻滚轴和相邻盘子间的空隙构成筛孔。滚轴筛的安装倾角不大,一般为 $12°～15°$。滚轴筛驱动方式主要分为单轴单电机独立传动、多轴链条传动、多轴联动齿轮箱传动 3 种。电动机通过链传动或齿轮传动,带动滚轴转动,滚轴转动方向与料流的运动方向相同,而给到筛面上的物料被转动的滚轴带动,逐渐向排料端移动,同时获得筛分,即细粒物料透筛,粗粒物料则移动到排料端排出。筛孔大于 15 mm 的滚轴筛常用于粗筛物料的作业中,与固定筛相比较,筛分效率较高,设备所需的安装高度较小。虽然这种筛机坚固可靠,但由于构造复杂,目前应用较少。该筛除用于筛分外,还兼作给料机用。滚轴筛根据盘子的形状不同而有几种不同的形式,最常用的是圆盘滚轴筛和异形盘滚轴筛。其型号表示方法如图 16-72 所示。

2. 主要技术性能参数

滚轴筛主要技术性能参数如表 16-47 与表 16-48 所示。

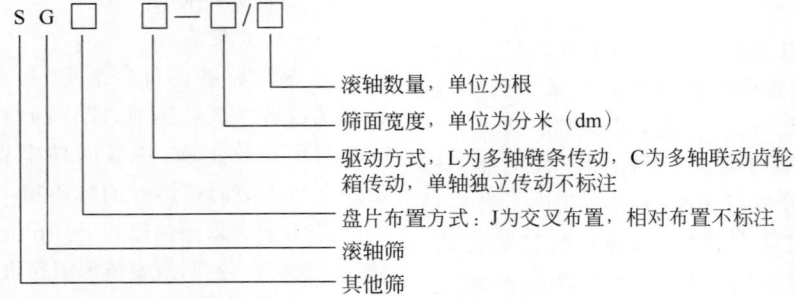

图 16-72　型号表示方法

表 16-47　圆盘和异形盘滚轴筛主要技术性能参数

指 标 名 称	圆盘滚动筛	异形盘滚动筛
筛机工作部分(长×宽)/(mm×mm)	2280×1270	2232×1270
筛孔尺寸/(mm×mm)	100×100	100×100
轴数/根	7	9
盘的形状	圆盘	圆盘
盘的尺寸/mm	φ430	边长 264
盘缘速度/(m/s)	0.5~1	0.76
生产能力/(t/h)	约 250	约 400
筛机倾角/(°)	15	12
电动机型号	MA143-1/4	MA143-1/4
功率/kW	11.4	11.4
转速/(r/min)	1460	1460
外形尺寸(长×宽×高)/(mm×mm×mm)	3735×2160×2100	3635×2160×2100
筛机质量/kg	6340	5242.5

表 16-48　双联盘和偏心盘滚轴筛主要技术性能参数

主 要 项 目	型 号		
	SGP-10 型	SGX-1500 型	SGX-1350 型
型式	双联盘式	偏心盘式	偏心盘式
轴数/根	10	11	13
筛面宽度/mm	1270	1650	1270
筛面长度/mm	2250	2118	2118
筛孔尺寸(长×宽)/(mm×mm)	25×60	50×50	50×50
处理能力/(t/h)	175	200	200
筛面倾角/(°)	15	12	12
筛面转速(r/min)	37.2~65		
筛盘圆周速度/(m/s)	0.52~0.9	0.95	0.882
筛盘偏心距/mm	50	15	20
最大入料速度/(t/h)	500	500	800
电动机型号	JO72-8	BJO$_2$-51-4	BJO$_2$-51-4
功率/kW	14	7.5	7.5
外形尺寸(长×宽×高)/(mm×mm×mm)	9970×3100×1920	2710×2110×2048	2790×2105×1820
总质量/kg	2337	5750	5490

滚轴筛的生产率可按下式计算:

$$Q = q \times A \times a \quad (16\text{-}12)$$

式中: A——筛面面积, m^2;

a——筛孔尺寸, mm;

q——筛孔为 1 mm 时单位面积的生产率, $t/(mm \cdot h \cdot m^2)$, 可按表 16-49 选取。

表 16-49　筛孔尺寸为 1 mm 时单位筛面面积的生产率

指标名称	筛孔尺寸 a/mm			
	50	**75**	**100**	**125**
筛孔尺寸为 1mm 时单位筛面面积的生产率 q/(t/(mm·h·m²))	0.8~0.9	0.8~0.85	0.75~0.85	0.8~0.9
单位筛面面积的生产率/(t/(h·m²))	40~50	60~65	75~85	100~110

3．主要功能部件

1）圆盘滚轴筛

圆盘滚轴筛的结构如图 16-73 所示，由机架、滚轴、减速器、电动机、滚珠轴承、圆盘、链轮和筛框等组成。机架上装有 7 根滚轴，滚轴构成的平面成 15°倾斜。每根轴上有 9 个圆盘，圆盘与轴铸成一体。

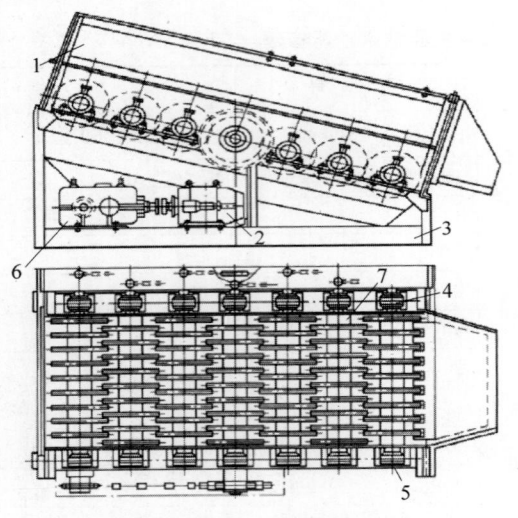

1—筛框；2—电动机；3—机架；4—滚珠轴承；
5—链轮；6—减速器；7—滚轴。

图 16-73　圆盘滚轴筛的结构

在滚轴轴颈上装有滚珠轴承 4，滚珠轴承安置在筛架上的轴承座中。为了传递运动，每根轴上装有两个链轮 5，两链轮的齿数不同，分别为 18 和 20，其传动比 $i = 20/18 \sim 1.11$。给料端第一根轴的回转速度为 26.6 r/min，因而排料端轴的转数为 $1.11^6 \times 26.6 \sim 49.75$ r/min。所有轴的回转方向与物料运动方向相同，由于两相邻轴的转速不同，可以避免物料块的堵塞，并且使物料能向排料端加速移动。轴上的圆盘是交错排列的，圆盘的直径比各轴间距离稍大，可以使筛面上的物料更好地松散开，并向前移动。

电动机 2 和减速器 6 安装在机架平台上，电动机与减速器用联轴器连接，再由减速器通过链子带动筛机中间的主轴运转。滚轴筛工作时，为使链子拉紧，可通过移动电动机的底座位置来保证。机架采用槽钢和钢板焊接制成。减速器出轴的两端都伸出壳外，因此，传动部可根据需要安装在任何一端。

2）异形盘滚轴筛

异形盘滚轴筛的结构如图 16-74 所示，机架上有 9 根滚轴，由这些轴构成的平面成 12°倾斜角。为了在筛分过程中避免物料破碎，两邻轴上的盘子间的距离应保持不变，因此，盘子应相对排列，同时各轴的速度应相同。此外，异形盘滚轴筛需要精密制造与安装。

除两端的轴以外，其余各轴上均装有两个链轮，每个链轮上有 12 个齿，能按顺序将运动从一轴传给另一轴。这种筛机的盘底突出部分磨损很快，但由于盘子回转时，其外缘半径不断变化，被筛物料经常上下运动，能使物料松散开，使小于筛孔的物料颗粒在自重与滚轴旋转力的作用下快速透过筛孔，大于筛孔的物料颗粒则沿筛面继续向排料端运动，从排料端排出。

4．使用与维护

1）滚轴筛的使用

（1）定期对滚轴筛各紧固件进行检查，如果有松动应及时紧固，对破损的角带及时更换。

（2）每 10 天对减速机进行检查注油，保证设备的平稳运行。

（3）设备启动前，必须打开安全信号，确认人员处于安全位置后，方可开机。

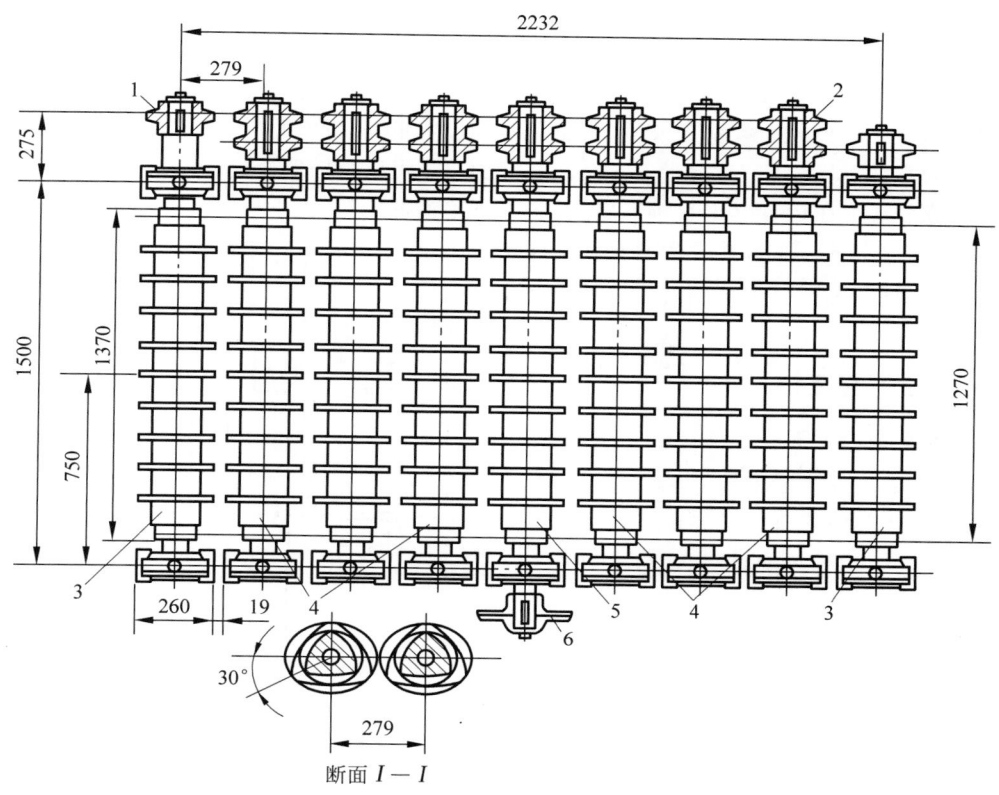

1—单排链轮；2—双排链轮；3—端滚轴；4—滚轴；5—中间滚轴；6—链轮。

图16-74 异形盘滚轴筛的结构

（4）设备启动时必须先开启滚轴筛，人员撤至安全位置后，再由铲车进行上料；停机之前，铲车先停止上料，待料仓内物料转空后停机。

（5）设备运转时，滚轴筛出料口正前方5 m内严禁站人，以免被蹦出的石块砸伤。

（6）铲车上料时，与滚轴筛料斗保持约0.5 m的距离，以免撞坏储料斗。倒料时，将铲斗内的物料分3次进行倾倒，以免一次性料量过大造成设备跳停。

（7）清理下料口、检查检修及处理故障时，必须在配电柜处切断设备主电源，并挂牌加锁、设专人监护，严格执行自停、自检、自送电原则，严禁单人进行检修及清理工作。

2）滚轴筛的维护

（1）启动前应检查滚轴筛轴承座、电机减速机、齿轮箱的各基础螺栓是否齐全紧固。

（2）启动前应确认所有观察门已关好，严禁未停电进入或伸入工具进行杂物的清理。

（3）滚轴筛刚投入运行后，要重点检查电机的电流、各轴承的温度，以及振动、声音是否正常，基础螺栓、连接螺栓的紧固等。

（4）设备运行时，筛轴下的清扫刀片容易挂软杂，需定期清理，防止杂物堆积过多对筛片造成磨损。

（5）每次设备停车后，检查筛面上有无卡堵物料并清理。

（6）定期检查减速机的油位是否符合要求，加注润滑油的型号应符合要求。筛轴、轴承、齿轮箱等应定期检查润滑。

3）常见故障处理

（1）筛片、弹性尼龙柱销是易损件，如被剪断或损坏，应检查筛轴是否有铁器、矸石等卡住，查清故障原因后及时予以更换。

（2）在正常运行中若发现电流、温度、声音、振动有异常，应停机处理。

（3）若电动机、减速机出现异常振动，有响声或过热现象，检查基础螺栓是否松动，电机减速机是否损坏。

（4）若滚轴筛在运行时出现堆料情况，考虑物料湿黏、杂物多、筛下溜槽堵塞及给料量过大等原因，此时应停机清理筛面或适当调小给料量。

16.5.2　交叉筛

1．概述

交叉筛是在传统滚轴筛基础上研制出的一种筛分设备。交叉筛的筛面由多组同向旋转的筛轴组成，每根筛轴上安装若干等距筛片，相邻筛轴上的筛片相互交叉排列组成筛孔，小于筛孔的物料运转过程中透筛，大于筛孔的块料在筛片上滚动从出料口排出。筛片下方设有刮泥板，清理湿黏颗粒，保证了筛分过程中的筛孔通透，物料在滚动过程中不断分层，小颗粒下移，大颗粒向前滚动，是一款新式筛分设备。交叉筛与滚轴筛相比，从外观上看比较相似，但筛分机理不同，交叉筛采用筛片

交叉形成筛孔是"动筛孔"的筛分机理，如图 16-75 所示，滚轴筛筛片不交叉，筛孔是"静筛孔"的筛分方式，所以在筛分湿黏方面，交叉筛优势很大，并且继承了滚轴筛皮实的优点，而且还可以很好地避免传统滚轴筛卡料、堵料现象的发生。

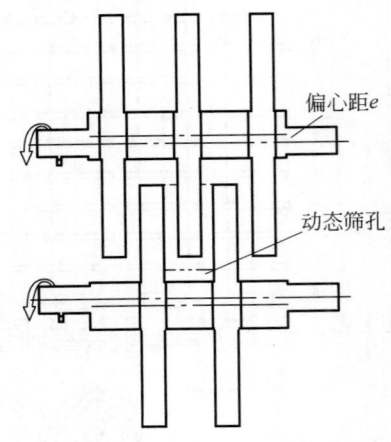

偏心距 e

动态筛孔

图 16-75　动筛孔结构

2．主要技术性能参数

交叉筛的主要性能参数见表 16-50～表 16-52。

表 16-50　交叉筛-细筛（≤10 mm）性能参数

型号	生产能力/(t/h)			功率/kW	进/出料粒度/mm
	原煤、矸石、混合煤、褐煤、油页岩	湿中煤、焦煤、黏性煤	煤泥及煤混合料		
GS1006	100～120	80～120	60～100	9～15	
GS1008	120～180	120～150	100～130	12～18	
GS1010	180～250	150～200	150～200	15～22	
GS1014	250～350	200～300	200～250	24～34	
GS1412	350～450	250～350	250～300	30～40	
GS1415	400～600	300～450	300～400	37～50	
GS1418	500～650	400～550	350～450	45～60	
GS1814	500～650	400～550	350～450	45～65	进料粒度＜50 出料粒度＜10
GS1816	550～700	450～600	400～500	55～66	
GS1818	600～800	500～700	450～600	60～75	
GS2214	600～800	500～700	450～600	65～87	
GS2216	700～900	600～800	500～700	72～93	
GS2220	800～1100	700～900	600～800	85～120	
GS2224	1000～1300	800～1000	700～900	100～165	
GS2426	1300～1600	1000～1200	900～1100	145～195	

表 16-51 交叉筛-粗筛（≤30 mm）性能参数

型号	筛面宽度/mm	进料粒度/mm	筛下粒度/mm	处理能力/（t/h）	功率/kW	外形尺寸/（mm×mm×mm）
GS1000	2800×1000			300～600	15～22	4110×2300×1500
GS1400	4000×1400			600～1000	30～42	4710×2857×2090
GS1800-A	4000×1800	≤400	≤30	1000～1500	40～56	4710×3257×2090
GS1800-B	4800×1800			1500～1800	56～60	5510×3657×2090
GS1800-C	5600×1800			1800～2100	60～72	6310×3657×2090
GS1800-D	6400×1800			2100～2500	72～85	7120×3657×2090

表 16-52 交叉筛-超细筛（≤3 mm）性能参数

规格型号	处理能力/（t/h）	筛下粒度/mm	功率/kW
GS-50	0～50	<3.0 占 90%	0～25
GS-100	50～100	<3.0 占 90%	35～45
GS-200	100～200	<3.0 占 90%	40～60
GS-300	200～300	<3.0 占 90%	50～75
GS-400	300～400	<3.0 占 90%	75～90
GS-500	400-500	<3.0 占 90%	70～120

3. 主要功能部件

交叉式细粒滚轴筛（交叉筛）是基于巴尔筛（Barrscreen）发展而来的一种适用于湿细物料干法深度筛分的设备，是一种适用于湿细原煤干法深度筛分的极具应用前景的新型筛分设备。交叉筛的筛面由多根相互平行的筛片式筛轴组成，具有多段式筛面倾角，筛轴具有偏心且同向回转，交叉排列的筛片及偏心轴之间形成"动态筛孔"。筛面湿黏颗粒在回转筛片的摩擦剪切作用下实现分离，同时，聚团颗粒受到筛片的冲击和扰动作用后发生破碎解聚。分离后的湿细颗粒通过动态筛孔实现透筛并成为筛下物，动态筛孔及逆向剪切作用可避免湿黏细颗粒堵孔、糊孔，而大颗粒沿筛面输运至排料端并成为筛上物。因此，交叉筛用于湿黏细粒煤的干法深度筛分时筛面不堵孔，筛分效果优良。

交叉筛在国内主要由石家庄功倍重型机械有限公司进行研发。交叉筛主要由筛片式筛轴、电机、筛箱、防尘罩、入料口及底座等结构组成，如图 16-76 所示，相邻筛轴上的筛片交叉排列，筛轴相互平行且由独立电机驱动并同向回转，筛面倾角为多段式。交叉筛的主要技术特点为：筛面不堵孔、筛分效率高、筛片寿命长、入料粒度上限高、单位筛面处理量高、整体尺寸小、无振动、动载荷小、对基础结构影响小、无粉尘污染等。

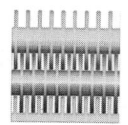

图 16-76 交叉筛的结构和筛片结构

4. 使用与维护

1）交叉筛的使用

（1）操作人员应了解交叉筛的各部结构和简单的工作原理。在开动设备之前，应做好开车准备，检查传动带或轮胎联轴器的情况，滚轴完好情况及其他各零部件状况。

（2）定期对滚轴筛各紧固件进行检查，如果有松动应及时紧固，对破损的角带及时更换。每 10 天对减速机进行检查注油，保证设备的平稳运行。

（3）设备启动前，必须打开安全信号，确认人员处于安全位置后，方可开机。

（4）设备启动时必须先开启交叉筛，人员撤至安全位置后，再进行上料；停机之前，应先停止上料，待料仓内物料转空后停机。

（5）设备运转时，交叉筛出料口正前方5 m内严禁站人，以免被蹦出的石块砸伤。

（6）清理下料口、检查检修及处理故障时，必须在配电柜处切断设备主电源，并挂牌加锁、设专人监护，严格执行自停、自检、自送电原则，严禁单人进行检修及清理工作。

2）滚轴筛的维护

（1）启动前应检查滚轴筛轴承座、电机减速机、齿轮箱的各基础螺栓是否齐全紧固。

（2）启动前应确认所有观察门已关好，严禁未停电进入或伸入工具进行杂物的清理。

（3）交叉筛刚投入运行后，要重点检查电机的电流、各轴承的温度，以及振动、声音是否正常，基础螺栓、连接螺栓的紧固等。

（4）设备运行时，筛轴下的清扫刀片容易挂软杂，需定期清理，防止杂物堆积过多对筛片造成磨损。

（5）每次设备停车后，检查筛面上有无卡堵物料并清理。

（6）定期检查减速机的油位是否符合要求，加注润滑油的型号应符合要求。筛轴、轴承、齿轮箱等应定期检查润滑。

3）常见故障处理

（1）筛片、弹性尼龙柱销是易损件，如被剪断或损坏，应检查筛轴是否有铁器、矸石等卡住，查清故障原因后及时予以更换。

（2）在正常运行中若发现电流、温度、声音、振动有异常，应停机处理。

（3）如果大块、异性、铁器、坑木、编织物等物料出现卡轴缠轴情况，阻力就会瞬间升高而报警，一定需要停机检修排除故障。

（4）若电动机、减速机出现异常振动，有响声或过热现象，检查基础螺栓是否松动，电机减速机是否损坏。

（5）若交叉筛在运行时出现堆料情况，考虑物料湿黏、杂物多、筛下溜槽堵塞及给料量过大等原因，此时应停机清理筛面或适当调小给料量。

16.5.3 摇摆筛

1. 概述

摇摆筛是由普通电机传动作基本的回转运动，与人工筛分相似，使物料在筛网上形成水平与抛掷三维翻滚运动，从中心到外缘在整个筛面上均匀分散，从而以螺旋运动往轴向传播，调整摆振体上面的经向角和切向角可改变物料在网面上的运动轨迹。摇摆筛的工作原理为：物料从进料口进入，电机发动整个机器做摇摆运动，物料在筛网上呈椭圆形运行轨迹，每一层的筛网孔径不同，所以在每一筛框上都会有出料口，粗物料在上层筛网滤出，细物料在下层筛网出料。摇摆筛工作时，整个筛箱被空间运动的摇摆轴带动进行摇摆运动，属于机械式摇摆运动筛。

摇摆筛通过特殊的机械结构设计实现了仿效人工筛分的原理，融合了手工筛分动作中水平面摇动和垂直向上抛簸运动这两种形式，增加了切向抛簸运动。三种运动形式经过调整和有利组合，可以实现物料在筛面的均匀分布、合理抛跳的螺旋向外三维空间复杂运动，有效地利用了全部圆形筛面，提高了筛分效率，有效解决了细粒级物料的干法和湿法筛分透筛困难问题。此外，通过偏心、径向偏角和切向偏角的合理调节可以实现预定的各种运动模式，适合于许多行业不同物料的有效筛分，最细可以达到微米级，特别适合于个别特殊结团材料的保护性筛分。

筛分方式：

（1）回旋式筛分：两层同样孔径的筛网，让筛过一次的物料再次筛分，以达到更高的筛分精度。

（2）回旋式逆向筛分：物料筛分由细→中细→中→粗的方式筛分，粗物料起到一定的清洁网孔的作用。

（3）双倍处理筛分：进入筛机的物料均匀地分配到两个层面上，使单台筛机的处理能力提高近一倍，一台筛机当两台用。

（4）组合式筛分：普通筛分＋回旋式筛分，提高单台筛机的使用率。

1）圆形摇摆筛

圆形摇摆筛（图 16-77）是模仿人工筛分，所以物料进到筛面上时，均匀地从筛面向周围扩散，一边轻微高频次跳跃，一边旋转移动，整个过程可以理解为水平与跳跃的三维翻滚运动，小颗粒物料会进入下一个筛面，大颗粒由于无法过滤会在该层面的出料口排出，物料从而完成整个筛分过程。该摇摆筛①达到筛分精度和筛分效率的最优化平衡。圆形摇摆筛分精度为 90%～98%，筛分效率相比普通振动筛提升至 5 倍产出。②整机及配件损耗率更低、寿命更长。圆形摇摆筛属于低频筛分，工作时运动振幅速度比普通旋振筛低 4.5 倍，因此对设备配件的振动冲击大大减小，设备零件使用寿命大大提高，特别是筛网寿命是普通设备的 3～10 倍，维护成本极低。③适配各种清网装置，杜绝堵网。圆形摇摆筛在筛分过程中可根据物料特点加装多达 5 种清网装置，例如

常见的滚刷、耐磨弹跳球、超声波清网系统等，因此即使对不规则形状的物料筛分仍能保证高效过筛，杜绝堵网情况。④筛网规格及层数按需定制。圆形摇摆筛可精确处理微米到毫米级超细、黏性物料，根据物料筛分产量和分级粒度需求，圆形摇摆筛可配置到 6 层筛可同时筛分 7 种物料，筛网规格可从直径 600～2900 mm 分为 9 种，处理面积范围为 0.28～6.4 m^2，物料通过率可达 99%，产能可达 40 t/h。⑤密闭无尘更环保。圆形摇摆筛可实现全封闭密闭筛分，与任意生产线串联，筛分更安全，且做到无粉尘逸散，环保卫生。⑥保护物料。圆形摇摆筛采用的是柔和的螺旋筛分，不会对毛料的颗粒原结构形成破坏，不容易产生静电，十分适合对易燃易爆易产生静电的物料筛分进行筛分处理。⑦静音设计。该设备优化重力均衡，地基动态负荷低，工作过程中的筛分噪声小于 75 dB，是其他筛分设备的 1/5。

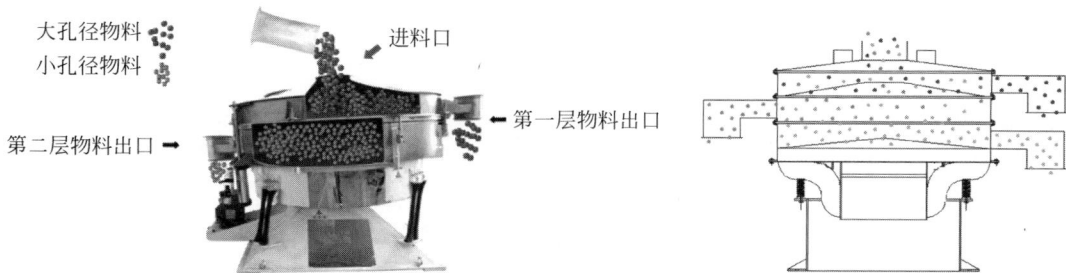

图 16-77　圆形摇摆筛示意

2）方形摇摆筛

当方形摇摆筛（图 16-78）启动后，其筛机摇动体即筛箱在惯性力的作用下作前后往复运动，筛箱带动筛面作周期性摇动，从而使筛面上的物料随筛箱一同作定向跳跃式运动，在

这一过程中，小于筛面孔径的物料通过筛孔落到下层，成为筛下物，大于筛面孔径的物料经连续翻滚跳跃运动后从排料口排出，完成筛分工作。振动型号表示方法如图 16-79 所示。

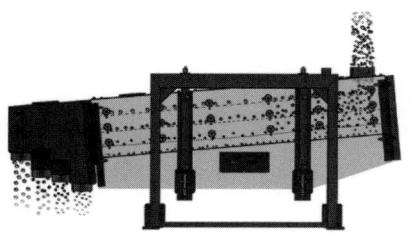

图 16-78　方形摇摆筛示意

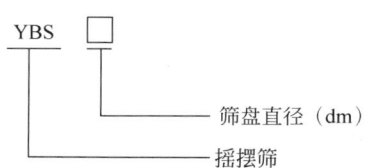

图 16-79　振动型号表示方法

2．主要技术性能参数

圆形及方形摇摆筛的主要技术参数见表 16-53 与表 16-54。

表 16-53　圆形摇摆筛主要技术参数

产品型号	有效筛分直径/ mm	有效筛网面积/ m²	筛面倾角/ (°)	层数/S	功率/kW
GFBD-600	600	0.21			0.75
GFBD-1000	1000	0.66			1.1
GFBD-1200	1200	0.98			2.2
GFBD-1600	1600	1.81	0～10	1～5	4
GFBD-2000	2000	2.8			5.5
GFBD-2400	2400	4.15			5.5
GFBD-2600	2600	5.31			5.5
GFBD-3200	3200	7.5			11

表 16-54　方形摇摆筛主要技术参数

产品型号	有效筛分 面积/m²	功率/kW	筛面倾角/(°)	层数/S	允许回 转次数	筛箱行程/ mm
FYBS1030	3	3	5～8	1～5	180～260	25～60
FYBS1036	3.6	3	5～8	1～5	180～260	25～60
FYBS1230	3.6	4	5～8	1～5	180～260	25～60
FYBS1236	4.32	4	5～8	1～5	180～260	25～60
FYBS1530	4.5	5.5	5～8	1～5	180～260	25～60
FYBS1536	5.4	5.5	5～8	1～5	180～260	25～60
FYBS1830	5.4	7.5	5～8	1～5	180～260	25～60
FYBS1836	6.48	7.5	5～8	1～5	180～260	25～60
FYBS2030	6	7.5	5～8	1～5	180～260	25～60

3．主要功能部件

圆形摇摆筛与方形摇摆筛的主要功能部件如图 16-80 与图 16-81 所示。

摇摆筛主要由筛箱、驱动装置、筛架、支撑架和减振装置等组件构成。其包括筛框、筛网、筛格、弹簧卡和弹跳球等组件,其中,筛框上安装有上、下两层筛网,筛网通过设置在筛格周边上的弹簧卡张紧在筛格上,弹跳球设置在筛格的方格内;驱动装置包括驱动器、电动机、锁紧套、锁紧圆螺母、止动垫圈和锥套等组件,其中,锥套固定在筛框上,驱动器的驱动轴设置在锥套内并通过锁紧套来连接固定其位置。

4．使用与维护

1）方形摇摆筛

由于方形振动筛多用于筛选粒度较大的物料,所以生产结束后应及时清理筛面残留物和筛箱内部残留物,为下次使用做好准备;振动电机应定期检查,虽然电机甩块部位有防护罩保护,但长期使用时螺丝会出现松动,所以定期检查直线筛各部件是不可忽视的环节;上料时尽量均匀布料,均匀布料可延长筛网的使用寿命,降低设备维护成本;检查摇摆筛各螺栓接头是否牢固安全,确保所有螺栓不松动,启动时各部件之间无异常噪声,确保其与周围固定物的安全距离大于 80 mm。

(1) 摇摆筛在进行开机之前,需要检查筛

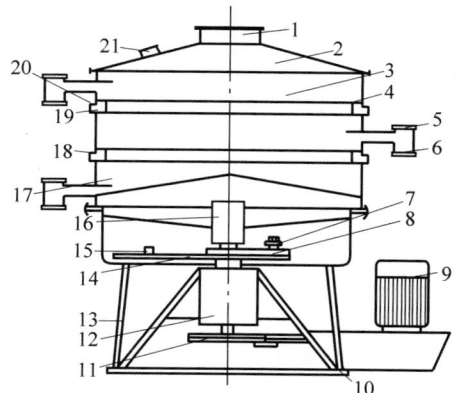

1—料浆；2—上盖；3—筛框；4—网；5—检查孔；6—出料口；7—调整螺栓；8—激振板；9—电机；10—底座；11—皮带轮；12—主轴总成；13—阻旋弹簧；14—摆振体；15—调整块；16—中枢轴总成；17—底框；18—束环；19—网架；20—密封圈；21—观察孔。

图 16-80 圆形摇摆筛结构示意

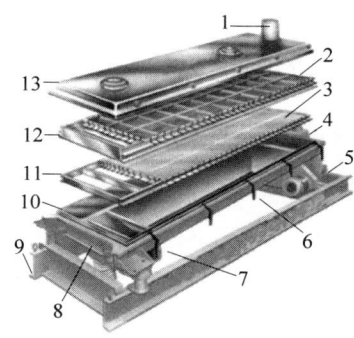

1—皮带轮；2—自清理系统；3—筛网；4—变速器；5—电机；6—固定卡扣；7—出料口；8—牵引杆；9—底座；10—筛箱；11—底部筛框；12—顶部筛框；13—筛盖。

图 16-81 方形摇摆筛结构示意

面上物料的振动状态，并保证物料通道的畅通运行。

（2）为了确保摇摆筛工作状态良好，应定期检查筛选效率和设备运行状态。经常检查喂料机构和清理筛面，使筛孔通畅率保持在80%以上；检查清理橡皮球是否磨损，必要时进行更换，以保持筛面具有足够的自清能力。

（3）正确调节摇摆筛的喂料装置，使物料层按筛面宽度均匀稳定地进入工作筛面；避免物料集中于筛面局部位置，影响筛理效果。

（4）如果摇摆筛带有除尘装置，开机顺序

为先开相关风机，然后启动振动机构，待设备运行平稳后再开始正常进料。

（5）摇摆筛在使用中，它的主要磨损部件就是筛网，因此筛网的检查是非常重要的，并在日常的检修中对筛网进行及时的更换维修。

2）圆形摇摆筛

（1）摇摆筛输料设备每年大修一次。

（2）要保持备用皮带的清洁、无杂物。每班应打扫卫生，保证备用皮带随时可以使用。

（3）做好皮带的定期切换，每个白班应定期切换一次，或启备用带一次。

（4）皮带切换时，应及时通知料场、皮带、料仓工作人员，现场检查无异常后才可启动。

（5）输料设备停运后，切断除铁器电源，清理铁块和杂物。

（6）摇摆筛运行中如发现减速器、电动机等转动部件有异声和杂物，应及时找原因消除后继续运行。

（7）定期检查皮带减速油箱油位，如不足应补到正常油位。

（8）保持摇摆筛滚筒表面整洁，每个班应将所有滚筒表面聚积物清除，并将料栈桥扫除干净方可交班。

（9）筛机启动前，应检查各紧固件螺栓有无松动，如有松动应重新紧固，运行时要求筛体平稳，无横摆及异常声音。正常运转后，定期检查各紧固件螺栓紧固情况。停车前应先停止给料，待筛面物料走完后再停车。

参 考 文 献

[1] 王新文,潘永泰,刘文礼.选煤机械[M].北京：冶金工业出版社,2017.
[2] 闻邦椿,刘树英.现代振动筛分技术及设备设计[M].北京：冶金工业出版社,2013.
[3] 陈建中,沈丽娟,赵跃民.选矿机械[M].徐州：中国矿业大学出版社,2012.
[4] 马传芬.选煤机械[M].北京：煤炭工业出版社,2007.
[5] 振动筛的安全操作规程[Z].2022.
[6] 王景利.筛分机的使用维护与故障处理[J].科技风,2011(2)：133.

[7] 孙传尧.选矿工程师手册(第 1 册).上卷:选矿通论[M].北京:冶金工业出版社,2015.

[8] 赵环帅.细粒煤干法深度筛分技术进展及研究方向[J].洁净煤技术,2019,25(3):28-34.

[9] 陈庆丽.对干法深度筛分设备的分析[J].河北煤炭.2000(S1):14-17.

[10] 杨洋.大型概率筛动态特性与焊缝疲劳寿命分析[D].湘潭:湘潭大学,2017.

[11] Barry A Wills.矿物加工技术[M].北京:冶金工业出版社,2011.

[12] 张大卫.用于粗煤泥脱水脱泥滚筒筛的研制及其性能试验研究[D].太原:太原理工大学,2015.

[13] 闸建文,何芳,汪裕安.圆筒筛筛分的过筛率及其影响因素[J].农业机械学报,1995(2):63-68.

[14] 工业和信息化部.块偏心箱式直线振动筛:JB/T 7892—2010[S].北京:机械工业出版社,2010:7.

[15] 国家发展和改革委员会.煤用座式双轴振动筛:JB/T 2444—2008[S].北京:机械工业出版社,2008:11.

[16] 工业和信息化部.宽筛面强迫同步直线振动筛:JB/T 10657—2021[S].北京:机械工业出版社,2021:10.

[17] 工业和信息化部.振动筛用箱式振动器:JB/T 12179—2015[S].北京:机械工业出版社,2015:10.

[18] 王峰.筛分机械[M].北京:机械工业出版社,1998.

[19] 工业和信息化部.滚轴筛:JB/T 13657—2019[S].北京:机械工业出版社,2020:1.

[20] 聂静.选煤机械[M].北京:煤炭工业出版社,2009.

[21] 解京选.选煤厂破碎与筛分[M].徐州:中国矿业大学出版社,2004.

[22] 岳兴宇.铁法煤业集团铁强环保材料股份有限公司自制滚轴筛研究[J].机械管理开发,2022,37(3):195-196.

[23] 工业和信息化部.振动筛设计规范:JB/T 9022—2012[S].北京:机械工业出版社,2012:11.

[24] 朱绍文,李新祥.滚轴筛在选煤厂的应用现状及使用方法[J].煤炭加工与综合利用,2021(1):39-41.

[25] 严国彬.选煤厂机械设备安装、使用与检修[M].北京:煤炭工业出版社,1993.

[26] 蒲坤玮,王新文,徐宁宁,等.圆振动弛张筛动态结构特性分析[J].煤炭工程,2022,54(6):165-171.

[27] 武继达.振动弛张筛动力学特性与关键部件研究[D].徐州:中国矿业大学,2020.

[28] 唐弦.弛张筛筛板与颗粒碰撞行为研究[D].太原:太原理工大学,2021.

[29] 包小燕,李宏静,鲁和德.香蕉型弛张筛 3 mm 干法脱粉在寺河矿选煤厂的应用[J].洁净煤技术,2014,20(3):5-7.

[30] 陈志强.振动弛张筛关键技术研究:2020 年全国选煤学术交流会[Z].贵阳:2020.

[31] 康永飞,李明.LIWELL 弛张筛 6 mm 深度干法筛分技术在选煤厂的应用[J].煤炭加工与综合利用,2017(11):52-54.

[32] 徐丽,张杰,郭年琴.组合振动筛运动学仿真分析与参数匹配研究[J].金属矿山,2019(3):156-160.

[33] 徐文彬,李素研,李秀艳,等.多单元组合振动筛[Z].2009.

[34] 徐文彬.多单元组合振动筛的研制与应用:筛分技术交流会议[Z].沈阳:2010.

[35] 娄宏敏.GDZS2460/2 高效单元组合振动筛的设计与筛框有限元分析[D].赣州:江西理工大学,2011.

[36] 彭稼松,朱再胜.GDZS40100/5 多单元组合振动筛在潘一东选煤厂的应用[J].选煤技术,2013(6):60-63.

[37] 张永彪,徐文彬,李俊.GDZS2148/2AT 多单元组合振动筛在大隆选煤厂的应用[J].选煤技术,2010(6):12-15.

[38] 张丽娜.振动筛在线故障诊断系统研究与应用[D].西安:陕西科技大学,2013.

第17章

磨矿与分级机械

17.1 概述

有用矿物在矿石中通常呈嵌布状态。嵌布粒度的大小,通常为 0.05 mm 到几毫米。目前,露天矿开采出来的原矿最大块度为 200～2000 mm,地下矿开采出来的原矿最大块度为 200～6000 mm。因此,为了从矿石中提取有用矿物,必须将矿石破碎,使其中的有用矿物得以单体分离,以便选出矿石中的有用矿物。有用矿物和脉石颗粒解离得越完全,有用矿物选别作业的效果就越好。

对于绝大多数矿石,选别前的准备作业可分两个阶段进行。

1. 破碎筛分作业

破碎是指将块状矿石变成粒度为 1～5 mm 产品的作业。粗嵌布的矿石(有用矿物的粒度为几毫米),经破碎后即可进行选别。破碎矿石通常采用各种类型的破碎机。

选矿厂最终破碎粒度是结合磨矿作业来考虑的,最适宜的产品粒度一般为 6～25 mm,这是为了使破碎与磨矿总成本达到最低。

筛分就是将颗粒大小不同的混合物料按粒度分成几种级别的分级作业。从矿山开采出来的矿石,其粒度大小很不一致,其中含有一定量的细粒矿石,如其粒度适于下段作业的要求,那么这些矿石就无须破碎。所以,当矿石进入破碎机之前,应将细粒矿石分出,这样

可以增加机器的处理能力和防止矿石过粉碎。其次,在破碎后的产品中也时常含有粒度过大的矿粒,这也要求将过大的矿粒从混合物料中分出并返回破碎机中继续破碎。为了达到上述目的,必须进行筛分。

2. 磨矿分级作业

有用矿物呈细粒嵌布时,由于粒度比较小(0.05～1 mm),矿石经几段破碎以后,必须继续进行磨矿,才能使有用矿物与脉石达到单体分离,以便选出有用矿物而去掉脉石。

为了控制磨矿产品的粒度和防止矿粒的过粉碎或泥化,通常分级作业与磨矿作业会联合进行。

图 17-1 所示为最基本的磨矿分级流程。

由于磨矿机有较大的破碎比,一般磨矿细度大于 0.15 mm 时采用一段磨矿;小于 0.15 mm 时采用两段磨矿。磨矿作业可以分为开路及与分级设备构成闭路两种形式。开路磨矿易造成物料的过粉碎,故仅在以棒磨机代替细碎的情况下或物料泥化对选别效果没有影响时才采用,一般均与分级设备构成闭路。分级设备一般在粗磨时常采用螺旋分级机,细磨时采用螺旋分级机或水力旋流器(或细筛)与磨矿机构成闭路循环。

随着自磨机在选矿厂的应用,使破碎和磨矿流程大为简化,从而减少了基建和设备投资以及维护管理费用,降低了选矿成本。

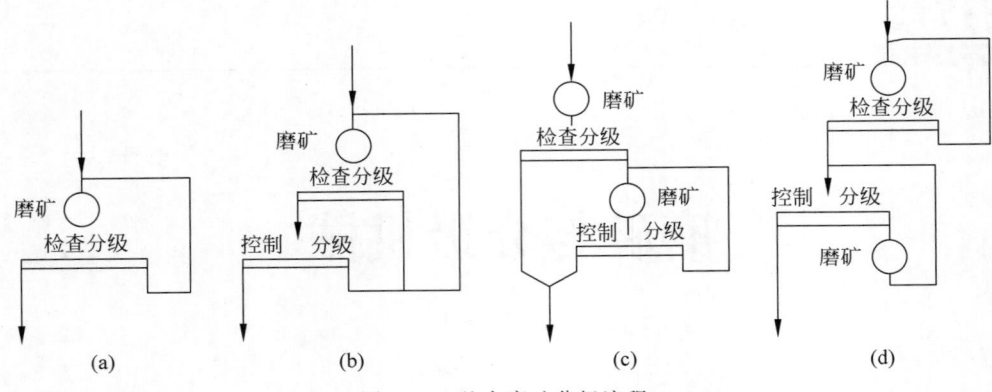

图 17-1   基本磨矿分级流程

17.1.1   功能、用途与分类

磨矿机(图 17-2)有一个空心圆筒 1,圆筒两端是带有端盖 2 和 3 的空心轴颈 4 和 5。轴颈支承在轴承上。圆筒内装有各种直径的破碎介质(钢球、钢棒和砾石等)。当圆筒绕水平轴线按规定的转数回转时,装在筒内的破碎介质和矿石在离心力和摩擦力的作用下,随着筒壁上升到一定高度,然后脱离筒壁自由落下或滚下。矿石的磨碎主要是靠破碎介质落下时的冲击力和运动时的磨剥作用。矿石从圆筒一端的空心轴颈不断地给入,而磨碎以后的产品经圆筒另一端的空心轴颈不断地排出,筒内矿石的移动是利用不断给入矿石的压力来实现的。湿磨时,矿石被水流带走,干磨时,矿石由向筒外抽出的气流带出。

按照筒体的形状,磨矿机可分为圆锥形和圆筒形两种(图 17-3)。圆筒形磨矿机又可分为短筒形和管形磨矿机。短筒形磨矿机的筒体长度 $L \leqslant 2D$(D 表示筒体的直径)。管形磨矿机的长度则不小于筒体直径的 3 倍。

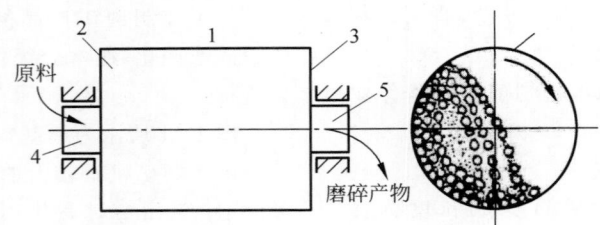

1—空心圆筒;2,3—端盖;4,5—空心轴颈。

图 17-2   磨矿机的工作原理

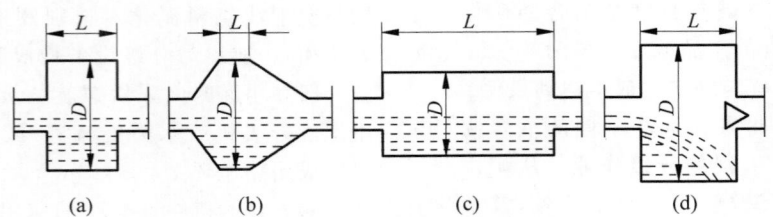

图 17-3   磨矿机的类型

(a) 短筒形磨矿机(溢流型);(b) 圆锥形磨矿机(溢流型);(c) 管形磨矿机(溢流型);(d) 短筒形磨矿机(格子型)

按照破碎介质的不同,磨矿机可以分为球磨机、棒磨机、砾磨机和自磨机。球磨机的介质是钢球或铸铁球,棒磨机的介质是钢棒,砾磨机是用磨圆了的硅质卵石,自磨磨矿机则是用被粉碎物料本身作为介质。

磨矿机的排矿方法通常有中心排矿和格子排矿两种。中心排矿,即磨碎产品经排矿端空心轴颈自由溢出。因此,筒内矿浆的水平必须高于排矿轴颈最低母线的水平。中心排矿的磨矿机称为溢流型磨矿机。格子排矿则是在筒体排矿端安装有排矿格子,磨矿产品经格子外边缘处的孔而排出。格子排矿的磨矿机称为格子型磨矿机。磨矿机的排矿方法除了上述两种方法以外,还有周边排矿式。它是通过筒体周边排矿的,目前很少采用。

在选矿工业中广泛使用球磨机和棒磨机。

球磨机可以破碎各种硬度的矿石,其破碎比很大,通常为 200～300。球磨机可用于粗磨也可用于细磨,但以细磨效率最好。球磨机的给矿粒度不得大于 65 mm,最适宜的给矿料度是 6 mm 以下。它的产品粒度是 1.5～0.075 mm。

棒磨机多在球磨机之前用来进行粗磨。给矿粒度一般为 20～25 mm,产品粒度多在 3 mm 以下。

上述各种磨矿机可用于干磨,也可用于湿磨。由于湿磨有很多优点,例如生产率大约比干磨大 30%,产品过粉碎现象少等,所以在我国各选矿厂中几乎完全采用湿磨。但对于某些忌水矿物,或因气候条件不宜用水的场合和某些缺水地区,则采用干磨作业较合适。

磨矿机的规格以圆筒内径 D(除去衬板)及其工作长度 L 表示。不同类型磨矿机的型号表示方法如图 17-4～图 17-7 所示。

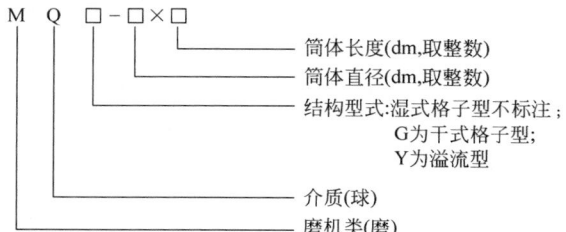

图 17-4　球磨机型号表示方法

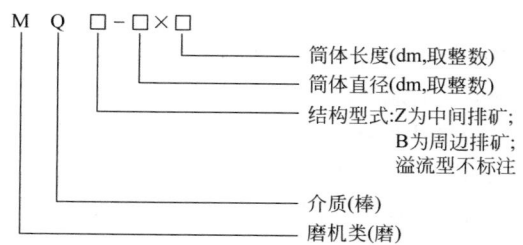

图 17-5　棒磨机型号表示方法

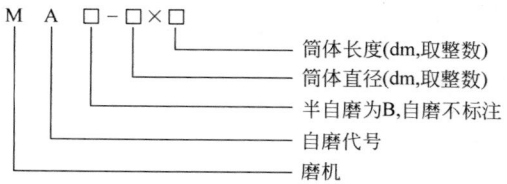

图 17-6　棒自磨机型号表示方法

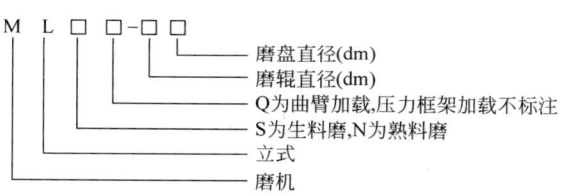

图 17-7　辊磨机型号表示方法

17.1.2　发展历程与趋势

碎矿和磨矿是国民经济中许多基础行业的重要工序,它们必须受到应有的重视,随着世界经济技术的发展,矿业也得到了很大的发展,作为破碎及磨碎矿料的碎矿和磨矿机械也随之出现了大的发展。

第二次世界大战后,各国都在恢复及发展经济,金属材料及矿物材料的需求剧增,促进了新建大型选矿厂及老选矿厂改建扩建。大型设备具有大的生产能力、低的投资及运营成本,因此矿业发展态势趋向于设备向大型化发展。

碎矿及磨矿设备中,大部分是 19 世纪中出现及在工业生产中应用,经上百年的工业生产应用,一方面证实这些设备性能是可靠的,具有生命力,另一方面暴露了它们的工作效率低及能耗高的缺点。因此,人们把注意力集中到碎磨设备的研制及改进上,这种情况下新设备及老设备的改进陆续出现,近年来不断出现了新型的破碎磨矿设备,如冲击式颚式破碎机、超细碎机、无齿轮圆锥破碎机、离心磨矿机、辊磨机、多筒球磨机、射流磨机、环形电机传动磨矿机、塔式磨机等。这些设备的出现,大大提高了破碎与磨矿的效率,增大了能量的使用率。

在传统设备的改进及新设备的研制中,逐步将新技术、新材料引入应用。大型滚动轴承应用于碎磨设备中,高压油悬浮应用于磨机主轴承,聚氯酯耐磨材料应用于筛网以延长寿命,高强度金属材料在碎磨设备零件中的应用,橡胶衬板及磁性衬板的应用,以及自动化技术应用于碎磨设备机组的控制等。

碎磨过程耗费的能量巨大,材料消耗也高,为了提高过程效率,选矿工作者不断地研究能耗规律及寻找节能降耗的途径。在磨矿领域开辟诸如选择性磨矿的领域以提高磨矿效率,开展球磨机介质的工作理论等的研究进一步提高磨矿效率等。总之,围绕增效、节能降耗等目标开展各种研究,取得了不少显著的成绩。破碎方法中仍然是机械破碎法占统治地位,机械破碎法的缺点是能量转换效率低及产品的解离度特性不够好。因此,新的破碎方法的研究工作一直未停止过,如电热照射、液电效应、热力破碎方法的研究工作。

选矿过程中,粉磨的能耗占到整个选厂能耗的60%~70%,实现选厂的多碎少磨及以碎代磨是降低选厂能耗的有效途径。高压辊磨机是基于料层粉碎原理设计的一种超细碎矿岩破碎设备,比传统破碎方式更易产生较多的细粒级产品,更有利于实现“多碎少磨”,而且还能提高破碎产物的可磨性,降低磨矿过程的能耗。

机械设备的研发在保护环境的前提下,使设备智能化,随着“中国制造2025”概念的提出,智能化成为新一轮工业革命的主题,此时智能化选矿厂的建设就需要生产设备的智能化,通过大数据和云计算等实现设备的智能控制。

17.1.3　安全使用规范

磨矿机应由经过培训的操作工和监理人员使用。设备所有者和任何对设备使用负责的人员,必须确保设备由经过培训并考核合格的人员使用。

操作工应确保能够真正理解磨矿机的功能、掌握磨矿机的使用方法。未经授权,任何人不得操作磨矿机,不得对设备进行维护和维修。操作工还应知道如何应对紧急情况和潜在危害。体力或智力不符合要求的人员不得操作磨矿机或在磨矿机附近逗留,否则,将可能导致人员伤害或设备损坏。

磨矿机安全作业应遵循下述要求。

1．一般规定

(1) 运转设备的下列作业,应停车进行:

① 处理故障;

② 更换部件;

③ 局部调整设备部件;

④ 调整皮带松紧;

⑤ 清扫设备。

(2) 应进入矿石流动空间。

(3) 进入停止运转的设备内部或上部前应切断电源,锁上电源开关,悬挂标志牌,并设专人监护。

(4) 取样点应设在安全的位置。

2．磨矿安全作业相关规定

(1) 应在检查磨矿系统整体防护措施完好和安全确认后启动磨矿机。

(2) 不应在运转中的磨矿机筒体两侧和下部穿行、逗留、工作或进入防护栏内;保持人孔门严密。

(3) 检修、更换磨矿机衬板应先固定筒体,机体内应无脱落物,通风充分,温度适宜。筒体内应使用安全行灯照明,盘车时应由专人指挥,确保筒体内无人,在电源开关处安排专人监护。

(4) 拆卸或紧固筒体、端盖螺栓时,使用气动扳手要两个人一组,相互配合,防止扳手滑落;使用大锤时应保证周边环境无人,应有防止砸伤、绞伤手脚及滑落摔伤等的安全措施。

(5) 处理磨矿机漏浆或紧固筒体螺钉时,应固定滚筒;若磨矿机严重偏心,应先消除偏心,然后进行其他处理。

(6) 采用钢斗添加磨矿介质时,斗内磨矿介质面应低于斗的上沿;采用电磁盘添加时,吸盘下方不应有人。

（7）处理分级设备的返砂槽堵塞时，不应攀踏在分级机、直线振动筛或其他设备上进行。

（8）清除木屑等废渣时，不应站在分级设备溢流除渣筛上进行。

在进行磨矿作业时，应严格遵循上述安全作业要求，以确保安全生产，避免发生人员伤亡等生产事故，使磨矿作业能够顺利运行。

17.2　格子型球磨机

17.2.1　概述

球磨机可以破碎各种硬度的矿石，其破碎比很大，通常为200～300。球磨机可用于粗磨也可用于细磨，但以细磨效率最好。球磨机的给矿粒度不得大于65 mm，最适宜的给矿粒度是6 mm以下。它的产品粒度为1.5～0.075 mm。

格子型球磨机是在筒体排矿端安装有排矿格子，磨矿产品经格子外边缘处的孔而排出。

17.2.2　主要技术性能参数

格子型球磨机的主要技术性能参数列于表17-1、表17-2中。

表 17-1　湿式格子型球磨机主要技术参数

型号	筒体直径/mm	筒体长度/mm	筒体有效容积/m³	最大装球量/t	工作转速/（r/min）	主电动机功率/kW
MQ-09×□	900	900～1800	0.45～0.9	0.96～1.9	34.8～39.5	7.5～15
MQ-12×□	1200	1200～2400	1.1～2.2	2.4～4.7	29.8～33.9	22～45
MQ-15×□	1500	1500～3000	2.2～4.5	4.7～9.7	26.5～30.1	55～90
MQ-21×□	2100	2200～4000	7～12	15～27	22.3～25.3	140～250
MQ-24×□	2400	2400～4500	10～18	21～39	20.8～23.6	210～355
MQ-27×□	2700	2100～5400	11～28	23～59	19.6～22.2	260～630
MQ-32×□	3200	3000～6400	22～47	46～98	17.9～20.4	500～1120
MQ-36×□	3600	3900～7000	36～64	75～135	16.9～19.2	1000～1800
MQ-40×□	4000	4500～7200	52～83	103～165	15.6～17.3	1400～2000
MQ-43×□	4300	4700～7500	63～100	125～200	15.0～16.7	1600～2500
MQ-45×□	4500	5000～7700	73～113	147～226	14.7～16.3	2000～3100
MQ-48×□	4800	5300～7900	89～132	178～265	14.2～15.8	2200～3300
MQ-50×□	5000	5500～8100	100～147	199～293	13.9～15.5	2600～3800
MQ-52×□	5200	5700～8300	112～163	224～326	13.6～15.2	3000～4300
MQ-55×□	5500	6000～8500	132～187	265～375	12.9～14.0	3700～5200

注：1. 筒体直径指筒体内径，筒体长度是指筒体有效长度。

　　2. 给矿粒度为不应大于25 mm。

表 17-2　干式格子型球磨机主要技术参数

型号	筒体直径/mm	筒体长度/mm	筒体有效容积/m³	最大装球量/t	工作转速/（r/min）	主电动机功率/kW
MQG-09×□	900	900～1800	0.45～0.9	0.96～1.9	34.8～39.5	7.5～15
MQG-12×□	1200	1200～2400	1.1～2.2	2.4～4.7	29.8～33.9	22～45
MQG-15×□	1500	1500～3000	2.2～4.5	4.7～9.7	26.5～30.1	55～90
MQG-21×□	2100	2200～4000	7～12	15～27	22.3～25.3	140～250

续表

型号	筒体直径/ mm	筒体长度/ mm	筒体有效 容积/m³	最大装球量/ t	工作转速/ (r/min)	主电动机 功率/kW
MQG-24×□	2400	2400～4500	10～18	21～39	20.8～23.6	210～355
MQG-27×□	2700	2100～5400	11～28	23～59	19.6～22.2	260～630
MQG-32×□	3200	3000～6400	22～47	46～98	17.9～20.4	500～1120
MQG-36×□	3600	3900～7000	36～64	75～135	16.9～19.2	1000～1800
MQG-40×□	4000	4500～7200	52～83	103～165	15.6～17.3	1400～2000
MQG-43×□	4300	4700～7500	63～100	125～200	15.0～16.7	1600～2500
MQG-45×□	4500	5000～7700	73～113	147～226	14.7～16.3	2000～3100

注: 1. 筒体直径指筒体内径,筒体长度是指筒体有效长度。

2. 给矿粒度为不应大于 25 mm。

17.2.3 主要功能部件

各种类型的球磨机、棒磨机和砾磨机的结构基本上相同,它们之间仅是某些部件不同而已。

图 17-8 为 ϕ2700 mm×3600 mm 格子型球磨机的总图。球磨机由以下六个部分组成:筒体部、给矿部、排矿部、轴承部、传动部和润滑系统。

球磨机的圆形筒体 6 是由几块钢板焊接而成的,同时在它的两端焊有法兰盘,利用它和铸钢的端盖 5 和 13 连接。为了便于更换磨损了的衬板 7 和检查磨矿机的内部状况,在筒体内壁之间敷有胶合板。

为了保护筒体内表面不受磨损和控制钢球在筒体内的运动轨迹,筒体内铺有由高锰钢制成的衬板 7。衬板的构造应该便于安装和更换。衬板的厚度一般为 50～130 mm。衬板的厚度不宜过大,采用厚的衬板虽可延长衬板的使用寿命,但使磨矿机的有效容积减小,因而降低球磨机的生产能力。

为了提高衬板的使用寿命,国内外均在发展和使用橡胶衬板。橡胶衬板具有寿命长(比钢衬板的寿命长 3～4 倍)、质量小、安装时间短、更换时工作安全、工作噪声小等优点。

衬板的表面形状应使球体与衬板表面的相对滑动量最小,这不仅可以增加衬板的使用寿命,而且可以降低功率消耗。所以,衬板的表面形状对磨矿效率的影响很大。通常,细磨矿时,采用细棱边或完全光滑的衬板,而在粗磨矿时,则采用带棱的衬板。

衬板具有很多不同的断面形状,如图 17-9 所示。图 17-9(a)、图 17-9(b)和图 17-9(c)是直接用螺栓固定在筒体上的单块衬板。这种衬板更换容易,但要求螺钉密封,不然会在工作时漏出矿浆。为了防止矿浆沿螺钉孔流出,在螺帽下面垫有橡皮圈和金属垫圈(图 17-10)。图 17-9(e)和图 17-9(d)是条形衬板。这种衬板用楔形压条 9 固定,并用端盖衬板压紧(图 17-8)。这种衬板制造简单,由于螺钉孔数目少(条形衬板也可不用螺钉固定,完全用端盖衬板压紧的结构型式),因而增大了筒体的强度和刚性。目前,我国生产的磨矿机很多采用这种结构型式。

给矿部由带有中空轴颈的端盖 5(图 17-8)、联合给矿器 1、扇形衬板 4 和轴颈内套 2 等零件组成。为了防止给入的矿石对中空轴颈内表面造成磨损,在中空轴颈内镶有一个内表面带螺旋的铸造内套,螺旋有助于给矿。给矿器 1 用螺钉固定在内套的端部。联合给矿器可同时给入原矿和分级机的返矿。

排矿部由带有中空轴颈的端盖 13、格子衬板 11、楔铁 15、中心衬板 10 和轴颈内套 14 等零件所组成。在端盖的内壁铸有放射形的筋条 8 根,相当于隔板。每两根筋条之间有格子衬板,并用楔铁挤压住。楔铁则用螺钉穿过壁上的筋条紧固在端盖上。中心部分是利用中心衬板的止口托住所有的格子衬板。在中空

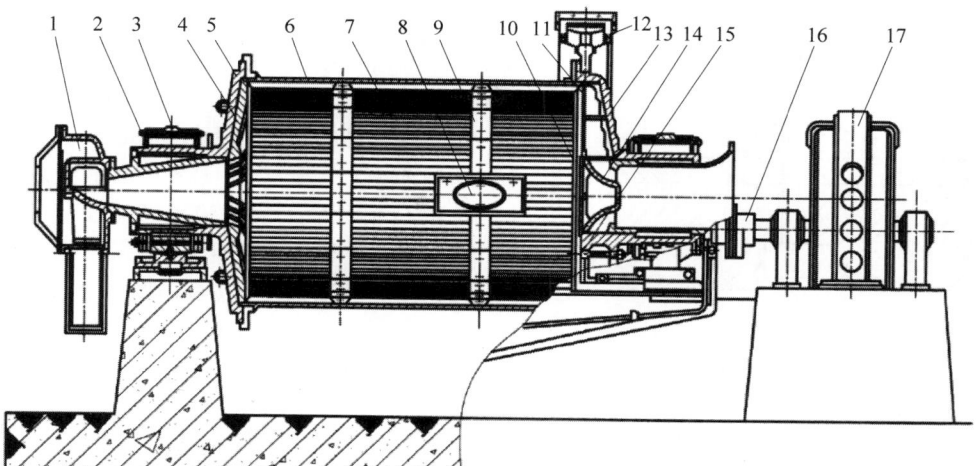

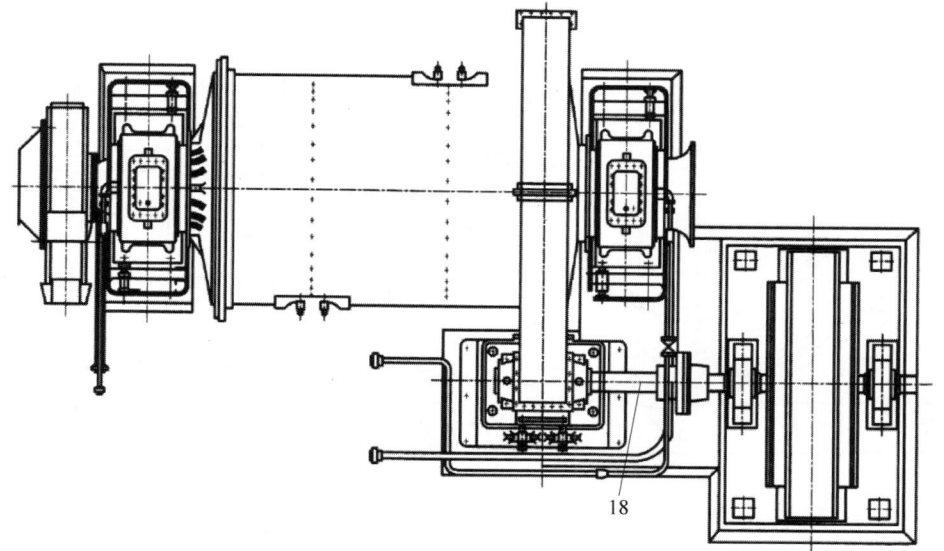

1—联合给矿器；2,14—轴颈内套；3—主轴承；4—扇形衬板；5,13—端盖；6—筒体；7—衬板；8—人孔；9—楔形压条；10—中心衬板；11—格子衬板；12—齿圈；15—楔铁；16—弹性联轴器；17—电动机；18—传动轴。

图 17-8 φ2700 mm×3600 mm 格子型球磨机

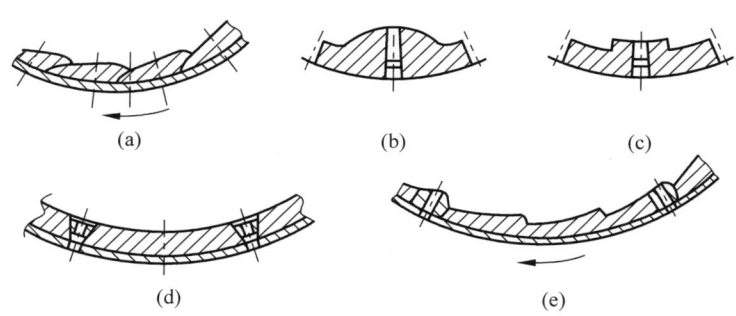

图 17-9 衬板的表面形状

（a）搭接形；（b）波浪形；（c）凸形；（d）平滑形；（e）阶梯形

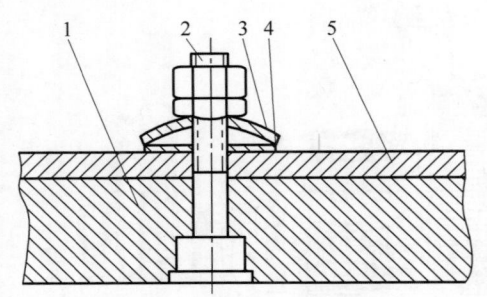

1—筒体；2—螺栓；3—金属垫圈；4—橡皮圈；5—衬板。

图 17-10　衬板的固定装置

轴颈内镶有内套。内套在排矿格子的一端制成喇叭形叶片,以引导由隔板掏起的矿浆顺着叶片流出。

　　球磨机的中空轴颈支承在自位调心式滑动轴承 3 上。轴承(图 17-11)基本上是由下轴承座 1、轴承盖 2、表面铸有巴氏合金 4 的下轴瓦 3 及圆柱销钉 5 等零件所组成。轴承座和下轴瓦制成球面接触,其目的是补偿安装误差。为了防止轴瓦从轴承座上滑出,在底座和轴瓦的球面中央放有圆柱销钉。

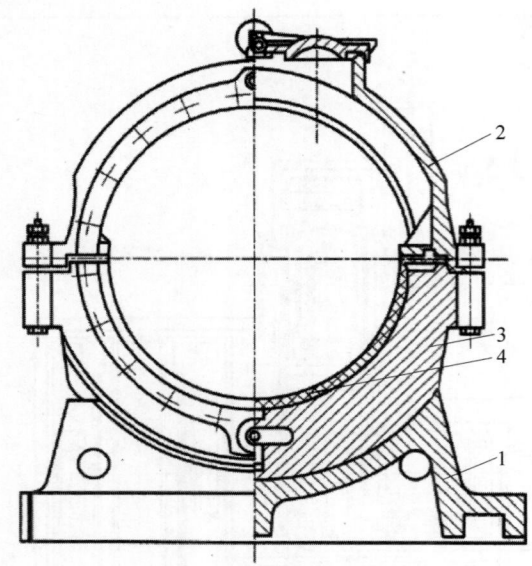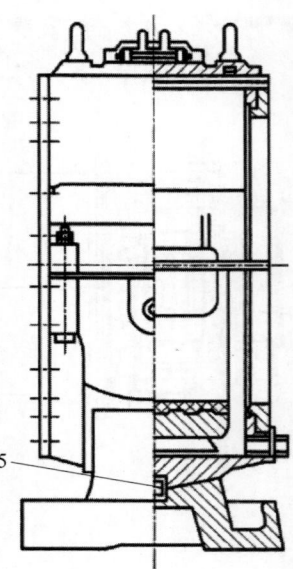

1—下轴承座；2—轴承盖；3—下轴瓦；4—巴氏合金；5—圆柱销钉。

图 17-11　球磨机的主轴承

　　这种轴承采用稀油集中循环润滑。在南方工作的大型球磨机,由于散热条件差,通常在主轴承上设有专门的冷却装置。

　　在磨矿作业中,钢耗和能耗占有显著的地位。为了减小筒式磨矿机的启动负荷,降低电动机的安装功率,目前趋于采用离合器实现分段启动。为了节约能源,在磨矿机上采用了静-动压轴承,改善了磨矿机的启动条件,降低了机械损耗。

　　球磨机的筒体通过齿轮传动装置由电动机 17 经弹性联轴器 16(图 17-8)带动回转。齿轮传动装置由装在筒体排矿端的齿圈 12 和传动齿轮所构成。传动齿轮装在传动轴 18 上,传

动轴支承在轴承座中的两个双列调心滚子轴承上。为了防止灰尘落入齿轮副中,用防尘罩将其全部密封。

　　传动齿轮用干油润滑,而传动轴两端的滚子轴承则用稀油循环润滑。

17.2.4　使用与维护

1. 磨机使用操作

　　润滑油站的高低压系统必须在磨机启动前 5 min 同时启动向轴承供油,同时通入循环冷却水,磨机启动 5 min 后高压系统自动停止工作,也可设定好高压连续工作。磨机停机后,高压系统继续工作,在 24 h 内,每隔 20～30 min

自动供油 3~5 min,同时翻转筒体。一般情况下,不宜在 1 h 内连续两次启动磨机。磨机启动同时启动给料机。

磨机正常工作中,主轴承工作温度不应大于 60℃,注意回油温度不应超过 40℃,冷却水的温度和用量以保证轴承不超过 60℃为准,每个轴承冷却水入口水温小于 30℃,出口水温小于 35℃。大、小齿轮采用 N460 齿轮油喷射润滑。主轴承为动静压混合润滑,采用 N120~N150 机械油。

欲停磨机时,应先做好停磨的准备工作。首先以规定的信号通知各个有关附属设备的操作人员,做好停磨准备工作。

停磨顺序:

(1) 给料设备;

(2) 主电机;

(3) 供水设备(磨机磨矿用水);

(4) 润滑设备及冷却水设备。

如长期停磨机,应把研磨体倒出,以免筒体变形。在冬天长期停磨机时,应把主轴承中冷却水排出,以防冻坏冷却水道。

磨机在运转过程中,当发生下列情况之一时,应立即停磨进行故障排除。

(1) 主轴承振幅超过 0.6 mm。

(2) 主轴承温度达到 65℃,并继续上升。

(3) 衬板、人孔盖及回转部分及其他连接螺栓发生松动和断裂。

(4) 磨机内机体脱落或破裂。

(5) 润滑系统发生断油故障。

(6) 减速机和电动机的运转发生异常现象(符合说明书规定)。如果磨机在运转过程中突然断电,应立即将磨机及附属设备的电机电源开关切断,以免来电时发生事故。

2. 维护与保养

磨机的维护与保养是一项极其重要的、经常性的工作,它应与磨机的操作和检修等密切配合,应有专职人员进行值班检查并制定维修制度,所有的检查和维修均应在机器停稳且已切断电源的情况下进行。

维护的主要内容:

(1) 主轴承、减速机和电动机等轴承的润滑好坏直接影响到这些机件的使用寿命和磨机的运转率,因而要求注入的润滑油必须清洁,密封必须良好,注入量应符合各个油位指示器的要求。对于新安装或新更换的摩擦零件,注油运转 30 天之后,应将油全部泄出,更换新油时,要清洗油腔内壁。冬季加油或换油时,应预先将油加热到 20℃左右,对于已经变质或不干净的润滑油,一律不准使用。

(2) 新安装的衬板螺栓容易发生松动,必须经常进行检查。

(3) 对润滑和冷却系统经常进行检查,注意其各部工作是否正常。

3. 检修

磨机除日常维护保养以外,还应制定定期检修制度。因为磨机在运转过程中,某些零件和部件不可避免地产生自然磨损,磨损量达到或超过一定极限数值时,零件间的配合和连接等就被破坏,磨机可能发生故障。为了使磨机中磨损和损坏的零件与部件恢复其所丧失的工作能力,必须根据易损零件和部件的磨损规律定出检修计划,定期进行检修,检修内容包括对零件、部件的全面检查、调整、清洗、修复和更换等。

小修一般 1~2 个月进行一次,遇到特殊情况可随时进行。中修周期一般为 12 个月,大修周期一般为 5~10 年,具体时间根据设备损坏情况而定。

17.3 溢流型球磨机

17.3.1 概述

溢流型球磨机为中心排矿,即磨碎产品经排矿端空心轴颈自由溢出。因此,筒内矿浆的水平必须高于排矿轴颈最低母线的水平。

溢流型球磨机与格子型球磨机的构造基本相同,其区别仅在于筒体内无排矿格子,因此,构造相对更简单。

17.3.2 主要技术性能参数

溢流型球磨机主要技术性能参数见表 17-3。

表 17-3　溢流型球磨机主要技术性能参数

型号	筒体直径/ mm	筒体长度/ mm	筒体有效容积/ m³	最大装球量/ t	工作转速/ （r/min）	主电动机功率/ kW
MQY-09×□	900	1100～2100	0.6～1.2	1～2	34.8～39.5	11～15
MQY-12×□	1200	1600～2900	1.6～2.8	3～5	29.8～33.9	22～45
MQY-15×□	1500	2000～3600	3.2～5.7	6～11	26.5～30.1	55～110
MQY-21×□	2100	2700～5000	9～16	17～30	22.3～25.3	160～315
MQY-24×□	2400	3100～5800	13～24	24～45	20.8～23.6	250～460
MQY-27×□	2700	3500～6500	19～34	35～65	19.6～22.2	380～710
MQY-32×□	3200	4200～7700	32～58	58～108	17.9～20.4	700～1300
MQY-36×□	3600	4500～8600	45～83	84～154	16.9～19.2	1000～1900
MQY-40×□	4000	5100～8800	61～103	108～182	15.6～17.3	1400～2400
MQY-43×□	4300	5500～9400	80～132	141～233	15.0～16.7	1900～3100
MQY-45×□	4500	5800～9800	92～151	163～267	14.7～16.3	2200～3600
MQY-48×□	4800	6100～10 400	111～184	196～325	14.2～15.8	2700～4500
MQY-50×□	5000	6400～11 000	126～210	223～370	13.9～15.5	3100～5200
MQY-52×□	5200	6700～11 300	142～232	250～410	13.6～15.2	3600～6000
MQY-55×□	5500	7100～11 500	169～266	298～469	12.9～14.0	4000～6300
MQY-58×□	5800	7400～12 000	196～310	319～504	12.6～13.6	4800～7600
MQY-60×□	6000	7700～12 500	219～345	356～561	12.3～13.4	5400～8600
MQY-62×□	6200	8000～12 600	242～372	371～571	12.1～13.2	5900～9200
MQY-64×□	6400	8200～13 000	264～409	406～628	11.9～13.0	6500～10 100
MQY-67×□	6700	8600～13 500	304～467	467～716	11.7～12.7	7700～11 900
MQY-70×□	7000	9000～13 600	348～515	485～718	11.4～12.4	8600～12 800
MQY-73×□	7300	9400～14 000	395～577	570～832	11.2～12.1	10 000～14 700
MQY-76×□	7600	9800～14 600	447～653	644～941	10.9～11.9	11 500～17 000
MQY-79×□	7900	10 200～15 000	501～724	675～977	10.7～11.7	12 700～18 400
MQY-82×□	8200	10 600～15 500	561～807	756～1088	10.5～11.4	14 500～20 800
MQY-85×□	8500	11 000～16 000	625～895	843～1207	10.3～11.2	16 400～23 600

注：1. 筒体直径指筒体内径，筒体长度是指筒体有效长度。

　　2. 给矿粒度不应大于 25 mm。

17.3.3　使用与维护

溢流型球磨机的使用与维护与格子型球磨机基本一致，详见 17.2.4 节。

17.3.4　格子型球磨机与溢流型球磨机比较

格子型球磨机与溢流型球磨机比较，具有下列优点：排矿口矿浆面低，矿浆通过的速度快，能减少矿石过粉碎，装球多，不仅可装大球，同时还可以使用小球，由于排矿端装有格子，小球会被矿浆带出筒体，并能够形成良好的工作条件。格子型球磨机比同规格的溢流型球磨机的产量高 20%～30%，并节省电力 10%～30%。它的缺点是构造较溢流型球磨机稍复杂。

17.4　棒磨机

17.4.1　概述

棒磨机不同于球磨机的是不采用圆球作为破碎介质，而是采用圆棒。棒的直径通常为

40～100 mm，棒的长度一般比筒体长度短25～50 mm。棒磨机的锥形端盖敷上衬板后，内表面是平的，这是为防止圆棒在筒体旋转时发生歪斜。棒磨机主要是利用棒滚动时借磨碎与压碎的作用将矿石粉碎。当棒磨机转动时，棒只是在筒体内互相转移位置。棒磨机不只是用棒的某一点来打碎矿石，而是以棒的全长来压碎矿石，因此在大块矿石没有破碎前，细粒矿石很少受到棒的冲压，这样就减少了矿石的过粉碎，而且所得产品的粒度比较均匀。

17.4.2　主要技术性能参数

棒磨机主要技术性能参数如表 17-4 所示。

表 17-4　棒磨机主要技术性能参数

型号	筒体直径/ mm	筒体长度/ mm	筒体有效容积/m³	最大装棒量/ t	工作转速/ (r/min)	主电动机功率/ kW
MB-09×□	900	1400～2200	0.7～1.1	1.5～2.3	29.7～33.5	11～15
MB-12×□	1200	1800～2500	1.6～2.3	3.6～5.0	25.2～28.5	30～37
MB-15×□	1500	2100～3000	3.1～4.5	7～10	22.3～25.2	75～95
MB-21×□	2100	3000～3600	9.1～10.9	20～24	18.7～21.2	175～210
MB-27×□	2700	3600～4500	18.2～22.8	40～50	16.5～18.5	360～450
MB-32×□	3200	4500～5400	32.2～38.7	71～85	14.4～16.6	630～800
MB-36×□	3600	4500～6000	40.8～54.4	90～120	13.3～15.6	1000～1250
MB-40×□	4000	5000～6000	56.7～68.0	125～150	13.0～14.8	1250～1500
MB-43×□	4300	5000～6000	66.0～79.2	145～174	12.5～14.2	1400～1800
MB-45×□	4500	5000～6000	72.6～87.1	160～192	12.2～13.9	1600～2000
MB-47×□	4700	5500～6500	87.4～103.3	192～227	12.0～13.6	1800～2200

注：1. 筒体直径指筒体内径，筒体长度是指筒体有效长度。

　　2. 给矿粒度为不应大于 25 mm。

17.4.3　主要功能部件

棒磨机工作时，由于物料沿筒体轴向"偏析"，粗粒物料位于装料端，细粒物料位于卸料端，因而使圆棒向卸载方向倾斜（图 17-12(a)），增加了对卸料端筒体衬板的压力，加剧了衬板的磨损。因此装料端与卸料端筒体衬板的磨损量是不同的，这就会引起圆棒的弯曲、扭曲和折断，从而使磨矿效果恶化。为了避免上述现象的产生，可使筒体衬板的厚度从装料端到卸料端逐渐增加，使两端衬板的使用寿命相同（图 17-12(b)）。

图 17-13 所示的单波形衬板比较适于棒磨机的工作。

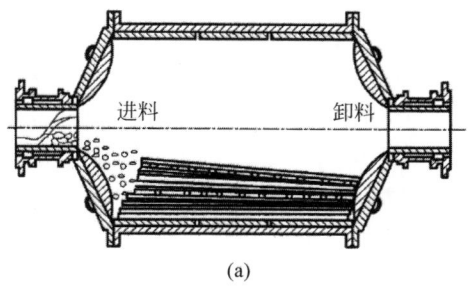
(a)

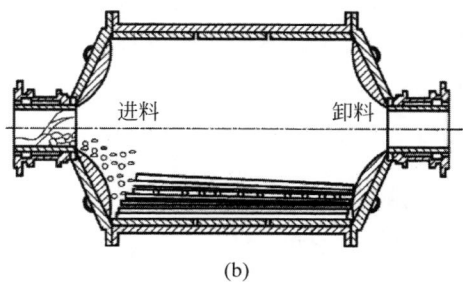
(b)

图 17-12　圆棒在棒磨机中的分布状态

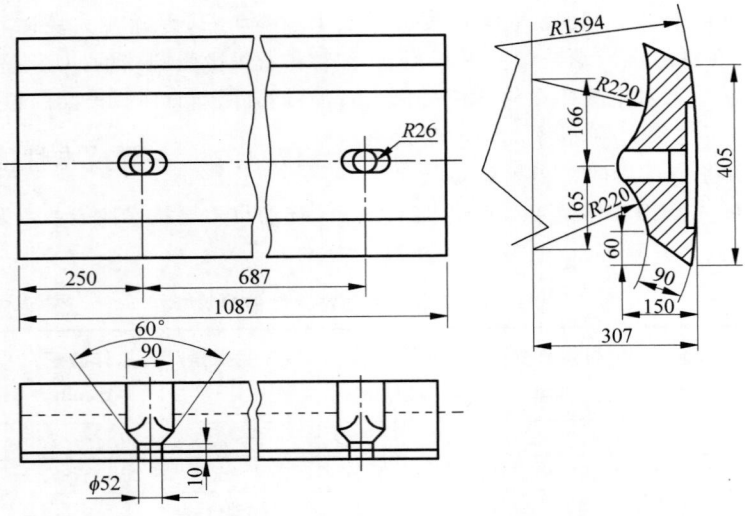

图 17-13　单波形衬板(ϕ3200 mm×4500 mm 棒磨机)

根据棒磨机的工作特性,通常取其转数比球磨机的转数低一些,为临界转数的 60%~70%。

棒磨机的给矿粒度不宜大于 25 mm,否则会使棒子歪斜,工作时导致棒子弯曲和折断,从而使磨矿效果恶化。

棒磨机一般在第一段开路磨矿中用于矿石的细碎和粗磨。

近年来,球磨机与棒磨机在结构上无显著的重大改变,只是向大型化方向发展,即增大球磨机筒体的直径和长度。根据生产实践证实磨矿机的生产率与筒体直径的 2.5~2.6 次方成正比,因此增大筒体直径将是磨矿机今后的发展方向。但是,将筒体增大至 4 000 mm 以上时,将给运输和安装方面带来许多困难,直径 4 000 mm 已达到铁路车皮运输的极限轮廓尺寸,所以,增大筒体容积唯一可行的方法是增加其长度。

17.4.4　使用与维护

1. 使用与操作

1) 磨机的启动和停机

启动顺序:高压油泵→低压油泵→主轴承冷却系统→喷射润滑→主电机→输送系统。

在筒体转速达到工作转速时,关闭高压润滑装置,此时低压润滑装置继续工作。一般情况下,不宜在 1 h 内连续两次启动磨机。

停机顺序:启动高压润滑装置→停给料设备→主电机→停输送系统→关闭主轴承冷却系统→磨机停止运转后关闭高低压润滑系统,然后手动每隔 30 min 开 2 min 高压油泵,直至筒体冷却至室温。

2) 紧急停车

磨机在运转过程中,有时遇到某种特殊情况,为了保证设备安全,必须采取紧急停磨措施。在突然发生事故紧急停车时,必须立即停止给料,切断电动机和其他机组电源后,再进行事故处理。并挂警示牌,未经指定人员许可,任何人不得擅自启动磨机。

如果磨机在运转过程中突然断电,应立即将磨机及其附属设备的电源切断,以免来电时发生意外事故。

3) 长期停磨

长期停磨时,筒体逐渐冷却而收缩,轴颈将在轴瓦上产生滑动,为了降低摩擦,减小由于筒体收缩而产生的轴向拉力,高压油泵应该在停磨后每隔 30 min 开 2 min,使轴颈与轴瓦之间保持一定的油膜厚度。在冬季停磨时,应将有关水冷却部分的冷却水全部放尽(用压缩空气吹干),避免冻裂相关管道。

一般正常情况下,停磨之前停止喂料,并随即停止磨机运转,继续加水稀释磨内存料,否则黏稠的料浆干涸后,会把磨矿介质黏在一起,增加下次启动磨机的困难。

若长时间停车,应把钢棒倒出,以免时间长久使得筒体变形。

2. 维护与保养

详见 17.2.4 节的"2. 维护与保养"。

3. 检修

详见 17.2.4 节的"3. 检修"。

17.5　自磨机

17.5.1　概述

自磨机的工作原理与球磨机、砾磨机的工作原理基本相同。不同的仅是它不另外采用破碎介质(有时为了提高其处理能力,也加入少量的钢球,通常只占自磨机有效容积的 2% ~ 3%),而是利用矿石本身在筒体内相互连续不断的冲击和磨剥作用来达到粉碎矿石的目的。在破碎和磨碎的同时,空气流以一定的速度通入自磨机中,将粉碎了的矿物从自磨机内吹出,并进行分级。这种新的磨矿方法的主要优点是粉碎比非常大,能使直径 1 m 以上的矿块,在一次磨碎过程中达到排矿粒度小于 0.075 mm(200 网目)。因此可以简化破碎流程,并降低选矿厂基本建设的设备投资及其日常维护和管理费用。由于自磨机的过磨现象少,处理后矿物表面干净,因而能提高精矿性质、精矿品位和回收率。

17.5.2　主要技术性能参数

我国设计和制造的自磨机规格和基本参数列于表 17-5,半自磨机规格和基本参数列于表 17-6。

表 17-5　自磨机的规格和基本参数

型号	筒体直径/ mm	筒体长度/ mm	筒体有效容积/m³	最大装球量/ t	工作转速/ (r/min)	主电动机功率/ kW
MA-40×□	4000	1400~3600	17~42	2~6	16.2	220~540
MA-45×□	4500	1600~4100	24~61	3~9	15.3	320~830
MA-50×□	5000	1800~4500	34~83	5~12	14.5	500~1200
MA-55×□	5500	1800~5000	42~112	6~16	13.8	630~1700
MA-61×□	6100	2400~5500	69~152	10~21	13.1	1050~2400
MA-67×□	6700	2600~6000	93~201	13~28	12.5	1500~3300
MA-73×□	7300	2800~6600	120~264	17~37	12.0	2000~4500
MA-80×□	8000	3200~7200	160~347	22~48	11.4	2800~6200
MA-86×□	8600	3400~7700	197~429	27~60	11.0	3500~7900
MA-92×□	9200	3700~8300	246~530	34~74	10.7	4500~10 000
MA-98×□	9800	3900~8800	296~640	41~89	10.3	5600~12 500
MA-104×□	10 400	4200~9400	359~770	50~107	10.0	7000~15 400
MA-110×□	11 000	4400~9900	422~909	59~127	9.8	8400~19 000
MA-116×□	11 600	4600~10 400	492~1064	69~148	9.5	10 000~22 000
MA-122×□	12 200	4900~11 000	580~1246	81~174	9.2	12 000~27 000

注:1. 筒体直径指筒体内径,筒体长度是指筒体两端法兰与法兰之间的长度,有效长度需根据端衬板、格子板的尺寸确定;有效容积指筒体、端盖去除衬板后的容积,包括锥体容积;

2. 给矿粒度为不应大于 350 mm;

3. 自磨机最大装球量按有效容积的 3% 计算,半自磨机最大装球量按 15% 计算;

4. 工作转速为临界转速的 75%,变频调速时按照额定转速 -10%~5% 浮动。

表 17-6　半自磨机的规格和基本参数

型号	筒体直径/ mm	筒体长度/ mm	筒体有效 容积/m³	最大装球量/ t	工作转速/ (r/min)	主电动机功率/ kW
MAB-40×□	4000	1600~3600	19~42	13~29	16.2	310~710
MAB-45×□	4500	1800~4100	27~61	19~43	15.3	470~1100
MAB-50×□	5000	2000~4500	38~83	27~58	14.5	700~1500
MAB-55×□	5500	2200~5000	51~112	36~78	13.8	960~2200
MAB-61×□	6100	2400~5500	69~152	48~106	13.1	1400~3100
MAB-67×□	6700	2700~6000	93~201	65~140	12.5	2000~4300
MAB-73×□	7300	2900~6600	120~264	84~184	12.0	2600~5900
MAB-80×□	8000	3200~7200	160~347	112~242	11.4	3600~8100
MAB-86×□	8600	3400~7700	197~429	137~299	11.0	4600~10 000
MAB-92×□	9200	3700~8300	246~530	172~370	10.7	5900~13 000
MAB-98×□	9800	3900~8800	296~640	206~446	10.3	7300~16 000
MAB-104×□	10 400	4200~9400	359~770	250~537	10.0	9100~20 000
MAB-110×□	11 000	4400~9900	422~909	294~634	9.8	11 000~25 000
MAB-116×□	11 600	4600~10 400	492~1064	343~742	9.5	13 000~30 000
MAB-122×□	12 200	4900~11 000	580~1246	405~869	9.2	16 000~36 000

注：1. 筒体直径指筒体内径,筒体长度是指筒体两端法兰与法兰之间的长度,有效长度需根据端衬板、格子板的尺寸确定;有效容积指筒体、端盖去除衬板后的容积,包括锥体容积;

2. 给矿粒度为不应大于 350 mm;

3. 自磨机最大装球量按有效容积的 3% 计算,半自磨机最大装球量按 15% 计算;

4. 工作转速为临界转速的 75%,变频调速时按照额定转速 -10%~5% 浮动。

17.5.3　自磨机工作原理

自磨机的磨矿过程如图 17-14 所示。物料由给矿端给入,小粒沿 A 面均匀地落于筒体底部中心,然后向两侧扩散;给矿中的大块具有较大的动能,总是趋向较远的一侧,但其中一部分必然和 A、B 面相碰,然后向另一侧返回,因此也使大块得到均匀分布。波峰衬板的 A—A 和 B—B 面在这里的作用是防止给入物料产生有害的偏析。自排矿端沿下面返回的颗粒也均匀地落于筒体底部的中心,然后向两边扩散。大块和细粒在筒体底部沿轴向运动,方向正好相反,于是就产生磨碎作用。

提升板 C—C 和波峰衬板 B—B 有搂住矿石的作用。均匀分布在筒体底部的矿石,在"真趾区"集中(图 17-15)。由于筒体的回转和筒体长度很小,矿石首先在 C—C 处搂住,而且沿轴向挤成"拱形",并逐渐向上发展,在 B—B 之间也形成"拱形",于是在"真趾区"的所有矿石均处于受压状态。

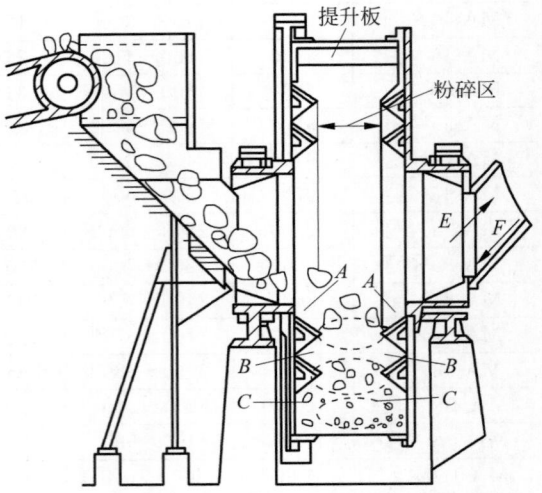

图 17-14　干式自磨机的磨矿过程

矿石随筒体转动,位置迅速提高,矿石很快由压力状态转入张力状态。当矿石的重力克服离心力时,矿石就脱离筒体而在筒体内作循环运动。矿石各粒级的循环路径是不同的。粗粒级按滑落状态运动,细粒级按抛落状态运

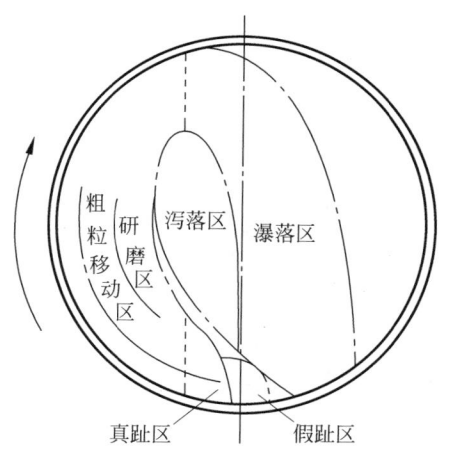

图 17-15　筒体内的物料运动

动。在磨碎区内,粗粒在很短的时间内回至破碎区,处于内层;大于 25 mm 的颗粒向磨矿机中心移动,借重力滑落于"真趾区"前,而成外层。在这种情况下,个别粗粒还有自转运动。由给矿端进入的原矿落在"真趾区"的上部,部分原矿落在"假趾区"的后面。

"真趾区"内的矿石,在拱的横压力作用下,向筒体中心移动,对小颗粒起到磨碎作用。

滑落到"假趾区"后面的矿石,和转动着的提升板 C-C 碰击后,反弹到滑落区矿石的表层,此时,不仅矿石自身遭到破碎,而且破碎了在滑落区相碰的矿石。

小于 25 mm 的矿石按抛落式状态工作。当矿粒沿着抛物轨迹自由落下时,由于冲击作用而把矿石砸碎成很细的颗粒。

筒体内的矿石在冲击、磨碎和压碎作用下逐渐地遭到粉碎。合乎产品粒度要求的颗粒被通入自磨机内的循环空气流排出。

17.5.4　自磨机结构

自磨机主要有干式自磨机和湿式自磨机两种。其规格以筒体内直径 D 和筒体内长度 L 表示。

$\phi 4000$ mm×1400 mm 干式自磨机的构造如图 17-16 所示。自磨机的构造基本上与球磨机相似,它也由筒体部、给料部、排料部、轴承部、传动部和润滑系统等几个部分组成。但是,各部分的结构根据自磨机的工作要求有所不同。

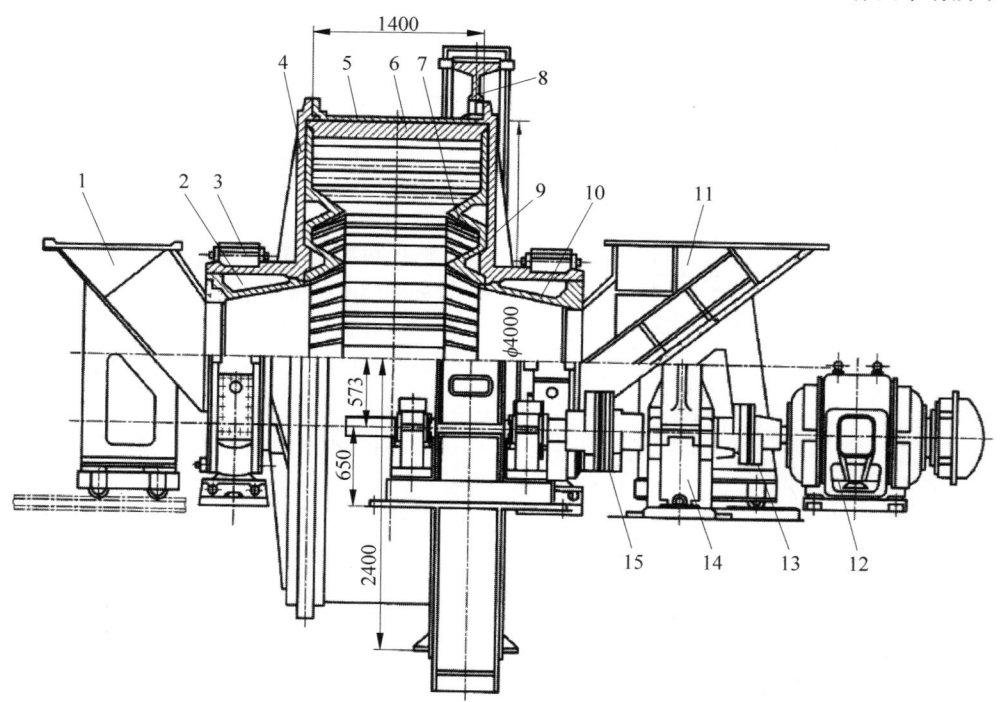

1—出料漏斗;2,10—轴颈内套;3—主轴承;4,9—端盖;5—筒体;6—提升衬板;7—波形衬板;8—齿轮传动装置;11—给料漏斗;12—电动机;13,15—弹性联轴器;14—减速器。

图 17-16　$\phi 4000$ mm×1400 mm 干式自磨机

自磨机的筒体直径较大而筒体长度较小，这是为了防止自磨机工作时，发生物料偏析现象。一般 $D/L \approx 3 \sim 3.5$。筒体上的衬板，除了保护筒体避免损坏外，其主要的作用是提升物料，因此，在圆周上每隔一定距离固定有提升衬板。衬板的高度及间距对物料的运动轨迹有很大影响。衬板的高度和高度与间距的比值都必须适宜，才能获得最高的生产能力和最低的能量消耗。

给料和排料端盖是采用与筒体中心线垂直的平面结构，其上装有波峰衬板。波峰衬板具有破碎和侧向反击作用，并可防止物料"偏析"现象的产生。

自磨机主轴承的长度比球磨机的轴承小而直径大。

自磨机的工作特点是满载启动，所以要求电动机应有较大的启动转矩。由于自磨机的转数较低（一般为临界转数的 $70\% \sim 80\%$），为了简化传动系统，一般选用低速电动机。

自磨机采用稀油集中循环润滑系统。

为了保证干式自磨机内已达到产品要求的物料颗粒及时排出并进行分级、收集及气体净化，自磨机还配置了主风机、粗粉分级设备、细粉分级设备、锁气器、除尘设备、阀门、风管和辅风机等辅助设备。干式自磨机的自磨系统如图 17-17 所示。

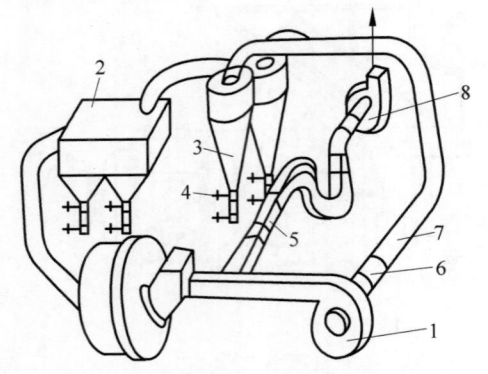

1—主风机；2—粗粉分级设备；3—细粉分级设备；4—锁气器；5—除尘设备；6—阀门；7—风管；8—辅风机。

图 17-17 干式自磨机的自磨系统

湿式自磨机是在不断地往磨机中给水的情况下，借助矿石相互之间碰撞和磨剥而完成全部或部分破碎和粉磨过程，产品粒度达到-200目或更细。湿式自磨机的构造如图 17-18 所示。它在结构上的特点有：

（1）采用移动式带有积料衬垫（减少矿石对料斗的直接冲击和磨损）的给矿漏斗。

（2）采用排矿"自返装置"自行闭路磨矿。从格子板排出的物料通过锥形筒筛，筛下物料由排矿口排出，筛上物料（大块）则经螺旋自返装置返回自磨机内再磨。

（3）自磨机的大齿轮固定在排矿端的中空轴颈上。

17.5.5 使用与维护

1. 磨机的启动与停机

1）启动顺序

高压油泵→低压油泵→主轴承冷却系统→喷射润滑→主电机→气动离合器→输送系统。

在筒体转速达到工作转速时，此时高压润滑装置和低压润滑装置继续工作。一般情况下，不宜在 1 h 内连续两次启动磨机。

2）停机顺序

停给料设备→气动离合器松闸→停喷射润滑→停同步电机→磨机停止运转后延时关闭高低压润滑系统，然后手动每隔 30 min 开 2 min 高低压油泵，直至筒体冷却至室温。

3）短期停机备用

按停机顺序停机。用水冲洗磨机，直到排出物料稍微清晰。转动的时间限制在 $2 \sim 3$ min，不进料转动磨机时间长会引起磨机衬板的磨损和破坏。

停机后一天一次启动润滑系统。循环 10 min，确保油泵具有可操作性，观察压力表的动作。

润滑系统启动后，用慢速驱动转动磨机 $90°$，让磨机停在不同的位置。

4）长期停机

用水冲洗磨机，直到排出矿浆十分清晰透亮。转动的时间限制在 $5 \sim 10$ min，不进料转动磨机时间长会引起磨机衬板的磨损和破坏。长期停磨钢球应该卸出，以免筒体发生永久变形。

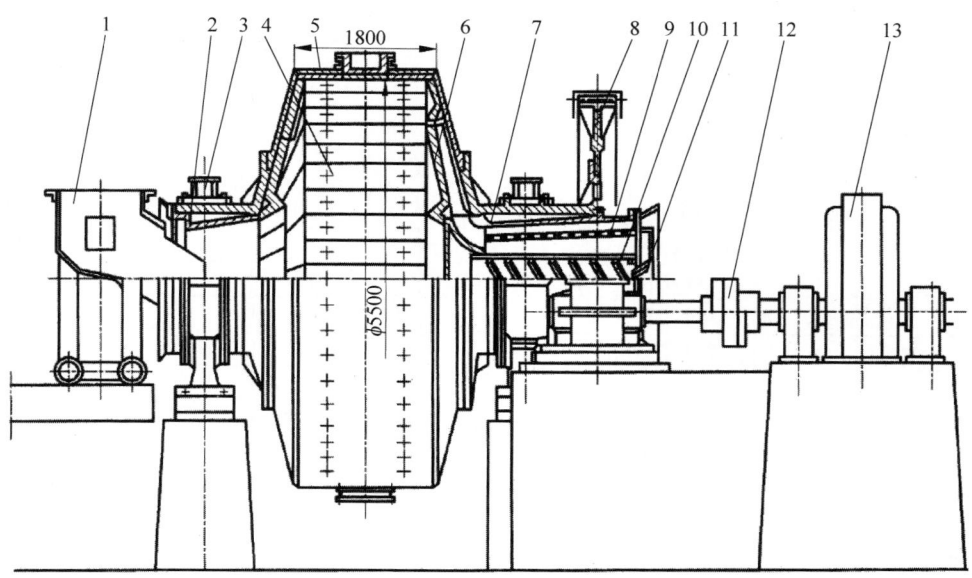

1—给矿漏斗；2,7—轴径内套；3—主轴承；4—提升衬板；5—筒体；6—格子板；8—齿轮传动装置；
9—锥形筒筛；10—螺旋自返装置；11—排矿口；12—弹性联轴器；13—电动机。

图 17-18　ϕ5500 mm×1800 mm 湿式自磨机

若长期停机,最佳方法是开启润滑系统使主轴承浮起,然后使用托架和液压千斤顶系统顶起磨机,使中空轴离开轴瓦,再利用支垛支撑磨机筒体。

5）故障停机

故障停机最好按正常停机顺序。在故障停车时,必须立即停止给料,切断电动机和其他机组电源后,再进行事故处理。并挂警示牌,未经指定人员许可,任何人不得擅自启动磨机。

6）紧急停机

处理紧急停机应按照和正常停机待用相同的方法。如果紧急停车是磨机自身的原因,在采取正确措施纠正紧急停车的状态之前,不能再次启动磨机。

7）停机后再启动

如果磨机停机超过 1 h,磨内负荷有可能结块,在正常启动之前,磨机必须用慢驱转动约 2 周,同时加水。每个系统随工作条件和负荷结束时间而变化。当慢速驱动时,必须观察所有联锁程序。慢动盘车后,按正常启动程序启动。

2. 维护与保养

磨机的维护与保养是一项极其重要的经常性的工作,它应与磨机的操作和检修等密切配合。主轴承和电动机等轴承的润滑好坏,直接影响到这些机件的使用寿命和磨机的运转率,因而要求注入的润滑油（脂）必须清洁,密封必须良好,注油量应符合要求。所有外部润滑系统和主轴承要求定期清洗和更换油。换油周期为第一次 30 天,以后大约 12 个月一次,具体时间取决于当地使用条件。更换新油时,要清洗油腔内壁,冬季加油或换油时,应预先将油加热至 20℃左右,对于已经变质或不干净的润滑油,一律不准使用。

3. 检修

及时进行检修是自磨机成功运行的关键。应建立检修计划,包括定期检查磨机系统的检查性检修和完成要求检修任务的预防性维修。检查性检修计划见表 17-7,预防性维修检查计划如表 17-8 所示。

表 17-7 磨机检查维修计划

检修部位	维修检查内容	时间间隔	磨机状态
主轴承	密封	1 次/周	运行或停机
	温度传感器	1 次/月	运行
	轴承表面磨损	1 次/年	停机
润滑系统	油箱油位	1 次/周	运行
	仪器仪表	1 次/周	运行
筒体和大齿轮	大齿轮和齿轮轴	1 次/周	运行
	衬板	1 次/月	运行或停机
齿轮轴润滑	密封和润滑	1 次/月	运行或停机
传动系统	主电机状态	1 次/日	运行
	气动离合器状态	1 次/月	运行
	两组轴组的载荷均布情况	1 次/日	运行
齿轮罩和喷雾系统	喷雾状态	1 次/月	停机
	喷雾仪器仪表和管道	1 次/周	运行
	润滑脂泄漏	1 次/月	运行
	校准压力表	1 次/月	运行
	润滑脂油桶	1 次/周	运行或停机
进料端	检查进料密封	1 次/周	运行
	检查进料中空轴内衬	1 次/月	停机
排料端	检查出料中空轴内衬	1 次/月	停机
	检查筒筛磨损	1 次/月	停机

表 17-8 磨机预防性维修检查计划

检修部位	维修检查内容	时间间隔	磨机状态
主轴承	密封更换	根据需要	停机
	轴瓦更换	根据需要	停机
	轴承座清洗	1 次/年	停机
润滑系统	滤油器更换	按需要，压差信号表明滤油器是否堵塞	停机
	低压泵润滑	1 次/4 个月	停机
	高压泵润滑	1 次/4 个月	停机
	油箱清洗、管道冲洗和油品更换	1 次/年	停机
筒体和大齿轮	连接件的拧紧	每次试转按要求，然后是在磨机运行 1～3 周进行第一次拧紧，6 个月后进行复紧，以后每年至少进行一次拧紧	停机
	衬板更换	根据磨损或损坏需要	停机
	齿面的清洗和检查	1 次/年	停机
小齿轮传动轴组	轴承润滑	1 次/月	运行或停机
	齿面检查	1 次/年	停机
	轴承检查	1 次/年	停机
主电机	电机轴承的润滑	1 次/6 个月	停机

续表

检修部位	维修检查内容	时间间隔	磨机状态
齿轮罩和喷雾系统	气源仪表的维护	1次/周	停机
	废油收集器的更换	1次/2个月	运行或停机
	齿轮罩润滑脂清理	1次/年	停机
	喷雾润滑系统的冲洗和清理	1次/年	停机
进料端	进料密封更换	根据磨损或损坏需要	停机
	检查进料中空轴内衬	根据磨损或损坏需要	停机
	进料装置衬板更换	根据磨损或损坏需要	停机
排料端	出料中空轴内衬更换	根据磨损或损坏需要	停机
	筒筛的更换	根据磨损或损坏需要	停机
	出料槽板的更换	根据磨损或损坏需要	停机

17.6 辊磨机

17.6.1 概述

辊磨机(俗称立磨)在水泥工业、化学工业、陶瓷工业中多用来磨碎中等硬度以下,湿度小于 6% 的物料,如石灰石、方解石、铝土矿等。通常可获得细度达 0.044 mm 以下的产品。

辊磨机是利用磨辊与磨环(或磨盘)的相对运动,并由磨辊对物料施加外力而粉碎。磨辊施加的外力是由离心力、液压力或弹性力提供的。按照用途不同其分为立式原料/生料辊磨机、矿渣水泥立磨和脱硫制粉用立式辊磨机。

辊磨机有以下两种结构类型(图 17-19):

(1)悬辊式辊磨机(离心力式辊磨机),如图 17-19(a)所示。

(2)压力式辊磨机,如图 17-19(b)、(c)、(d)所示。

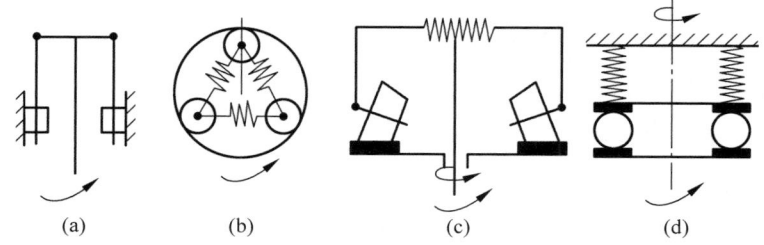

图 17-19 辊磨机的类型及结构
(a)悬辊式辊磨机(离心力式辊磨机);(b)、(c)、(d)压力式辊磨机

图 17-20 是辊磨机在粉磨矿工艺流程中常用的一种系统装置流程。原料用颚式破碎机破碎成小于 20 mm 的碎块,经斗式提升机送至储料斗,再由电磁振动给料器均匀定量地送入辊磨机内进行研磨。鼓风机从辊磨机底部输入空气。磨碎后的细粉随上升空气流带向机器上部的分级机进行分级,细粉中的粗粒仍落入机内重磨,细度合乎规格要求者随气流进入旋风收尘器或袋式收尘器,收集后经出粉管排出即为成品。

净化后的气流经收尘器上端的管道流入鼓风机。风路是循环的。

17.6.2 主要技术性能参数

辊磨机主要技术性能参数如表 17-9 所示。

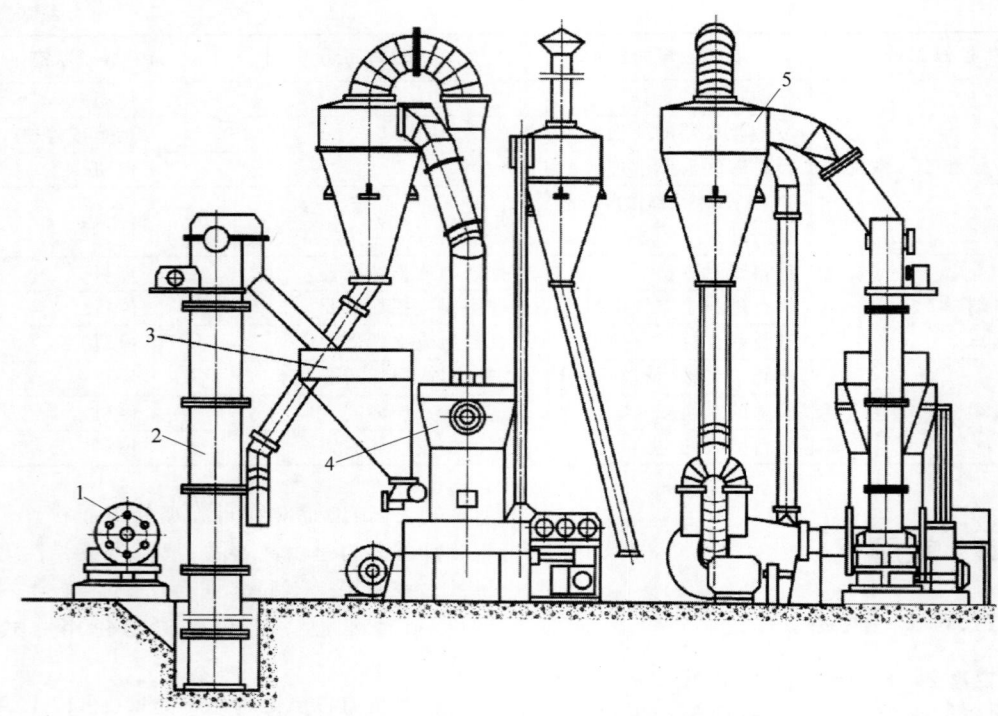

1—颚式破碎机；2—提升机；3—贮料斗；4—环辊磨；5—收尘器。

图 17-20　辊磨机系统装置流程

表 17-9　辊磨机主要技术性能参数

型　　号	基 本 参 数						
	磨盘直径/ mm	磨辊直径/ mm	磨辊数量/ 个	给料粒度/ mm	生产能力/ （t/h）	主电动机 功率/kW	磨盘转速/ （r/min）
MLS-1411	1400	1185	3	35	18	225	37.9
MLS-2215	2250	1570	3	65	52	500	31.0
MLS-2417	2450	1750	3	80	75	630	29.5
MLS-2619	2650	1900	3	80	90	710	28.1
MLS-3123	3150	2300	3	80	150	1120	25.0
MLS-3424	3450	2430	3	90	180	1300	1.5
MLS-3626	3600	2650	3	90	190	1950	25.2
MLS-3726	3750	2650	3	95	210	2200	1.5
MLSQ-4018	4000	1800	4	100	200	1800	29.3
MLS-4028	4000	2850	3	100	310	3100	22.9
MLSQ-4521	4500	2100	4	100	300	2800	27.5
MLS-4531	4500	3150	3	110	400	3400	21.6
MLSQ-5024	5000	2400	4	110	400	3800	1.3
MLSQ-5426	5400	2600	4	110	500	4600	23.5
MLN-1613	1600	1300	3	40	10	300	35.0
MLN-2417	2450	1850	3	40	32	870	29.2

续表

型 号	基 本 参 数						
	磨盘直径/ mm	磨辊直径/ mm	磨辊数量/ 个	给料粒度/ mm	生产能力/ (t/h)	主电动机 功率/kW	磨盘转速/ (r/min)
MLN-2619	2650	1900	3	40	45	970	28.1
MLN-3424	3450	2430	3	40	94	1800	1.5

注：主电动机功率和产量以下列条件为基础：

（1）物料的比功耗（位于联轴器端）：生料磨不大于 7 kW·h/t，熟料磨不大于 16 kW·h/t；

（2）入磨物料含水量：生料磨不大于 12%，熟料磨不大于 4%；

（3）生料出磨产品细度不大于 12%R0.08 mm，熟料出磨产品比表面积 3200~3500 cm²/g；

（4）生料磨产品残留水分不大于 1%。

17.6.3 辊磨机结构

1. 悬辊式辊磨机

悬辊式辊磨机的构造如图 17-21 所示，它由贮料斗、给料器、环辊粉磨装置、分级机和传动装置等组成。

贮料斗用以贮存达到进料尺寸要求的物料，再由给料器（电磁振动给料机或采用棘轮机构）向环辊粉磨装置定量均匀地给料，给料器给料应是可调的，且具有一定的密封性，使辊磨机在最佳的给料速度下工作。

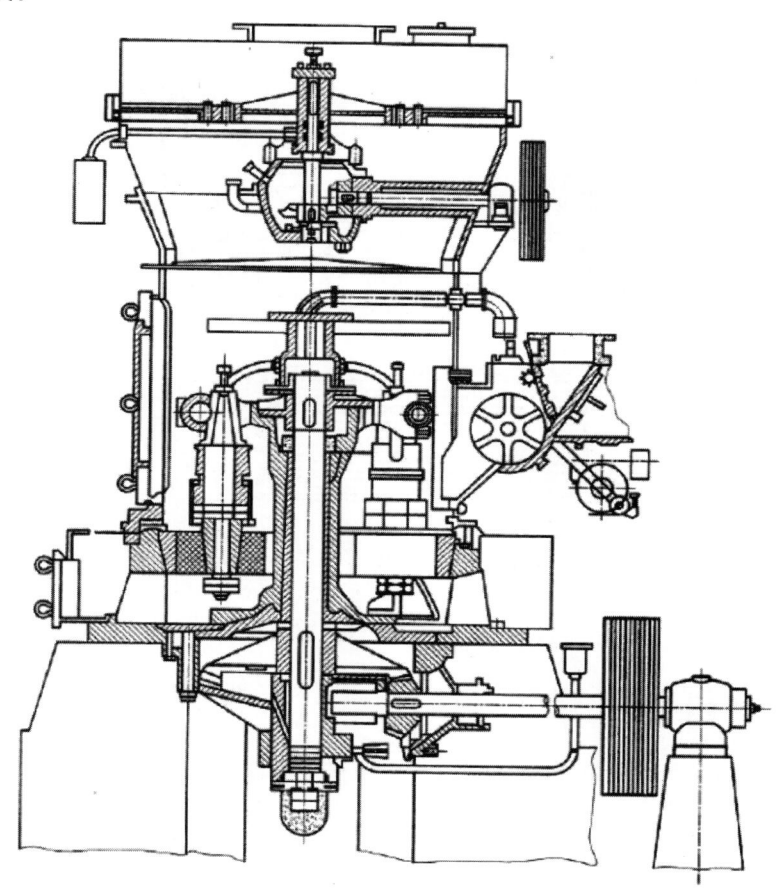

图 17-21 悬辊式辊磨机结构原理

　　辊磨机的粉磨装置(图17-22)由磨辊装置4、磨环11、梅花架3、中心轴1、铲刀装置7、机座8等组成。磨环固定在机座上。梅花架与主轴上端相连。磨辊装置均等地分布在梅花架的周边,并通过芯轴悬挂在梅花架的支承上,可绕芯轴摆动。梅花架随中心轴转动时,磨辊在离心力的作用下绕芯轴向外摆动而靠贴着磨环内壁公转。在摩擦力的作用下又绕磨辊轴中心自转,铲刀均布于铲刀架的下座上,并随梅花架转动,其作用是将给入的物料铲入磨环、磨轴之间受到研磨作用而粉碎。

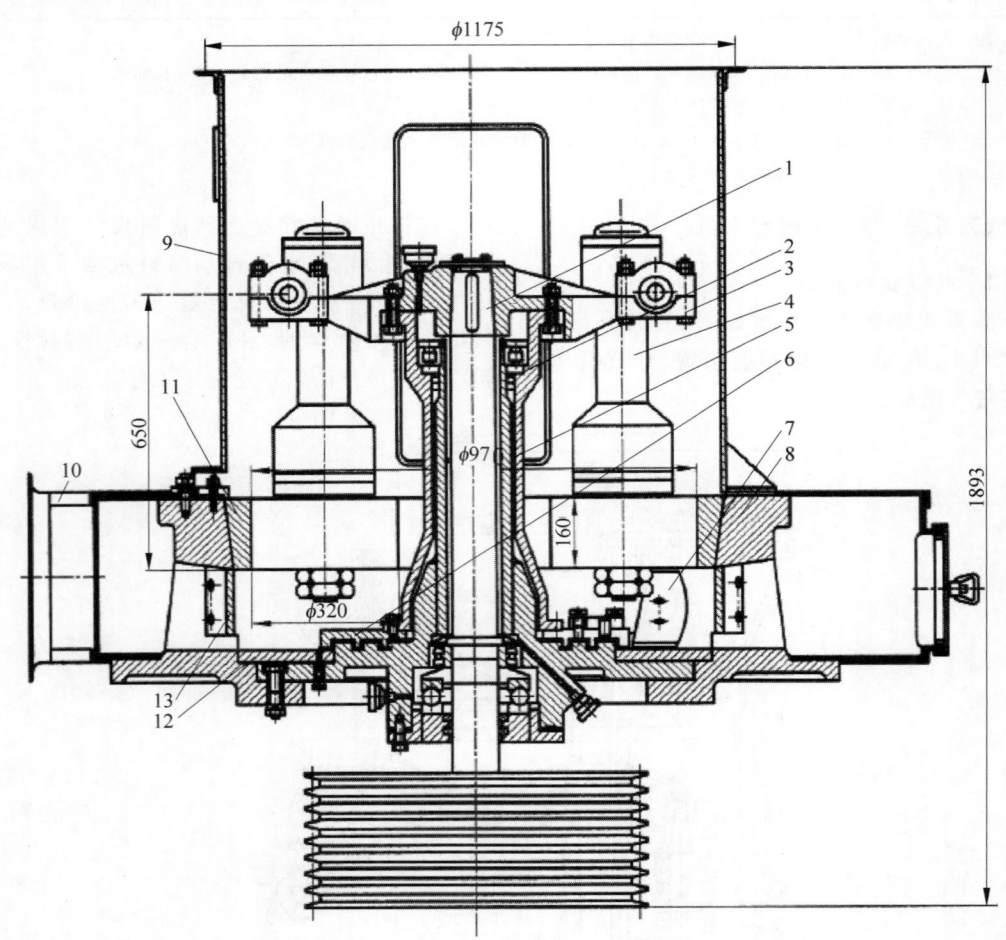

1—中心轴;2—中心轴架;3—梅花架;4—磨辊装置;5—铲刀架;6—铲刀架下座;
7—铲刀装置;8—机座;9—机罩;10—回气箱;11—磨环;12—风道护板;13—衬板。

图17-22　辊磨机的粉磨装置

　　在磨机的底座上设有环形风箱,风箱内侧开有若干方形孔洞,风机送入的气流由这些风洞吹入机内,将已被粉碎的物料扬起。

　　分级机由径向辐射状的叶轮和传动装置组成。叶轮以一定的转速转动,将气流中的粗粒物料挡落回去再磨,细粉随气流送往收尘器收集,经出粉管排出即为成品。

2. 压力式辊磨机

　　压力式辊磨机的构造如图17-23所示。它是由机座1、上部机体2、磨盘3、减速器4以及在磨盘两侧安置的悬臂杠杆5上装设的磨辊6组成。分级机7装设在机体的上部。启动主电机,经减速机传动装置使磨盘绕中心轴旋转。在两个磨辊的下部装有四个油缸8,油缸压力由液压系统控制,通过悬臂杠杆5使磨辊对磨盘施加压力,从而将位于两者之间的物料粉 碎。随着磨辊的上下运动,油缸内的油量增减由液压系统中的蓄能器10自动调控。

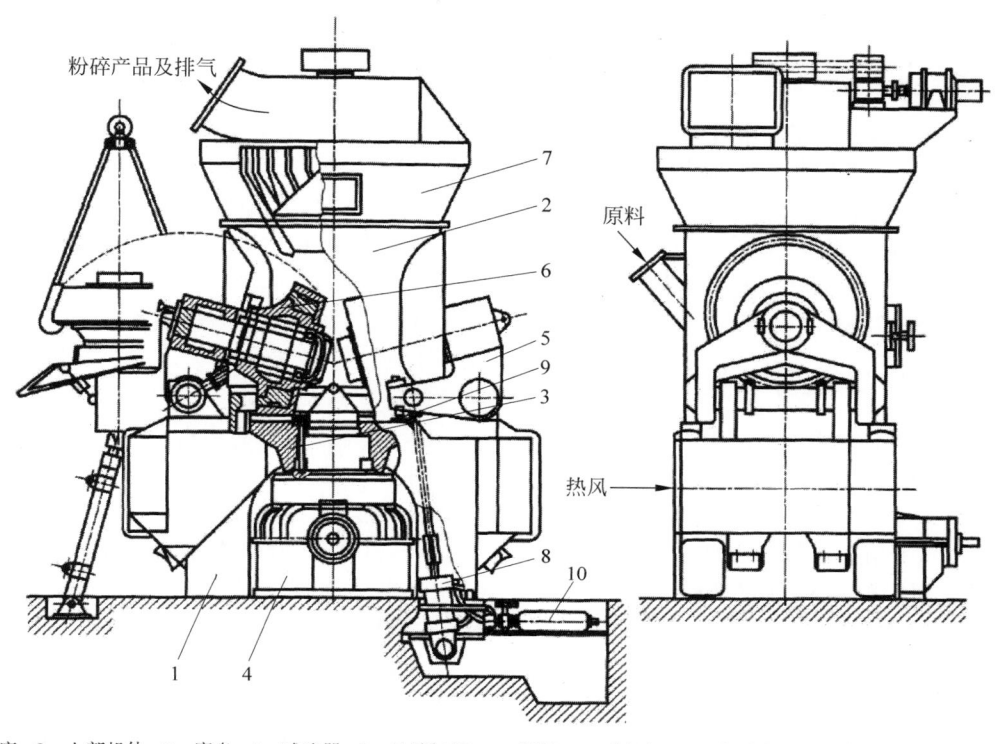

1—机座;2—上部机体;3—磨盘;4—减速器;5—悬臂杠杆;6—磨辊;7—分级机;8—液压油缸;9—定位螺丝;10—蓄能器。

图 17-23 压力式辊磨机

磨盘与磨辊之间的间隙规定为 4～10 mm,间隙可用旋转杠杆上的定位螺丝9进行调整。原料从安装在上部机体的溜槽定量给入,落在磨盘中心附近,借离心力甩出,进入磨盘与磨辊之间而被压碎。用于原料干燥和排出产品的热风,由风机使其通过磨机的下部,进入磨盘周围的外环,在此处受到旋回力的作用而进入磨机内部。由磨盘外周流出的粉碎产品的一部分,被吹出的热风吹回到磨盘上,其余则被上升气流输向上方并进入分级机。旋转的叶轮产生的旋回气流使粉碎后的产品在离心力的作用下,其中粗颗粒落在磨盘上再次受到粉碎,而成品细粉因受到的离心力小,随气流经排气管由收尘器收集而成产品排出。

17.7 分级机械

17.7.1 概述

矿石经磨矿作业以后,基本上有用矿物与脉石已呈单体分离状态。为了控制磨矿产品的粒度和防止矿粒的过粉碎或泥化,通常采用分级作业与磨矿作业联合进行。

分级作业可分为干式分级作业和湿式分级作业。

各种不同大小、形状和密度的混合颗粒,在空气中按粒度进行分级的作业称为干式分级;在水中按沉降速度不同,分成若干级别的作业称为湿式分级。

湿式分级与筛分不同之处,在于筛分是将物料按体积(粒度)分成级别,而湿式分级则是将物料按等降速度分成级别,即通过湿式分级而获得的每一级别,都包含轻而粗的和重而细的,但在水中沉降速度相等的矿粒。筛分一般只用于粒度大于 2 mm 矿石的分级,而粒度为 0.1 mm 以下的细矿粒的分级,通常采用湿式分级作业。

在磨矿作业中,由于球磨机自身没有粒度控制能力,通常采用分级作业与之配合,以便把粒度合格的物料及时分出,既可避免产品过磨,又能提高磨矿效率。

与磨矿作业配合使用得最多的是螺旋分级机和水力旋流器。

17.7.2 螺旋分级机

1. 螺旋分级机的工作原理

螺旋分级机(图 17-24)通常是由以下几部分组成:半圆形的水槽;作为排矿机构的螺旋装置;支承螺旋轴的上、下轴承部;螺旋轴的传动装置和螺旋轴的升降机构。

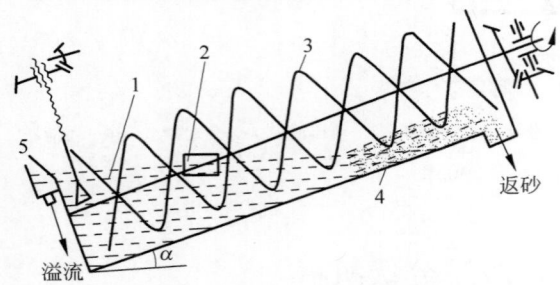

1—矿浆;2—进料口;3—螺旋;4—水槽;5—溢流边堰。

图 17-24　螺旋分级机工作原理

经过细磨的矿浆从进料口给入水槽,倾斜安装的水槽下端为矿浆分级沉降区,螺旋低速回转,搅拌矿浆,使大部分轻细颗粒悬浮于上面,流到溢流边堰处溢出,成为溢流,进入下一道选矿工序,粗重颗粒沉降于槽底,成为矿砂(粗砂),由螺旋输送到排矿口排出。如分级机与磨矿机组成闭路,则粗砂经溜槽进入磨矿机再磨。

螺旋分级机按其螺旋轴的数目可分为单螺旋和双螺旋分级机;按其溢流堰的高度又可分为高堰式、沉没式和低堰式三种。

高堰式螺旋分级机溢流堰的位置高于螺旋轴下端的轴承中心,但低于溢流端螺旋的上缘。这种分级机具有一定的沉降区域,适用于粗粒度的分级,可以获得大于 0.15 mm(100 网目)的溢流粒度。

沉没式螺旋分级机溢流端的整个螺旋都浸没在沉降区的液面下,其沉降区具有较大的面积和深度,适用于细粒度的分级,可以获得小于 0.15 mm(100 网目)的溢流粒度。

低堰式螺旋分级机溢流堰低于溢流端轴承的中心。因此,沉降区的面积小,溢流生产能力低。这种分级机一般不用于分级处理,而是用来冲洗矿砂进行脱泥。螺旋分级机的规格用螺旋直径来表示。

2. 螺旋分级机的构造

图 17-25 为高堰式双螺旋分级机的结构。半圆形水槽 2 通常用钢板和型钢焊成,其侧壁设有进料口。返砂口在槽体上端的下部。为了在必要时能排出矿浆,水槽下部设有放水阀,正常工作时关闭。

水槽内装有带左、右螺旋叶片的纵向空心轴 3。空心轴上以卡箍方式装有与螺旋导角相适应的支架板,用来连接螺旋叶片,螺旋多数采用双头等螺距螺旋。在叶片边缘上装有耐磨衬铁(一般用中锰球墨铸铁)。螺旋的作用是搅拌矿浆和把沉降于槽底的粗砂运向上端排出,溢流从溢流堰溢出。

空心轴一般采用无缝钢管或用长钢板卷成螺线形焊接。空心轴的两端焊有轴颈,上端支承在可转动的十字形轴头内,下端支承在下部支座中。

十字形轴头支座的轴头支承在传动架上。这种装置可以满足螺旋轴在作旋转运动的同时,还可以作升降运动。

下部支座长期沉没在矿浆中,因而轴承的密封装置是保证设备正常运转的关键问题。目前,常用的下部轴承的密封装置有三种,即机械密封滚动轴承支座、压力水封树脂瓦滑动轴承支座及压力水封橡胶轴衬(一般用皮带机废胶带叠组成)。这些结构形式的密封性均不够理想,最近,在机械密封滚动轴承支座的基础上,用手动干油泵注入高压油,寿命有 1 年左右。

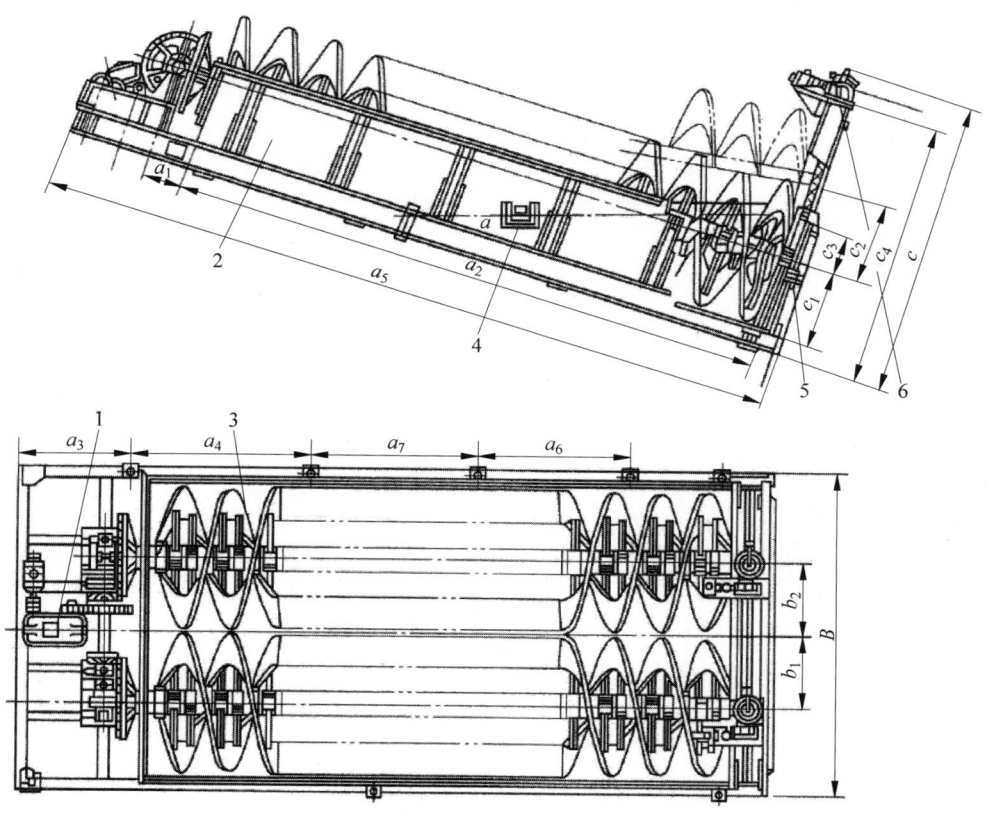

1—传动装置；2—水槽；3—左、右螺旋轴；4—进料口；5—放水阀；6—提升机构。

图 17-25 高堰式双螺旋分级机

螺旋轴内传动装置带动旋转。传动装置安装在机器的上端，它由电动机、减速器、圆柱齿轮和圆锥齿轮传动副等组成。

为了避免机器再启动时由于沉砂压住而出现机器过载，螺旋分级机设有螺旋轴的升降机构。它的作用是在停车时将螺旋轴提起和在工作时调节螺旋负荷的大小。螺旋轴的升降是由电动机通过减速机和一对圆锥齿轮带动丝杆而实现的。

17.7.3 水力旋流器

水力旋流器是水力分级机的一种结构形式，它是一种利用离心力的作用来进行分级的设备。水力旋流器用于细粒物料选别前的分级及脱泥，也用在磨矿回路中做检查分级及控制分级。

水力旋流器（图 17-26）的简体，上部为圆柱形，下部为圆锥形。在圆柱形简体的周壁上装有与简壁成切线方向的给矿管，顶部装有溢流管，在圆锥形简体的下部装有排矿口。为了减少磨损，在给矿口、排矿口和简体内衬有耐磨材料——辉绿岩铸石或耐磨橡胶。

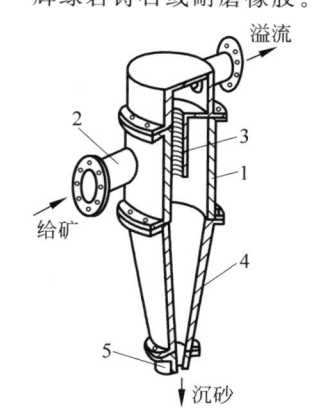

1—圆简部分；2—给矿管；3—溢流管；
4—圆锥部分；5—沉砂口。

图 17-26 水力旋流器构造

　　矿浆以 0.05～0.25 MPa 的压力,5～12 m/s 的高速经给矿管沿切线方向进入圆筒部分。进入旋流器中的矿浆以很大的速度旋转,产生很大的离心力。在离心力的作用下,较粗的颗粒被抛向器壁,沿螺旋线的轨迹向下运动,并由排矿口排出;较细的颗粒与水一起在锥体中心形成内螺旋矿浆流向上运动,经溢流管排出。

　　水力旋流器的规格用圆筒部分的直径表示。

　　水力旋流器的生产率及溢流粒度随圆筒部分直径的增大而增大。直径大的旋流器,其分级效率差,溢流中粗粒含量多。如需获得粒度较细的溢流,必须采用直径较小的旋流器。选矿厂采用的旋流器,其直径一般为 100～600 mm。

　　矿浆的入口压力对旋流器的工作指标影响很大,在其他条件一定时,压力增大则进入器内的切线速度增大,因而颗粒所受的离心力增大,使更细的颗粒抛向器壁,溢流浓度减小,沉砂浓度增高。

　　其他条件相同时,给矿粒度粗比给矿粒度细时所得沉砂浓度大,但溢流粒度要粗。给矿浓度变化时,沉砂及溢流浓度亦变化。给矿浓度小时,分级效率高。

　　溢流管的直径与旋流器的直径之比一般为 0.1～0.3,与给矿口的直径之比为 1～2。排矿口直径与溢流管直径之比为 0.4～0.8。旋流器的锥角在分级时一般以 15°～30°为宜。

　　水力旋流器与其他分级机相比,其优点为:①没有运动部件,构造简单;②单位容积处理能力大;③矿浆在机器中滞留的量和时间少,停工时容易处理;④分级效率高,有时可高达 80%,其他分级机的分级效率一般为 60% 左右;⑤设备费低。其缺点为:①砂泵的动力消耗大;②机件磨损剧烈;③给矿浓度及粒度的微小波动对工作指标有很大影响。

第18章

浮 选 机 械

18.1　机械搅拌式浮选机

18.1.1　概述

采用转子-定子系统实现充气和搅拌作用的浮选机统称为机械搅拌式浮选机。这类浮选机是目前工业生产中广泛使用的一类浮选机,根据其充气作用的不同,可分为自吸式、压气式和混合式三类。自吸式的搅拌器是利用高速转动的叶轮进行搅拌的同时完成吸入空气,将空气分割成细小气泡,使空气与煤浆混合。压气搅拌式的叶轮仅用于搅拌和分割空气,没有吸气作用,空气依靠外部鼓风机强制压气送入。混合式除了叶轮的吸气作用外,还利用鼓风机吹入空气。这三类浮选机,除了充气机构不同外,其他机构基本相近。

自吸式机械搅拌式浮选机的特点:

(1) 搅拌力强,可保证密度、粒度较大的矿粒悬浮,并促进难溶药剂的分散和乳化。

(2) 对分选多金属矿的复杂流程,自吸式可依靠叶轮的吸浆作用实现中矿返回,省去大量砂泵。

(3) 对难选和复杂矿石或希望得到高品位精矿时,可保证得到较好的稳定指标。

(4) 运动部件转速高、能耗大、磨损严重、维修量大。

压气式机械搅拌式浮选机的特点:

(1) 充气量大,便于调节,浮选时根据工艺需要,单独调节空气量,对提高产量和调整工艺有利。

(2) 搅拌机构不起充气作用,叶轮转速低,机械结构磨损小、能耗低、维修量小。

(3) 液面稳定、矿物泥化少、分选指标好,但需外加压气系统和管路,使管路稍加复杂。

机械搅拌式浮选机是我国使用最早,也是最为普遍的浮选设备。我国于 1956 年在黑龙江滴道选煤厂建立了第一个浮选车间,开始使用的是仿制苏联等国家的浮选机,但这些设备均存在处理量小、效率低等缺点。从 1965 年起,我国开始研制适合我国国情的浮选设备,先后开发了 XJX 型、XJM 型和 XJM-S 型等机械搅拌式浮选机,并且逐渐趋向大型化。目前应用较广的是 XJM-S 型机械搅拌式浮选机。

18.1.2　XJM 型机械搅拌式浮选机

XJM 型浮选机属机械搅拌自吸式浮选机,主要用于分选 0.5 mm 以下的煤泥,是我国使用最广泛的浮选机之一,由浮选槽、中矿箱、搅拌机构、刮泡机构和放矿机构五个部分组成。每台浮选机有 4～6 个槽体,两浮选槽体之间由中矿箱连接,最后一个浮选槽有尾矿箱。中矿箱、尾矿箱均有调整矿浆液面的闸板机构。每个浮选槽内有一个搅拌机构和一个放矿机构,两侧各有一个刮泡机构,槽体与前室中矿箱通过下边的 U 形管连通。

XJM型浮选机的工作原理：煤浆和药剂充分混合后给入浮选机第一室的槽底，由吸浆弯道进入叶轮吸浆室，循环煤浆由循环孔进入循环室。叶轮高速旋转，在叶轮腔中形成负压，槽底和槽中的煤浆分别由叶轮的下吸口和上吸口进入混合区，同时空气沿导气套筒进入混合区，煤浆、空气形成气泡并被粉碎，与煤粒充分接触，形成矿化气泡，在定子和紊流板的作用下，均匀地分布于槽体截面，并且向上浮升进入分离区，积聚形成泡沫层，由刮泡机构排出，形成精煤泡沫。未经充分浮选的煤浆被吸入下一浮选槽，继续进行浮选，最后浮选尾矿由尾矿箱排出，完成全部浮选过程。

XJM型机械搅拌式浮选机的特点：①采用了三层伞形叶轮，第一层有6块直叶片，其作用是抽吸矿浆和空气，第二层为伞形隔板，与第一层形成吸气室，第三层是中心有开口的伞形板，与第二层隔板之间形成吸浆室，吸入矿浆；

②定子也呈伞形，安装在叶轮上方，由圆柱面和圆锥面组成，上面分别开有矿浆循环孔，定子锥面下端有成60°夹角的定子导向片，方向与叶轮旋转方向一致。该机广泛用于煤泥的浮选，但对可浮性差的煤泥，选择性较差，同时对粗粒煤泥浮选效果不佳，尾煤中损失较大。

1. 关键部件

1) 型号及意义

XJM型浮选机型号意义如图18-1所示。

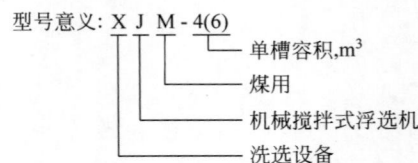

型号意义：X J M - 4(6)

单槽容积,m³
煤用
机械搅拌式浮选机
洗选设备

图 18-1　XJM型浮选机型号意义

2) 结构示意图

XJM型浮选机的结构如图18-2所示。

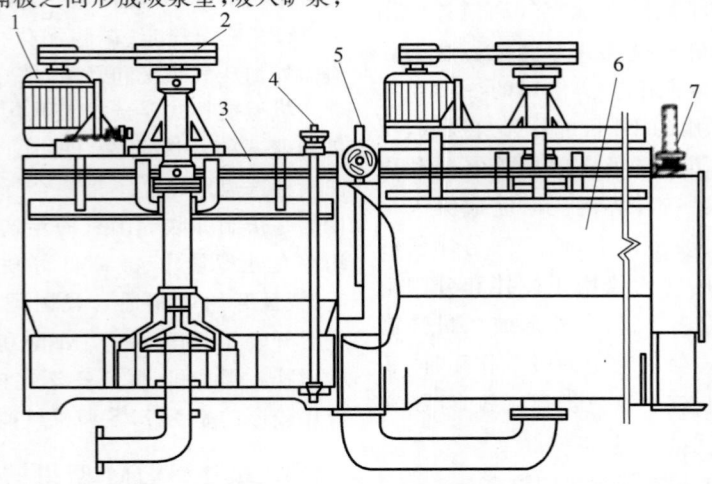

1—电动机；2—搅拌机构；3—刮泡机构；4—放矿机构；5—煤浆调整机构；6—槽体；7—尾矿箱。

图 18-2　XJM型浮选机结构

（1）槽体：XJM型浮选机的槽体属于浅槽形槽体，深宽比为0.61，其下部为方形，上部为倒梯形。该类浮选机槽体底部焊有16块高为300 mm的带孔弯曲导向板，并与定子周围的16块导流叶片相对应。这样从叶轮甩出的矿浆经导流叶片的导流作用，沿径向均匀分散到槽体中，碰到导向板后，矿浆流向被改变，使矿浆的旋转降到最低程度，保证了矿浆分布均匀和液面的稳定。

（2）充气搅拌机构：充气搅拌机构由固定部分和转动部分组成，固定部分又称定子，转动部分又称转子。整个充气搅拌机构用4个螺栓固定在浮选机槽的两根角钢上，如图18-3所示。

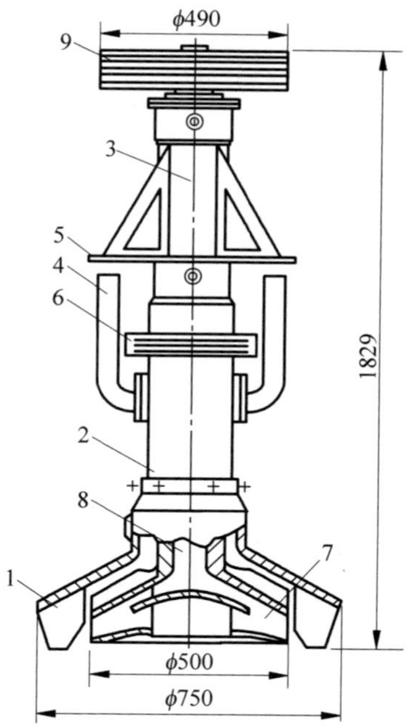

1—伞形定子；2—套筒；3—轴承座；4—进气管；5—调节盖；6—调节垫片；7—叶轮；8—空心轴；9—带轮。

图 18-3 XJM 型浮选机搅拌结构

① 转子：转子部分由伞形叶轮、空心轴和带轮组成。伞形叶轮分上、中、下三层。第一层为 6 块斜直叶片，它与定子组成循环室；中间层为直径 350 mm 的伞形隔板，隔板与空心轴及第一层组成吸气室，从空心轴进气，隔板与第三层之间构成吸浆室，从叶轮底部的吸浆管中吸入新鲜煤浆；吸气室与吸浆室的外沿汇合处空间称为混合室，吸浆室中的新鲜空气在此接触混合。

② 固定部分：固定部分由套筒、伞形定子和轴承座等组成。定子的直径为 750 mm，用球墨铸铁铸造，其锥角为 120°，整个定子固定在套筒上。定子由圆柱面、圆锥面和导流叶片组成，处于叶轮的上方。其圆柱面和圆锥面上分别有 6 个直径为 65 mm 和 16 个直径为 25 mm 的循环孔，圆柱面上的循环孔称为套筒循环孔，圆锥面上的循环孔称为定子循环孔，都用于循环煤浆。定子的周围设有 16 块与径向成 60°的导流叶轮，其倾斜方向与叶轮的旋转方向相同。

③ 进气量及间隙的调节装置：空气通过空心轴和套筒进入叶轮。空心轴中的进气量通过上端的调节装置来调节，根据进气量大小的需要，在空心轴上端安装不同孔径的垫圈，便可调节、改变空心轴的进气量。套筒中的进气量通过进气管上的调节盖调节，套筒上装有两个对称分布的进气管，进气管上端有一可旋转的调节盖，改变调节盖的位置，便可调节套筒中的进气量。

（3）矿浆液面调整机构：矿浆液面调整机构安装在中矿箱和尾矿箱中，旋转手轮，带动锥齿轮运动，从而控制闸板的上下运动，达到控制矿浆液面高度的目的。

（4）刮泡机构：刮泡机构由轴和刮板组成，刮板套在轴上。当电动机带动轴转动时，刮板作回转运动，刮出精煤。通常刮板有 4~6 片，根据刮泡量的大小，可相应地改变刮板的数目。

（5）放矿机构：当浮选机需长期停止或检修需放出矿浆时，只要转动手轮即可达到目的。

2. 技术参数

XJM 型浮选机的主要技术参数如表 18-1 所示。

表 18-1　XJM 型浮选机的主要技术参数

参 数 项 目	XJM-4	XJM-8	XJM-12	XJM-16
单槽容积/m^3	4	8	12	16
干煤处理能力/(t/($m^3 \cdot$ h))	0.6~1	0.6~1	0.6~1	0.6~1
煤浆处理量/(m^3/h)	250	400	600	750
充气速率/(m^3/($m^2 \cdot$ min))	0.6~1.2	0.6~1.2	0.6~1.2	0.6~1.2
叶轮线速度/(m/s)	8.4	8.4	8.9	8.9
叶轮直径/mm	530	700	800	860
搅拌机功率/kW	15	22	30	37

续表

参数项目		XJM-4	XJM-8	XJM-12	XJM-16
刮泡机功率/kW		1.5	1.5	1.5	2.0
外形尺寸	长/mm 3槽	6785	8200	9479	10 971
	长/mm 4槽	8690	10 555	12 239	14 176
	长/mm 5槽	10 595	12 910	14 999	17 381
	长/mm 6槽	—	—	—	—
	宽/mm	2150	2750	3120	3450
	高/mm	2758	2806	3250	3283
质量/kg	3槽	9634	14 056	18 860	21 264
	4槽	12 224	18 538	24 334	27 526
	5槽	14 814	23 020	29 805	33 764
	6槽	17 404	27 500	—	—

18.1.3　XJM-S型机械搅拌式浮选机

XJM-S系列浮选机属自吸空气式机械搅拌式浮选机,是以原煤炭科学研究总院唐山分院20世纪60年代中期研制成功的XJM-4型浮选机为基础,经对我国煤用浮选设备进行充分调研,从浮选效果和经济效益等方面考虑,并汲取了生产实践以及国内外浮选机的先进经验而开发研制的,具有占地面积小、能耗低、便于维护和操作等优点。随着煤炭行业技术的进步与需求,逐渐完成了系列浮选机的研究开发和应用。XJM-S系列浮选机的研发大致经历了小型机、中型机和大型机三个阶段,单槽容积从40 m³发展到90 m³,已在除褐煤以外的各煤种煤泥的分选上得到应用。

工作原理:浮选机工作时矿浆从浮选机入料箱或前室中矿箱进入假底的下面,其主流及一部分矿浆经吸浆管进入叶轮的下层腔内,循环矿浆的主流及部分从假底周边泄出的新鲜矿浆一起从叶轮上部的搅拌区进入叶轮的上层,所有矿浆在离心力作用下从叶轮甩出,叶轮中心部分产生负压,通过吸气管和套管吸入空气,空气和矿浆在叶轮腔内混合,并在叶片和液流的剪切作用下分散成微细气泡,与疏水性矿粒碰撞并黏附生成矿化气泡上升至液面被刮出。假底上面的定子导向板和稳流板起到分配和稳定液流的作用。未分选的矿粒随液流流经中矿箱进入下一浮选槽。重复上述

过程,直到最后一槽排出尾矿,完成浮选过程。

1. 关键部件

XJM-S型浮选机由槽体、搅拌机构、刮泡机构、假底稳流装置、放矿机构、加药装置和液位调节装置等组成,如图18-4所示。

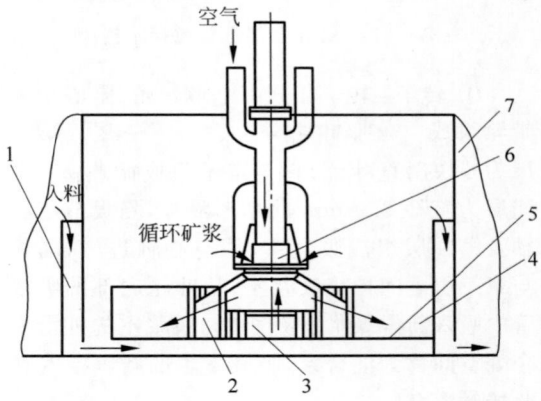

1—中矿箱;2—定子导向板;3—吸料管;4—稳流板;
5—假底;6—搅拌机构;7—槽体。

图18-4　XJM-S型浮选机结构

(1)槽体:浮选机槽体由头部槽体、中间槽体和尾部槽体组成。头部槽体带有入料箱,尾部槽体带有尾矿箱,各槽体间用螺栓连接。槽体截面为矩形,槽数为3～5个/组。为防止串料,槽体之间加设了埋没式中矿箱,主要起导流矿浆的作用,有效地防止了串料。浮选机各室装有可调溢流堰,通过调节各室液面,各室的液面和泡沫层厚度有了一定的高差;浮选机整体液面由尾矿箱闸板统一调节。

（2）搅拌机构：搅拌机构由大皮带轮、轴承座、吸气管、套筒、搅拌轴、上调节环、定子盖板、定子体、叶轮、锁紧螺母和钟形罩等组成，见图18-5。

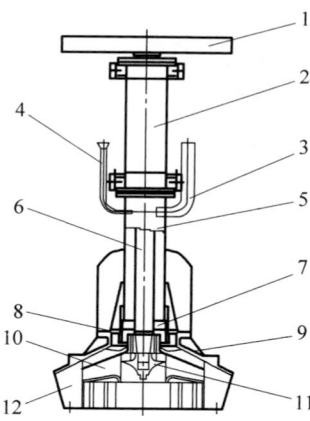

1—大皮带轮；2—轴承座；3—吸气管；4—加药管；5—套筒；6—搅拌轴；7—钟形罩；8—上调节环；9—定子盖板；10—叶轮；11—锁紧螺母；12—定子。

图 18-5 XJM-S浮选机搅拌机构

搅拌机构的核心部件是叶轮定子组，本系列浮选机采用的分体式叶轮定子结构，也是本系列浮选机的一大特点，给浮选机的安装和检修带来极大的方便。

叶轮 10 为伞形结构，分上、下两层叶片。上层 6 个斜直叶片与定子组成上循环室，下层 6 个弯曲叶片组成一个闭式叶轮，并通过特殊结构的锁紧螺母 11 将叶轮腔分成吸气和吸浆室。定子分为定子盖板 9 和定子 12 两部分，也呈伞形结构，盖板伞形面上有 20 个矿浆循环孔，定子周边有与径向成 60°的 20 块导向叶片，起导流和稳流作用。上调节环 8 用于调节上部矿浆循环量和充气量。

钟形罩 7 的作用是将空气导入叶轮负压区，增大叶轮吸气量。为保证叶轮与定子盖板的轴向间隙 8±1 mm，可通过增减轴承座与套管之间的垫片来实现。

安装在套管上的吸气管 3 起吸入空气的作用，其调节阀用于调节吸气量；安装在套管上的加药管 4 用于分室加药。

（3）刮泡机构：在槽体上部两侧各装一组回旋刮板，用于刮取精矿。当改变各室溢流堰高度时，刮板直径可在 $\phi480$ mm～$\phi600$ mm 范围内做相应的调整，以适应浮选槽液面高度和各室的泡沫层厚度。刮板由摆线针轮减速机驱动，结构紧凑，运转可靠。

（4）假底稳流装置：在距槽底上面一定高度位置安装一假底，假底四周与槽壁有一定距离。在假底上焊有 20 块弯曲的导向板，并与定子的 20 块导向叶片相对应，在假底中心安装有与叶轮下吸口大小相配套的吸浆管，用来吸入假底下面的矿浆。

（5）液位调节装置：在尾矿箱上装有液位调节装置，通过调节尾矿闸板的升降高度来控制浮选机液位。

（6）加药装置：各室都有加药装置，可实现分室加药，提高选择性。

XJM-S 系列浮选机在原 XJM 型浮选机基础上，重新开发设计，搅拌机构核心区改进内容如图18-6所示。

① 用双层伞形叶轮代替原有带隔板的三层叶轮，配合流线型锁紧螺母，减小了流体阻力，使动力消耗降低，叶轮效率提高。

② 采用分体式组合定子结构。定子体分为定子和定子盖板两部分，靠加工面配合，安装搅拌机构时自然对中；定子固定在假底上，检修时可有效减小起吊质量，检修方便。

③ 单气道进气，系统简单。套管与轴之间的环形通道，既是空气通道，也是药剂通道，通过叶轮轮毂开孔，空气可被引入叶轮下层，使循环矿浆和空气分别同向导入叶轮，强化了循环矿浆对套筒内空气的抽吸作用，在上下两层叶轮叶片间完成药剂、空气和矿浆的充分混合，解决了原结构中套筒内空气流向与吸入的矿浆流向相垂直，套筒气道堵塞问题。

除以上结构外，还在矿浆入料过流方式、充气方式、槽体结构等方面进行了创新，浮选机槽内流态示意如图18-7所示。

① "假底底吸、周边串流"式入料方式，对矿浆量和煤泥可浮性的变化适应性强。

② 浸没式中矿箱，矿化气泡和矿浆有效分离。

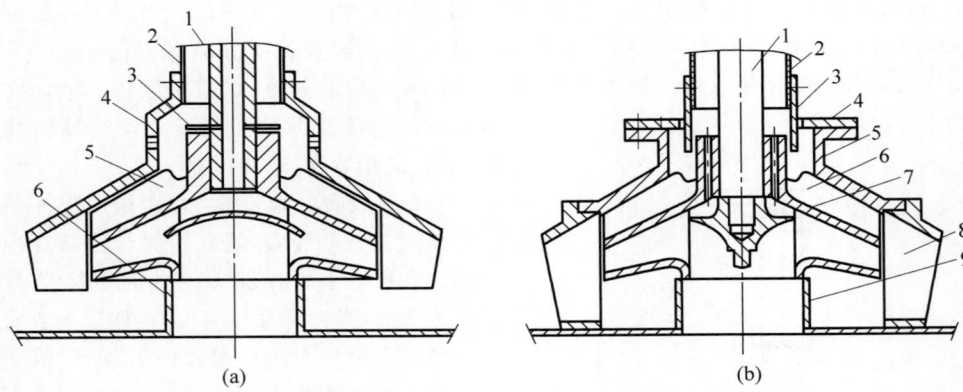

(a)：1—空心轴；2—套筒；3—叶轮卡盘；4—整体式定子；5—三层伞形叶轮；6—下吸管。
(b)：1—实心轴；2—套筒；3—钟形罩；4—套管架底座；5—定子盖板；6—双层伞形叶轮；
7—锁紧螺母；8—定子；9—下吸管。

图 18-6　XJM 浮选机搅拌机构核心区改型前后对比
(a) 改型前；(b) 改型后

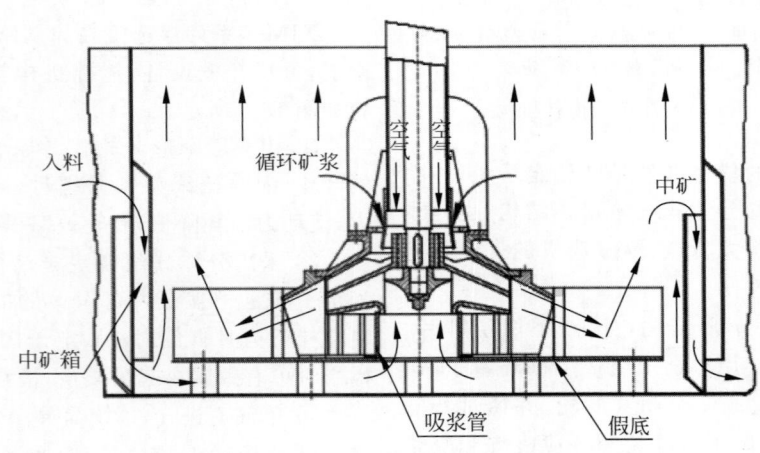

图 18-7　XJM-S 系列浮选机槽内流态示意

③ 双层"伞"形叶轮，有效降低功耗；单气道双系统进气，槽内"W 形流态"，粗、细煤粒分离精度高。

④ "分体式"定子，实现叶轮下吸口与下吸管自然对中，保证安装精度，减小了起吊质量和安装难度，且叶轮下吸口落入下吸管一定深度，与槽体下吸管采用负嵌套配合，可有效减少下吸环流量，提高下吸入料量。

⑤ 矩形断面浅槽形，搅拌区域容积利用率高、能耗低，且占地面积小，可降低基建和生产费用。

⑥ 单点调整机内矿浆液位，操作简单，在尾矿箱处设置尾矿排放电动/手动操作执行机构，单点控制调节整机液位，系统简单。

⑦ 分室多点加药，操作灵活，适应性强。浮选机每室设有加药漏斗，可根据产品指标要求和入料性质变化，方便实现各种不同加药制度和加药方式。

⑧ 浮选机通常由三四个槽串联为一组，矿浆多次分选，浮选时间长，利于保证浮选效果。

2. 技术参数

XJM-S 浮选机的技术参数和生产效果如表 18-2、表 18-3 所示。

表 18-2　XJM-S 浮选机的技术参数

技术参数			XJM-S3	XJM-S4	XJM-S6	XJM-S8	XJM-S12	XJM-S14	XJM-S16	XJM-S20	XJM-S28
单槽容积/m³			3	4	6	8	12	14	16	20	28
单位处理能力/(t/(m³·h))			0.6~1	0.6~1	0.6~1.2	0.6~1.2	0.6~1.2	0.6~1.2	0.6~1.2	0.6~1.2	0.6~1.2
充气速率/(m³/min)			0~1.2	0~1.2	0~1.2	0~1.2	0~1.2	0~1.2	0~1.2	0~1.2	0~1.2
电机功率/kW	搅拌电机		11	15	18.5	22	30	30	37	45	55
	刮板电机		1.5	1.5	1.5	1.5	1.5	1.5	2.2	2.2	3.0
外形尺寸/mm	长	3 槽	5867	6785	7685	8200	9495	10 199	10 971	11 720	13 313
		4 槽	7472	8690	9890	10 555	12 255	13 204	14 176	15 175	17 271
		5 槽	9077	10 595	12 095	12 910	15 015	16 209	17 381	18 630	21 229
		6 槽	10 682	12 500	14 300	—	—	—	—	22 085	—
	宽		1850	2100	2450	2750	3120	3270	3450	3700	4200
	高		2732	2758	2806	2956	3250	3310	3433	3503	3607
设备总质量/kg	3 槽		7600	9364	12 800	15 100	22 863	24 570	27 344	28 875	—
	4 槽		9800	12 224	16 300	19 758	28 334	31 350	33 966	38 500	—
	5 槽		11 800	14 814	19 800	24 415	33 805	37 140	40 564	48 125	—
	6 槽		13 500	17 404	23 300	—	—	—	—	57 750	—

表 18-3　XJM-S 浮选机生产效果

选煤厂	煤种	可浮性	机型/室数	处理量 m³/(m²·h)	处理量 t/h	原煤 灰分/%	原煤 浓度/(g/L)	精煤 产率/%	精煤 灰分/%	尾煤 灰分/%
八一煤矿	1/3焦肥	易	XJM-S16/3	6.2~7.1	45	13.26~16.00	120~150	91.16	9.10	56.02
平八	1/3焦	中等	XJM-S16/3	>8.3	>25	17.00	60~80	>80	<9	>50
焦作	无烟煤	中等	XJM-S12/4	>8.3	>25	18.31	75	79.40	7.80	58.82
赵各庄	焦煤	极难	XJM-S12/4+3	粗选6.88 精选7.8	>40	>20	120	>70	<12.5	>40
高坑	焦煤	难	XJM-S8/5	>6.5	>28	25~30	120	>70	12	70~80
山东临朐	焦煤	难	XJM-S4/6	5.8	12	20~30	100	>60	12.5	45

3. 安装尺寸图（图 18-8）

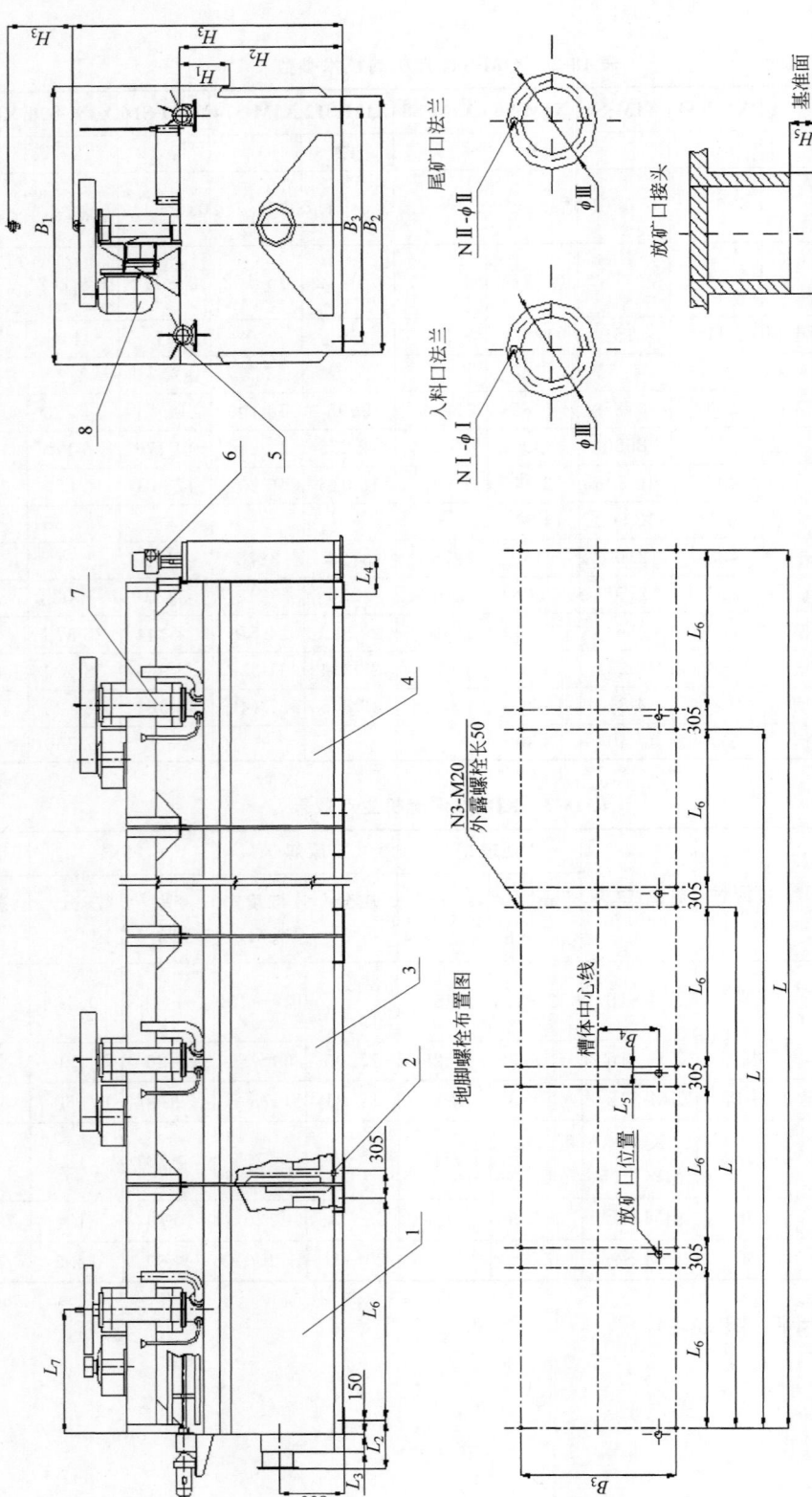

地脚螺栓布置图

N3-M20
外露螺栓长50

槽体中心线

放矿口位置

基准面

尾矿口法兰

ⅣⅡ-φⅡ

入料口法兰

ⅣⅠ-φⅠ

放矿口接头

1—头部槽体；2—放矿机构；3—中间槽体；4—尾部槽体；5—刮泡机构；6—液位自动(手动)调节装置；7—搅拌机构；8—搅拌机构驱动装置。

图18-8 安装尺寸

安装技术说明：

（1）浮选机基础：浮选机可安装在钢筋混凝土或钢结构基础上，可以通过预埋螺栓或钢板与浮选机相连，安装前应检查基础是否水平，预埋钢板的尺寸是否足够大（一般在水平四个方向上应大于浮选机地脚板30～50 mm）。

（2）浮选机入料：浮选机入料应有一定的水力压头（约1 m），入料中不得有木屑、丝网等杂物，以免堵塞气道和循环孔。

（3）槽体的安装：槽体按出厂前的编号顺序连接；槽体间必须加密封橡胶圈，并在上面涂黏结剂，连接后的结合面处不得有渗漏水现象。

（4）搅拌机构的安装：

① 搅拌机构安装前，应检查叶轮上层叶片与定子盖板之间的轴向间隙，保证在8±1 mm，轴向间隙可由垫片调整。

② 搅拌机构安装在槽体上应保证其垂直度，其垂直度偏差在全长范围内不得大于0.8 mm。

③ 检查叶轮转动的灵活性。用手拨动大皮带轮应转动灵活，如发现转动困难时须及时消除。

④ 假底上的吸浆管与叶轮下吸口间的轴向间隙，及叶轮与定子的轴向间隙，安装到位后即能自然保证，不需要调整。

⑤ 定子导向叶片位置须按图纸要求安装，以免与稳流板位置错位。

（5）溢流堰的安装：槽体溢流堰应有一定高差，以尾矿槽为基准（升起高度为0）依次往前类推，各槽依次升高20 mm，由活动溢流堰调节。

（6）刮板机构的安装：刮板机构安装后，应能转动灵活，刮板与溢流堰的间隙不得大于5 mm；刮板之间有一定角度，使得同一边的刮板不能同时刮料，如四室的浮选机刮板之间在圆周方向依次错开45°，从而使刮板电机负荷均匀。

（7）液位调节装置：尾矿箱闸板应能上下调整自如，调节量为250～300 mm，闸板胶皮与槽体钢板间应密封，不得漏水。

（8）电路安装：搅拌电机的线路安装应走电机的支撑梁内腔，经预留线路孔接入电机；安装完毕后，在确保搅拌机构大皮带轮转动灵活后再检查电机的转向，搅拌机构的运转方向为顺时针方向。

（9）浮选药剂管路的安装：浮选药剂管路在走入浮选机前应安装油类专用截止阀；进入浮选机的管路应走在电机支撑梁和搅拌机构之间；药剂出口处安装油用阀门。

18.1.4 XJM-KS型机械搅拌式浮选机

具有XJM-S系列浮选机的特点，在入料端增设矿化器，形成XJM-KS系列浮选机，见图18-9。XJM-KS型浮选机取消了选前矿浆准备设备，采用紧凑型矿化器替代，增加浮选设备集成度，节省厂房体积10%～25%；设置在浮选入料段的矿化器，在压力入料的作用下，矿化器内形成负压，吸入空气、雾化药剂，在喉管和扩散管的作用下，实现药剂与矿浆的混合，达到预矿化作用，强化了浮选过程。

1. 关键部件

XJM-KS系列浮选机的结构与XJM-S系列浮选机的结构相似，各个部件、机构也相似，区别就在于XJM-KS系列浮选机在入料端增设了一个预矿化器。XJM-KS型浮选机的预矿化器主要由压力表、压力室、入料口、喷嘴、吸入管、喉管和扩散管等8部分组成。利用射流负压，管道湍流混合和微泡矿化原理实现浮选药剂雾化和矿物预选功能，矿化预选气泡直接进入浮选机分选，构成高效、紧凑、简化浮选工艺和强化浮选过程的新装备。

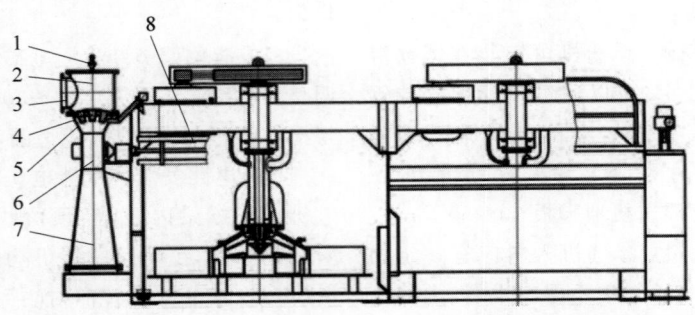

1—压力表；2—压力室；3—入料口；4—喷嘴；5—吸入管；6—喉管；7—扩散管；8—XJM-S浮选机。

图 18-9　XJM-KS浮选机

2. 技术参数

XJM-KS型浮选机的性能指标见表 18-4。

表 18-4　XJM-KS型浮选机性能指标

技术特征			型 号							
			XJM-(K)S3	XJM-(K)S4	XJM-(K)S6	XJM-(K)S8	XJM-(K)S12	XJM-(K)S14	XJM-(K)S16	XJM-(K)S20
单槽容积/m³			3	4	6	8	12	14	16	20
单位容积煤泥处理量/(t/(m³·h))			0.6~1	0.6~1	0.6~1	0.6~1	0.6~1	0.6~1	0.6~1	0.6~1
单位容积矿浆处理量/(m³/(m³·h))			6~10	6~10	6~10	6~10	6~10	6~10	6~10	6~10
充气速率/(m³/(m²·min))			0.6~1.2	0.6~1.2	0.6~1.2	0.6~1.2	0.6~1.2	0.6~1.2	0.6~1.2	0.6~1.2
入料压力/MPa			0.8~1.0	0.8~1.0	0.8~1.0	0.8~1.0	0.8~1.0	0.8~1.0	0.8~1.0	0.8~1.0
搅拌电机功率/kW			11	15	18.5	22	30	30	37	45
刮板电机功率/kW			1.5	1.5	1.5	1.5	1.5	1.5	2.2	2.2
每组槽数/个			3~5	3~5	3~5	3~5	3~5	3~5	3~5	3~5
外形尺寸/mm	长	3 槽	5867	6785	7685	8200	9495	10 200	10 970	12 260
		4 槽	7472	8690	9890	10 555	12 254	13 205	14 175	15 715
		5 槽	9077	10 595	12 095	12 910	15 014	16 210	17 380	18 630
	宽		1850	2150	2450	2750	3120	3270	3450	3700
	高		2732	2758	2806	2956	3250	3310	3433	3503
设备质量/kg	3 槽		7600	9634	12 800	15 100	22 863	24 950	27 344	31 800
	4 槽		9800	12 224	16 300	19 758	28 334	31 350	33 966	39 500
	5 槽		11 800	14 814	19 800	24 415	33 805	37 620	40 564	—

3. 安装尺寸图

XJM-KS系列浮选机安装总图、地脚位置及主要安装尺寸见图 18-10 和表 18-5。

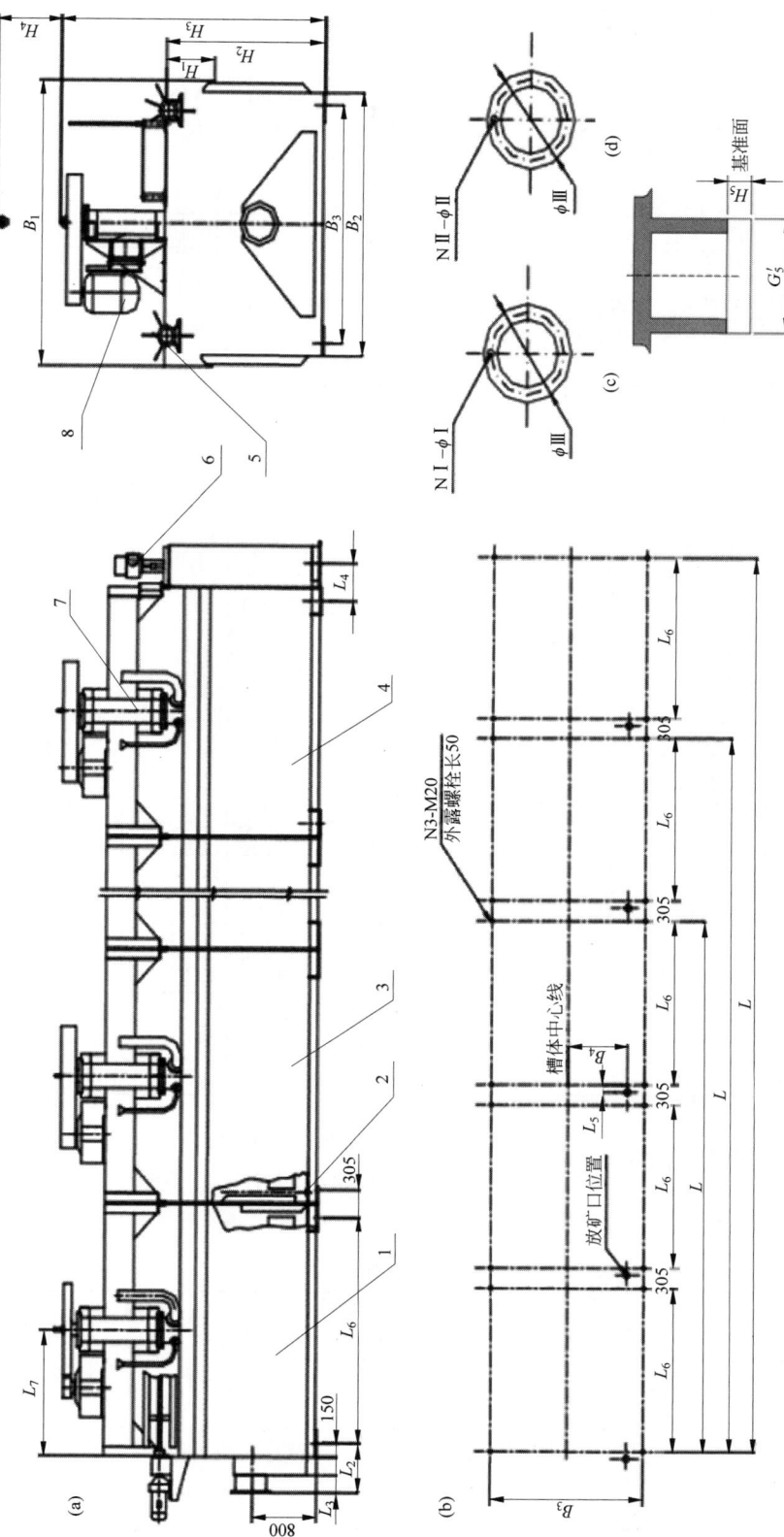

图 18-10 XJM-KS 型浮选机安装总图及地脚螺栓位置

（a）浮选机安装；（b）地脚螺栓布置；（c）入料口法兰；（d）尾矿口法兰；（e）放矿口接头

1—头部槽体；2—放矿机构；3—中间槽体；4—尾部槽体；5—刮泡机构；6—液位自动（手动）调节装置；7—搅拌机构；8—搅拌机构驱动装置。

表 18-5　XJM-KS 型浮选机安装尺寸

特征尺寸		型号							
		XJM-(K)S3	XJM-(K)S4	XJM-(K)S6	XJM-(K)S8	XJM-(K)S12	XJM-(K)S14	XJM-(K)S16	XJM-(K)S20
入料口	L_2	455	455	455	455	550	550	690	690
	L_3	200	200	200	200	200	200	400	400
	N_1	12	12	12	12	12	16	16	20
	$\phi\text{I}/$ ϕIII	$\phi18/$ $\phi335$	$\phi18/$ $\phi335$	$\phi18/$ $\phi335$	$\phi23/$ $\phi395$	$\phi23/$ $\phi445$	$\phi23/$ $\phi495$	$\phi23/$ $\phi495$	$\phi25/$ $\phi705$
尾矿口	L_4	360	360	360	383	420	420	420	445
	N_2	8	12	12	12	12	12	12	12
	$\phi\text{II}/$ ϕIV	$\phi18/$ $\phi200$	$\phi18/$ $\phi335$	$\phi18/$ $\phi335$	$\phi23/$ $\phi395$	$\phi23/$ $\phi445$	$\phi23/$ $\phi445$	$\phi23/$ $\phi445$	$\phi22/$ $\phi495$
放矿口	L_5	40	40	40	40	20	20	15	15
	B_4	130	130	130	130	125	125	470	470
	H_5	60	32	30	30	62	62	82	62
地脚螺栓	L/N_3 3 槽	4510/12	5410/12	6310/12	6760/12	7990/12	8710/12	9310/12	10 060/12
	L/N_3 4 槽	6115/16	7315/16	8515/16	9115/16	10 755/16	11 715/16	12 515/12	13 515/16
	L/N_3 5 槽	7720/20	9220/20	10 720/20	11 470/20	13 520/20	14 720/20	15 720/20	
	L_6	1300	1600	1900	2050	2460	2700	2900	3150
	B_3	1400	1700	2000	2300	2600	2750	2900	3200
其他	全长 L_1 3 槽	5867	6785	7685	8200	9495	10 200	10 970.5	11 720
	全长 L_1 4 槽	7422	8690	9890	10 555	12 255	13 205	14 175.5	15 175
	全长 L_1 5 槽	9077	10 595	12 095	12 910	15 015	16 210	17 380.5	
	L_7	800	950	1100	1175	1380	1500	1600	1725
	B_1	1850	2150	2450	2750	3120	3270	3450	3700
	B_2	1600	1900	2200	2500	2870	3020	3200	3450
	H_1	535	535	535	535	595	595	595	515
	H_2	1600	1600	1670	1750	1970	2030	2070	2080
	H_3	2732	2758	2806	2956	3250	3310	3433	3503
起吊高度	H_4	>1400	>1500	>1500	>1500	>1600	>1600	>1700	>1700
起吊质量/kg		1000	1000	1000	1000	1400	1450	1500	1800

18.1.5　使用与维护

为保证浮选机正常运行,浮选机的转动部件需定期进行润滑,各注油点位置、数量、检查周期及润滑油种类各项操作见表 18-6。

表 18-6　浮选机润滑一览

序号	名称	注油点数量	检查、换油、补油时间			润滑方式	润滑油种类
			检查	换油	补油		
1	搅拌机构主轴轴承	2′室数	每天一次		半月一次	油杯	复合钙基润滑脂
2	刮板轴承	2′(室数+1)	每天一次		每天一次	油杯	复合钙基润滑脂
3	刮板摆线针轮减速器	2	每周一次	半年换一次油	根据需要	油池	300 硫磷型极压齿轮油

常见故障及处理方法见表18-7。

表 18-7 常见故障及处理方法

序号	故 障 现 象	处 理 方 法
1	皮带与带轮有摩擦	调整电机座张紧螺杆,使皮带张紧适度
2	运转时皮带从带槽中脱落	使大小皮带轮在同一水平面
		每组皮带的长度应该相等
		适度张紧皮带
3	运转时搅拌机构有振动噪声	轴承已经磨损过大,需更换
		上轴承盖没有压紧轴承外圈
		锁紧螺母端面与叶轮未压紧,有间隙
4	沿浮选机长度方向上有晃动	定子与假底的连接需紧固
		假底下支腿是否焊接牢靠
		检查叶轮和大皮带轮静平衡是否达到设计要求
5	搅拌机构轴承温升过大	上轴承盖压得过紧
		轴承有质量问题
		挡油环与轴承座发生摩擦
		需要加注润滑油
6	刮泡机构电机过热	调整各轴承座位置,使其轴线水平并同轴
		给轴承加注润滑油
7	尾矿闸板漏水	闸板上的胶皮脱落
		闸板或对应的钢板变形

18.2 浮选柱

18.2.1 概述

浮选柱无传动部件,矿浆的充气靠外部压入空气。压入的空气通过特制的/浸没在矿浆中的充气器形成细小气泡。浮选柱属单纯的压入式浮选机,对矿浆没有机械搅拌或搅拌较弱,为使矿粒能与气泡得到充分的碰撞接触,通常矿浆从浮选柱上部入,产生的气泡从下部上升,利用这种逆流原理实现气泡矿化。同机械搅拌式浮选机相比,浮选柱具有结构简单、制造容易、节省动力、对微细颗粒分选效果好等优点,适用于组分简单、品位较高的易选矿石的粗、扫选作业。

浮选柱的分类:

(1) 按矿浆和气泡流向分:按矿浆和气泡运动的方向来分,柱式分选设备可分为:逆流方式、同流方式和逆流-同流混合式。

逆流浮选柱的入料通常由浮选柱的上部给入,尾矿则从浮选柱的底部排出,空气由中上部给入。如俄罗斯 Gintsvetmet 学院开发的浮选柱。

同流浮选柱的入料和空气的进入,尾矿的排出均从浮选柱的底部实现。如 J. B. Rubinstein 等研制的带隔板搅拌式浮选柱。

逆流-同流混合浮选柱则是同向给入矿浆和部分空气,另一部分空气则由浮选柱的底部给入;或者循环矿浆和空气由底部给入,而入料从浮选柱上部给入,如射流式浮选柱。

(2) 按浮选柱槽数分:按槽体划分,柱式分选设备可分为单槽柱和多槽柱。

单槽柱应用得比较广泛;多槽柱则可以在降低柱子高度的前提下延长被选矿物在柱子中的停留时间,从而提高精矿的回收率。如俄罗斯的 IOTT 设计的多槽浮选柱。

(3) 按浮选柱高度分:按浮选柱柱体高度划分,可将其分为高柱型和矮柱型两种。

高柱型如加拿大 Boutin 浮选柱、Flotair 浮选柱、波兰的 KFP 浮选柱、Leeds 浮选柱、MTU

充填式浮选柱、电浮选柱和磁选浮选柱,等等。

　　矮浮选柱如全泡沫浮选柱、Wemco/Leeds浮选柱、旋流浮选柱(美国)、Jameson浮选柱、LHJ浮选柱(北京科技大学)和旋流-静态微泡浮选柱(中国矿业大学)等。

　　(4)按气泡发生器分:按气泡发生器分,浮选柱又可分为内部充气型和外部充气型。

　　20世纪80年代后由于这些问题基本解决,再次掀起了浮选柱的研究与应用高潮,出现一批各具特色的浮选柱,如加拿大的CFCC,德国的KHD,美国的Flotair浮选柱、VPI微泡浮选柱、MTU充填介质浮选柱、Wemco利兹浮选柱,澳大利亚的Jameson及全泡浮选柱,中国的FCSMC型旋流微泡浮选柱,印度的电浮选柱和磁浮选柱等。其中一些取得了较大的成功,尤其在处理极细粒物料时有常规浮选机所不可比拟的分选效果。其中由中国矿业大学研制的旋流-静态微泡浮选柱尤为突出。

18.2.2　Jameson浮选柱

　　澳大利亚纽卡赛尔大学Jameson教授1987年发明的一种新型浮选柱,目前在选煤厂和选矿厂都得到了广泛的应用。该浮选柱具有设备体积小、处理能力大、能耗低的优点。Jameson1500/16浮选柱矿浆处理量为960~1360 m³/h,是XJM-S12型浮选机的两倍多。Jameson浮选柱提出了高效矿化与降低浮选柱高度的问题,不仅给浮选柱技术发展注入了新的活力,而且为浮选柱的技术发展指明了方向。高效矿化与静态分离已成为新型浮选柱发展的完美模式。

　　Jameson浮选柱的工作原理:将调好药剂的矿浆加压到0.1~0.15 MPa,用泵经入料管打入下导管的混合头内,通过喷嘴形成喷射流,使下导管顶部压力小于大气压,产生负压区,从而自动吸入空气产生气泡。给料和空气在下导管垂直部分顶部处经预先混合,矿粒在下导管与气泡碰撞矿化,下行流从导管底口排入分离柱内,矿化气泡上升到柱体上部的泡沫层,经冲洗水精选后流入精矿收集槽,尾矿则经柱体底部锥口排出。

1. 关键部件

　　Jameson浮选柱主要由柱体和下导管组成,结构如图18-11所示,下导管的顶部装有混合头,混合头内设有入料口、喷嘴和空气吸入口,下导管结构如图18-12所示。辅助设备有给料泵和控制仪器与仪表。

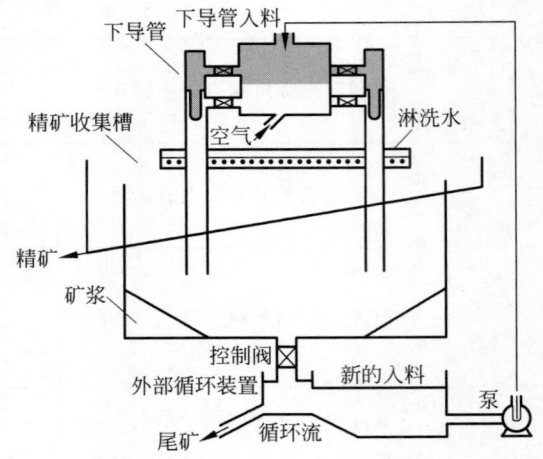

图18-11　Jameson浮选柱结构

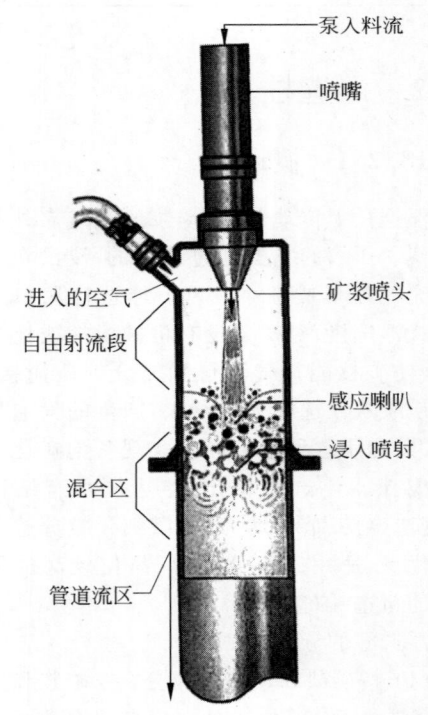

图18-12　Jameson浮选柱下导管示意

2．特点

Jameson 浮选柱利用高速射流的流体剪切成泡，充气量大，气泡尺寸小，小于 326 μm 气泡占 95%。Jameson 浮选柱具有以下特点：

（1）矿粒与气泡的碰撞矿化发生在下导管内，柱体只起使矿化气泡与尾矿分离作用，实现了矿化与分离的分体浮选。

（2）浮选柱高度低，由于气泡矿化过程不发生在柱体内，省去了常规浮选柱中的捕集区高度（约占总高度的 80%）。工业用的 Jameson 浮选柱高度仅为 2 m。

（3）矿粒在下导管内滞留时间短，约为 10 s，连同柱体内总停留时间为 1 min。因此，Jameson 浮选柱的气泡矿化过程快，浮选效率高。

（4）下导管内的气泡因浮力作用试图上升，而流动的矿浆将气泡向下推，在快速下降流的作用下，气泡在下导管内无上升出路，于是在管内产生高密度聚集，下导管内矿浆含气率为 40%～60%，而普通浮选柱含气率为 4%～16%。由于下导管内气泡数量众多，疏水颗粒在下导管内不需移动多远就可与气泡发生碰撞附着，完成气泡的矿化。

（5）矿浆通过混合头的喷嘴以射流状进入下导管，形成负压将空气吸入，省去了正压充气设备。全机唯一动力设备是一台给料泵，节省了生产投资和电耗。

Jameson 浮选柱的优点：①实现了矿化与分离的分体浮选策略；②柱体高度低，工业浮选柱高度仅 2 m；③矿粒滞留时间短，矿浆含气率高，浮选效率高；④矿浆通过射流形成负压吸气，动力设备只需一台给料泵。

Jameson 浮选柱的缺点：矿浆停留时间短，对可浮物较多的物料（如煤），需要设置多段扫选。煤泥浮选时，尾矿循环量超过 40%，尾矿、中矿和新鲜入料混合在一起进入气泡发生器会造成部分物料在经过一次分选后形成短路直接进入尾矿；下导管内不易充满，给矿波动时，分选过程不稳定；对气体的劈分成泡过程不完善，在下导管内产生"气团"，在柱体内形成"气弹"，影响分选效果。

18.2.3 旋流-静态微泡浮选柱

FCSMC 系列旋流-静态微泡浮选柱是中国矿业大学研制的一种适合我国煤泥特点的新型浮选柱，在矿物加工行业用于各种矿物分选的新型高效设备，具有选矿效率高、投资小、建设周期短、运行成本低、自动化程度高、维修方便等优点。目前，以旋流-静态微泡浮选柱为主体的分选设备和工艺系统是国内分选矿种最多、应用作业最广泛、适应性最强的柱式分选工艺系统，该分选设备和工艺系统的发展目标即为形成一种高效简约的选煤模式，提高选煤回收率，为贫杂难选煤开发与微细粒分选提供技术支撑，推进选煤技术与产业发展。

旋流-静态微泡浮选柱的特点：

（1）在一个柱体内可完成粗选、精选和扫选作用。

（2）单位容积处理能力大、流程简单，分选选择性好，效率高，特别适用于高灰、微细、难浮煤泥的分选。

（3）电耗低，占地面积小，与常规技术相比，投资和运行费用可降低 1/3，经济效益高。

（4）系统配置简单，安装方便，节省厂房体积、节省基建投资。

（5）设备运行稳定可靠，自动控制水平。无运动部件，易于安装、维护、操作，维修量少，维修费用低。

旋流-静态微泡浮选柱的技术特点：

（1）科学合理的结构，人性化的设计，操作维护十分简便。

（2）柱内无运动部件，磨损小，事故率低。

（3）首创旋流分离-柱浮选-管浮选有机地结合，实现了集粗、精、扫选于一体，分选效率高，降灰脱硫效果显著。

（4）首创"自吸组合式微泡发生器"，完全自吸空气，具有充气量大、能耗低、气泡分散均匀的特点。

（5）自吸式微泡发生器过流部件采用耐磨尼龙，使用寿命长。

（6）首创"双平衡液位控制箱"，实现了柱内液位与泡沫层厚度的调节操作轻松简便。

（7）可根据用户要求配用"PID-压力传感器-电控阀门"全自动控制装置。

1. 工作原理

旋流-静态微泡浮选柱分选方法包括柱浮选、旋流分选、管流矿化三部分，整个设备为柱体，柱浮选位于柱体上部，它采用逆流碰撞矿化的浮选原理，在低紊流的静态分选环境中实现微细物料的分选，在整个柱分选方法中起到粗选与精选作用；柱浮选与旋流分选呈上、下结构连接，构成柱分选方法的主体；旋流分选包括按密度的重力分离以及在旋流力场背景下的旋流浮选。旋流浮选不仅提供了一种高效矿化方式，而且使得浮选粒度下限大大降低，浮选速度大大提高。旋流分选以其强回收能力在柱分选过程中起到扫选柱浮选中矿的作用。管流矿化利用了射流原理，通过引入气体以及粉碎气泡，在管流中形成循环中矿的气固液三相体系并实现了高紊流度矿化。管流矿化沿切向与旋流分选相连，形成中矿的循环分选。最终分离精矿（反浮选为尾矿）从柱体溢流堰溢出，尾矿（反浮选为精矿）从柱体底部排出。工作原理及结构如图 18-13、图 18-14 所示。

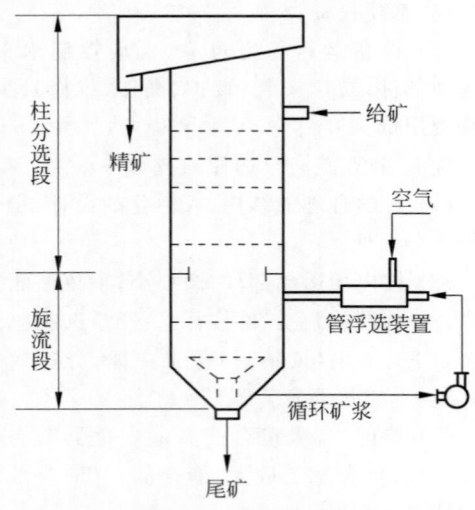

图 18-13　旋流-静态微泡浮选柱的工作原理

2. 关键部件

管浮选装置包括气泡发生器和浮选段两部分。气泡发生器是旋流-静态微泡浮选柱的

关键部件，采用类似射流泵的内部结构。

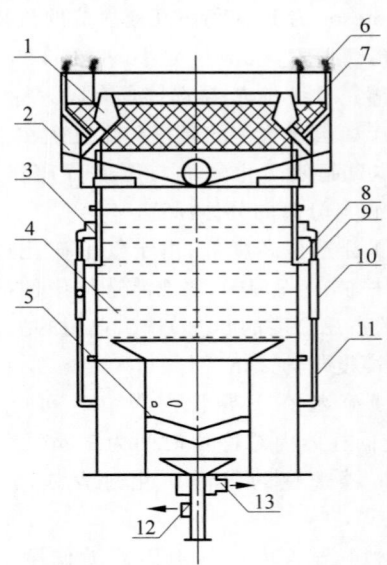

1—双面溢流（根据需要设置）；2—泡沫收集槽；3—循环中矿分配环；4—筛板充填；5—旋流分选单元（单旋流/多旋流）；6—充气量调节阀；7—填料充填（根据需要设置）；8—充气量波纹连接管；9—气泡发生器检修三通；10—气泡发生器；11—混合矿化管；12—循环中矿出口管；13—尾矿出口管。

图 18-14　旋流-静态微泡浮选柱的结构

气泡发生器：利用循环矿浆加压喷射形成负压的同时吸入空气与起泡剂，进行混合和粉碎气泡，通过压力降低释放、析出大量微泡。含有气泡的三相体系在浮选管段内高度紊流矿化，然后以较高能量状态沿切线方向进入旋流分离段。这样，管浮选装置在完成浮选充气（自吸式微泡发生器）与高度紊流矿化（浮选管段）功能的同时，又以切线入料方式在柱底部形成旋流力场。管浮选装置为整个柱分选的各类分选方法提供了能量来源，并基本上决定了柱分选的能量状态。

含气、固、液三相的循环矿浆沿切线高速进入旋流分离段后，在离心力和浮力的共同作用下，气泡和已矿化的气固絮团迅速以旋流运动方式向旋流中心运动，并迅速进入柱分离段。与此同时，由上部给入的矿浆连同矿（煤）粒呈整体向下塞式流动，与整体向上升浮的气泡发生逆向运行与碰撞，气泡在上升过程中不断矿化,形成分选的持续矿化过程。

旋流分离段的底流采用倒锥形套锥进行机械分离,倒锥形套锥把经过旋流力场充分作用的底部矿浆机械地分流成两部分:中间密度物料进入内倒锥,成为循环中矿;高密度的物料则由内外倒锥之间排出成为最终尾矿。循环中矿作为工作介质完成充气与管浮选过程并形成旋流力场,其特点为:①减小脉石等物质对分选的影响;②使中等可浮物在管浮选过程中高度稳流矿化;③减少循环系统,特别是关键部件自吸式微泡发生器的磨损。

3. 技术参数

旋流-静态微泡浮选柱性能参数如表18-8所示。

表 18-8 旋流-静态微泡浮选柱性能参数(中国矿业大学)

类型与规格		处理能力/	浮选柱技术参数		外形尺寸		
系列	设备规格	(t/h)	柱体高度/m	有效容积/m³	长/m	宽/m	高/m
工业浮选柱	2000	14~22	7~8	17.6~20.1	2.9	2.9	7.8~8.8
	2400	18~30	7~8	25.3~28.9	3.3	3.3	7.8~8.8
	2600	26~50	7~8	29.7~34.0	3.5	3.5	7.8~8.8
	3000	30~50	7~8	39.6~45.2	4.0	4.0	7.8~8.8
	3200	35~60	7~8	45.0~51.4	4.2	4.2	7.8~8.8
	3600	40~70	7~8	57.0~65.1	4.6	4.6	7.8~8.8
	4000	50~80	6~8	60.3~80.4	5.1	5.1	6.8~8.8
	4200	55~90	6~8	66.5~88.6	5.3	5.3	6.8~8.8
	4500	60~110	6~8	76.3~101.7	5.6	5.6	6.8~8.8
	5000	80~120	7~8	110~130.5	6.0	6.0	7.8~8.8
	5500	100~160	7~8	130~151.9	6.6	6.6	7.8~8.8

18.2.4 使用与维护

1. 总体安装要求

(1)柱体安装:明确精矿出口、水平中矿出口的方位后,分下部柱体、中部柱体、上部柱体三部分吊装柱体,各部件之间用密封垫或盘根密封。设备柱体安装完成后,应保证无渗漏。

(2)管浮选装置安装:一般要求管浮选装置的下部有一段软连接,以便其拆装,每个管浮选装置的安装应垂直。在气泡发生器位置应搭建钢架平台,方便气泡发生器的更换。

(3)柱体内部充填装置:由技术提供方根据物料的性质与分选的具体要求,制订充填方案,并现场装配。

(4)操作平台:在距离柱体顶端1~1.2 m的位置上,设主操作平台。

(5)循环泵的安装与连接:循环泵应靠近主体设备,以方便连接;为减小压力损失,循环泵出口管应与进口管的管径一致。

2. 安装注意事项

(1)安装时注意水平校准,保证溢流堰周边水平及整个柱体垂直度。

(2)注意所有外连管子方位,先核定然后开口连接。

(3)柱内介质板现场设计安装。

(4)气泡发生器各管沿柱体均匀布设,注意协调与美观。

(5)设备自带泡沫收集槽,但需设操作平台。

3. 操作注意事项

(1)一般情况下,全部气泡发生器同时工作,不要同时关闭相邻的数个,以免影响气泡分布,降低设备处理能力和效率。

(2)注意检查每个气泡发生器进气情况,发现故障及时关闭阀门修理。

(3)注意检查循环泵工作状况,发现问题及时排除。

(4)形成定期清理介质板制度。

（5）其他同一般浮选机操作。

4．安全注意事项

（1）转车前必须盘车，确认无问题时方可转车，禁止带负荷转车。

（2）更换三角带时，必须停车进行。

（3）所有机器的安全通道及行走平台严禁放置物品。

（4）电气设备要保持干燥，清扫设备检修及事故停车时，必须执行停电制度。

（5）停车更换三角带或进行盘车等操作时，要确认停车位置。

（6）严禁杂物掉进浮选柱内或泡沫槽内。

（7）岗位禁止吸烟，注意防火。

（8）高平台操作，注意安全。

5．设备维护及保养

（1）检查各工作泵运转是否正常，有无颤动、刮、拽及异常响动。

（2）检查电机温升是否正常，各电机最高温升不得超过 75℃。

（3）检查各阀门、执行机构是否完好。

（4）检查各用水点供水情况，及时疏通泡沫喷淋水和尾矿槽消泡水水路杂物。

（5）润滑点要及时注油，保持足够的润滑。

（6）电机三角带在运转中要保持松紧适中，否则需要适时调整。

6．设备故障处理

（1）突然停电：应停止给矿，关闭各处水门，时间较长应将搅拌桶及粗选浮选柱内矿浆放尽。

（2）突然停水：继续转车，直到矿浆处理完为止。

（3）设备正常运转，气泡发生器无吸气：气泡发生器被杂物堵塞，做好标记，留待设备停车检修时处理。

18.3 空气析出式浮选机

18.3.1 概述

空气析出式浮选机，是指可以从矿浆中析出大量微泡为特征的浮选机。这类浮选机是从充气式浮选机发展而来的，它们都无机械搅拌器，无传动部件。空气析出式浮选机多数用于煤或非金属矿物的浮选，澳大利亚研制的达夫克拉（Davcra）喷射式浮选机以及德国研制的维达格（Wedag）旋流式浮选机，用于金属矿的浮选亦获得较好效果。在中国黑龙江南山选煤厂研制 XPM 型喷射旋流式浮选机以及北京国华科技集团有限公司改进的 FJC 型喷射浮选机能够较好地提高选煤厂的经济效益，并且已经走向国际。

18.3.2 XPM-4 型喷射（旋流）浮选机

XPM-4 型喷射（旋流）浮选机是 20 世纪六七十年代黑龙江省鹤岗矿务局南山选煤厂为提高经济效益以及降低煤炭资源的浪费而着手研发的。1965 年南山选煤厂吴大为教授根据美国的旋流式浮选机的一张照片，就带着工作人员开始了喷射式浮选机的研发之路，经过十余年的努力终于研制出了第一代喷射旋流式浮选机并投入生产，并于 1975 年通过了原煤炭工业部的技术鉴定，并将其定型为 XPM-4 型喷射旋流式浮选机，也称为我国选煤用第一代喷射旋流式浮选机。XPM 型喷射（旋流）浮选机其工作原理：矿浆在循环砂泵中加压后，以一定的速度从浮选机充气搅拌机构的喷嘴中喷出，形成高速射流，在混合室中产生负压，空气经进气管进入混合室，完成了浮选机的充气过程。高速射流将空气切割、粉碎成细小的气泡，并相互混合，沿切线方向进入旋流器。在旋流器中，浆气混合物高速旋转，呈伞状甩向浮选槽。加压过程中溶解在煤浆中的空气，在混合室的负压区中从矿浆中析出，形成微泡，有选择性地在煤粒表面析出，大大增加了煤粒向气泡附着的速度和附着力，强化了气泡的矿化过程。没有浮出的煤泥在浮选机各槽内均有机会被循环砂泵吸出，进行循环，再次进行分选；其余矿浆则直接进入下一室与旋流器甩出的气泡相遇，进行矿化，完成浮选过程。

由于采用喷射旋流技术进行充气搅拌和气泡矿化，所以喷射旋流式浮选机和其他类型浮选机相比，具有如下特点：

（1）微泡量大。因为循环泵加压矿浆增加了空气的溶解度；矿浆从喷嘴高速喷出，压力急剧下降，空气在矿浆中呈过饱和状态，以大量微泡形式析出。利用从矿浆中析出的空气在煤粒表面形成的大量微泡来强化浮选过程，这种微泡直径很小，分散度高，具有很大的气泡表面积，是极好的浮选活化剂，为浮选创造了优越的矿化条件，可提高可浮性和入浮上限（一般浮选 0.5 mm，这种浮选机可达 1 mm）。根据资料介绍，在良好的工艺条件下，从每立方米矿浆中析离出的溶解空气为 35 L 左右，气泡直径约为 0.05 mm，微泡表面积为 400 多 m²。

（2）气泡和浮选药剂被强烈乳化。喷射旋流式浮选机的充气搅拌装置实质上是一个大型乳化装置，在将气体、矿浆高度分散成微细状态的同时也使药剂受到激烈的乳化作用，将油类和气体分散成很微细的乳浊状颗粒，从而加快了浮选速度，增加了药剂效果，降低了浮选油耗量。

（3）气泡粉碎度较高。喷射旋流式浮选机与其他类型的浮选机相比，气泡具有更多的破碎机会，因此粉碎度较高。气泡强烈被粉碎的主要原因是：循环泵叶轮的猛烈搅拌，喷射乳化；充气矿浆高速撞击在旋流器的器壁上；充气矿浆撞击在浮选槽底；等等。

（4）浮选槽内紊流程度低。喷射旋流式浮选机的充气矿浆从旋流器内呈伞状向斜下方甩出后，碰到槽底消耗了部分动能，再折向液面，即呈 W 形运动方式，从而使液面较为稳定。另外，这种 W 形流态的矿浆与直流的矿浆相遇，可增加矿粒与气泡的接触概率。

（5）气泡分布均匀。每个浮选槽中有 4 个充气搅拌机构甩出气泡，这比一个大体积的搅拌装置甩出气泡更均匀。

（6）矿浆循环量大，使物料受到多次反复分选，改善分选效果；由于是直流式，设备处理能力大。

喷射旋流式浮选机采用矿浆槽外循环方式，槽内无矿浆循环，因而减少了紊流和气泡兼并现象，并避免强烈搅拌而使煤粒从气泡上挣脱下来的可能，矿化泡沫平稳上升且分布均匀。这不但有助于泡沫的二次富集作用，还有利于减轻尾煤因机械夹杂而污染精煤。

XPM 型浮选机的型号意义如图 18-15 所示。

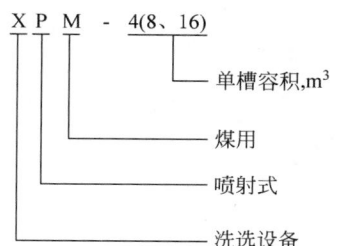

图 18-15　XPM 型浮选机的型号意义

1. 关键部件

XPM 型喷射旋流浮选机由充气搅拌装置、槽体、刮泡机构和放矿机构等组成，结构如图 18-16 所示。充气搅拌装置和浮选槽是浮选机的主要部件，其结构设计得合理与否是决定浮选机工作效果的重要因素。

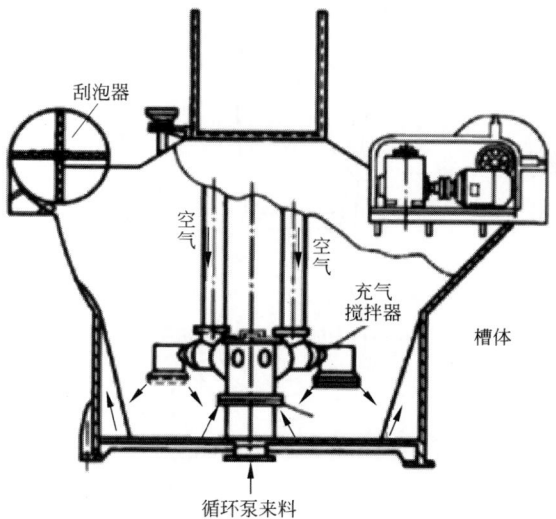

图 18-16　XPM-4 型喷射浮选机

1）充气搅拌机构

XPM-4 型浮选机充气搅拌机构为浮选机的主要工作部件，由喷射器和旋流器组成，如图 18-17 所示。

（1）喷射器的关键部位是喷嘴（图 18-18）。喷嘴的形状、喷嘴锥体角度、喷嘴出口直径等结构参数，直接影响喷射器工作的性能。

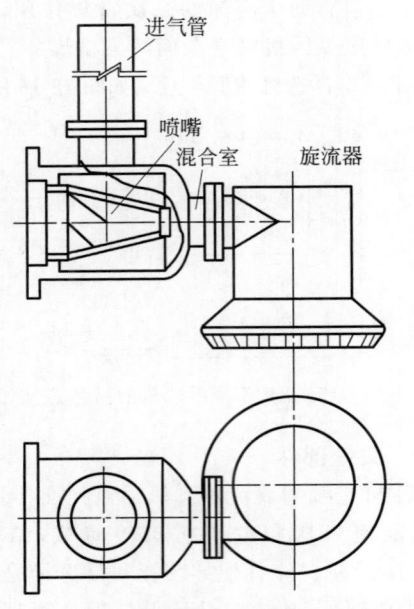

图 18-17 XPM-4 型喷射浮选机充气搅拌机构

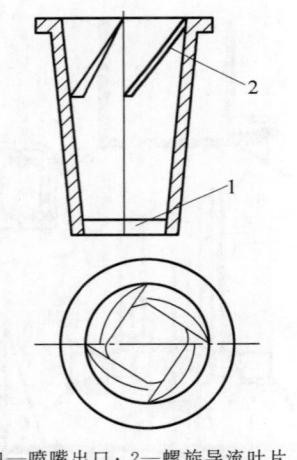

1—喷嘴出口；2—螺旋导流叶片。

图 18-18 喷射器喷嘴

① 喷嘴的形状。喷射旋流式浮选机的充气装置要尽可能地吸入更多的空气，因此要求喷出的射流具有最大的出口流速和较大的动能。

② 喷嘴锥体的角度。锥角是圆锥形喷嘴的主要结构参数。值得注意的是，矿浆流经圆锥形喷嘴时引起的流线收缩，会导致在收缩口区域产生涡流，从而引起能量损失，随着锥体角度的增加，能量损失也要变大。所以，在喷嘴出口直径一定时，要正确选定喷嘴锥体的角度，以达到矿浆流通过时能量损失最小。在喷嘴出口直径不变时，锥体角度减小，吸气量、喷嘴喷出流量及速度系数都会有规律地增加。实际上，锥角不宜过小，否则会因为锥体长度太大而影响有关部件的结构变化，给维护检修带来困难。

喷嘴出口直径。当喷嘴形状、喷嘴锥体角度确定之后，喷嘴出口直径的大小决定了喷射器各部位的尺寸。

（2）图 18-19 是 XPM-4 型浮选机充气搅拌装置旋流器结构示意。旋流器的形状必须能将喷嘴喷出的矿浆以最小的水力损失和最快的速度排出，否则就会增加矿浆和空气的阻力。在旋流器的圆台部分安装与径向成一定角度的导向板，能够提高充气的均匀性，并降低水力损失。

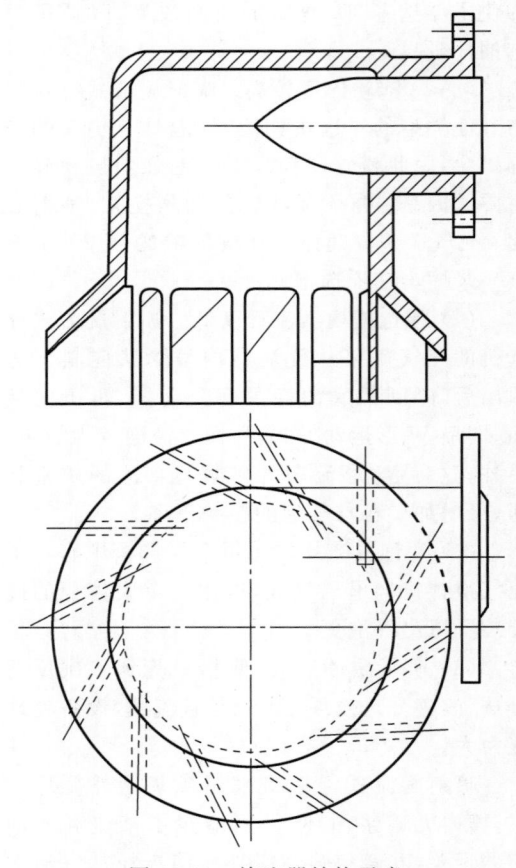

图 18-19 旋流器结构示意

2）浮选槽

（1）槽深。喷射旋流式浮选机槽深是由旋流器浸入深度（即旋流器底口到液面的高度）及旋流器底口至槽底距离来决定的。

（2）喷射旋流式浮选机和机械搅拌式浮选机一样，在保证液面稳定的条件下，应尽量采用浅槽。实践表明喷射旋流式浮选机的合理槽深应为1000～1100 mm（静液面高为850～950 mm）。

（3）槽形。当喷射旋流式浮选机单槽容积较小、槽内装一套充气搅拌装置时，槽形可采用"U"形；当单槽容积较大、槽内装4个充气搅拌装置时，可采用 XPM-4 型喷射旋流式浮选机的槽形。

2．技术参数

XPM-4 型喷射旋流式浮选机技术规格如表 18-9 所示。

表 18-9　XPM-4 型喷射旋流式浮选机技术规格

项　　目		参　　数
型号		XPM-4
型式		浅槽、喷射式、双侧刮泡
给料方式		直流式
设计矿浆通过/(m³/h)		250～300
单位充气量/(m³/(m²·min))		0.50～0.65
充气均匀系数/%		72～80
单槽容积/m³		4
槽深/mm		1050～1150
喷嘴出口直径/mm		26
循环泵	型号	125BZ-310
	功率/kW	30
	要求工作强度/Pa	$2 \times 9.8 \times 10^4$
刮泡器转速/(r/min)		26
外形尺寸（长×宽×高）/(mm×mm×mm)		11 500×2800×2200（6 槽）
设备质量/t		12.6（包括循环泵质量）

18.3.3　XPM-8 型喷射（旋流）浮选机

20 世纪七八十年代由于我国采煤方式比较落后，这些杂物一旦堵塞喷嘴，只能将浮选机中所有煤浆放尽后，才能处理。为解决此难题，煤炭科学研究总院唐山分院、南山选煤厂和淮南矿业学院合作，继续开展研发工作，于1981 年在 XPM-4 型浮选机的基础上研制出了单槽容积为 8 m³ 的第二代喷射式浮选机，并将其定型为 XPM-8 型喷射式浮选机。XPM-8 型浮选机其工作原理与 XPM-4 型浮选机一致，其结构的改变主要是对浮选机最为关键的部件——充气搅拌装置做了重大改进，采用了气-流两相喷射器类似的结构，取消了旋流器，将装有喷嘴的喷射室置于浮选机液面之上，以便

于排除堵塞喷嘴的杂物，喷射室下方垂直安装一个较长的喉管，喉管下端连有 1 个伞形分散器。由于其充气搅拌装置的改变，XPM-8 型浮选机具有以下特点：

（1）采用摆线柱面线型导流叶片的喷嘴，经试验证明，这种喷嘴线型简单、制造容易，比其他线型喷嘴（如锥面螺旋线型）吸气量可提高 15%～40%。

（2）充气搅拌装置垂直安装，且主体部分在浮选槽液面之上，便于检修，大大减少了停产检修时间。XPM-8 型浮选机的充气搅拌机构如图 18-20 所示，由吸气管、混合室、喷嘴、喉管和伞形器组成。

（3）用伞形分散器代替旋流器，使气泡在浮选槽内的分布更加均匀。试验证明，其充气均匀度为 80%～85%，比 XPM-4 型提高 5%～10%。

（4）在充气搅拌装置上安设了长度为925 mm的喉管进行动能转换，对提高充气量有利。同时利用在煤浆流过喉管的喉颈时将混合室"密封"，防止从混合室排出的空气或大气中的空气回流入混合室，破坏混合室的负压，保证浮选机正常工作。

1. 关键部件

XPM-8型浮选机结构与XPM-4型浮选机大体一致，但是其充气搅拌装置进行了重大的改进。主要结构如图18-20所示。

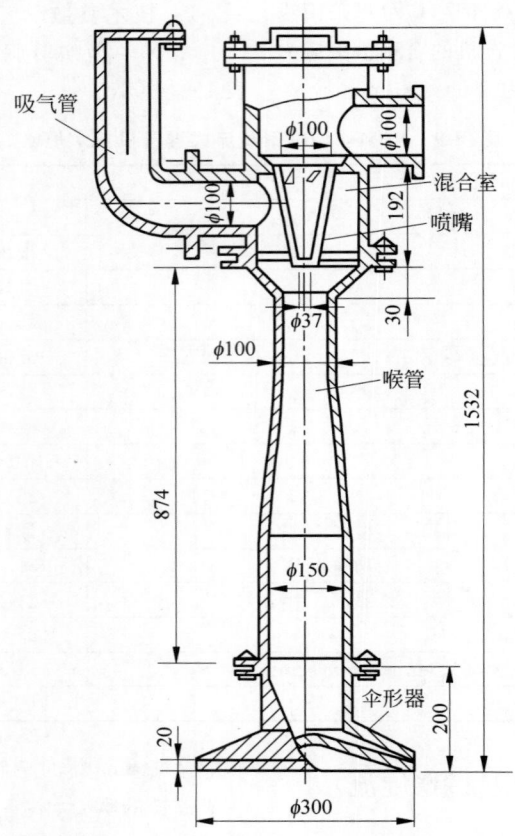

图 18-20　XPM-8型喷射浮选机充气搅拌装置

由于进行了上述结构上的改进，XPM-8型喷射浮选机不但使用方便，而且具有处理能力大、选择性较好和药剂用量小等优点。此外，采用矿浆多次循环，精选循环大，每台XPM-8型矿浆处理量可达 500 m³/h。

2. 技术参数

XPM-8型喷射旋流浮选机技术规格如表18-10所示。

表 18-10　XPM-8型喷射旋流浮选机技术规格

项　　目	参　　数
型　号	XPM-8
型式	浅槽、喷射式、双侧刮泡
给料方式	直流式
设计矿浆通过/(m³/h)	350～550
单位充气量/(m³/(m² · min))	0.90～1.00
充气均匀系数/%	80～85

续表

项　目		参　数
单槽容积/m³		8
槽深/mm		1220～1380
喷嘴出口直径/mm		37
循环泵	型号	150BZ-650
	功率/kW	55
	要求工作强度/Pa	$2 \times 9.8 \times 10^4$
刮泡器转速/(r/min)		33
外形尺寸/(长×宽×高)/(mm×mm×mm)		14 700×3600×2612(6 槽)
设备质量/t		15.8(包括循环泵质量)

18.3.4　XPM-16 型喷射(旋流)浮选机

　　1990 年,南山选煤厂又着手自行研制第三代设有假底的单室容积为 16 m³ 的喷射式浮选机,于 1993 年将之应用于选煤生产,1994 年通过了原东北煤炭工业总公司主持的技术鉴定,定型为 XPM-16 型喷射式浮选机。由于其增设了假底,所以其工作原理相较于 XPM-4 和 XPM-8 型浮选机稍有不同。工作原理:将准备好的煤浆输入头矿箱,部分煤浆经假底被循环泵吸入,另一部分则越过挡料板进入浮选槽的搅拌区。被循环泵吸入的煤浆经加压后,打入充气搅拌装置并由伞形器喷出,这是一种矿化过程。越过挡料板进入浮选槽搅拌区的另一部分煤浆与从伞形器喷出的煤浆进行接触碰撞是又一种矿化过程。矿化气泡上浮并被刮出成为精煤产品,未被矿化的煤浆直流进入下一浮选槽,如此周而复始。尾煤从浮选机末端的溢流堰排出,完成浮选过程。

　　XPM-16 型浮选机的特点如下:

　　(1) 浮选槽设置了假底各室假底均由 16 块方形铁板拼成。浮选机的入料量与泵的循环量约为 2∶1,即从前室直流到后室的煤浆只能有一半被泵吸入。为防止本室煤浆的短路循环,达到尽可能多地吸收前室来的"新鲜"煤浆,所以把循环孔放到假底下,而且设了挡料板。挡料板的作用在于既能防止槽内的煤浆"短路",又能引导从前室来的煤浆进入假底。而剩余的"新鲜"煤浆则越过挡料板进入搅拌区,形成矿化泡沫,这就形成了"底吸"和"直流"相结合的入料方式。

　　(2) 喷射式浮选机要有循环料斗和循环管路,XPM-8 型浮选机的循环料斗处于两个室的中间位置。循环管路和料斗衔接较麻烦,也增大了阻力和管路磨损。设置假底后,循环料斗可以在假底下方任意的合适位置与循环管路连接,比较方便。

　　(3) 浮选槽的入料由上部给入分配室,消除了那种由槽底穿过的弊端,也减少了管路损失。

　　(4) 尾煤溢流堰采用锯齿波形堰,使溢流周边长度比平直堰增加了数倍。这对浮选机液位的稳定是有利的。

　　(5) 浮选机每室用台 200ZB-500 渣浆泵作循环泵。由于这种泵配用功率较低,使 XPM-16 型浮选机的电耗较 XPM-8 型浮选机使用 6PS 砂泵大为降低。同时,由于这种泵技术先进、耐磨性好,既减少了维护工作量,也有利于文明生产。另外,由于 1 台泵对应 1 个浮选室,避免了 XPM-8 型浮选机那样本来已经进入后室的煤浆又有可能被循环泵打回到前一室的情况。

　　(6) 刮泡装置采用叶片式,直径可根据活动堰高度进行调整。

　　(7) 两室之间的隔板上设有 2700 mm×540 mm 的矿浆流通孔。在隔板下部假底上方开有 3 个 100 mm×300 mm 的排粗孔,以利于大颗粒的尽快排出。

　　(8) 在浮选槽体上不设置事故排放装置,采取在循环泵的入料端管路上安装事故排放阀门的办法,简便易行而且好用。

（9）浮选机可以多点加药，办法是将药剂通过管路送到假底的前方，即循环泵的吸料口处，药剂即随同矿浆一起被循环泵吸入。

1. 关键部件

XPM-16 型浮选机是在 XPM-8 型浮选机的基础上研制的，在增加其单槽容积的同时其结构增设了假底（图 18-21），有利于"新鲜"煤浆优先进入充气搅拌装置实现矿化以及改善循环煤浆在槽体内的流动状态。浮选机单位处理能力为 12.5 $m^3/(m^3 \cdot h)$。

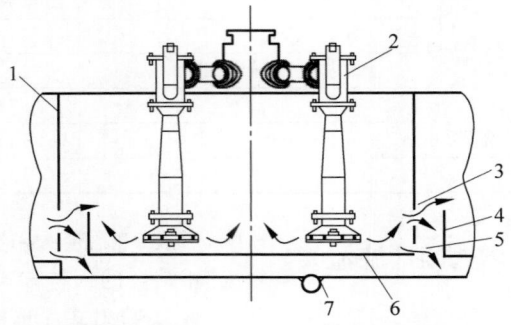

1—槽体；2—充气搅拌装置；3—流通板；4—挡料板；5—排粗孔；6—假底；7—循环料斗。

图 18-21　XPM-16 型喷射浮选机结构示意

2. 技术参数

XPM-16 型喷射旋流浮选机技术规格如表 18-11 所示。

表 18-11　XPM-16 型喷射旋流浮选机技术规格

项　　目		参　　数
型号		XPM-16
煤浆处理量/（m^3/h）		800～1000
处理能力（干煤）/（t/h）		45～60
单槽容积/m^3		16
槽数/个		5
喷嘴口直径/mm		45
刮泡器	直径/mm	520～800
	转数/（r/min）	25
循环泵	型号	200BZ-500
	流量	390
	扬程	27
	功率	55
	转速	730
外形尺寸（长×宽×高）/（mm×mm×mm）		17 700×4146×2710
质量（不包括泵）/t		19.7

18.3.5　FJC（A）型喷射浮选机

进入 21 世纪，北京国华科技集团有限公司凭借科技型企业的技术优势，把喷射式浮选机的研发提升到新的高度，为了与国际接轨，将喷射式浮选机定型字母由汉语的"XPM"改为英文的"FJC"（由于其喉管较长，俗称为长喉管浮选机）。自 2002 年开始，短短两三年内，完成了 FJC 型浮选机和配套循环泵的系列化，单室容积为 4 m^3、6 m^3、8 m^3、12 m^3、16 m^3 的浮选机均在生产中推广使用。并且在 2005 年之后，单室容积为 28 m^3、32 m^3、36 m^3、44 m^3 的 FJC

型喷射式浮选机也先后在多座选煤厂中使用。由于 FJC 型喷射浮选机是以 XPM-8 型浮选机为基础并吸取国外机械搅拌式浮选机研究成果开发出来的,它具有与 XPM-8 喷射式浮选机相同的工作原理和特点。

FJC 型浮选机型号及意义如图 18-22 所示。

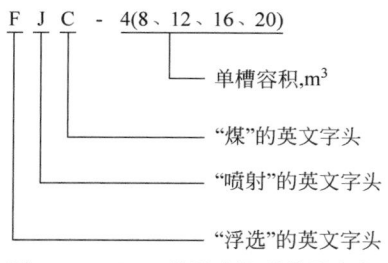

图 18-22　FJC 型浮选机型号及意义

1．关键部件

FJC 型浮选机由充气搅拌装置、浮选槽箱、刮泡机构、放矿机构、液面调整机构以及配套的煤浆循环泵等组成,结构示意如图 18-23 所示,它的充气搅拌装置与 XPM-8 型浮选机基本一致,但对参数进行了优化,结构形式和结构参数更趋合理,各项技术性能指标和工作效果都有明显改善和提高。

1) 充气搅拌装置

充气搅拌装置是浮选机的主要工作部件,结构见图 18-24,由混合室、吸气管、喷嘴、喉管和伞形分散器组成,采用垂直安装,主体部分在浮选机液面之上,检修方便,不需放矿。

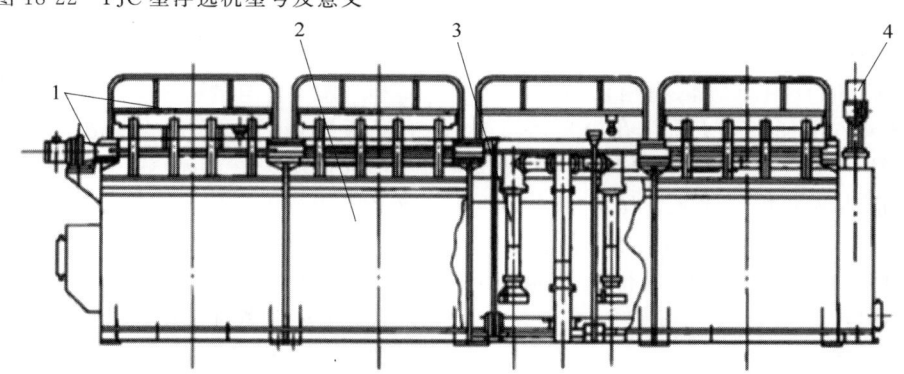

1—刮泡机构；2—槽体；3—充气搅拌装置；4—液面调整机构。

图 18-23　FJC 系列浮选机结构示意

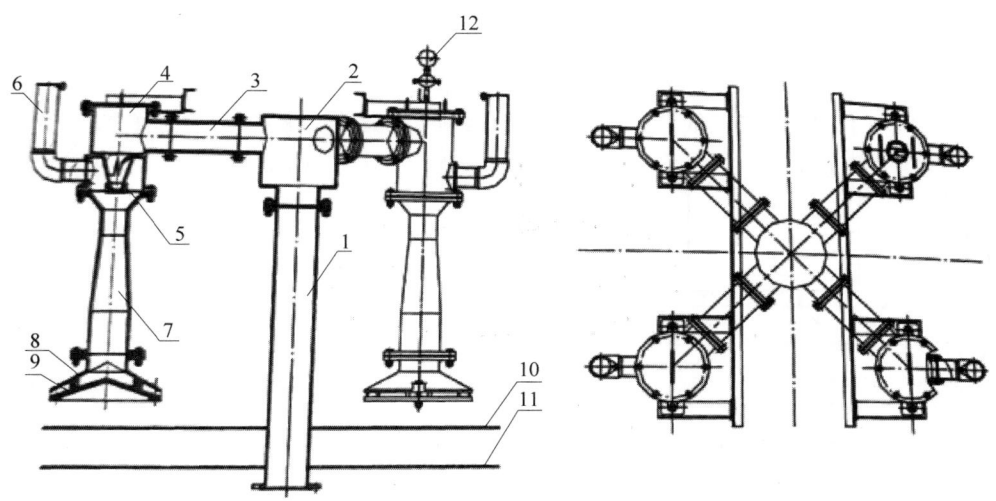

1—入料管；2—分配室；3—分配管；4—混合室；5—喷嘴；6—吸气管；7—喉管；8—上伞轮；9—下伞轮；10—假底；11—槽底；12—测压装置。

图 18-24　FJC 系列喷射式浮选机充气搅拌装置结构示意

混合室和吸气管-循环煤浆经喷嘴高速旋转喷出,产生了强烈的抽吸作用,大量空气经吸气管进入混合室。利用吸气管上盖板的开启程度就能方便地调节充气量。

2) 槽体

一台浮选机一般由3~6个槽箱组成,双侧刮泡,除FJC4、FJC6型在每个槽箱内沿中轴线左右两侧安装2个充气搅拌装置外,其余各型均在每个槽箱内呈辐射状布置4个充气搅拌装置,保证充气煤浆能均匀分布于槽箱内,提高气泡分布均匀程度;相邻二槽箱之间开设有长方形的流通孔,供煤浆通过;各槽箱两侧刮泡堰上均增设活动刮泡堰,调整其高度,可保持相邻两槽箱的液位差,实现煤浆静压直流。该机设有假底,循环煤浆可沿槽壁绕经假底进入循环煤浆口,有利于优化槽箱内的液流流态,使得矿化气泡能平稳上升。在第1槽箱端面设有入料箱,入料口为对称燕尾槽状,以便煤浆能沿槽体宽度均匀给入。尾矿箱上方设有一台直行程电动执行器,其出轴与尾矿箱闸板相连。用控制电动执行器的行程来调整浮选机液面高度。

3) 循环泵

循环泵与浮选机槽箱的连接见图18-25和图18-26,其中图18-25用于FJC4、FJC6、FJC8、FJC12型喷射式浮选机,浮选机每两个槽箱配分为一段,每段配一台循环泵,如槽箱数为奇数,则第一槽箱单独为一段。图18-26用于FJC16、FJC20、FJC28、FJC36和FJC44型喷射式浮选机,每个槽箱配用一台循环泵。

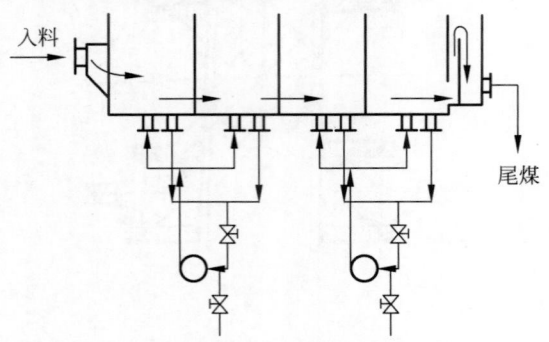

图 18-25 两个槽箱配用一台循环泵

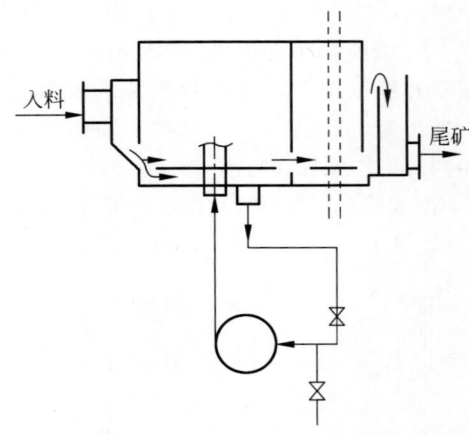

图 18-26 每个槽箱配用一台循环泵

FJC系列浮选机在以下方面进行优化和改进:

(1)优化了喷射式浮选机的充气搅拌装置的结构参数,一个槽箱内安装有4个呈辐射状分布的充气搅拌装置,浮选机的充气均匀系数和充气容积利用系数有大幅提高,充气搅拌装置的混合系数高。浮选槽内活性微泡数量多,有利于较粗粒级煤泥的浮选。

(2)采用兼备直流式和吸入式入料优点的入料方式,克服直流式入料容易"串料"的弊端,有利于提高浮选机处理能力和分选选择性。

(3)改进浮选槽箱内煤浆流动形式和循环煤浆抽取方式,浮选入料从头槽箱到尾箱的运动路线与从伞形分散器喷出后上升的气泡群运动方向垂直交叉,大大增加了气泡与煤粒的碰撞概率,为气泡矿化创造了极为有利的条件。

(4)改进浮选机头槽箱入料口形状,使进入浮选槽箱的入料分布更加均匀。

(5)优选了与FJC系列喷射式浮选机配套的高效、耐磨煤浆循环泵,使浮选机的装机容量和吨煤电耗(按相同入料浓度计算)都低于我国其他煤用浮选机。

2. 技术参数

FJC系列喷射式浮选机技术规格如表18-12所示。

表18-12　FJC系列喷射式浮选机技术规格

型号	单槽容积/m³	煤浆处理量/m³	喷嘴出口直径/mm	刮泡器		外形尺寸/(mm×mm×mm)	总质量/kg
				转速/(r/min)	功率/kW		
FJC4	4	130～160	36.5	35.0	2.2	8316×2780×2150	10 800
FJC6	6	160～240	36.5	35.0	2.2	9125×3230×2260	12 600
FJC8	8	230～320	36.5	35.0	2.2	9942×3600×2483	15 900
FJC12	12	380～480	39.0	35.0	2.2	11 800×3800×2820	24 100
FJC16	16	510～640	44.0	25.4	3.0	12 800×4070×3020	29 400
FJC20	20	640～800	49.0	25.4	3.0	13 850×4300×3120	34 000
FJC20A	20	640～1000	49.0	25.4	3.0	13 850×4300×3120	34 000

18.3.6　FJC-A型喷射浮选机

FJC-A型浮选机是在FJC型浮选机的基础上研制和开发的。带有长喉管式充气搅拌装置的FJC型浮选机和浸没式（短喉管式）充气搅拌装置的FJC-A型浮选机的槽体形状和尺寸以及原理基本相同。这种新型充气搅拌装置取消了易磨损的伞形分散器，并将原先的长喉管缩短了3/4，使其除吸气管上端伸出液面外，所有装置均浸没在煤浆中。短喉管内壁衬有耐磨刚玉材质，提高充气搅拌装置的使用寿命，充分发挥设备的工艺性能优势，减少维修工作量，降低生产成本，突出喷射式浮选机的优势，提高了工作的完善性。

FJC-A系列喷射式浮选机结构见图18-27。浸没式充气搅拌装置由喷射室、喷嘴、短喉管和吸气管组成，见图18-28。

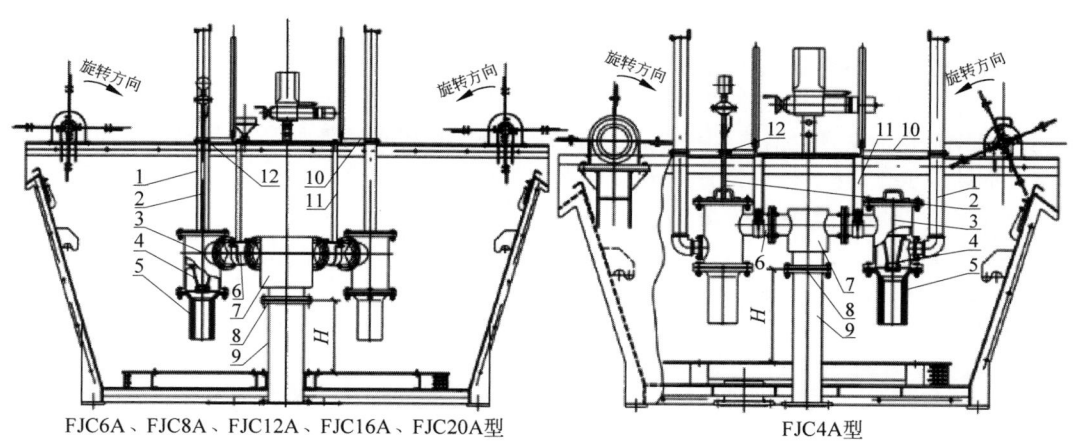

FJC6A、FJC8A、FJC12A、FJC16A、FJC20A型　　　　　　FJC4A型

1—吸气管；2—测压装置；3—喷射室；4—喷嘴；5—喉管；6—分配短管；7—分配室；8—中心入料管上法兰；9—中心入料管；10—吸气管固定架；11—充气搅拌装置吊架；12—测压装置固定架。

图18-27　FJC-A系列喷射式浮选机结构

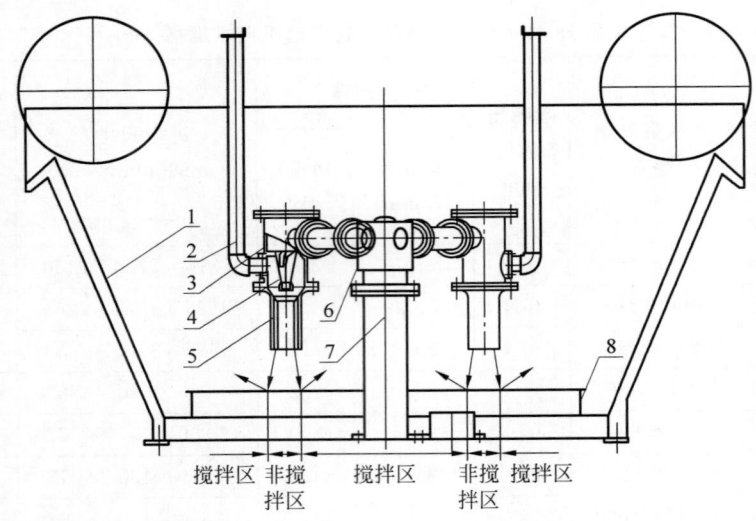

1—槽体；2—吸气管；3—喷射室；4—喷嘴；5—短喉管；6—分配室；7—中心入料管；8—箅子。

图 18-28　FJC-A 喷射式浮选机和充气搅拌结构

2007 年，先后在不同大型选煤厂，对不同规格的 FJC 型喷射式浮选机用浸没式充气搅拌装置进行改装试验，取得了成功。

18.3.7　使用与维护

1. 安装

1）槽体

找正基础标高水平，箱体组合安装，依次连接各箱体。要求沿纵横方向平直水平，每个槽箱两边的溢流口必须保持在同一水平线，其不平度不超过 3 mm。槽箱各接合面平面偏差、接合面对底面的垂直度偏差均不大于 2 mm。每室的活动堰板比后一室提高约 40 mm，确保直流的煤浆借助水力坡度从浮选机的第一室流到最后一室。

2）充气搅拌装置

注意充气器必须垂直，各连接法兰严密不漏水，喷嘴与混合室和喉管均应同心，以防造成各种零件不均匀磨损而影响喉管的吸气效能。充气搅拌装置对地脚平面（或槽箱底面）的不垂直度偏差不大于 4 mm，下伞轮端面距槽底的距离为（140±5）mm。

3）刮泡器

安装前先把刮板和刮板架与轴组装在一起，再把它们安装在轴承座上，找正后固定。连接各轴段链式联轴器，找正后刮板轴应成水平，其不水平度每米不应超过 ±0.5 mm，前后两室的刮板彼此错开 30°，而同一室内的两边刮板互成 90°。固定于刮板上的可调耐油橡胶板与槽箱溢流口之间的间隙不大于 3 mm，两侧刮泡堰对地脚平面的高度偏差不大于 3 mm。安装刮板器电机、减速机，找正后固定。

4）煤浆预处理设备

喷射式浮选机采用直流、吸入兼备的入料方式，煤浆必须借助一定的压浆进入浮选机，且在很大程度上煤浆流量取决于压头的大小。因此，安装煤浆预处理设备时，必须保证其液面与浮选机首槽液面高度差大于 1.5 m，并尽量选用直径较大的入料管，确保浮选机有足够的入料量。

5）安装检查

（1）安装完后，检查各部位是否有卡阻现象，并按要求注油，清理杂物。

（2）正常带水运行 4 h，检查是否渗漏，检查电机电流及各转动部位温升，如无异常可投料运行。

（3）由于喷射旋流式浮选机的工作状况与循环泵、管路等系统关系密切，故调试过程中应注意系统的配套情况。

2. 操作与维护

（1）经常检查喷嘴磨损情况，并定期清理喷嘴内的杂物。

（2）正确调节搅拌桶或矿浆预处理器的通过量、浓度和药剂添加量。

（3）严格控制浮选机液面，如果闸板位置调整过高，便会造成前段刮泡沫，后段刮水；反之，则会出现前段刮泡量减少，后段积聚很厚的泡沫层，致使尾矿灰分下降，精矿流失增大。

（4）通过吸气管的盖板，正确调节各浮选槽的充气量。其调节的一般顺序应由前到后逐渐减弱。

（5）经常检查刮泡器与槽箱两侧溢流口的间隙，如出现间隙过大、刮板变形或缺损时要及时调整、平直或更换。

（6）检查旋流器导向板，磨损严重及时更换。

18.4　浮选辅助设备

18.4.1　概述

浮选法是目前细粒和极细粒煤泥分选应用最多、最有效的一种分选方法。在浮选生产中，浮选入料不仅需要有合适、稳定的入料浓度，并且需要与浮选药剂有一定的接触时间，因此在浮选作业前一般需要用调浆设备对浮选入料进行预处理，主要作用是：①将不溶于水的油类捕收剂和微溶于水的杂醇类起泡剂分散为微小油滴；②将已被分散的浮选剂油滴均匀混合在入浮煤浆中；③在疏水性好的煤粒表面形成油类捕收剂的薄膜；④稀释煤浆，调配到合适的入浮浓度，其目的是降低浮选剂耗量、提高浮选速度和选择性。调浆设备主要有搅拌桶、矿浆准备器、矿浆预处理器、表面改质机等。搅拌桶是新中国成立后我国选煤厂使用最广泛的一种设备，它通过叶轮转动来混合煤浆和药剂，混合时间短，效果差，目前已很少使用；矿浆准备器和矿浆预处理器结构都相对复杂，本身就带有药剂乳化装置，效果都不错。矿浆准备器在使用中经常出现内部堵塞、难以清理等现象，所以实际使用更多的是矿浆预处理器。20世纪80年代，煤炭科学研究总院唐山分院研制开发了XY型矿浆预处理器，成为一段时期内浮选调浆的主要设备，为我国选煤事业作出了重要贡献。

18.4.2　矿浆准备器

矿浆准备器是发展历史较为悠久的矿浆预处理设备，主要用在选煤领域。矿浆以射流形式沿切线方向给入，在环形槽内混合后进入扇形分矿器，与雾化器喷射下来的药剂作用，未与矿物作用的药剂还可以从药剂回收管回收再利用。平顶山选煤设计研究院根据苏联技术开发了XK型矿浆准备器，矿浆准备器药剂分散混匀效果较好，但是由于分矿器的排矿端容易堵塞且很难清理，导致其在市场上应用越来越少。山西太原煤气化股份有限公司还研发了双盘螺旋矿浆准备器，达到了矿浆与药剂作用的目的。但是其紊流强度不够、药剂分散效果差等因素也制约了其在市场上的推广。所以随着科学的发展和时代的进步，矿浆准备器也在逐渐被淘汰。

工作原理：矿浆准备器工作时，矿浆沿桶体侧壁切线给入，在上环形槽内混合，其溢流进入下环形槽，进一步分散后进入扇形分散槽，在扇形分散槽中，分成若干股矿浆流，然后经下部的排料管口去浮选机。矿浆浓度大时可加入部分清水或滤液。药剂经给药漏斗和油管喷嘴给入药剂雾化装置的起雾盘底面中央，起雾圆盘由电机带动高速旋转，产生负压，吸入药剂并分散成微小油珠，与矿浆分散盘分散出的多股矿浆混合均匀，然后一起经底部的排料管去浮选机。未雾化的药剂经回油管循环使用。

特点：矿浆准备器的优点是处理能力大，处理能力可比搅拌桶提高50%左右，电耗节省约2/3；由于药剂经乳化，所以比用搅拌桶省药1/3以上。目前矿浆准备器有直径2m、2.5m、3m等几种规格。其缺点是：药剂乳化器在桶内，检修不方便，扇形分散槽排料端狭窄，易堵塞。

1. 关键部件

矿浆准备器的结构示意如图18-29所示，由桶体、药剂雾化系统和矿浆分散系统等组成。

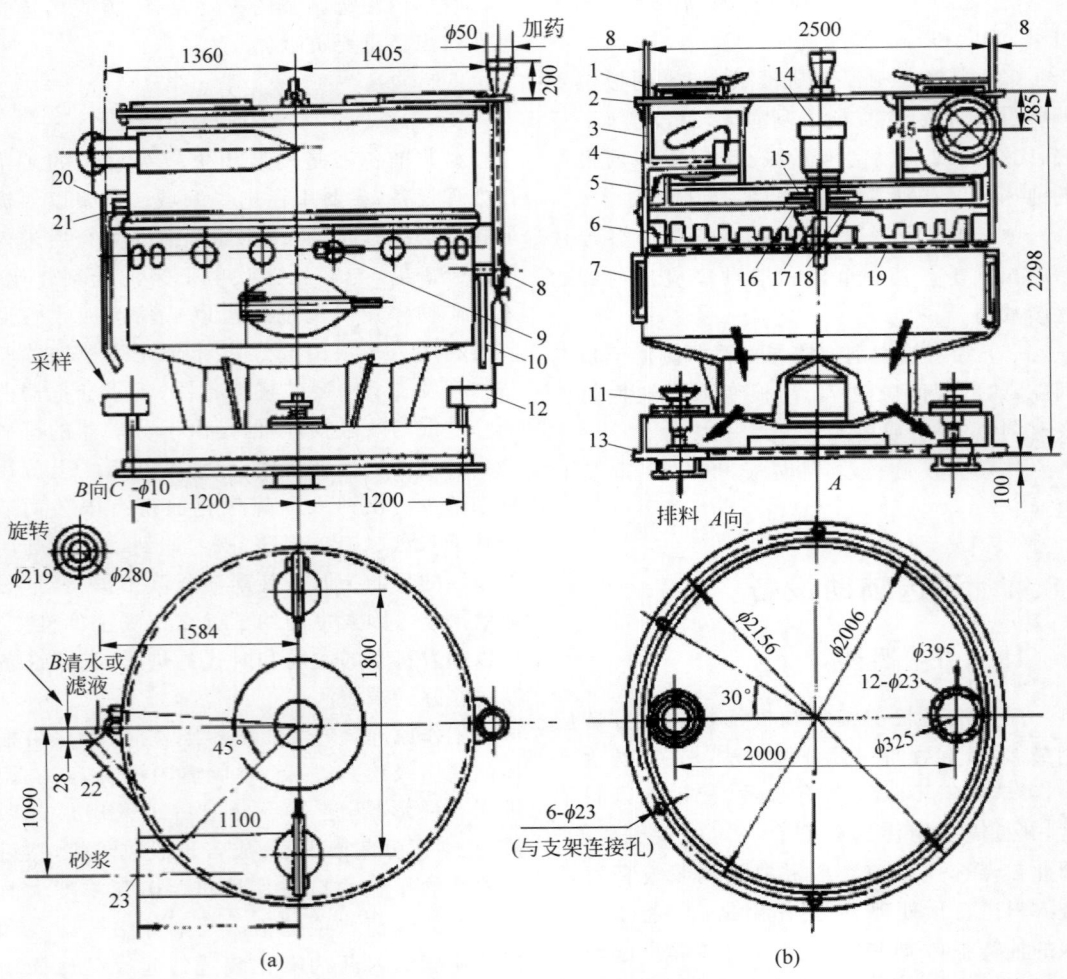

1—观察孔；2—顶盖；3—上桶体；4—上环形槽；5—下环形槽；6—矿浆分散槽；7—人孔；8—给药管；9—清理孔；10—回药管；11—阀门；12—接料漏斗；13—下桶体；14—电动机；15—上盘；16—下盘；17—药剂出口；18—起雾盘；19—矿浆分布盘；20—取样管；21—排污管；22—清水或滤液管；23—进浆管。

图 18-29　2.5 m 直径矿浆准备器

(a) 外观图；(b) 内部构造图

　　(1) 桶体。桶体由上桶体和下桶体组成。上桶体外有矿浆入料口和清水进入口；里面有上环形槽和下环形槽，为同心环形槽。下桶体外有检修孔、药剂入口；桶内有扇形分散器，中间有雾化机构，下部有矿浆分配盘及排料管。

　　(2) 药剂雾化系统。雾化机构由电机和它直接带动的边缘带齿的圆盘组成，圆盘直径为400 mm，电机转速为 2880 r/min。药剂给到圆盘上被雾化。

　　(3) 矿浆分散系统。其主要指扇形分散槽，是由 16 个扇形排列、辐射状的槽体组成的，槽体的两侧上开有对应交错排列的槽口，分散槽将矿浆分散成若干股矿浆流。

　　2. 技术参数

　　XK 型矿浆准备器的技术规格如表 18-13所示。

表 18-13　XK 型矿浆准备器的技术规格

项　目	型　号		
	XK-400	XK-800	XK-1600
矿浆通过能量/(m³/h)	300～400	600～800	1200～1600
桶直径/mm	2000	2500	3000
桶体高度/mm	2148	2398	2738
矿浆管直径/mm	250	300	400
清水管直径/mm	150	200	300
排料管直径/mm	200	300	400
排料口数量/个	2	2	2
起雾盘转速/(r/mim)	2800	2800	2800
药剂雾化效率/%	＞95	＞95	＞95
电机功率/kW	3	3	3
外形尺寸/(mm×mm×mm)	2500×2200×2348	3150×2700×2616	3600×3100×3086
总质量/kg	3500	5000	7000

18.4.3　矿浆预处理器

20 世纪 80 年代,煤炭科学研究总院唐山分院和淮南望峰岗选煤厂共同研制开发了 XY 型矿浆预处理器,成为一段时期内浮选调浆的主要设备,为我国选煤事业作出了重要贡献。工作原理:叶轮在一定的转速下旋转形成负压,在负压的作用下,空气和药剂经进气管和加药管进入叶轮上层叶片并配制成气溶胶;新鲜矿浆由入料泵打入预处理器进料口,经锥形循环桶进入叶轮下层,在离心力作用下,从叶轮甩出后与上层的空气和药剂在叶轮边缘进行混合,之后一部分矿浆进入上升通道,完成矿浆的混合和预矿化;另一部分矿浆通过锥体段流入循环桶的底部,再次被吸进叶轮腔,形成矿浆循环路径,混合好的矿浆经出料口进入浮选设备完成分选过程。

特点:矿浆预处理器可以使药剂以气溶胶的形式与矿浆接触,从而改善气泡的矿化效果和矿粒的浮选性能,减少浮选药剂用量。与传统的搅拌桶相比,矿浆预处理器不仅可以提高处理量,降低能耗,而且可以节省药剂用量 30% 左右。它可以替代传统的搅拌桶,同时完成气-固和液-固的两相流搅拌和接触。

1. 关键部件

图 18-30 所示为 XY 型矿浆预处理器的结构示意,主要由进料口、稀释水进口、槽体、锥形循环桶、叶轮定子混合器、进气管、加药管、排料口等组成。

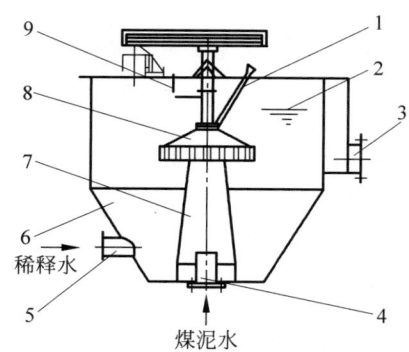

1—加药管;2—工作最低液面;3—排料口;4—进料口;5—稀释水口;6—槽体;7—锥形循环筒;8—叶轮定子混合器;9—进气管。

图 18-30　XY 型矿浆预处理器的结构示意

矿浆预处理器的叶轮呈伞形,分上、下两层,当其旋转时上层叶片吸入空气和浮选剂形成气溶胶;下层叶片具有低压大流量特性,不仅能吸入新鲜煤浆,而且能循环槽体内煤浆,使煤浆呈悬浮状态。由于设置锥形循环筒,从而可以大大降低叶轮定子混合器的浸水深度,节省电耗。

煤浆和稀释水分别进入预处理器,通过锥形循环筒进入叶轮定子混合器中,浮选剂与空气经加药嘴和进气管进入上层叶轮，利用气流负压生成气溶胶，由于叶轮的充气搅拌作用，在槽体中预选实现矿化。矿浆预处理器比搅拌桶省药剂、节约电耗，是强化浮选过程的有效设备。

2. 技术参数

XY 型矿浆预处理器的技术规格如表 18-14 所示。

表 18-14　XY 型矿浆预处理器的技术规格

项　　目	型　　号		
	XY-1.6	XY-2.0	XY-3.0
矿浆处理量/(m³/h)	200	400	1000
容积/m³	2.04	4	13
桶直径/m	1.6	2.0	3.0
叶轮直径/mm	400	500	750
电机功率/kW	3.0	5.5	7.5
外形尺寸/(mm×mm×mm)	2128×1766×2504	2376×2172×2840	3406×3216×3805
代替搅拌桶型号	$\phi 2.5$	$\phi 3.0$	$\phi 3.5$

18.4.4　表面改质机

目前，浮选前的搅拌调浆设备大多采用矿浆准备器或预处理器，这些设备仍然沿用 20 世纪 80 年代的技术，现有调浆方法和技术难以全面满足微细粒煤泥所特有的高分散、强活化、高效碰撞接触的要求。

此外，随着我国采煤机械化程度的提高、地质条件的恶化、选煤厂大型化建设及重介质分选技术的广泛应用，高灰难选煤泥比例急剧增加，并呈现继续恶化趋势，使煤泥分选的矛盾更加突出，主要表现在：①原生煤泥粒度呈微细化，把煤泥分选变成微细粒分选；②煤泥中煤含量大、灰分高、可浮性差，使煤泥变成高灰难选煤泥；③煤泥水浓度高，煤泥分选难度进一步增加；④重介质旋流器分选技术的快速发展，造成入浮粒度下限降低、可浮性变差，煤泥分选难度进一步凸显，特别是-200 网目的微细煤含量大幅度增加，造成浮选精煤灰分不断升高，回收率降低，已成为严重制约最终精煤产品质量的因素。针对此难题，中国矿业大学（北京）在国家"十一五"国家"863"计划支持下，研究开发了一种新型浮选预处理设备——BGT 系列表面改质高效调浆机，已在国内多家选煤厂投入使用。

其工作原理为：设备采用立式布置，主体包括三段五级强力调浆结构。矿浆和浮选药剂自下部给入桶体后，逐级进入各室，经涡轮式搅拌叶轮、剪切盘充分调浆后，矿浆从桶体上部出料口排出，进入浮选环节。矿浆经过表面改质调浆处理后，黏附在低灰煤粒表面上的高灰细泥强制剥离，同时使水化膜变薄，有利于捕收剂的吸附，煤粒表面疏水性增强，可浮性随之好转。同时捕收剂被乳化，既加快了矿化速度，又减少了捕收剂的用量。

表面改质机特点：煤泥在表面改质与调浆装置前端短时间（10～15 s）的高强度剪切力作用下，克服了药剂分散的表面张力，使药剂迅速变细、分散，发生超细分散-乳化作用，并有利于降低气液固三相界面的体系自由能，增强煤表面的疏水性，可以节省浮选药剂用量 10% 以上。

各处的高剪切力可以使黏附在低灰煤粒表面的高灰泥质物剥离，使原疏水性差的煤粒暴露出新鲜的煤表面，即活化作用，从而提高煤的疏水性和可浮性。

高灰细粒煤通过表面改质，对浮选过程的非线性特点，其分离过程分两步进行：一是对于可浮性好的那部分煤泥采用一种新的基于静态化的高效快浮机制，让其尽快浮出，以减少混杂和污染。二是对于灰分高、波动量大、可浮性较差的难选微细煤则通过高效微泡矿化方式,采用高紊流、强旋流及高能量状态的强力分离机制,通过强化分选过程,以提高难选煤的分选效率和回收率。

1. 关键部件

表面改质机主要由搅拌桶体、主轴、搅拌叶轮、隔板、电动机和减速器组成。其特点是表面改质机主体为立式圆柱形结构,并以多个隔板分隔的多段构造,桶体中心布置有搅拌轴,轴上配置有涡轮型搅拌叶轮,分别置于各段搅拌槽中。

2. 结构与技术参数

BGT 型表面改质机的结构示意图如图 18-31 所示,技术规格见表 18-15。

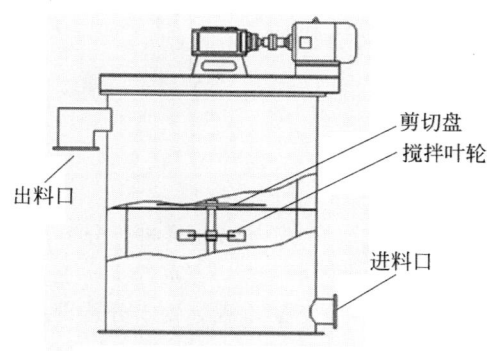

图 18-31　BGT 型表面改质机的结构示意图

表 18-15　BGT 表面改质调浆机主要结构参数及技术规格

项　　目	型　　号	
	BGT-2500	**BGT-2700**
矿浆处理量/(m³/h)	600～900	900～1200
有效容积/m³	12	15
电机功率/kW	55	75
桶体尺寸/(mm×mm)	φ2500×3000	φ2700×3300
设备总质量/t	10	13

第19章

重选机械

19.1 概述

重力选煤（简称重选）是指在重力场中，以矿物密度差别为主要依据的选煤方法。

重选因分选效率和精度高、工艺简单、成本低、分选粒度范围宽、煤种适应性强等诸多优点，是煤炭分选工艺中最主要的分选方法。在重选技术中，重选工艺相对成熟，研究的重点主要集中在机械设备上。近年来，在国民经济对能源巨大需求背景下，重选机械设备得到了快速发展。随着水力学、两相流、机械振动学等理论应用于煤炭分选理论研究中，重选设备已从简单地应用重力、水流阻力发展到应用重力、水流阻力、离心力、机械振动等复合力场。单机处理能力、分选精度、分选效率等得到了大幅度提高，分选下限在 0.25 mm 以下。

19.1.1 原理及应用

对于煤炭来说，煤质与其密度密切相关，密度越低，煤质越好。把原煤按照其密度进行分离，就可以得到不同煤炭质量的产品，以满足工业生产的不同需求。不同密度组成的矿粒在流动介质（如水、空气、重液悬浮液、空气重介质等）中运动时，在重力、介质曳力、介质阻力等共同作用下，不同密度、尺寸、形状的矿粒的运动状态也有明显差异（其中密度差异是最主要的因素），利用这个差异，就能实现矿粒

按密度进行分离，这就是重选依据的基本原理。

重选实质上就是松散-分层和搬运-分离过程。置于分选设备内的散体物料，在运动介质中，受到流体浮力、动力或其他机械力的推动而松散，被松散的矿粒群，由于沉降时运动状态的差异，不同密度（或粒度）颗粒发生分层转移。

各种重选机械原理的共同特点是：①矿粒间必须存在密度的差异；②分选过程在运动介质中进行；③在重力、流体动力及其他机械力的综合作用下，矿粒群松散并按密度分层；④分层好的物料，在运动介质的作用下实现分离，并获得不同的最终产品。

因此，重选机械的任务就是设法创造最好的分选环境，减小矿粒的粒度和形状对颗粒运动状态的影响，实现高效、快速地按矿粒间的密度差异进行精准分离。

根据介质运动形式和作业目的的不同，常用的重力选煤机械可分为如下几种：

（1）重介浅槽分选机。

（2）重介质旋流器：二产品重介质旋流器、无压给料三产品重介质旋流器、有压给料三产品重介质旋流器、煤泥重介质旋流器。

（3）跳汰机：筛下空气室跳汰机、液压驱动筛跳汰机、机械驱动动筛跳汰机。

（4）螺旋分选机。

（5）液固流化床煤泥分选机（TBS）。

（6）复合式干法分选机。

（7）风力摇床分选机。

19.1.2　重选发展历史及发展趋势

我国重选设备的发展历史代表了我国选煤工业的主要发展史。我国最早采用跳汰机分选工艺的选煤厂建于 1917 年。1945 年以前，我国共有 11 座炼焦煤选煤厂和 5 座动力煤选煤厂。当时由于设备简陋和技术落后，生产极为不正常。直到新中国成立以后，才真正开始建立自己的选煤工业。

我国早在 1956 年开始就进行了重介质选煤的研究，并于 1958 年在辽宁北票选煤厂建成了第一个以黄土为加重质的重介质选煤车间；1960 年在吉林通化铁厂选煤厂建成了以磁铁矿粉为加重质的重介质选煤车间。但在 20 世纪 90 年代以前，由于重介质分选设备技术上没有大的突破，再加上工艺较为复杂、设备材质耐磨性差，我国选煤重选工艺中，重介质分选工艺应用较少，主要以跳汰工艺为主。20 世纪 90 年代以后，我国选煤工业进入了蓬勃发展期。重介质旋流器、浅槽重介质分选机、动筛跳汰机，用于粗煤泥分选的螺旋分选机、液固流化床煤泥分选机、煤泥重介质旋流器等一大批湿法分选重选设备，以及复合式干法分选机、风力摇床分选机等干法分选重选设备的研发均取得突破性进展，特别是随着三产品重介质旋流器的开发成功，开启了我国选煤厂重介质分选工艺时代。

在加强煤炭清洁高效利用，确保实现"碳达峰"和"碳中和"目标的背景下，作为选煤工艺中最重要的环节，进一步提高分选效率、分选精度，以及提高智能化水平是重力选煤未来几十年发展的主要任务。今后，重选工艺和设备还需要在以下方面开展工作。

1. 设备大型化

近年来，我国选厂的规模不断加大，也促使重力选煤设备大型化。目前浅槽重介分选机宽度达 7.9 m，三产品重介质旋流器一段直径达 1.5 m，复合式干选设备分选面积达 40 m²。进一步研发大型设备，提高单机处理能力，减少设备数量，可优化设备布置，缩短工艺流程，

减少故障点。

2. 细粒煤干法分选设备开发

-6 mm 粒级在原煤中占有相当高的比例，目前在工业应用水平上，还没有有效的干法分选手段。

3. 智能化

目前，重选环节总体智能化水平不高，尤其是应用最多的重介质分选工艺，还缺乏可靠的智能化控制手段，急需提高入选原料密度组成、产品灰分等在线精准快速检测水平。

19.2　重介质浅槽分选机

19.2.1　概述

重介质浅槽分选机为块煤分选设备。早在 20 世纪 40 年代重介质浅槽分选机就已经在欧美国家得到了应用，从开始时的 DSM 型分选机、麦克纳利·特朗普分选机、巴沃依分选机、利巴分选机，到近年来比较流行的丹尼尔、彼德斯分选机，形式在不断地改进。我国从 20 世纪 50 年代就开始了重介质浅槽分选机的研究工作，由煤炭科学研究总院唐山研究院成功研制了国内第一台重介质浅槽分选机。大规模应用浅槽分选机始于 20 世纪 90 年代，平朔安太堡选煤厂首次从美国引进了丹尼尔重介质分选机，用于分选 13～150 mm 级块煤，处理量为 1500 t/年。由于该设备具有易操作、易维护、低投资和高效率等特点，很快得到我国选煤行业的认可；2002 年，内蒙古神东地区首次使用美国彼德斯设备公司生产的彼德斯浅槽分选机分选块煤，其后，重介质浅槽洗选工艺逐步成为我国动力煤选煤厂块煤分选及炼焦煤选煤厂预排矸最具竞争力的工艺。

在受到行业普遍欢迎及大量引进国外设备热潮推动下，我国相关科研单位和机械设备制造企业也纷纷开始了研发工作，在引进消化国外技术的基础上，推出了多种型号的重介质浅槽分选机，大量应用于国内各选煤厂 200（300）～13 mm 块煤选矸工艺。在总体工艺性能上已与国外设备相当，但在链条、刮板、链轮等易损

件寿命上,以及设备可靠性上与国外设备相比还有一定差距。

浅槽工艺在我国选煤行业具有广阔的市场前景,提高设备可靠性、易损件寿命及智能化水平,进一步降低分选下限,是我国重介质浅槽分选机今后的发展方向。

19.2.2　工作原理

如图 19-1 所示,分选机内悬浮液通过两个部位给入分选槽体内。从下部布流漏斗给入的悬浮液(占循环悬浮液的 10%～20%)为上升流,通过带孔的布流板进入槽内,以使悬浮液分散均匀。上升流的作用是保持悬浮液密度稳定、均匀,同时有分散入料的作用。从侧

面布流箱给入的悬浮液(占循环悬浮液的 80%～90%)为水平流,通过布料箱的反击和限制,可以使水平流全宽、均匀地进入分选槽内。水平流的作用是保持槽体上部悬浮液密度稳定,同时形成由入料端向排料端的水平介质流,对上浮精煤起运输的作用。当入料原煤给入分选槽后,在调节挡板的作用下全部浸入悬浮液中。此时在浮力的作用下开始出现分层。精煤等低密度物浮在上层,在水平流和排煤轮共同作用下,由排料端排出;矸石等高密度物沉到分选槽底部,在刮板链及刮板的作用下,从机头溜槽排出成为矸石产品。重物料在下沉的过程中,与矸石混杂的低密度物,由于上升流的作用,充分分散后继续上浮。

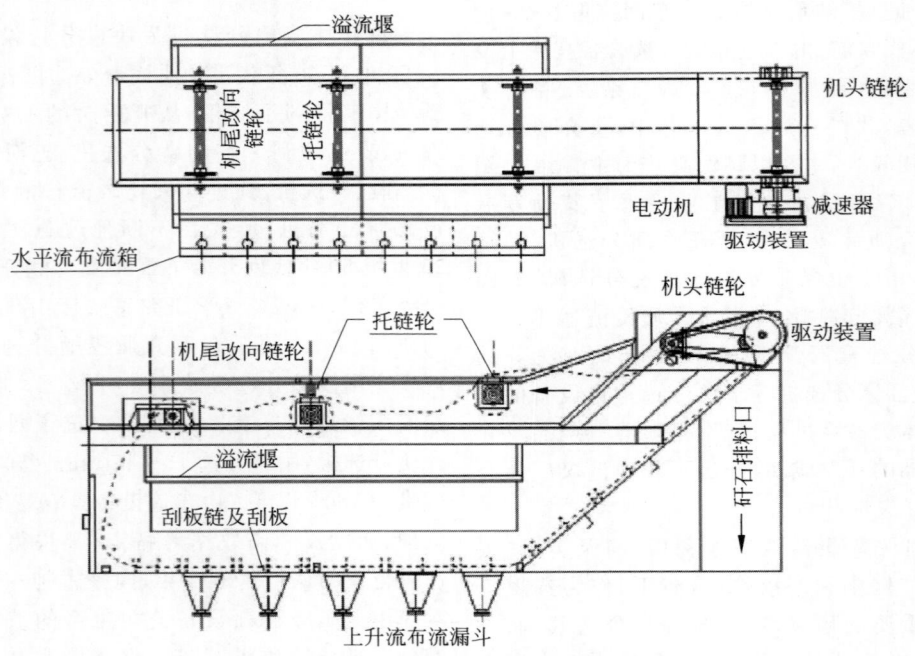

图 19-1　W22F54 型彼德斯刮板分选机结构

19.2.3　技术特点及适用范围

特点可具体概括如下:

(1)重介质浅槽分选机结构紧凑、工艺简单、操作方便介质循环质量小、煤质波动适应性强、自动化程度高。

(2)处理量大,每米槽宽处理量达到 100 t/h,单机处理能力已达 900 t/h。

(3)分选效率、分选精度高。选煤效率在 95% 以上,矸石中带煤损失小于 3%,Ep 值在 0.05 以下。

(4)分选密度与分选粒度范围宽,分选密度调整范围为 1.30～1.90 g/cm³,对原煤的粒度要求为 13(6)～300 mm,最佳分选粒度为 13～150 mm。

（5）对煤质波动适应性强,操作成本低,排矸范围大。

（6）有效分选时间短,次生煤泥量低,且最大限度地减轻矸石泥化程度。

（7）可与重介质旋流器配合对煤炭进行全级入洗,发挥两种重选设备的各自优势,简化工艺,提高生产系统灵活性。

19.2.4　常用设备技术参数

目前,应用较多的重介质浅槽分选机包括由株洲天桥舜臣选煤机械有限责任公司生产的 SCZQ 系列（原 MZC 系列）、沈阳科迪科技有限公司生产的 XZQ 系列重介质浅槽分选机。主要技术性能参数见表 19-1、表 19-2。

表 19-1　SCZQ 系列重介质浅槽分选机技术参数（株洲天桥舜臣）

型号	处理能力/ (t/h)	入料粒度/ mm	介质循环量/ (m³/h)	质量/kg	外形尺寸（长×宽×高）/ (mm×mm×mm)
SCZQ854	180～256	200～13	474	12 382	6440×2500×3089
SCZQ1054	227～320	200～13	588	13 426	7050×2500×3089
SCZQ1454	318～448	200～13	828	15 736	8270×2500×3089
SCZQ1654	363～512	200～13	948	16 868	8880×2500×3089
SCZQ1860	408～576	200～13	1062	18 716	9490×2650×3089
SCZQ2260	499～704	200～13	1302	20 935	10 710×2650×3089
SCZQ2660	590～832	200～13	1536	24 806	11 930×2650×3089

表 19-2　XZQ 系列重介质浅槽分选机技术参数（沈阳科迪）

型号	处理能力/ (t/h)	入料粒度/ mm	介质循环量/ (m³/h)	功率/kW	质量/t	外形尺寸（长×宽×高）/ (mm×mm×mm)
XZQ1625	200～275	300～13(6)	450～600	15	14	6.7×3.0×4.6
XZQ1635	280～385	300～13(6)	650～900	18.5	16	7.9×3.9×4.6
XZQ1645	360～495	300～13(6)	800～1200	22	19	8.8×3.4×4.6
XZQ1655	440～605	300～13(6)	900～1400	30	21	9.8×3.7×4.6
XZQ1665	520～715	300～13(6)	1100～1600	30	23	11×3.5×4.7
XZQ1675	600～870	300～13(6)	1300～1800	37	25	12×3.7×4.7
XZQ1639	630～900	300～13(6)	1400～2000	37	26	12.5×3.7×4.7

19.2.5　使用与维护

1. 使用

在完成设备安装并安置好溢流堰后,就可进行设备操作。用泵把重介质悬浮液输送到分选槽中,直至装满并开始溢流。当介质开始溢流后,启动分选槽的电机驱动运行矸石刮板。当设备启动正常后,原煤可通过设备入料端上方的入料溜槽进入分选槽。

运行时,需保持重介质悬浮液的流量和原煤给料量的稳定。

重介质分选槽需要调整的因素有入料沉降板、介质入料管的开启度和输送链拉紧轴承。

1) 入料沉降板

入料沉降板是在分选槽原煤入料端的可调节的垂直钢板,最初的位置是在中间。不同的使用环节,入料沉降板的理想位置也是不同的,应由原煤和矸石性质决定。如果有矸石随着煤产品从精煤堰溢出的现象,就应把入料沉降板向下调节,使入料原煤充分地浸没在分选槽中,从而增加原煤在介质液体中的分选机会,以达到更好的分选效果。

操作人员应注意观察入料沉降板的磨损情况,如果磨损面积过大而不及时维修,就会导致大量矸石在分选槽上部漂浮并溢出精煤溢流堰。

2）介质入料管

介质入料管都配有挤压阀,可用阀门的开启度调节浅槽分选机中介质的分布。如前所述,介质流分水平流和上升流。上升流斗(排料斗)在分选槽的运转过程中起到重要作用,大约10%的介质流由上升流斗通过,它可为分选槽提供平稳上升的水流,从而防止介质堆积,此外,当厂房停机时,上升流斗还可把介质回收到介质桶。

3）拉紧装置

重介质浅槽分选机尾部的拉紧轴承需要定期调节,避免石链过松。矸石链在从动轴与尾部改向轴中间的沉下距离有6～7 in。应注意不要紧绷拉链,否则会严重磨损链条、链轨、链轮齿和轴承。

2．维护

1）分选槽链条

链条是分选槽最主要的易损部位。经常注意观察链条的磨损情况,有助于正确调节并延长链条的使用寿命。引起链条过早发生故障的原因是链条表面有角磨损,这是链条经过凹槽内曲线轨引起的磨损。链条四个拐角部位的更换周期为34个月,确保链条表面磨损均匀(避免因过度的有角磨损而造成链条断裂)。

2）分选槽铸轨滑道

分选槽的铸件轨道把链条和移动输送带连接在一起。链轨由特殊的耐磨铸钢构成,硬度为40 BHN。如果链轨的四个拐角部位可以周期性地更换,则剩余部位不需经常更换。操作人员应注意观察链轨在宽面上的磨损度(观察链轨两侧的磨损情况),经常注意凹槽部位。注意观察这些拐角部位并按时更换易损件,会使链条的使用寿命增加25%。

3）分选槽底部衬板

在分选槽底部输送带的下方是坚硬的衬板系统,输送带在衬板表面拖拉矸石。应注意观察市场上有哪几种不同的钢衬板。

4）刮板

矸石刮板虽不是易磨损部位,但刮板弯曲也会引起事故。操作人员应经常观察刮板弯曲情况并随时更换。需要注意的是8 in的刮板可反向重新使用。

5）驱动

现在使用轴承装配驱动,这种驱动维护要求较低。

6）链轮

分离式链轮适用于分选槽,它可以在不移动链条和刮板装配的情况下,改变链轮齿。链轮齿的齿状外形可延长磨损寿命。链轮是可逆用的,因此可以二次利用。

7）润滑

驱动刮板机的减速器需要油润滑,在工厂已经加满了合适品牌的油,在浅槽安装后及设备使用期间,应定期打开油标塞检查减速器油位,确保油位超过油塞孔底部。并按厂家要求时间定期更换润滑油。

3．常见故障处理

常见故障处理如表19-3所示。

表19-3　重介质浅槽分选机常见故障处理

常 见 故 障	处 理 办 法
浅槽链条、链轮和链板松动或磨损严重	检查并修理或更换这些部件
减速机及驱动轴、从动轴、改向轴的轴承部位温升高	检查润滑情况
大块异物卡住刮板	停止介质入料泵,取出异物
浅槽中入料不均匀	检查入料溜槽是否堵塞

19.3　重介质旋流器

19.3.1　概述

重介质旋流器是从分级浓缩旋流器基础上发展起来的,它利用离心力场强化矿粒在重介质中的分选,物料和悬浮液以一定压力沿切线方向给入,在重力和离心力作用下,分别形成沿旋流器内壁下降的外旋流和沿轴心上升的内旋流,物料因密度差异分别进入内、外旋流而实现分离。该设备结构简单,体积小,无运动部件,是目前重力选煤设备中分选精度和分选效率最高的设备,因此,在国内外都得到了广泛的应用。

对于选煤来说,入料粒度上限已扩大到80 mm,有效分选下限可达0.15 mm,可能偏差 Ep=0.02~0.06。

根据其机体结构和形状分为圆锥形和圆筒形两产品重介质旋流器,双圆筒串联形、圆筒形与圆锥形串联的三产品重介质旋流器。根据给料方式,可以分为有压给料式和无压给料式两种。有压给料是指被选物料和悬浮液预先混合后,用泵或定压箱压入旋流器内,旋流器的工作压力取决于给料压力的大小。

荷兰国家矿山局于1945年在分级旋流器的基础上,研制成功第一台圆柱圆锥形以黄土作加重介质的重介质旋流器(DSM型)。随着磁铁矿粉被用作加重介质以后,解决了配制高密度悬浮液和回收净化的问题,重介质旋流器很快得到了推广,并受到各国科研人员的持续关注,相继开发了一批新型旋流器。1963年,美国阿利桑那矿物分选公司研发成功中心无压给料圆筒形重介质旋流器(DWP型);1966年,苏联用一台圆柱形旋流器与另一台圆柱圆锥形旋流器串联研发成功有压给料三产品重介质旋流器;1967年,英国研制成功立式有压给料圆筒形重介质旋流器(即沃赛尔 Vorsyl型);1967年,日本田川机械厂研制成倒立式圆柱圆锥形重介质旋流器,即涡流(Swirl)旋流器;20世纪80年代初,意大利学者研制成用台圆筒形旋流器轴线串联组成三产品重介质旋流器;20世纪80年代中期,英国煤炭局在吸收DWP和沃赛尔旋流器的特点,推出直径为1200 mm 的中心给料圆筒形重介质旋流器。

我国重介质旋流器的研究始于20世纪50年代,煤炭科学研究总院唐山分院(现中煤科工集团唐山研究院有限公司,以下简称唐山研究院)是该项技术最早的研究单位。1966年研制的 $\phi500$ mm 圆柱圆锥形旋流器在辽宁省本溪矿务局彩屯矿选煤厂分选6~0.5 mm级原煤,建立了我国第一个重介质旋流器选煤车间。

1984年研制成功 $\phi500/350$ 型工业用有压入料三产品重介质旋流器;1990年研发了 $\phi710/500$ 型有压给料三产品重介质旋流器。为解决有压给料方式介质泵的功耗大;煤和矸石破碎泥化严重,次生煤泥量大等问题,1991年研发成功 NWSX-710/500 型无压给料三产品重介质旋流器。在国家"九五""十五"科技攻关项目支持下,又先后研发了 3NWX1200/850 型无压给料三产品重介质旋流器、3SNWX1300/920 型双供介无压给料三产品重介质旋流器。

北京国华科技集团有限公司(以下简称国华科技)是研发重介质旋流器的另一支重要力量。2001年研发成功 3GHMC(3HMC)型系列无压(有压)给料三产品重介质旋流器选煤技术与设备,随后整合了包括原料煤选前润湿、非放射性重悬浮液密度在线测控等多项技术,将三产品重介质旋流器选煤技术推向高效、简化的实用阶段。为了适应高矸含量煤质的分选,2014年又研发成功超强处理能力和排矸能力的 S-GHMC 系列超级无压给料双段重介质旋流器,处理能力达到同等规格普通三产品重介质旋流器的1.5倍以上。

在上述两单位以及威海海王旋流器有限公司(以下简称威海海王)等其他大学、科研机构和企业的共同努力下,我国重介质旋流器分选技术得到了快速发展,研发了各种规格、形式的有压/无压给料两产品、三产品重介质旋流器,以及与此相适应的重介质选煤工艺,使得我国重介质旋流器选煤总体技术达到国际领先水平。

目前,两产品重介质旋流器最大直径已达1600 mm,单台处理能力为1000 t/h;三产品重介质旋流器最大直径已达1500 mm,单台处理能力750 t/h。超级三产品重介质旋流器单台最大处理能力达到了1300 t/h。

由于重选在选煤上的重要性,有关重介质旋流器设备和工艺的研究热度依然很高。随着研究手段和测试方法的提高,对重介质旋流器结构参数、操作参数、介质性质与流体分布规律、悬浮液流变特性之间的关系,以及对最终分选密度的影响等方面的认识都会有新的提高,这些研究将进一步推动重介质旋流器在降低分选下限、提高分选精度、大型化等方面向更高水平发展。

19.3.2 两产品重介质旋流器

1. 工作原理

两产品重介质旋流器是在离心力场条件下进行分选的设备,其本身没有运动部件,结构非常简单,其基本工作原理也很简单:固、液悬浮液在一定的压力下从入料口切线给入旋流器,在器壁的导流作用下,悬浮液剧烈旋转,并同时沿着器壁向下作螺旋运动,形成向下的外螺旋流;外螺旋流在向下运动的过程中,由于锥段渐渐收缩,流动阻力增大,到达底流口附近后,迫使外螺旋流中除部分流体从底流口流出外,大部分流体转而向上运动,在内部形成向上的回流,即内螺旋流,并从溢流管流出。因此,旋流器内的流体流动呈双螺旋结构模型。在旋流器内的旋转流场中,悬浮液中密度大的颗粒在离心力的作用下容易沉降到器壁附近,并随外螺旋流从底流口排出,而密度小的颗粒由于沉降速度较小,则随着大部分液体形成的内螺旋流从溢流口排出,从而使悬浮液中的不同密度物料得到分选。图 19-2 为两产品重介质旋流器结构图。

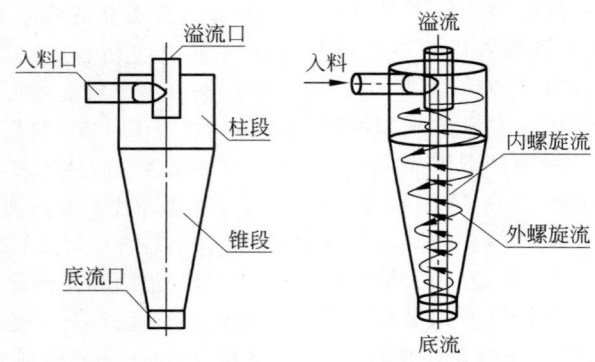

图 19-2 两产品重介质旋流器结构

2. 技术特点及适用范围

(1) 两产品重介质旋流器应用范围广,可广泛应用于各种可选性煤炭的分选。

(2) 分选精度高,效率高;分选粒度范围:≤120 mm。

(3) 两产品重介质旋流器既可单台作为分选设备用于动力煤分选,又可以两台串联组合用于炼焦煤分选,即"两台两产品工艺"。

3. 主要技术性能参数

目前,应用较多的两产品重介质旋流器包括由威海市海王旋流器有限公司生产的 FZJ 系列有压给料两产品重介质旋流器、中国煤炭科工集团唐山研究院生产的 JX 系列有压给料两产品重介质旋流器。其主要技术性能参数见表 19-4、表 19-5。

表 19-4　FZJ 系列有压给料两产品重介质旋流器主要性能参数(威海海王)

型　　号	筒体直径/ mm	入料粒度/ mm	入料压力/ MPa	处理能力/ (t/h)	通过量/ (m³/h)
FZJ710	710	≤40	0.08～0.14	80～140	400～600
FZJ800	800	≤40	0.08～0.14	120～200	600～800
FZJ850	850	≤50	0.08～0.14	150～250	700～900
FZJ900	900	≤50	0.10～0.16	250～350	800～1100
FZJ1000	1000	≤60	0.10～0.16	300～400	1000～1300
FZJ1150	1150	≤60	0.10～0.16	350～450	1100～1400
FZJ1200	1200	≤80	0.10～0.16	400～500	1300～1600

续表

型　号	筒体直径/ mm	入料粒度/ mm	入料压力/ MPa	处理能力/ (t/h)	通过量/ (m³/h)
FZJ1300	1300	≤80	0.12～0.18	450～550	1500～1800
FZJ1400	1400	≤90	0.12～0.18	500～600	1600～2000
FZJ1450	1450	≤90	0.12～0.18	550～650	1900～2200
FZJ1500	1500	≤100	0.12～0.18	650～750	2000～2400
FZJ1600	1600	≤120	0.14～0.20	800～1000	2200～2600

表 19-5　JX 系列有压给料两产品重介质旋流器主要技术参数(唐山研究院)

型　　号	安装角度/(°)	入料粒度/mm	入料压力/MPa	处理能力/(t/h)
JX1500	10～20	≤130	0.10～0.25	500～700
JX1400	10～20	≤120	0.10～0.22	450～600
JX1300	10～20	≤110	0.10～0.20	300～500
JX1200	10～20	≤100	0.10～0.20	250～400
JX1100	10～20	≤90	0.10～0.20	240～350
JX1000	10～20	≤80	0.10～0.18	160～280
JX850	10～20	≤60	0.09～0.15	130～180
JX700	10～20	≤50	0.08～0.14	90～120

19.3.3　无压给料三产品重介质旋流器

1. 工作原理

无压给料三产品重介质旋流器的结构如图 19-3 所示。它由圆筒形一段旋流器和圆筒-圆锥形二段旋流器并式串联组成。

合格悬浮液以一定的工作压力沿切线方向进入第一段旋流器,原料煤则从顶端沿轴向以自重方式进入,在离心力作用下,重物料向旋流器壁移动,在外螺旋流的轴向速度作用下由底流口排出,进入第二段旋流器;轻物料则移向空气柱,并随着中心内螺旋流由位于中心底部的溢流管排出。随同一段重物料进入第二段旋流器的是经过浓缩的重介质浓度较大和粒度较大的悬浮液,这就为一段重物料去二段分选创造了高密度分选的条件;进入二段旋流器的物料其分选过程与通用 DSM 型两产品旋流器相同。

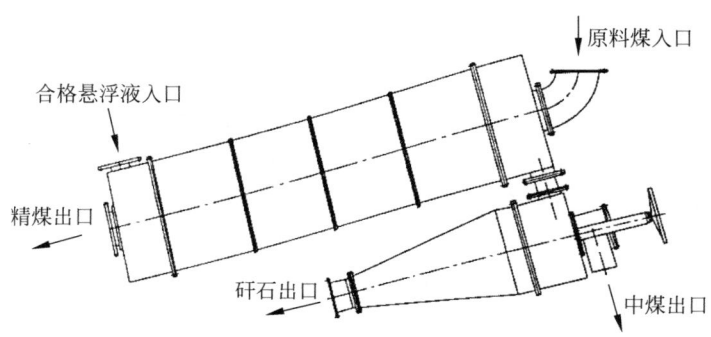

图 19-3　无压给料三产品重介质旋流器

2. 主要功能部件

1) 结构特征

无压给料三产品重介质旋流器由一段圆筒旋流器和二段圆筒-圆锥形旋流器串联组成，如图 19-4、图 19-5 所示。

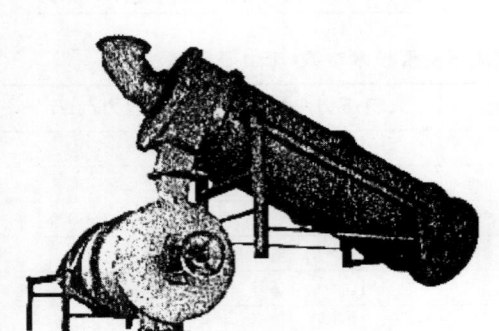

图 19-4　无压给料三产品重介质旋流器

2) 给料及分选系统的结构

无压给料三产品重介质旋流器给料及分选系统示意如图 19-6 所示。

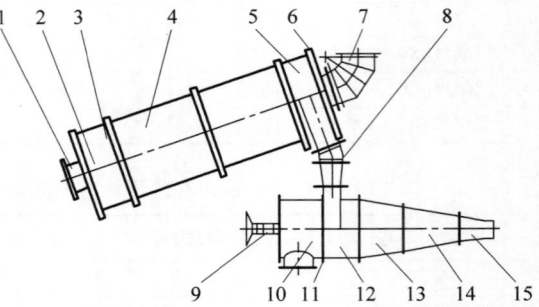

1——一段中心器液管；2——入介口；3——一段入料导向筒；4——一段中部；5——一段出料导向筒；6——入料隔板；7—入料弯头；8——一、二段连接管；9——调节装置；10——二段溢流帽；11——二段中心溢流管；12——二段导向筒；13——锥体一段；14——锥体二段；15——底流口。

图 19-5　无压给料三产品重介质旋流器外形结构

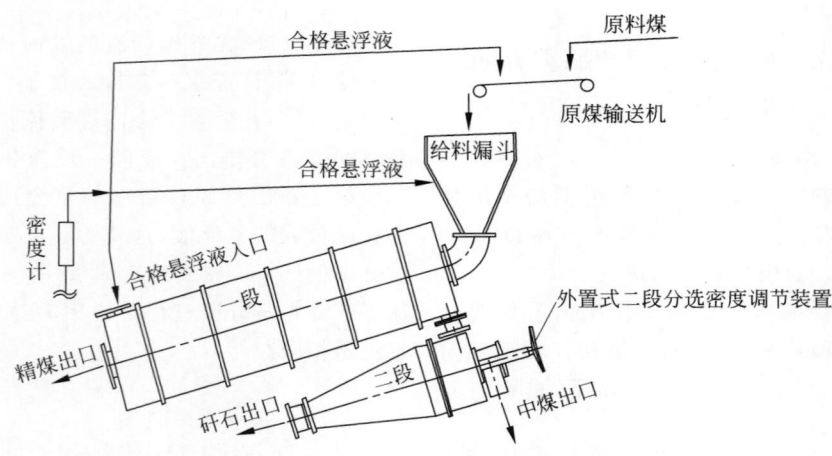

图 19-6　无压给料三产品重介质旋流器系统给料及分选系统示意

它由原料煤选前润湿装置、用于选煤的三产品重介质旋流器两部分组成。

原料煤选前润湿装置由原料煤胶带机头、刮板机的喷淋装置和给料漏斗的悬浮液切向介质入料口以及给料漏斗的布料锥组成。根据煤质情况，上述设施可以增减。二段旋流器的顶部设有外置式二段分选密度调节装置，其作用是在线微调二段分选密度，其结构原理是通过旋转双套桶螺杆调节溢流管插入深度。

3. 技术特点及适用范围

(1) 可广泛应用于各种可选性煤炭的分选，尤其适用于难选、极难选煤及较易泥化、软煤质煤。

(2) 能以单一密度的悬浮液系统一次分选出精煤、中煤、矸石三种产品，大大简化了工艺流程，减少了设备台数和功率消耗，降低了设备、管道的磨损和重介质的消耗。

(3) 实现原料煤不分级、不脱泥入选。通过分流适量的合格悬浮液去磁选作业就能稳定悬浮液中的煤泥量,从而保证要求的分选精度。

(4)体积小,处理能力大,入料粒度大,煤质适应能力强。大直径无压给料三产品重介质旋流器入料粒度上限可达 110 mm;有效分选下限可达 0.3 mm,甚至更低。

(5)分选精度高,分选效率高;Ep 一般在0.02～0.07。

(6)分选密度调节范围宽,控制精度高。

4．主要技术性能参数

目前,市场上应用较多的无压三产品重介质旋流器包括由中国煤炭科工集团唐山研究院有限公司生产的 3NWX 系列、JXWn-(T) 系列、北京国华科技有限公司生产的 3GDMC 系列、威海市海王旋流器有限公司生产的 WTMC系列无压给料三产品重介质旋流器。其主要技术性能参数见表 19-6～表 19-9。

表 19-6　NWX 型无压给料三产品重介质旋流器主要技术参数(唐山研究院)

型　　号	入料粒度/mm	入介压力/MPa	处理能力/(t/h)
1500/1100	≤110	0.37～0.42	500～700
1400/1050	≤100	0.30～0.40	400～550
1300/920	≤90	0.28～0.36	300～450
1200/850	≤85	0.10～0.28	280～400
1100/780	≤75	0.16～0.25	230～330
1000/700	≤70	0.15～0.22	180～280
900/650	≤65	0.14～0.19	130～220
850/600	≤60	0.13～0.17	100～180
700/500	≤50	0.08～0.14	70～120
600/400	≤40	0.07～0.11	50～70
500/350	≤35	0.06～0.10	25～60

表 19-7　GDMC 型无压给料三产品重介质旋流器技术规格(国华科技)

型号	一段筒体内径/mm	二段筒体内径/mm	介质循环量/(m³/h)	入料压力/MPa	入料粒度/mm	处理能力/(t/h)	一段安装角度/(°)
500/350A	500	350	130～150	0.06～0.08	≤40	30～50	15
600/400A	600	400	150～250	0.07～0.10	≤45	50～80	15
700/500A	700	500	250～350	0.08～0.11	≤50	0～120	15
780/550A	780	550	300～400	0.09～0.13	≤55	80～150	15
850/600A	850	600	350～400	0.10～0.14	≤60	110～170	15
1000/700A	1000	700	500～700	0.12～0.19	≤75	160～230	15
1100/780A	1100	780	700～900	0.14～0.23	≤80	220～300	15
1200/850A	1200	850	800～1200	0.17～0.29	≤89	300～400	15
1300/920A	1300	920	1200～1500	0.19～0.33	≤95	350～450	15
1400/1000A	1400	1000	1500～1800	0.21～0.38	≤100	550～650	15

表 19-8　WTMC 系列无压给料三产品重介质旋流器主要性能参数（威海海王）

型　号	筒体直径/mm		入料粒度/mm	入料压力/MPa	处理能力/(t/h)	介质循环量/(m³/h)
	一段	二段				
500/350	500	350	≤20	0.05～0.08	30～50	150～250
600/400	600	400	≤30	0.06～0.10	40～60	250～350
710/500	710	500	≤35	0.08～0.12	60～100	350～450
780/550	780	550	≤40	0.09～0.13	80～140	400～550
850/600	850	600	≤45	0.10～0.14	100～160	500～650
900/650	900	650	≤50	0.12～0.16	120～180	600～800
1000/710	1000	710	≤55	0.15～0.18	160～220	800～1000
1100/780	1100	780	≤60	0.18～0.22	200～280	900～1200
1200/850	1200	850	≤70	0.20～0.28	260～350	1200～1400
1300/920	1300	920	≤80	0.22～0.30	320～400	1400～1800
1400/1000	1400	1000	≤90	0.28～0.36	400～500	1800～2200
1500/1100	1500	1100	≤100	0.30～0.40	500～600	2200～2600

表 19-9　JXWn-(T) 系列多供介无压给料三产品重介质旋流器主要技术参数（唐山研究院）

型　号	入料粒度/mm	入介压力/MPa	处理能力/(t/h)
1500/1100	≤110	0.22～0.32	550～750
1400/1050	≤105	0.21～0.30	450～600
1350/950	≤100	0.19～0.28	400～550
1300/920	≤100	0.18～0.27	350～450
1200/850	≤90	0.15～0.23	300～420
1100/780	≤80	0.13～0.20	250～350

19.3.4　有压给料三产品重介质旋流器

1. 工作原理

有压给料三产品重介质旋流器一段为圆筒形或圆柱圆锥形，二段为圆柱圆锥形。其工作原理与无压给料三产品重介质旋流器相似，但给料方式不同，它是将低密度悬浮液和原煤充分混合后经泵以一定压力给入第一段旋流器，选出精煤，然后中煤和矸石由一、二段连接管进入二段进行再选，分选出中煤和矸石。这种给料方式可降低厂房高度，但也容易导致物料粉碎严重。

2. 主要功能部件

有压给料三产品重介质旋流器形式及结构见图 19-7、图 19-8。

图 19-7　有压给料三产品重介质旋流器外形

3. 技术特点及适用范围

（1）可广泛应用于各种可选性煤炭的分选，尤其适用于难选、极难选煤，但不太适合软煤质煤。

（2）能以单一密度的悬浮液系统一次分选出精煤、中煤、矸石三种产品，简化了工艺环节。

（3）采用有压给料方式，降低了厂房高度，节省了基建投资。

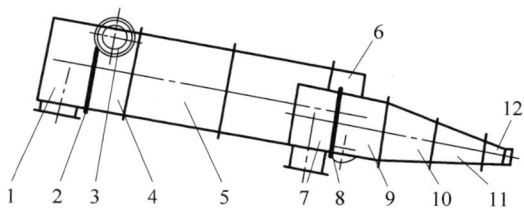

1——一段提流帽；2——一段中心溢流管；3——入料口；
4——一段入料导向筒；5——一段中部；6——一段底部；
7——二段溢流帽；8——二段中心溢流管；9——二段导向
物；10——锥体一段；11——锥体二段；12——底流口。

图 19-8　有压给料三产品重介质旋流器形式及结构

（4）体积小，处理能力大，入料粒度宽，煤质适应能力较强。大直径无压给料三产品重

介质旋流器入料粒度上限可达 90 mm；有效分选下限可达 0.3 mm，甚至更低。

（5）分选精度高，分选效率高；Ep 一般为 0.02～0.07。

（6）分选密度调节范围宽，控制精度高。

4．主要技术性能参数

目前，市场上应用较多的有压三产品重介质旋流器包括由中国煤炭科工集团唐山研究院有限公司生产的 3NZX 系列、威海市海王旋流器有限公司生产的 YTMC 系列有压给料三产品重介质旋流器。其主要技术性能参数见表 19-10、表 19-11。

表 19-10　3NZX 型有压给料三产品重介质旋流器主要技术参数（唐山研究院）

规格	一段筒体直径/	二段筒体直径/	入料粒度/	工作压力/	最小循环量/	处理量/
	mm	mm	mm	MPa	（m³/h）	（t/h）
1200/850	1200	850	＜80	0.20～0.30	800	280～400
1000/700	1000	700	＜70	0.15～0.22	800	170～300
850/600	850	600	＜60	0.12～0.17	450	100～180
710/500	710	500	＜50	0.10～0.15	300	70～120
500/350	500	350	＜25	0.05～0.10	210	25～60

表 19-11　YTMC 型有压给料三产品重介质旋流器（威海海王）

型　　号	筒体直径/mm		入料粒度/	入料压力/	处理能力/	通过量/
	一段	二段	mm	MPa	（t/h）	（m³/h）
500/350	500	350	≤20	0.06～0.10	40～60	200～300
600/400	600	400	≤30	0.08～0.12	50～80	300～400
710/500	710	500	≤35	0.09～0.14	70～120	400～550
780/550	780	550	≤40	0.10～0.15	100～160	550～650
850/600	850	600	≤45	0.13～0.16	120～180	650～750
900/650	900	650	≤50	0.15～0.18	140～200	750～950
1000/710	1000	710	≤55	0.18～0.22	180～240	900～1100
1100/780	1100	780	≤60	0.20～0.24	220～300	1100～1400
1200/850	1200	850	≤70	0.22～0.28	300～400	1400～1700
1300/920	1300	920	≤80	0.26～0.32	350～450	1600～1900
1400/1000	1400	1000	≤90	0.30～0.40	450～550	1900～2300

19.3.5　使用与维护

1．安装前的储藏

重介质旋流器的主机和组件应尽可能在室内贮存，避免长期暴露在直射阳光之下。设

备在户外贮存时应该用防水柏油帆布或其他防护层遮盖。

2．现场安装说明

设备安装前，请按十字形对称紧固所有螺栓，避免因运输过程中螺栓松动而渗漏。旋流

器整体吊装,固定在支架上使用。如果工艺配管尺寸与旋流器各管道尺寸不一致,使用渐缩管或渐扩管连接。旋流器属压力容器设备,主机安装必须牢固可靠,连接法兰(或卡箍)处必须严密不漏浆。为了避免泄漏而发生意外事故,旋流器应远离配电盘或高压电源安装。更换配件时,应注意同轴度要求,以免内部出现台阶现象,降低效果或使用寿命。

3. 旋流器的安装

吊装支架:根据说明书地脚螺栓图及总装图,按编号组装支架(部分支架出厂已组装);按地脚螺栓图布置于应用现场指定位置。

吊装旋流器:海王 FZJ 系列旋流器出厂均已组装。仅需吊装旋流器主体置于应用支架上,先紧固入料口法兰,后紧固旋流器支架上的固定卡箍,其他附属部位最后紧固。

安装压力表(选配):海王 FZJ 系列旋流器要求同时配置压力变送器及机械隔膜压力表两种。安装位置于入料管路上,要求压力表位置满足前后 3D 平直管路,远离弯头、闸阀、变径等异形结构。

4. 设备调试

在开始试车前确保旋流器所有连接点都已紧固,清除管道、箱体中的各种残留物,以免

开车后有泄漏及堵塞发生。先用清水试车,检查跑、冒、滴、漏等相关问题。检查泵与旋流器流量匹配,则压力表显示恒定读数。要确保压力表读数不波动,如有明显波动则需检查原因。设备要求压力在额定设计值下工作。

设备经清水试验证实运行良好时,可配置悬浮液检测运行,悬浮液检测运行再次核定密度及压力,确保按生产要求进行。

设备运行过程,根据海王重介质旋流器调试规章要求根据理论密度,设定洗选密度,后调整压力至额定范围,其次规划给煤量后,检测指标,再以指标引导密度调整。即按"密度→压力→给煤量→指标→密度"方式进行调整。

5. 操作运行注意事项

悬浮液磁性物含量、煤泥含量必须达到相应指标要求。设备运行时压力、悬浮液密度必须在所要求的范围内。煤质变化必须及时核定旋流器口径配置是否在适应的范围内。

6. 常见故障诊断与维护

设备正常运行时,应时常检查压力表的稳定性、物料分配及流量大小、排料状态,并定时检测产品质量。常见故障处理见表 19-12。

表 19-12   重介质旋流器常见故障处理

常 见 故 障	故 障 分 析	处 理 办 法
压力波动	给料压力应稳定在生产要求压力范围,不得产生较大波动。压力波动有损于设备性能,影响旋流器的分选效果。波动通常是槽桶液位下降和空气曳引造成泵给料不足或泵内进入杂物堵塞造成的。运行长时间后压力下降是由泵磨损造成的	① 槽桶液位低,可重新提高液位平衡点,或增大来料量、降低压力等。 ② 若是由泵堵塞或磨损引起的压力波动,则需检修泵
堵塞	正常运行中检查旋流器各口径物料、悬浮液排料是否通畅。 生产中严格控制物料粒度大小,对于重产物增加的情况需降低原煤入洗量,以维持设备正常生产	① 若是重产物筛上流量减小,则旋流器底流口有部分堵塞,应停机清除堵塞物。 ② 若是重产物断流,则底流口堵塞,此时停机清除杂物。 ③ 经常性底流堵塞,在确保产品指标时,调整底流口尺寸
精煤灰分超标	精煤灰分超标通常为分选密度高,精煤错配物含量大等引起。对于指标的调整需要详细产品数据检测指导	① 降低分选密度。 ② 提高悬浮液磁性物含量,降低煤泥量

续表

常 见 故 障	故 障 分 析	处 理 办 法
产品错配物含量高	一般为重产物附带轻产物量大,此主要由分选密度低、分选精度低、煤质可选性差、悬浮液煤泥量大引起。另外,重介质的性质不合格也导致错配物含量增加。对于指标的调整需要详细产品数据检测指导	① 提高悬浮液磁性物含量,降低煤泥量。 ② 增大入料压力。 ③ 针对产率控制设备口径,缩小锥比等。 ④ 降低给煤量,提高介煤比

7．检修

1) 检修前准备

(1) 应根据巡检发现设备问题制订检修计划。

(2) 根据检修计划,落实备件、材料和施工人员,平时应准备好备用旋流器或易损件(如小锥体,底流口)。

(3) 岗位工人应将检修旋流器停机,配泵断电,冲净旋流器及周围矿物。

2)检修周期及范围

(1) 旋流器检修应根据旋流器的运行状态随时安排。

(2) 检修范围:内部陶瓷磨损情况,各法兰结构的磨损,各缝隙的磨损。

(3) 建议易损件整体磨损 5 mm 及时更换,其他整体磨损不超过 10 mm。

(4) 小修范围:更换旋流器损坏部件,如更换底流口、小锥体等。

部件更换如图 19-9 所示。

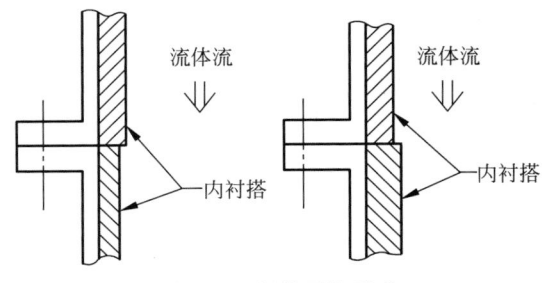

图 19-9　部件更换示意

注意:在对新旧部件更换时,务必确保新旧法兰连接内部顺流台阶,造成逆流台阶情况严禁使用!

3) 检修技术要求

(1) 溢流管及底流口的口径应满足生产工艺要求,磨损时(根据海王旋流器要求,溢流产品超标或错配物增加或陶瓷厚度减少 50%)应及时更换。

(2) 要保证各部件不漏矿,不堵塞,部件无严重磨损(磨损厚度超过 50%应更换)。

(3) 经检修或更换后的旋流器使用时检测效果,如发现指标变化,应及时检查设备部件尺寸。

4) 检修验收试运行

(1) 检修后,检修工人与岗位工人共同进行试运行。

(2) 试运行前检修工人必须清理现场。

试运行应符合下列条件:旋流器各部件无漏浆现象;旋流器内无堵塞和杂物;旋流器运行平稳,无强烈振动和异响;检修不合格项目,由检修工人立即处理。

19.4　煤用超级无压给料双段重介质旋流器

19.4.1　概述

北京国华科技有限公司针对三产品重介质旋流器排矸能力不足的问题,进行了一系列的结构优化,开发了超级重介质旋流器系列,使其在处理能力、排矸能力、入料上限等方面都有了大幅度的提高。

19.4.2　工作原理

超级无压给料双段重介质旋流器结构如图 19-10 所示,该旋流器与三产品重介质旋流器分选原理相同,结构形式相似,但在结构参数上进行了优化,使其在处理能力、排矸能力等方面得到了大幅度提高。其性能及适用范围如下。

（1）可广泛应用于各种可选性煤炭的分选,尤其适用于中、矸含量大的煤质。

（2）能以单一低密度悬浮液一次分选出三种或两种产品。

（3）原煤可不分级、不脱泥入选。

（4）体积小,处理能力大,入料粒度大,煤质适应能力强。大直径超级三产品重介质旋流器入料粒度上限可达 265 mm；有效分选下限可达 0.3 mm,甚至更低。

（5）分选精度高,分选效率高；Ep 一般为0.02～0.05。

（6）分选密度调节范围宽,控制精度高。

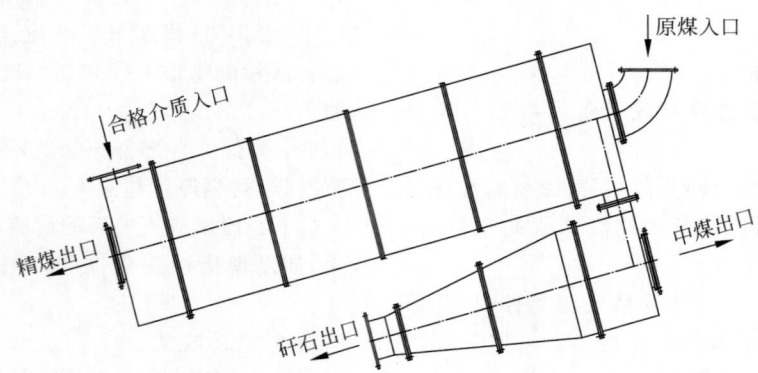

图 19-10　S-3GHMC(S-2GHMC)系列超级无压给料重介质旋流器

1. 主要技术性能参数

S-GHMC 系列超级无压给料双段重介质旋流器的型号和主要技术参数见表 19-13。

表 19-13　S-GHMC 系列超级无压给料双段重介质旋流器的型号和主要技术参数

型　　号	一段最大入料量/(t/h)	二段最大入料量/(t/h)	最大排矸量/(t/h)	安装角度/(°)	工作压力/MPa	入料粒度上限/mm	内衬
200/90/65	200	90	65			90	刚玉
200/110/80	200	110	80			100	刚玉
200/130/95	200	130	95		0.09～0.13	110	刚玉
200/150/110	200	150	110			120	刚玉
200/175/130	200	175	130			130	刚玉
260/120/85	260	120	85			100	刚玉
260/140/105	260	140	105			110	刚玉
260/165/125	260	165	125	15	0.11～0.14	120	刚玉
260/190/145	260	190	145			130	刚玉
260/240/180	260	240	180			145	刚玉
330/150/115	330	150	115			110	刚玉
330/180/135	330	180	135			120	刚玉
330/210/155	330	210	155		0.13～0.17	130	刚玉
330/260/190	330	260	190			145	刚玉
330/310/230	330	310	230			160	刚玉

型　号	一段最大入料量/(t/h)	二段最大入料量/(t/h)	最大排矸量/(t/h)	安装角度/(°)	工作压力/MPa	入料粒度上限/mm	内衬
440/200/150	440	200	150			120	刚玉
440/235/170	440	235	170			130	刚玉
440/290/210	440	290	210		0.15～0.20	145	刚玉
440/350/260	440	350	260			160	刚玉
440/410/305	440	410	305			170	刚玉
550/245/180	550	245	180			130	刚玉
550/300/220	550	300	220			145	刚玉
550/360/270	550	360	270		0.18～0.23	160	刚玉
550/420/315	550	420	315			170	刚玉
550/500/375	550	500	375			190	刚玉
650/300/220	650	300	220			145	刚玉
650/360/265	650	360	265			160	刚玉
650/420/315	650	420	315		0.21～0.27	170	刚玉
650/500/370	650	500	370			190	刚玉
650/600/450	650	600	450	15		210	刚玉
870/405/290	870	405	290			160	刚玉
870/475/340	870	475	340			170	刚玉
870/565/410	870	565	410		0.25～0.31	190	刚玉
870/685/510	870	685	510			210	刚玉
870/815/605	870	815	605			225	刚玉
1100/520/370	1100	520	370			170	刚玉
1100/610/435	1100	610	435			190	刚玉
1100/740/530	1100	740	530		0.26～0.33	210	刚玉
1100/890/650	1100	890	650			225	刚玉
1100/1040/770	1100	1040	770			245	刚玉
1300/635/450	1300	635	450			190	刚玉
1300/765/550	1300	765	550			210	刚玉
1300/915/660	1300	915	660		0.32～0.41	225	刚玉
1300/1070/780	1300	1070	780			245	刚玉
1300/1240/910	1300	1240	910			265	刚玉

2．组合方式

第一、二段旋流器有两种基本组合方式：两段顺装和两段成90°组装，分别见图 19-11 和图 19-12。

3．使用、操作

（1）保持重介质悬浮液密度稳定，运转中允许密度波动范围为±0.005 kg/L；

（2）保持重介质悬浮液中煤泥含量不要超过允许值（一般为 30%～50%），超过时须及时调整；

（3）运转过程中应经常观察产品脱介筛，发现异常情况，要及时处理；

（4）注意入介口压力表，若发现压力过低或波动太大要及时查找原因并采取相应措施。

4．维修和检修

（1）处理堵塞、更换配件时，可以打开法兰观察或清理，严禁重锤敲击，以免损坏耐磨衬里；

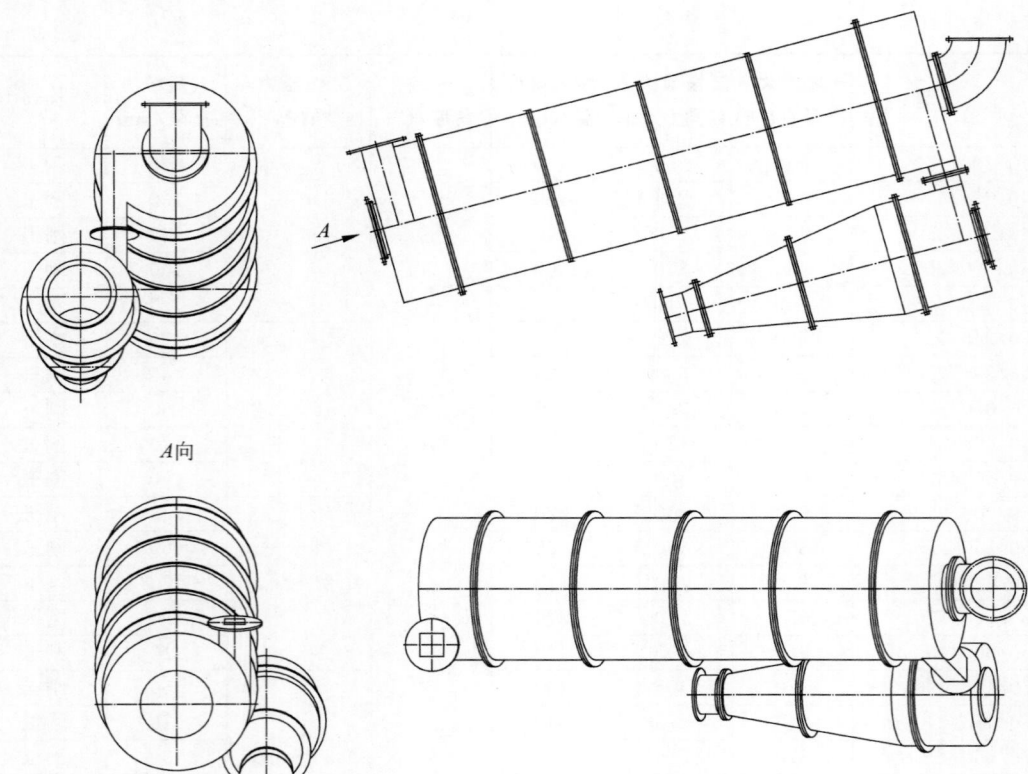

*A*向

图 19-11　两段顺装的重介质旋流器

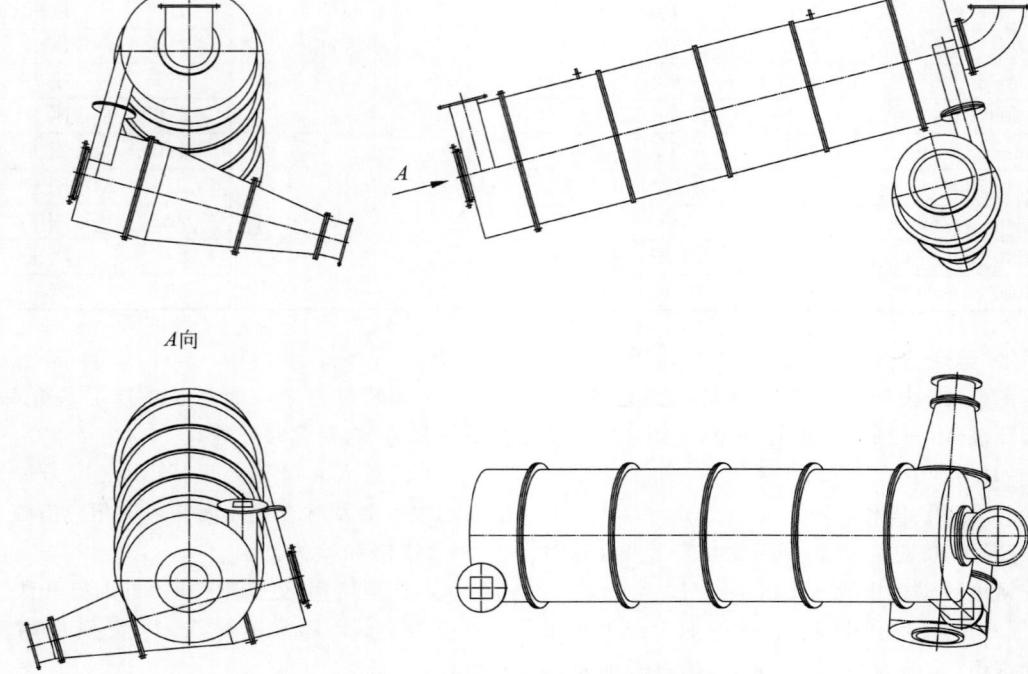

*A*向

图 19-12　两段成 90°组装的重介质旋流器

（2）禁止金属及其他异物进入旋流器，以防旋流器意外损坏。

5．使用、操作

（1）保持重介质悬浮液密度稳定，运转中允许密度波动范围为±0.005 kg/L；

（2）保持重介质悬浮液中煤泥含量不要超过允许值（一般为30%～50%），超过时须及时调整；

（3）运转过程中应经常观察产品脱介筛，发现异常情况，要及时处理；

（4）注意入介口压力表，若发现压力过低或波动太大要及时查找原因并采取相应措施。

6．维护和检修

（1）定期检查第二段旋流器，特别是锥体和底流口，若磨损严重，要及时更换，以保证分选效果；

（2）处理堵塞、更换配件时，可以打开法兰进行观察或清理，严禁重锤敲击，以免损坏耐磨衬里；

（3）禁止金属及其他异物进入旋流器，以防旋流器意外损坏。

19.5 筛下空气室跳汰机

19.5.1 概述

跳汰机应用于选煤已有100多年的历史，随着选煤技术的发展，跳汰机也逐步得到了改进和完善。按空气室位置的不同，分为筛侧空气室跳汰机和筛下空气室跳汰机两种，筛下空气室跳汰机因为结构上的优势具有单机处理量大、分选效果好等优点，适应设备大型化的发展要求，成为跳汰选煤的主流产品。

筛下空气室跳汰机问世以来，世界各国都对它进行了深入的研究，并都有所改进提高，呈现出多种不同形式的筛下空气室跳汰机。我国在这方面也进行了大量卓有成效的工作，先后研制成功的各种形式的筛下空气室跳汰机已广泛应用于生产。其中SKT型筛下空气室跳汰机是目前我国应用最广泛的机型。

19.5.2 技术特点及适用范围

筛下空气室跳汰机具有系统简单、操作维修方便、单机处理量大、分选精度高、分选下限低、生产成本低等优点，是处理易选、中等可选原煤比较理想的分选设备。

筛下空气室跳汰机选煤的粒度范围一般为0.5～100 mm。

19.5.3 SKT系列跳汰机

SKT系列跳汰机是可用于分选块煤、末煤、不分级煤或分级联合洗选的跳汰机。现已形成从6 m² 到35 m² 的十多种规格的系列。

近年来，中国煤炭科工集团唐山研究院有限公司（以下简称"唐山研究院"）的SKT跳汰机在风阀机体结构、排料装置以及控制系统等方面技术水平不断发展与完善，并在多个领域和行业得到了推广应用。煤炭洗选工艺的选择受到其煤种、可选性和用途等因素的影响，选择经济合理的工艺及设备是选煤工作者需要优先考虑的问题。在炼焦煤洗选和动力煤洗选方面，跳汰机使用效果理想，工艺简单，可操作性强。同时，SKT跳汰机也可以根据要求在线调节分选密度，对于高密度无烟煤分选有着重介选无法替代的优势。随着SKT跳汰机选煤技术的发展及其应用领域的拓展，其应用前景广阔。

唐山研究院对SKT跳汰机进行了多项技术改进和创新，先后研发了无背压双盖板阀、复振风阀、新型机体、200 mm大粒级排料装置、跳汰机智能集中控制系统等多项专利技术，使该SKT跳汰机的节能降耗性能更突出，适用性更强，分选效果进一步提高。此外，随着SKT技术的发展与创新，SKT跳汰机应用领域也得到进一步拓宽，近年来在煤矿井下排矸、高密度无烟煤分选、宽粒级分选、末煤分选、大块煤预排矸、城市垃圾分选等方面有了突破性进展。

该结构和Batac末煤跳汰机相似，是通过液压缸推拉拖板来调节排料口的大小,以此控制排料量。因末煤粒级窄,排料速度受粒度变化影响小,排料口大小与排料量基本上对应,因此这种结构较适合用于末煤跳汰机。增设活动溢流堤可灵活调节各段底流床层厚度;加深料仓可阻止水流在排料道中上下窜动而影响排料稳定;排料轮设在排料道底口下方可减小排料轮长度,增大过料断面,使大粒物料不易卡轮。因排料轮是强制性主动排料,其转速可无级调整并与排料量呈线性对应,跳汰机可以连续、稳定、准确地控制排料量,产品质量易于保障。

1. 工作原理

SKT 系列跳汰机是通过控制水流周期性上下脉动,使物料在脉动水流作用下按密度差别进行分层,然后通过排料机构把分好层的物料分离开来,以达到分选目的的一种分选设备。跳汰机通过数控系统控制风阀的打开与关闭,达到控制进排风使洗水产生脉动的目的。原煤进入跳汰机后,在脉动水流的作用下主要按密度差别分层,密度大的矸石逐渐下沉至最底层,密度适中的中煤分布在中间层,而密度较小的精煤分布在上层。分层后位于底层的矸石进入第一段排料仓内经排料叶轮排出。中煤和精煤随脉动水流进入跳汰机第二段继续进行分选,分层后位于底层的中煤进入第二段排料仓内经排料叶轮排出。还有一部分小颗粒的矸石和中煤通过透筛排出。位于上层的精煤通过精煤溢流口溢出。

2. 主要功能部件

SKT 系列跳汰机结构见图 19-13。

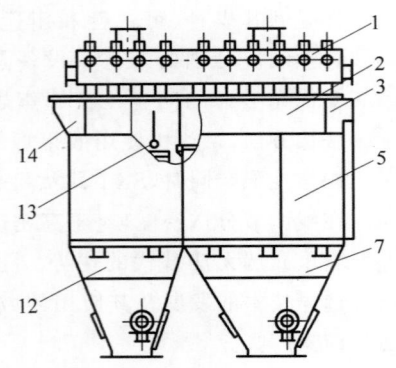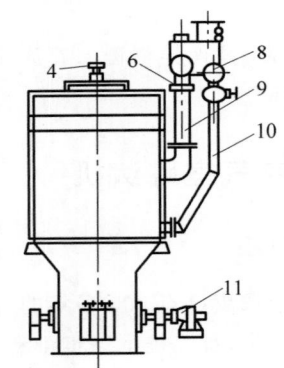

1—数控气动风阀;2—侧壁;3—出料端;4—浮动闸门;5—上机体;6—蝶阀;7—中煤机体;8—总水管;9—接管;10—分水管;11—操料装置;12—矸石锥体;13—浮标;14—进料端。

图 19-13　SKT 系列跳汰机结构

1) 机体

SKT 系列跳汰机机体有以下结构特点:

(1)采用洗水 U 形振荡的筛下空气室结构,每个隔室都自成一个 U 形振荡体,使各隔室不易产生互相干扰,减少了能耗,同时也防止在进气期或排气期内洗水撞击的缺点,使洗水平稳升、降,改善了物料的分选条件。

(2)顶水沿机体全宽度均匀给入,对床层的作用力均匀,有利于床层脉动平稳,改善了分层过程和排料的精度。

(3)采用倒锥形孔和不锈钢条缝两种筛板,可根据需要选择。

（4）机体设计成漏斗形单隔室组合结构，每个隔室自成一体，均为漏斗形，底口用管子接到下料溜槽上，将透筛物料排出。这样不但省去了下锥体，使机体结构大为简化，还减小了机体质量和容水量。每个隔室为积木式对接装配，给制造、运输、安装和使用带来了方便。机体结构见图19-14。

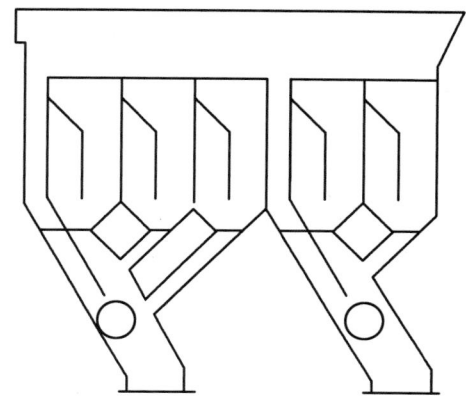

图19-14　SKT跳汰机机体结构

2）风阀

采用数控气动立式滑阀。由气缸带动阀心，在阀套内滑动，当阀心和阀套上的开口重合时，完成进气或排气。阀心离心运动不受风压影响，也不和其他部件撞击，因此需要的动力小，工作可靠，吸音很小。

其工作系统见图19-15。

3）排料系统

SKT系列跳汰机排料系统由无溢流堰水平下料口、随动溢流堤、料仓、超安息角排料叶轮、直流电机驱动装置、床层厚度传感器和电控柜等组成。

排料系统见图19-16。

采用随动溢流堤，可随原煤性质变化，自动调节升降高度，随时对准床层的产品切割面，使物料在产品分离过程中能维持稳定的分选密度。

采用无溢流堰水平下降口，可避免物料在分层后撞击溢流堰造成的二次混杂现象，并使需要排出的产品准确地进入料仓。采用漏斗

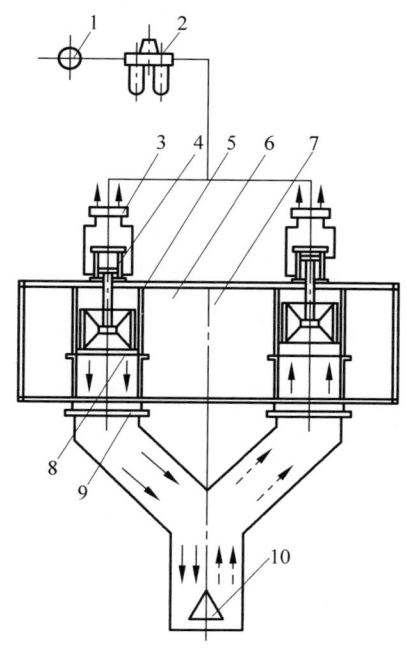

1—高压风管；2—气源三连体；3—电磁阀；4—气压；5—定套；6—低压风箱；7—排气风箱；8—阀心；9—手动蝶阀；10—空气室。

图19-15　数控气动立式滑阀工作系统

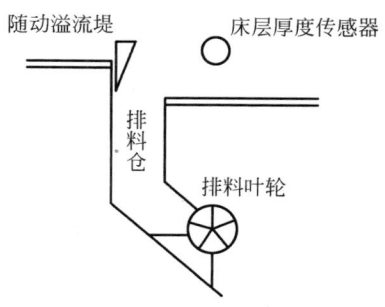

图19-16　排料系统

形料仓可阻止水流上下窜动而扰乱颗粒的排列秩序，实现稳静排料。排料轮设在料仓底口的物料下滑安息角之外，只有当其转动时才能排料，解决了卡轮、跑料等弊病。电控系统设有手动和自动两种功能，操作人员既可手调排料直流电机的转速，也可通过床层传感器检测床层厚度，自动调节排料量。

3. 主要技术参数

SKT型跳汰机技术参数见表19-14。

表 19-14　SKT 型跳汰机技术参数(唐山研究院)

| 型号 | 入料粒度/
mm | 电机功率/
kW | 处理能力/
(t/h) | 配套低压风 | | 配套高压风 | | 循环水量/
(m³/h) |
				Q/ (m³/min)	P/ MPa	Q/ (m³/min)	P/ MPa	
SKT-6	0～120	3×2	60～120	42	0.0392	1.5	0.7	150～300
SKT-8	0～120	3×2	80～160	56	0.0392	1.5	0.7	200～400
SKT-10	0～120	5.5×2	100～200	70	0.0392	1.5	0.7	250～500
SKT-12	0～120	5.5×2	120～240	85	0.0392	3.2	0.7	300～600
SKT-14	0～120	5.5×2	140～280	100	0.0392	3.2	0.7	350～700
SKT-16	0～120	5.5×2	160～320	115	0.0392	3.2	0.7	400～800
SKT-18	0～120	5.5×2	180～360	130	0.0392	3.2	0.7	450～900
SKT-20	0～120	5.5×2	200～400	140	0.0392	4.0	0.7	500～1000
SKT-22	0～120	5.5×2	220～440	155	0.0392	4.0	0.7	550～1100
SKT-24	0～120	5.5×2	240～480	170	0.0392	4.0	0.7	600～1200
SKT-27	0～120	7.5×2	270～540	190	0.045	4.0	0.7	675～1350
SKT-30	0～120	7.5×2	300～600	210	0.045	8.0	0.7	750～1500
SKT-35	0～120	7.5×2	300～600	245	0.045	9.6	0.7	750～1500
SKT-42	0～120	7.5×2	420～840	295	0.045	8.0	0.7	1050～2100

19.5.4　使用与维护

(1) 必须严格保证筛下补充水中不得混入木块、棉纱及其他杂物。

(2) 每班开机前,高压风机、风包应先放水。

(3) 给料须按机器规定的处理能力和分选粒级均匀连续地沿整个入料宽度给入。

(4) 顶水流量阀门的调整:从入料端起第一个阀门开启最大,顺物料运动方向各阀门的开启依次递减,顶水的供给量视原煤煤质和给料情况而定。

(5) 风阀系统的调整和使用:在调整和使用中,根据原煤煤质情况和物料粒度组成的变化,及时改变跳汰机的跳汰频率和风阀参数。

① 卧式风阀调整时应注意:

a. 通过更换链轮可获得 7 种跳汰频率(36、40、44、48、52、58、63 r/min),操作时根据煤质及原煤粒度组成选用。

b. 对于带调整套的卧式风阀,其调整套可在 0°～50°范围内调整,调整套的轴处于 0 位(即中间位置),进气期为 135°。向进气侧扳动,进气期减少;反之,进气期增加。

② 电控气动风阀在调整和使用中应注意:

a. 进气期不能太长,进气期过长,床层翻花不利于分层,应以达到跳汰机所要求的振幅为宜。

b. 要使用合理的排气期,使空气室内留有一定的余压,保持一条自空气室的入口到另一端的通道,排气期过长,排气口会出现喷水现象,甚至无法正常跳汰。

c. 调整进气期和排气期时,可观察水位指示灯,正常情况下是最上边的一个常灭,中间的两个闪亮,最下边的一个常亮。

d. 气缸行程可调时,通过调整气缸的行程,可以改变阀板的开度,以控制进、排气量,一般正常工作时,进气缸阀板开度是排气缸的 3 倍左右。

e. 在调整和使用中,阀板的开度要与跳汰机风阀特性曲线和跳汰频率结合起来一起调整,以达到最佳效果。

f. 定期清洗分水滤气器,一般每月一次。

g. 经常检查油雾器内是否有油,油雾器用 10 号机械油,保持油量为油杯的 4/5,正常工作时,整油杯滴油量为 5 滴/min。

h. 缓冲环、导向环及轴密封,检查是否有损坏或漏气现象,发现问题及时更换零件。

i. 清洗跳汰机时，要防止水进入电磁阀，以免损坏电磁阀。

j. 使用中如发现气缸活塞轴漏气，可进一步拧紧出轴端的端盖，当端盖紧到头时，打开端盖，加一圈聚合性料条紧固。

（6）液压自动排料系统的调节和使用。

① 根据选煤效果，调节浮标和液压托板之间的比例关系。

② 液压站与各执行元件须连接好，油管须牢固，避免振动，油液须过滤，装油至规定高度。

③ 放松溢流阀手柄，打开压力表开关。

④ 点动油泵，检查旋向（从电机尾部看为顺时针）。

⑤ 开动油泵试运转 10 min（如不能很快出油，则不能使油泵运转超过 1 min）。

⑥ 点动电磁铁，使油缸动作若干次，如不动，可逐渐旋紧溢流阀手柄。

⑦ 泄荷电磁阀在泄荷情况下，不得调整溢流阀。

⑧ 当溢流阀调至工作压力后，将调节手柄锁定。

⑨ 压力调好后，无须经常变动，将压力表开关关闭，以保护压力表。

⑩ 液压油每半年换一次。

（7）每月清理床层 1～2 次，清除筛板上的铁器、硫铁矿和堵塞筛孔的小块物料，同时检查筛板是否损坏和松动。

（8）每班检查各运动部分螺栓是否松动，各密封处是否漏水、漏油，气缸运行声音有无异常，温升是否过高。

19.6　动筛跳汰机

19.6.1　概述

跳汰机最早出现的雏形实际上就是动筛跳汰机。但早期的动筛跳汰机在分选矿石方面与其他形式的跳汰机相比并没有显示出多大的优越性，所以在以后的生产中几乎被淘汰。20 世纪 80 年代前后，随着大颗粒矿石的

预选成为生产中的重要问题，动筛跳汰机以其工艺简单、能耗低、水耗低、运营成本低等优点又被重新研究，对其结构进行了优化，设计出各种新型动筛跳汰机。国外对动筛跳汰机研究最早和最多的是联邦德国和苏联。我国于 20 世纪 80 年代后期开始了动筛跳汰机研究。1989 年，由原煤科总院唐山分院研制成功的 TD14/2.5 型动筛跳汰机的一种新型跳汰机在辽宁北票冠山矿选煤厂进行了工业性试验，用于 25～200 mm 块煤的预选矸作业，取得了较好效果。随后，各种动筛跳汰机被开发出来，广泛应用于块煤排矸作业。近年来，随着重介质选煤工艺的成熟，动筛跳汰机逐步有被重介质浅槽分选机取代的趋势。

19.6.2　动筛跳汰机的工作原理

动筛跳汰机是跳汰机的一种。工作时，槽体中水流不脉动，直接靠动筛机构用液压或机械驱动筛板在水介质中作上、下往复运动，使筛板上的物料形成周期性的松散。

动筛机构上升时，颗粒相对于筛板，总体上看是没有相对运动的，水介质相对于颗粒是向下运动的。动筛机构下降时，由于介质阻力的作用，水介质形成相对于动筛机构的上升流，颗粒则在水介质中做干扰沉降，从而实现按密度分选。

动筛跳汰机区别于空气脉动跳汰机之处在于：① 不用风，也不用冲水和顶水；② 物料的松散度由动筛机构的运动特性所决定。

动筛跳汰机根据筛板的驱动方式分为液压驱动动筛跳汰机和机械驱动动筛跳汰机两大类。

液压驱动动筛跳汰机动筛机构及排矸轮的动力由液压站提供。物料进入液压驱动动筛跳汰机槽体之后，物料及筛板在液压缸的驱动下在水中上下运动。

19.6.3　液压驱动动筛跳汰机

液压驱动动筛跳汰机按驱动位置有单端驱动式、重心驱动式和两端驱动式之分。德国开展了单端驱动式和重心驱动式动筛跳汰选

煤技术的研究,苏联进行了两端驱动式动筛跳汰机的研究。德国 KHD 洪堡特·维达格公司研发的单端驱动式动筛跳汰机在埃米尔·梅里施选煤厂投入使用。我国于 1986 年开始研发单端驱动式动筛跳汰机。对该技术的分选理论、驱动装置、控制原理与方法等进行了系统的基础研究和应用研究,现已完善成为一种省水型块煤分选技术。目前液压驱动动筛跳汰机主要为唐山研究院研发的 TD 系列动筛跳汰机、YDT 系列动筛跳汰机、TDY 系列动筛跳汰机及德国 KHD 公司的 ROMJIG 四种。

1. 工作原理

物料进入液压动筛跳汰机槽体之后,物料及筛板在液压缸的驱动下在水中上下运动。在运动的过程中,当液压缸驱动筛板上升时,物料与筛板没有相对运动,而水介质相对于物料是向下运动的;当液压缸驱动筛板下降时,物料颗粒因其重力和介质的阻力作用,所产生的加速度小于筛板下降的加速度时水介质形成相对于动筛筛板的上升流,床层才能悬浮。当颗粒下降速度小于动筛筛板的下降速度时,物料在水中做干扰沉降,并使床层有足够的松

散度和松散时间,实现物料按密度有效分层。分层的轻、重产物分别进入双道提升轮中,依靠双道提升轮脱去水分,并将其分离出的煤及矸石送入各自排料溜槽中,透筛细物料由底部槽体排料口排出。

2. 特点

液压驱动动筛跳汰机以工艺系统简单、节水节电、入选上限大、分选粒度级宽、分选效率高、运行维护简单、故障率低、自动化程度高和工作可靠而著称,是矿井高产高效排矸的理想设备,受到选煤界及用户的普遍关注。

19.6.4 主要技术性能参数

1. TD 系列液压驱动式跳汰机

国产 TD18/3.6(跳汰面积 3.6 m³)液压驱动式动筛跳汰机在工业性试验中取得的结果如下:当入选原煤粒级为 300～25 mm,灰分为 21.38% 时,选后块精煤灰分 10.82%,矸石灰分 80.40%,可能偏差 E 值 0.065,不完善度 I 值 0.07,数量效率 η 为 97.34%。TD 系列液压驱动式动筛跳汰机的技术特征如表 19-15 所示。

表 19-15　TD 系列液压驱动式动筛跳汰机的主要技术特征

型号	入料粒度/mm	处理能力/(t/h)	筛板面积/m²	筛板宽度/m	筛板长度/m	循环水用量/(m³/t)	不完善度 I
TD10/2.0		80～120	2.0	1.0	2.0		
TD14/2.5		100～150	2.5	1.4	1.8		
TD14/2.8	300～25	120～180	2.8	1.4	2.0	0.3	0.074～0.104
TD16/3.2		130～220	3.2	1.6	2.0		
TD18/3.6		150～220	3.6	1.8	2.0		
TD20/4.0		200～280	4.0	2.0	2.0		

2. TDY 系列动筛跳汰机

由原泰安煤机厂(现山东泰安煤矿机械有限公司)引进德国 KHD 公司的 ROMJIG 动筛跳汰机技术,合作制造 TDY 型液压动筛跳汰机。该 TDY 系列动筛跳汰机的入料粒度为 50～400 mm,其跳汰面积为 2～4 m²,相应的

处理能力为 140～350 t/h,主要用于排矸。技术资料列于表 19-16。

相较于 TD 型来说,TDY 型跳汰机的入料粒度较大,处理能力较强,循环水量较小。结构上差别不大。

表 19-16　TDY 系列液压动筛跳汰机技术性能及参数

参数项目	型号				
	TDY20/4	TDY17.5/3.5	TDY15/3	TDY12.5/2.5	TDY10/2
跳汰面积/m^2	4	3.5	3	2.5	2
入料粒度/mm	50~400	50~400	50~400	50~400	50~400
处理能力/(t/h)	−350	−295	−240	−190	−140
跳汰振幅/mm	0~500	0~500	0~500	0~500	0~500
跳汰频率/(min^{-1})	30~50	30~50	30~50	30~50	30~50
排料轮直径/m	5	5	5	5	5
筛面宽度/m	2	1.75	1.5	1.25	1
不完善度 I	<0.1	<0.1	<0.1	<0.1	<0.1
循环水量/(m^3/t)	0.03	0.03	0.03	0.03	0.03
总盛水量/m^3	43	43	43	43	43
总质量(含水)/t	55	52.5	50	47.5	45
总功率/kW	110	110	110	90	90

19.6.5　主要功能部件

1. TD 系列液压驱动式动筛跳汰机

TD 系列液压驱动式动筛跳汰机主机结构如图 19-17 所示。它由主机、驱动装置和控制装置三部分组成。

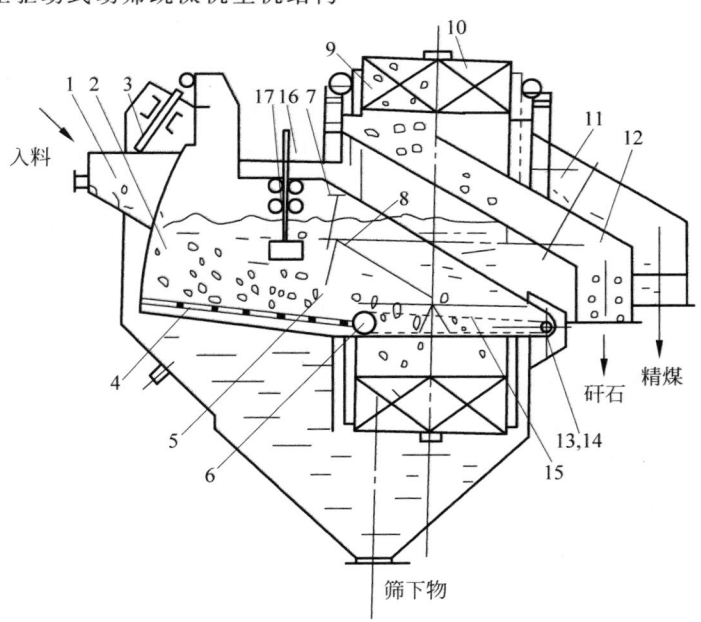

1—槽体；2—动筛机构；3—液压油缸；4—筛板；5—闸门；6—排矸轮；7—手轮；8—溢流堰；9—提升轮前段；10—提升轮后段；11—精煤溜槽；12—矸石溜槽；13—销轴；14—油马达；15—链；16—传感器；17—浮标。

图 19-17　液压驱动式动筛跳汰机主机结构

1) 主机

主机由槽体、动筛机构、提升轮装置、溜槽等部件组成。

(1) 槽体。槽体 1 主要用于盛水介质，它还作为提升轮 9、10，动筛机构 2，油马达 14 和油缸 3 等的支承体。当水装入槽体并达到要求的高度后，多余的水从出料端的溢流口流出，使槽体内液面高度保持稳定。

（2）动筛机构。在动筛机构的底部从入料端至筛框中部装有不锈钢焊接筛网焊成的筛板。在动筛机构的中部，设有溢流堰 8，在溢流堰的下方前端设有可调闸门 5，以调整溢流堰与筛板之间的开口大小。溢流堰下方筛板的末端设有星轮结构排矸轮 6，通过链条与装在槽体外的液压马达相连，由液压马达驱动其旋转，以控制排矸量的大小。在靠近溢流堰的筛板上方装有床层厚度检测传感器 16 和浮标 17。

（3）提升轮装置。它由提升轮及传动装置组成。提升轮的中部有隔板，将提升轮分成两部分：前段和后段。前段装矸石，后段装轻产品。轮内装有开孔的提料板，用以将分选好的轻、重产物从水介质中提起并脱水。提升轮通过托轮支承在槽体上，为了防止提升轮在运转时摆动，在提升轮两端面装有挡轮。在提升轮的圆周上装有销齿圈，提升轮传动装置通过齿轮拨动销齿，使提升轮旋转。

（4）溜槽。溜槽包含入料溜槽和产品溜槽。选后的轻产品和重产品共用一个溜槽，溜槽中间加一隔板，使之分成两股溜道，上层为精煤溜槽 11，下层为矸石溜槽 12。

动筛机构及排料轮的动力由液压站提供；动筛机构及排料轮的运动特性由电控柜控制。

2）驱动装置

驱动装置是一台由两个系统构成的液压站，一是油缸油路系统，二是马达油路系统。油缸油路系统属大流量液压系统，由油泵、远程调压回路、插装换向回路、比例调速回路、防冲击回路及补油回路组成，能远程在线调节上升、下降速度，系统具有速度快、响应快的特点。马达油路系统由油泵、调压回路及比例调速回路组成，能远程在线调节转速。

动筛机构的驱动执行机构为做往复运动的液压油缸活塞杆，油缸安装在油缸支架主横梁的十字轴上；排矸轮的驱动执行机构是液压马达，它安装在槽体外，通过外接的电控系统及液压站上的液压阀来调节其运动特性。

3）控制装置

控制装置由自动排矸控制系统、动筛机构自动换向系统及动筛机构运动规律控制系统

三部分组成。TD 系列动筛跳汰机采用了先进的计算机控制技术和液压驱动系统，产生特殊的动筛机构运动曲线，能适应煤与矸石的分层、分离。它具有如下技术特点：

（1）动筛机构运动曲线在线无级调整；

（2）分选精度和效率高：$I=0.074\sim0.104$；$E=95\%\sim98\%$；

（3）处理能力大：$40\sim70$ t/(h·m²)，是机械驱动式动筛跳汰机的 2 倍以上；

（4）循环水用量少：吨煤循环水量小于 0.3 m³；

（5）电耗低：吨煤装机容量为 0.25 kW 左右；

（6）不用风、不用介质，煤泥水系统简单，建厂投资少，运行成本低。

2．TDY 系列液压驱动式动筛跳汰机

TDY 系列主要由机体、提升排料系统、入料系统、动筛机构和电气系统组成。其结构如图 19-18 所示。

1）机体

其由跳汰箱和集料漏斗组成。跳汰箱用于存放水介质，并保持一定水位；集料漏斗用于收集透筛物（≤25 mm 物料），然后由 B400 斗式提升机提出。

2）提升排料系统

其由支承弯板、双道提升轮及其支承装置、提升驱动系统和出料溜槽组成。经分选后的轻、重两种物料（产品）由双道提升轮提出跳汰箱，排到机体外部。

3）入料系统

其由入料溜槽及喷水管组成。喷水管对物料喷水润湿，物料沿溜槽均匀分布，使物料达到最佳分选状态。

4）动筛机构

其由摇臂、排料辊、筛面和液压系统组成。物料在摇臂相对于水介质作上、下往复摆动过程中分层，轻、重物料分别进入提升轮的两段中，达到分选目的。

5）电气系统

其由 PLC 控制系统、传感器、人机交互式触摸屏及其他电气设备组成。

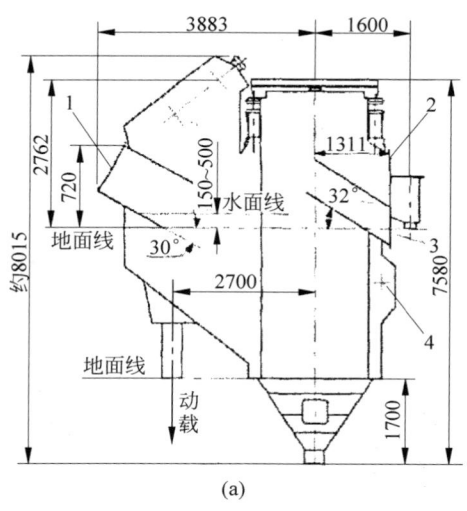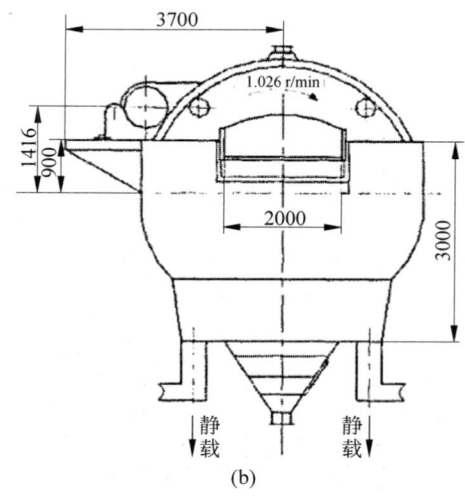

1—入料口；2—煤排料口；3—矸石排料口；4—马达回转中心。

图 19-18 TDY20/4 型液压动筛跳汰机结构
(a) 主视图；(b) 侧视图

19.7 机械驱动动筛跳汰机

19.7.1 概述

机械的动筛跳汰机有上部传动型和下部传动型两类。早期出现的汉考克(Hancock)型跳汰机用棘轮在下部带动筛框运动，因结构复杂现已很少应用。上部传动的动筛跳汰机在国内外很少有定型产品，但各厂矿根据自己的需要制造了多种型式的设备。截至 2012 年年底，动筛跳汰机已在我国数百家选煤厂推广应用 300 多台，其中，机械动筛跳汰机 200 多台。沈阳煤炭科学研究所是我国第一台机械动筛跳汰机研发单位，最早(1993 年)提出机械动筛跳汰机的曲柄摆杆驱动方式。

1. 原理

动筛跳汰机工作时，槽体中的水流不脉动，直接靠机械驱动筛板在水介质中作上下往复运动，使筛板上的物料呈周期性地松散。动筛机构上升时，颗粒相对于筛板没有相对运动，而水介质相对于颗粒是向下运动的。动筛机构下降时，由于介质阻力作用，水介质形成的相对于动筛机构的上升流，颗粒则在水介质中做干扰沉降，从而实现密度分成。

2. 特征

机械动筛跳汰机具有结构紧凑、性能可靠、工艺简单、用水量少、基建投资少、运行费用低、工艺系统简单且对环境的要求低等优点，入料粒度范围为 25～350 mm，跳汰面积为 2～4.6 m²，取消人工选矸。机械动筛跳汰机适合动力煤洗选的分选设备及工艺，提高动力煤入选比例及分选效果。相比筛下空气跳汰机与重介质旋流器配合的洗选大粒级煤炭，弥补了筛下空气跳汰机与重介质旋流器只选小粒级煤炭的不足，动力煤洗选应更多发展型介选煤工艺和动筛跳汰分选工艺，机械动筛跳汰机是分选的最佳工具，同时机械驱动动筛跳汰机故障率较高，维护成本较高等缺点。

目前常见的机械驱动动筛跳汰机主要为沈阳煤炭研究所自主研发的机械驱动式 GDT 型动筛跳汰机和辽宁中煤洗选设备公司推出的 DTKJ-LX 系列动筛跳汰机两种。

19.7.2 主要技术性能参数

1. GDT 型动筛跳汰机(沈阳煤炭研究所)

GDT 型动筛跳汰机的技术指标见表 19-17。

表 19-17　GDT 系列动筛跳汰机的技术指标

技术指标	型　号					
	GDT12/2.2	GDT14/2.5	GDT14/2.5G	GDT14/2.8	GDT16/3.2	GDT20/40
入料粒度/mm	20～150	20～150	25～350	25～350	25～350	25～350
排矸方式	浮标闸门	浮标闸门	排矸轮	排矸轮	排矸轮	排矸轮
入料端振幅/mm	200～400	200～400	200～400	200～400	200～400	200～400
跳汰频率/(min^{-1})	20～60	20～60	20～60	20～60	20～60	20～60
频率调节	皮带轮	皮带轮	皮带轮	变频调速	变频调速	变频调速
筛面面积/m^2	2.2	2.5	2.5	2.8	3.2	4
处理量/(t/h)	50～60	70～80	90～120	100～120	120～150	240～300
总功率/kW	48	48	53.5	53.5	61.5	95.5
整机质量/t	38	44	48	50	55	75

2. DTKJ-LX 系列动筛跳汰机（辽宁中煤）

DTKJ-LX 系列动筛跳汰机的技术指标见表 19-18。

表 19-18　DTKJ-LX 系列动筛跳汰机的技术指标

技术指标	型　号			
	DTKJ-LX 1.0/2.2	DTKJ-LX 1.25/2.5	DTKJ-LX 1.4/2.8	DTKJ-LX 1.6/3.2
主要用途	主选设备	主选/代替手选	代替手选	代替手选
产品排运方式	斗式提升机	斗式提升机/立轮	斗式提升机/立轮	斗式提升机/立轮
入料粒度/mm	200～25	200～25	300～50(25)	350～50(25)
振动频率/(min^{-1})	30～63	30～63	30～63	30～63
给料端振幅/mm	200～390	200～390	200～390	200～390
筛板面积/m^2	2.2	2.5	2.8	3.2
筛板倾角/(°)	5～10	5～10	5～10	5～10
处理量/(t/h)	60～90	70～100	100～120	120～150
总功率/kW	34	41	52	60
总质量/t	24	32	38	44

两种型号的设备相比，GDT 型动筛跳汰机入料范围较广，入料粒度下限较小，总处理量相对较大，主要应用于排矸；DTKJ-LX 系列动筛跳汰机整机质量小，总功率小，部分型号可用于主选。两者结构差别较大，具体内容见下节。

19.7.3　主要功能部件

1. GDT 型动筛跳汰机

该机由机体、筛箱、机械驱动机构、排矸机构和提升轮五大部分组成，如图 19-19 所示。机体是盛洗水的容器，亦是其他各构件的支撑体。带有筛板的筛箱是设备的核心，其上下往复运动，使物料在反复松散并向前移动过程中，实现按密度分层。筛箱的运动参数直接关系到分选效果。机械驱动机构提供动力，决定动筛机构的运动规律。根据选煤工艺的要求，驱动机构能调节跳汰频率，筛箱振幅和上升、下降的速比。排矸机构按矸石床层的厚度变化，自动调节排矸门的大小，从而保持矸石床层的厚度稳定，实现煤层与矸石层的正确分割。提升轮将已经分选好的精煤和矸石从洗水中提起，脱水并送入溜槽排出。

机械式动筛跳汰机工作时，筛箱绕固定轴上下摆动。原料煤喂入后，在筛板上形成床层。当筛箱向上运动时，物料被整层托起，当筛板快速下降时，床层开始松散，为颗粒按密

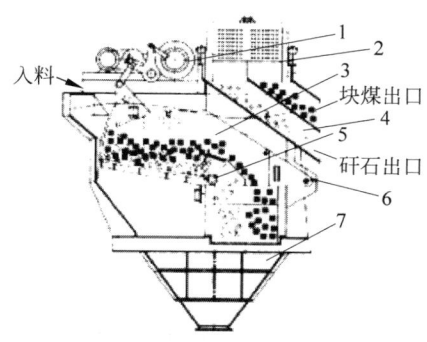

1—驱动机构；2—提升轮；3—筛箱；4—溜槽；5—排矸轮；6—箱轴；7—槽体。

图 19-19　机械驱动式 GDT 型动筛跳汰机

度相互转换位置提供空间，不同密度的颗粒以不同的速度在水中沉落；经过反复上下运动，物料实现按密度分层，并随倾斜筛板向前移动，上层的轻物料经随动溢流堰落入提升轮前段作为精煤排出，下层的矸石经排矸机构落入提升轮后段排出。透筛物落入机体漏斗底部，经斗式提升机脱水外排。

机械式与液压式动筛跳汰机的主要区别在于筛箱的驱动系统。它不靠液压系统驱动筛箱，而是通过电机、皮带轮、减速器、曲柄摆杆等一系列机械机构实现驱动。跳汰机频率可通过更换皮带轮调节，或采用变频调速电机实现。采用更换皮带轮调频造价低，但调频时必须停机，且比较麻烦；采用调速电机可在线调节，调频简单且连续，但造价略高。两种方式各有利弊，用户酌情选择。筛箱振幅的调节，是通过手轮调节摆杆长度来实现的。连续可调，调节范围与液压动筛相同，但需停机进行。调节筛箱上升与下降速比，是通过改变连杆长度来实现的。各种运动参数的调节不如液压系统方便，但调节范围相同。实践中，各项运动参数很少变动，所以机械式动筛跳汰机在应用中并无明显不便。

排矸装置是随动筛跳汰机入料的含矸量变化而频繁调节排放量的关键机构。德国的液压动筛是通过重力传感器测量矸石床层的厚度，调节排矸轮的转速，控制排矸量。我国的液压动筛跳汰机是采用浮标传感器来调节

排矸轮的转速。当入料粒度大时，其往往阻碍浮标的上下运动，使传感器不能真实反映矸石床层厚度。机械式动筛跳汰机的排矸装置有两种，一种是自平衡式浮标闸门，可用于入料上限 100～150 mm 的情况。该闸门结构简单，运行可靠；另一种是排矸轮结构，通过测量主驱动电机电流反映矸石床层的厚度，从而控制排矸轮电机的转速。这种装置用于入料粒度大的情况。

无论是采用质量传感器还是利用主电机的电流测值，都是通过测定筛箱的负荷，即筛板上全部物料层质量而间接确定矸石层厚度，因为当料层全厚度一定时，矸石层越厚则负荷越大。显而易见，这种测量方法只有在物料层全厚保持为一定的常数时，测值才有意义。为此，需在动筛跳汰机前设缓冲仓，以保证给料均匀稳定。

2．DTKJ-LX 系列动筛跳汰机

整套设备分为传动装置、动筛体、机箱（水箱）、排料系统（排料轮）及电控装置四大部分，如图 19-20 所示。

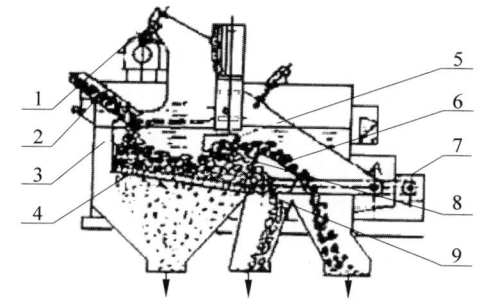

1—机械驱动系统；2—给料溜槽；3—机体；4—筛箱；5—随动溢流堰；6—排料筒；7—铰合式连接；8—排矸轮；9—溜槽。

图 19-20　DTKJ-LX 型机械式动筛跳汰机

1）传动装置

为满足洗选工艺要求，将传动装置设计成具有宽阔可调节性。不仅频率（筛板的振次）可利用调频电动机无级调速，而且筛板的振幅以及上下运动的速比均可调节。此外，如果需要，还可使筛板在上升末期或下降末期有停歇时间（相当于空气驱动跳汰机的膨胀期与休止期）。

本传动装置由行星摆线针轮减速机、曲柄连杆机构、滑块等部件组成。筛板的振幅和上下运动的速比利用改变连杆长度实现。当采用无停歇期运动方式时,连杆有五种长度可供选择,可形成 195～360 mm 的五种振幅;在有停歇期的运动方式时,连杆可有四种长度,振幅范围为 200～310 mm。将滑座内的垫块拆除时,筛板作有停歇期运动;当不需停歇期时,将滑块装上即可。如按工艺要求需要筛板在最高位置时作短暂停留,在滑块座内装上橡胶垫块和缓冲垫即可实现。

2) 动筛体与机箱

动筛体由动板与附于其上的筛板组成,是分选机的主要部件,如图 19-20 所示。动板上部为驱动点,下部右端 A 为支点,左墙为筛板。驱动装量的曲柄连杆带动动板使筛板作上下往复运动,而其运动方式可按工艺要求,通过改变传动机构的配合关系实现。

筛板与动板之间采用铰合式连接,只要将筛板沿煤流方向串动,即可拆装。为便于维护与检修,在动板上部设有起吊梁和上下把手,在入料导板下部箱体上设有检修孔。

机箱为定量水箱,由 16 锰钢板与槽钢焊而成。其用途是:①设给水口和溢流口,保持定量的洗煤用水;②支撑传动装量以及入料溜槽和浮标排矸系统,并用作动板支点;③箱体下部连接筛下物、矸石及精煤漏斗,分别与提料设备(斗式提升机或立轮提升机)衔接。箱体两侧设有检修孔,供维护和检修排矸轮与传动链条之用。出料端设有板式溢流阀门,用于调节液面高度。在动筛跳汰机中,只是产品表面带走的少量洗水需要补充,且可使用较高浓度的洗水(控制在 250～280 g/L 以下),故耗水量只有 0.05～0.08 m³/t。

3) 排矸轮与浮标检测系统

排矸轮为六角形,安装于筛板的出料端,随同筛板运动。排矸轮由调频电机通过摆线针轮减速机及圆环链带动回转。

用于检测矸石层厚度的浮标由浮桶、导杆、导轮、配重及带有刻度的滑尺组成(图 19-21)。浮标的所有组件均使用耐磨并防锈蚀的材料(不

锈钢与尼龙)制作。浮桶的最大升降幅度为 500 mm,传感器刻度盘的表示范围是 －200～ ＋300 mm(以 ±0 mm 为正常运行区)。

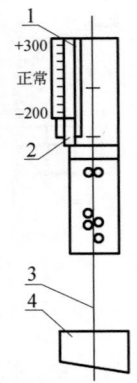

1—传感器;2—滑尺;3—导杆;4—浮桶。

图 19-21 矸石层厚度检测装置

整个装置的工作情况是,浮桶位置随矸石层厚度变化,通过滑尺和传感器将电信号传输给变频器,指令电机改变转数,自动调节排矸量,保持床层厚度稳定。为保证精煤质量,当矸石量过多,即滑尺指针达到最大值 ＋300 mm 时,将发出报警信号,经 30 s 延时后,电控系统将使工艺系统顺向(给料机—主电机—排矸轮电机)停机。在将相关参数调节正常后,方可重新开机。

4) 电控部分

本机组使用的电动机有:驱动动筛的主电机,驱动排矸轮的电机。二者均为调速电机。为便于调速和保护电气设备,选用交频器进行控制。

主电机的无级调速范围是 12～65 r/min,用于调节筛板的振动频率。其控制程序有:手动启停—料位报警—自动停车。排矸轮电机按照交频器的指令进行调速,而后者的输入信号来自矸石床层厚度传感器。

床层测控装置中的测控仪以 20 世纪 90 年代中期国外成熟技术——霍尔元件为主体,配以微电脑进行数据处理,可实时动态控制变频器,从而准确地完成排矸量的调节。由霍尔元件组成的测控系统具有抗干扰、抗振动、抗潮湿特点,可在恶劣环境中可靠工作。

19.7.4　使用与维护

1. 使用

液压动筛跳汰机是一套机、电、液一体化设备,设备的运行是通过自动控制部分来实现的,在操作中主要叙述控制部分的有关操作。

当设备在带载运行调试正常后,每次重新启动后,只要将运行状态打在自动位置后,按下启动按钮,设备便会自动按照程序启动,当整台设备完成启动后,这时只需要你给定一个频率选择,设备便会自动开始生产作业,此时,油温的控制、排料等都进入自动控制运行,在煤质变化不大时,分选指标满足要求时,不要随意改变参数的设置,当煤质变化较大,分选指标不满足要求时,可以通过调整振幅和频率以达到分选要求。

1) 频率的修改

频率的改变是通过改变 PLC 中进入比例放大器驱动比例电磁阀信号的大小以及智能可编程控制器的参数值来改变的,参数的修改一般是通过计算机联线调整,为了用户操作方便及对现场煤质的适应,在程序设计中已经根据现场带载调试情况预置了四种不同数值的频率,用户只需通过触摸屏进行选择即可,这四种频率已经满足用户的分选要求。

2) 振幅的调整

振幅的大小是通过油缸中位移传感器控制的,它在调试好后不应轻易进行更改,当选定好后若进行更改应使用专用程序修改。

(1) 排矸控制。排矸是通过压力传感器检测床层压力与设定压力相比较后,通过 PLC 自动运算后,输出信号控制比例电磁阀,调整排矸轮转速,进行实时排矸的,这一设定值可通过触摸屏更改参数,详细的操作参阅自动控制部分说明书。

(2) 手动控制。设备在正常运行时,不进行手动控制,手动控制与自动控制是闭锁的,只有在进行设备检修时,才可能用到手动,此时,它的动作运行与控制面板上的按钮操作指示是一一对应的。

(3) 停车。在正常停车时,可以按下控制面板上的停车按钮,此时,设备便会按控制程序进行顺序停车,在集控系统中可以通过集控指令进行停车。在紧急停车时,除上述两种停车外,也可以按下急停按钮。但急停按钮停车后,按钮不能自动复位,再次启动后要先进行急停按钮复位。

设备在运行时,所有运行状态都处在自动监控状态下,当设备发生故障后,自动控制系统会自动进行报警,并在显示屏及相应指示灯中进行故障显示,用户可根据故障指示,进行故障处理。

2. 维护

(1) 定期润滑、更换液压油。液压油在设备运行三个月后,应将油箱中的油全部用过滤车抽出,并对油箱进行彻底清理,清洗时,打开油箱侧面的箱盖,清除油箱底面的残油,注意不得用掉毛的擦布如棉纱等物品擦拭,以防有棉毛等杂物留在油箱内,进入油液中对阀件造成卡堵现象。清除残油后,用和好的面团,将油箱里面的所有杂物粘出,人进入里面后,要防止碰坏油箱里面的元器件,如传感器探头等,在用面团粘除多次后,最后一遍从里向外粘,以防粘擦后再留有杂物。有条件的单位可以检测油液的质量情况进行更换液压油,没有条件的单位可一年更换一次。

(2) 每班检查油缸、摇臂的连接处,并进行及时紧固。

(3) 每月检查弧形板与提升轮间隙并及时进行调整。

(4) 每月检查导向轮与提升轮导轨间隙。

(5) 每周检查筛板与排矸轮链条的松紧情况。

(6) 每班检查监测运行部件的接近开关位置,并及时调整。

(7) 在生产运行时要定期观察设备的运行指标。

(8) 经常对液压系统进行巡检。

(9) 经常检测液压系统是否有异常发热现象。

当油温发生持续升高现象时,首先判断冷却水给入是否正常,若给水不正常,立即给入正常的冷却水。然后判断冷却油泵工作是否正常,若冷却油泵工作正常,入油管与出油管温差变化不大(前提是油温过高,若正常冷却,两管温差变化能用手感知),有经验的技术人员及维修工可以判断油管是否正常通油。若给水、冷却油泵正常,用手去摸冷却器的入水与出水管,当两管没有什么明显的温差变化,说明在冷却器处冷却水不能正常进行热交换,本系统影响冷却器工作的两处环节是:一是动温控水阀有杂物造成其堵塞,冷却水不能正常通过;二是冷却器中的冷却管因水污堵死,不能通过冷却水。若因水阀问题,拆卸水阀清除杂物即可,但在重新安装时一定注意不装反,此阀有方向性,水冷却器按严格的要求应使用软化水,但一般都不具备此条件,所以长时间工作时很容易结垢堵死。发生此情况时拆开冷却器两端,用合适的铁丝去清理,但一定注意,里面是薄壁的铜管,不要划破铜管壁,一旦划破铜管壁造成油水相混,不但冷却器报废,整个液压系统中的油液也全部清除废掉。

各类设备维护周期如表 19-19 所示。

表 19-19 设备维护周期

类　　别	频　　率
检查油温	每天一次
检查有无异常的噪声	每天一次
检查有无漏油	每月一次
启动后第一次换油	运行 400 h 后
测试油中水的含量	运行 400 h 后至少每年一次
以后的换油	每 18 个月一次或运行 5000 h 一次
组合式密封重新加注润滑脂	每运转 3000 h 一次,至少每半年一次
油箱的全面检查	约两年一次,在换油时进行

注:换油时,始终使用同样品种的润滑油加注到齿轮箱中,决不可把不同品种的润滑油或不同厂家生产的油混在一起使用。本齿轮箱在设备初次使用时,厂家加注的是美孚 VG460,总油量为 48 L。

19.8　螺旋分选机

19.8.1　概述

螺旋分选机又称螺旋选矿机、螺旋溜槽,是一种利用离心力场和重力场的高效流膜分选设备,目前广泛应用于金属矿、海滨砂矿以及煤炭分选中。螺旋选矿机最早(1941 年)是由美国汉弗莱制成的,故国外常称作汉弗莱分选机。螺旋溜槽出现较晚,大约是在 20 世纪 60 年代末期开始在工业上使用,它与螺旋选矿机的不同之处在于,螺旋溜槽具有较宽和较平缓的槽底,因而适于处理更细粒级的原料。矿浆在这两种设备上回转流动所具有的惯性离心加速度同重力加速度相比大约在同一数量级内,两者均是影响分选的重要因素。我国近年来已研制出回转运动的螺旋溜槽,对某些矿石分选效果较好。螺旋分选机在我国主要分为煤用和非煤用两类,非煤用螺旋分选机主要是指螺旋选矿机和螺旋溜槽,在金属矿、海滨砂矿中等有较多应用。

1. 原理

进入螺旋槽的物料首先进行分层,根据颗粒间的密度差异,轻颗粒浮于上层,重颗粒沉于下层;浮于上层的轻颗粒在断面环流上层液流和离心力作用下向外缘运动,沉于下层的重颗粒在断面环流下层液流和重力沿槽面向下的分力作用下向内层移动。由于液流的连续性,上层物料不断甩向外缘,下部物料不断向内沿聚集,这样在螺旋槽的横断面就形成了颗粒群按密度由高到低的顺序从螺旋槽的内沿至外缘均匀排列;不同密度的物料在各自的回转半径中运动,最终达到运动平衡状态。在螺旋槽底部排料端通过产品截取器,将轻重产品分开,从而完成分选。

矿粒群在螺旋槽中完成分选大致经过三个阶段。第一阶段主要是分层,矿粒群在沿槽底运动的过程中,重矿物由于其沉降速度快而逐渐转入底层,轻矿物由于沉降速度慢而进入上层,这一阶段在第一圈之后即初步完成。第二阶段是轻、重矿物在第一阶段分层的基础上,沿横向展开分带,这一阶段需经过多次循环才能完成,这就是螺旋分选机由多圈组成的原因。第三阶段运动达到了平衡,不同性质的矿粒沿各自的回转半径运动。对于不同密度和粒度的矿粒达到稳定运动所经过的距离是不同的。因此,分选不同性质的煤泥,螺旋圈数有所不同。经过以上三个阶段,完成了选择过程,由设在排料槽端部的截料器将已按密度分选物料沿横向分割成精煤、中煤、尾煤,并经各自的排料管排出。

2. 特点

相对于其他分选设备,螺旋分选机具有结构简单、分选效率高、无噪声、无动力部件、维修费用少、使用期限长等优点。近年来,由于矿业、煤炭业的快速发展,以及当前固体废弃物处理的急迫需求,螺旋分选机以其能耗低、结构简单等优势受到青睐。相比选矿用螺旋分选机分选圈数 3～5 圈,距径比 0.5～0.7,由于精煤和尾煤的密度差异较小,所以煤用螺旋分选机的分选圈数多为 6.0～6.5 圈,距径比 0.4 左右,目的是创造物料良好分层环境的同时增加矿浆在螺旋分选机中的停留时间。单头干煤泥处理量为 2.0～3.5 t/h,最大可达

6 t/h(ZK-L×1100 系列);入料粒度为 0.1～2.0 mm,分选精度 I 值为 0.1～0.2,分选密度一般大于 1.6 g/cm³。

美国、澳大利亚等产煤国,螺旋分选机是常规粗煤泥分选设备。由于其分选密度较高,目前在我国主要应用于动力煤选煤厂和个别炼焦煤选煤厂的粗煤泥分选作业,如同煤晋华宫选煤厂、神华神东大柳塔选煤厂等大型动力煤选煤厂,以及山东、山西、河南等地一些中小型选煤厂。我国煤用螺旋分选机主要是澳大利亚 Roche 公司的 LD 系列螺旋分选机和南非 MULTOTEC 公司的 SX、SC 系列螺旋分选机,以及国内开发的 XL 系列、ML 系列、ZK-LX1100、LXA 系列螺旋分选机。

19.8.2　主要技术性能参数

螺旋分选机的主要技术特征见表 19-20～表 19-23。

1. XL 系列

表 19-20　XL750 螺旋分选机主要技术特征

名　称	指　标	名　称		指　标
外径/mm	>750	浓度	入料/%	25～45
螺距/mm	300		最佳入料/%	30～40
横向倾角/(°)	11.5	处理能力	矿浆/(m³/(台·h))	6～10
圈数/圈	6		干煤泥/(t/(台·h))	2～3.6
螺旋槽头数/头	2	外形尺寸(长×宽×高)	单台(mm×mm×mm)	900×900×2600
粒度 入料/mm	3～0			
最佳分选范围/mm	1～0.1		四台一组(mm×mm×mm)	1700×1700×2600
设备质量/t	约0.2			
设备材料	带耐磨层的玻璃钢			

2. ML 系列

表 19-21　ML 系列螺旋分选机技术特征

型　号	分选圈数	距径比	处理量/(t/(h·头))	粒度/mm	分选密度	分选精度
ML650	6.5	0.46	1～1.1	1～0.076	1.5	—
MLX700-1	—	—	0.75～1.5	0.46	1.5	$I=0.07～0.13$

3．ZK-LX1100 系列

表 19-22　ZK-LX1100 螺旋分选机主要技术特征

型　号	直径/mm	处理量/(t/(h·头))	处理量/(m³/(h·头))	粒度/mm	分选精度
ZK-LX1100	1100	3.6～6.0	9～15.5	1～0.1	$I=0.121$

4．LXA 系列

LXA 系列螺旋分选机分类的主要依据是螺旋分选机的槽面直径、所用工艺环节等，分为 LXA1000 螺旋分选机、LXA1200 螺旋分选机、LXA1500 螺旋分选机；同时根据螺旋分选机的圈数不同，分为四圈、五圈、七圈等种类。

LXA 系列螺旋分选机还可根据洗选环节工况选择单头、双头和三头的螺旋配置类型。

表 19-23　LXA 螺旋分选机主要技术特征（威海海王）

项　目	参　数			
	4柱/台	6柱/台	8柱/台	10柱/台
进料粒度范围/mm	2～0.15			
进料质量浓度/%	30～40			
矿浆量/(m³/h)	80～100	120～150	160～200	200～250
干料量/(t/h)	30～40	40～60	60～80	80～100

19.8.3　主要功能部件

普通螺旋溜槽的结构如图 19-22 所示。这种设备的主体由 3～5 圈螺旋槽组成，螺旋槽在纵向（沿矿浆流动方向）和横向（径向）上均有一定的倾斜度。这种设备的优点是结构简单，处理能力大，本身不消耗动力，操作维护方便。其缺点是机身高度大，给料和中间产物需用砂泵输送。

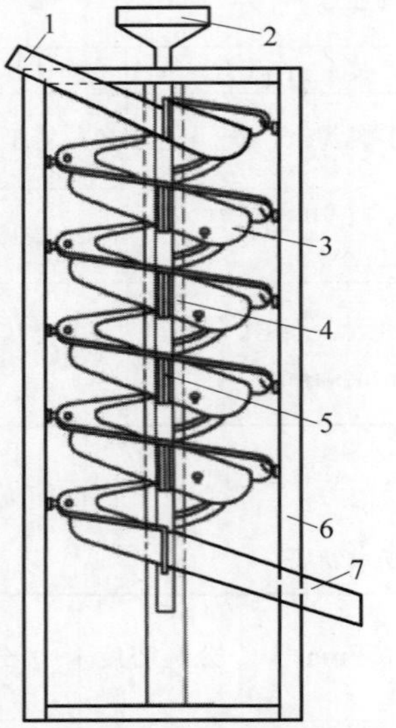

1．XLφ750 螺旋分选机

XLφ750 螺旋分选机的结构如图 19-23 所

1—给料槽；2—冲洗水导管；3—螺旋槽；4—连接用法兰盘；5—高密度产物排出管；6—机架；7—低密度产物槽。

图 19-22　螺旋溜槽结构

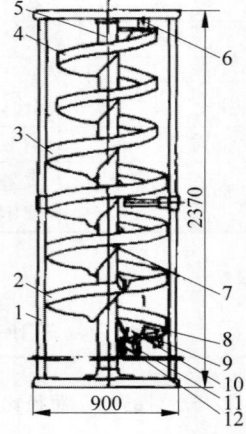

1—机架；2—分选槽；3—变径槽；4—稳定槽；5—中心柱；6—入料管；7—固定螺钉；8—截器；9—精煤排料管；10—排料槽；11—中煤排料管；12—尾煤排料管。

图 19-23　XLφ750 螺旋分选机（单头）

示。该机选用了适中的螺旋分选槽外径、合理的距径比,分选槽横断面形状由复合曲线组成,即内外缘采用了不同的抛物线,中间段为直线。此外,入料段还设立了两圈直径较小,横断面曲线不同于分选段的稳定槽,以缩小液流的横向分布区域,从而加大流膜的厚度及扰动强度,促进颗粒群按密度分层。

2. LXA 系列(威海海王)

LXA 系列螺旋分选机结构如图 19-24 所示。

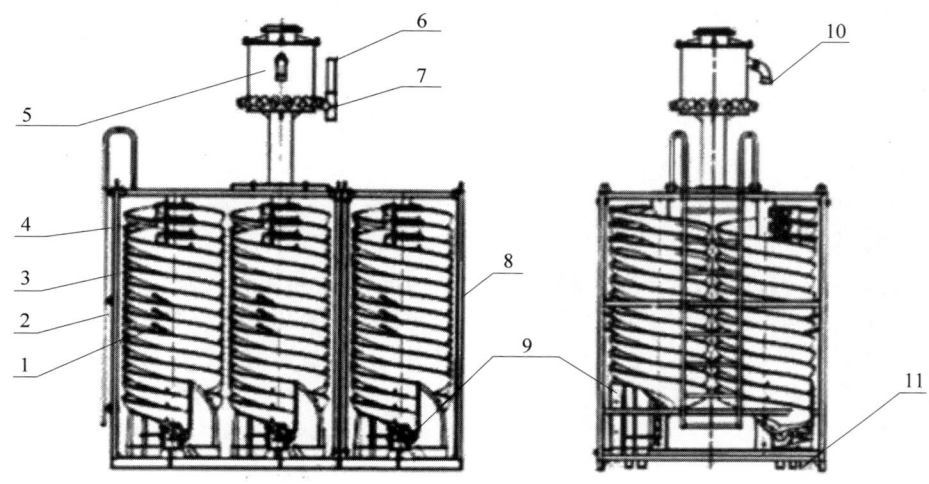

1—预先排矸尺;2—爬梯;3—螺旋槽面;4—布料器;5—矿浆分配器;6—虹吸管;7—平行喉管三通;8—模块化支架;9—产品收集装置;10—预留溢流管;11—产品出料口。

图 19-24　LXA 系列螺旋分选机结构

1)平行喉管三通

平行喉管三通作为连接部件,连接矿浆分配器、布料器、旋塞阀三个通道,在控制矿浆流量、流速上具有重要作用;旋塞阀:可用于控制矿浆给入与关闭,旋塞阀上方连接虹吸管,避免矿浆由矿浆分配器给入布料器的过程中因重力因素出现的虹吸现象导致分料不均的问题。

2)矿浆分配器

矿浆分配器的作用为承接上游来料并均匀分配给每一头螺旋分选机;矿浆分配器内部采用溢流堰的结构设计,可实现均匀分料的作用;矿浆分配器内衬聚氨酯或耐磨高铝陶瓷,耐磨性高,防腐蚀。

3)预留溢流管道

预留溢流管道主要作用是避免选煤厂煤泥系统波动造成矿浆量骤增,超过螺旋分选机的处理阈值出现溢料问题,当矿浆分配器内液位超过一定值后经预留溢流管道转载至相关通道。

4)布料器

布料器为螺旋分选机槽面的布料结构,其主要作用是将矿浆分配器流出的矿浆均匀分配至螺旋槽面。其结构由耐磨高分子材料整体浇筑而成,耐磨度高,使用寿命长;布料器内部布流结构设计先进,可保证矿浆在螺旋槽面均匀分布,降低入料流速过快造成的紊流影响。

5)螺旋槽面

LXA 系列螺旋分选机的螺旋槽横断面采用特殊复合曲线形状,设计先进,可最大限度提高精煤回收率;螺旋槽面的骨架为玻璃钢,采用整体喷涂反向送片成型工艺制作,具有质量小、强度高、耐渗透性强等优点;螺旋槽表面喷涂聚脲弹性体材料,能有效防止槽面磨损;同时提高螺旋槽面的平滑度;螺旋槽外缘多采用橡胶整体边缘,具有增大周边强度、防止物料外溅、方便清理等。

6)爬梯

爬梯用于日常维护、设备检修及调试用,

一般安装于螺旋分选机的一侧。

7）预先排矸尺

LXA 系列螺旋分选机基于物料在螺旋槽面分选过程中的迁移规律增设预先排矸尺。当矸石含量高时,可通过开启预先排矸尺进行预排矸处理,将矸石通过矸石通道提前排出螺旋分选机,减小产物间的错配概率,提高螺旋分选机的分选精度;预先排矸尺通常设置于第三圈位置,可进行开度大小调节,提高螺旋分选机对矿物的适用性,且调节灵活性高。

8）产品收集装置

LXA 系列螺旋分选机的产品收集装置采用整体聚氨酯浇筑,强度高、耐磨损;螺旋产品收集装置整体采用箱式设计,三独立出口,保证矿浆顺畅流动的同时,还可有效避免矿浆飞溅;下游可灵活选择将螺旋精煤、中煤、尾煤进行合理掺配。

9）模块化支架

LXA 系列螺旋分选机采用模块化组装方式,通过模块化支架将单柱螺旋分选机组合而成;减少传统螺旋分选机需要现场拼接造成的加工精度欠佳的缺陷,同时模块化整机具备安装、拆卸方便等优点。

19.8.4　使用与维护

1. 使用说明

1）螺旋分选的准备

（1）进给分配系统。为确保在组装期间各种螺旋启动时保持持续不变的性能和进给速率,则需要均匀地分配。提供的静态头分配器的装置具有可互换的各种出口衬管,它们可用来改变孔的直径以适应进给速率的要求。

（2）连接的产品收集系统。为收集所有的产品而提供一个溜槽系统,以根据买方的指示用于所要求的各种进一步加工阶段。

（3）分流器的定位。装运螺旋时不设置产品分流器、辅助分流器或者换向器,因为这些设置值是工作参数。在交工试运转期间内初始的和其后的设置应是有一定经验的工厂工程师的职责。由于进给特性改变以及凭操作人员的经验,可能需要进一步地调整。

2）工作参数

螺旋的主要工作参数:

① 进料煤的质量;

② 给料粒度;

③ 进给速率;

④ 进料矿浆浓度;

⑤ 分流器的位置。

上面的进给参数影响螺旋性能,因此可能需要调整分流器和换向器的设置值。

（1）进料煤的质量。原料煤的质量是难以控制的一个参数。大的改变会严重地影响螺旋的性能,因此将需要调节分流器的位置和可能的进料速率,为的是保持螺旋分选性能。进料质量小的变化是可以容许的而无须改变,或者只能对分流器的设置进行微小的调整。

（2）给料粒度。为实现螺旋的最佳性能,进料准备流程执行设计参数是必要的。螺旋应能处置广泛范围的颗粒尺寸（粒度）,螺旋性能的频繁下降可被追溯到进料粒度的问题。进料粒度的上限粒度可以在敞开式螺旋槽中看到,而堆积物也可能在分流器中发现。

（3）进给速率。头等大事是确保螺旋的进料速率是恒定的。微小的波动将对螺旋性能有极小的影响,但是大的变化将影响与产量的关系。通过观察螺旋槽内的矿浆量可以检测进给速率的不规则性。

（4）进料矿浆浓度。螺旋槽可以接纳矿浆浓度的合理变化,这些变化对性能没有显著的影响。过分低的矿浆浓度可能造成螺旋槽溢流。

（5）分流器的位置。分流系统制造 3 种产品。这 3 种产品的比率随着分流器的设置情况而改变。如果可以得到进料质量、进给速率和进料矿浆浓度的适当控制,这分流器设置值的调节将是极小的。必要的调整程度是工作人员根据经验判断的事情。

注意:当调节分流器时,确保顺流线路和装置不过载是重要的。

如果线路被设计成应付各种各样的进料质量,则通常此种情况不会发生。然而,如果遭遇灰分进给量极高或者极低的麻烦,并且分流器敞开得太宽,则产品、中间物或者废料系统可能变得过载。分流器位置的小的改变在大多数情况下将缓和这些问题。

2．维护说明

除清洁是头等大事的日常保养工作之外，由于设计和结构材料的保障，因此螺旋只需极少的或者不需要维护。

1）冲洗

根据常规，应当用干净的水冲洗螺旋，以防止在槽的表面上形成砂子和煤泥。如果使用高压水，则应考虑保持分流器/换向器的调整。

2）水垢的清除

在槽的表面上形成的任何"水垢"需要定期地清除。通过用硬毛刷（非钢丝刷）刷洗来最佳地清除水垢。当刷洗时必须小心以确保不损坏聚氨酯表面。

3）进给系统

定期地检查进料管道的磨损情况，当必要时更换之。通过旋转以使下表面的磨损降至最低程度以延长进料管的寿命。

4）螺旋槽

如果使用熟练工，则可以更换柱上损坏的聚氨酯件。在一些情况下，损坏的槽可以修理和返回维修。向制造公司咨询以便寻求建议。应检查螺旋的垂直校准情况，尤其它们已经被拆除进行修理之后。

5）防火

螺旋是用可燃的有机树脂制造的，在没有严格管理、适当的保护和适当的通风的情况下，无论如何也不允许在螺旋之上或者附近有明火或进行电弧焊。

19.9　液固流化床粗煤泥分选机（TBS）

19.9.1　概述

TBS 是英文 teetered bed separator 的缩写，是由水力分级机发展而来的。由于采用干扰沉降原理，且在分选过程中存在悬浮液床层，这种设备被称为干扰床。1964 年，TBS 首先在英国用于煤炭的分选。进入 21 世纪，该技术在煤炭领域发展迅速。同螺旋分选机相比，TBS 的优势是分选密度调节范围宽。随着精煤灰分要求的进一步提高，TBS 成为当前选煤厂设计、改造都优先考虑的粗煤泥分选设备。

1．工作原理

TBS 的分选原理是利用不同密度颗粒在干扰沉降条件下的沉降速度差异实现分选的。

如图 19-25 所示，入料经入料井向下散开，与上升水流相遇，使矿物颗粒在工作室内作干扰沉降运动。由于颗粒密度的不同，其干扰沉降速度存在差异，从而为分选提供了依据，分选过程主要取决于各种颗粒相对于水的沉降速度。沉降速度大于上升水流流速的颗粒进入底流，而沉降速度小于上升水流流速的颗粒进入溢流。在干扰床的下部形成由悬浮颗粒组成的流化床层，该床层中颗粒高度富集，成为自生介质层。与自由沉降不同，颗粒在下降过程中相互干扰，并经历一个密度梯度，限制了物料进入底流。当系统达到稳定状态时，入料中那些密度低于干扰床层平均密度的颗粒将浮起，进入溢流。而那些比干扰床层平均密度大的颗粒就会穿透床层进入底流，并通过设备底部的排料口排出。

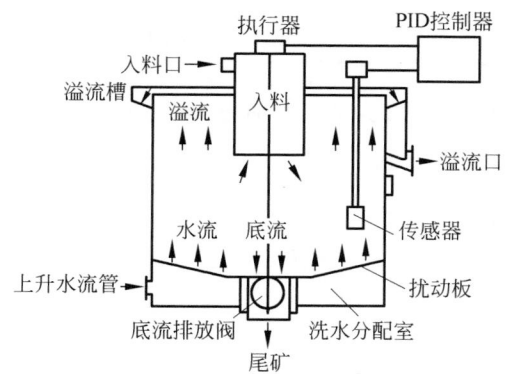

图 19-25　XGR-3600 型粗煤泥干扰床分选机的结构和工作原理示意

为了使干扰床能有效地工作，必须使槽体中干扰床层悬浮液的平均相对密度保持稳定。为此，在工业装置中配备了一个反馈控制器，它用压力传感器探测床层悬浮液中某一特定水平的压力，并将其转换成密度值，作为床层实测密度。将此实际密度值与操作的设定值相比较,如果实际密度高,执行器就会使排料阀打开,排出床层中多余的物料。相反,如果实际密度低,控制系统将阻止床层中物料排放。

2. 特点及适用范围

TBS 干扰床有以下主要特点:不用磁铁矿粉或类似的介质,不用药剂,生产成本低;无运动部件,几乎无动力消耗(仅控制系统用少量电能);用水量低。根据所处理物料的粒度和性质不同,一般每平方米工作面积用水 10~20 m^3 能实现低密度分选,生产低灰精煤;分选密度可以全自动调节,简单易行,对入料的变化适应性强;结构紧凑,占地面积小,可降低基建费用,运行过程无须专人看守,且维护保养简单方便。

TBS 在选煤厂主要适用于粗煤泥分选。煤泥的可选性、分选粒度范围对分选效果有较大影响。为了弱化颗粒的粒度对干扰沉降速度的影响,粒度范围不宜过宽。一般粒度范围为 3~0.15 mm,最佳粒度范围为 1~0.25 mm。

19.9.2 主要技术性能参数

干扰床分选机的技术参数见表 19-24 和表 19-25。

1. XGR 系列干扰床分选机技术参数(沈阳科迪)

表 19-24 XGR 系列干扰床分选机技术参数

型 号	参 数							
	入料粒度/ mm	入料量/ (t/h)	入料浓度/ (g/L)	分选密度/ (g/cm³)	上升水量/ (m³/h)	上升水压/ (kPa)	分选效率/%	Ep 值
XGR-1800	2~0.15	40~50	400~500	1.3~1.8	50~60			
XGR-2100	2~0.15	60~70	400~500	1.3~1.8	70~80			
XGR-2400	2~0.15	80~90	400~500	1.3~1.8	80~90	70~100	≥94	0.09~0.12
XGR-3000	2~0.15	100~110	400~500	1.3~1.8	90~100			
XGR-3600	2~0.15	120~130	400~500	1.3~1.8	100~110			

2. CSS 系列干扰床分选机技术参数(金石科技)

表 19-25 CSS 系列干扰床分选机技术参数

型 号	参 数						
	入料粒度/ mm	最大处理量/ (t/h)	入料浓度/ (g/L)	分选密度/ (g/cm³)	顶水量/ (m³/h)	分选效率/%	Ep 值
CSS-1.8		45			50		
CSS-2.1		60			70		
CSS-2.4	2~0.2	80	>400	1.10~1.90	90	≥94	0.10~0.13
CSS-3.0		120			110		
CSS-3.6		180			150		

19.9.3 主要功能部件

如图 19-26 所示,TBS 分选机包括入料箱、流态干扰分选室、射流喷水底盘、自动伺服执行器、液位变送器、控制阀、控制器和控制系统等主要部件。

1. 入料箱

入料箱位于设备顶部的中心位置,其作用是使物料能均匀地进入煤泥分选机的流态室中。整个给料箱采用了比较特殊的耐磨材料作为内衬以防止磨损。

2. 流态干扰分选室

其主要由柱形槽体组成,槽体底部布有一个布满射流孔并成一定角度的射流板。通过射流板的外部上升水流与经入料井向下散开的入料相遇,形成流态化干扰自生介质床层,

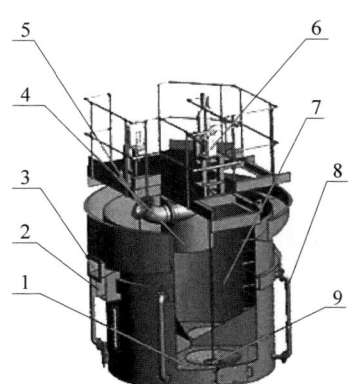

1—紊流板；2—支撑座；3—溢流口；4—入料井；5—入料口；6—执行机构；7—分选室；8—上升水管；9—排料阀。

图 19-26　TBS分选机结构示意

矿物颗粒在此室进行干扰沉降分选。

3. 射流喷水底盘

射流喷水底盘为夹层结构，外接循环水系统，射流板（紊流板）布满高耐磨陶瓷的喷嘴，紊流板的作用是使上升水流均匀地分布于整个槽体内，每块紊流板带有的喷嘴可向上喷射较高压力的水进入干扰分选室。

4. 控制系统

TBS的控制系统包括探测器、控制器和执行器。控制系统通过浸入紊流区的探测器监测紊流床层的密度，控制器对来自床层密度计的实测密度与预定密度进行比较并产生一个补偿值，再由控制器传给执行器一个电信号给自动伺服执行器去控制阀门间断启闭，调整粗粒或重物料穿过锥形阀门排除数量，以保持紊流床层密度的稳定。

19.9.4　使用与维护

1. 操作规程

1）开机前

检查各路电源（及风管）是否正常、安全。开启电源，查看控制箱内数据是否正常，或进行调整。若为气动伺服机构，则要启动压风机，使压缩空气风压到规定压力（0.4～0.6 MPa），关上排料阀。启动水泵，打开进水管道阀门，使清水流量达到流量计上所规定的数据。再检查各处是否正常工作，无泄漏现象。给料、物料浓度不能太小或太大。检查灰分时，灰分过高加大排量，或减小进水流量。

2）停机后

打开排料阀，在不堵塞排料管道的情况下，排料阀尽量开启。排完机体内物料后，再用清水清洗干净，见本色（每次停机时必须做到）。关风泵、水泵、进水管道阀门，如果是短时间停机，电源不需要关。停机时间较短，风泵不关保持风压，水压流量可小一点，确保物料不沉淀。

3）维护及保养

关掉所有电源，风泵、水泵、进水管阀门。打开机体最底部闸阀。打开三个观察口。用清水软管清洗水箱内的沉淀物（最好每周清洗一次）。清洗机体内物料，见机体本色。排泄风管内的水分。检查物料粗粒度，颗粒太粗更换筛网。

2. 设备维护

1）槽体和压力箱

清空设备，把冲洗门取下，清理压力箱和紊流板小孔，确保所有的物料都已被清理出去。更换缺失或磨损的耐磨喷嘴。定期清理压力箱和紊流板是很重要的。清理频率取决于在粗煤泥分选机操作方面的经验。像其他一些因素诸如设备不运行期间物料沉积在紊流板孔附近，使用不干净的上升水流等，都可能会增加清理和维护次数。筒体每周清理一次，水压箱每两周清理一次。

2）排料口组件

检查锥形阀和阀座的情况，必要时调整或更换。备注：当执行器关闭时，应该有少量水从排料阀间隙中渗出来。

3）排料杆

排料杆是一个包括三部分的组件，下部分的排料杆组件是一个相对高耐磨的部件，应该经常检查，在出现故障前就更换它以避免出现锥形阀掉下去落到管道里。

4）入料箱

检查入料箱的耐磨内衬情况，及时地修理或更换。空压机每周用风清除空气滤芯的灰尘一次，每周打开空压机排污螺栓，清除储气罐内的污泥杂质一次，经常排放气动三联件的气水油污，并检查气泵油平面的油量，低于标尺下线，应加到标尺中线位置，太脏应更换机油控制系统的其他部件，不需要维修，万一发生故障需要维修时必须告知厂家。

5) 安全处理

设备部件的处理应该遵循当时的环境与安全,当处理任何部件时要考虑到材料的安全性。当吊起或移动重的机件时更要注意,一定确保采取安全的措施。

19.10 煤泥重介质旋流器

19.10.1 概述

煤泥重介质旋流器技术是 20 世纪 50 年代逐渐发展起来的细粒煤分选技术,国外一般采用超细磁铁矿粉大直径煤泥重介,介质系统独立,在南非、美国、澳大利亚、比利时等国家都曾使用过。当前我国在重介质旋流器的基础理论研究与大规模的使用方面已居世界前列,我国的选煤从业者对小直径煤泥重介质旋流器以及关于它对粗煤泥的分选工艺流程,做了很深入的应用研究工作。自 2000 年以来开始研究和应用煤泥重介分选技术,并逐渐形成了特色。我国主要为不脱泥大直径旋流器分流或合格介质桶物料分流为煤泥重介入料,也有选煤厂采用脱泥入选工艺,以脱泥筛筛下 0.25 mm 以上部分为煤泥重介入料,悬浮液来自主选重介精煤脱介筛筛下合格介质的分流。

1. 原理

煤泥重介质旋流器工作原理同重介质旋流器工作原理相似,即是固液悬浮液沿着进料口以切线摆线或渐开线方向给入旋流器,悬浮液在圆柱段器壁的导流作用下强烈旋转,形成不同密度的"等密度"线。密度从上到下、从里到外增加,靠近锥壁和底流口的密度最大,溢流口附近的流体密度最小。悬浮液中密度大的颗粒因为离心力大快速向器壁附近移动,随流体沿着器壁向下作螺旋运动且形成向下的外旋流,由底流口处排出。其余矿粒沿各自的等密度线向锥部运动,由于锥段逐渐向内收缩,外旋流在向外运动时的流动阻力变大,当悬浮液汇聚在底流口附近时,部分密度低的轻颗粒进入"分离锥面"内,随着内旋流从溢流口溢出,部分中间颗粒在内壁与分离锥面之间形成旋涡流,进行二次分离,密度小的矿粒在内旋流作用下沿溢流流出,高密度颗粒穿过介质层,在外旋流作用下进入底流排出。所以煤泥重介质旋流器内部流体流动是双螺旋结构的模型,在内外螺旋旋流场的作用下使得不同密度的颗粒得到分选。

2. 特征

煤泥重介质旋流器具有较高的分选精度,且费用比常规的浮选低;属于按密度分选的物理方法,对于黄铁矿硫的脱除具有优势;和浮选相比,可以较好地处理氧化煤和风化煤;弥补了大直径旋流器分选下限高的不足,在一定程度上简化了工艺流程。

小直径煤泥重介质旋流器与不分级、不脱泥的大直径重介质旋流器配合使用工艺在淮北选煤厂、太原选煤厂、邢台选煤厂等大型重介选煤厂得到了广泛使用,并获得了一定的分选效果。目前国内主要有北京国华科技公司的 FHMC 型煤泥重介、S-FHMC 型煤泥超级重介以及 SMC 系列煤泥重介质旋流器。

19.10.2 主要技术性能参数

表 19-26 为 SMC 系列煤泥重介质旋流器性能参数。

表 19-26 SMC 系列煤泥重介质旋流器性能参数(国华科技)

规格	筒体直径/mm	入料粒度/mm	入料压力/MPa	处理能力/(t/h)	通过量/(m²/h)
SMC150	150	0～0.5	0.12～0.18	4～10	20～35
SMC200	200	0～0.5	0.18～0.22	10～15	35～55
SMC250	250	0～1.0	0.22～0.24	15～20	55～80
SMC300	300	0～1.0	0.24～0.28	20～30	80～120
SMC350	350	0～1.0	0.26～0.30	30～40	120～160
SMC400	400	0～1.5	0.28～0.32	40～55	160～220

表 19-27 为国华 FHMC 系列煤泥重介质旋流器的性能参数。

表 19-27　FHMC 系列煤泥重介质旋流器性能参数（国华科技）

型号	圆筒内径/ mm	圆锥角/ (°)	工作压力/ MPa	处理能力/ （m³/h）	入料粒度/ mm	设备质量/ kg
FHMC200	200		0.10~0.15	40~50		240
FHMC250	250		0.13~0.19	60~80		280
FHMC300	300		0.15~0.23	90~120		450
FHMC350	350		0.18~0.26	120~160		560
FHMC400	400	20	0.20~0.30	160~210	<3	650
FHMC450	450		0.22~0.32	190~250		750
FHMC500	500		0.25~0.35	230~280		860
FHMC550	550		0.33~0.41	325~340		1050
FHMC600	600		0.36~0.45	385~405		195

表 19-28 为 S-FHMC 系列煤泥重介质旋流器的性能参数。

表 19-28　S-FHMC 系列煤泥重介质旋流器性能参数（国华科技）

型号	处理能力/ （m³/h）	圆锥角/(°)	工作压力/ MPa	入料粒度/ mm	设备质量/ kg
S-FHMC08	72~76		0.12~0.15		210
S-FHMC12	13~119		0.15~0.19		310
S-FHMC18	171~176		0.18~0.23		486
S-FHMC24	232~239		0.21~0.26		575
S-FHMC32	306~315	20	0.24~0.30	<3	680
S-FHMC40	387~400		0.27~0.32		830
S-FHMC50	477~495		0.30~0.38		885
S-FHMC61	585~612		0.33~0.41		1050
S-FHMC73	693~729		0.36~0.45		1200

19.10.3　主要功能部件

煤泥重介质旋流器结构同两产品重介质旋流器大体相同，由圆锥段、圆筒段、入料口、溢流口和底流口组成，如图 19-27 和图 19-28 所示。物料沿入料口切线给料，溢流口排出精煤，底流口排出尾煤。

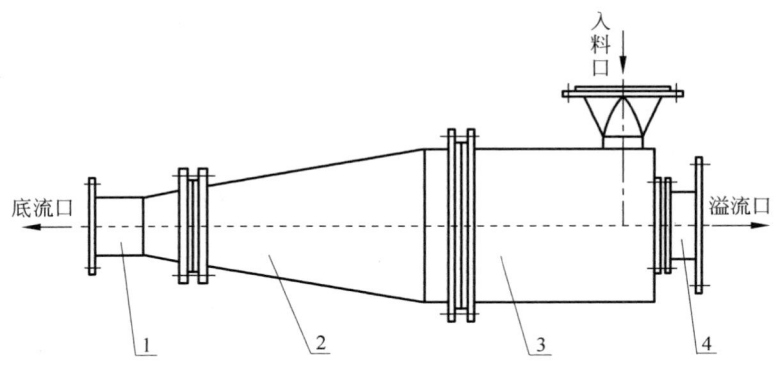

1—底流口；2—圆锥段；3—圆筒段；4—溢流口。

图 19-27　FHMC 系列煤泥重介质旋流器结构

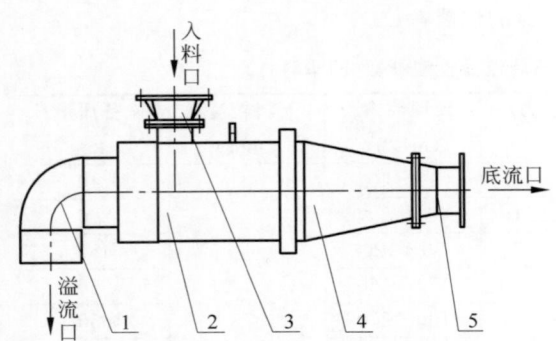

1—溢流口；2—圆筒段；3—入料口；4—圆锥段；5—底流口。

图 19-28　S-FHMC 系列煤泥重介质旋流器结构

1. 入料口

入料口直径大小决定着煤浆的给入速度，但其主要功能是在入料口给料点形成一个平稳的流动形。FHMC 旋流器设计的是一个渐开线入料口，在颗粒到达与缸体壁相交的正切点之前，该入料口控制着颗粒的流动方向。这种设计可以在这个正切点上使湍流变得最小，同时也降低了湍流和飞溅作用使过大颗粒进入旋涡溢流管造成堵塞的可能性。渐开线入料口还允许使用比直接正切入料口大的旋涡溢流口，用于等效分级。因此，可以实现较低的压降，较大的单位处理能力和更加精确的分级。

2. 溢流口

从对分级结果的影响角度来看，这是所有孔的最关键的问题。就一个固定的给料量来说，溢流口的大小会对压力降产生最大的影响。一般来说，溢流口越大，分级就越粗，产生溢流的颗粒比例就越大。反之，溢流口越小，分级就越细，颗粒比例就越低。但如果粒度太小的话会降低容量和流速，这会产生很差的分级效果。对于任何煤浆来说，为了实现所期望的分级目的要在所允许的最低浓度、最大的溢流口和最低的压降之间寻找一个最佳的平衡关系。因为分级目的的要求包括给定的流量、溢流口尺寸和压力降等是相互影响的。

3. 底流口

旋流器底流口的功能是以一定的形式将粗料排出，即实现将规定密度的物料顺利排

出。因此，旋流器底流口要有足够大以便于通过锥体的物料顺利通过，但它不作为分级控制来使用。旋流器底流口决不能太小，以至于出现"卡住"的情况。如果到达底流口的物料太多，超过了旋流器底流口所允许的排放量，过多的物料一定会上升到达溢流口，从而降低分级效果。

19.10.4　使用与维护

1. 使用

使用时保持重悬浮液密度的稳定，运转中允许密度波动范围为 ±0.005 kg/L；保持煤泥合格介质桶液位，以维持住入料压头；注意入口压力表的波动，防止异物堵塞旋流器。

2. 维护（重介质旋流器）

运转过程中应经常检查入料口及产品出口，发现有堵塞或其他异常情况，要及时处理；定期检查入料口，特别是底流口的磨损情况，做到及时更换，以保证分选效果；处理堵塞状况和更换配件时，可以打开法兰观察或清理，严禁重锤敲击，以免损坏旋流器；严禁金属及其他异物进入旋流器，以防止旋流器意外损坏。

定期检查旋流器内衬的磨损情况是必要的。将旋流器拆开，然后对旋流器内衬进行认真的检查。只有在旋流器停止工作的时候才能进行这项工作。旋流器内衬的使用寿命取决于内衬的使用环境和内衬所使用的材料。这应是操作人员的职责，即在旋流器试车投产后，通过经验来确定旋流器内衬的检查或更换时间，并制定定期例行的检查时间表。

辅助设备发生故障会使重介质旋流器产生一些问题。位于槽或桶内的重介质，槽或桶中心管设计、运行及位置都能对旋流器进料产生影响。比如：旋流器进料率的波动或介质泵送，这些情况通常是受原煤"漂浮"的影响。当通过的介质返回中心管不足以迫使原煤直达泵的吸口时，致使原煤只浮在中心管内的重介质上面，就发生这种现象：中心管的位置会引起"漂浮"（如果管的位置离泵吸口太远），如果管的位置离泵吸口太近，而且限制外部介质返回泵内，这样会产生大量抽吸，从而导致泵汲

不足。在泵送介质时观察和比较槽或桶和中心管内的介质液面是解决该问题的很好的检测方法,此外,还有许多校正解决可供使用办法。

煤泥输送率过大、粒度过大或杂质都不利于旋流器有效地、连续地泵送。泵的叶轮无论采用闭式或开式,对能通过叶轮叶片的材料(粒度)都是有限度的,而且必须设置适当的防护装置,阻挡诸如杂铁、围板、断木及其他有机物等杂质进入泵内。

仅仅观察旋流器及其他仪器,就可以检测到旋流器进料泵传动皮带打滑或断裂而造成的分离不良或完全失去操作效能等故障。

由于介质不稳定性或液体的高黏度,旋流器分割点(密度分离点)过低或过高,都会引起非正常运行。分离密度小于1.35时介质稳定性变坏,大于1.85时则出现高密度,除非采取校正措施。在分离密度低的情况下,保持重介质回路中自然重复循环的细土颗粒(矿泥)的比例,可以保持介质稳定性。在分离密度高的情况下应用水、磁铁矿石及硅铁的混合物即可实现介质稳定性。鉴于用旋流器分离煤很少遇到高割点(介质),因此,这种复杂混合型重介质一般是不需要的。

进料粒度应尽量保持一致。由于堆存或仓室的分离,进料粒度迅速变化会降低分离效率。因此进料粒度应尽量大些,以保证最高的分离效率,重介质旋流器有效分选粒度小到0.5 mm粒度的煤。

应经常检查机体及顶喷嘴的磨损,磨损部件要尽快更换。可以应用专利耐磨剂进行临时修理,但是,长期使用此种权宜之计措施会产生负面效应,降低保持操作状态的优越性能。

19.11 复合式干法分选机

19.11.1 概述

中国煤炭储量丰富的"三北"地区,由于严重干旱缺水而难以采用常规的湿选法来提高煤质;部分变质程度低或含大量泥质页岩的煤种也难以采用湿选法。为此,煤炭科学研究总院唐山分院根据中国的国情,自1989年开始研

究干法选煤技术,并率先研发了复合式干法分选机,在此基础上,唐山神州机械有限公司经过多年的自主创新,实现了复合式分选机的高精度分选,相继开发了FGX系列复合式干法分选机、ZM系列矿物高效分离机等。处理能力为480~600 t/h,数量效率大于90%,实现了煤炭大规模干法分选提质,主要应用于易选或中等可选性煤炭的分选、动力煤排矸、劣质煤提质、煤矸石中选硫等。

1. 原理

入选物料由给料机送到给料口,进入具有一定纵向及横向坡度的分选床,在床面上形成具有一定厚度的物料床层,如图19-29所示。床层底层物料受振动惯性力作用向背板运动,由背板引导物料向上翻动。密度较低的煤翻动到上层,在重力作用下沿床层表面下滑。由于振动力和连续进入分选床的物料的压力,不断翻转的物料形成螺旋运动并向矸石端移动。因床面宽度逐渐减缩,密度低的煤从表面下滑,通过排料挡板使最下层煤不断排出,而密度较高的矸石、黄铁矿等则逐渐集中到矸石端排出。床面上均匀分布有若干风孔,使床层充分松散。物料在每一循环运动周期都将受到一次分选作用。经过多次分选后可以得到灰分由低到高的多种产品。

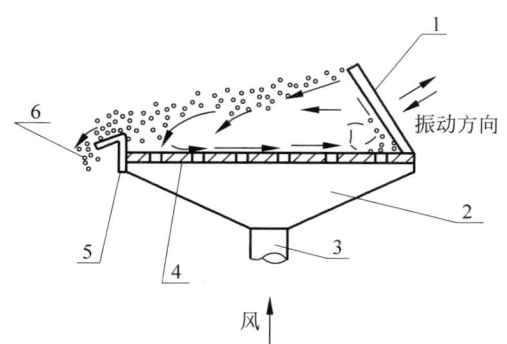

1—背板;2—风室;3—风管;4—床面;
5—排料挡板;6—精煤。

图19-29 复合式干法分选机原理示意

2. 特点

复合式干法选煤装置与其他干法分选机相比有以下特点:

（1）投资少，见效快。一台复合式干法选煤装置的投资是一套风力摇床干法选煤装置的 1/3，建设周期可减少 2～3 个月。

（2）结构简单，故障率低，维护方便。复合式干法选煤装置中的干选机采用吊挂方式，其振动是通过安装在机体上的两台振动电机来实现的，没有机械传动系统，不需要底座，体积小，质量小，安装维修方便，故障率低。

（3）总装机容量小，运行费用低。复合式干法选煤装置装机容量 292.2 kW。从电耗、设备折旧、维修费用、人工费等方面计算，复合式干法选煤装置的运行费用大大低于风力摇床干法选煤装置的运行费用。

（4）干选机床面受风均匀，选煤效果好。风力摇床干选机床面受风是采用中心集中扩散进风，致使床面中心线附近风量、风压大于两侧床面受风不均匀。而复合式采用床面分布扩散进风，能使床面受风均匀，选煤效果好。

（5）循环系统除尘效果好，风流中含尘量低，通风机磨损小。复合式干法选煤系统是通过旋风除尘器处理后，循环使用，风流中含尘浓度低，通风机磨损小。

（6）噪声小，符合环保要求。复合式干法选煤装置采用了两套 Y5-47-12D 主风机，风机直径 1.25 m，风机叶轮线速度为 93 m/s，主风机叶轮直径小，因而噪声较小。

19.11.2　主要技术性能参数

目前，市场上推广应用较多的复合式干法分选机主要是 FGX 系列复合式干法分选机，其主要技术性能参数见表 19-29。

表 19-29　FGX 系列复合式干法分选机技术性能参数

型　　号	FGX-1	FGX-2	FGX-3	FGX-6	FGX-9	FGX-12	FGX-24	FGX-18A	FGX-24A	FGX-48A
入料粒度/mm	60～0	60～0	80～0	80～0	80～0	80～0	80～0	80～0	80～0	80～0
外在水分	物料在分选床面上能够松散为宜									
处理能力/(t/h)	8～10	16～22	25～35	50～65	75～100	90～130	180～255	150～200	180～260	360～560
数量效率/%	＞90									
系统总功率/kW	1.15	51.81	73.57	142.27	249.97	325.61	557	449.37	643.52	1114

19.11.3　主要功能部件

FGX 系列复合式干法分选机结构如图 19-30 所示，由分选床、振动器、风室、机架和吊挂装置组成，分选床由床面、背板、格条、排料挡板组成。床面下有三个可控制风量的风室，由离心通风机供风，气流通过床面上的风孔向上作用于分选物料。由吊挂装置将分选床、振动器悬挂在机架上，可任意调节分选床的纵向及横向坡度。

19.11.4　使用与维护

1. 干选系统故障分析

（1）噪声突然增大，有撞击声。

可能原因：①连接振动电机的螺母松动；②振动电机的偏心块松动；③紧固床面的螺母松动。

（2）床面振动不规则，有摆动。

可能原因：①一组吊挂装置受力不均或折断；②减振弹簧损坏；③振动电机是否有问题。

（3）处理能力减小，量加不大。

可能原因：①给料机振幅减小；②缓冲仓出口闸板阀门堵塞；③床面风孔或进风管堵塞；④旋风除尘器进风管或出灰口堵塞；⑤床面胶板磨损。

（4）主风机产生振动，响声异常。

可能原因：①叶轮磨损破坏动平衡；②联轴器损坏或间隙增大；③轴承磨损或损伤；④风机基础松动或地脚螺栓松动；⑤风机内存

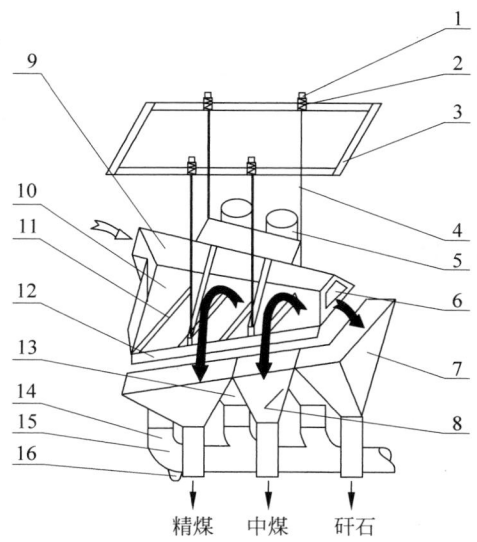

精煤　　中煤　　矸石

1—床面角度调节螺母；2—减振弹簧；3—机架；4—钢丝绳；5—振动电机；6—矸石门；7—接料槽；8—翻板；9—背板；10—床面；11—格条；12—排料挡板；13—风室；14—风阀；15—风管；16—排渣口。

图 19-30　FGX 系列复合式干法分选机结构

有煤粉或积水。

（5）风机轴承温度升高。

可能原因：①润滑油不足或加入量过多；②轴承磨损或轴承套转动，轴承架损坏；③端盖密封过紧；④润滑油油号不对或油中有杂质。

（6）主风机的风量减小，电流减小。

可能原因：①管路积尘堵塞；②叶轮被杂物缠住；③旋风除尘器堵塞；④送风管路堵塞。

（7）袋式除尘器排气口冒尘和吸风量下降。

可能原因：①滤袋磨损；②滤袋压板螺栓松动；③花板胶垫松动；④反吹风清灰不及时；⑤气温低滤袋结露造成糊袋。

2．设备的维护

（1）设备运行中随时注意观察设备的振动、物料的运动情况及电动机电流和升温情况，发现异常情况及时停车处理。每班对吸风管和送风管检查一次，及时清除管道内的积尘。每班对分选床床面检查一次，如有堵孔的情况及时清理。

（2）电控柜要防雨防尘。各电动机要防雨和通风散热。

（3）开车前和停车后注意检查振动部分螺栓连接情况，如有松动及时紧固。

（4）振动电机应保证良好的润滑，应在 500 h 左右补充或更换一次润滑脂，累计运行 5000 h 后，应对轴承进行检查，若已损伤或寿命终了，应更换轴承。注意，必须配用原厂同型号大游隙轴承，润滑脂采用 JS-4 高温极压复合锂基润滑脂，用油从油杯补给。

（5）各风机除在每次检修后更换润滑油外，正常情况下应每 3～6 个月更换一次。根据不同风机的要求选用润滑脂或机械润滑油。润滑油牌号冬季用 N32 号，夏季用 N46 号。

（6）运行中随时检查电机、风机轴承部位的油位和表面温度，发现异常应及时停车处理。

（7）每三个月检查风机叶轮磨损情况，磨损严重应及时更换。

（8）每班对旋风除尘器和袋式除尘器的排灰情况进行检查，如有排灰不畅、堵塞情况及时处理。螺旋输送器、翻板卸料器或回转式卸料器的作用是保持除尘器密封，必须保持密封状态，否则造成漏风，影响除尘效率，甚至造成除尘器失效。

（9）各摆线针轮减速机每半年向油塞中注入 N46 号机械油至正常油位。拆装时，不允许采用锤击的方法，可用轴螺孔旋入螺钉压入连接件。

3．注意事项

（1）干选机入料量必须控制在标定范围内，不许原煤未经缓冲仓、给料机由溜槽直接给入床面，造成床面入料端负载过大，损坏设备。

（2）原煤水分过大时，应避免进入干选机，造成床面风孔堵塞，恶化分选效果。

（3）每班须及时清理干选机进风管内积存的煤渣。风管堵塞会导致产量下降，分选效果变差。

（4）开、关机时，床面应保持正常的料层厚度，避免空床面运行。

第20章

磁 选 机 械

20.1　概述

磁选既是一种古老的又是一种新颖的分离方法,尤其近20年来高梯度磁分离的出现以及超导材料在磁选中的应用,引起了人们的极大关注。它是分离极限颗粒——粗粒和微米级弱磁性颗粒的一种有效方法,而这类极限颗粒物料过去是不能用磁选法分离的。磁分离不仅广泛用于矿物加工、钢铁厂和发电厂的水处理,而且也为煤炭工业、非金属工业、原子能、化学甚至生物化学中遇到的颗粒系统的选择性分离问题,提供有效的解决途径。高梯度磁分离的出现,使磁选成为现代工业技术中的重要组成部分。随着人类环境保护意识的提高和资源再生的需要,磁选法被广泛用于钢渣及废金属的回收与分离以及污水处理等过程中。医学上用磁选法来分离血液中的红细胞等。因此,系统介绍磁选分离过程的理论、设备、工艺和实践是很有意义的。

磁选是在不均匀磁场中利用矿物之间的磁性差异而使不同矿物实现分离的一种选矿方法。磁选既简单又方便,不会产生额外污染。磁选法广泛地应用于黑色金属矿石的分选、有色和稀有金属矿石的精选、重介质选矿中磁性介质的回收和净化、非金属矿中含铁杂质的脱除以及垃圾与污水处理等方面。

磁选是处理铁矿石的主要选矿方法。我国铁矿石资源丰富,目前保有的探明储量已达500亿t,居世界前列,但贫矿占90%左右,富矿仅占10%左右,而富矿中又有5%左右因含有有害杂质不能直接冶炼,因此铁矿石中有90%以上需要选矿。世界上其他国家的情况大体如此,铁矿石经选矿后,提高了品位,降低了二氧化硅和有害杂质含量,有益于冶炼过程。根据我国的实践,铁精矿品位每提高1%,高炉利用系数可增加2%~3%,焦炭消耗量可降低1.5%,石灰石消耗量可减少2%。许多有色金属和稀有金属矿物具有不同的磁性。当用重选和浮选不能得到最终精矿时,可用磁选结合其他方法进行分选。例如,用重选得到的黑钨粗精矿中,含有一定量的锡石,利用黑钨矿具有弱磁性而锡石无磁性这一特点采用磁选法进行处理后,可得到合格的钨精矿。进入选矿厂或选煤厂的原矿中常混有开采时带入的铁器,为保护破碎机等设备,需要在大块物料破碎前用磁选法除铁。

磁选机是使用于再利用粉状粒体中的除去铁粉等筛选设备。磁选机广泛用于资源回收、木材业、矿业、窑业、化学、食品等其他工场,适用于粒度3 mm以下的磁铁矿、磁黄铁矿、焙烧矿、钛铁矿等物料的湿式磁选,也用于煤、非金属矿、建材等物料的除铁作业,是产业界使用最广泛的、通用性高的机种之一。矿浆经给矿箱流入槽体后,在给矿喷水管的水流作用下,矿粒呈松散状态进入槽体的给矿区。在磁场的作用,磁性矿粒发生磁聚而形成"磁团"或"磁链","磁团"或"磁链"在矿浆中受磁力作用,向磁极运动,而被吸附在圆筒上。由于磁极的极性沿圆筒旋转方向是交替排列的,并且在工作时固定不动,"磁团"或"磁链"在随圆筒旋转时,由于磁极交替而产生磁搅拌现象,被夹杂在"磁团"或"磁链"中的脉石等非磁性矿物在翻动中脱落下来,最终被吸在圆筒表面的"磁团"或"磁链"即是精矿。

　　磁选是在磁选设备所提供的非均匀磁场中进行的。被磁选矿石进入磁选设备的分选空间后,受到磁力和机械力(包括重力、离心力、流体阻力等)的共同作用,沿着不同的路径运动,对矿浆分别截取,就可得到不同的产品,如图20-1所示。

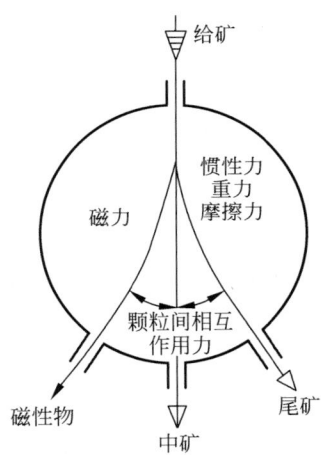

图 20-1　磁选过程模拟

　　因此,对较强磁性和较弱磁性颗粒在磁选机中成功分选的必要条件是:作用在较强磁性矿石上的磁力 F_1 必须大于所有与磁力方向相反的机械力的合力,同时,作用在较弱磁性颗粒上的磁力 F_2 必须小于相应机械力之和,即

$$F_1 > F_{机1}$$

$$F_2 < F_{机2}$$

　　这一公式说明,磁选的实质是利用磁力和机械力对不同磁性颗粒的不同作用而实现的。进入磁选机的矿石将被分成两种或多种产品,在实际分选中,磁性矿石、非磁性矿石不可能完全进入相应的磁性产品、非磁性产品和中矿

中,而是呈一定的随机性。因此,磁选过程的效果可用回收率、品位、磁性产品中磁性物质与给矿中磁性物质之比和磁性产品中磁性物质的含量来表示。

20.1.1　功能、用途与分类

1. 功能

　　磁选机是使用于再利用粉状粒体中的除去铁粉等筛选设备。矿浆经给矿箱流入槽体后,在给矿喷水管的水流作用下,矿粒呈松散状态进入槽体的给矿区。在磁场的作用,磁性矿粒发生磁聚而形成"磁团"或"磁链","磁团"或"磁链"在矿浆中受磁力作用,而被吸附在圆筒上。由于磁极的极性沿圆筒旋转方向是交替排列的,并且在工作时固定不动,"磁团"或"磁链"在随圆筒旋转时,由于磁极交替而产生磁搅拌现象,被夹杂在"磁团"或"磁链"中的脉石等非磁性矿物在翻动中脱落下来,最终被吸在圆筒表面的"磁团"或"磁链"即是精矿。

2. 用途

　　磁选机广泛用于资源回收,木材业、矿业、窑业、化学、食品等其他工场,适用于粒度 3 mm 以下的磁铁矿、磁黄铁矿、焙烧矿、钛铁矿等物料的湿式磁选,也用于煤、非金属矿、建材等物料的除铁作业,是产业界使用最广泛的、通用性高的机种之一。

3. 分类

　　根据磁选机的主要物理和工艺特征,其分类如下。

　　磁选机的结构多种多样,分类方法也比较多。通常根据以下特征来分类。

　　(1)根据承载介质的不同,磁选机可分成干式和湿式两种。

　　① 干式磁选机——在空气中进行,主要用于分选大块、粗粒的强磁性和细粒弱磁性矿石。

　　② 湿式磁选机——在水或磁性液体中进行,主要用来分选细粒强磁性和细粒弱磁性矿石。

　　(2)根据磁选机磁场强度的高低,磁选机分成弱磁场磁选机和强磁场磁选机两大类。

① 弱磁场磁选机——磁极表面的磁场强度 H_0 为 80～120 kA/m,磁场力(HgradH)n 为(3～6)×10^5 kA^2/m^3,用于强磁性矿物与脉石矿物的分离。

② 强磁场磁选机——磁极表面的磁场强度 H_0 为 800～1600 kA/m,磁场力 n 为(3～12)×10^7 kA^2/m^3,用于弱磁性矿物与脉石矿物的分离。

(3) 根据磁性矿物被选出的方式可分为以下几类。

① 吸出式磁选机——被选物料给到距工作磁极或运输部件一定距离处,磁性矿粒从物料中被吸出,经过一定时间才吸在工作磁极或运输部件表面上。这种磁选机的精矿质量一般较好。

② 吸住式磁选机——被选物料直接给到工作磁极或运输部件表面上,磁性矿粒被吸住在工作磁极或运输部件表面上。这种磁选机的回收率一般较高。

③ 吸引式磁选机——被选物料给距工作磁极表面一定距离处,磁性矿粒被吸引到工作磁极表面的周围,在本身的重力作用下排出成为磁性产品。

(4) 根据给入物料的运动方向和从分选区排出分选产品的方法可分为以下几类。

① 顺流型磁选机——被选物料和非磁性矿粒的运动方向相同,而磁性矿粒偏离此运动方向。这种磁选机一般不能得到高的回收率。

② 逆流型磁选机——被选物料和非磁性矿粒的运动方向相同,而磁性产品的运动方向与此方向相反。这种磁选机的回收率一般较高。

③ 半逆流型磁选机——被选物料从下方给入,而磁性矿粒和非磁性矿粒的运动方向相反。这种磁选机的精矿质量和回收率一般比较高。

(5) 根据磁性矿粒在磁场中的行为特征可分为以下几类。

① 有磁翻转作用的磁选机——在这种磁选机中,由磁性矿粒组成的磁链在其运动时受到局部或全部破坏,有利于精矿质量的提高。

② 无磁翻转作用的磁选机——在这种磁选机中,磁链不被破坏,这有利于回收率的提高。

(6) 根据排出磁性产品的结构特征可分为圆筒式、圆锥式、带式、辊式、盘式和环式等。

(7) 根据磁场类型可分为以下几类。

① 恒定磁场磁选机——这种磁选机的磁源为永久磁体和直流电磁体、螺线管线圈,磁场强度的大小和方向不随时间变化。

② 旋转磁场磁选机——磁选机的磁源为极性交替排列的永久磁体,它绕轴快速旋转,磁场强度的大小和方向随时间变化。

③ 交变磁场磁选机——磁选机的磁源为交流电磁体。磁场强度的大小和方向随时间变化。

④ 脉动磁场磁选机——磁选机的磁源为同时通直流电和交流电的电磁体。磁场强度的大小随时间变化,但方向不变。

(8) 根据产生磁场的方法,磁选机又可分为永磁型磁选机、电磁型磁选机、超导型磁选机等。用于分选弱磁性矿石的磁选机,一般采用电磁磁系,分选强磁性矿石的磁选机大都采用永磁磁系。

最主要的分类方法是前两种和最后一种。弱磁场磁选机主要用来处理亚铁磁性矿物、反铁磁性和顺磁性矿物中磁化率高粒度较粗的矿粒。强磁场磁选机处理弱磁性矿物(多数为反铁磁性和顺磁性物质)。这一类磁选机的照相图和示意图可从很多文献中找到。

20.1.2 发展历程与趋势

磁选的发展,归根结底是磁选机的发展。从 18 世纪英国富拉(Fullar)获得了用磁铁分选铁矿石的专利权,至今整整 200 年,从 1855 年努特庞尼(Nonte-poni)首先用电磁铁来构成分选用磁场,至今约 150 年,出现的磁选机有数百种。比较典型的和至今获得应用的是不断改进的那些磁选机。每一种具体的磁选工艺具有一定的优点,也有其各自的局限性,因此各种条件下都能适用的简单工艺是不存在的。

中国是最早发现磁现象的国家,在公元前 1000 多年就利用磁石的极性发明了指南针。

在 17—18 世纪人们就开始了用手提永久磁铁从锡石和其他稀有金属精矿中除铁的初次尝试。工业上开始用磁选法分选矿石是在 19 世纪末。1890 年瑞典出现了湿式筒式磁选机,它是现代磁选机的原型。到 1955 年,几乎所有磁选机都是电磁的。

1955 年以后,随着永磁材料的研究和应用,磁选机的磁系材料开始采用铝镍钴合金,以后又逐渐应用铁氧体,使得弱磁场磁选机实现了永磁化、系列化、大型化。近年来,又研制出了高性能的稀土永磁体,用该种磁铁制成的磁选设备表面磁场强度高,磁场梯度大,分选粒度范围宽,处理能力大,使弱磁场磁选机的分选效率更高。

19 世纪末,为了磁选弱磁性矿物,美国研制出闭合型电磁系强磁场带式磁选机。以后苏联和其他国家又研制出强磁场盘式、辊式和鼓式磁选机。但它们的分选空间小,处理能力低,生产成本高。20 世纪 60 年代,琼斯型强磁选机在英国问世,它处理能力大,是强磁场磁选机的一个重要突破。高梯度磁选机是 20 世纪 70 年代发展起来的一项磁选工艺,它能有效回收磁性很弱、粒度很细的磁性矿粒,为解决品位低、粒度细、磁性弱的氧化铁矿石的分选开辟了新途径。近年来,将高梯度技术和超导技术结合起来,又研制发展出高梯度超导磁选机。

超导技术是当代非常活跃的一个研究领域。我国从 20 世纪 70 年代就开始研究超导磁选机。这种磁选机采用超导电材料做线圈,在极低的温度(绝对零度附近)下工作。线圈通入电流后可在较大的分选空间内产生 1600 kA/m 以上的强磁场,并且线圈几乎不消耗电能,磁场长时间内不衰减。目前,超导磁已逐渐从实验室走进了工业生产中,德国洪堡尔特公司 DESCOS 超导筒式磁选机、英国 CCl. 的 CRYOFOS 磁选机、美国的 Eriezr4 磁选机、捷克的 VUCHPT 介质型往复式磁选机、英国 IO 的小型介质型超导磁选机等已在实际生产中得以应用。

磁流体分选作为磁选的一门新兴学科,其分选理论、磁流体的制备及分选设备尚在不断完善阶段。磁流体分选是以特殊的流体如顺磁性液体、铁磁性悬浮液和电解质溶液为分选介质,利用流体在磁场或磁场和电场的联合作用下产生的"加重"作用,按矿物之间的磁性和密度的差异或磁性、导电性和密度的差异,而使不同矿物实现分选的一种新的分选方法。可以分为磁流体静力分选和磁流体动力分选。磁流体分选工艺能否得到广泛的工业应用取决于廉价磁流体的制备,水基铁磁流体有望成为有效且价廉的磁流体。

除了提高磁选机性能来达到磁分选目的,还可加入磁性相到矿浆中,通过目的颗粒和磁性颗粒选择性的吸附来提高目的矿物的磁性,这就是载体磁选工艺。磁选载体可以是较大的磁性颗粒,也可以是细颗粒磁种或磁矩较大的离子如镧、铒等。载体磁选技术可用于细粒浸染矿物细磨后的分选、废水中悬浮粒子的脱除等过程。

用综合力场分选近年来发展较快,通过各种力场的叠加,就可以改善分选体系的竞争力,从而改善分选设备的性能。主要有以下几种力场组合:振动力场与磁选结合、离心力场与磁选结合、重力与磁选结合、浮选与磁选结合等。

20.1.3 安全使用规范

磁选机是使用于再利用粉状粒体中的除去铁粉等,磁选机广泛用于资源回收,木材业、矿业、窑业、化学、食品等其他工场,适用于粒度 3 m 以下的磁铁矿、磁黄铁矿、焙烧矿、钛铁矿等物料的湿式磁选,也用于煤、非金属矿、建材等物料的除铁作业,是产业界使用最广泛的、通用性高的机种之一。下面介绍磁选机生产中需要注意的问题。

(1)磁选是基于被分离物料中不同组分的磁性差异,采用不同类型的磁选机将物料中不同磁性组分分离的选矿方法。

(2)磁铁的磁力所作用的周围空间称为磁场。表示磁场强弱的物理量称为磁场强度,常用符号 H 表示,单位是 A/m。

（3）在磁选过程中,矿粒受到多种力的作用,除磁力外,还有重力、离心力、水流作用力和摩擦力等。当磁性矿粒所受磁力大于其余各力之和时,就会从物料流中被吸出或偏离出来,成为磁性产品,余下的则为非磁性产品,实现不同磁性矿物的分离。

（4）矿物磁性差异是磁选的依据,矿物的磁性可以测出,根据其磁性强弱程度可把矿物分为三类:强磁性矿物、弱磁性矿物、非磁性矿物。在磁选机的磁场中,强磁性矿物所受磁力最大,弱磁性矿物所受磁力较小,非磁性矿物不受磁力或受微弱的磁力,矿物磁性差异是磁选机磁选的依据。

在启动使用磁选机之前,一定要确保自身具有一定的操作技术和知识,从而才能让自己更正确、安全地操作使用。

1. 开车前的准备工作

（1）检查入料箱内是否有杂物,并将其清理干净。

（2）检查入料箱内滤网或过滤网破损,清理后方可给料。注意严禁在过滤网破损的情况下使用该设备。

（3）检查卸料橡胶刮板的磨损情况及与滚筒的接触情况,如果接触不好必须及时调整。

（4）检查稳中有降固定螺栓的紧固情况。

（5）检查不锈钢滚筒子表面是否有变形和损伤情况。

（6）检查减速机的润滑油位,保证其在油标孔的中间。

（7）严禁带负荷启、停磁选机。

（8）禁止任何人站(坐)在转筒上面或在转筒上放重物。

2. 运转中注意事项

（1）检查无误后通知集控室可以启车。

（2）运转中注意给料箱内是否有杂物,如果给料管堵塞或给料箱冒料需立即通知控制室停泵并清理。

（3）严格控制给料要均匀,不得忽大忽小。

（4）通过增减不锈钢条的数量调整溢流高低,保证槽内矿浆液面在合适高度。调整尾矿箱底部的蝶阀,使流矿浆厚度全宽始终保持在

50 mm。

（5）任何情况下都严禁大于 50 mm 的物体进入分选槽。

（6）注意检查减速机、电机和轴承座的温度和振动,电机温升高于 80℃,减速机、轴承温升高于 65℃必须停机检查。

（7）严禁在磁选机运行期间检修和清理卫生。

3. 停机维护检查项目

（1）每月打开槽箱下部的检查孔检查是否有泥沙或杂物积聚并清理。

（2）每月为滚筒轴承、电机注油一次。每半年检查链条、链轮磨损情况。

（3）每年更换减速机润滑油一次。

（4）每年检查磁铁和滚筒的相对位置一次,如有偏差及时调整。

（5）经常清理入料箱、精矿箱、尾矿箱中的积存物,不得用重锤打击设备各部,以防磁组破裂和内衬脱落。

（6）检修作业时,不得使转筒单独受力或损伤转筒。

因此,一定要按照正确的方式来操作使用磁选机,并对自身做好安全防护措施以及使用前和使用后都做好检查工作,这样才能更好地确保设备正常、稳定、安全地启动使用。

20.2 CT 型永磁磁力滚筒

20.2.1 概述

CT 型永磁磁力滚筒常用于矿石进入细碎或磨矿前的预选作业,除去混入矿石中的脉石、围岩等废石。永磁磁力滚筒的分选原理如图 20-2 所示。磁力滚筒通常作为运输皮带的传动滚筒,当物料在运输带上经过磁力滚筒时,便得到了分选,磁性物料移动到滚筒顶部时即被吸引,转到底部时自动脱落,而非磁性物料沿水平抛物线轨迹直接落下,磁性物料及非磁性物料将分别进入不同的接料斗中。根据磁系包角的不同,可以分为永磁磁滑轮及永磁磁力滚筒。磁滑轮的磁包角为 360°,磁极组

均匀分布在筒内圆周,组成满圆型磁系,磁系和筒体一起随皮带同速转动,工作平稳,安全可靠。由于其卸矿原理是通过皮带拖曳力实现的,一般用于磁场强度为180 mT以下的永磁磁力滚筒,以减小对皮带损伤。磁滑轮磁系剖面如图20-3所示。

磁力滚筒磁体有永磁式和电磁式,电磁式磁力滚筒由于耗电,有线圈需要冷却等不足,早已被永磁磁力滚筒(磁滑轮)所取代。

永磁磁力滚筒(磁滑轮)与皮带运输机、分矿箱等组成了干式分选系统,永磁磁力滚筒(磁滑轮)通常作为皮带运输机的传动滚筒(头轮)使用。永磁磁力滚筒和永磁磁滑轮分选原理相同,但在磁系结构上有所不同。

永磁磁力滚筒结构如图20-4所示。

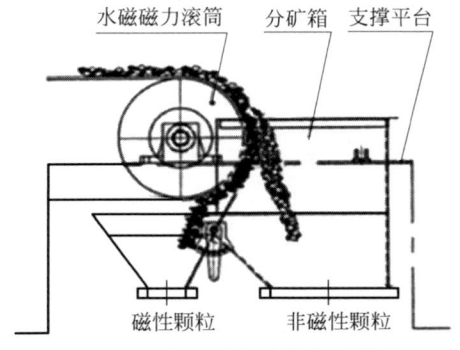

图 20-2 永磁磁力滚筒分选原理

图 20-3 磁滑轮磁系剖面示意

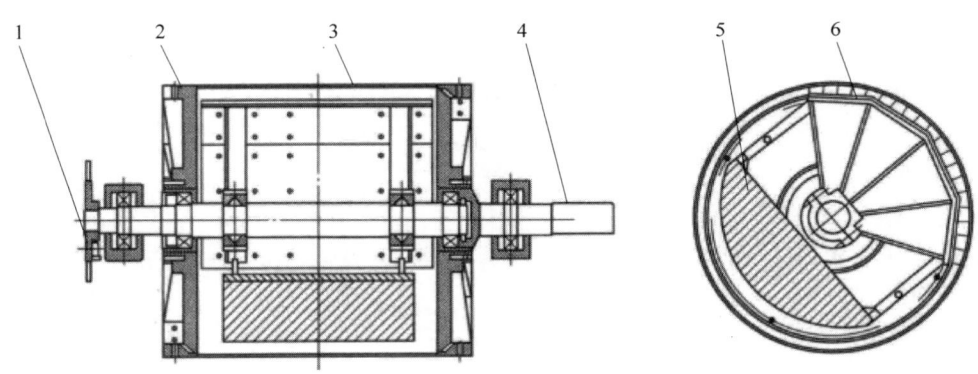

1—磁系调整装置;2—端盖;3—圆筒;4—主轴;5—配重;6—磁系。

图 20-4 永磁磁力滚筒结构

CT型永磁磁力滚筒是一种干选式中场强磁选设备,磁源采用具有"磁王"之称的钕铁硼硬磁材料及铁氧体组成的复合磁系。圆筒表面磁场强度可达到2800 GS、3200 GS、4200 GS,以适应不同的选别要求。

CT型永磁磁力滚筒现在广泛应用于沙山、铁矿、河沙中的铁粉提取,是目前河沙提取铁粉的最为理想的设备。

(1)设备结构——主要由锶铁氧体组成磁包角360°的多极磁系,套在磁系外面的由非导磁材料制成的旋转圆筒组成,如图20-5所示。磁系和圆筒套在一个轴上,作为皮带的首轮。

(2)磁系和磁场特性——沿物料运动方向磁极有交变的,也有单一的。当处理的物料粒度小于120 mm时,采用交变极性有利于提高选矿效率。交变磁场特性如图20-6所示,其特点是磁极间隙中间和极面上磁场强度最低,磁极边缘处最高。距极面越远,同距离处磁场强度变化越小。离极面太近的磁场对分选粗粒物料起不了太大作用。

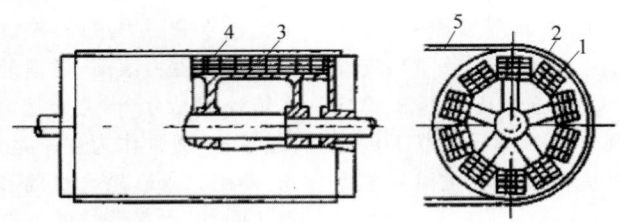

1—多极磁系；2—圆筒；3—磁导体；4—铝环；5—皮带。

图 20-5 CT 型磁滑轮

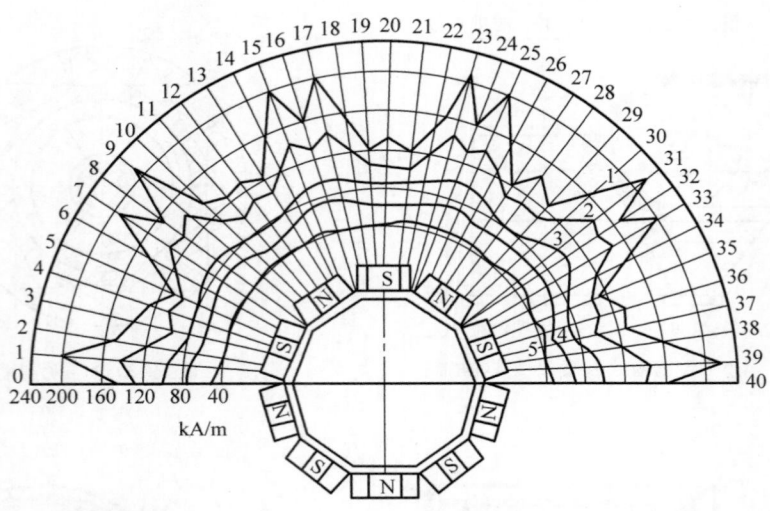

距磁系表面距离：1—0 mm；2—10 mm；3—30 mm；4—40 mm；5—50 mm。

图 20-6 CT 型磁滑轮磁场特性

20.2.2 主要技术性能参数

1) 分选过程

矿石均匀地给在皮带上，当矿石经过磁滑轮时，非磁性或者磁性很弱的矿粒在离心力和重力的作用下脱离皮带面，而磁性较强的矿粒受磁力的作用被吸在皮带上，并由皮带带到磁滑轮的下部，当皮带离开磁滑轮伸直后，磁性矿粒所受的磁力减弱而落于磁性产品槽中分选时，产品的产率和质量主要是由装在磁滑轮下面的分离隔板的位置调节，如图 20-7 所示。

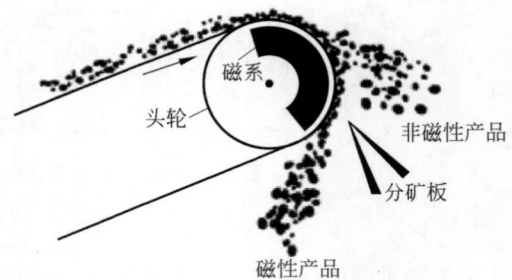

图 20-7 分选过程示意

2) 应用

用于大块（10～120 mm）强磁性矿石的预选，能分选出混入矿石中的围岩，减少原矿石的贫化现象，一般可分离出产率占原矿 15%～35% 的废弃尾矿以及再需处理的中间产品，此时磁滑轮多安装在粗碎作业之后。另有一些选矿厂，在细碎作业和磨矿作业之间设置磁滑轮，分出部分废弃尾矿，既可降低入磨入选矿石量，又可提高入选矿石的品位。在赤铁矿石还原焙烧作业中，用磁滑轮控制焙烧质量，使没有充分还原的矿石经磁滑轮分出再返回焙烧炉磁化焙烧，磁性强的质量合格的焙烧矿进入下一道工序。

CT 型永磁磁力滚筒的主要技术参数如表 20-1 所示。

表 20-1　CT 型永磁磁力滚筒的主要技术参数

型号	筒径/mm	筒长/mm	皮带宽度/mm	磁场强度/mT	物料粒度/mm	处理量/(t/h)	质量/t
CT-0609	630	950	800	160～300	10～60	50～60	1.3
CT-0612	630	1150	1000	160～300	10～60	70～80	1.6
CT-0707	750	750	650	160～300	10～60	40～60	1.2
CT-0709	750	950	800	160～300	10～60	50～80	1.62
CT-0809	800	950	800	160～350	10～60	50～90	2.1
CT-0812	800	1150	1000	160～350	10～60	60～150	2.4
CT-0814	800	1400	1200	160～350	10～100	80～250	2.6
CT-0816	800	1600	1400	160～350	10～100	100～300	2.85
CT-1010	1000	970	800	180～400	10～100	100～200	3.41
CT-1012	1000	1150	1000	180～400	10～100	100～200	4.01
CT-1014	1000	1400	1200	180～400	10～150	100～200	4.6
CT-1016	1000	1600	1400	180～400	10～150	200～600	5.2
CT-1210	1200	970	1000	200～450	10～150	200～400	4.38
CT-1212	1200	1150	1000	200～450	-200	200～500	5.28
CT-1214	1200	1400	1200	200～450	-200	200～600	6.07
CT-1216	1200	1600	1400	200～450	-350	300～800	6.67
CT-1218	1200	1800	1600	200～450	-350	300～800	7.26
CT-1412	1400	1200	1000	200～450	-350	300～800	6.0
CT-1414	1400	1400	1200	200～450	-350	400～1000	6.6
CT-1416	1400	1600	1400	200～450	-350	400～1500	7.2
CT-1418	1400	1800	1600	200～450	-350	600～1800	8.5
CT-1424	1400	2400	2000	200～450	400	600～2000	9
CT-1518	1500	1800	1600	200～450	400	600～2000	9
CT-1524	1500	2400	2000	200～450	400	800～3000	11
CT-1534	1500	3400	3000	350～550	400	4000～6000	17

该种设备主要用于铁矿山预选作业或从剥离围岩中回收磁铁矿。用于磨矿前的预选作业，用于在粗碎、中碎和细碎各作业后除去混入矿石中的围岩或解离的脉石，以提高入磨品位和减少入磨量，达到节能降耗、降低选矿加工成本的目的；用于采场排岩系统，从废石中回收磁性铁矿石，提高矿石资源的利用率。近几年，国内永磁磁力滚筒向大型化、高场强、大处理量发展。2006 年，鞍钢大孤山铁矿使用 CT1424 磁力滚筒用于排岩系统，筒表磁场强度达到 400 mT，分选粒度为 0～350 mm，处理能力在 2200 t/(台·h)以上。2011 年，国内某矿山在采场新建排岩系统选用了 CT1534（φ1500 mm×3400 mm）超大型永磁磁力滚筒，分选粒度：0～350 mm，胶带宽度 3000 mm，双电机驱动 2×290 kW，带速 0.5～2.5 m/s，处理能力要求达到 6000 t/h，筒表磁场强度 550 mT。该种设备还用于物料的除铁以及钢铁等金属的回收等，如从有色金属矿、非金属矿、煤炭、粮食、饲料中除铁质杂物，从废钢渣中回收铁，从垃圾中分拣磁性金属等。

20.2.3　主要功能部件

永磁磁力滚筒（磁滑轮）与皮带运输机、分

矿箱等组成了干式分选系统,永磁磁力滚筒(磁滑轮)通常作为皮带运输机的传动滚筒(头轮)使用。永磁磁力滚筒和永磁磁滑轮分选原理相同,但在磁系结构上有所不同。

1. 永磁磁滑轮结构

永磁磁滑轮结构图参见图 20-8。磁极组均匀分布在圆筒内圆周,组成满圆型磁系,磁包角为 360°,磁系磁极沿圆周方向 N-S-N 交替排列;不锈钢圆筒通过端盖与磁系固定在同一主轴上,均采用键连接,磁系与圆筒之间间隙很小。主轴旋转时,磁系与圆筒同步回转,并拖动皮带运动。磁滑轮结构简单,但磁性材料用量较多。

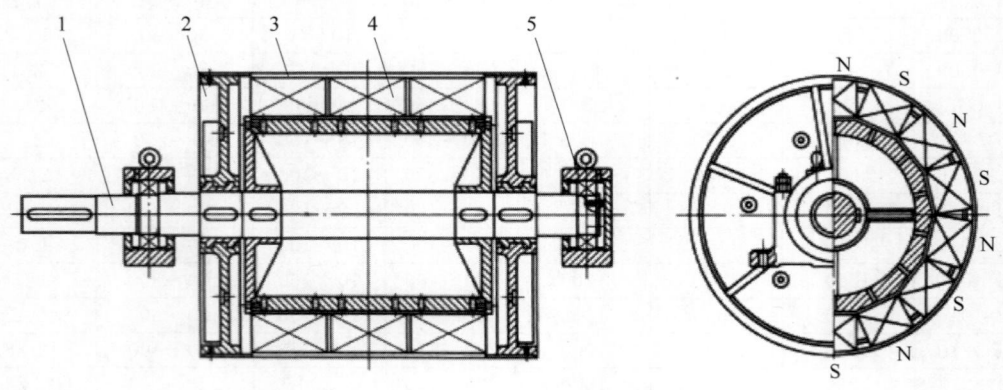

1—主轴;2—端盖;3—圆筒;4—磁系;5—轴承座。

图 20-8 永磁磁滑轮结构

2. 永磁磁力滚筒结构

永磁磁力滚筒结构图参见图 20-4。磁极组在圆筒内组成扇形磁系,磁包角通常为 140°~160°,磁极沿圆周方向 N-S-N 交替排列;磁系和配重固定在主轴上,可通过磁系调整装置将磁系沿圆周调到需要的工作位置,并将其固定。在工作时,传动轴通过端盖和圆筒带动皮带运动,磁系固定不随筒体旋转,圆筒与磁系之间有一定的间隙,以免因圆筒变形与磁系刚蹭,圆筒要有足够的机械强度。筒体表面的磁场强度和磁场作用深度可以根据分选矿物的不同进行设计。

矿石经皮带运输机均匀地给到磁力滚筒分选区,非磁性物料或弱磁性矿物受离心力、重力的作用被抛入非磁性产品料斗;磁性较强矿物受较大磁力的作用被吸在皮带上,并随皮带运动到磁力滚筒底部,在皮带的拖动下离开磁场作用区而落入磁性产品料斗。通过调整分矿板位置调节磁性产品和非磁性产品的产率。分选过程示意见图 20-7。

由于磁滑轮的磁系与圆筒一起运转,在分选过程中磁性矿石在皮带上无磁翻滚现象,精矿中夹杂脉石较多,由于没有磁场空区,精矿靠皮带拖动卸矿,皮带损坏较快,近几年使用逐渐减少。

由于磁力滚筒磁系位置调整好后就固定不动,在分选过程中磁性矿石在皮带上有磁翻滚现象,抛出的非磁性矿物产率较大;设计时可以将卸料区磁场强度逐渐减弱,有利于卸矿,减少皮带磨损。为了获取更高的铁矿回收率,筒体表面的磁场强度一般要求为 300~500 mT。

20.2.4 使用与维护

影响磁力滚筒分选指标的因素主要有分矿板的位置、皮带速度、料层厚度、入选矿石粒度、原矿含水率以及矿石的磁性率等。生产调试时主要是通过调节分矿板位置和给矿量大小来调整分选指标。具体操作和维护如下。

(1) 操作人员应详细了解磁力滚筒和皮带运输机的使用说明书,掌握设备的结构和操作规程。

（2）通过调整手轮或者通过电机减速机驱动,将永磁磁力滚筒磁系调整到要求的位置,并用销或螺栓将磁系调整圆盘与机架上的固定支座连接,机械锁定磁系的工作位置。

（3）设备带料运转后,根据非磁性矿物(脉石)的落点调整接料斗中的分矿挡板位置,如果给矿粒级范围较宽,磁性矿物与非磁性矿分离界限不明显,应根据产品质量要求调整分矿板位置。应保证给矿均匀,否则将影响分选指标。

（4）皮带速度调整,综合考虑生产要求的分选指标(品位、回收率、产率),调节皮带速度。如果分选强磁性矿物,适当提高皮带速度,可以提高处理量,提高带速还可以减小料层厚度,提高分离精度;如果分选较弱磁性矿物,带速适当慢些,避免磁性矿物丢失。可以通过使用调频器实施对带速的调整;通常情况下,带宽小于 1000 mm,带速选择 1.2～1.4 m/s;带宽大于 1000 mm,带速选择 1.4～2.2 m/s。

（5）入选矿石水分要求,对于分选矿石粒度大于 10 mm,水分要求不大于 5%;对于分选矿石粒度小于 10 mm,水分要求不大于 3%;对于入选物料中含粉料(-1.0 mm)较多,要求水分含量更低。

（6）生产时应避免矿石落入皮带与滚筒之间,以免损坏磁力滚筒和运输皮带,通常在头轮附近的皮带两侧增加护板加以防护。

1. 永磁滚筒的安装

（1）CT 型中场强永磁滚筒在运输过程中,应避免碰撞和撞击,以防磁场受损,影响使用效果。

（2）设备到达使用现场,将吊装钢索至两瓦座内轴承顶处,即可用起重机或电动葫芦吊就位。

（3）设备应水平安装使用,两瓦座中心应保持在同一水平线上。允许误差每米不超过 0.03 mm。

（4）安装完,用手旋转滚筒,应转动灵活,无卡滞现象。否则,查明原因,将故障排除。

（5）该设备应安装在水平的混凝土基础上,用地脚螺栓固定。

（6）安装时应注意主机体与水平的垂直。

（7）安装后检查各部位螺栓有无松动及主机仓门是否紧固,如有请进行紧固。

（8）按设备的动力配置电源线和控制开关。

（9）检查完毕,进行空负荷试车,试车正常即可进行生产。

（10）消除运送中途所累积的尘土,查验各位置是不是松脱。

（11）安装前查验皮带盘轴承进气系统是不是一切正常,有没有卡滞状况。

（12）支撑架要坚固,在稀土永磁轮轴承座与输送带中间垫一一样薄厚的橡胶板,以避免振动。

（13）各自设定非磁性物料和带磁物料的进料设备。

2. 永磁滚筒的保养

（1）常常查验各构件运行状况,出现异常马上关机解决,待查清缘故进行故障检测后,再投入运作。

（2）轴承:破碎机的轴承担负机器的全部负荷,所以良好的润滑与轴承寿命有很大的关系,它直接影响到机器的使用寿命和运转率,因而要求注入的润滑油必须清洁,密封必须良好,本机器的主要注油处有转动轴承、轧辊轴承、所有齿轮、活动轴承、滑动平面。轴承润滑选用 2 号钙基润滑脂,拆换周期时间按使用状况及周期时间明确(一般不超过 4 个月),拆换时以铺满轴承罩壳内室内空间 1/3～1/2 为宜。

（3）新安装的轮箍容易发生松动必须经常进行检查。

（4）注意机器各部位是否正常。

（5）注意检查易磨损件的磨损程度,随时注意更换被磨损的零件。

（6）放活动装置的底架平面,应除去灰尘等物以免机器遇到不能破碎的物料时活动轴承不能在底架上移动,以致发生严重事故。

（7）轴承油温升高,应立即停车检查原因加以消除。

（8）转动齿轮在运转时若有冲击声应立即停车检查,并消除。

20.3 永磁筒式磁选机

20.3.1 概述

永磁筒式磁选机适用于冶金矿山矿业选矿、选矿厂等企业事业单位及个人用户，用于选别细颗粒的磁性矿物，或者除去非磁性矿物中混杂的磁性矿物。永磁筒式磁选机选筒表面磁场强度远高于普通永磁磁选机，易于操作管理及维护，在各类选矿厂现场使用时具有明显的节能省电性能。永磁筒式磁选机有干式永磁筒式磁选机和湿式永磁筒式磁选机，干式筒式磁选机有单筒型、双筒型，磁场强度有弱磁和中磁，以永磁磁选机为主。湿式永磁筒式磁选机，该永磁筒式磁选机的磁选圆筒可配三种槽体，即半逆流槽（CTB）、顺流槽（CTS）和逆流槽（CTN），以适应不同的选别要求。半逆流槽永磁筒式磁选机适用于矿石粒度为 0.5～0 mm 的粗选和精选，尤其适用于粒度为 0.15～0 mm 矿物的精选；顺流槽永磁筒式磁选机适用于矿

石粒度为 6～0 mm 的粗选和精选；逆流槽永磁筒式磁选机适用于矿石粒度为 0.6～0 mm 的粗选和扫选，以及选煤工业重介质回收。

湿式永磁筒式磁选机采用磁性较高的稀土钕铁硼磁块和铁氧体磁块组成复合磁系，具有磁场强度高、磁场作用深度大、不易退磁等特性。因此设备处理能力大、对生产波动的适应性强，选别效果好。矿浆由给矿箱给入磁选机槽体后，在给矿水管喷出水的作用下呈松散悬浮状态进入磁场作用的分选区。磁性矿物在磁选机磁场作用下被吸在圆筒表面上，随圆筒一起转动到卸矿区，此处磁场强度较低，使用精矿卸矿装置（水管、喷嘴或刮板）使磁性矿物卸入精矿槽中，产出磁性产品；非磁性矿物或者磁性很弱的矿物，在槽体内矿浆流的作用下，从溢流堰流出经尾矿管产出非磁性产品。槽体结构的不同，分选过程有所不同，适合分选矿物的粒度范围不同。湿式筒式磁选机顺流型（a）、逆流型（b）、半逆流型（c）分选过程如图 20-9 所示。

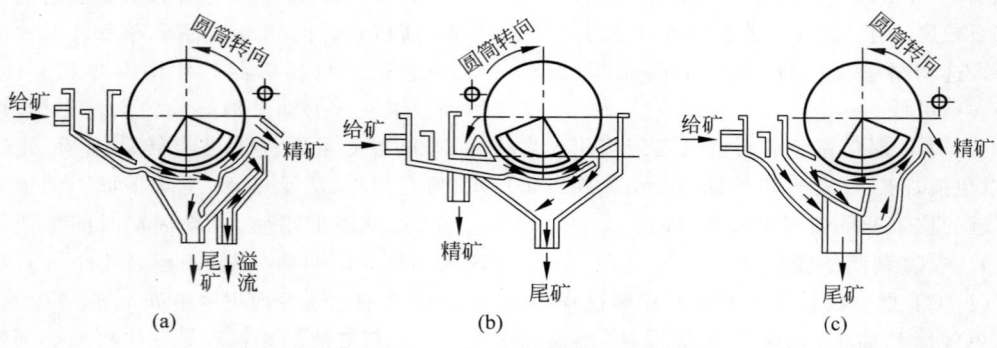

图 20-9 湿式永磁筒式磁选机分选过程
(a) 顺流型；(b) 逆流型；(c) 半逆流型

顺流型永磁筒式磁选机（CTS），矿浆的移动方向与圆筒旋转方向或产品移动的方向一致。矿浆由给矿箱直接进到圆筒的磁系下方，非磁性矿粒和磁性很弱的矿粒由圆筒下方的两底的间隙排出。磁性矿粒吸在圆筒表面上，随着圆筒一起旋转到磁系边缘的磁场弱处，由卸矿水管将其卸到精矿槽中。顺流型磁选机的构造简单，处理能力大，也可多台串联使用，适用于选分粒度为 6～0 mm 的粗粒强磁性矿

石的粗选和精选作业，或用于回收磁性重介质。

逆流型永磁筒式磁选机（CTN），给矿方向与圆筒的旋转方向或磁性产品的移动方向相反，矿浆由给矿箱直接进入圆筒的磁系下方，非磁性矿粒和磁性很弱的矿粒经过全部磁力区由磁系左边缘下方的底板上的尾矿孔排出，尾矿损失低，回收率高。磁性矿粒逆着给矿方向移动到精矿排出端，排入精矿槽中，但由于

精矿排出端距给矿口很近,精选作用差,精矿品位低。逆流型磁选机适用于0～0.6 mm强磁性矿石的粗选和扫选,以及选煤工业中的重介质回收,该机型能耗高。

半逆流型永磁筒式磁选机(CTB),给矿矿浆以松散悬浮状态从槽体下方进入分选空间,矿浆运动方向与磁场力方向基本相同,所以,矿粒可以达到磁场力很高的圆筒表面上。另外,尾矿是从底板上的尾矿孔排出,这样溢流面的高度可以保持槽体中的矿浆水平。上面的两个特点,决定了半逆流型磁选机可得到较高的精矿质量和金属回收率。因此被广泛用

于处理微细粒(小于0.2 mm)的强磁性矿石的粗选和精选作业。这种磁选机可多台串联使用,提高精矿品位。

20.3.2 主要技术性能参数

干式永磁筒式磁选机主要有北京矿冶研究总院生产的CTX型和抚顺隆基磁电设备有限公司生产的LGC型干式永磁筒式磁选机,各生产厂家的设备规格多种多样,技术性能也有所不同,主要根据矿物分选的要求进行设计。CTX0930和CTX1030永磁干式磁选机主要技术参数见表20-2。

表 20-2　CTX0930/CTX1030 永磁干式磁选机主要技术参数

参 数 项 目	设 备 型 号	
	CTX0930	CTX1030
筒体规格/(mm×mm)	$\phi 900 \times 3000$	$\phi 1050 \times 3000$
给矿粒度/mm	0～25	0～25
处理能力/(t/h)	80～250	100～300
筒表场强/mT	100～500	100～500
电机功率/kW	7.5～15	7.5～15
筒体转速/(r/min)	35～120	35～100
给料方式	上部给料	上部给料
外形尺寸(长×宽×高)/(mm×mm×mm)	4650×1800×1755	4650×2000×1960
机身质量/t	5.3	6.2

近几年,干式永磁筒式磁选机多用于贫磁铁矿(原矿磁铁矿含量8%～20%)干式预选作业,使用CTX0930和CTX1030型干式磁选机,磁场强度选用250～350 mT,分选粒度一般为-12 mm,处理量较大(100～300 t/(台·h)),主要目的是在入磨前大量抛出尾矿,提高入磨磁铁矿品位,减少入磨量,实现低品位铁矿石的经济开发,由于该种设备转速较高、分选区长、料层薄,分选指标优于干式磁力滚筒。CTX型

和LCC型干式永磁筒式磁选机都是采用小极距、多磁极、大磁包角、高转速设计,比较适合细粒铁矿物(或还原铁粉)分选。

湿式永磁筒式磁选机规格很多,各个生产厂家的型号不一,技术性能主要是根据使用要求设计。目前,大多数选矿厂都使用大型磁选机,表20-3列出了部分大型CT型湿式筒式磁选机主要技术参数。

表 20-3　部分大型 CT 型湿式筒式磁选机主要技术参数

型号	筒径/mm	筒长/mm	磁场强度/mT	处理量/(t/h)	分选物料粒度/mm	安装功率/kW	外形尺寸(长×宽×高)/(mm×mm×mm)	质量/t
CTB/S/N-1024	1050	2400	120～600	60～80	3～0	5.5	4100×1980×1790	5.4
CTB/S/N-1030		3000		70～100	6～0	7.5	4690×1980×1790	5.9

续表

型号	筒径/mm	筒长/mm	磁场强度/mT	处理量/(t/h)	分选物料粒度/mm	安装功率/kW	外形尺寸（长×宽×高）/（mm×mm×mm）	质量/t
CTB/S/N-1218		1800		50~80		5.5	3100×2205×1905	5.1
CTB/S/N-1224		2400		60~100		7.5	3740×2205×1905	6.1
CTB/S/N-1230	1200	3000		80~120		7.5	4772×2205×1905	7
CTB/S/N-1236		3600	150~600	100~140	0.6~0	7.5	4923×2205×1905	8
CTH/S/N-1240		4000		120~160		11	5423×2205×1905	9.1
CTB/S/N-1245		4500		150~200		11	5923×2205×1905	10.2
CTB/S/N-1545	1500	4500		180~250		15	6110×2743×2355	12.1

1. CTS 永磁筒式磁选机

这种磁选机的槽体结构为顺流型（图 20-10）。磁选机的给矿方向与圆筒的旋转方向或磁性产品的移动方向一致，矿浆由给矿箱直接进入圆筒的磁系下方，非磁性矿粒和磁性很弱的矿粒由圆筒下方的两板的间隙排出。磁性矿粒被吸在圆筒表面上，随圆筒一起旋转，到磁系边缘的低磁场区排出。

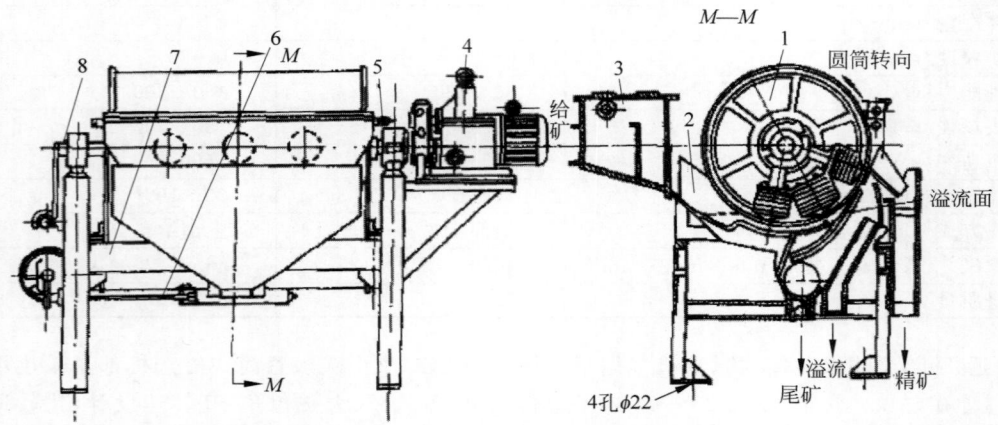

1—圆筒；2—槽体；3—给矿箱；4—传动部分；5—卸矿水管；6—排矿调节阀；7—机架；8—磁偏角调整装置。

图 20-10　CTS 永磁筒式磁选机

顺流型磁选机常用于处理粒级为 5 mm 以下较粗的磁性矿粒的粗选，运转可靠性高，功耗低，但无法获得最高回收率和最佳精矿质量。

2. CTN 永磁筒式磁选机

这种磁选机的槽体结构为逆流型（图 20-11）。磁选机的给矿方向与圆筒的旋转方向或磁性产品的移动方向相反，矿浆由给矿箱直接进入圆筒的磁系下方，非磁性矿粒和磁性很弱的矿粒经过全部磁力区由磁系左边缘下方的底板上的尾矿孔排出，尾矿损失低，回收率高。磁性矿粒逆着给矿方向移动到精矿排出端，排入精矿槽中，但由于精矿排出端距给矿口很近，精选作用差，精矿品位低。

逆流型磁选机适用于 0~0.6 mm 强磁性矿石的粗选和扫选，以及选煤工业中的重介质回收。该机型能耗高。

3. CTB 永磁筒式磁选机

这种磁选机的槽体结构为半逆流型（图 20-12）。矿浆从槽体的下方给到圆筒的下部，非磁性产品移动方向与圆筒的旋转方向相反，磁性产品移动方向与圆筒的旋转方向相同。矿浆导入后，磁性矿粒吸在圆筒表面，受到洗涤水的清洗，同时，由于磁系的交替变化，磁性矿粒呈链状进行翻滚,夹杂在磁性矿粒中的一些脉石矿粒被清洗出来,从而提高磁性产品的质量。槽体下部的给矿区安置了喷水管,有利于矿浆的悬浮、清洗和提高分选指标。非磁性矿粒从槽体对面末端,经过尾矿排出口排出。

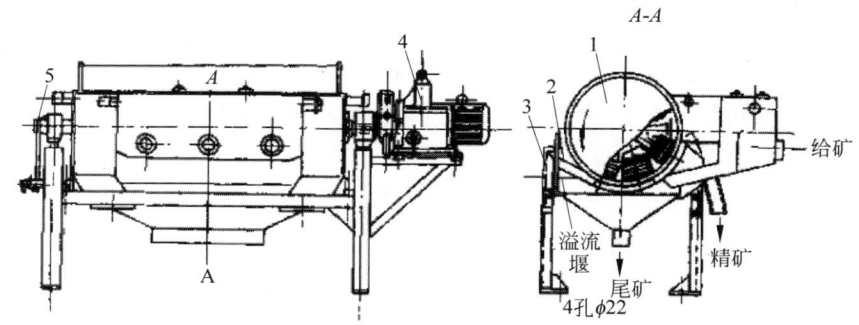

1—圆筒;2—槽体;3—机架;4—传动部分;5—磁偏角调整装置。

图 20-11　CTN 永磁筒式磁选机

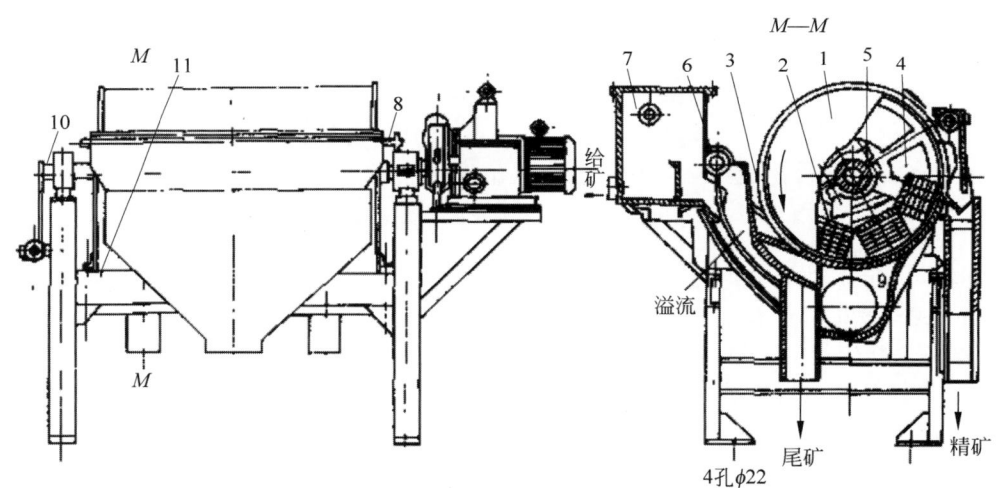

1—圆筒;2—磁系;3—槽体;4—磁导板;5,11—支架;6—喷水管;7—给矿箱;
8—卸矿水管;9—底板;10—磁偏角调整装置。

图 20-12　CTB 永磁筒式磁选机

这种磁选机的矿浆以松散悬浮状态从槽底下方进入分选空间,矿浆运动方向与磁场方向基本相同,所以矿浆可以达到磁场力最高的圆筒表面上。另外,尾矿是从底板上的尾矿口排出的,这样,溢流面高度可保持槽体中的矿浆水平。以上两个特点决定了半逆流型磁选机可以得到较高的精矿质量和回收率。半逆流型磁选机适用于 0～0.5 mm 的强磁性矿石的粗选和精选,尤其适用于 0～0.15 mm 的强磁性矿石的精选。入料中过粗粒的矿粒在槽体中能产生沉淀,使分选恶化。

4.几种新型永磁筒式磁选机

1)BK 系列永磁筒式磁选机

北京矿冶研究总院研制的 BK 系列永磁筒式磁选机分为 BKY 型预选磁选机、BKC 型粗选磁选机、BKJ 型精选磁选机、BKW 型扫选及尾矿再选磁选机、BKF 型浮选泡沫分选磁选机。磁铁矿石经过选矿厂流程中各作业段的加工,磁铁矿的解离度和含量发生很大变化,表现出不同的矿物性质(磁性率、品位、粒度等),每个分选作业应使用不同特性的磁选机,将选矿厂分选作业分为预选段、粗选段、精选段和尾矿再选段,设计出了具有不同结构和性能的磁选机(包括磁场分布、槽体结构和给矿方式等)。BK 系列磁选机主要的结构特点为:磁系磁包角大(155°~168°),圆周方向磁极宽度变化;槽体是特殊设计的大容积顺流型槽

体,矿液面高,多尾矿排矿通道,使用阀门控制底流尾矿排矿,保持液面稳定;每一种磁选机给矿装置不同,即矿浆给入的磁场区域不同,使磁性矿物先在弱磁场区得到预磁化后进入强磁场区,减少磁团聚夹杂,有利于回收磁铁矿和提高精矿品位。BK 系列永磁筒式磁选机如图 20-13 所示。

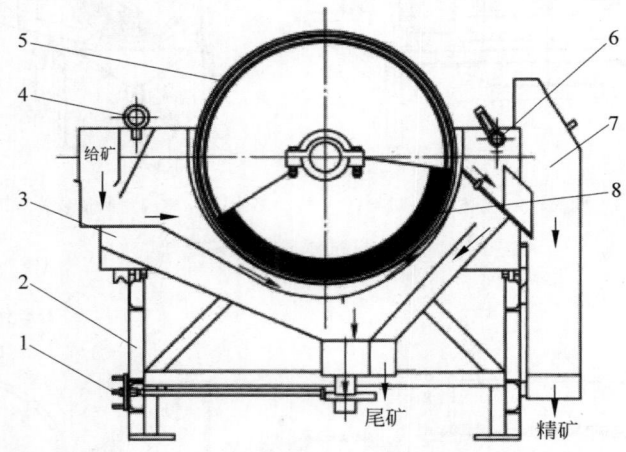

1—尾矿口调节装置;2—机架;3—槽体;4—给矿水管;5—分选筒;6—卸矿水管;7—精矿箱;8—磁系。

图 20-13　BK 系列永磁筒式磁选机

BKY 型磁选机专用于磁铁矿细碎后(-12 mm)或自磨机排矿较粗粒矿的预选抛尾作业。矿石直接给入给矿箱内,加水混合后给入磁选机槽体分选,粗、细粒尾矿从槽体底部分别排出,精矿用刮板卸矿,浓度一般为 70%~80%,直接进入一段球磨机磨矿。

BKC 型磁选机用于高压轮磨机—筛分—磁选——一段球磨机工艺中-3 mm 湿式预选作业或选矿厂一段粗选作业,入选粒度-3 mm。

BKJ 型磁选机用于选矿厂二段或三段细粒精选作业。

BKW 型磁选机用于选矿厂扫选及尾矿再选作业,或用于从含铁的多金属矿浮选尾矿中回收铁矿物,该机矿浆通过量大,磁性矿回收率高。

2) BKB、BX 多磁极磁选机

BKB、BX 型多磁极磁选机分别由北京矿冶研究总院和包头新材料应用设计研究所研制。磁系结构都是采用多磁极(8-12 极)、小极距、大磁包角(约 145°)设计,BKB、BX 型多磁极磁系如图 20-14、图 20-15 所示;槽体为半逆

流型,高矿液面,在精矿输送区增加了精矿漂洗装置。主要特点为:圆筒表面磁场强度高、梯度大、圆周方向磁场分布均匀;分选带长、磁性矿物磁翻转次数多,漂洗水强化除杂;与常规 CTB 型磁选机相比精矿品位高,尾矿品位低。该机比较适合磁铁矿精选作业,但磁系结构较复杂,漂洗水箱易被杂物堵塞。

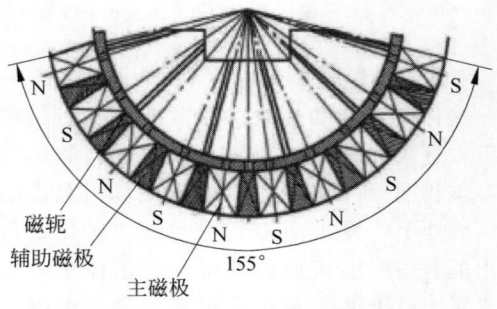

图 20-14　BKB 型多磁极磁系示意

3) BKT、NCT 型脱水浓缩磁选机

抚顺隆基磁电设备有限公司研制的 NCT 型

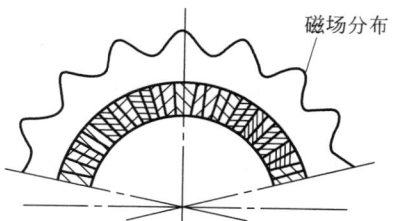

图 20-15 BX 型多磁极磁系示意

和北京矿冶研究总院研制的 BKT 型永磁筒式磁选机是磁铁矿脱水浓缩专用磁选机(图 20-16),槽体为逆流型,磁包角为 250°~270°,使用压混挤压脱水,用刮板卸精矿,精矿浓度为 65%~75%,一般用于再磨作业前或过滤机前的脱水浓缩作业。脱水浓缩磁选机也可以使用半逆流型槽体,磁包角一般为 140°~150°,不使用压辊,在圆筒与槽体的精矿输送区设计成楔形空间,迫使铁精矿在输送的过程中被挤压脱水,采用橡胶刮板辅助卸精矿,该磁选机磁系结构相对简单,质量小,精矿浓度也可以达到 70%。

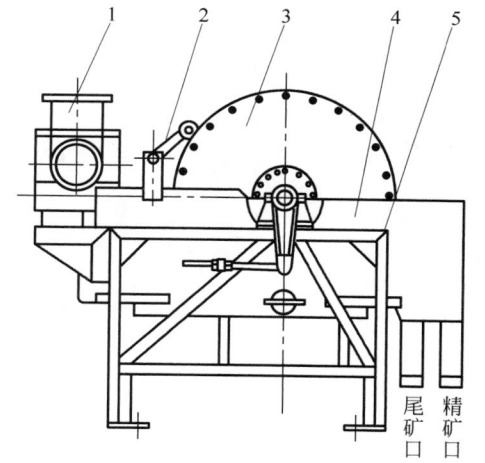

1—给矿装置;2—精矿压辊;3—磁筒;4—槽体;5—机架。

图 20-16 浓缩磁选机

4) YCMC(CNC)永磁脉动磁场磁选机

该机是马鞍山矿山研究院研制的,在磁系结构设计方面比较新颖,在磁系圆周方向精矿输送区部分相邻磁极设计成同性磁极,在两组同性磁极之间产生零磁场或磁场很低(即所称的脉动磁场),YCMC 型永磁脉动磁场磁选机结构如图 20-17 所示。该磁选机为半逆流型,

在分选过程中,吸附在圆筒上的磁性矿物随圆筒一起运动,在经过脉动磁场区域时,吸附在圆筒表面上的磁性矿物在经过零磁场区时突然离开筒表,向下降落,呈松散状态,夹杂在磁团中的脉石或贫连生体被暴露出来,在水介质作用下被排除,磁性矿物经过零磁场区后又重新被吸到圆筒上。脉动磁场有利于提高磁铁矿质量,该机比较适合细粒磁铁矿的精选作业。

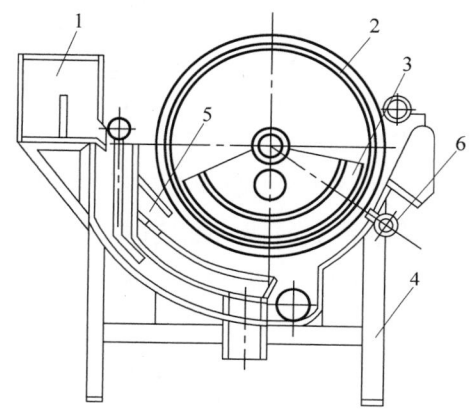

1—给矿装置;2—永磁圆筒;3—磁系;4—机架;5—半逆流槽体;6—漂洗水装置。

图 20-17 YCMC 型永磁脉动磁场磁选机结构

5) 永磁旋转磁场磁选机

湿式永磁旋转磁场磁选机主要由圆筒、旋转磁系、槽体、精矿卸料辊等组成,ϕ780 mm×1800 mm 旋转磁场磁选机结构如图 20-18 所示。永磁旋转磁系由 18 个沿整个圆周极性交替排列的磁极组成;圆筒和磁系分别传动,可以相同方向不同转速运动,也可以相反的方向运动。这种磁选机不能自行卸精矿,需要通过感应辊卸精矿。旋转磁场提高了分选空间的磁场交变频率,对吸附在筒表上的磁性粒群起到剧烈的磁搅拌作用,磁搅拌不断打破磁团聚,将磁团聚中夹杂的脉石暴露出来,磁搅拌还强化了精矿的洗涤作用,能够比常规磁选机获得更高的铁精矿品位。但该种设备不足之处是运转部件较多,结构较复杂,功耗较大,处理量较小。

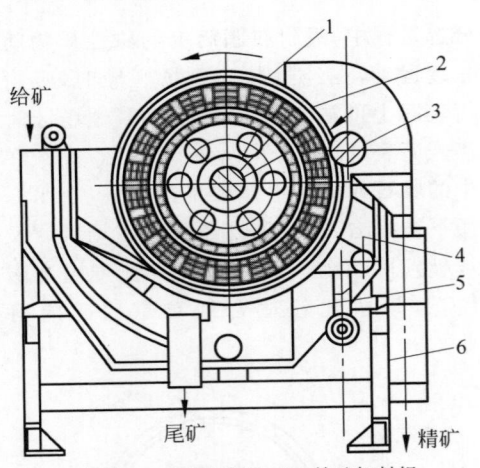

1—圆筒；2—旋转磁系；3—精矿卸料辊；
4—精矿冲洗水箱；5—槽体；6—机架。

图 20-18　φ780 mm×1800 mm 旋转磁场磁选机结构

6）选煤重介质回收用磁选机

重介质选煤工艺要求磁选机磁性介质回收

率在 98% 以上，单位长度上的体积通过量在 100 m³/m 以上，回收的磁性介质浓度一般要求 65% 以上。由于磁性介质粒度细，矿浆中含煤泥量较多，并含有粗颗粒矸石，为了达到分选要求，一般选择分选带较长的 CTN 逆流型永磁筒式磁选机。磁选机筒表磁感应强度一般选择 250～300 mT，槽体液面较高，并有粗砂排矿口，采用刮板卸磁性介质。重介质选煤厂通常使用 CTN1030 和 CTN1230 大型磁选机，根据工艺要求可以使用单筒型也可以双筒型配置。图 20-19 是重介质回收用 2CTN 型双筒磁选机示意图。

由于 CTN 逆流型磁选机对磁性矿物回收率高，通常还用于有色金属矿和非金属矿除铁提纯作业，由于给矿中含有少量或极少量的磁性铁矿物（或铁杂质），筒表磁感应强度一般选择 400～600 mT，采用感应辊卸磁性产品。

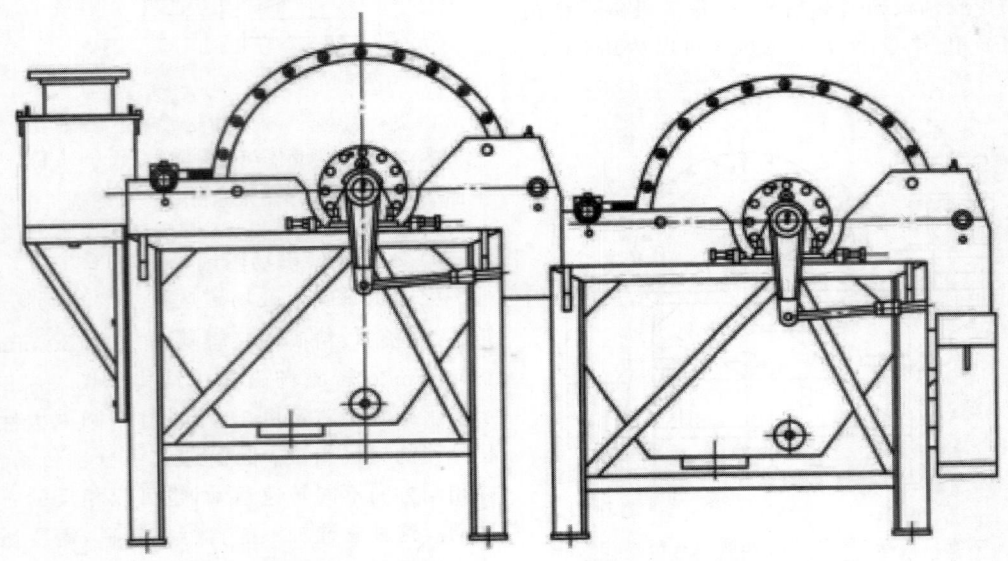

图 20-19　重介质回收用 2CTN 型双筒磁选机

20.3.3　主要功能部件

1. 干式永磁筒式磁选机

干式筒式磁选机有单筒型、双筒型，磁场强度有弱磁和中磁，以永磁磁选机为主。

永磁干式磁选机主要包括机架、箱体、磁筒、磁系调整机构、传动系统、分矿板等主要部件。永磁干式磁选机结构如图 20-20 所示。

磁系有圆缺形（含扇形）固定磁系和满圆形旋转磁场磁系。磁系磁极排列有两种形式：一种是磁极沿圆周方向 N、S 极交替排列，沿轴向极性一致，磁极周向排列磁系示意如图 20-21 所示。该种磁系圆周方向可以设计成小极距、多磁极、大磁包角形式，提高磁搅动次数，比较适宜分选细粒(-1.0 mm)粉状磁铁矿,提高其分离精度;也可以设计成较大磁极距、磁极数较少,比较适合分选较粗(-12 mm)磁铁矿,提高磁性产品回收率。

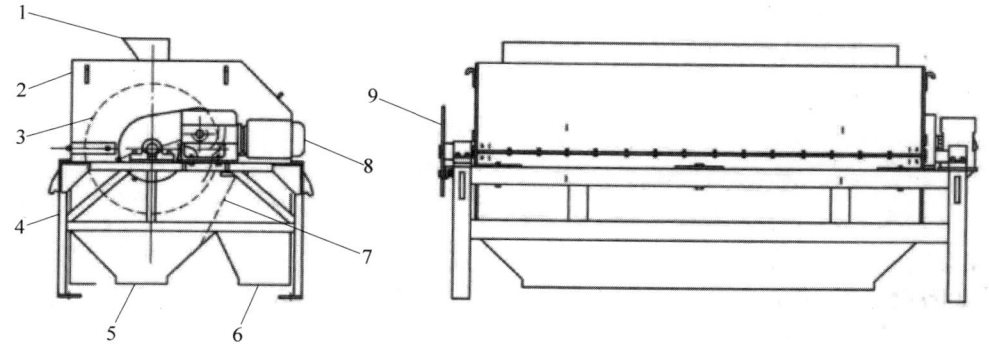

1—给矿口;2—箱体;3—磁筒;4—机架;5—磁性产品出口;6—非磁性产品出口;7—分矿板;8—电机、减速机;9—磁系调整轮。

图 20-20 永磁干式磁选机结构

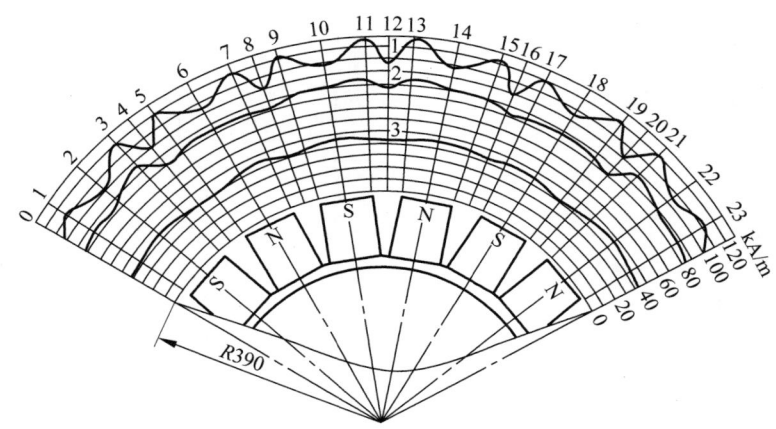

曲线:1—筒体表面;2—距筒表 20 mm,3—距筒表 40 mm。

图 20-21 磁极周向排列磁系示意

另一种磁系结构是磁极沿轴向 N、S 极交替排列,如图 20-22 所示,圆周方向极性一致,该磁系磁性矿物在分选过程不发生磁翻转,比较适合非金属矿的除铁提纯作业。圆缺形(含扇形)磁系通过调整机构可以将磁系调整到上方适当位置,并将其固定。

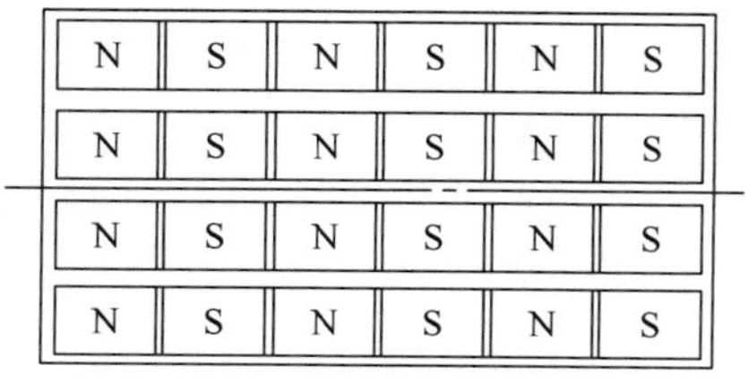

如果筒表磁场强度较低、分选筒转速较低,分选筒材质可以选用不导磁不锈钢材料制作;如果筒表磁场强度较高、分选圆筒转速较高(一般线速度大于 2.5 m/s),为了防止金属材料受涡流作用产生发热和电机功率增加,一般选用非金属材料制作。分选圆筒转速可以通过调频器无级调速。

2. 湿式永磁筒式磁选机

湿式永磁筒式磁选机具有结构简单、体积小、质量小、效率高、处理能力大、能耗低等特点,是磁铁矿选矿厂广泛应用的设备,也广泛用于有色金属矿选矿、重介质选煤厂回收重介质,以及用于非金属矿、建材等物料的除铁提纯作

N	S	N	S	N	S
N	S	N	S	N	S
N	S	N	S	N	S
N	S	N	S	N	S

图 20-22 磁极轴向排列磁系示意

业。目前,国内外都趋向于采用大型磁选机,直径 1200 mm 系列磁选机已是选矿厂使用的主力机型,2007 年北京矿冶研究总院研制的 CTB1245 磁选机成功应用于四川某多金属矿回收磁铁矿,马鞍山院研制的 ϕ1500 mm×4000 mm 磁选机投入了工业应用,ϕ1500 mm×4500 mm 超大型磁选机正在进行工业试验。同时,根据各作业段矿石性质的不同,研制出了专用磁选机。

磁选机主要由给矿箱、磁筒、槽体、精矿箱、传动装置、机架、给矿水管、精矿卸矿装置、磁系调整装置等组成,CT 系列湿式筒式磁选机结构如图 20-23 所示。弱磁场和中磁场磁选机除磁系结构和使用的磁性材料不同之外,其余结构基本上相同。

1)磁选机槽体

槽体结构形式可以分成顺流型、逆流型和半逆流型三种,对应的磁选机型号为 CTS、CTN、CTB,最常用的是半逆流型槽体。槽体的材质用不导磁不锈钢材料制作,在易磨损区可以做耐磨处理(衬耐磨橡胶、贴铸石板、涂耐磨涂料等)。槽与分选筒的间隙即工作间隙可以根据处理量的大小在一定范围内调整,磁性产品排矿口大小可以根据出矿量大小调整。

2)磁选机磁筒

筒式磁选机的磁筒是核心部件,磁筒结构如图 20-24 所示。

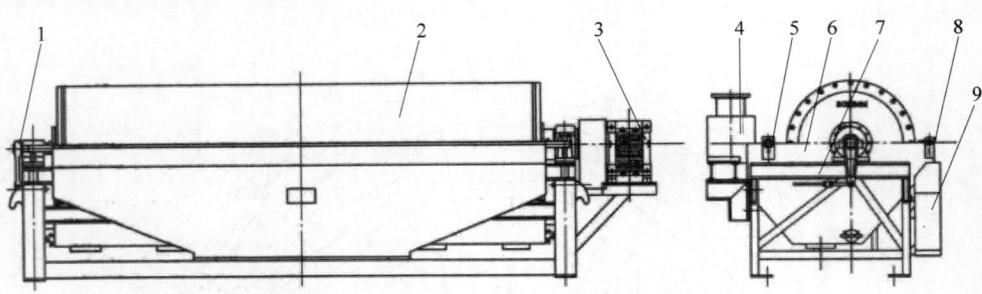

1—磁偏角调整机构;2—磁筒;3—传动装置;4—给矿箱;5—给矿水管;
6—槽体;7—机架;8—冲精矿装置;9—精矿箱。

图 20-23 CT 系列湿式筒式磁选机结构

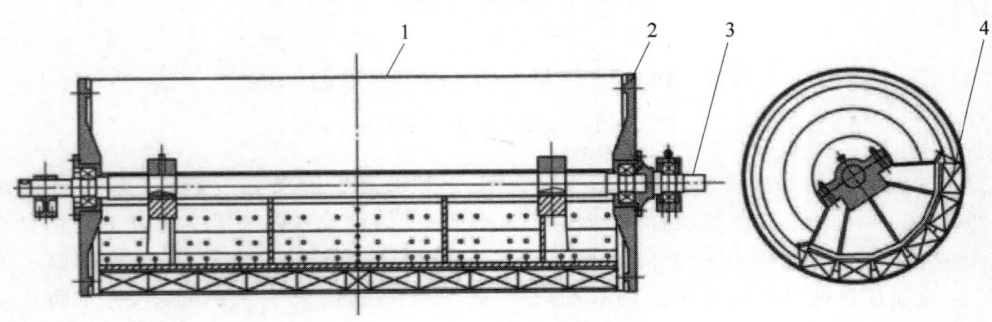

1—圆筒;2—端盖;3—传动轴;4—磁系。

图 20-24 磁筒结构

圆筒用不导磁不锈钢板卷成,圆筒两端焊接法兰,圆筒表面使用耐磨材料保护,耐磨材料可以采用硫化(或粘贴)耐磨橡胶板或采用双层不锈钢筒皮结构或采用贴耐磨陶瓷片等。圆筒两端的端盖为不锈钢材料或用铝合金材质铸造而成。

CT 系列磁选机磁系圆周方向通常由 4~6 个磁极组按 N-S 极性交替排列安装在磁轭上,构成扇形开放式磁系,磁极数一般是偶数,漏磁较少,磁包角一般为 105°~130°。多磁极磁选机磁系圆周方向由 8~12 个磁极组组成,磁包角 135°~150°。根据所需要的磁场强度,磁极组磁性材料可以使用铁氧体材料、铁氧体与稀土磁钢复合结构或全部使用稀土磁钢材料。磁系使用不锈钢带包裹，避免磁系脱落。

磁筒的传动结构形式有半轴传动结构和通轴传动结构，如图 20-25、图 20-26 所示。半轴结构磁系的重量通过传动轴传递到轴承座；通轴结构磁系的重量是直接由轴承座支撑。半轴传动结构简单；通轴传动受力较合理，但由于采用了滑动轴承，润滑要求较高；通轴传动结构还有开式齿轮传动和链条传动方式。

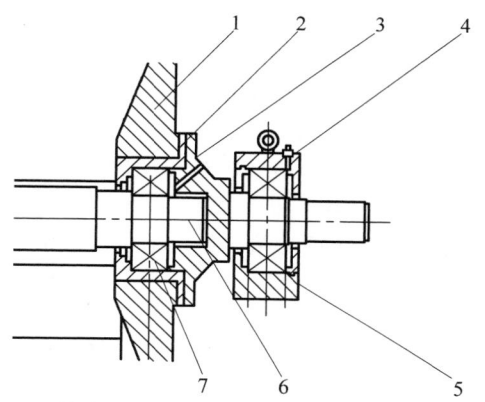

1—端盖；2—轴承套；3—传动轴；4—轴承座；
5,7—滚动轴承；6—主轴。

图 20-25　半轴传动结构

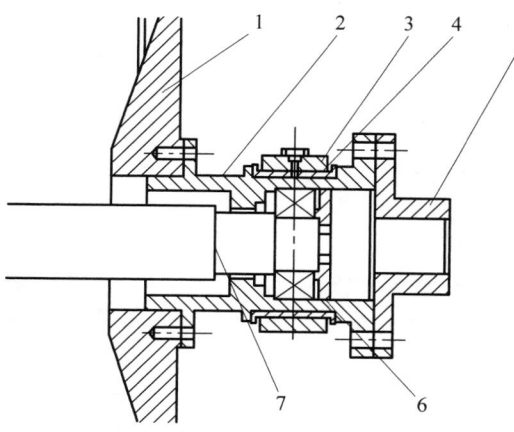

1—端盖；2—传动套；3—滑动轴承座；4—滑动轴承；
5—联轴器；6—滚动轴承；7—主轴。

图 20-26　通轴传动结构

3）给矿装置

为实现磁选机分选区的轴向长度布料均匀，在常规给矿箱中增加一套管道分矿装置，即给矿装置。在其水平钢管下部离中心垂直线 30°角处铣出宽 25～35 mm 通长缝隙，给入的矿浆先在给矿管内进行一次分料，然后再通过给矿箱内的溢流板均匀地流入磁选机的槽体，矿浆在轴向均匀分布。

20.3.4　使用与维护

1. 干式永磁筒式磁选机

影响干式磁选机分选指标的因素主要有矿石性质（品位、磁性、粒度和含水率等）、设备性能和操作水平等。在设备性能一定的条件下，操作调节应当根据所处理的矿石性质和对产品指标的要求来确定。操作调整的主要因素有筒体的转速、分矿板的位置和给矿量的大小，合理地调整这三个因素，可以改善分选指标，通过试验确定合理的技术参数。同时，入选粒度对分选指标影响也很大，入选粒级越窄，分选指标越好。入选物料含水分对分选指标影响很大，水分高可能恶化分选指标；对于粗粒(-12 mm)矿物分选，一般要求给矿中水分小于 3%，对细粒级(-1.0 mm)分选，一般要求给矿中水分小于 1%。为了减少工作环境中的粉尘含量，保证工人的身体健康，磁选机设计成密闭结构，在磁选机顶部安装除尘口，与除尘系统连接，使选箱内处于负压状态。

2. 湿式永磁筒式磁选机

影响湿式永磁筒式磁选机分选性能的因素很多，除磁系的结构形式、磁场特性、槽体形式等因素之外，还与磁选机的工作间隙（即圆筒表面与槽体底板之间的距离）、磁系磁偏角、处理量、给矿浓度、筒体转速以及槽体吹散水、精矿卸矿水大小等有关。

1）工作间隙调整

不同规格的磁选机在出厂前设定了工作间隙，该工作间隙在实际生产中应根据具体的工艺条件做适当调整，通过调整槽体与机架之间的调整垫板或调整磁筒轴承座与机架之间的调整垫板来实现。如果工作间隙过大，虽然矿浆通过量大，但槽体底部处的磁场强度较低，会造成尾矿品位增高，影响金属回收率；如果工作间隙过小，虽然槽体底部处的磁场强度较高，但由于矿浆流速较快，分选时间较短，也会造成尾矿品位较高和精矿夹杂脉石较多影响精矿品位,甚至出现矿浆从两端冒槽现象。

2) 磁系磁偏角调整

设备出厂前磁系处在完全下垂状态,磁偏角指针指示"O",设备现场安装之后应将磁系向精矿口方向调整,不同磁选机磁包角大小不同,实际调整幅度也不相同,一般调整到指针指示 10°～15°,观察精矿排矿比较顺畅即可。

3) 工艺条件调整

磁选机在实际生产中应对工艺条件做适应性调整。给矿量和给矿浓度对分选指标影响较大,通过生产实践来确定。一般情况下,在给矿量(干矿)一定的条件下,浓度太高,矿浆阻力增大,不利于磁性矿的回收,并且磁性产品中脉石夹杂较多,应增加槽体底部的吹散水(补加水),稀释矿浆,改善分选条件;如果给矿浓度太低,矿浆体积量较大,虽然矿物分散性好,但矿浆流速较快,也不利于磁性矿物的回收,应关闭或关小槽体底部的吹散水。一般情况下,给矿浓度以 25%～35%为宜。粗选段处理量和给矿浓度可以大一些,精选段处理量和给矿浓度应小一些。精矿卸矿冲洗水的大小以保证卸掉精矿即可,有些磁选机为了获得较高的精矿浓度,用橡胶刮板卸精矿。

4) 日常维护

机器的维护保养是一项极其重要的经常性的工作,它应与操作和检修等密切配合,应有专职人员进行值班检查。

要根据使用、维护说明书进行操作、巡检、维护,发现问题及时解决。磁选机在生产中出现的事故主要有:磁选机槽体内进入异物,严重时会造成槽体堵塞,甚至影响圆筒运转;圆筒表面吸上铁质物品(如螺栓、垫片、铁丝、电焊条等)如不及时清除,会将圆筒表面的橡胶或不锈钢筒皮刮伤;磁系磁块脱落,圆筒内有咔咔的响声,应立即停车检修;由于端盖密封问题或筒皮磨漏,矿浆进入磁筒内部,造成圆筒无法运转。如果设备因故突然停止,给矿未能及时停,在设备下次运行前,应打开槽体两端的槽堵,用水管将积存矿物冲洗后再启动电机,以免大量矿物沉槽后增加设备的启动电流,使减速机、电机受到损伤。

机器的使用:

(1) 该设备应安装在水平的混凝土基础上,用地脚螺栓固定。

(2) 安装时应注意主机体与水平的垂直。

(3) 安装后检查各部位螺栓有无松动及主机仓门是否紧固,如有请进行紧固。

(4) 按设备的动力配置电源线和控制开关。

(5) 检查完毕,进行空负荷试车,试车正常即可进行生产。

机器的维护:

(1) 轴承。破碎机的轴承担负机器的全部负荷,所以良好的润滑与轴承寿命有很大的关系,它直接影响到机器的使用寿命和运转率,因而要求注入的润滑油必须清洁,密封必须良好,本机器的主要注油处有转动轴承、轧辊轴承、所有齿轮、活动轴承、滑动平面。

(2) 新安装的轮箍容易发生松动必须经常进行检查。

(3) 注意机器各部位的工作是否正常。

(4) 注意检查易磨损件的磨损程度,随时注意更换被磨损的零件。

(5) 放活动装置的底架平面,应除去灰尘等物以免机器遇到不能破碎的物料时活动轴承不能在底架上移动,以致发生严重事故。

(6) 轴承油温升高,应立即停车检查原因加以消除。

(7) 转动齿轮在运转时若有冲击声应立即停车检查,并消除。

(8) 保持良好的润滑状态。开式齿轮应有足够的润滑油,轴承盖上的注油孔,应每三个月注油一次。

(9) 经常检查圆筒上的耐磨层,对脱落松脱或断头处应及时修理,在修理时断头处的胶条及圆筒表面应用砂纸打净,然后用 88 号胶贴牢,最好再用铁丝连接起来,以防再断。

(10) 应除去矿浆大块磁块或用焊条头之类的东西,以免当给矿量小时,这些东西带不上来,很快就会把筒皮磨坏。圆筒上是否有铁块,可在停车时通过两端的观察孔检查。

(11) 给矿前,先开车给水,停车前,先停止给矿。

当使用一段时间需要拆开检查时,先把带有轴承座的小轴拆下来,这样就会露出一个小轴头,用和口径相符的管子套住小轴头,将其放在枕木上,松开端盖螺钉,取下端盖,把筒移到一端,磁系即露出。

检查轴承是否完好,磁铁有否损坏,筒内是否有其他东西。需要更换磁块时,注意磁极不可装反。每一个磁块均有 N、S 两个极,用一根细绳拴住一块磁铁并提起就会发现,有一个面总是指向地球的南极,这个极就是 S 极,另一个就是 N 极,做个记号,以这块磁铁为准去检查坏磁铁,根据同性相斥、异性相吸的道理,判断损坏的是哪个极,一般顶上的斜磁块容易损坏。坏磁块需要及时更换。如果磁块仅仅裂了而不缺块,手头又没有备用磁块,可将磁块表面用酒精或丙酮洗净,用环氧树脂粘上后继续使用。

20.4　干式强磁场磁选机

20.4.1　概述

分选弱磁性矿物最早的工业型磁选机是干式的,迄今为止干式强磁场磁选机仍然广泛用于分选锰矿石、铁矿石、海滨砂矿、黑鹤矿、锡矿和磷矿石等。干式强磁选机要求被分选的矿物干燥,颗粒之间可以自由移动,不需要利用稀释剂提高分选效率。干式强磁场磁选机主要用于粒度较大的弱磁性矿物颗粒的分选,如锰矿和褐铁矿。现在常用的干式强磁场磁选机有永磁干式强磁选机和电磁干式强磁选机两大类。

1. 永磁干式强磁选机

永磁干式强磁选机依靠磁性材料本身产生磁场,其磁性材料普遍在 12 000 GS 左右,只能用于满足磁选需求的物料进行分选。永磁干式强磁选机的成本低,能耗小,维修保养费用较少。按照磁选机分选区的磁感应强度不同,永磁干式强磁选机可分为永磁辊带式强磁选机和永磁强磁力筒式磁选机。

1) 永磁辊带式强磁选机

永磁辊带式强磁选机 1981 年首先由南非 E. L. Bateman 公司研制成功,目前,国内外主要生产商有美国 INPROSYS 公司、ERIEZ 公司、英国 BOXMAG-RAPID 公司,南非 BATEMAN 采选设备公司,北京矿冶研究总院、长沙矿冶研

究院、马鞍山矿山研究院等。永磁辊带式强磁选机的磁辊表面磁感应强度可达 2.0 T,适合弱磁性矿物的干式分选,近几年成为长石干式除铁的主要设备。

2) 永磁强磁力筒式磁选机

长沙矿冶研究院研制的 DPMS 型和北京矿冶研究总院研制的 RTG 型永磁强磁力筒式磁选机的磁系为扇形挤压式结构,全部使用高性能钕铁硼磁钢制作,极性沿轴向交替(也可以沿周向交替);分选圆筒采用薄壁不锈钢制作,筒表磁感应强度在 0.9 T 以上,磁场梯度是常规筒式中磁机的 3～5 倍;采用振动给料器给料,筒体旋转速度可通过调频器无级调速。该设备生产厂家和系列也较多,有马鞍山矿山研究院的 ZC(NCT) 系列中磁机、长沙矿冶研究院的 DPMS 系列中强磁选机、广州有色金属研究院的 ZCT 筒式磁选机等。其中,DPMS 型干式永磁强磁力双筒磁选机适用性大,除了用于非金属矿的提纯,也可用于锰矿、钛铁矿等中等磁性矿物分选。

2. 电磁干式强磁选机

电磁干式强磁选机依靠电能驱动产生磁场,其磁场普遍在 25 000 GS 左右,适用范围很广,可以通过调节自身的磁场强度来适应物料的磁性。

1) 电磁感应辊式强磁选机

干式感应辊式强磁选机有单轮、双轮和四轮等多种结构形式。单轮强磁选机能完成一次分选,双轮强磁选机可以在一台设备上连续完成两次分选,四轮强磁选机采用双通道给料,每个通道上可以完成两次分选。

2) 电磁盘式强磁选机

盘式磁选机中起磁性矿粒的部件是圆盘,因此叫盘式磁选机。盘式磁选机适用于分选粒度为 3 mm 以下的具有铁磁性的矿物、有色金属和有色金属矿石。

20.4.2　主要技术性能参数

1. 永磁干式强磁选机

1) 永磁辊带式强磁选机

永磁辊带式强磁选机按不同轮径、轮长、磁轮数量可分为多种规格,表 20-4 列出了部分永磁辊带式强磁选机技术参数。

表 20-4　部分永磁辊带式强磁选机主要技术参数

参数项目	设 备 规 格			
	YCG-300	CRIMM-150	2RGC150	2RGC150
辊径/mm	300	150	150	200
辊长/mm	1000	1000	1000	1000
辊数量/个	1	1	2	2
辊面场强/T	1.3	1.5	1.5	1.7
处理量/(t/h)	8～30	3～6	约10	约15
给矿粒度/mm	-40	-45	0.1～15	0.1～20
电机功率/kW	1.5	0.55	2×1.5	2.0
机身质量/t	2.8	0.85	1.5	2.0
外形尺寸(长×宽×高)/(mm×mm×mm)	1800×2049×1050	2298×1555×2011	1700×1650×1500	1700×1650×1500

2) 永磁强磁力筒式磁选机

永磁强磁力筒式磁选机的常用规格的筒径有 300、400、600、900 mm 等，筒长有 450、600、900、1200、1500 mm 等。有单筒和双筒配置，上筒和下筒磁场强度可以有不同设计。长沙矿冶研究院研发的干、湿两用的 DPMS 系列圆筒型永磁强磁选机(ϕ600 mm×100 mm)可以处理-50 mm 的弱磁性矿物，取得了较好的分选指标。

2. 电磁干式强磁选机

1) 电磁感应辊式强磁选机

GCG 型电磁感应辊式强磁选机主要技术参数见表 20-5。

表 20-5　GCG 型电磁感应辊式强磁选机主要技术参数

参数项目	设 备 规 格			
	GCG8/10	GCG20/50	GCG20/75-2	GCG15/50-4
感应辊径/mm	80	200	200	150
感应辊长/mm	100	500	750	500
感应辊数量/个	1	1	2	4
磁感应强度/T	1～2.2	1～2.2	1～2.2	1～2.2
工作间隙/mm	3～5	4～6	4～8	4～6
感应辊转速/(r/min)	80～120	50～80	50～80	60～100
给矿粒度/mm	<1.5	<2.0	<2.0	<2.0
给矿含水率%	<1	<1	<1	<1
强磁性矿物含量/%	<2	<2	<2	<2
处理能力/(t/h)	0.03～0.05	0.3～1	1～1.5	1～2
电机功率/kW	0.75	3.0	2×3.0	2×3.0
激磁功率/kW	1.2	1.8	3.6	2.0
主机质量/kg	350	4200	7980	5800
外形尺寸(长×宽×高)/(mm×mm×mm)	950×930×500	1600×1500×1500	1670×1600×2000	1400×940×2200

2) 电磁盘式强磁选机

盘式磁选机有单盘(直径 900 mm)、双盘(直径 576 mm)和三盘(直径 600 mm)三种，其中，双盘干式强磁场磁选机已经系列化。ϕ576 mm 干式强磁场双盘磁选机的主要技术性能参数见表 20-6。

表 20-6　ϕ 576 mm 干式强磁场双盘磁选机主要技术性能参数

设 备 规 格	参　数	设 备 规 格	参　数
圆盘直径/mm	576	给矿粒度/mm	0～2
工作间隙/mm	2	处理量/(t/h)	0.2～1
最大磁场强度/(A/m)	19 200	机身质量/t	1.65
圆盘转速/(r/min)	39	外形尺寸(长×宽×高)/(mm×mm×mm)	2320×800×1081

20.4.3　主要功能部件

1. 永磁干式强磁选机

1) 永磁辊带式强磁选机

图 20-27 是美国 INPROSYS 公司研制的 High-Force 永磁单轮式强磁选机结构示意。其主要由给料器、磁轮、超薄型皮带、后支撑托轮及机架、电机等组成。

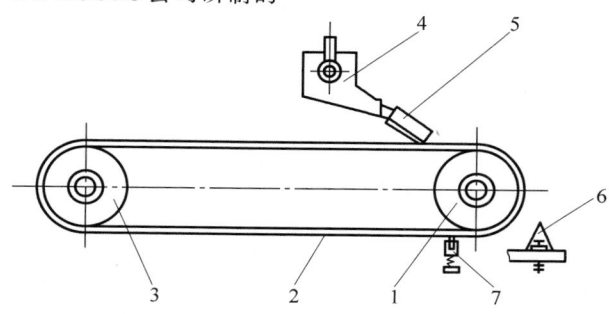

1—永磁辊；2—超薄型皮带；3—从动辊；4—给料器；5—漏斗；6—分矿板；7—清扫器。

图 20-27　High-Force 永磁单轮式强磁选机结构

长沙矿冶研究院研制的 CRIMM 型、北京矿冶研究总院研制的 RCC 型和马鞍山矿山研究院研制的 YCG 型永磁辊带式强磁选机,结构上基本相同,有单轮、双轮和三轮,其中双轮式永磁辊带式强磁选机使用较多。2RGC 型双轮永磁辊带式强磁选机结构见图 20-28。该机由永磁磁轮(上轮、下轮)、超薄皮带、张紧轮(尾轮)、分矿板、给矿箱、精矿箱、尾矿箱、传动装置、机架等组成。该种磁选机的永磁轮都是由软铁和钛铁硼磁钢交替挤压组成,挤压式磁系结构如图 20-29 所示。极性沿轴向交替,磁系磁极(软铁盘)表面产生磁感应强度(1.2～1.7 T),在距离磁极表面 5 mm 处的磁感应强度将降至 0.5～0.6 T。

为了充分利用该机轮表面附近产生的高场强和高梯度的磁场特性,采用高强度超薄输送带(厚度一般为 0.2～1.0 mm)输送矿物到距离轮表面很近的范围内分选,由于轮的轴向存在磁场低谷,为了达到更有效地分选,永磁轮式磁选机通常做成双轮或三轮上下串联配置,每个轮的转速可以无级调整,通过使用不同厚度的磁环和软铁盘组成获得所需要的磁场强度(或采用不同直径的轮)。常用的磁轮规格有辊径为 75、100、120、150、200、250、300、350 mm 等,轮长有 500、1000、1500 mm 等。

分选过程中,入选物料通过给料器均匀给到分选带上,在传送带的拖动下进入分选磁辊,非磁性颗粒由于不受磁力的作用,在离心力和重力的作用下呈抛物线运动,落入非磁性产品接料槽中;而磁性颗粒则由于受到较大磁力的吸引,被吸在分选磁轮的传送带表面上(或吸向磁轮一侧),由传送带带离磁场区后落入磁性产品接料槽中。双轮磁选机在第一个轮完成分选后,再进入第二个轮的传送皮带上进行二次分选作业(精选或扫选),从而实现弱

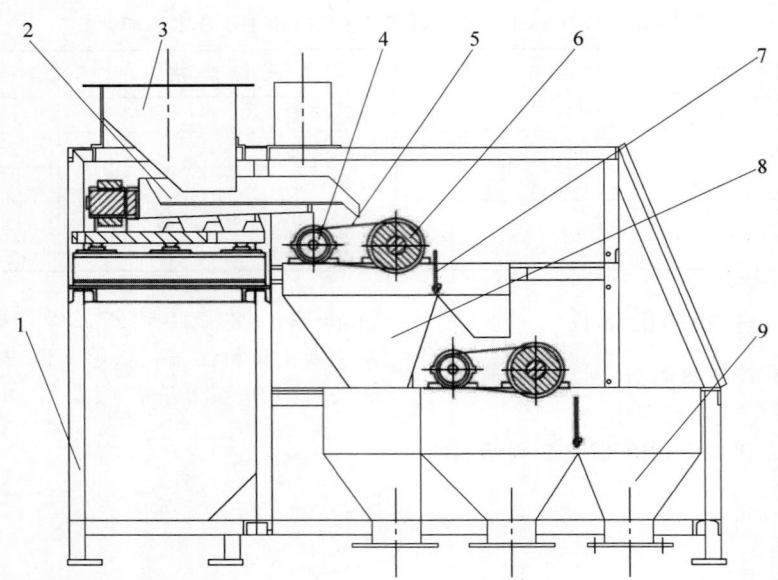

1—机架；2—振动给料器；3—给矿箱；4—从动辊；5—超薄皮带；6—磁轮；7—分矿板；8—上槽体；9—下槽体。

图 20-28 2RGC 型永磁轮带式强磁选机结构

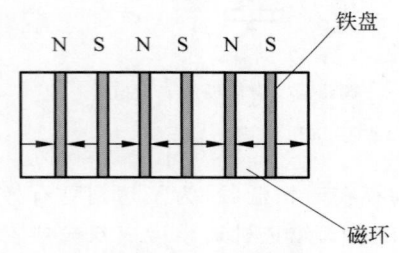

图 20-29 挤压式磁系结构

磁性矿物和非磁性矿物的分离。由于该机是开梯度磁系，分选粒度大小不受严格限制，对粒度适应性较强，该种设备在弱磁性铁矿、非金属矿物提纯等领域都有应用。

2）永磁强磁力筒式磁选机

DPMS 型干式永磁强磁力双筒磁选机结构如图 20-30 所示。入选物料通过振动给料器均匀给到分选带上，在传送带的拖动下进入分选磁辊，经过两段分选得到非磁性矿物颗粒和弱磁性物料产品。

2. 电磁干式强磁选机

1）电磁感应辊式强磁选机

该系列磁选机主要由给矿器、感应辊、磁轭、线圈、激磁电控柜、接矿槽及传动系统组成。单轮强磁选机结构简单，双轮强磁选机一般采用上下串联布置，用接矿槽将上轮分选后的矿物送到下轮再选，四轮强磁选机上下两个轮为串联，水平的两个轮为并联。感应辊可以使用工业纯铁材料制作，在其表面加工成带齿状；也可以用硅钢片和不导磁金属片叠加制作，轮体表面为平滑表面。一般设计上轮工作间隙较大，下轮工作间隙较小，所以下轮的磁场强度高于上轮，轮表磁感应强度为 1～2.2 T。GCG 型电磁双轮和四轮强磁选机结构如图 20-31、图 20-32 所示。

分选过程中，将直流电给入激磁线圈时，在感应辊表面齿尖上感应出高场强和高梯度。四轮强磁选机分选过程示意如图 20-33 所示，物料均匀地给入工作间隙，非磁性物料在离心力、重力作用下，沿抛物线方向落入非磁性产品接矿槽，从出矿口排出或进入，感应辊进行二次分选。磁性物料受磁力作用被吸在感应轮的齿尖上，随感应辊一起旋转，当被带至感应轮下部的弱磁场区时，在机械力（主要是离心力和重力）作用下落入磁性产品接矿槽中被排出；通过调整激磁电流大小和调节分矿板位置来获得最佳的分选指标。

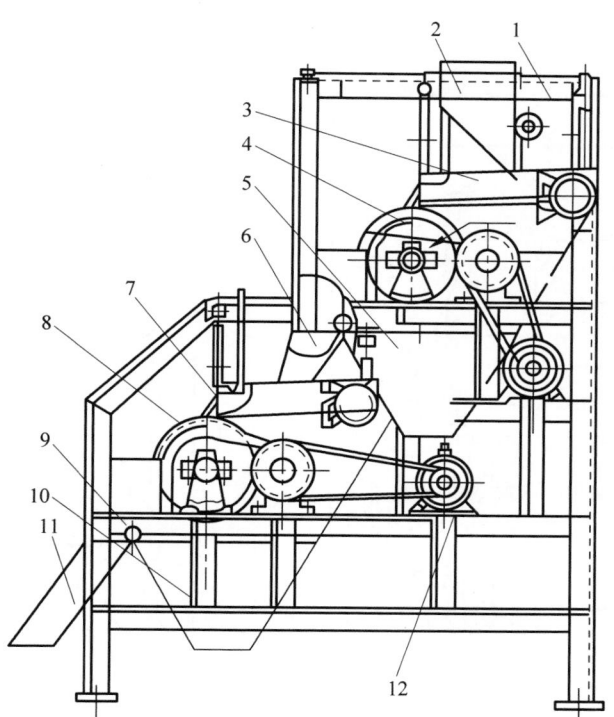

1—机架；2—给矿斗；3—振动给料器；4—上磁筒；5——一段磁性矿斗；6——一段非磁性矿斗；7—挡矿板；8—下磁筒；9—分矿板；10—二段磁性矿斗；11—二段非磁性矿斗；12—传动装置。

图 20-30　DPMS 型干式永磁强磁力双筒磁选机结构

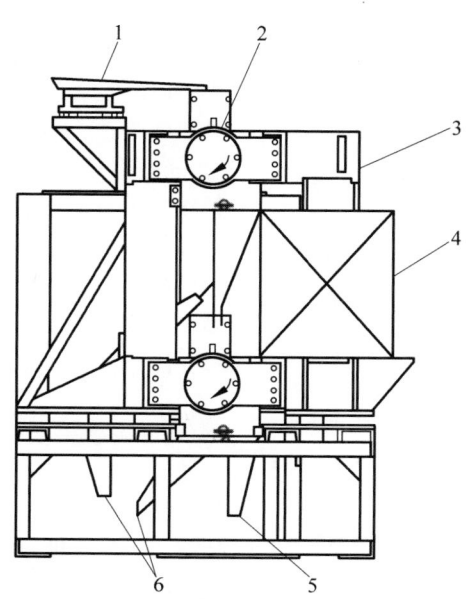

1—振动给料器；2—感应辊；3—磁轭；4—激磁线圈；5—非磁性物出口；6—磁性物出口。

图 20-31　GCG 型电磁双轮强磁选机结构

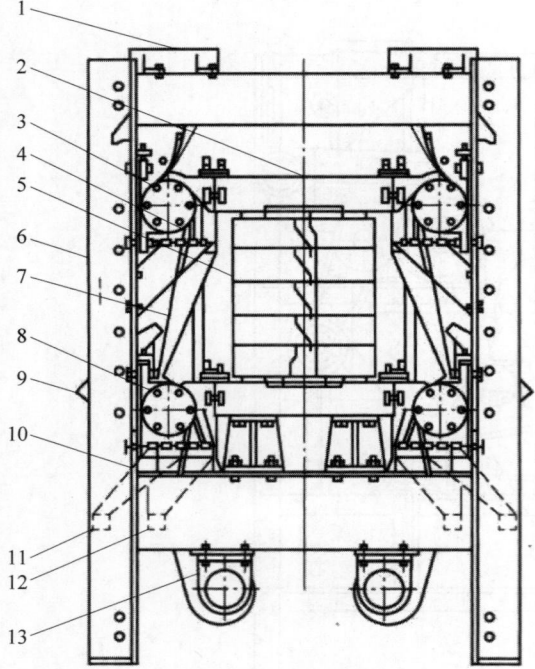

1—给料斗；2—磁轭；3—上感应辊；4—分矿板；5—激磁线圈；6—机架；7—上接矿槽；8—下感应辊；9—上磁性物出口；10—下接矿槽；11—下磁性物出口；12—非磁性物出口；13—电机减速机。

图 20-32　GCG 型电磁四轮强磁选机结构

2）电磁盘式强磁选机

电磁盘式强磁选机有单盘（$\phi900$ mm）、双盘（$\phi576$ mm）和三盘（$\phi600$ mm）等，这三种磁选机的结构和分选原理基本相同。双盘磁选机主要由给料斗、永磁分矿筒、偏心振动给矿盘、磁盘传动装置、电磁系统和机架等部件组成（图 20-34）。电气控制箱为该机的附属设备。磁系由"山"字形电磁铁和旋转钢盘构成，盘的边缘制成尖齿状，磁场梯度指向齿尖。

分选过程中，原料由给料器给到给料圆筒上，给料圆筒是弱磁场筒式磁选机，将物料中的强磁性矿物除去，未被吸引的矿物通过筛子筛分，筛下部分由振动槽送入圆盘下的强磁场区分选，磁性矿物受磁力作用吸到圆盘的齿尖上，并随圆盘一起转动到振动槽外侧的弱磁场区，在重力、离心力和毛刷的作用下卸入磁性产品接矿斗内，未被吸起的矿物从尾部排出或

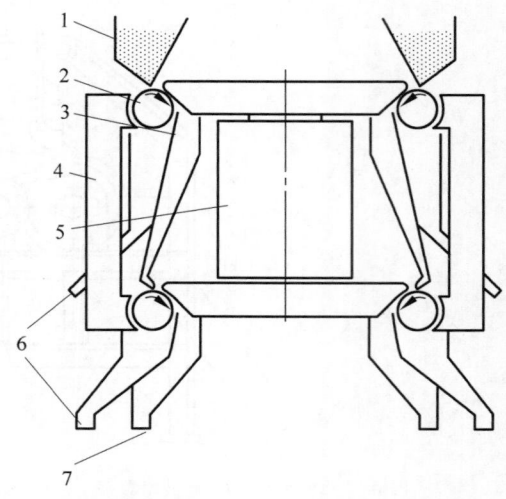

1—给料斗；2—感应辊；3—分矿板；4—磁轭；5—激磁线圈；6—磁性物；7—非磁性物。

图 20-33　GCG 型四轮强磁选机分选过程

进入下一个圆盘再选。通过调节圆盘到振动槽表面的距离（即工作间隙），实现每个盘的磁场强度调整。多盘强磁选机可以实现多次分选，通过多盘强磁选机一次作业能够获得几种不同磁性质量的磁性产品。由于该机分选时磁性矿物是向上吸起，磁性产品中夹杂较少，分离精度较高；根据目的产品的质量要求，通过分选试验确定适宜的给矿量。

20.4.4　使用与维护

1. 永磁干式强磁选机使用与维护

永磁辊带式强磁选机和永磁强磁力筒式磁选机二者都是开梯度磁系，入选粒度大，不堵塞，适合较粗粒级矿物分选。如粗粒赤铁矿、菱铁矿、锰矿、钨矿、钛铁矿等弱磁性矿的选别，同时也适用于石英砂、长石、红柱石、耐火材料、陶瓷原料、金刚石等非金属矿物的提纯。Baterman 公司最新设计的 MarkⅡ型永磁

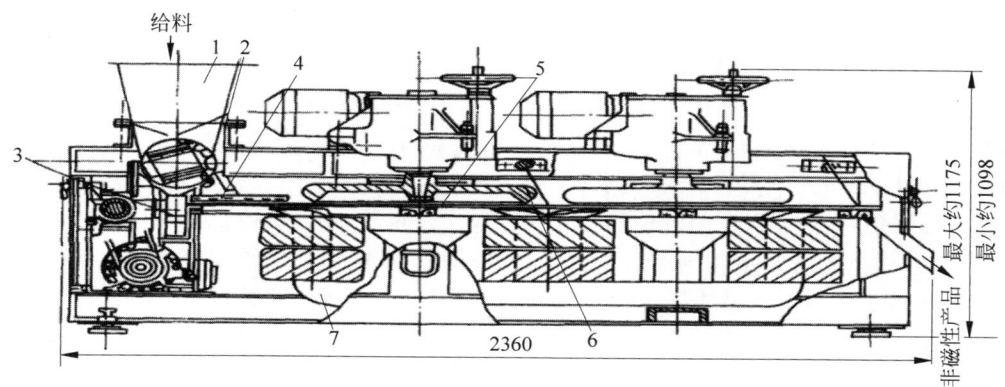

1—给料斗；2—给料圆筒（弱磁场磁选机）；3—强磁性产品接料斗；4—筛子；5—振动槽；6—旋转圆盘；7—"山"字形磁系。

图 20-34　ϕ 576 mm 电磁双盘强磁选机结构

辊带式强磁选机处理粒度上限可达 100 mm，处理能力为 60 t/h。马鞍山院设计的 YCG-ϕ350 mm×1000 mm 和长沙院设计的 CRIMM 型永磁辊带式强磁选机都成功应用于 20～2 mm 粒级弱磁性铁矿的分选，北京矿冶研究总院设计的 2RCG150 mm×1000 mm 永磁辊带式强磁选机应用于 -5 mm 红柱石的提纯。该种设备适合分选的矿物以及处理能力一定要经过试验确定，在生产中，给矿粒级窄、料层薄、含水分低，分选效果较好；转速与处理量关系很大，要将转速、分矿板位置和分选指标相结合进行调整。此外，辊带式强磁选机超薄传送带易于磨损，尤其传送带与永磁轮之间容易进入磁性颗粒，加快磨损；传送带一旦磨损，应及时更换；给矿中要避免铁质物品进入，否则造成超薄传送带损坏。永磁强磁力筒式磁选机的圆筒是用薄壁不锈钢制作的，应避免磕碰。

2. 电磁干式强磁选机使用与维护

电磁感应辊和电磁盘式强磁选机磁系都是电磁闭合式磁系，在较小的间隙中产生强磁场，并在此间隙中完成分选过程，因此，对分选矿物的磁性、粒度、给矿量、含水率等要求较高，是影响分选效果的主要因素。根据分选指标要求，调整磁场强度大小和分矿板位置，控制给矿量大小，给矿要适量、均匀。给矿量（给料层厚度）与被处理原料的粒度和磁性矿物的含量有关，处理粗粒原料一般比细粒原料的给矿量要大；如果粒级较宽，应分级分选。给矿

含水率高、粉矿含量大都会影响分选指标，给矿中的强磁性矿物含量也会干扰分选作业，应提前用中（弱）磁选机将该矿物除去；严禁给入比工作间隙大的颗粒；及时清理感应辊（转盘）和磁极头间残留的强磁性物质。激磁线圈一般为自然冷却，定期清理线圈表面上的粉尘，保持良好的通风散热；强磁选机分选区磁场强度很高，电子产品及仪器仪表（包括磁条卡等）等物品应远离磁场区域。

20.5　湿式强磁场磁选机

20.5.1　概述

湿式强磁场磁选机广泛用于选矿、洗煤和化工等部门。选别粒度为 6～0 mm 的强磁性矿物，并将矿物分为磁性物及非磁性物两种产品。分选过程中需要利用稀释剂提高分选效率。近年来，高梯度磁选机作为新型的湿式强磁选机被广泛用于实际生产中。高梯度磁选机的特点是线圈在分选空间中产生均匀磁场，在分选空间内设置导磁率高的钢毛、钢板网之类的聚磁介质，使之被磁化后在其表面产生高梯度磁场，磁场梯度达到 $2×10^7$ Gs/cm（钢毛介质），是常规磁选机的 10～100 倍；琼斯型强磁选机齿板介质的磁场梯度为 $2×10^5$ Gs/cm），介质表面获得很高的磁场力，可以分离一般磁选机难以分选的磁性极弱的微细粒物料，大大降低了分选粒度下限（可降至 1 μm），扩大了磁

选机的应用范围并能获得良好的分选指标。高梯度磁选机磁体可分为电磁和永磁,分选机构主要有环式和槽式等,分选过程有周期型和连续型。高梯度磁选机除用来分选弱磁性的微细粒矿物外,还可用来处理工业废水,在废水流过钢毛磁介质时,废水中的磁性颗粒被吸附在钢毛上,从而达到净化废水的目的,故又称为高梯度磁过滤器。根据我国行业内通常的分类习惯,这里将棒介质磁选机归类为高梯度磁选机。常见的湿式强磁场磁选机有如下两种。

1. 湿式永磁磁选机

新型的湿式永磁磁选机主要有湿式永磁高梯度磁选机,由于高梯度磁选机可以产生很高的磁场梯度,从而在不太高的背景磁场强度下就可以在磁介质表面附近产生所需要的磁场力,所以很多矿物的分选可以采用永磁高梯度磁选机。国外资料报道:电磁高梯度磁选机的平均电耗为 20 kW·h/t,超导磁选机的电耗为 0.6 kW·h/t,而永磁高梯度磁选机的平均电耗仅为 0.5 kW·h/t。由此可见,永磁高梯度磁选机在节能降耗方面有其明显的优势,为此,国内外首先将高场强磁选机永磁化的研究目标集中在高梯度磁选机上,在技术和应用研究方面都取得了突出的成果。常见的湿式永磁高梯度磁选机有永磁"铁轮"高梯度磁选机、BYLHG 永磁立环高梯度磁选机、YG1-15 永磁脉动双立环高梯度磁选机和 DCRIMM YCGTD 系列双箱往复式永磁高梯度磁选机。

2. 湿式电磁磁选机

1) 湿式电磁感应辊式强磁选机

湿式电磁感应辊式强磁选机适合中粗粒级的弱磁性矿物分选,如锰矿、赤铁矿、褐铁矿、镜铁矿等以及非金属矿物提纯。湿式电磁感应辊式强磁选机有单辊和双辊型,由于单辊磁选机的"口"字形闭合磁路较长,又存在一个非工作间隙,设备存在磁阻大、磁能利用率低、单位机重处理能力小等不足,因此通常工业设备选用双辊型强磁选机。马鞍山矿山研究院

研制的 CS-1 型和北京矿冶研究总院研制的 FC38/105 型都是大型湿式电磁双辊强磁选机,主要结构和分选原理基本相同。

2) 湿式电磁平环式强磁选机

湿式电磁平环式强磁选机是一种细粒湿式分选的强磁场磁选机。国外的设备有英国的 HIW 型磁选机、德国的 Sol 型磁选机等。其中,德国洪堡-威达格公司生产的琼斯平环式强磁选机是一种较有效的强磁选设备,国内几乎被平环式磁选机取代。琼斯型强磁选机有 10 个型号,其中 DP-317 型(转环直径为 3170 mm)使用最广泛,处理能力为 100~120 t/h。

国内,长沙矿冶研究院研制的 SHP-700、SHP-1000、SHP-2000 和 SHP-3200 型等系列湿式电磁平环强磁选机最有代表性。该系列磁选机是在琼斯型湿式磁选机结构的基础上改进研制成的,对赤铁矿、菱铁矿、镜铁矿等细粒弱磁性矿(0.03~1 mm)分选效果较好。北京矿冶研究总院研制的 DCH 型系列湿式电磁平环强磁选机在非金属矿除铁提纯应用较成功。另外,赣州有色冶金研究所研制的 SQC 系列湿式强磁选机也是一种磁路结构新颖的强磁选机。因此,湿式电磁平环式强磁选机可以分为琼斯型湿式强磁选机、SQC 系列湿式强磁选机、DCH 系列湿式强磁选机和 Sol 型湿式强磁选机。

3) 湿式电磁立环式强磁选机

常用的湿式立环式强磁选机主要有双立环湿式电磁强磁选机、SLon 立环脉动高梯度磁选机和 SSS-Ⅱ型双立环高梯度磁选机。

20.5.2 主要技术性能参数

1. 湿式永磁磁选机

新型湿式永磁高梯度磁选机的背景磁场强度介于 0.15~1.0 T,分选介质表面磁感应强度最高达 1.5 T。

2. 湿式电磁磁选机

1) 湿式电磁感应辊式强磁选机的技术性能指标见表 20-7。

表 20-7　CS-1、CS-2、FC38/320 湿式电磁感应辊式强磁选机主要技术参数

参 数 项 目	设 备 规 格		
	CS-1	CS-2	FC38/320
感应辊径/mm	375	380	380
感应辊分选长度/mm	1452×2	1372×2	1600×2
感应辊数量/个	2	2	2
感应辊转速/(r/min)	40/45/50	40/45/50/55	45
磁感应强度/T	0.1~1.87	0.4~1.78	0.1~1.85
分选间隙/mm	14~28	14~35	14~20
给矿粒度/mm	<5	<15	<7
传动功率/kW	13×2	13×2	11×2
线包冷却方式	风冷	风冷	水冷
处理量/(t/h)	8~20	25~30	约12
机身质量/t	14.8	16	17.3
外形尺寸(长×宽×高)/(mm×mm×mm)	2350×2374×2277	3320×2420×2780	4080×2780×2310

注:表中的处理量仅供参考。

2）湿式电磁平环式强磁选机

（1）琼斯型湿式强磁选机。SHP 型湿式强磁选机的技术参数列于表 20-8。

表 20-8　SHP 型湿式强磁选机主要技术参数

参 数 项 目	设 备 规 格			
	SHP-700	SHP-1000	SHP-2000	SHP-3200
转盘直径/mm	700	1000	2000	3200
转盘转速/(r/min)	5	5	4	3.5
传动功率/kW	4	5.5	22	30
磁场强度(kA/m)	1200	1200	1200	1200
最大励磁功率/kW	11	21	52	87
给矿点数量	4	4	4	4
处理能力/(t/h)	5~6	12~15	45~50	100~120
给矿粒度上限/mm	0.9	0.9	0.9	0.9
给矿浓度/%	35~50	35~50	35~50	35~50
最大吊装质量/t	2.8	3.5	11	18
机身质量/t	16	23	63.5	110
外形尺寸(长×宽×高)/(mm×mm×mm)	3000×1360×3192	3594×1500×3675	4900×2434×4300	6600×3600×4653

（2）SQC 系列湿式强磁选机。SQC-6-2770 型湿式强磁选机的技术参数见表 20-9。

表 20-9　SQC-6-2770 型湿式强磁选机主要技术参数

设 备 规 格	参　　数	设 备 规 格	参　　数
分选环直径/mm	2770	给矿粒度/mm	-0.8
分选区最高磁场强度/(A/m)	1.27×10⁶	给矿浓度/%	33
激磁功率/kW	36	处理量/(t/h)	26~35
传动功率/kW	10	机重/t	36

（3）DCH 系列湿式强磁选机。DCH 系列湿式强磁选机的分选齿板缝隙磁感应强度达到 1.8 T，齿板深度 220 mm。该设备不仅适用于弱磁性铁矿石、锰矿石的分选，而且特别适用于非金属矿物的提纯，如硅线石、蓝晶石、红柱石、霞石、石英砂等。

（4）Sol 型湿式强磁选机。Krupp-Sol 24/14 型磁选机的主要技术参数见表 20-10。

表 20-10　Krupp-Sol 24/14 型磁选机主要技术参数

设备规格	参数	设备规格	参数
分选环直径/ mm	2400	处理量/(t/h)	20～40
齿板/mm	180×170	机重/ t	10
周边速度/(m/s)	0.37	磁极头/个	4
外形尺寸/(mm×mm)	φ 3500×2500		

3）湿式电磁立环式强磁选机

（1）φ1500 mm 双立环湿式电磁强磁选机的主要技术参数见表 20-11。

表 20-11　φ1500 mm 双立环湿式电磁强磁选机主要技术参数

设备规格	参数	设备规格	参数
分选环直径/mm	1500	给矿最大粒度/mm	1.0
最高磁场强度/T	2	精矿冲洗水压/(kg/cm^3)	1～3
最大激磁功率/ kW	25	机重/ t	16.5
传动功率/ kW	3	分选粒度下限/μm	20
分选环转数/(r/min)	3.5～6.5	最大激磁电流/A	2000
外形尺寸（长×宽×高）/(mm×mm×mm)	2400×2145×2280		

（2）SLon 立环脉动高梯度磁选机的主要技术参数见表 20-12。

表 20-12　SLon 立环脉动高梯度磁选机主要技术参数

参数 项目	型号/规格			
	SLon-1500	SLon-2000	SLon-2500	SLon-3000
转环外径/mm	1500	2000	2500	3000
转环转速/(r/min)	2～4	2～4	2～4	2～4
给矿粒度(-200 占比)/%	30～100	30～100	30～100	30～100
给矿浓度/%	10～40	10～40	10～40	10～40
矿浆通过能力/(m^3/h)	50～100	100～200	200～400	350～650
干矿处理量/(t/h)	20～30	50～80	100～150	150～250
额定背景场强/T	1.0	1.0	1.0	1.0
额定激磁电流/A	950	1200	1400	1400
额定激磁电压/V	37	43	45	62
额定激磁功率/kW	35	52	63	87
转环电动机功率/kW	3	5.5	11	18.5
脉动电动机功率/kW	4	7.5	11	18.5
脉动冲程/mm	0～30	0～30	0～30	0～30
脉动冲次/(次/min)	0～300	0～300	0～300	0～300
供水压力/MPa	0.2～0.3	0.2～0.3	0.2～0.4	0.2～0.4
耗水量/(m^3/h)	60～90	100～150	200～300	350～530
冷却水水量/(m^3/h)	3～4	5～6	6～7	8～10

续表

参 数 项 目	型号/规格			
	SLon-1500	**SLon-2000**	**SLon-2500**	**SLon-3000**
主机机身质量/t	20	50	105	175
外形尺寸（长×宽×高）/(mm×mm×mm)	3600×2900×3200	4200×3550×4200	5800×5000×5400	6600×5300×6400

（3）SSS-Ⅱ型双立环高梯度磁选机。SSS-Ⅱ型双立环高梯度磁选机的主要技术参数见表20-13。

表 20-13　SSS-Ⅱ型双立环高梯度磁选机主要技术参数

参 数 项 目	型号/规格			
	SSS-Ⅱ-1200	**SSS-Ⅱ-1500**	**SSS-Ⅱ-1750**	**SSS-Ⅱ-2000**
分选环直径/mm	1200	1500	1750	2000
背景磁场/T	1.0			
磁介质	导磁不锈钢钢板网、编织网、棒、钢球			
处理量/(t/h)	10～20	15～30	25～50	40～60
额定激磁功率/kW	55	70	85	100
给矿粒度/mm	0.01～1.0			
给矿浓度/%	25～45			
尾矿脉冲参数	冲程：0～30,冲次：200 r/min,250 r/min			
中矿脉冲参数	冲程：0～30,冲次：250 r/min,300 r/min			
冲洗水压力/MPa	0.1～0.3			
冷却水压力/MPa	0.1～0.3			
线圈温升/℃	20～50			
传动功率/kW	3×2.2	2×4.0	3×5.5	3×5.5
机身质量/t	18	26	38	52
外形尺寸（长×宽×高）/(mm×mm×mm)	2200×1900×2000	2700×2300×2400	4700×2840×3785	5100×3000×4200

20.5.3　主要功能部件

1. 湿式永磁磁选机

1）永磁"铁轮"高梯度磁选机

美国 Bateman 公司推出了铁轮式永磁高梯度磁选机，结构示意见图20-35。其结构特点是永磁磁系由两对磁极组成，即下方的主磁极和上部的副磁极，磁极位于分选立环的两侧，立环圆周的分选室内装有叠加的导磁钢板网，转环下部给矿，上部反向冲洗卸矿，清洗Ⅰ、清洗Ⅱ为漂洗（即中矿）。分选环可以根据处理量的大小采用多个串联，最多可以串联25个环，背景磁场强度为 0.15～0.18 T，单环处理量为1～5 t/h，视处理物料类型而定，传动功率为4 kW。设备与同类电磁设备相比，每吨产品的成本可以降低50%以上。

在下部给矿立环高梯度磁选机的基础上发展了上部给矿立环高梯度磁选机，其结构示意见图20-36。该机特点是采用永磁磁系，上部磁系用作粗选，得到磁性产品和中矿，中矿再给入下部磁系扫选。

2）YLHG 永磁立环高梯度磁选机

北京矿冶研究总院研制的 YLHG 型永磁立环高梯度磁选机，分选外直径 1000～1800 mm，分选环宽度 120～150 mm，多环串联，根据处理量要求选择分选环个数，YLHG 型永磁高梯度磁选机结构示意图见图20-37。磁系由主副磁极组成，对极结构。主磁极位于下部，全部使用钕铁硼材料，背景磁场强度达到 0.6～0.7 T，产生水平方向的磁场；副磁极产生背景磁场强度为 0.18～0.2 T，主要是使介质产生适当的磁化，使吸附在介质上的磁性矿物在向上运动过程中不脱落。

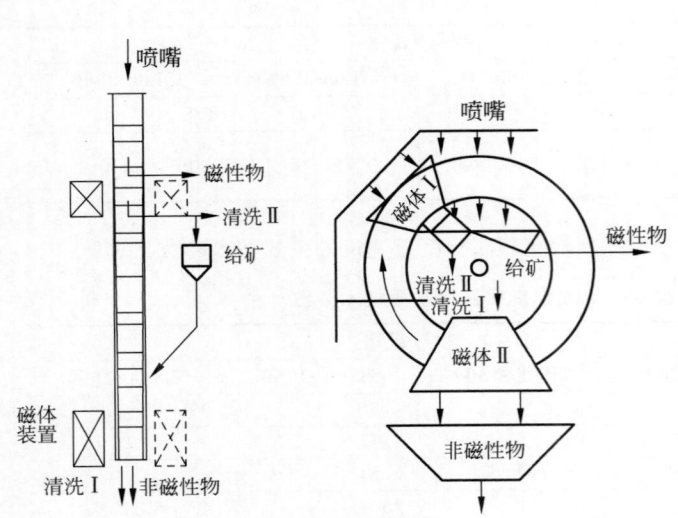

图 20-35 铁轮式永磁高梯度磁选机结构

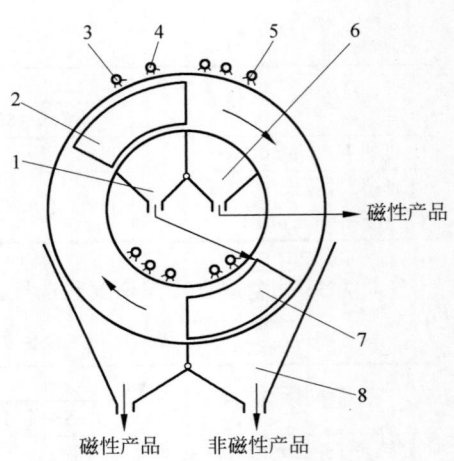

1—中矿箱;2—上磁系;3—给矿;4—漂洗水;5—卸矿水;6—精矿箱;7—下磁系;8—下分选箱。

图 20-36 上部给矿立环高梯度磁选机结构

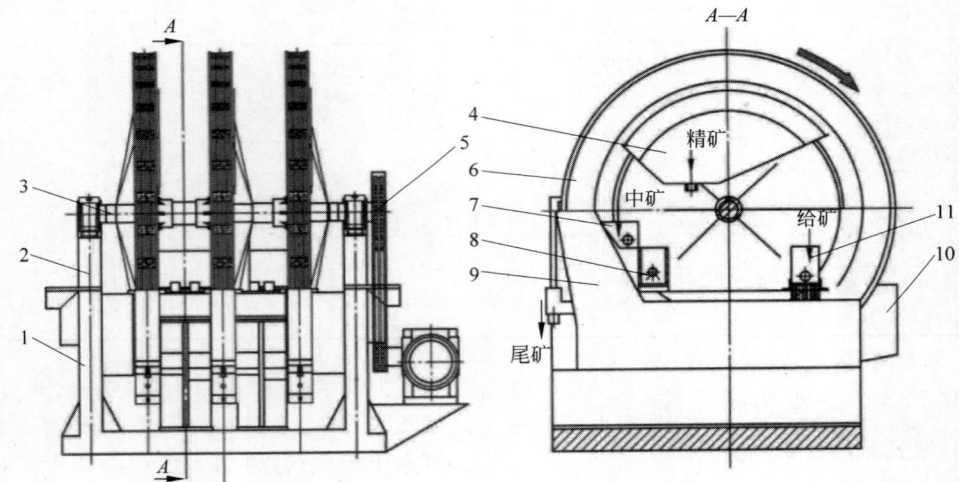

1—磁轭;2—机架;3—主轴;4—精矿箱;5—传动装置;6—分选环;7—中矿箱;8—冲洗水;9—主副磁系;10—分选箱;11—给矿箱。

图 20-37 YLHG 型永磁高梯度磁选机结构示意

分选环周边均匀分布 N 个分选室,分选室内装有磁介质(可以选择钢板网、棒、球等),介质组较深;利用对极磁系磁场分布的特点,在分选室内分为弱磁、中磁、强磁三个分选区,不同分选区使用不同介质。

给矿矿浆流动方向与磁场方向垂直,有利于清洗夹杂的非磁性颗粒;给矿中的矿物按照磁性强弱分别在不同分选区捕收,强磁性矿物在弱磁场区被介质捕收,不能进入强磁场区

减小了介质的强磁性矿物堵塞;给矿方向与精矿卸料方向相反,避免粗颗粒堵塞介质。

3) YG1-15 永磁脉动双立环高梯度磁选机

马鞍山矿山研究院于 1991 年研制出 YG1-15 永磁脉动双立环高梯度磁选机,如图 20-38 所示。该设备主要由脉冲机构、永磁磁系、转环驱动机构及其他配套部件组成。磁系由钕铁硼和铁氧体磁块复合组成,磁系在极距 90 mm 时所产生的背景场强为 0.5～0.6 T,

立环运转采用下部正向给矿,上部反向冲洗精矿,还配有矿浆脉冲机构,试验表明,可以在许多场合代替同类电磁设备作业。

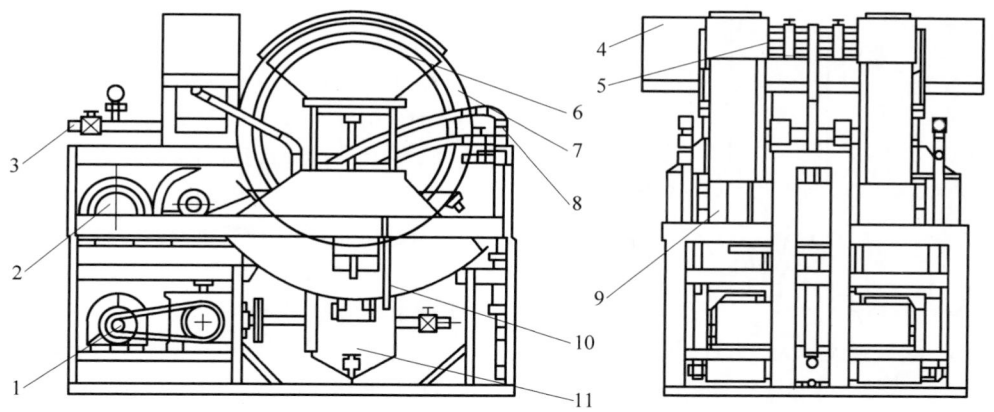

1—脉冲机构；2—驱动机构；3—供气机构；4—给矿斗；5—精矿冲洗装置；6—精矿接矿斗；7—转环；
8—漂洗水装置；9—永磁磁系；10—机架；11—脉动箱及尾矿斗。

图 20-38　YG1-15 永磁双立环高梯度磁选机结构

4）CRIMM YCGTD 系列双箱往复式永磁高梯度磁选机

长沙矿冶研究院研制的 CRIMM YCGTD 系列双箱往复式永磁高梯度磁选机,结构示意见图 20-39。磁系采用稀土永磁材料组成对极闭合磁体,背景磁场强度为 0.8～1.0 T,分选介质表面磁感应强度为 1.2～1.5 T。在磁极中放置不锈钢分选箱,分选箱中装满多维聚磁介质、产生高梯度。分选过程见图 20-40,当分选箱进入磁场区后,矿浆给入分选聚磁介质堆,在水槽液位的阻尼作用下,呈离散状态匀速等降通过位于分选磁场中的介质堆,非磁性颗粒因不受磁力作用而进入下部非磁性产品接矿箱。磁性颗粒受磁力作用吸附于磁介质表面;当分选箱磁介质堆吸附达到饱和后,给矿阀将自动关闭,驱动气缸将分选箱推出磁场区,脱离磁场后,在上部冲洗水清洗的作用下磁性颗粒脱离介质堆,排入磁性产品接矿槽;冲洗干净的介质堆再由气缸拉回磁场区,重复以上的分选作业,实现磁性颗粒与非磁性颗粒的分离。生产过程可以启动 PLC 自动控制系统,有序地驱动各执行机构动作。CRIMM 型磁选机用于长石矿、钾长石矿、高岭土矿、霞石矿等矿物提纯,单台设备处理能力为 1～1.5 t/h。

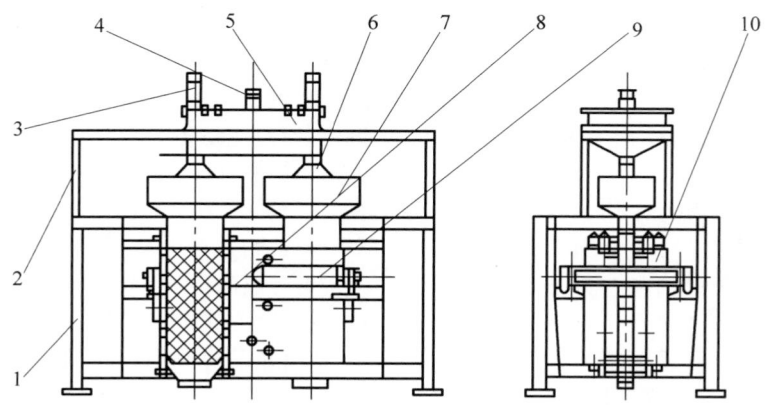

1—机架；2—支撑架；3—气动阀门；4—进料口；5—给料箱；6—给料阀；7—分选箱；8—分选介质；9—气缸；10—磁系。

图 20-39　CRIMM YCGTD 型双箱往复式永磁高梯度磁选机结构

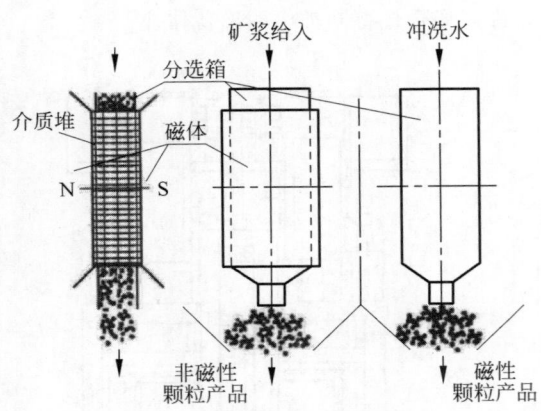

图 20-40　CRIMM YCGTD 型双箱往复式
永磁高梯度磁选机分选过程

2. 湿式电磁磁选机

1）湿式电磁感应辊式强磁选机

设备主要由给矿箱、电磁铁芯、磁极头、分选轮、精矿和尾矿箱、传动装置、电源柜等构成，CS-1型湿式电磁感应辊式强磁选机结构如图 20-41 所示。两个电磁铁芯和四个磁极头与两个感应辊构成了"口"字形磁路，两个感应辊水平布置，四个磁极头和两个感应辊之间构成四道空气隙即是四个分选带，每个感应辊上有两个分选带，每个分选带辊表面加工成一定数量的轮齿，与轮齿相对应的磁极头表面部位加工成沟槽形，磁极头端部沟槽为通透沟槽，当激磁线圈通电时，在感应辊的轮齿顶部感应出高场强。

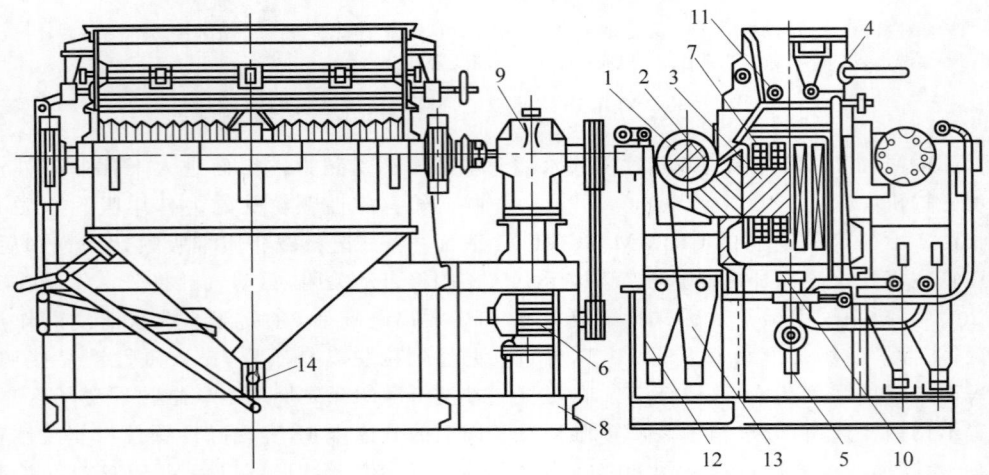

1—感应辊；2—磁极头；3—铁芯；4—给矿箱；5—水管；6—电机；7—激磁线圈；8—机架；9—减速机；
10—风机；11—给矿辊；12—精矿箱；13—尾矿箱；14—阀门。

图 20-41　CS-1 型湿式电磁感应辊式强磁选机结构

分选过程如图 20-42 所示，原矿进入给矿箱，由给料轮将其从箱侧壁桃形孔引出，沿溜板和波形板给入感应辊和磁极头之间的分选间隙，磁性矿物受磁力作用被吸附到轮齿上，并随轮运动，在离开磁极头后，磁场减弱，在离心力、重力、水的作用力作用下落入磁性产品接矿斗，非磁性矿物在重力的作用下随矿浆流通过磁极头端部开口沟槽落入非磁性产品接矿斗，整个分选都是在液面下进行的。

2）湿式电磁平环式强磁选机

（1）琼斯型湿式强磁选机。琼斯型强磁选机有多种类型，但其基本结构相似，如图 20-43 所示。其主要部件包括磁导体、由密封罩保护

的励磁线圈、带分选箱的转环、给矿和给水装置、精矿的清洗及高压冲洗机构、排矿机构以及传动机构。设备主体由一个钢制门形框架组成，框架上安装了两个 C 形电磁铁和两个带分选箱的转环，共同构成一个闭合磁系。该闭合磁系设计能够有效减少漏磁，提高磁路效率。分选箱被分为若干个分选室，室内装有由不锈钢制成的导磁材料步形聚磁块及聚磁板。这种设计能够提供较高的磁场强度和磁场梯度，从而显著提升磁选机的处理能力。在分选间隙中，最大磁场强度可达到 640～1600 kA/m。此外，励磁线圈采用风冷或油冷方式进行冷却，确保设备运行稳定和高效。

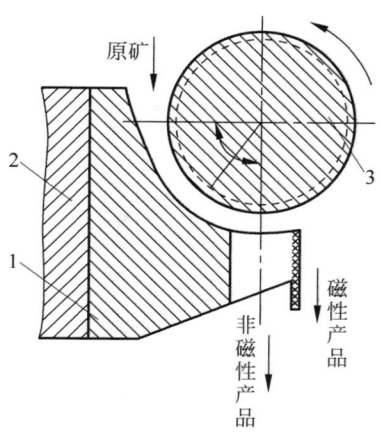

1—磁极头；2—铁芯；3—感应辊。

图 20-42　分选过程示意

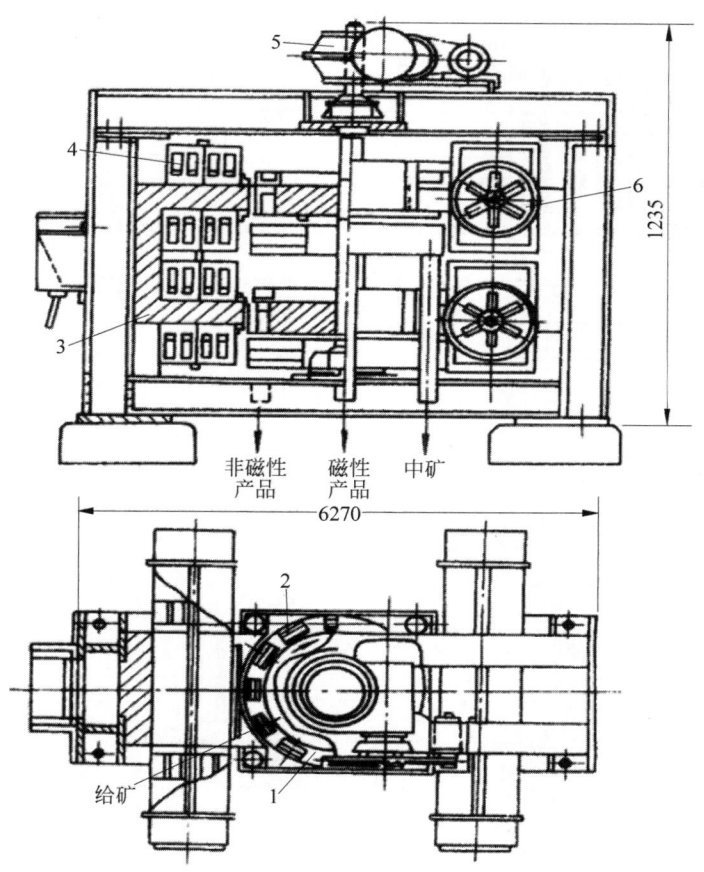

1—转环(盘)；2—磁板盒；3—磁矩；4—线卷；5—电动机；6—通风机。

图 20-43　琼斯型 DP-17 双转盘式磁选机

分选过程：电动机通过传动机构使转盘在磁轭之间慢速旋转。矿浆自给矿点给入分选箱，随即进入磁场内，非磁性颗粒随着矿浆流通过齿板的间隙流入下部的产品接矿槽中，成为尾矿。磁性颗粒在磁力作用下被吸到齿板上，并随分选室一起转动，当转到离给矿 60° 的位置时用压力 20～50 Pa 水清洗，磁性矿物中夹杂的非磁性矿物被冲洗下去，成为中矿。当转到离给矿 120° 的位置时（磁场中性区），用压力 40～50 Pa 水将吸附在齿板上的磁性矿物冲

下，成为精矿。

　　国产的 SHP 型湿式强磁选机是在琼斯型湿式磁选机结构的基础上改进研制而成的。SHP-3200 型湿式电磁平环强磁选机的结构示意如图 20-44 所示。在机体框架上装有 2 个 U 形磁轭，在磁轭上安装 4 组激磁线圈，线圈

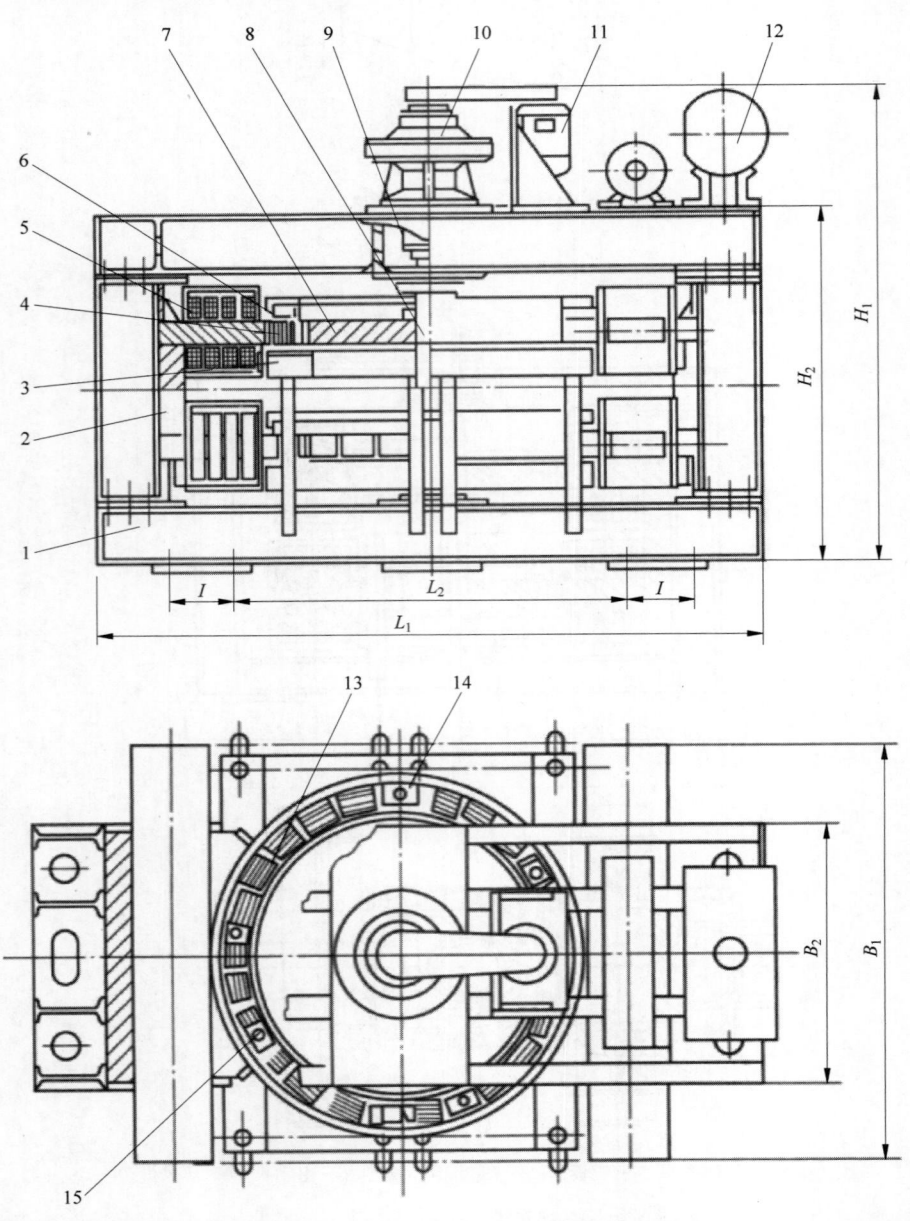

1—机架；2—磁系；3—接矿槽；4—分选室；5—激磁线圈；6—拢矿圈；7—转盘；8—主轴；9—联轴器；10—减速机；11—电动机；12—冷却系统；13—中矿冲洗水；14—精矿冲洗水；15—给矿嘴。

图 20-44　SHP-3200 型湿式电磁平环强磁选机的结构

外部有密封保护壳，用风扇进行空气冷却或采用油冷。在两个 U 形磁轭之间装有上下两个分选转盘，转盘周边上有 N 个分选室，内装不锈钢导磁材料制成的齿形聚磁板，极板间隙一般为 1～3 mm。两个转盘与磁轭构成闭合磁路。转盘和分选室由安装于顶部的电动机、减速机传动，在两个 U 形磁极间旋转。根据分选物料粒度，选用不同形式的齿板和极间隙。

物料分选时，在转盘旋转过程中，分选室进入磁场区，齿板被磁化，矿浆通过给矿盒送入分选室后，弱磁性矿物被吸附在齿板的齿尖上，非磁性矿物逐渐通过齿板间隙排入分选室下部的非磁性产品接矿槽中。当分选室转至中矿冲洗水下方时，冲洗水将吸附在齿板上的

磁性矿物进行漂洗，将其夹杂的脉石和连生体一起排入中矿槽。当分选室处于磁场中性区时，由喷嘴喷入高压水，将磁性产品冲入接矿槽，完成选矿过程。本机有 4 个独立的分选区（即上下各两个给矿点），一般是平行作业，也可以串联起来完成流程中不同的作业（精选或扫选）。

（2）SQC 系列湿式强磁选机。赣州有色冶金研究所研制的 SQC 系列湿式强磁选机是一种磁路结构新颖的强磁选机，采用环式链状闭合磁路，磁系由内、外同心环形磁轭及多个放射状磁极组成。该磁系磁路短、漏磁少、结构紧凑、磁极数多。SQC-6-2770 型湿式强磁选机结构如图 20-45 所示。

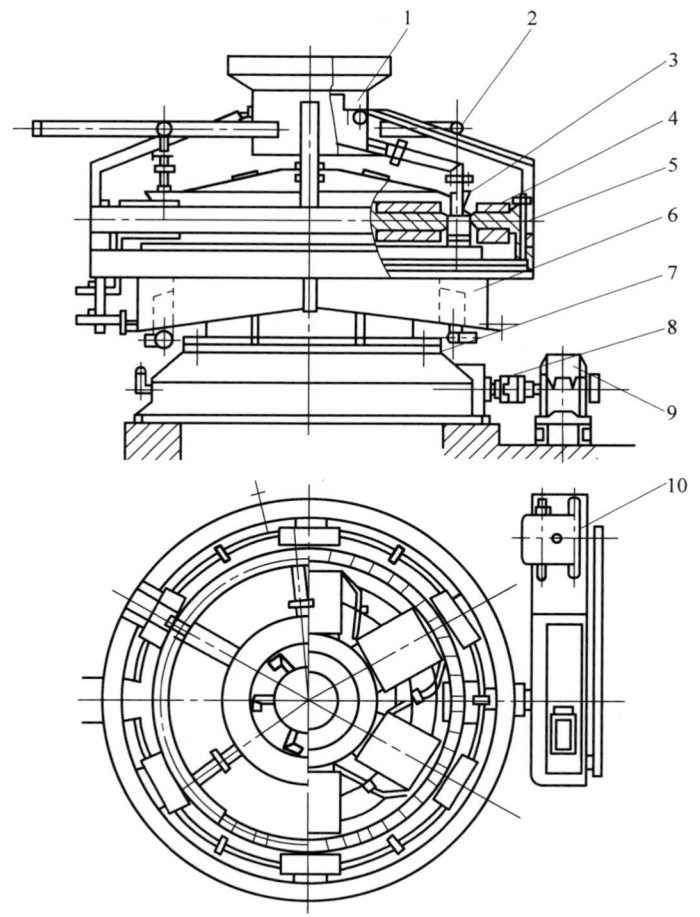

1—给矿装置；2—精、中矿冲洗装置；3—分选转环；4—激磁线圈；5—铁芯；6—接矿槽；7—机座；
8—联轴器；9—减速机；10—电动机。

图 20-45　SQC-6-2770 型湿式强磁选机结构

（3）DCH 系列湿式强磁选机。北京矿冶研究总院研制的 DCH 型平环式强磁选机（图 20-46），采用低电压（24 V）、大电流、水外

冷激磁线圈，具有线圈体积小、磁路短、漏磁少、磁场分布合理等优点。

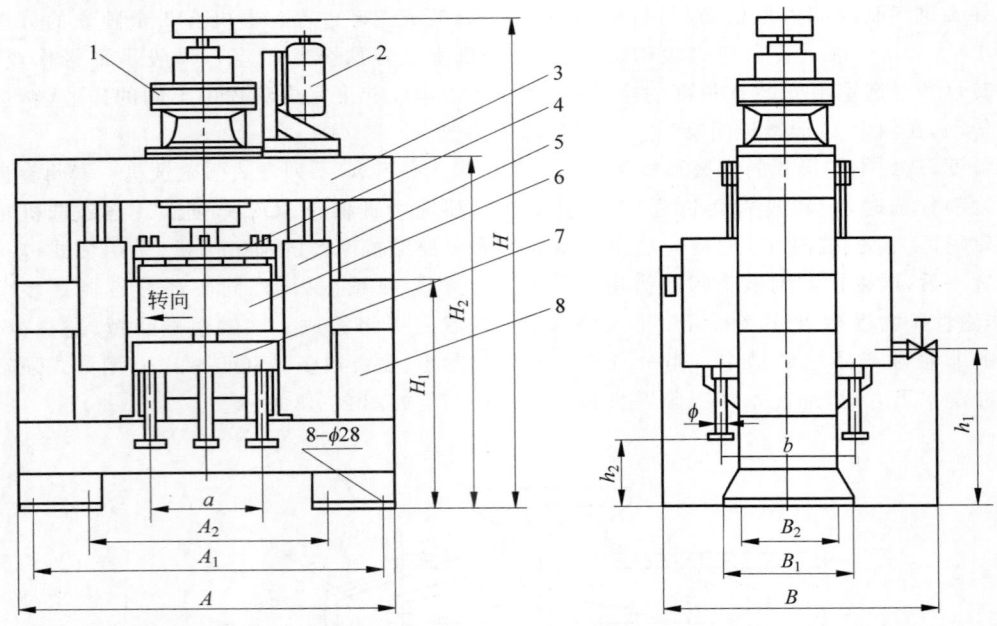

1—减速机；2—电动机；3—横梁；4—给矿给水装置；5—激磁线圈；6—分选环部件；7—接槽；8—磁辊。

图 20-46　DCH 型湿式电磁平环强磁选机

（4）Sol 型湿式强磁选机。该机由德国克鲁伯公司制造。结构原理如图 20-47 所示。Sol 磁选机与其他磁选机的区别是采用横卧式螺线管磁系，磁场方向和转环运动方向相同，与给矿方向垂直。转环穿过螺线管磁场使磁介质磁化。磁力线穿过磁介质经包在线圈外的钢壳返回，形成闭合磁路。

转环采用周边传动方式。矿浆从给料管给入，非磁性矿粒由低压冲洗水冲出，进入尾矿管排出。当转环转离线圈时，磁场迅速消失，磁精矿用高压水冲入精矿管中。磁系数目由转环直径决定，可以是 2、4、6 个。

3）湿式电磁立环式强磁选机

（1）ϕ1500 mm 双立环湿式电磁强磁选机。ϕ1500 mm 双立环湿式电磁强磁选机结构如图 20-48 所示，主要由圆环、磁系、球形介质、内圆筛、激磁线圈、给矿器、尾矿槽和精矿槽等组成。

磁系由磁轭、铁芯和激磁线圈组成，磁轭和铁芯组成"日"字形闭合磁路，该磁系磁路短、漏磁少、磁感应强度可达 2.0 T（装介质后，转环外侧与极头之间的场强）；分选环沿环周边均匀分成 40 个格子，每格内装有 ϕ6～12 mm 导磁球介质，也可以装有其他形状的磁性介质，在不同介质表面产生不同磁场梯度和磁场

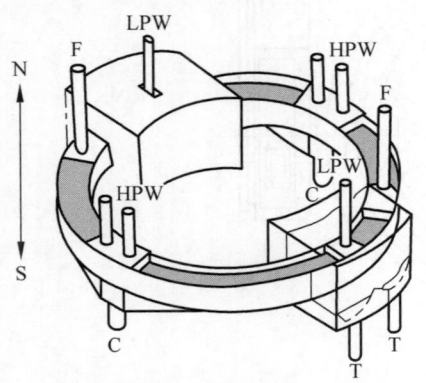

F—给料；C—精矿；T—尾矿；LPW—低压水；HPW—高压水。

图 20-47　Sol 磁选机结构原理

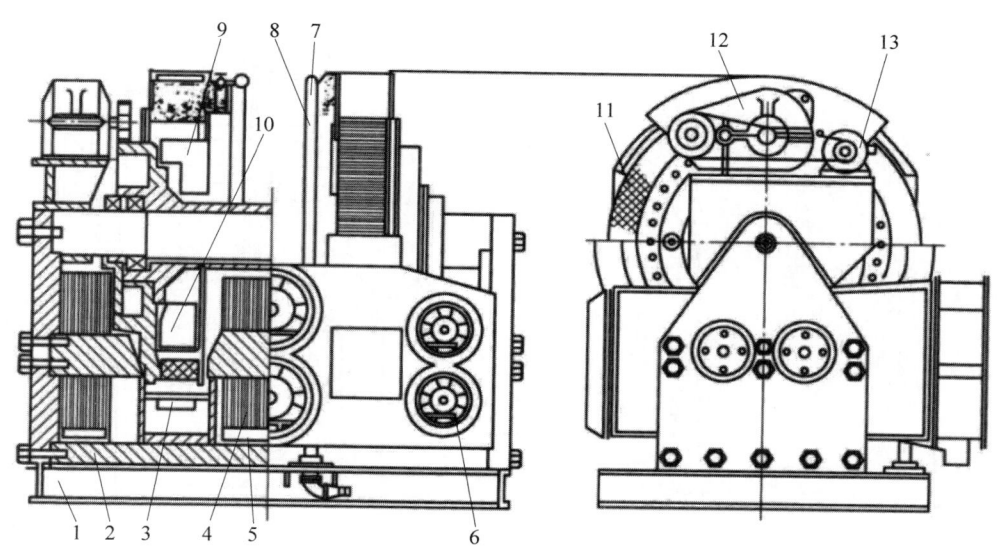

1—机座；2—磁轭；3—尾矿箱；4—线圈；5—磁极；6—风机；7—分选环；8—冲洗水；
9—精矿箱；10—给矿器；11—球介质；12—减速机；13—电动机。

图 20-48　ϕ1500 mm 双立环电磁强磁选机

力；圆环绕水平轴旋转，球形介质脱离磁场后消磁，并产生松散和滚动，有利于磁性矿物冲洗卸矿，减少介质堵塞。根据分选矿物粒度选择球介质大小、配比和充填率，球介质应为软磁材料，剩磁小，有利于矿物离开磁场后松散和滚动。

（2）SLon 立环脉动高梯度磁选机。赣州金环磁选设备有限公司熊大和博士发明的 SLon 型立环脉动高梯度磁选机是目前国内弱磁性矿物湿式分选应用最广泛的一种高梯度磁选机。它是一种利用磁力、脉动流体力和重力等的综合力场选矿的新型高效连续生产使用的设备。

该磁选机主要由脉冲机构、激磁线圈、铁轭、转环和不同矿斗、水斗等组成，参见图 20-49。该机可以选用导磁不锈钢制成的钢板网或圆棒作磁介质。

分选过程中，当激磁线圈通以直流电后，在分选区产生磁场，位于分选区的磁介质表面产生非均匀磁场即高梯度磁场；转环作顺时针旋转，将磁介质不断送入和运出分选区；矿浆从给矿斗给入，沿上铁轭缝隙流到转环的分选室。图 20-50 所示为物料经棒形聚磁介质的分选过程。

非磁性颗粒在重力、脉动流体力的作用下穿过聚磁介质堆，沿下铁轭缝隙流入尾矿斗排走；磁性颗粒吸附在聚磁介质棒表面上，随转环转动，在磁场区内用漂洗水清洗后被转环带至顶部无磁场区，被冲洗水冲入精矿斗；该机的转环采用立式旋转方式，对于每一组磁介质而言，冲洗磁性精矿的方向与给矿方向相反，粗颗粒不必穿过聚磁介质堆便可冲洗出来。

该机的脉冲机构驱动矿浆产生脉动，可使位于分选区聚磁介质堆中的矿粒群保持松散状态，使磁性矿粒更容易被捕获，使非磁性矿粒尽快穿过聚磁介质堆进入尾矿中去反冲精矿和矿浆脉动可防止磁介质堵塞，脉动分选可提高磁性精矿的质量。

（3）SSS-Ⅱ型双立环高梯度磁选机。该设备由广州有色金属研究院研制，有 SSS-Ⅰ型、SSS-Ⅱ型，主要由分选环、磁系、激磁线圈、聚磁介质、传动机构、脉冲机构、给矿和产品收集装置等组成。SSS-Ⅱ型双立环高梯度磁选机如图 20-51 所示。

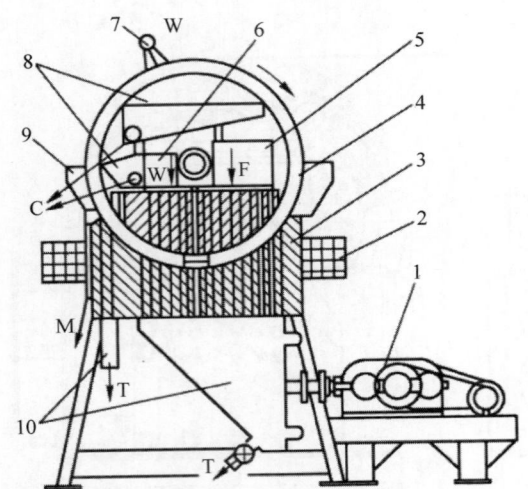 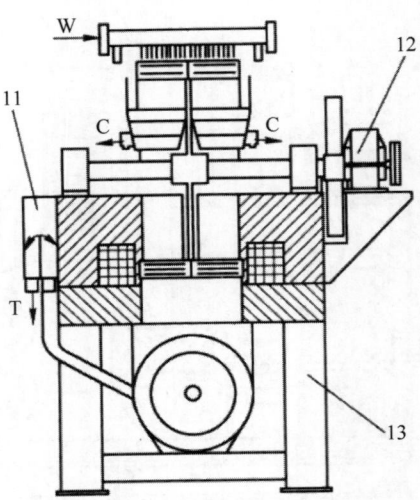

1—脉冲机构；2—激磁线圈；3—铁轭；4—转环；5—给矿斗；6—漂洗水斗；7—精矿冲洗装置；8—精矿斗；9—中矿斗；10—尾矿斗；11—液位计；12—转环驱动机构；13—机架；F—给矿；W—清水；C—精矿；M—中矿；T—尾矿。

图 20-49　SLon 立环脉动高梯度磁选机结构

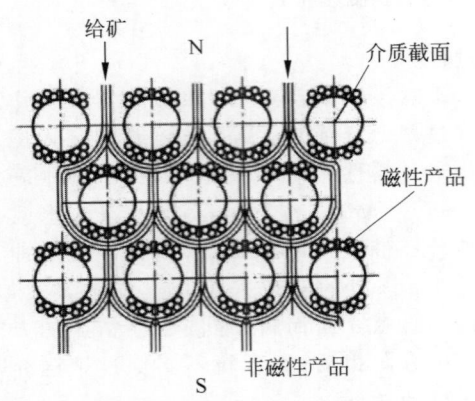

图 20-50　物料经棒形聚磁介质分选过程

分选过程中，当给矿管 3 给入的矿浆通过由直流激磁线圈 11 形成的弧形分选空间时，磁性矿物颗粒被吸附在聚磁介质 7 的表面，而非磁性颗粒因受磁场力，穿过聚磁介质 7 的空隙进入尾矿斗 9，通过调整尾矿脉冲机构 1 的运转参数使矿浆对磁介质 7 产生适度的冲刷力，以利于夹杂在磁介质表面的脉石进入尾矿斗 9；磁性颗粒群随分选环 4 转动，在聚磁介质 7 离开矿浆液面时，由于背景场强变弱，磁性较弱的连生体受到的磁力小于流体冲刷力，因而进入中矿斗 8 中；磁性较强的颗粒群牢固地吸附在聚磁介质 7 表面上并随分选环 4 继续转动，

进入磁性产品卸矿区，由于在卸矿区无磁场力作用，可通过气水联合卸矿装置 5 的冲洗气和冲洗水将磁性物从聚磁介质 7 表面冲洗下来进入精矿斗 6，完成分选过程，得到精矿、中矿和尾矿三种产品。

SSS-Ⅱ型高梯度强磁选机的特征是：磁系在分选空间产生水平磁力线，脉冲装置能使矿浆产生与磁力线相垂直的往复运动，分离精度较高。

20.5.4　使用与维护

1. 湿式电磁感应辊式强磁选机

根据分选矿物的粒度，设计感应辊的齿距、齿形。根据矿石性质和对产品质量的要求，适当调节给矿量、磁场强度、补加水量以及感应辊的转速和工作间隙（极距），以便获得较好的分选指标。操作时应注意控制给矿粒度，给矿粒级越窄分选效果越好，粒度过大容易堵塞磁极头沟槽，粒度过细回收率较低；如果给矿中含有强磁性矿物，应事先除去，强磁性矿物进入该机后将聚集在磁极头的沟槽处，并形成磁链，阻碍非磁性矿物顺利排出，影响分选指标。通过调整接矿斗下部的阀门（或闸板），保持矿液面位置；保持激磁线圈工作在良好的冷却状态。

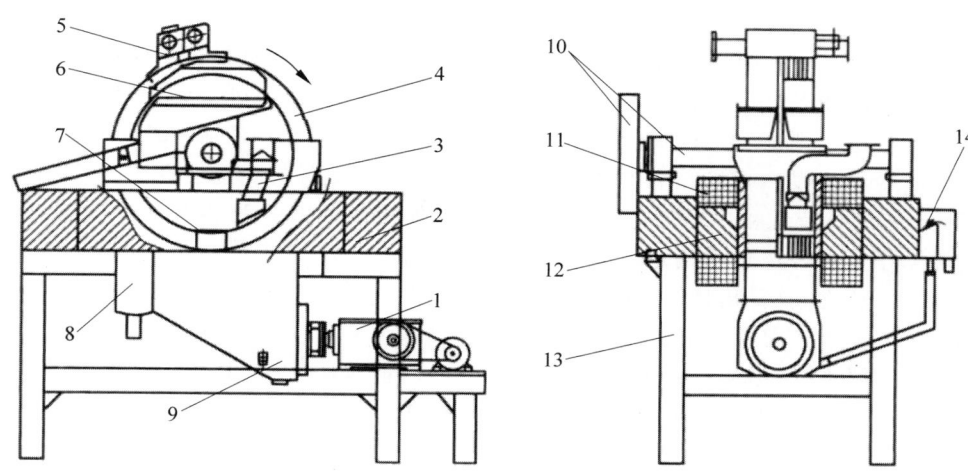

1—脉冲机构；2—铁轭；3—给矿管；4—分选环；5—气水联合卸矿装置；6—精矿斗；7—聚磁介质；8—中矿斗；
9—尾矿斗；10—转环传动机构；11—激磁线圈；12—磁极；13—机架；14—液面斗。

图 20-51　SSS-Ⅱ型双立环高梯度磁选机

2. 湿式电磁平环式强磁选机

湿式电磁平环式强磁选机影响分选的主要因素有给矿粒度、给矿中强磁性矿物的含量、磁场强度、中矿和精矿的冲洗水压、转环的速度以及给矿浓度等。为了保证设备正常运转，减少介质堵塞，必须严格控制给矿粒度的上限和给矿中强磁性矿物的含量。分选粒度应该和齿板齿形和极间隙匹配，粗粒级分选应选用粗牙齿板，极间隙相应较大，细粒级分选应选用细牙齿板，极间隙相应较小；给矿粒度上限一般为齿板间隙（极间隙）的 1/2～1/3，齿板极间隙通常为 2～3 mm，一般要求给矿粒度上限小于 0.8 mm，因此强磁机之前必须有控制筛分，除去给矿中粗颗粒矿物和杂物。在强磁选机之前一般都安装了中磁场筒式磁选机用于除去强磁性矿物，要求将给矿中的强磁性矿物含量降至 1% 以下；中矿漂洗水水压和水量大小应根据产品质量要求确定，漂洗水量大，中矿产率高，精矿品位高；精矿冲洗水水压通常为 0.4～0.5 MPa，同时要不定期使用 0.7～0.8 MPa 的高压水冲洗齿板介质，避免介质堵塞影响分选指标。给矿浓度一般为 35%～45%，如给矿浓度过低（≤15%），设备的处理量较低，但精矿品位较高；给矿浓度过高（≥50%），处理量较大，但精矿品位低。给

矿粒度控制和强磁性矿物含量控制是该类强磁选机能否长期稳定工作的关键。

3. 湿式立环式强磁选机

由于立环式磁选机具有一定的强磁场，在使用中应避免接触铁制工具和电子设备。对立环式磁选机的维护应提供安全防护。在垂直环式磁选机的运行过程中，应注意清理铁磁性材料，避免铁磁性材料的堆积。应使用温度计检查垂直环式磁选机的驱动装置的温度，以防止负载过大而导致温度升高。立环式磁选机的设计具有最大的材料检查处理能力。如果流速和物料量超过最大处理能力，立环磁选机的除铁效果将很差。

4. 高梯度磁选机的操作与维护

高梯度磁选机的分选介质有棒形、球形、网形、丝形（钢毛）等，每种介质（同一种介质也有粗、中、细之分，充填率也各不相同）适合分选的矿物种类、粒级范围不同，应根据试验确定。一般来说，棒、球介质适合较粗粒级分选（1 mm～50 μm）；网形介质适合中细粒级分选（30～100 μm），钢毛介质适合细粒和微细粒级分选（5～50 μm）。使用不同介质分选所需要的工艺条件也不相同，应根据设备性能和工艺制订操作调试方案。影响分选的主要因素有磁感应强度、转环转速、给矿量、给矿浓度、给

矿粒度等。

电磁高梯度磁选机的磁场强度根据工艺指标要求通过改变激磁电流来调节。转环转速会影响生产能力,转速快,处理能力大,但应兼顾精矿质量和回收率指标。给矿量与磁介质的磁性矿物的负荷量和介质的充填率有关,应根据实际作业的分选指标确定。给矿浓度大,处理量大,但磁性产品质量较低;给矿浓度低,处理量小,磁性产品质量较高。不同磁介质回收粒度下限不同,给矿粒级宽,容易造成细粒(微细粒)级矿物损失,最好进行分级分选。

高梯度磁选机日常的维护很重要,应根据设备操作维护说明书的要求进行操作和维护。高梯度磁选机的作业条件基本相同,在设备启动之前使用筒式磁选机除去强磁性矿物,用筛子将给矿中的粗颗粒矿物和杂物去除,为高梯度磁选机长期可靠运行创造条件。磁介质堵塞会影响或恶化分选指标,定期使用高压水冲洗,或将介质取出后清洗;介质磨损应及时更换,避免产生事故。长期生产运行,会在磁轭、机头等表面吸附强磁性矿物,造成旋转件磨损和给矿、排矿通道堵塞,应不定期空运转(切断激磁电流),用高压水冲洗。电磁高梯度磁选机长期使用,激磁线圈冷却水会因结钙降低冷却效果,应经常检查冷却水的水量和水温,如冷却问题严重应及时修理,避免烧坏线圈,最好使用软化水冷却线圈,避免结垢现象发生。磁选机在操作时操作人员应禁止携带导磁铁质器物和贵重易磁化仪表(包括手表、手机、磁卡等)靠近磁选机,避免发生人员安全事故和财产损失。磁选机在检修时避免铁质物品(如电焊渣、电焊条、铁钉、螺丝、螺帽等)和其他杂物进入磁选机;永磁高梯度磁选机在检修时应使用不导磁专用工具。

20.6　超导磁选机及其应用

20.6.1　概述

自 1970 年班尼斯特(Bannister)超导磁选机在美国取得第一个专利和英国的科恩(Cohen)及古德(Good)发表了他们的第一代超导磁选机(MK-1 型四极头超导磁选机)的论文之后,近几十年来已研制出各种不同类型的超导磁选机。其中德国的柯·舒纳特(K. Schenert)等人设计的超导螺线管堆磁选机,英国科恩和古德研制的 MK-2 型、MK-3 型和 MK-4 型超导磁选机以及科兰(Collan)等人研制的 MASU-3 型超导磁选机已应用于各种矿物分选的实验室试验或半工业试验。

和常规磁选机一样,超导磁选机也必须建立高度的非均匀磁场,以满足分选细粒弱磁性矿物的需要。超导磁选机和常规磁选机的最主要区别是以超导磁体代替了普通电磁铁或螺线管,因此形成了其独有的特点。

(1)磁场强度高是超导磁选机最主要的特点。迄今,超导磁选机的磁场强度可达到 6 T乃至十几特斯拉,而常规磁选机的磁场强度一般只能达到 2 T。

(2)能量消耗低是超导磁选机的第二个显著特点。超导磁体只需很小的功率就可以获得很强的磁场。唯一的能耗是系统中保持超导温度所需的能量。

20.6.2　不同超导磁选机及其应用

1. 螺线管堆超导磁选机

螺线管堆超导磁选机是连续操作的,它由数个螺线管组成,无充填介质,其结构如图 20-52所示。

该机由 10 个短而厚的螺线管组成,它们沿轴向排列,线圈彼此间有一定的间隔,间距等于其长度。激磁电流的方向要使线圈磁场的极性相反,线圈产生一个径向对称的不均匀磁场和方向向外的径向磁力。磁力在线圈附近最强,在轴线处降为零。电流密度为 30 000 A/cm²,产生的磁场强度为 1200～2000 kA/m(1.5～2.5 T)。环状分选器的直径为 110 mm,长为700 mm。

入选的物料通过磁选机轴向流入一个具有环状横断面的空心圆柱状容器(分选器),磁化率较高的颗粒在容器壁附近富集。在容器的末端,矿浆被一分流板分成两部分,靠外部

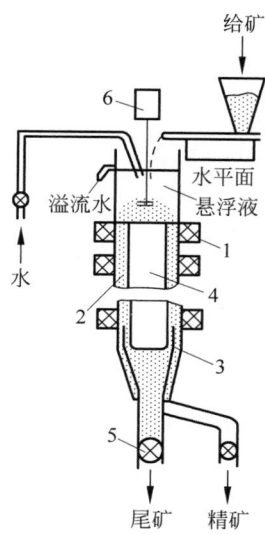

1—超导线圈；2—分选区；3—分隔板；
4—分选区限制器；5—阀门；6—搅拌器。

图 20-52　螺线管堆超导磁选机

的为精矿、靠里面的为尾矿。影响分选效果的
主要因素有给料中磁性矿物的含量、颗粒的大
小和颗粒的分布、悬浮体的浓度及平均流速、
分流器横断面积比等。

科恩-古德超导磁选机已发展到 MK-4 型。
MK-1 型超导磁选机是 1969 年前后研制成功
的，该设备是一种原型试验装置，其目的是测
定超导磁体和低温系统的生命力和实际应用
的可能性。1978—1984 年先后研制成功了
MK-2 型、MK-3 型和 MK-4 型超导磁选机，并
对多种物料进行了选别试验，取得良好的效果。

1）结构

MK-1 型超导磁选机结构外形如图 20-53
所示。它主要由磁体和内、外分选管构成。磁
体密封在低温容器中。磁体由四个超导线圈
组成，以圆柱对称形装配（图 20-54）。线圈用
铜基 61 股单丝，直径 0.6 mm 的能-钛复合线
绕制，每个线圈 1850 匝，绕制后压制成型，为了
约束导线间的巨大磁力，整个磁体用玻璃丝加
固，并用环氧树脂在真空中浸渍以得到高机械
强度和通电良好的刚体结构。磁体高 300 mm，
内径 140 mm，外径 195 mm。由于四极头磁体的
环形排列，形成了圆柱状的对称磁场，圆柱体轴

线上的场强为零。磁力方向从磁体轴心向外散
射，从低温容器外部向内集中（图 20-54（b））。磁
体线圈通 70 A 电流时，磁场强度达 1.8～2.0 T，
磁场梯度为 35 T/m。

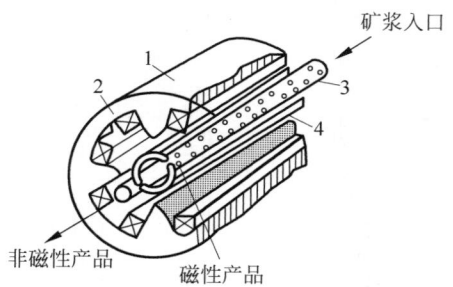

1—磁体；2—超导线圈；3—内管；4—外管。

图 20-53　MK-1 型超导磁选机结构外形

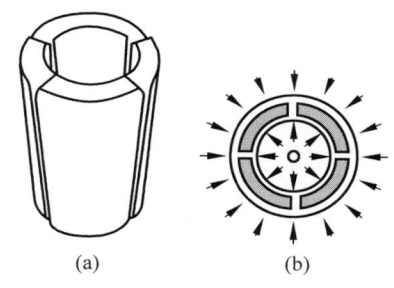

图 20-54　四极头超导磁选机磁体示意
(a) 四极头线圈简要几何图形；(b) 横断面

低温容器主要由内、外杜瓦瓶、液氮槽、液
氦槽等部分组成（图 20-55）。其作用是将超导
磁体冷却到临界温度以下，保证超导态不被破
坏。超导线圈浸在 4.2 K 的液氦中。磁体和低
温容器外壁之间的狭窄空间要有良好的热绝
缘。液氮（77 K）制冷容器放在低温容器上部，
保证外面热量不进入液氦槽中。汽化的氦气
和氮气可分别从上面的排气口排出。

分选管由内、外分选管组成。内分选管管
壁开了许多小孔，便于磁性矿粒在磁力作用下
通过小孔进入外分选管。外分选管的作用是
运输磁性产物。

2）分选过程

首先使磁体冷却到临界温度以下，然后给
超导线圈接通可调的直流电，达正常运行后，
线圈用超导环路闭合开关构成回路，切断电

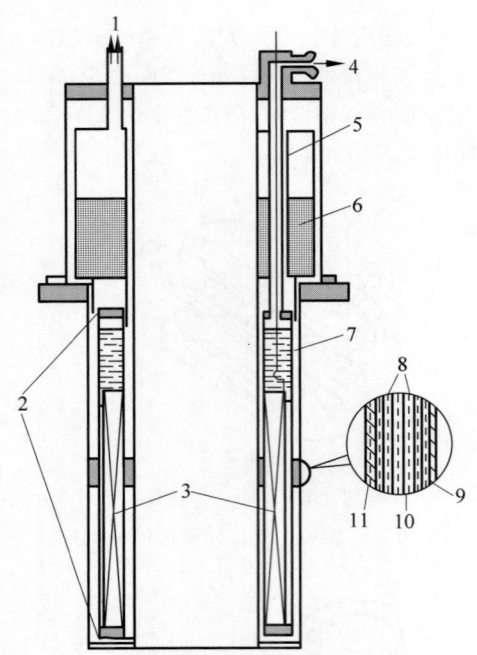

1—液氮进出口；2—支撑隔板；3—超导磁体；4—液氮进出口；5—电流引入线；6—液氮；7—液氮；8—绝热材料；9—低温容器外壁；10—80 K 的热屏蔽板；11—液氮储槽壁。

图 20-55　磁体结构剖面

源,电流在回路中持续流动,产生所需的磁场。之后将矿浆给入分选管,磁性矿粒在磁力作用下通过内分选管壁上的孔进入外分选管,被水流带到磁场外面,成为精矿。非磁性矿粒从内分选管末端排出,成为尾矿。

2. Eriez 公司 Powerflux 超导磁选机

图 20-56 是 Eriez 公司 Powerflux 超导磁选机的结构原理(与常规超导磁选机对照)。图中左边是过去生产的超导磁选机的结构形式,右边为 Powerflux 超导磁选机的结构形式。

Powerflux 超导磁选机主要的特点是采用免制冷剂技术。到达 Powerflux 线圈的热量不能靠对流,只能通过热传导或者辐射的方式。就像保温瓶一样,排空的低温恒温器可阻止任何通过空气对流而传导热量的行为,并且因为没有冷却液浸泡所以也就不会像传统湿式超导磁选机中的液氮会产生的对流传导热量的行为。超导线圈必须居中固定在钢结构上,悬浮固定在恒温低温器的中间,热量从支撑线圈

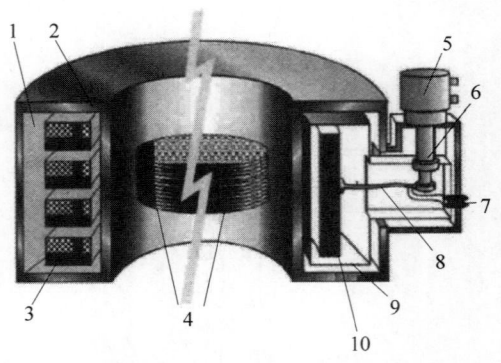

1—冷却油；2—磁轭；3—传统的超导线圈；4—介质；5—冷头；6—压缩机；7—磁体功率连接；8—热传导路径；9—防辐射层；10—超导线圈。

图 20-56　常规超导磁选机与 Powerflux
超导磁选机的对照

的金属棒转移至冷却头,冷却头则与压缩机相接。热量传递到线圈的另一种方式是辐射。为了屏蔽辐射热,会在线圈周围做一个防护罩。防护罩连接冷却器,这样防护罩产生的热量就会被传导进冷却器,而不会辐射到线圈上。

该超导磁选机为周期式工作,背景磁感应强度为 1.5 T,介质分选室直径为 1000 mm,Eriez 公司还生产悬挂式超导除铁器。2004 年神华集团订购了 6 台 Eriez 公司的超导除铁器,分别安装在天津、秦皇岛、黄骅港口码头的皮带运输机上,以除去驳运装载前成品煤中如雷管及其碎片等黑色污染杂质。

3. Outotec 公司的 Cryofilter 超导磁选机

Cryofilter 超导磁选机原理如图 20-57 所示。

Cryofilter 超导磁选机使用往复介质列罐进行分选是 Outotec 公司的专利,这种超导磁选机在全球的高岭土生产商中受到欢迎。

Cryofilter 超导磁选机主要由超导磁体、往复介质列罐、制冷机、真空容器和线性传动器构成。

超导磁体的超导线圈用 0.5 mm Nb-Ti 线绕制,线圈内直径为 275 mm,外直径为 570 mm,长 750 mm。激磁电流为 90 A 时,中心磁场磁感应强度为 5 T,储能 0.7 MIJ,激磁时间 24 min。铁轭厚 130 mm,加设厚磁轭可提高内腔磁场,降低外部磁场。后者可带来两点好处:能采用短列罐和消除磁体对附近工作人员的危害。

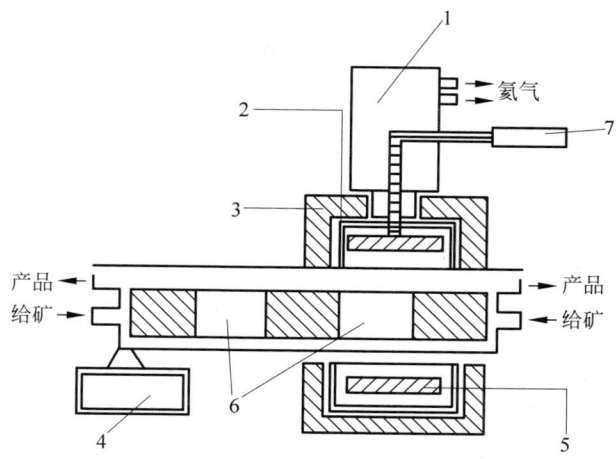

1—制冷器；2—真空套；3—磁轭；4—线性传动器；5—超导线圈；6—分选罐(往复列罐)；7—超导磁体电源。

图 20-57　Cryofilter 超导磁选机原理

介质列罐由两个钢毛罐和三个平衡配罐组成，全长 7.4 m。它由线性传动器带动，可在磁场中往复运动，以便实现一个罐在处理物料时，另一个罐在冲洗磁性物；列罐单程移动时间为 10 s(可缩短到 6.5 s)，行程 1.1 m，这可大大提高磁体的利用率，克服周期式高梯度磁选机需要交替激磁与断磁和伴生涡流的缺点，使超导磁体不耗功地保持恒定激磁，因而可提高处理能力，降低电耗和减少生产成本。三个平衡配罐中充填磁性物质，但不是用于磁滤，而是用于移动钢毛罐时，抵消磁体与钢毛罐之间的作用力，这与无配罐时相比，作用力可减少到 1/15，因而可大大降低线性传动器的传动功率，并使超导磁体少受机械力的干扰，工作更加稳定。

超导线圈被封闭在真空绝热容器中，用液氦冷却，挥发的氦气可循环使用，一台处理量为 15 t/h 的设备液氦的消耗量为 500～1000 L/年。

与一般周期式高梯度磁选机不同，该机采用径向给料。高磁场配合径向给料可弥补小直径磁体处理能力低的缺点，因为径向给料的磁滤面积增大了，取径向给料时的平均磁滤面积与轴向给料磁滤面积相比，磁滤面积扩大为 5.73 倍。

工作时超导磁体处于恒定激磁状态，列罐由线性传动器带动，使两个钢毛罐交替进出超导磁体的内腔磁场，进入磁场中的钢毛罐处理物料，移出磁场的钢毛罐受压力水冲洗出磁性物，每个周期的停料时间只有 10 s。

4. JKS-F-600 系列超导磁选机

国内目前有山东华特磁电设备公司和江苏旌凯中科超导高技术有限公司生产超导磁选机，都在进行工业化试生产。下面介绍 JKS-F-600 系列超导磁选机。

JKS-F-600 系列超导磁选机由江苏旌凯中科超导高技术有限公司研制开发，目前已成功用于高岭土、长石、伊利石等非金属矿除杂提纯。

JKS-F-600 磁选系统的分选结构采用串罐往复式，分为两个分选腔，高梯度介质采用钢毛，其结构如图 20-58 所示。该磁选设备的技术特点是，液氦零挥发，在正常工作中不消耗液氦，磁腔内液氦受热变成气氦挥发遇到磁体上端冷头后温度降低重新变回液氦，形成循环；磁场强度高，为 4～6 T；口径大，旌凯公司的 JKS-F-600 超导磁选机是国内目前口径最大的工业化低温超导磁选设备；全自动化，该套磁选系统采用先进的自动化应用系统，进入自动模式后可实现无人监控操作，遇到故障则会自动停机，发出报警。

工作过程如下：原矿给入有效磁场区域内的分选腔，原矿中的铁、钛等磁性杂质由于磁力作用被钢毛捕获，无磁性的物料流出腔体；

当钢毛吸附量接近饱和时,停止给矿并给清水,进行清洗,清洗结束后,腔体移出磁体,在无磁场条件下冲洗钢毛吸附的物料;一个分选腔给料以及进行磁场内清洗时,另一个分选腔进行磁场外冲洗,通过管道阀门自动切换实现设备的连续运行。

JKS-F-600 超导磁选机已在中国高岭土有限公司进行工业化试生产,至 2014 年 7 月已连续运行 4 个月,试生产过程中进行两班倒连续运行,设备运行稳定,产品质量和产率均得到生产企业高度认可。JKS-F-600 超导磁选机的现场应用如图 20-59 所示,连续生产指标如表 20-15 所示(原矿 Fe_2O_3 为 1.71%,TiO_2 含量为 0.44%)。

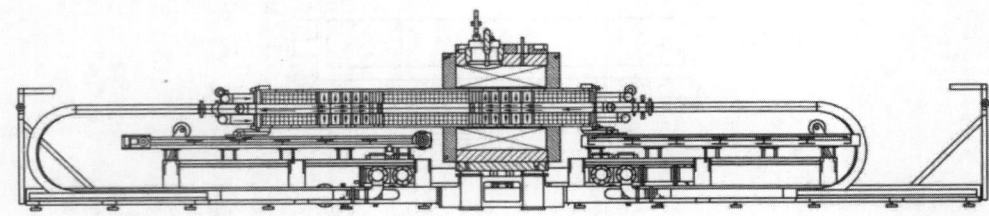

图 20-58　JKS-F-600 超导磁选机结构

图 20-59　JKS-F-600 超导磁选机的现场应用

JKS-F-600 超导磁选机的工作参数如表 20-14 所示。

表 20-14　JKS-F-600 超导磁选机的工作参数

处理能力	30~40 m³/h,矿浆浓度 15%~20%
耗水量	50~60 m³/h,可循环重复使用
磁选系统耗电量	约 15 kW/h
原矿处理成本	小于 30 元/t(不含设备折旧)

表 20-15　中国高岭土有限公司某高岭土的工业化连续生产指标

编号	精矿/%		尾矿/%		精矿产率/%
	Fe_2O_3	TiO_2	Fe_2O_3	TiO_2	
1	0.74	0.16	8.58	0.94	87.12
2	0.79	0.25	11.69	1.15	93.55
3	0.77	0.23	11.71	0.92	89.40
4	0.85	0.29	11.31	1.10	86.19
5	0.74	0.25	10.61	1.04	85.13
6	0.81	0.22	10.84	1.18	89.37
7	0.77	0.24	9.85	0.96	90.53
8	0.74	0.23	10.72	1.06	83.76
9	0.85	0.26	11.02	1.02	88.86
10	0.79	0.20	10.53	0.98	91.22

第21章

光电分选机械

21.1 概述

传统的矿物分选方法主要有重力分选、磁力分选和浮游分选。重力分选是根据矿物密度的不同,采用淘洗和重液的方法进行分离,有时需用离心机分离。磁力分选是根据矿物的磁性强弱不同,利用磁铁、电磁铁进行分选。浮游分选是根据矿物对浮油剂的不同吸附性进行分选。

近年来,伴随着高新技术的飞速发展,产品品质的分选与检测也逐步地与现代科学技术相结合,出现了利用机器视觉识别技术、放射性及不同射线(如 γ 射线、X 射线)辐射下的反射和吸收特性等差异,通过对呈单层(行)排队的颗粒逐一检测所获得信号的放大处理和分析,采用机械手、电磁挡板或高压气等执行机构将有用矿物(精煤)与脉石矿物(矸石)分开的一种选矿方法。

21.1.1 功能、用途与分类

光电分选方法主要用于块状和粒状物料的分选,其分选粒度上限为 250～300 mm,有效分选下限可达 6 mm,常用于矿物的预分选,也可以用来粗选和精选。

目前光电分选所用的主要方法有 X 射线透射法、γ 射线吸收法、光电法及 X 荧光法等。各分选方法及其原理简述如下。

1. X 射线透射法

根据射线源能量的差异,X 射线透射系统主要分为单能和双能两种。双能 X 射线透射辨别系统,主要辨别原理是朗伯-比尔定律。朗伯比尔定律其公式为

$$I = I_0 e^{-\mu h \rho} \tag{21-1}$$

式中:I、I_0——检测物体被入射前与透过后的射线强度;

μ——质量吸收系数;

h——被检测物体厚度;

ρ——被检测物体密度;

e:自然常数,约为 2.718 28。

根据上述原理,经过 X 射线探测器测试到,X 射线在未穿透物体之前的高能 X 射线强度和低能 X 射线强度分别为 $I_{0高}$ 与 $I_{0低}$,X 射线在透射物体后的高能 X 射线强度 $I_高$ 与低能 X 射线强度 $I_低$,分别代入朗伯比尔定律公式得

$$I_高 = I_{0高} e^{-\mu_高 h \rho} \tag{21-2}$$

$$I_低 = I_{0低} e^{-\mu_低 h \rho} \tag{21-3}$$

式中 $I_{0高}$、$I_{0低}$、$I_高$、$I_低$ 均已测得,由此可知:

$$\frac{\mu_低}{\mu_高} = \frac{\ln(I_{0低}/I_低)}{\ln(I_{0高}/I_高)} = K \tag{21-4}$$

K 值即为检测物块的特征参数,原子序数越高对低能射线的吸收系数越大,而对高能射线的吸收系数基本相同,由此可知:所含原子序数越小的元素越多则 K 值越小,所含原子序数越大的元素越多则 K 值越大,因此可以通过

调整 K 值的大小实现分选。

2. γ 射线吸收法

γ 射线吸收法是利用矿块和废石块对 γ 射线吸收程度的不同而将其分开的一种分选方法。γ 射线穿透物质时,由于光电效应、康普顿-吴有训散射效应和电子对的生成等作用而被吸收。

γ 射线总的吸收系数 μ 在数量上等于光电效应吸收系数 L、康普顿-吴有训散射效应吸收系数 θ 和电子对生成的吸收系数 x 之和。

$$\mu = L + \theta + x \tag{21-5}$$

γ 射线通过物质时,它的减弱情况与物质特性和物质厚度有关,服从指数函数

$$I = I_0 e^{-\mu d} \tag{21-6}$$

式中:I——经过物体后的 γ 射线强度;

I_0——原始的 γ 射线强度;

d——吸收体的厚度,cm。

由于黑色、有色和稀有金属矿石中有用组分的原子序数($Z > 25$)比围岩组分的原子序数($Z = 1 \sim 15$)大,其质量吸收系数有明显的差别,因此可以用 γ 吸收法将矿石与围岩分开。

3. 可见光图像分选

光电分选法基于利用可见光的窄频带进行分选的方法,在国外,这种方法最广泛用来处理非金属矿产。利用这种方法分选非金属矿的效率很高,这是由于占有块面积很大比例的矿物和围岩的颜色特性所决定的;一般说来,对有色金属矿石采用光电分选乃是基于矿石矿物与某些有特征颜色的围岩及矿物(石英、长石)的共生特性。对于脉状和网脉状矿石采用此法选矿可以取得很高的效率。某些类型黑色冶金原料的试验结果更进一步证实了光电分选作为新的选矿方法的通用性。

4. 荧光分选法

荧光分选法是以某些矿物分子受到 X 光或紫外线光激发时发射光子的能力为基础发展起来的。此法在非金属矿产预选矿中也得到应用。众所周知,在工业上利用 X 光-荧光分选法选金刚石的经验是非常成熟的。许多非金属矿产具有在可见光谱范围内发射荧光的能力。被激发光的波长取决于进入矿物晶格中微量杂质的组成,因此,不同矿床的一种矿物所发荧光可能光谱不同、强度也不同。方解石发出荧光的颜色为红色的可能性最大,而石英及其变种呈黄绿色,荧光则从绿到紫色,磷灰石从紫色到黄色。因此可利用不同矿物在 X 光或紫外线照射下发出颜色不同的荧光来分离有用矿物和脉石。

21.1.2　发展历程与趋势

光电分选是从拣选(手选)发展起来的。随着人类生产的需求和科技的发展,拣选(手选)应用已逐渐被机械分选所取代。从 20 世纪 30 年代末期,已利用 X 射线照射金刚石后所发射的强荧光进行金刚石矿床的勘探和分选;40 年代开始利用含铀矿石本身的 γ 放射性,将其与废矿石分开等。70—80 年代,各国发表了数十篇理论及实践方面的文章、专利和专著,仅英国就研制了十余种型号用于工业生产的光电分选机、放射性分选机,我国也发表了一些专著,研制了一些光电分选机和放射性分选机。

2000 年以来,由于各国矿产资源大都有下降趋势,为了保持平衡,对采、选、冶的要求相应有所提高,而拣选的成本较低,使拣选业又得到较大的发展。在 2003 年召开的第一届俄罗斯 X 辐射分选会议认为 X 辐射分选必定被采矿及冶金企业所采用。2005 年 10 月在德国柏林工艺大学召开了第四次分选讨论会讨论了矿石、矿物、食品、农产品及废弃物的拣选。另外,2006 年在德国阿亨还召开了以探测器为基础的拣选座谈会。近年来随着科技的进步,有关拣选的理论、实践及拣选的新设备的研究工作在不断地发展和充实。俄罗斯生产的 X 射线分选机现在已有较多的应用;澳大利亚的 UltraSort 公司生产的光电分选机、放射性分选机、X 射线分选机已有 30 多年的历史,其设备在很多国家都有应用;德国 Mogensen 公司研制生产的各种型号的光电分选机,也取得较大发展。

近年来,我国在 X 射线分选技术与设备的研发投入大幅度增加,涌现出了像天津美腾科技股份有限公司、北京霍里思特智能科技有限公司、合肥泰禾智能科技集团股份有限公司、凯瑞斯矿业设备技术(北京)有限公司、赣州好朋友科技有限公司企业。我国研发的光电分

选设备在设备性能和参数方面也取得了较大突破,如北京霍里思特智能科技有限公司研发的 XNDT 系列光选机在 XRT 技术的基础上,采用了高速探测器、高精度 AI 算法和高速精准吹喷等核心技术,其设备广泛应用于矿石预抛尾、废石再选、块煤排矸等方面。天津美腾科技股份有限公司自主研发的 TDS 系列智能干选机主要结合 X 射线技术和图像识别技术,运用深度学习算法等先进技术,对煤和煤矸石进行精准识别,实现了对块煤的快速分选,为较大程度实现全粒级干选,该公司研发的 TGS 系列智能梯流干选机也已于 2021 年成功实现了工业应用。合肥泰禾卓海智能科技有限公司生产的 VCS、VDS 系列 X 射线智能干选机利用双能 X 射线透射成像系统采集矿物辐射特征信号,通过 AI 识别技术对信号进行分析、判断物料种类,精准控制高压空气对矸石、杂质进行喷吹,实现精确、高效、节能的全自动矿物分选。

"十三五"期间智能干选技术取得了重大突破,中国矿业大学(北京)徐志强、王卫东团队研发了"基于计算机视觉的智能分拣技术装备",具有自主知识产权。成果基于计算机视觉与选煤专业的交叉领域研究,并结合人工智能技术,实现了煤、矸、杂的高效识别与精准分离。该技术通过分析煤、矸、杂图像数据,利用大数据分析技术、图像处理技术、模式识别技术、自动控制技术与深度学习理论来实现生产运输皮带上分选目标的图像采集、分析、智能识别与精准分离。

21.1.3　安全使用规范

1. 射线识别光电分选系统使用规范

(1)使用射线装置的工作人员必须经过岗前体检,并经过辐射安全防护培训。要正确使用射线装置,做到专人专管专用。从事射线装置岗位人员,要严格按照操作规程和规章制度,杜绝非法操作。

(2)对于采用 X 射线和 γ 射线进行识别的系统,除了设备本身要设计符合国家相关标准的要求外,工业现场应设置安全线,确定"控制区"及"管理区",并有明显警告标志。

(3)建立射线装置台账管理制度,设有仪器名称、型号、管电压、输出电流、用途等。严格射线装置进出管理,坚决杜绝外借。对退役的射线装置应该选择有资质单位或厂家回收,杜绝私自销毁或处于无人管理状态。

(4)严格检修注意事项,对设备出现故障要及时上报并立即停止使用。设备出现事故应请专业人员或设备厂家进行维修、建立设备检修及维修记录。

2. 工艺要求与注意事项

智能光电分选对入料中下限物含量有要求,一般不超过入料量的 10%,这就要求系统需选用合适的筛分设备,以保证筛分效率。给料系统需保证进入光电分选系统的物料为单层铺开,最好块与块有一定的间距,物块之间不能叠加。圆振动筛、直线筛、香蕉筛等类型振动筛在满足筛宽与智能光电分选机宽度相近的情况下,可直接给料,其他则需设置振动布料器实现均匀布料。

对于采用电磁风阀进行排料的光电分选机,空压机排气压力宜采用 0.8~1.0 MPa。对于长距离运输管道,尤其是利用现有空压机的长距离运输,需核算压力损失,核算考虑压损后风压是否满足要求。为保证电磁阀稳定性、延长电磁阀寿命,需配置高压风清洁系统,以及冷干机、油水过滤器。该系统需特别注意除尘设计,在传统除尘设计要求外,还需要注意以下方面:设备的入料溜槽、出料溜槽与设备相接处必须封闭。外围设备包括筛子和给料机等均需要本体封闭,无法封闭的卸料器、除铁器和带式输送机除外。

对于采用机械手进行分选的系统,机械手的数量与识别系统的比例要选择适当,以达到系统的效率最大化。

21.2　X 射线辐射智能分选机

21.2.1　概述

X 射线辐射智能分选机利用双能 X 射线透射成像系统采集矿物辐射特征信号,通过 AI 识别技术对信号进行分析、判断物料种类,精准控制高压空气对矸石、杂质进行喷吹，实现精确、高效、节能的全自动矿物分选。

X射线辐射智能分选机主要面向以下场景：主焦煤、动力煤原煤系统 50～300 mm 粒级矸石预排，25～50 mm 粒级煤主选，褐煤等年轻易泥化煤质分选，尾矿分选，矸石资源化利用，其他非煤矿物的分选。目前国内已有多家企业生产相关的光电分选设备，设备的小时处理能力从几十吨到几百吨，处理的粒度上限可达 300 mm，下限可到 6 mm。目前，相关的设备已在国家能源集团、山东能源集团、陕煤集团、山西焦煤、晋能控股集团、淮北矿业集团、淮南矿业集团等国内煤炭企业广泛应用，有几百套 X 射线辐射智能分选机在使用。

1. 价值与优势

（1）提升资源回收率。传统跳汰、动筛等大块煤排矸技术分选效率低，平均矸中带煤率 3%～8%，煤随矸石排出，造成资源浪费。智能干选技术矸中带煤率平均 2%，有效回收煤资源。

（2）改善产品质量。X射线光电智能分选机是一种干法选煤设备，煤不入水，产品煤外水含量减少约 5%，平均热值提升约 350 kcal/kg。

（3）节约选煤厂运营成本。X射线光电智能分选系统吨煤耗电量约 1.5 kW·h，无人值守，综合运营成本约 5 元/t（不计工程建设成本与设备折旧）。采用湿法重介分选技术的选煤厂运营成本为 15～20 元/t，相比具有较高成本优势。

（4）工艺简单易实施。传统湿法选煤厂存在以下不足：①入水后次生煤泥处理、大块矸石破碎带来的设备磨损等问题难以解决；②工艺流程长维护量大，湿法选煤厂工艺环节包括破碎、加水、加介、脱水、脱介、煤泥处理、水循环处理等环节，需要每天检修维护。X射线光电智能分选技术可用于预排矸、主选，适应粒级范围广（25～300 mm），无须破碎，不产生煤泥，工艺简单可靠。

2. 技术水平

（1）设备采用高规格的 X 射线源，集成高压发生器、X 射线管、控制电路和散热系统，信号更均匀、穿透力更强。设备不工作时断电即不产生辐射，相对于工业 γ 射源更加安全。采用高性能双能射线探测器，分辨能力更好。

（2）设备采用 AI 算法，准确率高。采用高性能硬件平台进行算法加速，单张图片推理耗时几百微秒，满足大处理量需要。针对物料粘连现象、不同岩性矸石进行了深入分析和建模，煤质适应性强。

（3）关键执行机构部件电磁阀已实现了自主研发，替代国外进口产品，部分产品已申请电磁阀防爆证，设备已应用到煤矿井下。

21.2.2 主要技术性能参数

X 射线智能光电分选机的主要参数如表 21-1 所示。

表 21-1 设备性能参数

名称	入料粒度/mm	布局	给料宽度/m	分选指标 c	单位槽宽 a 参考处理量 b/(t/(h·m))
X 射线选煤机	300～50	皮带式	1.0～2.4（可定制）	满足以下其中一项：(1) 矸石带煤率（%）<3.0，同时煤中带矸率（%）<7.0；(2) 矸石带煤率（%）<2.0；(3) 煤中带矸率（%）<2.0	80～120
	100～25	皮带式	1.0～2.4（可定制）		50～80

注：1. 槽宽 a：除去挡边后，皮带或供料口有效供料宽度。

2. 处理量 b：与物料的粒度分布、平均密度均有关系，本数值参考平均密度 1.8 g/cm³ 块状煤，粒度按照在入料粒度区间均匀分布。

3. 分选指标 c：原料中矸石和煤比例 1:1 条件下测定。

4. 表中参数以合肥泰禾卓海智能科技有限公司系列产品计算获得，其他厂家产品与之接近，具体指标需要结合实际进行计算。

21.2.3 主要功能部件

1. 基本结构

光电智能干式选煤机利用双能 X 射线扫描成像系统采集传送带上物料的图像,通过深度学习图像识别技术对图像进行分析、判断物料种类,准确控制高压风对矸石、杂质进行喷吹,实现精确、高效、节能的全自动煤炭分选。系统原理见图 21-1,设备结构原理(平面)见图 21-2。

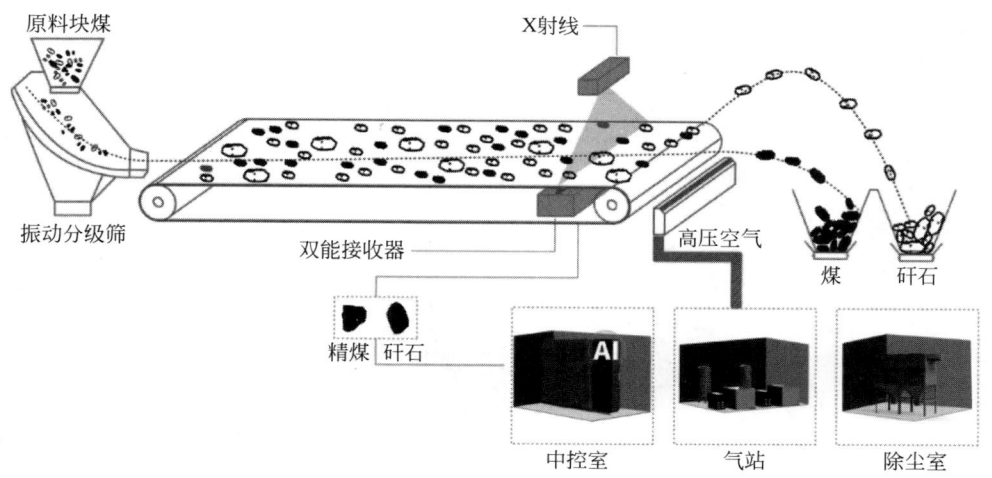

图 21-1 系统原理

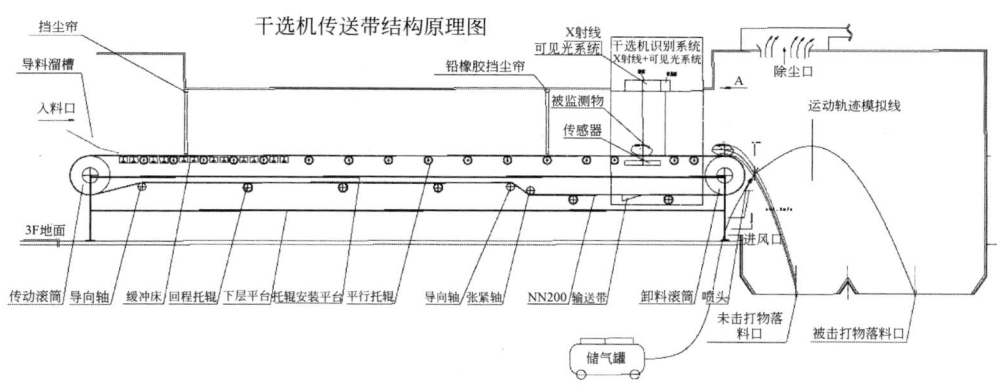

图 21-2 设备结构原理(平面)

2. 系统组成

X 射线智能光电分选系统通常包括以下主要部分。

1)布料系统

布料系统是将原煤均匀分布于输送传送带上的布料装置。布料系统由入料槽、振动筛、输送带缓冲段组成。

2)多谱段光电扫描成像系统

采用双能 X 射线成像系统采集物料密度空间分布信息,采用可见光全光谱成像系统采集物料表面纹理信息,融合输出给图像识别系统进行分析处理。

3)深度学习图像识别系统

通过深度学习图像识别技术对双能 X 射线传感器/可见光全光谱成像系统获取的物块射线特征信息进行分析,识别出煤和矸石,识别结果输出给执行子系统。

4)执行系统

通过高频、大流量电磁阀精准控制高压气体,对抛出的煤或矸石进行筛选,避免直接与原煤接触,降低设备损耗,提高效率。

　　5)高压供风气站

　　为设备提供稳定清洁的高压空气风源,用于执行分选、气动控制、散热、供风等。

　　6)辅助系统

　　辅助系统包括除尘系统、散射系统、辐射安全保护系统和远程控制系统。除尘系统具备除尘防爆要求,确保设备安全运行,并对煤粉进行收集利用,避免浪费;散热系统对发热量较大的现场设备进行冷却散热,防热量堆积;辐射安全保护系统能够全方位防护隔绝射线辐射,确保人员安全;远程控制系统是高效的控制系统,全方面实现工业自动化控制,避免控制系统烦琐冗杂。

21.2.4　使用与维护

1. 安装与使用

　　带式分选机典型安装示意如图 21-3 所示。

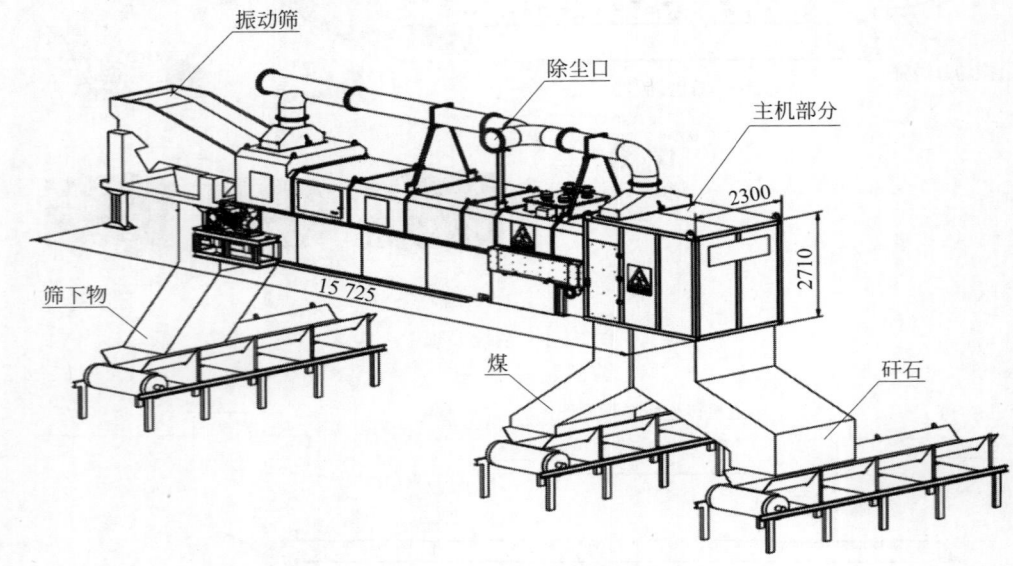

图 21-3　设备安装示意

2. 安全使用规范

　　1)防护罩及防爆箱

　　(1)整机防护罩内含铅屏,防护罩禁止焊接,以免铅屏熔化。

　　(2)禁止打开任何防爆箱。

　　(3)设备运行过程中,禁止打开任何防护罩,避免辐射泄漏。

　　(4)除了设备本身设计符合国家相关标准的要求外,工业现场应设置安全线,确定"控制区"及"管理区",并有明显警告标志。

　　(5)X射线分选机应摆放在通风干燥处,切忌置于潮湿、高温及腐蚀性环境中,以免降低绝缘性能。

　　(6)保持机器表面清洁,经常擦拭机器,防止尘土、污物造成短路和接触不良。

　　2)设备警示牌(图 21-4)

　　3)日常检查注意

　　(1)日检。检查振动电机固定螺栓、箱体是否松动或开裂;调整输送带、清扫器以及喷嘴运行状态;检查输送带下衬板的厚度,如果低于一定数值,则予以更换。

　　(2)周检。检查并清理计算机过滤网、空调滤网以及设备内部通道物料堆积。若放射源停机超过一周,建议每周启动射线源一次,启动预热时长为 4~8 h。

　　(3)月检。检查机械支撑、气压管路、电磁减压阀滤芯以及输送皮带厚度,保证真空荧光显示屏和主控柜的清洁。

　　(4)季检。清理计算机内部积尘,检查并更换各阻塞滤芯。

图 21-4　设备警示牌

21.3　计算机视觉智能分选机

近年来，随着大数据的积聚、理论算法的革新、计算能力的提升及网络设施的演进，人工智能研究和应用进入全新的发展阶段，人工智能有望开启新一轮产业革命，市场空间巨大。计算机视觉系统是人工智能的一种形式，是一组可协同工作技术，能够解决图像数据的问题，目前已在多个领域取得较好的应用。

中国矿业大学（北京）基于计算机视觉与选煤专业的交叉领域研究，并结合人工智能技术，实现了煤、矸、杂的高效识别与精准分离。该技术通过分析煤、矸、杂图像数据，利用大数据分析技术、图像处理技术、模式识别技术、自动控制技术与深度学习理论来实现分选目标的图像采集、分析、智能识别与精准分离。

21.3.1　概述

计算机视觉技术的光电分选机的工作原理是利用紫外线、可见光、红外线等和物体接触产生吸收、反射和透射等现象，对物料进行检测，然后采用压缩空气、水或机械臂等手段分离目标矿物和非目标矿物。

20 世纪初，奥地利科学家研制出了第一台光电分选机。早期的光电分选机主要用于从豆类、种子中除去饱满度不够的劣质颗粒，后续逐渐推广到建筑材料和有色金属的分选行业。但初期的光电分选机所选出的产品质量不如熟练工人手选的结果，因为颜色、色度差异较小时，当时的光电分选机的灵敏度不够高，难以分辨。

随着科技的发展，20 世纪 60 年代以后，出现了很多型号的光电分选机。当时国际上应用较广的分选机主要集中在索特克斯（Sortex）公司和 RTZ（RTZ Ore Sorters）矿石分选机公司。索特克斯研制出 6 个系列的光电及 X 光分选机，其产品首先用于石膏等非金属矿的拣选，主要处理粒度为 6～19 mm 的矿石，随着设备的不断改进，又研出以 X 射线透明度差异选别煤的光电分选机。MP80 型光选机具有灵敏度高、光电分辨能力强、可靠性高、全机活动部件少、维修简单、运行可靠等特点。RTZ 矿石分选机公司研制成功的 M16 型光电分选机用于耶拉基尼含铁不高的菱镁矿石的拣选，单台设备生产能力 40 t/h，一次拣选可将矿石品位从 20% 提高至 92%～93%，粗精矿经再拣选可将品位提高至 98%～99%，选别指标较好。

我国从 20 世纪 60 年代开始研制矿石拣选设备，其中第一代主要为光电选矿机和高频分选机，采用传统的圆盘给矿机给矿，检测信号单独控制，采用电磁打板对目的矿物进行分离；第二代为磁-光分选机，采用高速电磁喷射阀进行分离，该设备要求进入分选机的矿粒呈单路排队，矿石不能重叠、堆积，因此，设备处理量不大；第三代为平皮带光选机，是第二代拣选机的改进型，采用平皮带单层任意给矿，采用喷射群阀进行分离，处理量较之前的拣选机有明显提高。

随着国内矿山资源储量的不断减少，矿石贫化现象严重，光电分选机在经历了一段低谷后又逐渐被选矿工作者重视，新一代光电分选机成功植入了智能分选算法、高清晰图像处理模型，取得了较好的分选效果。中国矿业大学（北京）基于计算机视觉与选煤专业的交叉领域研究研发的"煤、矸、杂"的智能分选系统实现了煤炭、矸石与杂物的精确识别与高效分选。

21.3.2　主要性能参数

主要技术参数如下。

处理物料的粒度范围：大于 50 mm、小于 300 mm 最优。

处理量：分选机的处理量根据物料的密度、粒度和废气量的大小不同而变动，从每小时几吨到 100 多吨。

识别准确率：大于 95%。

分选成功率：大于 95%。

21.3.3　主要功能部件

智能煤中杂物分拣系统工艺如图 21-5 所示。系统能够高效准确识别煤、矸及杂物的种类、形状和空间位置，同时提取了抓取和分拣所需数据信息，同时实现了对煤、矸及杂物类别的监测、统计和分析。系统包括布料系统、物料传输系统、图像实时采集系统、图像实时分析系统、控制与分选执行系统。

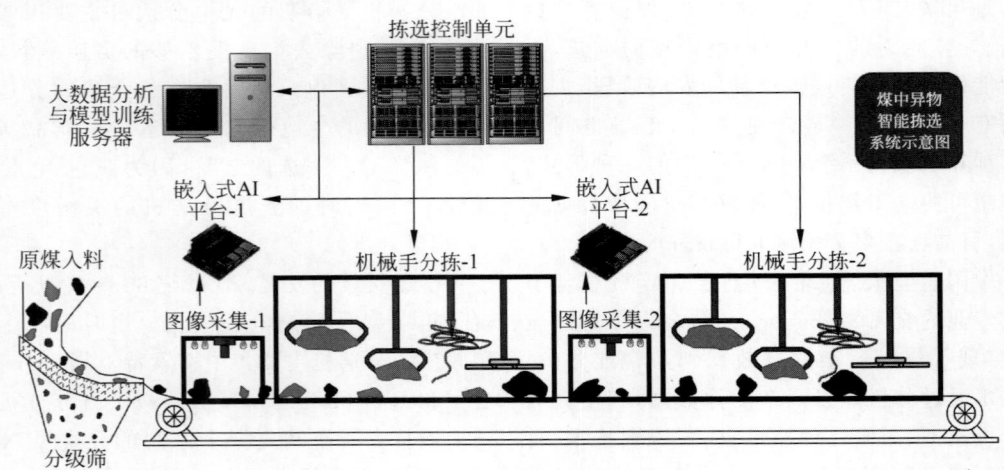

图 21-5　智能杂物分拣工艺示意

1. 布料系统

布料系统是将原煤均匀分布于输送传送带上的布料装置。布料系统由入料槽、振动筛、输送带缓冲段组成。装置用于控制物料平铺厚度，且保证物料之间有足够间隔，从而为后续机械手分拣提供相应条件。

2. 图像实时采集系统

图像实时采集系统主要包括高分辨率、高帧率的工业相机与辅助照明系统。照明系统的照度需均匀且稳定，一般由阵列式的条形光源组成,保证光照强度不低于 1200 lux。相机架设高度需要综合考虑相机选型与被测目标物的大小进行确定。图像采集系统主要执行针对进入该系统所带相机覆盖视野内的物料进行图像采集,将采集到的图像、视频保存,并通过 USB 光纤上传至图像分析服务器系统。

3．图像实时分析系统

图像实时分析系统通过计算机视觉算法可实现三个功能:一是将矸石或杂物从原煤中识别出来,并对矸石或杂物进行较为系统的分类(木制品、保温泡沫、塑料瓶、劳保手套和金属等);二是检测矸石或杂物的位姿,从而实现运用机械手将杂物分拣出来的功能;三是确定原煤在皮带上的移动时长。图像分析系统将矸石或杂物的分类、位姿等信息(如图 21-6 所示)传送给控制系统。

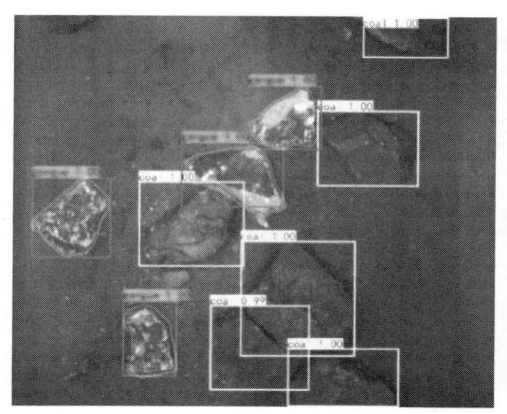
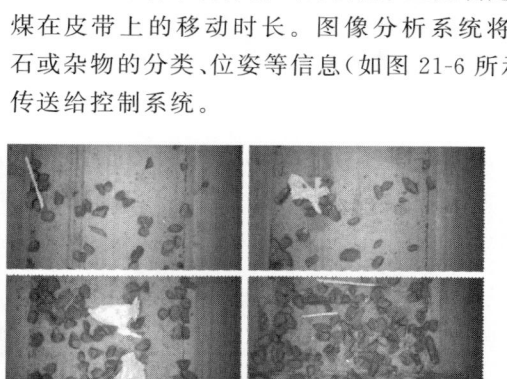
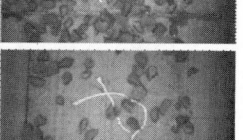

图 21-6　实时分析结果

4．控制与分选执行系统

控制系统将确定机械手的控制策略,机械手将根据控制系统制定的控制策略执行抓取杂物的动作,执行完毕后回到零点位置。

分拣执行系统的末端执行机构能适应各种不规则形状的物体,集成抓持力感知、位移检测、气缸压力检测和碰撞检测等多种传感器,可实现对被抓持物的稳定抓持以及对末端抓持器的工作状态监测。

控制与分选执行系统具备运动速度高、适应恶劣工作环境、可靠性强等特点,能分拣不同类别、质量、形状、尺寸的杂物,具备流水线抓取最优轨迹规划算法以及多机器人协同操作最优抓取策略。

21.3.4　使用与维护

1．工业相机和镜头

镜头灰尘:可以使用镜头笔,注意不能用于湿的表面,也不能和镜头水、镜头清洁液等混用。

镜头污渍:推荐可丢弃式的专业镜头擦拭纸。用吹尘器除去,且勿使用酒精、汽油或稀释剂等挥发性溶剂,否则会损坏表面光泽。

相机灰尘或指印:气吹或用柔软、干燥的布擦拭。若相机污染非常顽固:用布蘸适量中性清洁剂,然后擦干。勿使用汽油或稀释剂等挥发性溶剂,否则会损坏表面光泽。

机身缝隙:用清洁棉棒清洁相机缝隙,使用尖头清洁面蘸取少量清洁液,沿按钮或转盘边缘轻轻擦拭。

传感器:一般的粉尘可以用气吹处理,将气吹尽可能近地靠近传感器可以更好地将灰尘吹走;面对顽固的油性灰尘,气吹无法吹走,此时可以使用清洁棒来进行处理。

2．执行机构

擦拭导轨、润滑;过滤减压阀排水;检查气压源的压力及空气的干燥度;检查负压传感器是否正常(没吸到产品是否报警);夹具检测磁环开关是否正常(没夹到产品或物料是否报警);机械手和注塑机联锁是否正常(机械手在手动状态下注塑机是否不锁模并报警）。

参考文献

[1] 李燕.TDS 智能干选机在应用中的注意事项[J].选煤技术,2021(6):71-74.

[2] 许维维.智能干法分选机的应用与故障处理[J].设备管理与维修,2020(15):50-51.

[3] 罗仙平,宁湘菡,王涛,等.智能分拣选矿技术的发展及其应用[J].金属矿山,2019（7）:113-117.

[4] 李思维,常博,刘昆轮,等.煤炭干法分选的发展与挑战[J].洁净煤技术,2021,27（5）:32-37.

第22章

固液分离机械

22.1 概述

固液分离是指从悬浮液中分离出固体物料和液相物料,其目的是:回收有用固体(废弃液体);回收液体(废弃固体);回收固体和液体;分级与脱泥。

固液分离技术广泛应用于选矿、造纸、医药卫生、环境保护和食品等行业,随着矿物资源的不断开采和利用,矿石向"贫、细、杂"发展,有用矿物经选别作业的后期处理日渐困难,对固液分离设备提出了更高要求。

22.1.1 功能、用途与分类

固液分离按其工作原理可分为三类。

(1)机械分离法。机械分离法是利用机械力(重力、压力等)使水分与固体物料分离的方法,如沉淀浓缩、过滤、重力脱水和离心力脱水等。

(2)加热法。加热法是利用热能使水汽化而与固体物料分离的方法,如干燥。

(3)物理化学分离法。物理化学分离法是利用吸水性化学品,如石灰、无水氮化钙等吸收固体物料的水分的方法。

选择固液分离方法要根据物料中水分的分布特性、含量和物料粒度大小等许多因素来确定,考虑固液分离工艺的技术经济指标,使工艺过程合理且经济。

22.1.2 发展历程与趋势

分离技术中占主导地位的是过滤、沉降、筛分、干燥和离心沉降技术。其中,沉降技术又分为浓缩和澄清。过滤技术利用真空使固液分离,形成滤饼,滤液循环再用。沉降技术应用的范围较广,如各式各样的沉淀池、澄清池、浓缩池等。沉降设备比较简单,是各种固液分离技术中是最便宜的。干燥分离技术多用于寒冷地区的精矿脱水,以防冻车。筛分分离技术应用最为普遍,主要用于大块物料的脱水。

1. 重力脱水设备

浓缩机是用于悬浮液固液有效分离的设备,主要用于金属、煤炭等选矿(煤)厂的精矿浓缩及尾矿脱水,也可用于化工、环保等部门中一切含固料浆的浓缩和净化。浓缩机工作时依靠重力沉降原理使矿浆中悬浮固体颗粒与液体分离,从而实现固液分离,其目的是提高矿浆中的固体浓度。

2. 机械力脱水设备

过滤脱水采用真空泵造成过滤介质两边的压力差进行过滤。适用于固液比小而固体颗粒较细的浆体。过滤脱水设备有真空和加压两大类,真空类常用的有圆筒形、圆盘形、水平带形等。

离心过滤依靠离心力使过滤介质两边形成压力差,推动力强,分离速度比较快。离心机脱水投资低、生产能力高、脱水效果好、耗电小、占地面积小。对于沉降性能较差的矿浆，过滤前需要加入适当量的絮凝剂，但要避免絮团吸附过多水量，造成滤饼含水量增加。离心设备有沉降式离心脱水机和沉降过滤式离心脱水机。

3. 磁过滤设备

磁过滤技术已用于水中磷酸盐的脱除，赤铁矿和铬铁粉末及超细粉末的回收，废水中重金属的脱除等，并从分离强磁性大颗粒发展到去除弱磁性反磁性低浓度小颗粒。我国有两种加磁场的转鼓真空过滤机，都是在转鼓内装有固定位置的磁极（现在已用永久磁铁代替电磁铁）。

高梯度过滤技术（HGMF）利用高梯度磁场产生的强大的磁场力，脱除滤浆中的固相。从滤浆中去除磁性固相，如铁、镍、钴等比较简单，使滤浆直接流过高梯度磁过滤器即可实现。而去除非磁性及反磁性固相，如氧化硅、有机物、藻类、酵母和细菌，则需先投加磁种（高磁化率的颗粒）与待分离颗粒形成顺磁性凝聚物，然后用高梯度磁过滤器脱除，这个过程称为磁种过滤。

高梯度过滤技术的特点是：①处理滤浆速度快，能力大，效率高；②设备简单，操作简便，维修费用低；③易再生，可在高温下（可达 600 K）使用；④可减少或不使用化学药品，消除二次污染；⑤适宜处理固相为微米级的低浓度（$10^{-5} \sim 10^{-3}$ mg/kg）悬浮液，且温度及气候的变化不影响处理效果。

4. 热能干燥设备

机械方法脱除细粒物料外在水分存在脱水极限，尤其是超细粉体材料的团聚问题，使生产技术常常在机械过滤分离后，还需再进行热能干燥作业。热能干燥是利用热能将物料中水分从液相转变成气相予以分离的操作，有滚筒式干燥机、流化床干燥机、管式干燥机等。

随着科学技术的不断发展，固液分离设备向着大型化、功能集成、可靠性好、精度高、脱水效果好、维护方便、易损件少、使用周期长等方向发展。固液分离设备的许多固体颗粒非

常细，而且越来越细，总的发展趋势是要求滤液的澄清度高和滤渣的水分含量低，以减少干燥和进一步处理的工作量，从而降低固液分离的成本。

22.2 浓缩机

22.2.1 概述

矿浆的浓缩是在重力或离心力的作用下提高浓度的方法，常用的浓缩设备有耙式浓缩机、高效浓缩机和倾斜板浓缩箱（机）。

22.2.2 浓缩机的结构

耙式浓缩机是使用最普遍的浓缩设备，按传动方式的不同分为中心传动式和周边传动式两类，周边传动式又分为周边齿条传动、周边辊轮传动。

1. 中心传动耙式浓缩机

中心传动耙式浓缩机由池体、传动装置、稳流筒、转动架、耙架五部分组成，如图 22-1 所示。耙架的末端与转动架铰接，转动架由传动装置带动旋转，全部传动装置用罩盖盖住。中心传动耙式浓缩机的池体一般是钢筋混凝土结构，小直径浓缩机一般采用钢板池体。电机、减速机和蜗轮减速机组成传动装置。蜗轮减速机输出轴上装有齿轮，与转动架的内齿圈啮合，内齿圈通过稳流筒与转动架连起来。内齿圈与底座之间有一个止推轴承，轴承上放置钢球，钢球放在耐磨的滚环之间。由于齿轮的带动，内齿圈可绕浓缩机中心线旋转，通过稳流筒和转动架，带动耙架绕中心线旋转，如图 22-2 所示。

2. 周边传动耙式浓缩机

大直径浓缩机一般采用周边传动。根据传动方式不同，又分为周边辊轮传动和周边齿条传动两种。

周边齿条传动耙式浓缩机由耙架、料槽、支架、传动装置、齿条、辊轮等部分组成，如图 22-3 所示。

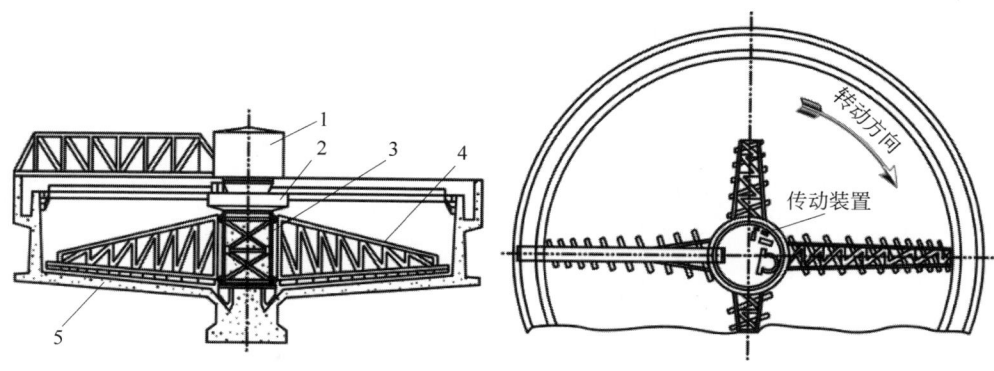

1—罩盖；2—稳流筒；3—转动架；4—耙架；5—池体。

图 22-1 中心传动耙式浓缩机

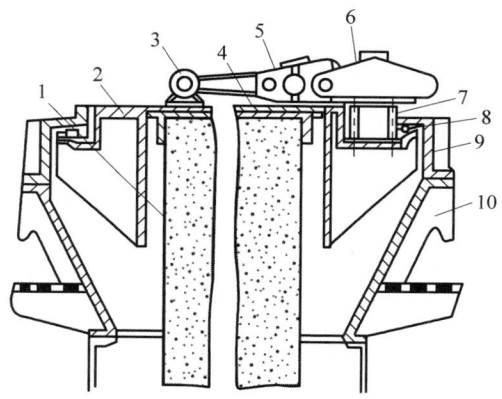

1—混凝土支柱；2—底座；3—电动机；4—座盖；5—减速器；6—蜗轮减速器；7—齿轮；8—滚球；9—内齿圈；10—稳流筒。

图 22-2 中心传动耙式浓缩机传动机构

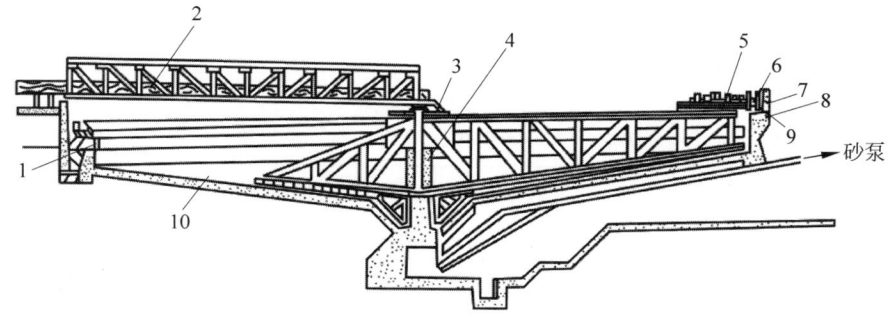

1—溢流槽；2—料槽；3—支架；4—混凝土支柱；5—传动架；6—辊轮；7—传动齿轮；8—齿条；9—轨道；10—浓缩池。

图 22-3 周边齿条传动耙式浓缩机

中心旋转支架固定在混凝土支柱上，耙架的一端与中心旋转支架固定，另一端与传动架相连，并通过传动机构上的辊轮支承在轨道上。

轨道和齿条装设在池体的边缘，电动机经减速装置带动传动齿轮绕池体中心回转而带动耙架转动。

周边辊轮传动耙式浓缩机的结构与周边齿条传动耙式浓缩机的结构相近，只是在池边上没有传动齿轮和齿条。电动机通过减速机直接带动辊轮，靠辊轮与轨道的摩擦力使耙架转动。

周边辊轮传动耙式浓缩机不适合在寒冷地区使用。当轨道结冰时,辊轮打滑,耙架停转,会造成压耙事故。另外,此种浓缩机不适合在处理量较大、浓缩产物过多的情况下选用。这是因为在耙架阻力增大时,辊轮会发生打滑现象。需要注意的是,周边传动的辊轮起传动和支承作用,中心传动的辊轮只起支承作用。

22.2.3　浓缩机的工作原理

浓缩机是利用矿浆中固体颗粒的自然沉淀特性,完成连续浓缩的设备,浓缩过程见图 22-4。

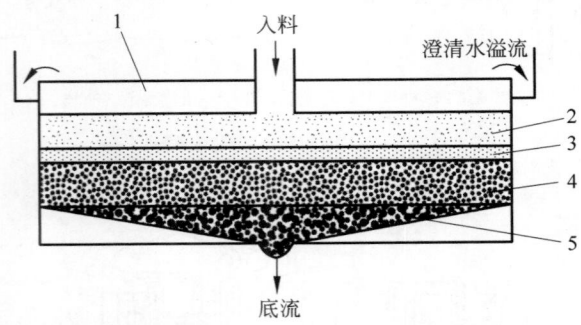

1—澄清区；2—自由沉降区；3—过渡区；4—压缩区；5—浓缩区。

图 22-4　耙式浓缩机浓缩过程

需要浓缩的矿浆首先进入自由沉降区,水中的颗粒靠自重迅速下沉。当下沉到压缩区时,矿浆已汇集成紧密接触的絮团,继续下沉则到达浓缩区。由于刮板的运转,浓缩区形成一个锥形表面,浓缩物受刮板的压力进一步被压缩,挤出其中水分,最后由卸料口排出,这就是浓缩机的底流产物。矿浆由自由沉降区沉至压缩区时,中间还要经过过渡区。在过渡区,一部分固体颗粒能够因自重而下沉,另一部分固体颗粒却因受到密集固体颗粒的阻碍而不能自由下沉,形成了介于自由沉降区和压缩两区之间的过渡区。在澄清区得到的澄清水从溢流堰流出,称为浓缩机的溢流产物。

22.2.4　浓缩机的主要技术性能参数

表 22-1 和表 22-2 是浓缩机的主要技术性能参数。

表 22-1　中心传动耙式浓缩机的技术规格

型　　号	直径/m	池中心深度/m	浓缩面积/m²	提耙高度/mm	耙臂每转时间/min	传动功率/kW
NZS-1,NZSf-1	1.8	1.8	2.5	200	2	1.1
NZS-3,NZSf-3	3.6	1.8	10	200	2.5	1.1
NZS-6,NZSf-6	6	3.0	28	250	3.7	3
NZ-9,NZf-9	9	3.0	63	250	4	3
NZ-12,NZf-12	12	3.5	110	400	5.2	5.2
NZ-20,NZf-20	20	4.4	310	400	10.4	5.2
NZ-30,NZf-30	30	4	700	400	13,16,20	7.5
NZ-40,NZf-40	40	4	1250	400	15,18,20	13
NZ-53,NZf-53	53	5	2200	700	18,26,33	17
NZ-75,NZf-75	75	6.5	4410	700	26~60	22
NZ-100,NZf-100	100	7.5	7350	700	33~80	

表 22-2　周边传动耙式浓缩机的技术规格

项　目	型　号							
	NG-15	NG-18	NG-24	NG-30	NT-15	NT-18	NT-24	NT-30
内径/m	15	18	24	30	15	18	24	30
深度/m	3.7	3.708	3.7	3.97	3.7	3.708	3.7	3.97
沉淀面积/m²	176	225	452	707	176	255	452	707
耙架每转时间/min	8.1	10	12.3	15.3	8.1	10	12.3	15.3
处理能力/(t/h)	3.6~16.5	5.29~23.3	9.4~41.6	65.4	3.7~16.25	5.29~23.3	9.4~41.6	65.4
电动机功率/kW	5.5	5.5	7.5	7.5	5.5	5.5	7.5	7.5
机器总质量/t	10.32	11.54	23.171	25.870	14.166	20.250	28.136	30.986

注：NG-周边辊轮传动浓缩机；NT-周边齿条传动浓缩机。

22.2.5　高效浓缩机

针对普通耙式浓缩机在机理方面存在的缺点，耙式浓缩机向高效型方向发展。我国从20世纪80年代就开始进行了高效浓缩机的研制工作，并取得了较大进展。目前，生产的高效浓缩机主要有 GXN、NZG、XGN 和 ZQN系列。

1. GXN 型高效浓缩机

GXN 型高效浓缩机主要用于浮选尾煤的浓缩、澄清，其技术特征见表 22-3。其中 GXN-18 型高效浓缩机的结构见图 22-5。

表 22-3　GXN 型高效浓缩机技术特征

项　目	型　号						
	GXN-6	GXN-9	GXN-12	GXN-15	GXN-18	GXN-21	GXN-24
浓缩池直径/m	6	9	12	15	18	21	24
沉淀面积/m²	28.3	63.6	113	176	255	346	452
耙子转速/(r/min)	0.3	0.25	0.2	0.152	0.152	0.1	0.1
处理能力/(t/h)	4~7.5	8~16	15~25	20~30	25~40	40~60	50~80

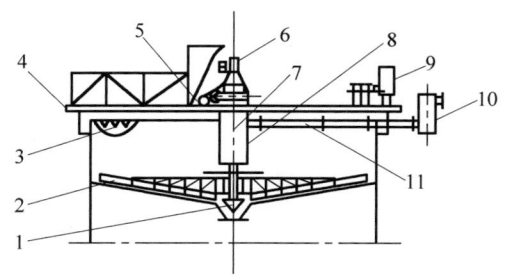 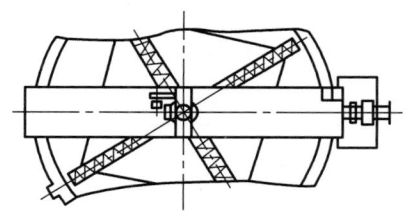

1—漏斗；2—耙子；3—溢流堰；4—桥架；5—传动装置；6—提耙机构；7—主轴组件；8—中心给料筒；9—给药箱；10—消泡器；11—静态混合器。

图 22-5　GXN-18 型高效浓缩机

煤泥水经消泡器消泡后进入静态混合器，与絮凝剂充分混合均匀形成絮凝状态，由中心给料筒减速给入浓缩池的下部，经折射板沿水平缓缓向四周扩散。絮凝后的煤泥在水中形成大而密实的絮团，快速、短距离沉降并形成连续而又稳定致密的絮团过滤层，未絮凝的颗粒在随水流上升过程中受到絮团过滤层的阻滞作用，最终随絮团层的沉降进入浓缩机下部的压缩区，因而形成高效浓缩机的澄清区和压缩区，达到煤泥水絮凝浓缩与澄清的目的。

GXN 型高效浓缩机的主要技术特点是：采用消泡器除气，在煤浆进入静态混合器与絮凝剂混合之前设置了消泡器进行除气；采用静态混合器及多点加药方式。装有左右螺旋叶片的静态混合器对煤泥水进行搅拌，通过剪切作用，使添加的絮凝剂在煤泥水中快速分散并均匀混合形成絮团。一般在每个静态混合器的入料端设有加药漏斗，采用 3 个静态混合器串联使用；采用下部深层入料并沿水平方向辐射扩散的入料方式；采用较高的耙速及池深；采用中心驱动、液压提耙及机械过载保护。

2. NZG 型高效浓缩机

NZG 型高效浓缩机与普通耙式浓缩机的主要区别在于入料方式不同。普通浓缩机入料方式是煤泥水从池中心直接给入，由于水流速度很大，煤泥不能充分沉淀，部分沉淀的煤泥层会受到液流的冲击而遭到破坏。高效浓缩机入料方式是煤泥水直接给到浓缩机布料筒液面下一定深处，当煤泥水由布料筒流出时，呈辐射状水平流，流速变缓，有助于煤泥颗粒沉降，提高了沉降效果。另外，煤泥水由布料筒底部流出，缩小了煤泥沉降至池底的距离，增加了煤泥上浮进入溢流的阻力，从而使大部分煤泥进入池底。在相同的浓缩效率下，单位面积处理能力比普通浓缩机的处理能力提高 1 倍以上，从而节省基建投资，具有较好的浓缩效果。图 22-6 为 NZG-18 型高效浓缩机的结构。

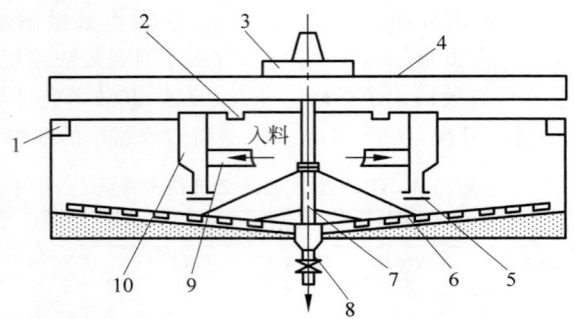

1—溢流槽；2—导流槽；3—传动装置；4—横梁支架；5—缓冲环；6—耙子；
7—传动轴；8—排料管；9—入料管；10—布料筒。

图 22-6　NZG-18 型高效浓缩机的结构

3. XGN 型高效浓缩机

XGN 系列高效浓缩机采用中心传动或周边传动并装有倾斜板，技术规格见表 22-4，结构见图 22-7。

表 22-4　XGN 型高效浓缩机技术规格

项　　目	型　　号			
	XGN-12	**XGN-20**	**XGN-15Z**	**XGN-20Z**
浓缩池直径/m	12	20	15	18
浓缩池深度/m	3.6	4.4	4.4	4.4
浓缩池沉淀面积/m^2	113	314	176	254
倾斜板沉淀面积/m^2	244	1400	800	1200
耙架每转时间/min	5～20	5～20	5～20	5～20
处理能力/(t/h)	30～45	45～65	30～45	40～60
总功率/kW	8.4	9.4	8.4	9.4
总质量/t	20	30	25	27

XGN-20 型高效浓缩机的工作原理是：经预处理的煤泥水给入特制的搅拌絮凝给料井，形成最佳絮凝条件，使煤泥水到达给料井下部排料口时呈最佳絮凝状态，初步呈现出固液分离，絮团从给料井下部排料口排入距溢流液面 2.5 m 深处，同时借助于水平折流板平稳向四

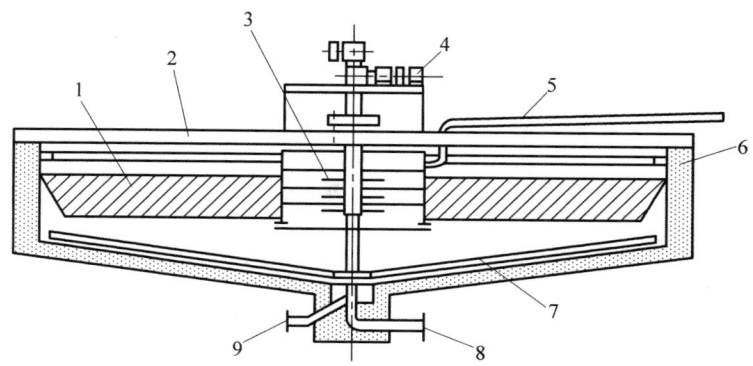

1—倾斜板；2—钢梁；3—搅拌絮凝给料井；4—主传动；5—入料管；
6—浓缩池；7—耙架；8—密封高压水胶管；9—底流排放管。

图 22-7　XGN-20 型高效浓缩机结构

周分散,使大部分絮团很快沉降于池底保持稳定的压缩区。当部分絮团随上升水流浮起时,由于所处位置是在絮团过滤层之下,上浮的絮团会受到絮团过滤层的过滤作用而将上浮的絮团截留在絮团过滤层。处于干扰沉降区上层的极细颗粒,随倾斜板间的层流落在倾斜板面上,形成新的絮团并沿倾斜板向下滑落,进行第二次干扰沉降。

XGN-20 型高效浓缩机的技术特点:采用喷雾泵计量加药,管道搅拌器混合,缓冲桶进

行脱除气泡;采用特殊的搅拌絮凝给料井,浓缩池与给料井构成浓缩机的双溢流堰效应;澄清区与干扰沉降区之间设置了倾斜板,大幅度增加了有效沉淀面积;工况过程可自动控制。

4. ZQN 型斜板(管)浓缩机

ZQN 型斜板(管)浓缩机由上部槽体、下部槽体、排料漏斗、耙子、上部轴、支承轴承、提耙机构和传动装置组成,结构见图 22-8,主要技术特征见表 22-5。

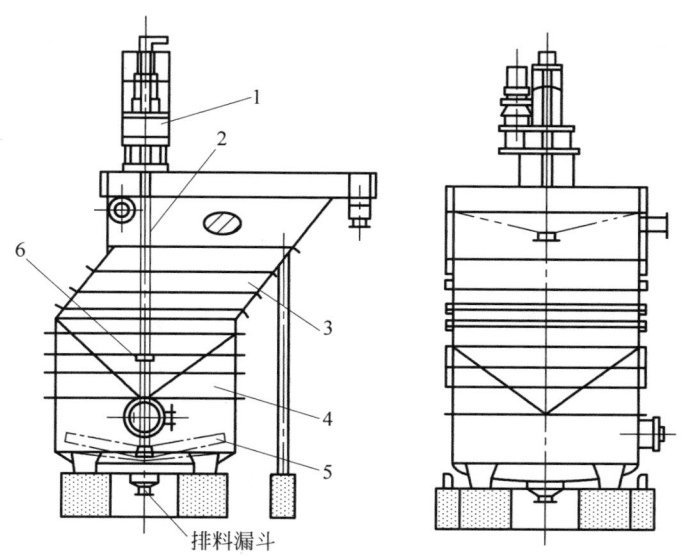

1—传动装置和提耙机构；2—上部轴；3—上部槽体；4—下部槽体；5—耙子；6—支撑轴承。

图 22-8　ZQN 型斜板(管)浓缩机结构

表 22-5　ZQN 型斜板（管）浓缩机的技术特征

项　目	型　号			
	ZQN-150	**ZQN-200**	**ZQN-300**	**ZQN-500**
沉淀面积/m²	150	200	300	500
倾斜角度/(°)	55	55	55	55
容积/m³	37	60	84	149
耙子转速/(r/min)	0.29	0.29	0.29	0.29
提耙速度/(mm/s)	26.6	26.6	26.6	26.6
提耙行程/mm	300	300	300	300
总质量/t	14.2	17.176	1.2	34

　　ZQN 型斜板（管）浓缩机工作原理：煤泥水从上部设置的倾斜板处进行固液分离，澄清水向上流动，经上部溢流槽排放口流出进入溢流管道，分离出来的固体物料顺倾斜板滑下，进入机体下部排料漏斗。

　　煤泥水直接从进料箱的侧边上流向倾斜板，并均匀地分布于每组倾斜板上。上面的清液进入溢流槽，在溢流槽内设有控制板，确保每个溢流槽的溢流量相同。由于倾斜板之间间距小，固体颗粒只需沉降很小距离就可落到倾斜板上，从而摆脱了水流的干扰向下滑，进入下部槽体，煤泥在下部槽体继续沉淀、浓缩，利用耙子刮入带有刮刀搅拌器的排料漏斗排出。

　　该类浓缩机主要特点：体积小，沉淀面积大，处理能力大，占地面积仅为普通浓缩机的 1/10，主要用于小型选煤厂；采用侧边入料方式和封闭的进料道，使煤泥水均匀分布于倾斜板上，避免了入料对澄清过程的干扰；溢流槽控制的高度可调，使每个溢流槽的溢流量均匀；倾斜板长度大，间距小，既增大了沉淀面积又提高了细粒物料沉淀效果；传动系统简单可靠，实现了慢速转动和自动或手动提耙；安装方便，仅 6 个支承基础墩，便于安装在室内。

　　5. 深锥浓缩机

　　深锥浓缩机由圆筒体和圆锥体两部分组成，整机呈立式桶锥形，如图 22-9 所示。其特点是圆锥部分较长，池深尺寸大于池的直径尺寸，在锥体内设有搅拌器；直径小（一般为 6~10 m）、占地面积小、底流浓度高、溢流固体含量小、絮凝剂消耗量小；处理浮选尾煤和洗水

澄清问题效果较好，不加絮凝剂也可用于浓缩浮选尾煤。

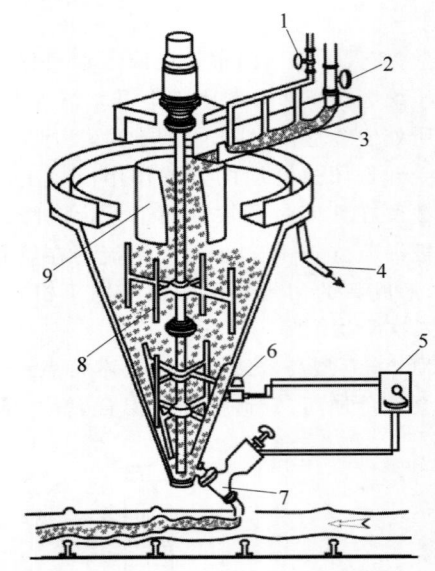

1—药剂调节阀；2—入料调节阀；3—给料槽；4—溢流管；5—排料调节器；6—测压元件；7—排料阀；8—搅拌器；9—稳流筒。

图 22-9　深锥浓缩机结构

　　煤泥水和絮凝剂的混合是深锥浓缩机工作的关键。为了使絮凝剂与矿浆均匀混合，理想的加药方式是连续地多点加药。

　　深锥浓缩机由于深锥浓缩机圆筒部分高度大，锥体部分较深，可依靠沉淀物本身的压力压紧凝聚下来的物料，同时在沉淀过程中，凝聚物受慢速转动的搅拌器的辅助作用，将水分从凝聚体内挤出，进一步提高了沉淀物的浓度。

　　我国生产的用于浓缩浮选尾煤的深锥浓

缩机,其直径为 5 m,在尾煤入料浓度为 30 g/L、入料量为 50~70 m³/h、絮凝剂添加量为 3~5 g/m³ 的条件下,底流浓度可达 55%。

22.2.6　耙式浓缩机的运行与维护

（1）开车时须先启动运转部件后再给入矿浆;停车时则先停止给矿,直到池底的沉积物排除后方可停车,以保证不会压耙,避免影响下次开车。

（2）如因故突然停车,须立即将底部门全部打开,以加速将沉积物排到事故池,待再启动不会有危险时才能停止加速排料。

（3）检查浓缩机底流浓度指示装置或根据十字头联轴节的分离大小,判断运转是否正常。浓度过高时应加大外排量;如有提耙装置,应手动或自动运行提耙装置。

（4）检查澄清水的固体物含量,必要时应适当添加絮凝剂。

（5）检查钢球、轨道圈的磨损情况,一般运行 1.5~2 年后应该进行更换。

（6）耙式浓缩机在使用过程中,应注意检修和维护保养。

① 须对机器各运转部位进行经常检查,按时对各润滑点进行润滑。

② 须经常检查排料管道,防止物料在排料管中沉积。

③ 每次停车检修时,必须检修和清洗槽架上的料槽、排料管、溢流槽。

④ 要经常检查集电装置中电刷与集电环的接触情况。

⑤ 应保持钢轨表面清洁,严禁有杂物、油污等;严禁任何人在轨道上站立、行走。

⑥ 转盘座上的水封槽应经常保持满水。

⑦ 运行中严禁油污物进入浓缩池。

⑧ 按照 GB/T 10605—2015 规定,浓缩机运行时的噪声应控制在声压级小于 85 dB。

（7）事故处理。

① 浓缩机表面上经常布满浮起的泡沫,可以用绳子将一条浮起的中空胶管缚在一个耙臂上,耙臂旋转带动浮管将泡沫推向溢流堰并排入溢流,在溢流出口装设喷水嘴以击碎泡沫

并随溢流排出。

② 钢球挤裂时应:停止入料,放料、冲池;打开传动装置大盖,更换损坏的钢球,如有必要,更换全部传动装置;检查修理轨道圈,重新注油后开车。

③ 如提耙装置失灵、出现压耙须采取的措施为:停止浓缩机入料;向池内加冲洗水,加大底流外排速度;在池内固体物料排净前切勿强行启动耙臂。

④ 当传动机构如大蜗轮、大蜗杆、大蜗杆轴承套等经常发生非正常磨损时,最可能的原因是长时间超负荷。最可靠的解决方法是降低负荷。如果因故无法减少负荷,可采用:减小刮泥耙与池底的距离,增大沉积物的存储空间,缓解设备负荷压力从而部分提高承载能力;提高下游脱水设备的接收能力,加大底流的排放强度;对传动装置底座及基础进行改造,加大基础的抵抗径向受力的能力,加大底座的刚度,减小变形,以减小过大载荷对中心距的影响,确保蜗轮和蜗杆正确的啮合位置;采用高性能润滑油,如锂基润滑脂。

⑤ 浓缩机耙架中心位置发生上下位移。此情况会导致传动系统的电刷与滑环发生错位,使耙子停转。原因可能是:浓缩机刮泥板长度不够,使得相邻刮泥板间的沉砂形成楔形堆积,阻碍了沉砂向排矿口滑移,增大了耙子的负荷。解决的措施为适当加长刮泥板长度。颗粒粒度很细时,粒群在水平和垂直上升流联合力场作用下,大部分沉降在池底部周边,不能及时排出机外。负荷增大到一定程度,会使耙子中心产生位移。此时可添加适量絮凝剂加速细粒沉降,避免沉积物在池底周边堆积。

⑥ 浓缩机"压耙子"。形成"压耙"有一个较长时间的过程,不易及时发现。其根本原因是系统跑粗。预防措施是:杜绝系统"跑粗";保证后续的过滤系统高效运行,防止滤液返回时带入大量固体物料;定期用探棒对浓缩池沉淀情况进行检查。

22.3　浓缩箱

22.3.1　概述

浓缩箱是一种小型的效率较高的细粒物料浓缩设备,适合小型选矿厂中、细粒重选产品的脱水,溢流的临界粒度通常为 $5\sim10~\mu m$。处理能力和浓缩效果与倾斜板的间距、倾角、板长、材质、料浆上升速度以及待处理物料的性质、操作等因素有关,必须通过实验才能获得最佳参数。

22.3.2　浓缩箱的主要技术性能参数

KmlZ 型斜板浓缩箱包括上部箱体和下部锥体。上部箱体内有斜置的斜板组群,斜板组群由若干相互独立的斜板单元构成。处理物料由斜板单元下端两侧进入,斜板组群上方有一贯通全长的溢流槽,槽底开有节流孔,造成外排溢流的水力背压,保证各斜板单元载荷均匀,防止径向紊流。侧向半逆流的给料方式,能使下沉的固体颗粒、上行的澄清液各行其道,互不干扰。沿斜板下滑的物料进入斜板锥体后,压缩脱水,并靠重力外排,亦可借助机械振动使物料外排顺利。

该设备最大缺点是底流排放浓度较低,通常小于 50%。原因是下部锥体的半锥角不可能小到使高浓度沉积物靠自重外排的程度,锥部沉积物浓度较高时,就会产生堵塞。针对此缺陷,昆明冶金研究院研发了 KmlZ-J 型搅动助排式斜窄流浓缩箱(图 22-10)。该设备在下部锥体设置了悬轴式倒梯形铰刀框架,框架可在底部高浓度矿浆层中缓慢搅动,使沉积物凭借自重沿斗壁连续顺序下滑,可顺利排出高浓度底流。一台 KmlZ-J-200/55 型浓密机在云南会理马鞍坪矿浓缩浮选钴精矿时,给料量为 $60\sim70~m^3/h$,浓度为 5%,溢流含固量小于 $300~mg/L$,底流浓度可控制在 $50\%\sim60\%$。

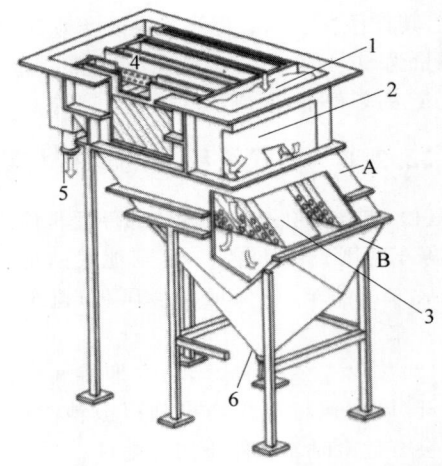

1—给料口;2—给料槽;3—斜板组;4—溢流槽;
5—溢流口;6—底流;A—上箱;B—下锥斗。

图 22-10　KmlZ 型窄流倾斜板浓缩箱

22.4　筒型真空过滤机

22.4.1　概述

筒型真空过滤机是金属矿石选矿厂特别是黑色金属选矿厂应用最多的脱水设备,过滤表面为圆筒体表面,按照过滤表面的位置不同分为内滤式和外滤式两种。内滤式圆筒真空过滤机,过滤表面是圆筒的内表面,圆筒兼作贮矿槽。外滤式圆筒真空过滤机,过滤表面在圆筒的外面。圆筒型真空过滤机体积庞大、过滤面积小和单机处理量低,但密封性能好,真空度较高,干燥区较长,滤饼水分比圆盘真空过滤机稍低。

内滤式圆筒过滤机,因其操作面在圆筒里面,操作不方便,主要用于选矿厂过滤密度较大的物料,如磁选铁精煤矿的脱水。外滤式圆筒过滤机密封性能较好,真空度较高,干燥区较长,滤饼水分比圆盘式稍低。在相同过滤面积时,机体比圆盘式过滤机大。

22.4.2　筒型真空过滤机的基本结构

圆筒形真空过滤机的筒体由钢板焊接而成,在筒体的表面上装有冲孔筛板,用隔条沿圆周方向分成若干个过滤室,通常为 24 个,室与室之间严格密封,互不通气。过滤室上铺设过滤布,沿轴向每隔80～500 mm缠绕钢丝,将过滤布固定在筒体上。过滤室内部接有滤液管,分别与两端的喉管连接,分配头与喉管紧密相通,并固定在筒体两端,每个分配头担负过滤室一半长度的抽气和吹风作用,基本结构见图22-11,图22-11是外滤式真空过滤机的构造。筒体1由钢板焊接而成。在筒体的外表面上装有冲孔的筛板2,沿着筒体的圆周分隔成24个过滤室,过滤室内有滤液管4,分别与筒体两端的喉管3相接。分配头6固定在筒体两端,与喉管紧密地相连接,每个分配头发挥着过滤室一半长度的抽气和吹气作用。

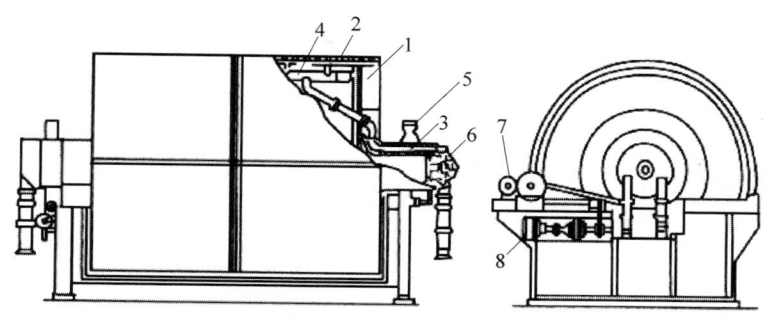

1—筒体;2—筛板;3—喉管;4—滤液管;5—轴承;6—分配头;7—搅拌电机;8—主传动电机。

图22-11　外滤式真空过滤机的构造

筒体安装在轴承5上,由搅拌电动机通过减速器和蜗杆蜗轮带动。滤布覆盖在筒体的外表面上,借绕线机构用钢丝将它缠紧,绕线机构与搅拌器一起,由主传动电动机带动。过滤室的横断面如图22-12所示。

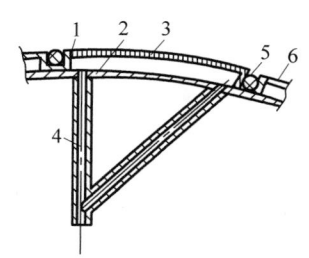

1—隔条;2—筒体;3—过滤板;4—滤液管;5—胶条;6—滤布。

图22-12　过滤室的横断面

22.4.3　筒型真空过滤机的工作原理

其工作示意如图22-13所示。工作时,筒体浸入装满矿浆的半圆形矿浆槽中,并在其中缓慢旋转。由于分配头的作用,每个过滤室依次通过过滤区、干燥区、脱落区,由于负压作用将固体颗粒吸附在筒体上形成滤饼。随着圆筒的旋转,浸于矿浆中的那部分圆筒表面随之

离开液面,进入干燥区,滤饼进一步脱水。到脱落区后,借助高压风和刮刀把滤饼卸下。

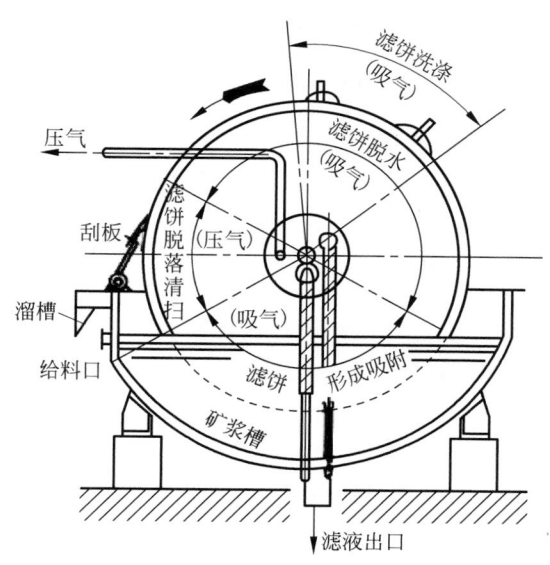

图22-13　工作示意

22.4.4　筒型真空过滤机的主要技术性能参数

国产外滤式真空过滤机有40 m²、20 m²和10 m²等几种规格,其主要技术特征见表22-6。

表 22-6 外滤式真空过滤机技术特征

型号	过滤面积/ m²	筒体尺寸		筒体转速/ (r/min)	搅拌次数/ (次)/ min	外形尺寸			主电动机		搅拌电动机		总质量/t
		直径/ mm	长度/ mm			长/ mm	宽/ mm	高/ mm	型号	功率/ kW	型号	功率/ kW	
GW-3	3	1600	710	25.45									
GW-5	5	1600	1120		25.45								
GW-8	8	2000	1400	0~0.6	25.45								
GW-12	12	2000	2000	0.1~ 0.6	25.45								
GW-20	20	2500	2650	0.14~ 0.54	25.45	4480	4085	2890	JDO$_{2\text{-}814}^{-42}$	2.5/4	Y112M-6	2.2	10.6
GW-30	30	3350	3000	0.11~ 0.56	25.45	5200	4910	3743	JDO$_{2\text{-}8/614}^{-51}$	3.5/ 4.5	Y132S-6	3	17.2
GW-40	40	3350	4000	0.11~ 0.56	25.45	6200	4910	3743	JDO$_{2\text{-}8/614}^{-51}$	3.5/ 4.5	Y132S-6	3	19.5
GW-50	50	3350	5000	0.11~ 0.56	25.45	7200	4960	3743	JDO$_{2\text{-}8/614}^{-51}$		Y1329-6	4	21

22.5 磁性过滤机

22.5.1 概述

我国有两种加磁场的转鼓真空过滤机,都是在转鼓内装有固定位置的磁极(现在已用永久磁铁代替电磁铁)。GYW 系列真空永磁过滤机为上部给料的筒型外滤式真空永磁过滤机,由于上部给料减少了有效的过滤面积,更适用于粒度较大的强度磁性物料的脱水。另一种磁力真空过滤机采用下部给料,磁系安在下部,规格为 φ2300 mm×2300 mm,表面场强 88 kA/ m,真空度 66.7～80 kPa(500～600 mmHg),过滤粒度较小的铁精矿的能力为 2.5～3.5 t/(m²·h)。

22.5.2 磁性过滤机的结构

机器结构主要由下列部分组成,如图 22-14 所示。

(1)传动装置:由电动机、无级变速器、涡轮减速箱组成,使机体运转。

(2)机体:由筒体和喉管等部分组成,筒体圆周上分为若干个过滤室,设有滤板、滤布,每个过滤室通过分配头与真空泵相通。

(3)磁系:由永久磁铁组成的开路磁系,主要依靠磁力的作用帮助磁性矿粒迅速被吸附在筒体表面。

(4)盘料箱:在筒体的上部是个给料和盛料的槽体,设有可调节溢流堰高度的挡板,视物料不同可调节料浆液面。

(5)分配头:由分配头体及压紧装置组成,分配头负责过滤机的"吹矿""干矿""滤布的再生清洗"等部位的定期机械控制,仪表装置显示出过滤工作的压力变化情况。

(6)绕线装置:由链传动带动的丝杆和导轮卷筒等部件组成,在每次更换新滤布时使用,绕完钢丝后拆下,它可以进行密绕和按固定节距绕线两种动作。

(7)溢流槽:由机座及溢流槽组成,前者是安装和支撑机体的,后者是承接溢流和清洗滤布污水的槽体。

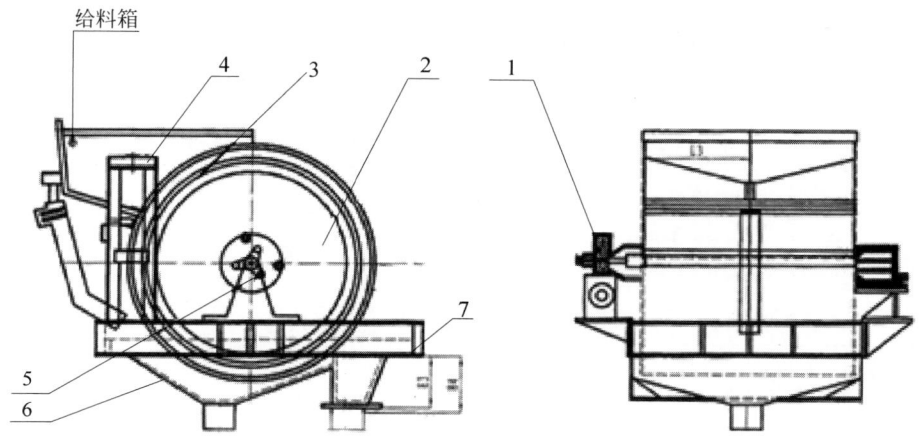

1—传动装置；2—机体；3—磁系；4—盘料箱；5—溢流槽；6—分配头；7—绕线装置。

图 22-14　磁性过滤机结构

22.5.3　磁性过滤机的工作原理

GYW 真空永磁过滤机的工作是由给料、吸附成饼、吹矿、卸料、清洗等各种连续动作完成的，主要依靠圆筒内部的由永久磁铁排列成的开路磁系作用形成的滤饼，当磁性物料进入进料箱之后，其中的固相磁性物料在磁力和本身重力的作用下，呈磁簇状被吸附在筒体的滤布表面，此时可借助适量的压缩空气帮助滤饼中矿物按粒度分层。由于是上部给料，滤饼中矿物按粒度分层更加明显，构成滤饼厚而且透气性好，随着圆筒的转动进入脱水区，在真空的作用下，滤饼中的残存水分被抽出，已经脱水的物料在卸料区被压缩空气吹落，卸料后滤布进入清洗区，清洗是用鼓风和水交替进行的，压缩空气强制地将水由里向外吹出，防止了滤布堵塞，为下次的脱水工作准备了良好的条件。工作原理如图 22-15 所示。

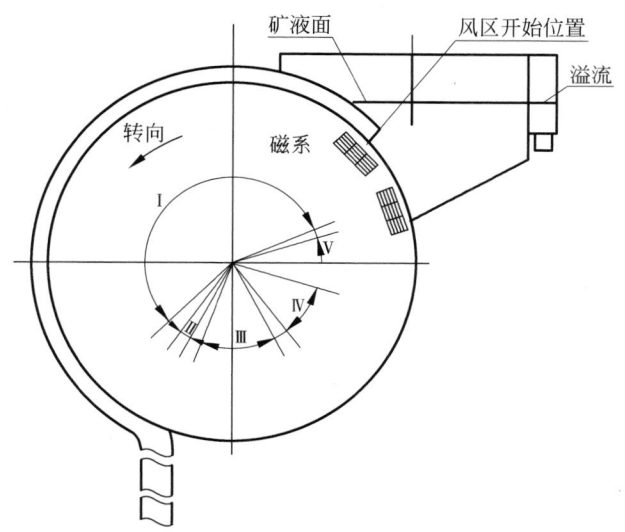

Ⅰ—脱水区；Ⅱ—吹风排矿区；Ⅲ—给风清洗区；Ⅳ—给水清洗区；Ⅴ—卸矿区。

图 22-15　真空永磁过滤机工作原理

22.5.4　磁性过滤机的主要技术性能参数

磁性过滤机的主要技术性能参数如表 22-7 所示。

表 22-7　磁性过滤机主要技术性能参数

参 数 项 目		型　号			
		GYW-5	GYW-8	GYW-12	GYW-16
过滤面积/m²		5	8	12	16
筒体尺寸/mm	直径	2000			
	长度	900	1400	2000	2600
筒体转速/(r/min)		0.18～1.8			
筒体表面磁感应强度/mT		82		87	
滤饼水分/%		8～11		8～10	
生产能力/(t/h)		14～18	22～43	33～65	44～86
给料粒度/mm		0.15～0.80			
给矿浓度/%		≥60			
电动机功率/kW		3	4	4	7.5
真空度/MPa		0.05～0.08			
抽气率/(m³/(min·m²))		0.5～2.0			
机身质量/kg		4135	4954	5698	6357

22.5.5　磁性过滤机的使用与维护

1. 安装、调整和试运转

1) 安装前的准备工作

(1) 清洗机器零件表面的防锈油或脏物。

(2) 检查过滤室、分配头部是否有焊皮、砂子、毛刺等杂物。

(3) 检查给料箱的密封。

(4) 排除机器在运输过程中造成的碰撞缺陷。

(5) 检查预制基础标高和预留位置是否正确。

2) 安装和调整

(1) 整台真空永磁过滤机落好后,按标准规定误差,将筒体中心找平。

(2) 初步调整分配头,连接分配头上的真空管路。

(3) 升起磁系使之符合工作状态偏角。

(4) 安装绕线装置,调整链轮并装好链条(绕线完毕拆下)。

3) 空负荷试车运转

安装完毕后应首先进行不低于 2 h 的空负荷运转。

(1) 空负荷试车前的准备。

① 安装滤布,压紧胶条,包滤布前应首先清除筒壁和压绳槽上的毛刺和锐利尖角。

② 缠绕钢丝,以端盖的小孔卡住钢丝后,先密绕 80 mm,然后固定(用锡焊或在端盖的小孔上穿过锁死)。

(2) 对所有润滑部位加注润滑油,减速机、蜗轮箱油位必须达到指示位置。

(3) 空运转的要求。

① 各传动部位啮合正常无噪声,运转部位无干涉碰撞现象,磁系不摩擦筒壁。

② 各调整部位,灵活准确。

③ 各润滑部位油路畅通,润滑良好。

④ 电动机电流稳定,电动机和轴承温升不大于 35℃,最高温度不大于 65℃。

4) 负荷试车

空负荷试运转后,进行不低于 24 h 的负荷试车。

(1) 负荷试车的调整和要求。

① 磁系偏角的调整:调整磁系螺杆,使磁系沿筒体内壁摆动。磁系偏角一般不宜小于 43°,否则磁力得不到充分利用,往往使滤饼在到达脱水区之前发生下滑。但过大也将影响料浆成饼和给料箱的密封。

② 风压位置的调整,通过调整螺丝使分配

头转动,使各区与磁系、给料箱配置得当。

③ 调整和测定给矿浓度。

④ 调整运转速度。

(2)通过以上调整和测定,获得最佳工作状态,并满足下列要求。

① 盛料箱与圆筒密封结合上不得漏矿。

② 滚动轴承和电动机温升不大于 35℃,最高温度不得大于 65℃(环境为常温时)。

2.操作

1)开车的准备

(1)检查润滑点,减速机及蜗轮箱的油位是否注满了油。

(2)关闭管路系统中所有门。

(3)检查电气线路是否安全可靠。

(4)检查磁系是否发生脱落或松动现象。

2)开车的顺序

(1)开动真空永磁过滤机。

(2)开真空泵,鼓风机通向分配头的门。

(3)开给料管门。

(4)调整调速电机找出最佳转速。

3)停车顺序

(1)关闭给料门。

(2)空转筒体至卸料完毕,关闭真空泵通向真空永磁过滤机的门。

(3)清水冲洗滤布和筒体,除去滤布上水分。

(4)停止过滤机。

4)影响过滤产量和滤饼水分的因素

(1)要求来料需经退磁,给矿量要足够且稳定。

(2)真空永磁过滤机的转速是影响过滤效果的因素之一,不同的物料采用与其适应的转速才能保证较低水分,获得较高生产率。

(3)给进真空永磁过滤机的物料要具有一定的量和较高的浓度,浓度过低会影响生产率,一般浓度为 55%～60% 为佳。

(4)分配头的角度调整到合适位置,即使物料能落到卸料装置中,又使残存水吹落到溢流槽之内。

(5)给料箱、磁系、真空区的位置三者配置必须合理。

(6)选择合适的过滤布。可提高产量,降低滤饼水分,并能延长滤布的使用寿命,使用中一定要保持滤布的透气性。

22.6 离心脱水机

22.6.1 概述

离心脱水机有离心过滤式和离心沉降式两大类,过滤式主要用于较粗颗粒物料的脱水,沉降式主要用于细颗粒物料的脱水。离心脱水机是利用离心力进行固液分离的,其离心力要比重力场中的重力大上百倍,甚至上千倍,通常用分离因数表示这一关系,亦称离心强度。分离因数越大,物料所受的离心力越强,固体和液体分离的效果也越好。改变离心机转筒的半径和转速,就能改变分离因数的大小。由于分离因数与转速的平方成正比,所以,为了提高分离因数,改变转速的效果比改变半径的效果要大得多。因此,在一般离心脱水机中,都是通过改变转筒的回转速来提高其分离因数。分离因数大于 3000 的属于高速离心机,介于 1500～3000 为中速离心机,小于 1500 的称低速离心机。

矿业脱水领域,物料粒度较大,要求的处理能力较大,故较多采用较低离心强度及较大的回转半径的设备。选煤厂离心过滤设备的离心强度为 80～200 单位;离心沉降设备一般为 500～1000 单位。近期发展趋势是降低离心机转速,增加离心机的转子半径,使分离因数为 300～500。

22.6.2 离心脱水机工作原理

离心过滤是把所处理的含水物料加在转子的多孔筛面上,由于离心力的作用,固体在转子筛面上形成固体沉淀物,液体则通过沉淀物和筛面的孔隙而排出。由于液体通过物料的孔隙排出,而脱水物料的粒度组成影响孔隙的大小,所以,脱水效果受粒度组成的影响很大。

离心沉降是把固体和液体的混合物加在筒形(或锥形)转子中,由于离心力的作用,固体在液体中沉降,沉降后的物料进一步受到离心力的挤压,挤出其中水分,以达到固体和液体分离的目的。离心沉降和重力下的沉降有区别：重力沉降中,物料沉降的加速度等于重力加速度,是个不变的数值;离心沉降中,离心力取决于颗粒运动的回转半径,因而,在角速度相等时,处在不同回转半径上的运动颗粒,所受的离心力并不一样。

22.6.3 离心脱水机的性能和参数

各种离心脱水机的性能和参数比较见表 22-8。

表 22-8 国内各种类型离心脱水机的比较

离心机型号	转子转速/(r/min)	分离因数(最大)	原料的粒度范围/mm	处理能力/(t/h)	水分/% 入料	水分/% 产物	离心液浓度/(g/L)	离心液浓度/%	吨煤安装功率/(kW/t)	吨煤质量/kg
LL-9 刮刀卸料	558	162	13～0.5	50	17～21	6～8	250～320	5～6	0.8	135
LL3-9 刮刀卸料	558	162	13～0.5	100	17～21	6～8	250～320	5～6	0.4	68
LZL-1000 立式振动	400	88	13～0.5	80～100	18～21	8～10	180～250	2.5～4	0.25	56
WZL-1000 卧式振动	380	80.8	13～0.5	100	18～20	8～10	51～94	—	0.28	31
WX-1 沉降式	700、800、900	500	13～0 1～0	25～30	—	10～13 20～30	70～80	—	5	378
WLG-800 沉降式	1000、1300、1500、1700	1040	1～0	7～9	—	20～30	70～80	—	9	869
WLG-900 沉降过滤式	1000、900、800	504	0.5～0	10～15	—	20～24	109	—	9	907

22.6.4 过滤式脱水离心机

1. 刮刀卸料离心脱水机

LL-9 型离心脱水机属刮刀卸料的离心机(图 22-16),全机由 5 部分组成:传动系统、工作部件、机壳、隔振装置和润滑装置。机壳为不动部件,主要对筛网起保护作用,并降低从筛缝中甩出的高速水流的速度。隔振系统是为了减小离心脱水高速旋转时对厂房造成的振动。润滑系统则为了保证传动系统灵活运转。传动系统和工作部件为主要部分。

工作部件是刮刀转子 8 和筛篮 3。筛篮是离心机的工作面,其上的筛条沿截锥体的母线排列,缝隙为 0.35～0.50 mm;矿浆分配盘 4 固定在转子 8 上。传动系统的主要部件是一根贯穿离心机的垂直心轴 7,心轴 7 和空心轴套 6 分别与刮刀转子 8 和筛篮 3 相连。齿轮减速系统使转子和筛篮同向差速旋转,前者转速为551 r/min,后者为 558 r/min。此速度差是该型离心机卸料的动力。

脱水浆料经由分配盘给到筛篮 3 的内壁上,物料所受的巨大的惯性离心力使得液相(离心液)透过筛篮的缝隙排出机外,而固相沉积在筛篮的内壁,被刮刀转子刮下成为脱水产物。

刮刀和筛篮的间隙对脱水效果影响很大,间隙过大,筛篮的内壁上将有一层不脱落的物料,增大了物料移动和泄水的阻力,不利于脱水的进行。通常所要求的间隙为 1～3 mm。刮刀卸料离心脱水机的技术特征见表 22-9。

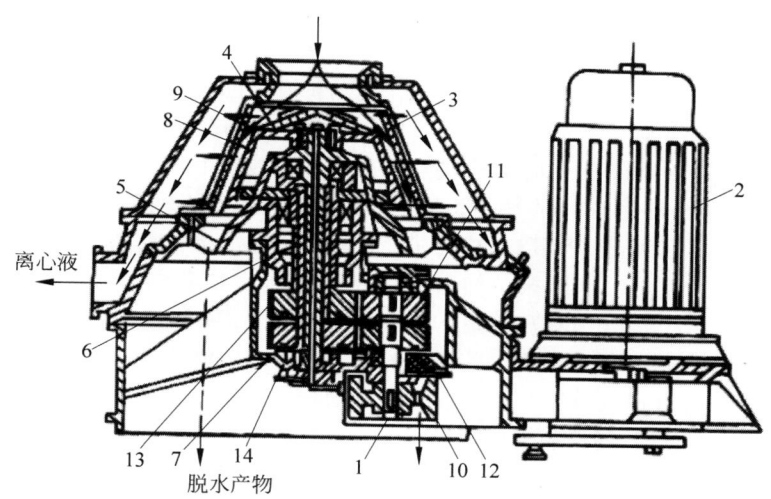

离心液

脱水产物

13 7 14   1   10 12

1—中间轴；2—电动机；3—筛篮；4—给料分配盘；5—钟形罩；6—空心轴套；
7—垂直心轴；8—转子；9—筛网；10—皮带轮；11,12,13,14—斜齿轮。

图 22-16　LL-9 型刮刀卸料离心脱水机

表 22-9　刮刀卸料离心机的技术性能

项　目	单　位	型　号	
		LL-9	LL$_6$-9
入料粒度	mm	<13	<13
生产能力	t	50	100
产品水分	%	7～12	7～12
筛面面积	m^2	1.1	1.1
筛网缝隙	mm	0.5	0.5
筛篮大端直径	mm	930	930
筛面倾角		70°15′	70°15′
筛篮转速	r/min	558	558
螺旋转子转速	r/min	551	551
分离因数		162	162
电动机功率	kW	40	40
外形尺寸（长×宽×高）	mm×mm×mm	2785×2045×2298	2785×2045×2298
总质量	kg	6781	6700

2. 振动卸料式离心机

振动卸料离心脱水机出现比较晚，经过 20 多年的不断发展和改进，目前已趋完善。虽然机型很多，但各机型之间的主要差别是振动系统和激振方法不同。目前生产的振动卸料离心脱水机其分离因数一般为 60～140，适用于 0～13 mm 的物料脱水。

振动卸料离心脱水机的传动机构使筛篮一方面绕轴作旋转运动，另一方面又沿该轴作轴向振动，因此，强化了物料的离心脱水作用，并促使筛面上的物料均匀地向前移动。物料层在抖动时，还有助于清理过滤表面，防止筛面被颗粒堵塞,减轻物料对筛面的磨损。由于具有以上特点,振动卸料离心脱水机得到了日益广泛的应用。

振动卸料离心机有立式和卧式两种。该机的主轴使筛篮在绕轴旋转的同时又作轴向振动,促使物料均匀地向前移动,并在抖动的同时清理筛网的表面,既防止堵塞,又减轻了物料对筛面的磨损。目前生产的振动卸料式离心机的离心强度为 60~140 单位,筛篮的长度为 500~600 mm,可使物料在筛面停留 1 s;转速为 370~440 r/min,适宜的处理粒度为-13 mm。操作参数方面,高的频率要辅以小的振幅,低的频率要和大的振幅相对应。通常,双振幅为 5~6 mm,频率 1600~2200 次/min。

WZL-1000 型卧式振动离心脱水机由工作部件、回转系统、振动系统和润滑系统四大部分组成。其构造如图 22-17 所示。筛篮 1 由主电动机 8 通过胶带轮 9、17 带动回转。激振用电动机 16 经胶带传动,并通过一对齿轮使装在机壳 5 上的四个偏心轮 10(不平衡重)作相对同步回转,从而使机壳产生轴向振动。机壳的振动通过冲击板 12、缓冲橡胶弹簧 11、短板弹簧 13 传到主轴套 3 和轴承座,并通过轴承 14 传给主轴 15 和筛篮 1,使筛篮产生轴向的振动。物料由给料管 2 给入筛篮,并在离心力和轴向振动力的综合作用下,均匀地向前移动。脱水后的物料从筛篮前面落入卸料室,并由此进入机底的排料槽中,离心液由机壳收集,经排出室排出。

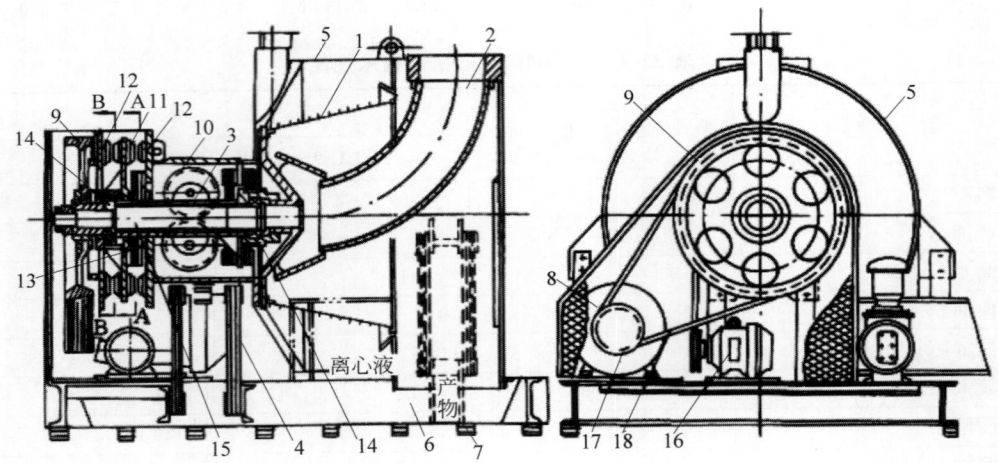

1—筛篮;2—给料管;3—主轴套;4—长板弹簧;5—机壳;6—机架;7—橡胶弹簧;8—主电动机;9,17—胶带轮;10—偏心轮;11—缓冲橡胶弹簧;12—冲击板;13—短板弹簧;14—轴承;15—主轴;16—激振用电动机;18—三角胶带

图 22-17　WZL-1000 型卧式振动离心脱水机结构

卧式振动离心脱水机是利用轴向振动来强化离心脱水的设备。这种轴向振动,既可以使筛面上的物料均匀地向前移动,又可使筛面上的物料层松散,促使所含的水分更易分出。同时,物料层抖动还可防止筛缝被颗粒堵塞。改变振幅和频率可以调节物料的移动速度,控制物料在离心机中的脱水时间。

其技术规格如表 22-10 所示。

VC 型立式振动离心脱水机从美国引进,其型号为 VC-48 和 VC-56 两种,可用于 75~0.5 mm 物料的脱水,其结构见图 22-18。VC 型离心脱水机的技术参数见表 22-11。

表 22-10 WZL-1000 型和 WZL-1300 型离心脱水机技术规格

型号	入料粒度/mm	处理能力/(t/h)	产品水分/%	工作面积/m²	筛网缝隙/mm	筛篮转速/(r/min)	振动频率/(r/min)	筛篮振幅/mm
WZL-1000	0~13	100	7~9	1.4	0.25	380	1500~1800	5~6
WZL-1300	0~13	200			0.4	310	1560~1760	4~6

型号	旋转电动机		振动电动机		润滑电动机		筛网大端直径/mm	总质量/t	外形尺寸		
	功率/kW	转速/(r/min)	功率/kW	转速/(r/min)	功率/kW	转速/(r/min)			长/mm	宽/mm	高/mm
WZL-1000	22	1470	3.0	1420	0.35	1450	1000	3.15	2150	1870	1765
WZL-1300	45	980	5.5	1440			1300	6.43	2980	2320	2310

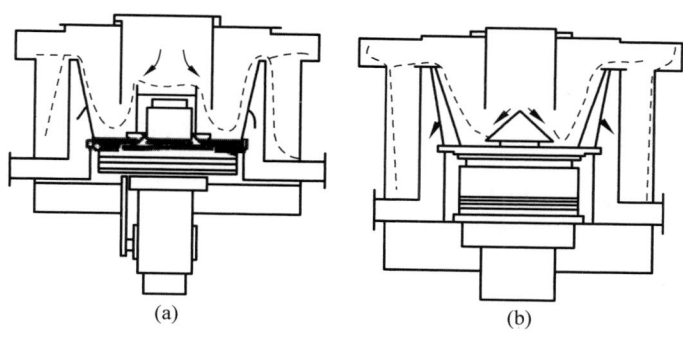

图 22-18 立式振动离心脱水机的结构
(a) VC-48 型；(b) VC-56 型

表 22-11 VC 型振动脱水离心机的技术参数

型号	入料水分/%	筛篮大端直径/mm	筛篮大端离心强度	筛面形式	筛缝宽/mm	开孔率/%	筛篮寿命/h	总质量/t
VC-48	35	1220	72	楔形筛条	1；0.75；0.5	24；18；13	2000	5700
VC-56	35	1420	74	环形筛条	1；0.75；0.5	24；18；13	2000	10 450

22.6.5 沉降式离心脱水机

沉降式离心脱水机是利用离心力使煤水混合物中的固体浓缩并沉降在筒壁上,用螺旋刮刀进行卸料的一种脱水设备,主要用于含泥较多的原生煤泥、浮选尾煤和浮选精煤的脱水,以及洗水的澄清。其入料粒度上限一般为 1~3 mm,但有时可达 13 mm。这种离心机既能够在入料浓度较低的情况下工作,又可用于处理经过浓缩的浓度为 300~500 g/L 的煤浆。离心强度为 400~1500,有的甚至更高。沉淀物的水分和溢流的含固量主要由离心机的工作参数和入料的物理性质等决定。

沉降式离心机被普遍认为是一种高效和多功能的脱水设备。它具有分离性能好、适应性较强、连续作业、工作稳定、辅助设备少及占地面积小等优点。

1. 沉降式离心脱水机的构造

沉降式离心脱水机的种类很多,按其入料方式可分为顺流式和逆流式两种。这两种脱水机的工作原理基本相同,只是一些结构参数有差别。如顺流式入料从转筒大端给入,沉淀物与澄清水同向运动,澄清水再返回从大端溢流排出;而逆流式入料从中部给入,沉淀物与澄清水成相反方向运动。图 22-19 为 WX-1 型沉降离心脱水机的结构,主要由转筒、螺旋、差速器、传动装置、过载保护装置、润滑系统、机壳和机座几部分组成。

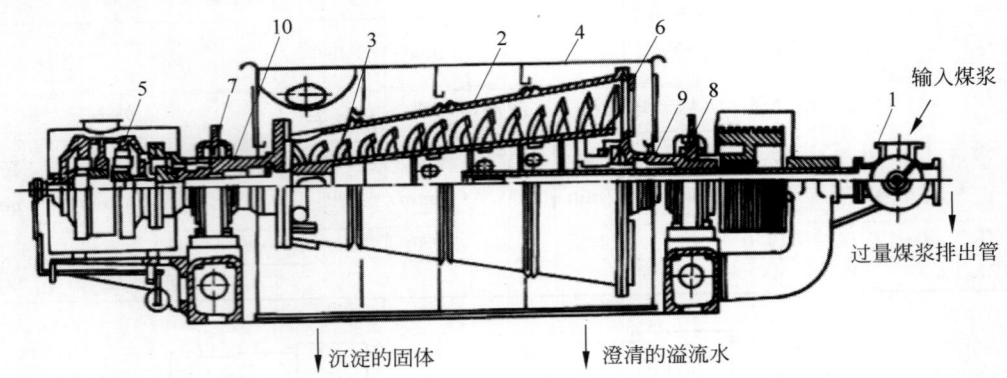

1—三通阀门;2—转筒;3—螺旋;4—外壳;5—行星齿轮减速器;6—转动阻板;7,8—轴承;9,10—空心轴颈。

图 22-19　WX-1 型沉降离心脱水机的结构

转筒 2 的两个空心轴颈 9 和 10 分别放置在滚珠轴承 7 和 8 上。转筒右端面上开有四个溢流口,溢流口被带有偏心孔的转动阻板 6 挡住,转动阻板便可调节溢流口的高度 h(即溢流筒直径 d),溢流筒直径 d 的调节范围为 $800 \sim 936 \, \text{mm}$。调节直径 d 也就是调节了脱水区和沉降区的长度。

螺旋 3 由圆锥形卷筒和螺旋叶片组成,在卷筒外表面焊有双线螺旋线形叶片,叶片的螺距为 125 mm。螺旋最后一对叶片(在小端处)是反向螺旋,它的作用是防止转子的排料口被煤堵塞。螺旋叶片的外径和两侧的表面上堆焊有硬质合金层,以增加螺旋的耐磨性。螺旋的空心卷筒内被隔板隔成五个隔室,中间三个隔室内沿卷筒锥面均开有 6 个喷料口。为防止磨损,在口内装有用铬钢(40Gr)经淬火处理而制成的可更换的耐磨喷嘴。

外壳 4 是机器的保护罩,同时又是收集和分隔沉渣和溢流的容器。外壳内焊有三个隔板,分成四个单独的室,左室和右室分别收集沉渣和溢流水。中间的隔板和转筒 2 的外面凸缘配合,形成曲折密封,防止溢流水流入沉渣中。外壳的两个端面均开有检查孔,以备调节溢流筒直径 d 和检查转筒与端面法兰盘的紧固螺栓用,并用于及时清理小端沉渣。

转筒由电动机直接带动,并通过行星齿轮减速器 5 带动螺旋 3,使两者作转差率为 2% 的相对转动。即螺旋转子每分钟比转筒慢 2% 转,使转筒和螺旋转子之间产生相对运动,借此将沉淀在筒壁的物料推移到转筒小端排出。

2. 沉降式离心脱水机的工作原理

沉降式离心脱水机的工作原理如图 22-20 所示。需进行固液分离的混合物由中心给料管 5 给入,在轴壳内初步加速后,经螺旋转子 2 上的喷料口 6 进入分离转筒内。因物料密度较大,在离心力作用下,被甩到转筒筒壁上,形成环状沉淀层。再由螺旋转子将其从沉淀区运至干燥区,进一步挤压脱水,然后由沉淀物排出口 3 排出。在沉淀物形成过程中,外转筒 1 中的液体不断澄清,并连续向溢流口流动,最终从溢流口 4 排出,实现了固液分离。

3. 沉降式离心脱水机的主要技术性能参数

沉降式离心脱水机的主要技术性能参数见表 22-12、表 22-13。

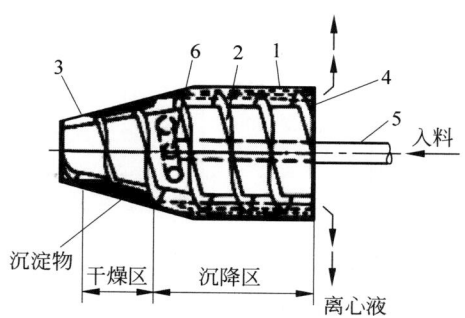

1—外转筒；2—螺旋转子；3—沉淀物排出口；4—溢流口；5—中心给料管；6—喷料口。

图 22-20　沉降式离心脱水机工作原理

表 22-12　沉降式卧式离心机的技术参数

型号	处理量/ (t/h)	转筒			转筒转速/ (r/min)	螺旋叶片	
		大端 ϕ/mm	长度/mm	锥度/ (°)		线数	螺距/mm
WX-1	25～30	1100	1750	20	700,800,900	2	125
WLC-800	7～9	800	1400	21	1000,1300 1500,1700	2	250

表 22-13　沉降式离心脱水机主要技术参数

制造厂		沈矿	洛矿	德国	洛矿	洛矿
使用厂		谢一、潘一、杨庄	田庄、巴关河	范各庄		
型号		WX-1	WCL-800	S_4-1	$TC_0$924	TC1134
规格		ϕ1100×1750	ϕ800×1400	ϕ900×2500	ϕ915×2440	ϕ1120×2250
转筒	最大内直径/mm	1100	800	900	915	1120
	转速 n/(r/min)	700～900	1000、1300、1500、1700	650	700～1600	700～1250
	离心强度 K	554	450、750、1000、1040	407	1300	
	长径比	1.5	1.75			
	转筒形式	锥	柱-锥		柱-锥	柱-锥
	转筒总长 L/mm	1750	1400		2440	3360
	转筒圆柱长 L柱/mm		450			
	转筒圆锥长 L锥/mm		950			
	转筒链角/(°)	20	21			
差转速 Δr_0/(r/min)			17、22、25超前	12超前		
转差率 s/%		2滞后				
螺旋	形式	双头右旋	双头左旋			
	螺距/mm	125/2	250/2			

续表

溢流直径/mm		680、640、600、560			
沉降区长度/mm	960、800	774、882、990			
处理能力(干物料)					
产品水分/%	20～30	10		10～20	20～30
回收率/%				30～35	30～35
溢流含固量/%				99(加絮凝剂)	99(加絮凝剂)
差速器形式	行星齿轮差速器	摆线针轮	CYCLODFSF 11～25		
液压联轴器型号	无	无	VOITH 型 562	VOITH 型	VOITH 型
电动机功率/kW	130	75	90	75～112	112～150
外形尺寸(长×宽×高)/(mm×mm×mm)	4795×3625×1390				
机器质量/t	10.15		10.67	10	

22.6.6　沉降过滤式离心机

　　沉降过滤式离心脱水机主要是借助离心加速度实现固液分离并采用螺旋刮刀进行卸料的一种新型脱水设备。在结构上,它是沉降式离心机和一个过滤式离心机的组合,技术特征如表 22-14 所示。

表 22-14　沉降过滤式离心脱水机技术特征

型号	转筒最大内径/mm	转筒长度/mm	转速/(r/min)	筛缝/mm	矿浆处理量/(m³/h)	处理能力/(t/h)	产品水分/%	溢流固体量/%
TCL-0918	915	1830	700～1600	0.3～0.35	200	10～20	15～20	2～3
TCL-0924	915	2440	700～1400	0.3～0.35	200	15～25	15～20	2～3
TCL-1134	1120	3350	700～1150	0.3～0.35	400	35～50	15～20	2～3
TCL-1418	1370	1780	300～900	0.25～0.35	250	35～60	12～20	3～7
SVS-800×1300	800	1300	1010～1280	0.2～0.3				
WLG-900	900	1700	800,900,1000	0.2～0.25		15～20		

1. 沉降过滤式离心机的结构

　　沉降过滤式离心脱水机结构如图 22-21 所示,除转筒与沉降式离心脱水机不同外,其他结构大同小异。沉降过滤式离心脱水机转筒由圆柱-圆锥-圆柱三段焊接组成。转筒的大端为溢流端,端面上开有溢流口,并设有调节溢流口高度的挡板。转筒的小端为脱水后产品排出端。脱水区筒体上开设筛孔,脱水区进一步脱除的水分可通过筛孔排出。

2. 沉降过滤式离心脱水机的工作原理

　　矿浆经给料管给入离心脱水机转鼓锥段中部,依靠转鼓高速旋转产生的离心力,使固体在沉降段进行沉降,并脱除大部分水分。沉降至转鼓内壁的物料,依靠与转鼓同方向旋转,将速度低于转鼓 2% 的螺旋转子推到离心过滤脱水段。在离心力作用下,物料进一步脱水,脱水后的物料经排料口排出。由溢流口排出的离心液含有少量微细颗粒。由过滤段排

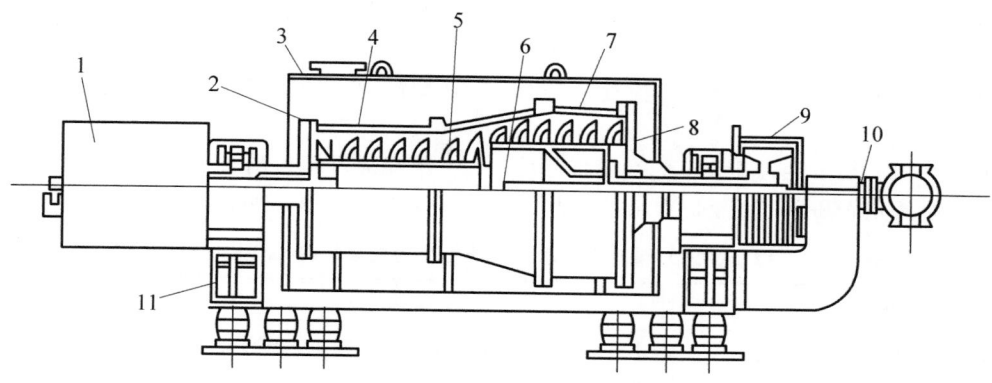

1—行星齿轮减速器；2—固体排料口；3—外壳；4—滤网；5—螺旋转子；6—喷料口；7—转鼓；8—溢流口；9—传动装置及润滑系统；10—入料管；11—机架。

图 22-21　WLG-900 型沉降过滤式离心脱水机结构

出的离心液,通常含固体量较高,需进一步处理。

离心机转鼓的分段结构见图 22-22,共分三段,每段可采用铸造或铆焊。WLG-900 型离心机采用焊接结构。

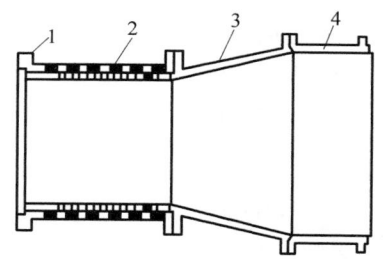

1—过滤段转鼓；2—筛网；3—圆锥段转鼓；4—圆柱段转鼓。

图 22-22　转鼓

过滤段内有不锈钢筛条焊接的整体筛篮,筛缝为 0.25(0.20) mm。

推料螺旋采用双头螺旋叶片,螺距为 125 mm,导程为 250 mm。在螺旋叶片推料侧外缘喷涂一层 80 mm 宽、1 mm 厚的镍基耐磨金属粉。

沉降过滤式离心脱水机的结构较复杂,转速较高,所以要求机件加工精度高,并采取一系列保护装置,如过电流保护装置、过振动保护装置、油压保护装置和扭应力保护装置等。

22.6.7　离心脱水机的使用与维护

1. 螺旋刮刀卸料离心脱水机的维护与检修

在生产过程中,严格遵守离心机的操作和保养规程,做到精心维护、及时检修,是保证离心机正常运转的重要条件。

离心机必须空载启动,启动前检查油箱贮油量的多少,各转动部件之间有无接触,发生堵塞和撞击的可能性,查看三角皮带的数目和松紧程度。如上述各项均无问题,可空载启动。待离心机转速正常后,方可开始给煤。

离心机工作期间,若有异常现象发生,如可疑的音响、机体过激的振动、电动机和轴承温度增高以及油压事故等,要立即分析判断找出故障的原因,予以及时处理排除。

螺旋刮刀卸料离心脱水机容易发生的机械故障有以下几个方面。

(1) 异常音响。它多是由筛篮和螺旋刮刀的配合间隙变小,产生碰撞,或者螺栓松动所造成。前者要调好配合间隙,后者要将螺栓拧紧。但是离心机堵塞、筛篮与刮刀失去平衡,也会使离心机运转中产生异响。必须采取相应措施排除。

(2) 振动过大。发生这种现象时,首先要查看弹性地脚螺栓是否失效,筛篮与刮刀间的煤道是否堵塞,螺栓是否松动。此时要更换地脚螺栓或用清水清洗煤道,拧紧松动螺栓,以消除故障。

（3）离心液或煤中带有油花，而减速器和油箱放油孔的螺栓又未脱出时，要检查密封圈是否失效。

（4）油压系统发生故障时，要考虑油量是否不足、油质是否脏污、油管是否堵塞。此时要更换润滑油或冲洗、疏通油路。

（5）三角皮带松弛会导致筛篮和刮刀转子转速变慢，此时应调整皮带压紧轮或拧动拉紧螺栓。

螺旋刮刀卸料离心脱水机在工作中发生的主要故障、原因及处理方法见表 22-15。

表 22-15　螺旋刮刀卸料离心脱水机可能发生的主要故障、原因及处理方法

现　象		原　因	处理方法
技术操作故障	离心机给不进煤	木片或超粒煤堵塞分配盘或筛网与刮刀之间的煤道	停止给煤，挖出卡住的木片或超粒煤；使离心机停车，用清水冲洗
	离心机转不起来	停车冲洗时，未将沉积的煤冲净，以致煤泥黏附在筛网和刮刀的间隙中	用清水冲洗，并设法将黏附的煤泥清除掉
	电动机启动，阻抗器烧坏	离心机带负荷启动，电动机启动时间过长，附加电阻未被拆除	拆掉这台阻抗器，用备用品代替
机械故障	离心机振动过大	安装不正确；弹性的脚螺栓失效；筛网与刮刀间的煤道堵塞；螺栓松动	找出原因，妥善处理；更换橡胶块；用清水冲洗；拧紧松动的螺栓
	离心液或煤中带油花	密封圈失效；减速器油箱放油孔螺栓脱出	更换密封圈；拧紧放油孔的螺栓
	离心机工作时发生异常音响	传动三角带打滑、翻转或松脱；筛网与刮刀的配合间隙变小，发生碰撞现象	调整压紧胶带轮；调整好筛网与刮刀的配合问题
		离心机堵塞	用清水冲洗
	油压系统故障	油量不足，黏度不够，油质脏污，油路堵塞	更洗润滑油；冲洗疏通油路
	筛网与刮刀转子的转速降低	传动三角胶带松弛	调整胶带压紧轮

2. 沉降式离心脱水机的操作与维护

沉降式离心脱水机的操作原则：

（1）油泵启动并运转 3 min；

（2）启动离心机 5 min 后达到要求转速；

（3）启动给料泵开始给料。

若需要离心机停止工作，则需按以上相反程序先停止给料。

离心机正常工作时，要注意控制给料量和入料中的固体浓度，否则脱水效果难以令人满意。合适的固体浓度应为 30%～40%。

离心机的可调因素基本上有以下三个：

（1）转筒速度：根据入料固体浓度和产品水分加以调整。

（2）差动速度：根据入料量和产品水分加以调整，如果沉淀物的排出量比入料中的固体量少，则离心机会被物料堵塞，需要停机检修；如果差动速度较输送煤量所需要的转速高，则离心机排出的沉淀物含水分较高，因此必须适当控制入料浓度。

（3）溢流堰高度：一般说，增加溢流堰高度可提高离心机的处理能力，但是沉淀物的水分随之增加，降低高度时则相反。调节溢流堰

高度的办法是靠转动带偏心孔的阻板来实现。为了保持离心机的动平衡,两边阻板应按照选定的同一方向旋转,并保持位置对称。

　　沉降式离心机的转速较高,机器没有隔振装置,对基础振动较大,所以离心机应安装在混凝土的基础上,并应严格地保持水平和稳固。如果机器安装在楼上,其基础最好按承受机器4倍以上的重量设计。

　　沉降式离心机给入煤浆应具有2m以上的静水压头。给料浓度应保持稳定,并能调整入料量的大小。转筒和螺旋的间隙可通过变化转筒和螺旋的轴向位置来改变,通常保持为1.5~2 mm。

22.7　筛分脱水机

22.7.1　概述

　　筛分脱水是物料以薄层通过筛面时水分与颗粒脱离的过程。筛分脱水机是选矿(煤)厂使用最广泛的脱水设备之一,所有筛分作业所用的设备均可用于筛分脱水。

　　筛分脱水利用水分本身的重力达到脱水的目的,物料在筛面上铺成薄层,在沿筛面运动的过程中,受到筛分机械的强烈振动,使水分很快从颗粒表面脱除,进入筛下漏斗。

　　脱水筛常常用于矿块脱泥、脱水,重介质分选工艺的脱介等作业,处理的粒度一般在0.5 mm以上。筛分机械的类型很多,用于脱水的筛分机械,按其运动和结构可分为固定筛、摇动筛和振动筛三种。

22.7.2　固定筛

　　固定筛固定不动,筛面倾斜安装,物料在倾斜的筛面上完全靠自重下滑,水则通过筛孔排出。固定筛主要安装在运动的脱水筛之前,进行预先脱水,以减少进入运动脱水筛的水量,提高脱水效率。固定筛可分为缝条筛、弧形筛和旋流筛。

1. 缝条筛

　　缝条筛安装在运动的脱水筛的给料溜槽上,其宽度与溜槽相等,长度一般不超过2 m(图22-23),筛缝尺寸一般为0.5~1mm,泄水能力为200~300 $m^2/(h \cdot m^2)$,经预先脱水后的产品液固比为2%~3%。

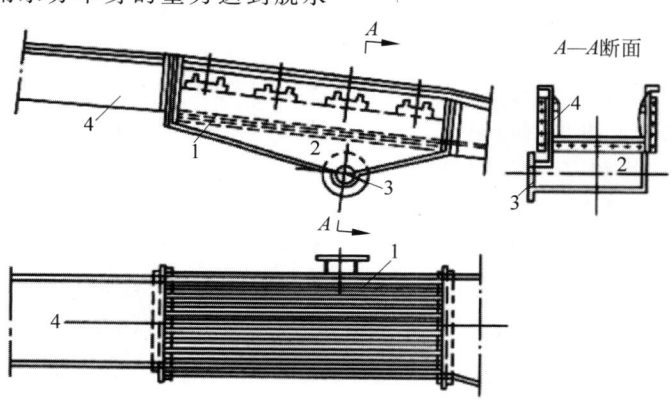

1—缝条筛筛板;2—锥形漏斗;3—煤泥水排出管;4—溜槽。

图22-23　固定缝条筛

2. 弧形筛

　　弧形筛也是一种固定脱水筛。其构造如图22-24所示。

　　弧形筛的筛条由不锈钢制成,截面为长方形或梯形,筛缝宽一般为1.0 mm、0.75 mm,整个筛面由筛条水平排列成圆弧形。

　　弧形筛给料方式有两种:一种为无压给料,称自流弧形筛,给料速度为0.5~3 m/s;另一种为压力给料,称压力弧形筛,给料压力为0.1~0.2 MPa,料浆速度一般可达10 m/s。弧形筛规格是以筛面的曲率半径(R)、筛面宽度(B)、弧度(α)表示。自流弧形筛的弧度有45°、

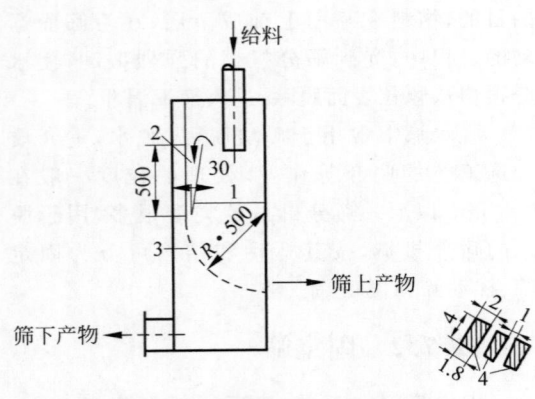

1—给料容器；2—给料漏斗；3—圆弧形缝条筛面；
4—筛棒的横截面。

图 22-24　弧形筛

60°、90°等，多用于选煤厂的脱水及金属选矿厂的选别产品分级；压力弧形筛的弧度有 180° 和 270°，其中 270° 弧形筛多用于水泥工业。通常选用的筛缝可为筛下产品最大粒度的 1.5～2 倍。

弧形筛的显著优点是结构简单、轻便、占地面积小、无运动部件和传动机构、处理能力大。缺点是筛条磨损严重、筛面的安装和维护要求较高。为了延长筛面的使用寿命，不少弧形筛制成可逆转式，当前一端磨损后，可将筛面转动 180° 后继续使用另一端。为提高分级效率和减轻筛缝堵塞，可在筛面背面加设打击装置，使弧形筛产生振动。我国目前生产的弧形筛的主要规格见表 22-16 所示。

表 22-16　弧形筛的主要规格

名称及规格	筛宽/m	半径/m	缝隙/mm	质量/kg
脱介弧形筛	3.6	1.018	0.9	841
脱介弧形筛	1.8	1.018	0.9	380
脱介弧形筛	1.2	0.8		1263
脱介弧形筛	1.706	0.5	0.7	420
HSR 1018×1580×45°	1.580	0.018	0.25；0.5；1.0	310
HSR 1018×1300×45°	1.30	1.018	0.25；0.5；1.0	332

3. 旋流筛

旋流筛工作原理与弧形筛相似，工作表面为圆锥形，物料由切线给入导流槽，然后进入锥形筛面脱水，其结构见图 22-25。

旋流筛兼具固定筛和离心脱水机的优点，但本身没有运动部件，不需要动力，单位面积处理能力比振动筛大 2～3 倍。运转稳定可靠，投资少，维护费用低。

工作时，物料在流体静压力下导入旋流脱水槽，经入料喷口，再沿切线方向流入导向槽，并变为旋流的形式。旋流的物料流入锥形缝条筛网，在离心力的作用下，液体穿过筛网，固体留在筛网上，完成脱水作用。

旋流筛有固定式和电磁振动式两类。前者的筛网固定不动，后者的锥形筛网安装在弹簧支承器上，利用电磁激振器使之产生振动，以消除筛网堵塞现象和提高筛上产物浓度。国产电磁振动旋流筛的技术特征见表 22-17。

表 22-17　电磁振动旋流筛技术特征

项目		规格			
锥形筛网直径/mm		1200	1600	2000	2400
结构参数	锥形筛网有效面积/m²	1.5	2.5	4.0	6.0
	导向筛网有效面积/m²	0.8	1.5	2.0	3.0
	筛网条缝宽度/mm	0.5	0.5	0.5	0.5
		0.75	0.75	0.75	0.75
		1	1	1	1
	导向槽宽度/mm	60	75	90	105
	锥形筛双振幅/mm	0.1～0.3	0.1～0.3	0.1～0.3	0.1～0.3

续表

项　目		规　格			
工艺参数	生产能力/(t/h)	70～230	150～400	270～700	400～1000
	分级粒度/mm	0.3	0.3	0.3	0.3
		0.5	0.5	0.5	0.5
		0.7	0.7	0.7	0.7
	筛上产物水分/%	30～40	30～40	30～40	30～40
	入料压力/(kg/cm²)	0.07～0.32	0.08～0.40	0.09～0.45	0.11～0.5
	入料浓度/(g/L)	100～400	100～400	100～400	100～400
振动器参数	型号	SCZ-600	SCZ-600	XZ-10	XZ-10
	功率/W	270	270	400	400
	工作电压/V	220	220	220	220
	频率/(r/min)	3000	3000	3000	3000
	激振力/kg	600	600	1400	1400
	双振幅/mm	2.5	2.5	2.5	2.5
	控制箱型号	SXKZ-10G2	SXKZ-10G2	SXKZ-10G2	SXKZ-10G2

注：表内生产能力是根据筛网条缝宽度 0.75 mm 确定的。

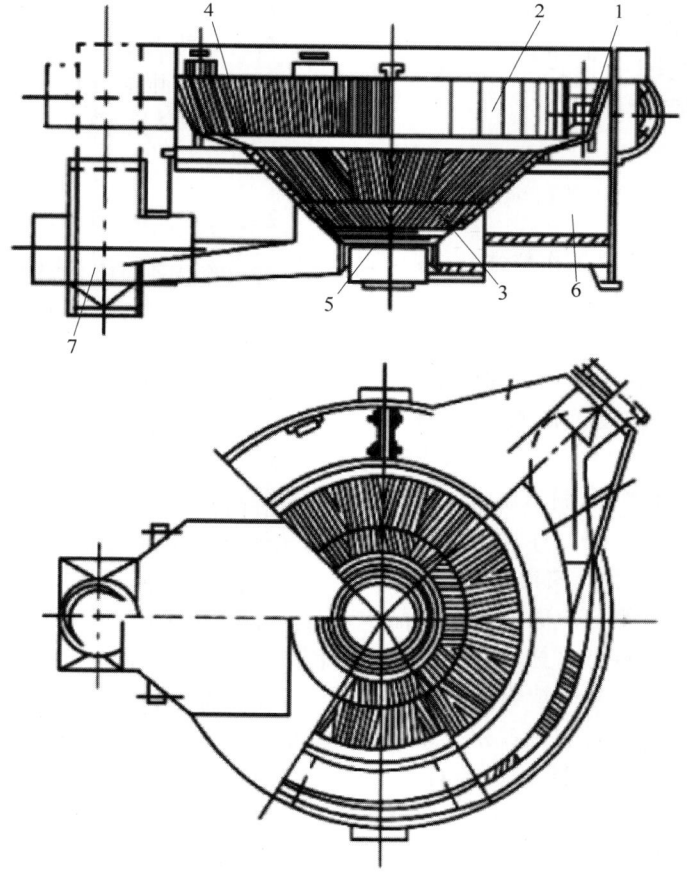

1—入料喷口；2—圆形导向槽；3—锥形条缝筛网；4—导向筛网；5—固体物料出口；6—外箱；7—筛下水出口。

图 22-25　旋流筛的结构

22.7.3 振动筛

振动筛具有工艺效果好、结构简单、操作维修方便等优点,主要型号有圆运动振动筛、直线振动筛、高频振动筛和共振筛。圆运动振动筛多用于分级作业,直线振动筛多用于脱水作业。

直线振动筛的筛箱振动轨迹是直线,筛面水平安装,物料在筛面上的移动不是依靠筛面的倾角,而取决于振动的方向角。直线振动筛由筛箱、激振器及弹簧支撑或吊挂装置组成,见图22-26。

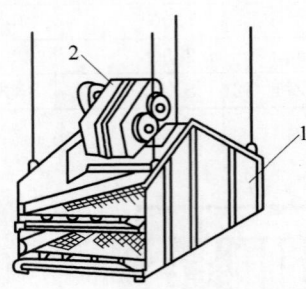

1—筛箱;2—激振器。

图 22-26 双轴直线振动筛

筛网是脱水筛的主要工作部件,应具有足够的机械强度、最大的开孔率、筛孔不易堵塞等性质。常用的筛网有板状筛网、编织筛网和缝条筛网等。脱水采用编织筛网和缝条筛网;脱水兼分级时也可使用板状筛网。

直线振动筛的抛射角为30°~65°,我国多采用45°,物料行进距离远,利于脱水。物料在筛面上的脱水过程,通常分三个阶段。第一阶段为初步脱水;第二阶段为喷洗;第三阶段为最终脱水。喷水的目的是冲洗掉混在产品中的细泥,既降低灰分又降低水分。

脱水筛的处理能力与处理物料的性质和筛孔大小有直接关系,筛分机的脱水效果除与筛子的性能有关外,还与给料方式、给料量、筛面结构有很大关系。

给入筛子的原料要沿整个筛面宽度均匀分布,以充分利用筛面的有效面积。脱水筛筛上物集中于中心线附近,或靠筛箱两侧,可能

是筛面固定不紧或给料槽安装角度不合适,必须及时调整。亦可在筛面上装置平煤刮板,把煤摊平。

筛子单位面积负荷过大、物料层太厚也会使产品的脱水效率降低,水分增高。给料忽多忽少,会使产品水分波动。

筛板为脱水筛的工作面,磨损较快,易引起筛缝增大或局部损坏,有时安装不严密出现缝隙,都会使筛子漏煤降低分级效率。因此,应经常检查筛面和筛下水的情况,及时维修。

筛面的型式和有效筛分面积也大大影响精煤的分级和脱水效果。编织不锈钢条缝筛板和焊接不锈钢条缝筛板的有效筛分面积比一般的穿条不锈钢条缝筛板大,脱水和分级效果好,且质量小、材料消耗少。

高频振动筛是近几年研制成功的一种高效脱水设备。它有平面筛面和曲面筛面之分,曲面筛面的特点是弧形筛和直线筛的完美结合。高频振动筛本身具有高振次和高振动强度,还具有寿命长、效率高、耗电少、维修方便等优点。

22.7.4 振动筛的安装与维护

振动筛品种较多,结构也各有不同,因此,用户要针对不同的筛分机进行合理的安装、使用与维护。

1. 安装及调试

1)安装前的准备

新设备在安装前,应该进行认真检查。由于制造的成品库存堆放时间较长,如轴承生锈、密封件老化或者搬运过程中损坏等,遇到这些问题时需要更换新零件。还有,如激振器,出厂前为防锈,注入了防锈油,正式投入运行前应更换成润滑油。

安装前应该认真阅读说明书,做好充分准备。

2)安装

(1)安装支承或吊挂装置。安装时,要将基础找平,然后按照支承或吊挂装置的部件图和筛子的安装图,顺序装设各部件。弹簧装入前,应按端面标记的实际刚度值进行选配。

（2）将筛箱连接在支承或吊挂装置上。装好后,应按规定倾角进行调整。对于吊挂式的筛子,应当同时调整筛箱倾角和筛箱主轴的水平。一般先进行横向水平度的调整,以消除筛箱的偏斜。水平校正后,再调整筛箱纵向倾角。隔振弹簧的受力应该均匀,其受力情况可通过测量弹簧的压缩量进行判断。一般给料端两组弹簧的压缩量必须一样,排料端两组弹簧也应如此。排料端和给料端的弹簧压缩量可以有所差别。

（3）安装电动机及三角胶带。安装时,电动机的基础应该找平,电动机的水平需要校正,两胶带轮对应槽沟的中心线应当重合,三角胶带的拉力要求合适。

（4）按要求安装并固定筛面。

（5）检查筛子各连接部件（如筛板、激振器等)的固定情况,筛网应均匀张紧,以防止产生局部振动。检查传动部分的润滑情况,电动机及控制箱的接线是否正确,并用手转动传动部分,查看运转是否正常。

（6）检查筛子的入料、出料溜槽及筛下漏斗在工作时有无碰撞现象。

3）试运转

筛分机安装完毕,应该进行空车试运转,初步检查安装质量,并进行必要的调整。

（1）筛子空车试运转时间不得小于8 h。在此时间内,观察筛子是否启动平稳迅速,振动和运行是否稳定,无特殊噪声,通过振幅牌观察其振幅是否符合要求。

（2）筛子运转时,筛箱振动不应产生横摆。如出现横摆,其原因可能是两侧弹簧高差过大、吊挂钢丝绳的拉力不均、转动轴不水平或三角胶带过紧,应进行相应的调整。

（3）开车4 h内,轴承温度渐增,然后保持稳定。最高温度不超过75°,温升不能超过40°。

（4）如果开车后有异常噪声或轴承温度急剧升高,应立即停机,检查轴是否转动灵活及润滑是否良好等,待排除故障后再启动。

（5）开车2～4 h停机检查各连接部件有否松动,如果有松动,待紧固后再开车。

（6）试车8 h后如无故障,才可对安装工程验收。

2．操作要点

（1）操作人员在工作前应阅读值班记录,并进行设备的总检查。检查三角带的张紧程度、振动器中的油位情况,检查筛面张紧情况、各部螺栓紧固情况和筛面破损情况。

（2）筛子启动应遵循工艺系统顺序。

（3）在筛子工作运转时,要用视、听觉检查激振器和筛箱工作情况。停车后应用手触摸轴承盖附近,检查轴承温升。

（4）筛子停车应符合工艺系统顺序。除特殊要求外,严禁带料停车后继续向筛子给料。

（5）交接班时应把当班筛子技术状况和发现的故障记入值班记录。记录中应注明零部件的损伤类别及激振器加油、换油日期。

（6）筛子是高速运动的设备,筛子运转时操作巡视人员要保持一定的安全距离,以防发生人身事故。

3．维护与检修

筛子维护和检修的目的是了解筛子的全面状况,并以修理和更换损坏、磨损的零部件的方法恢复筛子的工作能力。其内容包括日常维护、定期检查和修理。

1）日常维护

日常维护内容包括筛子表面,特别是筛面紧固情况,松动时应及时紧固。定期清洗筛子表面,对于漆皮脱落部位应及时修理、除锈并涂漆,对于裸露的加工表面应涂以工业凡士林以防生锈。

2）定期检查

定期检查包括周检和月检。

（1）周检：检查激振器、筛面、支承装置等各部螺栓紧固情况,当有松动时应加以紧固。检查传动装置的使用状况和连接螺栓的锁紧情况,检查三角带张紧程度,必要时适当张紧。检查筛子时,须特别注意查看在飞轮上的不平衡重块固定得是否可靠,如固定不牢,筛子运转时,不平衡重块就可能脱离飞轮,导致安全事故。

（2）月检：检查筛面磨损情况,如发现明显的局部磨损应采取必要的措施（如调换位置等),并重新紧固筛面。检查整个筛框,主要检查主梁和全部横梁焊缝情况,并仔细检查是否有局部裂纹。检查筛箱侧板全部螺栓情况,当发现螺栓与侧板有间隙或松动时,应更换新的螺栓。

3) 修理

对筛子进行定期检查时所发现的问题,应进行修理。

修理内容包括及时调整三角带拉力,更换新带,更换磨损的筛面以及纵向垫条,更换减振弹簧,更换滚动轴承、传动齿轮和密封,更换损坏的螺栓,修理筛框构件的破损等。

筛框侧板及梁应避免发生应力集中,因此不允许在这些构件上施以焊接。对于下横梁开裂应及时更换,侧板发现裂纹损伤时,应在裂纹尽头及时钻 5 mm 孔,然后在开裂部位加补强板。

激振器的拆卸、修理和装配应由专职人员在洁净场所进行。

拆卸后检查滚动轴承磨损情况,检查齿轮齿面,检查各部件连接情况,清洗箱体中的润滑回路使之畅通,清除各接合面上的附着物,更换全部密封件及其他损坏零件。

维修时应特别注意:

(1) 激振器及传动装置拆卸应由有经验的技术工人进行,严禁野蛮操作,防止损坏设备。装配前应保持零件洁净。

(2) 更换后的新筛网应每隔 4~8 h 重新张紧一次,直到完全张紧为止。

4. 常见故障处理

筛分机在工作中常见的故障、原因及消除措施见表 22-18。

表 22-18　筛分机的常见故障、原因及消除措施

常见故障	原　　因	消除措施
筛分质量不好	(1) 筛孔堵塞; (2) 原料的水分高; (3) 筛子给料不均匀; (4) 筛上物料过厚; (5) 筛网不紧	(1) 停机清理筛网; (2) 对振动筛可以调节倾角; (3) 调节给料量; (4) 减少给料量; (5) 拉紧筛网
筛子的转数不够	传动胶带过松	张紧传动胶带
轴承发热	(1) 轴承缺油; (2) 轴承弄脏; (3) 轴承注油过多或油的质量不符合要求; (4) 轴承磨损	(1) 注油; (2) 洗净轴承,并更换密封环,检查密封装置; (3) 检查注油状况; (4) 更换轴承
筛子的振动力弱	飞轮上的重块装得不正确或过轻	调节飞轮上的重块
筛箱的振动过大	偏心量不同	找好筛子的平衡
筛子轴转不起来	轴承密封被塞住	清扫轴承密封
筛子在运转时声音不正常	(1) 轴承磨损; (2) 筛网未拉紧; (3) 固定轴承的螺栓松动; (4) 弹簧损坏	(1) 换轴承; (2) 拉紧筛网; (3) 拧紧螺栓; (4) 换弹簧

22.8　滚筒式干燥机

我国矿用的圆筒干燥机有单筒、双筒和三筒三种类型。后两者的筒体由不同直径的圆筒以同心圆形式镶嵌组合而成。单筒干燥机的直径为 1.0~2.4 m,长度为 5~18 m,容积为 3.9~81 m³;双筒干燥机直径为 1.5~2.2 m,长度为 14~23 m,容积为 19~63 m³。所处理物料的含水量范围为 3%~50%,产品含水量

可降至0.5%左右,最低可降到0.1%。物料在干燥机内停留时间为5分钟至2小时,一般在1小时以内。若干生产实例见表22-19。

三筒干燥机是单筒干燥机的升级产品。其单位容积干燥强度为120～180 kg/(m·h);热能利用效率高,电耗低;占地面积小,比单筒干燥机降低50%左右。工作时,物料由给料端进入干燥机内筒,筒内的多个螺旋状抄板使物料扬起、前移、烘干,移至内筒尾端时,靠自重落入中筒。中筒内壁安装有反向螺旋状抄板,使物料反向前移、烘干,至给矿端部靠自重落入外筒内壁,再由外筒的导向板、抄板扬起、烘干物料,前移至外筒底端排出。AZH组合式三筒干燥机规格及技术参数见表22-20。

表 22-19　圆筒干燥机若干生产实例

使用厂家	白银公司选矿厂	易门铜矿木奔选矿厂	东川因民选矿厂	桃林铅锌矿选矿厂	株洲冶炼厂	石仁障钨矿选矿厂	盘古山钨矿选矿厂
规格($\phi \times L$)/(m×m)	$\phi 2.8 \times 14$	$\phi 2.2 \times 12$	$\phi 2.2 \times 12$	$\phi 1.5 \times 12$	$\phi 1.5 \times 12$	$\phi 0.35 \times 5.7$	$\phi 0.6 \times 5$
转速/(r/min)	4.7				4.6	6.0	7.5,4.8
给料设备	叶片式		螺旋式	螺旋式	圆盘式	螺旋式	螺旋式
给风温度/℃	360	748	712	1300	800	900～1100	625
出风温度/℃	90	160	260	80	140	200～250	239
传质方式	顺流	顺流	顺流	逆流	顺流	逆流	顺流
加热方式	直接	直接	—	直接	直接	直接	直接
物料名称	铜精矿	铜精矿	铜精矿	萤石精矿	锌精矿	钨钼精矿	钨精矿
物料状态	粉状	粉状	粉状	粉状	粉状	粉状	粉状
出料温度/℃	11.5	27	18.3	13	10	29	
进料温度/℃	41	65	65.5	200	55	＞300	
产量/(t/h)	21～40	约350	110	—	40		
鼓风/(m³/h)		16 300			4000～10 000		
排风/(m³/h)		34 900			11 800		
干燥强度/(kg/(m³·h))	18	22～37	28	33	61～67	210.9	55

表 22-20　AZH 组合式三筒干燥机规格及技术参数

型号 ($\phi \times L$)/m	筒体规格		转速/ (r/min)	处理量/ (t/h)	水分/%		最高进气温度/℃	煤耗比/ (kg/t)
	直径/m	容积/m³			初始	终止		
2.0×6.0	2.0	18.84	5～10	15～20	10～12	1	800	6～8
2.5×7.0	2.5	32.26	4～10	22～25	10～12	1	800	6～8
3.0×7.0	3.0	49.66	4～6	30～35	10～12	1	800	6～8

22.8.1　概述

圆筒干燥机是最常用的选矿产品干燥设备,适合处理各类精矿、黏土、煤泥等。该类设备有直接传热和间接传热之分。除少量矿种外,绝大多数精矿均采用直接传热干燥机。间接加热适合于降速干燥阶段时间较长、干燥过程中严禁污染的物料的干燥,如硫胺的干燥等。直接传热圆筒干燥机系列中,干燥介质与湿物料同向移动的称为并流式,逆向移动的称为逆流式。前者通常用于处理含水量较高、允许快速干燥而不致发生裂纹或焦化、产品不耐高温且吸湿性又很小的物料;后者的热推动力差不大,但比较均匀,适合于处理不宜快速干燥且初始湿分较大的物料。通常逆流干燥产品的含水率稍低。

滚筒式干燥机是应用颇多的一种干燥机。滚筒式干燥机适于处理细粒而不过分黏结的物料,既可混合干燥末精煤和浮选精煤,也可单独干燥浮选精煤。多用于干燥水分较高、

0~13 mm 级中细粒含量较多的湿精煤。滚筒式干燥机具有生产率高、操作方便、运行可靠、电耗低等优点。缺点是汽化强度小、钢材消耗大、干燥时间长、占地面积大。

根据干燥介质与物料运动方向的不同,滚筒式干燥机又分为顺流式(干燥介质与物料运动方向相同)和逆流式(干燥介质与物料运动方向相反)两种。

22.8.2　滚筒式干燥机的构造

滚筒式干燥机由滚筒、挡轮、托轮、传动装置和密封装置组成,其结构如图 22-27 所示。

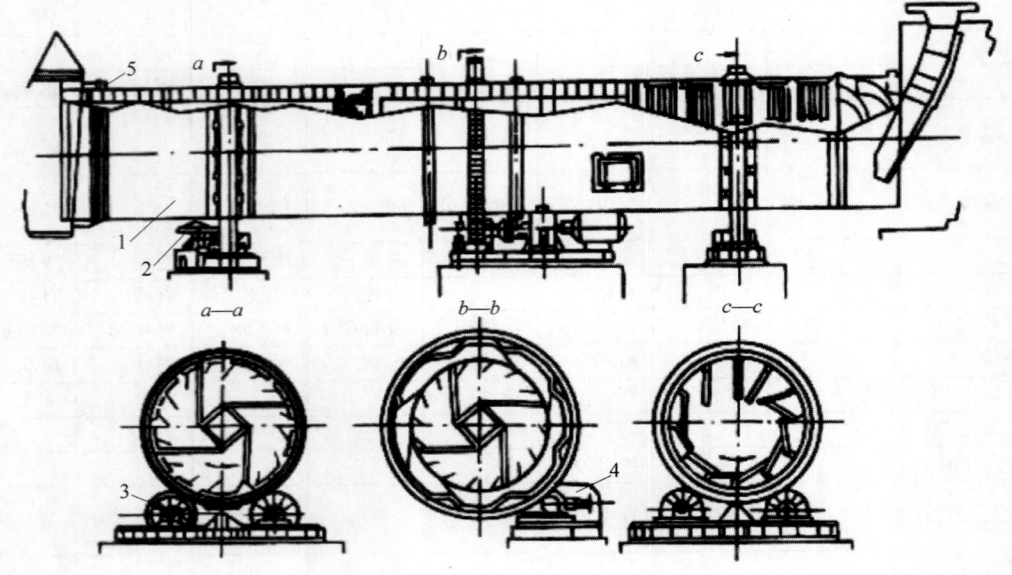

1—滚筒;2—挡轮;3—托轮;4—传动装置;5—密封装置。

图 22-27　滚筒式干燥机

托轮是滚筒的支承装置,前端两个,后端两个,支承着轮箍。托轮的作用是:①支承滚筒,整个滚筒和滚筒内物料的重量全部压在一个托轮上,并在托轮上转动。②调整滚筒倾角,滚筒每端两个托轮在横向上可以移动,通过改变两端托轮间距离,调整滚筒倾角。③防止滚筒轴向移动,在安装托轮时,有意使两托轮轴线不平行,当滚筒在托轮上转动时产生轴向推力,防止滚筒向下移动。

滚筒是倾斜安装的,倾角一般为 1°~5°,为了防止滚筒沿轴向向下移动,在轮箍侧面装有

挡轮。滚筒是在传动装置带动下转动的,转速一般为 2~6 r/min。传动装置包括电动机、减速机、小齿轮和大齿圈。

由于滚筒式干燥机是在负压下工作的,为了防止漏风,在滚筒两端与给料箱和排料箱连接部位都装有密封装置。密封装置的形式很多,常见的有摩擦式、迷宫式及罩式三种。

滚筒是滚筒式干燥机的主体,长度与直径之比一般为 4~8,常用 8~14 mm 厚的钢板制造,外面装有两轮箍。滚筒内部装有输送松散物料的装置。以 NXG 型 $\phi 2.4$ m×14 m 滚筒

式干燥机为例,其内部沿轴向分为 6 个区,各区输送和松散物料的装置不同。一区为大倾角导料板,二区为倾斜导料板,三区为活动篦条式翼板,四区为带有清扫装置的圆弧形扬料板,五区为带有清扫装置的圆弧形篦条式扬料板,六区为无扬料板区,如图 22-28 所示。

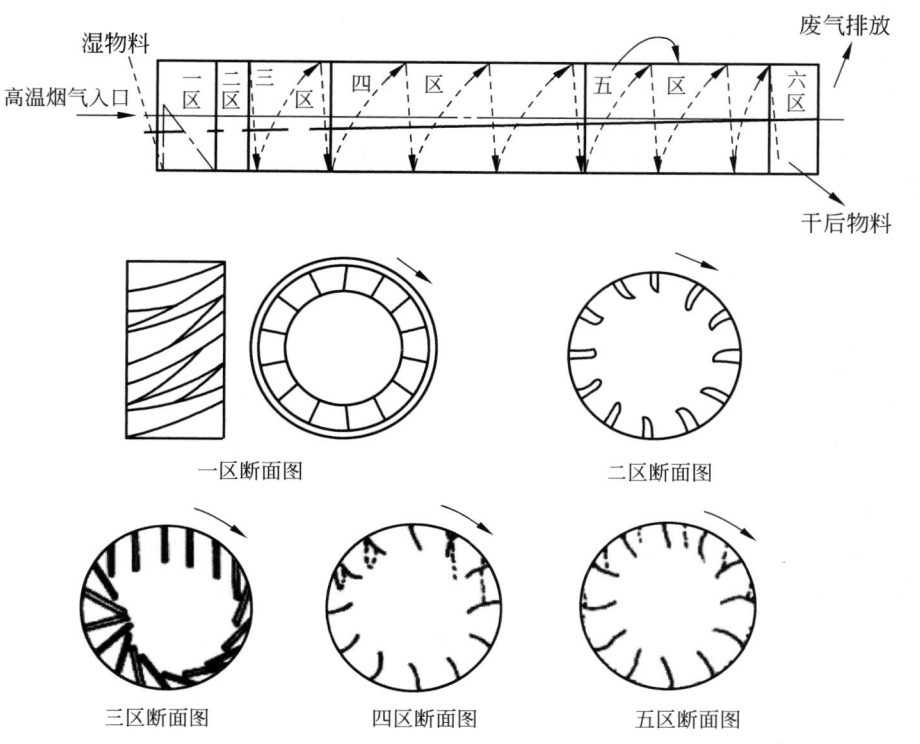

图 22-28　NXG 型 $\phi2.4$ m×14 m 滚筒式干燥机内部结构

回转圆筒干燥机分为直接加热式、间接加热式、复式加热式。其中直接加热式又可分为并流式、逆流式、错流式。间接加热式可分为内置加热管型、筒壁加热型。

1. 直接加热式回转干燥机

湿物料与热介质直接接触进行干燥。并流式是热介质与物料同向运动,在入口处干燥介质温度较高,但由于物料处于表面汽化阶段,其温度总体保持不变。出口侧的物料温度整体逐渐上升,此时热介质温度已下降,所以物料温度升高不明显。其优点在于即使热介质初始温度较高也不会使产品的质量下降。

2. 间接加热式回转干燥机

间接加热干燥机在传统直接加热式回转干燥机的回转筒内安装加热管而制成。干燥机内设有辅助烟道筒,烟道气掠过回转筒外壁进入回转筒,然后被风机抽出排放到大气中,烟道气掠过回转筒外、内部时,环隙中的湿物料得到间接加热。烟道气从设备右端进入,自左端被引风机抽出。其优点在于产品质量易于保证、需要热介质少、传热传质效率高。尾气湿度较高,有助于溶液回收,低污染,粉尘少。并且消除利用热烟气直接接触湿物料存在的安全隐患。

3. 复式加热及并流加热干燥机

同时采用直接、间接两种加热方式。复式回转干燥机由内外两个圆筒构成,热介质经过内筒,由物料出口侧进入外筒,最后自湿物料入口侧排出。湿物料在外筒与内筒环形缝隙间隙中与热介质接触,逆流加热也获得内筒热介质传导的热量。

22.8.3　滚筒式干燥机的技术参数

NXG 滚筒式干燥机的技术参数见表 22-21。

表 22-21 NXG 滚筒式干燥机的技术参数

项　　目	单位	NXG 滚筒式干燥机	
		$\phi 2.4\ m \times 14\ m$	$\phi 2.2\ m \times 14\ m$
筒体直径	mm	2400	2200
筒长长度	mm	14 000	14 000
滚筒转速	r/min	4.8	4.85
倾斜度	%	5	5
混合精煤(0.5~0 mm)干燥时的处理量	t/h	65±5	60±5
浮选精煤或煤泥(0.5~0 mm)干燥时的处理量	t/h	25±5	20±5
混合精煤入料水分	%	16~18	16~18
浮选精煤或煤泥入料水分	%	30±5	60±5
混合精煤出料水分	%	10 以下	10 以下
浮选精煤或煤泥出料水分	%	10±2	10±2
干燥机入口温度	℃	700~750	700~750
干燥机出口温度	℃	100~120	100~120
蒸发强度	kg/(h·m³)	80~100	80~100
干燥机热效率	%	70 以上	70 以上
外形尺寸(长×宽×高)	mm×mm×mm	14 000×3860×3800	
机器质量	kg	约 46 600	约 35 000
电动机	型号	BJO2-82-6	
	功率/kW	40	35
	转速/(r/min)	970	
减速器	型号	JZQ850Ⅲ-2Z	
	速比 i	31.5	
	中心距/mm	850	

22.8.4　滚筒式干燥机的操作与维护

1. 开车

必须检查托轮、挡轮、三角胶带的磨损情况与松紧程度；必须检查电机、减速机等地脚螺丝是否齐全牢固；检查干燥机两端密封装置是否严密,有无漏风现象；运转设备周围是否有人作业,无人后方可通知控制室开车。

2. 检查

检查电机、减速机的工作情况,电机不得超过规定温升。倾听齿轮咬合情况,有无杂音和过大振动；检查各传动齿轮有无咬牙根牙尖现象；检查干燥机体有无上、下串动以及销、轴折断迹象；检查各轴瓦的润滑和磨损情况,轴瓦温升不得超过 70℃。

3. 调整

经常检查和调整三角胶带的张紧器。

4. 停车及处理

因事故而停机时,立即通知控制室进行有关处理；当上部机械停止给料时,要将干燥机内的物料排出后再停车。

5. 设备调试和运行

负荷试车前应对主机和各附属设备进行单机空车试运转。单机试车成功后方可转入联合试车。

1) 干燥机主机调试

(1) 安装好的干燥机应进行不少于 4 h 的空机试运转；试运转前,须在确认无安全隐患后,才能按相应调试规范接通主机控制柜电源。

(2) 按照规定检查各手工加油点的润滑油加注情况。

（3）点动设备,试慢速运转,检查各部位运行、配合情况,并进行调整、紧固;再点动试运转,再调整,直至最佳。

（4）启动设备,转速慢慢从低到高,直至正常转速,试运行2 h,无异常即合格。

（5）调试合格后,对各部位部件再进行检查、紧固,检查并补足润滑油。试运转正常后即可进行负荷试车。

2）除尘系统调试

（1）开启引风机及湿式除尘器水泵,检查运行是否平稳;

（2）开启旋风除尘器的风机,检查是否能正常运转;

（3）观察出风温度的显示是否正常。

3）热风炉调试

（1）检查各接合处及气路连接是否牢固可靠。

（2）鼓风机、引风机先停开启后,再开启燃烧器;要禁止突然大火猛烧,以防止局部过热造成设备损坏。须从低到高调整出风温度,使主机出风温度小于150℃或热风炉出风温度小于400℃。

（3）检查燃烧器及热风运行系统（出风除尘系统）运行情况;点燃热风炉干燥机预热,此时应同时启动干燥机。

4）干燥机预热

点燃热风炉时,要同时启动干燥机预热。对于圆筒干燥机,要禁止筒体静态加热,防止筒体弯曲变形。根据预热情况,逐步向干燥筒内加入湿物料;并根据排出物料的含水分情况,逐步增加喂料量。

5）加料机调试

（1）检查加料机的减速机的润滑情况;

（2）缓慢开启加料机,检查运行是否平稳,是否有异常响声;

（3）快速运行加料机,检查运行是否平稳,是否有异常响声;

（4）检查并紧固各处连接螺栓;

（5）在热风炉开启状态下,加料机缓慢向主机内加料,用出风温度自动控制加料机运行。

6）停车

严格按照以下程序停车：

（1）停加料机;

（2）停热风炉;

（3）待热风炉出风温度降至100℃以下后,停止鼓风机、引风机及除尘器系统;

（4）停止主机及其余电机。转筒在停车前须转动冷却,接近室温时才可停车。

以上各项安装及调试检查合格后,该套设备即可投入试运行。

6．操作与维护

（1）干燥机干燥效率的高低,很大程度上取决于燃烧室工作的质量,故必须特别注意燃烧室、鼓风机和除尘、吸尘设备的工作状态。

（2）在干燥机启动前一小时点燃炉子。点燃炉子前应检查火炉、炉算子、给料装置、燃烧室、炉坑内的炉渣、炉门、空气导管、调节和鼓风机、除尘器等。

（3）检查所有附属设备,包括干燥机的各个传动部分,支托部分等,都应当紧固到位、润滑正常方可开车。开车步骤是：干燥机电机—湿料运输设备—干料输送设备。

（4）干燥机运行过程中,要经常检查各处轴承的温度（不得超过50℃）;监听齿轮声响;传动部位、支托部位和筒体的回转应无明显的冲击、振动和窜动。

（5）经常性的设备检查、维护和保养工作应包括：

① 全部螺栓紧固件不应有松动现象。

② 要经常注意滚圈和挡轮,托轮的接触情况。

③ 挡风圈,齿轮罩不应有翘裂和摩擦撞损情况。齿轮罩须密封良好,防止灰尘进入,润滑油要充足,大齿轮罩内应添加厚质齿轮油或黑油。

④ 在工作状态,托轮机架内应装满冷却水。

⑤ 润滑油必须清洁,密封必须良好。

7．故障排除

（1）产品水分过高或过低：必须调整干燥机的生产能力和燃料使用量;此项调整应逐步

到位,幅度过大会造成产品水分忽高忽低。

(2)运转中滚圈对筒体有摆动:原因是滚圈的凹形接头侧面没有夹紧。须用垫板使滚圈和凹形接头保持均匀且夹紧适当,过紧也容易发生事故。

(3)运转中大小齿轮咬合的声音异常:须检查大、小齿轮的啮合间隙。调整合适即能恢复正常;如果属啮合间隙异常,则可能是:①托轮磨损;②挡轮磨损;③小齿轮磨损。须根据磨损情况进行车削或更换小齿轮,也可以反面安装后继续使用。

(4)筒体振动:其原因是:①托轮装置与底座连接松动,须校正、紧固连接部位,使其处于正确位置;②滚圈侧面磨损,须根据磨损程度,对滚圈进行车削或更换。

(5)两个挡轮往复受力较大:应检查托轮与支承轮带的接触情况,同一组托轮不平行或两个托轮的连线与筒体轴线不垂直,都会造成挡轮受力过大,同时也会造成托轮不正常磨损。这种现象往往是安装精度偏低或螺栓松动,在工作中托轮偏离正确位置所致。只要恢复托轮到正确位置,此现象即能消失。

(6)遇到突然停电,应立即把热风炉熄火,停止喂料,每隔 15 min 转动筒体半圈,直至筒体冷却为止。

第23章

矿物表面改性机械

23.1 概述

粉体表面改性设备主要具有三项功能：一是混合；二是分散；三是表面改性剂在设备中熔化和均匀分散到物料表面，并产生良好的结合。由于混合物的种类和性质各不相同，混合、分散和表面改性要求的质量指标也不相同，因而出现多种性质不同的改性设备。目前使用的粉体表面改性设备一是引用或改造化工、塑料、粉碎、分散、干燥等行业的设备，如高速加热混合机、冲击式粉体表面改性机、卧式加热混合机、干燥/粉碎/改性一体机以及湿法表面改性用的反应釜、可控温反应罐；二是专用粉体表面改性设备，主要是 SLG 型连续粉体表面改性机及其类似结构的改性设备。

表面改性设备可分为干法和湿法两类。非金属矿粉常用的干法表面改性设备是 SLG 型连续粉体表面改性机、高速加热混合机、涡流磨机等；常用的湿法表面改性设备为可控温反应罐和反应釜。干法表面改性设备按生产方式可以分为连续式粉体表面改性机和间歇式粉体表面改性机。干法连续改性设备是连续动态进料和添加改性剂以及连续动态出料的一类表面改性设备，代表性设备为 SLG 型连续粉体表面改性机；间歇式粉体表面改性机是批次加料和添加改性剂，每处理好一批料后停机卸料，然后再加料和添加表面改性剂进行改

性的设备，这类改性设备是分批进行的，代表性设备为高速加热混合机。

表面改性干法和湿法选择的依据是表面改性方法和工艺，这是因为不同的改性工艺和方法需要相应的表面改性设备。例如，干法有机表面改性需要干式表面改性设备，如 SLG 型连续粉体表面改性机、加热混合机、涡旋式改性机等；而湿式有机表面改性需要选择湿式表面改性机，如可控温反应罐、反应釜等。

表面改性设备选择的原则：

（1）对粉体及表面改性剂的分散性好。只有分散性好，才能使粉体与表面改性剂具有较均等的作用机会和作用效果，并使改性后的粉体无二次团聚，也才能减少表面改性剂的用量。

（2）改性温度和停留时间可在一定范围内可调。

（3）单位产品能耗低、磨耗小。除了改性剂外，表面改性的主要成本是能耗，低能耗的改性设备可以降低生产成本，提高产品竞争力；低磨耗不仅可以避免改性物料被污染，同时也可以提高设备的运转率，降低运行成本。

（4）粉尘污染少。改性过程中的粉尘外溢不仅污染生产环境，而且损失物料，导致产品生产成本提高。因此，一定要考察设备的粉尘污染情况。

（5）连续生产、操作简便、劳动强度小。

（6）运行平稳、可靠。

（7）自动控制水平高，能根据物料性质和

表面改性剂的性质自动调节处理量、改性剂添加量以及改性温度和停留时间等因素。

设备的生产能力要与设计生产规模相适应。在设计生产规模较大时,要尽量选用大型设备,减少设备的台数,以减小占地面积、生产成本,便于管理。

23.2 SLG 型连续粉体表面改性机

23.2.1 概述

SLG 型连续式粉体表面改性机是由江阴市启泰非金属工程设备有限公司与中国矿业大学(北京)合作研发的专门用于无机粉体,特别是超细无机粉体表面改性或表面处理与解聚的干式连续表面改性装备。

23.2.2 主要技术性能参数

SLG 型连续粉体表面改性系统配置包括给料装置、改性剂计量添加装置、主机、旋风集料器和布袋收尘器等。图 23-1 为 SLG-3/900 改性机的系统配置主视图。

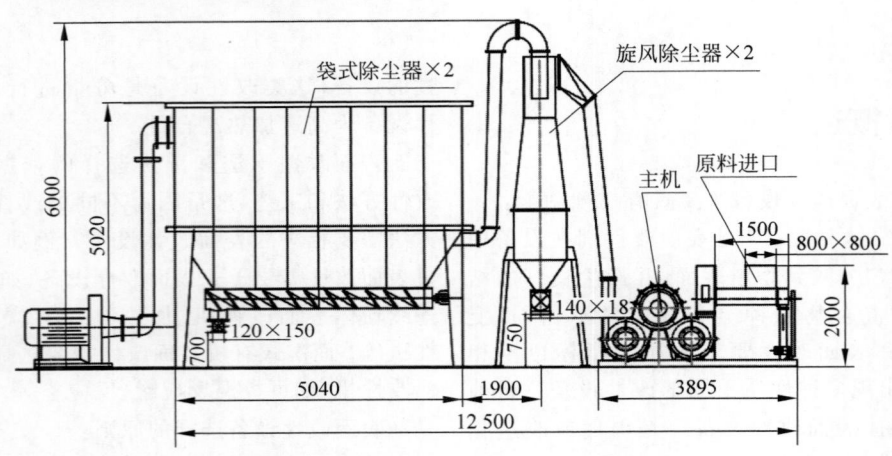

图 23-1 SLG-3/900 改性机的系统配置主视图

多种改性剂复配使用和多种物料复合改性已成为非金属矿物粉体表面改性技术的发展趋势之一。用户对复配改性的需求日趋增长。为了满足复配改性的要求,本机对进料和进药装置进行了多种配置设计。在进料系统部分,将双螺杆进料机换成一套双螺杆混合加热进料装置,这套装置兼顾送料、混料及预热粉料几大功能,并在进口处预留有两个以上加药孔(满足复合药剂改性)。另外,还增加了一套垂直于标准进料装置的副进料装置,在需要"复合粉体"改性时就可以按配料比例动态对两种物料进行混合送料到改性机,以达到"粉体复合"改性的目的。进料和进药装置的多种配置方案如下:

(1)基本配置即进料和加药装置各一套;

(2)两套相互垂直的进料装置和一套加药装置;

(3)一套双螺杆混合加热进料装置和两套加药装置;

(4)相互垂直的进料装置和加药装置各两套。

这种配置的 SLG 型连续粉体表面改性系统可以使用各种液体和固体表面改性剂,能满足同时使用两种表面改性剂进行复合改性,还可以用于两种无机"微米/微米"和"纳米/微米"粉体的共混和复合。图 23-2 为标准配置的进料和进药装置。

给药机或药剂箱是盛放和添加改性药剂的主要装置。SLG 型连续粉体表面改性机的给药机除了具备盛放表面改性剂所需的容积外,还带有可控温加热系统和计量加药泵以及过滤装置(过滤药剂中的杂质)等,如图 23-3 所示。

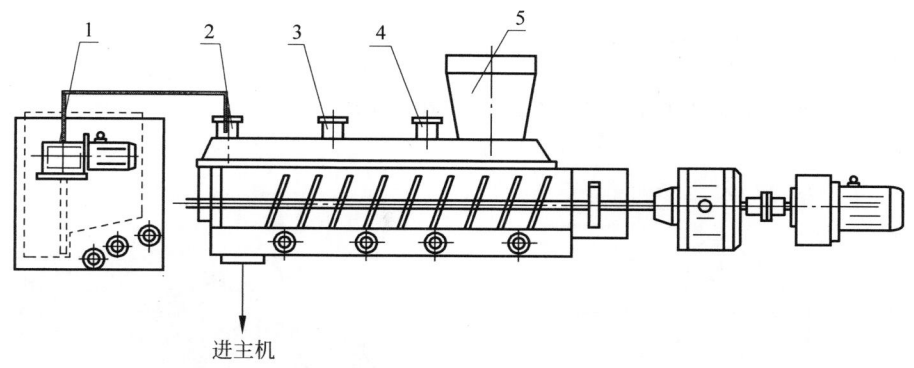

1—计量泵；2,4—加药孔2；3—排气孔；5—进料斗。

图 23-2　标准配置的进料和进药装置示意图

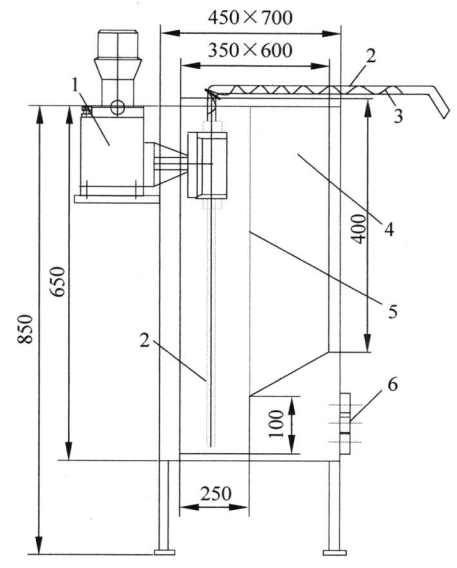

1—计量泵；2—铜管；3—加热带；4—药剂腔；5—滤网；6—加热管。

图 23-3　SLG-3/600 药剂箱设计图

计量泵可以精确调整加药量,保证改性药剂准确、均匀地加入。加热系统分底部加热棒和加药铜管外缠绕的加热丝,温度均可以自动精确控制,适用于各种固体、液体形式的改性药剂。需要加入多种改性药剂时,如互相不发生反应,可以按比例混合后加入料斗,否则可以采用多个药剂箱。

SLG 型连续粉体表面改性机目前已研制并定型一种半工业机型和三种工业机型,其型号及主要技术参数详见表 23-1。

表 23-1　SLG 型连续粉体表面改性机主要技术参数

型号	电机功率/kW	转速/(r/min)	加热方式	生产方式	生产能力/(kg/h)	外形尺寸/(m×m×m)
SLG-200D	11	4500	自摩擦	连续	40～150	4.5×0.8×2.5
SLG-3/300	55.5	4500	自摩擦	连续	500～1500	6.8×1.7×6.0
SLG-3/600	111	2700	自摩擦	连续	2000～3500	11.5×2.8×6.5
SLG-3/900	225	2000	自摩擦	连续	5000～7500	13.5×3.8×6.5

23.2.3 主要功能部件

SLG 型连续粉体表面改性机,主要由温度计、出料口、进风口、风管、主机、进料口、计量泵和喂料机组成。其主机由三个呈品字形排列的改性圆筒组成(图 23-4(a))。图 23-4(b)所示为其外形。

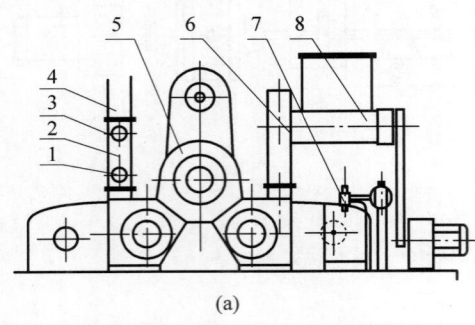

1—温度计;2—出料口;3—进风口;4—风管;5—主机;6—进料口;7—计量泵;8—喂料机。

图 23-4　SLG 型连续粉体表面改性机的结构与工作原理
(a) 结构;(b) 外形图

其工作原理是如图 23-5 所示:①集成冲击、剪切和摩擦力、变向气旋涡流等作用对粉体和改性剂进行高强度分散并强制粉体与表面改性剂的冲击和碰撞;②在粉体与转子、定子冲击摩擦过程中在有限腔内产生改性剂与粉体颗粒表面作用所需的温度;③利用变向涡流气旋的紊流作用增加颗粒与表面改性剂的作用机会和确保作用时间。

图 23-5　SLG 型连续粉体表面改性机的
工作原理示意

工作时,待改性的物料经喂料机给入,经与自动计量和连续给入的表面改性剂接触后,依次通过三个圆筒形的改性腔从出料口排出。在改性腔中,特殊设计的高速旋转的转子和定子与粉体物料的冲击、剪切和摩擦作用,产生其表面改性所需的温度,该温度可通过转子转速、粉料通过的速度或给料速度以及风门大小来调节,最高可达到 150℃。同时转子的高速旋转强制粉体物料松散并形成涡旋二相流,使表面改性剂能迅速、均匀地与粉体颗粒表面作用,包覆于颗粒表面。因此,该机的结构和工作原理能满足对粉体与表面改性剂的良好分散性、粉体与表面改性剂的接触或作用机会均等的技术要求。

23.2.4 使用与维护

SLG 型连续粉体表面改性机的主要性能特点如下:①对粉体及表面改性剂的分散性好,不仅改性产品无团聚体颗粒,而且对原料中的团聚体颗粒有一定的解聚作用。②连续计量匹配进料和进药(改性剂),粉体与表面改性剂的作用机会均等,粉体表面包覆均匀,产品包覆率高。③能耗低。以 SLG-3/600 型机为例,用于超细轻质碳酸钙改性的单位产品能耗不大于 35 kW·h/t。④无粉尘污染。系统闭路和负压运行且配有高效除尘装置。⑤连续生产,自动化程度高,操作简便。⑥运行平稳。

这种表面改性机适用于连续大规模生产各种表面有机化学包覆的无机粉体,如重质碳酸钙、轻质碳酸钙、高岭土和煅烧高岭土、氧化锌、氢氧化镁、氢氧化铝、绢云母、硫酸钡、白炭黑、钛白粉、滑石、云母、陶土、玻璃微珠、硅微粉等无机活性填料或颜料。既可以与干法制粉工艺(如超细粉碎工艺)配套,也可单独设置用于各种超细粉体的表面改性以及纳米粉体的解团聚和表面改性。

用这种连续式粉体表面改性机进行粉体表面改性时可以使用各种液体和固体表面改性剂,能满足同时使用两种表面改性剂进行复合改性,还可以用于两种无机"微米/微米"和"纳米/微米"粉体的共混和复合。

影响SLG型连续式粉体表面改性机改性效果的主要工艺因素是物料的水分含量、改性温度和给料速度。要求原料的水分含量≤1%。给料速度要适中,要依原料的性质和粒度大小进行调节,给料速度过快,粉体在改性腔中的充填率过大,停留时间太短,难以达到较高的包覆率;给料速度过慢,粉体在改性腔中的充填率过小,温升慢,表面改性效果变差,而且处理能力也下降。改性温度要依表面改性剂的品种、用量和用法来进行调节,不要太低,也不能超过表面改性剂的分解温度。

23.3 高速加热混合机

23.3.1 概述

高速加热混合机是无机粉体表面改性,特别是小规模表面改性生产和实验室改性配方试验常用的设备,适合对固-液、固-粉、粉-粉、粉-液进行高效的均匀混合。产品广泛应用于精细化工品、饲料、电子、食品、硬材料、陶瓷材料、生物、医药、非金属矿业、建材、涂料业、染料、化肥等行业。

23.3.2 主要技术性能参数

高速加热混合机的表面改性效果与许多因素有关,主要是叶轮的形状与转速、温度、物料在混合室内的充满程度(即充填率)、混合时间、添加剂(表面改性剂)加入方式和用量等。

叶轮的形状对混合效果起关键作用。叶轮形状的主要要求是使物料混合良好又避免物料产生过高摩擦热量。高速旋转的叶轮在其推动物料的侧面上对物料有强烈的冲击和推挤作用,该侧面的物料如不能迅速滑到叶轮表面并被抛起,就可能产生过热并黏附在叶轮和混合室壁上。所以在旋转方向上叶轮的断面形状应是流线形,以使物料在叶轮推进方向迅速移动而不至受到过强的冲击和摩擦作用。

叶轮最大的回转半径和混合室半径之差(即叶轮外缘与混合室壁间隙)也是影响混合效果的因素之一。过小的间隙一方面可能由于过量剪切而使物料过热,另一方面可能造成叶轮外缘与室壁的刮研。过大的间隙可能造成室壁附近的物料不发生流动或粘在混合室壁上。叶轮设计时除了考虑形状外,还要考虑其边缘的线速度。因为叶轮速度决定着传递给粉体的能量。对物料的运动和温升有重要影响。

温度是影响最终表面改性效果的重要因素。一般来说,表面改性剂要加热到一定的温度后才能与颗粒表面进行化学吸附或化学反应。因此在混合改性开始时,往往在混合室夹套中通入加热介质,而在卸料时又希望物料降温到储存温度。物料在混合改性时的温度变化除了与叶轮形状、转速有关,还与混合时间、混合方式等有关。一般说来,物料温度随混合时间延长而升高。混合改性开始时混合室夹套内一般需要通入加热介质以实现快速升温,但在混合开始后,却要通入冷却水来冷却物料,有时还应辅以鼓风冷却,即用风扇向混合室吹风来辅助水冷却,因为高速转动的叶轮使物料迅速运动从而生成大量热。当叶轮速度达到一定值时,由于运动而生成的热量将等于或大于由冷却介质带走的热量,所以在混合改性过程中利用冷却介质降低物料温度往往不是完全有效的。为了使物料排出时达到可存储的温度,常常采用热-冷混合机联合使用的方法,即高速加热混合机中改性好的物料排入冷混机中,一边混合,一边冷却,当温度降到可存储温度时再排出。

物料填充率也是影响表面改性效果的一个因素,填充率小时物料流动空间大,有利于粉体与表面改性剂的作用,但由于填充量小而影响升温速度和处理量;填充率大时影响颗粒与表面改性剂的充分接触,所以适当的填充率是必要的。一般认为填充率为 0.5～0.7,对于高位式叶轮填充率可以高些。

高速加热混合机的驱动功率由混合室容积、叶轮形状、转速、物料种类、填充率、混合时间、加料方式等决定。对于大容积、高转速、高填充率的场合,功率要大些。

高速加热混合机是塑料加工行业的定型设备。主要技术参数为总容积、有效容积、主轴转速、装机功率等。总容积从 10 L 到 1000 L 不等,其中 10 L 高速加热混合机主要用于实验室试验研究;排料方式有手动和气动两种;加热方式有电加热和汽加热两种。适用于中、小批量粉体的表面有机化学包覆改性和实验室进行改性剂配方试验研究。因此,尽管与较先

进的连续粉体表面改性机相比存在粉尘污染、粉体与表面改性剂作用机会不均、药剂耗量高、改性时间长、劳动强度大等缺点,但在粉体表面改性技术发展的初期得到了广泛应用。

23.3.3　主要功能部件

高速加热混合机的结构如图 23-6(a)所示,它主要由回转盖、混合锅、折流板、搅拌装置、排料装置、驱动电机、机座等组成。混合室呈圆筒形,是由内层、加热冷却夹套、绝热层和外套组成;内层具有很高的耐磨性和光洁度;上部与回转盖相连接,下部有排料口(详见图 23-7)。为了排去混合室内的水分与挥发物,有的还装有抽真空装置。叶轮是高速加热混合机的搅拌装置,与驱动轴相连,可在混合室内高速旋转,由此得名为高速混合机。叶轮形式很多。折流板断面呈流线形,悬挂在回转盖上,可根据混合室内物料量调节其悬挂高度。拆流板内部为空腔,装有热电偶,测试物料温度。混合室下部有排料口,位于物料旋转并被抛起时经过的地方。排料口接有气动排料阀门,可以迅速开启阀门排料。

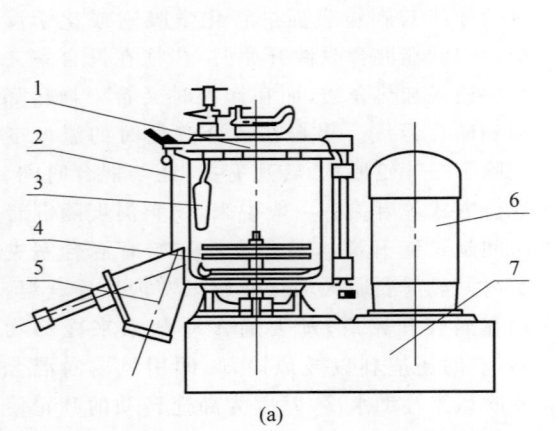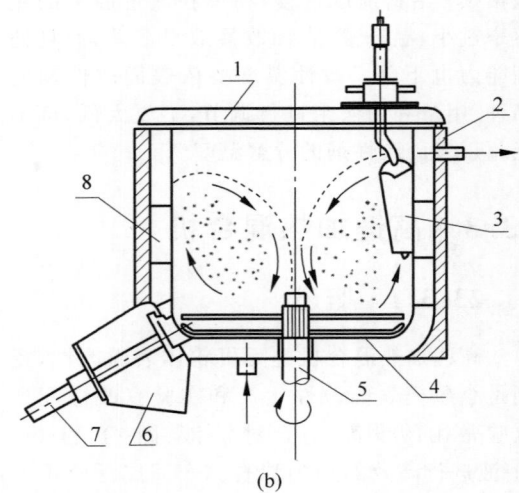

(a):1—回转盖;2—混合锅;3—折流板;4—搅拌装置;5—排料装置;6—驱动电机;7—机座。
(b):1—回转盖;2—外套;3—折流板;4—叶轮;5—驱动轴;6—排料口;7—排料气缸;8—夹套。

图 23-6　高速加热混合机
(a)结构;(b)工作原理

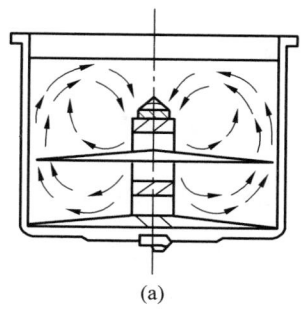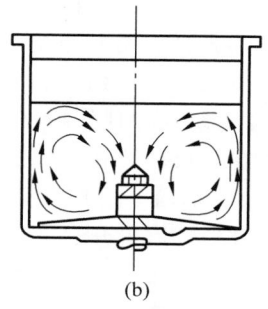

图 23-7 叶轮工作原理示意

(a) 高位式叶轮；(b) 普通式叶轮

叶轮在混合室内的安装形式有两种：一种为高位式，即叶轮装在混合室中部，驱动轴相应长些；另一种为普通式，叶轮装在混合室底部，由短轴驱动。高位式混合效率高，处理量大。

高速加热混合机的工作原理如图 23-6(b) 所示。当混合机工作时，高速旋转的叶轮借助表面与物料的摩擦力和侧面对物料的推力使物料沿叶轮切向运动。同时，由于离心力的作用，物料被抛向混合室内壁，并且沿壁面上升到一定高度后，由于重力作用，又落回到叶轮中心，接着又被抛起。这种上升运动与切向运动的结合，使物料实际上处于连续的螺旋状上、下运动状态。由于转轮速度很高，物料运动速度也很快。快速运动着的颗粒之间相互碰撞、摩擦，使得团块破碎，物料温度相应升高，同时迅速地进行交叉混合。这些作用促进了物料的分散和对液体添加剂(如表面改性剂)的吸附。混合室内的折流板进一步搅乱了物料流态，使物料形成无规运动，并在折流板附近形成很强的涡流。对于高位安装的叶轮，物料在叶轮上下部形成连续交叉流动，使混合更快更均匀。混合结束后，夹套内通冷却介质，冷却后物料在叶轮作用下由排料口排出。高速混合机混合速度很快，能充分促进物料的分散和颗粒与表面改性剂的接触。

23.3.4 使用与维护

混合机为拼装式，应安装于水泥基础或牢固的钢架基础上，拼装安装步骤如下：①校正水平；②将位置对正，用四只 M16 螺栓固定。

高速加热混合机混合方式一般采用电阻加热片，经加热加套内的导热油均匀传递给锅体。机器试车前，应仔细检查所接的电源，气源等与机器的要求是否一致，检查各零部件和紧固件是否安装齐全、坚固，检查电路接头有无松动、脱落，检查机架和地脚螺栓是否紧固，检查锅体内严禁有杂物和松动零部件，检查各润滑点是否按规定润滑，擦干净机器上的灰尘和防锈油。

混合机试机时应先启动低速空载运转，停车检查运转方向，再进行高速空载运转，再停车检查运转方向与机牌指示方向是否相符，当运转方向和机牌标注的方向一致的时候，进行空转试车，试车时应对低速运行稳定后再进行高速运转，并同时检查锅盖保险和气动部分是否正常，经过试车后，再进行投料使用，机器一经使用后，若短时间内不用应擦净锅内及搅拌桨叶，长期不用时应涂上防锈油。高速混合机是通过三角带来驱动的，更换三角带时要注意适当地上紧皮带，不可过分地张紧，否则将会损坏传动部件的深沟球轴承。混合机主轴应每日加油一次，加注 4 号锂基脂或高温黄油(GB 492-1989)。机器半年应进行全机检修一次，更换各处密封件，检查电器线路和元件情况。同时，混合机在上端接口电加热使用时，该螺纹孔不应堵住便于油温透气。混合机不允许带负荷启动及频繁启动热混应先低速后高速，再加料，出料时不能停机。锅盖开启应先卸下紧固手柄及连接口部位(一般有 3 个把手)，防止锅盖损伤。

在电气保护与控制方面,电气控制柜采用立式结构,内安装有各部位控制元件及显示元件,为防止系统因接线失误,机械过载,短路等故障的损坏,系统对此设有各种保护措施,各部件的工作通过控制面板的按钮来完成。本系列高速混合机主要实现四个主要功能,即电动机运转控制、放料控制、锅盖开启及加热控制。电动机运转控制:电动机为按钮直接启动控制,先低速启动,运转正常后,再高速运转,停机时直接按下停机按钮(高速运转时不能直接按低速按钮,否则会磨损传动三角带及电动机损坏)。放料控制:物料的升温主要是通过物料内部摩擦及机体之间的摩擦来达到升温目的,自动放料时,放料由温控表来控制,物料升至设定温度时,放料打开,延时关闭,手动放料时,有两个按钮控制放料门的开启和关闭,操作面板上的自动与手动旋钮开关旋转至对应位置上。锅盖开启控制:电动机停止转动以后,有两个按钮控制锅盖的开启和关闭,当锅盖开启时,电动机将不能启动。加热部分控制:在主机锅体外侧安装有 4 个加热片,对锅体夹层内的导热油进行加热,油温统一由温控表控制和显示,油温高于设定温度时,加热自动停止,根据工艺要求来设定适当的温度。

23.4 涡流磨

23.4.1 概述

HWV 涡流磨拥有独特的不拆机可调间隙功能,采用高速转子结构设计,粉碎区产生的强烈涡流能有效地进行粉碎和干燥,产品具有适用范围广、粉碎效率高、能耗低等优点。该机可在超微粉碎同时进行干燥、表面改性,可广泛适用于化工、染料、塑料、非金属矿、医药、饲料、食品等行业不同物料的超微粉碎,是一种适合无机物、有机物粉碎的通用超微粉碎机,尤其对聚乙烯醇、PVC、PE、纤维性物料等几乎所有热敏性物料和球形物料(如金属镁等)均能进行超微粉碎,是目前性能好、效率高、噪声小的环保节能型理想微粉设备。

23.4.2 主要技术性能参数

HWV 涡流磨的主要技术参数见表 23-2。

表 23-2 HWV 涡轮磨主要技术参数

型号规格	比例系数	转子直径/mm	电机功率/kW	气流通过量/(m^3/h)	质量/kg
HWV100	0.25	100	3	200	100
HWV250	1	250	18	1000	350
HWV400	2.5	400	45	2000	1000
HWV630	5	630	75	3600	2200
HWV800	6	800	75	3600	2500
HWV1000	8.8	1000	90	5000	3500
HWV1200	10	1200	132	7200	3500

23.4.3 主要功能部件

图 23-8 和图 23-9 是用于粉体(如重质碳酸钙)连续表面改性的 HWV 涡轮磨的结构示意和外形,其结构主要由机座,驱动部分,粉碎腔,间隙调节和进、出料口组成。工作时,物料从设备顶部进入,逐级通过各个研磨区,受到机械力和气动力产生的冲击、剪切和互磨等复合作用。配合加热和给药设备,HWV 涡轮磨可组成粉体表面改性系统,目前这一系统主要用于与超细重质碳酸钙生产线配套进行表面改性,很少单独用于粉体的表面改性。

23.4.4 使用与维护

(1)采用锥形的转子与定子,通过升降上箱体(定子)即可调整转子与定子的间隙来控

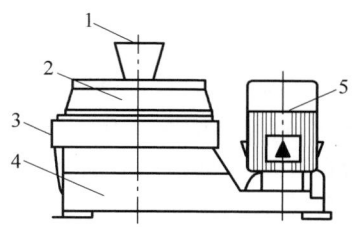

1—进料口；2—粉碎腔；3—出料口；
4—机座；5—电机。

图 23-8　HWV 涡轮磨结构示意

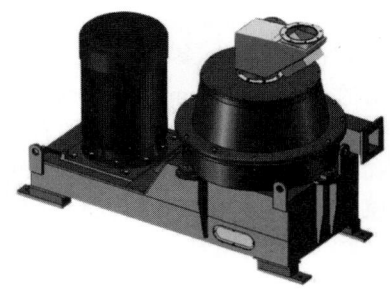

图 23-9　HWV 涡轮磨外形

制产品细度和产量，间隙调整范围为 0～5 mm。

（2）转子采用特殊的从欧洲进口的强度钢材和高硬度耐磨铸件，转子最外端线速度达 125 m/s 以上，同时具有使用寿命长等特点。

（3）运用计算机辅助设计的箱体出料更流畅，噪声更小，在处理黏性及凝聚性物料时，极大地减少了微粉的黏壁现象。

（4）处理风量特大，粉碎时温升低，特别适用于热塑性和纤维性物料，产品粒度均匀。

（5）在转子下面可选配风叶来加大空气流量。

（6）维修、操作和清洗方便。

23.5　PSC 型粉体表面改性机

23.5.1　概述

PSC 型连续式粉体表面改性机对无机粉体续料表面进行改性，以改善其表面的物理化学特性，增强与有机高聚物或树脂的相容性和分散性，以提高材料的机械强度及综合性能。适用于 325-6000 目重质、轻质碳酸钙、煅烧高岭土、滑石、钛白粉、白炭黑、硅灰石、绢云母、氢氧化镁、氢氧化铝、氧化铝、粉煤灰、沸石、叶蜡石等多种非金属矿粉体表面改性的专用设备，粉体表面包覆率在 96% 以上，具有改性剂用量少、颗粒间无黏结、颗粒不增大的特点，可与多种超细粉磨设备配套组成生产流水线。

23.5.2　主要技术性能参数

PSC 型粉体表面改性机的主要技术参数如表 23-3 所示。主要工艺控制参数是处理温度、处理时间（即物料在改性机内的停留时间）和转速。

表 23-3　PSC 型粉体表面改性机的主要技术参数

型号	直径/mm	主机功率/kW	最大处理能力/(t/h)	加热方式
PSC-300	300	15	1.0	导热油
PSC-400	400	22	1.5	导热油
PSC-500	500	37	2.5	导热油

23.5.3　主要功能部件

PSC 型粉体表面改性机是一种连续干式粉体表面改性机。其结构主要由喂料机、加热螺旋输送机、主轴、搅拌棒、冲击锤、排料口等组成（图 23-10）。

PSC 型粉体表面改性机整套工艺系统由给料装置、（导热油）加热装置、给药（表面改性剂）装置、改性主机、集料装置、收尘装置等组成。

工作时，粉体原料经给料输送机被送至主机上方的预混室，在输送过程中由给料输送机特设的加热装置将粉体物料加热并干燥，同时固体状的表面改性剂也在专用加热容器内加热熔化至液态后经输送管道送至预混室。

预混室内设有两组喷嘴，均通入由给风系统送来的热压力气流。其中一组有四只喷嘴

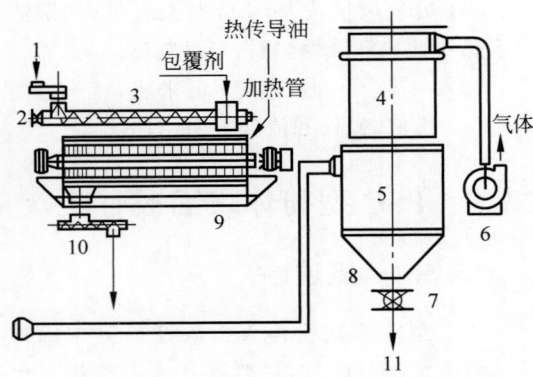

1—原料；2—加热螺旋输送机；3—台式给料机；4—脉冲式吸尘器；5—成品仓；6—排气阀；7—旋转阀；8—气流输送管；9—包覆机；10—螺旋输送机；11—改性成品。

图23-10　PSC型粉体表面改性机的结构示意

按不同位置分布于预混室内壁，其作用是将由给料输送系统送来的粉体物料吹散，另一组只有一只喷嘴与改性剂输送管道相通，将液态表面改性剂吹散雾化。粉体原料和表面改性剂在预混室内预混后随即进入主机，在主机内搅拌棒的高速搅拌下，受到冲击、摩擦、剪切等多种力的作用，使粉体物料与表面改性剂接触、混合。主机夹层内循环流动的高温导热油使机内始终保持着稳定的工作温度。主机出口处高速旋转运动的冲击锤将表面包覆改性后的粉体物料进一步分散和解聚以避免改性后粉体颗粒团聚。

表面包覆改性后的物料输送至成品收集仓。在气流输送过程中，利用输送气流降低物料的温度，成品进入收集仓后即可降至可存储的温度。

23.5.4　使用与维护

PSC型粉体表面改性机由粉体计量给料装置，预加热干燥流化装置，改性剂计量、加热装置，雾化装置，包覆流化装置，均化机，气流输送装置，成品收集器，除尘器，电热、供油装置，微机计量控制柜，电气控制等部分组成。

具体的改性关键保障措施如下：

（1）改性温度和粉体预加热设计：粉体改性的处理温度是影响改性成品质量的关键条件之一，温度过高易造成挥发分解，温度过低又会造成反应时间长和影响包覆率。因此，PSC型粉体表面改性机筒体设计为两层，两层之间留有适当间隙，两端设有进排油口，分别与输油管道连接，中间由供油系统供以循环流动的导热油，从而将导热油的热量经内筒体传给需改性的粉体原料，导热油温度根据改性处理的要求可在100～180℃调整，保证改性工作温度始终保持在按需要设定的温度范围之内，同时将粉体原料在进入主改性仓之前即进行两次预加热，从而有效地提高了改性效果。

（2）改性剂预加热、雾化、包覆：保证粉体改性质量的另一个关键条件是在改性过程中能使改性剂与粉体充分混合，要将仅占总量1%左右的改性剂，尤其是固体改性剂直接加入粉体原料中时，其所需要的混合时间长、混合均匀度差、改性剂用量大。PSC粉体表面改性机设置了独特的雾化装置，盛装改性剂的容器出口处设有一喷嘴与高压气体管道相接，液体改性剂在高压气体的作用下由喷嘴喷出，变为雾化状态后喷入粉体原料中，与原料一起雾化混合，达到改性剂高度分散，而使混合更均匀、充分，从而大大缩短了混合时间，同时减少了价格昂贵的改性剂的用量，提高了改性效果。盛改性剂的容器设有独立的加热装置，温度可控，其作用一是能将改性剂加热后再雾化添加；二是在需要添加固体改性剂时（如硬酯酸、铝酸脂偶联剂DL-411等）能将其在加热容器中熔成液体后同样可进行雾化处理。

（3）实施二级包覆：改性剂与粉体充分雾化混合后进入双螺旋加热输送机，此时机内温度在150℃左右，经雾化混合后的粉体原料在机内又经过加热混合，使改性剂在粉体中进一步分散、接触，从而实施了二级包覆。

（4）主机调整搅拌混合（第三级包覆）：主机搅拌仓的主轴上装有120支搅拌棒，采用独特的设计分布方法，每一支搅拌棒几乎都能与所有进入主机的粉体原料充分接触，不会出现间断和接触死角情况，粉体物料与改性剂通过前两级预加热、分散、混合后进入主机，在高速旋转搅拌中受到冲击、摩擦、粉体颗粒之间相互碰撞等诸多力的作用,使粉体原料与改性剂得到更加充分的接触、混合、完成粉体改性、包覆。改性仓终端出口处设有一组高速旋转的冲击锤,对改性包覆后的粉体进一步冲击、分散、解聚,以避免改性后的成品出现结团现象。

(5) 给料自动计量:粉体原料的给料流量和改性剂的添加量均采用计算机控制,粉体原料在给料过程中由连接在输送系统中间的三点悬挂式计量绞刀进行计量,改性剂的添加量由设在改性剂容器上的重力传感秤计量,两种物料的添加配比可根据实际需要在计算机上设定百分比,由计算机自动控制流量。

(6) 改性成品粉的输送、收集:由于改性后的成品粉活性增加,流动性增强,用普通机械输送设备输送困难,且易造成环境污染。我们采用气流输送方法,由气流输送系统将成品粉送入成品收集器收集,输送空气再由除尘收集器二次过滤收集后将洁净的空气排入大气,输送效果理想,并有效地避免了对环境的污染,同时在气流输送过程中,气流将成品粉中的过高的热量吸收带走,使改性成品粉进入收集器后即可达到存储、包装的要求温度,不必再另行冷却处理。

(7) 给料速度可调:因粉体原料的品种、性质和粒度的不同及改性剂配比的不同,在改性过程中所需要的给料量和给料速度也不同,PSC 粉体表面改性机的给料是连续不断的,可按照不同的原料要求,对给料速度的大小和改性剂的添加速度均可自由调整。由于该机的成品收集采取气流输送,为防止负压气流将机体内未改好的粉体吸走,在主机出口处设有密封式螺旋输送机,以控制粉体流量。

23.6 高速冲击式粉体表面改性机

23.6.1 概述

高速冲击式粉体表面改性机(HYB)系统是日本奈良机械制作所开发的用于粉体表面改性处理的设备。利用高速气流冲击法对微粉体进行干式/机械化处理,可对各类有机物、

无机物、金属等进行广泛组合,通用性很强,适用于许多行业领域,是使材料复合化的最实用的装置。

23.6.2 主要技术性能参数

如图 23-11 所示,整套 HYB 系统由混合机、计量给料装置、HYB 主机、产品收集装置、控制装置等组成。用这个系统进行粉体表面改性处理的特点是:物料可以是无机物、有机物、金属等。

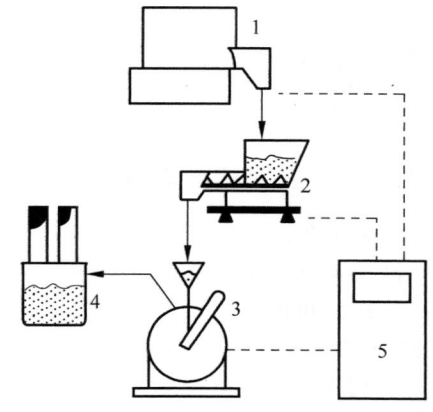

1—预混机;2—计量给料装置;3—HYB 主机;
4—产品收集装置;5—控制装置。

图 23-11　HYB 系统的工艺配置

影响该系统处理效果的主要因素如下:

(1) 物料(即所谓的"母粒子")和表面改性剂(即所谓的"子粒子")的性质。如粒度大小及对温度的敏感性等。要求给料粒度,即母粒子粒度大于 500 μm,子粒子的粒径越小越好(即表面改性剂的分散度越高越好),母粒子与子粒子的粒径比至少大于 10。此外,进行成膜或胶囊化处理时,子粒子(即表面改性剂)的软化点、玻璃化转变点等都必须考虑。

(2) 操作条件。如转速、处理时间或物料停留时间、处理温度、气氛及投料量等。其中转速与冲击力相关,是决定能否完成包覆或胶囊化改性的关键,转速过低,气流循环不好,物料分散较差,处理不均匀。处理时间与处理物料的均一性相关,一般为 5 min 左右,有些物料的处理时间需要 15~20 min。处理温度控制

在 40～90℃范围内。由于粒子群在高速处理时与装置内面及粒子间因摩擦力作用而产生的热量,机内温度大幅度升高。为了控制加工过程中的温度以确保处理效果或产品质量,一般在系统内插入热电偶,并用冷却机构进行冷却。投料量要适中,过多或过少会影响处理效果或产品质量。

HYB 系统可用于粉体物料(如颜料、无机填料、药品、金属粉、墨粉等)的表面化学包覆、机械化学改性和粒子球形化处理以及"纳米/微米"粉体的复合。

HYB 系统的型号及规格如表 23-4 所示。

表 23-4 HYB 系统的型号及规格

型号	转子直径/mm	动力/kW	处理量/(kg/h)	设备质量/kg
NHS-0	118	1.98	—	—
NHS-1	230	3.7～5.5	3.5	140
NHS-2	330	7.5～11	6	350
NHS-3	470	15～22	15	800
NHS-4	670	30～45	35	2000

23.6.3 主要功能部件

该套设备的主机的结构如图 23-12 所示,主要由高速旋转的转子、定子、循环回路、叶片、夹套、给料和排料装置等部分组成。投入机内的物料在转子、定子等部件的作用下被迅速分散,同时不断受到以冲击力为主的包括颗粒相互间的压缩、摩擦和剪切力等诸多力的作用,在较短时间内即可完成表面包覆、成膜或球形化处理(图 23-13)。加工过程是间隙式的,计量给料机与间隙处理联动,从而实现系统连续、自动运行。

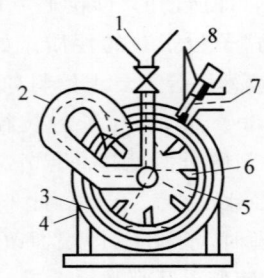

1—投料口;2—循环回路;3—定子;4—夹套;
5—转子;6—叶片;7—排料口;8—排料阀。

图 23-12 HYB 主机的结构示意

23.6.4 使用与维护

HYB 系统有 NHS-0 型至 NHS-5 型六种规格,其中 NHS-0 是专门为试验研究设计的结

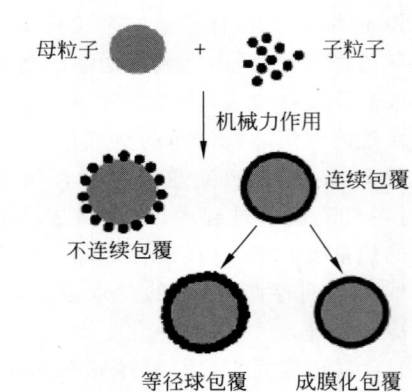

图 23-13 HYB 工作原理示意

构紧凑的台式机型,适用于用少量样品进行表面改性处理试验(一次投料 50 g);NHS-1 型是标准实验室型。其他机型处理量是以此机型为基准按二倍递增直到 NHS-5,共有五级。NHS-2 型和 NHS-5 型与粉体物料接触部位均采用不锈钢材质。NHS-0 型和 NHS-1 型机可按需要在转子、定子和循环管内表面涂敷耐磨的氧化铝陶瓷内衬。

装置的运转条件包括转子转速、处理时间、投料量等,有时对温度、气氛的控制、特别是处理工艺流程等也很重要。转速:与冲击力相关,是决定能否进行固定化或成膜化处理及处理程序的重要因素。转速过低气流循环不好,处理不均匀。处理时间与处理物质的均一性相关,一般掌握在 5 min 左右,某些物质的处

理时间需要 15～20 min。投料量：处理时除冲击力因素外,转子与定子的间隙对粒子的相互作用影响很大。若投料过少或太多时,产品的均匀性欠佳。处理温度：粒子群与装置内面及粒子间因摩擦力作用而产生热量。由于流动性好的粉体在高速、大投料量的处理场合,机内温度大幅度上升,为确保产品品质及设备稳定运行,必须利用装置的冷却机构进行冷却。另外,在多成分物料一并处理或利用不易碎的假粒子对易碎粒子进行成膜化处理等特殊工艺中,经常利用氢气、氮气等做氛围气来控制运行。

23.7　可控温反应罐、反应釜

23.7.1　概述

目前湿法表面改性设备主要采用可控温搅拌反应釜或反应罐。如图 23-14 所示,这种设备的筒体一般做成带夹套的内外两层,夹套内通加热介质,如蒸气、导热油等。一些较简单的表面改性罐也可采用电加热。粉体表面化学包覆改性和沉淀包膜改性用的反应釜或反应罐,一般对压力没有要求,只要满足温度和料浆分散以及耐酸或碱腐蚀即可,因此,结构较为简单。

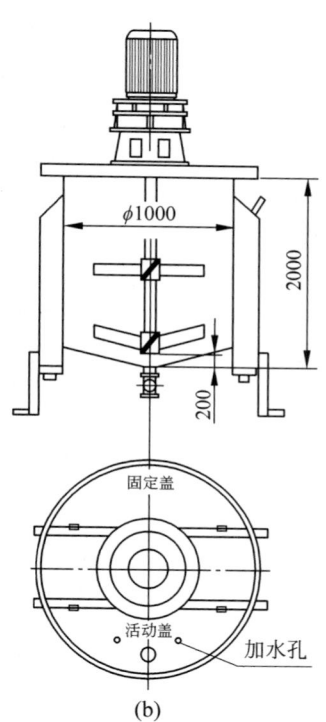

(a)　　　　　　(b)

1—电机；2—减速机；3—机架；4—人孔；5—密封装置；6—进料口；7—上封头；8—筒体；9—联轴器；10—搅拌轴；11—夹套；12—载热介质出口；13—挡板；14—螺旋导流板；15—轴向流搅拌器；16—径向流搅拌器；17—气体分布器；18—下封头；19—出料口；20—载热介质进口；21—气体进口。

图 23-14　湿式表面改性设备
（a）反应釜；（b）可控温搅拌反应罐主视图和俯视图

23.7.2　主要技术性能参数

电加热搅拌罐为上开启式结构,具有可加热自动控温、保温、搅拌功能；传热快、适应温差大、清洗方便等优点。其广泛应用于食(乳)品、制药、日化、饮料、油脂、化工、颜料等行业作为加热、混合调配或杀菌处理。特别适合于无蒸汽热源的单位与科研机构的小、中试验使用。并可按工艺需要采用全封闭式结构。主要的技术性能参数如下：① 容积：50、100、200、300、500、600、1000～5000。② 加热方式：采用电热棒插入夹套内，加热均匀无冷区。夹套内注入导热油或水为加热介质，产生热能对罐内物料进行加热。③ 物料加热温度：≤100℃；物料加热时间：30～90 min（视工艺需要）。④ 温度控制：采用电热偶测量温度与温控仪连接进行测控温度，并可调节物料温度的高低。⑤ 罐体：内表面镜面抛光处理，粗糙度 $Ra \leqslant 0.4\ \mu m$。⑥ 上盖：为两扇可开式活动盖，便于清洗，内外表面镜面抛光处理（粗糙度 $Ra \leqslant 0.4\ \mu m$）。⑦ 内罐底结构：经旋压加工成 R 角，与内罐体焊接、抛光后无死角，放净物料无滞留。⑧ 夹套形式：全夹套，用于加入导热油或水，使工作时达到较好升温和降温的目的。⑨ 保温材料：采用填充珍珠棉、岩棉或聚氨酯浇筑发泡，保持与外界的温差，达到隔热保温效果。⑩ 外壳体表面处理方式：镜面抛光或 2B 原色亚光或 2B 磨砂面亚光处理。⑪ 搅拌装置：顶部中心搅拌，减速机输出轴与搅拌桨轴采用活套连接，方便拆装与清洗。⑫ 搅拌转速：15～120 r/min（定速）；搅拌桨形式：框式、锚式、桨叶式、涡轮式等（按工艺要求）。⑬ 支脚形式：圆管式或悬挂支耳式。⑭ 设备配置：电气控制箱、温控仪、料液进出口、介质进出口（进、排油）、放空口（溢油孔）等。⑮ 材质：内罐体 SUS304 或 SUS316L；夹套为 Q235-B 或 SUS304；外保护壳体为 SUS304。⑯ 各进出管口工艺开孔与内罐体焊接处均采用翻边工艺圆弧过渡，光滑易清洗无死角，外表美观。

23.7.3　主要功能部件

图 23-14（a）所示为一般夹套式搅拌反应釜的结构，主要由夹套式筒体、传热装置、传动装置、轴封装置和各种连接管组成。

釜体的外筒体一般为钢制圆筒，内筒或内衬材质根据改性浆料体系的酸碱性和防腐性要求设计。常用的传热装置有夹套结构的壁外传热和釜内装设换热管传热两种形式。应用最多的是夹套传热。夹套是搅拌反应釜或反应罐最常用的传热结构，由圆柱形壳体和底封头组成。

搅拌装置是反应釜的关键部件。简体内的物料借助搅拌器的搅拌，达到充分混合和反应。搅拌装置通常包括搅拌器、搅拌轴、支承结构以及挡板、导流筒等部件。中国对搅拌装置的主要零部件已实行标准化生产。搅拌器主要有推进式、桨式、涡轮式、锚式、框式及螺带式等类型。具体选用时要考虑流动状态、搅拌目的、搅拌容量、转速范围及浆料最高黏度等因素。

23.7.4　使用与维护

反应罐控温高低温循环设备常见的维护保养步骤：

（1）更换润滑油：反应罐控温高低温循环设备长期使用后，润滑油的油质下降，并且油中的杂质和水分增加。因此，应定期观察和检查反应罐控温高低温循环设备油质。一旦发现问题，应及时更换，更换的润滑油品牌要符合技术数据。

（2）冷凝器和蒸发器的清洁：由于反应罐控温高低温循环设备水冷式冷凝器的冷却水是开环式的，因此通常使用的自来水通过冷却塔进行循环。当水中钙盐和镁盐的含量较大时，它们很容易分解并沉积在冷却水管上形成水垢，从而影响传热。过多的水垢还会减小冷却水的流量横截面，减少水量并增加冷凝压力。因此，当所用冷却水的质量较差时，应至少每年清洗一次冷却水管道，以清除管道中的水垢和其他污垢。

（3）制冷剂加注：如果没有其他特殊原因，反应罐控温高低温循环设备一般不会产生大量泄漏。如果由于使用不当导致的，则再次添加制冷剂。给制冷剂加注时，请注意使用的制冷剂类型。

（4）更换滤网干燥器：滤网干燥器是确保反应罐控温高低温循环设备正常循环的重要组成部分。由于水和制冷剂彼此不相容，因此，如果系统中包含水，将会影响设备的运行效率。所以，保持系统干燥非常重要。干燥机内的过滤器滤芯定期更换。

（5）阀：冷凝器和蒸发器均为压力容器。根据规定，冷凝器主体上应安装阀。一旦反应罐控温高低温循环设备处于异常工作环境中，阀就可以自动释放压力，以防止高压对人体可能造成的损害。因此，定期检查阀对于整个制冷和加热单元非常重要。反应罐控温高低温循环设备在运行过程除了维护保养还需要正确操作设备，避免操作失误带来故障。

安全注意事项如下：

（1）反应釜、控制箱必须可靠接地，防止触电事故发生。

（2）反应釜工作时斧内带压，且温度较高，因此应该静止人员靠近，防止烫伤。

（3）拆装釜盖上的螺母时必须对称均匀用力，绝对不允许一次将一个螺母拧松或拧紧，为防止螺栓螺母咬死，装前螺杆处要浸油。

（4）本釜的主要指标（最高工作压力，最高工作温度）均打在标牌上，使用时严禁超出适用范围，因特殊情况爆破片爆破，须及时更换新的爆破片。

（5）当釜内存在压力时，严禁进行任何拆卸、修理和紧固工作。

（6）正常使用条件下应进行定期保养，建议单班作业每三个月一次，保养内容包括清洗阀门、釜盖各孔，检查釜体内腔，轴承加油，紧固螺栓，检查接地线等。

（7）运行中如发现异常声音，要停车检查，及时排除故障，不可带病运行，必要时与厂家联系。

（8）反应釜长期不用时，电控箱必须切断电源，拔下电源插头，遮盖好放在通风干燥处。